2025年 2月 3日 改訂新版

건축법령집

최한석 · 김수영 共著

inup 한솔아카데미

건축법령집 개정판을 펴내면서……

2025년 2월 3일 기준

2025년 2월 3일 현재 건축관계법의 법, 시행령 및 시행규칙의 규정 내용을 3단으로 구성하여 발간합니다.

이 책에 수록한 법령은

1.「건축법」
2.「녹색건축물 조성 지원법」
3.「건축물관리법」
4.「국토의 계획 및 이용에 관한 법률」
5.「주차장법」
6.「주택법」(「주택건설기준 등에 관한 규정」 포함)
7.「도시 및 주거환경정비법」
8.「건설기술 진흥법」
9.「건축사법」 입니다.

3단 구성시 생성된 여백에는 관계법, 관련 고시, 질의회신 및 법령해석 등을 소개하였습니다. 또한, 수록 관계법의 관련 각종 기준 및 별표 등은 관계법 뒤에 2단으로 정리하였습니다.

개정된 법령의 내용을 신속, 정확하게 찾아 볼 수 있도록 노력하였으나 부족한 부분이 많으리라 생각합니다. 계속 보완할 것을 약속드립니다.

2025년 2월
저자 일동

■ 이 책을 보는 방법

1. 책의 앞부분에 각 법의 조별 제목을 목차로 정리하여 찾기 쉽게 하였고, '개정이유와 개정 주요내용'을 수록하였습니다.
2. 본문내용을 세 칸으로 나누어, 왼쪽부터 법→대통령령(시행령)→주무부령(시행규칙)의 순서로 정리하였습니다. (건축법의 하위법령의 경우 관련 규칙은 법, 시행령, 시행규칙의 칸 구분 없이 관련규정 주변에 사각상자 안에 배치하였습니다.)

법	시 행 령	시 행 규 칙
제1장 총칙	제1장 총칙	
제1조 【목적】 이 법은 건축물의 대지·구조·설비 기준 및 용도 등을 정하여 건축물의 안전·기능·환경 및 미관을 향상시킴으로써 공공복리의 증진에 이바지하는 것을 목적으로 한다.	**제1조 【목적】** 이 영은 「건축법」에서 위임된 사항과 그 시행에 필요한 사항을 규정함을 목적으로 한다. [전문개정 2008.10.29]	**제1조 【목적】** 이 규칙은 「건축법」 및 「건축법 시행령」에서 위임된 사항과 그 시행에 필요한 사항을 규정함을 목적으로 한다. 〈개정 2012.12.12〉
제2조 【정의】 ① 이 법에서 사용하는 용어의 뜻은 다음과 같다.	**제3조 【대지의 범위】** ① 「건축법」(이하 "법"이라 한다) 제2조	

3. 2024년판 출간 이후의 개정 부분은 밑줄로 표시하였고, 시행예정인 부분은 음영처리 하였습니다. (아래 예 참조)

(1) 2023.9.12. 제13항 신설, 2024.3.13 시행	(2) 2023.4.18. 제4항 신설, 현재 시행 중
⑬ 제12항에서 규정한 사항 외에 건축사보의 배치현황 관리 등에 필요한 사항은 국토교통부령으로 정한다. 〈신설 2023.9.12./시행 2024.3.13〉	④ 제2항에도 불구하고 「도시 및 주거환경정비법」에 따른 정비사업의 관리처분계획 또는 「빈집 및 소규모주택 정비에 관한 특례법」에 따른 소규모주택정비사업의 사업시행계획이 인가되거나 폐업으로 인하여 보강대상 건축물 용도로 사용되지 아니하는 경우에는 보강대상 건축물에서 제외한다. 〈신설 2023.4.18.〉
(3) 2023.5.16. 밑줄부분 개정, 2024.5.17. 시행	**(4) 2024.12.17. 개정, 현재 시행중**
제18조 【건축허가 제한 등】 ① 국토교통부장관은 국토관리를 위하여 특히 필요하다고 인정하거나 주무부장관이 국방, 문화재보존(→「국가유산기본법」 제3조에 따른 국가유산의 보존), 환경보전 또는 국민경제를 위하여 특히 필요하다고 인정하여 요청하면 허가권자의 건축허가나 허가를 받은 건축물의 착공을 제한할 수 있다. 〈개정 2023.5.16./시행 2024.5.17.〉	③ 법 제48조의3제1항에 따른 내진능력의 공개는 내진능력을 건축물대장에 기재하는 방법으로 하며, 내진능력의 표기방법은 별표 13 제2호에 따른다. 〈개정 2024.12.17.〉

4. 관련 고시, 관계법, 질의회신 및 법령해석 등은 여백에 기재하였습니다.

이 없도록 설계하여야 하며, 국토교통부장관이 정하여 고시하는 설계도서 작성기준에 따라 설계도서를 작성하여야 한다. 다만, 해당 건축물의 공법(工法) 등이 특수한 경우로서 국토교통부령으로 정하는 바에 따라 건축위원회의 심의를 거친 때에는 그러하지 아니하다. ③ 제2항에 따라 설계도서를 작성한 설계자는 설계가 이 법과 이 법에 따른 명령이나 처분, 그 밖의 관계 법령에 맞게 작성되었는지를 확인한 후 설계도서에 서명날인하여야 한다. ④ 국토교통부장관이 국토교통부령으로 정하는 바에 따라	고시 건축물의 설계도서 작성기준 (국토교통부고시 제2016-1025호, 2016.12.30) 관계법 「표준설계도서등의운영에관한규칙」	질의 회신 설계도서상 표기가 다른 경우 우선 적용 순서 국토교통부 민원마당 FAQ, 2023.6.15. 질의 설계도서 중 설계도면, 시방서, 계약내역서에 표시된 자재가 각각 다른 경우 어느 것을 우선하여 적용하는 지 회신 건축법 제23조 제2항의 규정에 의한 설계도서작성기준(국토교통부고시 제2016-1025호, 2016.12.30.) 제9호에 의하면 설계도서·법령해석·감리자의 지시 등이 서로 일치하지 아니하는 경우에 있어 계약으로 그 적용의 우선순위를 정하지 아니한 때에는 가. 공사시방

5. 시행령, 규칙 등에 포함된 별표는 법령의 내용 뒤에 배치하였습니다.

건축관계법규-3단대조표

목 차

건 축 법	건 축 법	건 축 법

건 축 물 관 리 법
건 축 물 관 리 법

국토의 계획 및 이용에 관한 법률

국토의 계획 및 이용에 관한 법률

주 택 법

주 택 법

주택건설기준 등에 관한 규정 및 규칙

주 택 법

주 택 법

제5절 관리처분계획 등 / 7-115

제6절 공사완료에 따른 조치 등 / 7-133

제4장 비용의 부담 등 ………… 7-139

제5장 공공재개발사업 및 공공재건축산업 ………… 7-148

제5장의2 공공시행자 및 지정개발자 사업시행의 특례 ………… 7-153

제6장 정비사업전문관리업 ………… 7-157

제7장 감독 등 ………… 7-165

第 I 編

建 築 法

최종개정 : 건 축 법　2024. 3.26.
시 행 령　2025. 1.21.
시행규칙　2025. 1.14.
설비규칙　2024. 8. 7.
구조규칙　2024. 12.17.
피난방화규칙　2024. 8. 26.

【건축법】 개정이유 및 주요내용 〈법제처 제공〉

■ 2024.3.26. 개정(시행 2024.6.27.)

◇ 개정이유 및 주요내용

위반동기, 위반범위 및 위반시기 등을 고려하여 이행강제금을 감경하는 경우의 감경비율 상한을 100분의 50에서 100분의 75로 상향함.

■ 2024.1.16. 개정(시행 2024.4.17.)

◇ 개정이유 및 주요내용

건축주가 건축물 사용승인을 받은 경우에는 「기계설비법」에 따른 기계설비의 사용 전 검사를 받거나 한 것으로 보도록 의제 대상을 추가함.

■ 2023.12.26. 개정(시행 2024.3.27.)

◇ 개정이유 및 주요내용

단독주택, 공동주택 등 대통령령으로 정하는 건축물의 지하층에는 원칙적으로 거실 설치를 금지하되, 침수위험 정도를 비롯한 지역적 특성, 피난 및 대피 가능성 등을 고려하여 해당 지방자치단체의 조례로 정하는 경우에만 예외적으로 지하층에 거실을 설치할 수 있도록 하는 등 현행 제도의 운영상 나타난 일부 미비점을 개선 · 보완함.

■ 2022.11.15. 개정(시행 2023.5.16.)

◇ 개정이유 및 주요내용

현행법은 건축물의 용도를 단독주택, 공동주택, 제1종 근린생활시설 등으로 구분하고 있는데, 그 중 "교정 및 군사 시설"의 경우 교정시설과 군사시설 간에 구조나 이용 목적 등에 있어 유사성이 낮음에도 불구하고 이를 하나의 용도로 묶어 분류하고 있는바, 이를 "교정시설"과 "국방 · 군사시설"로 나누어 규정하려는 것임.

■ 2022.6.10. 개정(시행 2023.6.11.)

◇ 개정이유 및 주요내용

현재 시 · 도지사 및 인구 50만 이상 지방자치단체의 시장 · 군수 · 구청장은 관할 구역에 허가권자의 건축허가, 공사감리 등에 대한 관리 · 감독 업무 등을 수행하는 지역건축안전센터를 의무적으로 설치하도록 규정하고 있으나, 건축물 관련 사고에 대한 국민들의 불안을 해소하기 위해서는 광역자치단체나 대도시 외에도 건축허가 및 노후건축물 비율 등이 높은 지방자치단체에 지역건축안전센터를 선도적으로 설치할 필요성이 제기되고 있음.

이에 건축허가 면적 또는 노후건축물 비율이 전국 지방자치단체 중 상위 30퍼센트 이내에 해당하는 인구 50만명 미만의 시 · 군 · 구에 대해서도 지역건축안전센터의 설치를 의무화하려는 것임

■ 2022.2.3. 개정(시행 2022.2.3.)

◇ 개정이유 및 주요내용

현행법은 도시 경관 및 고도 관리를 위하여 가로구역을 단위로 건축물의 높이를 지정 · 공고하여 관리할 수 있도록 규정하고 있는데, 현행법과 「녹색건축물 조성 지원법」 등 다른 법률에서는 특정 목적을 달성하기 위한 수단으로써 일정한 요건을 충족하는 경우 지정 · 공고된 건축물의 높이를 완화하여 적용할 수 있는 특례규정을 두고 있어 이러한 건축물의 높이 완화 규정을 중복하여 적용할 수 있는지 등에 관한 논란이 발생하고 있는바, 관련 특례규정을 중첩하여 적용할 수 있도록 명시하고, 그 중첩 적용의 기준과 허용 범위 등을 규정함으로써 건축물 높이의 완화에 관한 특례규정의 적용 및 집행과 관련된 논란을 해소하려는 것임.

■ 2021.10.19. 개정(시행 2022.4.10.)

◇ 개정이유 및 주요내용

대규모 창고시설 등 대통령령으로 정하는 용도 및 규모의 건축물에 대해서는 방화구획 등 화재 안전에 필요한 사항을 국토교통부령으로 별도로 정할 수 있도록 하려는 것임.

■ 2021.8.10. 개정(시행 2021.11.11.)

◇ 개정이유 및 주요내용

현행법은 건축물을 건축하거나 대수선하려는 경우 원칙적으로 건축주가 해당 대지의 전체 소유권을 확보하여야 건축허가를 받을 수 있도록 규정하면서, 예외적으로 건축주가 사용 권원을 확보하거나 건축물 및 해당 대지의 공유자의 동의를 100분의 80 이상 확보한 경우 등은 그러하지 아니하도록 규정하고 있음.

한편, 「도시 및 주거환경정비법」 및 「주택법」의 적용을 받는 집합건물 중 30세대 이상의 아파트, 연립주택 및 다세대주택을 재건축하는 경우에는 75퍼센트 이상에서 80퍼센트 이상까지의 토지 지분 등을 확보하여도 재건축 허가를 승인받고 있음.

이와 달리 현행법의 적용을 받는 집합건물 중 30세대 미만의 연립주택이나 다세대주택, 오피스텔 및 상가 등(이하 "오피스텔등"이라 함)은 아무런 규정이 없어, 토지 지분 등의 전체 소유권을 확보해야만 재건축을 할 수 있게 되는 불합리가 존재함.

이에 집합건물 중 오피스텔등을 재건축하려는 경우 「집합건물의 소유 및 관리에 관한 법률」 제47조에 따른 구분소유자의 5분의 4 이상 및 의결권의 5분의4 이상의 재건축 결의(전체 토지 지분 등의 100분의 80 이상에 해당함)가 있음을 증명하면 해당 토지 지분 등의 전체 소유권을 확보하지 아니하여도 건축허가를 받을 수 있도록 함으로써 오피스텔등의 재건축 활성화에 기여하려는 것임.

■ 2021.7.27. 개정(시행 2021.7.27.)

◇ 개정이유 및 주요내용

일반 국민이 법률을 보다 쉽게 이해할 수 있도록 일본식 한자어인 "지불"을 우리말 어법에 맞는 "지급"으로 순화하려는 것임.

■ 2021.3.16. 개정(시행 2021.12.23.)

◇ 개정이유 및 주요내용

건축물 안전영향평가 과정에서 건축물에 영향을 줄 수 있는 다양한 요인이 고려될 수 있도록 건축물 안전영향평가와 관련하여 건축물의 안전에 영향을 줄 수 있는 요소로 건축물의 구조, 지반 및 풍환경(風環境)을 명시하고, 건축물의 화재로 인한 인명 피해를 최소화하기 위하여 건축물 내부의 마감재료로 복합자재를 사용하는 경우 불연재료가 아닌 심재(心材)도 방화에 지장이 없는 재료로 하도록 하며, 건축물 외벽의 마감재료가 두 가지 이상의 재료로 제작된 경우에는 각 재료를 방화에 지장이 없는 재료로 하도록 하려는 것임.

■ 2020.12.22. 개정(시행 2021.6.23., 2021.12.23., 2022.1.1)

◇ 개정이유

감리업무의 독립성과 충실한 감리업무 수행을 확보하기 위하여 허가권자의 감리비 지급 여부 확인대상 건축물을 확대하고, 화재로 인한 대형 인명사고가 지속적으로 발생함에 따라 화재안전 관련 주요 건축자재에 대한 품질관리를 강화하는 한편, 지방자치단체의 건축물 안전관리가 보다 전문적으로 수행될 수 있도록 지역건축안전센터의 설치를 의무화하고, 건축분쟁위원회의 조정(調停) · 재정(裁定) 결과에 대한 실효성을 확보할 수 있도록 조정 · 재정 결과에 재판상 화해와 같은 효력을 부여하는 등 현행 제도의 운영상 나타난 일부 미비점을 개선 · 보완하려는 것임.

◇ 주요내용

가. 건축주가 공사감리자를 지정하는 경우에 허가권자가 사용승인 과정에서 감리비용 지불 여부를 확인하도록 함(제25조제11항).

나. 대통령령으로 정하는 용도 및 규모에 해당하는 건축물 외벽에 설치되는 창호(窓戶)는 방화(防火)에 지장이 없도록 인접 대지와의 이격거리를 고려하여 방화성능 등이 국토교통부령으로 정하는 기준에 적합하여야 함(제52조제4항 신설).

다. 방화문, 복합자재 등 대통령령으로 정하는 건축자재와 내화구조는 방화성능, 품질관리 등 국토교통부령으로 정하는 기준에 따라 품질이 적합하다고 인정을 받아야 하고, 건축관계자 등은 인정받은 내용대로 제조 · 유통 · 시공하여야 함(제52조의5 신설).

라. 특별시장 · 광역시장 · 특별자치시장 · 도지사 · 특별자치도지사 및 인구 50만 이상 지방자치단체에 지역건축안전센터를 의무적으로 설치하도록 함(제87조의2제1항).

마. 건축분쟁전문위원회의 조정 및 재정에 재판상 화해와 같은 효력을 부여하되, 당사자가 임의로 처분할 수 없는 사항에 관한 것은 제외함(제96조제4항 및 제99조).

■ 2020.12.8. 개정(시행 2021.6.9.)

◇ 개정이유 및 주요내용

현행법은 건축물의 안전 · 기능 · 미관 등을 확보하고 개인의 생명 · 재산을 지키기 위하여 건축법규를 준수하지 않는 불법건축행위에 대한 고발조치와 함께 불법건축물에 대한 시정명령과 이행강제금 제도를 두고 있음.

최근 개정된 「건축법」(2019.4.23. 시행)은 이행강제금 제도의 실효성을 확보하기 위하여 영리목적을 위한 위반이나 상습적 위반 등의 경우 가중할 수 있는 이행강제금의 상한을 종전 100분의 50에서 100분의 100으로 상향하고 있음. 이러한 불법건축물 위반 근절을 위한 법적 · 제도적 노력에도 불구하고 여전히 불법 용도변경, 불법 증축 · 개축 등 위법건축물이 지속적으로 발생하고 있고, 위법건축물을 이용한 영업 · 임대 등에 의한 안전사고도 끊이지 않아 영리목적을 위한 위반과 상습적 위반에 대하여 이행강제금 부과를 의무규정으로 강화하여야 한다는 지적이 제기되고 있음.

이에 허가권자는 영리목적을 위한 위반이나 상습적 위반 등의 경우에 이행강제금을 현재 100분의 100의 범위에서 가중할 수 있도록 하고 있는 규정을 가중하여야 하는 것으로 강화하여 위법건축물 억제와 조속한 원상복구 등을 유도하는 등 이행강제금 제도의 실효성을 제고하려는 것임.

■ **2020.4.7. 개정(시행 2020.10.8., 2021.1.8.)**

◇ **개정이유**

내실 있는 감리업무를 통해 건축물의 안전을 강화하기 위하여 지정감리제를 적용하지 아니하는 대상을 한정 · 축소하고, 감리중간보고서의 제출 시점을 조정하는 한편, 4차 산업혁명 시대를 맞이하여 건축분야에서도 기술발전에 따라 다양한 공법과 재료를 사용하는 건축물이 증가하고 있는 현실을 반영하는 등 현행 제도의 운영상 나타난 일부 미비점을 개선 · 보완하려는 것임.

◇ **주요내용**

가. 허가권자가 공사감리자를 지정하도록 하는 지정감리제를 적용하지 아니하고, 건축주가 해당 건축물의 설계자를 공사감리자로 지정할 수 있도록 하는 대상을 한정 · 축소함(안 제25조제2항)

나. 건축주가 공사감리자로부터 감리중간보고서를 제출받은 때 허가권자에게 이를 제출하도록 함(안 제25조제6항).

다. 현행 건축설비에 관한 기술적 기준 등을 적용하기 어려운 기술 · 제품이 개발된 경우 개발한 자의 신청을 받아 그 기술 · 제품을 평가하여 신규성 · 진보성 및 현장 적용성이 있다고 판단되는 경우에는 설치 등을 위한 기준을 건축위원회의 심의를 거쳐 인정할 수 있도록 함(안 제68조제4항 신설).

라. 도시재생사업 등의 활성화를 위하여 빈 건축물을 철거하고 그 대지에 공원, 광장 등을 설치하는 경우 등에 해당하는 경우에는 결합건축이 가능한 대지의 수를 확대함(안 제77조의15제2항 신설).

【건축법 시행령】 개정이유 및 주요내용 〈법제처 제공〉

■ **2024.12.17. 개정(시행 2024.12.17., 2025.12.18.)**

◇ **개정이유**

무량판 구조*를 가진 건축물의 안전을 강화하기 위하여, 일정 요건을 갖춘 무량판 구조의 건축물을 특수구조 건축물에 포함하고, 지하층이 무량판 구조인 특수구조 건축물에 대한 공사감리자의 감리중간보고서 작성 · 제출 의무를 추가하는 한편, 구조내력(構造耐力)의 변경이 경미한 경우의 구조 안전 확인 방법을 합리화하기 위해 기존 건축물의 성능개선을 위한 증축 또는 대수선에 대해서는 보다 완화된 구조 안전의 확인 방법을 적용할 수 있도록 하는 등 현행 제도의 운영상 나타난 일부 미비점을 개선 · 보완하려는 것임.

* 보가 없이 바닥판 · 기둥으로 구성된 구조

◇ **주요내용**

가. 특수구조 건축물의 범위 확대(제2조제18호다목 신설)

무량판 구조를 가진 건축물로서 무량판 구조인 어느 하나의 층에 수직으로 배치된 주요구조부의 전체 단면적에서 보가 없이 배치된 기둥의 전체 단면적이 차지하는 비율이 4분의 1 이상인 건축물을 특수구조 건축물에 추가함.

나. 지하층이 무량판 구조인 특수구조 건축물에 대한 공사감리자의 감리중간보고서 작성 · 제출 의무 추가(제19조제3항제1호라목 신설)

건축물의 구조가 철근콘크리트조 · 철골철근콘크리트조 · 조적조 또는 보강콘크리트블럭조인 경우 공사감리자가 감리중간보고서를 작성 · 제출해야 하는 공정의 단계로 무량판 구조인 해당 지하층에 수직으로 배치된 주요구조부의 전체 단면적에서 보가 없이 배치된 기둥의 전체 단면적이 차지하는 비율이 4분의 1 이상인 특수구조 건축물의 해당 지하층 상부 슬래브배근을 완료한 경우를 추가함.

다. 구조내력 변경이 경미한 경우의 구조 안전 확인 방법 합리화(제32조제3항 신설)

방화 · 방수 · 단열 등의 성능 개선을 위해 기존 건축물을 증축 또는 대수선하는 건축주에 대해서는 주요구조부의 변경이 없고, 구조내력의 변경이 경미한 경우 국토교통부령으로 정하는 바에 따라 구조 안전의 확인 방법을 달리 적용할 수 있도록 함.

■ **2024.6.18. 개정(시행 2024.12.19.)**

◇ **개정이유**

허가권자가 위반 동기 등을 고려하여 이행강제금을 감경하는 경우 감경비율의 상한을 100분의 50에서 100분의 75로 상향하는 내용으로 「건축법」이 개정(법률 제20424호, 2024. 3. 26. 공포, 6. 27. 시행)됨에 따라, 이행강제금의 감경비율을 조정하는 등 법률에서 위임된 사항과 그 시행에 필요한 사항을 정하는 한편,

원칙적으로 지하층에 거실을 설치할 수 없는 건축물을 구체적으로 정하고, 다함께돌봄센터의 설치를 활성화하기 위해 기존 주택단지에 다함께돌봄센터를 설치하는 경우 용적률 기준을 완화하여 적용할 수 있는 근거를 마련하며, 건축물이 설계도서에 따라 적정하게 공사되었는지 확인하기 위해 다중이용 건축물을 건축할 때 사진 및 동영상을 촬영하여 보관해야 하는 공사의 공정을 추가하고, 화재의 위험으로부터 환자 또는 임산부 등을 보호하기 위해 내부마감재료를 방화에 지장이 없는 재료로 해야 하는 건축물을 추가하는 등 현행 제도의 운영상 나타난 일부 미비점을 개선 · 보완하려는 것임.

◇ 주요내용

가. 다함께돌봄센터 설치를 위한 용적률 기준의 완화 적용 근거 마련(제6조제1항제13호 신설)

건축주 등 건축관계자는 기존 주택단지에 다함께돌봄센터를 설치하는 경우 용적률 기준을 완화하여 적용해 줄 것을 허가권자에게 요청할 수 있도록 함.

나. 사진 및 동영상을 촬영하여 보관해야 하는 공사의 공정 추가(제18조의2제2항제1호)

공사시공자는 다중이용 건축물을 건축하는 경우에는 방화구획 설치 공사와 관련하여 국토교통부령으로 정하는 단계에 다다른 때마다 사진 및 동영상을 촬영하여 보관하도록 함.

다. 내부 마감재료를 방화에 지장이 없는 재료로 해야 하는 건축물 추가(제61조제1항제1호의3 신설)

건축물의 벽, 반자, 지붕 등 내부의 마감재료를 방화에 지장이 없는 재료로 해야 하는 건축물에 제1종 근린생활시설인 의원, 치과의원, 한의원 및 조산원을 추가함.

라. 지하층에 설치가 원칙적으로 금지되는 건축물의 종류(제63조의6 신설)

지하층에 원칙적으로 거실을 설치할 수 없는 건축물을 단독주택과 공동주택으로 정하되, 지하층에 거실을 부속용도로 설치하는 건축물은 해당 건축물에서 제외함.

마. 이행강제금의 감경비율 상향 조정(제115조의4제2항 각 호 외의 부분 단서 신설 및 같은 항 제1호)

허가권자가 이행강제금을 감경할 때 적용하는 감경비율을 100분의 50에서 100분의 75로 조정하되, 연면적이 60제곱미터 이하인 주거용 건축물 등 이행강제금의 기준 금액의 2분의 1 범위에서 지방자치단체의 조례로 정하는 금액을 이행강제금으로 부과하는 경우에는 감경비율을 100분의 50으로 정함.

■ 2024.3.26. 개정(시행 2024.3.27.)

◇ 개정이유 및 주요내용

상습적으로 침수되거나 침수가 우려되는 대통령령으로 정하는 지역에서는 건축물에 거실을 설치하는 것이 부적합하다고 인정되는 경우 건축허가를 하지 않을 수 있도록 하는 등의 내용으로 「건축법」이 개정(법률 제19846호, 2023.12.26. 공포, 2024.3.27. 시행)됨에 따라, 거실을 설치하는 건축물에 대해 건축허가를 하지 않을 수 있는 지역을 「국토의 계획 및 이용에 관한 법률」에 따른 방재지구, 「자연재해대책법」에 따른 자연재해위험개선지구(상습가뭄재해지구는 제외) 및 허가권자가 상습적으로 침수되거나 침수가 우려된다고 인정하여 지정·고시하는 지역으로 구체화하려는 것임.

■ 2024.2.13. 개정(시행 2024.2.17.)

◇ 개정이유 및 주요내용

「물류시설의 개발 및 운영에 관한 법률」의 개정으로, 주문배송시설로서 「건축법」에 따른 제2종 근린생활시설을 설치하여 물류창고업을 하려는 경우 물류창고업의 등록을 하도록 한 것에 맞추어, 제2종 근린생활시설에 해당하는 건축물의 종류에 주문배송시설로서 바닥면적의 합계가 500제곱미터 미만인 것을 추가하는 한편,

제2종 근린생활시설에 속하는 건축물 상호 간의 용도변경 중 주문배송시설로 용도를 변경하려는 자는 시장·군수·구청장에게 건축물대장 기재내용의 변경을 신청하도록 하려는 것임.

■ 2023.9.12. 개정(시행 2023.9.12., 2024.3.13., 2024.9.13.)

◇ 개정이유

가설건축물 축조 절차의 편의를 도모하기 위해 지방건축위원회의 심의를 생략할 수 있는 요건을 마련하고, 공사현장의 부실감리를 방지하기 위해 건축사보 배치현황에 대한 허가권자의 확인의무를 강화하며, 건축물의 층고(層高)가 높아진 현실을 반영하기 위해 일조 등의 확보를 위한 건축물의 높이 제한을 완화하는 한편,

아파트의 대피공간 면적을 충분히 확보하기 위해 대피공간의 바닥면적 산정 기준을 강화하고, 동물병원 등에 대한 접근성을 제고하기 위해 동물병원 등으로 사용되는 면적이 소규모인 건축물의 용도를 새롭게 분류하는 등 현행 제도의 운영상 나타난 일부 미비점을 개선 · 보완하려는 것임.

◇ 주요내용

가. 가설건축물 축조의 절차적 편의 제고(제15조제6항제1호가목2) 단서 신설)

재해복구 등의 용도로 3층 이상인 가설건축물을 축조하는 경우에 지방건축위원회의 심의 결과 구조 및 피난에 관한 안전성이 인정된 경우에만 구조내력 확보 및 피난시설 설치 등에 관한 규정을 적용하지 않을 수 있었으나, 앞으로는 구조 및 피난에 관한 안정성을 인정할 수 있는 서류로서 국토교통부령으로 정하는 서류를 제출하면 지방건축위원회의 심의를 생략할 수 있도록 함.

나. 건축사보 배치현황 확인의무 강화(제19조제11항)

허가권자는 공사감리자로부터 건축사보의 배치현황을 받으면 건축사보가 이중으로 배치되어 있는지 여부 등 국토교통부령으로 정하는 내용을 확인한 후에 그 배치현황을 대한건축사협회에 보내도록 함.

다. 일조 등의 확보를 위한 건축물 높이 제한 완화(제86조제1항제1호 및 제2호)

전용주거지역이나 일반주거지역에서 건축물을 건축하는 경우에는 종전에 정북(正北) 방향의 인접대지경계선으로부터 높이 9미터 이하인 부분은 1.5미터 이상, 높이 9미터를 초과하는 부분은 건축물 각 부분 높이의 2분의 1 이상을 띄우도록 하던 것을, 앞으로는 높이 10미터 이하인 부분은 1.5미터 이상, 높이 10미터를 초과하는 부분은 건축물 각 부분 높이의 2분의 1 이상을 인접대지경계선으로부터 띄우도록 함.

라. 대피공간의 바닥면적 산정 기준 강화(제119조제1항제3호거목 신설)

대피공간의 바닥면적을 산정할 때 종전에는 벽, 기둥, 그 밖에 이와 비슷한 구획의 중심선으로 둘러싸인 부분의 수평투영면적으로 하였으나, 앞으로는 벽의 내부선으로 둘러싸인 부분의 수평투영면적으로 하도록 함.

마. 동물병원 등으로 사용되는 면적이 소규모인 건축물의 용도 재분류(별표 1 제3호카목 신설 및 별표 1 제4호차목)

제2종 근린생활시설 용도로 분류되던 동물병원, 동물미용실 및 「동물보호법」 제73조제1항제2호에 따른 동물위탁관리업을 위한 시설 가운데 같은 건축물에 해당 용도로 쓰는 바닥면적의 합계가 300제곱미터 미만인 것을 제1종 근린생활시설 용도로 새롭게 분류함.

■ 2023.5.15. 개정(시행 2023.5.16.)

◇ 개정이유 및 주요내용

건축물 간에 구조나 이용 목적 등의 유사성이 낮음에도 하나의 용도로 분류되었던 "교정 및 군사 시설"을 "교정시설"과 "국방 · 군사시설"로 나누어 규정하는 내용으로 「건축법」이 개정(법률 제19045호, 2022.11.15. 공포, 2023.5.16. 시행)됨에 따라, 주거업무시설군에 속하는 건축물의 세부 용도도 그에 맞게 "교정시설"과 "국방 · 군사시설"로 나누어 규정하는 등 관련 규정을 정비하려는 것임.

■ 2022.4.29. 개정(시행 2022.4.29.)

◇ 개정이유 및 주요내용

건축물 화재예방을 강화하기 위하여 대규모 창고시설 등 대통령령으로 정하는 용도 및 규모의 건축물에 대해서는 화재 안전에 필요한 사항을 별도로 정할 수 있도록 하는 내용으로 「건축법」이 개정된 것에 맞추어, 별도의 화재 안전 기준을 적용할 수 있는 건축물을 '방화구획 설치의무 규정을 적용하지 않거나 완화하여 적용하는 부분이 포함된 창고시설'로 정하는 한편,

종전에는 연면적이 1천 제곱미터를 넘는 건축물 중 물품의 제조 · 보관 및 운반 등에 필요한 고정식 대형 설비를 설치하는 건축물에는 예외적으로 방화문 · 자동방화셔터 등을 설치하지 않을 수 있도록 했으나, 물품 보관에 사용되는 건축물의 경우 물품이 대규모로 적치되어 있는 등 화재 발생 및 확산 위험이 높은 점을 고려하여 앞으로는 물품 보관에 사용되는 건축물에는 방화문 · 자동방화셔터 등을 의무적으로 설치하도록 하려는 것임.

■ 2021.11.2. 개정(시행 2021.11.2., 2022.5.3.)

◇ 개정이유

생활숙박시설이 주택으로 사용되지 않도록 관리를 강화하기 위하여 일반숙박시설 등을 생활숙박시설로 용도변경하려는 경우 용도변경하려는 자로 하여금 건축물대장 기재내용 변경을 신청하도록 하고, 다양한 공동주택 경관 창출을 위하여 서로 마주보는 건축물의 채광(採光) 확보를 위한 거리 산정기준을 합리적으로 조정하는 한편,

코로나바이러스감염증-19 지속에 따른 경제위기 극복을 지원하기 위하여 공장을 건축하는 경우 대지의 공지 기준을 한시적으로 완화하려는 것임.

◇ 주요내용

가. 건축물대장 기재내용 변경신청 대상 확대(제14조제4항)

일반숙박시설, 다중생활시설 등을 생활숙박시설로 용도를 변경하려는 경우 종전에는 용도변경을 하려는 자가 별도의 신고 등을 하지 않고 변경할 수 있도록 하던 것을 앞으로는 건축물대장 기재내용 변경신청을 통해 변경하도록 함으로써 생활숙박시설에 대한 관리를 강화함.

나. 공동주택의 채광 확보 거리 기준 변경(제86조제3항제2호나목)

같은 대지에서 두 동(棟) 이상의 건축물이 서로 마주보고 있는 경우 종전에는 마주보는 두 동의 축이 남동에서 남서 방향인 건축물 중 남쪽 방향의 건축물을 기준으로 채광 확보 거리를 산정하도록 하던 것을 앞으로는 두 동의 축이 시계방향으로 정동에서 정서 방향인 건축물 중 낮은 건축물을 기준으로 산정하되, 최소 채광 확보 거리를 10미터로 정함으로써 공동주택 건설대지를 효율적으로 활용하고 다양한 공동주택 경관을 창출할 수 있도록 함.

다. 수소연료공급시설 설치 건축물의 건축면적 산정기준 마련[제119조제1항제2호가목6) 신설]

수소연료공급시설 확대를 통해 환경친화적 자동차가 원활하게 보급될 수 있도록 수소연료공급시설을 설치하기 위한 처마 · 차양 등이 설치된 주유소, 액화석유가스 충전소 등의 건축면적을 처마 · 차양 등의 끝부분으로부터 2미터 이하의 범위에서 외벽 중심선까지의 거리만큼 후퇴한 선으로 둘러싸인 부분의 수평투영면적으로 정함으로써 수소연료공급시설에 대한 건축규제를 완화함.

라. 대지의 공지 기준 한시적 완화[별표 2 비고1)]

2021년 11월 2일부터 2024년 11월 1일까지의 기간에 공장 건축을 위한 착공신고를 하는 경우 인접한 대지의 경계선 등으로부터 띄어야 하는 거리 기준을 당초 기준보다 2분의 1로 완화하여 적용하도록 함.

■ **2021.8.10. 개정(시행 2021.9.11., 2022.2.11.)**

◇ **개정이유 및 주요내용**

공장, 창고시설 등의 용도로 쓰는 건축물의 마감재료 설치공사를 감리하는 공사감리자는 건축 또는 안전관리 분야의 건축사보 한 명 이상을 공사현장에 배치하도록 하고, 외벽에 사용하는 마감재료를 방화에 지장이 없는 재료로 설치해야 하는 건축물의 범위를 모든 공장 및 창고시설 등으로 확대함으로써 공사현장 등에서 발생하는 화재로 인한 인명피해를 예방할 수 있도록 하는 한편,

아파트 발코니에 설치해야 하는 대피공간을 대체할 수 있는 구조 또는 시설의 기준 등을 국토교통부장관이 고시하려는 경우 종전에는 중앙건축위원회의 심의를 거치도록 하던 것을 앞으로는 기술안전성을 전문적으로 판단할 수 있는 한국건설기술연구원의 기술검토를 미리 받도록 하는 등 현행 제도의 운영상 나타난 일부 미비점을 개선 · 보완하려는 것임

■ **2021.5.4. 개정(시행 2021.5.4.)**

◇ **개정이유 및 주요내용**

대통령령으로 정하는 용도 및 규모에 해당하는 건축물의 외벽에는 방화성능을 갖춘 창호(窓戶)를 설치하도록 하는 내용으로 「건축법」 이 개정(법률 제17733호, 2020.12.22. 공포, 2021.6.23. 시행)됨에 따라 방화성능을 갖춘 창호를 설치해야 하는 건축물을 의료시설, 수련시설, 3층 이상 또는 높이 9미터 이상인 건축물 등으로 정하는 한편,

신기술의 활성화를 추진하기 위하여 근린생활시설에 가상현실체험 제공업소 및 소규모 전기자동차 충전소를 추가하고, 생활형숙박시설을 「공중위생관리법」 에 따라 숙박업 신고를 해야 하는 시설로 명확하게 규정하는 등 현행 제도의 운영상 나타난 일부 미비점을 개선 · 보완하려는 것임.

■ **2021.1.8. 개정(시행 2021.1.8., 2021.4.9., 2021.7.9.)**

◇ **개정이유**

건축설비에 관한 새로운 기술 · 제품이 개발된 경우 그 기술 · 제품의 현장 적용을 위한 기술적 기준을 국토교통부장관이 인정할 수 있도록 하고, 누구든지 특별건축구역의 지정을 제안할 수 있도록 하며, 도시재생사업을 활성화하기 위하여 3개 이상의 대지를 대상으로 결합건축을 할 수 있도록 하는 등의 내용으로 「건축법」 이 개정(법률 제17223호, 2020.4.7. 공포, 2021.1.8. 시행)됨에 따라 신기술 · 신제품인 건축설비의 성능 및 설치에 관한 기술적 기준의 인정

절차, 특별건축구역의 지정 제안 절차 및 결합건축이 가능한 대지의 요건 등 법률에서 위임된 사항과 그 시행에 필요한 사항을 정하는 한편,

피난 용도로 쓸 수 있는 광장을 옥상에 설치하는 건축물의 경우 옥상 출입문에 비상문자동개폐장치를 설치하여 화재 시 옥상으로 피난할 수 있도록 하는 등 현행 제도의 운영상 나타난 일부 미비점을 개선 · 보완하려는 것임.

◇ **주요내용**

가. 비상문자동개폐장치의 설치대상 건축물의 범위(제40조제3항 신설)

피난 용도로 쓸 수 있는 광장을 옥상에 설치하는 다중이용 건축물 및 연면적 1천제곱미터 이상인 공동주택 등의 경우에는 화재 등 비상시에 옥상으로 대피할 수 있도록 옥상으로 통하는 출입문에 비상시에 소방시스템과 연동되어 잠김 상태가 자동으로 풀리는 장치를 설치하도록 함.

나. 신기술 · 신제품인 건축설비의 기술적 기준(제91조의4 신설)

1) 국토교통부장관은 건축설비에 관한 새로운 기술 · 제품의 기술적 기준을 인정받으려는 자의 신청을 받으면 한국건설기술연구원에 그 기술 · 제품이 신규성 · 진보성 및 현장 적용성이 있는지 여부에 대해 검토를 요청할 수 있도록 함.

2) 국토교통부장관은 기술적 기준의 인정 요청을 받은 기술 · 제품이 신규성 · 진보성 및 현장 적용성이 있다고 판단되면 그 기술적 기준을 중앙건축위원회의 심의를 거쳐 인정할 수 있도록 하되, 5년의 범위에서 유효기간을 정할 수 있도록 함.

다. 특별건축구역의 지정 제안 절차(제107조의2 신설)

1) 특별건축구역 지정을 제안하려는 자는 대상 토지 면적의 3분의 2 이상에 해당하는 토지소유자 및 국유지 · 공유지의 재산관리청의 동의를 받은 서면과 특별건축구역 지정 목적 및 필요성 등에 관한 자료를 시 · 도지사에게 제출하도록 함.

2) 시 · 도지사는 서류를 제출받은 날부터 45일 이내에 관할 시장 · 군수 · 구청장의 의견을 청취한 후 건축위원회의 심의를 거쳐 특별건축구역 지정여부를 결정하고, 지정여부를 결정한 날부터 14일 이내에 특별건축구역 지정을 제안한 자에게 그 결과를 통보하도록 함.

라. 3개 이상 대지의 결합건축 요건(제111조제3항 신설)

3개 이상의 대지 모두 상업지역, 역세권개발구역 등의 같은 지역에 속하고, 모든 대지 간 최단거리가 500미터 이내인 경우에는 해당 건축주 등이 서로 합의하여 3개 이상의 대지를 대상으로 결합건축을 할 수 있도록 함.

마. 특별건축구역의 특례사항 적용 대상 건축물의 확대(별표 3 제5호 및 제6호)

특별건축구역에서 건폐율 및 용적률 등의 건축기준을 적용하지 않을 수 있는 건축물의 규모를 공동주택의 경우에는 300세대 이상에서 100세대 이상으로 확대하고, 단독주택의 경우에는 한옥 밀집지역만 한정하여 50동 이상으로 정하던 것을 한옥은 10동 이상, 한옥 외의 주택은 30동 이상으로 확대하여 창의적인 주택의 공급을 촉진하도록 함.

■ **2020.12.15. 개정(시행 2021.3.16., 2021.6.16.)**

◇ **개정이유 및 주요내용**

공작물 안전을 강화하기 위하여 장식탑, 기념탑과 이와 비슷한 공작물을 축조하는 경우 신고 기준을 높이 6미터를 넘는 것에서 4미터를 넘는 것으로 강화하는 한편,

공유형 주거에 대한 사회적 수요가 증가함에 따라 다중주택의 인정요건 중 1개 동의 주택으로 쓰이는 바닥면적의 합계 기준의 경우 330제곱미터 이하에서 660제곱미터 이하로, 층수 기준의 경우 필로티 구조로 하여 주차장으로 사용하는 1층은 주택으로 쓰는 층수에 포함하지 않도록 완화하는 등 현행 제도의 운영상 나타난 일부 미비점을 개선 · 보완하려는 것임.

■ 2020.10.8. 개정(시행 2020.10.8., 2021.1.9., 2021.4.9., 2021.8.7.)

◇ 개정이유

감리업무를 내실화하기 위하여 설계자를 공사감리자로 지정할 수 있는 건축물 중 신기술을 적용하여 설계하거나 역량 있는 건축사가 설계한 건축물의 범위를 한정 · 축소하는 등의 내용으로 「건축법」이 개정(법률 제17223호, 2020.4.7. 공포, 10.8. 시행)됨에 따라 설계에 적용한 신기술 및 설계자인 역량 있는 건축사의 범위를 정하는 한편,

건축물의 안전을 확보하기 위하여 여러 사람이 이용하는 가설건축물의 구조 및 피난에 관한 안전기준과 산후조리원의 화재안전기준을 강화하고, 국민 불편을 해소하기 위하여 신 · 재생에너지 설비를 설치한 건축물의 건축면적 산정기준을 완화하며, 단독주택 및 공동주택 용도의 인정범위를 확대하는 등 현행 제도의 운영상 나타난 일부 미비점을 개선 · 보완하려는 것임.

◇ 주요내용

가. 가설건축물의 안전 강화(제15조제6항제1호가목)

가설건축물 사용자의 안전을 확보하기 위하여 2층 이상인 가설전람회장 및 야외전시시설 등의 가설건축물을 건축하는 경우에는 지방건축위원회의 심의를 거쳐 구조 및 피난에 관한 안전성이 인정된 경우에만 건축물의 구조안전 및 피난시설 등에 관한 기준을 적용하지 않도록 함.

나. 공사감리자로 지정될 수 있는 건축물 설계자의 범위(제19조의2제6항 및 제7항 신설)

설계자를 공사감리자로 지정할 수 있는 건축물의 범위를 건축물의 주요구조부 및 주요구조부에 사용하는 마감재료에 적용하는 신기술을 보유한 자가 그 신기술을 적용하여 설계한 건축물과 최근 10년간 정부에서 발주한 설계공모에서 당선한 실적이 있는 건축사 등이 설계한 건축물로 한정함.

다. 산후조리원의 화재안전기준 등 강화(제51조제2항제2호다목 및 제53조제1항제3호 신설)

피난 약자인 임산부와 신생아를 보호하기 위하여 산후조리원에 배연설비 설치를 의무화하고, 임산부실 간 경계벽과 신생아실 간 경계벽을 내화구조 및 차음(遮音)구조로 설치하도록 함.

라. 방화문의 분류체계 개선(제64조)

방화문의 명칭으로 방화 성능을 알 수 있도록 연기 및 불꽃을 차단할 수 있는 시간과 열을 차단할 수 있는 시간을 기준으로 60분+ 방화문, 60분 방화문 및 30분 방화문으로 방화문 종류를 구분하도록 함.

마. 건축물의 건축면적 산정기준 완화[제119조제1항제2호가목5) 신설]

1) 제로에너지건축물 인증을 받기 위하여 신 · 재생에너지를 생산하거나 이용하기 위한 설비를 처마 · 차양 등에 설치하는 경우 건축면적이 증가되어 제로에너지건축물 인증을 활성화하는 데 어려움이 있음.

2) 제로에너지건축물 인증을 받은 건축물의 경우에는 건축면적을 산정할 때 신 · 재생에너지 설비를 설치한 부분의 처마 · 차양 등의 끝부분으로부터 2미터 이하의 범위에서 외벽의 중심선까지의 거리는 제외하도록 함.

바. 단독주택 및 공동주택 용도의 인정범위 확대(별표 1 제1호 및 제2호)

단독주택 및 공동주택에서 출산 및 육아 커뮤니티를 형성할 수 있도록 단독주택 또는 공동주택의 형태를 갖춘 공동육아나눔터와 작은도서관을 허용하되, 건축물의 구조 안전을 위하여 작은도서관의 경우 해당 주택의 1층에 설치한 경우만 허용하도록 함.

■ **2020.4.28 타법개정(시행 2020.5.1.)**

◇ **「건축물관리법 시행령」 제정이유**

건축물의 안전을 확보하고 건축물의 사용가치를 유지 · 향상시키기 위하여 시장 · 군수 · 구청장은 건축물관리점검기관을 지정하여 정기점검, 소규모 노후 건축물 점검 등을 실시하도록 하고, 국토교통부장관은 건축물에 사고가 발생한 경우 사고 원인 등에 대한 조사를 할 수 있도록 하는 등의 내용으로 「건축물관리법」이 제정(법률 제16416호, 2019.4.30. 공포, 2020.5.1. 시행)됨에 따라 정기점검 및 소규모 노후 건축물의 점검 대상, 방법 및 절차, 건축물관리점검기관의 지정 절차를 정하고, 국토교통부장관이 조사를 할 수 있는 건축물 사고의 범위를 정하는 등 법률에서 위임된 사항과 그 시행에 필요한 사항을 정하려는 것임.

◇ **「건축법 시행령」 개정 주요내용 〈부칙의 「건축법 시행령」 개정 사항 중〉**

– 제23조, 제23조의2부터 제23조의7까지, 제115조의5, 제116조, 제116조의2 및 제116조의3을 각각 삭제 등

■ **2020.4.21 개정(시행 2020.4.24., 2020.10.22.)**

◇ **개정이유**

「건축법」 또는 같은 법에 따른 명령 · 처분에 위반되는 대지나 건축물에 대해 실태조사를 실시할 수 있는 근거를 법률에 규정하는 등의 내용으로 「건축법」이 개정(법률 제16380호, 2019.4.23. 공포, 2020.4.24. 시행)됨에 따라 실태조사의 방법 및 절차를 마련하는 한편, 지방건축위원회의 심의 사항 중 조례로 정하여 심의하는 대상의 범위 및 심의 기준을 한정하고, 굴착공사의 안전을 강화하기 위하여 일부 굴착공사의 경우 건축 또는 토목 분야의 건축사보를 해당 공사기간 동안 감리업무를 수행하게 하며, 저층 부분을 개방하여 공지(空地: 공터) 등으로 활용할 수 있는 형태의 건축물의 경우 건폐율 산정을 완화할 수 있도록 하는 등 현행 제도의 운영상 나타난 일부 미비점을 개선 · 보완하려는 것임.

◇ **주요내용**

가. 지방건축위원회 심의 대상 조정(현행 제5조의5제1항제6호 삭제, 제5조의5제1항제8호)

건축허가를 신속하게 진행하고, 설계의도가 존중될 수 있도록 하기 위하여 조례로 정할 수 있는 지방건축위원회의 심의 대상 건축물을 지방자치단체의 장이 도시 및 건축 환경의 체계적인 관리를 위하여 필요하다고 인정하여 지정 · 공고한 지역에서 조례로 정하는 건축물로 심의 대상 범위를 한정하고, 그 심의 사항은 지방자치단체의 장이 건축 계획, 구조 및 설비 등에 대해 심의 기준을 정하여 공고한 사항으로 한정함.

나. 굴착공사 또는 옹벽공사 기간의 건축사보 상주(제19조제6항 신설)

부실한 굴착공사 또는 옹벽 등의 공사로 인해 인접 건축물이 붕괴되거나 균열되는 피해를 방지하기 위하여 공사감리자는 깊이 10미터 이상의 토지 굴착공사 또는 높이 5미터 이상 옹벽 등의 공사를 감리하는 경우 건축 또는 토목 분야의 건축사보 한 명 이상을 해당 공사기간 동안 공사현장에서 감리업무를 수행하게 하도록 함.

다. 건축물의 거실 내부 구획(제61조의2제3호 신설)

휴게음식점, 제과점 등 음료 등을 조리하거나 제조하여 판매하는 시설에서 더욱 창의적이고 다양한 휴게공간을 제공할 수 있도록 하기 위하여 칸막이로 그 거실의 일부를 가로로 구획하거나 가로 및 세로로 구획할 수 있도록 함.

라. 위반 건축물 등에 대한 실태조사 방법 및 절차(제115조)

허가권자가 위반 건축물 등의 실태조사를 매년 정기적으로 실시할 수 있도록 하되, 위반행위의 예방 또는 확인을 위하여 수시로 실태조사를 할 수 있도록 하며, 조사는 서면 또는 현장조사의 방법으로 실시할 수 있도록 함.

마. 저층부 개방 건축물에 대한 건폐율 산정 완화(제119조제3항 신설)

창의적인 건축물의 건축을 통해 도시 경관을 만들기 위하여 문화 및 집회시설, 교육연구시설, 공공업무시설로서 해당 용도로 쓰는 바닥면적의 합계가 1천제곱미터 이상이고 건축물의 지표면과 접하는 저층 부분을 개방하여 보행통로나 공지 등으로 활용할 수 있는 형태의 건축물의 경우 건폐율을 산정할 때 지방건축위원회의 심의를 통해 개방 부분의 상부에 해당하는 면적을 건축면적에서 제외할 수 있도록 함.

【건축법 시행규칙】 개정이유 및 주요내용 〈법제처 제공〉

■ 2025.1.14. 개정(시행 2025.1.14.)

◇ 개정이유 및 주요내용

돌봄시설의 원활한 공급을 통한 저출산 극복 방안을 마련하기 위해 종교시설과 노유자시설(老幼者施設) 간에 복수 용도를 허용하려는 경우에는 지방건축위원회의 심의를 생략할 수 있도록 하려는 것임.

■ 2024.12.17. 개정(시행 2024.12.17.)

◇ 개정이유 및 주요내용

기존 건축물에 대한 내진보강을 촉진하기 위해 건축 또는 대수선 당시 지진에 대한 안전여부의 확인 의무 또는 구조 안전의 확인 서류 제출 의무가 없었던 기존 건축물 등에 대한 증축 허용 범위를 해당 건축물 연면적 합계의 10분의 1 이내에서 10분의 2 이내로 확대하고, 가설건축물에 대한 철저한 사후 관리를 도모하기 위해 가설건축물의 존치기간 연장신고서를 제출하는 경우 해당 가설건축물의 현황(가설건축물의 전면, 후면 및 양 측면을 포함)을 확인할 수 있는 최근 사진을 함께 제출하도록 하는 등 현행 제도의 운영상 나타난 일부 미비점을 개선 · 보완하려는 것임.

■ 2024.12.16. 개정(시행 2024.12.19.)

◇ 개정이유 및 주요내용

다중이용 건축물을 건축할 때 사진 및 동영상을 촬영하여 보관해야 하는 공사의 공정을 추가하는 내용으로 「건축법 시행령」이 개정(대통령령 제34580호, 2024. 6. 18. 공포, 12. 19. 시행) 됨에 따라, 방화구획에 관통부, 접합부 또는 틈이 생기는 경우 그 부분을 내화채움성능이 인정된 구조로 메우는 시공을 완료한 단계 및 환기난방 또는 냉방시설의 풍도가 방화구획을 관통하는 경우 그 관통부분 또는 이에 근접한 부분에 댐퍼를 설치하는 시공을 완료한 단계에서 사진 및 동영상을 촬영하여 보관하도록 하려는 것임.

■ 2024.7.1. 개정(시행 2024.7.1.)

◇ 개정이유 및 주요내용

특별건축구역에서 건축기준 등의 적용 특례를 적용하는 경우 건축물대장에 특별건축구역의 지정 고시명, 고시번호 및 고시일자와 적용된 특례사항을 적도록 「건축물대장의 기재 및 관리 등에 관한 규칙」이 개정된 것에 맞추어, 건축허가 신청서 등의 서식에도 같은 내용을 적어서 허가 신청을 하도록 하고, 설계자로 참여한 건축사가 건축사협회에 가입하였는지 여부를 확인하기 위해 건축위원회 심의 신청서 등 서식에 건축사협회 회원번호를 적도록 하는 등 현행 제도의 운영상 나타난 일부 미비점을 개선 · 보완하려는 것임.

■ 2023.11.1. 개정(시행 2023.11.1., 2024.3.13.)

◇ 개정이유 및 주요내용

가설건축물 축조 절차의 편의를 도모하기 위해 지방건축위원회의 심의를 생략할 수 있는 요건을 마련하고, 공사현장의 부실감리를 방지하기 위해 건축사보 배치현황에 대한 허가권자의 확인의무를 강화하는 내용으로 「건축법 시행령」이 개정된 것에 맞추어, 가설건축물 축조신청서를 제출할 때 가설건축물의 입면도 · 단면도 · 구조도 및 구조계산서 등을 제출하는 경우에는 지방건축위원회의 심의를 생략할 수 있도록 하고, 건축주로부터 감리중간보고서 · 감리완료보고서를 제출받은 허가권자는 공사감리일지에 서명 · 날인한 감리원과 건축사보 배치현황이 일치하는지 여부를 확인하도록 하는 등 대통령령에서 위임된 사항과 그 시행에 필요한 사항을 정하는 한편,

건축사보의 이중배치를 방지하기 위해 건축공사 건축사보 배치 현황 제출 서식을 정비하는 등 현행 제도의 운영상 나타난 일부 미비점을 개선 · 보완하려는 것임.

■ 2023.6.9. 개정(시행 2023.6.9.)

◇ 개정이유 및 주요내용

건축허가 면적 또는 노후건축물 비율이 전국 지방자치단체 중 상위 30퍼센트 이내에 해당하는 인구 50만명 미만의 시 · 군 · 구에 대해서도 지역건축안전센터의 설치를 의무화하려는 내용으로 「건축법」이 개정(법률 제18935호, 2022.6.10. 공포, 2023.6.11. 시행)됨에 따라, 건축허가 면적 또는 노후건축물 비율의 산정 방법을 정하는 등 법률에서 위임된 사항과 그 시행에 필요한 사항을 정하는 한편,

특별건축구역의 지정을 제안할 때 특별건축구역 지정 제안 동의서에 지장을 날인하고 자필로 서명하는 방법으로 토지소유자의 동의를 받도록 하던 것에서 지장의 날인을 제외함으로써 토지소유자의 동의 방법을 간소화하는 등 현행 제도의 운영상 나타난 일부 미비점을 개선 · 보완하려는 것임.

■ 2022.11.2. 개정(시행 2023.5.3.)

◇ 개정이유 및 주요내용

지방자치단체의 자치입법권을 강화하기 위하여 법령에서 조례로 정하도록 위임한 사항에 대해서는 하위 법령에서 그 내용과 범위를 제한하거나 직접 규정할 수 없도록 하는 등의 내용으로 「지방자치법」이 전부개정된 것에 맞추어, 이 규칙에서 정하고 있던 건축허가 신청이나 건축신고에 따른 수수료의 납부방법 등에 관한 내용을 삭제함으로써 지방자치단체의 조례로 이를 정할 수 있도록 하려는 것임.

■ 2021.12.31. 개정(시행 2021.12.31., 2022.2.11)

◇ 개정이유 및 주요내용

신기술이 적용된 건축설비의 개발 및 활용을 촉진하기 위하여 신기술 · 신제품인 건축설비에 대한 기술적 기준의 인정을 받으려는 자는 건축설비의 구체적인 기능과 해당 건축설비의 신규성 · 진보성 등에 관한 내용을 적은 서류 등을 첨부하여 국토교통부장관에게 인정을 신청하도록 하고, 기술적 기준을 인정받은 건축설비에 부여된 유효기간을 5년의 범위에서 연장할 수 있도록 하는 등 신기술 · 신제품인 건축설비의 인정 절차와 관련 서식 등을 정하는 한편,

강풍으로 인한 공작물의 붕괴나 파손 등을 예방하기 위하여 건축주가 높이 8미터 이상인 공작물에 대한 축조신고를 하는 경우에는 공작물 내풍설계 확인서도 첨부하도록 하는 등 현행 제도의 운영상 나타난 일부 미비점을 개선 · 보완하려는 것임.

■ 2021.6.25. 개정(시행 2021.6.25.)

◇ 개정이유 및 주요내용

건축 · 대수선 허가 또는 가설건축물의 건축허가 신청 시 제출해야 하는 서류 준비에 따른 부담을 완화하기 위해 구조도 및 구조계산서는 착공신고 전까지 제출할 수 있도록 하고, 건축물의 착공신고나 사용승인 등에 따른 기술적인 사항에 대한 확인 · 점검 등의 업무를 수행하는 지역건축안전센터의 효율적인 운영을 위해 지역건축안전센터에 배치하는 전문인력의 자격기준을 건축구조 분야 특급기술인 이상에서 고급기술인 이상으로 완화하는 등 현행 제도의 운영상 나타난 일부 미비점을 개선 · 보완하려는 것임.

■ 2021.1.8. 개정(시행 2021.1.8.)

◇ 개정이유 및 주요내용

특별건축구역 지정을 제안하려는 자는 대상 토지 면적의 3분의 2 이상에 해당하는 토지소유자 등의 동의를 받은 서면을 시 · 도지사에게 제출하도록 하는 등의 내용으로 「건축법」 및 같은 법 시행령이 개정됨에 따라 토지소유자의 특별건축구역 지정 제안 동의서와 동의 방법을 정하려는 것임.

■ 2020.10.28. 개정(시행 2020.10.28.)

◇ 개정이유 및 주요내용

음료 등을 조리하거나 제조하여 판매하는 시설의 거실 일부를 칸막이로 가로 또는 세로로 구획할 수 있도록 하는 등의 내용으로 「건축법 시행령」이 개정됨에 따라 거실을 구획하는 칸막이의 구조 및 시공방법 등에 관한 기준을 정하는 한편,

건설공사 현장의 안전을 확보하기 위하여 착공신고서에 「산업안전보건법」에 따른 산업재해 예방 지도에 관한 사항을 적도록 하고, 건축공사 현장관리 제도의 실효성을 확보하기 위하여 현장관리인의 업무를 구체화하며, 태풍 등으로 인한 공작물의 붕괴를 방지하기 위하여 건축사 또는 건축구조기술사의 구조안전 확인을 받아야 하는 공작물을 13미터 이상인 공작물에서 8미터 이상인 공작물로 확대하는 등 현행 제도의 운영상 나타난 일부 미비점을 개선 · 보완하려는 것임.

■ 2020.5.1. 타법개정(시행 2020.5.1.)

◇ 「건축물관리법 시행규칙」 제정이유

기존 건축물 중 일부 건축물에 대해서도 화재안전시설 · 설비를 보강하도록 하고, 건축물의 해체를 하려는 경우 해체계획서를 수립하여 허가를 받도록 하며, 일부 해체공사는 해체공사감리자가 공사감리를 하도록 하는 등의 내용으로 「건축물관리법」 및 같은 법 시행령이 제정됨에 따라 화재안전성능보강의 시행 절차, 건축물의 해체허가 절차 및 해체공사감리자의 해체작업의 중지 요청 절차 등 법령에서 위임된 사항과 그 시행에 필요한 사항을 정하려는 것임.

◇ 「건축법 시행규칙」 주요 개정 내용〈부칙의 「건축법 시행규칙」 개정 사항 중〉

–제23조, 제24조 및 제41조제3항을 삭제 등

–별지 제24호의3서식, 별지 제24호의4서식, 별지 제25호서식, 별지 제25호의2서식 및 별지 제31호의2서식 삭제

【건축물의 구조기준 등에 관한 규칙】 개정이유 및 주요내용 〈국토교통부 제공〉

■ 2024.12.17. 개정(시행 2024.12.17.)

◇ 개정이유 및 주요내용

기존 건축물의 성능개선을 위한 증축 또는 대수선에 대해서는 보다 완화된 구조 안전의 확인 방법을 적용할 수 있도록 하는 등의 내용으로 「건축법 시행령」이 개정(대통령령 제35082호, 2024. 12. 17. 공포·시행)됨에 따라, 구조 안전의 확인 방법을 완화하여 적용할 수 있는 증축 및 대수선의 범위를 정하는 등 대통령령에서 위임된 사항과 그 시행에 필요한 사항을 정하는 한편,

건축물의 내진능력 공개를 활성화하기 위해 건축물의 내진능력 산정 및 공개 방법을 개선하는 등 현행 제도의 운영상 나타난 일부 미비점을 개선·보완하려는 것임.

■ 2021.12.9. 개정(시행 2021.12.9.)

◇ 개정이유 및 주요내용

건축물의 설계자가 건축물 구조에 대한 안전을 확인해야 하는 건축물 중 국민의 건강정보, 금융정보 등이 구축·관리되는 데이터센터와 다수의 사람이 수용되는 교정시설의 중요도 등급을 상향하여 보다 높은 내진등급기준이 적용되도록 함으로써 데이터센터와 교정시설에 대한 안전관리를 강화하려는 것임.

■ 2020.11.9. 개정(시행 2020.11.9.)

◇ 개정이유 및 주요내용

종전에는 목구조건축물의 구조안전성을 고려하여 건축물의 규모를 제한했으나 고성능 목조자재 개발 등으로 대형 목구조건축물의 건축이 가능해짐에 따라 앞으로는 목구조건축물의 규모제한을 폐지하여 온실가스 감축 효과가 우수한 친환경 목조건축을 활성화하려는 것임.

■ 2020.2.12. 개정(시행 2020.2.12.)

◇ 개정이유 및 주요내용

소규모건축물에 대한 구조설계 부담을 낮추기 위해 조적식구조 건축물에 많이 활용되고 있는 구조를 구조안전 및 내진설계 확인서에 반영하고, 소규모건축물 중 한옥에 적용하는 전통목구조인 건축물의 구조안전 및 내진설계 확인서의 서식을 별도로 정하는 등 현행 제도의 운영상 나타난 일부 미비점을 개선·보완하려는 것임.

【건축물의 설비기준 등에 관한 규칙】 개정이유 및 주요내용 〈국토교통부 제공〉

■ 2024.8.7. 개정(시행 2024.8.7.)

◇ 개정이유 및 주요내용

신축 공동주택의 자연환기설비 설치 기준 중 실효성이 떨어지는 소음 기준을 삭제하고, 온수온돌의 배관층과 바탕층 사이의 열저항 기준을 현실에 맞게 정비하며, 다른 법령의 개정 사항을 반영하여 인용조문을 정비하는 등 현행 제도의 운영상 나타난 일부 미비점을 개선 · 보완하려는 것임.

■ 2024.3.21. 개정(시행 2024.3.21.)

◇ 개정이유 및 주요내용

건축물의 침수 피해를 예방하기 위하여 물막이판 등 건축물의 침수를 방지할 수 있는 물막이설비를 설치해야 하는 건축물의 범위를 종전에는 '연면적 1만제곱미터 이상의 건축물'에 한정하던 것을 앞으로는 '모든 건축물'로 확대하되, 해당 건축물의 지하층 및 1층의 출입구를 예상 침수 높이 이상으로 설치한 경우에는 물막이설비를 설치한 것으로 보도록 하는 등 현행 제도의 운영상 나타난 일부 미비점을 개선 · 보완하려는 것임.

■ 2020.4.9. 개정(시행 2020.10.10)

◇ 개정이유 및 주요내용

건축물 내 미세먼지의 유입을 방지하기 위해 환기설비를 설치해야 하는 주택 등의 범위를 100세대 이상의 공동주택 등에서 30세대 이상의 공동주택 등으로 확대하고, 그 환기설비가 갖춰야하는 공기여과기의 입자 포집률을 자연환기설비의 경우 60퍼센트 이상에서 70퍼센트 이상으로, 기계환기설비의 경우 40퍼센트 이상에서 60퍼센트 이상으로 강화하며, 기계환기설비를 설치해야 하는 다중이용시설인 영화상영관, 어린이집, 노인요양시설 등의 범위를 확대하는 등 현행 제도의 운영상 나타난 일부 미비점을 개선 · 보완하려는 것임.

■ 2017.12.4. 개정(시행 2017.12.4)

◇ 개정이유 및 주요내용

건축물 내 미세먼지 유입을 방지하기 위하여 건축물 환기설비의 공기여과 성능을 측정하는 입자 포집률 기준을 자연환기설비의 경우 종전 50퍼센트 이상에서 60퍼센트 이상으로, 기계환기설비의 경우 종전 60퍼센트 이상에서 80퍼센트 이상으로 각각 강화하고, 기계환기설비의 공기여과 성능 측정방법에 비색법 또는 광산란 적산법 외에 계수법을 추가하는 등 현행 제도의 운영상 나타난 일부 미비점을 개선 · 보완하려는 것임.

■ 2017.5.2 개정(시행 2017.8.3)

◇ 개정이유 및 주요내용

연면적 1만제곱미터 이상 건축물 등의 가스설비 설치시 매립 · 매몰 부분과 그 밖의 부분을 구분하여 각각 다른 기술사의 협력을 받도록 하던 것을 가스설비 설치의 효율성 제고를 위하여 설치방법에 관계없이 건축기계기술사, 공조냉동기계기술사 또는 가스기술사를 선택하여 협력을 받을 수 있도록 하는 등의 내용으로 「건축법 시행령」이 개정됨에 따라, 가스설비 설치를 협력할 수 있는 기술사에 건축기계기술사, 공조냉동기계기술사 외에 가스기술사를 추가하는 등 그 시행에 필요한 사항을 정하려는 것임.

【건축물의 피난 · 방화구조 등의 기준에 관한 규칙】 개정이유 및 주요내용 〈국토교통부 제공〉

■ **2024.11.15. 개정(시행 2024.11.15.)**

◇ **개정이유 및 주요내용**

건축물에 설치하는 소방관 진입창의 설치 기준을 합리화하기 위해 직접 지상으로 통하는 출입구가 있는 층에는 소방관 진입창을 설치하지 않을 수 있도록 하는 등 현행 제도의 운영상 나타난 일부 미비점을 개선 · 보완하려는 것임.

■ **2024.8.26. 개정(시행 2024.8.26.)**

◇ **개정이유 및 주요내용**

건축물의 화재예방을 강화하기 위해 방화구획에 내화채움성능이 인정되는 구조로 메워야 하는 경우를 급수관 · 배전관 또는 그 밖의 관이나 전선 등이 방화구획을 관통하여 관통부가 생기는 경우, 방화구획의 벽과 벽, 벽과 바닥, 바닥과 바닥 사이에 접합부가 생기는 경우, 방화구획과 외벽 사이에 접합부가 생기는 경우 및 방화구획에 그 밖의 틈이 생기는 경우로 구체화하는 한편,

소방관 진입창의 설치 기준을 합리화하기 위해 소방관 진입창의 유리 크기를 높이 1.2미터 이상에서 1미터 이상으로 줄이고, 난간이 설치된 노대 등에 불가피하게 소방관 진입창을 설치하는 경우에는 창의 아랫부분까지의 높이를 120센티미터 이내로 하도록 하는 등 현행 제도의 운영상 나타난 일부 미비점을 개선 · 보완하려는 것임.

■ **2023.8.31. 개정(시행 2023.8.31.)**

◇ **개정이유 및 주요내용**

마감재료가 둘 이상의 재료로 제작된 경우에는 해당 마감재료를 구성하는 각각의 재료에 대하여 난연성능을 시험하도록 하였으나, 앞으로는 불연재료 사이에 두께가 5밀리미터 이하인 다른 재료를 부착하여 제작한 재료의 경우에는 해당 재료 전체를 하나의 재료로 보고 난연성능을 시험할 수 있도록 하고, 불연재료에 0.1밀리미터 이하의 두께로 도장을 한 재료의 경우에는 불연재료의 성능기준을 충족한 것으로 보고 난연성능 시험을 생략할 수 있도록 하는 등 마감재료의 시험 요건을 합리화하려는 것임.

■ **2022.4.29. 개정(시행 2022.4.29.)**

◇ **개정이유 및 주요내용**

건축물 화재예방을 강화하기 위하여 방화구획 설치의무 규정을 적용하지 않거나 완화하여 적용하는 부분이 포함된 창고시설에 대해서는 화재 안전에 필요한 사항을 별도로 정할 수 있도록 하는 등의 내용으로 「건축법」 및 같은 법 시행령이 개정된 것에 맞추어, 창고시설 중 방화구획 설치의무 규정을 적용하지 않거나 완화하여 적용하는 부분에는 수막(水幕)을 형성하여 화재확산을 방지하는 설비 및 화재 조기진화용 스프링클러 등을 추가로 설치하도록 하는 한편,

건축물 화재로 인한 인명피해 예방을 강화하기 위하여 아파트의 발코니에 설치하는 하향식 피난구의 덮개가 사다리, 승강식피난기 등과 일체형으로 구성된 경우에는 그 사다리, 승강식피난기 등도 비차열(非遮熱) 1시간 이상의 내화성능을 갖추도록 하는 등 현행 제도의 운영상 나타난 일부 미비점을 개선 · 보완하려는 것임.

■ 2022.2.10. 개정(시행 2022.2.11.)

◇ 개정이유 및 주요내용

건축물에 사용되는 마감재료의 화재예방 성능을 강화하기 위하여 마감재료가 둘 이상의 재료로 제작된 경우 마감재료 전체에 대한 실물모형시험 결과 및 각각의 재료에 대한 난연성능시험 결과가 국토교통부장관이 정하여 고시하는 기준을 충족하도록 하고, 마감재료가 강판과 심재(心材)로 이루어진 복합자재인 경우 복합자재 전체에 대한 실물모형시험 결과가 국토교통부장관이 정하여 고시하는 기준을 충족하도록 하며, 복합자재를 구성하는 강판의 두께와 심재의 난연성능에 관한 구체적인 기준을 마련하는 등 현행 제도의 운영상 나타난 일부 미비점을 개선 · 보완하려는 것임.

■ 2021.12.23. 개정(시행 2022.1.31.)

◇ 개정이유 및 주요내용

건축공사에 사용되는 건축자재 등의 품질관리를 강화하기 위하여 방화문, 복합자재 등의 건축자재와 내화구조(耐火構造)에 대한 품질인정 제도를 도입하는 등의 내용으로 「건축법」(법률 제17733호, 2020.12.22. 공포, 2021.12.23. 시행) 및 같은 법 시행령이 개정(대통령령 제32241호, 2021.12.21. 공포, 12.23. 시행)됨에 따라, 건축자재 등에 대한 품질인정의 구체적인 기준, 품질인정 신청자가 내야 하는 수수료의 종류 및 반환 사유 등 법률 및 시행령에서 위임된 사항과 그 시행에 필요한 사항을 정하는 한편,

건축자재 등의 품질을 체계적으로 관리하기 위하여 건축자재 등의 제조업자 · 유통업자 및 공사시공자 등이 작성하여 제출하는 품질관리서에 첨부해야 하는 서류를 추가하는 등 현행 제도의 운영상 나타난 일부 미비점을 개선 · 보완하려는 것임.

■ 2021.10.15. 개정(시행 2021.10.15.)

◇ 개정이유 및 주요내용

제1종 근린생활시설, 숙박시설 등의 용도로 사용하는 건축물을 기숙사 등 준주택으로 용도변경하여 공공주택사업자에게 매도하려는 경우 둘 이상의 직통계단이 지상까지 직접 연결되어 있는 등 화재 확산을 방지할 수 있는 구조를 갖추면 양 옆에 거실이 있는 복도의 유효너비 기준을 완화하여 적용할 수 있도록 함으로써 공공임대주택의 공급을 촉진하려는 것임.

■ 2021.9.3. 개정(시행 2022.2.11.)

◇ 개정이유 및 주요내용

공사감리자는 국토교통부령으로 정하는 마감재료 설치공사를 감리하는 경우 건축 또는 안전관리 분야의 건축사보 한 명 이상이 공사현장에서 감리업무를 수행하게 해야 하는 등의 내용으로 「건축법 시행령」이 개정(대통령령 제31941호, 2021. 8. 10. 공포, 2022. 2. 11. 시행)됨에 따라 건축사보를 배치해야 하는 경우를 공장, 창고시설 등에서 난연재료가 아닌 단열재를 사용하는 경우로서 단열재가 외기(外氣)에 노출되는 경우로 정하는 한편, 공사현장 등에서 발생하는 화재로 인한 인명피해를 예방하기 위해 건축물의 내부 마감재료로 불연재료 또는 준불연재료를 사용해야 하는 경우에 강판과 심재(心材)로 이루어진 복합자재를 사용하는 경우를 추가하는 등 현행 제도의 운영상 나타난 일부 미비점을 개선 · 보완하려는 것임.

■ 2021.7.5. 개정(시행 2021.7.5.)

◇ 개정이유 및 주요내용

상업지역의 제1종 근린생활시설 등에 해당하는 건축물의 외벽에 설치되는 창호(窓戶)의 방화성능 등이 국토교통부령으로 정하는 기준에 적합하도록 하는 등의 내용으로 「건축법」 및 같은 법 시행령이 개정됨에 따라 건축물의 인접대지경계선에 접하는 외벽에 설치하는 창호와 인접대지경계선 간의 거리가 1.5미터 이내인 경우에는 창호를 방화유리창으로 설치하도록 하는 한편, 같은 시설군 안의 건축물을 목욕장, 의원 등으로 용도변경하는 경우 스프링클러 등의 헤드가 창문 등으로부터 60센티미터 이내에 설치되어 건축물 내부가 화재로부터 방호되는 경우에는 불연재료 또는 준불연재료를 외부 마감재료로 사용하지 않을 수 있도록 하여 용도변경에 따른 비용부담을 완화하는 등 현행 제도의 운영상 나타난 일부 미비점을 개선 · 보완하려는 것임.

■ 2021.3.26. 개정(시행 2021.3.26.)

◇ 개정이유 및 주요내용

갑종 및 을종으로 구분하고 있는 방화문을 연기 및 불꽃을 차단할 수 있는 시간과 열을 차단할 수 있는 시간을 기준으로 60분+, 60분 및 30분 방화문으로 분류체계를 개선하는 등의 내용으로 「건축법 시행령」이 개정(대통령령 제31100호, 2020.10.8. 공포, 2021.8.7. 시행)됨에 따라 방화문의 명칭을 정비하는 한편, 층수가 11층 이상인 건축물로서 11층 이상인 층의 바닥면적의 합계가 1만 제곱미터 이상인 건축물의 경우 옥상 출입문에 비상문자동개폐장치를 설치하도록 하여 피난을 원활하게 할 수 있도록 하는 등 현행 제도의 운영상 나타난 일부 미비점을 개선 · 보완하려는 것임.

법	시 행 령	시 행 규 칙

제1장 총칙

제1조 【목적】 이 법은 건축물의 대지·구조·설비 기준 및 용도 등을 정하여 건축물의 안전·기능·환경 및 미관을 향상시킴으로써 공공복리의 증진에 이바지하는 것을 목적으로 한다.

제2조 【정의】 ① 이 법에서 사용하는 용어의 뜻은 다음과 같다. 〈개정 2016.1.19., 2016.2.3., 2017.12.26., 2020.4.7.〉

1. "대지(垈地)"란 「공간정보의 구축 및 관리 등에 관한 법률」에 따라 각 필지(筆地)로 나눈 토지를 말한다. 다만, 대통령령으로 정하는 토지는 둘 이상의 필지를 하나의 대지로 하거나 하나 이상의 필지의 일부를 하나의 대지로 할 수 있다.

제1장 총칙

제1조 【목적】 이 영은 「건축법」에서 위임된 사항과 그 시행에 필요한 사항을 규정함을 목적으로 한다.

제3조 【대지의 범위】 ① 법 제2조제1항제1호 단서에 따라 둘 이상의 필지를 하나의 대지로 할 수 있는 토지는 다음 각 호와 같다. 〈개정 2016.5.17., 2016.8.11., 2021.1.8., 2024.6.18.〉

1. 하나의 건축물을 두 필지 이상에 걸쳐 건축하는 경우: 그 건축물이 건축되는 각 필지의 토지를 합한 토지
2. 「공간정보의 구축 및 관리 등에 관한 법률」 제80조제3항에 따라 합병이 불가능한 경우 중 다음 각 목의 어느 하나에 해당하는 경우: 그 합병이 불가능한 필지의 토지를 합한 토지. 다만, 토지의 소유자가 서로 다르거나 소유권 외의 권리관계가 서로 다른 경우는 제외한다.
   가. 각 필지의 지번부여지역(地番附與地域)이 서로 다른 경우
   나. 각 필지의 도면의 축척이 다른 경우
   다. 서로 인접하고 있는 필지로서 각 필지의 지반(地盤)이 연속되지 아니한 경우
3. 「국토의 계획 및 이용에 관한 법률」 제2조제7호에 따른 도시·군계획시설(이하 "도시·군계획시설"이라 한다)에 해당하는 건축물을 건축하는 경우: 그 도시·군계획시설이 설치되는 일단(一團)의 토지
4. 「주택법」 제15조에 따른 사업계획승인을 받아 주택과 그

제1조 【목적】 이 규칙은 「건축법」 및 「건축법 시행령」에서 위임된 사항과 그 시행에 필요한 사항을 규정함을 목적으로 한다. 〈개정 2012.12.12〉

법	시 행 령	시 행 규 칙
2. "건축물"이란 토지에 정착(定着)하는 공작물 중 지붕과 기	부대시설 및 복리시설을 건축하는 경우: 같은 법 제2조제12호에 따른 주택단지(이하 "주택단지"라 한다) 5. 도로의 지표 아래에 건축하는 건축물의 경우: 특별시장 · 광역시장 · 특별자치시장 · 특별자치도지사 · 시장 · 군수 또는 구청장(자치구의 구청장을 말한다. 이하 같다)이 그 건축물이 건축되는 토지로 정하는 토지 6. 법 제22조에 따른 사용승인을 신청할 때 둘 이상의 필지를 하나의 필지로 합칠 것을 조건으로 건축허가를 하는 경우: 그 필지가 합쳐지는 토지. 다만, 토지의 소유자가 서로 다른 경우는 제외한다. ② 법 제2조제1항제1호 단서에 따라 하나 이상의 필지의 일부를 하나의 대지로 할 수 있는 토지는 다음 각 호와 같다. 1. 하나 이상의 필지의 일부에 대하여 도시 · 군계획시설이 결정 · 고시된 경우: 그 결정 · 고시된 부분의 토지 2. 하나 이상의 필지의 일부에 대하여 「농지법」 제34조에 따른 농지전용허가를 받은 경우: 그 허가받은 부분의 토지 3. 하나 이상의 필지의 일부에 대하여 「산지관리법」 제14조에 따른 산지전용허가를 받은 경우: 그 허가받은 부분의 토지 4. 하나 이상의 필지의 일부에 대하여 「국토의 계획 및 이용에 관한 법률」 제56조에 따른 개발행위허가를 받은 경우: 그 허가받은 부분의 토지 5. 법 제22조에 따른 사용승인을 신청할 때 필지를 나눌 것을 조건으로 건축허가를 하는 경우: 그 필지가 나누어지는 토지 **제2조 【정의】** 이 영에서 사용하는 용어의 뜻은 다음과 같다. 〈개정 2016.7.19., 2017.2.3., 2018.9.4., 2020.4.28., 2024.12.17.〉 12. "부속건축물"이란 같은 대지에서 주된 건축물과 분리된 부	**법령해석** 주된 건축물과 부속건축물의 이격

둥 또는 벽이 있는 것과 이에 딸린 시설물, 지하나 고가(高架)의 공작물에 설치하는 사무소·공연장·점포·차고·창고, 그 밖에 대통령령으로 정하는 것을 말한다.

3. "건축물의 용도"란 건축물의 종류를 유사한 구조, 이용 목적 및 형태별로 묶어 분류한 것을 말한다.

4. "건축설비"란 건축물에 설치하는 전기·전화 설비, 초고속 정보통신 설비, 지능형 홈네트워크 설비, 가스·급수·배수(配水)·배수(排水)·환기·난방·냉방·소화(消火)·배연(排煙) 및 오물처리의 설비, 굴뚝, 승강기, 피뢰침, 국기 게양대, 공동시청 안테나, 유선방송 수신시설, 우편함, 저수조(貯水槽), 방범시설, 그 밖에 국토교통부령으로 정하는 설비를 말한다.

5. "지하층"이란 건축물의 바닥이 지표면 아래에 있는 층으로

속용도의 건축물로서 주된 건축물을 이용 또는 관리하는 데에 필요한 건축물을 말한다.

13. "부속용도"란 건축물의 주된 용도의 기능에 필수적인 용도로서 다음 각 목의 어느 하나에 해당하는 용도를 말한다.
  가. 건축물의 설비, 대피, 위생, 그 밖에 이와 비슷한 시설의 용도
  나. 사무, 작업, 집회, 물품저장, 주차, 그 밖에 이와 비슷한 시설의 용도
  다. 구내식당·직장어린이집·구내운동시설 등 종업원 후생복리시설, 구내소각시설, 그 밖에 이와 비슷한 시설의 용도. 이 경우 다음의 요건을 모두 갖춘 휴게음식점(별표 1 제3호의 제1종 근린생활시설 중 같은 호 나목에 따른 휴게음식점을 말한다)은 구내식당에 포함되는 것으로 본다.
    1) 구내식당 내부에 설치할 것
    2) 설치면적이 구내식당 전체 면적의 3분의 1 이하로서 50제곱미터 이하일 것
    3) 다류(茶類)를 조리·판매하는 휴게음식점일 것
  라. 관계 법령에서 주된 용도의 부수시설로 설치할 수 있게 규정하고 있는 시설, 그 밖에 국토교통부장관이 이와 유사하다고 인정하여 고시하는 시설의 용도

14. "발코니"란 건축물의 내부와 외부를 연결하는 완충공간으로서 전망이나 휴식 등의 목적으로 건축물 외벽에 접하여 부가적(附加的)으로 설치되는 공간을 말한다. 이 경우 주택에 설치되는 발코니로서 국토교통부장관이 정하는 기준에 적합한 발코니는 필요에 따라 거실·침실·창고 등의 용도로 사용할 수 있다.

질의 회신 어느 한 층의 둘레가 지표면에 접하지 아니하고 지상에

여부(법제처 16-0259, 2016.7.6.)

질의요지 「건축법 시행령」 제2조제12호에서는 부속건축물이란 같은 대지에서 주된 건축물과 분리된 부속용도의 건축물로서 주된 건축물을 이용 또는 관리하는 데에 필요한 건축물을 말한다고 규정하고 있는바, 부속건축물은 주된 건축물과 반드시 이격(離隔)시켜 건축되어야 하는지?

회답 「건축법 시행령」 제2조제12호에 따른 부속건축물은 주된 건축물과 반드시 이격시켜 건축되어야 합니다. 다만, 부속건축물과 주된 건축물의 이격 거리에 대한 사항은 대지현황, 건축물의 기능, 구조 및 안전성, 관계법령 등을 고려하여 건축허가 등의 과정에서 건축주의 의견을 반영하여 결정할 수 있다고 할 것입니다.

고시 발코니 등의 구조변경절차 및 설치 기준 (국토교통부고시 제2018-775호, 2018.12.7.)

지침 공동주택의 발코니 설계 및 구조변경 업무처리 지침(건설교통부 주거환경팀-250호, 2006.1.16)

법	시 행 령	시 행 규 칙

서 바닥에서 지표면까지 평균높이가 해당 층 높이의 2분의 1 이상인 것을 말한다.

6. "거실"이란 건축물 안에서 거주, 집무, 작업, 집회, 오락, 그 밖에 이와 유사한 목적을 위하여 사용되는 방을 말한다.

7. "주요구조부"란 내력벽(耐力壁), 기둥, 바닥, 보, 지붕틀 및 주계단(主階段)을 말한다. 다만, 사이 기둥, 최하층 바닥, 작은 보, 차양, 옥외 계단, 그 밖에 이와 유사한 것으로 건축물의 구조상 중요하지 아니한 부분은 제외한다.

8. "건축"이란 건축물을 신축 · 증축 · 개축 · 재축(再築)하거나 건축물을 이전하는 것을 말한다.

8의2. "결합건축" 이란 제56조에 따른 용적률을 개별 대지마다 적용하지 아니하고, 2개 이상의 대지를 대상으로 통합적용하여 건축물을 건축하는 것을 말한다. 〈신설 2020.4.7.〉

질의 회신 기존 7개동을 위치 이동하여 3개동으로 건축하는 경우 개축인지 여부 (건교부 건축기획팀-634, 2005.10.10.)

질의 기존 7개동의 건축물을 철거후 동일규모로 일부 위치를 이동하여 3개동으로 건축하는 경우 개축에 해당하는지 여부

회신 건축법 시행령 제2조제1항제3호에 의거 "개축"이라 함은 기존 건축물의 전부 또는 일부를 철거하고 그 대지안에 종전과 동일한 규모의 범위안에서 건축물을 다시 축조하는 것을 말하는 것으로서, 상기 규정에서 "종전과 동일한 규모의 범위"라 함은 건축물의 동수가 감소하더라도 면적과 층수 및 높이가 증가하지 않는 경우라면 이는 종전과 동일한 규모 범위의 개축에 해당하는 것임

노출된 경우 지하층 산정방법 (국토교통부 민원마당 FAQ 2019.5.24.)

질의 건축물 중 어느 한 층의 둘레가 지표면에 직접 접하거나 직접 접하지 아니하고 지상에 노출된 경우 당해 층의 지하층의 산정방법은?

회신 가. 지하층이라 함은 건축법 제2조제1항 제4호의 규정에 의하여 건축물의 바닥이 지표면 아래에 있는 층으로서 그 바닥으로부터 지표면까지의 평균높이가 당해 층높이의 2분의 1이상인 것을 말하고, 지하층의 지표면 산정은 동법시행령 제119조 제1항 제10호에 따라 산정하는 것이나,
나. 지하층의 대부분을 외부로 노출시킨 후 차량 및 사람이 직접적으로 외부로 출입이 가능하도록 하는 등 실질적으로 지상층과 동일한 외관 · 이용형태 · 구조 등을 갖춘 경우라면 이를 지하층으로 인정하기는 어려울 것으로 사료되니 이에 대한 구체적인 적용은 당해 대지 및 건축물과 설계도서 등을 종합적으로 검토하여 판단하여야 할 것임

1. "신축"이란 건축물이 없는 대지(기존 건축물이 해체되거나 멸실된 대지를 포함한다)에 새로 건축물을 축조(築造)하는 것[부속건축물만 있는 대지에 새로 주된 건축물을 축조하는 것을 포함하되, 개축(改築) 또는 재축(再築)하는 것은 제외한다]을 말한다.
2. "증축"이란 기존 건축물이 있는 대지에서 건축물의 건축면적, 연면적, 층수 또는 높이를 늘리는 것을 말한다.
3. "개축"이란 기존 건축물의 전부 또는 일부[내력벽 · 기둥 · 보 · 지붕틀(제16호에 따른 한옥의 경우에는 지붕틀의 범위에서 서까래는 제외한다) 중 셋 이상이 포함되는 경우를 말한다]를 해체하고 그 대지에 종전과 같은 규모의 범위에서 건축물을 다시 축조하는 것을 말한다.
4. "재축"이란 건축물이 천재지변이나 그 밖의 재해(災害)로 멸실된 경우 그 대지에 다음 각 목의 요건을 모두 갖추어 다시 축조하는 것을 말한다.
   가. 연면적 합계는 종전 규모 이하로 할 것
   나. 동(棟)수, 층수 및 높이는 다음의 어느 하나에 해당할 것

법	시 행 령	시 행 규 칙
	1) 동수, 층수 및 높이가 모두 종전 규모 이하일 것 2) 동수, 층수 또는 높이의 어느 하나가 종전 규모를 초과하는 경우에는 해당 동수, 층수 및 높이가 「건축법」(이하 "법"이라 한다), 이 영 또는 건축조례(이하 "법령등"이라 한다)에 모두 적합할 것 5. "이전"이란 건축물의 주요구조부를 해체하지 아니하고 같은 대지의 다른 위치로 옮기는 것을 말한다.	
9. "대수선"이란 건축물의 기둥, 보, 내력벽, 주계단 등의 구조나 외부 형태를 수선·변경하거나 증설하는 것으로서 대통령령으로 정하는 것을 말한다. 10. "리모델링"이란 건축물의 노후화를 억제하거나 기능 향상 등을 위하여 대수선하거나 건축물의 일부를 증축 또는 개축하는 행위를 말한다.	**제3조의2 【대수선의 범위】** 법 제2조제1항제9호에서 "대통령령으로 정하는 것"이란 다음 각 호의 어느 하나에 해당하는 것으로서 증축·개축 또는 재축에 해당하지 아니하는 것을 말한다. 〈개정 2019.10.22.〉 1. 내력벽을 증설 또는 해체하거나 그 벽면적을 30제곱미터 이상 수선 또는 변경하는 것 2. 기둥을 증설 또는 해체하거나 세 개 이상 수선 또는 변경하는 것 3. 보를 증설 또는 해체하거나 세 개 이상 수선 또는 변경하는 것 4. 지붕틀(한옥의 경우에는 지붕틀의 범위에서 서까래는 제외한다)을 증설 또는 해체하거나 세 개 이상 수선 또는 변경하는 것 5. 방화벽 또는 방화구획을 위한 바닥 또는 벽을 증설 또는 해체하거나 수선 또는 변경하는 것 6. 주계단·피난계단 또는 특별피난계단을 증설 또는 해체하거나 수선 또는 변경하는 것 7. 삭제 〈2019.10.22.〉 8. 다가구주택의 가구 간 경계벽 또는 다세대주택의 세대 간 경계벽을 증설 또는 해체하거나 수선 또는 변경하는 것 9. 건축물의 외벽에 사용하는 마감재료(법 제52조제2항에 따	**질의 회신** 4층 건축물에 엘리베이터 신규 설치가 대수선에 해당되는 지 여부 국토교통부 민원마당 FAQ 2019.5.24. **질의** 4층 건축물의 내부에 엘리베이터를 새로 설치하는 경우가 대수선에 해당하는 지의 여부 **회신** 건축법령상 대수선이라 함은 건축법시행령 제3조의2 각호의 1에 해당하는 것을 말하는 것인 바, 질의의 경우 4층 바닥(3층 천장)이 방화구획을 위한 것이라면 대수선에 해당할 것임

법	시 행 령	시 행 규 칙

법

11. "도로"란 보행과 자동차 통행이 가능한 너비 4미터 이상의 도로(지형적으로 자동차 통행이 불가능한 경우와 막다른 도로의 경우에는 대통령령으로 정하는 구조와 너비의 도로)로서 다음 각 목의 어느 하나에 해당하는 도로나 그 예정도로를 말한다.
   가. 「국토의 계획 및 이용에 관한 법률」, 「도로법」, 「사도법」, 그 밖의 관계 법령에 따라 신설 또는 변경에 관한 고시가 된 도로
   나. 건축허가 또는 신고 시에 특별시장 · 광역시장 · 특별자치시장 · 도지사 · 특별자치도지사(이하 "시 · 도지사"라 한다) 또는 시장 · 군수 · 구청장(자치구의 구청장을 말한다. 이하 같다)이 위치를 지정하여 공고한 도로

관계법 도로의 종류

구분	종류
1. 「국토의 계획 및 이용에 관한 법률」 상의 도로 (시행령 제2조)	1. 일반도로 5. 자전거전용도로 2. 자동차전용도로 6. 고가도로 3. 보행자전용도로 7. 지하도로 4. 보행자우선도로
2. 「도로법」 상의 도로 (법 제10조)	1. 고속국도(지선포함) 5. 시도 2. 일반국도(지선포함) 6. 군도 3. 특별시도, 광역시도 7. 구도 4. 지방도
3. 「사도법」 상의 도로 (법 제2조)	「도로법」 규정에 따른 도로나 「도로법」의 준용을 받는 도로 등이 아닌 것으로 그 도로에 연결되는 길을 말함

12. "건축주"란 건축물의 건축 · 대수선 · 용도변경, 건축설비의 설치 또는 공작물의 축조(이하 "건축물의 건축등"이라 한다) 에 관한 공사를 발주하거나 현장 관리인을 두어 스스로 그 공사를 하는 자를 말한다.

시행령

른 마감재료를 말한다)를 증설 또는 해체하거나 벽면적 30제곱미터 이상 수선 또는 변경하는 것

제3조의3 【지형적 조건 등에 따른 도로의 구조와 너비】 법 제2조제1항제11호 각 목 외의 부분에서 "대통령령으로 정하는 구조와 너비의 도로"란 다음 각 호의 어느 하나에 해당하는 도로를 말한다. 〈개정 2014.10.14.〉

1. 특별자치시장 · 특별자치도지사 또는 시장 · 군수 · 구청장이 지형적 조건으로 인하여 차량 통행을 위한 도로의 설치가 곤란하다고 인정하여 그 위치를 지정 · 공고하는 구간의 너비 3미터 이상(길이가 10미터 미만인 막다른 도로인 경우에는 너비 2미터 이상)인 도로
2. 제1호에 해당하지 아니하는 막다른 도로로서 그 도로의 너비가 그 길이에 따라 각각 다음 표에 정하는 기준 이상인 도로

막다른 도로의 길이	도로의 너비
10미터 미만	2미터
10미터 이상 35미터 미만	3미터
35미터 이상	6미터(도시지역이 아닌 읍 · 면지역은 4미터)

법령해석 개발행위허가 기준에 적합하게 도로를 설치한 경우 해당 도로를 「건축법」 상의 도로로 볼 수 있는지 여부(법제처 17-0651, 2018.1.22.)

질의요지 「국토의 계획 및 이용에 관한 법률」 에 따른 도시지역 및 지구단위계획구역 외의 지역으로서 동이나 읍이 아닌 지역에서 같은 법 제56조제1항에 따른 건축물의 건축을 위한 개발행위허가 시 같은 법 시행령 별표 1의2에 따라 진입도로가 설치된 경우, 「건축법」 제2조제1항제11호나목에 따라 특별시장 · 광역시장 · 특별자치시장 · 도지사 · 특별자치도지사 등이 건축허가 시에 그 진입도로의 위치를 지정하여 공고하지 않더라도 해당 진입도로를 「건축법」 에 따른 도로로 볼

시행규칙

질의 회신 막다른 도로의 길이산정 방법

서울시 건축과-15155호, 2004.10.22

질의 건축법 제2조 제1항 제11호 및 동법시행령 제3조의3 규정에 의하여 막다른 도로의 길이에 따라 도로의 너비를 산정할 때 막다른 도로의 길이 산정 방법은?

회신 건축법시행령 제3조의2 제2호의 규정에 의하여 막다른 도로는 그 길이에 따라 너비를 산정하는 것인 바,
막다른 도로의 길이는 통과도로에서부터 막다른 도로 끝부분까지의 도로중심선 길이를 말하는 것이고, 위 기준에 의하여 산정된 막다른 도로의 길이에 따라 건축법시행령 제3조의3 제2호에 의한 소요너비를 확보하여야 하는 것임

법	시 행 령	시 행 규 칙
12의2. "제조업자"란 건축물의 건축 · 대수선 · 용도변경, 건축설비의 설치 또는 공작물의 축조 등에 필요한 건축자재를 제조하는 사람을 말한다. 12의3. "유통업자"란 건축물의 건축 · 대수선 · 용도변경, 건축설비의 설치 또는 공작물의 축조에 필요한 건축자재를 판매하거나 공사현장에 납품하는 사람을 말한다. 13. "설계자"란 자기의 책임(보조자의 도움을 받는 경우를 포함한다)으로 설계도서를 작성하고 그 설계도서에서 의도하는 바를 해설하며, 지도하고 자문에 응하는 자를 말한다.	수 있는지? 〈질의 배경〉 민원인은 도시지역이 아닌 면지역의 경우 「건축법」 제3조제2항에 따라 시 · 도지사의 도로 지정행위가 불필요하므로, 「국토의 계획 및 이용에 관한 법률」에 따른 개발행위허가 시 설치하는 도로는 「건축법」 상의 도로에 해당한다는 입장에서 국토교통부에 질의하였으나, 국토교통부에서는 「건축법」 상의 도로에 해당하기 위해서는 도로 지정행위 등 같은 법에서 정하고 있는 요건을 갖추어야 한다고 답변하자, 법제처에 법령해석을 요청함. **회답** 「국토의 계획 및 이용에 관한 법률」에 따른 도시지역 및 지구단위계획구역 외의 지역으로서 동이나 읍이 아닌 지역에서 같은 법 제56조제1항에 따른 건축물의 건축을 위한 개발행위허가 시 같은 법 시행령 별표 1의2에 따라 진입도로가 설치된 경우, 「건축법」 제2조제1항제11호나목에 따라 특별시장 · 광역시장 · 특별자치시장 · 도지사 · 특별자치도지사 등이 건축허가 시에 그 진입도로의 위치를 지정하여 공고하지 않았다면 해당 진입도로를 「건축법」에 따른 도로로 볼 수 없음	
14. "설계도서"란 건축물의 건축등에 관한 공사용 도면, 구조계산서, 시방서(示方書), 그 밖에 국토교통부령으로 정하는 공사에 필요한 서류를 말한다. 15. "공사감리자"란 자기의 책임(보조자의 도움을 받는 경우를 포함한다)으로 이 법으로 정하는 바에 따라 건축물, 건축설비 또는 공작물이 설계도서의 내용대로 시공되는지를 확인하고, 품질관리 · 공사관리 · 안전관리 등에 대하여 지도 · 감독하는 자를 말한다. 16. "공사시공자"란 「건설산업기본법」 제2조제4호에 따른 건설공사를 하는 자를 말한다. 16의2. "건축물의 유지 · 관리"란 건축물의 소유자나 관리자가 사용 승인된 건축물의 대지 · 구조 · 설비 및 용도 등을 지속적으로 유지하기 위하여 건축물이 멸실될 때까지 관리하는 행위를 말한다. **관계법** 건축물관리법 17. "관계전문기술자"란 건축물의 구조 · 설비 등 건축물과 관	**관계법** 건설공사의 종류(건설산업기본법 제2조제4호) 4. "건설공사"란 토목공사, 건축공사, 산업설비공사, 조경공사, 환경시설공사, 그 밖에 명칭에 관계없이 시설물을 설치 · 유지 · 보수하는공사(시설물을 설치하기 위한 부지조성공사를 포함한다) 및 기계설비나 그 밖의 구조물의 설치 및 해체공사 등을 말한다. 다만, 다음 각 목의 어느 하나에 해당하는 공사는 포함하지 아니한다. 가. 「전기공사업법」에 따른 전기공사 나. 「정보통신공사업법」에 따른 정보통신공사	**제1조의2【설계도서의 범위】** 「건축법」(이하 "법"이라 한다) 제2조제14호에서 "그 밖에 국토교통부령으로 정하는 공사에 필요한 서류"란 다음 각 호의 서류를 말한다. 1. 건축설비계산 관계서류 2. 토질 및 지질 관계서류 3. 기타 공사에 필요한 서류

법	시 행 령	시 행 규 칙
련된 전문기술자격을 보유하고 설계와 공사감리에 참여하여 설계자 및 공사감리자와 협력하는 자를 말한다. 18. "특별건축구역"이란 조화롭고 창의적인 건축물의 건축을 통하여 도시경관의 창출, 건설기술 수준향상 및 건축 관련 제도개선을 도모하기 위하여 이 법 또는 관계 법령에 따라 일부 규정을 적용하지 아니하거나 완화 또는 통합하여 적용할 수 있도록 특별히 지정하는 구역을 말한다. 19. "고층건축물"이란 층수가 30층 이상이거나 높이가 120미터 이상인 건축물을 말한다.	다. 「소방시설공사업법」에 따른 소방시설공사 라. 「문화재수리 등에 관한 법률」에 따른 문화재 수리공사 **제2조【정의】** "생략" 15. "초고층 건축물"이란 층수가 50층 이상이거나 높이가 200미터 이상인 건축물을 말한다. 15의2. "준초고층 건축물"이란 고층건축물 중 초고층 건축물이 아닌 것을 말한다. 16. "한옥"이란 「한옥 등 건축자산의 진흥에 관한 법률」 제2조제2호에 따른 한옥을 말한다. 17. "다중이용 건축물"이란 다음 각 목의 어느 하나에 해당하는 건축물을 말한다. 가. 다음의 어느 하나에 해당하는 용도로 쓰는 바닥면적의 합계가 5천제곱미터 이상인 건축물 1) 문화 및 집회시설(동물원 및 식물원은 제외한다) 2) 종교시설 3) 판매시설 4) 운수시설 중 여객용 시설 5) 의료시설 중 종합병원 6) 숙박시설 중 관광숙박시설 나. 16층 이상인 건축물 17의2. "준다중이용 건축물"이란 다중이용 건축물 외의 건축물로서 다음 각 목의 어느 하나에 해당하는 용도로 쓰는 바닥면적의 합계가 1천제곱미터 이상인 건축물을 말한다. 가. 문화 및 집회시설(동물원 및 식물원은 제외한다)	관계법 「한옥 등 건축자산의 진흥에 관한 법률」 "한옥"이란 주요 구조가 기둥 · 보 및 한식지붕틀로 된 목구조로서 우리나라 전통양식이 반영된 건축물 및 그 부속건축물을 말한다.

법	시 행 령	시 행 규 칙
	나. 종교시설 다. 판매시설 라. 운수시설 중 여객용 시설 마. 의료시설 중 종합병원 바. 교육연구시설 사. 노유자시설 아. 운동시설 자. 숙박시설 중 관광숙박시설 차. 위락시설 카. 관광 휴게시설 타. 장례시설 18. "특수구조 건축물"이란 다음 각 목의 어느 하나에 해당하는 건축물을 말한다. 〈개정 2018.9.4., 2024.12.17.〉 가. 한쪽 끝은 고정되고 다른 끝은 지지(支持)되지 아니한 구조로 된 보·차양 등이 외벽(외벽이 없는 경우에는 외곽 기둥을 말한다)의 중심선으로부터 3미터 이상 돌출된 건축물 나. 기둥과 기둥 사이의 거리(기둥의 중심선 사이의 거리를 말하며, 기둥이 없는 경우에는 내력벽과 내력벽의 중심선 사이의 거리를 말한다. 이하 같다)가 20미터 이상인 건축물 다. 무량판 구조(보가 없이 바닥판·기둥으로 구성된 구조를 말한다. 이하 같다)를 가진 건축물로서 무량판 구조인 어느 하나의 층에 수직으로 배치된 주요구조부의 전체 단면적에서 보가 없이 배치된 기둥의 전체 단면적이 차지하는 비율이 4분의 1 이상인 건축물 라. 특수한 설계·시공·공법 등이 필요한 건축물로서 국토교통부장관이 정하여 고시하는 구조로 된 건축물	고시 특수구조 건축물 대상기준 (국토교통부 고시 제2018-777호, 2018.12.7.)

법	시 행 령	시 행 규 칙

법

20. "실내건축"이란 건축물의 실내를 안전하고 쾌적하며 효율적으로 사용하기 위하여 내부 공간을 칸막이로 구획하거나 벽지, 천장재, 바닥재, 유리 등 대통령령으로 정하는 재료 또는 장식물을 설치하는 것을 말한다.

21. "부속구조물"이란 건축물의 안전 · 기능 · 환경 등을 향상시키기 위하여 건축물에 추가적으로 설치하는 환기시설물 등 대통령령으로 정하는 구조물을 말한다.

【피난·방화규칙】

제3조【내화구조】 영 제2조제7호에서 "국토교통부령으로 정하는 기준에 적합한 구조"란 다음 각 호의 어느 하나에 해당하는 것을 말한다. 〈개정 2019.8.6., 2021.8.27., 2021.12.23〉

1. 벽의 경우에는 다음 각 목의 어느 하나에 해당하는 것
   가. 철근콘크리트조 또는 철골철근콘크리트조로서 두께가 10센티미터 이상인 것
   나. 골구를 철골조로 하고 그 양면을 두께 4센티미터 이상의 철망모르타르(그 바름바탕을 불연재료로 한 것으로 한정한다. 이하 이 조에서 같다) 또는 두께 5센티미터 이상의 콘크리트블록 · 벽돌 또는 석재로 덮은 것
   다. 철재로 보강된 콘크리트블록조 · 벽돌조 또는 석조로서 철재에 덮은 콘크리트블록등의 두께가 5센티미터 이상

시행령

제3조의4【실내건축의 재료 등】 법 제2조제1항제20호에서 "벽지, 천장재, 바닥재, 유리 등 대통령령으로 정하는 재료 또는 장식물"이란 다음 각 호의 재료를 말한다.

1. 벽, 천장, 바닥 및 반자틀의 재료
2. 실내에 설치하는 난간, 창호 및 출입문의 재료
3. 실내에 설치하는 전기 · 가스 · 급수(給水), 배수(排水) · 환기시설의 재료
4. 실내에 설치하는 충돌 · 끼임 등 사용자의 안전사고 방지를 위한 시설의 재료

[본조신설 2014.11.28.]

제2조【정의】 "생략"

19. 법 제2조제1항제21호에서 "환기시설물 등 대통령령으로 정하는 구조물"이란 급기(給氣) 및 배기(排氣)를 위한 건축 구조물의 개구부(開口部)인 환기구를 말한다.

6. "내수재료(耐水材料)"란 인조석 · 콘크리트 등 내수성을 가진 재료로서 국토교통부령으로 정하는 재료를 말한다.
7. "내화구조(耐火構造)"란 화재에 견딜 수 있는 성능을 가진 구조로서 국토교통부령으로 정하는 기준에 적합한 구조를 말한다.
8. "방화구조(防火構造)"란 화염의 확산을 막을 수 있는 성능을 가진 구조로서 국토교통부령으로 정하는 기준에 적합한 구조를 말한다.
9. "난연재료(難燃材料)"란 불에 잘 타지 아니하는 성능을 가진 재료로서 국토교통부령으로 정하는 기준에 적합한 재료를 말한다.
10. "불연재료(不燃材料)"란 불에 타지 아니하는 성질을 가진 재료로서 국토교통부령으로 정하는 기준에 적합한 재료를

시행규칙

고시 실내건축의 구조·시공방법 등에 관한 기준 (국토교통부고시 제2020-742호, 2020.10.22.)

【건축물의 피난·방화구조 등의 기준에 관한 규칙(이하 "피난·방화규칙")】

제2조【내수재료】 「건축법 시행령」(이하 "영"이라 한다) 제2조제6호에서 "국토교통부령으로 정하는 재료"란 벽돌 · 자연석 · 인조석 · 콘크리트 · 아스팔트 · 도자기질재료 · 유리 및 그 밖에 이와 비슷한 내수성 건축재료를 말한다. 〈개정 2019.8.6〉

제5조【난연재료】 영 제2조제1항제9호에서 "국토교통부령으로 정하는 기준에 적합한 재료"란 한국산업표준에 따라 시험한 결과 가스 유해성, 열방출량 등이 국토교통부장관이 정하여 고시하는 난연재

인 것

라. 벽돌조로서 두께가 19센티미터 이상인 것

마. 고온·고압의 증기로 양생된 경량기포 콘크리트패널 또는 경량기포 콘크리트블록조로서 두께가 10센티미터 이상인 것

2. 외벽 중 비내력벽인 경우에는 제1호에도 불구하고 다음 각 목의 어느 하나에 해당하는 것

가. 철근콘크리트조 또는 철골철근콘크리트조로서 두께가 7센티미터 이상인 것

나. 골구를 철골조로 하고 그 양면을 두께 3센티미터 이상의 철망모르타르 또는 두께 4센티미터 이상의 콘크리트블록·벽돌 또는 석재로 덮은 것

다. 철재로 보강된 콘크리트블록조·벽돌조 또는 석조로서 철재에 덮은 콘크리트블록등의 두께가 4센티미터 이상인 것

라. 무근콘크리트조·콘크리트블록조·벽돌조 또는 석조로서 그 두께가 7센티미터 이상인 것

3. 기둥의 경우에는 그 작은 지름이 25센티미터 이상인 것으로서 다음 각 목의 어느 하나에 해당하는 것. 다만, 고강도 콘크리트(설계기준강도가 50MPa 이상인 콘크리트를 말한다. 이하 이 조에서 같다)를 사용하는 경우에는 국토교통부장관이 정하여 고시하는 고강도 콘크리트 내화성능 관리기준에 적합해야 한다.

가. 철근콘크리트조 또는 철골철근콘크리트조

나. 철골을 두께 6센티미터(경량골재를 사용하는 경우에는 5센티미터)이상의 철망모르타르 또는 두께 7센티미터 이상의 콘크리트블록·벽돌 또는 석재로 덮은 것

다. 철골을 두께 5센티미터 이상의 콘크리트로 덮은 것

4. 바닥의 경우에는 다음 각 목의 어느 하나에 해당하는 것

가. 철근콘크리트조 또는 철골철근콘크리트조로서 두께가

말한다.

11. "준불연재료"란 불연재료에 준하는 성질을 가진 재료로서 국토교통부령으로 정하는 기준에 적합한 재료를 말한다.

【피난방화규칙】

제4조 【방화구조】 영 제2조제8호에서 "국토교통부령으로 정하는 기준에 적합한 구조"란 다음 각 호의 어느 하나에 해당하는 것을 말한다. 〈개정 2019.8.6., 2022.2.10〉

1. 철망모르타르로서 그 바름두께가 2센티미터 이상인 것
2. 석고판위에 시멘트모르타르 또는 회반죽을 바른 것으로서 그 두께의 합계가 2.5센티미터 이상인 것
3. 시멘트모르타르위에 타일을 붙인 것으로서 그 두께의 합계가 2.5센티미터 이상인 것
4. 삭제 〈2010.4.7〉
5. 삭제 〈2010.4.7〉
6. 심벽에 흙으로 맞벽치기한 것
7. 「산업표준화법」에 따른 한국산업표준(이하 "한국산업표준"이라 한다)에 따라 시험한 결과 방화 2급 이상에 해당하는 것

제6조 【불연재료】 영 제2조제1항제10호에서 "국토교통부령으로 정하는 기준에 적합한 재료"란 다음 각 호의 어느 하나에 해당하는 것을 말한다. 〈개정 2019.8.6., 2022.2.10〉

1. 콘크리트·석재·벽돌·기와·철강·알루미늄·유리·시멘트모르타르 및 회. 이 경우 시멘트모르타르 또는 회 등 미장재료를 사용하는 경우에는 「건설기술 진흥법」 제44조제1항제2호에 따라 제정된 건축공사표준시방서에서 정한 두께 이상인 것에 한한다.
2. 한국산업표준에 따라 시험한 결과 질량감소율 등이 국토

료의 성능기준을 충족하는 것을 말한다. 〈개정 2019.8.6., 2022.2.10〉

고시 건축자재등 품질인정 및 관리기준
(국토교통부고시 제2023-15호, 2023.1.9.)

【피난·방화규칙】

제7조 【준불연재료】 영 제2조제1항제11호에서 "국토교통부령으로 정하는 기준에 적합한 재료"란 한국산업표준에 따라 시험한 결과 가스 유해성, 열방출량 등이 국토교통부장관이 정하여 고시하는 준불연재료의 성능기준을 충족하는 것을 말한다. 〈개정 2019.8.6, 2022.2.10〉

질의 회신 내화구조 두께가 다른 경우 두께 산정방법 건교부 건축 58070-20, 1996.1.5

질의 건축물의 피난방화구조 등의 기준에 관한 규칙 제3조제4호의 규정에 의하면 철근콘크리트조로서 바닥의 두께가 10센티미터 이상인 것은 내화구조인 바, 데크플레이트를 사용하였을 때 콘크리트 슬래브 두께가 각각 다를 경우에 있어서 두께산정방법과 두께 10센티미터에 보호모르타르의 두께도 포함되는지

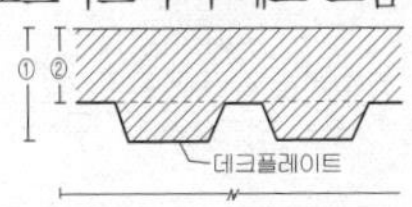

회신 질의의 경우와 같이 바닥에 데크플레이트를 설치하였을 경우 바닥두께가 각각 다를 경우에 있어서 두께 산정방법은 가장 얇은 부분(②)의 두께를 말하는 것이며, 이때 바닥의 두께에서 보호모르타르는 포함되지 않는 것임

법	시 행 령	시 행 규 칙

10센티미터 이상인 것
나. 철재로 보강된 콘크리트블록조 · 벽돌조 또는 석조로서 철재에 덮은 콘크리트블록등의 두께가 5센티미터 이상인 것
다. 철재의 양면을 두께 5센티미터 이상의 철망모르타르 또는 콘크리트로 덮은 것

5. 보(지붕틀을 포함한다)의 경우에는 다음 각 목의 어느 하나에 해당하는 것. 다만, 고강도 콘크리트를 사용하는 경우에는 국토교통부장관이 정하여 고시하는 고강도 콘크리트 내화성능 관리기준에 적합해야 한다.
가. 철근콘크리트조 또는 철골철근콘크리트조
나. 철골을 두께 6센티미터(경량골재를 사용하는 경우에는 5센티미터)이상의 철망모르타르 또는 두께 5센티미터 이상의 콘크리트로 덮은 것
다. 철골조의 지붕틀(바닥으로부터 그 아랫부분까지의 높이가 4미터 이상인 것에 한한다)로서 바로 아래에 반자가 없거나 불연재료로 된 반자가 있는 것

6. 지붕의 경우에는 다음 각 목의 어느 하나에 해당하는 것
가. 철근콘크리트조 또는 철골철근콘크리트조
나. 철재로 보강된 콘크리트블록조 · 벽돌조 또는 석조
다. 철재로 보강된 유리블록 또는 망입유리(두꺼운 판유리에 철망을 넣은 것을 말한다)로 된 것

7. 계단의 경우에는 다음 각 목의 어느 하나에 해당하는 것
가. 철근콘크리트조 또는 철골철근콘크리트조
나. 무근콘크리트조 · 콘크리트블록조 · 벽돌조 또는 석조
다. 철재로 보강된 콘크리트블록조 · 벽돌조 또는 석조
라. 철골조

8. 「과학기술분야 정부출연연구기관 등의 설립 · 운영 및 육성에 관한 법률」 제8조에 따라 설립된 한국건설기술연구원의 장(이하 "한국건설기술연구원장"이라 한다)이 국토교통

교통부장관이 정하여 고시하는 불연재료의 성능기준을 충족하는 것
3. 그 밖에 제1호와 유사한 불연성의 재료로서 국토교통부장관이 인정하는 재료. 다만, 제1호의 재료와 불연성재료가 아닌 재료가 복합으로 구성된 경우를 제외한다.

고시 고강도 콘크리트 기둥 · 보의 내화성능 관리기준
(국토교통부고시 제2008-334호, 2008.7.21.)

법령해석 한국건설기술연구원장이 인정한 내화구조 기준에는 부적합하나 법정 내화구조 기준에 적합한 경우 내화구조를 갖춘 것으로 볼 수 있는지 여부 (법제처 18-0177, 2018.5.30.)

질의요지 건축주 등이 「건축물의 피난 · 방화구조 등의 기준에 관한

부장관이 정하여 고시하는 방법에 따라 품질을 시험한 결과 별표 1에 따른 성능기준에 적합할 것
9. 다음 각 목의 어느 하나에 해당하는 것으로서 한국건설기술연구원장이 국토교통부장관으로부터 승인받은 기준에 적합한 것으로 인정하는 것
 가. 한국건설기술연구원장이 인정한 내화구조 표준으로 된 것
 나. 한국건설기술연구원장이 인정한 성능설계에 따라 내화구조의 성능을 검증할 수 있는 구조로 된 것
10. 한국건설기술연구원장이 제27조제1항에 따라 정한 인정기준에 따라 인정하는 것

② 건축물의 용도는 다음과 같이 구분하되, 각 용도에 속하는 건축물의 세부 용도는 대통령령으로 정한다. 〈개정 2022.11.15.〉
1. 단독주택
2. 공동주택
3. 제1종 근린생활시설
4. 제2종 근린생활시설
5. 문화 및 집회시설
6. 종교시설
7. 판매시설
8. 운수시설
9. 의료시설
10. 교육연구시설
11. 노유자(老幼者: 노인 및 어린이)시설
12. 수련시설
13. 운동시설
14. 업무시설

규칙」 제3조제8호에 따라 한국건설기술연구원장으로부터 내화구조(耐火構造) 인정을 받은 건축물의 주요구조부가 인정받은 내화구조 기준에 적합하지 않은 것으로 판명되나 같은 조 제1호부터 제7호까지에서 규정하고 있는 내화구조 기준에 적합하다면 해당 건축물을 「건축법」 제50조제1항 및 같은 법 시행령 제2조제7호에 따른 내화구조를 갖춘 것으로 볼 수 있는지?

회답 이 사안의 경우 「건축법」 제50조제1항 및 같은 법 시행령 제2조제7호에 따른 내화구조를 갖춘 것으로 볼 수 있습니다.

고시 건축자재등 품질인정 및 관리기준
(국토교통부고시 제2023-15호, 2023.1.9.)

제3조의5【용도별 건축물의 종류】 법 제2조제2항 각 호의 용도에 속하는 건축물의 종류는 별표 1과 같다.
[제3조의4에서 이동 〈2014.11.28.〉]

고시 오피스텔 건축기준(국토교통부고시 제2024-1066호, 2024.12.30.)
제2조(오피스텔의 건축기준) 오피스텔은 다음 각호의 기준에 적합한 구조이어야 한다.
1. 삭제 〈2024.2.23.〉
2. 다른 용도와 복합으로 건축하는 경우(지상층 연면적 3천제곱미터 이하인 건축물은 제외한다)에는 오피스텔의 전용출입구를 별도로 설치할 것. 다만, 단독주택 및 공동주택을 복합으로 건축하는 경우에는 건축주가 주거기능 등을 고려하여 전용출입구를 설치하지 아니할 수 있다.
3. 삭제 〈2024.12.30.〉
4. 전용면적의 산정방법은 건축물의 외벽의 내부선을 기준으로 산정한 면적으로 하고, 2세대 이상이 공동으로 사용하는 부분으로서 다음 각목의 어느 하나에 해당하는 공용면적을 제외하며, 바닥면적에서 전용면적을 제외하고 남는 외벽면적은 공용면적에 가산한다.
 가. 복도 · 계단 · 현관 등 오피스텔의 지상층에 있는 공용면적
 나. 가목의 공용면적을 제외한 지하층 · 관리사무소 등 그 밖의 공용면적

고시 다중생활시설 건축기준
(국토교통부고시 제2021-951호, 2021.7.14.)
제2조(건축기준) 다중생활시설은 「다중이용업소의 안전관리에 관한 특별법」에 따른 다중이용업 중 고시원업의 시설로서 다음 각 호의 기준에 적합한 구조이어야 한다.
1. 각 실별 취사시설 및 욕조 설치는 설치하지 말 것(단, 샤워부스는 가능)
2. 다중생활시설(공용시설 제외)을 지하층에 두지 말 것
3. 각 실별로 학습자가 공부할 수 있는 시설(책상 등)을 갖출 것
4. 시설내 공용시설(세탁실, 휴게실, 취사시설 등)을 설치할 것
5. 2층 이상의 층으로서 바닥으로부터 높이 1.2미터 이하 부분에 여닫을 수 있는 창문(0.5제곱미터 이상)이 있는 경우 그 부분에

법

15. 숙박시설
16. 위락(慰樂)시설
17. 공장
18. 창고시설
19. 위험물 저장 및 처리 시설
20. 자동차 관련 시설
21. 동물 및 식물 관련 시설
22. 자원순환 관련 시설
23. 교정(矯正)시설
24. 국방 · 군사시설
25. 방송통신시설
26. 발전시설
27. 묘지 관련 시설
28. 관광 휴게시설
29. 그 밖에 대통령령으로 정하는 시설

제3조 【적용 제외】 ① 다음 각 호의 어느 하나에 해당하는 건축물에는 이 법을 적용하지 아니한다. 〈개정 2016.1.19., 2019.11.26., 2023.3.21., 2023.8.8., 2024.2.6.〉

1. 「문화유산의 보존 및 활용에 관한 법률」에 따른 지정문화유산이나 임시지정문화유산 또는 「자연유산의 보존 및 활용에 관한 법률」에 따라 지정된 천연기념물등이나 임시지정천연기념물, 임시지정명승, 임시지정시 · 도자연유산, 임시자연유산자료
2. 철도나 궤도의 선로 부지(敷地)에 있는 다음 각 목의 시설
   가. 운전보안시설
   나. 철도 선로의 위나 아래를 가로지르는 보행시설
   다. 플랫폼

시 행 령

5. 오피스텔 거주자의 생활을 지원하는 시설로서 경로당, 어린이집은 오피스텔에 부수시설로 설치할 수 있다.

제3조(오피스텔의 피난 및 설비기준) 오피스텔은 화재 등 유사시 피난을 위하여 다음 각 호의 기준에 적합하여야 한다.

1. 주요구조부가 내화구조 또는 불연재료로 된 16층 이상인 오피스텔의 경우 16층 이상인 층에 대하여는 피난층외의 층에서는 피난층 또는 지상으로 통하는 직통계단을 거실의 각 부분으로부터 계단에 이르는 보행거리가 40미터 이하가 되도록 설치할 것
2. 각 사무구획별 경계벽은 내화구조로 하고 「건축물의 피난방화구조 등의 기준에 관한 규칙」 제19조제2항에 따른 벽두께 이상으로 하거나 45dB 이상의 차음성능이 확보되도록 할 것

제4조(배기시설 권고기준) 허가권자는 오피스텔에 설치하는 배기설비에 대하여 「주택건설기준 등에 관한 규칙」 제11조 각 호의 기준 중 전부 또는 일부를 적용할 것을 권고할 수 있다. 〈신설 2021.11.12.〉

고시 생활숙박시설 건축기준
(국토교통부고시 제2021-1204호, 2021.11.2.,제정)

제3조(생활숙박시설기준) 생활숙박시설은 다음 각호의 기준에 적합한 구조이어야 한다.

1. 「공중위생관리법 시행규칙」 별표1에서 규정하고 있는 생활숙박업 설비기준에 적합할 것.
2. 프런트데스크, 로비(공용 화장실을 포함한다)를 설치할 것.
3. 린넨실(침구, 시트, 수건 등 천 종류를 수납하는 방을 말한다)을 30객실당 1개소 이상을 설치할 것
4. 관광객을 위한 식음료시설(레스토랑 등)을 설치할 것
5. 객실의 출입제어, 보안 등을 확인할 수 있는 객실관리(제어)시스템을 도입하여 설계도서에 포함할 것
6. 각 구획별 발코니를 설치할 경우 외기에 개방된 노대 형태로 설치하여야 하며, 발코니 설치 시 「건축물 피난 · 방화구조 등의 기준에 관한 규칙」 제17조제4항에 따른 추락방지를 위한 안전시설을 설치할 것

시 행 규 칙

높이 1.2미터이상의 난간이나 이와 유사한 추락방지를 위한 안전시설을 설치할 것

6. 복도 최소폭은 편복도 1.2미터이상, 중복도 1.5미터이상으로 할 것
7. 실간 소음방지를 위하여 「건축물의 피난 · 방화구조 등의 기준에 관한 규칙」 제19조에 따른 경계벽 구조 등의 기준과 「소음방지를 위한 층간 바닥충격음 차단 구조기준」에 적합할 것
8. 범죄를 예방하고 안전한 생활환경 조성을 위하여 「범죄예방 건축기준」에 적합할 것

제3조(지역별 기준 설정) 지방자치단체의 장은 제2조의 기준에 위배되지 않는 범위 내에서 다중생활시설의 최소실 면적, 창 설치 등의 기준을 건축조례로 정할 수 있다.

고시 기숙사 건축기준 (국토교통부고시 제2023-151호, 2023.3.15., 제정)⇨1권 및 홈페이지 참조

제2조(건축기준) 기숙사는 개별 실을 구분소유할 수 없는 건축물로서 다음 각 호의 구분에 따른다.

1. 일반기숙사인 경우: 다음 각 목의 기준에 적합하여야 한다.
   가. 기숙사 개인공간(침실 등 개인이 거주하는 공간. 이하 같다)을 지하층에 두지 말 것
   나. 화장실과 세면 · 목욕시설, 채광 · 환기 설비, 냉 · 난방 설비 또는 기구 등을 적절하게 갖출 것
   다. 2층 이상의 층으로서 바닥으로부터 높이 1.2미터 이하 부분에 여닫을 수 있는 창문(0.5제곱미터 이상)이 있는 경우 그 부분에 높이 1.2미터 이상의 난간이나 이와 유사한 추락방지를 위한 안전시설을 설치할

라. 해당 철도 또는 궤도사업용 급수(給水)·급탄(給炭) 및 급유(給油) 시설
3. 고속도로 통행료 징수시설
4. 컨테이너를 이용한 간이창고(「산업집적활성화 및 공장설립에 관한 법률」 제2조제1호에 따른 공장의 용도로만 사용되는 건축물의 대지에 설치하는 것으로서 이동이 쉬운 것만 해당된다)
5. 「하천법」에 따른 하천구역 내의 수문조작실

② 「국토의 계획 및 이용에 관한 법률」에 따른 도시지역 및 같은 법 제51조제3항에 따른 지구단위계획구역(이하 "지구단위계획구역"이라 한다) 외의 지역으로서 동이나 읍(동이나 읍에 속하는 섬의 경우에는 인구가 500명 이상인 경우만 해당된다)이 아닌 지역은 제44조부터 제47조까지, 제51조 및 제57조를 적용하지 아니한다. 〈개정 2014.1.14.〉

③ 「국토의 계획 및 이용에 관한 법률」 제47조제7항에 따른 건축물이나 공작물을 도시·군계획시설로 결정된 도로의 예정지에 건축하는 경우에는 제45조부터 제47조까지의 규정을 적용하지 아니한다. 〈개정 2011.4.14.〉

제4조 【건축위원회】 ① 국토교통부장관, 시·도지사 및 시장·군수·구청장은 다음 각 호의 사항을 조사·심의·조정 또는 재정(이하 이 조에서 "심의등"이라 한다)하기 위하여 각각 건축위원회를 두어야 한다. 〈개정 2014.5.28.〉
1. 이 법과 조례의 제정·개정 및 시행에 관한 중요 사항
2. 건축물의 건축등과 관련된 분쟁의 조정 또는 재정에 관한 사항. 다만, 시·도지사 및 시장·군수·구청장이 두는 건축위원회는 제외한다.
3. 건축물의 건축등과 관련된 민원에 관한 사항. 다만, 국토

법령해석 건축물의 대지가 반드시 「건축법」 상 도로에 접하여야 하는지 (법제처 12-0559, 2012.10.31.)

질의요지 「건축법」 제44조제1항에서 건축물의 대지는 2미터 이상이 도로(자동차만의 통행에 사용되는 도로는 제외함)에 접하여야 한다고 규정하면서, 같은 법 제3조제2항에서는 일정 지역에서는 같은 법 제44조를 적용하지 아니한다고 규정하고 있는데, 여기에서 "적용하지 아니한다"는 것은 건축물의 대지가 도로에 접하지 아니하여도 된다는 의미인지, 아니면 건축물의 대지와 도로가 접하는 부분이 2미터 이상은 아니더라도 최소한 도로에 접하기는 하여야 한다는 의미인지?

회답 이 건 질의에서 "적용하지 아니한다"는 것은 건축물의 대지가 도로에 접하지 아니하여도 된다는 의미라고 할 것임

제5조 【중앙건축위원회의 설치 등】 ① 법 제4조제1항에 따라 국토교통부에 두는 건축위원회(이하 "중앙건축위원회"라 한다)는 다음 각 호의 사항을 조사·심의·조정 또는 재정(이하 "심의등"이라 한다)한다. 〈개정 2014.11.28.〉
1. 법 제23조제4항에 따른 표준설계도서의 인정에 관한 사항
2. 건축물의 건축·대수선·용도변경, 건축설비의 설치 또는 공작물의 축조(이하 "건축물의 건축등"이라 한다)와 관련된 분쟁의 조정 또는 재정에 관한 사항
3. 법과 이 영의 제정·개정 및 시행에 관한 중요 사항

것
라. 복도 최소폭은 편복도 1.2미터 이상, 중복도 1.8미터 이상으로 할 것
마. 실간 소음방지를 위하여 「건축물의 피난·방화구조 등의 기준에 관한 규칙」 제19조에 따른 경계벽 구조 등의 기준과 「소음방지를 위한 층간 바닥충격음 차단 구조기준」에 적합할 것
2. 임대형기숙사인 경우: 다음 각 목의 기준에 적합하여야 한다. "생략"

법	시 행 령	시 행 규 칙
교통부장관이 두는 건축위원회는 제외한다. 4. 건축물의 건축 또는 대수선에 관한 사항 5. 다른 법령에서 건축위원회의 심의를 받도록 규정한 사항	4. 다른 법령에서 중앙건축위원회의 심의를 받도록 한 경우 해당 법령에서 규정한 심의사항 5. 그 밖에 국토교통부장관이 중앙건축위원회의 심의가 필요하다고 인정하여 회의에 부치는 사항 ② 제1항에 따라 심의등을 받은 건축물이 다음 각 호의 어느 하나에 해당하는 경우에는 해당 건축물의 건축등에 관한 중앙건축위원회의 심의등을 생략할 수 있다. 1. 건축물의 규모를 변경하는 것으로서 다음 각 목의 요건을 모두 갖춘 경우 가. 건축위원회의 심의등의 결과에 위반되지 아니할 것 나. 심의등을 받은 건축물의 건축면적, 연면적, 층수 또는 높이 중 어느 하나도 10분의 1을 넘지 아니하는 범위에서 변경할 것 2. 중앙건축위원회의 심의등의 결과를 반영하기 위하여 건축물의 건축등에 관한 사항을 변경하는 경우 ③ 중앙건축위원회는 위원장 및 부위원장 각 1명을 포함하여 70명 이내의 위원으로 구성한다. ④ 중앙건축위원회의 위원은 관계 공무원과 건축에 관한 학식 또는 경험이 풍부한 사람 중에서 국토교통부장관이 임명하거나 위촉한다. ⑤ 중앙건축위원회의 위원장과 부위원장은 제4항에 따라 임명 또는 위촉된 위원 중에서 국토교통부장관이 임명하거나 위촉한다. ⑥ 공무원이 아닌 위원의 임기는 2년으로 하며, 한 차례만 연임할 수 있다. [전문개정 2012.12.12.] **제5조의2【위원의 제척 · 기피 · 회피】** ① 중앙건축위원회	

의 위원(이하 이 조 및 제5조의3에서 "위원"이라 한다)이 다음 각 호의 어느 하나에 해당하는 경우에는 중앙건축위원회의 심의 · 의결에서 제척(除斥)된다.

1. 위원 또는 그 배우자나 배우자이었던 사람이 해당 안건의 당사자(당사자가 법인 · 단체 등인 경우에는 그 임원을 포함한다. 이하 이 호 및 제2호에서 같다)가 되거나 그 안건의 당사자와 공동권리자 또는 공동의무자인 경우
2. 위원이 해당 안건의 당사자와 친족이거나 친족이었던 경우
3. 위원이 해당 안건에 대하여 자문, 연구, 용역(하도급을 포함한다), 감정 또는 조사를 한 경우
4. 위원이나 위원이 속한 법인 · 단체 등이 해당 안건의 당사자의 대리인이거나 대리인이었던 경우
5. 위원이 임원 또는 직원으로 재직하고 있거나 최근 3년 내에 재직하였던 기업 등이 해당 안건에 관하여 자문, 연구, 용역(하도급을 포함한다), 감정 또는 조사를 한 경우

② 해당 안건의 당사자는 위원에게 공정한 심의 · 의결을 기대하기 어려운 사정이 있는 경우에는 중앙건축위원회에 기피 신청을 할 수 있고, 중앙건축위원회는 의결로 이를 결정한다. 이 경우 기피 신청의 대상인 위원은 그 의결에 참여하지 못한다.

③ 위원이 제1항 각 호에 따른 제척 사유에 해당하는 경우에는 스스로 해당 안건의 심의 · 의결에서 회피(回避)하여야 한다.

[본조신설 2012.12.12]

제5조의3 【위원의 해임 · 해촉】 국토교통부장관은 위원이 다음 각 호의 어느 하나에 해당하는 경우에는 해당 위원을 해임하거나 해촉(解囑)할 수 있다.

법	시 행 령	시 행 규 칙
	1. 심신장애로 인하여 직무를 수행할 수 없게 된 경우 2. 직무태만, 품위손상이나 그 밖의 사유로 인하여 위원으로 적합하지 아니하다고 인정되는 경우 3. 제5조의2제1항 각 호의 어느 하나에 해당하는 데에도 불구하고 회피하지 아니한 경우 [본조신설 2012.12.12.] **제5조의4【운영세칙】** 제5조, 제5조의2 및 제5조의3에서 규정한 사항 외에 중앙건축위원회의 운영에 관한 사항, 수당 및 여비의 지급에 관한 사항은 국토교통부령으로 정한다. [본조신설 2012.12.12.] **제5조의5【지방건축위원회】** ① 법 제4조제1항에 따라 특별시 · 광역시 · 특별자치시 · 도 · 특별자치도(이하 "시 · 도"라 한다) 및 시 · 군 · 구(자치구를 말한다. 이하 같다)에 두는 건축위원회(이하 "지방건축위원회"라 한다)는 다음 각 호의 사항에 대한 심의등을 한다. 〈개정 2016.1.19., 2020.4.21〉 1. 법 제46조제2항에 따른 건축선(建築線)의 지정에 관한 사항 2. 법 또는 이 영에 따른 조례(해당 지방자치단체의 장이 발의하는 조례만 해당한다)의 제정 · 개정 및 시행에 관한 사항 3. 삭제 〈2014.11.11.〉 4. 다중이용 건축물 및 특수구조 건축물의 구조안전에 관한 사항 5. 삭제 〈2016.1.19.〉 6. 삭제 〈2020.4.21.〉 7. 다른 법령에서 지방건축위원회의 심의를 받도록 한 경우 해당 법령에서 규정한 심의사항	**제2조【중앙건축위원회의 운영 등】** ① 법 제4조제1항 및 「건축법 시행령」(이하 "영"이라 한다) 제5조의4에 따라 국토교통부에 두는 건축위원회(이하 "중앙건축위원회"라 한다)의 회의는 다음 각 호에 따라 운영한다. 〈개정 2016.1.13.〉 1. 중앙건축위원회의 위원장은 중앙건축위원회의 회의를 소집하고, 그 의장이 된다. 2. 중앙건축위원회의 회의는 구성위원(위원장과 위원장이 회의 시마다 확정하는 위원을 말한다) 과반수의 출석으로 개의(開議)하고, 출석위원 과반수의 찬성으로 조사 · 심의 · 조정 또는 재정(이하 "심의등"이라 한다)을 의결한다. 3. 중앙건축위원회의 위원장은 업무수행을 위하여 필요하다고 인정하는 경우에는 관계 전문가를 중앙건축위원회의 회의에 출석하게 하여 발언하게 하거나 관계 기관 · 단체에 대하여 자료를 요구할 수 있다.

법	시 행 령	시 행 규 칙
	8. 특별시장 · 광역시장 · 특별자치시장 · 도지사 또는 특별자치도지사(이하 "시 · 도지사" 라 한다) 및 시장 · 군수 · 구청장이 도시 및 건축 환경의 체계적인 관리를 위하여 필요하다고 인정하여 지정 · 공고한 지역에서 건축조례로 정하는 건축물의 건축등에 관한 것으로서 시 · 도지사 및 시장 · 군수 · 구청장이 지방건축위원회의 심의가 필요하다고 인정한 사항. 이 경우 심의 사항은 시 · 도지사 및 시장 · 군수 · 구청장이 건축 계획, 구조 및 설비 등에 대해 심의 기준을 정하여 공고한 사항으로 한정한다. 〈개정 2020.4.21.〉 ② 제1항에 따라 심의등을 받은 건축물이 제5조제2항 각 호의 어느 하나에 해당하는 경우에는 해당 건축물의 건축등에 관한 지방건축위원회의 심의등을 생략할 수 있다. ③ 제1항에 따른 지방건축위원회는 위원장 및 부위원장 각 1명을 포함하여 25명 이상 150명 이하의 위원으로 성별을 고려하여 구성한다. 〈개정 2016.1.19.〉 ④ 지방건축위원회의 위원은 다음 각 호의 어느 하나에 해당하는 사람 중에서 시 · 도지사 및 시장 · 군수 · 구청장이 임명하거나 위촉한다. 1. 도시계획 및 건축 관계 공무원 2. 도시계획 및 건축 등에서 학식과 경험이 풍부한 사람 ⑤ 지방건축위원회의 위원장과 부위원장은 제4항에 따라 임명 또는 위촉된 위원 중에서 시 · 도지사 및 시장 · 군수 · 구청장이 임명하거나 위촉한다. ⑥ 지방건축위원회 위원의 임명 · 위촉 · 제척 · 기피 · 회피 · 해촉 · 임기 등에 관한 사항, 회의 및 소위원회의 구성 · 운영 및 심의등에 관한 사항, 위원의 수당 및 여비 등에 관한 사항은 조례로 정하되, 다음 각 호의 기준에 따라야 한다. 〈개정 2018.9.4., 2020.4.21., 2024.12.17./시행 2025.12.18.〉 1. 위원의 임명 · 위촉 기준 및 제척 · 기피 · 회피 · 해촉 · 임기	4. 중앙건축위원회는 심의신청 접수일부터 30일 이내에 심의를 마쳐야 한다. 다만, 심의요청서 보완 등 부득이한 사정이 있는 경우에는 20일의 범위에서 연장할 수 있다. ② 중앙건축위원회의 회의에 출석한 위원에 대하여는 예산의 범위에서 수당 및 여비를 지급할 수 있다. 다만, 공무원인 위원이 그의 소관 업무와 직접적으로 관련하여 출석하는 경우에는 그러하지 아니하다. ③ 중앙건축위원회의 심의등 관련 서류는 심의등의 완료 후 2년간 보존하여야 한다. 〈신설 2016.1.13〉 ④ 중앙건축위원회에 회의록 작성 등 중앙건축위원회의 사무를 처리하기 위하여 간사를 두되, 간사는 국토교통부의 건축정책업무 담당 과장이 된다. 〈신설 2016.1.13〉 ⑤ 이 규칙에서 규정한 사항 외에 중앙건축위원회의 운영에 필요한 사항은 중앙건축위원회의 의결을 거쳐 위원장이 정한다. 〈개정 2016.1.13〉 [전문개정 2012.12.12] **제2조의2 【중앙건축위원회의 심의등의 결과 통보】** 국토교통부장관은 중앙건축위원회가 심의등을 의결한 날부터

법	시 행 령	시 행 규 칙
	가. 공무원을 위원으로 임명하는 경우에는 그 수를 전체 위원 수의 4분의 1 이하로 할 것 나. 공무원이 아닌 위원은 건축 관련 학회 및 협회 등 관련 단체나 기관의 추천 또는 공모절차를 거쳐 위촉할 것 다. 다른 법령에 따라 지방건축위원회의 심의를 하는 경우에는 해당 분야의 관계 전문가가 그 심의에 위원으로 참석하는 심의위원 수의 4분의 1 이상이 되게 할 것. 이 경우 필요하면 해당 심의에만 위원으로 참석하는 관계 전문가를 임명하거나 위촉할 수 있다. 라. 위원의 제척 · 기피 · 회피 · 해촉에 관하여는 제5조의2 및 제5조의3을 준용할 것 마. 공무원이 아닌 위원의 임기는 3년 이내로 하며, 필요한 경우에는 한 차례만 연임할 수 있게 할 것 2. 심의등에 관한 기준 가. 「국토의 계획 및 이용에 관한 법률」 제30조제3항 단서에 따라 건축위원회와 도시계획위원회가 공동으로 심의한 사항에 대해서는 심의를 생략할 것 나. 제1항제4호에 관한 사항은 법 제21조에 따른 착공신고 전에 심의할 것. 다만, 법 제13조의2에 따라 안전영향평가 결과가 확정된 경우는 제외한다. 〈신설 2020.4.21.〉 다. 지방건축위원회의 위원장은 회의 개최 10일 전까지 회의 안건과 심의에 참여할 위원을 확정하고, 회의 개최 7일 전까지 회의에 부치는 안건을 각 위원에게 알릴 것. 다만, 대외적으로 기밀 유지가 필요한 사항이나 그 밖에 부득이한 사유가 있는 경우에는 그러하지 아니하다. 라. 지방건축위원회의 위원장은 다목에 따라 심의에 참여할 위원을 확정하면 심의등을 신청한 자에게 위원 명단을 알릴 것 마. 삭제 〈2014.11.28.〉 바. 지방건축위원회의 회의는 구성위원(위원장과 위원장이	7일 이내에 심의등을 신청한 자에게 그 심의등의 결과를 서면으로 알려야 한다. [본조신설 2012.12.12] **관계법** 「국토의 계획 및 이용에 관한 법률」 제30조제3항 단서 시 · 도지사가 지구단위계획(지구단위계획과 지구단위계획구역을 동시에 결정할 때에는 지구단위계획구역의 지정 또는 변경에 관한 사항을 포함할 수 있다)이나 제52조제1항제1호의2에 따라 지구단위계획으로 대체하는 용도지구 폐지에 관한 사항을 결정하려면 대통령령으로 정하는 바에 따라 「건축법」 제4조에 따라 시 · 도에 두는 건축위원회와 도시계획위원회가 공동으로 하는 심의를 거쳐야 한다.

법	시 행 령	시 행 규 칙
	다목에 따라 회의 참여를 확정한 위원을 말한다) 과반수의 출석으로 개의(開議)하고, 출석위원 과반수 찬성으로 심의등을 의결하며, 심의등을 신청한 자에게 심의등의 결과를 알릴 것 사. 지방건축위원회의 위원장은 업무 수행을 위하여 필요하다고 인정하는 경우에는 관계 전문가를 지방건축위원회의 회의에 출석하게 하여 발언하게 하거나 관계 기관·단체에 자료를 요구할 것 아. 건축주·설계자 및 심의등을 신청한 자가 희망하는 경우에는 회의에 참여하여 해당 안건 등에 대하여 설명할 수 있도록 할 것 자. 제1항제4호, 제7호 및 제8호에 따른 사항을 심의하는 경우 심의등을 신청한 자에게 지방건축위원회에 간략설계도서(배치도·평면도·입면도·주단면도 및 국토교통부장관이 정하여 고시하는 도서로 한정하며, 전자문서로 된 도서를 포함한다)를 제출하도록 할 것 차. 건축구조 분야 등 전문분야에 대해서는 분야별 해당 전문위원회에서 심의하도록 할 것[제5조의6제1항(→건축구조 분야에 대해서는 제5조의6제1항에 따라 해당 전문위원회를 구성하여 심의해야 하고, 그 밖의 전문분야에 대해서는 같은 항)에 따라 분야별 전문위원회를 구성한 경우만 해당한다] 카. 지방건축위원회 심의 절차 및 방법 등에 관하여 국토교통부장관이 정하여 고시하는 기준에 따를 것 [본조신설 2012.12.12.]	**고시** 건축위원회 심의 기준 (국토교통부고시 제2023-910호, 2023.12.29)
② 국토교통부장관, 시·도지사 및 시장·군수·구청장은 건축위원회의 심의등을 효율적으로 수행하기 위하여 필요하면 자신이 설치하는 건축위원회에 다음 각 호의 전문위	**제5조의6 【전문위원회의 구성 등】** ① 국토교통부장관, 시·도지사 또는 시장·군수·구청장은 법 제4조제2항에 따라 다음 각 호의 분야별로 전문위원회를 구성·운영할 수 있다.	**제2조의3 【전문위원회의 구성등】** ① 삭제 〈1999.5.11〉 ② 법 제4조제2항에 따라 중앙건축위

법	시 행 령	시 행 규 칙

법

원회를 두어 운영할 수 있다. 〈개정 2014.5.28.〉

1. 건축분쟁전문위원회(국토교통부에 설치하는 건축위원회에 한정한다)
2. 건축민원전문위원회(시 · 도 및 시 · 군 · 구에 설치하는 건축위원회에 한정한다)
3. 건축계획 · 건축구조 · 건축설비 등 분야별 전문위원회

③ 제2항에 따른 전문위원회는 건축위원회가 정하는 사항에 대하여 심의등을 한다. 〈개정 2014.5.28.〉

④ 제3항에 따라 전문위원회의 심의등을 거친 사항은 건축위원회의 심의등을 거친 것으로 본다. 〈개정 2014.5.28.〉

⑤ 제1항에 따른 각 건축위원회의 조직 · 운영, 그 밖에 필요한 사항은 대통령령으로 정하는 바에 따라 국토교통부령이나 해당 지방자치단체의 조례(자치구의 경우에는 특별시나 광역시의 조례를 말한다. 이하 같다)로 정한다.

제4조의2【건축위원회의 건축 심의 등】 ① 대통령령으로 정하는 건축물을 건축하거나 대수선하려는 자는 국토교통부령으로 정하는 바에 따라 시 · 도지사 또는 시장 · 군수 · 구청장에게 제4조에 따른 건축위원회(이하 "건축위원회"라 한다)의 심의를 신청하여야 한다. 〈개정 2017.1.17.〉

② 제1항에 따라 심의 신청을 받은 시 · 도지사 또는 시장 · 군수 · 구청장은 대통령령으로 정하는 바에 따라 건축위원회에 심의 안건을 상정하고, 심의 결과를 국토교통부령으로 정하는 바에 따라 심의를 신청한 자에게 통보하여야 한다.

③ 제2항에 따른 건축위원회의 심의 결과에 이의가 있는 자는 심의 결과를 통보받은 날부터 1개월 이내에 시 · 도지

시 행 령

1. 건축계획 분야
2. 건축구조 분야
3. 건축설비 분야
4. 건축방재 분야
5. 에너지관리 등 건축환경 분야
6. 건축물 경관(景觀) 분야(공간환경 분야를 포함한다)
7. 조경 분야
8. 도시계획 및 단지계획 분야
9. 교통 및 정보기술 분야
10. 사회 및 경제 분야
11. 그 밖의 분야

② 제1항에 따른 전문위원회의 구성 · 운영에 관한 사항, 수당 및 여비 지급에 관한 사항은 국토교통부령 또는 건축조례로 정한다.

[본조신설 2012.12.12.]

제5조의7【지방건축위원회의 심의】 ① 법 제4조의2제1항에서 "대통령령으로 정하는 건축물"이란 제5조의5제1항제4호, 제7호 및 제8호에 따른 심의 대상 건축물을 말한다. 〈개정 2018.9.4., 2021.5.4〉

② 시 · 도지사 또는 시장 · 군수 · 구청장은 법 제4조의2제1항에 따라 건축물을 건축하거나 대수선하려는 자가 지방건축위원회의 심의를 신청한 경우에는 법 제4조의2제2항에 따라 심의 신청 접수일부터 30일 이내에 해당 지방건축위원회에 심의 안건을 상정하여야 한다.

③ 법 제4조의2제3항에 따라 재심의 신청을 받은 시 · 도지사 또는 시장 · 군수 · 구청장은 지방건축위원회의 심의에 참여할 위원을 다시 확정하여 법 제4조의2제4항에 따라 해

시 행 규 칙

원회에 구성되는 전문위원회(이하 이 조에서 "전문위원회"라 한다)는 중앙건축위원회의 위원 중 5인 이상 15인 이하의 위원으로 구성한다.

③ 전문위원회의 위원장은 전문위원회의 위원중에서 국토교통부장관이 임명 또는 위촉하는 자가 된다.

④ 전문위원회의 운영에 관하여는 제2조제1항 및 제2항을 준용한다. 이 경우 "중앙건축위원회"는 각각 "전문위원회"로 본다. 〈개정 2012.12.12.〉

제2조의4【지방건축위원회의 심의 신청 등】 ① 법 제4조의2제1항 및 제3항에 따라 건축물을 건축하거나 대수선하려는 자는 특별시 · 광역시 · 특별자치시 · 도 · 특별자치도 및 시 · 군 · 구(자치구를 말한다. 이하 같다)에 두는 건축위원회(이하 "지방건축위원회"라 한다)의 심의 또는 재심의를 신청하려는 경우에는 별지 제1호서식의 건축위원회 심의(재심의)신청서에 영 제5조의5제6항제2호자목에 따른 간략설계도서를 첨부(심의를 신청하는 경우에 한정한다)하여 제출하여야 한

법	시 행 령	시 행 규 칙
사 또는 시장·군수·구청장에게 건축위원회의 재심의를 신청할 수 있다. ④ 제3항에 따른 재심의 신청을 받은 시·도지사 또는 시장·군수·구청장은 그 신청을 받은 날부터 15일 이내에 대통령령으로 정하는 바에 따라 건축위원회에 재심의 안건을 상정하고, 재심의 결과를 국토교통부령으로 정하는 바에 따라 재심의를 신청한 자에게 통보하여야 한다. [본조신설 2014.5.28]	당 지방건축위원회에 재심의 안건을 상정하여야 한다. [본조신설 2014.11.28.] **법령해석** 주택건설 사업계획의 승인으로 의제되는 건축허가에 대한 협의와 건축위원회의 심의와의 관계 (법제처 18-0438, 2018.12.14.) **질의요지** 주택건설 사업계획의 승인권자가 「주택법」 제15조에 따른 사업계획의 승인으로 「건축법」 제11조에 따른 건축1)1) 해당 건축이 「건축법」 제4조 및 제4조의2에 따른 건축위원회의 심의 대상에 해당하는 경우이고 주택건설 사업계획의 승인권자가 「주택법」 제18조제1항제1호에 따른 통합심의를 하지 않는 경우로 한정함. 허가를 의제받기 위해 「주택법」 제19조제1항에 따라 관계 행정기관의 장과 협의하는 경우 협의를 요청받은 관계 행정기관의 장은 그 협의에 응하여 의견을 회신하기 전에 건축위원회(「건축법」 제4조에 따른 건축위원회를 말하며, 이하 같음)의 심의를 반드시 거쳐야 하는지? 〈질의 배경〉 강원도 인제군은 주택건설 사업계획의 승인으로 의제되는 건축허가에 대한 협의 시 건축위원회의 심의를 필수적으로 거쳐야 하는지에 대해 의문이 있어 국토교통부 질의를 거쳐 법령해석을 요청함. **회답** 이 사안의 경우 건축위원회의 심의를 반드시 거쳐야 함	다. ② 영 제6조의3제2항 및 제4항에 따라 구조 안전에 관한 지방건축위원회의 심의 또는 재심의를 신청할 때에는 별지 제1호의5서식의 건축위원회 구조 안전 심의(재심의) 신청서에 별표 1의2에 따른 서류를 첨부(재심의를 신청하는 경우는 제외한다)하여 제출하여야 한다. 〈신설 2015.7.7.〉 ③ 법 제4조의2제2항 및 제4항에 따라 특별시장·광역시장·특별자치시장·도지사·특별자치도지사(이하 "시·도지사"라 한다) 또는 시장·군수·구청장(자치구의 구청장을 말한다. 이하 같다)은 지방건축위원회의 심의 또는 재심의를 완료한 날부터 14일 이내에 그 심의 또는 재심의 결과를 심의 또는 재심의를 신청한 자에게 통보하여야 한다. 〈개정 2015.7.7.〉 [본조신설 2014.11.28.][종전 제2조의4는 제2조의5로 이동]
제4조의3【건축위원회 회의록의 공개】 시·도지사 또는 시장·군수·구청장은 제4조의2제1항에 따른 심의(같은 조 제3항에 따른 재심의를 포함한다. 이하 이 조에서 같다)를 신청한 자가 요청하는 경우에는 대통령령으로 정하는 바에 따라 건축위원회 심의의 일시·장소·안건·내용·결과 등이 기록된 회의록을 공개하여야 한다. 다만, 심의의 공정성을 침해할 우려가 있다고 인정되는 이름, 주민등록번호 등 대통령령으로 정하는 개인 식별 정보에 관한 부분의 경우에는 그러하지 아니하다. [본조신설 2014.5.28]	**제5조의8【지방건축위원회 회의록의 공개】** ① 시·도지사 또는 시장·군수·구청장은 법 제4조의3 본문에 따라 법 제4조의2제1항에 따른 심의(같은 조 제3항에 따른 재심의를 포함한다. 이하 이 조에서 같다)를 신청한 자가 지방건축위원회의 회의록 공개를 요청하는 경우에는 지방건축위원회의 심의 결과를 통보한 날부터 6개월까지 공개를 요청한 자에게 열람 또는 사본을 제공하는 방법으로 공개하여야 한다. ② 법 제4조의3 단서에서 "이름, 주민등록번호 등 대통령령으로 정하는 개인 식별 정보"란 이름, 주민등록번호, 직위 및 주소 등 특정인임을 식별할 수 있는 정보를 말한다.	

법	시행령	시행규칙
	[본조신설 2014.11.28.]	
제4조의4【건축민원전문위원회】 ① 제4조제2항에 따른 건축민원전문위원회는 건축물의 건축등과 관련된 다음 각 호의 민원[특별시장 · 광역시장 · 특별자치시장 · 특별자치도지사 또는 시장 · 군수 · 구청장(이하 "허가권자"라 한다)의 처분이 완료되기 전의 것으로 한정하며, 이하 "질의민원"이라 한다]을 심의하며, 시 · 도지사가 설치하는 건축민원전문위원회(이하 "광역지방건축민원전문위원회"라 한다)와 시장 · 군수 · 구청장이 설치하는 건축민원전문위원회(이하 "기초지방건축민원전문위원회"라 한다)로 구분한다. 1. 건축법령의 운영 및 집행에 관한 민원 2. 건축물의 건축등과 복합된 사항으로서 제11조제5항 각 호에 해당하는 법률 규정의 운영 및 집행에 관한 민원 3. 그 밖에 대통령령으로 정하는 민원 ② 광역지방건축민원전문위원회는 허가권자나 도지사(이하 "허가권자등"이라 한다)의 제11조에 따른 건축허가나 사전승인에 대한 질의민원을 심의하고, 기초지방건축민원전문위원회는 시장(행정시의 시장을 포함한다) · 군수 · 구청장의 제11조 및 제14조에 따른 건축허가 또는 건축신고와 관련한 질의민원을 심의한다. ③ 건축민원전문위원회의 구성 · 회의 · 운영, 그 밖에 필요한 사항은 해당 지방자치단체의 조례로 정한다. [본조신설 2014.5.28]	**제5조의9【건축민원전문위원회의 심의 대상】** 법 제4조의4제1항제3호에서 "대통령령으로 정하는 민원"이란 다음 각 호의 어느 하나에 해당하는 민원을 말한다. 1. 건축조례의 운영 및 집행에 관한 민원 2. 그 밖에 관계 건축법령에 따른 처분기준 외의 사항을 요구하는 등 허가권자의 부당한 요구에 따른 민원 [본조신설 2014.11.28.]	
제4조의5【질의민원 심의의 신청】 ① 건축물의 건축등과 관련된 질의민원의 심의를 신청하려는 자는 제4조의4제2항에 따른 관할 건축민원전문위원회에 심의 신청서를 제출하여	**제5조의10【질의민원 심의의 신청】** ① 법 제4조의5제2항 각 호 외의 부분 단서에 따라 구술로 신청한 질의민원 심의 신청을 접수한 담당 공무원은 신청인이 심의 신청서를 작성	

법	시 행 령	시 행 규 칙
야 한다. ② 제1항에 따른 심의를 신청하고자 하는 자는 다음 각 호의 사항을 기재하여 문서로 신청하여야 한다. 다만, 문서에 의할 수 없는 특별한 사정이 있는 경우에는 구술로 신청할 수 있다. 1. 신청인의 이름과 주소 2. 신청의 취지 · 이유와 민원신청의 원인이 된 사실내용 3. 그 밖에 행정기관의 명칭 등 대통령령으로 정하는 사항 ③ 건축민원전문위원회는 신청인의 질의민원을 받으면 15일 이내에 심의절차를 마쳐야 한다. 다만, 사정이 있으면 건축민원전문위원회의 의결로 15일 이내의 범위에서 기간을 연장할 수 있다. [본조신설 2014.5.28.] **제4조의6【심의를 위한 조사 및 의견 청취】** ① 건축민원전문위원회는 심의에 필요하다고 인정하면 위원 또는 사무국의 소속 공무원에게 관계 서류를 열람하게 하거나 관계 사업장에 출입하여 조사하게 할 수 있다. ② 건축민원전문위원회는 필요하다고 인정하면 신청인, 허가권자의 업무담당자, 이해관계자 또는 참고인을 위원회에 출석하게 하여 의견을 들을 수 있다. ③ 민원의 심의신청을 받은 건축민원전문위원회는 심의기간 내에 심의하여 심의결정서를 작성하여야 한다. [본조신설 2014.5.28.] **제4조의7【의견의 제시 등】** ① 건축민원전문위원회는 질의민원에 대하여 관계 법령, 관계 행정기관의 유권해석, 유사판례와 현장여건 등을 충분히 검토하여 심의의견을 제시할 수 있다.	할 수 있도록 협조하여야 한다. ② 법 제4조의5제2항제3호에서 "행정기관의 명칭 등 대통령령으로 정하는 사항"이란 다음 각 호의 사항을 말한다. 1. 민원 대상 행정기관의 명칭 2. 대리인 또는 대표자의 이름과 주소(법 제4조의6제2항 및 제4조의7제2항 · 제5항에 따른 위원회 출석, 의견 제시, 결정내용 통지 수령 및 처리결과 통보 수령 등을 위임한 경우만 해당한다) [본조신설 2014.11.28.]	

법	시 행 령	시 행 규 칙
② 건축민원전문위원회는 민원심의의 결정내용을 지체 없이 신청인 및 해당 허가권자등에게 통지하여야 한다. ③ 제2항에 따라 심의 결정내용을 통지받은 허가권자등은 이를 존중하여야 하며, 통지받은 날부터 10일 이내에 그 처리결과를 해당 건축민원전문위원회에 통보하여야 한다. ④ 제2항에 따른 심의 결정내용을 시장 · 군수 · 구청장이 이행하지 아니하는 경우에는 제4조의4제2항에도 불구하고 해당 민원인은 시장 · 군수 · 구청장이 통보한 처리결과를 첨부하여 광역지방건축민원전문위원회에 심의를 신청할 수 있다. ⑤ 제3항에 따라 처리결과를 통보받은 건축민원전문위원회는 신청인에게 그 내용을 지체 없이 통보하여야 한다. [본조신설 2014.5.28] **제4조의8【사무국】** ① 건축민원전문위원회의 사무를 처리하기 위하여 위원회에 사무국을 두어야 한다. ② 건축민원전문위원회에는 다음 각 호의 사무를 나누어 맡도록 심사관을 둔다. 1. 건축민원전문위원회의 심의 · 운영에 관한 사항 2. 건축물의 건축등과 관련된 민원처리에 관한 업무지원 사항 3. 그 밖에 위원장이 지정하는 사항 ③ 건축민원전문위원회의 위원장은 특정 사건에 관한 전문적인 사항을 처리하기 위하여 관계 전문가를 위촉하여 제2항 각 호의 사무를 하게 할 수 있다. [본조신설 2014.5.28.]		

법	시 행 령	시 행 규 칙

제5조 【적용의 완화】 ① 건축주, 설계자, 공사시공자 또는 공사감리자(이하 "건축관계자"라 한다)는 업무를 수행할 때 이 법을 적용하는 것이 매우 불합리하다고 인정되는 대지나 건축물로서 대통령령으로 정하는 것에 대하여는 이 법의 기준을 완화하여 적용할 것을 허가권자에게 요청할 수 있다. 〈개정 2014.5.28.〉

② 제1항에 따른 요청을 받은 허가권자는 건축위원회의 심의를 거쳐 완화 여부와 적용 범위를 결정하고 그 결과를 신청인에게 알려야 한다. 〈개정 2014.5.28.〉

③ 제1항과 제2항에 따른 요청 및 결정의 절차와 그 밖에 필요한 사항은 해당 지방자치단체의 조례로 정한다.

질의 회신 수상호텔 건축법 적용여부

국토교통부 민원마당 FAQ 2019.5.24

질의 가. 공유수면위에 선박과 같은 구조물의 수상관광호텔을 이동이 불가능하도록 닻 등으로 정착시 건축법 적용대상인 지

나. "가"에서 건축법을 적용하여야 한다면 동법 제5조의 규정에 의한 완화의 범위는?

다. 건축법 적용 시 지번이 없는 사업지에 건축물대장 및 건물등기가 가능한 지

회신 가. 건축법 제2조 제1항 제2호의 규정에서 "건축물"이라 함은 토지에 정착하는 공작물 중 지붕과 지붕 또는 벽이 있는 것과 이에 부수되는 시설물을 말하는 것으로 정의하고 있으며, 여기에서 정착한다는 것은 실질적, 임의적으로 이동이 불가능하거나 이동이 가능하다 하더라도 이동의 실익이 없어서 상당한 기간 현저한 이동이 추정되지 않는 것을 뜻하는 것으로 질의의 수상관광호텔의 경우도 토지에 정착되어 있는 것으로 보아 모두 건축물에 해당한다 할 것이나, 축조된 선박 등을 활용하여 건축물로 이용되는 경우에는 건축법령상의 모든 건축기준을 적용하기 곤란하므로 건축법 시행령 제6조 제1항 제1호의 규정과 같이 일부 규정에 한하여 적용될 수 있을 것임

나. 건축법 제5조에 따라, 건축주 · 설계자 · 공사시공자 또는 공사감리자는 그 업무를 수행함에 있어서 동법의 규정을 적용하는 것이 매우

제6조 【적용의 완화】 ① 법 제5조제1항에 따라 완화하여 적용하는 건축물 및 기준은 다음 각 호와 같다. 〈개정 2016.7.19., 2016.8.11., 2017.2.3., 2020.5.12., 2024.6.18., 2024.12.17.〉

1. 수면 위에 건축하는 건축물 등 대지의 범위를 설정하기 곤란한 경우: 법 제40조부터 제47조까지, 법 제55조부터 제57조까지, 법 제60조 및 법 제61조에 따른 기준
2. 거실이 없는 통신시설 및 기계 · 설비시설인 경우: 법 제44조부터 법 제46조까지의 규정에 따른 기준
3. 31층 이상인 건축물(건축물 전부가 공동주택의 용도로 쓰이는 경우는 제외한다)과 발전소, 제철소, 「산업집적활성화 및 공장설립에 관한 법률 시행령」 별표 1의2 제2호마목에 따라 산업통상자원부령으로 정하는 업종의 제조시설, 운동시설 등 특수 용도의 건축물인 경우: 법 제43조, 제49조부터 제52조까지, 제62조, 제64조, 제67조 및 제68조에 따른 기준
4. 전통사찰, 전통한옥 등 전통문화의 보존을 위하여 시 · 도의 건축조례로 정하는 지역의 건축물인 경우: 법 제2조제1항제11호, 제44조, 제46조 및 제60조제3항에 따른 기준
5. 경사진 대지에 계단식으로 건축하는 공동주택으로서 지면에서 직접 각 세대가 있는 층으로의 출입이 가능하고, 위층 세대가 아래층 세대의 지붕을 정원 등으로 활용하는 것이 가능한 형태의 건축물과 초고층 건축물인 경우: 법 제55조에 따른 기준
6. 다음 각 목의 어느 하나에 해당하는 건축물인 경우: 법 제42조, 제43조, 제46조, 제55조, 제56조, 제58조, 제60조, 제61조제2항에 따른 기준
   가. 허가권자가 리모델링 활성화가 필요하다고 인정하여 지정 · 공고한 구역(이하 "리모델링 활성화 구역"이라 한다) 안의 건축물

제2조의5 【적용의 완화】 영 제6조제2항제2호나목에서 "국토교통부령으로 정하는 규모 및 범위"란 다음 각 호의 구분에 따른 증축을 말한다. 〈개정 2016.8.12., 2022.2.11., 2024.12.17〉

1. 증축의 규모는 다음 각 목의 기준에 따라야 한다.
   가. 연면적의 증가
      1) 공동주택이 아닌 건축물로서 「주택법 시행령」 제10조제1항제1호에 따른 소형 주택으로의 용도변경을 위하여 증축되는 건축물 및 공동주택: 건축위원회의 심의에서 정한 범위 이내일 것.
      2) 그 외의 건축물: 기존 건축물 연면적 합계의 10분의 2의 범위에서 건축위원회의 심의에서 정한 범위 이내일 것. 다만, 영 제6조제1항제6호가목에 따른 리모델링 활성화 구역은 기존 건축물의 연면적 합계의 10분의 3의 범위에서 건축위원회 심의에서 정한 범위 이내일 것으로 한다.
   나. 건축물의 층수 및 높이의 증가: 건축위원회 심의에서 정한 범위 이내일 것.
   다. 「주택법」 제15조에 따른 사업계획승인 대상인 공동주택 세대수의

법

불합리하다고 인정되는 대지 또는 건축물로서 대통령령이 정하는 것에 대하여는 이 법의 기준을 완화하여 적용할 것을 허가권자에게 요청할 수 있으며, 요청을 받는 허가권자는 건축위원회의 심의를 거쳐 완화여부 및 적용범위를 결정하고, 동법 시행령 제6조 제1항 제1호에 따라 수면 위에 건축하는 건축물 등 대지의 범위를 설정하기 곤란한 경우에는 법 제40조부터 제47조까지, 법 제55조부터 제57조까지, 법 제60조부터 법 제61의 기준을 완화할 수 있으며, 또한, 동항 제3호에 따라 31층 이상인 건축물(공동주택을 제외한다)과 발전소 · 제철소 · 운동시설등 특수용도의 건축물인 경우 법 제43조, 법 제49조부터 제52조까지, 법 제62조, 법 제64조, 법 제66조부터 법 제68까지의 기준을 완화할 수 있는 바, 개별 대지나 건축물에 대한 건축법령의 완화여부 및 적용범위는 그에 대한 건축위원회의 심의결과 등에 결정되는 것이므로 이의 구체적인 사항은 도면 등 자료를 갖추어 소재지를 관할하는 허가권자에게 문의하시기 바람

다. 건축물의 대지의 위치나 범위를 설정하기 곤란한 경우에도 당해 건축물의 관리를 위하여는 건축물대장을 작성하여야 하며, 건물등기에 대해서는 부동산등기법에 따라야 할 것임.

법령해석 1동의 공동주택 일부만 건폐율 완화 요건을 갖춘 경우 해당 공동주택이 건폐율 완화 적용대상 건축물에 해당하는지 여부 (법제처 18-0225, 2018.7.9.)

질의요지 1동의 공동주택 일부가 경사진 대지에 계단식으로 건축되어 그 일부 세대에 대해서만 지면에서 직접 각 층으로의 출입이 가능하고 위층 세대가 아래층 세대의 지붕을 정원 등으로 활용하는 것이 가능한 경우, 해당 공동주택이 「건축법 시행령」 제6조제1항제5호에 따라 건폐율 기준을 완화하여 적용하는 건축물에 해당하는지?

〈질의 배경〉

건축설계사인 민원인은 테라스하우스를 설계하는 데 있어 「건축법 시행령」 제6조제1항제5호에 따라 건폐율을 완화하기 위해서는 공동주택 전체가 위 규정에 따른 요건을 갖추어야 하는지 의문이 있어 국토교통부를 거쳐 법제처에 법령해석을 요청함.

회답 이 사안의 경우 해당 공동주택은 건폐율 기준을 완화하여 적용하는 건축물에 해당하지 않음

시 행 령

나. 사용승인을 받은 후 15년 이상이 되어 리모델링이 필요한 건축물

다. 기존 건축물을 건축(증축, 일부 개축 또는 일부 재축으로 한정한다. 이하 이 목 2) 및 제32조제4항에서 같다)하거나 대수선하는 경우로서 다음의 요건을 모두 갖춘 건축물

1) 기존 건축물이 건축 또는 대수선 당시의 법령상 건축물 전체에 대하여 다음의 구분에 따른 확인 또는 확인 서류 제출을 하여야 하는 건축물에 해당하지 아니할 것

가) 2009년 7월 16일 대통령령 제21629호 건축법 시행령 일부개정령으로 개정되기 전의 제32조에 따른 지진에 대한 안전여부의 확인

나) 2009년 7월 16일 대통령령 제21629호 건축법 시행령 일부개정령으로 개정된 이후부터 2014년 11월 28일 대통령령 제25786호 건축법 시행령 일부개정령으로 개정되기 전까지의 제32조에 따른 구조 안전의 확인

다) 2014년 11월 28일 대통령령 제25786호 건축법 시행령 일부개정령으로 개정된 이후의 제32조에 따른 구조 안전의 확인 서류 제출

2) 제32조제4항에 따라 기존 건축물을 건축 또는 대수선하기 전과 후의 건축물 전체에 대한 구조 안전의 확인 서류를 제출할 것. 다만, 기존 건축물을 일부 재축하는 경우에는 재축 후의 건축물에 대한 구조 안전의 확인 서류만 제출한다.

7. 기존 건축물에 「장애인 · 노인 · 임산부 등의 편의증진 보장에 관한 법률」 제8조에 따른 편의시설을 설치하면 법 제

시 행 규 칙

증가: 가목에 따라 증축 가능한 연면적의 범위에서 기존 세대수의 100분의 15를 상한으로 건축위원회 심의에서 정한 범위 이내일 것.

2. 증축할 수 있는 범위는 다음 각 목의 구분에 따른다.

가. 공동주택

1) 승강기 · 계단 및 복도

2) 각 세대 내의 노대 · 화장실 · 창고 및 거실

3) 「주택법」에 따른 부대시설

4) 「주택법」에 따른 복리시설

5) 기존 공동주택의 높이 · 층수 또는 세대수

나. 가목 외의 건축물

1) 승강기 · 계단 및 주차시설

2) 노인 및 장애인 등을 위한 편의시설

3) 외부벽체

4) 통신시설 · 기계설비 · 화장실 · 정화조 및 오수처리시설

5) 기존 건축물의 높이 및 층수

6) 법 제2조제1항제6호에 따른 거실

[제2조의4에서 이동 〈2014.11.28.〉]

관계법 「장애인 · 노인 · 임산부 등의 편의증진 보장에 관한 법률」

55조 또는 법 제56조에 따른 기준에 적합하지 아니하게 되는 경우: 법 제55조 및 법 제56조에 따른 기준

7의2. 「국토의 계획 및 이용에 관한 법률」에 따른 도시지역 및 지구단위계획구역 외의 지역 중 동이나 읍에 해당하는 지역에 건축하는 건축물로서 건축조례로 정하는 건축물인 경우: 법 제2조제1항제11호 및 제44조에 따른 기준

8. 다음 각 목의 어느 하나에 해당하는 대지에 건축하는 건축물로서 재해예방을 위한 조치가 필요한 경우: 법 제55조, 법 제56조, 법 제60조 및 법 제61조에 따른 기준
 가. 「국토의 계획 및 이용에 관한 법률」 제37조에 따라 지정된 방재지구(防災地區)
 나. 「급경사지 재해예방에 관한 법률」 제6조에 따라 지정된 붕괴위험지역

9. 조화롭고 창의적인 건축을 통하여 아름다운 도시경관을 창출한다고 법 제11조에 따른 특별시장·광역시장·특별자치시장·특별자치도지사 또는 시장·군수·구청장(이하 "허가권자"라 한다)가 인정하는 건축물과 「주택법 시행령」 제10조제1항에 따른 도시형 생활주택(아파트는 제외한다)인 경우: 법 제60조 및 제61조에 따른 기준

10. 「공공주택 특별법」 제2조제1호에 따른 공공주택인 경우: 법 제61조제2항에 따른 기준

11. 다음 각 목의 어느 하나에 해당하는 공동주택에 「주택건설 기준 등에 관한 규정」 제2조제3호에 따른 주민공동시설(주택소유자가 공유하는 시설로서 영리를 목적으로 하지 아니하고 주택의 부속용도로 사용하는 시설만 해당하며, 이하 "주민공동시설"이라 한다)을 설치하는 경우: 법 제56조에 따른 기준
 가. 「주택법」 제15조에 따라 사업계획 승인을 받아 건축하는 공동주택

관계법 「급경사지 재해예방에 관한 법률」
제6조(붕괴위험지역의 지정 등)
① 관리기관은 소관 급경사지에 대하여 제5조에 따른 안전점검을 실시하여 붕괴위험지역으로 지정할 필요가 있는 때에는 재해위험도평가와 주민의견 수렴절차를 거쳐 그 지역을 관할하고 있는 시장·군수·구청장에게 붕괴위험지역의 지정을 요청하고, 그 요청을 받은 시장·군수·구청장은 특별한 사유가 없는 한 즉시 이를 지정·고시하여야 한다. 이를 변경하는 때에도 또한 같다.

관계법 「공공주택 특별법」 제2조(정의)
1. "공공주택"이란 제4조제1항 각 호에 규정된 자 또는 제4조제2항에 따른 공공주택사업자가 국가 또는 지방자치단체의 재정이나 「주택도시기금법」에 따른 주택도시기금(이하 "주택도시기금"이라 한다)을 지원받아 이 법 또는 다른 법률에 따라 건설, 매입 또는 임차하여 공급하는 다음 각 목의 어느 하나에 해당하는 주택을 말한다.
 가. 임대 또는 임대한 후 분양전환을 할 목적으로 공급하는 「주택법」 제2조제1호에 따른 주택으로서 대통령령으로 정하는 주택(이하 "공공임대주택"이라 한다)
 나. 분양을 목적으로 공급하는 주택으로서 「주택법」 제2조제5호에 따른 국민주택규모 이하의 주택(이하 "공공분양주택"이라 한다)

제8조(편의시설의 설치기준)
① 대상시설별로 설치하여야 하는 편의시설의 종류는 대상시설의 규모, 용도 등을 고려하여 대통령령으로 정한다.
② 편의시설의 구조와 재질 등에 관한 세부기준은 보건복지부령으로 정한다. 이 경우 편의시설의 종류별 안내 내용과 안내 표시 디자인 기준을 함께 정하여야 한다. 〈개정 2019.1.15〉

관계법 「국토의 계획 및 이용에 관한 법률」
제37조(용도지구의 지정)
① 국토교통부장관, 시·도지사 또는 대도시 시장은 다음 각 호의 어느 하나에 해당하는 용도지구의 지정 또는 변경을 도시·군관리계획으로 결정한다.
4. 방재지구: 풍수해, 산사태, 지반의 붕괴, 그 밖의 재해를 예방하기 위하여 필요한 지구

관계법 「주택법 시행령」
제10조(도시형 생활주택)
① 법 제2조제20호에서 "대통령령으로 정하는 주택"이란 「국토의 계획 및 이용에 관한 법률」 제36조제1항제1호에 따른 도시지역에 건설하는 다음 각 호의 주택을 말한다. 2024.3.19.〉
1. 소형 주택: 다음 각 목의 요건을 모두 갖춘 공동주택
 가. 세대별 주거전용면적은 60제곱미터 이하일 것
 나. 세대별로 독립된 주거가 가능하도록 욕실 및 부엌을 설치할 것

법	시 행 령	시 행 규 칙

관계법 「주택건설 기준 등에 관한 규정」 제2조(정의)

3. "주민공동시설"이란 해당 공동주택의 거주자가 공동으로 사용하거나 거주자의 생활을 지원하는 시설로서 다음 각 목의 시설을 말한다.
가. 경로당
나. 어린이놀이터
다. 어린이집
라. 주민운동시설
마. 도서실(정보문화시설과 「도서관법」 제4조제2항제1호가목에 따른 작은도서관을 포함한다)
바. 주민교육시설(영리를 목적으로 하지 아니하고 공동주택의 거주자를 위한 교육장소를 말한다)
사. 청소년 수련시설
아. 주민휴게시설
자. 독서실
차. 입주자집회소
카. 공용취사장
타. 공용세탁실
파. 「공공주택 특별법」 제2조에 따른 공공주택의 단지 내에 설치하는 사회복지시설
하. 「아동복지법」 제44조의2의 다함께돌봄센터(이하 "다함께돌봄센터"라 한다)
거. 「아이돌봄 지원법」 제19조의 공동육아나눔터
너. 그 밖에 가목부터 거목까지의 시설에 준하는 시설로서 「주택법」(이하 "법"이라 한다) 제15조제1항에 따른 사업계획의 승인권자(이하 "사업계획승인권자"라 한다)가 인정하는 시설

나. 상업지역 또는 준주거지역에서 법 제11조에 따라 건축허가를 받아 건축하는 200세대 이상 300세대 미만인 공동주택
다. 법 제11조에 따라 건축허가를 받아 건축하는 「주택법 시행령」 제10조에 따른 도시형 생활주택

12. 법 제77조의4제1항에 따라 건축협정을 체결하여 건축물의 건축·대수선 또는 리모델링을 하려는 경우: 법 제55조 및 제56조에 따른 기준
13. 기존 주택단지에 「아동복지법」 제44조의2에 따른 다함께돌봄센터를 설치하는 경우: 법 제56조에 따른 기준 〈신설 2024.6.18.〉

② 허가권자는 법 제5조제2항에 따라 완화 여부 및 적용 범위를 결정할 때에는 다음 각 호의 기준을 지켜야 한다. 〈개정 2016.8.11., 2024.6.18.〉

1. 제1항제1호부터 제5호까지, 제7호·제7호의2 및 제9호의 경우
가. 공공의 이익을 해치지 아니하고, 주변의 대지 및 건축물에 지나친 불이익을 주지 아니할 것
나. 도시의 미관이나 환경을 지나치게 해치지 아니할 것
2. 제1항제6호의 경우
가. 제1호 각 목의 기준에 적합할 것
나. 증축은 기능향상 등을 고려하여 국토교통부령으로 정하는 규모와 범위에서 할 것
다. 「주택법」 제15조에 따른 사업계획승인 대상인 공동주택의 리모델링은 복리시설을 분양하기 위한 것이 아닐 것
3. 제1항제8호의 경우
가. 제1호 각 목의 기준에 적합할 것
나. 해당 지역에 적용되는 법 제55조, 법 제56조, 법 제60조 및 법 제61조에 따른 기준을 100분의 140 이하의 범위

다. 지하층에는 세대를 설치하지 않을 것
2. 단지형 연립주택: 소형 주택이 아닌 연립주택. 다만, 「건축법」 제5조제2항에 따라 같은 법 제4조에 따른 건축위원회의 심의를 받은 경우에는 주택으로 쓰는 층수를 5개층까지 건축할 수 있다.
3. 단지형 다세대주택: 소형 주택이 아닌 다세대주택. 다만, 「건축법」 제5조제2항에 따라 같은 법 제4조에 따른 건축위원회의 심의를 받은 경우에는 주택으로 쓰는 층수를 5개층까지 건축할 수 있다.

법	시 행 령	시 행 규 칙
	에서 건축조례로 정하는 비율을 적용할 것 4. 제1항제10호의 경우 가. 제1호 각 목의 기준에 적합할 것 나. 기준이 완화되는 범위는 외벽의 중심선에서 발코니 끝부분까지의 길이 중 1.5미터를 초과하는 발코니 부분에 한정될 것. 이 경우 완화되는 범위는 최대 1미터로 제한하며, 완화되는 부분에 창호를 설치해서는 아니 된다. 5. 제1항제11호 및 제13호의 경우 가. 제1호 각 목의 기준에 적합할 것 나. 법 제56조에 따른 용적률의 기준은 해당 지역에 적용되는 용적률에 주민공동시설에 해당하는 용적률을 가산한 범위에서 건축조례로 정하는 용적률을 적용할 것 6. 제1항제12호의 경우 가. 제1호 각 목의 기준에 적합할 것 나. 법 제55조 및 제56조에 따른 건폐율 또는 용적률의 기준은 법 제77조의4제1항에 따라 건축협정이 체결된 지역 또는 구역(이하 "건축협정구역"이라 한다) 안에서 연접한 둘 이상의 대지에서 건축허가를 동시에 신청하는 경우 둘 이상의 대지를 하나의 대지로 보아 적용할 것	
제6조【기존의 건축물 등에 관한 특례】 허가권자는 법령의 제정·개정이나 그 밖에 대통령령으로 정하는 사유로 대지나 건축물이 이 법에 맞지 아니하게 된 경우에는 대통령령으로 정하는 범위에서 해당 지방자치단체의 조례로 정하는 바에 따라 건축을 허가할 수 있다. **질의 회신** 용도지역 변경으로 법령에 부적합하게 된 경우 증축·개축 또는 용도변경 가능 여부 건교부 건축과-2006, 2005.4.15	**제6조의2【기존의 건축물 등에 대한 특례】** ① 법 제6조에서 "그 밖에 대통령령으로 정하는 사유"란 다음 각 호의 어느 하나에 해당하는 경우를 말한다. 1. 도시·군관리계획의 결정·변경 또는 행정구역의 변경이 있는 경우 2. 도시·군계획시설의 설치, 도시개발사업의 시행 또는 「도로법」에 따른 도로의 설치가 있는 경우 3. 그 밖에 제1호 및 제2호와 비슷한 경우로서 국토교통부령	**제3조【기존건축물에 대한 특례】** 영 제6조의2제1항제3호에서 "국토교통부령으로 정하는 경우"란 다음 각 호의 어느 하나에 해당하는 경우를 말한다. 〈개정 2014.10.15.〉 1. 법률 제3259호 「준공미필건축물 정리에 관한 특별조치법」, 법률 제3533호 「특정건축물 정리에 관한 특별조치

법

질의 개발제한구역에서 자연녹지지역으로 변경됨에 따라 기존건축물의 건폐율이 법령 등의 규정에 부적합하게 된 경우 증축 · 개축 또는 용도변경이 가능한지 여부

회신 건축법 제6조의 규정에 의하여 허가권자는 법령의 제정 · 개정이나 기타 동법 시행령 제6조의2제1항이 정하는 사유로 인하여 대지 또는 건축물이 건축법령 등의 규정에 부적합하게 된 경우에 건축법 시행령 제6조의2제2항이 정하는 범위 안에서 당해 지방자치단체의 조례로 정하는 바에 의하여 건축을 허가할 수 있으며, 국토의 계획 및 이용에 관한 법령 등의 개정으로 기존의 건축물이 건폐율 · 용적률 및 높이 등의 규모기준에 부적합하게 된 경우 증축 또는 개축하고자 하는 부분이 동법 시행령 제71조 내지 제92조의 규정에 의한 건폐율 · 용적률 및 높이 등의 규모기준에 적합한 경우 동령 제93조의 규정에 따라 증축 또는 개축을 할 수 있음

관계법 「도로법」 제2조(정의)

1. "도로"란 차도, 보도(步道), 자전거도로, 측도(側道), 터널, 교량, 육교 등 대통령령으로 정하는 시설로 구성된 것으로서 제10조에 열거된 것을 말하며, 도로의 부속물을 포함한다.

제10조(도로의 종류와 등급)

도로의 종류는 다음 각 호와 같고, 그 등급은 다음 각 호에 열거한 순서와 같다.

1. 고속국도(고속국도의 지선 포함)
2. 일반국도(일반국도의 지선 포함)
3. 특별시도(特別市道) · 광역시도(廣域市道)
4. 지방도
5. 시도
6. 군도
7. 구도

시 행 령

으로 정하는 경우

② 허가권자는 기존 건축물 및 대지가 법령의 제정 · 개정이나 제1항 각 호의 사유로 법령등에 부적합하더라도 다음 각 호의 어느 하나에 해당하는 경우에는 건축을 허가할 수 있다. 〈개정 2016.1.19., 2016.5.17., 2021.11.2.〉

1. 기존 건축물을 재축하는 경우
2. 증축하거나 개축하려는 부분이 법령등에 적합한 경우
3. 기존 건축물의 대지가 도시 · 군계획시설의 설치 또는 「도로법」에 따른 도로의 설치로 법 제57조에 따라 해당 지방자치단체가 정하는 면적에 미달되는 경우로서 그 기존 건축물을 연면적 합계의 범위에서 증축하거나 개축하는 경우
4. 기존 건축물이 도시 · 군계획시설 또는 「도로법」에 따른 도로의 설치로 법 제55조 또는 법 제56조에 부적합하게 된 경우로서 화장실 · 계단 · 승강기의 설치 등 그 건축물의 기능을 유지하기 위하여 그 기존 건축물의 연면적 합계의 범위에서 증축하는 경우
5. 법률 제7696호 건축법 일부개정법률 제50조의 개정규정에 따라 최초로 개정한 해당 지방자치단체의 조례 시행일 이전에 건축된 기존 건축물의 건축선 및 인접 대지경계선으로부터의 거리가 그 조례로 정하는 거리에 미달되는 경우로서 그 기존 건축물을 건축 당시의 법령에 위반되지 않는 범위에서 수직으로 증축하는 경우
6. 기존 한옥을 개축하는 경우
7. 건축물 대지의 전부 또는 일부가 「자연재해대책법」 제12조에 따른 자연재해위험개선지구에 포함되고 법 제22조에 따른 사용승인 후 20년이 지난 기존 건축물을 재해로 인한 피해 예방을 위하여 연면적의 합계 범위에서 개축하는 경우

시 행 규 칙

법」, 법률 제6253호 「특정건축물 정리에 관한 특별조치법」, 법률 제7698호 「특정건축물 정리에 관한 특별조치법」 및 법률 제11930호 「특정건축물 정리에 관한 특별조치법」에 따라 준공검사필증 또는 사용승인서를 교부받은 사실이 건축물대장에 기재된 경우

2. 「도시 및 주거환경정비법」에 의한 주거환경개선사업의 준공인가증을 교부받은 경우
3. 「공유토지분할에 관한 특례법」에 의하여 분할된 경우
4. 대지의 일부 토지소유권에 대하여 「민법」 제245조에 따라 소유권이전등기가 완료된 경우
5. 「지적재조사에 관한 특별법」에 따른 지적재조사사업으로 새로운 지적공부가 작성된 경우

관계법 「자연재해대책법」 제12조(자연재해위험개선지구의 지정 등)

① 시장 · 군수 · 구청장은 상습침수지역, 산사태위험지역 등 지형적인 여건 등으로 인하여 재해가 발생할 우려가 있는 지역을 자연재해

법	시 행 령	시 행 규 칙
관계법 「국토의 계획 및 이용에 관한 법률 시행령」 제84조의2(생산녹지지역 등에서 기존 공장의 건폐율) 제93조의3(기존 공장에 대한 특례)	③ 허가권자는 「국토의 계획 및 이용에 관한 법률 시행령」 제84조의2 또는 제93조의3에 따라 기존 공장을 증축하는 경우에는 다음 각 호의 기준을 적용하여 해당 공장(이하 "기존 공장"이라 한다)의 증축을 허가할 수 있다. 〈신설 2016.1.19., 2022.1.18〉 1. 제3조의3제2호에도 불구하고 도시지역에서의 길이 35미터 이상인 막다른 도로의 너비기준은 4미터 이상으로 한다. 2. 제28조제2항에도 불구하고 연면적 합계가 3천제곱미터 미만인 기존 공장이 증축으로 3천제곱미터 이상이 되는 경우 해당 대지가 접하여야 하는 도로의 너비는 4미터 이상으로 하고, 해당 대지가 도로에 접하여야 하는 길이는 2미터 이상으로 한다.	위험개선지구로 지정·고시하고, 그 결과를 시·도지사를 거쳐(특별자치시장이 보고하는 경우는 제외한다) 행정안전부장관과 관계 중앙행정기관의 장에게 보고하여야 한다. 이 경우 「토지이용규제 기본법」 제8조제2항에 따라 지형도면을 함께 고시하여야 한다.
제6조의2【특수구조 건축물의 특례】 건축물의 구조, 재료, 형식, 공법 등이 특수한 대통령령으로 정하는 건축물(이하 "특수구조 건축물"이라 한다)은 제4조, 제4조의2부터 제4조의8까지, 제5조부터 제9조까지, 제11조, 제14조, 제19조, 제21조부터 제25조까지, 제40조, 제41조, 제48조, 제48조의2, 제49조, 제50조, 제50조의2, 제51조, 제52조, 제52조의2, 제52조의4, 제53조, 제62조부터 제64조까지, 제65조의2, 제67조, 제68조 및 제84조를 적용할 때 대통령령으로 정하는 바에 따라 강화 또는 변경하여 적용할 수 있다. 〈개정 2019.4.23., 2019.4.30.〉 [본조신설 2015.1.6.]	**제6조의3【특수구조 건축물 구조 안전의 확인에 관한 특례】** ① 법 제6조의2에서 "대통령령으로 정하는 건축물"이란 제2조제18호에 따른 특수구조 건축물을 말한다. ② 특수구조 건축물을 건축하거나 대수선하려는 건축주(제32조제3항에 따라 구조 안전의 확인 방법이 달리 적용되는 건축주는 제외한다)는 법 제21조에 따른 착공신고를 하기 전에 국토교통부령으로 정하는 바에 따라 허가권자에게 해당 건축물의 구조 안전에 관하여 지방건축위원회의 심의를 신청하여야 한다. 이 경우 건축주는 설계자로부터 미리 법 제48조제2항에 따른 구조 안전 확인을 받아야 한다. 〈개정 2024.12.17.〉 ③ 제2항에 따른 신청을 받은 허가권자는 심의 신청 접수일부터 15일 이내에 제5조의6제1항제2호에 따른 건축구조 분야 전문위원회에 심의 안건을 상정하고, 심의 결과를 심의를 신청한 자에게 통보하여야 한다.	**고시** 특수구조 건축물 대상기준 (국토교통부 고시 제2018-777호, 2018.12.7)

법	시 행 령	시 행 규 칙
	④ 제3항에 따른 심의 결과에 이의가 있는 자는 심의 결과를 통보받은 날부터 1개월 이내에 허가권자에게 재심의를 신청할 수 있다. ⑤ 제3항에 따른 심의 결과 또는 제4항에 따른 재심의 결과를 통보받은 건축주는 법 제21조에 따른 착공신고를 할 때 그 결과를 반영하여야 한다. ⑥ 제3항에 따른 심의 결과의 통보, 제4항에 따른 재심의의 방법 및 결과 통보에 관하여는 법 제4조의2제2항 및 제4항을 준용한다. [본조신설 2015.7.6.][종전 제6조의3은 제6조의4로 이동]	
제6조의3【부유식 건축물의 특례】 ① 「공유수면 관리 및 매립에 관한 법률」 제8조에 따른 공유수면 위에 고정된 인공대지(제2조제1항제1호의 "대지"로 본다)를 설치하고 그 위에 설치한 건축물(이하 "부유식 건축물"이라 한다)은 제40조부터 제44조까지, 제46조 및 제47조를 적용할 때 대통령령으로 정하는 바에 따라 달리 적용할 수 있다. ② 부유식 건축물의 설계, 시공 및 유지관리 등에 대하여 이 법을 적용하기 어려운 경우에는 대통령령으로 정하는 바에 따라 변경하여 적용할 수 있다. [본조신설 2016.1.19.]	**제6조의4【부유식 건축물의 특례】** ① 법 제6조의3제1항에 따라 같은 항에 따른 부유식 건축물(이하 "부유식 건축물"이라 한다)에 대해서는 다음 각 호의 구분기준에 따라 법 제40조부터 제44조까지, 제46조 및 제47조를 적용한다. 1. 법 제40조에 따른 대지의 안전 기준의 경우: 같은 조 제3항에 따른 오수의 배출 및 처리에 관한 부분만 적용 2. 법 제41조부터 제44조까지, 제46조 및 제47조의 경우: 미적용. 다만, 법 제44조는 부유식 건축물의 출입에 지장이 없다고 인정하는 경우에만 적용하지 아니한다. ② 제1항에도 불구하고 건축조례에서 지역별 특성 등을 고려하여 그 기준을 달리 정한 경우에는 그 기준에 따른다. 이 경우 그 기준은 법 제40조부터 제44조까지, 제46조 및 제47조에 따른 기준의 범위에서 정하여야 한다. [본조신설 2016.7.19.][종전 제6조의4는 제6조의5로 이동]	
제7조【통일성을 유지하기 위한 도의 조례】 도(道) 단위로 통일성을 유지할 필요가 있으면 제5조제3항, 제6조, 제17조		

제2항, 제20조제2항제3호, 제27조제3항, 제42조, 제57조제1항, 제58조 및 제61조에 따라 시·군의 조례로 정하여야 할 사항을 도의 조례로 정할 수 있다. 〈개정 2015.5.18.〉

제8조【리모델링에 대비한 특례 등】 리모델링이 쉬운 구조의 공동주택의 건축을 촉진하기 위하여 공동주택을 대통령령으로 정하는 구조로 하여 건축허가를 신청하면 제56조, 제60조 및 제61조에 따른 기준을 100분의 120의 범위에서 대통령령으로 정하는 비율로 완화하여 적용할 수 있다.

법령해석 「건축법」에 따른 특례를 중첩적으로 적용할 수 있는지 여부 (법제처 18-0283, 2018.9.3.)

질의요지 가로구역(街路區域)의 건축물이 「건축법」 제8조(리모델링이 쉬운 구조로 건축할 경우 높이기준의 100분의 120의 범위에서 완화) 및 제43조제2항(공개 공지 등을 설치할 경우 높이기준의 1.2배 이하 범위에서 완화)에 따른 요건을 모두 갖춘 경우, 해당 건축물의 높이는 그 건축물에 적용하는 높이기준의 100분의 120의 범위에서 정해야 하는지, 아니면 100분의 120의 범위를 초과하여 정할 수 있는지?

〈질의 배경〉

국토교통부는 일부 지방자치단체에서 건축물의 높이 완화 특례를 중첩 적용할 수 있는지 여부가 문제되자 명확한 집행기준을 마련하기 위해 법제처에 법령해석을 요청함.

회답 이 사안의 경우 해당 건축물의 높이는 그 건축물에 적용하는 높이기준의 100분의 120의 범위에서 정해야 함

제9조【다른 법령의 배제】 ① 건축물의 건축등을 위하여 지하를 굴착하는 경우에는 「민법」 제244조제1항을 적용하지 아니한다. 다만, 필요한 안전조치를 하여 위해(危害)를 방지하여야 한다.

② 건축물에 딸린 개인하수처리시설에 관한 설계의 경우에는 「하수도법」 제38조를 적용하지 아니한다.

제6조의5【리모델링이 쉬운 구조 등】 ① 법 제8조에서 "대통령령으로 정하는 구조"란 다음 각 호의 요건에 적합한 구조를 말한다. 이 경우 다음 각 호의 요건에 적합한지에 관한 세부적인 판단 기준은 국토교통부장관이 정하여 고시한다.

1. 각 세대는 인접한 세대와 수직 또는 수평 방향으로 통합하거나 분할할 수 있을 것
2. 구조체에서 건축설비, 내부 마감재료 및 외부 마감재료를 분리할 수 있을 것
3. 개별 세대 안에서 구획된 실(室)의 크기, 개수 또는 위치 등을 변경할 수 있을 것

② 법 제8조에서 "대통령령으로 정하는 비율"이란 100분의 120을 말한다. 다만, 건축조례에서 지역별 특성 등을 고려하여 그 비율을 강화한 경우에는 건축조례로 정하는 기준에 따른다.

[제6조의4에서 이동 〈2016.7.19.〉]

관계법 「민법」 제244조제1항

지하시설 등에 대한 제한

① 우물을 파거나 용수, 하수 또는 오물등을 저치할 지하시설을 하는 때에는 경계로부터 2미터이상의 거리를 두어야 하며 저수지, 구거 또는 지하실공사에는 경계로부터 그 깊이의 반이상의 거리를 두어야 한다.

고시 리모델링이 용이한 공동주택 기준 (국토교통부고시 제2018-774호, 2018.12.7.)

참고 리모델링을 고려한 건축물 설계기준 및 해설서 (건설교통부, 2001.12.14.)

관계법 「하수도법」

제38조 개인하수처리시설의 설계 · 시공

① 개인하수처리시설을 설치 또는 변경하려는 자는 다음 각 호의 어느 하나에 해당하는 자에게 개인하수처리시설을 설계 · 시공하도록 하여야 한다. 〈개정 2021.1.5.〉

1. 제51조제1항에 따라 개인하수처리시설을 설계 · 시공하는 영업의 등록을 한 자
2. 「가축분뇨의 관리 및 이용에 관한 법률」 제34조에 따라 처리시설 설계 · 시공업의 등록을 한 자
3. 「건설산업기본법」 제9조제1항 본문에 따라 건설업의 등록을 한 자 중 대통령령으로 정하는 업종의 등록을 한 자
4. 「환경기술 및 환경산업 지원법」 제15조에 따른 환경전문공사업 중 대통령령으로 정하는 분야의 등록을 한 자

② "생략"

법

제2장 건축물의 건축

제10조【건축 관련 입지와 규모의 사전결정】 ① 제11조에 따른 건축허가 대상 건축물을 건축하려는 자는 건축허가를 신청하기 전에 허가권자에게 그 건축물의 건축에 관한 다음 각 호의 사항에 대한 사전결정을 신청할 수 있다. 〈개정 2015.5.18.〉

1. 해당 대지에 건축하는 것이 이 법이나 관계 법령에서 허용되는지 여부
2. 이 법 또는 관계 법령에 따른 건축기준 및 건축제한, 그 완화에 관한 사항 등을 고려하여 해당 대지에 건축 가능한 건축물의 규모
3. 건축허가를 받기 위하여 신청자가 고려하여야 할 사항

② 제1항에 따른 사전결정을 신청하는 자(이하 "사전결정신청자"라 한다)는 건축위원회 심의와 「도시교통정비 촉진법」에 따른 교통영향평가서의 검토를 동시에 신청할 수 있다. 〈개정 2015.7.24.〉

③ 허가권자는 제1항에 따라 사전결정이 신청된 건축물의 대지면적이 「환경영향평가법」 제43조에 따른 소규모 환경영향평가 대상사업인 경우 환경부장관이나 지방환경관서의 장과 소규모 환경영향평가에 관한 협의를 하여야 한다. 〈개정 2011.7.21.〉

④ 허가권자는 제1항과 제2항에 따른 신청을 받으면 입지, 건축물의 규모, 용도 등을 사전결정한 후 사전결정 신청자에게 알려야 한다.

⑤ 제1항과 제2항에 따른 신청 절차, 신청 서류, 통지 등에 필요한 사항은 국토교통부령으로 정한다.

⑥ 제4항에 따른 사전결정 통지를 받은 경우에는 다음 각

시 행 령

제2장 건축물의 건축

제7조 삭제 〈1995.12.30〉

관계법 「도시교통정비 촉진법」 제16조(교통영향평가서의 제출·검토 등)
① 사업자는 대상사업 또는 그 사업계획(이하 "사업계획등"이라 한다)에 대한 승인·인가·허가 또는 결정 등(이하 "승인등"이라 한다)을 받아야 하는 경우에는 그 승인등을 하는 기관의 장(이하 "승인관청"이라 한다)에게 대통령령으로 정하는 시기까지 교통영향평가 결과를 정리한 서류(이하 "교통영향평가서"라 한다)를 제출하여야 한다.

관계법 「환경영향평가법」 제43조(소규모 환경영향평가의 대상)
① 다음 각 호 모두에 해당하는 개발사업(이하 "소규모 환경영향평가 대상사업"이라 한다)을 하려는 자(이하 이 장에서 "사업자"라 한다)는 소규모 환경영향평가를 실시하여야 한다.
1. 보전이 필요한 지역과 난개발이 우려되어 환경보전을 고려한 계획적 개발이 필요한 지역으로서 대통령령으로 정하는 지역(이하 "보전용도지역"이라 한다)에서 시행되는 개발사업
2. 환경영향평가 대상사업의 종류 및 범위에 해당하지 아니하는 개발사업으로서 대통령령으로 정하는 개발사업

시 행 규 칙

제4조【건축에 관한 입지 및 규모의 사전결정신청시 제출서류】 법 제10조제1항 및 제2항에 따른 사전결정을 신청하는 자는 별지 제1호의2서식의 사전결정 신청서에 다음 각 호의 도서를 첨부하여 법 제11조제1항에 따른 허가권자(이하 "허가권자"라 한다)에게 제출하여야 한다. 〈개정 2016.1.13., 2016.1.27〉

1. 영 제5조의5제6항제2호자목에 따라 제출되어야 하는 간략설계도서(법 제10조제2항에 따라 사전결정신청과 동시에 건축위원회의 심의를 신청하는 경우만 해당한다)
2. 「도시교통정비 촉진법」에 따른 교통영향평가서의 검토를 위하여 같은 법에서 제출하도록 한 서류(법 제10조제2항에 따라 사전결정신청과 동시에 교통영향분석·개선대책의 검토를 신청하는 경우만 해당한다)
3. 「환경정책기본법」에 따른 사전환경성검토를 위하여 같은 법에서 제출하도록 한 서류(법 제10조제1항에 따라 사전결정이 신청된 건축물의 대지면적 등이 「환경정책기본법」에 따른 사전환경성검토 협의대상인 경우만 해당한다)
4. 법 제10조제6항 각 호의 허가를 받거

법	시 행 령	시 행 규 칙

호의 허가를 받거나 신고 또는 협의를 한 것으로 본다.
1. 「국토의 계획 및 이용에 관한 법률」 제56조에 따른 개발행위허가
2. 「산지관리법」 제14조와 제15조에 따른 산지전용허가와 산지전용신고, 같은 법 제15조의2에 따른 산지일시사용허가·신고. 다만, 보전산지인 경우에는 도시지역만 해당된다.
3. 「농지법」 제34조, 제35조 및 제43조에 따른 농지전용허가·신고 및 협의
4. 「하천법」 제33조에 따른 하천점용허가

⑦ 허가권자는 제6항 각 호의 어느 하나에 해당되는 내용이 포함된 사전결정을 하려면 미리 관계 행정기관의 장과 협의하여야 하며, 협의를 요청받은 관계 행정기관의 장은 요청받은 날부터 15일 이내에 의견을 제출하여야 한다.
⑧ 관계 행정기관의 장이 제7항에서 정한 기간(「민원 처리에 관한 법률」 제20조제2항에 따라 회신기간을 연장한 경우에는 그 연장된 기간을 말한다) 내에 의견을 제출하지 아니하면 협의가 이루어진 것으로 본다. 〈신설 2018.12.18.〉
⑨ 사전결정신청자는 제4항에 따른 사전결정을 통지받은 날부터 2년 이내에 제11조에 따른 건축허가를 신청하여야 하며, 이 기간에 건축허가를 신청하지 아니하면 사전결정의 효력이 상실된다. 〈개정 2018.12.18.〉

제11조 【건축허가】 ① 건축물을 건축하거나 대수선하려는 자는 특별자치시장·특별자치도지사 또는 시장·군수·구청장의 허가를 받아야 한다. 다만, 21층 이상의 건축물 등 대통령령으로 정하는 용도 및 규모의 건축물을 특별시나 광역시에 건축하려면 특별시장이나 광역시장의 허가를 받아야 한

관계법 「산지관리법」 제14조(산지전용허가)
① 산지전용을 하려는 자는 그 용도를 정하여 대통령령으로 정하는 산지의 종류 및 면적 등의 구분에 따라 산림청장등의 허가를 받아야 하며, 허가받은 사항을 변경하려는 경우에도 같다. 다만, 농림축산식품부령으로 정하는 사항으로서 경미한 사항을 변경하려는 경우에는 산림청장등에게 신고로 갈음할 수 있다.

관계법 「농지법」 제34조(농지의 전용허가·협의)
① 농지를 전용하려는 자는 다음 각 호의 어느 하나에 해당하는 경우 외에는 대통령령으로 정하는 바에 따라 농림축산식품부장관의 허가(다른 법률에 따라 농지전용허가가 의제되는 협의를 포함한다. 이하 같다)를 받아야 한다. 허가받은 농지의 면적 또는 경계 등 대통령령으로 정하는 중요 사항을 변경하려는 경우에도 또한 같다. 〈개정 2023.8.16〉
1.~5. "생략"

관계법 「하천법」 제33조(하천의 점용허가 등)
① 하천구역 안에서 다음 각 호의 어느 하나에 해당하는 행위를 하려는 자는 대통령령으로 정하는 바에 따라 하천관리청의 허가를 받아야 한다. 허가받은 사항 중 대통령령으로 정하는 중요한 사항을 변경하려는 경우에도 또한 같다.
1. 토지의 점용
2. 하천시설의 점용
3. 공작물의 신축·개축·변경
4.~6. "생략"

제8조 【건축허가】 ① 법 제11조제1항 단서에 따라 특별시장 또는 광역시장의 허가를 받아야 하는 건축물의 건축은 층수가 21층 이상이거나 연면적의 합계가 10만 제곱미터 이상인 건축물의 건축(연면적의 10분의 3 이상을 증축하여 층수가 21층 이상으로 되거나 연면적의 합계가 10만 제곱미터 이상

나 신고 또는 협의를 하기 위하여 해당 법령에서 제출하도록 한 서류(해당사항이 있는 경우만 해당한다)
5. 별표 2 중 건축계획서(에너지절약계획서, 노인 및 장애인을 위한 편의시설 설치계획서는 제외한다) 및 배치도(조경계획은 제외한다)

제5조 【건축에 관한 입지 및 규모의 사전결정서 등】 ① 허가권자는 법 제10조제4항에 따라 사전결정을 한 후 별지 제1호의3서식의 사전결정서를 사전결정일부터 7일 이내에 사전결정을 신청한 자에게 송부하여야 한다. 〈개정 2014.11.28〉
② 제1항에 따른 사전결정서에는 법·영 또는 해당지방자치단체의 건축에 관한 조례(이하 "건축조례"라 한다) 등(이하 "법령등"이라 한다)에의 적합 여부와 법 제10조제6항에 따른 관계법률의 허가·신고 또는 협의 여부를 표시하여야 한다. 〈개정 2012.12.12.〉

제6조 【건축허가 등의 신청】 ① 법 제11조제1항·제3항, 제20조제1항, 영 제9조제1항 및 제15조제8항에 따라 건축물의 건축·대수선 허가 또는 가설건축물의 건축허가를 받으려는 자는 별지 제1

법

다. 〈개정 2014.1.14.〉

② 시장·군수는 제1항에 따라 다음 각 호의 어느 하나에 해당하는 건축물의 건축을 허가하려면 미리 건축계획서와 국토교통부령으로 정하는 건축물의 용도, 규모 및 형태가 표시된 기본설계도서를 첨부하여 도지사의 승인을 받아야 한다. 〈개정 2014.5.28.〉

1. 제1항 단서에 해당하는 건축물. 다만, 도시환경, 광역교통 등을 고려하여 해당 도의 조례로 정하는 건축물은 제외한다.
2. 자연환경이나 수질을 보호하기 위하여 도지사가 지정·공고한 구역에 건축하는 3층 이상 또는 연면적의 합계가 1천제곱미터 이상인 건축물로서 위락시설과 숙박시설 등 대통령령으로 정하는 용도에 해당하는 건축물
3. 주거환경이나 교육환경 등 주변 환경을 보호하기 위하여 필요하다고 인정하여 도지사가 지정·공고한 구역에 건축하는 위락시설 및 숙박시설에 해당하는 건축물

③ 제1항에 따라 허가를 받으려는 자는 허가신청서에 국토교통부령으로 정하는 설계도서와 제5항 각 호에 따른 허가 등을 받거나 신고를 하기 위하여 관계 법령에서 제출하도록 의무화하고 있는 신청서 및 구비서류를 첨부하여 허가권자에게 제출하여야 한다. 다만, 국토교통부장관이 관계 행정기관의 장과 협의하여 국토교통부령으로 정하는 신청서 및 구비서류는 제21조에 따른 착공신고 전까지 제출할 수 있다. 〈개정 2015.5.18.〉

④ 허가권자는 제1항에 따른 건축허가를 하고자 하는 때에 「건축기본법」 제25조에 따른 한국건축규정의 준수 여부를 확인하여야 한다. 다만, 다음 각 호의 어느 하나에 해당하는 경우에는 이 법이나 다른 법률에도 불구하고 건축위원회의 심의를 거쳐 건축허가를 하지 아니할 수 있다. 〈개정

시 행 령

으로 되는 경우를 포함한다)을 말한다. 다만, 다음 각 호의 어느 하나에 해당하는 건축물의 건축은 제외한다. 〈개정 2014.11.28.〉

1. 공장
2. 창고
3. 지방건축위원회의 심의를 거친 건축물(특별시 또는 광역시의 건축조례로 정하는 바에 따라 해당 지방건축위원회의 심의사항으로 할 수 있는 건축물에 한정하며, 초고층 건축물은 제외한다)

② 삭제 〈2006.5.8〉

③ 법 제11조제2항제2호에서 "위락시설과 숙박시설 등 대통령령으로 정하는 용도에 해당하는 건축물"이란 다음 각 호의 건축물을 말한다. 〈개정 2008.10.29.〉

1. 공동주택
2. 제2종 근린생활시설(일반음식점만 해당한다)
3. 업무시설(일반업무시설만 해당한다)
4. 숙박시설
5. 위락시설

④, ⑤ 삭제 〈2006.5.8〉

⑥ 법 제11조제2항에 따른 승인신청에 필요한 신청서류 및 절차 등에 관하여 필요한 사항은 국토교통부령으로 정한다.

제9조 【건축허가 등의 신청】 ① 법 제11조제1항에 따라 건축물의 건축 또는 대수선의 허가를 받으려는 자는 국토교통부령으로 정하는 바에 따라 허가신청서에 관계 서류를 첨부하여 허가권자에게 제출하여야 한다. 다만, 「방위사업법」에 따른 방위산업시설의 건축 또는 대수선의 허가를 받으려는 경우에는 건축 관계 법령에 적합한지 여부에 관한 설계자

시 행 규 칙

호의4서식의 건축·대수선·용도변경(변경)허가 신청서에 다음 각 호의 서류를 첨부하여 허가권자에게 제출(전자문서로 제출하는 것을 포함한다)해야 한다. 이 경우 허가권자는 「전자정부법」 제36조제1항에 따른 행정정보의 공동이용(이하 "행정정보의 공동이용"이라 한다)을 통해 제1호의2의 서류 중 토지등기사항증명서를 확인해야 한다. 〈개정 2016.7.20, 2016.8.12, 2017.1.19, 2018.11.29, 2019.11.18, 2021.6.25, 2021.12.31, 2023.6.9.〉

1. 건축할 대지의 범위에 관한 서류

1의2. 건축할 대지의 소유에 관한 권리를 증명하는 서류. 다만, 다음 각 목의 경우에는 그에 따른 서류로 갈음할 수 있다.

가. 건축할 대지에 포함된 국유지 또는 공유지에 대해서는 허가권자가 해당 토지의 관리청과 협의하여 그 관리청이 해당 토지를 건축주에게 매각하거나 양여할 것을 확인한 서류

나. 집합건물의 공용부분을 변경하는 경우에는 「집합건물의 소유 및 관리에 관한 법률」 제15조제1항에 따른 결의가 있었음을 증명하는 서류

다. 분양을 목적으로 하는 공동주택을 건축하는 경우에는 그 대지의 소유

2015.8.11., 2017.4.18., 2023.12.26.〉

1. 위락시설이나 숙박시설에 해당하는 건축물의 건축을 허가하는 경우 해당 대지에 건축하려는 건축물의 용도·규모 또는 형태가 주거환경이나 교육환경 등 주변 환경을 고려할 때 부적합하다고 인정되는 경우
2. 「국토의 계획 및 이용에 관한 법률」 제37조제1항제4호에 따른 방재지구(이하 "방재지구"라 한다) 및 「자연재해대책법」 제12조제1항에 따른 자연재해위험개선지구 등 상습적으로 침수되거나 침수가 우려되는 대통령령으로 정하는 지역에 건축하려는 건축물에 대하여 일부 공간에 거실을 설치하는 것이 부적합하다고 인정되는 경우

⑤ 제1항에 따른 건축허가를 받으면 다음 각 호의 허가 등을 받거나 신고를 한 것으로 보며, 공장건축물의 경우에는 「산업집적활성화 및 공장설립에 관한 법률」 제13조의2와 제14조에 따라 관련 법률의 인·허가등이나 허가등을 받은 것으로 본다. 〈개정 2017.1.17., 2020.3.31.〉

1. 제20조제3항에 따른 공사용 가설건축물의 축조신고
2. 제83조에 따른 공작물의 축조신고
3. 「국토의 계획 및 이용에 관한 법률」 제56조에 따른 개발행위허가
4. 「국토의 계획 및 이용에 관한 법률」 제86조제5항에 따른 시행자의 지정과 같은 법 제88조제2항에 따른 실시계획의 인가
5. 「산지관리법」 제14조와 제15조에 따른 산지전용허가와 산지전용신고, 같은 법 제15조의2에 따른 산지일시사용허가·신고. 다만, 보전산지인 경우에는 도시지역만 해당된다.
6. 「사도법」 제4조에 따른 사도(私道)개설허가
7. 「농지법」 제34조, 제35조 및 제43조에 따른 농지전용허

의 확인으로 관계 서류를 갈음할 수 있다. 〈개정 2018.9.4.〉

② 허가권자는 법 제11조제1항에 따라 허가를 하였으면 국토교통부령으로 정하는 바에 따라 허가서를 신청인에게 발급하여야 한다. 〈개정 2018.9.4.〉

제9조의2 【상습 침수 우려지역】 허가권자는 법 제11조제4항제2호에 따라 다음 각 호의 어느 하나에 해당하는 지역에 건축하려는 건축물에 대하여 일부 공간에 거실을 설치하는 것이 부적합한 경우에는 건축위원회의 심의를 거쳐 건축허가를 하지 않을 수 있다.

1. 「국토의 계획 및 이용에 관한 법률」 제37조제1항제4호에 따른 방재지구
2. 「자연재해대책법」 제12조제1항에 따른 자연재해위험개선지구(같은 법 시행령 제8조제1항제1호에 따른 상습가뭄재해지구는 제외한다)
3. 제1호 및 제2호에 준하는 지역으로서 허가권자가 상습적으로 침수되거나 침수가 우려된다고 인정하여 지정·고시하는 지역

[본조 신설 2024.3.26.][종전 제9조의2는 제9조의3으로 이동 〈2024.3.26.〉]

법령해석 건축허가 시 공사용 가설건축물 축조신고 의제

(법제처 19-0546, 2020.1.23.)

질의요지 「건축법」 제11조제1항에 따른 건축허가 신청 시 공사용 가설건축물의 축조신고에 필요한 서류를 별도로 제출하지 않은 경우 건축허가를 받으면 같은 조 제5항제1호에 따라 공사용 가설건축물의 축조신고를 한 것으로 의제되는지?

회답 이 사안의 경우 건축허가를 받더라도 공사용 가설건축물의 축조신고를 한 것으로 의제되지 않음

에 관한 권리를 증명하는 서류. 다만, 법 제11조에 따라 주택과 주택 외의 시설을 동일 건축물로 건축하는 건축허가를 받아 「주택법 시행령」 제27조제1항에 따른 호수 또는 세대수 이상으로 건설·공급하는 경우 대지의 소유권에 관한 사항은 「주택법」 제21조를 준용한다.

1의3. 법 제11조제11항제1호에 해당하는 경우에는 건축할 대지를 사용할 수 있는 권원을 확보하였음을 증명하는 서류

1의4. 법 제11조제11항제2호 및 영 제9조의2제1항 각 호의 사유에 해당하는 경우에는 다음 각 목의 서류

가. 건축물 및 해당 대지의 공유자 수의 100분의 80 이상의 서면동의서: 공유자가 자필로 서명하는 서면동의의 방법으로 하며, 주민등록증, 여권 등 신원을 확인할 수 있는 신분증명서의 사본을 첨부해야 한다. 다만, 공유자가 해외에 장기체류하거나 법인인 경우 등 불가피한 사유가 있다고 허가권자가 인정하는 경우에는 공유자가 인감도장을 날인하거나 서명한 서면동의서에 해당 인감증명서나 「본인서명사실 확인 등에 관한 법률」 제2조제3호에 따른 본인서명사실확인서 또는 같은 법 제7조

법	시 행 령	시 행 규 칙

가 · 신고 및 협의

8. 「도로법」 제36조에 따른 도로관리청이 아닌 자에 대한 도로공사 시행의 허가, 같은 법 제52조제1항에 따른 도로와 다른 시설의 연결 허가
9. 「도로법」 제61조에 따른 도로의 점용 허가
10. 「하천법」 제33조에 따른 하천점용 등의 허가
11. 「하수도법」 제27조에 따른 배수설비(配水設備)의 설치신고
12. 「하수도법」 제34조제2항에 따른 개인하수처리시설의 설치신고
13. 「수도법」 제38조에 따라 수도사업자가 지방자치단체인 경우 그 지방자치단체가 정한 조례에 따른 상수도 공급신청
14. 「전기안전관리법」 제8조에 따른 자가용전기설비 공사계획의 인가 또는 신고
15. 「물환경보전법」 제33조에 따른 수질오염물질 배출시설 설치의 허가나 신고
16. 「대기환경보전법」 제23조에 따른 대기오염물질 배출시설설치의 허가나 신고
17. 「소음 · 진동관리법」 제8조에 따른 소음 · 진동 배출시설 설치의 허가나 신고
18. 「가축분뇨의 관리 및 이용에 관한 법률」 제11조에 따른 배출시설 설치허가나 신고
19. 「자연공원법」 제23조에 따른 행위허가
20. 「도시공원 및 녹지 등에 관한 법률」 제24조에 따른 도시공원의 점용허가
21. 「토양환경보전법」 제12조에 따른 특정토양오염관리대상시설의 신고
22. 「수산자원관리법」 제52조제2항에 따른 행위의 허가
23. 「초지법」 제23조에 따른 초지전용의 허가 및 신고

【시행규칙/별표2】 건축허가신청에 필요한 설계도서 〈개정 2021.6.25〉

도서의 종류	도서의 축척	표시하여야 할 사항
건축계획서	임의	1. 개요(위치·대지면적 등) 2. 지역·지구 및 도시계획사항 3. 건축물의 규모(건축면적·연면적·높이·층수 등) 4. 건축물의 용도별 면적 5. 주차장규모 6. 에너지절약계획서(해당건축물에 한한다) 7. 노인 및 장애인 등을 위한 편의시설 설치계획서 (관계법령에 의하여 설치의무가 있는 경우에 한한다)
배치도	임의	1. 축척 및 방위 2. 대지에 접한 도로의 길이 및 너비 3. 대지의 종·횡단면도 4. 건축선 및 대지경계선으로부터 건축물까지의 거리 5. 주차동선 및 옥외주차계획 6. 공개공지 및 조경계획
평면도	임의	1. 1층 및 기준층 평면도 2. 기둥·벽·창문 등의 위치 3. 방화구획 및 방화문의 위치 4. 복도 및 계단의 위치 5. 승강기의 위치
입면도	임의	1. 2면 이상의 입면계획 2. 외부마감재료 3. 간판 및 건물번호판의 설치계획(크기·위치)
단면도	임의	1. 종·횡단면도 2. 건축물의 높이, 각층의 높이 및 반자높이
구조도 (구조안전 확인 또는 내진설계 대상 건축물)	임의	1. 구조내력상 주요한 부분의 평면 및 단면 2. 주요부분의 상세도면 3. 구조안전확인서
구조계산서 (구조안전 확인 또는 내진설계 대상 건축물)	임의	1. 구조계산서 목록표(총괄표, 구조계획서, 설계하중, 주요 구조도, 배근도 등) 2. 구조내력상 주요한 부분의 응력 및 단면 산정 과정 3. 내진설계의 내용(지진에 대한 안전 여부 확인 대상 건축물)
소방설비도	임의	「소방시설설치 및 관리에 관한 법률」에 따라 소방관서의 장의 동의를 얻어야 하는 건축물의 해당소방 관련 설비

제7항에 따른 전자본인서명확인서의 발급증을 첨부하는 방법으로 할 수 있다. 〈개정 2023.6.9〉

나. 가목에 따라 동의한 공유자의 지분 합계가 전체 지분의 100분의 80 이상임을 증명하는 서류

다. 영 제9조의2제1항 각 호의 어느 하나에 해당함을 증명하는 서류

라. 해당 건축물의 개요

1의5. 제5조에 따른 사전결정서(법 제10조에 따라 건축에 관한 입지 및 규모의 사전결정서를 받은 경우만 해당한다)

2. 별표 2의 설계도서(법 제10조에 따른 사전결정을 받은 경우에는 건축계획서 및 배치도를 제외한다). 다만, 법 제23조제4항에 따른 표준설계도서에 따라 건축하는 경우에는 건축계획서 및 배치도만 해당한다.

3. 법 제11조제5항 각 호에 따른 허가등을 받거나 신고를 하기 위하여 해당 법령에서 제출하도록 의무화하고 있는 신청서 및 구비서류(해당 사항이 있는 경우로 한정한다)

4. 별지 제27호의12서식에 따른 결합건축협정서(해당 사항이 있는 경우로 한정한다) 〈개정 2021.12.31〉

② 법 제11조제3항 단서에서 "국토교통부령으로 정하는 신청서 및 구비서

법	시 행 령	시 행 규 칙

⑥ 허가권자는 제5항 각 호의 어느 하나에 해당하는 사항이 다른 행정기관의 권한에 속하면 그 행정기관의 장과 미리 협의하여야 하며, 협의 요청을 받은 관계 행정기관의 장은 요청을 받은 날부터 15일 이내에 의견을 제출하여야 한다. 이 경우 관계 행정기관의 장은 제8항에 따른 처리기준이 아닌 사유를 이유로 협의를 거부할 수 없고, 협의 요청을 받은 날부터 15일 이내에 의견을 제출하지 아니하면 협의가 이루어진 것으로 본다. 〈개정 2017.1.17.〉

⑦ 허가권자는 제1항에 따른 허가를 받은 자가 다음 각 호의 어느 하나에 해당하면 허가를 취소하여야 한다. 다만, 제1호에 해당하는 경우로서 정당한 사유가 있다고 인정되면 1년의 범위에서 공사의 착수기간을 연장할 수 있다. 〈개정 2017.1.17., 2020.6.9〉

1. 허가를 받은 날부터 2년(「산업집적활성화 및 공장설립에 관한 법률」 제13조에 따라 공장의 신설·증설 또는 업종변경의 승인을 받은 공장은 3년) 이내에 공사에 착수하지 아니한 경우
2. 제1호의 기간 이내에 공사에 착수하였으나 공사의 완료가 불가능하다고 인정되는 경우
3. 제21조에 따른 착공신고 전에 경매 또는 공매 등으로 건축주가 대지의 소유권을 상실한 때부터 6개월이 지난 이후 공사의 착수가 불가능하다고 판단되는 경우

⑧ 제5항 각 호의 어느 하나에 해당하는 사항과 제12조제1항의 관계 법령을 관장하는 중앙행정기관의 장은 그 처리기준을 국토교통부장관에게 통보하여야 한다. 처리기준을 변경한 경우에도 또한 같다.

⑨ 국토교통부장관은 제8항에 따라 처리기준을 통보받은 때에는 이를 통합하여 고시하여야 한다.

질의 회신 건축허가 유효기간의 산정기점(최초 허가일)

건교부 건축기획팀-595, 2005.10.6

질의 건축허가를 받고 1년이 경과하여 연장을 하려고 하는 바, 설계변경을 하면 변경허가를 받은 날부터 다시 착공기한이 연장될 수 있는지 여부

회신 건축법 제11조제7항의 규정에서 "허가를 받은 날"이라 함은 동법 제11조제1항의 규정에 의한 당초 허가일로서 동법 제16조의 변경허가 일과는 관계가 없는 것임

고시 한국건축규정(국토교통부고시 제2024-206호, 2024.4.19.)

류" 란 별표 2의 설계도서 중 구조도 및 구조계산서를 말한다. 〈신설 2021.6.25.〉

③ 법 제16조제1항 및 영 제12조제1항에 따라 변경허가를 받으려는 자는 별지 제1호의4서식의 건축·대수선·용도변경 (변경)허가 신청서에 변경하려는 부분에 대한 변경 전·후의 설계도서와 제1항 각 호에서 정하는 관계 서류 중 변경이 있는 서류를 첨부하여 허가권자에게 제출(전자문서로 제출하는 것을 포함한다)해야 한다. 이 경우 허가권자는 행정정보의 공동이용을 통해 제1항제1호의2의 서류 중 토지등기사항증명서를 확인해야 한다. 〈신설 2018.11.29., 2019.11.18., 2021.6.25〉

④ 삭제 〈1999.5.11.〉

[제목개정 2018.11.29.]

제7조【건축허가의 사전승인】 ① 법 제11조제2항에 따라 건축허가사전승인 대상건축물의 건축허가에 관한 승인을 받으려는 시장·군수는 허가 신청일부터 15일 이내에 다음 각 호의 구분에 따른 도서를 도지사에게 제출(전자문서로 제출하는 것을 포함한다)하여야 한다. 〈개정 2016.7.20.〉

법

⑩ 제4조제1항에 따른 건축위원회의 심의를 받은 자가 심의 결과를 통지 받은 날부터 2년 이내에 건축허가를 신청하지 아니하면 건축위원회 심의의 효력이 상실된다. 〈신설 2011.5.30.〉

⑪ 제1항에 따라 건축허가를 받으려는 자는 해당 대지의 소유권을 확보하여야 한다. 다만, 다음 각 호의 어느 하나에 해당하는 경우에는 그러하지 아니하다. 〈신설 2016.1.19., 2017.1.17., 2021.8.10〉

1. 건축주가 대지의 소유권을 확보하지 못하였으나 그 대지를 사용할 수 있는 권원을 확보한 경우. 다만, 분양을 목적으로 하는 공동주택은 제외한다.
2. 건축주가 건축물의 노후화 또는 구조안전 문제 등 대통령령으로 정하는 사유로 건축물을 신축 · 개축 · 재축 및 리모델링을 하기 위하여 건축물 및 해당 대지의 공유자 수의 100분의 80 이상의 동의를 얻고 동의한 공유자의 지분 합계가 전체 지분의 100분의 80 이상인 경우
3. 건축주가 제1항에 따른 건축허가를 받아 주택과 주택 외의 시설을 동일 건축물로 건축하기 위하여 「주택법」 제21조를 준용한 대지 소유 등의 권리 관계를 증명한 경우. 다만, 「주택법」 제15조제1항 각 호 외의 부분 본문에 따른 대통령령으로 정하는 호수 이상으로 건설 · 공급하는 경우에 한정한다.
4. 건축하려는 대지에 포함된 국유지 또는 공유지에 대하여 허가권자가 해당 토지의 관리청이 해당 토지를 건축주에게 매각하거나 양여할 것을 확인한 경우
5. 건축주가 집합건물의 공용부분을 변경하기 위하여 「집합건물의 소유 및 관리에 관한 법률」 제15조제1항에 따른 결의가 있었음을 증명한 경우

시 행 령

제9조의3【건축허가 신청 시 소유권 확보 예외 사유】 ① 법 제11조제11항제2호에서 "건축물의 노후화 또는 구조안전 문제 등 대통령령으로 정하는 사유"란 건축물이 다음 각 호의 어느 하나에 해당하는 경우를 말한다.

1. 급수 · 배수 · 오수 설비 등의 설비 또는 지붕 · 벽 등의 노후화나 손상으로 그 기능 유지가 곤란할 것으로 우려되는 경우
2. 건축물의 노후화로 내구성에 영향을 주는 기능적 결함이나 구조적 결함이 있는 경우
3. 건축물이 훼손되거나 일부가 멸실되어 붕괴 등 그 밖의 안전사고가 우려되는 경우
4. 천재지변이나 그 밖의 재해로 붕괴되어 다시 신축하거나 재축하려는 경우

② 허가권자는 건축주가 제1항제1호부터 제3호까지의 어느 하나에 해당하는 사유로 법 제11조제11항제2호의 동의요건을 갖추어 같은 조 제1항에 따른 건축허가를 신청한 경우에는 그 사유 해당 여부를 확인하기 위하여 현지조사를 하

시 행 규 칙

1. 법 제11조제2항제1호의 경우 : 별표 3의 도서
2. 법 제11조제2항제2호 및 제3호의 경우 : 별표 3의2의 도서

② 제1항의 규정에 의하여 사전승인의 신청을 받은 도지사는 승인요청을 받은 날부터 50일 이내에 승인여부를 시장 · 군수에게 통보(전자문서에 의한 통보를 포함한다)하여야 한다. 다만, 건축물의 규모가 큰 경우등 불가피한 경우에는 30일의 범위내에서 그 기간을 연장할 수 있다.

제8조【건축허가서 등】 ① 영 제9조제2항에 따른 건축허가서 및 영 제15조제9항에 따른 가설건축물 건축허가서는 별지 제2호서식과 같다.

② 제6조제3항에 따라 신청을 받은 허가권자가 법 제16조에 따라 변경허가를 한 경우에는 별지 제2호서식의 건축 · 대수선 · 용도변경 허가서를 신청인에게 발급해야 한다. 〈개정 2021.6.25〉

③ 허가권자는 제1항 및 제2항에 따라 별지 제2호서식의 건축 · 대수선 · 용도변경 허가서를 교부하는 때에는 별지 제3호서식의 건축 · 대수선 · 용도변경(신고)대장을 건축물의 용도별 및 월별

법	시 행 령	시 행 규 칙
6. 건축주가 집합건물을 재건축하기 위하여 「집합건물의 소유 및 관리에 관한 법률」 제47조에 따른 결의가 있었음을 증명한 경우 〈신설 2021.8.10〉	여야 한다. 이 경우 필요한 경우에는 건축주에게 다음 각 호의 어느 하나에 해당하는 자로부터 안전진단을 받고 그 결과를 제출하도록 할 수 있다. 〈개정 2018.1.16.〉 1. 건축사 2. 「기술사법」 제5조의7에 따라 등록한 건축구조기술사(이하 "건축구조기술사"라 한다) 3. 「시설물의 안전 및 유지관리에 관한 특별법」 제28조제1항에 따라 등록한 건축 분야 안전진단전문기관 [본조신설 2016.7.19.][제9조의2에서 이동 〈2024.3.26.〉]	로 작성·관리해야 한다. ④ 별지 제3호서식의 건축·대수선·용도변경 허가(신고)대장은 전자적 처리가 불가능한 특별한 사유가 없으면 전자적 처리가 가능한 방법으로 작성·관리하여야 한다. [전문개정 2018.11.29.]
제12조 【건축복합민원 일괄협의회】 ① 허가권자는 제11조에 따라 허가를 하려면 해당 용도·규모 또는 형태의 건축물을 건축하려는 대지에 건축하는 것이 「국토의 계획 및 이용에 관한 법률」 제54조, 제56조부터 제62조까지 및 제76조부터 제82조까지의 규정과 그 밖에 대통령령으로 정하는 관계 법령의 규정에 맞는지를 확인하고, 제10조제6항 각 호와 같은 조 제7항 또는 제11조제5항 각 호와 같은 조 제6항의 사항을 처리하기 위하여 대통령령으로 정하는 바에 따라 건축복합민원 일괄협의회를 개최하여야 한다. ② 제1항에 따라 확인이 요구되는 법령의 관계 행정기관의 장과 제10조제7항 및 제11조제6항에 따른 관계 행정기관의 장은 소속 공무원을 제1항에 따른 건축복합민원 일괄협의회에 참석하게 하여야 한다.	**제10조 【건축복합민원 일괄협의회】** ① 법 제12조제1항에서 "대통령령으로 정하는 관계 법령의 규정"이란 다음 각 호의 규정을 말한다. 〈개정 2016.5.17., 2017.1.26., 2017.2.3., 2017.3.29., 2021.5.4., 2022.11.29., 2024.5.7〉 1. 「군사기지 및 군사시설보호법」 제13조 2. 「자연공원법」 제23조 3. 「수도권정비계획법」 제7조부터 제9조까지 4. 「택지개발촉진법」 제6조 5. 「도시공원 및 녹지 등에 관한 법률」 제24조 및 제38조 6. 「공항시설법」 제34조 7. 「교육환경 보호에 관한 법률」 제9조 8. 「산지관리법」 제8조, 제10조, 제12조, 제14조 및 제18조 9. 「산림자원의 조성 및 관리에 관한 법률」 제36조 및 「산림보호법」 제9조 10. 「도로법」 제40조 및 제61조 11. 「주차장법」 제19조, 제19조의2 및 제19조의4 12. 「환경정책기본법」 제38조 13. 「자연환경보전법」 제15조	

법	시 행 령	시 행 규 칙
	14. 「수도법」 제7조 및 제15조 15. 「도시교통정비 촉진법」 제34조 및 제36조 16. 「문화유산의 보존 및 활용에 관한 법률」 제35조 16의2. 「자연유산의 보존 및 활용에 관한 법률」 제17조 17. 「전통사찰의 보존 및 지원에 관한 법률」 제10조 18. 「개발제한구역의 지정 및 관리에 관한 특별조치법」 제12조제1항, 제13조 및 제15조 19. 「농지법」 제32조 및 제34조 20. 「고도 보존 및 육성에 관한 특별법」 제11조 21. 「소방시설 설치 및 관리에 관한 법률」 제6조 ② 허가권자는 법 제12조에 따른 건축복합민원 일괄협의회(이하 "협의회"라 한다)의 회의를 법 제10조제1항에 따른 사전결정 신청일 또는 법 제11조제1항에 따른 건축허가 신청일부터 10일 이내에 개최하여야 한다. ③ 허가권자는 협의회의 회의를 개최하기 3일 전까지 회의 개최 사실을 관계 행정기관 및 관계 부서에 통보하여야 한다. ④ 협의회의 회의에 참석하는 관계 공무원은 회의에서 관계 법령에 관한 의견을 발표하여야 한다. ⑤ 사전결정 또는 건축허가를 하는 관계 행정기관 및 관계 부서는 그 협의회의 회의를 개최한 날부터 5일 이내에 동의 또는 부동의 의견을 허가권자에게 제출하여야 한다. ⑥ 이 영에서 규정한 사항 외에 협의회의 운영 등에 필요한 사항은 건축조례로 정한다.	
제13조【건축 공사현장 안전관리 예치금 등】 ① 제11조에 따라 건축허가를 받은 자는 건축물의 건축공사를 중단하고 장기간 공사현장을 방치할 경우 공사현장의 미관 개선과 안	**제10조의2【건축 공사현장 안전관리 예치금】** ① 법 제13조제2항에서 "대통령령으로 정하는 보증서"란 다음 각 호의 어느 하나에 해당하는 보증서를 말한다. 〈개정 2013.3.23.〉	**제9조【건축공사현장 안전관리예치금】** 영 제10조의2제1항제5호에서 "국토교통부령으로 정하는 보증서"란 「주택도

법	시 행 령	시 행 규 칙
전관리 등 필요한 조치를 하여야 한다. ② 허가권자는 연면적이 1천제곱미터 이상인 건축물(「주택도시기금법」에 따른 주택도시보증공사가 분양보증을 한 건축물, 「건축물의 분양에 관한 법률」 제4조제1항제1호에 따른 분양보증이나 신탁계약을 체결한 건축물은 제외한다)로서 해당 지방자치단체의 조례로 정하는 건축물에 대하여는 제21조에 따른 착공신고를 하는 건축주(「한국토지주택공사법」에 따른 한국토지주택공사 또는 「지방공기업법」에 따라 건축사업을 수행하기 위하여 설립된 지방공사는 제외한다)에게 장기간 건축물의 공사현장이 방치되는 것에 대비하여 미리 미관 개선과 안전관리에 필요한 비용(대통령령으로 정하는 보증서를 포함하며, 이하 "예치금"이라 한다)을 건축공사비의 1퍼센트의 범위에서 예치하게 할 수 있다. 〈개정 2015.1.6.〉 ③ 허가권자가 예치금을 반환할 때에는 대통령령으로 정하는 이율로 산정한 이자를 포함하여 반환하여야 한다. 다만, 보증서를 예치한 경우에는 그러하지 아니하다. ④ 제2항에 따른 예치금의 산정·예치 방법, 반환 등에 관하여 필요한 사항은 해당 지방자치단체의 조례로 정한다. ⑤ 허가권자는 공사현장이 방치되어 도시미관을 저해하고 안전을 위해한다고 판단되면 건축허가를 받은 자에게 건축물 공사현장의 미관과 안전관리를 위한 다음 각 호의 개선을 명할 수 있다. 〈개정 2019.4.30., 2020.6.9.〉 1. 안전울타리 설치 등 안전조치 2. 공사재개 또는 해체 등 정비 ⑥ 허가권자는 제5항에 따른 개선명령을 받은 자가 개선을 하지 아니하면 「행정대집행법」으로 정하는 바에 따라 대집행을 할 수 있다. 이 경우 제2항에 따라 건축주가 예치	1. 「보험업법」에 따른 보험회사가 발행한 보증보험증권 2. 「은행법」에 따른 은행이 발행한 지급보증서 3. 「건설산업기본법」에 따른 공제조합이 발행한 채무액 등의 지급을 보증하는 보증서 4. 「자본시장과 금융투자업에 관한 법률 시행령」 제192조제2항에 따른 상장증권 5. 그 밖에 국토교통부령으로 정하는 보증서 ② 법 제13조제3항 본문에서 "대통령령으로 정하는 이율"이란 법 제13조제2항에 따른 안전관리 예치금을 「국고금관리법 시행령」 제11조에서 정한 금융기관에 예치한 경우의 안전관리 예치금에 대하여 적용하는 이자율을 말한다. ③ 법 제13조제7항에 따라 허가권자는 착공신고 이후 건축 중에 공사가 중단된 건축물로서 공사 중단 기간이 2년을 경과한 경우에는 건축주에게 서면으로 알린 후 법 제13조제2항에 따른 예치금을 사용하여 공사현장의 미관과 안전관리 개선을 위한 다음 각 호의 조치를 할 수 있다. 〈개정 2021.1.5.〉 1. 공사현장 안전울타리의 설치 2. 대지 및 건축물의 붕괴 방지 조치 3. 공사현장의 미관 개선을 위한 조경 또는 시설물 등의 설치 4. 그 밖에 공사현장의 미관 개선 또는 대지 및 건축물에 대한 안전관리 개선 조치가 필요하여 건축조례로 정하는 사항 [전문개정 2008.10.29]	시기금법」 제16조에 따른 주택도시보증공사가 발행하는 보증서를 말한다. 〈개정 2015.7.1〉

법	시 행 령	시 행 규 칙
한 예치금을 행정대집행에 필요한 비용에 사용할 수 있으며, 행정대집행에 필요한 비용이 이미 납부한 예치금보다 많을 때에는 「행정대집행법」 제6조에 따라 그 차액을 추가로 징수할 수 있다. ⑦ 허가권자는 방치되는 공사현장의 안전관리를 위하여 긴급한 필요가 있다고 인정하는 경우에는 대통령령으로 정하는 바에 따라 건축주에게 고지한 후 제2항에 따라 건축주가 예치한 예치금을 사용하여 제5항제1호 중 대통령령으로 정하는 조치를 할 수 있다. 〈신설 2014.5.28.〉		
제13조의2【건축물 안전영향평가】 ① 허가권자는 초고층 건축물 등 대통령령으로 정하는 주요 건축물에 대하여 제11조에 따른 건축허가를 하기 전에 건축물의 구조, 지반 및 풍환경(風環境) 등이 건축물의 구조안전과 인접 대지의 안전에 미치는 영향 등을 평가하는 건축물 안전영향평가(이하 "안전영향평가"라 한다)를 안전영향평가기관에 의뢰하여 실시하여야 한다. 〈개정 2021.3.16〉 ② 안전영향평가기관은 국토교통부장관이 「공공기관의 운영에 관한 법률」 제4조에 따른 공공기관으로서 건축 관련 업무를 수행하는 기관 중에서 지정하여 고시한다. ③ 안전영향평가 결과는 건축위원회의 심의를 거쳐 확정한다. 이 경우 제4조의2에 따라 건축위원회의 심의를 받아야 하는 건축물은 건축위원회 심의에 안전영향평가 결과를 포함하여 심의할 수 있다. ④ 안전영향평가 대상 건축물의 건축주는 건축허가 신청 시 제출하여야 하는 도서에 안전영향평가 결과를 반영하여야 하며, 건축물의 계획상 반영이 곤란하다고 판단되는 경우에는 그 근거 자료를 첨부하여 허가권자에게 건축위원회	**제10조의3【건축물 안전영향평가】** ① 법 제13조의2제1항에서 "초고층 건축물 등 대통령령으로 정하는 주요 건축물"이란 다음 각 호의 어느 하나에 해당하는 건축물을 말한다. 〈개정 2017.10.24.〉 1. 초고층 건축물 2. 다음 각 목의 요건을 모두 충족하는 건축물 가. 연면적(하나의 대지에 둘 이상의 건축물을 건축하는 경우에는 각각의 건축물의 연면적을 말한다)이 10만 제곱미터 이상일 것 나. 16층 이상일 것 ② 제1항 각 호의 건축물을 건축하려는 자는 법 제11조에 따른 건축허가를 신청하기 전에 다음 각 호의 자료를 첨부하여 허가권자에게 법 제13조의2제1항에 따른 건축물 안전영향평가(이하 "안전영향평가"라 한다)를 의뢰하여야 한다. 1. 건축계획서 및 기본설계도서 등 국토교통부령으로 정하는 도서 2. 인접 대지에 설치된 상수도·하수도 등 국토교통부장관이 정하여 고시하는 지하시설물의 현황도	**제9조의2【건축물 안전영향평가】** ① 영 제10조의3제2항제1호에서 "건축계획서 및 기본설계도서 등 국토교통부령으로 정하는 도서"란 별표 3의 도서를 말한다. ② 법 제13조의2제6항에서 "국토교통부령으로 정하는 방법"이란 해당 지방자치단체의 공보에 게시하는 방법을 말한다. 이 경우 게시 내용에 「개인정보 보호법」 제2조제1호에 따른 개인정보를 포함하여서는 아니된다. [본조신설 2017.2.3]

법	시 행 령	시 행 규 칙
의 재심의를 요청할 수 있다. ⑤ 안전영향평가의 검토 항목과 건축주의 안전영향평가 의뢰, 평가 비용 납부 및 처리 절차 등 그 밖에 필요한 사항은 대통령령으로 정한다. ⑥ 허가권자는 제3항 및 제4항의 심의 결과 및 안전영향평가 내용을 국토교통부령으로 정하는 방법에 따라 즉시 공개하여야 한다. ⑦ 안전영향평가를 실시하여야 하는 건축물이 다른 법률에 따라 구조안전과 인접 대지의 안전에 미치는 영향 등을 평가 받은 경우에는 안전영향평가의 해당 항목을 평가 받은 것으로 본다. [본조신설 2016.2.3.]	3. 그 밖에 국토교통부장관이 정하여 고시하는 자료 ③ 법 제13조의2제1항에 따라 허가권자로부터 안전영향평가를 의뢰받은 기관(같은 조 제2항에 따라 지정·고시된 기관을 말하며, 이하 "안전영향평가기관"이라 한다)은 다음 각 호의 항목을 검토하여야 한다. 1. 해당 건축물에 적용된 설계 기준 및 하중의 적정성 2. 해당 건축물의 하중저항시스템의 해석 및 설계의 적정성 3. 지반조사 방법 및 지내력(地耐力) 산정결과의 적정성 4. 굴착공사에 따른 지하수위 변화 및 지반 안전성에 관한 사항 5. 그 밖에 건축물의 안전영향평가를 위하여 국토교통부장관이 필요하다고 인정하는 사항 ④ 안전영향평가기관은 안전영향평가를 의뢰받은 날부터 30일 이내에 안전영향평가 결과를 허가권자에게 제출하여야 한다. 다만, 부득이한 경우에는 20일의 범위에서 그 기간을 한 차례만 연장할 수 있다. ⑤ 제2항에 따라 안전영향평가를 의뢰한 자가 보완하는 기간 및 공휴일·토요일은 제4항에 따른 기간의 산정에서 제외한다. ⑥ 허가권자는 제4항에 따라 안전영향평가 결과를 제출받은 경우에는 지체 없이 제2항에 따라 안전영향평가를 의뢰한 자에게 그 내용을 통보하여야 한다. ⑦ 안전영향평가에 드는 비용은 제2항에 따라 안전영향평가를 의뢰한 자가 부담한다. ⑧ 제1항부터 제7항까지에서 규정한 사항 외에 안전영향평가에 관하여 필요한 사항은 국토교통부장관이 정하여 고시한다. [본조신설 2017.2.3]	**고시** 건축물 안전영향평가 세부기준 (국토교통부고시 제2021-1382호, 2021.12.23.)

법

제14조 【건축신고】 ① 제11조에 해당하는 허가 대상 건축물이라 하더라도 다음 각 호의 어느 하나에 해당하는 경우에는 미리 특별자치시장 · 특별자치도지사 또는 시장 · 군수 · 구청장에게 국토교통부령으로 정하는 바에 따라 신고를 하면 건축허가를 받은 것으로 본다. 〈개정 2014.5.28〉

1. 바닥면적의 합계가 85제곱미터 이내의 증축 · 개축 또는 재축. 다만, 3층 이상 건축물인 경우에는 증축 · 개축 또는 재축하려는 부분의 바닥면적의 합계가 건축물 연면적의 10분의 1 이내인 경우로 한정한다.
2. 「국토의 계획 및 이용에 관한 법률」에 따른 관리지역, 농림지역 또는 자연환경보전지역에서 연면적이 200제곱미터 미만이고 3층 미만인 건축물의 건축. 다만, 다음 각 목의 어느 하나에 해당하는 구역에서의 건축은 제외한다.
   가. 지구단위계획구역
   나. 방재지구 등 재해취약지역으로서 대통령령으로 정하는 구역
3. 연면적이 200제곱미터 미만이고 3층 미만인 건축물의 대수선
4. 주요구조부의 해체가 없는 등 대통령령으로 정하는 대수선
5. 그 밖에 소규모 건축물로서 대통령령으로 정하는 건축물의 건축

② 제1항에 따른 건축신고에 관하여는 제11조제5항 및 제6항을 준용한다. 〈개정 2014.5.28.〉

③ 특별자치시장 · 특별자치도지사 또는 시장 · 군수 · 구청장은 제1항에 따른 신고를 받은 날부터 5일 이내에 신고수리 여부 또는 민원 처리 관련 법령에 따른 처리기간의 연장 여부를 신고인에게 통지하여야 한다. 다만, 이 법 또는 다른 법령에 따라 심의, 동의, 협의, 확인 등이 필요한 경우에는 20일 이내에 통지하여야 한다. 〈신설 2017.4.18.〉

시 행 령

제11조 【건축신고】 ① 법 제14조제1항제2호나목에서 "방재지구 등 재해취약지역으로서 대통령령으로 정하는 구역"이란 다음 각 호의 어느 하나에 해당하는 지구 또는 지역을 말한다. 〈신설 2014.10.14.〉

1. 「국토의 계획 및 이용에 관한 법률」 제37조에 따라 지정된 방재지구(防災地區)
2. 「급경사지 재해예방에 관한 법률」 제6조에 따라 지정된 붕괴위험지역

② 법 제14조제1항제4호에서 "주요구조부의 해체가 없는 등 대통령령으로 정하는 대수선"이란 다음 각 호의 어느 하나에 해당하는 대수선을 말한다. 〈개정 2014.10.14〉

1. 내력벽의 면적을 30제곱미터 이상 수선하는 것
2. 기둥을 세 개 이상 수선하는 것
3. 보를 세 개 이상 수선하는 것
4. 지붕틀을 세 개 이상 수선하는 것
5. 방화벽 또는 방화구획을 위한 바닥 또는 벽을 수선하는 것
6. 주계단 · 피난계단 또는 특별피난계단을 수선하는 것

③ 법 제14조제1항제5호에서 "대통령령으로 정하는 건축물"이란 다음 각 호의 어느 하나에 해당하는 건축물을 말한다. 〈개정 2016.6.30.〉

1. 연면적의 합계가 100제곱미터 이하인 건축물
2. 건축물의 높이를 3미터 이하의 범위에서 증축하는 건축물
3. 법 제23조제4항에 따른 표준설계도서(이하 "표준설계도서"라 한다)에 따라 건축하는 건축물로서 그 용도 및 규모가 주위환경이나 미관에 지장이 없다고 인정하여 건축조례로 정하는 건축물
4. 「국토의 계획 및 이용에 관한 법률」 제36조제1항제1호다목에 따른 공업지역, 같은 법 제51조제3항에 따른 지구단위

시 행 규 칙

제12조 【건축신고】 ① 법 제14조제1항 및 제16조제1항에 따라 건축물의 건축 · 대수선 또는 설계변경의 신고를 하려는 자는 별지 제6호서식의 건축 · 대수선 · 용도변경 (변경)신고서에 다음 각 호의 서류를 첨부하여 특별자치시장 · 특별자치도지사 또는 시장 · 군수 · 구청장에게 제출(전자문서로 제출하는 것을 포함한다)해야 한다. 이 경우 특별자치시장 · 특별자치도지사 또는 시장 · 군수 · 구청장은 행정정보의 공동이용을 통해 제4호의 서류 중 토지등기사항증명서를 확인해야 한다. 〈개정 2018.11.29., 2019.11.18.〉

1. 별표 2 중 배치도 · 평면도(층별로 작성된 것만 해당한다) · 입면도 및 단면도. 다만, 다음 각 목의 경우에는 각 목의 구분에 따른 도서를 말한다.
   가. 연면적의 합계가 100제곱미터를 초과하는 영 별표 1 제1호의 단독주택을 건축하는 경우 : 별표 2의 설계도서 중 건축계획서 · 배치도 · 평면도 · 입면도 · 단면도 및 구조도(구조내력상 주요한 부분의 평면 및 단면을 표시한 것만 해당한다)
   나. 법 제23조제4항에 따른 표준설계도서에 따라 건축하는 경우 : 건축계획서 및 배치도
   다. 법 제10조에 따른 사전결정을 받

④ 특별자치시장·특별자치도지사 또는 시장·군수·구청장은 제1항에 따른 신고가 제3항 단서에 해당하는 경우에는 신고를 받은 날부터 5일 이내에 신고인에게 그 내용을 통지하여야 한다. 〈신설 2017.4.18.〉

⑤ 제1항에 따라 신고를 한 자가 신고일부터 1년 이내에 공사에 착수하지 아니하면 그 신고의 효력은 없어진다. 다만, 건축주의 요청에 따라 허가권자가 정당한 사유가 있다고 인정하면 1년의 범위에서 착수기한을 연장할 수 있다. 〈개정 2016.1.19., 2017.4.18〉

법령해석 「건축법」 제11조제5항의 규정에 따라 의제되는 인·허가를 위한 각종 실체적 요건 충족에 대한 판단 등이 없이, 건축신고만으로 건축행위가 가능한지 여부 (법제처 11-0101, 2011.4.7.)

질의요지 「건축법」 제14조에 따른 건축신고의 경우 같은 법 제11조제5항이 준용되는바, 「건축법」 제11조제5항의 규정에 따라 의제되는 인·허가를 위한 실체적 요건 충족 및 그 판단을 위하여 필요한 경우에 행하는 관련 행정기관과의 협의 없이, 건축신고만으로 건축행위가 가능한지?

회답 「건축법」 제11조제5항의 규정에 따라 의제되는 인·허가를 위한 실체적 요건 충족 및 그 판단을 위하여 필요한 경우에 행하는 관련 행정기관과의 협의 없이, 건축신고만으로 건축행위가 가능하지는 않음

법령해석 하나의 대지에 여러 동의 건축물을 증축하려는 경우 「건축법」 제14조제1항제1호에 따른 건축신고 기준인 "바닥면적의 합계"의 의미 (법제처 20-0047, 2020.5.4.)

질의요지 건축물이 있는 하나의 대지에 바닥면적이 30제곱미터인 단층 건축물 3동을 증축하려는 경우(각주: 「건축법」 제14조제1항제2호부터 제5호까지의 요건의 어느 하나에 해당하지 않는 경우를 전제함.) 「건축법」 제14조제1항제1호에 따른 건축신고 대상에 해당하는지 아니면 같은 법 제11조에 따른 건축허가 대상인지? 〈질의 배경〉민원인은 위 질의요지에 대해 국토교통부로부터 건축허가의 대상이라는 회신을 받자 이에 이견이 있어 법제처에 법령해석을 요청함.

계획구역(같은 법 시행령 제48조제10호에 따른 산업·유통형만 해당한다) 및 「산업입지 및 개발에 관한 법률」에 따른 산업단지에서 건축하는 2층 이하인 건축물로서 연면적 합계 500제곱미터 이하인 공장(별표 1 제4호너목에 따른 제조업소 등 물품의 제조·가공을 위한 시설을 포함한다)

5. 농업이나 수산업을 경영하기 위하여 읍·면지역(특별자치시장·특별자치도지사·시장·군수가 지역계획 또는 도시·군계획에 지장이 있다고 지정·공고한 구역은 제외한다)에서 건축하는 연면적 200제곱미터 이하의 창고 및 연면적 400제곱미터 이하의 축사, 작물재배사(作物栽培舍), 종묘배양시설, 화초 및 분재 등의 온실

④ 법 제14조에 따른 건축신고에 관하여는 제9조제1항을 준용한다. 〈개정 2014.10.14.〉

질의 회신 대수선 신고시 대지사용승락서를 받아야 하는 것인지
건교부 건축 58070-1087, 2003.6.18

질의 6명의 소유인 공유지분 토지에서 건축물의 대수선 신고시 이미 사망한 2명의 공유지분자를 포함한 대지사용승락서를 받아야 하는 것인지 여부

회신 건축법 제14조제1항 및 건축법시행규칙 제12조제1항제3호의 규정에 의하여 대수선 신고시에는 건축할 대지의 범위와 그 대지의 소유 또는 사용에 관한 권리를 증명하는 서류를 제출토록 하고 있는 바, 귀 문의의 경우에는 전체소유자의 동의(사망자의 상속권자 포함)가 있어야 하는 것이니, 보다 구체적인 사항은 자세한 자료를 갖추어 당해 지역의 건축허가권자인 시장군수구청장에게 문의하기 바람

은 경우 : 평면도

2. 법 제11조제5항 각 호에 따른 허가등을 받거나 신고를 하기 위하여 해당 법령에서 제출하도록 의무화하고 있는 신청서 및 구비서류(해당사항이 있는 경우로 한정한다)
3. 건축할 대지의 범위에 관한 서류
4. 건축할 대지의 소유 또는 사용에 관한 권리를 증명하는 서류. 다만, 건축할 대지에 포함된 국유지·공유지에 대해서는 특별자치시장·특별자치도지사 또는 시장·군수·구청장이 해당 토지의 관리청과 협의하여 그 관리청이 해당 토지를 건축주에게 매각하거나 양여할 것을 확인한 서류로 그 토지의 소유에 관한 권리를 증명하는 서류를 갈음할 수 있으며, 집합건물의 공용부분을 변경하는 경우에는 「집합건물의 소유 및 관리에 관한 법률」 제15조제1항에 따른 결의가 있었음을 증명하는 서류로 갈음할 수 있다.
5. 법 제48조제2항에 따라 구조안전을 확인해야 하는 건축·대수선의 경우: 별표 2에 따른 구조도 및 구조계산서. 다만, 「건축물의 구조기준 등에 관한 규칙」에 따른 소규모건축물로서 국토교통부장관이 고시하는 소규모건축구조기준에 따라 설계한 경우에는 구조

법	시 행 령	시 행 규 칙
회답 이 사안의 경우 「건축법」 제11조에 따른 건축허가 대상입니다. **이유** … "중략" …따라서 이 사안과 같이 하나의 대지에 바닥면적이 30제곱미터인 단층 건축물 3동을 증축하려는 경우 증축되는 바닥면적의 합계는 대지를 기준으로 90제곱미터이고, 「건축법」 제14조제1항제1호에 따른 건축신고 기준인 85제곱미터를 초과하므로 건축신고 대상이 아니라 같은 법 제11조에 따른 건축허가 대상에 해당함		도만 해당한다. ② 법 제14조제1항에 따른 신고를 받은 특별자치시장 · 특별자치도지사 또는 시장 · 군수 · 구청장은 해당 건축물을 건축하려는 대지에 재해의 위험이 있다고 인정하는 경우에는 지방건축위원회의 심의를 거쳐 별표 2의 서류 중 이미 제출된 서류를 제외한 나머지 서류를 추가로 제출하도록 요구할 수 있다. 〈개정 2014.10.15〉 ③ 특별자치시장 · 특별자치도지사 또는 시장 · 군수 · 구청장은 제1항에 따른 건축 · 대수선 · 용도변경신고서를 받은 때에는 그 기재내용을 확인한 후 그 신고의 내용에 따라 별지 제7호서식의 건축 · 대수선 · 용도변경 신고필증을 신고인에게 교부하여야 한다. 〈개정 2018.11.29〉 ④ 제3항에 따라 건축 · 대수선 · 용도변경 신고필증을 발급하는 경우에 관하여는 제8조제3항 및 제4항을 준용한다. 〈개정 2018.11.29〉 ⑤ 특별자치시장 · 특별자치도지사 · 시장 · 군수 또는 구청장은 제1항에 따른 신고를 하려는 자에게 같은 항 각 호의 서류를 제출하는데 도움을 줄 수 있는 건축사사무소, 건축지도원 및 건축기술자 등에 대한 정보를 충분히 제

법	시행령	시행규칙
제15조【건축주와의 계약 등】 ① 건축관계자는 건축물이 설계도서에 따라 이 법과 이 법에 따른 명령이나 처분, 그 밖의 관계 법령에 맞게 건축되도록 업무를 성실히 수행하여야 하며, 서로 위법하거나 부당한 일을 하도록 강요하거나 이와 관련하여 어떠한 불이익도 주어서는 아니 된다. ② 건축관계자 간의 책임에 관한 내용과 그 범위는 이 법에서 규정한 것 외에는 건축주와 설계자, 건축주와 공사시공자, 건축주와 공사감리자 간의 계약으로 정한다. ③ 국토교통부장관은 제2항에 따른 계약의 체결에 필요한 표준계약서를 작성하여 보급하고 활용하게 하거나 「건축사법」 제31조에 따른 건축사협회(이하 "건축사협회"라 한다), 「건설산업기본법」 제50조에 따른 건설사업자단체로 하여금 표준계약서를 작성하여 보급하고 활용하게 할 수 있다. 〈개정 2019.4.30.〉	**고시** 건축물의 설계 표준계약서 (국토교통부고시 제2019-970호, 2019.12.31.) **고시** 건축물의 공사감리 표준계약서 (국토교통부고시 제2019-971호, 2019.12.31) **고시** 건축공사 표준계약서(국토교통부고시 제2016-193호, 2016.4.8) **고시** 민간 건설공사 표준도급계약서 (국토교통부고시 제2021-1122호, 2021.9.30.)	공하여야 한다. 〈개정 2014.10.15〉
제16조【허가와 신고사항의 변경】 ① 건축주가 제11조나 제14조에 따라 허가를 받았거나 신고한 사항을 변경하려면 변경하기 전에 대통령령으로 정하는 바에 따라 허가권자의 허가를 받거나 특별자치시장·특별자치도지사 또는 시장·군수·구청장에게 신고하여야 한다. 다만, 대통령령으로 정하는 경미한 사항의 변경은 그러하지 아니하다. 〈개정 2014.1.14.〉 ② 제1항 본문에 따른 허가나 신고사항 중 대통령령으로 정하는 사항의 변경은 제22조에 따른 사용승인을 신청할 때 허가권자에게 일괄하여 신고할 수 있다. ③ 제1항에 따른 허가 사항의 변경허가에 관하여는 제11조제5항 및 제6항을 준용한다. 〈개정 2017.4.18.〉 ④ 제1항에 따른 신고 사항의 변경신고에 관하여는 제11조	**제12조【허가·신고사항의 변경 등】** ① 법 제16조제1항에 따라 허가를 받았거나 신고한 사항을 변경하려면 다음 각 호의 구분에 따라 허가권자의 허가를 받거나 특별자치시장·특별자치도지사 또는 시장·군수·구청장에게 신고하여야 한다. 〈개정 2017.1.20., 2018.9.4.〉 1. 바닥면적의 합계가 85제곱미터를 초과하는 부분에 대한 신축·증축·개축에 해당하는 변경인 경우에는 허가를 받고, 그 밖의 경우에는 신고할 것 2. 법 제14조제1항제2호 또는 제5호에 따라 신고로써 허가를 갈음하는 건축물에 대하여는 변경 후 건축물의 연면적을 각각 신고로써 허가를 갈음할 수 있는 규모에서 변경하는 경우에는 제1호에도 불구하고 신고할 것 3. 건축주·설계자·공사시공자 또는 공사감리자(이하 "건축	**제11조【건축 관계자 변경신고】** ① 법 제11조 및 제14조에 따라 건축 또는 대수선에 관한 허가를 받거나 신고를 한 자가 다음 각 호의 어느 하나에 해당하게 된 경우에는 그 양수인·상속인 또는 합병후 존속하거나 합병에 의하여 설립되는 법인은 그 사실이 발생한 날부터 7일 이내에 별지 제4호서식의 건축관계자변경신고서에 변경 전 건축주의 명의변경동의서 또는 권리관계의 변경사실을 증명할 수 있는 서류를 첨부하여 허가권자에게 제출(전자문서로 제출하는 것을 포함한다)하여야 한다. 〈개정

법	시 행 령	시 행 규 칙

제5항 · 제6항 및 제14조제3항 · 제4항을 준용한다. 〈신설 2017.4.18.〉

질의 회신 설계변경시 면적산정은 증 · 감부분의 면적을 합산하는 지

국토교통부 민원마당 FAQ 2019.5.24.

질의 건축허가를 받은 건축물의 주계단을 변경(위치이동)하는 경우가 사용승인시 일괄신고 변경사항에 해당하는 지의 여부와 이에 해당하는 바닥면적의 합계 50제곱미터이하는 변경되는 증 · 감부분 면적의 합산 결과를 말하는 것인 지

회신 질의의 주계단 변경이 건축법시행령 제3조의2 규정에 의한 대수선에 해당하면 동법시행령 제12조 제3항의 규정에 의하여 사용승인 신청시 일괄신고대상에 해당하는 것이며, 동규정에서 변경되는 부분의 바닥면적의 합계 50제곱미터이하란 변경되는 증 · 감부분 면적의 합산 결과를 말하는 것임

법령해석 「건축법 시행령」 제12조제3항제1호에 따른 '변경되는 부분의 바닥면적의 합계' 에 변경되는 다락의 면적이 산입되는지 여부

(법제처 23-0751, 2024.1.22.)

질의요지 「건축법」 제16조제1항 본문에서는 건축주가 같은 법 제11조나 제14조에 따라 허가를 받았거나 신고한 사항을 변경하려면 변경하기 전에 허가권자(각주: 특별시장 · 광역시장 · 특별자치시장 · 특별자치도지사 또는 시장 · 군수 · 구청장을 말하며, 이하 같음.)의 허가를 받거나 특별자치시장 · 특별자치도지사 또는 시장 · 군수 · 구청장에게 신고해야 한다고 규정하고 있고, 같은 조 제2항에서는 같은 조 제1항 본문에 따른 허가나 신고사항 중 대통령령으로 정하는 사항의 변경은 같은 법 제22조에 따른 사용승인을 신청할 때 허가권자에게 일괄하여 신고(이하 "일괄신고" 라고 함)할 수 있다고 규정하고 있으며, 그 위임에 따라 마련된 같은 법 시행령 제12조제3항제1호 각 목 외의 부분에서는 일괄신고 대상의 하나로 건축물의 동수나 층수를 변경하지 아니하면서 '변경되는 부분의 바닥면적의 합계' 가 50제곱미터 이하인 경우로서 같은 호 각 목의 요건을 모두 갖춘 경우를 규정하고 있는 한편,

「건축법」 제84조의 위임에 따라 건축물의 바닥면적 산정방법을 규정하고 있는 같은 법 시행령 제119조제1항제3호라목에서는 다락(각주: 층고가 1.5미터(경사진 형태의 지붕인 경우에는 1.8미터) 이하인 것만 해당하

관계자"라 한다)를 변경하는 경우에는 신고할 것

② 법 제16조제1항 단서에서 "대통령령으로 정하는 경미한 사항의 변경"이란 신축 · 증축 · 개축 · 재축 · 이전 · 대수선 또는 용도변경에 해당하지 아니하는 변경을 말한다. 〈개정 2012.12.12.〉

③ 법 제16조제2항에서 "대통령령으로 정하는 사항"이란 다음 각 호의 어느 하나에 해당하는 사항을 말한다. 〈개정 2016.1.19.〉

1. 건축물의 동수나 층수를 변경하지 아니하면서 변경되는 부분의 바닥면적의 합계가 50제곱미터 이하인 경우로서 다음 각 목의 요건을 모두 갖춘 경우
   가. 변경되는 부분의 높이가 1미터 이하이거나 전체 높이의 10분의 1 이하일 것
   나. 허가를 받거나 신고를 하고 건축 중인 부분의 위치 변경범위가 1미터 이내일 것
   다. 법 제14조제1항에 따라 신고를 하면 법 제11조에 따른 건축허가를 받은 것으로 보는 규모에서 건축허가를 받아야 하는 규모로의 변경이 아닐 것
2. 건축물의 동수나 층수를 변경하지 아니하면서 변경되는 부분이 연면적 합계의 10분의 1 이하인 경우(연면적이 5천 제곱미터 이상인 건축물은 각 층의 바닥면적이 50제곱미터 이하의 범위에서 변경되는 경우만 해당한다). 다만, 제4호 본문 및 제5호 본문에 따른 범위의 변경인 경우만 해당한다.
3. 대수선에 해당하는 경우
4. 건축물의 층수를 변경하지 아니하면서 변경되는 부분의 높이가 1미터 이하이거나 전체 높이의 10분의 1 이하인 경우. 다만, 변경되는 부분이 제1호 본문, 제2호 본문 및 제5호 본문에 따른 범위의 변경인 경우만 해당한다.

2012.12.12〉

1. 허가를 받거나 신고를 한 건축주가 허가 또는 신고 대상 건축물을 양도한 경우
2. 허가를 받거나 신고를 한 건축주가 사망한 경우
3. 허가를 받거나 신고를 한 법인이 다른 법인과 합병을 한 경우

② 건축주는 설계자, 공사시공자 또는 공사감리자를 변경한 때에는 그 변경한 날부터 7일 이내에 별지 제4호서식의 건축관계자변경신고서를 허가권자에게 제출(전자문서에 의한 제출을 포함한다)하여야 한다. 〈개정 2017.1.20.〉

③ 허가권자는 제1항 및 제2항의 규정에 의한 건축관계자변경신고서를 받은 때에는 그 기재내용을 확인한 후 별지 제5호서식의 건축관계자변경신고필증을 신고인에게 교부하여야 한다.

법령해석 건축관계자변경신고시 제출해야 하는 서류 (법제처 10-0265, 2010.9.13.)

질의요지 건축 중인 건축물을 양수함에 따라 건축허가 · 신고사항 중 건축주의 변경을 신고하는 경우, 양수인은 허가권자에게 「건축법 시행규칙」 제6조에 따라 건축할 대지의 범위와 그 대지의 소유 또는 그 사용에 관한 권리를 증명하는 서류를 제출해야 하는지?

회답 건축 중인 건축물을 양수함에 따라 건축허가 · 신고사항 중 건축주의 변경을 신고하는 경우, 양수인은 허가권자에게 「건축법 시행

법	시 행 령	시 행 규 칙
며, 이하 같음.) 등은 바닥면적에 산입하지 아니한다고 규정하고 있는바, 건축주가 「건축법」 제11조나 제14조에 따라 허가를 받았거나 신고한 사항을 변경하는 경우로서 다락의 면적이 변경되는 경우, 그 '변경되는 다락의 면적' 이 같은 법 시행령 제12조제3항제1호 각 목 외의 부분에 따른 '변경되는 부분의 바닥면적의 합계' 에 산입되는지? **회답** 건축주가 「건축법」 제11조나 제14조에 따라 허가를 받았거나 신고한 사항을 변경하는 경우로서 다락의 면적이 변경되는 경우, 그 '변경되는 다락의 면적' 은 같은 법 시행령 제12조제3항제1호 각 목 외의 부분에 따른 '변경되는 부분의 바닥면적의 합계' 에 산입되지 않음	5. 허가를 받거나 신고를 하고 건축 중인 부분의 위치가 1미터 이내에서 변경되는 경우. 다만, 변경되는 부분이 제1호 본문, 제2호 본문 및 제4호 본문에 따른 범위의 변경인 경우만 해당한다. ④ 제1항에 따른 허가나 신고사항의 변경에 관하여는 제9조를 준용한다. 〈개정 2018.9.4.〉	규칙」 제6조에 따라 건축할 대지의 범위와 그 대지의 소유 또는 그 사용에 관한 권리를 증명하는 서류를 제출하지 않아도 됨
제17조【건축허가 등의 수수료】 ① 제11조, 제14조, 제16조, 제19조, 제20조 및 제83조에 따라 허가를 신청하거나 신고를 하는 자는 허가권자나 신고수리자에게 수수료를 납부하여야 한다. ② 제1항에 따른 수수료는 국토교통부령으로 정하는 범위에서 해당 지방자치단체의 조례로 정한다.		**제10조【건축허가 등의 수수료】** ① 법 제11조 · 제14조 · 제16조 · 제19조 · 제20조 및 제83조에 따라 건축허가를 신청하거나 건축신고를 하는 자는 법 제17조제2항에 따라 별표 4에 따른 금액의 범위에서 건축조례로 정하는 수수료를 내야 한다. 다만, 재해복구를 위한 건축물의 건축 또는 대수선에 있어서는 그렇지 않다. 〈개정 2022.11.2〉 ② 제1항 본문에도 불구하고 건축물을 대수선하거나 바닥면적을 산정할 수 없는 공작물을 축조하기 위하여 허가신청 또는 신고를 하는 경우의 수수료는 대수선의 범위 또는 공작물의 높이 등을 고려하여 건축조례로 따로 정한다. ③ 삭제 〈2022.11.2.〉
제17조의2【매도청구 등】 ① 제11조제11항제2호에 따라 건축허가를 받은 건축주는 해당 건축물 또는 대지의 공유자 중 동의하지 아니한 공유자에게 그 공유지분을 시가(市價)로 매도할 것을 청구할 수 있다. 이 경우 매도청구를 하기 전에 매도청구 대상이 되는 공유자와 3개월 이상 협의를 하여야 한다. ② 제1항에 따른 매도청구에 관하여는 「집합건물의 소유 및 관리에 관한 법률」 제48조를 준용한다. 이 경우 구분소유권 및 대지사용권은 매도청구의 대상이 되는 대지 또는 건축물의 공유지분으로 본다. [본조신설 2016.1.19.]		

법	시 행 령	시 행 규 칙

제17조의3【소유자를 확인하기 곤란한 공유지분 등에 대한 처분】 ① 제11조제11항제2호에 따라 건축허가를 받은 건축주는 해당 건축물 또는 대지의 공유자가 거주하는 곳을 확인하기가 현저히 곤란한 경우에는 전국적으로 배포되는 둘 이상의 일간신문에 두 차례 이상 공고하고, 공고한 날부터 30일 이상이 지났을 때에는 제17조의2에 따른 매도청구 대상이 되는 건축물 또는 대지로 본다.

② 건축주는 제1항에 따른 매도청구 대상 공유지분의 감정평가액에 해당하는 금액을 법원에 공탁(供託)하고 착공할 수 있다.

③ 제2항에 따른 공유지분의 감정평가액은 허가권자가 추천하는 「감정평가 및 감정평가사에 관한 법률」에 따른 감정평가법인등 2명 이상이 평가한 금액을 산술평균하여 산정한다. 〈개정 2016.1.19., 2020.4.7.〉

[본조신설 2016.1.19.]

제18조【건축허가 제한 등】 ① 국토교통부장관은 국토관리를 위하여 특히 필요하다고 인정하거나 주무부장관이 국방, 「국가유산기본법」 제3조에 따른 국가유산의 보존, 환경보전 또는 국민경제를 위하여 특히 필요하다고 인정하여 요청하면 허가권자의 건축허가나 허가를 받은 건축물의 착공을 제한할 수 있다. 〈개정 2023.5.16.〉

② 특별시장 · 광역시장 · 도지사는 지역계획이나 도시 · 군계획에 특히 필요하다고 인정하면 시장 · 군수 · 구청장의 건축허가나 허가를 받은 건축물의 착공을 제한할 수 있다. 〈개정 2014.1.14.〉

③ 국토교통부장관이나 시 · 도지사는 제1항이나 제2항에 따라 건축허가나 건축허가를 받은 건축물의 착공을 제한하

제13조 삭제 〈2005.7.18〉

질의 회신 건축신고와 공작물축조신고 사항도 건축허가제한이 가능한 지

국토교통부 민원마당 FAQ 2019.5.24.

질의 건축허가 제한 등의 대상에 건축허가 외에 건축신고와 공작물축조신고 기타 허가나 신고를 요하지 않는 담장축조, 지하수굴착 등도 포함되는지?

회신 건축법 제18조 제1항에서 국토해양부장관은 국토관리를 위하여 특히 필요하다고 인정하거나 주무부장관이 국방, 문화재보존, 환경보전 또는 국민경제를 위하여 특히 필요하다고 인정하여 요청하면 허가권자의 건축허가나 허가를 받은 건축물의 착공을 제한할 수 있다고 규정하고 있으며, 동법 제14조 제1항에서 허가 대상 건축물이라 하더라도 다음 각 호의

법	시 행 령	시 행 규 칙
려는 경우에는 「토지이용규제 기본법」 제8조에 따라 주민의견을 청취한 후 건축위원회의 심의를 거쳐야 한다. 〈신설 2014.5.28.〉 ④ 제1항이나 제2항에 따라 건축허가나 건축물의 착공을 제한하는 경우 제한기간은 2년 이내로 한다. 다만, 1회에 한하여 1년 이내의 범위에서 제한기간을 연장할 수 있다. 〈개정 2014.5.28.〉 ⑤ 국토교통부장관이나 특별시장·광역시장·도지사는 제1항이나 제2항에 따라 건축허가나 건축물의 착공을 제한하는 경우 제한 목적·기간, 대상 건축물의 용도와 대상 구역의 위치·면적·경계 등을 상세하게 정하여 허가권자에게 통보하여야 하며, 통보를 받은 허가권자는 지체 없이 이를 공고하여야 한다. 〈개정 2014.5.28.〉 ⑥ 특별시장·광역시장·도지사는 제2항에 따라 시장·군수·구청장의 건축허가나 건축물의 착공을 제한한 경우 즉시 국토교통부장관에게 보고하여야 하며, 보고를 받은 국토교통부장관은 제한 내용이 지나치다고 인정하면 해제를 명할 수 있다. 〈개정 2014.5.28.〉	**관계법** 「토지이용규제 기본법」 제8조(지역·지구등의 지정 등) ① 중앙행정기관의 장이나 지방자치단체의 장이 지역·지구등을 지정(변경 및 해제를 포함한다. 이하 같다)하려면 대통령령으로 정하는 바에 따라 미리 주민의 의견을 들어야 한다. 다만, 다음 각 호의 어느 하나에 해당하거나 대통령령으로 정하는 경미한 사항을 변경하는 경우에는 그러하지 아니하다. "각 호 생략" ② "이하 생략" 「토지이용규제 기본법 시행령」 제6조(주민의 의견청취) ① 중앙행정기관의 장이나 도지사는 법 제8조제1항에 따라 지역·지구등을 지정(변경 및 해제를 포함한다. 이하 같다)하기 위하여 주민의 의견을 들으려면 주민의 의견청취 기한을 분명히 밝혀 지역·지구등의 지정안을 관계 특별시장, 광역시장, 특별자치도지사, 시장 또는 군수(광역시의 관할구역 안에 있는 군의 군수는 제외한다. 이하 이 조에서 같다)에게 보내야 한다. 다만, 중앙행정기관의 장은 지역·지구등의 지정안을 관계 특별시장, 광역시장, 특별자치도지사, 시장 또는 군수에게 보내어 열람하게 할 수 없는 불가피한 사유가 있는 경우에는 직접 주민의 의견을 들을 수 있다. 〈개정 2018.6.5〉 ② "이하 생략"	어느 하나에 해당하는 경우에는 미리 특별자치도지사 또는 시장·군수·구청장에게 국토해양부령으로 정하는 바에 따라 신고를 하면 건축허가를 받은 것으로 본다고 규정하고 있는 바, 건축신고는 건축허가에 포함되어 동법 제18조제1항의 적용을 받습니다. 아울러, 동법 제83조 제1항에 따라 특별자치도지사 또는 시장·군수·구청장에게 공작물축조신고 하는 경우 동조 제2항에 따라 법 제18조는 준용하지 아니하므로 공작물축조신고는 건축허가 제한 등의 대상에 포함되지 아니함.
제19조 【용도변경】 ① 건축물의 용도변경은 변경하려는 용도의 건축기준에 맞게 하여야 한다. ② 제22조에 따라 사용승인을 받은 건축물의 용도를 변경하려는 자는 다음 각 호의 구분에 따라 국토교통부령으로 정하는 바에 따라 특별자치시장·특별자치도지사 또는 시장·군수·구청장의 허가를 받거나 신고를 하여야 한다. 〈개정 2014.1.14.〉 1. 허가 대상: 제4항 각 호의 어느 하나에 해당하는 시설군(施設群)에 속하는 건축물의 용도를 상위군(제4항 각 호의	**제14조 【용도변경】** ① 삭제 〈2006.5.8〉 ② 삭제 〈2006.5.8〉 ③ 국토교통부장관은 법 제19조제1항에 따른 용도변경을 할 때 적용되는 건축기준을 고시할 수 있다. 이 경우 다른 행정기관의 권한에 속하는 건축기준에 대하여는 미리 관계 행정기관의 장과 협의하여야 한다. **고시** 한국건축규정(국토교통부고시 제2024-206호, 2024.4.19.) ④ 법 제19조제3항 단서에서 "대통령령으로 정하는 변경"이란 다음 각 호의 어느 하나에 해당하는 건축물 상호 간의	**제12조의2 【용도변경】** ① 법 제19조 제2항에 따라 용도변경의 허가를 받으려는 자는 별지 제1호의4서식의 건축·대수선·용도변경 (변경)허가 신청서에, 용도변경의 신고를 하려는 자는 별지 제6호서식의 건축·대수선·용도변경 (변경)신고서에 다음 각 호의 서류를 첨부하여 특별자치시장·특별자치도지사 또는 시장·군수·구청장에게 제출(전자문서로 제출

법

번호가 용도변경하려는 건축물이 속하는 시설군보다 작은 시설군을 말한다)에 해당하는 용도로 변경하는 경우

2. 신고 대상: 제4항 각 호의 어느 하나에 해당하는 시설군에 속하는 건축물의 용도를 하위군(제4항 각 호의 번호가 용도변경하려는 건축물이 속하는 시설군보다 큰 시설군을 말한다)에 해당하는 용도로 변경하는 경우

③ 제4항에 따른 시설군 중 같은 시설군 안에서 용도를 변경하려는 자는 국토교통부령으로 정하는 바에 따라 특별자치시장·특별자치도지사 또는 시장·군수·구청장에게 건축물대장 기재내용의 변경을 신청하여야 한다. 다만, 대통령령으로 정하는 변경의 경우에는 그러하지 아니하다. 〈개정 2014.1.14.〉

④ 시설군은 다음 각 호와 같고 각 시설군에 속하는 건축물의 세부 용도는 대통령령으로 정한다.

1. 자동차 관련 시설군
2. 산업 등의 시설군
3. 전기통신시설군
4. 문화 및 집회시설군
5. 영업시설군
6. 교육 및 복지시설군
7. 근린생활시설군
8. 주거업무시설군
9. 그 밖의 시설군

⑤ 제2항에 따른 허가나 신고 대상인 경우로서 용도변경하려는 부분의 바닥면적의 합계가 100제곱미터 이상인 경우의 사용승인에 관하여는 제22조를 준용한다. 다만, 용도변경하려는 부분의 바닥면적의 합계가 500제곱미터 미만으로서 대수선에 해당되는 공사를 수반하지 아니하는 경우에는 그러하지 아니하

시 행 령

용도변경을 말한다. 다만, 별표 1 제3호다목(목욕장만 해당한다)·라목, 같은 표 제4호가목·사목·카목·파목(골프연습장, 놀이형시설만 해당한다)·더목·러목·머목, 같은 표 제7호다목2), 같은 표 제15호가목(생활숙박시설만 해당한다) 및 같은 표 제16호가목·나목에 해당하는 용도로 변경하는 경우는 제외한다. 〈개정 2019.10.22., 2021.11.2., 2024.2.13.〉

1. 별표 1의 같은 호에 속하는 건축물 상호 간의 용도변경
2. 「국토의 계획 및 이용에 관한 법률」이나 그 밖의 관계 법령에서 정하는 용도제한에 적합한 범위에서 제1종 근린생활시설과 제2종 근린생활시설 상호 간의 용도변경

⑤ 법 제19조제4항 각 호의 시설군에 속하는 건축물의 용도는 다음 각 호와 같다. 〈개정 2016.2.11., 2017.2.3., 2023.5.15.〉

1. 자동차 관련 시설군
   자동차 관련 시설
2. 산업 등 시설군
   가. 운수시설
   나. 창고시설
   다. 공장
   라. 위험물저장 및 처리시설
   마. 자원순환 관련 시설
   바. 묘지 관련 시설
   사. 장례시설
3. 전기통신시설군
   가. 방송통신시설
   나. 발전시설
4. 문화집회시설군

시 행 규 칙

하는 것을 포함한다)하여야 한다. 〈개정 2016.1.13., 2018.11.29〉

1. 용도를 변경하려는 층의 변경 후의 평면도
2. 용도변경에 따라 변경되는 내화·방화·피난 또는 건축설비에 관한 사항을 표시한 도서

② 허가권자는 제1항에 따른 신청을 받은 경우 용도를 변경하려는 층의 변경 전의 평면도를 확인하기 위해 행정정보의 공동이용을 통해 건축물대장을 확인하거나 법 제32조제1항에 따른 전산자료를 확인해야 한다. 다만, 행정정보의 공동이용 또는 전산자료를 통해 평면도를 확인할 수 없는 경우에는 해당 서류를 제출하도록 해야 한다. 〈신설 2018.11.29., 2019.11.18.〉

③ 법 제16조 및 제19조제7항에 따라 용도변경의 변경허가를 받으려는 자는 별지 제1호의4서식의 건축·대수선·용도변경 (변경)허가 신청서에, 용도변경의 변경신고를 하려는 자는 별지 제6호서식의 건축·대수선·용도변경(변경)신고서에 변경하려는 부분에 대한 변경 전·후의 설계도서를 첨부하여 특별자치시장·특별자치도지사 또는 시장·군수·구청장에게 제출(전자문서로 제출하는 것을 포함한다)해야

법	시 행 령	시 행 규 칙
다. 〈개정 2016.1.19.〉 ⑥ 제2항에 따른 허가 대상인 경우로서 용도변경하려는 부분의 바닥면적의 합계가 500제곱미터 이상인 용도변경(대통령령으로 정하는 경우는 제외한다)의 설계에 관하여는 제23조를 준용한다. ⑦ 제1항과 제2항에 따른 건축물의 용도변경에 관하여는 제3조, 제5조, 제6조, 제7조, 제11조제2항부터 제9항까지, 제12조, 제14조부터 제16조까지, 제18조, 제20조, 제27조, 제29조, 제38조, 제42조부터 제44조까지, 제48조부터 제50조까지, 제50조의2, 제51조부터 제56조까지, 제58조, 제60조부터 제64조까지, 제67조, 제68조, 제78조부터 제87조까지의 규정과 「녹색건축물 조성 지원법」 제15조 및 「국토의 계획 및 이용에 관한 법률」 제54조를 준용한다. 〈개정 2019.4.30.〉 **법령해석** 사용승인을 받지 않는 신고 대상 용도변경의 경우, 용도변경에 따라 건축물대장의 기재사항을 변경하기 위해서는 건축물 소유자가 별도로 건축물대장 기재사항 변경을 신청해야 하는지 여부 (법제처 18-0076, 2018.5.15.) **질의요지** 건축물의 소유자가 「건축법」 제19조제5항 단서에 따라 사용승인을 받지 않아도 되는 건축물 용도변경의 신고를 한 후 그 용도변경에 따라 건축물대장의 표시사항을 변경하기 위해서는 「건축물대장의 기재 및 관리 등에 관한 규칙」 제18조제1항 본문에 따라 건축물대장의 표시사항 변경 신청을 해야 하는지, 아니면 용도변경 신고를 수리한 행정청이 직권으로 건축물대장의 표시사항을 변경해야 하는지? 〈질의 배경〉 민원인은 경미한 사항에 해당하여 사용승인을 받지 않는 용도변경의 경우에도 사용승인을 받는 용도변경의 경우와 마찬가지로 행정청이 직권으로 용도변경에 따른 건축물대장의 표시사항을 변경해야 하는 것이	가. 문화 및 집회시설 나. 종교시설 다. 위락시설 라. 관광휴게시설 5. 영업시설군 가. 판매시설 나. 운동시설 다. 숙박시설 라. 제2종 근린생활시설 중 다중생활시설 6. 교육 및 복지시설군 가. 의료시설 나. 교육연구시설 다. 노유자시설(老幼者施設) 라. 수련시설 마. 야영장 시설 7. 근린생활시설군 가. 제1종 근린생활시설 나. 제2종 근린생활시설(다중생활시설은 제외한다) 8. 주거업무시설군 가. 단독주택 나. 공동주택 다. 업무시설 라. 교정시설 마. 국방·군사시설 9. 그 밖의 시설군 가. 동물 및 식물 관련 시설 나. 삭제 〈2010.12.13〉 ⑥ 기존의 건축물 또는 대지가 법령의 제정·개정이나 제6	한다. 〈신설 2018.11.29.〉 ④ 특별자치시장·특별자치도지사 또는 시장·군수·구청장은 제1항 및 제3항에 따른 건축·대수선·용도변경 (변경)허가 신청서를 받은 경우에는 법 제12조제1항 및 영 제10조제1항에 따른 관계 법령에 적합한지를 확인한 후 별지 제2호서식의 건축·대수선·용도변경 허가서를 용도변경의 허가 또는 변경허가를 신청한 자에게 발급하여야 한다. 〈개정 2018.11.29.〉 ⑤ 특별자치시장·특별자치도지사 또는 시장·군수·구청장은 제1항 또는 제3항에 따른 건축·대수선·용도변경 (변경)신고서를 받은 때에는 그 기재내용을 확인한 후 별지 제7호서식의 건축·대수선·용도변경 신고필증을 신고인에게 발급하여야 한다. 〈개정 2018.11.29.〉 ⑥ 제8조제3항 및 제4항은 제4항 및 제5항에 따라 건축·대수선·용도변경 허가서 또는 건축·대수선·용도변경 신고필증을 발급하는 경우에 준용한다. 〈개정 2018.11.29.〉 **질의 회신** 의료시설(병원)일부를 근린생활시설(의원)으로 용도변경 가능여부 건교부 고객만족센터, 2007.12.4 **질의** 지층~4층 건물이 건축물대장상에 의료

법	시 행 령	시 행 규 칙
아닌지 의문이 있어 국토교통부 질의를 거쳐 법제처에 법령해석을 요청함. **회답** 건축물의 소유자가 「건축법」 제19조제5항 단서에 따라 사용승인을 받지 않아도 되는 건축물 용도변경의 신고를 한 후 그 용도변경에 따라 건축물대장의 표시사항을 변경하기 위해서는 「건축물대장의 기재 및 관리 등에 관한 규칙」 제18조제1항 본문에 따라 건축물대장의 표시사항 변경 신청을 해야 합니다.	조의2제1항 각 호의 사유로 법령 등에 부적합하게 된 경우에는 건축조례로 정하는 바에 따라 용도변경을 할 수 있다. 〈개정 2008.10.29〉 ⑦ 법 제19조제6항에서 "대통령령으로 정하는 경우"란 1층인 축사를 공장으로 용도변경하는 경우로서 증축·개축 또는 대수선이 수반되지 아니하고 구조 안전이나 피난 등에 지장이 없는 경우를 말한다. 〈개정 2008.10.29.〉	시설(병원)으로 되어 있어, 현재 한방병원으로 영업하고 있는바 한방병원 일부에 정형외과를 추가로 개설하고자 할 때에 정형외과부분을 제1종근린생활시설(의원)으로 용도변경을 하여야 하는지 **회신** 건축법 시행령 별표1에서 건축물의 용도를 의원과 병원을 각각 구분하고 있으므로, 이 경우 하나의 주된 용도에 부속된 용도가 아닌 경우라면 동 별표1 제9호의 의료시설(병원)에서 제1종근린생활시설(의원)로 용도변경하여야 할 사항임
제19조의2【복수 용도의 인정】 ① 건축주는 건축물의 용도를 복수로 하여 제11조에 따른 건축허가, 제14조에 따른 건축신고 및 제19조에 따른 용도변경 허가·신고 또는 건축물대장 기재내용의 변경 신청을 할 수 있다. ② 허가권자는 제1항에 따라 신청한 복수의 용도가 이 법 및 관계 법령에서 정한 건축기준과 입지기준 등에 모두 적합한 경우에 한정하여 국토교통부령으로 정하는 바에 따라 복수 용도를 허용할 수 있다. 〈개정 2020.6.9.〉 [본조신설 2016.1.19.]		**제12조의3【복수 용도의 인정】** ① 법 제19조의2제2항에 따른 복수 용도는 영 제14조제5항 각 호의 같은 시설군 내에서 허용할 수 있다. ② 제1항에도 불구하고 허가권자는 지방건축위원회의 심의를 거쳐 다른 시설군의 용도간의 복수 용도를 허용할 수 있다. 다만, 영 제14조제5항제4호나목에 따른 종교시설 및 같은 항 제6호다목에 따른 노유자시설(老幼者施設) 간의 복수 용도를 허용하려는 경우에는 지방건축위원회의 심의를 생략할 수 있다. 〈개정 2025.1.14./단서신설〉 [본조신설 2016.7.20.]
제20조【가설건축물】 ① 도시·군계획시설 및 도시·군계획시설예정지에서 가설건축물을 건축하려는 자는 특별자치시장·특별자치도지사 또는 시장·군수·구청장의 허가를 받아야 한다. 〈개정 2014.1.14.〉	**제15조【가설건축물】** ① 법 제20조제2항제3호에서 "대통령령으로 정하는 기준"이란 다음 각 호의 기준을 말한다. 〈개정 2014.10.14〉 1. 철근콘크리트조 또는 철골철근콘크리트조가 아닐 것	**제13조【가설건축물】** ① 법 제20조제3항에 따라 신고하여야 하는 가설건축물을 축조하려는 자는 영 제15조제8항에 따라 별지 제8호서식의 가설건축물

법	시 행 령	시 행 규 칙
② 특별자치시장·특별자치도지사 또는 시장·군수·구청장은 해당 가설건축물의 건축이 다음 각 호의 어느 하나에 해당하는 경우가 아니면 제1항에 따른 허가를 하여야 한다. 〈신설 2014.1.14.〉 1. 「국토의 계획 및 이용에 관한 법률」 제64조에 위배되는 경우 2. 4층 이상인 경우 3. 구조, 존치기간, 설치목적 및 다른 시설 설치 필요성 등에 관하여 대통령령으로 정하는 기준의 범위에서 조례로 정하는 바에 따르지 아니한 경우 4. 그 밖에 이 법 또는 다른 법령에 따른 제한규정을 위반하는 경우 ③ 제1항에도 불구하고 재해복구, 흥행, 전람회, 공사용 가설건축물 등 대통령령으로 정하는 용도의 가설건축물을 축조하려는 자는 대통령령으로 정하는 존치 기간, 설치 기준 및 절차에 따라 특별자치시장·특별자치도지사 또는 시장·군수·구청장에게 신고한 후 착공하여야 한다. 〈개정 2014.1.14.〉 ④ 제3항에 따른 신고에 관하여는 제14조제3항 및 제4항을 준용한다. 〈신설 2017.4.18〉 ⑤ 제1항과 제3항에 따른 가설건축물을 건축하거나 축조할 때에는 대통령령으로 정하는 바에 따라 제25조, 제38조부터 제42조까지, 제44조부터 제50조까지, 제50조의2, 제51조부터 제64조까지, 제67조, 제68조와 「녹색건축물 조성 지원법」 제15조 및 「국토의 계획 및 이용에 관한 법률」 제76조 중 일부 규정을 적용하지 아니한다. 〈개정 2017.4.18〉 ⑥ 특별자치시장·특별자치도지사 또는 시장·군수·구청장	2. 존치기간은 3년 이내일 것. 다만, 도시·군계획사업이 시행될 때까지 그 기간을 연장할 수 있다. 3. 전기·수도·가스 등 새로운 간선 공급설비의 설치를 필요로 하지 아니할 것 4. 공동주택·판매시설·운수시설 등으로서 분양을 목적으로 건축하는 건축물이 아닐 것 ② 제1항에 따른 가설건축물에 대하여는 법 제38조를 적용하지 아니한다. ③ 제1항에 따른 가설건축물 중 시장의 공지 또는 도로에 설치하는 차양시설에 대하여는 법 제46조 및 법 제55조를 적용하지 아니한다. ④ 제1항에 따른 가설건축물을 도시·군계획 예정 도로에 건축하는 경우에는 법 제45조부터 제47조를 적용하지 아니한다. 〈개정 2012.4.10.〉 ⑤ 법 제20조제3항에서 "재해복구, 흥행, 전람회, 공사용 가설건축물 등 대통령령으로 정하는 용도의 가설건축물"이란 다음 각 호의 어느 하나에 해당하는 것을 말한다. 〈개정 2015.4.24., 2016.1.19., 2016.6.30.〉 1. 재해가 발생한 구역 또는 그 인접구역으로서 특별자치시장·특별자치도지사 또는 시장·군수·구청장이 지정하는 구역에서 일시사용을 위하여 건축하는 것 2. 특별자치시장·특별자치도지사 또는 시장·군수·구청장이 도시미관이나 교통소통에 지장이 없다고 인정하는 가설흥행장, 가설전람회장, 농·수·축산물 직거래용 가설점포, 그 밖에 이와 비슷한 것 3. 공사에 필요한 규모의 공사용 가설건축물 및 공작물 4. 전시를 위한 견본주택이나 그 밖에 이와 비슷한 것 5. 특별자치시장·특별자치도지사 또는 시장·군수·구청장	축조신고서(전자문서로 된 신고서를 포함한다)에 배치도·평면도 및 대지사용승낙서(다른 사람이 소유한 대지인 경우만 해당한다)를 첨부하여 특별자치시장·특별자치도지사 또는 시장·군수·구청장에게 제출하여야 한다. 〈개정 2018.11.29〉 ② 영 제15조제9항에 따른 가설건축물 축조 신고필증은 별지 제9호서식에 따른다. 〈개정 2018.11.29〉 ③ 특별자치시장·특별자치도지사 또는 시장·군수·구청장은 법 제20조제1항 또는 제3항에 따라 가설건축물의 건축을 허가하거나 축조신고를 수리한 경우에는 별지 제10호서식의 가설건축물 관리대장에 이를 기재하고 관리하여야 한다. 〈개정 2018.11.29〉 ④ 가설건축물의 소유자나 가설건축물에 대한 이해관계자는 제3항에 따른 가설건축물 관리대장을 열람할 수 있다. 〈개정 2018.11.29〉 ⑤ 영 제15조제7항의 규정에 의하여 가설건축물의 존치기간을 연장하고자 하는 자는 별지 제11호서식의 가설건축물 존치기간 연장신고서(전자문서로 된 신고서를 포함한다)를 특별자치시장·특별자치도지사 또는 시장·군수·구청장에게 제출하여야 한다. 이 경우 해

법

은 제1항부터 제3항까지의 규정에 따라 가설건축물의 건축을 허가하거나 축조신고를 받은 경우 국토교통부령으로 정하는 바에 따라 가설건축물대장에 이를 기재하여 관리하여야 한다. 〈개정 2017.4.18〉

⑦ 제2항 또는 제3항에 따라 가설건축물의 건축허가 신청 또는 축조신고를 받은 때에는 다른 법령에 따른 제한 규정에 대하여 확인이 필요한 경우 관계 행정기관의 장과 미리 협의하여야 하고, 협의 요청을 받은 관계 행정기관의 장은 요청을 받은 날부터 15일 이내에 의견을 제출하여야 한다. 이 경우 관계 행정기관의 장이 협의 요청을 받은 날부터 15일 이내에 의견을 제출하지 아니하면 협의가 이루어진 것으로 본다. 〈신설 2017.1.17., 2017.4.18〉

질의 회신 컨테이너에 바퀴설치시 가설건축물 축조신고 여부

건교부 건축 58070-596, 2003.4.4

질의 컨테이너에 이동이 가능하도록 바퀴를 설치한 경우 이를 건축법 시행령 제15조제5항제8호의 규정에 의한 가설건축물로 보아 당해 허가권자에게 축조 신고를 하여야 하는지 여부

회신 건축법시행령 제15조제5항제8호의 규정에 의하여 컨테이너 또는 폐차량 그밖에 이와 유사한 것으로 된 가설건축물로서 임시사무실·임시창고 또는 임시숙소로 사용되는 것(건축물의 옥상에 건축하는 것 제외)은 당해 허가권자에게 가설건축물 신고한 후 축조토록 하고 있는바, 귀 문의의 경우가 상기 규정에 해당한다면 컨테이너에 바퀴가 설치되어 일부 이동이 가능하다 하더라도 실질적인 이동의 실익이 없어서 상당기간 동안 현저한 이동이 추정되지 아니하는 경우에는 당해 허가권자에게 가설건축물 축조 신고 후 축조하여야 할 것이니, 보다 구체적인 사항은 당해 허가권자에게 문의하기 바람

법령해석 도시 · 군계획시설 및 도시 · 군계획시설예정지가 아닌 지역에서의 가설건축물 축조 기준 (법제처 19-0416, 2019.12.12.)

질의요지 도시 · 군계획시설 및 도시 · 군계획시설예정지가 아닌 지역에서 가설건축물인 창고를 축조하려는 경우 「건축법」 제20조제3항

시 행 령

이 도로변 등의 미관정비를 위하여 지정 · 공고하는 구역에서 축조하는 가설점포(물건 등의 판매를 목적으로 하는 것을 말한다)로서 안전 · 방화 및 위생에 지장이 없는 것

6. 조립식 구조로 된 경비용으로 쓰는 가설건축물로서 연면적이 10제곱미터 이하인 것
7. 조립식 경량구조로 된 외벽이 없는 임시 자동차 차고
8. 컨테이너 또는 이와 비슷한 것으로 된 가설건축물로서 임시사무실 · 임시창고 또는 임시숙소로 사용되는 것(건축물의 옥상에 축조하는 것은 제외한다. 다만, 2009년 7월 1일부터 2015년 6월 30일까지 및 2016년 7월 1일부터 2019년 6월 30일까지 공장의 옥상에 축조하는 것은 포함한다)
9. 도시지역 중 주거지역 · 상업지역 또는 공업지역에 설치하는 농업 · 어업용 비닐하우스로서 연면적이 100제곱미터 이상인 것
10. 연면적이 100제곱미터 이상인 간이축사용, 가축분뇨처리용, 가축운동용, 가축의 비가림용 비닐하우스 또는 천막(벽 또는 지붕이 합성수지 재질로 된 것과 지붕 면적의 2분의 1 이하가 합성강판으로 된 것을 포함한다)구조 건축물
11. 농업 · 어업용 고정식 온실 및 간이작업장, 가축양육실
12. 물품저장용, 간이포장용, 간이수선작업용 등으로 쓰기 위하여 공장 또는 창고시설에 설치하거나 인접 대지에 설치하는 천막(벽 또는 지붕이 합성수지 재질로 된 것을 포함한다), 그 밖에 이와 비슷한 것
13. 유원지, 종합휴양업 사업지역 등에서 한시적인 관광 · 문화행사 등을 목적으로 천막 또는 경량구조로 설치하는 것
14. 야외전시시설 및 촬영시설
15. 야외흡연실 용도로 쓰는 가설건축물로서 연면적이 50제곱미터 이하인 것

시 행 규 칙

<u>당 가설건축물의 현황(가설건축물의 전면, 후면 및 양 측면을 포함한다)을 확인할 수 있는 사진(가설건축물 존치기간 연장신고서 제출일 이전 1개월 내에 촬영된 사진을 말한다)을 함께 제출해야 한다.</u>〈개정 2024.12.17〉

⑥ 특별자치시장 · 특별자치도지사 또는 시장 · 군수 · 구청장은 제5항에 따른 가설건축물 존치기간 연장신고서를 받은 때에는 그 기재내용을 확인한 후 별지 제12호서식의 가설건축물 존치기간 연장 신고필증을 신고인에게 발급하여야 한다. 〈개정 2018.11.29〉

⑦ 특별자치시장 · 특별자치도지사 또는 시장 · 군수 · 구청장은 가설건축물이 법령에 적합하지 아니하게 된 경우에는 제3항에 따른 가설건축물관리대장의 기타 사항란에 다음 각 호의 사항을 표시하고, 위반내용이 시정된 경우에는 그 내용을 적어야 한다. 〈개정 2018.11.29〉

1. 위반일자
2. 내용 및 원인

질의 회신 축사시설(비닐하우스)이 가설건축물인지 여부

건교부 건축기획팀-2374, 2006.4.14

질의 축사시설(비닐하우스)이 가설건축물인지 여부

회신 건축법 시행령 제15조제5항제10호에서

및 같은 법 시행령 제15조제5항에서 정하는 존치 기간, 설치 기준 및 절차에 따라야 하는지? 〈질의 배경〉 민원인은 위 질의요지에 대해 국토교통부에 문의하였고 「건축법」 제20조제3항 및 같은 법 시행령 제15조제5항을 적용해야 한다는 답변을 받자 이에 이견이 있어 법제처에 법령해석을 요청함.

회답 이 사안의 경우 「건축법」 제20조제3항 및 같은 법 시행령 제15조제5항에서 정하는 존치 기간, 설치 기준 및 절차에 따라야 합니다.

질의 회신 건폐율 초과 가설건축물의 건축

건교부 건축기획팀-882, 2006.2.12

질의 도시계획시설 내 건폐율을 초과한 가설건축물을 건축하고자 하는 경우 「국토계획 및 이용에 관한 법률」에서는 건폐율을 제한하고 있으나, 「건축법」에서는 건폐율 적용을 배제하고 있는 것과 관련하여 가설건축물의 건폐율 초과건립이 가능한지 여부와 도시계획시설인 재래시장 내의 도로(기존 상가건축물 사이의 도로)에 가설건축물로 '비가림 차양시설' (아케이트)을 설치함에 있어 지붕부분이 인접대지경계선(도로경계선 : 건축선)을 넘어가는 경우 설치가 가능한지 여부

회신 「건축법」 제20조제2항 및 동법 시행령 제15조제5항에 의한 가설건축물은 동법 제20조제3항 및 동법시행령 제15조제6항의 규정에 의거 동법 제55조의 규정에 의한 건폐율을 적용하지 아니함. 또한 「건축법시행령」 제15조 규정에 의하여 시장의 공지 또는 도로에 설치하는 차양시설의 경우에는 「건축법」 제46조(건축선의 지정)의 적용을 하지 않고 설치가 가능하도록 규정하고 있으므로 인접대지 이해당사자의 동의 및 민법 등 관계법령에 저촉사항이 없다면, 건축이 가능할 것으로 사료됨.

16. 그 밖에 제1호부터 제14호까지의 규정에 해당하는 것과 비슷한 것으로서 건축조례로 정하는 건축물

⑥ 법 제20조제5항에 따라 가설건축물을 축조하는 경우에는 다음 각 호의 구분에 따라 관련 규정을 적용하지 않는다. 〈개정 2019.10.22., 2020.10.8., 2023.9.12.〉

1. 제5항 각 호(제4호는 제외한다)의 가설건축물을 축조하는 경우에는 법 제25조, 제38조부터 제42조까지, 제44조부터 제47조까지, 제48조, 제48조의2, 제49조, 제50조, 제50조의2, 제51조, 제52조, 제52조의2, 제52조의4, 제53조, 제53조의2, 제54조부터 제58조까지, 제60조부터 제62조까지, 제64조, 제67조 및 제68조와 「국토의 계획 및 이용에 관한 법률」 제76조를 적용하지 않는다. 다만, 법 제48조, 제49조 및 제61조는 다음 각 목에 따른 경우에만 적용하지 않는다.
   가. 법 제48조 및 제49조를 적용하지 아니하는 경우: 다음의 어느 하나에 해당하는 경우)
      1) 1층 또는 2층인 가설건축물(제5항제2호 및 제14호의 경우에는 1층인 가설건축물만 해당한다)을 건축하는 경우
      2) 3층 이상인 가설건축물(제5항제2호 및 제14호의 경우에는 2층 이상인 가설건축물을 말한다)을 건축하는 경우로서 지방건축위원회의 심의 결과 구조 및 피난에 관한 안전성이 인정된 경우. 다만, 구조 및 피난에 관한 안전성을 인정할 수 있는 서류로서 국토교통부령으로 정하는 서류를 특별자치시장·특별자치도지사 또는 시장·군수·구청장에게 제출하는 경우에는 지방건축위원회의 심의를 생략할 수 있다.
   나. 법 제61조를 적용하지 아니하는 경우: 정북방향으로 접

는 '연면적이 100㎡ 이상인 간이축사용·가축운동용·가축의 비가림용 비닐하우스 또는 천막구조의 건축물' 인 경우에는 가설건축물에 해당하는 것으로 규정하고 있음

⑧ 영 제15조제6항제1호가목2) 단서에서 "국토교통부령으로 정하는 서류"란 제1항에 따른 가설건축물 축조신고서에 추가로 첨부하여 제출하는 다음 각 호의 서류를 말한다. 〈신설 2023.11.1〉

1. 가설건축물의 입면도·단면도·구조도 및 구조계산서
2. 「건축물의 구조기준 등에 관한 규

법	시 행 령	시 행 규 칙

시 행 령

하고 있는 대지의 소유자와 합의한 경우

2. 제5항제4호의 가설건축물을 축조하는 경우에는 법 제25조, 제38조, 제39조, 제42조, 제45조, 제50조의2, 제53조, 제54조부터 제57조까지, 제60조, 제61조 및 제68조와 「국토의 계획 및 이용에 관한 법률」 제76조만을 적용하지 아니한다.

⑦ 법 제20조제3항에 따라 신고해야 하는 가설건축물의 존치기간은 3년 이내로 하며, 존치기간의 연장이 필요한 경우에는 횟수별 3년의 범위에서 제5항 각 호의 가설건축물별로 건축조례로 정하는 횟수만큼 존치기간을 연장할 수 있다. 다만, 제5항제3호의 공사용 가설건축물 및 공작물의 경우에는 해당 공사의 완료일까지의 기간으로 한다. 〈개정 2021.11.2.〉

⑧ 법 제20조제1항 또는 제3항에 따라 가설건축물의 건축허가를 받거나 축조신고를 하려는 자는 국토교통부령으로 정하는 가설건축물 건축허가신청서 또는 가설건축물 축조신고서에 관계 서류를 첨부하여 특별자치시장·특별자치도지사 또는 시장·군수·구청장에게 제출하여야 한다. 다만, 건축물의 건축허가를 신청할 때 건축물의 건축에 관한 사항과 함께 공사용 가설건축물의 건축에 관한 사항을 제출한 경우에는 가설건축물 축조신고서의 제출을 생략한다. 〈개정 2018.9.4.〉

⑨ 제8항 본문에 따라 가설건축물 건축허가신청서 또는 가설건축물 축조신고서를 제출받은 특별자치시장·특별자치도지사 또는 시장·군수·구청장은 그 내용을 확인한 후 신청인 또는 신고인에게 국토교통부령으로 정하는 바에 따라 가설건축물 건축허가서 또는 가설건축물 축조신고필증을 주어야 한다. 〈개정 2018.9.4.〉

⑩ 삭제 〈2010.2.18.〉

시 행 규 칙

칙」 별지 제2호서식의 구조안전 및 내진설계 확인서

3. 별지 제8호의2서식의 3층 이상인 가설건축물의 피난안전 확인서

법	시 행 령	시 행 규 칙
	제15조의2 【가설건축물의 존치기간 연장】 ① 특별자치시장·특별자치도지사 또는 시장·군수·구청장은 법 제20조에 따른 가설건축물의 존치기간 만료일 30일 전까지 해당 가설건축물의 건축주에게 다음 각 호의 사항을 알려야 한다. 〈개정 2016.6.30.〉 1. 존치기간 만료일 2. 존치기간 연장 가능 여부 3. 제15조의3에 따라 존치기간이 연장될 수 있다는 사실(같은 조 제1호 각 목의 어느 하나에 해당하는 가설건축물에 한정한다) ② 존치기간을 연장하려는 가설건축물의 건축주는 다음 각 호의 구분에 따라 특별자치시장·특별자치도지사 또는 시장·군수·구청장에게 허가를 신청하거나 신고하여야 한다. 〈개정 2014.10.14〉 1. 허가 대상 가설건축물: 존치기간 만료일 14일 전까지 허가 신청 2. 신고 대상 가설건축물: 존치기간 만료일 7일 전까지 신고 ③ 제2항에 따른 존치기간 연장허가신청 또는 존치기간 연장신고에 관하여는 제15조제8항 본문 및 같은 조 제9항을 준용한다. 이 경우 "건축허가"는 "존치기간 연장허가"로, "축조신고"는 "존치기간 연장신고"로 본다. 〈신설 2018.9.4.〉 **제15조의3 【공장에 설치한 가설건축물 등의 존치기간 연장】** 제15조의2제2항에도 불구하고 다음 각 호의 요건을 모두 충족하는 가설건축물로서 건축주가 같은 항의 구분에 따른 기간까지 특별자치시장·특별자치도지사 또는 시장·군수·구청장에게 그 존치기간의 연장을 원하지 않는다는 사실을 통지하지 않는 경우에는 기존 가설건축물과 동일한 기간(제1호다목의 경우에는 「국토의 계획 및 이용에 관한 법률」 제	

법	시 행 령	시 행 규 칙
	2조제10호의 도시 · 군계획시설사업이 시행되기 전까지의 기간으로 한정한다)으로 존치기간을 연장한 것으로 본다. 〈개정 2016.6.30., 2021.1.8.〉 1. 다음 각 목의 어느 하나에 해당하는 가설건축물일 것 가. 공장에 설치한 가설건축물 나. 제15조제5항제11호에 따른 가설건축물(「국토의 계획 및 이용에 관한 법률」 제36조제1항제3호에 따른 농림지역에 설치한 것만 해당한다) 다. 도시 · 군계획시설 예정지에 설치한 가설건축물 2. 존치기간 연장이 가능한 가설건축물일 것 [본조신설 2010.2.18][제목개정 2016.6.30.]	
제21조【착공신고 등】 ① 제11조 · 제14조 또는 제20조제1항에 따라 허가를 받거나 신고를 한 건축물의 공사를 착수하려는 건축주는 국토교통부령으로 정하는 바에 따라 허가권자에게 공사계획을 신고하여야 한다. 〈개정 2019.4.30., 2021.7.27.〉 ② 제1항에 따라 공사계획을 신고하거나 변경신고를 하는 경우 해당 공사감리자(제25조제1항에 따른 공사감리자를 지정한 경우만 해당된다)와 공사시공자가 신고서에 함께 서명하여야 한다. ③ 허가권자는 제1항 본문에 따른 신고를 받은 날부터 3일 이내에 신고수리 여부 또는 민원 처리 관련 법령에 따른 처리기간의 연장 여부를 신고인에게 통지하여야 한다. 〈신설 2017.4.18〉 ④ 허가권자가 제3항에서 정한 기간 내에 신고수리 여부 또는 민원 처리 관련 법령에 따른 처리기간의 연장 여부를 신고인에게 통지하지 아니하면 그 기간이 끝난 날의 다음		**제14조【착공신고등】** ① 법 제21조제1항에 따른 건축공사의 착공신고를 하려는 자는 별지 제13호서식의 착공신고서(전자문서로 된 신고서를 포함한다)에 다음 각 호의 서류 및 도서를 첨부하여 허가권자에게 제출해야 한다. 〈개정 2016.7.20., 2018.11.29., 2021.12.31〉 1. 법 제15조에 따른 건축관계자 상호간의 계약서 사본(해당사항이 있는 경우로 한정한다) 2. 별표 4의2의 설계도서. 다만, 법 제11조 또는 제14조에 따라 건축허가 또는 신고를 할 때 제출한 경우에는 제출하지 않으며, 변경사항이 있는 경우에는 변경사항을 반영한 설계도서를 제출한다.

법	시 행 령	시 행 규 칙

날에 신고를 수리한 것으로 본다. 〈신설 2017.4.18〉

⑤ 건축주는 「건설산업기본법」 제41조를 위반하여 건축물의 공사를 하거나 하게 할 수 없다. 〈개정 2017.4.18〉

⑥ 제11조에 따라 허가를 받은 건축물의 건축주는 제1항에 따른 신고를 할 때에는 제15조제2항에 따른 각 계약서의 사본을 첨부하여야 한다. 〈개정 2017.4.18〉

관계법 「건설산업기본법」 제41조(건설공사 시공자의 제한)

① 다음 각 호의 어느 하나에 해당하는 건축물의 건축 또는 대수선(大修繕)에 관한 건설공사(제9조제1항 단서에 따른 경미한 건설공사는 제외한다. 이하 이 조에서 같다)는 건설사업자가 하여야 한다. 다만, 다음 각 호 외의 건설공사와 농업용, 축산업용 건축물 등 대통령령으로 정하는 건축물의 건설공사는 건축주가 직접 시공하거나 건설사업자에게 도급하여야 한다. 〈개정 2019.4.30.〉

1. 연면적이 200제곱미터를 초과하는 주거용 건축물
2. 연면적이 200제곱미터 이하인 주거용 건축물로서 다음 각 목의 어느 하나에 해당하는 경우

가. 「건축법」에 따른 공동주택

나. 「건축법」에 따른 단독주택 중 다중주택, 다가구주택, 공관, 그 밖에 대통령령으로 정하는 경우

다. 주거용 외의 건축물로서 많은 사람이 이용하는 건축물 중 학교, 병원 등 대통령령으로 정하는 건축물

3., 4. 삭제 〈2017.12.26.〉

② 많은 사람이 이용하는 시설물로서 다음 각 호의 어느 하나에 해당하는 새로운 시설물을 설치하는 건설공사는 건설사업자가 하여야 한다. 〈개정 2019.4.30., 2024.2.27./시행 2025.8.28.〉

1. 「체육시설의 설치·이용에 관한 법률」에 따른 체육시설 중 대통령령으로 정하는 체육시설
2. 「도시공원 및 녹지 등에 관한 법률」에 따른 도시공원 또는 도시공원에 설치되는 공원시설로서 대통령령으로 정하는 시설물
3. 「자연공원법」에 따른 자연공원에 설치되는 공원시설 중 대통령령으로 정하는 시설물
4. 「관광진흥법」에 따른 유기시설(→테마파크시설) 중 대통령령으로 정하는 시설물

3. 법 제25조제11항에 따른 감리 계약서(해당 사항이 있는 경우로 한정한다)
4. 「건축사법 시행령」 제21조제2항에 따라 제출받은 보험증서 또는 공제증서의 사본 〈신설 2021.12.31〉

② 건축주는 법 제11조제7항 각 호 외의 부분 단서에 따라 공사착수시기를 연기하려는 경우에는 별지 제14호서식의 착공연기신청서(전자문서로 된 신청서를 포함한다)를 허가권자에게 제출하여야 한다.

③ 허가권자는 토지굴착공사를 수반하는 건축물로서 가스, 전기·통신, 상·하수도등 지하매설물에 영향을 줄 우려가 있는 건축물의 착공신고가 있는 경우에는 당해 지하매설물의 관리기관에 토지굴착공사에 관한 사항을 통보하여야 한다.

④ 허가권자는 제1항 및 제2항의 규정에 의한 착공신고서 또는 착공연기신청서를 받은 때에는 별지 제15호서식의 착공신고필증 또는 별지 제16호서식의 착공연기확인서를 신고인 또는 신청인에게 교부하여야 한다.

⑤ 삭제 〈2020.10.28.〉

⑥ 건축주는 법 제21조제1항에 따른 착공신고를 할 때에 해당 건축공사가 「산업안전보건법」 제73조제1항에 따

법	시 행 령	시 행 규 칙

법

관계법 「산업안전보건법 시행령」
제59조(기술지도계약 체결 대상 건설공사 및 체결 시기)
① 법 제73조제1항에서 "대통령령으로 정하는 건설공사"란 공사금액 1억원 이상 120억원(「건설산업기본법 시행령」 별표 1의 종합공사를 시공하는 업종의 건설업종란 제1호의 토목공사업에 속하는 공사는 150억원) 미만인 공사와 「건축법」 제11조에 따른 건축허가의 대상이 되는 공사를 말한다. 다만, 다음 각 호의 어느 하나에 해당하는 공사는 제외한다. 〈개정 2022.8.16.〉 "각 호 생략"
② "생략"

제22조【건축물의 사용승인】 ① 건축주가 제11조 · 제14조 또는 제20조제1항에 따라 허가를 받았거나 신고를 한 건축물의 건축공사를 완료[하나의 대지에 둘 이상의 건축물을 건축하는 경우 동(棟)별 공사를 완료한 경우를 포함한다]한 후 그 건축물을 사용하려면 제25조제6항에 따라 공사감리자가 작성한 감리완료보고서(같은 조 제1항에 따른 공사감리자를 지정한 경우만 해당된다)와 국토교통부령으로 정하는 공사완료도서를 첨부하여 허가권자에게 사용승인을 신청하여야 한다. 〈개정 2016.2.3.〉
② 허가권자는 제1항에 따른 사용승인신청을 받은 경우 국토교통부령으로 정하는 기간에 다음 각 호의 사항에 대한 검사를 실시하고, 검사에 합격된 건축물에 대하여는 사용승인서를 내주어야 한다. 다만, 해당 지방자치단체의 조례로 정하는 건축물은 사용승인을 위한 검사를 실시하지 아니하고 사용승인서를 내줄 수 있다.
1. 사용승인을 신청한 건축물이 이 법에 따라 허가 또는 신고한 설계도서대로 시공되었는지의 여부
2. 감리완료보고서, 공사완료도서 등의 서류 및 도서가 적합하게 작성되었는지의 여부

시 행 령

관계법 「산업안전보건법」 제73조(건설공사의 산업재해 예방 지도)
① 대통령령으로 정하는 건설공사의 건설공사발주자 또는 건설공사도급인(건설공사발주자로부터 건설공사를 최초로 도급받은 수급인은 제외한다)은 해당 건설공사를 착공하려는 경우 제74조에 따라 지정받은 전문기관(이하 "건설재해예방전문지도기관"이라 한다)과 건설 산업재해 예방을 위한 지도계약을 체결하여야 한다. 〈개정 2021.8.17.〉
②, ③ "생략"

제16조 삭제 〈1995.12.30.〉

제17조【건축물의 사용승인】 ① 삭제 〈2006.5.8〉

질의 회신 동별 사용승인 관련
국토교통부 민원마당 FAQ, 2019.5.24.

질의 지상층 부분은 완전히 독립(3개동)되어 있으나 지하층이 서로 공유되어 있는 건축물로, 1개동의 지상층과 이에 따른 지하층 부분이 완료(집합건축물로 지하층의 잔여 공사를 위한 출입구는 별도 확보)된 건축물의 동별 사용승인 및 건축물대장 작성이 가능한지 여부

회신 「건축법」 제22조제1항에 따라 하나의 대지에 둘 이상의 건축물을 건축하는 경우 동별 건축공사가 완료된 때에는 동별로도 사용승인이 가능한 것이며, 허가권자는 사용승인서를 발급한 경우 같은 법 제38조제1항제1호에 따라 건축물대장에 건축물과 그 대지의 현황을 적어 보관하여야 함. 이와 관련, 귀 질의의 건축물이 독립되어 있는 지상층 부분과 이에 따른 지하층 부분이 완료된 경우로서 지하층의 공사 중인 부분이 완료된 부분의 사용에 직접적인 지장을 주지 않으며, 「건축법」 등 관계법령에 적합한 경우라면 독립된 지상층 부분(이에 따른 지하층 부분 포함)에 대하여 동별 사용승인이 가능할 것으로 사료되고 그에 따라 건축물대장의 작성도 가능할 것으로 판단되나, 이에 대하여는 해당 허가권자가 건축물의 구조, 기능 및 관계법령을 종합검토하여 판단하여야 할 것임

시 행 규 칙

른 건설재해예방전문지도기관의 지도대상에 해당하는 경우에는 제1항 각 호에 따른 서류 외에 같은 법 시행규칙 별지 제104호서식의 기술지도계약서 사본을 첨부해야 한다. 〈신설 2016.5.30., 2020.10.28.〉

제15조 삭제 〈1996.1.18.〉

제16조【사용승인신청】 ① 법 제22조제1항(법 제19조제5항에 따라 준용되는 경우를 포함한다)에 따라 건축물의 사용승인을 받으려는 자는 별지 제17호서식의 (임시)사용승인 신청서에 다음 각 호의 구분에 따른 도서를 첨부하여 허가권자에게 제출해야 한다. 〈개정 2018.11.29., 2021.12.31., 2024.12.17〉
1. 법 제25조제1항에 따른 공사감리자를 지정한 경우 : 공사감리완료보고서
2. 법 제11조, 제14조 또는 제16조에 따라 허가 · 변경허가를 받았거나 신고 · 변경신고를 한 도서에 변경이 있는 경우 : 설계변경사항이 반영된 최종 공사완료도서
3. 법 제14조제1항에 따른 신고를 하여 건축한 건축물 : 배치 및 평면이 표시된 현황도면
4. 「액화석유가스의 안전관리 및 사업

법	시 행 령	시 행 규 칙

③ 건축주는 제2항에 따라 사용승인을 받은 후가 아니면 건축물을 사용하거나 사용하게 할 수 없다. 다만, 다음 각 호의 어느 하나에 해당하는 경우에는 그러하지 아니하다.

1. 허가권자가 제2항에 따른 기간 내에 사용승인서를 교부하지 아니한 경우
2. 사용승인서를 교부받기 전에 공사가 완료된 부분이 건폐율, 용적률, 설비, 피난·방화 등 국토교통부령으로 정하는 기준에 적합한 경우로서 기간을 정하여 대통령령으로 정하는 바에 따라 임시로 사용의 승인을 한 경우

④ 건축주가 제2항에 따른 사용승인을 받은 경우에는 다음 각 호에 따른 사용승인·준공검사 또는 등록신청 등을 받거나 한 것으로 보며, 공장건축물의 경우에는 「산업집적활성화 및 공장설립에 관한 법률」 제14조의2에 따라 관련 법률의 검사 등을 받은 것으로 본다. 〈개정 2017.1.17., 2018.3.27., 2020.3.31., 2024.1.16.〉

1. 「하수도법」 제27조에 따른 배수설비(排水設備)의 준공검사 및 같은 법 제37조에 따른 개인하수처리시설의 준공검사
2. 「공간정보의 구축 및 관리 등에 관한 법률」 제64조에 따른 지적공부(地籍公簿)의 변동사항 등록신청
3. 「승강기 안전관리법」 제28조에 따른 승강기 설치검사
4. 「에너지이용 합리화법」 제39조에 따른 보일러 설치검사
5. 「전기안전관리법」 제9조)에 따른 전기설비의 사용전검사 〈개정 2020.3.31.〉
6. 「정보통신공사업법」 제36조에 따른 정보통신공사의 사용전검사

6의2. 「기계설비법」 제15조에 따른 기계설비의 사용 전 검사 〈신설 2024.1.16.〉

7. 「도로법」 제62조제2항에 따른 도로점용 공사의 준공확인

② 건축주는 법 제22조제3항제2호에 따라 사용승인서를 받기 전에 공사가 완료된 부분에 대한 임시사용의 승인을 받으려는 경우에는 국토교통부령으로 정하는 바에 따라 임시사용승인신청서를 허가권자에게 제출(전자문서에 의한 제출을 포함한다)하여야 한다.

③ 허가권자는 제2항의 신청서를 접수한 경우에는 공사가 완료된 부분이 법 제22조제3항제2호에 따른 기준에 적합한 경우에만 임시사용을 승인할 수 있으며, 식수 등 조경에 필요한 조치를 하기에 부적합한 시기에 건축공사가 완료된 건축물은 허가권자가 지정하는 시기까지 식수(植樹) 등 조경에 필요한 조치를 할 것을 조건으로 임시사용을 승인할 수 있다.

④ 임시사용승인의 기간은 2년 이내로 한다. 다만, 허가권자는 대형 건축물 또는 암반공사 등으로 인하여 공사기간이 긴 건축물에 대하여는 그 기간을 연장할 수 있다.

질의 회신 동일 대지에 별도의 건물 2동 중 1동 완공시 임시사용승인 가능여부 건교부 건축 58070-486, 2003.3.19.

질의 동일한 대지에 별도의 건물 2동을 개발행위허가와 건축허가를 동시에 받아 공사중 1개동의 건축물이 완공되었을 경우 임시사용승인이 가능한지 여부

회신 건축법 제22조제3항단서 및 동법시행령 제17조제3항·제4항, 동법시행규칙 제17조제2항의 규정에 위반되지 않고 당해 건축물의 사용에 지장이 없는 경우에 한하여 2년의 범위안에서 임시사용승인이 가능한 것이니, 구체적인 사항은 당해지역의 허가권자인 시장·군수·구청장에게 문의하기 바람

법」 제27조제2항 본문에 따라 액화석유가스의 사용시설에 대한 완성검사를 받아야 할 건축물인 경우 : 액화석유가스 완성검사 증명서

5. 법 제22조제4항 각 호에 따른 사용승인·준공검사 또는 등록신청 등을 받거나 하기 위하여 해당 법령에서 제출하도록 의무화하고 있는 신청서 및 첨부서류(해당 사항이 있는 경우로 한정한다)
6. 법 제25조제11항에 따라 감리비용을 지불하였음을 증명하는 서류(해당 사항이 있는 경우로 한정한다)
7. 법 제48조의3제1항에 따라 내진능력을 공개해야 하는 건축물인 경우: 「건축물의 구조기준 등에 관한 규칙」 제58조에 따른 구조안전 및 내진설계 확인서(같은 규칙 제60조의2제2항 전단에 해당하는 경우로 한정한다)
8. 사용승인을 신청할 건축물이 영 별표 1 제15호가목에 따른 생활숙박시설(30실 이상이거나 생활숙박시설 영업장의 면적이 해당 건축물 연면적의 3분의 1 이상인 것으로 한정한다)인 경우에는 「건축물의 분양에 관한 법률 시행령」 제9조제1항제9호의3에 따른 내용(분양받은 자가 서명 또는 날인한 「건축물의 분양에 관한 법률 시행규칙」

법	시 행 령	시 행 규 칙
8. 「국토의 계획 및 이용에 관한 법률」 제62조에 따른 개발행위의 준공검사 9. 「국토의 계획 및 이용에 관한 법률」 제98조에 따른 도시·군계획시설사업의 준공검사 10. 「물환경보전법」 제37조에 따른 수질오염물질 배출시설의 가동개시의 신고 11. 「대기환경보전법」 제30조에 따른 대기오염물질 배출시설의 가동개시의 신고 12. 삭제 〈2009.6.9〉 ⑤ 허가권자는 제2항에 따른 사용승인을 하는 경우 제4항 각 호의 어느 하나에 해당하는 내용이 포함되어 있으면 관계 행정기관의 장과 미리 협의하여야 한다. ⑥ 특별시장 또는 광역시장은 제2항에 따라 사용승인을 한 경우 지체 없이 그 사실을 군수 또는 구청장에게 알려서 건축물대장에 적게 하여야 한다. 이 경우 건축물대장에는 설계자, 대통령령으로 정하는 주요 공사의 시공자, 공사감리자를 적어야 한다.	⑤ 법 제22조제6항 후단에서 "대통령령으로 정하는 주요 공사의 시공자"란 다음 각 호의 어느 하나에 해당하는 자를 말한다. 〈개정 2020.2.18., 2023.9.12.〉 1. 「건설산업기본법」 제9조에 따라 종합공사 또는 전문공사를 시공하는 업종을 등록한 자로서 발주자로부터 건설공사를 도급받은 건설사업자 2. 「전기공사업법」 · 「소방시설공사업법」 또는 「정보통신공사업법」에 따라 공사를 수행하는 시공자	별지 제2호의2서식의 생활숙박시설 관련 확인서를 포함한다)의 사본 ② 제1항에 따른 신청을 받은 허가권자는 해당 건축물이 「액화석유가스의 안전관리 및 사업법」 제44조제2항 본문에 따라 액화석유가스의 사용시설에 대한 완성검사를 받아야 할 건축물인 경우에는 행정정보의 공동이용을 통해 액화석유가스 완성검사 증명서를 확인해야 하며, 신청인이 확인에 동의하지 않은 경우에는 해당 서류를 제출하도록 해야 한다. 〈신설 2018.11.29〉 ③ 허가권자는 제1항에 따른 사용승인신청을 받은 경우에는 법 제22조제2항에 따라 그 신청서를 받은 날부터 7일 이내에 사용승인을 위한 현장검사를 실시하여야 하며, 현장검사에 합격된 건축물에 대하여는 별지 제18호서식의 사용승인서를 신청인에게 발급하여야 한다. 〈개정 2018.11.29〉 **제17조【임시사용승인신청등】** ① 영 제17조제2항의 규정에 의한 임시사용승인신청서는 별지 제17호서식에 의한다. ② 영 제17조제3항에 따라 허가권자는 건축물 및 대지의 일부가 법 제40조부터 제50조까지, 제50조의2, 제51조부터 제58조까지, 제60조부터 제62조까지,

법	시 행 령	시 행 규 칙
		제64조, 제67조, 제68조 및 제77조를 위반하여 건축된 경우에는 해당 건축물의 임시사용을 승인하여서는 아니된다. 〈개정 2012.12.12〉 ③ 허가권자는 제1항의 규정에 의한 임시사용승인신청을 받은 경우에는 당해 신청서를 받은 날부터 7일이내에 별지 제19호서식의 임시사용승인서를 신청인에게 교부하여야 한다.
제23조【건축물의 설계】 ① 제11조제1항에 따라 건축허가를 받아야 하거나 제14조제1항에 따라 건축신고를 하여야 하는 건축물 또는 「주택법」 제66조제1항 또는 제2항에 따른 리모델링을 하는 건축물의 건축등을 위한 설계는 건축사가 아니면 할 수 없다. 다만, 다음 각 호의 어느 하나에 해당하는 경우에는 그러하지 아니하다. 〈개정 2016.1.19.〉 1. 바닥면적의 합계가 85제곱미터 미만인 증축·개축 또는 재축 2. 연면적이 200제곱미터 미만이고 층수가 3층 미만인 건축물의 대수선 3. 그 밖에 건축물의 특수성과 용도 등을 고려하여 대통령령으로 정하는 건축물의 건축등 ② 설계자는 건축물이 이 법과 이 법에 따른 명령이나 처분, 그 밖의 관계 법령에 맞고 안전·기능 및 미관에 지장이 없도록 설계하여야 하며, 국토교통부장관이 정하여 고시하는 설계도서 작성기준에 따라 설계도서를 작성하여야 한다. 다만, 해당 건축물의 공법(工法) 등이 특수한 경우로서 국토교통부령으로 정하는 바에 따라 건축위원회의 심의를	**제18조【설계도서의 작성】** 법 제23조제1항제3호에서 "대통령령으로 정하는 건축물"이란 다음 각 호의 어느 하나에 해당하는 건축물을 말한다. 〈개정 2016.6.30〉 1. 읍·면지역(시장 또는 군수가 지역계획 또는 도시·군계획에 지장이 있다고 인정하여 지정·공고한 구역은 제외한다)에서 건축하는 건축물 중 연면적이 200제곱미터 이하인 창고 및 농막(「농지법」에 따른 농막을 말한다)과 연면적 400제곱미터 이하인 축사, 작물재배사, 종묘배양시설, 화초 및 분재 등의 온실 2. 제15조제5항 각 호의 어느 하나에 해당하는 가설건축물로서 건축조례로 정하는 가설건축물 고시 건축물의 설계도서 작성기준 (국토교통부고시 제2024-907호, 2024.12.31.)	**제17조의2** 삭제 〈2006.5.12.〉 질의 회신 공작물의 설계를 건축사가 하여야 하는 지/ 국토교통부 민원마당 FAQ, 2023.6.15. 질의 높이 8m이하의 기계식 주차장 및 철골조립식 주차장으로서 외벽이 없는 공작물을 건축사가 반드시 설계해야 하는 지 회신 건축법 제23조에 건축허가, 건축신고 또는 리모델링을 하는 건축물의 건축을 위한 설계는 건축사가 아니면 할 수 없도록 규정하고 있고, 같은 법 제83조 제2항에 공작물이 건축법을 준용하도록 하는 규정에 제외되어 있는 바, 높이 8m이하의 기계식 주차장 및 철골조립식 주차장으로서 외벽이 없는 공작물은 건축사가 반드시 설계해야 하는 대상은 아님 질의 회신 설계도서상 표기가 다른 경우 우선 적용 순서 국토교통부 민원마당 FAQ, 2023.6.15. 질의 설계도서 중 설계도면, 시방서, 계약내역서에 표시된 자재가 각각 다른 경우 어느 것을 우선하여 적용하는 지 회신 건축법 제23조 제2항의 규정에 의한 설

법	시 행 령	시 행 규 칙

거친 때에는 그러하지 아니하다.

③ 제2항에 따라 설계도서를 작성한 설계자는 설계가 이 법과 이 법에 따른 명령이나 처분, 그 밖의 관계 법령에 맞게 작성되었는지를 확인한 후 설계도서에 서명날인하여야 한다.

④ 국토교통부장관이 국토교통부령으로 정하는 바에 따라 작성하거나 인정하는 표준설계도서나 특수한 공법을 적용한 설계도서에 따라 건축물을 건축하는 경우에는 제1항을 적용하지 아니한다.

제24조【건축시공】 ① 공사시공자는 제15조제2항에 따른 계약대로 성실하게 공사를 수행하여야 하며, 이 법과 이 법에 따른 명령이나 처분, 그 밖의 관계 법령에 맞게 건축물을 건축하여 건축주에게 인도하여야 한다.

② 공사시공자는 건축물(건축허가나 용도변경허가 대상인 것만 해당된다)의 공사현장에 설계도서를 갖추어 두어야 한다.

③ 공사시공자는 설계도서가 이 법과 이 법에 따른 명령이나 처분, 그 밖의 관계 법령에 맞지 아니하거나 공사의 여건상 불합리하다고 인정되면 건축주와 공사감리자의 동의를 받아 서면으로 설계자에게 설계를 변경하도록 요청할 수 있다. 이 경우 설계자는 정당한 사유가 없으면 요청에 따라야 한다.

④ 공사시공자는 공사를 하는 데에 필요하다고 인정하거나 제25조제5항에 따라 공사감리자로부터 상세시공도면을 작성하도록 요청을 받으면 상세시공도면을 작성하여 공사감리자의 확인을 받아야 하며, 이에 따라 공사를 하여야 한다. 〈개정 2016.2.3.〉

관계법 「표준설계도서 등의 운영에 관한 규칙」

제1조(목적)

이 규칙은 「건축법」 제23조제4항에 따른 표준설계도서 및 특수한 공법을 적용한 설계도서의 작성 · 인정 · 보급 및 관리에 관하여 필요한 사항을 규정함을 목적으로 한다. 〈개정 2024.7.12.〉

제1조의2(정의)

이 규칙에서 사용하는 용어의 정의는 다음과 같다. 〈개정 2024.7.12〉

1. "표준설계도서 "라 함은 국토교통부장관이 작성한 설계도서와 중앙행정기관의 장이 작성하거나 특별시장 · 광역시장 · 특별자치시장 · 도지사 또는 특별자치도지사(이하 "시 · 도지사" 라 한다)나 「한국토지주택공사법」 에 따른 한국토지주택공사(이하 "한국토지주택공사" 라 한다)의 사장이 작성한 설계도서로서 이 규칙이 정하는 바에 따라 국토교통부장관이 인정한 것을 말한다.
2. "특수한 공법을 적용한 설계도서 "란 다음 각 목의 어느 하나에 해당하는 것으로서 국토교통부장관이 인정한 설계도서를 말한다.
   가. 「건축물의 구조기준 등에 관한 규칙」 을 적용하기 곤란한 구조의 건축물(건축물의 일부를 포함한다)에 관한 것
   나. 조립식공법으로서 공사비의 절감, 공사기간의 단축 또는 대량건설에 기여할 수 있는 공법에 관한 것

"이하 생략"

계도서작성기준(국토교통부고시 제2016-1025호, 2016.12.30.) 제9호에 의하면 설계도서 · 법령해석 · 감리자의 지시 등이 서로 일치하지 아니하는 경우에 있어 계약으로 그 적용의 우선순위를 정하지 아니한 때에는 가. 공사시방서, 나. 설계도면, 다. 전문시방서, 라. 표준시방서, 마. 산출내역서, 바. 승인된 상세시공도면, 사. 관계법령의 유권해석, 아. 감리자의 지시사항 순서를 원칙으로 하는 것임

법	시 행 령	시 행 규 칙
⑤ 공사시공자는 건축허가나 용도변경허가가 필요한 건축물의 건축공사를 착수한 경우에는 해당 건축공사의 현장에 국토교통부령으로 정하는 바에 따라 건축허가 표지판을 설치하여야 한다.		**제18조 【건축허가표지판】** 법 제24조제5항에 따라 공사시공자는 건축물의 규모·용도·설계자·시공자 및 감리자 등을 표시한 건축허가표지판을 주민이 보기 쉽도록 해당건축공사 현장의 주요 출입구에 설치하여야 한다.
⑥「건설산업기본법」 제41조제1항 각 호에 해당하지 아니하는 건축물의 건축주는 공사 현장의 공정 및 안전을 관리하기 위하여 같은 법 제2조제15호에 따른 건설기술인 1명을 현장관리인으로 지정하여야 한다. 이 경우 현장관리인은 국토교통부령으로 정하는 바에 따라 공정 및 안전 관리 업무를 수행하여야 하며, 건축주의 승낙을 받지 아니하고는 정당한 사유 없이 그 공사 현장을 이탈하여서는 아니 된다. 〈신설 2016.2.3., 2018.8.14.〉	**관계법** 「건설산업기본법」 제41조(건설공사 시공자의 제한) 제1항 ① 다음 각 호의 어느 하나에 해당하는 건축물의 건축 또는 대수선(大修繕)에 관한 건설공사(제9조제1항 단서에 따른 경미한 건설공사는 제외한다. 이하 이 조에서 같다)는 건설사업자가 하여야 한다. 다만, 다음 각 호 외의 건설공사와 농업용, 축산업용 건축물 등 대통령령으로 정하는 건축물의 건설공사는 건축주가 직접 시공하거나 건설사업자에게 도급하여야 한다. 〈개정 2019.4.30.〉 1. 연면적이 200제곱미터를 초과하는 주거용 건축물 2. 연면적이 200제곱미터 이하인 주거용 건축물로서 다음 각 목의 어느 하나에 해당하는 경우 가. 「건축법」에 따른 공동주택 나. 「건축법」에 따른 단독주택 중 다중주택, 다가구주택, 공관, 그 밖에 대통령령으로 정하는 경우 다. 주거용 외의 건축물로서 많은 사람이 이용하는 건축물 중 학교, 병원 등 대통령령으로 정하는 건축물	**제18조의2 【현장관리인의 업무】** 현장관리인은 법 제24조제6항 후단에 따라 다음 각 호의 업무를 수행한다. 1. 건축물 및 대지가 이 법 또는 관계 법령에 적합하도록 건축주를 지원하는 업무 2. 건축물의 위치와 규격 등이 설계도서에 따라 적정하게 시공되는 지에 대한 확인 · 관리 3. 시공계획 및 설계 변경에 관한 사항 검토 등 공정관리에 관한 업무 4. 안전시설의 적정 설치 및 안전기준 준수 여부의 점검 · 관리 5. 그 밖에 건축주와 계약으로 정하는 업무 [본조신설 2020.10.28.][종전 제18조의2는 제18조의3으로 이동〈2020.10.28.〉]
⑦ 공동주택, 종합병원, 관광숙박시설 등 대통령령으로 정하는 용도 및 규모의 건축물의 공사시공자는 건축주, 공사감리자 및 허가권자가 설계도서에 따라 적정하게 공사되었는지를 확인할 수 있도록 공사의 공정이 대통령령으로 정	**제18조의2 【사진 및 동영상 촬영 대상 건축물 등】** ① 법 제24조제7항 전단에서 "공동주택, 종합병원, 관광숙박시설 등 대통령령으로 정하는 용도 및 규모의 건축물"이란 다음 각 호의 어느 하나에 해당하는 건축물을 말한다. 〈개정	**제18조의3 【사진 · 동영상 촬영 및 보관 등】** ① 영 제18조의2제2항제1호나목에서 "국토교통부령으로 정하는 단계"란 다음 각 호의 단계를 말한다.

법	시 행 령	시 행 규 칙
하는 진도에 다다른 때마다 사진 및 동영상을 촬영하고 보관하여야 한다. 이 경우 촬영 및 보관 등 그 밖에 필요한 사항은 국토교통부령으로 정한다. 〈신설 2016.2.3.〉	2018.12.4.〉 1. 다중이용 건축물 2. 특수구조 건축물 3. 건축물의 하층부가 필로티나 그 밖에 이와 비슷한 구조(벽면적의 2분의 1 이상이 그 층의 바닥면에서 위층 바닥 아래면까지 공간으로 된 것만 해당한다)로서 상층부와 다른 구조형식으로 설계된 건축물(이하 "필로티형식 건축물" 이라 한다) 중 3층 이상인 건축물 ② 법 제24조제7항 전단에서 "대통령령으로 정하는 진도에 다다른 때"란 다음 각 호의 구분에 따른 단계에 다다른 경우를 말한다. 〈개정 2018.12.4., 2019.8.6., 2024.6.18.〉 1. 다중이용 건축물: 다음 각 목에 해당하는 단계 가. 제19조제3항제1호부터 제3호까지의 구분에 따른 단계 나. 제46조제1항에 따른 방화구획 설치 공사와 관련하여 국토교통부령으로 정하는 단계 2. 특수구조 건축물: 다음 각 목의 어느 하나에 해당하는 단계 가. 매 층마다 상부 슬래브배근을 완료한 경우 나. 매 층마다 주요구조부의 조립을 완료한 경우 3. 3층 이상의 필로티형식 건축물: 다음 각 목의 어느 하나에 해당하는 단계 가. 기초공사 시 철근배치를 완료한 경우 나. 건축물 상층부의 하중이 상층부와 다른 구조형식의 하층부로 전달되는 다음의 어느 하나에 해당하는 부재(部材)의 철근배치를 완료한 경우 1) 기둥 또는 벽체 중 하나 2) 보 또는 슬래브 중 하나 [본조신설 2017.2.3][종전 제18조의2는 제18조의3으로 이동]	〈신설 2024.12.16.〉 1. 「건축물의 피난·방화구조 등의 기준에 관한 규칙」 제14조제2항제2호에 따라 내화채움성능이 인정된 구조로 메우는 시공을 완료한 단계 2. 「건축물의 피난·방화구조 등의 기준에 관한 규칙」 제14조제2항제3호 각 목 외의 부분 본문에 따라 댐퍼를 설치하는 시공을 완료한 단계 ② 법 제24조제7항 전단에 따라 사진 및 동영상을 촬영·보관하여야 하는 공사시공자는 영 제18조의2제2항에서 정하는 진도에 다다른 때마다 촬영한 사진 및 동영상을 디지털파일 형태로 가공·처리하여 보관하여야 하며, 해당 사진 및 동영상을 디스크 등 전자저장매체 또는 정보통신망을 통하여 공사감리자에게 제출하여야 한다. 〈개정 2024.12.16.〉 ③ 제2항에 따라 사진 및 동영상을 제출받은 공사감리자는 그 내용의 적정성을 검토한 후 법 제25조제6항에 따라 건축주에게 감리중간보고서 및 감리완료보고서를 제출할 때 해당 사진 및 동영상을 함께 제출하여야 한다. 〈개정 2024.12.16.〉 ④ 제3항에 따라 사진 및 동영상을 제출받은 건축주는 법 제25조제6항에 따

라 허가권자에게 감리중간보고서 및 감리완료보고서를 제출할 때 해당 사진 및 동영상을 함께 제출하여야 한다. 〈개정 2024.12.16.〉

⑤ 제1항부터 제4항까지에서 규정한 사항 외에 사진 및 동영상의 촬영 및 보관 등에 필요한 사항은 국토교통부장관이 정하여 고시한다. 〈개정 2024.12.16〉

[본조신설 2017.2.3][제18조의2에서 이동 〈2020.10.28.〉]

고시 건축공사 감리세부기준
(국토교통부고시 제2024-377호, 2024.7.10.)

제25조【건축물의 공사감리】 ① 건축주는 대통령령으로 정하는 용도·규모 및 구조의 건축물을 건축하는 경우 건축사나 대통령령으로 정하는 자를 공사감리자(공사시공자 본인 및 「독점규제 및 공정거래에 관한 법률」 제2조에 따른 계열회사는 제외한다)로 지정하여 공사감리를 하게 하여야 한다. 〈개정 2016.2.3.〉

② ➡ 1-102쪽

③ 공사감리자는 공사감리를 할 때 이 법과 이 법에 따른 명령이나 처분, 그 밖의 관계 법령에 위반된 사항을 발견하거나 공사시공자가 설계도서대로 공사를 하지 아니하면 이를 건축주에게 알린 후 공사시공자에게 시정하거나 재시공하도록 요청하여야 하며, 공사시공자가 시정이나 재시공 요청에 따르지 아니하면 서면으로 그 건축공사를 중지하도록 요청할 수 있다. 이 경우 공사중지를 요청받은 공사시공자는 정당한 사유가 없으면 즉시 공사를 중지하여야 한다. 〈개정 2016.2.3.〉

④ 공사감리자는 제3항에 따라 공사시공자가 시정이나 재

제19조【공사감리】 ① 법 제25조제1항에 따라 공사감리자를 지정하여 공사감리를 하게 하는 경우에는 다음 각 호의 구분에 따른 자를 공사감리자로 지정하여야 한다. 〈개정 2018.12.11., 2020.1.7., 2021.9.14., 2021.12.28〉

1. 다음 각 목의 어느 하나에 해당하는 경우: 건축사
   가. 법 제11조에 따라 건축허가를 받아야 하는 건축물(법 제14조에 따른 건축신고 대상 건축물은 제외한다)을 건축하는 경우
   나. 제6조제1항제6호에 따른 건축물을 리모델링하는 경우
2. 다중이용 건축물을 건축하는 경우: 「건설기술 진흥법」에 따른 건설엔지니어링사업자(공사시공자 본인이거나 「독점규제 및 공정거래에 관한 법률」 제2조제12호에 따른 계열회사인 건설엔지니어링사업자는 제외한다) 또는 건축사(「건설기술 진흥법 시행령」 제60조에 따라 건설사업관리기술인을 배치하는 경우만 해당한다)

② 제1항에 따라 다중이용 건축물의 공사감리자를 지정하는 경우 감리원의 배치기준 및 감리대가는 「건설기술 진

제19조【감리보고서등】 ① 법 제25조제3항에 따라 공사감리자는 건축공사기간중 발견한 위법사항에 관하여 시정·재시공 또는 공사중지의 요청을 하였음에도 불구하고 공사시공자가 이에 따르지 아니하는 경우에는 시정등을 요청할 때에 명시한 기간이 만료되는 날부터 7일 이내에 별지 제20호서식의 위법건축공사보고서를 허가권자에게 제출(전자문서로 제출하는 것을 포함한다)하여야 한다.

② 삭제 〈1999.5.11〉

법

시공 요청을 받은 후 이에 따르지 아니하거나 공사중지 요청을 받고도 공사를 계속하면 국토교통부령으로 정하는 바에 따라 이를 허가권자에게 보고하여야 한다. 〈개정 2016.2.3.〉

⑤ 대통령령으로 정하는 용도 또는 규모의 공사의 공사감리자는 필요하다고 인정하면 공사시공자에게 상세시공도면을 작성하도록 요청할 수 있다. 〈개정 2016.2.3.〉

⑥ 공사감리자는 국토교통부령으로 정하는 바에 따라 감리일지를 기록 · 유지하여야 하고, 공사의 공정(工程)이 대통령령으로 정하는 진도에 다다른 경우에는 감리중간보고서를, 공사를 완료한 경우에는 감리완료보고서를 국토교통부령으로 정하는 바에 따라 각각 작성하여 건축주에게 제출하여야 한다. 이 경우 건축주는 감리중간보고서는 제출받은 때, 감리완료보고서는 제22조에 따른 건축물의 사용승인을 신청할 때 허가권자에게 제출하여야 한다. 〈개정 2016.2.3., 2020.4.7.〉

⑦ 건축주나 공사시공자는 제3항과 제4항에 따라 위반사항에 대한 시정이나 재시공을 요청하거나 위반사항을 허가권자에게 보고한 공사감리자에게 이를 이유로 공사감리자의 지정을 취소하거나 보수의 지급을 거부하거나 지연시키는 등 불이익을 주어서는 아니 된다. 〈개정 2016.2.3.〉

⑧ 제1항에 따른 공사감리의 방법 및 범위 등은 건축물의 용도 · 규모 등에 따라 대통령령으로 정하되, 이에 따른 세부기준이 필요한 경우에는 국토교통부장관이 정하거나 건축사협회로 하여금 국토교통부장관의 승인을 받아 정하도록 할 수 있다. 〈개정 2016.2.3.〉

⑨ 국토교통부장관은 제8항에 따라 세부기준을 정하거나 승인을 한 경우 이를 고시하여야 한다. 〈개정 2016.2.3.〉

시 행 령

흥법」에서 정하는 바에 따른다. 〈개정 2014.5.22.〉

④ 법 제25조제5항에서 "대통령령으로 정하는 용도 또는 규모의 공사"란 연면적의 합계가 5천 제곱미터 이상인 건축공사를 말한다. 〈개정 2017.2.3.〉

③ 법 제25조제6항에서 "공사의 공정이 대통령령으로 정하는 진도에 다다른 경우"란 공사(하나의 대지에 둘 이상의 건축물을 건축하는 경우에는 각각의 건축물에 대한 공사를 말한다)의 공정이 다음 각 호의 구분에 따른 단계에 다다른 경우를 말한다. 〈개정 2016.5.17., 2017.2.3., 2019.8.6., 2024.12.17.〉

1. 해당 건축물의 구조가 철근콘크리트조 · 철골철근콘크리트조 · 조적조 또는 보강콘크리트블럭조인 경우: 다음 각 목의 어느 하나에 해당하는 단계
   가. 기초공사 시 철근배치를 완료한 경우
   나. 지붕슬래브배근을 완료한 경우
   다. 지상 5개 층마다 상부 슬래브배근을 완료한 경우
   라. 지하층 각 층(제2조제18호다목에 따른 특수구조 건축물로서 무량판 구조인 해당 지하층에 수직으로 배치된 주요구조부의 전체 단면적에서 보가 없이 배치된 기둥의 전체 단면적이 차지하는 비율이 4분의 1 이상인 경우만 해당한다)의 상부 슬래브배근을 완료한 경우 〈신설 2024.12.17.〉
2. 해당 건축물의 구조가 철골조인 경우경우: 다음 각 목의 어느 하나에 해당하는 단계
   가. 기초공사 시 철근배치를 완료한 경우

시 행 규 칙

③ 법 제25조제6항에 따른 공사감리일지는 별지 제21호서식에 따른다. 〈개정 2018.11.29.〉

④ 건축주는 법 제25조제6항에 따라 감리중간보고서 · 감리완료보고서를 제출할 때 별지 제22호서식에 다음 각 호의 서류를 첨부하여 허가권자에게 제출해야 한다. 〈신설 2018.11.29.〉

1. 건축공사감리 점검표
2. 별지 제21호서식의 공사감리일지
3. 공사추진 실적 및 설계변경 종합
4. 품질시험성과 총괄표
5. 「산업표준화법」에 따른 산업표준인증을 받은 자재 및 국토교통부장관이 인정한 자재의 사용 총괄표
6. 공사현장 사진 및 동영상(법 제24조제7항에 따른 건축물만 해당한다)
7. 공사감리자가 제출한 의견 및 자료(제출한 의견 및 자료가 있는 경우만 해당한다)

⑤ 제4항에 따라 감리중간보고서 · 감

법	시 행 령	시 행 규 칙

고시 건축공사 감리세부기준(국토교통부고시 제2024-377호, 2024.7.10.)

⑩「주택법」 제15조에 따른 사업계획 승인 대상과 「건설기술 진흥법」 제39조제2항에 따라 건설사업관리를 하게 하는 건축물의 공사감리는 제1항부터 제9항까지 및 제11항부터 제14항까지의 규정에도 불구하고 각각 해당 법령으로 정하는 바에 따른다. 〈개정 2016.1.19., 2016.2.3., 2018.8.14.〉

⑪ ➡ 1-89쪽

⑫, ⑬, ⑭ ➡ 1-90쪽

관계법 「건축사법」 제23조(건축사사무소개설신고 등) 제9항

⑨ 다음 각 호의 어느 하나에 해당하는 업무를 수행하려는 건축사는 건축사사무소개설신고를 하거나 그 신고를 한 건축사사무소에 소속되지 아니하고도 업무를 수행할 수 있다. 다만, 제2호나 제4호의 경우에는 그 업무에 관한 사항을 미리 국토교통부령으로 정하는 바에 따라 국토교통부장관에게 신고하여야 한다. 〈개정 2021.3.16.〉

1. 「건설기술 진흥법」 제26조에 따른 건설엔지니어링사업자에게 소속된 건축사가 같은 법 제39조제2항에 따라 수행하는 건설사업관리
2. 「엔지니어링산업 진흥법」 제21조제1항에 따라 신고한 엔지니어링사업자에 소속된 건축사로서 국토교통부령으로 정하는 특수건축물 또는 특수구조물에 대하여 수행하는 설계 또는 공사감리
3. 국가, 지방자치단체, 「공공기관의 운영에 관한 법률」에 따른 공공기관 및 「지방공기업법」에 따른 지방공기업 등으로서 대통령령으로 정하는 기관의 건축 관련 부서에 소속된 건축사가 각각 해당기관이 시행하는 공사에 대하여 수행하는 설계 또는 공사감리
4. 「건설산업기본법」 제2조제7호에 따른 건설사업자에게 소속된 건

나. 지붕철골 조립을 완료한 경우

다. 지상 3개 층마다 또는 높이 20미터마다 주요구조부의 조립을 완료한 경우

3. 해당 건축물의 구조가 제1호 또는 제2호 외의 구조인 경우: 기초공사에서 거푸집 또는 주춧돌의 설치를 완료한 단계
4. 제1호부터 제3호까지에 해당하는 건축물이 3층 이상의 필로티형식 건축물인 경우: 다음 각 목의 어느 하나에 해당하는 단계 〈신설 2019.8.6.〉

가. 해당 건축물의 구조에 따라 제1호부터 제3호까지의 어느 하나에 해당하는 경우

나. 제18조의2제2항제3호나목에 해당하는 경우

⑤ 공사감리자는 수시로 또는 필요할 때 공사현장에서 감리업무를 수행해야 하며, 다음 각 호의 건축공사를 감리하는 경우에는 「건축사법」 제2조제2호에 따른 건축사보(「기술사법」 제6조에 따른 기술사사무소 또는 「건축사법」 제23조제9항 각 호의 건설엔지니어링사업자 등에 소속되어 있는 사람으로서 「국가기술자격법」에 따른 해당 분야 기술계 자격을 취득한 사람과 「건설기술 진흥법 시행령」 제4조에 따른 건설사업관리를 수행할 자격이 있는 사람을 포함한다. 이하 같다) 중 건축 분야의 건축사보 한 명 이상을 전체 공사기간 동안, 토목·전기 또는 기계 분야의 건축사보 한 명 이상을 각 분야별 해당 공사기간 동안 각각 공사현장에서 감리업무를 수행하게 해야 한다. 이 경우 건축사보는 해당 분야의 건축공사의 설계·시공·시험·검사·공사감독 또는 감리업무 등에 2년 이상 종사한 경력이 있는 사람이어야 한다. 〈개정 2018.9.4., 2020.1.7., 2020.4.21., 2021.9.14〉

1. 바닥면적의 합계가 5천 제곱미터 이상인 건축공사. 다만,

리완료보고서를 제출받은 허가권자는 같은 항 제2호에 따른 공사감리일지에 서명·날인한 감리원과 영 제19조제10항에 따른 건축사보 배치현황이 일치하는지 여부를 확인해야 한다. 〈신설 2023.11.1.〉

관계법 「건축사법」 제2조(정의) 제2호

2. "건축사보"란 제23조에 따른 건축사사무소에 소속되어 제19조에 따른 업무를 보조하는 사람 중 다음 각 목의 어느 하나에 해당하는 사람으로서 국토교통부장관에게 신고한 사람을 말한다.

가. 제13조에 따른 실무수련을 받고 있거나 받은 사람

나. 「국가기술자격법」에 따라 건설, 전기·전자, 기계, 화학, 재료, 정보통신, 환경·에너지, 안전관리, 그 밖에 대통령령으로 정하는 분야의 기사(技士) 또는 산업기사 자격을 취득한 사람

다. 4년제 이상 대학 건축 관련 학과 졸업 또는 이와 동등한 자격으로서 대통령령으로 정하는 학력 및 경력을 가진 사람

질의 회신 대표건축사가 건축사보로 배치될

법	시 행 령	시 행 규 칙

축사가 그 건설사업자 또는 그 건설사업자의 계열회사(「독점규제 및 공정거래에 관한 법률」 제2조제12호에 따른 계열회사를 말한다)의 건축물로서 국토교통부령으로 정하는 건축물에 대하여 수행하는 설계

관계법 「산업집적활성화 및 공장설립에 관한 법률」 제2조(정의)

14. "산업단지"란 「산업입지 및 개발에 관한 법률」 제6조·제7조·제7조의2 및 제8조에 따라 지정·개발된 국가산업단지, 일반산업단지, 도시첨단산업단지 및 농공단지를 말한다.

질의 회신 건축사보 배치신고 여부

국토교통부 민원마당 FAQ, 2023.6.15.

질의 가. 건축법 시행령 제19조 제7항의 규정에 의하여 건축사보의 배치신고를 하는 경우에 있어 착공신고를 하는 때에 건축분야와 토목분야의 건축사보 배치신고를 하고 기계분야와 전기분야 건축사보는 추후 해당공사 착수 전에 배치신고를 할 수 있는 지

나. 건축법 시행령 제19조 제5항의 규정에 의하여 건축사보의 전체배치현황을 제출한 후 현장에 배치하기 전에 건축사보를 교체한다면 교체건수로 산정되는 지

회신 가. 건축법 시행령 제19조 제7항 제1호의 규정에 의하여 동조 제5항의 규정에 의하여 공사현장에 건축사보를 두는 공사감리자는 최초로 건축사보를 배치하는 경우에는 착공예정일부터 7일 이내에 건축사보의 배치현황을 허가권자에게 제출하여야 함

나. 건축사보 교체건수 산정에 대하여 건축법령에서는 특별히 규정하

축사 또는 작물 재배사의 건축공사는 제외한다.

2. 연속된 5개 층(지하층을 포함한다) 이상으로서 바닥면적의 합계가 3천 제곱미터 이상인 건축공사
3. 아파트 건축공사
4. 준다중이용 건축물 건축공사

⑥ 공사감리자는 제5항 각 호에 해당하지 않는 건축공사로서 깊이 10미터 이상의 토지 굴착공사 또는 높이 5미터 이상의 옹벽 등의 공사(「산업집적활성화 및 공장설립에 관한 법률」 제2조제14호에 따른 산업단지에서 바닥면적 합계가 2천제곱미터 이하인 공장을 건축하는 경우는 제외한다)를 감리하는 경우에는 건축사보 중 건축 또는 토목 분야의 건축사보 한 명 이상을 해당 공사기간 동안 공사현장에서 감리업무를 수행하게 해야 한다. 이 경우 건축사보는 건축공사의 시공·공사감독 또는 감리업무 등에 2년 이상 종사한 경력이 있는 사람이어야 한다. 〈신설 2020.4.21., 2021.8.10., 2023.9.12.〉

⑦ 공사감리자는 제61조제1항제4호에 해당하는 건축물의 마감재료 설치공사를 감리하는 경우로서 국토교통부령으로 정하는 경우에는 건축 또는 안전관리 분야의 건축사보 한 명 이상이 마감재료 설치공사기간 동안 그 공사현장에서 감리업무를 수행하게 해야 한다. 이 경우 건축사보는 건축공사의 설계·시공·시험·검사·공사감독 또는 감리업무 등에 2년 이상 종사한 경력이 있는 사람이어야 한다. 〈신설 2021.8.10.〉

⑧ 공사감리자는 제5항부터 제7항까지의 규정에 따라 건축사보로 하여금 감리업무를 수행하게 하는 경우 다른 공사현장이나 공정의 감리업무를 수행하고 있지 않는 건축사보가 감리업무를 수행하게 해야 한다. 〈신설 2021.8.10.〉

수 있는지

국토교통부 민원마당 FAQ, 2023.6.15.

질의 건축사사무소를 개설한 대표건축사가 건축사사무소 업무를 계속하면서 「건축법 시행령」 제19조제5항에 따른 건축사보로 배치되어 업무를 수행할 수 있는 지 여부

회신 「건축법 시행령」 제19조제5항에 따라 공사감리자는 수시 또는 필요할 때 공사현장에서 감리업무를 수행할 수 있으나, 건축사보의 경우는 건축분야의 건축사보 는 1명 이상을 전체 공사기간동안, 토목.전기 또는 기계분야의 건축사보는 한명 이상을 각 분야별 해당 공사기간 동안 각각 공사현장에서 감리업무를 수행해야 함 따라서, 건축사사무소를 개설한 대표 건축사는 공사감리자 업무와 건축사보로 배치되어 감리업무를 수행하는 것을 겸하는 것을 금지하고 있음

【피난방화규칙】

제7조의2【건축사보 배치 대상 마감재료 설치공사】 영 제19조제7항 전단에서 "국토교통부령으로 정하는 경우"란 제24조제3항에 따라 불연재료·준불연재료 또는 난연재료가 아닌 단열재를 사용하는 경우로서 해당 단열재가 외기(外氣)에 노출되는 경우를 말한다. [본조신설 2021.9.3.]

법	시 행 령	시 행 규 칙

고 있지 아니하며, 건축법 시행령 제19조 제7항 및 동법 시행규칙 제19조 제2항, 규칙 별지 제22호의2 서식에 의하여 건축사보의 배치현황을 제출함에 있어 건축사보가 배치계획에 의한 계획공정 완료시점까지 근무하지 아니하고 철수한 때에는 철수사유를 "교체"로 기재하여야 함

관계법 「건설산업기본법」 제16조(건설공사의 시공자격)

① 건설공사를 도급받으려는 자는 해당 건설공사를 시공하는 업종을 등록하여야 한다. 다만, 다음 각 호의 어느 하나에 해당하는 경우에는 해당 건설업종을 등록하지 아니하고도 도급받을 수 있다. 〈개정 2023.12.29.〉

1. 2개 업종 이상의 전문공사를 시공하는 업종을 등록한 건설사업자가 그 업종에 해당하는 전문공사로 구성된 종합공사를 도급받는 경우
2. 전문공사를 시공할 수 있는 자격을 보유한 건설사업자가 전문공사에 해당하는 부분을 시공하는 조건으로 하여, 종합공사를 시공할 수 있는 자격을 보유한 건설사업자가 종합적인 계획, 관리 및 조정을 하는 공사를 공동으로 도급받는 경우
3. 전문공사를 시공하는 업종을 등록한 2개 이상의 건설사업자가 그 업종에 해당하는 전문공사로 구성된 종합공사를 공정관리, 하자책임 구분 등을 고려하여 국토교통부령으로 정하는 바에 따라 공동으로 도급받는 경우
4. 종합공사를 시공하는 업종을 등록한 건설사업자가 제8조제2항에 따라 시공 가능한 시설물을 대상으로 하는 전문공사를 국토교통부령으로 정하는 바에 따라 도급받는 경우. 다만, 공사예정금액(「부가가치세법」에 따른 부가가치세와 발주자가 제공한 재료비를 포함한다)

⑨ 공사감리자가 수행하여야 하는 감리업무는 다음과 같다. 〈개정 2020.4.21., 2021.8.10.〉

1. 공사시공자가 설계도서에 따라 적합하게 시공하는지 여부의 확인
2. 공사시공자가 사용하는 건축자재가 관계 법령에 따른 기준에 적합한 건축자재인지 여부의 확인
3. 그 밖에 공사감리에 관한 사항으로서 국토교통부령으로 정하는 사항

관계법 「건설산업기본법」 제40조(건설기술인의 배치) 제1항

① 건설사업자는 건설공사의 시공관리, 그 밖에 기술상의 관리를 위하여 대통령령으로 정하는 바에 따라 건설공사 현장에 건설기술인을 1명 이상 배치하여야 한다. 다만, 시공관리, 품질 및 안전에 지장이 없는 경우로서 일정 기간 해당 공종의 공사가 중단되는 등 국토교통부령으로 정하는 요건에 해당하여 발주자가 서면으로 승낙하는 경우에는 배치하지 아니할 수 있다.

제19조의2【공사감리업무 등】 ① 공사감리자는 영 제19조제9항3호에 따라 다음 각호의 업무를 수행한다. 〈개정 2020.10.28., 2021.12.31.〉

1. 건축물 및 대지가 이 법 및 관계 법령에 적합하도록 공사시공자 및 건축주를 지도
2. 시공계획 및 공사관리의 적정여부의 확인

2의2. 건축공사의 하도급과 관련된 다음 각 목의 확인 〈신설 2021.12.31〉
   가. 수급인(하수급인을 포함한다. 이하 이 호에서 같다)이 「건설산업기본법」 제16조에 따른 시공자격을 갖춘 건설사업자에게 건축공사를 하도급했는지에 대한 확인
   나. 수급인이 「건설산업기본법」 제40조제1항에 따라 공사현장에 건설기술인을 배치했는지에 대한 확인

3. 공사현장에서의 안전관리의 지도
4. 공정표의 검토
5. 상세시공도면의 검토 · 확인
6. 구조물의 위치와 규격의 적정여부의 검토 · 확인
7. 품질시험의 실시여부 및 시험성과의 검토 · 확인
8. 설계변경의 적정여부의 검토 · 확인
9. 기타 공사감리계약으로 정하는 사항

법	시 행 령	시 행 규 칙
이 4억 3천만원 미만인 전문공사를 원도급받는 경우는 제외한다. 5. 제9조제1항에 따라 등록한 업종에 해당하는 건설공사(제1호, 제3호 및 제4호에 해당하는 건설공사를 포함한다)와 그 부대공사를 함께 도급받는 경우 6. 제9조제1항에 따라 등록한 업종에 해당하는 건설공사를 이미 도급받아 시공하였거나 시공 중인 건설공사의 부대공사로서 다른 건설공사를 도급받는 경우 7. 발주자가 공사품질이나 시공상 능률을 높이기 위하여 필요하다고 인정한 경우로서 기술적 난이도, 공사를 구성하는 전문공사 사이의 연계 정도 등을 고려하여 대통령령으로 정하는 경우	⑩ 제5항 및 제7항에 따라 공사현장에 건축사보를 두는 공사감리자는 다음 각 호의 구분에 따른 기간에 국토교통부령으로 정하는 바에 따라 건축사보의 배치현황을 허가권자에게 제출해야 한다. 〈개정 2020.4.21., 2021.8.10.〉 1. 최초로 건축사보를 배치하는 경우에는 착공 예정일부터 7일 2. 건축사보의 배치가 변경된 경우에는 변경된 날부터 7일 3. 건축사보가 철수한 경우에는 철수한 날부터 7일	② 공사감리자는 영 제19조제10항에 따라 건축사보 배치현황을 제출(제22조의2에 따른 전자정보시스템을 통해 제출하는 것을 말한다)하는 경우에는 별지 제22호의2서식에 다음 각 호의 서류를 첨부(건축사보가 철수하는 경우는 제외한다)해야 한다. 이 경우 공사감리자는 공사현장에 배치되는 건축사보(배치기간을 변경하거나 철수하는 경우의 건축사보는 제외한다)로부터 배치기간 및 다른 공사현장이나 공정에 이중으로 배치되었는지 여부를 확인받은 후 해당 건축사보의 서명·날인을 받아야 한다. 〈개정 2023.11.1.〉 1. 예정공정표(건축주의 확인을 받은 것을 말한다) 및 분야별 건축사보 배치계획 2. 건축사보의 경력, 자격 및 소속을 증명하는 서류
	⑪ 허가권자는 제8항에 따라 공사감리자로부터 건축사보의 배치현황을 받으면 지체 없이 건축사보가 이중으로 배치되어 있는지 여부 등 국토교통부령으로 정하는 내용을 확인한 후 「전자정부법」 제37조에 따른 행정정보 공동이용센터를 통해 그 배치현황을 「건축사법」 제31조에 따른 대한건축사협회에 보내야 한다. 〈개정 2020.4.21., 2021.8.10., 2022.7.26, 2023.9.12.〉	③ 영 제19조제11항에서 "건축사보가 이중으로 배치되어 있는지 여부 등 국토교통부령으로 정하는 내용"이란 다음 각 호의 사항을 말한다. 〈신설 2023.11.1.〉 1. 제2항 각 호의 내용이 영 제19조제2항 및 제5항부터 제7항까지의 규정에 적합한지 여부 2. 건축사보가 영 제19조제2항 및 제5

법	시 행 령	시 행 규 칙
		항부터 제7항까지의 규정에 따른 건축공사 현장에 이중으로 배치되어 있는지 여부
	⑫ 제9항에 따라 건축사보의 배치현황을 받은 대한건축사협회는 이를 관리하여야 하며, 건축사보가 이중으로 배치된 사실 등을 확인한 경우에는 지체 없이 그 사실 등을 관계 시·도지사, 허가권자 및 그 밖에 국토교통부령으로 정하는 자에게 알려야 한다. 〈개정 2020.4.21., 2021.8.10., 2022.7.26, 2023.9.12.〉 ⑬ 제12항에서 규정한 사항 외에 건축사보의 배치현황 관리 등에 필요한 사항은 국토교통부령으로 정한다. 〈신설 2023.9.12.〉 [전문개정 2008.10.29.]	④ 영 제19조제12항에서 "국토교통부령으로 정하는 자"란 다음 각 호의 자를 말한다. 〈신설 2023.11.1.〉 1. 「주택법」 제15조에 따른 주택건설사업 사업계획승인권자(이하 "주택건설사업계획승인권자"라 한다) 2. 「건설기술진흥법 시행규칙」 제25조제1항에 따른 건설엔지니어링 실적관리 수탁기관(이하 "건설엔지니어링 실적관리 수탁기관"이라 한다) ⑤ 「건축사법」 제31조에 따른 대한건축사협회(이하 "대한건축사협회"라 한다)는 영 제19조제11항에 따라 허가권자로부터 받은 건축사보 배치현황을 전자적 처리가 가능한 방식으로 관리한다. 〈신설 2023.11.1.〉 ⑥ 대한건축사협회는 다음 각 호의 자료를 활용하여 건축사보가 공사현장에 이중으로 배치되어 있는지 여부를 확인한다. 〈신설 2023.11.1.〉 1. 제5항에 따른 건축사보 배치현황 자료 2. 국토교통부장관이 정하는 바에 따라 주택건설사업계획승인권자로부터 받은 감리원 배치 자료

법

제25조 ① ➡ 1-95쪽

➡ 1-95쪽

② 제1항에도 불구하고 「건설산업기본법」 제41조제1항 각 호에 해당하지 아니하는 소규모 건축물로서 건축주가 직접 시공하는 건축물 및 주택으로 사용하는 건축물 중 대통령령으로 정하는 건축물의 경우에는 대통령령으로 정하는 바에 따라 허가권자가 해당 건축물의 설계에 참여하지 아니한 자 중에서 공사감리자를 지정하여야 한다. 다만, 다음 각 호의 어느 하나에 해당하는 건축물의 건축주가 국토교통부령으로 정하는 바에 따라 허가권자에게 신청하는 경우에는 해당 건축물을 설계한 자를 공사감리자로 지정할 수 있다. 〈신설 2016.2.3., 2018.8.14., 2020.4.7.〉

1. 「건설기술 진흥법」 제14조에 따른 신기술 중 대통령령으로 정하는 신기술을 보유한 자가 그 신기술을 적용하여 설계한 건축물
2. 「건축서비스산업 진흥법」 제13조제4항에 따른 역량 있는 건축사로서 대통령령으로 정하는 건축사가 설계한 건축물
3. 설계공모를 통하여 설계한 건축물

⑪ 제1항에 따라 건축주가 공사감리자를 지정하거나 제2항에 따라 허가권자가 공사감리자를 지정하는 건축물의 건축주는 제21조에 따른 착공신고를 하는 때에 감리비용이 명시된 감리 계약서를 허가권자에게 제출하여야 하고, 제22조에 따른 사용승인을 신청하는 때에는 감리용역 계약내용에 따라 감리비용을 지급하여야 한다. 이 경우 허가권자는

시 행 령

제19조의2【허가권자가 공사감리자를 지정하는 건축물 등】 ① 법 제25조제2항 각 호 외의 부분 본문에서 "대통령령으로 정하는 건축물"이란 다음 각 호의 건축물을 말한다. 〈개정 2017.10.24., 2019.2.12.〉

1. 「건설산업기본법」 제41조제1항 각 호에 해당하지 아니하는 건축물 중 다음 각 목의 어느 하나에 해당하지 아니하는 건축물
   가. 별표 1 제1호가목의 단독주택
   나. 농업·임업·축산업 또는 어업용으로 설치하는 창고·저장고·작업장·퇴비사·축사·양어장 및 그 밖에 이와 유사한 용도의 건축물
   다. 해당 건축물의 건설공사가 「건설산업기본법 시행령」 제8조제1항 각 호의 어느 하나에 해당하는 경미한 건설공사인 경우
2. 주택으로 사용하는 다음 각 목의 어느 하나에 해당하는 건축물(각 목에 해당하는 건축물과 그 외의 건축물이 하나의 건축물로 복합된 경우를 포함한다)
   가. 아파트
   나. 연립주택
   다. 다세대주택
   라. 다중주택 〈신설 2019.2.12.〉
   마. 다가구주택 〈신설 2019.2.12.〉
3. 삭제 〈2019.2.12.〉

시 행 규 칙

3. 국토교통부장관이 정하는 바에 따라 건설엔지니어링 실적관리 수탁기관으로부터 받은 건설엔지니어링 참여 기술인의 현황 자료

제19조의3【공사감리자 지정 신청 등】 ① 법 제25조제2항 각 호 외의 부분 본문에 따라 허가권자가 공사감리자를 지정하는 건축물의 건축주는 영 제19조의2제3항에 따라 별지 제22호의3서식의 지정신청서를 허가권자에게 제출하여야 한다.

② 허가권자는 제1항에 따른 신청서를 받은 날부터 7일 이내에 공사감리자를 지정한 후 별지 제22호의4서식의 지정통보서를 건축주에게 송부하여야 한다.

③ 건축주는 제2항에 따라 지정통보서를 받으면 해당 공사감리자와 감리 계약을 체결하여야 하며, 공사감리자의 귀책사유로 감리 계약이 체결되지 아니하는 경우를 제외하고는 지정된 공사감리자를 변경할 수 없다.

[본조신설 2016.7.20.]

제19조의4【허가권자의 공사감리자 지정 제외 신청 절차 등】 ① 법 제25조제2항 각 호 외의 부분 단서에 따라 해당 건축물을 설계한 자를 공사감리자로 지

법

감리 계약서에 따라 감리비용이 지급되었는지를 확인한 후 사용승인을 하여야 한다. 〈신설 2016.2.3., 2020.12.22., 2021.7.27〉

⑫ 제2항에 따라 허가권자가 공사감리자를 지정하는 건축물의 건축주는 설계자의 설계의도가 구현되도록 해당 건축물의 설계자를 건축과정에 참여시켜야 한다. 이 경우 「건축서비스산업 진흥법」 제22조를 준용한다. 〈신설 2018.8.14.〉

⑬ 제12항에 따라 설계자를 건축과정에 참여시켜야 하는 건축주는 제21조에 따른 착공신고를 하는 때에 해당 계약서 등 대통령령으로 정하는 서류를 허가권자에게 제출하여야 한다. 〈신설 2018.8.14.〉

⑭ 허가권자는 제2항에 따라 허가권자가 공사감리자를 지정하는 경우의 감리비용에 관한 기준을 해당 지방자치단체의 조례로 정할 수 있다. 〈신설 2016.2.3., 2018.8.14., 2020.12.22.〉

법령해석 건축주가 공사감리자를 지정하고 착공신고 후 건축공사의 내용이 변경되어 허가권자가 공사감리자를 지정해야 하는 건축공사에 해당하게 된 경우 허가권자가 새로 공사감리자를 지정해야 하는지 여부 (법제처 17-0495, 2017.12.18.)

질의요지 건축주가 「건축법」 제25조제1항에 따라 공사감리자를 지정하고 착공신고를 한 후, 그 건축공사의 내용이 변경되어 같은 법 제25조제2항에 따라 허가권자가 공사감리자를 지정해야 하는 건축물에 해당하게 된 경우, 건축주가 이미 지정한 공사감리자가 있음에도 허가권자가 새로 공사감리자를 지정해야 하는지?

〈질의 배경〉

건축주 A는 B를 공사시공자로, C를 공사감리자로 지정하여 공사계약 및 감리계약을 각각 체결하고 착공신고를 하였으나, B와의 공사계약을 해제하고 건축주 A가 직접 시공하게 되면서 「건축법」 제25조제2항에 따라 허가권자가 공사감리자를 지정해야 하는 건축공사에 해당하게 되자 허가관청은 민원인 D를 새로운 공사감리자로 지정함. 이에 민원인 D는 이미 건축주가 지정한 공사감리자가 있음에도 허가권자가 새로

시행령

② 시·도지사는 법 제25조제2항 각 호 외의 부분 본문에 따라 공사감리자를 지정하기 위하여 다음 각 호의 구분에 따른 자를 대상으로 모집공고를 거쳐 공사감리자의 명부를 작성하고 관리해야 한다. 이 경우 시·도지사는 미리 관할 시장·군수·구청장과 협의해야 한다. 〈개정 2017.2.3., 2020.4.21., 2021.9.14〉

1. 다중이용 건축물의 경우: 「건축사법」 제23조제1항에 따라 건축사사무소의 개설신고를 한 건축사 및 「건설기술 진흥법」에 따른 건설엔지니어링사업자
2. 그 밖의 경우: 「건축사법」 제23조제1항에 따라 건축사사무소의 개설신고를 한 건축사

③ 제1항 각 호의 어느 하나에 해당하는 건축물의 건축주는 법 제21조에 따른 착공신고를 하기 전에 국토교통부령으로 정하는 바에 따라 허가권자에게 공사감리자의 지정을 신청하여야 한다.

④ 허가권자는 제2항에 따른 명부에서 공사감리자를 지정하여야 한다.

⑤ 제3항 및 제4항에서 규정한 사항 외에 공사감리자 모집공고, 명부작성 방법 및 공사감리자 지정 방법 등에 관한 세부적인 사항은 시·도의 조례로 정한다.

⑥ 법 제25조제2항제1호에서 "대통령령으로 정하는 신기술"이란 건축물의 주요구조부 및 주요구조부에 사용하는 마감재료에 적용하는 신기술을 말한다. 〈신설 2020.10.8.〉

⑦ 법 제25조제2항제2호에서 "대통령령으로 정하는 건축사"란 건축주가 같은 항 각 호 외의 부분 단서에 따라 허가권자에게 공사감리 지정을 신청한 날부터 최근 10년간 「건축서비스산업 진흥법 시행령」 제11조제1항 각 호의 어느 하나에 해당하는 설계공모 또는 대회에서 당선되거나 최우

시행규칙

정하여 줄 것을 신청하려는 건축주는 별지 제22호의5서식의 신청서에 다음 각 호의 어느 하나에 해당하는 서류를 첨부하여 허가권자에게 제출해야 한다. 〈개정 2020.10.28.〉

1. 영 제19조의2제6항에 따른 신기술을 보유한 자가 그 신기술을 적용하여 설계했음을 증명하는 서류
2. 영 제19조의2제7항에 따른 건축사임을 증명하는 서류
3. 설계공모를 통하여 설계한 건축물임을 증명하는 서류로서 다음 각 목의 내용이 포함된 서류
   가. 설계공모 방법
   나. 설계공모 등의 시행공고일 및 공고 매체
   다. 설계지침서
   라. 심사위원의 구성 및 운영
   마. 공모안 제출 설계자 명단 및 공모안별 설계 개요

② 허가권자는 제1항에 따라 신청서를 받으면 제출한 서류에 대하여 관계 기관에 사실을 조회할 수 있다.

③ 허가권자는 제2항에 따른 사실 조회 결과 제출서류가 거짓으로 판명된 경우에는 건축주에게 그 사실을 알려야 한다. 이 경우 건축주는 통보받은 날부터 3일 이내에 이의를 제기할 수

법	시 행 령	시 행 규 칙

공사감리자를 지정해야 하는지 의문이 있어 국토교통부를 거쳐 법제처에 법령해석을 요청함.

회답 건축주가 「건축법」 제25조제1항에 따라 공사감리자를 지정하고 착공신고를 한 후, 그 건축공사의 내용이 변경되어 같은 법 제25조제2항에 따라 허가권자가 공사감리자를 지정해야 하는 건축물에 해당하게 된 경우, 건축주가 이미 지정한 공사감리자가 있어도 허가권자는 새로 공사감리자를 지정해야 함

제25조의2【건축관계자등에 대한 업무제한】 ① 허가권자는 설계자, 공사시공자, 공사감리자 및 관계전문기술자(이하 "건축관계자등"이라 한다)가 대통령령으로 정하는 주요 건축물에 대하여 제21조에 따른 착공신고 시부터 「건설산업기본법」 제28조에 따른 하자담보책임 기간에 제40조, 제41조, 제48조, 제50조 및 제51조를 위반하거나 중대한 과실로 건축물의 기초 및 주요구조부에 중대한 손괴를 일으켜 사람을 사망하게 한 경우에는 1년 이내의 기간을 정하여 이 법에 의한 업무를 수행할 수 없도록 업무정지를 명할 수 있다.

② 허가권자는 건축관계자등이 제40조, 제41조, 제48조, 제49조, 제50조, 제50조의2, 제51조, 제52조 및 제52조의4를 위반하여 건축물의 기초 및 주요구조부에 중대한 손괴를 일으켜 대통령령으로 정하는 규모 이상의 재산상의 피해가 발생한 경우(제1항에 해당하는 위반행위는 제외한다)에는 다음 각 호에서 정하는 기간 이내의 범위에서 다중이용건축물 등 대통령령으로 정하는 주요 건축물에 대하여 이 법에 의한 업무를 수행할 수 없도록 업무정지를 명할 수 있다. 〈개정 2019.4.23.〉

1. 최초로 위반행위가 발생한 경우: 업무정지일부터 6개월

수 건축 작품으로 수상한 실적이 있는 건축사를 말한다. 〈신설 2020.10.8.〉

⑧ 법 제25조제13항에서 "해당 계약서 등 대통령령으로 정하는 서류"란 다음 각 호의 서류를 말한다. 〈신설 2019.2.12., 2020.10.8.〉

1. 설계자의 건축과정 참여에 관한 계획서
2. 건축주와 설계자와의 계약서

[본조신설 2016.7.19.]

제19조의3【업무제한 대상 건축물 등】 ① 법 제25조의2제1항에서 "대통령령으로 정하는 주요 건축물"이란 다음 각 호의 건축물을 말한다.

1. 다중이용 건축물
2. 준다중이용 건축물

② 법 제25조의2제2항 각 호 외의 부분에서 "대통령령으로 정하는 규모 이상의 재산상의 피해"란 도급 또는 하도급받은 금액의 100분의 10 이상으로서 그 금액이 1억원 이상인 재산상의 피해를 말한다.

③ 법 제25조의2제2항 각 호 외의 부분에서 "다중이용건축물 등 대통령령으로 정하는 주요 건축물"이란 다음 각 호의 건축물을 말한다.

1. 다중이용 건축물
2. 준다중이용 건축물

[본조신설 2017.2.3.]

관계법 「건설산업기본법」

제28조(건설공사 수급인 등의 하자담보책임)

① 수급인은 발주자에 대하여 건설공사의 완공일과 목적물의 관리·사용을 개시한 날 중에서 먼저 도래한 날부터 다음 각 호의 범위에서 공

있다.

④ 허가권자는 제1항에 따른 신청서를 받은 날부터 7일 이내에 건축주에게 그 결과를 서면으로 알려야 한다.

[본조신설 2016.7.20.]

제19조의5【업무제한 대상 건축물 등의 공개】 국토교통부장관은 법 제25조의2제10항에 따라 같은 조 제9항에 따른 통보사항 중 다음 각 호의 사항을 국토교통부 홈페이지 또는 법 제32조제1항에 따른 전자정보처리 시스템에 게시하는 방법으로 공개하여야 한다.

1. 법 제25조의2제1항부터 제5항까지의 조치를 받은 설계자, 공사시공자, 공사감리자 및 관계전문기술자(같은 조 제7항에 따라 소속 법인 또는 단체에 동일한 조치를 한 경우에는 해당 법인 또는 단체를 포함하며, 이하 이 조에서 "조치대상자"라 한다)의 이름, 주소 및 자격번호(법인 또는 단체는 그 명칭, 사무소 또는 사업소의 소재지, 대표자의 이름 및 법인등록번호)
2. 조치대상자에 대한 조치의 사유
3. 조치대상자에 대한 조치 내용 및 일시

법	시 행 령	시 행 규 칙
2. 2년 이내에 동일한 현장에서 위반행위가 다시 발생한 경우: 다시 업무정지를 받는 날부터 1년 ③ 허가권자는 건축관계자등이 제40조, 제41조, 제48조, 제49조, 제50조, 제50조의2, 제51조, 제52조 및 제52조의4를 위반한 경우(제1항 및 제2항에 해당하는 위반행위는 제외한다)와 제28조를 위반하여 가설시설물이 붕괴된 경우에는 기간을 정하여 시정을 명하거나 필요한 지시를 할 수 있다. 〈개정 2019.4.23.〉 ④ 허가권자는 제3항에 따른 시정명령 등에도 불구하고 특별한 이유 없이 이를 이행하지 아니한 경우에는 다음 각 호에서 정하는 기간 이내의 범위에서 이 법에 의한 업무를 수행할 수 없도록 업무정지를 명할 수 있다. 1. 최초의 위반행위가 발생하여 허가권자가 지정한 시정기간 동안 특별한 사유 없이 시정하지 아니하는 경우: 업무정지일부터 3개월 2. 2년 이내에 제3항에 따른 위반행위가 동일한 현장에서 2차례 발생한 경우: 업무정지일부터 3개월 3. 2년 이내에 제3항에 따른 위반행위가 동일한 현장에서 3차례 발생한 경우: 업무정지일부터 1년 ⑤ 허가권자는 제4항에 따른 업무정지처분을 갈음하여 다음 각 호의 구분에 따라 건축관계자등에게 과징금을 부과할 수 있다. 1. 제4항제1호 또는 제2호에 해당하는 경우: 3억원 이하 2. 제4항제3호에 해당하는 경우: 10억원 이하 ⑥ 건축관계자등은 제1항, 제2항 또는 제4항에 따른 업무정지처분에도 불구하고 그 처분을 받기 전에 계약을 체결하였거나 관계 법령에 따라 허가, 인가 등을 받아 착수한 업무는 제22조에 따른 사용승인을 받은 때까지 계속 수행	사의 종류별로 대통령령으로 정하는 기간에 발생한 하자에 대하여 담보책임이 있다. 〈개정 2024.1.9.〉 1. 건설공사의 목적물이 벽돌쌓기식구조, 철근콘크리트구조, 철골구조, 철골철근콘크리트구조 및 그 밖에 이와 유사한 구조로서 구조내력(構造耐力)에 해당하는 경우: 10년 2. 제1호 이외의 경우: 5년	4. 그 밖에 국토교통부장관이 필요하다고 인정하는 사항 [본조신설 2017.2.3]

법	시 행 령	시 행 규 칙

할 수 있다.

⑦ 제1항부터 제5항까지에 해당하는 조치는 그 소속 법인 또는 단체에게도 동일하게 적용한다. 다만, 소속 법인 또는 단체가 위반행위를 방지하기 위하여 해당 업무에 관하여 상당한 주의와 감독을 게을리하지 아니한 경우에는 그러하지 아니하다.

⑧ 제1항부터 제5항까지의 조치는 관계 법률에 따라 건축허가를 의제하는 경우의 건축관계자등에게 동일하게 적용한다.

⑨ 허가권자는 제1항부터 제5항까지의 조치를 한 경우 그 내용을 국토교통부장관에게 통보하여야 한다.

⑩ 국토교통부장관은 제9항에 따라 통보된 사항을 종합관리하고, 허가권자가 해당 건축관계자등과 그 소속 법인 또는 단체를 알 수 있도록 국토교통부령으로 정하는 바에 따라 공개하여야 한다.

⑪ 건축관계자등, 소속 법인 또는 단체에 대한 업무정지처분을 하려는 경우에는 청문을 하여야 한다.

[본조신설 2016.2.3.]

제26조 【허용 오차】 대지의 측량(「공간정보의 구축 및 관리 등에 관한 법률」에 따른 지적측량은 제외한다)이나 건축물의 건축 과정에서 부득이하게 발생하는 오차는 이 법을 적용할 때 국토교통부령으로 정하는 범위에서 허용한다. 〈개정 2014.6.3.〉

질의 회신 지적확정 측량으로 지적감소에 따른 허용오차 인정여부

건교부 건축과-4425, 2005.8.2

질의 사용승인 신청시 대지에 대한 확정측량결과 면적이 감소하여 용적률이 규정상 최대한계(250%)를 초과하는 경우 허용오차의 적용과

【시행규칙/별표 5】 건축허용오차(제20조관련) 〈개정 2010.8.5〉

1. 대지관련 건축기준의 허용오차

항목	허용되는 오차의 범위
건축선의 후퇴거리	3% 이내
인접대지 경계선과의 거리	3% 이내
인접건축물과의 거리	3% 이내
건폐율	0.5% 이내(건축면적 5㎡를 초과할 수 없다)
용적률	1% 이내(연면적 30㎡를 초과할 수 없다)

제20조 【허용오차】 법 제26조에 따른 허용오차의 범위는 별표 5와 같다.

법령해석 건축물 허용 오차의 적용 범위

(법제처 19-0287, 2019.8.7.)

질의요지 「건축법」 제26조에서는 대지의 측량(각주: 「공간정보의 구축 및 관리 등에 관한 법률」에 따른 지적측량은 제외하며, 이하 같음.)이나 건축물의 건축 과정에서 부득이하게 발생하는 오차는 같은 법을 적용할 때 국토교통부령으로 정하는 범위에서 허용한다고 규정하고 있는

법	시 행 령	시 행 규 칙

신청서에 기재할 사항은

회신 대지의 측량(지적법에 의한 측량을 제외)과정과 건축물의 건축에 있어 부득이하게 발생하는 오차는 건축법 제26조 및 동법 시행규칙 제20조, 규칙 별표5에서 규정한 바에 따라 이를 허용하는 바, 질의의 경우 별표5에서 정한 용적률의 허용오차(1%)를 포함하면 당해 건축물에 허용되는 용적률의 최대한계는 252.5%이고, 대지의 측량과정으로 인하여 당해 건축물의 용적률이 규정상 한계를 초과하더라도 허용오차 범위 이내인 경우에는 사용승인신청서 및 건축물대장에 건축물의 실제 규모 및 용적률을 기재하여야 할 것이며, 아울러 "지적법에 의한 측량을 제외"의 의미는 측량과정에서 발생하는 지적법에서 둔 오차를 말하는 것으로 동 용적률에 대한 허용오차와는 무관한 것임

2. 건축물관련 건축기준의 허용오차

항목	허용되는 오차의 범위
건축물 높이	2% 이내(1m를 초과할 수 없다)
평면길이	2% 이내(건축물 전체길이는 1m를 초과할 수 없고, 벽으로 구획된 각 실의 경우에는 10㎝를 초과할 수 없다)
출구너비	2% 이내
반자높이	2% 이내
벽체두께	3% 이내
바닥판두께	3% 이내

바, 허가 당시 설계도서의 수치와 실제 건축물의 수치에 차이가 발생한 경우 그 차이가 같은 법 시행규칙 별표 5에 따른 항목의 오차 범위 이내이면 해당 항목과 관련하여 「건축법」에서 정하고 있는 기준(이하 "건축기준"이라 함)을 벗어났다고 하더라도 같은 법을 적용할 때 허용할 수 있는지?

〈질의 배경〉 민원인은 위 질의요지에 관한 사항에 대하여 국토교통부에 질의하였으나, 국토교통부의 회신 내용이 자신의 의견과 달라 법제처에 직접 법령해석을 요청함.

회답 이 사안의 경우 허가 당시 설계도서의 수치와 실제 건축물의 수치와의 차이가 허용오차 범위 이내이면 해당 항목과 관련하여 건축기준을 벗어났다고 하더라도 「건축법」을 적용할 때 허용할 수 있습니다.

제27조【현장조사·검사 및 확인업무의 대행】 ① 허가권자는 이 법에 따른 현장조사·검사 및 확인업무를 대통령령으로 정하는 바에 따라 「건축사법」 제23조에 따라 건축사사무소개설신고를 한 자에게 대행하게 할 수 있다. 〈개정 2014.5.28.〉

② 제1항에 따라 업무를 대행하는 자는 현장조사·검사 또는 확인결과를 국토교통부령으로 정하는 바에 따라 허가권자에게 서면으로 보고하여야 한다.

③ 허가권자는 제1항에 따른 자에게 업무를 대행하게 한 경우 국토교통부령으로 정하는 범위에서 해당 지방자치단체의 조례로 정하는 수수료를 지급하여야 한다.

질의 회신 현장조사 검사 및 확인업무 시 지역분회에 소속된 건축사만 가능 한 지 국토교통부 민원마당 FAQ, 2023.6.15.

질의 건축법 제27조 제1항에 따라 허가권자는 현장조사 검사 및 확인

제20조【현장조사·검사 및 확인업무의 대행】 ① 허가권자는 법 제27조제1항에 따라 건축조례로 정하는 건축물의 건축허가, 건축신고, 사용승인 및 임시사용승인과 관련되는 현장조사·검사 및 확인업무를 건축사로 하여금 대행하게 할 수 있다. 이 경우 허가권자는 건축물의 사용승인 및 임시사용승인과 관련된 현장조사·검사 및 확인업무를 대행할 건축사를 다음 각 호의 기준에 따라 선정하여야 한다. 〈개정 2014.11.28.〉

1. 해당 건축물의 설계자 또는 공사감리자가 아닐 것
2. 건축주의 추천을 받지 아니하고 직접 선정할 것

② 시·도지사는 법 제27조제1항에 따라 현장조사·검사 및 확인업무를 대행하게 하는 건축사(이하 이 조에서 "업무대행건축사"라 한다)의 명부를 모집공고를 거쳐 작성·관리해야 한다. 이 경우 시·도지사는 미리 관할 시장·군

제21조【현장조사·검사업무의 대행】 ① 법 제27조제2항에 따라 현장조사·검사 또는 확인업무를 대행하는 자는 허가권자에게 별지 제23호서식의 건축허가조사 및 검사조서 또는 별지 제24호서식의 사용승인조사 및 검사조서를 제출하여야 한다.

② 허가권자는 제1항에 따라 건축허가 또는 사용승인을 하는 것이 적합한 것으로 표시된 건축허가조사 및 검사조서 또는 사용승인조사 및 검사조서를 받은 때에는 지체 없이 건축허가서 또는 사용승인서를 교부하여야 한다. 다만, 법 제11조제2항에 따라 건축허가를 할 때

법	시 행 령	시 행 규 칙
업무를 건축사 업무신고를 한 자에게 대행하게 할 수 있도록 되어 있는 바, 지자체에서 지역 건축사협회 지역분회와 협약하여 지역분회에 소속된 건축사에 한하여 현장조사 검사 및 확인업무를 하도록 할 수 있는 것인지에 대한 질의 **회신** 현장조사 · 검사 및 확인(이하 "조사 등" 이라함) 업무는 허가권자가 건축물이 적법하게 건축되고 있는 지 또는 건축되었는 지 등에 대하여 조사 등을 하는 것으로 건축물의 허가 단계에서부터 사용승인까지의 모든 과정을 확인하는 건축에 대한 전문적인 지식을 필요로 하는 건축행정업무임. 이와 관련, 「건축법」 제27조 제1항의 규정에 따르면 허가권자는 이 법에 따른 조사 등의 업무를 건축사 업무신고를 한 자에게 대행하게 할 수 있으며, 같은 법 시행령 제20조 제2항에서는 업무대행자의 업무범위 · 업무대행 절차 등에 관하여 필요한 사항은 건축조례로 정하도록 규정하고 있으므로, 허가권자가 조사 등을 위한 건축행정업무 대행자를 건축조례로 정하여 선정하는 것이 타당하다고 판단됨	수 · 구청장과 협의해야 한다. 〈신설 2021.1.8.〉 ③ 허가권자는 제2항에 따른 명부에서 업무대행건축사를 지정해야 한다. 〈신설 2021.1.8.〉 ④ 제2항 및 제3항에 따른 업무대행건축사 모집공고, 명부 작성 · 관리 및 지정에 필요한 사항은 시 · 도의 조례로 정한다. 〈개정 2021.1.8.〉 **고시** 엔지니어링사업대가의 기준 (산업통상자원부고시 제2024-217호, 2024.12.31)	도지사의 승인이 필요한 건축물인 경우에는 미리 도지사의 승인을 받아 건축허가서를 발급하여야 한다. ③ 허가권자는 법 제27조제3항에 따라 현장조사 · 검사 및 확인업무를 대행하는 자에게 「엔지니어링산업 진흥법」 제31조에 따라 산업통상자원부장관이 고시하는 엔지니어링사업 대가기준에 따라 산정한 대가 이상의 범위에서 건축조례로 정하는 수수료를 지급하여야 한다. 〈개정 2014.10.15.〉
제28조【공사현장의 위해 방지 등】 ① 건축물의 공사시공자는 대통령령으로 정하는 바에 따라 공사현장의 위해를 방지하기 위하여 필요한 조치를 하여야 한다. ② 허가권자는 건축물의 공사와 관련하여 건축관계자간 분쟁상담 등의 필요한 조치를 하여야 한다.	**제21조【공사현장의 위해 방지】** 건축물의 시공 또는 해체에 따른 유해 · 위험의 방지에 관한 사항은 산업안전보건에 관한 법령에서 정하는 바에 따른다. 〈개정 2020.4.28.〉	
제29조【공용건축물에 대한 특례】 ① 국가나 지방자치단체는 제11조, 제14조, 제19조, 제20조 및 제83조에 따른 건축물을 건축 · 대수선 · 용도변경하거나 가설건축물을 건축하거나 공작물을 축조하려는 경우에는 대통령령으로 정하는 바에 따라 미리 건축물의 소재지를 관할하는 허가권자와 협의하여야 한다. ② 국가나 지방자치단체가 제1항에 따라 건축물의 소재지를 관할하는 허가권자와 협의한 경우에는 제11조, 제14조,	**제22조【공용건축물에 대한 특례】** ① 국가 또는 지방자치단체가 법 제29조에 따라 건축물을 건축하려면 해당 건축공사를 시행하는 행정기관의 장 또는 그 위임을 받은 자는 건축공사에 착수하기 전에 그 공사에 관한 설계도서와 국토교통부령으로 정하는 관계 서류를 허가권자에게 제출(전자문서에 의한 제출을 포함한다)하여야 한다. 다만, 국가안보상 중요하거나 국가기밀에 속하는 건축물을 건축하는 경우에는 설계도서의 제출을 생략할 수 있다.	**제22조【공용건축물의 건축에 있어서의 제출서류】** ① 영 제22조제1항에서 "국토교통부령으로 정하는 관계 서류"란 제6조 · 제12조 · 제12조의2의 규정에 의한 관계도서 및 서류(전자문서를 포함한다)를 말한다. ② 영 제22조제3항에서 "국토교통부령으로 정하는 관계 서류"란 다음 각 호

법	시 행 령	시 행 규 칙
제19조, 제20조 및 제83조에 따른 허가를 받았거나 신고한 것으로 본다. ③ 제1항에 따라 협의한 건축물에는 제22조제1항부터 제3항까지의 규정을 적용하지 아니한다. 다만, 건축물의 공사가 끝난 경우에는 지체 없이 허가권자에게 통보하여야 한다. ④ 국가나 지방자치단체가 소유한 대지의 지상 또는 지하 여유공간에 구분지상권을 설정하여 주민편의시설 등 대통령령으로 정하는 시설을 설치하고자 하는 경우 허가권자는 구분지상권자를 건축주로 보고 구분지상권이 설정된 부분을 제2조제1항제1호의 대지로 보아 건축허가를 할 수 있다. 이 경우 구분지상권 설정의 대상 및 범위, 기간 등은 「국유재산법」 및 「공유재산 및 물품 관리법」에 적합하여야 한다. 〈신설 2016.1.19.〉 **제30조 【건축통계 등】** ① 허가권자는 다음 각 호의 사항(이하 "건축통계"라 한다)을 국토교통부령으로 정하는 바에 따라 국토교통부장관이나 시·도지사에게 보고하여야 한다. 1. 제11조에 따른 건축허가 현황 2. 제14조에 따른 건축신고 현황	② 허가권자는 제1항 본문에 따라 제출된 설계도서와 관계 서류를 심사한 후 그 결과를 해당 행정기관의 장 또는 그 위임을 받은 자에게 통지(해당 행정기관의 장 또는 그 위임을 받은 자가 원하거나 전자문서로 제1항에 따른 설계도서 등을 제출한 경우에는 전자문서로 알리는 것을 포함한다)하여야 한다. ③ 국가 또는 지방자치단체는 법 제29조제3항 단서에 따라 건축물의 공사가 완료되었음을 허가권자에게 통보하는 경우에는 국토교통부령으로 정하는 관계 서류를 첨부하여야 한다. ④ 법 제29조제4항 전단에서 "주민편의시설 등 대통령령으로 정하는 시설"이란 다음 각 호의 시설을 말한다. 〈신설 2016.7.19.〉 1. 제1종 근린생활시설 2. 제2종 근린생활시설(총포판매소, 장의사, 다중생활시설, 제조업소, 단란주점, 안마시술소 및 노래연습장은 제외한다) 3. 문화 및 집회시설(공연장 및 전시장으로 한정한다) 4. 의료시설 5. 교육연구시설 6. 노유자시설 7. 운동시설 8. 업무시설(오피스텔은 제외한다)	의 서류(전자문서를 포함한다)를 말한다. 1. 별지 제17호서식의 사용승인신청서. 이 경우 구비서류는 현황도면에 한한다. 2. 별지 제24호서식의 사용승인조사 및 검사조서 **질의 회신** 군사시설보호법 제10조에 따른 허가 협의대상에 신고도 포함되는지 여부 건교부 건축기획팀-342, 2005.9.21 **질의** 군사시설보호법 제10조의 규정에 의하여 군사시설보호구역 안에서 주택 기타 구조물의 신축 또는 증축에 해당하는 사항에 관한 허가, 기타의 처분을 하고자 할 때에는 관할부대장등과 협의를 하도록 하고 있는 바, 동 규정을 적용함에 있어 협의대상에 건축법 제14조에 의한 신고대상도 포함되어야 하는지 여부 **회신** 군사시설보호구역 안에서 건축물의 건축등과 관련한 협의대상이나 범위등에 대하여는 군사시설보호법령에 의하여 판단하여야 할 사항이나, 건축법제14조의 규정에 의한 신고는 허가대상임에도 절차간소화 차원에서 신고로써 허가를 대신하는 것이므로 신고대상이라도 협의대상이 되어야 한다고 사료됨

법	시 행 령	시 행 규 칙

법

3. 제19조에 따른 용도변경허가 및 신고 현황
4. 제21조에 따른 착공신고 현황
5. 제22조에 따른 사용승인 현황
6. 그 밖에 대통령령으로 정하는 사항

② 건축통계의 작성 등에 필요한 사항은 국토교통부령으로 정한다.

제31조【건축행정 전산화】 ① 국토교통부장관은 이 법에 따른 건축행정 관련 업무를 전산처리하기 위하여 종합적인 계획을 수립·시행할 수 있다.

② 허가권자는 제10조, 제11조, 제14조, 제16조, 제19조부터 제22조까지, 제25조, 제30조, 제36조, 제38조, 제83조 및 제92조에 따른 신청서, 신고서, 첨부서류, 통지, 보고 등을 디스켓, 디스크 또는 정보통신망 등으로 제출하게 할 수 있다. 〈개정 2019.4.30.〉

제32조【건축허가 업무 등의 전산처리 등】 ① 허가권자는 건축허가 업무 등의 효율적인 처리를 위하여 국토교통부령으로 정하는 바에 따라 전자정보처리 시스템을 이용하여 이 법에 규정된 업무를 처리할 수 있다.

② 제1항에 따른 전자정보처리 시스템에 따라 처리된 자료(이하 "전산자료"라 한다)를 이용하려는 자는 대통령령으로 정하는 바에 따라 관계 중앙행정기관의 장의 심사를 거쳐 다음 각 호의 구분에 따라 국토교통부장관, 시·도지사 또는 시장·군수·구청장의 승인을 받아야 한다. 다만, 지방자치단체의 장이 승인을 신청하는 경우에는 관계 중앙행정기관의 장의 심사를 받지 아니한다. 〈개정 2014.1.14., 2022.6.10〉

1. 전국 단위의 전산자료: 국토교통부장관

시행령

제22조의2【건축 허가업무 등의 전산처리 등】 ① 법 제32조제2항 각 호 외의 부분 본문에 따라 같은 조 제1항에 따른 전자정보처리 시스템으로 처리된 자료(이하 "전산자료"라 한다)를 이용하려는 자는 관계 중앙행정기관의 장의 심사를 받기 위하여 다음 각 호의 사항을 적은 신청서를 관계 중앙행정기관의 장에게 제출하여야 한다.

1. 전산자료의 이용 목적 및 근거
2. 전산자료의 범위 및 내용
3. 전산자료를 제공받는 방식
4. 전산자료의 보관방법 및 안전관리대책 등

② 제1항에 따라 전산자료를 이용하려는 자는 전산자료의 이용목적에 맞는 최소한의 범위에서 신청하여야 한다.

시행규칙

제22조의2【전자정보처리시스템의 이용】 ① 법 제32조제1항에 따라 허가권자는 정보통신망 이용환경의 미비, 전산장애 등 불가피한 경우를 제외하고는 전자정보시스템을 이용하여 건축허가 등의 업무를 처리하여야 한다.

② 제1항에 따른 전자정보처리시스템의 구축, 운영 및 관리에 관한 세부적인 사항은 국토교통부장관이 정한다.

[본조신설 2010.8.5][종전 제22조의2는 제22조의3으로 이동]

법	시 행 령	시 행 규 칙
2. 특별시 · 광역시 · 특별자치시 · 도 · 특별자치도(이하 "시 · 도"라 한다) 단위의 전산자료: 시 · 도지사 3. 시 · 군 또는 구(자치구를 말한다. 이하 같다) 단위의 전산자료: 시장 · 군수 · 구청장 ③ 국토교통부장관, 시 · 도지사 또는 시장 · 군수 · 구청장이 제2항에 따른 승인신청을 받은 경우에는 건축허가 업무 등의 효율적인 처리에 지장이 없고 대통령령으로 정하는 건축주 등의 개인정보 보호기준을 위반하지 아니한다고 인정되는 경우에만 승인할 수 있다. 이 경우 용도를 한정하여 승인할 수 있다. ④ 제2항 및 제3항에도 불구하고 건축물의 소유자가 본인 소유의 건축물에 대한 소유 정보를 신청하거나 건축물의 소유자가 사망하여 그 상속인이 피상속인의 건축물에 대한 소유 정보를 신청하는 경우에는 승인 및 심사를 받지 아니할 수 있다. 〈신설 2017.10.24.〉 ⑤ 제2항에 따른 승인을 받아 전산자료를 이용하려는 자는 사용료를 내야 한다. 〈개정 2017.10.24.〉 ⑥ 제1항부터 제5항까지의 규정에 따른 전자정보처리 시스템의 운영에 관한 사항, 전산자료의 이용 대상 범위와 심사기준, 승인절차, 사용료 등에 관하여 필요한 사항은 대통령령으로 정한다. 〈개정 2017.10.24.〉	③ 제1항에 따른 신청을 받은 관계 중앙행정기관의 장은 다음 각 호의 사항을 심사한 후 신청받은 날부터 15일 이내에 그 심사결과를 신청인에게 알려야 한다. 1. 제1항 각 호의 사항에 대한 타당성 · 적합성 및 공익성 2. 법 제32조제3항에 따른 개인정보 보호기준에의 적합 여부 3. 전산자료의 이용목적 외 사용방지 대책의 수립 여부 ④ 법 제32조제2항에 따라 전산자료 이용의 승인을 받으려는 자는 국토교통부령으로 정하는 건축행정 전산자료 이용승인 신청서에 제3항에 따른 심사결과를 첨부하여 국토교통부장관, 시 · 도지사 또는 시장 · 군수 · 구청장에게 제출하여야 한다. 다만, 중앙행정기관의 장 또는 지방자치단체의 장이 전산자료를 이용하려는 경우에는 전산자료 이용의 근거 · 목적 및 안전관리대책 등을 적은 문서로 승인을 신청할 수 있다. ⑤ 법 제32조제3항 전단에서 "대통령령으로 정하는 건축주 등의 개인정보 보호기준"이란 다음 각 호의 기준을 말한다. 1. 신청한 전산자료는 그 자료에 포함되어 있는 성명 · 주민등록번호 등의 사항에 따라 특정 개인임을 알 수 있는 정보(해당 정보만으로는 특정개인을 식별할 수 없더라도 다른 정보와 쉽게 결합하여 식별할 수 있는 정보를 포함한다), 그 밖에 개인의 사생활을 침해할 우려가 있는 정보가 아닐 것. 다만, 개인의 동의가 있거나 다른 법률에 근거가 있는 경우에는 이용하게 할 수 있다. 2. 제1호 단서에 따라 개인정보가 포함된 전산자료를 이용하는 경우에는 전산자료의 이용목적 외의 사용 또는 외부로의 누출 · 분실 · 도난 등을 방지할 수 있는 안전관리대책이 마련되어 있을 것 ⑥ 국토교통부장관, 시 · 도지사 또는 시장 · 군수 · 구청장은	**훈령** 건축행정시스템 운영규정 (국토교통부훈령 제1369호, 2021.2.18.) **제22조의3【건축 허가업무 등의 전산처리 등】** 영 제22조의2제4항에 따라 전산자료 이용의 승인을 얻으려는 자는 별지 제24호의2서식의 건축행정전산자료이용승인신청서를 국토교통부장관, 특별시장· 광역시장· 특별자치시장 · 도지사 또는 특별자치도지사(이하 "시· 도지사"라 한다)나 시장 · 군수 · 구청장에게 제출하여야 한다. 〈개정 2014.10.15〉 [제22조의2에서 이동 〈2010.8.5〉]

법	시 행 령	시 행 규 칙
	법 제32조제3항에 따라 전산자료의 이용을 승인하였으면 그 승인한 내용을 기록·관리하여야 한다.	
제33조【전산자료의 이용자에 대한 지도·감독】 ① 국토교통부장관, 시·도지사 또는 시장·군수·구청장은 개인정보의 보호 및 전산자료의 이용목적 외 사용 방지 등을 위하여 필요하다고 인정되면 전산자료의 보유 또는 관리 등에 관한 사항에 관하여 제32조에 따라 전산자료를 이용하는 자를 지도·감독할 수 있다. 〈개정 2019.8.20.〉 ② 제1항에 따른 지도·감독의 대상 및 절차 등에 관하여 필요한 사항은 대통령령으로 정한다.	**제22조의3【전산자료의 이용자에 대한 지도·감독의 대상 등】** ① 법 제33조제1항에 따라 전산자료를 이용하는 자에 대하여 그 보유 또는 관리 등에 관한 사항을 지도·감독하는 대상은 다음 각 호의 구분에 따른 전산자료(다른 법령에 따라 제공받은 전산자료를 포함한다)를 이용하는 자로 한다. 다만, 국가 및 지방자치단체는 제외한다. 1. 국토교통부장관: 연간 50만 건 이상 전국 단위의 전산자료를 이용하는 자 2. 시·도지사: 연간 10만 건 이상 시·도 단위의 전산자료를 이용하는 자 3. 시장·군수·구청장: 연간 5만 건 이상 시·군·구 단위의 전산자료를 이용하는 자 ② 국토교통부장관, 시·도지사 또는 시장·군수·구청장은 법 제33조제1항에 따른 지도·감독을 위하여 필요한 경우에는 제1항에 따른 지도·감독 대상에 해당하는 자에 대하여 다음 각 호의 자료를 제출하도록 요구할 수 있다. 1. 전산자료의 이용실태에 관한 자료 2. 전산자료의 이용에 따른 안전관리대책에 관한 자료 ③ 제2항에 따라 자료제출을 요구받은 자는 정당한 사유가 있는 경우를 제외하고는 15일 이내에 관련 자료를 제출하여야 한다. ④ 국토교통부장관, 시·도지사 또는 시장·군수·구청장은 법 제33조제1항에 따라 전산자료의 이용실태에 관한 현지조사를 하려면 조사대상자에게 조사 목적·내용, 조사자의 인적사항, 조사 일시 등을 7일 전까지 알려야 한다. 〈개정	

2019.8.6.〉

⑤ 국토교통부장관, 시 · 도지사 또는 시장 · 군수 · 구청장은 제4항에 따른 현지조사 결과를 조사대상자에게 알려야 하며, 조사 결과 필요한 경우에는 시정을 요구할 수 있다.

제34조【건축종합민원실의 설치】 특별자치시장 · 특별자치도지사 또는 시장 · 군수 · 구청장은 대통령령으로 정하는 바에 따라 건축허가, 건축신고, 사용승인 등 건축과 관련된 민원을 종합적으로 접수하여 처리할 수 있는 민원실을 설치 · 운영하여야 한다. 〈개정 2014.1.14.〉

제22조의4【건축에 관한 종합민원실】 ① 법 제34조에 따라 특별자치시 · 특별자치도 또는 시 · 군 · 구에 설치하는 민원실은 다음 각 호의 업무를 처리한다. 〈개정 2014.10.14.〉

1. 법 제22조에 따른 사용승인에 관한 업무
2. 법 제27조제1항에 따라 건축사가 현장조사 · 검사 및 확인업무를 대행하는 건축물의 건축허가와 사용승인 및 임시사용승인에 관한 업무
3. 건축물대장의 작성 및 관리에 관한 업무
4. 복합민원의 처리에 관한 업무
5. 건축허가 · 건축신고 또는 용도변경에 관한 상담 업무
6. 건축관계자 사이의 분쟁에 대한 상담
7. 그 밖에 특별자치시장 · 특별자치도지사 또는 시장 · 군수 · 구청장이 주민의 편익을 위하여 필요하다고 인정하는 업무

② 제1항에 따른 민원실은 민원인의 이용에 편리한 곳에 설치하고, 그 조직 및 기능에 관하여는 특별자치시 · 특별자치도 또는 시 · 군 · 구의 규칙으로 정한다.
〈개정 2014.10.14.〉

법

제3장 건축물의 유지와 관리

제35조 삭제 〈2019.4.30.〉

제35조의2 삭제 〈2019.4.30.〉

제36조 삭제 〈2019.4.30.〉

제37조 【건축지도원】 ① 특별자치시장 · 특별자치도지사 또는 시장 · 군수 · 구청장은 이 법 또는 이 법에 따른 명령이나 처분에 위반되는 건축물의 발생을 예방하고 건축물을 적법하게 유지 · 관리하도록 지도하기 위하여 대통령령으로 정하는 바에 따라 건축지도원을 지정할 수 있다. 〈개정 2014.1.14〉
② 제1항에 따른 건축지도원의 자격과 업무 범위 등은 대통령령으로 정한다.

시 행 령

제3장 건축물의 유지와 관리

제23조 삭제 〈2020.4.28.〉

제23조의2~제23조의7 삭제 〈2020.4.28.〉

제23조의8 삭제 〈2019.8.6.〉

제24조 【건축지도원】 ① 법 제37조에 따른 건축지도원(이하 "건축지도원"이라 한다)은 특별자치시장 · 특별자치도지사 또는 시장 · 군수 · 구청장이 특별자치시 · 특별자치도 또는 시 · 군 · 구에 근무하는 건축직렬의 공무원과 건축에 관한 학식이 풍부한 자로서 건축조례로 정하는 자격을 갖춘 자 중에서 지정한다. 〈개정 2014.10.14〉
② 건축지도원의 업무는 다음 각 호와 같다.
1. 건축신고를 하고 건축 중에 있는 건축물의 시공 지도와 위법 시공 여부의 확인 · 지도 및 단속
2. 건축물의 대지, 높이 및 형태, 구조 안전 및 화재 안전, 건축설비 등이 법령등에 적합하게 유지 · 관리되고 있는지의 확인 · 지도 및 단속
3. 허가를 받지 아니하거나 신고를 하지 아니하고 건축하거

시 행 규 칙

제23조 삭제 〈2020.5.1.〉

제24조 삭제 〈2020.5.1.〉

제24조의2 【건축물 석면의 제거처리】 석면이 함유된 건축물을 증축 · 개축 또는 대수선하는 경우에는 「산업안전보건법」 등 관계 법령에 적합하게 석면을 먼저 제거 · 처리한 후 건축물을 증축 · 개축 또는 대수선해야 한다. 〈개정 2020.5.1., 2021.6.25〉

나 용도변경한 건축물의 단속
③ 건축지도원은 제2항의 업무를 수행할 때에는 권한을 나타내는 증표를 지니고 관계인에게 내보여야 한다.
④ 건축지도원의 지정 절차, 보수 기준 등에 관하여 필요한 사항은 건축조례로 정한다.

제38조【건축물대장】 ① 특별자치시장·특별자치도지사 또는 시장·군수·구청장은 건축물의 소유·이용 및 유지·관리 상태를 확인하거나 건축정책의 기초 자료로 활용하기 위하여 다음 각 호의 어느 하나에 해당하면 건축물대장에 건축물과 그 대지의 현황 및 국토교통부령으로 정하는 건축물의 구조내력(構造耐力)에 관한 정보를 적어서 보관하고 이를 지속적으로 정비하여야 한다. 〈개정 2015.1.6, 2017.10.24., 2019.4.30.〉
1. 제22조제2항에 따라 사용승인서를 내준 경우
2. 제11조에 따른 건축허가 대상 건축물(제14조에 따른 신고 대상 건축물을 포함한다) 외의 건축물의 공사를 끝낸 후 기재를 요청한 경우
3. 삭제 〈2019.4.30.〉
4. 그 밖에 대통령령으로 정하는 경우
② 특별자치시장·특별자치도지사 또는 시장·군수·구청장은 건축물대장의 작성·보관 및 정비를 위하여 필요한 자료나 정보의 제공을 중앙행정기관의 장 또는 지방자치단체의 장에게 요청할 수 있다. 이 경우 자료나 정보의 제공을 요청받은 기관의 장은 특별한 사유가 없으면 그 요청에 따라야 한다. 〈신설 2017.10.24.〉
③ 제1항 및 제2항에 따른 건축물대장의 서식, 기재 내용, 기재 절차, 그 밖에 필요한 사항은 국토교통부령으로 정한

제25조【건축물대장】 법 제38조제1항제4호에서 "대통령령으로 정하는 경우"란 다음 각 호의 어느 하나에 해당하는 경우를 말한다.
1. 「집합건물의 소유 및 관리에 관한 법률」 제56조 및 제57조에 따른 건축물대장의 신규등록 및 변경등록의 신청이 있는 경우
2. 법 시행일 전에 법령등에 적합하게 건축되고 유지·관리된 건축물의 소유자가 그 건축물의 건축물관리대장이나 그 밖에 이와 비슷한 공부(公簿)를 법 제38조에 따른 건축물대장에 옮겨 적을 것을 신청한 경우
3. 그 밖에 기재내용의 변경 등이 필요한 경우로서 국토교통부령으로 정하는 경우

관계법 「건축물대장의 기재 및 관리 등에 관한 규칙」 (국토교통부령 제1235호, 2023.8.1.)

관계법 「집합건물의 소유 및 관리에 관한 법률」(법률 제19282호, 2023.3.28.)
제56조(건축물대장의 신규 등록신청)
① 이 법을 적용받는 건물을 신축한 자는 1개월 이내에 1동의 건물에 속하는 전유부분 전부에 대하여 동시에 건축물대장 등록신청을 하여야 한다.
② 제1항의 신청서에는 제54조에 규정된 사항을 적고 건물의 도면, 각 층의 평면도(구분점포의 경우에는 「건축사법」 제23조에 따라 신고한 건축사 또는 「공간정보의 구축 및 관리 등에 관한 법률」 제39조제2항에서 정한 측량기술자가 구분점포의 경계표지에 관한 측량성과를 적어 작성한 평면도를 말한다)와 신청인의 소유임을 증명하는 서면을 첨부하여야 하며, 신청서에 적은 사항 중 규약이나 규약에 상당하는 공정증서로써 정한 것이 있는 경우에는 그 규약이나 공정증서를 첨부하여야 한다.
③ 이 법을 적용받지 아니하던 건물이 구분, 신축 등으로 인하여 이 법을 적용받게 된 경우에는 제1항과 제2항을 준용한다.
④ 제3항의 경우에 건물 소유자는 다른 건물

법	시 행 령	시 행 규 칙

다. 〈개정 2017.10.24.〉

제39조 【등기촉탁】 ① 특별자치시장 · 특별자치도지사 또는 시장 · 군수 · 구청장은 다음 각 호의 어느 하나에 해당하는 사유로 건축물대장의 기재 내용이 변경되는 경우(제2호의 경우 신규 등록은 제외한다) 관할 등기소에 그 등기를 촉탁하여야 한다. 이 경우 제1호와 제4호의 등기촉탁은 지방자치단체가 자기를 위하여 하는 등기로 본다. 〈개정 2017.1.17., 2019.4.30.〉

1. 지번이나 행정구역의 명칭이 변경된 경우
2. 제22조에 따른 사용승인을 받은 건축물로서 사용승인 내용 중 건축물의 면적 · 구조 · 용도 및 층수가 변경된 경우
3. 「건축물관리법」 제30조에 따라 건축물을 해체한 경우
4. 「건축물관리법」 제34조에 따른 건축물의 멸실 후 멸실신고를 한 경우

② 제1항에 따른 등기촉탁의 절차에 관하여 필요한 사항은 국토교통부령으로 정한다.

관계법 「건축물대장의 기재 및 관리 등에 관한 규칙」
(국토교통부령 제1235호, 2023.8.1.)

의 소유자를 대위(代位)하여 제1항의 신청을 할 수 있다.

제57조(건축물대장의 변경등록신청)
① 건축물대장에 등록한 사항이 변경된 경우에는 소유자는 1개월 이내에 변경등록신청을 하여야 한다.
② 1동의 건물을 표시할 사항과 공용부분의 표시에 관한 사항의 변경등록은 전유부분 소유자 중 1인 또는 여럿이 제1항의 기간까지 신청할 수 있다.
③ 제1항 및 제2항의 신청서에는 변경된 사항과 1동의 건물을 표시하기에 충분한 사항을 적고 그 변경을 증명하는 서면을 첨부하여야 하며 건물의 소재지, 구조, 면적이 변경되거나 부속건물을 신축한 경우에는 건물도면 또는 각 층의 평면도도 첨부하여야 한다.④ 구분점포는 제1조의2제1항제1호의 용도 외의 다른 용도로 변경할 수 없다.

제4장 건축물의 대지와 도로

제40조【대지의 안전 등】 ① 대지는 인접한 도로면보다 낮아서는 아니 된다. 다만, 대지의 배수에 지장이 없거나 건축물의 용도상 방습(防濕)의 필요가 없는 경우에는 인접한 도로면보다 낮아도 된다.
② 습한 토지, 물이 나올 우려가 많은 토지, 쓰레기, 그 밖에 이와 유사한 것으로 매립된 토지에 건축물을 건축하는 경우에는 성토(盛土), 지반 개량 등 필요한 조치를 하여야 한다.
③ 대지에는 빗물과 오수를 배출하거나 처리하기 위하여 필요한 하수관, 하수구, 저수탱크, 그 밖에 이와 유사한 시설을 하여야 한다.
④ 손궤(損潰: 무너져 내림)의 우려가 있는 토지에 대지를 조성하려면 국토교통부령으로 정하는 바에 따라 옹벽을 설치하거나 그 밖에 필요한 조치를 하여야 한다.

질의 회신 대지 주변 경사지의 조치

건교부 건축기획팀-1533. 2005.11.24

질의 건축허가를 받은 대지 주변이 경사지로서 붕괴 등이 우려되는 경우 조치

회신 손궤의 우려가 있는 토지에 대지를 조성하고자 하는 경우에는 건축법 제40조제4항의 규정에 의거 동법 시행규칙 제25조의 규정에 의하여 옹벽을 설치하거나 기타 필요한 조치를 하여야 하는 것이며 또한 건축허가를 받은 후에 옹벽을 축조하고자 하는 경우에는 법 제14조의 규정에 의하여 축조하기 전에 신고를 하여야 할 것임(*현행 법령에 맞게 수정함)

제4장 건축물의 대지 및 도로

제26조 삭제 〈1999.4.30〉

참고 경사도의 도해

▶ 경사도 1:1.5는 수직:수평의 비

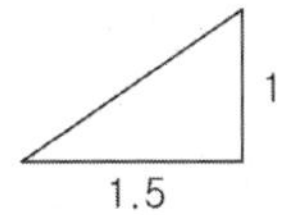

▶ 아래 도해는 [별표 6] 1.의 멧쌓기의 경우임

1.5m까지	3m까지	5m까지

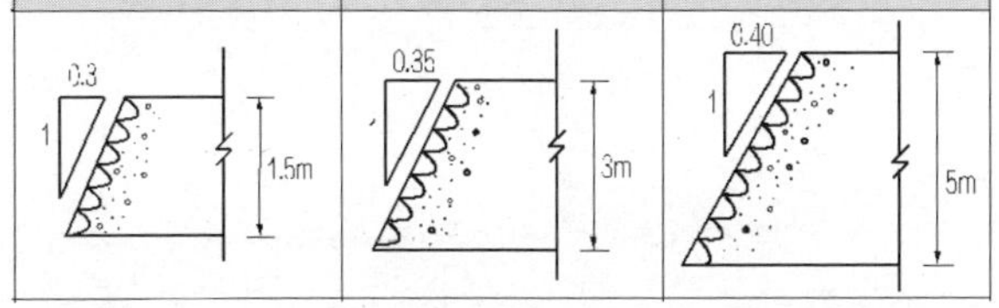

【시행규칙/별표 6】 옹벽에 관한 기술적 기준(제25조관련)

1. 석축인 옹벽의 경사도는 그 높이에 따라 다음 표에 정하는 기준 이하일 것

구분	1.5m까지	3m까지	5m까지
멧쌓기	1 : 0.30	1 : 0.35	1 : 0.40
찰쌓기	1 : 0.25	1 : 0.30	1 : 0.35

2. 석축인 옹벽의 석축용 돌의 뒷길이 및 뒷채움돌의 두께는 그 높이에 따라 다음 표에 정하는 기준 이상일 것

구분높이		1.5m까지	3m까지	5m까지
석축용돌의 뒷길이(cm)		30	40	50
뒷채움돌의 두께(cm)	상부	30	30	30
	하부	40	50	50

3. 석축인 옹벽의 윗가장자리로부터 건축물의 외벽면까지 띄어야 하는 거리는 다음 표에 정하는 기준 이상일 것. 다만, 건축물의 기초가 석축의 기초 이하에 있는 경우에는 그러하니 아니하다.

건축물의 층수	1층	2층	3층 이상
띄우는 거리(m)	1.5	2	3

4. ~ 6. 삭제 <2014.10.15>

질의 회신 0.5미터 이하로 성토해야 하는지, 조성될 지표면을 기준으로 높이 산정 여부

제25조【대지의 조성】 법 제40조제4항에 따라 손궤의 우려가 있는 토지에 대지를 조성하는 경우에는 다음 각 호의 조치를 하여야 한다. 다만, 건축사 또는 「기술사법」에 따라 등록한 건축구조기술사에 의하여 해당 토지의 구조안전이 확인된 경우는 그러하지 아니하다. 〈개정 2016.5.30.〉

1. 성토 또는 절토하는 부분의 경사도가 1:1.5이상으로서 높이가 1미터이상인 부분에는 옹벽을 설치할 것
2. 옹벽의 높이가 2미터이상인 경우에는 이를 콘크리트구조로 할 것. 다만, 별표 6의 옹벽에 관한 기술적 기준에 적합한 경우에는 그러하지 아니하다.
3. 옹벽의 외벽면에는 이의 지지 또는 배수를 위한 시설외의 구조물이 밖으로 튀어 나오지 아니하게 할 것
4. 옹벽의 윗가장자리로부터 안쪽으로 2미터 이내에 묻는 배수관은 주철관, 강관 또는 흡관으로 하고, 이음부분은 물이 새지 아니하도록 할 것
5. 옹벽에는 3제곱미터마다 하나 이상의 배수구멍을 설치하여야 하고, 옹벽의 윗가장자리로부터 안쪽으로 2미터 이내에서의 지표수는 지상으로 또는 배수관

법	시 행 령	시 행 규 칙
	건교부 건축기획팀-481. 2006.1.25 **질의** 허가를 받아 건축하던 중 대지를 다시 조성하고자 하는 경우 가. 대지의 높이를 인접대지의 지표면보다 0.5미터 이하로 조성하여야 하는지? 나. 조성될 지표면을 기준으로 하여 지하층과 건축법 제61조의 규정에 적합한 건축물 각 부분의 높이를 다시 산정하여야 하는지? **회신** 가. 건축법시행규칙 제25조제6호에 의하면 성토부분의 높이는 동법 제40조의 규정에 의한 대지의 안전 등에 지장이 없는 한 인접대지의 지표면보다 0.5미터 이상 높게 하지 아니하되 다만, 절토 등에 의하여 조성된 대지 등 시장·군수·구청장이 지형조건상 부득이 하다고 인정하는 경우에는 그러하지 아니하는 것임. 나. 질의의 경우 새로이 조성되는 지표면에 따라 건축법 제2조제1항제5호(지하층) 및 동법 제61조(일조등의 확보를 위한 건축물의 높이제한) 등 건축법령의 기준을 적용하여야 할 것임(*현행 법령에 맞게 수정함)	으로 배수하여 옹벽의 구조상 지장이 없도록 할 것 6. 성토부분의 높이는 법 제40조에 따른 대지의 안전 등에 지장이 없는 한 인접대지의 지표면보다 0.5미터 이상 높게 하지 아니할 것. 다만, 절토에 의하여 조성된 대지 등 허가권자가 지형조건상 부득이하다고 인정하는 경우에는 그러하지 아니하다.
제41조 【토지 굴착 부분에 대한 조치 등】 ① 공사시공자는 대지를 조성하거나 건축공사를 하기 위하여 토지를 굴착·절토(切土)·매립(埋立) 또는 성토 등을 하는 경우 그 변경 부분에는 국토교통부령으로 정하는 바에 따라 공사 중 비탈면 붕괴, 토사 유출 등 위험 발생의 방지, 환경 보존, 그 밖에 필요한 조치를 한 후 해당 공사현장에 그 사실을 게시하여야 한다. 〈개정 2014.5.28.〉 ② 허가권자는 제1항을 위반한 자에게 의무이행에 필요한 조치를 명할 수 있다.		**제26조 【토지의 굴착부분에 대한 조치】** ① 법 제41조제1항에 따라 대지를 조성하거나 건축공사에 수반하는 토지를 굴착하는 경우에는 다음 각 호에 따른 위험발생의 방지조치를 하여야 한다. 〈개정 2008.12.11〉 1. 지하에 묻은 수도관·하수도관·가스관 또는 케이블등이 토지굴착으로 인하여 파손되지 아니하도록 할 것 2. 건축물 및 공작물에 근접하여 토지를 굴착하는 경우에는 그 건축물 및 공작물의 기초 또는 지반의 구조내력의 약화를 방지하고 급격한 배수를 피하는 등 토지의 붕괴에 의한 위해를 방지하도록 할 것 3. 토지를 깊이 1.5미터 이상 굴착하는

법	시 행 령	시 행 규 칙

【시행규칙/별표7】 토질에 따른 경사도(제26조제1항관련)

토 질	경사도
경암	1 : 0.5
연암	1 : 1.0
모래	1 : 1.8
모래질흙	1 : 1.2
사력질흙, 암괴 또는 호박돌이 섞인 모래질흙	1 : 1.2
점토, 점성토	1 : 1.2
암괴 또는 호박돌이 섞인 점성토	1 : 1.5

경우에는 그 경사도가 별표 7에 의한 비율이하이거나 주변상황에 비추어 위해방지에 지장이 없다고 인정되는 경우를 제외하고는 토압에 대하여 안전한 구조의 흙막이를 설치할 것

4. 굴착공사 및 흙막이 공사의 시공중에는 항상 점검을 하여 흙막이의 보강, 적절한 배수조치등 안전상태를 유지하도록 하고, 흙막이판을 제거하는 경우에는 주변지반의 내려앉음을 방지하도록 할 것

② 성토부분·절토부분 또는 되메우기를 하지 아니하는 굴착부분의 비탈면으로서 제25조에 따른 옹벽을 설치하지 아니하는 부분에 대하여는 법 제41조제1항에 따라 다음 각 호에 따른 환경의 보전을 위한 조치를 하여야 한다. 〈개정 2008.12.11〉

1. 배수를 위한 수로는 돌 또는 콘크리트를 사용하여 토양의 유실을 막을 수 있도록 할 것
2. 높이가 3미터를 넘는 경우에는 높이 3미터 이내마다 그 비탈면적의 5분의 1 이상에 해당하는 면적의 단을 만들 것. 다만, 허가권자가 그 비탈면의 토질·경사도등을 고려하여 붕괴의 우려가 없다고 인정하는 경우에는 그러하지 아니하다.

법	시 행 령	시 행 규 칙

3. 비탈면에는 토양의 유실방지와 미관의 유지를 위하여 나무 또는 잔디를 심을 것. 다만, 나무 또는 잔디를 심는 것으로는 비탈면의 안전을 유지할 수 없는 경우에는 돌붙이기를 하거나 콘크리트블록격자등의 구조물을 설치하여야 한다.

제42조【대지의 조경】 ① 면적이 200제곱미터 이상인 대지에 건축을 하는 건축주는 용도지역 및 건축물의 규모에 따라 해당 지방자치단체의 조례로 정하는 기준에 따라 대지에 조경이나 그 밖에 필요한 조치를 하여야 한다. 다만, 조경이 필요하지 아니한 건축물로서 대통령령으로 정하는 건축물에 대하여는 조경 등의 조치를 하지 아니할 수 있으며, 옥상 조경 등 대통령령으로 따로 기준을 정하는 경우에는 그 기준에 따른다.

② 국토교통부장관은 식재(植栽) 기준, 조경 시설물의 종류 및 설치방법, 옥상 조경의 방법 등 조경에 필요한 사항을 정하여 고시할 수 있다.

고시 조경기준(국토교통부고시 제2021-1778호, 2022.1.7)

제27조【대지의 조경】 ① 법 제42조제1항 단서에 따라 다음 각 호의 어느 하나에 해당하는 건축물에 대하여는 조경 등의 조치를 하지 아니할 수 있다.

1. 녹지지역에 건축하는 건축물
2. 면적 5천 제곱미터 미만인 대지에 건축하는 공장
3. 연면적의 합계가 1천500제곱미터 미만인 공장
4. 「산업집적활성화 및 공장설립에 관한 법률」 제2조제14호에 따른 산업단지의 공장
5. 대지에 염분이 함유되어 있는 경우 또는 건축물 용도의 특성상 조경 등의 조치를 하기가 곤란하거나 조경 등의 조치를 하는 것이 불합리한 경우로서 건축조례로 정하는 건축물
6. 축사
7. 법 제20조제1항에 따른 가설건축물
8. 연면적의 합계가 1천500제곱미터 미만인 물류시설(주거지역 또는 상업지역에 건축하는 것은 제외한다)로서 국토교통부령으로 정하는 것
9. 「국토의 계획 및 이용에 관한 법률」에 따라 지정된 자연환경보전지역 · 농림지역 또는 관리지역(지구단위계획구역으로 지정된 지역은 제외한다)의 건축물

제26조의2【대지안의 조경】 영 제27조제1항제8호에서 "국토교통부령으로 정하는 것"이란 「물류정책기본법」 제2조제4호에 따른 물류시설을 말한다.

질의 회신 녹지지역에 건축하는 경우 조경면제 기준 건교부 건축기획팀-534, 2006.1.27.

질의 녹지지역에 건축하는 건축물에 대하여는 건축법 제42조제1항 단서규정에 의하여 조경등의 조치를 하지 아니할 수 있는데, 지방자치단체의 조례에 규정이 있다하여 동단서 규정에 상관없이 조경 등의 조치를 하도록 할 수 있는 지 여부

회신 건축법 제42조제1항 단서규정 및 동시행령 제27조제1항제1호 규정에 의해 녹지지역에 건축하는 건축물에 대하여는 조경 등의 조치를 하지 아니할 수 있는 것이며, 동규정은 건축법에서 지방자치단체의 조례로 위임한 규정이 아닌 바, 다른 법령 근거가 없다면 조례로서 별도로 기준을 정하여 운용할 수 있는 규정이 아님

질의 회신 증축시 조경기준

건교부 건축 58070-1371, 2002.6.15

법	시 행 령	시 행 규 칙
질의 회신 옥상조경 질의 국토교통부 민원마당 FAQ 2019.5.24. **질의** 옥상조경 기준?	10. 다음 각 목의 어느 하나에 해당하는 건축물 중 건축조례로 정하는 건축물 가. 「관광진흥법」 제2조제6호에 따른 관광지 또는 같은 조 제7호에 따른 관광단지에 설치하는 관광시설 나. 「관광진흥법 시행령」 제2조제1항제3호가목에 따른 전문휴양업의 시설 또는 같은 호 나목에 따른 종합휴양업의 시설 다. 「국토의 계획 및 이용에 관한 법률 시행령」 제48조제10호에 따른 관광·휴양형 지구단위계획구역에 설치하는 관광시설 라. 「체육시설의 설치·이용에 관한 법률 시행령」 별표 1에 따른 골프장 ② 법 제42조제1항 단서에 따른 조경 등의 조치에 관한 기준은 다음 각 호와 같다. 다만, 건축조례로 다음 각 호의 기준보다 더 완화된 기준을 정한 경우에는 그 기준에 따른다. 〈개정 2017.3.29., 2019.3.12.〉 1. 공장(제1항제2호부터 제4호까지의 규정에 해당하는 공장은 제외한다) 및 물류시설(제1항제8호에 해당하는 물류시설과 주거지역 또는 상업지역에 건축하는 물류시설은 제외한다) 가. 연면적의 합계가 2천 제곱미터 이상인 경우: 대지면적의 10퍼센트 이상 나. 연면적의 합계가 1천500 제곱미터 이상 2천 제곱미터 미만인 경우: 대지면적의 5퍼센트 이상 2. 「공항시설법」 제2조제7호에 따른 공항시설: 대지면적(활주로·유도로·계류장·착륙대 등 항공기의 이륙 및 착륙시설로 쓰는 면적은 제외한다)의 10퍼센트 이상 3. 「철도의 건설 및 철도시설 유지관리에 관한 법률」 제2	**질의** 1977년 건축허가를 받아 건축한 기존건축물을 증축하고자 하는 경우 현행 건축법령에 적합하게 조경을 하여야 하는지 여부 **회신** 건축법 제42조의 규정에 의하여 면적 200제곱미터 이상인 대지에 건축을 하는 건축주는 용도지역 및 건축물의 규모에 따라 당해 지방자치단체의 조례가 정하는 기준에 따라 대지안에 조경 기타 필요한 조치를 하여야 하는 것이며, 증축되는 부분의 연면적의 합계를 기준으로 조경면적을 산정하여야 할 것임

법	시 행 령	시 행 규 칙

회신 건축법 제42조의 규정에 따르면 면적 200제곱미터 이상인 대지에 건축을 하는 건축주는 용도지역 및 건축물의 규모에 따라 당해 지방자치단체의 조례가 정하는 기준에 따라 대지 안에 조경 기타 필요한 조치를 하여야 하며, 조경기준 제4조를 보면 조경면적은 식재된 부분의 면적과 조경시설공간의 면적을 합한 면적으로 산정하며, 식재면적은 당해 지방자치단체의 조례에서 정하는 조경면적의 100분의 50 이상이어야 함

건축법시행령 제27조제3항을 보면 건축물의 옥상에 법 제42조제2항에 따라 국토교통부장관이 고시하는 기준에 따라 조경이나 그 밖에 필요한 조치를 하는 경우에는 옥상부분 조경면적의 3분의 2에 해당하는 면적을 법 제42조제1항에 따른 대지의 조경면적으로 산정할 수 있으며, 이 경우 조경면적으로 산정하는 면적은 법 제42조제1항에 따른 조경면적의 100분의 50을 초과할 수 없음

조제1호에 따른 철도 중 역시설: 대지면적(선로·승강장 등 철도운행에 이용되는 시설의 면적은 제외한다)의 10퍼센트 이상

4. 그 밖에 면적 200제곱미터 이상 300제곱미터 미만인 대지에 건축하는 건축물: 대지면적의 10퍼센트 이상

③ 건축물의 옥상에 법 제42조제2항에 따라 국토교통부장관이 고시하는 기준에 따라 조경이나 그 밖에 필요한 조치를 하는 경우에는 옥상부분 조경면적의 3분의 2에 해당하는 면적을 법 제42조제1항에 따른 대지의 조경면적으로 산정할 수 있다. 이 경우 조경면적으로 산정하는 면적은 법 제42조제1항에 따른 조경면적의 100분의 50을 초과할 수 없다.

제43조【공개 공지 등의 확보】 ① 다음 각 호의 어느 하나에 해당하는 지역의 환경을 쾌적하게 조성하기 위하여 대통령령으로 정하는 용도와 규모의 건축물은 일반이 사용할 수 있도록 대통령령으로 정하는 기준에 따라 소규모 휴식시설 등의 공개 공지(空地: 공터) 또는 공개 공간(이하 "공개공지등"이라 한다)을 설치하여야 한다. 〈개정 2018.8.14., 2019.4.23.〉

1. 일반주거지역, 준주거지역
2. 상업지역
3. 준공업지역
4. 특별자치시장·특별자치도지사 또는 시장·군수·구청장이 도시화의 가능성이 크거나 노후 산업단지의 정비가 필요하다고 인정하여 지정·공고하는 지역

② 제1항에 따라 공개공지등을 설치하는 경우에는 제55조, 제56조와 제60조를 대통령령으로 정하는 바에 따라 완화하여 적용할 수 있다. 〈개정 2019.4.23.〉

제27조의2【공개 공지 등의 확보】 ① 법 제43조제1항에 따라 다음 각 호의 어느 하나에 해당하는 건축물의 대지에는 공개 공지 또는 공개 공간(이하 이 조에서 "공개공지등"이라 한다)을 설치해야 한다. 이 경우 공개 공지는 필로티의 구조로 설치할 수 있다. 〈개정 2019.10.22.〉

1. 문화 및 집회시설, 종교시설, 판매시설(「농수산물 유통 및 가격안정에 관한 법률」에 따른 농수산물유통시설은 제외한다), 운수시설(여객용 시설만 해당한다), 업무시설 및 숙박시설로서 해당 용도로 쓰는 바닥면적의 합계가 5천 제곱미터 이상인 건축물
2. 그 밖에 다중이 이용하는 시설로서 건축조례로 정하는 건축물

② 공개공지등의 면적은 대지면적의 100분의 10 이하의 범위에서 건축조례로 정한다. 이 경우 법 제42조에 따른 조경면적과 「매장유산 보호 및 조사에 관한 법률」 제14조

제26조의3 삭제 〈2014.10.15.〉

법령해석 공개 공지 설치 의무 대상의 판단기준이 되는 "해당 용도로 쓰는 바닥면적"의 산정방법 (법제처 21-0640, 2021.11.18.)

질의요지 「건축법」 제43조제1항 및 같은 법 시행령 제27조의2제1항제1호에서는 문화 및 집회시설, 종교시설 등으로서 해당 용도로 쓰는 바닥면적의 합계가 5천 제곱미터 이상인 건축물의 대지에는 공개 공지 또는 공개 공간(이하 "공개공지등"이라 함)을 설치해야 한다고 규정하고 있고, 용도별 건축물의 종류를 규정한 같은 영 별표 1 비고 제1호에서는 같은 별표 제3호 및 제4호의 "해당 용도로 쓰는 바닥면적"을 부설 주차장 면적을 제외한 실(實) 사용면적에 공용부분 면적(복도, 계단, 화장실 등의 면적을 말함)을 비례 배분한 면적을 합한 면적으로 규정하고 있는바,

③ 시·도지사 또는 시장·군수·구청장은 관할 구역 내 공개공지등에 대한 점검 등 유지·관리에 관한 사항을 해당 지방자치단체의 조례로 정할 수 있다. 〈신설 2019.4.23.〉

④ 누구든지 공개공지등에 물건을 쌓아놓거나 출입을 차단하는 시설을 설치하는 등 공개공지등의 활용을 저해하는 행위를 하여서는 아니 된다. 〈신설 2019.4.23.〉

⑤ 제4항에 따라 제한되는 행위의 유형 또는 기준은 대통령령으로 정한다. 〈신설 2019.4.23.〉

질의 회신 공개공지 설치에 따른 적용완화 여부

국토교통부 민원마당 FAQ 2019.5.24.

질의 건축법 제43조 및 같은 법 시행령 제27조의2 규정에 의한 공개공지 확보에 따른 용적률 완화(법정 용적률 1.2배 이하) 규정 적용과 관련하여 가. 도시계획시설 결정(공공청사-국토의 계획 및 이용에 관한 법률 제78조 "용도지역 안에서의 용적률" 에 의거 용적률 250%로 받음)을 받은 대지에 건축법 제43조 및 같은법 시행령 제27조의2에 의한 공개공지 확보에 따른 용적률 완화(법정용적률 1.2배 이하)를 적용할 수 있는 지

나. 국토의 계획 및 이용에 관한 법률 제51조 "지구단위계획의 지정 등" 에 따라 지구단위계획으로 지정된 구역내에서 상기 규정에 따른 용적률 완화를 적용할 수 있는 지 여부

회신 건축법 제56조에 따르면 건축물의 용적률 최대한도는 국토의 계획 및 이용에 관한 법률(이하 "국계법") 제78조에 따른 용적률의 기준에 의하되, 건축법에서 그 기준을 완화 또는 강화하여 적용하도록 규정한 경우에는 그에 의하도록 하고 있는 바, 이는 국계법 제78조에 따른 용도 지역별 용적률에 관한 특례규정에 해당하는 것임

(질의 "가" 에 대하여) 국계법 제43조에 의한 도시계획시설 결정은 같은 법 제78조 "용도지역 안에서의 용적률" 을 적용하여 규모를 결정한 사항이므로 상기와 같이 특례규정을 적용하여 건축법 제43조에 따라 공개공지나 공개공간을 설치하는 경우 용적률 기준을 100분의 120의 범위 안에서 대통령령이 정하는 비율로 완화 받을 수 있음

(질의 "나" 에 대하여) 건축법 제43조의 규정은 국계법 제78조에 따

제1항제1호에 따른 매장유산의 현지보존 조치 면적을 공개공지등의 면적으로 할 수 있다. 〈개정 2017.6.27., 2024.5.7.〉

③ 제1항에 따라 공개공지등을 설치할 때에는 모든 사람들이 환경친화적으로 편리하게 이용할 수 있도록 긴 의자 또는 조경시설 등 건축조례로 정하는 시설을 설치해야 한다. 〈개정 2019.10.22.〉

④ 제1항에 따른 건축물(제1항에 따른 건축물과 제1항에 해당되지 아니하는 건축물이 하나의 건축물로 복합된 경우를 포함한다)에 공개공지등을 설치하는 경우에는 법 제43조제2항에 따라 다음 각 호의 범위에서 대지면적에 대한 공개공지등 면적 비율에 따라 법 제56조 및 제60조를 완화하여 적용한다. 다만, 다음 각 호의 범위에서 건축조례로 정한 기준이 완화 비율보다 큰 경우에는 해당 건축조례로 정하는 바에 따른다. 〈개정 2014.11.11.〉

1. 법 제56조에 따른 용적률은 해당 지역에 적용하는 용적률의 1.2배 이하
2. 법 제60조에 따른 높이 제한은 해당 건축물에 적용하는 높이기준의 1.2배 이하

⑤ 제1항에 따른 공개공지등의 설치대상이 아닌 건축물(「주택법」 제15조제1항에 따른 사업계획승인 대상인 공동주택 중 주택 외의 시설과 주택을 동일 건축물로 건축하는 것 외의 공동주택은 제외한다)의 대지에 법 제43조제4항, 이 조 제2항 및 제3항에 적합한 공개 공지를 설치하는 경우에는 제4항을 준용한다. 〈개정 2017.1.20., 2019.10.22.〉

⑥ 공개공지등에는 연간 60일 이내의 기간 동안 건축조례로 정하는 바에 따라 주민들을 위한 문화행사를 열거나 판촉활동을 할 수 있다. 다만, 울타리를 설치하는 등 공중이

「건축법 시행령」 제27조의2제1항제1호에 따른 문화 및 집회시설 등으로서 "해당 용도로 쓰는 바닥면적" 을 산정할 때 부설 주차장의 면적을 포함(각주: 부설 주차장의 면적을 비례 배분하여 포함하는 것을 의미함)해야 하는지?

회답 이 사안의 경우 「건축법 시행령」 제27조의2제1항제1호에 따른 문화 및 집회시설 등으로서 "해당 용도로 쓰는 바닥면적" 을 산정할 때 부설 주차장의 면적을 포함해야 함

질의 회신 조경면적에 공개공지 면적을 포함시킬 수 있는 지 여부

국토교통부 민원마당 FAQ 2019.5.24.

질의 바닥면적의 합계가 5천제곱미터 이상인 건축물로서 공개공지 등의 설치대상이 아닌 건축물에 공개공지 등을 설치할 경우 조경면적에 공개공지 면적을 포함시킬 수 있는 지 여부

회신 건축법 제43조 및 같은법시행령 제27조의2 제2항에 따르면 공개공지 등의 면적은 대지면적의 100분의 10이하의 범위에서 건축조례로 정하며, 이 경우 법 제42조에 따른 조경면적을 공개공지등의 면적으로 할 수 있다고 규정하고 있는 바, 바닥면적의 합계가 5천제곱미터 이상인 건축물로서 공개공지 등의 설치대상이 아니라 하더라도 같은법 시행령 제27조의2 제2항 및 제3항에 적합한 공개공지를 설치하는 경우에는 조경면적에 공개공지의 면적을 포함시킬 수 있을 것으로 판단됨

법	시 행 령	시 행 규 칙
른 용도지역별 용적률에 관한 특례적용 대상으로써, 지구단위계획으로 정한 지구단위계획구역에 적용될 용적률 기준을 규정하고 있는 국계법 제52조에 관한 특례는 아니라고 할 것인 바, 국계법상의 지구단위계획구역 안에서 건축법 제43조 및 같은법 시행령 제27조의2에 의한 공개공지 확보에 따른 용적률 완화(법정용적률 1.2배 이하)를 적용하고자 하는 경우 지구단위계획의 변경 없이 해당 지구단위계획구역의 용적률 기준을 완화하여 적용할 수는 없을 것임	해당 공개공지등을 이용하는데 지장을 주는 행위를 해서는 아니 된다. ⑦ 법 제43조제4항에 따라 제한되는 행위는 다음 각 호와 같다. 〈신설 2020.4.21.〉 1. 공개공지등의 일정 공간을 점유하여 영업을 하는 행위 2. 공개공지등의 이용에 방해가 되는 행위로서 다음 각 목의 행위 가. 공개공지등에 제3항에 따른 시설 외의 시설물을 설치하는 행위 나. 공개공지등에 물건을 쌓아 놓는 행위 3. 울타리나 담장 등의 시설을 설치하거나 출입구를 폐쇄하는 등 공개공지등의 출입을 차단하는 행위 4. 공개공지등과 그에 설치된 편의시설을 훼손하는 행위 5. 그 밖에 제1호부터 제4호까지의 행위와 유사한 행위로서 건축조례로 정하는 행위	
제44조【대지와 도로의 관계】 ① 건축물의 대지는 2미터 이상이 도로(자동차만의 통행에 사용되는 도로는 제외한다)에 접하여야 한다. 다만, 다음 각 호의 어느 하나에 해당하면 그러하지 아니하다. 〈개정 2016.1.19.〉 1. 해당 건축물의 출입에 지장이 없다고 인정되는 경우 2. 건축물의 주변에 대통령령으로 정하는 공지가 있는 경우 3. 「농지법」 제2조제1호나목에 따른 농막을 건축하는 경우 ② 건축물의 대지가 접하는 도로의 너비, 대지가 도로에 접하는 부분의 길이, 그 밖에 대지와 도로의 관계에 관하여 필요한 사항은 대통령령으로 정하는 바에 따른다.	**제28조【대지와 도로의 관계】** ① 법 제44조제1항제2호에서 "대통령령으로 정하는 공지"란 다음 각 호의 어느 하나에 해당하는 공지로서 허가권자가 인정한 것을 말한다. 〈개정 2024.7.30.〉 1. 광장 2. 공원 3. 유원지 4. 그 밖에 관계 법령에 따라 건축이 금지되고 공중의 통행에 지장이 없는 공지 ② 법 제44조제2항에 따라 연면적의 합계가 2천 제곱미터(공장인 경우에는 3천 제곱미터) 이상인 건축물(축사, 작물 재배사, 그 밖에 이와 비슷한 건축물로서 건축조례로	**법령해석** 건축물 대지의 접도의무 규정의 의미 (법제처 18-0087, 2018.6.12.) **질의요지** 건축물 대지의 2미터 이상이 「건축법」 제2조제11호에 따른 도로에 접해 있으나 해당 건축물에서 해당 도로까지 통로로 사용되는 구간 중 너비가 2미터 미만인 곳이 있는 경우가 건축물 대지의 2미터 이상이 도로에 접할 것을 규정하고 있는 같은 법 제44조제1항에 위반되는지? 〈질의 배경〉 민원인은 건축물 대지의 2미터 이상이 도로에 접해 있어 외형상으로는 「건축법」 제44조제1항의 요건을 충족하지만 그 접도 부분으로부터 건축물 건축 예정 지역 부분으로 이어지는 구간 중에 너비가 2미터가 안 되는 부분이 있

법	시 행 령	시 행 규 칙
	정하는 규모의 건축물은 제외한다)의 대지는 너비 6미터 이상의 도로에 4미터 이상 접하여야 한다.	는 경우가 「건축법」 제44조제1항 위반인지 의문이 있어 법령해석을 요청함. **회답** 이 사안의 경우 해당 건축물에서 해당 도로까지 통로로 사용되는 구간이 제반 사정을 고려할 때 건축물에서 도로로의 출입에 지장이 없다면 「건축법」 제44조제1항에 위반되지 않음
제45조 【도로의 지정 · 폐지 또는 변경】 ① 허가권자는 제2조제1항제11호나목에 따라 도로의 위치를 지정 · 공고하려면 국토교통부령으로 정하는 바에 따라 그 도로에 대한 이해관계인의 동의를 받아야 한다. 다만, 다음 각 호의 어느 하나에 해당하면 이해관계인의 동의를 받지 아니하고 건축위원회의 심의를 거쳐 도로를 지정할 수 있다. 1. 허가권자가 이해관계인이 해외에 거주하는 등의 사유로 이해관계인의 동의를 받기가 곤란하다고 인정하는 경우 2. 주민이 오랫 동안 통행로로 이용하고 있는 사실상의 통로로서 해당 지방자치단체의 조례로 정하는 것인 경우 ② 허가권자는 제1항에 따라 지정한 도로를 폐지하거나 변경하려면 그 도로에 대한 이해관계인의 동의를 받아야 한다. 그 도로에 편입된 토지의 소유자, 건축주 등이 허가권자에게 제1항에 따라 지정된 도로의 폐지나 변경을 신청하는 경우에도 또한 같다. ③ 허가권자는 제1항과 제2항에 따라 도로를 지정하거나 변경하면 국토교통부령으로 정하는 바에 따라 도로관리대장에 이를 적어서 관리하여야 한다.	**제29조, 제30조** 삭제 〈1999.4.30〉 **질의 회신** 도로(사도)폐지에 대한 인접지 소유자 동의 여부 질의 국토교통부 민원마당 FAQ 2019.5.24. **질의** 막다른 도로(사도) 폐지시 인접지 소유자 동의 여부 **회신** 허가권자는 지정한 도로를 폐지하거나 변경하려면 「건축법」 제45조 제2항에 따라 당해 도로에 대한 이해관계인의 동의를 받아야 하는 것이며, 건축법상 도로의 폐지 시 이해관계인의 범위는 당해 도로의 소유자, 동 도로와 접하고 있는 대지 및 건축물의 소유자와 도로폐지에 따른 건축물 높이 등에 영향이 있는지 여부 등 현지의 구체적인 현황에 따라 허가권자가 판단하여야 할 사항임	**제26조의4 【도로관리대장 등】** 법 제45조제2항 및 제3항에 따른 도로의 폐지 · 변경신청서 및 도로관리대장은 각각 별지 제26호서식 및 별지 제27호서식과 같다. 〈개정 2012.12.12.〉
제46조 【건축선의 지정】 ① 도로와 접한 부분에 건축물을 건축할 수 있는 선[이하 "건축선(建築線)"이라 한다]은 대지와 도로의 경계선으로 한다. 다만, 제2조제1항제11호에 따른 소요 너비에 못 미치는 너비의 도로인 경우에는 그 중심선으로부터 그 소요 너비의 2분의 1의 수평거리만큼 물러난 선을 건축선으로 하되, 그 도로의 반대쪽에 경사지, 하천, 철도,	**제31조 【건축선】** ① 법 제46조제1항에 따라 너비 8미터 미만인 도로의 모퉁이에 위치한 대지의 도로모퉁이 부분의 건축선은 그 대지에 접한 도로경계선의 교차점으로부터 도로경계선에 따라 다음의 표에 따른 거리를 각각 후퇴한 두 점을 연결한 선으로 한다.	

법	시 행 령	시 행 규 칙

선로부지, 그 밖에 이와 유사한 것이 있는 경우에는 그 경사지 등이 있는 쪽의 도로경계선에서 소요 너비에 해당하는 수평거리의 선을 건축선으로 하며, 도로의 모퉁이에서는 대통령령으로 정하는 선을 건축선으로 한다.

② 특별자치시장 · 특별자치도지사 또는 시장 · 군수 · 구청장은 시가지 안에서 건축물의 위치나 환경을 정비하기 위하여 필요하다고 인정하면 제1항에도 불구하고 대통령령으로 정하는 범위에서 건축선을 따로 지정할 수 있다. 〈개정 2014.1.14.〉

③ 특별자치시장 · 특별자치도지사 또는 시장 · 군수 · 구청장은 제2항에 따라 건축선을 지정하면 지체 없이 이를 고시하여야 한다. 〈개정 2014.1.14.〉

제47조 【건축선에 따른 건축제한】 ① 건축물과 담장은 건축선의 수직면(垂直面)을 넘어서는 아니 된다. 다만, 지표(地表) 아래 부분은 그러하지 아니하다.

② 도로면으로부터 높이 4.5미터 이하에 있는 출입구, 창문, 그 밖에 이와 유사한 구조물은 열고 닫을 때 건축선의 수직면을 넘지 아니하는 구조로 하여야 한다.

(단위 : 미터)

도로의 교차각	해당 도로의 너비		교차되는 도로의 너비
	6이상 8미만	4이상 6미만	
90 ° 미만	4	3	6이상 8미만
	3	2	4이상 6미만
90 ° 이상 120 ° 미만	3	2	6이상 8미만
	2	2	4이상 6미만

② 특별자치시장 · 특별자치도지사 또는 시장 · 군수 · 구청장은 법 제46조제2항에 따라 「국토의 계획 및 이용에 관한 법률」 제36조제1항제1호에 따른 도시지역에는 4미터 이하의 범위에서 건축선을 따로 지정할 수 있다. 〈개정 2014.10.14.〉

③ 특별자치시장 · 특별자치도지사 또는 시장 · 군수 · 구청장은 제2항에 따라 건축선을 지정하려면 미리 그 내용을 해당 지방자치단체의 공보(公報), 일간신문 또는 인터넷 홈페이지 등에 30일 이상 공고하여야 하며, 공고한 내용에 대하여 의견이 있는 자는 공고기간에 특별자치시장 · 특별자치도지사 또는 시장 · 군수 · 구청장에게 의견을 제출(전자문서에 의한 제출을 포함한다)할 수 있다. 〈개정 2014.10.14.〉

참고 너비 4m, 6m 교차도로의 적용 예

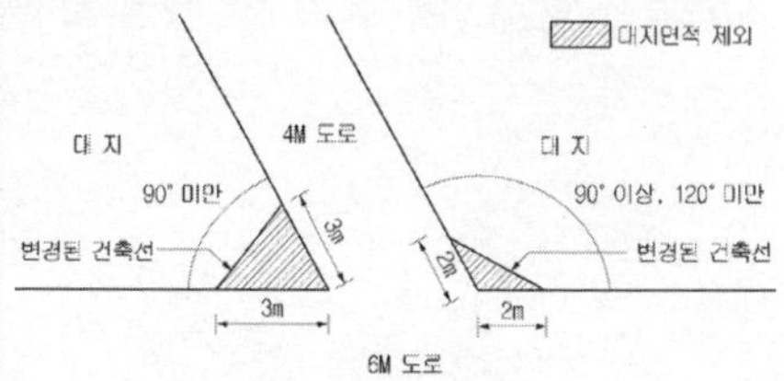

참고 건축선에 따른 건축제한의 도해

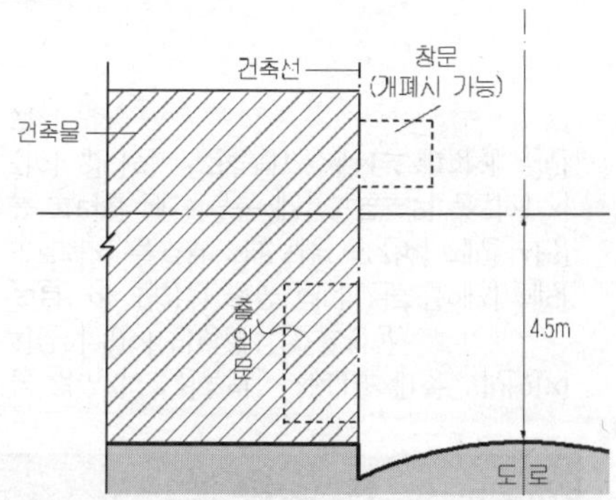

법	시 행 령	시 행 규 칙

제5장 건축물의 구조 및 재료 등
〈개정 2014.5.28.〉

제48조【구조내력 등】 ① 건축물은 고정하중, 적재하중(積載荷重), 적설하중(積雪荷重), 풍압(風壓), 지진, 그 밖의 진동 및 충격 등에 대하여 안전한 구조를 가져야 한다.
② 제11조제1항에 따른 건축물을 건축하거나 대수선하는 경우에는 대통령령으로 정하는 바에 따라 구조의 안전을 확인하여야 한다.
③ 지방자치단체의 장은 제2항에 따른 구조 안전 확인 대상 건축물에 대하여 허가 등을 하는 경우 내진(耐震)성능 확보 여부를 확인하여야 한다.
④ 제1항에 따른 구조내력의 기준과 구조 계산의 방법 등에 관하여 필요한 사항은 국토교통부령으로 정한다. 〈개정 2015.1.6.〉

【구조규칙】

제58조【구조안전확인서 제출】 영 제32조제2항 각 호의 어느 하나에 해당하는 건축물로서 같은 조 제1항에 따라 구조안전의 확인(지진에 대한 구조안전을 포함한다)을 한 건축물에 대해서는 법 제21조에 따른 착공신고를 하는 경우에 다음 각 호의 구분에 따른 구조안전 및 내진설계 확인서를 작성하여 제출하여야 한다. 〈개정 2017.2.3.〉
1. 6층 이상 건축물: 별지 제1호서식에 따른 구조안전 및 내진설계 확인서
2. 소규모건축물: 별지 제2호서식에 따른 구조안전 및 내진설계 확인서 또는 별지 제3호서식에 따른 구조안전 및 내진설계 확인서 〈신설 2017.2.3.〉
3. 제1호 및 제2호 외의 건축물: 별지 제2호서식에 따른 구조안전 및 내진설계 확인서

제5장 건축물의 구조 및 재료 등
〈개정 2014.11.28.〉

제32조【구조 안전의 확인】 ① 법 제48조제2항에 따라 법 제11조제1항에 따른 건축물을 건축하거나 대수선하는 경우 해당 건축물의 설계자는 국토교통부령으로 정하는 구조기준 등에 따라 그 구조의 안전을 확인하여야 한다. 〈개정 2014.11.28.〉
1.~7. 삭제 〈2014.11.28〉
② 제1항에 따라 구조 안전을 확인한 건축물 중 다음 각 호의 어느 하나에 해당하는 건축물의 건축주는 해당 건축물의 설계자로부터 구조 안전의 확인 서류를 받아 법 제21조에 따른 착공신고를 하는 때에 그 확인 서류를 허가권자에게 제출하여야 한다. 다만, 표준설계도서에 따라 건축하는 건축물은 제외한다. 〈개정 2015.9.22., 2017.2.3., 2017.10.24., 2018.12.4., 2024.12.17.〉
1. 층수가 2층[주요구조부인 기둥과 보를 설치하는 건축물로서 그 기둥과 보가 목재인 목구조 건축물(이하 "목구조 건축물"이라 한다)의 경우에는 3층] 이상인 건축물
2. 연면적이 200제곱미터(목구조 건축물의 경우에는 500제곱미터) 이상인 건축물. 다만, 창고, 축사, 작물 재배사는 제외한다.
3. 높이가 13미터 이상인 건축물
4. 처마높이가 9미터 이상인 건축물
5. 기둥과 기둥 사이의 거리가 10미터 이상인 건축물
6. 건축물의 용도 및 규모를 고려한 중요도가 높은 건축물로서 국토교통부령으로 정하는 건축물
7. 국가적 문화유산으로 보존할 가치가 있는 건축물로서 국

【건축물의 구조기준 등에 관한 규칙
(이하 "구조규칙")】

제1조【목적】 이 규칙은 「건축법」 제48조, 제48조의2, 제48조의3 및 같은 법 시행령 제32조에 따라 건축물의 구조내력(構造耐力)의 기준 및 구조계산의 방법과 그에 사용되는 하중(荷重) 등 구조안전에 관하여 필요한 사항을 규정함을 목적으로 한다. 〈개정 2017.1.20.〉

제9조의2【구조계산】 법 제48조제2항에 따라 구조의 안전을 확인하여야 하는 건축물의 구조계산은 「건축구조기준」에서 정하는 바에 따른다.

제56조【적용범위】 ① 영 제32조제1항에 따른 각 단계별 구조안전(지진에 대한 구조안전을 포함한다)확인의 절차, 내용 및 방법은 제57조에서 제59조까지에 따른다. 〈개정 2014.11.28.〉
② 영 제32조제2항제6호에서 "국토교통부령으로 정하는 건축물"이란 별표 11에 따른 중요도 특 또는 중요도 1에 해당하는 건축물을 말한다. 〈개정 2017.10.24.〉
③ 영 제32조제2항제7호에서 "국가적 문화유산으로 보존할 가치가 있는 건

법	시 행 령	시 행 규 칙

【구조규칙】

제58조의2【성능 개선을 위한 증축 · 대수선에 따른 구조안전확인서 제출의 특례】 ① 영 제32조제3항 각 호 외의 부분 본문에 따라 기존 건축물을 다음 각 호에 따라 증축 또는 대수선하는 건축주는 법 제21조에 따른 착공신고를 할 때 별지 제4호서식의 구조안전확인서를 제출해야 한다.

1. 지붕 또는 외벽을 수선 · 변경 또는 증설하기 위한 증축(건축물의 건폐율 · 용적률 및 높이의 변경이 법 제26조에 따른 허용오차 범위 내인 경우로 한정한다)
2. 다음 각 목의 어느 하나에 해당하는 대수선
가. 영 제3조의2제5호에 따른 대수선(방화문 또는 방화셔터를 설치하거나 변경하는 경우로서 방화구획을 위한 바닥 또는 벽의 일부를 수선하는 경우로 한정한다)
나. 영 제3조의2제9호에 따른 대수선(건축물의 외벽에 벽돌 또는 석재 등 건축구조기준에 따른 무거운 마감재료를 설치하지 않는 경우로 한정한다)
3. 제1호 또는 제2호에 준하는 증축 또는 대수선으로서 지방자치단체의 건축에 관한 조례로 정하는 증축 또는 대수선

② 영 제32조제3항제2호에서 "국토교통부령으로 정하는 경미한 변경"이란 건축구조기준에 따른 구조내력의 증가가 5퍼센트 이하인 변경을 말한다.

[본조신설 2024.12.17.]

제48조의2【건축물 내진등급의 설정】 ① 국토교통부장관은 지진으로부터 건축물의 구조 안전을 확보하기 위하여 건

토교통부령으로 정하는 것

8. 제2조제18호가목, 다목 및 라목의 건축물
9. 별표 1 제1호의 단독주택 및 같은 표 제2호의 공동주택

③ 제1항 및 제2항 각 호 외의 부분 본문에도 불구하고 방화 · 방수 · 단열 등의 성능 개선을 위해 기존 건축물을 국토교통부령으로 정하는 바에 따라 증축 또는 대수선하는 건축주에 대해서는 다음 각 호의 요건을 모두 갖춘 경우 국토교통부령으로 정하는 바에 따라 구조 안전의 확인 방법을 달리 적용할 수 있다. 다만, 제3조의2제5호에 해당하는 경우에는 제1호를 적용하지 않는다. 〈신설 2024.12.17.〉

1. 주요구조부의 변경이 없을 것
2. 법 제48조제1항에 따른 구조내력(構造耐力)의 변경이 국토교통부령으로 정하는 경미한 변경에 해당할 것

④ 제6조제1항제6호다목에 따라 기존 건축물을 건축 또는 대수선하려는 건축주는 법 제5조제1항에 따라 적용의 완화를 요청할 때 구조 안전의 확인 서류를 허가권자에게 제출하여야 한다. 〈신설 2017.2.3., 2024.12.17.〉

【구조규칙】

제60조【건축물의 내진등급기준】 법 제48조의2제2항에 따른 건축물의 내진등급기준은 별표 12와 같다.

축물로서 국토교통부령이 정하는 것"이란 국가적 문화유산으로 보존할 가치가 있는 박물관 · 기념관 그 밖에 이와 유사한 것으로서 연면적의 합계가 5천제곱미터 이상인 건축물을 말한다. 〈개정 2014.11.28.〉

제59조【공사단계의 구조안전확인】 ① 공사감리자는 건축물의 착공신고 또는 실제 착공일 전까지 구조부재와 관련된 상세시공도면이 적정하게 작성되었는지와 구조계산서 및 구조설계도서에 적합하게 작성되었는지에 대하여 검토하여 확인하여야 한다.

【구조규칙/별표12】

건축물의 내진등급기준 (제60조 관련)

건축물 내진 등급	건축물의 중요도	중요도 계수 (IE)
특	별표 11에 따른 중요도 특	1.5
I	별표 11에 따른 중요도 1	1.2
II	별표 11에 따른 중요도 2 및 3	1.0

축물의 용도, 규모 및 설계구조의 중요도에 따라 내진등급(耐震等級)을 설정하여야 한다.

② 제1항에 따른 내진등급을 설정하기 위한 내진등급기준 등 필요한 사항은 국토교통부령으로 정한다.

[본조신설 2013.7.16]

제48조의3【건축물의 내진능력 공개】 ① 다음 각 호의 어느 하나에 해당하는 건축물을 건축하고자 하는 자는 제22조에 따른 사용승인을 받는 즉시 건축물이 지진 발생 시에 견딜 수 있는 능력(이하 "내진능력"이라 한다)을 공개하여야 한다. 다만, 제48조제2항에 따른 구조안전 확인 대상 건축물이 아니거나 내진능력 산정이 곤란한 건축물로서 대통령령으로 정하는 건축물은 공개하지 아니한다. 〈개정 2017.12.26.〉

1. 층수가 2층[주요구조부인 기둥과 보를 설치하는 건축물로서 그 기둥과 보가 목재인 목구조 건축물(이하 "목구조 건축물"이라 한다)의 경우에는 3층] 이상인 건축물
2. 연면적이 200제곱미터(목구조 건축물의 경우에는 500제곱미터) 이상인 건축물
3. 그 밖에 건축물의 규모와 중요도를 고려하여 대통령령으로 정하는 건축물

② 제1항의 내진능력의 산정 기준과 공개 방법 등 세부사항은 국토교통부령으로 정한다.

[본조신설 2016.1.19.]

제48조의4【부속구조물의 설치 및 관리】 건축관계자, 소유자 및 관리자는 건축물의 부속구조물을 설계·시공 및 유지·관리 등을 고려하여 국토교통부령으로 정하는 기준에 따라 설치·관리하여야 한다. [본조신설 2016.2.3.]

[본조신설 2014.2.7.]

제32조의2【건축물의 내진능력 공개】 ① 법 제48조의3제1항 각 호 외의 부분 단서에서 "대통령령으로 정하는 건축물"이란 다음 각 호의 어느 하나에 해당하는 건축물을 말한다.

1. 창고, 축사, 작물 재배사 및 표준설계도서에 따라 건축하는 건축물로서 제32조제2항제1호 및 제3호부터 제9호까지의 어느 하나에도 해당하지 아니하는 건축물
2. 제32조제1항에 따른 구조기준 중 국토교통부령으로 정하는 소규모건축구조기준을 적용한 건축물

② 법 제48조의3제1항제3호에서 "대통령령으로 정하는 건축물"이란 제32조제2항제3호부터 제9호까지의 어느 하나에 해당하는 건축물을 말한다.

[본조신설 2018.6.26.]

제33조 삭제 〈1999.4.30.〉

【구조규칙】

제60조의2【건축물의 내진능력 산정 기준 및 공개 방법】 ① 법 제48조의3제1항에 따른 내진능력(이하 "내진능력"이라 한다)의 산정 기준은 별표 13과 같다.

② 법 제48조의3제1항에 따른 건축물에 대하여 법 제22조에 따라 사용승인을 신청하는 자는 별표 13 제1호가목에 따라 산정한 내진능력을 신청서에 적어 제출하여야 한다. 이 경우 제58조에 따른 구조안전 및 내진설계 확인서를 함께 제출해야 한다. 〈개정 2024.12.17.〉

③ 법 제48조의3제1항에 따른 내진능력의 공개는 내진능력을 건축물대장에 기재하는 방법으로 하며, 내진능력의 표기방법은 별표 13 제2호에 따른다. 〈개정 2024.12.17.〉

④ 법 제48조의3제1항에 따른 내진능력 공개 대상 건축물이 아닌 건축물의 내진능력을 산정하여 제3항에 따른 방법으로 공개하려는 건축물의 소유자는

법	시 행 령	시 행 규 칙

별표 13 제1호나목에 따라 내진능력을 확인할 수 있는 자료를 허가권자에게 제출해야 한다. 〈신설 2024.12.17.〉
[본조신설 2017.1.20.]

제49조【건축물의 피난시설 및 용도제한 등】 ① 대통령령으로 정하는 용도 및 규모의 건축물과 그 대지에는 국토교통부령으로 정하는 바에 따라 복도, 계단, 출입구, 그 밖의 피난시설과 저수조(貯水槽), 대지 안의 피난과 소화에 필요한 통로를 설치하여야 한다. 〈개정 2018.4.17.〉

② ➡ 1-140쪽

③ ➡ 1-149쪽

④ ➡ 1-150쪽

법령해석 층수가 16층 이상이고 주요구조부가 내화구조 또는 불연재료로 된 공동주택의 15층 이하의 층의 직통계단의 설치 기준 (법제처 19-0443, 2019.11.21.)

질의요지 「건축법 시행령」 제34조제1항 단서에 따라 주요구조부가 내화구조 또는 불연재료로 된 층수가 16층 이상인 공동주택의 피난층 외의 층에 피난층 또는 지상으로 통하는 직통계단을 설치하는 경우, 15층 이하의 층에서는 거실의 각 부분으로부터 가장 가까운 거리에 있는 직통계단에 이르는 보행거리가 50미터 이하가 되도록 설치하면 되는지 아니면 40미터 이하가 되도록 설치해야 하는지?

회답 이 사안의 경우 50미터 이하가 되도록 설치하면 됨

법령해석 건축물의 피난층 외의 층에서 피난층 또는 지상으로 통하는 직통계단 설치기준의 적용대상 (법제처 23-0065, 2023.2.24.)

질의요지 「건축법 시행령」 제34조제1항 본문에서는 건축물의 피난층(각주: 직접 지상으로 통하는 출입구가 있는 층 및 「건축법 시행령」 제34조제3항과 제4항에 따른 피난안전구역을 말하며, 이하 같음.) 외의 층에서는 피난층 또는 지상으로 통하는 직통계단(각주: 경사로를

제34조【직통계단의 설치】 ① 건축물의 피난층(직접 지상으로 통하는 출입구가 있는 층 및 제3항과 제4항에 따른 피난안전구역을 말한다. 이하 같다) 외의 층에서는 피난층 또는 지상으로 통하는 직통계단(경사로를 포함한다. 이하 같다)을 거실의 각 부분으로부터 계단(거실로부터 가장 가까운 거리에 있는 1개소의 계단을 말한다)에 이르는 보행거리가 30미터 이하가 되도록 설치해야 한다. 다만, 건축물(지하층에 설치하는 것으로서 바닥면적의 합계가 300제곱미터 이상인 공연장·집회장·관람장 및 전시장은 제외한다)의 주요구조부가 내화구조 또는 불연재료로 된 건축물은 그 보행거리가 50미터(층수가 16층 이상인 공동주택의 경우 16층 이상인 층에 대해서는 40미터) 이하가 되도록 설치할 수 있으며, 자동화 생산시설에 스프링클러 등 자동식 소화설비를 설치한 공장으로서 국토교통부령으로 정하는 공장인 경우에는 그 보행거리가 75미터(무인화 공장인 경우에는 100미터) 이하가 되도록 설치할 수 있다. 〈개정 2019.8.6., 2020.10.8.〉

② 법 제49조제1항에 따라 피난층 외의 층이 다음 각 호의 어느 하나에 해당하는 용도 및 규모의 건축물에는 국토교통부령으로 정하는 기준에 따라 피난층 또는 지상으로 통하는 직통계단을 2개소 이상 설치하여야 한다. 〈개정 2015.9.22., 2017.2.3.〉

【피난·방화규칙】

제8조【직통계단의 설치기준】 ① 영 제34조제1항 단서에서 "국토교통부령으로 정하는 공장"이란 반도체 및 디스플레이 패널을 제조하는 공장을 말한다. 〈개정 2019.8.6〉

② 영 제34조제2항에 따라 2개소 이상의 직통계단을 설치하는 경우 다음 각 호의 기준에 적합해야 한다. 〈개정 2019.8.6.〉

1. 가장 멀리 위치한 직통계단 2개소의 출입구 간의 가장 가까운 직선거리(직통계단 간을 연결하는 복도가 건축물의 다른 부분과 방화구획으로 구획된 경우 출입구 간의 가장 가까운 보행거리를 말한다)는 건축물 평면의 최대 대각선 거리의 2분의 1 이상으로 할 것. 다만, 스프링클러 또는 그 밖에 이와 비슷한 자동식 소화설비를 설치한 경우에는 3분의 1이상으로 한다.
2. 각 직통계단 간에는 각각 거실과 연결된 복도 등 통로를 설치할 것

법	시 행 령	시 행 규 칙

포함하며, 이하 같음.)을 거실의 각 부분으로부터 계단(거실로부터 가장 가까운 거리에 있는 1개소의 계단을 말함)에 이르는 보행거리가 30미터 이하가 되도록 설치해야 한다고 규정하고 있는 한편,

「건축법 시행령」 제34조제2항에서는 같은 법 제49조제1항에 따라 피난층 외의 층이 다음 각 호의 어느 하나에 해당하는 용도 및 규모의 건축물에는 국토교통부령으로 정하는 기준에 따라 피난층 또는 지상으로 통하는 직통계단을 2개소 이상 설치해야 한다고 규정하고 있는바, 「건축법 시행령」 제34조제2항에 따라 피난층 또는 지상으로 통하는 직통계단을 2개소 이상 설치해야 하는 건축물의 경우, 거실의 각 부분을 기준으로 그와 가장 가까운 거리에 있는 직통계단 1개소가 같은 조 제1항 본문에 따른 설치기준을 충족하면 되는지, 아니면 직통계단 전부가 같은 항 본문에 따른 설치기준을 충족해야 하는지?(각주: 「건축법 시행령」 제34조제1항 단서에 해당하지 않음을 전제함)

회답 이 사안의 경우, 거실의 각 부분을 기준으로 그와 가장 가까운 거리에 있는 직통계단 1개소가 「건축법 시행령」 제34조제1항 본문에 따른 설치기준을 충족하면 됨

질의 회신 직통계단 설치시 바닥면적 산정방법

국토교통부 민원마당 FAQ 2022.6.20.

질의 제2종 근린생활시설중 독서실 등의 용도에 쓰이는 3층이상의 층에 각각의 소유자가 독서실을 운영하고자 할 경우 직통계단의 설치기준이 되는 당해 용도에 쓰이는 바닥면적의 산정방법은

회신 건축법시행령 제34조제2항제2호의 규정에는 제2종 근린생활시설중 학원·독서실 및 교육연구시설중 학원 등의 용도에 쓰이는 3층이상의 층으로서 그 층의 당해용도에 쓰이는 거실의 바닥면적의 합계가 200제곱미터 이상인 건축물의 경우에는 피난층 또는 지상으로 통하는 직통계단 2개소 이상을 설치하여야 하도록 규정하고 있음. 이 경우 3층 이상의 층으로서 그 층의 당해 용도에 쓰이는 거실의 바닥면적의 합계라 함은 동법시행령 제34조제2항제2호의 규정에서 3층 이상으로서 당해 층의 당해 용도에 쓰이는 거실의 바닥면적의 합계를 말함

1. 제2종 근린생활시설 중 공연장·종교집회장, 문화 및 집회시설(전시장 및 동·식물원은 제외한다), 종교시설, 위락시설 중 주점영업 또는 장례시설의 용도로 쓰는 층으로서 그 층에서 해당 용도로 쓰는 바닥면적의 합계가 200제곱미터(제2종 근린생활시설 중 공연장·종교집회장은 각각 300제곱미터) 이상인 것
2. 단독주택 중 다중주택·다가구주택, 제1종 근린생활시설 중 정신과의원(입원실이 있는 경우로 한정한다), 제2종 근린생활시설 중 인터넷컴퓨터게임시설제공업소(해당 용도로 쓰는 바닥면적의 합계가 300제곱미터 이상인 경우만 해당한다)·학원·독서실, 판매시설, 운수시설(여객용 시설만 해당한다), 의료시설(입원실이 없는 치과병원은 제외한다), 교육연구시설 중 학원, 노유자시설 중 아동 관련 시설·노인복지시설·장애인 거주시설(「장애인복지법」 제58조제1항제1호에 따른 장애인 거주시설 중 국토교통부령으로 정하는 시설을 말한다. 이하 같다) 및 「장애인복지법」 제58조제1항제4호에 따른 장애인 의료재활시설(이하 "장애인 의료재활시설"이라 한다), 수련시설 중 유스호스텔 또는 숙박시설의 용도로 쓰는 3층 이상의 층으로서 그 층의 해당 용도로 쓰는 거실의 바닥면적의 합계가 200제곱미터 이상인 것
3. 공동주택(층당 4세대 이하인 것은 제외한다) 또는 업무시설 중 오피스텔의 용도로 쓰는 층으로서 그 층의 해당 용도로 쓰는 거실의 바닥면적의 합계가 300제곱미터 이상인 것
4. 제1호부터 제3호까지의 용도로 쓰지 아니하는 3층 이상의 층으로서 그 층 거실의 바닥면적의 합계가 400제곱미터 이상인 것
5. 지하층으로서 그 층 거실의 바닥면적의 합계가 200제곱미터 이상인 것

법령해석 「건축법 시행령」 제34조제2항에 따라 직통계단을 2개소 이상 설치해야 하는 범위

(법제처 20-0472, 2020.11.19.)

질의요지 건축물의 일부 층이 「건축법 시행령」 제34조제2항 각 호의 어느 하나에 해당하는 경우 해당 층으로부터 피난층 또는 지상으로 통하는 직통계단을 2개소 이상 설치하면 되는지, 아니면 해당 건축물 전체에 대해 직통계단을 2개소 이상 설치해야 하는지?

회답 이 사안과 같이 건축물의 일부 층이 「건축법 시행령」 제34조제2항 각 호의 어느 하나에 해당하는 경우 해당 층으로부터 피난층 또는 지상으로 통하는 직통계단을 2개소 이상 설치하면 됨

질의 회신 직통계단 2개소 이상 설치할 때 공동주택 전용면적 300㎡와 바닥면적 300㎡와의 관계

건교부 고객만족센터, 2007.8.31

질의 공동주택에서 전용면적은 주택법 시행령 제3조에 의거 외벽의 내부선을 기준으로 산정한 면적이 300㎡ 미만인 경우 직통계단을 1개소만 설치하여도 되는지

회신 건축법시행령 제34조제2항의 규정에 의하면 피난층 외의 층이 공동주택(층당 4세대 이하인 경우를 제외함)의 용도에 쓰이는 층으로서 그 층의 당해 용도에 쓰이는 거실의 바닥면적의 합계가 300㎡ 이상인 건축물에는 건설교통부령이 정하는 기준에 따라 피난층 또는 지상으로 통하는 직통계단을 2개소 이상 설치하여야 하는 바, 이 경우 거실의 바닥면적은 건축법시행령 제119조제1항제3호의 규정에 의하여 산정하는 것으로 주택법에 의한 전용면적과는 관계가 없는 것임

법

제50조의2【고층건축물의 피난 및 안전관리】 ① 고층건축물에는 대통령령으로 정하는 바에 따라 피난안전구역을 설치하거나 대피공간을 확보한 계단을 설치하여야 한다. 이 경우 피난안전구역의 설치 기준, 계단의 설치 기준과 구조 등에 관하여 필요한 사항은 국토교통부령으로 정한다.
② 고층건축물에 설치된 피난안전구역 · 피난시설 또는 대피공간에는 국토교통부령으로 정하는 바에 따라 화재 등의 경우에 피난 용도로 사용되는 것임을 표시하여야 한다. 〈신설 2015.1.6.〉

【피난방화규칙】

제22조의2【고층건축물 피난안전구역 등의 피난 용도 표시】 법 제50조의2제2항에 따라 고층건축물에 설치된 피난안전구역, 피난시설 또는 대피공간에는 다음 각 호에서 정하는 바에 따라 화재 등의 경우에 피난 용도로 사용되는 것임을 표시하여야 한다.
1. 피난안전구역
가. 출입구 상부 벽 또는 측벽의 눈에 잘 띄는 곳에 "피난안전구역" 문자를 적은 표시판을 설치할 것
나. 출입구 측벽의 눈에 잘 띄는 곳에 해당 공간의 목적과 용도, 다른 용도로 사용하지 아니할 것을 안내하는 내용을 적은 표시판을 설치할 것
2. 특별피난계단의 계단실 및 그 부속실, 피난계단의 계단실 및 피난용 승강기 승강장
가. 출입구 측벽의 눈에 잘 띄는 곳에 해당 공간의 목적과

시 행 령

③ 초고층 건축물에는 피난층 또는 지상으로 통하는 직통계단과 직접 연결되는 피난안전구역(건축물의 피난 · 안전을 위하여 건축물 중간층에 설치하는 대피공간을 말한다. 이하 같다)을 지상층으로부터 최대 30개 층마다 1개소 이상 설치하여야 한다.
④ 준초고층 건축물에는 피난층 또는 지상으로 통하는 직통계단과 직접 연결되는 피난안전구역을 해당 건축물 전체 층수의 2분의 1에 해당하는 층으로부터 상하 5개층 이내에 1개소 이상 설치하여야 한다. 다만, 국토교통부령으로 정하는 기준에 따라 피난층 또는 지상으로 통하는 직통계단을 설치하는 경우에는 그러하지 아니하다.
⑤ 제3항 및 제4항에 따른 피난안전구역의 규모와 설치기준은 국토교통부령으로 정한다.

【피난방화규칙】

제8조의2【피난안전구역의 설치기준】 ① 영 제34조제3항 및 제4항에 따라 설치하는 피난안전구역(이하 "피난안전구역"이라 한다)은 해당 건축물의 1개층을 대피공간으로 하며, 대피에 장애가 되지 아니하는 범위에서 기계실, 보일러실, 전기실 등 건축설비를 설치하기 위한 공간과 같은 층에 설치할 수 있다. 이 경우 피난안전구역은 건축설비가 설치되는 공간과 내화구조로 구획하여야 한다. 〈개정 2012.1.6〉
② 피난안전구역에 연결되는 특별피난계단은 피난안전구역을 거쳐서 상 · 하층으로 갈 수 있는 구조로 설치하여야 한다.
③ 피난안전구역의 구조 및 설비는 다음 각 호의 기준에 적합하여야 한다. 〈개정 2017.7.26, 2019.8.6., 2024.8.26〉
1. 피난안전구역의 바로 아래층 및 위층은 「녹색건축물 조성 지원법」 제15조제1항에 따라 국토교통부장관이 정하여 고

시 행 규 칙

【피난방화규칙】

제15조【계단의 설치기준】
①~⑥ "생략"
⑦ 제1항 및 제2항에도 불구하고 영 제34조제4항 단서에 따라 피난층 또는 지상으로 통하는 직통계단을 설치하는 경우 계단 및 계단참의 유효너비는 다음 각 호의 구분에 따른 기준에 적합하여야 한다. 〈개정 2015.4.6.〉
1. 공동주택: 120센티미터 이상
2. 공동주택이 아닌 건축물: 150센티미터 이상
⑧ "생략"

고시 건축물의 에너지절약설계기준
(국토교통부고시 제2024-1026호, 2024.12.31.)

용도, 다른 용도로 사용하지 아니할 것을 안내하는 내용을 적은 표시판을 설치할 것
나. 해당 건축물에 피난안전구역이 있는 경우 가목에 따른 표시판에 피난안전구역이 있는 층을 적을 것
3. 대피공간: 출입문에 해당 공간이 화재 등의 경우 대피장소이므로 물건적치 등 다른 용도로 사용하지 아니할 것을 안내하는 내용을 적은 표시판을 설치할 것
[본조신설 2015.7.9.]

③ 고층건축물의 화재예방 및 피해경감을 위하여 국토교통부령으로 정하는 바에 따라 제48조부터 제50조까지의 기준을 강화하여 적용할 수 있다. 〈개정 2015.1.6., 2018.4.17.〉
[본조신설 2011.9.16.]

【피난방화규칙】

제9조【피난계단 및 특별피난계단의 구조】 ① 영 제35조제1항 각 호 외의 부분 본문에 따라 건축물의 5층 이상 또는 지하 2층 이하의 층으로부터 피난층 또는 지상으로 통하는 직통계단(지하 1층인 건축물의 경우에는 5층 이상의 층으로부터 피난층 또는 지상으로 통하는 직통계단과 직접 연결된 지하 1층의 계단을 포함한다)은 피난계단 또는 특별피난계단으로 설치해야 한다. 〈개정 2019.8.6.〉
② 제1항에 따른 피난계단 및 특별피난계단의 구조는 다음 각 호의 기준에 적합해야 한다. 〈개정 2019.8.6., 2021.3.26.,

시한 기준에 적합한 단열재를 설치할 것. 이 경우 아래층은 최상층에 있는 거실의 반자 또는 지붕 기준을 준용하고, 위층은 최하층에 있는 거실의 바닥 기준을 준용할 것
2. 피난안전구역의 내부마감재료는 불연재료로 설치할 것
3. 건축물의 내부에서 피난안전구역으로 통하는 계단은 특별피난계단의 구조로 설치할 것
4. 비상용 승강기는 피난안전구역에서 승하차할 수 있는 구조로 설치할 것
5. 피난안전구역에는 식수공급을 위한 급수전을 1개소 이상 설치하고 예비전원에 의한 조명설비를 설치할 것
6. 관리사무소 또는 방재센터 등과 긴급연락이 가능한 경보 및 통신시설을 설치할 것
7. 별표 1의2에서 정하는 기준에 따라 산정한 면적 이상일 것
8. 피난안전구역의 높이는 2.1미터 이상일 것
9. 「건축물의 설비기준 등에 관한 규칙」 제14조에 따른 배연설비(이하 "배연설비"라 한다)를 설치할 것
10. 그 밖에 소방청장이 정하는 소방 등 재난관리를 위한 설비를 갖출 것

제35조【피난계단의 설치】 ① 법 제49조제1항에 따라 5층 이상 또는 지하 2층 이하인 층에 설치하는 직통계단은 국토교통부령으로 정하는 기준에 따라 피난계단 또는 특별피난계단으로 설치하여야 한다. 다만, 건축물의 주요구조부가 내화구조 또는 불연재료로 되어 있는 경우로서 다음 각 호의 어느 하나에 해당하는 경우에는 그러하지 아니하다.
1. 5층 이상인 층의 바닥면적의 합계가 200제곱미터 이하인 경우
2. 5층 이상인 층의 바닥면적 200제곱미터 이내마다 방화구

법령해석 「건축물의 피난·방화구조의 기준 등에 관한 규칙」 제9조제2항제1호의 적용 범위
(법제처 20-0663, 2020.12.29.)

질의요지 「건축물의 피난·방화구조의 기준 등에 관한 규칙」(이하 "건축물방화구조규칙"이라 함) 제9조제2항제1호바목에서는 건축물의 내부에 설치하는 피난계단의 구조 기준의 하나로 "건축물의 내부에서 계단실로 통하는 출입구"의 유효너비와 구조에 대해 규정하고 있는바, 이때 "건축물의 내부에서 계단실로 통하는 출입구"는 「건축법」 제2

법	시 행 령	시 행 규 칙

2024.11.15.〉

1. 건축물의 내부에 설치하는 피난계단의 구조

가. 계단실은 창문·출입구 기타 개구부(이하 "창문등"이라 한다)를 제외한 당해 건축물의 다른 부분과 내화구조의 벽으로 구획할 것

나. 계단실의 실내에 접하는 부분(바닥 및 반자 등 실내에 면한 모든 부분을 말한다)의 마감(마감을 위한 바탕을 포함한다)은 불연재료로 할 것

다. 계단실에는 예비전원에 의한 조명설비를 할 것

라. 계단실의 바깥쪽과 접하는 창문등(망이 들어 있는 유리의 붙박이창으로서 그 면적이 각각 1제곱미터 이하인 것을 제외한다)은 당해 건축물의 다른 부분에 설치하는 창문등으로부터 2미터 이상의 거리를 두고 설치할 것

마. 건축물의 내부와 접하는 계단실의 창문등(출입구를 제외한다)은 망이 들어 있는 유리의 붙박이창으로서 그 면적을 각각 1제곱미터 이하로 할 것

바. 건축물의 내부에서 계단실로 통하는 출입구의 유효너비는 0.9미터 이상으로 하고, 그 출입구에는 피난의 방향으로 열 수 있는 것으로서 언제나 닫힌 상태를 유지하거나 화재로 인한 연기 또는 불꽃을 감지하여 자동적으로 닫히는 구조로 된 영 제64조제1항제1호의 60분+ 방화문(이하 "60분+ 방화문"이라 한다) 또는 같은 항 제2호의 60분 방화문(이하 "60분 방화문"이라 한다)을 설치할 것. 다만, 연기 또는 불꽃을 감지하여 자동적으로 닫히는 구조로 할 수 없는 경우에는 온도를 감지하여 자동적으로 닫히는 구조로 할 수 있다.

사. 계단은 내화구조로 하고 피난층 또는 지상까지 직접 연결되도록 할 것

획이 되어 있는 경우

② 건축물(갓복도식 공동주택은 제외한다)의 11층(공동주택의 경우에는 16층) 이상인 층(바닥면적이 400제곱미터 미만인 층은 제외한다) 또는 지하 3층 이하인 층(바닥면적이 400제곱미터미만인 층은 제외한다)으로부터 피난층 또는 지상으로 통하는 직통계단은 제1항에도 불구하고 특별피난계단으로 설치하여야 한다.

③ 제1항에서 판매시설의 용도로 쓰는 층으로부터의 직통계단은 그 중 1개소 이상을 특별피난계단으로 설치하여야 한다.

④ 삭제 〈1995.12.30〉

⑤ 건축물의 5층 이상인 층으로서 문화 및 집회시설 중 전시장 또는 동·식물원, 판매시설, 운수시설(여객용 시설만 해당한다), 운동시설, 위락시설, 관광휴게시설(다중이 이용하는 시설만 해당한다) 또는 수련시설 중 생활권 수련시설의 용도로 쓰는 층에는 제34조에 따른 직통계단 외에 그 층의 해당 용도로 쓰는 바닥면적의 합계가 2천 제곱미터를 넘는 경우에는 그 넘는 2천 제곱미터 이내마다 1개소의 피난계단 또는 특별피난계단(4층 이하의 층에는 쓰지 아니하는 피난계단 또는 특별피난계단만 해당한다)을 설치하여야 한다.

⑥ 삭제 〈1999.4.30.〉

제36조【옥외 피난계단의 설치】 건축물의 3층 이상인 층(피난층은 제외한다)으로서 다음 각 호의 어느 하나에 해당하는 용도로 쓰는 층에는 제34조에 따른 직통계단 외에 그 층으로부터 지상으로 통하는 옥외피난계단을 따로 설치하여야 한다. 〈개정 2014.3.24.〉

조제1항제6호에 따른 거실(이하 "거실"이라 함)에서 계단실로 통하는 출입구로 한정되는지?

회답 건축물방화구조규칙 제9조제2항제1호바목의 "건축물의 내부에서 계단실로 통하는 출입구"는 거실에서 계단실로 통하는 출입구로 한정되지 않음

법령해석 의무적으로 설치하는 직통계단 외에 추가로 설치하는 직통계단을 피난계단 등으로 설치해야 하는지 여부

(법제처 20-0035, 2020.4.27.)

질의요지 「건축법 시행령」 제34조제1항 및 제2항에 따라 의무적으로 설치해야 하는 직통계단(각주: 「건축법 시행령」 제34조제1항 및 제2항에 따라 건축물의 구조, 용도 및 규모에 따라 반드시 설치해야 하는 최소한의 직통계단을 말함) 외에 추가로 설치하는 직통계단에 대해서도 같은 영 제35조제1항 본문을 적용하여 피난계단 또는 특별피난계단으로 설치해야 하는지?

회답 이 사안의 경우 추가로 설치하는 직통계단에 대해서도 피난계단 또는 특별피난계단으로 설치해야 함

법령해석 「건축물의 피난·방화구조의 기준 등에 관한 규칙」 제9조제1항에 따른 피난계단 설치 범위 (법제처 21-0432, 2021.9.8.)

질의요지 「건축물의 피난·방화구조 등의 기준에 관한 규칙」(이하 "건축물방화구조규칙"이라 함) 제9조제1항에서는 건축물의 5층 이상 또는 지하 2층 이하의 층으로부터 피난층 또는 지상으로 통하는 직통계단은 피난계단 또는 특별피난계단으로 설치해야 한다고 규정하고 있는바,

법	시 행 령	시 행 규 칙
2. 건축물의 바깥쪽에 설치하는 피난계단의 구조 가. 계단은 그 계단으로 통하는 출입구외의 창문등(망이 들어 있는 유리의 붙박이창으로서 그 면적이 각각 1제곱미터 이하인 것을 제외한다)으로부터 2미터 이상의 거리를 두고 설치할 것 나. 건축물의 내부에서 계단으로 통하는 출입구에는 60분+ 방화문 또는 60분 방화문을 설치할 것 다. 계단의 유효너비는 0.9미터 이상으로 할 것 라. 계단은 내화구조로 하고 지상까지 직접 연결되도록 할 것 3. 특별피난계단의 구조 가. 건축물의 내부와 계단실은 노대를 통하여 연결하거나 외부를 향하여 열 수 있는 면적 1제곱미터 이상인 창문(바닥으로부터 1미터 이상의 높이에 설치한 것에 한한다) 또는 「건축물의 설비기준 등에 관한 규칙」 제14조의 규정에 적합한 구조의 배연설비가 있는 면적 3제곱미터 이상인 부속실을 통하여 연결할 것 나. 계단실·노대 및 부속실(「건축물의 설비기준 등에 관한 규칙」 제10조제2호 가목의 규정에 의하여 비상용승강기의 승강장을 겸용하는 부속실을 포함한다)은 창문등을 제외하고는 내화구조의 벽으로 각각 구획할 것 다. 계단실 및 부속실의 실내에 접하는 부분(바닥 및 반자등 실내에 면한 모든 부분을 말한다)의 마감(마감을 위한 바탕을 포함한다)은 불연재료로 할 것 라. 계단실에는 예비전원에 의한 조명설비를 할 것 마. 계단실·노대 또는 부속실에 설치하는 건축물의 바깥쪽에 접하는 창문등(망이 들어 있는 유리의 붙박이창으로서 그 면적이 각각 1제곱미터이하인 것을 제외한다)은 계단실·노대 또는 부속실외의 당해 건축물의 다른 부분에 설치하는 창문등으로부터 2미터 이상의 거리를 두고 설치할	1. 제2종 근린생활시설 중 공연장(해당 용도로 쓰는 바닥면적의 합계가 300제곱미터 이상인 경우만 해당한다), 문화 및 집회시설 중 공연장이나 위락시설 중 주점영업의 용도로 쓰는 층으로서 그 층 거실의 바닥면적의 합계가 300제곱미터 이상인 것 2. 문화 및 집회시설 중 집회장의 용도로 쓰는 층으로서 그 층 거실의 바닥면적의 합계가 1천 제곱미터 이상인 것 **제37조 【지하층과 피난층 사이의 개방공간 설치】** 바닥면적의 합계가 3천 제곱미터 이상인 공연장·집회장·관람장 또는 전시장을 지하층에 설치하는 경우에는 각 실에 있는 자가 지하층 각 층에서 건축물 밖으로 피난하여 옥외 계단 또는 경사로 등을 이용하여 피난층으로 대피할 수 있도록 천장이 개방된 외부 공간을 설치하여야 한다. **제38조 【관람실 등으로부터의 출구 설치】** 법 제49조제1항에 따라 다음 각 호의 어느 하나에 해당하는 건축물에는 국토교통부령으로 정하는 기준에 따라 관람실 또는 집회실로부터의 출구를 설치해야 한다. 〈개정 2017.2.3., 2019.8.6.〉 1. 제2종 근린생활시설 중 공연장·종교집회장(해당 용도로 쓰는 바닥면적의 합계가 각각 300제곱미터 이상인 경우만 해당한다) 2. 문화 및 집회시설(전시장 및 동·식물원은 제외한다) 3. 종교시설 4. 위락시설 5. 장례시설 [제목개정 2019.8.6]	지하 1층과 지상 1층이 모두 피난층[각주: 직접 지상으로 통하는 출입구가 있는 층을 말하며, 이하 같음(「건축법 시행령」 제34조제1항에서는 피난층에 피난안전구역이 포함되는 것으로 규정하고 있으나, 피난안전구역은 지상으로 직접 연결되는 직통계단을 갖춘 경우로서 이 경우는 피난계단 또는 특별피난계단으로 설치해야 하는 대상에 해당함)]인 경우, 지하 2층으로부터 지하 1층까지만 직통계단을 피난계단으로 설치하면 되는지, 아니면 지하 2층으로부터 지상 1층까지의 직통계단도 피난계단으로 설치해야 하는지? **회답** 이 사안의 경우 지하 2층으로부터 지하 1층까지만 직통계단을 피난계단으로 설치하면 됨 **【피난·방화규칙】** **제10조 【관람실 등으로부터의 출구의 설치기준】** ① 영 제38조 각 호의 어느 하나에 해당하는 건축물의 관람석 또는 집회실로부터 바깥쪽으로의 출구로 쓰이는 문은 안여닫이로 해서는 안된다. 〈개정 2019.8.6.〉 ② 영 제38조에 따라 문화 및 집회시설 중 공연장의 개별 관람실(바닥면적이 300제곱미터 이상인 것만 해당한다)의 출구는 다음 각 호의 기준에 적합하게 설치해야 한다. 〈개정 2019.8.6.〉 1. 관람실별로 2개소 이상 설치할 것 2. 각 출구의 유효너비는 1.5미터 이상

법	시 행 령	시 행 규 칙

법

것

바. 계단실에는 노대 또는 부속실에 접하는 부분외에는 건축물의 내부와 접하는 창문등을 설치하지 아니할 것

사. 계단실의 노대 또는 부속실에 접하는 창문등(출입구를 제외한다)은 망이 들어 있는 유리의 붙박이창으로서 그 면적을 각각 1제곱미터 이하로 할 것

아. 노대 및 부속실에는 계단실외의 건축물의 내부와 접하는 창문등(출입구를 제외한다)을 설치하지 아니할 것

자. 건축물의 내부에서 노대 또는 부속실로 통하는 출입구에는 60분+ 방화문 또는 60분 방화문을 설치하고, 노대 또는 부속실로부터 계단실로 통하는 출입구에는 60분+ 방화문 또는 60분 방화문 또는 영 제64조제1항제3호의 30분 방화문을 설치할 것. 이 경우 방화문은 언제나 닫힌 상태를 유지하거나 화재로 인한 연기 또는 불꽃을 감지하여 자동적으로 닫히는 구조로 해야 하고, 연기 또는 불꽃으로 감지하여 자동적으로 닫히는 구조로 할 수 없는 경우에는 온도를 감지하여 자동적으로 닫히는 구조로 할 수 있다.

차. 계단은 내화구조로 하되, 피난층 또는 지상까지 직접 연결되도록 할 것

카. 출입구의 유효너비는 0.9미터 이상으로 하고 피난의 방향으로 열 수 있을 것

③ 영 제35조제1항 각 호 외의 부분 본문에 따른 피난계단 또는 특별피난계단은 돌음계단으로 해서는 안 되며, 영 제40조에 따라 옥상광장을 설치해야 하는 건축물의 피난계단 또는 특별피난계단은 해당 건축물의 옥상으로 통하도록 설치해야 한다. 이 경우 옥상으로 통하는 출입문은 피난방향으로 열리는 구조로서 피난 시 이용에 장애가 없어야 한다. 〈개정 2019.8.6.〉

④ 영 제35조제2항에서 "갓복도식 공동주택"이라 함은 각

시행령

제39조【건축물 바깥쪽으로의 출구 설치】 ① 법 제49조제1항에 따라 다음 각 호의 어느 하나에 해당하는 건축물에는 국토교통부령으로 정하는 기준에 따라 그 건축물로부터 바깥쪽으로 나가는 출구를 설치하여야 한다. 〈개정 2017.2.3.〉

1. 제2종 근린생활시설 중 공연장 · 종교집회장 · 인터넷컴퓨터게임시설제공업소(해당 용도로 쓰는 바닥면적의 합계가 각각 300제곱미터 이상인 경우만 해당한다)
2. 문화 및 집회시설(전시장 및 동 · 식물원은 제외한다)
3. 종교시설
4. 판매시설
5. 업무시설 중 국가 또는 지방자치단체의 청사
6. 위락시설
7. 연면적이 5천 제곱미터 이상인 창고시설
8. 교육연구시설 중 학교
9. 장례시설
10. 승강기를 설치하여야 하는 건축물

② 법 제49조제1항에 따라 건축물의 출입구에 설치하는 회전문은 국토교통부령으로 정하는 기준에 적합하여야 한다.

【피난방화규칙】

제12조【회전문의 설치기준】 영 제39조제2항의 규정에 의하여 건축물의 출입구에 설치하는 회전문은 다음 각 호의 기준에 적합하여야 한다.

시행규칙

일 것

3. 개별 관람실 출구의 유효너비의 합계는 개별 관람실의 바닥면적 100제곱미터마다 0.6미터의 비율로 산정한 너비 이상으로 할 것

제11조【건축물의 바깥쪽으로의 출구의 설치기준】 ① 영 제39조제1항의 규정에 의하여 건축물의 바깥쪽으로 나가는 출구를 설치하는 경우 피난층의 계단으로부터 건축물의 바깥쪽으로의 출구에 이르는 보행거리(가장 가까운 출구와의 보행거리를 말한다. 이하 같다)는 영 제34조제1항의 규정에 의한 거리이하로 하여야 하며, 거실(피난에 지장이 없는 출입구가 있는 것을 제외한다)의 각 부분으로부터 건축물의 바깥쪽으로의 출구에 이르는 보행거리는 영 제34조제1항의 규정에 의한 거리의 2배 이하로 하여야 한다.

② 영 제39조제1항에 따라 건축물의 바깥쪽으로 나가는 출구를 설치하는 건축물중 문화 및 집회시설(전시장 및 동 · 식물원을 제외한다), 종교시설, 장례식장 또는 위락시설의 용도에 쓰이는 건축물의 바깥쪽으로의 출구로 쓰이는 문은 안여닫이로 하여서는 아니된다.

층의 계단실 및 승강기에서 각 세대로 통하는 복도의 한쪽 면이 외기에 개방된 구조의 공동주택을 말한다. 〈개정 2021.9.3〉

질의 회신 피난계단 및 특별피난계단의 돌음계단 설치가능여부

국토교통부 민원마당 FAQ 2022.6.21.

질의 계단구조 및 형태에 따른 돌음계단 판단여부

회신 건축법시행령 제35조 및 건축물의 피난방화구조등의 기준에 관한규칙 제9조의 규정에 의거 피난계단 또는 특별피난계단 설치시 직통계단은 돌음 계단으로 하여서는 아니 되도록 되어 있는바, 계단참 없이 단을 연속적으로 설치하여 도는 계단(계단의 폭이 안쪽이 좁으며, 계단과 계단의 중심선이 직선형이 아닌 계단참 없이 회전형인 경우 등)은 돌음계단으로 볼 수 있음

질의 회신 옥상광장 설치 관련

국토교통부 민원마당 FAQ 2022.6.21

질의 문화 및 집회시설인 공연장 2~3층 관람석 전면에(무대와 객석이 마주 대면) 설치되는 난간높이를 1.2m 이상 설치하여야 하는 지?

회신 건축법 시행령 제40조제1항에 따라 2층 이상의 층에 있는 노대계단 등 추락 위험이 있는 주위에는 1.2m 이상의 난간을 설치하는 것이 타당할 것임

질의 회신 옥상광장 난간 관련

국토교통부 민원마당 FAQ 2022.6.21

질의 ○ 옥상광장에 설치하는 난간의 높이 측정시 지붕바닥마감선을 기준으로 하는 지, 파라펫 상단을 기준으로 하는 지 여부

○ 옥상광장에 화단을 설치할 경우 화단에서 난간까지 이격하여야 하는 수평거리는?

회신 옥상광장 난간 높이는 옥상광장의 바닥마감선을 기준으로 측정하는 것이나, 조경시설 등으로 설치로 이용자의 안전조치가 확보되어야 할 것임

1. 계단이나 에스컬레이터로부터 2미터 이상의 거리를 둘 것
2. 회전문과 문틀사이 및 바닥사이는 다음 각 목에서 정하는 간격을 확보하고 틈 사이를 고무와 고무펠트의 조합체 등을 사용하여 신체나 물건 등에 손상이 없도록 할 것
가. 회전문과 문틀 사이는 5센티미터 이상
나. 회전문과 바닥 사이는 3센티미터 이하
3. 출입에 지장이 없도록 일정한 방향으로 회전하는 구조로 할 것
4. 회전문의 중심축에서 회전문과 문틀 사이의 간격을 포함한 회전문날개 끝부분까지의 길이는 140센티미터 이상이 되도록 할 것
5. 회전문의 회전속도는 분당회전수가 8회를 넘지 아니하도록 할 것
6. 자동회전문은 충격이 가하여지거나 사용자가 위험한 위치에 있는 경우에는 전자감지장치 등을 사용하여 정지하는 구조로 할 것

제40조 【옥상광장 등의 설치】 ① 옥상광장 또는 2층 이상인 층에 있는 노대등[노대(露臺)나 그 밖에 이와 비슷한 것을 말한다. 이하 같다]의 주위에는 높이 1.2미터 이상의 난간을 설치하여야 한다. 다만, 그 노대등에 출입할 수 없는 구조인 경우에는 그러하지 아니하다. 〈개정 2018.9.4.〉

② 5층 이상인 층이 제2종 근린생활시설 중 공연장·종교집회장·인터넷컴퓨터게임시설제공업소(해당 용도로 쓰는 바닥면적의 합계가 각각 300제곱미터 이상인 경우만 해당한다), 문화 및 집회시설(전시장 및 동·식물원은 제외한다), 종교시설, 판매시설, 위락시설 중 주점영업 또는 장례시설의 용도로 쓰는 경우에는 피난 용도로 쓸 수 있는 광장을 옥상에 설치하여야 한다. 〈개정 2017.2.3.〉

③ 영 제39조제1항에 따라 건축물의 바깥쪽으로 나가는 출구를 설치하는 경우 관람실의 바닥면적의 합계가 300제곱미터 이상인 집회장 또는 공연장은 주된 출구 외에 보조출구 또는 비상구를 2개소 이상 설치해야 한다. 〈개정 2019.8.6.〉

④ 판매시설의 용도에 쓰이는 피난층에 설치하는 건축물의 바깥쪽으로의 출구의 유효너비의 합계는 해당 용도에 쓰이는 바닥면적이 최대인 층에 있어서의 해당 용도의 바닥면적 100제곱미터마다 0.6미터의 비율로 산정한 너비 이상으로 하여야 한다.

⑤ 다음 각 호의 어느 하나에 해당하는 건축물의 피난층 또는 피난층의 승강장으로부터 건축물의 바깥쪽에 이르는 통로에는 제15조제5항에 따른 경사로를 설치하여야 한다.

1. 제1종 근린생활시설 중 지역자치센터·파출소·지구대·소방서·우체국·방송국·보건소·공공도서관·지역건강보험조합 기타 이와 유사한 것으로서 동일한 건축물안에서 당해 용도에 쓰이는 바닥면적의 합계가 1천제곱미터 미만인 것
2. 제1종 근린생활시설 중 마을회관·마을공동작업소·마을공동구판장·

법	시 행 령	시 행 규 칙

참고 헬리포트의 도해

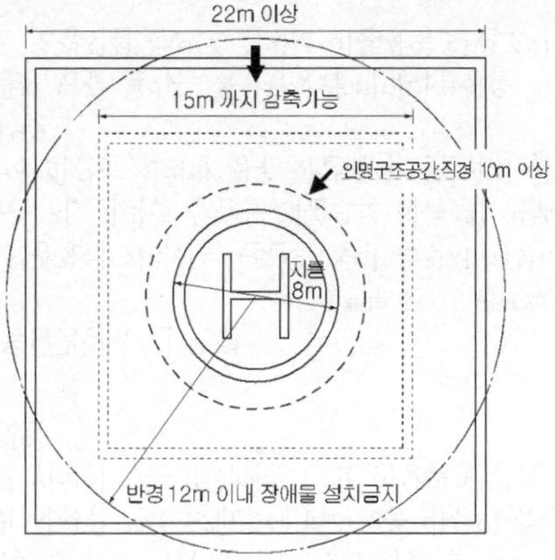

【피난방화규칙】

제13조【헬리포트 및 구조공간 설치 기준】 ① 영 제40조제4항제1호에 따라 건축물에 설치하는 헬리포트는 다음 각 호의 기준에 적합해야 한다. 〈개정 2021.3.26〉

1. 헬리포트의 길이와 너비는 각각 22미터이상으로 할 것. 다만, 건축물의 옥상바닥의 길이와 너비가 각각 22미터이하인 경우에는 헬리포트의 길이와 너비를 각각 15미터까지 감축할 수 있다.
2. 헬리포트의 중심으로부터 반경 12미터 이내에는 헬리콥터의 이·착륙에 장애가 되는 건축물, 공작물, 조경시설 또는 난간 등을 설치하지 아니할 것
3. 헬리포트의 주위한계선은 백색으로 하되, 그 선의 너비는 38센티미터로 할 것
4. 헬리포트의 중앙부분에는 지름 8미터의 "Ⓗ"표지를 백색으로 하되, "H"표지의 선의 너비는 38센티미터로, "○"표지의 선의 너비는 60센티미터로 할 것

③ 다음 각 호의 어느 하나에 해당하는 건축물은 옥상으로 통하는 출입문에 「소방시설 설치 및 관리에 관한 법률」 제40조제1항에 따른 성능인증 및 같은 조 제2항에 따른 제품검사를 받은 비상문자동개폐장치(화재 등 비상시에 소방시스템과 연동되어 잠김 상태가 자동으로 풀리는 장치를 말한다)를 설치해야 한다. 〈신설 2021.1.8., 2022.11.29.〉

1. 제2항에 따라 피난 용도로 쓸 수 있는 광장을 옥상에 설치해야 하는 건축물
2. 피난 용도로 쓸 수 있는 광장을 옥상에 설치하는 다음 각 목의 건축물
   가. 다중이용 건축물
   나. 연면적 1천제곱미터 이상인 공동주택

④ 층수가 11층 이상인 건축물로서 11층 이상인 층의 바닥면적의 합계가 1만 제곱미터 이상인 건축물의 옥상에는 다음 각 호의 구분에 따른 공간을 확보하여야 한다. 〈개정 2021.1.8.〉

1. 건축물의 지붕을 평지붕으로 하는 경우: 헬리포트를 설치하거나 헬리콥터를 통하여 인명 등을 구조할 수 있는 공간
2. 건축물의 지붕을 경사지붕으로 하는 경우: 경사지붕 아래에 설치하는 대피공간

⑤ 제4항에 따른 헬리포트를 설치하거나 헬리콥터를 통하여 인명 등을 구조할 수 있는 공간 및 경사지붕 아래에 설치하는 대피공간의 설치기준은 국토교통부령으로 정한다. 〈개정 2021.1.8.〉

제41조【대지 안의 피난 및 소화에 필요한 통로 설치】 ① 건축물의 대지 안에는 그 건축물 바깥쪽으로 통하는 주된 출구와 지상으로 통하는 피난계단 및 특별피난계단으로부터 도

변전소·양수장·정수장·대피소·공중화장실 기타 이와 유사한 것

3. 연면적이 5천제곱미터 이상인 판매시설, 운수시설
4. 교육연구시설 중 학교
5. 업무시설중 국가 또는 지방자치단체의 청사와 외국공관의 건축물로서 제1종 근린생활시설에 해당하지 아니하는 것
6. 승강기를 설치하여야 하는 건축물

⑥ 「건축법」(이하 "법"이라 한다) 제49조제1항에 따라 영 제39조제1항 각 호의 어느 하나에 해당하는 건축물의 바깥쪽으로 나가는 출입문에 유리를 사용하는 경우에는 안전유리를 사용하여야 한다. 〈개정 2015.7.9.〉

질의 회신 피난 및 소화에 필요한 통로 설치 관련　국토교통부 민원마당 FAQ 2022.6.21.

질의 대지 안의 건축물 바깥쪽으로 통하는 통로에 주차장이 계획된 경우 가능한 지?

법	시 행 령	시 행 규 칙

5. 헬리포트로 통하는 출입문에 영 제40조제3항 각 호 외의 부분에 따른 비상문자동개폐장치(이하 "비상문자동개폐장치" 라 한다)를 설치할 것

② 영 제40조제4항제1호에 따라 옥상에 헬리콥터를 통하여 인명 등을 구조할 수 있는 공간을 설치하는 경우에는 직경 10미터 이상의 구조공간을 확보해야 하며, 구조공간에는 구조활동에 장애가 되는 건축물, 공작물 또는 난간 등을 설치해서는 안 된다. 이 경우 구조공간의 표시기준 및 설치기준 등에 관하여는 제1항제3호부터 제5호까지의 규정을 준용한다. 〈개정 2021.3.26〉

③ 영 제40조제4항제2호에 따라 설치하는 대피공간은 다음 각 호의 기준에 적합해야 한다. 〈개정 2021.3.26., 2024.11.15.〉

1. 대피공간의 면적은 지붕 수평투영면적의 10분의 1 이상 일 것
2. 특별피난계단 또는 피난계단과 연결되도록 할 것
3. 출입구·창문을 제외한 부분은 해당 건축물의 다른 부분과 내화구조의 바닥 및 벽으로 구획할 것
4. 출입구는 유효너비 0.9미터 이상으로 하고, 그 출입구에는 60분+ 방화문 또는 60분 방화문을 설치할 것

4의2. 제4호에 따른 방화문에 비상문자동개폐장치를 설치할 것

5. 내부마감재료는 불연재료로 할 것
6. 예비전원으로 작동하는 조명설비를 설치할 것
7. 관리사무소 등과 긴급 연락이 가능한 통신시설을 설치할 것

로 또는 공지(공원, 광장, 그 밖에 이와 비슷한 것으로서 피난 및 소화를 위하여 해당 대지의 출입에 지장이 없는 것을 말한다. 이하 이 조에서 같다)로 통하는 통로를 다음 각 호의 기준에 따라 설치하여야 한다. 〈개정 2015.9.22., 2016.5.17., 2017.2.3.〉

1. 통로의 너비는 다음 각 목의 구분에 따른 기준에 따라 확보할 것
   가. 단독주택: 유효 너비 0.9미터 이상
   나. 바닥면적의 합계가 500제곱미터 이상인 문화 및 집회시설, 종교시설, 의료시설, 위락시설 또는 장례시설: 유효 너비 3미터 이상
   다. 그 밖의 용도로 쓰는 건축물: 유효 너비 1.5미터 이상
2. 필로티 내 통로의 길이가 2미터 이상인 경우에는 피난 및 소화활동에 장애가 발생하지 아니하도록 자동차 진입억제용 말뚝 등 통로 보호시설을 설치하거나 통로에 단차(段差)를 둘 것

② 제1항에도 불구하고 다중이용 건축물, 준다중이용 건축물 또는 층수가 11층 이상인 건축물이 건축되는 대지에는 그 안의 모든 다중이용 건축물, 준다중이용 건축물 또는 층수가 11층 이상인 건축물에 「소방기본법」 제21조에 따른 소방자동차(이하 "소방자동차"라 한다)의 접근이 가능한 통로를 설치하여야 한다. 다만, 모든 다중이용 건축물, 준다중이용 건축물 또는 층수가 11층 이상인 건축물이 소방자동차의 접근이 가능한 도로 또는 공지에 직접 접하여 건축되는 경우로서 소방자동차가 도로 또는 공지에서 직접 소방활동이 가능한 경우에는 그러하지 아니하다. 〈개정 2015.9.22.〉

제42조, 제43조 삭제〈1999.4.30.〉

제44조 【피난 규정의 적용례】 건축물이 창문, 출입구, 그

회신 건축법 시행령 제41조는 화재시 건축물 이용자의 피난 및 소방관의 소방활동에 지장이 없도록 일정 너비의 통로를 확보하도록 규정한 사항임. 보행과 차량 이동이 모두 가능한 경우라면 설치가 가능할 것이나, 주차구획이 계획되어 차량이 주차될 경우 원활한 피난 및 소화활동에 지장을 줄 수 있으므로 부적합함

법	시 행 령	시 행 규 칙

제49조【건축물의 피난시설 및 용도제한 등】 ① ➡ 1-130쪽
② 대통령령으로 정하는 용도 및 규모의 건축물의 안전·위생 및 방화(防火) 등을 위하여 필요한 용도 및 구조의 제한, 방화구획(防火區劃), 화장실의 구조, 계단·출입구, 거실의 반자 높이, 거실의 채광·환기, 배연설비와 바닥의 방습 등에 관하여 필요한 사항은 국토교통부령으로 정한다. 다만, 대규모 창고시설 등 대통령령으로 정하는 용도 및 규모의 건축물에 대해서는 방화구획 등 화재 안전에 필요한 사항을 국토교통부령으로 별도로 정할 수 있다. 〈개정 2019.4.23., 2021.10.19.〉

제49조의2【피난시설 등의 유지·관리에 대한 기술지원】 국가 또는 지방자치단체는 건축물의 소유자나 관리자에게 제49조제1항 및 제2항에 따른 피난시설 등의 설치, 개량·보수 등 유지·관리에 대한 기술지원을 할 수 있다.
[본조신설 2018.8.14.]

【피난·방화규칙】

제14조【방화구획의 설치기준】 ① 영 제46조제1항 각 호 외의 부분 본문에 따라 건축물에 설치하는 방화구획은 다음 각 호의 기준에 적합해야 한다. 〈개정 2019.8.6., 2021.3.26〉

밖의 개구부(開口部)(이하 "창문등"이라 한다)가 없는 내화구조의 바닥 또는 벽으로 구획되어 있는 경우에는 그 구획된 각 부분을 각각 별개의 건축물로 보아 제34조부터 제41조까지 및 제48조를 적용한다. 〈개정 2018.9.4〉

제45조 삭제〈1999.4.30.〉

제46조【방화구획 등의 설치】 ① 법 제49조제2항 본문에 따라 주요구조부가 내화구조 또는 불연재료로 된 건축물로서 연면적이 1천 제곱미터를 넘는 것은 국토교통부령으로 정하는 기준에 따라 다음 각 호의 구조물로 구획(이하 "방화구획"이라 한다)을 해야 한다. 다만, 「원자력안전법」 제2조제8호 및 제10호에 따른 원자로 및 관계시설은 같은 법에서 정하는 바에 따른다. 〈개정 2019.8.6., 2020.10.8., 2022.4.29.〉

1. 내화구조로 된 바닥 및 벽
2. 제64조제1호·제2호에 따른 방화문 또는 자동방화셔터(국토교통부령으로 정하는 기준에 적합한 것을 말한다. 이하 같다)

② 다음 각 호에 해당하는 건축물의 부분에는 제1항을 적용하지 않거나 그 사용에 지장이 없는 범위에서 제1항을 완화하여 적용할 수 있다. 〈개정 2017.2.3., 2019.8.6., 2020.10.8., 2022.4.29., 2023.5.15.〉

1. 문화 및 집회시설(동·식물원은 제외한다), 종교시설, 운동시설 또는 장례시설의 용도로 쓰는 거실로서 시선 및 활동공간의 확보를 위하여 불가피한 부분
2. 물품의 제조·가공·보관 및 운반 등(보관은 제외한다)에 필요한 고정식 대형 기기(器機) 또는 설비의 설치를 위하여

질의 회신 방화구획 적용 여부

국토교통부 민원마당 FAQ 2022.6.21.

질의 연면적 1천제곱미터 미만이지만 건축물이 5층인 경우 방화구획을 적용하여야 하는지?

회신 방화구획 적용 대상은 건축법 시행령 제46조제1항에 따라 주요구조부가 내화구조 또는 불연재료로 된 건축물로서 연면적 1천제곱미터 이상인 경우 국토교통부령에 따른 세부기준을 적용하는 것이므로 적용 대상이 아닌 연면적 1천제곱미터 미만인 경우 세부기준인 층간방화구획을 적용할 필요가 없음

질의 회신 건축물의 내부중정부분의 복도에 방화구획 설치여부

국토교통부 민원마당 FAQ 2022.6.20.

질의 건축물의 내부에 중정형의 공간으로 되어 있는 부분의 상부에 지붕이 설치되어 있는 경우 동건축물의 복도의 난간벽에 방화구획을 해야 하는지 여부

회신 건축물에 설치하는 방화구획은 화재의 연소확대등을 방지하기 위하여 설치하는 것으로 건축법시행령 제46조의 규정에 의하면 일정규모 및 용도에 해당하는 건축물은 방화구획을 하도록 규정하고 있음. 질의의 건축물이 방화구획 설치대상 건축물이라면 화재발생시

법	시 행 령	시 행 규 칙

1. 10층 이하의 층은 바닥면적 1천제곱미터(스프링클러 기타 이와 유사한 자동식 소화설비를 설치한 경우에는 바닥면적 3천제곱미터)이내마다 구획할 것
2. 매층마다 구획할 것. 다만, 지하 1층에서 지상으로 직접 연결하는 경사로 부위는 제외한다.
3. 11층 이상의 층은 바닥면적 200제곱미터(스프링클러 기타 이와 유사한 자동식 소화설비를 설치한 경우에는 600제곱미터) 이내마다 구획할 것. 다만, 벽 및 반자의 실내에 접하는 부분의 마감을 불연재료로 한 경우에는 바닥면적 500제곱미터(스프링클러 기타 이와 유사한 자동식 소화설비를 설치한 경우에는 1천500제곱미터)이내마다 구획하여야 한다.
4. 필로티나 그 밖에 이와 비슷한 구조(벽면적의 2분의 1 이상이 그 층의 바닥면에서 위층 바닥 아래면까지 공간으로 된 것만 해당한다)의 부분을 주차장으로 사용하는 경우 그 부분은 건축물의 다른 부분과 구획할 것 〈신설 2019.8.6.〉

② 제1항에 따른 방화구획은 다음 각 호의 기준에 적합하게 설치해야 한다. 〈개정 2019.8.6., 2021.3.26., 2021.12.23., 2024.8.26., 2024.11.15.〉

1. 영 제46조에 따른 방화구획으로 사용하는 60분+ 방화문 또는 60분 방화문은 언제나 닫힌 상태를 유지하거나 화재로 인한 연기 또는 불꽃을 감지하여 자동적으로 닫히는 구조로 할 것. 다만, 연기 또는 불꽃을 감지하여 자동적으로 닫히는 구조로 할 수 없는 경우에는 온도를 감지하여 자동적으로 닫히는 구조로 할 수 있다.
2. 다음 각 목에 해당하는 경우 그 부분을 별표 1 제1호에 따른 내화시간(내화채움성능이 인정된 구조로 메워지는 구성 부재에 적용되는 내화시간을 말한다) 이상 견딜 수 있

불가피한 부분. 다만, 지하층인 경우에는 지하층의 외벽 한쪽 면(지하층의 바닥면에서 지상층 바닥 아래면까지의 외벽 면적 중 4분의 1 이상이 되는 면을 말한다) 전체가 건물 밖으로 개방되어 보행과 자동차의 진입·출입이 가능한 경우로 한정한다.

3. 계단실·복도 또는 승강기의 승강장 및 승강로로서 그 건축물의 다른 부분과 방화구획으로 구획된 부분. 다만, 해당 부분에 위치하는 설비배관 등이 바닥을 관통하는 부분은 제외한다.
4. 건축물의 최상층 또는 피난층으로서 대규모 회의장·강당·스카이라운지·로비 또는 피난안전구역 등의 용도로 쓰는 부분으로서 그 용도로 사용하기 위하여 불가피한 부분
5. 복층형 공동주택의 세대별 층간 바닥 부분
6. 주요구조부가 내화구조 또는 불연재료로 된 주차장
7. 단독주택, 동물 및 식물 관련 시설 또는 국방·군사시설(집회, 체육, 창고 등의 용도로 사용되는 시설만 해당한다)로 쓰는 건축물 〈개정 2023.5.15.〉
8. 건축물의 1층과 2층의 일부를 동일한 용도로 사용하며 그 건축물의 다른 부분과 방화구획으로 구획된 부분(바닥면적의 합계가 500제곱미터 이하인 경우로 한정한다)

③ 건축물 일부의 주요구조부를 내화구조로 하거나 제2항에 따라 건축물의 일부에 제1항을 완화하여 적용한 경우에는 내화구조로 한 부분 또는 제1항을 완화하여 적용한 부분과 그 밖의 부분을 방화구획으로 구획하여야 한다. 〈개정 2018.9.4〉

④ 공동주택 중 아파트로서 4층 이상인 층의 각 세대가 2개 이상의 직통계단을 사용할 수 없는 경우에는 발코니(발코니의 외부에 접하는 경우를 포함한다)에 인접 세대와 공

화염 및 연기등이 전층으로 확산되지 않도록 해야 할 것임

질의 회신 층간 방화구획을 하지 않을 수 있는 지

국토교통부 민원마당 FAQ 2022.6.20.

질의 가. 지하주차장의 경우 건축법상 방화구획 적용완화 대상이 될 수 있는 바 지하 2층과 지하 1층사이의 층간방화구획을 하지 않을 수 있는 지 여부 나. "건축물의 피난·방화구조 등의 기준에 관한 규칙" 과 관련된 사항이 건축감리자의 감리사항인 지 여부

회신 가. 「건축물의 피난·방화구조 등의 기준에 관한 규칙」 제14조 제1항 제2호 규정에 따라 매층마다 방화구획하여야 하는 것으로, 「건축법 시행령」 제46조 제2항 제6호 규정에 따라 주요구조부가 내화구조 또는 불연재료로 된 주차장의 부분은 동조 제1항의 규정을 완화 받을 수 있는 것이나, 램프 및 통로 등이 건축물의 다른 부분과 방화구획된 경우에 한하여 완화받을 수 있음(*현행규정에 맞게 수정함) 나. 건축법 시행규칙 제19조의2 제1항 제1호에 의거 공사감리자의 업무범위에 건축물 및 대지가 관계법령에 적합하도록 공사시공자 및 건축주를 지도할 것을 명기하고 있음

법령해석 대피공간을 설치하기 위한 방화구획에 사용하는 방화문의 설치 기준

법제처 17-0542, 2018.1.22.

질의요지 「건축법 시행령」 제46조제4항제2호 및 같은 조 제6항제1호에 따라 대피공간을 설치하기 위한 방화구획에 사용하는 방화문은 「건축물의 피난·방화구조 등의 기준에 관한 규칙」 제14조제2항제1호에 따라 언제나 닫힌 상태를 유지하거나 자동적으로 닫히는 구조로

법

는 내화채움성능이 인정된 구조로 메울 것

가. 급수관 · 배전관 또는 그 밖의 관이나 전선 등이 방화구획을 관통하여 관통부가 생기는 경우

나. 방화구획의 벽과 벽, 벽과 바닥, 바닥과 바닥 사이에 접합부가 생기는 경우

다. 방화구획과 외벽 사이에 접합부가 생기는 경우

라. 방화구획에 그 밖의 틈이 생기는 경우

3. 환기 · 난방 또는 냉방시설의 풍도가 방화구획을 관통하는 경우에는 그 관통부분 또는 이에 근접한 부분에 다음 각 목의 기준에 적합한 댐퍼를 설치할 것. 다만, 반도체공장건축물로서 방화구획을 관통하는 풍도의 주위에 스프링클러헤드를 설치하는 경우에는 그렇지 않다. 〈개정 2019.8.6.〉

가. 화재로 인한 연기 또는 불꽃을 감지하여 자동적으로 닫히는 구조로 할 것. 다만, 주방 등 연기가 항상 발생하는 부분에는 온도를 감지하여 자동적으로 닫히는 구조로 할 수 있다.

나. 국토교통부장관이 정하여 고시하는 비차열(非遮熱) 성능 및 방연성능 등의 기준에 적합할 것

다. 삭제 〈2019.8.6.〉

라. 삭제 〈2019.8.6.〉

4. 영 제46조제1항제2호와 제81조제5항제5호에 따라 설치되는 자동방화셔터는 다음 각 목의 요건을 모두 갖출 것. 이 경우 자동방화셔터의 구조 및 성능기준 등에 관한 세부사항은 국토교통부장관이 정하여 고시한다. 〈신설 2021.3.26., 2021.12.23.〉

가. 피난이 가능한 60분+ 방화문 또는 60분 방화문으로부터 3미터 이내에 별도로 설치할 것

나. 전동방식이나 수동방식으로 개폐할 수 있을 것

시 행 령

동으로 또는 각 세대별로 다음 각 호의 요건을 모두 갖춘 대피공간을 하나 이상 설치해야 한다. 이 경우 인접 세대와 공동으로 설치하는 대피공간은 인접 세대를 통하여 2개 이상의 직통계단을 쓸 수 있는 위치에 우선 설치되어야 한다. 〈개정 2020.10.8., 2023.9.12., 2024.6.18.〉

1. 대피공간은 바깥의 공기와 접할 것
2. 대피공간은 실내의 다른 부분과 방화구획으로 구획될 것
3. 대피공간의 바닥면적은 인접 세대와 공동으로 설치하는 경우에는 3제곱미터 이상, 각 세대별로 설치하는 경우에는 2제곱미터 이상일 것
4. 대피공간으로 통하는 출입문은 제64조제1항제1호에 따른 60분+ 방화문으로 설치할 것
5. 국토교통부장관이 정하는 기준에 적합할 것

고시 발코니 등의 구조변경절차 및 설치기준

(국토교통부고시 제2018-775호, 2018.12.7.)

⑤ 제4항에도 불구하고 아파트의 4층 이상인 층에서 발코니(제4호의 경우에는 발코니의 외부에 접하는 경우를 포함한다)에 다음 각 호의 어느 하나에 해당하는 구조 또는 시설을 갖춘 경우에는 대피공간을 설치하지 않을 수 있다. 〈개정 2018.9.4., 2021.8.10., 2023.9.12.〉

1. 발코니와 인접 세대와의 경계벽이 파괴하기 쉬운 경량구조 등인 경우
2. 발코니의 경계벽에 피난구를 설치한 경우
3. 발코니 바닥에 국토교통부령으로 정하는 하향식 피난구를 설치한 경우
4. 국토교통부장관이 제4항에 따른 대피공간과 동일하거나 그 이상의 성능이 있다고 인정하여 고시하는 구조 또는 시설(이하 이 호에서 "대체시설"이라 한다)을 갖춘 경우. 이

시 행 규 칙

설치해야 하는지?

회답 「건축법 시행령」 제46조제4항제2호 및 같은 조 제6항제1호에 따라 대피공간을 설치하기 위한 방화구획에 사용하는 방화문은 「건축물의 피난 · 방화구조 등의 기준에 관한 규칙」 제14조제2항제1호에 따라 언제나 닫힌 상태를 유지하거나 자동적으로 닫히는 구조로 설치해야 함

질의 회신 완강기 설치 시 대피공간 설치 여부

국토교통부 민원마당 FAQ 2022.6.20.

질의 기존의 공동주택(아파트)에 소방관계 법령에 적합한 완강기가 설치되어 있는 경우 발코니 구조변경 시 대피공간을 설치하지 않을 수 있는 지?

회신 건축법 시행령(대통령령 제19163호, 2005.12.2) 부칙 제2조에 의거 이 영 시행전에 건축허가를 신청한 경우와 건축신고를 하거나 건축허가를 받은 공동주택 중 아파트에 설치된 발코니를 거실 · 침실 · 창고 등으로 사용하고자 하는 경우에는 제46조 제4항 및 제5항의 개정규정에 적합한 대피공간 또는 경계벽을 설치하여야 하는 것으로, 소방관계 법령에 적합한 완강기가 설치되어 있는 경우라도 동 규정에 적합한 대피공간을 설치하여야 하는 것임

고시 건축자재등 품질인정 및 관리기준

(국토교통부고시 제2023-15호, 2023.1.9.)

법	시 행 령	시 행 규 칙

다. 불꽃감지기 또는 연기감지기 중 하나와 열감지기를 설치할 것

라. 불꽃이나 연기를 감지한 경우 일부 폐쇄되는 구조일 것

마. 열을 감지한 경우 완전 폐쇄되는 구조일 것

③ 영 제46조제1항제2호에서 "국토교통부령으로 정하는 기준에 적합한 것"이란 한국건설기술연구원장이 국토교통부장관이 정하여 고시하는 바에 따라 다음 각 호의 사항을 모두 인정한 것을 말한다. 〈신설 2019.8.6., 2021.12.23〉

1. 생산공장의 품질 관리 상태를 확인한 결과 국토교통부장관이 정하여 고시하는 기준에 적합할 것
2. 해당 제품의 품질시험을 실시한 결과 비차열 1시간 이상의 내화성능을 확보하였을 것

④ 영 제46조제5항제3호에 따른 하향식 피난구(덮개, 사다리, 승강식피난기 및 경보시스템을 포함한다)의 구조는 다음 각 호의 기준에 적합하게 설치해야 한다. 〈개정 2019.8.6., 2021.3.26, 2022.4.29〉

1. 피난구의 덮개(덮개와 사다리, 승강식피난기 또는 경보시스템이 일체형으로 구성된 경우에는 그 사다리, 승강식피난기 또는 경보시스템을 포함한다)는 품질시험을 실시한 결과 비차열 1시간 이상의 내화성능을 가져야 하며, 피난구의 유효 개구부 규격은 직경 60센티미터 이상일 것
2. 상층·하층간 피난구의 수평거리는 15센티미터 이상 떨어져 있을 것
3. 아래층에서는 바로 위층의 피난구를 열 수 없는 구조일 것
4. 사다리는 바로 아래층의 바닥면으로부터 50센티미터 이하까지 내려오는 길이로 할 것
5. 덮개가 개방될 경우에는 건축물관리시스템 등을 통하여 경보음이 울리는 구조일 것

경우 국토교통부장관은 대체시설의 성능에 대해 미리 「과학기술분야 정부출연연구기관 등의 설립·운영 및 육성에 관한 법률」 제8조제1항에 따라 설립된 한국건설기술연구원(이하 "한국건설기술연구원"이라 한다)의 기술검토를 받은 후 고시해야 한다.

⑥ 요양병원, 정신병원, 「노인복지법」 제34조제1항제1호에 따른 노인요양시설(이하 "노인요양시설"이라 한다), 장애인 거주시설 및 장애인 의료재활시설의 피난층 외의 층에는 다음 각 호의 어느 하나에 해당하는 시설을 설치하여야 한다. 〈신설 2015.9.22., 2018.9.4〉

1. 각 층마다 별도로 방화구획된 대피공간
2. 거실에 접하여 설치된 노대등
3. 계단을 이용하지 아니하고 건물 외부의 지상으로 통하는 경사로 또는 인접 건축물로 피난할 수 있도록 설치하는 연결복도 또는 연결통로

⑦ 법 제49조제2항 단서에서 "대규모 창고시설 등 대통령령으로 정하는 용도 및 규모의 건축물"이란 제2항제2호에 해당하여 제1항을 적용하지 않거나 완화하여 적용하는 부분이 포함된 창고시설을 말한다. 〈신설 2022.4.29〉

[제목개정 2015.9.22.]

제47조【방화에 장애가 되는 용도의 제한】 ① 법 제49조제2항 본문에 따라 의료시설, 노유자시설(아동 관련 시설 및 노인복지시설만 해당한다), 공동주택, 장례시설 또는 제1종 근린생활시설(산후조리원만 해당한다)과 위락시설, 위험물저장 및 처리시설, 공장 또는 자동차 관련 시설(정비공장만 해당한다)은 같은 건축물에 함께 설치할 수 없다. 다만, 다음 각 호에 해당하는 경우로서 국토교통부령으로 정하는 경우에

질의 회신 하향식 피난구의 성능기준 관련

국토교통부 민원마당 FAQ 2022.6.21.

질의 하향식 피난구의 성능기준 중 사다리는 한국소방산업기술원에서 형식승인서를 발급받은 것만 사용할 수 있는 지 여부

회신 건축자재등 품질인정 및 관리기준(국토교통부고시 제2023-15호) 제36조제1항제2호에 따라 하향식 피난구의 사다리는「소방시설설치 및 관리에 관한 법률」 제37조제5항에 따른 '피난사다리의 형식승인 및 검정기술기준'의 재료기준 및 작동시험기준에 적합하여야 함 따라서, 한국소방산업기술원에서 피난사다리에 대한 형식승인을 받은 것 또는 상기 고시에 따른 건축자재 성능 시험기관에서 '피난사다리의 형식승인 및 검정기술기준' 의 재료기준 및 작동시험하여 해당 성능 기준에 적합한 경우 사용이 가능함(*현행규정에 맞게 수정함)

【피난·방화규칙】

제14조의2【복합건축물의 피난시설 등】 영 제47조제1항 단서의 규정에 의하여 같은 건축물안에 공동주택·의료시설·아동관련시설 또는 노인복지시설(이하 이 조에서 "공동주택등"이라 한다)중 하나 이상과 위락시설·위험물저장 및 처리시설·공장 또는 자동차정비

법

6. 피난구가 있는 곳에는 예비전원에 의한 조명설비를 설치할 것

⑤ 제2항제2호에 따른 내화채움방법에 필요한 사항은 국토교통부장관이 정하여 고시한다. 〈개정 2019.8.6., 2021.3.26., 2024.8.26.〉

고시 건축자재등 품질인정 및 관리기준
(국토교통부고시 제2023-15호, 2023.1.9)

⑥ 법 제49조제2항 단서에 따라 영 제46조제7항에 따른 창고시설 중 같은 조 제2항제2호에 해당하여 같은 조 제1항을 적용하지 않거나 완화하여 적용하는 부분에는 다음 각 호의 구분에 따른 설비를 추가로 설치해야 한다. 〈신설 2022.4.29., 2024.8.26.〉

1. 개구부의 경우: 「소방시설 설치 및 관리에 관한 법률」 제12조제1항에 따른 화재안전기준(이하 이 조에서 "화재안전기준"이라 한다)을 충족하는 설비로서 수막(水幕)을 형성하여 화재확산을 방지하는 설비
2. 개구부 외의 부분의 경우: 화재안전기준을 충족하는 설비로서 화재를 조기에 진화할 수 있도록 설계된 스프링클러

질의 회신 방화에 장애가 되는 용도의 제한 관련
국토교통부 민원마당 FAQ 2022.6.21.

질의 공동주택과 고시원을 별개의 동으로 계획한 경우 가능한 지?

회신 건축법 시행령 제47조제2항제2호에 따라 공동주택과 제2종 근린생활시설 중 고시원은 같은 건축물에 함께 설치할 수 없음.
그러나, 별개의 동으로 공동주택과 제2종 근린생활시설 중 고시원을 설치할 경우 건축법령상 제재할 수 없으나, 주택법에 제재 사항이 있음. ※ (주택건설기준등에 관한 규정 제6조) 주택단지안에는 부대시설, 복리시설, 간선시설, 도시계획시설만 설치할 수 있음. 이 경우 복리시설에 제2종 근린생활시설 중 고시원이 제외(동 규정 제5조제1호)된 바, 주택단지에 별개의 동으로 고시원을 설치할 수 없음

시행령

는 같은 건축물에 함께 설치할 수 있다. 〈개정 2016.1.19., 2016.7.19., 2017.2.3., 2018.2.9., 2022.4.29〉

1. 공동주택(기숙사만 해당한다)과 공장이 같은 건축물에 있는 경우
2. 중심상업지역 · 일반상업지역 또는 근린상업지역에서 「도시 및 주거환경정비법」에 따른 재개발사업을 시행하는 경우
3. 공동주택과 위락시설이 같은 초고층 건축물에 있는 경우. 다만, 사생활을 보호하고 방범 · 방화 등 주거 안전을 보장하며 소음 · 악취 등으로부터 주거환경을 보호할 수 있도록 주택의 출입구 · 계단 및 승강기 등을 주택 외의 시설과 분리된 구조로 하여야 한다.
4. 「산업집적활성화 및 공장설립에 관한 법률」 제2조제13호에 따른 지식산업센터와 「영유아보육법」 제10조제4호에 따른 직장어린이집이 같은 건축물에 있는 경우

② 법 제49조제2항 본문에 따라 다음 각 호에 해당하는 용도의 시설은 같은 건축물에 함께 설치할 수 없다. 〈개정 2014.3.24., 2022.4.29.〉

1. 노유자시설 중 아동 관련 시설 또는 노인복지시설과 판매시설 중 도매시장 또는 소매시장
2. 단독주택(다중주택, 다가구주택에 한정한다), 공동주택, 제1종 근린생활시설 중 조산원 또는 산후조리원과 제2종 근린생활시설 중 다중생활시설

시행규칙

공장(이하 이 조에서 "위락시설등"이라 한다)중 하나 이상을 함께 설치하고자 하는 경우에는 다음 각 호의 기준에 적합하여야 한다.

1. 공동주택등의 출입구와 위락시설등의 출입구는 서로 그 보행거리가 30미터 이상이 되도록 설치할 것
2. 공동주택등(당해 공동주택등에 출입하는 통로를 포함한다)과 위락시설등(당해 위락시설등에 출입하는 통로를 포함한다)은 내화구조로 된 바닥 및 벽으로 구획하여 서로 차단할 것
3. 공동주택등과 위락시설등은 서로 이웃하지 아니하도록 배치할 것
4. 건축물의 주요 구조부를 내화구조로 할 것
5. 거실의 벽 및 반자가 실내에 면하는 부분(반자돌림대 · 창대 그 밖에 이와 유사한 것을 제외한다. 이하 이 조에서 같다)의 마감은 불연재료 · 준불연재료 또는 난연재료로 하고, 그 거실로부터 지상으로 통하는 주된 복도 · 계단 그밖에 통로의 벽 및 반자가 실내에 면하는 부분의 마감은 불연재료 또는 준불연재료로 할 것

법	시 행 령	시 행 규 칙

【피난·방화규칙】

제15조【계단의 설치기준】 ① 영 제48조의 규정에 의하여 건축물에 설치하는 계단은 다음 각호의 기준에 적합하여야 한다. 〈개정 2015.4.6.〉

1. 높이가 3미터를 넘는 계단에는 높이 3미터이내마다 유효너비 120센티미터 이상의 계단참을 설치할 것
2. 높이가 1미터를 넘는 계단 및 계단참의 양옆에는 난간(벽 또는 이에 대치되는 것을 포함한다)을 설치할 것
3. 너비가 3미터를 넘는 계단에는 계단의 중간에 너비 3미터 이내마다 난간을 설치할 것. 다만, 계단의 단높이가 15센티미터 이하이고, 계단의 단너비가 30센티미터 이상인 경우에는 그러하지 아니하다.
4. 계단의 유효 높이(계단의 바닥 마감면부터 상부 구조체의 하부 마감면까지의 연직방향의 높이를 말한다)는 2.1미터 이상으로 할 것

② 제1항에 따라 계단을 설치하는 경우 계단 및 계단참의 너비(옥내계단에 한정한다), 계단의 단높이 및 단너비의 칫수는 다음 각 호의 기준에 적합해야 한다. 이 경우 돌음계단의 단너비는 그 좁은 너비의 끝부분으로부터 30센티미터의 위치에서 측정한다. 〈개정 2015.4.6., 2019.8.6.〉

1. 초등학교의 계단인 경우에는 계단 및 계단참의 유효너비는 150센티미터 이상, 단높이는 16센티미터 이하, 단너비는 26센티미터 이상으로 할 것
2. 중·고등학교의 계단인 경우에는 계단 및 계단참의 유효너비는 150센티미터 이상, 단높이는 18센티미터 이하, 단너비는 26센티미터 이상으로 할 것
3. 문화 및 집회시설(공연장·집회장 및 관람장에 한한다)·판매시설 기타 이와 유사한 용도에 쓰이는 건축물의

제48조【계단·복도 및 출입구의 설치】 ① 법 제49조제2항 본문에 따라 연면적 200제곱미터를 초과하는 건축물에 설치하는 계단 및 복도는 국토교통부령으로 정하는 기준에 적합해야 한다. 〈개정 2022.4.29〉

② 법 제49조제2항 본문에 따라 제39조제1항 각 호의 어느 하나에 해당하는 건축물의 출입구는 국토교통부령으로 정하는 기준에 적합해야 한다. 〈개정 2022.4.29.〉

【피난·방화규칙】

제15조의2【복도의 너비 및 설치기준】 ① 영 제48조의 규정에 의하여 건축물에 설치하는 복도의 유효너비는 다음 표와 같이 하여야 한다.

구 분	양옆에 거실이 있는 복도	그 밖의 복도
유치원·초등학교·중학교·고등학교	2.4미터 이상	1.8미터 이상
공동주택·오피스텔	1.8미터 이상	1.2미터 이상
당해 층 거실의 바닥면적 합계가 200제곱미터 이상인 경우	1.5미터 이상 (의료시설의 복도는 1.8미터 이상)	1.2미터 이상

② 문화 및 집회시설(공연장·집회장·관람장·전시장에 한정한다), 종교시설 중 종교집회장, 노유자시설 중 아동관련 시설·노인복지시설, 수련시설 중 생활권수련시설, 위락시설 중 유흥주점 및 장례식장의 관람실 또는 집회실과 접하는 복도의 유효너비는 제1항에도 불구하고 다음 각 호에서 정하는 너비로 해야 한다. 〈개정 2019.8.6.〉

1. 해당 층에서 해당 용도로 쓰는 바닥면적의 합계가 500제곱미터 미만인 경우 1.5미터 이상
2. 해당 층에서 해당 용도로 쓰는 바닥면적의 합계가 500제곱미터 이상 1천제곱미터 미만인 경우 1.8미터 이상
3. 해당 층에서 해당 용도로 쓰는 바닥면적의 합계가 1천제

법령해석 계단참의 유효너비 측정 방법
(법제처 18-0702, 2018.12.7.)

질의요지 가. 「건축물의 피난·방화구조 등의 기준에 관한 규칙」 제15조제2항제4호에서는 "계단 및 그 계단참의 유효너비를 120센티미터 이상" 으로 하도록 규정하고 있는데, 계단참을 기점으로 진행방향이 반대로 바뀌는 형태의 계단의 경우에 해당 계단참은 계단참의 좌측부터 우측까지 일정하게 측정하여 가로, 세로가 각각 120센티미터 이상이어야 하는지, 회전축을 중심으로 반지름이 120센티미터 이상이면 되는지?

나. 「건축물의 피난·방화구조 등의 기준에 관한 규칙」 제15조제2항제4호에서는 "계단 및 그 계단참의 유효너비를 120센티미터 이상" 으로 하도록 규정하고 있는데, 계단참을 기점으로 진행방향이 반대로 바뀌는 형태의 계단의 경우에 해당 계단참의 모서리에 기둥이 있다면 계단참의 유효너비를 측정할 때 해당 기둥의 너비를 포함하여 측정할 수 있는지?

회답 가. 질의 가에 대해

이 사안의 경우 계단참은 계단참의 좌측부터 우측까지 일정하게 측정하여 가로, 세로가 각각 120센티미터 이상이어야 함

나. 질의 나에 대해

이 사안의 경우 계단참의 유효너비를 측정할 때 해당 기둥의 너비를 제외하고 측정해야 함

법

계단인 경우에는 계단 및 계단참의 유효너비를 120센티미터 이상으로 할 것

4. 제1호부터 제3호까지의 건축물 외의 건축물의 계단으로서 다음 각 목의 어느 하나에 해당하는 층의 계단인 경우에는 계단 및 계단참은 유효너비를 120센티미터 이상으로 할 것

가. 계단을 설치하려는 층이 지상층인 경우: 해당 층의 바로 위층부터 최상층(상부층 중 피난층이 있는 경우에는 그 아래층을 말한다)까지의 거실 바닥면적의 합계가 200제곱미터 이상인 경우

나. 계단을 설치하려는 층이 지하층인 경우: 지하층 거실 바닥면적의 합계가 100제곱미터 이상인 경우

5. 기타의 계단인 경우에는 계단 및 계단참의 유효너비를 60센티미터 이상으로 할 것

6. 「산업안전보건법」에 의한 작업장에 설치하는 계단인 경우에는 「산업안전 기준에 관한 규칙」에서 정한 구조로 할 것

③ 공동주택(기숙사를 제외한다) · 제1종 근린생활시설 · 제2종 근린생활시설 · 문화 및 집회시설 · 종교시설 · 판매시설 · 운수시설 · 의료시설 · 노유자시설 · 업무시설 · 숙박시설 · 위락시설 또는 관광휴게시설의 용도에 쓰이는 건축물의 주계단 · 피난계단 또는 특별피난계단에 설치하는 난간 및 바닥은 아동의 이용에 안전하고 노약자 및 신체장애인의 이용에 편리한 구조로 하여야 하며, 양쪽에 벽등이 있어 난간이 없는 경우에는 손잡이를 설치하여야 한다.

④ 제3항의 규정에 의한 난간 · 벽 등의 손잡이와 바닥마감은 다음 각호의 기준에 적합하게 설치하여야 한다.

1. 손잡이는 최대지름이 3.2센티미터 이상 3.8센티미터 이하인 원형 또는 타원형의 단면으로 할 것

시 행 령

곱미터 이상인 경우 2.4미터 이상

③ 문화 및 집회시설중 공연장에 설치하는 복도는 다음 각 호의 기준에 적합해야 한다. 〈개정 2019.8.6.〉

1. 공연장의 개별 관람실(바닥면적이 300제곱미터 이상인 경우에 한정한다)의 바깥쪽에는 그 양쪽 및 뒤쪽에 각각 복도를 설치할 것

2. 하나의 층에 개별 관람실(바닥면적이 300제곱미터 미만인 경우에 한정한다)을 2개소 이상 연속하여 설치하는 경우에는 그 관람실의 바깥쪽의 앞쪽과 뒤쪽에 각각 복도를 설치할 것

④ 법 제19조에 따라 「공공주택 특별법 시행령」 제37조제1항제3호에 해당하는 건축물을 「주택법 시행령」 제4조의 준주택으로 용도변경하려는 경우로서 다음 각 호의 요건을 모두 갖춘 경우에는 용도변경한 건축물의 복도 중 양 옆에 거실이 있는 복도의 유효너비는 제1항에도 불구하고 1.5미터 이상으로 할 수 있다. 〈신설 2021.10.15〉

1. 용도변경의 목적이 해당 건축물을 「공공주택 특별법」 제43조제1항에 따라 공공매입임대주택으로 공급하려는 공공주택사업자에게 매도하려는 것일 것

2. 둘 이상의 직통계단이 지상까지 직접 연결되어 있을 것

3. 건축물의 내부에서 계단실로 통하는 출입구의 유효너비가 0.9미터 이상일 것

제49조 삭제 〈1995.12.30.〉

제50조 【거실반자의 설치】 법 제49조제2항 본문에 따라 공장, 창고시설, 위험물저장 및 처리시설, 동물 및 식물 관련 시설, 자원순환 관련 시설 또는 묘지 관련시설 외의 용도로

시 행 규 칙

법령해석 공연장의 하나의 층에 개별 관람석 2개소를 앞뒤로 연속하여 설치하는 경우 복도의 설치기준 (법제처 18-0301, 2018.9.5.)

질의요지 공연장의 하나의 층에 바닥면적이 300제곱미터 미만인 개별 관람석 2개소를 앞뒤로 연속하여 설치하는 경우에도 「건축물의 피난 · 방화구조 등의 기준에 관한 규칙」 제15조의2제3항제2호에 따라 개별 관람석 사이에 복도를 설치해야 하는지?

〈질의 배경〉 민원인은 300㎡미만인 개별 관람석(영화관) 2개를 앞뒤로 연속하여 설치하는 경우에도 개별 관람석 사이에 복도를 설치해야 하는지 국토교통부에 질의하였고 국토교통부에서 설치해야 한다고 답변하자 이에 이의가 있어 법제처에 법령해석을 요청함

회답 이 사안의 경우 개별 관람석 사이에 복도를 설치해야 함

【피난·방화규칙】

제16조 【거실의 반자높이】 ① 영 제50조의 규정에 의하여 설치하는 거실의 반자(반자가 없는 경우에는 보 또는

2. 손잡이는 벽등으로부터 5센티미터 이상 떨어지도록 하고, 계단으로부터의 높이는 85센티미터가 되도록 할 것
3. 계단이 끝나는 수평부분에서의 손잡이는 바깥쪽으로 30센티미터 이상 나오도록 설치할 것

⑤ 계단을 대체하여 설치하는 경사로는 다음 각호의 기준에 적합하게 설치하여야 한다.
1. 경사도는 1 : 8을 넘지 아니할 것
2. 표면을 거친 면으로 하거나 미끄러지지 아니하는 재료로 마감할 것
3. 경사로의 직선 및 굴절부분의 유효너비는 「장애인·노인·임산부등의 편의증진보장에 관한 법률」이 정하는 기준에 적합할 것

⑥ 제1항 각호의 규정은 제5항의 규정에 의한 경사로의 설치기준에 관하여 이를 준용한다.

⑦ 제1항 및 제2항에도 불구하고 영 제34조제4항 단서에 따라 피난층 또는 지상으로 통하는 직통계단을 설치하는 경우 계단 및 계단참의 유효너비는 다음 각 호의 구분에 따른 기준에 적합하여야 한다. 〈개정 2015.4.6.〉
1. 공동주택: 120센티미터 이상
2. 공동주택이 아닌 건축물: 150센티미터 이상

⑧ 승강기기계실용 계단, 망루용 계단 등 특수한 용도에만 쓰이는 계단에 대해서는 제1항부터 제7항까지의 규정을 적용하지 아니한다. 〈개정 2012.1.6.〉

쓰는 건축물 거실의 반자(반자가 없는 경우에는 보 또는 바로 위층의 바닥판의 밑면, 그 밖에 이와 비슷한 것을 말한다)는 국토교통부령으로 정하는 기준에 적합해야 한다. 〈개정 2022.4.29〉

바로 윗층의 바닥판의 밑면 기타 이와 유사한 것을 말한다. 이하 같다)는 그 높이를 2.1미터이상으로 하여야 한다.

② 문화 및 집회시설(전시장 및 동·식물원은 제외한다), 종교시설, 장례식장 또는 위락시설 중 유흥주점의 용도에 쓰이는 건축물의 관람실 또는 집회실로서 그 바닥면적이 200제곱미터 이상인 것의 반자의 높이는 제1항에도 불구하고 4미터(노대의 아랫부분의 높이는 2.7미터)이상이어야 한다. 다만, 기계환기장치를 설치하는 경우에는 그렇지 않다. 〈개정 2019.8.6.〉

【피난·방화규칙】

제17조 【채광 및 환기를 위한 창문등】 ① 영 제51조에 따라 채광을 위하여 거실에 설치하는 창문등의 면적은 그 거실의 바닥면적의 10분의 1 이상이어야 한다. 다만, 거실의 용도에 따라 별표 1의3에 따라 조도 이상의 조명장치를 설

제51조 【거실의 채광 등】 ① 법 제49조제2항 본문에 따라 단독주택 및 공동주택의 거실, 교육연구시설 중 학교의 교실, 의료시설의 병실 및 숙박시설의 객실에는 국토교통부령으로 정하는 기준에 따라 채광 및 환기를 위한 창문등이나 설비를

【피난·방화규칙/별표1의3】

거실의 용도에 따른 조도기준

거실의 용도구분 \ 조도구분		바닥에서 85센티미터의 높이에 있는 수평면의 조도(룩스)
1. 거주	독서·식사·조리	150
	기타	70

법	시행령	시행규칙

법

치하는 경우에는 그러하지 아니하다.

② 영 제51조의 규정에 의하여 환기를 위하여 거실에 설치하는 창문등의 면적은 그 거실의 바닥면적의 20분의 1 이상이어야 한다. 다만, 기계환기장치 및 중앙관리방식의 공기조화설비를 설치하는 경우에는 그러하지 아니하다.

③ 제1항 및 제2항의 규정을 적용함에 있어서 수시로 개방할 수 있는 미닫이로 구획된 2개의 거실은 이를 1개의 거실로 본다.

④ 영 제51조제3항에서 "국토교통부령으로정하는 기준"이란 높이 1.2미터 이상의 난간이나 그 밖에 이와 유사한 추락방지를 위한 안전시설을 말한다.

시행령

설치해야 한다. 〈개정 2022.4.29〉

② 법 제49조제2항 본문에 따라 다음 각 호에 해당하는 건축물의 거실(피난층의 거실은 제외한다)에는 배연설비를 해야 한다. 〈개정 2015.9.22., 2017.2.3., 2019.10.22., 2020.10.8., 2022.4.29〉

1. 6층 이상인 건축물로서 다음 각 목에 해당하는 용도로 쓰는 건축물
   가. 제2종 근린생활시설 중 공연장, 종교집회장, 인터넷컴퓨터게임시설제공업소 및 다중생활시설(공연장, 종교집회장 및 인터넷컴퓨터게임시설제공업소는 해당 용도로 쓰는 바닥면적의 합계가 각각 300제곱미터 이상인 경우만 해당한다)
   나. 문화 및 집회시설
   다. 종교시설
   라. 판매시설
   마. 운수시설
   바. 의료시설(요양병원 및 정신병원은 제외한다)
   사. 교육연구시설 중 연구소
   아. 노유자시설 중 아동 관련 시설, 노인복지시설(노인요양시설은 제외한다)
   자. 수련시설 중 유스호스텔
   차. 운동시설
   카. 업무시설
   타. 숙박시설
   파. 위락시설
   하. 관광휴게시설
   거. 장례시설
2. 다음 각 목에 해당하는 용도로 쓰는 건축물

시행규칙

2. 집무	설계제도·계산 일반사무 기타	700 300 150
3. 작업	검사시험·정밀검사수술 일반작업·제조·판매 포장·세척 기타	700 300 150 70
4. 집회	회의 집회 공연·관람	300 150 70
5. 오락	오락일반 기타	150 30
6. 기타		1란 내지 5란 중 가장 유사한 용도에 관한 기준을 적용한다.

법	시 행 령	시 행 규 칙
	가. 의료시설 중 요양병원 및 정신병원 나. 노유자시설 중 노인요양시설 · 장애인 거주시설 및 장애인 의료재활시설 다. 제1종 근린생활시설 중 산후조리원 ③ 법 제49조제2항 본문에 따라 오피스텔에 거실 바닥으로부터 높이 1.2미터 이하 부분에 여닫을 수 있는 창문을 설치하는 경우에는 국토교통부령으로 정하는 기준에 따라 추락방지를 위한 안전시설을 설치해야 한다. 〈개정 2022.4.29〉	
제49조【건축물의 피난시설 및 용도제한 등】 ① ➡ 1-130쪽 ② ➡ 1-140쪽 ③ 대통령령으로 정하는 건축물은 국토교통부령으로 정하는 기준에 따라 소방관이 진입할 수 있는 창을 설치하고, 외부에서 주야간에 식별할 수 있는 표시를 하여야 한다. 〈신설 2019.4.23.〉	④ 법 제49조제3항에 따라 건축물의 11층 이하의 층에는 소방관이 진입할 수 있는 창을 설치하고, 외부에서 주야간에 식별할 수 있는 표시를 해야 한다. 다만, 다음 각 호의 어느 하나에 해당하는 아파트는 제외한다. 〈개정 2019.10.22.〉 1. 제46조제4항 및 제5항에 따라 대피공간 등을 설치한 아파트 2. 「주택건설기준 등에 관한 규정」 제15조제2항에 따라 비상용승강기를 설치한 아파트	**【피난방화규칙】** **제18조의2【소방관 진입창의 기준】** 법 제49조제3항에서 "국토교통부령으로 정하는 기준"이란 다음 각 호의 요건을 모두 충족하는 것을 말한다. 〈개정 2024.8.26., 2024.11.15.〉 1. 2층 이상 11층 이하인 층(직접 지상으로 통하는 출입구가 있는 층은 제외한다)에 각각 1개소 이상 설치할 것. 이 경우 소방관이 진입할 수 있는 창의 가운데에서 벽면 끝까지의 수평거리가 40미터 이상인 경우에는 40미터 이내마다 소방관이 진입할 수 있는 창을 추가로 설치해야 한다. 2. 소방차 진입로 또는 소방차 진입이 가능한 공터에 면할 것 3. 창문의 가운데에 지름 20센티미터 이상의 역삼각형을 야간에도 알아볼 수 있도록 빛 반사 등으로 붉은색으로 표시할 것
【피난방화규칙】 **제18조【거실 등의 방습】** ① 영 제52조의 규정에 의하여 건축물의 최하층에 있는 거실바닥의 높이는 지표면으로부터 45센티미터이상으로 하여야 한다. 다만, 지표면을 콘크리트바닥으로 설치하는 등 방습을 위한 조치를 하는 경우에는 그러하지 아니하다. ② 영 제52조에 따라 다음 각 호의 어느 하나에 해당하는 욕실 또는 조리장의 바닥과 그 바닥으로부터 높이 1미터까지의 안쪽벽의 마감은 이를 내수재료로 해야 한다. 〈개정 2021.8.27〉	**제52조【거실 등의 방습】** 법 제49조제2항 본문에 따라 다음 각 호에 해당하는 거실 · 욕실 또는 조리장의 바닥 부분에는 국토교통부령으로 정하는 기준에 따라 방습을 위한 조치를 해야 한다. 〈개정 2022.4.29〉 1. 건축물의 최하층에 있는 거실(바닥이 목조인 경우만 해당한다) 2. 제1종 근린생활시설 중 목욕장의 욕실과 휴게음식점 및 제과점의 조리장 3. 제2종 근린생활시설 중 일반음식점, 휴게음식점 및 제과	

법

1. 제1종 근린생활시설중 목욕장의 욕실과 휴게음식점의 조리장
2. 제2종 근린생활시설중 일반음식점 및 휴게음식점의 조리장과 숙박시설의 욕실

④ 대통령령으로 정하는 용도 및 규모의 건축물에 대하여 가구·세대 등 간 소음 방지를 위하여 국토교통부령으로 정하는 바에 따라 경계벽 및 바닥을 설치하여야 한다. 〈개정 2019.4.23.〉

【피난·방화규칙】

제19조【경계벽 등의 구조】 ① 법 제49조제4항에 따라 건축물에 설치하는 경계벽은 내화구조로 하고, 지붕밑 또는 바로 위층의 바닥판까지 닿게 해야 한다. 〈개정 2019.8.6.〉

② 제1항에 따른 경계벽은 소리를 차단하는데 장애가 되는 부분이 없도록 다음 각 호의 어느 하나에 해당하는 구조로 하여야 한다. 다만, 다가구주택 및 공동주택의 세대간의 경계벽인 경우에는 「주택건설기준 등에 관한 규정」 제14조에 따른다. 〈개정 2014.11.28.〉

1. 철근콘크리트조·철골철근콘크리트조로서 두께가 10센티미터이상인 것
2. 무근콘크리트조 또는 석조로서 두께가 10센티미터(시멘트모르타르·회반죽 또는 석고플라스터의 바름두께를 포함한다)이상인 것
3. 콘크리트블록조 또는 벽돌조로서 두께가 19센티미터 이상인 것
4. 제1호 내지 제3호의 것외에 국토교통부장관이 정하여 고시하는 기준에 따라 국토교통부장관이 지정하는 자 또는 한국건설기술연구원장이 실시하는 품질시험에서 그 성능이 확인된 것
5. 한국건설기술연구원장이 제27조제1항에 따라 정한 인정

시 행 령

점의 조리장과 숙박시설의 욕실

제53조【경계벽 등의 설치】 ① 법 제49조제4항에 따라 다음 각 호의 어느 하나에 해당하는 건축물의 경계벽은 국토교통부령으로 정하는 기준에 따라 설치해야 한다. 〈개정 2015.9.22., 2019.10.22., 2020.10.8.〉

1. 단독주택 중 다가구주택의 각 가구 간 또는 공동주택(기숙사는 제외한다)의 각 세대 간 경계벽(제2조제14호 후단에 따라 거실·침실 등의 용도로 쓰지 아니하는 발코니 부분은 제외한다)
2. 공동주택 중 기숙사의 침실, 의료시설의 병실, 교육연구시설 중 학교의 교실 또는 숙박시설의 객실 간 경계벽
3. 제1종 근린생활시설 중 산후조리원의 다음 각 호의 어느 하나에 해당하는 경계벽 〈신설 2020.10.9.〉
   가. 임산부실 간 경계벽
   나. 신생아실 간 경계벽
   다. 임산부실과 신생아실 간 경계벽
4. 제2종 근린생활시설 중 다중생활시설의 호실 간 경계벽
5. 노유자시설 중 「노인복지법」 제32조제1항제3호에 따른 노인복지주택(이하 "노인복지주택"이라 한다)의 각 세대 간 경계벽
6. 노유자시설 중 노인요양시설의 호실 간 경계벽

고시 벽체의 차음구조 인정 및 관리기준
(국토교통부고시 제2023-25호, 2023.1.12.)

시 행 규 칙

4. 창문의 한쪽 모서리에 타격지점을 지름 3센티미터 이상의 원형으로 표시할 것
5. 창문 유리의 크기는 폭 90센티미터 이상, 높이 1미터 이상으로 하고, 실내 바닥면으로부터 창의 아랫부분까지의 높이는 80센티미터[난간이 설치된 노대등(영 제40조제1항에 따른 노대등을 말한다)에 불가피하게 소방관 진입창을 설치하는 경우에는 120센티미터] 이내로 할 것
6. 다음 각 목의 어느 하나에 해당하는 유리를 사용할 것
   가. 플로트판유리로서 그 두께가 6밀리미터 이하인 것
   나. 강화유리 또는 배강도유리로서 그 두께가 5밀리미터 이하인 것
   다. 가목 또는 나목에 해당하는 유리로 구성된 이중 유리
   라. 가목 또는 나목에 해당하는 유리로 구성된 삼중 유리. 이 경우 각각의 유리에 비산방지필름을 부착하는 경우에는 그 필름 두께를 50마이크로미터 이하로 해야 한다.

[본조신설 2019.8.6.]

관계법 「주택건설기준 등에 관한 규정」 제14조(세대간의 경계벽등)

법	시 행 령	시 행 규 칙

기준에 따라 인정하는 것

③ 법 제49조제4항에 따른 가구·세대 등 간 소음방지를 위한 바닥은 경량충격음(비교적 가볍고 딱딱한 충격에 의한 바닥충격음을 말한다)과 중량충격음(무겁고 부드러운 충격에 의한 바닥충격음을 말한다)을 차단할 수 있는 구조로 하여야 한다. 〈신설 2014.11.28., 2024.8.26.〉

④ 제3항에 따른 가구·세대 등 간 소음방지를 위한 바닥의 세부 기준은 국토교통부장관이 정하여 고시한다. 〈신설 2014.11.28.〉

[제목개정 2014.11.28.]

고시 소음방지를 위한 층간 바닥충격음 차단 구조기준
(국토교통부고시 제2018-585호, 2018.9.21.)

⑤ 「자연재해대책법」 제12조제1항에 따른 자연재해위험개선지구 중 침수위험지구에 국가·지방자치단체 또는 「공공기관의 운영에 관한 법률」 제4조제1항에 따른 공공기관이 건축하는 건축물은 침수 방지 및 방수를 위하여 다음 각 호의 기준에 따라야 한다. 〈신설 2015.1.6., 2019.4.23.〉

1. 건축물의 1층 전체를 필로티(건축물을 사용하기 위한 경비실, 계단실, 승강기실, 그 밖에 이와 비슷한 것을 포함한다) 구조로 할 것
2. 국토교통부령으로 정하는 침수 방지시설을 설치할 것

② 법 제49조제4항에 따라 다음 각 호의 어느 하나에 해당하는 건축물의 층간바닥(화장실의 바닥은 제외한다)은 국토교통부령으로 정하는 기준에 따라 설치해야 한다. 〈개정 2016.8.11., 2019.10.22.〉

1. 단독주택 중 다가구주택
2. 공동주택(「주택법」 제15조에 따른 주택건설사업계획승인 대상은 제외한다)
3. 업무시설 중 오피스텔
4. 제2종 근린생활시설 중 다중생활시설
5. 숙박시설 중 다중생활시설

[제목개정 2014.11.28.]

[피난방화규칙]

제19조의2 【침수 방지시설】 법 제49조제5항제2호에서 "국토교통부령으로 정하는 침수 방지시설"이란 다음 각 호의 시설을 말한다. 〈개정 2024.8.26.〉

1. 차수판(遮水板)
2. 역류방지 밸브

[본조신설 2015.7.9.]

관계법 「자연재해대책법」

제12조(자연재해위험개선지구의 지정 등)

① 시장·군수·구청장은 상습침수지역, 산사태위험지역 등 지형적인 여건 등으로 인하여 재해가 발생할 우려가 있는 지역을 자연재해위험개선지구로 지정·고시하고, 그 결과를 시·도지사를 거쳐(특별자치시장이 보고하는 경우는 제외한다) 행정안전부장관과 관계 중앙행정기관의 장에게 보고하여야 한다. 이 경우 「토지이용규제 기본법」 제8조제2항에 따라 지형도면을 함께 고시하여야 한다.

① 공동주택 각 세대간의 경계벽 및 공동주택과 주택외의 시설간의 경계벽은 내화구조로서 다음 각 호의 어느 하나에 해당하는 구조로 해야 한다. 〈개정 2021.1.5.〉

1. 철근콘크리트조 또는 철골·철근콘크리트조로서 그 두께(시멘트모르타르·회반죽·석고플라스터, 그 밖에 이와 유사한 재료를 바른 후의 두께를 포함한다)가 15센티미터 이상인 것
2. 무근콘크리트조·콘크리트블록조·벽돌조 또는 석조로서 그 두께(시멘트모르타르·회반죽·석고플라스터, 그 밖에 이와 유사한 재료를 바른 후의 두께를 포함한다)가 20센티미터 이상인 것
3. 조립식주택부재인 콘크리트판으로서 그 두께가 12센티미터 이상인 것
4. 제1호 내지 제3호의 것외에 국토교통부장관이 정하여 고시하는 기준에 따라 한국건설기술연구원장이 차음성능을 인정하여 지정하는 구조인 것

② 제1항의 규정에 의한 경계벽은 이를 지붕밑 또는 바로 윗층바닥판까지 닿게 하여야 하며, 소리를 차단하는데 장애가 되는 부분이 없도록 설치하여야 한다.

법	시 행 령	시 행 규 칙

법

【피난방화규칙】

제20조【건축물에 설치하는 굴뚝】 영 제54조에 따라 건축물에 설치하는 굴뚝은 다음 각호의 기준에 적합하여야 한다. 〈개정 2010.4.7〉

1. 굴뚝의 옥상 돌출부는 지붕면으로부터의 수직거리를 1미터 이상으로 할 것. 다만, 용마루 · 계단탑 · 옥탑등이 있는 건축물에 있어서 굴뚝의 주위에 연기의 배출을 방해하는 장애물이 있는 경우에는 그 굴뚝의 상단을 용마루 · 계단탑 · 옥탑등보다 높게 하여야 한다.
2. 굴뚝의 상단으로부터 수평거리 1미터 이내에 다른 건축물이 있는 경우에는 그 건축물의 처마보다 1미터 이상 높게 할 것
3. 금속제 굴뚝으로서 건축물의 지붕속 · 반자위 및 가장 아랫바닥밑에 있는 굴뚝의 부분은 금속외의 불연재료로 덮을 것
4. 금속제 굴뚝은 목재 기타 가연재료로부터 15센티미터 이상 떨어져서 설치할 것. 다만, 두께 10센티미터 이상인 금속외의 불연재료로 덮은 경우에는 그러하지 아니하다.

제50조【건축물의 내화구조와 방화벽】 ① 문화 및 집회시설, 의료시설, 공동주택 등 대통령령으로 정하는 건축물은 국토교통부령으로 정하는 기준에 따라 주요구조부와 지붕을 내화(耐火)구조로 하여야 한다. 다만, 막구조 등 대통령령으로 정하는 구조는 주요구조부에만 내화구조로 할 수 있다. 〈개정 2018.8.14.〉

질의 회신 공작물에 해당하는 주차장인 경우 내화구조 규정 적용 여부

국토교통부 민원마당 FAQ 2023.6.15.

질의 건축법시행령 제118조의 규정에 의한 공작물에 해당하는 주차장인 경우 동법 제50조의 규정에 의한 내화구조 규정을 적용하여야 하는

시 행 령

제54조【건축물에 설치하는 굴뚝】 건축물에 설치하는 굴뚝은 국토교통부령으로 정하는 기준에 따라 설치하여야 한다.

제55조【창문 등의 차면시설】 인접 대지경계선으로부터 직선거리 2미터 이내에 이웃 주택의 내부가 보이는 창문 등을 설치하는 경우에는 차면시설(遮面施設)을 설치하여야 한다.

제56조【건축물의 내화구조】 ① 법 제50조제1항 본문에 따라 다음 각 호의 어느 하나에 해당하는 건축물(제5호에 해당하는 건축물로서 2층 이하인 건축물은 지하층 부분만 해당한다)의 주요구조부와 지붕은 내화구조로 해야 한다. 다만, 연면적이 50제곱미터 이하인 단층의 부속건축물로서 외벽 및 처마 밑면을 방화구조로 한 것과 무대의 바닥은 그렇지 않다. 〈개정 2017.2.3., 2019.10.22., 2021.1.5.〉

1. 제2종 근린생활시설 중 공연장 · 종교집회장(해당 용도로 쓰는 바닥면적의 합계가 각각 300제곱미터 이상인 경우만 해당한다), 문화 및 집회시설(전시장 및 동 · 식물원은 제외

시 행 규 칙

질의 회신 차면시설 설치여부

건교부 건축 58070-501, 2003.3.20

질의 건축물의 발코니 부분이 인접대지경계선으로부터 1.1미터 떨어져 있으나, 동 건축물의 발코니는 인접대지내 다세대주택의 측벽과 마주보고 있는 경우에도 창문 등에 차면시설을 설치하여야 하는지 여부

회신 건축법시행령 제55조의 규정에서 인접대지경계선으로부터 직선거리 2미터이내에 이웃 주택의 내부가 보이는 창문 등을 설치하는 경우에는 차면시설을 설치하여야 하는 것인바, 이웃 주택의 내부가 보이는지 여부등 보다 구체적인 사항은 당해 대지 및 건축물의 현황을 상세히 알고 있는 당해 허가권자에게 문의하기 바람.

법령해석 건축물에서 내화구조로 해야 하는 부분의 범위 (법제처 21-0478, 2021.9.14.)

질의요지 「건축법」 제50조제1항에서는 문화 및 집회시설, 의료시설, 공동주택 등 대통령령으로 정하는 건축물은 국토교통부령으로 정하는 기준에 따라 주요구조부와 지붕을 내화(耐火)구조로 해야 한다고 규정하고 있고, 「건축물의 피난 · 방화구조 등의 기준에 관한 규칙」(이하 "건축물방화구조규칙" 이라 함) 제3조제5호 다목에서는 바닥으로부터 그 아랫부분까지의 높이가 4미터 이상인 철골조의 지붕틀로서 바로 아래에 반자가 없거나 불연재료로 된 반자가 있는 경우 내화구조를 갖춘 것으로 규정하고 있는바,

법	시 행 령	시 행 규 칙

지 여부

회신 건축법 제83조제3항 및 같은 법 시행령 제118조제3항으로 정하는 공작물의 건축법 준용 조항 중 법 제50조(건축물의 내화구조와 방화벽)에 대하여 별도로 정하고 있지 아니하므로 질의하신 공작물은 해당 조항 적용 대상이 아닐 것임

【피난방화규칙】

제20조의2【내화구조의 적용이 제외되는 공장건축물】 영 제56조제1항제3호 단서에서 "국토교통부령으로 정하는 공장"이란 별표 2의 업종에 해당하는 공장으로서 주요구조부가 불연재료로 되어 있는 2층 이하의 공장을 말한다.

질의 회신 건축물의 내화구조에 대한 문의

국토교통부 민원마당 FAQ 2022.6.21.

질의 지상 3층(1층 필로티, 2층 제2종 근린생활시설 중 학원, 3층 단독주택)이며, 연면적 299.12㎡ 인 건축물인 경우 「건축법 시행령」 제56조 적용 대상 여부

회신 「건축법 시행령」 제56조제1항제5호에서 3층 이상인 건축물의 주

한다), 종교시설, 위락시설 중 주점영업 및 장례시설의 용도로 쓰는 건축물로서 관람석 또는 집회실의 바닥면적의 합계가 200제곱미터(옥외관람석의 경우에는 1천 제곱미터) 이상인 건축물

2. 문화 및 집회시설 중 전시장 또는 동·식물원, 판매시설, 운수시설, 교육연구시설에 설치하는 체육관·강당, 수련시설, 운동시설 중 체육관·운동장, 위락시설(주점영업의 용도로 쓰는 것은 제외한다), 창고시설, 위험물저장 및 처리시설, 자동차 관련 시설, 방송통신시설 중 방송국·전신전화국·촬영소, 묘지 관련 시설 중 화장시설·동물화장시설 또는 관광휴게시설의 용도로 쓰는 건축물로서 그 용도로 쓰는 바닥면적의 합계가 500제곱미터 이상인 건축물
3. 공장의 용도로 쓰는 건축물로서 그 용도로 쓰는 바닥면적의 합계가 2천 제곱미터 이상인 건축물. 다만, 화재의 위험이 적은 공장으로서 국토교통부령으로 정하는 공장은 제외한다.
4. 건축물의 2층이 단독주택 중 다중주택 및 다가구주택, 공동주택, 제1종 근린생활시설(의료의 용도로 쓰는 시설만 해당한다), 제2종 근린생활시설 중 다중생활시설, 의료시설, 노유자시설 중 아동 관련 시설 및 노인복지시설, 수련시설 중 유스호스텔, 업무시설 중 오피스텔, 숙박시설 또는 장례시설의 용도로 쓰는 건축물로서 그 용도로 쓰는 바닥면적의 합계가 400제곱미터 이상인 건축물
5. 3층 이상인 건축물 및 지하층이 있는 건축물. 다만, 단독주택(다중주택 및 다가구주택은 제외한다), 동물 및 식물 관련 시설, 발전시설(발전소의 부속용도로 쓰는 시설은 제외한다), 교도소·소년원 또는 묘지 관련 시설(화장시설 및 동물화장시설은 제외한다)의 용도로 쓰는 건축물과 철강 관련

바닥으로부터 그 아랫부분까지의 높이가 4미터 이상인 철골조의 지붕틀로서 바로 아래에 반자가 없거나 불연재료로 된 반자가 있는 지붕틀에 설치하는 지붕의 경우에도 「건축법」 제50조제1항 및 건축물방화구조규칙 제3조에 따른 내화구조로 해야 하는지?(각주: 「건축법」 제50조제1항 본문 및 같은 법 시행령 제56조제1항에 해당하는 건축물로, 같은 법 제50조제1항 단서에 따른 막구조의 건축물이 아닌 경우를 전제로 함)

회답 이 사안의 지붕의 경우 「건축법」 제50조제1항 및 건축물방화구조규칙 제3조에 따른 내화구조로 해야 함

질의 회신 증축시 내화구조로 해야 하는 부분이 건축물 전체인지 증축부분만인지

건교부 건축 58070-565, 2003.3.29

질의 기존 2층 철골조(내화구조가 아님) 공장 건축물에 1개층을 증축하여 건축법령에 의한 주요구조부를 내화구조로 하여야하는 사항과 관련하여 옥상에 1개층을 증축하여 3개층이 되는 경우와 1층 중간에 층을 신설하여 총 3개층이 되는 경우, 건축물 전체를 대상으로 주요구조부를 내화구조로 하여야 하는지, 아니면 3층만 하여도 되는지

회신 건축법시행령 제56조제1항제5호의 규정에 의거 3층이상의 건축물에 대하여는 주요구조부를 내화구조로 하도록 규정하고 있는바, 질의의 건축물의 경우는 건축물 전체를 대상으로 하여야하는 것임

법	시 행 령	시 행 규 칙
요구조부는 내화구조로 하도록 하고 있으며, 단서로 건축물의 전체 용도가 단독주택(다중주택 및 다가구주택은 제외한다) 등의 용도는 적용 제외할 수 있도록 하고 있음. 따라서, 질의의 복합용도의 건축물이 3층 이상인 경우에는 동 규정에 따라 주요구조부를 내화구조로 하여야 함	업종의 공장 중 제어실로 사용하기 위하여 연면적 50제곱미터 이하로 증축하는 부분은 제외한다. ② 법 제50조제1항 단서에 따라 막구조의 건축물은 주요구조부에만 내화구조로 할 수 있다. 〈개정 2019.10.22.〉	
② 대통령령으로 정하는 용도 및 규모의 건축물은 국토교통부령으로 정하는 기준에 따라 방화벽으로 구획하여야 한다. **【피난·방화규칙】** **제22조【대규모 목조건축물의 외벽 등】** ① 영 제57조제3항의 규정에 의하여 연면적이 1천제곱미터 이상인 목조의 건축물은 그 외벽 및 처마밑의 연소할 우려가 있는 부분을 방화구조로 하되, 그 지붕은 불연재료로 하여야 한다. ② 제1항에서 "연소할 우려가 있는 부분"이라 함은 인접대지경계선 · 도로중심선 또는 동일한 대지안에 있는 2동 이상의 건축물(연면적의 합계가 500제곱미터 이하인 건축물은 이를 하나의 건축물로 본다) 상호의 외벽간의 중심선으로부터 1층에 있어서는 3미터 이내, 2층 이상에 있어서는 5미터 이내의 거리에 있는 건축물의 각 부분을 말한다. 다만, 공원 · 광장 · 하천의 공지나 수면 또는 내화구조의 벽 기타 이와 유사한 것에 접하는 부분을 제외한다.	**제57조【대규모 건축물의 방화벽 등】** ① 법 제50조제2항에 따라 연면적 1천 제곱미터 이상인 건축물은 방화벽으로 구획하되, 각 구획된 바닥면적의 합계는 1천 제곱미터 미만이어야 한다. 다만, 주요구조부가 내화구조이거나 불연재료인 건축물과 제56조제1항제5호 단서에 따른 건축물 또는 내부설비의 구조상 방화벽으로 구획할 수 없는 창고시설의 경우에는 그러하지 아니하다. ② 제1항에 따른 방화벽의 구조에 관하여 필요한 사항은 국토교통부령으로 정한다. ③ 연면적 1천 제곱미터 이상인 목조 건축물의 구조는 국토교통부령으로 정하는 바에 따라 방화구조로 하거나 불연재료로 하여야 한다.	**【피난·방화규칙】** **제21조【방화벽의 구조】** ① 영 제57조제2항에 따라 건축물에 설치하는 방화벽은 다음 각 호의 기준에 적합해야 한다. 〈개정 2021.3.26., 2024.11.15.〉 1. 내화구조로서 홀로 설 수 있는 구조일 것 2. 방화벽의 양쪽 끝과 윗쪽 끝을 건축물의 외벽면 및 지붕면으로부터 0.5미터이상 튀어 나오게 할 것 3. 방화벽에 설치하는 출입문의 너비 및 높이는 각각 2.5미터이하로 하고, 해당 출입문에는 60분+ 방화문 또는 60분 방화문을 설치할 것 ② 제14조제2항의 규정은 제1항의 규정에 의한 방화벽의 구조에 관하여 이를 준용한다.
제51조【방화지구 안의 건축물】 ① 「국토의 계획 및 이용에 관한 법률」 제37조제1항제3호에 따른 방화지구(이하 "방화지구"라 한다) 안에서는 건축물의 주요구조부와 지붕 · 외벽을 내화구조로 하여야 한다. 다만, 대통령령으로 정하는 경우에는 그러하지 아니하다. 〈개정 2017.4.18., 2018.8.14.〉	**제58조【방화지구의 건축물】** 법 제51조제1항에 따라 그 주요구조부 및 외벽을 내화구조로 하지 아니할 수 있는 건축물은 다음 각 호와 같다. 1. 연면적 30제곱미터 미만인 단층 부속건축물로서 외벽 및 처마면이 내화구조 또는 불연재료로 된 것 2. 도매시장의 용도로 쓰는 건축물로서 그 주요구조부가 불	**【피난·방화규칙】** **제23조【방화지구안의 지붕 · 방화문 및 외벽등】** ① 법 제51조제3항에 따라 방화지구 내 건축물의 지붕으로서 내화구조가 아닌 것은 불연재료로 하여야 한다. 〈개정 2015.7.9.〉 ② 법 제51조제3항에 따라 방화지구 내

법	시 행 령	시 행 규 칙
② 방화지구 안의 공작물로서 간판, 광고탑, 그 밖에 대통령령으로 정하는 공작물 중 건축물의 지붕 위에 설치하는 공작물이나 높이 3미터 이상의 공작물은 주요부를 불연(不燃)재료로 하여야 한다. ③ 방화지구 안의 지붕·방화문 및 인접 대지 경계선에 접하는 외벽은 국토교통부령으로 정하는 구조 및 재료로 하여야 한다.	연재료로 된 것 질의 회신 방화지구 내 건축물에 설치하는 방화설비 국토교통부 민원마당 FAQ 2022.6.21. 질의 방화지구 내 건축물에 설치하는 방화설비 회신 건축물의 피난·방화구조 등의 기준에 관한 규칙 제23조제2항에 따르면 방화지구 내 건축물의 인접대지경계선에 접하는 외벽에 설치하는 창문등으로서 제22조제2항에 따른 연소할 우려가 있는 부분에는 각 호의 방화문 기타 방화설비를 하도록 하고 있음. 동 기준에서 방화설비를 하여야 하는 연소할 우려가 있는 부분은 인접대지경계선에 접하는 외벽에 한한 것으로, 규칙 제22조제2항에 따른 도로 중심선 및 동일 대지 내 2개동 이상의 건축물로서 상호의 외벽간의 중심선을 기준으로 한 연소할 우려가 있는 부분은 제23조제2항에 따라 방화설비를 하여야 하는 부분에 해당하지 않음 **제59조, 제60조** 삭제〈1999.4.30.〉	건축물의 인접대지경계선에 접하는 외벽에 설치하는 창문등으로서 제22조제2항에 따른 연소할 우려가 있는 부분에는 다음 각 호의 방화설비를 설치해야 한다. 〈개정 2021.3.26, 2024.11.15.〉 1. 60분+ 방화문 또는 60분 방화문 2. 소방법령이 정하는 기준에 적합하게 창문등에 설치하는 드렌처 3. 당해 창문등과 연소할 우려가 있는 다른 건축물의 부분을 차단하는 내화구조나 불연재료로 된 벽·담장 기타 이와 유사한 방화설비 4. 환기구멍에 설치하는 불연재료로 된 방화커버 또는 그물눈이 2밀리미터 이하인 금속망 **[피난방화규칙]**
제52조【건축물의 마감재료 등】 ① 대통령령으로 정하는 용도 및 규모의 건축물의 벽, 반자, 지붕(반자가 없는 경우에 한정한다) 등 내부의 마감재료[제52조의4제1항의 복합자재의 경우 심재(心材)를 포함한다]는 방화에 지장이 없는 재료로 하되, 「실내공기질 관리법」 제5조 및 제6조에 따른 실내공기질 유지기준 및 권고기준을 고려하고 관계 중앙행정기관의 장과 협의하여 국토교통부령으로 정하는 기준에 따른 것이어야 한다. 〈개정 2015.1.6., 2015.12.22., 2021.3.16〉 질의 회신 방화구획 적용 관련 국토교통부 민원마당 FAQ 2022.6.21. 질의 건축법 시행령」 제61조 단서에 따라 200제곱미터 이내마다 방	**제61조【건축물의 마감재료 등】** ① 법 제52조제1항에서 "대통령령으로 정하는 용도 및 규모의 건축물"이란 다음 각 호의 어느 하나에 해당하는 건축물을 말한다. 다만, 다음 각 호(제8호는 제외한다)의 어느 하나에 해당하는 건축물의 주요구조부가 내화구조 또는 불연재료로 되어 있고 그 거실의 바닥면적(스프링클러나 그 밖에 이와 비슷한 자동식 소화설비를 설치한 바닥면적을 뺀 면적으로 한다. 이하 이 조에서 같다) 200제곱미터 이내마다 방화구획이 되어 있는 건축물은 제외한다. 〈개정 2015.9.22., 2017.2.3., 2019.8.6., 2020.10.8., 2021.8.10., 2024.6.18.〉 1. 단독주택 중 다중주택·다가구주택 1의2. 공동주택 1의3. 제1종 근린생활시설 중 의원, 치과의원, 한의원, 조산	**제24조【건축물의 마감재료 등】** ① 법 제52조제1항에 따라 영 제61조제1항 각 호의 건축물에 대하여는 그 거실의 벽 및 반자의 실내에 접하는 부분(반자돌림대·창대 기타 이와 유사한 것을 제외한다. 이하 이 조에서 같다)의 마감재료(영 제61조제1항제4호에 해당하는 건축물의 경우에는 단열재를 포함한다)는 불연재료·준불연재료 또는 난연재료를 사용해야 한다. 다만, 다음 각 호에 해당하는 부분의 마감재료는 불연재료 또는 준불연재료를 사용해야 한

법

화구획 되어 있는 건축물은 「건축법」 제52조에 따른 기준 적용에서 제외되는 바, 방화구획은 내부벽체만 구획하면 되는 지 아니면 외벽을 포함하여 구획하여야 하는 지 여부

회신 "200제곱미터 이내마다 방화구획이 된 경우" 라 하면 외벽을 포함하여 구획한 것을 말하는 것임

질의 회신 건축물 내부마감재료 적용

국토교통부 민원마당 FAQ 2022.6.21.

질의 기존 건축물인 공장과는 별개의 동으로 사무동, 기계실, 경비실을 설치할 경우 「건축법」 제52조를 어떻게 적용하는 지 여부.

회신 「건축법」 제52조의 규정에 의하면, 대통령령으로 정하는 용도 및 규모의 건축물의 내부마감재료는 방화에 지장이 없는 재료를 사용하여야 함. 이 경우 기존 건축물과 별개의 동으로 다른 용도로 사용하는 경우라면 각각의 동에 대하여 「건축법」 제2조제2항 및 같은법 시행령 [별표1]에 따라 건축물의 용도를 분류하여 상기 규정을 적용할 수 있음. 따라서, 질의의 건축물의 용도 및 별개의 건축물로 볼 수 있는지 여부는 해당 건축물의 구조이용목적형태 등을 고려하여 판단하여야 할 것임

질의 회신 "건축물의 내부마감재료" 에 바닥에 부착되는 마감재료도 포함되는 지

국토교통부 민원마당 FAQ 2022.6.20.

질의 「건축법」 제43조 규정에 의한 "건축물의 내부마감재료" 에 바닥에 부착되는 마감재료도 포함되는 지 여부

회신 「건축물의 피난·방화구조 등의 기준에 관한 규칙」 제24조 제3항 규정에 따라 「건축법」 제52조 규정을 적용함에 있어 "내부마감재료" 라 함은 건축물 내부의 천장·반자·벽(간막이벽 포함)·기둥등에 부착되는 마감재료를 말하는 바, 바닥에 부착되는 마감재료는 이에 포함되지 않는 것임(*현행규정에 맞게 수정함)

관계법 「실내공기질관리법」 제11조(오염물질 방출 건축자재의 사용제한 등) ① 다중이용시설 또는 공동주택(「주택법」 제2조제16호의2에 따른 건강친화형 주택은 제외한다. 이하 이 조에서 같다)을 설치(기존 시설 또는 주택의 개수 및 보수를 포함한다. 이하 이 조에서

시행령

원 〈신설 2024.6.18.〉

2. 제2종 근린생활시설 중 공연장·종교집회장·인터넷컴퓨터게임시설제공업소·학원·독서실·당구장·다중생활시설의 용도로 쓰는 건축물
3. 발전시설, 방송통신시설(방송국·촬영소의 용도로 쓰는 건축물로 한정한다)
4. 공장, 창고시설, 위험물 저장 및 처리 시설(자가난방과 자가발전 등의 용도로 쓰는 시설을 포함한다), 자동차 관련 시설의 용도로 쓰는 건축물
5. 5층 이상인 층 거실의 바닥면적의 합계가 500제곱미터 이상인 건축물
6. 문화 및 집회시설, 종교시설, 판매시설, 운수시설, 의료시설, 교육연구시설 중 학교·학원, 노유자시설, 수련시설, 업무시설 중 오피스텔, 숙박시설, 위락시설, 장례시설
7. 삭제 〈2021.8.10.〉
8. 「다중이용업소의 안전관리에 관한 특별법 시행령」 제2조에 따른 다중이용업의 용도로 쓰는 건축물

시행규칙

다. 〈개정 2021.9.3.〉

1. 거실에서 지상으로 통하는 주된 복도·계단, 그 밖의 벽 및 반자의 실내에 접하는 부분
2. 강판과 심재(心材)로 이루어진 복합자재를 마감재료로 사용하는 부분

② 영 제61조제1항 각 호의 건축물 중 다음 각 호의 어느 하나에 해당하는 거실의 벽 및 반자의 실내에 접하는 부분의 마감은 제1항에도 불구하고 불연재료 또는 준불연재료로 하여야 한다.

1. 영 제61조제1항 각 호에 따른 용도에 쓰이는 거실 등을 지하층 또는 지하의 공작물에 설치한 경우의 그 거실(출입문 및 문틀을 포함한다)
2. 영 제61조제1항제6호에 따른 용도에 쓰이는 건축물의 거실

③ 제1항 및 제2항에도 불구하고 영 제61조제1항제4호에 해당하는 건축물에서 단열재를 사용하는 경우로서 해당 건축물의 구조, 설계 또는 시공방법 등을 고려할 때 단열재로 불연재료·준불연재료 또는 난연재료를 사용하는 것이 곤란하여 법 제4조에 따른 건축위원회(시·도 및 시·군·구에 두는 건축위원회를 말한다)의 심의를 거친 경우에는 단열재를 불연재료·준

법	시 행 령	시 행 규 칙

같다)하는 자는 환경부장관이 관계 중앙행정기관의 장과 협의하여 환경부령으로 정하는 기준을 초과하여 오염물질을 방출하는 다음 각 호의 어느 하나에 해당하는 건축자재를 사용해서는 아니 된다.

1. 접착제 2. 페인트 3. 실란트(sealant)
4. 퍼티(putty) 5. 벽지 6. 바닥재
7. 그 밖에 건축물 내부에 사용되는 건축자재로서 목질판상(木質板狀) 제품 등 환경부령으로 정하는 것

관계법 「실내공기질관리법 시행규칙」 제10조(건축자재의 오염물질 방출 기준 등) ① 법 제11조제1항 각 호 외의 부분에 따른 건축자재의 오염물질 방출 기준(이하 "방출기준" 이라 한다)은 별표 5와 같다.
② 법 제11조제1항제7호 중 "목질판상(木質板狀)제품 등 환경부령으로 정하는 것" 이란 합판, 파티클보드(Particle Board) 또는 섬유판(纖維板)을 가공하여 만든 제품을 말한다. 다만, 법 제11조제1항제6호에 따른 바닥재 및 「전기용품 및 생활용품 안전관리법 시행규칙」 별표 5 제2호나목1)에 따른 가구는 제외한다.

관계법 「다중이용업소의 안전관리에 관한 특별법 시행령」
제3조(실내장식물) 법 제2조제1항제3호에서 "대통령령으로 정하는 것" 이란 건축물 내부의 천장이나 벽에 붙이는(설치하는) 것으로서 다음 각 호의 어느 하나에 해당하는 것을 말한다. 다만, 가구류(옷장, 찬장, 식탁, 식탁용 의자, 사무용 책상, 사무용 의자 및 계산대, 그 밖에 이와 비슷한 것을 말한다)와 너비 10센티미터 이하인 반자돌림대 등과 「건축법」 제52조에 따른 내부마감재료는 제외한다.

1. 종이류(두께 2밀리미터 이상인 것을 말한다) · 합성수지류 또는 섬유류를 주원료로 한 물품
2. 합판이나 목재
3. 공간을 구획하기 위하여 설치하는 간이 칸막이(접이식 등 이동 가능한 벽체나 천장 또는 반자가 실내에 접하는 부분까지 구획하지 아니하는 벽체를 말한다)
4. 흡음(吸音)이나 방음(防音)을 위하여 설치하는 흡음재(흡음용 커튼을 포함한다) 또는 방음재(방음용 커튼을 포함한다)

불연재료 또는 난연재료가 아닌 것으로 사용할 수 있다. 〈신설 2021.9.3〉
④ 법 제52조제1항에서 "내부마감재료"란 건축물 내부의 천장 · 반자 · 벽(경계벽 포함) · 기둥 등에 부착되는 마감재료를 말한다. 다만, 「다중이용업소의 안전관리에 관한 특별법 시행령」 제3조에 따른 실내장식물을 제외한다. 〈개정 2021.9.3.〉
⑤ 영 제61조제1항제1호의2에 따른 공동주택에는 「실내공기질관리법」 제11조제1항 및 같은 법 시행규칙 제10조에 따라 환경부장관이 고시한 오염물질방출 건축자재를 사용해서는 아니 된다. 〈개정 2021.3.26., 2021.9.3.〉

② 대통령령으로 정하는 건축물의 외벽에 사용하는 마감재료(두 가지 이상의 재료로 제작된 자재의 경우 각 재료를 포함한다)는 방화에 지장이 없는 재료로 하여야 한다. 이 경우 마감재료의 기준은 국토교통부령으로 정한다. 〈개정 2021.3.16.〉

법령해석 건축물 대수선의 범위와 관련하여 "건축물의 외벽에 사용하는 마감재료" 는 "방화에 지장이 없는 재료" 이어야 하는지 여부
(법제처 20-0100, 2020.5.4.)

질의요지 「건축법 시행령」 제3조의2제9호에 따라 대수선의 대상이 되는지 여부를 판단할 때, "「건축법」 제52조제2항에 따른 마감재료" 에는 "대통령령으로 정하는 건축물의 외벽에 사용하는 마감재료" 중 "방화에 지장이 없는 재료" 만 포함되는지, 아니면 "방화에 지장이 없는 재료" 가 아닌 마감재료도 포함되는지?

회답 「건축법 시행령」 제3조의2제9호에 따라 대수선의 대상이 되는지 여부를 판단할 때, "「건축법」 제52조제2항에 따른 마감재료" 에는 "대통령령으로 정하는 건축물의 외벽에 사용하는 마감재료" 중

② 법 제52조제2항에서 "대통령령으로 정하는 건축물"이란 다음 각 호의 건축물에 해당하는 것을 말한다. 〈개정 2015.9.22., 2019.8.6., 2021.8.10.〉

1. 상업지역(근린상업지역은 제외한다)의 건축물로서 다음 각 목의 어느 하나에 해당하는 것
   가. 제1종 근린생활시설, 제2종 근린생활시설, 문화 및 집회시설, 종교시설, 판매시설, 의료시설, 교육연구시설, 노유자시설, 운동시설 및 위락시설의 용도로 쓰는 건축물로서 그 용도로 쓰는 바닥면적의 합계가 2천제곱미터 이상인 건축물
   나. 공장(국토교통부령으로 정하는 화재 위험이 적은 공장은 제외한다)의 용도로 쓰는 건축물로부터 6미터 이내에 위치한 건축물
2. 의료시설, 교육연구시설, 노유자시설 및 수련시설의 용도로 쓰는 건축물

⑥ 영 제61조제2항제1호부터 제3호까지의 규정에 해당하는 건축물의 외벽에는 법 제52조제2항 후단에 따라 불연재료 또는 준불연재료를 마감재료(단열재, 도장 등 코팅재료 및 그 밖에 마감재료를 구성하는 모든 재료를 포함한다. 이하 이 조에서 같다)로 사용해야 한다. 다만, 국토교통부장관이 정하여 고시하는 화재 확산 방지구조 기준에 적합하게 마감재료를 설치하는 경우에는 난연재료(강판과 심재로 이루어진 복합자재가 아닌 것으로 한정한다)를 사용할 수 있다. 〈개정 2015.10.7., 2019.8.6., 2021.9.3., 2022.2.10〉

법	시 행 령	시 행 규 칙

"방화에 지장이 없는 재료" 만 포함됨

③ 욕실, 화장실, 목욕장 등의 바닥 마감재료는 미끄럼을 방지할 수 있도록 국토교통부령으로 정하는 기준에 적합하여야 한다. 〈신설 2013.7.16.〉

④ 대통령령으로 정하는 용도 및 규모에 해당하는 건축물 외벽에 설치되는 창호(窓戶)는 방화에 지장이 없도록 인접 대지와의 이격거리를 고려하여 방화성능 등이 국토교통부령으로 정하는 기준에 적합하여야 한다. 〈신설 2020.12.22.〉
[제목개정 2020.12.22.]

【피난·방화규칙】 제24조 ⑨, ⑩

⑨ 영 제14조제4항 각 호의 어느 하나에 해당하는 건축물 상호 간의 용도변경 중 영 별표 1 제3호다목(목욕장만 해당한다) · 라목, 같은 표 제4호가목 · 사목 · 카목 · 파목(골프연습장, 놀이형시설만 해당한다) · 더목 · 러목, 같은 표 제7호다목2) 및 같은 표 제16호가목 · 나목에 해당하는 용도로 변경하는 경우로서 스프링클러 또는 간이 스크링클러의 헤드가 창문등으로부터 60센티미터 이내에 설치되어 건축물 내부가 화재로부터 방호되는 경우에는 제6항부터

3. 3층 이상 또는 높이 9미터 이상인 건축물
4. 1층의 전부 또는 일부를 필로티 구조로 설치하여 주차장으로 쓰는 건축물
5. 제1항제4호에 해당하는 건축물

【피난·방화규칙】

제24조의2 【화재 위험이 적은 공장과 인접한 건축물의 마감재료】 ① 영 제61조제2항제1호나목에서 "국토교통부령으로 정하는 화재위험이 적은 공장"이란 별표 3의 업종에 해당하는 공장을 말한다. 다만, 공장의 일부 또는 전체를 기숙사 및 구내식당의 용도로 사용하는 건축물을 제외한다. 〈개정 2021.9.3〉
②, ③ 삭제 〈2021.9.3〉
[제목개정 2021.9.3.]

③ 법 제52조제4항에서 "대통령령으로 정하는 용도 및 규모에 해당하는 건축물" 이란 제2항 각 호의 건축물을 말한다. 〈신설 2021.5.4〉

【피난·방화규칙】 제24조 ⑪

⑪ 강판과 심재로 이루어진 복합자재를 마감재료로 사용하는 경우 해당 복합자재는 다음 각 호의 요건을 모두 갖춘 것이어야 한다. 〈신설 2022.2.10.〉
1. 강판과 심재 전체를 하나로 보아 국토교통부장관이 정하여 고시하는 기준에 따라 실물모형시험을 실시한 결과가 국토교통부장관이 정하여 고시하는 기준을 충족할 것
2. 강판: 다음 각 목의 구분에 따른 기준을 모두 충족할 것
가. 두께[도금 이후 도장(塗裝) 전 두께를 말한다]: 0.5밀리

1., 2. 삭제 〈2022.2.10.〉
⑦ 제6항에도 불구하고 영 제61조제2항제1호 · 제3호 및 제5호에 해당하는 건축물로서 5층 이하이면서 높이 22미터 미만인 건축물의 경우 난연재료(강판과 심재로 이루어진 복합자재가 아닌 것으로 한정한다)를 마감재료로 할 수 있다. 다만, 건축물의 외벽을 국토교통부장관이 정하여 고시하는 화재 확산 방지구조 기준에 적합하게 설치하는 경우에는 난연성능이 없는 재료(강판과 심재로 이루어진 복합자재가 아닌 것으로 한정한다)를 마감재료로 사용할 수 있다. 〈개정 2015.10.7., 2019.8.6., 2021.9.3., 2022.2.10〉
⑧ 제6항 및 제7항에 따른 마감재료가 둘 이상의 재료로 제작된 것인 경우 해당 마감재료는 다음 각 호의 요건을 모두 갖춘 것이어야 한다. 〈신설 2022.2.10., 2023.8.31.〉
1. 마감재료를 구성하는 재료 전체를 하나로 보아 국토교통부장관이 정하여 고시하는 기준에 따라 실물모형시험(실제 시공될 건축물의 구조와 유사한 모형으로 시험하는 것을 말한다. 이하 같다)을 한 결과가 국토교통부장관이 정하여 고시하는 기준을 충족할 것
2. 마감재료를 구성하는 각각의 재료에

법	시 행 령	시 행 규 칙
제8항까지의 규정을 적용하지 않을 수 있다. 〈신설 2021.7.5., 2021.9.3., 2022.2.10〉 ⑩ 영 제61조제2항제4호에 해당하는 건축물의 외벽[필로티 구조의 외기에 면하는 천장 및 벽체를 포함한다] 중 1층과 2층 부분에는 불연재료 또는 준불연재료를 마감재료로 해야 한다. 〈신설 2019.8.6., 2021.7.5., 2021.9.3., 2022.2.10.〉 고시 건축자재등 품질인정 및 관리기준 (국토교통부고시 제2023-15호, 2023.1.9.)	미터 이상 나. 앞면 도장 횟수: 2회 이상 다. 도금의 부착량: 도금의 종류에 따라 다음의 어느 하나에 해당할 것. 이 경우 도금의 종류는 한국산업표준에 따른다. 1) ~~용융~~ 아연 도금 강판: 180g/m² 이상 2) ~~용융~~ 아연 알루미늄 마그네슘 합금 도금 강판: 90g/m² 이상 3) ~~용융~~ 55% 알루미늄 아연 마그네슘 합금 도금 강판: 90g/m² 이상 4) ~~용융~~ 55% 알루미늄 아연 합금 도금 강판: 90g/m² 이상 5) 그 밖의 도금: 국토교통부장관이 정하여 고시하는 기준 이상 3. 심재: 강판을 제거한 심재가 다음 각 목의 어느 하나에 해당할 것 가. 한국산업표준에 따른 그라스울 보온판 또는 미네랄울 보온판으로서 국토교통부장관이 정하여 고시하는 기준에 적합한 것 나. 불연재료 또는 준불연재료인 것	대하여 난연성능을 시험한 결과가 국토교통부장관이 정하여 고시하는 기준을 충족할 것. 다만, 제6조제1호에 따른 불연재료 사이에 다른 재료(두께가 5밀리미터 이하인 경우만 해당한다)를 부착하여 제작한 재료의 경우에는 해당 재료 전체를 하나의 재료로 보고 난연성능을 시험할 수 있으며, 같은 호에 따른 불연재료에 0.1밀리미터 이하의 두께로 도장을 한 재료의 경우에는 불연재료의 성능기준을 충족한 것으로 보고 난연성능 시험을 생략할 수 있다. ⑨~⑪ : ➡ 1-158쪽 참조 ⑫ 법 제52조제4항에 따라 영 제61조제2항 각 호에 해당하는 건축물의 인접대지경계선에 접하는 외벽에 설치하는 창호(窓戶)와 인접대지경계선 간의 거리가 1.5미터 이내인 경우 해당 창호는 방화유리창호[한국산업표준 KS F 2845(유리구획 부분의 내화 시험방법)에 규정된 방법에 따라 창틀과 유리 등으로 구성된 유리구획을 시험한 결과 비차열 20분 이상의 성능이 있는 것으로 한정한다]로 설치해야 한다. 다만, 스프링클러 또는 간이 스프링클러의 헤드가 창호로부터 60센티미터 이내에 설치되어 건축물 내부가 화재

법	시 행 령	시 행 규 칙
		로부터 방호되는 경우에는 방화유리창호로 설치하지 않을 수 있다. 〈신설 2021.7.5., 2021.9.3., 2022.2.10., 2024.11.15.〉 [제목개정 2021.7.5.]
제52조의2【실내건축】 ① 대통령령으로 정하는 용도 및 규모에 해당하는 건축물의 실내건축은 방화에 지장이 없고 사용자의 안전에 문제가 없는 구조 및 재료로 시공하여야 한다. ② 실내건축의 구조 · 시공방법 등에 관한 기준은 국토교통부령으로 정한다. ③ 특별자치시장 · 특별자치도지사 또는 시장 · 군수 · 구청장은 제1항 및 제2항에 따라 실내건축이 적정하게 설치 및 시공되었는지를 검사하여야 한다. 이 경우 검사하는 대상 건축물과 주기(週期)는 건축조례로 정한다. [본조신설 2014.5.28.]	**제61조의2【실내건축】** 법 제52조의2제1항에서 "대통령령으로 정하는 용도 및 규모에 해당하는 건축물"이란 다음 각 호의 어느 하나에 해당하는 건축물을 말한다. 〈개정 2020.4.21.〉 1. 다중이용 건축물 2. 「건축물의 분양에 관한 법률」 제3조에 따른 건축물 3. 별표 1 제3호나목 및 같은 표 제4호아목에 따른 건축물(칸막이로 거실의 일부를 가로로 구획하거나 가로 및 세로로 구획하는 경우만 해당한다) [본조신설 2014.11.28.] **관계법** 「건축물의 분양에 관한 법률」 제3조(적용 범위) ① 이 법은 「건축법」 제11조에 따른 건축허가를 받아 건축하여야 하는 다음 각 호의 어느 하나에 해당하는 건축물로서 같은 법 제22조에 따른 사용승인서의 교부(이하 "사용승인" 이라 한다) 전에 분양하는 건축물에 대하여 적용한다. 1. 분양하는 부분의 바닥면적(「건축법」 제84조에 따른 바닥면적을 말한다)의 합계가 3천제곱미터 이상인 건축물 2. 업무시설 등 대통령령으로 정하는 용도 및 규모의 건축물 「건축물의 분양에 관한 법률 시행령」 제2조(적용 범위) ① 「건축물의 분양에 관한 법률」(이하 "법" 이라 한다) 제3조제1항 제2호에서 "대통령령으로 정하는 용도 및 규모" 란 분양하려는 부분의 용도 및 규모가 다음 각 호의 어느 하나에 해당하는 것을 말한다. 1. 「건축법 시행령」 별표 1 제14호나목2)에 따른 오피스텔(이하 "오	**제26조의5【실내건축의 구조 · 시공방법 등의 기준】** ① 법 제52조의2제2항에 따른 실내건축의 구조 · 시공방법 등에 관한 기준은 다음 각 호의 구분에 따른 기준에 따른다. 〈개정 2015.1.29., 2020.10.28.〉 1. 영 제61조의2제1호 및 제2호에 따른 건축물: 다음 각 목의 기준을 모두 충족할 것 가. 실내에 설치하는 칸막이는 피난에 지장이 없고, 구조적으로 안전할 것 나. 실내에 설치하는 벽, 천장, 바닥 및 반자틀(노출된 경우에 한정한다)은 방화에 지장이 없는 재료를 사용할 것 다. 바닥 마감재료는 미끄럼을 방지할 수 있는 재료를 사용할 것 라. 실내에 설치하는 난간, 창호 및 출입문은 방화에 지장이 없고, 구조적으로 안전할 것 마. 실내에 설치하는 전기 · 가스 · 급수 · 배수 · 환기시설은 누수 · 누전 등 안전사고가 없는 재료를 사용하

법	시 행 령	시 행 규 칙
	피스텔" 이라 한다)로서 30실(室) 이상인 것 2. 「건축법 시행령」 별표 1 제15호가목에 따른 생활숙박시설(이하 "생활숙박시설" 이라 한다)로서 30실 이상이거나 생활숙박시설 영업장의 면적이 해당 건축물 연면적의 3분의 1 이상인 것 3. 주택 외의 시설과 주택을 동일 건축물로 짓는 건축물 중 주택 외의 용도로 쓰이는 바닥면적(「건축법 시행령」 제119조제1항제3호에 따라 산정(算定)한 바닥면적을 말한다. 이하 같다)의 합계가 3천제곱미터 이상인 것 4. 바닥면적의 합계가 3천제곱미터 이상으로서 임대 후 분양전환을 조건으로 임대하는 것(분양전환 시 임차인에게 우선순위를 부여하는 것을 포함한다) 고시 실내건축의 구조·시공방법 등에 관한 기준 (국토교통부고시 제2020-742호, 2020.10.22)	고, 구조적으로 안전할 것 바. 실내의 돌출부 등에는 충돌, 끼임 등 안전사고를 방지할 수 있는 완충재료를 사용할 것 2. 영 제61조의2제3호에 따른 건축물: 다음 각 목의 기준을 모두 충족할 것 가. 거실을 구획하는 칸막이는 주요구조부와 분리·해체 등이 쉬운 구조로 할 것 나. 거실을 구획하는 칸막이는 피난에 지장이 없고, 구조적으로 안전할 것. 이 경우 「건축사법」에 따라 등록한 건축사 또는 「기술사법」에 따라 등록한 건축구조기술사의 구조안전에 관한 확인을 받아야 한다. 다. 거실을 구획하는 칸막이의 마감재료는 방화에 지장이 없는 재료를 사용할 것 라. 구획하는 부분에 추락, 누수, 누전, 끼임 등의 안전사고를 방지할 수 있는 안전조치를 할 것 ② 제1항에 따른 실내건축의 구조·시공방법 등에 관한 세부 사항은 국토교통부장관이 정하여 고시한다. [본조신설 2014.11.28.]
제52조의3【건축자재의 제조 및 유통관리】 ① 제조업자 및 유통업자는 건축물의 안전과 기능 등에 지장을 주지 아니	**제61조의3【건축자재 제조 및 유통에 관한 위법 사실의 점검 및 조치】** ① 국토교통부장관, 시·도지사 및 시장·군	**제27조【건축자재 제조 및 유통에 관한 위법 사실의 점검 절차 등】** ① 국토

법

하도록 건축자재를 제조 · 보관 및 유통하여야 한다.

② 국토교통부장관, 시 · 도지사 및 시장 · 군수 · 구청장은 건축물의 구조 및 재료의 기준 등이 공사현장에서 준수되고 있는지를 확인하기 위하여 제조업자 및 유통업자에게 필요한 자료의 제출을 요구하거나 건축공사장, 제조업자의 제조현장 및 유통업자의 유통장소 등을 점검할 수 있으며 필요한 경우에는 시료를 채취하여 성능 확인을 위한 시험을 할 수 있다.

③ 국토교통부장관, 시 · 도지사 및 시장 · 군수 · 구청장은 제2항의 점검을 통하여 위법 사실을 확인한 경우 대통령령으로 정하는 바에 따라 공사 중단, 사용 중단 등의 조치를 하거나 관계 기관에 대하여 관계 법률에 따른 영업정지 등의 요청을 할 수 있다.

시행령

수 · 구청장은 법 제52조의3제2항에 따른 점검을 통하여 위법 사실을 확인한 경우에는 같은 조 제3항에 따라 해당 건축관계자 및 제조업자 · 유통업자에게 위법 사실을 통보해야 하며, 해당 건축관계자 및 제조업자 · 유통업자에 대하여 다음 각 호의 구분에 따른 조치를 할 수 있다. 〈개정 2017.1.20., 2019.10.22.〉

1. 건축관계자에 대한 조치
   가. 해당 건축자재를 사용하여 시공한 부분이 있는 경우: 시공부분의 시정, 해당 공정에 대한 공사 중단 및 해당 건축자재의 사용 중단 명령
   나. 해당 건축자재가 공사현장에 반입 및 보관되어 있는 경우: 해당 건축자재의 사용 중단 명령
2. 제조업자 및 유통업자에 대한 조치: 관계 행정기관의 장에게 관계 법률에 따른 해당 제조업자 및 유통업자에 대한 영업정지 등의 요청

② 건축관계자 및 제조업자 · 유통업자는 제1항에 따라 위법 사실을 통보받거나 같은 항 제1호의 명령을 받은 경우에는 그 날부터 7일 이내에 조치계획을 수립하여 국토교통부장관, 시 · 도지사 및 시장 · 군수 · 구청장에게 제출하여야 한다.

③ 국토교통부장관, 시 · 도지사 및 시장 · 군수 · 구청장은 제2항에 따른 조치계획(제1항제1호가목의 명령에 따른 조치계획만 해당한다)에 따른 개선조치가 이루어졌다고 인정되면 공사 중단 명령을 해제하여야 한다.

[본조신설 2016.7.19.][제18조의3에서 이동, 종전 제61조의3은 제63조의2로 이동 〈2019.10.22.〉]

시행규칙

교통부장관, 시 · 도지사 및 시장 · 군수 · 구청장은 법 제52조의3제2항에 따른 점검을 하려는 경우에는 다음 각 호의 사항이 포함된 점검계획을 수립해야 한다. 〈개정 2019.11.18.〉

1. 점검 대상
2. 점검 항목
   가. 건축물의 설계도서와의 적합성
   나. 건축자재 제조현장에서의 자재의 품질과 기준의 적합성
   다. 건축자재 유통장소에서의 자재의 품질과 기준의 적합성
   라. 건축공사장에 반입 또는 사용된 건축자재의 품질과 기준의 적합성
   마. 건축자재의 제조현장, 유통장소, 건축공사장에서 시료를 채취하는 경우 채취된 시료의 품질과 기준의 적합성
3. 그 밖에 점검을 위하여 필요하다고 인정하는 사항

② 국토교통부장관, 시 · 도지사 및 시장 · 군수 · 구청장은 법 제52조의3제2항에 따라 점검 대상자에게 다음 각 호의 자료를 제출하도록 요구할 수 있다. 다만, 제2호의 서류는 해당 건축물의 허가권자가 아닌 자만 요구할 수 있다. 〈개정 2019.11.18.〉

1. 건축자재의 시험성적서 및 납품확인

법	시행령	시행규칙
		서 등 건축자재의 품질을 확인할 수 있는 서류 2. 해당 건축물의 설계도서 3. 그 밖에 해당 건축자재의 점검을 위하여 필요하다고 인정하는 자료
④ 국토교통부장관, 시·도지사, 시장·군수·구청장은 제2항의 점검업무를 대통령령으로 정하는 전문기관으로 하여금 대행하게 할 수 있다. ⑤ 제2항에 따른 점검에 관한 절차 등에 관하여 필요한 사항은 국토교통부령으로 정한다. [본조신설 2016.2.3.] [제24조의2에서 이동, 종전 제52조의3은 제52조의4로 이동 〈2019.4.23.〉]	**제61조의4【위법 사실의 점검업무 대행 전문기관】** ① 법 제52조의3제4항에서 "대통령령으로 정하는 전문기관"이란 다음 각 호의 기관을 말한다. 〈개정 2018.1.16., 2019.10.22., 2020.12.1., 2021.8.10., 2021.12.21〉 1. 한국건설기술연구원 2. 「국토안전관리원법」에 따른 국토안전관리원(이하 "국토안전관리원"이라 한다) 3. 「한국토지주택공사법」에 따른 한국토지주택공사 4. 제63조제2호에 따른 자 및 같은 조 제3호에 따른 시험·검사기관 5. 그 밖에 점검업무를 수행할 수 있다고 인정하여 국토교통부장관이 지정하여 고시하는 기관 ② 법 제52조의3제4항에 따라 위법 사실의 점검업무를 대행하는 기관의 직원은 그 권한을 나타내는 증표를 지니고 관계인에게 내보여야 한다. 〈개정 2019.10.22.〉 [본조신설 2016.7.19.] [제18조의4에서 이동, 종전 제61조의4는 제62조로 이동 〈2019.10.22.〉]	③ 법 제52조의3제4항에 따라 점검업무를 대행하는 전문기관은 점검을 완료한 후 해당 결과를 14일 이내에 점검을 대행하게 한 국토교통부장관, 시·도지사 또는 시장·군수·구청장에게 보고해야 한다. 〈개정 2019.11.18.〉 ④ 시·도지사 또는 시장·군수·구청장은 영 제61조의3제1항에 따른 조치를 한 경우에는 그 사실을 국토교통부장관에게 통보해야 한다. 〈개정 2019.11.18〉 ⑤ 국토교통부장관은 제1항제2호 각 목에 따른 점검 항목 및 제2항 각 호에 따른 자료제출에 관한 세부적인 사항을 정하여 고시할 수 있다. [본조신설 2016.7.20.][제18조의3에서 이동 〈2019.11.18.〉] **제28조~제33조의2** 삭제〈1999.5.11.〉
제52조의4【건축자재의 품질관리 등】 ① 복합자재(불연재료인 양면 철판, 석재, 콘크리트 또는 이와 유사한 재료와 불연재료가 아닌 심재로 구성된 것을 말한다)를 포함한 제52조에 따른 마감재료, 방화문 등 대통령령으로 정하는 건축자재	**제62조【건축자재의 품질관리 등】** ① 법 제52조의4제1항에서 "복합자재[불연재료인 양면 철판, 석재, 콘크리트 또는 이와 유사한 재료와 불연재료가 아닌 심재(心材)로 구성된 것을 말한다]를 포함한 제52조에 따른 마감재료, 방화문 등	**【피난·방화규칙】** **제24조의3【건축자재 품질관리서】** ① 영 제62조제1항제4호에서 "국토교통부령으로 정하는 건축자재"란 영 제46조 및 이 규칙 제14조에 따라 방화구획을 구

법	시 행 령	시 행 규 칙

법

의 제조업자, 유통업자, 공사시공자 및 공사감리자는 국토교통부령으로 정하는 사항을 기재한 품질관리서(이하 "품질관리서" 라 한다)를 대통령령으로 정하는 바에 따라 허가권자에게 제출하여야 한다. 〈개정 2019.4.23., 2021.3.16〉

법령해석 건축자재 품질관리서 제출 대상인 복합자재의 범위(「건축법」 제52조의4제1항 등 관련)

(법제처 23-0483, 2023.9.27.)

질의요지 「건축법」 제52조의4제1항에서는 '복합자재(불연재료(각주: 「건축법 시행령」 제2조제10호에 따른 불연재료를 말하며, 이하 같음.)인 양면 철판, 석재, 콘크리트 또는 이와 유사한 재료와 불연재료가 아닌 심재로 구성된 것을 말하며, 이하 같음)를 포함한 같은 법 제52조에 따른 마감재료, 방화문 등 대통령령으로 정하는 건축자재의 제조업자, 유통업자, 공사시공자 및 공사감리자(이하 "제조업자등" 이라 함)는 국토교통부령으로 정하는 사항을 기재한 품질관리서(이하 "품질관리서" 라 함)를 대통령령으로 정하는 바에 따라 허가권자(각주: 특별시장 · 광역시장 · 특별자치시장 · 특별자치도지사 또는 시장 · 군수 · 구청장을 말하며, 이하 같음.)에게 제출해야 한다' 고 규정하고 있는바, 「건축법」 제52조의4제1항에 따라 제조업자등이 품질관리서를 제출해야 하는 '복합자재를 포함한 같은 법 제52조에 따른 마감재료' 는 '복합자재, 같은 법 제52조에 따른 마감재료' 모두를 의미하는지, 아니면 '같은 법 제52조에 따른 마감재료로서의 복합자재' 만을 의미하는지?

회답 「건축법」 제52조의4제1항에 따라 제조업자등이 품질관리서를 제출해야 하는 '복합자재를 포함한 같은 법 제52조에 따른 마감재료' 는 '복합자재, 같은 법 제52조에 따른 마감재료' 모두를 의미합니다.

② 제1항에 따른 건축자재의 제조업자, 유통업자는 「과학기술분야 정부출연연구기관 등의 설립 · 운영 및 육성에 관한 법률」에 따른 한국건설기술연구원 등 대통령령으로 정하는 시험기관에 건축자재의 성능시험을 의뢰하여야 한다.

시행령

대통령령으로 정하는 건축자재"란 다음 각 호의 어느 하나에 해당하는 것을 말한다. 〈개정 2019.10.22., 2020.10.8.〉

1. 법 제52조의4제1항에 따른 복합자재
2. 건축물의 외벽에 사용하는 마감재료로서 단열재
3. 제64조제1항제1호부터 제3호까지의 규정에 따른 방화문
4. 그 밖에 방화와 관련된 건축자재로서 국토교통부령으로 정하는 건축자재

② 법 제52조의4제1항에 따른 건축자재의 제조업자는 같은 항에 따른 품질관리서(이하 "품질관리서"라 한다)를 건축자재 유통업자에게 제출해야 하며, 건축자재 유통업자는 품질관리서와 건축자재의 일치 여부 등을 확인하여 품질관리서를 공사시공자에게 전달해야 한다. 〈신설 2019.10.22.〉

③ 제2항에 따라 품질관리서를 제출받은 공사시공자는 품질관리서와 건축자재의 일치 여부를 확인한 후 해당 건축물에서 사용된 건축자재 품질관리서 전체를 공사감리자에게 제출해야 한다. 〈개정 2019.10.22.〉

④ 공사감리자는 제3항에 따라 제출받은 품질관리서를 공사감리완료보고서에 첨부하여 법 제25조제6항에 따라 건축주에게 제출해야 하며, 건축주는 법 제22조에 따른 건축물의 사용승인을 신청할 때에 이를 허가권자에게 제출해야 한다. 〈개정 2019.10.22.〉

[본조신설 2015.9.22.][제목개정 2019.10.22.][제61조의4에서 이동 〈2019.10.22.〉]

제63조【건축자재 성능 시험기관】 법 제52조의4제2항에서 "「과학기술분야 정부출연연구기관 등의 설립 · 운영 및 육성에 관한 법률」에 따른 한국건설기술연구원 등 대통령령으로 정하는 시험기관"이란 다음 각 호의 기관을 말한다. 〈개

시행규칙

성하는 내화구조, 자동방화셔터, 내화채움성능이 인정된 구조 및 방화댐퍼를 말한다. 〈개정 2021.3.26., 2021.12.23〉

② 법 제52조의4제1항에서 "국토교통부령으로 정하는 사항을 기재한 품질관리서"란 다음 각 호의 구분에 따른 서식을 말한다. 이 경우 다음 각 호에서 정한 서류(해당 건축자재의 설치 · 시공 당시 유효한 서류로 한정한다)를 첨부한다. 〈개정 2021.3.26, 2021.12.23, 2022.2.10, 2024.8.26.〉

1. 영 제62조제1항제1호의 경우: 별지 제1호서식. 이 경우 다음 각 목의 서류를 첨부할 것.
   가. 난연성능이 표시된 복합자재(심재로 한정한다) 시험성적서[법 제52조의5제1항에 따라 품질인정을 받은 경우에는 법 제52조의6제7항에 따라 국토교통부장관이 정하여 고시하는 품질인정서(이하 "품질인정서" 라 한다)] 사본
   나. 강판의 두께, 도금 종류 및 도금 부착량이 표시된 강판생산업체의 품질검사증명서 사본
   다. 실물모형시험 결과가 표시된 복합자재 시험성적서(법 제52조의5제1항에 따라 품질인정을 받은 경우에는 품질인정서) 사본

법	시 행 령	시 행 규 칙
〈개정 2019.4.23〉 ③ 제2항에 따른 성능시험을 수행하는 시험기관의 장은 성능시험 결과 등 건축자재의 품질관리에 필요한 정보를 국토교통부령으로 정하는 바에 따라 기관 또는 단체에 제공하거나 공개하여야 한다. 〈신설 2019.4.23.〉	정 2020.1.7., 2021.8.10., 2021.9.14〉 1. 한국건설기술연구원 2. 「건설기술 진흥법」에 따른 건설엔지니어링사업자로서 건축 관련 품질시험의 수행능력이 국토교통부장관이 정하여 고시하는 기준에 해당하는 자 3. 「국가표준기본법」 제23조에 따라 인정받은 시험·검사기관 [본조신설 2019.10.22.] **【피난·방화규칙】** **제24조의4【건축자재 품질관리 정보 공개】** ① 법 제52조의4제2항에 따라 건축자재의 성능시험을 의뢰받은 시험기관의 장(이하 "건축자재 성능시험기관의 장"이라 한다)은 건축자재의 종류에 따라 국토교통부장관이 정하여 고시하는 사항을 포함한 시험성적서(이하 "시험성적서"라 한다)를 성능시험을 의뢰한 제조업자 및 유통업자에게 발급해야 한다. ② 제1항에 따라 시험성적서를 발급한 건축자재 성능시험기관의 장은 그 발급일부터 7일 이내에 국토교통부장관이 정하여 고시하는 기관 또는 단체(이하 "기관 또는 단체"라 한다)에 시험성적서의 사본을 제출해야 한다. 다만, 다음 각 호의 어느 하나에 해당하는 경우에는 제외한다. 1. 건축자재의 성능시험을 의뢰한 제조업자 및 유통업자가 건축물에 사용하지 않을 목적으로 의뢰한 경우 2. 법에서 정하는 성능에 미달하여 건축물에 사용할 수 없는 경우 ③ 제1항에 따라 시험성적서를 발급받은 건축자재의 제조업자 및 유통업자는 시험성적서를 발급받은 날부터 1개월 이내에 성능시험을 의뢰한 건축자재의 종류, 용도, 색상, 재질 및 규격을 기관 또는 단체에 통보해야 한다. 다만,	2. 영 제62조제1항제2호의 경우: 별지 제2호서식. 이 경우 다음 각 목의 서류를 첨부할 것 가. 난연성능이 표시된 단열재 시험성적서 사본. 이 경우 단열재가 둘 이상의 재료로 제작된 경우에는 각 재료별로 첨부해야 한다. 나. 실물모형시험 결과가 표시된 단열재 시험성적서(외벽의 마감재료가 둘 이상의 재료로 제작된 경우만 첨부한다) 사본 3. 영 제62조제1항제3호의 경우: 별지 제3호서식. 이 경우 연기, 불꽃 및 열을 차단할 수 있는 성능이 표시된 방화문 시험성적서 사본을 첨부할 것 3의2. 내화구조의 경우: 별지 제3호의2서식. 이 경우 내화성능 시간이 표시된 시험성적서(법 제52조의5제1항에 따라 품질인정을 받은 경우에는 품질인정서) 사본을 첨부할 것 4. 자동방화셔터의 경우: 별지 제4호서식. 이 경우 연기 및 불꽃을 차단할 수 있는 성능이 표시된 자동방화셔터 시험성적서(법 제52조의5제1항에 따라 품질인정을 받은 경우에는 품질인정서) 사본을 첨부할 것 5. 내화채움성능이 인정된 구조의 경우: 별지 제5호서식. 이 경우 연기,

법

④ 제3항에 따라 정보를 제공받은 기관 또는 단체는 해당 건축자재의 정보를 홈페이지 등에 게시하여 일반인이 알 수 있도록 하여야 한다. 〈신설 2019.4.23.〉

⑤ 제1항에 따른 건축자재 중 국토교통부령으로 정하는 단열재는 국토교통부장관이 고시하는 기준에 따라 해당 건축자재에 대한 정보를 표면에 표시하여야 한다. 〈신설 2019.4.23.〉

【피난방화규칙】

제24조의5【건축자재 표면에 정보를 표시해야 하는 단열재】 법 제52조의4제5항에서 "국토교통부령으로 정하는 단열재"란 영 제62조제1항제2호에 따른 단열재를 말한다.
[본조신설 2019.10.24.]

고시 건축자재등 품질인정 및 관리기준
(국토교통부고시 제2023-15호, 2023.1.9.)

⑥ 복합자재에 대한 난연성분 분석시험, 난연성능기준, 시험수수료 등 필요한 사항은 국토교통부령으로 정한다. 〈개정 2019.4.23〉
[본조신설 2015.1.6.][제목개정 2019.4.23.][제52조의3에서 이동 〈2019.4.23.〉]

제52조의5【건축자재등의 품질인정】 ① 방화문, 복합자재

시 행 령

제2항 각 호의 어느 하나에 해당하는 경우는 제외한다.

④ 기관 또는 단체는 법 제52조의4제4항에 따라 다음 각 호의 사항을 해당 기관 또는 단체의 홈페이지 등에 게시하여 일반인이 알 수 있도록 해야 한다.
1. 제2항에 따라 제출받은 시험성적서의 사본
2. 제3항에 따라 통보받은 건축자재의 종류, 용도, 색상, 재질 및 규격

⑤ 기관 또는 단체는 국토교통부장관이 정하여 고시하는 시험성적서의 유효기간이 만료되기 1개월 전에 해당 시험성적서를 발급한 건축자재 성능시험기관의 장에게 그 사실을 알려야 한다.

⑥ 기관 또는 단체는 제5항에 따른 유효기간이 지난 시험성적서는 그 사실을 표시하여 해당 기관 또는 단체의 홈페이지 등에 게시해야 한다.

⑦ 기관 또는 단체는 제4항 및 제6항에 따른 정보 공개의 실적을 국토교통부장관에게 분기별로 보고해야 한다.
[본조신설 2019.10.24.]

제63조의2【품질인정 대상 건축자재 등】 법 제52조의5제

시 행 규 칙

불꽃 및 열을 차단할 수 있는 성능이 표시된 내화채움구조 시험성적서(법 제52조의5제1항에 따라 품질인정을 받은 경우에는 품질인정서) 사본을 첨부할 것

6. 방화댐퍼의 경우: 별지 제6호서식. 이 경우 「산업표준화법」에 따른 한국산업규격에서 정하는 방화댐퍼의 방연시험방법에 적합한 것을 증명하는 시험성적서 사본을 첨부할 것

③ 공사시공자는 법 제52조의4제1항에 따라 작성한 품질관리서의 내용과 같게 별지 제7호서식의 건축자재 품질관리서 대장을 작성하여 공사감리자에게 제출해야 한다.

④ 공사감리자는 제3항에 따라 제출받은 건축자재 품질관리서 대장의 내용과 영 제62조제3항에 따라 제출받은 품질관리서의 내용이 같은지를 확인하고 이를 영 제62조제4항에 따라 건축주에게 제출해야 한다.

⑤ 건축주는 제4항에 따라 제출받은 건축자재 품질관리서 대장을 영 제62조제4항에 따라 허가권자에게 제출해야 한다.
[전문개정 2019.10.24.]

【피난방화규칙】

제24조의6【품질인정 대상 복합자재

법	시 행 령	시 행 규 칙
등 대통령령으로 정하는 건축자재와 내화구조(이하 "건축자재등"이라 한다)는 방화성능, 품질관리 등 국토교통부령으로 정하는 기준에 따라 품질이 적합하다고 인정받아야 한다. ② 건축관계자등은 제1항에 따라 품질인정을 받은 건축자재등만 사용하고, 인정받은 내용대로 제조 · 유통 · 시공하여야 한다. [본조신설 2020.12.22.] **【피난방화규칙】** **제24조의7【건축자재등의 품질인정 기준】** 법 제52조의5제1항에서 "국토교통부령으로 정하는 기준"이란 다음 각 호의 기준을 말한다. 1. 신청자의 제조현장을 확인한 결과 품질인정 또는 품질인정 유효기간의 연장을 신청한 자가 다음 각 목의 사항을 준수하고 있을 것 가. 품질인정 또는 품질인정 유효기간의 연장 신청 시 신청자가 제출한 다음 각 목에 관한 기준(유효기간 연장 신청의 경우에는 인정받은 기준을 말한다) 1) 원재료 · 완제품에 대한 품질관리기준 2) 제조공정 관리 기준 3) 제조 · 검사 장비의 교정기준 나. 법 제52조의5제1항에 따른 건축자재등(이하 "건축자재등"이라 한다)에 대한 로트번호 부여 2. 건축자재등에 대한 시험 결과 건축자재등이 다음 각 목의 구분에 따른 품질기준을 충족할 것 가. 영 제63조의2제1호의 복합자재: 제24조에 따른 난연성능 나. 영 제63조의2제2호가목의 자동방화셔터: 제14조제2항제4호에 따른 자동방화셔터 설치기준 다. 영 제63조의2제2호나목의 내화채움성능이 인정된 구조:	1항에서 "방화문, 복합자재 등 대통령령으로 정하는 건축자재와 내화구조"란 다음 각 호의 건축자재와 내화구조(이하 제63조의4 및 제63조의5에서 "건축자재등"이라 한다)를 말한다. 1. 법 제52조의4제1항에 따른 복합자재 중 국토교통부령으로 정하는 강판과 심재로 이루어진 복합자재 2. 주요구조부가 내화구조 또는 불연재료로 된 건축물의 방화구획에 사용되는 다음 각 목의 건축자재와 내화구조 가. 자동방화셔터 나. 제62조제1항제4호에 따라 국토교통부령으로 정하는 건축자재 중 내화채움성능이 인정된 구조 3. 제64조제1항 각 호의 방화문 4. 그 밖에 건축물의 안전 · 화재예방 등을 위하여 품질인정이 필요한 건축자재와 내화구조로서 국토교통부령으로 정하는 건축자재와 내화구조 [본조신설 2021.12.21.] [종전 제63조의2는 제63조의6으로 이동 〈2021.12.21.〉]	**등】** ① 영 제63조의2제1호에서 "국토교통부령으로 정하는 강판과 심재로 이루어진 복합자재"란 강판과 단열재로 이루어진 복합자재를 말한다. ② 영 제63조의2제4호에서 "국토교통부령으로 정하는 건축자재와 내화구조"란 제3조제8호부터 제10호까지의 규정에 따른 내화구조를 말한다. [본조신설 2021.12.23.]

법	시 행 령	시 행 규 칙

별표 1 제1호에 따른 내화시간(내화채움성능이 인정된 구조로 메워지는 구성 부재에 적용되는 내화시간을 말한다) 기준

라. 영 제63조의2제3호의 방화문: 영 제64조제1항 각 호의 구분에 따른 연기, 불꽃 및 열 차단 시간

마. 제24조의6제2항에 따른 내화구조: 별표 1에 따른 내화시간 성능기준

3. 그 밖에 국토교통부장관이 정하여 고시하는 품질인정과 관련된 기준을 충족할 것

[본조신설 2021.12.23.]

제52조의6【건축자재등 품질인정기관의 지정 · 운영 등】 ① 국토교통부장관은 건축 관련 업무를 수행하는 「공공기관의 운영에 관한 법률」 제4조에 따른 공공기관으로서 대통령령으로 정하는 기관을 품질인정 업무를 수행하는 기관(이하 "건축자재등 품질인정기관"이라 한다)으로 지정할 수 있다.

② 건축자재등 품질인정기관은 제52조의5제1항에 따른 건축자재등에 대한 품질인정 업무를 수행하며, 품질인정을 신청한 자에 대하여 국토교통부령으로 정하는 바에 따라 수수료를 받을 수 있다.

③ 건축자재등 품질인정기관은 제2항에 따라 품질이 적합하다고 인정받은 건축자재등(이하 "품질인정자재등"이라 한다)이 다음 각 호의 어느 하나에 해당하면 그 인정을 취소할 수 있다. 다만, 제1호에 해당하는 경우에는 그 인정을 취소하여야 한다.

1. 거짓이나 그 밖의 부정한 방법으로 인정받은 경우
2. 인정받은 내용과 다르게 제조 · 유통 · 시공하는 경우
3. 품질인정자재등이 국토교통부장관이 정하여 고시하는 품

제63조의3【건축자재등 품질인정기관】 법 제52조의6제1항에서 "대통령령으로 정하는 기관"이란 한국건설기술연구원을 말한다.

[본조신설 2021.12.21.]

【피난방화규칙】

제24조의8【건축자재등 품질인정 수수료】 ① 법 제52조의6제2항에 따른 수수료의 종류는 다음 각 호와 같다.

1. 품질인정 신청 수수료
2. 품질인정 유효기간 연장 신청 수수료

② 제1항에 따른 수수료는 별표 4와 같다.

③ 품질인정 또는 품질인정 유효기간의 연장을 신청하려는 자는 다음 각 호의 구분에 따른 시기에 수수료를 내야 한다.

1. 수수료 중 기본비용 및 추가비용: 품질인정 또는 품질인정 유효기간의 연장 신청을 하는 때
2. 수수료 중 출장비용 및 자문비용: 한국건설기술연구원장이 고지하는 납부시기

④ 한국건설기술연구원장은 다음 각 호의 어느 하나에 해

【피난방화규칙】

제24조의9【품질인정자재등의 제조업자 등에 대한 점검】 ① 한국건설기술연구원장은 법 제52조의6제4항에 따라 매년 1회 이상 법 제52조의4제2항에 따른 시험기관의 시험장소, 법 제52조의6제4항에 따른 제조업자의 제조현장, 유통업자의 유통장소 및 건축공사장을 점검해야 한다.

② 한국건설기술연구원장은 제1항에 따라 제조현장 등을 점검하는 경우 다음 각 호의 사항을 확인해야 한다.

1. 법 제52조의4제2항에 따른 시험기관이 품질인정자재등과 관련하여 작성한 원시 데이터, 시험체 제작 및 확인 기록
2. 법 제52조의6제3항에 따른 품질인정자재등(이하 "품질인정자재등" 이

법	시 행 령	시 행 규 칙
질관리기준에 적합하지 아니한 경우 4. 인정의 유효기간을 연장하기 위한 시험결과를 제출하지 아니한 경우 ④ 건축자재등 품질인정기관은 제52조의5제2항에 따른 건축자재등의 품질 유지·관리 의무가 준수되고 있는지 확인하기 위하여 국토교통부령으로 정하는 바에 따라 제52조의4에 따른 건축자재 시험기관의 시험장소, 제조업자의 제조현장, 유통업자의 유통장소, 건축공사장 등을 점검하여야 한다. ⑤ 건축자재등 품질인정기관은 제4항에 따른 점검 결과 위법 사실을 발견한 경우 국토교통부장관에게 그 사실을 통보하여야 한다. 이 경우 국토교통부장관은 대통령령으로 정하는 바에 따라 공사 중단, 사용 중단 등의 조치를 하거나 관계 기관에 대하여 관계 법률에 따른 영업정지 등의 요청을 할 수 있다.	당하는 경우에는 납부된 수수료의 전부 또는 일부를 반환해야 한다. 1. 품질인정 또는 품질인정 유효기간의 연장을 위한 시험·검사 등을 실시하기 전에 신청자가 신청을 철회한 경우 2. 신청을 반려한 경우 3. 수수료를 과오납(過誤納)한 경우 ⑤ 수수료의 납부·반환 방법 및 반환 금액 등 수수료의 납부 및 반환에 필요한 세부사항은 국토교통부장관이 정하여 고시한다. [본조신설 2021.12.23.] **제63조의4【건축자재등 품질 유지·관리 의무 위반에 따른 조치】** ① 국토교통부장관은 법 제52조의6제5항 전단에 따른 통보를 받은 경우 같은 항 후단에 따라 같은 조 제3항에 따른 품질인정자재등(이하 이 조 및 제63조의5에서 “품질인정자재등” 이라 한다)의 제조업자, 유통업자 및 법 제25조의2제1항에 따른 건축관계자등(이하 이 조 및 제63조의5에 “제조업자등” 이라 한다)에게 위법 사실을 통보해야 하며, 제조업자등에게 다음 각 호의 구분에 따른 조치를 할 수 있다. 1. 법 제25조의2제1항에 따른 건축관계자등: 다음 각 목의 구분에 따른 조치 가. 품질인정자재등을 사용하지 않거나 인정받은 내용대로 시공하지 않은 부분이 있는 경우: 시공부분의 시정, 해당 공정에 대한 공사 중단과 품질인정을 받지 않은 건축자재등의 사용 중단 명령 나. 품질인정을 받지 않은 건축자재등이 공사현장에 반입되어 있거나 보관되어 있는 경우: 해당 건축자재등의 사용 중단 명령	라 한다)의 품질인정 유효기간 및 품질인정표시 3. 제조업자가 작성한 납품확인서 및 품질관리서 4. 건축공사장에서의 시공 현황을 확인할 수 있는 다음 각 목의 서류 가. 품질인정자재등의 세부 인정내용 나. 설계도서 및 작업설명서 다. 건축공사 감리에 관한 서류 라. 그 밖에 시공 현황을 확인할 수 있는 서류로서 국토교통부장관이 정하여 고시하는 서류 ③ 제1항에 따른 점검의 세부 절차 및 방법은 국토교통부장관이 정하여 고시한다. [본조신설 2021.12.23.]

법	시 행 령	시 행 규 칙
	2. 제조업자 및 유통업자: 관계 기관에 대한 관계 법률에 따른 영업정지 등의 요청 ② 제1항에 따른 국토교통부장관의 조치에 관하여는 제61조의3제2항 및 제3항을 준용한다. 이 경우 "건축관계자 및 제조업자·유통업자"는 "제조업자등"으로, "국토교통부장관, 시·도지사 및 시장·군수·구청장"은 "국토교통부장관"으로 본다. [본조신설 2021.12.21.]	
⑥ 건축자재등 품질인정기관은 건축자재등의 품질관리 상태 확인 등을 위하여 대통령령으로 정하는 바에 따라 제조업자, 유통업자, 건축관계자등에 대하여 건축자재등의 생산 및 판매실적, 시공현장별 시공실적 등의 자료를 요청할 수 있다. ⑦ 그 밖에 건축자재등 품질인정기관이 건축자재등의 품질인정을 운영하기 위한 인정절차, 품질관리 등 필요한 사항은 국토교통부장관이 정하여 고시한다. [본조신설 2020.12.22.]	**제63조의5【제조업자등에 대한 자료요청】** 법 제52조의6제1항 및 이 영 제63조의3에 따라 건축자재등 품질인정기관으로 지정된 한국건설기술연구원은 법 제52조의6제6항에 따라 제조업자등에게 다음 각 호의 자료를 요청할 수 있다. 1. 건축자재등 및 품질인정자재등의 생산 및 판매 실적 2. 시공현장별 건축자재등 및 품질인정자재등의 시공 실적 3. 품질관리서 4. 그 밖에 제조공정에 관한 기록 등 품질인정자재등에 대한 품질관리의 적정성을 확인할 수 있는 자료로서 국토교통부장관이 정하여 고시하는 자료 [본조신설 2021.12.21.]	
제53조【지하층】 ① 건축물에 설치하는 지하층의 구조 및 설비는 국토교통부령으로 정하는 기준에 맞게 하여야 한다. 〈개정 2023.12.26.〉	**【피난방화규칙】** **제25조【지하층의 구조】** ① 법 제53조에 따라 건축물에 설치하는 지하층의 구조 및 설비는 다음 각 호의 기준에 적합하여야 한다. 〈개정 2024.8.26.〉 1. 거실의 바닥면적이 50제곱미터 이상인 층에는 직통계단 외에 피난층 또는 지상으로 통하는 비상탈출구 및 환기통을 설치할 것. 다만, 제8조제2항 각 호의 기준에 적합한 직통계단이 2개소 이상 설치되어 있는 경우에는 그러하지 아	**질의 회신** 지하층의 건축물 구조관련 국토교통부 민원마당 FAQ 2022.6.21. **질의** 가. 거실의 바닥면적의 합계가 1천제곱미터 이상인 지하층(창고시설)에 환기설비를 설치하여야 하는지? 나. 지하층 규모에 따라 환기설비의 종류를 법에 정하고 있는지 및 지하층이 실로 구획되어 있으면 구획된 실마다 환기설비를 하여야 되는지?

니하다.

1의2. 제2종근린생활시설 중 공연장 · 단란주점 · 당구장 · 노래연습장, 문화 및 집회시설중 예식장 · 공연장, 수련시설 중 생활권수련시설 · 자연권수련시설, 숙박시설중 여관 · 여인숙, 위락시설중 단란주점 · 유흥주점 또는 「다중이용업소의 안전관리에 관한 특별법 시행령」 제2조에 따른 다중이용업의 용도에 쓰이는 층으로서 그 층의 거실의 바닥면적의 합계가 50제곱미터 이상인 건축물에는 제8조제2항 각 호의 기준에 적합한 직통계단을 2개소 이상 설치할 것

2. 바닥면적이 1천제곱미터 이상인 층에는 피난층 또는 지상으로 통하는 직통계단을 영 제46조의 규정에 의한 방화구획으로 구획되는 각 부분마다 1개소 이상 설치하되, 이를 피난계단 또는 특별피난계단의 구조로 할 것

3. 거실의 바닥면적의 합계가 1천제곱미터 이상인 층에는 환기설비를 설치할 것

4. 지하층의 바닥면적이 300제곱미터 이상인 층에는 식수공급을 위한 급수전을 1개소이상 설치할 것

② 제1항제1호에 따른 지하층의 비상탈출구는 다음 각호의 기준에 적합하여야 한다. 다만, 주택의 경우에는 그러하지 아니하다.

1. 비상탈출구의 유효너비는 0.75미터 이상으로 하고, 유효높이는 1.5미터 이상으로 할 것

2. 비상탈출구의 문은 피난방향으로 열리도록 하고, 실내에서 항상 열 수 있는 구조로 하여야 하며, 내부 및 외부에는 비상탈출구의 표시를 할 것

3. 비상탈출구는 출입구로부터 3미터 이상 떨어진 곳에 설치할 것

4. 지하층의 바닥으로부터 비상탈출구의 아랫부분까지의 높

참고 비상탈출구의 도해

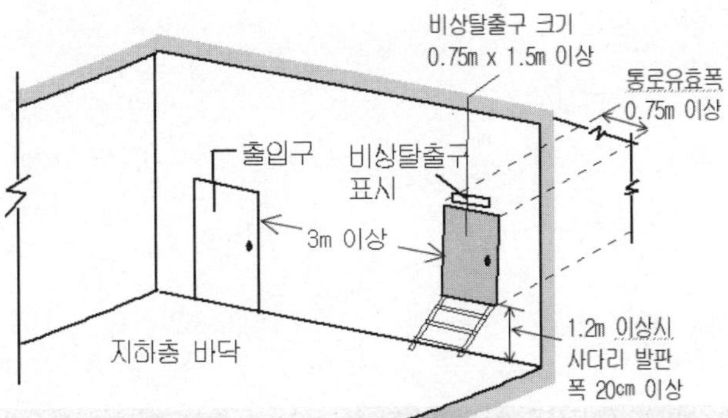

회신 「건축물의 피난 · 방화구조 등의 기준에 관한 규칙」 제25조제1항제3호에 따라 거실의 바닥면적의 합계가 1천제곱미터 이상인 지하층에는 건축물의 용도와 관계없이 환기설비를 설치하도록 하고 있으며, 지하층 규모에 따른 환기설비의 종류에 대하여 「건축법」에 명문화하고 있지 아니하나, 지하층의 환기가 원활히 이루어질 수 있도록 환기설비를 하여야 할 것임

질의 회신 지하층이 피난층인 경우 비상탈출구를 설치해야 하는지 여부

국토교통부 민원마당 FAQ 2022.6.20.

질의 지하층이 피난층인 경우 비상탈출구를 설치해야 하는지 여부

회신 건축물의피난방화구조등의기준에관한 규칙 제25조제1항1호의 규정에 의거 지하층의 거실 바닥면적이 50제곱미터이상인 층에는 직통계단 외에 피난층 또는 지상으로 통하는 비상탈출구 및 환기통을 설치(직통계단이 2개소 이상인 경우 제외)하도록 규정하고 있으므로, 지하층이 피난층에 해당하는 경우는 비상탈출구를 설치하지 않아도 됨

법	시 행 령	시 행 규 칙
	이가 1.2미터 이상이 되는 경우에는 벽체에 발판의 너비가 20센티미터 이상인 사다리를 설치할 것 5. 비상탈출구는 피난층 또는 지상으로 통하는 복도나 직통계단에 직접 접하거나 통로 등으로 연결될 수 있도록 설치하여야 하며, 피난층 또는 지상으로 통하는 복도나 직통계단까지 이르는 피난통로의 유효너비는 0.75미터 이상으로 하고, 피난통로의 실내에 접하는 부분의 마감과 그 바탕은 불연재료로 할 것 6. 비상탈출구의 진입부분 및 피난통로에는 통행에 지장이 있는 물건을 방치하거나 시설물을 설치하지 아니할 것 7. 비상탈출구의 유도등과 피난통로의 비상조명등의 설치는 소방법령이 정하는 바에 의할 것	
② 단독주택, 공동주택 등 대통령령으로 정하는 건축물의 지하층에는 거실을 설치할 수 없다. 다만, 다음 각 호의 사항을 고려하여 해당 지방자치단체의 조례로 정하는 경우에는 그러하지 아니하다. 〈신설 2023.12.26.〉 1. 침수위험 정도를 비롯한 지역적 특성 2. 피난 및 대피 가능성 3. 그 밖에 주거의 안전과 관련된 사항	**제63조의6【지하층에 거실 설치가 금지되는 건축물】** 법 제53조제2항 각 호 외의 부분 본문에서 "단독주택, 공동주택 등 대통령령으로 정하는 건축물"이란 다음 각 호의 어느 하나에 해당하는 건축물을 말한다. 다만, 지하층에 거실을 부속용도로 설치하는 건축물은 제외한다. 1. 단독주택 2. 공동주택 [본조신설 2024.6.18.][종전 제63조의6은 제63조의7로 이동 〈2024.6.18.〉]	
제53조의2【건축물의 범죄예방】 ① 국토교통부장관은 범죄를 예방하고 안전한 생활환경을 조성하기 위하여 건축물, 건축설비 및 대지에 관한 범죄예방 기준을 정하여 고시할 수 있다. ② 대통령령으로 정하는 건축물은 제1항의 범죄예방 기준	**제63조의7【건축물의 범죄예방】** 법 제53조의2제2항에서 "대통령령으로 정하는 건축물"이란 다음 각 호의 어느 하나에 해당하는 건축물을 말한다. 〈개정 2018.12.31.〉 1. 다가구주택, 아파트, 연립주택 및 다세대주택 2. 제1종 근린생활시설 중 일용품을 판매하는 소매점	**고시** 범죄예방 건축기준 (국토교통부고시 제2021-930호, 2021.7.1)

에 따라 건축하여야 한다.
[본조신설 2014.5.28.]

질의 회신 미닫이 방화문에 대해서도 여닫이 방화문과 동일한 시험을 해야하는지 국토교통부 민원마당 FAQ 2022.6.21.

질의 미닫이 방화문에 대해서도 여닫이 방화문과 동일한 시험을 해야 하는지

회신 미닫이 방화문도 여닫이 방화문과 동일한 내화시험, 차연시험 및 개폐력시험, 개폐반복성시험을 실시하나, 비틀림강도, 연직하중강도, 내충격성시험은 생략할 수 있음

질의 회신 미닫이 구조 자동방화문 설치 가능 여부
국토교통부 민원마당 FAQ 2022.6.20.

질의 피난계단 및 특별피난계단의 출입구에 방화문 성능 기준(비차열 성능 및 차연성 등)을 만족한 미닫이 구조의 자동방화문 설치가 가능한 지 여부

회신 건축물의 피난 방화구조 등의 기준에 관한 규칙」 제9조제2항에 따라 피난계단 및 특별피난계단의 출입구의 유효너비는 0.9미터 이상으로 하고 피난의 방향으로 열 수 있는 것으로서 60분+, 60분 방화문 또는 30분 방화문을 설치하여야 하는 바, 이와 관련, "피난의 방향으로 열 수 있는 것" 이라 함은 화재시 원활한 피난, 대피가 가능한 여닫이 구조를 말하는 것으로 질의의 미닫이 구조는 상기 규정에 적합하지 않음(*현행 규정에 맞게 수정함)

3. 제2종 근린생활시설 중 다중생활시설
4. 문화 및 집회시설(동 · 식물원은 제외한다)
5. 교육연구시설(연구소 및 도서관은 제외한다)
6. 노유자시설
7. 수련시설
8. 업무시설 중 오피스텔
9. 숙박시설 중 다중생활시설

[본조신설 2014.11.28.] [제61조의2에서 이동 〈2021.12.21.〉]

제64조【방화문의 구조】 ① 방화문은 다음 각 호와 같이 구분한다.

1. 60분+ 방화문: 연기 및 불꽃을 차단할 수 있는 시간이 60분 이상이고, 열을 차단할 수 있는 시간이 30분 이상인 방화문
2. 60분 방화문: 연기 및 불꽃을 차단할 수 있는 시간이 60분 이상인 방화문
3. 30분 방화문: 연기 및 불꽃을 차단할 수 있는 시간이 30분 이상 60분 미만인 방화문

② 제1항 각 호의 구분에 따른 방화문 인정 기준은 국토교통부령으로 정한다.

[전문개정 2020.10.8.]

고시 건축자재등 품질인정 및 관리기준
(국토교통부고시 제2023-15호, 2023.1.9.)

【피난방화규칙】

제26조【방화문의 구조】 영 제64조제1항에 따른 방화문은 한국건설기술연구원장이 국토교통부장관이 정하여 고시하는 바에 따라 품질을 시험한 결과 영 제64조제1항 각 호의 기준에 따른 성능을 확보한 것이어야 한다. 〈개정 2021.3.26〉

1. 삭제 〈2021.12.23.〉
2. 삭제 〈2021.12.23.〉

[전문개정 2021.3.26.]

법	시 행 령	시 행 규 칙

법

제6장 지역 및 지구의 건축물

제54조【건축물의 대지가 지역·지구 또는 구역에 걸치는 경우의 조치】 ① 대지가 이 법이나 다른 법률에 따른 지역·지구(녹지지역과 방화지구는 제외한다. 이하 이 조에서 같다) 또는 구역에 걸치는 경우에는 대통령령으로 정하는 바에 따라 그 건축물과 대지의 전부에 대하여 대지의 과반(過半)이 속하는 지역·지구 또는 구역 안의 건축물 및 대지 등에 관한 이 법의 규정을 적용한다. 〈개정 2017.4.18.〉

② 하나의 건축물이 방화지구와 그 밖의 구역에 걸치는 경우에는 그 전부에 대하여 방화지구 안의 건축물에 관한 이 법의 규정을 적용한다. 다만, 건축물의 방화지구에 속한 부분과 그 밖의 구역에 속한 부분의 경계가 방화벽으로 구획되는 경우 그 밖의 구역에 있는 부분에 대하여는 그러하지 아니하다.

③ 대지가 녹지지역과 그 밖의 지역·지구 또는 구역에 걸치는 경우에는 각 지역·지구 또는 구역 안의 건축물과 대지에 관한 이 법의 규정을 적용한다. 다만, 녹지지역 안의 건축물이 방화지구에 걸치는 경우에는 제2항에 따른다. 〈개정 2017.4.18.〉

④ 제1항에도 불구하고 해당 대지의 규모와 그 대지가 속한 용도지역·지구 또는 구역의 성격 등 그 대지에 관한 주변여건상 필요하다고 인정하여 해당 지방자치단체의 조례로 적용방법을 따로 정하는 경우에는 그에 따른다.

시 행 령

제6장 지역 및 지구의 건축물

제65조, 제68조, 제73조, 제76조 삭제 〈2000.6.27〉

제66조, 제67조, 제69조~제72조, 제74조, 제75조 삭제 〈1999.4.30〉

제77조【건축물의 대지가 지역·지구 또는 구역에 걸치는 경우】 법 제54조제1항에 따라 대지가 지역·지구 또는 구역에 걸치는 경우 그 대지의 과반이 속하는 지역·지구 또는 구역의 건축물 및 대지 등에 관한 규정을 그 대지의 전부에 대하여 적용 받으려는 자는 해당 대지의 지역·지구 또는 구역별 면적과 적용 받으려는 지역·지구 또는 구역에 관한 사항을 허가권자에게 제출(전자문서에 의한 제출을 포함한다)하여야 한다.

질의 회신 여러 필지를 합한 대지가 지역·지구에 걸치는 경우 적용

건교부 건축 58070-396, 1999.1.30

질의 「건축법」 제54조 및 동법시행령 제77조의 "건축물의 대지가 지역·지구 또는 구역에 걸치는 경우" 규정을 적용함에 있어 여러 필지가 모인 일단의 대지인 경우 하나의 필지를 말하는 것인지 전체 부지를 말하는 것인지?

회신 「건축법」 제54조의 규정에 의하면 대지가 지역·지구 또는 구역에 걸치는 경우는 「건축법」의 적용에 있어 대지의 과반 이상이 속하는 지역·지구 또는 구역안의 건축물 및 대지에 관한 규정을 적용하도록 하고 있는 바, 건축법상 대지라 함은 「공간정보의 구축 및 관리 등에 관한 법률」에 의한 필지를 기준으로 하는 것이므로, 하나의 대지가 여러 필지로 이루어진 경우 지역·지구 또는 구역의 적용은 각각의 필지별로 하는 것임(*현행 규정에 맞게 수정함)

시 행 규 칙

제34조, 제35조 삭제〈2000.7.4〉

법령해석 건축물의 대지가 둘 이상의 용도지역에 걸치는 경우에 대한 건폐율과 용적률 산정 방법

(법제처 법령해석 06-0171, 2006.9.1.)

질의요지 하나의 대지가 서로 다른 용도지역에 걸치는 경우로서 그 중 하나의 용도지역의 면적이 대지의 과반이고 가장 작은 용도지역의 규모가 330㎡를 초과하는 경우(각주: 걸치는 용도지역이 녹지지역이 아니며, 「국토의 계획 및 이용에 관한 법률」 제84조제1항 단서 및 같은 법 시행령 제94조 단서에 해당하는 경우가 아닌 것을 전제로 함), 해당 대지에서의 건폐율과 용적률은 「건축법」 제54조제1항을 적용하여 대지의 과반이 속하는 용도지역의 건폐율과 용적률 기준에 따라야 하는지?

회답 이 사안의 경우 「건축법」 제54조제1항을 적용하여 대지의 과반이 속하는 용도지역의 건폐율과 용적률 기준에 따라야 하는 것이 아니라 각각의 용도지역에 따른 건폐율과 용적률 기준에 따라야 함

법령해석 대지가 2이상의 용도지역에 걸치는 경우의 건축기준을 신청인의 의사와 관계없이 적용여부(법제처 법령해석 06-0171, 2006.9.1.)

질의요지 건축물의 대지가 2 이상의 용도지역에 걸치는 경우에 그 대지의 과반 이상이 속하는 용도지역 안의 건축기준을 건축허가 신청인의 의사와 관계없이 그 대지 전체에 적용하여야 하는지 여부

법	시 행 령	시 행 규 칙
제55조 【건축물의 건폐율】 대지면적에 대한 건축면적(대지에 건축물이 둘 이상 있는 경우에는 이들 건축면적의 합계로 한다)의 비율(이하 "건폐율"이라 한다)의 최대한도는 「국토의 계획 및 이용에 관한 법률」 제77조에 따른 건폐율의 기준에 따른다. 다만, 이 법에서 기준을 완화하거나 강화하여 적용하도록 규정한 경우에는 그에 따른다.	**제78조** 삭제 〈2002.12.26〉	**회답** 건축물의 대지가 2 이상의 용도지역에 걸치는 경우로서 조례로 달리 정한 바가 없다면, 건축허가 신청인의 의사와 관계없이 그 대지의 과반 이상이 속하는 용도지역 안의 건축기준을 그 대지 전체에 적용하여야 함
제56조 【건축물의 용적률】 대지면적에 대한 연면적(대지에 건축물이 둘 이상 있는 경우에는 이들 연면적의 합계로 한다)의 비율(이하 "용적률"이라 한다)의 최대한도는 「국토의 계획 및 이용에 관한 법률」 제78조에 따른 용적률의 기준에 따른다. 다만, 이 법에서 기준을 완화하거나 강화하여 적용하도록 규정한 경우에는 그에 따른다.	**제79조** 삭제 〈2002.12.26〉	
제57조 【대지의 분할 제한】 ① 건축물이 있는 대지는 대통령령으로 정하는 범위에서 해당 지방자치단체의 조례로 정하는 면적에 못 미치게 분할할 수 없다. ② 건축물이 있는 대지는 제44조, 제55조, 제56조, 제58조, 제60조 및 제61조에 따른 기준에 못 미치게 분할할 수 없다. ③ 제1항과 제2항에도 불구하고 제77조의6에 따라 건축협정이 인가된 경우 그 건축협정의 대상이 되는 대지는 분할할 수 있다. 〈신설 2014.1.14.〉	**제80조 【건축물이 있는 대지의 분할제한】** 법 제57조제1항에서 "대통령령으로 정하는 범위"란 다음 각 호의 어느 하나에 해당하는 규모 이상을 말한다. 1. 주거지역: 60제곱미터 2. 상업지역: 150제곱미터 3. 공업지역: 150제곱미터 4. 녹지지역: 200제곱미터 5. 제1호부터 제4호까지의 규정에 해당하지 아니하는 지역: 60제곱미터	**법령해석** 건축물이 있는 대지를 분할하는 확정판결의 내용이 「건축법」 제57조제1항에 따른 분할제한 기준에 위반하는 경우, 「공간정보의 구축 및 관리 등에 관한 법률」에 따른 지적공부상 분필이 가능한지 (법제처 법령해석 16-0513, 2016.11.2.) **질의요지** 「건축법」 제57조제1항에서는 건축물이 있는 대지는 대통령령으로 정하는 범위에서 해당 지방자치단체의 조례로 정하는 면적(이하 "최소면적기준" 이라 함)에 못 미치게 분할할 수 없다고 규정하고 있습니다. 한편, 「공간정보의 구축 및 관리 등에 관한 법률」(이하 "공간정보관리법" 이라 함) 제79조제1항에서는 토지등소유자는 토지를 분할하려면 대통령령으로 정하는 바에 따라 지적소관청에 분할을 신청하여야 한다고 규정하고 있는바,
제58조 【대지 안의 공지】 건축물을 건축하는 경우에는 「국토의 계획 및 이용에 관한 법률」에 따른 용도지역·용도지구, 건축물의 용도 및 규모 등에 따라 건축선 및 인접 대지경계선으로부터 6미터 이내의 범위에서 대통령령으로 정	**제80조의2 【대지 안의 공지】** 법 제58조에 따라 건축선(법 제46조제1항에 따른 건축선을 말한다. 이하 같다) 및 인접 대지경계선(대지와 대지 사이에 공원, 철도, 하천, 광장, 공공공지, 녹지, 그 밖에 건축이 허용되지 아니하는 공지가 있	

법

하는 바에 따라 해당 지방자치단체의 조례로 정하는 거리 이상을 띄워야 한다.

제59조【맞벽 건축과 연결복도】 ① 다음 각 호의 어느 하나에 해당하는 경우에는 제58조, 제61조 및 「민법」 제242조를 적용하지 아니한다.

1. 대통령령으로 정하는 지역에서 도시미관 등을 위하여 둘 이상의 건축물 벽을 맞벽(대지경계선으로부터 50센티미터 이내인 경우를 말한다. 이하 같다)으로 하여 건축하는 경우
2. 대통령령으로 정하는 기준에 따라 인근 건축물과 이어지는 연결복도나 연결통로를 설치하는 경우

② 제1항 각 호에 따른 맞벽, 연결복도, 연결통로의 구조·크기 등에 관하여 필요한 사항은 대통령령으로 정한다.

질의 회신 연결복도가 설치된 2개의 건축물이 하나의 건축물인지 여부

건축교부건축과-4495, 2005.8.4

질의 건축법 제59조의 규정에 의한 연결복도를 설치하는 경우 연결된 두 건축물이 하나의 건축물인지?

회신 건축법 제59조는 각각 다른 건축물을 맞벽으로 건축하거나 연결복도 또는 연결통로를 설치하는 경우에 대한 규정이므로 동 규정에 의하여 연결복도를 설치하는 경우라도 연결된 건축물은 각각 다른 건축물로 보는 것임

질의 회신 합벽에 연결통로 설치 가능한지 여부

국토교통부 민원마당 FAQ 2019.5.24.

질의 ○ 준주거지역에서 인접한 2개의 대지에 2개의 건축물(병원, 약국)을 합벽으로 하고 각 층마다 방화문을 설치하여 연결통로 설치가 가능한 지 여부 및 이 경우 방화문을 상시 개방해 둘 수 있는 지 여부

○ 「약사법」에 규정에 의하면, 동일한 건물 내에는 병원과 약국이 동시에 개설될 수 없도록 규정하고 있는 바, 상기와 같이 인접한 대지

시 행 령

는 경우에는 그 반대편의 경계선을 말한다)으로부터 건축물의 각 부분까지 띄어야 하는 거리의 기준은 별표 2와 같다. 〈개정 2014.10.14.〉

제81조【맞벽건축 및 연결복도】 ① 법 제59조제1항제1호에서 "대통령령으로 정하는 지역"이란 다음 각 호의 어느 하나에 해당하는 지역을 말한다. 〈개정 2015.9.22.〉

1. 상업지역(다중이용 건축물 및 공동주택은 스프링클러나 그 밖에 이와 비슷한 자동식 소화설비를 설치한 경우로 한정한다)
2. 주거지역(건축물 및 토지의 소유자 간 맞벽건축을 합의한 경우에 한정한다)
3. 허가권자가 도시미관 또는 한옥 보전·진흥을 위하여 건축조례로 정하는 구역
4. 건축협정구역

② 삭제 〈2006.5.8〉

③ 법 제59조제1항제1호에 따른 맞벽은 다음 각 호의 기준에 적합하여야 한다. 〈개정 2014.10.14〉

1. 주요구조부가 내화구조일 것
2. 마감재료가 불연재료일 것

④ 제1항에 따른 지역(건축협정구역은 제외한다)에서 맞벽건축을 할 때 맞벽 대상 건축물의 용도, 맞벽 건축물의 수 및 층수 등 맞벽에 필요한 사항은 건축조례로 정한다. 〈개정 2014.10.14〉

⑤ 법 제59조제1항제2호에서 "대통령령으로 정하는 기준"이란 다음 각 호의 기준을 말한다. 〈개정 2019.8.6.〉

1. 주요구조부가 내화구조일 것
2. 마감재료가 불연재료일 것

시 행 규 칙

건축물이 있는 대지의 일부를 분할하는 내용의 확정판결이 있는 경우 그에 따라 분할되는 토지의 면적이 「건축법」 제57조제1항에 따른 최소면적 기준에 미달하더라도 지적소관청이 공간정보관리법 제79조제1항에 따라 지적공부상의 필지를 나누어 등록할 수 있는지?

회답 건축물이 있는 대지의 일부를 분할하는 내용의 확정판결이 있더라도 그에 따라 분할되는 토지의 면적이 「건축법」 제57조제1항에 따른 최소면적 기준에 미달한다면 지적소관청이 공간정보관리법 제79조제1항에 근거하여 지적공부상의 필지를 나누어 등록할 수는 없음

법령해석 「건축법」 제3조제2항에 따라 건축선의 지정에 관한 규정인 같은 법 제46조의 적용이 제외되는 지역에서 대지 안의 공지 확보를 위해 일정한 거리를 띄워서 건축물을 건축하는 경우 적용되는 기준선의 범위

(법제처 법령해석 18-0650, 2018.12.3.)

질의요지 「건축법」 제3조제2항에 따라 건축선의 지정에 관한 규정인 같은 법 제46조의 적용이 제외되는 지역에서 도로에 접한 대지에 건축물을 건축하는 경우 같은 법 제58조에 따라 대지 안의 공지 확보를 위해 일정한 거리를 띄워서 건축해야 하는 기준선으로 인접 대지경계선 외에 건축선도 적용되는지?

〈질의 배경〉 전라남도 장성군의 관할 지역 중 「건축법」 제3조제2항에 따라 도시지역 및 지구단위계획구역 외의 동이나 읍이 아닌 지역에서는 건축선의 지정에 관한 규정인 같은 법 제46조의 적용이 제외되는데, 해당 지역에서의 공장 건축허가를 검토하는 과정에서 같은 법 제58조에 따라 대지 안의 공지 확보를

법	시 행 령	시 행 규 칙
의 건축물을 상호 연결한 경우 가능한 지 여부 **회신** 「건축법」 제59조제1항제1호 및 동법 시행령 제81조제1항의 규정에 의하면, 상업지역, 시장·군수·구청장이 도시미관 등을 위하여 건축조례로 정하는 구역에서 둘 이상의 건축물 벽을 맞벽(대지경계선으로부터 50센티미터 이내인 경우)으로 하여 건축하는 경우에는 동법 제58조(대지 안의 공지), 제61조(일조 등의 확보를 위한 건축물의 높이제한), 「민법」 제242조(경계선부근의 건축)를 적용하지 아니함. 질의의 맞벽건축에 해당여부 등 구체적인 사항은 세부 설계도서를 구비하여 해당 지역의 허가권자인 시장·군수·구청장에게 문의 바람 다만, 약사법령에 따른 유권해석은 소관법령을 운용하고 있는 보건복지부에 직접 문의 바람	3. 밀폐된 구조인 경우 벽면적의 10분의 1 이상에 해당하는 면적의 창문을 설치할 것. 다만, 지하층으로서 환기설비를 설치하는 경우에는 그러하지 아니하다. 4. 너비 및 높이가 각각 5미터 이하일 것. 다만, 허가권자가 건축물의 용도나 규모 등을 고려할 때 원활한 통행을 위하여 필요하다고 인정하면 지방건축위원회의 심의를 거쳐 그 기준을 완화하여 적용할 수 있다. 5. 건축물과 복도 또는 통로의 연결부분에 자동방화셔터 또는 방화문을 설치할 것 6. 연결복도가 설치된 대지 면적의 합계가 「국토의 계획 및 이용에 관한 법률 시행령」 제55조에 따른 개발행위의 최대 규모 이하일 것. 다만, 지구단위계획구역에서는 그러하지 아니하다. ⑥ 법 제59조제1항제2호에 따른 연결복도나 연결통로는 건축사 또는 건축구조기술사로부터 안전에 관한 확인을 받아야 한다. 〈개정 2016.5.17., 2016.7.19.〉	위해 일정한 거리를 띄워 건축물을 건축할 수 있는 기준선으로 인접 대지경계선 외에 건축선도 적용해야 하는지에 대한 의문이 있어 국토교통부에 문의한 결과 인접 대지경계선 외에 건축선도 기준선으로 적용해야 한다고 답변하자 이에 이견이 있어 법제처에 해석을 요청함. **회답** 이 사안의 경우 인접 대지경계선 외에 건축선도 적용됨
제60조【건축물의 높이 제한】 ① 허가권자는 가로구역[(街路區域): 도로로 둘러싸인 일단(一團)의 지역을 말한다. 이하 같다]을 단위로 하여 대통령령으로 정하는 기준과 절차에 따라 건축물의 높이를 지정·공고할 수 있다. 다만, 특별자치시장·특별자치도지사 또는 시장·군수·구청장은 가로구역의 높이를 완화하여 적용할 필요가 있다고 판단되는 대지에 대하여는 대통령령으로 정하는 바에 따라 건축위원회의 심의를 거쳐 높이를 완화하여 적용할 수 있다. 〈개정 2014.1.14.〉 ② 특별시장이나 광역시장은 도시의 관리를 위하여 필요하면 제1항에 따른 가로구역별 건축물의 높이를 특별시나 광	**제82조【건축물의 높이 제한】** ① 허가권자는 법 제60조제1항에 따라 가로구역별로 건축물의 높이를 지정·공고할 때에는 다음 각 호의 사항을 고려하여야 한다. 〈개정 2014.10.14〉 1. 도시·군관리계획 등의 토지이용계획 2. 해당 가로구역이 접하는 도로의 너비 3. 해당 가로구역의 상·하수도 등 간선시설의 수용능력 4. 도시미관 및 경관계획 5. 해당 도시의 장래 발전계획 ② 허가권자는 제1항에 따라 가로구역별 건축물의 높이를 지정하려면 지방건축위원회의 심의를 거쳐야 한다. 이 경우 주민의 의견청취 절차 등은 「토지이용규제 기본법」 제8	**관계법** 「토지이용규제 기본법」 제8조(지역·지구등의 지정 등) ① 중앙행정기관의 장이나 지방자치단체의 장이 지역·지구등을 지정(변경 및 해제를 포함한다. 이하 같다)하려면 대통령령으로 정하는 바에 따라 미리 주민의 의견을 들어야 한다. 다만, 다음 각 호의 어느 하나에 해당하거나 대통령령으로 정하는 경미한 사항을 변경하는 경우에는 그러하지 아니하다. "각 호 생략" 「토지이용규제 기본법 시행령」 제6조(주민의 의견청취) ① 중앙행정기관의 장이나 도지사는 법 제8조제1항에 따라 지역·지구등을 지정(변경 및 해

법	시 행 령	시 행 규 칙

법

역시의 조례로 정할 수 있다. 〈개정 2014.1.14.〉
③ 삭제 〈2015.5.18.〉
④ 허가권자는 제1항 및 제2항에도 불구하고 일조(日照) · 통풍 등 주변 환경 및 도시미관에 미치는 영향이 크지 않다고 인정하는 경우에는 건축위원회의 심의를 거쳐 이 법 및 다른 법률에 따른 가로구역의 높이 완화에 관한 규정을 중첩하여 적용할 수 있다. 〈신설 2022.2.3.〉

제61조【일조 등의 확보를 위한 건축물의 높이 제한】 ① 전용주거지역과 일반주거지역 안에서 건축하는 건축물의 높이는 일조(日照) 등의 확보를 위하여 정북방향(正北方向)의 인접 대지경계선으로부터의 거리에 따라 대통령령으로 정하는 높이 이하로 하여야 한다.
② 다음 각 호의 어느 하나에 해당하는 공동주택(일반상업지역과 중심상업지역에 건축하는 것은 제외한다)은 채광(採光) 등의 확보를 위하여 대통령령으로 정하는 높이 이하로 하여야 한다. 〈개정 2013.5.10.〉
1. 인접 대지경계선 등의 방향으로 채광을 위한 창문 등을 두는 경우
2. 하나의 대지에 두 동(棟) 이상을 건축하는 경우

법령해석 1층 전체에 필로티가 설치되는 공동주택을 건축할 때 「건축법」 제61조제2항의 "대통령령으로 정하는 높이"를 산정할 때뿐만 아니라 같은 조 제1항에 따른 높이 기준에 있어서도 필로티의 층고를 제외하여야 하는지 여부 (법제처 12-0278, 2012.6.1.)

질의요지 「건축법」 제61조제2항에 따르면, 공동주택의 높이는 제1항에 따른 높이 기준에 맞아야 할 뿐만 아니라 대통령령으로 정하는 높

시 행 령

조에 따른다. 〈개정 2014.10.14.〉
③ 허가권자는 같은 가로구역에서 건축물의 용도 및 형태에 따라 건축물의 높이를 다르게 정할 수 있다.
④ 법 제60조제1항 단서에 따라 가로구역의 높이를 완화하여 적용하는 경우에 대한 구체적인 완화기준은 제1항 각 호의 사항을 고려하여 건축조례로 정한다. 〈개정 2014.10.14.〉

제83조~제85조 삭제 〈1999.4.30.〉

제86조【일조 등의 확보를 위한 건축물의 높이 제한】 ① 전용주거지역이나 일반주거지역에서 건축물을 건축하는 경우에는 법 제61조제1항에 따라 건축물의 각 부분을 정북(正北) 방향으로의 인접 대지경계선으로부터 다음 각 호의 범위에서 건축조례로 정하는 거리 이상을 띄어 건축하여야 한다. 〈개정 2015.7.6., 2023.9.12〉
1. 높이 10미터 이하인 부분: 인접 대지경계선으로부터 1.5미터 이상
2. 높이 10미터를 초과하는 부분: 인접 대지경계선으로부터 해당 건축물 각 부분 높이의 2분의 1 이상
② 다음 각 호의 어느 하나에 해당하는 경우에는 제1항을 적용하지 아니한다. 〈신설 2015.7.6., 2016.5.17., 2016.7.19., 2017.12.29.〉
1. 다음 각 목의 어느 하나에 해당하는 구역 안의 대지 상호간에 건축하는 건축물로서 해당 대지가 너비 20미터 이상의 도로(자동차 · 보행자 · 자전거 전용도로를 포함하며, 도로에 공공공지, 녹지, 광장, 그 밖에 건축미관에 지장이 없는 도시 · 군계획시설이 접한 경우 해당 시설을 포함한다)에 접한 경우

시 행 규 칙

제를 포함한다. 이하 같다)하기 위하여 주민의 의견을 들으려면 주민의 의견청취 기한을 분명히 밝혀 지역 · 지구등의 지정안을 관계 특별시장, 광역시장, 특별자치도지사, 시장 또는 군수(광역시의 관할구역 안에 있는 군의 군수는 제외한다. 이하 이 조에서 같다)에게 보내야 한다. "이후 생략"

참고 일조높이제한의 규정의 도해

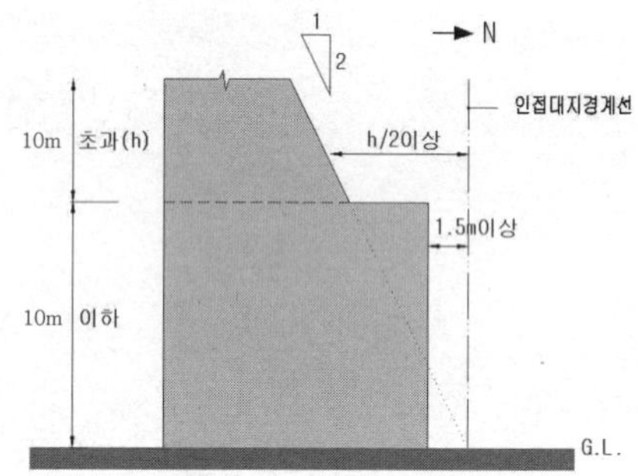

법령해석 일조 등의 확보를 위한 건축물의 높이 제한을 받지 않는 경우인 건축물의 정북방향의 인접 대지가 "전용주거지역이나 일반주거지역이 아닌 용도지역인 경우" 의 의미 (법제처 17-0245, 2017.8.8.)

질의요지 「건축법」 제61조제1항에서는 일반주거지역 안에서 건축하는 건축물의 높이는 일조(日照) 등의 확보를 위하여 정북방향(正北方向)의 인접 대지경계선으로부터의 거리에

이 이하여야 한다고 규정하고 있고, 같은 법 시행령 제119조제1항제5호는 건축물의 높이 산정방법을 규정하면서 건축물의 1층 전체에 필로티가 설치되어 있는 경우에는 같은 법 제60조 및 같은 법 제61조제2항에 따른 높이를 산정할 때 필로티의 층고는 제외하도록 규정하고 있는바, 1층 전체에 필로티가 설치되는 공동주택을 건축할 때 「건축법」 제61조제2항의 "대통령령이 정하는 높이"를 산정할 때뿐만 아니라 같은 조 제1항에 따른 높이 기준에 있어서도 필로티의 층고를 제외하여야 하는지?

회답 1층 전체에 필로티가 설치되는 공동주택을 건축할 때 「건축법」 제61조제1항에 따른 높이 기준에 있어서는 필로티의 층고를 제외할 수 없다고 할 것임

법령해석 일조 등 확보를 위한 이격 거리 기준이 배제되는 요건 중 너비 20미터 이상의 도로에 접하는 대지의 범위

(법제처 21-0081, 2021.5.12.)

질의요지 「건축법 시행령」 제86조제2항제1호에서는 지구단위계획구역(각주: 「국토의 계획 및 이용에 관한 법률」 제51조에 따른 지구단위계획구역을 말하며, 이하 같음.) 등같은 호 각 목의 어느 하나에 해당하는 구역 안의 대지 상호간에 건축하는 건축물로서 해당 대지가 너비 20미터 이상의 도로(각주: 자동차·보행자·자전거 전용도로를 포함하고, 도로에 공공공지, 녹지, 광장, 그 밖에 건축미관에 지장이 없는 도시·군계획시설이 접한 경우 해당 시설을 포함하며, 이하 같음.)에 접한 경우에는 같은 조 제1항에 따른 일조(日照) 등 확보를 위한 인접 대지경계선으로부터의 이격 거리 제한을 적용하지 않는다고 규정하고 있는바, 이는 상호간의 두 대지가 모두 너비 20미터 이상의 도로에 연속하여 접하는 경우를 의미하는지?

회답 「건축법 시행령」 제86조제2항제1호 각 목 외의 부분은 상호간의 두 대지가 모두 너비 20미터 이상의 도로에 연속하여 접하는 경우를 의미합니다.

법령해석 마주보는 건축물을 띄어 건축해야 하는 기준인 "건축물 각 부분의 높이" 의 범위 (법제처 21-0403, 2021.10.15.)

질의요지 「건축법 시행령」 제86조제3항제2호 각 목 외의 부분 본문 및 같은 호 가목에 따르면 같은 대지에서 두 동(棟) 이상의 건축물이 서로 마주보고 있는 경우에 건축물 각 부분 사이의 거리는 채광을 위

가. 「국토의 계획 및 이용에 관한 법률」 제51조에 따른 지구단위계획구역, 같은 법 제37조제1항제1호에 따른 경관지구

나. 「경관법」 제9조제1항제4호에 따른 중점경관관리구역

다. 법 제77조의2제1항에 따른 특별가로구역

라. 도시미관 향상을 위하여 허가권자가 지정·공고하는 구역

2. 건축협정구역 안에서 대지 상호간에 건축하는 건축물(법 제77조의4제1항에 따른 건축협정에 일정 거리 이상을 띄어 건축하는 내용이 포함된 경우만 해당한다)의 경우

3. 건축물의 정북 방향의 인접 대지가 전용주거지역이나 일반주거지역이 아닌 용도지역에 해당하는 경우

③ 법 제61조제2항에 따라 공동주택은 다음 각 호의 기준을 충족해야 한다. 다만, 채광을 위한 창문 등이 있는 벽면에서 직각 방향으로 인접 대지경계선까지의 수평거리가 1미터 이상으로서 건축조례로 정하는 거리 이상인 다세대주택은 제1호를 적용하지 않는다. 〈개정 2015.7.6., 2021.11.2., 2024.6.18.〉

1. 건축물(기숙사는 제외한다)의 각 부분의 높이는 그 부분으로부터 채광을 위한 창문 등이 있는 벽면에서 직각 방향으로 인접 대지경계선까지의 수평거리의 2배(근린상업지역 또는 준주거지역의 건축물은 4배) 이하로 할 것

2. 같은 대지에서 두 동(棟) 이상의 건축물이 서로 마주보고 있는 경우(한 동의 건축물 각 부분이 서로 마주보고 있는 경우를 포함한다)에 건축물 각 부분 사이의 거리는 다음 각 목의 거리 이상을 띄어 건축할 것. 다만, 그 대지의 모든 세대가 동지(冬至)를 기준으로 9시에서 15시 사이에 2시간 이상을 계속하여 일조(日照)를 확보할 수 있는 거리 이상으로 할

따라 대통령령으로 정하는 높이 이하로 하여야 한다고 규정하고 있고, 그 위임에 따른 「건축법 시행령」 제86조제1항에서는 건축하는 건축물의 높이에 따라 정북방향 인접대지의 경계선으로부터 띄어야 하는 거리의 기준을 정하고 있으며, 같은 조 제2항제3호에서는 건축물의 정북방향의 인접 대지가 전용주거지역이나 일반주거지역이 아닌 용도지역에 해당하는 경우에는 같은 조 제1항을 적용하지 아니한다고 규정하고 있는 한편, 「건축법」 제54조제1항 본문에서는 대지가 같은 법이나 다른 법률에 따른 지역 등에 걸치는 경우에는 그 대지의 전부에 대하여 대지의 과반(過半)이 속하는 지역 안의 대지에 관한 「건축법」의 규정을 적용한다고 규정하고 있는바,
일반주거지역 안에서 건축물을 신축할 때, 그 건축물의 정북방향과 인접한 대지가 일반주거지역과 일반상업지역에 걸쳐 있고 그 중 일반상업지역이 과반을 차지하는 경우, 그 인접대지를 「건축법 시행령」 제86조제2항제3호에 따른 전용주거지역이나 일반주거지역이 아닌 용도지역에 해당하는 경우로 볼 수 있는지?

회답 일반주거지역 안에서 건축물을 신축할 때, 그 건축물의 정북방향과 인접한 대지가 일반주거지역과 일반상업지역에 걸쳐 있고 그 중 일반상업지역이 과반을 차지하는 경우, 그 인접 대지를 「건축법 시행령」 제86조제2항제3호에 따른 전용주거지역이나 일반주거지역이 아닌 용도지역에 해당하는 경우로 볼 수 없음

질의 회신 채광을 위한 유리블록을 설치할 경우 일조권 규정의 적용방안?

(국토교통부 민원마당 FAQ 2019.5.24.)

질의 공동주택의 단위세대 당 채광창(0.5제곱

법	시 행 령	시 행 규 칙

법

한 창문 등(이하 "채광창등"이라 함)이 있는 벽면으로부터 직각방향으로 건축물 각 부분 높이의 0.5배 이상의 범위에서 건축조례로 정하는 거리 이상을 띄어 건축해야 하는바,

같은 대지에서 두 동의 건축물이 서로 마주보고 있는 경우로서, 채광창등이 있는 벽면으로 된 건축물(A건축물)과 채광창등이 없는 측벽으로 된 건축물(B건축물)이 서로 마주보고 있는 경우,(각주: 「건축법 시행령」 제86조제3항제2호나목 및 다목에 해당하지 않는 경우를 전제함) 「건축법 시행령」 제86조제3항제2호 각 목 외의 부분 본문에 따른 "건축물 각 부분 사이의 거리"는 채광창등이 있는 벽면으로 된 건축물(A건축물)의 높이만을 기준으로 하여 산정해야 하는지?

회답 이 사안의 경우 「건축법 시행령」 제86조제3항제2호에 따른 "건축물 각 부분 사이의 거리"는 채광창등이 없는 측벽으로 된 건축물(B건축물)의 높이도 기준으로 하여 산정해야 함

법령해석 창 넓이가 0.5제곱미터 미만인 창이 마주보고 있는 공동주택 두 동의 이격거리 기준 (법제처 21-0590, 2021.12.1.)

질의요지 「건축법」 제61조제2항 및 같은 법 시행령 제86조제3항제2호에서는 같은 대지에서 두 동(棟) 이상의 건축물이 서로 마주보고 있는 공동주택의 경우(한 동의 건축물 각 부분이 서로 마주보고 있는 경우를 포함함), 채광을 위한 창문 등이 있는 벽면으로부터 직각방향으로 건축물 각 부분 높이의 0.5배 이상의 범위에서 건축조례로 정하는 거리 이상(가목), 채광창(창 넓이가 0.5제곱미터 이상인 창을 말하며, 이하 같음)이 없는 벽면과 측벽이 마주보는 경우에는 8미터 이상(라목), 측벽과 측벽이 마주보는 경우에는 4미터 이상(마목)을 띄어서 건축하도록 규정하고 있는바,

각각 창 넓이가 0.5제곱미터 미만인 창이 있는 벽면이 서로 마주보고 있는 공동주택 두 동의 경우, 동 사이의 거리 기준을 적용할 때 「건축법 시행령」 제86조제3항제2호가목을 적용해야 하는지, 아니면 같은 호 마목을 적용해야 하는지?

회답 이 사안의 경우 「건축법 시행령」 제86조제3항제2호가목에 따른 건축물 사이의 거리 규정을 적용해야 함

③ 다음 각 호의 어느 하나에 해당하면 제1항에도 불구하고 건축물의 높이를 정남(正南)방향의 인접 대지경계선으로부터의 거리에 따라 대통령령으로 정하는 높이 이하로 할 수

시행령

수 있다.

가. 채광을 위한 창문 등이 있는 벽면으로부터 직각방향으로 건축물 각 부분 높이의 0.5배(도시형 생활주택의 경우에는 0.25배) 이상의 범위에서 건축조례로 정하는 거리 이상

나. 가목에도 불구하고 서로 마주보는 건축물(높은 건축물을 중심으로 마주보는 두 동의 축이 시계방향으로 정동에서 정서 방향인 경우만 해당한다)의 주된 개구부(거실과 주된 침실이 있는 부분의 개구부를 말한다)의 방향이 낮은 건축물을 향하는 경우에는 10미터 이상으로서 낮은 건축물 각 부분의 높이의 0.5배(도시형 생활주택의 경우에는 0.25배) 이상의 범위에서 건축조례로 정하는 거리 이상

다. 가목에도 불구하고 건축물과 부대시설 또는 복리시설이 서로 마주보고 있는 경우에는 부대시설 또는 복리시설 각 부분 높이의 1배 이상

라. 채광창(창넓이가 0.5제곱미터 이상인 창을 말한다)이 없는 벽면과 측벽이 마주보는 경우에는 8미터 이상

마. 측벽과 측벽이 마주보는 경우[마주보는 측벽 중 하나의 측벽에 채광을 위한 창문 등이 설치되어 있지 아니한 바닥면적 3제곱미터 이하의 발코니(출입을 위한 개구부를 포함한다)를 설치하는 경우를 포함한다]에는 4미터 이상

3. 주택단지에 두 동 이상의 건축물이 법 제2조제1항제11호에 따른 도로를 사이에 두고 서로 마주보고 있는 경우에는 제2호가목부터 다목까지의 규정을 적용하지 아니하되, 해당 도로의 중심선을 인접 대지경계선으로 보아 제1호를 적용한다.

④ 법 제61조제3항 각 호 외의 부분에서 "대통령령으로 정하는 높이"란 제1항에 따른 높이의 범위에서 특별자치시장·특별자치도지사 또는 시장·군수·구청장이 정하여 고

시행규칙

미터 미만) 및 채광을 위한 유리블럭(0.5제곱미터 미만)을 설치할 경우 일조권 규정의 적용 방안?

회신 「건축법 시행령」 제86조 제2항 제1호 및 제2호의 규정은 공동주택 단위세대의 일조 및 채광의 확보와 외부 시선으로부터의 사생활보호 등을 목적으로 하는 바, 동 규정의 취지를 감안할 때 채광이 가능하더라도 시선이 차단되는 유리블록에 대해서까지 위 규정을 적용하는 것은 과도하다고 보이며, 위 규정에서 채광을 위한 창문 등 또는 채광창의 판단기준은 단위 세대별로 동일한 벽면에 설치된 창문 등의 면적의 합계가 0.5제곱미터 이상일 경우 채광창 등으로 보아야 할 것으로 판단됨

있다. 〈개정 2016.1.19., 2017.2.8.〉

1. 「택지개발촉진법」 제3조에 따른 택지개발지구인 경우
2. 「주택법」 제15조에 따른 대지조성사업지구인 경우
3. 「지역 개발 및 지원에 관한 법률」 제11조에 따른 지역개발사업구역인 경우
4. 「산업입지 및 개발에 관한 법률」 제6조, 제7조, 제7조의2 및 제8조에 따른 국가산업단지, 일반산업단지, 도시첨단산업단지 및 농공단지인 경우
5. 「도시개발법」 제2조제1항제1호에 따른 도시개발구역인 경우
6. 「도시 및 주거환경정비법」 제8조에 따른 정비구역인 경우
7. 정북방향으로 도로, 공원, 하천 등 건축이 금지된 공지에 접하는 대지인 경우
8. 정북방향으로 접하고 있는 대지의 소유자와 합의한 경우나 그 밖에 대통령령으로 정하는 경우

④ 2층 이하로서 높이가 8미터 이하인 건축물에는 해당 지방자치단체의 조례로 정하는 바에 따라 제1항부터 제3항까지의 규정을 적용하지 아니할 수 있다.

질의 회신 남쪽으로 떨어지는 일조거리를 고시하지 아니한 경우의 적용여부 (건교부 고객만족센터, 2007.6.15.)

질의 건축법 제53조제3항제8호의 규정에 따라 정북방향으로 접한 대지의 소유자와 합의한 후 남측으로 일조권을 적용 받을 경우 건축가능 여부

회신 건축법 제53조제3항. 동법 시행령 제86조제3항의 규정에 의하여 당해 시장. 군수. 구청장이 고시하는 높이가 있는 경우에 적용하는 규정임(* 법 제53조 ⇒ 제61조, 2008.3.21 개정)

시하는 높이를 말한다. 〈개정 2015.7.6.〉

⑤ 특별자치시장·특별자치도지사 또는 시장·군수·구청장은 제4항에 따라 건축물의 높이를 고시하려면 국토교통부령으로 정하는 바에 따라 미리 해당 지역주민의 의견을 들어야 한다. 다만, 법 제61조제3항제1호부터 제6호까지의 어느 하나에 해당하는 지역인 경우로서 건축위원회의 심의를 거친 경우에는 그러하지 아니하다. 〈개정 2015.7.6., 2016.5.17.〉

⑥ 제1항부터 제5항까지를 적용할 때 건축물을 건축하려는 대지와 다른 대지 사이에 다음 각 호의 시설 또는 부지가 있는 경우에는 그 반대편의 대지경계선(공동주택은 인접 대지경계선과 그 반대편 대지경계선의 중심선)을 인접 대지경계선으로 한다. 〈개정 2015.7.6., 2016.5.17.〉

1. 공원(「도시공원 및 녹지 등에 관한 법률」 제2조제3호에 따른 도시공원 중 지방건축위원회의 심의를 거쳐 허가권자가 공원의 일조 등을 확보할 필요가 있다고 인정하는 공원은 제외한다), 도로, 철도, 하천, 광장, 공공공지, 녹지, 유수지, 자동차 전용도로, 유원지
2. 다음 각 목에 해당하는 대지
   가. 너비(대지경계선에서 가장 가까운 거리를 말한다)가 2미터 이하인 대지
   나. 면적이 제80조 각 호에 따른 분할제한 기준 이하인 대지
3. 제1호 및 제2호 외에 건축이 허용되지 아니하는 공지

⑦ 제1항부터 제5항까지의 규정을 적용할 때 건축물(공동주택으로 한정한다)을 건축하려는 하나의 대지 사이에 제6항 각 호의 시설 또는 부지가 있는 경우에는 지방건축위원회의 심의를 거쳐 제6항 각 호의 시설 또는 부지를 기준으로 마주하고 있는 해당 대지의 경계선의 중심선을 인접 대지

제36조【일조등의 확보를 위한 건축물의 높이제한】 특별자치시장·특별자치도지사 또는 시장·군수·구청장은 영 제86조제5항에 따라 건축물의 높이를 고시하기 위하여 주민의 의견을 듣고자 할 때에는 그 내용을 30일간 주민에게 공람시켜야 한다. 〈개정 2016.5.30.〉

법령해석 인접 대지경계선을 반대편의 대지경계선으로 하기 위한 대지의 요건 (법제처 21-0054, 2021.3.15.)

질의요지 건축물을 건축하려는 대지와 다른 대지 사이에 대지가 있는 경우로서 사이에 있는 대지의 너비가 2미터를 초과하지만 면적이 「건축법 시행령」 제80조 각 호에 따른 분할제한 기준 이하인 경우, 같은 영 제86조제6항제2호를 적용하여 건축물을 건축하려는 대지 반대편의 대지경계선을 인접 대지경계선으로 할 수 있는지?

〈질의 배경〉 인천광역시 계양구에서는 위 질의요지에 대해 국토교통부에 문의하였고 이 경우 「건축법 시행령」 제86조제6항제2호 각 목의 어느 하나에만 해당하면 건축물을 건축하려는 대지 반대편의 대지경계선을 인접 대지경계선으로 할 수 있다는 회신을 받자, 이에 이견이 있어 법제처에 법령해석을 요청함.

회답 이 사안의 경우 「건축법 시행령」 제86조제6항제2호를 적용하여 건축물을 건축하려는 대지 반대편의 대지경계선을 인접 대지경계선으로 할 수 있음

법

제7장 건축설비

제62조【건축설비기준 등】 건축설비의 설치 및 구조에 관한 기준과 설계 및 공사감리에 관하여 필요한 사항은 대통령령으로 정한다.

【설비규칙】

제11조의2【환기구의 안전 기준】 ① 영 제87조제2항에 따라 환기구[건축물의 환기설비에 부속된 급기(給氣) 및 배기(排氣)를 위한 건축구조물의 개구부(開口部)를 말한다. 이하 같다]는 보행자 및 건축물 이용자의 안전이 확보되도록 바닥으로부터 2미터 이상의 높이에 설치해야 한다. 다만, 다음 각 호의 어느 하나에 해당하는 경우에는 예외로 한다. 〈개정 2021.8.24〉

1. 환기구를 벽면에 설치하는 등 사람이 올라설 수 없는 구조로 설치하는 경우. 이 경우 배기를 위한 환기구는 배출되는 공기가 보행자 및 건축물 이용자에게 직접 닿지 아니하도록 설치되어야 한다.
2. 안전울타리 또는 조경 등을 이용하여 접근을 차단하는 구조로 하는 경우

② 모든 환기구에는 국토교통부장관이 정하여 고시하는 강도(強度) 이상의 덮개와 덮개 걸침턱 등 추락방지시설을 설치하여야 한다.

[본조신설 2015.7.9.]

시 행 령

경계선으로 할 수 있다. 〈신설 2018.9.4.〉

제86조의2 삭제 〈2006.5.8.〉

제7장 건축물의 설비등

제87조【건축설비 설치의 원칙】 ① 건축설비는 건축물의 안전 · 방화, 위생, 에너지 및 정보통신의 합리적 이용에 지장이 없도록 설치하여야 하고, 배관피트 및 닥트의 단면적과 수선구의 크기를 해당 설비의 수선에 지장이 없도록 하는 등 설비의 유지 · 관리가 쉽게 설치하여야 한다.

② 건축물에 설치하는 급수 · 배수 · 냉방 · 난방 · 환기 · 피뢰 등 건축설비의 설치에 관한 기술적 기준은 국토교통부령으로 정하되, 에너지 이용 합리화와 관련한 건축설비의 기술적 기준에 관하여는 산업통상자원부장관과 협의하여 정한다.

③ 건축물에 설치하여야 하는 장애인 관련 시설 및 설비는 「장애인 · 노인 · 임산부 등의 편의증진보장에 관한 법률」 제14조에 따라 작성하여 보급하는 편의시설 상세표준도에 따른다.

④ 건축물에는 방송수신에 지장이 없도록 공동시청 안테나, 유선방송 수신시설, 위성방송 수신설비, 에프엠(FM)라디오방송 수신설비 또는 방송 공동수신설비를 설치할 수 있다. 다만, 다음 각 호의 건축물에는 방송 공동수신설비를 설치하여야 한다.

1. 공동주택
2. 바닥면적의 합계가 5천제곱미터 이상으로서 업무시설이나

시 행 규 칙

【건축물의 설비기준 등에 관한 규칙】
(이하 " 【설비규칙】 ")

제1조【목적】 이 규칙은 「건축법」 제49조, 제62조, 제64조, 제67조 및 제68조와 같은 법 시행령 제87조, 제89조, 제90조 및 제91조의3에 따른 건축설비의 설치에 관한 기술적 기준 등에 필요한 사항을 규정함을 목적으로 한다. 〈개정 2015.7.9., 2020.4.9.〉

숙박시설의 용도로 쓰는 건축물

⑤ 제4항에 따른 방송 수신설비의 설치기준은 과학기술정보통신부장관이 정하여 고시하는 바에 따른다. 〈개정 2017.7.26.〉

고시 방송 공동수신설비의 설치기준(과학기술정보통신부고시 제2018-1호, 2018.1.19.)

관계법 「전기사업법」 제2조(정의)

2. "전기사업자"란 발전사업자 · 송전사업자 · 배전사업자 · 전기판매사업자 및 구역전기사업자를 말한다.

⑥ 연면적이 500제곱미터 이상인 건축물의 대지에는 국토교통부령으로 정하는 바에 따라 「전기사업법」 제2조제2호에 따른 전기사업자가 전기를 배전(配電)하는 데 필요한 전기설비를 설치할 수 있는 공간을 확보하여야 한다.

【설비규칙】

제20조의2 【전기설비 설치공간 기준】 영 제87조제6항에 따른 건축물에 전기를 배전(配電)하려는 경우에는 별표 3의3에 따른 공간을 확보하여야 한다.

제63조 삭제 〈2015.5.18.〉

⑦ 해풍이나 염분 등으로 인하여 건축물의 재료 및 기계설비 등에 조기 부식과 같은 피해 발생이 우려되는 지역에서는 해당 지방자치단체는 이를 방지하기 위하여 다음 각 호의 사항을 조례로 정할 수 있다.

1. 해풍이나 염분 등에 대한 내구성 설계기준
2. 해풍이나 염분 등에 대한 내구성 허용기준
3. 그 밖에 해풍이나 염분 등에 따른 피해를 막기 위하여 필요한 사항

⑧ 건축물에 설치하여야 하는 우편수취함은 「우편법」 제37조의2의 기준에 따른다. 〈신설 2014.10.14.〉

관계법 「우편법」

제37조의2(고층건물의 우편수취함 설치)

3층 이상의 고층건물로서 그 전부 또는 일부를 주택 · 사무소 또는 사업소로 사용하는 건축물에는 대통령령으로 정하는 바에 따라 우편수취함을 설치하여야 한다.

제88조 삭제 〈1995.12.30.〉

【설비규칙】

제11조 【공동주택 및 다중이용시설의 환기설비기준 등】 ① 영 제87조제2항의 규정에 따라 신축 또는 리모델링하는 다음 각 호의 어느 하나에 해당하는 주택 또는 건축물(이하 "신축공동주택등"이라 한다)은 시간당 0.5회 이상의 환기가 이루어질 수 있도록 자연환기설비 또는 기계환기설비를 설치하여야 한다. 〈개정 2020.4.9.〉

【설비규칙】

제12조 【온돌의 설치기준】 ① 영 제87조제2항에 따라 건축물에 온돌을 설치하는 경우에는 그 구조상 열에너지가 효율적으로 관리되고 화재의 위험을 방지하기 위하여 별표 1의7의 기준에 적합하여야 한다. 〈개정 2015.7.9.〉

② 제1항에 따라 건축물에 온돌을 시공하는 자는 시공을 끝낸 후 별지 제2호서식의 온돌 설치확인서를 공사감리자에게

【설비규칙】

제13조 【개별난방설비 등】 ① 영 제87조제2항의 규정에 의하여 공동주택과 오피스텔의 난방설비를 개별난방방식으로 하는 경우에는 다음 각호의 기준에 적합하여야 한다. 〈개정 2017.12.4.〉

법

1. 30세대 이상의 공동주택
2. 주택을 주택 외의 시설과 동일건축물로 건축하는 경우로서 주택이 30세대 이상인 건축물

② 신축공동주택등에 자연환기설비를 설치하는 경우에는 자연환기설비가 제1항에 따른 환기횟수를 충족하는지에 대하여 법 제4조에 따른 지방건축위원회의 심의를 받아야 한다. 다만, 신축공동주택등에 「산업표준화법」에 따른 한국산업표준(이하 "한국산업표준"이라 한다)의 자연환기설비 환기성능 시험방법(KSF 2921)에 따라 성능시험을 거친 자연환기설비를 별표 1의3에 따른 자연환기설비 설치 길이 이상으로 설치하는 경우는 제외한다. 〈개정 2015.7.9.〉

③ 신축공동주택등에 자연환기설비 또는 기계환기설비를 설치하는 경우에는 별표 1의4 또는 별표 1의5의 기준에 적합하여야 한다.

④ 특별시장·광역시장·특별자치시장·특별자치도지사 또는 시장·군수·구청장(자치구의 구청장을 말하며, 이하 "허가권자" 라 한다)은 30세대 미만인 공동주택과 주택을 주택 외의 시설과 동일 건축물로 건축하는 경우로서 주택이 30세대 미만인 건축물 및 단독주택에 대해 시간당 0.5회 이상의 환기가 이루어질 수 있도록 자연환기설비 또는 기계환기설비의 설치를 권장할 수 있다. 〈신설 2020.4.9.〉

⑤ 다중이용시설을 신축하는 경우에 기계환기설비를 설치하여야 하는 다중이용시설 및 각 시설의 필요 환기량은 별표 1의6과 같으며, 설치하여야 하는 기계환기설비의 구조 및 설치는 다음 각 호의 기준에 적합하여야 한다. 〈개정 2020.4.9.〉

1. 다중이용시설의 기계환기설비 용량기준은 시설이용 인원당 환기량을 원칙으로 산정할 것
2. 기계환기설비는 다중이용시설로 공급되는 공기의 분포를 최대한 균등하게 하여 실내 기류의 편차가 최소화될 수 있도

시 행 령

제출하여야 한다. 다만, 제3조제2항에 따른 건축설비설치확인서를 제출한 경우와 공사감리자가 직접 온돌의 설치를 확인한 경우에는 그러하지 아니하다. 〈개정 2015.7.9.〉

【설비규칙】

제14조【배연설비】 ① 법 제49조제2항에 따라 배연설비를 설치하여야 하는 건축물에는 다음 각 호의 기준에 적합하게 배연설비를 설치해야 한다. 다만, 피난층인 경우에는 그렇지 않다. 〈개정 2017.12.4., 2020.4.9.〉

1. 영 제46조제1항에 따라 건축물이 방화구획으로 구획된 경우에는 그 구획마다 1개소 이상의 배연창을 설치하되, 배연창의 상변과 천장 또는 반자로부터 수직거리가 0.9미터 이내일 것. 다만, 반자높이가 바닥으로부터 3미터 이상인 경우에는 배연창의 하변이 바닥으로부터 2.1미터 이상의 위치에 놓이도록 설치하여야 한다.
2. 배연창의 유효면적은 별표 2의 산정기준에 의하여 산정된 면적이 1제곱미터 이상으로서 그 면적의 합계가 당해 건축물의 바닥면적(영 제46조제1항 또는 제3항의 규정에 의하여 방화구획이 설치된 경우에는 그 구획된 부분의 바닥면적을 말한다)의 100분의 1이상일 것. 이 경우 바닥면적의 산정에 있어서 거실바닥면적의 20분의 1 이상으로 환기창을 설치한 거실의 면적은 이에 산입하지 아니한다.
3. 배연구는 연기감지기 또는 열감지기에 의하여 자동으로 열 수 있는 구조로 하되, 손으로도 열고 닫을 수 있도록 할 것
4. 배연구는 예비전원에 의하여 열 수 있도록 할 것
5. 기계식 배연설비를 하는 경우에는 제1호 내지 제4호의 규정에 불구하고 소방관계법령의 규정에 적합하도록 할 것

② 특별피난계단 및 영 제90조제3항의 규정에 의한 비상

시 행 규 칙

1. 보일러는 거실외의 곳에 설치하되, 보일러를 설치하는 곳과 거실사이의 경계벽은 출입구를 제외하고는 내화구조의 벽으로 구획할 것
2. 보일러실의 윗부분에는 그 면적이 0.5제곱미터 이상인 환기창을 설치하고, 보일러실의 윗부분과 아랫부분에는 각각 지름 10센티미터 이상의 공기흡입구 및 배기구를 항상 열려있는 상태로 바깥공기에 접하도록 설치할 것. 다만, 전기보일러의 경우에는 그러하지 아니하다.
3. 삭제 〈1999.5.11〉
4. 보일러실과 거실사이의 출입구는 그 출입구가 닫힌 경우에는 보일러가스가 거실에 들어갈 수 없는 구조로 할 것
5. 기름보일러를 설치하는 경우에는 기름저장소를 보일러실외의 다른 곳에 설치할 것
6. 오피스텔의 경우에는 난방구획을 방화구획으로 구획할 것
7. 보일러의 연도는 내화구조로서 공동연도로 설치할 것

② 가스보일러에 의한 난방설비를 설치하고 가스를 중앙집중공급방식으로 공급하는 경우에는 제1항의 규정에 불구하고 가스관계법령이 정하는 기준에 의하되, 오피스텔의 경우에는 난방구획을 방화구획으로 구획해야 한다.

법	시 행 령	시 행 규 칙

록 할 것
3. 공기공급체계·공기배출체계 또는 공기흡입구·배기구 등에설치되는 송풍기는 외부의 기류로 인하여 송풍능력이 떨어지는 구조가 아닐 것
4. 바깥공기를 공급하는 공기공급체계 또는 공기흡입구는 입자형·가스형 오염물질의 제거·여과장치 등 외부로부터 오염물질이 유입되는 것을 최대한 차단할 수 있는 설비를 갖추어야 하며, 제거·여과장치 등의 청소 및 교환 등 유지관리가 쉬운 구조일 것
5. 공기배출체계 및 배기구는 배출되는 공기가 공기공급체계 및 공기흡입구로 직접 들어가지 아니하는 위치에 설치할 것
6. 기계환기설비를 구성하는 설비 · 기기 · 장치 및 제품 등의 효율과 성능 등을 판정하는데 있어 이 규칙에서 정하지 아니한 사항에 대하여는 해당항목에 대한 한국산업표준에 적합할 것

【설비규칙】

제17조【배관설비】 ① 건축물에 설치하는 급수 · 배수등의 용도로 쓰는 배관설비의 설치 및 구조는 다음 각호의 기준에 적합하여야 한다.
1. 배관설비를 콘크리트에 묻는 경우 부식의 우려가 있는 재료는 부식방지조치를 할 것
2. 건축물의 주요부분을 관통하여 배관하는 경우에는 건축물의 구조내력에 지장이 없도록 할 것
3. 승강기의 승강로안에는 승강기의 운행에 필요한 배관설비외의 배관설비를 설치하지 아니할 것
4. 압력탱크 및 급탕설비에는 폭발등의 위험을 막을 수 있는 시설을 설치할 것

용승강기의 승강장에 설치하는 배연설비의 구조는 다음 각호의 기준에 적합하여야 한다.
1. 배연구 및 배연풍도는 불연재료로 하고, 화재가 발생한 경우 원활하게 배연시킬 수 있는 규모로서 외기 또는 평상시에 사용하지 아니하는 굴뚝에 연결할 것
2. 배연구에 설치하는 수동개방장치 또는 자동개방장치(열감지기 또는 연기감지기에 의한 것을 말한다)는 손으로도 열고 닫을 수 있도록 할 것
3. 배연구는 평상시에는 닫힌 상태를 유지하고, 연 경우에는 배연에 의한 기류로 인하여 닫히지 아니하도록 할 것
4. 배연구가 외기에 접하지 아니하는 경우에는 배연기를 설치할 것
5. 배연기는 배연구의 열림에 따라 자동적으로 작동하고, 충분한 공기배출 또는 가압능력이 있을 것
6. 배연기에는 예비전원을 설치할 것
7. 공기유입방식을 급기가압방식 또는 급 · 배기방식으로 하는 경우에는 제1호 내지 제6호의 규정에 불구하고 소방관계법령의 규정에 적합하게 할 것

【설비규칙】

제18조【먹는물용 배관설비】 영 제87조제2항에 따라 건축물에 설치하는 먹는물용 배관설비의 설치 및 구조는 다음 각 호의 기준에 적합해야 한다. 〈개정 2021.8.27〉
1. 제17조제1항 각호의 기준에 적합할 것
2. 먹는물용 배관설비는 다른 용도의 배관설비와 직접 연결하지 않을 것
3. 급수관 및 수도계량기는 얼어서 깨지지 아니하도록 별표 3의2의 규정에 의한 기준에 적합하게 설치할 것
4. 제3호에서 정한 기준외에 급수관 및 수도계량기가 얼어서 깨지지 아니하도록 하기 위하여 지역실정에 따라 당해 지방자치단체의 조례로 기준을 정한 경우에는 동기준에 적

〈개정 2024.8.7.〉
③ 허가권자는 개별 보일러를 설치하는 건축물의 경우 소방청장이 정하여 고시하는 기준에 따라 일산화탄소 경보기를 설치하도록 권장할 수 있다. 〈신설 2020.4.9.〉
[제목개정 2020.4.9.]

【설비규칙】

제15조 삭제 〈1996.2.9.〉
제16조 삭제 〈1999.5.11.〉

【설비규칙】

제17조의2【물막이설비】 ① 다음 각 호의 어느 하나에 해당하는 지역에서 건축물을 건축하려는 자는 빗물 등의 유입으로 건축물이 침수되지 않도록 해당 건축물의 지하층 및 1층의 출입구(주차장의 출입구를 포함한다. 이하 이 조에서 같다)에 물막이판 등 해당 건축물의 침수를 방지할 수 있는 설비(이하 "물막이설비"라 한다)를 설치해야 한다. 다만, 해당 건축물의 지하층 및 1층의 출입구를 국토교통부장관이 정하여 고

법	시 행 령	시 행 규 칙

법

② 제1항의 규정에 의한 배관설비로서 배수용으로 쓰이는 배관설비는 제1항 각호의 기준외에 다음 각호의 기준에 적합하여야 한다.

1. 배출시키는 빗물 또는 오수의 양 및 수질에 따라 그에 적당한 용량 및 경사를 지게 하거나 그에 적합한 재질을 사용할 것
2. 배관설비에는 배수트랩·통기관을 설치하는 등 위생에 지장이 없도록 할 것
3. 배관설비의 오수에 접하는 부분은 내수재료를 사용할 것
4. 지하실등 공공하수도로 자연배수를 할 수 없는 곳에는 배수용량에 맞는 강제배수시설을 설치할 것
5. 우수관과 오수관은 분리하여 배관할 것
6. 콘크리트구조체에 배관을 매설하거나 배관이 콘크리트구조체를 관통할 경우에는 구조체에 덧관을 미리 매설하는 등 배관의 부식을 방지하고 그 수선 및 교체가 용이하도록 할 것

③ 삭제 〈1996.2.9.〉

법령해석 100세대 이상의 공동주택의 공용부분에 대해서는 시간당 0.5회 이상 환기가 이루어질 수 있도록 환기설비를 설치하지 않아도 되는지 여부 (법제처 18-0248, 2018.8.7.)

질의요지 신축 또는 리모델링하는 100세대 이상의 공동주택의 계단, 복도 등 공용부분에도 「건축물의 설비기준 등에 관한 규칙」 제11조제1항제1호에 따라 시간당 0.5회 이상의 환기가 이루어질 수 있도록 자연환기설비 또는 기계환기설비를 설치해야 하는지?

〈질의 배경〉 민원인은 자신이 거주하고 있는 아파트(100세대 이상의 공동주택)의 각 세대 외의 공용부분에 별도의 환기시설이 없어 먼지나 악취가 원활하게 배출되지 않자, 이러한 공용부분에 대해서도 환기설비를 설치해야 하는 것이 아닌지 국토교통부에 문의했고, 환기설비 설치 의무가 없다는 회신을 받자 법제처에 법령해석을 요청함

회답 이 사안의 경우 공용부분에 반드시 환기설비를 설치해야 하는

시행령

합하게 설치할 것

5. 급수 및 저수탱크는 「수도시설의 청소 및 위생관리 등에 관한 규칙」 별표1의 규정에 의한 저수조설치기준에 적합한 구조로 할 것
6. 먹는물의 급수관의 지름은 건축물의 용도 및 규모에 적정한 규격이상으로 할 것. 다만, 주거용 건축물은 해당 배관에 의하여 급수되는 가구수 또는 바닥면적의 합계에 따라 별표3의 기준에 적합한 지름의 관으로 배관해야 한다.
7. 먹는물용 급수관은 「수도법 시행규칙」 제10조 및 별표4에 따른 위생안전기준에 적합한 수도용 자재 및 제품을 사용할 것

[제목개정 2021.8.27.]

제19조 삭제 〈1999.5.11.〉

【설비규칙】

제20조【피뢰설비】 영 제87조제2항에 따라 낙뢰의 우려가 있는 건축물, 높이 20미터 이상의 건축물 또는 영 제118조제1항에 따른 공작물로서 높이 20미터 이상의 공작물(건축물에 영 제118조제1항에 따른 공작물을 설치하여 그 전체 높이가 20미터 이상인 것을 포함한다)에는 다음 각 호의 기준에 적합하게 피뢰설비를 설치해야 한다. 〈개정 2021.8.27〉

1. 피뢰설비는 한국산업표준이 정하는 피뢰레벨 등급에 적합한 피뢰설비일 것. 다만, 위험물저장 및 처리시설에 설치하는 피뢰설비는 한국산업표준이 정하는 피뢰시스템레벨 Ⅱ 이상이어야 한다.
2. 돌침은 건축물의 맨 윗부분으로부터 25센티미터 이상 돌출시켜 설치하되, 「건축물의 구조기준 등에 관한 규칙」 제9조에 따른 설계하중에 견딜 수 있는 구조일 것

시행규칙

시하는 예상 침수 높이 이상으로 설치한 경우에는 물막이설비를 설치한 것으로 본다. 〈개정 2020.4.9., 2021.8.27., 2024.3.21.〉

1. 「국토의 계획 및 이용에 관한 법률」 제37조제1항제4호에 따른 방재지구
2. 「자연재해대책법 시행령」 제15조제2호마목에 따른 행정안전부장관이 고시하는 지역

② 제1항에 따라 설치되는 물막이설비는 다음 각 호의 기준에 적합해야 한다. 〈개정 2021.8.27〉

1. 건축물의 이용 및 피난에 지장이 없는 구조일 것
2. 그 밖에 국토교통부장관이 정하여 고시하는 기준에 적합하게 설치할 것

[제목개정 2021.8.27]

고시 물막이설비 설치 기술기준(국토교통부고시 제2023-483호, 2023.8.25., 제정.)

고시 지하공간 침수 방지를 위한 수방기준(행정안전부고시 제2024-88호, 2024.11.21.)

법	시 행 령	시 행 규 칙
것은 아님	3. 피뢰설비의 재료는 최소 단면적이 피복이 없는 동선(銅線)을 기준으로 수뢰부, 인하도선 및 접지극은 50제곱밀리미터 이상이거나 이와 동등 이상의 성능을 갖출 것 4. 피뢰설비의 인하도선을 대신하여 철골조의 철골구조물과 철근콘크리트조의 철근구조체 등을 사용하는 경우에는 전기적 연속성이 보장될 것. 이 경우 전기적 연속성이 있다고 판단되기 위하여는 건축물 금속 구조체의 최상단부와 지표레벨 사이의 전기저항이 0.2옴 이하이어야 한다. 5. 측면 낙뢰를 방지하기 위하여 높이가 60미터를 초과하는 건축물 등에는 지면에서 건축물 높이의 5분의 4가 되는 지점부터 최상단부분까지의 측면에 수뢰부를 설치하여야 하며, 지표레벨에서 최상단부의 높이가 150미터를 초과하는 건축물은 120미터 지점부터 최상단부분까지의 측면에 수뢰부를 설치할 것. 다만, 건축물의 외벽이 금속부재(部材)로 마감되고, 금속부재 상호간에 제4호 후단에 적합한 전기적 연속성이 보장되며 피뢰시스템레벨 등급에 적합하게 설치하여 인하도선에 연결한 경우에는 측면 수뢰부가 설치된 것으로 본다. 6. 접지(接地)는 환경오염을 일으킬 수 있는 시공방법이나 화학 첨가물 등을 사용하지 아니할 것 7. 급수·급탕·난방·가스 등을 공급하기 위하여 건축물에 설치하는 금속배관 및 금속재 설비는 전위(電位)가 균등하게 이루어지도록 전기적으로 접속할 것 8. 전기설비의 접지계통과 건축물의 피뢰설비 및 통신설비 등의 접지극을 공용하는 통합접지공사를 하는 경우에는 낙뢰 등으로 인한 과전압으로부터 전기설비 등을 보호하기 위하여 한국산업표준에 적합한 서지보호장치[서지(surge: 전류·전압 등의 과도 파형을 말한다)로부터 각종 설비를 보호하기 위한 장치를 말한다]를 설치할 것	

법	시 행 령	시 행 규 칙

9. 그 밖에 피뢰설비와 관련된 사항은 한국산업표준에 적합하게 설치할 것

제64조【승강기】 ① 건축주는 6층 이상으로서 연면적이 2천제곱미터 이상인 건축물(대통령령으로 정하는 건축물은 제외한다)을 건축하려면 승강기를 설치하여야 한다. 이 경우 승강기의 규모 및 구조는 국토교통부령으로 정한다.

제89조【승용 승강기의 설치】 법 제64조제1항 전단에서 "대통령령으로 정하는 건축물"이란 층수가 6층인 건축물로서 각 층 거실의 바닥면적 300제곱미터 이내마다 1개소 이상의 직통계단을 설치한 건축물을 말한다.

【설비규칙 2/별표1의2】 승용승강기의 설치기준(제5조 관련)

건축물의 용도 \ 6층 이상의 거실 면적의 합계		3천제곱미터 이하	3천제곱미터 초과
1.	가. 문화 및 집회시설(공연장·집회장 및 관람장만 해당한다) 나. 판매시설 다. 의료시설	2대	2대에 3천제곱미터를 초과하는 2천제곱미터 이내마다 1대를 더한 대수
2.	가. 문화 및 집회시설(전시장 및 동·식물원만 해당한다) 나. 업무시설 다. 숙박시설 라. 위락시설	1대	1대에 3천제곱미터를 초과하는 2천제곱미터 이내마다 1대를 더한 대수
3.	가. 공동주택 나. 교육연구시설 다. 노유자시설 라. 그 밖의 시설	1대	1대에 3천제곱미터를 초과하는 3천제곱미터 이내마다 1대를 더한 대수

비고 : "생략"

【설비규칙】

제5조【승용승강기의 설치기준】 「건축법」(이하 "법"이라 한다) 제64조제1항에 따라 건축물에 설치하는 승용승강기의 설치기준은 별표 1의2와 같다. 다만, 승용승강기가 설치되어 있는 건축물에 1개층을 증축하는 경우에는 승용승강기의 승강로를 연장하여 설치하지 아니할 수 있다. 〈개정 2015.7.9.〉

제6조【승용승강기의 구조】 법 제64조에 따라 건축물에 설치하는 승강기·에스컬레이터 및 비상용승강기의 구조는 「승강기 안전관리법」이 정하는 바에 따른다. 〈개정 2024.8.7.〉

② 높이 31미터를 초과하는 건축물에는 대통령령으로 정하는 바에 따라 제1항에 따른 승강기뿐만 아니라 비상용승강기를 추가로 설치하여야 한다. 다만, 국토교통부령으로 정하는 건축물의 경우에는 그러하지 아니하다.

【설비규칙】

제10조【비상용승강기의 승강장 및 승강로의 구조】 법 제64조제2항에 따른 비상용승강기의 승강장 및 승강로의 구조는 다음 각 호의 기준에 적합하여야 한다. 〈개정

제90조【비상용 승강기의 설치】 ① 법 제64조제2항에 따라 높이 31미터를 넘는 건축물에는 다음 각 호의 기준에 따른 대수 이상의 비상용 승강기(비상용 승강기의 승강장 및 승강로를 포함한다. 이하 이 조에서 같다)를 설치하여야 한다. 다만, 법 제64조제1항에 따라 설치되는 승강기를 비상용 승강기의 구조로 하는 경우에는 그러하지 아니하다.

1. 높이 31미터를 넘는 각 층의 바닥면적 중 최대 바닥면적이 1천500제곱미터 이하인 건축물: 1대 이상

【설비규칙】

제9조【비상용승강기를 설치하지 아니할 수 있는 건축물】 법 제64조제2항 단서에서 "국토교통부령이 정하는 건축물"이라 함은 다음 각 호의 건축물을 말한다. 〈개정 2017.12.4〉

1. 높이 31미터를 넘는 각층을 거실외의 용도로 쓰는 건축물
2. 높이 31미터를 넘는 각층의 바닥면

법	시 행 령	시 행 규 칙

2024.8.7.〉

1. 삭제 〈1996.2.9〉
2. 비상용승강기 승강장의 구조

가. 승강장의 창문·출입구 기타 개구부를 제외한 부분은 당해 건축물의 다른 부분과 내화구조의 바닥 및 벽으로 구획할 것. 다만, 공동주택의 경우에는 승강장과 특별피난계단(「건축물의 피난·방화구조 등의 기준에 관한 규칙」 제9조의 규정에 의한 특별피난계단을 말한다. 이하 같다)의 부속실과의 겸용부분을 특별피난계단의 계단실과 별도로 구획하는 때에는 승강장을 특별피난계단의 부속실과 겸용할 수 있다.

나. 승강장은 각층의 내부와 연결될 수 있도록 하되, 그 출입구(승강로의 출입구를 제외한다)에는 60분+ 방화문 또는 60분 방화문을 설치할 것. 다만, 피난층에는 60분+ 방화문 또는 60분 방화문을 설치하지 않을 수 있다.

다. 노대 또는 외부를 향하여 열 수 있는 창문이나 제14조제2항의 규정에 의한 배연설비를 설치할 것

라. 벽 및 반자가 실내에 접하는 부분의 마감재료(마감을 위한 바탕을 포함한다)는 불연재료로 할 것

마. 채광이 되는 창문이 있거나 예비전원에 의한 조명설비를 할 것

바. 승강장의 바닥면적은 비상용승강기 1대에 대하여 6제곱미터 이상으로 할 것. 다만, 옥외에 승강장을 설치하는 경우에는 그러하지 아니하다.

사. 피난층이 있는 승강장의 출입구(승강장이 없는 경우에는 승강로의 출입구)로부터 도로 또는 공지(공원·광장 기타 이와 유사한 것으로서 피난 및 소화를 위한 당해 대지에의 출입에 지장이 없는 것을 말한다)에 이르는 거리가

2. 높이 31미터를 넘는 각 층의 바닥면적 중 최대 바닥면적이 1천500제곱미터를 넘는 건축물: 1대에 1천500제곱미터를 넘는 3천 제곱미터 이내마다 1대씩 더한 대수 이상

② 제1항에 따라 2대 이상의 비상용 승강기를 설치하는 경우에는 화재가 났을 때 소화에 지장이 없도록 일정한 간격을 두고 설치하여야 한다.

③ 건축물에 설치하는 비상용 승강기의 구조 등에 관하여 필요한 사항은 국토교통부령으로 정한다.

법령해석 비상용승강기의 설치 대수 산정기준인 "바닥면적"의 의미

(법제처 21-0854, 2022.1.19.)

질의요지 「건축법」 제64조제2항 본문에서는 높이 31미터를 초과하는 건축물에는 대통령령으로 정하는 바에 따라 비상용승강기를 추가로 설치해야 한다고 규정하고 있고, 같은 법 시행령 제90조제1항 각 호에서는 높이 31미터를 넘는 각 층의 바닥면적 중 최대 바닥면적에 따라 비상용승강기의 설치 대수를 산정하도록 규정하고 있는바, 같은 법 시행령 제90조제1항 각 호의 "바닥면적"은 거실의 바닥면적만을 의미하는지, 아니면 거실 외의 용도의 바닥면적도 포함하는지?

회답 이 사안의 경우 「건축법 시행령」 제90조제1항 각 호의 "바닥면적"은 거실 외의 용도의 바닥면적을 포함함

법령해석 비상용승강기의 구조로 설치한 16인승 이상의 승용승강기 1대를 2대의 비상용승강기로 볼 수 있는지 여부

(법제처 20-0219, 2020.6.22.)

질의요지 「건축법」 제64조제2항 본문 및 같은 법 시행령 제90조제1항 각 호 외의 부분 단서에 따라 비상용승강기(각주: 비상용 승강기의 승강장 및 승강로를 포함하며, 이하 같음.)를 설치하는 대신 승용승강기(각주: 「건축법」 제64조제1항에 따라 설치하는 승강기를 말하며, 이하 같음.)를 비상용승강기의 구조로 하여 설치하는 경우, 16인승 이상의 승용승강기 1대당 2대의 비상용승강기를 설치한 것으로 볼 수 있는지?

회답 이 사안의 경우 16인승 이상의 승용승강기 1대당 2대의 비상용승강기를 설치한 것으로 볼 수 없음

적의 합계가 500제곱미터 이하인 건축물

3. 높이 31미터를 넘는 층수가 4개층이하로서 당해 각층의 바닥면적의 합계 200제곱미터(벽 및 반자가 실내에 접하는 부분의 마감을 불연재료로 한 경우에는 500제곱미터)이내마다 방화구획(영 제46조제1항 본문에 따른 방화구획을 말한다. 이하 같다)으로 구획된 건축물

법령해석 「건축물의 설비기준 등에 관한 규칙」 제10조제2호라목 중 벽 및 반자가 실내에 접하는 부분의 의미

(법제처 19-0509, 2019.11.25.)

질의요지 「건축물의 설비기준 등에 관한 규칙」 제10조제2호라목에서는 비상용승강기 승강장의 구조가 갖추어야 하는 기준으로 "벽 및 반자[각주: 지붕 밑이나 위층 바닥 밑을 편평하게 하여 치장한 각 방의 윗면을 말함(표준국어대사전 참조).]가 실내에 접하는 부분의 마감재료(마감을 위한 바탕을 포함한다)는 불연재료로 할 것"을 규정하고 있는바, "벽 및 반자가 실내에 접하는 부분"에 승강장의 바닥도 포함되는지?

회답 이 사안의 경우 "벽 및 반자가 실내에 접하는 부분"에 승강장의 바닥은 포함되지 않음

질의 회신 비상용승강기 승강장 출입문 변경 가능 여부 (국토교통부 민원마당 FAQ 2019.5.24.)

질의 비상용승강기 승강장 출입문을 여닫이

법	시 행 령	시 행 규 칙

법

30미터 이하일 것

아. 승강장 출입구 부근의 잘 보이는 곳에 당해 승강기가 비상용승강기임을 알 수 있는 표지를 할 것

3. 비상용승강기의 승강로의 구조

가. 승강로는 당해 건축물의 다른 부분과 내화구조로 구획할 것

나. 각층으로부터 피난층까지 이르는 승강로를 단일구조로 연결하여 설치할 것

③ 고층건축물에는 제1항에 따라 건축물에 설치하는 승용승강기 중 1대 이상을 대통령령으로 정하는 바에 따라 피난용승강기로 설치하여야 한다. 〈신설 2018.4.17.〉

【피난·방화규칙】

제30조 【피난용승강기의 설치기준】 영 제91조제5호에서 "국토교통부령으로 정하는 구조 및 설비 등의 기준"이란 다음 각 호를 말한다. 〈개정 2018.10.18., 2021.3.26., 2024.8.26., 2024.11.15.〉

1. 피난용승강기 승강장의 구조

가. 승강장의 출입구를 제외한 부분은 해당 건축물의 다른 부분과 내화구조의 바닥 및 벽으로 구획할 것

나. 승강장은 각 층의 내부와 연결될 수 있도록 하되, 그 출입구에는 60분+ 방화문 또는 60분 방화문을 설치할 것. 이 경우 방화문은 언제나 닫힌 상태를 유지할 수 있는 구조이어야 한다.

다. 실내에 접하는 부분(바닥 및 반자 등 실내에 면한 모든 부분을 말한다)의 마감(마감을 위한 바탕을 포함한다)은 불연재료로 할 것

라.~바. 삭제 〈2018.10.18〉

사. 삭제 〈2014.3.5.〉

아. 다음의 어느 하나에 해당하는 설비를 설치할 것

시 행 령

제91조 【피난용승강기의 설치】 법 제64조제3항에 따른 피난용승강기(피난용승강기의 승강장 및 승강로를 포함한다. 이하 이 조에서 같다)는 다음 각 호의 기준에 맞게 설치하여야 한다.

1. 승강장의 바닥면적은 승강기 1대당 6제곱미터 이상으로 할 것
2. 각 층으로부터 피난층까지 이르는 승강로를 단일구조로 연결하여 설치할 것
3. 예비전원으로 작동하는 조명설비를 설치할 것
4. 승강장의 출입구 부근의 잘 보이는 곳에 해당 승강기가 피난용승강기임을 알리는 표지를 설치할 것
5. 그 밖에 화재예방 및 피해경감을 위하여 국토교통부령으로 정하는 구조 및 설비 등의 기준에 맞을 것

[본조신설 2018.10.16.]

질의 회신 피난용승강기 설치

(국토교통부 민원마당 FAQ 2019.5.24.)

질의 피난용승강기 설치

회신 비상용승강기의 구조로 한 승용승강기는 화재 시 소방관의 소화 및 구조활동에 사용될 수 있어 비상용승강기 및 피난용승강기 각각의 역할을 고려하였을 때 이를 겸용하는 경우에는 소방관의 동선 및 대피

시 행 규 칙

식 유리방화문에서 미닫이식 유리방화문으로 변경이 가능한 지 여부.

회신 「건축물의 설비기준 등에 관한 규칙」 제10조제2호 나목의 규정에 의하면, 비상용승강기의 승강장은 각 층의 내부와 연결될 수 있도록 하되, 그 출입구(승강로의 출입구를 제외한다)에는 갑종방화문을 설치하여야 하며, 이 경우 갑종방화문은 「건축물의 피난방화구조 등의 기준에 관한 규칙」 제26조 및 「자동방화셔터 및 방화문의 기준」에 따른 성능기준에 적합한 경우 사용이 가능함

따라서, 질의의 경우 특별피난계단의 부속실과 비상용승강기 승강장을 겸용하여 사용하는 경우가 아니라면 건축법령상 비상용승강기의 승강장 출입문 형식에 대해서는 별도로 규정하고 있지 않음

법령해석 「건축법」 제64조제3항에 따른 피난용승강기 설치 대상에 「주택법」에 따라 건설 · 공급하는 공동주택이 포함되는지 여부 (법제처 20-0604, 2021.2.9.)

질의요지 「주택법」 제15조에 따른 주택건설사업계획 승인을 받아 건설하는 10층 이상인 공동주택이 「건축법」 제2조제1항제19호에 따른 고층건축물에 해당하는 경우, 「건축법」 제64조제3항에 따라 해당 공동주택에 피난용승강기를 설치해야 하는지?

회답 이 사안의 경우 「건축법」 제64조제3항에 따라 해당 공동주택에 피난용승강기를 설치해야 함

법	시행령	시행규칙
1) 배연설비 2) 「소방시설 설치 및 관리에 관한 법률 시행령」 별표 4 제5호가목에 따른 제연설비(이하 "제연설비"라 한다) 자. 삭제 〈2014.3.5.〉 2. 피난용승강기 승강로의 구조 가. 승강로는 해당 건축물의 다른 부분과 내화구조로 구획할 것 나. 삭제 〈2018.10.18〉 다. 승강로 상부에 배연설비 또는 제연설비를 설치할 것 3. 피난용승강기 기계실의 구조 가. 출입구를 제외한 부분은 해당 건축물의 다른 부분과 내화구조의 바닥 및 벽으로 구획할 것 나. 출입구에는 60분+ 방화문 또는 60분 방화문을 설치할 것 4. 피난용승강기 전용 예비전원 가. 정전시 피난용승강기, 기계실, 승강장 및 폐쇄회로 텔레비전등의 설비를 작동할 수 있는 별도의 예비전원 설비를 설치할 것 나. 가목에 따른 예비전원은 초고층 건축물의 경우에는 2시간 이상, 준초고층 건축물의 경우에는 1시간 이상 작동이 가능한 용량일 것 다. 상용전원과 예비전원의 공급을 자동 또는 수동으로 전환이 가능한 설비를 갖출 것 라. 전선관 및 배선은 고온에 견딜 수 있는 내열성 자재를 사용하고, 방수조치를 할 것 **제64조의2** 삭제 〈2014.5.28〉 **제65조** 삭제 〈2012.2.22〉	자의 동선에 간섭이 발생할 수 있으므로 비상용승강기의 구조에 적합한 승용승강기를 피난용승강기로 겸용할 수는 없는 것임. 따라서, 건축법 시행령 제90조제1항 단서 및 주택건설기준 등에 관한 규정 제15조제2항에 따라 승용승강기를 비상용승강기의 구조로 하더라도 1대 이상의 피난용승강기를 추가 설치하여야 함 **【설비규칙】** **제21조** 삭제 〈2013.9.2〉 **제22조** 삭제 〈2013.2.22〉	

법	시 행 령	시 행 규 칙

제23조【건축물의 냉방설비 등】

① 삭제 〈1999.5.11〉

② 제2조제3호부터 제6호까지의 규정에 해당하는 건축물 중 산업통상자원부장관이 국토교통부장관과 협의하여 고시하는 건축물에 중앙집중냉방설비를 설치하는 경우에는 산업통상자원부장관이 국토교통부장관과 협의하여 정하는 바에 따라 축냉식 또는 가스를 이용한 중앙집중냉방방식으로 하여야 한다. 〈개정 2013.9.2.〉

③ 상업지역 및 주거지역에서 건축물에 설치하는 냉방시설 및 환기시설의 배기구와 배기장치의 설치는 다음 각 호의 기준에 모두 적합하여야 한다. 〈개정 2013.12.27.〉

1. 배기구는 도로면으로부터 2미터 이상의 높이에 설치할 것
2. 배기장치에서 나오는 열기가 인근 건축물의 거주자나 보행자에게 직접 닿지 아니하도록 할 것
3. 건축물의 외벽에 배기구 또는 배기장치를 설치할 때에는 외벽 또는 다음 각 목의 기준에 적합한 지지대 등 보호장치와 분리되지 아니하도록 견고하게 연결하여 배기구 또는 배기장치가 떨어지는 것을 방지할 수 있도록 할 것

가. 배기구 또는 배기장치를 지탱할 수 있는 구조일 것
나. 부식을 방지할 수 있는 자재를 사용하거나 도장(塗裝)할 것

고시 건축물의 냉방설비에 대한 설치 및 설계기준
(산업통상자원부고시 제2024-111호, 2024.7.1.)

제1조(목적)
이 고시는 에너지이용합리화를 위하여 건축물의 냉방설비에 대한 설치 및 설계기준과 이의 시행에 필요한 사항을 정함을 목적으로 한다.

제2조(적용 대상)
이 고시는 제4조의 규정에 따른 대상 건축물 중 신축, 개축, 재축 또는 별동으로 증축하는 건축물의 냉방설비에 대하여 적용한다.

제65조의2【지능형건축물의 인증】 ① 국토교통부장관은 지능형건축물[Intelligent Building]의 건축을 활성화하기 위하여 지능형건축물 인증제도를 실시한다.

② 국토교통부장관은 제1항에 따른 지능형건축물의 인증을 위하여 인증기관을 지정할 수 있다.

③ 지능형건축물의 인증을 받으려는 자는 제2항에 따른 인

관계법 「지능형건축물의 인증에 관한 규칙」

제1조(목적)
이 규칙은 「건축법」 제65조의2제5항에서 위임된 지능형건축물 인증기관의 지정 기준, 지정 절차 및 인증 신청 절차 등에 관한 사항을 규정함을 목적으로 한다.

제2조(적용 대상)
지능형건축물 인증대상 건축물은 「건축법」(이하 "법"이라 한다) 제

법	시 행 령	시 행 규 칙
증기관에 인증을 신청하여야 한다. ④ 국토교통부장관은 건축물을 구성하는 설비 및 각종 기술을 최적으로 통합하여 건축물의 생산성과 설비 운영의 효율성을 극대화할 수 있도록 다음 각 호의 사항을 포함하여 지능형건축물 인증기준을 고시한다. 1. 인증기준 및 절차 2. 인증표시 홍보기준 3. 유효기간 4. 수수료 5. 인증 등급 및 심사기준 등 ⑤ 제2항과 제3항에 따른 인증기관의 지정 기준, 지정 절차 및 인증 신청 절차 등에 필요한 사항은 국토교통부령으로 정한다. ⑥ 허가권자는 지능형건축물로 인증을 받은 건축물에 대하여 제42조에 따른 조경설치면적을 100분의 85까지 완화하여 적용할 수 있으며, 제56조 및 제60조에 따른 용적률 및 건축물의 높이를 100분의 115의 범위에서 완화하여 적용할 수 있다. [본조신설 2011.5.30]	65조의2제4항에 따라 인증기준이 고시된 건축물을 대상으로 한다. **고시** 지능형건축물 인증기준(국토교통부고시 제2020-1028호, 2020.12.10) 제1조(목적) 이 기준은 「건축법」 제65조의2제4항과 「지능형건축물의 인증에 관한 규칙」에서 위임한 사항 등을 규정함을 목적으로 한다. 제2조(인증대상 건축물) 「지능형건축물의 인증에 관한 규칙」(이하 "규칙"이라 한다.) 제2조에 따른 지능형건축물 인증적용대상 건축물은 다음 각 호와 같다. 1. 주거시설(「건축법 시행령」 별표 1 제1호에 따른 단독주택 및 제2호에 따른 공동주택) 2. 비주거시설(「건축법 시행령」 별표 1 제3호부터 제28호까지의 건축물)	
제66조, 제66조의2 삭제 〈2012.2.22.〉	**제91조의2** 삭제 〈2013.2.20〉	
제67조 【관계전문기술자】 ① 설계자와 공사감리자는 제40조, 제41조, 제48조부터 제50조까지, 제50조의2, 제51조, 제52조, 제62조 및 제64조와 「녹색건축물 조성 지원법」 제15조에 따른 대지의 안전, 건축물의 구조상 안전, 부속구조물 및 건축설비의 설치 등을 위한 설계 및 공사감리를 할 때 대통령령으로 정하는 바에 따라 다음 각 호의 어느 하나의 자	**제91조의3 【관계전문기술자와의 협력】** ① 다음 각 호의 어느 하나에 해당하는 건축물의 설계자는 제32조제1항에 따라 해당 건축물에 대한 구조의 안전을 확인하는 경우에는 건축구조기술사의 협력을 받아야 한다. 〈개정 2015.9.22., 2018.12.4.〉 1. 6층 이상인 건축물	**제36조의2 【관계전문기술자】** ① 삭제 〈2010.8.5〉 ② 영 제91조의3제3항에 따라 건축물의 설계자 및 공사감리자는 다음 각 호의 어느 하나에 해당하는 사항에 대하여 「기술사법」에 따라 등록한 <u>토목구조</u>

법

격을 갖춘 관계전문기술자(「기술사법」 제21조제2호에 따라 벌칙을 받은 후 대통령령으로 정하는 기간이 지나지 아니한 자는 제외한다)의 협력을 받아야 한다. 〈개정 2016.2.3., 2020.6.9., 2021.3.16〉

1. 「기술사법」 제6조에 따라 기술사사무소를 개설등록한 자
2. 「건설기술 진흥법」 제26조에 따라 건설엔지니어링사업자로 등록한 자
3. 「엔지니어링산업 진흥법」 제21조에 따라 엔지니어링사업자의 신고를 한 자
4. 「전력기술관리법」 제14조에 따라 설계업 및 감리업으로 등록한 자

② 관계전문기술자는 건축물이 이 법 및 이 법에 따른 명령이나 처분, 그 밖의 관계 법령에 맞고 안전 · 기능 및 미관에 지장이 없도록 업무를 수행하여야 한다.

【설비규칙】

제2조【관계전문기술자의 협력을 받아야 하는 건축물】 「건축법 시행령」(이하 "영"이라 한다) 제91조의3제2항 각 호 외의 부분에서 "국토교통부령으로 정하는 건축물"이란 다음 각 호의 건축물을 말한다. 〈개정 2020.4.9.〉

1. 냉동냉장시설 · 항온항습시설(온도와 습도를 일정하게 유지시키는 특수설비가 설치되어 있는 시설을 말한다) 또는 특수청정시설(세균 또는 먼지등을 제거하는 특수설비가 설치되어 있는 시설을 말한다)로서 당해 용도에 사용되는 바닥면적의 합계가 5백제곱미터 이상인 건축물
2. 영 별표 1 제2호가목 및 나목에 따른 아파트 및 연립주택
3. 다음 각 목의 어느 하나에 해당하는 건축물로서 해당 용도에 사용되는 바닥면적의 합계가 5백제곱미터 이상인 건축물

시 행 령

2. 특수구조 건축물
3. 다중이용 건축물
4. 준다중이용 건축물
5. 3층 이상의 필로티형식 건축물 〈신설 2018.12.4〉
6. 제32조제2항제6호에 해당하는 건축물 중 국토교통부령으로 정하는 건축물

② 연면적 1만제곱미터 이상인 건축물(창고시설은 제외한다) 또는 에너지를 대량으로 소비하는 건축물로서 국토교통부령으로 정하는 건축물에 건축설비를 설치하는 경우에는 국토교통부령으로 정하는 바에 따라 다음 각 호의 구분에 따른 관계전문기술자의 협력을 받아야 한다. 〈개정 2016.5.17., 2017.5.2.〉

1. 전기, 승강기(전기 분야만 해당한다) 및 피뢰침: 「기술사법」에 따라 등록한 건축전기설비기술사 또는 발송배전기술사
2. 급수 · 배수(配水) · 배수(排水) · 환기 · 난방 · 소화 · 배연 · 오물처리 설비 및 승강기(기계 분야만 해당한다): 「기술사법」에 따라 등록한 건축기계설비기술사 또는 공조냉동기계기술사
3. 가스설비: 「기술사법」에 따라 등록한 건축기계설비기술사, 공조냉동기계기술사 또는 가스기술사

③ 깊이 10미터 이상의 토지 굴착공사 또는 높이 5미터 이상의 옹벽 등의 공사를 수반하는 건축물의 설계자 및 공사감리자는 토지 굴착 등에 관하여 국토교통부령으로 정하는 바에 따라 「기술사법」에 따라 등록한 토목구조기술사, 토질 및 기초 기술사, 지질 및 지반 기술사 또는 토목시공기술사의 협력을 받아야 한다. 〈개정 2016.5.17., 2024.12.17.〉

④ 설계자 및 공사감리자는 안전상 필요하다고 인정하는

시 행 규 칙

기술사, 토질 및 기초 기술사, 지질 및 지반 기술사 또는 토목시공기술사의 협력을 받아야 한다. 〈개정 2024.12.17.〉

1. 지질조사
2. 토공사의 설계 및 감리
3. 흙막이벽 · 옹벽설치등에 관한 위해방지 및 기타 필요한 사항

【구조규칙】

제61조【건축구조기술사와의 협력】 영 제91조의3제1항제6호에 따라 건축물의 설계자가 해당 건축물에 대한 구조의 안전을 확인하는 경우 건축구조기술사의 협력을 받아야 하는 건축물은 별표 10에 따른 지진구역 Ⅰ의 지역에 건축하는 건축물로서 별표 11에 따른 중요도가 특에 해당하는 건축물로 한다. 〈개정 2024.12.17.〉

【설비규칙】

제3조【관계전문기술자의 협력사항】 ① 영 제91조의3제2항에 따른 건축물에 전기, 승강기, 피뢰침, 가스, 급수, 배수(配水), 배수(排水), 환기, 난방, 소화, 배연(排煙) 및 오물처리설비를 설치하는 경우에는 건축사가 해당 건축물의 설계를 총괄하고, 「기술사법」에 따라 등록한 건축전기설비기술사, 발송배전(發送配電)기술사, 건축기계설비기술사, 공조냉동기계기술사 또는 가스기술사(이하 "기술사"라 한다)가

가. 영 별표 1 제3호다목에 따른 목욕장
나. 영 별표 1 제13호가목에 따른 물놀이형 시설(실내에 설치된 경우로 한정한다) 및 같은 호 다목에 따른 수영장(실내에 설치된 경우로 한정한다)
4. 다음 각 목의 어느 하나에 해당하는 건축물로서 해당 용도에 사용되는 바닥면적의 합계가 2천제곱미터 이상인 건축물
가. 영 별표 1 제2호라목에 따른 기숙사
나. 영 별표 1 제9호에 따른 의료시설
다. 영 별표 1 제12호다목에 따른 유스호스텔
라. 영 별표 1 제15호에 따른 숙박시설
5. 다음 각 목의 어느 하나에 해당하는 건축물로서 해당 용도에 사용되는 바닥면적의 합계가 3천제곱미터 이상인 건축물
가. 영 별표 1 제7호에 따른 판매시설
나. 영 별표 1 제10호마목에 따른 연구소
다. 영 별표 1 제14호에 따른 업무시설
6. 다음 각 목의 어느 하나에 해당하는 건축물로서 해당 용도에 사용되는 바닥면적의 합계가 1만제곱미터 이상인 건축물
가. 영 별표 1 제5호가목부터 라목까지에 해당하는 문화 및 집회시설
나. 영 별표 1 제6호에 따른 종교시설
다. 영 별표 1 제10호에 따른 교육연구시설(연구소는 제외한다)
라. 영 별표 1 제28호에 따른 장례식장

경우, 관계 법령에서 정하는 경우 및 설계계약 또는 감리계약에 따라 건축주가 요청하는 경우에는 관계전문기술자의 협력을 받아야 한다.

⑤ 특수구조 건축물 및 고층건축물의 공사감리자는 제19조제3항제1호 각 목 및 제2호 각 목에 해당하는 공정에 다다를 때 건축구조기술사의 협력을 받아야 한다. 〈개정 2016.5.17.〉

⑥ 3층 이상인 필로티형식 건축물의 공사감리자는 법 제48조에 따른 건축물의 구조상 안전을 위한 공사감리를 할 때 공사가 제18조의2제2항제3호나목에 따른 단계에 다다른 경우마다 법 제67조제1항제1호부터 제3호까지의 규정에 따른 관계전문기술자의 협력을 받아야 한다. 이 경우 관계전문기술자는 「건설기술 진흥법 시행령」 별표 1 제3호라목1)에 따른 건축구조 분야의 특급 또는 고급기술자의 자격요건을 갖춘 소속 기술자로 하여금 업무를 수행하게 할 수 있다. 〈신설 2018.12.4〉

⑦ 제1항부터 제6항까지의 규정에 따라 설계자 또는 공사감리자에게 협력한 관계전문기술자는 공사 현장을 확인하고, 그가 작성한 설계도서 또는 감리중간보고서 및 감리완료보고서에 설계자 또는 공사감리자와 함께 서명날인하여야 한다. 〈개정 2018.12.4〉

⑧ 제32조제1항에 따른 구조 안전의 확인에 관하여 설계자에게 협력한 건축구조기술사는 국토교통부장관이 정하여 고시하는 기준에 따라 구조의 안전을 확인한 건축물의 구조도 등 구조 관련 서류에 설계자와 함께 서명날인하여야 한다. 〈개정 2018.12.4., 2024.12.17.〉

⑨ 법 제67조제1항 각 호 외의 부분에서 "대통령령으로 정하는 기간"이란 2년을 말한다. 〈신설 2016.7.19., 2018.12.4〉

건축사와 협력하여 해당 건축설비를 설계하여야 한다. 〈개정 2017.5.2.〉

② 영 제91조의3제2항에 따라 건축물에 건축설비를 설치한 경우에는 해당 분야의 기술사가 그 설치상태를 확인한 후 건축주 및 공사감리자에게 별지 제1호서식의 건축설비설치확인서를 제출하여야 한다.

법령해석 「주택법」 제15조에 따른 사업계획 승인 대상인 건축물의 공사감리자가 공사감리를 할 때에 「건축법」 제67조에 따른 관계전문기술자의 협력을 받아야 하는지

(법제처 18-0513, 2018.11.16.)

질의요지 「건축법」 제25조제10항에서는 「주택법」 제15조에 따른 사업계획 승인 대상인 건축물의 공사감리는 해당 법령으로 정하는 바에 따르도록 규정하고 있는데 「주택법」 제15조에 따른 사업계획 승인 대상인 건축물의 감리자가 감리를 할 때에 「건축법」 제67조제1항에 따라 관계전문기술자의 협력을 받아야 하는지?

회답 이 사안의 경우 관계전문기술자의 협력을 받아야 함

법

제68조【기술적 기준】 ① 제40조, 제41조, 제48조부터 제50조까지, 제50조의2, 제51조, 제52조, 제52조의2, 제62조 및 제64조에 따른 대지의 안전, 건축물의 구조상의 안전, 건축설비 등에 관한 기술적 기준은 이 법에서 특별히 규정한 경우 외에는 국토교통부령으로 정하되, 이에 따른 세부기준이 필요하면 국토교통부장관이 세부기준을 정하거나 국토교통부장관이 지정하는 연구기관(시험기관·검사기관을 포함한다), 학술단체, 그 밖의 관련 전문기관 또는 단체가 국토교통부장관의 승인을 받아 정할 수 있다. 〈개정 2014.5.28.〉

② 국토교통부장관은 제1항에 따라 세부기준을 정하거나 승인을 하려면 미리 건축위원회의 심의를 거쳐야 한다.

③ 국토교통부장관은 제1항에 따라 세부기준을 정하거나 승인을 한 경우 이를 고시하여야 한다.

④ 국토교통부장관은 제1항에 따른 기술적 기준 및 세부기준을 적용하기 어려운 건축설비에 관한 기술·제품이 개발된 경우, 개발한 자의 신청을 받아 그 기술·제품을 평가하여 신규성·진보성 및 현장 적용성이 있다고 판단하는 경우에는 대통령령으로 정하는 바에 따라 설치 등을 위한 기준을 건축위원회의 심의를 거쳐 인정할 수 있다. 〈신설 2020.4.7.〉

제68조의2 삭제 〈2015.8.11〉

시행령

제91조의4【신기술·신제품인 건축설비의 기술적 기준】
① 법 제68조제4항에 따라 기술적 기준을 인정받으려는 자는 국토교통부령으로 정하는 서류를 국토교통부장관에게 제출해야 한다.

② 한국건설기술연구원에 그 기술·제품이 신규성·진보성 및 현장 적용성이 있는지 여부에 대해 검토를 요청할 수 있다. 〈개정 2021.8.10.〉

③ 국토교통부장관은 제1항에 따라 기술적 기준의 인정 요청을 받은 기술·제품이 신규성·진보성 및 현장 적용성이 있다고 판단되면 그 기술적 기준을 중앙건축위원회의 심의를 거쳐 인정할 수 있다.

④ 국토교통부장관은 제3항에 따라 기술적 기준을 인정할 때 5년의 범위에서 유효기간을 정할 수 있다. 이 경우 유효기간은 국토교통부령으로 정하는 바에 따라 연장할 수 있다.

⑤ 국토교통부장관은 제3항 및 제4항에 따라 기술적 기준을 인정하면 그 기준과 유효기간을 관보에 고시하고, 인터넷 홈페이지에 게재해야 한다.

⑥ 제1항부터 제5항까지에서 정한 사항 외에 법 제68조제4항에 따른 건축설비 기술·제품의 평가 및 그 기술적 기준 인정에 관하여 필요한 세부 사항은 국토교통부장관이 정하여 고시할 수 있다.

[본조신설 2021.1.8.]

고시 건축구조기준
(국토교통부고시 제2024-846호, 2024.12.24)

고시 고강도 콘크리트 기둥·보의 내화성능 관리기준
(국토교통부고시 제2008-334호, 2008.7.21.)

고시 건축자재등 품질인정 및 관리기준
(국토교통부고시 제2023-15호, 2023.1.9.)

시행규칙

제37조 【신기술·신제품인 건축설비에 대한 기술적 기준 인정신청 등】 ① 영 제91조의4제1항에서 "국토교통부령으로 정하는 서류"란 다음 각 호의 서류를 말한다.

1. 신기술·신제품인 건축설비의 구체적인 내용·기능과 해당 건축설비의 신규성·진보성 및 현장 적용성에 관한 내용을 적은 서류
2. 신기술·신제품인 건축설비와 관련된 다음 각 목의 증서·서류 등의 사본
   가. 「건설기술 진흥법 시행령」 제33조제1항에 따라 발급받은 신기술 지정증서
   나. 「특허법」 제86조에 따라 발급받은 특허증
   다. 「산업기술혁신 촉진법 시행령」 제18조제6항에 따라 발급받은 신기술 인증서, 같은 영 제18조의4제2항에 따라 발급받은 신기술적용제품 확인서 및 같은 영 제18조의5제1항에서 준용하는 같은 영 제18조제6항에 따라 발급받은 신제품 인증서
   라. 그 밖에 다른 법령에 따라 발급받은 증서·서류 등
3. 「산업표준화법」 제12조에 따른 한국산업표준 중 인정을 신청하는 신기술·신제품인 건축설비와 관련된 부분

법	시 행 령	시 행 규 칙
	고시 벽체의 차음구조 인정 및 관리기준 (국토교통부고시 제2023-25호, 2023.1.12.) **고시** 소음방지를 위한 층간 바닥충격음 차단 구조기준 (국토교통부고시 제2018-585호, 2018.9.21.) **고시** 건축물의 냉방설비에 대한 설치 및 설계기준 (산업통상자원부고시 제2024-111호, 2024.7.1.)	4. 국제표준화기구(ISO)에서 정한 내용 중 인정을 신청하는 신기술 · 신제품인 건축설비와 관련된 부분 5. 그 밖에 신기술 · 신제품인 건축설비의 기술적 기준 인정에 필요한 서류로서 국토교통부장관이 정하여 고시하는 서류 ② 영 제91조의4제1항에 따라 신기술 · 신제품인 건축설비의 기술적 기준에 대한 인정을 받으려는 자는 별지 제27호의2서식의 신기술 · 신제품인 건축설비의 기술적 기준 인정 신청서에 제1항 각 호의 증서 · 서류 등을 첨부하여 국토교통부장관에게 제출해야 한다. 이 경우, 제1항제2호부터 제5호까지의 증서 · 서류 등은 해당 증서 · 서류 등이 있는 경우에만 첨부한다. ③ 법 제68조제4항에 따라 신기술 · 신제품인 건축설비의 기술적 기준에 대한 인정을 받은 자가 영 제91조의4제4항 후단에 따라 유효기간을 연장받으려는 경우에는 유효기간 만료일의 6개월 전까지 별지 제27호의2서식의 신기술 · 신제품인 건축설비의 기술적 기준 유효기간 연장 신청서를 국토교통부장관에게 제출해야 한다. ④ 국토교통부장관은 영 제91조의4제4항 후단에 따라 유효기간을 연장하는 경우에는 5년의 범위에서 연장할 수 있다.

법

제68조의3【건축물의 구조 및 재료 등에 관한 기준의 관리】 ① 국토교통부장관은 기후 변화나 건축기술의 변화 등에 따라 제48조, 제48조의2, 제49조, 제50조, 제50조의2, 제51조, 제52조, 제52조의2, 제52조의4, 제53조의 건축물의 구조 및 재료 등에 관한 기준이 적정한지를 검토하는 모니터링(이하 이 조에서 "건축모니터링"이라 한다)을 대통령령으로 정하는 기간마다 실시하여야 한다. 〈개정 2019.4.23〉
② 국토교통부장관은 대통령령으로 정하는 전문기관을 지정하여 건축모니터링을 하게 할 수 있다.
[본조신설 2015.1.6.]

제8장 특별건축구역 등〈개정 2014.1.14.〉

제69조【특별건축구역의 지정】 ① 국토교통부장관 또는 시 · 도지사는 다음 각 호의 구분에 따라 도시나 지역의 일부가 특별건축구역으로 특례 적용이 필요하다고 인정하는 경우에는 특별건축구역을 지정할 수 있다. 〈개정 2014.1.14.〉
1. 국토교통부장관이 지정하는 경우
 가. 국가가 국제행사 등을 개최하는 도시 또는 지역의 사업구역

시 행 령

제92조【건축모니터링의 운영】 ① 법 제68조의3제1항에서 "대통령령으로 정하는 기간"이란 3년을 말한다.
② 국토교통부장관은 법 제68조의3제2항에 따라 다음 각 호의 인력 및 조직을 갖춘 자를 건축모니터링 전문기관으로 지정할 수 있다.
1. 인력: 「국가기술자격법」에 따른 건축분야 기사 이상의 자격을 갖춘 인력 5명 이상
2. 조직: 건축모니터링을 수행할 수 있는 전담조직
[본조신설 2015.7.6.]

제93조~제96조 삭제 〈1999.4.30〉
제97조 삭제 〈1997.9.9〉
제98조~제103조 삭제 〈1999.4.30〉
제104조 삭제 〈1995.12.30.〉

제8장 특별건축구역 등〈개정 2014.10.14.〉

제105조【특별건축구역의 지정】 ① 법 제69조제1항제1호나목에서 "대통령령으로 정하는 사업구역"이란 다음 각 호의 어느 하나에 해당하는 구역을 말한다. 〈개정 2015.12.28., 2018.2.27〉
1. 「신행정수도 후속대책을 위한 연기 · 공주지역 행정중심복합도시 건설을 위한 특별법」에 따른 행정중심복합도시의 사업구역

시 행 규 칙

[본조신설 2021.12.31.]

제38조 삭제 〈2013.2.22.〉

제38조의2【특별건축구역의 지정】 영 제105조제3항제2호에서 "국토교통부령으로 정하는 건축물 또는 공간환경"이란 도시 · 군계획 또는 건축 관련 박물관, 박람회장, 문화예술회관, 그 밖에 이와 비슷한 문화예술공간을 말한다. 〈개정 2020.10.28.〉

법	시 행 령	시 행 규 칙
나. 관계법령에 따른 국가정책사업으로서 대통령령으로 정하는 사업구역 2. 시·도지사가 지정하는 경우 가. 지방자치단체가 국제행사 등을 개최하는 도시 또는 지역의 사업구역 나. 관계법령에 따른 도시개발·도시재정비 및 건축문화 진흥사업으로서 건축물 또는 공간환경을 조성하기 위하여 대통령령으로 정하는 사업구역 다. 그 밖에 대통령령으로 정하는 도시 또는 지역의 사업구역 ② 다음 각 호의 어느 하나에 해당하는 지역·구역 등에 대하여는 제1항에도 불구하고 특별건축구역으로 지정할 수 없다 〈개정 2016.2.3.〉 1. 「개발제한구역의 지정 및 관리에 관한 특별조치법」에 따른 개발제한구역 2. 「자연공원법」에 따른 자연공원 3. 「도로법」에 따른 접도구역 4. 「산지관리법」에 따른 보전산지 5. 삭제 〈2016.2.3.〉 ③ 국토교통부장관 또는 시·도지사는 특별건축구역으로 지정하고자 하는 지역이 「군사기지 및 군사시설 보호법」에 따른 군사기지 및 군사시설 보호구역에 해당하는 경우에는 국방부장관과 사전에 협의하여야 한다. 〈신설 2016.2.3.〉	2. 「혁신도시 조성 및 발전에 관한 특별법」에 따른 혁신도시의 사업구역 3. 「경제자유구역의 지정 및 운영에 관한 특별법」 제4조에 따라 지정된 경제자유구역 4. 「택지개발촉진법」에 따른 택지개발사업구역 5. 「공공주택 특별법」 제2조제2호에 따른 공공주택지구 6. 삭제 〈2014.10.14.〉 7. 「도시개발법」에 따른 도시개발구역 8. 삭제 〈2014.10.14.〉 9. 삭제 〈2014.10.14.〉 10. 「아시아문화중심도시 조성에 관한 특별법」에 따른 국립아시아문화전당 건설사업구역 11. 「국토의 계획 및 이용에 관한 법률」 제51조에 따른 지구단위계획구역 중 현상설계(懸賞設計) 등에 따른 창의적 개발을 위한 특별계획구역 12. 삭제 〈2014.10.14.〉 13. 삭제 〈2014.10.14.〉 ② 법 제69조제1항제2호나목에서 "대통령령으로 정하는 사업구역"이란 다음 각 호의 어느 하나에 해당하는 구역을 말한다. 〈신설 2014.10.14.〉 1. 「경제자유구역의 지정 및 운영에 관한 특별법」 제4조에 따라 지정된 경제자유구역 2. 「택지개발촉진법」에 따른 택지개발사업구역 3. 「도시 및 주거환경정비법」에 따른 정비구역 4. 「도시개발법」에 따른 도시개발구역 5. 「도시재정비 촉진을 위한 특별법」에 따른 재정비촉진구역 6. 「제주특별자치도 설치 및 국제자유도시 조성을 위한 특별	**훈령** 특별건축구역 운영 가이드라인 (국토교통부훈령 제1445호, 2021.11.3., 제정) 제3조(적용 범위) ① 이 훈령은 「건축법」 제69조부터 제77조까지에 따른 특별건축구역 관련 규정 운영 시 적용한다. ② 이 훈령은 「건축법」 제71조제4항 및 제72조제2항에 따라 건축위원회의 심의 기준으로 활용한다. ③ 이 훈령은 「공공주택 특별법」에 따른 공공주택통합심의위원회 등 관련법에 따라 별도 위원회에서 특별건축구역 지정 및 건축물의 특례 심의를 하는 경우 심의 기준으로 활용한다. ④ 이 훈령의 내용 및 도표는 해당 지방자치단체의 여건에 맞게 달리 적용할 수 있다.

법	시 행 령	시 행 규 칙
	법」에 따른 국제자유도시의 사업구역 7. 「국토의 계획 및 이용에 관한 법률」 제51조에 따른 지구단위계획구역 중 현상설계(懸賞設計) 등에 따른 창의적 개발을 위한 특별계획구역 8. 「관광진흥법」 제52조 및 제70조에 따른 관광지, 관광단지 또는 관광특구 9. 「지역문화진흥법」 제18조에 따른 문화지구 ③ 법 제69조제1항제2호다목에서 "대통령령으로 정하는 도시 또는 지역"이란 다음 각 호의 어느 하나에 해당하는 도시 또는 지역을 말한다. 〈개정 2014.10.14.〉 1. 삭제 〈2014.10.14.〉 2. 건축문화 진흥을 위하여 국토교통부령으로 정하는 건축물 또는 공간환경을 조성하는 지역 2의2. 주거, 상업, 업무 등 다양한 기능을 결합하는 복합적인 토지 이용을 증진시킬 필요가 있는 지역으로서 다음 각 목의 요건을 모두 갖춘 지역 가. 도시지역일 것 나. 「국토의 계획 및 이용에 관한 법률 시행령」 제71조에 따른 용도지역 안에서의 건축제한 적용을 배제할 필요가 있을 것 3. 그 밖에 도시경관의 창출, 건설기술 수준향상 및 건축 관련 제도개선을 도모하기 위하여 특별건축구역으로 지정할 필요가 있다고 시·도지사가 인정하는 도시 또는 지역	
제70조 【특별건축구역의 건축물】 특별건축구역에서 제73조에 따라 건축기준 등의 특례사항을 적용하여 건축할 수 있는 건축물은 다음 각 호의 어느 하나에 해당되어야 한다. 1. 국가 또는 지방자치단체가 건축하는 건축물	**제106조 【특별건축구역의 건축물】** ① 법 제70조제2호에서 "대통령령으로 정하는 공공기관"이란 다음 각 호의 공공기관을 말한다. 〈개정 2020.9.10〉 1. 「한국토지주택공사법」에 따른 한국토지주택공사	**제38조의3 【특별건축구역의 지정 절차 등】** ① 법 제71조제1항제6호에 따른 운영관리 계획서는 별지 제27호의3서식과 같다. 〈개정 2021.12.31〉

법	시 행 령	시 행 규 칙
2. 「공공기관의 운영에 관한 법률」 제4조에 따른 공공기관 중 대통령령으로 정하는 공공기관이 건축하는 건축물 3. 그 밖에 대통령령으로 정하는 용도·규모의 건축물로서 도시경관의 창출, 건설기술 수준향상 및 건축 관련 제도개선을 위하여 특례 적용이 필요하다고 허가권자가 인정하는 건축물	2. 「한국수자원공사법」에 따른 한국수자원공사 3. 「한국도로공사법」에 따른 한국도로공사 4. 삭제 〈2009.9.21〉 5. 「한국철도공사법」에 따른 한국철도공사 6. 「국가철도공단법」에 따른 국가철도공단 7. 「한국관광공사법」에 따른 한국관광공사 8. 「한국농어촌공사 및 농지관리기금법」에 따른 한국농어촌공사 ② 법 제70조제3호에서 "대통령령으로 정하는 용도·규모의 건축물"이란 별표 3과 같다.	② 제1항에 따른 운영관리 계획서에는 다음 각 호의 서류를 첨부하여야 한다. 1. 삭제 〈2011.1.6〉 2. 법 제74조에 따른 통합적용 대상시설(이하 "통합적용 대상시설"이라 한다)의 배치도 3. 통합적용 대상시설의 유지·관리 및 비용분담계획서 ③ 영 제107조제4항 각 호 외의 부분에서 "국토교통부령으로 정하는 자료"란 법 제72조제1항에 따라 특별건축구역의 지정을 신청할 때 제출한 자료 중 변경된 내용에 따라 수정한 자료를 말한다. ④ 영 제107조제4항제4호에서 "지정목적이 변경되는 등 국토교통부령으로 정하는 경우"란 다음 각 호의 어느 하나에 해당하는 경우를 말한다. 1. 특별건축구역의 지정 목적 및 필요성이 변경되는 경우 2. 특별건축구역 내 건축물의 규모 및 용도 등이 변경되는 경우(건축물의 규모변경이 연면적 및 높이의 10분의 1 범위 이내에 해당하는 경우 또는 영 제12조제3항 각 호에 해당하는 경우는 제외한다) 3. 통합적용 대상시설의 규모가 10분의 1이상 변경되거나 또는 위치가 변경되
제71조【특별건축구역의 지정 절차 등】 ① 중앙행정기관의 장, 제69조제1항 각 호의 사업구역을 관할하는 시·도지사 또는 시장·군수·구청장(이하 이 장에서 "지정신청기관"이라 한다)은 특별건축구역의 지정이 필요한 경우에는 다음 각 호의 자료를 갖추어 중앙행정기관의 장 또는 시·도지사는 국토교통부장관에게, 시장·군수·구청장은 특별시장·광역시장·도지사에게 각각 특별건축구역의 지정을 신청할 수 있다. 〈개정 2014.1.14.〉 1. 특별건축구역의 위치·범위 및 면적 등에 관한 사항 2. 특별건축구역의 지정 목적 및 필요성 3. 특별건축구역 내 건축물의 규모 및 용도 등에 관한 사항 4. 특별건축구역의 도시·군관리계획에 관한 사항. 이 경우 도시·군관리계획의 세부 내용은 대통령령으로 정한다. 5. 건축물의 설계, 공사감리 및 건축시공 등의 발주방법 등에 관한 사항 6. 제74조에 따라 특별건축구역 전부 또는 일부를 대상으로 통합하여 적용하는 미술작품, 부설주차장, 공원 등의 시설	**제107조【특별건축구역의 지정 절차 등】** ① 법 제71조제1항제4호에 따른 도시·군관리계획의 세부 내용은 다음 각 호와 같다. 1. 「국토의 계획 및 이용에 관한 법률」 제36조부터 제38조까지, 제38조의2, 제39조, 제40조 및 같은 법 시행령 제30조부터 제32조까지의 규정에 따른 용도지역, 용도지구 및 용도구역에 관한 사항 2. 「국토의 계획 및 이용에 관한 법률」 제43조에 따라 도시·군관리계획으로 결정되었거나 설치된 도시·군계획시설의 현황 및 도시·군계획시설의 신설·변경 등에 관한 사항 3. 「국토의 계획 및 이용에 관한 법률」 제50조부터 제52조까지 및 같은 법 시행령 제43조부터 제47조까지의 규정에 따른 지구단위계획구역의 지정, 지구단위계획의 내용 및 지구단위계획의 수립·변경 등에 관한 사항 ② 법 제71조제1항제7호에서 "대통령령으로 정하는 사항"이란 다음 각 호의 사항을 말한다. 〈개정 2014.10.14.〉	

법	시 행 령	시 행 규 칙

법

에 대한 운영관리 계획서. 이 경우 운영관리 계획서의 작성 방법, 서식, 내용 등에 관한 사항은 국토교통부령으로 정한다.

7. 그 밖에 특별건축구역의 지정에 필요한 대통령령으로 정하는 사항

② 제1항에 따른 지정신청기관 외의 자는 제1항 각 호의 자료를 갖추어 제69조제1항제2호의 사업구역을 관할하는 시·도지사에게 특별건축구역의 지정을 제안할 수 있다. 〈신설 2020.4.7.〉

③ 제2항에 따른 특별건축구역 지정 제안의 방법 및 절차 등에 관하여 필요한 사항은 대통령령으로 정한다. 〈신설 2020.4.7.〉

④ 국토교통부장관 또는 특별시장·광역시장·도지사는 제1항에 따라 지정신청이 접수된 경우에는 특별건축구역 지정의 필요성, 타당성 및 공공성 등과 피난·방재 등의 사항을 검토하고, 지정 여부를 결정하기 위하여 지정신청을 받은 날부터 30일 이내에 국토교통부장관이 지정신청을 받은 경우에는 국토교통부장관이 두는 건축위원회(이하 "중앙건축위원회"라 한다), 특별시장·광역시장·도지사가 지정신청을 받은 경우에는 각각 특별시장·광역시장·도지사가 두는 건축위원회의 심의를 거쳐야 한다. 〈개정 2020.4.7.〉

⑤ 국토교통부장관 또는 특별시장·광역시장·도지사는 각각 중앙건축위원회 또는 특별시장·광역시장·도지사가 두는 건축위원회의 심의 결과를 고려하여 필요한 경우 특별건축구역의 범위, 도시·군관리계획 등에 관한 사항을 조정할 수 있다. 〈개정 2020.4.7.〉

⑥ 국토교통부장관 또는 시·도지사는 필요한 경우 직권으로 특별건축구역을 지정할 수 있다. 이 경우 제1항 각 호의

시 행 령

1. 특별건축구역의 주변지역에 「국토의 계획 및 이용에 관한 법률」 제43조에 따라 도시·군관리계획으로 결정되었거나 설치된 도시·군계획시설에 관한 사항
2. 특별건축구역의 주변지역에 대한 지구단위계획구역의 지정 및 지구단위계획의 내용 등에 관한 사항

2의2. 「건축기본법」 제21조에 따른 건축디자인 기준의 반영에 관한 사항

3. 「건축기본법」 제23조에 따라 민간전문가를 위촉한 경우 그에 관한 사항
4. 제105조제3항제2호의2에 따른 복합적인 토지 이용에 관한 사항(제105조제3항제2호의2에 해당하는 지역을 지정하기 위한 신청의 경우로 한정한다)

③ 국토교통부장관 또는 시·도지사는 법 제71조제7항에 따라 특별건축구역을 지정하거나 변경·해제하는 경우에는 다음 각 호의 사항을 즉시 관보(시·도지사의 경우에는 공보)에 고시해야 한다. 〈개정 2021.1.8.〉

1. 지정·변경 또는 해제의 목적
2. 특별건축구역의 위치, 범위 및 면적
3. 특별건축구역 내 건축물의 규모 및 용도 등에 관한 주요 사항
4. 건축물의 설계, 공사감리 및 건축시공 등 발주방법에 관한 사항
5. 도시·군계획시설의 신설·변경 및 지구단위계획의 수립·변경 등에 관한 사항
6. 그 밖에 국토교통부장관 또는 시·도지사가 필요하다고 인정하는 사항

④ 특별건축구역의 지정신청기관이 다음 각 호의 어느 하나에 해당하여 법 제71조제9항에 따라 특별건축구역의 변경지

시 행 규 칙

는 경우

참고 특별건축구역의 지정절차 (공공이 지정신청한 경우)

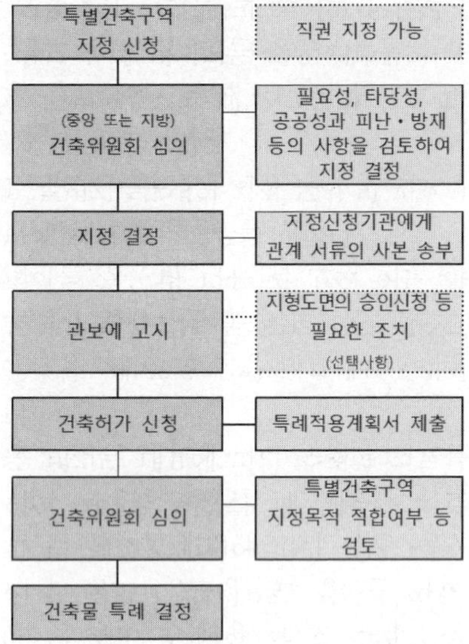

자료에 따라 특별건축구역 지정의 필요성, 타당성 및 공공성 등과 피난·방재 등의 사항을 검토하고 각각 중앙건축위원회 또는 시·도지사가 두는 건축위원회의 심의를 거쳐야 한다. 〈개정 2020.4.7.〉

⑦ 국토교통부장관 또는 시·도지사는 특별건축구역을 지정하거나 변경·해제하는 경우에는 대통령령으로 정하는 바에 따라 주요 내용을 관보(시·도지사는 공보)에 고시하고, 국토교통부장관 또는 특별시장·광역시장·도지사는 지정신청기관에 관계 서류의 사본을 송부하여야 한다. 〈개정 2020.4.7.〉

⑧ 제7항에 따라 관계 서류의 사본을 받은 지정신청기관은 관계 서류에 도시·군관리계획의 결정사항이 포함되어 있는 경우에는 「국토의 계획 및 이용에 관한 법률」 제32조에 따라 지형도면의 승인신청 등 필요한 조치를 취하여야 한다. 〈개정 2020.4.7.〉

⑨ 지정신청기관은 특별건축구역 지정 이후 변경이 있는 경우 변경지정을 받아야 한다. 이 경우 변경지정을 받아야 하는 변경의 범위, 변경지정의 절차 등 필요한 사항은 대통령령으로 정한다. 〈개정 2020.4.7.〉

⑩ 국토교통부장관 또는 시·도지사는 다음 각 호의 어느 하나에 해당하는 경우에는 특별건축구역의 전부 또는 일부에 대하여 지정을 해제할 수 있다. 이 경우 국토교통부장관 또는 특별시장·광역시장·도지사는 지정신청기관의 의견을 청취하여야 한다. 〈개정 2020.4.7.〉

1. 지정신청기관의 요청이 있는 경우
2. 거짓이나 그 밖의 부정한 방법으로 지정을 받은 경우
3. 특별건축구역 지정일부터 5년 이내에 특별건축구역 지정목적에 부합하는 건축물의 착공이 이루어지지 아니하는

정을 받으려는 경우에는 국토교통부령으로 정하는 자료를 갖추어 국토교통부장관 또는 특별시장·광역시장·도지사에게 변경지정 신청을 해야 한다. 이 경우 특별건축구역의 변경지정에 관하여는 법 제71조제4항 및 제5항을 준용한다. 〈개정 2021.1.8.〉

1. 특별건축구역의 범위가 10분의 1(특별건축구역의 면적이 10만 제곱미터 미만인 경우에는 20분의 1) 이상 증가하거나 감소하는 경우
2. 특별건축구역의 도시·군관리계획에 관한 사항이 변경되는 경우
3. 건축물의 설계, 공사감리 및 건축시공 등 발주방법이 변경되는 경우
4. 그 밖에 특별건축구역의 지정 목적이 변경되는 등 국토교통부령으로 정하는 경우

⑤ 제1항부터 제4항까지에서 규정한 사항 외에 특별건축구역의 지정에 필요한 세부 사항은 국토교통부장관이 정하여 고시한다.

훈령 특별건축구역 운영 가이드라인

[국토교통부훈령 제1445호, 2021.11.3., 제정]

제107조의2【특별건축구역의 지정 제안 절차 등】 ① 법 제71조제2항에 따라 특별건축구역 지정을 제안하려는 자는 같은 조 제1항의 자료를 갖추어 시장·군수·구청장에게 의견을 요청할 수 있다.

② 시장·군수·구청장은 제1항에 따라 의견 요청을 받으면 특별건축구역 지정의 필요성, 타당성, 공공성 등과 피난·방재 등의 사항을 검토하여 의견을 통보해야 한다. 이 경우 「건축기본법」 제23조에 따라 시장·군수·구청장이 위촉한 민간전문가의 자문을 받을 수 있다.

법	시 행 령	시 행 규 칙

법

경우

4. 특별건축구역 지정요건 등을 위반하였으나 시정이 불가능한 경우

⑪ 특별건축구역을 지정하거나 변경한 경우에는 「국토의 계획 및 이용에 관한 법률」 제30조에 따른 도시·군관리계획의 결정(용도지역·지구·구역의 지정 및 변경은 제외한다)이 있는 것으로 본다. 〈개정 2020.4.7., 2020.6.9.〉

참고 특별건축구역의 지정절차(민간이 지정신청한 경우)

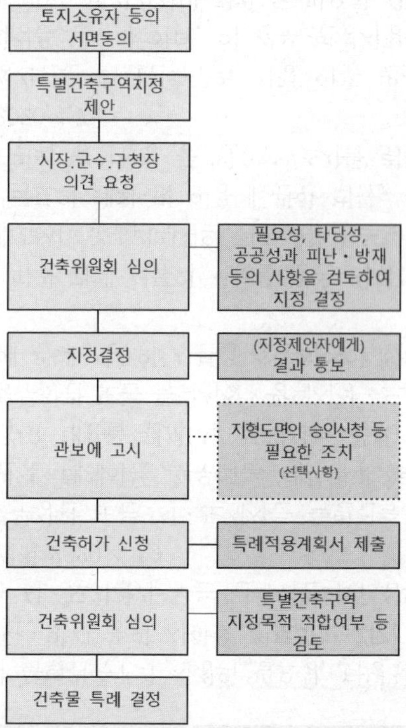

시 행 령

③ 법 제71조제2항에 따라 특별건축구역 지정을 제안하려는 자는 시·도지사에게 제안하기 전에 다음 각 호에 해당하는 자의 서면 동의를 받아야 한다. 이 경우 토지소유자의 서면 동의 방법은 국토교통부령으로 정한다.
1. 대상 토지 면적(국유지·공유지의 면적은 제외한다)의 3분의 2 이상에 해당하는 토지소유자
2. 국유지 또는 공유지의 재산관리청(국유지 또는 공유지가 포함되어 있는 경우로 한정한다)

④ 법 제71조제2항에 따라 특별건축구역 지정을 제안하려는 자는 다음 각 호의 서류를 시·도지사에게 제출해야 한다.
1. 법 제71조제1항 각 호의 자료
2. 제2항에 따른 시장·군수·구청장의 의견(의견을 요청한 경우로 한정한다)
3. 제3항에 따른 토지소유자 및 재산관리청의 서면 동의서

⑤ 시·도지사는 제4항에 따른 서류를 받은 날부터 45일 이내에 특별건축구역 지정의 필요성, 타당성, 공공성 등과 피난·방재 등의 사항을 검토하여 특별건축구역 지정여부를 결정해야 한다. 이 경우 관할 시장·군수·구청장의 의견을 청취(제4항제2호의 의견서를 제출받은 경우는 제외한다)한 후 시·도지사가 두는 건축위원회의 심의를 거쳐야 한다.

⑥ 시·도지사는 제5항에 따라 지정여부를 결정한 날부터 14일 이내에 특별건축구역 지정을 제안한 자에게 그 결과를 통보해야 한다.

⑦ 제5항에 따라 지정된 특별건축구역에 대한 변경지정의 제안에 관하여는 제1항부터 제6항까지의 규정을 준용한다.

⑧ 제1항부터 제7항까지에서 규정한 사항 외에 특별건축구역의 지정에 필요한 세부 사항은 국토교통부장관이 정하여

시 행 규 칙

제38조의4【특별건축구역의 지정 제안 동의 방법 등】 ① 영 제107조의2제3항 각 호 외의 부분 후단에 따른 토지소유자의 동의 방법은 별지 제27호의4서식의 특별건축구역 지정 제안 동의서에 지장을 날인하고 자필로 서명하는 방법으로 한다. 이 경우 토지소유자는 별지 제27호의4서식의 특별건축구역 지정 제안 동의서에 주민등록증·여권 등 신원을 확인할 수 있는 신분증명서의 사본을 첨부해야 한다. 〈개정 2021.12.31〉

② 제1항에도 불구하고 토지소유자가 해외에 장기체류하거나 법인인 경우 등 불가피한 사유가 있다고 시·도지사가 인정하는 경우에는 토지소유자의 인감도장을 날인하는 방법으로 한다. 이 경우 토지소유자는 별지 제27호의4서식의 특별건축구역 지정 제안 동의서에 해당 인감증명서를 첨부해야 한다. 〈개정 2021.12.31〉

③ 시·도지사는 영 제107조의2제4항에 따라 토지소유자의 특별건축구역 지정 제안 동의서를 받으면 행정정보의 공동이용을 통해 토지등기사항증명서를 확인해야 한다. 다만, 토지소유자가 확인에 동의하지 않는 경우에는 토지등기사항증명서를 첨부하도록 해야 한다.

법	시 행 령	시 행 규 칙
제72조【특별건축구역 내 건축물의 심의 등】 ① 특별건축구역에서 제73조에 따라 건축기준 등의 특례사항을 적용하여 건축허가를 신청하고자 하는 자(이하 이 조에서 "허가신청자"라 한다)는 다음 각 호의 사항이 포함된 특례적용계획서를 첨부하여 제11조에 따라 해당 허가권자에게 건축허가를 신청하여야 한다. 이 경우 특례적용계획서의 작성방법 및 제출서류 등은 국토교통부령으로 정한다. 1. 제5조에 따라 기준을 완화하여 적용할 것을 요청하는 사항 2. 제71조에 따른 특별건축구역의 지정요건에 관한 사항 3. 제73조제1항의 적용배제 특례를 적용한 사유 및 예상효과 등 4. 제73조제2항의 완화적용 특례의 동등 이상의 성능에 대한 증빙내용 5. 건축물의 공사 및 유지·관리 등에 관한 계획 ② 제1항에 따른 건축허가는 해당 건축물이 특별건축구역의 지정 목적에 적합한지의 여부와 특례적용계획서 등 해당 사항에 대하여 제4조제1항에 따라 시·도지사 및 시장·군수·구청장이 설치하는 건축위원회(이하 "지방건축위원회"라 한다)의 심의를 거쳐야 한다. ③ 허가신청자는 제1항에 따른 건축허가 시 「도시교통정비 촉진법」 제16조에 따른 교통영향평가서의 검토를 동시에 진행하고자 하는 경우에는 같은 법 제16조에 따른 교통영향평가서에 관한 서류를 첨부하여 허가권자에게 심의를 신청할 수 있다. 〈개정 2015.7.24.〉	고시한다. [본조신설 2021.1.8.]	[본조신설 2021.1.8.][종전 제38조의4는 제38조의5로 이동 〈2021.1.8.〉] **제38조의5【특별건축구역 내 건축물의 심의 등】** ① 법 제72조제1항 전단에 따른 특례적용계획서는 별지 제27호의5 서식과 같다. 〈개정 2021.1.8., 2021.12.31〉 ② 제1항에 따른 특례적용계획서에는 다음 각 호의 서류를 첨부하여야 한다. 1. 특례적용 대상건축물의 개략설계도서 2. 특례적용 대상건축물의 배치도 3. 특례적용 대상건축물의 내화·방화·피난 또는 건축설비도 4. 특례적용 신기술의 세부 설명자료 ③ 영 제108조제1항제4호에서 "법 제72조제1항 각 호의 사항 중 국토교통부령으로 정하는 사항을 변경하는 경우"란 법 제73조제1항의 적용배제 특례사항 또는 같은 조 제2항의 완화적용 특례사항을 변경하는 경우를 말한다. ④ 법 제72조제7항에서 "국토교통부령으로 정하는 자료"란 제2항 각 호의 서류를 말한다. [제38조의4에서 이동 〈2021.1.8.〉]

법	시 행 령	시 행 규 칙
④ 제3항에 따라 교통영향평가서에 대하여 지방건축위원회에서 통합심의한 경우에는 「도시교통정비 촉진법」 제17조에 따른 교통영향평가서의 심의를 한 것으로 본다. 〈개정 2015.7.24.〉 ⑤ 제1항 및 제2항에 따라 심의된 내용에 대하여 대통령령으로 정하는 변경사항이 발생한 경우에는 지방건축위원회의 변경심의를 받아야 한다. 이 경우 변경심의는 제1항에서 제3항까지의 규정을 준용한다. ⑥ 국토교통부장관 또는 특별시장 · 광역시장 · 도지사는 건축제도의 개선 및 건설기술의 향상을 위하여 허가권자의 의견을 들어 특별건축구역 내에서 제1항 및 제2항에 따라 건축허가를 받은 건축물에 대하여 모니터링(특례를 적용한 건축물에 대하여 해당 건축물의 건축시공, 공사감리, 유지 · 관리 등의 과정을 검토하고 실제로 건축물에 구현된 기능 · 미관 · 환경 등을 분석하여 평가하는 것을 말한다. 이하 이 장에서 같다)을 실시할 수 있다. 〈개정 2016.2.3.〉 ⑦ 허가권자는 제1항 및 제2항에 따라 건축허가를 받은 건축물의 특례적용계획서를 심의하는 데에 필요한 국토교통부령으로 정하는 자료를 특별시장 · 광역시장 · 특별자치시장 · 도지사 · 특별자치도지사는 국토교통부장관에게, 시장 · 군수 · 구청장은 특별시장 · 광역시장 · 도지사에게 각각 제출하여야 한다. 〈개정 2016.2.3.〉 ⑧ 제1항 및 제2항에 따라 건축허가를 받은 「건설기술 진흥법」 제2조제6호에 따른 발주청은 설계의도의 구현, 건축시공 및 공사감리의 모니터링, 그 밖에 발주청이 위탁하는 업무의 수행 등을 위하여 필요한 경우 설계자를 건축허가 이후에도 해당 건축물의 건축에 참여하게 할 수 있다. 이 경우 설계자의 업무내용 및 보수 등에 관하여는 대통령	**제108조 【특별건축구역 내 건축물의 심의 등】** ① 법 제72조제5항에 따라 지방건축위원회의 변경심의를 받아야 하는 경우는 다음 각 호와 같다. 1. 법 제16조에 따라 변경허가를 받아야 하는 경우 2. 법 제19조제2항에 따라 변경허가를 받거나 변경신고를 하여야 하는 경우 3. 건축물 외부의 디자인, 형태 또는 색채를 변경하는 경우 4. 그 밖에 법 제72조제1항 각 호의 사항 중 국토교통부령으로 정하는 사항을 변경하는 경우 ② 법 제72조제8항 전단에 따라 설계자가 해당 건축물의 건축에 참여하는 경우 공사시공자 및 공사감리자는 특별한 사유가 있는 경우를 제외하고는 설계자의 자문 의견을 반영하도록 하여야 한다. ③ 법 제72조제8항 후단에 따른 설계자의 업무내용은 다음 각 호와 같다. 1. 법 제72조제6항에 따른 모니터링 2. 설계변경에 대한 자문 3. 건축디자인 및 도시경관 등에 관한 설계의도의 구현을 위한 자문 4. 그 밖에 발주청이 위탁하는 업무 ④ 제3항에 따른 설계자의 업무내용에 대한 보수는 「엔지니어링산업 진흥법」 제31조에 따른 엔지니어링사업대가의 기준의 범위에서 국토교통부장관이 정하여 고시한다. ⑤ 제1항부터 제4항까지에서 규정한 사항 외에 특별건축구	

법	시 행 령	시 행 규 칙
령으로 정한다. 〈개정 2013.5.22.〉	역 내 건축물의 심의 및 건축허가 이후 해당 건축물의 건축에 대한 설계자의 참여에 관한 세부 사항은 국토교통부장관이 정하여 고시한다.	
제73조【관계 법령의 적용 특례】 ① 특별건축구역에 건축하는 건축물에 대하여는 다음 각 호를 적용하지 아니할 수 있다. 〈개정 2016.1.19., 2016.2.3.〉 1. 제42조, 제55조, 제56조, 제58조, 제60조 및 제61조 2. 「주택법」 제35조 중 대통령령으로 정하는 규정 ② 특별건축구역에 건축하는 건축물이 제49조, 제50조, 제50조의2, 제51조부터 제53조까지, 제62조 및 제64조와 「녹색건축물 조성 지원법」 제15조에 해당할 때에는 해당 규정에서 요구하는 기준 또는 성능 등을 다른 방법으로 대신할 수 있는 것으로 지방건축위원회가 인정하는 경우에만 해당 규정의 전부 또는 일부를 완화하여 적용할 수 있다.	**제109조【관계 법령의 적용 특례】** ① 법 제73조제1항제2호에서 "대통령령으로 정하는 규정"이란 「주택건설기준 등에 관한 규정」 제10조, 제13조, 제29조, 제35조, 제37조, 제50조 및 제52조를 말한다. 〈개정 2013.6.17〉	**관계법** 「주택건설기준 등에 관한 규정」 제10조(공동주택의 배치) 제13조(기준척도) 제29조(조경시설등) 삭제 〈2014.10.28〉 제35조(비상급수시설) 제37조(난방설비 등) 제50조(근린생활시설 등) 제52조(유치원)
③ 「소방시설 설치·유지 및 안전관리에 관한 법률」 제9조와 제11조에서 요구하는 기준 또는 성능 등을 대통령령으로 정하는 절차·심의방법 등에 따라 다른 방법으로 대신할 수 있는 경우 전부 또는 일부를 완화하여 적용할 수 있다. (* 「소방시설 설치·유지 및 안전관리에 관한 법률」 제9조와 제11조 ⇒ 「소방시설 설치 및 관리에 관한 법률」 제12조와 제13조, 2021.11.30., 전부개정)	② 허가권자가 법 제73조제3항에 따라 「소방시설 설치 및 관리에 관한 법률」 제12조 및 제13조에 따른 기준 또는 성능 등을 완화하여 적용하려면 「소방시설공사업법」 제30조제2항에 따른 지방소방기술심의위원회의 심의를 거치거나 소방본부장 또는 소방서장과 협의를 하여야 한다. 〈개정 2017.1.26., 2022.11.29.〉	**관계법** 「소방시설 설치 및 관리에 관한 법률」 제12조(특정소방대상물에 설치하는 소방시설의 관리 등) 제13조(소방시설기준 적용의 특례) **관계법** 「소방시설공사업법」 제30조(소방기술심의위원회) 삭제 〈2014.12.30〉 → 「소방시설 설치 및 관리에 관한 법률」 제18조(소방기술심의위원회)
제74조【통합적용계획의 수립 및 시행】 ① 특별건축구역에서는 다음 각 호의 관계 법령의 규정에 대하여는 개별 건축물마다 적용하지 아니하고 특별건축구역 전부 또는 일부를 대상으로 통합하여 적용할 수 있다. 〈개정 2014.1.14.〉 1. 「문화예술진흥법」 제9조에 따른 건축물에 대한 미술작품의	**관계법** 「문화예술진흥법」 제9조(건축물에 대한 미술작품의 설치 등)	**관계법** 「주차장법」 제19조(부설주차장의 설치)

법	시 행 령	시 행 규 칙
설치 2. 「주차장법」 제19조에 따른 부설주차장의 설치 3. 「도시공원 및 녹지 등에 관한 법률」에 따른 공원의 설치 ② 지정신청기관은 제1항에 따라 관계 법령의 규정을 통합하여 적용하려는 경우에는 특별건축구역 전부 또는 일부에 대하여 미술작품, 부설주차장, 공원 등에 대한 수요를 개별법으로 정한 기준 이상으로 산정하여 파악하고 이용자의 편의성, 쾌적성 및 안전 등을 고려한 통합적용계획을 수립하여야 한다. 〈개정 2014.1.14.〉 ③ 지정신청기관이 제2항에 따라 통합적용계획을 수립하는 때에는 해당 구역을 관할하는 허가권자와 협의하여야 하며, 협의요청을 받은 허가권자는 요청받은 날부터 20일 이내에 지정신청기관에게 의견을 제출하여야 한다. ④ 지정신청기관은 도시·군관리계획의 변경을 수반하는 통합적용계획이 수립된 때에는 관련 서류를 「국토의 계획 및 이용에 관한 법률」 제30조에 따른 도시·군관리계획 결정권자에게 송부하여야 하며, 이 경우 해당 도시·군관리계획 결정권자는 특별한 사유가 없으면 도시·군관리계획의 변경에 필요한 조치를 취하여야 한다. 〈개정 2020.6.9.〉	① 대통령령으로 정하는 종류 또는 규모 이상의 건축물을 건축하려는 자(이하 "건축주"라 한다)는 건축 비용의 일정 비율에 해당하는 금액을 사용하여 회화·조각·공예 등 건축물 미술작품(이하 "미술작품" 이라 한다)의 설치에 사용하여야 한다. 〈개정 2022.1.18〉 ② 건축주(국가 및 지방자치단체는 제외한다)는 제1항에 따라 건축 비용의 일정 비율에 해당하는 금액을 미술작품의 설치에 사용하는 대신에 제16조에 따른 문화예술진흥기금에 출연할 수 있다. ③제1항 또는 제2항에 따라 미술작품의 설치 또는 문화예술진흥기금에 출연하는 금액 건축비용의 100분의 1 이하의 범위에서 대통령령으로 정한다. ④ 제1항에 따른 미술작품의 설치에 사용하여야 하는 금액, 제2항에 따른 건축비용, 기금 출연의 절차 및 방법, 그 밖에 필요한 사항은 대통령령으로 정한다. 〈개정 2022.1.18〉	①「국토의 계획 및 이용에 관한 법률」에 따른 도시지역, 같은 법 제51조제3항에 따른 지구단위계획구역 및 지방자치단체의 조례로 정하는 관리지역에서 건축물, 골프연습장, 그 밖에 주차수요를 유발하는 시설(이하 "시설물"이라 한다)을 건축하거나 설치하려는 자는 그 시설물의 내부 또는 그 부지에 부설주차장(화물의 하역과 그 밖의 사업 수행을 위한 주차장을 포함한다. 이하 같다)을 설치하여야 한다. ② 부설주차장은 해당 시설물의 이용자 또는 일반의 이용에 제공할 수 있다. ③ 제1항에 따른 시설물의 종류와 부설주차장의 설치기준은 대통령령으로 정한다. ④ 이하 "생략"
제75조【건축주 등의 의무】 ① 특별건축구역에서 제73조에 따라 건축기준 등의 적용 특례사항을 적용하여 건축허가를 받은 건축물의 공사감리자, 시공자, 건축주, 소유자 및 관리자는 시공 중이거나 건축물의 사용승인 이후에도 당초 허가를 받은 건축물의 형태, 재료, 색채 등이 원형을 유지하도록 필요한 조치를 하여야 한다. 〈개정 2012.1.17.〉 ② 삭제 〈2016.2.3.〉	**제110조** 삭제 〈2016.7.19〉	**제38조의5** 삭제 〈2016.7.20〉

법	시 행 령	시 행 규 칙
제76조【허가권자 등의 의무】 ① 허가권자는 특별건축구역의 건축물에 대하여 설계자의 창의성 · 심미성 등의 발휘와 제도개선 · 기술발전 등이 유도될 수 있도록 노력하여야 한다. ② 허가권자는 제77조제2항에 따른 모니터링 결과를 국토교통부장관 또는 특별시장 · 광역시장 · 도지사에게 제출하여야 하며, 국토교통부장관 또는 특별시장 · 광역시장 · 도지사는 제77조에 따른 검사 및 모니터링 결과 등을 분석하여 필요한 경우 이 법 또는 관계 법령의 제도개선을 위하여 노력하여야 한다. 〈개정 2016.2.3.〉		
제77조【특별건축구역 건축물의 검사 등】 ① 국토교통부장관 및 허가권자는 특별건축구역의 건축물에 대하여 제87조에 따라 검사를 할 수 있으며, 필요한 경우 제79조에 따라 시정명령 등 필요한 조치를 할 수 있다. 〈개정 2014.1.14.〉 ② 국토교통부장관 및 허가권자는 제72조제6항에 따라 모니터링을 실시하는 건축물에 대하여 직접 모니터링을 하거나 분야별 전문가 또는 전문기관에 용역을 의뢰할 수 있다. 이 경우 해당 건축물의 건축주, 소유자 또는 관리자는 특별한 사유가 없으면 모니터링에 필요한 사항에 대하여 협조하여야 한다. 〈개정 2016.2.3.〉		
제77조의2【특별가로구역의 지정】 ① 국토교통부장관 및 허가권자는 도로에 인접한 건축물의 건축을 통한 조화로운 도시경관의 창출을 위하여 이 법 및 관계 법령에 따라 일부 규정을 적용하지 아니하거나 완화하여 적용할 수 있도록 다음 각 호의 어느 하나에 해당하는 지구 또는 구역에서 대통령령으로 정하는 도로에 접한 대지의 일정 구역을 특별가로	**제110조의2【특별가로구역의 지정】** ① 법 제77조의2제1항에서 "대통령령으로 정하는 도로"란 다음 각 호의 어느 하나에 해당하는 도로를 말한다. 1. 건축선을 후퇴한 대지에 접한 도로로서 허가권자(허가권자가 구청장인 경우에는 특별시장이나 광역시장을 말한다. 이하 이 조에서 같다)가 건축조례로 정하는 도로	**제38조의6【특별가로구역의 지정 등의 공고】** ① 국토교통부장관 및 허가권자는 법 제77조의2제1항 및 제3항에 따라 특별가로구역을 지정하거나 변경 또는 해제하는 경우에는 이를 관보(허가권자의 경우에는 공보)에 공고하여야 한

법

구역으로 지정할 수 있다. 〈개정 2017.1.17., 2017.4.18.〉
1. 삭제 〈2017.4.18.〉
2. 경관지구
3. 지구단위계획구역 중 미관유지를 위하여 필요하다고 인정하는 구역

② 국토교통부장관 및 허가권자는 제1항에 따라 특별가로구역을 지정하려는 경우에는 다음 각 호의 자료를 갖추어 국토교통부장관 또는 허가권자가 두는 건축위원회의 심의를 거쳐야 한다.
1. 특별가로구역의 위치 · 범위 및 면적 등에 관한 사항
2. 특별가로구역의 지정 목적 및 필요성
3. 특별가로구역 내 건축물의 규모 및 용도 등에 관한 사항
4. 그 밖에 특별가로구역의 지정에 필요한 사항으로서 대통령령으로 정하는 사항

③ 국토교통부장관 및 허가권자는 특별가로구역을 지정하거나 변경 · 해제하는 경우에는 국토교통부령으로 정하는 바에 따라 이를 지역 주민에게 알려야 한다.
[본조신설 2014.1.14]

제77조의3【특별가로구역의 관리 및 건축물의 건축기준 적용 특례 등】 ① 국토교통부장관 및 허가권자는 특별가로구역을 효율적으로 관리하기 위하여 국토교통부령으로 정하는 바에 따라 제77조의2제2항 각 호의 지정 내용을 작성하여 관리하여야 한다.
② 특별가로구역의 변경절차 및 해제, 특별가로구역 내 건축물에 관한 건축기준의 적용 등에 관하여는 제71조제9항 · 제10항(각 호 외의 부분 후단은 제외한다), 제72조제1항부터

시행령

2. 허가권자가 리모델링 활성화가 필요하다고 인정하여 지정 · 공고한 지역 안의 도로
3. 보행자전용도로로서 도시미관 개선을 위하여 허가권자가 건축조례로 정하는 도로
4. 「지역문화진흥법」 제18조에 따른 문화지구 안의 도로
5. 그 밖에 조화로운 도시경관 창출을 위하여 필요하다고 인정하여 국토교통부장관이 고시하거나 허가권자가 건축조례로 정하는 도로

② 법 제77조의2제2항제4호에서 "대통령령으로 정하는 사항"이란 다음 각 호의 사항을 말한다.
1. 특별가로구역에서 이 법 또는 관계 법령의 규정을 적용하지 아니하거나 완화하여 적용하는 경우에 해당 규정과 완화 등의 범위에 관한 사항
2. 건축물의 지붕 및 외벽의 형태나 색채 등에 관한 사항
3. 건축물의 배치, 대지의 출입구 및 조경의 위치에 관한 사항
4. 건축선 후퇴 공간 및 공개공지등의 관리에 관한 사항
5. 그 밖에 특별가로구역의 지정에 필요하다고 인정하여 국토교통부장관이 고시하거나 허가권자가 건축조례로 정하는 사항

[본조신설 2014.10.14.]

시행규칙

다.
② 국토교통부장관 및 허가권자는 제1항에 따라 특별가로구역을 지정, 변경 또는 해제한 경우에는 해당 내용을 관보 또는 공보에 공고한 날부터 30일 이상 일반이 열람할 수 있도록 하여야 한다. 이 경우 국토교통부장관, 특별시장 또는 광역시장은 관계 서류를 특별자치시장 · 특별자치도 또는 시장 · 군수 · 구청장에게 송부하여 일반이 열람할 수 있도록 하여야 한다.
[본조신설 2014.10.15.]

제38조의7【특별가로구역의 관리】
① 국토교통부장관 및 허가권자는 법 제77의3제1항에 따라 특별가로구역의 지정 내용을 별지 제27호의6서식의 특별가로구역 관리대장에 작성하여 관리하여야 한다.
② 제1항에 따른 특별가로구역 관리대장은 전자적 처리가 불가능한 특별한

법	시 행 령	시 행 규 칙

제5항까지, 제73조제1항(제77조의2제1항제3호에 해당하는 경우에는 제55조 및 제56조는 제외한다) · 제2항, 제75조제1항 및 제77조제1항을 준용한다. 이 경우 "특별건축구역"은 각각 "특별가로구역"으로, "지정신청기관", "국토교통부장관 또는 시 · 도지사" 및 "국토교통부장관, 시 · 도지사 및 허가권자"는 각각 "국토교통부장관 및 허가권자"로 본다. 〈개정 2017.1.17., 2020.4.7.〉

③ 특별가로구역 안의 건축물에 대하여 국토교통부장관 또는 허가권자가 배치기준을 따로 정하는 경우에는 제46조 및 「민법」 제242조를 적용하지 아니한다. 〈신설 2016.1.19.〉

[본조신설 2014.1.14.]

관계법 「민법」 제242조(경계선부근의 건축)

① 건물을 축조함에는 특별한 관습이 없으면 경계로부터 반미터 이상의 거리를 두어야 한다.

② 인접지소유자는 전항의 규정에 위반한 자에 대하여 건물의 변경이나 철거를 청구할 수 있다. 그러나 건축에 착수한 후 1년을 경과하거나 건물이 완성된 후에는 손해배상만을 청구할 수 있다.

사유가 없으면 전자적 처리가 가능한 방법으로 작성하여 관리하여야 한다.

[본조신설 2014.10.15.]

제8장의2 건축협정〈신설 2014.1.14.〉

제77조의4【건축협정의 체결】 ① 토지 또는 건축물의 소유자, 지상권자 등 대통령령으로 정하는 자(이하 "소유자등"이라 한다)는 전원의 합의로 다음 각 호의 어느 하나에 해당하는 지역 또는 구역에서 건축물의 건축 · 대수선 또는 리모델링에 관한 협정(이하 "건축협정"이라 한다)을 체결할 수 있다. 〈개정 2016.2.3., 2017.2.8., 2017.4.18.〉

1. 「국토의 계획 및 이용에 관한 법률」 제51조에 따라 지정된 지구단위계획구역
2. 「도시 및 주거환경정비법」 제2조제2호가목에 따른 주거환경개선사업을 시행하기 위하여 같은 법 제8조에 따라 지정 · 고시된 정비구역

제8장의2 건축협정〈신설 2014.10.14.〉

제110조의3【건축협정의 체결】 ① 법 제77조의4제1항 각 호 외의 부분에서 "토지 또는 건축물의 소유자, 지상권자 등 대통령령으로 정하는 자"란 다음 각 호의 자를 말한다.

1. 토지 또는 건축물의 소유자(공유자를 포함한다. 이하 이 항에서 같다)
2. 토지 또는 건축물의 지상권자
3. 그 밖에 해당 토지 또는 건축물에 이해관계가 있는 자로서 건축조례로 정하는 자 중 그 토지 또는 건축물 소유자의 동의를 받은 자

② 법 제77조의4제4항제2호에서 "대통령령으로 정하는 사항"이란 다음 각 호의 사항을 말한다.

관계법 「국토의 계획 및 이용에 관한 법률」 제51조(지구단위계획구역의 지정 등)

① 국토교통부장관, 시 · 도지사, 시장 또는 군수는 다음 각 호의 어느 하나에 해당하는 지역의 전부 또는 일부에 대하여 지구단위계획구역을 지정할 수 있다. 〈개정 2017.2.8.〉

법	시 행 령	시 행 규 칙

3. 「도시재정비 촉진을 위한 특별법」 제2조제6호에 따른 존치지역
4. 「도시재생 활성화 및 지원에 관한 특별법」 제2조제1항제5호에 따른 도시재생활성화지역
5. 그 밖에 시·도지사 및 시장·군수·구청장(이하 "건축협정인가권자"라 한다)이 도시 및 주거환경개선이 필요하다고 인정하여 해당 지방자치단체의 조례로 정하는 구역

② 제1항 각 호의 지역 또는 구역에서 둘 이상의 토지를 소유한 자가 1인인 경우에도 그 토지 소유자는 해당 토지의 구역을 건축협정 대상 지역으로 하는 건축협정을 정할 수 있다. 이 경우 그 토지 소유자 1인을 건축협정 체결자로 본다.

③ 소유자등은 제1항에 따라 건축협정을 체결(제2항에 따라 토지 소유자 1인이 건축협정을 정하는 경우를 포함한다. 이하 같다)하는 경우에는 다음 각 호의 사항을 준수하여야 한다.

1. 이 법 및 관계 법령을 위반하지 아니할 것
2. 「국토의 계획 및 이용에 관한 법률」 제30조에 따른 도시·군관리계획 및 이 법 제77조의11제1항에 따른 건축물의 건축·대수선 또는 리모델링에 관한 계획을 위반하지 아니할 것

④ 건축협정은 다음 각 호의 사항을 포함하여야 한다.

1. 건축물의 건축·대수선 또는 리모델링에 관한 사항
2. 건축물의 위치·용도·형태 및 부대시설에 관하여 대통령령으로 정하는 사항

⑤ 소유자등이 건축협정을 체결하는 경우에는 건축협정서를 작성하여야 하며, 건축협정서에는 다음 각 호의 사항이 명시되어야 한다.

1. 건축선
2. 건축물 및 건축설비의 위치
3. 건축물의 용도, 높이 및 층수
4. 건축물의 지붕 및 외벽의 형태
5. 건폐율 및 용적률
6. 담장, 대문, 조경, 주차장 등 부대시설의 위치 및 형태
7. 차양시설, 차면시설 등 건축물에 부착하는 시설물의 형태
8. 법 제59조제1항제1호에 따른 맞벽 건축의 구조 및 형태
9. 그 밖에 건축물의 위치, 용도, 형태 또는 부대시설에 관하여 건축조례로 정하는 사항

[본조신설 2014.10.14.]

관계법 「도시 및 주거환경정비법」 제2조(정의)

2. "정비사업"이란 이 법에서 정한 절차에 따라 도시기능을 회복하기 위하여 정비구역에서 정비기반시설을 정비하거나 주택 등 건축물을 개량 또는 건설하는 다음 각 목의 사업을 말한다.

가. 주거환경개선사업 : 도시저소득 주민이 집단거주하는 지역으로서 정비기반시설이 극히 열악하고 노후·불량건축물이 과도하게 밀집한 지역의 주거환경을 개선하거나 단독주택 및 다세대주택이 밀집한 지역에서 정비기반시설과 공동이용시설 확충을 통하여 주거환경을 보전·정비·개량하기 위한 사업

관계법 「도시재정비 촉진을 위한 특별법」 제2조(정의)

6. "존치지역"이란 재정비촉진지구에서 재정비촉진사업을 할 필요성이 적어 재정비촉진계획에 따라 존치하는 지역을 말한다.

관계법 「도시재생 활성화 및 지원에 관한 특별법」 제2조(정의)

5. "도시재생활성화지역"이란 국가와 지방자치단체의 자원과 역량을 집중함으로써 도시재생을 위한 사업의 효과를 극대화하려는 전략적 대상지역으로 그 지정 및 해제를 도시재생전략계획으로 결정하는 지역을 말한다.

1. 제37조에 따라 지정된 용도지구
2. 「도시개발법」 제3조에 따라 지정된 도시개발구역
3. 「도시 및 주거환경정비법」 제8조에 따라 지정된 정비구역
4. 「택지개발촉진법」 제3조에 따라 지정된 택지개발지구
5. 「주택법」 제15조에 따른 대지조성사업지구
6. 「산업입지 및 개발에 관한 법률」 제2조제8호의 산업단지와 같은 조 제12호의 준산업단지
7. 「관광진흥법」 제52조에 따라 지정된 관광단지와 같은 법 제70조에 따라 지정된 관광특구
8. 개발제한구역·도시자연공원구역·시가화조정구역 또는 공원에서 해제되는 구역, 녹지지역에서 주거·상업·공업지역으로 변경되는 구역과 새로 도시지역으로 편입되는 구역 중 계획적인 개발 또는 관리가 필요한 지역

8의2. 도시지역 내 주거·상업·업무 등의 기능을 결합하는 등 복합적인 토지 이용을 증진시킬 필요가 있는 지역으로서 대통령령으로 정하는 요건에 해당하는 지역

8의3. 도시지역 내 유휴토지를 효율적으로 개발하거나 교정시설, 군사시설, 그 밖에 대통령령으로 정하는 시설을 이전 또는 재배치하여 토지 이용을 합리화하고, 그 기능을 증진시키기 위하여 집중적으로 정비가 필요한 지역으로서 대통령령으로 정하는 요건에 해당하는 지역

9. 도시지역의 체계적·계획적인 관리 또는 개발이 필요한 지역
10. 그 밖에 양호한 환경의 확보나 기능 및 미

법	시 행 령	시 행 규 칙
1. 건축협정의 명칭 2. 건축협정 대상 지역의 위치 및 범위 3. 건축협정의 목적 4. 건축협정의 내용 5. 제1항 및 제2항에 따라 건축협정을 체결하는 자(이하 "협정체결자"라 한다)의 성명, 주소 및 생년월일(법인, 법인 아닌 사단이나 재단 및 외국인의 경우에는 「부동산등기법」 제49조에 따라 부여된 등록번호를 말한다. 이하 제6호에서 같다) 6. 제77조의5제1항에 따른 건축협정운영회가 구성되어 있는 경우에는 그 명칭, 대표자 성명, 주소 및 생년월일 7. 건축협정의 유효기간 8. 건축협정 위반 시 제재에 관한 사항 9. 그 밖에 건축협정에 필요한 사항으로서 해당 지방자치단체의 조례로 정하는 사항 ⑥ 제1항제4호에 따라 시·도지사가 필요하다고 인정하여 조례로 구역을 정하려는 때에는 해당 시장·군수·구청장의 의견을 들어야 한다. 〈신설 2016.2.3.〉 [본조신설 2014.1.14]		관의 증진 등을 위하여 필요한 지역으로서 대통령령으로 정하는 지역 ② 국토교통부장관, 시·도지사, 시장 또는 군수는 다음 각 호의 어느 하나에 해당하는 지역은 지구단위계획구역으로 지정하여야 한다. 다만, 관계 법률에 따라 그 지역에 토지 이용과 건축에 관한 계획이 수립되어 있는 경우에는 그러하지 아니하다. 1. 제1항제3호 및 제4호의 지역에서 시행되는 사업이 끝난 후 10년이 지난 지역 2. 제1항 각 호 중 체계적·계획적인 개발 또는 관리가 필요한 지역으로서 대통령령으로 정하는 지역
제77조의5【건축협정운영회의 설립】 ① 협정체결자는 건축협정서 작성 및 건축협정 관리 등을 위하여 필요한 경우 협정체결자 간의 자율적 기구로서 운영회(이하 "건축협정운영회"라 한다)를 설립할 수 있다. ② 제1항에 따라 건축협정운영회를 설립하려면 협정체결자 과반수의 동의를 받아 건축협정운영회의 대표자를 선임하고, 국토교통부령으로 정하는 바에 따라 건축협정인가권자에게 신고하여야 한다. 다만, 제77조의6에 따른 건축협정		**제38조의8【건축협정운영회의 설립 신고】** 법 제77조의5제1항에 따른 건축협정운영회(이하 "건축협정운영회"라 한다)의 대표자는 같은 조 제2항에 따라 건축협정운영회를 설립한 날부터 15일 이내에 법 제77조의2제1항제5호에 따른 건축협정인가권자(이하 "건축협정인가권자"라 한다)에게 별지 제27호의7서식

법	시 행 령	시 행 규 칙
인가 신청 시 건축협정운영회에 관한 사항을 포함한 경우에는 그러하지 아니하다. [본조신설 2014.1.14] **제77조의6【건축협정의 인가】** ① 협정체결자 또는 건축협정운영회의 대표자는 건축협정서를 작성하여 국토교통부령으로 정하는 바에 따라 해당 건축협정인가권자의 인가를 받아야 한다. 이 경우 인가신청을 받은 건축협정인가권자는 인가를 하기 전에 건축협정인가권자가 두는 건축위원회의 심의를 거쳐야 한다. ② 제1항에 따른 건축협정 체결 대상 토지가 둘 이상의 특별자치시 또는 시 · 군 · 구에 걸치는 경우 건축협정 체결 대상 토지면적의 과반(過半)이 속하는 건축협정인가권자에게 인가를 신청할 수 있다. 이 경우 인가 신청을 받은 건축협정인가권자는 건축협정을 인가하기 전에 다른 특별자치시장 또는 시장 · 군수 · 구청장과 협의하여야 한다. ③ 건축협정인가권자는 제1항에 따라 건축협정을 인가하였을 때에는 국토교통부령으로 정하는 바에 따라 그 내용을 공고하여야 한다. [본조신설 2014.1.14.] **제77조의7【건축협정의 변경】** ① 협정체결자 또는 건축협정운영회의 대표자는 제77조의6제1항에 따라 인가받은 사항을 변경하려면 국토교통부령으로 정하는 바에 따라 변경인가를 받아야 한다. 다만, 대통령령으로 정하는 경미한 사항을 변경하는 경우에는 그러하지 아니하다. ② 제1항에 따른 변경인가에 관하여는 제77조의6을 준용한다. [본조신설 2014.1.14.]		에 따라 신고해야 한다. 〈개정 2021.6.25〉 [본조신설 2014.10.15.] **제38조의9【건축협정의 인가 등】** ① 법 제77조의4제1항 및 제2항에 따라 건축협정을 체결하는 자(이하 "협정체결자"라 한다) 또는 건축협정운영회의 대표자가 법 제77조의6제1항에 따라 건축협정의 인가를 받으려는 경우에는 별지 제27호의8서식의 건축협정 인가신청서를 건축협정인가권자에게 제출하여야 한다. ② 협정체결자 또는 건축협정운영회의 대표자가 법 제77조의7제1항 본문에 따라 건축협정을 변경하려는 경우에는 별지 제27호의8서식의 건축협정 변경인가 신청서를 건축협정인가권자에게 제출하여야 한다. ③ 건축협정인가권자는 법 제77조의6 및 제77조의7에 따라 건축협정을 인가하거나 변경인가한 때에는 해당 지방자치단체의 공보에 공고하여야 하며, 건축협정서 등 관계 서류를 건축협정 유효기간 만료일까지 해당 특별자치시 · 특별자치도 또는 시 · 군 · 구에 비치하여 열람할 수 있도록 하여야 한다. [본조신설 2014.10.15.]

법	시행령	시행규칙
제77조의8【건축협정의 관리】 건축협정인가권자는 제77조의6 및 제77조의7에 따라 건축협정을 인가하거나 변경인가하였을 때에는 국토교통부령으로 정하는 바에 따라 건축협정 관리대장을 작성하여 관리하여야 한다. [본조신설 2014.1.14.]		**제38조의10【건축협정의 관리】** ① 건축협정인가권자는 법 제77조의6 및 제77조의7에 따라 건축협정을 인가하거나 변경인가한 경우에는 별지 제27호의9서식의 건축협정관리대장에 작성하여 관리하여야 한다. ② 제1항에 따른 건축협정관리대장은 전자적 처리가 불가능한 특별한 사유가 없으면 전자적 처리가 가능한 방법으로 작성하여 관리하여야 한다. [본조신설 2014.10.15]
제77조의9【건축협정의 폐지】 ① 협정체결자 또는 건축협정운영회의 대표자는 건축협정을 폐지하려는 경우에는 협정체결자 과반수의 동의를 받아 국토교통부령으로 정하는 바에 따라 건축협정인가권자의 인가를 받아야 한다. 다만, 제77조의13에 따른 특례를 적용하여 제21조에 따른 착공신고를 한 경우에는 대통령령으로 정하는 기간이 지난 후에 건축협정의 폐지 인가를 신청할 수 있다. 〈개정 2015.5.18., 2020.6.9.〉 ② 제1항에 따른 건축협정의 폐지에 관하여는 제77조의6제3항을 준용한다. [본조신설 2014.1.14]	**제110조의4【건축협정의 폐지 제한 기간】** ① 법 제77조의9제1항 단서에서 "대통령령으로 정하는 기간"이란 착공신고를 한 날부터 20년을 말한다. ② 제1항에도 불구하고 다음 각 호의 요건을 모두 갖춘 경우에는 제1항에 따른 기간이 지난 것으로 본다. 1. 법 제57조제3항에 따라 분할된 대지를 같은 조 제1항 및 제2항의 기준에 적합하게 할 것 2. 법 제77조의13에 따른 특례를 적용받지 아니하는 내용으로 건축협정 변경인가를 받고 그에 따라 건축허가를 받을 것. 다만, 법 제77조의13에 따른 특례적용을 받은 내용대로 사용승인을 받은 경우에는 특례를 적용받지 아니하는 내용으로 건축협정 변경인가를 받고 그에 따라 건축허가를 받은 후 해당 건축물의 사용승인을 받아야 한다. 3. 법 제77조의11제2항에 따라 지원받은 사업비용을 반환할 것 [본조신설 2016.5.17.][종전 제110조의4는 제110조의5로 이동]	**제38조의11【건축협정의 폐지】** ① 협정체결자 또는 건축협정운영회의 대표자가 법 제77조의9에 따라 건축협정을 폐지하려는 경우에는 별지 제27호의10서식의 건축협정 폐지인가신청서를 건축협정인가권자에게 제출하여야 한다. ② 건축협정인가권자는 법 제77조의9에 따라 건축협정의 폐지를 인가한 때에는 해당 지방자치단체의 공보에 공고하여야 한다. [본조신설 2014.10.15.]

법	시 행 령	시 행 규 칙

제77조의10【건축협정의 효력 및 승계】 ① 건축협정이 체결된 지역 또는 구역(이하 "건축협정구역"이라 한다)에서 건축물의 건축 · 대수선 또는 리모델링을 하거나 그 밖에 대통령령으로 정하는 행위를 하려는 소유자등은 제77조의6 및 제77조의7에 따라 인가 · 변경인가된 건축협정에 따라야 한다.

② 제77조의6제3항에 따라 건축협정이 공고된 후 건축협정구역에 있는 토지나 건축물 등에 관한 권리를 협정체결자인 소유자등으로부터 이전받거나 설정받은 자는 협정체결자로서의 지위를 승계한다. 다만, 건축협정에서 달리 정한 경우에는 그에 따른다.

[본조신설 2014.1.14]

제77조의11【건축협정에 관한 계획 수립 및 지원】 ① 건축협정인가권자는 소유자등이 건축협정을 효율적으로 체결할 수 있도록 건축협정구역에서 건축물의 건축 · 대수선 또는 리모델링에 관한 계획을 수립할 수 있다.

② 건축협정인가권자는 대통령령으로 정하는 바에 따라 도로 개설 및 정비 등 건축협정구역 안의 주거환경개선을 위한 사업비용의 일부를 지원할 수 있다.

[본조신설 2014.1.14]

제110조의5【건축협정에 따라야 하는 행위】 법 제77조의10제1항에서 "대통령령으로 정하는 행위"란 제110조의3제2항 각 호의 사항에 관한 행위를 말한다.

[본조신설 2014.10.14.][제110조의4에서 이동, 종전 제110조의5는 제110조의6으로 이동 〈2016.5.17.〉]

제110조의6【건축협정에 관한 지원】 법 제77조의4제1항제4호에 따른 건축협정인가권자가 법 제77조의11제2항에 따라 건축협정구역 안의 주거환경개선을 위한 사업비용을 지원하려는 경우에는 법 제77조의4제1항 및 제2항에 따라 건축협정을 체결한 자(이하 "협정체결자"라 한다) 또는 법 제77조의5제1항에 따른 건축협정운영회(이하 "건축협정운영회"라 한다)의 대표자에게 다음 각 호의 사항이 포함된 사업계획서를 요구할 수 있다.

1. 주거환경개선사업의 목표
2. 협정체결자 또는 건축협정운영회 대표자의 성명
3. 주거환경개선사업의 내용 및 추진방법
4. 주거환경개선사업의 비용
5. 그 밖에 건축조례로 정하는 사항

[본조신설 2014.10.14.][제110조의5에서 이동〈2016.5.17.〉]

제77조의12【경관협정과의 관계】 ① 소유자등은 제77조의4에 따라 건축협정을 체결할 때 「경관법」 제19조에 따른 경관협정을 함께 체결하려는 경우에는 「경관법」 제19조제3항·제4항 및 제20조에 관한 사항을 반영하여 건축협정인가권자에게 인가를 신청할 수 있다.
② 제1항에 따른 인가 신청을 받은 건축협정인가권자는 건축협정에 대한 인가를 하기 전에 건축위원회의 심의를 하는 때에 「경관법」 제29조제3항에 따라 경관위원회와 공동으로 하는 심의를 거쳐야 한다.
③ 제2항에 따른 절차를 거쳐 건축협정을 인가받은 경우에는 「경관법」 제21조에 따른 경관협정의 인가를 받은 것으로 본다.
[본조신설 2014.1.14]

제77조의13【건축협정에 따른 특례】 ① 제77조의4제1항에 따라 건축협정을 체결하여 제59조제1항제1호에 따라 둘 이상의 건축물 벽을 맞벽으로 하여 건축하려는 경우 맞벽으로 건축하려는 자는 공동으로 제11조에 따른 건축허가를 신청할 수 있다.
② 제1항의 경우에 제17조, 제21조, 제22조 및 제25조에 관하여는 개별 건축물마다 적용하지 아니하고 허가를 신청한 건축물 전부 또는 일부를 대상으로 통합하여 적용할 수 있다.
③ 건축협정의 인가를 받은 건축협정구역에서 연접한 대지에 대하여는 다음 각 호의 관계 법령의 규정을 개별 건축물마다 적용하지 아니하고 건축협정구역의 전부 또는 일부를 대상으로 통합하여 적용할 수 있다. 〈개정 2015.5.18., 2016.1.19.〉

관계법 「경관법」 제29조(경관위원회의 설치)
① 경관과 관련된 사항에 대한 심의 또는 자문을 위하여 국토교통부장관 또는 시·도지사등 소속으로 경관위원회를 둔다. 다만, 경관위원회를 설치·운영하기 어려운 경우에는 대통령령으로 정하는 경관과 관련된 위원회가 그 기능을 수행할 수 있다.
③ 국토교통부장관 또는 시·도지사등은 경관 관련 사항의 심의가 필요한 경우 대통령령으로 정하는 바에 따라 다른 법률에 따라 설치된 위원회와 제1항에 따른 경관위원회(같은 항 단서에 따라 경관위원회의 기능을 대신하여 수행하는 경관과 관련된 위원회를 포함한다. 이하 같다)가 공동으로 하는 심의를 거칠 수 있다.

관계법 「경관법」 제21조(경관협정의 인가)
① 협정체결자 또는 경관협정운영회의 대표자는 경관협정서를 작성하여 대통령령으로 정하는 바에 따라 해당 시·도지사등의 인가를 받아야 한다. 이 경우 인가신청을 받은 시·도지사등은 인가를 하기 전에 제29조제1항에 따라 해당 시·도지사등 소속으로 설치하는 경관위원회의 심의를 거쳐야 한다.

제110조의7【건축협정에 따른 특례】 ① 건축협정구역에서 건축하는 건축물에 대해서는 법 제77조의13제6항에 따라 법 제42조, 제55조, 제56조, 제60조 및 제61조를 다음 각 호의 구분에 따라 완화하여 적용할 수 있다. 〈개정 2024.6.18.〉
1. 법 제42조에 따른 대지의 조경 면적: 대지의 조경을 도로에 면하여 통합적으로 조성하는 건축협정구역에 한정하여 해당 지역에 적용하는 조경 면적기준의 100분의 20의 범위에서 완화
2. 법 제55조에 따른 건폐율: 해당 지역에 적용하는 건폐율의 100분의 20의 범위에서 완화. 이 경우 「국토의 계획 및 이용에 관한 법률 시행령」 제84조에 따른 건폐율의 최대한도를 초과할 수 없다.
3. 법 제56조에 따른 용적률: 해당 지역에 적용하는 용적률의 100분의 20의 범위에서 완화. 이 경우 「국토의 계획 및

관계법 「경관법」 제19조(경관협정의 체결)
① 토지소유자와 그 밖에 대통령령으로 정하는 자(이하 "토지소유자등"이라 한다)는 전원의 합의로 쾌적한 환경과 아름다운 경관을 형성하기 위한 협정(이하 "경관협정"이라 한다)을 체결할 수 있다. 이 경우 경관협정의 효력은 경관협정을 체결한 토지소유자등에게만 미친다.
② 일단의 토지 또는 하나의 토지의 소유자가 1인인 경우에도 그 토지의 소유자는 해당 토지의 구역을 경관협정 대상지역으로 하는 경관협정을 정할 수 있다. 이 경우 그 토지소유자 1인을 경관협정 체결자로 본다.
③ 토지소유자등은 제1항에 따라 경관협정을 체결(제2항에 따라 토지소유사 1인이 경관협정을 정하는 경우를 포함한다. 이하 같다)하는 경우 다음 각 호의 사항을 준수하여야 한다.
1. 이 법 및 관계 법령을 위반하지 아니할 것
2. 「국토의 계획 및 이용에 관한 법률」 제2조제6호에 따른 기반시설의 입지를 제한하는 내용을 포함하지 아니할 것
④ 경관협정은 다음 각 호의 사항을 포함할 수 있다.
1. 건축물의 의장(意匠)·색채 및 옥외광고물(「옥외광고물 등의 관리와 옥외광고산업 진흥에 관한 법률」 제2조제1호에 따른 옥외광고물을 말한다)에 관한 사항
2. 공작물[「건축법」 제83조제1항에 따라 특별자치도지사 또는 시장·군수(광역시 관할 구역에 있는 군의 군수를 포함한다. 이하 제27조제4항 및 제28조제3항에서 같다)·구청장에게 신고하여 축조하는 공작물을 말한다. 이하 같다] 및 건축설비(「건축법」 제2조제1항제4호에 따른 건축설비를 말한다)의 위치에 관한 사항

법

1. 제42조에 따른 대지의 조경
2. 제44조에 따른 대지와 도로와의 관계
3. 삭제 〈2016.1.19.〉
4. 제53조에 따른 지하층의 설치
5. 제55조에 따른 건폐율
6. 「주차장법」 제19조에 따른 부설주차장의 설치
7. 삭제 〈2016.1.19.〉
8. 「하수도법」 제34조에 따른 개인하수처리시설의 설치

④ 제3항에 따라 관계 법령의 규정을 적용하려는 경우에는 건축협정구역 전부 또는 일부에 대하여 조경 및 부설주차장에 대한 기준을 이 법 및 「주차장법」에서 정한 기준 이상으로 산정하여 적용하여야 한다.

⑤ 건축협정을 체결하여 둘 이상 건축물의 경계벽을 전체 또는 일부를 공유하여 건축하는 경우에는 제1항부터 제4항까지의 특례를 적용하며, 해당 대지를 하나의 대지로 보아 이 법의 기준을 개별 건축물마다 적용하지 아니하고 허가를 신청한 건축물의 전부 또는 일부를 대상으로 통합하여 적용할 수 있다. 〈신설 2016.1.19.〉

⑥ 건축협정구역에 건축하는 건축물에 대하여는 제42조, 제55조, 제56조, 제58조, 제60조 및 제61조와 「주택법」 제35조를 대통령령으로 정하는 바에 따라 완화하여 적용할 수 있다. 다만, 제56조를 완화하여 적용하는 경우에는 제4조에 따른 건축위원회의 심의와 「국토의 계획 및 이용에 관한 법률」 제113조에 따른 지방도시계획위원회의 심의를 통합하여 거쳐야 한다. 〈신설 2016.2.3.〉

⑦ 제6항 단서에 따라 통합 심의를 하는 경우 통합 심의의 방법 및 절차 등에 관한 구체적인 사항은 대통령령으로 정한다. 〈신설 2016.2.3.〉

시 행 령

이용에 관한 법률 시행령」 제84조에 따른 용적률의 최대한도를 초과할 수 없다.

4. 법 제60조에 따른 높이 제한: 너비 6미터 이상의 도로에 접한 건축협정구역에 한정하여 해당 건축물에 적용하는 높이 기준의 100분의 20의 범위에서 완화
5. 법 제61조에 따른 일조 등의 확보를 위한 건축물의 높이 제한: 건축협정구역 안에서 대지 상호간에 건축하는 공동주택에 한정하여 제86조제3항제1호에 따른 기준의 100분의 20의 범위에서 완화

② 허가권자는 법 제77조의13제6항 단서에 따라 법 제4조에 따른 건축위원회의 심의와 「국토의 계획 및 이용에 관한 법률」 제113조에 따른 지방도시계획위원회의 심의를 통합하여 하려는 경우에는 다음 각 호의 기준에 따라 통합심의위원회(이하 "통합심의위원회"라 한다)를 구성하여야 한다.

1. 통합심의위원회 위원은 법 제4조에 따른 건축위원회 및 「국토의 계획 및 이용에 관한 법률」 제113조에 따른 지방도시계획위원회의 위원 중에서 시 · 도지사 또는 시장 · 군수 · 구청장이 임명 또는 위촉할 것
2. 통합심의위원회의 위원 수는 15명 이내로 할 것
3. 통합심의위원회의 위원 중 법 제4조에 따른 건축위원회의 위원이 2분의 1 이상이 되도록 할 것
4. 통합심의위원회의 위원장은 위원 중에서 시 · 도지사 또는 시장 · 군수 · 구청장이 임명 또는 위촉할 것

③ 제2항에 따른 통합심의위원회는 다음 각 호의 사항을 검토한다.

1. 해당 대지의 토지이용 현황 및 용적률 완화 범위의 적정성
2. 건축협정으로 완화되는 용적률이 주변 경관 및 환경에 미

시 행 규 칙

3. 건축물 및 공작물 등의 외부 공간에 관한 사항
4. 토지의 보전 및 이용에 관한 사항
5. 역사 · 문화 경관의 관리 및 조성에 관한 사항
6. 그 밖에 대통령령으로 정하는 사항

법	시행령	시행규칙
⑧ 제6항 본문에 따른 건축협정구역 내의 건축물에 대한 건축기준의 적용에 관하여는 제72조제1항(제2호 및 제4호는 제외한다)부터 제5항까지를 준용한다. 이 경우 "특별건축구역"은 "건축협정구역"으로 본다. 〈신설 2016.2.3.〉 [본조신설 2014.1.14.] **제77조의14【건축협정 집중구역 지정 등】** ① 건축협정인가권자는 건축협정의 효율적인 체결을 통한 도시의 기능 및 미관의 증진을 위하여 제77조의4제1항 각 호의 어느 하나에 해당하는 지역 및 구역의 전체 또는 일부를 건축협정 집중구역으로 지정할 수 있다. ② 건축협정인가권자는 제1항에 따라 건축협정 집중구역을 지정하는 경우에는 미리 다음 각 호의 사항에 대하여 건축협정인가권자가 두는 건축위원회의 심의를 거쳐야 한다. 1. 건축협정 집중구역의 위치, 범위 및 면적 등에 관한 사항 2. 건축협정 집중구역의 지정 목적 및 필요성 3. 건축협정 집중구역에서 제77조의4제4항 각 호의 사항 중 건축협정인가권자가 도시의 기능 및 미관 증진을 위하여 세부적으로 규정하는 사항 4. 건축협정 집중구역에서 제77조의13에 따른 건축협정의 특례 적용에 관하여 세부적으로 규정하는 사항 ③ 제1항에 따른 건축협정 집중구역의 지정 또는 변경·해제에 관하여는 제77조의6제3항을 준용한다. ④ 건축협정 집중구역 내의 건축협정이 제2항 각 호에 관한 심의내용에 부합하는 경우에는 제77조의6제1항에 따른 건축위원회의 심의를 생략할 수 있다. [본조신설 2017.4.18.][종전 제77조의14는 제77조의15로 이동 〈2017.4.18.〉]	치는 영향 [본조신설 2016.7.19.]	

법	시 행 령	시 행 규 칙

법

제8장의3 결합건축〈신설 2016.1.19.〉

제77조의15【결합건축 대상지】 ① 다음 각 호의 어느 하나에 해당하는 지역에서 대지간의 최단거리가 100미터 이내의 범위에서 대통령령으로 정하는 범위에 있는 2개의 대지의 건축주가 서로 합의한 경우 2개의 대지를 대상으로 결합건축을 할 수 있다. 〈개정 2017.2.8., 2017.4.18., 2020.4.7.〉

1. 「국토의 계획 및 이용에 관한 법률」 제36조에 따라 지정된 상업지역
2. 「역세권의 개발 및 이용에 관한 법률」 제4조에 따라 지정된 역세권개발구역
3. 「도시 및 주거환경정비법」 제2조에 따른 정비구역 중 주거환경개선사업의 시행을 위한 구역
4. 그 밖에 도시 및 주거환경 개선과 효율적인 토지이용이 필요하다고 대통령령으로 정하는 지역

② 다음 각 호의 어느 하나에 해당하는 경우에는 제1항 각 호의 어느 하나에 해당하는 지역에서 대통령령으로 정하는 범위에 있는 3개 이상 대지의 건축주 등이 서로 합의한 경우 3개 이상의 대지를 대상으로 결합건축을 할 수 있다. 〈신설 2020.4.7.〉

1. 국가·지방자치단체 또는 「공공기관의 운영에 관한 법률」 제4조제1항에 따른 공공기관이 소유 또는 관리하는 건

시 행 령

제8장의3 결합건축〈신설 2016.7.19.〉

제111조【결합건축 대상지】 ① 법 제77조의15제1항 각 호 외의 부분에서 "대통령령으로 정하는 범위에 있는 2개의 대지"란 다음 각 호의 요건을 모두 충족하는 2개의 대지를 말한다. 〈개정 2019.10.22., 2021.1.8.〉

1. 2개의 대지 모두가 법 제77조의15제1항 각 호의 지역 중 동일한 지역에 속할 것
2. 2개의 대지 모두가 너비 12미터 이상인 도로로 둘러싸인 하나의 구역 안에 있을 것. 이 경우 그 구역 안에 너비 12미터 이상인 도로로 둘러싸인 더 작은 구역이 있어서는 아니 된다.

② 법 제77조의15제1항제4호에서 "대통령령으로 정하는 지역"이란 다음 각 호의 지역을 말한다. 〈개정 2019.10.22.〉

1. 건축협정구역
2. 특별건축구역
3. 리모델링 활성화 구역
4. 「도시재생 활성화 및 지원에 관한 특별법」 제2조제1항제5호에 따른 도시재생활성화지역
5. 「한옥 등 건축자산의 진흥에 관한 법률」 제17조제1항에 따른 건축자산 진흥구역

③ 법 제77조의15제2항 각 호 외의 부분 본문에서 "대통령령으로 정하는 범위에 있는 3개 이상의 대지"란 다음 각 호의 요건을 모두 충족하는 3개 이상의 대지를 말한다. 〈신설 2021.1.8.〉

1. 대지 모두가 법 제77조의15제1항 각 호의 지역 중 같은 지역에 속할 것
2. 모든 대지 간 최단거리가 500미터 이내일 것

시 행 규 칙

참고 결합건축의 도해

■ 2개의 대지

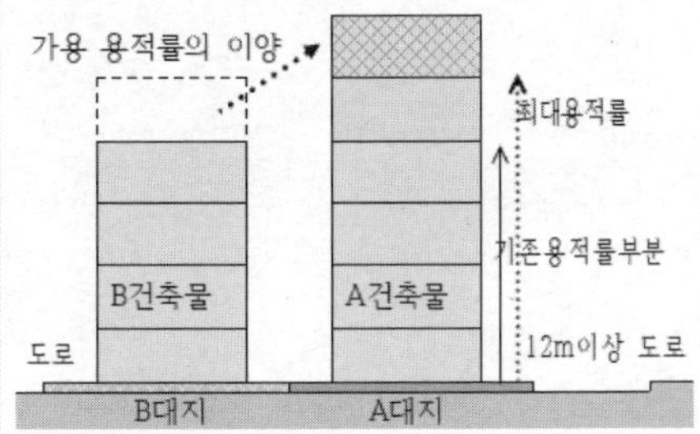

■ 3개 이상의 대지

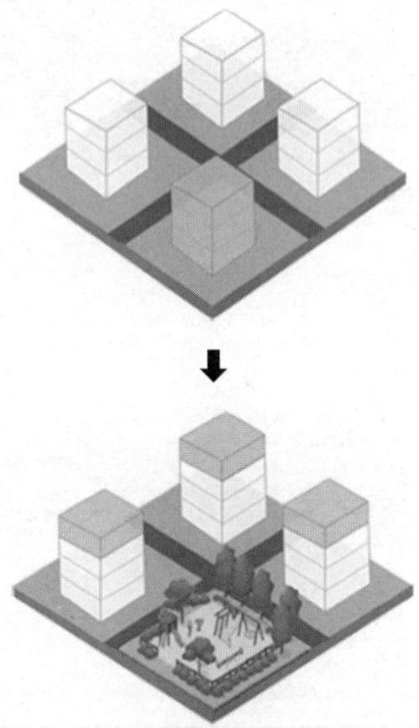

법	시 행 령	시 행 규 칙
축물과 결합건축하는 경우 2. 「빈집 및 소규모주택 정비에 관한 특례법」 제2조제1항제1호에 따른 빈집 또는 「건축물관리법」 제42조에 따른 빈 건축물을 철거하여 그 대지에 공원, 광장 등 대통령령으로 정하는 시설을 설치하는 경우 3. 그 밖에 대통령령으로 정하는 건축물과 결합건축하는 경우 ③ 제1항 및 제2항에도 불구하고 도시경관의 형성, 기반시설 부족 등의 사유로 해당 지방자치단체의 조례로 정하는 지역 안에서는 결합건축을 할 수 없다. 〈신설 2020.4.7.〉 ④ 제1항 또는 제2항에 따라 결합건축을 하려는 2개 이상의 대지를 소유한 자가 1명인 경우는 제77조의4제2항을 준용한다. 〈개정 2020.4.7.〉 [본조신설 2016.1.19.][제77조의14에서 이동, 종전 제77조의15는 제77조의16으로 이동 〈2017.4.18.〉]	④ 법 제77조의15제2항제2호에서 "공원, 광장 등 대통령령으로 정하는 시설"이란 다음 각 호의 어느 하나에 해당하는 시설을 말한다. 〈신설 2021.1.8.〉 1. 공원, 녹지, 광장, 정원, 공지, 주차장, 놀이터 등 공동이용시설 2. 그 밖에 제1호의 시설과 비슷한 것으로서 건축조례로 정하는 시설 ⑤ 법 제77조의15제2항제3호에서 "대통령령으로 정하는 건축물"이란 다음 각 호의 건축물을 말한다. 〈신설 2021.1.8.〉 1. 마을회관, 마을공동작업소, 마을도서관, 어린이집 등 공동이용건축물 2. 공동주택 중 「민간임대주택에 관한 특별법」 제2조제1호의 민간임대주택 3. 그 밖에 제1호 및 제2호의 건축물과 비슷한 것으로서 건축조례로 정하는 건축물 [본조신설 2016.7.19.]	
제77조의16【결합건축의 절차】 ① 결합건축을 하고자 하는 건축주는 제11조에 따라 건축허가를 신청하는 때에는 다음 각 호의 사항을 명시한 결합건축협정서를 첨부하여야 하며 국토교통부령으로 정하는 도서를 제출하여야 한다. 1. 결합건축 대상 대지의 위치 및 용도지역 2. 결합건축협정서를 체결하는 자(이하 "결합건축협정체결자"라 한다)의 성명, 주소 및 생년월일(법인, 법인 아닌 사단이나 재단 및 외국인의 경우에는 「부동산등기법」 제49조에 따라 부여된 등록번호를 말한다) 3. 「국토의 계획 및 이용에 관한 법률」 제78조에 따라 조례		**제38조의12【결합건축협정서】** 법 제77조의16제1항에 따른 결합건축협정서는 별지 제27호의11서식에 따른다. 〈개정 2019.11.18.〉 [본조신설 2016.7.20.]

법	시 행 령	시 행 규 칙
로 정한 용적률과 결합건축으로 조정되어 적용되는 대지별 용적률 4. 결합건축 대상 대지별 건축계획서 ② 허가권자는 「국토의 계획 및 이용에 관한 법률」 제2조제11호에 따른 도시 · 군계획사업에 편입된 대지가 있는 경우에는 결합건축을 포함한 건축허가를 아니할 수 있다. ③ 허가권자는 제1항에 따른 건축허가를 하기 전에 건축위원회의 심의를 거쳐야 한다. 다만, 결합건축으로 조정되어 적용되는 대지별 용적률이 「국토의 계획 및 이용에 관한 법률」 제78조에 따라 해당 대지에 적용되는 도시계획조례의 용적률의 100분의 20을 초과하는 경우에는 대통령령으로 정하는 바에 따라 건축위원회 심의와 도시계획위원회 심의를 공동으로 하여 거쳐야 한다. ④ 제1항에 따른 결합건축 대상 대지가 둘 이상의 특별자치시, 특별자치도 및 시 · 군 · 구에 걸치는 경우 제77조의6제2항을 준용한다. [본조신설 2016.1.19.][제77조의15에서 이동, 종전 제77조의16은 제77조의17로 이동 〈2017.4.18.〉]	**제111조의2【건축위원회 및 도시계획위원회의 공동 심의】** 허가권자는 법 제77조의16제3항 단서에 따라 건축위원회의 심의와 도시계획위원회의 심의를 공동으로 하려는 경우에는 제110조의7제2항 각 호의 기준에 따라 공동위원회를 구성하여야 한다. 〈개정 2019.10.22.〉 [본조신설 2016.7.19.]	
제77조의17【결합건축의 관리】 ① 허가권자는 결합건축을 포함하여 건축허가를 한 경우 국토교통부령으로 정하는 바에 따라 그 내용을 공고하고, 결합건축 관리대장을 작성하여 관리하여야 한다. ② 허가권자는 제77조의15제1항에 따른 결합건축과 관련된 건축물의 사용승인 신청이 있는 경우 해당 결합건축협정서상의 다른 대지에서 착공신고 또는 대통령령으로 정하는 조치가 이행되었는지를 확인한 후 사용승인을 하여야 한다. 〈개정 2020.4.7.〉	**제111조의3【결합건축 건축물의 사용승인】** 법 제77조의17제2항에서 "대통령령으로 정하는 조치"란 다음 각 호의 어느 하나에 해당하는 조치를 말한다. 〈개정 2019.10.22.〉 1. 법 제11조제7항 각 호 외의 부분 단서에 따른 공사의 착수기간 연장 신청. 다만, 착공이 지연된 것에 건축주의 귀책사유가 없고 착공 지연에 따른 건축허가 취소의 가능성이 없다고 인정하는 경우로 한정한다. 2. 「국토의 계획 및 이용에 관한 법률」에 따른 도시 · 군계획시설의 결정	**제38조의13【결합건축의 관리】** ① 허가권자는 결합건축을 포함하여 건축허가를 한 경우에는 법 제77조의17제1항에 따라 그 내용을 30일 이내에 해당 지방자치단체의 공보에 공고하고, 별지 제27호의12서식의 결합건축 관리대장을 작성하여 관리해야 한다. 〈개정 2018.11.29., 2021.1.8.〉 ② 제1항에 따른 결합건축 관리대장은

법	시 행 령	시 행 규 칙
③ 허가권자는 결합건축을 허용한 경우 건축물대장에 국토교통부령으로 정하는 바에 따라 결합건축에 관한 내용을 명시하여야 한다. ④ 결합건축협정서에 따른 협정체결 유지기간은 최소 30년으로 한다. 다만, 결합건축협정서의 용적률 기준을 종전대로 환원하여 신축·개축·재축하는 경우에는 그러하지 아니한다. ⑤ 결합건축협정서를 폐지하려는 경우에는 결합건축협정체결자 전원이 동의하여 허가권자에게 신고하여야 하며, 허가권자는 용적률을 이전받은 건축물이 멸실된 것을 확인한 후 결합건축의 폐지를 수리하여야 한다. 이 경우 결합건축 폐지에 관하여는 제1항 및 제3항을 준용한다. ⑥ 결합건축협정의 준수 여부, 효력 및 승계에 대하여는 제77조의4제3항 및 제77조의10을 준용한다. 이 경우 "건축협정"은 각각 "결합건축협정"으로 본다. [본조신설 2016.1.19.][제77조의16에서 이동〈2017.4.18.〉]	[본조신설 2016.7.19.]	전자적 처리가 불가능한 특별한 사유가 없으면 전자적 처리가 가능한 방법으로 작성하여 관리하여야 한다. [본조신설 2016.7.20.]
제9장 보칙	**제9장 보칙**	
제78조【감독】 ① 국토교통부장관은 시·도지사 또는 시장·군수·구청장이 한 명령이나 처분이 이 법이나 이 법에 따른 명령이나 처분 또는 조례에 위반되거나 부당하다고 인정하면 그 명령 또는 처분의 취소·변경, 그 밖에 필요한 조치를 명할 수 있다. ② 특별시장·광역시장·도지사는 시장·군수·구청장이 한 명령이나 처분이 이 법 또는 이 법에 따른 명령이나 처	**제112조【건축위원회 심의 방법 및 결과 조사 등】** 국토교통부장관은 법 제78조제5항에 따라 지방건축위원회 심의 방법 또는 결과에 대한 조사가 필요하다고 인정하면 시·도지사 또는 시장·군수·구청장에게 관련 서류를 요구하거나 직접 방문하여 조사를 할 수 있다. ② 시·도지사는 법 제78조제5항에 따라 시장·군수·구청장이 설치하는 지방건축위원회의 심의 방법 또는 결과에	**제39조【건축행정의 지도·감독】** 법 제78조제4항에 따라 국토교통부장관 또는 시·도지사는 연 1회 이상 건축행정의 건실한 운영을 지도·감독하기 위하여 다음 각 호의 내용이 포함된 지도·점검계획을 수립하여야 한다. 1. 건축허가 등 건축민원 처리실태

법	시 행 령	시 행 규 칙
분 또는 조례에 위반되거나 부당하다고 인정하면 그 명령이나 처분의 취소 · 변경, 그 밖에 필요한 조치를 명할 수 있다. 〈개정 2014.1.14.〉 ③ 시 · 도지사 또는 시장 · 군수 · 구청장이 제1항에 따라 필요한 조치명령을 받으면 그 시정 결과를 국토교통부장관에게 지체 없이 보고하여야 하며, 시장 · 군수 · 구청장이 제2항에 따라 필요한 조치명령을 받으면 그 시정 결과를 특별시장 · 광역시장 · 도지사에게 지체 없이 보고하여야 한다. 〈개정 2014.1.14.〉 ④ 국토교통부장관 및 시 · 도지사는 건축허가의 적법한 운영, 위법 건축물의 관리 실태 등 건축행정의 건실한 운영을 지도 · 점검하기 위하여 국토교통부령으로 정하는 바에 따라 매년 지도 · 점검 계획을 수립 · 시행하여야 한다. ⑤ 국토교통부장관 및 시 · 도지사는 제4조의2에 따른 건축위원회의 심의 방법 또는 결과가 이 법 또는 이 법에 따른 명령이나 처분 또는 조례에 위반되거나 부당하다고 인정하면 그 심의 방법 또는 결과의 취소 · 변경, 그 밖에 필요한 조치를 할 수 있다. 이 경우 심의에 관한 조사 · 시정명령 및 변경절차 등에 관하여는 대통령령으로 정한다. 〈신설 2016.1.19.〉	대한 조사가 필요하다고 인정하면 시장 · 군수 · 구청장에게 관련 서류를 요구하거나 직접 방문하여 조사를 할 수 있다. ③ 국토교통부장관 및 시 · 도지사는 제1항 또는 제2항에 따른 조사 과정에서 필요하면 법 제4조의2에 따른 심의의 신청인 및 건축관계자 등의 의견을 들을 수 있다. [본조신설 2016.7.19.] **제113조【위법 · 부당한 건축위원회의 심의에 대한 조치】** ① 국토교통부장관 및 시 · 도지사는 제112조에 따른 조사 및 의견청취 후 건축위원회의 심의 방법 또는 결과가 법 또는 법에 따른 명령이나 처분 또는 조례(이하 이 조에서 "건축법규등"이라 한다)에 위반되거나 부당하다고 인정하면 다음 각 호의 구분에 따라 시 · 도지사 또는 시장 · 군수 · 구청장에게 시정명령을 할 수 있다. 1. 심의대상이 아닌 건축물을 심의하거나 심의내용이 건축법규등에 위반된 경우: 심의결과 취소 2. 건축법규등의 위반은 아니나 심의현황 및 건축여건을 고려하여 특별히 과도한 기준을 적용하거나 이행이 어려운 조건을 제시한 것으로 인정되는 경우: 심의결과 조정 또는 재심의 3. 심의 절차에 문제가 있다고 인정되는 경우: 재심의 4. 건축관계자에게 심의개최 통지를 하지 아니하고 심의를 하거나 건축법규등에서 정한 범위를 넘어 과도한 도서의 제출을 요구한 것으로 인정되는 경우: 심의절차 및 기준의 개선 권고 ② 제1항에 따른 시정명령을 받은 시 · 도지사 또는 시장 · 군수 · 구청장은 특별한 사유가 없으면 이에 따라야 한다. 이 경우 제1항제2호 또는 제3호에 따라 재심의 명령을 받은	2. 건축통계의 작성에 관한 사항 3. 건축부조리 근절대책 4. 위반건축물의 정비계획 및 실적 5. 기타 건축행정과 관련하여 필요한 사항

법	시 행 령	시 행 규 칙
	경우에는 해당 명령을 받은 날부터 15일 이내에 건축위원회의 심의를 하여야 한다. ③ 시·도지사 또는 시장·군수·구청장은 제1항에 따른 시정명령에 이의가 있는 경우에는 해당 심의에 참여한 위원으로 구성된 지방건축위원회의 심의를 거쳐 국토교통부장관 또는 시·도지사에게 이의신청을 할 수 있다. ④ 제3항에 따라 이의신청을 받은 국토교통부장관 및 시·도지사는 제112조에 따른 조사를 다시 실시한 후 그 결과를 시·도지사 또는 시장·군수·구청장에게 통지하여야 한다. [본조신설 2016.7.19.]	
제79조【위반 건축물 등에 대한 조치 등】 ① 허가권자는 이 법 또는 이 법에 따른 명령이나 처분에 위반되는 대지나 건축물에 대하여 이 법에 따른 허가 또는 승인을 취소하거나 그 건축물의 건축주·공사시공자·현장관리인·소유자·관리자 또는 점유자(이하 "건축주등"이라 한다)에게 공사의 중지를 명하거나 상당한 기간을 정하여 그 건축물의 해체·개축·증축·수선·용도변경·사용금지·사용제한, 그 밖에 필요한 조치를 명할 수 있다. 〈개정 2019.4.23, 2019.4.30.〉 ② 허가권자는 제1항에 따라 허가나 승인이 취소된 건축물 또는 제1항에 따른 시정명령을 받고 이행하지 아니한 건축물에 대하여는 다른 법령에 따른 영업이나 그 밖의 행위를 허가·면허·인가·등록·지정 등을 하지 아니하도록 요청할 수 있다. 다만, 허가권자가 기간을 정하여 그 사용 또는 영업, 그 밖의 행위를 허용한 주택과 대통령령으로 정하는 경우에는 그러하지 아니하다. 〈개정 2014.5.28.〉 ③ 제2항에 따른 요청을 받은 자는 특별한 이유가 없으면	**제114조【위반 건축물에 대한 사용 및 영업행위의 허용 등】** 법 제79조제2항 단서에서 "대통령령으로 정하는 경우"란 바닥면적의 합계가 400제곱미터 미만인 축사와 바닥면적의 합계가 400제곱미터 미만인 농업용·임업용·축산업용 및 수산업용 창고를 말한다. 〈개정 2016.1.19〉 **제115조【위반 건축물 등에 대한 실태조사 및 정비】** ① 허가권자는 법 제79조제5항에 따른 실태조사를 매년 정기적으로 하며, 위반행위의 예방 또는 확인을 위하여 수시로 실태조사를 할 수 있다. ② 허가권자는 제1항에 따른 조사를 하려는 경우에는 조사목적·기간·대상 및 방법 등이 포함된 실태조사 계획을 수립해야 한다. ③ 제1항에 따른 조사는 서면 또는 현장조사의 방법으로 실시할 수 있다. ④ 허가권자는 제1항에 따른 조사를 한 경우 법 제79조에	**제40조【위반건축물에 대한 실태조사】** ① 허가권자는 영 제115조제1항에 따른 실태조사 결과를 기록·관리해야 한다. ② 영 제115조제5항 전단에 따른 위반건축물 관리대장은 별지 제29호서식에 따른다. [전문개정 2020.10.28.]

법	시 행 령	시 행 규 칙

요청에 따라야 한다.

④ 허가권자는 제1항에 따른 시정명령을 하는 경우 국토교통부령으로 정하는 바에 따라 건축물대장에 위반내용을 적어야 한다. 〈개정 2016.1.19.〉

⑤ 허가권자는 이 법 또는 이 법에 따른 명령이나 처분에 위반되는 대지나 건축물에 대한 실태를 파악하기 위하여 조사를 할 수 있다. 〈신설 2019.4.23.〉

⑥ 제5항에 따른 실태조사의 방법 및 절차에 관한 사항은 대통령령으로 정한다. 〈신설 2019.4.23.〉

제80조【이행강제금】 ① 허가권자는 제79조제1항에 따라 시정명령을 받은 후 시정기간 내에 시정명령을 이행하지 아니한 건축주등에 대하여는 그 시정명령의 이행에 필요한 상당한 이행기한을 정하여 그 기한까지 시정명령을 이행하지 아니하면 다음 각 호의 이행강제금을 부과한다. 다만, 연면적(공동주택의 경우에는 세대 면적을 기준으로 한다)이 60제곱미터 이하인 주거용 건축물과 제2호 중 주거용 건축물로서 대통령령으로 정하는 경우에는 다음 각 호의 어느 하나에 해당하는 금액의 2분의 1의 범위에서 해당 지방자치단체의 조례로 정하는 금액을 부과한다. 〈개정 2015.8.11., 2019.4.23.〉

1. 건축물이 제55조와 제56조에 따른 건폐율이나 용적률을 초과하여 건축된 경우 또는 허가를 받지 아니하거나 신고를 하지 아니하고 건축된 경우에는 「지방세법」에 따라 해당 건축물에 적용되는 1제곱미터의 시가표준액의 100분의 50

따른 시정조치를 하기 위하여 정비계획을 수립·시행해야 하며, 그 결과를 시·도지사(특별자치시장 및 특별자치도지사는 제외한다)에게 보고해야 한다.

⑤ 허가권자는 위반 건축물의 체계적인 사후 관리와 정비를 위하여 국토교통부령으로 정하는 바에 따라 위반 건축물 관리대장을 작성·관리해야 한다. 이 경우 전자적 처리가 불가능한 특별한 사유가 없으면 법 제32조제1항에 따른 전자정보처리 시스템을 이용하여 작성·관리해야 한다. 〈개정 2021.11.2〉

⑥ 제1항부터 제4항까지에서 규정한 사항 외에 실태조사의 방법·절차에 필요한 세부적인 사항은 건축조례로 정할 수 있다.

[전문개정 2020.4.21.]

제115조의2【이행강제금의 부과 및 징수】 ① 법 제80조제1항 각 호 외의 부분 단서에서 "대통령령으로 정하는 경우"란 다음 각 호의 경우를 말한다. 〈개정 2020.10.8.〉

1. 법 제22조에 따른 사용승인을 받지 아니하고 건축물을 사용한 경우
2. 법 제42조에 따른 대지의 조경에 관한 사항을 위반한 경우
3. 법 제60조에 따른 건축물의 높이 제한을 위반한 경우
4. 법 제61조에 따른 일조 등의 확보를 위한 건축물의 높이 제한을 위반한 경우
5. 그 밖에 법 또는 법에 따른 명령이나 처분을 위반한 경우(별표 15 위반 건축물란의 제1호의2, 제4호부터 제9호까지의 규정에 해당하는 경우는 제외한다)로서 건축조례로 정하는 경우

제40조의2【이행강제금의 부과 및 징수절차】 영 제115조의2제3항에 따른 이행강제금의 부과 및 징수절차는 「국고금관리법 시행규칙」을 준용한다. 이 경우 납입고지서에는 이의신청방법 및 이의신청기간을 함께 기재하여야 한다.

법령해석 건축허가를 받았으나 건축물의 사용승인 신청 전에 건축면적 및 세대수를 변경한 경우에 대한 이행강제금 산정 기준

(법제처 17-0664, 2018.4.16.)

질의요지 건축면적이 180제곱미터인 3세대 다가구주택으로 건축허가를 받았으나, 건축물의 사용승인을 신청하기 전에 해당 건축물의 건축면적을 30제곱미터만큼 초과하여 건축(「건축법 시행령」 제12조제3항제1호, 제2호, 제4호,

법	시 행 령	시 행 규 칙

에 해당하는 금액에 위반면적을 곱한 금액 이하의 범위에서 위반 내용에 따라 대통령령으로 정하는 비율을 곱한 금액

2. 건축물이 제1호 외의 위반 건축물에 해당하는 경우에는 「지방세법」에 따라 그 건축물에 적용되는 시가표준액에 해당하는 금액의 100분의 10의 범위에서 위반내용에 따라 대통령령으로 정하는 금액

② 허가권자는 영리목적을 위한 위반이나 상습적 위반 등 대통령령으로 정하는 경우에 제1항에 따른 금액을 100분의 100의 범위에서 해당 지방자치단체의 조례로 정하는 바에 따라 가중하여야 한다. 〈신설 2015.8.11., 2019.4.23., 2020.12.8.〉

③ 허가권자는 제1항 및 제2항에 따른 이행강제금을 부과하기 전에 제1항 및 제2항에 따른 이행강제금을 부과·징수한다는 뜻을 미리 문서로써 계고(戒告)하여야 한다. 〈개정 2015.8.11.〉

④ 허가권자는 제1항 및 제2항에 따른 이행강제금을 부과하는 경우 금액, 부과 사유, 납부기한, 수납기관, 이의제기 방법 및 이의제기 기관 등을 구체적으로 밝힌 문서로 하여야 한다. 〈개정 2015.8.11.〉

⑤ 허가권자는 최초의 시정명령이 있었던 날을 기준으로 하여 1년에 2회 이내의 범위에서 해당 지방자치단체의 조례로 정하는 횟수만큼 그 시정명령이 이행될 때까지 반복하여 제1항 및 제2항에 따른 이행강제금을 부과·징수할 수 있다. 〈개정 2015.8.11., 2019.4.23.〉

⑥ 허가권자는 제79조제1항에 따라 시정명령을 받은 자가 이를 이행하면 새로운 이행강제금의 부과를 즉시 중지하되, 이미 부과된 이행강제금은 징수하여야 한다.

〈개정 2015.8.11.〉

② 법 제80조제1항제2호에 따른 이행강제금의 산정기준은 별표 15와 같다.

③ 이행강제금의 부과 및 징수 절차는 국토교통부령으로 정한다.

제115조의3【이행강제금의 탄력적 운영】 ① 법 제80조제1항제1호에서 "대통령령으로 정하는 비율"이란 다음 각 호의 구분에 따른 비율을 말한다. 다만, 건축조례로 다음 각 호의 비율을 낮추어 정할 수 있되, 낮추는 경우에도 그 비율은 100분의 60 이상이어야 한다.

1. 건폐율을 초과하여 건축한 경우: 100분의 80
2. 용적률을 초과하여 건축한 경우: 100분의 90
3. 허가를 받지 아니하고 건축한 경우: 100분의 100
4. 신고를 하지 아니하고 건축한 경우: 100분의 70

② 법 제80조제2항에서 "영리목적을 위한 위반이나 상습적 위반 등 대통령령으로 정하는 경우"란 다음 각 호의 어느 하나에 해당하는 경우를 말한다. 다만, 위반행위 후 소유권이 변경된 경우는 제외한다.

1. 임대 등 영리를 목적으로 법 제19조를 위반하여 용도변경을 한 경우(위반면적이 50제곱미터를 초과하는 경우로 한정한다)
2. 임대 등 영리를 목적으로 허가나 신고 없이 신축 또는 증축한 경우(위반면적이 50제곱미터를 초과하는 경우로 한정한다)
3. 임대 등 영리를 목적으로 허가나 신고 없이 다세대주택의 세대수 또는 다가구주택의 가구수를 증가시킨 경우(5세대 또는 5가구 이상 증가시킨 경우로 한정한다)
4. 동일인이 최근 3년 내에 2회 이상 법 또는 법에 따른 명령

제5호에 따른 일괄신고 사항에 해당하지 않는 경우로 한정하며, 이하 같음)하면서 건축허가를 받은 부분(180제곱미터)에 가구 간 경계벽을 증설하여 세대 수를 3세대에서 6세대로 변경한 건축주에게 허가권자가 이행강제금을 부과하려는 경우, 「건축법」 제80조제1항제1호에 따라 이행강제금을 산정할 때의 위반면적은 당초 건축허가를 받은 부분보다 초과하여 건축한 부분인지(30제곱미터), 아니면 건축물의 전체 면적인지(210제곱미터)?

회답 건축면적이 180제곱미터인 3세대 다가구주택으로 건축허가를 받았으나, 건축물의 사용승인을 신청하기 전에 해당 건축물의 건축면적을 30제곱미터만큼 초과하여 건축하면서 건축허가를 받은 부분(180제곱미터)에 가구 간 경계벽을 증설하여 세대 수를 3세대에서 6세대로 변경한 건축주에게 허가권자가 이행강제금을 부과하려는 경우, 「건축법」 제80조제1항제1호에 따라 이행강제금을 산정할 때의 위반면적은 당초 건축허가를 받은 부분보다 초과하여 건축한 부분(30제곱미터)임

질의 회신 이행강제금 부과 대상자

국토교통부 민원마당 FAQ 2019.5.24.

질의 적법하게 건축허가를 받은 기존의 건축물이 있는 대지에 소유자가 아닌 임차인이 건축허가(신고)를 받지 않고 별동의 건축물을 증축한 경우 건축물에 대한 시정명령 및 이행강제금 부과 대상자는 증축행위를 한 임차인인지, 아니면 기존 건축물이 있는 대지의 소유자인 지 여부

회신 이행강제금제도는 건축법 위반에 따른 경제적 이익을 반복적으로 환수함으로써 건축주 등의 위반사항 자진 시정을 촉구하기 위한 집행벌로서 건축법 제79조에 의한 시정명령을

법

⑦ 허가권자는 제4항에 따라 이행강제금 부과처분을 받은 자가 이행강제금을 납부기한까지 내지 아니하면 「지방행정제재·부과금의 징수 등에 관한 법률」에 따라 징수한다. 〈개정 2015.8.11., 2020.3.24〉

제80조의2【이행강제금 부과에 관한 특례】 ① 허가권자는 제80조에 따른 이행강제금을 다음 각 호에서 정하는 바에 따라 감경할 수 있다. 다만, 지방자치단체의 조례로 정하는 기간까지 위반내용을 시정하지 아니한 경우는 제외한다. 〈개정 2024.3.26.〉

1. 축사 등 농업용·어업용 시설로서 500제곱미터(「수도권정비계획법」 제2조제1호에 따른 수도권 외의 지역에서는 1천제곱미터) 이하인 경우는 5분의 1을 감경
2. 그 밖에 위반 동기, 위반 범위 및 위반 시기 등을 고려하여 대통령령으로 정하는 경우(제80조제2항에 해당하는 경우는 제외한다)에는 100분의 75의 범위에서 대통령령으로 정하는 비율을 감경

② 허가권자는 법률 제4381호 건축법개정법률의 시행일(1992년 6월 1일을 말한다) 이전에 이 법 또는 이 법에 따른 명령이나 처분을 위반한 주거용 건축물에 관하여는 대통령령으로 정하는 바에 따라 제80조에 따른 이행강제금을 감경할 수 있다.

[본조신설 2015.8.11.]

법령해석 「건축법」 제80조의2에 따른 이행강제금 감경의 특례를 중첩적으로 적용할 수 있는지 여부(「건축법」 제80조의2 등 관련)

법제처 18-0466, 2018.11.26.

질의요지 「건축법」 제80조의2제1항제2호에 따른 감경 요건과 같은 조 제2항에 따른 감경 요건을 동시에 충족하는 건축물의 경우 같은 법 시행령 제115조의4제2항의 이행강제금 감경 비율과 같은 조 제3항의

시 행 령

이나 처분을 위반한 경우

5. 제1호부터 제4호까지의 규정과 비슷한 경우로서 건축조례로 정하는 경우

[본조신설 2016.2.11.][종전 제115조의3은 제115조의5로 이동]

제115조의4【이행강제금의 감경】 ① 법 제80조의2제1항제2호에서 "대통령령으로 정하는 경우"란 다음 각 호의 어느 하나에 해당하는 경우를 말한다. 〈개정 2018.9.4., 2024.6.18./단서삭제〉

1. 위반행위 후 소유권이 변경된 경우
2. 임차인이 있어 현실적으로 임대기간 중에 위반내용을 시정하기 어려운 경우(법 제79조제1항에 따른 최초의 시정명령 전에 이미 임대차계약을 체결한 경우로서 해당 계약이 종료되거나 갱신되는 경우는 제외한다) 등 상황의 특수성이 인정되는 경우
3. 위반면적이 30제곱미터 이하인 경우(별표 1 제1호부터 제4호까지의 규정에 따른 건축물로 한정하며, 「집합건물의 소유 및 관리에 관한 법률」의 적용을 받는 집합건축물은 제외한다)
4. 「집합건물의 소유 및 관리에 관한 법률」의 적용을 받는 집합건축물의 구분소유자가 위반한 면적이 5제곱미터 이하인 경우(별표 1 제2호부터 제4호까지의 규정에 따른 건축물로 한정한다)
5. 법 제22조에 따른 사용승인 당시 존재하던 위반사항으로서 사용승인 이후 확인된 경우
6. 법률 제12516호 가축분뇨의 관리 및 이용에 관한 법률 일부개정법률 부칙 제9조에 따라 같은 조 제1항 각 호에 따른 기간(같은 조 제3항에 따른 환경부령으로 정하는 규모 미만

시 행 규 칙

받은후 시정명령을 이행하지 아니한 건축물의 건축주·공사시공자·현장관리인·소유자·관리자 또는 점유자(이하 "건축주등"이라 한다)에게 부과하는 것임 허가권자는 시정 의무가 있는 자, 시정할 수 있는 자 등에게 시정명령하는 것이므로 질의의 경우에는 당해 불법증축한 임차인에게 시정명령을 하고 이행 여부에 따라 이행강제금을 부과함이 타당할 것임

법령해석 「주택법」 및 「건축법」에 따른 증축 허가 등을 받지 않고 공동주택을 증축한 경우 「건축법」에 따른 이행강제금을 부과할 수 있는지 (법제처 15-0186, 2015.4.30.)

질의요지 「주택법」 제42조제2항에 따른 증축 허가 및 「건축법」에 따른 건축 허가나 신고 없이 공동주택을 증축한 경우, 「주택법」 제98조에 따른 벌금 외에 「건축법」 제80조에 따른 이행강제금을 부과할 수 있는지?

〈질의 배경〉 허가받지 않고 공동주택을 증축한 경우 「건축법」에 따른 이행강제금 부과가 가능한지를 민원인이 국토교통부에 질의하였고, 부과가 가능하다는 국토교통부의 답변에 이견이 있어 민원인이 법제처에 법령해석을 요청함.

회답 「주택법」 제42조제2항에 따른 증축 허가 및 「건축법」에 따른 건축 허가나 신고 없이 공동주택을 증축한 경우, 「주택법」 제98조에 따른 벌금 외에 「건축법」 제80조에 따른 이행강제금을 부과할 수 있음

법령해석 건축물의 피난시설 등이 법령 등의 기준에 적합하지 않은 경우, 건축주 등에 대해 부과하는 이행강제금의 산정기준

(법제처 21-0233, 2021.6.8.)

이행강제금 감경 비율을 중첩하여 적용할 수 있는지?
〈질의 배경〉 민원인은 건축법 제80조의2제2항에 따라 1992년 6월 1일 이전에 건축된 건축물로서 이행강제금의 감경을 받는 동시에 같은 조 제1항제2호에 따른 감경을 중첩적으로 적용받을 수 있다고 생각하여 국토교통부에 질의하였으나 중첩적용이 불가능하다는 답변을 받자 법제처에 법령해석을 요청함

회답 이 사안의 경우 이행강제금 감경 비율을 중첩하여 적용할 수 없음

관계법 「가축분뇨의 관리 및 이용에 관한 법률」
제11조(배출시설의 설치)
① 대통령령으로 정하는 규모 이상의 배출시설을 설치하려고 하거나 설치·운영 중인 자는 대통령령으로 정하는 바에 따라 배출시설의 설치계획(가축분뇨처리 및 악취저감에 관한 사항을 포함한다)을 갖추어 시장·군수·구청장의 허가를 받아야 한다. 〈개정 2021.4.13.〉
② 제1항에 따라 허가를 받은 자가 환경부령으로 정하는 중요 사항을 변경하려는 때에는 변경허가를 받아야 하고, 그 밖의 사항을 변경하려는 때에는 변경신고를 하여야 한다.
③ 제1항에 따른 허가대상에 해당하지 아니하는 배출시설 중 대통령령으로 정하는 규모 이상의 배출시설을 설치하려고 하거나 설치·운영 중인 자는 환경부령으로 정하는 바에 따라 시장·군수·구청장에게 신고하여야 한다. 신고한 사항 중 환경부령으로 정하는 사항을 변경하려는 때에도 또한 같다. 〈개정 2015.12.1.〉

제81조~제81조의3 삭제 〈2019.4.23.〉

의 시설의 경우 같은 항에 따른 환경부령으로 정하는 기한을 말한다) 내에 「가축분뇨의 관리 및 이용에 관한 법률」 제11조에 따른 허가 또는 변경허가를 받거나 신고 또는 변경신고를 하려는 배출시설(처리시설을 포함한다)의 경우
6의2. 법률 제12516호 가축분뇨의 관리 및 이용에 관한 법률 일부개정법률 부칙 제10조의2에 따라 같은 조 제1항에 따른 기한까지 환경부장관이 정하는 바에 따라 허가신청을 하였거나 신고한 배출시설(개 사육시설은 제외하되, 처리시설은 포함한다)의 경우
7. 그 밖에 위반행위의 정도와 위반 동기 및 공중에 미치는 영향 등을 고려하여 감경이 필요한 경우로서 건축조례로 정하는 경우
② 법 제80조의2제1항제2호에서 "대통령령으로 정하는 비율"이란 다음 각 호의 구분에 따른 비율을 말한다. 다만, 법 제80조제1항 각 호 외의 부분 단서에 해당하는 경우에는 같은 항 각 호 외의 부분 단서에 따른 금액의 100분의 50을 말한다. 〈개정 2018.9.4., 2024.6.18.〉
1. 제1항제1호부터 제6호까지 및 제6호의2의 경우: 100분의 75
2. 제1항제7호의 경우: 건축조례로 정하는 비율
③ 법 제80조의2제2항에 따른 이행강제금의 감경 비율은 다음 각 호와 같다.
1. 연면적 85제곱미터 이하 주거용 건축물의 경우: 100분의 80
2. 연면적 85제곱미터 초과 주거용 건축물의 경우: 100분의 60
[본조신설 2016.2.11.]

제115조의5~제116조의3 삭제〈2020.4.28〉

질의요지 「건축법」 제80조, 같은 법 시행령 제115조의2제2항 및 같은 영 별표 15 제6호에서는 피난시설, 건축물의 용도·구조의 제한, 방화구획, 계단, 거실의 반자 높이, 거실의 채광·환기와 바닥의 방습 등이 법령 등의 기준에 적합하지 아니한 건축물의 경우 시가표준액의 100분의 10에 해당하는 금액을 이행강제금으로 부과한다고 규정하고 있는바,
같은 호에 해당하는 건축물에 대한 이행강제금의 산정기준이 되는 "시가표준액"은 그 건축물 전체에 대한 시가표준액을 의미하는지, 아니면 법령 등의 기준에 적합하지 아니한 부분의 시가표준액(각주: 해당 건축물의 시가표준액을 1제곱미터당 시가표준액으로 환산하여 위반부분의 면적을 곱한 금액을 말함)을 의미하는지?

회답 이 사안의 시가표준액은 건축물 전체에 대한 시가표준액을 의미함

법	시 행 령	시 행 규 칙

제82조【권한의 위임과 위탁】 ① 국토교통부장관은 이 법에 따른 권한의 일부를 대통령령으로 정하는 바에 따라 시·도지사에게 위임할 수 있다.

② 시·도지사는 이 법에 따른 권한의 일부를 대통령령으로 정하는 바에 따라 시장(행정시의 시장을 포함하며, 이하 이 조에서 같다)·군수·구청장에게 위임할 수 있다.

③ 시장·군수·구청장은 이 법에 따른 권한의 일부를 대통령령으로 정하는 바에 따라 구청장(자치구가 아닌 구의 구청장을 말한다)·동장·읍장 또는 면장에게 위임할 수 있다.

④ 국토교통부장관은 제31조제1항과 제32조제1항에 따라 건축허가 업무 등을 효율적으로 처리하기 위하여 구축하는 전자정보처리 시스템의 운영을 대통령령으로 정하는 기관 또는 단체에 위탁할 수 있다.

제117조【권한의 위임·위탁】 ① 국토교통부장관은 법 제82조제1항에 따라 법 제69조 및 제71조(제6항은 제외한다)에 따른 특별건축구역의 지정, 변경 및 해제에 관한 권한을 시·도지사에게 위임한다. 〈개정 2021.1.8.〉

② 삭제 〈1999.4.30〉

③ 법 제82조제3항에 따라 구청장(자치구가 아닌 구의 구청장을 말한다) 또는 동장·읍장·면장(「지방자치단체의 행정기구와 정원기준 등에 관한 규정」 별표 3 비고 제2호에 따라 행정안전부장관이 시장·군수·구청장과 협의하여 정하는 동장·읍장·면장으로 한정한다)에게 위임할 수 있는 권한은 다음 각 호와 같다. 〈개정 2016.2.11., 2017.7.26., 2024.3.29.〉

1. 6층 이하로서 연면적 2천제곱미터 이하인 건축물의 건축·대수선 및 용도변경에 관한 권한
2. 기존 건축물 연면적의 10분의 3 미만의 범위에서 하는 증축에 관한 권한

④ 법 제82조제3항에 따라 동장·읍장 또는 면장에게 위임할 수 있는 권한은 다음 각 호와 같다. 〈개정 2018.9.4.〉

1. 법 제14조에 따른 건축물의 건축 및 대수선에 관한 권한
2. 법 제20조제3항에 따른 가설건축물의 축조 및 이 영 제15조의2에 따른 가설건축물의 존치기간 연장에 관한 권한
3. 삭제 〈2018.9.4.〉
4. 법 제83조에 따른 옹벽 등의 공작물 축조에 관한 권한

⑤ 법 제82조제4항에서 "대통령령으로 정하는 기관 또는 단체"란 다음 각 호의 기관 또는 단체 중 국토교통부장관이 정하여 고시하는 기관 또는 단체를 말한다. 〈개정 2013.11.20〉

1. 「공공기관의 운영에 관한 법률」 제5조에 따른 공기업

질의 회신 이행강제금 부과 권한 관련

국토교통부 민원마당 FAQ 2019.5.24.

질의 「건축법」(2007.10.17. 법률 제8662호로 일부개정된 것을 말함. 이하 같음) 제8조제1항 본문에 따르면, 건축물을 건축 또는 대수선하고자 하는 자는 시장·군수·구청장(자치구의 구청장을 말함. 이하 "자치구청장" 이라 함)의 허가를 받아야 하고, 같은 법 제71조제3항 및 같은 법 시행령 제117조제3항에 따르면 시장은 자치구가 아닌 구의 구청장(이하 "비자치구청장" 이라 함)에게 6층 이하로서 연면적이 2천 제곱미터 이하인 건축물의 건축·대수선 및 용도변경에 관한 권한을 위임할 수 있는바, 같은 법 제71조제3항 및 같은 법 시행령 제117조제3항에 따른 6층 이하로서 연면적이 2천 제곱미터 이하인 건축물 외의 건축물의 「건축법」 위반사항에 대하여 그 건축물의 건축주 등에게 공사의 중지명령 등의 시정명령(제69조) 및 이행강제금 부과(제69조의2)를 할 수 있는 권한을 「지방자치법」 제104조제1항(사무의 위임 등)에 따라 비자치구청장에게 위임할 수 있는 지?

회신 「건축법」 제71조제3항 및 같은 법 시행령 제117조제3항에 따른 6층 이하로서 연면적이 2천 제곱미터 이하인 건축물 외의 건축물의 「건축법」 위반사항에 대하여 시장이 그 건축물의 건축주 등에게 공사의 중지명령 등의 시정명령을 할 수 있는 권한(제69조) 및 이행강제금을 부과할 수 있는 권한(제69조의2)을 「지방자치법」 제104조제1항에 따라 비자치구청장에게 위임할 수는 없음(법제처 법령해석 참조, 안건번호 08-0040, 2008.5.1). (※제69조, 제69조의2, 제71조⇒제79조, 제80조, 제82조, 개정 2008.3.21.)

법	시 행 령	시 행 규 칙

2. 「정부출연연구기관 등의 설립 · 운영 및 육성에 관한 법률」 및 「과학기술분야 정부출연연구기관 등의 설립 · 운영 및 육성에 관한 법률」에 따른 연구기관

제83조 【옹벽 등의 공작물에의 준용】 ① 대지를 조성하기 위한 옹벽, 굴뚝, 광고탑, 고가수조(高架水槽), 지하 대피호, 그 밖에 이와 유사한 것으로서 대통령령으로 정하는 공작물을 축조하려는 자는 대통령령으로 정하는 바에 따라 특별자치시장 · 특별자치도지사 또는 시장 · 군수 · 구청장에게 신고하여야 한다. 〈개정 2014.1.14.〉

② 삭제 〈2019.4.30.〉

③ 제14조, 제21조 제5항, 제29조, 제40조제4항, 제41조, 제47조, 제48조, 제55조, 제58조, 제60조, 제61조, 제79조, 제84조, 제85조, 제87조와 「국토의 계획 및 이용에 관한 법률」 제76조는 대통령령으로 정하는 바에 따라 제1항의 경우에 준용한다. 〈개정 2017.4.18., 2019.4.30.〉

법령해석 「건축법 시행령」 제118조제1항제8호에 따른 철골 조립식 주차장은 건축물과 반드시 이격하여 축조해야 하는지 여부

(법제처 18-0034, 2018.3.14.)

질의요지 「건축법 시행령」 제118조제1항제8호에 따른 철골 조립식 주차장을 축조하려는 경우 반드시 건축물과 이격(離隔)하여 축조해야 하는지?

〈질의 배경〉 민원인은 자신이 거주하는 공동주택 근처에 있는 건축물에 연접하여 축조된 철골 조립식 주차장으로 인하여 조망권의 침해를 받게 되자, 「건축법 시행령」 제118조제1항제8호에 따른 신고대상 공

제118조 【옹벽 등의 공작물에의 준용】 ① 법 제83조제1항에 따라 공작물을 축조(건축물과 분리하여 축조하는 것을 말한다. 이하 이 조에서 같다)할 때 특별자치시장 · 특별자치도지사 또는 시장 · 군수 · 구청장에게 신고를 해야 하는 공작물은 다음 각 호와 같다. 〈개정 2016.1.19., 2020.12.15.〉

1. 높이 6미터를 넘는 굴뚝
2. 삭제 〈2020.12.15.〉
3. 높이 4미터를 넘는 장식탑, 기념탑, 첨탑, 광고탑, 광고판, 그 밖에 이와 비슷한 것 〈개정 2020.12.15.〉
4. 높이 8미터를 넘는 고가수조나 그 밖에 이와 비슷한 것
5. 높이 2미터를 넘는 옹벽 또는 담장
6. 바닥면적 30제곱미터를 넘는 지하대피호
7. 높이 6미터를 넘는 골프연습장 등의 운동시설을 위한 철탑, 주거지역 · 상업지역에 설치하는 통신용 철탑, 그 밖에 이와 비슷한 것
8. 높이 8미터(위험을 방지하기 위한 난간의 높이는 제외한다) 이하의 기계식 주차장 및 철골 조립식 주차장(바닥면이 조립식이 아닌 것을 포함한다)으로서 외벽이 없는 것
9. 건축조례로 정하는 제조시설, 저장시설(시멘트사일로를 포함한다), 유희시설, 그 밖에 이와 비슷한 것
10. 건축물의 구조에 심대한 영향을 줄 수 있는 중량물로서 건축조례로 정하는 것
11. 높이 5미터를 넘는 「신에너지 및 재생에너지 개발 · 이용 · 보급 촉진법」 제2조제2호가목에 따른 태양에너지를

제41조 【공작물축조신고】 ① 법 제83조 및 영 제118조에 따라 옹벽 등 공작물의 축조신고를 하려는 자는 별지 제30호서식의 공작물축조신고서에 다음 각 호의 서류 및 도서를 첨부하여 특별자치시장 · 특별자치도지사 또는 시장 · 군수 · 구청장에게 제출(전자문서로 제출하는 것을 포함한다)해야 한다. 다만, 제6조제1항에 따라 건축허가를 신청할 때 건축물의 건축에 관한 사항과 함께 공작물의 축조신고에 관한 사항을 제출한 경우에는 공작물축조신고서의 제출을 생략한다. 〈개정 2020.10.28., 2021.12.31〉

1. 공작물의 배치도
2. 공작물의 구조도
3. 「건축물의 구조기준 등에 관한 규칙」 별지 제2호서식의 구조안전 및 내진설계 확인서(높이가 8미터 이상인 공작물인 경우에만 첨부한다)
4. 별지 제30호의2서식의 공작물 내풍설계 확인서(높이가 8미터 이상인 공작물인 경우에만 첨부한다) 〈신설 2021.12.31〉

② 특별자치시장 · 특별자치도지사 또는

법

작물인 철골 조립식 주차장의 범위는 건축물과 이격하여 축조하는 경우로 한정되는 것이므로 해당 주차장은 신고대상 공작물이 아니라 건축물의 증축에 해당한다고 생각하여 법령해석을 요청함.

회답 「건축법 시행령」 제118조제1항제8호에 따른 철골 조립식 주차장을 축조하려는 경우 반드시 건축물과 이격하여 축조해야 하는 것은 아님

법령해석 자연녹지지역 안에 높이 4미터를 넘는 광고탑을 축조하려는 경우 일조 등의 확보를 위한 건축물의 높이 제한 적용 여부

(법제처 20-0617, 2020.12.29.)

질의요지 자연녹지지역(각주: 「국토의 계획 및 이용에 관한 법률 시행령」 제30조제1항제4호다목에 따른 자연녹지지역을 말하며, 이하 같음.) 안에서 높이 4미터를 넘는 광고탑을 축조하려는 경우 「건축법」 제83조제3항에 따라 같은 법 제61조를 준용하여 인접대지경계선으로부터 일정한 거리를 띄어야 하는지?

〈질의 배경〉 민원인은 위 질의요지에 대해 국토교통부에 문의하였고, 자연녹지지역 안에서 공작물을 축조하는 경우에는 「건축법」 제61조가 적용되지 않는다고 회신을 받자 이에 이견이 있어 법제처에 법령해석을 요청함.

회답 이 사안의 경우 「건축법」 제61조를 준용하여 인접 대지경계선으로부터 일정한 거리를 띄어야 하는 것은 아님

시 행 령

이용하는 발전설비와 그 밖에 이와 비슷한 것

② 제1항 각 호의 어느 하나에 해당하는 공작물을 축조하려는 자는 공작물 축조신고서와 국토교통부령으로 정하는 설계도서를 특별자치시장 · 특별자치도지사 또는 시장 · 군수 · 구청장에게 제출(전자문서에 의한 제출을 포함한다)하여야 한다. 〈개정 2014.10.14.〉

③ 제1항 각 호의 공작물에 관하여는 법 제83조제3항에 따라 법 제14조, 제21조제5항, 제29조, 제40조제4항, 제41조, 제47조, 제48조, 제55조, 제58조, 제60조, 제61조, 제79조, 제84조, 제85조, 제87조 및 「국토의 계획 및 이용에 관한 법률」 제76조를 준용한다. 다만, 제1항제3호의 공작물로서 「옥외광고물 등의 관리와 옥외광고산업 진흥에 관한 법률」에 따라 허가를 받거나 신고를 한 공작물에 관하여는 법 제14조를 준용하지 않고, 제1항제5호의 공작물에 관하여는 법 제58조를 준용하지 않으며, 제1항제8호의 공작물에 관하여는 법 제55조를 준용하지 않고, 제1항제3호 · 제8호의 공작물에 대해서만 법 제61조를 준용한다. 〈개정 2016.7.6., 2020.4.28., 2021.5.4〉

④ 제3항 본문에 따라 법 제48조를 준용하는 경우 해당 공작물에 대한 구조 안전 확인의 내용 및 방법 등은 국토교통부령으로 정한다. 〈신설 2013.11.20.〉

⑤ 특별자치시장 · 특별자치도지사 또는 시장 · 군수 · 구청장은 제1항에 따라 공작물 축조신고를 받았으면 국토교통부령으로 정하는 바에 따라 공작물 관리대장에 그 내용을 작성하고 관리하여야 한다. 〈개정 2014.10.14〉

⑥ 제5항에 따른 공작물 관리대장은 전자적 처리가 불가능한 특별한 사유가 없으면 전자적 처리가 가능한 방법으로 작성하고 관리하여야 한다. 〈개정 2013.11.20.〉

시 행 규 칙

시장 · 군수 · 구청장은 제1항에 따른 공작물축조신고서를 받은 때에는 영 제118조제4항에 따라 별지 제30호의3서식의 공작물의 구조 안전 점검표를 작성 · 검토한 후 별지 제31호서식의 공작물축조신고필증을 신고인에게 발급하여야 한다. 〈개정 2021.12.31〉

③ 삭제 〈2020.5.1.〉

④ 영 제118조제5항의 규정에 의한 공작물관리대장은 별지 제32호서식에 의한다. 〈개정 2014.11.28.〉

제84조【면적 · 높이 및 층수의 산정】 건축물의 대지면적, 연면적, 바닥면적, 높이, 처마, 천장, 바닥 및 층수의 산정방법은 대통령령으로 정한다.

참고 건축면적의 수평투영면적 산정 예시
(건축물의 면적, 높이 등 세부 산정기준)

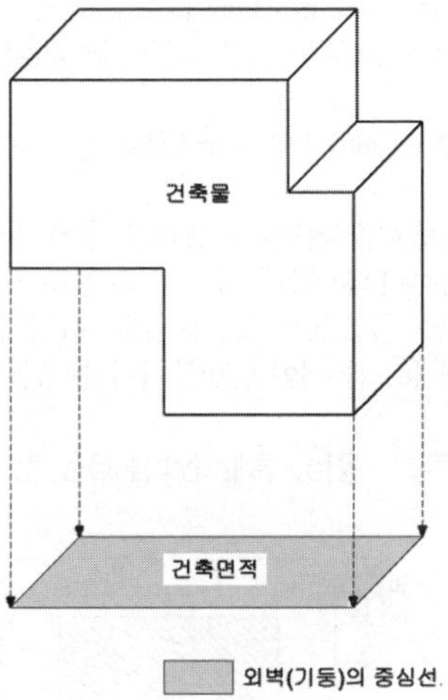

참고 개방된 구조의 건축면적 산정 예시
(건축물의 면적, 높이 등 세부 산정기준)

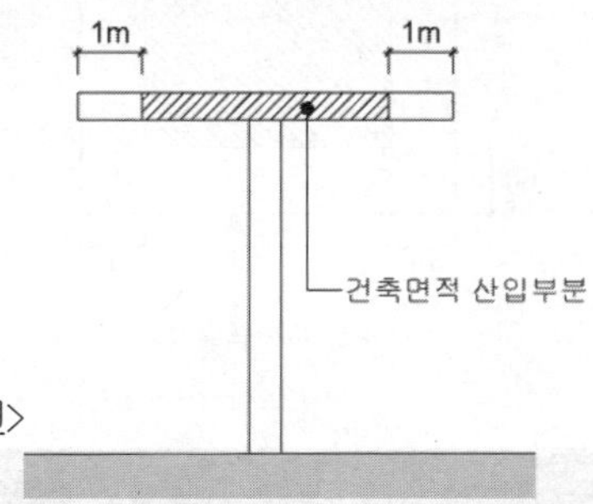

<단면>

제119조【면적 등의 산정방법】 ① 법 제84조에 따라 건축물의 면적 · 높이 및 층수 등은 다음 각 호의 방법에 따라 산정한다. 〈개정 2016.8.11., 2017.5.2., 2017.6.27., 2018.9.4., 2019.10.22., 2020.10.8., 2021.1.8., 2021.5.4., 2021.11.2., 2023.9.12., 2024.5.7., 2024.6.18.〉

1. 대지면적: 대지의 수평투영면적으로 한다. 다만, 다음 각 목의 어느 하나에 해당하는 면적은 제외한다.
   가. 법 제46조제1항 단서에 따라 대지에 건축선이 정하여진 경우: 그 건축선과 도로 사이의 대지면적
   나. 대지에 도시 · 군계획시설인 도로 · 공원 등이 있는 경우: 그 도시 · 군계획시설에 포함되는 대지(「국토의 계획 및 이용에 관한 법률」 제47조제7항에 따라 건축물 또는 공작물을 설치하는 도시 · 군계획시설의 부지는 제외한다)면적
2. 건축면적: 건축물의 외벽(외벽이 없는 경우에는 외곽 부분의 기둥으로 한다. 이하 이 호에서 같다)의 중심선으로 둘러싸인 부분의 수평투영면적으로 한다. 다만, 다음 각 목의 어느 하나에 해당하는 경우에는 해당 목에서 정하는 기준에 따라 산정한다. 〈개정 2024.5.7.〉
   가. 처마, 차양, 부연(附椽), 그 밖에 이와 비슷한 것으로서 그 외벽의 중심선으로부터 수평거리 1미터 이상 돌출된 부분이 있는 건축물의 건축면적은 그 돌출된 끝부분으로부터 다음의 구분에 따른 수평거리를 후퇴한 선으로 둘러싸인 부분의 수평투영면적으로 한다.
      1) 「전통사찰의 보존 및 지원에 관한 법률」 제2조제1호에 따른 전통사찰: 4미터 이하의 범위에서 외벽의 중심선까지의 거리
      2) 사료 투여, 가축 이동 및 가축 분뇨 유출 방지 등을

고시 「건축물 면적, 높이 등 세부 산정기준」
(국토교통부 고시 제2021-1422호, 2021.12.30., 제정)
☞ **1권 2편 참조**

참고 대지의 수평투영면적 산정 예시
(건축물의 면적, 높이 등 세부 산정기준)

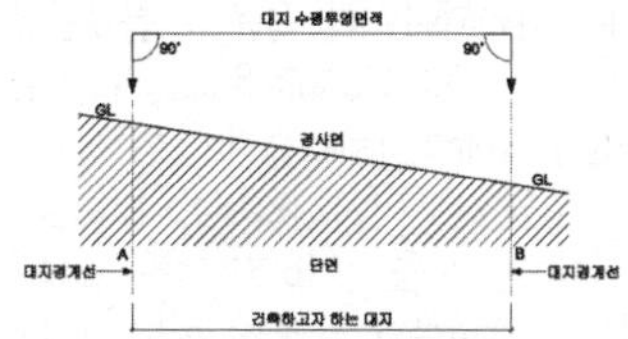

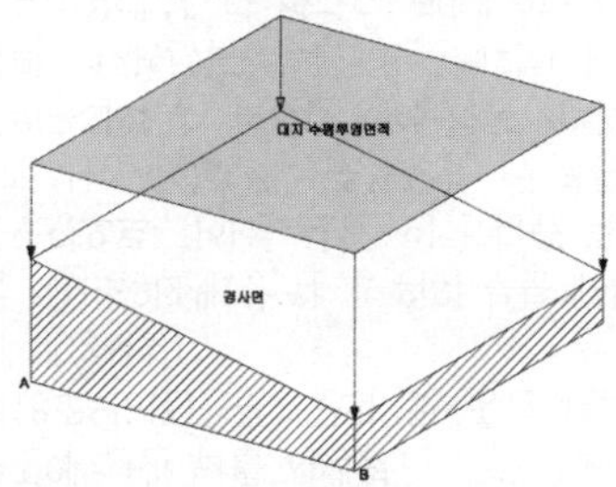

관계법 「전통사찰의 보존 및 지원에 관한 법률」 제2조(정의)
1. "전통사찰"이란 불교 신앙의 대상으로서의 형상(形象)을 봉안(奉安)하고 승려가 수행(修行)하며 신도를 교화하기 위한 시설 및

법	시 행 령	시 행 규 칙

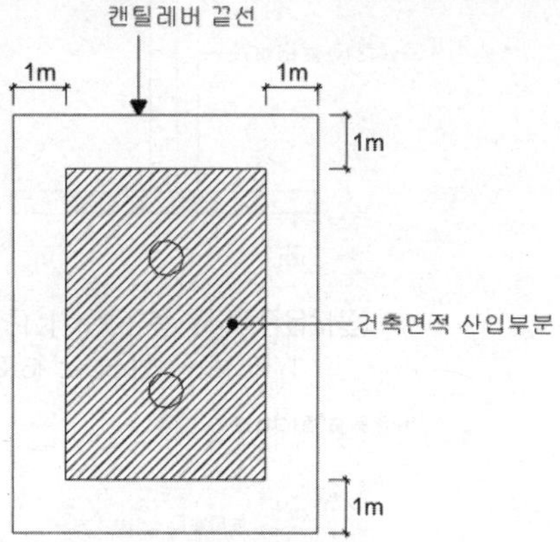

관계법 「신에너지 및 재생에너지 개발·이용·보급 촉진법」

제2조(정의)

3. "신에너지 및 재생에너지 설비"(이하 "신·재생에너지 설비"라 한다)란 신에너지 및 재생에너지(이하 "신·재생에너지"라 한다)를 생산 또는 이용하거나 신·재생에너지의 전력계통 연계조건을 개선하기 위한 설비로서 산업통상자원부령으로 정하는 것을 말한다.

고시 태양열 주택의 기준(건설교통부 고시 1986-386호, 1986.9.4)

1. 적용범위

이 기준은 건축법시행령 제101조 제1항 제2호 및 동시행규칙 제34조의2의 규정에 의하여 태양열을 주된 에너지원으로 이용하는 주택의 건축면적을 산정하기 위하여 자연형 태양열방식(직접획득형, 축열벽형, 부착온실형)을 사용하는 주택에 대하여 규정한다.

위하여 처마, 차양, 부연, 그 밖에 이와 비슷한 것이 설치된 축사: 3미터 이하의 범위에서 외벽의 중심선까지의 거리(두 동의 축사가 하나의 차양으로 연결된 경우에는 6미터 이하의 범위에서 축사 양 외벽의 중심선까지의 거리를 말한다)

3) 한옥: 2미터 이하의 범위에서 외벽의 중심선까지의 거리

4) 「환경친화적자동차의 개발 및 보급 촉진에 관한 법률 시행령」 제18조의5에 따른 충전시설(그에 딸린 충전전용 주차구획을 포함한다)의 설치를 목적으로 처마, 차양, 부연, 그 밖에 이와 비슷한 것이 설치된 공동주택(「주택법」 제15조에 따른 사업계획승인 대상으로 한정한다): 2미터 이하의 범위에서 외벽의 중심선까지의 거리

5) 「신에너지 및 재생에너지 개발·이용·보급 촉진법」 제2조제3호에 따른 신·재생에너지 설비(신·재생에너지를 생산하거나 이용하기 위한 것만 해당한다)를 설치하기 위하여 처마, 차양, 부연, 그 밖에 이와 비슷한 것이 설치된 건축물로서 「녹색건축물 조성 지원법」 제17조에 따른 제로에너지건축물 인증을 받은 건축물: 2미터 이하의 범위에서 외벽의 중심선까지의 거리

6) 「환경친화적 자동차의 개발 및 보급 촉진에 관한 법률」 제2조제9호의 수소연료공급시설을 설치하기 위하여 처마, 차양, 부연 그 밖에 이와 비슷한 것이 설치된 별표 1 제19호가목의 주유소, 같은 호 나목의 액화석유가스 충전소 또는 같은 호 바목의 고압가스 충전소: 2미터 이하의 범위에서 외벽의 중심선까지의

공간으로서 제4조에 따라 등록된 것을 말한다.

관계법 「환경친화적 자동차의 개발 및 보급 촉진에 관한 법률 시행령」

제18조의5(전용주차구역 및 충전시설의 설치 대상시설)

법 제11조의2제1항 각 호 외의 부분에서 "대통령령으로 정하는 시설"이란 다음 각 호에 해당하는 시설로서 「주차장법」에 따른 주차단위구획의 총 수(같은 법에 따른 기계식주차장의 주차단위구획의 수는 제외하며, 이하 "총주차대수"라 한다)가 50개 이상인 시설 중 환경친화적 자동차 보급현황·보급계획·운행현황 및 도로여건 등을 고려하여 특별시·광역시·특별자치시·도·특별자치도(이하 "시·도"라 한다)의 조례로 정하는 시설을 말한다. 〈개정 2022.1.25.〉

1. 공공건물 및 공중이용시설로서 「건축법 시행령」 제3조의5 및 별표 1에 따른 용도별 건축물 중 다음 각 목의 시설
   가. 제1종 근린생활시설~거.관광 휴게시설
2. 「건축법 시행령」 제3조의5 및 별표 1 제2호에 따른 공동주택 중 다음 각 목의 시설
   가. 100세대 이상의 아파트, 나. 기숙사
3. 시·도지사, 시장·군수 또는 구청장이 설치한 「주차장법」 제2조제1호에 따른 주차장

참고 건축면적산정시 제외되는 외부계단의 예시 (건축물의 면적, 높이 등 세부 산정기준)

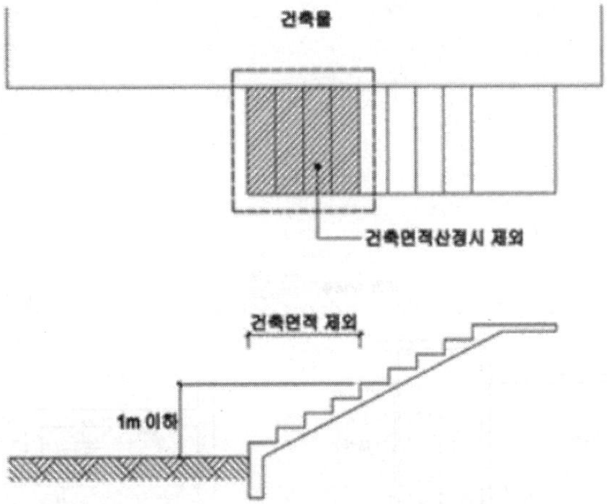

거리

7) 그 밖의 건축물: 1미터

나. 다음의 건축물의 건축면적은 국토교통부령으로 정하는 바에 따라 산정한다.

1) 태양열을 주된 에너지원으로 이용하는 주택

2) 창고 또는 공장 중 물품을 입출고하는 부위의 상부에 한쪽 끝은 고정되고 다른 쪽 끝은 지지되지 않는 구조로 설치된 돌출차양

3) 단열재를 구조체의 외기측에 설치하는 단열공법으로 건축된 건축물

다. 다음의 경우에는 건축면적에 산입하지 않는다.

1) 지표면으로부터 1미터 이하에 있는 부분(창고 중 물품을 입출고하기 위하여 차량을 접안시키는 부분의 경우에는 지표면으로부터 1.5미터 이하에 있는 부분)

2) 「다중이용업소의 안전관리에 관한 특별법 시행령」 제9조에 따라 기존의 다중이용업소(2004년 5월 29일 이전의 것만 해당한다)의 비상구에 연결하여 설치하는 폭 2미터 이하의 옥외 피난계단(기존 건축물에 옥외 피난계단을 설치함으로써 법 제55조에 따른 건폐율의 기준에 적합하지 아니하게 된 경우만 해당한다)

3) 건축물 지상층에 일반인이나 차량이 통행할 수 있도록 설치한 보행통로나 차량통로

4) 지하주차장의 경사로

5) 건축물 지하층의 출입구 상부(출입구 너비에 상당하는 규모의 부분을 말한다)

6) 생활폐기물 보관시설(음식물쓰레기, 의류 등의 수거시설을 말한다. 이하 같다)

7) 「영유아보육법」 제15조에 따른 어린이집(2005년 1

제43조【태양열을 이용하는 주택 등의 건축면적 산정방법 등】 ① 영 제119조제1항제2호나목1) 및 3)에 따라 태양열을 주된 에너지원으로 이용하는 주택의 건축면적과 단열재를 구조체의 외기측에 설치하는 단열공법으로 건축된 건축물의 건축면적은 건축물의 외벽중 내측 내력벽의 중심선을 기준으로 한다. 이 경우 태양열을 주된 에너지원으로 이용하는 주택의 범위는 국토교통부장관이 정하여 고시하는 바에 따른다. 〈개정 2020.10.28.〉

② 영 제119조제1항제2호나목2)에 따라 창고 또는 공장 중 물품을 입출고하는 부위의 상부에 설치하는 한쪽 끝은 고정되고 다른 끝은 지지되지 않는 구조로 된 돌출차양의 면적 중 건축면적에 산입하는 면적은 다음 각 호에 따라 산정한 면적 중 작은 값으로 한다. 〈개정 2017.1.19., 2020.10.28.〉

1. 해당 돌출차양을 제외한 창고의 건축면적의 10퍼센트를 초과하는 면적

2. 해당 돌출차양의 끝부분으로부터 수평거리 6미터를 후퇴한 선으로 둘러싸

법	시 행 령	시 행 규 칙

참고 건축면적산정시 제외되는 장애인용 승강기의 예시 (건축물의 면적, 높이 등 세부 산정기준)

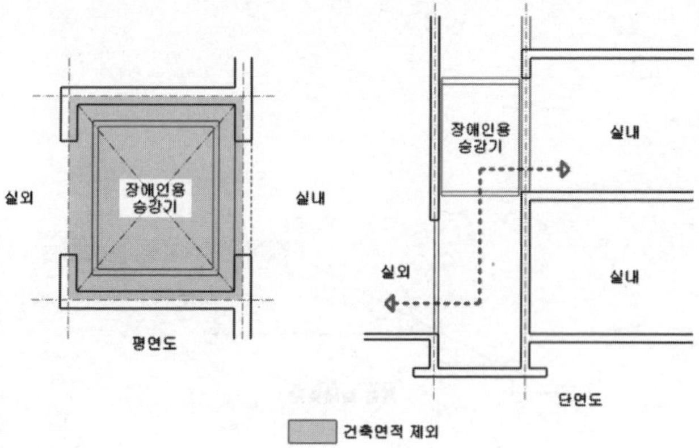

월 29일 이전에 설치된 것만 해당한다)의 비상구에 연결하여 설치하는 폭 2미터 이하의 영유아용 대피용 미끄럼대 또는 비상계단(기존 건축물에 영유아용 대피용 미끄럼대 또는 비상계단을 설치함으로써 법 제55조에 따른 건폐율 기준에 적합하지 아니하게 된 경우만 해당한다)

8) 「장애인 · 노인 · 임산부 등의 편의증진 보장에 관한 법률 시행령」 별표 2의 기준에 따라 설치하는 장애인용 승강기, 장애인용 에스컬레이터, 휠체어리프트 또는 경사로

9) 「가축전염병 예방법」 제17조제1항제1호에 따른 소독설비를 갖추기 위하여 같은 호에 따른 가축사육시설(2015년 4월 27일 전에 건축되거나 설치된 가축사육시설로 한정한다)에서 설치하는 시설

10) 「매장유산 보호 및 조사에 관한 법률」 제14조제1항제1호 및 제2호에 따른 현지보존 및 이전보존을 위하여 매장유산 보호 및 전시에 전용되는 부분

11) 「가축분뇨의 관리 및 이용에 관한 법률」 제12조제1항에 따른 처리시설(법률 제12516호 가축분뇨의 관리 및 이용에 관한 법률 일부개정법률 부칙 제9조에 해당하는 배출시설의 처리시설로 한정한다)

12) 「영유아보육법」 제15조에 따른 설치기준에 따라 직통계단 1개소를 갈음하여 건축물의 외부에 설치하는 비상계단(같은 조에 따른 어린이집이 2011년 4월 6일 이전에 설치된 경우로서 기존 건축물에 비상계단을 설치함으로써 법 제55조에 따른 건폐율 기준에 적합하지 않게 된 경우만 해당한다)

인 부분의 수평투영면적

참고 외부계단의 바닥면적 산정 예시
(건축물의 면적, 높이 등 세부 산정기준)

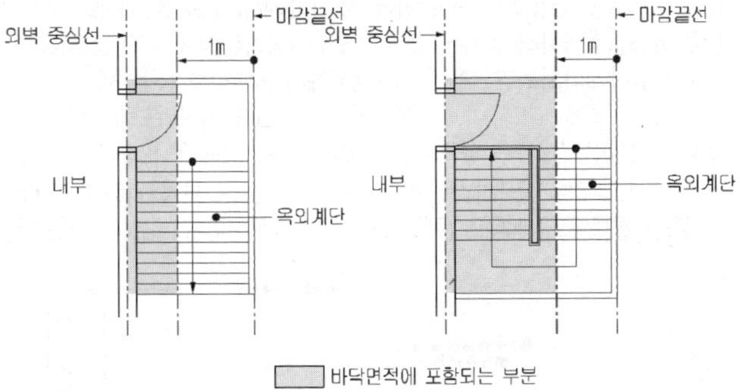

질의 회신 발코니의 바닥면적 산정 여부
(국토교통부 민원마당 FAQ, 2013.12.6.)

질의 가. 발코니 외부에 건축물 전체적(40층 아파트)으로 기둥을 설치한 경우에 있어 이를 바닥면적 산정에서 제외할 수 있는 발코니로 인정할 수 있는 지?

나. 외벽 전체적을 커튼월로 구성한 것을 발코니로 인정할 수 있는 지?

회신 가. 건축법 시행령 제2조 제1항 제15호에 따라 발코니는 건축물의 내부와 외부를 연결하는 완충공간으로서 전망·휴식 등의 목적으로 건축물 외벽에 접하여 부가적으로 설치되는 공간으로 건축물의 구조·형태 상 외벽이 항상 기둥보다 바깥에 있어야 하는 것은 아니므로, 외벽에 부가적으로 설치한 발코니를 기둥 등 내력구조체로 지지한 것만으로 당해 발코니를 실내공간화한 것으로 보기는 어려울 것으로 판단되며 구조적으로 효율적이고 경제적인 건축물의 건축을 위하여 필요한 범위 내에서 발코니를 내력구조체로 지지할 수 있는 것으로 그 범위는 내력구조체의 기능, 형태, 설치위치 등을 확인하여 판단할 수 있을 것임.

나. 건축물의 외벽을 커튼월로 하고 그 내부에 설치하는 공간은 건축법 시행령 제2조 제1항 제15호 및 제119조 제1항 제3호 다목의 규정이 적용되는 발코니로 보기 어려운 것임(건축과-1214, 2003.07.07 참조)

법령해석 다락을 최상층이 아닌 중간층에 설치할 수 있는지 여부
(법제처 17-0184, 2017.6.1.)

3. 바닥면적: 건축물의 각 층 또는 그 일부로서 벽, 기둥, 그 밖에 이와 비슷한 구획의 중심선으로 둘러싸인 부분의 수평투영면적으로 한다. 다만, 다음 각 목의 어느 하나에 해당하는 경우에는 각 목에서 정하는 바에 따른다. 〈개정 2023.9.12., 2024.5.7.〉

가. 벽·기둥의 구획이 없는 건축물은 그 지붕 끝부분으로부터 수평거리 1미터를 후퇴한 선으로 둘러싸인 수평투영면적으로 한다.

나. 건축물의 노대등의 바닥은 난간 등의 설치 여부에 관계없이 노대등의 면적(외벽의 중심선으로부터 노대등의 끝부분까지의 면적을 말한다)에서 노대등이 접한 가장 긴 외벽에 접한 길이에 1.5미터를 곱한 값을 뺀 면적을 바닥면적에 산입한다.

다. 필로티나 그 밖에 이와 비슷한 구조(벽면적의 2분의 1 이상이 그 층의 바닥면에서 위층 바닥 아래면까지 공간으로 된 것만 해당한다)의 부분은 그 부분이 공중의 통행이나 차량의 통행 또는 주차에 전용되는 경우와 공동주택의 경우에는 바닥면적에 산입하지 아니한다.

라. 승강기탑(옥상 출입용 승강장을 포함한다), 계단탑, 장식탑, 다락[층고(層高)가 1.5미터(경사진 형태의 지붕인 경우에는 1.8미터) 이하인 것만 해당한다], 건축물의 내부에 설치하는 냉방설비 배기장치 전용 설치공간(각 세대나 실별로 외부 공기에 직접 닿는 곳에 설치하는 경우로서 1제곱미터 이하로 한정한다), 건축물의 외부 또는 내부에 설치하는 굴뚝, 더스트슈트, 설비덕트, 그 밖에 이와 비슷한 것과 옥상·옥외 또는 지하에 설치하는 물탱크, 기름탱크, 냉각탑, 정화조, 도시가스 정압기, 그 밖에 이와 비슷한 것을 설치하기 위한 구조물과 건축물 간에 화물의

질의 회신 지붕이 없는 옥외관람장 바닥면적 산정 (건교부 건축 58070-1978, 1999.5.31.)

질의 지붕없이 외부에 돌출된 옥외관람장(스텐드)의 바닥면적 산정방법

회신 옥외관람장은 모두 해당 층의 바닥면적에 산입되는 것임

법령해석 건축법 시행령」 제119조제1항제3호다목에 따른 필로티와 비슷한 구조의 판단 시 "벽면적"의 의미
(법제처 19-0583, 2019.11.11.)

질의요지 「건축법 시행령」 제119조제1항제3호다목에 따른 "필로티나 그 밖에 이와 비슷한 구조(벽면적의 2분의 1 이상이 그 층의 바닥면에서 위층 바닥 아래면까지 공간으로 된 것만 해당한다)의 부분"에서의 "벽면적"은 건축물 최외측의 벽면적을 의미하는지 아니면 필로티와 비슷한 구조로 구획된 부분의 벽면적을 의미하는지?

회답 이 사안의 경우 필로티와 비슷한 구조로 구획된 부분의 벽면적을 의미함

법령해석 바닥면적 산정 시 산입되지 않는 공동주택 필로티의 범위
(법제처 20-0536, 2020.12.2.)

질의요지 「건축법 시행령」 제119조제1항제3호다목에서는 필로티나 그 밖에 이와 비슷한 구조(각주: 벽면적의 2분의 1 이상이 그 층의 바닥면에서 위층 바닥 아래면까지 공간으로 된 것을 말하며, 이하 같음.)의 부분은 그 부분이 공중의 통행이나 차량의 통행 또는 주차에 전용되는 경우와 공동주택의 경우에는 바닥면적에 산입하지 않는다고 규정하고 있는바, 공동주택 중 연립주택의 경우(각주: 「건

법	시 행 령	시 행 규 칙

질의요지 「건축법 시행령」 제119조제1항제3호에서는 건축물의 바닥면적은 그 건축물의 각 층 또는 그 일부로서 벽, 기둥, 그 밖에 이와 비슷한 구획의 중심선으로 둘러싸인 부분의 수평투영면적으로 하되, 같은 호 각 목의 어느 하나에 해당하는 경우에는 각 목에서 정하는 바에 따른다고 규정하면서, 같은 호 라목에서는 다락[층고(層高)가 1.5미터(경사진 형태의 지붕인 경우에는 1.8미터를 말함) 이하인 것만 해당함. 이하 같음]은 바닥면적에 산입하지 아니한다고 규정하고 있는바, 「건축법 시행령」 제119조제1항제3호라목에 따라 바닥면적에 산입되지 않는 "다락"의 설치 장소가 건축물의 최상층으로 제한되는지?

회답 「건축법 시행령」 제119조제1항제3호라목에 따라 바닥면적에 산입되지 않는 "다락"의 설치 장소는 건축물의 최상층으로 제한되지 않음.

참고 외단열건축물의 구획 중심선 산정 예시
(건축물의 면적, 높이 등 세부 산정기준)

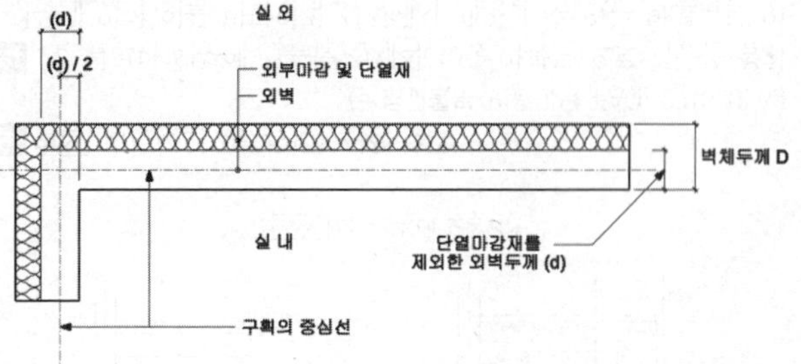

관계법 「장애인 · 노인 · 임산부 등의 편의증진 보장에 관한 법률 시행령」 별표 2(대상시설별 편의시설의 종류 및 설치기준) 제3호가목(6)

(6) 장애인등의 통행이 가능한 계단, 장애인용 승강기, 장애인용 에스컬레이터, 휠체어리프트 또는 경사로

(가) 장애인등이 건축물의 1개층에서 다른 층으로 편리하게 이동할 수 있도록 그 이용에 편리한 구조로 계단을 설치하거나 장애인용 승강기, 장애인용 에스컬레이터, 휠체어리프트(신축하는 경우에는 수직형 휠체어리프트를 설치하여야 한다) 또는 경사로를 1대 또는 1곳 이상 설치하여야 한다. 다만, 장애인등이 이용하는 시설이 1층에만 있는 경우에는 그러하지 않다.

(나) (가)의 건축물중 6층 이상의 연면적이 2천제곱미터 이상인 건축

이동에 이용되는 컨베이어벨트만을 설치하기 위한 구조물은 바닥면적에 산입하지 않는다.

마. 공동주택으로서 지상층에 설치한 기계실, 전기실, 어린이놀이터, 조경시설 및 생활폐기물 보관시설의 면적은 바닥면적에 산입하지 않는다.

바. 「다중이용업소의 안전관리에 관한 특별법 시행령」 제9조에 따라 기존의 다중이용업소(2004년 5월 29일 이전의 것만 해당한다)의 비상구에 연결하여 설치하는 폭 1.5미터 이하의 옥외 피난계단(기존 건축물에 옥외 피난계단을 설치함으로써 법 제56조에 따른 용적률에 적합하지 아니하게 된 경우만 해당한다)은 바닥면적에 산입하지 아니한다.

사. 제6조제1항제6호에 따른 건축물을 리모델링하는 경우로서 미관 향상, 열의 손실 방지 등을 위하여 외벽에 부가하여 마감재 등을 설치하는 부분은 바닥면적에 산입하지 아니한다.

아. 제1항제2호나목3)의 건축물의 경우에는 단열재가 설치된 외벽 중 내측 내력벽의 중심선을 기준으로 산정한 면적을 바닥면적으로 한다.

자. 「영유아보육법」 제15조에 따른 어린이집(2005년 1월 29일 이전에 설치된 것만 해당한다)의 비상구에 연결하여 설치하는 폭 2미터 이하의 영유아용 대피용 미끄럼대 또는 비상계단의 면적은 바닥면적(기존 건축물에 영유아용 대피용 미끄럼대 또는 비상계단을 설치함으로써 법 제56조에 따른 용적률 기준에 적합하지 아니하게 된 경우만 해당한다)에 산입하지 아니한다.

차. 「장애인 · 노인 · 임산부 등의 편의증진 보장에 관한 법률 시행령」 별표 2의 기준에 따라 설치하는 장애인용 승강기, 장애인용 에스컬레이터, 휠체어리프트 또는 경사로

축법 시행령」 별표 1 제2호 각 목 외의 부분 단서에 해당하지 않아 연립주택의 1층이 층수에서 제외되지 않은 경우를 전제함.) 바닥면적 산정에서 제외되는 필로티 부분은 해당 필로티를 주차 용도로 사용하는 경우로 한정되는지?

회답 이 사안의 경우 바닥면적 산정에서 제외되는 필로티 부분은 해당 필로티를 주차 용도로 사용하는 경우로 한정되지 않음

법령해석 옥상의 건축물 형태의 물탱크실이 바닥면적 산입에서 제외되는지 여부

(법제처 10-0193, 2010.8.3.)

질의요지 물탱크를 설치하기 위해 옥상에 건축물의 형태(지붕과 기둥 또는 벽이 있는 것)로 설치한 구조물의 수평투영면적이 해당 건축물의 건축면적의 8분의 1을 초과하여 「건축법 시행령」 제119조제1항제9호에 따라 해당 건축물의 층수에 포함된 경우, 이 구조물 안에 물탱크를 설치하고 물탱크실로만 사용한다면, 이 구조물은 「건축법 시행령」 제119조제1항제3호에 따라 물탱크를 설치하기 위한 구조물로서 바닥면적의 산입에서 제외되는지?

회답 물탱크를 설치하기 위해 옥상에 건축물의 형태(지붕과 기둥 또는 벽이 있는 것)로 설치한 구조물의 수평투영면적이 해당 건축물의 건축면적의 8분의 1을 초과하여 「건축법 시행령」 제119조제1항제9호에 따라 해당 건축물의 층수에 포함된 경우, 이 구조물 안에 물탱크를 설치하고 물탱크실로만 사용한다면, 이 구조물은 「건축법 시행령」 제119조제1항제3호에 따라 물탱크를 설치하기 위한 구조물로서 바닥면적의 산입에서 제외됨

법령해석 건축물의 바닥면적 산정 시 장애인용

법	시 행 령	시 행 규 칙

물(층수가 6층인 건축물로서 각 층 거실의 바닥면적 300제곱미터 이내마다 1개소 이상의 직통계단을 설치한 경우를 제외한다)의 경우에는 장애인용 승강기, 장애인용 에스컬레이터, 휠체어리프트(신축하는 경우에는 수직형 휠체어리프트를 설치하여야 한다) 또는 경사로를 1대 또는 1곳 이상 설치하여야 한다.

관계법 「가축전염병 예방법」 제17조(소독설비 및 실시 등)

① 가축전염병이 발생하거나 퍼지는 것을 막기 위하여 다음 각 호의 어느 하나에 해당하는 자는 농림축산식품부령으로 정하는 바에 따라 소독설비 및 방역설비를 갖추어야 한다. 〈개정 2021.4.13.〉

1. 가축사육시설(50제곱미터 이하는 제외한다)을 갖추고 있는 가축의 소유자등. 다만, 50제곱미터 이하의 가축사육시설을 갖추고 있는 가축의 소유자등은 울타리, 방조망, 분무용 소독장비, 신발소독조 등의 소독설비 및 방역시설을 갖추어야 한다.

관계법 「매장문화재 보호 및 조사에 관한 법률」

제14조(발굴된 매장문화재의 보존조치)

① 국가유산청장은 발굴된 매장문화재가 역사적 · 예술적 또는 학술적으로 가치가 큰 경우 「문화유산의 보존 및 활용에 관한 법률」 제8조에 따른 문화유산위원회의 심의를 거쳐 발굴허가를 받은 자에게 그 발굴된 매장유산에 대하여 다음 각 호의 보존조치를 지시할 수 있다. 〈개정 2023.8.8., 2024.2.13〉

1. 현지보존: 문화재의 전부 또는 일부를 발굴 전 상태로 다시 메워 보존하거나 외부에 노출시켜 보존하는 것
2. 이전보존: 문화재의 전부 또는 일부를 발굴현장에서 개발사업 부지 내의 다른 장소로 이전하거나 박물관, 전시관 등 개발사업 부지 밖의 장소로 이전하여 보존하는 것
3. 기록보존: 발굴조사 결과를 정리하여 그 기록을 보존하는 것

는 바닥면적에 산입하지 아니한다.

카. 「가축전염병 예방법」 제17조제1항제1호에 따른 소독설비를 갖추기 위하여 같은 호에 따른 가축사육시설(2015년 4월 27일 전에 건축되거나 설치된 가축사육시설로 한정한다)에서 설치하는 시설은 바닥면적에 산입하지 아니한다.

타. 「매장유산 보호 및 조사에 관한 법률」 제14조제1항제1호 및 제2호에 따른 현지보존 및 이전보존을 위하여 매장유산 보호 및 전시에 전용되는 부분은 바닥면적에 산입하지 아니한다.

파. 「영유아보육법」 제15조에 따른 설치기준에 따라 직통계단 1개소를 갈음하여 건축물의 외부에 설치하는 비상계단의 면적은 바닥면적(같은 조에 따른 어린이집이 2011년 4월 6일 이전에 설치된 경우로서 기존 건축물에 비상계단을 설치함으로써 법 제56조에 따른 용적률 기준에 적합하지 않게 된 경우만 해당한다)에 산입하지 않는다.

하. 지하주차장의 경사로(지상층에서 지하 1층으로 내려가는 부분으로 한정한다)는 바닥면적에 산입하지 않는다.

거. 제46조제4항제3호에 따른 대피공간의 바닥면적은 건축물의 각 층 또는 그 일부로서 벽의 내부선으로 둘러싸인 부분의 수평투영면적으로 한다. 〈신설 2023.9.12.〉

너. 제46조제5항제3호 또는 제4호에 따른 구조 또는 시설(해당 세대 밖으로 대피할 수 있는 구조 또는 시설만 해당한다)을 같은 조 제4항에 따른 대피공간에 설치하는 경우 또는 같은 조 제5항제4호에 따른 대체시설을 발코니(발코니의 외부에 접하는 경우를 포함한다. 이하 같다)에 설치하는 경우에는 해당 구조 또는 시설이 설치되는 대피공간 또는 발코니의 면적 중 다음의 구분에 따른 면적까지를

승강기 등의 면적을 제외하도록 한 규정의 적용 범위 (법제처 18-0246, 2018.9.3.)

질의요지 건축물의 바닥면적 산정 시 장애인용 승강기 등의 면적을 제외하도록 한 「건축법 시행령」 제119조제1항제3호차목이 「장애인 · 노인 · 임산부 등의 편의증진 보장에 관한 법률 시행령」 별표 2 제3호 및 제4호에 따른 시설에 장애인용 승강기 등을 설치하는 경우에만 적용되는지, 아니면 그 밖의 시설에 장애인용 승강기 등을 설치하는 경우에도 적용되는지?

회답 이 사안의 경우 그 밖의 시설에 장애인용 승강기 등을 설치하는 경우에도 적용됨

법령해석 아파트 대피공간의 바닥면적 계산 방법 (법제처 19-0050, 2019.5.14.)

질의요지 「건축법」 제84조 및 같은 법 시행령 제119조제1항제3호에서는 건축물의 바닥면적 산정방법을 규정하고 있는데, 같은 영 제46조제4항제3호에 따라 아파트의 발코니에 설치한 대피공간의 바닥면적을 산정할 때 같은 영 제119조제1항제3호나목에 따른 바닥면적 산정방법을 적용해야 하는지?

회답 이 사안의 경우 「건축법 시행령」 제119조제1항제3호나목에 따른 바닥면적 산정방법이 적용되지 않음(아파트의 발코니에 설치한

법	시 행 령	시 행 규 칙

바닥면적에 산입하지 않는다. 〈신설 2023.9.12.〉
1) 인접세대와 공동으로 설치하는 경우: 4제곱미터
2) 각 세대별로 설치하는 경우: 3제곱미터

4. 연면적: 하나의 건축물 각 층의 바닥면적의 합계로 하되, 용적률을 산정할 때에는 다음 각 목에 해당하는 면적은 제외한다. 〈개정 2021.1.8.〉
가. 지하층의 면적
나. 지상층의 주차용(해당 건축물의 부속용도인 경우만 해당한다)으로 쓰는 면적
다. 삭제 〈2012.12.12〉
라. 삭제 〈2012.12.12〉
마. 제34조제3항 및 제4항에 따라 초고층 건축물과 준초고층 건축물에 설치하는 피난안전구역의 면적
바. 제40조제4항제2호에 따라 건축물의 경사지붕 아래에 설치하는 대피공간의 면적 〈개정 2021.1.8.〉

5. 건축물의 높이: 지표면으로부터 그 건축물의 상단까지의 높이[건축물의 1층 전체에 필로티(건축물을 사용하기 위한 경비실, 계단실, 승강기실, 그 밖에 이와 비슷한 것을 포함한다)가 설치되어 있는 경우에는 법 제60조 및 법 제61조제2항을 적용할 때 필로티의 층고를 제외한 높이]로 한다. 다만, 다음 각 목의 어느 하나에 해당하는 경우에는 각 목에서 정하는 바에 따른다. 〈개정 2024.6.18.〉
가. 법 제60조에 따른 건축물의 높이는 전면도로의 중심선으로부터의 높이로 산정한다. 다만, 전면도로가 다음의 어느 하나에 해당하는 경우에는 그에 따라 산정한다.
1) 건축물의 대지에 접하는 전면도로의 노면에 고저차가 있는 경우에는 그 건축물이 접하는 범위의 전면도로 부분의 수평거리에 따라 가중평균한 높이의 수평면을

질의 회신 1층 필로티로 된 지하 상가 지상 공동주택인 경우의 층고 산정 방법 (건교부 건축과-2166, 2005.4.21.)

질의 대지 안에서 1층 전체가 필로티인 공동주택과 상가가 지하로 연결되어 있는 경우 공동주택의 높이 산정시 필로티의 층고를 제외할 수 있는지의 여부

회신 건축법 시행령 제86조제2항의 규정을 적용함에 있어서 동령 제119조제1항 제5호에 따른 건축물의 높이는 지표면으로부터 해당 건축물의 높이[건축물의 1층 전체에 필로티(건축물의 사용을 위한 경비실 · 계단실 · 승강기실 그 밖에 이와 유사한 것을 포함)가 설치되어 있는 경우에는 필로티의 층고를 제외한 높이]로 하는 바, 질의의 경우 지표면 위를 각각의 건축물로 하여 영 제86조제2항의 규정을 적용하는 것이 타당할 것으로 사료됨

"대피공간의 바닥면적"은 실제로 대피공간으로 활용할 수 있는 구획된 내부 공간의 바닥을 기준으로 산정해야 하고, 같은 영 제119조제1항제3호나목은 적용되지 않는다고 보는 것이 타당함)▶제119조제1항제3호거목 참조

참고 전면도로 높이제한 적용시 높이 산정 (건축물의 면적, 높이 등 세부 산정기준)

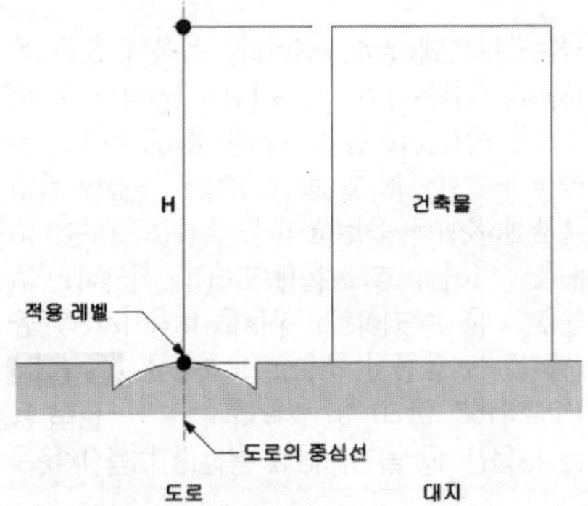

(법 제60조 규정 적용시)

참고 1층 전체 필로티가 있는 건축물의 높이 산정
(건축물의 면적, 높이 등 세부 산정기준)

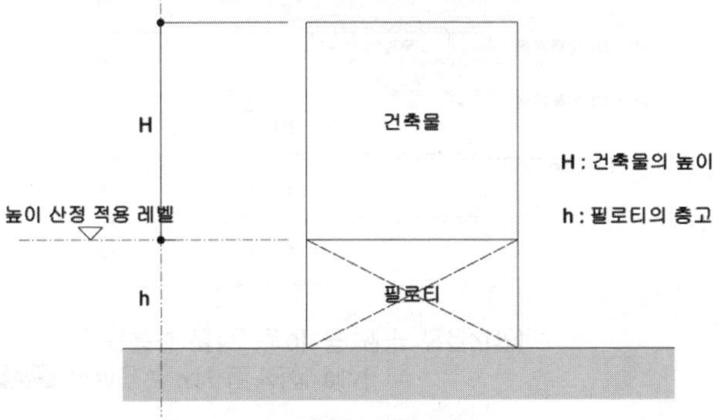

(법 제60조, 제61조제2항 적용시)

참고 옥탑등의 면적이 건축면적의 1/8이하일 경우 건축물의 높이 산정 예시 (건축물의 면적, 높이 등 세부 산정기준)

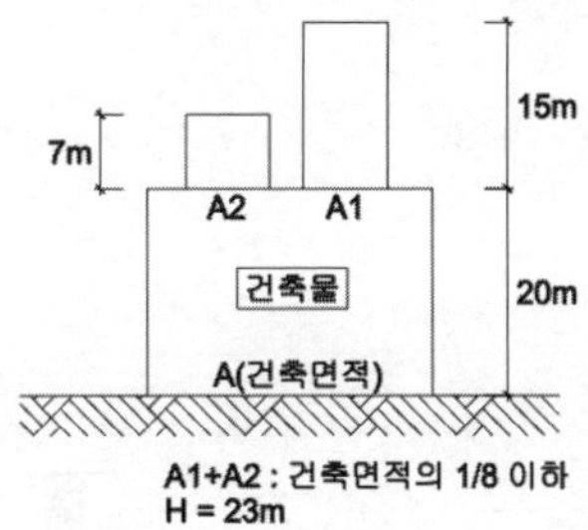

질의 회신 처마높이의 산정

(건교부 건축 444.1-18258, 1972.10.21.)

질의 건축법시행령 제119조 제1항 제6호에 따른 처마높이의 산정방법에 있어 그림과 같이 철근콘크리트조 또는 벽돌조의 철근콘크리트슬래브일 때 어느 부분으로 처마높이를 산정하여야 하는지?

전면도로면으로 본다.

2) 건축물의 대지의 지표면이 전면도로보다 높은 경우에는 그 고저차의 2분의 1의 높이만큼 올라온 위치에 그 전면도로의 면이 있는 것으로 본다.

나. 법 제61조에 따른 건축물 높이를 산정할 때 건축물 대지의 지표면과 인접 대지의 지표면 간에 고저차가 있는 경우에는 그 지표면의 평균 수평면을 지표면으로 본다. 다만, 법 제61조제2항에 따른 높이를 산정할 때 해당 대지가 인접 대지의 높이보다 낮은 경우에는 해당 대지의 지표면을 지표면으로 보고, 공동주택을 다른 용도와 복합하여 건축하는 경우에는 공동주택의 가장 낮은 부분을 그 건축물의 지표면으로 본다.

다. 건축물의 옥상에 설치되는 승강기탑(옥상 출입용 승강장을 포함한다)ㆍ계단탑ㆍ망루ㆍ장식탑ㆍ옥탑 등으로서 그 수평투영면적의 합계가 해당 건축물 건축면적의 8분의 1(「주택법」 제15조제1항에 따른 사업계획승인 대상인 공동주택 중 세대별 전용면적이 85제곱미터 이하인 경우에는 6분의 1) 이하인 경우로서 그 부분의 높이가 12미터를 넘는 경우에는 그 넘는 부분만 해당 건축물의 높이에 산입한다.

라. 지붕마루장식ㆍ굴뚝ㆍ방화벽의 옥상돌출부나 그 밖에 이와 비슷한 옥상돌출물과 난간벽(그 벽면적의 2분의 1 이상이 공간으로 되어 있는 것만 해당한다)은 그 건축물의 높이에 산입하지 아니한다.

6. 처마높이: 지표면으로부터 건축물의 지붕틀 또는 이와 비슷한 수평재를 지지하는 벽ㆍ깔도리 또는 기둥의 상단까지의 높이로 한다.

7. 반자높이: 방의 바닥면으로부터 반자까지의 높이로 한다.

질의 회신 정북방향의 난간벽만 벽면적의 2분의1 이상 공간으로 되어 있을 경우 정북방향 일조기준 적용 여부

국토교통부 민원마당 FAQ 2022.6.28.

질의 옥상의 난간벽 중 정북방향의 난간벽만 그 벽면적의 2분의 1 이상이 공간으로 되어 있을 경우에도 정북방향 일조기준을 적용받지 않는지?

회신 「건축법 시행령」 제119조제1항제5호 라목에 따르면 지붕마루장식, 굴뚝, 방화벽의 옥상돌출부나 그 밖에 이와 비슷한 옥상돌출물과 난간벽(그 벽면적의 2분의 1 이상이 공간으로 되어 있는 것만 해당한다)은 건축물의 높이에 산입하지 아니하도록 규정하고 있는 바, 상기 난간벽 면적 산정시에는 특정 방위가 아닌 전체를 대상으로 적용하여야 하는 것으로

법	시 행 령	시 행 규 칙

회신 본질의에 대한 건축물의 처마높이는
① 그림 1에 있어서는 '라' 부분
② 그림 2에 있어서는 '나' 부분으로 산정됨

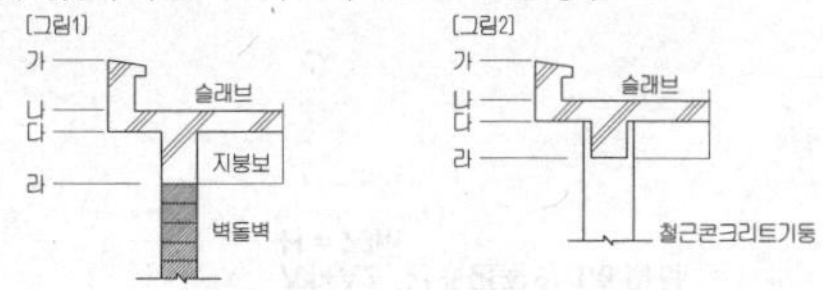

참고 지하층의 지표면 산정 예시
(건축물의 면적, 높이 등 세부 산정기준)

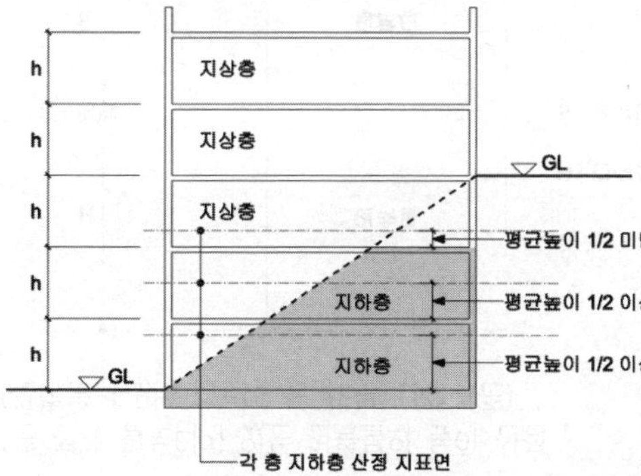

다만, 한 방에서 반자높이가 다른 부분이 있는 경우에는 그 각 부분의 반자면적에 따라 가중평균한 높이로 한다.

8. 층고: 방의 바닥구조체 윗면으로부터 위층 바닥구조체의 윗면까지의 높이로 한다. 다만, 한 방에서 층의 높이가 다른 부분이 있는 경우에는 그 각 부분 높이에 따른 면적에 따라 가중평균한 높이로 한다.

9. 층수: 승강기탑(옥상 출입용 승강장을 포함한다), 계단탑, 망루, 장식탑, 옥탑, 그 밖에 이와 비슷한 건축물의 옥상 부분으로서 그 수평투영면적의 합계가 해당 건축물 건축면적의 8분의 1(「주택법」 제15조제1항에 따른 사업계획승인 대상인 공동주택 중 세대별 전용면적이 85제곱미터 이하인 경우에는 6분의 1) 이하인 것과 지하층은 건축물의 층수에 산입하지 아니하고, 층의 구분이 명확하지 아니한 건축물은 그 건축물의 높이 4미터마다 하나의 층으로 보고 그 층수를 산정하며, 건축물이 부분에 따라 그 층수가 다른 경우에는 그 중 가장 많은 층수를 그 건축물의 층수로 본다.

10. 지하층의 지표면: 법 제2조제1항제5호에 따른 지하층의 지표면은 각 층의 주위가 접하는 각 지표면 부분의 높이를 그 지표면 부분의 수평거리에 따라 가중평균한 높이의 수평면을 지표면으로 산정한다.

② 제1항 각 호(제10호는 제외한다)에 따른 기준에 따라 건축물의 면적 · 높이 및 층수 등을 산정할 때 지표면에 고저차가 있는 경우에는 건축물의 주위가 접하는 각 지표면 부분의 높이를 그 지표면 부분의 수평거리에 따라 가중평균한 높이의 수평면을 지표면으로 본다. 이 경우 그 고저차가 3미터를 넘는 경우에는 그 고저차 3미터 이내의 부분마다 그 지표면을 정한다.

③ 다음 각 호의 요건을 모두 갖춘 건축물의 건폐율을 산

사료됨

질의 회신 층고산정 기준
(건교부 건축 58070-1315, 1999.4.14.)

질의 층고산정 기준은

회신 건축법시행령 제119조 제1항 제8호에 따른 층고산정기준은 아래층 바닥면에서 위층 바닥면으로 마감면이 아닌 구조체를 기준으로 산정(질의 그림③) 하는 것임

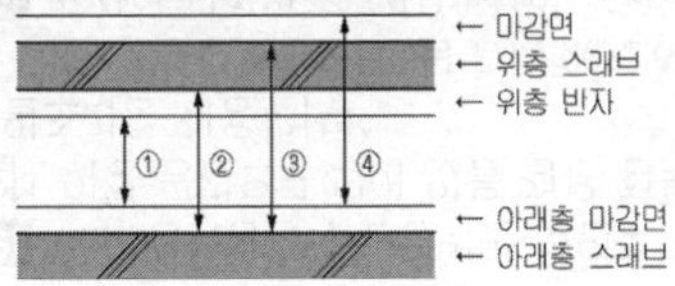

법령해석 "건축물의 주위가 접하는 각 지표면 부분의 높이"에서 건축물의 의미
(법제처 16-0078, 2016.6.2.)

질의요지 「건축법 시행령」 제119조제2항 전단에서는 건축물의 높이를 산정할 때 지표면에 고저차가 있는 경우에는 건축물의 주위가 접하는 각 지표면 부분의 높이를 그 지표면 부분의 수평거리에 따라 가중평균한 높이의 수평면을 지표면으로 본다고 규정하고 있는바, 지표면에 고저차가 있는 하나의 대지에 여러 건축물이 있는 경우 「건축법 시행령」 제119조제2항 전단에서 규정하고 있는 "건축물의 주위가 접하는 각 지표면 부분의 높이"에서의 건축물은 개별적인 각각의 건축물을 의미하는

참고 저층 개방부 상부의 건축면적 산정 제외의 도해(예)

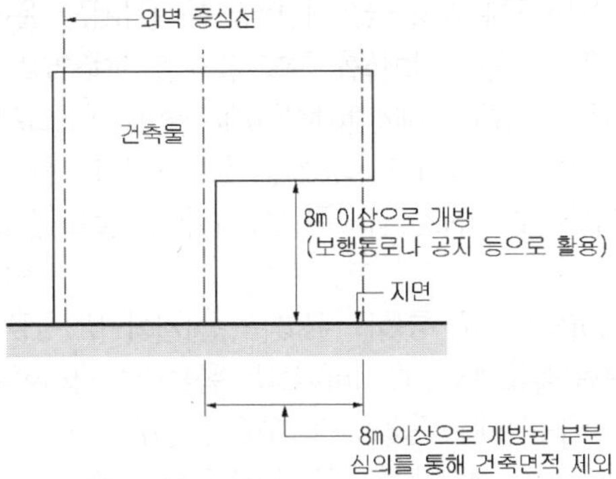

(입면도)

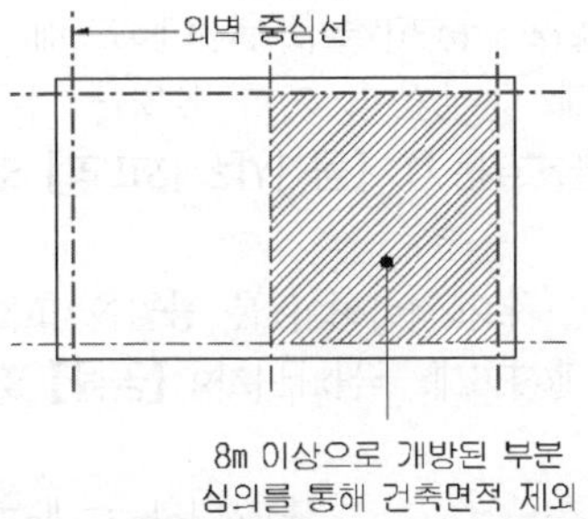

(수평투영도)

제85조【「행정대집행법」 적용의 특례】 ① 허가권자는 제11조, 제14조, 제41조와 제79조제1항에 따라 필요한 조치를 할 때 다음 각 호의 어느 하나에 해당하는 경우로서 「행정대집행법」 제3조제1항과 제2항에 따른 절차에 의하면 그 목적을 달성하기 곤란한 때에는 해당 절차를 거치지 아니하고 대집행할 수 있다. 〈개정 2020.6.9.〉

1. 재해가 발생할 위험이 절박한 경우
2. 건축물의 구조 안전상 심각한 문제가 있어 붕괴 등 손괴의

정할 때에는 제1항제2호에도 불구하고 지방건축위원회의 심의를 통해 제2호에 따른 개방 부분의 상부에 해당하는 면적을 건축면적에서 제외할 수 있다. 〈신설 2020.4.21.〉

1. 다음 각 목의 어느 하나에 해당하는 시설로서 해당 용도로 쓰는 바닥면적의 합계가 1천제곱미터 이상일 것
   가. 문화 및 집회시설(공연장 · 관람장 · 전시장만 해당한다)
   나. 교육연구시설(학교 · 연구소 · 도서관만 해당한다)
   다. 수련시설 중 생활권 수련시설, 업무시설 중 공공업무시설
2. 지면과 접하는 저층의 일부를 높이 8미터 이상으로 개방하여 보행통로나 공지 등으로 활용할 수 있는 구조 · 형태일 것

④ 제1항제5호다목 또는 제1항제9호에 따른 수평투영면적의 산정은 제1항제2호에 따른 건축면적의 산정방법에 따른다. 〈개정 2020.4.21.〉

⑤ 국토교통부장관은 제1항부터 제4항까지에서 규정한 건축물의 면적, 높이 및 층수 등의 산정방법에 관한 구체적인 적용사례 및 적용방법 등을 작성하여 공개할 수 있다. 〈신설 2021.5.4.〉

제119조의2【「행정대집행법」 적용의 특례】 법 제85조제1항제5호에서 "대통령령으로 정하는 경우"란 「대기환경보전법」에 따른 대기오염물질 또는 「물환경보전법」에 따른 수질오염물질을 배출하는 건축물로서 주변 환경을 심각하게 오염시킬 우려가 있는 경우를 말한다. 〈개정 2019.10.22.〉

관계법 「행정대집행법」 제3조(대집행의 절차)
① 전조의 규정에 의한 처분(이하 대집행이라 한다)을 하려함에 있어서는 상당한 이행기한을 정하여 그 기한까지 이행되지 아니할 때에는

지, 아니면 여러 건축물 전부를 의미하는지?

회답 지표면에 고저차가 있는 하나의 대지에 여러 건축물이 있는 경우 「건축법 시행령」 제119조제2항 전단에서 규정하고 있는 "건축물의 주위가 접하는 각 지표면 부분의 높이"에서의 건축물은 여러 건축물 전부를 의미하는 것이 아니라 개별적인 각각의 건축물을 의미함.

고시 「건축물 면적, 높이 등 세부 산정기준」
(국토교통부 고시 제2021-1422호, 2021.12.30., 제정)

법

위험이 예상되는 경우
3. 허가권자의 공사중지명령을 받고도 따르지 아니하고 공사를 강행하는 경우
4. 도로통행에 현저하게 지장을 주는 불법건축물인 경우
5. 그 밖에 공공의 안전 및 공익에 매우 저해되어 신속하게 실시할 필요가 있다고 인정되는 경우로서 대통령령으로 정하는 경우

② 제1항에 따른 대집행은 건축물의 관리를 위하여 필요한 최소한도에 그쳐야 한다.

제86조【청문】 허가권자는 제79조에 따라 허가나 승인을 취소하려면 청문을 실시하여야 한다.

제87조【보고와 검사 등】 ① 국토교통부장관, 시·도지사, 시장·군수·구청장, 그 소속 공무원, 제27조에 따른 업무대행자 또는 제37조에 따른 건축지도원은 건축물의 건축주등, 공사감리자, 공사시공자 또는 관계전문기술자에게 필요한 자료의 제출이나 보고를 요구할 수 있으며, 건축물·대지 또는 건축공사장에 출입하여 그 건축물, 건축설비, 그 밖에 건축공사에 관련되는 물건을 검사하거나 필요한 시험을 할 수 있다. 〈개정 2016.2.3.〉

② 제1항에 따라 검사나 시험을 하는 자는 그 권한을 표시하는 증표를 지니고 이를 관계인에게 내보여야 한다.

③ 허가권자는 건축관계자등과의 계약 내용을 검토할 수 있으며, 검토결과 불공정 또는 불합리한 사항이 있어 부실설계·시공·감리가 될 우려가 있는 경우에는 해당 건축주에게 그 사실을 통보하고 해당 건축물의 건축공사 현장을 특별히 지도·감독하여야 한다. 〈신설 2016.2.3.〉

시 행 령

대집행을 한다는 뜻을 미리 문서로써 계고하여야 한다. 이 경우 행정청은 상당한 이행기한을 정함에 있어 의무의 성질·내용 등을 고려하여 사회통념상 해당 의무를 이행하는 데 필요한 기간이 확보되도록 하여야 한다. 〈개정 2015.5.18.〉

② 의무자가 전항의 계고를 받고 지정기한까지 그 의무를 이행하지 아니할 때에는 당해 행정청은 대집행영장으로써 대집행을 할 시기, 대집행을 시키기 위하여 파견하는 집행책임자의 성명과 대집행에 요하는 비용의 개산에 의한 견적액을 의무자에게 통지하여야 한다.

③ 비상시 또는 위험이 절박한 경우에 있어서 당해 행위의 급속한 실시를 요하여 전2항에 규정한 수속을 취할 여유가 없을 때에는 그 수속을 거치지 아니하고 대집행을 할 수 있다.

시 행 규 칙

제42조【출입검사원증】 법 제87조제2항에 따른 검사나 시험을 하는 자의 권한을 표시하는 증표는 별지 제33호서식과 같다.

법	시 행 령	시 행 규 칙
제87조의2 【지역건축안전센터 설립】 ① 지방자치단체의 장은 다음 각 호의 업무를 수행하기 위하여 관할 구역에 지역건축안전센터를 설치하여야 하고, 그 외의 지방자치단체의 시장 · 군수 · 구청장은 관할 구역에 지역건축안전센터를 설치할 수 있다. 〈개정 2019.4.30., 2020.4.7., 2020.12.22., 2022.6.10.〉 1. 제21조, 제22조, 제27조 및 제87조에 따른 기술적인 사항에 대한 보고 · 확인 · 검토 · 심사 및 점검 1의2. 제11조, 제14조 및 제16조에 따른 허가 또는 신고에 관한 업무 〈신설 2020.4.7.〉 2. 제25조에 따른 공사감리에 대한 관리 · 감독 3. 삭제 〈2019.4.30.〉 4. 그 밖에 대통령령으로 정하는 사항 ② 제1항에도 불구하고 다음 각 호의 어느 하나에 해당하는 지방자치단체의 장은 관할 구역에 지역건축안전센터를 설치하여야 한다. 〈신설 2022.6.10.〉 1. 시 · 도 2. 인구 50만명 이상 시 · 군 · 구 3. 국토교통부령으로 정하는 바에 따라 산정한 건축허가 면적(직전 5년 동안의 연평균 건축허가 면적을 말한다) 또는 노후건축물 비율이 전국 지방자치단체 중 상위 30퍼센트 이내에 해당하는 인구 50만명 미만 시 · 군 · 구 ③ 체계적이고 전문적인 업무 수행을 위하여 지역건축안전센터에 「건축사법」 제23조제1항에 따라 신고한 건축사 또는 「기술사법」 제6조제1항에 따라 등록한 기술사 등 전문인력을 배치하여야 한다. 〈개정 2022.6.10.〉 ④ 제1항부터 제3항까지의 규정에 따른 지역건축안전센터의 설치 · 운영 및 전문인력의 자격과 배치기준 등에 필요	**제119조의3 【지역건축안전센터의 업무】** 법 제87조의2제1항제4호에서 "대통령령으로 정하는 사항"이란 관할 구역 내 건축물의 안전에 관한 사항으로서 해당 지방자치단체의 조례로 정하는 사항을 말한다. [본조신설 2018.6.26.][종전 제119조의3은 제119조의4로 이동 〈2018.6.26.〉]	**제43조의2 【지역건축안전센터의 설치 및 운영 등】** ① 시 · 도지사 및 시장 · 군수 · 구청장이 법 제87조의2에 따라 설치하는 지역건축안전센터(이하 "지역건축안전센터"라 한다)에는 센터장 1명과 법 제87조의2제1항 각 호의 업무를 수행하는 데 필요한 전문인력을 둔다. ② 시 · 도지사 및 시장 · 군수 · 구청장은 해당 지방자치단체 소속 공무원 중에서 건축행정에 관한 학식과 경험이 풍부한 사람이 제1항에 따른 센터장(이하 "센터장"이라 한다)을 겸임하게 할 수 있다. ③ 센터장은 지역건축안전센터의 사무를 총괄하고, 소속 직원을 지휘 · 감독한다. ④ 제1항에 따른 전문인력(이하 "전문인력"이라 한다)은 다음 각 호의 어느 하나에 해당하는 자격을 갖춘 사람으로서 건축행정에 관한 학식과 경험이 풍부한 사람으로 한다. 〈개정 2019.2.25., 2021.6.25〉 1. 「건축사법」 제2조제1호에 따른 건축사 2. 다음 각 목의 어느 하나에 해당하는 사람 가. 「국가기술자격법」에 따른 건축구조기술사 나. 「건설기술 진흥법 시행령」 별표 1에 따른 건설기술인 중 건축구조 분야 고급기술인 이상의 자격기준을 갖춘 사람

법	시 행 령	시 행 규 칙

법

한 사항은 국토교통부령으로 정한다. 〈개정 2022.6.10.〉
[본조신설 2017.4.18.]

제87조의3 【건축안전특별회계의 설치】 ① 시 · 도지사 또는 시장 · 군수 · 구청장은 관할 구역의 지역건축안전센터 설치 · 운영 등을 지원하기 위하여 건축안전특별회계(이하 "특별회계"라 한다)를 설치할 수 있다.

② 특별회계는 다음 각 호의 재원으로 조성한다. 〈개정 2020.4.7〉

1. 일반회계로부터의 전입금
2. 제17조에 따라 납부되는 건축허가 등의 수수료 중 해당 지방자치단체의 조례로 정하는 비율의 금액
3. 제80조에 따라 부과 · 징수되는 이행강제금 중 해당 지방자치단체의 조례로 정하는 비율의 금액
4. 제113조에 따라 부과 · 징수되는 과태료 중 해당 지방자치단체의 조례로 정하는 비율의 금액
5. 그 밖의 수입금

③ 특별회계는 다음 각 호의 용도로 사용한다.

1. 지역건축안전센터의 설치 · 운영에 필요한 경비
2. 지역건축안전센터의 전문인력 배치에 필요한 인건비
3. 제87조의2제1항 각 호의 업무 수행을 위한 조사 · 연구비
4. 특별회계의 조성 · 운용 및 관리를 위하여 필요한 경비
5. 그 밖에 건축물 안전에 관한 기술지원 및 정보제공을 위하여 해당 지방자치단체의 조례로 정하는 사업의 수행에 필요한 비용

[본조신설 2017.4.18.]

시행규칙

3. 「국가기술자격법」에 따른 건축시공기술사
4. 다음 각 목의 어느 하나에 해당하는 사람
   가. 「국가기술자격법」에 따른 건축기계설비기술사
   나. 「건설기술 진흥법 시행령」 별표 1에 따른 건설기술인 중 건축기계설비 분야 고급기술인 이상의 자격기준을 갖춘 사람
5. 다음 각 목의 어느 하나에 해당하는 사람
   가. 「국가기술자격법」에 따른 지질 및 지반기술사 또는 토질 및 기초기술사
   나. 「건설기술 진흥법 시행령」 별표 1에 따른 건설기술인 중 토질 · 지질 분야 특급기술인 이상의 자격기준을 갖춘 사람

⑤ 시 · 도지사 및 시장 · 군수 · 구청장은 별표 8에 따른 산정기준에 따라 지역건축안전센터의 전문인력을 확보하기 위하여 노력하여야 한다. 다만, 다음 각 호에 해당하는 전문인력(이하 "필수전문인력"이라 한다)은 각각 1명 이상 두어야 한다. 〈개정 2023.6.9.〉

1. 제4항제1호에 따른 전문인력
2. 제4항제2호 또는 제3호에 따른 전문인력

⑥ 시장 · 군수 · 구청장이 지역의 규

법	시 행 령	시 행 규 칙
		모·예산·인력 및 건축허가 등의 신청 건수를 고려하여 단독으로 지역건축안전센터를 설치·운영하는 것이 곤란하다고 판단하는 경우에는 둘 이상의 시·군·구가 공동으로 하나의 지역건축안전센터를 설치·운영할 수 있다. 이 경우 공동으로 지역건축안전센터를 설치·운영하려는 시장·군수·구청장은 지역건축안전센터의 공동 설치 및 운영에 관한 협약을 체결하여야 한다. ⑦ 국토교통부장관은 법 제87조의2제2항에 따라 지역건축안전센터를 설치해야 하는 지방자치단체를 5년마다 고시해야 한다. 〈신설 2023.6.9.〉 ⑧ 법 제87조의2제2항제3호에 따라 건축허가 면적 또는 노후건축물 비율은 다음 각 호의 구분에 따라 산정한다. 〈신설 2023.6.9.〉 1. 건축허가 면적: 제7항에 따라 국토교통부장관이 고시하는 해의 직전연도부터 과거 5년 동안 법 제11조에 따라 건축허가(신축만 해당한다)를 받은 건축물의 연면적 합계를 5로 나눈 면적 2. 노후건축물 비율: 제7항에 따라 국토교통부장관이 고시하는 해의 직전연도의 전체 건축물 중 법 제22조에 따라 최초로 사용승인을 받은 후 30년 이상이 지난 건축물이 차지하는 비율

법	시 행 령	시 행 규 칙

⑨ 제1항부터 제8항까지에서 규정한 사항 외에 지역건축안전센터의 조직 및 운영 등에 필요한 사항은 해당 지방자치단체의 조례로 정한다. 〈개정 2023.6.9.〉
[본조신설 2018.6.15.][종전 제43조의2는 제43조의3으로 이동 〈2018.6.15.〉]

제88조 【건축분쟁전문위원회】 ① 건축등과 관련된 다음 각 호의 분쟁(「건설산업기본법」 제69조에 따른 조정의 대상이 되는 분쟁은 제외한다. 이하 같다)의 조정(調停) 및 재정(裁定)을 하기 위하여 국토교통부에 건축분쟁전문위원회(이하 "분쟁위원회"라 한다)를 둔다. 〈개정 2014.5.28.〉
1. 건축관계자와 해당 건축물의 건축등으로 피해를 입은 인근주민(이하 "인근주민"이라 한다) 간의 분쟁
2. 관계전문기술자와 인근주민 간의 분쟁
3. 건축관계자와 관계전문기술자 간의 분쟁
4. 건축관계자 간의 분쟁
5. 인근주민 간의 분쟁
6. 관계전문기술자 간의 분쟁
7. 그 밖에 대통령령으로 정하는 사항

② 삭제 〈2014.5.28〉
③ 삭제 〈2014.5.28.〉

질의 회신 건축분쟁조정 위원회 관련

국토교통부 민원마당 FAQ, 2023.6.15.

질의 착공 전 건축허가가 취소된 건설현장의 설계자가 건축주로부터 설계용역비 미지급을 이유로 건축분쟁 조정신청을 요청함
회신 건축법 제88조에 따라 건축분쟁전문위원회는 건축물의 건축 등

제119조의4 【분쟁조정】 ① 법 제88조에 따라 분쟁의 조정 또는 재정(이하 "조정등"이라 한다)을 받으려는 자는 국토교통부령으로 정하는 바에 따라 신청 취지와 신청사건의 내용을 분명하게 밝힌 조정등의 신청서를 국토교통부에 설치된 건축분쟁전문위원회(이하 "분쟁위원회"라 한다)에 제출(전자문서에 의한 제출을 포함한다)하여야 한다. 〈개정 2014.11.28.〉
② 조정위원회는 법 제95조제2항에 따라 당사자나 참고인을 조정위원회에 출석하게 하여 의견을 들으려면 회의 개최 5일 전에 서면(당사자 또는 참고인이 원하는 경우에는 전자문서를 포함한다)으로 출석을 요청하여야 하며, 출석을 요청받은 당사자 또는 참고인은 조정위원회의 회의에 출석할 수 없는 부득이한 사유가 있는 경우에는 미리 서면 또는 전자문서로 의견을 제출할 수 있다.
③ 법 제88조, 제89조 및 제91조부터 제104조까지의 규정에 따른 분쟁의 조정등을 할 때 서류의 송달에 관하여는 「민사소송법」 제174조부터 제197조까지를 준용한다. 〈개정 2014.11.28.〉
④ 조정위원회 또는 재정위원회는 법 제102조제1항에 따라 당사자가 분쟁의 조정등을 위한 감정 · 진단 · 시험 등에 드

제43조의3 【분쟁조정의 신청】 ① 영 제119조의4제1항에 따라 분쟁의 조정 또는 재정(이하 "조정등"이라 한다)을 받으려는 자는 다음 각 호의 사항을 기재하고 서명 · 날인한 분쟁조정등신청서에 참고자료 또는 서류를 첨부해 국토교통부에 설치된 건축분쟁전문위원회(이하 "분쟁위원회"라 한다)에 제출(전자문서로 제출하는 것을 포함한다)해야 한다. 〈개정 2021.6.25〉
1. 신청인의 성명(법인의 경우에는 명칭) 및 주소
2. 당사자의 성명(법인의 경우에는 명칭) 및 주소
3. 대리인을 선임한 경우에는 대리인의 성명 및 주소
4. 분쟁의 조정등을 받고자 하는 사항
5. 분쟁이 발생하게 된 사유와 당사자간의 교섭경과
6. 신청연월일

법	시 행 령	시 행 규 칙
과 관련된 분쟁의 조정과 재정을 하도록 하고 있으며, 동 규정에서 "건축물의 건축"이라함은 착공에서부터 준공(사용승인 또는 사용검사)까지의 건축물의 건축행위를 의미함에 따라 착공 전에 건축허가가 취소된 경우에는 건축분쟁전문위원회의 분쟁조정 대상에서 제외됨	는 비용을 내지 아니한 경우에는 그 분쟁에 대한 조정등을 보류할 수 있다. ⑤ 삭제 〈2014.11.28〉 [제119조의3에서 이동, 종전 제119조의4는 제119조의5으로 이동 〈2018.6.26.〉]	② 제1항의 경우에 증거자료 또는 서류가 있는 경우에는 그 원본 또는 사본을 분쟁조정등신청서에 첨부하여 제출할 수 있다. [제43조의2에서 이동, 종전 제43조의3은 제43조의4로 이동 〈2018.6.15.〉]
제89조【분쟁위원회의 구성】 ① 분쟁위원회는 각각 위원장과 부위원장 각 1명을 포함한 15명 이내의 위원으로 구성한다. 〈개정 2014.5.28〉 ② 분쟁위원회의 위원은 건축이나 법률에 관한 학식과 경험이 풍부한 자로서 다음 각 호의 어느 하나에 해당하는 자 중에서 국토교통부장관이 임명하거나 위촉한다. 이 경우 제4호에 해당하는 자가 2명 이상 포함되어야 한다. 〈개정 2014.5.28.〉 1. 3급 상당 이상의 공무원으로 1년 이상 재직한 자 2. 삭제 〈2014.5.28〉 3. 「고등교육법」에 따른 대학에서 건축공학이나 법률학을 가르치는 조교수 이상의 직(職)에 3년 이상 재직한 자 4. 판사, 검사 또는 변호사의 직에 6년 이상 재직한 자 5. 「국가기술자격법」에 따른 건축분야 기술사 또는 「건축사법」 제23조에 따라 건축사사무소개설신고를 하고 건축사로 6년 이상 종사한 자 6. 건설공사나 건설업에 대한 학식과 경험이 풍부한 자로서 그 분야에 15년 이상 종사한 자 ③ 삭제 〈2014.5.28〉 ④ 분쟁위원회의 위원장과 부위원장은 위원 중에서 국토교통부장관이 위촉한다. 〈개정 2014.5.28.〉	**제119조의5【선정대표자】** ① 여러 사람이 공동으로 조정등의 당사자가 될 때에는 그 중에서 3명 이하의 대표자를 선정할 수 있다. ② 분쟁위원회는 당사자가 제1항에 따라 대표자를 선정하지 아니한 경우 필요하다고 인정하면 당사자에게 대표자를 선정할 것을 권고할 수 있다. 〈개정 2014.11.28.〉 ③ 제1항 또는 제2항에 따라 선정된 대표자(이하 "선정대표자"라 한다)는 다른 신청인 또는 피신청인을 위하여 그 사건의 조정등에 관한 모든 행위를 할 수 있다. 다만, 신청을 철회하거나 조정안을 수락하려는 경우에는 서면으로 다른 신청인 또는 피신청인의 동의를 받아야 한다. ④ 대표자가 선정된 경우에는 다른 신청인 또는 피신청인은 그 선정대표자를 통해서만 그 사건에 관한 행위를 할 수 있다. ⑤ 대표자를 선정한 당사자는 필요하다고 인정하면 선정대표자를 해임하거나 변경할 수 있다. 이 경우 당사자는 그 사실을 지체 없이 분쟁위원회에 통지하여야 한다. 〈개정 2014.11.28.〉 [제119조의4에서 이동, 종전 제119조의5는 제119조의6으로 이동 〈2018.6.26.〉]	**제43조의4【분쟁위원회의 회의·운영 등】** ① 법 제88조에 따른 분쟁위원회의 위원장은 분쟁위원회를 대표하고 분쟁위원회의 업무를 총괄한다. 〈개정 2021.8.27〉 ② 분쟁위원회의 위원장은 분쟁위원회의 회의를 소집하고 그 의장이 된다. 〈개정 2014.11.28〉 ③ 분쟁위원회의 위원장이 부득이한 사유로 직무를 수행할 수 없는 때에는 부위원장이 그 직무를 대행한다. 〈개정 2014.11.28〉 ④ 분쟁위원회의 사무를 처리하기 위하여 간사를 두되, 간사는 국토교통부 소속 공무원 중에서 분쟁위원회의 위원장이 지정한 자가 된다. 〈개정 2014.11.28.〉 ⑤ 분쟁위원회의 회의에 출석한 위원 및 관계전문가에 대하여는 예산의 범위 안에서 수당을 지급할 수 있다. 다만, 공무원인 위원이 그 소관 업무와

법

⑤ 공무원이 아닌 위원의 임기는 3년으로 하되, 연임할 수 있으며, 보궐위원의 임기는 전임자의 남은 임기로 한다.
⑥ 분쟁위원회의 회의는 재적위원 과반수의 출석으로 열고 출석위원 과반수의 찬성으로 의결한다. 〈개정 2014.5.28.〉
⑦ 다음 각 호의 어느 하나에 해당하는 자는 분쟁위원회의 위원이 될 수 없다. 〈개정 2014.5.28.〉
1. 피성년후견인, 피한정후견인 또는 파산선고를 받고 복권되지 아니한 자
2. 금고 이상의 실형을 선고받고 그 집행이 끝나거나(집행이 끝난 것으로 보는 경우를 포함한다)되거나 집행이 면제된 날부터 2년이 지나지 아니한 자
3. 법원의 판결이나 법률에 따라 자격이 정지된 자
⑧ 위원의 제척 · 기피 · 회피 및 위원회의 운영, 조정 등의 거부와 중지 등 그 밖에 필요한 사항은 대통령령으로 정한다. 〈신설 2014.5.28.〉
[제목개정 2014.5.28.]

제90조 〈삭제 2014.5.28〉

시 행 령

제119조의6 【절차의 비공개】 분쟁위원회가 행하는 조정등의 절차는 법 또는 이 영에 특별한 규정이 있는 경우를 제외하고는 공개하지 아니한다. 〈개정 2014.11.28〉
[제119조의5에서 이동, 종전 제119조의6은 제119조의7로 이동 〈2018.6.26.〉]

제119조의7 【위원의 제척 등】 ① 법 제89조제8항에 따라 분쟁위원회의 위원이 다음 각 호의 어느 하나에 해당하면 그 직무의 집행에서 제외된다.
1. 위원 또는 그 배우자나 배우자였던 자가 해당 분쟁사건(이하 "사건"이라 한다)의 당사자가 되거나 그 사건에 관하여 당사자와 공동권리자 또는 의무자의 관계에 있는 경우
2. 위원이 해당 사건의 당사자와 친족이거나 친족이었던 경우
3. 위원이 해당 사건에 관하여 진술이나 감정을 한 경우
4. 위원이 해당 사건에 당사자의 대리인으로서 관여하였거나 관여한 경우
5. 위원이 해당 사건의 원인이 된 처분이나 부작위에 관여한 경우
② 분쟁위원회는 제척 원인이 있는 경우 직권이나 당사자의 신청에 따라 제척의 결정을 한다.
③ 당사자는 위원에게 공정한 직무집행을 기대하기 어려운 사정이 있으면 분쟁위원회에 기피신청을 할 수 있으며, 분쟁위원회는 기피신청이 타당하다고 인정하면 기피의 결정을 하여야 한다.
④ 위원은 제1항이나 제3항의 사유에 해당하면 스스로 그 사건의 직무집행을 회피할 수 있다.
[본조신설 2014.11.28.][제119조의6에서 이동, 종전 제119조의7은 제119조의8로 이동 〈2018.6.26.〉]

시 행 규 칙

직접적으로 관련되어 출석하는 경우에는 그러하지 아니 하다. 〈개정 2014.11.28.〉
[제목개정 2014.11.28.] [제43조의3에서 이동, 종전 제43조의4는 제43조의5로 이동 〈2018.6.15.〉]

법	시 행 령	시 행 규 칙
	제119조의8 【조정등의 거부와 중지】 ① 법 제89조제8항에 따라 분쟁위원회는 분쟁의 성질상 분쟁위원회에서 조정등을 하는 것이 맞지 아니하다고 인정하거나 부정한 목적으로 신청하였다고 인정되면 그 조정등을 거부할 수 있다. 이 경우 조정등의 거부 사유를 신청인에게 알려야 한다. ② 분쟁위원회는 신청된 사건의 처리 절차가 진행되는 도중에 한쪽 당사자가 소(訴)를 제기한 경우에는 조정등의 처리를 중지하고 이를 당사자에게 알려야 한다. [본조신설 2014.11.28.][제119조의7에서 이동, 종전 제119조의8은 제119조의9로 이동 〈2018.6.26.〉]	
제91조 【대리인】 ① 당사자는 다음 각 호에 해당하는 자를 대리인으로 선임할 수 있다. 1. 당사자의 배우자, 직계존·비속 또는 형제자매 2. 당사자인 법인의 임직원 3. 변호사 ② 삭제 〈2014.5.28〉 ③ 대리인의 권한은 서면으로 소명하여야 한다. ④ 대리인은 다음 각 호의 행위를 하기 위하여는 당사자의 위임을 받아야 한다. 1. 신청의 철회 2. 조정안의 수락 3. 복대리인의 선임		
제92조 【조정등의 신청】 ① 건축물의 건축등과 관련된 분쟁의 조정 또는 재정(이하 "조정등"이라 한다)을 신청하려는 자는 분쟁위원회에 조정등의 신청서를 제출하여야 한다. 〈개정 2014.5.28〉		

법	시 행 령	시 행 규 칙

② 제1항에 따른 조정신청은 해당 사건의 당사자 중 1명 이상이 하며, 재정신청은 해당 사건 당사자 간의 합의로 한다. 다만, 분쟁위원회는 조정신청을 받으면 해당 사건의 모든 당사자에게 조정신청이 접수된 사실을 알려야 한다. 〈개정 2014.5.28〉

③ 분쟁위원회는 당사자의 조정신청을 받으면 60일 이내에, 재정신청을 받으면 120일 이내에 절차를 마쳐야 한다. 다만, 부득이한 사정이 있으면 분쟁위원회의 의결로 기간을 연장할 수 있다. 〈개정 2014.5.28〉

제93조 【조정등의 신청에 따른 공사중지】

① 삭제 〈2014.5.28〉

② 삭제 〈2014.5.28〉

③ 시·도지사 또는 시장·군수·구청장은 위해 방지를 위하여 긴급한 상황이거나 그 밖에 특별한 사유가 없으면 조정등의 신청이 있다는 이유만으로 해당 공사를 중지하게 하여서는 아니 된다.

제94조 【조정위원회와 재정위원회】 ① 조정은 3명의 위원으로 구성되는 조정위원회에서 하고, 재정은 5명의 위원으로 구성되는 재정위원회에서 한다.

② 조정위원회의 위원(이하 "조정위원"이라 한다)과 재정위원회의 위원(이하 "재정위원"이라 한다)은 사건마다 분쟁위원회의 위원 중에서 위원장이 지명한다. 이 경우 재정위원회에는 제89조제2항제4호에 해당하는 위원이 1명 이상 포함되어야 한다. 〈개정 2014.5.28.〉

③ 조정위원회와 재정위원회의 회의는 구성원 전원의 출석으로 열고 과반수의 찬성으로 의결한다.

법	시 행 령	시 행 규 칙
제95조 【조정을 위한 조사 및 의견 청취】 ① 조정위원회는 조정에 필요하다고 인정하면 조정위원 또는 사무국의 소속 직원에게 관계 서류를 열람하게 하거나 관계 사업장에 출입하여 조사하게 할 수 있다. 〈개정 2014.5.28.〉 ② 조정위원회는 필요하다고 인정하면 당사자나 참고인을 조정위원회에 출석하게 하여 의견을 들을 수 있다. ③ 분쟁의 조정신청을 받은 조정위원회는 조정기간 내에 심사하여 조정안을 작성하여야 한다. 〈개정 2014.5.28〉 **제96조 【조정의 효력】** ① 조정위원회는 제95조제3항에 따라 조정안을 작성하면 지체 없이 각 당사자에게 조정안을 제시하여야 한다. ② 제1항에 따라 조정안을 제시받은 당사자는 제시를 받은 날부터 15일 이내에 수락 여부를 조정위원회에 알려야 한다. ③ 조정위원회는 당사자가 조정안을 수락하면 즉시 조정서를 작성하여야 하며, 조정위원과 각 당사자는 이에 기명날인하여야 한다. ④ 당사자가 제3항에 따라 조정안을 수락하고 조정서에 기명날인하면 조정서의 내용은 재판상 화해와 동일한 효력을 갖는다. 다만, 당사자가 임의로 처분할 수 없는 사항에 관한 것은 그러하지 아니하다. 〈개정 2020.12.22.〉 **제97조 【분쟁의 재정】** ① 재정은 문서로써 하여야 하며, 재정 문서에는 다음 각 호의 사항을 적고 재정위원이 이에 기명날인하여야 한다. 1. 사건번호와 사건명 2. 당사자, 선정대표자, 대표당사자 및 대리인의 주소·성명 3. 주문(主文)		

법	시 행 령	시 행 규 칙
4. 신청 취지 5. 이유 6. 재정 날짜 ② 제1항제5호에 따른 이유를 적을 때에는 주문의 내용이 정당하다는 것을 인정할 수 있는 한도에서 당사자의 주장 등을 표시하여야 한다. ③ 재정위원회는 재정을 하면 지체 없이 재정 문서의 정본(正本)을 당사자나 대리인에게 송달하여야 한다. **제98조【재정을 위한 조사권 등】** ① 재정위원회는 분쟁의 재정을 위하여 필요하다고 인정하면 당사자의 신청이나 직권으로 재정위원 또는 소속 공무원에게 다음 각 호의 행위를 하게 할 수 있다. 1. 당사자나 참고인에 대한 출석 요구, 자문 및 진술 청취 2. 감정인의 출석 및 감정 요구 3. 사건과 관계있는 문서나 물건의 열람 · 복사 · 제출 요구 및 유치 4. 사건과 관계있는 장소의 출입 · 조사 ② 당사자는 제1항에 따른 조사 등에 참여할 수 있다. ③ 재정위원회가 직권으로 제1항에 따른 조사 등을 한 경우에는 그 결과에 대하여 당사자의 의견을 들어야 한다. ④ 재정위원회는 제1항에 따라 당사자나 참고인에게 진술하게 하거나 감정인에게 감정하게 할 때에는 당사자나 참고인 또는 감정인에게 선서를 하도록 하여야 한다. ⑤ 제1항제4호의 경우에 재정위원 또는 소속 공무원은 그 권한을 나타내는 증표를 지니고 이를 관계인에게 내보여야 한다.		

법	시 행 령	시 행 규 칙
제99조【재정의 효력 등】 재정위원회가 재정을 한 경우 재정 문서의 정본이 당사자에게 송달된 날부터 60일 이내에 당사자 양쪽이나 어느 한쪽으로부터 그 재정의 대상인 건축물의 건축등의 분쟁을 원인으로 하는 소송이 제기되지 아니하거나 그 소송이 철회되면 그 재정 내용은 재판상 화해와 동일한 효력을 갖는다. 다만, 당사자가 임의로 처분할 수 없는 사항에 관한 것은 그러하지 아니하다. 〈개정 2020.12.22.〉		
제100조【시효의 중단】 당사자가 재정에 불복하여 소송을 제기한 경우 시효의 중단과 제소기간을 산정할 때에는 재정신청을 재판상의 청구로 본다. 〈개정 2020.6.9.〉		
제101조【조정 회부】 분쟁위원회는 재정신청이 된 사건을 조정에 회부하는 것이 적합하다고 인정하면 직권으로 직접 조정할 수 있다. 〈개정 2014.5.28.〉		
제102조【비용부담】 ① 분쟁의 조정등을 위한 감정·진단·시험 등에 드는 비용은 당사자 간의 합의로 정하는 비율에 따라 당사자가 부담하여야 한다. 다만, 당사자 간에 비용부담에 대하여 합의가 되지 아니하면 조정위원회나 재정위원회에서 부담비율을 정한다. ② 조정위원회나 재정위원회는 필요하다고 인정하면 대통령령으로 정하는 바에 따라 당사자에게 제1항에 따른 비용을 예치하게 할 수 있다. ③ 제1항에 따른 비용의 범위에 관하여는 국토교통부령으로 정한다. 〈개정 2014.5.28〉	**제119조의9【조정등의 비용 예치】** 법 제102조제2항에 따라 조정위원회 또는 재정위원회는 조정등을 위한 비용을 예치할 금융기관을 지정하고 예치기간을 정하여 당사자로 하여금 비용을 예치하게 할 수 있다. [본조신설 2014.11.28.][제119조의8에서 이동, 종전 제119조의9는 제119조의10으로 이동 〈2018.6.26.〉]	**제43조의5【비용부담】** 법 제102조제3항에 따라 조정등의 당사자가 부담할 비용의 범위는 다음 각 호와 같다. 〈개정 2014.11.28〉 1. 감정·진단·시험에 소요되는 비용 2. 검사·조사에 소요되는 비용 3. 녹음·속기록·참고인 출석에 소요되는 비용, 그 밖에 조정등에 소요되는 비용. 다만, 다음 각 목의 어느 하나에 해당하는 비용을 제외한다. 가. 분쟁위원회의 위원 또는 영 제119조

법

제103조【분쟁위원회의 운영 및 사무처리 위탁】 ① 국토교통부장관은 분쟁위원회의 운영 및 사무처리를 「국토안전관리원법」에 따른 국토안전관리원(이하 "국토안전관리원"이라 한다)에 위탁할 수 있다. 〈개정 2017.1.17., 2020.6.9.〉
② 분쟁위원회의 운영 및 사무처리를 위한 조직 및 인력 등은 대통령령으로 정한다. 〈개정 2014.5.28〉
③ 국토교통부장관은 예산의 범위에서 분쟁위원회의 운영 및 사무처리에 필요한 경비를 국토안전관리원에 출연 또는 보조할 수 있다. 〈개정 2020.6.9.〉
[제목개정 2014.5.28.]

제104조【조정등의 절차】 제88조부터 제103조까지의 규정에서 정한 것 외에 분쟁의 조정등의 방법·절차 등에 관하여 필요한 사항은 대통령령으로 정한다.

제104조의2【건축위원회의 사무의 정보보호】 건축위원회 또는 관계 행정기관 등은 제4조의5의 민원심의 및 제92조의 분쟁조정 신청과 관련된 정보의 유출로 인하여 신청인과 이해관계인의 이익이 침해되지 아니하도록 노력하여야 한다.
[본조신설 2014.5.28]

시 행 령

제119조의10【분쟁위원회의 운영 및 사무처리】 ① 국토교통부장관은 법 제103조제1항에 따라 분쟁위원회의 운영 및 사무처리를 국토안전관리원에 위탁한다. 〈개정 2016.7.19., 2020.12.1.〉
② 제1항에 따라 위탁을 받은 국토안전관리원은 그 소속으로 분쟁위원회 사무국을 두어야 한다. 〈개정 2020.12.1.〉
[본조신설 2014.11.28.][제119조의9에서 이동, 종전 제119조의10은 제119조의11로 이동 〈2018.6.26.〉]

제119조의11【고유식별정보의 처리】 국토교통부장관(법 제82조에 따라 국토교통부장관의 권한을 위임받거나 업무를 위탁받은 자를 포함한다), 시·도지사, 시장, 군수, 구청장(해당 권한이 위임·위탁된 경우에는 그 권한을 위임·위탁받은 자를 포함한다)은 다음 각 호의 사무를 수행하기 위하여 불가피한 경우 「개인정보 보호법 시행령」 제19조에 따른 주민등록번호 또는 외국인등록번호가 포함된 자료를 처리할 수 있다. 〈개정 2021.1.8.〉
1. 법 제11조에 따른 건축허가에 관한 사무

시 행 규 칙

의9제2항에 따른 사무국(이하 "사무국"이라 한다) 소속 직원이 분쟁위원회의 회의에 출석하는데 소요되는 비용
나. 분쟁위원회의 위원 또는 사무국 소속 직원의 출장에 소요되는 비용
다. 우편료 및 전신료
[제43조의4에서 이동 〈2018.6.15.〉]

법	시 행 령	시 행 규 칙
제105조 【벌칙 적용 시 공무원 의제】 다음 각 호의 어느 하나에 해당하는 사람은 공무원이 아니더라도 「형법」 제129조부터 제132조까지의 규정과 「특정범죄가중처벌 등에 관한 법률」 제2조와 제3조에 따른 벌칙을 적용할 때에는 공무원으로 본다. 〈개정 2017.4.18., 2019.4.23., 2022.6.10.〉 1. 제4조에 따른 건축위원회의 위원 1의2. 제13조의2제2항에 따라 안전영향평가를 하는 자 1의3. 제52조의3제4항에 따라 건축자재를 점검하는 자 2. 제27조에 따라 현장조사·검사 및 확인업무를 대행하는 사람 3. 제37조에 따른 건축지도원 4. 제82조제4항에 따른 기관 및 단체의 임직원 5. 제87조의2제3항에 따라 지역건축안전센터에 배치된 전문인력	2. 법 제14조에 따른 건축신고에 관한 사무 3. 법 제16조에 따른 허가와 신고사항의 변경에 관한 사무 4. 법 제19조에 따른 용도변경에 관한 사무 5. 법 제20조에 따른 가설건축물의 건축허가 또는 축조신고에 관한 사무 6. 법 제21조에 따른 착공신고에 관한 사무 7. 법 제22조에 따른 건축물의 사용승인에 관한 사무 8. 법 제31조에 따른 건축행정 전산화에 관한 사무 9. 법 제32조에 따른 건축허가 업무 등의 전산처리에 관한 사무 10. 법 제33조에 따른 전산자료의 이용자에 대한 지도·감독에 관한 사무 11. 법 제38조에 따른 건축물대장의 작성·보관에 관한 사무 12. 법 제39조에 따른 등기촉탁에 관한 사무 13. 법 제71조제2항 및 이 영 제107조의2에 따른 특별건축구역의 지정 제안에 관한 사무 〈신설 2021.1.8.〉 [본조신설 2017.3.27.][제119조의10에서 이동 〈2018.6.26.〉]	
	제120조 삭제 〈2020.3.3.〉	**제44조** 삭제 〈2016.12.30.〉
제10장 벌칙	**제10장 벌칙** 〈신설 2013.5.31〉	
제106조 【벌칙】 ① 제23조, 제24조제1항, 제25조제3항, 제52조의3제1항 및 제52조의5제2항을 위반하여 설계·시공·공사감리 및 유지·관리와 건축자재의 제조 및 유통을 함으로써 건축물이 부실하게 되어 착공 후 「건설산업기본법」 제28조에 따른 하자담보책임 기간에 건축물의 기초와 주요구조부에	**관계법** 「건설산업기본법」 제28조(건설공사 수급인 등의 하자담보책임) ① 수급인은 발주자에 대하여 건설공사의 완공일과 목적물의 관리·사	

법	시 행 령	시 행 규 칙
중대한 손괴를 일으켜 일반인을 위험에 처하게 한 설계자 · 감리자 · 시공자 · 제조업자 · 유통업자 · 관계전문기술자 및 건축주는 10년 이하의 징역에 처한다. 〈개정 2015.1.6., 2016.2.3., 2019.4.23., 2020.12.22.〉 ② 제1항의 죄를 범하여 사람을 죽거나 다치게 한 자는 무기징역이나 3년 이상의 징역에 처한다.	용을 개시한 날 중에서 먼저 도래한 날부터 다음 각 호의 범위에서 공사의 종류별로 대통령령으로 정하는 기간에 발생한 하자에 대하여 담보책임이 있다. 〈개정 2024.1.9.〉 1. 건설공사의 목적물이 벽돌쌓기식구조, 철근콘크리트구조, 철골구조, 철골철근콘크리트구조 및 그 밖에 이와 유사한 구조로서 구조내력(構造耐力)에 해당하는 경우: 10년 2. 제1호 이외의 경우: 5년	
제107조 【벌칙】 ① 업무상 과실로 제106조제1항의 죄를 범한 자는 5년 이하의 징역이나 금고 또는 5억원 이하의 벌금에 처한다. 〈개정 2016.2.3.〉 ② 업무상 과실로 제106조제2항의 죄를 범한 자는 10년 이하의 징역이나 금고 또는 10억원 이하의 벌금에 처한다. 〈개정 2016.2.3.〉		
제108조 【벌칙】 ① 다음 각 호의 어느 하나에 해당하는 자는 3년 이하의 징역이나 5억원 이하의 벌금에 처한다. 〈개정 2019.4.23., 2020.12.22.〉 1. 도시지역에서 제11조제1항, 제19조제1항 및 제2항, 제47조, 제55조, 제56조, 제58조, 제60조, 제61조 또는 제77조의10을 위반하여 건축물을 건축하거나 대수선 또는 용도변경을 한 건축주 및 공사시공자 2. 제52조제1항 및 제2항에 따른 방화에 지장이 없는 재료를 사용하지 아니한 공사시공자 또는 그 재료 사용에 책임이 있는 설계자나 공사감리자 3. 제52조의3제1항을 위반한 건축자재의 제조업자 및 유통업자 4. 제52조의4제1항을 위반하여 품질관리서를 제출하지 아니하거나 거짓으로 제출한 제조업자, 유통업자, 공사시공자 및 공사감리자		

법	시 행 령	시 행 규 칙
5. 제52조의5제1항을 위반하여 품질인정기준에 적합하지 아니함에도 품질인정을 한 자 ② 제1항의 경우 징역과 벌금은 병과(倂科)할 수 있다. **제109조【벌칙】** 다음 각 호의 어느 하나에 해당하는 자는 2년 이하의 징역이나 2억원 이하의 벌금에 처한다. 〈개정 2016.2.3., 2017.4.18.〉 1. 제27조제2항에 따른 보고를 거짓으로 한 자 2. 제87조의2제1항제1호에 따른 보고·확인·검토·심사 및 점검을 거짓으로 한 자 **제110조【벌칙】** 다음 각 호의 어느 하나에 해당하는 자는 2년 이하의 징역 또는 1억원 이하의 벌금에 처한다. 〈개정 2015.1.6., 2016.1.19., 2016.2.3., 2017.4.18., 2019.4.23., 2019.4.30.〉 1. 도시지역 밖에서 제11조제1항, 제19조제1항 및 제2항, 제47조, 제55조, 제56조, 제58조, 제60조, 제61조 또는 제77조의10을 위반하여 건축물을 건축하거나 대수선 또는 용도변경을 한 건축주 및 공사시공자 1의2. 제13조제5항을 위반한 건축주 및 공사시공자 2. 제16조(변경허가 사항만 해당한다), 제21조제5항, 제22조제3항 또는 제25조제7항을 위반한 건축주 및 공사시공자 3. 제20조제1항에 따른 허가를 받지 아니하거나 제83조에 따른 신고를 하지 아니하고 가설건축물을 건축하거나 공작물을 축조한 건축주 및 공사시공자 4. 다음 각 목의 어느 하나에 해당하는 자 가. 제25조제1항을 위반하여 공사감리자를 지정하지 아니하고 공사를 하게 한 자 나. 제25조제1항을 위반하여 공사시공자 본인 및 계열회사		

법	시 행 령	시 행 규 칙
를 공사감리자로 지정한 자 5. 제25조제3항을 위반하여 공사감리자로부터 시정 요청이나 재시공 요청을 받고 이에 따르지 아니하거나 공사 중지의 요청을 받고도 공사를 계속한 공사시공자 6. 제25조제6항을 위반하여 정당한 사유 없이 감리중간보고서나 감리완료보고서를 제출하지 아니하거나 거짓으로 작성하여 제출한 자 6의2. 제27조제2항을 위반하여 현장조사 · 검사 및 확인 대행 업무를 한 자 7. 삭제 〈2019.4.30.〉 8. 제40조제4항을 위반한 건축주 및 공사시공자 8의2. 제43조제1항, 제49조, 제50조, 제51조, 제53조, 제58조, 제61조제1항 · 제2항 또는 제64조를 위반한 건축주, 설계자, 공사시공자 또는 공사감리자 9. 제48조를 위반한 설계자, 공사감리자, 공사시공자 및 제67조에 따른 관계전문기술자 9의2. 제50조의2제1항을 위반한 설계자, 공사감리자 및 공사시공자 9의3. 제48조의4를 위반한 건축주, 설계자, 공사감리자, 공사시공자 및 제67조에 따른 관계전문기술자 10. 삭제 〈2019.4.23.〉 11. 삭제 〈2019.4.23.〉 12. 제62조를 위반한 설계자, 공사감리자, 공사시공자 및 제67조에 따른 관계전문기술자 **제111조 【벌칙】** 다음 각 호의 어느 하나에 해당하는 자는 5천만원 이하의 벌금에 처한다. 〈개정 2016.2.3., 2019.4.23., 2019.4.30.〉 1. 제14조, 제16조(변경신고 사항만 해당한다), 제20조제3항,		

제21조제1항, 제22조제1항 또는 제83조제1항에 따른 신고 또는 신청을 하지 아니하거나 거짓으로 신고하거나 신청한 자

2. 제24조제3항을 위반하여 설계 변경을 요청받고도 정당한 사유 없이 따르지 아니한 설계자
3. 제24조제4항을 위반하여 공사감리자로부터 상세시공도면을 작성하도록 요청받고도 이를 작성하지 아니하거나 시공도면에 따라 공사하지 아니한 자

3의2. 제24조제6항을 위반하여 현장관리인을 지정하지 아니하거나 착공신고서에 이를 거짓으로 기재한 자

3의3. 삭제 〈2019.4.23.〉

4. 제28조제1항을 위반한 공사시공자
5. 제41조나 제42조를 위반한 건축주 및 공사시공자

5의2. 제43조제4항을 위반하여 공개공지등의 활용을 저해하는 행위를 한 자 〈신설 2019.4.23.〉

6. 제52조의2를 위반하여 실내건축을 한 건축주 및 공사시공자

6의2. 제52조의4제5항을 위반하여 건축자재에 대한 정보를 표시하지 아니하거나 거짓으로 표시한 자 〈신설 2019.4.23.〉

7. 삭제 〈2019.4.30.〉
8. 삭제 〈2009.2.6.〉

제112조 【양벌규정】 ① 법인의 대표자, 대리인, 사용인, 그 밖의 종업원이 그 법인의 업무에 관하여 제106조의 위반행위를 하면 행위자를 벌할 뿐만 아니라 그 법인에도 10억원 이하의 벌금에 처한다. 다만, 법인이 그 위반행위를 방지하기 위하여 해당 업무에 관하여 상당한 주의와 감독을 게을리하지 아니한 때에는 그러하지 아니하다.

② 개인의 대리인, 사용인, 그 밖의 종업원이 그 개인의 업

질의 회신 건축법위반 시 양벌규정 관련

국토교통부 민원마당 FAQ, 2019.5.24.

질의 개인 사업체의 대표(이하 "민원인"이라 한다)가 건축신고를 하지 아니하고 건축한 경우 법인도 처벌대상이 되는지 여부.

회신 「건축법」 제112조제3항의 규정에 의하면, 법인의 대표자, 대리인, 사용인, 그 밖의 종업원이 그 법인의 업무에 관하여 동법 제107조부터 제111조까지의 규정에 따른 위반행위를 하면 행위자를 벌할 뿐만 아니라 그 법인에도 해당 조문의 벌금형을 과하며, 다만, 법인이 그 위

법	시 행 령	시 행 규 칙
무에 관하여 제106조의 위반행위를 하면 행위자를 벌할 뿐만 아니라 그 개인에게도 10억원 이하의 벌금에 처한다. 다만, 개인이 그 위반행위를 방지하기 위하여 해당 업무에 관하여 상당한 주의와 감독을 게을리하지 아니한 때에는 그러하지 아니하다. ③ 법인의 대표자, 대리인, 사용인, 그 밖의 종업원이 그 법인의 업무에 관하여 제107조부터 제111조까지의 규정에 따른 위반행위를 하면 행위자를 벌할 뿐만 아니라 그 법인에도 해당 조문의 벌금형을 과(科)한다. 다만, 법인이 그 위반행위를 방지하기 위하여 해당 업무에 관하여 상당한 주의와 감독을 게을리하지 아니한 때에는 그러하지 아니하다. ④ 개인의 대리인, 사용인, 그 밖의 종업원이 그 개인의 업무에 관하여 제107조부터 제111조까지의 규정에 따른 위반행위를 하면 행위자를 벌할 뿐만 아니라 그 개인에게도 해당 조문의 벌금형을 과한다. 다만, 개인이 그 위반행위를 방지하기 위하여 해당 업무에 관하여 상당한 주의와 감독을 게을리하지 아니한 때에는 그러하지 아니하다.	반행위를 방지하기 위하여 해당 업무에 관하여 상당한 주의와 감독을 게을리 하지 아니한 때에는 그러하지 아니하는 것으로 규정하고 있음. 따라서, 질의의 경우는 민원인이 법인의 업무에 관하여 위반한 것인지 여부 등 현지의 구체적인 사실판단이 요구되는 사항이므로 구체적인 사항은 현지 여건을 잘 알 수 있는 관할 소재지의 허가권자에게 문의하기 바람	
제113조【과태료】 ① 다음 각 호의 어느 하나에 해당하는 자에게는 200만원 이하의 과태료를 부과한다. 〈개정 2016.1.19., 2016.2.3., 2017.10.26., 2019.4.23., 2020.12.22.〉 1. 제19조제3항에 따른 건축물대장 기재내용의 변경을 신청하지 아니한 자 2. 제24조제2항을 위반하여 공사현장에 설계도서를 갖추어 두지 아니한 자 3. 제24조제5항을 위반하여 건축허가 표지판을 설치하지 아니한 자 4. 제52조의3제2항 및 제52조의6제4항에 따른 점검을 거부 · 방해 또는 기피한 자 5. 제48조의3제1항 본문에 따른 공개를 하지 아니한 자	**제121조【과태료의 부과기준】** 법 제113조제1항부터 제3항까지의 규정에 따른 과태료의 부과기준은 별표 16과 같다. 〈개정 2017.2.3.〉 [본조신설 2013.5.31]	

법	시 행 령	시 행 규 칙
② 다음 각 호의 어느 하나에 해당하는 자에게는 100만원 이하의 과태료를 부과한다. 〈개정 2016.1.19., 2016.2.3., 2019.4.30.〉 1. 제25조제4항을 위반하여 보고를 하지 아니한 공사감리자 2. 제27조제2항에 따른 보고를 하지 아니한 자 3. 삭제 〈2019.4.30.〉 4. 삭제 〈2019.4.30.〉 5. 삭제 〈2016.2.3.〉 6. 제77조제2항을 위반하여 모니터링에 필요한 사항에 협조하지 아니한 건축주, 소유자 또는 관리자 7. 삭제 〈2016.1.19.〉 8. 제83조제2항에 따른 보고를 하지 아니한 자 9. 제87조제1항에 따른 자료의 제출 또는 보고를 하지 아니하거나 거짓 자료를 제출하거나 거짓 보고를 한 자 ③ 제24조제6항을 위반하여 공정 및 안전 관리 업무를 수행하지 아니하거나 공사 현장을 이탈한 현장관리인에게는 50만원 이하의 과태료를 부과한다. 〈신설 2016.2.3., 2018.8.14.〉 ④ 제1항부터 제3항까지에 따른 과태료는 대통령령으로 정하는 바에 따라 국토교통부장관, 시·도지사 또는 시장·군수·구청장이 부과·징수한다. 〈개정 2016.2.3.〉 ⑤ 삭제 〈2009.2.6.〉		

법

부칙〈법률 제16416호, 2019.4.30.〉
(건축물관리법)

제1조(시행일) 이 법은 공포 후 1년이 경과한 날부터 시행한다.

제2조부터 **제6조**까지 생략

제7조(다른 법령의 개정) ① 건축법 일부를 다음과 같이 개정한다.

제6조의2 중 "제35조, 제40조"를 "제40조"로 한다.

제13조제5항제2호 중 "철거"를 "해체"로 한다.

제19조제7항 중 "제35조, 제38조"를 "제38조"로 한다.

제21조제1항 단서 중 "제36조에 따라 건축물의 철거를 신고할 때"를 " 「건축물관리법」 제30조에 따라 건축물의 해체 허가를 받거나 신고할 때"로 한다.

제31조제2항 중 "제35조, 제36조, 제38조"를 "제38조"로 한다.

제35조, 제35조의2, 제36조를 각각 삭제한다.

제38조제1항제3호를 삭제한다.

제39조제1항제3호 중 "제36조제1항에 따른 건축물의 철거신고에 따라 철거한 경우"를 " 「건축물관리법」 제30조에 따라 건축물을 해체한 경우"로 하고, 같은 항 제4호 중 "제36조제2항에"를 " 「건축물관리법」 제34조에"로 한다.

제79조제1항 중 "철거"를 "해체"로 한다.

제81조, 제81조의2 및 제81조의3을 각각 삭제한다.

제83조제2항을 삭제하고, 같은 조 제3항 중 "제35조제1항, 제40조제4항"을 "제40조제4항"으로, "제81조, 제84조"를 "제84조"로 한다.

제87조의2제1항제1호 중 "제27조, 제35조제3항, 제81조 및 제87조"를 "제27조 및 제87조"로 하고, 같은 항 제3

시 행 령

부칙〈대통령령 제30145호, 2019.10.22.〉

제1조(시행일) 이 영은 2019년 10월 24일부터 시행한다. 다만, 다음 각 호의 개정규정은 다음 각 호의 구분에 따른 날부터 시행한다.

1. 제14조제4항의 개정규정: 공포 후 3개월이 경과한 날
2. 제56조제1항 각 호 외의 부분 및 같은 조 제2항의 개정규정: 2020년 8월 15일

제2조(용도변경에 관한 적용례) 제19조제3항제4호의 개정규정은 이 영 시행 이후 법 제11조에 따른 건축허가를 신청(허가를 신청하기 위해 법 제4조의2제1항에 따라 건축위원회에 심의를 신청하는 경우를 포함한다)하거나 법 제14조에 따른 건축신고를 하는 경우부터 적용한다.

제3조(주요구조부 등의 내화구조에 관한 경과조치) 부칙 제1조제2호에 따른 시행일 전에 법 제11조에 따른 건축허가 또는 대수선허가의 신청(건축허가 또는 대수선허가를 신청하기 위해 법 제4조의2제1항에 따라 건축위원회에 심의를 신청한 경우를 포함한다), 법 제14조에 따른 건축신고, 법 제19조에 따른 용도변경 허가의 신청 또는 용도변경 신고를 한 경우에는 제56조제2항의 개정규정에도 불구하고 종전의 규정에 따른다.

부칙〈대통령령 제30337호, 2020.1.7.〉
(건설기술 진흥법 시행령)

제1조(시행일) 이 영은 공포한 날부터 시행한다.

제2조(다른 법령의 개정) ① 생략

② 건축법 시행령 일부를 다음과 같이 개정한다.

제19조제1항제2호 중 "건설기술용역업자"를 각각 "건설기술용역사업자"로 하고, 같은 조 제5항 각 호 외의 부분 전단 중 " 「건축사법」 제23조제8항 각 호의 건설기술용

시 행 규 칙

부칙〈국토교통부령 제671호, 2019.11.18.〉
(건설기술 진흥법 시행규칙)

제1조(시행일) 이 규칙은 공포한 날부터 시행한다. 다만, 별표 4의2의 개정규정은 공포 후 6개월이 경과한 날부터 시행한다.

제2조(착공신고에 필요한 설계도서에 관한 적용례) 별표 4의2의 개정규정은 부칙 제1조 단서에 따른 시행일 이후 법 제11조에 따른 건축허가 또는 대수선허가를 신청(건축허가 또는 대수선허가를 신청하기 위해 법 제4조의2제1항에 따라 건축위원회에 심의를 신청하는 경우를 포함한다)하거나 법 제14조에 따른 건축신고를 하는 경우부터 적용한다.

부칙〈국토교통부령 제704호, 2020.3.2.〉
(건설산업기본법 시행규칙)

제1조(시행일) 이 규칙은 공포한 날부터 시행한다. <단서 생략>

제2조 및 **제3조** 생략

제4조(다른 법령의 개정) ①부터 ③까지 생략

④ 건축법 시행규칙 일부를 다음과 같이 한다.

별지 제17호서식 제1쪽 신청인(건축주)의 구분란 중 "건설업자"를 "건설사업자"로 하고, 별지 제22호의3서식

호를 삭제한다.
제106조제1항 중 "제24조의2제1항, 제25조제3항 및 제35조를"을 "제24조의2제1항 및 제25조제3항을"로 한다.
제110조제7호, 제111조제7호, 제113조제2항제3호·제4호를 각각 삭제한다.
②부터 ⑦까지 생략

부칙〈법률 제16485호, 2019.8.20.〉
이 법은 공포한 날부터 시행한다.

부칙〈법률 제16596호, 2019.11.26.〉
(문화재보호법)
제1조(시행일) ① 이 법은 공포 후 6개월이 경과한 날부터 시행한다. <단서 생략>
② 생략
제2조부터 **제8조**까지 생략
제9조(다른 법령의 개정) ① 건축법 일부를 다음과 같이 개정한다.
제3조제1항제1호 중 "가지정(假指定) 문화재"를 "임시지정문화재"로 한다.
②부터 ⑭까지 생략
제10조 생략

부칙〈법률 제17091호, 2020.3.24.〉
(지방행정제재·부과금의 징수 등에 관한 법률)
제1조(시행일) 이 법은 공포한 날부터 시행한다. <단서 생략>
제2조 및 **제3조** 생략
제4조(다른 법률의 개정) ①부터 ⑨까지 생략

역업자"를 "「건축사법」 제23조제9항 각 호의 건설기술용역사업자"로 하며, 제23조의2제6항제2호 중 "건설기술용역업자"를 "건설기술용역사업자"로 하고, 제63조제2호 중 "건설기술용역업자"를 "건설기술용역사업자"로 한다.
③부터 ⑯까지 생략

부칙〈대통령령 제30423호, 2020.2.18.〉
(건설산업기본법 시행령)
제1조(시행일) 이 영은 공포한 날부터 시행한다.
제2조부터 **제4조**까지 생략
제5조(다른 법률의 개정) ①부터 ③까지 생략
④ 건축법 시행령 일부를 다음과 같이 개정한다.
제17조제5항제1호 중 "건설업자"를 "건설사업자"로 한다.
⑤부터 ⑳까지 생략

부칙〈대통령령 제30509호, 2020.3.3.〉
(규제 재검토기한 해제 등을 위한 144개 대통령령의 일부개정에 관한 대통령령)
이 영은 공포한 날부터 시행한다.

부칙〈대통령령 제30626호, 2020.4.21.〉
제1조(시행일) 이 영은 공포 후 6개월이 경과한 날부터 시행한다. 다만, 제115조의 개정규정은 2020년 4월 24일부터 시행한다.
제2조(공사감리에 관한 적용례) 제19조제6항의 개정규정은 이 영 시행 이후 법 제21조에 따라 착공신고를 하는 경우부터 적용한다.
제3조(실내건축에 관한 적용례) 제61조의2제3호의 개정규정은 이 영 시행 전에 실내건축을 설치·시공한 건축물에 대해서도 적용한다. 이 경우 이 영 시행일부터 1년 이내

뒤쪽의 유의사항 제1호 및 제2호 본문·단서 중 "건설업자"를 각각 "건설사업자"로 한다.
⑤부터 ⑪까지 생략

부칙〈국토교통부령 제722호, 2020.5.1.〉
(건축물관리법 시행규칙)
제1조(시행일) 이 규칙은 공포한 날부터 시행한다.
제2조(다른 법령의 개정) ① 생략
② 건축법 시행규칙 일부를 다음과 같이 개정한다.
제23조, 제24조 및 제41조제3항을 각각 삭제한다.
제24조의2 중 "증축·개축·대수선하거나 제24조제1항 및 제3항에 따라 철거하는"을 "증축·개축 또는 대수선하는"으로, "증축·개축·대수선 또는 철거하여야"를 "증축·개축 또는 대수선해야"로 한다.
별지 제24호의3서식, 별지 제24호의4서식, 별지 제25호서식, 별지 제25호의2서식 및 별지 제31호의2서식을 각각 삭제한다.

부칙〈국토교통부령 제774호, 2020.10.28.〉
제1조(시행일) 이 규칙은 공포한 날부터 시행한다.
제2조(착공신고에 관한 적용례) 제14

법	시 행 령	시 행 규 칙

⑩ 건축법 일부를 다음과 같이 개정한다.

제80조제7항 중 "「지방세외수입금의 징수 등에 관한 법률」"을 "「지방행정제재·부과금의 징수 등에 관한 법률」"로 한다.

⑪부터 ⑩⑫까지 생략

제5조 생략

부칙〈법률 제17219호, 2020.4.7.〉
(감정평가 및 감정평가사에 관한 법률)

제1조(시행일) 이 법은 공포 후 3개월이 경과한 날부터 시행한다.

제2조(다른 법률의 개정) ① 생략

② 건축법 일부를 다음과 같이 개정한다.

제17조의3제3항 중 "감정평가업자 2명"을 "감정평가법인등 2인"으로 한다.

③부터 ㉕까지 생략

제3조 생략

부칙〈법률 제17223호, 2020.4.7.〉

제1조(시행일) 이 법은 공포 후 9개월이 경과한 날부터 시행한다. 다만, 제25조제2항 및 제6항의 개정규정은 공포 후 6개월이 경과한 날부터 시행한다.

제2조(공사감리에 관한 적용례) 제25조제2항 및 제6항의 개정규정은 이 법 시행 후 최초로 공사감리자를 지정하는 경우부터 적용한다.

부칙〈법률 제17447호, 2020.6.9.〉
(국토안전관리원법)

제1조(시행일) 이 법은 공포 후 6개월이 경과한 날부터 시

에 법 제52조의2제2항에 따른 실내건축의 구조·시공방법 등에 관한 기준에 적합하도록 해야 한다.

제4조(건폐율 산정에 관한 적용례) 제119조제3항의 개정규정은 이 영 시행 이후 법 제11조에 따른 건축허가를 신청(허가를 신청하기 위하여 법 제4조의2제1항에 따라 건축위원회에 심의를 신청하는 경우를 포함한다)하거나 법 제14조에 따른 건축신고를 하는 경우부터 적용한다.

제5조(지방건축위원회 심의에 관한 경과조치) 이 영 시행 전에 법 제4조의2제1항에 따라 지방건축위원회에 심의를 신청한 경우에는 제5조의5제1항제6호, 제8호 및 같은 조 제6항제2호자목의 개정규정에도 불구하고 종전의 규정에 따른다.

부칙〈대통령령 제30645호, 2020.4.28.〉
(건축물관리법 시행령)

제1조(시행일) 이 영은 2020년 5월 1일부터 시행한다.

제2조 생략

제3조(다른 법령의 개정) ① 생략

② 건축법 시행령 일부를 다음과 같이 개정한다.

제2조제1호 및 제3호 중 "철거"를 각각 "해체"로 한다.

제21조 중 "철거"를 "해체"로 한다.

제23조, 제23조의2부터 제23조의7까지, 제115조의5, 제116조, 제116조의2 및 제116조의3을 각각 삭제한다.

제118조제3항 본문 중 "제29조, 제35조제1항"을 "제29조"로, "제79조, 제81조"를 "제79조"로 한다.

별표 15 제3호를 삭제한다.

별표 16 제2호아목, 자목 및 타목을 각각 삭제한다.

③ 및 ④ 생략

제4조 생략

조제5항·제6항 및 별지 제13호서식의 개정규정은 이 규칙 시행 이후 법 제21조제1항 본문에 따라 신고하는 경우부터 적용한다.

제3조(공작물의 축조신고에 관한 적용례) 제41조제1항제3호, 별지 제30호서식 및 별지 제30호의2서식의 개정규정은 이 규칙 시행 이후 법 제83조제1항에 따라 공작물의 축조신고를 하는 경우부터 적용한다.

부칙〈국토교통부령 제806호, 2021.1.8.〉

이 규칙은 공포한 날부터 시행한다.

부칙〈국토교통부령 제862호, 2021.6.25.〉

이 규칙은 공포한 날부터 시행한다.

부칙〈국토교통부령 제882호, 2021.8.27.〉
(어려운 법령용어 정비를 위한 80개 국토교통부령 일부개정령)

이 규칙은 공포한 날부터 시행한다. <단서 생략>

부칙〈국토교통부령 제935호, 2021.12.31.〉

제1조(시행일) 이 규칙은 공포한 날부터 시행한다. 다만, 제19조의2제1항 각 호 외의 부분의 개정규정은 2022년 2월 11일부터 시행한다.

**제2조(착공신고서의 첨부서류에 관한

행한다.

제2조부터 **제5조**까지 생략

제6조(다른 법률의 개정) ① 생략

② 건축법 일부를 다음과 같이 개정한다.

제103조제1항 중 " 「시설물의 안전 및 유지관리에 관한 특별법」 제45조에 따른 한국시설안전공단"을 " 「국토안전관리원법」에 따른 국토안전관리원(이하 "국토안전관리원"이라 한다)"으로 하고, 같은 조 제3항 중 "한국시설안전공단"을 "국토안전관리원"으로 한다.

③부터 ⑧까지 생략

제7조 생략

부칙〈법률 제17453호, 2020.6.9.〉

(법률용어 정비를 위한 국토교통위원회 소관 78개 법률 일부개정을 위한 법률)

이 법은 공포한 날부터 시행한다. <단서 생략>

부칙〈법률 제17606호, 2020.12.8.〉

제1조(시행일) 이 법은 공포 후 6개월이 경과한 날부터 시행한다.

제2조(이행강제금 부과에 관한 적용례) ① 제80조제2항의 개정규정은 이 법 시행 이후 이행강제금을 부과하는 경우부터 적용한다.

② 이 법 시행 후 제80조제2항의 개정규정에 따라 해당 지방자치단체의 조례로 정하도록 한 가중 비율을 정하지 아니한 경우에는 제80조제2항에 따른 기준 가중 비율을 적용한다.

부칙〈법률 제17733호, 2020.12.22.〉

제1조(시행일) 이 법은 공포 후 6개월이 경과한 날부터 시

부칙〈대통령령 제30672호, 2020.5.12.〉

(산업집적활성화 및 공장설립에 관한 법률 시행령)

제1조(시행일) 이 영은 공포한 날부터 시행한다. 다만, …<생략>… 부칙 제2조제1항·제2항·제5항은 공포 후 3개월이 경과한 날부터 시행한다.

제2조(다른 법령의 개정) ① 건축법 시행령 일부를 다음과 같이 개정한다.

제6조제1항제3호 중 " 「산업집적활성화 및 공장설립에 관한 법률 시행령」 별표 1"을 " 「산업집적활성화 및 공장설립에 관한 법률 시행령」 별표 1의2"로 한다.

②부터 ⑤까지 생략

부칙〈대통령령 제31012호, 2020.9.10.〉

(국가철도공단법 시행령)

제1조(시행일) 이 영은 2020년 9월 10일부터 시행한다.

제2조(다른 법령의 개정) ① 생략

② 건축법 시행령 일부를 다음과 같이 개정한다.

제106조제1항제6호를 다음과 같이 한다.

6. 「국가철도공단법」에 따른 국가철도공단

③부터 ㉜까지 생략

제3조 생략

부칙〈대통령령 제31100호, 2020.10.8.〉

제1조(시행일) 이 영은 2020년 10월 8일부터 시행한다. 다만, 다음 각 호의 개정규정은 각 호의 구분에 따른 날부터 시행한다.

1. 제15조제6항제1호가목, 제46조제2항제3호, 제51조제2항제2호다목 및 제53조제1항제3호부터 제6호까지의 개정규정: 공포 후 6개월이 경과한 날

적용례) 제14조제1항제4호의 개정규정은 이 규칙 시행 이후 법 제21조에 따라 착공신고를 하는 경우부터 적용한다.

제3조(사용승인신청서의 첨부서류에 관한 적용례) 제16조제1항제8호의 개정규정은 이 규칙 시행 이후 법 제22조제1항에 따라 사용승인을 신청하는 경우부터 적용한다.

제4조(공사감리자의 업무에 관한 적용례) 제19조의2제1항제2호의2의 개정규정은 이 규칙 시행 이후 법 제21조에 따라 착공신고를 하는 경우부터 적용한다.

제5조(공작물축조신고서의 첨부 서류 및 도서에 관한 적용례) 제41조제1항제4호의 개정규정은 이 규칙 시행 이후 법 제83조에 따라 공작물의 축조신고를 하는 경우부터 적용한다.

부칙〈국토교통부령 제1107호, 2022.2.11.〉

(주택법 시행규칙)

제1조(시행일) 이 규칙은 공포한 날부터 시행한다.

제2조(다른 법령의 개정) ① 건축법 시행규칙 일부를 다음과 같이 개정한다.

제2조의5제1호가목1) 중 "원룸형"을 "소형"으로 한다.

법

행한다. 다만, 제52조의5 및 제52조의6의 개정규정은 공포 후 1년이 경과한 날부터 시행하고, 제87조의2제1항의 개정규정은 2022년 1월 1일부터 시행한다.

제2조(건축물의 공사감리에 관한 적용례) 제25조제11항의 개정규정은 이 법 시행 후 제21조에 따른 착공신고를 하는 경우부터 적용한다.

제3조(건축물의 마감재료에 관한 적용례) 제52조제4항의 개정규정은 이 법 시행 후 건축허가를 신청하거나 건축신고를 하는 경우부터 적용한다.

부칙〈법률 제17939호, 2021.3.16.〉
(건설기술 진흥법)

제1조(시행일) 이 법은 공포 후 3개월이 경과한 날부터 시행한다. <단서 생략>

제2조 및 **제3조** 생략

제4조(다른 법률의 개정) ①부터 ③까지 생략

④ 건축법 일부를 다음과 같이 개정한다.

제67조제1항제2호 중 "건설기술용역업자"를 "건설엔지니어링사업자"로 한다.

⑤부터 ⑧까지 생략

부칙〈법률 제17940호, 2021.3.16.〉

제1조(시행일) 이 법은 2021년 12월 23일부터 시행한다.

제2조(건축물 내부 및 외벽의 마감재료에 관한 적용례) 제52조제1항 및 제2항의 개정규정은 이 법 시행 후 최초로 건축허가를 신청하거나 건축신고를 하는 경우부터 적용한다.

시 행 령

2. 대통령령 제30030호 건축법 시행령 일부개정령 제46조제1항, 제46조제4항제4호·제5호, 제62조제1항제3호, 제64조의 개정규정 및 부칙 제5조: 2021년 8월 7일
3. 제61조제1항의 개정규정(같은 항 제3호는 제외한다): 공포 후 3개월이 경과한 날

제2조(건축기준 등의 강화에 관한 적용례) 다음 각 호의 개정규정은 각 호의 구분에 따른 시행일 이후 법 제11조에 따른 건축허가의 신청(건축허가를 신청하기 위하여 법 제4조의2제1항에 따라 건축위원회에 심의를 신청하는 경우를 포함한다), 법 제14조에 따른 건축신고 또는 법 제19조에 따른 용도변경 허가(같은 조에 따른 용도변경 신고 또는 건축물대장 기재내용의 변경신청을 포함한다)의 신청을 하는 경우부터 적용한다.

1. 방화문 구분에 관한 대통령령 제30030호 건축법 시행령 일부개정령 제46조제1항, 제46조제4항제4호, 제62조제1항제3호 및 제64조의 개정규정: 부칙 제1조제2호에 따른 시행일
2. 방화구획에 관한 제46조제2항제3호의 개정규정: 부칙 제1조제1호에 따른 시행일
3. 산후조리원에 관한 제51조제2항제2호다목 및 제53조제1항제3호의 개정규정: 부칙 제1조제1호에 따른 시행일
4. 건축물 내부 마감재료에 관한 제61조제1항의 개정규정(같은 항 제3호는 제외한다): 부칙 제1조제3호에 따른 시행일

제3조(가설건축물 축조에 관한 적용례) 제15조제6항제1호가목의 개정규정은 부칙 제1조제1호에 따른 시행일 이후 제15조제5항제2호 또는 제14호에 따른 가설건축물에 대해 법 제20조에 따른 건축허가의 신청 또는 축조신고를

시 행 규 칙

② 생략

부칙〈국토교통부령 제158호, 2022.11.2.〉

이 규칙은 공포 후 6개월이 경과한 날부터 시행한다.

부칙〈국토교통부령 제224호, 2023.6.9.〉

이 규칙은 공포한 날부터 시행한다. 다만, 제43조의2의 개정규정은 2023년 6월 11일부터 시행한다.

부칙〈국토교통부령 제268호, 2023.11.1.〉

제1조(시행일) 이 규칙은 공포한 날부터 시행한다. 다만, 제19조의2제3항부터 제6항까지의 개정규정은 2024년 3월 13일부터 시행한다.

제2조(감리보고서 제출에 관한 적용례) 별지 제22호서식의 개정규정은 이 규칙 시행 이후 감리보고서를 제출하는 경우부터 적용한다.

제3조(건축사보 배치현황 제출에 관한 적용례) 제19조의2제2항 및 별지 제22호의2서식의 개정규정은 이 규칙 시행 이후 건축사보 배치현황을 제출하는 경우부터 적용한다.

부칙〈국토교통부령 제344호, 2024.7.1.〉

이 규칙은 공포한 날부터 시행한다.

법	시 행 령	시 행 규 칙

부칙〈법률 제18340호, 2021.7.27.〉(건축물관리법)

제1조(시행일) 이 법은 공포 후 3개월이 경과한 날부터 시행한다.

제2조 생략

제3조(다른 법률의 개정) 건축법 일부를 다음과 같이 개정한다.

제21조제1항 단서를 삭제한다.

부칙〈법률 제18341호, 2021.7.27.〉

이 법은 공포한 날부터 시행한다.

부칙〈법률 제18383호, 2021.8.10.〉

제1조(시행일) 이 법은 공포 후 3개월이 경과한 날부터 시행한다.

제2조(건축허가에 관한 적용례) 제11조제11항제6호의 개정규정은 이 법 시행 이후 건축허가를 신청하는 경우부터 적용한다.

부칙〈법률 제18508호, 2021.10.19.〉

제1조(시행일) 이 법은 공포 후 6개월이 경과한 날부터 시행한다.

제2조(대규모 창고시설 등의 방화구획 등에 관한 적용례) 제49조제2항의 개정규정은 이 법 시행 이후 건축허가를 신청(건축허가를 신청하기 위하여 제4조의2에 따라 건축위원회의 심의를 신청하는 경우를 포함한다)하거나 건축신고를 하는 경우부터 적용한다.

부칙〈법률 제18825호, 2022.2.3.〉

제1조(시행일) 이 법은 공포한 날부터 시행한다.

하는 경우부터 적용한다.

제4조(과태료 부과기준에 관한 경과조치) 이 영 시행 전에 받은 과태료 부과처분은 별표 16 제2호라목의 개정규정에 따른 위반행위의 횟수 산정에 포함한다.

제5조(다른 법령의 개정) 화재예방, 소방시설 설치·유지 및 안전관리에 관한 법률 시행령을 다음과 같이 개정한다.

제17조제1항제2호를 다음과 같이 한다.

2. 기존 부분과 증축 부분이 「건축법 시행령」 제46조제1항제2호에 따른 방화문 또는 자동방화셔터로 구획되어 있는 경우

부칙〈대통령령 제31211호, 2020.12.1.〉
(국토안전관리원법 시행령)

제1조(시행일) 이 영은 2020년 12월 10일부터 시행한다.

제2조(다른 법령의 개정) ① 및 ② 생략

③ 건축법 시행령 일부를 다음과 같이 개정한다.

제61조의4제1항제2호를 다음과 같이 한다.

2. 「국토안전관리원법」에 따른 국토안전관리원(이하 "국토안전관리원"이라 한다)

제119조의10제1항 및 제2항 중 "한국시설안전공단"을 각각 "국토안전관리원"으로 한다.

④부터 ⑰까지 생략

부칙〈대통령령 제31270호, 2020.12.15.〉

제1조(시행일) 이 영은 공포 후 6개월이 경과한 날부터 시행한다. 다만, 제118조제1항제2호 및 제3호의 개정규정은 공포 후 3개월이 경과한 날부터 시행한다.

제2조(공작물 축조신고에 관한 적용례) 제118조제1항제2호 및 제3호의 개정규정은 부칙 제1조 단서에 따른 시행일

부칙〈국토교통부령 제1416호, 2024.12.16.〉

이 규칙은 2024년 12월 19일부터 시행한다.

부칙〈국토교통부령 제1419호, 2024.12.17.〉

제1조(시행일) 이 규칙은 공포한 날부터 시행한다.

제2조(건축기준 완화에 관한 적용례) 제2조의5제1호가목2) 본문의 개정규정은 이 규칙 시행 이후 다음 각 호의 신청이나 신고를 하는 경우부터 적용한다.

1. 법 제11조에 따른 건축허가(법 제16조에 따른 변경허가 및 변경신고를 포함한다)의 신청(건축허가를 신청하기 위해 법 제4조의2제1항에 따라 건축위원회에 심의를 신청하는 경우를 포함한다)
2. 법 제14조에 따른 건축신고(법 제16조에 따른 변경허가 및 변경신고를 포함한다)
3. 제1호 및 제2호에 따른 허가나 신고가 의제되는 다른 법률에 따른 허가·인가·승인 등의 신청 또는 신고

부칙〈국토교통부령 제1439호, 2025.1.14.〉

이 규칙은 공포한 날부터 시행한다.

법

제2조(가로구역의 높이 완화에 관한 특례 규정의 중첩 적용에 관한 적용례) 제60조제4항의 개정규정은 이 법 시행 당시 건축허가를 신청(건축허가를 신청하기 위하여 제4조의2에 따라 건축위원회의 심의를 신청한 경우를 포함한다)하거나 건축신고를 한 경우(다른 법률에 따라 건축허가 또는 건축신고가 의제되는 허가·결정·인가·협의·승인 등을 신청한 경우를 포함한다)에도 적용한다.

부칙 〈법률 제18935호, 2022.6.10.〉

이 법은 공포 후 1년이 경과한 날부터 시행한다.

부칙〈법률 제19045호, 2022.11.15.〉

제1조(시행일) 이 법은 공포 후 6개월이 경과한 날부터 시행한다.

제2조(다른 법률의 개정) ① 건축물관리법 일부를 다음과 같이 개정한다.

제11조제1항제2호 중 "교정 및 군사 시설"을 "교정(矯正) 시설"로 하고, 같은 항 제3호 및 제4호를 각각 제4호 및 제5호로 하며, 같은 항에 제3호를 다음과 같이 신설한다.

3. 「건축법」 제2조제2항제24호에 따른 국방·군사시설

② 물의 재이용 촉진 및 지원에 관한 법률 일부를 다음과 같이 개정한다.

제9조제1항제2호의2 중 "「건축법」 제2조제2항제25호에 따른"을 "「건축법」 제2조제2항제26호에 따른"으로 한다.

③ 수도법 일부를 다음과 같이 개정한다.

제33조제3항제8호 중 "교정 및 군사 시설"을 "교정(矯正) 시설"로 하고, 같은 항 제9호를 제10호로 하며, 같은 항

시 행 령

이후 법 제83조제1항에 따른 공작물 축조신고를 하는 경우부터 적용한다.

제3조(다중주택 및 다중생활시설의 요건에 관한 적용례) 별표 1 제1호나목 및 같은 표 제4호거목의 개정규정은 이 영 시행 이후 법 제11조에 따른 건축허가의 신청(건축허가를 신청하기 위하여 법 제4조의2제1항에 따라 건축위원회에 심의를 신청하는 경우를 포함한다), 법 제14조에 따른 건축신고 또는 법 제19조에 따른 용도변경 허가(같은 조에 따른 용도변경 신고 또는 건축물대장 기재내용의 변경신청을 포함한다)의 신청을 하거나 같은 조 제3항 단서에 따른 용도변경을 하는 경우부터 적용한다.

부칙〈대통령령 제31380호, 2021.1.5.〉 (어려운 법령용어 정비를 위한 473개 법령의 일부개정에 관한 대통령령)

이 영은 공포한 날부터 시행한다. <단서 생략>

부칙〈대통령령 제31382호, 2021.1.8.〉

제1조(시행일) 이 영은 2021년 1월 8일부터 시행한다. 다만, 다음 각 호의 개정규정은 각 호의 구분에 따른 날부터 시행한다.

1. 제20조의 개정규정: 공포 후 6개월이 경과한 날
2. 제40조제3항의 개정규정: 공포 후 3개월이 경과한 날

제2조(가설건축물의 존치기간 연장에 관한 적용례) 제15조의3의 개정규정은 이 영 시행 전에 법 제20조에 따라 건축허가를 받거나 축조신고의 수리가 된 가설건축물에 대해서도 적용한다.

제3조(옥상 출입문 비상문자동개폐장치에 관한 적용례) 제40조제3항의 개정규정은 부칙 제1조제2호에 따른 시행일

시 행 규 칙

에 제9호를 다음과 같이 신설한다.

9. 국가나 지방자치단체가 설치하는 「건축법」 제2조제2항제24호에 따른 국방·군사시설 중 대통령령으로 정하는 시설

부칙〈법률 제19251호, 2023.3.21.〉
(자연유산의 보존 및 활용에 관한 법률)

제1조(시행일) 이 법은 공포 후 1년이 경과한 날부터 시행한다.

제2조 부터 **제7조**까지 생략

제8조(다른 법률의 개정) ①부터 ③까지 생략

④ 건축법 일부를 다음과 같이 개정한다.

제3조제1항제1호 중 "임시지정문화재"를 "임시지정문화재 또는 「자연유산의 보존 및 활용에 관한 법률」에 따라 지정된 명승이나 임시지정명승"으로 한다.

⑤부터 ㊲까지 생략

제9조 생략

부칙〈법률 제19409호, 2023.5.16.〉
(국가유산기본법)

제1조(시행일) 이 법은 공포 후 1년이 경과한 날부터 시행한다.

제2조 생략

제3조(다른 법률의 개정) ① 건축법 일부를 다음과 같이 개정한다.

제18조제1항 중 "문화재보존"을 "「국가유산기본법」 제3조에 따른 국가유산의 보존"으로 한다.

②부터 ㉖까지 생략

이후 법 제11조에 따른 건축허가의 신청(건축허가를 신청하기 위하여 법 제4조의2제1항에 따라 건축위원회에 심의를 신청하는 경우를 포함한다), 법 제14조에 따른 건축신고 또는 법 제19조에 따른 용도변경 허가(같은 조에 따른 용도변경 신고 또는 건축물대장 기재내용의 변경신청을 포함한다)의 신청을 하는 경우부터 적용한다.

제4조(특별건축구역의 특례사항 적용 대상 건축물에 관한 적용례) 별표 3의 개정규정은 이 영 시행 전에 법 제71조에 따라 지정된 특별건축구역에 대해서도 적용한다.

부칙〈대통령령 제31668호, 2021.5.4.〉

제1조(시행일) 이 영은 공포한 날부터 시행한다. 다만, 제61조제3항의 개정규정은 2021년 6월 23일부터 시행한다.

제2조(건축기준 강화 등에 따른 적용례) 다음 각 호의 개정규정은 각 호의 구분에 따른 날 이후 법 제11조에 따른 건축허가의 신청(건축허가를 신청하기 위하여 법 제4조의2제1항에 따라 건축위원회에 심의를 신청하는 경우를 포함한다), 법 제14조에 따른 건축신고 또는 법 제19조에 따른 용도변경 허가의 신청(같은 조에 따른 용도변경 신고 또는 건축물대장 기재내용의 변경신청을 포함한다)을 하는 경우부터 적용한다.

1. 방화성능을 갖춘 창호를 설치해야 하는 건축물에 관한 제61조제3항의 개정규정: 2021년 6월 23일
2. 제1종 근린생활시설에 관한 별표 1 제3호차목 및 같은 표 제20호자목의 개정규정: 공포한 날
3. 제2종 근린생활시설에 관한 별표 1 제4호너목2)의 개정규정: 공포한 날

법

부칙〈법률 제19590호, 2023.8.8.〉

(문화유산의 보존 및 활용에 관한 법률)

제1조(시행일) 이 법은 2024년 5월 17일부터 시행한다.

제2조 부터 **제8조**까지 생략

제9조(다른 법률의 개정) ①부터 ④까지 생략

⑤ 법률 제19251호 건축법 일부개정법률 일부를 다음과 같이 개정한다.

제3조제1항제1호를 다음과 같이 한다.

1. 「문화유산의 보존 및 활용에 관한 법률」에 따른 지정문화유산이나 임시지정문화유산 또는 「자연유산의 보존 및 활용에 관한 법률」에 따라 지정된 천연기념물등이나 임시지정천연기념물, 임시지정명승, 임시지정시·도자연유산

⑥부터 ㊸까지 생략

제10조 생략

부칙〈법률 제19846호, 2023.12.26.〉

제1조(시행일) 이 법은 공포 후 3개월이 경과한 날부터 시행한다.

제2조(지하층의 거실 설치 금지 등에 관한 적용례) 제11조제4항제2호 및 제53조제2항의 개정규정은 이 법 시행 이후 건축허가를 신청(건축허가를 신청하기 위하여 제4조에 따른 건축위원회에 심의를 신청한 경우를 포함한다)하거나 건축신고를 하는 경우(다른 법률에 따라 건축허가 또는 건축신고가 의제되는 허가·결정·인가·협의·승인 등을 신청한 경우를 포함한다)부터 적용한다.

시 행 령

부칙〈대통령령 제31941호, 2021.8.10.〉

제1조(시행일) 이 영은 공포 후 6개월이 경과한 날부터 시행한다. 다만, 제46조제5항제4호의 개정규정은 공포 후 1개월이 경과한 날부터 시행한다.

제2조(마감재료 설치공사에서의 건축사보 배치에 관한 적용례) 제19조제7항의 개정규정은 이 영 시행 이후 다음 각 호의 신청이나 신고를 하는 건축물의 마감재료 설치공사를 감리하는 경우부터 적용한다.

1. 법 제11조에 따른 건축허가(법 제16조에 따른 변경허가 및 변경신고는 제외한다)의 신청(건축허가를 신청하기 위해 법 제4조의2제1항에 따라 건축위원회에 심의를 신청하는 경우를 포함한다)
2. 법 제14조에 따른 건축신고(법 제16조에 따른 변경허가 및 변경신고는 제외한다)
3. 법 제19조에 따른 용도변경 허가의 신청(같은 조에 따른 용도변경 신고 또는 건축물대장 기재내용의 변경신청을 포함한다)

제3조(방화에 지장이 없는 내부 마감재료를 사용해야 하는 건축물에 관한 적용례) 제61조제1항제4호의 개정규정은 이 영 시행 이후 부칙 제2조 각 호에 따른 신청이나 신고를 하는 건축물의 내부 마감재료 설치공사를 하는 경우부터 적용한다.

제4조(외벽에 방화에 지장이 없는 마감재료를 사용해야 하는 건축물에 관한 적용례) 제61조제2항제5호의 개정규정은 이 영 시행 이후 부칙 제2조 각 호에 따른 신청이나 신고를 하는 건축물의 외벽 마감재료 설치공사를 하는 경우부터 적용한다.

제5조(다른 법령의 개정) 지방세법 시행령 일부를 다음과 같이 개정한다.

시 행 규 칙

법	시 행 령	시행규칙

부칙〈법률 제20037호, 2024.1.16.〉

제1조(시행일) 이 법은 공포 후 3개월이 경과한 날부터 시행한다.

제2조(사용승인에 관한 적용례) 제22조제4항제6호의2의 개정규정은 이 법 시행 이후 건축물 사용승인을 신청하는 경우부터 적용한다.

부칙〈법률 제20194호, 2024.2.6.〉
(자연유산의 보존 및 활용에 관한 법률)

제1조(시행일) 이 법은 2024년 5월 17일부터 시행한다. <단서 생략>

제2조(다른 법률의 개정) ① 법률 제19590호 건축법 일부를 다음과 같이 개정한다.
제3조제1항제1호 중 "임시지정시·도자연유산"을 "임시지정시·도자연유산, 임시자연유산자료"로 한다.
②부터 ⑨까지 생략

부칙〈법률 제20424호, 2024.3.26.〉

제1조(시행일) 이 법은 공포 후 3개월이 경과한 날부터 시행한다.

제2조(이행강제금 부과에 관한 적용례) 제80조의2제1항제2호의 개정규정은 이 법 시행 이후 이행강제금을 부과하는 경우부터 적용한다.

제138조제2항제2호마목 중 "「건축법 시행령」 제61조제1항제4호다목에서 규정한"을 "「건축법」 제52조의4제1항에 따른"으로 한다.

부칙〈대통령령 제31986호, 2021.9.14.〉(건설기술 진흥법 시행령)

제1조(시행일) 이 영은 공포한 날부터 시행한다. <단서 생략>

제2조 생략

제3조(다른 법령의 개정) ①부터 ⑤까지 생략
⑥ 건축법 시행령 일부를 다음과 같이 개정한다.
제19조제1항제2호, 같은 조 제5항 각 호 외의 부분 전단, 제19조의2제2항제1호 및 제63조제2호 중 "건설기술용역사업자"를 각각 "건설엔지니어링사업자"로 한다.
⑦부터 ㉖까지 생략

부칙〈대통령령 제32102호, 2021.11.2.〉

제1조(시행일) 이 영은 공포한 날부터 시행한다. 다만, 제15조제7항의 개정규정은 공포 후 6개월이 경과한 날부터 시행한다.

제2조(건축면적 산정방법에 관한 적용례) 제119조제1항제2호가목6)의 개정규정은 이 영 시행 이후 다음 각 호의 신청이나 신고를 하는 건축물부터 적용한다.
1. 법 제11조에 따른 건축허가(법 제16조에 따른 변경허가 및 변경신고를 포함한다)의 신청(건축허가를 신청하기 위하여 법 제4조의2제1항에 따라 건축위원회에 심의를 신청하는 경우를 포함한다)
2. 법 제14조에 따른 건축신고(법 제16조에 따른 변경허가 및 변경신고를 포함한다)

법	시 행 령	시 행 규 칙

3. 법 제19조에 따른 용도변경 허가의 신청(같은 조에 따른 용도변경 신고 또는 건축물대장 기재내용의 변경신청을 포함한다)

제3조(생활숙박시설의 요건에 관한 적용례) 별표 1 제15호가목의 개정규정은 이 영 시행 이후 부칙 제2조 각 호의 신청이나 신고를 하는 생활숙박시설부터 적용한다.

제4조(가설건축물 존치기간 연장에 관한 경과조치) 이 영 시행 전에 법 제20조제3항에 따라 축조신고를 한 가설건축물의 존치기간 연장에 관하여는 제15조제7항의 개정규정에도 불구하고 종전의 규정에 따른다.

제5조(공동주택의 채광 확보 거리에 관한 경과조치) ① 지방자치단체는 이 영 시행일부터 6개월이 되는 날까지 제86조제3항제2호나목의 개정규정에 따라 건축조례를 제정하거나 개정해야 한다.

② 제1항에 따라 건축조례가 제정되거나 개정되기 전까지는 종전의 건축조례를 적용한다.

③ 제1항에 따른 기한까지 건축조례가 제정되거나 개정되지 않은 경우의 공동주택 채광 확보 거리에 관하여는 제86조제3항제2호나목의 개정규정에 따른 거리기준(건축조례로 정하는 거리의 하한을 말한다)을 적용한다.

부칙〈대통령령 제32241호, 2021.12.21.〉

이 영은 2021년 12월 23일부터 시행한다.

부칙〈대통령령 제32274호, 2021.12.28.〉
(독점규제 및 공정거래에 관한 법률 시행령)

제1조(시행일) 이 영은 2021년 12월 30일부터 시행한다.

제2조 부터 **제12조**까지 생략

제13조(다른 법령의 개정) ①부터 ④까지 생략

법	시 행 령	시 행 규 칙
	⑤ 건축법 시행령 일부를 다음과 같이 개정한다. 제19조제1항제2호 중 "「독점규제 및 공정거래에 관한 법률」 제2조"를 "「독점규제 및 공정거래에 관한 법률」 제2조제12호"로 한다. ⑥부터 ㊳까지 생략 **제14조** 생략 **부칙〈대통령령 제32344호, 2022.1.18.〉** **(국토의 계획 및 이용에 관한 법률 시행령)** **제1조(시행일)** 이 영은 공포한 날부터 시행한다. **제2조(다른 법령의 개정)** 건축법 시행령 일부를 다음과 같이 개정한다. 제6조의2제3항 각 호 외의 부분 중 "제93조의2"를 "제93조의3"으로 한다. **부칙〈대통령령 제32411호, 2022.2.11.〉** **(주택법 시행령)** **제1조(시행일)** 이 영은 공포한 날부터 시행한다. <단서 생략> **제2조** 생략 **제3조(다른 법령의 개정)** ① 건축법 시행령 일부를 다음과 같이 개정한다. 별표 1 제2호 각 목 외의 부분 본문 중 "원룸형"을 "소형"으로 한다. ② 및 ③ 생략 **부칙 〈대통령령 제32614호, 2022.4.29.〉** **제1조(시행일)** 이 영은 공포한 날부터 시행한다. **제2조(방화구획으로 구획하지 않을 수 있는 건축물의 부분**	

법	시 행 령	시 행 규 칙

에 관한 경과조치) 다음 각 호에 해당하는 건축물의 부분에 대한 방화구획 설치의무에 관하여는 제46조제2항제2호의 개정규정에도 불구하고 종전의 규정에 따른다.

1. 이 영 시행 전에 법 제11조에 따른 건축허가 또는 대수선허가(법 제16조에 따른 변경허가 및 변경신고를 포함한다)를 받았거나 신청(건축허가 또는 대수선허가를 신청하기 위하여 법 제4조의2제1항에 따라 건축위원회에 심의를 신청한 경우를 포함한다)한 건축물
2. 이 영 시행 전에 법 제14조에 따라 건축신고(법 제16조에 따른 변경허가 및 변경신고를 포함한다)를 한 건축물
3. 이 영 시행 전에 법 제19조에 따라 용도변경 허가(같은 조에 따른 용도변경 신고 및 건축물대장 기재내용의 변경신청을 포함한다)를 받았거나 신청한 건축물

부칙〈대통령령 제32825호, 2022.7.26.〉

(건축사법 시행령)

제1조(시행일) 이 영은 2022년 8월 4일부터 시행한다. <단서 생략>

제2조 및 **제3조** 생략

제4조(다른 법령의 개정) ① 및 ② 생략

③ 건축법 시행령 일부를 다음과 같이 개정한다.

제19조제11항 중 "「건축사법」에 따른 건축사협회 중에서 국토교통부장관이 지정하는 건축사협회"를 "「건축사법」 제31조에 따른 대한건축사협회"로 하고, 같은 조 제12항 중 "건축사협회"를 "대한건축사협회"로 한다.

④ 및 ⑤ 생략

법	시 행 령	시 행 규 칙
	부칙〈대통령령 제33004호, 2022.11.29.〉 **(소방시설 설치 및 관리에 관한 법률 시행령)** **제1조(시행일)** 이 영은 2022년 12월 1일부터 시행한다. <단서 생략> **제2조** 부터 **제15조**까지 생략 **제16조(다른 법령의 개정)** ① 생략 ② 건축법 시행령 일부를 다음과 같이 개정한다. 제10조제1항제21호 중 "「화재예방, 소방시설 설치·유지 및 안전관리에 관한 법률」 제7조"를 "「소방시설 설치 및 관리에 관한 법률」 제6조"로 한다 제40조제3항 중 "「화재예방, 소방시설 설치·유지 및 안전관리에 관한 법률」 제39조제1항"을 "「소방시설 설치 및 관리에 관한 법률」 제40조제1항"으로 한다. 제109조제2항 중 "「화재예방, 소방시설 설치·유지 및 안전관리에 관한 법률」 제9조 및 제11조"를 "「소방시설 설치 및 관리에 관한 법률」 제12조 및 제13조"로 한다. ③부터 ㊴까지 생략 **제17조** 생략 **부칙〈대통령령 제33023호, 2022.12.6.〉** **(도서관법 시행령)** **제1조(시행일)** 이 영은 2022년 12월 8일부터 시행한다. **제2조** 부터 **제4조**까지 생략 **제5조(다른 법령의 개정)** ① 생략 ② 건축법 시행령 일부를 다음과 같이 개정한다. 별표 1 제1호 각 목 외의 부분 중 "「도서관법」 제2조제4호가목"을 "「도서관법」 제4조제2항제1호가목"으로 한다.	

법	시 행 령	시 행 규 칙

③부터 ㉕까지 생략

제6조 생략

부칙〈대통령령 제33249호, 2023.2.14.〉

제1조(시행일) 이 영은 공포한 날부터 시행한다.

제2조(기숙사의 요건에 관한 적용례) 별표 1 제2호라목 1)·2) 외의 부분 의 개정규정은 이 영 시행 이후 다음 각 호의 신청이나 신고를 하는 경우부터 적용한다.

1. 법 제11조에 따른 건축허가의 신청(건축허가를 신청하기 위해 법 제4조의2제1항에 따라 건축위원회에 심의를 신청하는 경우를 포함한다)
2. 법 제14조에 따른 건축신고
3. 법 제19조에 따른 용도변경허가의 신청(같은 조에 따른 용도변경신고 또는 건축물대장 기재내용의 변경신청을 포함한다)
4. 제1호부터 제3호까지의 규정에 따른 허가나 신고가 의제되는 다른 법률에 따른 허가·인가·승인 등의 신청 또는 신고

제3조(기존 기숙사 등의 용도분류에 관한 경과조치) ① 이 영 시행 당시 종전의 별표 1 제2호라목에 따른 기숙사에 해당하는 용도의 건축물은 별표 1 제2호라목1)의 개정규정에 따른 일반기숙사에 해당하는 용도의 건축물로 본다.

② 이 영 시행 전에 종전의 별표 1 제2호라목에 따른 기숙사의 용도로 사용하기 위하여 부칙 제2조 각 호의 신청이나 신고를 한 경우에는 별표 1 제2호라목1)의 개정규정에 따른 일반기숙사의 용도로 사용하기 위하여 신청이나 신고를 한 것으로 본다.

부칙〈대통령령 제33435호, 2023.4.27.〉
(동물보호법 시행령)

제1조(시행일) 이 영은 공포한 날부터 시행한다. <단서 생략>

제2조 부터 **제7조**까지 생략

제8조(다른 법령의 개정) ① 생략

② 건축법 시행령 일부를 다음과 같이 개정한다.

별표 1 제4호차목 중 "「동물보호법」 제32조제1항제6호"를 "「동물보호법」 제73조제1항제2호"로 한다.

③부터 ⑦까지 생략

제9조 생략

부칙〈대통령령 제33466호, 2023.5.15.〉

제1조(시행일) 이 영은 2023년 5월 16일부터 시행한다.

제2조(기존 교정 및 군사 시설의 용도분류에 관한 경과조치) ① 이 영 시행 당시 종전의 별표 1 제23호(라목은 제외한다)에 따른 교정 및 군사 시설에 해당하는 용도의 건축물은 별표 1 제23호의 개정규정에 따른 교정시설에 해당하는 용도의 건축물로 본다.

② 이 영 시행 당시 종전의 별표 1 제23호라목에 따른 국방·군사시설에 해당하는 용도의 건축물은 별표 1 제23호의2의 개정규정에 따른 국방·군사시설에 해당하는 용도의 건축물로 본다.

제3조(다른 법령의 개정) 생략

부칙〈대통령령 제33717호, 2023.9.12.〉

제1조(시행일) 이 영은 공포한 날부터 시행한다. 다만, 다음 각 호의 사항은 각 호의 구분에 따른 날부터 시행한다.

법	시 행 령	시 행 규 칙
	1. 제19조제11항부터 제13항까지의 개정규정: 공포 후 6개월이 경과한 날 2. 제119조제1항제3호거목의 개정규정: 공포 후 1년이 경과한 날 **제2조(대피공간의 설치 등에 관한 적용례)** 제46조제4항 및 제5항의 개정규정은 이 영 시행 이후 다음 각 호의 신청이나 신고를 하는 경우부터 적용한다. 1. 법 제11조에 따른 건축허가(법 제16조에 따른 변경허가 및 변경신고를 포함한다)의 신청(건축허가를 신청하기 위해 법 제4조의2제1항에 따라 건축위원회에 심의를 신청하는 경우를 포함한다) 2. 법 제14조에 따른 건축신고(법 제16조에 따른 변경허가 및 변경신고를 포함한다) 3. 제1호 및 제2호에 따른 허가나 신고가 의제되는 다른 법률에 따른 허가·인가·승인 등의 신청 또는 신고 **제3조(일조 등의 확보를 위한 건축물의 높이 제한에 관한 적용례)** 제86조제1항 각 호의 개정규정은 같은 항 각 호 외의 부분에 따른 건축조례가 제정되거나 개정된 이후 부칙 제2조 각 호의 신청이나 신고를 하는 경우부터 적용한다. **제4조(대피공간의 바닥면적 산정 기준에 관한 적용례)** 제119조제1항제3호거목의 개정규정은 부칙 제1조제2호에 따른 시행일 이후 다음 각 호의 신청이나 신고를 하는 경우부터 적용한다. 1. 법 제11조에 따른 건축허가(법 제16조에 따른 변경허가 및 변경신고는 제외한다)의 신청(건축허가를 신청하기 위해 법 제4조의2제1항에 따라 건축위원회에 심의를 신청하는 경우를 포함한다)	

법	시 행 령	시 행 규 칙
	2. 법 제14조에 따른 건축신고(법 제16조에 따른 변경허가 및 변경신고는 제외한다) 3. 제1호 및 제2호에 따른 허가나 신고가 의제되는 다른 법률에 따른 허가·인가·승인 등의 신청 또는 신고 **제5조(바닥면적의 산입 제외에 관한 적용례)** 제119조제1항제3호너목의 개정규정은 이 영 시행 이후 부칙 제2조 각 호의 신청이나 신고를 하는 경우부터 적용한다. **제6조(동물병원 등의 용도분류에 관한 적용례)** 별표 1 제3호카목 및 같은 표 제4호차목의 개정규정은 이 영 시행 이후 다음 각 호의 신청이나 신고를 하는 경우부터 적용한다. 1. 법 제11조에 따른 건축허가(법 제16조에 따른 변경허가 및 변경신고는 제외한다)의 신청(건축허가를 신청하기 위해 법 제4조의2제1항에 따라 건축위원회에 심의를 신청하는 경우를 포함한다) 2. 법 제14조에 따른 건축신고(법 제16조에 따른 변경허가 및 변경신고는 제외한다) 3. 법 제19조에 따른 용도변경허가의 신청(같은 조에 따른 용도변경신고 또는 건축물대장 기재내용의 변경신청을 포함한다) 4. 제1호 및 제2호에 따른 허가나 신고가 의제되는 다른 법률에 따른 허가·인가·승인 등의 신청 또는 신고 **부칙〈대통령령 제34223호, 2024.2.13.〉** **제1조(시행일)** 이 영은 2024년 2월 17일부터 시행한다. **제2조(주문배송시설의 용도분류에 관한 적용례)** 별표 1 제4호머목 및 같은 표 제18호 각 목 외의 부분의 개정규정은 이 영 시행 이후 다음 각 호의 신청이나 신고를 하는	

법	시 행 령	시 행 규 칙
	경우부터 적용한다. 1. 법 제11조에 따른 건축허가(법 제16조에 따른 변경허가 및 변경신고는 제외한다)의 신청(건축허가를 신청하기 위해 법 제4조의2제1항에 따라 건축위원회에 심의를 신청하는 경우를 포함한다) 2. 법 제14조에 따른 건축신고(법 제16조에 따른 변경허가 및 변경신고는 제외한다) 3. 법 제19조에 따른 용도변경허가의 신청(같은 조에 따른 용도변경신고 또는 건축물대장 기재내용의 변경신청을 포함한다) 4. 제1호 및 제2호에 따른 허가나 신고가 의제되는 다른 법률에 따른 허가·인가·승인 등의 신청 또는 신고 **부칙〈대통령령 제34360호, 2024.3.26.〉** 이 영은 2024년 3월 27일부터 시행한다. **부칙〈대통령령 제34370호, 2024.3.29.〉** **제1조(시행일)** 이 영은 공포한 날부터 시행한다. **제2조** 및 **제3조** 생략 **제4조(다른 법령의 개정)** 건축법 시행령 일부를 다음과 같이 개정한다. 제117조제3항 각 호 외의 부분 중 "「지방자치단체의 행정기구와 정원기준 등에 관한 규정」 별표 3 제2호 비고 제2호"를 "「지방자치단체의 행정기구와 정원기준 등에 관한 규정」 별표 3 비고 제2호"로 한다. **부칙〈대통령령 제34488호, 2024.5.7.〉** **제1조(시행일)** 이 영은 2024년 5월 17일부터 시행한다.	

제2조 및 **제3조** 생략

제4조(다른 법령의 개정) ①부터 ④까지 생략

⑤ 건축법 시행령 일부를 다음과 같이 개정한다.

제10조제1항제16호를 다음과 같이 하고, 같은 항에 제16호의2를 다음과 같이 신설한다.

16. 「문화유산의 보존 및 활용에 관한 법률」 제35조

16의2. 「자연유산의 보존 및 활용에 관한 법률」 제17조

⑥부터 ㊸까지 생략

제5조 생략

부칙〈대통령령 제34491호, 2024.5.7.〉

제1조(시행일) 이 영은 2024년 5월 17일부터 시행한다.

제2조(다른 법령의 개정) ① 및 ② 생략

③ 건축법 시행령 일부를 다음과 같이 개정한다.

제27조의2제2항 후단 중 "「매장문화재 보호 및 조사에 관한 법률」 제14조제1항제1호에 따른 매장문화재"를 "「매장유산 보호 및 조사에 관한 법률」 제14조제1항제1호에 따른 매장유산"으로 한다.

제119조제1항제2호다목10) 및 같은 항 제3호타목 중 "「매장문화재 보호 및 조사에 관한 법률」"을 각각 "「매장유산 보호 및 조사에 관한 법률」"로, "매장문화재 보호 및 전시"를 각각 "매장유산 보호 및 전시"로 한다.

④부터 ⑰까지 생략

제3조 생략

부칙〈대통령령 제34580호, 2024.6.18.〉

제1조(시행일) 이 영은 공포한 날부터 시행한다. 다만, 다음 각 호의 개정규정은 해당 호에서 정하는 날부터 시행한

법	시 행 령	시 행 규 칙
	다. 1. 제115조의4제1항 각 호 외의 부분 단서, 같은 조 제2항 각 호 외의 부분 단서 및 같은 조 제2항제1호의 개정규정: 2024년 6월 27일 2. 제18조의2제2항제1호 및 제61조제1항제1호의3의 개정규정: 공포 후 6개월이 경과한 날 **제2조(건축기준 완화에 관한 적용례)** 제6조제1항제13호의 개정규정은 이 영 시행 이후 다음 각 호의 신청이나 신고를 하는 경우부터 적용한다. 1. 법 제11조에 따른 건축허가(법 제16조에 따른 변경허가 및 변경신고를 포함한다)의 신청(건축허가를 신청하기 위해 법 제4조의2제1항에 따라 건축위원회에 심의를 신청하는 경우를 포함한다) 2. 법 제14조에 따른 건축신고(법 제16조에 따른 변경허가 및 변경신고를 포함한다) **제3조(사진 및 동영상 촬영 대상 건축물 등에 관한 적용례)** 제18조의2제2항제1호나목의 개정규정은 부칙 제1조제2호에 따른 시행일 이후 법 제21조에 따른 착공신고를 하는 경우부터 적용한다. **제4조(방화에 지장이 없는 내부 마감재료를 사용해야 하는 건축물에 관한 적용례)** 제61조제1항제1호의3의 개정규정은 부칙 제1조제2호에 따른 시행일 이후 다음 각 호의 신청이나 신고를 하는 건축물의 내부 마감재료 설치공사를 하는 경우부터 적용한다. 1. 법 제11조에 따른 건축허가(법 제16조에 따른 변경허가 및 변경신고를 포함한다)의 신청(건축허가를 신청하기 위해 법 제4조의2제1항에 따라 건축위원회에 심의를 신청하는 경우를 포함한다)	

2. 법 제14조에 따른 건축신고(법 제16조에 따른 변경허가 및 변경신고를 포함한다)
3. 법 제19조에 따른 용도변경 허가의 신청(같은 조에 따른 용도변경 신고 또는 건축물대장 기재내용의 변경신청을 포함한다)
4. 제1호 및 제2호에 따른 허가나 신고가 의제되는 다른 법률에 따른 허가·인가·승인 등의 신청 또는 신고

제5조(이행강제금의 감경에 관한 적용례) 제115조의4제1항 각 호 외의 부분 단서 및 같은 조 제2항 각 호 외의 부분 단서의 개정규정은 부칙 제1조제1호에 따른 시행일 이후 이행강제금을 부과하는 경우부터 적용한다.

제6조(건축물의 높이 산정방법에 관한 적용례) 제119조제1항제5호다목의 개정규정은 이 영 시행 이후 다음 각 호의 신청이나 신고를 하는 경우부터 적용한다.

1. 법 제11조에 따른 건축허가(법 제16조에 따른 변경허가 및 변경신고를 포함한다)의 신청(건축허가를 신청하기 위해 법 제4조의2제1항에 따라 건축위원회에 심의를 신청하는 경우를 포함한다)
2. 법 제14조에 따른 건축신고(법 제16조에 따른 변경허가 및 변경신고를 포함한다)
3. 제1호 및 제2호에 따른 허가나 신고가 의제되는 다른 법률에 따른 허가·인가·승인 등의 신청 또는 신고

부칙〈대통령령 제34785호, 2024.7.30.〉

(국민 행정부담 완화 및 불편 해소를 위한 17개 법령의 일부개정에 관한 대통령령)

제1조(시행일) 이 영은 공포한 날부터 시행한다.

제2조 생략

법	시 행 령	시 행 규 칙
	부칙〈대통령령 제35082호, 2024.12.17.〉 **제1조(시행일)** 이 영은 공포한 날부터 시행한다. 다만, 제5조의5제6항제2호차목의 개정규정은 공포 후 1년이 경과한 날부터 시행한다. **제2조(공사감리자의 감리중간보고서 작성 · 제출에 관한 적용례)** 제2조제18호다목, 제19조제3항제1호라목 및 제32조제2항제8호의 개정규정은 이 영 시행일 이후 다음 각 호의 신청이나 신고를 하는 경우부터 적용한다. 1. 법 제11조에 따른 건축허가(법 제16조에 따른 변경허가 및 변경신고는 제외한다)의 신청(건축허가를 신청하기 위해 법 제4조의2제1항에 따라 건축위원회에 심의를 신청하는 경우를 포함한다) 2. 법 제14조에 따른 건축신고(법 제16조에 따른 변경허가 및 변경신고는 제외한다) 3. 제1호 및 제2호에 따른 허가나 신고가 의제되는 다른 법률에 따른 허가·인가·승인 등의 신청 또는 신고 **제3조(구조 안전의 확인에 관한 적용례)** 제6조의3제2항 전단 및 제32조제3항의 개정규정은 이 영 시행일 이후 다음 각 호의 신청이나 신고를 하는 경우부터 적용한다. 1. 법 제11조에 따른 건축허가(법 제16조에 따른 변경허가 및 변경신고를 포함한다)의 신청(건축허가를 신청하기 위해 법 제4조의2제1항에 따라 건축위원회에 심의를 신청하는 경우를 포함한다) 2. 법 제14조에 따른 건축신고(법 제16조에 따른 변경허가 및 변경신고를 포함한다) 3. 제1호 및 제2호에 따른 허가나 신고가 의제되는 다른 법률에 따른 허가·인가·승인 등의 신청 또는 신고 **제4조(관계전문기술자와의 협력에 관한 경과조치)** 이 영 시	

행일 전에 설계자 또는 공사감리자와 계약을 체결하여 협력 업무를 수행 중인 관계전문기술자는 제91조의3제3항의 개정규정에도 불구하고 그 협력 업무가 끝날 때까지는 그 업무를 계속 수행할 수 있다.

제5조(다른 법령의 개정) 건축물관리법 시행령 일부를 다음과 같이 개정한다.

제7조제1항제1호 중 "「건축법 시행령」 제2조제18호"를 "「건축법 시행령」 제2조제18호(다목은 제외한다)"로 한다.

부칙〈대통령령 제35221호, 2025.1.21.〉

(주택법 시행령)

제1조(시행일) 이 영은 공포한 날부터 시행한다.

제2조 생략

제3조(다른 법령의 개정) ① 건축법 시행령 일부를 다음과 같이 개정한다.

별표 1 제2호 각 목 외의 부분 본문 중 "소형 주택"을 "아파트형 주택"으로 한다.

② 및 ③ 생략

[별표 1] 〈개정 2021.5.4., 2021.11.2., 2022.2.11., 2022.12.6., 2023.2.14., 2023.4.27., 2023.5.15., 2023.9.12., 2024.2.13., 2025.1.21.〉

용도별 건축물의 종류 (제3조의5 관련)

1. **단독주택**[단독주택의 형태를 갖춘 가정어린이집 · 공동생활가정 · 지역아동센터 · 공동육아나눔터(「아이돌봄 지원법」 제19조에 따른 공동육아나눔터를 말한다. 이하 같다) · 작은도서관(「도서관법」 제2조제2항제1호가목에 따른 작은도서관을 말하며, 해당 주택의 1층에 설치한 경우만 해당한다. 이하 같다) 및 노인복지시설(노인복지주택은 제외한다)을 포함한다] 〈개정 2021.11.2., 2022.12.6.〉
   가. 단독주택
   나. 다중주택: 다음의 요건을 모두 갖춘 주택을 말한다.
   1) 학생 또는 직장인 등 여러 사람이 장기간 거주할 수 있는 구조로 되어 있는 것
   2) 독립된 주거의 형태를 갖추지 않은 것(각 실별로 욕실은 설치할 수 있으나, 취사시설은 설치하지 않은 것을 말한다.)
   3) 1개 동의 주택으로 쓰이는 바닥면적(부설 주차장 면적은 제외한다. 이하 같다)의 합계가 660제곱미터 이하이고 주택으로 쓰는 층수(지하층은 제외한다)가 3개 층 이하일 것. 다만, 1층의 전부 또는 일부를 필로티 구조로 하여 주차장으로 사용하고 나머지 부분을 주택(주거 목적으로 한정한다) 외의 용도로 쓰는 경우에는 해당 층을 주택의 층수에서 제외한다. 〈개정 2021.11.2〉
   4) 적정한 주거환경을 조성하기 위하여 건축조례로 정하는 실별 최소 면적, 창문의 설치 및 크기 등의 기준에 적합할 것
   다. 다가구주택: 다음의 요건을 모두 갖춘 주택으로서 공동주택에 해당하지 아니하는 것을 말한다.
   1) 주택으로 쓰는 층수(지하층은 제외한다)가 3개 층 이하일 것. 다만, 1층의 전부 또는 일부를 필로티 구조로 하여 주차장으로 사용하고 나머지 부분을 주택(주거 목적으로 한정한다) 외의 용도로 쓰는 경우에는 해당 층을 주택의 층수에서 제외한다. 〈개정 2021.11.2〉
   2) 1개 동의 주택으로 쓰이는 바닥면적의 합계가 660제곱미터 이하일 것
   3) 19세대(대지 내 동별 세대수를 합한 세대를 말한다) 이하가 거주할 수 있을 것
   라. 공관(公館)

2. **공동주택**[공동주택의 형태를 갖춘 가정어린이집 · 공동생활가정 · 지역아동센터 · 공동육아나눔터 · 작은도서관 · 노인복지시설(노인복지주택은 제외한다) 및 「주택법 시행령」 제10조제1항제1호에 따른 아파트형 주택을 포함한다]. 다만, 가목이나 나목에서 층수를 산정할 때 1층 전부를 필로티 구조로 하여 주차장으로 사용하는 경우에는 필로티 부분을 층수에서 제외하고, 다목에서 층수를 산정할 때 1층의 전부 또는 일부를 필로티 구조로 하여 주차장으로 사용하고 나머지 부분을 주택(주거 목적으로 한정한다) 외의 용도로 쓰는 경우에는 해당 층을 주택의 층수에서 제외하며, 가목부터 라목까지의 규정에서 층수를 산정할 때 지하층을 주택의 층수에서 제외한다. 〈개정 2021.5.4., 2021.11.2., 2022.2.11., 2023.2.14., 2025.1.21.〉
   가. 아파트: 주택으로 쓰는 층수가 5개 층 이상인 주택
   나. 연립주택: 주택으로 쓰는 1개 동의 바닥면적(2개 이상의 동을 지하주차장으로 연결하는 경우에는 각각의 동으로 본다) 합계가 660제곱미터를 초과하고, 층수가 4개 층 이하인 주택
   다. 다세대주택: 주택으로 쓰는 1개 동의 바닥면적 합계가 660제곱미터 이하이고, 층수가 4개 층 이하인 주택(2개 이상의 동을 지하주차장으로 연결하는 경우에는 각각의 동으로 본다)
   라. 기숙사: 다음의 어느 하나에 해당하는 건축물로서 공간의 구성과 규모 등에 관하여 국토교통부장관이 정하여 고시하는 기준에 적합한 것. 다만, 구분소유된 개별 실(室)은 제외한다. 〈개정 2023.2.14.〉
   1) 일반기숙사: 학교 또는 공장 등의 학생 또는 종업원 등을 위하여 사용하는 것으로서 해당 기숙사의 공동취사시설 이용 세대 수가 전체 세대 수(건축물의 일부를 기숙사로 사용하는 경우에는 기숙사로 사용하는 세대 수로 한다. 이하 같다)의 50퍼센트 이상인 것(「교육기본법」 제27조제2항에 따른 학생복지주택을 포함한다)
   2) 임대형기숙사: 「공공주택 특별법」 제4조에 따른 공공주택사업자 또는 「민간임대주택에 관한 특별법」 제2조제7호에 따른 임대사업자가 임대사업에 사용하는 것으로서 임대 목적으로 제공하는 실이 20실 이상이고 해당 기숙사의 공동취사시설 이용 세대 수가 전체 세대 수의 50퍼센트 이상인 것

3. **제1종 근린생활시설** 〈개정 2021.5.4., 2023.9.12.〉

가. 식품 · 잡화 · 의류 · 완구 · 서적 · 건축자재 · 의약품 · 의료기기 등 일용품을 판매하는 소매점으로서 같은 건축물(하나의 대지에 두 동 이상의 건축물이 있는 경우에는 이를 같은 건축물로 본다. 이하 같다)에 해당 용도로 쓰는 바닥면적의 합계가 1천 제곱미터 미만인 것

나. 휴게음식점, 제과점 등 음료 · 차(茶) · 음식 · 빵 · 떡 · 과자 등을 조리하거나 제조하여 판매하는 시설(제4호너목 또는 제17호에 해당하는 것은 제외한다)로서 같은 건축물에 해당 용도로 쓰는 바닥면적의 합계가 300제곱미터 미만인 것

다. 이용원, 미용원, 목욕장, 세탁소 등 사람의 위생관리나 의류 등을 세탁 · 수선하는 시설(세탁소의 경우 공장에 부설되는 것과 「대기환경보전법」, 「물환경보전법」 또는 「소음 · 진동관리법」에 따른 배출시설의 설치 허가 또는 신고의 대상인 것은 제외한다)

라. 의원, 치과의원, 한의원, 침술원, 접골원(接骨院), 조산원, 안마원, 산후조리원 등 주민의 진료 · 치료 등을 위한 시설

마. 탁구장, 체육도장으로서 같은 건축물에 해당 용도로 쓰는 바닥면적의 합계가 500제곱미터 미만인 것

바. 지역자치센터, 파출소, 지구대, 소방서, 우체국, 방송국, 보건소, 공공도서관, 건강보험공단 사무소 등 주민의 편의를 위하여 공공업무를 수행하는 시설로서 같은 건축물에 해당 용도로 쓰는 바닥면적의 합계가 1천 제곱미터 미만인 것

사. 마을회관, 마을공동작업소, 마을공동구판장, 공중화장실, 대피소, 지역아동센터(단독주택과 공동주택에 해당하는 것은 제외한다) 등 주민이 공동으로 이용하는 시설

아. 변전소, 도시가스배관시설, 통신용 시설(해당 용도로 쓰는 바닥면적의 합계가 1천제곱미터 미만인 것에 한정한다), 정수장, 양수장 등 주민의 생활에 필요한 에너지공급 · 통신서비스제공이나 급수 · 배수와 관련된 시설

자. 금융업소, 사무소, 부동산중개사무소, 결혼상담소 등 소개업소, 출판사 등 일반업무시설로서 같은 건축물에 해당 용도로 쓰는 바닥면적의 합계가 30제곱미터 미만인 것

차. 전기자동차 충전소(해당 용도로 쓰는 바닥면적의 합계가 1천제곱미터 미만인 것으로 한정한다)

카. 동물병원, 동물미용실 및 「동물보호법」 제73조제1항제2호에 따른 동물위탁관리업을 위한 시설로서 같은 건축물에 해당 용도로 쓰는 바닥면적의 합계가 300제곱미터 미만인 것 〈신설 2023.9.12.〉

4. **제2종 근린생활시설** 〈개정 2021.5.4., 2023.4.27., 2023.9.12., 2024.2.13〉

가. 공연장(극장, 영화관, 연예장, 음악당, 서커스장, 비디오물감상실, 비디오물소극장, 그 밖에 이와 비슷한 것을 말한다. 이하 같다)으로서 같은 건축물에 해당 용도로 쓰는 바닥면적의 합계가 500제곱미터 미만인 것

나. 종교집회장[교회, 성당, 사찰, 기도원, 수도원, 수녀원, 제실(祭室), 사당, 그 밖에 이와 비슷한 것을 말한다. 이하 같다]으로서 같은 건축물에 해당 용도로 쓰는 바닥면적의 합계가 500제곱미터 미만인 것

다. 자동차영업소로서 같은 건축물에 해당 용도로 쓰는 바닥면적의 합계가 1천제곱미터 미만인 것

라. 서점(제1종 근린생활시설에 해당하지 않는 것)

마. 총포판매소

바. 사진관, 표구점

사. 청소년게임제공업소, 복합유통게임제공업소, 인터넷컴퓨터게임시설제공업소, 가상현실체험 제공업소, 그 밖에 이와 비슷한 게임 및 체험 관련 시설로서 같은 건축물에 해당 용도로 쓰는 바닥면적의 합계가 500제곱미터 미만인 것

아. 휴게음식점, 제과점 등 음료 · 차(茶) · 음식 · 빵 · 떡 · 과자 등을 조리하거나 제조하여 판매하는 시설(너목 또는 제17호에 해당하는 것은 제외한다)로서 같은 건축물에 해당 용도로 쓰는 바닥면적의 합계가 300제곱미터 이상인 것

자. 일반음식점

차. 장의사, 동물병원, 동물미용실, 「동물보호법」 제73조제1항제2호에 따른 동물위탁관리업을 위한 시설, 그 밖에 이와 유사한 것(제1종 근린생활시설에 해당하는 것은 제외한다) 〈개정 2023.4.27., 2023.9.12〉

카. 학원(자동차학원 · 무도학원 및 정보통신기술을 활용하여 원격으로 교습하는 것은 제외한다), 교습소(자동차교습 · 무도교습 및 정보통신기술을 활용하여 원격으로 교습하는 것은 제외한다), 직업훈련소(운전 · 정비 관련 직업훈련소는 제

외한다)로서 같은 건축물에 해당 용도로 쓰는 바닥면적의 합계가 500제곱미터 미만인 것

타. 독서실, 기원

파. 테니스장, 체력단련장, 에어로빅장, 볼링장, 당구장, 실내낚시터, 골프연습장, 놀이형시설(「관광진흥법」 에 따른 기타유원시설업의 시설을 말한다. 이하 같다) 등 주민의 체육 활동을 위한 시설(제3호마목의 시설은 제외한다)로서 같은 건축물에 해당 용도로 쓰는 바닥면적의 합계가 500제곱미터 미만인 것

하. 금융업소, 사무소, 부동산중개사무소, 결혼상담소 등 소개업소, 출판사 등 일반업무시설로서 같은 건축물에 해당 용도로 쓰는 바닥면적의 합계가 500제곱미터 미만인 것(제1종 근린생활시설에 해당하는 것은 제외한다)

거. 다중생활시설[「다중이용업소의 안전관리에 관한 특별법」 에 따른 다중이용업 중 고시원업의 시설로서 국토교통부장관이 고시하는 기준과 그 기준에 위배되지 않는 범위에서 적정한 주거환경을 조성하기 위하여 건축조례로 정하는 실별 최소 면적, 창문의 설치 및 크기 등의 기준에 적합한 것을 말한다. 이하 같다]로서 같은 건축물에 해당 용도로 쓰는 바닥면적의 합계가 500제곱미터 미만인 것

너. 제조업소, 수리점 등 물품의 제조·가공·수리 등을 위한 시설로서 같은 건축물에 해당 용도로 쓰는 바닥면적의 합계가 500제곱미터 미만이고, 다음 요건 중 어느 하나에 해당하는 것

1) 「대기환경보전법」, 「물환경보전법」 또는 「소음·진동관리법」 에 따른 배출시설의 설치 허가 또는 신고의 대상이 아닌 것

2) 「물환경보전법」 제33조제1항 본문에 따라 폐수배출시설의 설치 허가를 받거나 신고해야 하는 시설로서 발생되는 폐수를 전량 위탁처리하는 것

더. 단란주점으로서 같은 건축물에 해당 용도로 쓰는 바닥면적의 합계가 150제곱미터 미만인 것

러. 안마시술소, 노래연습장

머. 「물류시설의 개발 및 운영에 관한 법률」 제2조제5호의2에 따른 주문배송시설로서 같은 건축물에 해당 용도로 쓰는 바닥면적의 합계가 500제곱미터 미만인 것(같은 법 제21조의2제1항에 따라 물류창고업 등록을 해야 하는 시설을 말한다) 〈신설 2024.2.13〉

시 행 령[별 표]

5. 문화 및 집회시설

가. 공연장으로서 제2종 근린생활시설에 해당하지 아니하는 것

나. 집회장[예식장, 공회당, 회의장, 마권(馬券) 장외 발매소, 마권 전화투표소, 그 밖에 이와 비슷한 것을 말한다]으로서 제2종 근린생활시설에 해당하지 아니하는 것

다. 관람장(경마장, 경륜장, 경정장, 자동차 경기장, 그 밖에 이와 비슷한 것과 체육관 및 운동장으로서 관람석의 바닥면적의 합계가 1천 제곱미터 이상인 것을 말한다)

라. 전시장(박물관, 미술관, 과학관, 문화관, 체험관, 기념관, 산업전시장, 박람회장, 그 밖에 이와 비슷한 것을 말한다)

마. 동·식물원(동물원, 식물원, 수족관, 그 밖에 이와 비슷한 것을 말한다)

6. 종교시설

가. 종교집회장으로서 제2종 근린생활시설에 해당하지 아니하는 것

나. 종교집회장(제2종 근린생활시설에 해당하지 아니하는 것을 말한다)에 설치하는 봉안당(奉安堂)

7. 판매시설

가. 도매시장(「농수산물유통 및 가격안정에 관한 법률」 에 따른 농수산물도매시장, 농수산물공판장, 그 밖에 이와 비슷한 것을 말하며, 그 안에 있는 근린생활시설을 포함한다)

나. 소매시장(「유통산업발전법」 제2조제3호에 따른 대규모 점포 그 밖에 이와 비슷한 것을 말하며, 그 안에 있는 근린생활시설을 포함한다)

다. 상점(그 안에 있는 근린생활시설을 포함한다)으로서 다음의 요건 중 어느 하나에 해당하는 것

1) 제3호가목에 해당하는 용도(서점은 제외한다)로서 제1종 근린생활시설에 해당하지 아니하는 것

2) 「게임산업진흥에 관한 법률」 제2조제6호의2가목에 따른 청소년게임제공업의 시설, 같은 호 나목에 따른 일반게임제공업의 시설, 같은 조 제7호에 따른 인터넷컴퓨터게임시설제공업의 시설 및 같은 조 제8호에 따른 복합유통게임

시 행 령 [별 표]

제공업의 시설로서 제2종 근린생활시설에 해당하지 아니하는 것

8. **운수시설** 〈개정 2018.9.4.〉
가. 여객자동차터미널
나. 철도시설
다. 공항시설
라. 항만시설
마. 그 밖에 가목부터 라목까지의 규정에 따른 시설과 비슷한 시설

9. **의료시설**
가. 병원(종합병원, 병원, 치과병원, 한방병원, 정신병원 및 요양병원을 말한다)
나. 격리병원(전염병원, 마약진료소, 그 밖에 이와 비슷한 것을 말한다)

10. **교육연구시설**(제2종 근린생활시설에 해당하는 것은 제외한다)
가. 학교(유치원, 초등학교, 중학교, 고등학교, 전문대학, 대학, 대학교, 그 밖에 이에 준하는 각종 학교를 말한다)
나. 교육원(연수원, 그 밖에 이와 비슷한 것을 포함한다)
다. 직업훈련소(운전 및 정비 관련 직업훈련소는 제외한다)
라. 학원(자동차학원·무도학원 및 정보통신기술을 활용하여 원격으로 교습하는 것은 제외한다)
마. 연구소(연구소에 준하는 시험소와 계측계량소를 포함한다)
바. 도서관

11. **노유자시설**
가. 아동 관련 시설(어린이집, 아동복지시설, 그 밖에 이와 비슷한 것으로서 단독주택, 공동주택 및 제1종 근린생활시설에 해당하지 아니하는 것을 말한다)
나. 노인복지시설(단독주택과 공동주택에 해당하지 아니하는 것을 말한다)
다. 그 밖에 다른 용도로 분류되지 아니한 사회복지시설 및 근로복지시설

12. **수련시설** 〈개정 2016.2.11〉
가. 생활권 수련시설(「청소년활동진흥법」에 따른 청소년수련관, 청소년문화의집, 청소년특화시설, 그 밖에 이와 비슷한 것을 말한다)
나. 자연권 수련시설(「청소년활동진흥법」에 따른 청소년수련원, 청소년야영장, 그 밖에 이와 비슷한 것을 말한다)
다. 「청소년활동진흥법」에 따른 유스호스텔
라. 「관광진흥법」에 따른 야영장 시설로서 제29호에 해당하지 아니하는 시설

13. **운동시설**
가. 탁구장, 체육도장, 테니스장, 체력단련장, 에어로빅장, 볼링장, 당구장, 실내낚시터, 골프연습장, 놀이형시설, 그 밖에 이와 비슷한 것으로서 제1종 근린생활시설 및 제2종 근린생활시설에 해당하지 아니하는 것
나. 체육관으로서 관람석이 없거나 관람석의 바닥면적이 1천제곱미터 미만인 것
다. 운동장(육상장, 구기장, 볼링장, 수영장, 스케이트장, 롤러스케이트장, 승마장, 사격장, 궁도장, 골프장 등과 이에 딸린 건축물을 말한다)으로서 관람석이 없거나 관람석의 바닥면적이 1천 제곱미터 미만인 것

14. **업무시설** 〈개정 2016.7.19.〉
가. 공공업무시설: 국가 또는 지방자치단체의 청사와 외국공관의 건축물로서 제1종 근린생활시설에 해당하지 아니하는 것
나. 일반업무시설: 다음 요건을 갖춘 업무시설을 말한다.
1) 금융업소, 사무소, 결혼상담소 등 소개업소, 출판사, 신문사, 그 밖에 이와 비슷한 것으로서 제1종 근린생활시설 및 제2종 근린생활시설에 해당하지 않는 것
2) 오피스텔(업무를 주로 하며, 분양하거나 임대하는 구획 중 일부 구획에서 숙식을 할 수 있도록 한 건축물로서 국토교통부장관이 고시하는 기준에 적합한 것을 말한다)

15. **숙박시설** 〈개정 2021.5.4., 2021.11.2〉
가. 일반숙박시설 및 생활숙박시설(「공중위생관리법」 제3조제1항 전단에 따라 숙박업 신고를 해야 하는 시설로서 국토교통부장관이 정하여 고시하는 요

건을 갖춘 시설을 말한다)
나. 관광숙박시설(관광호텔, 수상관광호텔, 한국전통호텔, 가족호텔, 호스텔, 소형호텔, 의료관광호텔 및 휴양 콘도미니엄)
다. 다중생활시설(제2종 근린생활시설에 해당하지 아니하는 것을 말한다)
라. 그 밖에 가목부터 다목까지의 시설과 비슷한 것

16. 위락시설
가. 단란주점으로서 제2종 근린생활시설에 해당하지 아니하는 것
나. 유흥주점이나 그 밖에 이와 비슷한 것
다. 「관광진흥법」에 따른 유원시설업의 시설, 그 밖에 이와 비슷한 시설(제2종 근린생활시설과 운동시설에 해당하는 것은 제외한다)
라. 삭제 〈2010.2.18〉
마. 무도장, 무도학원
바. 카지노영업소

17. 공장
물품의 제조·가공[염색·도장(塗裝)·표백·재봉·건조·인쇄 등을 포함한다] 또는 수리에 계속적으로 이용되는 건축물로서 제1종 근린생활시설, 제2종 근린생활시설, 위험물저장 및 처리시설, 자동차 관련 시설, 자원순환 관련 시설 등으로 따로 분류되지 아니한 것

18. **창고시설**(위험물 저장 및 처리 시설 또는 그 부속용도에 해당하는 것은 제외한다)
가. 창고(물품저장시설로서 「물류정책기본법」에 따른 일반창고와 냉장 및 냉동 창고를 포함한다)
나. 하역장
다. 「물류시설의 개발 및 운영에 관한 법률」에 따른 물류터미널
라. 집배송 시설

시 행 령 [별 표]

19. 위험물 저장 및 처리 시설 〈개정 2018.9.4.〉
「위험물안전관리법」, 「석유 및 석유대체연료 사업법」, 「도시가스사업법」, 「고압가스 안전관리법」, 「액화석유가스의 안전관리 및 사업법」, 「총포·도검·화약류 등 단속법」, 「화학물질 관리법」 등에 따라 설치 또는 영업의 허가를 받아야 하는 건축물로서 다음 각 목의 어느 하나에 해당하는 것. 다만, 자가난방·자가발전, 그 밖에 이와 비슷한 목적으로 쓰는 저장시설은 제외한다.
가. 주유소(기계식 세차설비를 포함한다) 및 석유 판매소
나. 액화석유가스 충전소·판매소·저장소(기계식 세차설비를 포함한다)
다. 위험물 제조소·저장소·취급소
라. 액화가스 취급소·판매소
마. 유독물 보관·저장·판매시설
바. 고압가스 충전소·판매소·저장소
사. 도료류 판매소
아. 도시가스 제조시설
자. 화약류 저장소
차. 그 밖에 가목부터 자목까지의 시설과 비슷한 것

20. **자동차 관련 시설**(건설기계 관련 시설을 포함한다) 〈개정 2021.5.4〉
가. 주차장
나. 세차장
다. 폐차장
라. 검사장
마. 매매장
바. 정비공장
사. 운전학원 및 정비학원(운전 및 정비 관련 직업훈련시설을 포함한다)
아. 「여객자동차 운수사업법」, 「화물자동차 운수사업법」 및 「건설기계관리법」에 따른 차고 및 주기장(駐機場)
자. 전기자동차 충전소로서 제1종 근린생활시설에 해당하지 않는 것

21. 동물 및 식물 관련 시설 〈개정 2018.9.4.〉
가. 축사[양잠 · 양봉 · 양어 · 양돈 · 양계 · 곤충사육 시설 및 부화장 등을 포함한다]
나. 가축시설[가축용 운동시설, 인공수정센터, 관리사(管理舍), 가축용 창고, 가축시장, 동물검역소, 실험동물 사육시설, 그 밖에 이와 비슷한 것을 말한다]
다. 도축장
라. 도계장
마. 작물 재배사
바. 종묘배양시설
사. 화초 및 분재 등의 온실
아. 동물 또는 식물과 관련된 가목부터 사목까지의 시설과 비슷한 것(동 · 식물원은 제외한다)

22. 자원순환 관련 시설
가. 하수 등 처리시설
나. 고물상
다. 폐기물재활용시설
라. 폐기물 처분시설
마. 폐기물감량화시설

23. 교정시설(제1종 근린생활시설에 해당하는 것은 제외한다)〈개정 2023.5.15〉
가. 교정시설(보호감호소, 구치소 및 교도소를 말한다)
나. 갱생보호시설, 그 밖에 범죄자의 갱생 · 보육 · 교육 · 보건 등의 용도로 쓰는 시설
다. 소년원 및 소년분류심사원
라. 삭제 〈2023.5.15.〉

23의2. 국방 · 군사시설(제1종 근린생활시설에 해당하는 것은 제외한다)〈신설 2023.5.15〉
「국방 · 군사시설 사업에 관한 법률」에 따른 국방 · 군사시설

24. 방송통신시설(제1종 근린생활시설에 해당하는 것은 제외한다) 〈개정 2018.9.4.〉
가. 방송국(방송프로그램 제작시설 및 송신 · 수신 · 중계시설을 포함한다)
나. 전신전화국
다. 촬영소
라. 통신용 시설
마. 데이터센터
바. 그 밖에 가목부터 마목까지의 시설과 비슷한 것

25. 발전시설
발전소(집단에너지 공급시설을 포함한다)로 사용되는 건축물로서 제1종 근린생활시설에 해당하지 아니하는 것

26. 묘지 관련 시설 〈개정 2017.2.3.〉
가. 화장시설
나. 봉안당(종교시설에 해당하는 것은 제외한다)
다. 묘지와 자연장지에 부수되는 건축물
라. 동물화장시설, 동물건조장(乾燥葬)시설 및 동물 전용의 납골시설

27. 관광 휴게시설
가. 야외음악당
나. 야외극장
다. 어린이회관
라. 관망탑
마. 휴게소
바. 공원 · 유원지 또는 관광지에 부수되는 시설

28. 장례시설 〈개정 2017.2.3.〉
가. 장례식장.[의료시설의 부수시설(「의료법」 제36조제1호에 따른 의료기관의 종류에 따른 시설을 말한다)에 해당하는 것은 제외한다]
나. 동물 전용의 장례식장

29. **야영장시설** 〈신설 2016.2.11.〉
「관광진흥법」에 따른 야영장 시설로서 관리동, 화장실, 샤워실, 대피소, 취사시설 등의 용도로 쓰는 바닥면적의 합계가 300제곱미터 미만인 것

※ 비고 〈개정 2016.7.19., 2018.9.4.〉

1. 제3호 및 제4호에서 "해당 용도로 쓰는 바닥면적"이란 부설 주차장 면적을 제외한 실(實) 사용면적에 공용부분 면적(복도, 계단, 화장실 등의 면적을 말한다)을 비례 배분한 면적을 합한 면적을 말한다.
2. 비고 제1호에 따라 "해당 용도로 쓰는 바닥면적"을 산정할 때 건축물의 내부를 여러 개의 부분으로 구분하여 독립한 건축물로 사용하는 경우에는 그 구분된 면적 단위로 바닥면적을 산정한다. 다만, 다음 각 목에 해당하는 경우에는 각 목에서 정한 기준에 따른다.
   가. 제4호더목에 해당하는 건축물의 경우에는 내부가 여러 개의 부분으로 구분되어 있더라도 해당 용도로 쓰는 바닥면적을 모두 합산하여 산정한다.
   나. 동일인이 둘 이상의 구분된 건축물을 같은 세부 용도로 사용하는 경우에는 연접되어 있지 않더라도 이를 모두 합산하여 산정한다.
   다. 구분 소유자(임차인을 포함한다)가 다른 경우에도 구분된 건축물을 같은 세부 용도로 연계하여 함께 사용하는 경우(통로, 창고 등을 공동으로 활용하는 경우 또는 명칭의 일부를 동일하게 사용하여 홍보하거나 관리하는 경우 등을 말한다)에는 연접되어 있지 않더라도 연계하여 함께 사용하는 바닥면적을 모두 합산하여 산정한다.
3. 「청소년 보호법」 제2조제5호가목8) 및 9)에 따라 여성가족부장관이 고시하는 청소년 출입·고용금지업의 영업을 위한 시설은 제1종 근린생활시설 및 제2종 근린생활시설에서 제외하되, 위 표에 따른 다른 용도의 시설로 분류되지 않는 경우에는 제16호에 따른 위락시설로 분류한다.
4. 국토교통부장관은 별표 1 각 호의 용도별 건축물의 종류에 관한 구체적인 범위를 정하여 고시할 수 있다.

[별표 2] 〈개정 2015.9.22., 2016.7.19., 2021.11.2〉

대지의 공지 기준 (제80조의2 관련)

1. 건축선으로부터 건축물까지 띄어야 하는 거리

대상 건축물	건축조례에서 정하는 건축기준
가. 해당 용도로 쓰는 바닥면적의 합계가 500제곱미터 이상인 공장(전용공업지역, 일반공업지역 또는 「산업입지 및 개발에 관한 법률」에 따른 산업단지에 건축하는 공장은 제외한다)으로서 건축조례로 정하는 건축물	· 준공업지역: 1.5미터 이상 6미터 이하 · 준공업지역 외의 지역: 3미터 이상 6미터 이하
나. 해당 용도로 쓰는 바닥면적의 합계가 500제곱미터 이상인 창고(전용공업지역, 일반공업지역 또는 「산업입지 및 개발에 관한 법률」에 따른 산업단지에 건축하는 창고는 제외한다)로서 건축조례로 정하는 건축물	· 준공업지역: 1.5미터 이상 6미터 이하 · 준공업지역 외의 지역: 3미터 이상 6미터 이하
다. 해당 용도로 쓰는 바닥면적의 합계가 1,000제곱미터 이상인 판매시설, 숙박시설(일반숙박시설은 제외한다), 문화 및 집회시설(전시장 및 동·식물원은 제외한다) 및 종교시설	· 3미터 이상 6미터 이하
라. 다중이 이용하는 건축물로서 건축조례로 정하는 건축물	· 3미터 이상 6미터 이하
마. 공동주택	· 아파트: 2미터이상 6미터 이하 · 연립주택: 2미터 이상 5미터 이하 · 다세대주택: 1미터 이상 4미터 이하
바. 그 밖에 건축조례로 정하는 건축물	· 1미터 이상 6미터 이하(한옥의 경우에는 처마선 2미터 이하, 외벽선 1미터 이상 2미터 이하)

2. 인접 대지경계선으로부터 건축물까지 띄어야 하는 거리

대상 건축물	건축조례에서 정하는 건축기준
가. 전용주거지역에 건축하는 건축물(공동주택은 제외한다)	· 1미터 이상 6미터 이하(한옥의 경우에는 처마선 2미터 이하, 외벽선 1미터 이상 2미터 이하)
나. 해당 용도로 쓰는 바닥면적의 합계가 500제곱미	· 준공업지역: 1미터 이상 6미터

터 이상인 공장(전용공업지역, 일반공업지역 또는 「산업입지 및 개발에 관한 법률」에 따른 산업단지에 건축하는 공장은 제외한다)으로서 건축조례로 정하는 건축물	이하 · 준공업지역 외의 지역: 1.5미터 이상 6미터 이하
다. 상업지역이 아닌 지역에 건축하는 건축물로서 해당 용도로 쓰는 바닥면적의 합계가 1,000제곱미터 이상인 판매시설, 숙박시설(일반숙박시설은 제외한다), 문화 및 집회시설(전시장 및 동·식물원은 제외한다) 및 종교시설	· 1.5미터 이상 6미터 이하
라. 다중이 이용하는 건축물(상업지역에 건축하는 건축물로서 스프링클러나 그 밖에 이와 비슷한 자동식 소화설비를 설치한 건축물은 제외한다)로서 건축조례로 정하는 건축물	· 1.5미터 이상 6미터 이하
마. 공동주택(상업지역에 건축하는 공동주택으로서 스프링클러나 그 밖에 이와 비슷한 자동식 소화설비를 설치한 공동주택은 제외한다)	· 아파트: 2미터 이상 6미터 이하 · 연립주택: 1.5미터 이상 5미터 이하 · 다세대주택: 0.5미터 이상 4미터 이하
바. 그 밖에 건축조례로 정하는 건축물	· 0.5미터 이상 6미터 이하(한옥의 경우에는 처마선 2미터 이하, 외벽선 1미터 이상 2미터 이하)

※ 비고 〈개정 2021.11.2〉

1) 제1호가목 및 제2호나목에 해당하는 건축물 중 법 제11조에 따른 허가를 받거나 법 제14조에 따른 신고를 하고 2009년 7월 1일부터 2015년 6월 30일까지, 2016년 7월 1일부터 2019년 6월 30일까지 또는 2021년 11월 2일부터 2024년 11월 1일까지 법 제21조에 따른 착공신고를 하는 건축물에 대해서는 건축조례로 정하는 건축기준을 2분의 1로 완화하여 적용한다.
2) 제1호에 해당하는 건축물(별표 1 제1호, 제2호 및 제17호부터 제19호까지의 건축물은 제외한다)이 너비가 20미터 이상인 도로를 포함하여 2개 이상의 도로에 접한 경우로서 너비가 20미터 이상인 도로(도로와 접한 공공공지 및 녹지를 포함한다)면에 접한 건축물에 대해서는 건축선으로부터 건축물까지 띄어야 하는 거리를 적용하지 않는다.
3) 제1호에 따른 건축물의 부속용도에 해당하는 건축물에 대해서는 주된 용도에 적용되는 대지의 공지 기준 범위에서 건축조례로 정하는 바에 따라 완화하여 적용할 수 있다. 다만, 최소 0.5미터 이상은 띄어야 한다.

[별표 3] 〈개정 2021.1.8.〉

특별건축구역의 특례사항 적용 대상 건축물(제106조제2항 관련)

용도	규모(연면적, 세대 또는 동)
1. 문화 및 집회시설, 판매시설, 운수시설, 의료시설, 교육연구시설, 수련시설	2천제곱미터 이상
2. 운동시설, 업무시설, 숙박시설, 관광휴게시설, 방송통신시설	3천제곱미터 이상
3. 종교시설	–
4. 노유자시설	5백제곱미터 이상
5. 공동주택(주거용 외의 용도와 복합된 건축물을 포함한다)	100세대 이상
6. 단독주택 가. 「한옥 등 건축자산의 진흥에 관한 법률」 제2조제2호 또는 제3호의 한옥 또는 한옥건축양식의 단독주택 나. 그 밖의 단독주택	1) 10동 이상 2) 30동 이상
7. 그 밖의 용도	1천제곱미터 이상

※ 비고

1. 위 표의 용도에 해당하는 건축물은 허가권자가 인정하는 비슷한 용도의 건축물을 포함한다.
2. 용도가 복합된 건축물의 경우에는 해당 용도의 연면적 합계가 기준 연면적을 합한 값 이상이어야 한다. 이 경우 공동주택과 주거용 외의 용도가 복합된 건축물의 경우에는 각각 해당 용도의 연면적 또는 세대 기준에 적합하여야 한다.
3. 위 표 제6호가목의 건축물에는 허가권자가 인정하는 범위에서 단독주택 외의 용도로 쓰는 한옥 또는 한옥건축양식의 건축물을 일부 포함할 수 있다. 〈신설 2021.1.8.〉

[별표 4] ~ [별표 14] 삭제 〈2000.6.27.〉

[별표 15] 〈개정 2019.8.6., 2020.4.28., 2020.10.8.〉

이행강제금의 산정기준(제115조의2제2항 관련)

위반건축물	해당 법조문	이행강제금의 금액
1. 허가를 받지 않거나 신고를 하지 않고 제3조의2제8호에 따른 증설 또는 해체로 대수선을 한 건축물	법 제11조 법 제14조	시가표준액의 100분의 10에 해당하는 금액
1호의2. 허가를 받지 아니하거나 신고를 하지 아니하고 용도변경을 한 건축물	법 제19조	허가를 받지 아니하거나 신고를 하지 아니하고 용도변경을 한 부분의 시가표준액의 100분의 10에 해당하는 금액
2. 사용승인을 받지 아니하고 사용 중인 건축물	법 제22조	시가표준액의 100분의 2에 해당하는 금액
3. 대지의 조경에 관한 사항을 위반한 건축물 〈신설 2020.10.8.〉	법 제42조	시가표준액(조경의무를 위반한 면적에 해당하는 바닥면적의 시가표준액)의 100분의 10에 해당하는 금액
4. 건축선에 적합하지 아니한 건축물	법 제47조	시가표준액의 100분의 10에 해당하는 금액
5. 구조내력기준에 적합하지 아니한 건축물	법 제48조	시가표준액의 100분의 10에 해당하는 금액
6. 피난시설, 건축물의 용도·구조의 제한, 방화구획, 계단, 거실의 반자 높이, 거실의 채광·환기와 바닥의 방습 등이 법령등의 기준에 적합하지 아니한 건축물	법 제49조	시가표준액의 100분의 10에 해당하는 금액
7. 내화구조 및 방화벽이 법령등의 기준에 적합하지 아니한 건축물	법 제50조	시가표준액의 100분의 10에 해당하는 금액
8. 방화지구 안의 건축물에 관한 법령등의 기준에 적합하지 아니한 건축물	법 제51조	시가표준액의 100분의 10에 해당하는 금액
9. 법령등에 적합하지 않은 마감재료를 사용한 건축물	법 제52조	시가표준액의 100분의 10에 해당하는 금액
10. 높이 제한을 위반한 건축물	법 제60조	시가표준액의 100분의 10에 해당하는 금액
11. 일조 등의 확보를 위한 높이제한을 위반한 건축물	법 제61조	시가표준액의 100분의 10에 해당하는 금액
12. 건축설비의 설치·구조에 관한 기준과 그 설계 및 공사감리에 관한 법령 등의 기준을 위반한 건축물	법 제62조	시가표준액의 100분의 10에 해당하는 금액
13. 그 밖에 이 법 또는 이 법에 따른 명령이나 처분을 위반한 건축물		시가표준액의 100분의 3 이하로서 위반행위의 종류에 따라 건축조례로 정하는 금액(건축조례로 규정하지 아니한 경우에는 100분의 3으로 한다)

[별표 16] 〈개정 2019.2.12., 2020.4.28., 2020.10.8., 2021.5.4., 2021.12.21〉

과태료의 부과기준(제121조 관련)

1. 일반기준

가. 위반행위의 횟수에 따른 과태료의 가중된 부과기준은 최근 1년간 같은 위반행위로 과태료 부과처분을 받은 경우에 적용한다. 이 경우 기간의 계산은 위반행위에 대하여 과태료 부과처분을 받은 날과 그 처분 후 다시 같은 위반행위를 하여 적발된 날을 기준으로 한다.

나. 과태료 부과 시 위반행위가 둘 이상인 경우에는 부과금액이 많은 과태료를 부과한다.

다. 부과권자는 위반행위의 정도, 동기와 그 결과 등을 고려하여 제2호에 따른 과태료 금액의 2분의 1 범위에서 그 금액을 늘릴 수 있다. 다만, 과태료를 늘려 부과하는 경우에도 법 제113조제1항 및 제2항에 따른 과태료 금액의 상한을 넘을 수 없다.

라. 부과권자는 다음의 어느 하나에 해당하는 경우에는 제2호에 따른 과태료 금액의 2분의 1 범위에서 그 금액을 줄일 수 있다. 다만, 과태료를 체납하고 있는 위반행위자의 경우에는 그 금액을 줄일 수 없으며, 감경 사유가 여러 개 있는 경우라도 감경의 범위는 과태료 금액의 2분의 1을 넘을 수 없다.

1) 삭제<2020.10.8>
2) 위반행위가 사소한 부주의나 오류 등으로 인한 것으로 인정되는 경우
3) 위반행위자가 법 위반상태를 바로 정정하거나 시정하여 해소한 경우
4) 그 밖에 위반행위의 정도, 동기와 그 결과 등을 고려하여 줄일 필요가 있다고 인정되는 경우

시 행 령 [별 표]

2. 개별기준

(단위: 만원)

위반행위	근거 법조문	과태료 금액		
		1차 위반	2차 위반	3차 이상 위반
가. 법 제19조제3항에 따른 건축물대장 기재내용의 변경을 신청하지 않은 경우	법 제113조 제1항제1호	50	100	200
나. 법 제24조제2항을 위반하여 공사현장에 설계도서를 갖추어 두지 않는 경우	법 제113조 제1항제2호	50	100	200
다. 법 제24조제5항을 위반하여 건축허가 표지판을 설치하지 않는 경우	법 제113조 제1항제3호	50	100	200
라. 법 제24조제6항 후단을 위반하여 공정 및 안전 관리 업무를 수행하지 않거나 공사현장을 이탈한 경우	법 제113조 제3항	20	30	50
마. 법 제52조의3제2항 및 제52조의6제4항에 따른 점검을 거부·방해 또는 기피한 경우	법 제113조 제1항제4호	50	100	200
바. 공사감리자가 법 제25조제4항을 위반하여 보고를 하지 않는 경우	법 제113조 제2항제1호	30	60	100
사. 법 제27조제2항에 따른 보고를 하지 않는 경우	법 제113조 제2항제2호	30	60	100
아., 자. 삭제<2020.4.28.>				
차. 법 제48조의3제1항 본문에 따른 공개를 하지 아니한 경우	법 제113조 제1항제5호	50	100	200
카. 건축주, 소유자 또는 관리자가 법 제77조제2항을 위반하여 모니터링에 필요한 사항에 협조하지 않는 경우	법 제113조 제2항제6호	30	60	100
타. 삭제<2020.4.28.>				
파. 법 제87조제1항에 따른 자료의 제출 또는 보고를 하지 않거나 거짓 자료를 제출하거나 거짓 보고를 한 경우	법 제113조 제2항제9호	30	60	100

시 행 규 칙 [별 표]

[별표 1] 삭제 <2000.7.4.>

[별표 1의2] <신설 2015.7.7.>

구조 안전 심의 신청 시 첨부서류(제2조의4제2항 관련)

분야	도서종류	표시하여야 할 사항
1. 건축	가. 건축개요	1) 사업 개요: 위치, 대지면적, 사업기간 등 2) 건축물 개요: 규모(높이, 면적 등), 용도별 면적 및 건폐율, 용적률 등
	나. 배치도	1) 축척 및 방위, 대지에 접한 도로의 길이 및 너비 2) 대지의 종·횡단면도
	다. 평면도	1) 1층 및 기준층 평면도 2) 기둥·벽·창문 등의 위치 3) 방화구획 및 방화문의 위치 4) 복도 및 계단 위치
	라. 단면도	1) 종·횡단면도 2) 건축물 전체높이, 각층의 높이 및 반자높이 등
2. 구조	가. 구조계획서	1) 설계근거기준 2) 하중조건분석 3) 구조재료의 성질 및 특성 4) 구조 형식선정 계획 5) 구조안전 검토
	나. 구조도 및 구조계산서	1) 구조내력상 주요부분 평면 및 단면 2) 내진설계(지진에 대한 안전여부 확인 대상)내용 3) 구조 안전 확인서 4) 주요부분의 상세도면
3. 기타	가. 지질조사서	1) 토질개황 2) 각종 토질시험내용 3) 지내력 산출근거 4) 지하수위 5) 기초에 대한 의견
	나. 시방서	1) 시방내용(표준시방서에 없는 공법인 경우만 해당함) 2) 흙막이 공법 및 도면

시 행 규 칙 [별 표]

[별표 2] <개정 2015.10.5., 2018.11.29., 2021.6.25>

건축허가신청에 필요한 설계도서(제6조제1항 관련)

도서의 종류	도서의 축척	표시하여야 할 사항
건축계획서	임의	1. 개요(위치·대지면적 등) 2. 지역·지구 및 도시계획사항 3. 건축물의 규모(건축면적·연면적·높이·층수 등) 4. 건축물의 용도별 면적 5. 주차장규모 6. 에너지절약계획서(해당건축물에 한한다) 7. 노인 및 장애인 등을 위한 편의시설 설치계획서(관계법령에 의하여 설치의무가 있는 경우에 한한다)
배치도	임의	1. 축척 및 방위 2. 대지에 접한 도로의 길이 및 너비 3. 대지의 종·횡단면도 4. 건축선 및 대지경계선으로부터 건축물까지의 거리 5. 주차동선 및 옥외주차계획 6. 공개공지 및 조경계획
평면도	임의	1. 1층 및 기준층 평면도 2. 기둥·벽·창문 등의 위치 3. 방화구획 및 방화문의 위치 4. 복도 및 계단의 위치 5. 승강기의 위치
입면도	임의	1. 2면 이상의 입면계획 2. 외부마감재료 3. 간판 및 건물번호판의 설치계획(크기·위치)
단면도	임의	1. 종·횡단면도 2. 건축물의 높이, 각층의 높이 및 반자높이
구조도 (구조안전 확인 또는 내진설계 대상 건축물)	임의	1. 구조내력상 주요한 부분의 평면 및 단면 2. 주요부분의 상세도면 3. 구조안전확인서
구조계산서 (구조안전 확인 또는 내진설계 대상 건축물)	임의	1. 구조계산서 목록표(총괄표, 구조계획서, 설계하중, 주요 구조도, 배근도 등) 2. 구조내력상 주요한 부분의 응력 및 단면 산정 과정 3. 내진설계의 내용(지진에 대한 안전 여부 확인 대상 건축물)
실내마감도		삭제 <2021.6.25>
소방설비도	임의	「소방시설설치유지 및 안전관리에 관한 법률」에 따라 소방관서의 장의 동의를 얻어야 하는 건축물의 해당소방 관련 설비

[별표 3] 〈개정 2017.2.3.〉

대형건축물의 건축허가 사전승인신청 및 건축물 안전영향평가 의뢰시 제출도서의 종류(제7조제1항제1호 및 제9조의2제1항 관련)

1. 건축계획서

분야	도서종류	표시하여야 할 사항
건축	설계설명서	○ 공사개요 위치·대지면적·공사기간·공사금액 등 ○ 사전조사사항 지반고·기후·동결심도·수용인원·상하수와 주변지역을 포함한 지질 및 지형, 인구, 교통, 지역, 지구, 토지이용현황, 시설물현황 등 ○ 건축계획 배치·평면·입면계획·동선계획·개략조경계획·주차계획 및 교통처리계획 등 ○ 시공방법 ○ 개략공정계획 ○ 주요설비계획 ○ 주요자재 사용계획 ○ 기타 필요한 사항
	구조계획서	○ 설계근거기준 ○ 구조재료의 성질 및 특성 ○ 하중조건분석 적용 ○ 구조의 형식선정계획 ○ 각부 구조계획 ○ 건축구조성능(단열·내화·차음·진동장애 등) ○ 구조안전검토
	지질조사서	○ 토질개황 ○ 각종 토질시험내용 ○ 지내력 산출근거 ○ 지하수위면 ○ 기초에 대한 의견
	시방서	○ 시방내용(국토교통부장관이 작성한 표준시방서에 없는 공법인 경우에 한한다)

2. 기본설계도서

분야	도서종류	표시하여야 할 사항
건축	투시도 또는 투시도 사진	색채사용
	평면도(주요층, 기준층)	1. 각실의 용도 및 면적 2. 기둥 · 벽 · 창문 등의 위치 3. 방화구획 및 방화문의 위치 4. 복도 · 직통계단·피난계단 또는 특별 피난계단의 위치 및 치수 5. 비상용승강기 · 승용승강기의 위치 및 치수 6. 가설건축물의 규모
	2면 이상의 입면도	1. 축척 2. 외벽의 마감재료
	2면 이상의 단면도	1. 축척 2. 건축물의 높이, 각층의 높이 및 반자높이
	내외마감표	벽 및 반자의 마감재의 종류
	주차장평면도	1. 축척 및 방위 2. 주차장면적 3. 도로 · 통로 및 출입구의 위치
설비	건축설비도	1. 비상용승강기·승용승강기·에스컬레이터·난방설비·환기설비 기타 건축설비의 설비계획 2. 비상조명장치·통신설비 기타 전기설비설치계획
	소방설비도	옥내소화전설비 · 스프링클러설비 · 각종 소화설비 · 옥외소화전설비 · 동력소방펌프설비 · 자동화재탐지설비 · 전기화재경보기 · 화재속보설비와 유도 등 기타 유도표시 소화용수의 위치 및 수량 · 배연설비 · 연결살수설비 · 비상콘센트설비의 설치계획
	상 · 하수도 계통도	상 · 하수도의 연결관계, 수조의 위치, 급·배수 등

[별표 3의2] 〈신설 2001.9.28〉

수질환경 등의 보호관련 건축허가 사전승인신청시 제출도서의 종류
(제7조제1항제2호관련)

1. 건축계획서

분야	도서종류	표시하여야 할 사항
건축	설계설명서	○ 공사개요 위치 · 대지면적 · 공사기간 · 착공예정일 ○ 사전조사사항 지역 · 지구, 지반높이, 상 · 하수도, 토지이용현황, 주변현황 ○ 건축계획 배치 · 평면 · 입면 · 주차계획 ○ 개략공정계획 ○ 주요설비계획

2. 기본설계도서

분야	도서종류	표시하여야 할 사항
건축	투시도 또는 투시도사진	색채사용
	평면도 (주요층,기준층)	1. 각실의 용도 및 면적 2. 기둥·벽·창문 등의 위치
	2면 이상의 입면도	1. 축척 2. 외벽의 마감재료
	2면 이상의 단면도	1. 축척 2. 건축물의 높이, 각층의 높이 및 반자높이
	내외마감표	벽 및 반자의 마감재의 종류
	주차장평면도	1. 주차장면적 2. 도로·통로 및 출입구의 위치
설비	건축설비도	1. 난방설비·환기설비 그 밖의 건축설비의 설비계획 2. 비상조명장치·통신설비 설치계획
	상·하수도계통도	상 · 하수도의 연결관계, 저수조의 위치, 급·배수 등

시 행 규 칙 [별 표]

[별표 4] 〈개정 2006.5.12.〉

건축허가등 수수료의 범위 (제10조 관련)

연면적합계		금 액
200제곱미터 미만	단독주택	2천원7백원 이상 4천원 이하
	기타	6천7백원 이상 9천4백원 이하
200제곱미터 이상 1천제곱미터 미만	단독주택	4천원 이상 6천원 이하
	기타	1만4천원 이상 2만원 이하
1천제곱미터 이상 5천제곱미터 미만		3만4천원 이상 5만4천원 이하
5천제곱미터 이상 1만제곱미터 미만		6만8천원 이상 10만원 이하
1만제곱미터 이상 3만제곱미터 미만		13만5천원 이상 20만원 이하
3만제곱미터 이상 10만제곱미터 미만		27만원 이상 41만원 이하
10만제곱미터 이상 30만제곱미터 미만		54만원 이상 81만원 이하
30만제곱미터 이상		108만원 이상 162만원 이하

※ 설계변경의 경우에는 변경하는 부분의 면적에 따라 적용한다.

시 행 규 칙 [별 표]

[별표 4의2] 〈개정 2016.7.20., 2018.11.29., 2019.11.18., 2021.8.27〉

착공신고에 필요한 설계도서(제14조제1항 관련)

분야	도서의 종류	내 용
1. 건축	가. 도면 목록표	공종 구분해서 분류 작성
	나. 안내도	방위, 도로, 대지주변 지물의 정보 수록
	다. 개요서	1) 개요(위치 · 대지면적 등) 2) 지역 · 지구 및 도시계획사항 3) 건축물의 규모(건축면적 · 연면적 · 높이 · 층수 등) 4) 건축물의 용도별 면적 5) 주차장 규모
	라. 구적도	대지면적에 대한 기술
	마. 마감재료표	바닥, 벽, 천정 등 실내 마감재료 및 외벽 마감재료(외벽에 설치하는 단열재를 포함한다)의 성능, 품명, 규격, 재질, 질감 및 색상 등의 구체적 표기
	바. 배치도	축척 및 방위, 건축선, 대지경계선 및 대지가 정하는 도로의 위치와 폭, 건축선 및 대지경계선으로부터 건축물까지의 거리, 신청 건물과 기존 건물과의 관계, 대지의 고저차, 부대시설물과의 관계
	사. 주차계획도	1) 법정 주차대수와 주차 확보대수의 대비표, 주차배치도 및 차량 동선도 차량진출입 관련 위치 및 구조 2) 옥외 및 지하 주차장 도면
	아. 각 층 및 지붕 평면도	1) 기둥 · 벽 · 창문 등의 위치 및 복도, 계단, 승강기 위치 2) 방화구획 계획(방화문, 자동방화셔터, 내화충전구조 및 방화댐퍼의 설치 계획을 포함한다)
	자. 입면도(2면 이상)	1) 주요 내외벽, 중심선 또는 마감선 치수, 외벽 마감재료 2) 건축자재 성능 및 품명, 규격, 재질, 질감, 색상 등의 구체적 표기 3) 간판 및 건물번호판의 설치계획(크기 · 위치)
	차. 단면도(종 · 횡단면도)	1) 건축물 최고높이, 각 층의 높이, 반자높이 2) 천정 안 배관 공간, 계단 등의 관계를 표현 3) 방화구획 계획(방화문, 자동방화셔터, 내화충전구조 및 방화댐퍼의 설치 계획을 포함한다) 〈신설 2019.11.18〉
	카. 수직동선상세도	1) 코어(Core) 상세도(코아 안의 각종 설비관련 시설물의 위치) 2) 계단 평면 · 단면 상세도 3) 주차경사로 평면 · 단면 상세도
	타. 부분상세도	1) 지상층 외벽 평면 · 입면 · 단면도 2) 지하층 부분 단면 상세도
	파. 창호도(창문 도면)	창호 일람표, 창호 평면도, 창호 상세도, 창호 입면도
	하. 건축설비도	냉방 · 난방설비, 위생설비, 환경설비, 정화조, 승강설비 등 건축설비
	거. 방화구획 상세도	방화문, 자동방화셔터, 내화충전구조, 방화댐퍼 설치부분 상세도
	너. 외벽 마감재료의 단면 상세도	외벽 마감재료(외벽에 설치하는 단열재를 포함한다)의 종류별 단면 상세도(법 제52조제2항에 따른 건축물만 해당한다)
2. 일반	가. 시방서	1) 시방내용(국토교통부장관이 작성한 표준시방서에 없는 공법인 경우만 해당한다) 2) 흙막이공법 및 도면
3. 구조	가. 도면 목록표	
	나. 기초 일람표	
	다. 구조 평면 · 입면 · 단면도(구조안전 확인 대상 건축물)	1) 구조내력상 주요한 부분의 평면 및 단면 2) 주요부분의 상세도면(배근상세, 접합상세, 배근 시 주의사항 표기) 3) 구조안전확인서
	라. 구조가구도	골조의 단면 상태를 표현하는 도면으로 골조의 상호 연관관계를 표현
	마. 앵커(Anchor)배치도 및 베이스플레이트(Base Plate) 설치도	
	바. 기둥 일람표	
	사. 보 일람표	
	아. 슬래브(Slab) 일람표	
	자. 옹벽 일람표	
	차. 계단배근 일람표	
	카. 주심도	
4. 기계	가. 도면 목록표	
	나. 장비일람표	규격, 수량을 상세히 기록
	다. 장비배치도	기계실, 공조실 등의 장비배치방안 계획

	라. 계통도	공조배관 설비, 덕트(Duct) 설비, 위생 설비 등 계통도
	마. 기준층 및 주요층 기구 평면도	공조배관 설비, 덕트 설비, 위생 설비 등 평면도
	바. 저수조 및 고가수조	저수조 및 고가수조의 설치기준을 표시
	사. 도시가스 인입 확인	도시가스 인입지역에 한해서 조사 및 확인
5. 전기	가. 도면 목록표	
	나. 배치도	옥외조명 설비 평면도
	다. 계통도	1) 전력 계통도
		2) 조명 계통도
	라. 평면도	조명 평면도
6. 통신	가. 도면 목록표	
	나. 배치도	옥외 CCTV설비와 옥외방송 평면도
	다. 계통도	1) 구내통신선로설비 계통도
		2) 방송공동수신설비 계통도
		3) 이동통신 구내선로설비 계통도
		4) CCTV설비 계통도
	라. 평면도	1) 구내통신선로설비 평면도
		2) 방송공동수신설비 평면도
		3) 이동통신 구내선로설비 평면도
		4) CCTV설비 평면도
7. 토목	가. 도면 목록표	
	나. 각종 평면도	주요시설물 계획
	다. 토지굴착 및 옹벽도	1) 지하매설구조물 현황 2) 흙막이 구조(지하 2층 이상의 지하층을 설치하는 경우 또는 지하 1층을 설치하는 경우로서 법 제27조에 따른 건축허가 현장조사 · 검사 또는 확인시 굴착으로 인하여 인접대지 석축 및 건축물 등에 영향이 있어 조치가 필요하다고 인정된 경우만 해당한다) 3) 단면상세 4) 옹벽구조
	라. 대지 종 · 횡단면도	
	마. 포장계획 평면 · 단면도	
	바. 우수 · 오수 배수처리 평면 · 종단면도	
	사. 상하수 계통도	우수 · 오수 배수처리 구조물 위치 및 상세도, 공공하수도와의 연결방법, 상수도 인입계획, 정화조의 위치
	아. 지반조사 보고서	시추조사 결과, 지반분류, 지반반력계수 등 구조설계를 위한 지반자료(주변 건축물의 지반조사 결과를 적용하여 별도의 지반조사가 필요 없는 경우, 「건축물의 구조기준 등에 관한 규칙」에 따른 소규모건축물로 지반을 최저 등급으로 가정한 경우, 지반조사를 할 수 없는 경우 등 허가권자가 인정하는 경우에는 지반조사 보고서를 제출하지 않을 수 있다.
8. 조경	가. 도면 목록표	
	나. 조경 배치도	법정 면적과 계획면적의 대비, 조경계획 및 식재 상세도
	다. 식재 평면도	
	라. 단면도	

비고 : 법 제21조에 따라 착공신고하려는 건축물의 공사와 관련 없는 설계도서는 제출하지 않는다.

[별표 5] 〈개정 2010.8.5.〉

건축허용오차 (제20조관련)

1. 대지관련 건축기준의 허용오차

항 목	허용되는 오차의 범위
건축선의 후퇴거리	3퍼센트 이내
인접대지 경계선과의 거리	3퍼센트 이내
인접건축물과의 거리	3퍼센트 이내
건폐율	0.5퍼센트 이내(건축면적 5제곱미터를 초과할 수 없다)
용적률	1퍼센트 이내(연면적 30제곱미터를 초과할 수 없다)

2. 건축물관련 건축기준의 허용오차

항 목	허용되는 오차의 범위
건축물 높이	2퍼센트 이내(1미터를 초과할 수 없다)
평면길이	2퍼센트 이내(건축물 전체길이는 1미터를 초과할 수 없고, 벽으로 구획된 각실의 경우에는 10센티미터를 초과할 수 없다)
출구너비	2퍼센트 이내
반자높이	2퍼센트 이내
벽체두께	3퍼센트 이내
바닥판두께	3퍼센트 이내

시 행 규 칙 [별 표]

[별표 6] 〈개정 2013.11.28., 2014.10.15.〉

옹벽에 관한 기술적기준 (제25조관련)

1. 석축인 옹벽의 경사도는 그 높이에 따라 다음 표에 정하는 기준이하일 것

구 분	1.5미터까지	3미터까지	5미터까지
멧 쌓 기	1 : 0.30	1 : 0.35	1 : 0.40
찰 쌓 기	1 : 0.25	1 : 0.30	1 : 0.35

2. 석축인 옹벽의 석축용 돌의 뒷길이 및 뒷채움돌의 두께는 그 높이에 따라 다음 표에 정하는 기준이상일 것

구 분 \ 높 이		1.5미터까지	3미터까지	5미터까지
석축용돌의 뒷길이(센티미터)		30	40	50
뒷채움돌의 두께(센티미터)	상부	30	30	30
	하부	40	50	50

3. 석축인 옹벽의 윗가장자리로부터 건축물의 외벽면까지 띄어야 하는 거리는 다음 표에 정하는 기준이상일 것. 다만, 건축물의 기초가 석축의 기초이하에 있는 경우에는 그러하지 아니하다.

건축물의 층수	1 층	2층	3층이상
띄우는 거리(미터)	1.5	2	3

4. 삭제 〈2014.10.15.〉
5. 삭제 〈2014.10.15.〉
6. 삭제 〈2014.10.15.〉

[별표 7]

토질에 따른 경사도 (제26조제1항관련)

토 질	경 사 도
경 암	1 : 0.5
연 암	1 : 1.0
모 래	1 : 1.8
모래질흙	1 : 1.2
사력질흙, 암괴 또는 호박돌이 섞인 모래질흙	1 : 1.2
점토, 점성토	1 : 1.2
암괴 또는 호박돌이 섞인 점성토	1 : 1.5

[별표 8] 〈신설 2018.6.15.〉

지역건축안전센터의 적정 전문인력 인원 산정기준(제43조의2제5항 관련)

1. 지역건축안전센터의 적정 전문인력 인원은 다음의 산정식에 따라 산정한다.

$$\text{적정 전문인력 인원(명)} = \frac{\text{최근 3년간 연평균 건축 신고·허가 건수}}{\text{1인당 연간 건축 신고·허가 처리가능 건수}} \times \text{필수 전문인력 인원(명)}$$

2. 제1호의 산정식에 적용되는 용어의 정의
   가. "최근 3년간 연평균 건축 신고·허가 건수"란 최근 3년간 연평균 해당 지방자치단체의 건축신고 건수에 해당 업무의 난이도를 가중한 값과 최근 3년간 연평균 해당 지방자치단체의 건축허가 건수에 해당 업무의 난이도를 가중한 값을 더한 값을 말한다.
   나. "1인당 연간 건축 신고·허가 처리가능 건수"란 해당 업무의 난이도를 고려하여 공무원 1명이 1일 동안 통상적으로 처리할 수 있는 건축 신고·허가 건수에 근무일수를 곱한 값을 말한다.
   다. "필수전문인력 인원"이란 제43조의2제5항 단서에 따라 지역건축안전센터에 필수적으로 두어야 하는 전문인력 인원으로 2명을 말한다.
3. 제1호의 산정식에 적용되는 산정기준: 다음 각 목의 구분에 따른다.
   가. 특별시·광역시·특별자치시·도, 특별시·광역시·경기도의 시 또는 자치구

적용용어	산정기준
최근 3년간 연평균 건축 신고·허가 건수	0.76(업무 난이도) × 최근 3년간 연평균 건축신고 건수 + 1.4(업무 난이도) × 최근 3년간 연평균 건축허가 건수
1인당 연간 건축 신고·허가 처리가능 건수	5건 × 21일 × 12개월 = 1,260

   나. 도(경기도는 제외한다)의 시·군·자치구, 특별자치도, 광역시·경기도의 군

적용용어	산정기준
최근 3년간 연평균 건축 신고·허가 건수	0.9(업무 난이도) × 최근 3년간 연평균 건축신고 건수 + 1.4(업무 난이도) × 최근 3년간 연평균 건축허가 건수
1인당 연간 건축 신고·허가 처리가능 건수	7건 × 21일 × 12개월 = 1,764

   다. 공통사항
      1) 적정 전문인력 인원은 소수점 첫째자리에서 반올림하여 산정한다.
      2) 적정 전문인력 인원은 제43조의2제4항에 따른 전문인력 인원만을 말한다.

[별표 9] 삭제 〈1999.5.11.〉

[별표 10] 삭제 〈1999.5.11.〉

[별표 11] 삭제 〈2000.7.4.〉

[별표 12] 삭제 〈1999.5.11〉

건축물의 구조기준 등에 관한 규칙 [별 표]

[별표 1] ~ [별표 7] 삭제 〈2009.12.31〉

[별표 8] 〈개정 2021.8.27.〉

지반의 허용지내력(제18조관련)

(단위 : kN/㎡)

지 반		장기응력에 대한 허용지내력	단기응력에 대한 허용지내력
경암반	화강암·석록암·편마암·안산암 등의 화성암 및 굳은 역암 등의 암반	4000	각각 장기응력(연속적으로 작용하는 힘에 의한 변형력)에 대한 허용지내력 값의 1.5배로 한다.
연암반	편암·편암 등의 수성암의 암반	2000	
	혈암 · 토단반 등의 암반	1000	
자갈		300	
자갈과 모래와의 혼합물		200	
모래섞인 점토 또는 롬토		150	
모래 또는 점토		100	

[별표 9] 〈개정 2009.12.31〉

콘크리트슬래브의 최소두께(제53조제1호관련)

(단위 : ㎜)

지지조건	주변이 고정된 슬래브	캔틸레버 슬래브
β ≤2의 경우 (2방향 슬래브)	ℓ n / (36 + 9β)	-
β >2의 경우 (1방향 슬래브)	ℓ / 28	ℓ / 10

비고 β : 슬래브의 단변에 대한 장변의 순경간(純徑間) 비
ℓ n : 2방향슬래브 장변의 순경간(㎜)
ℓ : 1방향슬래브 단변의 보 중심간 거리(㎜)

[별표 10] 〈신설 2009.12.31., 2017.1.20., 2017.10.24〉

지진구역 및 지진계수(제61조관련)

지진구역	행정구역		지진구역계수
Ⅰ	시	서울특별시, 부산광역시, 인천광역시, 대구광역시, 대전광역시, 광주광역시, 울산광역시, 세종특별자치시	0.22g
	도	경기도, 강원도 남부[주1)], 충청북도, 충청남도, 전라북도, 전라남도, 경상북도, 경상남도	
Ⅱ	도	강원도 북부[주2)], 제주도	0.14g

비고 주1) 강원도 남부: 강릉시, 동해시, 삼척시, 원주시, 태백시, 영월군, 정선군
주2) 강원도 북부: 속초시, 춘천시, 고성군, 양구군, 양양군, 인제군, 철원군, 평창군, 화천군, 홍천군, 횡성군

[별표 11] 〈신설 2009.12.31., 2021.12.9., 2024.12.17.〉

중요도 및 중요도계수(제56조제2항 관련)

중요도	특	1	2	3
건축물의 용도 및 규모	1. 연면적 1,000㎡이상인 위험물 저장 및 처리 시설·국가 또는 지방자치단체의 청사·외국공관·소방서·발전소·방송국·전신전화국·국가 또는 지방자치단체의 데이터센터 2. 종합병원, 수술시설이나 응급시설이 있는 병원	1. 연면적 1,000㎡미만인 위험물 저장 및 처리시설·국가 또는 지방자치단체의 청사·외국공관·소방서·발전소·방송국·전신전화국, 중요도(특)에 해당하지 않는 데이터센터 2. 연면적 5,000㎡이상인 공연장·집회장·관람장·전시장·운동시설·판매시설·운수시설(화물터미널과 집배송시설은 제외함) 3. 아동관련시설·노인복지시설·사회복지시설·근로복지시설 4. 5층 이상인 숙박시설·오피스텔·기숙사·아파트·교정시설 5. 학교 6. 수술시설과 응급시설 모두 없는 병원, 기타 연면적 1,000㎡이상인 의료시설로서 중요도(특)에 해당하지 않는 건축물	1. 중요도(특), (1), (3)에 해당하지 않는 건축물	1. 농업시설물, 소규모창고 2. 가설구조물
중요도계수	1.5	1.2	1.0	1.0

비고 : 중요도(특)에 해당하는 데이터센터는 국가 또는 지방자치단체가 구축이나 운영에 관한 권한 또는 업무를 위임 · 위탁한 데이터센터를 포함한다.

[별표 12] 〈신설 2014.2.7.〉

건축물의 내진등급기준(제60조 관련)

건축물의 내진등급	건축물의 중요도	중요도계수(I_E)
특	별표 11에 따른 중요도 특	1.5
I	별표 11에 따른 중요도 1	1.2
II	별표 11에 따른 중요도 2 및 3	1.0

[별표 13] 〈신설 2017.1.20., 2024.12.17.〉

내진능력 산정 기준 등(제60조의2 관련)

1. 건축물의 내진능력은 다음 각 목의 구분에 따라 산정한다.

가. 제60조의2제2항에 따라 사용승인을 받으려는 건축물: 별표 12에 따른 건축물의 중요도계수(I_E)를 적용하여 건축구조기준에 따라 내진설계를 하고 설계대로 시공한 경우 해당 중요도계수에 대응되는 내진등급을 건축물의 내진능력으로 본다. 이 경우 사용승인을 받으려는 자는 제58조에 따른 구조안전 및 내진설계 확인서를 제출해야 한다.

나. 제60조의2제4항에 따라 내진능력을 산정하여 공개하려는 건축물: 다음의 구분에 따른 자료를 제출하여 별표 12에 따른 건축물의 내진등급기준에 준하는 내진성능이 확인되는 경우 해당 등급을 건축물의 내진능력으로 본다.

1) 「지진 · 화산재해대책법」 제16조에 따라 내진보강을 추진한 건축물: 같은 조 제6항에 따라 행정안전부장관이 공시한 내진보강대책에 따른 추진결과

2) 「지진 · 화산재해대책법」 제16조의2에 따라 내진보강 지원을 받아 내진보강을 추진한 건축물: 같은 법 시행규칙 제3조의4에 따른 건축물 내진성능 확인서

3) 「지진 · 화산재해대책법」 제16조의3에 따라 행정안전부장관으로부터 지진안전 시설물의 인증을 받은 건축물: 같은 법 시행규칙 제3조의5제2항에 따른 지진안전 시설물 인증서

4) 「시설물의 안전 및 유지관리에 관한 특별법」 제12조제3항에 따라 내진성능평가를 포함한 정밀안전진단을 실시한 건축물: 같은 법 제21조제1항에 따라 고시된 지침에서 정하는 안전점검 및 정밀안전진단 보고서

2. 내진능력 표기방법

내진능력은 별표 12에 따른 건축물의 내진등급 구분에 따라 해당 건축물의 내진성능에 해당하는 내진등급(내진특등급, 내진I등급, 내진Ⅱ등급)을 표기한다. 이 경우 「지진 · 화산재해대책법 시행령」 제11조의4제5항에 따른 지진안전 시설물 인증서를 제출한 경우에는 다음 예시에 따라 해당 내용을 함께 표기할 수 있다.

〈 예시 〉

내진I등급으로 산정된 건축물로서 지진안전 시설물 인증서를 제출한 경우	내진I등급으로 산정된 건축물
내진I등급(인증)	내진I등급

건축물의 설비기준에 관한 규칙 [별 표]

[별표 1] [별표 1의7]로 이동〈2015.7.9.〉

[별표 1의2] 〈개정 2008.7.10, 2013.9.2〉

승용승강기의 설치기준(제5조관련)

건축물의 용도 \ 6층 이상의 거실 면적의 합계	3천 제곱미터 이하	3천제곱미터 초과
문화 및 집회시설(공연장·집회장 및 관람장만 해당한다) 판매시설 의료시설	2대	2대에 3천제곱미터를 초과하는 경우에는 그 초과하는 매 2천제곱미터 이내마다 1대의 비율로 가산한 대수
문화 및 집회시설(전시장 및 동·식물원만 해당한다) 업무시설 숙박시설 위락시설	1대	1대에 3천제곱미터를 초과하는 경우에는 그 초과하는 매 2천제곱미터 이내마다 1대의 비율로 가산한 대수
공동주택 교육연구시설 노유자시설 그 밖의 시설	1대	1대에 3천제곱미터를 초과하는 경우에는 그 초과하는 매 3천제곱미터 이내마다 1대의 비율로 가산한 대수

※ 비 고

1. 위 표에 따라 승강기의 대수를 계산할 때 8인승 이상 15인승 이하의 승강기는 1대의 승강기로 보고, 16인승 이상의 승강기는 2대의 승강기로 본다.
2. 건축물의 용도가 복합된 경우 승용승강기의 설치기준은 다음 각 목의 구분에 따른다.
   가. 둘 이상의 건축물의 용도가 위 표에 따른 같은 호에 해당하는 경우: 하나의 용도에 해당하는 건축물로 보아 6층 이상의 거실면적의 총합계를 기준으로 설치하여야 하는 승용승강기 대수를 산정한다.
   나. 둘 이상의 건축물의 용도가 위 표에 따른 둘 이상의 호에 해당하는 경우: 다음의 기준에 따라 산정한 승용승강기 대수 중 적은 대수
      1) 각각의 건축물 용도에 따라 산정한 승용승강기 대수를 합산한 대수. 이 경우 둘 이상의 건축물의 용도가 같은 호에 해당하는 경우에는 가목에 따라 승용승강기 대수를 산정한다.
      2) 각각의 건축물 용도별 6층 이상의 거실 면적을 모두 합산한 면적을 기준으로 각각의 건축물 용도별 승용승강기 설치기준 중 가장 강한 기준을 적용하여 산정한 대수

[별표 1의3] 〈개정 2017.12.4., 2021.8.27.〉

자연환기설비 설치 길이 산정방법 및 설치 기준(제11조제2항 관련)

1. 설치 대상 세대의 체적 계산
   - 필요한 환기횟수를 만족시킬 수 있는 환기량을 산정하기 위하여, 자연환기설비를 설치하고자 하는 공동주택 단위세대의 전체 및 실별 체적을 계산한다.

2. 단위세대 전체와 실별 설치길이 계산식 설치기준
   - 자연환기설비의 단위세대 전체 및 실별 설치길이는 한국산업표준의 자연환기설비 환기성능 시험방법(KSF 2921)에서 규정하고 있는 자연환기설비의 환기량 측정장치에 의한 평가 결과를 이용하여 다음 식에 따라 계산된 설치길이 L값 이상으로 설치하여야 하며, 세대 및 실 특성별 가중치가 고려되어야 한다.

$$L = \frac{V \times N}{Q_{ref}} \times F$$

여기에서, L : 세대 전체 또는 실별 설치길이(유효 개구부길이 기준, m)

V : 세대 전체 또는 실 체적(m^3)

N : 필요 환기횟수(0.5회/h)

Q_{ref} : 자연환기설비의 환기량 측정장치에 의해 평가된 기준 압력차 (2Pa)에서의 환기량($m^3/h \cdot m$)

F : 세대 및 실 특성별 가중치**

〈비고〉

* 일반적으로 창틀에 접합되는 부분(endcap)과 실제로 공기유입이 이루어지는 개구부 부분으로 구성되는 자연환기설비에서, 유효 개구부길이(설치길이)는 창틀과 결합되는 부분을 제외한 실제 개구부 부분을 기준으로 계산한다.

** 주동형태 및 단위세대의 설계조건을 고려한 세대 및 실 특성별 가중치는 다음과 같다.

구분	조건	가중치
세대 조건	1면이 외부에 면하는 경우	1.5
	2면이 외부에 평행하게 면하는 경우	1
	2면이 외부에 평행하지 않게 면하는 경우	1.2
	3면 이상이 외부에 면하는 경우	1
실 조건	대상 실이 외부에 직접 면하는 경우	1
	대상 실이 외부에 직접 면하지 않는 경우	1.5

단, 세대조건과 실 조건이 겹치는 경우에는 가중치가 높은 쪽을 적용하는 것을 원칙으로 한다.

*** 일방향으로 길게 설치하는 형태가 아닌 원형, 사각형 등에는 상기의 계산식을 적용할 수 없으며, 지방건축위원회의 심의를 거쳐야 한다.

[별표 1의4] 〈개정 2017.12.4., 2020.4.9., 2024.8.7.〉

신축공동주택등의 자연환기설비 설치 기준(제11조제3항 관련)

제11조제1항에 따라 신축공동주택등에 설치되는 자연환기설비의 설계 · 시공 및 성능평가방법은 다음 각 호의 기준에 적합하여야 한다.

1. 세대에 설치되는 자연환기설비는 세대 내의 모든 실에 바깥공기를 최대한 균일하게 공급할 수 있도록 설치되어야 한다.
2. 세대의 환기량 조절을 위하여 자연환기설비는 환기량을 조절할 수 있는 체계를 갖추어야 하고, 최대개방 상태에서의 환기량을 기준으로 별표 1의3에 따른 설치길이 이상으로 설치되어야 한다.
3. 자연환기설비는 순간적인 외부 바람 및 실내외 압력차의 증가로 인하여 발생할 수 있는 과도한 바깥공기의 유입 등 바깥공기의 변동에 의한 영향을 최소화할 수 있는 구조와 형태를 갖추어야 한다.
4. 자연환기설비의 각 부분의 재료는 충분한 내구성 및 강도를 유지하여 작동되는 동안 구조 및 성능에 변형이 없어야 하며, 표면결로 및 바깥공기의 직접적인 유입으로 인하여 발생할 수 있는 불쾌감(콜드드래프트 등)을 방지할 수 있는 재료와 구조를 갖추어야 한다.
5. 자연환기설비는 다음 각 목의 요건을 모두 갖춘 공기여과기를 갖춰야 한다. 〈개정 2020.4.9.〉
   가. 도입되는 바깥공기에 포함되어 있는 입자형 · 가스형 오염물질을 제거 또는 여과하는 성능이 일정 수준 이상일 것
   나. 한국산업표준(KS B 6141)에 따른 입자 포집률이 질량법으로 측정하여 70퍼센트 이상일 것
   다. 청소 또는 교환이 쉬운 구조일 것
6. 자연환기설비를 구성하는 설비 · 기기 · 장치 및 제품 등의 효율과 성능 등을 판정함에 있어 이 규칙에서 정하지 아니한 사항에 대하여는 해당 항목에 대한 한국산업표준에 적합하여야 한다.
7. 자연환기설비를 지속적으로 작동시키는 경우에도 대상 공간의 사용에 지장을 주지 아니하는 위치에 설치되어야 한다.
8. 삭제 〈2024.8.7.〉
9. 자연환기설비는 가능한 외부의 오염물질이 유입되지 않는 위치에 설치되어야 하고, 화재 등 유사시 안전에 대비할 수 있는 구조와 성능이 확보되어야 한다.
10. 실내로 도입되는 바깥공기를 예열할 수 있는 기능을 갖는 자연환기설비는 최대한 에너지 절약적인 구조와 형태를 가져야 한다.
11. 자연환기설비는 주요 부분의 정기적인 점검 및 정비 등 유지관리가 쉬운 체계로 구성하여야 하고, 제품의 사양 및 시방서에 유지관리 관련 내용을 명시하여야 하며, 유지관리 관련 내용이 수록된 사용자 설명서를 제시하여야 한다.
12. 자연환기설비는 설치되는 실의 바닥부터 수직으로 1.2미터 이상의 높이에 설치하여야 하며, 2개 이상의 자연환기설비를 상하로 설치하는 경우 1미터 이상의 수직간격을 확보하여야 한다.

[별표 1의5] 〈개정 2017.12.4., 2020.4.9.〉

신축공동주택등의 기계환기설비의 설치기준(제11조제3항 관련)

제11조제1항의 규정에 의한 신축공동주택등의 환기횟수를 확보하기 위하여 설치되는 기계환기설비의 설계 · 시공 및 성능평가방법은 다음 각 호의 기준에 적합하여야 한다.

1. 기계환기설비의 환기기준은 시간당 실내공기 교환횟수(환기설비에 의한 최종 공기

흡입구에서 세대의 실내로 공급되는 시간당 총 체적 풍량을 실내 총 체적으로 나눈 환기횟수를 말한다)로 표시하여야 한다.
2. 하나의 기계환기설비로 세대 내 2 이상의 실에 바깥공기를 공급할 경우의 필요 환기량은 각 실에 필요한 환기량의 합계 이상이 되도록 하여야 한다.
3. 세대의 환기량 조절을 위하여 환기설비의 정격풍량을 최소 · 적정 · 최대의 3단계 또는 그 이상으로 조절할 수 있는 체계를 갖추어야 하고, 적정 단계의 필요 환기량은 신축공동주택등의 세대를 시간당 0.5회로 환기할 수 있는 풍량을 확보하여야 한다.
4. 공기공급체계 또는 공기배출체계는 부분적 손실 등 모든 압력 손실의 합계를 고려하여 계산한 공기공급능력 또는 공기배출능력이 제11조제1항의 환기기준을 확보할 수 있도록 하여야 한다.
5. 기계환기설비는 신축공동주택등의 모든 세대가 제11조제1항의 규정에 의한 환기횟수를 만족시킬 수 있도록 24시간 가동할 수 있어야 한다.
6. 기계환기설비의 각 부분의 재료는 충분한 내구성 및 강도를 유지하여 작동되는 동안 구조 및 성능에 변형이 없도록 하여야 한다.
7. 기계환기설비는 다음 각 목의 어느 하나에 해당되는 체계를 갖추어야 한다.
  가. 바깥공기를 공급하는 송풍기와 실내공기를 배출하는 송풍기가 결합된 환기체계
  나. 바깥공기를 공급하는 송풍기와 실내공기가 배출되는 배기구가 결합된 환기체계
  다. 바깥공기가 도입되는 공기흡입구와 실내공기를 배출하는 송풍기가 결합된 환기체계
8. 바깥공기를 공급하는 공기공급체계 또는 바깥공기가 도입되는 공기흡입구는 입자형·가스형 오염물질을 제거 또는 여과하는 일정 수준 이상의 공기여과기 또는 집진기 등을 갖추어야 한다. 이 경우 공기여과기는 한국산업표준(KS B 6141)에서 규정하고 있는 입자 포집률[공기청정장치에서 그것을 통과하는공기 중의 입자를 포집(捕執)하는 효율을 말한다]이 비색법 · 광산란 적산법으로 측정하는 경우 80퍼센트 이상, 계수법으로 측정하는 경우 40퍼센트 이상인 환기효율을 확보하여야 하고, 수명연장을 위하여 여과기의 전단부에 사전여과장치를 설치하여야 하며, 여과장치 등의 청소 또는 교환이 쉬운 구조이어야 한다. 다만, 제7호다목에 따른 환기체계를 갖춘경우에는 별표 1의4 제5호를 따른다.
9. 기계환기설비를 구성하는 설비 · 기기 · 장치 및 제품 등의 효율 및 성능 등을 판정함에 있어 이 규칙에서 정하지 아니한 사항에 대하여는 해당 항목에 대한 한국산업표준에 적합하여야 한다.
10. 기계환기설비는 환기의 효율을 극대화할 수 있는 위치에 설치하여야 하고, 바깥공기의 변동에 의한 영향을 최소화할 수 있도록 공기흡입구 또는 배기구 등에 완충장치 또는 석쇠형 철망 등을 설치하여야 한다.
11. 기계환기설비는 주방 가스대 위의 공기배출장치, 화장실의 공기배출 송풍기 등 급속 환기 설비와 함께 설치할 수 있다.
12. 공기흡입구 및 배기구와 공기공급체계 및 공기배출체계는 기계환기설비를 지속적으로 작동시키는 경우에도 대상 공간의 사용에 지장을 주지 아니하는 위치에 설치되어야 한다.
13. 기계환기설비에서 발생하는 소음의 측정은 한국산업표준(KS B6361)에 따르는 것을 원칙으로 한다. 측정위치는 대표길이 1미터(수직 또는 수평 하단)에서 측정하여 소음이 40dB 이하가 되어야 하며, 암소음(측정대상인 소음 외에 주변에 존재하는 소음을 말한다)은 보정하여야 한다. 다만, 환기설비 본체(소음원)가 거주공간 외부에 설치될 경우에는 대표길이 1미터(수직 또는 수평 하단)에서 측정하여 50dB 이하가 되거나, 거주공간 내부의 중앙부 바닥으로부터 1.0~1.2미터 높이에서 측정하여 40dB 이하가 되어야 한다.
14. 외부에 면하는 공기흡입구와 배기구는 교차오염을 방지할 수 있도록 1.5미터 이상의 이격거리를 확보하거나, 공기흡입구와 배기구의 방향이 서로 90도 이상 되는 위치에 설치되어야 하고, 화재 등 유사 시 안전에 대비할 수 있는 구조와 성능이 확보되어야 한다.
15. 기계환기설비의 에너지 절약을 위하여 열회수형 환기장치를 설치하는 경우에는 한국산업표준(KS B 6879)에 따라 시험한 열회수형 환기장치의 유효환기량이 표시용량의 90퍼센트 이상이어야 하고, 열회수형 환기장치의 안과 밖은 물 맺힘이 발생하는 것을 최소화할 수 있는 구조와 성능을 확보하도록 하여야 한다.
16. 기계환기설비는 송풍기, 열회수형 환기장치, 공기여과기, 공기가 통하는 관, 공기흡입구 및 배기구, 그 밖의 기기 등 주요 부분의 정기적인 검검 및 정비 등 유지관리가 쉬운 체계로 구성되어야 하고, 제품의 사양 및 시방서에 유지관리 관련 내용을 명시하여야 하며, 유지관리 관련 내용이 수록된 사용자 설명서를 제시하여야 한다.
17. 실외의 기상조건에 따라 환기용송풍기 등 기계환기설비를 작동하지 아니하더라도 자연환기와 기계환기가 동시 운용될 수 있는 혼합형 환기설비가 설계도서 등을

근거로 필요 환기량을 확보할 수 있는 것으로 객관적으로 입증되는 경우에는 기계환기설비를 갖춘 것으로 인정할 수 있다. 이 경우 동시에 운용될 수 있는 자연환기설비와 기계환기설비가 제11조제1항의 환기기준을 각각 만족할 수 있어야 한다.

18. 중앙관리방식의 공기조화설비(실내의 온도 · 습도 및 청정도 등을 적정하게 유지하는 역할을 하는 설비를 말한다)가 설치된 경우에는 다음 각 목의 기준에도 적합하여야 한다.
  가. 공기조화설비는 24시간 지속적인 환기가 가능한 것일 것. 다만, 주요 환기설비와 분리된 별도의 환기계통을 병행 설치하여 실내에 존재하는 국소 오염원에서 발생하는 오염물질을 신속히 배출할 수 있는 체계로 구성하는 경우에는 그러하지 아니하다.
  나. 중앙관리방식의 공기조화설비의 제어 및 작동상황을 통제할 수 있는 관리실 또는 기능이 있을 것

[별표 1의6] <개정 2013.12.27., 2020.4.9., 2021.8.27>

기계환기설비를 설치해야 하는 다중이용시설 및 각 시설의 필요 환기량

(제11조제5항 관련)

1. 기계환기설비를 설치하여야 하는 다중이용시설
  가. 지하시설
   1) 모든 지하역사(출입통로 · 대기실·승강장 및 환승통로와 이에 딸린 시설을 포함한다)
   2) 연면적 2천제곱미터 이상인 지하도상가(지상건물에 딸린 지하층의 시설 및 연속되어 있는 둘 이상의 지하도상가의 연면적 합계가 2천제곱미터 이상인 경우를 포함한다)
  나. 문화 및 집회시설
   1) 연면적 2천제곱미터 이상인 「건축법 시행령」 별표 1 제5호라목에 따른 전시장(실내 전시장으로 한정한다)
   2) 연면적 2천제곱미터 이상인 「건전가정의례의 정착 및 지원에 관한 법률」에 따른 혼인예식장
   3) 연면적 1천제곱미터 이상인 「공연법」 제2조제4호에 따른 공연장(실내 공연장으로 한정한다)
   4) 관람석 용도로 쓰는 바닥면적이 1천제곱미터 이상인 「체육시설의 설치 · 이용에 관한 법률」 제2조제1호에 따른 체육시설
   5) 「영화 및 비디오물의 진흥에 관한 법률」 제2조제10호에 따른 영화상영관
  다. 판매시설
   1) 「유통산업발전법」 제2조제3호에 따른 대규모점포
   2) 연면적 300제곱미터 이상인 「게임산업 진흥에 관한 법률」 제2조제7호에 따른 인터넷컴퓨터게임시설제공업의 영업시설
  라. 운수시설
   1) 「항만법」 제2조제5호에 따른 항만시설 중 연면적 5천제곱미터 이상인 대기실
   2) 「여객자동차 운수사업법」 제2조제5호에 따른 여객자동차터미널 중 연면적 2천제곱미터 이상인 대기실
   3) 「철도산업발전기본법」 제3조제2호에 따른 철도시설 중 연면적 2천제곱미터 이상인 대기실
   4) 「공항시설법」 제2조제7호에 따른 공항시설 중 연면적 1천5백제곱미터 이상인 여객터미널
  마. 의료시설: 연면적이 2천제곱미터 이상이거나 병상 수가 100개 이상인 「의료법」 제3조에 따른 의료기관
  바. 교육연구시설
   1) 연면적 3천제곱미터 이상인 「도서관법」 제2조제1호에 따른 도서관
   2) 연면적 1천제곱미터 이상인 「학원의 설립 · 운영 및 과외교습에 관한 법률」 제2조제1호에 따른 학원
  사. 노유자시설
   1) 연면적 430제곱미터 이상인 「영유아보육법」 제2조제3호에 따른 어린이집
   2) 연면적 1천제곱미터 이상인 「노인복지법」 제34조제1항제1호에 따른 노인요양시설
  아. 업무시설: 연면적 3천제곱미터 이상인 「건축법 시행령」 별표 1 제14호에 따른 업무시설
  자. 자동차 관련 시설: 연면적 2천제곱미터 이상인 「주차장법」 제2조제1호에 따른 주

건축물의 설비기준에 관한 규칙 [별 표]

차장(실내주차장으로 한정하며, 같은 법 제2조제3호에 따른 기계식주차장은 제외한다)

차. 장례식장: 연면적 1천제곱미터 이상인 「장사 등에 관한 법률」 제28조의2제1항 및 제29조에 따른 장례식장(지하에 설치되는 경우로 한정한다)

카. 그 밖의 시설

1) 연면적 1천제곱미터 이상인 「공중위생관리법」 제2조제1항제3호에 따른 목욕장업의 영업시설

2) 연면적 5백제곱미터 이상인 「모자보건법」 제2조제10호에 따른 산후조리원

3) 연면적 430제곱미터 이상인 「어린이놀이시설 안전관리법」 제2조제2호에 따른 어린이놀이시설 중 실내 어린이놀이시설 〈신설 2020.4.9.〉

2. 각 시설의 필요 환기량

구 분		필요 환기량(m^3/인·h)	비 고
가. 지하시설	1) 지하역사	25이상	
	2) 지하도상가	36이상	매장(상점) 기준
나. 문화 및 집회시설		29이상	
다. 판매시설		29이상	
라. 운수시설		29이상	
마. 의료시설		36이상	
바. 교육연구시설		36이상	
사. 노유자시설		36이상	
아. 업무시설		29이상	
자. 자동차 관련 시설		27이상	
차. 장례식장		36이상	
카. 그 밖의 시설		25이상	

※ 비고

가. 제1호에서 연면적 또는 바닥면적을 산정할 때에는 실내공간에 설치된 시설이 차지하는 연면적 또는 바닥면적을 기준으로 산정한다.

나. 필요 환기량은 예상 이용인원이 가장 높은 시간대를 기준으로 산정한다.

다. 의료시설 중 수술실 등 특수 용도로 사용되는 실(室)의 경우에는 소관 중앙행정기관의 장이 달리 정할 수 있다.

라. 제1호자목의 자동차 관련 시설의 필요 환기량은 단위면적당 환기량($m^3/m^2 \cdot h$)으로 산정한다.

[별표 1의7] 〈개정 2013.9.2., 2015.7.9., 2024.8.7.〉

온돌 설치기준(설비규칙 제12조제1항 관련)

1. 온수온돌

가. 온수온돌이란 보일러 또는 그 밖의 열원으로부터 생성된 온수를 바닥에 설치된 배관을 통하여 흐르게 하여 난방을 하는 방식을 말한다.

나. 온수온돌은 바탕층, 단열층, 채움층, 배관층(방열관을 포함한다) 및 마감층 등으로 구성된다.

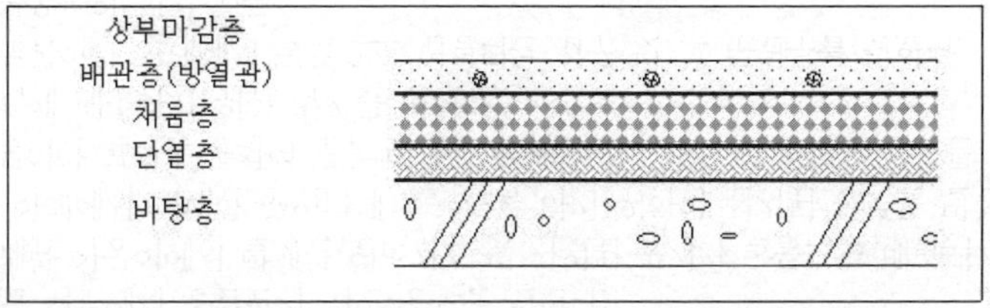

1) 바탕층이란 온돌이 설치되는 건축물의 최하층 또는 중간층의 바닥을 말한다.

2) 단열층이란 온수온돌의 배관층에서 방출되는 열이 바탕층 아래로 손실되는 것을 방지하기 위하여 배관층과 바탕층 사이에 단열재를 설치하는 층을 말한다.

3) 채움층이란 온돌구조의 높이 조정, 차음성능 향상, 보조적인 단열기능 등을 위하여 배관층과 단열층 사이에 완충재 등을 설치하는 층을 말한다.

4) 배관층이란 단열층 또는 채움층 위에 방열관을 설치하는 층을 말한다.

5) 방열관이란 열을 발산하는 온수를 순환시키기 위하여 배관층에 설치하는 온수배관을 말한다.

6) 마감층이란 배관층 위에 시멘트, 모르타르, 미장 등을 설치하거나 마루재, 장판 등 최종 마감재를 설치하는 층을 말한다

다. 온수온돌의 설치 기준

1) 단열층은 「녹색건축물 조성 지원법」 제15조제1항에 따라 국토교통부장관이

건축물의 설비기준에 관한 규칙 [별 표]

고시하는 기준에 적합하여야 하며, 바닥난방을 위한 열이 바탕층 아래 및 측벽으로 손실되는 것을 막을 수 있도록 단열재를 방열관과 바탕층 사이에 설치하여야 한다. 다만, 바탕층의 축열을 직접 이용하는 심야전기이용 온돌(「한국전력공사법」에 따른 한국전력공사의 심야전력이용기기 승인을 받은 것만 해당하며, 이하 "심야전기이용 온돌"이라 한다)의 경우에는 단열재를 바탕층 아래에 설치할 수 있다.

2) 배관층과 바탕층 사이의 열저항은 「녹색건축물 조성 지원법」 제15조제1항에 따라 국토교통부장관이 정하여 고시하는 기준에 적합해야 한다.

3) 단열재는 내열성 및 내구성이 있어야 하며 단열층 위의 적재하중 및 고정하중에 버틸 수 있는 강도를 가지거나 그러한 구조로 설치되어야 한다.

4) 바탕층이 지면에 접하는 경우에는 바탕층 아래와 주변 벽면에 높이 10센티미터 이상의 방수처리를 하여야 하며, 단열재의 윗부분에 방습처리를 하여야 한다.

5) 방열관은 잘 부식되지 아니하고 열에 견딜 수 있어야 하며, 바닥의 표면온도가 균일하도록 설치하여야 한다.

6) 배관층은 방열관에서 방출된 열이 마감층 부위로 최대한 균일하게 전달될 수 있는 높이와 구조를 갖추어야 한다.

7) 마감층은 수평이 되도록 설치하여야 하며, 바닥의 균열을 방지하기 위하여 충분하게 양생하거나 건조시켜 마감재의 뒤틀림이나 변형이 없도록 하여야 한다.

8) 한국산업규격에 따른 조립식 온수온돌판을 사용하여 온수온돌을 시공하는 경우에는 1)부터 7)까지의 규정을 적용하지 아니한다.

9) 국토교통부장관은 1)부터 7)까지에서 규정한 것 외에 온수온돌의 설치에 관하여 필요한 사항을 정하여 고시할 수 있다.

2. 구들온돌

가. 구들온돌이란 연탄 또는 그 밖의 가연물질이 연소할 때 발생하는 연기와 연소열에 의하여 가열된 공기를 바닥 하부로 통과시켜 난방을 하는 방식을 말한다.

나. 구들온돌은 아궁이, 온돌환기구, 공기흡입구, 고래, 굴뚝 및 굴뚝목 등으로 구성된다.

1) 아궁이란 연탄이나 목재 등 가연물질의 연소를 통하여 열을 발생시키는 부위를 말한다.

2) 온돌환기구란 아궁이가 설치되는 공간에서 연탄 등 가연물질의 연소를 통하여 발생하는 가스를 원활하게 배출하기 위한 통로를 말한다.

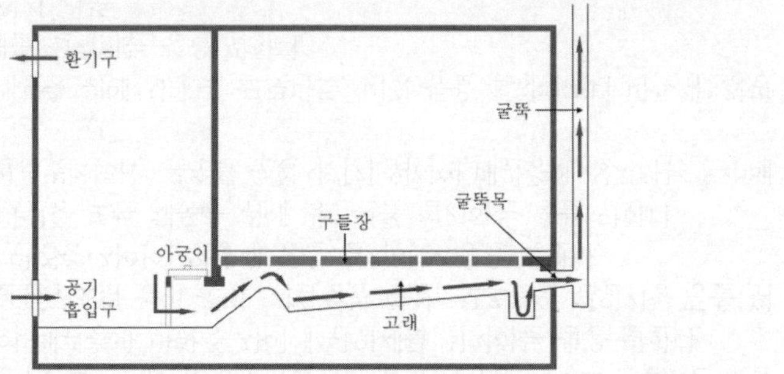

3) 공기흡입구란 아궁이가 설치되는 공간에서 연탄 등 가연물질의 연소에 필요한 공기를 외부에서 공급받기 위한 통로를 말한다.

4) 고래란 아궁이에서 발생한 연소가스 및 가열된 공기가 굴뚝으로 배출되기 전에 구들 아래에서 최대한 균일하게 흐르도록 하기 위하여 설치된 통로를 말한다.

5) 굴뚝이란 고래를 통하여 구들 아래를 통과한 연소가스 및 가열된 공기를 외부로 원활하게 배출하기 위한 장치를 말한다.

6) 굴뚝목이란 고래에서 굴뚝으로 연결되는 입구 및 그 주변부를 말한다.

다. 구들온돌의 설치 기준

1) 연탄아궁이가 있는 곳은 연탄가스를 원활하게 배출할 수 있도록 그 바닥면적의 10분의 1이상에 해당하는 면적의 환기용 구멍 또는 환기설비를 설치하여야 하며, 외기에 접하는 벽체의 아랫부분에는 연탄의 연소를 촉진하기 위하여 지름 10센티미터 이상 20센티미터 이하의 공기흡입구를 설치하여야 한다.

2) 고래바닥은 연탄가스를 원활하게 배출할 수 있도록 높이/수평거리가 1/5 이상이 되도록 하여야 한다.

3) 부뚜막식 연탄아궁이에 고래로 연기를 유도하기 위하여 유도관을 설치하는 경우에는 20도 이상 45도 이하의 경사를 두어야 한다.

4) 굴뚝의 단면적은 150제곱센티미터 이상으로 하여야 하며, 굴뚝목의 단면적은 굴뚝의 단면적보다 크게 하여야 한다.

5) 연탄식 구들온돌이 아닌 전통 방법에 의한 구들을 설치할 경우에는 1)부터 4)까지의 규정을 적용하지 아니한다.

6) 국토해양부장관은 1)부터 5)까지에서 규정한 것 외에 구들온돌의 설치에 관하여 필요한 사항을 정하여 고시할 수 있다.

건축물의 설비기준에 관한 규칙 [별 표]

[별표 2] 〈신설 2002.8.31〉

배연창의 유효면적 산정기준(제14조제1항제2호관련)

1. 미서기창 : $H \times \ell$

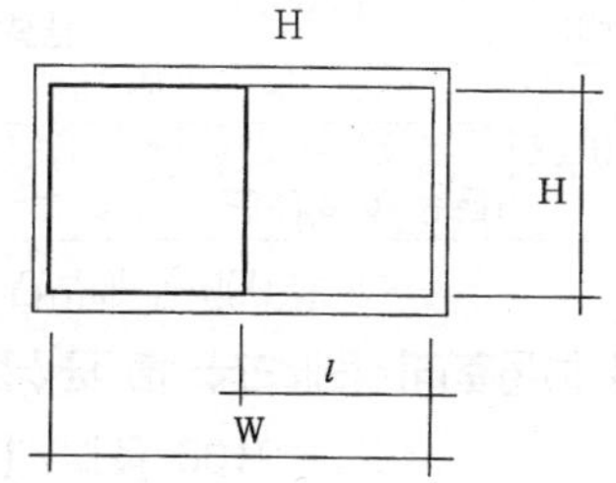

l : 미서기창의 유효폭
H : 창의 유효 높이
W : 창문의 폭

2. Pivot 종축창 : $H \times \ell'/2 \times 2$

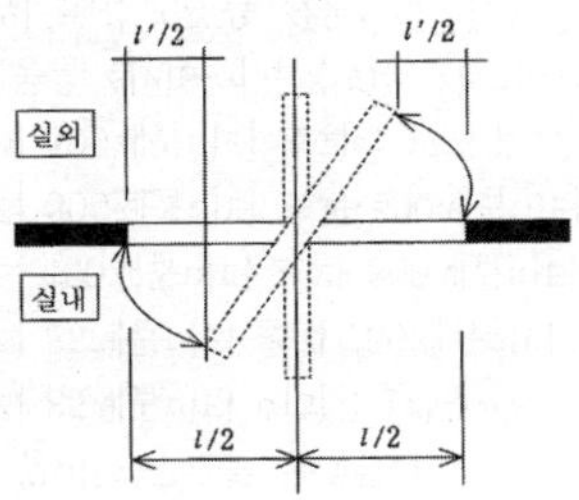

H : 창의 유효 높이
l : 90° 회전시 창호와 직각방향으로 개방된 수평거리
l' : 90° 미만 0° 초과시 창호와 직각 방향으로 개방된 수평거리

3. Pivot 횡축창: $(W \times \ell_1) + (W \times \ell_2)$

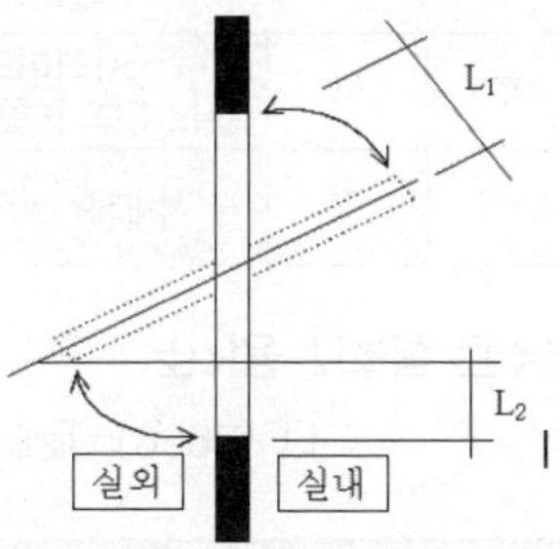

W : 창의 폭
L_1 : 실내측으로 열린 상부창호의 길이방향으로 평행하게 개방된 순거리
L_2 : 실외측으로 열린 하부창호로서 창틀과 평행하게 개방된 순수수평투영거리

4. 들창 : $W \times \ell_2$

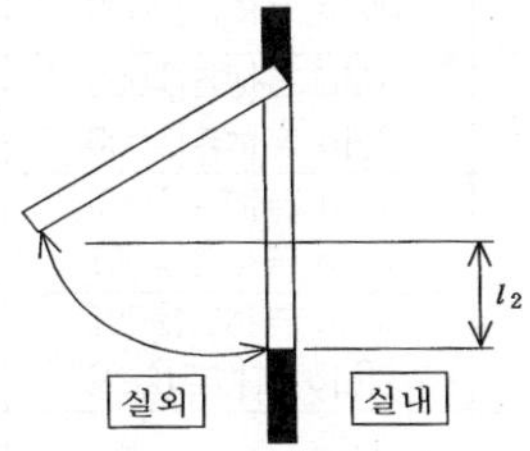

H : 창의 폭
l_2 : 창틀과 평행하게 개방된 순수수평투명면적

5. 미들창 : 창이 실외측으로 열리는 경우: $W \times \ell$
창이 실내측으로 열리는 경우: $W \times \ell_1$
(단, 창이 천장(반자)에 근접하는 경우: $W \times \ell_2$)

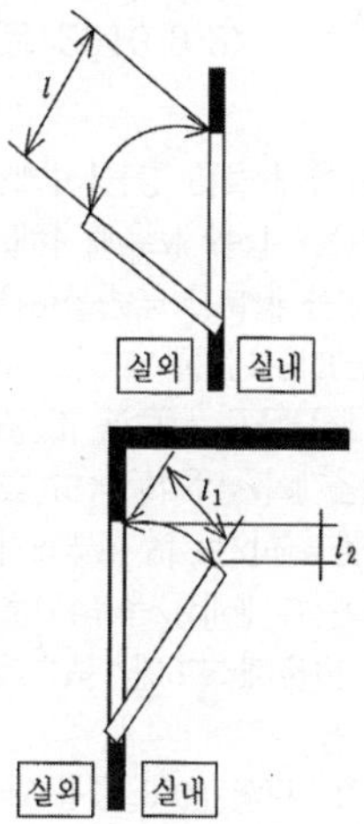

W : 창의 폭
l : 실외측으로 열린 상부창호의 길이방향으로 평행하게 개방된 순거리
l_1 : 실내측으로 열린 상호창호의 길이방향으로 개방된 순거리
l_2 : 창틀과 평행하게 개방된 순수수평투영면적
* 창이 천장(또는 반자)에 근접된 경우 창의 상단에서 천장면까지의 거리≤l_1

[별표 3] 〈개정 1999.5.11.〉

주거용 건축물 급수관의 지름(제18조관련)

가구 또는 세대수	1	2~3	4~5	6~8	9~16	17이상
급수관 지름의 최소기준 (밀리미터)	15	20	25	32	40	50

※ 비 고:

1. 가구 또는 세대의 구분이 불분명한 건축물에 있어서는 주거에 쓰이는 바닥면적의 합계에 따라 다음과 같이 가구수를 산정한다.
   가. 바닥면적 85제곱미터 이하 : 1가구
   나. 바닥면적 85제곱미터 초과 150제곱미터 이하 : 3가구
   다. 바닥면적 150제곱미터 초과 300제곱미터이하 : 5가구
   라. 바닥면적 300제곱미터 초과 500제곱미터이하 : 16가구
   마. 바닥면적 500제곱미터 초과 : 17가구
2. 가압설비 등을 설치하여 급수되는 각 기구에서의 압력이 1센티미터당 0.7킬로그램 이상인 경우에는 위 표의 기준을 적용하지 아니 할 수 있다.

[별표 3의2] 〈개정 2010.11.5〉

급수관 및 수도계량기보호함의 설치기준(제18조제3호 관련)

1. 급수관의 단열재 두께(단위:mm)

설치장소 \ 관경(mm, 외경)	설계용 외기온도(℃)	20 미만	20 이상 ~ 50 미만	50 이상 ~ 70 미만	70 이상 ~ 100 미만	100 이상
· 외기에 노출된 배관 · 옥상 등 그 밖에 동파가 우려되는 건축물의 부위	-10미만	200 (50)	50 (25)	25 (25)	25 (25)	25 (25)
	-5 미만 ~ -10	100 (50)	40 (25)	25 (25)	25 (25)	25 (25)
	0 미만 ~ -5	40 (25)	25 (25)	25 (25)	25 (25)	25 (25)
	0 이상 유지	20				

1) ( )은 기온강하에 따라 자동으로 작동하는 전기 발열선이 설치하는 경우 단열재의 두께를 완화할 수 있는 기준
2) 단열재의 열전도율은 0.04㎉/㎡ · h · ℃ 이하인 것으로 한국산업표준제품을 사용할 것
3) 설계용 외기온도:법 제59조제2항의 규정에 의한 에너지 절약설계기준에 따를 것

2. 수도계량기보호함(난방공간내에 설치하는 것을 제외한다)
   가. 수도계량기와 지수전 및 역지밸브를 지중 혹은 공동주택의 벽면 내부에 설치하는 경우에는 콘크리트 또는 합성수지제 등의 보호함에 넣어 보호할 것
   나. 보호함내 옆면 및 뒷면과 전면판에 각각 단열재를 부착할 것(단열재는 밀도가 높고 열전도율이 낮은 것으로 한국산업표준제품을 사용할 것)
   다. 보호함의 배관입출구는 단열재 등으로 밀폐하여 냉기의 침입이 없도록 할 것
   라. 보온용 단열재와 계량기 사이 공간을 유리섬유 등 보온재로 채울 것
   마. 보호통과 벽체사이틈을 밀봉재 등으로 채워 냉기의 침투를 방지할 것

[별표 3의3] 〈개정 2013.9.2〉

전기설비 설치공간 확보기준(제20조의2 관련)

수전전압	전력수전 용량	확보면적
특고압 또는 고압	100킬로와트 이상	가로 2.8미터, 세로 2.8미터
저압	75킬로와트 이상 150킬로와트 미만	가로 2.5미터, 세로 2.8미터
	150킬로와트 이상 200킬로와트 미만	가로 2.8미터, 세로 2.8미터
	200킬로와트 이상 300킬로와트 미만	가로 2.8미터, 세로 4.6미터
	300킬로와트 이상	가로 2.8미터 이상, 세로 4.6미터 이상

※ 비 고:

1. "저압", "고압" 및 "특고압"의 정의는 각각 「전기사업법 시행규칙」 제2조제8호, 제9호 및 제10호에 따른다.

건축물의 설비기준에 관한 규칙 [별 표]

2. 전기설비 설치공간은 배관, 맨홀 등을 땅속에 설치하는데 지장이 없고 전기사업자의 전기설비 설치, 보수, 점검 및 조작 등 유지관리가 용이한 장소이어야 한다.
3. 전기설비 설치공간은 해당 건축물 외부의 대지상에 확보하여야 한다. 다만, 외부 지상공간이 좁아서 그 공간확보가 불가능한 경우에는 침수우려가 없고 습기가 차지 아니하는 건축물의 내부에 공간을 확보할 수 있다.
4. 수전전압이 저압이고 전력수전 용량이 300킬로와트 이상인 경우 등 건축물의 전력수전 여건상 필요하다고 인정되는 경우에는 상기 표를 기준으로 건축주와 전기사업자가 협의하여 확보면적을 따로 정할 수 있다.
5. 수전전압이 저압이고 전력수전 용량이 150킬로와트 미만이 경우로서 공중으로 전력을 공급받는 경우에는 전기설비 설치공간을 확보하지 않을 수 있다.

[별표 4] 삭제 〈2013.9.2〉

[별표 5] 삭제〈2001.1.17〉

건축물의 피난·방화구조 등의 기준에 관한 규칙 [별 표]

[별표 1] 〈신설 2010.4.7., 2019.10.24., 2024.11.15〉

내화구조의 성능기준(제3조제8호 관련)

1. 일반기준

(단위 : 시간)

용도구분		용도규모 층수/최고 높이(m)		외벽 내력벽	외벽 비내력벽 연소우려가 있는 부분	외벽 비내력벽 연소우려가 없는 부분	내벽 내력벽	내벽 비내력벽 경계벽	내벽 비내력벽 승강기·계단실의 수직벽	보·기둥	바닥	지붕·지붕틀
일반시설	제1종 근린생활시설, 제2종 근린생활시설, 문화 및 집회시설, 종교시설, 판매시설, 운수시설, 교육연구시설, 노유자시설, 수련시설, 운동시설, 업무시설, 위락시설, 자동차관련시설(정비공장 제외), 동물 및 식물 관련 시설, 교정 및 군사 시설, 방송통신시설, 발전시설, 묘지관련시설, 관광 휴게시설, 장례시설	12/50	초과	3	1	0.5	3	2	2	3	2	1
			이하	2	1	0.5	2	1.5	1.5	2	2	0.5
		4/20 이하		1	1	0.5	1	1	1	1	1	0.5
주거시설	단독주택, 공동주택, 숙박시설, 의료시설	12/50	초과	2	1	0.5	2	2	2	3	2	1
			이하	2	1	0.5	2	1	1	2	2	0.5
		4/20 이하		1	1	0.5	1	1	1	1	1	0.5
산업시설	공장, 창고시설, 위험물저장 및 처리시설, 자동차 관련시설 중 정비공장, 자연순환 관련 시설	12/50	초과	2	1.5	0.5	2	1.5	1.5	3	2	1
			이하	2	1	0.5	2	1	1	2	2	0.5
		4/20 이하		1	1	0.5	1	1	1	1	1	0.5

2. 적용기준

가. 용도

1) 건축물이 하나 이상의 용도로 사용될 경우 위 표의 용도구분에 따른 기준 중 가장 높은 내화시간의 용도를 적용한다.
2) 건축물의 부분별 높이 또는 층수가 다를 경우 최고 높이 또는 최고 층수를 기준으로 제1호에 따른 구성 부재별 내화시간을 건축물 전체에 동일하게 적용한다.
3) 용도규모에서 건축물의 층수와 높이의 산정은 「건축법 시행령」 제119조에 따른다. 다만, 승강기탑, 계단탑, 망루, 장식탑, 옥탑 그 밖에 이와 유사한 부분은 건축물의 높이와 층수의 산정에서 제외한다.

나. 구성 부재

1) 외벽 중 비내력벽으로서 연소우려가 있는 부분은 제22조제2항에 따른 부분을 말한다.
2) 외벽 중 비내력벽으로서 연소우려가 없는 부분은 제22조제2항에 따른 부분을 제외한 부분을 말한다.
3) 내벽 중 비내력벽인 경계벽은 건축법령에 따라 내화구조로 해야 하는 벽을 말한다.

다. 그 밖의 기준

1) 화재의 위험이 적은 제철·제강공장 등으로서 품질확보를 위해 불가피한 경우에는 지방건축위원회의 심의를 받아 주요구조부의 내화시간을 완화하여 적용할 수 있다.
2) 외벽의 내화성능 시험은 건축물 내부면을 가열하는 것으로 한다.

건축물의 피난·방화구조 등의 기준에 관한 규칙 [별 표]

[별표 1의2] 〈신설 2012.1.6〉

피난안전구역의 면적 산정기준(제8조의2제3항제7호 관련)

1. 피난안전구역의 면적은 다음 산식에 따라 산정한다.
   (피난안전구역 윗층의 재실자 수 × 0.5) × 0.28㎡
   가. 피난안전구역 윗층의 재실자 수는 해당 피난안전구역과 다음 피난안전구역 사이의 용도별 바닥면적을 사용 형태별 재실자 밀도로 나눈 값의 합계를 말한다. 다만, 문화·집회용도 중 벤치형 좌석을 사용하는 공간과 고정좌석을 사용하는 공간은 다음의 구분에 따라 피난안전구역 윗층의 재실자 수를 산정한다.
      1) 벤치형 좌석을 사용하는 공간: 좌석길이 / 45.5㎝
      2) 고정좌석을 사용하는 공간: 휠체어 공간 수 + 고정좌석 수
   나. 피난안전구역 설치 대상 건축물의 용도에 따른 사용 형태별 재실자 밀도는 다음 표와 같다.

용 도	사용 형태별		재실자 밀도
문화·집회	고정좌석을 사용하지 않는 공간		0.45
	고정좌석이 아닌 의자를 사용하는 공간		1.29
	벤치형 좌석을 사용하는 공간		-
	고정좌석을 사용하는 공간		-
	무대		1.40
	게임제공업 등의 공간		1.02
운동	운동시설		4.60
교육	도서관	서고	9.30
		열람실	4.60
	학교 및 학원	교실	1.90
보육	보호시설		3.30
의료	입원치료구역		22.3
	수면구역		11.1
교정	교정시설 및 보호관찰소 등		11.1
주거	호텔 등 숙박시설		18.6
	공동주택		18.6
업무	업무시설, 운수시설 및 관련 시설		9.30
판매	지하층 및 1층		2.80
	그 외의 층		5.60
	배송공간		27.9
저장	창고, 자동차 관련 시설		46.5
산업	공장		9.30
	제조업 시설		18.6

※ 계단실, 승강로, 복도 및 화장실은 사용 형태별 재실자 밀도의 산정에서 제외하고, 취사장·조리장의 사용 형태별 재실자 밀도는 9.30으로 본다.

2. 피난안전구역 설치 대상 용도에 대한 「건축법 시행령」 별표 1에 따른 용도별 건축물의 종류는 다음 표와 같다.

용도	용도별 건축물
문화·집회	문화 및 집회시설(공연장·집회장·관람장·전시장만 해당한다), 종교시설, 위락시설, 제1종 근린생활시설 및 제2종 근린생활시설 중 휴게음식점·제과점·일반음식점 등 음식·음료를 제공하는 시설, 제2종 근린생활시설 중 공연장·종교집회장·게임제공업 시설, 그 밖에 이와 비슷한 문화·집회시설
운동	운동시설, 제1종 근린생활시설 및 제2종 근린생활시설 중 운동시설
교육	교육연구시설, 수련시설, 자동차 관련 시설 중 운전학원 및 정비학원, 제2종 근린생활시설 중 학원·직업훈련소·독서실, 그 밖에 이와 비슷한 교육시설
보육	노유자시설, 제1종 근린생활시설 중 지역아동센터
의료	의료시설, 제1종 근린생활시설 중 의원, 치과의원, 한의원, 침술원, 접골원(接骨院), 조산원 및 안마원
교정	교정 및 군사시설
주거	공동주택 및 숙박시설
업무	업무시설, 운수시설, 제1종 근린생활시설과 제2종 근린생활시설 중 지역자치센터·파출소·사무소·이용원·미용원·목욕장·세탁소·기원·사진관·표구점, 그 밖에 이와 비슷한 업무시설
판매	판매시설(게임제공업 시설 등은 제외한다), 제1종 근린생활시설 중 수퍼마켓과 일용품 등의 소매점
저장	창고시설, 자동차 관련 시설(운전학원 및 정비학원은 제외한다)
산업	공장, 제2종 근린생활시설 중 제조업 시설

[별표 1의3] 〈개정 2012.1.6〉

거실의 용도에 따른 조도기준(제17조제1항 관련)

거실의 용도구분 \ 조도구분		바닥에서 85센티미터의 높이에 있는 수평면의 조도(룩스)
1. 거주	독서·식사·조리	150
	기타	70
2. 집무	설계·제도·계산	700
	일반사무	300
	기타	150
3. 작업	검사·시험·정밀검사·수술	700
	일반작업·제조·판매	300
	포장·세척	150
	기타	70
4. 집회	회의	300
	집회	150
	공연·관람	70
5. 오락	오락일반	150
	기타	30
6. 기타		1란 내지 5란중 가장 유사한 용도에 관한 기준을 적용한다.

건축물의 피난 ·방화구조 등의 기준에 관한 규칙 [별 표]

[별표 2] 〈개정 2010.12.30〉

내화구조의 적용이 제외되는 공장의 업종(제20조의2 관련)

분류번호	업 종
10301	과실 및 채소 절임식품 제조업
10309	기타 과실 · 채소 가공 및 저장처리업
11201	얼음 제조업
11202	생수 제조업
11209	기타 비알콜음료 제조업
23110	판유리 제조업
23122	판유리 가공품 제조업
23221	구조용 정형내화제품 제조업
23229	기타 내화요업 제조업
23231	점토벽돌, 블록 및 유사 비내화 요업제품 제조업
23232	타일 및 유사 비내화 요업제품 제조업
23239	기타 구조용 비내화 요업제품 제조업
23911	건설용 석제품 제조업
23919	기타 석제품 제조업
24111	제철업
24112	제강업
24113	합금철 제조업
24119	기타 제철 및 제강업
24211	동 제련, 정련 및 합금 제조업
24212	알루미늄 제련, 정련 및 합금 제조업
24213	연 및 아연제련, 정련 및 합금 제조업
24219	기타 비철금속 제련, 정련 및 합금 제조업
24311	선철주물 주조업
24312	강주물 주조업
24321	알루미늄 주물 주조업
24322	동 주물 주조업
24329	기타 비철금속 주조업
28421	운송장비용 조명장치 제조업
29172	공기조화장치 제조업
30310	자동차 엔진용 부품 제조업
30320	자동차 차체용 부품 제조업
30391	자동차용 동력전달 장치 제조업
30392	자동차용 전기장치 제조업

주 : 분류번호는 「통계법」 제17조에 따라 통계청장이 고시하는 한국표준산업분류에 의한

건축물의 피난·방화구조 등의 기준에 관한 규칙 [별 표]

분류번호를 말한다.

[별표 3] 〈개정 2014.3.5〉

화재위험이 적은 공장의 업종(제24조의2제1항 관련)

분류번호	업 종
10121	가금류 가공 및 저장처리업
10129	기타 육류 가공 및 저장처리업
10211	수산동물 훈제, 조리 및 유사 조제식품 제조업
10212	수산동물 건조 및 염장품 제조업
10213	수산동물 냉동품 제조업
10219	기타 수산동물 가공 및 저장처리업
10220	수산식물 가공 및 저장처리업
10301	과실 및 채소 절임식품 제조업
10309	기타 과일·채소 가공 및 저장처리업
10743	장류 제조업
11201	얼음 제조업
11202	생수 생산업
11209	기타 비알콜음료 제조업
23110	판유리 제조업
23122	판유리 가공품 제조업
23192	포장용 유리용기 제조업
23221	구조용 정형내화제품 제조업
23229	기타 내화요업제품 제조업
23231	점토 벽돌, 블록 및 유사 비내화 요업제품 제조업
23232	타일 및 유사 비내화 요업제품 제조업
23239	기타 구조용 비내화 요업제품 제조업
23311	시멘트 제조업
23312	석회 및 플라스터 제조업
23323	플라스터 제품 제조업
23325	콘크리트 타일, 기와, 벽돌 및 블록 제조업
23326	콘크리트관 및 기타 구조용 콘크리트제품 제조업
23329	그외 기타 콘크리트 제품 및 유사제품 제조업
23911	건설용 석재품 제조업
23919	기타 석제품 제조업
24111	제철업
24112	제강업
24113	합금철 제조업
24119	기타 제철 및 제강업
24211	동 제련, 정련 및 합금 제조업
24212	알루미늄 제련, 정련 및 합금 제조업
24213	연 및 아연 제련, 정련 및 합금 제조업
24219	기타 비철금속 제련, 정련 및 합금 제조업
24311	선철주물 주조업
24312	강주물 주조업
24321	알루미늄주물 주조업
24322	동주물 주조업
24329	기타 비철금속 주조업
25112	구조용 금속판제품 및 금속공작물 제조업
25113	금속 조립구조재 제조업
25119	기타 구조용 금속제품 제조업
28421	운송장비용 조명장치 제조업
29172	공기조화장치 제조업
30310	자동차 엔진용 부품 제조업
30320	자동차 차체용 부품 제조업
30391	자동차용 동력전달 장치 제조업
30392	자동차용 전기장치 제조업

주 : 분류번호는 「통계법」 제17조의 규정에 의하여 통계청장이 고시하는 한국표준산업분류에 의한 분류번호를 말한다.

건축물의 피난·방화구조 등의 기준에 관한 규칙 [별 표]

[별표 4] 〈신설 2021.12.23〉

건축자재등 품질인정 수수료(제24조의8제2항관련)

1. 품질인정 신청 수수료

가. 복합자재·방화문 및 자동방화셔터: 다음의 금액을 합산한 금액

1) 기본비용: 다음의 금액을 합산한 금액

(1) 특급기술자의 노임단가에 8.7을 곱한 금액과 고급기술자의 노임단가에 16.2를 곱한 금액 및 중급기술자의 노임단가에 5.8을 곱한 금액을 모두 합산한 금액

(2) 시험·검사 등에 드는 비용으로서 국토교통부장관이 정하여 고시하는 금액

2) 추가비용: 기본비용에 0.6을 곱한 금액

3) 출장비용: 출장자가 소속된 기관의 여비 규정에 따른 금액

4) 자문비용: 특급기술자의 노임단가에 5.2를 곱한 금액과 고급기술자의 노임단가에 20.8을 곱한 금액과 중급기술자의 노임단가에 1.0을 곱한 금액 모두를 합산한 금액

나. 내화구조 및 내화채움구조: 다음의 금액을 합산한 금액

1) 기본비용: 다음의 금액을 합산한 금액

(1) 특급기술자의 노임단가에 9.0을 곱한 금액과 고급기술자의 노임단가에 23.2를 곱한 금액 및 중급기술자의 노임단가에 5.8을 곱한 금액을 모두 합산한 금액

(2) 시험·검사 등에 드는 비용으로서 국토교통부장관이 정하여 고시하는 금액

2) 추가비용: 기본비용에 0.6을 곱한 금액

3) 출장비용: 가목3)에 따른 비용

4) 자문비용: 가목4)에 따른 비용

2. 품질인정 유효기간 연장 신청 수수료

가. 복합자재·방화문 및 자동방화셔터: 다음의 금액을 합산한 금액

1) 기본비용: 다음의 금액을 합산한 금액

(1) 특급기술자의 노임단가에 6.2를 곱한 금액과 고급기술자의 노임단가에 11.3을 곱한 금액 및 중급기술자의 노임단가에 5.8을 곱한 금액을 모두 합산한 금액

(2) 시험·검사 등에 드는 비용으로서 국토교통부장관이 정하여 고시하는 금액

2) 추가비용: 기본비용에 0.6을 곱한 금액

3) 출장비용: 제1호가목3)에 따른 비용

4) 자문비용: 제1호가목4)에 따른 비용

나. 내화구조 및 내화채움구조: 다음의 금액을 합산한 금액

1) 기본비용: 다음의 금액을 합산한 금액

(1) 특급기술자의 노임단가에 7.2를 곱한 금액과 고급기술자의 노임단가에 15.0을 곱한 금액 및 중급기술자의 노임단가에 5.8을 곱한 금액을 모두 합산한 금액

(2) 시험·검사 등에 드는 비용으로서 국토교통부장관이 정하여 고시하는 금액

2) 추가비용: 기본비용에 0.6을 곱한 금액

3) 출장비용: 제1호가목3)에 따른 비용

4) 자문비용: 제1호가목4)에 따른 비용

비고

1. 노임단가는 「통계법」 제27조제1항에 따라 한국엔지니어링진흥협회가 조사·공표하는 임금단가를 8시간으로 나눈 금액을 말한다.
2. 추가비용은 둘 이상의 건축자재등에 대해 품질인정 또는 품질인정 유효기간의 연장을 신청하는 경우의 두 번째 건축자재등부터 산정하여 합산한다.
3. 자문비용은 품질인정 과정에서 외부 전문가의 자문을 받은 경우에만 합산한다.

綠色建築物 造成 支援法

최종개정 : 녹색건축물 조성 지원법 2024. 2.20.
시 행 령 2024.12.17.
시행 규칙 2024.12.23.
녹색건축 인증에 관한 규칙 2024. 7.10.
녹색건축 인증기준 2023. 7. 1.
제로에너지건축물 인증에 관한 규칙 2024.12.23.
제로에너지건축물 인증기준 2024.12.31.
재활용 건축자재의 활용기준 2022. 7.20.
건축물의 에너지절약 설계기준 2024.12.31.

【녹색건축물 조성 지원법】개정이유 및 주요내용 〈법제처 제공〉

■ 2024.2.20. 개정(시행 2025.1.1.)

◇ 개정이유 및 주요내용

건축물 에너지효율등급 인증제를 폐지하여 제로에너지건축물 인증제로 통합하고, 특정 건축물을 건축 또는 리모델링하려는 건축주가 해당 건축물에 대하여 대통령령으로 정하는 제로에너지건축물 인증등급 이상을 받도록 하는 등 현행 제도의 운영상 나타난 일부 미비점을 개선 · 보완함.

■ 2024.1.9. 개정(시행 2024.7.10.)

◇ 개정이유 및 주요내용

녹색건축 인증제 등을 시행하기 위해 지정된 인증기관의 업무정지 및 지정취소의 세부기준과 절차 등에 관하여 필요한 사항은 국토교통부와 환경부 또는 산업통상자원부의 공동부령으로 정하도록 위임 근거를 규정함.

■ 2021.7.27. 개정(시행 2021.7.27.)

◇ 개정이유 및 주요내용

국토교통부장관이 에너지효율이 낮은 공공건축물에 대하여 에너지효율 및 성능개선을 요구하도록 하고, 공공건축물의 사용자 또는 관리자는 특별한 사유가 없으면 이에 따르도록 하여 공공분야에서 적극적으로 에너지 효율화를 추진하는 한편,

녹색건축 인증 등의 인증 취소 사유 발생 시 인증을 반드시 취소하도록 하여 건축물 인증에 대한 관리를 강화하려는 것임.

■ 2020.4.7. 개정(시행 2020.10.8.)

◇ 개정이유 및 주요내용

국가자격증이 대여, 알선 등을 통해 돈벌이 수단으로 악용되는 것을 방지하기 위하여 건축물에너지평가사 자격증을 대여, 알선하는 행위 등을 금지하고, 이를 위반한 경우 제재할 수 있는 근거를 마련하려는 것임.

■ 2019.4.30. 개정(시행 2020.1.1.)

◇ 개정이유 및 주요내용

건축물의 자원절약적, 자연친화적 건축을 유도하기 위한 녹색건축 인증제가 부적절하게 수행되는 것을 방지하기 위하여 국토교통부장관이 녹색건축 인증기관의 인증 업무를 주기적으로 점검하고 관리·감독할 수 있는 근거를 마련하고, 인증업무를 부당하게 수행한 경우에 행정처분을 할 수 있도록 하며, 인증기관의 수수료 징수에 관한 법적 근거를 마련하는 한편,

에너지 자립을 통해 건축물이 기본적으로 필요로 하는 에너지 소요량을 최소화하는 제로에너지건축물의 보급·확산을 통해 국가 전체 에너지 사용량의 20퍼센트 이상을 차지하는 건축물 분야의 에너지 수요를 근원적으로 저감하기 위하여 대통령령으로 정하는 건축물을 건축 또는 리모델링하려는 건축주는 제로에너지건축물 인증을 받아 그 결과를 표시하고, 건축물의 사용승인 신청 시 관련 서류를 첨부하도록 하는 등 현행 제도의 운영상 나타난 일부 미비점을 개선·보완하려는 것임.

■ 2018.8.14. 개정(시행 2018.8.14.)

◇ 개정이유 및 주요내용

현행법에서는 「공인중개사의 업무 및 부동산 거래신고에 관한 법률」에 따른 중개업자가 건축물의 에너지 성능정보를 활용할 수 있도록 규정하고 있으나 「공인중개사의 업무 및 부동산 거래신고에 관한 법률」은 2014년 「공인중개사법」으로 개정되었음에도 이전 제명을 인용하고 있어 법해석에 있어 국민들에게 혼란을 야기할 우려가 있음.

이에 「공인중개사의 업무 및 부동산 거래신고에 관한 법률」을 「공인중개사법」으로 개정하려는 것임.

■ 2018.6.12. 개정(시행 2018.6.12.)

◇ 개정이유 및 주요내용

종전에는 파산선고를 받고 복권되지 아니한 사람은 건축물 에너지평가사가 될 수 없도록 하였으나, 앞으로는 파산선고를 받고 복권되지 아니한 사람도 건축물에너지평가사 자격을 취득할 수 있도록 함으로써 경제적인 이유로 파산선고를 받은 사람이 재기할 수 있는 여건을 마련하고,

피성년후견인 또는 미성년자임을 이유로 건축물에너지평가사 자격이 취소된 경우 취소된 날부터 3년이 지나지 아니한 자는 건축물에너지평가사가 될 수 없도록 하던 것을, 앞으로는 해당 결격사유가 해소된 때에는 바로 건축물에너지평가사 자격을 취득할 수 있도록 하며,

건축물에너지평가사의 업무와 무관한 형사처벌 전력은 결격사유에서 제외하는 등 건축물에너지평가사의 결격사유에 관한 제도를 합리적으로 개선함으로써 국민의 기본권 신장에 기여하려는 것임.

■ 2017.12.26. 개정(시행 2018.1.1.)

◇ 개정이유 및 주요내용

녹색건축물 기본계획의 시행을 위한 사업에 그린리모델링 지원 사업을 추가하여 필요한 경비가 회계연도마다 세출예산에 계상될 수 있는 근거를 마련하고, 시장·군수·구청장도 그린리모델링기금을 설치할 수 있도록 함으로써 그린리모델링 지원사업의 활성화 및 녹색건축물의 조성에 기여하는 한편,

국토교통부장관이 위탁하고 있는 녹색건축물 기본계획 시행을 위한 사업과 공공건축물의 에너지 소비량 공개에 관한 업무는 녹색건축물 조성 촉진을 위한 국가 시책을 이행하는 사업으로 업무수행의 공정성과 책임성을 담보할 필요가 있는 만큼, 이 업무를 위탁받은 민간기관의 임직원에 대하여는 형법 제129조부터 제132조까지를 적용하는 경우 공무원으로 의제하도록 하려는 것임.

■ 2016.1.19. 개정(시행 2017.1.20)

◇ 개정이유

2020년까지 건축부문 온실가스 배출을 26.9퍼센트 감축하여 국가적 온실가스 감축목표를 달성하고, 동시에 우리나라의 에너지 안보강화를 위해서는 에너지이용 효율 및 신·재생에너지의 사용비율이 높은 녹색건축물을 확대할 필요가 있음.

이에 개정안은 제로에너지건축물 정의 신설, 녹색건축물 기본계획 수립·변경절차 명확화, 제로에너지건축물 등 녹색건축물 조성사업 추가, 제로에너지건축물 인증제 도입, 건축물 에너지성능정보 활용 근거 규정 마련, 녹색건축물 조성 시범사업 확대, 공공부문 그린리모델링 활성화를 위한 그린리모델링 창조센터 업무지원 근거 마련 등을 통하여 녹색건축물 조성 활성화를 촉진하고 녹색건축 산업 육성을 위한 기반을 마련하기 위한 것임

◇ 주요내용

가. 현재 제로에너지건축물 정의가 존재하지 않아 법·제도적 지원 및 민간부문 보급 활성화에 한계가 있으므로 제로에너지건축물에 대한 정의 규정 신설을 통하여 제로에너지건축물 보급·활성화 기반을 구축하도록 함(제2조제4호 신설).

나. 현재 대통령령에 규정된 중앙건축위원회 심의 절차를 「녹색건축물 조성 지원법」 제6조에서 일괄 규정하도록 변경하여, 녹색건축물 기본계획 수립·변경 절차를 체계화·명확화하도록 함(제6조).

다. 제로에너지건축물 활성화 사업, 시장기반 녹색건축물 조성사업, 건물에너지관리시스템 확산·보급 사업 등을 녹색건축물 조성사업 대상에 추가하여 녹색건축물 기본계획의 원활한 추진 및 녹색건축물 조성을 활성화하고자 함(제6조의2).

라. 사전확인이 이뤄진 경우 건축허가 등의 신청 시에 제출하는 에너지절약계획서 검토를 면제하여 규제완화를 통한 절차간소화 및 국민 편의증진을 도모하고자 함(제14조).

마. 제로에너지건축물 인증제 신설 및 운용을 위한 인증·취소 절차, 운영·인증기관, 위임근거, 세부사항 등을 규정하여 제로에너지건축물 보급 기반을 마련하고자 함(제17조).

바. 국민 편의를 위하여 에너지소비증명제를 에너지성능정보 공개로 변경하고, 향후 건축물 에너지정보의 체계적 활용을 위한 근거를 마련하도록 함(제18조).

사. 대학교 등 민간교육기관의 참여를 확대하고 다양한 녹색건축 교육프로그램이 개발될 수 있도록 녹색건축물 교육전문기관 지정 관련 규정을 삭제하되, 녹색건축 인력양성 지원을 위하여 녹색건축센터의 업무에 녹색건축물 관련 전문인력 양성 및 교육 업무를 추가하는 한편, 제로에너지건축물 시범사업과 인증업무도 업무 범위에 포함하도록 함(제21조 및 제23조).

아. 녹색건축물 조성 촉진 및 확산을 위하여 녹색건축물 조성 시범사업 대상에 녹색건축물을 신규로 조성하는 사업을 추가하도록 함(제24조).

자. 공공부문의 그린리모델링 참여 활성화를 위하여 국가 및 지방자치단체가 그린리모델링 사업 추진 시 그린리모델링 창조센터가 체계적인 지원을 할 수 있도록 업무 지원근거를 신설함(제29조).

【녹색건축물 조성 지원법 시행령】 개정이유 및 주요내용 〈법제처 제공〉

■ 2024.12.17. 개정(시행 2025.1.1.)

◇ 개정이유 및 주요내용

건축물 에너지효율등급 인증제를 폐지하여 제로에너지건축물 인증제로 통합하고, 특정 건축물을 건축 또는 리모델링하려는 건축주가 해당 건축물에 대하여 대통령령으로 정하는 제로에너지건축물 인증등급 이상을 받도록 하는 등의 내용으로 「녹색건축물 조성 지원법」이 개정(법률 제20337호, 2024.2.20. 공포, 2025.1.1. 시행)됨에 따라, 제로에너지건축물 인증을 받아야 하는 건축물 중 국토교통부와 산업통상자원부의 공동부령으로 정하는 건축물로서 연면적이 1천제곱미터 이상인 건축물에 대해서는 4등급 이상의 제로에너지건축물 인증등급을 받도록 하되, 해당 건축물의 건축 목적이나 시공 여건상의 특수성 등으로 4등급 이상을 받도록 하는 것이 불합리하다고 인정되는 경우에는 국토교통부와 산업통상자원부의 공동부령으로 정하는 바에 따라 제로에너지건축물 인증등급을 완화하여 적용할 수 있도록 하는 등 법률에서 위임된 사항과 그 시행에 필요한 사항을 정하는 한편,

건축물에너지평가사 자격시험 및 관련 업무 수행에 필요한 민감정보 및 고유식별정보의 처리에 관한 근거를 국토교통부령에서 대통령령으로 상향하여 규정하는 등 현행 제도의 운영상 나타난 일부 미비점을 개선·보완하려는 것임.

■ 2023.12.19. 개정(시행 2023.12.19.)

◇ 개정이유 및 주요내용

자원절약형이고 자연친화적인 녹색건축물의 건축을 확대하기 위해 교육감이 관리하는 건축물도 녹색건축의 인증을 받아 그 결과를 표시하도록 하려는 것임

■ 2022.12.27. 개정(시행 2023.1.1.)

◇ 개정이유

녹색건축물 조성 및 확산을 촉진하기 위하여 건축물 에너지 평가서를 공개해야 하는 건축물의 범위와 건축물의 에너지효율등급 인증 또는 제로에너지건축물 인증 결과를 표시해야 하는 건축물의 범위를 확대하는 등 현행 제도의 운영상 나타난 일부 미비점을 개선·보완하려는 것임.

◇ 주요내용

가. 건축물 에너지 평가서 공개 대상 건축물의 범위 확대(제13조제1항)

온실가스 배출량 감축을 촉진하기 위하여 국토교통부장관이 건축물 에너지 평가서를 공개해야 하는 건축물의 범위를 공동주택의 경우는 '전체 세대수 150세대 이상'에서 '전체 세대수 100세대 이상'으로, 업무시설의 경우는 '연면적 3천제곱미터 이상'에서 '연면적 2천제곱미터 이상'으로 각각 확대함.

나. 건축물 에너지효율등급 인증 또는 제로에너지건축물 인증 표시 대상 건축물의 범위 확대(별표 1)

건축물의 효율적인 에너지관리를 도모하기 위하여 건축물 에너지효율등급 인증 또는 제로에너지건축물 인증 결과를 표시해야 하는 건축물에 '「공공주택 특별법」에 따른 공공주택사업자가 소유하거나 관리 주체인 건축물'을 추가하고, 인증 표시 대상 건축물의 연면적 기준을 '1천제곱미터 이상'에서 '5백제곱미터 이상'으로 하향하여 대상 건축물을 확대함.

■ 2022.4.12 개정(시행 2022.4.12)

◇ 개정이유 및 주요내용

「정부출연연구기관 등의 설립·운영 및 육성에 관한 법률」이 개정되어 국토연구원의 부설기관으로서 건축과 도시공간에 관한 연구를 수행하던 건축도시공간연구소가 독립된 건축공간연구원으로 설립된 것에 맞추어, 국토교통부장관이 녹색건축센터 및 그린리모델링 창조센터로 지정할 수 있는 기관의 범위에서 국토연구원을 제외하고 건축공간연구원을 추가하는 한편,

건축물 에너지성능 향상 사업 등을 수행하는 그린리모델링 사업자의 부담을 완화하기 위하여 그린리모델링 사업자가 반드시 '전용 사무공간'을 확보하지 않더라도 '공용 사무공간'을 활용하여 사업을 영위할 수 있도록 사업자 등록기준을 완화하려는 것임.

【녹색건축물 조성 지원법 시행규칙】 제정이유 및 주요내용 〈국토교통부 제공〉

■ 2024.12.23. 개정(시행 2025.1.1.)

◇ 개정이유 및 주요내용

건축물 에너지효율등급 인증제를 폐지하여 제로에너지건축물 인증제로 통합하는 등의 내용으로 「녹색건축물 조성 지원법」이 개정(법률 제20337호, 2024.2.20. 공포, 2025.1.1. 시행)됨에 따라, 건축물 에너지효율등급 인증을 제로에너지건축물 인증으로 용어를 정비하는 한편,

녹색건축센터 지정신청서를 제출받은 국토교통부장관은 행정정보의 공동이용을 통해 사업자등록증명을 확인하도록 하는 등 현행 제도의 운영상 나타난 일부 미비점을 개선·보완하려는 것임.

■ 2022.12.27. 개정(시행 2023.1.1.)

◇ 개정이유 및 주요내용

국토교통부장관이 매년 건축물 에너지·온실가스 정보체계 등을 통하여 공개하는 '건축물 에너지 평가서*'에 적힌 정보를 일반 국민이 보다 쉽게 확인할 수 있도록 하기 위하여 건축물 에너지 평가서 서식 중 에너지사용량과 관련된 도식(圖式)을 공개 대상 건축물의 연간 에너지 사용량과 그 건축물과 면적이 유사한 다른 건축물의 연간 표준에너지 사용량을 대비하여 표시하는 도식으로 대체하는 등 건축물 에너지 평가서를 이해하기 쉽게 정비하려는 것임.

* 건축물(공동주택 및 업무시설)의 연간 에너지 사용량, 온실가스 배출량 또는 에너지효율등급 등이 표시된 자료

■ 2019.12.31. 개정(시행 2020.1.1.)

◇ 개정이유 및 주요내용

일정 건축물을 건축하거나 리모델링하려는 건축주는 해당 건축물에 대해 제로에너지건축물 인증을 받아 그 결과를 표시하도록 하는 등의 내용으로 「녹색건

축물 조성 지원법」이 개정(법률 제16418호, 2019.4.30. 공포, 2020.1.1. 시행)되고, 건축물의 연간 에너지 사용량 및 온실가스 배출량 등이 표시된 건축물 에너지 평가서를 공개해야 하는 공동주택의 범위를 전체 세대수 300세대 이상인 주택단지에서 전체 세대수 150세대 이상인 주택단지 내의 공동주택으로 확대하는 등의 내용으로 같은 법 시행령이 개정(대통령령 제30300호, 2019.12.31. 공포, 2020.1.1. 시행)됨에 따라 건축물 에너지 평가서에 이를 반영하려는 것임.

■ 2019.12.31. 개정(시행 2020.1.1.)

◇ 개정이유 및 주요내용

일정 건축물을 건축 또는 리모델링하려는 건축주는 해당 건축물에 대해 제로에너지건축물 인증을 받아 그 결과를 표시하도록 하는 등의 내용으로 「녹색건축물 조성 지원법」이 개정(법률 제16418호, 2019.4.30. 공포, 2020.1.1. 시행)됨에 따라 제로에너지건축물 인증을 받아야 하는 건축물을 중앙행정기관 및 시·도 교육청 등이 소유하거나 관리하는 연면적 1천제곱미터 이상인 건축물로서 공동주택이 아닌 건축물 등으로 정하는 등 법률에서 위임된 사항과 그 시행에 필요한 사항을 정하는 한편, 건축물의 연간 에너지 사용량 및 온실가스 배출량 등이 표시된 건축물 에너지 평가서를 공개해야 하는 공동주택의 범위를 전체 세대수 300세대 이상인 주택단지에서 전체 세대수 150세대 이상인 주택단지 내의 공동주택으로 확대하려는 것임.

■ 2017.1.20. 개정(시행 2017.1.20.)

◇ 개정이유 및 주요내용

에너지 절약계획서 검토업무의 원활한 운영을 위하여 검토기관 외에 운영기관을 지정할 수 있도록 하고, 건축물 에너지소비증명제를 에너지성능정보 공개제도로 변경하는 등의 내용으로 「녹색건축물 조성 지원법」(법률 제13790호, 2016.1.19. 공포, 2017.1.20. 시행) 및 같은 법 시행령(대통령령 제27739호, 2016.12.30. 공포, 2017.1.20. 시행)이 개정됨에 따라,

에너지 절약계획서 검토업무 운영기관은 녹색건축센터로 지정된 에너지 절약계획서 검토기관 중에서 지정하여 에너지 절약계획서 검토 프로그램의 개발 및 관리 등의 업무를 수행하도록 하고, 건축물 에너지 평가서 등 관련 서식을 개정하는 등 법령에서 위임된 사항과 그 시행에 필요한 사항을 정하는 한편,

에너지 절약계획서 검토 수수료 감면 대상을 에너지효율 3등급 이상 인증 건축물에서 1등급 이상 인증 또는 제로에너지건축물 인증 건축물로 축소하는 등 현행 제도의 운영상 나타난 일부 미비점을 개선·보완하려는 것임.

【녹색건축 인증에 관한 규칙】 개정이유 및 주요내용 〈국토교통부/환경부 제공〉

■ 2024.7.10. 개정(시행 2024.7.10.)

◇ 개정이유 및 주요내용

녹색건축 인증 업무를 수행하기 위해 지정된 인증기관의 지정취소 및 업무정지의 세부기준과 절차에 관한 사항을 국토교통부와 환경부의 공동부령으로 정하도록 하는 내용으로 「녹색건축물 조성 지원법」이 개정(법률 제19971호, 2024. 1. 9. 공포, 7. 10. 시행)됨에 따라, 인증기관의 지정취소 및 업무정지의 세부기준과 절차를 정하는 한편,

인증기관 지정취소의 실효성을 확보하기 위해 녹색건축 인증기관의 지정이 취소된 날부터 1년이 지난 경우에만 인증기관의 지정 신청을 할 수 있도록 하고, 녹색건축 인증에 대한 부담을 완화하기 위해 녹색건축 인증의 유효기간을 5년에서 10년으로 늘리는 등 현행 제도의 운영상 나타난 일부 미비점을 개선·보완하려는 것임.

■ 2021.3.24. 개정(시행 2021.4.1.)

◇ 개정이유 및 주요내용

녹색건축 인증제도를 활성화하기 위하여 녹색건축 인증 유효기간의 만료일 180일 전부터 만료일까지 유효기간의 연장을 신청할 수 있도록 하고, 인증기관은 예비인증을 평가할 때 인증심의위원회의 심의를 생략할 수 있도록 하는 등 현행 제도의 운영상 나타난 일부 미비점을 개선·보완하려는 것임.

■ 2016.6.13. 개정(시행 2016.9.1.)

◇ 개정이유

녹색건축 인증 심사 신규 인력을 양성하기 위하여 심사전문인력의 자격요건을 완화하고, 녹색건축 인증 신청인의 편의를 위하여 녹색건축 인증 신청 절차를 개선하는 등 현행 제도의 운영상 나타난 일부 미비점을 개선·보완하려는 것임.

◇ 주요내용

가. 인증 대상 건축물에서 국방·군사시설 제외(안 제2조 단서 신설)

군부대주둔지 내 국방·군사시설은 입지 특성 및 보안 관련상 녹색건축 인증 심사기준에 맞추어 인증을 하는 것이 불가능하므로 녹색건축 인증 대상 건축물에서 제외하도록 함.

나. 인증심의위원회 후보단 구성 및 관리(안 제3조제5항 신설 및 안 제7조제4항)

종전에는 녹색건축 인증기관의 장이 직접 분야별 전문가를 인증심의위원회 위원으로 구성하던 것을, 운영기관의 장이 인증심의위원회 후보단을 구성·관리하고, 해당 후보단 중에서 인증기관의 장이 분야별 전문가로 인증심의위원회를 구성하도록 함.

다. 녹색건축 인증 심사전문인력의 자격요건 완화(안 제4조제4항)

건축사 자격이나 해당 전문분야의 기술사 자격을 취득한 경우에는 취득 후 3년 이상 해당 업무를 수행하여야 하나 업무 경력이 없더라도 심사전문인력이 될 수 있도록 하고, 해당 전문분야의 기사 자격을 취득한 후의 필요 근무 경력을 10년에서 7년으로 하는 등 심사전문인력 자격요건을 완화하도록 함.

라. 녹색건축 인증 신청 시기 제한 삭제(안 제6조제1항 및 제11조제1항)

사용승인 또는 사용검사를 받은 후에 녹색건축 인증을 신청할 수 있던 것을 사용승인 또는 사용검사를 받기 전이라도 신청할 수 있도록 하고, 건축허가, 건축신고 또는 사업계획승인 전이라도 설계도서를 대상으로 예비인증을 신청할 수 있도록 함.

마. 인증심의위원회 심의 생략 대상 변경(안 제7조제2항 각 호 신설)

종전에는 단독주택 및 20세대 미만인 공동주택의 경우 인증심의위원회의 심의를 생략할 수 있도록 하던 것을, 30세대 미만인 단독주택 및 그린리모델링을 위한 인증인 경우 인증심의위원회의 심의를 생략할 수 있도록 함.

【제로에너지건축물 인증에 관한 규칙】 개정이유 및 주요내용 〈국토교통부/산업통산자원부 제공〉

■ 2024.12.23. 개정(시행 2025.1.1.)

◇ 개정이유 및 주요내용

건축물 에너지효율등급 인증제를 폐지하여 제로에너지건축물 인증제로 통합하고, 특정 건축물을 건축 또는 리모델링하려는 건축주가 해당 건축물에 대하여 대통령령으로 정하는 제로에너지건축물 인증등급 이상을 받도록 하는 등의 내용으로 「녹색건축물 조성 지원법」이 개정(법률 제20337호, 2024.2.20. 공포, 2025.1.1. 시행)되고, 4등급 이상의 제로에너지건축물 인증등급을 받아야 하는 건축물의 범위 등을 정하도록 하는 내용으로 같은 법 시행령이 개정(대통령령 제35081호, 2024.12.17. 공포, 2025.1.1. 시행)됨에 따라,

건축물 에너지효율등급 인증 및 제로에너지건축물 인증 신청 절차 등 관련 내용을 정비하고, 제로에너지건축물 인증등급 4등급 이상을 받아야 하는 건축물의 범위를 「건축법 시행령」 별표 1 제5호부터 제16호까지, 제23호, 제24호 및 제26호부터 제28호까지에 해당하는 건축물로 정하며, 지하에 건축되는 건축물 등 해당 건축물의 건축 목적이나 시공 여건상의 특수성 등으로 4등급 이상을 받도록 하는 것이 불합리하다고 인정되는 건축물의 경우에는 건축허가 등을 신청하기 전에 제로에너지건축물 인증제 운영기관의 장에게 제로에너지건축물 인증등급의 완화 적용을 신청할 수 있도록 하는 등 법률 및 대통령령에서 위임된 사항과 그 시행에 필요한 사항을 정하는 한편,

제로에너지건축물 인증운영위원회의 효율적인 심의를 위해 해당 위원회에 기술위원회를 둘 수 있도록 하는 등 현행 제도의 운영상 나타난 일부 미비점을 개선·보완하려는 것임.

■ 2024.7.10. 개정(시행 2024.7.10.)

◇ 개정이유 및 주요내용

건축물 에너지효율등급 인증 및 제로에너지건축물 인증 업무를 수행하기 위해 지정된 인증기관의 지정취소 및 업무정지의 세부기준과 절차에 관한 사항을 국토교통부와 산업통상자원부의 공동부령으로 정하도록 하는 내용으로 「녹색건축물 조성 지원법」이 개정(법률 제19971호, 2024. 1. 9. 공포, 7. 10. 시행)됨에 따라, 인증기관의 지정취소 및 업무정지의 세부기준과 절차를 정하는 한편, 인증기관 지정취소의 실효성을 확보하기 위해 건축물 에너지효율등급 인증기관의 지정이 취소된 날부터 1년이 지난 경우에만 인증기관의 지정 신청을 할 수 있도록 하는 등 현행 제도의 운영상 나타난 일부 미비점을 개선·보완하려는 것임.

■ **2023.11.21 개정(시행 2023.11.21.)**

◇ **개정이유 및 주요내용**

과도한 학력 기준으로 인한 고용 기회 불평등을 해소하고 청년 등의 경제활동 참여 기회를 확대하기 위해 건축물 에너지효율등급 인증기관이 보유해야 하는 상근 인증업무인력의 자격 요건 중 실무경력 기간을 '10년' 에서 '5년' 등으로 완화하고, 해당 전문분야에서 10년 이상 해당 업무를 수행한 사람은 별도의 학력 제한 없이 상근 인증업무인력이 될 수 있도록 하는 등 법령상 인력 요건 중 학력 기준을 다양화 · 유연화하려는 것임.

■ **2021.8.23. 개정(시행 2022.3.1.)**

◇ **개정이유 및 주요내용**

에너지성능이 높은 건축물의 보급 촉진과 건축물 에너지효율등급 및 제로에너지건축물 인증제도의 효율적인 운영을 위해 각 인증제도에 따른 인증 대상을 냉방 또는 난방 면적이 500제곱미터 미만인 건축물까지 확대하고, 종전에는 녹색건축센터로 지정된 기관 중에서 제로에너지건축물 인증기관을 지정하던 것을 앞으로는 해당 인증과 관련이 높은 업무를 수행하는 건축물 에너지효율등급 인증기관 중에서 지정하도록 하는 등 현행 제도의 운영상 나타난 일부 미비점을 개선 · 보완하려는 것임.

■ **2019.5.13. 개정(시행 2019.5.13.)**

◇ **개정이유 및 주요내용**

제로에너지건축물 인증평가를 할 때 건축물 대지 외에 설치한 신에너지 및 재생에너지 설비에서 생산한 에너지도 인정할 수 있도록 하여 제로에너지건축물 에너지자립률을 경제적으로 확보할 수 있도록 하는 등 현행 제도의 운영상 나타난 일부 미비점을 개선· 보완하려는 것임.

■ **2017.1.20. 개정(시행 2017.1.20.)**

◇ **개정이유**

제로에너지건축물 인증제를 도입하는 등의 내용으로 「녹색건축물 조성 지원법」(법률 제13790호, 2016.1.19. 공포, 2017.1.20. 시행) 및 같은 법 시행령(대통령령 제27739호, 2016.12.30. 공포, 2017.1.20. 시행)이 개정됨에 따라 제로에너지건축물 인증 대상 건축물의 종류, 인증기준, 인증기관 및 운영기관의 지정, 인증절차 등 법령에서 위임된 사항과 그 시행에 필요한 사항을 정하려는 것임.

◇ **주요내용**

가. 제로에너지건축물 인증 대상 건축물(안 제2조)

제로에너지건축물 인증이 건축물 에너지효율등급 인증을 기반으로 한다는 점을 고려하여 그 적용대상을 건축물 에너지효율등급 인증 대상 건축물과 동일하게 정함.

나. 제로에너지건축물 인증제 운영기관 및 인증기관의 지정절차(안 제3조 및 제4조)

1) 제로에너지건축물 인증제 운영기관 및 인증기관은 녹색건축센터로 지정된 기관 중에서 지정하도록 함.

2) 제로에너지건축물 인증기관은 인증업무를 수행할 전담조직 및 업무수행체계, 3명 이상의 상근 인증업무인력, 인증업무 처리규정을 갖추어 두도록 함.

다. 건축물 에너지효율등급 인증 및 제로에너지건축물 인증 신청(안 제6조)

1) 제로에너지건축물 인증은 건축물 에너지효율등급 1++ 이상 건축물을 대상으로 시행하도록 함.

2) 제로에너지건축물 인증은 건축물 에너지효율등급 인증신청과 동시에 하거나 별개로 신청할 수 있도록 하고, 인증은 30일 이내에 처리하도록 함.

3) 건축물 에너지효율등급 인증 또는 제로에너지건축물 인증 신청시 첨부하는 서류에는 원칙적으로 설계자 및 관계전문기술자가 날인하도록 하되, 관계전문기술자의 협력 의무대상이 아닌 건축물인 경우 등의 예외적인 경우에는 감리자 또는 건축주의 날인으로 대체할 수 있도록 함.

라. 제로에너지건축물 인증기준 및 인증등급(안 제8조)

1) 제로에너지건축물 인증은 건축물 에너지효율등급 성능수준, 에너지자립도, 건축에너지관리시스템 또는 전자식 원격검침 계량기 설치 여부를 기준으로 평가하도록 함.

2) 제로에너지건축물 인증은 1등급부터 5등급까지 5개 등급으로 구분함.

마. 제로에너지건축물 인증 유효기간(안 제9조제3항)

제로에너지건축물 인증이 1++등급 이상의 건축물 에너지효율등급 인증을 기반으로 한다는 점을 고려하여 인증 유효기간을 1++등급 이상 건축물 에너지효율등급 인증의 유효기간 만료일까지로 함.

사. 제로에너지건축물 인증운영위원회(안 제14조)

제로에너지건축물 인증제를 효율적으로 운영하기 위하여 인증 평가기준의 제정·개정 및 제로에너지건축물 인증제 운영과 관련된 중요사항을 심의하는 제로에너지건축물 인증운영위원회를 둘 수 있도록 함.

법

제1장 총칙

제1조【목적】 이 법은 「기후위기 대응을 위한 탄소중립·녹색성장 기본법」에 따른 녹색건축물의 조성에 필요한 사항을 정하고, 건축물 온실가스 배출량 감축과 녹색건축물의 확대를 통하여 녹색성장 실현 및 국민의 복리 향상에 기여함을 목적으로 한다. 〈개정 2021.9.24.〉

제2조【정의】 이 법에서 사용하는 용어의 뜻은 다음과 같다. 〈개정 2016.1.19., 2021.9.24., 2024.2.20.〉

1. "녹색건축물"이란 「기후위기 대응을 위한 탄소중립·녹색성장 기본법」 제31조에 따른 건축물과 환경에 미치는 영향을 최소화하고 동시에 쾌적하고 건강한 거주환경을 제공하는 건축물을 말한다.
2. "녹색건축물 조성"이란 녹색건축물을 건축하거나 녹색건축물의 성능을 유지하기 위한 건축활동 또는 기존 건축물을 녹색건축물로 전환하기 위한 활동을 말한다.
3. "건축물에너지평가사"란 제로에너지건축물 인증평가 등 건축물의 건축·기계·전기·신재생 분야의 효율적인 에너지 관리를 위한 업무를 하는 사람으로서 제31조에 따라 자격을 취득한 사람을 말한다.
4. "제로에너지건축물"이란 건축물에 필요한 에너지 부하를 최소화하고 신에너지 및 재생에너지를 활용하여 에너지 소요량을 최소화하는 녹색건축물을 말한다.

제3조【기본원칙】 녹색건축물 조성은 다음 각 호의 기본원칙에 따라 추진되어야 한다.

1. 온실가스 배출량 감축을 통한 녹색건축물 조성

시 행 령

제1장 총칙

제1조【목적】 이 영은 「녹색건축물 조성 지원법」에서 위임된 사항과 그 시행에 필요한 사항을 규정함을 목적으로 한다.

관계법 「기후위기 대응을 위한 탄소중립·녹색성장 기본법」

제1조(목적)

이 법은 기후위기의 심각한 영향을 예방하기 위하여 온실가스 감축 및 기후위기 적응대책을 강화하고 탄소중립 사회로의 이행 과정에서 발생할 수 있는 경제적·환경적·사회적 불평등을 해소하며 녹색기술과 녹색산업의 육성·촉진·활성화를 통하여 경제와 환경의 조화로운 발전을 도모함으로써, 현재 세대와 미래 세대의 삶의 질을 높이고 생태계와 기후체계를 보호하며 국제사회의 지속가능발전에 이바지하는 것을 목적으로 한다.

제31조(녹색건축물의 확대)

① 정부는 에너지이용 효율과 신·재생에너지의 사용비율이 높고 온실가스 배출을 최소화하는 건축물(이하 "녹색건축물" 이라 한다)을 확대하기 위한 정책을 수립·시행하여야 한다.

② 정부는 건축물에 사용되는 에너지 소비량과 온실가스 배출량을 줄이기 위하여 대통령령으로 정하는 기준 이상의 건물에 대하여 중장기 및 기간별 목표를 설정·관리하여야 한다.

③ 정부는 건축물의 설계·건설·유지관리·해체 등의 전 과정에서 에너지·자원 소비를 최소화하고 온실가스 배출을 줄이기 위하여 설계기준 및 허가·심의를 강화하는 등 설계·건설·유지관리·해체 등의 단계별 대책 및 기준을 마련하여 시행하여야 한다.

④ 정부는 기존 건축물이 녹색건축물로 전환되도록 에너지 진단 및 「에너지이용 합리화법」 제25조에 따른 에너지절약사업과 「녹색건축물 조성 지원법」 제27조에 따른 그린리모델링 사업을 통하여 온실

시 행 규 칙

제1장 총칙

제1조【목적】 이 규칙은 「녹색건축물 조성 지원법」 제17조제4항 및 같은 법 시행령 제12조제1항에서 위임된 건축물 에너지효율등급 인증 대상 건축물의 종류, 인증기준 및 인증절차, 인증유효기간, 수수료, 인증기관 및 운영기관의 지정 기준, 지정 절차 및 업무범위 등에 관한 사항과 그 시행에 필요한 사항을 규정함을 목적으로 한다.

법	시 행 령	시 행 규 칙
2. 환경 친화적이고 지속가능한 녹색건축물 조성 3. 신·재생에너지 활용 및 자원 절약적인 녹색건축물 조성 4. 기존 건축물에 대한 에너지효율화 추진 5. 녹색건축물의 조성에 대한 계층 간, 지역 간 균형성 확보 **제4조【국가 등의 책무】** ① 국가 및 지방자치단체는 녹색건축물 조성 촉진을 위한 시책을 수립하고, 그 추진에 필요한 행정적·재정적 지원방안을 마련하여야 한다. ② 국가 및 지방자치단체는 녹색건축물 조성이 공정한 기준과 절차에 따라 수행될 수 있도록 노력하여야 한다. **제5조【다른 법률과의 관계】** ① 녹색건축물 조성에 관하여 다른 법률에 특별한 규정이 있는 경우를 제외하고는 이 법에 따른다. ② 녹색건축물과 관련되는 법률을 제정하거나 개정하는 경우에는 이 법의 목적과 기본원칙에 맞도록 하여야 한다.	가스 배출을 줄이는 사업을 지속적으로 추진하여야 한다. ⑤ 정부는 신축되거나 개축되는 건축물에 대해서는 전력소비량 등 에너지의 소비량을 조절·절약할 수 있는 지능형 계량기를 부착·관리하도록 할 수 있다. ⑥ 정부는 중앙행정기관, 지방자치단체, 대통령령으로 정하는 공공기관 및 교육기관 등의 건축물을 녹색건축물로 전환하기 위한 이행계획을 수립하고, 제1항부터 제5항까지의 규정에 따른 시책을 적용하여 그 이행사항을 점검·관리하여야 한다. ⑦ 정부는 대통령령으로 정하는 바에 따라 일정 규모 이상의 신도시 개발 또는 도시 재개발을 하는 경우에는 녹색건축물을 적극 보급하여야 한다. ⑧ 정부는 녹색건축물의 확대를 위하여 필요한 경우에는 대통령령으로 정하는 바에 따라 재정적 지원을 할 수 있다.	

제2장 녹색건축물 기본계획 등

법	시 행 령	시 행 규 칙
제6조【녹색건축물 기본계획의 수립】 ① 국토교통부장관은 녹색건축물 조성을 촉진하기 위하여 다음 각 호의 사항이 포함된 녹색건축물 기본계획(이하 "기본계획"이라 한다)을 5년마다 수립하여야 한다. 〈개정 2013.3.23〉 1. 녹색건축물의 현황 및 전망에 관한 사항 2. 녹색건축물의 온실가스 감축, 에너지 절약 등의 달성목	**제2조【녹색건축물 기본계획의 수립】** 「녹색건축물 조성 지원법」(이하 "법"이라 한다) 제6조제1항제9호에서 "그 밖에 녹색건축물 조성의 촉진을 위하여 필요한 사항"이란 다음 각 호의 사항을 말한다. 1. 에너지 이용 효율이 높고 온실가스 배출을 최소화 할 수 있는 건축설비 효율화 계획에 관한 사항	**제1조의2【녹색건축물 기본계획 수립에 필요한 기초자료 제출 기관】** 「녹색건축물 조성 지원법」(이하 "법"이라 한다) 제6조제2항에서 "국토교통부령으로 정하는 에너지 관련 전문기관"이란 다음 각 호의 기관을 말한다.

법

표 설정 및 추진 방향
3. 녹색건축물 정보체계의 구축 · 운영에 관한 사항
4. 녹색건축물 관련 연구 · 개발에 관한 사항
5. 녹색건축물 전문인력의 육성 · 지원 및 관리에 관한 사항
6. 녹색건축물 조성사업의 지원에 관한 사항
7. 녹색건축물 조성 시범사업에 관한 사항
8. 녹색건축물 조성을 위한 건축자재 및 시공 관련 정책방향에 관한 사항
9. 그 밖에 녹색건축물 조성의 촉진을 위하여 필요한 사항

② 국토교통부장관은 기본계획의 수립에 필요한 기초자료를 수집하기 위하여 관계 중앙행정기관의 장, 지방자치단체의 장, 공공기관(「공공기관의 운영에 관한 법률」 제4조에 따른 공공기관을 말한다. 이하 같다) 및 국토교통부령으로 정하는 에너지 관련 전문기관의 장에게 관련 자료의 제출을 요청할 수 있으며, 자료 제출을 요청받은 기관의 장은 특별한 사유가 없으면 이에 따라야 한다. 〈개정 2014.5.28.〉

③ 국토교통부장관은 기본계획을 수립하려면 기본계획안을 작성하여 관계 중앙행정기관의 장 및 특별시장 · 광역시장 · 특별자치시장 · 도지사 또는 특별자치도지사(이하 "시 · 도지사"라 한다)와 협의한 후 「기후위기 대응을 위한 탄소중립 · 녹색성장 기본법」 제15조제1항에 따른 2050 탄소중립녹색성장위원회의 의견을 들어야 한다. 〈개정 2021.9.24.〉

④ 국토교통부장관은 기본계획을 수립하거나 변경(제5항에 해당하는 경우는 제외한다)하는 경우 「건축법」 제4조에 따른 건축위원회의 심의를 거쳐야 한다. 〈신설 2016.1.19.〉

시 행 령

2. 녹색건축물의 설계 · 시공 · 유지 · 관리 · 해체 등의 단계별 에너지 절감 및 비용 절감 대책에 관한 사항
3. 녹색건축물 설계 · 시공 · 감리 · 유지 · 관리업체 육성 정책에 관한 사항

제3조【녹색건축물 기본계획의 고시】 국토교통부장관은 법 제6조제1항에 따라 녹색건축물 기본계획(이하 "기본계획"이라 한다)을 수립한 경우에는 기본계획의 목적 및 주요 내용을 관보에 고시하여야 하며, 기본계획을 변경한 경우에는 그 변경사유 및 주요 변경내용을 관보에 고시하여야 한다.
[전문개정 2016.12.30.]

시 행 규 칙

〈개정 2024.12.23.〉
1. 법 제16조제2항에 따라 지정된 녹색건축 인증 운영기관 및 인증기관
2. 법 제17조제2항에 따라 지정된 제로에너지건축물 인증 운영기관 및 인증기관
3. 그 밖에 국토교통부장관이 녹색건축물 기본계획 수립을 위한 기초자료 수집에 필요하다고 인정하는 기관 또는 단체

[본조신설 2015.5.29.]

관계법 「기후위기 대응을 위한 탄소중립 · 녹색성장 기본법」 제15조(2050 탄소중립녹색성장위원회의 설치)
① 정부의 탄소중립 사회로의 이행과 녹색성장의 추진을 위한 주요 정책 및 계획과 그 시행에 관한 사항을 심의 · 의결하기 위하여 대통령 소속으로 2050 탄소중립녹색성장위원회를 둔다.

법	시 행 령	시 행 규 칙
⑤ 기본계획 중 대통령령으로 정하는 경미한 사항을 변경하고자 하는 경우에는 제3항 및 제4항에 따른 절차를 생략할 수 있다. 〈개정 2016.1.19.〉 ⑥ 국토교통부장관은 제1항에 따라 기본계획을 수립한 경우 고시하고, 관계 중앙행정기관의 장 및 시·도지사에게 통보하여야 한다. 이 경우 시·도지사는 기본계획을 관할 시장(「제주특별자치도 설치 및 국제자유도시 조성을 위한 특별법」 제11조제2항에 따른 행정시장을 포함한다. 이하 같다)·군수·구청장(자치구의 구청장을 말한다. 이하 같다)에게 알려 일반인이 열람할 수 있게 하여야 한다. 〈개정 2015.7.24., 2016.1.19.〉 ⑦ 제1항부터 제4항까지의 기본계획의 수립과 제6항의 고시 등에 필요한 사항은 대통령령으로 정한다. 〈개정 2016.1.19.〉	**제4조【경미한 사항의 변경】** ① 법 제6조제5항에서 "대통령령으로 정하는 경미한 사항을 변경하고자 하는 경우"란 다음 각 호의 어느 하나에 해당하는 경우를 말한다. 〈개정 2015.5.28., 2016.12.30.〉 1. 기본계획 중 녹색건축물의 온실가스 감축 및 에너지 절약 목표량(이하 "목표량"이라 한다)을 100분의 3 이내에서 상향하여 정하는 경우 2. 기본계획에 따른 사업 추진에 드는 비용(이하 이 조에서 "사업비"라 한다)을 100분의 10 이내에서 증감시키는 경우 3. 목표량 설정과 사업비 산정에서 착오 또는 누락된 부분을 정정하는 경우	② 위원회는 위원장 2명을 포함한 50명 이상 100명 이내의 위원으로 구성한다. ③ 위원장은 국무총리와 제4항제2호의 위원 중에서 대통령이 지명하는 사람이 된다. ④ 위원회의 위원은 다음 각 호에 해당하는 사람으로 한다. 1. 기획재정부장관, 과학기술정보통신부장관, 산업통상자원부장관, 환경부장관, 국토교통부장관, 국무조정실장 및 그 밖에 대통령령으로 정하는 공무원 2. 기후과학, 온실가스 감축, 기후위기 예방 및 적응, 에너지·자원, 녹색기술·녹색산업, 정의로운 전환 등의 분야에 관한 학식과 경험이 풍부한 사람 중에서 대통령이 위촉하는 사람 ⑤ ~ ⑨ 생략
제6조의2【녹색건축물 조성사업 등】 ① 정부는 기본계획을 시행하기 위하여 다음 각 호의 사업에 필요한 비용을 회계연도마다 세출예산에 계상(計上)하기 위하여 노력하여야 한다. 〈개정 2016.1.19., 2017.12.26., 2024.2.20.〉 1. 녹색건축물 관련 정보, 기술수요 조사 및 통계 작성 2. 녹색건축의 인증·제로에너지건축물 인증 및 사후관리 3. 녹색건축물 분야 전문인력의 양성 4. 녹색건축물 분야 특성화대학 및 핵심기술연구센터 육성 5. 녹색건축물 조성기술의 연구·개발 및 기술평가 6. 녹색건축물 분야 기술지도 및 교육·홍보 7. 녹색건축물 조성에 필요한 건축자재(이하 "녹색건축자재" 라 한다) 및 설비의 성능평가·인증 및 사후관리 8. 녹색건축자재 및 설비 생산·시공 전문기업에 대한 지	**제4조의2【녹색건축물 조성사업의 범위】** 법 제6조의2제1항제18호에서 "대통령령으로 정하는 사업"이란 다음 각 호의 사업을 말한다. 〈개정 2016.12.30., 2022.4.12〉 1. 삭제 〈2016.12.30.〉 2. 법 제12조에 따른 건축물 에너지 소비 총량 제한에 관한 사업 2의2. 법 제13조에 따라 기존 건축물을 녹색건축물로 전환하는 사업 3. 법 제14조의2제2항에 따른 지능형 계량기의 활성화 및 확산·보급 사업 3의2. 법 제29조제3항에 따른 그린리모델링 사업 4. 「온실가스 배출권의 할당 및 거래에 관한 법률」에 따른 온실가스 배출권 거래에 관한 사업(건축물에 관한 사업	

법	시 행 령	시 행 규 칙

원
9. 녹색건축자재 및 설비의 공용화 지원
11. 녹색건축물 조성 시범사업의 실시
12. 제로에너지건축물 활성화 및 확산 · 보급 사업
13. 온실가스 배출 감축사업 등 시장을 활용한 녹색건축물 조성사업
14. 건축물에너지관리시스템 활성화 및 확산 · 보급 사업
15. 녹색건축물 관련 국제협력
16. 녹색건축물 기술의 국제표준화 지원
17. 제27조에 따른 그린리모델링에 대한 지원
18. 그 밖에 녹색건축물의 조성을 위하여 필요한 사업으로서 대통령령으로 정하는 사업

② 제1항제14호의 "건축물에너지관리시스템"이란 건축물의 쾌적한 실내환경 유지와 효율적인 에너지 관리를 위하여 에너지 사용내역을 모니터링하여 최적화된 건축물에너지 관리방안을 제공하는 계측 · 제어 · 관리 · 운영 등이 통합된 시스템을 말한다. 〈신설 2016.1.19.〉
[본조신설 2014.5.28.]

제7조【지역녹색건축물 조성계획의 수립 등】 ① 시 · 도지사는 기본계획에 따라 다음 각 호의 사항이 포함된 특별시 · 광역시 · 특별자치시 · 도 또는 특별자치도(이하 "시 · 도"라 한다)의 녹색건축물 조성에 관한 계획(이하 "조성계획"이라 한다)을 5년마다 수립 · 시행하여야 한다. 〈개정 2014.5.28.〉
1. 지역녹색건축물의 현황 및 전망에 관한 사항
2. 녹색건축물 조성의 기본방향과 달성목표에 관한 사항
3. 녹색건축물의 조성 및 지원에 관한 사항
4. 녹색건축물 조성계획의 추진에 필요한 재원의 조달방안

으로 한정한다)
[본조신설 2015.5.28.]

제5조【지역녹색건축물 조성계획의 수립 절차 등】 ① 특별시장 · 광역시장 · 특별자치시장 · 도지사 또는 특별자치도지사(이하 "시 · 도지사"라 한다)는 법 제7조제1항에 따라 특별시 · 광역시 · 특별자치시 · 도 또는 특별자치도(이하 "시 · 도"라 한다)의 녹색건축물 조성에 관한 계획(이하 "조성계획"이라 한다)을 작성하거나 변경하는 경우 미리 국토교통부장관 및 시장[「제주특별자치도 설치 및 국제자유도시 조성을 위한 특별법」 제11조제2항에 따른 행정시장(이하 "행정시장" 이라 한다)을 포함한다. 이하 같다] · 군

제2조【경미한 사항의 변경】 「녹색건축물 조성 지원법 시행령」(이하 "영"이라 한다) 제5조제1항 단서에서 "국토교통부령으로 정하는 경미한 사항을 변경하려는 경우"란 다음 각 호의 어느 하나에 해당하는 경우를 말한다. 〈개정 2015.5.29.〉
1. 지역녹색건축물 조성계획(이하 "조성계획"이라 한다) 중 녹색건축물의

법	시 행 령	시 행 규 칙
및 조성된 사업비의 집행·관리·운용 등에 관한 사항 5. 녹색건축물 조성을 위한 건축자재 및 시공에 관한 사항 6. 그 밖에 녹색건축물 조성을 지원하기 위하여 시·도의 조례로 정하는 사항 ② 시·도지사는 조성계획을 수립하려면 「기후위기 대응을 위한 탄소중립·녹색성장 기본법」 제22조제1항에 따른 2050 지방탄소중립녹색성장위원회 또는 「건축법」 제4조에 따른 지방건축위원회의 심의를 거쳐야 한다. 〈개정 2021.9.24.〉 ③ 시·도지사는 조성계획을 수립한 때에는 그 내용을 국토교통부장관에게 보고하여야 하며, 관할 지역의 시장·군수·구청장에게 알려 일반인이 열람할 수 있게 하여야 한다. 〈개정 2013.3.23.〉 ④ 시·도지사는 조성계획을 시행하는 데에 필요한 사업비를 회계연도마다 세출예산에 계상하기 위하여 노력하여야 한다. 〈신설 2014.5.28.〉 ⑤ 그 밖에 조성계획의 수립·시행 및 변경 등에 관하여 필요한 사항은 대통령령으로 정한다. 〈개정 2014.5.28.〉 **제8조【다른 계획 등과의 관계】** ① 국가 및 지방자치단체는 관계 법령에 따라 녹색건축물과 관련된 계획을 수립하거나 허가 등을 하는 경우에는 기본계획 및 조성계획의 내용을 고려하여야 한다. ② 기본계획 및 조성계획은 「건축기본법」에 따른 건축정책기본계획 및 지역건축기본계획과 조화를 이루어야 한다. **제9조【실태조사】** ① 국토교통부장관은 녹색건축물 조성에 필요한 기초자료를 확보하기 위하여 녹색건축물 조성에	수·구청장(자치구의 구청장을 말한다. 이하 같다)과 협의하여야 한다. 다만, 조성계획 중 국토교통부령으로 정하는 경미한 사항을 변경하려는 경우에는 협의를 생략할 수 있다. 〈개정 2016.12.30.〉 ② 시·도지사는 조성계획이 확정되면 이를 해당 시·도의 공보에 게재하여야 하고, 특별시장·광역시장·도지사 또는 특별자치도지사는 이를 관할구역의 시장·군수·구청장에게 통보하여야 한다. ③ 특별자치시장 및 제2항에 따라 통보를 받은 시장·군수·구청장은 조성계획을 30일 이상 일반인이 열람할 수 있게 하여야 한다. ④ 시·도지사는 조성계획의 타당성을 매년 검토하여 그 결과를 조성계획에 반영할 수 있다. **관계법** 「건축기본법」 제10조(건축정책기본계획의 수립) ① 국토교통부장관은 건축정책에 관한 기본계획(이하 "건축정책기본계획"이라 한다)을 5년마다 수립·시행하여야 한다. 〈개정 2013.3.23〉 ② 국토교통부장관은 건축정책기본계획을 수립하거나 변경하고자 하는 때에는 관계 중앙행정기관의 장과 협의하고 공청회 등을 거쳐 의견	온실가스 감축 및 에너지 절약 목표량(이하 "목표량"이라 한다)을 100분의 3 이내에서 상향하여 정하는 경우 2. 조성계획에 따른 사업비를 100분의 10 이내에서 증감시키는 경우 3. 목표량 설정과 사업비 산정에서 착오 또는 누락된 부분을 정정하는 경우 **제3조【실태조사의 주기·방법 및 대상 등】** ① 법 제9조제1항에 따른 녹

법

관한 실태조사를 실시할 수 있다. 다만, 관계 중앙행정기관의 장의 요구가 있는 경우에는 합동으로 실태를 조사하여야 한다. 〈개정 2013.3.23.〉

② 국토교통부장관은 녹색건축물 조성과 관련된 단체 및 기관의 장에게 제1항에 따른 실태조사에 필요한 자료의 제출을 요구할 수 있으며, 자료제출을 요구받은 단체 및 기관의 장은 특별한 사유가 없으면 이에 따라야 한다. 〈개정 2020.6.9.〉

③ 제1항에 따른 실태조사의 주기 · 방법 및 대상 등에 관하여 필요한 사항은 국토교통부령으로 정한다. 〈개정 2013.3.23.〉

시 행 령

을 수렴한 후 제13조에 따른 국가건축정책위원회의 심의를 거쳐 대통령에게 보고 후 이를 확정한다. 〈개정 2013.3.23〉

③ 이후 생략

제12조(지역건축기본계획의 수립 등)

① 시 · 도지사는 지역의 현황 및 사회 · 경제 · 문화적 실정에 부합하는 건축정책을 위하여 건축정책기본계획에 따라 특별시 · 광역시 · 도 또는 특별자치도(이하 "시 · 도"라 한다)의 건축정책에 관한 기본계획(이하 "광역건축기본계획"이라 한다)을 5년마다 수립 · 시행하여야 하며, 시장 · 군수 · 구청장(자치구의 구청장을 말한다. 이하 같다)은 필요한 경우 건축정책기본계획 및 광역건축기본계획에 따라 시 · 군 · 구(자치구의 구를 말한다. 이하 같다)의 건축정책에 관한 기본계획(이하 "기초건축기본계획"이라 한다)을 5년마다 수립 · 시행할 수 있다.

② 광역건축기본계획 및 기초건축기본계획(이하 "지역건축기본계획"이라 한다)을 수립하거나 변경하는 경우 시 · 도지사 및 시장 · 군수 · 구청장은 공청회 등을 거쳐 의견을 수렴하고 해당 지방의회의 의견을 청취한 후 제18조에 따른 시 · 도건축정책위원회 또는 시 · 군 · 구건축정책위원회의 심의를 거쳐 이를 확정한다.

③ 이후 생략

시 행 규 칙

색건축물 조성에 관한 실태조사(이하 "실태조사"라 한다) 사항은 다음과 같다. 〈개정 2015.5.29.〉

1. 지역별 에너지 소비 총량 관리 현황
2. 에너지 절약 계획서 및 건축물 에너지소비 증명 현황
3. 녹색건축물 전문인력 교육 및 양성 현황
4. 녹색건축물 조성을 위한 녹색기술의 연구개발 및 사업화 현황
5. 녹색건축물 조성 시범사업 현황
6. 녹색건축물에 대한 자금 지원 집행 현황
7. 법 제13조의2제1항에 따른 공공건축물(이하 "공공건축물"이라 한다) 현황 및 에너지 소비 현황

② 실태조사는 다음 각 호의 구분에 따라 실시한다. 〈개정 2013.3.23.〉

1. 정기조사: 녹색건축물 조성을 위한 정책수립 등에 활용하기 위하여 매년 실시하는 조사
2. 수시조사: 국토교통부장관이 기본계획 및 조성계획 등을 효율적으로 수립 · 집행하기 위하여 필요하다고 인정하는 경우 실시하는 조사

③ 국토교통부장관은 실태조사를 할 때에는 조사 대상을 정하고, 조사의

법	시 행 령	시 행 규 칙

일시, 취지 및 내용 등을 포함한 조사계획을 법 제9조제2항에 따른 단체 및 기관의 장 등 조사 대상자에게 미리 알려야 한다. 〈개정 2013.3.23.〉

④ 국토교통부장관은 실태조사를 효율적으로 하기 위하여 정보통신망 및 전자우편 등 전자적 방식을 사용할 수 있다. 〈개정 2013.3.23.〉

제3장 건축물 에너지 및 온실가스 관리 대책

제10조【건축물 에너지·온실가스 정보체계 구축 등】 ① 국토교통부장관은 건축물의 온실가스 배출량 및 에너지 사용량과 관련된 정보 및 통계(이하 "건축물 에너지·온실가스 정보"라 한다)를 개발·검증·관리하기 위하여 건축물 에너지·온실가스 정보체계를 구축하여야 한다. 〈개정 2013.3.23.〉

② 국토교통부장관이 제1항에 따른 건축물 에너지·온실가스 정보체계를 구축하는 때에는 「기후위기 대응을 위한 탄소중립·녹색성장 기본법」 제36조제1항에 따른 온실가스 종합정보관리체계에 부합하도록 하여야 한다. 〈개정 2021.9.24.〉

③ 다음 각 호의 에너지 공급기관 또는 관리기관은 건축물 에너지·온실가스 정보를 국토교통부장관에게 제출하여야 한다. 〈개정 2014.5.28., 2015.8.11., 2024.10.22.〉

1. 「한국전력공사법」에 따른 한국전력공사
2. 「한국가스공사법」에 따른 한국가스공사
3. 「도시가스사업법」 제2조제2호에 따른 도시가스사업자
4. 「집단에너지사업법」 제2조제3호에 따른 사업자 및 같

제6조【에너지 공급기관 또는 관리기관 등】 법 제10조제3항제9호에서 "대통령령으로 정하는 에너지 공급기관 또는 관리기관"이란 다음 각 호의 기관을 말한다.

1. 「에너지이용 합리화법」 제45조에 따른 한국에너지공단(이하 "한국에너지공단"이라 한다)
2. 「정부출연연구기관 등의 설립·운영 및 육성에 관한 법률」 제8조에 따른 에너지경제연구원
3. 「공동주택관리법」 제88조에 따른 공동주택관리정보시스템의 운영기관
4. 「한국석유공사법」에 따른 한국석유공사

[전문개정 2022.12.20]

관계법 「기후위기 대응을 위한 탄소중립·녹색성장 기본법」

제36조(온실가스 종합정보관리체계의 구축)

① 정부는 국가 및 지역별 온실가스 배출량, 흡수량, 배출·흡수 계수(係數) 등 온실가스 관련 각종 정보 및 통계를 개발·분석·검증·작성하고 관리하는 종합정보관리체계를 구축·운영하여야 하며, 이를 위하여 환경부에 온실가스 종합정보센터(이하 "종합정보센터"라 한다)를 둔다.

② 관계 중앙행정기관의 장은 제1항에 따른 종합정보관리체계가 원활

제4조【건축물 에너지·온실가스 정보 제출방법 및 공개 방법과 절차 등】 ① 법 제10조제3항 및 영 제6조제1항에 따른 에너지공급기관 또는 관리기관(이하 이 조에서 "에너지공급기관등"이라 한다)은 건축물의 온실가스 배출량 및 에너지 사용량과 관련된 정보 및 통계(이하 "건축물 에너지·온실가스 정보"라 한다)를 국토교통부장관이 정하는 바에 따라 매월 말일을 기준으로 다음 달 15일까지 국토교통부장관에게 제출하여야 한다. 〈개정 2013.3.23.〉

② 에너지공급기관등이 하나의 건축물에 대하여 여러 세대·호·가구 등으로 구분하여 건축물 에너지·온실가스 정보를 관리하고 있는 경우 그 구분된 각각의 세대·호·가구 등의 건축물

법	시 행 령	시 행 규 칙
은 법 제29조에 따른 한국지역난방공사 5. 「수도법」 제3조제22호에 따른 수도사업자 6. 「액화석유가스의 안전관리 및 사업법」 제2조제7호에 따른 액화석유가스 판매사업자 7. 「공동주택관리법」 제2조제1항제10호에 따른 관리주체 8. 「집합건물의 소유 및 관리에 관한 법률」 제23조제1항에 따른 관리단 또는 관리단으로부터 건물의 관리에 대하여 위임을 받은 단체 9. 그 밖에 대통령령으로 정하는 에너지 공급기관 또는 관리기관 ④ 국토교통부장관은 제3항의 에너지 공급기관 또는 관리기관에게 건축물 에너지 · 온실가스 정보체계를 이용하여 전자적인 방법 또는 실시간으로 건축물 에너지 · 온실가스 정보를 제출하도록 요청할 수 있다. 이 경우 자료 제출을 요청받은 기관은 특별한 사유가 없으면 이에 따라야 한다. 〈신설 2014.5.28.〉 ⑤ 국토교통부장관은 건축물의 에너지 사용량을 줄이고 온실가스 감축을 장려하기 위하여 건축물 에너지 · 온실가스 정보를 다음 각 호의 어느 하나에 해당하는 방법으로 공개할 수 있다. 〈개정 2014.5.28., 2020.6.9.〉 1. 제1항에 따라 구축한 건축물 에너지 · 온실가스 정보체계 2. 「정보통신망 이용촉진 및 정보보호 등에 관한 법률」 제2조제1항제3호에 따른 정보통신서비스 제공자(이하 "정보통신서비스 제공자"라 한다) 또는 국토교통부장관이 지정하는 기관 · 단체가 운영하는 인터넷 홈페이지 ⑥ 국토교통부장관은 건축물 에너지 · 온실가스 정보체계의 구축 · 운영 등 업무를 원활히 하기 위하여 「주민등록법」 제30조제1항에 따른 주민등록전산정보 중 출생년도 및 성별	히 운영될 수 있도록 에너지 · 산업공정 · 농업 · 폐기물 · 해양수산 · 산림 등 부문별 소관 분야의 정보 및 통계를 매년 작성하여 종합정보센터에 제출하는 등 적극 협력하여야 한다. ③ 시 · 도지사 및 시장 · 군수 · 구청장은 제1항에 따른 종합정보관리체계가 원활히 운영될 수 있도록 지역별 온실가스 통계 산정 · 분석 등을 위한 관련 정보 및 통계를 매년 작성하여 제출하는 등 적극 협력하여야 하며, 정부는 국가 온실가스 배출량 및 지역별 온실가스 배출량 간의 정합성을 확보하도록 하여야 한다. ④ 정부는 제1항에 따른 각종 정보 및 통계를 개발 · 분석 · 검증 · 작성 · 관리하거나 종합정보관리체계를 구축함에 있어 협정의 기준을 최대한 준수하여 투명성 · 정확성 · 완전성 · 일관성 및 비교가능성을 제고하여야 한다. ⑤ 정부는 국가 및 부문별 · 지역별 온실가스 배출량 및 잠정치를 포함하여 제1항에 따른 각종 정보 및 통계를 분석 · 검증하고 그 결과를 매년 공개하여야 한다. ⑩ 제1항부터 제4항까지에서 규정한 사항 외에 세부적인 정보 및 통계 관리방법, 관리기관 및 방법 등은 대통령령으로 정한다.	에너지 · 온실가스 정보를 포함하여 국토교통부장관에게 제출하여야 한다. 〈개정 2013.3.23.〉 ③ 국토교통부장관은 제1항 및 제2항에 따라 제출된 건축물 에너지 · 온실가스 정보의 내용을 검토하고, 온실가스 배출량 및 에너지 사용량 등을 지역 · 용도 · 규모 등으로 구분하여 공개할 수 있다. 〈개정 2015.5.29.〉 ④ 제1항부터 제3항까지에서 규정한 사항 외에 건축물 에너지 · 온실가스 정보의 제출 및 그 공개 방법과 절차 등에 관하여 필요한 사항은 국토교통부장관이 정하여 고시한다. 〈개정 2013.3.23.〉 **고시** 건축물 에너지·온실가스 정보체계 운영규정 (국토교통부고시 제2022-415호, 2022.7.18)

법	시 행 령	시 행 규 칙
자료, 「공동주택관리법」 제23조제4항 각 호에 따른 공동주택 관리비 및 사용량 등 정보의 제공을 해당 정보를 보유 또는 관리하는 자에게 요청할 수 있다. 이 경우 요청을 받은 자는 개인정보의 보호, 정보 보안 등 특별한 사정이 없으면 이에 따라야 한다. 〈신설 2014.5.28., 2015.8.11.〉 ⑦ 제3항·제4항에 따른 제출 방법·서식, 제5항에 따른 공개 방법·절차 및 제6항에 따른 요청 절차·방법 등 필요한 사항은 국토교통부령으로 정한다. 〈개정 2014.5.28.〉 ⑧ 국토교통부장관은 제1항에 따른 건축물 에너지·온실가스 정보체계의 운영을 대통령령으로 정하는 기관 또는 단체에 위탁할 수 있다. 〈개정 2014.5.28.〉	**제7조【건축물 에너지·온실가스 정보체계의 운영 위탁】** 법 제10조제8항에서 "대통령령으로 정하는 기관 또는 단체"란 다음 각 호의 기관 중에서 국토교통부장관이 정하여 고시하는 기관을 말한다. 〈개정 2015.5.28., 2015.7.24., 2016.8.31., 2020.12.8., 2022.4.12〉 1. 「정부출연 연구기관 등의 설립·운영 및 육성에 관한 법률」 제8조에 따른 건축공간연구원(이하 "건축공간연구원" 이라 한다) 2. 「한국부동산원법」 에 따른 한국부동산원(이하 "한국부동산원"이라 한다) 3. 한국에너지공단	
제11조【지역별 건축물의 에너지총량 관리】 ① 시·도지사는 대통령령으로 정하는 바에 따라 관할 지역의 건축물에 대하여 에너지 소비 총량을 설정하고 관리할 수 있다. ② 시·도지사는 제1항에 따라 관할 지역의 건축물에 대하여 에너지 소비 총량을 설정하려면 미리 대통령령으로 정하는 바에 따라 해당 지역주민 및 지방의회의 의견을 들어야 한다. ③ 시·도지사는 관할 지역의 건축물 에너지총량을 달성하	**제8조【지역별 건축물의 에너지 소비 총량 관리 등】** ① 시·도지사는 법 제11조제1항에 따라 관할 지역의 건축물(「건축법」 제3조제1항에 해당하는 건축물은 제외한다. 이하 같다)에 대하여 기본계획 및 조성계획에서 정하는 목표량의 범위에서 관할 지역 건축물의 에너지 소비 총량을 설정하여 관리할 수 있다. ② 시·도지사는 법 제11조제1항에 따라 관할 지역 건축물의 에너지 소비 총량을 설정하려면 그 내용을 해당 시·도	**제5조【지역별 건축물의 에너지 소비총량 관리 협약의 체결 및 이행】** ① 법 제11조제3항에 따라 체결하는 협약(이하 "협약"이라 한다)에는 다음 각 호의 사항이 포함되어야 한다. 1. 협약을 체결하는 특별시장·광역시장·특별자치시장·도지사 또는 특별자치도지사(이하 "시·도지사"라 한

법

기 위한 계획을 수립하여 국토교통부장관과 협약을 체결할 수 있다. 이 경우 국토교통부장관은 협약을 체결한 지방자치단체의 장에게 협약의 이행에 필요한 행정적·재정적 지원을 할 수 있다. 〈개정 2013.3.23.〉

④ 제3항에 따른 협약의 체결 및 이행 등에 필요한 사항은 국토교통부령으로 정한다. 〈개정 2013.3.23.〉

관계법 「기후위기 대응을 위한 탄소중립·녹색성장 기본법」

제22조(2050 지방탄소중립녹색성장위원회의 구성 및 운영 등)

① 지방자치단체의 탄소중립 사회로의 이행과 녹색성장의 추진을 위한 주요 정책 및 계획과 그 시행에 관한 사항을 심의·의결하기 위하여 지방자치단체별로 2050 지방탄소중립녹색성장위원회를 둘 수 있다.

② 지방위원회는 지방자치단체의 장과 협의하여 지방위원회의 운영 및 업무를 지원하는 사무국을 둘 수 있다.

③, ④ 생략

시행령

의 공보에 게재하여 30일 이상 주민에게 열람하게 하고, 지방의회의 의견을 들어야 한다. 이 경우 지방의회는 60일 이내에 의견을 제시하여야 하며, 그 기한 내에 의견을 제시하지 아니하면 의견이 없는 것으로 본다.

③ 시·도지사는 제2항에 따라 주민 열람 및 지방의회의 의견을 들은 후 「기후위기 대응을 위한 탄소중립·녹색성장 기본법」 제22조에 따른 2050 지방탄소중립녹색성장위원회(2050 지방탄소중립녹색성장위원회가 설치되어 있지 않은 경우에는 「건축법」 제4조에 따라 시·도에 두는 지방건축위원회를 말한다)의 심의를 거쳐 관할 지역 건축물의 에너지 소비 총량을 확정한다. 〈개정 2022.3.25〉

④ 제1항부터 제3항까지에서 규정한 사항 외에 지역별 건축물의 에너지 소비 총량 설정 방법, 대상, 절차 및 의견조회 방법 등에 관하여 필요한 사항은 시·도의 조례로 정한다.

시행규칙

다)가 설정하는 관할 지역의 건축물(「건축법」 제3조제1항에 따른 건축물은 제외한다. 이하 같다) 에너지 소비총량 목표 및 이를 달성하기 위한 계획(이하 이 조에서 "목표달성계획"이라 한다)에 관한 사항

2. 협약 이행의 보고 및 평가에 관한 사항
3. 협약을 이행하는 데 필요한 행정적·재정적 지원 및 집행에 관한 사항
4. 협약의 유효기간에 관한 사항
5. 협약의 변경 및 해약에 관한 사항
6. 협약을 위반하였을 때의 조치사항
7. 그 밖에 협약 당사자 간에 지역별 건축물의 에너지 소비총량을 달성하기 위하여 필요하다고 인정하는 사항

② 시·도지사는 제1항에 따른 협약 체결 시 지체 없이 그 내용을 주민에게 공고하여야 한다.

③ 시·도지사는 제1항제4호에 따른 협약의 유효기간 동안 다음 각 호의 사항을 포함한 협약의 이행 결과를 매년 3월 31일까지 국토교통부장관에게 보고하여야 한다. 〈개정 2013.3.23〉

1. 목표달성계획에 따른 전년도의 지역별 건축물 에너지 소비총량의 목표 달성 여부

법	시 행 령	시 행 규 칙
		2. 목표달성계획의 이행이 지연되는 경우 그 사유, 조치 및 개선방안 3. 협약의 목표 이행을 위한 예산집행 실적
제12조【개별 건축물의 에너지 소비 총량 제한】 ① 국토교통부장관은 「기후위기 대응을 위한 탄소중립·녹색성장 기본법」 제8조에 따른 건물 부문의 중장기 및 연도별 온실가스 감축 목표의 달성을 위하여 신축 건축물 및 기존 건축물의 에너지 소비 총량을 제한할 수 있다. 〈개정 2021.9.24.〉 ② 국토교통부장관은 연차별로 건축물 용도에 따른 에너지 소비량 허용기준을 제시하여야 한다. 〈개정 2013.3.23.〉 ③ 건축물을 건축하려고 하는 건축주는 해당 건축물의 에너지 소비 총량이 제2항에 따른 허용기준의 이하가 되도록 설계하여야 하며, 건축 허가를 신청할 때에 관련 근거자료를 제출하여야 한다. ④ 기존 건축물의 에너지 소비 총량 관리는 「기후위기 대응을 위한 탄소중립·녹색성장 기본법」 제26조 및 제27조에 따른 온실가스·에너지목표관리에 따른다. 〈개정 2021.9.24.〉 ⑤ 신축 건축물의 에너지 소비 총량 제한과 기존 건축물의 온실가스·에너지목표관리에 관하여 필요한 사항은 대통령령으로 정한다.	**제9조【개별 건축물의 에너지 소비 총량 제한 등】** ① 국토교통부장관은 법 제12조제1항에 따라 신축 건축물 및 기존 건축물의 에너지 소비 총량을 제한하려면 그 적용대상과 허용기준 등을 「건축법」 제4조에 따라 국토교통부에 두는 건축위원회의 심의를 거쳐 고시하여야 한다. 〈개정 2016.12.30.〉 ② 국토교통부장관은 다음 각 호의 어느 하나에 해당하는 자가 신축 또는 관리하고 있는 건축물에 대하여 에너지 소비 총량을 제한하거나 온실가스·에너지목표관리를 위하여 필요하면 해당 건축물에 대한 에너지 소비 총량 제한 기준을 따로 정하여 고시할 수 있다. 〈개정 2022.3.25〉 1. 중앙행정기관의 장 2. 지방자치단체의 장 3. 「기후위기 대응을 위한 탄소중립·녹색성장 기본법 시행령」 제30조제2항에 따른 공공기관 및 교육기관의 장	**관계법** 「기후위기 대응을 위한 탄소중립·녹색성장 기본법」 제8조(중장기 국가 온실가스 감축 목표 등) ① 정부는 국가 온실가스 배출량을 2030년까지 2018년의 국가 온실가스 배출량 대비 35퍼센트 이상의 범위에서 대통령령으로 정하는 비율만큼 감축하는 것을 중장기 국가 온실가스 감축 목표(이하 "중장기감축목표"라 한다)로 한다. ② 정부는 중장기감축목표를 달성하기 위하여 산업, 건물, 수송, 발전, 폐기물 등 부문별 온실가스 감축 목표(이하 "부문별감축목표"라 한다)를 설정하여야 한다. ③ 정부는 중장기감축목표와 부문별감축목표의 달성을 위하여 국가 전체와 각 부문에 대한 연도별 온실가스 감축 목표(이하 "연도별감축목표"라 한다)를 설정하여야 한다. ④~⑦ 생략
제13조【기존 건축물의 에너지성능 개선기준】 ① 건축물의 에너지효율을 높이기 위하여 기존 건축물을 녹색건축물		**제6조【기존 건축물의 종류 및 공사의 범위】** ① 법 제13조제1항에 따른

법	시 행 령	시 행 규 칙
로 전환하는 경우에는 국토교통부장관이 고시하는 기준에 적합하여야 한다. 〈개정 2013.3.23.〉 ② 제1항에 따른 기존 건축물의 종류 및 공사의 범위는 국토교통부령으로 정한다. 〈개정 2013.3.23.〉	**고시** 기존 건축물의 에너지성능 개선기준 (국토교통부고시 제2022-455호, 2022.8.8.)	기존 건축물은 「건축법」 제22조에 따른 사용승인을 받은 후 10년이 지난 건축물로 한다. ② 법 제13조제2항에 따른 공사의 범위는 기존 건축물의 리모델링 · 증축 · 개축 · 대수선 및 수선으로 한다. 다만, 수선은 창 · 문, 설비 · 기기, 단열재 등을 통하여 에너지성능을 개선하는 공사로 한정한다. [전문개정 2015.5.29.]
제13조의2【공공건축물의 에너지 소비량 공개 등】 ① 공공부문의 건축물 에너지절약 및 온실가스 감축을 위하여 대통령령으로 정하는 건축물(이하 "공공건축물"이라 한다)의 사용자 또는 관리자는 국토교통부장관에게 해당 건축물의 에너지 소비량을 매 분기마다 보고하여야 한다. ② 국토교통부장관은 제1항에 따라 보고받은 공공건축물의 에너지 소비량을 대통령령으로 정하는 바에 따라 공개하여야 한다. ③ 국토교통부장관은 제1항에 따라 보고받은 에너지 소비량을 검토한 결과 에너지효율이 낮은 건축물에 대하여는 건축물의 에너지효율 및 성능개선을 요구하여야 하고, 공공건축물의 사용자 또는 관리자는 특별한 사유가 없으면 이에 따라야 한다. 〈개정 2021.7.27〉 ④ 제1항부터 제3항까지에 따른 에너지 소비량 보고, 공개, 표시 방법 및 에너지 소비량의 적정성 검토방법 등 필요한 사항은 국토교통부령으로 정한다. [본조신설 2014.5.28.]	**제9조의2【공공건축물의 에너지 소비량 공개】** ① 법 제13조의2제1항에서 "대통령령으로 정하는 건축물"이란 다음 각 호의 기준에 모두 해당하는 건축물을 말한다. 1. 제9조제2항 각 호의 기관이 소유 또는 관리하는 건축물일 것 2. 다음 각 목의 어느 하나에 해당하는 용도일 것 가. 「건축법 시행령」 별표 1 제5호에 따른 문화 및 집회시설(이하 "문화 및 집회시설"이라 한다) 나. 「건축법 시행령」 별표 1 제8호에 따른 운수시설 다. 「건축법 시행령」 별표 1 제9호가목에 따른 병원 라. 「건축법 시행령」 별표 1 제10호가목에 따른 학교 중 고등학교, 전문대학, 대학, 대학교 및 같은 호 바목에 따른 도서관 마. 「건축법 시행령」 별표 1 제12호에 따른 수련시설 바. 「건축법 시행령」 별표 1 제14호에 따른 업무시설(이하 "업무시설"이라 한다) 3. 「건축법」 제22조에 따른 사용승인을 받은 후 10년이	**제6조의2【공공건축물의 에너지 소비량 보고 및 공개】** ① 공공건축물의 사용자 또는 관리자(이하 "공공건축물 사용자 등"이라 한다)는 법 제13조의2 제1항에 따라 해당 공공건축물의 에너지 소비량 보고서를 매 분기 말일을 기준으로 다음 달 말일까지 국토교통부장관에게 제출하여야 한다. ② 제1항에 따른 에너지 소비량 보고서는 별지 제2호서식과 같다. ③ 국토교통부장관은 제1항에 따라 보고받은 에너지 소비량의 에너지소비 특성 및 이용 상황 등에 대한 적정성 검토를 위하여 현장조사를 실시할 수 있으며, 에너지 소비량 분석결과를 공공건축물 사용자 등에게 미리 통보하고 의견을 들을 수 있다.

법	시 행 령	시 행 규 칙
	지났을 것 4. 연면적이 3천제곱미터 이상일 것 ② 법 제13조의2제2항에 따른 공공건축물의 에너지 소비량 정보 등의 공개에 관하여는 법 제10조제5항을 준용한다. [본조신설 2015.5.28.]	④ 공공건축물 사용자 등은 법 제13조의2제2항에 따라 공개된 에너지 소비량을 별지 제2호의2서식을 참고하여 해당 공공건축물의 주출입구에 게시할 수 있다. 〈개정 2017.1.20.〉 ⑤ 제1항부터 제4항까지에서 규정한 사항 외에 공공건축물의 에너지효율 및 성능개선 요구 기준 등 에너지 소비량 공개에 관한 세부사항은 국토교통부장관이 정하여 고시한다. [본조신설 2015.5.29.]
제14조【에너지 절약계획서 제출】 ① 대통령령으로 정하는 건축물의 건축주가 다음 각 호의 어느 하나에 해당하는 신청을 하는 경우에는 대통령령으로 정하는 바에 따라 에너지 절약계획서를 제출하여야 한다. 〈개정 2016.1.19.〉 1. 「건축법」 제11조에 따른 건축허가(대수선은 제외한다) 2. 「건축법」 제19조제2항에 따른 용도변경 허가 또는 신고 3. 「건축법」 제19조제3항에 따른 건축물대장 기재내용 변경 ② 제1항에 따라 허가신청 등을 받은 행정기관의 장은 에너지 절약계획서의 적절성 등을 검토하여야 한다. 이 경우 건축주에게 국토교통부령으로 정하는 에너지 관련 전문기관에 에너지 절약계획서의 검토 및 보완을 거치도록 할 수 있다. 〈개정 2014.5.28.〉 ③ 제2항에도 불구하고 국토교통부장관이 고시하는 바에 따라 사전확인이 이루어진 에너지 절약계획서를 제출하는	**제10조【에너지 절약계획서 제출 대상 등】** ① 법 제14조제1항 각 호 외의 부분에서 "대통령령으로 정하는 건축물"이란 연면적의 합계가 500제곱미터 이상인 건축물을 말한다. 다만, 다음 각 호의 어느 하나에 해당하는 건축물을 건축하려는 건축주는 에너지 절약계획서를 제출하지 아니한다. 〈개정 2015.5.28., 2016.12.30.〉 1. 「건축법 시행령」 별표 1 제1호에 따른 단독주택 2. 문화 및 집회시설 중 동·식물원 3. 「건축법 시행령」 별표 1 제17호부터 제26호까지의 건축물 중 냉방 및 난방 설비를 모두 설치하지 아니하는 건축물 4. 그 밖에 국토교통부장관이 에너지 절약계획서를 첨부할 필요가 없다고 정하여 고시하는 건축물 ② 제1항 각 호 외의 부분 본문에 해당하는 건축물을 건축하려는 건축주는 건축허가를 신청하거나 용도변경의 허가신청 또는 신고, 건축물대장 기재내용의 변경 시 국토교통	**제7조【에너지 절약계획서 등】** ① 영 제10조제2항에서 "국토교통부령으로 정하는 에너지 절약계획서"란 다음 각 호의 서류를 첨부한 별지 제1호서식의 에너지 절약계획서를 말한다. 〈개정 2013.3.23.〉 1. 국토교통부장관이 고시하는 건축물의 에너지 절약 설계기준에 따른 에너지 절약 설계 검토서 **고시** 건축물의 에너지절약 설계기준 (국토교통부고시 제2024-1016호, 2024.12.31) 2. 설계도면, 설계설명서 및 계산서 등 건축물의 에너지 절약계획서의 내용을 증명할 수 있는 서류(건축, 기계설비, 전기설비 및 신·재생에너지설비 부문과 관련된 것으로 한정한다)

법	시 행 령	시 행 규 칙
경우에는 에너지 절약계획서의 적절성 등을 검토하지 아니할 수 있다. 〈신설 2016.1.19.〉 ④ 국토교통부장관은 제2항에 따른 에너지 절약계획서 검토업무의 원활한 운영을 위하여 국토교통부령으로 정하는 에너지 관련 전문기관 중에서 운영기관을 지정하고 운영 관련 업무를 위임할 수 있다. 〈신설 2016.1.19.〉 ⑤ 제2항에 따른 에너지 절약계획서의 검토절차, 제4항에 따른 운영기관의 지정 기준·절차와 업무범위 및 그 밖에 검토업무의 운영에 필요한 사항은 국토교통부령으로 정한다. 〈신설 2016.1.19.〉 ⑥ 에너지 관련 전문기관은 제2항에 따라 에너지 절약계획서의 검토 및 보완을 하는 경우 건축주로부터 국토교통부령으로 정하는 금액과 절차에 따라 수수료를 받을 수 있다. 〈신설 2014.5.28., 2016.1.19.〉	부령으로 정하는 에너지 절약계획서(전자문서로 된 서류를 포함한다)를 「건축법」 제5조제1항에 따른 허가권자(「건축법」 외의 다른 법령에 따라 허가·신고 권한이 다른 행정기관의 장에게 속하는 경우에는 해당 행정기관의 장을 말하며, 이하 "허가권자"라 한다)에게 제출하여야 한다. 〈개정 2016.12.30.〉	② 법 제14조제2항후단에서 "국토교통부령으로 정하는 에너지 관련 전문기관"이란 다음 각 호의 기관(이하 "에너지 절약계획서 검토기관" 이라 한다)을 말한다. 〈개정 2015.5.29., 2017.1.20., 2018.1.18., 2020.12.11.〉 1. 「에너지이용 합리화법」 제45조에 따른 한국에너지공단(이하 "한국에너지공단"이라 한다) 2. 「국토안전관리원법」에 따른 국토안전관리원 3. 「한국부동산원법」에 따른 한국부동산원(이하 "한국부동산원" 이라 한다) 4. 그 밖에 국토교통부장관이 에너지 절약계획서의 검토업무를 수행할 인력, 조직, 예산 및 시설 등을 갖추었다고 인정하여 고시하는 기관 또는 단체 ③ 에너지 절약계획서 검토기관은 법 제14조제2항 후단에 따라 허가권자(「건축법」 제5조제1항에 따른 건축허가권자를 말하며, 「건축법」 외의 다른 법령에 따라 허가·신고 권한이 다른 행정기관의 장에게 속하는 경우에는 해당 행정기관의 장을 말한다. 이하 같다)로부터 에너지 절약계획서의 검토 요청을 받은 경우에는 제7항에 따른 수수료가 납부된 날부터 10일 이

내에 검토를 완료하고 그 결과를 지체 없이 허가권자에게 제출하여야 한다. 이 경우 건축주가 보완하는 기간 및 공휴일·토요일은 검토기간에서 제외한다. 〈신설 2015.3.5., 2017.1.20.〉

④ 법 제14조제4항에서 "국토교통부령으로 정하는 에너지 관련 전문기관"이란 법 제23조에 따른 녹색건축센터인 에너지 절약계획서 검토기관을 말한다. 〈신설 2017.1.20.〉

⑤ 국토교통부장관은 법 제14조제4항에 따라 에너지 절약계획서 검토업무 운영기관(이하 "에너지 절약계획서 검토업무 운영기관"이라 한다)을 지정하거나 그 지정을 취소한 경우에는 그 사실을 관보에 고시하여야 한다. 〈신설 2017.1.20.〉

⑥ 에너지 절약계획서 검토업무 운영기관은 다음 각 호의 업무를 수행한다. 〈신설 2017.1.20.〉

1. 법 제15조제1항에 따른 건축물의 에너지절약 설계기준 관련 조사·연구 및 개발에 관한 업무
2. 법 제15조제1항에 따른 건축물의 에너지절약 설계기준 관련 홍보·교육 및 컨설팅에 관한 업무
3. 에너지 절약계획서 작성·검토·이행 등 제도 운영 및 개선에 관한 업

법	시 행 령	시 행 규 칙
		무 4. 에너지 절약계획서 검토 관련 프로그램 개발 및 관리에 관한 업무 5. 에너지 절약계획서 검토 관련 통계자료 활용 및 분석에 관한 업무 6. 에너지 절약계획서 검토기관별 검토현황 관리 및 보고에 관한 업무 7. 에너지 절약계획서 검토기관 점검 등 제1호부터 제6호까지에서 규정한 사항 외에 국토교통부장관이 요청하는 업무 ⑦ 법 제14조제6항에 따른 에너지 절약계획서 검토 수수료는 별표 1과 같다. 〈신설 2015.3.5., 2015.5.29., 2017.1.20.〉 ⑧ 제3항 및 제7항에 따른 에너지 절약계획서의 검토 및 보완 기간과 검토 수수료에 관한 세부적인 사항은 국토교통부장관이 정하여 고시한다. 〈신설 2015.3.5., 2017.1.20.〉
제14조의2【건축물의 에너지 소비 절감을 위한 차양 등의 설치】 ① 대통령령으로 정하는 건축물을 건축 또는 리모델링하는 경우로서 외벽에 창을 설치하거나 외벽을 유리 등 국토교통부령으로 정하는 재료로 하는 경우 건축주는 에너지효율을 높이기 위하여 국토교통부장관이 고시하는 기준에 따라 일사(日射)의 차단을 위한 차양 등 일사조절장치를 설치하여야 한다.	**제10조의2【에너지 소비 절감을 위한 차양 등의 설치 대상 건축물】** 법 제14조의2제1항 및 같은 조 제2항 전단에서 "대통령령으로 정하는 건축물"이란 각각 다음 각 호의 기준에 모두 해당하는 건축물을 말한다. 1. 제9조제2항 각 호의 기관이 소유 또는 관리하는 건축물일 것 2. 연면적이 3천제곱미터 이상일 것	**제7조의2【차양 등의 설치가 필요한 외벽 등의 재료】** 법 제14조의2제1항에서 "국토교통부령으로 정하는 재료"란 채광(採光)을 위한 유리 또는 플라스틱을 말한다. [본조신설 2015.5.29.]

법	시 행 령	시 행 규 칙
② 대통령령으로 정하는 건축물을 건축 또는 리모델링하려는 건축주는 에너지 소비 절감 및 효율적인 관리를 위하여 열의 손실을 방지하는 단열재 및 방습층(防濕層), 지능형 계량기, 고효율의 냉방·난방 장치 및 조명기구 등 건축설비를 설치하여야 한다. 이 경우 건축설비의 종류, 설치 기준 등은 국토교통부장관이 고시한다. [본조신설 2014.5.28.]	3. 용도가 업무시설 또는 「건축법 시행령」 별표 1 제10호에 따른 교육연구시설일 것 [본조신설 2015.5.28.]	
제4장 녹색건축물 등급제 시행		
제15조【건축물에 대한 효율적인 에너지 관리와 녹색건축물 조성의 활성화】 ① 국토교통부장관은 건축물에 대한 효율적인 에너지 관리와 녹색건축물 건축의 활성화를 위하여 필요한 설계·시공·감리 및 유지·관리에 관한 기준을 정하여 고시할 수 있다. 〈개정 2013.3.23.〉 ② 「건축법」 제5조제1항에 따른 허가권자(이하 "허가권자"라 한다)는 녹색건축물의 조성을 활성화하기 위하여 대통령령으로 정하는 기준에 적합한 건축물에 대하여 제14조제1항 또는 제14조의2를 적용하지 아니하거나 다음 각 호의 구분에 따른 범위에서 그 요건을 완화하여 적용할 수 있다. 〈개정 2014.5.28.〉 1. 「건축법」 제56조에 따른 건축물의 용적률: 100분의 115 이하 2. 「건축법」 제60조 및 제61조에 따른 건축물의 높이: 100분의 115 이하 ③ 지방자치단체는 제1항에 따른 고시의 범위에서 건축기준 완화 기준 및 재정지원에 관한 사항을 조례로 정할 수	**제11조【녹색건축물 조성의 활성화 대상 건축물 및 완화기준】** ① 법 제15조제2항에서 "대통령령으로 정하는 기준에 적합한 건축물"이란 다음 각 호의 어느 하나에 해당하는 건축물을 말한다. 〈개정 2016.12.30., 2024.12.17.〉 1. 법 제15조제1항에 따라 국토교통부장관이 정하여 고시하는 설계·시공·감리 및 유지·관리에 관한 기준에 맞게 설계된 건축물 2. 법 제16조에 따라 녹색건축의 인증을 받은 건축물 3. 삭제 〈2024.12.17.〉 3의2. 법 제17조에 따라 제로에너지건축물 인증을 받은 건축물 4. 법 제24조제1항에 따른 녹색건축물 조성 시범사업 대상으로 지정된 건축물 5. 건축물의 신축공사를 위한 골조공사에 국토교통부장관이 고시하는 재활용 건축자재를 100분의 15 이상 사용한 건축물 ② 국토교통부장관은 제1항 각 호의 어느 하나에 해당하는	**고시** 재활용 건축자재의 활용기준 (국토교통부고시 제2022-833호, 2022.7.20)

법	시 행 령	시 행 규 칙
있다. [제목개정 2014.5.28.]	건축물에 대하여 허가권자가 법 제15조제2항에 따라 법 제14조제1항 또는 제14조의2를 적용하지 아니하거나 건축물의 용적률 및 높이 등을 완화하여 적용하기 위한 세부기준을 정하여 고시할 수 있다. 〈개정 2015.5.28.〉	
제15조의2【녹색건축물의 유지·관리】 녹색건축물의 소유자 또는 관리자는 제12조, 제14조, 제14조의2, 제15조, 제16조, 제17조에 적합하도록 유지·관리하여야 하고, 국토교통부장관, 시·도지사, 시장·군수·구청장은 대통령령으로 정하는 바에 따라 유지·관리의 적합 여부 확인을 위한 점검이나 실태조사를 할 수 있다. 다만, 제16조 및 제17조는 인증을 받은 경우에 한정한다. [본조신설 2014.5.28.]	**제11조의2【녹색건축물의 유지·관리 점검】** 법 제15조의2에 따른 점검 및 실태조사는 건축허가를 받아 녹색건축물을 리모델링·증축·개축·대수선하는 경우에 할 수 있다. [본조신설 2015.5.28.]	
제16조【녹색건축의 인증】 ① 국토교통부장관은 지속가능한 개발의 실현과 자원절약형이고 자연친화적인 건축물의 건축을 유도하기 위하여 녹색건축 인증제를 시행한다. 〈개정 2013.3.23〉 ② 국토교통부장관은 제1항에 따른 녹색건축 인증제를 시행하기 위하여 운영기관 및 인증기관을 지정하고 녹색건축 인증 업무를 위임할 수 있다. 〈개정 2013.3.23〉 ③ 국토교통부장관은 제2항에 따른 인증기관의 인증 업무를 주기적으로 점검하고 관리·감독하여야 하며, 그 결과를 인증기관의 재지정 시 고려할 수 있다. 〈신설 2019.4.30.〉 ④ 녹색건축의 인증을 받으려는 자는 제2항에 따른 인증기관에 인증을 신청하여야 한다. 〈개정 2019.4.30.〉 ⑤ 제2항에 따른 인증기관은 제4항에 따라 녹색건축의 인증을 신청한 자로부터 수수료를 받을 수 있다. 〈신설	**제11조의3【녹색건축 인증대상 건축물】** 법 제16조제7항 전단에서 "대통령령으로 정하는 건축물"이란 다음 각 호의 기준에 모두 해당하는 건축물을 말한다. 〈개정 2019.12.31., 2023.12.19.〉 1. 제9조제2항 각 호의 기관 또는 교육감이 소유 또는 관리하는 건축물일 것 2. 신축·재축 또는 증축하는 건축물일 것. 다만, 증축의 경우에는 건축물이 있는 대지에 별개의 건축물로 증축하는 경우로 한정한다. 3. 연면적(하나의 대지에 복수의 건축물이 있는 경우 모든 건축물의 연면적을 합산한 면적을 말한다)이 3천제곱미터 이상일 것 4. 법 제14조제1항에 따른 에너지 절약계획서 제출 대상일 것	

법	시 행 령	시 행 규 칙
2019.4.30〉 ⑥ 제1항에 따른 녹색건축 인증제의 운영과 관련하여 다음 각 호의 사항에 대하여는 국토교통부와 환경부의 공동부령으로 정한다. 〈개정 2014.5.28., 2019.4.30.〉 1. 인증 대상 건축물의 종류 2. 인증기준 및 인증절차 3. 인증유효기간 4. 수수료 5. 인증기관 및 운영기관의 지정 기준, 지정 절차 및 업무 범위 6. 인증받은 건축물에 대한 점검이나 실태조사 7. 인증 결과의 표시 방법 ⑦ 대통령령으로 정하는 건축물을 건축 또는 리모델링하는 건축주는 해당 건축물에 대하여 녹색건축의 인증을 받아 그 결과를 표시하고, 「건축법」 제22조에 따라 건축물의 사용승인을 신청할 때 관련 서류를 첨부하여야 한다. 이 경우 사용승인을 한 허가권자는 「건축법」 제38조에 따른 건축물대장에 해당 사항을 지체 없이 적어야 한다. 〈신설 2014.5.28., 2016.1.19., 2019.4.30.〉	[본조신설 2015.5.28.] **관계법** 「녹색건축 인증에 관한 규칙」 (국토교통부령 제1357호, 2024.7.10.)	
제17조【제로에너지건축물 인증】 ① 국토교통부장관은 에너지성능이 높은 건축물을 확대하고, 건축물의 효과적인 에너지관리를 위하여 제로에너지건축물 인증제를 시행한다. 〈개정 2016.1.19., 2024.2.20.〉 ② 국토교통부장관은 제1항에 따른 제로에너지건축물 인증제를 시행하기 위하여 운영기관 및 인증기관을 지정하고, 제로에너지건축물 인증 업무를 위임할 수 있다. 〈개정 2016.1.19., 2024.2.20.〉	**제12조【제로에너지건축물 인증 대상 건축물 등】** ① 법 제17조제3항에서 "대통령령으로 정하는 건축물의 용도 및 규모"란 다음 각 호의 용도 등을 말한다. 〈개정 2015.5.28., 2016.12.30., 2024.12.17.〉 1. 「건축법 시행령」 별표 1 제2호가목부터 다목까지의 공동주택(이하 "공동주택"이라 한다) 2. 업무시설 3. 그 밖에 법 제17조제5항제1호에 따라 국토교통부와 산	

법

③ 제로에너지건축물 인증을 받으려는 자는 대통령령으로 정하는 건축물의 용도 및 규모에 따라 제2항에 따른 인증기관에게 신청하여야 하며, 인증평가 업무는 인증기관에 소속되거나 등록된 건축물에너지평가사가 수행하여야 한다. 〈개정 2014.5.28., 2024.2.20.〉

④ 삭제 〈2024.2.20.〉

⑤ 제1항에 따른 제로에너지건축물 인증제의 운영과 관련하여 다음 각 호의 사항에 대하여는 국토교통부와 산업통상자원부의 공동부령으로 정한다. 〈개정 2014.5.28., 2016.1.19., 2024.2.20.〉

1. 인증 대상 건축물의 종류
2. 인증기준 및 인증절차
3. 인증유효기간
4. 수수료
5. 인증기관 및 운영기관의 지정 기준, 지정 절차 및 업무범위
6. 인증받은 건축물에 대한 점검이나 실태조사
7. 인증 결과의 표시 방법
8. 인증평가에 대한 건축물에너지평가사의 업무범위

⑥ 대통령령으로 정하는 건축물을 건축 또는 리모델링하는 건축주는 해당 건축물에 대하여 대통령령으로 정하는 제로에너지건축물 인증등급 이상을 받아야 하고, 「건축법」 제22조에 따라 건축물의 사용승인을 신청할 때 관련 서류를 첨부하여야 한다. 이 경우 사용승인을 한 허가권자는 「건축법」 제38조에 따른 건축물대장에 해당 사항을 지체 없이 적어야 한다. 〈신설 2014.5.28., 2016.1.19., 2019.4.30., 2024.2.20.〉

[제목개정 2016.1.19., 2024.2.20]

시 행 령

업통상자원부의 공동부령으로 정하는 건축물

② 법 제17조제6항 전단에서 "대통령령으로 정하는 건축물"이란 별표 1 각 호의 요건을 모두 갖춘 건축물을 말한다. 〈개정 2019.12.31., 2024.12.17.〉

[별표1] 제로에너지건축물 인증 표시 의무 대상 건축물 (제12조제2항 관련) <개정 2024.12.17>

요건	제로에너지건축물 인증 의무 대상
1. 소유 또는 관리 주체	가. 제9조제2항 각 호의 기관 나. 교육감 다. 「공공주택 특별법」 제4조에 다른 공공주택사업자
2. 건축 및 리모델링의 범위	가. 건축물을 신축 또는 재축하는 경우 나. 건축물을 전부 개축하는 경우 다. 기존 건축물의 대지에 별개의 건축물로 증축하는 경우
3. 건축물의 범위	법 제17조제5항제1호에 따라 국토교통부와 산업통상자원부의 공동부령으로 정하는 같은 항 제1호의 인증 대상 건축물. 다만, 「건축법 시행령」 별표 1 제2호라목에 따른 기숙사는 제외한다.
4. 공동주택의 세대수 또는 건축물의 연면적	가. 공동주택의 경우: 전체 세대수 30세대 이상 나. 공동주택 외의 건축물의 경우: 연면적 5백제곱미터 이상
5. 에너지 절약계획서 제출 대상 여부	가. 공동주택의 경우: 법 제14조제1항에 따른 에너지 절약계획서 제출 대상 또는 「주택건설기준 등에 관한 규정」 제64조제2항에 따른 친환경 주택 에너지절약계획 제출 대상일 것 나. 공동주택 외의 건축물의 경우: 법 제14조제1항에 따른 에너지절약계획서 제출 대상일 것

시 행 규 칙

관계법 「제로에너지건축물 인증에 관한 규칙」(국토교통부령 제1425호, 2024.12.23.)

법	시 행 령	시 행 규 칙
	③ 제로에너지건축물 인증등급은 플러스등급, 1등급, 2등급, 3등급, 4등급 및 5등급으로 구분한다. 〈신설 2024.12.17.〉 ④ 법 제17조제6항 전단에서 "대통령령으로 정하는 제로에너지건축물 인증등급"이란 다음 각 호의 구분에 따른 제로에너지건축물 인증등급을 말한다. 〈신설 2024.12.17.〉 1. 제2항에 해당하는 건축물 중 국토교통부와 산업통상자원부의 공동부령으로 정하는 건축물로서 연면적이 1천제곱미터 이상인 건축물: 4등급. 다만, 해당 건축물의 건축 목적, 기능, 설계조건 또는 시공 여건상의 특수성으로 4등급 이상을 받도록 하는 것이 불합리하다고 인정되는 경우에는 국토교통부와 산업통상자원부의 공동부령으로 정하는 바에 따라 제로에너지건축물 인증등급을 완화하여 적용할 수 있다. 2. 제2항에 해당하는 건축물 중 제1호 본문에 따른 건축물 외의 건축물: 5등급 [제목개정 2024.12.17.]	
제18조【건축물 에너지성능정보의 공개 및 활용 등】 ① 국토교통부장관은 건축물의 매입자 또는 임차인이 대통령령으로 정하는 건축물의 연간 에너지 사용량, 온실가스 배출량 또는 제17조에 따른 제로에너지건축물 인증등급 등이 표시된 건축물 에너지 평가서를 제10조제5항에 따른 방법으로 공개하여야 한다. 〈개정 2014.5.28., 2016.1.19., 2024.2.20.〉 ② 「공인중개사법」에 따른 중개업자가 제1항에 해당하는 건축물을 중개할 때에는 매입자 또는 임차인이 중개 대상 건축물의 에너지 평가서를 확인할 수 있도록 안내할 수 있다. 〈개정 2014.5.28., 2018.8.14.〉	**제13조【건축물 에너지성능정보의 공개 및 활용 등】** ① 법 제18조제1항에서 "대통령령으로 정하는 건축물"이란 법 제10조제1항에 따른 건축물 에너지·온실가스 정보체계가 구축된 지역에 있는 다음 각 호의 어느 하나에 해당하는 건축물을 말한다. 〈개정 2015.5.28., 2016.12.30., 2019.12.31., 2022.12.27〉 1. 전체 세대수가 100세대 이상인 주택단지 내의 공동주택 2. 연면적 2천제곱미터 이상의 업무시설(「건축법 시행령」 별표 1 제14호나목2)에 따른 오피스텔은 제외한다) ② 삭제 〈2015.5.28.〉	**제8조【건축물 에너지 평가서의 내용 및 공개기준 등】** ① 법 제18조제1항에 따른 건축물 에너지 평가서는 별지 제3호서식과 같다. ② 하나의 건축물이 여러 세대·호·가구 등으로 구분되어 건축물 에너지·온실가스 정보가 관리되는 경우 국토교통부장관은 세대·호·가구 등을 구분하여 제1항에 따른 건축물 에너지 평가서를 공개할 수 있다.

법	시 행 령	시 행 규 칙
③ 건축물 에너지 평가서의 내용, 공개 기준 및 절차, 활용방안, 운영기관 등 건축물 에너지성능정보의 공개 및 활용에 관한 구체적인 사항은 국토교통부령으로 정한다. 〈개정 2014.5.28., 2016.1.19.〉 [제목개정 2016.1.19.] **제19조【인증기관 지정의 취소 등】** ① 국토교통부장관은 제16조제2항 및 제17조제2항에 따라 지정된 인증기관이 다음 각 호의 어느 하나에 해당하면 환경부장관 또는 산업통상자원부장관과 협의하여 인증기관의 지정을 취소하거나 1년 이내의 기간을 정하여 업무의 전부 또는 일부의 정지를 명할 수 있다. 다만, 제1호에 해당하는 경우에는 그 지정을 취소하여야 한다. 〈개정 2019.4.30., 2024.1.9.〉 1. 거짓이나 부정한 방법으로 지정을 받은 경우 2. 정당한 사유 없이 지정받은 날부터 2년 이상 계속하여 인증업무를 수행하지 아니한 경우 3. 인증의 기준 및 절차를 위반하거나 부당하게 인증업무를 수행한 경우 4. 정당한 사유 없이 인증심사를 거부한 경우 5. 업무정지 기간 중에 인증업무를 수행한 경우 6. 인증기관의 임직원이 인증업무와 관련하여 벌금 이상의 형을 선고받아 그 형이 확정된 경우 7. 그 밖에 인증기관으로서의 업무를 수행할 수 없게 된 경우 ② 제1항에 따른 인증기관의 지정취소 및 업무정지의 세부 기준과 절차 등에 관하여 필요한 사항은 국토교통부와 환경부 또는 산업통상자원부의 공동부령으로 정한다. 〈신설 2024.1.9.〉	[제목개정 2016.12.30]	③ 법 제18조제3항에 따른 에너지성능정보 공개·활용 운영기관은 다음 각 호의 어느 하나에 해당하는 기관 또는 단체 중에서 국토교통부장관이 정하여 고시한다. 〈개정 2017.1.20.〉 1. 한국감정원 2. 한국에너지공단 3. 그 밖에 국토교통부장관이 에너지성능정보의 공개 및 활용 업무를 수행할 인력, 조직, 예산 및 시설 등을 갖추었다고 인정하여 고시하는 기관 또는 단체 ④ 제1항부터 제3항까지에서 규정한 사항 외에 건축물 에너지 평가서의 관리 등에 필요한 사항은 국토교통부장관이 정하여 고시한다. [전문개정 2015.5.29.]

법	시 행 령	시 행 규 칙
[제목개정 2019.4.30.]		
제20조【인증의 취소】 ① 제16조제2항 및 제17조제2항에 따라 지정된 인증기관의 장은 인증을 받은 건축물이 다음 각 호의 어느 하나에 해당하면 그 인증을 취소하여야 한다. 〈개정 2020.6.9., 2021.7.27〉 1. 인증의 근거나 전제가 되는 주요한 사실이 변경된 경우 2. 인증 신청 및 심사 중 제공된 중요 정보나 문서가 거짓인 것으로 밝혀진 경우 3. 인증을 받은 건축물의 건축주 등이 인증서를 인증기관에 반납한 경우 4. 인증을 받은 건축물의 건축허가 등이 취소된 경우 ② 인증기관의 장은 제1항에 따라 인증을 취소한 경우에는 그 내용을 국토교통부장관에게 보고하여야 한다. 〈개정 2013.3.23.〉		
제5장 녹색건축물 조성의 실현 및 지원		
제21조【녹색건축물 전문인력의 양성 및 지원】 ① 국토교통부장관은 녹색건축물 관련 전문인력의 양성 및 고용 촉진을 위하여 시책을 마련하여야 한다. 〈개정 2013.3.23〉 ② 국토교통부장관은 녹색건축물 전문인력의 양성을 위한 사업에 대하여 예산의 범위에서 교육 및 훈련에 필요한 비용의 전부 또는 일부를 지원할 수 있다. 〈개정 2016.1.19.〉	**제14조** 삭제 〈2016.12.30.〉	**제9조** 삭제 〈2017.1.20.〉

법	시 행 령	시 행 규 칙
③ 국토교통부장관은 녹색건축물 조성 관련 사업시행자에게 녹색건축물 전문인력의 고용을 확대하도록 권고할 수 있다. 〈개정 2013.3.23〉		
제22조【녹색건축물 조성기술의 연구개발 등】 ① 국토교통부장관은 녹색건축물 조성을 위한 녹색기술(이하 "녹색건축물 조성기술"이라 한다)의 연구개발 및 사업화 등을 촉진하기 위하여 다음 각 호의 사항을 포함하는 시책을 수립·시행할 수 있다. 〈개정 2014.5.28.〉 1. 녹색건축물과 관련된 정보의 수집·분석 및 제공 2. 녹색건축물 평가기법의 개발 및 보급 3. 녹색건축물 조성기술의 연구개발 및 사업화 등의 촉진을 위한 금융지원 4. 녹색건축자재 개발 및 시공 기술의 개발 ② 국토교통부장관은 「기후위기 대응을 위한 탄소중립·녹색성장 기본법」 제56조에 따른 시책을 추진할 경우 정책시행의 시급성과 효과성을 고려하여 녹색건축물 조성에 관한 사항을 우선적으로 고려하여야 한다. 〈개정 2021.9.24.〉 ③ 국토교통부장관은 제1항에 따라 개발된 연구성과의 이용·보급 및 관련 산업과의 연계를 촉진하기 위하여 필요하다고 판단하는 경우에는 녹색건축물 조성기술의 이용·보급 등에 관한 시범사업을 실시할 수 있다. 〈개정 2013.3.23〉 ④ 제1항부터 제3항까지의 지원 등에 필요한 사항은 국토교통부령으로 정한다. 〈개정 2013.3.23.〉		

법	시 행 령	시 행 규 칙
제23조 【녹색건축센터의 지정 등】 ① 국토교통부장관은 녹색건축물 조성기술의 연구·개발 및 보급 등을 효율적으로 추진하기 위하여 대통령령으로 정하는 전문기관을 녹색건축센터로 지정할 수 있다. 〈개정 2013.3.23〉 ② 제1항의 녹색건축센터는 다음 각 호의 업무를 수행한다. 〈개정 2016.1.19., 2024.2.20.〉 1. 제10조제1항에 따른 건축물 에너지·온실가스 정보체계의 운영 2. 녹색건축의 인증 3. 삭제 〈2024.2.20.〉 4. 녹색건축물 관련 전문인력 양성 및 교육 5. 제로에너지건축물 시범사업 운영 및 인증 업무 6. 그 밖에 녹색건축물 조성 촉진을 위하여 필요한 사업 ③ 국토교통부장관은 제1항의 녹색건축센터를 업무의 내용과 기능에 따라 녹색건축지원센터, 녹색건축사업센터 및 제로에너지건축물 지원센터로 구분하여 지정할 수 있다. 〈개정 2016.1.19.〉 ④ 국토교통부장관은 제1항의 녹색건축센터에 대하여 예산의 범위에서 제2항 각 호의 업무를 수행하는 데 필요한 비용의 일부를 출연하거나 지원할 수 있다. 〈개정 2013.3.23〉 ⑤ 제1항의 녹색건축센터의 지정 및 지정취소의 기준과 절차 등에 필요한 사항은 대통령령으로 정한다.	**제15조 【녹색건축센터의 지정 등】** ① 법 제23조제1항에서 "대통령령으로 정하는 전문기관"이란 다음 각 호의 기관 또는 단체를 말한다. 〈개정 2015.5.28., 2015.7.24., 2016.12.30., 2018.1.16., 2020.12.1., 2020.12.8., 2022.4.12.〉 1. 건축공간연구원 2. 한국부동산원 3. 한국에너지공단 4. 「과학기술분야 정부출연연구기관 등의 설립·운영 및 육성에 관한 법률」 제8조에 따른 한국건설기술연구원(이하 "한국건설기술연구원"이라 한다) 5. 「국토안전관리원법」에 따른 국토안전관리원(이하 "국토안전관리원"이라 한다) 5의2. 「한국토지주택공사법」에 따른 한국토지주택공사(이하 "한국토지주택공사"라 한다) 6. 그 밖에 국토교통부장관이 녹색건축물 조성을 위한 녹색기술의 연구·개발 및 보급 등에 관한 업무를 수행할 인력, 조직, 예산 및 시설을 갖추었다고 인정하여 고시하는 기관 또는 단체 ② 중앙행정기관의 장은 소관 업무의 수행과 관련하여 녹색건축물 조성기술의 연구·개발을 지원하기 위하여 필요한 경우 국토교통부장관이 정하는 인력, 조직, 예산 및 시설을 갖춘 기관 또는 단체를 녹색건축센터로 지정하여 줄 것을 국토교통부장관에게 요청할 수 있다. 〈개정 2013.3.23〉 ③ 법 제23조제1항에 따라 녹색건축센터로 지정받으려는 자는 다음 각 호의 구분에 따른 요건을 갖추어야 한다. 〈개정 2016.12.30., 2024.12.17.〉 1. 법 제23조제2항제1호에 해당하는 업무를 수행하려는 경우	**제10조 【녹색건축센터의 지정】** ① 영 제15조제4항에 따른 녹색건축센터 지정신청서는 별지 제6호서식에 따르고, 같은 조 제5항에 따른 녹색건축센터 지정서는 별지 제7호서식에 따른다. ② 제1항의 녹색건축센터 지정신청서를 제출받은 국토교통부장관은 「전자정부법」 제36조제1항에 따른 행정정보의 공동이용을 통하여 신청인의 법인 등기사항증명서 또는 사업자등록증명을 확인하여야 한다. 다만, 사업자등록증명의 확인에 신청인이 동의하지 아니하는 경우에는 그 서류의 사본을 제출하도록 하여야 한다. 〈개정 2024.12.23.〉

법	시 행 령	시 행 규 칙
	가. 전담조직 · 예산 · 사무실과 사업계획 및 운영규정을 갖출 것 나. 전산 관련 업무 전문가 2명 이상, 전산실 및 보안체계 등 전산정보처리조직을 갖출 것 2. 법 제23조제2항제2호 및 제5호에 해당하는 업무를 수행하려는 경우 가. 제1호가목의 요건을 갖출 것 나. 법 제16조 및 제17조에 따른 인증업무를 수행할 수 있는 전문인력을 10명 이상 보유할 것 3. 법 제23조제2항제6호에 따른 업무를 수행하려는 경우: 제1호가목의 요건을 갖출 것 ④ 법 제23조제1항에 따라 녹색건축센터로 지정받으려는 자는 국토교통부령으로 정하는 녹색건축센터 지정신청서에 다음 각 호의 서류를 첨부하여 국토교통부장관에게 제출하여야 한다. 〈개정 2013.3.23., 2024.12.17.〉 1. 녹색건축센터 운영계획 2. 녹색건축센터 조직 현황 3. 녹색건축센터 인력 및 시설 확보 현황 4. 녹색건축센터 운영에 따른 예산 및 조달계획 5. 법 제16조제2항 또는 제17조제2항에 따라 인증기관으로 지정되었음을 증명하는 서류(법 제23조제2항제2호 또는 제5호의 업무를 수행하려는 자로 한정한다) ⑤ 국토교통부장관은 법 제23조제1항에 따라 녹색건축센터로 지정한 경우(같은 조 제3항에 따라 녹색건축지원센터, 녹색건축사업센터 및 제로에너지건축물 지원센터로 구분하여 지정한 경우를 포함한다)에는 국토교통부령으로 정하는 녹색건축센터 지정서를 발급하고, 그 사실을 관보에 공고하여야 한다. 〈개정 2013.3.23., 2024.12.17.〉	

법	시 행 령	시 행 규 칙
	⑥ 녹색건축센터는 다음 각 호의 구분에 따른 시기까지 녹색건축센터의 사업내용을 국토교통부장관에게 보고하여야 한다. 〈개정 2013.3.23〉 1. 그 해의 사업계획: 매년 2월 말일까지 2. 분기별 사업추진 실적: 매 분기 말일을 기준으로 다음 달 10일까지 3. 전년도 사업추진 실적: 다음 해 3월 31일까지 **제16조【녹색건축센터의 지정취소】** ① 국토교통부장관은 다음 각 호의 어느 하나에 해당하는 경우에는 녹색건축센터의 지정을 취소할 수 있다. 다만, 제1호에 해당하는 경우에는 녹색건축센터의 지정을 취소하여야 한다. 〈개정 2013.3.23〉 1. 거짓이나 부정한 방법으로 녹색건축센터로 지정받은 경우 2. 정당한 사유 없이 지정받은 날부터 6개월 이상 녹색건축센터의 업무를 수행하지 아니하는 경우 3. 제15조제3항에 따른 요건을 갖추지 못하게 된 경우 4. 그 밖에 녹색건축센터로서의 업무를 수행할 수 없게 된 경우 ② 국토교통부장관은 제1항에 따라 녹색건축센터의 지정을 취소한 경우에는 그 사실을 관보에 공고하여야 한다. 다만, 수선은 창·문, 설비·기기, 단열재 등을 통하여 에너지성능을 개선하는 사업으로 한정한다.〈개정 2013.3.23〉	
제24조【녹색건축물 조성 시범사업 실시】 ① 중앙행정기관의 장 및 지방자치단체의 장은 녹색건축물에 대한 국민의 인식을 높이고 녹색건축물 조성의 촉진을 위하여 다음	**제17조【녹색건축물 조성 시범사업】** 법 제24조제1항제4호에서 "대통령령으로 정하는 사업"이란 국토교통부장관이 법 제13조제1항에 따라 고시하는 기준에 적합하게 기존 주	**제11조【녹색건축물 조성 시범사업의 지정절차 등】** ① 법 제24조제1항에 따른 녹색건축물 조성 시범사업(이하 "

법	시 행 령	시 행 규 칙
각 호의 사업을 시범사업으로 지정할 수 있다. 〈개정 2016.1.19.〉 1. 공공기관이 시행하는 사업 2. 기존 주택을 녹색건축물로 전환하는 사업 3. 녹색건축물을 신규로 조성하는 사업 4. 기존 주택 외의 건축물을 녹색건축물로 전환하는 사업으로서 대통령령으로 정하는 사업 ② 중앙행정기관의 장 및 지방자치단체의 장은 제1항에 따른 시범사업에 대하여 재정지원 등을 통하여 지원할 수 있다. ③ 제1항 및 제2항에 따른 녹색건축물 조성 시범사업의 지정절차, 녹색건축물 조성 기준의 적용, 재정지원 등에 대하여 필요한 사항은 국토교통부령으로 정한다. 〈개정 2013.3.23.〉 **제25조【녹색건축물 조성사업에 대한 지원 · 특례 등】** ① 국가 및 지방자치단체는 녹색건축물 조성을 위한 사업 등에 대하여 보조금의 지급 등 필요한 지원을 할 수 있다. ② 「신용보증기금법」에 따라 설립된 신용보증기금 및 「기술보증기금법」에 따라 설립된 기술보증기금은 녹색건축물 조성사업에 우선적으로 신용보증을 하거나 보증조건 등을 우대할 수 있다. 〈개정 2016.3.29.〉 ③ 국가 및 지방자치단체는 녹색건축물 조성사업과 관련된 기업을 지원하기 위하여 「조세특례제한법」과 「지방세특례제한법」에서 정하는 바에 따라 소득세 · 법인세 · 취득세 · 재산세 · 등록세 등을 감면할 수 있다. 〈개정 2016.1.19.〉 ④ 국가 및 지방자치단체는 녹색건축물 조성사업과 관련된 기업이 「외국인투자 촉진법」 제2조제1항제4호에 따른 외국인투자를 유치하는 경우에 이를 최대한 지원하기 위하여	택 외의 건축물을 녹색건축물로 전환하기 위하여 건축물의 리모델링 · 증축 · 개축 · 대수선 및 수선을 하는 사업을 말한다. 다만, 수선은 창 · 문, 설비 · 기기, 단열재 등을 통하여 에너지성능을 개선하는 사업으로 한정한다. 〈개정 2015.5.28., 2016.12.30.〉 **고시** 기존 건축물의 에너지성능 개선기준 (국토교통부고시 제2024-893호, 2024.12.30.) **제18조** 삭제 〈2015.5.28.〉	시범사업"이라 한다)으로 지정을 받으려는 자는 다음 각 호의 사항에 대한 근거 자료를 첨부하여 중앙행정기관의 장 및 지방자치단체의 장에게 신청하여야 한다. 1. 시범사업 추진계획(시범사업의 위치 · 범위 · 면적 등 사업규모를 포함한다) 2. 시범사업의 지정 목적 및 필요성 3. 녹색건축물 조성 기준의 구체적인 적용 방법 4. 시범사업의 적용기술 및 효과 5. 시범사업의 모니터링 및 유지 · 관리 등 사후관리 방법 ② 중앙행정기관의 장 및 지방자치단체의 장은 제1항에 따른 녹색건축물 조성 시범사업을 지정하거나 지정을 취소하는 경우에는 다음 각 호의 사항을 관보에 고시하여야 한다. 1. 시범사업의 지정 또는 지정 취소 사유 2. 시범사업의 위치 · 범위 · 면적 등 사업규모 ③ 시범사업은 법 제13조제1항, 제15조제1항, 제16조제6항 및 제17조제5항에 따른 녹색건축물 조성 기준에 적합해야 한다. 〈개정 2017.1.20., 2019.12.31., 2024.12.23.〉

법	시 행 령	시 행 규 칙
노력하여야 한다. **제26조【금융의 지원 및 활성화】** 정부는 녹색건축물 조성을 촉진하기 위하여 다음 각 호의 사항을 포함하는 금융시책을 수립·시행하여야 한다. 1. 녹색건축물 조성의 지원 등을 위한 재원의 조성 및 자금 지원 2. 녹색건축물 조성을 지원하는 새로운 금융상품의 개발 3. 녹색건축물 조성을 위한 기반시설 구축사업에 대한 민간투자 활성화		④ 중앙행정기관의 장 및 지방자치단체의 장은 녹색건축물 조성 시범사업이 원활하게 추진될 수 있도록 다음 각 호의 어느 하나에 해당하는 전문가에게 자문할 수 있다. 〈개정 2015.5.29.〉 1. 법 제23조제1항에 따른 녹색건축센터의 장 2. 「건축사법」 제2조제1호에 따른 건축사 3. 「기술사법」 제2조에 따른 기술사(건축, 에너지 또는 설비 분야로 한정한다) 4. 대학에서 건축, 에너지 또는 설비 관련 학문을 전공한 사람으로서 「고등교육법」 제2조에 따른 학교 또는 공인된 연구기관에서 부교수 이상의 직 또는 이에 상당하는 직에 있거나 있었던 사람 5. 건축물에너지평가사 ⑤ 중앙행정기관의 장 및 지방자치단체의 장은 시범사업의 실시와 관련하여 필요한 경우 국토교통부장관에게 시범사업의 실시에 필요한 지원을 요청할 수 있다 . 〈개정 2013.3.23〉 ⑥ 제5항에 따른 지원 요청을 받은 국토교통부장관은 다음 각 호의 사항을 고려하여 시범사업의 실시에 필요한 지원을 결정하여야 한다. 〈개정

법	시 행 령	시 행 규 칙
		2013.3.23.〉 1. 국가 및 지방자치단체의 녹색건축물 조성 목표 설정 기여도 2. 건축물의 온실가스 배출량 감소 정도 3. 실효적인 녹색건축물 조성 기준 개발 가능성
제6장 그린리모델링 활성화 〈신설 2014.5.28.〉 **제27조【그린리모델링에 대한 지원】** 국가 및 지방자치단체는 에너지 성능향상 및 효율 개선 등을 위한 리모델링(이하 "그린리모델링"이라 한다)에 대하여 보조금의 지급 등 필요한 지원을 할 수 있다. 이 경우 국토교통부장관은 지원받을 그린리모델링의 구체적인 대상 · 범위 및 기준 등을 고시하여야 한다. [본조신설 2014.5.28.][종전 제27조는 제35조로 이동]	**고시** 그린리모델링 지원사업 운영 등에 관한 고시 (국토교통부고시 제2023-385호, 2023.7.5.)	
제28조【그린리모델링기금의 조성 등】 ① 시 · 도지사는 그린리모델링을 효율적으로 시행하기 위한 그린리모델링기금(이하 "기금"이라 한다)을 설치하여야 하고, 시장(「제주특별자치도 설치 및 국제자유도시 조성을 위한 특별법」 제11조제2항에 따른 행정시장은 제외한다) · 군수 · 구청장은 조례로 정하는 바에 따라 기금을 설치할 수 있다. 〈개정 2017.12.26.〉 ② 기금은 다음 각 호의 재원으로 조성한다. 〈개정 2017.12.26.〉		

법	시 행 령	시행규칙
1. 정부 외의 자(「공공기관의 운영에 관한 법률」 제5조제3항제1호의 공기업을 포함한다)로부터의 출연금 및 기부금 2. 일반회계 또는 다른 기금으로부터의 전입금 3. 기금의 운용수익금 4. 「건축법」 제80조에 따른 이행강제금으로부터의 전입금 5. 그 밖에 해당 지방자치단체의 조례로 정하는 수익금 ③ 기금의 운용 및 관리에 필요한 사항은 해당 지방자치단체의 조례로 정한다. 〈개정 2017.12.26.〉 [본조신설 2014.5.28.][종전 제27조는 제36조로 이동]		
제29조【그린리모델링 창조센터의 설립】 ① 국토교통부장관은 그린리모델링 대상 건축물의 지원 및 관리를 위하여 그린리모델링 창조센터를 설립하거나 그린리모델링 업무를 전문으로 하는 공공기관을 그린리모델링 창조센터로 지정할 수 있다. 다만, 그린리모델링 창조센터를 설립하고자 하는 경우에는 기획재정부장관과 사전에 협의를 하여야 한다. ② 그린리모델링 창조센터는 센터의 효율적인 운영을 위하여 필요한 경우에는 중앙행정기관, 지방자치단체 소속의 공무원 및 대통령령으로 정하는 공공기관, 관련 민간기관·단체 또는 연구소, 기업 임직원 등의 파견 또는 겸임을 요청할 수 있다. ③ 그린리모델링 창조센터는 다음 각 호의 사업을 수행한다. 〈개정 2016.1.19.〉 1. 건축물의 에너지성능 향상 또는 효율 개선 및 이를 통하여 온실가스의 배출을 줄이기 위한 사업 2. 그린리모델링 기술의 연구·개발·도입·지도 및 보급 3. 그린리모델링 사업발굴, 기획, 타당성 분석 및 사업관리	**제18조의2【그린리모델링 창조센터의 지정 】** ① 국토교통부장관은 법 제29조제1항 본문에 따라 그린리모델링 창조센터를 지정한 경우에는 그 사실을 관보 및 홈페이지에 공고하여야 한다. ② 법 제29조제2항에서 "대통령령으로 정하는 공공기관"이란 다음 각 호의 기관 또는 단체를 말한다. 〈개정 2015.7.24., 2016.12.30., 2020.12.1., 2020.12.8., 2022.4.12〉 1. 건축공간연구원 2. 한국부동산원 3. 한국에너지공단 4. 한국건설기술연구원 5. 국토안전관리원 5의2. 한국토지주택공사 6. 제1호부터 제5호까지의 기관 외에 그린리모델링 업무에 전문성이 있는 기관 또는 단체 ③ 법 제29조제5항에 따라 제출하여야 하는 사업계획서에는 다음 각 호의 사항을 포함하여야 한다. 1. 전년도 사업실적 및 금년도 사업내용	

법	시 행 령	시 행 규 칙
4. 건축물의 에너지성능 평가 및 개선에 관한 사항 5. 에너지성능 향상 및 효율 개선에 관한 조사 · 연구 · 교육 및 홍보 6. 기존 건축물의 에너지성능 향상 및 효율 개선을 위한 지원 및 자금관리 7. 그린리모델링 전문가 양성 및 교육 8. 국가 및 지방자치단체가 시행하는 그린리모델링 사업의 발주, 사업자 선정, 수행, 관리 등의 업무 및 업무지원 9. 제1호부터 제8호까지의 사업과 관련된 사업 ④ 정부는 그린리모델링 창조센터의 사업과 운영에 필요한 비용을 충당하기 위하여 예산의 범위에서 출연금을 지급하거나 행정적 · 재정적 지원을 할 수 있다. ⑤ 그린리모델링 창조센터는 대통령령으로 정하는 바에 따라 사업계획서 등을 다음 각 호의 구분에 해당하는 시기에 국토교통부장관에게 제출하여야 한다. 1. 사업계획서 및 예산서: 매 사업연도 개시일까지 2. 사업연도 결산서: 다음 사업연도 3월 31일까지 ⑥ 그 밖에 그린리모델링 창조센터의 설립 · 지정과 운영 등 필요한 사항은 대통령령으로 정한다. [본조신설 2014.5.28.][종전 제27조는 제37조로 이동]	2. 그린리모델링 업무의 운영 계획 3. 조직 현황 4. 인력 및 시설 확보 현황 [본조신설 2015.5.28.]	
제30조【그린리모델링 사업의 등록】 ① 국토교통부장관은 제29조제3항 각 호의 사업 중 대통령령으로 정하는 사업을 제3자로부터 위탁을 받아 시행하려는 자(이하 "그린리모델링 사업자"라 한다)에게 필요한 지원을 할 수 있다.	**제18조의3【그린리모델링 사업의 범위】** ① 법 제30조제1항에서 "대통령령으로 정하는 사업"이란 다음 각 호의 사업을 말한다. 1. 건축물의 에너지성능 향상 또는 효율 개선 사업 2. 기존 건축물을 녹색건축물로 전환하는 사업 3. 그린리모델링 사업발굴, 기획, 타당성 분석, 설계 · 시공 및 사후관리 등에 관한 사업	

법	시 행 령	시 행 규 칙

법

② 제1항에 따른 그린리모델링 사업자로 등록하려는 자는 대통령령으로 정하는 바에 따라 장비, 자산 및 기술인력 등의 등록기준을 갖추어 국토교통부장관에게 등록을 신청하여야 한다. 이 경우 국토교통부장관은 그린리모델링 사업자 등록 및 관리업무를 그린리모델링 창조센터에 위탁할 수 있다.

③ 국토교통부장관은 제2항에 따라 그린리모델링 사업자로 등록한 자가 다음 각 호의 어느 하나에 해당하는 경우에는 등록을 취소하거나 1년 이내의 기간을 정하여 업무의 전부 또는 일부의 정지를 명할 수 있다. 다만, 제1호에 해당하는 경우에는 그 등록을 취소하여야 한다.

1. 거짓이나 부정한 방법으로 등록을 한 경우
2. 정당한 사유 없이 등록한 날부터 2년 이상 계속하여 업무를 수행하지 아니한 경우
3. 등록기준 및 절차를 위반하여 업무를 수행한 경우
4. 정당한 사유 없이 업무수행을 거부한 경우
5. 그 밖에 그린리모델링 사업자로서의 업무를 수행할 수 없게 된 경우

[본조신설 2014.5.28.][종전 제27조는 제38조로 이동]

시행령

4. 그린리모델링을 통한 에너지 절감 예상액의 배분을 기초로 재원을 조달하여 그린리모델링을 하는 사업

[본조신설 2015.5.28.]

제18조의4【그린리모델링 사업자의 등록 】 ① 법 제30조제2항 전단에 따른 그린리모델링 사업자의 등록기준은 다음 각 호와 같다. 〈개정 2022.4.12〉

1. 인력기준: 다음 각 목의 어느 하나에 해당하는 자로서 상시 근무하는 자 1명(「국가기술자격법」, 「건설기술 진흥법」 또는 이 법에 따라 그 자격이 정지되거나 업무정지처분을 받고 그 기간 중에 있는 자는 제외한다) 이상
   가. 「건설기술 진흥법 시행령」 별표 1에 따른 건축분야 중급기술자
   나. 건축물에너지평가사
2. 장비기준
   가. 컴퓨터
   나. 건물에너지 시뮬레이션 프로그램
   다. 온도 · 습도계
   라. 표면온도계
3. 시설기준: 그린리모델링 사업에 필요한 사무실 등 사무공간(다른 자와 공동으로 사용하는 사무공간을 포함한다)

② 그린리모델링 사업자는 제1항에 따라 등록한 사항을 변경하려는 경우에는 국토교통부장관에게 변경등록을 하여야 한다.

[본조신설 2015.5.28.]

법	시 행 령	시 행 규 칙

제7장 건축물에너지평가사〈신설 2014.5.28.〉

제31조【건축물에너지평가사 자격시험 등】 ① 건축물에너지평가사가 되려는 사람은 국토교통부장관이 실시하는 자격시험에 합격하여야 한다. 이 경우 국토교통부장관은 자격시험에 합격한 사람에게 자격증을 발급하여야 한다.

② 다음 각 호의 어느 하나에 해당하는 사람은 건축물에너지평가사가 될 수 없다. 〈개정 2018.6.12〉

1. 피성년후견인 또는 미성년자
2. 삭제 〈2018.6.12〉
3. 이 법, 「에너지이용합리화법」, 「신에너지 및 재생에너지 개발·이용·보급 촉진법」을 위반하여 징역 이상의 실형을 선고받고 그 형의 집행이 끝나거나(집행이 끝난 것으로 보는 경우를 포함한다) 집행을 받지 아니하기로 확정된 날부터 2년이 지나지 아니한 사람
4. 이 법, 「에너지이용합리화법」, 「신에너지 및 재생에너지 개발·이용·보급 촉진법」을 위반하여 징역 이상의 형의 집행유예를 선고받고 그 유예기간 중에 있는 사람
5. 제33조에 따라 건축물에너지평가사의 자격이 취소(이 항 제1호에 해당하여 자격이 취소된 경우는 제외한다)된 후 3년이 지나지 아니한 사람

③ 건축물에너지평가사 자격시험에 합격한 사람이 제17조의 제로에너지건축물 인증평가 업무를 하려면 국토교통부장관이 실시하는 교육훈련을 이수하여야 한다. 〈개정 2024.2.20.〉

④ 건축물에너지평가사가 아닌 자는 건축물에너지평가사 또는 이와 비슷한 명칭을 사용하지 못한다.

⑤ 건축물에너지평가사 자격시험의 등급구분, 응시자격, 검

제12조【건축물에너지평가사 자격시험의 시행 및 응시자격】 ① 법 제31조제1항에 따른 건축물에너지평가사 자격시험(이하 "자격시험"이라 한다)은 매년 1회 이상 시행한다. 다만, 부득이한 사정이 있는 경우에는 법 제34조에 따른 건축물에너지평가사 자격심의위원회(이하 "자격심의위원회"라 한다)의 심의를 거쳐 해당 연도의 시험을 시행하지 아니할 수 있다.

② 법 제31조제5항에 따른 자격시험의 응시자격은 별표 2와 같다.

[본조신설 2015.5.29.]

[종전 제12조는 제20조로 이동〈2015.5.29.〉]

제13조【검정수수료】 ① 자격시험에 응시하려는 사람은 법 제31조제6항에 따른 전문기관(이하 "전문기관"이라 한다)의 장이 정하는 검정 수수료를 납부하여야 한다.

② 전문기관의 장은 제1항에 따라 검정 수수료를 납부한 사람에 대하여 다음 각 호의 구분에 따라 검정 수수료의 전부 또는 일부를 반환하여야 한다. 〈개정 2024.9.26.〉

1. 수수료를 과오납(過誤納)한 경우:

법	시 행 령	시 행 규 칙
정방법, 시험과목의 일부면제, 자격 관리, 시험절차, 검정수수료, 경력관리 및 교육훈련의 방법, 자격시험 시행기관의 지정기준 등 필요한 사항은 국토교통부령으로 정한다.		과오납한 금액의 전부 2. 전문기관의 책임 있는 사유로 응시하지 못한 경우: 납부한 수수료 전부 3. 응시원서 접수기간에 접수를 취소하는 경우: 납부한 수수료 전부 4. 응시원서 접수 마감일의 다음 날부터 시험 시행 5일 전까지 접수를 취소하는 경우: 납부한 수수료의 100분의 50 5. 사고 또는 질병으로 입원(시험일이 입원기간에 포함되는 경우로 한정한다)하여 시험에 응시하지 못한 경우: 납부한 수수료 전부 〈신설 2024.9.26.〉 6. 「감염병의 예방 및 관리에 관한 법률」에 따른 치료·입원 또는 격리(시험일이 치료·입원 또는 격리 기간에 포함되는 경우로 한정한다) 처분을 받아 시험에 응시하지 못한 경우: 납부한 수수료 전부 〈신설 2024.9.26.〉 7. 본인이 사망하거나 다음 각 목의 사람이 시험일 7일 전부터 시험일까지의 기간에 사망하여 시험에 응시하지 못한 경우: 납부한 수수료 전부 〈신설 2024.9.26.〉 가. 응시수수료를 낸 사람의 배우자 나. 응시수수료를 낸 사람 본인 및 배우자의 자녀

법	시 행 령	시 행 규 칙
		다. 응시수수료를 낸 사람 본인 및 배우자의 부모 라. 응시수수료를 낸 사람 본인 및 배우자의 조부모·외조부모 마. 응시수수료를 낸 사람 본인 및 배우자의 형제자매 [본조신설 2015.5.29.] **제14조【시험방법 및 절차】** ① 자격시험은 제1차 시험과 제2차 시험으로 구분하여 다음 각 호의 방법으로 시행한다. 1. 제1차 시험: 선택형으로 하되, 기입형 또는 논문형을 포함할 수 있다. 2. 제2차 시험: 기입형, 서술형, 계산형 또는 논문형 등으로 한다. ② 제1차 시험에 합격하지 아니하면 제2차 시험에 응시할 수 없다. ③ 제1차 시험 및 제2차 시험의 과목 및 시험과목의 면제범위는 별표 3과 같다. [본조신설 2015.5.29.] **제15조【합격자의 결정 및 제1차 시험의 면제】** ① 제1차 시험과 제2차 시험의 합격자는 과목당 100점을 만점으로 하여 매 과목 40점 이상, 전 과목 평균 60점 이상을 득점한 사람으로 한다.

법	시 행 령	시 행 규 칙
		② 제1차 시험에 합격한 사람에 대해서는 다음 회의 시험에 한정하여 제1차 시험을 면제한다. ③ 제1차 시험의 합격자는 제2차 시험에 응시하려면 응시자격 확인에 필요한 증명서류를 전문기관의 장에게 제출하여야 한다. ④ 전문기관의 장은 제3항에 따른 응시자격 확인을 위하여 필요한 경우에는 관계 기관 또는 단체에 관련 자료를 요청할 수 있다. 이 경우 관련 자료 제출을 요청받은 기관 또는 단체는 특별한 사유가 없으면 요청에 따라야 한다. [본조신설 2015.5.29.] **제16조【자격·경력관리 및 교육훈련 등】** ① 법 제31조제1항에 따른 자격증은 별지 제8호서식과 같다. ② 법 제31조제1항에 따라 자격증을 발급받은 사람은 근무처·경력·학력 등(이하 "근무처 등"이라 한다)의 관리에 필요한 사항을 전문기관의 장에게 통보할 수 있다. 근무처 등에 관한 사항이 변경된 경우에도 또한 같다. ③ 전문기관의 장은 제2항에 따라 통보받은 근무처 등에 관한 사항을 기록·관리하여야 하며, 건축물에너지평가사가 근무처 등에 관한 증명서를 신청하면 이를 발급하여야 한다.

법	시 행 령	시 행 규 칙
⑥ 국토교통부장관은 제1항에 따른 건축물에너지평가사 자격시험 및 관련 업무의 수행을 위하여 국토교통부령으로 정하는 바에 따라 전문기관을 지정하고 다음 각 호의 업무를 위탁할 수 있다. 1. 건축물에너지평가사 자격시험에 관한 업무 2. 건축물에너지평가사 교육훈련에 관한 업무		④ 국토교통부장관은 관계 기관 또는 단체에 제2항에 따라 통보받은 근무처 등의 확인을 요청할 수 있다. 이 경우 확인 요청을 받은 기관 또는 단체는 특별한 사유가 없으면 요청에 따라야 한다. ⑤ 법 제31조제3항에 따라 건축물에너지평가사 자격시험에 합격한 사람이 제로에너지건축물 인증 평가 업무를 하려면 전문기관의 장이 실시하는 실무교육을 3개월 이상 받아야 한다. 〈신설 2015.11.18., 2024.12.23.〉 ⑥ 건축물에너지평가사는 법 제31조제3항에 따라 전문기관의 장이 실시하는 교육훈련을 3년마다 20시간 이상 받아야 한다. 〈개정 2015.11.18.〉 ⑦ 전문기관의 장은 자격·경력관리, 교육훈련 등 필요한 사항에 대하여 신청인으로부터 일정한 수수료를 받을 수 있다. 〈개정 2015.11.18.〉 [본조신설 2015.5.29.] **제17조【전문기관의 지정 및 업무위탁】** ① 법 제31조제6항에 따른 전문기관은 한국에너지공단으로 한다. 〈개정 2017.1.20.〉 ② 국토교통부장관은 제1항에 따른 전문기관에 법 제31조제6항 각 호의 업

법	시행령	시행규칙

3. 건축물에너지평가사의 경력관리 및 지원에 관한 업무
4. 그 밖에 국토교통부령으로 정하는 업무

[본조신설 2014.5.28.][종전 제27조는 제41조로 이동]

제32조【건축물에너지평가사의 준수사항】 ① 건축물에너지평가사는 관련 규정에 따라 업무를 공정하게 수행하여야 한다.

② 건축물에너지평가사는 국토교통부장관으로부터 발급받은 건축물에너지평가사 자격증을 다른 사람에게 빌려주거나, 다른 사람에게 자기의 이름으로 건축물에너지평가사 업무를 하게 하여서는 아니 된다.

③ 누구든지 다른 사람의 건축물에너지평가사 자격증을 빌리거나, 다른 사람의 이름을 사용하여 건축물에너지평가사 업무를 수행해서는 아니 된다. 〈신설 2020.4.7.〉

④ 누구든지 제2항이나 제3항에서 금지된 행위를 알선해서는 아니 된다. 〈신설 2020.4.7.〉

[본조신설 2014.5.28.]

제33조【건축물에너지평가사의 자격취소 등】 ① 국토교통부장관은 건축물에너지평가사가 다음 각 호의 어느 하나에 해당하면 그 자격을 취소하거나 3년의 범위에서 자격을 정지시킬 수 있다. 다만, 제1호·제2호 및 제4호에 해당하는 경우에는 그 자격을 취소하여야 한다. 〈개정 2020.4.7.〉

1. 거짓이나 그 밖의 부정한 방법으로 건축물에너지평가사 자격을 취득한 경우
2. 최근 1년 이내에 두 번의 자격정지처분을 받고 다시 자격정지처분에 해당하는 행위를 한 경우

제18조의5【건축물에너지평가사 자격의 취소 및 정지 처분기준】 법 제33조제2항에 따른 건축물에너지평가사에 대한 자격의 취소 및 정지에 관한 처분의 기준은 별표 1의2와 같다. 〈개정 2019.12.31.〉

[본조신설 2015.5.28.]

[별표 1의2] 건축물에너지평가사 자격의 취소 및 정지에 관한 처분기준(제18조의5 관련) <개정 2019.12.19>

위반행위	근거 법조문	행정처분기준
1. 거짓이나 그 밖의 부정한 방법으로 건축물에너지평가사 자격을 취득한 경우	법 제33조 제1항제1호	자격취소

무를 위탁한다.

[본조신설 2015.5.29.]

제18조 삭제 〈2024.12.23.〉

법	시 행 령	시 행 규 칙

법

3. 고의 또는 중대한 과실로 건축물에너지평가 업무를 거짓 또는 부실하게 수행한 경우
4. 제31조제2항 각 호의 어느 하나에 해당하는 경우
5. 제32조제2항 또는 제4항을 위반한 경우
6. 자격정지처분 기간 중에 건축물에너지평가 업무를 한 경우

② 제1항에 따른 건축물에너지평가사 자격의 취소 및 정지 처분에 관한 기준은 그 처분의 사유와 위반의 정도 등을 고려하여 대통령령으로 정한다.

[본조신설 2014.5.28.]

제34조【건축물에너지평가사 자격심의위원회】 ① 건축물에너지평가사 자격 취득 및 시험 운영과 관련한 다음 각 호의 사항을 심의하기 위하여 국토교통부에 건축물에너지평가사 자격심의위원회를 둘 수 있다.

1. 응시자격, 시험과목 등 시험에 관한 사항
2. 시험 선발인원의 결정에 관한 사항
3. 시험과목의 일부 면제 대상자에 관한 사항
4. 그 밖에 건축물에너지평가사 자격의 취득과 관련한 사항

② 제1항에 따른 건축물에너지평가사 자격심의위원회의 구성·기능 및 운영 등 필요한 사항은 국토교통부령으로 정한다.

[본조신설 2014.5.28.]

시행령

2. 최근 1년 이내에 두 번의 자격정지 처분을 받고 다시 자격정지처분에 해당하는 행위를 한 경우	법 제33조 제1항제2호	자격취소
3. 고의 또는 중대한 과실로 건축물에너지평가 업무를 거짓 또는 부실하게 수행한 경우	법 제33조 제1항제3호	
가. 금고 이상의 형을 선고받고 그 형이 확정된 경우		자격취소
나. 벌금 이하의 형을 선고받고 그 형이 확정된 경우		자격정지 2년
다. 가목 및 나목 외의 경우		자격정지 1년
4. 법 제31조제2항 각 호의 어느 하나에 해당하는 경우	법 제33조 제1항제4호	자격취소
5. 법 제32조제2항을 위반하여 자격증을 다른 사람에게 빌려주거나, 다른 사람에게 자기의 이름으로 건축물에너지평가사의 업무를 하게 한 경우	법 제33조 제1항제5호	
가. 1회 위반한 경우		자격정지 3년
나. 2회 이상 위반한 경우		자격취소
다. 다른 사람에게 손해를 끼친 경우		자격취소
6. 자격정지처분 기간 중에 건축물에너지평가 업무를 한 경우	법 제33조 제1항제6호	자격취소

시행규칙

제19조【자격심의위원회 구성 및 운영】 ① 자격심의위원회는 위원장 1명을 포함하여 15명 이내의 위원으로 구성한다.

② 심의위원회의 위원은 전문기관의 장이 추천하는 건축물 에너지평가 관련 분야 전문가 중에서 국토교통부장관이 위촉하되, 성별을 고려하여야 한다.

③ 위원장은 위원 중에서 호선(互選)한다.

④ 위원장 및 다른 위원의 임기는 3년으로 한다.

⑤ 심의위원회의 회의는 재적위원 과반수의 출석으로 개의하고, 출석위원 과반수의 찬성으로 의결한다.

⑥ 심의위원회에 출석한 위원에게는 예산의 범위 안에서 수당 및 여비를

지급할 수 있다.
⑦ 제1항부터 제6항까지 규정한 사항 외에 심의위원회 운영에 필요한 사항은 국토교통부장관이 정한다.
[본조신설 2015.5.29.]

제8장 보칙 〈개정 2014.5.28.〉

제35조【권한의 위임 및 위탁 등】 ① 이 법에 따른 국토교통부장관의 업무는 대통령령으로 정하는 바에 따라 그 일부를 시·도지사에게 위임할 수 있다. 〈개정 2014.5.28.〉
② 국토교통부장관은 제6조의2 각 호의 사업을 효율적으로 추진하기 위하여 다음 각 호의 어느 하나에 해당하는 자에게 사업을 위탁할 수 있다. 〈신설 2014.5.28., 2016.3.22., 2025.1.31./시행 2026.2.1.〉
1. 중앙행정기관, 지방자치단체 및 공공기관
2. 국공립연구기관
3. 「특정연구기관 육성법」에 따른 특정연구기관
4. 「기초연구진흥 및 기술개발지원에 관한 법률」 제14조제1항제2호에 따른 기업연구소(→「기업부설연구소등의 연구개발 지원에 관한 법률」 제7조제1항에 따라 인정받은 기업부설연구소)
5. 「산업기술연구조합 육성법」에 따른 산업기술연구조합
6. 「고등교육법」에 따른 대학 또는 전문대학
7. 제23조에 따른 녹색건축센터
8. 그 밖에 국토교통부장관이 업무수행에 적합하다고 인정하는 자
③ 국토교통부장관은 제13조의2에 따라 공공건축물의 에너지 소비량 관리를 위한 업무를 대통령령으로 정하는 기관

제19조【업무의 위탁】 ① 법 제35조제3항에서 "대통령령으로 정하는 기관 또는 단체"란 법 제23조에 따른 녹색

법	시 행 령	시 행 규 칙
또는 단체에 위탁할 수 있다. 〈신설 2014.5.28.〉 ④ 국토교통부장관은 제2항 및 제3항에 해당하는 기관에게 업무를 수행하는 데에 필요한 비용의 일부를 출연하거나 지원할 수 있다. 〈신설 2014.5.28.〉 [제목개정 2014.5.28.][제27조에서 이동]	건축센터를 말한다. ② 법 제36조제2항에서 "대통령령으로 정하는 관련 기관이나 단체"란 법 제23조에 따른 녹색건축센터 및 법 제29조에 따른 그린리모델링 창조센터를 말한다. [전문개정 2015.5.28.]	
제36조【국제협력 및 해외진출의 지원】 ① 국토교통부장관은 녹색건축물 조성사업의 국제협력과 해외진출을 촉진하기 위하여 필요한 경우에는 관련 정보의 제공, 해외진출에 대한 상담·지도, 관련 기술 및 인력의 국제교류, 국제행사에의 참가, 국제공동연구 개발사업 등을 지원할 수 있다. 〈개정 2013.3.23.〉 ② 국토교통부장관은 제1항에 따른 사업을 효율적으로 지원하기 위하여 대통령령으로 정하는 관련 기관이나 단체에 이를 위탁 또는 대행하게 할 수 있으며 예산의 범위에서 필요한 비용의 전부 또는 일부를 보조할 수 있다. 〈개정 2013.3.23.〉 [제28조에서 이동 2014.5.28.] **제37조【기본계획 보고】** 국토교통부장관은 기본계획을 수립하거나 조성계획을 보고받은 때에는 이를 「기후위기 대응을 위한 탄소중립·녹색성장 기본법」 제15조제1항에 따른 2050 탄소중립녹색성장위원회 및 「건축기본법」 제13조에 따른 국가건축정책위원회에 보고하여야 한다. 〈개정 2021.9.24.〉 [제29조에서 이동 2014.5.28.]		
제38조【국가보고서의 작성】 ① 국토교통부장관은 기본계획과 조성계획에서 정하는 바에 따라 국가보고서를 작성할 수 있다. 〈개정 2013.3.23〉		

법	시 행 령	시 행 규 칙
② 국토교통부장관은 제1항에 따른 국가보고서를 작성하기 위하여 필요한 경우 관계 중앙행정기관의 장, 지방자치단체의 장, 공공기관의 장에게 자료 제출을 요구할 수 있다. 이 경우 자료 제출 등을 요청받은 자는 특별한 사유가 없으면 이에 따라야 한다. 〈개정 2013.3.23.〉 [제30조에서 이동 2014.5.28.] **제39조【청문】** 국토교통부장관은 다음 각 호의 어느 하나에 해당하는 처분을 하려면 청문을 하여야 한다. 1. 제19조에 따른 인증기관 지정의 취소 2. 제20조에 따른 인증의 취소 3. 제23조에 따른 녹색건축센터의 지정 취소 4. 제30조에 따른 그린리모델링 사업자의 등록 취소 5. 제33조에 따른 건축물에너지평가사의 자격 취소 또는 정지 [본조신설 2014.5.28.]	**제19조의2(민감정보 및 고유식별정보의 처리)** 국토교통부장관(법 제31조제6항에 따라 국토교통부장관의 업무를 위탁받은 전문기관을 포함한다)은 다음 각 호의 업무를 수행하기 위해 불가피한 경우 「개인정보 보호법 시행령」 제18조제2호에 따른 범죄경력자료에 해당하는 정보(제1호의 업무로 한정한다), 같은 영 제19조제1호 또는 제4호에 따른 주민등록번호 또는 외국인등록번호가 포함된 자료를 처리할 수 있다. <u>1. 법 제31조제6항제1호에 따른 건축물에너지평가사 자격시험에 관한 업무</u> <u>2. 법 제31조제6항제2호에 따른 건축물에너지평가사 교육훈련에 관한 업무</u>	

법	시 행 령	시 행 규 칙
	3. 법 제31조제6항제3호에 따른 건축물에너지평가사의 경력관리 및 지원에 관한 업무 [본조신설 2024.12.17.] [종전 제19조의2는 제19조의3으로 이동 〈2024.12.17.〉]	
	제19조의3【규제의 재검토】 국토교통부장관은 제15조제1항에 따른 녹색건축센터 지정 대상에 대하여 2018년 1월 1일을 기준으로 3년마다(매 3년이 되는 해의 1월 1일 전까지를 말한다) 그 타당성을 검토하여 개선 등의 조치를 하여야 한다. [전문개정 2017.12.12.][제19조의2에서 이동〈2024.12.17.〉]	**제20조【규제의 재검토】** 국토교통부장관은 제7조제7항 및 별표에 따른 에너지 절약계획서 검토 수수료에 대하여 2017년 1월 1일을 기준으로 3년마다(매 3년이 되는 해의 1월 1일 전까지를 말한다) 그 타당성을 검토하여 개선 등의 조치를 하여야 한다. 〈개정 2015.5.29., 2017.1.20.〉 [본조신설 2015.3.5.] [제12조에서 이동 〈2015.5.29.〉]
제9장 벌칙〈신설 2014.5.28.〉 **제40조【벌칙】** 다음 각 호의 어느 하나에 해당하는 사람은 1년 이하의 징역 또는 1천만원 이하의 벌금에 처한다. 1. 제32조제2항을 위반하여 건축물에너지평가사 자격증을 다른 사람에게 빌려주거나, 다른 사람에게 자기의 이름으로 건축물에너지평가사 업무를 하게 한 사람 2. 제32조제3항을 위반하여 다른 사람의 건축물에너지평가사 자격증을 빌리거나, 다른 사람의 이름을 사용하여 건축물에너지평가사 업무를 수행한 사람 3. 제32조제4항을 위반하여 제1호 및 제2호의 행위를 알선한 사람 [전문개정 2020.4.7.]		

법	시 행 령	시 행 규 칙
제41조 【과태료】 ① 다음 각 호의 어느 하나에 해당하는 자에게는 대통령령으로 정하는 바에 따라 2천만원 이하의 과태료를 부과한다. 〈개정 2014.5.28., 2016.1.19., 2019.4.30., 2024.2.20.〉 1. 제10조제3항 및 제4항을 위반하여 건축물 에너지·온실가스 정보를 제출하지 아니한 자 2. 제12조제3항, 제14조제1항을 위반하여 정당한 사유 없이 허가권자에게 근거자료 또는 에너지 절약계획서를 제출하지 아니하거나 거짓이나 그 밖의 부정한 방법으로 근거자료 또는 에너지 절약계획서를 제출한 건축주 3. 제14조의2제1항을 위반하여 일사의 차단을 위한 차양 등 일사조절장치를 설치하지 아니한 자 4. 제14조의2제2항을 위반하여 단열재를 설치하지 아니하거나 지능형 계량기 등 건축설비를 설치하지 아니한 자 5. 제14조의 에너지 절약계획서 검토업무 및 사전확인을 거짓이나 그 밖의 부정한 방법으로 수행한 에너지 관련 전문기관 6. 제15조의2를 위반한 건축물의 소유자 또는 관리자와 제16조 및 제17조에 따른 인증 신청서류를 거짓으로 작성하여 제출한 자 7. 제16조제7항을 위반하여 녹색건축 인증의 결과를 표시하지 아니하거나 건축물의 사용승인을 신청할 때 관련 서류를 첨부하지 아니하거나 거짓이나 그 밖의 부정한 방법으로 표시 또는 첨부한 자 8. 제17조제6항을 위반하여 대통령령으로 정하는 제로에너지건축물 인증등급 이상을 취득하지 아니하거나 건축물의 사용승인 신청 시 관련 서류를 첨부하지 아니하거나 거짓이나 그 밖의 부정한 방법으로 작성된 서류를 첨부한 자	**제20조 【과태료의 부과·징수】** 법 제41조에 따른 과태료의 부과기준은 별표 2와 같다. 〈개정 2016.12.30.〉	

법	시 행 령	시 행 규 칙
9. 제31조제4항을 위반하여 건축물에너지평가사 또는 이와 비슷한 명칭을 사용한 사람 ② 제1항에 따른 과태료는 다음 각 호의 구분에 따른 자가 부과 · 징수한다. 〈신설 2016.1.19.〉 1. 제1항제1호 및 제9호에 따른 과태료: 국토교통부장관 2. 제1항제2호부터 제5호까지, 제7호 및 제8호에 따른 과태료: 허가권자 3. 제1항제6호에 따른 과태료: 국토교통부장관, 시 · 도지사, 시장 · 군수 · 구청장 [제31조에서 이동 〈2014.5.28.〉]		

법	시 행 령	시 행 규 칙
부칙〈법률 제15316호, 2017.12.26.〉 이 법은 2018년 1월 1일부터 시행한다. 다만, 제39조의2의 개정규정은 공포한 날부터 시행한다. **부칙〈법률 제15673호, 2018.6.12.〉** 이 법은 공포한 날부터 시행한다. **부칙〈법률 제15728호, 2018.8.14.〉** 이 법은 공포한 날부터 시행한다. **부칙〈법률 제16418호, 2019.4.30.〉** **제1조(시행일)** 이 법은 공포 후 3개월이 경과한 날부터 시행한다. 다만, 제17조제6항, 제41조제1항제8호의 개정규정은 2020년 1월 1일부터 시행한다. **제2조(제로에너지건축물 인증에 관한 적용례)** 제17조제6항의 개정규정은 이 법 시행 후 건축허가를 신청(「건축법」 제4조의2에 따라 건축위원회에 심의를 신청하는 경우 및 건축신고를 하는 경우를 포함한다)하는 경우부터 적용한다. **부칙〈법률 제17229호, 2020.4.7.〉** 이 법은 공포 후 6개월이 경과한 날부터 시행한다. **부칙〈법률 제17453호, 2020.6.9.〉** **(법률용어 정비를 위한 국토교통위원회 소관 78개 법률 일부개정을 위한 법률)** 이 법은 공포한 날부터 시행한다. <단서 생략>	**부칙〈대통령령 제28586호, 2018.1.16.〉** **(시설물의 안전 및 유지관리에 관한 특별법 시행령)** **제1조(시행일)** 이 영은 2018년 1월 18일부터 시행한다. <단서 생략> **제2조부터 제6조**까지 생략 **제7조(다른 법령의 개정)** ①부터 ⑥까지 생략 ⑦ 녹색건축물 조성 지원법 시행령 일부를 다음과 같이 개정한다. 제15조제1항제5호 중 "「시설물의 안전관리에 관한 특별법」 제25조"를 "「시설물의 안전 및 유지관리에 관한 특별법」 제45조"로 한다. ⑧부터 ㉔까지 생략 **제8조** 생략 **부칙〈대통령령 제29360호, 2018.12.11.〉** **(건설기술 진흥법 시행령)** **제1조(시행일)** 이 영은 2018년 12월 13일부터 시행한다. <단서 생략> **제2조(다른 법령의 개정)** ①부터 ⑦까지 생략 ⑧ 녹색건축물 조성 지원법 시행령 일부를 다음과 같이 개정한다. 제18조의4제1항제1호가목 중 "중급기술자"를 "중급기술인"으로 한다. ⑨부터 ㉓까지 생략 **부칙〈대통령령 제30300호, 2019.12.31.〉** 이 영은 2020년 1월 1일부터 시행한다.	**부칙〈국토교통부령 제483호, 2018.1.18.〉** **(시설물의 안전 및 유지관리에 관한 특별법 시행규칙)** **제1조(시행일)** 이 규칙은 2018년 1월 18일부터 시행한다. **제2조부터 제5조**까지 생략 **제6조(다른 법령의 개정)** ①부터 ③까지 생략 ④ 녹색건축물 조성 지원법 시행규칙 일부를 다음과 같이 개정한다. 제7조제2항제2호를 다음과 같이 한다. 2. 「시설물의 안전 및 유지관리에 관한 특별법」 제45조에 따른 한국시설안전공단 ⑤부터 ⑧까지 생략 **제7조** 생략 **부칙〈국토교통부령 제682호, 2019.12.31.〉** 이 규칙은 2020년 1월 1일부터 시행한다. **부칙〈국토교통부령 제787호, 2020.12.11.〉** **(한국감정원 명칭 변경을 위한 6개 부령의 일부개정에 관한 국토교통부령)** 이 규칙은 2020년 12월 10일부터 시행한다.

법	시 행 령	시 행 규 칙

법

부칙〈법률 제18344호, 2021.7.27.〉

제1조(시행일) 이 법은 공포한 날부터 시행한다.

제2조(인증 취소에 관한 적용례) 제20조제1항의 개정규정은 이 법 시행 이후 인증을 신청하는 경우부터 적용한다.

부칙〈법률 제18469호, 2021.9.24.〉

(기후위기 대응을 위한 탄소중립 · 녹색성장 기본법)

제1조(시행일) 이 법은 공포 후 6개월이 경과한 날부터 시행한다. <단서 생략>

제2조 부터 **제8조**까지 생략

제9조(다른 법률의 개정) ① 생략

② 녹색건축물 조성 지원법 일부를 다음과 같이 개정한다.

제1조 중 "「저탄소 녹색성장 기본법」"을 "「기후위기 대응을 위한 탄소중립 · 녹색성장 기본법」"으로, "저탄소 녹색성장 실현"을 "녹색성장 실현"으로 한다.

제2조제1호 중 "「저탄소 녹색성장 기본법」 제54조"를 "「기후위기 대응을 위한 탄소중립 · 녹색성장 기본법」 제31조"로 한다.

제6조제3항 중 "「저탄소 녹색성장 기본법」 제14조에 따른 녹색성장위원회"를 "「기후위기 대응을 위한 탄소중립 · 녹색성장 기본법」 제15조제1항에 따른 2050 탄소중립녹색성장위원회"로 한다.

제7조제2항 중 "「저탄소 녹색성장 기본법」 제20조에 따른 지방녹색성장위원회"를 "「기후위기 대응을 위한 탄소중립 · 녹색성장 기본법」 제22조제1항에 따른 2050 지방탄소중립녹색성장위원회"로 한다.

제10조제2항 중 "「저탄소 녹색성장 기본법」 제45조에

시행령

부칙〈대통령령 제31211호, 2020.12.1.〉

(국토안전관리원법 시행령)

제1조(시행일) 이 영은 2020년 12월 10일부터 시행한다.

제2조(다른 법령의 개정) ①부터 ⑥까지 생략

⑦ 녹색건축물 조성 지원법 시행령 일부를 다음과 같이 개정한다.

제15조제1항제5호를 다음과 같이 한다.

5. 「국토안전관리원법」에 따른 국토안전관리원(이하 "국토안전관리원"이라 한다)

제18조의2제2항제5호를 다음과 같이 한다.

5. 국토안전관리원

⑧부터 ⑰까지 생략

부칙〈대통령령 제31243호, 2020.12.8.〉

(한국부동산원법 시행령)

제1조(시행일) 이 영은 2020년 12월 10일부터 시행한다.

제2조(다른 법령의 개정) ①부터 ⑧까지 생략

⑨ 녹색건축물 조성 지원법 시행령 일부를 다음과 같이 개정한다.

제7조제2호를 다음과 같이 한다.

2. 「한국부동산원법」에 따른 한국부동산원(이하 "한국부동산원"이라 한다)

제15조제1항제2호를 다음과 같이 한다.

2. 한국부동산원

제18조의2제2항제2호를 다음과 같이 한다.

2. 한국부동산원

⑩부터 ㉝까지 생략

시행규칙

부칙〈국토교통부령 제914호, 2020.12.11.〉

(한국시설안전공단 명칭 변경을 위한 6개 부령의 일부개정에 관한 국토교통부령)

이 규칙은 공포한 날부터 시행한다.

부칙〈국토교통부령 제1174호, 2022.12.27.〉

이 규칙은 2023년 1월 1일부터 시행한다.

부칙〈국토교통부령 제1390호, 2024.9.26.〉

(국가자격시험 응시수수료 부담 완화를 위한 감정평가 및 감정평가사에 관한 법률 시행규칙 등 3개 법령의 일부개정에 관한 국토교통부령)

제1조(시행일) 이 규칙은 공포한 날부터 시행한다.

제2조 생략

제3조(「녹색건축물 조성 지원법 시행규칙」 개정에 관한 적용례) 「녹색건축물 조성 지원법 시행규칙」 제13조제2항제5호부터 제7호까지의 개정규정은 이 규칙 시행 이후 공고하는 건축물에너지평가사 자격시험부터 적용한다.

부칙〈국토교통부령 제1422호, 2024.12.23.〉

이 규칙은 2025년 1월 1일부터 시행

법	시 행 령	시 행 규 칙
따른 국가 온실가스 종합정보관리체계"를 " 「기후위기 대응을 위한 탄소중립·녹색성장 기본법」 제36조제1항에 따른 온실가스 종합정보관리체계"로 한다. 제12조제1항 중 " 「저탄소 녹색성장 기본법」 제42조에 따른 건축물 부문의 중장기 및 단계별 온실가스 감축 목표"를 " 「기후위기 대응을 위한 탄소중립·녹색성장 기본법」 제8조에 따른 건물 부문의 중장기 및 연도별 온실가스 감축 목표"로 한다. 제12조제4항 중 " 「저탄소 녹색성장 기본법」 제42조"를 " 「기후위기 대응을 위한 탄소중립·녹색성장 기본법」 제26조 및 제27조"로 한다. 제22조제2항 중 " 「저탄소 녹색성장 기본법」 제26조"를 " 「기후위기 대응을 위한 탄소중립·녹색성장 기본법」 제56조"로 한다. 제37조 중 " 「저탄소 녹색성장 기본법」 제14조에 따른 녹색성장위원회"를 " 「기후위기 대응을 위한 탄소중립·녹색성장 기본법」 제15조제1항에 따른 2050 탄소중립녹색성장위원회"로 한다. ③부터 ⑲까지 생략 **제10조** 생략 **부칙〈법률 제19971호, 2024.1.9.〉** 이 법은 공포 후 6개월이 경과한 날부터 시행한다. **부칙〈법률 제20337호, 2024.2.20.〉** **제1조(시행일)** 이 법은 2025년 1월 1일부터 시행한다. **제2조(제로에너지건축물 인증에 관한 적용례)** 제17조제6항의 개정규정은 이 법 시행 이후 건축허가를 신청(「건축	**부칙〈대통령령 제32557호, 2022.3.25.〉** **(기후위기 대응을 위한 탄소중립·녹색성장 기본법 시행령)** **제1조(시행일)** 이 영은 2022년 3월 25일부터 시행한다. <단서 생략> **제2조** 부터 **제11조**까지 생략 **제12조(다른 법령의 개정)** ① 및 ② 생략 ③ 녹색건축물 조성 지원법 시행령 일부를 다음과 같이 개정한다. 제8조제3항 중 " 「저탄소 녹색성장 기본법」 제20조에 따른 지방녹색성장위원회(지방녹색성장위원회가 설치되어 있지 아니한 경우에는 「건축법」 제4조에 따라 시·도에 두는 지방건축위원회를 말한다)"를 " 「기후위기 대응을 위한 탄소중립·녹색성장 기본법」 제22조에 따른 2050 지방탄소중립녹색성장위원회(2050 지방탄소중립녹색성장위원회가 설치되어 있지 않은 경우에는 「건축법」 제4조에 따라 시·도에 두는 지방건축위원회를 말한다)"로 한다. 제9조제2항제3호 중 " 「저탄소 녹색성장 기본법 시행령」 제43조제1항"을 " 「기후위기 대응을 위한 탄소중립·녹색성장 기본법 시행령」 제30조제2항"으로 한다. ④부터 ⑬까지 생략 **제13조** 생략 **부칙〈대통령령 제32573호, 2022.4.12.〉** 이 영은 공포한 날부터 시행한다. **부칙〈대통령령 제33112호, 2022.12.20.〉** **(개인정보 침해요인 개선을 위한 49개 법령의 일부개정에 관한 대통령령)**	한다.

법	시행령	시행규칙
법」 제4조의2에 따라 건축위원회에 심의를 신청하는 경우 및 건축신고를 하는 경우를 포함한다)하는 경우부터 적용한다. **제3조(다른 법률의 개정)** ① 산업입지 및 개발에 관한 법률 일부를 다음과 같이 개정한다. 제7조의5제4항 중 "건축물의 에너지효율등급"을 "제로에너지건축물"로 한다. ② 지방세특례제한법 일부를 다음과 같이 개정한다. 제47조의2제1항제2호를 삭제하고, 같은 조 제4항제3호 중 "녹색건축의 인증, 에너지효율등급 인증 또는 제로에너지건축물 인증이 취소된 경우"를 "녹색건축의 인증 또는 제로에너지건축물 인증이 취소된 경우"로 한다. **부칙 〈법률 제20727호, 2025.1.31.〉** **(기업부설연구소등의 연구개발 지원에 관한 법률)** **제1조(시행일)** 이 법은 공포 후 1년이 경과한 날부터 시행한다. **제2조** 부터 **제5조**까지 생략 **제6조(다른 법률의 개정)** ①부터 ⑩까지 생략 ⑪ 녹색건축물 조성 지원법 일부를 다음과 같이 개정한다. 제35조제2항제4호를 다음과 같이 한다. 4. 「기업부설연구소등의 연구개발 지원에 관한 법률」 제7조제1항에 따라 인정받은 기업부설연구소 ⑫부터 ㉟까지 생략 **제7조** 생략	이 영은 공포한 날부터 시행한다. **부칙〈대통령령 제33133호, 2022.12.27.〉** **제1조(시행일)** 이 영은 2023년 1월 1일부터 시행한다. **제2조(건축물 에너지효율등급 인증 또는 제로에너지건축물 인증 표시 의무 대상 건축물에 관한 경과조치)** 다음 각 호에 해당하는 건축물의 에너지효율등급 인증 또는 제로에너지건축물 인증 표시 의무에 관하여는 별표 1의 개정규정에도 불구하고 종전의 규정에 따른다. 1. 이 영 시행 전에 「건축법」 제11조에 따른 건축허가(건축허가가 의제되는 다른 법률에 따른 허가·인가·승인 등을 포함한다. 이하 같다)를 받았거나 신청한 건축물 2. 이 영 시행 전에 건축허가를 받기 위하여 「건축법」 제4조의2제1항에 따라 건축위원회에 심의를 신청한 건축물 3. 제1호에 해당하는 건축물로서 이 영 시행 이후 변경허가를 신청하거나 변경신고를 하는 건축물 **부칙〈대통령령 제33466호, 2023.5.15.〉** **(건축법 시행령)** **제1조(시행일)** 이 영은 2023년 5월 16일부터 시행한다. **제2조** 생략 **제3조(다른 법령의 개정)** ①부터 ③까지 생략 ④ 녹색건축물 조성 지원법 시행령 일부를 다음과 같이 개정한다. 제10조제1항제3호 중 "제26호까지"를 "제23호까지, 제23호의2 및 제24호부터 제26호까지"로 한다.	

⑤부터 ⑩까지 생략

부칙〈대통령령 제34006호, 2023.12.19.〉

제1조(시행일) 이 영은 공포한 날부터 시행한다.

제2조(녹색건축 인증대상 건축물에 대한 적용례) 제11조의3제1호의 개정규정은 이 영 시행 이후 다음 각 호의 신청, 신고 또는 요청을 하는 경우부터 적용한다.

1. 「건축법」 제11조에 따른 건축허가(「건축법」 제16조에 따른 변경허가 및 변경신고는 제외한다)의 신청(「건축법」 제4조의2제2항에 따라 건축위원회에 심의를 거쳐야 하는 건축물의 경우에는 건축허가 및 건축위원회 심의를 모두 신청하는 것을 말한다)
2. 「건축법」 제14조에 따른 건축신고(「건축법」 제16조에 따른 변경허가 및 변경신고는 제외한다)
3. 「건축법」 제29조에 따른 협의(「건축법」 제16조에 따른 변경허가 및 변경신고는 제외한다)의 요청
4. 제1호부터 제3호까지의 규정에 따른 허가, 신고 또는 협의가 의제되는 다른 법률에 따른 허가·인가·승인 등의 신청 또는 신고

부칙〈대통령령 제35081호, 2024.12.17.〉

제1조(시행일) 이 영은 2025년 1월 1일부터 시행한다.

제2조(녹색건축물 조성 활성화를 위한 용적률 완화 등 적용에 관한 경과조치) 이 영 시행 전에 종전의 법 제17조제3항에 따라 건축물 에너지효율등급 인증을 신청한 경우에는 제11조제1항제3호의 개정규정에도 불구하고 종전의 규정에 따른다.

제3조(건축물 에너지효율등급 인증 및 제로에너지건축물

법	시 행 령	시 행 규 칙
	인증 표시 의무 대상 건축물에 관한 경과조치) 다음 각 호의 어느 하나에 해당하는 건축물의 에너지효율등급 인증 또는 제로에너지건축물 인증 표시 의무에 관하여는 제12조제2항 및 별표 1의 개정규정에도 불구하고 종전의 규정에 따른다. 1. 이 영 시행 전에 「건축법」 제11조에 따른 건축허가를 받았거나 신청(건축허가를 신청하기 위해 같은 법 제4조의2제1항에 따라 건축위원회에 심의를 신청한 경우를 포함한다)한 건축물 2. 이 영 시행 전에 「건축법」 제14조에 따른 건축신고를 한 건축물 3. 이 영 시행 전에 「건축법」 제29조에 따른 협의를 요청한 건축물 4. 이 영 시행 전에 제1호부터 제3호까지의 규정에 따른 허가, 신고 또는 협의가 의제되는 다른 법률에 따른 허가 · 인가 · 승인 등의 신청을 했거나 신고를 한 건축물 5. 제1호부터 제4호까지에 해당하는 건축물로서 이 영 시행 이후 「건축법」 제16조에 따른 변경허가를 신청하거나 변경신고를 하는 건축물 **제4조(다른 법령의 개정)** ① 기후위기 대응을 위한 탄소중립 · 녹색성장 기본법 시행령 일부를 다음과 같이 개정한다. 제30조제4항제2호 중 "건축물 에너지효율등급 인증 또는 제로에너지건축물 인증"을 "제로에너지건축물 인증"으로 한다. ② 산업입지 및 개발에 관한 법률 시행령 일부를 다음과 같이 개정한다. 제9조의2제1호 중 "건축물의 에너지효율등급 인증"을 "제로에너지건축물 인증"으로 한다.	

법	시 행 령	시 행 규 칙
	제40조제4항제3호가목 중 "건축물의 에너지효율등급 인증 또는 제로에너지건축물 인증"을 "제로에너지건축물 인증"으로 한다. 제42조의4제3항제11호가목 중 "건축물의 에너지효율등급 인증 또는 제로에너지건축물 인증"을 "제로에너지건축물 인증"으로 한다. ③ 지방세기본법 시행령 일부를 다음과 같이 개정한다. 별표 3 제67호의 과세자료의 구체적인 범위란 중 "건축물에너지 효율등급 인증 및 제로에너지건축물 인증"을 "제로에너지건축물 인증"으로 한다.	

시 행 령 [별 표]

[별표 1] 〈개정 2024.12.17〉

제로에너지건축물 인증 의무 대상 건축물의 요건
(제12조제2항 관련)

요건	제로에너지건축물 인증 의무 대상
1. 소유 또는 관리 주체	가. 제9조제2항 각 호의 기관 나. 교육감 다. 「공공주택 특별법」 제4조에 다른 공공주택사업자
2. 건축 및 리모델링의 범위	가. 건축물을 신축 또는 재축하는 경우 나. 건축물을 전부 개축하는 경우 다. 기존 건축물의 대지에 별개의 건축물로 증축하는 경우
3. 건축물의 범위	법 제17조제5항제1호에 따라 국토교통부와 산업통상자원부의 공동부령으로 정하는 같은 항 제1호의 인증 대상 건축물. 다만, 「건축법 시행령」 별표 1 제2호라목에 따른 기숙사는 제외한다.
4. 공동주택의 세대수 또는 건축물의 연면적	가. 공동주택의 경우: 전체 세대수 30세대 이상 나. 공동주택 외의 건축물의 경우: 연면적 5백제곱미터 이상
5. 에너지 절약계획서 제출 대상 여부	가. 공동주택의 경우: 법 제14조제1항에 따른 에너지 절약계획서 제출 대상 또는 「주택건설기준 등에 관한 규정」 제64조제2항에 따른 친환경 주택 에너지절약계획 제출 대상일 것 나. 공동주택 외의 건축물의 경우: 법 제14조제1하아에 따른 에너지절약계획서 제출 대상일 것

[별표 1의2] 〈신설 2015.5.28., 2019.12.31.〉

건축물에너지평가사 자격의 취소 및 정지에 관한 처분 기준(제18조의5 관련)

위반행위	근거 법조문	행정처분기준
1. 거짓이나 그 밖의 부정한 방법으로 건축물에너지평가사 자격을 취득한 경우	법 제33조 제1항제1호	자격취소
2. 최근 1년 이내에 두 번의 자격정지 처분을 받고 다시 자격정치처분에 해당하는 행위를 한 경우	법 제33조 제1항제2호	자격취소
3. 고의 또는 중대한 과실로 건축물에너지평가 업무를 거짓 또는 부실하게 수행한 경우	법 제33조 제1항제3호	
가. 금고 이상의 형을 선고받고 그 형이 확정된 경우		자격취소
나. 벌금 이하의 형을 선고받고 그 형이 확정된 경우		자격정지 2년
다. 가목 및 나목 외의 경우		자격정지 1년
4. 법 제31조제2항 각 호의 어느 하나에 해당하는 경우	법 제33조 제1항제4호	자격취소
5. 법 제32조제2항을 위반하여 자격증을 다른 사람에게 빌려주거나, 다른 사람에게 자기의 이름으로 건축물에너지평가사의 업무를 하게 한 경우	법 제33조 제1항제5호	
가. 1회 위반한 경우		자격정지 3년
나. 2회 이상 위반한 경우		자격취소
다. 다른 사람에게 손해를 끼친 경우		자격취소
6. 자격정지처분 기간 중에 건축물에너지평가 업무를 한 경우	법 제33조 제1항제6호	자격취소

[별표 2] 〈개정 2015.5.28., 2016.12.30., 2019.12.31., 2024.12.17〉

과태료의 부과기준(제20조 관련)

1. 일반기준
   가. 부과권자는 다음의 어느 하나에 해당하는 경우에는 제2호에 따른 과태료 금액의 2분의 1 범위에서 그 금액을 감경할 수 있다. 다만, 과태료를 체납하고 있는 위반행위자의 경우에는 그러하지 아니하다.
      1) 위반행위자가 「질서위반행위규제법 시행령」 제2조의2제1항 각 호의 어느 하나에 해당하는 경우
      2) 위반행위가 사소한 부주의나 오류로 인한 것으로 인정되는 경우
      3) 위반행위자가 위반행위를 바로 정정하거나 시정하여 법 위반상태를 해소한 경우

시 행 령 [별 표]

4) 그 밖에 위반행위의 횟수, 정도, 위반행위의 동기와 그 결과 등을 고려하여 감경할 필요가 있다고 인정되는 경우

나. 부과권자는 다음의 어느 하나에 해당하는 경우에는 제2호에 따른 과태료 금액의 2분의 1 범위에서 그 금액을 가중할 수 있다. 다만, 법 제41조에 따른 과태료 금액의 상한을 넘을 수 없다.

1) 위반의 내용·정도가 중대하여 이해관계인 등에게 미치는 피해가 크다고 인정되는 경우
2) 법 위반상태의 기간이 6개월 이상인 경우
3) 그 밖에 위반행위의 횟수, 정도, 위반행위의 동기와 그 결과 등을 고려하여 가중할 필요가 있다고 인정되는 경우

2. 개별기준

(단위: 만원)

위반행위	근거 법조문	과태료 금액
가. 법 제10조제3항 및 제4항을 위반하여 건축물 에너지·온실가스 정보를 제출하지 않은 경우	법 제41조 제1항제1호	100
나. 건축주가 법 제12조제3항 및 제14조제1항을 위반하여 정당한 사유 없이 허가권자에게 근거자료 또는 에너지 절약계획서를 제출하지 않거나 거짓이나 그 밖의 부정한 방법으로 근거자료 또는 에너지 절약계획서를 제출한 경우	법 제41조 제1항제2호	100
다. 법 제14조의2제1항을 위반하여 일사의 차단을 위한 차양 등 일사조절장치를 설치하지 않은 경우	법 제41조 제1항제3호	200
라. 법 제14조의2제2항을 위반하여 단열재를 설치하지 않거나 지능형 계량기 등 건축설비를 설치하지 않은 경우	법 제41조 제1항제4호	200
마. 에너지 관련 전문기관이 법 제14조의 에너지 절약계획서 검토업무 및 사전확인를 거짓이나 그 밖의 부정한 방법으로 수행한 경우	법 제41조 제1항제5호	300
바. 건축물의 소유자 또는 관리자가 법 제15조의2를 위반한 경우와 법 제16조 및 제17조에 따른 인증 신청서류를 거짓으로 작성하여 제출한 경우	법 제41조 제1항제6호	100
사. 법 제16조제7항을 위반하여 녹색건축 인증의 결과를 표시하지 않거나 건축물의 사용승인을 신청할 때 관련 서류를 첨부하지 않거나 거짓이나 그 밖의 부정한 방법으로 표시 또는 첨부한 경우	법 제41조 제1항제7호	
1) 녹색건축 인증의 결과를 표시하지 않은 경우		50
2) 건축물의 사용승인을 신청할 때 관련 서류를 첨부하지 않거나 거짓이나 그 밖의 부정한 방법으로 표시 또는 첨부한 경우		100
아. 법 제17조제6항을 위반하여 대통령령으로 정하는 제로에너지건축물 인정등급 이상을 취득하지 않거나 건축물의 사용승인 신청 시 관련 서류를 첨부하지 않거나 거짓이나 그 밖의 부정한 방법으로 작성된 서류를 첨부한 경우	법 제41조 제1항제8호	
1) 대통령령으로 정하는 제로에너지건축물 인증등급 이상을 취득하지 않은 경우		50
2) 건축물의 사용승인 신청 시 관련 서류를 첨부하지 않거나 거짓이나 그 밖의 부정한 방법으로 작성된 서류를 첨부한 경우		100
자. 법 제31조제4항을 위반하여 건축물에너지평가사 또는 이와 비슷한 명칭을 사용한 경우	법 제41조 제1항제9호	100

시 행 규 칙 [별 표]

[별표 1] 〈개정 2015.5.29., 2017.1.20.〉

에너지 절약계획서 검토 수수료(제7조제7항 관련)

1. 일반기준

가. 법 제14조에 따라 에너지 절약계획서를 제출하는 건축물(이하 "제출대상건축물"이라 한다)이 다음 각 호의 어느 하나에 해당하는 경우에는 해당 검토건에 대한 수수료 적용 시 제2호 각 목의 금액에서 50퍼센트를 감면할 수 있다.

1) 법 제17조에 따라 1등급 이상의 건축물 에너지효율등급 인증을 받은 경우. 다만, 다음의 어느 하나에 해당하는 기관이 신축하거나 별동(別棟)으로 증축하는 경우는 제외한다.

가) 영 제9조제2항 각 호의 기관

나) 「공공주택 특별법」 제4조제1항에 따른 공공주택사업자

다) 「사회기반시설에 대한 민간투자법」 제2조제7호에 따른 사업시행자

2) 증축·용도변경·건축물대장의 기재내용 변경인 경우로서 열손실 변동이 있는 경우. 다만, 별동으로 증축하는 경우와 기존 건축물 연면적의 100분의 50 이상을 증축하면서 해당 증축 연면적이 2,000제곱미터 이상인 경우는 제외한다.

3) 열손실방지 등의 조치 예외대상이었으나 용도변경 또는 건축물대장 기재내용의 변경으로 조치대상이 되는 경우

나. 가목에도 불구하고 제출대상건축물에 대하여 같은 대지 내 2개 이상의 에너지 절약계획서를 검토하는 경우에는 다음의 기준에 따른다.

1) 같은 대지 내 제출대상건축물의 모든 바닥면적(이하 "제출대상면적"이라 한다)을 합산하여 수수료 부과 기준면적을 산정한다. 다만, 용도(주거와 비주거를 말한다. 이하 같다)가 복합되는 검토 건의 경우에는 용도별로 구분하여 제출대상면적을 각각 산정한다.

2) 아래 산식과 같이 용도별 에너지 절약계획서 총 건수에 추가 조정계수 0.2를 적용하여 수수료를 산정한다.

수수료 = 용도별 제출대상면적합계에 따른 금액 × (1 + 에너지 절약계획서 총 건수×0.2)

3) 2)에도 불구하고 에너지 절약계획서 총 건수 중 다음의 어느 하나에 해당하는 검토 건이 포함된 경우에는 해당 검토건에 대하여 아래 산식과 같이 조정계수 0.1을 적용하여 수수료를 산정한다.

가) 에너지 절약계획서 중 가목 1)부터 3)까지에 해당하는 경우

나) 같은 대지 안에 주거 또는 비주거를 구분한 각각의 제출대상면적이 2,000제곱미터 미만이면서 개별동의 제출대상면적이 500제곱미터 미만인 경우

수수료 = 용도별 제출대상면적합계에 따른 금액 × (1 + 가) · 나)에 해당하는 검토건수×0.1 + 가) · 나)에 해당하지 않는 검토건수×0.2)

4) 용도가 복합되는 검토 건의 경우 각각 산정된 수수료를 합산한다.

2. 개별기준

가. 주거부분 수수료

기준면적(㎡)	금액(원) ※ 부가가치세 별도
1,000 미만	211,000
1,000 이상 ~ 1,500 미만	317,000
1,500 이상 ~ 2,000 미만	422,000
2,000 이상 ~ 3,000 미만	592,000
3,000 이상 ~ 5,000 미만	761,000
5,000 이상 ~ 10,000 미만	930,000
10,000 이상 ~ 20,000 미만	1,099,000
20,000 이상 ~ 30,000 미만	1,268,000
30,000 이상 ~ 40,000 미만	1,437,000
40,000 이상 ~ 60,000 미만	1,606,000
60,000 이상 ~ 80,000 미만	1,776,000
80,000 이상 ~ 120,000 미만	1,945,000
120,000 이상	2,114,000

시 행 규 칙 [별 표]

나. 비주거부분 수수료

기준면적(㎡)	금액(원) ※ 부가가치세 별도
1,000 미만	317,000
1,000 이상 ~ 1,500 미만	422,000
1,500 이상 ~ 2,000 미만	634,000
2,000 이상 ~ 3,000 미만	845,000
3,000 이상 ~ 5,000 미만	1,057,000
5,000 이상 ~ 10,000 미만	1,268,000
10,000 이상 ~ 15,000 미만	1,480,000
15,000 이상 ~ 20,000 미만	1,691,000
20,000 이상 ~ 30,000 미만	1,902,000
30,000 이상 ~ 40,000 미만	2,114,000
40,000 이상 ~ 60,000 미만	2,325,000
60,000 이상	2,537,000

[별표 2] 〈신설 2015.5.29., 2017.10.20.〉

건축물에너지평가사 응시자격(제12조제2항 관련)

1. 「국가기술자격법 시행규칙」 별표 2의 직무 분야 중 건설, 기계, 전기·전자, 정보통신, 안전관리, 환경·에너지(이하 "관련 국가기술자격의 직무분야"라 한다)에 해당하는 기사 자격을 취득한 후 관련 직무분야에서 2년 이상 실무에 종사한 자
2. 관련 국가기술자격의 직무분야에 해당하는 산업기사 자격을 취득한 후 관련 직무분야에서 3년 이상 실무에 종사한 자
3. 관련 국가기술자격의 직무분야에 해당하는 기능사 자격을 취득한 후 관련 직무분야 에서 5년 이상 실무에 종사한 자
4. 고용노동부장관이 정하여 고시하는 국가기술자격의 종목별 관련 학과의 직무분야별 학과 중 건설, 기계, 전기·전자, 정보통신, 안전관리, 환경·에너지(이하 "관련학과"라 한다)에 해당하는 건축물 에너지 관련 분야 학과 4년제 이상 대학을 졸업한 후 또는 법령에 따라 이와 같은 수준으로 인정되는 학력을 갖춘 후 관련 직무분야에서 4년 이상 실무에 종사한 자
5. 관련학과 3년제 대학을 졸업한 후 또는 법령에 따라 이와 같은 수준으로 인정되는 학력을 갖춘 후 관련 직무분야에서 5년 이상 실무에 종사한 자
6. 관련학과 2년제 대학을 졸업한 후 또는 법령에 따라 이와 같은 수준으로 인정되는 학력을 갖춘 후 관련 직무분야에서 6년 이상 실무에 종사한 자
7. 관련 직무분야에서 7년 이상 실무에 종사한 자
8. 관련 국가기술자격의 직무분야에 해당하는 기술사 자격을 취득한 자
9. 「건축사법」에 따른 건축사 자격을 취득한 자

시 행 규 칙 [별 표]

[별표 3] 〈신설 2015.5.29.〉

건축물에너지평가사 시험과목 및 시험과목 일부면제 범위(제14조제3항 관련)

1. 시험과목

구분	시험과목	주요항목
제1차 시험	건물에너지 관계 법규	1. 녹색건축물 조성 지원법 2. 에너지이용 합리화법 3. 에너지법 4. 건축법 5. 그 밖에 건물에너지 관련 법규
	건축환경계획	1. 건축환경계획 개요 2. 열환경계획 3. 공기환경계획 4. 빛환경계획 5. 그 밖에 건축환경 관련 계획
	건축설비시스템	1. 건축설비 관련 기초지식 2. 건축 기계설비의 이해 및 응용 3. 건축 전기설비 이해 및 응용 4. 건축 신재생에너지설비 이해 및 응용 5. 그 밖에 건축 관련 설비시스템
	건물 에너지효율설계·평가	1. 건축물 에너지효율등급 평가 2. 건물 에너지효율설계 이해 및 응용 3. 건축 ,기계, 전기, 신재생분야 도서 분석능력 4. 그 밖에 건물에너지 관련 설계·평가
제2차 시험	건물 에너지효율설계·평가	1. 건물 에너지효율 설계 및 평가 실무 2. 그 밖에 건물에너지 관련 설계·평가

2. 시험과목의 일부면제

다음 각 목의 구분에 따른 자격자에 대해서는 다음 각 목에서 정하는 바에 따라 시험과목의 일부를 면제한다.

가. 「건축사법」 제2조제1호에 따른 건축사: 별표 3에 따른 제1차 시험과목 중 건축환경계획 면제

나. 「국가기술자격법 시행규칙」 별표 2에 따른 건축전기설비기술사, 발송배전(發送配電)기술사, 건축기계설비기술사 및 공조냉동기계기술사: 별표 3에 따른 제1차 시험과목 중 건축설비시스템 면제

시 행 규 칙 [서 식]

■ 녹색건축물 조성 지원법 시행규칙[별지 제1호서식] <개정 2017. 1. 20.>

에너지 절약계획서

※어두운 난(　)은 신청인이 작성하지 않으며, [ ]에는 해당하는 곳에 √ 표시를 합니다. (4쪽 중 제1쪽)

신청 구분	[ ] 법 제14조제3항에 따른 사전확인
사전확인번호(연도-기관코드-업무구분-사전확인일련번호) 허가번호(연도-기관코드-업무구분-허가일련번호)	

I. 건축주 및 설계자

구분			
건축주	성명(법인명)	전화번호	
	구 분 주1)	[ ] 민간 [ ] 공공기관	
건축물	건축물명	건축물 주소	
건축 구분	[ ] 신축 [ ] 증축 [ ] 개축 [ ] 재축 [ ] 이전 [ ] 용도변경 [ ] 건축물대장 기재내용 변경		
건축사	성 명 (서명 또는 인)	자 격 번 호	
	사 무 소 명	전 화 번 호	
	사무소 주소		
	전 자 우 편	휴대전화 번호	
기계설비 설계사	성 명 (서명 또는 인)	자 격 번 호	
	사 무 소 명	전 화 번 호	
	사무소 주소		
	전 자 우 편	휴대전화 번호	
전기설비 설계사	성 명 (서명 또는 인)	자 격 번 호	
	사 무 소 명	전 화 번 호	
	사무소 주소		
	전 자 우 편	휴대전화 번호	

II. 건축 부문

건축 면적	㎡	제출대상 연면적	지상층: ㎡ 지하층: ㎡ 합 계: ㎡	냉난방 면 적	지상층: ㎡ 지하층: ㎡ 합 계: ㎡
층 수	지상: 층(층고: m)			지하: 층(층고: m)	

210㎜×297㎜[백상지 80g/㎡(재활용품)]

(4쪽 중 제2쪽)

	부위별		열관류율	단열재 종류	단열재 열전도율	단열재 두께
단열 구조	외 벽		W/㎡·K		W/m·K	㎜
	지 붕		W/㎡·K		W/m·K	㎜
	바닥	최하층	W/㎡·K		W/m·K	㎜
		바닥 난방 층간 바닥	W/㎡·K		W/m·K	㎜

		종류	열관류율	일사투과율 (차폐계수* 0.86)	창의 구성	창틀 종류	기밀 성능
단열 구조	창문	Ⅰ	W/㎡·K				(　)등급 이상
		Ⅱ	W/㎡·K				(　)등급 이상
		Ⅲ	W/㎡·K				(　)등급 이상
		Ⅳ	W/㎡·K				(　)등급 이상
	외벽 평균 열관류율 (창 및 문을 포함합니다)		W/㎡·K		창 면적비[주2)]		%
차양 장치	차양장치 설치비율 (남향 및 서향)		%		외피면적당 평균 태양열취득		W/㎡

Ⅲ. 기계설비 부문

	난방용 종류	난방용 용량	난방용 효율	난방용 성적계수	급탕용 종류	급탕용 용량	급탕용 효율
난방기기		㎾ ㎉/h	%			㎾ ㎉/h	%

	종류	용량	성적계수[COP]
냉방기기		㎾ usRT	

	급수용 용량 합계	급수용 용량가중 평균배점	급수용 제어 방식	급탕용 용량 합계	급탕용 용량가중 평균배점	급탕용 제어 방식	순환수용 용량 합계	순환수용 용량가중 평균배점	순환수용 제어 방식
펌 프	㎥/분			㎥/분			㎥/분		

	종류	용량 합계	용량가중 평균효율
송풍기		㎾	%

난방방식	지역난방방식 또는 소형가스열병합발전 시스템, 소각로활용 폐열시스템 채택 [ ]	개별난방 [ ]	개별냉난방 [ ]

시 행 규 칙 [서　식]

■ 녹색건축물 조성 지원법 시행규칙 [별지 제3호서식] <개정 2024. 12. 23.>

건축물 에너지 평가서

[ ] 공동주택 [ ] 업무시설

건축물 현황	건축물명	준공연도	
	소재지		
	연면적/전용면적　㎡/ ㎡	주용도	

건축물에너지 관련 인증 현황

건축물 에너지 효율등급 인증 (1+++ ~ 7등급)	인증등급		1차 에너지 소요량	kWh/㎡
	유효기간	. . . ~ . . .		
제로에너지 건축물 인증 [플러스,1,2,3,4, 5등급]	인증등급		에너지 자립률	%
	유효기간	. . . ~ . . .	1차 에너지 소요량	kWh/㎡

* '1차 에너지 소요량'은 건축물 자체의 물리적 성능을 정량적으로 평가하여 산정한 값으로, 다음의 단위면적 당 에너지 사용량 및 온실가스 배출량 현황표의 '에너지 사용량'(건축물의 실제 사용 환경에 따라 변동되는 에너지의 사용량)과 일치하지는 않습니다.

단위면적 당 에너지 사용량 및 온실가스 배출량 현황

에너지 사용량	도시가스	kWh/㎡·년	온실가스 배출량	kg/㎡·년
	지역냉난방	kWh/㎡·년		
	열 (a)	kWh/㎡·년		
	전 기 (b)	kWh/㎡·년		
	합 계 (a+b)	kWh/㎡·년		

이 건축물과 유사한 면적인 다른 건축물의 연간 표준에너지 사용량(　　kWh/㎡·년)

이 건축물의 연간 에너지 사용량 (　　kWh/㎡·년)

이 건축물의 단위면적 당 에너지 사용량(열+전기)은 이 건축물과 유사한 면적인 다른 건축물(이 건축물과 같은 시·도에 있는 건축물)의 표준에너지 사용량 대비 %(열 %, 전기 %)입니다.

※ 우리 집 에너지 사용량에 대한 상세한 내용은 그린투게더(www.greentogether.go.kr)에서 확인하실 수 있습니다.

※ 건축물 연간 에너지 사용량은 매년 4월에 새로 공개됩니다(전년도에 사용한 연간 에너지 사용량 기준).

년　월　일

국토교통부 CI　　　운영기관 CI

210㎜×297㎜[보존용지(1종) 120g/㎡]

녹색건축 인증에 관한 규칙

1. 녹색건축 인증에 관한 규칙

[국토교통부령 제1357호, 2024.7.10, 일부개정]

제1조 【목적】 이 규칙은 「녹색건축물 조성 지원법」 제16조제6항 및 제19조제1항에 따라 녹색건축 인증 대상 건축물의 종류, 인증기준 및 인증절차, 인증유효기간, 수수료, 인증기관 및 운영기관의 지정 기준, 지정 절차, 업무범위, 인증받은 건축물에 대한 점검이나 실태조사 및 인증 결과의 표시 방법, 인증기관 지정의 취소 및 업무정지에 관하여 위임된 사항과 그 시행에 필요한 사항을 규정함을 목적으로 한다. 〈개정 2016.6.13., 2021.3.24., 2024.7.10.〉

제2조 【적용대상】 「녹색건축물 조성 지원법」(이하 "법"이라 한다) 제16조제4항에 따른 녹색건축 인증은 「건축법」 제2조제1항제2호에 따른 건축물을 대상으로 한다. 다만, 「국방 · 군사시설 사업에 관한 법률」 제2조제4호에 따른 군부대주둔지 내의 국방 · 군사시설은 제외한다. 〈개정 2016.6.13.〉

제3조 【운영기관의 지정 등】 ① 국토교통부장관은 법 제23조에 따라 녹색건축센터로 지정된 기관 중에서 운영기관을 지정하여 관보에 고시하여야 한다.
② 국토교통부장관은 제1항에 따라 운영기관을 지정하려는 경우에는 환경부장관과 협의하여야 한다. 〈개정 2016.6.13.〉
③ 운영기관은 다음 각 호의 업무를 수행한다. 〈개정 2016.6.13.〉
1. 인증관리시스템의 운영에 관한 업무
2. 인증기관의 심사 결과 검토에 관한 업무
3. 인증제도의 홍보, 교육, 컨설팅, 조사 · 연구 및 개발 등에 관한 업무
4. 인증제도의 개선 및 활성화를 위한 업무
5. 심사전문인력의 교육, 관리 및 감독에 관한 업무
6. 인증 관련 통계 분석 및 활용에 관한 업무
7. 인증제도의 운영과 관련하여 국토교통부장관 또는 환경부장관이 요청하는 업무
④ 운영기관의 장은 다음 각 호의 구분에 따른 시기까지 운영기관의 사업내용을 국토교통부장관과 환경부장관에게 각각 보고하여야 한다.
1. 전년도 사업추진 실적과 그 해의 사업계획: 매년 1월 31일까지
2. 분기별 인증 현황: 매 분기 말일을 기준으로 다음 달 15일까지
⑤ 운영기관의 장은 제7조제2항에 따른 인증심의위원회의 후보단을 구성하고 관리하여야 한다. 〈신설 2016.6.13.〉
⑥ 운영기관의 장은 인증기관에 법 제19조제1항 각 호의 처분사유가 있다고 인정하면 국토교통부장관에게 알려야 한다. 〈신설 2016.6.13., 2024.7.10.〉

제4조 【인증기관의 지정】 ① 국토교통부장관은 법 제16조제2항에 따라 인증기관을 지정하려는 경우에는 환경부장관과 협의하여 지정 신청 기간을 정하고, 그 기간이 시작되는 날의 3개월 전까지 신청 기간 등 인증기관 지정에 관한 사항을 공고하여야 한다.
② 인증기관으로 지정을 받으려는 자는 다음 각 호의 요건을 모두 갖춰야 한다. 〈신설 2016.6.13., 2024.7.10.〉
1. 인증업무를 수행할 전담조직을 구성하고 업무수행체계를 수립할 것
2. 별표 1의 전문분야(이하 "해당 전문분야"라 한다) 중 5개 이상의 분야에서 각 분야별로 다음 각 목의 어느 하나에 해당하는 1명 이상의 사람을 상근(常勤) 심사전문인력으로 보유할 것
  가. 「건축사법」에 따른 건축사 자격을 취득한 사람
  나. 「국가기술자격법」에 따른 해당 전문분야의 기술사 자격을 취득한 사람
  다. 「국가기술자격법」에 따른 해당 전문분야의 기사 자격을 취득한 후 7년 이상 해당 업무를 수행한 사람
  라. 해당 전문분야의 박사학위를 취득한 후 1년 이상 해당 업무를 수행한 사람
  마. 해당 전문분야의 석사학위를 취득한 후 6년 이상 해당 업무를 수행한 사람
  바. 해당 전문분야의 학사학위를 취득한 후 8년 이상 해당 업무를 수행한 사람
3. 다음 각 목에 관한 사항이 포함된 인증업무 처리규정을 마련할 것
  가. 녹색건축 인증 심사의 절차 및 방법
  나. 제7조에 따른 인증심사단 및 인증심의위원회의 구성 · 운영

다. 녹색건축 인증 결과의 통보 및 재심사
라. 녹색건축 인증을 받은 건축물의 인증 취소
마. 녹색건축 인증 결과 등의 보고
바. 녹색건축 인증 수수료의 납부방법 및 납부기간
사. 녹색건축 인증 결과의 검증방법
아. 그 밖에 녹색건축 인증업무 수행에 필요한 내용

4. 법 제19조제1항에 따라 인증기관 지정이 취소된 자인 경우에는 제1항에 따른 지정 신청 기간 종료일 전에 그 지정이 취소된 날부터 1년이 경과했을 것 〈신설 2024.7.10.〉

③ 인증기관으로 지정을 받으려는 자는 제1항에 따른 신청 기간 내에 별지 제1호서식의 녹색건축 인증기관 지정신청서(전자문서로 된 신청서를 포함한다)에 다음 각 호의 서류(전자문서를 포함한다)를 첨부하여 국토교통부장관에게 제출해야 한다. 〈개정 2016.6.13., 2021.3.24〉

1. 인증업무를 수행할 전담조직 및 업무수행체계에 관한 설명서
2. 제2항제2호에 따른 심사전문인력을 보유하고 있음을 증명하는 서류
3. 제2항제3호에 따른 인증업무 처리규정
4. 삭제 〈2021.3.24.〉

④ 제3항에 따른 신청을 받은 국토교통부장관은 「전자정부법」 제36조제1항에 따른 행정정보의 공동이용을 통하여 신청인의 법인 등기사항증명서(법인인 경우만 해당한다) 또는 사업자등록증명(개인인 경우만 해당한다)을 확인해야 한다. 다만, 신청인이 사업등록증명을 확인하는 데 동의하지 않는 경우에는 해당 서류의 사본을 제출하도록 해야 한다. 〈신설 2016.6.13., 2024.7.10.〉

⑤ 삭제 〈2021.3.24.〉

⑥ 국토교통부장관은 제3항에 따라 녹색건축 인증기관 지정신청서가 제출되면 해당 신청인이 인증기관으로 적합한지를 환경부장관과 협의하여 검토한 후 제15조에 따른 인증운영위원회(이하 "인증운영위원회"라 한다)의 심의를 거쳐 지정·고시한다. 〈개정 2016.6.13., 2021.3.24〉

제5조【인증기관 지정서의 발급 및 인증기관 지정의 갱신 등】 ① 국토교통부장관은 제4조제6항에 따라 인증기관으로 지정받은 자에게 별지 제2호서식의 녹색건축 인증기관 지정서를 발급하여야 한다.

② 제4조제6항에 따른 인증기관 지정의 유효기간은 녹색건축 인증기관 지정서를 발급한 날부터 5년으로 한다.

③ 국토교통부장관은 환경부장관과 협의한 후 인증운영위원회의 심의를 거쳐 제2항에 따른 지정의 유효기간을 5년마다 갱신할 수 있다. 이 경우 갱신기간은 갱신할 때마다 5년을 초과할 수 없다.

④ 제1항에 따라 녹색건축 인증기관 지정서를 발급받은 인증기관의 장은 다음 각 호의 어느 하나에 해당하는 사항이 변경되었을 때에는 그 변경된 날부터 30일 이내에 변경된 내용을 증명하는 서류를 운영기관의 장에게 제출하여야 한다. 〈개정 2016.6.13.〉

1. 기관명
1의2. 기관의 대표자
2. 건축물의 소재지
3. 심사전문인력

⑤ 운영기관의 장은 제4항에 따른 변경 내용을 증명하는 서류를 받으면 그 내용을 국토교통부장관과 환경부장관에게 각각 보고하여야 한다.

⑥ 국토교통부장관은 환경부장관과 협의하여 법 제19조 각 호의 사항을 점검할 수 있으며, 이를 위하여 인증기관의 장에게 관련 자료의 제출을 요구할 수 있다. 이 경우 자료 제출을 요구받은 인증기관의 장은 특별한 사유가 없으면 이에 따라야 한다.

제6조【인증 신청 등】 ① 다음 각 호의 어느 하나에 해당하는 자(이하 "건축주등"이라 한다)는 녹색건축 인증을 신청할 수 있다. 〈개정 2016.6.13.〉

1. 건축주
2. 건축물 소유자
3. 사업주체 또는 시공자(건축주나 건축물 소유자가 인증 신청에 동의하는 경

우에만 해당한다)

② 제1항에 따라 인증을 신청하려는 건축주등은 별지 제3호서식의 녹색건축 인증·인증 유효기간 연장 신청서(전자문서로 된 신청서를 포함한다)에 다음 각 호의 서류(전자문서를 포함한다)를 첨부하여 제3조제3항제1호에 따른 인증관리시스템(이하 "인증관리시스템"이라 한다)을 통해 인증기관의 장에게 제출해야 한다. 〈개정 2016.6.13., 2021.3.24〉

1. 국토교통부장관과 환경부장관이 정하여 공동으로 고시하는 녹색건축 자체평가서
2. 제1호에 따른 녹색건축 자체평가서에 포함된 내용이 사실임을 증명할 수 있는 서류

③ 인증기관의 장은 제2항에 따른 신청서와 신청서류가 접수된 날부터 40일 이내에 인증을 처리하여야 한다. 다만, 인증대상 건축물이 「건축법 시행령」 별표 1 제1호의 단독주택(30세대 미만인 경우만 해당한다)인 경우에는 20일 이내에 처리하여야 한다. 〈개정 2016.6.13.〉

④ 인증기관의 장은 제3항에 따른 기간 이내에 부득이한 사유로 인증을 처리할 수 없는 경우에는 건축주등에게 그 사유를 통보하고 20일의 범위에서 인증 심사 기간을 한 차례만 연장할 수 있다. 〈개정 2016.6.13.〉

⑤ 인증기관의 장은 제2항에 따라 건축주등이 제출한 서류의 내용이 불충분하거나 사실과 다른 경우에는 서류가 접수된 날부터 20일 이내에 건축주등에게 보완을 요청할 수 있다. 이 경우 건축주등이 제출서류를 보완하는 기간은 제3항에 따른 기간에 산입하지 아니한다. 〈개정 2016.6.13.〉

⑥ 인증기관의 장은 건축주등이 보완 요청 기간 안에 보완을 하지 아니한 경우 등에는 신청을 반려할 수 있다. 이 경우 반려기준 및 절차 등 필요한 사항은 국토교통부장관과 환경부장관이 공동으로 정하여 고시한다. 〈신설 2016.6.13.〉

제7조【인증 심사 등】 ① 인증기관의 장은 제6조제2항에 따른 인증 신청을 받으면 제4조제2항제2호에 따른 심사전문인력으로 인증심사단을 구성하여 제8조의 인증기준에 따라 서류심사와 현장실사(現場實査)를 하고, 심사 내용, 점수, 인증 여부 및 인증 등급을 포함한 인증심사결과서를 작성해야 한다. 〈개정 2016.6.13., 2021.3.24〉

② 제1항에 따라 인증심사결과서를 작성한 인증기관의 장은 인증심의위원회의 심의를 거쳐 인증 여부 및 인증 등급을 결정한다. 다만, 다음 각 호의 어느 하나에 해당하는 경우에는 인증심의위원회의 심의를 생략할 수 있다. 〈개정 2016.6.13.〉

1. 단독주택에 대하여 인증을 신청한 경우
2. 법 제27조에 따른 그린리모델링(이하 "그린리모델링"이라 한다) 인증 용도로 인증을 신청한 경우

③ 제1항에 따른 인증심사단은 해당 전문분야 중 5개 이상의 분야에서 각 분야별로 1명 이상의 심사전문인력으로 구성한다. 다만, 단독주택 및 그린리모델링에 대한 인증인 경우에는 해당 전문분야 중 2개 이상의 분야에서 각 분야별로 1명 이상의 심사전문인력으로 인증심사단을 구성할 수 있다. 〈개정 2016.6.13., 2021.3.24〉

④ 제2항에 따른 인증심의위원회는 제3조제5항에 따른 후보단에 속해 있는 사람으로서 해당 전문분야 중 4개 이상의 분야에서 각 분야별로 1명 이상의 전문가로 구성한다. 이 경우 인증심의위원회의 위원은 해당 인증기관에 소속된 사람이 아니어야 하며, 다른 인증기관의 심사전문인력을 1명 이상 포함해야 한다. 〈개정 2016.6.13., 2021.3.24〉

제7조의2【인증심의위원회 위원의 제척 · 기피 · 회피】 ① 인증심의위원회의 위원(이하 이 조에서 "위원"이라 한다)이 다음 각 호의 어느 하나에 해당하는 경우에는 인증심의위원회의 심의에서 제척(除斥)된다.

1. 위원 또는 그 배우자나 배우자이었던 사람이 해당 안건의 당사자가 되거나 그 안건의 당사자와 공동권리자 또는 공동의무자인 경우
2. 위원이 해당 안건의 당사자와 친족이거나 친족이었던 경우
3. 위원이 해당 안건에 대하여 자문, 연구, 용역(하도급을 포함한다), 감정 또는 조사를 한 경우

녹색건축 인증에 관한 규칙

4. 위원이나 위원이 속한 법인·단체 등이 해당 안건의 당사자의 대리인이거나 대리인이었던 경우
5. 위원이 임원 또는 직원으로 재직하고 있거나 최근 3년 내에 재직하였던 기업 등이 해당 안건에 관하여 자문, 연구, 용역(하도급을 포함한다), 감정 또는 조사를 한 경우

② 해당 안건의 당사자는 위원에게 공정한 심의를 기대하기 어려운 사정이 있는 경우에는 인증심의위원회에 기피 신청을 할 수 있으며, 인증심의위원회는 의결로 이를 결정한다. 이 경우 기피 신청의 대상인 위원은 그 의결에 참여하지 못한다.

③ 위원이 제1항 각 호에 따른 제척 사유에 해당하는 경우에는 스스로 해당 안건의 심의에서 회피(回避)하여야 한다.

[본조신설 2016.6.13.]

제8조 【인증기준 등】 ① 녹색건축 인증은 해당 전문분야별로 국토교통부장관과 환경부장관이 공동으로 정하여 고시하는 인증기준에 따라 부여된 종합점수를 기준으로 심사하여야 한다.

② 녹색건축 인증 등급은 최우수(그린1등급), 우수(그린2등급), 우량(그린3등급) 또는 일반(그린4등급)으로 한다.

③ 인증기관의 장은 법 제21조제2항에 따라 지정된 전문기관에서 운영하는 일정한 교육과정을 이수한 사람이 인증대상 건축물의 설계에 참여한 경우 또는 혁신적인 설계방식을 도입한 경우 등 녹색건축 관련 기술의 발전을 위하여 필요하다고 인정하는 경우에는 국토교통부장관과 환경부장관이 공동으로 정하여 고시하는 바에 따라 가산점을 부여할 수 있다.

④ 제1항에 따른 인증기준은 「건축법」 제22조에 따른 사용승인(이하 "사용승인"이라 한다) 또는 「주택법」 제49조에 따른 사용검사(이하 "사용검사"라 한다)를 받은 날부터 5년이 지난 건축물과 그 밖의 건축물로 구분하여 정할 수 있다. 〈개정 2016.6.13., 2016.8.12.〉

제9조 【인증서 발급 및 인증의 유효기간 등】 ① 인증기관의 장은 녹색건축 인증을 할 때에는 건축주등에게 별지 제4호서식의 녹색건축 인증서와 별표 2에 따라 제작된 인증명판(認證名板)을 발급하여야 한다. 이 경우 법 제16조제5항 및 영 제11조의3에 따른 건축물의 건축주등은 인증명판을 건축물 현관 및 로비 등 공공이 볼 수 있는 장소에 게시하여야 한다. 〈개정 2016.6.13./후단 신설〉

② 녹색건축 인증을 받은 건축물의 건축주등은 자체적으로 별표 2에 따라 인증명판을 제작하여 활용할 수 있다. 〈신설 2016.6.13.〉

③ 녹색건축 인증의 유효기간은 제1항에 따라 녹색건축 인증서를 발급한 날부터 5년으로 한다. 〈개정 2016.6.13.〉

④ 인증기관의 장은 제1항에 따라 인증서를 발급했을 때에는 인증 대상, 인증 날짜, 인증 등급 및 인증심사단과 인증심사위원회의 구성원 명단을 포함한 인증 심사 결과를 운영기관의 장에게 제출하고, 제7조제1항에 따른 인증심사결과서를 인증관리시스템에 등록해야 한다. 〈개정 2016.6.13., 2021.3.24〉

제9조의2 【인증 유효기간의 연장】 ① 제9조제1항에 따라 인증서를 발급받은 건축주등은 같은 조 제3항에 따른 인증 유효기간의 만료일 180일 전부터 만료일까지 유효기간의 연장을 신청할 수 있다.

② 제1항에 따라 유효기간의 연장 신청을 받은 인증기관의 장은 국토교통부장관과 환경부장관이 공동으로 정하여 고시하는 기준에 적합하다고 인정되면 유효기간을 연장할 수 있다. 이 경우 연장된 유효기간은 유효기간의 만료일 다음 날부터 5년으로 한다.

③ 유효기간의 연장 신청·심사 및 인증서의 발급 등에 관하여는 각각 제6조, 제7조제1항 및 제9조를 준용한다.

④ 제3항에 따라 준용되는 제7조제1항에 따른 인증심사단은 해당 전문분야 중 2개 이상의 분야에서 각 분야별로 1명 이상의 심사전문인력으로 구성한다.

⑤ 제3항에 따라 준용되는 제7조제1항에 따라 인증심사결과서를 작성한 인증기관의 장은 인증 여부 및 인증 등급을 결정하기 위하여 필요하면 인증심의위원회의 심의를 거칠 수 있다. 이 경우 인증심의위원회의 구성에 관하여는 제7조

제4항을 준용한다.
[본조신설 2021.3.24.]

제10조【재심사 요청 등】 ① 제7조 또는 제9조의2제2항 전단에 따른 인증 또는 인증 유효기간의 연장 심사 결과나 법 제20조제1항에 따른 인증 취소 결정에 이의가 있는 건축주등은 인증기관의 장에게 재심사를 요청할 수 있다. 〈개정 2021.3.24〉
② 재심사 결과 통보, 인증서 재발급 등 재심사에 따른 세부 절차에 관한 사항은 국토교통부장관과 환경부장관이 정하여 공동으로 고시한다.

제11조【예비인증의 신청 등】 ① 건축주등은 제6조제1항에 따른 인증에 앞서 건축물 설계도서에 반영된 내용만을 대상으로 녹색건축 예비인증(이하 "예비인증"이라 한다)을 신청할 수 있다. 〈개정 2016.6.13.〉
② 건축주등은 녹색건축 예비인증을 받으려면 별지 제5호서식의 녹색건축 예비인증 신청서(전자문서로 된 신청서를 포함한다)에 다음 각 호의 서류(전자문서를 포함한다)를 첨부하여 인증관리시스템을 통해 인증기관의 장에게 제출해야 한다. 〈개정 2021.3.24〉
1. 국토교통부장관과 환경부장관이 정하여 공동으로 고시하는 녹색건축 자체평가서
2. 제1호에 따른 녹색건축 자체평가서에 포함된 내용이 사실임을 증명할 수 있는 서류
③ 인증기관의 장은 심사 결과 예비인증을 하는 경우 별지 제6호서식의 녹색건축 예비인증서(「주택건설기준 등에 관한 규칙」 제12조의2에 따른 공동주택성능등급 인증서를 포함한다. 이하 같다)를 건축주등에게 발급하여야 한다. 이 경우 건축주등이 예비인증을 받은 사실을 광고 등의 목적으로 사용하려면 제9조제1항에 따른 인증(이하 "본인증"이라 한다)을 받을 경우 그 내용이 달라질 수 있음을 알려야 한다. 〈개정 2014.6.30.〉
④ 예비인증을 받은 건축주등은 본인증을 받아야 한다. 이 경우 예비인증을 받아 제도적 · 재정적 지원을 받은 건축주등은 예비인증 등급 이상의 본인증을 받아야 한다.
⑤ 예비인증의 유효기간은 제3항에 따라 녹색건축 예비인증서를 발급한 날부터 사용승인일 또는 사용검사일까지로 한다. 다만, 사용승인 또는 사용검사 전에 제9조제1항에 따른 녹색건축 인증서를 발급받은 경우에는 해당 인증서 발급일까지로 한다. 〈개정 2016.6.13.〉
⑥ 제1항부터 제5항까지에서 규정한 사항 외에 예비인증의 신청 및 평가 등에 관하여는 제6조제3항부터 제6항까지, 제7조, 제8조, 제9조제4항, 제10조 및 법 제20조를 준용한다. 다만, 제7조제1항 및 제2항에 따른 인증 심사 중 현장실사 및 인증심의위원회의 심의는 필요한 경우에만 할 수 있다. 〈개정 2016.6.13., 2021.3.24〉

제12조【인증을 받은 건축물에 대한 점검 및 실태조사】 ① 녹색건축 인증을 받은 건축물의 소유자 또는 관리자는 그 건축물을 인증받은 기준에 맞도록 유지 · 관리하여야 한다.
② 인증기관의 장은 제1항에 따른 유지 · 관리 실태 파악을 위하여 녹색건축과 관련된 건축현황 등 필요한 자료를 건축물의 소유자 또는 관리자에게 요청할 수 있다. 〈신설 2016.6.13.〉
③ 인증기관의 장은 필요한 경우에는 녹색건축 인증을 받은 건축물의 정상 가동 여부 등을 확인할 수 있다. 〈개정 2016.6.13.〉
④ 인증기관의 장은 녹색건축 인증을 신청하거나 인증을 받은 건축물에 대하여 자체평가서 및 인증 신청시 제출한 서류 등 인증취득에 관한 정보를 건축주등의 서면동의 없이 외부에 공개하여서는 아니 된다. 다만, 인증받은 건축물의 전문분야별 총점은 공개할 수 있다. 〈신설 2016.6.13.〉
⑤ 녹색건축 인증을 받은 건축물에 대한 점검 및 실태조사 범위 등 세부 사항은 국토교통부장관과 환경부장관이 정하여 공동으로 고시한다. 〈개정 2016.6.13.〉
[제목개정 2016.6.13.]

제13조 삭제 〈2016.6.13.〉

제14조 【인증 수수료】 ① 건축주등은 제6조제2항(제9조의2제3항에 따라 준용되는 경우를 포함한다)에 따른 녹색건축 인증·인증 유효기간 연장 신청서 또는 제11조제2항에 따른 녹색건축 예비인증 신청서를 제출하려는 경우 해당 인증기관의 장에게 「엔지니어링산업 진흥법」 제31조제2항에 따라 산업통상자원부장관이 정하여 고시하는 대가 산정 기준의 범위에서 인증 대상 건축물의 규모 및 면적 등을 고려하여 국토교통부장관과 환경부장관이 정하여 공동으로 고시하는 인증 수수료를 내야 한다. 〈개정 2016.6.13., 2021.3.24〉

② 제10조제1항(제11조제6항에 따라 준용되는 경우를 포함한다)에 따라 재심사를 신청하는 건축주등은 국토교통부장관과 환경부장관이 정하여 공동으로 고시하는 인증 수수료를 추가로 내야 한다.

③ 제1항 및 제2항에 따른 인증 수수료는 현금이나 정보통신망을 이용한 전자화폐·전자결제 등의 방법으로 납부하여야 한다.

④ 제1항 및 제2항에 따른 인증 수수료의 환불 사유, 반환 범위, 납부 기간 및 그 밖에 인증 수수료의 납부에 필요한 사항은 국토교통부장관과 환경부장관이 정하여 공동으로 고시한다.

제15조 【인증운영위원회의 구성·운영 등】 ① 국토교통부장관과 환경부장관은 녹색건축 인증제도를 효율적으로 운영하기 위하여 국토교통부장관이 환경부장관과 협의하여 정하는 기준에 따라 인증운영위원회를 구성하여 운영할 수 있다.

② 인증운영위원회는 다음 각 호의 사항을 심의한다. 〈개정 2016.6.13.〉

1. 삭제 〈2016.6.13.〉
2. 인증기관의 지정 및 지정의 유효기간 갱신에 관한 사항
3. 인증기관 지정의 취소 및 업무정지에 관한 사항
4. 인증 심사 기준의 제정·개정에 관한 사항
5. 그 밖에 녹색건축 인증제의 운영과 관련된 중요사항

③ 국토교통부장관과 환경부장관은 인증운영위원회의 운영을 운영기관에 위탁할 수 있다. 〈신설 2016.6.13.〉

④ 제1항 및 제2항에서 규정한 사항 외에 인증운영위원회의 세부 구성 및 운영 등에 관한 사항은 국토교통부장관과 환경부장관이 정하여 공동으로 고시한다. 〈개정 2016.6.13.〉

제16조 【인증운영위원회 위원의 제척·기피·회피】 인증운영위원회 위원의 제척·기피·회피에 대해서는 제7조의2를 준용한다.
[본조신설 2016.6.13.]

제17조 【인증운영위원회 위원의 해임 및 해촉】 국토교통부장관과 환경부장관은 인증운영위원회의 위원(이하 이 조에서 "위원"이라 한다)이 다음 각 호의 어느 하나에 해당하는 경우에는 해당 위원을 해임 또는 해촉(解囑)할 수 있다.

1. 심신장애로 인하여 직무를 수행할 수 없게 된 경우
2. 직무와 관련된 비위사실이 있는 경우
3. 직무 태만, 품위 손상이나 그 밖의 사유로 인하여 위원으로 적합하지 아니하다고 인정되는 경우
4. 제7조의2제1항 각 호의 어느 하나에 해당하는 데에도 불구하고 회피하지 아니한 경우
5. 위원 스스로 직무를 수행하는 것이 곤란하다고 의사를 밝히는 경우

[본조신설 2016.6.13.]

제18조 【인증기관의 지정취소 등】 ① 법 제19조제1항에 따른 인증기관의 지정취소 및 업무정지 처분의 세부기준은 별표 4와 같다.

② 국토교통부장관은 법 제19조제1항에 따라 인증기관의 지정을 취소하거나 업무정지를 명하는 처분을 한 경우에는 그 사실을 지체 없이 관보에 공고하고, 제3조에 따른 운영기관의 장에게 통보해야 한다. 이 경우 통보를 받은 운영기관의 장은 지체 없이 그 사실을 인터넷 홈페이지에 게시해야 한다.
[본조신설 2024.7.10.]

부칙〈국토교통부령 제318호, 환경부령 제658호, 2016.6.13.〉

제1조(시행일) 이 규칙은 2016년 9월 1일부터 시행한다.

제2조(인증기관의 변경사항 제출에 관한 적용례) 제5조제4항제1호의2의 개정규정은 이 규칙 시행 이후 법 제16조제3항에 따라 녹색건축 인증을 신청하는 경우부터 적용한다.

제3조(녹색건축 인증 신청 반려에 관한 적용례) 제6조제6항의 개정규정은 이 규칙 시행 이후 법 제16조제3항에 따라 녹색건축 인증을 신청하는 경우부터 적용한다.

제4조(녹색건축 인증 신청 처리기간에 관한 경과조치) 이 규칙 시행 당시 법 제16조제3항에 따라 녹색건축 인증을 신청한 자에 대해서는 제6조제3항 및 제4항의 개정규정에도 불구하고 종전의 규정에 따른다.

제5조(녹색건축 인증 심사에 관한 경과조치) 이 규칙 시행 당시 법 제16조제3항에 따라 녹색건축 인증을 신청한 자에 대해서는 제7조제2항 및 제3항의 개정규정에도 불구하고 종전의 규정에 따른다.

제6조(인증기준에 관한 경과조치) 이 규칙 시행 당시 법 제16조제3항에 따라 녹색건축 인증을 신청한 자에 대해서는 제8조제4항의 개정규정에도 불구하고 종전의 규정에 따른다.

제7조(인증 수수료에 관한 경과조치) 이 규칙 시행 당시 법 제16조제3항에 따라 녹색건축 인증을 신청한 자에 대해서는 제14조제1항의 개정규정에도 불구하고 종전의 규정에 따른다.

부칙〈국토교통부령 제353호, 2016.8.12.〉(주택법 시행규칙)

제1조(시행일) 이 규칙은 2016년 8월 12일부터 시행한다. 다만, 부칙 제3조제9항은 2016년 9월 1일부터 시행한다.

제2조 생략

제3조(다른 법령의 개정) ①부터 ⑦까지 생략

⑧ 녹색건축 인증에 관한 규칙 일부를 다음과 같이 개정한다.

제6조제1항 각 호 외의 부분 본문 중 "「주택법」 제29조"를 "「주택법」 제49조"로 한다.

제11조제1항 본문 및 단서 중 "「주택법」 제16조"를 각각 "「주택법」 제15조"로 한다.

⑨ 국토교통부령 제318호 녹색건축 인증에 관한 규칙 일부개정령 일부를 다음과 같이 개정한다.

제8조제4항 중 "「주택법」 제29조"를 "「주택법」 제49조"로 한다.

⑩부터 ⑰까지 생략

제5조 생략

부칙〈국토교통부령 제831호, 환경부령 제908호, 2021.3.24.〉

제1조(시행일) 이 규칙은 2021년 4월 1일부터 시행한다.

제2조(인증 유효기간이 만료된 건축물에 관한 특례) 이 규칙 시행 당시 녹색건축 인증의 유효기간이 만료된 건축물에 대하여 2021년 9월 30일까지 해당 건축물이 인증을 받았던 등급과 같은 등급으로 인증을 신청하는 때에는 제9조의2제2항부터 제5항까지의 규정을 준용한다. 이 경우 인증의 유효기간은 제9조의2제2항 후단의 개정규정에도 불구하고 제9조의2제3항의 개정규정에 따라 준용되는 제9조제3항에 따라 녹색건축 인증서를 발급한 날부터 5년으로 한다.

부칙〈국토교통부령 제1357호, 환경부령 제1107호, 2024.7.10.〉

제1조(시행일) 이 규칙은 2021년 4월 1일부터 시행한다.

제2조(녹색건축 인증의 유효기간에 관한 경과조치) 이 규칙 시행 전에 녹색건축 인증서가 발급된 경우의 녹색건축 인증의 유효기간에 관하여는 제9조제3항의 개정규정에도 불구하고 종전의 규정에 따른다.

녹색건축 인증에 관한 규칙[별표]

[별표 1] 〈개정 2021.3.24.〉

전문분야(제4조제2항제2호 관련)

전문분야	해당 세부분야
토지이용 및 교통	단지계획, 교통계획, 교통공학, 건축계획 또는 도시계획
에너지 및 환경오염	에너지, 전기공학, 건축환경, 건축설비, 대기환경, 폐기물처리 또는 기계공학
재료 및 자원	건축시공 및 재료, 재료공학, 자원공학 또는 건축구조
물순환관리	수공학, 상하수도공학, 수질환경, 건축환경 또는 건축설비
유지관리	건축계획, 건설관리, 건축설비 또는 건축시공 및 재료
생태환경	건축계획, 생태건축, 조경 또는 생물학
실내환경	온열환경, 소음·진동, 빛환경, 실내공기환경, 건축계획, 건축환경 또는 건축설비

[별표 2] 인증 명판(제9조제1항 관련)

1. 최우수(그린1등급) 녹색건축 인증 명판의 표시 및 규격

[한글판] [영문판]

2. 우수(그린2등급) 녹색건축 인증 명판의 표시 및 규격

[한글판] [영문판]

3, 4. 일반(그린3, 4등급) 녹색건축 인증 명판의 표시 및 규격 “생략”

5. 비고

가. 크기: 가로 30cm × 세로 40cm × 두께 1.5cm

나. 재질: 동판

다. 글씨: 명조체

라. 색채: 검은색

마. 명판의 크기와 재질은 명판이 부착되는 건물의 특성에 따라 축소·확대 등 변경이 가능하다.

바. 건축주등의 요청에 따라 한글판 혹은 영문판 중 선택하여 제작할 수 있다.

[별표 3] 삭제 〈2016.6.13.〉

녹색건축 인증에 관한 규칙[별표]

[별표 4] 〈신설 2024.7.10.〉

1. 일반기준

가. 위반행위의 횟수에 따른 행정처분의 기준은 최근 3년간 같은 위반행위로 행정처분을 받은 경우에 적용한다. 이 경우 기간의 계산은 위반행위에 대하여 행정처분을 받은 날과 그 처분 후 다시 같은 위반행위를 하여 적발된 날을 기준으로 한다.

나. 가목에 따라 가중된 처분을 하는 경우 가중처분의 적용 차수는 그 위반행위 전 행정처분 차수(가목에 따른 기간 내에 행정처분이 둘 이상 있었던 경우에는 높은 차수를 말한다)의 다음 차수로 한다.

다. 위반행위가 둘 이상인 경우로서 그에 해당하는 각각의 처분기준이 다른 경우에는 그 중 무거운 처분기준에 따르며, 각각의 처분기준이 모두 업무정지인 경우에는 각각의 처분기준을 합산한 기간을 넘지 않는 범위에서 무거운 처분기준의 2분의 1까지 가중하여 처분할 수 있다.

라. 처분권자는 다음의 사유를 고려하여 처분기준의 2분의 1의 범위에서 제2호의 개별기준에 따른 처분을 가중하거나 감경할 수 있다.

1) 가중 사유

가) 위반행위가 고의나 중대한 과실에 의한 것으로 인정되는 경우

나) 위반의 내용·정도가 중대하여 그로 인한 피해가 크다고 인정되는 경우

2) 감경 사유

가) 위반행위가 고의성이 없는 사소한 부주의나 오류로 인한 것인 경우

나) 위반의 내용·정도가 경미하여 그로 인한 피해가 적다고 인정되는 경우

다) 해당 인증기관이 3년 이상 모범적으로 운영해 온 사실이 객관적으로 인정되는 경우

라) 그 밖에 위반행위의 동기, 내용, 횟수 및 결과 등을 고려하여 처분기준을 줄일 필요가 있다고 인정되는 경우

2. 개별기준

위반행위	근거 법조문	처분기준		
		1차 위반	2차 위반	3차 위반
가. 거짓이나 부정한 방법으로 지정을 받은 경우	법 제19조 제1항제1호	지정 취소		
나. 정당한 사유 없이 지정받은 날부터 2년 이상 계속하여 인증업무를 수행하지 않은 경우	법 제19조 제1항제2호	업무 정지 90일	지정 취소	
다. 인증의 기준 및 절차를 위반하거나 부당하게 인증업무를 수행한 경우	법 제19조 제1항제3호	업무 정지 90일	업무 정지 180일	지정 취소
라. 정당한 사유 없이 인증심사를 거부한 경우	법 제19조 제1항제4호	업무 정지 90일	업무 정지 180일	지정 취소
마. 업무정지 기간 중에 인증업무를 수행한 경우	법 제19조 제1항제5호	지정 취소		
바. 인증기관의 임직원이 인증업무와 관련하여 벌금 이상의 형을 선고받아 그 형이 확정된 경우	법 제19조 제1항제6호	업무 정지 90일	지정 취소	
사. 그 밖에 인증기관으로서의 업무를 수행할 수 없게 된 경우	법 제19조 제1항제7호	업무 정지 90일	지정 취소	

■ 녹색건축 인증에 관한 규칙 [별지 제3호서식] <개정 2021. 3. 24.>

녹색건축 인증 · 인증 유효기간 연장 신청서

어두운 난( )은 신청인이 작성하지 않으며, [ ]에는 해당하는 곳에 √ 표시를 합니다.

접수번호	접수일	처리일	처리기간 40일 이내 (단독주택 20일 이내)

신청구분	[ ] 녹색건축 인증	[ ] 녹색건축 인증 유효기간 연장	
① 신청인	업체명(대표자명)		생년월일(법인등록번호)
	주소		
	실무책임자	성 명	F A X
		전화번호	전자우편
② 건축주	성명(법인명)		생년월일(사업자 또는 법인 등록번호)
	주 소		(전화번호:)
③ 설계자	사무소명		신고번호
	성 명		자격번호
	사무소 주소		(전화번호:)
④ 공사시공자	회사명(대표자명)		면허번호
	사무소 주소		(전화번호:)
⑤ 공사감리자	사무소명		신고번호
	성 명		자격번호
	사무소 주소		(전화번호:)
⑥ 신청 건축물	건축물명		인증대상 건축물군
	소재지 주소		
	건축물 용도	대지면적	건축면적 / 연면적

예비인증 등급 및 발급일	등급(년 월 일)	예비인증번호	
본인증 등급 및 발급일	등급(년 월 일)	본인증번호	
제도적 · 재정적 지원사항			

「녹색건축물 조성 지원법」 제16조제4항, 「녹색건축 인증에 관한 규칙」 제6조제2항 또는 제9조의2제3항에 따라 녹색건축 인증 또는 인증 유효기간의 연장을 신청합니다.

년 월 일

신청인(대리인) (서명 또는 인)

신청서 접수기관 (접수부서명 및 접수자인)

인증기관의 장 귀하

첨부서류	1. 국토교통부장관과 환경부장관이 정하여 공동으로 고시하는 녹색건축 자체평가서 2. 제1호에 따른 녹색건축 자체평가서에 포함된 내용이 사실임을 증명하는 서류	수수료 국토교통부장관과 환경부장관이 정하여 공동으로 고시하는 금액

처리절차

신청서 작성 (신청인) → 접수 → 검토 → 결재 → 인증서 발급 (인증기관)

210㎜×297㎜[백상지(80g/㎡) 또는 중질지(80g/㎡)]

■ 녹색건축 인증에 관한 규칙 [별지 제4호서식] <개정 2021. 3. 24.>

녹색건축 인증서

건축물 개요		인증 개요	
건축물명	:	인증번호	:
건 축 주	:	인증기관	:
준공(예정)일	:	유효기간	: . . . 까지
주 소	:	**인증등급**	
층 수	:	인증등급	:
연 면 적	:	인증기준	:
건축물 용도	:		
설 계 자	:		
공사시공자	:		
공사감리자	:		

위 건축물은 녹색건축(등급) 건축물로 인증되었기에 「녹색건축물 조성 지원법」 제16조, 「녹색건축 인증에 관한 규칙」 제9조제1항 또는 제9조의2제3항에 따라 인증서를 발급합니다.

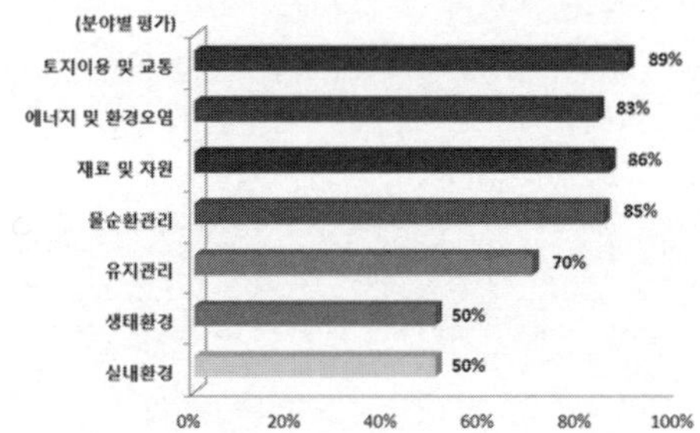

종합등급 ★ ★ ★ ☆

년 월 일

인증기관의 장 직인

210mm×297mm[백상지 (150g/㎡)]

녹색건축 인증에 관한 규칙[별표]

■ Rule for Green Building Certification [Appendix Form No.4]

G-SEED Certification

Building Project Overview	Certification Overview
Building Title :	Certificate Number :
Owned By :	Certified by :
Completion Date (Expected) :	Expiration of Certification : Until . . . (Day/Month/Year)
Address :	**Certification Grade**
Number of Floors :	Grade :
Gross Area :	Criteria :
Usage :	
Designed by :	
Builder :	
Supervisor :	

This building is certified as G-SEED (Grade) according to the article 16 under 「Green Building Act」 and the article 9 clause 1 or the article 9-2 clause 3 under 「Rules on Green Building」.

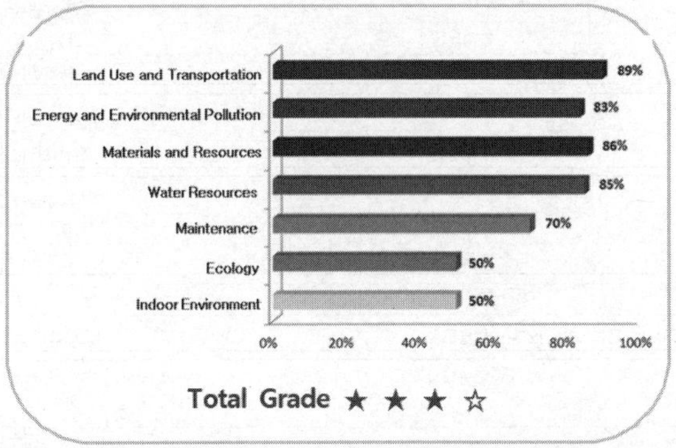

. . .(Day/Month/Year)

Representative of Certificate Organization (Sign)

Verified by KICT   Operated by Ministry of Land, Infrastructure and Transport / Ministry of Environment

210mm×297mm[woodfree paper (150g/㎡)]

2. 녹색건축 인증기준

[국토교통부고시 제2023-329호, 2023.7.1., 일부개정]

제1조【목적】 이 기준은 「녹색건축 인증에 관한 규칙」 제6조제2항, 제8조제1항, 제9조의2, 제10조제2항, 제11조제2항, 제12조제5항, 제14조제1항 · 제2항 · 제4항, 제15조제4항에서 위임한 사항 등을 규정함을 목적으로 한다. 〈개정 2021.3.26〉

제2조【인증 신청 등】 ① 「녹색건축인증에 관한 규칙」(이하 "규칙"이라 한다.) 제6조제2항제1호에 따른 자체평가서는 별표11에 따른 자체평가서 작성요령에 따라 작성하며, 별표1부터 별표7까지에 따라 제14조에 따른 운영세칙(이하 "운영세칙"이라 한다)에서 정하는 제출서류를 포함하여야 한다.

② 규칙 제6조 제3항부터 제5항까지(규칙 제11조제6항에 따라 준용되는 경우를 포함한다)와 이 기준 제2조제4항, 제8조제5항, 제9조에 따른 인증 처리 기간 등에는 「민원처리에 관한 법률」 제19조에 따라 공휴일과 토요일은 제외한다.

③ 규칙 제6조제2항 및 규칙 제11조제2항에 따라 제출되는 서류에는 설계자 및 「건축물의 설비기준 등에 관한 규칙」 제3조에 따른 관계전문기술자의 날인(건축, 기계, 전기)이 포함되어야 한다. 다만, 건축물이 준공된 후에 인증을 신청하는 등 설계자 및 관계전문기술자의 날인을 받기 어려운 경우에는 「건축법」 제22조에 따른 공사감리자 및 건축주의 날인으로 대체할 수 있다.

④ 규칙 제6조제5항에 따라 보완을 요청받은 규칙 제6조제1항에 따른 건축주등(이하 "건축주등"이라 한다)은 보완 요청일로부터 30일 이내에 보완을 완료하여야 한다. 건축주등은 설계변경 등 부득이한 사유로 기간 내 보완이 어려운 경우에는 10일의 범위에서 기간 연장을 신청할 수 있다.

제3조【인증기준 및 등급】 ① 규칙 제8조에 따른 인증기준은 별표 1부터 별표 3까지의 신축건축물 종류별 인증심사기준과 별표 4부터 별표 7까지의 기존 건축물 종류별 인증심사기준에 따라 평가한다.

② 삭제

③ 2개 이상의 용도가 있는 복합건축물에 대하여는 각 용도별로 인증심사기준에 따라 평가하고, 최종 인증점수는 별표 8의 복합건축물 인증등급 산정표에 따라 각 용도별 바닥면적을 가중평균하여 산출한다. 다만, 주택을 주택외 시설과 동일건축물로 건축하는 300세대이상의 공동주택일 경우(공동주택성능등급 인증서 발급을 위해 녹색건축 인증을 신청하는 경우로 한정한다) 별표 1의 공동주택 인증심사기준에 따라 평가하고, 규칙 제11조제3항에 따라 공동주택성능등급 인증서를 발급할 수 있다. 〈개정 2021.3.26〉

④ 2개 이상의 용도가 있는 복합건축물에 대하여 건축주등이 원하는 경우 건축물의 용도별로 심사하여 인증서를 발급할 수 있으며, 어느 하나의 용도가 공동주택인 경우에는 공동주택성능등급 인증서도 녹색건축 인증서와 함께 발급할 수 있다. 이 경우 건축주등은 인증결과를 광고 등에 활용 시 인증 받은 용도를 모두 공개하여야 한다.

⑤ 하나의 대지에 2이상의 건축물을 신축하는 경우 또는 건축물이 있는 대지에 기존 건축물과 떨어져 증축하는 경우에는 녹색건축 인증대상 건축물 주변에 가상의 대지경계선을 설정하여 건축물 외부환경 관련 항목에 대하여 평가할 수 있으며, 그 외 항목은 동일하게 평가한다. 이 경우 가상의 대지 경계선은 해당 건축물의 용적률에 근거하여 설정하며, 가상의 대지 경계선은 건축주등이 제시할 수 있다.

⑥ 인증신청 건축물은 각 인증심사기준의 필수항목 점수를 반드시 취득하여야 한다. 다만, 인증신청 건축물이 「녹색건축물 조성 지원법」 제14조 및 같은 법 시행령 제10조에 따른 에너지 절약계획서 제출대상이 아닌 경우 에너지성능 항목에 한하여 그러하지 아니한다.

⑦ 국내법이 적용되지 않는 지역에서의 건축 등 특수한 상황으로 인하여 인증기준 적용이 불합리하다고 국토교통부장관이 인정하는 경우에는 규칙 제15조에 따른 인증운영위원회의 심의를 거쳐 인증기준을 변경하여 적용할 수 있다. 이 경우 건축주등은 인증기준을 변경하여 적용하고자 하는 사항을 작성하여 운영기관

의 장에게 요청하여야 한다.

⑧ 규칙 제8조제2항에 따른 인증기준의 인증등급은 별표 8, 9, 10에 따라 산출하여 부여한다.

⑨ 규칙 제8조제3항에 따른 가산점은 별표 1부터 별표 5까지의 인증심사기준에 따른다.

⑩ 운영기관의 장은 국토교통부장관과 환경부장관의 승인을 받아 인증심사 세부기준을 운영세칙에서 정할 수 있다.

⑪ 규칙 제9조의2에 따른 유효기간 연장의 경우 최초 1회에 한하여 기존 녹색건축 인증 취득 시의 인증기준으로 심사할 수 있다. 〈신설 2021.3.26〉

제4조 【재심사】 ① 규칙 제10조제2항에 따라 재심사 요청을 하는 건축주등은 재심사 요청 사유서를 인증기관의 장에게 제출하여야 하며, 재심사에 따른 세부절차 등에 관하여는 규칙 제6조제3항부터 제5항까지, 제7조제1항 · 제2항, 제8조, 법 제20조를 준용한다.

② 재심사 결과에 따라 인증서를 재발급할 경우에는 기존에 발급된 인증은 취소된다.

③ 재심사를 수행한 인증기관의 장은 재심사에 대한 전반적인 사항을 운영기관의 장에게 보고하여야 한다.

제5조 【예비인증의 신청 등】 ① 규칙 제11조제2항에 따른 자체평가서의 작성요령 및 제출서류는 제2조제1항을 준용한다.

② 규칙 제11조제3항에 따라 건축주등에게 녹색건축 예비인증서 발급 시 포함하여야 하는 공동주택의 성능등급을 표시한 서류(이하 "공동주택성능등급 인증서"라 한다.)는 「주택건설기준 등에 관한 규칙」 제12조의2에 따른 공동주택성능등급 인증서를 말한다.

③ 공동주택성능등급 인증서의 표시방법은 별표 13의 공동주택성능등급 표시항목에 따른다.

녹색건축 인증기준

제6조 【인증을 받은 건축물의 점검 및 실태조사】 ① 규칙 제12조제2항에 따라 인증기관의 장이 녹색건축 등급 인증을 받은 건축물의 정상 가동 여부를 확인할 경우에는 국토교통부장관과 환경부장관의 승인을 받아야 한다.

② 규칙 제12조제5항에 따른 점검 및 실태조사의 범위는 다음 각 호와 같다. 〈개정 2021.3.26〉

1. 유지관리 및 생태환경 현황 등의 조사
2. 에너지사용량 및 물사용량 등의 조사
3. 국토교통부장관 또는 환경부장관이 요청하는 사항

제7조 【녹색건축 인증의 취득 의무】 ① 삭제

②「건축법 시행령」 별표 1 제14호가목의 공공업무시설 중 「녹색건축물 조성 지원법 시행령」 제11조의3에 해당하는 건축물의 경우 우수(그린2등급) 등급 이상을 취득하여야 한다. 〈개정 2021.3.26〉

제8조 【인증 수수료】 ① 규칙 제14조에 따른 인증 수수료는 별표 12와 같다. 〈개정 2021.3.26〉

② 규칙 제14조제2항에 따라 재심사를 신청하는 경우 추가로 내야하는 인증 수수료는 제1항에 따른 인증 수수료의 100분의 50으로 한다. 다만, 단독주택 및 그린리모델링, 유효기간연장의 경우 최초 인증 수수료 기준에 따르며, 재심사 결과 당초 심사결과의 오류가 확인되어 인증등급이 달라지거나 인증이 취소되는 경우에는 인증기관이 재심사 신청자에게 추가 인증 수수료를 환불하여야 한다. 〈개정 2021.3.26〉

③ 규칙 제14조제4항에 따른 인증 수수료의 환불 사유 및 반환 범위는 별표 12에 따른다.

④ 인증 수수료의 반환절차 및 반환방법 등은 인증기관의 장이 별도로 정하는 바에 따른다.

⑤ 규칙 제6조제2항에 따라 녹색건축 인증을 신청한 건축주등은 신청서를 제출한 날로부터 20일 이내에 인증기관의 장에게 수수료를 납부하여야 한다.

제9조 【인증 신청의 반려】 인증기관의 장은 규칙 제6조제6항에 따라 다음 각 호의 어느 하나에 해당하는 경우 그 사유를 명시하여 인증을 신청한 건축주등에게 인증 신청을 반려하여야 한다.
1. 제2조제1항에 따라 자체평가서 및 제출서류 등을 신청일로부터 20일 이내에 제출하지 아니한 경우
2. 제2조제4항에 따른 보완을 기간내에 완료하지 아니한 경우
3. 제8조제5항에 따라 인증 수수료를 신청일로부터 20일 이내에 납부하지 아니한 경우

제10조 【인증 업무 지원】 ① 인증기관의 장은 규칙 제14조에 따른 인증수수료의 일부를 운영기관이 규칙 제3조제3항에 따른 인증 관련 업무를 수행하는데 드는 비용(이하 "인증업무 운영 비용"이라 한다)에 지원할 수 있다.
② 운영기관은 회계가 종료된 경우 전문정산기관의 정산결과보고서와 차기 인증업무 운영비용 운용계획안 등을 인증기관의 장에게 통보하고 규칙 제15조에 따른 인증운영위원회(이하 "위원회"라 한다)의 심의를 거쳐 국토교통부장관과 환경부장관에게 보고하여야 하며, 사업운용기간 내 인증업무 운영비용에 잔액이 발생한 경우 이월하여 차기 인증업무 운영비용으로 활용하여야 한다.
③ 제1항에 따른 인증업무 운영비용은 인증수수료의 100분의 5를 초과하지 않으며, 지원방법 등 인증업무 운영 비용과 관련한 세부적인 사항에 대해서는 운영세칙에서 정한다.
④ 제1항부터 제3항까지 규정한 사항 외에 인증업무 운영비용 산정기준, 수입 및 지출 절차 등 세부적인 사항은 운영세칙에서 정한다.

제11조 【인증운영위원회의 구성】 ① 규칙 제15조제4항에 따라 위원회는 위원장 1명을 포함한 20명 이내의 위원으로 구성한다.
② 위원장은 위원회를 운영하지 않는 부처의 국장급 이상의 소속 공무원으로 하고 간사는 위원회를 운영하는 부처의 소속공무원으로 한다. 다만, 운영기관에 운영을 위탁하는 경우에는 운영기관의 인원으로 할 수 있다.
③ 위원은 다음 각 호의 어느 하나에 해당하는 자로서, 국토교통부장관과 환경부장관이 추천한 전문가가 각 전문분야별로 동수가 되도록 구성한다.
1. 관련분야의 직무를 담당하는 중앙행정기관의 소속 공무원
2. 5년 이상 녹색건축 관련 경력이 있는 대학조교수 이상인 자
3. 5년 이상 녹색건축 관련 연구기관에서 연구경력이 있는 선임연구원급 이상인 자
4. 기업에서 7년 이상 녹색건축 관련 분야에 근무한 부서장 이상인 자
5. 그밖에 제1호 내지 제4호와 동등 이상의 자격이 있다고 국토교통부장관 또는 환경부장관이 인정하는 자
④ 위원장과 위원의 임기는 2년으로 한다. 다만, 공무원인 위원은 보직의 재임기간으로 한다.

제12조 【인증운영위원회의 운영】 ① 위원회의 운영은 국토교통부와 환경부가 2년간 교대로 담당한다.
② 위원회는 반기별 1회 이상 개최함을 원칙으로 하되, 필요한 경우 위원장이 이를 소집할 수 있다.
③ 위원회의 회의는 재적위원 과반수의 출석으로 개최하고 출석위원 과반수의 찬성으로 의결하되, 가부 동수인 경우에는 부결된 것으로 본다.
④ 위원회에 참석한 위원에 대하여는 수당 및 여비를 지급할 수 있다.

제13조 【인증 홍보】 인증의 홍보는 건축물과 직접 관련 있는 인쇄물, 광고물 등에 사용할 수 있으며 이 경우 인증범위, 인증기관명, 적용된 인증기준, 인증일자를 반드시 포함하여야 한다.

제14조 【운영세칙】 운영기관의 장은 인증제도 활성화를 위한 사업의 효율적 수행을 위하여 필요한 때에는 이 규정에 저촉되지 않는 범위 안에서 운영세칙을 제정하여 운영할 수 있다. 다만, 운영세칙을 제정하거나 개정할 때에는 규칙 제15조에 따른 위원회의 심의 및 국토교통부장관과 환경부장관의 승인을 받

아야 한다.

제15조 【녹색건축인증전문가 관리】 운영기관의 장은 규칙 제8조제3항에 따른 녹색건축인증전문가를 운영 · 관리하여야 한다. 〈개정 2021.3.26〉

제16조 【재검토기한】 국토교통부장관은 이 고시에 대하여 「훈령 · 예규 등의 발령 및 관리에 관한 규정」에 따라 이 고시에 대하여 2021년 7월 1일 기준으로 매 3년이 되는 시점(매 3년째의 6월 30일까지를 말한다)마다 그 타당성을 검토하여 개선 등의 조치를 하여야 한다. 〈개정 2021.3.26〉

부칙〈제2014-705호, 2014.12.5.〉

제1조(시행일) 이 기준은 고시한 날부터 시행한다.

제2조(인증기준 적용에 대한 경과조치) 종전의 규정에 따라 예비인증을 받은 건축물은 본인증 평가 시 예비인증 당시의 기준을 적용한다. 다만, 건축주 등이 요구할 경우 이 규정을 적용할 수 있다.

제3조(공공건축물 녹색건축 인증의 취득 의무에 대한 경과조치) 제7조 제1항의 개정규정은 이 기준 시행일 이전에 건축허가를 받거나 건축허가를 신청한 경우에도 건축주 등이 요구할 경우 이 규정을 적용할 수 있다.

부칙〈제2016-341호, 2016.6.17.〉

제1조(시행일) 이 고시는 2016년 9월 1일부터 시행한다.

제2조(경과조치) 이 고시 시행 이전에 녹색건축 예비인증을 받은 건축물이 이 고시 시행 이후에 본인증을 신청하는 경우에는 종전의 규정에 따른다. 다만, 종전의 규정이 불리하여 건축주등이 요구하는 경우 이 고시에 따른 규정을 따를 수 있다.

제3조(녹색건축전문가의 설계참여에 관한 적용례) 별표 1 및 별표 3의 녹색건축전문가의 설계참여시 가산점은 2017년 1월 1일 이후 녹색건축 인증을 신청하는 경우부터 적용한다.

녹색건축 인증기준

부칙〈제2019-764호, 2019.12.23.〉

이 고시는 2020년 1월 1일부터 시행한다.

부칙〈제2021-278호, 2021.3.26.〉

이 고시는 2021년 4월 1일부터 시행한다.

부칙〈제2023-329호, 2023.7.1.〉

이 고시는 2023년 7월 1일부터 시행한다.

녹색건축 인증기준[별표]

[별표 1] 신축 주거용 건축물 인증심사기준 (제3조 관련)

G-SEED 2016 **신축 주거용 건축물**

전문분야	인증 항목	구분	배점	일반주택[1]	공동주택[2]
1. 토지이용 및 교통	1.1 기존대지의 생태학적 가치	평가항목	2	●	●
	1.2 과도한 지하개발 지양	평가항목	3	●	●
	1.3 토공사 절성토량 최소화	평가항목	2	●	●
	1.4 일조권 간섭방지 대책의 타당성	평가항목	2	●	●
	1.5 단지 내 보행자 전용도로 조성과 외부보행자 전용도로와의 연결	평가항목	2		●
	1.6 대중교통의 근접성	평가항목	2	●	●
	1.7 자전거주차장 및 자전거도로의 적합성	평가항목	2	●	●
	1.8 생활편의시설의 접근성	평가항목	1	●	●
2. 에너지 및 환경오염	2.1 에너지 성능	필수항목	12	●	●
	2.2 에너지 모니터링 및 관리지원 장치	평가항목	2	●	●
	2.3 신·재생에너지 이용	평가항목	3	●	●
	2.4 저탄소 에너지원 기술의 적용	평가항목	1		●
	2.5 오존층 보호 및 지구온난화 저감	평가항목	2	●	●
3. 재료 및 자원	3.1 환경성선언 제품(EPD)의 사용	평가항목	4	●	●
	3.2 저탄소 자재의 사용	평가항목	2	●	●
	3.3 자원순환 자재의 사용	평가항목	2	●	●
	3.4 유해물질 저감 자재의 사용	평가항목	2	●	●
	3.5 녹색건축자재의 적용 비율	평가항목	4	●	●
	3.6 재활용가능자원의 보관시설 설치	필수항목	1	●	●
4. 물순환 관리	4.1 빗물관리	평가항목	5	●	●
	4.2 빗물 및 유출지하수 이용	평가항목	4	●	●
	4.3 절수형 기기 사용	필수항목	3	●	●
	4.4 물 사용량 모니터링	평가항목	2	●	●
5. 유지관리	5.1 건설현장의 환경관리 계획	평가항목	2	●	●
	5.2 운영·유지관리 문서 및 매뉴얼 제공	필수항목	2	●	●
	5.3 사용자 매뉴얼 제공	평가항목	2	●	●
	5.4 녹색건축인증 관련 정보제공	평가항목	3	●	●
6. 생태환경	6.1 연계된 녹지축 조성	평가항목	2		●
	6.2 자연지반 녹지율	평가항목	4	●	●
	6.3 생태면적률	필수항목	10	●	●
	6.4 비오톱 조성	평가항목	4		●
7. 실내환경	7.1 실내공기 오염물질 저방출 제품의 적용	필수항목	6	●	●
	7.2 자연 환기성능 확보	평가항목	2	●	●
	7.3 단위세대 환기성능 확보	평가항목	2	●	●
	7.4 자동온도조절장치 설치 수준	평가항목	1	●	●
	7.5 경량충격음 차단성능	평가항목	2	●	●
	7.6 중량충격음 차단성능	평가항목	2	●	●
	7.7 세대 간 경계벽의 차음성능	평가항목	2	●	●
	7.8 교통소음(도로, 철도)에 대한 실내·외 소음도	평가항목	2	●	●
	7.9 화장실 급배수 소음	평가항목	2	●	●
8. 주택성능분야[3]	8.1 내구성	–	–		●
	8.2 가변성	–	–		●
	8.3 단위세대의 사회적 약자배려	–	–		●
	8.4 공용공간의 사회적 약자배려	–	–		●
	8.5 커뮤니티 센터 및 시설공간의 조성수준	–	–		●
	8.6 세대 내 일조 확보율	–	–		●
	8.7 홈네트워크 및 스마트홈	–	–		●
	8.8 방범안전 콘텐츠	–	–		●
	8.9 감지 및 경보설비	–	–		●
	8.10 제연설비	–	–		●
	8.11 내화성능	–	–		●
	8.12 수평피난거리	–	–		●
	8.13 복도 및 계단 유효너비	–	–		●
	8.14 피난설비	–	–		●
	8.15 수리용이성 전용부분	–	–		●
	8.16 수리용이성 공용부분	–	–		●
	8.17 주차공간 추가확보	–	–		●

전문분야	인증 항목		구분	배점	일반주택[1]	공동주택[2]
ID 혁신적인 설계	**1.토지이용 및 교통**	대안적 교통 관련 시설의 설치	가산항목	1	●	●
	2.에너지 및 환경오염	제로에너지건축물	가산항목	3	●	●
		외피 열교 방지	가산항목	1	●	●
	3.재료 및 자원	건축물 전과정평가 수행	가산항목	2	●	●
		기존 건축물의 주요구조부 재사용	가산항목	5	●	●
	4.물순환 관리	중수도 및 하·폐수처리수 재이용	가산항목	1	●	●
	5.유지관리	녹색 건설현장 환경관리 수행	가산항목	1	●	●
	6.생태환경	표토재활용 비율	가산항목	1	●	●
	녹색건축인증전문가[4]	녹색건축인증전문가의 설계 참여	가산항목	1	●	●
	혁신적인 녹색건축 계획 및 설계[5]	녹색건축 계획·설계 심의[6]를 통해 평가	가산항목	3	●	●

1) 일반주택은 「건축법시행령」 제3조의5에 따른 단독주택과 「주택법」 제15조에 따른 사업계획승인대상 공동주택을 제외한 주거용 건축물을 말한다.
2) 공동주택은 「주택법」 제15조에 따른 사업계획승인대상의 주택을 말한다.
3) '8.주택성능분야(17개 항목)'은 녹색건축인증 평가시 「주택건설기준 등에 관한 규칙」[별지 제1호서식] 공동주택성능등급 인증서에만 표시하고 인증평가를 위한 배점은 부여하지 않는다.
4) 녹색건축인증전문가는 규칙 제8조제3항에 따른 교육을 이수한 사람을 말한다.
5) 혁신적인 녹색건축 계획 및 설계 인증항목은 최우수 및 우수 등급으로 신청하는 건축물만 평가한다.
6) 녹색건축 계획·설계 심의는 인증심의위원회 4인 이상과 설계분야 전문가 1인으로 구성된 녹색건축 계획·설계 심의단을 통해 평가한다.

[별표 2] ~ [별표 7] "생략"

[별표 8] 인증등급 산정표 (제3조 관련)

녹색건축 인증기준 2016

인증등급 산정표

전문분야		분야별 총점 (a)	획득점수 (b)	획득비율[1] (b)/(a)=(c)	가중치 (d)	분야별 최종점수[2] (c)×(d)
토지이용 및 교통						
에너지 및 환경오염						
재료 및 자원						
물순환관리						
유지관리						
생태환경						
실내환경						
소계 1						
혁신적인 설계	혁신적인 설계 인증항목 평가					
	녹색건축전문가 설계참여					
	녹색건축 계획 및 설계 심의 결과					
소계 2						
총 점 (소계 1 + 소계 2)						
등 급						

1) 획득비율: 소수점 다섯째자리에서 반올림
2) 분야별 최종점수: 소수점 셋째자리에서 반올림
3) 복합건축물 점수 산정 기준

$$\text{복합건축물 총점} = \frac{\Sigma(\text{용도별 총점} \times \text{용도별 바닥면적})}{\text{대상건축물의 바닥면적의 합}}$$

녹색건축 인증기준[별표]

[별표 9] 전문분야별 가중치 (제3조 관련)

구분		토지 이용 및 교통	에너지 및 환경오염	재료 및 자원	물순환 관리	유지 관리	생태 환경	실내 환경
신축	주거용 건축물	10	25	18	10	7	10	20
	단독주택	15	25	15	10	5	10	20
	비주거용 건축물	10	30	15	10	7	10	18
기존	주거용 건축물	10	27	15	10	15	10	13
	비주거용 건축물	10	25	15	10	15	10	15
그린 리모델링	주거용 건축물	-	60	10	10	10	-	10
	비주거용 건축물	-	60	10	10	10	-	10

[별표 10] 인증등급별 점수기준 (제3조 관련)

구분		최우수 (그린1등급)	우수 (그린2등급)	우량 (그린3등급)	일반 (그린4등급)
신축	주거용 건축물	74점 이상	66점 이상	58점 이상	50점 이상
	단독주택	74점 이상	66점 이상	58점 이상	50점 이상
	비주거용 건축물	80점 이상	70점 이상	60점 이상	50점 이상
기존	주거용 건축물	69점 이상	61점 이상	53점 이상	45점 이상
	비주거용 건축물	75점 이상	65점 이상	55점 이상	45점 이상
그린 리모델링	주거용 건축물	69점 이상	61점 이상	53점 이상	45점 이상
	비주거용 건축물	75점 이상	65점 이상	55점 이상	45점 이상

<비고>
복합건축물이 주거와 비주거로 구성되었을 경우에는 바닥면적의 과반 이상을 차지하는 용도의 인증등급별 점수기준을 따른다.

녹색건축 인증기준[별표]

[별표 11]

자체평가서 작성요령 (제2조 관련)

1. 일반사항

1) 녹색건축 자체평가자

건축주등은 녹색건축 자체평가자를 평가서에 명시하여야 한다.

2) 현장조사

건축주등은 인증항목 중에서 그 성질상 항목의 예측·분석 등을 위하여 현장조사 등이 필요한 항목에 대하여는 현장조사를 실시하여 자체평가서를 작성해야 한다.

2 작성방법

1) 자체평가서 구성

① 자체평가서는 본문과 부록(첨부)으로 구분하여 작성한다.

② 본문은 예상 평점, 평점산출근거, 제출서류 및 근거자료, 자체인증등급 산정표 등이 포함되어야 한다.

③ 부록은 제출서류 및 근거자료를 보완하기 위해 추가로 도면, 계산서, 도표, 사진, 그림 등을 활용하여 작성토록 한다.

2) 자체평가서 제출

신청자가 제출하여야 하는 자체평가서는 원본이어야 하며, 건축주등도 1부 이상을 보관해야 한다.(디지털자료로 제출 가능)

3) 현장조사

① 현장조사는 현지조사를 원칙으로 하되, 불가피하게 문헌 또는 그 밖의 시청각 기록 자료에 의한 조사를 실시하게 되는 경우에는 가장 최근의 자료를 인용하고 본문의 해당내용 하단에 인용문헌 또는 그 출처를 표기하여야 한다.

② 현장조사의 기간 및 횟수 등은 대상건축물의 환경성능을 객관적으로 예측·분석할 수 있도록 대상건축물의 특성, 지역의 환경적 특성 등을 고려하여 정한다.

4) 비밀에 관한 사항

평가서의 내용 중 비밀(대외비 포함)로 분류되어야 할 사항은 별책으로 분리, 작성할 수 있다.

[별표 12] 녹색건축 인증 수수료 (제8조 관련) "생략"

[별표 13] 공동주택성능등급 표시항목 (제5조 관련)

성능부문	성능항목	구분	성능평가등급 (단지별 최소등급 표시)			
1. 소음관련 등급	1.1 경량충격음 차단성능	필수	★★★★	★★★	★★	★
	1.2 중량충격음 차단성능	필수	★★★★	★★★	★★	★
	1.3 세대 간 경계벽의 차음성능	필수	★★★★	★★★	★★	★
	1.4 교통소음(도로, 철도)에 대한 실내·외 소음도	필수	★★★★	★★★	★★	★
	1.5 화장실 급배수 소음	필수	★★★★	★★★	★★	★
2. 구조관련 등급	2.1 내구성	필수	★★★★	★★★	★★	★
	2.2 가변성	필수	★★★★	★★★	★★	★
	2.3 수리용이성 전용부분	필수	★★★★	★★★	★★	★
	2.4 수리용이성 공용부분	필수	★★★★	★★★	★★	★
3. 환경관련 등급	3.1 기존대지의 생태학적 가치	선택	★★★★	★★★	★★	★
	3.2 과도한 지하개발 지양	선택	★★★★	★★★	★★	★
	3.3 토공사 절성토량 최소화	선택	★★★★	★★★	★★	★
	3.4 일조권 간섭방지 대책의 타당성	선택	★★★★	★★★	★★	★
	3.5 에너지 성능	필수	★★★★	★★★	★★	★
	3.6 에너지 모니터링 및 관리지원 장치	선택	★★★★	★★★	★★	★
	3.7 신·재생에너지 이용	선택	★★★★	★★★	★★	★
	3.8 저탄소 에너지원 기술의 적용	선택	★★★★	★★★	★★	★
	3.9 오존층 보호 및 지구온난화 저감	선택	★★★★	★★★	★★	★
	3.10 환경성선언 제품(EPD)의 사용	선택	★★★★	★★★	★★	★
	3.11 저탄소 자재의 사용	선택	★★★★	★★★	★★	★
	3.12 자원순환 자재의 사용	선택	★★★★	★★★	★★	★
	3.13 유해물질 저감 자재의 사용	선택	★★★★	★★★	★★	★
	3.14 녹색건축자재의 적용 비율	선택	★★★★	★★★	★★	★
	3.15 재활용가능자원의 보관시설 설치	선택	★★★★	★★★	★★	★
	3.16 빗물관리	선택	★★★★	★★★	★★	★
	3.17 빗물 및 유출지하수 이용	선택	★★★★	★★★	★★	★
	3.18 절수형 기기 사용	선택	★★★★	★★★	★★	★
	3.19 물 사용량 모니터링	선택	★★★★	★★★	★★	★
	3.20 연계된 녹지축 조성	선택	★★★★	★★★	★★	★
	3.21 자연지반 녹지율	필수	★★★★	★★★	★★	★
	3.22 생태면적률	필수	★★★★	★★★	★★	★
	3.23 비오톱 조성	선택	★★★★	★★★	★★	★
	3.24 실내공기 오염물질 저방출 제품의 적용	필수	★★★★	★★★	★★	★
	3.25 자연 환기성능 확보	선택	★★★★	★★★	★★	★
	3.26 단위세대 환기성능 확보	필수	★★★★	★★★	★★	★
	3.27 자동온도조절장치 설치 수준	선택	★★★★	★★★	★★	★

녹색건축 인증기준[별표]

성능부문	성능항목		구분	성능평가등급 (단지별 최소등급 표시)			
4. 생활환경 등급	4.1	단지 내 보행자 전용도로 조성과 외부보행자 전용도로와의 연결	선택	★★★★	★★★	★★	★
	4.2	대중교통의 근접성	선택	★★★★	★★★	★★	★
	4.3	자전거주차장 및 자전거도로의 적합성	선택	★★★★	★★★	★★	★
	4.4	생활편의시설의 접근성	선택	★★★★	★★★	★★	★
	4.5	건설현장의 환경관리 계획	선택	★★★★	★★★	★★	★
	4.6	운영 · 유지관리 문서 및 매뉴얼 제공	선택	★★★★	★★★	★★	★
	4.7	사용자 매뉴얼 제공	선택	★★★★	★★★	★★	★
	4.8	녹색건축인증 관련 정보제공	선택	★★★★	★★★	★★	★
	4.9	단위세대의 사회적 약자배려	필수	★★★★	★★★	★★	★
	4.10	공용공간의 사회적 약자배려	필수	★★★★	★★★	★★	★
	4.11	커뮤니티 센터 및 시설공간의 조성수준	필수	★★★★	★★★	★★	★
	4.12	세대 내 일조 확보율	필수	★★★★	★★★	★★	★
	4.13	홈네트워크 및 스마트홈	필수	★★★★	★★★	★★	★
	4.14	방범안전 콘텐츠	필수	★★★★	★★★	★★	★
	4.15	주차공간 추가 확보	필수	★★★★	★★★	★★	★
5. 화재·소방 등급	5.1	감지 및 경보설비	필수	★★★★	★★★	★★	★
	5.2	제연설비	필수	★★★★	★★★	★★	★
	5.3	내화성능	필수	★★★★	★★★	★★	★
	5.4	수평피난거리	필수	★★★★	★★★	★★	★
	5.5	복도 및 계단 유효너비	필수	★★★★	★★★	★★	★
	5.6	피난설비	필수	★★★★	★★★	★★	★

※ 세부 성능항목에 대한 성능등급은 [별표 1]공동주택 인증심사기준에 따라 평가하여 단지별 최소등급을 ★에서 ★★★★로 표시한다.

※ 「주택법」에 따라 의무적으로 공동주택성능등급을 인증받는 경우, "주택품질향상에 따른 가산비용 기준"에 따라 가산비용을 적용받고자 하는 경우 및 「주택공급에 관한 규칙」에 따라 공동주택성능등급을 입주자 모집공고시 표시하고자 하는 경우에는 구분란의 필수에 대하여 4등급 이상을 반드시 취득하여야 한다.

녹색건축 인증기준[별표]

3. 제로에너지건축물 인증에 관한 규칙

[국토교통부령 제1425호/산업통상자원부령 제589호, 2024.12.23.]

제1조【목적】 이 규칙은 「녹색건축물 조성 지원법」 제17조제5항, 제19조제1항 및 같은 법 시행령 제12조제1항ㆍ제4항에서 위임된 제로에너지건축물 인증 대상 건축물의 종류 및 인증기준, 인증기관 및 운영기관의 지정, 인증받은 건축물에 대한 점검 및 건축물에너지평가사의 업무범위, 인증기관 지정의 취소 및 업무정지 등에 관한 사항과 그 시행에 필요한 사항을 규정함을 목적으로 한다. 〈개정 2015.11.18., 2017.1.20., 2024.7.10., 2024.12.23.〉

제2조【적용대상】 「녹색건축물 조성 지원법」(이하 "법"이라 한다) 제17조제5항 및 「녹색건축물 조성 지원법 시행령」(이하 "영"이라 한다) 제12조제1항에 따른 제로에너지건축물 인증(이하 "인증"이라 한다)은 「건축법 시행령」 별표 1 각 호에 따른 건축물을 대상으로 한다. 다만, 「건축법 시행령」 별표 1 제3호부터 제13호까지 및 제15호부터 제29호까지의 규정에 따른 건축물 중 국토교통부장관과 산업통상자원부장관이 공동으로 고시하는 실내 냉방ㆍ난방 온도 설정조건으로 인증 평가가 불가능한 건축물 또는 이에 해당하는 공간이 전체 연면적의 100분의 50 이상을 차지하는 건축물은 제외한다. 〈개정 2015.11.18., 2017.1.20., 2021.8.23., 2024.12.23.〉

1. 삭제 〈2021.8.23.〉
2. 삭제 〈2021.8.23.〉
3. 삭제 〈2021.8.23.〉
4. 삭제 〈2021.8.23.〉
5. 삭제 〈2021.8.23.〉

제3조【운영기관의 지정 등】 ① 국토교통부장관은 법 제23조에 따라 녹색건축센터로 지정된 기관 중에서 제로에너지건축물 인증제 운영기관(이하 "운영기관"이라 한다)을 지정하여 관보에 고시하여야 한다. 〈개정 2017.1.20., 2024.12.23.〉

② 국토교통부장관은 제1항에 따라 운영기관을 지정하려는 경우 산업통상자원부장관과 협의하여야 한다. 〈개정 2015.11.18.〉

③ 운영기관은 제로에너지건축물 인증제(이하 "인증제"라 한다)에 관한 다음 각 호의 업무를 수행한다. 〈개정 2015.11.18., 2017.1.20., 2021.8.23., 2024.12.23.〉

1. 인증업무를 수행하는 인력(이하 "인증업무인력"이라 한다)의 교육, 관리 및 감독에 관한 업무
2. 인증관리시스템의 운영에 관한 업무
3. 법 제17조제2항에 따른 제로에너지건축물 인증기관(이하 "인증기관"이라 한다)의 평가ㆍ사후관리 및 감독에 관한 업무
4. 인증제의 홍보, 교육, 컨설팅, 조사ㆍ연구 및 개발 등에 관한 업무
5. 인증제의 개선 및 활성화를 위한 업무
6. 인증절차 및 기준 관리 등 제도 운영에 관한 업무
7. 인증 관련 통계 분석 및 활용에 관한 업무
8. 인증제의 운영과 관련하여 국토교통부장관 또는 산업통상자원부장관이 요청하는 업무
9. 그 밖에 인증제의 운영에 필요한 업무로서 국토교통부장관이 산업통상자원부장관과 협의하여 인정하는 업무 〈신설 2021.8.23〉

④ 운영기관의 장은 다음 각 호의 구분에 따른 시기까지 운영기관의 사업내용을 국토교통부장관과 산업통상자원부장관에게 각각 보고하여야 한다.

1. 전년도 사업추진 실적과 그 해의 사업계획: 매년 1월 31일까지
2. 분기별 인증 현황: 매 분기 말일을 기준으로 다음 달 15일까지

⑤ 운영기관의 장은 인증기관에 법 제19조제1항 각 호의 처분사유가 있다고 인정하면 국토교통부장관에게 알려야 한다. 〈신설 2015.11.18., 2024.7.10.〉

제4조【인증기관의 지정】 ① 국토교통부장관은 법 제17조제2항에 따라 인증기

관을 지정하려는 경우에는 산업통상자원부장관과 협의하여 지정 신청 기간을 정하고, 그 기간이 시작되는 날의 3개월 전까지 신청 기간 등 인증기관 지정에 관한 사항을 공고하여야 한다. 〈개정 2017.1.20., 2024.12.23.〉

② 인증기관으로 지정을 받으려는 자(법 제19조제1항에 따라 인증기관 지정이 취소된 자인 경우에는 제1항에 따른 지정 신청 기간 종료일 전에 그 지정이 취소된 날부터 1년이 경과한 경우로 한정한다) 자는 제1항에 따른 신청 기간에 별지 제1호서식의 인증기관 지정 신청서(전자문서로 된 신청서를 포함한다)에 다음 각 호의 서류(전자문서를 포함한다)를 첨부해서 국토교통부장관에게 제출해야 한다. 〈개정 2015.11.18., 2017.1.20., 2021.8.23., 2024.7.10., 2024.12.23〉

1. 인증업무를 수행할 전담조직 및 업무수행체계에 관한 설명서
2. 제4항에 따른 인증업무인력을 보유하고 있음을 증명하는 서류
3. 인증기관의 인증업무 처리규정
4. 인증업무를 수행할 능력을 갖추고 있음을 증명하는 서류

③ 제2항에 따른 신청을 받은 국토교통부장관은 「전자정부법」 제36조제1항에 따른 행정정보의 공동이용을 통하여 신청인의 법인 등기사항증명서(법인인 경우만 해당한다) 또는 사업자등록증명(개인인 경우만 해당한다)을 확인하여야 한다. 다만, 신청인이 사업등록증명을 확인하는 데 동의하지 아니하는 경우에는 해당 서류의 사본을 제출하도록 하여야 한다. 〈개정 2024.7.10.〉

④ 인증기관은 다음 각 호의 어느 하나에 해당하는 인증에 관한 상근(常勤) 인증업무인력을 8명 이상 보유하여야 한다. 〈개정 2015.11.18., 2017.1.20., 2023.11.21., 2024.12.23.〉

1. 「녹색건축물 조성 지원법 시행규칙」 제16조제5항에 따라 실무교육을 받은 건축물에너지평가사
2. 건축사 자격을 취득한 후 3년 이상 해당 업무를 수행한 사람
3. 건축, 설비, 에너지 분야(이하 "해당 전문분야"라 한다)의 기술사 자격을 취득한 후 3년 이상 해당 업무를 수행한 사람
4. 해당 전문분야의 기사 자격을 취득한 후 5년 이상 해당 업무를 수행한 사람
5. 해당 전문분야의 박사학위를 취득한 후 3년 이상 해당 업무를 수행한 사람
6. 해당 전문분야의 석사학위를 취득한 후 5년 이상 해당 업무를 수행한 사람
7. 해당 전문분야의 학사학위를 취득한 후 7년 이상 해당 업무를 수행한 사람
8. 해당 전문분야에서 10년 이상 해당 업무를 수행한 사람

⑤ 제2항제3호에 따른 인증업무 처리규정에는 다음 각 호의 사항이 포함되어야 한다. 〈개정 2024.12.23.〉

1. 인증 평가의 절차 및 방법에 관한 사항
2. 인증 결과의 통보 및 재평가에 관한 사항
3. 인증을 받은 건축물의 인증 취소에 관한 사항
4. 인증 결과 등의 보고에 관한 사항
5. 인증 수수료 납부방법 및 납부기간에 관한 사항
6. 인증 결과의 검증방법에 관한 사항
7. 그 밖에 인증업무 수행에 필요한 사항

⑥ 국토교통부장관은 제2항에 따라 인증기관 지정 신청서가 제출되면 해당 신청인이 인증기관으로 적합한지를 산업통상자원부장관과 협의하여 검토한 후 제14조에 따른 제로에너지건축물 인증운영위원회 심의를 거쳐 지정·고시한다. 〈개정 2015.11.18., 2017.1.20., 2021.8.23., 2024.12.23.〉

⑦ 삭제 〈2024.12.23.〉

⑧ 삭제 〈2024.12.23.〉

제4조의2【인증기관의 업무범위】 인증기관은 다음 각 호의 업무를 수행한다.

1. 제4조제4항에 따른 상근 인증업무인력의 교육 및 관리 업무
2. 제4조제5항에 따른 인증업무 처리규정의 관리 업무
3. 인증 신청의 접수, 인증 평가 및 인증 등급의 결정, 인증서의 발급 및 법 제20조에 따른 인증의 취소 등 인증 전반에 관한 업무
4. 인증제의 홍보 업무
5. 인증결과에 대한 품질관리 및 인증 관련 장비의 관리와 기능 유지 업무
6. 인증업무의 수행과 관련하여 운영기관의 장이 요청하는 업무

[본조신설 2024.12.23.]

제5조【인증기관 지정서의 발급 및 인증기관 지정의 갱신 등】 ① 국토교통부장관은 제4조제6항에 따라 인증기관으로 지정받은 자에게 별지 제2호의2서식의 인증기관 지정서를 발급하여야 한다. 〈개정 2017.1.20., 2024.12.23.〉

② 제4조제6항에 따른 인증기관 지정의 유효기간은 제1항에 따라 인증기관 지정서를 발급한 날부터 5년으로 한다. 〈개정 2017.1.20., 2024.12.23.〉

③ 국토교통부장관은 산업통상자원부장관과의 협의 후 제14조에 따른 제로에너지건축물 인증운영위원회의 심의를 거쳐 제2항에 따른 지정의 유효기간이 만료되는 날부터 5년의 범위에서 갱신할 수 있다. 〈개정 2017.1.20., 2021.8.23., 2024.7.10., 2024.12.23.〉

④ 제1항에 따라 인증기관 지정서를 발급받은 인증기관의 장은 다음 각 호의 어느 하나에 해당하는 사항이 변경되었을 때에는 그 변경된 날부터 30일 이내에 변경된 내용을 증명하는 서류를 해당 인증제 운영기관의 장에게 제출하거나 제3조제3항제2호에 따른 인증관리시스템(이하 "인증관리시스템"이라 한다)에 변경된 내용을 입력해야 한다. 〈개정 2015.11.18., 2017.1.20., 2024.12.23.〉

1. 기관명 및 기관의 대표자
2. 건축물의 소재지
3. 제4조제4항에 따른 상근 인증업무인력

⑤ 운영기관의 장은 제4항에 따라 제출받은 서류가 사실과 부합하는지를 확인하여 이상이 있을 경우 그 내용을 국토교통부장관과 산업통상자원부장관에게 각각 보고하여야 한다. 〈개정 2015.11.18.〉

⑥ 국토교통부장관은 산업통상자원부장관과 협의하여 법 제19조제1항 각 호의 사항을 점검할 수 있으며, 이를 위하여 인증기관의 장에게 관련 자료의 제출을 요구할 수 있다. 이 경우 자료 제출을 요구받은 인증기관의 장은 특별한 사유가 없으면 이에 따라야 한다. 〈개정 2024.7.10.〉

제5조의2【일정 등급 이상의 제로에너지건축물 인증을 받아야 하는 건축물】 영 제12조제4항제1호 본문에서 "국토교통부와 산업통상자원부의 공동부령으로 정하는 건축물"이란 「건축법 시행령」 별표 1 제5호부터 제16호까지, 제23호, 제24호 및 제26호부터 제28호까지에 해당하는 건축물을 말한다.
[본조신설 2024.12.23.]

제5조의3【인증등급의 완화 적용】 ① 영 제12조제4항제1호 단서에 따라 같은 호 본문에 따른 제로에너지건축물 인증등급을 완화하여 적용할 수 있는 건축물은 다음 각 호와 같다.

1. 지하에 건축되는 건축물
2. 「신에너지 및 재생에너지 개발·이용·보급 촉진법 시행령」 제15조제1항제1호에 따라 산업통상자원부장관이 정하여 고시하는 건축물
3. 그 밖에 건축 목적, 기능, 설계조건 또는 시공 여건상의 특수성으로 인해 해당 인증등급을 받는 것이 불합리하다고 인정되는 건축물로서 국토교통부장관과 산업통상자원부장관이 정하여 공동으로 고시하는 건축물

② 영 제12조제4항제1호 단서에 따라 인증등급의 완화 적용을 받으려는 자는 다음 각 호의 신청 또는 신고를 하기 전에 운영기관의 장이 정하는 바에 따라 운영기관의 장에게 제로에너지건축물 인증등급의 완화 적용을 신청해야 한다.

1. 「건축법」 제11조에 따른 건축허가의 신청
2. 「건축법」 제14조에 따른 건축신고
3. 「건축법」 제29조에 따른 건축협의의 신청
4. 제1호부터 제3호까지에 따른 허가, 신고 또는 협의가 의제되는 다른 법률에 따른 허가·인가·승인 등의 신청 또는 신고

③ 운영기관의 장은 제2항에 따른 신청을 받은 경우에는 지체 없이 제14조에 따른 제로에너지건축물 인증운영위원회에 제로에너지건축물 인증등급의 완화 적용 여부에 관한 심의를 요청해야 한다. 이 경우 제로에너지건축물 인증운영위원회는 그 요청을 받은 날부터 50일 이내에 심의 결과를 운영기관의 장에게 통보해야 한다.

④ 운영기관의 장은 제3항 후단에 따른 통보를 받은 경우에는 지체 없이 그 심의 결과를 첨부하여 제로에너지건축물 인증등급의 완화 적용 여부를 신청인에게 통보해야 한다.

[본조신설 2024.12.23.]

제6조 【인증신청 등】 ① 삭제 〈2024.12.23.〉

② 다음 각 호의 어느 하나에 해당하는 자(이하 "건축주등"이라 한다)는 인증을 신청할 수 있다. 〈개정 2015.11.18., 2017.1.20., 2024.12.23.〉

1. 건축주
2. 건축물 소유자
3. 사업주체 또는 시공자(건축주나 건축물 소유자가 인증 신청에 동의하는 경우에만 해당한다)

③ 제2항에 따라 인증을 신청하려는 건축주등은 인증관리시스템을 통해 별지 제3호의2서식의 제로에너지건축물 인증 신청서에 다음 각 호의 서류를 첨부하여 인증기관의 장에게 제출해야 한다. 다만, 「건축법 시행령」 제22조제1항 단서에 따른 건축물의 경우에는 인증관리시스템을 활용하지 않을 수 있다. 〈개정 2017.1.20., 2024.12.23.〉

1. 공사가 완료되어 이를 반영한 건축·기계·전기·신에너지 및 재생에너지(「신에너지 및 재생에너지 개발·이용·보급 촉진법」에 따른 신에너지 및 재생에너지를 말한다. 이하 같다) 관련 최종 설계도면
2. 건축물 부위별 성능내역서
3. 건물 전개도
4. 장비용량 계산서
5. 조명밀도 계산서
6. 관련 자재·기기·설비 등의 성능을 증명할 수 있는 서류
7. 설계변경 확인서 및 설명서
8. 건축물에너지관리시스템(법 제6조의2제2항에 따른 건축물에너지관리시스템을 말한다. 이하 같다)의 설치를 확인할 수 있는 서류
9. 제로에너지건축물 예비인증서 사본(예비인증을 받은 경우만 해당한다)
10. 제1호부터 제9호까지의 서류 외에 제로에너지건축물 인증 평가를 위해 운영기관의 장이 필요하다고 인정하여 공고하는 서류

제로에너지건축물 인증에 관한 규칙

④ 제3항에 따라 신청서에 첨부하여 제출하는 서류(예비인증서 사본은 제외한다)에는 설계자 및 「건축물의 설비기준 등에 관한 규칙」 제3조에 따른 관계전문기술자가 날인을 하여야 한다. 다만, 다음 각 호의 어느 하나에 해당하는 경우에는 그 사유서를 첨부하여 「건축법」 제25조에 따른 감리자 또는 건축주의 날인으로 설계자 또는 관계전문기술자의 날인을 대체할 수 있으며, 제2호의 경우 인증기관의 장은 변경내용을 영 제10조제2항에 따른 허가권자에게 통보하여야 한다. 〈신설 2017.1.20., 2024.12.23.〉

1. 「건축물의 설비기준 등에 관한 규칙」 제2조에 따라 관계전문기술자의 협력을 받아야 하는 건축물에 해당하지 아니하는 경우
2. 첨부서류의 내용이 「건축법」 제22조제1항에 따른 사용승인 후 변경된 경우
3. 제1호 및 제2호 외에 설계자 또는 관계전문기술자의 날인이 불가능한 사유가 있는 경우

⑤ 인증기관의 장은 제3항에 따른 신청을 받은 날부터 60일(「건축법 시행령」 별표 1 제1호 및 제2호에 따른 단독주택 및 공동주택의 경우에는 50일) 이내에 인증을 처리해야 한다. 〈개정 2024.12.23.〉

⑥ 인증기관의 장은 제5항에 따른 기간 내에 부득이한 사유로 인증을 처리할 수 없는 경우에는 건축주등에게 그 사유를 통보하고 20일의 범위에서 인증 평가 기간을 한 차례만 연장할 수 있다. 〈개정 2017.1.20.〉

⑦ 인증기관의 장은 제3항에 따라 건축주등이 제출한 서류의 내용이 미흡하거나 사실과 다른 경우에는 건축주등에게 보완을 요청할 수 있다. 이 경우 건축주등이 제출서류를 보완하는 기간은 제5항의 기간에 산입하지 아니한다. 〈개정 2015.11.18, 2017.1.20.〉

⑧ 인증기관의 장은 건축주등이 보완 요청 기간 안에 보완을 하지 아니한 경우 등에는 신청을 반려할 수 있다. 이 경우 반려 기준 및 절차 등 필요한 사항은 국토교통부장관과 산업통상자원부장관이 정하여 공동으로 고시한다. 〈신설 2015.11.18, 2017.1.20.〉

⑨ 제9조제1항에 따라 인증을 받은 건축물의 소유자는 필요한 경우 제9조제3항에

따른 유효기간이 만료되기 90일 전까지 같은 건축물에 대하여 재인증을 신청할 수 있다. 이 경우 평가 절차 등 필요한 사항은 국토교통부장관과 산업통상자원부장관이 정하여 공동으로 고시한다. 〈신설 2015.11.18, 2017.1.20〉

제7조【인증평가 등】 ① 인증기관의 장은 제6조에 따른 인증 신청을 받으면 인증 기준에 따라 도서평가와 현장실사(現場實査)를 하고, 인증 신청 건축물에 대한 인증 평가서를 작성하여야 한다. 〈개정 2015.11.18.〉
② 인증기관의 장은 제1항에 따른 인증 평가서 결과에 따라 인증 여부 및 인증 등급을 결정한다. 〈개정 2015.11.18.〉
③ 인증기관의 장은 사용승인 또는 사용검사를 받은 날부터 3년이 지난 건축물에 대해서 인증을 하려는 경우에는 건축주등에게 건축물 에너지효율 개선방안을 제공하여야 한다. 〈개정 2024.12.23.〉

제8조【인증기준 등】 ① 인증은 다음 각 호에 따른 사항을 기준으로 평가해야 한다. 〈개정 2017.1.20., 2024.12.23.〉
1. 난방, 냉방, 급탕(給湯), 조명 및 환기 등에 대한 1차 에너지 소요량
2. 신에너지 및 재생에너지를 활용한 에너지 자립률
3. 건축물에너지관리시스템 설치 여부
② 삭제 〈2024.12.23.〉
③ 제1항에 따른 인증 기준 및 영 제12조제3항에 따른 인증 등급의 세부 기준은 국토교통부장관과 산업통상자원부장관이 정하여 공동으로 고시한다. 〈개정 2024.12.23.〉

제9조【인증서 발급 및 인증의 유효기간 등】 ① 인증기관의 장은 제7조 및 제8조에 따른 평가가 완료되어 인증을 할 때에는 별지 제4호의2서식의 인증서를 건축주등에게 발급하고, 제7조제1항에 따른 인증 평가서 등 평가 관련 서류와 함께 인증관리시스템에 인증 사실을 등록하여야 한다. 〈개정 2015.11.18., 2017.1.20., 2024.12.23.〉
② 건축주등은 인증명판이 필요하면 별표 1의2에 따라 제작하여 활용할 수 있다. 〈개정 2024.12.23.〉
③ 인증의 유효기간은 인증을 받은 날부터 10년으로 한다. 〈개정 2024.12.23.〉
④ 인증기관의 장은 제1항에 따라 인증서를 발급하였을 때에는 인증 대상, 인증 날짜, 인증 등급을 포함한 인증 결과를 운영기관의 장에게 제출하여야 한다. 〈개정 2015.11.18., 2024.12.23.〉
⑤ 운영기관의 장은 에너지성능이 높은 건축물의 보급을 확대하기 위하여 제1항에 따른 인증평가 관련 정보를 분석하여 통계적으로 활용할 수 있으며, 법 제10조제5항에 따른 방법으로 인증 관련 정보를 공개할 수 있다. 〈신설 2015.11.18.〉

제10조【재평가 요청 등】 ① 제7조에 따른 인증 평가 결과나 법 제20조제1항에 따른 인증 취소 결정에 이의가 있는 건축주등은 인증서 발급일 또는 인증 취소일부터 90일 이내에 인증기관의 장에게 재평가를 요청할 수 있다. 〈개정 2015.11.18.〉
② 재평가 결과 통보, 인증서 재발급 등 재평가에 따른 세부 절차에 관한 사항은 국토교통부장관과 산업통상자원부장관이 정하여 공동으로 고시한다.

제11조【예비인증의 신청 등】 ① 건축주등은 제6조제2항에 따른 인증(이하 이 조 및 제13조에서 "본인증"이라 한다)에 앞서 설계도서에 반영된 내용만을 대상으로 제로에너지건축물 예비인증(이하 "예비인증"이라 한다)을 신청할 수 있다. 〈개정 2015.11.18., 2017.1.20., 2024.12.23.〉
② 제1항에 따라 예비인증을 신청하려는 건축주등은 인증관리시스템을 통해 인증기관의 장에게 별지 제5호의2서식의 예비인증 신청서에 다음 각 호의 서류를 첨부하여 제출해야 한다. 다만, 「건축법 시행령」 제22조제1항 단서에 따른 건축물의 경우에는 인증관리시스템을 활용하지 않을 수 있다. 〈개정 2024.12.23.〉
1. 건축·기계·전기·신에너지 및 재생에너지 관련 설계도면
2. 제6조제3항제2호부터 제6호까지, 제9호 및 제10호의 서류

③ 인증기관의 장은 평가 결과 예비인증을 하는 경우 별지 제6호의2서식의 예비인증서를 건축주등에게 발급하여야 한다. 이 경우 건축주등이 예비인증을 받은 사실을 광고 등의 목적으로 사용하려면 본인증을 받을 경우 그 내용이 달라질 수 있음을 알려야 한다. 〈개정 2015.11.18., 2017.1.20., 2024.12.23.〉

④ 예비인증을 받아 제도적 · 재정적 지원을 받은 건축주등은 「건축법」 제22조에 따른 사용승인을 신청하기 전에 예비인증 등급 이상의 본인증을 받아야 한다. 〈개정 2024.7.10.〉

⑤ 예비인증의 유효기간은 제3항에 따라 예비인증서를 발급한 날부터 사용승인일 또는 사용검사일까지로 한다. 〈개정 2015.11.18.〉

⑥ 제1항부터 제5항까지에서 규정한 사항 외에 예비인증의 신청 및 평가 등에 관하여는 제6조제4항부터 제8항까지, 제7조제1항 · 제2항, 제8조, 제9조제4항, 제10조 및 법 제20조를 준용한다. 다만, 제7조제1항에 따른 현장실사는 실시하지 아니한다. 〈개정 2015.11.18., 2017.1.20〉

제11조의2【건축물에너지평가사의 업무범위】 「녹색건축물 조성 지원법 시행규칙」 제16조제5항에 따라 실무교육을 받은 건축물에너지평가사는 다음 각 호의 업무를 수행한다.

1. 제7조에 따른 도서평가, 현장실사, 인증 평가서 작성 및 건축물 에너지효율 개선방안 작성
2. 제11조제6항에 따른 예비인증 평가

[본조신설 2015.11.18.]

제12조【인증을 받은 건축물에 대한 점검 및 실태조사】 ① 인증을 받은 건축물의 소유자 또는 관리자는 그 건축물을 인증받은 기준에 맞도록 유지 · 관리하여야 한다. 〈개정 2017.1.20., 2024.12.23.〉

② 운영기관의 장은 인증받은 건축물의 성능점검 또는 유지 · 관리 실태 파악을 위하여 에너지사용량 등 필요한 자료를 해당 건축물의 소유자 또는 관리자에게 요청할 수 있다. 이 경우 건축물의 소유자 또는 관리자는 특별한 사유가 없으면 그 요청에 따라야 한다. 〈개정 2015.11.18., 2017.1.20., 2024.12.23.〉

③ 삭제 〈2015.11.18.〉

[제목개정 2015.11.18.]

제13조【인증 수수료】 ① 건축주등은 본인증, 예비인증 또는 제6조제9항에 따른 재인증을 신청하려는 경우에는 인증기관의 장에게 별표 2의 범위에서 인증 대상 건축물의 면적을 고려하여 국토교통부장관과 산업통상자원부장관이 정하여 공동으로 고시하는 인증 수수료를 내야 한다. 〈개정 2015.11.18., 2024.7.10., 2024.12.23.〉

② 제10조제1항(제11조제6항에 따라 준용되는 경우를 포함한다)에 따라 재평가를 신청하는 건축주등은 국토교통부장관과 산업통상자원부장관이 정하여 공동으로 고시하는 인증 수수료를 내야 한다. 〈개정 2015.11.18.〉

③ 제1항 및 제2항에 따른 인증 수수료는 현금이나 정보통신망을 이용한 전자화폐 · 전자결제 등의 방법으로 납부하여야 한다.

④ 인증기관의 장은 제1항 및 제2항에 따른 인증 수수료의 일부를 운영기관이 제3조제3항에 따른 인증 관련 업무를 수행하는 데 드는 비용(이하 "운용비용"이라 한다)에 지원할 수 있다. 〈개정 2015.11.18., 2017.1.20., 2024.12.23.〉

⑤ 제1항 및 제2항에 따른 인증 수수료의 환불 사유, 반환 범위, 납부 기간 및 그 밖에 인증 수수료의 납부와 운영비용 집행 등에 필요한 사항은 국토교통부장관과 산업통상자원부장관이 정하여 공동으로 고시한다. 〈개정 2015.11.18.〉

제14조【인증운영위원회의 구성 · 운영 등】 ① 국토교통부장관과 산업통상자원부장관은 인증제를 효율적으로 운영하기 위하여 국토교통부장관이 산업통상자원부장관과 협의하여 정하는 기준에 따라 제로에너지건축물 인증운영위원회(이하 "인증운영위원회"라 한다)를 구성하여 운영할 수 있다. 〈개정 2017.1.20., 2021.8.23., 2024.12.23.〉

② 인증운영위원회는 다음 각 호의 사항을 심의한다. 〈개정 2015.11.18., 2017.1.20., 2021.8.23., 2024.12.23.〉

1. 인증기관의 지정과 지정의 유효기간 연장에 관한 사항
2. 인증기관 지정의 취소와 업무정지에 관한 사항
3. 인증 평가기준의 제정ㆍ개정에 관한 사항
4. 제5조의3제3항에 따라 운영기관의 장이 요청하는 제로에너지건축물 인증등급의 완화 적용 여부에 관한 사항
5. 제1호부터 제4호까지의 사항 외에 인증제의 운영과 관련된 중요사항

③ 국토교통부장관과 산업통상자원부장관은 인증운영위원회의 운영을 운영기관에 위탁할 수 있다. 〈신설 2015.11.18., 2017.1.20., 2021.8.23., 2024.12.23.〉

④ 다음 각 호의 사항을 효율적으로 심의하기 위해 인증운영위원회에 기술위원회를 둘 수 있다. 〈신설 2024.12.23.〉
1. 인증 평가기준에 포함되는 기술 요소에 관한 사항
2. 인증 평가기준에 포함되는 건축물의 에너지 성능평가 방법에 관한 사항
3. 제2항제4호에 관한 사항
4. 제1호부터 제3호까지의 사항 외에 인증 평가기준과 관련된 중요사항으로서 인증운영위원회의 장이 필요하다고 인정하는 사항

⑤ 제4항에 따른 기술위원회의 심의를 거친 사항(같은 항 제3호에 따른 사항으로 한정한다)은 인증운영위원회의 심의를 거친 것으로 본다. 〈신설 2024.12.23〉

⑥ 제1항, 제2항, 제4항 및 제5항에서 규정한 사항 외에 인증운영위원회의 세부 구성 및 운영 등에 관한 사항은 국토교통부장관과 산업통상자원부장관이 정하여 공동으로 고시한다. 〈개정 2015.11.18., 2024.12.23.〉

제15조【인증기관의 지정취소 등】 ① 법 제19조제1항에 따른 인증기관의 지정취소 및 업무정지 처분의 세부기준은 별표 3과 같다.

② 국토교통부장관은 법 제19조제1항에 따라 인증기관의 지정을 취소하거나 업무정지를 명하는 처분을 한 경우에는 그 사실을 지체 없이 관보에 공고하고, 제3조에 따른 운영기관의 장에게 통보해야 한다. 이 경우 통보를 받은 운영기관의 장은 지체 없이 그 사실을 인터넷 홈페이지에 게시해야 한다.

[본조신설 2024.7.10.]

부칙〈국토교통부령 제623호, 산업통상자원부령 제333호, 2019.5.13.〉

이 규칙은 공포한 날부터 시행한다.

부칙〈국토교통부령 제878호, 산업통상자원부령 제430호, 2021.8.23.〉

제1조(시행일) 이 규칙은 공포한 날부터 시행한다. 다만, 제4조제6항, 제5조제3항 및 제14조의 개정규정은 2022년 3월 1일부터 시행한다.

제2조(제로에너지건축물 인증기관 지정 대상 기관 변경에 따른 경과조치) 이 규칙 시행 당시 종전의 제4조제7항에 따라 지정ㆍ고시된 제로에너지건축물 인증기관은 제4조제7항의 개정규정에 따라 지정ㆍ고시된 것으로 본다.

부칙〈국토교통부령 제1274호, 산업통상자원부령 제528호, 2023.11.21.〉

이 규칙은 공포한 날부터 시행한다.

부칙〈국토교통부령 제1256호, 산업통상자원부령 제564호, 2024.7.10.〉

이 규칙은 공포한 날부터 시행한다.

부칙〈국토교통부령 제1425호, 산업통상자원부령 제589호, 2024.12.23.〉

제1조(시행일) 이 규칙은 2025년 1월 1일부터 시행한다.

제2조(건축물 에너지효율등급 인증제 운영기관 및 제로에너지건축물 인증제 운영기관에 관한 경과조치) 이 규칙 시행 전에 종전의 제3조제1항에 따라 지정ㆍ고시된 건축물 에너지효율등급 인증제 운영기관 및 제로에너지건축물 인증제 운영기관은 제3조제1항의 개정규정에 따라 지정ㆍ고시된 운영기관으로 본다. 이 경우 운영기관은 종전의 제3조제1항에 따라 지정ㆍ고시된 건축물 에너지효율등급 인증제 운영기관 및 제로에너지건축물 인증제 운영기관의 업무를 수행할 수 있다.

제3조(건축물 에너지효율등급 인증기관 및 제로에너지건축물 인증기관에 관한 경과조치) 종전의 제4조제6항 및 제7항에 따라 지정·고시된 건축물 에너지효율등급 인증기관 및 제로에너지건축물 인증기관은 제4조제6항의 개정규정에 따라 지정·고시된 인증기관으로 본다. 이 경우 인증기관은 다음 각 호의 업무를 수행할 수 있다.

1. 종전의 제6조에 따른 건축물 에너지효율등급 인증 및 제로에너지건축물 인증 업무
2. 종전의 제11조에 따른 건축물 에너지효율등급 예비인증 및 제로에너지건축물 예비인증 업무

제4조(건축물 에너지효율등급 인증 및 제로에너지건축물 인증에 관한 경과조치) 다음 각 호의 어느 하나에 해당하는 건축물의 에너지효율등급 인증 또는 제로에너지건축물 인증에 관하여는 제6조제1항부터 제5항까지, 제7조제3항, 제8조, 제9조제1항부터 제4항까지, 제11조제1항부터 제3항까지, 별표 1, 별지 제3호서식, 별지 제3호의2서식, 별지 제4호서식, 별지 제4호의2서식, 별지 제5호서식, 별지 제5호의2서식, 별지 제6호서식 및 별지 제6호의2서식의 개정규정에도 불구하고 종전의 규정에 따른다. 다만, 개정규정이 종전의 규정에 비해 건축주에게 유리한 경우에는 개정규정에 따를 수 있다.

1. 이 규칙 시행 전에 「건축법」 제11조에 따른 건축허가를 받았거나 신청(건축허가를 신청하기 위해 같은 법 제4조의2제1항에 따라 건축위원회에 심의를 신청한 경우를 포함한다)한 건축물
2. 이 규칙 시행 전에 「건축법」 제14조에 따른 건축신고를 한 건축물
3. 이 규칙 시행 전에 「건축법」 제29조에 따른 협의를 요청한 건축물
4. 이 규칙 시행 전에 제1호부터 제3호까지의 규정에 따른 허가, 신고 또는 협의가 의제되는 다른 법률에 따른 허가·인가·승인 등의 신청을 했거나 신고를 한 건축물
5. 제1호부터 제4호까지에 해당하는 건축물로서 이 규칙 시행 이후 「건축법」 제16조에 따른 변경허가를 신청하거나 변경신고를 하는 건축물
6. 이 규칙 시행 전에 종전의 제11조에 따라 건축물 에너지효율등급 예비인증 또는 제로에너지건축물 예비인증을 신청한 건축물

제5조(건축물 에너지등급 인증운영위원회에 관한 경과조치) 이 규칙 시행 당시 종전의 제14조에 따라 구성된 건축물 에너지등급 인증운영위원회는 제14조의 개정규정에 따라 구성된 인증운영위원회로 본다.

제로에너지건축물 인증에 관한 규칙[별표]

[별표 1] 삭제 <2024.12.23.>

[별표 1의2] <신설 2017.1.20.>

제로에너지건축물 인증명판(제9조제2항 관련)

1. 인증명판 표준 규격

  가. 인증명판 표시사항: 인증명, 인증마크(등급표시), 대상건축물의 명칭, 인증번호, 유효기간
  나. 명판 비율: 3 : 4(가로 : 세로)
  다. 재질: 동판
  라. 글씨체: Asian Expo L, 나눔바른고딕

2. 비고
  가. 인증명판의 크기, 재질, 글씨체 및 표시사항의 배치 등은 명판이 부착되는 건물의 외관, 마감재 등의 특성에 따라 변경할 수 있다. 다만, 제1호가목에 따른 인증명판 표시사항은 준수하여야 하며, 인증마크는 임의로 변경할 수 없다.
  나. 등급별 인증마크의 규격(비율, 색상 등)은 운영기관의 장이 정하는 바에 따른다.

[별표 2] <개정 2015.11.18., 2021.8.23., 2024.12.23.>

제로에너지건축물 인증 수수료의 범위(제13조제1항 관련)

1. 「건축법 시행령」 별표 1 제1호 및 제2호가목부터 다목까지의 규정에 따른 건축물

전용면적의 합계	인증 수수료 금액
12만제곱미터 미만	1천1백90만원 이하
12만제곱미터 이상	1천3백20만원 이하

2. 「건축법 시행령」 별표 1 제2호라목 및 제3호부터 제29호까지의 규정에 따른 건축물

전용면적의 합계	인증 수수료 금액
6만제곱미터 미만	1천7백80만원 이하
6만제곱미터 이상	1천9백80만원 이하

※ 비고: 인증 수수료 금액은 부가가치세가 포함되지 않은 금액으로 한다.

[별표 3] <신설 2024.7.10.>

인증기관의 지정취소 및 업무정지의 세부기준(제15조제1항 관련)

1. 일반기준
  가. 위반행위의 횟수에 따른 행정처분의 기준은 최근 3년간 같은 위반행위로 행정처분을 받은 경우에 적용한다. 이 경우 기간의 계산은 위반행위에 대하여 행정처분을 받은 날과 그 처분 후 다시 같은 위반행위를 하여 적발된 날을 기준으로 한다.
  나. 가목에 따라 가중된 처분을 하는 경우 가중처분의 적용 차수는 그 위반행위 전 행정처분 차수(가목에 따른 기간 내에 행정처분이 둘 이상 있었던 경우에는 높은 차수를 말한다)의 다음 차수로 한다.
  다. 위반행위가 둘 이상인 경우로서 그에 해당하는 각각의 처분기준이 다른 경우에는 그 중 무거운 처분기준에 따르며, 각각의 처분기준이 모두 업무정지인 경우에는 각각의 처분기준을 합산한 기간을 넘지 않는 범위에서 무거운 처분기준의 2분의 1까지 가중하여 처분할 수 있다.
  라. 처분권자는 다음의 사유를 고려하여 처분기준의 2분의 1의 범위에서 제2호의 개별기준에 따른 처분을 가중하거나 감경할 수 있다.

제로에너지건축물 인증에 관한 규칙[별표]

1) 가중 사유
가) 위반행위가 고의나 중대한 과실에 의한 것으로 인정되는 경우
나) 위반의 내용 · 정도가 중대하여 그로 인한 피해가 크다고 인정되는 경우
2) 감경 사유
가) 위반행위가 고의성이 없는 사소한 부주의나 오류로 인한 것인 경우
나) 위반의 내용 · 정도가 경미하여 그로 인한 피해가 적다고 인정되는 경우
다) 해당 인증기관이 3년 이상 모범적으로 운영해 온 사실이 객관적으로 인정되는 경우
라) 그 밖에 위반행위의 동기, 내용, 횟수 및 결과 등을 고려하여 처분기준을 줄일 필요가 있다고 인정되는 경우

2. 개별기준

위반행위	근거 법조문	처분기준		
		1차 위반	2차 위반	3차 위반
가. 거짓이나 부정한 방법으로 지정을 받은 경우	법 제19조 제1항제1호	지정 취소		
나. 정당한 사유 없이 지정받은 날부터 2년 이상 계속하여 인증업무를 수행하지 않은 경우	법 제19조 제1항제2호	업무 정지 90일	지정 취소	
다. 인증의 기준 및 절차를 위반하거나 부당하게 인증업무를 수행한 경우	법 제19조 제1항제3호	업무 정지 90일	업무 정지 180일	지정 취소
라. 정당한 사유 없이 인증심사를 거부한 경우	법 제19조 제1항제4호	업무 정지 90일	업무 정지 180일	지정 취소
마. 업무정지 기간 중에 인증업무를 수행한 경우	법 제19조 제1항제5호	지정 취소		
바. 인증기관의 임직원이 인증업무와 관련하여 벌금 이상의 형을 선고받아 그 형이 확정된 경우	법 제19조 제1항제6호	업무 정지 90일	지정 취소	
사. 그 밖에 인증기관으로서의 업무를 수행할 수 없게 된 경우	법 제19조 제1항제7호	업무 정지 90일	지정 취소	

제로에너지건축물 인증에 관한 규칙[서식]

■ 제로에너지건축물 인증에 관한 규칙 [별지 제3호의2서식] 〈개정 2024. 12. 23.〉

제로에너지건축물 인증 신청서

※ 색상이 어두운 난은 신청인이 작성하지 않으며, [ ]에는 해당하는 곳에 √표를 합니다. (앞쪽)

접수번호	접수일시	처리기간 단독주택 및 공동주택 50일 이내 그 밖의 건축물 60일 이내

<table>
<tr><td rowspan="4">신청인</td><td colspan="3">성명(법인명)</td><td colspan="2">생년월일(법인등록번호)</td></tr>
<tr><td colspan="3">주 소</td><td colspan="2">대표자 성명</td></tr>
<tr><td rowspan="2">실 무
책 임 자</td><td>성 명</td><td>부 서</td><td colspan="2">직 위</td></tr>
<tr><td>전화번호</td><td>FAX</td><td colspan="2">전자우편</td></tr>
<tr><td rowspan="2">건축주</td><td colspan="3">성명(법인명)</td><td colspan="2">생년월일(사업자 또는 법인 등록번호)</td></tr>
<tr><td colspan="3">주소</td><td colspan="2">(전화번호 :)</td></tr>
<tr><td rowspan="3">설계자</td><td colspan="3">사무소명</td><td colspan="2">신고번호</td></tr>
<tr><td colspan="3">성명</td><td colspan="2">자격번호</td></tr>
<tr><td colspan="3">사무소 주소</td><td colspan="2">(전화번호 :)</td></tr>
<tr><td rowspan="3">공사
시공자</td><td colspan="3">회사명</td><td colspan="2">면허번호</td></tr>
<tr><td colspan="5">대표자명</td></tr>
<tr><td colspan="3">사무소 주소</td><td colspan="2">(전화번호 :)</td></tr>
<tr><td rowspan="3">공사
감리자</td><td colspan="3">사무소명</td><td colspan="2">신고번호</td></tr>
<tr><td colspan="3">성명</td><td colspan="2">자격번호</td></tr>
<tr><td colspan="3">사무소 주소</td><td colspan="2">(전화번호 :)</td></tr>
<tr><td rowspan="5">신청
건축물</td><td colspan="3">건 축 물 명</td><td colspan="2">착공일</td></tr>
<tr><td colspan="3">허가(신고)번호</td><td colspan="2">준공(예정)일</td></tr>
<tr><td colspan="3">소재지 주소</td><td colspan="2"></td></tr>
<tr><td>건축물의
주된 용도</td><td colspan="4">[ ] 주거용 건축물 (주용도: , 총전용면적 임대: ㎡, 분양: ㎡)
[ ] 주거용 외의 건축물 (주용도: , 연면적: ㎡, 층수: 층)</td></tr>
<tr><td>신에너지 및
재생에너지
설비</td><td colspan="4">용량 ( ) [대지 내 ( ), 대지 외 ( )]
건축물 대지 외에 신에너지 및 재생에너지 설비가 있을 경우 해당 주소:</td></tr>
</table>

예비인증 등급 및 발급일	등급(년 월 일)	예비인증 번호	

「녹색건축물 조성 지원법」 제17조제3항 및 「제로에너지건축물 인증에 관한 규칙」 제6조제3항에 따라 제로에너지건축물 인증을 신청합니다.

년 월 일

신청인 (서명 또는 인)

(또는 대리인) (전화번호:)

신청서 접수기관	(접수부서명 및 접수자인)

인증기관의 장 귀하

210㎜×297㎜[백상지(80g/㎡) 또는 중질지(80g/㎡)]

(뒤쪽)

<table>
<tr><td>첨부서류</td><td>1. 공사가 완료되어 이를 반영한 건축·기계·전기·신에너지 및 재생에너지(「신에너지 및 재생에너지 개발·이용·보급 촉진법」에 따른 신에너지 및 재생에너지를 말합니다) 관련 최종 설계도면
2. 건축물 부위별 성능내역서
3. 건물 전개도
4. 장비용량 계산서
5. 조명밀도 계산서
6. 관련 자재·기기·설비 등의 성능을 증명할 수 있는 서류
7. 설계변경 확인서 및 설명서
8. 건축물에너지관리시스템(「녹색건축물 조성 지원법」 제6조의2제2항에 따른 건축물에너지관리시스템을 말합니다)의 설치를 확인할 수 있는 서류
9. 제로에너지건축물 예비인증서 사본(예비인증을 받은 경우만 해당합니다)
10. 제1호부터 제9호까지의 서류 외에 제로에너지건축물 인증평가를 위하여 제로에너지건축물 인증운영기관의 장이 필요하다고 인정하여 공고하는 서류</td><td>〈인증 수수료〉
별표 2의 범위에서 인증 대상 건축물 면적을 고려하여 국토교통부장관과 산업통상자원부장관이 정하여 공동으로 고시하는 금액</td></tr>
</table>

처리절차

신청서 작성	→	접수	→	검토	→	결재	→	인증서 발급
신청인		인증기관 (인증처리 부서)		인증기관 (인증처리 부서)		인증기관 (인증처리 부서)		

210㎜×297㎜[백상지(80g/㎡) 또는 중질지(80g/㎡)]

4. 제로에너지건축물 인증 기준

[국토교통부고시 제2024-893호, 2024.12.30.]

제1조【목적】 이 규정은 「제로에너지건축물 인증에 관한 규칙」 제2조, 제6조제8항 · 제9항, 제8조제3항, 제10조제2항, 제13조제1항 · 제2항 · 제5항 및 제14조제6항에서 위임한 사항 등을 규정함을 목적으로 한다. 〈개정 2024.12.30.〉

제2조【인증신청 보완 등】 ① 삭제

② 규칙 제6조제7항에 따라 보완을 요청받은 규칙 제6조제2항에 따른 건축주등(이하 "건축주등"이라 한다)은 보완 요청일로부터 30일 이내에 보완을 완료하여야 한다. 건축주등이 부득이한 사유로 기간 내 보완이 어려운 경우에는 10일의 범위에서 보완기간을 한 차례 연장할 수 있다.

③ 규칙 제6조제5항 · 제6항(규칙 제11조제6항에 따라 준용되는 경우를 포함한다) 및 기준 제2조제2항, 제6조제5항에 따른 인증 처리 기간 등에는 「민원처리에 관한 법률」 제19조에 따라 공휴일과 토요일은 제외한다. 〈개정 2023.12.29.〉

제3조【인증신청의 반려】 인증기관의 장은 규칙 제6조제8항에 따라 다음 각 호의 어느 하나에 해당하는 경우 그 사유를 명시하여 인증을 신청한 건축주등에게 인증 신청을 반려하여야 한다.

1. 규칙 제2조에 따른 적용대상이 아닌 경우
2. 규칙 제6조제3항 및 제11조제2항에 따른 서류를 제출하지 아니한 경우
3. 제2조제2항에 따른 보완기간 내에 보완을 완료하지 아니한 경우
4. 제6조제5항에 따라 인증 수수료를 신청일로부터 20일 이내에 납부하지 아니한 경우

제4조【인증기준 및 등급】 ① 규칙 제8조제3항에 따른 인증기준은 다음 각 호의 구분에 따른다. 〈개정 2024.12.30.〉

1. 제로에너지건축물 인증은 ISO 52016 등 국제규격에 따라 난방, 냉방, 급탕, 조명, 환기 등에 대해 종합적으로 평가하도록 제작된 프로그램을 활용한다.
2. 규칙 제8조제1항 각호에 따른 인증기준의 세부 기준은 별표1 및 별표1의2와 같다. 〈전문개정〉

② 제1항에 따른 인증기준은 규칙 제6조제3항 및 제11조제2항에 따른 인증 신청 당시의 기준을 적용한다.

③ 규칙 제8조제3항에 따른 인증등급의 세부기준은 해당 인증의 종류에 따라 별표 2와 같다. 〈개정 2024.12.30.〉

④ 하나의 대지에 둘 이상의 건축물이 있는 경우에 각각의 건축물에 대하여 별도로 인증을 받을 수 있다.

⑤ 규칙 제2조에 따른 제로에너지건축물 인증 평가에 적용되는 실내 냉방·난방 온도 설정조건은 별표 3과 같다. 〈개정 2024.12.30.〉

제5조【재인증 및 재평가】 ① 규칙 제6조제9항에 따른 재인증 및 규칙 제10조제1항에 따른 재평가는 규칙 제6조제5항부터 제8항까지, 제7조제1항·제2항, 제8조 및 법 제20조를 준용하며, 재평가를 요청하는 건축주등은 재평가 요청 사유서를 해당 인증기관의 장에게 제출하여야 한다.

② 인증기관의 장은 건축주등이 법 제20조제1항제3호에 따라 기존에 발급된 인증서를 반납하였는지 확인한 후 재인증 또는 재평가에 따른 인증서를 발급하여야 한다.

③ 재평가를 수행한 인증기관의 장은 재평가에 대한 전반적인 사항을 해당 인증제 운영기관의 장에게 보고하여야 한다.

제6조【인증 수수료】 ① 규칙 제13조제1항에 따른 인증 수수료는 별표 4와 같다

② 규칙 제13조제2항에 따라 재평가를 신청하는 건축주등은 제1항에 따른 인증 수수료의 100분의 50을 인증기관의 장에게 내야 한다. 단, 재평가 결과 당초

평가결과의 오류가 확인되어 인증 등급이 달라지거나 인증 취소 결정이 번복되는 경우에는 재평가에 소요된 인증 수수료를 환불받을 수 있다.

③ 규칙 제13조제5항에 따른 인증 수수료의 환불 사유 및 반환 범위는 다음 각 호와 같다. 〈개정 2024.12.30.〉

1. 수수료를 과오납(過誤納)한 경우 : 과오납한 금액의 전부
2. 인증대상이 아닌 경우 : 납입한 수수료의 전부
3. 인증기관의 장이 인증신청을 접수하기 전에 인증신청을 반려하거나 건축주등이 인증신청을 취소하는 경우 : 납입한 수수료의 전부
4. 인증기관의 장이 인증신청을 접수한 후 평가를 완료하기 전에 인증신청을 반려하거나 건축주등이 인증신청을 취소하는 경우 : 납입한 수수료의 100분의 50
5. 다음 각 목에 해당하는 건축물에 대해 인증을 신청하는 경우
  가. 공공주택특별법 제6조제1항에 따른 공공주택사업자가 공급하는 주택 중 공공주택특별법 시행령 제2조제1항의 주택 : 인증 수수료의 100분의 50
  나. 녹색건축물 조성 지원법 제17조제6항 및 지자체 녹색건축물 조성 지원조례 등에서 정한 제로에너지건축물 인증 의무대상이 아닌 건축물로서 다음 요건에 해당하는 제로에너지건축물 인증 등급을 취득한 건축물
    1) 제로에너지건축물 인증 +등급~3등급 : 납입한 인증 수수료의 전부
    2) 제로에너지건축물 인증 4등급 : 납입한 인증 수수료의 100분의 50
    3) 제로에너지건축물 인증 5등급 : 납입한 인증 수수료의 100분의 30

④ 인증 수수료의 반환절차 및 반환방법 등은 인증기관의 장이 별도로 정하는 바에 따른다.

⑤ 규칙 제13조제1항에 따라 제로에너지건축물 인증을 신청한 건축주등은 신청서를 제출한 날로부터 20일 이내에 인증기관의 장에게 수수료를 납부하여야 한다. 〈개정 2024.12.30.〉

제7조【운영비용 활용】 ① 규칙 제13조제4항에 따라 운영기관은 인증수수료의 100분의 8을 초과하지 않는 범위에서 규칙 제3조제3항에 따른 해당 인증제 관련 업무 수행을 위하여 운영비용(이하 "운영비용"이라 한다)을 활용할 수 있다.

② 운영기관은 제1항에 따른 운영비용의 운용·관리를 위한 별도 회계 및 계좌를 설치하여야 하며, 사업운용기간에 따라 산정된 운영비용의 총액으로 예산을 편성하여야 한다.

③ 운영기관은 회계가 종료된 경우 전문정산기관의 정산결과보고서와 차기 운영비용 운용계획안 등을 인증기관의 장에게 통보하고 규칙 제14조에 따른 인증운영위원회(이하 "인증운영위원회" 라 한다)의 심의를 거쳐 국토교통부장관과 산업통상자원부장관에게 각각 보고하여야 하며, 사업운용기간 내 운영비용에 잔액이 발생한 경우 이월하여 차기 운영비용으로 활용하여야 한다.

④ 제1항부터 제3항까지 규정한 사항 외에 운영비용 산정기준, 수입 및 지출절차 등 운영비용과 관련한 세부적인 사항은 운영세칙에서 정한다.

제8조【인증운영위원회의 구성】 ① 인증운영위원회는 위원장 1명을 포함한 40명 이내의 위원으로 구성한다. 〈개정 2024.12.30.〉

② 위원장과 위원의 임기는 2년으로 하고, 연임할 수 있다. 다만, 공무원인 위원은 보직의 재임기간으로 한다. 〈개정 2024.12.30.〉

③ 위원장은 2년마다 교대로 국토교통부장관과 산업통상자원부장관이 소속 고위공무원중 지명한 사람으로 한다. 다만, 운영기관에 운영을 위탁한 경우에는 운영기관의 임원으로 할 수 있다.

④ 위원은 다음 각 호의 어느 하나에 해당하는 사람으로서, 국토교통부장관과 산업통상자원부장관이 추천한 전문가가 동수가 되도록 구성한다.

1. 관련분야의 직무를 담당하는 중앙행정기관의 소속 공무원
2. 7년 이상 건축물 에너지 관련 연구경력이 있는 대학부교수 이상인 사람
3. 7년 이상 건축물 에너지 관련 연구경력이 있는 책임연구원 이상인 사람
4. 기업에서 10년 이상 건축물 에너지 관련 분야에 근무한 부서장 이상인 사람
5. 그밖에 제1호부터 제4호까지와 동등 이상의 자격이 있다고 국토교통부장관 또는 산업통상자원부장관이 인정하는 사람

제8조의2【기술위원회의 구성】 ① 규칙 제14조제4항에 따른 기술위원회는 인증운영위원회 위원 중에서 기술위원장 1명을 포함한 20인 이내의 기술위원으로 구성한다.
② 기술위원장과 기술위원의 임기는 2년으로 하고, 연임할 수 있다.
③ 기술위원장은 기술위원 중 인증운영위원회 심의를 거쳐 인증운영위원회 위원장이 지명한다.
④ 기술위원장은 기술위원의 전문분야를 고려하여 건축·기계·전기 및 신재생 부문별로 분과를 구성할 수 있으며, 이 경우 분과장을 지명하여야 한다.
[본조신설 2024.12.30.]

제9조【위원회의 운영】 ① 제8조 및 제8조의2에 따른 각각의 위원회의 회의는 재적위원 10명 이상의 출석으로 개최하고 출석위원 과반수의 찬성으로 의결하되, 가부 동수인 경우에는 부결된 것으로 본다. 〈개정 2024.12.30.〉
② 제8조 및 제8조의2에 따른 각각의 위원회의 위원은 심의안건과 이해관계가 있는 경우 해당 위원회 참석대상에서 제외하며, 각 위원회에 참석한 위원에 대하여는 수당 및 여비를 지급할 수 있다. 〈개정 2024.12.30.〉
③ 국토교통부장관과 산업통상자원부장관은 법 및 이 규정에서 정한 사항 외에 인증제도의 시행과 관련된 사항은 협의하여 수행한다.

제10조【운영세칙】 운영기관의 장은 인증제도 활성화를 위한 사업의 효율적 수행을 위하여 필요한 때에는 이 규정에 저촉되지 않는 범위 안에서 시행세칙을 제정하여 운영할 수 있다. 다만, 운영세칙을 제정·개정 또는 폐지할 때에는 규칙 제14조에 따른 인증운영위원회의 심의 및 국토교통부장관과 산업통상자원부장관의 승인을 받아야 한다.

제11조【재검토기한】 「훈령·예규 등의 발령 및 관리에 관한 규정」에 따라 이 고시에 대하여 2018년 12월 31일 기준으로 매 3년이 되는 시점(매 3년째의 12월 30일까지를 말한다)마다 그 타당성을 검토하여 개선 등의 조치를 하여야 한다.

부칙〈제2015-1019호, 2015.12.24〉

제1조(시행일) 이 기준은 2016년 2월 19일부터 시행한다.

제2조(경과조치) 종전의 규정에 따라 예비인증을 받은 건축물은 본인증 평가 시 예비인증 당시의 기준을 적용한다. 다만, 건축주등이 요구할 경우 이 기준을 적용할 수 있다.

부칙〈제2017-76호, 2017.1.20.〉

제1조(시행일) 이 기준은 2017년 1월 20일부터 시행한다.

부칙〈제2018-675호, 2018.11.15.〉

제1조(시행일) 이 규칙은 2019년 3월 1일부터 시행한다.

제2조(경과조치) 종전 규정에 따라 예비인증을 받은 건축물은 본인증 평가 시 예비인증 당시의 기준을 적용한다. 다만, 건축주 등이 요구할 경우 이 기준을 적용할 수 있다.

부칙〈제2020-574호, 2020.8.13.〉

제1조(시행일) 이 고시는 발령한 날부터 시행한다.

제2조(인증수수료에 관한 적용례) 제6조제3항제5호나목의 개정규정은 2024. 12. 31일까지 제로에너지건축물 인증을 신청한 건에 한하여 적용한다.

부칙〈제2023-911호, 2023.12.29.〉

이 고시는 발령한 날부터 시행한다.

부칙〈제2024-893호, 2024.12.30.〉

제1조(시행일) 이 고시는 2025년 1월 1일부터 시행한다.

제2조(일반적인 경과조치) "이후 생략"

[별표 1] 제로에너지 건축물 인증 기준

1. 연간 단위면적당 1차에너지소요량(kWh/㎡・년)

가. 연간 단위면적당 에너지 소요량 = 난방부문 에너지소요량 / 난방에너지가 요구되는 공간의 바닥면적 + 냉방부문 에너지소요량 / 냉방에너지가 요구되는 공간의 바닥면적 + 급탕부문 에너지소요량 / 급탕에너지가 요구되는 공간의 바닥면적 + 조명부문 에너지소요량 / 조명에너지가 요구되는 공간의 바닥면적 + 환기부문 에너지소요량 / 환기에너지가 요구되는 공간의 바닥면적

나. 연간 단위면적당 1차에너지소요량=연간 단위면적당 에너지소요량×1차에너지 환산계수

※ 신재생에너지 생산량은 단위면적당 에너지소요량에 반영되어 평가

2. 에너지 자립률(%)

가. 에너지자립률(%) = 연간 단위면적당 1차에너지 순생산량 / 연간 단위면적당 1차에너지 총소비량 ×100

나. 연간 단위면적당 1차에너지 순생산량(kWh/㎡・년)
= 대지 내 연간 단위면적당 1차에너지 순생산량 + (대지 외 연간 단위면적당 1차에너지 순생산량 × 보정계수)

1) 대지 내 연간단위면적당 1차에너지 순생산량
= Σ[(신・재생에너지 생산량 - 신・재생에너지 생산에 필요한 에너지소요량) × 1차에너지 환산계수] ÷ 평가면적

2) 대지 외 연간 단위면적당 1차에너지 순생산량
= Σ[(신・재생에너지 생산량 - 신・재생에너지 생산에 필요한 에너지소요량) × 1차에너지 환산계수] ÷ 평가면적

3) 보정계수

대지 내 에너지자립률	~10% 미만	10% 이상~ 15% 미만	15% 이상~ 20% 미만	20% 이상~
대지 외 생산량 가중치	0.7	0.8	0.9	1.0

※ 대지 내 에너지자립률 산정 시 연간 단위면적당 1차 에너지 순생산량은 대지 내 연간 단위면적당 1차에너지 순생산량만을 고려한다.

다. 단위면적당 1차에너지 총소요량(kWh/㎡・년)
= Σ[(별표1에 따른 연간 단위면적당 1차에너지 소요량 + 연간 단위면적당 1차에너지 순생산량)]

주) 1. 제1호 및 제2호의 1차에너지 환산계수는 제10조에 따라 운영기관의 장이 운영세칙으로 정하는 에너지원별 환산계수를 말한다.
2. 제2호의 평가면적은 제1호에 따른 난방・냉방・급탕・조명・환기에너지가 요구되는 공간의 바닥면적의 합을 말한다.
3. 제1호 냉방부문 평가 시 냉방설비가 없는 주거용 건축물(단독주택 및 기숙사를 제외한 공동주택)의 경우 제10조에 따라 운영기관의 장이 운영세칙으로 정하는 표준 냉방에너지소요량을 적용한다.
4. 「녹색건축물 조성 지원법」 제15조 및 시행령 제11조에 따른 건축기준 완화 시 대지 내 단위면적당 1차에너지 순생산량만을 고려한 에너지자립률을 기준으로 적용한다.

[별표 1의2] 건축물에너지관리시스템 설치기준

항목		설치 기준
1	일반사항	· 대상건물의 에너지 관리에 대한 일반적인 사항 작성
2	시스템 설치	· 시스템 구축 및 운영을 위하여 설치 시 필요한 일반적인 요구사항을 평가
3	데이터 수집 및 표시	· 대상건물에서 생산·저장·사용하는 에너지를 에너지원별(전기/연료/열 등)로 데이터 수집 및 표시
4	정보감시	· 에너지 손실, 비용 상승, 쾌적성 저하, 설비 고장 등 에너지관리에 영향을 미치는 관련 관제값 중 5종 이상에 대한 기준값 입력 및 가시화
5	데이터 조회	· 일간, 주간, 월간, 연간 등 정기 및 특정 기간을 설정하여 데이터를 조회
6	에너지소비현황 분석	· 2종 이상의 에너지원단위와 3종 이상의 에너지용도에 대한 에너지 소비 현황 및 증감 분석
7	설비의 성능 및 효율 분석	· 에너지사용량이 전체의 5%이상인 모든 열원설비 기기별 성능 및 효율 분석
8	실내외 환경 정보 제공	· 온도, 습도 등 실내외 환경정보 제공 및 활용
9	에너지 소비 예측	· 에너지사용량 목표치 설정 및 관리
10	에너지 비용 조회 및 분석	· 에너지원별 사용량에 따른 에너지비용 조회
11	제어시스템 연동	· 1종 이상의 에너지용도에 사용되는 설비의 자동제어 연동
12	종합 유지관리	· 계측 장비 및 계측 데이터에 대한 체계적 관리 수행
13	시스템 확장성	· 설비 등 증개축에 따른 추가 데이터 축적 관리

※ 건축물에너지관리시스템 설치 대상 및 항목 확인은 제10조에 따라 운영기관의 장이 운영세칙으로 정하는 바에 따른다.

제로에너지건축물 인증 기준

[별표 2] 제로에너지건축물 인증등급

ZEB 등급	구분	제1호	제2호		제3호
	등급 산정 기준	에너지 자립률 (%)	주거용: 연간 단위면적당 1차 에너지소요량 (kWh/㎡ · 년)	비주거용: 연간 단위면적당 1차 에너지소요량 (kWh/㎡ · 년)	건축물 에너지 관리 시스템
+ 등급		120이상	-10 미만	-70 미만	설치 여부 확인
1 등급		100이상	10 미만	-30 미만	
2 등급		80이상	30 미만	10 미만	
3 등급		60이상	50 미만	50 미만	
4 등급		40이상	70 미만	90 미만	
5 등급		20이상	90 미만	130미만	

주)

1. 제로에너지건축물 인증등급을 취득하기 위해서는 제1호 또는 제2호와 제3호를 만족하여야 한다.
2. 제1호 또는 제2호 중 높은 등급산정 기준을 ZEB 인증등급으로 한다.
3. 제1호에 등급산정 기준은 별표1 제2호에 따른 에너지자립률을 말한다.
4. 제2호에 등급산정 기준은 별표1 제1호에 따른 연간 단위면적당 1차 에너지소요량을 말한다.
5. 제2호에서 주거용이란 「건축법 시행령」 별표1 중 단독주택 및 공동주택(기숙사 제외)을 말하며, 비주거용이란 주거용을 제외한 모든 건축물을 말한다.
6. 제3호는 별표1의2에 따른 건축물에너지관리시스템을 말한다.
7. 제2호에 등급산정 기준은 별표1 제1호에 따른 연간 단위면적당 1차에너지소요량에서 제10조에 따라 운영기관의 장이 운영세칙으로 정하는 용도별 보정계수를 반영한 결과이다.

[별표 3] 제로에너지건축물 인증 평가 적용 실내 냉방·난방 온도 설정조건

구 분	실내온도
냉 방	26℃
난 방	20℃

[별표 4] 제로에너지건축물 인증 수수료

1. 단독주택 및 공동주택(기숙사 제외)

전용면적의 합계	인증 수수료 금액
85제곱미터 미만	50만원
85제곱미터 이상 135제곱미터 미만	70만원
135제곱미터 이상 330제곱미터 미만	80만원
330제곱미터 이상 660제곱미터 미만	90만원
660제곱미터 이상 1천제곱미터 미만	1백10만원
1천제곱미터 이상 1만제곱미터 미만	3백90만원
1만제곱미터 이상 2만제곱미터 미만	5백30만원
2만제곱미터 이상 3만제곱미터 미만	6백60만원
3만제곱미터 이상 4만제곱미터 미만	7백90만원
4만제곱미터 이상 6만제곱미터 미만	9백20만원
6만제곱미터 이상 8만제곱미터 미만	1천60만원
8만제곱미터 이상 12만제곱미터 미만	1천1백90만원
12만제곱미터 이상	1천3백20만원

2. 단독주택 및 공동주택을 제외한 건축물(기숙사 포함)

전용면적[주1)]의 합계	인증 수수료 금액
1천제곱미터 미만	1백90만원
1천제곱미터 이상 3천제곱미터 미만	3백90만원
3천제곱미터 이상 5천제곱미터 미만	5백90만원
5천제곱미터 이상 1만제곱미터 미만	7백60만원
1만제곱미터 이상 1만5천제곱미터 미만	9백90만원
1만5천제곱미터 이상 2만제곱미터 미만	1천1백90만원
2만제곱미터 이상 3만제곱미터 미만	1천3백90만원
3만제곱미터 이상 4만제곱미터 미만	1천5백90만원
4만제곱미터 이상 6만제곱미터 미만	1천7백80만원
6만제곱미터 이상	1천9백80만원

※ 비고 : 인증 수수료 금액은 부가가치세 별도

주1) 규칙 및 고시의 전용면적 중 단독주택 및 공동주택을 제외한 건축물(기숙사 포함)의 전용면적이란 인증 신청 건축물의 용적률 산정용 연면적을 의미한다. 다만 지하층 바닥면적 합계(지하주차장 제외)가 전체 연면적의 50% 이상을 차지하는 경우 연면적(지하주차장 제외)을 기준으로 인증수수료를 산정할 수 있다.

재활용 건축자재의 활용기준

5. 재활용 건축자재의 활용기준

[국토교통부고시 제2022-833호, 2022.7.20]

제1조【목적】 이 기준은「녹색건축물 조성지원법」 제15조제2항 및 같은 법 시행령 제11조제1항제5호에 따라 건축물에 사용하는 재활용 자재의 사용비율에 따른 건축기준의 완화 적용에 관한 세부기준을 정함을 목적으로 한다. 〈개정 2022.7.20〉

제2조【적용범위】 이 기준은 연면적 500제곱미터 이상으로서 「건축물의 에너지절약 설계기준」 제2조제1항 각 호에 해당하는 건축물로서 전용주거지역 또는 일반주거지역(제3종 일반주거지역을 제외한다)이 아닌 지역에 건축하는 철근콘크리트조 건축물에 대하여 적용한다.

제3조【정의】 이 기준에서 사용되는 용어의 정의는 다음과 같다.

1. "재활용 건축자재" 라 함은 「건설폐기물 재활용 촉진에 관한 법률」 제35조에 따라 국토교통부 장관이 고시하는 「순환골재 품질기준」에서 규정한 콘크리트용 순환골재를 말한다.
2. "골조공사" 라 함은 기초, 기둥, 벽, 바닥, 보, 계단, 지붕 등 건축물의 구조체를 형성하는 뼈대를 축조하는 공사를 말한다.

제4조【건축기준의 완화】 ①「녹색건축물 조성지원법 시행령」 제11조제1항제5호에 따라 재활용 건축자재를 사용하여 용적률과 건축물의 높이를 완화 받고자 하는 자는 별지 제1호 서식의 건축기준의 완화 요청서를 「건축법」 제11조에 따른 허가권자(이하 "허가권자" 라 한다)에게 제출하여야 한다.

② 허가권자는 제1항의 규정에 따른 완화요청이 있는 경우, 다음표에 따라 해당 건축물의 골조공사에 사용하는 골재량에 대한 재활용 건축자재 사용량의 용적비율에 따라 용적률 및 건축물의 높이를 완화하여 적용할 수 있다.

재활용 건축자재 사용량의 용적비율	기준 완화 적용 범위
15 퍼센트 이상 사용하는 경우	5 퍼센트
20 퍼센트 이상 사용하는 경우	10 퍼센트
25 퍼센트 이상 사용하는 경우	15 퍼센트

③ 재활용 건축자재를 사용하는 경우에는 콘크리트용 순환골재를 「순환골재 품질기준」에서 정한 규정에 적합하게 사용하여야 한다. 〈개정 2018.8.29.〉

제5조【재활용 건축자재의 품질확인 등】 ① 제4조제2항에 따라 용적률 및 건축물의 높이를 완화받고자 하는 건축주 또는 공사시공자는 재활용 건축자재의 품질에 대하여 「건설폐기물 재활용촉진에 관한 법률」 제36조에 따른 순환골재 품질인증을 받은 골재를 대상으로 「건설기술진흥법」 제60조의 품질검사 전문기관 또는 「국가표준기본법」 제23조에 따른 공인시험기관에서 품질확인을 받아야 한다. 〈개정 2018.8.29.〉

② 건축주는 「건축법」 제22조에 따라 사용승인을 신청할 때에 별지 제2호 서식의 재활용 건축자재 사용 확인서에 제1항에 따라 품질확인을 받은 사실을 증명하는 서류를 첨부하여 공사감리자의 확인을 받아 제출하여야 한다.

제6조【재검토기한】 국토교통부장관은 이 고시에 대하여「훈령·예규 등의 발령 및 관리에 관한 규정」에 따라 2022년 7월 1일 기준으로 매 3년이 되는 시점(매 3년째의 6월 30일까지를 말한다)마다 그 타당성을 검토하여 개선 등의 조치를 하여야 한다. [본조 신설 2022.7.20.]

부칙 〈제2018-522호, 2018.8.29.〉

이 고시는 공포한 날부터 시행한다.

부칙 〈제2022-833호, 2022.7.20.〉

이 고시는 공포한 날부터 시행한다.

재활용 건축자재의 활용기준 [서식]

■ 재활용 건축자재의 활용기준 [별지 제1호서식]

건축기준의 완화 요청서

접수번호	접수일자	처리일자	처리기간 일

구분		
① 건축주	성명	생년월일(사업자 또는 법인등록번호)
	전화번호	
	주소	

구분		
② 설계자	성명 (서명 또는 인)	사무소명
	전화번호	면허번호
	주소	등록번호

구분		
③ 재활용 건축자재 공급자	성명 (서명 또는 인)	업 체 명
	전화번호	등록번호
	주소	

구분		
④ 대지조건	대지위치	
	지역	지구
	지목	면적 ㎡

구분			
규 모	건축면적 ㎡	연면적 ㎡	지하층 면적 ㎡
	건폐율 %	주용도	부속용도
	층수 지상 층, 지하 층		구 조

구분						
⑤ 재활용 건축자재 사용비율 및 내역	전체골재 소요량(굵은 골재 + 기타) 톤					
	사용부위	주요구조부		기타		
	사용계획량	합계 톤	콘크리트용 순환골재 톤	계 톤	콘크리트용 순환골재 톤	기타 톤
	재활용 건축자재 사용 용적비율	%	%	%	%	%

구분	구 분	법정 기준	완화적용 비율	완화적용 내용
⑥ 완화적용 내용	용적률	%	%	
	건축물 높이	m	m	

「녹색건축물 조성 지원법」 제15조제1항, 같은 법 시행령 제11조제1항제5호 및 「재활용 건축자재의 활용기준」 제4조제1항에 따라 건축물의 건축기준 완화 요청서를 제출합니다.

년 월 일

신청인 (서명 또는 인)

특별시장 · 광역시장 · 특별자치시장 · 특별자치도지사, 시장 · 군수 · 구청장 귀하

작성방법

①, ② 다수인 경우에는 ○○○ 외 ○인으로 기재하며, "외 ○인" 의 현황도 제출합니다.
③ 재활용 건축자재의 공급업자를 기재합니다.
④ 여러 필지인 경우 지번란에 대표지번을 기재하며, 관련 지번란에 대표지번 외의 지번을 기재합니다.
⑤ 주요구조부와 기타를 구분 기재하며, 주요구조부는 「건축법」 제2조제1항제7호에 따른 주요구조부를 말하는 것입니다.
⑥ 용적률과 건축물 높이의 법정기준과 완화를 요청하는 비율 및 완화 적용내용을 기재합니다.

210mm × 297mm[백상지(80g/㎡) 또는 중질지(80g/㎡)]

■ 재활용 건축자재의 활용기준 [별지 제2호서식]

재활용 건축자재 사용 확인서

구분		
① 건축주	성명	생년월일(사업자 또는 법인등록번호)
	전화번호	
	주소	

구분		
② 규 모	건축물 명칭	
	연면적 ㎡	주용도
	층 수 지상 층, 지하 층	구 조

구분		
③ 공사 감리자	성명 (서명 또는 인)	사무소명
	전화번호	면허번호
	주소	등록번호

구분		
④ 재활용 건축자재 공급자	성명 (서명 또는 인)	업 체 명
	전화번호	등록번호
	주소	

구분						
⑤ 재활용 건축자재 사용비율 및 내역	전체골재 소요량(굵은 골재 + 기타) 톤					
	사용부위	주요구조부		기타		
	사용계획량	합계 톤	콘크리트용 순환골재 톤	계 톤	콘크리트용 순환골재 톤	기타 톤
	재활용 건축자재 사용 용적비율	%	%	%	%	%

「재활용 건축자재의 활용기준」 제5조제2항에 따라 위의 재활용 건축자재를 사용하였음을 확인합니다.

년 월 일

확인자 공사감리자 (서명 또는 인)

특별시장 · 광역시장 · 특별자치시장 · 특별자치도지사, 시장 · 군수 · 구청장 귀하

신청안내

첨부서류	· 품질을 확인받은 서류 1부	수수료 없음

작성방법

①~③ 다수인 경우에는 ○○○ 외 ○인으로 기재하며, "외 ○인" 의 현황도 제출합니다.
④ 재활용 건축자재의 공급업자를 기재합니다.
⑤ 주요구조부와 기타를 구분 기재하며, 주요구조부는 「건축법」 제2조제1항제7호에 따른 주요구조부를 말하는 것입니다.

210mm × 297mm[백상지(80g/㎡) 또는 중질지(80g/㎡)]

6. 건축물의 에너지 절약 설계기준

[국토교통부고시 제2024-1026호, 2024.12.31.]

제1장 총칙

제1조【목적】 이 기준은 「녹색건축물 조성 지원법」(이하 "법"이라 한다) 제12조, 제14조, 제14조의2, 제15조, 같은 법 시행령(이하 "영"이라 한다) 제제9조, 제10조, 제10조의2, 제11조 및 같은 법 시행규칙(이하 "규칙"이라 한다) 제7조, 제7조의2의 규정에 의한 건축물의 효율적인 에너지 관리를 위하여 열손실 방지 등 에너지절약 설계에 관한 기준, 에너지절약계획서 및 설계 검토서 작성 기준, 녹색건축물의 건축을 활성화하기 위한 건축기준 완화에 관한 사항 등을 정함을 목적으로 한다.

제2조【건축물의 열손실방지 등】 ① 건축물을 건축하거나 대수선, 용도변경 및 건축물대장의 기재내용을 변경하는 경우에는 다음 각 호의 기준에 의한 열손실방지 등의 에너지이용합리화를 위한 조치를 하여야 한다.

1. 거실의 외벽, 최상층에 있는 거실의 반자 또는 지붕, 최하층에 있는 거실의 바닥, 바닥난방을 하는 층간 바닥, 거실의 창 및 문 등은 별표1의 열관류율 기준 또는 별표3의 단열재 두께 기준을 준수하여야 하고, 단열조치 일반사항 등은 제6조의 건축부문 의무사항을 따른다.
2. 건축물의 배치 · 구조 및 설비 등의 설계를 하는 경우에는 에너지가 합리적으로 이용될 수 있도록 한다.

② 제1항에도 불구하고 열손실의 변동이 없는 증축, 대수선, 용도변경, 건축물대장의 기재내용 변경의 경우에는 관련 조치를 하지 아니할 수 있다. 다만 종전에 제3항에 따른 열손실방지 등의 조치 예외대상이었으나 조치대상으로 용도변경 또는 건축물대장의 기재내용 변경의 경우에는 관련 조치를 하여야 한다.

③ 다음 각 호의 어느 하나에 해당하는 건축물 또는 공간에 대해서는 제1항제1호를 적용하지 아니할 수 있다. 다만, 제1호 및 제2호의 경우 냉방 또는 난방 설비를 설치할 계획이 있는 건축물 또는 공간에 대해서는 제1항제1호를 적용하여야 한다.

1. 창고 · 차고 · 기계실 등으로서 거실의 용도로 사용하지 아니하고, 냉방 또는 난방 설비를 설치하지 아니하는 건축물 또는 공간
2. 냉방 또는 난방 설비를 설치하지 아니하고 용도 특성상 건축물 내부를 외기에 개방시켜 사용하는 등 열손실 방지조치를 하여도 에너지절약의 효과가 없는 건축물 또는 공간
3. 「건축법 시행령」 별표1 제25호에 해당하는 건축물 중 「원자력 안전법」 제10조 및 제20조에 따라 허가를 받는 건축물

제3조【에너지절약계획서 제출 예외대상 등】 ① 영 제10조제1항에 따라 에너지절약계획서를 첨부할 필요가 없는 건축물은 다음 각 호와 같다. 〈개정 2022.1.28〉

1. 「건축법 시행령」 별표1 제3호 아목에 따른 시설 중 냉방 또는 난방 설비를 설치하지 아니하는 건축물
2. 「건축법 시행령」 별표1 제13호에 따른 운동시설 중 냉방 또는 난방 설비를 설치하지 아니하는 건축물
3. 「건축법 시행령」 별표1 제16호에 따른 위락시설 중 냉방 또는 난방 설비를 설치하지 아니하는 건축물
4. 「건축법 시행령」 별표1 제27호에 따른 관광 휴게시설 중 냉방 또는 난방 설비를 설치하지 아니하는 건축물
5. 「주택법」 제15조제1항에 따라 사업계획 승인을 받아 건설하는 주택으로서 「주택건설기준 등에 관한 규정」 제64조제3항에 따라 「에너지절약형 친환경 주택의 건설기준」에 적합한 건축물

② 영 제10조제1항에서 "연면적의 합계"는 다음 각 호에 따라 계산한다.

1. 같은 대지에 모든 바닥면적을 합하여 계산한다.
2. 주거와 비주거는 구분하여 계산한다.
3. 증축이나 용도변경, 건축물대장의 기재내용을 변경하는 경우 이 기준을 해

당 부분에만 적용할 수 있다.
4. 연면적의 합계 500제곱미터 미만으로 허가를 받거나 신고한 후 「건축법」 제16조에 따라 허가와 신고사항을 변경하는 경우에는 당초 허가 또는 신고 면적에 변경되는 면적을 합하여 계산한다.
5. 제2조제3항에 따라 열손실방지 등의 에너지이용합리화를 위한 조치를 하지 않아도 되는 건축물 또는 공간, 주차장, 기계실 면적은 제외한다.

③ 제1항 및 영 제10조제1항제3호의 건축물 중 냉난방 설비를 설치하고 냉난방 열원을 공급하는 대상의 연면적의 합계가 500제곱미터 미만인 경우에는 에너지 절약계획서를 제출하지 아니한다.

제3조의2 【에너지절약계획서 사전확인 등】 ① 법 제14조제1항에 따라 에너지절약계획서를 제출하여야 하는 자는 그 신청을 하기 전에 영 제10조제2항의 허가권자(이하 "허가권자"라 한다)에게 에너지절약계획서 사전확인을 신청할 수 있다.

② 제1항에 따른 사전확인을 신청하는 자(이하 "사전확인신청자"라 한다)는 규칙 별지 제1호 서식에 따른 에너지절약계획서를 신청구분 사전확인란에 표시하여 제출하여야 한다.

③ 허가권자는 제1항과 제2항에 따른 사전확인 신청을 받으면 에너지절약계획서 관련 도서 등을 검토한 후 사전확인 결과를 사전확인신청자에게 알려야 한다.

④ 허가권자는 제3항에 따라 사전확인신청자로부터 제출된 에너지절약계획서를 검토하는 경우 규칙 제7조제2항에 따른 에너지 관련 전문기관에 에너지절약계획서의 검토 및 보완을 거치도록 할 수 있으며, 이 경우 에너지절약계획서 검토 수수료는 규칙 별표 1과 같다.

⑤ 제1항부터 제4항에 따른 처리절차는 규칙 별지 제1호서식의 처리절차와 같으며, 효율적인 업무 처리를 위하여 건축법 제32조제1항에 따른 전자정보처리 시스템을 이용할 수 있다.

⑥ 제3항에 따른 사전확인 결과가 제14조 및 제15조 또는 제14조 및 제21조에 따른 판정기준에 적합한 경우 사전확인이 이루어진 것으로 보며, 법 제14조제3항에 따라 에너지절약계획서의 적절성 등을 검토하지 아니할 수 있다. 다만, 사전확인 결과 중 별지 제1호 서식 에너지절약계획 설계 검토서의 항목별 평가 결과에 변동이 있을 경우에는 그러하지 아니하다.

⑦ 사전확인의 유효기간은 제3항에 따른 사전확인 결과를 통지받은 날로부터 1 개월이며, 이 유효기간이 경과된 경우 법 제14조제3항의 적용을 받지 아니한다.

제4조 【적용예외】 다음 각 호에 해당하는 경우 이 기준의 전체 또는 일부를 적용하지 않을 수 있다. 〈개정 2024.12.31〉
1. 삭제 〈2023.2.28〉
2. 제로에너지건축물 인증을 취득한 경우에는 제15조 및 제21조를 적용하지 아니할 수 있으며 별지 제1호서식 에너지절약계획 설계 검토서를 제출하지 아니할 수 있다.
3. 건축물의 기능·설계조건 또는 시공 여건상의 특수성 등으로 인하여 이 기준의 적용이 불합리한 것으로 지방건축위원회가 심의를 거쳐 인정하는 경우에는 이 기준의 해당 규정을 적용하지 아니할 수 있다. 다만, 지방건축위원회 심의 시에는 「제로에너지건축물 인증에 관한 규칙」 제4조제4항 각 호의 어느 하나에 해당하는 건축물 에너지 관련 전문인력 1인 이상을 참여시켜 의견을 들어야 한다.
4. 건축물을 증축하거나 용도변경, 건축물대장의 기재내용을 변경하는 경우에는 제15조를 적용하지 아니할 수 있다. 다만, 별동으로 건축물을 증축하는 경우와 기존 건축물 연면적의 100분의 50 이상을 증축하면서 해당 증축 연면적의 합계가 2,000제곱미터 이상인 경우에는 그러하지 아니한다.
5. 허가 또는 신고대상의 같은 대지 내 주거 또는 비주거를 구분한 제3조제2항 및 3항에 따른 연면적의 합계가 500제곱미터 이상이고 2천제곱미터 미만인 건축물 중 연면적의 합계가 500제곱미터 미만인 개별동의 경우에는 제15조 및 제21조를 적용하지 아니할 수 있다.

6. 열손실의 변동이 없는 증축, 용도변경 및 건축물대장의 기재내용을 변경하는 경우에는 별지 제1호 서식 에너지절약 설계 검토서를 제출하지 아니할 수 있다. 다만, 종전에 제2조제3항에 따른 열손실방지 등의 조치 예외대상이었으나 조치대상으로 용도변경 또는 건축물대장 기재내용의 변경의 경우에는 그러하지 아니한다.
7. 「건축법」 제16조에 따라 허가와 신고사항을 변경하는 경우에는 변경하는 부분에 대해서만 규칙 제7조에 따른 에너지절약계획서 및 별지 제1호 서식에 따른 에너지절약 설계 검토서(이하 "에너지절약계획서 및 설계 검토서"라 한다)를 제출할 수 있다.
8. 제21조제2항에서 제시하는 건축물 에너지소요량 평가서 판정기준을 만족하는 경우에는 제15조를 적용하지 아니할 수 있다. 〈개정 2023.2.28〉

제5조【용어의 정의】 이 기준에서 사용하는 용어의 뜻은 다음 각 호와 같다. 〈개정 2024.12.31.〉

1. "의무사항"이라 함은 건축물을 건축하는 건축주와 설계자 등이 건축물의 설계 시 필수적으로 적용해야 하는 사항을 말한다.
2. "권장사항"이라 함은 건축물을 건축하는 건축주와 설계자 등이 건축물의 설계 시 선택적으로 적용이 가능한 사항을 말한다.
3. 삭제 〈2024.12.31.〉
4. "제로에너지건축물 인증"이라 함은 국토교통부와 산업통상자원부의 공동부령인 「제로에너지건축물 인증에 관한 규칙」에 따라 제로에너지건축물 인증을 받는 것을 말한다.
5. "녹색건축인증"이라 함은 국토교통부와 환경부의 공동부령인 「녹색건축의 인증에 관한 규칙」에 따라 인증을 받는 것을 말한다.
6. "고효율제품" 이라 함은 산업통상자원부 고시 「고효율에너지기자재 보급촉진에 관한 규정」에 따라 인증서를 교부받은 제품과 산업통상자원부 고시 「효율관리기자재 운용규정」에 따른 에너지소비효율 1등급 제품 또는 동 고시에서 고효율로 정한 제품을 말한다.
7. "완화기준"이라 함은 「건축법」, 「국토의 계획 및 이용에 관한 법률」 및 「지방자치단체 조례」 등에서 정하는 건축물의 용적률 및 높이제한 기준을 적용함에 있어 완화 적용할 수 있는 비율을 정한 기준을 말한다.
8. "예비인증"이라 함은 건축물의 완공 전에 설계도서 등으로 인증기관에서 제로에너지건축물 인증, 녹색건축인증을 받는 것을 말한다.
9. "본인증"이라 함은 신청건물의 완공 후에 최종설계도서 및 현장 확인을 거쳐 최종적으로 인증기관에서 제로에너지건축물 인증, 녹색건축인증을 받는 것을 말한다.
10. 건축부문
   가. "거실"이라 함은 건축물 안에서 거주(단위 세대 내 욕실 · 화장실 · 현관을 포함한다) · 집무 · 작업 · 집회 · 오락 기타 이와 유사한 목적을 위하여 사용되는 방을 말하나, 특별히 이 기준에서는 거실이 아닌 냉방 또는 난방공간 또한 거실에 포함한다.
   나. "외피"라 함은 거실 또는 거실 외 공간을 둘러싸고 있는 벽 · 지붕 · 바닥 · 창 및 문 등으로서 외기에 직접 면하는 부위를 말한다.
   다. "거실의 외벽"이라 함은 거실의 벽 중 외기에 직접 또는 간접 면하는 부위를 말한다. 다만, 복합용도의 건축물인 경우에는 해당 용도로 사용하는 공간이 다른 용도로 사용하는 공간과 접하는 부위를 외벽으로 볼 수 있다.
   라. "최하층에 있는 거실의 바닥"이라 함은 최하층(지하층을 포함한다)으로서 거실인 경우의 바닥과 기타 층으로서 거실의 바닥 부위가 외기에 직접 또는 간접적으로 면한 부위를 말한다. 다만, 복합용도의 건축물인 경우에는 다른 용도로 사용하는 공간과 접하는 부위를 최하층에 있는 거실의 바닥으로 볼 수 있다.
   마. "최상층에 있는 거실의 반자 또는 지붕"이라 함은 최상층으로서 거실인 경우의 반자 또는 지붕을 말하며, 기타 층으로서 거실의 반자 또는 지붕 부위가 외기에 직접 또는 간접적으로 면한 부위를 포함한다. 다만, 복합용도의 건축물인 경우에는 다른 용도로 사용하는 공간과 접하는 부위를 최상층에 있는 거실의 반자 또는 지붕으로 볼 수 있다.

바. "외기에 직접 면하는 부위"라 함은 바깥쪽이 외기이거나 외기가 직접 통하는 공간에 면한 부위를 말한다.

사. "외기에 간접 면하는 부위"라 함은 외기가 직접 통하지 아니하는 비난방 공간(지붕 또는 반자, 벽체, 바닥 구조의 일부로 구성되는 내부 공기층은 제외한다)에 접한 부위, 외기가 직접 통하는 구조이나 실내공기의 배기를 목적으로 설치하는 샤프트 등에 면한 부위, 지면 또는 토양에 면한 부위를 말한다.

아. "방풍구조"라 함은 출입구에서 실내외 공기 교환에 의한 열출입을 방지할 목적으로 설치하는 방풍실 또는 회전문 등을 설치한 방식을 말한다.

자. "기밀성 창", "기밀성 문"이라 함은 창 및 문으로서 한국산업규격(KS) F 2292 규정에 의하여 기밀성 등급에 따른 기밀성이 1~5등급(통기량 5㎥/h · ㎡ 미만)인 것을 말한다.

차. "외단열"이라 함은 건축물 각 부위의 단열에서 단열재를 구조체의 외기측에 설치하는 단열방법으로서 모서리 부위를 포함하여 시공하는 등 열교를 차단한 경우를 말한다.

카. "방습층"이라 함은 습한 공기가 구조체에 침투하여 결로발생의 위험이 높아지는 것을 방지하기 위해 설치하는 투습도가 24시간당 30g/㎡ 이하 또는 투습계수 0.28g/㎡ · h · mmHg 이하의 투습저항을 가진 층을 말한다.(시험방법은 한국산업규격 KS T 1305 방습포장재료의 투습도 시험방법 또는 KS F 2607 건축 재료의 투습성 측정 방법에서 정하는 바에 따른다) 다만, 단열재 또는 단열재의 내측에 사용되는 마감재가 방습층으로서 요구되는 성능을 가지는 경우에는 그 재료를 방습층으로 볼 수 있다.

타. "평균 열관류율"이라 함은 지붕(천창 등 투명 외피부위를 포함하지 않는다), 바닥, 외벽(창 및 문을 포함한다) 등의 열관류율 계산에 있어 세부 부위별로 열관류율값이 다를 경우 이를 면적으로 가중평균하여 나타낸 것을 말한다. 단, 평균열관류율은 중심선 치수를 기준으로 계산한다.

파. 별표1의 창 및 문의 열관류율 값은 유리와 창틀(또는 문틀)을 포함한 평균 열관류율을 말한다.

하. "투광부"라 함은 창, 문면적의 50% 이상이 투과체로 구성된 문, 유리블럭, 플라스틱패널 등과 같이 투과재료로 구성되며, 외기에 접하여 채광이 가능한 부위를 말한다.

거. "태양열취득률(SHGC)"이라 함은 입사된 태양열에 대하여 실내로 유입된 태양열취득의 비율을 말한다.

너. "일사조절장치"라 함은 태양열의 실내 유입을 조절하기 위한 차양, 구조체 또는 태양열취득률이 낮은 유리를 말한다. 이 경우 차양은 설치위치에 따라 외부 차양과 내부 차양 그리고 유리간 차양으로 구분하며, 가동여부에 따라 고정형과 가동형으로 나눌 수 있다.

더. 삭제

11. 기계설비부문

가. "위험률"이라 함은 냉(난)방기간 동안 또는 연간 총시간에 대한 온도출현분포중에서 가장 높은(낮은) 온도쪽으로부터 총시간의 일정 비율에 해당하는 온도를 제외시키는 비율을 말한다.

나. "효율"이라 함은 설비기기에 공급된 에너지에 대하여 출력된 유효에너지의 비를 말한다.

다. "열원설비"라 함은 에너지를 이용하여 열을 발생시키는 설비를 말한다.

라. "대수분할운전"이라 함은 기기를 여러 대 설치하여 부하상태에 따라 최적운전상태를 유지할 수 있도록 기기를 조합하여 운전하는 방식을 말한다.

마. "비례제어운전"이라 함은 기기의 출력값과 목표값의 편차에 비례하여 입력량을 조절하여 최적운전상태를 유지할 수 있도록 운전하는 방식을 말한다.

바. "심야전기를 이용한 축열 · 축냉시스템"이라 함은 심야시간에 전기를 이용하여 열을 저장하였다가 이를 난방, 온수, 냉방 등의 용도로 이용하는 설비로서 한국전력공사에서 심야전력기기로 인정한 것을 말한다.

사. "열회수형환기장치" 라 함은 난방 또는 냉방을 하는 장소의 환기장치로 실내의 공기를 배출할 때 급기되는 공기와 열교환하는 구조를 가진 것으로서 KS B 6879(열회수형 환기 장치) 부속서 B에서 정하는 시험방법에 따른

열교환효율과 에너지계수의 최소 기준 이상의 성능을 가진 것을 말한다.

아. "이코노마이저시스템"이라 함은 중간기 또는 동계에 발생하는 냉방부하를 실내 엔탈피 보다 낮은 도입 외기에 의하여 제거 또는 감소시키는 시스템을 말한다.

자. "중앙집중식 냉 · 난방설비"라 함은 건축물의 전부 또는 냉난방 면적의 60% 이상을 냉방 또는 난방함에 있어 해당 공간에 순환펌프, 증기난방설비 등을 이용하여 열원 등을 공급하는 설비를 말한다. 단, 산업통상자원부 고시 「효율관리기자재 운용규정」에서 정한 가정용 가스보일러는 개별 난방설비로 간주한다.

차. "TAB"라 함은 Testing(시험), Adjusting(조정), Balancing(평가)의 약어로 건물내의 모든 설비시스템이 설계에서 의도한 기능을 발휘하도록 점검 및 조정하는 것을 말한다. 〈신설 2022.1.28〉

카. "커미셔닝"이라 함은 효율적인 건축 기계설비 시스템의 성능 확보를 위해 설계 단계부터 공사완료에 이르기까지 전 과정에 걸쳐 건축주의 요구에 부합되도록 모든 시스템의 계획, 설계, 시공, 성능시험 등을 확인하고 최종 유지 관리자에게 제공하여 입주 후 건축주의 요구를 충족할 수 있도록 운전성능 유지 여부를 검증하고 문서화하는 과정을 말한다.

타. 삭제

파. 삭제

12. 전기설비부문

가. "역률개선용커패시터(콘덴서)"라 함은 역률을 개선하기 위하여 변압기 또는 전동기 등에 병렬로 설치하는 커패시터를 말한다.

나. "전압강하"라 함은 인입전압(또는 변압기 2차전압)과 부하측전압과의 차를 말하며 저항이나 인덕턴스에 흐르는 전류에 의하여 강하하는 전압을 말한다.

다. "조도자동조절조명기구"라 함은 인체 또는 주위 밝기를 감지하여 자동으로 조명등을 점멸하거나 조도를 자동 조절할 수 있는 센서장치 또는 그 센서를 부착한 등기구를 말한다. 단, 백열전구를 사용하는 조도자동조절조명기구는 제외한다.

라. "수용률"이라 함은 부하설비 용량 합계에 대한 최대 수용전력의 백분율을 말한다.

마. "최대수요전력"이라 함은 수용가에서 일정 기간 중 사용한 전력의 최대치를 말하며, "최대수요전력제어설비"라 함은 수용가에서 피크전력의 억제, 전력 부하의 평준화 등을 위하여 최대수요전력을 자동제어할 수 있는 설비를 말한다.

바. "가변속제어기(인버터)"라 함은 정지형 전력변환기로서 전동기의 가변속운전을 위하여 설치하는 설비를 말한다.

사. "변압기 대수제어"라 함은 변압기를 여러 대 설치하여 부하상태에 따라 필요한 운전대수를 자동 또는 수동으로 제어하는 방식을 말한다.

아. "대기전력자동차단장치"라 함은 산업통상자원부고시 「대기전력저감프로그램운용규정」에 의하여 대기전력저감우수제품으로 등록된 대기전력자동차단콘센트, 대기전력자동차단스위치를 말한다.

자. "자동절전멀티탭"이라 함은 산업통상자원부고시 「대기전력저감프로그램운용규정」에 의하여 대기전력저감우수제품으로 등록된 자동절전멀티탭을 말한다.

차. "일괄소등스위치"라 함은 층 또는 구역 단위(세대 단위)로 설치되어 조명등(센서등 및 비상등 제외 가능)을 일괄적으로 끌 수 있는 스위치를 말한다.

카. "회생제동장치"라 함은 승강기가 균형추보다 무거운 상태로 하강(또는 반대의 경우)할 때 모터는 순간적으로 발전기로 동작하게 되며, 이 때 생산되는 전력을 다른 회로에서 전원으로 활용하는 방식으로 전력소비를 절감하는 장치를 말한다.

13. 신 · 재생에너지설비부문

가. "신 · 재생에너지"라 함은 「신에너지 및 재생에너지 개발 · 이용 · 보급촉진법」에서 규정하는 것을 말한다.

14. "공공기관"이라 함은 산업통상자원부고시 「공공기관 에너지이용합리화 추

진에 관한 규정」에서 정한 기관을 말한다.

15. "전자식 원격검침계량기"란 에너지사용량을 전자식으로 계측하여 에너지 관리자가 실시간으로 모니터링하고 기록할 수 있도록 하는 장치이다.

16. 건축물에너지관리시스템(BEMS)"이란 「녹색건축물 조성 지원법」제6조의2제2항에서 규정하는 것을 말한다.

17. "에너지요구량"이란 건축물의 냉방, 난방, 급탕, 조명부문에서 표준 설정 조건을 유지하기 위하여 해당 건축물에서 필요로 하는 에너지량을 말한다.

18. "에너지소요량"이란 에너지요구량을 만족시키기 위하여 건축물의 냉방, 난방, 급탕, 조명, 환기 부문의 설비기기에 사용되는 에너지량을 말한다.

19. "1차에너지"란 연료의 채취, 가공, 운송, 변환, 공급 등의 과정에서의 손실분을 포함한 에너지를 말하며, 에너지원별 1차에너지 환산계수는 "제로에너지건축물 인증 제도 운영규정"에 따른다. 〈전문개정〉

20. "시험성적서"란 「적합성평가 관리 등에 관한 법률」제2조제10호다목에 해당하는 성적서로 동법에 따라 발급·관리되는 것을 말한다.

제2장 에너지절약 설계에 관한 기준

제1절 건축부문 설계기준

제6조【건축부문의 의무사항】 제2조에 따른 열손실방지 조치 대상 건축물의 건축주와 설계자 등은 다음 각 호에서 정하는 건축부문의 설계기준을 따라야 한다. 〈개정 2024.8.8., 2024.12.31.〉

1. 단열조치 일반사항

가. 외기에 직접 또는 간접 면하는 거실의 각 부위에는 제2조에 따라 건축물의 열손실방지 조치를 하여야 한다. 다만, 다음 부위에 대해서는 그러하지 아니할 수 있다.

1) 지표면 아래 2미터를 초과하여 위치한 지하 부위(공동주택의 거실 부위는 제외)로서 이중벽의 설치 등 하계 표면결로 방지 조치를 한 경우

2) 지면 및 토양에 접한 바닥 부위로서 난방공간의 외벽 내표면까지의 모든 수평거리가 10미터를 초과하는 바닥부위

3) 외기에 간접 면하는 부위로서 당해 부위가 면한 비난방공간의 외기에 직접 또는 간접 면하는 부위를 별표1에 준하여 단열조치하는 경우

4) 공동주택의 층간바닥(최하층 제외) 중 바닥난방을 하지 않는 현관 및 욕실의 바닥부위

5) 방풍구조(외벽제외) 또는 바닥면적 150제곱미터 이하의 개별 점포의 출입문

6) 「건축법 시행령」 별표1 제21호에 따른 동물 및 식물 관련 시설 중 작물재배사 또는 온실 등 지표면을 바닥으로 사용하는 공간의 바닥부위

7) 「건축법」 제49조제3항에 따른 소방관진입창(단, 「건축물의 피난·방화구조 등의 기준에 관한 규칙」 제18조의2제1호를 만족하는 최소 설치 개소로 한정한다.)

나. 단열조치를 하여야 하는 부위의 열관류율이 위치 또는 구조상의 특성에 의하여 일정하지 않는 경우에는 해당 부위의 평균 열관류율값을 면적가중계산에 의하여 구한다.

다. 단열조치를 하여야 하는 부위에 대하여는 다음 각 호에서 정하는 방법에 따라 단열기준에 적합한지를 판단할 수 있다.

1) 이 기준 별표3의 지역별·부위별·단열재 등급별 허용 두께 이상으로 설치하는 경우(단열재의 등급 분류는 별표2에 따름) 적합한 것으로 본다.

2) 해당 벽·바닥·지붕 등의 부위별 전체 구성재료와 동일한 시료에 대하여 KS F2277(건축용 구성재의 단열성 측정방법)에 의한 열저항 또는 열관류율 측정값(시험성적서의 값)이 별표1의 부위별 열관류율에 만족하는 경우에는 적합한 것으로 보며, 시료의 공기층(단열재 내부의 공기층 포함) 두께와 동일하면서 기타 구성재료의 두께가 시료보다 증가한 경우와 공기층을 제외한 시료에 대한 측정값이 기준에 만족하고 시료 내부에 공기층을 추가하는 경우에도 적합한 것으로 본다. 단, 공기층이 포함된 경우에는 시공 시에 공기층 두께를 동일하게 유지하여야 한다.

3) 구성재료의 열전도율 값으로 열관류율을 계산한 결과가 별표1의 부위별

열관류율 기준을 만족하는 경우 적합한 것으로 본다.(단, 각 재료의 열전도율 값은 한국산업규격 또는 시험성적서의 값을 사용하고, 표면열전달저항 및 중공층의 열저항은 이 기준 별표5 및 별표6에서 제시하는 값을 사용)

4) 창 및 문의 경우 KS F 2278(창호의 단열성 시험 방법)에 의한 시험성적서 또는 별표4에 의한 열관류율값 또는 산업통상자원부고시 「효율관리기자재 운용규정」에 따른 창 세트의 열관류율 표시값 또는 ISO 15099에 따라 계산된 창 및 문의 열관류율 값이 별표1의 열관류율 기준을 만족하는 경우 적합한 것으로 본다.

5) 열관류율 또는 열관류저항의 계산결과는 소수점 3자리로 맺음을 하여 적합 여부를 판정한다.(소수점 4째 자리에서 반올림)

라. 별표1 건축물부위의 열관류율 산정을 위한 단열재의 열전도율 값은 한국산업규격 KS L 9016 보온재의 열전도율 측정방법에 따른 한국산업규격 품질 값 또는 시험성적서에 의한 값을 사용하되 열전도율 시험을 위한 시료의 평균온도는 20±5℃로 한다.

마. 수평면과 이루는 각이 70도를 초과하는 경사지붕은 별표1에 따른 외벽의 열관류율을 적용할 수 있다.

바. 바닥난방을 하는 공간의 하부가 바닥난방을 하지 않는 공간일 경우에는 당해 바닥난방을 하는 바닥부위는 별표1의 최하층에 있는 거실의 바닥으로 보며 외기에 간접 면하는 경우의 열관류율 기준을 만족하여야 한다.

2. 에너지절약계획서 및 설계 검토서 제출대상 건축물은 별지 제1호 서식 에너지절약계획 설계 검토서 중 에너지성능지표(이하 "에너지성능지표"라 한다) 건축부문 1번 항목 배점을 0.6점 이상 획득하여야 한다.

3. 바닥난방에서 단열재의 설치

가. 바닥난방 부위에 설치되는 단열재는 바닥난방의 열이 슬래브 하부로 손실되는 것을 막을 수 있도록 온수배관(전기난방인 경우는 발열선) 하부와 슬래브 사이에 설치하고, 온수배관(전기난방인 경우는 발열선) 하부와 슬래브 사이에 설치되는 구성 재료의 열저항의 합계는 해당 바닥에 요구되는 총열관류저항(별표1에서 제시되는 열관류율의 역수)의 60% 이상이 되어야 한다. 다만, 바닥난방을 하는 욕실 및 현관부위와 슬래브의 축열을 직접 이용하는 심야전기이용 온돌 등(한국전력의 심야전력이용기기 승인을 받은 것에 한한다)의 경우에는 단열재의 위치가 그러하지 않을 수 있다.

4. 기밀 및 결로방지 등을 위한 조치

가. 벽체 내표면 및 내부에서의 결로를 방지하고 단열재의 성능 저하를 방지하기 위하여 제2조에 의하여 단열조치를 하여야 하는 부위(창 및 문과 난방공간 사이의 층간 바닥 제외)에는 방습층을 단열재의 실내측에 설치하여야 한다.

나. 방습층 및 단열재가 이어지는 부위 및 단부는 이음 및 단부를 통한 투습을 방지할 수 있도록 다음과 같이 조치하여야 한다.

1) 단열재의 이음부는 최대한 밀착하여 시공하거나, 2장을 엇갈리게 시공하여 이음부를 통한 단열성능 저하가 최소화될 수 있도록 조치할 것

2) 방습층으로 알루미늄박 또는 플라스틱계 필름 등을 사용할 경우의 이음부는 100㎜ 이상 중첩하고 내습성 테이프, 접착제 등으로 기밀하게 마감할 것

3) 단열부위가 만나는 모서리 부위는 방습층 및 단열재가 이어짐이 없이 시공하거나 이어질 경우 이음부를 통한 단열성능 저하가 최소화되도록 하며, 알루미늄박 또는 플라스틱계 필름 등을 사용할 경우의 모서리 이음부는 150㎜이상 중첩되게 시공하고 내습성 테이프, 접착제 등으로 기밀하게 마감할 것

4) 방습층의 단부는 단부를 통한 투습이 발생하지 않도록 내습성 테이프, 접착제 등으로 기밀하게 마감할 것

다. 건축물 외피 단열부위의 접합부, 틈 등은 밀폐될 수 있도록 코킹과 가스켓 등을 사용하여 기밀하게 처리하여야 한다.

라. 외기에 직접 면하고 1층 또는 지상으로 연결된 출입문은 방풍구조로 하여야 한다. 다만, 다음 각 호에 해당하는 경우에는 그러하지 않을 수 있다.

1) 바닥면적 3백 제곱미터 이하의 개별 점포의 출입문

2) 주택의 출입문(단, 기숙사는 제외)
3) 사람의 통행을 주목적으로 하지 않는 출입문
4) 너비 1.2미터 이하의 출입문

마. 방풍구조를 설치하여야 하는 출입문에서 회전문과 일반문이 같이 설치되어진 경우, 일반문 부위는 방풍실 구조의 이중문을 설치하여야 한다.
바. 건축물의 거실의 창이 외기에 직접 면하는 부위인 경우에는 기밀성 창을 설치하여야 한다.

5. 영 제10조의2에 해당하는 공공건축물을 건축 또는 리모델링하는 경우 법 제14조의2제1항에 따라 에너지성능지표 건축부문 7번 항목 배점을 0.6점 이상 획득하여야 한다. 다만, 제로에너지건축물 인증을 취득한 경우 또는 제21조제2항에 따라 단위면적당 1차 에너지소요량의 합계가 적합할 경우에는 그러하지 아니할 수 있다.

제7조 【건축부문의 권장사항】 에너지절약계획서 제출대상 건축물의 건축주와 설계자 등은 다음 각 호에서 정하는 사항을 제15조의 규정에 적합하도록 선택적으로 채택할 수 있다.

1. 배치계획
가. 건축물은 대지의 향, 일조 및 주풍향 등을 고려하여 배치하며, 남향 또는 남동향 배치를 한다.
나. 공동주택은 인동간격을 넓게 하여 저층부의 태양열 취득을 최대한 증대시킨다.

2. 평면계획
가. 거실의 층고 및 반자 높이는 실의 용도와 기능에 지장을 주지 않는 범위 내에서 가능한 낮게 한다.
나. 건축물의 체적에 대한 외피면적의 비 또는 연면적에 대한 외피면적의 비는 가능한 작게 한다.
다. 실의 냉난방 설정온도, 사용스케줄 등을 고려하여 에너지절약적 조닝계획을 한다.

3. 단열계획
가. 건축물 용도 및 규모를 고려하여 건축물 외벽, 천장 및 바닥으로의 열손실이 최소화되도록 설계한다.
나. 외벽 부위는 외단열로 시공한다.
다. 외피의 모서리 부분은 열교가 발생하지 않도록 단열재를 연속적으로 설치하고, 기타 열교부위는 별표11의 외피 열교부위별 선형 열관류율 기준에 따라 충분히 단열되도록 한다.
라. 건물의 창 및 문은 가능한 작게 설계하고, 특히 열손실이 많은 북측 거실의 창 및 문의 면적은 최소화한다.
마. 발코니 확장을 하는 공동주택이나 창 및 문의 면적이 큰 건물에는 단열성이 우수한 로이(Low-E) 복층창이나 삼중창 이상의 단열성능을 갖는 창을 설치한다.
바. 태양열 유입에 의한 냉·난방부하를 저감 할 수 있도록 일사조절장치, 태양열취득률(SHGC), 창 및 문의 면적비 등을 고려한 설계를 한다. 건축물 외부에 일사조절장치를 설치하는 경우에는 비, 바람, 눈, 고드름 등의 낙하 및 화재 등의 사고에 대비하여 안전성을 검토하고 주변 건축물에 빛반사에 의한 피해 영향을 고려하여야 한다.
사. 건물 옥상에는 조경을 하여 최상층 지붕의 열저항을 높이고, 옥상면에 직접 도달하는 일사를 차단하여 냉방부하를 감소시킨다.

4. 기밀계획
가. 틈새바람에 의한 열손실을 방지하기 위하여 외기에 직접 또는 간접으로 면하는 거실 부위에는 기밀성 창 및 문을 사용한다.
나. 공동주택의 외기에 접하는 주동의 출입구와 각 세대의 현관은 방풍구조로 한다.
다. 기밀성을 높이기 위하여 외기에 직접 면한 거실의 창 및 문 등 개구부 둘레를 기밀테이프 등을 활용하여 외기가 침입하지 못하도록 기밀하게 처리한다.

5. 자연채광계획

가. 자연채광을 적극적으로 이용할 수 있도록 계획한다. 특히 학교의 교실, 문화 및 집회시설의 공용부분(복도, 화장실, 휴게실, 로비 등)은 1면 이상 자연채광이 가능하도록 한다.
나. 삭제
다. 삭제
라. 삭제
6. 삭제

제2절 기계설비부문 설계기준

제8조【기계부문의 의무사항】 에너지절약계획서 제출대상 건축물의 건축주와 설계자 등은 다음 각 호에서 정하는 기계부문의 설계기준을 따라야 한다.

1. 설계용 외기조건
난방 및 냉방설비의 용량계산을 위한 외기조건은 각 지역별로 위험률 2.5%(냉방기 및 난방기를 분리한 온도출현분포를 사용할 경우) 또는 1%(연간 총시간에 대한 온도출현 분포를 사용할 경우)로 하거나 별표7에서 정한 외기온·습도를 사용한다. 별표7 이외의 지역인 경우에는 상기 위험률을 기준으로 하여 가장 유사한 기후조건을 갖는 지역의 값을 사용한다. 다만, 지역난방공급방식을 채택할 경우에는 산업통상자원부 고시 「집단에너지시설의 기술기준」에 의하여 용량계산을 할 수 있다.
2. 열원 및 반송설비
가. 공동주택에 중앙집중식 난방설비(집단에너지사업법에 의한 지역난방공급방식을 포함한다)를 설치하는 경우에는 「주택건설기준등에관한규정」 제37조의 규정에 적합한 조치를 하여야 한다.
나. 펌프는 한국산업규격(KS B 6318, 7501, 7505등) 표시인증제품 또는 KS 규격에서 정해진 효율 이상의 제품을 설치하여야 한다.
다. 기기배관 및 덕트는 국토교통부에서 정하는 「국가건설기준 기계설비공사 표준시방서」의 보온두께 이상 또는 그 이상의 열저항을 갖도록 단열조치를 하여야 한다. 다만, 건축물내의 벽체 또는 바닥에 매립되는 배관 등은 그러하지 아니할 수 있다.
3. 「공공기관 에너지이용합리화 추진에 관한 규정」 제10조의 규정을 적용받는 건축물의 경우에는 에너지성능지표 기계부문 10번 항목 배점을 0.6점 이상 획득하여야 한다.
4. 영 제10조의2에 해당하는 공공건축물을 건축 또는 리모델링하는 경우 법 제14조의2제2항에 따라 에너지성능지표 기계부문 1번 및 2번 항목 배점을 0.9점 이상 획득하여야 한다.

제9조【기계부문의 권장사항】 에너지절약계획서 제출대상 건축물의 건축주와 설계자 등은 다음 각 호에서 정하는 사항을 제15조의 규정에 적합하도록 선택적으로 채택할 수 있다.

1. 설계용 실내온도 조건
난방 및 냉방설비의 용량계산을 위한 설계기준 실내온도는 난방의 경우 20℃, 냉방의 경우 28℃를 기준으로 하되(목욕장 및 수영장은 제외) 각 건축물 용도 및 개별 실의 특성에 따라 별표8에서 제시된 범위를 참고하여 설비의 용량이 과다해지지 않도록 한다.
2. 열원설비
가. 열원설비는 부분부하 및 전부하 운전효율이 좋은 것을 선정한다.
나. 난방기기, 냉방기기, 냉동기, 송풍기, 펌프 등은 부하조건에 따라 최고의 성능을 유지할 수 있도록 대수분할 또는 비례제어운전이 되도록 한다.
다. 난방기기는 고효율인증제품 또는 이와 동등 이상의 것 또는 에너지소비효율 등급이 높은 제품을 설치한다.
라. 난방기기, 냉방기기, 급탕기기는 고효율제품 또는 이와 동등 이상의 효율을 가진 제품을 설치한다.
마. 보일러의 배출수·폐열·응축수 및 공조기의 폐열, 생활배수 등의 폐열을 회수하기 위한 열회수설비를 설치한다. 폐열회수를 위한 열회수설비를 설치할 때에는 중간기에 대비한 바이패스(by-pass)설비를 설치한다.

바. 냉방기기는 전력피크 부하를 줄일 수 있도록 하여야 하며, 상황에 따라 심야전기를 이용한 축열·축냉시스템, 가스 및 유류를 이용한 냉방설비, 집단에너지를 이용한 지역냉방방식, 소형열병합발전을 이용한 냉방방식, 신·재생에너지를 이용한 냉방방식을 채택한다.

3. 공조설비

가. 중간기 등에 외기도입에 의하여 냉방부하를 감소시키는 경우에는 실내 공기질을 저하시키지 않는 범위 내에서 이코노마이저시스템 등 외기냉방시스템을 적용한다. 다만, 외기냉방시스템의 적용이 건축물의 총에너지비용을 감소시킬 수 없는 경우에는 그러하지 아니한다.

나. 공기조화기 팬은 부하변동에 따른 풍량제어가 가능하도록 가변익축류방식, 흡입베인제어방식, 가변속제어방식 등 에너지절약적 제어방식을 채택한다.

4. 반송설비

가. 냉방 또는 난방 순환수 펌프, 냉각수 순환 펌프는 운전효율을 증대시키기 위해 가능한 한 대수제어 또는 가변속제어방식을 채택하여 부하상태에 따라 최적 운전상태가 유지될 수 있도록 한다.

나. 급수용 펌프 또는 급수가압펌프의 전동기에는 가변속제어방식 등 에너지절약적 제어방식을 채택한다.

다. 공조용 송풍기, 펌프는 효율이 높은 것을 채택한다.

5. 환기 및 제어설비

가. 환기를 통한 에너지손실 저감을 위해 성능이 우수한 열회수형환기장치를 설치한다.

나. 기계환기설비를 사용하여야 하는 지하주차장의 환기용 팬은 대수제어 또는 풍량조절(가변익, 가변속도), 일산화탄소(CO)의 농도에 의한 자동(on-off)제어 등의 에너지절약적 제어방식을 도입한다.

다. 건축물의 효율적인 기계설비 운영을 위해 TAB 또는 커미셔닝을 실시한다.

라. 에너지 사용설비는 에너지절약 및 에너지이용 효율의 향상을 위하여 컴퓨터에 의한 자동제어시스템 또는 네트워킹이 가능한 현장제어장치 등을 사용한 에너지제어시스템을 채택하거나, 분산제어 시스템으로서 각 설비별 에너지제어 시스템에 개방형 통신기술을 채택하여 설비별 제어 시스템간 에너지관리 데이터의 호환과 집중제어가 가능하도록 한다.

6. 삭제

제3절 전기설비부문 설계기준

제10조【전기부문의 의무사항】 에너지절약계획서 제출대상 건축물의 건축주와 설계자 등은 다음 각 호에서 정하는 전기부문의 설계기준을 따라야 한다.

1. 수변전설비

가. 변압기를 신설 또는 교체하는 경우에는 고효율제품으로 설치하여야 한다.

2. 간선 및 동력설비

가. 전동기에는 기본공급약관 시행세칙 별표6에 따른 역률개선용커패시터(콘덴서)를 전동기별로 설치하여야 한다. 다만, 소방설비용 전동기 및 인버터 설치 전동기에는 그러하지 아니할 수 있다.

나. 간선의 전압강하는 한국전기설비규정을 따라야 한다.

3. 조명설비

가. 조명기기 중 안정기내장형램프, 형광램프를 채택할 때에는 산업통상자원부 고시 「효율관리기자재 운용규정」에 따른 최저소비효율기준을 만족하는 제품을 사용하고, 유도등 및 주차장 조명기기는 고효율제품에 해당하는 LED 조명을 설치하여야 한다.

나. 공동주택 각 세대내의 현관 및 숙박시설의 객실 내부입구, 계단실의 조명기구는 인체감지점멸형 또는 일정시간 후에 자동 소등되는 조도자동조절조명기구를 채택하여야 한다.

다. 조명기구는 필요에 따라 부분조명이 가능하도록 점멸회로를 구분하여 설치하여야 하며, 일사광이 들어오는 창측의 전등군은 부분점멸이 가능하도록 설치한다. 다만, 공동주택은 그러하지 않을 수 있다.

라. 공동주택의 효율적인 조명에너지 관리를 위하여 세대별로 일괄적 소등이 가능한 일괄소등스위치를 설치하여야 한다. 다만, 전용면적 60제곱미터 이하인 주택의 경우에는 그러하지 않을 수 있다.

4. 영 제10조의2에 해당하는 공공건축물을 건축 또는 리모델링하는 경우 법 제14조의2제2항에 따라 에너지성능지표 전기설비부문 8번 항목 배점을 0.6점 이상 획득하여야 한다.

5. 「공공기관 에너지이용합리화 추진에 관한 규정」 제6조제3항의 규정을 적용받는 건축물의 경우에는 에너지성능지표 전기설비부문 8번 항목 배점을 1점 획득하여야 한다.

제11조【전기부문의 권장사항】 에너지절약계획서 제출대상 건축물의 건축주와 설계자 등은 다음 각 호에서 정하는 사항을 제15조의 규정에 적합하도록 선택적으로 채택할 수 있다. 〈개정 2024.12.31.〉

1. 수변전설비

가. 변전설비는 부하의 특성, 수용률, 장래의 부하증가에 따른 여유율, 운전조건, 배전방식을 고려하여 용량을 산정한다.

나. 부하특성, 부하종류, 계절부하 등을 고려하여 변압기의 운전대수제어가 가능하도록 뱅크를 구성한다.

다. 수전전압 25kV이하의 수전설비에서는 변압기의 무부하손실을 줄이기 위하여 충분한 안전성이 확보된다면 직접강압방식을 채택하며 건축물의 규모, 부하특성, 부하용량, 간선손실, 전압강하 등을 고려하여 손실을 최소화할 수 있는 변압방식을 채택한다.

라. 전력을 효율적으로 이용하고 최대수용전력을 합리적으로 관리하기 위하여 최대수요전력 제어설비를 채택한다.

마. 역률개선용커패시터(콘덴서)를 집합 설치하는 경우에는 역률자동조절장치를 설치한다.

바. 건축물의 사용자가 합리적으로 전력을 절감할 수 있도록 층별 및 임대 구획별로 전력량계를 설치한다.

건축물의 에너지 절약 설계기준

2. 조명설비

가. 옥외등은 고효율제품인 LED 조명을 사용하고, 옥외등의 조명회로는 격등점등(또는 조도조절 기능) 및 자동점멸기에 의한 점멸이 가능하도록 한다.

나. 공동주택의 지하주차장에 자연채광용 개구부가 설치되는 경우에는 주위 밝기를 감지하여 전등군별로 자동 점멸되거나 스케줄제어가 가능하도록 하여 조명전력이 효과적으로 절감될 수 있도록 한다.

다. LED 조명기구는 고효율제품을 설치한다.

라. KS A 3011에 의한 작업면 표준조도를 확보하고 효율적인 조명설계에 의한 전력에너지를 절약한다.

마. 효율적인 조명에너지 관리를 위하여 층별 또는 구역별로 일괄 소등이 가능한 일괄소등스위치를 설치한다.

3. 제어설비

가. 여러 대의 승강기가 설치되는 경우에는 군관리 운행방식을 채택한다.

나. 팬코일유닛이 설치되는 경우에는 전원의 방위별, 실의 용도별 통합제어가 가능하도록 한다.

다. 수변전설비는 종합감시제어 및 기록이 가능한 자동제어설비를 채택한다.

라. 실내 조명설비는 군별 또는 회로별로 자동제어가 가능하도록 한다.

마. 승강기에 회생제동장치를 설치한다.

바. 사용하지 않는 기기에서 소비하는 대기전력을 저감하기 위해 대기전력자동차단장치를 설치한다.

4. 건축물에너지관리시스템(BEMS)이 설치되는 경우에는 「제로에너지건축물 인증 기준」 별표1의2에 따라 센서 · 계측장비, 분석 소프트웨어 등이 포함되도록 한다.

5. 삭제

6. 삭제

제4절 신·재생에너지설비부문 설계기준

제12조【신·재생에너지 설비부문의 의무사항】 에너지절약계획서 제출대상 건축물에 신·재생에너지설비를 설치하는 경우 「신에너지 및 재생에너지 개발·이용·보급 촉진법」에 따른 산업통상자원부 고시 「신·재생에너지 설비의 지원 등에 관한 규정」을 따라야 한다.

제12조의2【신·재생에너지 설비부문의 권장사항】 에너지절약계획서 제출대상 건축물의 건축주와 설계자 등은 난방, 냉방, 급탕 및 조명에너지 공급 설계 시 신·재생에너지를 제15조의 규정에 적합하도록 선택적으로 채택할 수 있다.

제3장 에너지절약계획서 및 설계 검토서 작성기준

제13조【에너지절약계획서 및 설계 검토서 작성】 에너지절약 설계 검토서는 별지 제1호 서식에 따라 에너지절약설계기준 의무사항 및 에너지성능지표, 건축물 에너지소요량 평가서로 구분된다. 에너지절약계획서를 제출하는 자는 에너지절약계획서 및 설계 검토서(에너지절약설계기준 의무사항 및 에너지성능지표, 건축물 에너지소요량 평가서)의 판정자료를 제시(전자문서로 제출하는 경우를 포함한다)하여야 한다. 다만, 자료를 제시할 수 없는 경우에는 부득이 당해 건축사 및 설계에 협력하는 해당분야 기술사(기계 및 전기)가 서명·날인한 설치예정확인서로 대체할 수 있다.

제14조【에너지절약설계기준 의무사항의 판정】 에너지절약설계기준 의무사항은 전 항목 채택 시 적합한 것으로 본다.

제15조【에너지성능지표의 판정】 ① 에너지성능지표는 평점합계가 65점 이상일 경우 적합한 것으로 본다. 다만, 공공기관이 신축하는 건축물(별동으로 증축하는 건축물을 포함한다)은 74점 이상일 경우 적합한 것으로 본다.

② 에너지성능지표의 각 항목에 대한 배점의 판단은 에너지절약계획서 제출자가 제시한 설계도면 및 자료에 의하여 판정하며, 판정 자료가 제시되지 않을 경우에는 적용되지 않은 것으로 간주한다.

제4장 건축기준의 완화 적용

제16조【완화기준】 영 제11조제2항에 따라 건축물에 적용할 수 있는 세부 완화기준은 별표9에 따르며, 건축주가 건축기준의 완화적용을 신청하는 경우에 한해서 적용한다. 〈개정 2023.2.28.〉

제17조【완화기준의 적용방법】 ① 완화기준의 적용은 당해 용도구역 및 용도지역에 지방자치단체 조례에서 정한 최대 용적률의 제한기준, 건축물 최대높이의 제한 기준에 대하여 다음 각 호의 방법에 따라 적용한다.

1. 용적률 적용방법
 「법 및 조례에서 정하는 기준 용적률」 × [1 + 완화기준]
2. 건축물 높이제한 적용방법
 「법 및 조례에서 정하는 건축물의 최고높이」 × [1 + 완화기준]

② 삭제 〈2023.2.28.〉

제18조【완화기준의 신청 등】 ① 완화기준을 적용받고자 하는 자(이하 "신청인"이라 한다)는 건축심의, 건축허가 또는 사업계획승인 신청 시 허가권자에게 별지 제2호 서식의 완화기준 적용 신청서 및 관계 서류를 첨부하여 제출하여야 한다. 〈개정 2024.8.8.〉

② 이미 건축허가를 받은 건축물의 건축주 또는 사업주체도 허가변경을 통하여 완화기준 적용 신청을 할 수 있다.

③ 신청인의 자격은 건축주 또는 사업주체로 한다.

④ 완화기준의 신청을 받은 허가권자는 신청내용의 적합성을 지방건축위원회

심의를 통해 검토하고, 신청자가 신청내용을 이행하도록 허가조건에 명시하여 허가하여야 한다. 〈개정 2023.2.28.〉

제19조【인증의 취득】 ① 신청인이 인증에 의해 완화기준을 적용받고자 하는 경우에는 인증기관으로부터 예비인증을 받아야 한다.

② 완화기준을 적용받은 건축주 또는 사업주체는 건축물의 사용승인 신청 이전에 본인증을 취득하여 사용승인 신청 시 허가권자에게 인증서 사본을 제출하여야 한다. 단, 본인증의 등급은 예비인증 등급 이상으로 취득하여야 한다.

제20조【이행여부 확인】 ① 신청인이 인증에 의해 완화기준을 적용받고자 하는 경우에는 인증기관으로부터 예비인증을 받아야 한다.

② 완화기준을 적용받은 건축주 또는 사업주체는 건축물의 사용승인 신청 이전에 본인증을 취득하여 사용승인 신청 시 허가권자에게 인증서 사본을 제출하여야 한다. 단, 본인증의 등급은 예비인증 등급 이상으로 취득하여야 한다.

제5장 건축물 에너지 소비 총량제

제21조【건축물의 에너지소요량의 평가대상 및 에너지소요량 평가서의 판정)】 ① 신축 또는 별동으로 증축하는 경우로서 다음 각 호의 어느 하나에 해당하는 건축물은 1차 에너지소요량 등을 평가하여 별지 제1호 서식에 따른 건축물 에너지소요량 평가서를 제출하여야 한다. 〈개정 2023.2.28.〉

1. 「건축법 시행령」 별표1에 따른 업무시설 중 연면적의 합계가 3천 제곱미터 이상인 건축물
2. 「건축법 시행령」 별표1에 따른 교육연구시설 중 연면적의 합계가 3천 제곱미터 이상인 건축물
3. 삭제 〈2023.2.28.〉

② 건축물의 에너지소요량 평가서는 단위면적당 1차 에너지소요량의 합계가 200 kWh/m²년 미만일 경우 적합한 것으로 본다. 다만, 공공기관 건축물은 140 kWh/m²년 미만일 경우 적합한 것으로 본다. 〈개정 2023.2.28.〉

제22조【건축물의 에너지 소요량의 평가방법】 건축물 에너지소요량은 ISO 52016 등 국제규격에 따라 난방, 냉방, 급탕, 조명, 환기 등에 대해 종합적으로 평가하도록 제작된 프로그램에 따라 산출된 연간 단위면적당 1차 에너지소요량 등으로 평가하며, 별표10의 평가기준과 같이 한다.

제6장 보칙

제23조【복합용도 건축물의 에너지절약계획서 및 설계 검토서 작성방법 등】

① 에너지절약계획서 및 설계 검토서를 제출하여야 하는 건축물 중 비주거와 주거용도가 복합되는 건축물의 경우에는 해당 용도별로 에너지절약계획서 및 설계 검토서를 제출하여야 한다.

② 다수의 동이 있는 경우에는 동별로 에너지절약계획서 및 설계 검토서를 제출하는 것을 원칙으로 한다.(다만, 공동주택의 주거용도는 하나의 단지로 작성)

③ 설비 및 기기, 장치, 제품 등의 효율·성능 등의 판정 방법에 있어 본 기준에서 별도로 제시되지 않는 것은 해당 항목에 대한 한국산업규격(KS)을 따르도록 한다.

④ 기숙사, 오피스텔은 별표1 및 별표3의 공동주택 외의 단열기준을 준수할 수 있으며, 별지 제1호서식의 에너지성능지표 작성 시, 기본배점에서 비주거를 적용한다.

제24조【에너지절약계획서 및 설계 검토서의 이행】 ① 허가권자는 건축주가 에너지절약계획서 및 설계 검토서의 작성내용을 이행하도록 허가조건에 포함하여 허가한다.

② 작성책임자(건축주 또는 감리자)는 건축물의 사용승인을 신청하는 경우 별지 제3호 서식 에너지절약계획 이행 검토서를 첨부하여 신청하여야 한다.

건축물의 에너지 절약 설계기준

제25조【에너지절약계획 설계 검토서 항목 추가】 국토교통부장관은 에너지절약계획 설계 검토서의 건축, 기계, 전기, 신재생부분의 항목 추가를 위하여 수요조사를 실시하고, 자문위원회의 심의를 거쳐 반영 여부를 결정할 수 있다.

제26조【운영규정】 규칙 제7조제5항에 따른 에너지 절약계획서 검토업무 운영기관의 장은 에너지절약계획서 및 에너지절약계획 설계 검토서의 작성·검토 업무의 효율화를 위하여 필요한 때에는 이 기준에 저촉되지 않는 범위 안에서 운영규정을 제정하여 운영할 수 있다. 다만, 운영규정을 제정·개정 또는 폐지할 때에는 국토교통부장관의 승인을 받아야 한다. 〈개정 2024.8.8.〉

제27조【재검토기한】 국토교통부장관은 「훈령·예규 등의 발령 및 관리에 관한 규정」에 따라 이 고시에 대하여 2022년 1월 1일 기준으로 매3년이 되는 시점(매 3년째의 12월 31일까지를 말한다)마다 그 타당성을 검토하여 개선 등의 조치를 하여야 한다.

부칙〈제2017-881호, 2017.12.28.〉

제1조(시행일) 이 고시는 2018년 9월 1일부터 시행한다.

제2조(경과조치) 이 고시 시행 당시 다음 각 호의 어느 하나에 해당하는 경우에는 종전의 규정에 따를 수 있다.

1. 건축허가를 받은 경우
2. 건축허가를 신청한 경우나 건축허가를 신청하기 위하여 건축법 제4조에 따른 건축위원회의 심의를 신청한 경우(다만, 제3조의2에 따른 사전확인이 적용된 경우에는 사전확인을 신청한 시점의 규정 적용)
3. 제3조의2제7항에 따른 사전확인의 유효기간 이내인 경우

부칙〈제2022-52호, 2022.1.28.〉

제1조(시행일) 이 고시는 발령 후 6개월이 경과한 날부터 시행한다.

제2조(경과조치) 이 고시 시행 당시 다음 각 호의 어느 하나에 해당하는 경우에는 종전에 규정에 따를 수 있다.

1. 건축허가를 받은 경우
2. 건축허가를 신청한 경우나 건축허가를 신청하기 위하여 「건축법」 제4조에 따른 건축위원회의 심의를 신청한 경우

부칙〈제2023-104호, 2023.2.28.〉

제1조(시행일) 이 고시는 발령한 날부터 시행한다.

제2조(경과조치) 이 고시 시행 당시 다음 각 호의 어느 하나에 해당하는 경우에는 종전의 규정에 따를 수 있다.

1. 「건축법」 제11조에 따른 건축허가(건축허가가 의제되는 다른 법률에 따른 허가·인가·승인 등을 포함한다. 이하 같다)를 받았거나 신청한 건축물
2. 「건축법」 제4조의2제1항에 따라 건축허가를 받기 위하여 건축위원회에 심의를 신청한 건축물
3. 제1호에 해당하는 건축물로서 이 고시 시행 이후 변경허가를 신청하거나 변경신고를 하는 건축물

부칙〈제2024-421호, 2024.8.8.〉

제1조(시행일) 이 고시는 발령한 날부터 시행한다.

제2조(경과조치) 이 고시 시행 당시 다음 각 호의 어느 하나에 해당하는 경우에는 종전의 규정에 따를 수 있다.

1. 「건축법」 제11조에 따른 건축허가(건축허가가 의제되는 다른 법률에 따른 허가·인가·승인 등을 포함한다. 이하 같다)를 받았거나 신청한 건축물

2. 「건축법」 제4조의2제1항에 따라 건축허가를 받기 위하여 건축위원회에 심의를 신청한 건축물
3. 제1호에 해당하는 건축물로서 이 고시 시행 이후 변경허가를 신청하거나 변경신고를 하는 건축물

부칙 〈제2024-1026호, 2024.12.31.〉

제1조(시행일) 이 고시는 2025년 1월 1일부터 시행한다.

제2조(경과조치) 이 고시 시행 당시 다음 각 호의 어느 하나에 해당하는 경우에는 종전의 규정에 따를 수 있다.

1. 「건축법」 제11조에 따른 건축허가(건축허가가 의제되는 다른 법률에 따른 허가 · 인가 · 승인 등을 포함한다. 이하 같다)를 받았거나 신청한 건축물
2. 「건축법」 제4조의2제1항에 따라 건축허가를 받기 위하여 건축위원회에 심의를 신청한 건축물
3. 제1호에 해당하는 건축물로서 이 고시 시행 이후 변경허가를 신청하거나 변경신고를 하는 건축물
4. 종전의 규칙 「건축물 에너지효율등급 인증 및 제로에너지건축물 인증 규칙」 제11조에 따른 건축물 에너지효율등급 예비인증 또는 제로에너지건축물 예비인증을 신청한 경우

[별표 1] 지역별 건축물 부위의 열관류율표 〈개정 2022.1.28., 2024.8.8.〉

(단위 : W/㎡·K)

건축물의 부위				중부1지역[1]	중부2지역[2]	남부지역[3]	제주도
거실의 외벽	외기에 직접 면하는 경우	공동주택		0.150 이하	0.170 이하	0.220 이하	0.290 이하
		공동주택 외		0.170 이하	0.240 이하	0.320 이하	0.410 이하
	외기에 간접 면하는 경우	공동주택		0.210 이하	0.240 이하	0.310 이하	0.410 이하
		공동주택 외		0.240 이하	0.340 이하	0.450 이하	0.560 이하
최상층에 있는 거실의 반자 또는 지붕	외기에 직접 면하는 경우			0.150 이하		0.180 이하	0.250 이하
	외기에 간접 면하는 경우			0.210 이하		0.260 이하	0.350 이하
최하층에 있는 거실의 바닥	외기에 직접 면하는 경우	바닥난방인 경우		0.150 이하	0.170 이하	0.220 이하	0.290 이하
		바닥난방 아닌 경우		0.170 이하	0.200 이하	0.250 이하	0.330 이하
	외기에 간접 면하는 경우	바닥난방인 경우		0.210 이하	0.240 이하	0.310 이하	0.410 이하
		바닥난방 아닌 경우		0.240 이하	0.290 이하	0.350 이하	0.470 이하
바닥난방인 층간바닥				0.810 이하			
창 및 문	외기에 직접 면하는 경우	공동주택		0.900 이하	1.000 이하	1.200 이하	1.600 이하
		공동주택 외	창	1.300 이하	1.500 이하	1.800 이하	2.200 이하
			문	1.500 이하			
	외기에 간접 면하는 경우	공동주택		1.300 이하	1.500 이하	1.700 이하	2.000 이하
		공동주택 외	창	1.600 이하	1.900 이하	2.200 이하	2.800 이하
			문	1.900 이하			
공동주택 세대현관문 및 방화문	외기에 직접 면하는 경우 방화문			1.400 이하			
	외기에 간접 면하는 경우			1.800 이하			

비 고

1) 중부1지역 : 강원특별자치도(고성, 속초, 양양, 강릉, 동해, 삼척 제외), 경기도(연천, 포천, 가평, 남양주, 의정부, 양주, 동두천, 파주), 충청북도(제천), 경상북도(봉화, 청송)

2) 중부2지역 : 서울특별시, 대전광역시, 세종특별자치시, 인천광역시, 강원특별자치도(고성, 속초, 양양, 강릉, 동해, 삼척), 경기도(연천, 포천, 가평, 남양주, 의정부, 양주, 동두천, 파주 제외), 충청북도(제천 제외), 충청남도, 경상북도(봉화, 청송, 울진, 영덕, 포항, 경주, 청도, 경산 제외), 전북특별자치도, 경상남도(거창, 함양), 대구광역시(군위)

3) 남부지역 : 부산광역시, 대구광역시(군위 제외), 울산광역시, 광주광역시, 전라남도, 경상북도(울진, 영덕, 포항, 경주, 청도, 경산), 경상남도(거창, 함양 제외)

[별표 2] 단열재의 등급분류

등급분류	열전도율의 범위 (KS L 9016, KS L ISO 8301 또는 8302에 의한 20±5℃ 시험조건)	관련 표준	단열재 종류
가	0.034 W/mK 이하	KS M 3808	- 압출법보온판 특호, 1호, 2호, 3호 - 비드법보온판 2종 1호, 2호, 3호, 4호
		KS M 3809	- 경질우레탄폼보온판 1종 1호, 2호, 3호 및 2종 1호, 2호, 3호
		KS M ISO 4898	- 압출법보온판 Ⅰ종 (A-1, A-2), Ⅱ종 (A, B-1, B-2), Ⅲ종 (A, B-2, C) - 비드법보온판 Ⅰ종 A-1, Ⅱ종 A-1, Ⅲ종 (A-1, A-2, B) - 경질우레탄폼보온판 Ⅰ종 (A, B, C, D, E), Ⅱ종(A, B, C), Ⅲ종 (A, B, C) - 페놀 폼 Ⅰ종 (A, C, D), Ⅱ종 A
		KS L 9102	- 그라스울 보온판 48K, 64K, 80K, 96K, 120K
		KS M 3871-1	- 분무식 중밀도 폴리우레탄 폼 1종(A, B), 2종(A, B)
		KS F 5660	- 폴리에스테르 흡음 단열재 1급
		기타 단열재로서 열전도율이 0.034 W/mK 이하인 경우	
나	0.035~0.040 W/mK	KS M 3808	- 비드법보온판 1종 1호, 2호, 3호
		KS M ISO 4898	- 비드법보온판 Ⅰ종 A-2, Ⅱ종 (A-2, B), Ⅲ종 C - 페놀 폼 Ⅰ종B, Ⅱ종B, Ⅲ종A
		KS L 9102	- 미네랄울 보온판 1호, 2호, 3호 - 그라스울 보온판 24K, 32K, 40K
		KS M 3871-1	- 분무식 중밀도 폴리우레탄 폼 1종(C)
		KS F 5660	- 폴리에스테르 흡음 단열재 2급
		기타 단열재로서 열전도율이 0.035~0.040 W/mK 이하인 경우	
다	0.041~0.046 W/mK	KS M 3808	- 비드법보온판 1종 4호
		KS M ISO 4898	- 비드법보온판 Ⅰ종 (B, C)
		KS F 5660	- 폴리에스테르 흡음 단열재 3급
		기타 단열재로서 열전도율이 0.041~0.046 W/mK 이하인 경우	
라	0.047~0.051 W/mK	기타 단열재로서 열전도율이 0.047~0.051 W/mK 이하인 경우	

건축물의 에너지 절약 설계기준[별표]

[별표 3] 단열재의 두께 <개정 2024.8.8.>

[중부1지역]

(단위:㎜)

건축물의 부위 \ 단열재의 등급			가	나	다	라
거실의 외벽	외기에 직접 면하는 경우	공동주택	220	255	295	325
		공동주택 외	190	225	260	285
	외기에 간접 면하는 경우	공동주택	150	180	205	225
		공동주택 외	130	155	175	195
최상층에 있는 거실의 반자 또는 지붕	외기에 직접 면하는 경우		220	260	295	330
	외기에 간접 면하는 경우		155	180	205	230
최하층에 있는 거실의 바닥	외기에 직접 면하는 경우	바닥난방인 경우	215	250	290	320
		바닥난방이 아닌 경우	195	230	265	290
	외기에 간접 면하는 경우	바닥난방인 경우	145	170	195	220
		바닥난방이 아닌 경우	135	155	180	200
바닥난방인 층간바닥			30	35	45	50

(단열재 등급별 허용 두께: 가, 나, 다, 라)

[중부2지역]

(단위:㎜)

건축물의 부위 \ 단열재의 등급			가	나	다	라
거실의 외벽	외기에 직접 면하는 경우	공동주택	190	225	260	285
		공동주택 외	135	155	180	200
	외기에 간접 면하는 경우	공동주택	130	155	175	195
		공동주택 외	90	105	120	135
최상층에 있는 거실의 반자 또는 지붕	외기에 직접 면하는 경우		220	260	295	330
	외기에 간접 면하는 경우		155	180	205	230
최하층에 있는 거실의 바닥	외기에 직접 면하는 경우	바닥난방인 경우	190	220	255	280
		바닥난방이 아닌 경우	165	195	220	245
	외기에 간접 면하는 경우	바닥난방인 경우	125	150	170	185
		바닥난방이 아닌 경우	110	125	145	160
바닥난방인 층간바닥			30	35	45	50

(단열재 등급별 허용 두께: 가, 나, 다, 라)

건축물의 에너지 절약 설계기준[별표]

[남부지역]

(단위:㎜)

건축물의 부위 \ 단열재의 등급			단열재 등급별 허용 두께 가	나	다	라
거실의 외벽	외기에 직접 면하는 경우	공동주택	145	170	200	220
		공동주택 외	100	115	130	145
	외기에 간접 면하는 경우	공동주택	100	115	135	150
		공동주택 외	65	75	90	95
최상층에 있는 거실의 반자 또는 지붕	외기에 직접 면하는 경우		180	215	245	270
	외기에 간접 면하는 경우		120	145	165	180
최하층에 있는 거실의 바닥	외기에 직접 면하는 경우	바닥난방인 경우	140	165	190	210
		바닥난방이 아닌 경우	130	155	175	195
	외기에 간접 면하는 경우	바닥난방인 경우	95	110	125	140
		바닥난방이 아닌 경우	90	105	120	130
바닥난방인 층간바닥			30	35	45	50

[제주도]

(단위:㎜)

건축물의 부위 \ 단열재의 등급			단열재 등급별 허용 두께 가	나	다	라
거실의 외벽	외기에 직접 면하는 경우	공동주택	110	130	145	165
		공동주택 외	75	90	100	110
	외기에 간접 면하는 경우	공동주택	75	85	100	110
		공동주택 외	50	60	70	75
최상층에 있는 거실의 반자 또는 지붕	외기에 직접 면하는 경우		130	150	175	190
	외기에 간접 면하는 경우		90	105	120	130
최하층에 있는 거실의 바닥	외기에 직접 면하는 경우	바닥난방인 경우	105	125	140	155
		바닥난방이 아닌 경우	100	115	130	145
	외기에 간접 면하는 경우	바닥난방인 경우	65	80	90	100
		바닥난방이 아닌 경우	65	75	85	95
바닥난방인 층간바닥			30	35	45	50

비 고

1) 중부1지역 : 강원특별자치도(고성, 속초, 양양, 강릉, 동해, 삼척 제외), 경기도(연천, 포천, 가평, 남양주, 의정부, 양주, 동두천, 파주), 충청북도(제천), 경상북도(봉화, 청송)

2) 중부2지역 : 서울특별시, 대전광역시, 세종특별자치시, 인천광역시, 강원특별자치도(고성, 속초, 양양, 강릉, 동해, 삼척), 경기도(연천, 포천, 가평, 남양주, 의정부, 양주, 동두천, 파주 제외), 충청북도(제천 제외), 충청남도, 경상북도(봉화, 청송, 울진, 영덕, 포항, 경주, 청도, 경산 제외), 전북특별자치도, 경상남도(거창, 함양), 대구광역시(군위)

3) 남부지역 : 부산광역시, 대구광역시(군위 제외), 울산광역시, 광주광역시, 전라남도, 경상북도(울진, 영덕, 포항, 경주, 청도, 경산), 경상남도(거창, 함양 제외)

[별표 4] 창 및 문의 단열성능 <개정 2017.12.28.>

[단위 : W/㎡·K]

창 및 문의 종류			창틀 및 문틀의 종류별 열관류율								
			금속재						플라스틱 또는 목재		
			열교차단재[1] 미적용			열교차단재 적용					
유리의 공기층 두께[mm]			6	12	16 이상	6	12	16 이상	6	12	16 이상
창	복층창	일반복층창[2]	4.0	3.7	3.6	3.7	3.4	3.3	3.1	2.8	2.7
		로이유리(하드코팅)	3.6	3.1	2.9	3.3	2.8	2.6	2.7	2.3	2.1
		로이유리(소프트코팅)	3.5	2.9	2.7	3.2	2.6	2.4	2.6	2.1	1.9
		아르곤 주입	3.8	3.6	3.5	3.5	3.3	3.2	2.9	2.7	2.6
		아르곤 주입+로이유리(하드코팅)	3.3	2.9	2.8	3.0	2.6	2.5	2.5	2.1	2.0
		아르곤 주입 +로이유리(소프트코팅)	3.2	2.7	2.6	2.9	2.4	2.3	2.3	1.9	1.8
	삼중창	일반삼중창[2]	3.2	2.9	2.8	2.9	2.6	2.5	2.4	2.1	2.0
		로이유리(하드코팅)	2.9	2.4	2.3	2.6	2.1	2.0	2.1	1.7	1.6
		로이유리(소프트코팅)	2.8	2.3	2.2	2.5	2.0	1.9	2.0	1.6	1.5
		아르곤 주입	3.1	2.8	2.7	2.8	2.5	2.4	2.2	2.0	1.9
		아르곤 주입+로이유리(하드코팅)	2.6	2.3	2.2	2.3	2.0	1.9	1.9	1.6	1.5
		아르곤 주입+로이유리(소프트코팅)	2.5	2.2	2.1	2.2	1.9	1.8	1.8	1.5	1.4
	사중창	일반사중창[2]	2.8	2.5	2.4	2.5	2.2	2.1	2.1	1.8	1.7
		로이유리(하드코팅)	2.5	2.1	2.0	2.2	1.8	1.7	1.8	1.5	1.4
		로이유리(소프트코팅)	2.4	2.0	1.9	2.1	1.7	1.6	1.7	1.4	1.3
		아르곤 주입	2.7	2.5	2.4	2.4	2.2	2.1	1.9	1.7	1.6
		아르곤 주입+로이유리(하드코팅)	2.3	2.0	1.9	2.0	1.7	1.6	1.6	1.4	1.3
		아르곤 주입+로이유리(소프트코팅)	2.2	1.9	1.8	1.9	1.6	1.5	1.5	1.3	1.2
	단창		6.6			6.10			5.30		
문	일반문	단열 두께 20㎜ 미만	2.70			2.60			2.40		
		단열 두께 20㎜ 이상	1.80			1.70			1.60		
	유리문 단창문	유리비율[3] 50% 미만	4.20			4.00			3.70		
		유리비율 50% 이상	5.50			5.20			4.70		
	유리문 복층창문	유리비율 50% 미만	3.20	3.10	3.00	3.00	2.90	2.80	2.70	2.60	2.50
		유리비율 50% 이상	3.80	3.50	3.40	3.30	3.10	3.00	3.00	2.80	2.70

주1) 열교차단재 : 열교 차단재라 함은 창 및 문의 금속프레임 외부 및 내부 사이에 설치되는 폴리염화비닐 등 단열성을 가진 재료로서 외부로의 열흐름을 차단할 수 있는 재료를 말한다.

주2) 복층창은 단창+단창, 삼중창은 단창+복층창, 사중창은 복층창+복층창을 포함한다.

주3) 문의 유리비율은 문 및 문틀을 포함한 면적에 대한 유리면적의 비율을 말한다.

주4) 창 및 문을 구성하는 각 유리의 공기층 두께가 서로 다를 경우 그 중 최소 공기층 두께를 해당 창 및 문의 공기층 두께로 인정하며, 단창+단창, 단창+복층창의 공기층 두께는 6mm로 인정한다.

주5) 창 및 문을 구성하는 각 유리의 창틀 및 문틀이 서로 다를 경우에는 열관류율이 높은 값을 인정한다.

주6) 복층창, 삼중창, 사중창의 경우 한면만 로이유리를 사용한 경우, 로이유리를 적용한 것으로 인정한다.

주7) 삼중창, 사중창의 경우 하나의 창 및 문에 아르곤을 주입한 경우, 아르곤을 적용한 것으로 인정한다.

[별표 5] 열관류율 계산 시 적용되는 실내 및 실외측 표면 열전달저항

건물 부위 \ 열전달저항	실내표면열전달저항Ri [단위:㎡·K/W] (괄호안은 ㎡·h·℃/kcal)	실외표면열전달저항Ro [단위:㎡·K/W] (괄호안은 ㎡·h·℃/kcal)	
		외기에 간접 면하는 경우	외기에 직접 면하는 경우
거실의 외벽 (측벽 및 창, 문 포함)	0.11(0.13)	0.11(0.13)	0.043(0.050)
최하층에 있는 거실 바닥	0.086(0.10)	0.15(0.17)	0.043(0.050)
최상층에 있는 거실의 반자 또는 지붕	0.086(0.10)	0.086(0.10)	0.043(0.050)
공동주택의 층간 바닥	0.086(0.10)	-	-

건축물의 에너지 절약 설계기준[별표]

[별표 6] 열관류율 계산시 적용되는 중공층의 열저항

공기층의 종류	공기층의 두께 da(cm)	공기층의 열저항 Ra [단위:㎡ · K/W] (괄호안은 ㎡ · h · ℃/kcal)
(1) 공장생산된 기밀제품	2 cm 이하	0.086×da(cm) (0.10×da(cm))
	2 cm 초과	0.17 (0.20)
(2) 현장시공 등	1 cm 이하	0.086×da(cm) (0.10×da(cm))
	1 cm 초과	0.086 (0.10)
(3) 중공층 내부에 반사형 단열재가 설치된 경우	방사율 0.5이하 : (1) 또는 (2)에서 계산된 열저항의 1.5배 방사율 0.1이하 : (1) 또는 (2)에서 계산된 열저항의 2.0배	

[별표 7] 냉·난방설비의 용량계산을 위한 설계 외기온·습도 기준

구 분 / 도시명	냉방		난방	
	건구온도(℃)	습구온도(℃)	건구온도(℃)	상대습도(%)
서 울	31.2	25.5	-11.3	63
인 천	30.1	25.0	-10.4	58
수 원	31.2	25.5	-12.4	70
춘 천	31.6	25.2	-14.7	77
강 릉	31.6	25.1	-7.9	42
대 전	32.3	25.5	-10.3	71
청 주	32.5	25.8	-12.1	76
전 주	32.4	25.8	- 8.7	72
서 산	31.1	25.8	- 9.6	78
광 주	31.8	26.0	- 6.6	70
대 구	33.3	25.8	- 7.6	61
부 산	30.7	26.2	- 5.3	46
진 주	31.6	26.3	- 8.4	76
울 산	32.2	26.8	- 7.0	70
포 항	32.5	26.0	- 6.4	41
목 포	31.1	26.3	- 4.7	75
제 주	30.9	26.3	0.1	70

[별표 8] 냉·난방설비의 용량계산을 위한 실내 온·습도 기준

구 분 / 용 도	난 방	냉 방	
	건구온도(℃)	건구온도(℃)	상대습도(%)
공동주택	20~22	26~28	50~60
학교(교실)	20~22	26~28	50~60
병원(병실)	21~23	26~28	50~60
관람집회시설(객석)	20~22	26~28	50~60
숙박시설(객실)	20~24	26~28	50~60
판매시설	18~21	26~28	50~60
사무소	20~23	26~28	50~60
목욕장	26~29	26~29	50~75
수영장	27~30	27~30	50~70

[별표9] 세부 완화기준 <개정 2024.12.31.>

1) 녹색건축 인증에 따른 건축기준 완화비율(영 제11조제1항제2호 관련)

최대완화비율	완화조건	비고
6%	녹색건축 최우수 등급	
3%	녹색건축 우수 등급	

2) 제로에너지건축물 인증에 따른 건축기준 완화비율(영 제11조제1항제3의2호 관련)

최대완화비율	완화조건	비고
15%	제로에너지건축물 1등급 및 제로에너지건축물 플러스(+) 등급	
14%	제로에너지건축물 2등급	
13%	제로에너지건축물 3등급	
12%	제로에너지건축물 4등급	
11%	제로에너지건축물 5등급	

3) 녹색건축물 조성 시범사업 대상으로 지정된 건축물(영 제11조제1항제4호 관련)

최대완화비율	완화조건	비고
10%	녹색건축물 조성 시범사업	

4) 신축공사를 위한 골조공사에 재활용 건축자재를 사용한 건축물(영 제11조제1항제5호 관련)

- 이 경우 「재활용 건축자재의 활용기준」 제4조제2항에 따른다.

※비고

1) 완화기준을 중첩 적용받고자 하는 건축물의 신청인은 법 제15조제2항에 따른 범위를 초과하여 신청할 수 없다.
2) 이 외 중첩 적용 최대한도와 관련된 사항은 「국토의 계획 및 이용에 관한 법률」 제78조제7항 및 「건축법」 제60조제4항에 따른다.

[별표10] 연간 1차 에너지 소요량 평가기준<개정 2017.12.28.>

단위면적당 에너지요구량	$= \frac{\text{난방에너지요구량}}{\text{난방에너지가 요구되는 공간의 바닥면적}} + \frac{\text{냉방에너지요구량}}{\text{냉방에너지가 요구되는 공간의 바닥면적}} + \frac{\text{급탕에너지요구량}}{\text{급탕에너지가 요구되는 공간의 바닥면적}} + \frac{\text{조명에너지요구량}}{\text{조명에너지가 요구되는 공간의 바닥면적}}$

단위면적당 에너지소요량	$= \frac{\text{난방에너지소요량}}{\text{난방에너지가 요구되는 공간의 바닥면적}} + \frac{\text{냉방에너지소요량}}{\text{냉방에너지가 요구되는 공간의 바닥면적}} + \frac{\text{급탕에너지소요량}}{\text{급탕에너지가 요구되는 공간의 바닥면적}} + \frac{\text{조명에너지소요량}}{\text{조명에너지가 요구되는 공간의 바닥면적}} + \frac{\text{환기에너지소요량}}{\text{환기에너지가 요구되는 공간의 바닥면적}}$
단위면적당 1차 에너지소요량	= 단위면적당 에너지소요량 × 1차 에너지 환산계수
※ 에너지소요량	= 해당 건축물에 설치된 난방, 냉방, 급탕, 조명, 환기시스템에서 소요되는 에너지량

※ 에너지 소비 총량제 판정 기준이 되는 1차 에너지소요량은 용도 등에 따른 보정계수를 반영한 결과

건축물의 에너지 절약 설계기준[별표]

[별표 11] 외피 열교부위별 선형 열관류율 기준 (구성재료: 콘크리트 / 단열재 / 단열보강)

구분	구조체 열교부위 형상	단열 보강 유무	선형 열관류율 (W/mK)
T-1	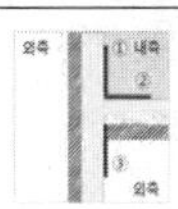	없음	0.520(0.840)
		①	0.485(0.795)
		①+②	0.430(0.695)
		③	0.440(0.770)
		①+③	0.415(0.730)
		①+②+③	0.370(0.680)
T-2	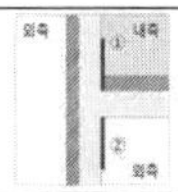	없음	0.465(0.640)
		①	0.390(0.560)
		②	0.445(0.620)
		①+②	0.375(0.545)
T-3	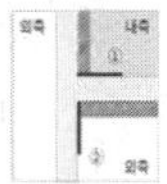	없음	0.545(0.705)
		①	0.450(0.605)
		②	0.580(0.701)
		①+②	0.450(0.605)
T-4	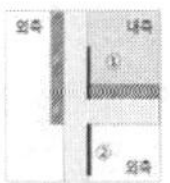	없음	0.490(0.640)
		①	0.410(0.550)
		①+②	0.365(0.465)
T-5	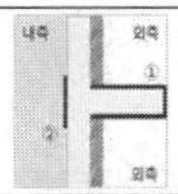	없음	0.720(0.990)
		①	0.535(0.810)
		②	0.665(0.930)
		①+②	0.500(0.755)
T-6	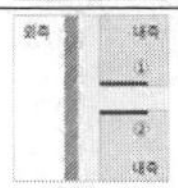	없음	0.000(0.300)
		① 또는 ②	0.000(0.300)
		①+②	0.000(0.300)
T-7	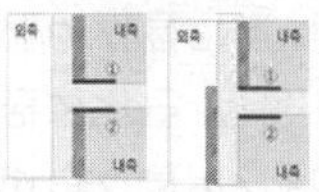	없음	0.700
		① 또는 ②	0.650
		①+②	0.600
T-8	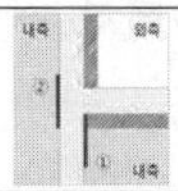	없음	0.605(0.780)
		①	0.605(0.775)
		②	0.570(0.740)
		①+②	0.565(0.735)
T-9	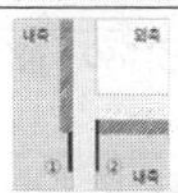	없음	0.620
		①+②	0.550

구분	구조체 열교부위 형상	단열 보강 유무	선형 열관류율 (W/mK)
L-1	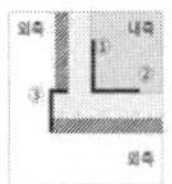	없음	0.530(0.820)
		①	0.485(0.690)
		①+②	0.315(0.635)
		③	0.375(0.595)
		①+③	0.345(0.560)
		①+②+③	0.315(0.600)
L-2	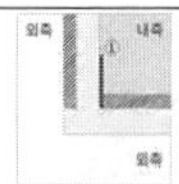	없음	0.490(0.640)
		①	0.410(0.550)
L-3	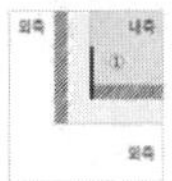	없음	0.545(0.700)
		①	0.450(0.600)
L-4	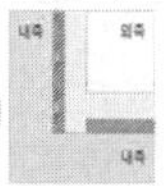	없음	0.620
X-1	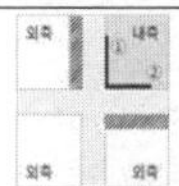	없음	1.040(1.320)
		① 또는 ②	0.930(1.210)
		①+②	0.800(1.080)
X-2	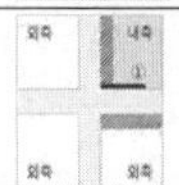	없음	0.505(0.545)
		①	0.415(0.450)
X-3	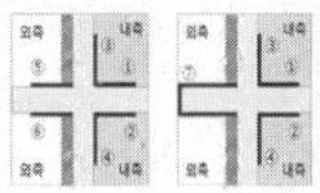	없음	0.730(1.000)
		① 또는 ②	0.720(1.000)
		①+②	0.710(0.975)
		①+②+③+④	0.645(0.895)
		①+②+⑤+⑥	0.580(0.850)
		①+②+③+④+⑤+⑥	0.530(0.790)
		①+②+⑦	0.530(0.800)
		①+②+③+④+⑦	0.485(0.695)
X-4	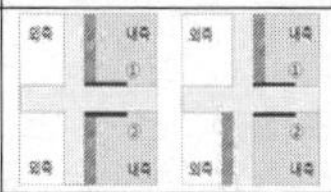	없음	0.700
		① 또는 ②	0.650
		①+②	0.600
X-5	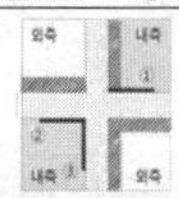	없음	0.465(0.885)
		①	0.455(0.870)
		②	0.435(0.850)
		①+②	0.425(0.835)
		①+②+③	0.395(0.800)

구분	구조체 열교부위 형상	단열 보강 유무	선형 열관류율 (W/mK)
X-6	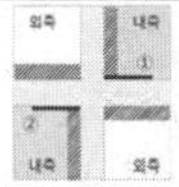	없음	0.820(1.085)
		① 또는 ②	0.600(0.850)
		①+②	0.550(0.800)
X-7	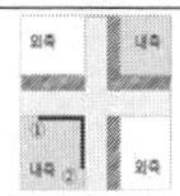	없음	0.960(1.220)
		① 또는 ②	0.860(1.115)
		①+②	0.730(0.970)
X-8	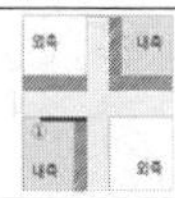	없음	0.760(0.885)
		①	0.330(0.445)
X-9	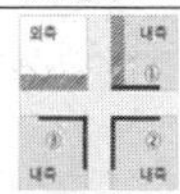	없음	0.610(0.790)
		①+③	0.580(0.755)
		①+②+③	0.555(0.730)

구분	구조체 열교부위 형상	단열 보강 유무	선형 열관류율 (W/mK)
X-10	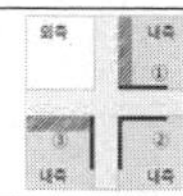	없음	1.090
		①+③	1.065
		①+②+③	0.915
I-1	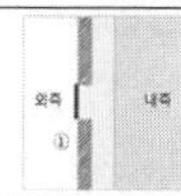	없음	0.720(0.990)
		①	0.500(0.755)
I-2	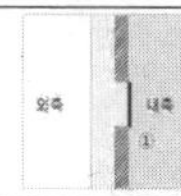	없음	0.700
		①	0.435
I-3	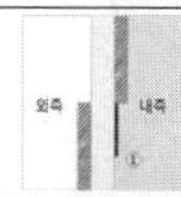	없음	0.810(0.930)
		①	0.595(0.710)

구분	구조체 열교부위 형상	
평가대상 예외주1)	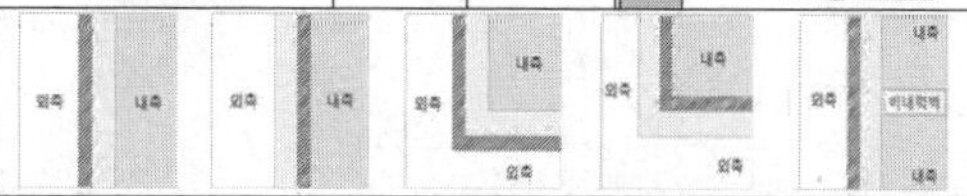	커튼월 부위 또는 샌드위치 패널 부위

※ 외측은 단열시공이 되는 부위의 구조체를 기준으로 건축물의 바깥쪽을 말하며, 내측은 단열시공이 되는 부위의 구조체를 기준으로 건축물의 안쪽을 말한다.

※ 외피 열교부위란 외기에 직접 면하는 부위로서 단열시공이 되는 외피의 열교발생 가능부위(외기에 직접 면하는 부위로서 단열시공이 되는 부위와 외기에 간접 면하는 부위로서 단열시공이 되는 부위가 접하는 부위는 평가대상에 포함)를 말한다.

주1) 'T'형 및 'L'형에서 단열시공이 연속적으로 된 부위, 커튼월 부위, 샌드위치 패널 부위는 평가대상에서 예외(커튼월 부위 또는 샌드위치 패널 부위가 벽식 구조체 부위와 복합적으로 적용된 건축물의 경우는 벽식 구조체 부위만 평가)

※ 외피 열교부위의 단열 성능은 외피의 열교발생 가능부위들의 선형 열관류율을 길이가중 평균하여 산출한 값을 말한다. (단, 외기에 직접 면하는 부위로서 단열시공이 되는 외벽면적(창 및 문 포함)에 대한 창 및 문의 면적비가 50% 미만일 경우에 한하여 외피 열교부위의 단열 성능점수 부여)

- 외피 열교부위의 단열 성능 계산식 =
  [Σ(외피의 열교발생 가능부위별 선형 열관류율 × 외피의 열교발생 가능부위별 길이)] / (Σ외피의 열교발생 가능부위별 길이)

※ 외단열 적용 시 건식 마감재 부착을 위해 단열재를 관통하는 철물을 삽입하는 경우에는 괄호안의 값을 적용한다.

※ 별표 11의 구조체 열교부위 형상 이외의 경우에는 제시된 형상의 회전 또는 변형('T'형 → 'Y'형, 'L'형 → 'I'형 등)을 통하여 가장 유사한 형상 적용을 원칙으로 한다. (단, 별표 11의 구조체 열교부위 형상의 회전 또는 변형에도 불구하고 적용이 어려운 경우에는 ISO 10211에 따른 평가결과 인정 가능)

※ 외단열과 내단열이 복합적으로 적용된 건축물의 경우는 전체 단열두께의 50%를 초과한 부위의 선형 열관류율을 적용하며, 외단열 두께와 내단열 두께가 동일한 경우에는 내단열 부위의 선형열관류율을 적용한다.

※ 단열보강은 열저항 0.27㎡K/W, 길이 300㎜ 이상 적용

- 단열보강 부위가 2면 이상일 경우에는 각각의 면이 열저항 기준 및 길이 기준을 모두 충족하여야함.
- 단열보강을 하고자 하는 면의 단열보강 가능 길이가 300mm 미만일 경우는 해당 면 전체를 보강하는 경우에 한하여 인정

건축물의 에너지 절약 설계기준[별표]

[별표 12] 삭제 〈2024.12.31.〉

※ 다음 서식은 홈페이지참조

[서식 1] 에너지절약계획 설계 검토서

[서식 2] 완화기준 적용 신청서

[서식 3] 에너지절약계획 이행 검토서

第 Ⅲ 編

建築物 管理法

최종개정 : 법　　　률　2024.12. 3.

시　행　령　2024.12.17.

시 행 규 칙　2024. 1. 3.

【건축물관리법】 제정·개정이유 및 주요내용 〈법제처 제공〉

■ 2023.4.18 개정(시행 2023.7.19)

◇ 개정이유 및 주요내용

화재안전성능보강 실시 보고기한 및 화재안전성능보강에 대한 지원의 유효기간을 2025년 12월 31일까지로 변경하고, 「도시 및 주거환경정비법」에 의한 정비사업의 관리처분계획 또는 「빈집 및 소규모주택 정비에 관한 특례법」에 따른 소규모주택정비사업의 사업시행계획이 인가되거나 폐업으로 인하여 보강대상 건축물 용도로 사용되지 않는 경우에는 보강대상 건축물에서 제외하는 등 현행 제도의 운영상 나타난 일부 미비점을 개선 · 보완함.

■ 2022.6.10. 개정(시행 2022.12.11.)

◇ 개정이유 및 주요내용

건축물 해제공사 현장의 안전을 확보하기 위하여 해체공사감리자는 수시 또는 필요한 때 해체공사의 현장에서 감리업무를 수행하도록 하되, 해체공사의 방법 및 범위 등을 고려하여 대통령령으로 정하는 건축물의 해체공사를 감리하는 경우에는 전체 공사기간 동안 해체공사 현장에 일정한 자격 등을 갖춘 감리원을 배치하여 감리업무를 수행하도록 하려는 것임.

■ 2022.2.3. 개정(시행 2022.8.4.)

◇ 개정이유

건축물 해제공사 현장의 안전을 확보하고 국민의 생명을 보호하기 위하여 건축물 해체공사를 위한 계획수립 단계부터 공사의 허가, 시공 및 감리 단계에 이르기까지 안전관리를 위한 관계자의 의무와 책임을 강화하고, 관련 의무를 위반한 자에 대한 처벌 근거를 마련하려는 것임.

◇ 주요내용

가. 건축물 해체계획이 내실 있게 마련될 수 있도록 해체계획서 작성자에 대한 자격기준을 마련하고, 해체공사 허가 과정에서 해체계획서 등을 보다 철저히 검토하기 위하여 지방 건축위원회에서 해당 사항을 심의하도록 하며, 해체 신고 대상 건축물이라 하더라도 주변 여건상 안전한 해체를 위하여 필요한 경우에는 해체 허가를 받도록 규제를 강화함(제30조).

나. 해체계획서와 다른 공법을 적용하는 등 해체 허가를 받거나 신고한 사항 중 대통령령으로 정하는 주요 사항이 변경되는 경우에는 허가권자의 승인을 받도록 하여 함(제30조의3 신설).

다. 현행법상 임의규정인 해체공사 현장에 대한 현장점검을 해체공사 착공신고를 받은 경우 등 대통령령으로 정하는 경우 의무적으로 실시하도록 하고, 허가권자의 현장점검 결과 안전한 해체공사가 진행되기 어렵다고 판단되는 경우 작업중지 등 필요한 조치를 명하도록 하는 등 건축물의 해체공사에 관한 허가권자의 책임과 권한을 강화함(제30조의4).

라. 해체공사감리 업무에 관한 교육을 이수한 자만 해체공사 감리자로 지정될 수 있도록 하여 감리자의 현장에 대한 안전관리와 감독의 수준을 강화하는 한편, 감리자로 하여금 감리내용, 현장조치 사항 등을 매일 등록하도록 하고, 해체공사의 주요한 공정에 대해서는 사진 및 영상을 촬영하도록 하여 해체감리자의 업무태만을 방지하려는 것임(제31조 및 제32조).

마. 해체공사의 안전을 확보하기 위한 제도의 실효성을 제고하기 위하여 관련 의무를 위반한 자에 대한 처벌 규정을 신설하고, 처벌 수준을 강화함(제51조, 제51조의2, 제52조 및 제54조).

■ 2021.7.27. 개정(시행 2021.10.28.)

◇ 개정이유 및 주요내용

현행법은 관리자가 건축물을 해체하려는 경우 특별자치시장ㆍ특별자치도지사 또는 시장ㆍ군수ㆍ구청장(이하 "허가권자"라 함)의 허가를 받도록 하고 있으며, 허가권자는 건축물 해체 허가를 받은 건축물에 대한 해체작업의 안전한 관리를 위하여 「건축사법」 또는 「건설기술 진흥법」에 따른 감리자격이 있는 자를 해체공사감리자로 지정하여 해체공사감리 업무를 수행하도록 하고 있음.

그러나, 현행법은 「건축법」 또는 「주택법」과 달리 건축물 해체 공사를 하려는 경우 별도의 착공 신고 절차를 규정하고 있지 아니하여 허가권자가 허가사항이나 감리계약 등의 준수 여부 등을 확인하기 어려운 상황이므로 이에 대한 보완이 필요하다는 의견이 있음.

또한 건축물을 중장비를 사용하여 해체하거나 폭파하여 해체하는 경우 안전사고의 발생 위험이 상대적으로 높으므로 이러한 해체공사의 양태에 따라 상주감리원을 배치하는 등 감리원의 배치기준을 달리 정할 필요가 있으나, 현행법에는 감리원 배치기준에 대한 조항이 부재한 실정임.

이에 해체 허가를 받은 건축물에 대해 해체공사를 착수하려는 관리자는 국토교통부령으로 정하는 바에 따라 허가권자에게 신고하도록 하는 한편, 감리원 배치기준을 정할 수 있는 근거를 마련하여 건축물의 해체와 관련한 현행법상의 미비점을 보완하려는 것임.

■ 2020.4.7. 개정(시행 2020.5.1.)

◇ 개정이유 및 주요내용

건축물 해체 시 안전을 확보하기 위하여 건축물 해체 시 허가를 받아야 하는 건축물의 대상을 확대하고, 허가권자가 안전사고 예방 등을 위하여 점검이 필요하다고 판단하는 경우의 현장점검에 관한 사항을 규정하려는 것임.

■ 2019.4.30. 제정(시행 2020.5.1.)

◇ 제정이유

실태조사, 건축물 생애이력 정보체계 구축 등 건축물관리 기반 구축에 필요한 사항을 정하고, 정기점검, 긴급점검 등의 대상, 방법, 절차 등 건축물관리점검 및 조치를 위하여 필요한 사항을 정하며, 그 밖에 건축물 해체 시 허가 절차와 건축물관리 지원, 빈 건축물 정비, 공공건축물 재난예방 등 건축물의 안전을 확보하고 그 사용가치를 유지ㆍ향상하기 위하여 필요한 사항을 정하여 건축물을 과학적이고 체계적으로 관리함으로써 국민의 안전과 복리증진에 이바지하려는 것임.

◇ 주요내용

가. 국토교통부장관 등이 건축물관리에 관한 정책의 수립과 시행에 필요한 기초자료를 확보하기 위하여 건축물 용도별ㆍ규모별 현황 등에 관한 실태조사를 할 수 있도록 함(제6조).

나. 국토교통부장관이 건축물을 효과적으로 유지관리하기 위하여 건축물 생애이력 정보체계를 구축할 수 있도록 함(제7조).

다. 정기점검, 긴급점검 등이 실시된 경우 시장·군수·구청장 등은 건축물 생애관리대장에 건축물관리 현황에 관한 정보를 작성하여 보관하여야 하고, 관리자는 해당 건축물의 점검·보수·보강 등의 건축물관리 관련 정보를 기록·보관·유지하여야 함(제9조 및 제10조).

라. 사용승인을 받으려는 건축물이 건설업자가 시공하여야 하는 건축물인 경우 해당 건축물의 건축주는 사용승인 신청 시 건축물관리계획을 제출하도록 함(제11조).

마. 다중이용 건축물 등의 관리자가 건축물의 안전과 기능을 유지하기 위하여 대지, 높이 및 형태, 구조안전, 화재안전 등의 항목에 대하여 정기점검을 실시하도록 함(제13조).

바. 재난 등으로부터 건축물의 안전을 확보하기 위하여 점검이 필요하다고 인정하는 경우 등에 해당하는 경우 시장·군수·구청장 등이 해당 건축물의 관리자에게 긴급점검을 요구하도록 하고, 관리자는 요구를 받은 날부터 1개월 이내에 건축물의 구조안전, 화재안전 등의 긴급점검을 실시하도록 함(제14조).

사. 시장·군수·구청장 등이 사용승인 후 30년 이상 지난 일정한 규모의 건축물 등에 해당하는 건축물 중 안전에 취약하거나 재난의 위험이 있다고 판단되는 건축물을 대상으로 구조안전, 화재안전 및 에너지성능 등을 점검할 수 있도록 하고, 시장·군수·구청장 등이 이러한 소규모 노후 건축물 등 점검결과에 따라 보수·보강 등에 필요한 비용을 보조하는 등의 지원을 할 수 있도록 함(제15조).

아. 정기점검, 긴급점검, 소규모 노후 건축물 등 점검을 실시한 결과 건축물의 안전성 확보를 위하여 필요하다고 인정되는 경우 관리자가 안전진단을 실시하도록 함(제16조).

자. 관리자는 건축물의 안전한 이용에 주는 영향이 중대하여 긴급한 조치가 필요하다고 인정되는 경우에는 해당 건축물에 대하여 사용제한·사용금지·해체 등의 조치를 하여야 하고, 시장·군수·구청장 등은 긴급한 조치가 필요하다고 인정되면 건축물의 사용제한 등의 조치를 명할 수 있도록 함(제21조).

차. 정기점검, 긴급점검 등의 건축물관리점검에 드는 비용은 해당 관리자가 부담하되, 소규모 노후 건축물 등 점검 비용은 시장·군수·구청장 등이 부담함(제26조).

카. 제1종 근린생활시설 등에 해당하는 건축물 중 3층 이상으로 일정한 요건에 해당하는 건축물로서 이 법 시행 전 건축허가를 신청한 건축물의 관리자는 화재안전성능보강을 하여야 하고, 국가 및 지방자치단체는 화재안전성능보강에 소요되는 공사비용에 대하여 보조하여야 함(제27조제2항 및 제29조제2항).

타. 관리자가 건축물을 해체하려는 경우에는 시장·군수·구청장 등의 허가권자로부터 허가를 받거나 허가권자에게 신고를 하도록 함(제30조).

파. 건축물 해체 허가권자는 해체작업의 안전한 관리를 위하여 감리자격이 있는 자를 해체공사감리자로 지정하여 해체공사감리를 하게 하여야 함(제31조).

하. 정부는 관련 기관 또는 단체와 협약을 체결하여 건축물관리기술의 연구·개발 사업을 실시할 수 있고, 국토교통부장관은 건축물관리를 위한 정책 등을 효율적으로 추진하기 위하여 건축물관리지원센터를 지정할 수 있음(제35조 및 제39조).

거. 시장·군수·구청장 등은 사용 여부를 확인한 날부터 1년 이상 아무도 사용하지 아니하는 건축물이 공익상 유해하거나 도시미관 또는 주거환경에 현저한 장애가 된다고 인정하는 경우 등에 해당하면 해당 건축물의 소유자에게 필요한 조치를 명할 수 있음(제42조).

너. 국토교통부장관은 공공건축물에 대하여 지진 · 화재 등 재난으로부터 건축물의 안전을 확보하기 위하여 조치가 필요하다고 판단되는 경우 해당 공공 건축물의 관리자에게 성능개선을 요구할 수 있음(제44조).

【건축물관리법 시행령】 제정이유 및 주요내용 〈법제처 제공〉

■ 2024.1.2. 개정(시행 2024.1.2.)

◇ 개정이유 및 주요내용

건축물 해체 과정에서 발생할 수 있는 가스시설 관련 안전사고를 방지하기 위해 건축물 해체 허가 · 변경허가 신청 또는 신고 · 변경신고를 받은 허가권자는 해체 대상 건축물 또는 그 건축물 부지에 안전조치가 되지 않은 가스시설이 있는지를 확인하고, 안전조치가 되지 않은 가스시설이 있는 경우 지체 없이 해당 가스시설에 대한 안전조치를 하는 도시가스사업자 등에게 해당 사실을 통보하도록 하려는 것임.

■ 2023.7.11. 개정(시행 2023.7.19.)

◇ 개정이유 및 주요내용

화재안전성능보강 실시 보고기한 및 화재안전성능보강에 대한 지원의 유효기간을 2025년 12월 31일까지로 변경하는 등의 내용으로 「건축물관리법」이 개정(법률 제19367호, 2023. 4. 18. 공포, 7. 19. 시행)됨에 따라, 개정된 법률의 조문에 맞추어 화재안전성능보강에 대한 지원 관련 인용조문 등을 정비하려는 것임.

■ 2022.12.6. 개정(시행 2022.12.11.)

◇ 개정이유

건축물 해체공사 현장의 안전관리를 강화하기 위하여 해체공사감리자는 대통령령으로 정하는 건축물의 해체공사를 감리하는 경우 대통령령으로 정하는 자격 또는 경력이 있는 사람을 감리원으로 배치하여 전체 해체공사 기간 동안 그 현장에서 감리업무를 수행하게 하는 내용으로 「건축물관리법」이 개정(법률 제18934호, 2022.6.10. 공포, 12.11. 시행)됨에 따라, 감리원을 배치해야 하는 해체 대상 건축물의 유형과 감리원의 자격 요건 등 건축물 해체공사 현장의 감리원 배치에 관한 사항을 정하려는 것임.

◇ 주요내용

가. 해체공사 현장에 감리원을 배치해야 하는 건축물의 유형(제23조의2제1항)

건축물 해체공사의 안전한 수행을 위하여 해체공사감리자가 건축물 해체공사를 감리할 때 감리원을 배치하여 감리업무를 수행하게 해야 하는 건축물을 '해체허가 대상인 건축물' 과 '해체신고 대상인 건축물 중 특수구조 건축물 및 폭파하여 해체하는 건축물' 등 건축물 해체공사 과정에서 사고발생의 우려가 있는 건축물로 정함.

나. 해체공사 현장에 배치하는 감리원의 자격 요건(제23조의2제2항)

1) 해체공사감리자가 건축물 해체공사 현장에 배치해야 하는 감리원의 자격을 '건축사', '건축사보' 또는 '기술사사무소 등에 소속된 사람으로서 건축 분야의 국가기술자격을 취득한 사람' 등 건축물의 구조 및 안전에 관한 지식을 갖춘 사람으로 정함.

2) 건축물 해체공정 중 필수확인점*에 감리원을 배치하는 경우에는 '건축사' 또는 '건설사업관리를 수행할 자격이 있는 특급기술인'을 배치하도록 함으로써 사고발생 우려가 큰 해체공정에 대해서는 건축물의 구조 및 안전에 관한 전문지식과 경험을 갖춘 사람이 해체공사 감리업무를 수행하도록 함.

* 필수확인점: 건축물 해체공사의 수행 과정에서 다음 단계의 공정을 진행하기 전에 공사를 중지하고 해체공사감리자의 현장점검에 따른 승인을 받아야 하는 시점

다. 감리원 배치기준에 포함되어야 하는 사항(제23조의2제3항)

1) 해체허가 대상 건축물 중 연면적 3천제곱미터 이상인 건축물의 해체공사 감리 시에는 '2명 이상'의 감리원을, 그 연면적 미만인 건축물의 해체공사 감리 시에는 '1명 이상'의 감리원을 배치하도록 하고, 해체신고 대상 건축물 중 특수구조 건축물 등의 해체공사 감리 시에는 '1명 이상'의 감리원을 배치하도록 함으로써 건축물 해체공사의 규모 및 위험 발생 가능성을 고려하여 감리원 배치기준을 합리적으로 마련함.

2) 해체공사감리자가 필수확인점에 건축사나 건설사업관리를 수행할 자격이 있는 특급기술인을 감리원으로 배치할 때 '해체공사감리자에 소속된 건축사나 특급기술인'이 있는 경우에는 그 사람을 우선 배치하도록 함으로써 해체공사 감리업무가 보다 충실하게 수행될 수 있도록 함.

■ **2022.8.2. 개정(시행 2022.8.4.)**

◇ **개정이유**

건축물 해체공사 현장의 안전을 확보하기 위하여 건축물 해체허가를 받거나 해체신고를 한 사항 중 대통령령으로 정하는 사항을 변경하려면 변경허가를 받거나 변경신고를 하도록 하고, 대통령령으로 정하는 경우에는 허가권자가 건축물 해체현장에 대한 현장점검을 하도록 하는 등의 내용으로 「건축물관리법」이 개정(법률 제18824호, 2022. 2. 3. 공포, 8. 4. 시행)됨에 따라, 건축물 해체허가나 해체신고에 대한 변경허가 또는 변경신고 사항과 허가권자가 건축물 해체공사 현장에 대한 점검을 해야 하는 경우 등 법률에서 위임된 사항과 그 시행에 필요한 사항을 정하는 한편,

건축물 해체공사감리 업무의 효율적인 수행을 위하여 해체공사 감리원의 배치기준을 조정하여 불합리한 규제를 개선하는 등 현행 제도의 운영상 나타난 일부 미비점을 개선·보완하려는 것임.

◇ **주요내용**

가. 건축물 해체허가 등의 변경허가 또는 변경신고 사항(제21조의2 신설)

1) 건축물 해체공사 현장의 안전관리를 강화하기 위하여 건축물의 관리자가 건축물 해체허가를 받거나 해체신고를 한 사항 중 '해체공법', '해체장비의 종류' 및 '해체공사 현장의 안전관리대책' 등을 변경하려는 경우에는 사전에 변경허가를 받거나 변경신고를 하도록 함.

2) 건축물 해체공사가 안전하게 수행될 수 있도록 건축물의 관리자가 건축물 해체공사 착공신고를 한 사항 중 '착공 예정일', '해체작업자', 및 '해체공사 현장에 배치하는 건설기술자' 등을 변경하려는 경우에는 사전에 변경신고를 하도록 함.

나. 건축물 해체공사 허가권자의 현장점검 사항(제21조의3 신설)

건축물 해체공사에 대한 관리·감독의 실효성을 높이기 위하여 건축물 해체공사 허가권자는 '건축물 해체공사 착공신고를 받은 경우'와 '해체공사감리자 및 해체작업자가 업무를 성실하게 수행하는지를 확인하려는 경우' 등에는 현장점검을 하도록 함.

다. 감리원 배치기준 합리화(제23조의2제1호나목 단서 신설)

1) 현행 규정상 해체허가를 받아야 하는 건축물의 연면적이 3천제곱미터 이상이면 감리원을 2명 이상 배치해야 하는바, 연면적이 3천제곱미터 이상이더라도 해체할 부분이 건축물의 일부분으로 국한되는 등의 경우에는 감리원을 2명 이상 배치할 필요성이 적음에도 불구하고 일률적으로 2명 이상 배치해야 하는 문제점이 있음.

2) 앞으로는 건축물의 연면적이 3천제곱미터 이상이더라도 허가권자가 해체공사의 난이도와 해체할 부분 등을 고려할 때 감리원을 2명 이상 배치할 필요가 없다고 인정하는 경우에는 1명 이상 배치할 수 있도록 감리원 배치기준을 조정함.

라. 건축물 해체공사 교육기관의 지정 요건 등(제23조의3 신설)

1) 건축물 해체공사감리자 및 감리원 등의 자질을 향상시키기 위하여 국토교통부장관은 '「건설기술 진흥법 시행령」에 따라 지정·고시된 교육기관 중 안전관리 또는 건설사업관리 분야의 전문교육기관', '국토안전관리원' 및 '기술사회' 등의 기관·단체 중에서 건축물 해체공사 교육기관을 지정할 수 있도록 함.

2) 국토교통부장관은 건축물 해체공사 교육기관을 지정하였을 때에는 교육기관의 명칭·대표자 및 소재지 등을 관보에 고시하도록 함.

마. 필수확인점의 세부 기준(제23조의4 신설)

건축물 해체공사감리자가 해체공사 현장에 대한 사진 및 동영상을 촬영하고 보관해야 하는 필수확인점을 건축물 해체공사의 공정(工程) 중 '마감재 해체공정 착수 전', '지붕 해체공정 착수 전' 및 '지하층 해체공정 착수 전' 등으로 정함.

■ **2021.10.28. 개정(시행 2021.10.28.)**

◇ **개정이유**

건축물 해체공사 과정에서 발생하는 안전사고를 예방하기 위하여 국토교통부장관으로 하여금 대통령령으로 정하는 바에 따라 건축물 해체공사의 감리원 배치기준을 정하도록 하는 등의 내용으로 「건축물관리법」이 개정(법률 제18340호, 2021. 7. 27. 공포, 10. 28. 시행)됨에 따라, 건축물 해체공사의 유형별 감리원 배치 인원과 그 자격 등을 정하는 한편,

해체공사감리자를 지정해야 하는 건축물의 범위를 확대하는 등 현행 제도의 운영상 나타난 일부 미비점을 개선·보완하려는 것임.

◇ **주요내용**

가. 해체공사감리자 지정 대상 건축물의 범위 확대(제22조제2항제2호가목 신설)

시장·군수·구청장 등 건축물 해체 허가권자가 해체공사감리자를 지정하여 감리하도록 해야 하는 건축물의 범위에 특수구조 건축물, 10톤 이상의 장비를 올려 해체하는 건축물 등을 추가하여 건축물 해체공사의 안전관리를 강화함.

나. 건축물 해체공사의 감리원 배치기준(제23조의2 신설)

1) 감리원 배치인원을 해체허가 대상 건축물로서 연면적 3천제곱미터 미만인 건축물의 해체공사에는 1명 이상, 3천제곱미터 이상인 건축물의 해체공사에는 2명 이상 등으로 구분하여 정함.

2) 배치되는 감리원의 자격을 건축사 또는 건축 분야의 건축사보 등으로 정하되, 해체공사의 과정 중 전문적 검토가 필요한 특정 시점에서는 건축사 또는 건설사업관리를 수행할 자격이 있는 특급기술인인 사람이 감리하도록 함.

■ **2020.4.28. 제정(시행 2020.5.1.)**

◇ **제정이유**

건축물의 안전을 확보하고 건축물의 사용가치를 유지·향상시키기 위하여 시장·군수·구청장은 건축물관리점검기관을 지정하여 정기점검, 소규모 노후 건축물 점검 등을 실시하도록 하고, 국토교통부장관은 건축물에 사고가 발생한 경우 사고 원인 등에 대한 조사를 할 수 있도록 하는 등의 내용으로 「건축물관리법」이 제정(법률 제16416호, 2019. 4. 30. 공포, 2020. 5. 1. 시행)됨에 따라 정기점검 및 소규모 노후 건축물의 점검 대상, 방법 및 절차, 건축물관리점검기관의 지정 절차를 정하고, 국토교통부장관이 조사를 할 수 있는 건축물 사고의 범위를 정하는 등 법률에서 위임된 사항과 그 시행에 필요한 사항을 정하려는 것임.

◇ **주요내용**

가. 정기점검의 실시(제8조)

「집합건물의 소유 및 관리에 관한 법률」의 적용을 받는 건축물로서 연면적 3천제곱미터 이상인 건축물 등의 관리자는 정기점검을 실시하도록 하고, 그 관리자는 시장·군수·구청장이 통지한 건축물관리점검기관에 점검을 의뢰하도록 하며, 정기점검은 대지, 구조안전 및 화재안전 등의 항목이 「건축법」에 적합한지 여부 등을 확인하도록 함.

나. 소규모 노후 건축물의 점검 실시(제10조)

시장·군수·구청장은 리모델링 활성화 구역 등에 있는 건축물 중 안전에 취약하거나 재난의 위험이 있다고 판단되는 건축물을 대상으로 건축물관리점검기관에 요청하여 구조안전 및 화재안전 등을 점검할 수 있도록 하고, 점검을 의뢰받은 건축물관리점검기관은 점검의 시기 및 방법 등을 정하여 시장·군수·구청장에게 통보하도록 함.

다. 건축물관리점검기관의 지정(제12조)

시·도지사는 관할 시장·군수·구청장과 미리 협의하여 건축분야 기술사로서 「기술사법」에 따라 기술사사무소를 개설등록한 자 등을 대상으로 모집공고를 거쳐 명부를 작성·관리하도록 하고, 시장·군수·구청장은 그 명부에서 건축물관리점검기관을 지정하도록 함.

라. 건축물관리점검결과의 이행(제16조)

관리자는 건축물관리점검기관의 점검 결과 주요구조부에 과다한 변형이 발생하거나 균열이 심화되는 등 중대한 결함사항이 있으면 그 결과를 보고받은 날부터 60일 이내에 보수·보강 조치계획을 수립하여 시장·군수·구청장에게 보고하고, 그 결과를 보고받은 날부터 2년 이내에 보수·보강 조치계획에 따른 조치를 시작하도록 함.

마. 국토교통부장관의 사고조사(제32조, 제33조 및 제36조)

국토교통부장관은 사망자 또는 실종자가 1명 이상인 인명사고 등이 발생한 사실을 통보받거나 건축물 사고의 방지를 위하여 조사가 필요하다고 인정하는 경우 사고 원인 등에 대한 조사를 할 수 있도록 하고, 사고조사를 위하여 필요하다고 인정하는 경우 12명 이내의 위원으로 중앙건축물사고조사위원회를 구성하여 운영할 수 있도록 하며, 중앙건축물사고조사위원회는 사고조사를 완료한 날부터 30일 이내에 사고 원인의 분석 및 사후대책 등이 포함된 사고조사 결과보고서를 제출하도록 함.

【건축물관리법 시행규칙】 제정이유 및 주요내용 〈국토교통부 제공〉

■ 2024.1.3. 개정(시행 2024.1.3.)

◇ 개정이유 및 주요내용

건축물 해체 과정에서 발생할 수 있는 가스시설 관련 안전사고를 방지하기 위해 건축물 해체 허가ㆍ변경허가를 신청하거나 신고ㆍ변경신고를 하려는 자는 건축물 해체 허가신청서 또는 신고서와 건축물 해체 변경허가 신청서 또는 변경신고서에 해체 대상 건축물 또는 그 건축물 부지에 설치되어 있는 가스시설에 대한 안전조치 어부를 적도록 하는 등 현행 제도의 운영상 나타난 일부 미비점을 개선ㆍ보완하려는 것임.

■ 2022.8.4. 개정(시행 2022.8.4.)

◇ 개정이유

건축물 해체공사 현장의 안전을 확보하기 위하여 건축물 해체허가를 받거나 해체신고를 한 사항을 변경하려면 변경허가를 받거나 변경신고를 하도록 하고, 해체공사감리 업무를 하려는 해체공사감리자 및 감리원은 해체공사 감리 업무에 관한 교육을 받도록 하는 등의 내용으로 「건축물관리법」(법률 제18824호, 2022.2.3. 공포, 8.4. 시행) 및 같은 법 시행령(대통령령 제32846호, 2022.8.2. 공포, 8.4. 시행)이 개정됨에 따라, 건축물 해체 변경허가 신청서의 서식과 해체공사 감리 업무에 관한 교육의 구체적인 내용 등 법률 및 시행령에서 위임된 사항과 그 시행에 필요한 사항을 정하는 한편,

건축물 해체공사감리 업무의 효율적인 수행을 위하여 해체공사감리자 지정 방식을 개선하는 등 현행 제도의 운영상 나타난 일부 미비점을 개선ㆍ보완하려는 것임.

◇ 주요내용

가. 건축물 해체 변경허가 등의 신청 방법(안 제12조의3 신설)

건축물 관리자는 당초 해체 허가를 받거나 해체신고를 한 사항 중 해체 공법이나 해체하는 부분ㆍ면적 등을 변경하려는 경우에는 '건축물 해체 변경허가 신청서' 또는 '건축물 해체 변경신고서'에 변경사항이 반영된 해체계획서를 첨부하여 허가권자에게 제출하도록 함.

나. 건축물 해체공사감리자 지정 방식 개선(안 제13조제1항)

허가권자는 건축물 해체공사감리자를 지정할 때 건축물 관리자가 해체 대상 건축물에 대한 해체계획서를 작성한 전문가를 해체공사감리자로 지정하여 줄 것을 요청하는 경우에는 그 전문가를 해체공사감리자로 지정할 수 있도록 함으로써 건축물 해체공사감리 업무의 내실 있는 수행을 도모함.

다. 해체공사감리자 등에 대한 교육(안 제13조의2 신설)

1) 해체공사감리자 및 감리원의 전문성을 제고하기 위하여 해체공사감리 업무를 하려는 해체공사감리자 등은 해체공사감리자로 지정되거나 감리원으로 배치되기 전에 35시간의 신규교육을 받도록 하고, 신규교육을 받은 후에는 3년마다 14시간의 보수교육을 받도록 함.

2) 해체공사 감리업무 교육의 내용에는 '건축물 해체 관련 법령' 및 '건축물 해체 시의 구조안전 검토 요령' 등의 사항이 포함되도록 하고, 감리업무 교육은 강의ㆍ시청각교육 등 집합교육, 현장교육 또는 인터넷 등 정보통신망을 이용한 원격교육 등의 방법으로 실시하도록 함.

3) 해체공사 교육기관은 신규교육 및 보수교육을 이수한 해체공사감리자 등에게 해체공사 감리교육 이수증을 교부하도록 함.

라. 해체공사 현장의 사진 등의 촬영ㆍ보관 등(안 제14조의2 신설)

1) 해체공사감리업무의 충실한 수행을 도모하기 위하여 해체공사감리자가 해체공사 현장의 사진 또는 동영상을 촬영하는 때에는 해체공사의 공정별로 같은 장소에서 촬영하도록 함.

2) 해체공사감리자는 촬영한 사진 등을 디지털 파일 형태로 가공ㆍ처리한 후 건축물 해체공사 완료신고를 한 날부터 30일까지 보관하도록 하고, 허가권자나 건축물 관리자가 사진 등의 제공을 요청하는 경우에는 이를 제공하도록 함.

■ **2021.12.10. 개정(시행 2021.12.10.)**

◇ **개정이유 및 주요내용**

건축물 관리에 필요한 기술지원 및 정보제공 등을 위하여 설치ㆍ운영하는 지역건축물관리지원센터에 건축구조 전문분야 특급기술인 외에 고급기술인도 둘 수 있도록 전문인력 배치기준을 완화함으로써 지역건축물관리지원센터의 효율적인 운영을 도모하려는 것임.

■ **2021.10.28. 개정(시행 2021.10.28.)**

◇ **개정이유 및 주요내용**

건축물 해체공사 과정에서 발생하는 안전사고를 예방하기 위하여 해체공사에 착수하려는 관리자로 하여금 해체공사 허가권자에게 착공신고를 하도록 하는 등의 내용으로 「건축물관리법」이 개정(법률 제18340호, 2021.7.27. 공포, 10.28. 시행)됨에 따라, 착공신고의 절차와 서식 등을 정하려는 것임.

■ **2020.5.1. 제정(시행 2020.5.1.)**

◇ **제정이유**

기존 건축물 중 일부 건축물에 대해서도 화재안전시설ㆍ설비를 보강하도록 하고, 건축물의 해체를 하려는 경우 해체계획서를 수립하여 허가를 받도록 하며, 일부 해체공사는 해체공사감리자가 공사감리를 하도록 하는 등의 내용으로 「건축물관리법」 및 같은 법 시행령이 제정됨에 따라 화재안전성능보강의 시행 절차, 건축물의 해체허가 절차 및 해체공사감리자의 해체작업의 중지 요청 절차 등 법령에서 위임된 사항과 그 시행에 필요한 사항을 정하려는 것임.

◇ **주요내용**

가. 건축물 주요 부분의 수선ㆍ변경ㆍ증설(안 제6조)

관리자는 「건축법」에 따른 주요구조부에 대해 건축허가를 받거나 건축신고를 하고 수선ㆍ변경하거나 증설하는 경우에는 이를 완료한 날부터 30일 이내에 그 결과를 건축물 생애이력 정보체계에 입력하도록 함.

나. 화재안전성능보강의 시행(안 제10조)

화재안전시설ㆍ설비를 보강해야 하는 건축물의 관리자는 건축물 현황 도서, 예정된 공사의 설명서 및 공사비 내역을 첨부한 화재안전성능보강 계획에 대해 시장ㆍ군수ㆍ구청장의 승인을 받도록 하고, 시장ㆍ군수ㆍ구청장에게 보강 결과를 보고할 때에는 보강 전후의 도면과 시행한 공사 설명서 및 공사비 내역을 함께 제출하도록 함.

다. 해체계획서의 작성(안 제12조)

건축물 해체허가를 받거나 신고를 할 때 제출하는 해체계획서에는 해체공법에 따른 구조안전계획 및 해체공사 현장의 안전관리대책 등을 포함하도록 하고, 해체계획서를 제출받은 시장ㆍ군수ㆍ구청장은 보완이 필요하다고 인정하면 기한을 정하여 보완을 요청할 수 있도록 함.

라. 해체작업의 시정 또는 중지(안 제14조)

해체공사감리자는 해체작업이 안전하게 수행되기 어려워 관리자 또는 해체작업자에게 시정 또는 중지를 요청했으나 건축물의 해체작업을 계속하는 경우 그 요청의 사유 및 내용 등을 시장ㆍ군수ㆍ구청장에게 제출하도록 하고, 이를 제출받은 시장ㆍ군수ㆍ구청장이 작업중지를 명령한 경우 해당 관리자 또는 해체작업자는 개선내용 및 방법 등의 개선계획을 작성하여 시장ㆍ군수ㆍ구청장의 승인을 받도록 함.

※ 시행규칙의 서식과 다음 고시는 홈페이지 참조

1. 건축물 해체계획서의 작성 및 감리업무 등에 관한 기준 [고시 제2022-446호, 2022.8.4.]
2. 건축물관리계획 작성기준 [고시 제2020-316호, 2020.5.1., 제정]
3. 건축물의 화재안전성능보강 방법 등에 관한 기준 [고시 제2020-358호, 2020.4.28., 제정]
4. 건축물관리점검지침 [고시 제2022-332호, 2022.6.20.] ⇒ 건축물관리법 3단편집 뒤에 수록(서식은 홈페이지 참조)

법

제1장 총칙

제1조【목적】 이 법은 건축물의 안전을 확보하고 편리·쾌적·미관·기능 등 사용가치를 유지·향상시키기 위하여 필요한 사항과 안전하게 해체하는 데 필요한 사항을 정하여 건축물의 생애 동안 과학적이고 체계적으로 관리함으로써 국민의 안전과 복리증진에 이바지함을 목적으로 한다.

제2조【정의】 이 법에서 사용하는 용어의 뜻은 다음과 같다.

1. "건축물"이란 「건축법」 제2조제1항제2호에 따른 건축물을 말한다. 다만, 「건축법」 제3조제1항 각 호의 어느 하나에 해당하는 건축물은 제외한다.
2. "건축물관리"란 관리자가 해당 건축물이 멸실될 때까지 유지·점검·보수·보강 또는 해체하는 행위를 말한다.
3. "관리자"란 관계 법령에 따라 해당 건축물의 관리자로 규정된 자 또는 해당 건축물의 소유자를 말한다. 이 경우 해당 건축물의 소유자와의 관리계약 등에 따라 건축물의 관리책임을 진 자는 관리자로 본다.
4. "생애이력 정보"란 건축물의 기획·설계, 시공, 유지관리, 멸실 등 건축물의 생애 동안에 생산되는 문서정보와 도면정보 등을 말한다.
5. "건축물관리계획"이란 건축물의 안전을 확보하고 사용가치를 유지·향상시키기 위하여 제11조에 따라 수립되는 계획을 말한다.
6. "화재안전성능보강"이란 「건축법」 제22조에 따른 사용승인(이하 "사용승인"이라 한다)을 받은 건축물에 대하여 마감재의 교체, 방화구획의 보완, 스프링클러 등 소화설비의 설치 등 화재안전시설·설비의 보강을 통하여 화

시 행 령

제1장 총칙

제1조【목적】 이 영은 「건축물관리법」에서 위임된 사항과 그 시행에 필요한 사항을 규정함을 목적으로 한다.

관계법 「건축법」 제2조(정의) ①

2. "건축물"이란 토지에 정착(定着)하는 공작물 중 지붕과 기둥 또는 벽이 있는 것과 이에 딸린 시설물, 지하나 고가(高架)의 공작물에 설치하는 사무소·공연장·점포·차고·창고, 그 밖에 대통령령으로 정하는 것을 말한다.

「건축법」 제3조(적용 제외)

① 다음 각 호의 어느 하나에 해당하는 건축물에는 이 법을 적용하지 아니한다. <ins>〈개정 2024.2.6.〉</ins>

1. <ins>「문화유산의 보존 및 활용에 관한 법률」에 따른 지정문화유산이나 임시지정문화유산 또는 「자연유산의 보존 및 활용에 관한 법률」에 따라 지정된 천연기념물등이나 임시지정천연기념물, 임시지정명승, 임시지정시·도자연유산, 임시자연유산자료</ins>
2. 철도나 궤도의 선로 부지(敷地)에 있는 다음 각 목의 시설
   가. 운전보안시설
   나. 철도 선로의 위나 아래를 가로지르는 보행시설
   다. 플랫폼
   라. 해당 철도 또는 궤도사업용 급수(給水)·급탄(給炭) 및 급유(給油) 시설
3. 고속도로 통행료 징수시설
4. 컨테이너를 이용한 간이창고(「산업집적활성화 및 공장설립에 관한 법률」 제2조제1호에 따른 공장의 용도로만 사용되는 건축물의 대지에 설치하는 것으로서 이동이 쉬운 것만 해당된다)
5. 「하천법」에 따른 하천구역 내의 수문조작실

시 행 규 칙

제1장 총칙

제1조【목적】 이 규칙은 「건축물관리법」 및 같은 법 시행령에서 위임된 사항과 그 시행에 필요한 사항을 규정함을 목적으로 한다.

법	시 행 령	시 행 규 칙
재 시 건축물의 안전성능을 개선하는 모든 행위를 말한다. 7. "해체"란 건축물을 건축·대수선·리모델링하거나 멸실시키기 위하여 건축물 전체 또는 일부를 파괴하거나 절단하여 제거하는 것을 말한다. 8. "멸실"이란 건축물이 해체, 노후화 및 재해 등으로 효용 및 형체를 완전히 상실한 상태를 말한다. **제3조 【국가 및 지방자치단체의 책무】** ① 국가와 지방자치단체는 건축물관리기술의 향상과 관련 산업의 진흥, 건축물 안전 등 건축물관리에 관한 종합적인 시책을 세우고, 이에 필요한 행정적·재정적 지원방안을 마련하여야 한다. 〈개정 2022.2.3.〉 ② 국가와 지방자치단체는 건축물관리에 대한 국민의 인식을 제고하기 위하여 필요한 교육·홍보를 활성화하도록 노력하여야 한다. **제4조 【관리자 등의 의무】** ① 관리자는 건축물의 기능을 보전·향상시키고 이용자의 편의와 안전성을 높이기 위하여 노력하여야 한다. ② 관리자는 매년 소관 건축물의 관리에 필요한 재원을 확보하도록 노력하여야 한다. ③ 관리자 또는 임차인은 국가 및 지방자치단체의 건축물 안전 및 유지관리 활동에 적극 협조하여야 한다. ④ 임차인은 관리자의 업무에 적극 협조하여야 한다. **제5조 【다른 법률과의 관계】** 건축물관리에 관하여 다른 법률에 특별한 규정이 있는 경우를 제외하고는 이 법에서 정하는 바에 따른다.		

법	시 행 령	시 행 규 칙

법

제2장 건축물관리 기반 구축

제6조【실태조사】 ① 국토교통부장관, 특별자치시장·특별자치도지사 또는 시장·군수·구청장(자치구의 구청장을 말하며, 이하 같다)은 건축물관리에 관한 정책의 수립과 시행에 필요한 기초자료를 확보하기 위하여 다음 각 호의 사항에 관한 실태조사를 할 수 있다. 이 경우 관계 중앙행정기관의 장의 요청이 있는 때에는 합동으로 실태조사를 할 수 있다.

1. 건축물 용도별·규모별 현황
2. 건축물의 내진설계 및 내진능력 적용 현황
3. 건축물의 화재안전성능 및 보강 현황
4. 건축물의 유지관리 현황
5. 그 밖에 건축물관리에 관한 정책의 수립을 위하여 조사가 필요한 사항

② 국토교통부장관은 건축물관리와 관련된 중앙행정기관의 장, 지방자치단체의 장, 「공공기관의 운영에 관한 법률」 제4조에 따른 공공기관(이하 "공공기관"이라 한다)의 장 또는 관리자에게 제1항에 따른 실태조사에 필요한 자료의 제출을 요청할 수 있다. 이 경우 자료제출을 요청받은 자는 특별한 사유가 없으면 이에 따라야 한다.

③ 제1항에 따른 실태조사의 방법 등에 관한 사항은 국토교통부령으로 정한다.

제7조【건축물 생애이력 정보체계 구축 등】 ① 국토교통부장관은 건축물을 효과적으로 유지관리하기 위하여 다음 각 호의 내용을 포함한 건축물 생애이력 정보체계를 구축할 수 있다.

시 행 령

제2장 건축물관리 기반 구축

제2조【건축물 생애이력 정보체계의 구축 등】 「건축물관리법」(이하 "법"이라 한다) 제7조제1항제10호에서 "대통령령으로 정하는 사항"이란 다음 각 호의 사항을 말한다. 〈개정 2021.10.28., 2022.8.2〉

시 행 규 칙

제2장 건축물관리 기반 구축

제2조【실태조사의 방법 등】 ① 국토교통부장관, 특별자치시장·특별자치도지사 또는 시장·군수·구청장(자치구의 구청장을 말하며, 이하 같다)은 「건축물관리법」(이하 "법"이라 한다) 제6조제1항에 따라 다음 각 호의 사항에 관한 실태조사를 할 수 있다.

1. 법 제11조에 따른 건축물관리계획의 수립 현황
2. 법 제42조에 따른 빈 건축물의 정비 현황

② 법 제6조제1항에 따른 실태조사는 통계조사, 문헌조사 또는 현장조사 방법이나 정보통신망 및 전자우편 등을 이용하는 방법으로 할 수 있다.

제3조【건축물 생애이력 정보의 요청 절차 및 제출 방법 등】 ① 국토교통부장관은 법 제7조제3항에 따라 자료 또는 정보의 제공을 요청하는 경우 해당

법	시 행 령	시 행 규 칙
1. 제10조에 따른 건축물관리 관련 정보 2. 건축물관리계획 3. 제13조에 따른 정기점검 결과 4. 제14조에 따른 긴급점검 결과 5. 제15조에 따른 소규모 노후 건축물등 점검 결과 6. 제16조에 따른 안전진단 결과 7. 제33조에 따른 건축물 해체공사 결과 8. 「건축법」 제48조의3에 따른 건축물 내진능력 9. 「녹색건축물 조성 지원법」 제10조에 따른 건축물 에너지·온실가스 정보 10. 그 밖에 대통령령으로 정하는 사항 ② 국토교통부장관이 제1항에 따른 건축물 생애이력 정보체계를 구축할 때에는 「건축법」 제32조제1항에 따른 전자정보처리 시스템과 연계가 가능하도록 하여야 한다. ③ 국토교통부장관은 다음 각 호의 자료 또는 정보를 보유 또는 관리하는 자에게 건축물 생애이력 정보체계의 구축·운영에 필요한 자료 또는 정보의 제공을 요청할 수 있다. 이 경우 자료 또는 정보의 제공을 요청받은 자는 특별한 사유가 없으면 이에 따라야 한다. 〈개정 2020.3.31., 2021.11.30.〉 1. 「시설물의 안전 및 유지관리에 관한 특별법」 제55조에 따른 시설물의 안전 및 유지관리에 관한 정보 2. 「소방시설 설치 및 관리에 관한 법률」 제22조에 따른 소방시설등의 자체점검 등에 관한 정보 3. 「수도법」 제33조에 따른 위생상의 조치에 관한 정보 4. 「승강기 안전관리법」 제28조 및 제32조에 따른 승강기 설치검사 및 안전검사에 관한 정보 5. 「에너지이용 합리화법」 제39조에 따른 검사대상기기의	1. 법 제22조에 따른 보수·보강 등 조치결과 2. 법 제24조에 따른 건축물관리점검 결과에 대한 평가 결과 3. 법 제28조에 따른 화재안전성능보강 결과 4. 법 제30조에 따른 건축물 해체 허가 및 신고에 관한 정보 5. 법 제30조의2에 따른 해체공사 착공신고에 관한 정보 6. 법 제30조의4에 따른 현장점검 결과 7. 그 밖에 건축물 관리를 위하여 국토교통부장관이 필요하다고 인정하여 고시하는 정보 ② 법 제7조제3항제9호에서 "대통령령으로 정하는 사항"이란 다음 각 호의 사항을 말한다. 〈개정 2020.12.1.〉 1. 법 제11조제4항 및 제6항에 따른 건축물관리계획의 적절성 검토 결과 및 조치결과 2. 법 제20조에 따른 건축물관리점검 결과 3. 「고압가스 안전관리법」 제16조의2 및 제16조의3에 따른 정기검사, 수시검사 및 정밀안전검진에 관한 정보 4. 「공동주택관리법」 제33조 및 제34조에 따른 안전점검 및 소규모 공동주택 안전관리에 관한 정보 5. 「도시가스사업법」 제17조 및 제17조의2에 따른 정기검사, 수시검사, 정밀안전진단 및 안전성평가에 관한 정보 6. 「부가가치세법」 제8조에 따른 사업자등록에 관한 정보 7. 「빈집 및 소규모주택 정비에 관한 특례법」 제5조에 따른 빈집등 실태조사 정보 8. 「사회복지사업법」 제34조의4에 따른 시설의 안전점검 등에 관한 정보 9. 「산업집적활성화 및 공장설립에 관한 법률」 제6조의2 제1항에 따른 공장설립온라인지원시스템에 관한 정보(공장설립에 관한 정보만 해당한다)	자료 또는 정보를 보유 또는 관리하는 자에게 다음 각 호의 사항을 통보해야 한다. 이 경우 제출기한은 제출에 필요한 기간을 15일 이상으로 고려하여 정해야 한다. 1. 제출 요청 사유 2. 제출기한 3. 요청하는 자료 또는 정보의 구체적인 내용 4. 제출방식 5. 제출한 자료 또는 정보의 활용계획 ② 제1항에 따라 자료 또는 정보의 제공을 요청받은 자는 법 제7조에 따른 건축물 생애이력 정보체계(이하 "건축물 생애이력 정보체계"라 한다)를 통해 제출해야 한다. ③ 제1항 및 제2항에서 규정한 사항 외에 법 제7조제3항에 따른 자료 또는 정보의 요청 방법 및 제출 절차 등에 관하여 필요한 사항은 국토교통부장관이 정하여 고시한다.

법	시 행 령	시 행 규 칙
검사에 관한 정보 6. 「전기안전관리법」 제12조에 따른 일반용전기설비의 점검에 관한 정보 7. 「하수도법」 제39조에 따른 개인하수처리시설의 운영ㆍ관리에 관한 정보 8. 「자연재해대책법」 제34조에 따라 구축된 재해정보 9. 그 밖에 대통령령으로 정하는 사항 ④ 제3항에 따른 자료 또는 정보의 요청 절차, 제출 방법 등 필요한 사항은 국토교통부령으로 정한다.	10. 「시설물의 안전 및 유지관리에 관한 특별법」 제12조제3항에 따른 내진성능평가에 관한 정보 11. 「실내공기질 관리법」 제12조 및 제13조에 따른 실내공기질 측정 및 보고에 관한 정보 12. 「액화석유가스의 안전관리 및 사업법」 제37조 및 제38조에 따른 정기검사, 수시검사, 정밀안전진단 및 안전성평가에 관한 정보 13. 「어린이놀이시설 안전관리법」 제12조제2항에 따른 정기시설검사에 관한 정보 14. 「위험물안전관리법」 제18조에 따른 정기점검 및 정기검사에 관한 정보 15. 「의료법」 제58조에 따른 의료기관 인증에 관한 정보 16. 「장애인ㆍ노인ㆍ임산부 등의 편의증진 보장에 관한 법률」 제10조의2에 따른 장애물 없는 생활환경 인증에 관한 정보 17. 「재난 및 안전관리 기본법」 제32조에 따른 정부합동안전 점검 결과 및 조치 결과에 관한 정보 18. 「전자정부법」 제65조에 따른 지역정보화사업으로 구축된 행정정보 19. 「주차장법」 제19조의23에 따른 기계식주차장 정밀안전검사에 관한 정보 20. 「지진ㆍ화산재해대책법」 제16조의3에 따른 지진안전시설물 인증에 관한 정보 21. 「청소년활동 진흥법」 제19조의2에 따른 수련시설의 종합평가에 관한 정보 22. 「학교시설사업 촉진법」 제2조제1호에 따른 학교시설에 관한 정보 23. 「교육시설 등의 안전 및 유지관리 등에 관한 법률」	

법	시 행 령	시 행 규 칙
	제13조제1항·제14조제1항에 따른 학교시설에 대한 안전점검·정밀안전진단에 관한 정보 24. 그 밖에 국토교통부장관이 필요하다고 인정하여 고시하는 정보	
제8조【건축물 생애이력 정보의 공개 및 활용】 ① 국토교통부장관은 기계설비산업 관련 정보 및 자료 등을 체계적으로 수집·관리 및 활용하기 위하여 기계설비산업 정보체계(이하 "정보체계"라 한다)를 구축·운영할 수 있다. ② 정보체계에는 다음 각 호의 사항을 포함할 수 있다. 1. 국내외 기계설비산업의 현황에 관한 사항 2. 기계설비사업자의 수주 실적에 관한 사항 3. 기계설비산업의 연구·개발에 관한 사항 4. 기계설비성능점검업의 등록에 관한 사항 5. 기계설비유지관리자의 교육에 관한 사항 6. 그 밖에 국토교통부령으로 정하는 기계설비산업에 관련된 정보 ③ 국토교통부장관은 정보체계를 구축하는 경우 「국가정보화 기본법」 제6조 및 제7조에 따른 국가정보화 기본계획 및 국가정보화 시행계획과 연계되도록 하여야 한다. ④ 그 밖에 정보체계의 구축·운영 및 활용 등에 필요한 사항은 국토교통부령으로 정한다.	**제3조【건축물 생애이력 정보의 공개】** 국토교통부장관, 특별자치시장·특별자치도지사 또는 시장·군수·구청장(자치구의 구청장을 말하며, 이하 같다)은 「건축법 시행령」 제2조제17호에 따른 다중이용 건축물인 경우 법 제8조제1항에 따라 생애이력 정보 중 다음 각 호의 정보를 공개할 수 있다. 다만, 「개인정보 보호법」 제2조제1호에 따른 개인정보에 관한 사항은 제외한다. 1. 건축물관리계획 2. 법 제10조에 따른 건축물관리 관련 정보 3. 법 제11조제4항 및 제6항에 따른 건축물관리계획의 적절성 검토 결과 및 조치결과 4. 법 제20조에 따른 건축물관리점검 결과 5. 법 제22조에 따른 보수·보강 등 조치결과 6. 법 제24조에 따른 건축물관리점검 결과의 평가 7. 법 제28조에 따른 화재안전성능보강 결과 8. 법 제33조에 따른 건축물 해체공사 결과 9. 「녹색건축물 조성 지원법」 제10조에 따른 건축물 에너지·온실가스 정보	**관계법** 「건축법 시행령」 제2조(정의) 17. "다중이용 건축물"이란 다음 각 목의 어느 하나에 해당하는 건축물을 말한다. 가. 다음의 어느 하나에 해당하는 용도로 쓰는 바닥면적의 합계가 5천제곱미터 이상인 건축물 1) 문화 및 집회시설(동물원 및 식물원은 제외한다) 2) 종교시설 3) 판매시설 4) 운수시설 중 여객용 시설 5) 의료시설 중 종합병원 6) 숙박시설 중 관광숙박시설 나. 16층 이상인 건축물
제9조【건축물 생애관리대장】 ① 특별자치시장·특별자치도지사 또는 시장·군수·구청장은 건축물관리 상태를 확인하기 위하여 다음 각 호의 어느 하나에 해당하는 경우 건축물 생애관리대장에 건축물관리 현황에 관한 정보를 작성하	**제4조【건축물 생애관리대장】** 법 제9조제1항제6호에서 "대통령령으로 정하는 경우"란 다음 각 호의 어느 하나에 해당하는 경우를 말한다. 1. 법 제21조에 따른 사용제한·사용금지·해체 등의 조치	**제4조【건축물 생애관리대장】** ① 법 제9조제1항에 따른 건축물 생애관리대장은 다음 각 호의 내용을 포함해야 한다.

법

여 보관하여야 한다.

1. 제13조에 따른 정기점검이 실시된 경우
2. 제14조에 따른 긴급점검이 실시된 경우
3. 제15조에 따른 소규모 노후 건축물등 점검이 실시된 경우
4. 제16조에 따른 안전진단이 실시된 경우
5. 제30조에 따른 건축물 해체공사가 실시된 경우
6. 그 밖에 대통령령으로 정하는 경우

② 제1항에 따른 건축물 생애관리대장의 서식, 기재 내용, 기재 절차, 그 밖에 필요한 사항은 국토교통부령으로 정한다.

제10조【건축물관리 관련 정보의 보관 및 제공】 ① 관리자는 체계적인 건축물관리를 위하여 제9조제1항 각 호의 어느 하나에 해당하는 경우 대통령령으로 정하는 바에 따라 해당 건축물의 점검 · 보수 · 보강 등의 건축물관리 관련 정보를 기록 · 보관 · 유지하여야 한다.

② 관리자는 제13조에 따른 정기점검, 제14조에 따른 긴급점검, 제16조에 따른 안전진단을 실시하기 위하여 필요한 때에는 특별자치시장 · 특별자치도지사 또는 시장 · 군수 · 구청장에게 해당 건축물의 설계도서 등 건축물관리 관련

시행령

가 된 경우

2. 법 제22조제1항에 따른 보수 · 보강 등의 조치가 된 경우
3. 법 제22조제2항에 따른 해체 · 개축 · 수선 · 사용금지 · 사용제한 등의 조치가 된 경우
4. 법 제28조에 따라 화재안전성능보강이 실시된 경우

제5조【건축물관리 관련 정보의 보관 등】 관리자는 법 제9조제1항 각 호의 어느 하나에 해당하여 「건축법」 제11조 또는 제14조에 따라 건축허가를 받거나 건축신고를 하고 보수 · 보강 등을 한 경우 법 제10조제1항에 따라 다음 각 호의 정보를 법 제7조에 따른 건축물 생애이력 정보체계(이하 "건축물 생애이력 정보체계"라 한다)에 입력하는 방법으로 기록 · 보관 · 유지해야 한다.

1. 보수 · 보강 등 공사 전 · 후의 평면도, 입면도 및 단면도 등 주요 도면
2. 「건축법」 제2조제1항제7호에 따른 주요구조부(이하 "주요구조부"라 한다)의 공사 사진

시행규칙

1. 건축물 개요
2. 건축물 허가 · 신고 이력
3. 건축물관리계획
4. 법 제13조부터 제16조까지의 정기점검, 긴급점검, 소규모 노후 건축물 등 점검 및 안전진단(이하 "건축물 관리점검"이라 한다) 현황
5. 화재안전성능보강 현황
6. 건축물 해체 이력

② 법 제9조제1항에 따른 건축물 생애관리대장은 별지 제1호서식에 따른다.

관계법 「건축법」 제2조(정의) ①

7. "주요구조부"란 내력벽(耐力壁), 기둥, 바닥, 보, 지붕틀 및 주계단(主階段)을 말한다. 다만, 사이 기둥, 최하층 바닥, 작은 보, 차양, 옥외 계단, 그 밖에 이와 유사한 것으로 건축물의 구조상 중요하지 아니한 부분은 제외한다.

정보의 제공을 요청할 수 있다. 이 경우 특별자치시장ㆍ특별자치도지사 또는 시장ㆍ군수ㆍ구청장은 특별한 사유가 없으면 해당 정보를 제공하여야 한다.

제3장 건축물관리점검 및 조치

제11조【건축물관리계획의 수립 등】 ① 사용승인을 받고자 하는 건축물이 「건설산업기본법」 제41조에 따라 건설사업자가 시공하여야 하는 건축물인 경우 해당 건축물의 건축주는 건축물관리계획을 수립하여 사용승인 신청 시 특별자치시장ㆍ특별자치도지사 또는 시장ㆍ군수ㆍ구청장에게 제출하여야 한다. 다만, 다음 각 호의 어느 하나에 해당하는 건축물은 그러하지 아니하다. 〈개정 2019.4.30. 2022.11.15.〉

1. 「건축법」 제2조제2항제21호에 따른 동물 및 식물 관련 시설
2. 「건축법」 제2조제2항제23호에 따른 교정(矯正) 시설
3. 「건축법」 제2조제2항제24호에 따른 국방ㆍ군사시설
4. 「공동주택관리법」 제2조제1항제2호에 따른 의무관리대상 공동주택
5. 그 밖에 대통령령으로 정하는 건축물

② 제1항에 따른 건축물관리계획은 다음 각 호의 내용을 포함하여 작성하여야 하며, 건축물관리계획의 구체적인 작성기준은 국토교통부장관이 정하여 고시한다.

1. 건축물의 현황에 관한 사항
2. 건축주, 설계자, 시공자, 감리자에 관한 사항
3. 건축물 마감재 및 건축물에 부착된 제품에 관한 사항

제3장 건축물관리점검 및 조치

제6조【건축물관리계획 수립의 제외 대상 건축물 등】 ① 법 제11조제1항제5호에서 "대통령령으로 정하는 건축물"이란 다음 각 호의 어느 하나에 해당하는 건축물을 말한다. 〈개정 2023.5.15.〉

1. 「산업집적활성화 및 공장설립에 관한 법률」 제2조제1호 및 제13호에 따른 공장 및 지식산업센터
2. 「학교안전사고 예방 및 보상에 관한 법률」 제2조제1호에 따른 학교
3. 「건축법 시행령」 별표 1 제1호가목에 따른 단독주택
4. 그 밖에 건축물관리계획을 수립할 필요가 없다고 국토교통부장관이 인정하여 고시하는 건축물

고시 건축물관리계획 작성기준 (국토교통부고시 제2020-316호, 2020.5.1., 제정)

제3장 건축물관리점검 및 조치

법	시 행 령	시 행 규 칙
4. 건축물 장기수선계획에 관한 사항 5. 건축물 화재 및 피난안전에 관한 사항 6. 건축물 구조안전 및 내진능력에 관한 사항 7. 에너지 및 친환경 성능관리에 관한 사항 8. 그 밖에 대통령령으로 정하는 사항 ③ 특별자치시장·특별자치도지사 또는 시장·군수·구청장은 제1항에 따른 건축물관리계획의 적절성을 검토하여 해당 건축물의 건축주 또는 관리자에게 건축물관리계획의 보완을 요구할 수 있다. ④ 특별자치시장·특별자치도지사 또는 시장·군수·구청장은 제3항에 따른 건축물관리계획의 적절성 검토 결과를 제7조에 따른 건축물 생애이력 정보체계에 등록하여야 한다. ⑤ 관리자는 건축물관리계획을 3년마다 검토하고, 필요한 경우 이를 국토교통부령으로 정하는 바에 따라 조정하여야 하며, 수립 또는 조정된 건축물관리계획에 따라 주요시설을 교체하거나 보수하여야 한다. ⑥ 관리자는 제5항에 따라 건축물관리계획을 조정한 경우 또는 국토교통부령으로 정하는 바에 따라 건축물의 주요 부분을 수선·변경하거나 증설하는 경우에는 제7조에 따른 건축물 생애이력 정보체계에 조치결과를 입력하여야 한다. ⑦ 특별자치시장·특별자치도지사 또는 시장·군수·구청장은 제3항에 따른 건축물관리계획의 적절성 검토를 대통령령으로 정하는 기관이나 단체에 위탁 또는 대행하게 할 수 있다.	② 법 제11조제2항제8호에서 "대통령령으로 정하는 사항"이란 다음 각 호의 사항을 말한다. 1. 관리자에 관한 사항 2. 법 및 「녹색건축물 조성 지원법」 등 관계 법령에 따른 인증 또는 평가 중 건축물관리를 위하여 필요하다고 인정되는 사항 ③ 법 제11조제7항에서 "대통령령으로 정하는 기관이나 단체"란 법 제39조제1항에 따라 지정된 건축물관리지원센터(이하 "건축물관리지원센터"라 한다)를 말한다.	**제5조【건축물관리계획의 조정】** ① 관리자는 법 제11조제5항에 따라 건축물관리계획을 조정하려는 경우 그 조정안을 건축물 생애이력 정보체계에 입력해야 한다. ② 특별자치시장·특별자치도지사 또는 시장·군수·구청장은 제1항에 따라 입력된 조정안의 적절성을 검토하여 그 검토 결과를 건축물 생애이력 정보체계에 등록해야 한다. **제6조【건축물 주요 부분의 수선·변경·증설】** 관리자는 「건축법」 제2조제1항제7호에 따른 주요구조부에 대해 같은 법 제11조 또는 제14조에 따라 건

법	시 행 령	시 행 규 칙

축허가를 받거나 건축신고를 하고 수선 · 변경하거나 증설하는 경우 법 제11조 제6항에 따라 이를 완료한 날부터 30일 이내에 그 결과를 건축물 생애이력 정보체계에 입력해야 한다.

제12조【건축물의 유지 · 관리】 ① 관리자는 건축물, 대지 및 건축설비를 「건축법」 제40조부터 제48조까지, 제48조의4, 제49조, 제50조, 제50조의2, 제51조, 제52조, 제52조의2, 제53조, 제53조의2, 제54조부터 제58조까지, 제60조부터 제62조까지, 제64조, 제65조의2, 제67조 및 제68조와 「녹색건축물 조성 지원법」 제15조, 제15조의2, 제16조 및 제17조에 적합하도록 관리하여야 한다. 이 경우 「건축법」 제65조의2 및 「녹색건축물 조성 지원법」 제16조 · 제17조는 인증을 받은 경우로 한정한다.

② 건축물의 구조, 재료, 형식, 공법 등이 특수한 건축물 중 대통령령으로 정하는 건축물은 제1항 또는 제13조부터 제15조까지의 규정을 적용할 때 대통령령으로 정하는 바에 따라 건축물관리 방법 · 절차 및 점검기준을 강화 또는 변경하여 적용할 수 있다.

제7조【특수한 건축물의 구조안전 확인】 ① 법 제12조제2항에서 "대통령령으로 정하는 건축물"이란 다음 각 호의 건축물을 말한다. 〈개정 2024.12.17.〉

1. 「건축법 시행령」 제2조제18호(다목은 제외한다)에 따른 특수구조 건축물
2. 무량판 구조(보가 없이 바닥판 · 기둥으로 구성된 구조를 말한다)를 가진 건축물

② 제1항에 따른 건축물은 법 제12조제2항에 따라 다음 각 호의 기준을 적용하여 점검한다.

1. 해당 건축물의 구조안전에 대한 경험과 지식을 갖춘 사람이 외관조사를 실시할 것
2. 법 제18조제3항에 따른 점검책임자는 건축물의 특수 구조 및 구조 변경에 관한 정보 등을 사전검토하고, 점검계획을 수립할 것
3. 「건축법 시행령」 제2조제18호가목 또는 나목에 해당하는 건축물은 부재의 균열 및 손상 등을 관찰할 것

③ 제2항에서 규정한 사항 외에 해당 건축물 점검기준의 강화 또는 변경과 관련된 사항은 국토교통부장관이 법 제17조에 따른 건축물관리점검지침(이하 "건축물관리점검지침"이라 한다)으로 정하여 고시한다.

고시 건축물관리점검지침(국토교통부고시 제2022-332호, 2022.6.20.)

관계법 「건축법」

제65조의2(지능형건축물의 인증)

① 국토교통부장관은 지능형건축물[Intelligent Building]의 건축을 활성화하기 위하여 지능형건축물 인증제도를 실시한다.

관계법 「녹색건축물 조성 지원법」

제16조(녹색건축의 인증)

① 국토교통부장관은 지속가능한 개발의 실현과 자원절약형이고 자연친화적인 건축물의 건축을 유도하기 위하여 녹색건축 인증제를 시행한다.

제17조(건축물의 에너지효율등급 인증 및 제로에너지건축물 인증)

① 국토교통부장관은 에너지성능이 높은 건축물을 확대하고, 건축물의 효과적인 에너지관리를 위하여 건축물 에너지효율등급 인증제 및 제로에너지건축물 인증제를 시행한다.

법	시행령	시행규칙

법

제13조 【정기점검의 실시】 ① 다중이용 건축물 등 대통령령으로 정하는 건축물의 관리자는 건축물의 안전과 기능을 유지하기 위하여 정기점검을 실시하여야 한다.

② 정기점검은 대지, 높이 및 형태, 구조안전, 화재안전, 건축설비, 에너지 및 친환경 관리, 범죄예방, 건축물관리계획의 수립 및 이행 여부 등 대통령령으로 정하는 항목에 대하여 실시한다. 다만, 해당 연도에 「도시 및 주거환경정비법」, 「공동주택관리법」 또는 「시설물의 안전 및 유지관리에 관한 특별법」에 따른 안전점검 또는 안전진단이 실시된 경우에는 정기점검 중 구조안전에 관한 사항을 생략할 수 있다.

③ 제1항에 따른 정기점검은 해당 건축물의 사용승인일부터 5년 이내에 최초로 실시하고, 점검을 시작한 날을 기준으로 3년(매 3년이 되는 해의 기준일과 같은 날 전날까지를 말한다)마다 실시하여야 한다.

④ 정기점검의 실시 절차 및 방법 등 필요한 사항은 대통령령으로 정한다.

관계법 1. 대지. 「건축법」
제40조(대지의 안전 등)
제42조(대지의 조경)
제43조(공개 공지 등의 확보)
제44조(대지와 도로의 관계)
제47조(건축선에 따른 건축제한)

시행령

제8조 【정기점검 대상 건축물 등】 ① 법 제13조제1항에서 "다중이용 건축물 등 대통령령으로 정하는 건축물"이란 다음 각 호의 건축물을 말한다. 다만, 「학교안전사고 예방 및 보상에 관한 법률」 제2조제1호에 따른 학교, 「공동주택관리법」 제2조제1항제2호에 따른 의무관리대상 공동주택, 「유통산업발전법」 제2조제3호·제4호에 따른 대규모점포·준대규모점포 및 정기점검을 실시해야 하는 날부터 3년 이내에 「공동주택관리법」 제34조제2호에 따라 소규모 공동주택 안전관리를 실시한 공동주택은 제외한다.

1. 「다중이용업소의 안전관리에 관한 특별법」에 따른 다중이용업소가 있는 건축물로서 특별자치시·특별자치도·시·군·구(자치구를 말한다)의 조례(이하 "시·군·구 조례"라 한다)로 정하는 건축물
2. 「집합건물의 소유 및 관리에 관한 법률」을 적용받는 건축물로서 연면적 3천제곱미터 이상인 건축물
3. 「건축법 시행령」 제2조제17호에 따른 다중이용 건축물
4. 「건축법 시행령」 제2조제17호의2에 따른 준다중이용 건축물로서 같은 조 제18호에 따른 특수구조 건축물에 해당하는 건축물

② 법 제13조제1항에 따른 정기점검(이하 "정기점검"이라 한다)을 실시해야 하는 건축물의 관리자는 법 제18조제1항에 따라 지정을 통지받은 건축물관리점검기관에 점검을 의뢰해야 한다.

③ 법 제13조제2항 본문에서 "대지, 높이 및 형태, 구조안전, 화재안전, 건축설비, 에너지 및 친환경 관리, 범죄예방, 건축물관리계획의 수립 및 이행 여부 등 대통령령으로 정하는 항목"이란 다음 각 호의 구분에 따른 항목을 말한다.

1. 대지: 「건축법」 제40조, 제42조부터 제44조까지 및 제

법	시 행 령	시 행 규 칙
관계법 2. 높이 및 형태. 「건축법」 제55조(건축물의 건폐율) 제56조(건축물의 용적률) 제58조(대지 안의 공지) 제60조(건축물의 높이 제한) 제61조(일조 등의 확보를 위한 건축물의 높이 제한)	47조에 적합한지 여부 2. 높이 및 형태: 「건축법」 제55조, 제56조, 제58조, 제60조 및 제61조에 적합한지 여부 3. 구조안전 가. 「건축법」 제48조에 적합한지 여부 나. 건축물의 외관 및 주요구조부의 상태 등 건축물관리점검지침에서 정하는 사항에 적합한지 여부(「건축법」 제22조에 따른 사용승인을 받은 날부터 20년이 지난 후에 처음 실시하는 정기점검만 해당한다)	**관계법** 3. 구조안전. 「건축법」 제48조(구조내력 등)
관계법 5. 건축설비. 「건축법」 제62조(건축설비기준 등) 제64조(승강기) **관계법** 6. 에너지 및 친환경 관리. 「건축법」 제65조의2(지능형건축물의 인증) 「녹색건축물 조성 지원법」 제15조(건축물에 대한 효율적인 에너지 관리와 녹색건축물 조성의 활성화) 제15조의2(녹색건축물의 유지·관리) 제16조(녹색건축의 인증) 제17조(건축물의 에너지효율등급 인증 및 제로에너지건축물 인증)	4. 화재안전: 「건축법」 제49조, 제50조, 제50조의2, 제51조, 제52조, 제52조의2 및 제53조에 적합한지 여부 5. 건축설비: 「건축법」 제62조 및 제64조에 적합한지 여부 6. 에너지 및 친환경 관리: 「건축법」 제65조의2와 「녹색건축물 조성 지원법」 제15조, 제15조의2, 제16조 및 제17조에 적합한지 여부 7. 범죄예방: 「건축법」 제53조의2에 적합한지 여부 8. 건축물관리계획: 수립 및 이행이 적합한지 여부 9. 그 밖의 항목 가. 법 제20조제2항 각 호의 사항을 이행했는지 여부 나. 「건축법」 제22조에 따른 사용승인을 신청할 때 제출된 설계도서의 내용대로 유지·관리되는지 여부 다. 건축물의 안전을 강화하고 에너지 절감을 위하여 보완해야 할 사항이 있는지 여부	**관계법** 4. 화재안전. 「건축법」 제49조(구조내력 등) 제50조(건축물의 내화구조와 방화벽) 제50조의2(고층건축물의 피난 및 안전관리) 제51조(방화지구 안의 건축물) 제52조(건축물의 마감재료 등) 제52조의2(실내건축) 제53조(지하층) **관계법** 7. 범죄예방. 「건축법」 제53조의2(건축물의 범죄예방)
제14조【긴급점검의 실시】 ① 특별자치시장·특별자치도지사 또는 시장·군수·구청장은 다음 각 호의 어느 하나에 해당하는 경우 해당 건축물의 관리자에게 건축물의 구조안전, 화재안전 등을 점검하도록 요구하여야 한다.	**제9조【긴급점검의 실시】** ① 법 제14조제1항제3호에서 "대통령령으로 정하는 경우"란 다음 각 호의 경우를 말한다. 1. 부실 설계 또는 시공 등으로 인하여 건축물의 붕괴·전	

법	시 행 령	시 행 규 칙
1. 재난 등으로부터 건축물의 안전을 확보하기 위하여 점검이 필요하다고 인정되는 경우 2. 건축물의 노후화가 심각하여 안전에 취약하다고 인정되는 경우 3. 그 밖에 대통령령으로 정하는 경우 ② 제1항에 따른 점검(이하 "긴급점검"이라 한다)은 관리자가 긴급점검 실시 요구를 받은 날부터 1개월 이내에 실시하여야 한다. ③ 긴급점검의 항목, 절차, 방법 등 필요한 사항은 대통령령으로 정한다.	도 등이 발생할 위험이 있다고 판단되는 경우 2. 그 밖에 건축물의 안전한 이용에 중대한 영향을 미칠 우려가 있다고 인정되는 경우 등 시·군·구 조례로 정하는 경우 ② 법 제14조제1항에 따른 점검(이하 "긴급점검"이라 한다)의 항목은 다음 각 호의 구분에 따른다. 1. 구조안전: 「건축법」 제48조에 적합한지 여부 2. 화재안전: 「건축법」 제49조, 제50조, 제50조의2, 제51조, 제52조, 제52조의2 및 제53조에 적합한지 여부 3. 그 밖에 건축물의 안전을 확보하기 위하여 점검이 필요하다고 인정되는 항목 ③ 법 제14조제2항에 따라 긴급점검의 실시를 요구받은 건축물의 관리자는 법 제18조제1항에 따라 지정을 통지받은 건축물관리점검기관 에 점검을 의뢰해야 한다.	
제15조【소규모 노후 건축물등 점검의 실시】 ① 특별자치시장·특별자치도지사 또는 시장·군수·구청장은 다음 각 호의 어느 하나에 해당하는 건축물 중 안전에 취약하거나 재난의 위험이 있다고 판단되는 건축물을 대상으로 구조안전, 화재안전 및 에너지성능 등을 점검할 수 있다. 1. 사용승인 후 30년 이상 지난 건축물 중 조례로 정하는 규모의 건축물 2. 「건축법」 제2조제2항제11호에 따른 노유자시설 3. 「장애인·고령자 등 주거약자 지원에 관한 법률」 제2조제2호에 따른 주거약자용 주택 4. 그 밖에 대통령령으로 정하는 건축물 ② 특별자치시장·특별자치도지사 또는 시장·군수·구청장은 제1항에 따른 점검(이하 "소규모 노후 건축물등 점	**제10조【소규모 노후 건축물등 점검의 실시】** ① 법 제15조제1항제4호에서 "대통령령으로 정하는 건축물"이란 다음 각 호의 어느 하나에 해당하는 건축물을 말한다. 1. 「건축법」 제5조제1항 및 같은 법 시행령 제6조제1항제6호가목에 따른 리모델링 활성화 구역 내 건축물 2. 「국토의 계획 및 이용에 관한 법률」 제37조제1항제4호에 따른 방재지구 내 건축물 3. 「도시 및 주거환경정비법」 제20조 및 제21조에 따라 해제된 정비예정구역 또는 정비구역 내 건축물 4. 「도시재생 활성화 및 지원에 관한 특별법」 제2조제1항제5호에 따른 도시재생활성화지역 내 건축물 5. 「자연재해대책법」 제12조제1항에 따른 자연재해위험개선지구 내 건축물	

법	시 행 령	시 행 규 칙
검" 이라 한다)결과를 해당 관리자에게 제공하고 점검결과에 대한 개선방안 등을 제시하여야 한다. ③ 특별자치시장·특별자치도지사 또는 시장·군수·구청장은 소규모 노후 건축물등 점검결과에 따라 보수·보강 등에 필요한 비용의 전부 또는 일부를 보조하거나 융자할 수 있으며, 보수·보강 등에 필요한 기술적 지원을 할 수 있다. ④ 소규모 노후 건축물등 점검의 실시 절차 및 방법 등 필요한 사항은 대통령령으로 정한다.	6. 「건축법」 제정일(1962년 1월 20일) 이전에 건축된 건축물 7. 그 밖에 안전에 취약하거나 재난 발생 우려가 큰 건축물 등 시·군·구 조례로 정하는 건축물 ② 특별자치시장·특별자치도지사 또는 시장·군수·구청장은 제12조제3항의 명부에서 건축물관리점검기관을 지정하여 법 제15조제1항에 따른 점검(이하 "소규모 노후 건축물등 점검"이라 한다)을 요청할 수 있다. 이 경우 특별자치시장·특별자치도지사 또는 시장·군수·구청장은 다음 각 호의 사항을 건축물관리점검기관에 통보해야 한다. 1. 대상 건축물의 용도 및 구조 2. 대상 건축물의 위치 및 규모 3. 점검이 필요하다고 판단한 사유 ③ 제2항에 따라 점검을 요청받은 건축물관리점검기관은 해당 건축물의 관리실태 등을 검토하고 점검의 시기 및 방법 등을 정하여 해당 건축물의 관리자와 특별자치시장·특별자치도지사 또는 시장·군수·구청장에게 통보해야 한다.	
제16조【안전진단의 실시】 ① 관리자는 제13조에 따른 정기점검, 제14조에 따른 긴급점검 또는 제15조에 따른 소규모 노후 건축물등 점검을 실시한 결과, 건축물의 안전성 확보를 위하여 필요하다고 인정되는 경우 건축물의 안전성 결함의 원인 등을 조사·측정·평가하여 보수·보강 등의 방안을 제시하는 진단을 실시하여야 한다. ② 특별자치시장·특별자치도지사 또는 시장·군수·구청장은 다음 각 호의 어느 하나에 해당하는 경우 해당 관리자에게 제1항에 따른 진단(이하 "안전진단"이라 한다)을 실시할 것을 요구할 수 있다. 이 경우 요구를 받은 자는 특	**제11조【안전진단의 실시】** ① 법 제16조제2항제4호에서 "대통령령으로 정하는 경우"란 다음 각 호의 어느 하나에 해당하는 경우를 말한다. 1. 지진·화재 등 재난 발생으로 인하여 구조안전 또는 화재안전의 성능 저하가 우려되어 법 제16조제1항에 따른 진단(이하 "안전진단"이라 한다)이 필요하다고 특별자치시장·특별자치도지사 또는 시장·군수·구청장이 인정하는 경우 2. 그 밖에 시·군·구 조례로 정하는 경우 ② 법 제16조제5항에 따른 결과보고서에는 다음 각 호의	

법	시 행 령	시 행 규 칙
별한 사유가 없으면 이에 따라야 한다. 〈개정 2020.6.9.〉 1. 건축물에 중대한 결함이 발생한 경우 2. 건축물의 붕괴·전도 등이 발생할 위험이 있다고 판단하는 경우 3. 재난 예방을 위하여 안전진단이 필요하다고 인정되는 경우 4. 그 밖에 건축물의 성능이 낮아져 공중의 안전을 침해할 우려가 있는 것으로 대통령령으로 정하는 경우 ③ 국토교통부장관은 건축물의 구조상 공중의 안전한 이용에 중대한 영향을 미칠 우려가 있어 안전진단이 필요하다고 판단하는 경우에는 특별자치시장·특별자치도지사 또는 시장·군수·구청장에게 안전진단을 실시할 것을 요구하거나, 「시설물의 안전 및 유지관리에 관한 특별법」 제28조제1항에 따라 등록한 안전진단전문기관(이하 "안전진단전문기관"이라 한다) 또는 「국토안전관리원법」에 따른 국토안전관리원(이하 "국토안전관리원"이라 한다)에 의뢰하여 안전진단을 실시할 수 있다. 〈개정 2020.6.9.〉 ④ 제3항에 따라 안전진단을 실시하는 안전진단전문기관이나 국토안전관리원은 관계인에게 필요한 질문을 하거나 관계 서류 등을 열람할 수 있다. 〈개정 2020.6.9.〉 ⑤ 제3항에 따라 안전진단을 실시하는 안전진단전문기관이나 국토안전관리원은 대통령령으로 정하는 바에 따라 결과보고서를 작성하고, 이를 해당 관리자, 국토교통부장관, 특별자치시장·특별자치도지사 또는 시장·군수·구청장에게 제출하여야 한다. 〈개정 2020.6.9.〉 ⑥ 국토교통부장관, 특별자치시장·특별자치도지사 또는 시장·군수·구청장은 제3항에 따른 안전진단 결과에 따라 보수·보강 등의 조치가 필요하다고 인정하는 경우에는 해	사항이 포함되어야 한다. 1. 건축물의 개요, 안전진단의 범위 및 과업 내용 등 안전진단의 개요 2. 설계도면, 구조계산서 및 보수·보강 이력 등 자료수집 및 분석 결과 3. 외관조사 결과 분석, 재료 시험·측정 결과 분석 등 현장조사 및 시험 결과 4. 건축물의 상태평가 결과 5. 건축물의 구조해석 등 안전성평가 결과 6. 건축물의 종합평가 결과 7. 보수·보강방법 8. 종합결론 및 추가 보완이 필요한 사항 9. 그 밖에 안전진단에 관한 것으로서 국토교통부장관이 정하는 사항 ③ 법 제16조제3항에 따라 안전진단을 의뢰받은 기관은 안전진단을 완료한 날부터 30일 이내에 같은 조 제5항에 따라 결과보고서를 해당 관리자, 국토교통부장관, 특별자치시장·특별자치도지사 또는 시장·군수·구청장에게 제출해야 한다. 이 경우 건축물 생애이력 정보체계에 입력하는 방법으로 제출할 수 있다.	

당 관리자에게 보수·보강 등의 조치를 취할 것을 명할 수 있다.

⑦ 제3항에 따라 특별자치시장·특별자치도지사 또는 시장·군수·구청장이 안전진단을 실시한 경우 결과보고서를 국토교통부장관에게 제출하여야 한다.

제17조【건축물관리점검지침】 ① 국토교통부장관은 제13조부터 제16조까지의 규정에 따른 정기점검, 긴급점검, 소규모 노후 건축물등 점검 및 안전진단(이하 "건축물관리점검"이라 한다)의 실시 방법·절차 등에 관한 사항을 규정한 지침(이하 "건축물관리점검지침"이라 한다)을 작성하여 고시하여야 한다.

② 국토교통부장관이 건축물관리점검지침을 정할 때에는 미리 관계 중앙행정기관의 장과 협의하여야 한다.

고시 건축물관리점검지침(국토교통부고시 제2024-579호, 2024.11.4.)

제18조【건축물관리점검기관의 지정 등】 ① 특별자치시장·특별자치도지사 또는 시장·군수·구청장은 다음 각 호의 어느 하나에 해당하는 자를 대통령령으로 정하는 바에 따라 건축물관리점검기관으로 지정하여 해당 관리자에게 알려야 한다. 〈개정 2019.4.30., 2020.6.9., 2021.3.16.〉

1. 「건축사법」 제23조제1항에 따른 건축사사무소개설신고를 한 자
2. 「건설기술 진흥법」 제26조제1항에 따라 등록한 건설엔지니어링사업자
3. 안전진단전문기관
4. 국토안전관리원
5. 그 밖에 대통령령으로 정하는 자

② 해당 관리자는 제1항에 따라 지정된 건축물관리점검기

제12조【건축물관리점검기관의 지정 등】 ① 법 제18조제1항제5호에서 "대통령령으로 정하는 자"란 다음 각 호의 자를 말한다. 〈개정 2020.12.8.〉

1. 「기술사법」 제6조에 따라 건축분야를 전문분야로 하여 기술사사무소를 개설등록한 자
2. 「한국부동산원법」에 따른 한국부동산원
3. 「한국토지주택공사법」에 따른 한국토지주택공사

② 건축물관리점검기관이 갖춰야 할 요건은 별표 1과 같다.

③ 특별시장·광역시장·특별자치시장·도지사 또는 특별자치도지사(이하 "시·도지사"라 한다)는 법 제18조제1항 각 호의 자를 대상으로 모집공고를 거쳐 명부를 작성하고 관리해야 한다. 이 경우 특별시장·광역시장 또는 도지사는 미리 관할 시장·군수·구청장과 협의해야 한다.

법	시 행 령	시 행 규 칙
관으로 하여금 건축물관리점검을 수행하도록 하여야 한다.	④ 특별자치시장·특별자치도지사 또는 시장·군수·구청장은 법 제18조제1항에 따라 이 조 제3항의 명부에서 건축물관리점검기관을 지정해야 한다. ⑤ 제3항 및 제4항에 따른 건축물관리점검기관 모집공고, 명부 작성·관리 및 지정에 필요한 사항은 특별시·광역시·특별자치시·도 또는 특별자치도의 조례로 정할 수 있다.	
③ 건축물관리점검기관은 점검책임자를 지정하여 업무를 수행하여야 한다. ④ 점검자는 건축물관리점검지침에 따라 성실하게 그 업무를 수행하여야 한다. ⑤ 해당 관리자는 다음 각 호의 어느 하나에 해당하는 경우 건축물관리점검기관의 교체를 요청할 수 있다. 이 경우 특별자치시장·특별자치도지사 또는 시장·군수·구청장은 사유가 정당하다고 인정되는 경우 건축물관리점검기관을 변경하여 관리자에게 알려야 한다. 1. 거짓이나 부정한 방법으로 건축물관리점검기관으로 지정을 받은 경우 2. 건축물관리점검에 요구되는 점검자 자격기준에 적합하지 아니한 경우 3. 점검자가 고의 또는 중대한 과실로 건축물관리점검지침에 위반하여 업무를 수행한 경우 4. 건축물관리점검기관이 정당한 사유 없이 건축물관리점검을 거부하거나 실시하지 아니한 경우 ⑥ 점검자의 자격, 업무대가 등에 관하여 필요한 사항은 대통령령으로 정한다.	**제13조【점검자의 자격 등】** ① 건축물관리점검기관은 법 제18조제3항에 따라 별표 2에 따른 자격기준에 적합한 사람을 해당 건축물관리점검의 점검책임자로 지정해야 한다. ② 제1항에 따라 지정된 점검책임자는 해당 건축물관리점검을 총괄하여 관리·감독한다. ③ 법 제18조제4항에 따른 점검자(이하 "점검자"라 한다)의 자격기준은 별표 2와 같다. ④ 점검책임자 및 점검자는 법 제13조부터 제16조까지의 정기점검, 긴급점검, 소규모 노후 건축물등 점검 및 안전진단(이하 "건축물관리점검"이라 한다) 업무를 하려면 별표 3에 따라 신규교육 및 보수교육을 이수해야 한다. ⑤ 법 제18조제6항에 따른 건축물관리점검의 업무대가는 인건비, 기술료, 직접경비, 간접경비 및 추가 업무비용(제8조제3항제3호나목에 따른 구조안전 점검에 따른 추가비용 등을 말한다)으로 구분하여 계산한다. 이 경우 업무대가 산정에 필요한 세부적인 사항은 국토교통부장관이 정하여 고시한다. **고시** 건축물관리점검지침(국토교통부고시 제2024-579호, 2024.11.4.)	
제19조【건축물관리점검의 통보】 ① 특별자치시장·특별		**제7조【정기점검 등의 통지】** ① 특

법	시 행 령	시 행 규 칙
자치도지사 또는 시장·군수·구청장은 다음 각 호의 어느 하나에 해당하는 점검을 실시하여야 하는 건축물의 관리자에게 점검 대상 건축물이라는 사실과 점검 실시절차를 해당 점검일부터 3개월 전까지 미리 알려야 한다. 다만, 제2호의 경우 특별자치시장·특별자치도지사 또는 시장·군수·구청장은 지체 없이 해당 건축물의 관리자에게 점검 대상 건축물이라는 사실과 점검 실시절차를 알려야 한다. 1. 제13조에 따른 정기점검 2. 제14조에 따른 긴급점검 3. 제15조에 따른 소규모 노후 건축물등 점검 ② 제1항에 따른 통지의 방법은 국토교통부령으로 정한다.		별자치시장·특별자치도지사 또는 시장·군수·구청장은 법 제19조제1항에 따라 관리자에게 점검 대상 건축물이라는 사실과 점검 실시절차를 통지하는 경우 「건축물관리법 시행령」(이하 "영"이라 한다) 제12조제4항에 따라 지정된 건축물관리점검기관을 알려 주어야 한다. ② 법 제19조제1항에 따른 점검의 통지는 문서, 팩스, 전자우편 또는 문자메시지 등으로 할 수 있다.
제20조【건축물관리점검 결과의 보고】 ① 건축물관리점검기관은 건축물관리점검을 마친 날부터 30일 이내에 해당 건축물의 관리자와 특별자치시장·특별자치도지사 또는 시장·군수·구청장에게 건축물관리점검 결과를 보고하여야 한다. ② 건축물관리점검기관은 제1항에 따른 건축물관리점검 결과를 보고할 때에는 다음 각 호의 사항에 대한 이행 여부를 확인하여야 한다. 〈개정 2020.3.31., 2021.11.30.〉 1. 「시설물의 안전 및 유지관리에 관한 특별법」 제11조에 따른 안전점검 2. 「소방시설 설치 및 관리에 관한 법률」 제22조에 따른 소방시설등의 자체점검 등 3. 「수도법」 제33조에 따른 위생상의 조치 4. 「승강기 안전관리법」 제28조 및 제32조에 따른 승강기 설치검사 및 안전검사 5. 「에너지이용 합리화법」 제39조에 따른 검사대상기기의	**제14조【건축물관리점검 결과의 보고】** 법 제20조제2항제8호에서 "대통령령으로 정하는 사항"이란 다음 각 호의 사항을 말한다. 1. 「공동주택관리법」 제33조 및 제34조에 따른 안전점검 및 소규모 공동주택 안전관리 2. 「도시가스사업법」 제17조에 따른 정기검사 및 수시검사 3. 「도시 및 주거환경정비법」 제12조에 따른 안전진단	

법	시 행 령	시 행 규 칙
검사 6. 「전기안전관리법」 제12조에 따른 일반용전기설비의 점검 7. 「하수도법」 제39조에 따른 개인하수처리시설의 운영·관리 8. 그 밖에 대통령령으로 정하는 사항 ③ 제1항에 따른 건축물관리점검 결과의 보고는 제7조에 따른 건축물 생애이력 정보체계에 입력하는 것으로 대신할 수 있다.		
제21조【사용제한 등】 ① 관리자는 건축물의 안전한 이용에 주는 영향이 중대하여 긴급한 조치가 필요하다고 인정되는 경우로서 대통령령으로 정하는 경우에는 해당 건축물에 대하여 사용제한·사용금지·해체 등의 조치를 하여야 한다. ② 관리자는 제1항에 따른 조치를 하는 경우에는 미리 그 사실을 특별자치시장·특별자치도지사 또는 시장·군수·구청장에게 알려야 한다. 이 경우 통보를 받은 특별자치시장·특별자치도지사 또는 시장·군수·구청장은 이를 공고하여야 한다. ③ 제20조제1항에 따라 건축물관리점검 결과를 보고받은 특별자치시장·특별자치도지사 또는 시장·군수·구청장은 해당 건축물의 안전한 이용에 주는 영향이 중대하여 긴급한 조치가 필요하다고 인정되면 대통령령으로 정하는 바에 따라 해당 건축물의 사용제한·사용금지·해체 등의 조치를 명할 수 있다. ④ 특별자치시장·특별자치도지사 또는 시장·군수·구청장은 제3항에 따른 명령을 받은 자가 그 명령을 이행하지 아니한 경우에는 「행정대집행법」에 따라 대집행을 할 수 있다.	**제15조【건축물의 사용제한】** ① 법 제21조제1항에서 "대통령령으로 정하는 경우"란 다음 각 호의 어느 하나에 해당하는 경우를 말한다. 1. 주요구조부의 강도 또는 강성(剛性: 변형에 대한 저항능력)이 현저하게 저하된 경우 2. 주요구조부에 과다한 변형이 발생하거나 균열이 심화된 경우 3. 건축물관리점검 실시 결과 건축물의 안전성 확보를 위하여 필요하다고 인정되는 경우 ② 특별자치시장·특별자치도지사 또는 시장·군수·구청장이 법 제21조제3항에 따라 사용제한·사용금지·해체 등의 조치를 명할 때에는 해당 건축물의 관리자에게 조치 내용 및 그 이유 등을 포함하여 서면으로 알려야 한다.	

법	시 행 령	시 행 규 칙
제22조 【점검결과의 이행 등】 ① 관리자는 제20조제1항에 따라 건축물관리점검 결과를 보고받은 경우 내진성능, 화재안전성능 등 대통령령으로 정하는 중대한 결함사항에 대하여 대통령령으로 정하는 바에 따라 보수 · 보강 등 필요한 조치를 하여야 한다. ② 특별자치시장 · 특별자치도지사 또는 시장 · 군수 · 구청장은 관리자가 제1항에 따른 건축물의 보수 · 보강 등 필요한 조치를 하지 아니한 경우 해당 관리자에게 해체 · 개축 · 수선 · 사용금지 · 사용제한, 그 밖에 필요한 조치의 이행 또는 시정을 명할 수 있다. ③ 건축물관리점검 결과를 통보받은 관리자는 건축물의 긴급한 보수 · 보강 등이 필요한 경우 이를 방송, 인터넷, 표지판 등을 통하여 해당 건축물의 사용자 등에게 알려야 한다.	**제16조 【점검결과의 이행 등】** ① 법 제22조제1항에서 "내진성능, 화재안전성능 등 대통령령으로 정하는 중대한 결함사항"이란 제15조제1항 각 호의 어느 하나에 해당하는 경우를 말한다. ② 관리자는 법 제22조제1항에 따라 보수、보강 등 필요한 조치를 해야 하는 경우 법 제20조제1항에 따라 건축물관리점검 결과를 보고받은 날부터 60일 이내에 보수、보강 등 조치계획을 수립하여 특별자치시장、특별자치도지사 또는 시장、군수、구청장에게 보고해야 한다. ③ 관리자는 법 제20조제1항에 따라 건축물관리점검 결과를 보고받은 날부터 2년 이내에 제2항의 보수、보강 등 조치계획에 따른 조치를 시작해야 한다. 이 경우 특별한 사유가 없으면 시작한 날부터 3년 이내에 보수、보강 등 필요한 조치를 완료해야 한다.	
제23조 【조치결과의 보고】 ① 제22조에 따라 보수、보강 등 필요한 조치를 완료한 관리자는 그 결과를 특별자치시장、특별자치도지사 또는 시장 · 군수 · 구청장에게 보고하여야 한다. ② 제1항에 따른 보고의 절차 등에 관한 사항은 국토교통부령으로 정한다.		**제8조 【조치결과의 보고】** 관리자는 법 제23조제1항에 따라 법 제22조제1항 및 제2항에 따른 조치를 완료한 날부터 30일 이내에 해당 조치결과를 건축물 생애이력 정보체계에 입력하는 방법으로 보고해야 한다.
제24조 【건축물관리점검 결과에 대한 평가 등】 ① 국토교통부장관, 특별시장、광역시장、도지사、특별자치시장 또는 특별자치도지사는 건축물관리 관련 기술수준을 향상시키고 건축물에 대한 부실점검을 방지하기 위하여 필요한 경우에는 건축물관리점검 결과를 평가할 수 있다. ② 국토교통부장관, 특별시장 · 광역시장 · 도지사 · 특별자치	**제17조 【건축물관리점검 결과에 대한 평가 등】** ① 국토교통부장관, 시 · 도지사는 법 제24조제1항에 따라 건축물의 용도, 연면적, 층수 등을 고려하여 건축물관리점검 결과를 평가할 대상을 선정할 수 있다. 이 경우 표본조사를 하기 위하여 무작위추출방식으로 대상을 선정할 수 있다. ② 국토교통부장관, 시 · 도지사는 법 제24조제1항에 따라	

법	시 행 령	시 행 규 칙
시장 또는 특별자치도지사는 관리자 및 건축물관리점검기관에 제1항에 따른 평가에 필요한 자료를 제출하도록 요청할 수 있다. 이 경우 자료 제출을 요청받은 자는 그 요청에 따라야 한다. ③ 국토교통부장관, 특별시장 · 광역시장 · 도지사 · 특별자치시장 또는 특별자치도지사는 건축물관리점검 결과에 대한 평가 결과 건축물관리점검기관이 건축물관리점검을 성실하게 수행하지 아니한 경우에는 기간을 정하여 개선을 명할 수 있다. ④ 제1항에 따른 평가의 대상 · 방법 · 절차에 관하여 필요한 사항은 대통령령으로 정한다.	건축물관리점검 결과를 평가한 경우에는 그 결과를 다음 각 호의 구분에 따른 자에게 통보해야 한다. 1. 국토교통부장관이 평가한 경우: 해당 건축물관리점검 대상이 속한 지역을 관할하는 시 · 도지사 및 시장 · 군수 · 구청장 2. 시 · 도지사가 평가한 경우: 다음 각 목의 자 가. 국토교통부장관 나. 시장 · 군수 · 구청장(특별자치시장 및 특별자치도지사가 평가한 경우는 제외한다)	
제25조【건축물관리점검기관에 대한 영업정지 등】 ① 특별자치시장 · 특별자치도지사 또는 시장 · 군수 · 구청장은 건축물관리점검기관이 다음 각 호의 어느 하나에 해당하게 되면 6개월 이내의 기간을 정하여 영업정지를 명하거나 영업정지를 갈음하여 1억원 이하의 과징금을 부과할 수 있다. 1. 제18조제5항 각 호의 어느 하나에 해당하는 경우 2. 제24조에 따른 건축물관리점검 결과에 대한 평가 결과 건축물관리점검이 거짓으로 실시되었거나 부실하다고 인정되는 경우 3. 건축물관리점검 결과를 제7조에 따른 건축물 생애이력 정보체계에 거짓으로 입력한 경우 ② 특별자치시장 · 특별자치도지사 또는 시장 · 군수 · 구청장은 제1항에 따라 과징금 부과처분을 받은 자가 과징금을 기한까지 내지 아니하면 「지방행정제재 · 부과금의 징수 등에 관한 법률」에 따라 징수한다. 〈개정 2020.3.24.〉 ③ 제1항에 따른 영업정지 처분에 관한 기준과 과징금을	**제18조【건축물관리점검기관에 대한 영업정지 등】** 법 제25조제1항에 따른 영업정지 처분에 관한 기준과 과징금을 부과하는 위반행위의 종류 및 과징금의 금액은 별표 4와 같다.	

법	시 행 령	시행규칙

부과하는 위반행위의 종류 및 위반정도 등에 따른 과징금의 금액 등에 관한 사항은 대통령령으로 정한다.

제26조【비용의 부담】 ① 건축물관리점검에 드는 비용은 해당 관리자가 부담한다. 다만, 제15조에 따른 소규모 노후 건축물등 점검 비용은 해당 특별자치시장·특별자치도지사 또는 시장·군수·구청장이 부담한다.
② 관리자가 어음·수표의 지급 불능으로 인한 부도 등 부득이한 사유로 건축물관리점검을 실시하지 못하게 될 때에는 관할 특별자치시장·특별자치도지사 또는 시장·군수·구청장이 해당 관리자를 대신하여 건축물관리점검을 실시할 수 있다. 이 경우 건축물관리점검에 드는 비용을 해당 관리자에게 부담하게 할 수 있다.
③ 제2항에 따라 특별자치시장·특별자치도지사 또는 시장·군수·구청장이 건축물관리점검을 대신 실시한 후 해당 관리자에게 비용을 청구하는 경우에 해당 관리자가 그에 따르지 아니하면 특별자치시장·특별자치도지사 또는 시장·군수·구청장은 지방세 체납처분의 예에 따라 징수할 수 있다.

제27조【기존 건축물의 화재안전성능보강】 ① 관리자는 화재로부터 공공의 안전을 확보하기 위하여 건축물의 화재안전성능이 지속적으로 유지될 수 있도록 노력하여야 한다.
② 다음 각 호의 어느 하나에 해당하는 건축물 중 3층 이상으로 연면적, 용도, 마감재료 등 대통령령으로 정하는 요건에 해당하는 건축물로서 이 법 시행 전 「건축법」 제11조에 따른 건축허가[「건축법」 제4조에 따른 건축위원회(이하 "건축위원회"라 한다)에 같은 법 제4조의2에 따라

제19조【건축물의 화재안전성능보강】 ①법 제27조제2항 각 호 외의 부분에서 "연면적, 용도, 마감재료 등 대통령령으로 정하는 요건에 해당하는 건축물"이란 다음 각 호의 요건을 모두 충족하는 건축물을 말한다. 다만, 제4호의 요건은 제1호가목·다목·마목 및 아목만 해당한다.
1. 건축물의 용도가 다음 각 목의 어느 하나에 해당하는 건축물일 것
 가. 「건축법 시행령」 별표 1 제3호의 시설 중 목욕장·

제9조【기존 건축물의 화재안전성능보강에 대한 이의신청】 ① 법 제27조제3항 후단에 따라 이의신청을 하려는 자는 별지 제2호서식의 화재안전성능보강 이의신청서에 다음 각 호의 서류를 첨부하여 특별자치시장·특별자치도지사 또는 시장·군수·구청장에게 제출해야 한다.

법

심의를 신청한 경우 및 같은 법 제14조에 따른 건축신고를 한 경우를 포함한다]를 신청한 건축물(이하 "보강대상 건축물"이라 한다)의 관리자는 제28조에 따라 화재안전성능보강을 하여야 한다.

1. 「건축법」 제2조제2항제3호에 따른 제1종 근린생활시설
2. 「건축법」 제2조제2항제4호에 따른 제2종 근린생활시설
3. 「건축법」 제2조제2항제9호에 따른 의료시설
4. 「건축법」 제2조제2항제10호에 따른 교육연구시설
5. 「건축법」 제2조제2항제11호에 따른 노유자시설
6. 「건축법」 제2조제2항제12호에 따른 수련시설
7. 「건축법」 제2조제2항제15호에 따른 숙박시설

③ 특별자치시장·특별자치도지사 또는 시장·군수·구청장은 보강대상 건축물의 관리자에게 화재안전성능보강 대상 건축물임을 통지하여야 한다. 이 경우 해당 통지에 이의가 있는 자는 국토교통부령으로 정하는 바에 따라 이의신청을 할 수 있다. 〈개정 2023.4.18.〉

④ 제2항에도 불구하고 「도시 및 주거환경정비법」에 따른 정비사업의 관리처분계획 또는 「빈집 및 소규모주택 정비에 관한 특례법」에 따른 소규모주택정비사업의 사업시행계획이 인가되거나 폐업으로 인하여 보강대상 건축물 용도로 사용되지 아니하는 경우에는 보강대상 건축물에서 제외한다. 〈신설 2023.4.18.〉

제28조【화재안전성능보강의 시행】 ① 보강대상 건축물의 관리자는 국토교통부령으로 정하는 바에 따라 화재안전성능보강 계획을 수립하여 특별자치시장·특별자치도지사 또는 시장·군수·구청장에게 제출하여 승인을 받아야 한다.

② 특별자치시장·특별자치도지사 및 시장·군수·구청장

시 행 령

산후조리원

나. 「건축법 시행령」 별표 1 제3호의 시설 중 지역아동센터

다. 「건축법 시행령」 별표 1 제4호의 시설 중 학원·다중생활시설

라. 「건축법 시행령」 별표 1 제9호의 시설 중 종합병원·병원·치과병원·한방병원·정신병원·격리병원

마. 「건축법 시행령」 별표 1 제10호의 시설 중 학원

바. 「건축법 시행령」 별표 1 제11호의 시설 중 아동 관련 시설·노인복지시설·사회복지시설

사. 「건축법 시행령」 별표 1 제12호의 시설 중 청소년수련원

아. 「건축법 시행령」 별표 1 제15호의 시설 중 다중생활시설

2. 외단열(外斷熱) 공법으로서 건축물의 단열재 및 외벽마감재를 난연재료(불에 잘 타지 않는 성질의 재료) 기준 미만의 재료로 건축한 건축물일 것
3. 스프링클러 또는 간이스프링클러가 설치되지 않은 건축물일 것
4. 1층의 전부 또는 일부를 필로티 구조로 설치하여 주차장으로 쓰는 건축물로서 해당 건축물의 연면적이 1천제곱미터 미만인 건축물일 것

시 행 규 칙

1. 화재안전성능보강 대상 건축물에서 제외되기를 요청하는 사유에 대한 근거자료
2. 해당 건축물의 화재안전성능에 관한 근거자료

② 특별자치시장·특별자치도지사 및 시장·군수·구청장은 제1항에 따라 이의신청을 받은 경우 「건축법」 제4조에 따른 건축위원회의 심의를 거쳐 해당 건축물을 화재안전성능보강 대상 건축물에서 제외할 수 있다.

제10조【화재안전성능보강의 시행】 ① 관리자는 법 제28조제1항에 따라 승인을 받으려는 경우 별지 제3호서식의 화재안전성능보강 계획 승인신청서에 다음 각 호의 서류를 첨부하여 특별

법	시 행 령	시 행 규 칙
은 제1항에 따른 화재안전성능보강 계획을 승인하고자 하는 경우에는 건축위원회의 심의를 거쳐야 한다. ③ 보강대상 건축물의 관리자는 제1항의 계획에 따라 보강을 실시하고 그 결과를 2025년 12월 31일까지 특별자치시장·특별자치도지사 또는 시장·군수·구청장에게 보고하여야 한다. 〈개정 2023.4.18.〉 ④ 특별자치시장·특별자치도지사 또는 시장·군수·구청장은 제3항에 따른 결과를 보고받은 경우 이를 검사하고, 그 결과를 제7조에 따른 건축물 생애이력 정보체계에 등록하여야 한다. ⑤ 특별자치시장·특별자치도지사 또는 시장·군수·구청장은 제4항에 따른 검사 결과 화재안전성능보강에 보완이 필요하다고 인정되는 경우에는 기한을 정하여 보완을 명할 수 있다. ⑥ 제5항에 따른 보완 명령을 받은 보강대상 건축물의 관리자는 정해진 기한까지 화재안전성능보강에 대한 보완을 실시하고 그 결과를 특별자치시장·특별자치도지사 또는 시장·군수·구청장에게 보고하여야 한다. 〈개정 2020.6.9.〉 ⑦ 국토교통부장관은 마감재료 교체, 피난시설 및 소화설비 설치 등 보강대상 건축물에 대한 보강 방법 및 기준에 대한 구체적인 사항을 정하여 고시하여야 한다.	**고시** 건축물의 화재안전성능보강 방법 등에 관한 기준 (국토교통부고시 제2020-358호, 2020.4.28., 제정)	자치시장·특별자치도지사 또는 시장·군수·구청장에게 제출해야 한다. 1. 건축물 현황 도서 2. 화재안전성능보강 예정 공사 설명서 3. 화재안전성능보강 예정 공사비 명세서 ② 관리자는 법 제28조제3항에 따라 화재안전성능보강 결과를 보고하려는 경우 별지 제4호서식의 화재안전성능보강 결과 보고서에 다음 각 호의 서류를 첨부하여 특별자치시장·특별자치도지사 또는 시장·군수·구청장에게 제출해야 한다. 1. 화재안전성능보강 전후 도면 2. 화재안전성능보강 공사 설명서 3. 화재안전성능보강 공사비 명세서
제29조【화재안전성능보강에 대한 지원 및 특례】 삭제 〈2023.4.18.〉		
제29조의2【화재안전성능보강에 대한 지원】 ① 국가 또는 지방자치단체는 관리자가 제28조제1항에 따른 화재안전성능보강 계획을 수립하기 위하여 필요한 기술을 지원하거나	**제20조【화재안전성능보강에 대한 지원】** ① 국가 또는 지방자치단체는 법 제29조의2제2항에 따라 화재안전성능보강에 필요한 다음 각 호의 비용 전부 또는 일부를 보조해야	

법

정보를 제공할 수 있다.

② 국가 및 지방자치단체는 보강대상 건축물의 화재안전성능보강에 소요되는 공사비용에 대하여 대통령령으로 정하는 바에 따라 보조하여야 한다.

[본조신설 2023.4.18.][법률 제19367호(2023.4.18.) 제29조의2제2항의 개정규정은 같은 법 부칙 제2조의 규정에 의하여 2025년 12월 31일까지 유효함]

제4장 건축물의 해체 및 멸실

제30조【건축물 해체의 허가】 ① 관리자가 건축물을 해체하려는 경우에는 특별자치시장·특별자치도지사 또는 시장·군수·구청장(이하 이 장에서 "허가권자"라 한다)의 허가를 받아야 한다. 다만, 다음 각 호의 어느 하나에 해당하는 경우 대통령령으로 정하는 바에 따라 신고를 하면 허가를 받은 것으로 본다. 〈개정 2020.4.7.〉

1. 「건축법」 제2조제1항제7호에 따른 주요구조부의 해체를 수반하지 아니하고 건축물의 일부를 해체하는 경우
2. 다음 각 목에 모두 해당하는 건축물의 전체를 해체하는 경우
   가. 연면적 500제곱미터 미만의 건축물
   나. 건축물의 높이가 12미터 미만인 건축물
   다. 지상층과 지하층을 포함하여 3개 층 이하인 건축물
3. 그 밖에 대통령령으로 정하는 건축물을 해체하는 경우

② 제1항 각 호 외의 부분 단서에도 불구하고 관리자가 다음 각 호의 어느 하나에 해당하는 경우로서 해당 건축물을 해체하려는 경우에는 허가권자의 허가를 받아야 한다. 〈개

시 행 령

한다. 〈개정 2023.7.11.〉

1. 화재안전성능보강을 위한 공사비 또는 설치비
2. 「건축법」, 「건축사법」 및 「소방시설공사업법」 등 관계 법령에 따른 설계 또는 감리에 필요한 비용

② 삭제 〈2023.7.11.〉

[제목개정 2023.7.11.]

제4장 건축물의 해체 및 멸실

제21조【건축물 해체의 신고 대상 건축물 등】 ① 법 제30조제1항제3호에서 "대통령령으로 정하는 건축물"이란 다음 각 호의 어느 하나에 해당하는 건축물을 말한다.

1. 「건축법」 제14조제1항제1호 또는 제3호에 따른 건축물
2. 「국토의 계획 및 이용에 관한 법률」에 따른 관리지역, 농림지역 또는 자연환경보전지역에 있는 높이 12미터 미만인 건축물. 이 경우 해당 건축물의 일부가 「국토의 계획 및 이용에 관한 법률」에 따른 도시지역에 걸치는 경우에는 그 건축물의 과반이 속하는 지역으로 적용한다.
3. 그 밖에 시·군·구 조례로 정하는 건축물

② 법 제30조제1항 각 호 외의 부분 단서에 따라 신고를 하려는 자는 국토교통부령으로 정하는 신고서를 특별자치시장·특별자치도지사 또는 시장·군수·구청장(이하 이 장에서 "허가권자"라 한다)에게 제출해야 한다.

시 행 규 칙

제4장 건축물의 해체 및 멸실

제11조【건축물 해체의 허가 신청 등】 ① 법 제30조제3항 본문에 따른 건축물 해체 허가신청서는 별지 제5호서식에 따른다. 〈개정 2022.8.4〉

② 특별자치시장·특별자치도지사 또는 시장·군수·구청장(이하 "허가권자"라 한다)은 법 제30조제1항에 따라 허가를 한 경우에는 같은 조 제2항에 따라 허가를 신청한 자에게 별지 제6호서식의 건축물 해체 허가서를 내주어야 한다.

③ 영 제21조제2항에서 "국토교통부령으로 정하는 신고서"란 별지 제5호서식의 건축물 해체 신고서를 말한다.

④ 허가권자는 법 제30조제1항 각 호 외의 부분 단서에 따른 신고를 수리하는 경우에는 같은 조 제3항에 따라 신

정 2022.2.3.〉
1. 해당 건축물 주변의 일정 반경 내에 버스 정류장, 도시철도 역사 출입구, 횡단보도 등 해당 지방자치단체의 조례로 정하는 시설이 있는 경우
2. 해당 건축물의 외벽으로부터 건축물의 높이에 해당하는 범위 내에 해당 지방자치단체의 조례로 정하는 폭 이상의 도로가 있는 경우
3. 그 밖에 건축물의 안전한 해체를 위하여 건축물의 배치, 유동인구 등 해당 건축물의 주변 여건을 고려하여 해당 지방자치단체의 조례로 정하는 경우

③ 제1항 또는 제2항에 따라 허가를 받으려는 자 또는 신고를 하려는 자는 건축물 해체 허가신청서 또는 신고서에 제4항에 따라 작성되거나 제5항에 따라 검토된 해체계획서를 첨부하여 허가권자에게 제출하여야 한다. 〈개정 2022.2.3.〉

④ 제1항 각 호 외의 부분 본문 또는 제2항에 따라 허가를 받으려는 자가 허가권자에게 제출하는 해체계획서는 다음 각 호의 어느 하나에 해당하는 자가 이 법과 이 법에 따른 명령이나 처분, 그 밖의 관계 법령을 준수하여 작성하고 서명날인하여야 한다. 〈신설 2022.2.3.〉
1. 「건축사법」 제23조제1항에 따른 건축사사무소개설신고를 한 자
2. 「기술사법」 제6조에 따라 기술사사무소를 개설등록한 자로서 건축구조 등 대통령령으로 정하는 직무범위를 등록한 자

⑤ 제1항 각 호 외의 부분 단서에 따라 신고를 하려는 자가 허가권자에게 제출하는 해체계획서는 다음 각 호의 어느 하나에 해당하는 자가 이 법과 이 법에 따른 명령이나

③ 허가권자는 법 제30조제3항 및 이 조 제2항에 따라 건축물 해체 허가신청서 또는 신고서를 제출받은 경우 건축물 또는 건축물에 사용된 자재에 석면이 함유되었는지를 확인하고, 석면이 함유되어 있는 경우 지체 없이 다음 각 호의 자에게 해당 사실을 통보해야 한다. 〈개정 2022.8.2〉
1. 「산업안전보건법」 제119조제4항 및 같은 법 시행령 제115조제1항제33호에 따라 조치를 명하는 지방고용노동관서의 장
2. 「폐기물관리법」 제17조제5항, 같은 법 시행령 제37조제1항제2호가목 및 같은 조 제2항제1호에 따라 서류를 확인하는 시·도지사, 유역환경청장 또는 지방환경청장

④ 허가권자는 법 제30조제3항 및 이 조 제2항에 따라 건축물 해체 허가신청서 또는 신고서를 제출받은 경우 해당 건축물 또는 그 건축물 부지에 안전조치가 되지 않은 가스시설(가스배관을 포함한다. 이하 같다)이 있는지를 확인하고, 안전조치가 되지 않은 가스시설이 있는 경우 지체 없이 다음 각 호의 어느 하나에 해당하는 자에게 해당 사실을 통보해야 한다. 〈신설 2024.1.2.〉

고한 자에게 별지 제6호의2서식의 건축물 해체신고 확인증을 내주어야 한다. 〈신설 2022.8.4〉

⑤ 관리자는 법 제30조제2항에 따른 건축물 해체 허가신청서 또는 신고서를 「건축법」 제11조 또는 제14조에 따라 건축허가를 신청하거나 건축신고를 할 때 함께 제출(전자문서로 제출하는 것을 포함한다)할 수 있다. 〈개정 2022.8.4〉

제12조【해체계획서의 작성】 ① 법 제30조제3항에 따른 해체계획서에는 다음 각 호의 내용이 포함되어야 한다. 〈개정 2022.8.4〉
1. 해체공사의 공정 등 해체공사의 개요
2. 해체공사의 영향을 받게 될 「건축법」 제2조제1항제4호에 따른 건축설비의 이동, 철거 및 보호 등에 관한 사항
3. 해체공사의 작업순서, 해체공법 및 이에 따른 구조안전계획
4. 해체공사 현장의 화재 방지대책, 공해 방지 방안, 교통안전 방안, 안전통로 확보 및 낙하 방지대책 등 안전관리대책
5. 해체물의 처리계획
6. 해체공사 후 부지정리 및 인근 환

법	시 행 령	시 행 규 칙
처분, 그 밖의 관계 법령을 준수하여 검토하고 서명날인하여야 한다. 〈신설 2022.2.3.〉 1. 「건축사법」 제23조제1항에 따른 건축사사무소개설신고를 한 자 2. 「기술사법」 제6조에 따라 기술사사무소를 개설등록한 자로서 건축구조 등 대통령령으로 정하는 직무범위를 등록한 자 ⑥ 허가권자는 다음 각 호의 어느 하나에 해당하는 경우 「건축법」 제4조제1항에 따라 자신이 설치하는 건축위원회의 심의를 거쳐 해당 건축물의 해체 허가 또는 신고수리 여부를 결정하여야 한다. 〈신설 2022.2.3.〉 1. 제1항 각 호 외의 부분 본문 또는 제2항에 따른 건축물의 해체를 허가하려는 경우 2. 제1항 각 호 외의 부분 단서에 따라 건축물의 해체를 신고받은 경우로서 허가권자가 건축물 해체의 안전한 관리를 위하여 전문적인 검토가 필요하다고 판단하는 경우 ⑦ 제6항에 따른 심의 결과 또는 허가권자의 판단으로 해체계획서 등의 보완이 필요하다고 인정되는 경우에는 허가권자가 관리자에게 기한을 정하여 보완을 요구하여야 하며, 관리자는 정당한 사유가 없으면 이에 따라야 한다. 〈신설 2022.2.3.〉 ⑧ 허가권자는 대통령령으로 정하는 건축물의 해체계획서에 대한 검토를 국토안전관리원에 의뢰하여야 한다. 〈개정 2020.6.9., 2022.2.3.〉 ⑨ 그 밖에 건축물 해체의 허가절차 등에 관하여는 국토교통부령으로 정한다. 〈개정 2022.2.3.〉	1. 「고압가스 안전관리법」 제23조의6제1항에 따라 안전조치를 하는 사업소 밖 배관 보유 사업자 2. 「도시가스사업법」 제28조의3제2항에 따라 안전조치를 하는 도시가스사업자 3. 「액화석유가스의 안전관리 및 사업법」 제49조의7제1항에 따라 안전조치를 하는 액화석유가스 충전사업자 및 액화석유가스 집단공급사업자 ⑤ 법 제30조제4항제2호 및 같은 조 제5항제2호에서 "건축구조 등 대통령령으로 정하는 직무범위"란 각각 「기술사법 시행령」 별표 2의2에 따른 직무 범위 중 건축구조, 건축시공 또는 건설안전을 말한다. 〈개정 2022.8.2., 2024.1.2.〉 ⑥ 법 제30조제8항에서 "대통령령으로 정하는 건축물"이란 다음 각 호의 건축물을 말한다. 〈개정 2022.8.2., 2024.1.2.〉 1. 「건축법 시행령」 제2조제18호나목 또는 다목에 따른 특수구조 건축물 2. 건축물에 10톤 이상의 장비를 올려 해체하는 건축물 3. 폭파하여 해체하는 건축물	경의 보수 및 보상 등에 관한 사항 ② 허가권자는 법 제30조제3항에 따라 제출받은 해체계획서에 보완이 필요하다고 인정하는 경우에는 기한을 정하여 보완을 요청할 수 있다. ③ 국토교통부장관은 제1항에 따른 해체계획서의 세부적인 작성 방법 등에 관해 필요한 사항을 정하여 고시해야 한다. **고시** 건축물 해체계획서의 작성 및 감리업무 등에 관한 기준 (국토교통부고시 제2022-446호, 2022.8.4)

법	시 행 령	시 행 규 칙
제30조의2【해체공사 착공신고 등】 ① 제30조제1항 각 호 외의 부분 본문 또는 같은 조 제2항에 따라 해체 허가를 받은 건축물의 해체공사에 착수하려는 관리자는 국토교통부령으로 정하는 바에 따라 허가권자에게 착공신고를 하여야 한다. 다만, 제30조제1항 각 호 외의 부분 단서에 따라 신고를 한 건축물의 경우는 제외한다. 〈개정 2022.2.3.〉 ② 허가권자는 제1항에 따른 신고를 받은 날부터 7일 이내에 신고수리 여부 또는 민원 처리 관련 법령에 따른 처리기간의 연장 여부를 신고인에게 통지하여야 한다. 〈개정 2022.2.3.〉 ③ 허가권자가 제2항에서 정한 기간 내에 신고수리 여부 또는 민원 처리 관련 법령에 따른 처리기간의 연장 여부를 신고인에게 통지하지 아니하면 그 기간이 끝난 날의 다음 날에 신고를 수리한 것으로 본다. [본조신설 2021.7.27.][제30조의3에서 이동, 종전 제30조의2는 제30조의4로 이동 〈2022.2.3.〉]		**제12조의2【건축물 해체공사 착공신고】** ① 관리자는 법 제30조의2제1항 본문에 따라 착공신고를 하려는 경우 별지 제6호의3서식의 건축물 해체공사 착공신고서에 다음 각 호의 서류를 첨부하여 허가권자에게 제출(전자문서로 제출하는 것을 포함한다)해야 한다. 〈개정 2022.8.4〉 1. 해체공사계약서[해체공사를 수행하는 자(이하 "해체작업자"라 한다)가 해체공사를 하도급한 경우에는 하도급계약서를 포함한다] 사본 2. 해체공사감리계약서 사본 3. 삭제 〈2022.8.4〉 ② 허가권자는 제1항에 따른 건축물 해체공사 착공신고서를 제출받은 경우 다음 각 호의 사항에 대한 현장점검을 해야 한다. 1. 해체할 건축물의 현황 2. 해체할 건축물 주변의 도로 현황과 보행자 및 차량의 통행 현황 3. 제12조제1항제4호에 따른 안전관리대책(착공신고 전에 이행할 수 있는 안전관리대책으로 한정한다)의 이행 여부 ③ 허가권자는 제2항에 따른 점검 결과 건축물의 안전한 해체를 위하여 보완이 필요하다고 인정되는 사항에 대하여 관

법

제30조의3【건축물 해체의 허가 또는 신고 사항의 변경】 ① 관리자는 제30조제1항 또는 제2항에 따라 허가를 받았거나 신고한 사항 중 해체계획서와 다른 해체공법을 적용하는 등 대통령령으로 정하는 사항을 변경하려면 국토교통부령으로 정하는 바에 따라 허가권자의 변경허가를 받거나 허가권자에게 변경신고를 하여야 한다. 이 경우 해체계획서의 변경 등에 관한 사항은 제30조제3항부터 제7항까지 및 제9항을 준용한다.

② 관리자는 제30조의2제1항에 따라 해체공사의 착공신고를 한 사항 중 제32조의2에 따른 해체작업자 변경 등 대통령령으로 정하는 사항을 변경하려면 국토교통부령으로 정하는 바에 따라 허가권자에게 변경신고를 하여야 한다.

③ 관리자는 제1항 또는 제2항에 따른 변경허가 또는 변경신고 사항 외의 사항을 변경한 경우에는 제33조에 따른 건축물 해체공사 완료신고 시 국토교통부령으로 정하는 바에 따라 허가권자에게 일괄하여 변경신고를 하여야 한다.

시행령

제21조의2【건축물 해체허가 등의 변경허가 또는 변경신고 사항】 ① 법 제30조의3제1항 전단에서 "대통령령으로 정하는 사항"이란 다음 각 호의 사항을 말한다.

1. 해체공법
2. 해체작업의 순서
3. 해체하는 부분 및 면적
4. 해체장비의 종류
5. 해체 대상 건축물의 석면 함유 여부
6. 해체공사 현장의 안전관리대책

② 허가권자는 법 제30조의3제1항에 따른 변경허가 신청이나 변경신고를 받은 경우 해체 대상 건축물 또는 그 건축물에 사용된 자재에 석면이 함유되었는지를 확인하고, 석면이 함유되어 있으면 지체 없이 제21조제3항 각 호의 자에게 그 사실을 통보해야 한다.

③ 허가권자는 법 제30조의3제1항에 따른 변경허가 신청이나 변경신고를 받은 경우 해당 건축물 또는 그 건축물 부

시행규칙

리자에게 보완을 요구해야 한다.

④ 제3항에 따른 보완을 요구받은 관리자는 특별한 사유가 없으면 요구에 따라야 한다.

⑤ 허가권자는 제2항 및 제3항에 따른 점검 및 보완 결과 건축물 해체공사의 안전이 확보되었다고 인정되면 별지 제6호의4서식의 건축물 해체공사 착공신고 확인증을 관리자에게 내주어야 한다. 〈개정 2022.8.4〉

[본조신설 2021.10.28.]

제12조의3【허가신고사항의 변경 등】 ① 관리자는 법 제30조의3제1항에 따라 허가를 받았거나 신고한 사항 중 영 제21조의2제1항 각 호의 사항을 변경하려면 다음 각 호의 구분에 따라 허가권자의 변경허가를 받거나 허가권자에게 변경신고를 해야 한다.

1. 당초 건축물 해체허가를 받은 경우에는 변경허가를 받을 것
2. 당초 건축물 해체신고를 한 경우에는 변경신고를 할 것
3. 당초 건축물 해체허가를 받은 경우로서 허가받은 사항의 변경으로 인하여 건축물 해체공사가 법 제30조제1항 각 호 외의 부분 단서에 따라 신고해야 하는 건축물 해체공사에 해당

법	시 행 령	시 행 규 칙
[본조신설 2022.2.3.] [종전 제30조의3은 제30조의2로 이동 〈2022.2.3.〉]	지에 안전조치가 되지 않은 가스시설이 있는지를 확인하고, 안전조치가 되지 않은 가스시설이 있는 경우 지체 없이 제21조제4항 각 호의 어느 하나에 해당하는 자에게 해당 사실을 통보해야 한다. 〈신설 2024.1.2.〉 ④ 허가권자는 법 제30조의3제1항에 따른 변경허가 신청이나 변경신고를 받은 경우로서 해체 대상 건축물이 제21조제6항 각 호의 건축물에 해당하는 경우에는 「국토안전관리원법」에 따른 국토안전관리원(이하 "국토안전관리원"이라 한다)에 변경된 해체계획서에 대한 검토를 의뢰해야 한다. 〈개정 2024.1.2.〉 ⑤ 법 제30조의3제2항에서 "해체작업자 변경 등 대통령령으로 정하는 사항"이란 다음 각 호의 사항을 말한다. 〈개정 2024.1.2.〉 1. 착공 예정일(30일 이상 변경하는 경우로 한정한다) 2. 해체작업자, 하수급인 및 현장관리인과 해체공사 현장에 배치하는 건설기술자 [본조신설 2022.8.2.]	하게 되는 경우에는 제1호에도 불구하고 제2호에 따라 변경신고를 할 것 4. 당초 건축물 해체신고를 한 경우로서 신고한 사항의 변경으로 인하여 건축물 해체공사가 법 제30조제1항 각 호 외의 부분 본문 및 같은 조 제2항에 따라 허가를 받아야 하는 건축물 해체공사에 해당하게 되는 경우에는 제2호에도 불구하고 제1호에 따라 변경허가를 받을 것 ② 제1항에 따라 변경허가를 신청하거나 변경신고를 하려는 관리자는 별지 제6호의5서식의 건축물 해체 변경허가 신청서 또는 건축물 해체 변경신고서에 변경사항이 반영된 해체계획서를 첨부하여 허가권자에게 제출해야 한다. ③ 관리자는 법 제30조의3제2항에 따라 영 제21조의2제5항 각 호의 사항을 변경하려는 경우에는 별지 제6호의6서식의 건축물 해체공사착공 변경신고서에 변경사항을 증명할 수 있는 서류 사본을 첨부하여 허가권자에게 제출해야 한다. 〈개정 2024.1.3.〉 ④ 관리자는 법 제30조의3제3항에 따라 일괄하여 변경신고를 하려는 경우에는 별지 제6호의7서식의 건축물 해체 등 일괄 변경신고서에 변경사항을 증명할 수 있는 서류 사본을 첨부하여

법	시 행 령	시 행 규 칙

허가권자에게 제출해야 한다.

⑤ 허가권자는 제1항부터 제4항까지의 규정에 따른 변경허가를 하거나 변경신고를 수리하는 경우에는 다음 각 호의 구분에 따라 관리자에게 변경허가서 또는 확인증을 내주어야 한다.

1. 제1항에 따른 변경허가를 하거나 변경신고를 수리하는 경우: 별지 제6호의8서식의 건축물 해체 변경허가서 또는 건축물 해체 변경신고 확인증
2. 제3항에 따른 변경신고를 수리하는 경우: 별지 제6호의9서식의 건축물 해체공사착공 변경신고 확인증
3. 제4항에 따른 일괄 변경신고를 수리하는 경우: 별지 제6호의9서식의 건축물 해체 등 일괄 변경신고 확인증

[본조신설 2022.8.4.]

제30조의4【현장점검】 ① 허가권자는 안전사고 예방 등을 위하여 제30조의2에 따른 해체공사 착공신고를 받은 경우 등 대통령령으로 정하는 경우에는 건축물 해체 현장에 대한 현장점검을 하여야 한다. 〈개정 2022.2.3.〉

② 허가권자는 제1항에 따른 현장점검 결과 해체공사가 안전하게 진행되기 어렵다고 판단되는 경우 즉시 관리자, 제31조제1항에 따른 해체공사감리자, 제32조의2에 따른 해체작업자 등에게 작업중지 등 필요한 조치를 명하여야 하며, 조치 명령을 받은 자는 국토교통부령으로 정하는 바에 따

제21조의3【현장점검】 법 제30조의4제1항에서 "해체공사 착공신고를 받은 경우 등 대통령령으로 정하는 경우"란 다음 각 호의 경우를 말한다. 〈개정 2022.12.6〉

1. 법 제30조의2제1항에 따른 건축물 해체공사 착공신고를 받은 경우
2. 법 제31조제2항제3호에 따른 정당한 사유의 유무를 확인하려는 경우
3. 다음 각 목의 경우로서 허가권자가 현장점검이 필요하다고 인정하는 경우

제12조의4【건축물 해체 현장에 대한 현장점검】 ① 법 제30조의4제2항에 따라 허가권자로부터 조치 명령을 받은 자는 필요한 조치의 이행을 완료한 후 별지 제6호의10서식의 조치 명령 이행 결과 통보서에 다음 각 호의 자료를 첨부하여 허가권자에게 제출해야 한다.

1. 조치 명령의 이행을 증명할 수 있는 서류 사본

법	시 행 령	시 행 규 칙
라 필요한 조치를 이행하여야 한다. 〈개정 2022.2.3.〉 ③ 허가권자는 국토교통부령으로 정하는 바에 따라 제2항에 따른 필요한 조치가 이행되었는지를 확인한 후 공사재개 등의 조치를 명하여야 하며, 필요한 조치가 이행되지 아니한 경우 공사재개 등의 조치를 명하여서는 아니 된다. 〈신설 2022.2.3.〉 ④ 허가권자는 제1항의 현장점검 업무를 제18조제1항에 따른 건축물관리점검기관으로 하여금 대행하게 할 수 있다. 이 경우 업무를 대행하는 자는 현장점검 결과를 국토교통부령으로 정하는 바에 따라 허가권자에게 서면으로 보고하여야 하며, 현장점검을 수행하는 과정에서 긴급히 조치하여야 하는 사항이 발견되는 경우 즉시 안전조치를 실시한 후 그 사실을 허가권자에게 보고하여야 한다. 〈신설 2022.2.3.〉 ⑤ 허가권자는 제1항에 따라 업무를 대행하게 한 경우 국토교통부령으로 정하는 범위에서 해당 지방자치단체의 조례로 정하는 수수료를 지급하여야 한다. [본조신설 2020.4.7.][제30조의2에서 이동 〈2022.2.3.〉]	가. 법 제30조의3제1항에 따른 변경허가 신청이나 변경신고를 받은 경우 나. 법 제30조의3제2항에 따른 변경신고를 받은 경우 다. 해체공사감리자가 법 제32조제1항부터 제3항까지의 규정에 따라 업무를 성실하게 수행하는지를 확인하려는 경우 라. 해체작업자가 법 제32조의2 각 호의 업무를 성실하게 수행하는지를 확인하려는 경우 마. 건축물 해체공사와 관련된 위법행위 등에 대한 신고·제보 등을 받은 경우 4. 건축물 해체공사의 공정(工程)이 법 제32조제5항제1호 전단에 따른 필수확인점(이하 "필수확인점"이라 한다)에 다다른 경우로서 건축물 해체공사가 해체계획서와 관계 법령에 맞게 수행되는지를 확인하기 위하여 시·군·구 조례로 정하는 경우 [본조신설 2022.8.2.]	2. 현장사진 ② 허가권자는 제1항에 따른 통보를 받은 경우에는 서면점검 또는 현장점검의 방법으로 조치 명령의 이행 사실을 확인해야 한다. ③ 법 제30조의4제4항에 따라 건축물 해체 현장에 대한 현장점검 업무를 대행하는 건축물관리점검기관은 현장점검을 완료한 경우 허가권자에게 별지 제6호의11서식의 건축물 해체 현장 안전점검표를 제출해야 한다. [본조신설 2022.8.4.]
제31조【건축물 해체공사감리자의 지정 등】 ① 허가권자는 건축물 해체허가를 받은 건축물에 대한 해체작업의 안전한 관리를 위하여 「건축사법」 또는 「건설기술 진흥법」에 따른 감리자격이 있는 자(공사시공자 본인 및 「독점규제 및 공정거래에 관한 법률」 제2조제12호에 따른 계열회사는 제외한다) 중 제31조의2에 따른 해체공사감리 업무에 관한 교육을 이수한 자를 대통령령으로 정하는 바에 따라 해체공사감리자(이하 "해체공사감리자"라 한다)로 지정하여 해체공사감리를 하게 하여야 한다. 〈개정 2020.12.29. 2022.2.3.〉	**제22조【건축물 해체공사감리자의 지정 등】** ① 시·도지사는 법 제31조제1항에 따른 감리자격이 있는 자를 대상으로 모집공고를 거쳐 명부를 작성하고 관리해야 한다. 이 경우 특별시장·광역시장 또는 도지사는 미리 관할 시장·군수·구청장과 협의해야 한다. ② 허가권자는 법 제31조제1항에 따라 다음 각 호의 건축물의 경우 제1항의 명부에서 해체공사감리자를 지정해야 한다. 〈개정 2021.10.28., 2022.8.2, 2024.1.2.〉 1. 법 제30조제1항 각 호 외의 부분 본문 및 같은 조 제2	**제13조【건축물 해체공사감리자의 지정 등】** ① 허가권자는 법 제31조제1항에 따라 해체공사감리자를 지정할 때 관리자가 법 제30조제4항에 따라 해체하려는 건축물(영 제21조제6항 각 호의 건축물과 「건축법 시행령」 제91조의3 제1항제1호 및 제5호의 건축물로 한정한다)에 대한 해체계획서를 작성한 자를 해체공사감리자로 지정해 줄 것을

법

② 허가권자는 다음 각 호의 어느 하나에 해당하는 경우에는 해체공사감리자를 교체하여야 한다. 이 경우 다음 각 호의 어느 하나에 해당하는 해체공사감리자에 대해서는 1년 이내의 범위에서 해체공사감리자의 지정을 제한할 수 있다. 〈개정 2022.2.3.〉

1. 해체공사감리자의 지정에 관한 서류를 거짓이나 그 밖의 부정한 방법으로 제출한 경우
2. 업무 수행 중 해당 관리자 또는 제32조의2에 따른 해체작업자의 위반사항이 있음을 알고도 해체작업의 시정 또는 중지를 요청하지 아니한 경우
3. 제32조제7항에 따른 등록 명령에도 불구하고 정당한 사유 없이 지속적으로 이에 따르지 아니한 경우 〈신설 2022.2.3.〉
4. 그 밖에 대통령령으로 정하는 경우

시 행 령

항에 따른 해체허가 대상인 건축물

2. 법 제30조제1항 각 호 외의 부분 단서에 따른 해체신고 대상인 건축물로서 다음 각 목의 어느 하나에 해당하는 건축물 〈개정 2021.10.28., 2024.1.2.〉
   가. 제21조제6항 각 호의 건축물
   나. 해체하려는 건축물이 유동인구가 많거나 건물이 밀집되어 있는 곳에 있는 경우 등 허가권자가 해체작업의 안전한 관리를 위하여 필요하다고 인정하는 건축물

③ 허가권자는 건축물을 해체하고 「건축법」 제25조제2항에 해당하는 건축물을 건축하는 경우로서 관리자가 요청하는 경우에는 이 조 제2항에 따라 지정한 해체공사감리자를 「건축법」 제25조제2항에 따른 공사감리자로 지정할 수 있다. 이 경우 허가권자는 건축하려는 건축물의 규모 및 용도 등을 고려하여 해체공사감리자를 지정해야 한다.

④ 제1항부터 제3항까지의 규정에 따른 해체공사감리자의 명부 작성·관리 및 지정에 필요한 사항은 특별시·광역시·특별자치시·도 또는 특별자치도의 조례로 정할 수 있다. 〈개정 2022.8.2〉

제23조【해체공사감리자의 교체】 법 제31조제2항제4호에서 "대통령령으로 정하는 경우"란 다음 각 호의 경우를 말한다. 〈개정 2022.8.2〉

1. 해체공사 감리에 요구되는 감리자 자격기준에 적합하지 않은 경우
2. 해체공사감리자가 고의 또는 중대한 과실로 법 제32조를 위반하여 업무를 수행한 경우
3. 해체공사감리자가 정당한 사유 없이 해체공사 감리를 거부하거나 실시하지 않은 경우

시 행 규 칙

요청하는 경우로서 그 자가 영 제22조제1항 전단에 따른 명부에 포함되어 있는 경우에는 그 자를 우선하여 지정할 수 있다. 〈개정 2022.8.4, 2024.1.3.〉

② 법 제30조제3항에 따라 건축물 해체 허가신청서 또는 신고서를 제출받은 허가권자는 영 제22조제2항 각 호의 건축물에 해당하는 경우에는 법 제31조제1항에 따라 별지 제7호서식의 해체공사감리자 지정통지서를 해당 관리자에게 통지해야 한다. 〈개정 2022.8.4〉

③ 관리자는 제2항에 따라 지정통지서를 받으면 해당 해체공사감리자와 감리계약을 체결해야 한다.

④ 관리자가 중앙행정기관의 장, 지방자치단체의 장 및 「공공기관의 운영에 관한 법률」에 따른 공공기관의 장인 경우에 해당 건축물의 해체공사 감리비용은 다음 각 호의 어느 하나에 해당하는 방법으로 산정한다. 〈개정 2022.8.4.〉

1. 해체공사비에 국토교통부장관이 정하여 고시하는 요율을 곱하여 산정하는 방법
2. 「엔지니어링산업 진흥법」 제31조제2항에 따른 엔지니어링사업의 대가기준 중 실비정액가산방식을 국토교

법	시 행 령	시 행 규 칙
③ 해체공사감리자는 수시 또는 필요한 때 해체공사의 현장에서 감리업무를 수행하여야 한다. 다만, 해체공사 방법 및 범위 등을 고려하여 대통령령으로 정하는 건축물의 해체공사를 감리하는 경우에는 대통령령으로 정하는 자격 또는 경력이 있는 자를 감리원으로 배치하여 전체 해체공사 기간 동안 해체공사 현장에서 감리업무를 수행하게 하여야 한다. 〈신설 2022.6.10.〉 ④ 허가권자는 제2항 각 호의 어느 하나에 해당하는 해체공사감리자에 대해서는 1년 이내의 범위에서 해체공사감리자의 지정을 제한하여야 한다. 〈신설 2022.2.3., 2022.6.10〉 ⑤ 건축물을 해체하려는 자와 해체공사감리자 간의 책임 내용 및 범위는 이 법에서 규정한 것 외에는 당사자 간의 계약으로 정한다. 〈개정 2022.2.3., 2022.6.10〉	4. 그 밖에 해체공사감리자가 업무를 계속하여 수행할 수 없거나 수행하기에 부적합한 경우로서 시·군·구 조례로 정하는 경우 **제23조의2 【건축물 해체공사의 감리원 배치기준 등】** ① 법 제31조제3항 단서에서 "대통령령으로 정하는 건축물"이란 다음 각 호의 건축물을 말한다. 〈개정 2024.1.2.〉 1. 법 제30조제1항 각 호 외의 부분 본문 및 같은 조 제2항에 따른 해체허가 대상인 건축물 2. 법 제30조제1항 각 호 외의 부분 단서에 따른 해체신고 대상인 건축물 중 제21조제6항 각 호에 해당하는 건축물 ② 법 제31조제3항 단서에서 "대통령령으로 정하는 자격 또는 경력이 있는 자"란 다음 각 호의 구분에 따른 사람으로서 공사시공자 및 공사시공자의 계열회사(「독점규제 및 공정거래에 관한 법률」 제2조제12호의 계열회사를 말한다)에 소속되지 않은 사람을 말한다. 1. 필수확인점에 감리원을 배치하는 경우: 다음 각 목의 어느 하나에 해당하는 사람 가. 「건축사법」 제2조제1호의 건축사 나. 「건설기술 진흥법」 제39조에 따른 건설사업관리를 수행할 자격이 있는 사람으로서 특급기술인인 사람 2. 필수확인점 외의 해체공정에 감리원을 배치하는 경우: 다음 각 목의 어느 하나에 해당하는 사람 가. 제1호 각 목의 사람 나. 「건축사법」 제2조제2호의 건축사보 다. 「기술사법」 제6조에 따른 기술사사무소 또는 「건축사법」 제23조제9항 각 호에 따른 건설엔지니어링사업	통부장관이 정하여 고시하는 방법에 따라 적용하여 산정하는 방법 ⑤ 제4항에 따른 자가 아닌 관리자의 건축물 해체공사 감리비용은 같은 항의 감리비용을 참고하여 정할 수 있다. **고시** 건축물 해체계획서의 작성 및 감리업무 등에 관한 기준(국토교통부고시 제2022-446호, 2022.8.4)

법	시 행 령	시 행 규 칙
	자 등에 소속된 사람으로서 다음의 어느 하나에 해당하는 사람 1) 「국가기술자격법」에 따른 건축 분야의 국가기술자격을 취득한 사람 2) 「건설기술 진흥법」 제39조에 따른 건설사업관리를 수행할 자격이 있는 사람으로서 직무분야가 같은 법 시행령 별표 1 제3호라목의 건축인 사람	
⑥ 국토교통부장관은 대통령령으로 정하는 바에 따라 제3항 단서에 따른 감리원 배치기준을 정하여야 한다. 이 경우 관리자 및 해체공사감리자는 정당한 사유가 없으면 이에 따라야 한다. 〈신설 2021.7.27., 2022.2.3., 2022.6.10〉 ⑦ 해체공사감리자의 지정기준, 지정방법, 해체공사 감리비용 등 필요한 사항은 국토교통부령으로 정한다. 〈개정 2021.7.27., 2022.2.3., 2022.6.10〉	③ 법 제31조제6항 전단에 따른 감리원 배치기준에는 다음 각 호의 내용이 포함되어야 한다. 1. 제1항제1호에 따른 건축물의 해체공사인 경우에는 다음 각 목의 구분에 따라 감리원을 배치할 것 가. 건축물의 연면적이 3천제곱미터 미만인 경우: 1명 이상 나. 건축물의 연면적이 3천제곱미터 이상인 경우: 2명 이상. 다만, 관리자가 요청하는 경우로서 허가권자가 해체공사의 난이도, 해체할 부분 및 면적 등을 고려할 때 감리원을 2명 이상 배치할 필요가 없다고 인정하는 경우에는 1명을 배치할 수 있다. 2. 제1항제2호에 따른 건축물의 해체공사인 경우에는 1명 이상의 감리원을 배치할 것 3. 해체공사 과정 중 필수확인점에 다다른 경우에는 다음 각 목에 따라 감리원을 배치할 것 가. 배치기간은 다음 단계의 해체공정을 진행하기 전까지일 것 나. 제1호나목 본문 또는 단서에 따라 배치하는 경우 제2항제1호에 해당하는 사람은 1명 이상일 것 다. 해체공사감리자에 소속된 사람 중 제2항제1호에 해당하는 사람이 있으면 그 사람(같은 호에 해당하는 사람으로서 필수확인점이 아닌 해체공정에 배치된 감리원을	

법	시 행 령	시 행 규 칙
	포함한다)을 배치할 것 [전문개정 2022.12.6.]	
제31조의2【해체공사감리자 등의 교육】 ① 해체공사감리 업무를 하려는 해체공사감리자 및 감리원은 해체공사감리 업무에 관한 교육을 받아야 한다. ② 국토교통부장관은 제1항에 따른 교육의 원활한 실시를 위하여 대통령령으로 정하는 바에 따라 해체공사 교육기관을 지정할 수 있다. ③ 제2항에 따라 지정된 해체공사 교육기관은 해체공사감리 업무 외에 해체계획서의 작성·검토 등 해체공사에 필요한 교육을 실시할 수 있으며, 국토교통부장관은 해체공사 교육기관의 교육 실시에 필요한 행정적·재정적 지원을 할 수 있다. ④ 제1항 및 제3항에 따른 교육의 방법·기준·절차 및 그 밖에 필요한 사항은 국토교통부령으로 정한다. [본조신설 2022.2.3.]	**제23조의3 【해체공사 교육기관의 지정 등】** ① 국토교통부장관은 법 제31조의2제2항에 따라 다음 각 호의 기관 또는 단체 중에서 해체공사 교육기관(이하 "해체공사교육기관"이라 한다)을 지정할 수 있다. 1. 국토안전관리원 2. 「건축사법」 제31조에 따른 대한건축사협회 3. 「기술사법」 제14조에 따른 기술사회 4. 「건설기술 진흥법 시행령」 제43조제2항 전단에 따라 국토교통부장관이 지정하여 고시한 교육기관 중 안전관리 또는 건설사업관리 분야의 전문교육기관 5. 그 밖에 건축물 해체공사감리 및 해체계획서 작성·검토에 관한 전문성이 있다고 국토교통부장관이 인정하는 기관 또는 단체 ② 해체공사교육기관의 지정 기준은 다음 각 호와 같다. 1. 교육과정 및 교육내용이 해체공사감리자, 감리원 및 해체계획서 작성자·검토자의 자질 향상을 위하여 적절할 것 2. 교육과목별로 1명 이상의 교수요원을 확보하고 있을 것 3. 교육에 필요한 강의장 및 장비를 확보하고 있을 것 4. 운영경비 조달 능력이 있을 것	**제13조의2【해체공사감리자 등의 교육】** ① 해체공사감리 업무를 하려는 해체공사감리자 및 감리원은 법 제31조의2제1항에 따라 다음 각 호의 구분에 따른 교육을 각 호에 규정된 시기에 받아야 한다. 1. 신규교육: 해체공사감리자로 지정되거나 감리원으로 배치(제2호에 따라 보수교육을 받아야 하는 시기에 보수교육을 받지 않은 해체공사감리자 및 감리원이 제2호에 따른 시기가 지난 후 해체공사감리자로 지정되거나 감리원으로 배치되려는 경우를 포함한다)되기 전까지 2. 보수교육: 신규교육을 받은 날부터 3년마다(매 3년이 되는 해의 기준일과 같은 날 전까지를 말한다) ② 제1항에 따른 신규교육 및 보수교육의 시간·내용 및 방법은 다음 각 호와 같다. 1. 교육시간: 다음 각 목의 구분에 따른 시간 가. 신규교육: 35시간 나. 보수교육: 14시간 2. 교육내용: 다음 각 호의 사항이 포

법	시 행 령	시 행 규 칙
	③ 해체공사교육기관으로 지정받으려는 기관 또는 단체는 국토교통부령으로 정하는 신청서에 다음 각 호의 사항을 적은 서류를 첨부하여 국토교통부장관에게 제출해야 한다. 1. 교육과정 및 교육내용이 포함된 운영계획 2. 교수요원 확보 현황 3. 강의장 및 장비 확보 현황	함되어야 한다. 가. 건축물 해체 관련 법령의 내용 나. 건축물 해체공사 현장의 특성 다. 건축물 해체 시의 구조안전 검토 요령 라. 감리보고서 작성 방법 3. 교육방법: 강의·시청각교육 등 집합교육, 현장교육 또는 인터넷 등 정보통신망을 이용한 원격교육 ③ 법 제31조의2제2항에 따라 지정받은 해체공사 교육기관은 신규교육 및 보수교육을 이수한 자에게 별지 제7호의2서식의 해체공사 감리교육 이수증을 내주어야 한다. ④ 제1항부터 제3항까지에서 규정한 사항 외에 신규교육 및 보수교육의 구체적인 교육과목, 과목별 교육시간 및 교육생 평가기준 등에 관하여 필요한 사항은 국토교통부장관이 정하여 고시한다. [본조신설 2022.8.4.] **제13조의3【해체공사 교육기관 지정신청서 등】** ① 영 제23조의3제3항 각 호 외의 부분에서 "국토교통부령으로 정하는 신청서"란 별지 제7호의3서식의 해체공사 교육기관 지정신청서를 말한다.

법	시 행 령	시 행 규 칙
제32조【해체공사감리자의 업무 등】 ① 해체공사감리자는 다음 각 호의 업무를 수행하여야 한다. 〈개정 2022.2.3.〉 1. 해체작업순서, 해체공법 등을 정한 제30조제3항에 따른 해체계획서(제30조의3제1항에 따른 변경허가 또는 변경신고에 따라 해체계획서의 내용이 변경된 경우에는 그 변경된 해체계획서를 말한다. 이하 "해체계획서"라 한다)에 맞	4. 운영경비 조달계획 ④ 국토교통부장관은 해체공사교육기관을 지정하였을 때에는 지정받은 자에게 국토교통부령으로 정하는 지정서를 교부하고, 해체공사교육기관의 명칭·대표자 및 소재지 등을 관보에 고시해야 한다. ⑤ 제1항부터 제4항까지에서 규정한 사항 외에 해체공사교육기관의 지정 등에 필요한 사항은 국토교통부령으로 정한다. [본조신설 2022.8.2.]	② 영 제23조의3제4항에서 "국토교통부령으로 정하는 지정서" 란 별지 제7호의4서식의 해체공사 교육기관 지정서를 말한다. ③ 법 제31조의2제2항에 따라 지정받은 해체공사 교육기관은 다음 각 호의 서류(전자문서를 포함한다)를 해당 호에 규정된 날까지 국토교통부장관에게 제출해야 한다. 1. 다음 연도의 해체공사 교육기관 운영계획: 매년 10월 31일. 다만, 10월 1일 이후에 지정받은 경우에는 지정받은 날부터 1개월 이내에 제출해야 한다. 2. 해당 연도의 교육운영 실적: 다음 연도의 1월 31일 ④ 제3항에 따라 해체공사 교육기관이 제출해야 하는 운영계획 및 교육운영 실적의 구체적인 내용은 국토교통부장관이 정하여 고시한다. [본조신설 2022.8.4.]

법	시 행 령	시 행 규 칙
게 공사하는지 여부의 확인 2. 현장의 화재 및 붕괴 방지 대책, 교통안전 및 안전통로 확보, 추락 및 낙하 방지대책 등 안전관리대책에 맞게 공사하는지 여부의 확인 3. 해체 후 부지정리, 인근 환경의 보수 및 보상 등 마무리 작업사항에 대한 이행 여부의 확인 4. 해체공사에 의하여 발생하는 「건설폐기물의 재활용촉진에 관한 법률」 제2조제1호에 따른 건설폐기물이 적절하게 처리되는지에 대한 확인 5. 그 밖에 국토교통부장관이 정하여 고시하는 해체공사의 감리에 관한 사항 ② 해체공사감리자는 건축물의 해체작업이 안전하게 수행되기 어려운 경우 해당 관리자 및 제32조의2에 따른 해체작업자에게 해체작업의 시정 또는 중지를 요청하여야 하며, 해당 관리자 및 해체작업자는 정당한 사유가 없으면 이에 따라야 한다. 〈개정 2022.2.3.〉 ③ 해체공사감리자는 해당 관리자 또는 제32조의2에 따른 해체작업자가 제2항에 따른 시정 또는 중지를 요청받고도 건축물 해체작업을 계속하는 경우에는 국토교통부령으로 정하는 바에 따라 허가권자에게 보고하여야 한다. 이 경우 보고를 받은 허가권자는 지체 없이 작업중지를 명령하여야 한다. 〈개정 2022.2.3.〉 ④ 관리자 또는 제32조의2에 따른 해체작업자가 제2항에 따른 조치를 요청받고 이를 이행한 경우나 제3항 후단에 따른 작업중지 명령을 받은 이후 해체작업을 다시 하려는 경우에는 건축물 안전확보에 필요한 개선계획을 허가권자에게 제출하여 승인을 받아야 한다. 〈개정 2022.2.3.〉	**고시** 건축물 해체계획서의 작성 및 감리업무 등에 관한 기준 (국토교통부고시 제2022-446호, 2022.8.4)	**제14조【해체작업의 시정 또는 중지 등】** ① 해체공사감리자는 법 제32조제3항 전단에 따라 보고하는 경우 별지 제8호서식의 건축물 해체작업 시정 또는 중지 요청 보고서에 해체공사감리자 지정통지서 사본을 첨부하여 허가권자에게 제출해야 한다. ② 관리자 또는 해체작업자는 법 제32조제4항에 따라 개선계획을 승인받으려는 경우에는 별지 제9호서식의 해체작업 개선계획서를 허가권자에게 제출해야 한다. 〈개정 2021.10.28〉

법	시 행 령	시 행 규 칙
		③ 허가권자는 제2항에 따라 제출받은 해체작업 개선계획서에 보완이 필요하다고 인정되면 해당 관리자 또는 해체작업자에게 보완을 요청할 수 있다.
⑤ 해체공사감리자는 허가권자 등이 건축물의 해체가 해체계획서에 따라 적정하게 이루어졌는지 확인할 수 있도록 다음 각 호의 어느 하나에 해당하는 해체 작업 시에는 해당 작업이 진행되고 있는 현장에 대한 사진 및 동영상(촬영일자가 표시된 사진 및 동영상을 말한다)을 촬영하고 보관하여야 한다. 〈신설 2022.2.3.〉 1. 필수확인점(공사의 수행 과정에서 다음 단계의 공정을 진행하기 전에 해체공사감리자의 현장점검에 따른 승인을 받아야 하는 공사 중지점을 말한다)의 해체. 이 경우 필수확인점의 세부 기준 등에 관하여 필요한 사항은 대통령령으로 정한다. 2. 해체공사감리자가 주요한 해체라고 판단하는 해체 ⑥ 해체공사감리자는 그날 수행한 해체작업에 관하여 다음 각 호에 해당하는 사항을 제7조에 따른 건축물 생애이력 정보체계에 매일 등록하여야 한다. 〈신설 2022.2.3.〉 1. 공종, 감리내용, 지적사항 및 처리결과 2. 안전점검표 현황 3. 현장 특기사항(발생상황, 조치사항 등) 4. 해체공사감리자가 현장관리 기록을 위하여 필요하다고 판단하는 사항 ⑦ 허가권자는 제6항 각 호에 해당하는 사항을 등록하지 아니한 해체공사감리자에게 등록을 명하여야 하며, 해체공사감리자는 정당한 사유가 없으면 이에 따라야 한다. 〈신설	**제23조의4 【필수확인점의 세부 기준】** ① 법 제32조제5항제1호 전단에 따른 필수확인점의 세부 기준은 다음 각 호와 같다. 1. 마감재 해체공정 착수 전 2. 지붕 해체공정 착수 전 3. 중간층 해체공정 착수 전 4. 지하층 해체공정 착수 전 ② 제1항 각 호에 따른 필수확인점의 구체적인 시점에 관하여 필요한 사항은 국토교통부장관이 정하여 고시한다. [본조신설 2022.8.2.]	**제14조의2 【사진 및 동영상의 촬영·보관 등】** ① 해체공사감리자는 법 제32조제5항에 따라 사진 및 동영상(이하 이 조에서 "사진등"이라 한다)을 촬영하는 때에는 불가피한 경우를 제외하고는 촬영 대상 공정별로 같은 장소에서 촬영해야 한다. ② 해체공사감리자는 제1항에 따라 촬영한 사진등을 디지털파일 형태로 가공·처리한 후 해체공사 공정별로 구분하여 관리자가 법 제33조제1항에 따라 건축물 해체공사 완료신고를 한 날부터 30일까지 보관해야 한다. ③ 해체공사감리자는 허가권자 및 관리자가 해체공사 현장의 안전관리 현황 등을 확인하기 위하여 제2항에 따른 기간에 보관 중인 사진등의 제공을 요청하는 경우에는 사진등을 제공해야 한다. [본조신설 2022.8.4.]

법	시 행 령	시 행 규 칙
2022.2.3.〉 ⑧ 해체공사감리자는 건축물의 해체작업이 완료된 경우 해체감리완료보고서를 해당 관리자와 허가권자에게 제출(전자문서로 제출하는 것을 포함한다)하여야 한다. 〈개정 2022.2.3.〉 ⑨ 제4항에 따른 개선계획 승인, 제5항에 따른 사진·동영상의 촬영·보관 및 제8항에 따른 해체감리완료보고서의 작성 등에 필요한 사항은 국토교통부령으로 정한다. 〈개정 2022.2.3.〉		**제15조【해체감리완료보고서】** 해체공사감리자는 법 제32조제8항에 따라 해체감리완료보고서를 작성하는 경우 감리업무 수행 내용·결과 및 해체공사 결과 등을 포함하여 작성해야 한다. 〈개정 2022.8.4〉
제32조의2【해체작업의 업무】 해체작업자는 다음 각 호의 업무를 수행하여야 한다. 1. 해체계획서대로 해체공사 수행 2. 해체계획서의 화재 및 붕괴 방지 대책, 교통안전 및 안전통로 확보 대책, 추락 및 낙하 방지 대책 등 안전관리대책 수행 3. 「산업안전보건법」 등 관계 법령에서 정하는 업무 [본조신설 2022.2.3.]		
제33조【건축물 해체공사 완료신고】 ① 관리자는 다음 각 호의 어느 하나에 해당하는 날부터 30일 이내에 허가권자에게 건축물 해체공사 완료신고를 하여야 한다. 〈개정 2022.2.3. 각호신설〉 1. 제30조제1항 각 호 외의 부분 본문 또는 같은 조 제2항에 따른 해체허가 대상의 경우, 제32조제8항에 따른 해체감리완료보고서를 해체공사감리자로부터 제출받은 날 2. 제30조제1항 각 호 외의 부분 단서에 따른 해체신고 대상의 경우, 건축물을 해체하고 폐기물 반출이 완료된 날		**제16조【건축물 해체공사 완료신고】** ① 관리자는 법 제33조제1항에 따라 건축물 해체공사 완료신고를 하려는 경우 별지 제10호서식의 건축물 해체공사 완료신고서에 법 제32조제8항에 따라 제출받은 해체감리완료보고서를 첨부하여 허가권자에게 제출(전자문서로 제출하는 것을 포함한다)해야 한다. 〈개정 2022.8.4〉

법	시 행 령	시 행 규 칙
② 제1항에 따른 신고의 방법·절차에 관한 사항은 국토교통부령으로 정한다.		② 허가권자는 제1항에 따라 신고서를 제출받은 경우 건축물 또는 건축물 자재에 석면이 함유되었는지를 확인해야 한다. 이 경우 석면 함유에 대한 통보에 관하여는 영 제21조제3항을 준용한다. ③ 허가권자는 제1항에 따라 건축물 해체공사 완료신고서를 제출받았을 때에는 석면 함유 여부 및 건축물의 해체공사 완료 여부를 확인한 후 별지 제11호서식의 건축물 해체공사 완료 신고확인증을 신고인에게 내주어야 한다.
제34조【건축물의 멸실신고】 ① 관리자는 해당 건축물이 멸실된 날부터 30일 이내에 건축물 멸실신고서를 허가권자에게 제출하여야 한다. 다만, 건축물을 전면해체하고 제33조에 따른 건축물 해체공사 완료신고를 한 경우에는 멸실신고를 한 것으로 본다. 〈개정 2022.2.3.〉 ② 제1항에 따른 신고의 방법·절차에 관한 사항은 국토교통부령으로 정한다.		**제17조【건축물 멸실의 신고】** ① 관리자는 법 제34조제1항 본문에 따라 멸실신고를 하려는 경우에는 별지 제10호서식의 건축물 멸실 신고서를 허가권자에게 제출(전자문서로 제출하는 것을 포함한다)해야 한다. ② 허가권자는 제1항에 따라 신고서를 제출받은 경우 건축물 또는 건축물 자재에 석면이 함유되었는지를 확인해야 한다. 이 경우 석면 함유에 대한 통보에 관하여는 영 제21조제3항을 준용한다. ③ 허가권자는 제1항에 따라 건축물 멸실 신고서를 제출받았을 때에는 석면 함유 여부 및 신고 내용을 확인한

법	시 행 령	시 행 규 칙
		후 별지 제11호서식의 건축물 멸실 신고확인증을 신고인에게 내주어야 한다.
제5장 건축물관리 지원 등	**제5장 건축물관리 지원 등**	**제5장 건축물관리 지원 등**
제35조【건축물관리 연구 · 개발】 ① 정부는 건축물관리기술의 향상과 관련 산업의 진흥을 위한 시책을 추진하기 위하여 대통령령으로 정하는 기관 또는 단체와 협약을 체결하여 건축물관리기술의 연구 · 개발 사업을 실시할 수 있다.	**제24조【건축물관리기술 연구 · 개발 사업을 위한 협약의 체결】** ① 법 제35조제1항에서 "대통령령으로 정하는 기관 또는 단체"란 다음 각 호의 기관 또는 단체를 말한다. 〈개정 2021.10.19〉 1. 국립 · 공립 연구기관 2. 「고등교육법」 제2조에 따른 학교 3. 「연구산업진흥법」 제6조제1항에 따라 신고한 전문연구사업자 4. 「기초연구진흥 및 기술개발지원에 관한 법률」 제14조의2제1항에 따라 인정받은 기업부설연구소 또는 연구개발전담부서 5. 「민법」 또는 다른 법률에 따라 설립된 법인인 연구기관 6. 「산업기술연구조합 육성법」에 따른 산업기술연구조합 7. 「정부출연연구기관 등의 설립 · 운영 및 육성에 관한 법률」 또는 「과학기술분야 정부출연연구기관 등의 설립 · 운영 및 육성에 관한 법률」에 따라 설립된 정부출연연구기관 또는 과학기술분야 정부출연연구기관 8. 「특정연구기관 육성법」에 따른 특정연구기관 ② 중앙행정기관의 장은 건축물관리기술 연구 · 개발과제를 선정하면 제1항 각 호의 기관 또는 단체 중 해당 분야의 연구 · 개발을 주관하여 수행할 기관 또는 단체(이하 "주관	

법	시 행 령	시 행 규 칙
	연구기관" 이라 한다)와 건축물관리기술의 연구·개발 사업에 관한 협약(이하 "협약" 이라 한다)을 체결해야 한다. ③ 주관연구기관의 장은 제2항에 따라 연구·개발 사업을 수행할 때 연구·개발비에 법 제35조제2항에 따른 기술개발비(현물을 포함한다. 이하 이 항에서 같다)가 포함되어 있는 경우에는 기술개발비를 부담하는 자와 미리 출자계약 또는 연구계약을 체결해야 한다. ④ 협약에는 다음 각 호의 사항이 포함되어야 한다. 1. 연구·개발과제 계획서 2. 삭제 〈2020.12.29.〉 3. 연구·개발비의 지급방법 및 사용·관리에 관한 사항 4. 연구·개발 결과의 보고에 관한 사항 5. 연구·개발 결과의 귀속 및 활용에 관한 사항 6. 기술료의 징수·사용에 관한 사항 7. 연구·개발 결과의 평가에 관한 사항 8. 협약의 변경 및 해지에 관한 사항 9. 협약의 위반에 대한 조치에 관한 사항 10. 그 밖에 연구·개발에 필요한 사항 ⑤ 주관연구기관의 장은 필요하다고 인정하는 경우에는 해당 연구과제의 일부를 제1항 각 호의 기관 또는 단체에 위탁하여 수행하게 할 수 있다.	
② 제1항에 따른 건축물관리기술의 연구·개발 사업에 필요한 경비는 정부 또는 정부 외의 자의 출연금이나 그 밖의 기업의 기술개발비로 충당한다.	**제25조【건축물관리기술의 연구·개발 사업에 관한 출연금 등】** ① 법 제35조제2항에 따른 출연금은 분할하여 지급한다. 다만, 연구과제의 규모와 착수시기 등을 고려하여 필요하다고 인정하는 경우에는 한꺼번에 지급할 수 있다. ② 주관연구기관의 장은 법 제35조제2항에 따라 건축물관리기술 연구·개발 사업에 필요한 경비(이하 "연구·개발	

법	시 행 령	시 행 규 칙
	비"라 한다)를 지급받은 경우에는 별도의 계정(計定)을 설정하여 관리해야 한다. ③ 주관연구기관의 장은 연구·개발비를 협약을 체결한 중앙행정기관의 장(이하 "주관 중앙행정기관의 장"이라 한다)이 정하여 고시하는 바에 따라 다음 각 호의 비용으로 사용해야 한다. 1. 연구원의 인건비 2. 직접비: 연구 기자재 및 시설비, 재료비 및 전산처리·관리비, 시험제품 제작비, 여비, 수용비, 수수료, 기술정보 활동비 및 연구활동비 3. 간접비: 간접경비, 연구개발준비금, 지식재산권 출원·등록비, 과학문화 활동비 및 연구실 안전관리비 4. 위탁연구개발비 ④ 주관연구기관의 장은 협약기간이 끝난 후 90일 이내에 다음 각 호의 서류에 따른 연구·개발비 사용실적을 주관 중앙행정기관의 장에게 보고해야 한다. 1. 연구·개발비 사용계획 및 집행실적에 관한 보고서 2. 회계감사 의견서 등 주관 중앙행정기관의 장이 정하여 고시하는 연구·개발비 집행 관련 서류 ⑤ 주관연구기관의 장은 법 제37조에 따른 건축물관리 관련 사업자 등이 요청하는 경우에는 건축물관리기술 연구·개발 사업의 연구 성과를 생산 과정에 이용하게 할 수 있다. 이 경우 그 이용으로 원가 절감, 품질 향상 등의 효과를 얻었을 때에는 그 이용자로부터 협약에 규정된 기술료를 징수할 수 있다. ⑥ 주관연구기관의 장은 제5항에 따라 기술료를 징수했을 때에는 징수한 날부터 30일 이내에 주관 중앙행정기관의 장에게 그 사실을 보고해야 한다.	

법	시 행 령	시 행 규 칙
	⑦ 주관연구기관의 장은 제5항에 따라 징수한 기술료를 주관 중앙행정기관의 장이 고시하는 바에 따라 연구·개발 및 기초연구를 위한 연구·개발비의 조성 등의 목적에 사용해야 하고, 해당 연도의 사용실적을 다음 해 3월 31일까지 주관 중앙행정기관의 장에게 보고해야 한다.	
③ 정부는 제1항에 따라 개발된 연구·개발 성과의 이용·보급 및 관련 산업과의 연계를 촉진하기 위하여 필요하다고 판단하는 경우에는 대통령령으로 정하는 바에 따라 건축물관리 시범사업을 할 수 있다. ④ 제1항에 따른 협약체결 방법과 제2항에 따른 출연금의 지급·사용 및 관리에 필요한 사항은 대통령령으로 정한다.	**제26조【건축물관리 시범사업의 실시】** ① 중앙행정기관의 장은 법 제35조제3항에 따른 건축물관리 시범사업(이하 "시범사업"이라 한다)을 실시하려면 다음 각 호의 사항이 포함된 시범사업 계획을 수립해야 한다. 1. 시범사업의 목표·전략 및 추진체계에 관한 사항 2. 시범사업에 적용될 건축물관리기술에 관한 사항 3. 시범사업에 필요한 재원 조달에 관한 사항 ② 중앙행정기관의 장은 법 제35조제1항에 따라 건축물관리기술의 연구·개발 사업을 실시하는 기관(이하 "건축물관리기술 연구기관"이라 한다) 등의 요청에 따라 시범사업을 실시할 대상 사업 및 지역(이하 "시범대상 사업등"이라 한다)을 지정할 수 있다. ③ 시범대상 사업등은 다음 각 호의 요건을 모두 갖춰야 한다. 1. 시범사업의 목적 달성에 적합할 것 2. 시범사업의 재원조달계획이 적정하고 실현 가능할 것 3. 시범사업의 원활한 시행이 가능할 것 ④ 건축물관리기술 연구기관은 제2항에 따라 시범대상 사업등의 지정을 요청하려면 다음 각 호의 서류를 관계 중앙행정기관의 장에게 제출해야 한다. 1. 제3항 각 호의 내용을 포함한 시범사업 계획서 2. 신청기관이 시범대상 사업등에 대해 지원할 수 있는 예	

법	시 행 령	시 행 규 칙
	산·인력 등에 관한 서류 ⑤ 제1항부터 제4항까지에서 규정한 사항 외에 시범사업 실시에 필요한 사항은 국토교통부장관이 정하여 고시한다.	
제36조【건축물관리에 관한 기술자의 육성】 ① 국토교통부장관은 건축물관리에 관한 기술자의 효율적 활용과 기술능력 향상을 위하여 건축물관리에 관한 기술자의 육성과 교육·훈련 등에 관한 시책을 수립·추진할 수 있다. ② 국토교통부장관은 건축물관리에 관한 기술자를 육성하기 위하여 공공기관이나 건축물관리기술과 관련된 기관 또는 단체로 하여금 제1항에 따른 교육·훈련을 대행하도록 할 수 있다. 이 경우 국토교통부장관은 교육·훈련에 필요한 비용의 일부를 지원할 수 있다. ③ 제1항에 따른 교육·훈련의 내용 및 방법 등에 관하여 필요한 사항은 대통령령으로 정한다.	**제27조【건축물관리에 관한 기술자의 육성】** ① 국토교통부장관은 법 제36조제1항에 따른 시책을 수립·추진하기 위하여 건축물관리에 관한 기술자의 교육·훈련 현황 등을 조사할 수 있다. ② 국토교통부장관은 법 제36조제1항에 따라 다음 각 호의 사항을 포함하는 교육·훈련을 실시할 수 있다. 1. 건축물관리계획의 수립 및 이행에 관한 사항 2. 건축물 구조안전 및 화재안전성능의 유지 관리를 위한 사항 3. 그 밖에 국토교통부장관이 교육·훈련을 위하여 필요하다고 인정하는 사항 ③ 국토교통부장관은 법 제36조제2항에 따라 건축물관리지원센터로 하여금 건축물관리에 관한 기술자의 교육·훈련을 대행하게 할 수 있다. ④ 국토교통부장관은 건축물관리에 관한 기술자의 교육·훈련의 내용 및 방법 등에 관한 세부 사항을 정하여 고시할 수 있다.	고시 건축물관리점검지침 (국토교통부고시 제2024-579호, 2024.11.4.)
제37조【건축물관리 관련 사업자에 대한 지원】 ① 국가 또는 지방자치단체는 건축물관리산업의 발전을 촉진하기 위하여 관련 사업자에 게 행정적·재정적 지원을 할 수 있다. ② 제1항에 따른 지원 대상 사업자의 범위와 지원 절차 등에 관한 사항은 대통령령으로 정한다.	**제28조【건축물관리 관련 사업자에 대한 지원】** ① 중앙행정기관의 장 또는 지방자치단체의 장은 법 제37조제1항에 따라 다음 각 호의 자에게 행정적·재정적 지원을 할 수 있다. 1. 「건설기술 진흥법」 제2조제9호에 따른 건설기술용역사업자 2. 「건축사법」 제23조제1항에 따른 건축사사무소개설신고	

법	시 행 령	시 행 규 칙
	를 한 자 3. 「기술사법」 제6조에 따라 건축분야를 전문분야로 하여 기술사사무소를 개설등록한 자 4. 「시설물의 안전 및 유지관리에 관한 특별법」 제28조제1항에 따라 등록한 안전진단전문기관 ② 중앙행정기관의 장 또는 지방자치단체의 장은 법 제37조제1항에 따라 지원을 하려는 경우 지원 내용 및 절차 등을 정하여 30일 이상의 기간 동안 관보 또는 공보와 인터넷 홈페이지에 공고해야 한다. ③ 중앙행정기관의 장 또는 지방자치단체의 장은 제1항 각 호에 따른 자 중에서 우수 건축물관리 사업자를 지정하여 필요한 지원을 할 수 있다.	
제38조【국제 교류 및 협력】 국토교통부장관은 건축물관리기술의 국제협력 및 해외진출을 촉진하기 위하여 다음 각 호의 사업을 추진할 수 있다. 1. 국제협력을 위한 조사ㆍ연구 2. 인력ㆍ정보의 국제교류 3. 외국의 대학ㆍ연구기관 및 단체와 건축물관리기술 공동연구ㆍ개발 4. 개발된 건축물관리기술을 이용한 해외시장 개척 5. 그 밖에 건축물관리기술 개발을 위한 국제 교류ㆍ협력을 촉진하기 위하여 국토교통부령으로 정하는 사항		**제18조【국제 교류 및 협력】** 법 제38조제5호에서 "국토교통부령으로 정하는 사항"이란 다음 각 호의 사항을 말한다. 1. 외국 정부기관과의 정기적 협력회의 개최 2. 해외진출에 필요한 건축물관리기술 개발의 수요조사
제39조【건축물관리지원센터의 지정 등】 ① 국토교통부장관은 건축물관리를 위한 정책과 기술의 연구ㆍ개발 및 보급 등을 효율적으로 추진하기 위하여 다음 각 호의 기관을 건축물관리지원센터로 지정할 수 있다. 〈개정 2020.5.19.,	**제29조【건축물관리지원센터의 지정 등】** ① 법 제39조제1항제6호에서 "대통령령으로 정하는 공공기관"이란 「공공기관의 운영에 관한 법률」 제4조에 따른 공공기관으로서 다음 각 호의 사항을 모두 갖춘 기관을 말한다.	**제19조【건축물관리지원센터의 지정】** ① 영 제29조제2항 각 호 외의 부분에서 "국토교통부령으로 정하는 신청서"란 별지 제12호서식의 건축물관

법

2020.6.9.〉

1. 「정부출연연구기관 등의 설립·운영 및 육성에 관한 법률」에 따라 설립된 건축공간연구원
2. 국토안전관리원
3. 「과학기술분야 정부출연연구기관 등의 설립·운영 및 육성에 관한 법률」에 따라 설립된 한국건설기술연구원
4. 「한국부동산원법」에 따른 한국부동산원
5. 「한국토지주택공사법」에 따라 설립된 한국토지주택공사
6. 그 밖에 대통령령으로 정하는 공공기관

② 국토교통부장관은 제1항에 따른 건축물관리지원센터를 지정하거나 그 지정을 취소한 경우에는 그 사실을 관보에 고시하여야 한다.

③ 제1항에 따른 건축물관리지원센터는 다음 각 호의 업무를 수행한다.

1. 건축물관리 관련 정책 수립·이행 지원
2. 건축물관리 관련 상담 지원
3. 이 법에 따라 국토교통부장관으로부터 대행 또는 위탁받은 업무
4. 그 밖에 체계적인 건축물관리를 위하여 필요한 업무

④ 국토교통부장관은 제1항에 따라 지정된 건축물관리지원센터에 대하여 예산의 범위에서 제3항의 업무를 수행하는데 필요한 비용의 일부를 출연하거나 지원할 수 있다.

⑤ 제1항에 따른 건축물관리지원센터의 지정 및 지정취소 등에 필요한 사항은 대통령령으로 정한다.

시 행 령

1. 건축물관리 지원업무를 수행할 전담조직, 예산 및 시설
2. 건축물관리 지원업무를 수행할 수 있는 10명 이상의 전문인력
3. 건축물관리 지원업무 운영규정

② 법 제39조제1항에 따라 건축물관리지원센터로 지정받으려는 자는 국토교통부령으로 정하는 신청서에 다음 각 호의 서류를 첨부하여 국토교통부장관에게 제출해야 한다.

1. 건축물관리지원센터 운영계획
2. 건축물관리지원센터 인력·조직 및 시설 확보 현황
3. 건축물관리지원센터 운영에 따른 예산조달계획

③ 국토교통부장관은 제2항에 따라 신청한 자를 건축물관리지원센터로 지정하는 경우에는 국토교통부령으로 정하는 지정서를 발급해야 한다.

④ 국토교통부장관은 건축물관리지원센터로 하여금 다음 각 호의 업무를 대행하게 할 수 있다. 〈개정 2023.7.11.〉

1. 법 제6조에 따른 실태조사
2. 법 제29조의2에 따른 화재안전성능보강에 대한 지원의 보조
3. 법 제38조에 따른 건축물관리기술의 국제협력 및 해외진출을 촉진하기 위한 사업의 추진

⑤ 건축물관리지원센터는 다음 각 호의 서류를 해당 구분에 따른 날까지 국토교통부장관에게 제출해야 한다.

1. 업무계획: 매년 2월 말일
2. 전년도 업무 추진 실적: 다음 해 3월 31일

⑥ 국토교통부장관은 건축물관리지원센터가 다음 각 호의 어느 하나에 해당하는 경우에는 그 지정을 취소할 수 있다. 다만, 제1호에 해당하는 경우에는 그 지정을 취소해야 한다.

시 행 규 칙

리지원센터 지정신청서를 말한다.

② 국토교통부장관은 영 제29조제2항 및 이 조 제1항에 따라 신청서를 제출받은 경우 「전자정부법」 제36조제1항에 따른 행정정보의 공동이용을 통해 법인 등기사항증명서(법인인 경우만 해당한다) 또는 사업자등록증명을 확인해야 한다. 이 경우 신청인이 사업자등록증명 확인에 동의하지 않은 경우에는 해당 서류를 제출하도록 해야 한다.

③ 영 제29조제3항에서 "국토교통부령으로 정하는 지정서"란 별지 제13호서식의 건축물관리지원센터 지정서를 말한다.

법	시 행 령	시 행 규 칙
	1. 거짓이나 부정한 방법으로 건축물관리지원센터로 지정받은 경우 2. 정당한 사유 없이 지정받은 날부터 6개월 이상 건축물관리지원센터의 업무를 수행하지 않은 경우 3. 그 밖에 건축물관리지원센터로서의 업무를 수행할 수 없게 된 경우 ⑦ 국토교통부장관은 제6항에 따라 지정을 취소하려는 경우에는 청문을 해야 한다.	
제40조【지역건축물관리지원센터의 설치 및 운영】 ① 특별자치시장·특별자치도지사 또는 시장·군수·구청장은 관리자가 건축물관리계획에 따라 효율적으로 건축물을 관리할 수 있도록 기술을 지원하거나 정보를 제공할 수 있다. ② 특별자치시장·특별자치도지사 또는 시장·군수·구청장은 제1항에 따른 기술지원, 정보제공, 안전대책의 수립 등을 위하여 필요한 경우에는 지역건축물관리지원센터를 설치·운영할 수 있다. ③ 제2항에 따른 지역건축물관리지원센터는 「건축법」 제87조의2제1항에 따른 지역건축안전센터와 통합하여 운영할 수 있다. ④ 제2항에 따른 지역건축물관리지원센터의 설치·운영 등에 필요한 사항은 국토교통부령으로 정한다.		**제20조【지역건축물관리지원센터의 설치 및 운영 등】** ① 법 제40조제2항에 따른 지역건축물관리지원센터(이하 "지역건축물관리지원센터" 라 한다)에는 센터장 1명과 기술지원, 정보제공 및 안전대책의 수립 등에 필요한 전문인력을 둔다. ② 특별자치시장·특별자치도지사 또는 시장·군수·구청장은 해당 지방자치단체 소속 공무원 중에서 건축물관리에 관한 학식과 경험이 풍부한 사람으로 하여금 제1항에 따른 센터장(이하 "센터장" 이라 한다)을 겸임하게 할 수 있다. ③ 센터장은 지역건축물관리지원센터의 사무를 총괄하고, 소속 직원을 지휘·감독한다. ④ 제1항에 따른 전문인력은 다음 각 호의 어느 하나에 해당하는 자격을 갖

법	시 행 령	시 행 규 칙
		춘 사람으로서 건축물관리에 관한 학식과 경험이 풍부한 사람으로 한다. 〈개정 2021.12.10〉 1. 「건축사법」 제2조제1호에 따른 건축사 2. 「국가기술자격법」에 따른 건축구조기술사 3. 「국가기술자격법」에 따른 건축시공기술사 4. 「국가기술자격법」에 따른 건설안전기술사 5. 「건설기술 진흥법 시행령」 별표 1에 따른 건축구조 전문분야의 특급건설기술인 또는 고급건설기술인 ⑤ 특별자치시장 · 특별자치도지사 또는 시장 · 군수 · 구청장은 제4항제1호에 해당하는 전문인력 1명 이상과 같은 항 제2호 또는 제5호에 해당하는 전문인력 1명 이상을 두어야 하며, 지역건축물관리지원센터의 전문인력을 확보하기 위하여 노력해야 한다. ⑥ 특별자치시장 · 특별자치도지사 또는 시장 · 군수 · 구청장은 지역의 규모 · 예산 · 인력 등을 고려할 때 단독으로 지역건축물관리지원센터를 설치 · 운영하는 것이 어려운 경우에는 둘 이상의 특별자치시 · 특별자치도 또는 시 · 군 · 자치구가 공동으로 하나의 지역

건축물관리지원센터를 설치·운영할 수 있다. 이 경우 공동으로 지역건축물관리지원센터를 설치·운영하려는 특별자치시장·특별자치도지사 또는 시장·군수·구청장은 지역건축물관리지원센터의 공동 설치 및 운영에 관한 협약을 체결해야 한다.
⑦ 제1항부터 제6항까지에서 규정한 사항 외에 지역건축물관리지원센터의 조직 및 운영 등에 필요한 사항은 해당 지방자치단체의 조례로 정한다.

제6장 보칙

제41조【건축물에 대한 시정명령 등】 ① 특별자치시장·특별자치도지사 또는 시장·군수·구청장은 건축물이 다음 각 호의 어느 하나에 해당하는 경우 해당 건축물의 해체·개축·증축·수선·사용금지·사용제한, 그 밖에 필요한 조치를 명할 수 있다.
1. 「군사기지 및 군사시설 보호법」 제2조제6호에 따른 군사기지 및 군사시설 보호구역에 있는 건축물로서 국가안보상 필요에 의하여 국방부장관이 요청하는 경우
2. 「건축법」 제72조제2항에 따른 지방건축위원회의 심의 결과 「건축법」 제40조부터 제48조까지, 제50조 또는 제52조를 위반하여 붕괴 또는 화재로 다중에게 위해를 줄 우려가 크다고 인정된 건축물인 경우

제6장 보칙

제30조【건축물에 대한 시정명령 등】 ① 법 제41조제1항 제3호에서 "대통령령으로 정하는 경우"란 「건축법 시행령」 제5조의5에 따른 지방건축위원회의 심의 결과 도로 등 공공시설의 설치에 장애가 된다고 판정된 건축물인 경우를 말한다.
② 특별자치시장·특별자치도지사 또는 시장·군수·구청장은 법 제41조제3항에 따라 보상을 하는 경우에는 같은 조 제1항에 따른 조치로 생길 수 있는 손실을 시가(時價)로 보상해야 한다.
③ 특별자치시장·특별자치도지사 또는 시장·군수·구청장은 제2항에 따른 보상금액에 대해 해당 건축물의 소유자와 협의가 성립되지 않은 경우 그 보상금액을 지급하거나

제6장 보칙

관계법 「건축법」
제40조(대지의 안전 등)
제41조(토지 굴착 부분에 대한 조치 등)
제42조(대지의 조경)

법	시 행 령	시 행 규 칙
3. 그 밖에 대통령령으로 정하는 경우 ② 특별자치시장 · 특별자치도지사 또는 시장 · 군수 · 구청장은 「국토의 계획 및 이용에 관한 법률」 제37조제1항제1호에 따른 경관지구 안의 건축물로서 도시미관이나 주거환경에 현저히 장애가 된다고 인정하면 건축위원회의 의견을 들어 개축, 수선 또는 그 밖에 필요한 조치를 하게 할 수 있다. ③ 특별자치시장 · 특별자치도지사 또는 시장 · 군수 · 구청장은 제1항에 따라 필요한 조치를 명하는 경우 대통령령으로 정하는 바에 따라 정당한 보상을 하여야 한다.	공탁하고 그 사실을 해당 건축물의 소유자에게 알려야 한다. 이 경우 그 소유자가 동의하는 경우에는 전자문서로 알릴 수 있다. ④ 제3항에 따른 보상금의 지급 또는 공탁에 불복하는 자는 제3항에 따라 지급 또는 공탁의 통지를 받은 날부터 20일 이내에 「공익사업을 위한 토지 등의 취득 및 보상에 관한 법률」 제51조에 따른 관할 토지수용위원회에 재결(裁決)을 신청할 수 있다. ⑤ 제4항에 따른 재결에 관하여는 「공익사업을 위한 토지 등의 취득 및 보상에 관한 법률」 제83조부터 제86조까지의 규정을 준용한다.	제43조(공개 공지 등의 확보) 제44조(대지와 도로의 관계) 제45조(도로의 지정 · 폐지 또는 변경) 제46조(건축선의 지정) 제47조(건축선에 따른 건축제한) 제48조(구조내력 등) 제50조(건축물의 내화구조와 방화벽) 제52조(건축물의 마감재료 등)
제42조【빈 건축물 정비】 특별자치시장 · 특별자치도지사 또는 시장 · 군수 · 구청장은 사용 여부를 확인한 날부터 1년 이상 아무도 사용하지 아니하는 건축물(「농어촌정비법」 제2조제12호에 따른 빈집 및 「빈집 및 소규모주택 정비에 관한 특례법」 제2조제1항제1호에 따른 빈집은 제외하며, 이하 "빈 건축물" 이라 한다)이 다음 각 호의 어느 하나에 해당하면 건축위원회의 심의를 거쳐 해당 건축물의 소유자에게 해체 등 필요한 조치를 명할 수 있다. 이 경우 해당 건축물의 소유자는 특별한 사유가 없으면 60일 이내에 조치를 이행하여야 한다. 1. 공익상 유해하거나 도시미관 또는 주거환경에 현저한 장애가 된다고 인정하는 경우 2. 주거환경이나 도시환경 개선을 위하여 「도시 및 주거환경정비법」 제2조제4호 및 제5호에 따른 정비기반시설 및 공동이용시설의 확충에 필요한 경우	**제31조【빈 건축물 정비 절차 등】** ① 특별자치시장 · 특별자치도지사 또는 시장 · 군수 · 구청장은 법 제42조제1항에 따른 빈 건축물(이하 "빈 건축물" 이라 한다)을 법 제43조제1항에 따라 직권으로 해체하려는 경우 해체 사유 및 해체 예정일 등을 국토교통부령으로 정하는 해체통지서에 따라 해체 예정일 7일 전까지 그 빈 건축물의 소유자에게 알려야 한다. ② 특별자치시장 · 특별자치도지사 또는 시장 · 군수 · 구청장은 「감정평가 및 감정평가사에 관한 법률」에 따른 감정평가법인등 2인 이상(제3항 본문에 따라 추천받은 감정평가법인등 1인을 포함해야 한다)이 평가한 금액의 산술평균치를 법 제43조제3항에 따라 빈 건축물의 소유자에게 보상비로 지급해야 한다. 〈개정 2022.1.21〉 ③ 빈 건축물 소유자는 제1항에 따라 직권 해체 결정을 알게 된 날부터 14일 이내에 특별자치시장 · 특별자치도지사 또는 시장 · 군수 · 구청장에게 감정평가법인등 1인을 추천	**제21조【빈 건축물 해체 통지】** 영 제31조제1항에서 "국토교통부령으로 정하는 해체통지서" 란 별지 제14호서식의 빈 건축물 해체통지서를 말한다. **관계법** 「빈집 및 소규모주택 정비에 관한 특례법」 제2조(정의) ① 1. "빈집" 이란 특별자치시장 · 특별자치도지사 · 시장 · 군수 또는 자치구의 구청장(이하 "시장 · 군수등" 이라 한다)이 거주 또는 사용 여부를 확인한 날부터 1년 이상 아무도 거주 또는 사용하지 아니하는 주택을 말한다. 다만, 미분양주택 등 대통령령으로 정하는 주택은 제외한다.

법	시 행 령	시 행 규 칙
제43조【빈 건축물 정비 절차 등】 ① 특별자치시장·특별자치도지사 또는 시장·군수·구청장이 제42조에 따라 빈 건축물의 해체를 명한 경우 그 빈 건축물의 소유자가 특별한 사유 없이 이에 따르지 아니하면 대통령령으로 정하는 바에 따라 직권으로 해당 건축물을 해체할 수 있다. ② 제1항에 따라 해체할 빈 건축물의 소유자의 소재를 알 수 없는 경우에는 해당 건축물에 대한 해체명령과 이를 이행하지 아니하면 직권으로 해체한다는 내용을 일간신문에 1회 이상 공고하고, 공고한 날부터 60일이 지난 날까지 빈 건축물의 소유자가 해당 건축물을 해체하지 아니하면 직권으로 해체할 수 있다. ③ 제1항 및 제2항의 경우 특별자치시장·특별자치도지사 또는 시장·군수·구청장은 대통령령으로 정하는 바에 따라 정당한 보상비를 빈 건축물의 소유자에게 지급하여야 한다. 이 경우 빈 건축물의 소유자가 보상비의 수령을 거부하거나 빈 건축물 소유자의 소재불명(所在不明)으로 보상비를 지급할 수 없을 때에는 이를 공탁하여야 한다. ④ 특별자치시장·특별자치도지사 또는 시장·군수·구청장이 제1항 또는 제2항에 따라 빈 건축물을 해체하였을 때에는 지체 없이 건축물대장을 정리하고 관할 등기소에 해당 빈 건축물이 이 법에 따라 해체되었다는 취지의 통지를 하고 말소등기를 촉탁하여야 한다.	해야 한다. 다만, 빈 건축물 소유자의 소재를 알 수 없는 경우나 빈 건축물 소유자가 본문에 따른 기간 내에 감정평가법인등을 추천하지 않은 경우는 제외한다. 〈개정 2022.1.21〉 ④ 제2항에 따른 보상비의 산정은 제1항에 따라 특별자치시장·특별자치도지사 또는 시장·군수·구청장이 통보한 날 또는 법 제43조제2항에 따라 공고한 날을 기준으로 한다. ⑤ 제2항 및 제3항에서 규정한 사항 외에 감정평가업자의 선정 절차 및 방법에 관하여 필요한 사항은 시·군·구 조례로 정한다.	
제44조【공공건축물의 재난예방】 ① 국토교통부장관은 다음 각 호의 기관이 소유·관리하는 공공건축물에 대하여 지진·화재 등 재난으로부터 건축물의 안전을 확보하기 위하여 조치가 필요하다고 판단되는 경우 해당 공공건축물의 관리자에게 성능개선을 요구할 수 있다. 이 경우 공공건축물의		**제22조【공공건축물의 재난예방】** ① 국토교통부장관은 법 제44조제1항에 따라 다음 각 호의 어느 하나에 해당하는 공공건축물의 관리자에게 성능개선을 요구할 수 있다.

법	시 행 령	시 행 규 칙
관리자는 특별한 사유가 없으면 이에 따라야 한다. 1. 국가기관 2. 지방자치단체 3. 공공기관 4. 「지방공기업법」에 따라 설립된 지방공기업 5. 그 밖에 공공의 안전을 확보하기 위하여 대통령령으로 정하는 기관 ② 공공건축물의 관리자는 제1항에 따른 성능개선을 완료한 날부터 30일 이내에 국토교통부장관에게 그 사실을 알려야 한다. ③ 제1항 및 제2항에 따른 성능개선의 대상, 절차 등에 관한 사항은 국토교통부령으로 정한다. **제45조【보고 및 검사】** ① 국토교통부장관, 특별시장, 광역시장, 특별자치시장, 도지사, 특별자치도지사 또는 시장, 군수, 구청장은 이 법의 시행을 위하여 필요하다고 인정하면 관리자에게 필요한 자료를 제출하게 하거나 보고를 하게 할 수 있다. ② 국토교통부장관, 특별시장, 광역시장, 특별자치시장, 도지사, 특별자치도지사 또는 시장, 군수, 구청장은 제1항에 따른 자료제출 또는 보고로 조사목적을 달성하기 어려운 경우에는 관계 공무원으로 하여금 해당 건축물 등에 출입하여 장부, 서류와 그 밖의 사항을 검사하게 할 수 있다. ③ 제2항에 따라 검사를 하려면 검사 7일 전까지 검사의 일시, 이유 및 내용 등이 포함된 검사계획을 검사를 받는 자에게 알려야 한다. 다만, 긴급한 경우나 미리 알리면 증거인멸 등으로 검사의 목적을 이룰 수 없다고 인정하는 경우에는 그러하지 아니하다.		1. 관계 법령의 제정, 개정에 따라 구조안전 또는 화재 관련 안전성능 기준이 강화된 건축물 2. 지진, 화재 등 재난 발생으로 구조안전 또는 화재 관련 안전성능이 저하됐을 것으로 우려되는 건축물 ② 국토교통부장관은 법 제44조제1항에 따라 성능개선을 요구하는 경우에는 다음 각 호의 내용을 포함하여 고시해야 한다. 1. 성능개선 대상 공공건축물 2. 성능개선 항목 및 수준

법	시 행 령	시 행 규 칙
④ 제2항에 따라 출입·검사를 하는 공무원은 그 권한을 표시하는 증표를 지니고 이를 관계인에게 보여주어야 하며, 출입 시 해당 공무원의 성명, 출입시간 및 출입목적 등이 적혀 있는 문서를 관계인에게 내주어야 한다.		
제46조【사고조사 등】 ① 관리자는 소관 건축물에 사고가 발생한 경우에는 지체 없이 응급 안전조치를 하여야 하며, 대통령령으로 정하는 규모 이상의 사고가 발생한 경우에는 특별자치시장·특별자치도지사 또는 시장·군수·구청장에게 사고 발생 사실을 알려야 한다. ② 제1항에 따라 사고 발생 사실을 통보받은 특별자치시장·특별자치도지사 또는 시장·군수·구청장은 사고 발생 사실을 지체 없이 국토교통부장관에게 알려야 한다. ③ 국토교통부장관은 제2항에 따라 사고 발생 사실을 통보받은 경우 그 사고 원인 등에 대한 조사를 할 수 있다.	**제32조【사고조사 등】** ① 법 제46조제1항에서 "대통령령으로 정하는 규모 이상의 사고가 발생한 경우"란 다음 각 호의 어느 하나에 해당하는 경우를 말한다. 1. 건축물의 붕괴 또는 전도 등으로 재축 등이 필요한 경우 2. 사망자 또는 실종자가 1명 이상이거나 부상자가 5명 이상인 인명 사고가 발생한 경우 ② 법 제46조제4항에서 "대통령령으로 정하는 규모 이상의 피해가 발생한 건축물"이란 다음 각 호의 어느 하나에 해당하는 건축물을 말한다. 1. 제1항 각 호의 경우에 해당하는 건축물 2. 그 밖에 건축물 사고의 방지를 위하여 국토교통부장관이 조사가 필요하다고 인정하는 건축물	
④ 국토교통부장관은 대통령령으로 정하는 규모 이상의 피해가 발생한 건축물의 사고조사 등을 위하여 필요하다고 인정되는 때에는 중앙건축물사고조사위원회를 구성·운영할 수 있다.	**제33조【중앙건축물사고조사위원회의 구성·운영 등】** ① 법 제46조제4항에 따른 중앙건축물사고조사위원회(이하 "중앙건축물사고조사위원회"라 한다)는 위원장 1명을 포함한 12명 이내의 위원으로 성별을 고려하여 구성하며, 위원장은 위원 중에서 국토교통부장관이 임명하거나 위촉한다. ② 중앙건축물사고조사위원회의 위원(이하 "조사위원"이라 한다)은 다음 각 호의 어느 하나에 해당하는 사람 중에서 국토교통부장관이 임명하거나 위촉한다. 1. 건축물관리업무와 관련된 4급 이상의 공무원으로서 2년 이상 관련 업무를 수행한 사람	

법	시 행 령	시 행 규 칙
	2. 대학에서 건축물관리 분야 과목을 가르치는 부교수 이상으로 5년 이상 재직하고 있거나 재직했던 사람 3. 「건설기술 진흥법 시행령」 별표 1에 따른 토목·건축·안전관리 직무분야의 특급건설기술인 이상으로서 건축물관리 분야에 10년 이상 재직하고 있거나 재직했던 사람 4. 그 밖에 건축물관리와 관련된 학식 또는 경험이 풍부한 사람 ③ 조사위원의 임기는 제36조제1항에 따른 사고조사 결과보고서를 제출하는 날까지로 한다. ④ 중앙건축물사고조사위원회의 회의는 위원장이 소집하며, 재적위원 과반수의 찬성으로 의결한다. ⑤ 제1항부터 제4항까지에서 규정한 사항 외에 중앙건축물사고조사위원회 구성·운영 등에 필요한 사항은 국토교통부장관이 정한다. **제34조【조사위원의 제척·기피·회피 및 해촉】** ① 제33조제2항에 따라 임명되거나 위촉된 조사위원이 다음 각 호의 어느 하나에 해당하는 경우에는 해당 안건의 심의·의결에서 제척(除斥)된다. 1. 조사위원 또는 그 배우자나 배우자였던 사람이 해당 안건의 당사자(당사자가 법인·단체 등인 경우에는 그 임원을 포함한다. 이하 이 호 및 제2호에서 같다) 또는 이해관계인(이하 이 항에서 "당사자"라 한다)이 되거나 그 안건의 당사자와 공동권리자 또는 공동의무자인 경우 2. 조사위원이 해당 안건의 당사자와 「민법」 제777조에 따른 친족이거나 친족이었던 경우 3. 조사위원이 해당 안건에 대하여 증언, 진술, 자문, 연구, 용역(하도급을 포함한다. 이하 이 조에서 같다), 감정	**관계법** 「민법」 제777조(친족의 범위) 친족관계로 인한 법률상 효력은 이 법 또는 다른 법률에 특별한 규정이 없는 한 다음 각 호에 해당하는 자에 미친다. 1. 8촌 이내의 혈족

법	시 행 령	시 행 규 칙
	또는 조사를 한 경우 4. 조사위원이나 조사위원이 속한 법인·단체 등이 해당 안건의 당사자의 대리인이거나 대리인이었던 경우 5. 조사위원이 임원 또는 직원으로 재직하고 있거나 최근 3년 내에 재직했던 기업 등이 해당 안건에 관하여 자문, 연구, 용역, 감정 또는 조사를 한 경우 ② 해당 안건의 당사자는 조사위원에게 공정한 심의·의결을 기대하기 어려운 사정이 있는 경우에는 중앙건축물사고조사위원회에 기피 신청을 할 수 있고, 중앙건축물사고조사위원회는 의결로 기피 여부를 결정한다. 이 경우 기피 신청의 대상인 조사위원은 그 의결에 참여하지 못한다. ③ 조사위원이 제1항 각 호에 따른 제척 사유에 해당하는 경우에는 스스로 해당 안건의 심의·의결에서 회피(回避)해야 한다. ④ 국토교통부장관은 조사위원이 다음 각 호의 어느 하나에 해당하는 경우에는 해당 위원을 해촉할 수 있다. 1. 심신장애 등의 사유로 인하여 직무를 수행할 수 없게 된 경우 2. 중앙건축물사고조사위원회의 활동으로 알게 된 정보를 다른 사람에게 누설하거나 자신의 이익을 위하여 사용한 경우 등 직무와 관련한 비위사실이 있는 경우 3. 직무태만, 품위손상, 그 밖의 사유로 인하여 위원의 직을 유지하는 것이 적합하지 않다고 인정되는 경우 4. 제1항 각 호의 어느 하나에 해당함에도 불구하고 회피하지 않은 경우 5. 위원 스스로 직무를 수행하는 것이 곤란하다고 의사를 밝히는 경우	2. 4촌 이내의 인척 3. 배우자

법	시 행 령	시 행 규 칙
⑤ 특별자치시장·특별자치도지사 또는 시장·군수·구청장은 관할 건축물에 대한 붕괴·파손 등의 사고조사 등을 위하여 필요하다고 인정되는 때에는 건축물사고조사위원회를 구성·운영할 수 있다. ⑥ 관리자는 제4항에 따른 중앙건축물사고조사위원회 또는 제5항에 따른 건축물사고조사위원회의 사고조사에 필요한 현장보존, 자료제출, 관련 장비의 제공 및 관련자 의견청취 등에 적극 협조하여야 한다. ⑦ 특별자치시장·특별자치도지사 또는 시장·군수·구청장은 제5항에 따른 건축물사고조사위원회의 사고조사를 실시한 경우 그 결과를 지체 없이 국토교통부장관에게 알려야 한다. ⑧ 국토교통부장관, 특별자치시장·특별자치도지사 또는 시장·군수·구청장은 제4항에 따른 중앙건축물사고조사위원회 또는 제5항에 따른 건축물사고조사위원회의 사고조사 결과를 공표하여야 한다. ⑨ 국토교통부장관, 특별자치시장·특별자치도지사 또는 시장·군수·구청장은 사고조사 결과 필요한 경우 해당 관리자에게 보수·보강 등 시정조치를 명할 수 있다. ⑩ 제4항 및 제5항에 따른 중앙건축물사고조사위원회와 건축물사고조사위원회는 「시설물의 안전 및 유지관리에 관한 특별법」 제58조에 따른 중앙시설물사고조사위원회 또는 시설물사고조사위원회와 통합 운영할 수 있다. ⑪ 국토교통부장관이 제50조제2항에 따라 중앙건축물사고조사위원회의 운영에 관한 사무를 기관에 위탁한 경우에는 그 사무 처리에 필요한 경비를 해당 기관에 출연하거나 보조할 수 있다. 〈신설 2022.2.3.〉 ⑫ 제4항에 따른 중앙건축물사고조사위원회 또는 제5항에	**제35조【건축물사고조사위원회의 구성·운영】** 법 제46조제5항에 따른 건축물사고조사위원회(이하 "건축물사고조사위원회"라 한다)의 구성·운영에 관하여는 제33조 및 제34조를 준용한다. 이 경우 "중앙건축물사고조사위원회"는 "건축물사고조사위원회"로, "국토교통부장관"은 "특별자치시장·특별자치도지사 또는 시장·군수·구청장"으로, "조사위원"은 "건축물사고조사위원회의 위원"으로, "제36조제1항에 따른 사고조사 결과보고서"는 "제36조제2항에 따른 사고조사 결과보고서"로 본다. **제36조【사고조사 결과의 보고 등】** ① 중앙건축물사고조사위원회는 사고조사를 완료한 날부터 30일 이내에 국토교통부장관에게 다음 각 호의 사항이 포함된 사고조사 결과보고서를 제출해야 한다. 1. 사고의 개요 2. 사고 원인의 분석 3. 조치결과 및 사후대책 4. 그 밖에 사고와 관련하여 조사·분석한 사항 ② 건축물사고조사위원회는 사고조사를 완료한 날부터 30일 이내에 특별자치시장·특별자치도지사 또는 시장·군수·구청장에게 제1항 각 호의 사항이 포함된 사고조사 결과보고서를 제출해야 한다. ③ 국토교통부장관, 특별자치시장·특별자치도지사 또는 시장·군수·구청장은 제1항 및 제2항에 따라 제출된 사고조사 결과보고서를 관계 기관에 배포하여 유사한 사고의 예방을 위한 자료로 활용될 수 있도록 해야 한다.	

법	시 행 령	시 행 규 칙
따른 건축물사고조사위원회의 구성과 운영, 제7항에 따른 사고조사의 통보 및 제8항에 따른 결과공표 등에 필요한 사항은 대통령령으로 정한다. 〈개정 2022.2.3.〉 **제47조【비밀유지】** 건축물관리점검 및 해체공사 감리업무를 수행하는 자는 업무상 알게 된 비밀을 누설하거나 도용해서는 아니 된다. 다만, 건축물의 안전을 위하여 국토교통부장관이 필요하다고 인정할 때에는 그러하지 아니하다. **제48조【청문】** 특별자치시장·특별자치도지사 또는 시장·군수·구청장은 다음 각 호의 어느 하나에 해당하는 처분을 하려면 청문을 하여야 한다. 1. 제18조제5항에 따른 건축물관리점검기관의 교체 2. 제25조에 따른 건축물관리점검기관의 영업정지 3. 제31조제2항에 따른 해체공사감리자의 교체 **제49조【벌칙 적용에서 공무원 의제】** 다음 각 호의 어느 하나에 해당하는 자는 「형법」 제129조부터 제132조까지의 규정과 「특정범죄가중처벌 등에 관한 법률」 제2조 및 제3조에 따른 벌칙을 적용할 때에는 공무원으로 본다. 〈개정 2022.2.3.〉 1. 제18조제1항에 따라 건축물관리점검을 실시하는 자 2. 해체공사감리자 3. 제39조제1항 및 제40조제2항에 따른 건축물관리지원센터 및 지역건축관리지원센터의 임직원 4. 제46조제4항 또는 같은 조 제5항에 따른 중앙건축물사고조사위원회의 위원 또는 건축물사고조사위원회의 위원 5. 제50조제3항에 따른 건축물관리점검 평가위원회의 위원		

법	시 행 령	시 행 규 칙
제50조【권한의 위임과 위탁】 ① 이 법에 따른 국토교통부장관의 권한은 그 일부를 대통령령으로 정하는 바에 따라 특별시장·광역시장·특별자치시장·도지사 또는 특별자치도지사에게 위임할 수 있다. ② 이 법에 따른 국토교통부장관의 권한 중 다음 각 호의 권한은 대통령령으로 정하는 바에 따라 위탁업무를 수행하는 데에 필요한 인력과 장비를 갖춘 기관에 위탁할 수 있다. 〈개정 2022.2.3.〉 1. 제7조에 따른 건축물 생애이력 정보체계의 관리·운영 2. 제13조부터 제16조까지의 규정에 따른 건축물관리점검 실시에 관한 교육 3. 제24조제1항 및 제2항에 따른 건축물관리점검 결과의 평가와 그 평가에 필요한 관련 자료의 제출요청 4. 제46조에 따른 사고조사 5. 제46조제4항에 따른 중앙건축물사고조사위원회의 운영에 관한 사무 〈신설 2022.2.3.〉	**제37조【권한의 위탁】** ① 국토교통부장관은 법 제50조제2항에 따라 다음 각 호의 권한을 해당 구분에 따라 위탁한다. 〈개정 2020.12.1., 2022.7.26., 2022.8.2〉 1. 법 제50조제2항제1호에 따른 권한: 건축물 생애이력 정보체계의 관리·운영에 필요한 인력과 장비를 갖춘 기관으로서 국토교통부장관이 정하여 고시하는 기관 2. 법 제50조제2항제2호에 따른 권한: 다음 각 목의 기관 가. 「건설기술 진흥법 시행령」 제43조제2항에 따른 교육기관 나. 「건축사법」 제31조에 따른 대한건축사협회 다. 국토안전관리원 라. 그 밖에 건축물관리점검 실시에 관한 교육에 필요한 인력과 장비를 갖춘 기관으로서 국토교통부장관이 정하여 고시하는 기관 3. 법 제50조제2항제3호에 따른 권한: 국토안전관리원 4. 법 제50조제2항제4호에 따른 권한: 건축물관리지원센터 5. 법 제50조제2항제5호에 따른 권한: 국토안전관리원 ② 제1항제3호에 따라 건축물관리점검 실시결과의 평가에 관한 권한을 위탁받은 기관의 장(이하 "실시결과평가기관의 장"이라 한다)은 평가대상 및 평가방법 등에 관한 세부사항을 정하여 국토교통부장관의 승인을 받아야 한다. ③ 국토교통부장관은 제2항에 따라 승인한 사항을 고시해야 한다.	
③ 제2항제3호에 따른 건축물관리점검 결과의 평가에 관한 권한을 위탁받은 기관은 평가의 공정성과 전문성을 확보하기 위하여 건축물관리점검 평가위원회를 설치하고 그 심의를 거쳐야 한다.	**제38조【건축물관리점검 평가위원회】** ① 법 제50조제3항에 따른 건축물관리점검 평가위원회(이하 "평가위원회"라 한다)는 위원장 및 부위원장 각 1명을 포함한 300명 이내의 위원으로 성별을 고려하여 구성한다.	

법	시 행 령	시 행 규 칙
④ 제3항에 따른 건축물관리점검 평가위원회의 구성과 운영 등에 필요한 사항은 대통령령으로 정한다. ⑤ 국토교통부장관은 제2항에 따른 기관에 업무 수행에 필요한 비용의 일부를 출연하거나 지원할 수 있다.	② 실시결과평가기관의 장은 평가위원회의 위원을 다음 각 호의 어느 하나에 해당하는 사람 중에서 국토교통부장관의 승인을 받아 위촉하며, 위원장 및 부위원장을 위원 중에서 위촉한다. 1. 건축물관리업무와 관련된 4급 이상의 공무원으로서 2년 이상 관련 업무를 수행한 사람 2. 대학에서 건축물관리 분야 과목을 가르치는 부교수 이상으로 5년 이상 재직하고 있거나 재직했던 사람 3. 「건설기술 진흥법 시행령」 별표 1에 따른 토목·건축·안전관리 직무분야의 특급건설기술인 이상으로서 건축물관리 분야에 10년 이상 재직하고 있거나 재직했던 사람 4. 그 밖에 건축물관리와 관련된 학식 또는 경험이 풍부한 사람 ③ 평가위원회의 위원장, 부위원장 및 위원 중 공무원이 아닌 사람의 임기는 2년으로 하며, 한 차례만 연임할 수 있다. ④ 평가위원회의 회의는 위원장과 위원장이 회의 시마다 지정하는 위원을 포함하여 총 3명 이상 7명 이하로 구성한다. ⑤ 평가위원회는 제4항에 따른 구성원 과반수의 출석으로 개의(開議)하고, 출석위원 과반수의 찬성으로 의결한다. ⑥ 평가위원회 위원의 제척·기피·회피 및 해촉에 관하여는 제34조를 준용한다. 이 경우 “중앙건축물사고조사위원회”는 “평가위원회”로, “조사위원”은 “평가위원회의 위원”으로, “국토교통부장관”은 “실시결과평가기관의 장”으로 본다. ⑦ 제1항부터 제6항까지에서 규정한 사항 외에 평가위원회의 구성·운영 등에 관한 세부 사항은 실시결과평가기관의	**고시** 건축물관리점검 결과에 대한 평가 운영규정(국토교통부고시 제2021-285호, 2021.3.31., 제정)

법	시 행 령	시 행 규 칙
	장이 국토교통부장관의 승인을 받아 정한다. **제39조【고유식별정보의 처리】** 국토교통부장관(법 제11조제7항 및 제50조에 따라 국토교통부장관의 권한 및 업무를 위임·위탁받은 자를 포함한다)은 다음 각 호의 사무를 수행하기 위하여 불가피한 경우 「개인정보 보호법 시행령」 제19조제1호 또는 제4호에 따른 주민등록번호 또는 외국인등록번호가 포함된 자료를 처리할 수 있다. 1. 법 제11조에 따른 건축물관리계획에 관한 사무 2. 법 제13조에 따른 정기점검에 관한 사무 3. 법 제14조에 따른 긴급점검에 관한 사무 4. 법 제15조에 따른 소규모 노후 건축물등 점검에 관한 사무 5. 법 제16조에 따른 안전진단에 관한 사무 **제39조의2【규제의 재검토】** 국토교통부장관은 제23조의2에 따른 건축물 해체공사의 감리원 배치기준에 대하여 2022년 1월 1일을 기준으로 2년마다(매 2년이 되는 해의 1월 1일 전까지를 말한다) 그 타당성을 검토하여 개선 등의 조치를 해야 한다. [본조신설 2021.10.28.]	
제7장 벌칙	**제7장 벌칙**	
제51조【벌칙】 ① 다음 각 호의 어느 하나에 해당하는 자는 10년 이하의 징역 또는 1억원 이하의 벌금에 처한다. 〈개정 2022.2.3.〉		

법	시 행 령	시 행 규 칙
1. 제12조제1항을 위반하여 건축물에 중대한 파손을 발생시켜 공중의 위험을 발생하게 한 자 2. 제13조제1항에 따른 정기점검, 제14조제2항에 따른 긴급점검 또는 제16조제1항에 따른 안전진단을 실시하지 아니하거나 성실하게 실시하지 아니함으로써 건축물에 중대한 파손을 발생시켜 공중의 위험을 발생하게 한 자 3. 제18조제4항을 위반하여 건축물관리점검을 실시하지 아니하거나 성실하게 실시하지 아니함으로써 건축물에 중대한 파손을 발생시켜 공중의 위험을 발생하게 한 자 4. 제21조제1항에 따른 사용제한·사용금지·해체 등의 조치를 하지 아니하여 공중의 위험을 발생하게 한 자 5. 제21조제3항에 따른 명령을 받고도 이를 이행하지 아니하여 공중의 위험을 발생하게 한 자 6. 제22조제1항에 따른 보수·보강 등 필요한 조치를 하지 아니함으로써 건축물에 중대한 파손을 발생시켜 공중의 위험을 발생하게 한 자 7. 제24조제3항에 따른 명령을 받고도 이를 이행하지 아니하여 공중의 위험을 발생하게 한 자 8. 제27조제2항을 위반하여 화재안전성능보강을 실시하지 아니하여 공중의 위험을 발생하게 한 자 9. 제30조제1항 각 호 외의 부분 본문 또는 같은 조 제2항을 위반하여 건축물의 해체허가를 받지 아니하거나 거짓 또는 그 밖의 부정한 방법으로 해체허가를 받고 건축물을 해체하다가 공중의 위험을 발생하게 한 자 10. 제30조제1항 각 호 외의 부분 단서를 위반하여 건축물의 해체신고를 하지 아니하거나 거짓 또는 그 밖의 부정한 방법으로 해체신고를 하고 건축물을 해체하다가 공중의 위험을 발생하게 한 자		

법	시 행 령	시 행 규 칙
11. 제30조제4항(제30조의3제1항에 따라 준용되는 경우를 포함한다)에 따른 해체계획서를 부실하게 작성하거나 이 법 또는 관계 법령을 위반하여 작성함으로써 건축물에 중대한 파손을 발생시켜 공중의 위험을 발생하게 한 자 〈신설 2022.2.3.〉 12. 제30조제5항(제30조의3제1항에 따라 준용되는 경우를 포함한다)에 따른 해체계획서를 부실하게 검토하거나 이 법 또는 관계 법령을 위반하여 검토함으로써 건축물에 중대한 파손을 발생시켜 공중의 위험을 발생하게 한 자 〈신설 2022.2.3.〉 13. 제30조의2제1항을 위반하여 해체공사의 착공신고를 하지 아니하거나 거짓 또는 그 밖의 부정한 방법으로 해체공사의 착공신고를 하고 건축물을 해체하다가 공중의 위험을 발생하게 한 자 〈신설 2022.2.3.〉 14. 제30조의3제1항을 위반하여 변경허가를 받지 아니하거나 거짓 또는 그 밖의 부정한 방법으로 변경허가를 받고 건축물을 해체하다가 공중의 위험을 발생하게 한 자 〈신설 2022.2.3.〉 15. 제30조의3제1항 또는 제2항을 위반하여 변경신고를 하지 아니하거나 거짓 또는 그 밖의 부정한 방법으로 변경신고를 하고 건축물을 해체하다가 공중의 위험을 발생하게 한 자 〈신설 2022.2.3.〉 16. 제30조의4제2항에 따른 허가권자의 조치 명령을 이행하지 아니하여 공중의 위험을 발생하게 한 자 〈신설 2022.2.3.〉 17. 제31조제2항 각 호의 어느 하나에 해당하는 행위를 함으로써 건축물에 중대한 파손을 발생시켜 공중의 위험을 발생하게 한 자		

법	시 행 령	시 행 규 칙
18. 제32조제1항에 따른 해체공사감리 업무를 성실하게 실시하지 아니함으로써 공중의 위험을 발생하게 한 자 19. 제32조제2항에 따른 해체작업의 시정 또는 중지를 요청하지 아니하여 공중의 위험을 발생하게 한 해체공사감리자 〈신설 2022.2.3.〉 20. 제32조제2항을 위반하여 해체공사감리자로부터 시정 요청을 받고 이에 따르지 아니하거나 중지 요청을 받고도 해체작업을 계속하여 공중의 위험을 발생하게 한 자 〈신설 2022.2.3.〉 21. 제32조의2를 위반하여 해체작업자의 업무를 성실하게 수행하지 아니함으로써 공중의 위험을 발생하게 한 자 〈신설 2022.2.3.〉 ② 제1항 각 호의 어느 하나에 해당하는 죄를 저질러 사람을 사상(死傷)에 이르게 한 자는 무기 또는 1년 이상의 징역에 처한다. **제51조의2【벌칙】** 다음 각 호의 어느 하나에 해당하는 자는 2년 이하의 징역 또는 2천만원 이하의 벌금에 처한다. 1. 제30조제1항 각 호 외의 부분 본문 또는 같은 조 제2항을 위반하여 건축물의 해체허가를 받지 아니하거나 거짓 또는 그 밖의 부정한 방법으로 해체허가를 받고 해체작업을 실시한 자 2. 제30조제4항(제30조의3제1항에 따라 준용되는 경우를 포함한다)에 따른 해체계획서를 부실하게 작성하거나 이 법 또는 관계 법령을 위반하여 작성한 자 3. 제30조의3제1항을 위반하여 변경허가를 받지 아니하거나 거짓 또는 그 밖의 부정한 방법으로 변경허가를 받고 해체작업을 실시한 자		

법	시 행 령	시 행 규 칙
4. 제30조의4제2항에 따른 허가권자의 조치 명령을 이행하지 아니한 자 5. 제32조제2항을 위반하여 해체공사감리자로부터 시정 요청을 받고 이에 따르지 아니하거나 중지 요청을 받고도 해체작업을 계속한 자 6. 제32조의2를 위반하여 해체작업자의 업무를 성실하게 수행하지 아니한 자 [본조신설 2022.2.3.] **제52조【벌칙】** 다음 각 호의 어느 하나에 해당하는 자는 1년 이하의 징역 또는 1천만원 이하의 벌금에 처한다. 〈개정 2020.6.9., 2021.7.27., 2022.2.3., 2022.6.10〉 1. 제12조제1항을 위반한 자 2. 거짓이나 그 밖의 부정한 방법으로 제18조제1항에 따른 건축물관리점검기관으로 지정받은 자 3. 제22조제2항에 따른 이행 및 시정 명령을 이행하지 아니한 자 4. 제24조제3항에 따른 명령을 받고도 이를 이행하지 아니한 자 5. 제25조제1항에 따른 영업정지처분을 받고 그 영업정지 기간 중에 새로 건축물관리점검을 실시한 자 6. 제27조제2항을 위반하여 화재안전성능보강을 실시하지 아니한 자 또는 제28조제6항에 따라 보완명령을 받고 정해진 기한까지 보완을 실시하지 아니한 자 7. 제30조제1항 각 호 외의 부분 단서를 위반하여 건축물 해체신고를 하지 아니하거나 거짓 또는 그 밖의 부정한 방법으로 해체신고를 하고 해체작업을 실시한 자 〈신설 2022.2.3〉		

법	시 행 령	시 행 규 칙
8. 제30조제5항(제30조의3제1항에 따라 준용되는 경우를 포함한다)에 따른 해체계획서를 부실하게 검토하거나 이 법 또는 관계 법령을 위반하여 검토한 자 〈신설 2022.2.3〉 9. 제30조의2제1항을 위반하여 해체공사의 착공신고를 하지 아니하거나 거짓 또는 그 밖의 부정한 방법으로 해체공사의 착공신고를 하고 해체작업을 실시한 자 〈신설 2022.2.3〉 10. 제30조의3제1항 또는 제2항을 위반하여 변경신고를 하지 아니하거나 거짓 또는 그 밖의 부정한 방법으로 변경신고를 하고 해체작업을 실시한 자 〈신설 2022.2.3〉 11. 제31조제2항제2호에 해당하는 행위를 한 자 〈신설 2022.2.3〉 12. 제31조제6항을 위반하여 건축물 해체작업의 안전을 도모하기 위한 감리원 배치기준을 정당한 사유 없이 따르지 아니한 자 〈신설 2021.7.27., 2022.6.10〉 13. 제32조제3항에 따라 허가권자에게 보고하지 아니한 해체공사감리자 14. 제41조제1항에 따른 건축물에 대한 조치 명령을 위반한 자 15. 제45조제1항 또는 제2항에 따른 보고 또는 검사를 거부·방해 또는 기피한 자 16. 제46조제9항에 따른 조치 명령을 이행하지 아니한 자 17. 제47조를 위반하여 업무상 알게 된 비밀을 누설하거나 도용한 자 **제53조【양벌규정】** 법인의 대표자나 법인 또는 개인의 대리인, 사용인, 그 밖의 종업원이 그 법인 또는 개인의 업무에		

법	시 행 령	시 행 규 칙
관하여 제51조, 제51조의2 또는 제52조의 위반행위를 하면 그 행위자를 벌하는 외에 그 법인 또는 개인에게도 해당 조문의 벌금형을 과(科)한다. 다만, 법인 또는 개인이 그 위반행위를 방지하기 위하여 해당 업무에 관하여 적정한 주의와 감독을 게을리 하지 아니한 경우에는 그러하지 아니하다. 〈개정 2022.2.3.〉		
제54조【과태료】 ① 다음 각 호의 어느 하나에 해당하는 자에게는 2천만원 이하의 과태료를 부과한다. 〈신설 2022.2.3.〉 1. 제31조제2항제1호·제3호 또는 제4호에 해당하는 행위를 한 자 2. 제32조제1항을 위반하여 해체공사감리 업무를 성실하게 수행하지 아니한 해체공사감리자 3. 제32조제2항에 따른 해체작업의 시정 또는 중지를 요청하지 아니한 해체공사감리자 4. 제32조제5항에 따른 사진 및 동영상의 촬영·보관을 하지 아니한 자 ② 다음 각 호의 어느 하나에 해당하는 자에게는 1천만원 이하의 과태료를 부과한다. 〈개정 2022.2.3.〉 1. 제6조제2항에 따른 자료의 제출을 하지 아니하거나 거짓자료를 제출한 자 2. 제13조제1항에 따른 정기점검, 제14조제2항에 따른 긴급점검 또는 제16조제1항에 따른 안전진단을 실시하지 아니하거나 성실하게 수행하지 아니한 자 3. 제18조제4항을 위반하여 성실하게 건축물관리점검업무를 수행하지 아니한 자 4. 제21조제3항에 따른 명령을 받고도 이를 이행하지 아니	**제40조【과태료의 부과기준】** 법 제54조제1항부터 제4항까지의 규정에 따른 과태료의 부과기준은 별표 5와 같다. 〈개정 2022.8.2〉	

법	시 행 령	시 행 규 칙
한 자 5. 제22조제1항에 따른 보수ㆍ보강 등 필요한 조치를 하지 아니한 자 6. 제22조제3항에 따라 긴급한 보수ㆍ보강 등이 필요한 사실을 해당 건축물의 사용자, 이용자 등에게 알리지 아니한 자 7. 제28조제3항 및 제6항을 위반하여 화재안전성능 보강공사 결과를 보고하지 아니하거나 거짓으로 보고한 자 8. 제30조제4항 각 호의 어느 하나에 해당하는 자(제30조의3제1항에 따라 준용되는 경우를 포함한다)가 작성하지 아니한 해체계획서를 허가권자에게 제출한 자 9. 제30조제5항 각 호의 어느 하나에 해당하는 자(제30조의3제1항에 따라 준용되는 경우를 포함한다)가 검토하지 아니한 해체계획서를 허가권자에게 제출한 자 10. 제30조의4제4항에 따른 현장점검 결과를 보고하지 아니하거나 거짓 또는 그 밖의 부정한 방법으로 보고한 자 〈신설 2022.2.3〉 11. 제32조제8항에 따른 해체감리완료보고서를 제출하지 아니한 자 〈신설 2022.2.3〉 12. 제33조제1항에 따른 건축물 해체공사 완료신고를 하지 아니한 자 〈신설 2022.2.3〉 13. 제46조제1항에 따른 응급 안전조치를 하지 아니하거나 사고 발생 사실을 알리지 아니한 자 ③ 다음 각 호의 어느 하나에 해당하는 자에게는 500만원 이하의 과태료를 부과한다. 〈개정 2021.7.27., 2022.2.3.〉 1. 제20조제1항에 따른 건축물관리점검 결과를 보고하지 아니하거나 거짓 또는 그 밖의 부정한 방법으로 보고한 자 2. 제24조제2항에 따른 건축물관리점검 결과 평가에 필요한		

법	시 행 령	시 행 규 칙
관련 자료를 제출하지 아니하거나 거짓 또는 그 밖의 부정한 방법으로 제출한 자 3. 제30조의3제3항을 위반하여 변경신고를 하지 아니하거나 거짓 또는 그 밖의 부정한 방법으로 변경신고를 한 자 4. 제45조제1항 또는 제2항에 따른 보고 또는 검사의 명령을 위반한 자 ④ 다음 각 호의 어느 하나에 해당하는 자에게는 200만원 이하의 과태료를 부과한다. 〈개정 2022.2.3..〉 1. 제10조제1항에 따라 건축물의 점검·보수·보강 등의 건축물관리 관련 정보를 기록·보관·유지하지 아니한 자 2. 제11조제1항을 위반하여 건축물관리계획을 수립하지 아니하거나 제출하지 아니한 자 3. 제11조제5항을 위반하여 수립되거나 조정된 건축물관리계획에 따라 주요시설을 교체 또는 보수하지 아니한 자 4. 제11조제6항을 위반하여 건축물 생애이력 정보체계에 조치결과를 입력하지 아니한 자 5. 제16조제5항을 위반하여 안전진단 결과보고서를 제출하지 아니한 자 6. 제20조제2항에 따른 이행 여부를 확인하지 아니한 자 7. 제23조제1항을 위반하여 보수·보강 등의 조치결과를 보고하지 아니한 자 8. 제34조제1항을 위반하여 건축물 멸실신고를 하지 아니한 자 ⑤ 제1항부터 제4항까지의 규정에 따른 과태료는 대통령령으로 정하는 바에 따라 국토교통부장관, 특별시장·광역시장·특별자치시장·도지사·특별자치도지사 또는 시장·군수·구청장이 부과·징수한다. 〈개정 2022.2.3.〉		

법	시 행 령	시 행 규 칙

법

부칙〈법률 제16416호, 2019.4.30.〉

제1조(시행일) 이 법은 공포 후 1년이 경과한 날부터 시행한다.

제2조(화재안전성능보강 지원에 대한 유효기간) 제29조제2항부터 제4항까지의 규정은 2022년 12월 31일까지 적용한다.

제3조(건축물 점검에 관한 경과조치) 이 법 시행 당시 종전의 「건축법」 제35조에 따라 정기점검 및 수시점검을 받은 건축물은 제13조제1항에 따른 정기점검을 받은 것으로 본다.

제4조(건축물관리계획에 관한 경과조치) 이 법 시행 전에 「건축법」 제22조에 따라 사용승인을 받은 건축물 중 제13조에 따른 정기점검 대상 건축물의 관리자는 이 법 시행일 이후 최초로 도래하는 정기점검 시 건축물관리계획을 수립하여 특별자치시장·특별자치도지사 또는 시장·군수·구청장에게 제출하여야 한다. 이 경우 건축물관리계획의 적절성 검토 등에 관하여는 제11조제3항부터 제7항까지의 규정을 준용한다.

제5조(건축물 해체의 허가에 대한 경과조치) 이 법 시행 전에 「건축법」 제36조에 따라 건축물의 철거 등의 신고를 하고 철거공사에 착수한 경우에는 제30조에도 불구하고 종전의 「건축법」 규정을 따른다.

제6조(빈 건축물 정비에 대한 경과조치) 이 법 시행 당시 종전의 「건축법」 제81조의2에 따른 철거 등의 명령을 받은 건축물에 대해서는 제42조에도 불구하고 종전의 「건축법」 규정을 따른다.

제7조(다른 법률의 개정) ① 건축법 일부를 다음과 같이 개

시행령

부칙〈대통령령 제30645호, 2020.4.28.〉

제1조(시행일) 이 영은 2020년 5월 1일부터 시행한다.

제2조(과태료 부과기준에 관한 경과조치) 이 영 시행 전에 종전의 「건축법」 제35조제2항, 제36조제1항 및 제83조제2항을 위반한 행위에 대해 과태료 규정을 적용할 때에는 별표 5에도 불구하고 종전의 「건축법 시행령」 별표 16 제2호아목, 자목 및 타목에 따른다.

제3조(다른 법령의 개정) ① 개발제한구역의 지정 및 관리에 관한 특별조치법 시행령 일부를 다음과 같이 개정한다.

별표 1 제5호다목다)① 및 같은 호 라목다) 중 "「건축법」 제36조에 따른 건축물의 철거 신고일(철거예정일 3일 전까지 건축물의 철거 신고를 하지 않은 경우에는 실제 건축물을 철거한 날을 말한다)"을 각각 "「건축물관리법」 제30조제1항에 따라 건축물의 해체 허가를 받거나 신고를 한 날(해체예정일 3일 전까지 건축물의 해체 허가를 받거나 신고를 하지 않은 경우에는 실제 건축물을 해체한 날을 말한다)"로 한다.

② 건축법 시행령 일부를 다음과 같이 개정한다.

제2조제1호 및 제3호 중 "철거"를 각각 "해체"로 한다.

제21조 중 "철거"를 "해체"로 한다.

제23조, 제23조의2부터 제23조의7까지, 제115조의5, 제116조, 제116조의2 및 제116조의3을 각각 삭제한다.

제118조제3항 본문 중 "제29조, 제35조제1항"을 "제29조"로, "제79조, 제81조"를 "제79조"로 한다.

별표 15 제3호를 삭제한다.

별표 16 제2호아목, 자목 및 타목을 각각 삭제한다.

시행규칙

부칙〈국토교통부령 제722호, 2020.5.1.〉

제1조(시행일) 이 규칙은 공포한 날부터 시행한다.

제2조(다른 법령의 개정) ① 건축물대장의 기재 및 관리 등에 관한 규칙 일부를 다음과 같이 개정한다.

제2조제7호 중 "철거"를 "해체"로 한다.

제22조제1항 본문 중 "철거"를 "해체"로 하고, 같은 항 단서 중 "법 제36조에 따라 철거 또는 멸실 신고를 한"을 "「건축물관리법」 제30조에 따라 해체허가를 받거나 해체신고를 한 경우 또는 같은 법 제34조에 따라 멸실신고를 한"로 한다.

제22조제2항 중 "철거"를 각각 "해체"로 한다.

제22조제3항 전단 중 "철거"를 "해체"로 하고, "법 제36조에 따른 건축물의 철거 또는 멸실 신고가 없는"을 "「건축물관리법」 제30조에 따라 해체허가를 받지 않거나 해체신고를 하지 않은 경우 또는 같은 법 제34조에 따라 멸실신고를 하지 않은"으로 한다.

제23조 단서 중 "철거"를 "해체"로 한다.

법

정한다.

제6조의2 중 "제35조, 제40조"를 "제40조"로 한다.

제13조제5항제2호 중 "철거"를 "해체"로 한다.

제19조제7항 중 "제35조, 제38조"를 "제38조"로 한다.

제21조제1항 단서 중 "제36조에 따라 건축물의 철거를 신고할 때"를 "「건축물관리법」 제30조에 따라 건축물의 해체 허가를 받거나 신고할 때"로 한다.

제31조제2항 중 "제35조, 제36조, 제38조"를 "제38조"로 한다.

제35조, 제35조의2, 제36조를 각각 삭제한다.

제38조제1항제3호를 삭제한다.

제39조제1항제3호 중 "제36조제1항에 따른 건축물의 철거신고에 따라 철거한 경우"를 "「건축물관리법」 제30조에 따라 건축물을 해체한 경우"로 하고, 같은 항 제4호 중 "제36조제2항에"를 "「건축물관리법」 제34조에"로 한다.

제79조제1항 중 "철거"를 "해체"로 한다.

제81조, 제81조의2 및 제81조의3을 각각 삭제한다.

제83조제2항을 삭제하고, 같은 조 제3항 중 "제35조제1항, 제40조제4항"을 "제40조제4항"으로, "제81조, 제84조"를 "제84조"로 한다.

제87조의2제1항제1호 중 "제27조, 제35조제3항, 제81조 및 제87조"를 "제27조 및 제87조"로 하고, 같은 항 제3호를 삭제한다.

제106조제1항 중 "제24조의2제1항, 제25조제3항 및 제35조를"을 "제24조의2제1항 및 제25조제3항을"로 한다.

제110조제7호, 제111조제7호, 제113조제2항제3호 · 제4호를 각각 삭제한다.

시 행 령

③~④ "생략"

제4조(다른 법령과의 관계) 이 영 시행 당시 다른 법령에서 종전의 「건축법 시행령」 또는 그 규정을 인용한 경우에는 이 영 중 그에 해당하는 규정이 있으면 종전의 「건축법 시행령」 또는 그 규정을 갈음하여 이 영 또는 이 영의 해당 규정을 인용한 것으로 본다.

부칙〈대통령령 제31194호, 2020.12.1.〉 (교육시설 등의 안전 및 유지관리 등에 관한 법률 시행령)

제1조(시행일) 이 영은 2020년 12월 4일부터 시행한다.

제2조(다른 법령의 개정) ① 건축물관리법 시행령 일부를 다음과 같이 개정한다.

제2조제2항제23호 중 "「학교안전사고 예방 및 보상에 관한 법률」 제6조"를 "「교육시설 등의 안전 및 유지관리 등에 관한 법률」 제13조제1항 · 제14조제1항"으로, "안전점검"을 "안전점검 · 정밀안전진단"으로 한다.

② 및 ③ "생략"

부칙〈대통령령 제31211호, 2020.12.1.〉 (국토안전관리원법 시행령)

제1조(시행일) 이 영은 2020년 12월 10일부터 시행한다.

제2조(다른 법령의 개정) ① "생략"

② 건축물관리법 시행령 일부를 다음과 같이 개정한다.

제37조제1항제2호다목을 다음과 같이 하고, 같은 항 제3호 중 "「시설물의 안전 및 유지관리에 관한 특별법」에 따라 설립된 한국시설안전공단"을 "「국토안전관리원법」에 따른 국토안전관리원"으로 한다.

다. 「국토안전관리원법」에 따른 국토안전관리원

시 행 규 칙

② 건축법 시행규칙 일부를 다음과 같이 개정한다.

제23조, 제24조 및 제41조제3항을 각각 삭제한다.

제24조의2 중 "증축 · 개축 · 대수선하거나 제24조제1항 및 제3항에 따라 철거하는"을 "증축 · 개축 또는 대수선하는"으로, "증축 · 개축 · 대수선 또는 철거하여야"를 "증축 · 개축 또는 대수선해야"로 한다.

별지 제24호의3서식, 별지 제24호의4서식, 별지 제25호서식, 별지 제25호의2서식 및 별지 제31호의2서식을 각각 삭제한다.

부 칙〈국토교통부령 제914호, 2020.12.11.〉 (한국시설안전공단 명칭 변경을 위한 6개 부령의 일부개정에 관한 국토교통부령)

이 규칙은 공포한 날부터 시행한다.

부칙〈국토교통부령 제908호, 2021.10.28.〉

이 규칙은 2021년 10월 28일부터 시행한다.

부칙〈국토교통부령 제920호, 2021.12.10〉

이 규칙은 공포한 날부터 시행한다.

법	시 행 령	시 행 규 칙

법

② 건축사법 일부를 다음과 같이 개정한다.

제19조제2항제3호 중 “「건축법」 제35조”를 “「건축물관리법」 제12조”로 한다.

③~⑦ “생략”

부칙〈법률 제17222호, 2020.4.7.〉

이 법은 2020년 5월 1일부터 시행한다.

부칙〈법률 제17289호, 2020.5.19.〉

(정부출연연구기관 등의 설립·운영 및 육성에 관한 법률)

제1조(시행일) 이 법은 공포 후 6개월이 경과한 날부터 시행한다.

제2조~제4조 “생략”

제5조(다른 법률의 개정) 건축물관리법 일부를 다음과 같이 개정한다.

제39조제1항제1호 중 “국토연구원”을 “건축공간연구원”으로 한다.

부칙〈법률 제17447호, 2020.6.9.〉

(국토안전관리원법)

제1조(시행일) 이 법은 공포 후 6개월이 경과한 날부터 시행한다.

제2조~제5조 “생략”

제6조(다른 법률의 개정) ① 건축물관리법 일부를 다음과 같이 개정한다.

제16조제3항 중 “같은 법에 따라 설립된 한국시설안전공단(이하 "한국시설안전공단"이라 한다)"을 " 「국토안전관

시행령

③~⑰ “생략”

부칙〈대통령령 제31243호, 2020.12.8.〉

(한국부동산원법 시행령)

제1조(시행일) 이 영은 2020년 12월 10일부터 시행한다.

제2조(다른 법령의 개정) ① “생략”

② 건축물관리법 시행령 일부를 다음과 같이 개정한다.

제12조제1항제2호를 다음과 같이 한다.

2. 「한국부동산원법」에 따른 한국부동산원

③~㉝ “생략”

부칙〈대통령령 제31297호, 2020.12.29.〉

(국가연구개발혁신법 시행령)

제1조(시행일) 이 영은 2021년 1월 1일부터 시행한다.

제2조부터 **제6조** “생략”

제7조(다른 법령의 개정) ① “생략”

② 건축물관리법 시행령 일부를 다음과 같이 개정한다.

제24조제4항제2호를 삭제한다.

③~⑳ “생략”

제8조 “생략”

부칙〈대통령령 제31380호, 2021.1.5.〉

(어려운 법령용어 정비를 위한 473개 법령의 일부개정에 관한 대통령령)

이 영은 공포한 날부터 시행한다. <단서 생략>

시행규칙

부칙〈국토교통부령 제1141호, 2022.8.4.〉

이 규칙은 2022년 8월 4일부터 시행한다.

부칙〈국토교통부령 제1298호, 2024.1.3.〉

이 규칙은 공포한 날부터 시행한다.

법	시 행 령	시 행 규 칙

리원법」에 따른 국토안전관리원(이하 "국토안전관리원"이라 한다)"으로 하고, 같은 조 제4항 및 제5항 중 "한국시설안전공단"을 각각 "국토안전관리원"으로 한다.

제18조제1항제4호를 다음과 같이 한다.

4. 국토안전관리원

제30조제4항 중 "한국시설안전공단"을 "국토안전관리원"으로 한다.

제39조제1항제2호를 다음과 같이 한다.

2. 국토안전관리원

②부터 ⑧ "생략"

제7조 "생략"

부칙〈법률 제17453호, 2020.6.9.〉

(법률용어 정비를 위한 국토교통위원회 소관 78개 법률 일부개정을 위한 법률)

이 법은 공포한 날부터 시행한다. <단서 생략>

부칙〈법률 제17459호, 2020.6.9.〉

(한국부동산원법)

제1조(시행일) 이 법은 공포 후 6개월이 경과한 날부터 시행한다.

제2조 및 **제3조** "생략"

제4조(다른 법률의 개정) ① "생략"

② 건축물관리법 일부를 다음과 같이 개정한다.

제39조제1항제4호 중 "「한국감정원법」에 따라 설립된 한국감정원"을 "「한국부동산원법」에 따른 한국부동산원"으로 한다.

③ 및 ④ "생략"

부칙〈대통령령 제31986호, 2021.9.14.〉

(건설기술 진흥법 시행령)

제1조(시행일) 이 영은 공포한 날부터 시행한다. <단서 생략>

제2조 "생략"

제3조(다른 법령의 개정) ①~④ "생략"

⑤ 건축물관리법 시행령 일부를 다음과 같이 개정한다.

제28조제1항제1호 중 "건설기술용역사업자"를 "건설엔지니어링사업자"로 한다.

⑥부터 ㉖ "생략"

부칙〈대통령령 제32063호, 2021.10.19.〉

(연구산업진흥법 시행령)

제1조(시행일) 이 영은 2021년 10월 21일부터 시행한다.

제2조(다른 법령의 개정) ① "생략"

② 건축물관리법 시행령 일부를 다음과 같이 개정한다.

제24조제1항제3호를 다음과 같이 한다.

3. 「연구산업진흥법」 제6조제1항에 따라 신고한 전문연구사업자

③부터 ⑭ "생략"

제3조 "생략"

부칙〈대통령령 제32096호, 2021.10.28.〉

제1조(시행일) 이 영은 2021년 10월 28일부터 시행한다.

제2조(건축물 해체공사감리자 지정에 관한 적용례) 제22조제2항제2호가목의 개정규정은 이 영 시행 이후 법 제30조제1항 각 호 외의 부분 단서에 따라 신고하는 건축물 해체공사부터 적용한다.

제5조 생략

부칙〈법률 제17799호, 2020.12.29.〉
(독점규제 및 공정거래에 관한 법률)

제1조(시행일) 이 법은 공포 후 1년이 경과한 날부터 시행한다. <단서 생략>

제2조~제24조 "생략"

제25조(다른 법률의 개정) ① 및 ② 생략

③ 건축물관리법 일부를 다음과 같이 개정한다.

제31조제1항 중 "「독점규제 및 공정거래에 관한 법률」 제2조제3호"를 "「독점규제 및 공정거래에 관한 법률」 제2조제12호"로 한다.

④~㉜ "생략"

제26조 "생략"

부칙〈법률 제17939호, 2021.3.16.〉
(건설기술 진흥법)

제1조(시행일) 이 법은 공포 후 3개월이 경과한 날부터 시행한다. <단서 생략>

제2조 및 제3조 "생략"

제4조(다른 법률의 개정) ① 및 ② "생략"

③ 건축물관리법 일부를 다음과 같이 개정한다.

제18조제1항제2호 중 "건설기술용역사업자"를 "건설엔지니어링사업자"로 한다.

④~⑧ "생략"

부칙〈대통령령 제32274호, 2021.12.28.〉
(독점규제 및 공정거래에 관한 법률 시행령)

제1조(시행일) 이 영은 2021년 12월 30일부터 시행한다.

제2조~제12조 "생략"

제13조(다른 법령의 개정) ① 및 ② 생략

③ 건축물관리법 시행령 일부를 다음과 같이 개정한다.

제23조의2제3호 전단 중 "「독점규제 및 공정거래에 관한 법률」 제2조제3호"를 "「독점규제 및 공정거래에 관한 법률」 제2조제12호"로 한다.

④~㊸ "생략"

제14조 "생략"

부칙〈대통령령 제32352호, 2022.1.21.〉
(감정평가 및 감정평가사에 관한 법률 시행령)

제1조(시행일) 이 영은 2022년 1월 21일부터 시행한다.

제2조~제4조 "생략"

제5조(다른 법령의 개정) ①~③ "생략"

④ 건축물관리법 시행령 일부를 다음과 같이 개정한다.

제31조제2항 중 "「감정평가 및 감정평가사에 관한 법률」 제2조제4호에 따른 감정평가업자 2인 이상(제3항 본문에 따라 추천받은 감정평가업자 1인을 포함해야 한다)"을 "「감정평가 및 감정평가사에 관한 법률」에 따른 감정평가법인등 2인 이상(제3항 본문에 따라 추천받은 감정평가법인등 1인을 포함해야 한다)"으로 하고, 같은 조 제3항 본문 중 "감정평가업자"를 "감정평가법인등"으로 하며, 같은 항 단서 중 "감정평가업자를"을 "감정평가법인

법	시 행 령	시 행 규 칙
부칙〈법률 제18340호, 2021.7.27.〉 **제1조(시행일)** 이 법은 공포 후 3개월이 경과한 날부터 시행한다. **제2조(해체공사 착공신고에 관한 적용례)** 제30조의3의 개정규정은 이 법 시행 이후 건축물 해체공사에 착수하려는 경우부터 적용한다. **제3조(다른 법률의 개정)** 건축법 일부를 다음과 같이 개정한다. 제21조제1항 단서를 삭제한다. **부칙 〈법률 제18522호, 2021.11.30.〉** **(소방시설 설치 및 관리에 관한 법률)** **제1조(시행일)** 이 법은 공포 후 1년이 경과한 날부터 시행한다. <단서 생략> **제2조~제13조** "생략" **제14조(다른 법률의 개정)** ①~③ "생략" ④ 건축물관리법 일부를 다음과 같이 개정한다. 제7조제3항제2호 및 제20조제2항제2호 중 "「화재예방, 소방시설 설치·유지 및 안전관리에 관한 법률」 제25조"를 각각 "「소방시설 설치 및 관리에 관한 법률」 제22조"로 한다. ⑤~64 "생략" **제15조** "생략" **부칙〈법률 제18824호, 2022.2.3.〉** **제1조(시행일)** 이 법은 공포 후 6개월이 경과한 날부터 시행한다.	등을"로 하고, 같은 조 제5항 중 "감정평가업자"를 "감정평가법인등"으로 한다. ⑤~64 "생략" **부칙〈대통령령 제32825호, 2022.7.26.〉** **(건축사법 시행령)** **제1조(시행일)** 이 영은 2022년 8월 4일부터 시행한다. <단서 생략> **제2조** 및 **제3조** "생략" **제4조(다른 법령의 개정)** ① "생략" ② 건축물관리법 시행령 일부를 다음과 같이 개정한다. 제37조제1항제2호나목 중 "건축사협회"를 "대한건축사협회"로 한다. ③~⑤ "생략" **부칙〈대통령령 제32846호, 2022.8.2.〉** **제1조(시행일)** 이 영은 2022년 8월 4일부터 시행한다. **제2조(다른 법령의 개정)** 개발제한구역의 지정 및 관리에 관한 특별조치법 시행령 일부를 다음과 같이 개정한다. 별표 1 제5호다목다)① 및 같은 호 라목다) 중 "「건축물관리법」 제30조제1항"을 각각 "「건축물관리법」 제30조제1항 및 제2항"으로 한다. **부칙〈대통령령 제33032호, 2022.12.6.〉** 이 영은 2022년 12월 11일부터 시행한다.	

제2조(해체계획서의 작성·검토 자격 등에 관한 적용례) 제30조 및 제30조의3의 개정규정은 이 법 시행 이후 제30조제1항이나 같은 조 제2항의 개정규정에 따라 건축물 해체허가를 신청하거나 해체신고를 하는 경우부터 적용한다.

제3조(현장점검에 관한 적용례) 제30조의4의 개정규정은 이 법 시행 이후 제30조제1항이나 같은 조 제2항의 개정규정에 따라 건축물 해체허가를 신청하거나 해체신고를 하는 경우부터 적용한다.

제4조(해체공사감리자의 지정 등에 관한 적용례) 제31조제1항부터 제3항까지의 개정규정은 이 법 시행 이후 제31조제1항의 개정규정에 따라 허가권자가 해체공사감리자를 지정하는 경우부터 적용한다.

제5조(해체공사감리자의 업무 등에 관한 적용례) 제32조의 개정규정은 이 법 시행 이후 제31조제1항의 개정규정에 따라 허가권자가 해체공사감리자를 지정하는 경우부터 적용한다.

제6조(해체작업자의 업무에 관한 적용례) 제32조의2의 개정규정은 이 법 시행 이후 제30조제1항이나 같은 조 제2항의 개정규정에 따라 건축물 해체허가를 신청하거나 해체신고를 하는 경우부터 적용한다.

제7조(건축물 해체공사 완료신고에 관한 적용례) 제33조제1항의 개정규정은 이 법 시행 이후 제30조제1항이나 같은 조 제2항의 개정규정에 따라 건축물 해체허가를 신청하거나 해체신고를 하는 경우부터 적용한다.

제8조(해체공사감리자 등의 교육에 관한 경과조치) 이 법 시행 당시 종전의 규정에 따라 해체공사감리 업무에 관한 교육을 받은 자는 이 법 시행일부터 6개월이 되는 날까

부칙〈대통령령 제33466호, 2023.5.15.〉
(건축법 시행령)

제1조(시행일) 이 영은 2023년 5월 16일부터 시행한다.

제2조 생략

제3조(다른 법령의 개정) ① 건축물관리법 시행령 일부를 다음과 같이 개정한다.
제6조제1항 각 호 외의 부분 중 "법 제11조제1항제4호"를 "법 제11조제1항제5호"로 한다.
②부터 ⑩까지 생략

부칙〈대통령령 제33632호, 2023.7.11.〉

이 영은 2023년 7월 19일부터 시행한다.

부칙〈대통령령 제34093호, 2024.1.2.〉

제1조(시행일) 이 법은 공포 후 6개월이 경과한 날부터 시행한다.

제2조(가스시설 확인 및 통보에 관한 적용례) ① 제21조제4항의 개정규정은 이 영 시행 이후 법 제30조제1항에 따라 건축물 해체허가를 신청하거나 해체신고를 하는 경우부터 적용한다.
② 제21조의2제3항의 개정규정은 이 영 시행 이후 법 제30조의3제1항에 따라 건축물 해체 변경허가를 신청하거나 변경신고를 하는 경우부터 적용한다.

부칙〈대통령령 제35082호, 2024.12.27.〉

제1조(시행일) 이 법은 공포한 날부터 시행한다. <단서생략>

법	시 행 령	시 행 규 칙
지는 제31조의2의 개정규정에 따른 해체공사감리 업무에 관한 교육을 받은 것으로 본다. **제9조(벌칙 및 과태료에 관한 경과조치)** 이 법 시행 전의 행위에 대하여 벌칙이나 과태료를 적용할 때에는 종전의 규정에 따른다. **부칙〈법률 제18934호, 2022.6.10.〉** **제1조(시행일)** 이 법은 공포 후 6개월이 경과한 날부터 시행한다. **제2조(해체공사감리자의 감리업무 수행 등에 관한 적용례)** 제31조제3항의 개정규정은 이 법 시행 이후 건축물 해체허가를 신청하거나 해체신고를 하는 경우부터 적용한다. **부칙 〈법률 제19045호, 2022.11.15.〉** **(건축법)** **제1조(시행일)** 이 법은 공포 후 6개월이 경과한 날부터 시행한다. **제2조(다른 법률의 개정)** ① 건축물관리법 일부를 다음과 같이 개정한다. 제11조제1항제2호 중 "교정 및 군사 시설"을 "교정(矯正) 시설"로 하고, 같은 항 제3호 및 제4호를 각각 제4호 및 제5호로 하며, 같은 항에 제3호를 다음과 같이 신설한다. 3. 「건축법」 제2조제2항제24호에 따른 국방 · 군사시설 ② 및 ③ "생략"	**제2조** 부터 **제4조**까지 생략 **제5조(다른 법률의 개정)** 건축물관리법 시행령 일부를 다음과 같이 개정한다. 제7조제1항제1호 중 "「건축법 시행령」 제2조제18호"를 "「건축법 시행령」 제2조제18호(다목은 제외한다)"로 한다.	

법	시 행 령	시 행 규 칙
부칙〈법률 제19367호, 2023.4.18.〉 **제1조(시행일)** 이 법은 공포한 날부터 시행한다. 다만, 제29조의2제2항의 개정규정은 공포 후 3개월이 경과한 날부터 시행한다. **제2조(화재안전성능보강 비용 지원에 대한 유효기간)** 제29조의2제2항의 개정규정은 2025년 12월 31일까지 효력을 가진다. **제3조(화재안전성능보강 실시 결과 보고에 관한 적용례)** 제28조제3항의 개정규정은 같은 개정규정 시행 당시 종전의 규정에 따라 화재안전성능보강 실시 결과를 2022년 12월 31일까지 특별자치시장·특별자치도지사 또는 시장·군수·구청장에게 보고하지 아니한 보강대상 건축물 관리자에게도 적용한다. **제4조(화재안전성능보강 비용 지원에 관한 적용례)** 제29조의2제2항의 개정규정은 같은 개정규정 시행 당시 종전의 규정에 따라 화재안전성능보강 실시 결과를 2022년 12월 31일까지 특별자치시장·특별자치도지사 또는 시장·군수·구청장에게 보고하지 아니한 보강대상 건축물 관리자에게도 적용한다.		

시 행 령 [별 표]

[별표 1] 〈개정 2021.1.5.〉

건축물관리점검기관의 요건(제12조제2항 관련)

1. 정기점검, 긴급점검 및 소규모 노후 건축물등 점검 기관

가. 기술인력: 점검대상 규모에 따른 다음의 기술인력을 모두 갖출 것

구분	점검대상 규모		
	연면적 3천제곱미터 미만	연면적 3천제곱미터 이상 1만제곱미터 미만	연면적 1만제곱미터 이상
1) 「건축사법」에 따른 건축사, 「건설기술 진흥법 시행령」 별표 1에 따른 건축구조, 건축시공 또는 건설안전 전문분야의 특급건설기술인	1명 이상	1명 이상	1명 이상
2) 「건축사법」에 따른 건축사보의 자격요건을 갖춘 사람 또는 「건설기술 진흥법 시행령」 별표 1에 따른 건축 직무분야의 초급건설기술인 이상인 사람	2명 이상	3명 이상	4명 이상

나. 장비: 다음의 장비를 모두 갖출 것

1) 망원경, 균열폭측정기 2) 레이저 거리측정기
3) 열화상카메라 4) 전자내시경
5) 측량기[수준(水準: 각 지점 간 상대적 높이 또는 평균 해수면으로부터의 높이를 말한다. 이하 같다) · 각도 측정용]

2. 안전진단 기관

구분	요건
가. 자본금	1억 이상일 것
나. 기술인력	다음의 기술인력을 모두 갖출 것 1) 다음의 어느 하나에 해당하는 사람: 2명 이상. 이 경우 건축사 또는 건축 직무분야 특급건설기술인이 50% 이상이어야 한다. 가) 「건축사법」에 따른 건축사(연면적 5천제곱미터 이상의 건축물에 대한 설계 또는 감리 실적이 있는 사람만 해당한다) 나) 「건설기술 진흥법 시행령」 별표 1에 따른 건축 직무분야 또는 건설안전 전문분야의 특급건설기술인 2) 「건설기술 진흥법 시행령」 별표 1에 따른 건축 직무분야 또는 건설안전 전문분야의 중급건설기술인 이상인 사람: 3명 이상. 이 경우 건축 직무분야 중급건설기술인 이상이 60% 이상이어야 한다. 3) 「건설기술 진흥법 시행령」 별표 1에 따른 건축 직무분야 또는 건설안전 전문분야의 초급건설기술인 이상인 사람: 3명 이상
다. 장비	다음의 장비를 모두 갖출 것 1) 균열폭측정기(7배율 이상이고, 라이트 부착형일 것) 2) 반발경도(反撥硬度: 튀어오르는 높이에 따른 단단한 정도를 말한다)측정기(교정장치를 포함할 것) 3) 초음파측정기(초음파 전달시간을 0.1㎲까지 분해가 가능할 것) 4) 철근탐사장비 5) 철근부식도측정장비(자연전위법 또는 전기저항법으로 측정이 가능할 것) 6) 염분측정장비 7) 코어채취기 8) 도막(도료 도포막) 두께 측정장비(측정범위가 0.1㎜ 이하일 것) 9) 측량기(수준 · 각도 · 거리 측정용) 10) 강재비파괴시험장비 가) 자분(磁粉)탐상기 나) 초음파시험기 11) 진동측정기 12) 정적 변형측정장치

비고: "자본금"이란 법인인 경우에는 안전진단 업무를 수행하기 위한 납입자본금 또는 출자금을 말하고, 개인인 경우에는 영업용 자산평가액을 말한다.

[별표 2]

점검책임자 및 점검자의 자격기준(제13조제1항 및 제3항 관련)

구분	점검책임자	점검자
1. 정기점검, 긴급점검 및 소규모 노후 건축물등 점검	가. 「건축사법」에 따른 건축사 나. 「건설기술 진흥법 시행령」 별표 1에 따른 건축 직무분야(건축기계설비 및 실내건축 전문분야는 제외한다) 또는 건설안전 전문분야의 특급건설기술인	가. 「건축사법」에 따른 건축사보의 자격요건을 갖춘 사람 나. 「건설기술 진흥법 시행령」 별표 1 건축 직무분야의 초급건설기술인 이상인 사람
2. 안전진단	가. 「건축사법」에 따른 건축사로서 연면적 5천제곱미터 이상의 건축물에 대한 설계 또는 감리실적이 있는 건축사 나. 「건설기술 진흥법 시행령」 별표 1에 따른 건축 직무분야(건축기계설비 및 실내건축 전문분야는 제외한다)의 특급건설기술인	가. 「건축사법」에 따른 건축사보의 자격요건을 갖춘 사람 나. 「건설기술 진흥법 시행령」 별표 1 건축 직무분야 또는 건설안전 전문분야의 초급건설기술인 이상인 사람

시 행 령 [별 표]

[별표 3]

점검책임자 및 점검자가 받아야 할 건축물관리 교육(제13조제4항 관련)

1. 교육시간
   가. 정기점검, 긴급점검 및 소규모 노후 건축물등 점검의 경우
      1) 신규교육: 7시간. 다만, 점검책임자의 경우 35시간으로 한다.
      2) 보수교육: 7시간
   나. 안전진단의 경우
      1) 신규교육: 70시간
      2) 보수교육: 14시간

2. 교육방법: 사이버교육 및 집합교육

3. 그 밖의 사항
   가. 보수교육은 신규교육을 이수한 후 3년마다 실시한다.
   나. 제1호나목의 안전진단 교육은 「시설물의 안전 및 유지관리에 관한 특별법 시행령」 제9조제3항에 따른 건축 직무분야의 정밀안전진단교육을 이수한 경우에는 해당 교육을 이수한 것으로 본다.

시 행 령 [별 표]

[별표 4]

영업정지 및 과징금의 부과기준(제18조 관련)

1. 일반기준
   가. 영업정지 1개월은 30일을 기준으로 한다.
   나. 위반행위가 둘 이상인 경우로서 그에 해당하는 각각의 처분기준이 다른 경우에는 그 중 무거운 처분기준에 따른다.
   다. 위반행위의 횟수에 따른 영업정지 또는 과징금의 가중된 부과기준은 최근 1년간 같은 위반행위로 영업정지 또는 과징금 부과 처분을 받은 경우에 적용한다. 이 경우 기간의 계산은 위반행위에 대하여 영업정지 또는 과징금 부과 처분을 받은 날과 그 처분 후 다시 같은 위반행위를 하여 적발된 날을 기준으로 한다.
   라. 다목에 따라 가중된 처분을 하는 경우 가중처분의 적용 차수는 그 위반행위 전 부과처분 차수(다목에 따른 기간 내에 부과 처분이 둘 이상 있었던 경우에는 높은 차수를 말한다)의 다음 차수로 한다.
   마. 처분권자는 위반행위의 동기·내용 및 위반의 정도 등을 고려하여 다음의 가중사유 또는 감경사유에 해당하는 경우 그 처분기준의 2분의 1 범위에서 가중하거나 감경할 수 있다. 다만, 가중하는 경우에는 법 제25조제1항에 따른 영업정지 기간 또는 과징금 금액의 상한을 넘을 수 없다.
      1) 가중사유
         가) 위반행위가 고의나 중대한 과실로 발생한 경우
         나) 위반의 내용, 정도가 중대하여 건축물의 사용자에게 미치는 피해가 크다고 인정되는 경우
      2) 감경사유
         가) 위반행위가 경미한 과실이나 사소한 부주의로 발생한 경우
         나) 위반의 내용 및 정도가 경미하여 건축물의 사용자에게 미치는 피해가 적다고 인정되는 경우
         다) 위반 행위자가 처음 그 위반행위를 한 경우로서 해당 업무를 성실히 해 온 사실이 인정되는 경우

2. 개별기준

위반행위	근거 법조문	1차 위반		2차 위반		3차 이상 위반	
		영업정지 기간	과징금의 금액	영업정지 기간	과징금의 금액	영업정지 기간	과징금의 금액
가. 법 제18조제5항 각 호의 어느 하나에 해당하는 경우	법 제25조 제1항 제1호						
1) 거짓이나 부정한 방법으로 건축물관리점검기관으로 지정을 받은 경우		4개월	8천만 원	4개월	8천만 원	4개월	8천만 원
2) 건축물관리점검에 요구되는 점검자 자격기준에 적합하지 않은 경우		2개월	4천만 원	3개월	6천만 원	3개월	6천만 원
3) 점검자가 고의 또는 중대한 과실로 건축물관리점검지침에 위반하여 업무를 수행한 경우		2개월	4천만 원	3개월	6천만 원	3개월	6천만 원
4) 건축물관리점검기관이 정당한 사유 없이 건축물관리점검을 거부하거나 실시하지 않은 경우		1개월		1개월		1개월	
나. 법 제24조에 따른 건축물관리점검 결과에 대한 평가 결과 건축물관리점검이 거짓으로 실시되었거나 부실하다고 인정되는 경우	법 제25조 제1항 제2호	4개월	8천만 원	4개월	8천만 원	4개월	8천만 원
다. 건축물관리점검 결과를 법 제7조에 따른 건축물 생애이력 정보체계에 거짓으로 입력한 경우	법 제25조 제1항 제3호	4개월	8천만 원	4개월	8천만 원	4개월	8천만 원

[별표 5] <개정 2021.10.28., 2022.8.2>

과태료 부과기준(제40조 관련)

1. 일반기준

가. 위반행위의 횟수에 따른 과태료의 가중된 부과기준은 최근 3년간 같은 위반행위로 과태료를 부과처분을 받은 경우에 적용한다. 이 경우 기간의 계산은 위반행위에 대하여 과태료 부과처분을 받은 날과 그 처분 후 다시 같은 위반행위를 하여 적발한 날을 기준으로 하여 계산한다.

나. 가목에 따라 가중된 부과처분을 하는 경우 가중처분의 적용 차수는 그 위반행위 전 부과처분 차수(가목에 따른 기간 내에 과태료 부과처분이 둘 이상 있었던 경우에는 높은 차수를 말한다)의 다음 차수로 한다.

다. 부과권자는 위반행위의 정도·동기와 그 결과 등을 고려하여 다음의 사유에 해당하는 경우 제2호의 개별기준에 따른 과태료 금액의 2분의 1 범위에서 그 금액을 늘리거나 줄일 수 있다. 다만, 늘리는 경우에도 법 제54조제1항부터 제3항까지의 규정에 따른 과태료 금액의 상한을 넘을 수 없다.

1) 가중사유

가) 위반행위가 고의나 중대한 과실로 발생한 경우

나) 위반의 내용, 정도가 중대하여 건축물의 사용자에게 미치는 피해가 크다고 인정되는 경우

2) 감경사유

가) 위반행위가 경미한 과실이나 사소한 부주의로 발생한 경우

나) 위반의 내용 및 정도가 경미하여 건축물의 사용자에게 미치는 피해가 적다고 인정되는 경우

다) 위반 행위자가 처음 그 위반행위를 한 경우로서 해당 업무를 성실히 해 온 사실이 인정되는 경우

2. 개별기준 (단위:만원)

위반행위	근거 법조문	과태료 금액		
		1차 위반	2차 위반	3차 이상 위반
가. 법 제6조제2항에 따른 자료의 제출을 하지 않거나 거짓자료를 제출한 경우	법 제54조 제2항제1호	500		
나. 법 제10조제1항에 따라 건축물의 점검·보수·보강 등의 건축물관리 관련 정보를 기록·보관·유지하지 않은 경우	법 제54조 제4항제1호	100		
다. 법 제11조제1항을 위반하여 건축물관리계획을 수립하지 않거나 제출하지 않은 경우	법 제54조 제4항제2호	100		
라. 법 제11조제5항을 위반하여 수립되거나 조정된 건축물관리계획에 따라 주요시설을 교체 또는 보수하지 않은 경우	법 제54조 제4항제3호	100		
마. 법 제11조제6항을 위반하여 건축물 생애이력 정보체계에 조치결과를 입력하지 않은 경우	법 제54조 제4항제4호	100		
바. 법 제13조제1항에 따른 정기점검, 법 제14조제2항에 따른 긴급점검 또는 법 제16조제1항에 따른 안전진단을 실시하지 않거나 성실하게 수행하지 않은 경우	법 제54조 제2항제2호	500	750	1,000
사. 법 제16조제5항을 위반하여 안전진단 결과보고서를 제출하지 않은 경우	법 제54조 제4항제5호	100	150	200
아. 법 제18조제4항을 위반하여 성실하게 건축물관리점검업무를 수행하지 않은 경우	법 제54조 제2항제3호	500	750	1,000
자. 법 제20조제1항에 따른 건축물관리점검 결과를 보고하지 않거나 거짓 또는 부정한 방법으로 보고한 경우	법 제54조 제3항제1호	300		
차. 법 제20조제2항에 따른 이행 여부를 확인하지 않은 경우	법 제54조 제4항제6호	100	150	200
카. 법 제21조제3항에 따른 명령을 받고도 이를 이행하지 않은 경우	법 제54조 제2항제4호	500	750	1,000
타. 법 제22조제1항에 따른 보수·보강 등 필요한 조치를 하지 않은 경우	법 제54조 제2항제5호	500	750	1,000

시 행 령 [별 표]

파. 법 제22조제3항에 따라 긴급한 보수·보강 등이 필요한 사실을 해당 건축물의 사용자, 이용자 등에게 알리지 않은 경우	법 제54조 제2항제6호	500		
하. 법 제23조제1항을 위반하여 보수·보강 등의 조치결과를 보고하지 않은 경우	법 제54조 제4항제7호	100		
거. 법 제24조제2항에 따른 건축물관리점검 결과 평가에 필요한 관련 자료를 제출하지 않거나 거짓 또는 그 밖의 부정한 방법으로 제출한 경우	법 제54조 제4항제2호	300		
너. 법 제28조제3항 및 제6항을 위반하여 화재안전성능 보강공사 결과를 보고하지 않거나 거짓으로 보고한 경우	법 제54조 제2항제7호	500		
더. 법 제30조제4항 각 호의 어느 하나에 해당하는 자(법 제30조의3제1항에 따라 준용되는 경우를 포함한다)가 작성하지 않은 해체계획서를 허가권자에게 제출한 경우	법 제54조 제2항제8호	1,000		
러. 법 제30조제5항 각 호의 어느 하나에 해당하는 자(법 제30조의3제1항에 따라 준용되는 경우를 포함한다)가 검토하지 않은 해체계획서를 허가권자에게 제출한 경우	법 제54조 제2항제9호	1,000		
머. 법 제30조의3제3항을 위반하여 변경신고를 하지 않거나 거짓 또는 그 밖의 부정한 바법으로 변경신고를 한 경우	법 제54조 제3항제3호	500		
버. 법 제30조의4제4항에 따른 현장점검 결과를 보고하지 않거나 거짓 또는 그 밖의 부정한 방법으로 보고한 경우	법 제54조 제2항제10호	1,000		
서. 법 제31조제2항제1호·제3호 또는 제4호에 해당하는 행위를 한 경우	법 제54조 제1항제1호	2,000		
어. 법 제32조제1항을 위반하여 해체 공사감리자가 해체공사감리 업무를 성실하게 수행하지 않은 경우 <신설 2022.8.2>	법 제54조 제1항제2호	2,000		
저. 해체공사감리자가 법 제32조제2항에 따른 해체 작업의 시정 또는 중지를 요청하지 않은 경우	법 제54조 제1항제3호	2,000		
처. 법 제32조제5항에 따른 사진 및 동영상의 촬영.보관을 하지 않은 경우 <신설 2022.8.2>	법 제54조 제2항제11호	1,000	1,500	2,000
커. 법 제32조제8항에 따른 해체감리완료보고서를 제출하지 않은 경우	법 제54조 제2항제11호	500	750	1,000
터. 법 제33조제1항에 따른 해체공사 완료신고를 하지 않은 경우	법 제54조 제2항제12호	500		
퍼. 법 제34조제1항을 위반하여 건축물 멸실신고를 하지 않은 경우	법 제54조 제4항제8호	100		
허. 법 제45조제1항 또는 제2항에 따른 보고 또는 검사의 명령을 위반한 경우	법 제54조 제3항제4호	300		
고. 법 제46조제1항에 따른 응급 안전조치를 하지 않거나 사고 발생 사실을 알리지 않은 경우	법 제54조 제2항제13호	500		

건축물관리점검지침

[국토교통부고시 제2024-579호, 2024.11.4.]

제1장 총칙

제1조 【목적】 이 지침은 「건축물관리법」(이하 "법"이라 한다) 제17조제1항에 따른 정기점검, 긴급점검, 소규모 노후 건축물등 점검 및 안전진단에 관한 실시방법·절차 등, 「건축물관리법 시행령」(이하 "영"이라 한다) 제7조제2항에 따른 특수한 건축물의 구조안전 점검기준, 영 제8조제3항제3호나목에 따른 사용승인 후 20년이 지난 후에 처음 실시하는 정기점검, 영 제13조제5항에 따른 업무대가 산정기준, 영 제13조제4항 및 제27조제4항에 따른 점검책임자 및 점검자 교육훈련 등에 필요한 사항을 정함을 목적으로 한다.

제2조 【적용범위】 ① 이 지침의 구체적인 적용범위는 각 장별로 다음 각 호와 같다.
1. 제2장 : 법 제18조부터 제25조에 따른 건축물관리점검 절차 등에 적용한다.
2. 제3장 : 법 제13조 및 제14조와 영 제8조 및 제9조에 따른 정기점검 및 긴급점검의 실시 절차 및 방법 등에 적용한다.
3. 제4장 : 법 제15조와 영 제10조에 따른 소규모 노후 건축물등 점검의 절차와 방법에 적용한다.
4. 제5장 : 법 제12조와 영 제7조제2항에 따른 특수한 건축물의 구조안전 확인에 적용한다.
5. 제6장 : 법 제16조와 영 제11조에 따른 안전진단의 실시에 적용한다.
6. 제7장 : 법 제18조와 영 제13조제5항에 따른 건축물관리점검의 업무대가에 적용한다.
7. 제8장 : 법 제18조와 영 제13조제4항 및 영 제27조제4항에 따른 건축물관리 점검책임자 및 점검자 교육훈련에 적용한다.

② 법 제18조에 따른 건축물관리점검 업무대가 산정은 이 지침의 산정기준을 적용하는 것을 원칙으로 한다. 다만, 해당 건축물관리점검에 대한 업무대가 산정 기준이 없는 경우와 고도의 기술력이 필요하거나, 건축물관리점검의 기본과업 내용에 현저히 미치지 못하는 등 이 지침의 적용이 적합하지 않은 경우에는 적용하지 않을 수 있다.

제2장 건축물관리점검 절차

제3조 【건축물관리점검의 통보】 특별자치시장·특별자치도지사 또는 시장·군수·구청장은 법 제19조에 따라 정기점검 및 소규모 노후 건축물등 점검을 실시하여야 하는 건축물의 관리자에게 점검 대상 건축물이라는 사실, 점검 실시절차 및 건축물관리점검기관을 해당 점검일로부터 3개월 전까지 미리(긴급점검의 경우 지체 없이) 알려야 한다.

제4조 【건축물관리점검기관의 지정 등】 ① 특별자치시장·특별자치도지사 또는 시장·군수·구청장은 법 제18조제1항 각 호의 어느 하나에 해당하는 자를 건축물관리점검기관으로 지정하여 해당 관리자에게 알려야 한다.

② 영 제12조제5항에 따라 건축물관리점검기관의 지정에 필요한 사항은 특별시·광역시·특별자치시·도 또는 특별자치도 조례로 정할 수 있다. 그 경우 다음 각 호에 해당하는 건축물관리점검기관을 우선 지정하도록 할 수 있다.
1. 영 제28조제3항에 따른 우수 건축물관리 사업자
2. 건축사와 건축분야 기술사가 공동으로 운영하는 건축물관리점검기관

③ 제26조제4항에 따라 영 제7조제1항제2호의 건축물에 대해 장비를 사용한 점검을 실시할 수 있는 건축물관리점검기관은 반발경도측정기 및 철근탐사장비를 보유한 자로 한다. 〈신설 2024.11.4.〉

④ 관리자는 법 제16조제1항에 따라 안전진단을 실시하여야 하는 경우 미리 그 사실을 특별자치시장·특별자치도지사 또는 시장·군수·구청장에게 알려야 하며, 이 경우 통보를 받은 특별자치시장·특별자치도지사 또는 시장·군수·구청장은 건축물관리점검기관을 지정하여 해당 관리자에게 알려야 한다. 〈개정

건축물관리점검지침

2024.11.4.〉

⑤ 제1항 및 제4항에 따라 통보를 받은 관리자는 지정된 건축물관리점검기관으로 하여금 관리점검을 수행하도록 하여야 하며, 건축물관리점검기관은 점검책임자를 지정하여 업무를 수행하여야 한다. 〈개정 2024.11.4.〉

제5조【건축물관리점검 결과의 보고】 ① 건축물관리점검기관은 법 제20조제1항에 따라 건축물관리점검을 마친 날부터 30일 이내에 해당 건축물의 관리자와 특별자치시장 · 특별자치도지사 또는 시장 · 군수 · 구청장에게 결과를 보고하여야 한다.

② 법 제16조제3항에 따라 안전진단을 실시한 경우 안전진단기관이나 한국시설안전공단은 안전진단을 완료한 날부터 30일 이내에 관리자, 국토교통부장관, 특별자치시장 · 특별자치도지사 또는 시장 · 군수 · 구청장에게 결과보고서를 제출하여야 한다.

③ 제1항에 따른 건축물관리점검 결과의 보고와 제2항에 따른 안전진단 결과보고서 제출은 법 제7조에 따른 건축물 생애이력 정보체계에 입력하는 것으로 대신할 수 있다.

제6조【사용제한 등】 ① 관리자는 건축물의 안전한 이용에 주는 영향이 중대하여 긴급한 조치가 필요하고 인정되는 경우 법 제21조제1항에 따른 사용제한 · 사용금지 · 해체 등의 조치를 하여야 하며, 이 경우 법 제21조제2항에 따라 미리 그 사실을 특별자치시장 · 특별자치도지사 또는 시장 · 군수 · 구청장에게 알려야 한다.

② 건축물관리점검 결과를 보고 받은 특별자치시장 · 특별자치도지사 또는 시장 · 군수 · 구청장은 해당 건축물의 안전한 이용에 주는 영향이 중대하여 긴급한 조치가 필요하다고 인정되면 법 제21조제3항에 따라 사용제한 · 사용금지 · 해체 등의 조치를 명할 수 있다.

제7조【점검결과의 이행 및 보고】 ① 건축물관리점검 결과를 보고받은 관리자는 영 제16조제1항의 중대한 결함사항에 대하여 같은 조제2항 및 3항에 따른 보수 · 보강 등 필요한 조치를 하여야 하며, 긴급한 보수 · 보강 등이 필요한 경우 법 제22조제3항에 따라 해당 건축물의 사용자 등에게 알려야 한다.

② 특별자치시장 · 특별자치도지사 또는 시장 · 군수 · 구청장은 법 제22조제2항에 따라 관리자가 제1항에 따른 필요한 조치를 하지 않은 경우 해당 관리자에게 해체 · 개축 · 수선 · 사용금지 · 사용제한, 그 밖에 필요한 조치의 이행 또는 시정을 명할 수 있다.

③ 보수 · 보강 등 필요한 조치를 완료한 관리자는 그 결과를 「건축물관리법 시행규칙」(이하 "규칙"이라 한다) 제6조에 따라 그 결과를 특별자치시장 · 특별자치도지사 또는 시장 · 군수 · 구청장에게 보고하여야 한다.

④ 특별자치시장 · 특별자치도지사 또는 시장 · 군수 · 구청장은 법 제15조제3항에 따라 소규모 노후 건축물등 점검결과에 따라 보수 · 보강 등에 필요한 비용의 전부 또는 일부를 보조하거나 융자할 수 있으며, 보수 · 보강 등에 필요한 기술 지원을 할 수 있다.

제8조【건축물관리점검 결과에 대한 평가】 ① 법 제24조제1항에 따라 국토교통부장관, 특별시장 · 광역시장 · 도지사 · 특별자치시장 또는 특별자치도지사는 건축물관리 관련 기술수준을 향상시키고 건축물에 대한 부실점검을 방지하기 위하여 필요한 경우에는 건축물관리점검 결과를 평가할 수 있다.

② 제1항에 따른 평가결과 건축물관리점검이 거짓으로 실시되었거나 부실하다고 인정되는 경우 법 제25조제3항 및 영 제18조를 적용한다.

③ 제1항에 따른 평가결과 법 제24조제3항에 따라 국토교통부장관, 특별시장 · 광역시장 · 도지사 · 특별자치시장 또는 특별자치도지사가 개선을 명할 경우 건축물관리점검기관은 정해진 기간 내에 그 지적내용을 조치하여야 한다.

제3장 정기점검 및 긴급점검의 실시

제9조【정기점검】 정기점검은 법 제13조에 따라 건축물의 안전과 기능 유지 등을 위하여 건축물이 사용승인시의 설계도서 등에 적합하게 유지 · 관리되고 있

는지를 확인하는 점검을 말한다.

제10조【긴급점검】 긴급점검은 법 제14조에 따라 재난 등으로부터 건축물의 안전을 확보하기 위하여 점검이 필요하다고 인정되는 경우나 건축물의 노후가 심각하여 안전에 취약하다고 인정되는 경우 등 건축물의 안전을 확보하기 위하여 건축물의 위험요인을 신속하게 발견하기 위한 점검을 말한다.

제11조【정기점검 및 긴급점검의 수행방법】 정기점검과 긴급점검은 제15조와 제16조의 내용을 수행할 수 있는 경험과 기술을 갖춘 사람이 항목별 점검업무를 충실하게 수행하여야 한다.

제12조【정기점검 및 긴급점검 실시자의 자격】 정기점검 및 긴급점검의 점검자는 영 별표 2에 따른 자격기준을 갖추고 영 별표 3에 따른 교육을 이수하여야 한다.

제13조【정기점검 및 긴급점검 실시 과정의 안전관리】 ① 점검책임자는 점검자의 안전은 물론 공공의 안전을 위하여 측정장비 및 기기 등을 안전하게 운용하고 작업을 안전하게 수행하도록 계획을 수립하여야 한다.
② 점검자는 안전모, 작업복, 작업화와 필요한 경우 청각, 시각 및 안면보호장비 등을 포함한 개인용 보호장구를 항시 착용하여야 하며 측정장비 및 기기를 항상 최적의 상태로 정비하여야 한다. 또한 밀폐된 공간에서의 작업이 필요할 경우에는 유해물질, 가스 및 산소결핍 등에 대한 조사와 대책을 사전에 마련하여야 한다.
③ 건축물의 관리자는 필요한 경우 점검실시 기간 동안 공공의 안전을 위해 교통통제와 작업공간 확보 등 적절한 계획을 수립하여 시행하여야 한다.

제14조【정기점검 및 긴급점검의 계획수립】 ① 점검책임자는 정기점검 및 긴급점검에 사용하기 위하여 관리자에게 설계도서 등 다음 각 호에 해당하는 자료를 제공받을 수 있다.

1. 사용승인 설계도서 및 각종인증자료
- 사용승인 이후 변경(허가 또는 신고)된 사항에 대한 자료(설계도서) 포함
2. 건축물 생애관리대장, 건축물관리계획
3. 건축설비 점검문서, 내·외장재료 등의 시험성적서 또는 인증서
4. 과거 건축물관리점검 보고서 등

② 특별자치시장·특별자치도지사 또는 시장·군수·구청장은 정기점검에 필요한 설계도서 등이 존재하지 않을 경우에는 관리자에게 점검기간 내에 현황도서(건축 기본설계도서: 배치도, 평면도 등)을 준비하도록 권고할 수 있으며, 이 경우 관리자에게 상세한 안내 및 준비에 필요한 충분한 기간을 두도록 하여야 한다.
③ 점검책임자는 점검대상 건축물의 충실한 점검을 위해 관리자가 제공한 설계도서 및 관련 자료를 이용하여 점검범위를 정하고, 다음의 사항을 포함한 점검계획을 수립하여야 한다.

1. 점검책임자 및 점검자 인적사항
2. 건축물 개요 및 소유 형태 파악(구분소유자 등)
3. 건물유형(용도/규모/형태 등)별 조사범위 선정

제15조【정기점검 내용】 ① 점검자는 다음 각 호에 따라 대상 건축물에 대한 정기점검을 수행하여야 하며, 점검결과를 별지 제1호 및 제2호 서식에 따라 작성하여야 한다.

1. 대지 : 조경 및 공개공지, 건축선 및 대지와 도로와의 관계 등이 사용승인 설계도서에 적합한 상태로 유지되고 있는지 여부를 점검한다. 또한, 옹벽 및 석축 등의 붕괴와 지반침하 가능성 및 대지내의 빗물 배출 및 배수불량으로 인한 대지의 위험요인에 대해 점검한다.
2. 높이 및 형태 : 「국토의 계획 및 이용에 관한 법률」에 따른 건폐율 및 용적률 등이 적합한지 여부, 대지안의 공지 유지 여부 및 구역별·일조확보 등을 위한 건축물의 높이제한 등이 사용승인 설계도서에 적합한 상태로 유지되고 있는지 여부를 점검한다.

3. 구조안전 : 주요구조부의 균열발생이나 손상여부 및 그 결함위치 등 구조부재와 마감재의 노후화 현상을 점검하고, 관리자 등과의 청문을 통한 이상 징후 여부 등을 점검한다. 또한, 건축물의 수선 및 용도변경 등에 따른 건축물 하중의 변화여부와 구조변경 여부 및 그 현황자료를 점검한다. 아울러 지진하중에 대한 안전확인을 위하여 건축물의 내진설계 여부 등을 점검한다.
4. 화재안전 : 화재 등 재난 및 재해로부터 재실자의 안전한 피난과 인명피해를 감소시킬 수 있는 적합한 피난설비의 설치여부와 계단 · 복도 · 출구, 옥상광장 등의 피난통로상 적재물 등 통행을 방해하는 요소가 존재하는지를 점검한다. 또한 방화구획, 경계벽 · 칸막이벽, 내화구조, 내부마감재료, 지하층 등이 당초 설계기준대로 유지되어 화재확산을 방지하고, 인명의 피해를 최소화할 수 있는 구조와 재료로 유지되고 있는 지를 점검한다.
5. 건축설비 : 급수, 배수, 냉난방, 환기, 피뢰, 방송수신, 전기, 승강기 등 각종 설비가 사용승인 설계도서 등에 적합하게 유지 · 관리되고 있는지와 각종 설비의 종류 및 성능에 따른 기능유지 상태에 대한 제반 사항을 점검한다.
6. 에너지 및 친환경 관리 등 : 건축물의 노후화, 균열 및 창호의 재료열화 등에 따른 열손실로 에너지가 새어나가거나, 에너지 사용효율이 현저히 떨어질 것으로 우려되는 부위가 존재하는지 점검하고, 녹색건축 인증 등 점검대상 건축물의 인증유지여부 및 에너지 효율 개선 필요성을 제시하여야 한다.
7. 범죄예방 : 범죄예방과 관련하여 접근통제, 영역성 확보, 조경 · 조명기준 및 범죄예방기준 등이 사용승인 설계도서 등에 적합하게 유지 · 관리되고 있는지와 현행기준과의 비교 · 검토를 통한 개선사항 등의 제안을 점검한다.
8. 건축물관리계획의 수립 및 이행이 적합한지 여부를 점검한다.
9. 기타 : 법 제20조제2항 각 호의 사항에 대한 이행 여부 및 「건축법」 제22조에 따른 사용승인시 제출된 설계도서의 내용대로 유지 · 관리되는 지 여부를 점검한다.
10. 개선의견 제시 : 건축물의 안전 강화 및 에너지 절감 방안 등에 관한 의견을 제시한다.
11. 종합의견 : 점검항목별 점검결과와 전문적인 식견을 반영한 종합의견을 제시한다.

② 영 제8조제3항제3호나목에 따라 사용승인일로부터 20년이 경과한 건축물에 대한 최초의 정기점검 시 제1항제3호의 구조안전에 대해 각 호의 항목을 추가적으로 실시하여야 한다.
1. 주요구조부 : 일반적인 육안조사로 점검이 어려운 주요구조부는 마감재 일부를 해체하거나 전자내시경 등을 활용하여 점검하여야 한다. 층별, 부재별, 조사부위별 등을 고려하여 16개소 이상을 점검한다.
2. 건물기울기 : 측정이 가능한 건축물 외벽모서리 전체로 한다.
3. 부동침하기울기 : 최저층 바닥 또는 천장슬래브에서 건물의 장변방향과 단변방향으로 각각 2개소 이상으로 한다.
4. 부재변형 : 건축물의 전체에 대한 외관조사를 실시한 결과, 균열 및 손상(처짐 등)이 발생하였거나, 발생가능이 있는 주요 부위로 한다.
5. 콘크리트 비파괴강도 : 반발경도시험을 위주로 하며, 점검책임자의 판단에 따라 다른 비파괴 검사법을 사용할 수 있다. 층별, 부재별, 조사부위별 등을 고려하여 8개소 이상을 점검한다.

③ 제2항제2호 및 제3호의 건물기울기와 부동침하기울기 조사는 동일 목적으로 실시하는 조사항목으로 점검책임자의 판단에 의해 2개 항목 중 1개만 실시할 수 있으며, 그 사유를 명기하여야 한다.
④ 점검자가 점검 대상 건축물에 딸린 공작물의 점검을 실시할 경우 점검결과를 별지 제3호 서식에 따라 작성하여야 한다.

제16조【긴급점검 내용】 점검자는 다음 각 호에 따라 대상 건축물에 대한 긴급점검을 수행하여야 하며, 점검결과를 별지 제1호 및 제4호 서식에 따라 작성하여야 한다.
1. 구조안전 : 제15조제1항제3호와 같음
2. 화재안전 : 제15조제1항제4호와 같음

제17조【정기점검 및 긴급점검 실시요령】 본 지침에서 규정하지 아니하는 건

축물의 정기점검 및 긴급점검 실시방법 · 절차 등 구체적인 사항에 대해서는 「건축물 정기점검 매뉴얼」에 따른다.

제4장 소규모 노후 건축물등 점검의 실시

제18조【소규모 노후 건축물등 점검】 소규모 노후 건축물등 점검은 법 제15조에 따라 특별자치시장 · 특별자치도지사 또는 시장 · 군수 · 구청장이 안전에 취약하거나 재난의 위험이 있다고 판단되는 건축물의 안전을 확보하기 위해 실시하는 점검을 말한다.

제19조【소규모 노후 건축물등 점검 수행방법】 소규모 노후 건축물등 점검은 제23조의 내용을 수행할 수 있는 경험과 기술을 갖춘 사람이 항목별 점검업무를 충실하게 수행하여야 한다.

제20조【소규모 노후 건축물등 점검 실시자의 자격】 소규모 노후 건축물등 점검자는 영 별표 2에 따른 자격기준을 갖추고 영 별표 3에 따른 교육을 이수하여야 한다.

제21조【소규모 노후 건축물등 점검 실시 과정의 안전관리】 소규모 노후 건축물등 점검 실시 과정의 안전관리에 관하여는 제13조의 규정을 준용한다.

제22조【소규모 노후 건축물등 점검의 계획수립】 ① 점검책임자는 소규모 노후 건축물등 점검에 사용하기 위하여 관리자에게 제14조제1항 각 호에 해당하는 자료를 제공 받을 수 있다.
② 점검책임자는 관리자에게 제공받은 자료 등을 이용하여 제14조제3항 각 호의 사항을 포함한 점검계획을 수립하여야 한다.

제23조【소규모 노후 건축물등 점검 내용】 ① 점검자는 다음 각 호에 따라 대상 건축물에 대한 점검을 수행하여야 하며, 점검결과를 별지 제5호 및 제6호 서식에 따라 작성하여야 한다.

1. 구조안전 : 건축물의 수선 및 용도변경 등에 따른 건축물 하중의 변화여부와 구조의 변경에 따른 주요구조부의 심각한 균열발생 여부와 건축물 마감재 등의 안전성 적합여부를 점검한다.
2. 화재안전 : 화재 등 재난 및 재해로부터 재실자의 안전한 피난과 인명피해를 감소시킬 수 있는 적합한 피난설비의 설치여부와 계단 · 복도 · 출구, 옥상광장 등의 피난통로에 적재물 등 통행을 방해하는 요소가 존재하는지를 점검한다. 또한 방화구획, 경계벽 · 칸막이벽, 내화구조, 내부마감재료, 지하층 등이 당초 설계기준대로 유지되어 화재확산을 방지하고, 인명의 피해를 최소화 할 수 있는 구조와 재료로 유지되고 있는 지를 점검한다.
3. 에너지성능 등: 건축물의 노후화, 균열 및 창호의 재료열화 등에 따른 열손실로 에너지가 새어나가거나, 에너지 사용 효율이 현저히 떨어질 것으로 우려되는 부위가 존재하는지 점검하고, 에너지 효율 개선 필요성을 제시하여야 한다. 냉 · 난방, 급수, 배수 등의 설비시설이 노후화, 재료열화 등에 따른 열손실로 에너지가 새어나가거나, 에너지 사용 효율이 현저히 떨어질 것으로 우려되는 부위가 존재하는지 점검하고, 에너지 효율 개선 필요성을 제시하여야 한다.

② 점검자가 점검 대상 건축물에 딸린 공작물의 점검을 실시할 경우 점검결과를 별지 제3호 서식에 따라 작성하여야 한다.

제24조【소규모 노후 건축물등 점검 실시 요령】 본 지침에서 규정하지 아니하는 소규모 노후 건축물등 점검 실시방법 · 절차 등 구체적인 사항에 대해서는 「소규모 노후 건축물등 점검 매뉴얼」에 따르며, 공작물의 점검을 실시할 경우 「건축물 정기점검 매뉴얼」에 따른다.

제5장 특수한 건축물의 구조안전 확인

제25조【특수한 건축물의 구조안전 확인 수행방법】 ① 법 제12조제2항 및 영

제7조제1항의 건축물에 대한 정기점검, 긴급점검, 소규모 노후 건축물등 점검을 실시할 경우, 해당 건축물의 구조안전에 대한 경험과 지식을 갖춘 사람이 외관조사를 실시하여야 한다.

② 점검책임자는 점검을 위해 특수구조 부위 및 구조변경에 대한 정보 등을 사전검토 하여야 한다.

제26조【특수한 건축물의 구조안전 확인 요령】 ① 「건축법 시행령」 제2조제18호 가목과 나목에 해당하는 건축물은 해당 부위의 균열 및 손상(처짐 등)을 관찰하여야 하며, 필요한 경우 제15조제2항제4호에 따른 부재변형을 측정할 수 있다.

② 「건축법 시행령」 제2조제18호 다목에 해당하는 건축물은 각 구조형식의 특수성을 고려하여 점검책임자가 점검계획을 수립하여야 하며, 이를 위해 건설기준코드(KCS 14 00 00, KCS 41 00 00, KDS 14 00 00, KDS 41 00 00) 등의 각종기준을 참조한다.

③ 영 제7조제1항제2호의 건축물은 정기점검, 긴급점검, 소규모 노후건축물등 점검을 실시할 경우, 슬래브와 기둥 접합부위의 균열 및 손상(처짐 등) 발생 여부 등을 확인하기 위해 다음 각 호의 방법으로 점검하여야 한다. 〈개정 2024.11.4./각호신설〉

1. 주요구조부 : 관리자 등의 청문을 통해 이상 징후 여부, 중량물 적재 이력 등을 확인하고 옥상층이나 사용하중이 큰 층(기계실, 주방, 서고 등)의 점검을 우선적으로 수행해야 한다. 육안조사로 점검이 어려운 부위는 마감재 일부를 해체하거나 전자 내시경 등을 활용하여 점검하고, 균열, 콘크리트 박락 등과 같은 결함의 진행성이 판단 또는 확인되는 경우 관리자와 협의하여 기둥 주변 슬래브의 마감재를 철거하고 결함부위 상태를 점검한다.
2. 마감재 : 바닥 및 천장 마감재의 외관상 손상 정도를 점검하여 주요구조부의 결함 유무를 파악해야 한다. 해당 마감재의 손상 원인이 구조체 결함에 따른 것으로 판단되는 경우 등 필요한 경우, 마감재를 제거하여 기둥 주위의 바닥판 균열 등의 결함을 점검한다.
3. 개구부 : 슬래브와 기둥 접합부위에 인접한 개구부의 균열 및 손상(단면손실 등) 등을 살펴 주요구조부(슬래브)의 구조안전 상태를 점검한다.

④ 영 제7조제1항제2호의 건축물은 최초의 정기점검(사용승인일부터 5년 이내)을 실시할 경우, 제3항에 따른 방법의 점검 시 접합부위의 균열 및 손상이 발생했다면 장비를 사용한 점검을 다음 각 호의 방법으로 추가하여 실시하여야 한다. 〈신설 2024.11.4.〉

1. 설계도서 검토 : 사용승인 당시 설계도서 중 구조도면과 구조계산서를 검토하여 설계하중 및 전단보강철근의 유·무 및 전단보강철근이 있는 경우 이에 대한 구조계산 실시 등의 검토 여부를 확인하고, 구조도면과 구조계산서 간의 상호 적합성을 확인한다.
2. 콘크리트 비파괴강도 : 반발경도시험을 실시하되, 점검책임자의 판단에 따라 다른 비파괴 검사법을 사용할 수 있다. 층별, 부재별, 조사부위별 등을 고려하여 8개소 이상을 점검한다. 이 때, 무량판 구조에 해당하는 슬래브에 대해 강도 시험을 실시한다.
3. 전단보강재 : 설계도면 검토를 통해 시공된 전단보강재의 종류를 확인하고 그 형태 및 특징을 고려하여 철근탐지기검사를 실시하되, 점검책임자의 판단에 따라 다른 비파괴 검사법을 사용할 수 있다. 층별, 부재별, 조사부위별 등을 고려하여 8개소 이상을 점검한다. 다만, 대상 건축물의 구조도면에 전단보강철근 표기가 없고 해당 구조계산서에서 전체 무량판 구조의 기둥 주변 슬래브에 전단보강철근이 필요 없는 것으로 검토된 경우 전단보강철근 조사를 생략할 수 있다.

제6장 안전진단의 실시

제27조【안전진단】 ① 안전진단은 법 제16조 따라 건축물의 안전성 결함의 원인 등을 조사·측정·평가하여, 이에 대한 신속하고 적절한 보수·보강 방법 및 조치방안 등을 제시하는 진단을 말한다.

② 건축물 관리자와 점검책임자가 안전진단의 과업 실시를 위해 준비해야 할

사항은 다음 각 호와 같다.
1. 안전진단 과업지시서 등의 작성
2. 안전진단 과업지시서 등의 검토
3. 일정계획 수립
4. 조사·시험 항목의 선정
5. 경험과 기술을 갖춘 기술인력과 소요장비
6. 해당건축물의 설계도서 및 유지관리 관련 자료 등
③ 안전진단을 위한 조사·시험 항목을 선정할 때는 다음 각 호를 고려하여야 한다.
1. 건축물의 구조적 특수성 검토
2. 최신 기술과 실무 경험의 적용

제28조【안전진단 실시자의 자격】 안전진단 점검책임자 및 점검자는 영 별표 2에 따른 자격기준을 갖추고 영 별표 3에 따른 교육을 이수하여야 한다.

제29조【안전진단 실시 과정의 안전관리】 안전진단 실시 과정의 안전관리에 관하여는 제13조의 규정을 준용한다.

제30조【안전진단 결과보고서 작성】 ① 안전진단의 결과보고서는 영 제11조제2항에 각 호에 따른 사항을 포함하여야 하며, 별지 제7호 서식에 따라 작성해야한다.
② 안전진단 결과보고서는 건축물 관리자의 유지관리 업무에 효율적이며 체계적으로 활용 할 수 있도록 과업내용을 중심으로 작성하되, 다음 각 호의 사항을 포함하여야 한다.
1. 계약서 및 대가내역서
2. 과업지시서
3. 보고서
4. 보고서 부록

건축물관리점검지침

제31조【안전진단의 실시방법·절차】 이 지침에서 정하지 않은 안전진단 실시방법·절차 등에 관한 사항은 「시설물의 안전 및 유지관리 실시 등에 관한 지침」(국토교통부고시 제2017-1029호)의 제8조제7항, 제12조제2항부터 제7항, 제16조, 제18조부터 제35조, 제36조제1항의 규정을 준용한다. 이 경우 "안전점검등" 및 "정밀안전진단"은 "안전진단", "책임기술자"는 "점검책임자", "참여기술자"는 "점검자"로 본다.

제7장 건축물관리점검 업무대가

제32조【비용의 산정기준 원칙】 ① 정기점검, 긴급점검, 소규모 노후 건축물등 점검 업무대가는 제3장 및 제4장에서 규정된 각각의 점검업무를 수행하는데 필요한 직접인건비, 제경비, 기술료, 직접경비와 선택과업비를 합산하여 산정한다.
② 제1항에 따른 업무대가는 실비정액가산식에 따라 산출함을 원칙으로 하며, 현황도서의 작성 및 건축물에 딸린 공작물의 점검은 별도 실비로 계상한다.
③ 안전진단 업무대가는 제6장에서 규정된 업무를 수행하는데 필요한 기본과업의 직접인건비, 제경비, 기술료, 직접경비와 선택과업비를 합산하여 산정하며, 「시설물의 안전 및 유지관리 실시 등에 관한 지침」의 제55조부터 제62조의 규정을 준용하여 산정한다. 이 경우 "정밀안전진단"은 "안전진단"으로 본다.

제33조【직접인건비】 ① 직접인건비는 당해업무에 직접 종사하는 인원 등의 급료, 제수당, 상여금, 퇴직적립금, 산재보험금 등을 포함한 것으로 별표 1에 따라 산출한다.
② 제15조제2항에 따라 구조안전에 대해 추가점검을 실시하는 경우 점검책임자 1인을 가산한다. 〈개정 2024.11.4.〉
③ 제26조제4항에 따라 영 제7조제1항제2호의 건축물에 대해 장비를 사용한 점검을 실시하는 경우 점검책임자 1인을 가산한다. 〈신설 2024.11.4.〉
④ 기술사 및 초급기술자에 대한 노임단가는 한국엔지니어링협회가 통계법에

따라 조사·공포한 건설부분의 노임단가기준을 따른다. 〈개정 2024.11.4.〉
⑤ 별표 1에 명시되지 않은 건축물의 연면적에 대한 직접인건비는 가장 인접한 두 연면적에 대한 직접인건비에 의하여 보간법으로 산출한다. 단, 연면적 3천제곱미터 미만의 건축물의 경우 3천제곱미터에 대한 직접인건비를 적용한다. 〈개정 2024.11.4.〉

제34조【제경비】 제경비라 함은 당해업무의 직접비에 포함되지 아니하는 간접비용을 말하며, 직접인건비의 110%로 계산한다.

제35조【기술료】 기술료는 당해업무에 점검수행자가 개발, 보유한 기술의 사용 및 이윤 등을 말하며, 직접인건비와 제경비를 합한 금액의 20%로 계산한다.

제36조【직접경비】 직접경비는 당해업무 수행에 필요한 여비 및 차량운행비, 현장소요경비, 위험수당 등을 포함한 비용이며, 그 비용은 10만원으로 일괄 산정한다.

제37조【건축물 형태에 따른 대가기준의 적용】 점검 대상이 아파트단지 내의 건축물 등 다음 각 호와 같이 해당 구역 내에 위치하고 도보로 이동 가능한 2개동 이상의 건축물(이하 "군집건축물"이라 한다.)인 경우에는 별표 2를 참조하여 전체 기준인원수를 산정하여 대가를 결정한다.

1. 각 동 건축물 연면적이 모두 1,000㎡ 미만인 소규모 건축물이 다수 있는 경우
 전체인원수 = 건축물 합계 연면적에 해당하는 기준인원수 × 1.0
2. 각 동 건축물 연면적이 모두 1,000㎡ 이상인 건축물이 다수 있는 경우
 전체인원수 = 최대 연면적 건축물에 해당하는 기준인원수 × 1.0
 + Σ(기타 건축물 동별 해당 기준인원수 × 0.7)
3. 각 동 건축물 연면적이 1,000㎡ 미만 및 1,000㎡ 이상인 건축물이 다수 있는 경우
 전체인원수 = 최대 연면적 건축물에 해당하는 기준인원수 × 1.0

 + Σ(기타 건축물 동별 해당 기준인원수 × 0.7)

[본조신설 2022.6.20.]

제38조【대가의 보정】 ① 점검대가의 산출시 점검대상 건축물의 용도 및 사용승인 후 경과년수 등을 고려하여 제33조부터 제36조까지에 따라 산출한 점검대가에 별표 3의 조정비를 적용할 수 있다.
② 법 제13조제2항에 따라 제15조제1항제3호의 항목를 생략하고 정기점검을 실시하는 경우 업무대가에 조정비 "0.8"을 추가로 적용한다.
③ 제15조제1항제5호에 따라 급수, 배수, 냉난방, 환기에 관한 사항을 생략하고 정기점검을 실시하는 경우 업무대가에 조정비 "0.9"를 추가로 적용한다.
④ 점검대상 건축물이 다양한 용도 또는 경과년수로 구성되어 있는 경우에는 다음과 같이 평균조정비를 계산하여 적용한다.

$$\text{복합용도(경과년수)인 경우 평균조정비} = \frac{\sum(\text{해당연면적의 조정비} \times \text{해당연면적})}{\text{총연면적}}$$

제39조【선택과업 비용】 제15조제2항제1호, 제26조제3항 및 제4항에 따른 마감재의 해체 및 복구비용은 적산자료 중 건축공사의 해체 및 철거공사와 그 외 공사항목에서의 해체 및 복구에 관련된 단가를 참고하여 산출한다. 〈개정 2024.11.4.〉

제8장 건축물관리점검 점검책임자 및 점검자 교육훈련

제40조【교육훈련 과정 등】 교육훈련은 정기점검, 긴급점검, 소규모 노후 건축물등 점검, 안전진단 과정 및 각 과정의 보수교육 과정으로 구분한다.

제41조【교육훈련 과정별 교과내용 및 교육시간】 ① 교육훈련 과정별 교과내용 및 교육시간은 별표 3과 같다.

② 교육기관은 제1항에 따른 교과내용과 교육시간을 기준으로 교육훈련계획을 수립 · 시행하여야 한다.
③ 교육기관은 과정별 교과내용 및 교육시간 등을 조정 · 시행할 수 있다. 이 경우 교육기관은 사전에 국토교통부장관과 협의하여야 한다.

제42조【근태 및 평가관리】 교육기관은 교육기관별 학사관리의 통일성유지와 효율적 관리를 위하여 별표 4에 따른 근태 및 평가관리기준 표준안에 따라 이를 정하여야 한다.

제43조【수료증】 ① 교육기관의 장은 소정의 교육과정을 이수한 자에 대하여는 수료증을 수여하여야 한다.
② 제1항에 따른 수료증 수여는 교육훈련 총 수업시간의 100분의 80 이상이수한 자로서 최종평가결과 100분의 70이상을 득점한 자에 한 한다. 단, 총 교육시간이 35시간 미만인 경우는 최종평가를 생략하고 교육훈련 이수시간으로 평가할 수 있다.

제9장 보칙

제44조【재검토기한】 국토교통부장관은 「훈령 · 예규 등의 발령 및 관리에 관한 규정」에 따라 이 고시에 대하여 2020년 5월 1일 기준으로 매 3년이 되는 시점(매 3년째의 4월 30일까지를 말한다.)마다 그 타당성을 검토하여 개선 등의 조치를 하여야 한다.

부칙〈제2020-361호, 2020.5.1.〉

이 고시는 2020년 5월 1일부터 시행한다.

부칙〈제2022-332호, 2022.6.20.〉

이 고시는 2022년 6월 20일부터 시행한다.

부칙〈제2022-332호, 2022.6.20.〉

제1조(시행일) 이 고시는 2025년 1월 1일부터 시행한다.
제2조(적용례) 제4조 및 제26조의 개정규정은 이 고시 시행 이후 정기점검, 긴급점검 및 소규모 노후 건축물등 점검을 통보하는 경우부터 적용한다.

[별표 1]

정기점검, 긴급점검, 소규모 노후 건축물등 점검 기준인원수(제33조제4항 관련)

단위 : 인·일 (점검책임자: 기술사, 점검자: 초급기술자)

건축물의 연면적	정기점검			긴급점검	
	점검책임자		점검자	점검 책임자	점검자
	일반	구조안전 추가			
3,000㎡	1	1	0	0.5	0
5,000㎡	1	1	1	0.5	0.5
10,000㎡	1	1	2	0.5	1
30,000㎡	2	1	3	1	1.5
100,000㎡	2	1	4	1	2

비고
1) 구조안전 추가는 제15조제2항에 따라 구조안전 추가점검을 실시하는 경우를 말한다.
2) 소규모 노후 건축물등 점검 기준인원수는 점검대상 건축물의 연면적에 관계없이 점검책임자 및 점검자 각 1인·일로 한다.

건축물관리점검지침[별 표]

[별표 2] 〈신설 2022.6.20〉

군집건축물의 기준인원수 산정방법(제37조 관련)

구 분	산출방법	산출방법 예
① 각 동 건축물 연면적이 모두 1,000㎡ 미만인 소규모 건축물이 다수 있는 경우	건축물 합계 연면적에 해당하는 인원수 × 1.0	A동 : 700㎡, B동 : 500㎡×3개동 ⇒ 가상의 E동 : 2,200㎡(=700㎡+500㎡×3동) ⇒ (연면적 2,200㎡ 해당 인원수×1.0)
② 각 동 건축물 연면적이 모두 1,000㎡ 이상인 건축물이 다수 있는 경우	최대 연면적 건축물에 해당하는 인원수 × 1.0 + Σ(부속시설물 동별 해당 인원수 × 0.7)	C동 : 3,000㎡, D동 : 1,500㎡×4개동 ⇒ (최대연면적 3,000㎡ 해당 인원수×1.0) + 4개동×(연면적 1,500㎡ 해당 인원수×0.7)
③ 각 동 건축물 연면적이 1,000㎡ 미만 및 1,000㎡ 이상인 건축물이 다수 있는 경우	최대 연면적 건축물에 해당하는 인원수 × 1.0 + Σ(부속시설물 동별 해당 인원수 × 0.7)	A동 : 700㎡, B동 : 500㎡×3개동 C동 : 3,000㎡, D동 : 1,500㎡×4개동 ⇒ 가상의 E동 : 2,200㎡(=700㎡+500㎡×3동) ⇒ (최대연면적 3,000㎡ 해당 인원수×1.0) + (면적 2,200㎡ 해당 인원수×0.7) + 4개동×(연면적 1,500㎡ 해당 인원수 ×0.7)

건축물관리점검지침[별 표]

[별표 3]

정기점검, 긴급점검, 소규모 노후 건축물등 점검 업무대가 조정비(제38조 관련)

□ 정기점검 및 긴급점검

경과년수에 따른 조정		건축물 용도별 조정	
경과년수	조정비	용 도	조정비
5년 이내 10년 이내 15년 이내 15년 초과 25년 이내 25년 초과 35년 이내 35년 초과 55년 이내 55년 초과	1.00 1.05 1.10 1.15 1.20 1.25 1.30	제1종 근린생활시설	1.00
		제2종 근린생활시설, 업무시설, 공동주택, 교육연구시설, 장례식장	1.10
		노유자시설, 위락시설, 관광휴게시설, 판매시설	1.20
		운수시설, 의료시설, 교육연구시설 중 도서관, 운동시설, 숙박시설	1.30
		문화 및 집회시설	1.40

□ 소규모 노후 건축물등 점검

경과년수에 따른 조정	
경과년수	조정비
5년 이내	1.00
10년 이내	1.05
15년 이내	1.10
15년 초과 25년 이내	1.15
25년 초과 35년 이내	1.20
35년 초과 55년 이내	1.25
55년 초과	1.30

[별표 4]

교육훈련 과정별 교과내용 및 교육시간(제41조 관련)

□ 정기점검, 긴급점검, 소규모 노후 건축물등 점검책임자 및 점검자 교육과정

교과내용	시간	세부교육내용
교육일반 (사이버교육 가능)	7 (2) (2) (2) (1)	건축물관리점검 교육의 일반 - 친환경 - 생애이력정보체계 - 건축구조 일반 - 사고 사례 등
건축관련 법규	7 (1) (4) (2)	건축관련 법규에 대한 설명 - 교육 일반사항 - 건축법에 대한 설명 - 국토계획법.주차장법 등 기타 법규
구조안전	7 (3) (1) (1) (2)	건축물 구조안전에 점검요령 등 - 건축물 구조 점검방법 - 시설물안전법에 대한 설명 - 건축물의 내진설계 - 건축물의 유지관리
화재안전, 에너지 효율, 건축설비 등	7 (3) (2) (2)	화재안전, 에너지 효율, 건축설비 등에 관한 설명 - 화재안전 - 에너지 효율 - 건축설비
점검실무 (점검자 교육)	7 (2) (2) (2) (1)	점검실무 및 점검요령 - 건축물관리법 및 점검결과 평가 - 건축물관리점검요령 - 보고서 작성 요령 - 교육 수료 평가(점검자 교육의 경우 타 과목으로 대체가능)
합계	35	

비고
1) 「건축사법」에 따른 건축사는 "건축관련 법규" 교육과정을 면제할 수 있다.

건축물관리점검지침[별 표]

2) 「시설물의 안전 및 유지관리에 관한 특별법 시행규칙」 제10조 및 「시설물의 안전 및 유지관리 실시 등에 관한 지침」 별표29에 따른 정기안전점검, 정밀안전점검 또는 정밀안전진단 건축반 교육과정을 수료한 경우 "구조안전" 교육과정을 면제할 수 있다.

□ 정기점검, 긴급점검, 소규모 노후 건축물등 점검 보수교육 과정

점검실무	7 (1) (2) (2) (2)	점검실무 및 점검요령 - 교육 일반사항 - 건축물관리법 및 점검결과 평가 - 건축물관리점검요령 - 보고서 작성 요령
합계	7	

□ 안전진단과정

○ 기초교육

교 과 목	시간	내 용
1. 법령해설 및 정책 1-1. 법령해설 및 건축물관리 정책 1-2. 건축물관리점검지침	4 (2) (2)	법령 및 관련지침 등에 대한 설명 - 법령 해설, 건축물관리관련 정책 등 - 평가제도, 교육훈련규정 등
2. 보고서 작성요령	1	안전진단 목적 및 수행결과 등 작성요령
3. 안전관리	1	안전진단시 안전관리 등
4. 생애이력정보체계	1	생애이력정보체계 사용법 및 관련규정 해설
5. 절토사면 및 옹벽	2	절토사면 및 옹벽에 대한 설명
6. 진단기구 및 장비운용 6-1. 콘크리트 비파괴 이론 6-2. 콘크리트 비파괴 실습	4 (2) (2)	안전진단시 필요한 기구 및 장비운용 등 - 콘크리트 비파괴검사 요령 및 해설 - 기기의 사용 및 실습
7. 건축물의 재료특성 7-1. 콘크리트	4 (2)	건축물의 재료특성에 대한 재료별 설명 - 콘크리트 재료의 특성 및 계측요령
7-2. 토질 및 기초	(2)	- 토질 및 기초의 특성
8. 대가산정요령	1	대가산정에 대한 방법 및 요령 등의 설명
9. 건축물 육안조사조사 요령	3	건축물 현장조사 시 조사요령 등의 설명
10. 건축물관리점검결과 평가사례	2	평가제도 및 평가사례 등에 대한 설명
11. 기타 안전진단 11-1. 수직증축 및 재건축 안전진단 11-2. 건설안전	4 (2) (2)	 수직증축 및 재건축 안전진단 등의 설명 시공 중 안전관리 등의 설명
12. 부실진단 방지	2	부실진단 등에 대한 이해
13. 재난 및 안전관리의 이해	2	재난 및 안전관리 이론 등에 대한 이해
14. 분임토의	1	안전관련, 제도, 공공기관 역할 등 토론
15. 특강	1	건강, 생활상실, 기술인의 자세 등
16. 등록 및 행정처리	2	피교육생 오리엔테이션, 환송 및 설문조사 등
소 계	35	

○ 심화교육

교 과 목	시간	내 용
1. 세부지침해설	2	건축물 세부지침 해설
2. 종합평가 및 안전등급	2	건축물 종합평가 및 안전등급 설명
3. 건축물의 구조 3-1. 콘크리트 3-2. 철골 3-3. 초고층 구조설계 3-4. 특수구조 3-5. 내진	15 (3) (3) (3) (3) (3)	건축물의 구조이해 및 해석방법 설명 - 콘크리트의 구조 - 철골의 구조 - 초고층의 구조 - 특수구조 - 내진
4. 보수·보강사례	4	건축물 보수·보강사례 및 공법설명

5. 내진성능평가	3	건축물의 내진안전성 평가에 대한 설명
6. 현장실습(초고층시공 및 품질관리)	4	초고층 건축물의 설계실무에 대한 설명
7. 콘크리트 계측요령	2	콘크리트 재료의 계측요령
8. 신기술·신공법	2	건축물에 대한 신기술 및 신공법소개
9. 수료평가	1	피교육생 평가
소 계	35	
합 계	70	

□ 안전진단 보수교육 과정

교 과 목	시간	내 용
1. 법령 해설	1	법령 개정사항 등 해설
2 건축물관리점검지침	1	평가제도, 교육훈련규정 등 설명
3. 세부지침해설	2	건축물 세부지침 등에 대한 해설
4. 생애이력정보체계	1	생애이력정보체계 사용법 및 관련규정 해설
5. 건축물 조사요령	2	건축물 현장조사 시 조사요령 등의 설명
6. 건축물관리점검결과 평가사례	1	평가제도 및 평가사례 등에 대한 설명
7. 종합평가 및 안전등급	2	건축물 안전성 및 안전등급 등의 설명
8. 내진성능평가	3	건축물 내진안전성 평가 등의 설명
9. 등록 및 행정처리	1	피교육생 오리엔테이션, 설문조사 등
합 계	14	

비고
1) 「시설물의 안전 및 유지관리에 관한 특별법 시행규칙」 제10조 및 「시설물의 안전 및 유지관리 실시 등에 관한 지침」 별표29에 따른 정밀안전진단 건축반 교육과정을 수료한 경우 안전진단 교육과정을 면제할 수 있다.

[별표 5]

건축물관리점검지침[별 표]

근태 및 평가관리기준 표준안(제42조 관련)

구 분	관 리 기 준
1. 근태관리	가. 출결관리는 매 교육일 교육개시전 교육생의 개별 서명과 이를 확인하는 방법에 의한다. 나. 출석일수는 총 수업시간의 80% 이상이어야 한다. 다. 직계존비속의 사망 등 부득이하게 교육을 이수치 못하는 경우 차기 교육과정을 이수할 수 있도록 조치하여야 한다. 라. 다호의 부득이 한 경우에 대해서는 교육기관별로 따로 정하도록 한다. 마. 교육생이 대리출석 행위 등 교육 분위기를 해치는 경우 퇴교조치토록 한다.
2. 평가관리	가. 건축물관리점검 이수과정 교육에 대하여 평가를 실시한다. 나. 평가는 객관식, 단답형, 주관식 등의 필답고사에 의한 학습평가 및 근태평가로 절대평가를 원칙으로 한다. 다. 배점기준은 학습평가를 80%, 근태평가 20%로 하여 총 점수의 70% 이상 득점한 자를 이수토록 한다. 다만, 이수 조건 중 출석일수는 총 수업일수의 80% 이상으로 한다. 라. 근태평가 기준은 교육기관별로 따로 정하도록 한다. 마. 학습평가 문제는 매 과정마다 동일하게 실시하지 않도록 한다.

* 총 교육시간이 35시간 미만인 경우는 근태관리로만 이수여부를 평가할 수 있다.

第 Ⅳ 編

國土의 計劃 및 利用에 關한 法律

최종개정 : 법　　률　2024. 2. 6.
시 행 령　2025. 1.21.
시행규칙　2024. 5.29.

【국토의 계획 및 이용에 관한 법률】 개정이유 및 주요내용 〈법제처 제공〉

■ 2024.2.6. 개정(시행 2024.8.7.)

◇ 개정이유 및 주요내용

도시 · 군기본계획의 부문별 계획인 생활권계획을 제도화하여 도시민의 삶의 다양성을 도시계획에 반영할 수 있도록 하고, 창의적이고 혁신적인 공간활용이 가능한 도시혁신구역, 융 · 복합적인 공간이용을 촉진하는 복합용도구역, 도시 · 군계획시설의 입체복합적 활용을 위한 도시 · 군계획시설입체복합구역을 도입함으로써 경직적인 용도지역제에 유연성을 부여하는 한편,

도시혁신구역, 복합용도구역, 도시 · 군계획시설입체복합구역의 지정 및 해당 용도구역에 대한 계획을 수립하기 위해 공간재구조화계획을 도입하고, 도시혁신구역, 복합용도구역, 도시 · 군계획시설입체복합구역의 지정을 통해 발생한 지가상승분을 적절히 환수할 수 있도록 하는 등 현행 제도의 운영상 나타난 일부 미비점을 개선 · 보완함.

■ 2021.10.8. 개정(시행 2021.10.8.)

◇ 개정이유 및 주요내용

용적률은 대지면적에 대한 건축물의 연면적의 비율로, 현행법은 국토를 효과적으로 이용하기 위하여 용도지역별로 적용할 수 있는 용적률의 범위와 최대한도를 규정하고 있음.

한편, 「건축법」, 「녹색건축물 조성 지원법」 등 개별법은 개별법 상의 특정 목적을 달성하기 위한 수단으로 일정한 요건을 충족할 경우에는 현행법에 따른 용적률을 완화하여 적용할 수 있도록 특례규정을 두고 있음.

그런데 이와 관련하여 각각의 법률에 규정된 용적률의 특례에 관한 규정을 중첩하여 적용할 수 있는지 등 특례규정들의 적용 및 집행에 관한 논란이 발생하고 있어, 현행법에 이를 명확하게 규정할 필요가 있음.

이에 이 법 및 다른 법률에 따른 용적률의 완화에 관한 특례 규정은 중첩하여 적용이 가능함을 명확하게 규정하고 중첩 적용의 기준 및 허용 범위 등을 현행법에 정함으로써, 용적률의 완화에 관한 특례규정의 중첩 적용과 관련된 논란을 해결하려는 것임.

【국토의 계획 및 이용에 관한 법률 시행령】 개정이유 및 주요내용 〈법제처 제공〉

■ 2024.7.30. 개정(시행 2024.8.7.)

◇ 개정이유

창의적이고 혁신적인 공간활용이 가능한 도시혁신구역, 융·복합적인 공간이용을 촉진하는 복합용도구역, 도시·군계획시설의 입체복합적 활용을 위한 도시·군계획시설입체복합구역을 포괄하는 공간재구조화계획을 도입하는 등의 내용으로 「국토의 계획 및 이용에 관한 법률」이 개정(법률 제20234호, 2024. 2. 6. 공포, 8. 7. 시행)됨에 따라, 공간재구조화계획 입안의 제안, 도시혁신구역, 복합용도구역 및 도시·군계획시설입체복합구역의 지정 대상 지역 등 법률에서 위임된 사항과 그 시행에 필요한 사항을 정하는 한편,

노후화된 주택을 원활하게 정비할 수 있게 하기 위하여 도시재생활성화계획이 수립된 주거지역에서 단독주택, 연립주택 또는 다세대주택을 건축하는 경우에는 해당 주택의 건축 부지에 대한 용적률을 법령에서 정하는 용적률의 최대한도의 120퍼센트의 범위에서 완화하여 적용할 수 있도록 하려는 것임.

◇ 주요내용

가. 공간재구조화계획 입안의 제안 등(제29조의2부터 제29조의6까지 신설)

1) '도시혁신구역 또는 복합용도구역의 지정' 및 '도시·군계획시설입체복합구역의 지정'에 대하여 공간재구조화계획의 입안을 제안하려는 자는 각각 대상 토지면적의 '3분의 2 이상' 및 '5분의 4 이상'의 토지소유자의 동의를 받도록 함.

2) 5년 이내에 기초조사 등을 실시한 경우, 도심지의 경우, 다른 법률에 따른 개발계획이 수립된 경우 등에는 공간재구조화계획의 입안을 위한 기초조사 등을 생략할 수 있도록 함.

나. 도시혁신구역, 복합용도구역 및 도시·군계획시설입체복합구역의 지정 대상 지역(제32조의3부터 제32조의5까지 신설)

1) 유휴토지 또는 대규모 시설의 이전부지, 그 밖에 도시공간의 창의적이고 혁신적인 개발이 필요하다고 인정되는 지역으로서 해당 시·도의 도시·군계획조례로 정하는 지역 등을 도시혁신구역으로 지정할 수 있도록 함.

2) 둘 이상의 용도지역이 걸치는 경우로서 토지를 효율적으로 이용하기 위하여 건축물의 용도, 종류 및 규모 등을 통합적으로 관리할 필요가 있는 지역 등을 복합용도구역으로 지정할 수 있도록 함.

3) 효율적이고 복합적인 도시·군계획시설의 조성을 위하여 필요한 경우로서 해당 시·도 또는 대도시의 도시·군계획조례로 정하는 경우에는 도시·군계획시설입체복합구역으로 지정할 수 있도록 함.

■ 2024.5.28. 개정(시행 2024.5.28.)

◇ 개정이유 및 주요내용

계획관리지역에 공장이 체계적·계획적으로 입지할 수 있게 하기 위하여 계획관리지역의 건폐율 완화 범위를 '40퍼센트 이하'에서 계획관리지역에 산업·유통개발진흥지구가 지정된 경우에는 '60퍼센트 이하'로, 해당 지역에 지구단위계획구역이 지정된 경우에는 '72퍼센트 이하'로 각각 상향하는 한편, 생산녹지지역 등으로 용도가 변경된 지역에 있는 기존 공장의 소유자가 '2025년 12월 31일'까지 증축·개축 허가를 신청하는 경우 한시적으로 건폐율을 완화하여 적용하던 것을, 앞으로는 '해당 용도로 변경지정된 날부터 10년이 되는 날'까지 증축·개축 허가를 신청하면 건폐율을 완화하여 적용할 수 있도록 하고, 보전녹지지역, 생산녹지지역, 보전관리지역 및 생산관리지역에 초등학교, 중학교 또는 고등학교 졸업학력과 동등한 학력이 인정되는 학교를 건축할 수 있도록 하는 등 인구감소로 인한 지역소멸이 우려되는 비도시지역의 정주여건을 개선하고 토지를 효율적으로 이용할 수 있게 하려는 것임.

■ 2024.3.19. 개정(시행 2024.3.19.)

◇ 개정이유 및 주요내용

서민의 주거안정을 위한 임대주택 건설을 촉진하기 위하여 공공임대주택 또는 임대의무기간이 8년 이상인 민간임대주택을 건설하는 경우에는 용도지역별 최대한도의 120퍼센트 이내의 범위에서 특별시·광역시·특별자치시·특별자치도·시 또는 군의 도시·군계획조례로 용적률을 완화할 수 있도록 하는 한편, 종전에는 중심상업지역에는 원칙적으로 공동주택을 건축할 수 없고 공동주택 부분 면적이 전체 연면적의 90퍼센트 미만인 주상복합건축물의 경우에만 예외적으로 건축할 수 있었으나, 앞으로는 세대별 주거전용면적이 60제곱미터 이하인 공동주택인 소형 주택도 중심상업지역에 건축할 수 있도록 규제를 완화하여 도심 내 주택공급을 촉진하려는 것임.

■ 2024.1.26. 개정(시행 2024.1.26.)

◇ 개정이유 및 주요내용

농·어업인의 소득창출사업을 지원하기 위하여 도시·군계획조례로 정하는 자연녹지지역에서 농수산물 가공·처리시설 등을 설치하는 경우에는 도시·군계획조례로 건폐율을 최대 40퍼센트까지 완화할 수 있도록 하는 한편,

계획관리지역의 제조업소, 공장 등 설치에 관한 규제를 합리적으로 완화하기 위하여 계획관리지역에 지구단위계획이 수립된 경우에는 제조업소, 공장 등을 설치할 수 있게 하는 등 현행 제도의 운영상 나타난 일부 미비점을 개선·보완하려는 것임.

■ 2023.7.18. 개정(시행 2023.7.18.)

◇ 개정이유

방재지구의 지정을 활성화하고 재해 대응이 가능한 건축물의 건축을 유도하기 위하여 방재지구에 위치한 건축물의 경우에는 140퍼센트 이내의 범위에서 용적률을 완화할 수 있도록 하고, 지구단위계획구역에서 공익 목적으로 건축하거나 도시·군계획시설예정지 등에서 특별자치시장·특별자치도지사 또는 시장·군수·구청장의 허가를 받아 건축하는 가설건축물 등은 공익 또는 개발사업의 진척 상황 등을 고려하여 존치기간을 3년 이상으로 연장할 수 있도록 하는 등 현행 제도의 운영상 나타난 일부 미비점을 개선·보완하려는 것임.

◇ 주요내용

가. 환승센터를 기반시설에 추가(제2조제2항제2호사목 신설)

원활한 교통 등을 위해 필요한 공공시설인 환승센터를 기반시설에 추가함.

나. 지구단위계획구역에 건축하는 가설건축물의 존치기간 연장(제50조의2제1호)

종전에는 지구단위계획구역에서 지구단위계획이 적용되지 않는 가설건축물의 총 존치기간을 3년 이내로 정하였으나, 앞으로는 공익 목적으로 건축하는 가설건축물, 전시를 위한 견본주택의 용도로 건축하는 가설건축물 및 미집행 도시계획시설 부지 내에서 건축하는 허가 대상 가설건축물의 경우에는 3년 이상으로 존치기간을 연장할 수 있도록 함.

다. 방재지구 내 건축기준 완화(제85조제5항)

종전에는 방재지구의 지정을 활성화하고 재해에 적절히 대응할 수 있는 건축물의 건축을 유도하기 위하여 재해예방시설을 설치하는 건축물에 대하여 용도지역별 최대한도의 120퍼센트 이내의 범위에서 용적률을 완화할 수 있었으나, 앞으로는 용도지역별 최대한도의 140퍼센트 이내로 용적률 완화 범위를 확대하려는 것임.

■ **2023.3.21. 개정(시행 2023.3.21.)**

◇ 개정이유

반도체 공장 등 국가첨단전략산업*을 위한 생산시설의 증설이 원활하게 이루어질 수 있도록 하기 위하여 국가첨단전략기술을 보유하고 있는 자가 입주하는 산업단지의 경우에는 일정한 절차를 거쳐 용도지역별 최대한도의 140퍼센트 이내의 범위에서 용적률을 완화할 수 있도록 하고, 공공임대주택의 원활한 공급을 위하여 공공임대주택에 대해서는 임대의무기간과 관계없이 용도지역별 최대한도의 120퍼센트 이내의 범위에서 용적률을 완화하여 적용할 수 있도록 하는 등 현행 제도의 운영상 나타난 일부 미비점을 개선ㆍ보완하려는 것임.

* 국가첨단전략산업: 국가첨단전략기술을 연구ㆍ개발 또는 사업화하거나 국가첨단전략기술을 기반으로 제품 및 서비스를 생산하여 사업화하는 산업

◇ 주요내용

가. 국가첨단전략기술을 보유하고 있는 자가 입주한 산업단지의 용적률 완화(제46조제14항 신설)

도시지역 내 지구단위계획구역에 국가첨단전략기술을 보유하고 있는 자가 입주하는 산업단지에 대하여 산업통상자원부장관이 요청하는 경우 산업입지정책심의회의 심의를 거쳐 지구단위계획을 통해 용도지역별 최대한도의 140퍼센트 이내의 범위에서 용적률을 완화하여 적용할 수 있도록 함.

나. 도시계획위원회 심의 제외 대상의 확대(제57조제1항제1호의2바목 신설)

건축물의 건축 또는 공작물의 설치를 목적으로 조성이 완료된 대지의 면적을 해당 대지 면적의 100분의 10 이하의 범위에서 확장하려는 경우를 도시계획위원회의 심의 제외 대상에 추가하여 개발행위허가 절차의 간소화를 통해 원활한 기업 활동을 지원하려는 것임.

다. 공공임대주택의 용적률 완화 요건 개선(제85조제3항제1호)

종전에는 임대의무기간 8년 이상인 공공임대주택에 대하여 용도지역별 최대한도의 120퍼센트 이내의 범위에서 용적률을 완화하여 적용할 수 있던 것을 앞으로는 공공임대주택의 경우 임대의무기간과 관계없이 용적률을 완화하여 적용할 수 있도록 하여 공공임대주택 공급 활성화를 도모함.

【국토의 계획 및 이용에 관한 법률 시행규칙】 개정이유 및 주요내용 〈국토교통부제공〉

■ 2024.5.29 개정(시행 2024.11.30.)

◇ 개정이유 및 주요내용

생산관리지역에서의 일자리 및 주민소득 창출을 활성화하기 위하여 생산관리지역 중 일정 지역에는 휴게음식점의 건축을 허용하는 등의 내용으로 「국토의 계획 및 이용에 관한 법률 시행령」이 개정(대통령령 34531호, 2024. 5. 28. 공포·시행)됨에 따라, 상수원보호구역으로부터 500미터 이내인 집수구역 등을 제외한 생산관리지역에 휴게음식점을 건축할 수 있도록 하는 한편,

종전에는 지역에 관계없이 도로의 경계로부터 50미터 이내에 위치한 계획관리지역에는 숙박시설을 설치할 수 없도록 제한하던 것을, 앞으로는 지역별 여건을 고려하여 달리 정할 수 있도록 하려는 것임.

■ 2023.1.27 개정(시행 2023.1.27.)

◇ 개정이유 및 주요내용

종전에는 도시계획시설의 명칭을 변경하는 경우 도시계획위원회의 심의 등을 거치도록 하였으나 앞으로 이러한 경우는 도시·군관리계획의 경미한 사항의 변경으로 보아 도시계획위원회의 심의 등의 절차를 거치지 않도록 절차를 간소화하고, 도시지역의 안정적인 생활용수의 공급을 위하여 수도공급설비 중 마을상수도는 도시·군관리계획의 결정 없이 설치할 수 있도록 하며, 구역경계의 변경이 없는 범위에서 측량결과에 따라 면적을 변경하는 경우를 시·도지사 등의 인가를 받지 않고 도시·군계획시설사업에 관한 실시계획을 변경할 수 있는 경우에 추가하는 등 현행 제도의 운영상 나타난 일부 미비점을 개선·보완하려는 것임.

■ 2022.1.21 개정(시행 2022.1.21)

◇ 개정이유 및 주요내용

감정평가사의 업무능력을 제고하기 위하여 감정평가사에 대한 교육연수 제도를 도입하고, 감정평가 의뢰인 등에 대한 보호를 강화하기 위하여 감정평가법인 등이 갖춰야 하는 손해배상능력 등에 대한 기준을 국토교통부령으로 정할 수 있도록 하는 등의 내용으로 「감정평가 및 감정평가사에 관한 법률」(법률 제18309호, 2021. 7. 20. 공포, 2022. 1. 21. 시행) 및 같은 법 시행령(대통령령 제32352호, 2022. 1. 21. 공포·시행)이 개정됨에 따라, 교육연수의 시행에 관한 사항과 감정평가법인 등이 갖춰야 하는 손해배상능력 등에 관한 구체적인 기준 등 법률 및 시행령에서 위임된 사항과 그 시행에 필요한 사항을 정하려는 것임.

법	시 행 령	시 행 규 칙

제1장 총칙〈개정 2009.2.6.〉

제1조 【목적】 이 법은 국토의 이용·개발과 보전을 위한 계획의 수립 및 집행 등에 필요한 사항을 정함으로써 공공복리를 증진시키고 국민의 삶의 질을 향상시키는 것을 목적으로 한다.
[전문개정 2009.2.6]

제2조 【정의】 이 법에서 사용하는 용어의 정의는 다음과 같다. 〈2015.1.6., 2017.4.18., 2017.12.26., 2021.1.12., 2024.2.6.〉

1. "광역도시계획"이란 제10조에 따라 지정된 광역계획권의 장기발전방향을 제시하는 계획을 말한다.
2. "도시·군계획"이란 특별시·광역시·특별자치시·특별자치도·시 또는 군(광역시의 관할 구역에 있는 군은 제외한다. 이하 같다)의 관할 구역에 대하여 수립하는 공간구조와 발전방향에 대한 계획으로서 도시·군기본계획과 도시·군관리계획으로 구분한다.
3. "도시·군기본계획"이란 특별시·광역시·특별자치시·특별자치도·시 또는 군의 관할 구역 및 생활권에 대하여 기본적인 공간구조와 장기발전방향을 제시하는 종합계획으로서 도시·군관리계획 수립의 지침이 되는 계획을 말한다.
4. "도시·군관리계획"이란 특별시·광역시·특별자치시·특별자치도·시 또는 군의 개발·정비 및 보전을 위하여 수립하는 토지 이용, 교통, 환경, 경관, 안전, 산업, 정보통신, 보건, 복지, 안보, 문화 등에 관한 다음 각 목의 계획을 말한다.
   가. 용도지역·용도지구의 지정 또는 변경에 관한 계획
   나. 개발제한구역, 도시자연공원구역, 시가화조정구역(市街化調整區域), 수산자원보호구역의 지정 또는 변경에 관한 계획
   다. 기반시설의 설치·정비 또는 개량에 관한 계획

제1장 총칙

제1조 【목적】 이 영은 「국토의 계획 및 이용에 관한 법률」에서 위임된 사항과 그 시행에 관하여 필요한 사항을 규정함을 목적으로 한다. 〈개정 2005.9.8〉

관계법 「지방자치법」 제2조(지방자치단체의 종류)
① 지방자치단체는 다음의 두 가지 종류로 구분한다.
1. 특별시, 광역시, 특별자치시, 도, 특별자치도
2. 시, 군, 구
② 지방자치단체인 구(이하 "자치구"라 한다)는 특별시와 광역시의 관할 구역의 구만을 말하며, 자치구의 자치권의 범위는 법령으로 정하는 바에 따라 시·군과 다르게 할 수 있다.
③ 제1항의 지방자치단체 외에 특정한 목적을 수행하기 위하여 필요하면 따로 특별지방자치단체를 설치할 수 있다. 이 경우 특별지방자치단체의 설치 등에 관하여는 제12장에서 정하는 바에 따른다.
제3조 (지방자치단체의 법인격과 관할)
① 지방자치단체는 법인으로 한다.
② 특별시, 광역시, 특별자치시, 도, 특별자치도(이하 "시·도"라 한다)는 정부의 직할(直轄)로 두고, 시는 도 또는 특별자치도의 관할 구역 안에, 군은 광역시·도 또는 특별자치도의 관할 구역 안에 두며, 자치구는 특별시와 광역시의 관할 구역 안에 둔다. 다만, 특별자치도의 경우에는 법률이 정하는 바에 따라 관할 구역 안에 시 또는 군을 두지 아니할 수 있다. 〈개정 2023.6.7.〉
③ 특별시·광역시 또는 특별자치시가 아닌 인구 50만 이상의 시에는 자치구가 아닌 구를 둘 수 있고, 군에는 읍·면을 두며, 시와 구(자치

제1조 【목적】 이 규칙은 「국토의 계획 및 이용에 관한 법률」 및 동법 시행령에서 위임된 사항과 그 시행에 관하여 필요한 사항을 규정함을 목적으로 한다. 〈개정 2005.2.19〉

법

라. 도시개발사업이나 정비사업에 관한 계획

마. 지구단위계획구역의 지정 또는 변경에 관한 계획과 지구단위계획

바. 삭제 〈2024.2.6.〉

사. 도시혁신구역의 지정 또는 변경에 관한 계획과 도시혁신계획

아. 복합용도구역의 지정 또는 변경에 관한 계획과 복합용도계획

자. 도시 · 군계획시설입체복합구역의 지정 또는 변경에 관한 계획

5. "지구단위계획"이란 도시 · 군계획 수립 대상지역의 일부에 대하여 토지 이용을 합리화하고 그 기능을 증진시키며 미관을 개선하고 양호한 환경을 확보하며, 그 지역을 체계적 · 계획적으로 관리하기 위하여 수립하는 도시 · 군관리계획을 말한다.

5의2. 삭제 〈2024.2.6.〉

5의3. "성장관리계획"이란 성장관리계획구역에서의 난개발을 방지하고 계획적인 개발을 유도하기 위하여 수립하는 계획을 말한다.

5의4. "공간재구조화계획"이란 토지의 이용 및 건축물이나 그 밖의 시설의 용도 · 건폐율 · 용적률 · 높이 등을 완화하는 용도구역의 효율적이고 계획적인 관리를 위하여 수립하는 계획을 말한다.

5의5. "도시혁신계획"이란 창의적이고 혁신적인 도시공간의 개발을 목적으로 도시혁신구역에서의 토지의 이용 및 건축물의 용도 · 건폐율 · 용적률 · 높이 등의 제한에 관한 사항을 따로 정하기 위하여 공간재구조화계획으로 결정하는 도시 · 군관리계획을 말한다.

5의6. "복합용도계획"이란 주거 · 상업 · 산업 · 교육 · 문화 ·

시 행 령

구를 포함한다)에는 동을, 읍 · 면에는 리를 둔다.

④ 제10조제2항에 따라 설치된 시에는 도시의 형태를 갖춘 지역에는 동을, 그 밖의 지역에는 읍 · 면을 두되, 자치구가 아닌 구를 둘 경우에는 그 구에 읍 · 면 · 동을 둘 수 있다.

⑤ 특별자치시와 관할 구역 안에 시 또는 군을 두지 아니하는 특별자치도의 하부행정기관에 관한 사항은 따로 법률로 정한다. 〈개정 2023. 6.7.〉

시 행 규 칙

법	시 행 령	시 행 규 칙

의료 등 다양한 도시기능이 융복합된 공간의 조성을 목적으로 복합용도구역에서의 건축물의 용도별 구성비율 및 건폐율·용적률·높이 등의 제한에 관한 사항을 따로 정하기 위하여 공간재구조화계획으로 결정하는 도시·군관리계획을 말한다.

6. "기반시설"이란 다음 각 목의 시설로서 대통령령으로 정하는 시설을 말한다.
   가. 도로·철도·항만·공항·주차장 등 교통시설
   나. 광장·공원·녹지 등 공간시설
   다. 유통업무설비, 수도·전기·가스공급설비, 방송·통신시설, 공동구 등 유통·공급시설
   라. 학교·공공청사·문화시설 및 공공필요성이 인정되는 체육시설 등 공공·문화체육시설
   마. 하천·유수지(遊水池)·방화설비 등 방재시설
   바. 장사시설 등 보건위생시설
   사. 하수도, 폐기물처리시설 및 재활용시설, 빗물저장 및 이용시설 등 환경기초시설
7. "도시·군계획시설"이란 기반시설 중 도시·군관리계획으로 결정된 시설을 말한다.

제2조【기반시설】 ①「국토의 계획 및 이용에 관한 법률」(이하 "법"이라 한다) 제2조제6호 각 목 외의 부분에서 "대통령령으로 정하는 시설" 이란 다음 각 호의 시설(해당 시설 그 자체의 기능발휘와 이용을 위하여 필요한 부대시설 및 편익시설을 포함한다)을 말한다. 〈2016.2.11., 2018.11.13., 2019.12.31., 2023.7.18.〉

1. 교통시설 : 도로·철도·항만·공항·주차장·자동차정류장·궤도·차량 검사 및 면허시설
2. 공간시설 : 광장·공원·녹지·유원지·공공공지
3. 유통·공급시설 : 유통업무설비, 수도·전기·가스·열공급설비, 방송·통신시설, 공동구·시장, 유류저장 및 송유설비
4. 공공·문화체육시설 : 학교·공공청사·문화시설·공공필요성이 인정되는 체육시설·연구시설·사회복지시설·공공직업훈련시설·청소년수련시설
5. 방재시설 : 하천·유수지·저수지·방화설비·방풍설비·방수설비·사방설비·방조설비
6. 보건위생시설 : 장사시설·도축장·종합의료시설
7. 환경기초시설 : 하수도·폐기물처리 및 재활용시설·빗물저장 및 이용시설·수질오염방지시설·폐차장

② 제1항에 따른 기반시설중 도로·자동차정류장 및 광장은 다음 각 호와 같이 세분할 수 있다. 〈개정 2016.5.17., 2021.7.6., 2023.7.18.〉

관계법「도시·군계획시설의 결정·구조 및 설치기준에 관한 규칙」제9조(도로의 구분)

1. 사용 및 형태별 구분
   가. 일반도로 : 폭 4미터 이상의 도로로서 통상의 교통소통을 위하여 설치되는 도로
   나. 자동차전용도로 : 특별시·광역시·시 또는 군(이하 "시·군"이라 한다)내 주요 지역간이나 시·군 상호간에 발생하는 대량교통량을 처리하기 위한 도로로서 자동차만 통행할 수 있도록 하기 위하 여 설치하는 도로
   다. 보행자전용도로 : 폭 1.5미터 이상의 도로로서 보행자의 안전하고 편리한 통행을 위하여 설치하는 도로
   라. 보행자우선도로: 폭 20미터 미만의 도로로서 보행자와 차량이 혼합하여 이용하되 보행자의 안전과 편의를 우선적으로 고려하여 설치하는 도로
   마. 자전거전용도로 : 폭 1.1미터(길이가 100미터 미만인 터널 및 교량의 경우에는 0.9미터) 이상의 도로로서 자전거의 통행을 위하여 설치하는 도로
   바. 고가도로 : 시·군내 주요지역을 연결하거나 시·군 상호간을 연결하는 도로로서 지상교통의 원활한 소통을 위하여 공중에 설치하는 도로

법	시 행 령	시 행 규 칙
8. "광역시설"이란 기반시설 중 광역적인 정비체계가 필요한 다음 각 목의 시설로서 대통령령으로 정하는 시설을 말한다.	1. 도로 가. 일반도로 나. 자동차전용도로 다. 보행자전용도로 라. 보행자우선도로 마. 자전거전용도로 바. 고가도로 사. 지하도로 2. 자동차정류장 가. 여객자동차터미널 나. 물류터미널 다. 공영차고지 라. 공동차고지 마. 화물자동차 휴게소 바. 복합환승센터 사. 환승센터 3. 광장 가. 교통광장 나. 일반광장 다. 경관광장 라. 지하광장 마. 건축물부설광장 ③ 제1항 및 제2항의 규정에 의한 기반시설의 추가적인 세분 및 구체적인 범위는 국토교통부령으로 정한다. 〈개정 2013.3.23.〉 **제3조【광역시설】** 법 제2조제8호 각 목외의 부분에서 "대통령령이 정하는 시설"이란 다음 각 호의 시설을 말한다. 〈개	사. 지하도로 : 시 · 군내 주요지역을 연결하거나 시 · 군 상호간을 연결하는 도로로서 지상교통의 원활한 소통을 위하여 지하에 설치하는 도로(도로 · 광장 등의 지하에 설치된 지하공공보도시설을 포함한다). 다만, 입체교차를 목적으로 지하에 도로를 설치하는 경우를 제외한다. 2. 규모별 구분 〈세분류는 생략〉 가. 광로 : 폭 40미터 이상 나. 대로 : 폭 25미터 이상 40미터 미만인 도로 다. 중로 : 폭 12미터 이상 25미터 미만인 도로 라. 소로 : 12미터 미만인 도로 3. 기능별 구분 가. 주간선도로 : 시 · 군내 주요지역을 연결하거나 시 · 군 상호간을 연결하여 대량통과교통을 처리하는 도로로서 시 · 군의 골격을 형성하는 도로 나. 보조간선도로 : 주간선도로를 집산도로 또는 주요 교통발생원과 연결하여 시 · 군 교통이 모였다 흩어지도록 하는 도로로서 근린주거구역의 외곽을 형성하는 도로 다. 집산도로(集散道路) : 근린주거구역의 교통을 보조간선도로에 연결하여 근린주거구역내 교통이 모였다 흩어지도록 하는 도로로서 근린주거구역의 내부를 구획하는 도로 라. 국지도로 : 가구(街區 : 도로로 둘러싸인 일단의 지역을 말한다. 이하 같다)를 구획하는 도로 마. 특수도로 : 보행자전용도로 · 자전거전용도로 등 자동차 외의 교통에 전용되는 도로

법	시 행 령	시 행 규 칙

가. 둘 이상의 특별시·광역시·특별자치시·특별자치도·시 또는 군의 관할 구역에 걸쳐 있는 시설
나. 둘 이상의 특별시·광역시·특별자치시·특별자치도·시 또는 군이 공동으로 이용하는 시설
9. "공동구"란 전기·가스·수도 등의 공급설비, 통신시설, 하수도시설 등 지하매설물을 공동 수용함으로써 미관의 개선, 도로구조의 보전 및 교통의 원활한 소통을 위하여 지하에 설치하는 시설물을 말한다.
10. "도시·군계획시설사업"이란 도시·군계획시설을 설치·정비 또는 개량하는 사업을 말한다.
11. "도시·군계획사업"이란 도시·군관리계획을 시행하기 위한 다음 각 목의 사업을 말한다.
가. 도시·군계획시설사업
나. 「도시개발법」에 따른 도시개발사업
다. 「도시 및 주거환경정비법」에 따른 정비사업
12. "도시·군계획사업시행자"란 이 법 또는 다른 법률에 따라 도시·군계획사업을 하는 자를 말한다.
13. "공공시설"이란 도로·공원·철도·수도, 그 밖에 대통령령으로 정하는 공공용 시설을 말한다.
14. "국가계획"이란 중앙행정기관이 법률에 따라 수립하거나 국가의 정책적인 목적을 이루기 위하여 수립하는 계획 중 제19조제1항제1호부터 제9호까지에 규정된 사항이나 도시·군관리계획으로 결정하여야 할 사항이 포함된 계획을 말한다.
15. "용도지역"이란 토지의 이용 및 건축물의 용도, 건폐율(「건축법」 제55조의 건폐율을 말한다. 이하 같다), 용적률(「건축법」 제56조의 용적률을 말한다. 이하 같다), 높이 등을 제한함으로써 토지를 경제적·효율적으로 이용하고 공공복리의 증진을 도모하기 위하여 서로 중복되지 아니하게

정 2012.4.10., 2013.6.11., 2018.11.13.〉
1. 2 이상의 특별시·광역시·특별자치시·특별자치도·시 또는 군(광역시의 관할구역 안에 있는 군을 제외한다. 이하 같다. 다만, 제110조·제112조 및 제128조에서는 광역시의 관할구역 안에 있는 군을 포함한다)의 관할구역에 걸치는 시설 : 도로·철도·광장·녹지, 수도·전기·가스·열공급설비, 방송·통신시설, 공동구, 유류저장 및 송유설비, 하천·하수도(하수종말처리시설을 제외한다)
2. 2 이상의 특별시·광역시·특별자치시·특별자치도·시 또는 군이 공동으로 이용하는 시설 : 항만·공항·자동차정류장·공원·유원지·유통업무설비·문화시설·공공필요성이 인정되는 체육시설·사회복지시설·공공직업훈련시설·청소년수련시설·유수지·장사시설·도축장·하수도(하수종말처리시설에 한한다)·폐기물처리 및 재활용시설·수질오염방지시설·폐차장

제4조【공공시설】 법 제2조제13호에서 "대통령령이 정하는 공공용시설"이란 다음 각 호의 시설을 말한다. 〈개정 2017.9.19., 2018.11.13., 2021.1.5〉
1. 항만·공항·광장·녹지·공공공지·공동구·하천·유수지·방화설비·방풍설비·방수설비·사방설비·방조설비·하수도·구거(溝渠: 도랑)
2. 행정청이 설치하는 시설로서 주차장, 저수지 및 그 밖에 국토교통부령으로 정하는 시설
3. 「스마트도시의 조성 및 산업진흥 등에 관한 법률」 제2조제3호다목에 따른 시설

제2조【공공시설】 「국토의 계획 및 이용에 관한 법률 시행령」(이하 "영"이라 한다) 제4조제2호에서 "국토교통부령으로 정하는 시설"이란 다음 각 호의 시설을 말한다.
1. 공공필요성이 인정되는 체육시설 중 운동장
2. 장사시설 중 화장장·공동묘지·봉안시설(자연장지 또는 장례식장에 화장장·공동묘지·봉안시설 중 한 가지 이상의 시설을 같이 설치하는 경우를 포

법	시 행 령	시 행 규 칙

법

도시 · 군관리계획으로 결정하는 지역을 말한다.

16. "용도지구"란 토지의 이용 및 건축물의 용도 · 건폐율 · 용적률 · 높이 등에 대한 용도지역의 제한을 강화하거나 완화하여 적용함으로써 용도지역의 기능을 증진시키고 경관 · 안전 등을 도모하기 위하여 도시 · 군관리계획으로 결정하는 지역을 말한다.

17. "용도구역"이란 토지의 이용 및 건축물의 용도 · 건폐율 · 용적률 · 높이 등에 대한 용도지역 및 용도지구의 제한을 강화하거나 완화하여 따로 정함으로써 시가지의 무질서한 확산방지, 계획적이고 단계적인 토지이용의 도모, 혁신적이고 복합적인 토지활용의 촉진, 토지이용의 종합적 조정 · 관리 등을 위하여 도시 · 군관리계획으로 결정하는 지역을 말한다.

18. "개발밀도관리구역"이란 개발로 인하여 기반시설이 부족할 것으로 예상되나 기반시설을 설치하기 곤란한 지역을 대상으로 건폐율이나 용적률을 강화하여 적용하기 위하여 제66조에 따라 지정하는 구역을 말한다.

19. "기반시설부담구역"이란 개발밀도관리구역 외의 지역으로서 개발로 인하여 도로, 공원, 녹지 등 대통령령으로 정하는 기반시설의 설치가 필요한 지역을 대상으로 기반시설을 설치하거나 그에 필요한 용지를 확보하게 하기 위하여 제67조에 따라 지정 · 고시하는 구역을 말한다.

시 행 령

관계법 「스마트도시의 조성 및 산업진흥 등에 관한 법률」 제2조(정의)

3. "스마트도시기반시설"이란 다음 각 목의 어느 하나에 해당하는 시설을 말한다.
   가. 「국토의 계획 및 이용에 관한 법률」 제2조제6호에 따른 기반시설 또는 같은 조 제13호에 따른 공공시설에 건설 · 정보통신 융합기술을 적용하여 지능화된 시설
   나. 「국가정보화 기본법」 제3조제13호의 초고속정보통신망, 같은 조 제14호의 광대역통합정보통신망, 그 밖에 대통령령으로 정하는 정보 통신망
   다. 스마트도시서비스의 제공 등을 위한 스마트도시 통합운영센터 등 스마트도시의 관리 · 운영에 관한 시설로서 대통령령으로 정하는 시설
   라. 스마트도시서비스를 제공하기 위하여 필요한 정보의 수집, 가공 또는 제공을 위한 건설기술 또는 정보통신기술 적용 장치로서 폐쇄회로 텔레비전 등 대통령령으로 정하는 시설

관계법 「스마트도시의 조성 및 산업진흥 등에 관한 법률 시행령」 제4조(스마트도시의 관리 · 운영에 관한 시설)

법 제2조제3호다목에서 "대통령령으로 정하는 시설"이란 다음 각 호의 시설을 말한다.

1. 스마트도시서비스를 제공하기 위한 개별 정보시스템을 운영하는 센터
2. 스마트도시서비스를 제공하기 위한 복수의 정보시스템을 연계 · 통합하여 운영하는 스마트도시 통합운영센터
3. 그 밖에 제1호 및 제2호의 시설과 유사한 시설로서 국토교통부장관이 관계 중앙행정기관의 장과 협의하여 고시하는 시설

[전문개정 2017.9.19.]

제4조의2 【기반시설부담구역에 설치가 필요한 기반시설】

법 제2조제19호에서 "도로, 공원, 녹지 등 대통령령으로 정하는 기반시설"이란 다음 각 호의 기반시설(해당 시설의 이용을 위하여 필요한 부대시설 및 편의시설을 포함한다)을 말한다. 〈개정 2018.11.13〉

1. 도로(인근의 간선도로로부터 기반시설부담구역까지의 진

시 행 규 칙

함한다)

[본조신설 2018.12.27.]

[종전 제2조는 제2조의3으로 이동 〈2018.12.27.〉]

관계법 「도시 및 주거환경정비법」 제2조(정의)

이 법에서 사용하는 용어의 뜻은 다음과 같다. 〈개정 2017. 8.9., 2021.1.5., 2021.1.12.〉

1. "정비구역" 이란 정비사업을 계획적으로 시행하기 위하여 제16조에 따라 지정 · 고시된 구역을 말한다.
2. "정비사업" 이란 이 법에서 정한 절차에 따라 도시기능을 회복하기 위하여 정비구역에서 정비기반시설을 정비하거나 주택 등 건축물을 개량 또는 건설하는 다음 각 목의 사업을 말한다.
   가. 주거환경개선사업: 도시저소득 주민이 집단거주하는 지역으로서 정비기반시설이 극히 열악하고 노후 · 불량건축물이 과도하게 밀집한 지역의 주거환경을 개선하거나 단독주택 및 다세대주택이 밀집한 지역에서 정비기반시설과 공동이용시설 확충을 통하여 주거환경을 보전 · 정비 · 개량하기 위한 사업
   나. 재개발사업: 정비기반시설이 열악하고 노후 · 불량건축물이 밀집한 지역에서 주거환경을 개선하거나 상업지역 · 공업지역 등에서 도시기능의 회복 및 상권활성화 등을 위하여 도시환경을 개선하기 위한 사업
   다. 재건축사업: 정비기반시설은 양호하나 노후 · 불량건축물에 해당하는 공동주택이 밀집한 지역에서 주거환경을 개선하기 위

법	시 행 령	시 행 규 칙
20. "기반시설설치비용"이란 단독주택 및 숙박시설 등 대통령령으로 정하는 시설의 신·증축 행위로 인하여 유발되는 기반시설을 설치하거나 그에 필요한 용지를 확보하기 위하여 제69조에 따라 부과·징수하는 금액을 말한다. [전문개정 2009.2.6][2012.12.18.법률 제11579호에 의하여 2011.6.30. 헌법불합치 결정된 이 조 제6호 라목을 개정함.] **제3조【국토이용 및 관리의 기본원칙】** 국토는 자연환경의 보전 과 자원의 효율적 활용을 통하여 환경적으로 건전하고 지속가능한 발전을 이루기 위하여 다음 각 호의 목적을 이룰 수 있도록 이용되고 관리되어야 한다. 〈개정 2019.8.20〉 1. 국민생활과 경제활동에 필요한 토지 및 각종 시설물의 효율적 이용과 원활한 공급 2. 자연환경 및 경관의 보전과 훼손된 자연환경 및 경관의 개	입도로를 포함한다) 2. 공원 3. 녹지 4. 학교(「고등교육법」 제2조에 따른 학교는 제외한다) 5. 수도(인근의 수도로부터 기반시설부담구역까지 연결하는 수도를 포함한다) 6. 하수도(인근의 하수도로부터 기반시설부담구역까지 연결하는 하수도를 포함한다) 7. 폐기물처리 및 재활용시설 8. 그 밖에 특별시장·광역시장·특별자치시장·특별자치도지사·시장 또는 군수가 법 제68조제2항 단서에 따른 기반시설부담계획에서 정하는 시설 [본조신설 2008.9.25.] **제4조의3【기반시설을 유발하는 시설의 종류】** 법 제2조제20호에서 "단독주택 및 숙박시설 등 대통령령으로 정하는 시설"이란 「건축법 시행령」 별표 1에 따른 용도별 건축물을 말한다. 다만, 별표 1의 건축물은 제외한다. [본조신설 2008.9.25]	한 사업 3.~11. 〈생략〉 **관계법** 「고등교육법」 제2조(학교의 종류) 고등교육을 실시하기 위하여 다음 각 호의 학교를 둔다. 1. 대 학 2. 산업대학 3. 교육대학 4. 전문대학 5. 방송대학·통신대학·방송통신대학 및 사이버대학(이하 "원격대학"이라 한다) 6. 기술대학 7. 각종 학교

법	시 행 령	시 행 규 칙

선 및 복원
3. 교통 · 수자원 · 에너지 등 국민생활에 필요한 각종 기초서비스의 제공
4. 주거 등 생활환경 개선을 통한 국민의 삶의 질의 향상
5. 지역의 정체성과 문화유산의 보전
6. 지역 간 협력 및 균형발전을 통한 공동번영의 추구
7. 지역경제의 발전과 지역 및 지역 내 적절한 기능배분을 통한 사회적 비용의 최소화
8. 기후변화에 대한 대응 및 풍수해 저감을 통한 국민의 생명과 재산의 보호
9. 저출산·인구의 고령화에 따른 대응과 새로운 기술변화를 적용한 최적의 생활환경 제공
[전문개정 2009.2.6]

제3조의2【도시의 지속가능성 및 생활인프라 수준 평가】 ① 국토교통부장관은 도시의 지속가능하고 균형 있는 발전과 주민의 편리하고 쾌적한 삶을 위하여 도시의 지속가능성 및 생활인프라(교육시설, 문화 · 체육시설, 교통시설 등의 시설로서 국토교통부장관이 정하는 것을 말한다) 수준을 평가할 수 있다. 〈개정 2015.12.29.〉
② 제1항에 따른 평가를 위한 절차 및 기준 등에 관하여 필요한 사항은 대통령령으로 정한다. 〈개정 2015.12.29.〉
③ 국가 및 지방자치단체는 제1항에 따른 평가결과를 도시군계획의 수립 및 집행에 반영하여야 한다. 〈개정 2011.4.14〉
[전문개정 2009.2.6.][제목개정 2015.12.29.]

훈령 도시의 지속가능성 및 생활인프라 평가 지침(국토교통부훈령 제1777호, 2024.2.6., 일부개정)

제4조의4【도시의 지속가능성 및 생활인프라 수준 평가의 기준 · 절차】 ① 국토교통부장관은 법 제3조의2제2항에 따른 도시의 지속가능성 및 생활인프라 수준의 평가기준을 정할 때에는 다음 각 호의 구분에 따른 사항을 종합적으로 고려하여야 한다. 〈개정 2016.5.17.〉
1. 지속가능성 평가기준: 토지이용의 효율성, 환경친화성, 생활공간의 안전성 · 쾌적성 · 편의성 등에 관한 사항
2. 생활인프라 평가기준: 보급률 등을 고려한 생활인프라 설치의 적정성, 이용의 용이성 · 접근성 · 편리성 등에 관한 사항
② 국토교통부장관은 법 제3조의2제1항에 따른 평가를 실시하려는 경우 특별시장 · 광역시장 · 특별자치시장 · 특별자치도지사 · 시장 또는 군수에게 해당 지방자치단체의 자체평가를 실시하여 그 결과를 제출하도록 하여야 하며, 제출받은 자체평가 결과를 바탕으로 최종평가를 실시한다. 〈개

법	시 행 령	시 행 규 칙
제4조【국가계획, 광역도시계획 및 도시·군계획의 관계 등】 ① 도시·군계획은 특별시·광역시·특별자치시·특별자치도·시 또는 군의 관할 구역에서 수립되는 다른 법률에 따른 토지의 이용·개발 및 보전에 관한 계획의 기본이 된다. ② 광역도시계획 및 도시·군계획은 국가계획에 부합되어야 하며, 광역도시계획 또는 도시·군계획의 내용이 국가계획의 내용과 다를 때에는 국가계획의 내용이 우선한다. 이 경우 국가계획을 수립하려는 중앙행정기관의 장은 미리 지방자치단체의 장의 의견을 듣고 충분히 협의하여야 한다. ③ 광역도시계획이 수립되어 있는 지역에 대하여 수립하는 도시·군기본계획은 그 광역도시계획에 부합되어야 하며, 도시·군기본계획의 내용이 광역도시계획의 내용과 다를 때에는 광역도시계획의 내용이 우선한다. ④ 특별시장·광역시장·특별자치시장·특별자치도지사·시장 또는 군수(광역시의 관할 구역에 있는 군의 군수는 제외한다. 이하 같다. 다만, 제8조제2항 및 제3항, 제113조, 133조, 제136조, 제138조제1항, 제139조제1항·제2항에서는 광역시의 관할 구역에 있는 군의 군수를 포함한다)가 관할 구역에 대하여 다른 법률에 따른 환경·교통·수도·하수도·주택 등에 관한 부문별 계획을 수립할 때에는 도시·군기본계획의 내용에 부합되게 하여야 한다. 〈개정 2021.1.12.〉 [전문개정 2011.4.14.] **제5조【도시·군계획 등의 명칭】** ① 행정구역의 명칭이 특별시·광역시·특별자치시·특별자치도·시인 경우 도시·군계획, 도시·군기본계획, 도시·군관리계획, 도시·군계획시설, 도시·군계획시설사업, 도시·군계획사업 및 도시·군	정 2016.5.17.〉 ③ 국토교통부장관은 제2항에 따른 평가결과의 일부 또는 전부를 공개할 수 있으며, 「도시재생 활성화 및 지원에 관한 특별법」 제27조에 따른 도시재생 활성화를 위한 비용의 보조 또는 융자, 「지방자치분권 및 지역균형발전에 관한 특별법」 제86조에 따른 포괄보조금의 지원 등에 평가결과를 활용하도록 할 수 있다. 〈개정 2016.5.17., 2023.7.7.〉 ④ 국토교통부장관은 제2항에 따른 평가를 전문기관에 의뢰할 수 있다. 〈개정 2016.5.17.〉 ⑤ 제1항부터 제4항까지에서 규정한 평가기준 및 절차 등에 관하여 필요한 세부사항은 국토교통부장관이 정하여 고시한다. [본조신설 2014.1.14.][제목개정 2016.5.17.]	

법	시행령	시행규칙

법

계획상임기획단의 명칭은 각각 "도시계획", "도시기본계획", "도시관리계획", "도시계획시설", "도시계획시설사업", "도시계획사업" 및 "도시계획상임기획단"으로 한다. 〈개정 2011.4.14〉

② 행정구역의 명칭이 군인 경우 도시 · 군계획, 도시 · 군기본계획, 도시 · 군관리계획, 도시 · 군계획시설, 도시 · 군계획시설사업, 도시 · 군계획사업 및 도시 · 군계획상임기획단의 명칭은 각각 "군계획", "군기본계획", "군관리계획", "군계획시설", "군계획시설사업", "군계획사업" 및 "군계획상임기획단"으로 한다. 〈개정 2011.4.14〉

③ 제113조제2항에 따라 군에 설치하는 도시계획위원회의 명칭은 "군 계획위원회"로 한다.

[전문개정 2009.2.6.][제목개정 2011.4.14.]

제6조【국토의 용도구분】 국토는 토지의 이용실태 및 특성, 장래의 토지 이용 방향, 지역 간 균형발전 등을 고려하여 다음과 같은 용도지역으로 구분한다. 〈개정 2023.5.16.〉

1. 도시지역: 인구와 산업이 밀집되어 있거나 밀집이 예상되어 그 지역에 대하여 체계적인 개발 · 정비 · 관리 · 보전 등이 필요한 지역
2. 관리지역: 도시지역의 인구와 산업을 수용하기 위하여 도시지역에 준하여 체계적으로 관리하거나 농림업의 진흥, 자연환경 또는 산림의 보전을 위하여 농림지역 또는 자연환경보전지역에 준하여 관리할 필요가 있는 지역
3. 농림지역: 도시지역에 속하지 아니하는 「농지법」에 따른 농업진흥지역 또는 「산지관리법」에 따른 보전산지 등으로서 농림업을 진흥시키고 산림을 보전하기 위하여 필요한 지역
4. 자연환경보전지역: 자연환경 · 수자원 · 해안 · 생태계 · 상수원 및 「국가유산기본법」 제3조에 따른 국가유산의 보전과

시행령

참고 국토의 용도구분

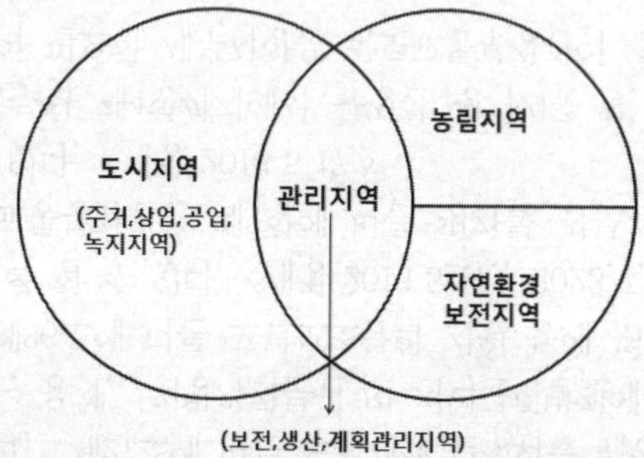

관계법 「농지법」 제28조(농업진흥지역의 지정)

① 시 · 도지사는 농지를 효율적으로 이용하고 보전하기 위하여 농업진흥지역을 지정한다.

② 제1항에 따른 농업진흥지역은 다음 각 호의 용도구역으로 구분하여 지정할 수 있다. 〈개정 2013.3.23.〉

시행규칙

참고 용도지역별 지정현황 (2021년 기준)

관계법 「산지관리법」 제4조(산지의 구분)

① 산지를 합리적으로 보전하고 이용하기 위하여 전국의 산지를 다음 각 호와 같이 구분한다. 〈개정 2018. 3.20.〉

1. 보전산지(保全山地)

법	시 행 령	시 행 규 칙
수산자원의 보호·육성 등을 위하여 필요한 지역 [전문개정 2009.2.6.] **제7조【용도지역별 관리 의무】** 국가나 지방자치단체는 제6조에 따라 정하여진 용도지역의 효율적인 이용 및 관리를 위하여 다음 각 호에서 정하는 바에 따라 그 용도지역에 관한 개발·정비 및 보전에 필요한 조치를 마련하여야 한다. 〈개정 2023.5.16.〉 1. 도시지역: 이 법 또는 관계 법률에서 정하는 바에 따라 그 지역이 체계적이고 효율적으로 개발·정비·보전될 수 있도록 미리 계획을 수립하고 그 계획을 시행하여야 한다. 2. 관리지역: 이 법 또는 관계 법률에서 정하는 바에 따라 필요한 보전조치를 취하고 개발이 필요한 지역에 대하여는 계획적인 이용과 개발을 도모하여야 한다. 3. 농림지역: 이 법 또는 관계 법률에서 정하는 바에 따라 농림업의 진흥과 산림의 보전·육성에 필요한 조사와 대책을 마련하여야 한다. 4. 자연환경보전지역: 이 법 또는 관계 법률에서 정하는 바에 따라 환경오염 방지, 자연환경·수질·수자원·해안·생태계 및 「국가유산기본법」 제3조에 따른 국가유산의 보전과 수산자원의 보호·육성을 위하여 필요한 조사와 대책을 마련하여야 한다. [전문개정 2009.2.6] **제8조【다른 법률에 따른 토지 이용에 관한 구역 등의 지정 제한 등】** ① 중앙행정기관의 장이나 지방자치단체의 장은 다른 법률에 따라 토지 이용에 관한 지역·지구·구역 또는 구획 등(이하 이 조에서 "구역등"이라 한다)을 지정하려면 그 구	1. 농업진흥구역: 농업의 진흥을 도모하여야 하는 다음 각 목의 어느 하나에 해당하는 지역으로서 농림축산식품부장관이 정하는 규모로 농지가 집단화되어 농업 목적으로 이용할 필요가 있는 지역 가. 농지조성사업 또는 농업기반정비사업이 시행되었거나 시행중인 지역으로서 농업용으로 이용하고 있거나 이용할 토지가 집단화되어 있는 지역 나. 가목에 해당하는 지역 외의 지역으로서 농업용으로 이용하고 있는 토지가 집단화되어 있는 지역 2. 농업보호구역: 농업진흥구역의 용수원 확보, 수질 보전 등 농업 환경을 보호하기 위하여 필요한 지역 **제5조【다른 법률에 의한 토지이용에 관한 구역등의 지정 제한 등】** ① 법 제8조제2항에서 "대통령령으로 정하는 면적"이라 함은 1제곱킬로미터(「도시개발법」 에 의한 도시개발구역의 경우에는 5제곱킬로미터)를 말한다. 〈개정 2014.1.14〉	가. 임업용산지(林業用山地): 산림자원의 조성과 임업경영기반의 구축 등 임업생산 기능의 증진을 위하여 필요한 산지로서 다음의 산지를 대상으로 산림청장이 지정하는 산지 1) 「산림자원의 조성 및 관리에 관한 법률」에 따른 채종림(採種林) 및 시험림의 산지 2) 「국유림의 경영 및 관리에 관한 법률」 에 따른 보전국유림의 산지 3) 「임업 및 산촌 진흥촉진에 관한 법률」 에 따른 임업진흥권역의 산지 4) 그 밖에 임업생산 기능의 증진을 위하여 필요한 산지로서 대통령령으로 정하는 산지 나. 공익용산지: 임업생산과 함께 재해 방지, 수원 보호, 자연생태계 보전, 산지경관 보전, 국민보건휴양 증진 등의 공익 기능을 위하여 필요한 산지로서 다음의 산지를 대상으로 산림청장이 지정하는 산지 1) 「산림문화·휴양에 관한 법률」 에 따른 자연휴양림의 산지 2) 사찰림(寺刹林)의 산지 3) 제9조에 따른 산지전용·일시사용제한 지역 4) 「야생생물 보호 및 관리에 관한 법 률」 제27조에 따른 야생생물 특별보호구역 및 같은 법 제33조에 따른 야생생물 보호구역의 산지 5) 「자연공원법」 에 따른 공원구역의 산지 6) 「문화재보호법」 에 따른 문화재보호구역의 산지 7) 「수도법」 에 따른 상수원보호구역의 산지 8) 「개발제한구역의 지정 및 관리에 관한 특별조치법」 에 따른 개발제한구역의 산지 9) 「국토의 계획 및 이용에 관한 법률」 에 따

법

역등의 지정목적이 이 법에 따른 용도지역 · 용도지구 및 용도구역의 지정목적에 부합되도록 하여야 한다.

② 중앙행정기관의 장이나 지방자치단체의 장은 다른 법률에 따라 지정되는 구역등 중 대통령령으로 정하는 면적 이상의 구역 등을 지정하거나 변경하려면 중앙행정기관의 장은 국토교통부장관과 협의하여야 하며 지방자치단체의 장은 국토교통부장관의 승인을 받아야 한다. 〈개정 2011.4.14., 2013.3.23., 2013.7.16〉

1. 삭제 〈2013.7.16〉
2. 삭제 〈2013.7.16〉
3. 삭제 〈2013.7.16〉
4. 삭제 〈2013.7.16〉

③ 지방자치단체의 장이 제2항에 따라 승인을 받아야 하는 구역등 중 대통령령으로 정하는 면적 미만의 구역등을 지정하거나 변경하려는 경우 특별시장 · 광역시장 · 특별자치시장 · 도지사 · 특별자치도지사(이하 "시 · 도지사"라 한다)는 제2항에도 불구하고 국토교통부장관의 승인을 받지 아니하되, 시장 · 군수 또는 구청장(자치구의 구청장을 말한다. 이하 같다)은 시 · 도지사의 승인을 받아야 한다. 〈신설 2013.7.16.〉

④ 제2항 및 제3항에도 불구하고 다음 각 호의 어느 하나에 해당하는 경우에는 국토교통부장관과의 협의를 거치지 아니하거나 국토교통부장관 또는 시 · 도지사의 승인을 받지 아니한다. 〈신설 2013.7.16〉

1. 다른 법률에 따라 지정하거나 변경하려는 구역등이 도시 ·

시 행 령

② 중앙행정기관의 장 또는 지방자치단체의 장이 법 제8조제2항의 규정에 의하여 국토교통부장관에게 협의 또는 승인을 요청하는 때에는 다음 각호의 서류를 국토교통부장관에게 제출하여야 한다. 〈개정 2014.1.14.〉

1. 구역등의 지정 또는 변경의 목적 · 필요성 · 배경 · 추진절차 등에 관한 설명서(관계 법령의 규정에 의하여 당해 구역등을 지정 또는 변경할 때 포함되어야 하는 내용을 포함한다)
2. 대상지역과 주변지역의 용도지역 · 기반시설 등을 표시한 축척 2만5천분의 1의 토지이용현황도
3. 대상지역안에 지정하고자 하는 구역등을 표시한 축척 5천분의 1 내지 2만5천분의 1의 도면
4. 그 밖에 국토교통부령이 정하는 서류

③ 법 제8조제3항에서 "대통령령으로 정하는 면적"이란 5제곱킬로미터[특별시장 · 광역시장 · 특별자치시장 · 도지사 · 특별자치도지사(이하 "시 · 도지사"라 한다)가 법 제113조제1항에 따른 시 · 도도시계획위원회(이하 "시 · 도도시계획위원회"라 한다)의 심의를 거쳐 구역등을 지정 또는 변경하는 경우에 한정한다]를 말한다. 〈신설 2014.1.14.〉

④ 시장 · 군수 또는 구청장(자치구의 구청장을 말한다. 이하 같다)이 법 제8조제3항에 따라 시 · 도지사의 승인을 요청하는 경우에는 제2항 각 호의 서류를 시 · 도지사에게 제출하여야 한다. 〈신설 2014.1.14.〉

⑤ 법 제8조제4항제4호에서 "대통령령으로 정하는 범위에서 변경하려는 경우"란 다음 각 호의 어느 하나에 해당하는 경우를 말한다. 〈개정 2014.1.14〉

1. 협의 또는 승인을 얻은 지역 · 지구 · 구역 또는 구획 등(이하 "구역등"이라 한다)의 면적의 10퍼센트의 범위안에서 면

시 행 규 칙

른 녹지지역 중 대통령령으로 정하는 녹지지역의 산지

10) 「자연환경보전법」에 따른 생태 · 경관보전지역의 산지

11) 「습지보전법」에 따른 습지보호지역의 산지

12) 「독도 등 도서지역의 생태계보전에 관한 특별법」에 따른 특정도서의 산지

13) 「백두대간 보호에 관한 법률」에 따른 백두대간보호지역의 산지

14) 「산림보호법」에 따른 산림보호구역의 산지

15) 그 밖에 공익 기능을 증진하기 위하여 필요한 산지로서 대통령령으로 정하는 산지

2. 준보전산지: 보전산지 외의 산지

② 산림청장은 제1항에 따른 산지의 구분에 따라 전국의 산지에 대하여 지형도면에 그 구분을 명시한 도면[이하 "산지구분도"(山地區分圖)라 한다]을 작성하여야 한다.

③ 산지구분도의 작성방법 및 절차 등에 관한 사항은 농림축산식품부령으로 정한다.

군기본계획에 반영된 경우

2. 제36조에 따른 보전관리지역·생산관리지역·농림지역 또는 자연환경보전지역에서 다음 각 목의 지역을 지정하려는 경우
   가. 「농지법」 제28조에 따른 농업진흥지역
   나. 「한강수계 상수원수질개선 및 주민지원 등에 관한 법률」 등에 따른 수변구역
   다. 「수도법」 제7조에 따른 상수원보호구역
   라. 「자연환경보전법」 제12조에 따른 생태·경관보전지역
   마. 「야생생물 보호 및 관리에 관한 법률」 제27조에 따른 야생생물 특별보호구역
   바. 「해양생태계의 보전 및 관리에 관한 법률」 제25조에 따른 해양보호구역
3. 군사상 기밀을 지켜야 할 필요가 있는 구역등을 지정하려는 경우
4. 협의 또는 승인을 받은 구역등을 대통령령으로 정하는 범위에서 변경하려는 경우

⑤ 국토교통부장관 또는 시·도지사는 제2항 및 제3항에 따라 협의 또는 승인을 하려면 제106조에 따른 중앙도시계획위원회(이하 "중앙도시계획위원회"라 한다) 또는 제113조제1항에 따른 시·도도시계획위원회(이하 "시·도도시계획위원회"라 한다)의 심의를 거쳐야 한다. 다만, 다음 각 호의 경우에는 그러하지 아니하다. 〈개정 2023.3.21., 2024.2.6.〉

1. 보전관리지역이나 생산관리지역에서 다음 각목의 구역등을 지정하는 경우
   가. 「산지관리법」 제4조제1항 제1호에 따른 보전산지
   나. 「야생생물 보호 및 관리에 관한 법률」 제33조에 따른 야생생물보호구역

적을 증감시키는 경우

2. 협의 또는 승인을 얻은 구역등의 면적산정의 착오를 정정하기 위한 경우

관계법 「수도법」 제7조(상수원보호구역 지정 등)

① 환경부장관은 상수원의 확보와 수질 보전을 위하여 필요하다고 인정되는 지역을 상수원 보호를 위한 구역(이하 "상수원보호구역"이라 한다)으로 지정하거나 변경할 수 있다.

② 환경부장관은 제1항에 따라 상수원보호구역을 지정하거나 변경하면 지체 없이 공고하여야 한다.

③ 제1항과 제2항에 따라 지정·공고된 상수원보호구역에서는 다음 각 호의 행위를 할 수 없다. 〈개정 2017.1.17.〉

1. 「물환경보전법」 제2조제7호 및 제8호에 따른 수질오염물질·특정수질유해물질, 「화학물질관리법」 제2조제7호에 따른 유해화학물질, 「농약관리법」 제2조제1호에 따른 농약, 「폐기물관리법」 제2조제1호에 따른 폐기물, 「하수도법」 제2조제1호·제2호에 따른 오수·분뇨 또는 「가축분뇨의 관리 및 이용에 관한 법률」 제2조제2호에 따른 가축분뇨를 사용하거나 버리는 행위
2. 그 밖에 상수원을 오염시킬 명백한 위험이 있는 행위로서 대통령령으로 정하는 금지행위

④ 제1항과 제2항에 따라 지정·공고된 상수원보호구역에서 다음 각 호의 어느 하나에 해당하는 행위를 하려는 자는 관할 특별자치시장·특별자치도지사·시장·군수·구청장의 허가를 받아야 한다. 다만, 대통령령으로 정하는 경미한 행위인 경우에는 신고하여야 한다. 〈개정 2011.11.14〉

1. 건축물, 그 밖의 공작물의 신축·증축·개축·재축(再築)·이전·용도변경 또는 제거
2. 입목(立木) 및 대나무의 재배 또는 벌채

법

다. 「습지보전법」 제8조에 따른 습지보호지역
라. 「토양환경보전법」 제17조에 따른 토양보전대책지역
2. 농림지역이나 자연환경보전지역에서 다음 각 목의 구역등을 지정하는 경우
가. 제1호 각 목의 어느 하나에 해당하는 구역등
나. 「자연공원법」 제4조에 따른 자연공원
다. 「자연환경보전법」 제34조제1항 제1호에 따른 생태 · 자연도 1등급 권역
라. 「독도 등 도서지역의 생태계보전에 관한 특별법」 제4조에 따른 특정도서
마. 「자연유산의 보존 및 활용에 관한 법률」 제11조부터 제13조까지에 따른 명승 및 천연기념물과 그 보호구역
바. 「해양생태계의 보전 및 관리에 관한 법률」 제12조제1항 제1호에 따른 해양생태도 1등급 권역

⑥ 중앙행정기관의 장이나 지방자치단체의 장은 다른 법률에 따라 지정된 토지 이용에 관한 구역등을 변경하거나 해제하려면 제24조에 따른 도시 · 군관리계획의 입안권자의 의견을 들어야 한다. 이 경우 의견 요청을 받은 도시 · 군관리계획의 입안권자는 이 법에 따른 용도지역 · 용도지구 · 용도구역의 변경이 필요하면 도시 · 군관리계획에 반영하여야 한다. 〈신설 2011.4.14, 2013.7.16〉

⑦ 시 · 도지사가 다음 각 호의 어느 하나에 해당하는 행위를 할 때 제6항 후단에 따라 도시 · 군관리계획의 변경이 필요하여 시 · 도도시계획위원회의 심의를 거친 경우에는 해당 각 호에 따른 심의를 거친 것으로 본다. 〈개정 2015.6.22〉
1. 「농지법」 제31조제1항에 따른 농업진흥지역의 해제: 「농업 · 농촌 및 식품산업 기본법」 제15조에 따른 시 · 도 농업 · 농촌및식품산업정책심의회의 심의

시 행 령

3. 토지의 굴착 · 성토(盛土), 그 밖에 토지의 형질변경

⑤ 특별자치시장 · 특별자치도지사 · 시장 · 군수 · 구청장은 제4항 각 호 외의 부분 단서에 따른 신고를 받은 경우 그 내용을 검토하여 이 법에 적합하면 신고를 수리하여야 한다. 〈신설 2019.11.26.〉

⑥제1항부터 제4항까지의 규정에 따른 상수원보호구역의 지정절차, 허가의 기준에 필요한 사항은 대통령령으로 정한다. 〈개정 2019.11.26.〉

관계법 「자연공원법」 제2조(정의)
1. "자연공원"이란 국립공원 · 도립공원 · 군립공원(郡立公園) 및 지질공원을 말한다.
2. "국립공원"이란 우리나라의 자연생태계나 자연 및 문화경관(이하 "경관"이라 한다)을 대표할 만한 지역으로서 제4조 및 제4조의2에 따라 지정된 공원을 말한다.
3. "도립공원"이란 특별시 · 광역시 · 특별자치시 · 도 및 특별자치도(이하 "시 · 도"라 한다)의 자연생태계나 경관을 대표할 만한 지역으로서 제4조 및 제4조의3에 따라 지정된 공원을 말한다.
4. "군립공원"이란 시 · 군 및 자치구(이하 "군"이라 한다)의 자연생태계나 경관을 대표할 만한 지역으로서 제4조 및 제4조의4에 따라 지정된 공원을 말한다.
4의2. ~10. 〈생략〉

제4조(자연공원의 지정 등)
① 국립공원은 환경부장관이 지정 · 관리하고, 도립공원은 특별시장 · 광역시장 · 특별자치시장 · 도지사 또는 특별자치도지사(이하 "시 · 도지사"라 한다)가 지정 · 관리하며, 군립공원은 시장 · 군수 또는 자치구의 구청장(이하 "군수"라 한다)이 지정 · 관리한다. 〈개정 2011.7.28〉
② 제1항에 따라 자연공원을 지정 · 관리하는 환경부장관, 시 · 도지사 및 군수(이하 "공원관리청"이라 한다)는 자연공원을 지정하려는 경우에는 지정대상 지역의 자연생태계, 생물자원, 경관의 현황 · 특성, 지형, 토지 이용 상황 등 그 지정에 필요한 사항을 조사하여야 한다.
③ 공원관리청은 과학적이고 전문적인 조사를 하기 위하여 제2항에 따른 조사를 관계 전문기관에 의뢰할 수 있다.
④ 공원관리청은 관계 행정기관의 장 또는 지방자치단체의 장에게 자

시 행 규 칙

관계법 「토양환경보전법」 제17조 (토양보전대책지역의 지정)
① 환경부장관은 대책기준을 넘는 지역이나 제2항에 따라 특별자치시장 · 특별자치도지사 · 시장 · 군수 · 구청장이 요청하는 지역에 대해서는 관계 중앙행정기관의 장 및 관할 시 · 도지사와 협의하여 토양보전대책지역(이하 "대책지역"이라 한다)으로 지정할 수 있다. 다만, 대통령령으로 정하는 경우에 해당하는 지역에 대해서는 대책지역으로 지정하여야 한다. 〈개정 2017.11.28.〉
② 특별자치시장 · 특별자치도지사 · 시장 · 군수 · 구청장은 관할구역 중 특히 토양보전이 필요하다고 인정하는 지역에 대하여는 그 지역의 토양오염의 정도가 대책기준을 초과하지 아니하더라도 관할 시 · 도지사와 협의하여 그 지역을 대책지역으로 지정하여 줄 것을 환경부장관에게 요청할 수 있다. 〈개정 2017.11.28.〉
③ 제1항에 따른 대책지역의 지정기준, 지정절차와 그 밖에 필요한 사항은 대통령령으로 정한다.
④ 환경부장관은 제1항에 따라 대책지역을 지정할 때에는 그 지역의 위치, 면적, 지정 연월일, 지정 목적과 그 밖에 환경부령으로 정하는 사항을 고시하여야 한다. 고시된 사항을 변경하였을 때에도 또한 같다.

법	시 행 령	시 행 규 칙
2. 「산지관리법」 제6조제3항에 따른 보전산지의 지정해제: 「산지관리법」 제22조제2항에 따른 지방산지관리위원회의 심의 [전문개정 2009.2.6.]	연공원 지정에 필요한 자료 제출 등의 협조를 요청할 수 있다. 이 경우 관계 행정기관의 장 또는 지방자치단체의 장은 특별한 사유가 없으면 이에 적극 협조하여야 한다.	
제9조【다른 법률에 따른 도시·군관리계획의 변경제한】 중앙행정기관의 장이나 지방자치단체의 장은 다른 법률에서 이 법에 따른 도시·군관리계획의 결정을 의제(擬制)하는 내용이 포함되어 있는 계획을 허가·인가·승인 또는 결정하려면 대통령령으로 정하는 바에 따라 중앙도시계획위원회 또는 제113조에 따른 지방도시계획위원회(이하 "지방도시계획위원회"라 한다)의 심의를 받아야 한다. 다만, 다음 각 호의 어느 하나에 해당하는 경우에는 그러하지 아니하다. 〈개정 2013.7.16〉 1. 제8조제2항 또는 제3항에 따라 국토교통부장관과 협의하거나 국토교통부장관 또는 시·도지사의 승인을 받은 경우 2. 다른 법률에 따라 중앙도시계획위원회나 지방도시계획위원회의 심의를 받은 경우 3. 그 밖에 대통령령으로 정하는 경우 [전문개정 2009.2.6][제목개정 2011.4.14]	**제6조【다른 법률에 의한 용도지역 등의 변경제한】** ① 법 제9조 각 호 외의 부분 본문의 규정에 따라 중앙행정기관의 장 또는 지방자치단체의 장은 용도지역·용도지구·용도구역의 지정 또는 변경에 대한 도시관리계획의 결정을 의제하는 계획을 허가·인가·승인 또는 결정하고자 하는 경우에는 미리 다음 각 호의 구분에 따라 법 제106조의 규정에 따른 중앙도시계획위원회(이하 "중앙도시계획위원회"라 한다) 또는 법 제113조의 규정에 따른 지방도시계획위원회(이하 "지방도시계획위원회"라 한다)의 심의를 받아야 한다. 다만, 다만, 법 제8조제4항제1호에 해당하거나 도시·군관리계획의 결정을 의제하는 계획에서 그 계획면적의 5퍼센트 미만을 변경하는 경우에는 그러하지 아니하다. 〈개정 2014.1.14〉 1. 중앙도시계획위원회의 심의를 받아야 하는 경우 가. 중앙행정기관의 장이 30만제곱미터 이상의 용도지역·용도지구 또는 용도구역의 지정 또는 변경에 대한 도시·군관리계획의 결정을 의제하는 계획을 허가·인가·승인 또는 결정하고자 하는 경우 나. 지방자치단체의 장이 5제곱킬로미터 이상의 용도지역·용도지구 또는 용도구역의 지정 또는 변경에 대한 도시·군관리계획의 결정을 의제하는 계획을 허가·인가·승인 또는 결정하고자 하는 경우	**참고** 의제(擬制) 성질이 다른 것을 같은 것으로 보고 법률상 같은 효과를 주는 것(일)

법	시 행 령	시 행 규 칙
	2. 지방도시계획위원회의 심의를 받아야 하는 경우 : 지방자치단체의 장이 30만제곱미터 이상 5제곱킬로미터 미만의 용도지역 · 용도지구 또는 용도구역의 지정 또는 변경에 대한 도시관리계획의 결정을 의제하는 계획을 허가 · 인가 · 승인 또는 결정하고자 하는 경우 ② 중앙행정기관의 장 또는 지방자치단체의 장이 제1항의 규정에 의하여 중앙도시계획위원회 또는 지방도시계획위원회의 심의를 받는 때에는 다음 각호의 서류를 국토교통부장관 또는 당해 지방도시계획위원회가 설치된 지방자치단체의 장에게 제출하여야 한다. 〈개정 2013.3.23.〉 1. 계획의 목적 · 필요성 · 배경 · 내용 · 추진절차 등을 포함한 계획서(관계 법령의 규정에 의하여 당해 계획에 포함되어야 하는 내용을 포함한다) 2. 대상지역과 주변지역의 용도지역 · 기반시설 등을 표시한 축척 2만5천분의 1의 토지이용현황도 3. 용도지역 · 용도지구 또는 용도구역의 지정 또는 변경에 대한 내용을 표시한 축척 1천분의 1(도시지역외의 지역은 5천분의 1 이상으로 할 수 있다)의 도면 4. 그 밖에 국토교통부령이 정하는 서류	
제2장 광역도시계획	**제2장 광역도시계획**	
제10조【광역계획권의 지정】 ① 국토교통부장관 또는 도지사는 둘 이상의 특별시 · 광역시 · 특별자치시 · 특별자치도 · 시 또는 군의 공간구조 및 기능을 상호 연계시키고 환경을 보전하며 광역시설을 체계적으로 정비하기 위하여 필요한 경우에는 다음 각 호의 구분에 따라 인접한 둘 이상의 특별시 · 광역시 · 특별자치시 · 특별자치도 · 시 또는 군의 관할 구	**제7조【광역계획권의 지정】** ① 법 제10조제1항의 규정에 의한 광역계획권은 인접한 둘 이상의 특별시 · 광역시 · 특별자치시 · 특별자치도 · 시 또는 군의 관할구역 단위로 지정한다. 〈개정 2012.4.10〉 ② 국토교통부장관 또는 도지사는 제1항에도 불구하고 인접한 둘 이상의 특별시 · 광역시 · 특별자치시 · 특별자치	

법	시 행 령	시 행 규 칙
역 전부 또는 일부를 대통령령으로 정하는 바에 따라 광역계획권으로 지정할 수 있다. 〈개정 2013.3.23.〉 1. 광역계획권이 둘 이상의 특별시·광역시·특별자치시·도 또는 특별자치도(이하 "시·도"라 한다)의 관할 구역에 걸쳐 있는 경우: 국토교통부장관이 지정 2. 광역계획권이 도의 관할 구역에 속하여 있는 경우: 도지사가 지정 ② 중앙행정기관의 장, 시·도지사, 시장 또는 군수는 국토교통부장관이나 도지사에게 광역계획권의 지정 또는 변경을 요청할 수 있다. 〈개정 2013.3.23.〉 ③ 국토교통부장관은 광역계획권을 지정하거나 변경하려면 관계 시·도지사, 시장 또는 군수의 의견을 들은 후 중앙도시계획위원회의 심의를 거쳐야 한다. 〈개정 2013.3.23.〉 ④ 도지사가 광역계획권을 지정하거나 변경하려면 관계 중앙행정기관의 장, 관계 시·도지사, 시장 또는 군수의 의견을 들은 후 지방도시계획위원회의 심의를 거쳐야 한다. 〈개정 2013.3.23., 2013.7.16.〉 ⑤ 국토교통부장관 또는 도지사는 광역계획권을 지정하거나 변경하면 지체 없이 관계 시·도지사, 시장 또는 군수에게 그 사실을 통보하여야 한다. 〈개정 2013.3.23.〉 [전문개정 2009.2.6]	도·시 또는 군의 관할구역의 일부를 광역계획권에 포함시키고자 하는 때에는 구·군(광역시의 관할구역안에 있는 군을 말한다)·읍 또는 면의 관할구역 단위로 하여야 한다. 〈개정 2013.3.23〉	
제11조【광역도시계획의 수립권자】 ① 국토교통부장관, 시·도지사, 시장 또는 군수는 다음 각 호의 구분에 따라 광역도시계획을 수립하여야 한다. 〈개정 2013.3.23.〉 1. 광역계획권이 같은 도의 관할 구역에 속하여 있는 경우: 관할 시장 또는 군수가 공동으로 수립 2. 광역계획권이 둘 이상의 시·도의 관할 구역에 걸쳐 있는	**제8조** 삭제 〈2009.8.5〉	

법	시 행 령	시 행 규 칙

경우: 관할 시 · 도지사가 공동으로 수립
3. 광역계획권을 지정한 날부터 3년이 지날 때까지 관할 시장 또는 군수로부터 제16조제1항에 따른 광역도시계획의 승인 신청이 없는 경우: 관할 도지사가 수립
4. 국가계획과 관련된 광역도시계획의 수립이 필요한 경우나 광역계획권을 지정한 날부터 3년이 지날 때까지 관할 시 · 도지사로부터 제16조제1항에 따른 광역도시계획의 승인 신청이 없는 경우: 국토교통부장관이 수립

② 국토교통부장관은 시 · 도지사가 요청하는 경우와 그 밖에 필요하다고 인정되는 경우에는 제1항에도 불구하고 관할 시 · 도지사와 공동으로 광역도시계획을 수립할 수 있다. 〈개정 2013.3.23.〉

③ 도지사는 시장 또는 군수가 요청하는 경우와 그 밖에 필요하다고 인정하는 경우에는 제1항에도 불구하고 관할 시장 또는 군수와 공동으로 광역도시계획을 수립할 수 있으며, 시장 또는 군수가 협의를 거쳐 요청하는 경우에는 단독으로 광역도시계획을 수립할 수 있다.
[전문개정 2009.2.6.]

제12조【광역도시계획의 내용】 ① 광역도시계획에는 다음 각 호의 사항 중 그 광역계획권의 지정목적을 이루는 데 필요한 사항에 대한 정책 방향이 포함되어야 한다. 〈개정 2011.4.14〉
1. 광역계획권의 공간 구조와 기능 분담에 관한 사항
2. 광역계획권의 녹지관리체계와 환경 보전에 관한 사항
3. 광역시설의 배치 · 규모 · 설치에 관한 사항
4. 경관계획에 관한 사항
5. 그 밖에 광역계획권에 속하는 특별시 · 광역시 · 특별자치시 · 특별자치도 · 시 또는 군 상호 간의 기능 연계에 관한 사

제9조【광역도시계획의 내용】 법 제12조제1항제5호에서 "대통령령으로 정하는 사항"이란 다음 각 호의 사항을 말한다. 〈개정 2018.11.13.〉
1. 광역계획권의 교통 및 물류유통체계에 관한 사항
2. 광역계획권의 문화 · 여가공간 및 방재에 관한 사항

참고 광역도시계획의 수립절차

1. 기초조사
↓
2. 입안
↓
3. 공청회
↓
4. 의견청취
↓
5. 승인신청
↓
6. 관계 (중앙)행정기관의 장과 협의
↓
7. (중앙)도시계획위원회의 심의
↓
8. 승인
↓
9. 공고 · 열람

법	시 행 령	시 행 규 칙
항으로서 대통령령으로 정하는 사항 ② 광역도시계획의 수립기준 등은 대통령령으로 정하는 바에 따라 국토교통부장관이 정한다. 〈개정 2013.3.23.〉 [전문개정 2009.2.6] **훈령** 광역도시계획수립지침(국토교통부훈령 제1641호, 2023.4.21) **훈령** 저탄소 녹색도시 조성을 위한 도시·군계획수립 지침(국토교통부훈령 제1126호, 2018.12.21.)	**제10조 【광역도시계획의 수립기준】** 국토교통부장관은 법 제12조제2항에 따라 광역도시계획의 수립기준을 정할 때에는 다음 각 호의 사항을 종합적으로 고려하여야 한다. 〈개정 2015.7.6., 2018.10.23., 2024.5.7.〉 1. 광역계획권의 미래상과 이를 실현할 수 있는 체계화된 전략을 제시하고 국토종합계획 등과 서로 연계되도록 할 것 2. 특별시·광역시·특별자치시·특별자치도·시 또는 군간의 기능분담, 도시의 무질서한 확산방지, 환경보전, 광역시설의 합리적 배치 그 밖에 광역계획권안에서 현안사항이 되고 있는 특정부문 위주로 수립할 수 있도록 할 것 3. 여건변화에 탄력적으로 대응할 수 있도록 포괄적이고 개략적으로 수립하도록 하되, 특정부문 위주로 수립하는 경우에는 도시·군기본계획이나 도시·군관리계획에 명확한 지침을 제시할 수 있도록 구체적으로 수립하도록 할 것 4. 녹지축·생태계·산림·경관 등 양호한 자연환경과 우량농지, 보전목적의 용도지역, 국가유산 및 역사문화환경 등을 충분히 고려하여 수립하도록 할 것 5. 부문별 계획은 서로 연계되도록 할 것 6. 「재난 및 안전관리 기본법」 제24조제1항에 따른 시·도안전관리계획 및 같은 법 제25조제1항에 따른 시·군·구안전관리계획과 「자연재해대책법」 제16조제1항에 따른 시·군 풍수해저감 종합계획을 충분히 고려하여 수립하도록 할 것	**관계법** 「재난 및 안전관리 기본법」 제24조 (시·도안전관리계획의 수립) ① 행정안전부장관은 제22조제4항에 따른 국가안전관리기본계획과 제23조제1항에 따른 집행계획에 따라 시·도의 재난 및 안전관리 업무에 관한 계획(이하 "시·도안전관리계획"이라 한다)의 수립지침을 작성하여 이를 시·도지사에게 통보하여야 한다. 〈개정 2017.7.26.〉 ②~④〈생략〉 제25조(시·군·구안전관리계획의 수립) ① 시·도지사는 제24조제3항에 따라 확정된
제13조 【광역도시계획의 수립을 위한 기초조사】 ① 국토교통부장관, 시·도지사, 시장 또는 군수는 광역도시계획을 수립하거나 변경하려면 미리 인구, 경제, 사회, 문화, 토지 이용, 환경, 교통, 주택, 그 밖에 대통령령으로 정하는 사항 중	**제11조 【광역도시계획의 수립을 위한 기초조사】** ① 법 제13조제1항에서 "그 밖에 대통령령으로 정하는 사항"이란 다음 각 호의 사항을 말한다. 〈개정 2018.11.13.〉 1. 기후·지형·자원·생태 등 자연적 여건	

법

그 광역도시계획의 수립 또는 변경에 필요한 사항을 대통령령으로 정하는 바에 따라 조사하거나 측량(이하 "기초조사"라 한다)하여야 한다. 〈개정 2018.2.21.〉

② 국토교통부장관, 시 · 도지사, 시장 또는 군수는 관계 행정기관의 장에게 제1항에 따른 기초조사에 필요한 자료를 제출하도록 요청할 수 있다. 이 경우 요청을 받은 관계 행정기관의 장은 특별한 사유가 없으면 그 요청에 따라야 한다. 〈개정 2018.2.21〉

③ 국토교통부장관, 시 · 도지사, 시장 또는 군수는 효율적인 기초조사를 위하여 필요하면 기초조사를 전문기관에 의뢰할 수 있다. 〈개정 2018.2.21.〉

④ 국토교통부장관, 시·도지사, 시장 또는 군수가 기초조사를 실시한 경우에는 해당 정보를 체계적으로 관리하고 효율적으로 활용하기 위하여 기초조사정보체계를 구축·운영하여야 한다. 〈신설 2018.2.21.〉

⑤ 국토교통부장관, 시·도지사, 시장 또는 군수가 제4항에 따라 기초조사정보체계를 구축한 경우에는 등록된 정보의 현황을 5년마다 확인하고 변동사항을 반영하여야 한다. 〈신설 2018.2.21.〉

⑥ 제4항 및 제5항에 따른 기초조사정보체계의 구축·운영에 필요한 사항은 대통령령으로 정한다. 〈신설 2018.2.21.〉

[전문개정 2009.2.6]

시 행 령

2. 기반시설 및 주거수준의 현황과 전망
3. 풍수해 · 지진 그 밖의 재해의 발생현황 및 추이
4. 광역도시계획과 관련된 다른 계획 및 사업의 내용
5. 그 밖에 광역도시계획의 수립에 필요한 사항

② 법 제13조제1항의 규정에 의한 기초조사를 함에 있어서 조사할 사항에 관하여 다른 법령의 규정에 의하여 조사 · 측량한 자료가 있는 경우에는 이를 활용할 수 있다.

③ 국토교통부장관, 시 · 도지사, 시장 또는 군수는 수립된 광역도시계획을 변경하려면 법 제13조제1항에 따른 기초조사사항 중 해당 광역도시계획의 변경에 관하여 필요한 사항을 조사 · 측량하여야 한다. 〈개정 2014.1.14.〉

④ 법 제13조제4항에 따라 구축 · 운영하는 기초조사정보체계(이하 "기초조사정보체계"라 한다)에서 관리하는 정보는 다음 각 호와 같다. 〈신설 2018.11.13.〉

1. 법 제13조제1항에 따라 광역도시계획의 수립 또는 변경을 위하여 실시하는 기초조사에 관한 정보
2. 법 제20조제1항에 따라 준용하는 법 제13조제1항에 따라 도시 · 군기본계획의 수립 또는 변경을 위하여 실시하는 기초조사에 관한 정보(법 제20조제2항에 따라 토지적성평가 또는 재해취약성분석을 실시하는 경우에는 토지적성평가 또는 재해취약성분석에 관한 정보를 포함한다)
3. 법 제27조제1항에 따라 준용하는 법 제13조제1항에 따라 도시 · 군관리계획의 수립 또는 변경을 위하여 실시하는 기초조사에 관한 정보(법 제27조제2항 및 제3항에 따라 환경성 검토, 토지적성평가 또는 재해취약성분석을 실시하는 경우에는 환경성 검토, 토지적성평가 또는 재해취약성분석에 관한 정보를 포함한다)

⑤ 기초조사정보체계의 구축 · 운영을 위한 자료의 수집, 입

시 행 규 칙

시 · 도안전관리계획에 따라 시 · 군 · 구의 재난 및 안전관리업무에 관한 계획(이하 "시 · 군 · 구안전관리계획"이라 한다)의 수립지침을 작성하여 시장 · 군수 · 구청장에게 통보하여야 한다. 〈개정 2017.1.17.〉

②~④〈생략〉

관계법 「자연재해대책법」 제16조(자연재해저감 종합계획의 수립)

① 시장(특별자치시장 및 행정시장은 제외한다. 이하 이 조, 제16조의2, 제19조 및 제19조의2에서 같다) · 군수는 자연재해의 예방 및 저감을 위하여 10년마다 시 · 군 자연재해저감 종합계획(이하 "시 · 군 종합계획"이라 한다)을 수립하여 시 · 도지사를 거쳐 대통령령으로 정하는 바에 따라 행정안전부장관의 승인을 받아 확정하여야 한다. 〈개정 2017.10.24.〉

②~⑥〈생략〉

법	시 행 령	시행규칙
	력, 유지 및 관리 등에 관한 세부적인 기준은 국토교통부장관이 정한다. 〈신설 2018.11.13.〉	
제14조【공청회의 개최】 ① 국토교통부장관, 시·도지사, 시장 또는 군수는 광역도시계획을 수립하거나 변경하려면 미리 공청회를 열어 주민과 관계 전문가 등으로부터 의견을 들어야 하며, 공청회에서 제시된 의견이 타당하다고 인정하면 광역도시계획에 반영하여야 한다. 〈개정 2013.3.23.〉 ② 제1항에 따른 공청회의 개최에 필요한 사항은 대통령령으로 정한다. [전문개정 2009.2.6]	**제12조【광역도시계획의 수립을 위한 공청회】** ① 국토교통부장관, 시·도지사, 시장 또는 군수는 법 제14조제1항에 따라 공청회를 개최하려면 다음 각 호의 사항을 일간신문, 관보, 공보, 인터넷 홈페이지 또는 방송 등의 방법으로 공청회 개최예정일 14일 전까지 1회 이상 공고해야 한다. 〈개정 2020.11.24.〉 1. 공청회의 개최목적 2. 공청회의 개최예정일시 및 장소 3. 수립 또는 변경하고자 하는 광역도시계획의 개요 4. 그 밖에 필요한 사항 ② 법 제14조제1항에 따른_의한 공청회는 광역계획권 단위로 개최하되, 필요한 경우에는 광역계획권을 여러 개의 지역으로 구분하여 개최할 수 있다. 〈개정 2021.1.5.〉 ③ 법 제14조제1항에 따른 공청회는 국토교통부장관, 시·도지사, 시장 또는 군수가 지명하는 사람이 주재한다. 〈개정 2013.3.23.〉	
제15조【지방자치단체의 의견 청취】 ① 시·도지사, 시장 또는 군수는 광역도시계획을 수립하거나 변경하려면 미리 관계 시·도, 시 또는 군의 의회와 관계 시장 또는 군수의 의견을 들어야 한다. ② 국토교통부장관은 광역도시계획을 수립하거나 변경하려면 관계 시·도지사에게 광역도시계획안을 송부하여야 하며, 관계 시·도지사는 그 광역도시계획안에 대하여 그 시·도의 의회와 관계 시장 또는 군수의 의견을 들은 후 그 결과를	④ 제1항부터 제3항까지에서 규정한 사항 외에 공청회의 개최에 관하여 필요한 사항은 그 공청회를 개최하는 주체에 따라 국토교통부장관이 정하거나 특별시·광역시·특별자치시·도·특별자치도(이하 "시·도"라 한다), 시 또는 군의 도시·군계획에 관한 조례(이하 "도시·군계획조례"라 한다)로 정할 수 있다. 〈개정 2013.3.23.〉	

법	시 행 령	시 행 규 칙
국토교통부장관에게 제출하여야 한다. 〈개정 2013.3.23.〉 ③ 제1항과 제2항에 따른 시 · 도, 시 또는 군의 의회와 관계 시장 또는 군수는 특별한 사유가 없으면 30일 이내에 시 · 도지사, 시장 또는 군수에게 의견을 제시하여야 한다. [전문개정 2009.2.6.]		
제16조【광역도시계획의 승인】 ① 시 · 도지사는 광역도시계획을 수립하거나 변경하려면 국토교통부장관의 승인을 받아야 한다. 다만, 제11조제3항에 따라 도지사가 수립하는 광역도시계획은 그러하지 아니하다. 〈개정 2013.3.23.〉 ② 국토교통부장관은 제1항에 따라 광역도시계획을 승인하거나 직접 광역도시계획을 수립 또는 변경(시 · 도지사와 공동으로 수립하거나 변경하는 경우를 포함한다)하려면 관계 중앙행정기관과 협의한 후 중앙도시계획위원회의 심의를 거쳐야 한다. 〈개정 2013.3.23.〉 ③ 제2항에 따라 협의 요청을 받은 관계 중앙행정기관의 장은 특별한 사유가 없는 한 그 요청을 받은 날부터 30일 이내에 국토교통부장관에게 의견을 제시하여야 한다. 〈개정 2013.3.23.〉 ④ 국토교통부장관은 직접 광역도시계획을 수립 또는 변경하거나 승인하였을 때에는 관계 중앙행정기관의 장과 시 · 도지사에게 관계 서류를 송부하여야 하며, 관계 서류를 받은 시 · 도지사는 대통령령으로 정하는 바에 따라 그 내용을 공고하고 일반이 열람할 수 있도록 하여야 한다. 〈개정 2013.3.23.〉 ⑤ 시장 또는 군수는 광역도시계획을 수립하거나 변경하려	**제13조【광역도시계획의 승인】** ① 시 · 도지사는 법 제16조제1항에 따라 광역도시계획의 승인을 얻고자 하는 때에는 광역도시계획안에 다음 각 호의 서류를 첨부하여 국토교통부장관에게 제출하여야 한다. 〈개정 2014.1.14., 2021.7.6.〉 1. 기초조사 결과 2. 공청회개최 결과 3. 법 제15조제1항에 따른 관계 시 · 도의 의회와 관계 시장 또는 군수(광역시의 관할구역 안에 있는 군의 군수를 제외한다. 이하 같다. 다만, 제110조 · 제112조 · 제117조 · 제122조 내지 제124조의3 · 제127조 · 제128조 및 제130조에서는 광역시의 관할구역 안에 있는 군의 군수를 포함한다)의 의견청취 결과 4. 시 · 도도시계획위원회의 자문을 거친 경우에는 그 결과 5. 법 제16조제2항의 규정에 의한 관계 중앙행정기관의 장과의 협의 및 중앙도시계획위원회의 심의에 필요한 서류 ② 국토교통부장관은 제1항의 규정에 의하여 제출된 광역도시계획안이 법 제12조제2항의 규정에 의한 수립기준 등에 적합하지 아니한 때에는 시 · 도지사에게 광역도시계획안의 보완을 요청할 수 있다. 〈개정 2013.3.23.〉 ③ 법 제16조제4항에 따른 광역도시계획의 공고는 해당	

법	시 행 령	시 행 규 칙
면 도지사의 승인을 받아야 한다. ⑥ 도지사가 제5항에 따라 광역도시계획을 승인하거나 제11조제3항에 따라 직접 광역도시계획을 수립 또는 변경(시장 · 군수와 공동으로 수립하거나 변경하는 경우를 포함한다)하려면 제2항부터 제4항까지의 규정을 준용한다. 이 경우 "국토교통부장관"은 "도지사"로, "중앙행정기관의 장"은 "행정기관의 장(국토교통부장관을 포함한다)"으로, "중앙도시계획위원회"는 "지방도시계획위원회"로 "시 · 도지사"는 "시장 또는 군수"로 본다. 〈개정 2013.3.23.〉 ⑦ 제1항부터 제6항까지에 규정된 사항 외에 광역도시계획의 수립 및 집행에 필요한 사항은 대통령령으로 정한다. [전문개정 2009.2.6.] **제17조【광역도시계획의 조정】** ① 제11조제1항제2호에 따라 광역도시계획을 공동으로 수립하는 시 · 도지사는 그 내용에 관하여 서로 협의가 되지 아니하면 공동이나 단독으로 국토교통부장관에게 조정(調停)을 신청할 수 있다. 〈개정 2013.3.23.〉 ② 국토교통부장관은 제1항에 따라 단독으로 조정신청을 받은 경우에는 기한을 정하여 당사자 간에 다시 협의를 하도록 권고할 수 있으며, 기한 내에 협의가 이루어지지 아니하는 경우에는 직접 조정할 수 있다. 〈개정 2013.3.23.〉 ③ 국토교통부장관은 제1항에 따른 조정의 신청을 받거나 제2항에 따라 직접 조정하려는 경우에는 중앙도시계획위원회의 심의를 거쳐 광역도시계획의 내용을 조정하여야 한다. 이 경우 이해관계를 가진 지방자치단체의 장은 중앙도시계획위원회의 회의에 출석하여 의견을 진술할 수 있다. 〈개정 2013.3.23.〉	시 · 도의 공보와 인터넷 홈페이지에, 법 제16조제6항에 따른 광역도시계획의 공고는 해당 시 · 군의 공보와 인터넷 홈페이지에 게재하는 방법으로 하며, 관계 서류의 열람기간은 30일 이상으로 해야 한다. 〈개정 2020.11.24〉	

법	시 행 령	시 행 규 칙
④ 광역도시계획을 수립하는 자는 제3항에 따른 조정 결과를 광역도시계획에 반영하여야 한다. ⑤ 제11조제1항제1호에 따라 광역도시계획을 공동으로 수립하는 시장 또는 군수는 그 내용에 관하여 서로 협의가 되지 아니하면 공동이나 단독으로 도지사에게 조정을 신청할 수 있다. ⑥ 제5항에 따라 도지사가 광역도시계획을 조정하는 경우에는 제2항부터 제4항까지의 규정을 준용한다. 이 경우 "국토교통부장관"은 "도지사"로, "중앙도시계획위원회"는 "도의 지방도시계획위원회"로 본다. 〈개정 2013.3.23.〉 [전문개정 2009.2.6]		
제17조의2 【광역도시계획협의회의 구성 및 운영】 ① 국토교통부장관, 시 · 도지사, 시장 또는 군수는 제11조제1항제1호 · 제2호, 같은 조 제2항 및 제3항에 따라 광역도시계획을 공동으로 수립할 때에는 광역도시계획의 수립에 관한 협의 및 조정이나 자문 등을 위하여 광역도시계획협의회를 구성하여 운영할 수 있다. 〈개정 2013.3.23.〉 ② 제1항에 따라 광역도시계획협의회에서 광역도시계획의 수립에 관하여 협의 · 조정을 한 경우에는 그 조정 내용을 광역도시계획에 반영하여야 하며, 해당 시 · 도지사, 시장 또는 군수는 이에 따라야 한다. ③ 제1항 및 제2항에서 규정한 사항 외에 광역도시계획협의회의 구성 및 운영에 필요한 사항은 대통령령으로 정한다. [본조신설 2009.2.6.]	**제13조의2 【광역도시계획협의회의 구성 및 운영】** ① 법 제17조의2에 따른 광역도시계획협의회의 위원은 관계 공무원, 광역도시계획에 관하여 학식과 경험이 있는 사람으로 구성한다. ② 제1항에 따른 광역도시계획협의회의 구성 및 운영에 관한 구체적인 사항은 법 제11조에 따른 광역도시계획 수립권자가 협의하여 정한다. [본조신설 2009.8.5]	
제3장 도시·군기본계획〈개정 2011.4.14〉	**제3장 도시 · 군기본계획**〈개정 2012.4.10〉	
제18조 【도시 · 군기본계획의 수립권자와 대상지역】 ① 특	**제14조 【도시 · 군기본계획을 수립하지 아니할 수 있는 지**	

법	시 행 령	시행규칙
별시장·광역시장·특별자치시장·특별자치도지사·시장 또는 군수는 관할 구역에 대하여 도시·군기본계획을 수립하여야 한다. 다만, 시 또는 군의 위치, 인구의 규모, 인구감소율 등을 고려하여 대통령령으로 정하는 시 또는 군은 도시·군기본계획을 수립하지 아니할 수 있다. 〈개정 2011.4.14〉 ② 특별시장·광역시장·특별자치시장·특별자치도지사·시장 또는 군수는 지역여건상 필요하다고 인정되면 인접한 특별시·광역시·특별자치시·특별자치도·시 또는 군의 관할 구역 전부 또는 일부를 포함하여 도시·군기본계획을 수립할 수 있다. 〈개정 2011.4.14〉 ③ 특별시장·광역시장·특별자치시장·특별자치도지사·시장 또는 군수는 제2항에 따라 인접한 특별시·광역시·특별자치시·특별자치도·시 또는 군의 관할 구역을 포함하여 도시·군기본계획을 수립하려면 미리 그 특별시장·광역시장·특별자치시장·특별자치도지사·시장 또는 군수와 협의하여야 한다. 〈개정 2011.4.14〉 [전문개정 2009.2.6.][제목개정 2011.4.14.]	**역】** 법 제18조제1항 단서에서 "대통령령으로 정하는 시 또는 군"이란 다음 각 호의 어느 하나에 해당하는 시 또는 군을 말한다. 〈개정 2005.9.8., 2018.11.13〉 1. 「수도권정비계획법」 제2조제1호의 규정에 의한 수도권(이하 "수도권"이라 한다)에 속하지 아니하고 광역시와 경계를 같이하지 아니한 시 또는 군으로서 인구 10만명 이하인 시 또는 군 2. 관할구역 전부에 대하여 광역도시계획이 수립되어 있는 시 또는 군으로서 해당 광역도시계획에 법 제19조제1항 각 호의 사항이 모두 포함되어 있는 시 또는 군 [제목개정 2012.4.10]	**관계법** 「수도권정비계획법」 제2조제1호 이 법에서 사용하는 용어의 뜻은 다음과 같다. 1. "수도권"이란 서울특별시와 대통령령으로 정하는 그 주변 지역을 말한다. 2.~5. 〈생략〉 **관계법** 「수도권정비계획법 시행령」 제2조(수도권에 포함되는 서울특별시 주변 지역의 범위) 「수도권정비계획법」(이하 "법"이라 한다) 제2조제1호에서 "대통령령으로 정하는 그 주변 지역"이란 인천광역시와 경기도를 말한다.
제19조 【도시·군기본계획의 내용】 ① 도시·군기본계획에는 다음 각 호의 사항에 대한 정책 방향이 포함되어야 한다. 〈개정 2018.6.12., <u>2024.2.6.</u>〉 1. 지역적 특성 및 계획의 방향·목표에 관한 사항 2. 공간구조 및 인구의 배분에 관한 사항 <u>2의2. 생활권의 설정과 생활권역별 개발·정비 및 보전 등에 관한 사항</u> 3. 토지의 이용 및 개발에 관한 사항 4. 토지의 용도별 수요 및 공급에 관한 사항 5. 환경의 보전 및 관리에 관한 사항	**제15조 【도시·군기본계획의 내용】** 법 제19조제1항제10호에서 "그 밖에 대통령령으로 정하는 사항"이란 다음 각 호의 사항으로서 도시·군기본계획의 방향 및 목표 달성과 관련된 사항을 말한다. 〈개정 2015.7.6.〉 1. 도심 및 주거환경의 정비·보전에 관한 사항 2. 다른 법률에 따라 도시·군기본계획에 반영되어야 하는 사항 3. 도시·군기본계획의 시행을 위하여 필요한 재원조달에 관한 사항 4. 그 밖에 법 제22조의2제1항에 따른 도시·군기본계획 승	

법

6. 기반시설에 관한 사항
7. 공원 · 녹지에 관한 사항
8. 경관에 관한 사항
8의2. 기후변화 대응 및 에너지절약에 관한 사항
8의3. 방재·방범 등 안전에 관한 사항
9. 제2호부터 제8호까지, 제8호의2 및 제8호의3에 규정된 사항의 단계별 추진에 관한 사항
10. 그 밖에 대통령령으로 정하는 사항

② 삭제 〈2011.4.14.〉

③ 도시 · 군기본계획의 수립기준 등은 대통령령으로 정하는 바에 따라 국토교통부장관이 정한다. 〈개정 2013.3.23.〉
[전문개정 2009.2.6][제목개정 2011.4.14]

훈령 도시 · 군기본계획수립지침(국토교통부훈령 제1694호, 2023.12.28.)

훈령 저탄소 녹색도시 조성을 위한 도시 · 군계획수립 지침 (국토교통부훈령 제1126호, 2018.12.21.)

시 행 령

인권자가 필요하다고 인정하는 사항
5. 〈삭제 2015.7.6.〉
6. 〈삭제 2015.7.6.〉
7. 〈삭제 2015.7.6.〉
[제목개정 2012.4.10]

제16조【도시 · 군기본계획의 수립기준】 국토교통부장관은 법 제19조제3항에 따라 도시 · 군기본계획의 수립기준을 정할 때에는 다음 각 호의 사항을 종합적으로 고려하여야 한다. 〈개정 2015.7.6., 2018.10.23., 2024.5.7.〉

1. 특별시 · 광역시 · 특별자치시 · 특별자치도 · 시 또는 군의 기본적인 공간구조와 장기발전방향을 제시하는 토지이용 · 교통 · 환경 등에 관한 종합계획이 되도록 할 것
2. 여건변화에 탄력적으로 대응할 수 있도록 포괄적이고 개략적으로 수립하도록 할 것
3. 법 제23조의 규정에 의하여 도시 · 군기본계획을 정비할 때에는 종전의 도시 · 군기본계획의 내용 중 수정이 필요한 부분만을 발췌하여 보완함으로써 계획의 연속성이 유지되도록 할 것
4. 도시와 농어촌 및 산촌지역의 인구밀도, 토지이용의 특성 및 주변환경 등을 종합적으로 고려하여 지역별로 계획의 상세정도를 다르게 하되, 기반시설의 배치계획, 토지용도 등은 도시와 농어촌 및 산촌지역이 서로 연계되도록 할 것
5. 부문별 계획은 법 제19조제1항제1호의 규정에 의한 도시 · 군기본계획의 방향에 부합하고 도시 · 군기본계획의 목

시 행 규 칙

참고 도시·군기본계획의 수립절차

1. 기 초 조 사
↓
2. 입 안
↓
3. 공 청 회
↓
4. 지방의회 의견청취
↓
5. 승 인 신 청 (시장·군수 →도지사)
↓
5. 협 의
↓
6. 심 의
↓
7. 승 인
↓
8. 공 고 · 열 람

법	시 행 령	시 행 규 칙
	표를 달성할 수 있는 방안을 제시함으로써 도시·군기본계획의 통일성과 일관성을 유지하도록 할 것 6. 도시지역 등에 위치한 개발가능토지는 단계별로 시차를 두어 개발되도록 할 것 7. 녹지축·생태계·산림·경관 등 양호한 자연환경과 우량농지, 보전목적의 용도지역, 국가유산 및 역사문화환경 등을 충분히 고려하여 수립하도록 할 것 8. 법 제19조제1항제8호의 경관에 관한 사항에 대하여는 필요한 경우에는 도시·군기본계획도서의 별책으로 작성할 수 있도록 할 것 9. 「재난 및 안전관리 기본법」 제24조제1항에 따른 시·도안전관리계획 및 같은 법 제25조제1항에 따른 시·군·구안전관리계획과 「자연재해대책법」 제16조제1항에 따른 시·군·구풍수해저감종합계획을 충분히 고려하여 수립하도록 할 것 [제목개정 2012.4.10.]	
제19조의2【생활권계획 수립의 특례】 ① 특별시장·광역시장·특별자치시장·특별자치도지사·시장 또는 군수는 제19조제1항제2호의2에 따른 생활권역별 개발·정비 및 보전 등에 필요한 경우 대통령령으로 정하는 바에 따라 생활권계획을 따로 수립할 수 있다. ② 제1항에 따른 생활권계획을 수립할 때에는 제20조부터 제22조까지 및 제22조의2를 준용한다. ③ 제1항에 따른 생활권계획이 수립 또는 승인된 때에는 해당 계획이 수립된 생활권에 대해서는 도시·군기본계획이 수립 또는 변경된 것으로 본다. 이 경우 제19조제1항 각 호의 사항 중에서 생활권의 설정 및 인구의 배분에 관한 사항	**제16조의2【생활권계획의 수립기준 등】** ① 특별시장·광역시장·특별자치시장·특별자치도지사·시장 또는 군수는 법 제19조의2에 따라 생활권계획을 따로 수립하는 경우에는 다음 각 호의 기준을 따라야 한다. 1. 도시·군기본계획의 공간구조 설정 및 토지이용계획 등을 생활권역별로 구체화할 것 2. 해당 지방자치단체에서 생활권이 차지하는 공간적 위치 및 특성, 주변지역의 특성 등을 고려하여 생활권을 설정하고, 생활권별 특성에 맞추어 기반시설의 설치·관리 계획을 수립할 것 3. 그 밖에 지역경제의 활성화 및 주민 생활여건 개선 등을	

법	시 행 령	시 행 규 칙
등은 대통령령으로 정하는 범위에서 수립 · 변경하는 경우로 한정한다. [본조신설 2024.2.6.]	위해 생활권별로 개발 · 정비 및 보전할 필요가 있는 사항을 포함할 것 ② 법 제19조의2제3항 후단에서 "대통령령으로 정하는 범위에서 수립 · 변경하는 경우"란 다음 각 호의 경우를 말한다. 1. 도시 · 군기본계획에서 정하는 생활권을 세분화하는 경우 2. 도시 · 군기본계획에서 정하는 생활권 간의 경계를 변경하는 경우 3. 전체 인구 규모의 범위에서 생활권별 인구의 배분에 관한 사항을 수립 · 변경하는 경우 4. 제3호에 따라 생활권별 인구의 배분에 관한 사항을 변경함에 따라 기반시설의 설치에 관한 사항을 수립 · 변경하는 경우 [본조신설 2024.7.30.][종전 제16조의2는 제16조의3으로 이동 〈2024.7.30.〉]	
제20조【도시 · 군기본계획의 수립을 위한 기초조사 및 공청회】 ① 도시 · 군기본계획을 수립하거나 변경하는 경우에는 제13조와 제14조를 준용한다. 이 경우 "국토교통부장관, 시 · 도지사, 시장 또는 군수"는 "특별시장 · 광역시장 · 특별자치시장 · 특별자치도지사 · 시장 또는 군수"로, "광역도시계획"은 "도시 · 군기본계획"으로 본다. 〈개정 2015.1.6.〉 ② 시 · 도지사, 시장 또는 군수는 제1항에 따른 기초조사의 내용에 국토교통부장관이 정하는 바에 따라 실시하는 토지의 토양, 입지, 활용가능성 등 토지의 적성에 대한 평가(이하 "토지적성평가"라 한다)와 재해 취약성에 관한 분석(이하 "재해취약성분석"이라 한다)을 포함하여야 한다. 〈신설 2015.1.6〉 ③ 도시 · 군기본계획 입안일부터 5년 이내에 토지적성평가를 실시한 경우 등 대통령령으로 정하는 경우에는 제2항에 따	**제16조의3【도시 · 군기본계획 수립을 위한 기초조사 중 토지적성평가 및 재해취약성분석 면제사유】** 법 제20조제3항에서 "도시 · 군기본계획 입안일부터 5년 이내에 토지적성평가를 실시한 경우 등 대통령령으로 정하는 경우"란 다음 각 호의 구분에 따른 경우를 말한다. 1. 법 제20조제2항에 따른 토지의 적성에 대한 평가(이하 "토지적성평가"라 한다): 다음 각 목의 어느 하나에 해당하는 경우 가. 도시 · 군기본계획 입안일부터 5년 이내에 토지적성평가를 실시한 경우 나. 다른 법률에 따른 지역 · 지구 등의 지정이나 개발계획 수립 등으로 인하여 도시 · 군기본계획의 변경이 필요한 경우 2. 법 제20조제2항에 따른 재해 취약성에 관한 분석(이하 "재해취약성분석"이라 한다): 다음 각 목의 어느 하나에 해당하는 경우	**훈령** 토지의 적성평가에 관한 지침(국토교통부훈령 제1745호, 2024.5.1.) **훈령** 도시 기후변화 재해취약성분석 및 활용에 관한 지침(국토교통부훈령 제1704호, 2024.1.19.)

법	시 행 령	시 행 규 칙
른 토지적성평가 또는 재해취약성분석을 하지 아니할 수 있다. 〈신설 2015.1.6.〉 [전문개정 2009.2.6][제목개정 2011.4.14]	가. 도시·군기본계획 입안일부터 5년 이내에 재해취약성 분석을 실시한 경우 나. 다른 법률에 따른 지역·지구 등의 지정이나 개발계획 수립 등으로 인하여 도시·군기본계획의 변경이 필요한 경우 [본조신설 2015.7.6.][제16조의2에서 이동, 종전 제16조의3은 제16조의 4로 이동 〈2024.7.30.〉]	
제21조【지방의회의 의견청취】 ① 특별시장·광역시장·특별자치시장·특별자치도사·시장 또는 군수는 도시·군기본계획을 수립하거나 변경하려면 미리 그 특별시·광역시·시 또는 군 의회의 의견을 들어야 한다. 〈개정 2011.4.14〉 ② 제1항에 따른 특별시·광역시·특별자치시·특별자치도·시 또는 군의 의회는 특별한 사유가 없으면 30일 이내에 특별시장·광역시장·특별자치시장·특별자치도사·시장 또는 군수에게 의견을 제시하여야 한다. 〈개정 2011.4.14〉 [전문개정 2009.2.6.]		
제22조【특별시·광역시·특별자치시·특별자치도의 도시·군기본계획의 확정】 ① 특별시장·광역시장·특별자치시장 또는 특별자치도지사는 도시·군기본계획을 수립하거나 변경하려면 관계 행정기관의 장(국토교통부장관을 포함한다. 이하 이 조 및 제22조의2에서 같다)과 협의한 후 지방도시계획위원회의 심의를 거쳐야 한다. 〈개정 2013.3.23.〉 ② 제1항에 따라 협의 요청을 받은 관계 행정기관의 장은 특별한 사유가 없으면 그 요청을 받은 날부터 30일 이내에 특별시장·광역시장·특별자치시장 또는 특별자치도지사에게 의견을 제시하여야 한다. 〈개정 2011.4.14〉 ③ 특별시장·광역시장·특별자치시장 또는 특별자치도지사는 도시·군기본계획을 수립하거나 변경한 경우에는 관계 행정기관의 장에게 관계 서류를 송부하여야 하며, 대통령령으로	**제16조의4【특별시·광역시·특별자치시·특별자치도의 도시·군기본계획의 공고 및 열람】** 법 제22조제3항에 따른 특별시·광역시·특별자치시·특별자치도 도시·군기본계획의 공고는 해당 특별시·광역시·특별자치시·특별자치도의 공보와 인터넷 홈페이지에 게재하는 방법으로 하며, 관계 서류의 열람기간은 30일 이상으로 해야 한다. 〈개정 2020.11.24〉 [본조신설 2009.8.5.] [제목개정 2012.4.10.] [제16조의3에서 이동 〈2024.7.30.〉]	

법	시 행 령	시 행 규 칙
정하는 바에 따라 그 계획을 공고하고 일반인이 열람할 수 있도록 하여야 한다. 〈개정 2011.4.14〉 [전문개정 2009.2.6][제목개정 2011.4.14.]		
제22조의2【시 · 군 도시 · 군기본계획의 승인】 ① 시장 또는 군수는 도시 · 군기본계획을 수립하거나 변경하려면 대통령령으로 정하는 바에 따라 도지사의 승인을 받아야 한다. 〈개정 2011.4.14〉 ② 도지사는 제1항에 따라 도시 · 군기본계획을 승인하려면 관계 행정기관의 장과 협의한 후 지방도시계획위원회의 심의를 거쳐야 한다. 〈개정 2011.4.14.〉 ③ 제2항에 따른 협의에 관하여는 제22조제2항을 준용한다. 이 경우 "특별시장 · 광역시장 · 특별자치시장 또는 특별자치도지사"는 "도지사"로 본다. 〈개정 2013.7.16.〉 ④ 도지사는 도시 · 군기본계획을 승인하면 관계 행정기관의 장과 시장 또는 군수에게 관계 서류를 송부하여야 하며, 관계 서류를 받은 시장 또는 군수는 대통령령으로 정하는 바에 따라 그 계획을 공고하고 일반인이 열람할 수 있도록 하여야 한다. 〈개정 2011.4.14.〉 [본조신설 2009.2.6][제목개정 2011.4.14][종전 제22조의2는 제22조의3으로 이동 〈2009.2.6.〉]	**제17조【시 · 군 도시 · 군기본계획의 승인】** ① 시장 또는 군수는 법 제22조의2제1항에 따라 도시 · 군기본계획의 승인을 받으려면 도시 · 군기본계획안에 다음 각 호의 서류를 첨부하여 도지사에게 제출하여야 한다. 〈개정 2012.4.10〉 1. 기초조사 결과 2. 공청회개최 결과 3. 법 제21조에 따른 해당 시 · 군의 의회의 의견청취 결과 4. 해당 시 · 군에 설치된 지방도시계획위원회의 자문을 거친 경우에는 그 결과 5. 법 제22조의2제2항에 따른 관계 행정기관의 장과의 협의 및 도의 지방도시계획위원회의 심의에 필요한 서류 ② 도지사는 제1항에 따라 제출된 도시 · 군기본계획안이 법 제19조제3항에 따른 수립기준 등에 적합하지 아니한 때에는 시장 또는 군수에게 도시 · 군기본계획안의 보완을 요청할 수 있다. 〈개정 2012.4.10.〉 ③ 법 제22조의2제4항에 따른 도시 · 군기본계획의 공고는 해당 시 · 군의 공보와 인터넷 홈페이지에 게재하는 방법으로 하며, 관계 서류의 열람기간은 30일 이상으로 해야 한다. 〈개정 2020.11.24〉 [제목개정 2009.8.5, 2012.4.10]	
제22조의3 삭제 〈2011.4.14.〉		

법

제23조【도시 · 군기본계획의 정비】 ① 특별시장 · 광역시장 · 특별자치시장 · 특별자치도지사 · 시장 또는 군수는 5년마다 관할 구역의 도시 · 군기본계획에 대하여 그 타당성 여부를 전반적으로 재검토하여 정비하여야 한다. 〈개정 2011.4.14〉

② 특별시장 · 광역시장 · 특별자치시장 · 특별자치도지사 · 시장 또는 군수는 제4조제2항 및 제3항에 따라 도시 · 군기본계획의 내용에 우선하는 광역도시계획의 내용 및 도시 · 군기본계획에 우선하는 국가계획의 내용을 도시 · 군기본계획에 반영하여야 한다. 〈개정 2011.4.14.〉

[전문개정 2009.2.6.][제목개정 2011.4.14.]

제4장 도시 · 군관리계획〈개정 2011.4.14.〉

제1절 도시 · 군관리계획의 수립절차〈개정 2011.4.14.〉

제24조【도시 · 군관리계획의 입안권자】 ① 특별시장 · 광역시장 · 특별자치시장 · 특별자치도지사 · 시장 또는 군수는 관할 구역에 대하여 도시 · 군관리계획을 입안하여야 한다. 〈개정 2011.4.14.〉

② 특별시장 · 광역시장 · 특별자치시장 · 특별자치도지사 · 시장 또는 군수는 다음 각 호의 어느 하나에 해당하면 인접한 특별시 · 광역시 · 특별자치시 · 특별자치도 · 시 또는 군의 관할 구역 전부 또는 일부를 포함하여 도시 · 군관리계획을 입안할 수 있다. 〈개정 2011.4.14.〉

1. 지역여건상 필요하다고 인정하여 미리 인접한 특별시장 · 광역시장 · 특별자치시장 · 특별자치도지사 · 시장 또는 군수와 협의한 경우
2. 제18조제2항에 따라 인접한 특별시 · 광역시 · 특별자치

시 행 령

제17조의2 〈삭제〉 〈2012.4.10〉

제4장 도시 · 군관리계획〈개정 2012.4.10〉

제1절 도시 · 군관리계획의 수립절차〈개정 2012.4.10〉

시 행 규 칙

참고 도시·군관리계획의 수립절차

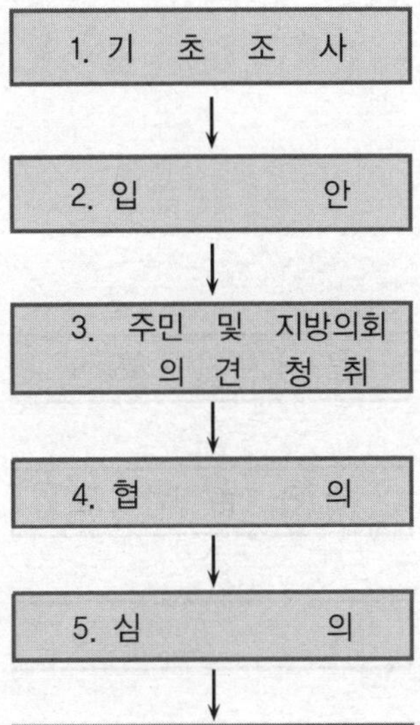

법	시 행 령	시 행 규 칙

시 · 특별자치도 · 시 또는 군의 관할 구역을 포함하여 도시 · 군기본계획을 수립한 경우

③ 제2항에 따른 인접한 특별시 · 광역시 · 특별자치시 · 특별자치도 · 시 또는 군의 관할 구역에 대한 도시·군관리계획)은 관계 특별시장 · 광역시장 · 특별자치시장 · 특별자치도지사 · 시장 또는 군수가 협의하여 공동으로 입안하거나 입안할 자를 정한다. 〈개정 2011.4.14〉

④ 제3항에 따른 협의가 성립되지 아니하는 경우 도시 · 군관리계획을 입안하려는 구역이 같은 도의 관할 구역에 속할 때에는 관할 도지사가, 둘 이상의 시 · 도의 관할 구역에 걸쳐 있을 때에는 국토교통부장관(제40조에 따른 수산자원보호구역의 경우 해양수산부장관을 말한다. 이하 이 조에서 같다)이 입안할 자를 지정하고 그 사실을 고시하여야 한다. 〈개정 2013.3.23.〉

⑤ 국토교통부장관은 제1항이나 제2항에도 불구하고 다음 각 호의 어느 하나에 해당하는 경우에는 직접 또는 관계 중앙행정기관의 장의 요청에 의하여 도시 · 군관리계획을 입안할 수 있다. 이 경우 국토교통부장관은 관할 시 · 도지사 및 시장 · 군수의 의견을 들어야 한다. 〈개정 2013.3.23.〉

1. 국가계획과 관련된 경우
2. 둘 이상의 시 · 도에 걸쳐 지정되는 용도지역 · 용도지구 또는 용도구역과 둘 이상의 시 · 도에 걸쳐 이루어지는 사업의 계획 중 도시 · 군관리계획으로 결정하여야 할 사항이 있는 경우
3. 특별시장 · 광역시장 · 특별자치시장 · 특별자치도지사 · 시장 또는 군수가 제138조에 따른 기한까지 국토교통부장관의 도시 · 군관리계획 조정 요구에 따라 도시 · 군관리계획을 정비하지 아니하는 경우

⑥ 도지사는 제1항이나 제2항에도 불구하고 다음 각 호의

(시행규칙)

6. 결 정

↓

7. 고 시 및 송 부

↓

8. 열 람

법	시 행 령	시 행 규 칙
어느 하나의 경우에는 직접 또는 시장이나 군수의 요청에 의하여 도시·군관리계획을 입안할 수 있다. 이 경우 도지사는 관계 시장 또는 군수의 의견을 들어야 한다. 〈개정 2011.4.14〉 1. 둘 이상의 시·군에 걸쳐 지정되는 용도지역·용도지구 또는 용도구역과 둘 이상의 시·군에 걸쳐 이루어지는 사업의 계획 중 도시·군관리계획으로 결정하여야 할 사항이 포함되어 있는 경우 2. 도지사가 직접 수립하는 사업의 계획으로서 도시·군관리계획으로 결정하여야 할 사항이 포함되어 있는 경우 [전문개정 2009.2.6][제목개정 2011.4.14.]		
제25조【도시·군관리계획의 입안】 ① 도시·군관리계획은 광역도시계획과 도시·군기본계획(제19조의2에 따른 생활권계획을 포함한다)에 부합되어야 한다. 〈개정 2011.4.14., 2024.2.6.〉 ② 국토교통부장관(제40조에 따른 수산자원보호구역의 경우 해양수산부장관을 말한다. 이하 이 조에서 같다), 시·도지사, 시장 또는 군수는 도시·군관리계획을 입안할 때에는 대통령령으로 정하는 바에 따라 도시·군관리계획도서(계획도와 계획조서를 말한다. 이하 같다)와 이를 보조하는 계획설명서(기초조사결과·재원조달방안 및 경관계획 등을 포함한다. 이하 같다)를 작성하여야 한다. 〈개정 2013.3.23.〉 ③ 도시·군관리계획은 계획의 상세 정도, 도시·군관리계획으로 결정하여야 하는 기반시설의 종류 등에 대하여 도시 및 농·산·어촌 지역의 인구밀도, 토지 이용의 특성 및 주변 환경 등을 종합적으로 고려하여 차등을 두어 입안하여야 한다. 〈개정 2011.4.14.〉	**제18조【도시·군관리계획도서 및 계획설명서의 작성기준 등】** ① 법 제25조제2항의 규정에 의한 도시·군관리계획도서 중 계획도는 축척 1천분의 1 또는 축척 5천분의 1(축척 1천분의 1 또는 축척 5천분의 1의 지형도가 간행되어 있지 아니한 경우에는 축척 2만5천분의 1)의 지형도(수치지형도를 포함한다. 이하 같다)에 도시·군관리계획사항을 명시한 도면으로 작성하여야 한다. 다만, 지형도가 간행되어 있지 아니한 경우에는 해도·해저지형도 등의 도면으로 지형도에 갈음할 수 있다. 〈개정 2012.4.10.〉 ② 제1항의 규정에 의한 계획도가 2매 이상인 경우에는 법 제25조제2항의 규정에 의한 계획설명서에 도시·군관리계획 총괄도(축척 5만분의 1 이상의 지형도에 주요 도시·군관리계획사항을 명시한 도면을 말한다)를 포함시킬 수 있다. 〈개정 2012.4.10.〉 [제목개정 2012.4.10.]	

법	시 행 령	시 행 규 칙

④ 도시 · 군관리계획의 수립기준, 도시 · 군관리계획도서 및 계획설명서의 작성기준 · 작성방법 등은 대통령령으로 정하는 바에 따라 국토교통부장관이 정한다. 〈개정 2013.3.23.〉
[전문개정 2009.2.6][제목개정 2011.4.14]

훈령 개발제한구역의 조정을 위한 도시 · 군관리계획 변경안 수립지침(국토교통부훈령 제1742호, 2024.4.17. 일부개정)

훈령 도시 · 군관리계획수립지침(국토교통부훈령 제1764호, 2024.5.29. 일부개정)

훈령 저탄소 녹색도시 조성을 위한 도시 · 군계획수립 지침 (국토교통부훈령 제1126호, 2018.12.21.)

제19조【도시 · 군관리계획의 수립기준】 국토교통부장관(법 제40조에 따른 수산자원보호구역의 경우 해양수산부장관을 말한다)은 법 제25조제4항에 따라 도시 · 군관리계획의 수립기준을 정할 때에는 다음 각 호의 사항을 종합적으로 고려하여야 한다. 〈개정 2014.1.14., 2015.7.6., 2018.10.23., 2024.5.7., 2024.7.30.〉

1. 광역도시계획 및 도시 · 군기본계획(법 제19조의2에 따른 생활권계획을 포함한다) 등에서 제시한 내용을 수용하고 개별 사업계획과의 관계 및 도시의 성장추세를 고려하여 수립하도록 할 것
2. 도시 · 군기본계획을 수립하지 아니하는 시 · 군의 경우 당해 시 · 군의 장기발전구상 및 법 제19조제1항의 규정에 의한 도시 · 군기본계획에 포함될 사항중 도시 · 군관리계획의 원활한 수립을 위하여 필요한 사항이 포함되도록 할 것
3. 도시 · 군관리계획의 효율적인 운영 등을 위하여 필요한 경우에는 특정지역 또는 특정부문에 한정하여 정비할 수 있도록 할 것
4. 공간구조는 생활권단위로 적정하게 구분하고 생활권별로 생활 · 편익시설이 고루 갖추어지도록 할 것
5. 도시와 농어촌 및 산촌지역의 인구밀도, 토지이용의 특성 및 주변환경 등을 종합적으로 고려하여 지역별로 계획의 상세정도를 다르게 하되, 기반시설의 배치계획, 토지용도 등은 도시와 농어촌 및 산촌지역이 서로 연계되도록 할 것
6. 토지이용계획을 수립할 때에는 주간 및 야간활동인구 등의 인구규모, 도시의 성장추이를 고려하여 그에 적합한 개발밀도가 되도록 할 것
7. 녹지축 · 생태계 · 산림 · 경관 등 양호한 자연환경과 우량농지, 국가유산 및 역사문화환경 등을 고려하여 토지이용계

법	시 행 령	시 행 규 칙

획을 수립하도록 할 것
8. 수도권안의 인구집중유발시설이 수도권외의 지역으로 이전하는 경우 종전의 대지에 대하여는 그 시설의 지방이전이 촉진될 수 있도록 토지이용계획을 수립하도록 할 것
9. 도시·군계획시설은 집행능력을 고려하여 적정한 수준으로 결정하고, 기존 도시·군계획시설은 시설의 설치현황과 관리·운영상태를 점검하여 규모 등이 불합리하게 결정되었거나 실현가능성이 없는 시설 또는 존치 필요성이 없는 시설은 재검토하여 해제하거나 조정함으로써 토지이용의 활성화를 도모할 것
10. 도시의 개발 또는 기반시설의 설치 등이 환경에 미치는 영향을 미리 검토하는 등 계획과 환경의 유기적 연관성을 높여 건전하고 지속가능한 도시발전을 도모하도록 할 것
11. 「재난 및 안전관리 기본법」 제24조제1항에 따른 시·도안전관리계획 및 같은 법 제25조제1항에 따른 시·군·구안전관리계획과 「자연재해대책법」 제16조제1항에 따른 시·군·구풍수해저감종합계획을 고려하여 재해로 인한 피해가 최소화되도록 할 것

[제목개정 2012.4.10.]

제26조 【도시·군관리계획 입안의 제안】 ① 주민(이해관계자를 포함한다. 이하 같다)은 다음 각 호의 사항에 대하여 제24조에 따라 도시·군관리계획을 입안할 수 있는 자에게 도시·군관리계획의 입안을 제안할 수 있다. 이 경우 제안서에는 도시·군관리계획도서와 계획설명서를 첨부하여야 한다. 〈개정 2015.8.11., 2017.4.18., 2021.1.12., 2024.2.6.〉
1. 기반시설의 설치·정비 또는 개량에 관한 사항
2. 지구단위계획구역의 지정 및 변경과 지구단위계획의 수립

제19조의2 【도시·군관리계획 입안의 제안】 ① 법 제26조제1항제3호가목에서 "대통령령으로 정하는 개발진흥지구"란 제31조제2항제8호나목에 따른 산업·유통개발진흥지구를 말한다. 〈개정 2016.5.17., 2017.12.29〉

② 법 제26조제1항에 따라 도시·군관리계획의 입안을 제안하려는 자는 다음 각 호의 구분에 따라 토지소유자의 동의를 받아야 한다. 이 경우 동의 대상 토지 면적에서 국·공유지는 제외한다. 〈개정 2022.1.18., 2024.7.30.〉

법	시 행 령	시 행 규 칙
및 변경에 관한 사항 3. 다음 각 목의 어느 하나에 해당하는 용도지구의 지정 및 변경에 관한 사항 가. 개발진흥지구 중 공업기능 또는 유통물류기능 등을 집중적으로 개발 · 정비하기 위한 개발진흥지구로서 대통령령으로 정하는 개발진흥지구 나. 제37조에 따라 지정된 용도지구 중 해당 용도지구에 따른 건축물이나 그 밖의 시설의 용도 · 종류 및 규모 등의 제한을 지구단위계획으로 대체하기 위한 용도지구 4. 삭제 〈2024.2.6.〉 5. 도시 · 군계획시설입체복합구역의 지정 및 변경과 도시 · 군계획시설입체복합구역의 건축제한 · 건폐율 · 용적률 · 높이 등에 관한 사항 ② 제1항에 따라 도시·군관리계획의 입안을 제안받은 자는 그 처리 결과를 제안자에게 알려야 한다. 〈개정 2011.4.14〉 ③ 제1항에 따라 도시·군관리계획의 입안을 제안받은 자는 제안자와 협의하여 제안된 도시·군관리계획의 입안 및 결정에 필요한 비용의 전부 또는 일부를 제안자에게 부담시킬 수 있다. 〈개정 2011.4.14〉 ④ 제1항제3호에 따른 개발진흥지구의 지정 제안을 위하여 충족하여야 할 지구의 규모, 용도지역 등의 요건은 대통령령으로 정한다. 〈신설 2015.8.11.〉 ⑤ 제1항부터 제4항까지에 규정된 사항 외에 도시 · 군관리계획의 제안, 제안을 위한 토지소유자의 동의 비율, 제안서의 처리 절차 등에 필요한 사항은 대통령령으로 정한다. 〈개정 2015.8.11.〉 [전문개정 2009.2.6][제목개정 2011.4.14]	1. 법 제26조제1항제1호 및 제5호의 사항에 대한 제안의 경우: 대상 토지 면적의 5분의 4 이상 2. 법 제26조제1항제2호 및 제3호의 사항에 대한 제안의 경우: 대상 토지 면적의 3분의 2 이상 ③ 법 제26조제4항에 따라 제1항에 따른 산업 · 유통개발진흥지구의 지정을 제안할 수 있는 대상지역은 다음 각 호의 요건을 모두 갖춘 지역으로 한다. 〈개정 2017.12.29., 2019.8.20.〉 1. 지정 대상 지역의 면적은 1만제곱미터 이상 3만제곱미터 미만일 것 2. 지정 대상 지역이 자연녹지지역 · 계획관리지역 또는 생산관리지역일 것. 다만, 계획관리지역에 있는 기존 공장의 증축이 필요한 경우로서 해당 공장이 도로 · 철도 · 하천 · 건축물 · 바다 등으로 둘러싸여 있어 증축을 위해서는 불가피하게 보전관리지역 또는 농림지역을 포함해야 하는 경우에는 전체 면적의 20퍼센트 이하의 범위에서 보전관리지역 또는 농림지역을 포함하되, 다음 각 목의 어느 하나에 해당하는 경우에는 20퍼센트 이상으로 할 수 있다. 가. 보전관리지역의 또는 농림지역 해당 토지가 개발행위허가를 받는 등 이미 개발된 토지인 경우 나. 보전관리지역 또는 농림지역의 해당 토지를 개발하여도 주변지역의 환경오염 · 환경훼손 우려가 없는 경우로서 해당 도시계획위원회의 심의를 거친 경우 3. 지정 대상 지역의 전체 면적에서 계획관리지역의 면적이 차지하는 비율이 100분의 50 이상일 것. 이 경우 자연녹지지역 또는 생산관리지역 중 도시 · 군기본계획에 반영된 지역은 계획관리지역으로 보아 산정한다. 4. 지정 대상 지역의 토지특성이 과도한 개발행위의 방지를 위	

하여 국토교통부장관이 정하여 고시하는 기준에 적합할 것

④ 법 제26조제4항에 따라 이 조 제1항제3호나목에 따른 도시·군관리계획의 입안을 제안하려는 경우에는 다음 각 호의 요건을 모두 갖추어야 한다. 〈신설 2017.12.29〉

1. 둘 이상의 용도지구가 중첩하여 지정되어 해당 행위제한의 내용을 정비하거나 통합적으로 관리할 필요가 있는 지역을 대상지역으로 제안할 것
2. 해당 용도지구에 따른 건축물이나 그 밖의 시설의 용도·종류 및 규모 등의 제한을 대체하는 지구단위계획구역의 지정 및 변경과 지구단위계획의 수립 및 변경에 관한 사항을 동시에 제안할 것

⑤ 제1항부터 제4항까지에서 규정한 사항 외에 도시·군관리계획 입안 제안의 세부적인 절차는 국토교통부장관이 정하여 고시한다. 〈개정 2017.12.29〉

[본조신설 2016.2.11.]

제20조【제안서의 처리절차】 ① 법 제26조제1항에 따라 도시·군관리계획입안의 제안을 받은 국토교통부장관, 시·도지사, 시장 또는 군수는 제안일부터 45일 이내에 도시·군관리계획입안에의 반영여부를 제안자에게 통보하여야 한다. 다만, 부득이한 사정이 있는 경우에는 1회에 한하여 30일을 연장할 수 있다. 〈개정 2013.3.23.〉

② 국토교통부장관, 시·도지사, 시장 또는 군수는 법 제26조제1항의 규정에 의한 제안을 도시·군관리계획입안에 반영할 것인지 여부를 결정함에 있어서 필요한 경우에는 중앙도시계획위원회 또는 당해 지방자치단체에 설치된 지방도시계획위원회의 자문을 거칠 수 있다. 〈개정 2013.3.23.〉

③ 국토교통부장관, 시·도지사, 시장 또는 군수는 법 제26조제1항의 규정에 의한 제안을 도시·군관리계획입안에 반

법	시 행 령	시 행 규 칙
	영하는 경우에는 제안서에 첨부된 도시 · 군관리계획도서와 계획설명서를 도시 · 군관리계획의 입안에 활용할 수 있다. 〈개정 2013.3.23.〉	
제27조【도시·군관리계획의 입안을 위한 기초조사 등】 ① 도시·군관리계획을 입안하는 경우에는 제13조를 준용한다. 다만, 대통령령으로 정하는 경미한 사항을 입안하는 경우에는 그러하지 아니하다. 〈개정 2011.4.14.〉 ② 국토교통부장관(제40조에 따른 수산자원보호구역의 경우 해양수산부장관을 말한다. 이하 이 조에서 같다), 시 · 도지사, 시장 또는 군수는 제1항에 따른 기초조사의 내용에 도시 · 군관리계획이 환경에 미치는 영향 등에 대한 환경성 검토를 포함하여야 한다. 〈개정 2013.3.23.〉 ③ 국토교통부장관, 시 · 도지사, 시장 또는 군수는 제1항에 따른 기초조사의 내용에 토지적성평가와 재해취약성분석을 포함하여야 한다. 〈개정 2015.1.6.〉 ④ 도시 · 군관리계획으로 입안하려는 지역이 도심지에 위치하거나 개발이 끝나 나대지가 없는 등 대통령령으로 정하는 요건에 해당하면 제1항부터 제3항까지의 규정에 따른 기초조사, 환경성 검토, 토지적성평가 또는 재해취약성분석을 하지 아니할 수 있다. 〈개정 2015.1.6.〉 [전문개정 2009.2.6][제목개정 2011.4.14]	**제21조【도시 · 군관리계획의 입안을 위한 기초조사 면제사유 등】** ① 법 제27조제1항 단서에서 "대통령령으로 정하는 경미한 사항"이란 제25조제3항 각 호 및 같은 조 제4항 각 호의 사항을 말한다. ② 법 제27조제4항에서 "대통령령으로 정하는 요건"이란 다음 각 호의 구분에 따른 요건을 말한다. 〈개정 2017.9.19., 2017.12.29., 2019.8.6.〉 1. 기초조사를 실시하지 아니할 수 있는 요건: 다음 각 목의 어느 하나에 해당하는 경우 가. 해당 지구단위계획구역이 도심지(상업지역과 상업지역에 연접한 지역을 말한다)에 위치하는 경우 나. 해당 지구단위계획구역 안의 나대지면적이 구역면적의 2퍼센트에 미달하는 경우 다. 해당 지구단위계획구역 또는 도시 · 군계획시설부지가 다른 법률에 따라 지역 · 지구 등으로 지정되거나 개발계획이 수립된 경우 라. 해당 지구단위계획구역의 지정목적이 해당 구역을 정비 또는 관리하고자 하는 경우로서 지구단위계획의 내용에 너비 12미터 이상 도로의 설치계획이 없는 경우 마. 기존의 용도지구를 폐지하고 지구단위계획을 수립 또는 변경하여 그 용도지구에 따른 건축물이나 그 밖의 시설의 용도·종류 및 규모 등의 제한을 그대로 대체하려는 경우 바. 해당 도시·군계획시설의 결정을 해제하려는 경우	

법	시 행 령	시 행 규 칙
	사. 그밖에 국토교통부령으로 정하는 요건에 해당하는 경우 2. 환경성 검토를 실시하지 아니할 수 있는 요건: 다음 각 목의 어느 하나에 해당하는 경우 가. 제1호가목부터 사목까지의 어느 하나에 해당하는 경우 나. 「환경영향평가법」 제9조에 따른 전략환경영향평가 대상인 도시·군관리계획을 입안하는 경우 3. 토지적성평가를 실시하지 아니할 수 있는 요건: 다음 각 목의 어느 하나에 해당하는 경우 가. 제1호가목부터 사목까지의 어느 하나에 해당하는 경우 나. 도시·군관리계획 입안일부터 5년 이내에 토지적성평가를 실시한 경우 다. 주거지역·상업지역 또는 공업지역에 도시·군관리계획을 입안하는 경우 라. 법 또는 다른 법령에 따라 조성된 지역에 도시·군관리계획을 입안하는 경우 마. 「개발제한구역의 지정 및 관리에 관한 특별조치법 시행령」 제2조제3항제1호·제2호 또는 제6호(같은 항 제1호 또는 제2호에 따른 지역과 연접한 대지로 한정한다)의 지역에 해당하여 개발제한구역에서 조정 또는 해제된 지역에 대하여 도시·군관리계획을 입안하는 경우 바. 「도시개발법」에 따른 도시개발사업의 경우 사. 지구단위계획구역 또는 도시·군계획시설부지에서 도시·군관리계획을 입안하는 경우 아. 다음의 어느 하나에 해당하는 용도지역·용도지구·용도구역의 지정 또는 변경의 경우 1) 주거지역·상업지역·공업지역 또는 계획관리지역의 그 밖의 용도지역으로의 변경(계획관리지역을 자연녹지지역으로 변경하는 경우는 제외한다)	**관계법** 「환경영향평가법」 제9조(전략환경영향평가의 대상) ① 다음 각 호의 어느 하나에 해당하는 계획을 수립하려는 행정기관의 장은 전략환경영향평가를 실시하여야 한다. 1. 도시의 개발에 관한 계획 2. 산업입지 및 산업단지의 조성에 관한 계획 3. 에너지 개발에 관한 계획 4. 항만의 건설에 관한 계획 5. 도로의 건설에 관한 계획 6. 수자원의 개발에 관한 계획 7. 철도(도시철도를 포함한다)의 건설에 관한 계획 8. 공항의 건설에 관한 계획 9. 하천의 이용 및 개발에 관한 계획 10. 개간 및 공유수면의 매립에 관한 계획 11. 관광단지의 개발에 관한 계획 12. 산지의 개발에 관한 계획 13. 특정 지역의 개발에 관한 계획 14. 체육시설의 설치에 관한 계획 15. 폐기물 처리시설의 설치에 관한 계획 16. 국방·군사 시설의 설치에 관한 계획 17. 토석·모래·자갈·광물 등의 채취에 관한 계획 18. 환경에 영향을 미치는 시설로서 대통령령으로 정하는 시설의 설치에 관한 계획 ② 제1항에 따른 전략환경영향평가 대상계획(이하 "전략환경영향평가 대상계획"이라 한다)

법	시 행 령	시 행 규 칙
	2) 주거지역 · 상업지역 · 공업지역 또는 계획관리지역 외의 용도지역 상호간의 변경(자연녹지지역으로 변경하는 경우는 제외한다) 3) 용도지구 · 용도구역의 지정 또는 변경(개발진흥지구의 지정 또는 확대지정은 제외한다) 자. 다음의 어느 하나에 해당하는 기반시설을 설치하는 경우 1) 제55조제1항 각 호에 따른 용도지역별 개발행위규모에 해당하는 기반시설 2) 도로 · 철도 · 궤도 · 수도 · 가스 등 선형(線型)으로 된 교통시설 및 공급시설 3) 공간시설(체육공원 · 묘지공원 및 유원지는 제외한다) 4) 방재시설 및 환경기초시설(폐차장은 제외한다) 5) 개발제한구역 안에 설치하는 기반시설 4. 재해취약성분석을 실시하지 않을 수 있는 요건: 다음 각 목의 어느 하나에 해당하는 경우 가. 제1호가목부터 사목까지의 어느 하나에 해당하는 경우 나. 도시 · 군관리계획 입안일부터 5년 이내에 재해취약성분석을 실시한 경우 다. 제3호아목에 해당하는 경우(방재지구의 지정 · 변경은 제외한다) 라. 다음의 어느 하나에 해당하는 기반시설을 설치하는 경우 1) 제3호자목1)의 기반시설 2) 삭제 〈2019.8.6.〉 3) 공간시설 중 녹지 · 공공공지 [전문개정 2015.7.6.]	은 그 계획의 성격 등을 고려하여 다음 각 호와 같이 구분한다. 1. 정책계획: 국토의 전 지역이나 일부 지역을 대상으로 개발 및 보전 등에 관한 기본방향이나 지침 등을 일반적으로 제시하는 계획 2. 개발기본계획: 국토의 일부 지역을 대상으로 하는 계획으로서 다음 각 목의 어느 하나에 해당하는 계획 가. 구체적인 개발구역의 지정에 관한 계획 나. 개별 법령에서 실시계획 등을 수립하기 전에 수립하도록 하는 계획으로서 실시계획 등의 기준이 되는 계획 ③ 전략환경영향평가 대상계획 및 제2항에 따른 정책계획 및 개발기본계획의 구체적인 종류는 제10조의2에서 정한 절차를 거쳐 대통령령으로 정한다. 〈개정 2016.5.29.〉

법	시 행 령	시 행 규 칙
제28조【주민과 지방의회의 의견청취】 ① 국토교통부장관(제40조에 따른 수산자원보호구역의 경우 해양수산부장관을 말한다. 이하 이 조에서 같다), 시·도지사, 시장 또는 군수는 제25조에 따라 도시·군관리계획을 입안할 때에는 주민의 의견을 들어야 하며, 그 의견이 타당하다고 인정되면 도시·군관리계획안에 반영하여야 한다. 다만, 국방상 또는 국가안전보장상 기밀을 지켜야 할 필요가 있는 사항(관계 중앙행정기관의 장이 요청하는 것만 해당한다)이거나 대통령령으로 정하는 경미한 사항인 경우에는 그러하지 아니하다. 〈개정 2013.3.23〉 ② 국토교통부장관이나 도지사는 제24조제5항 및 제6항에 따라 도시·군관리계획을 입안하려면 주민의 의견 청취 기한을 밝혀 도시·군관리계획안을 관계 특별시장·광역시장·특별자치시장·특별자치도지사·시장 또는 군수에게 송부하여야 한다. 〈개정 2011.4.14〉 ③ 제2항에 따라 도시·군관리계획안을 받은 특별시장·광역시장·특별자치시장·특별자치도지사·시장 또는 군수는 명시된 기한까지 그 도시·군관리계획안에 대한 주민의 의견을 들어 그 결과를 국토교통부장관이나 도지사에게 제출하여야 한다. 〈개정 2013.3.23〉 ④ 국토교통부장관, 시·도지사, 시장 또는 군수는 다음 각 자치단체의 조례로 정하는 중요한 사항인 경우에는 그 내용을 다시 공고·열람하게 하여 주민의 의견을 들어야 한다. 〈신설 2021.1.12.〉 1. 제1항에 따라 청취한 주민 의견을 도시·군관리계획안에 반영하고자 하는 경우 2. 제30조제1항·제2항에 따른 관계 행정기관의 장과의 협의 및 같은 조 제3항에 따른 중앙도시계획위원회의 심의, 시·도도시계획위원회의 심의 또는 시·도에 두는 건축위원회와	**제22조【주민 및 지방의회의 의견청취】** ① 법 제28조제1항 단서에서 "대통령령으로 정하는 경미한 사항"이란 제25조제3항 각 호의 사항 및 같은 조 제4항 각 호의 사항을 말한다. 〈개정 2018.11.13.〉 ② 법 제28조제5항에 따라 조례로 주민의 의견 청취에 필요한 사항을 정할 때 적용되는 기준은 다음 각 호와 같다. 〈개정 2022.11.1., 2024.1.26.〉 1. 도시·군관리계획안의 주요 내용을 다음 각 목의 매체에 각각 공고할 것 가. 해당 지방자치단체의 공보나 둘 이상의 일반일간신문(「신문 등의 진흥에 관한 법률」 제9조제1항에 따라 전국 또는 해당 지방자치단체를 주된 보급지역으로 등록한 일반일간신문을 말한다) 나. 해당 지방자치단체의 인터넷 홈페이지 등의 매체 다. 법 제128조제1항에 따라 국토교통부장관이 구축·운영하는 국토이용정보체계 2. 도시·군관리계획안을 14일 이상의 기간 동안 일반인이 열람할 수 있도록 할 것 ③ 삭제 〈2022.11.1〉 ④ 제2항의 규정에 의하여 공고된 도시·군관리계획안의 내용에 대하여 의견이 있는 자는 열람기간내에 특별시장·광역시장·특별자치시장·특별자치도지사·시장 또는 군수에게 의견서를 제출할 수 있다. 〈개정 2022.1.18.〉 ⑤ 국토교통부장관, 시·도지사, 시장 또는 군수는 제3항의 규정에 의하여 제출된 의견을 도시·군관리계획안에 반영할 것인지 여부를 검토하여 그 결과를 열람기간이 종료된 날부터 60일 이내에 당해 의견을 제출한 자에게 통보하여야 한다. 〈개정 2022.1.18.〉	

법	시 행 령	시 행 규 칙
도시계획위원회의 공동 심의에서 제시된 의견을 반영하여 도시 · 군관리계획을 결정하고자 하는 경우 ⑤ 제1항 및 제 4항에 따른 주민의 의견 청취에 필요한 사항은 대통령령으로 정하는 기준에 따라 해당 지방자치단체의 조례로 정한다. 〈개정 2021.1.12.〉 ⑥ 국토교통부장관, 시 · 도지사, 시장 또는 군수는 도시·군관리계획을 입안하려면 대통령령으로 정하는 사항에 대하여 해당 지방의회의 의견을 들어야 한다. 〈개정 2021.1.12.〉 ⑦ 국토교통부장관이나 도지사가 제6항에 따라 지방의회의 의견을 듣는 경우에는 제2항과 제3항을 준용한다. 이 경우 "주민"은 "지방의회"로 본다. 〈개정 2021.1.12.〉 ⑧ 특별시장 · 광역시장 · 특별자치시장 · 특별자치도지사 · 시장 또는 군수가 제6항에 따라 지방의회의 의견을 들으려면 의견 제시 기한을 밝혀 도시·군관리계획안을 송부하여야 한다. 이 경우 해당 지방의회는 명시된 기한까지 특별시장 · 광역시장 · 특별자치시장 · 특별자치도지사 · 시장 또는 군수에게 의견을 제시하여야 한다. 〈개정 2021.1.12.〉 [전문개정 2009.2.6.]	⑥ 삭제 〈2021.7.6.〉 ⑦ 법 제28조제6항에서 "대통령령으로 정하는 사항"이란 다음 각 호의 사항을 말한다. 다만, 제25조제3항 각 호의 사항 및 지구단위계획으로 결정 또는 변경결정하는 사항은 제외한다. 〈개정 2016.5.17., 2016.12.30., 2017.12.29., 2018.11.13., 2021.7.6〉 1. 법 제36조부터 제38조까지, 제38조의2, 제39조, 제40조 및 제40조의2에 따른 용도지역·용도지구 또는 용도구역의 지정 또는 변경지정. 다만, 용도지구에 따른 건축물이나 그 밖의 시설의 용도·종류 및 규모 등의 제한을 그대로 지구단위계획으로 대체하기 위한 경우로서 해당 용도지구를 폐지하기 위하여 도시·군관리계획을 결정하는 경우에는 제외한다. 2. 광역도시계획에 포함된 광역시설의 설치 · 정비 또는 개량에 관한 도시·군관리계획의 결정 또는 변경결정 3. 다음 각 목의 어느 하나에 해당하는 기반시설의 설치 · 정비 또는 개량에 관한 도시·군관리계획의 결정 또는 변경결정. 다만, 법 제48조제4항에 따른 지방의회의 권고대로 도시 · 군계획시설결정(도시 · 군계획시설에 대한 도시 · 군관리계획결정을 말한다. 이하 같다)을 해제하기 위한 도시 · 군관리계획을 결정하는 경우는 제외한다. 가. 도로 중 주간선도로(시 · 군내 주요지역을 연결하거나 시 · 군 상호간이나 주요지방 상호간을 연결하여 대량통과교통을 처리하는 도로로서 시 · 군의 골격을 형성하는 도로를 말한다. 이하 같다) 나. 철도중 도시철도 다. 자동차정류장중 여객자동차터미널(시외버스운송사업용에 한한다)	

법	시 행 령	시 행 규 칙
관계법 「도시공원 및 녹지 등에 관한 법률」 제15조(도시공원의 세분 및 규모) ① 도시공원은 그 기능 및 주제에 따라 다음 각 호와 같이 세분한다. 〈개정 2020.2.4., 2021.1.21.〉 1. 국가도시공원: 제19조에 따라 설치·관리하는 도시공원 중 국가가 지정하는 공원 2. 생활권공원: 도시생활권의 기반이 되는 공원의 성격으로 설치·관리하는 공원으로서 다음 각 목의 공원 가. 소공원: 소규모 토지를 이용하여 도시민의 휴식 및 정서 함양을 도모하기 위하여 설치하는 공원 나. 어린이공원: 어린이의 보건 및 정서생활의 향상에 이바지하기 위하여 설치하는 공원 다. 근린공원: 근린거주자 또는 근린생활권으로 구성된 지역생활권 거주자의 보건·휴양 및 정서생활의 향상에 이바지하기 위하여 설치하는 공원 3. 주제공원: 생활권공원 외에 다양한 목적으로 설치하는 다음 각 목의 공원 가. 역사공원: 도시의 역사적 장소나 시설물, 유적·유물 등을 활용하여 도시민의 휴식·교육을 목적으로 설치하는 공원 나. 문화공원: 도시의 각종 문화적 특징을 활용하여 도시민의 휴식·교육을 목적으로 설치하는 공원 다. 수변공원: 도시의 하천가·호숫가 등 수변공간을 활용하여 도시민의 여가·휴식을 목적으로 설치하는 공원 라. 묘지공원: 묘지 이용자에게 휴식 등을 제공하기 위하여 일정한 구역에 「장사 등에 관한 법률」 제2조제7호에 따른 묘지와 공원시설을 혼합하여 설치하는 공원 마. 체육공원: 주로 운동경기나 야외활동 등 체육활동을 통하여 건전한 신체와 정신을 배양함을 목적으로 설치하는 공원 바. 도시농업공원: 도시민의 정서순화 및 공동체의식 함양을 위하여 도시농업을 주된 목적으로 설치하는 공원 사. 방재공원: 지진 등 재난발생 시 도시민 대피 및 구호 거점으로 활용될 수 있도록 설치하는 공원	라. 공원(「도시공원 및 녹지 등에 관한 법률」에 따른 소공원 및 어린이공원은 제외한다) 마. 유통업무설비 바. 학교 중 대학 사. 삭제 〈2018.11.13.〉 아. 삭제 〈2005.9.8〉 자. 공공청사 중 지방자치단체의 청사 차. 삭제 〈2018.11.13.〉 카. 삭제 〈2018.11.13.〉 타. 삭제 〈2018.11.13.〉 파. 하수도(하수종말처리시설에 한한다) 하. 폐기물처리 및 재활용시설 거. 수질오염방지시설 너. 그 밖에 국토교통부령으로 정하는 시설	**제2조의2【주민과 지방의회의 의견청취】** 영 제22조제7항제3호너목에서 "국토교통부령으로 정하는 시설"이란 제2조제1호 및 제2호의 시설을 말한다. [본조신설 2018.12.27.]

법	시 행 령	시 행 규 칙

법

아. 그 밖에 특별시 · 광역시 · 특별자치시 · 도 · 특별자치도(이하 "시 · 도"라 한다) 또는 「지방자치법」 제198조에 따른 서울특별시 · 광역시 및 특별자치시를 제외한 인구 50만 이상 대도시의 조례로 정하는 공원

② 제1항 각 호의 공원이 갖추어야 하는 규모는 국토교통부령으로 정한다. 〈개정 2013.3.23.〉

제29조 【도시 · 군관리계획의 결정권자】 ① 도시 · 군관리계획은 시 · 도지사가 직접 또는 시장 · 군수의 신청에 따라 결정한다. 다만, 「지방자치법」 제198조에 따른 서울특별시와 광역시를 제외한 인구 50만 이상의 대도시(이하 "대도시"라 한다)의 경우에는 해당 시장(이하 "대도시 시장"이라 한다)이 직접 결정하고, 다음 각 호의 도시 · 군관리계획은 시장 또는 군수가 직접 결정한다. 〈개정 2017.4.18., 2021.1.12〉

1. 시장 또는 군수가 입안한 지구단위계획구역의 지정 · 변경과 지구단위계획의 수립 · 변경에 관한 도시 · 군관리계획
2. 제52조제1항제1호의2에 따라 지구단위계획으로 대체하는 용도지구 폐지에 관한 도시 · 군관리계획[해당 시장(대도시 시장은 제외한다) 또는 군수가 도지사와 미리 협의한 경우에 한정한다]

② 제1항에도 불구하고 다음 각 호의 도시 · 군관리계획은 국토교통부장관이 결정한다. 다만, 제4호의 도시 · 군관리계획은 해양수산부장관이 결정한다. 〈개정 2015.1.6〉

1. 제24조제5항에 따라 국토교통부장관이 입안한 도시 · 군관리계획
2. 제38조에 따른 개발제한구역의 지정 및 변경에 관한 도시 · 군관리계획
3. 제39조제1항 단서에 따른 시가화조정구역의 지정 및 변경에 관한 도시 · 군관리계획

시 행 령

제23조 【도시 · 군관리계획결정의 신청】 시장 또는 군수(법 제29조제2항제2호부터 제4호까지의 어느 하나에 해당하는 도시 · 군관리계획의 결정을 신청하는 경우에는 시 · 도지사를 포함한다)는 법 제29조제1항에 따라 도시 · 군관리계획 결정을 신청하려면 법 제25조제2항에 따른 도시 · 군관리계획도서 및 계획설명서에 다음 각 호의 서류를 첨부하여 도지사(법 제29조제2항제2호 또는 제3호에 해당하는 도시 · 군관리계획의 결정을 신청하는 경우에는 국토교통부장관을 말하며, 법 제29조제2항제4호에 해당하는 도시 · 군관리계획의 결정을 신청하는 경우에는 해양수산부장관을 말한다)에게 제출하여야 한다. 다만, 시장 또는 군수가 국토교통부장관 또는 해양수산부장관에게 도시 · 군관리계획의 결정을 신청하는 경우에는 도지사를 거쳐야 한다. 〈개정 2021.7.6〉

1. 법 제28조제1항의 규정에 의한 주민의 의견청취 결과
2. 법 제28조제5항의 규정에 의한 지방의회의 의견청취 결과
3. 당해 지방자치단체에 설치된 지방도시계획위원회의 자문을 거친 경우에는 그 결과
4. 법 제30조제1항의 규정에 의한 관계 행정기관의 장과의 협의에 필요한 서류(법 제35조제2항의 규정에 의하여 미리 관계 행정기관의 장과 협의한 경우에는 그 결과)
5. 중앙도시계획위원회 또는 시 · 도도시계획위원회의 심의에 필요한 서류

시 행 규 칙

법	시행령	시행규칙
4. 제40조에 따른 수산자원보호구역의 지정 및 변경에 관한 도시·군관리계획 5. 삭제 〈2019.8.20.〉 [전문개정 2009.2.6][제목개정 2011.4.14.]	[제목개정 2012.4.10] **제24조** 삭제 〈2009.8.5.〉	
제30조【도시·군관리계획의 결정】 ① 시·도지사는 도시·군관리계획을 결정하려면 관계 행정기관의 장과 미리 협의하여야 하며, 국토교통부장관(제40조에 따른 수산자원보호구역의 경우 해양수산부장관을 말한다. 이하 이 조에서 같다)이 도시·군관리계획을 결정하려면 관계 중앙행정기관의 장과 미리 협의하여야 한다. 이 경우 협의 요청을 받은 기관의 장은 특별한 사유가 없으면 그 요청을 받은 날부터 30일 이내에 의견을 제시하여야 한다. 〈개정 2013.3.23.〉 ② 시·도지사는 제24조제5항에 따라 국토교통부장관이 입안하여 결정한 도시·군관리계획을 변경하거나 그 밖에 대통령령으로 정하는 중요한 사항에 관한 도시·군관리계획을 결정하려면 미리 국토교통부장관과 협의하여야 한다. 〈개정 2011.4.14., 2013.3.23.〉 ③ 국토교통부장관은 도시·군관리계획을 결정하려면 중앙도시계획위원회의 심의를 거쳐야 하며, 시·도지사가 도시·군관리계획을 결정하려면 시·도도시계획위원회의 심의를 거쳐야 한다. 다만, 시·도지사가 지구단위계획(지구단위계획과 지구단위계획구역을 동시에 결정할 때에는 지구단위계획구역의 지정 또는 변경에 관한 사항을 포함할 수 있다)이나 제52조제1항제1호의2에 따라 지구단위계획으로 대체하는 용도지구 폐지에 관한 사항을 결정하려면 대통령령으로	**제25조【도시·군관리계획의 결정】** ① 법 제30조제2항에서 "대통령령으로 정하는 중요한 사항에 관한 도시·군관리계획"이란 다음 각 호의 어느 하나에 해당하는 도시·군관리계획을 말한다. 다만, 제3항 각 호 및 제4항 각 호의 사항과 관계 법령에 따라 국토교통부장관(법 제40조에 따른 수산자원보호구역의 경우 해양수산부장관을 말한다. 이하 이 조에서 같다)과 미리 협의한 사항을 제외한다. 〈개정 2013.3.23.〉 1. 광역도시계획과 관련하여 시·도지사가 입안한 도시·군관리계획 2. 개발제한구역이 해제되는 지역에 대하여 해제 이후 최초로 결정되는 도시·군관리계획 3. 2 이상의 시·도에 걸치는 기반시설의 설치·정비 또는 개량에 관한 도시·군관리계획 중 국토교통부령이 정하는 도시·군관리계획 ② 법 제30조제3항 단서 또는 제7항에 따라 건축위원회와 도시계획위원회가 공동으로 지구단위계획을 심의하려는 경우에는 다음 각 호의 기준에 따라 공동위원회를 구성한다. 〈개정 2021.1.26., 2022.1.18〉 1. 공동위원회의 위원은 건축위원회 및 도시계획위원회의 위원중에서 시·도지사 또는 시장·군수가 임명 또는 위촉할 것. 이 경우 법 제113조제3항에 따라 지방도시계획위원회에 지구단위계획을 심의하기 위한 분과위원회가 설치되어 있는	**제2조의3【국토교통부장관과 미리 협의하여야 하는 도시·군관리계획】** 영 제25조제1항제3호에서 "국토교통부령이 정하는 도시·군관리계획"이라 함은 면적이 1제곱킬로미터 이상인 공원의 면적을 5퍼센트 이상 축소하는 것에 관한 도시·군관리계획을 말한다. 〈개정 2012.4.13〉 [제목개정 2012.4.13, 2013.3.23] [제2조에서 이동 〈2018.12.27.〉]

법

정하는 바에 따라 「건축법」 제4조에 따라 시 · 도에 두는 건축위원회와 도시계획위원회가 공동으로 하는 심의를 거쳐야 한다. 〈개정 2017.4.18〉

④ 국토교통부장관이나 시 · 도지사는 국방상 또는 국가안전보장상 기밀을 지켜야 할 필요가 있다고 인정되면(관계 중앙행정기관의 장이 요청할 때만 해당된다) 그 도시 · 군관리계획의 전부 또는 일부에 대하여 제1항부터 제3항까지의 규정에 따른 절차를 생략할 수 있다. 〈개정 2013.3.23.〉

⑤ 결정된 도시 · 군관리계획을 변경하려는 경우에는 제1항부터 제4항까지의 규정을 준용한다. 다만, 대통령령으로 정하는 경미한 사항을 변경하는 경우에는 그러하지 아니하다.〈개정 2011.4.14.〉

⑥ 국토교통부장관이나 시 · 도지사는 도시 · 군관리계획을 결정하면 대통령령으로 정하는 바에 따라 그 결정을 고시하고, 국토교통부장관이나 도지사는 관계 서류를 관계 특별시장 · 광역시장 · 특별자치시장 · 특별자치도지사 · 시장 또는 군수에게 송부하여 일반이 열람할 수 있도록 하여야 하며, 특별시장 · 광역시장 · 특별자치시장 · 특별자치도지사는 관계 서류를 일반이 열람할 수 있도록 하여야 한다. 〈개정 2013.3.23.〉

⑦ 시장 또는 군수가 도시 · 군관리계획을 결정하는 경우에는 제1항부터 제6항까지의 규정을 준용한다. 이 경우 "시 · 도지사"는 "시장 또는 군수"로, "시 · 도도시계획위원회"는 "제113조제2항에 따른 시 · 군 · 구도시계획위원회"로, "「건축법」 제4조에 따라 시 · 도에 두는 건축위원회"는 "「건축법」 제4조에 따라 시 또는 군에 두는 건축위원회"로, "특별시장 · 광역시장 · 특별자치시장 · 특별자치도지사"는 "시장 또는 군수"로 본다. 〈개정 2013.7.16.〉

시 행 령

경우에는 당해 분과위원회의 위원 전원을 공동위원회의 위원으로 임명 또는 위촉하여야 한다.

2. 공동위원회의 위원 수는 30명 이내로 할 것
3. 공동위원회의 위원중 건축위원회의 위원이 3분의 1 이상이 되도록 할 것
4. 공동위원회 위원장은 제1호에 따라 임명 또는 위촉한 위원 중에서 시 · 도지사 또는 시장 · 군수가 임명 또는 위촉할 것

③ 다음 각 호의 어느 하나에 해당하는 경우(다른 호에 저촉되지 않는 경우로 한정한다)에는 법 제30조제5항 단서에 따라 관계 행정기관의 장과의 협의, 국토교통부장관과의 협의 및 중앙도시계획위원회 또는 지방도시계획위원회의 심의를 거치지 않고 도시 · 군관리계획(지구단위계획, 도시혁신계획 및 복합용도계획은 제외한다)을 변경할 수 있다. 〈개정 2015.2.10., 2016.2.11., 2018.11.13., 2019.8.20., 2019.12.31., 2021.1.26., 2021.12.16., 2024.5.7., 2024.7.30.〉

1. 다음 각 목의 어느 하나에 해당하는 경우
   가. 단위 도시 · 군계획시설부지 면적 또는 법 제40조의5에 따른 도시 · 군계획시설입체복합구역(이하 "입체복합구역"이라 한다)면적의 5퍼센트 미만의 변경인 경우. 다만, 다음의 어느 하나에 해당하는 시설은 해당 요건을 충족하는 경우만 해당한다.
      1) 도로: 시작지점 또는 끝지점이 변경(해당 도로와 접한 도시 · 군계획시설의 변경으로 시작지점 또는 끝지점이 변경되는 경우는 제외한다)되지 않는 경우로서 중심선이 종전에 결정된 도로의 범위를 벗어나지 않는 경우

시 행 규 칙

법	시 행 령	시 행 규 칙
[전문개정 2009.2.6][제목개정 2011.4.14] **관계법** 「도시공원 및 녹지 등에 관한 법률」 제35조(녹지의 세분) 녹지는 그 기능에 따라 다음 각 호와 같이 세분한다. 1. 완충녹지: 대기오염, 소음, 진동, 악취, 그 밖에 이에 준하는 공해와 각종 사고나 자연재해, 그 밖에 이에 준하는 재해 등의 방지를 위하여 설치하는 녹지 2. 경관녹지: 도시의 자연적 환경을 보전하거나 이를 개선하고 이미 자연이 훼손된 지역을 복원·개선함으로써 도시경관을 향상시키기 위하여 설치하는 녹지 3. 연결녹지: 도시 안의 공원, 하천, 산지 등을 유기적으로 연결하고 도시민에게 산책공간의 역할을 하는 등 여가·휴식을 제공하는 선형(線型)의 녹지	2) 공원 및 녹지: 다음의 어느 하나에 해당하는 경우 가) 면적이 증가되는 경우 나) 최초 도시·군계획시설 결정 후 변경되는 면적의 합계가 1만제곱미터 미만이고, 최초 도시·군계획시설 결정 당시 부지 면적의 5퍼센트 미만의 범위에서 면적이 감소되는 경우. 다만, 「도시공원 및 녹지 등에 관한 법률」 제35조제1호의 완충녹지(도시지역 외의 지역에서 같은 법을 준용하여 설치하는 경우를 포함한다)인 경우는 제외한다. 나. 지형사정으로 인한 도시·군계획시설의 근소한 위치변경 또는 비탈면 등으로 인한 시설부지의 불가피한 변경인 경우 다. 그 밖에 국토교통부령으로 정하는 경미한 사항의 변경인 경우 2. 삭제 〈2019.8.6.〉 3. 이미 결정된 도시·군계획시설의 세부시설을 변경하는 경우로서 세부시설 면적, 건축물 연면적 또는 건축물 높이의 변경[50퍼센트 미만으로서 시·도 또는 대도시(「지방자치법」 제198조제1항에 따른 서울특별시·광역시 및 특별자치시를 제외한 인구 50만 이상 대도시를 말한다. 이하 같다)의 도시·군계획조례로 정하는 범위 이내의 변경은 제외하며, 건축물 높이의 변경은 층수변경이 수반되는 경우를 포함한다]이 포함되지 않는 경우 4. 도시지역의 축소에 따른 용도지역·용도지구·용도구역 또는 지구단위계획구역의 변경인 경우 5. 도시지역외의 지역에서 「농지법」에 의한 농업진흥지역 또는 「산지관리법」에 의한 보전산지를 농림지역으로 결정하는 경우	**제3조【경미한 도시·군관리계획변경사항】** ① 영 제25조제3항제1호다목에서 "국토교통부령으로 정하는 경미한 사항의 변경"이란 다음 각 호의 어느 하나에 해당하는 변경을 말한다. 〈신설 2019.8.7., 2023.1.27.〉 1. 「도시계획시설의 결정·구조 및 설치기준에 관한 규칙」 제14조의 규정에 적합한 범위안에서 도로모퉁이변을 조정하기 위한 도시·군계획시설의 변경 2. 도시·군관리계획결정의 내용 중 면적산정의 착오 등을 정정하기 위한 변경 3. 「공간정보의 구축 및 관리 등에 관한 법률」 제26조제2항 및 「건축법」 제26조에 따라 허용되는 오차를 반영하기 위한 변경

법	시 행 령	시 행 규 칙
	6. 「자연공원법」에 따른 공원구역, 「수도법」에 의한 상수원보호구역, 「문화유산의 보존 및 활용에 관한 법률」에 따라 지정된 지정문화유산과 그 보호구역 또는 「자연유산의 보존 및 활용에 관한 법률」에 따라 지정된 천연기념물 등과 그 보호구역을 자연환경보전지역으로 결정하는 경우 6의2. 체육시설(제2조제3항에 따라 세분된 체육시설을 말한다. 이하 이 호에서 같다) 및 그 부지의 전부 또는 일부를 다른 체육시설 및 그 부지로 변경(둘 이상의 체육시설을 같은 부지에 함께 결정하기 위하여 변경하는 경우를 포함한다)하는 경우	4. 건축물의 건축 또는 공작물의 설치에 따른 변속차로, 차량출입구 또는 보행자출입구의 설치를 위한 도시 · 군계획시설의 변경 5. 도시 · 군계획시설의 명칭의 변경
	6의3. 문화시설(제2조제3항에 따라 세분된 문화시설을 말하되, 국토교통부령으로 정하는 시설은 제외한다. 이하 이 호에서 같다) 및 그 부지의 전부 또는 일부를 다른 문화시설 및 그 부지로 변경(둘 이상의 문화시설을 같은 부지에 함께 결정하기 위하여 변경하는 경우를 포함한다)하는 경우 6의4. 장사시설(제2조제3항에 따라 세분된 장사시설을 말한다. 이하 이 호에서 같다) 및 그 부지의 전부 또는 일부를 다른 장사시설 및 그 부지로 변경(둘 이상의 장사시설을 같은 부지에 함께 결정하기 위하여 변경하는 경우를 포함한다)하는 경우	② 영 제25조제3항제6호의3에서 "국토교통부령으로 정하는 시설" 이란 다음 각 호의 시설을 말한다. 〈신설 2016.2.12., 2019.8.7〉 1. 「전시산업발전법」 제2조제4호에 따른 전시시설 2. 「국제회의산업 육성에 관한 법률」 제2조제3호에 따른 국제회의시설
	7. 그 밖에 국토교통부령(법 제40조에 따른 수산자원보호구역의 경우 해양수산부령을 말한다.)이 정하는 경미한 사항의 변경인 경우 ④ 지구단위계획 중 다음 각 호의 어느 하나에 해당하는 경우(다른 호에 저촉되지 않는 경우로 한정한다)에는 법 제30조제5항 단서에 따라 관계 행정기관의 장과의 협의, 국토교통부장관과의 협의 및 중앙도시계획위원회 · 지방도시계획위원회 또는 제2항에 따른 공동위원회의 심의를 거치	③ 영 제25조제3항제7호에서 "국토교통부령으로 정하는 경미한 사항의 변경"이란 다음 각 호의 어느 하나에 해당하는 변경(다른 호에 저촉되지 않는 경우로 한정한다)을 말한다. 〈개정 2015.6.4., 2016.2.12., 2016.5.26., 2019.8.7〉 1. 영 제25조제3항제1호가목 및 나목에 따른 도시 · 군계획시설결정의 변경에

법	시 행 령	시 행 규 칙

지 않고 지구단위계획을 변경할 수 있다. 다만, 제14호에 해당하는 경우에는 공동위원회의 심의를 거쳐야 한다. 〈개정 2014.1.14, 2014.11.11, 2015.7.6, 2016.1.22, 2016.5.17, 2016.12.30, 2019.8.6, 2021.1.5, 2021.1.26〉

1. 지구단위계획으로 결정한 용도지역·용도지구 또는 도시·군계획시설에 대한 변경결정으로서 제3항 각호의 어느 하나에 해당하는 변경인 경우
2. 가구(제42조의3제2항제4호에 따른 별도의 구역을 포함한다. 이하 이 항에서 같다)면적의 10퍼센트 이내의 변경인 경우
3. 획지(劃地: 구획된 한 단위의 토지를 말한다. 이하 같다)면적의 30퍼센트 이내의 변경인 경우
4. 건축물높이의 20퍼센트 이내의 변경인 경우(층수변경이 수반되는 경우를 포함한다)
5. 제46조제7항제2호 각목의 1에 해당하는 획지의 규모 및 조성계획의 변경인 경우
6. 삭제 〈2019.8.6.〉
7. 건축선 또는 차량출입구의 변경으로서 다음 각 목의 어느 하나에 해당하는 경우
   가. 건축선의 1미터 이내의 변경인 경우
   나. 「도시교통정비 촉진법」 제17조 또는 제18조에 따른 교통영향평가서의 심의를 거쳐 결정된 경우
8. 건축물의 배치·형태 또는 색채의 변경인 경우
9. 지구단위계획에서 경미한 사항으로 결정된 사항의 변경인 경우. 다만, 용도지역·용도지구·도시·군계획시설·가구면적·획지면적·건축물높이 또는 건축선의 변경에 해당하는 사항을 제외한다.
10. 법률 제6655호 국토의계획및이용에관한법률 부칙 제17조제2항의 규정에 의하여 제2종지구단위계획으로 보는 개

따른 용도지역·용도지구 및 용도구역의 변경

2. 제1항제1호·제2호, 영 제25조제3항제1호가목·나목 및 같은 항 제5호·제6호에 따른 도시·군계획시설결정 또는 용도지역·용도지구·용도구역의 변경에 따른 지구단위계획구역의 변경
3. 영 제25조제4항제11호에 따른 지구단위계획구역 변경에 따른 개발진흥지구의 변경

법	시 행 령	시 행 규 칙
	발계획에서 정한 건폐율 또는 용적률을 감소시키거나 10퍼센트 이내에서 증가시키는 경우(증가시키는 경우에는 제47조제1항의 규정에 의한 건폐율 · 용적률의 한도를 초과하는 경우를 제외한다) 11. 지구단위계획구역 면적의 10퍼센트(용도지역 변경을 포함하는 경우에는 5퍼센트를 말한다) 이내의 변경 및 동 변경지역안에서의 지구단위계획의 변경 12. 국토교통부령으로 정하는 경미한 사항의 변경인 경우 13. 그 밖에 제1호부터 제12호까지와 유사한 사항으로서 도시 · 군계획조례로 정하는 사항의 변경인 경우 14. 「건축법」 등 다른 법령의 규정에 따른 건폐율 또는 용적률 완화 내용을 반영하기 위하여 지구단위계획을 변경하는 경우 ⑤ 도시혁신계획 또는 복합용도계획 중 다음 각 호의 어느 하나에 해당하는 경우(다른 호에 저촉되지 않는 경우로 한정한다)에는 법 제30조제5항 단서에 따라 관계 행정기관의 장과의 협의, 국토교통부장관과의 협의 및 중앙도시계획위원회 · 지방도시계획위원회의 심의를 거치지 않고 도시혁신계획 또는 복합용도계획을 변경할 수 있다. 〈신설 2021.1.26., 2024.7.30.〉 1. 도시혁신계획 또는 복합용도계획으로 결정한 용도지역 · 용도지구, 지구단위계획 또는 도시 · 군계획시설에 대한 변경결정으로서 제3항 각 호, 같은 조 제4항제2호부터 제5호까지, 제7호 및 제8호의 어느 하나에 해당하는 변경인 경우(다른 호에 저촉되지 않는 경우로 한정한다) 2. 도시혁신계획 또는 복합용도계획에서 경미한 사항으로 결정된 사항의 변경인 경우. 다만, 용도지역 · 용도지구, 도시 · 군계획시설, 가구면적, 획지면적, 건축물 높이 또는 건축	④ 영 제25조제4항제12호에서 "국토교통부령으로 정하는 경미한 사항의 변경"이란 다음 각 호의 어느 하나에 해당하는 변경(다른 호에 저촉되지 않는 경우로 한정한다)을 말한다. 〈개정 2016.2.12., 2016.5.26., 2019.8.7〉 1. 「국토의 계획 및 이용에 관한 법률」(이하 "법"이라 한다) 제52조제1항제7호에 따른 교통처리계획 중 주차장 출입구, 차량 출입구 또는 보행자 출입구의 위치 변경 및 보행자 출입구의 추가 설치 2. 영 제45조제4항 각 호에 관한 사항의 변경

법	시 행 령	시행규칙
	선의 변경에 해당하는 사항은 제외한다. 3. 법 제40조의3에 따른 도시혁신구역(이하 "도시혁신구역"이라 한다) 면적 또는 법 제40조의4에 따른 복합용도구역(이하 "복합용도구역"이라 한다) 면적의 10퍼센트 이내의 변경 및 해당 변지역 안에서의 도시혁신계획 또는 복합용도계획의 변경 ⑥ 법 제30조제6항 및 제7항에 따른 도시·군관리계획결정의 고시는 국토교통부장관이 하는 경우에는 관보와 국토교통부의 인터넷 홈페이지에, 시·도지사 또는 시장·군수가 하는 경우에는 해당 시·도 또는 시·군의 공보와 인터넷 홈페이지에 다음 각 호의 사항을 게재하는 방법으로 한다. 〈개정 2014.1.14, 2020.11.24, 2021.1.26〉 1. 법 제2조제4호 각 목의 어느 하나에 해당하는 계획이라는 취지 2. 위치 3. 면적 또는 규모 4. 그 밖에 국토교통부령이 정하는 사항 ⑦ 특별시장 또는 광역시장·특별자치시장·특별자치도지사는 다른 특별시·광역시·특별자치시·특별자치도·시 또는 군의 관할구역이 포함된 도시·군관리계획결정을 고시하는 때에는 해당 특별시장·광역시장·특별자치시장·특별자치도지사·시장 또는 군수에게 관계 서류를 송부하여야 한다. 〈개정 2021.1.26〉 [제목개정 2012.4.10.]	
제31조 【도시·군관리계획 결정의 효력】 ① 도시·군관리계획 결정의 효력은 제32조제4항에 따라 지형도면을 고시한 날부터 발생한다. 〈개정 2013.7.16.〉 ② 도시·군관리계획 결정 당시 이미 사업이나 공사에 착수한 자(이 법 또는 다른 법률에 따라 허가·인가·승인 등을 받아야 하는 경우에는 그 허가·인가·승인 등을 받아 사업이나 공사에 착수한 자를 말한다)는 그 도시·군관리계획 결정에 관계없이 그 사업이나 공사를 계속할 수 있다. 다만, 시가화조정구역이나 수산자원보호구역의 지정에 관한 도시·군관리계획 결정이 있는 경우에는 대통령령으로 정하는 바에 따라 특별시장·광역시장·특별자치시장·특별자치도지사·시장 또는 군수에게 신고하고 그 사업이나 공사를 계속할 수 있다. 〈개정 2011.4.14.〉 ③ 제1항에서 규정한 사항 외에 도시·군관리계획 결정의	**제26조 【시행중인 공사에 대한 특례】** ① 시가화조정구역 또는 수산자원보호구역의 지정에 관한 도시·군관리계획의 결정 당시 이미 사업 또는 공사에 착수한 자는 해당 사업 또	

법	시 행 령	시 행 규 칙
효력 발생 및 실효 등에 관하여는 「토지이용규제 기본법」 제8조제3항부터 제5항까지의 규정에 따른다. 〈신설 2013.7.16.〉 [전문개정 2009.2.6][제목개정 2011.4.14] **제32조【도시 · 군관리계획에 관한 지형도면의 고시 등】** ① 특별시장 · 광역시장 · 특별자치시장 · 특별자치도지사 · 시장 또는 군수는 제30조에 따른 도시 · 군관리계획 결정(이하 "도시 · 군관리계획결정"이라 한다)이 고시되면 지적(地籍)이 표시된 지형도에 도시 · 군관리계획에 관한 사항을 자세히 밝힌 도면을 작성하여야 한다. 〈개정 2013.7.16.〉 ② 시장(대도시 시장은 제외한다)이나 군수는 제1항에 따른 지형도에 도시 · 군관리계획(지구단위계획구역의 지정 · 변경과 지구단위계획의 수립 · 변경에 관한 도시 · 군관리계획은 제외한다)에 관한 사항을 자세히 밝힌 도면(이하 "지형도면"이라 한다)을 작성하면 도지사의 승인을 받아야 한다. 이 경우 지형도면의 승인 신청을 받은 도지사는 그 지형도면과 결정 · 고시된 도시 · 군관리계획을 대조하여 착오가 없다고 인정되면 대통령령으로 정하는 기간에 그 지형도면을 승인하여야 한다. 〈개정 2013.7.16.〉 ③ 국토교통부장관(제40조에 따른 수산자원보호구역의 경우 해양수산부장관을 말한다. 이하 이 조에서 같다)이나 도지사는 도시 · 군관리계획을 직접 입안한 경우에는 제1항과 제2항에도 불구하고 관계 특별시장 · 광역시장 · 특별자치시장 · 특별자치도지사 · 시장 또는 군수의 의견을 들어 직접 지형도면을 작성할 수 있다. 〈개정 2013.3.23.〉 ④ 국토교통부장관, 시 · 도지사, 시장 또는 군수는 직접 지형도면을 작성하거나 지형도면을 승인한 경우에는 이를 고	는 공사를 계속하고자 하는 때에는 법 제31조제2항 단서의 규정에 의하여 시가화조정구역 또는 수산자원보호구역의 지정에 관한 도시·군관리계획결정의 고시일부터 3월 이내에 그 사업 또는 공사의 내용을 관할 특별시장 · 광역시장 · 특별자치시장 · 특별자치도지사 · 시장 또는 군수에게 신고하여야 한다. 〈개정 2012.4.10〉 ② 제1항의 규정에 의하여 신고한 행위가 건축물의 건축을 목적으로 하는 토지의 형질변경인 경우 해당 건축물을 건축하고자 하는 자는 토지의 형질변경에 관한 공사를 완료한 후 3월 이내에 건축허가를 신청하는 때에는 해당 건축물을 건축할 수 있다. ③ 건축물의 건축을 목적으로 하는 토지의 형질변경에 관한 공사를 완료한 후 1년 이내에 제1항의 규정에 의한 도시·군관리계획결정의 고시가 있는 경우 해당 건축물을 건축하고자 하는 자는 해당 도시·군관리계획결정의 고시일부터 6월 이내에 건축허가를 신청하는 때에는 해당 건축물을 건축할 수 있다. 〈개정 2012.4.10.〉 **제27조【지형도면의 승인기간】** 법 제32조제2항 후단에서 "대통령령으로 정하는 기간"이란 30일 이내를 말한다. [전문개정 2014.1.14.]	

시하여야 한다. 〈개정 2013.7.16.〉
⑤ 제1항 및 제3항에 따른 지형도면의 작성기준 및 방법과 제4항에 따른 지형도면의 고시방법 및 절차 등에 관하여는 「토지이용규제 기본법」 제8조제2항 및 제6항부터 제9항까지의 규정에 따른다. 〈개정 2013.7.16.〉
[전문개정 2009.2.6][제목개정 2011.4.14]

제33조 삭제 〈2013.7.16.〉

제34조 【도시·군관리계획의 정비】 ① 특별시장·광역시장·특별자치시장·특별자치도지사·시장 또는 군수는 5년마다 관할 구역의 도시·군관리계획에 대하여 대통령령으로 정하는 바에 따라 그 타당성 여부를 전반적으로 재검토하여 정비하여야 한다. 〈개정 2015.8.11., 2020.6.9〉
② 삭제 〈2021.1.12..〉
[전문개정 2009.2.6][제목개정 2011.4.14]

제28조 삭제 〈2014.1.14.〉

제29조 【도시·군관리계획의 정비】 ① 특별시장·광역시장·특별자치시장·특별자치도지사·시장 또는 군수는 법 제34조제1항에 따라 도시·군관리계획을 정비하는 경우에는 다음 각 호의 사항을 검토하여 그 결과를 도시·군관리계획입안에 반영하여야 한다. 〈개정 2014.1.14., 2015.12.15., 2016.12.30., 2017.9.19., 2017.12.29〉
1. 도시·군계획시설 설치에 관한 도시·군관리계획: 다음 각 목의 사항
  가. 도시·군계획시설결정의 고시일부터 3년 이내에 해당 도시·군계획시설의 설치에 관한 도시·군계획시설사업의 전부 또는 일부가 시행되지 아니한 경우 해당 도시·군계획시설결정의 타당성
  나. 도시·군계획시설결정에 따라 설치된 시설 중 여건 변화 등으로 존치 필요성이 없는 도시·군계획시설에 대한 해제 여부)
2. 용도지구 지정에 관한 도시·군관리계획: 다음 각 목의 사항
  가. 지정목적을 달성하거나 여건 변화 등으로 존치 필요성이 없는 용도지구에 대한 변경 또는 해제 여부
  나. 해당 용도지구와 중첩하여 지구단위계획구역이 지정되

관계법 「토지이용규제기본법」
제8조(지역·지구등의 지정 등)
② 중앙행정기관의 장이 지역·지구등을 지정하는 경우에는 지적(地籍)이 표시된 지형도에 지역·지구등을 명시한 도면(이하 "지형도면"이라 한다)을 작성하여 관보에 고시하고, 지방자치단체의 장이 지역·지구등을 지정하는 경우에는 지형도면을 작성하여 그 지방자치단체의 공보에 고시하여야 한다. 다만, 대통령령으로 정하는 경우에는 지형도면을 작성·고시하지 아니하거나 지적도 등에 지역·지구등을 명시한 도면을 작성하여 고시할 수 있다.
⑥ 중앙행정기관의 장이나 지방자치단체의 장은 지역·지구등의 지정을 입안하거나 신청하는 자가 따로 있는 경우에는 그 자에게 제2항에 따른 고시에 필요한 지형도면등을 작성하여 제출하도록 요청할 수 있다.
⑦ 제2항에 따른 지형도면등의 작성에 필요한 구체적인 기준 및 방법 등은 대통령령으로 정한다.
⑧ 중앙행정기관의 장이나 지방자치단체의 장은 제2항에 따라 지형도면등의 고시를 하려면 관계 시장·군수 또는 구청장에게 관련 서류와 고시예정일 등 대통령령으로 정하는 사항을 미리 통보하여야 한다. 다만, 제2항 단서에 따라 지형도면을 작성·고시하지 아니하는 경우에는 지역·지구등을 지정할 때에 대통령령으로 정하는 사항을 미리 통보하여야 하고, 제3항 단서에 따라 지역·지구등의 지정 후에

법

제35조【도시 · 군관리계획 입안의 특례】 ① 국토교통부장관, 시 · 도지사, 시장 또는 군수는 도시 · 군관리계획을 조속히 입안하여야 할 필요가 있다고 인정되면 광역도시계획이나 도시 · 군기본계획을 수립할 때에 도시 · 군관리계획을 함께 입안할 수 있다. 〈개정 2013.3.23.〉

② 국토교통부장관(제40조에 따른 수산자원보호구역의 경우 해양수산부장관을 말한다), 시 · 도지사, 시장 또는 군수는 필요하다고 인정되면 도시 · 군관리계획을 입안할 때에 제30조제1항에 따라 협의하여야 할 사항에 관하여 관계 중앙행정기관의 장이나 관계 행정기관의 장과 협의할 수 있다. 이 경우 시장이나 군수는 도지사에게 그 도시 · 군관리계획(지구단위계획구역의 지정 · 변경과 지구단위계획의 수립 · 변경에 관한 도시 · 군관리계획은 제외한다)의 결정을 신청할 때에 관계 행정기관의 장과의 협의 결과를 첨부하여야 한다. 〈개정 2013.7.16.〉

③ 제2항에 따라 미리 협의한 사항에 대하여는 제30조제1항에 따른 협의를 생략할 수 있다.

[전문개정 2009.2.6.][제목개정 2011.4.14.]

제1절의2 공간재구조화계획 〈신설 2024.2.6.〉

제35조의2【공간재구조화계획의 입안】 ① 특별시장 · 광역시장 · 특별자치시장 · 특별자치도지사 · 시장 또는 군수는 다음 각 호의 용도구역을 지정하고 해당 용도구역에 대한 계획을 수립하기 위하여 공간재구조화계획을 입안하여야 한다.

1. 제40조의3에 따른 도시혁신구역 및 도시혁신계획
2. 제40조의4에 따른 복합용도구역 및 복합용도계획

시 행 령

어 지구단위계획이 수립되거나 다른 법률에 따른 지역·지구 등이 지정된 경우 해당 용도지구의 변경 및 해제 여부 등을 포함한 용도지구 존치의 타당성

다. 둘 이상의 용도지구가 중첩하여 지정되어 있는 경우 용도지구의 지정 목적, 여건 변화 등을 고려할 때 해당 용도지구를 법 제52조제1항제1호의2에 규정된 사항을 내용으로 하는 지구단위계획으로 대체할 필요성이 있는지 여부

② 삭제 〈2021.7.6.〉

③ 법 제18조제1항 단서의 규정에 의하여 도시 · 군기본계획을 수립하지 아니하는 시 · 군의 시장 · 군수는 법 제34조의 규정에 의하여 도시 · 군관리계획을 정비하는 때에는 법 제25조제2항의 규정에 의한 계획설명서에 당해 시 · 군의 장기발전구상을 포함시켜야 하며, 공청회를 개최하여 이에 관한 주민의 의견을 들어야 한다. 〈개정 2012.4.10., 2015.12.15.〉

④ 제12조의 규정은 제2항의 공청회에 관하여 이를 준용한다. 〈개정 2015.12.15.〉

[제목개정 2012.4.10.]

제1절의2 공간재구조화계획 〈신설 2024.7.30.〉

제29조의2【공간재구조화계획 입안의 제안】 ① 법 제35조의3제1항에 따라 공간재구조화계획의 입안을 제안하려는 자는 다음 각 호의 구분에 따라 토지소유자의 동의를 받아야 한다. 이 경우 동의 대상 토지 면적에서 국유지 및 공유지는 제외한다.

1. 도시혁신구역 또는 복합용도구역의 지정을 제안하는 경

시 행 규 칙

지형도면등의 고시를 하는 경우에는 지역 · 지구등을 지정할 때와 제4항에 따른 지형도면등을 고시할 때에 대통령령으로 정하는 사항을 미리 통보하여야 한다.

⑨ 제8항에 따라 통보를 받은 시장 · 군수 또는 구청장은 그 내용을 국토이용정보체계에 등재하여 지역 · 지구등의 지정 효력이 발생한 날부터 일반 국민이 볼 수 있도록 하여야 한다. 다만, 제3항 단서에 따라 지역 · 지구등의 지정 후에 지형도면등의 고시를 하는 경우에는 제4항에 따라 지형도면등을 고시한 날부터 일반 국민이 볼 수 있도록 하여야 한다.

법	시 행 령	시 행 규 칙
3. 제40조의5에 따른 도시·군계획시설입체복합구역(제1호 또는 제2호와 함께 구역을 지정하거나 계획을 입안하는 경우로 한정한다) ② 공간재구조화계획의 입안과 관련하여 제24조제2항부터 제6항까지를 준용한다. 이 경우 "도시·군관리계획"은 "공간재구조화계획"으로 본다. ③ 국토교통부장관은 제1항 및 제2항에도 불구하고 도시의 경쟁력 향상, 특화발전 및 지역 균형발전 등을 위하여 필요한 때에는 관할 특별시장·광역시장·특별자치시장·특별자치도지사·시장 또는 군수의 요청에 따라 공간재구조화계획을 입안할 수 있다. ④ 제1항부터 제3항까지에 따라 공간재구조화계획을 입안하려는 국토교통부장관(제40조에 따른 수산자원보호구역의 경우 해양수산부장관을 말한다. 이하 이 조부터 제35조의7까지에서 같다), 시·도지사, 시장 또는 군수(이하 "공간재구조화계획 입안권자"라 한다)는 공간재구조화계획도서(계획도와 계획조서를 말한다. 이하 같다) 및 이를 보조하는 계획설명서(기초조사결과·재원조달방안 및 경관계획을 포함한다. 이하 같다)를 작성하여야 한다. ⑤ 공간재구조화계획의 입안범위와 기준, 공간재구조화계획도서 및 계획설명서의 작성기준·작성방법 등은 국토교통부장관이 정한다. [본조신설 2024.2.6.] **제35조의3【공간재구조화계획 입안의 제안】** ① 주민(이해관계자를 포함한다. 이하 이 조에서 같다)은 제35조의2제1항 각 호의 용도구역 지정을 위하여 공간재구조화계획 입안권자에게 공간재구조화계획의 입안을 제안할 수 있다. 이 경우 제	우: 대상 토지면적의 3분의 2 이상 2. 입체복합구역의 지정을 제안하는 경우(법 제35조의2제1항 제3호에 따라 도시혁신구역 또는 복합용도구역과 함께 입체복합구역을 지정하거나 도시혁신계획 또는 복합용도계획과 함께 입체복합구역 지정에 관한 공간재구조화계획을 입안하는 경우로 한정한다): 대상 토지면적의 5분의 4 이상 ② 법 제35조의3제1항에 따른 제안을 받은 국토교통부장관(법 제40조에 따른 수산자원보호구역의 경우 해양수산부장관을 말한다. 이하 이 조 및 제29조의5에서 같다), 시·도지사, 시장 또는 군수(이하 이 조에서 "공간재구조화계획 입안권자"라 한다)는 제안일부터 45일 이내에 공간재구조화계획 입안에의 반영 여부를 제안자에게 통보해야 한다. 다만, 부득이한 사정이 있는 경우에는 1회에 한정하여 30일을 연장할 수 있다. ③ 공간재구조화계획 입안권자는 법 제35조의3제1항에 따른 제안을 공간재구조화계획 입안에 반영할지 여부를 결정함에 있어서 필요한 경우에는 중앙도시계획위원회 또는 지방도시계획위원회의 자문을 거칠 수 있다. ④ 법 제35조의3제2항 본문에서 "「국유재산법」·「공유재산 및 물품 관리법」에 따른 국유재산·공유재산이 공간재구조화계획으로 지정된 용도구역 내에 포함된 경우 등 대통령령으로 정하는 경우"란 공간재구조화계획으로 지정된 용도구역 내 「국유재산법」에 따른 국유재산의 면적 및 「공유재산 및 물품 관리법」에 따른 공유재산의 면적의 합이 공간재구조화계획으로 지정된 용도구역 면적의 100분의 50을 초과하는 경우를 말한다. ⑤ 공간재구조화계획 입안권자는 법 제35조의3제2항 본문에 따라 제안 내용의 개요를 공고하려는 경우에는 90일 이	

법	시 행 령	시 행 규 칙
안서에는 공간재구조화계획도서와 계획설명서를 첨부하여야 한다. ② 제1항에 따라 공간재구조화계획의 입안을 제안받은 공간재구조화계획 입안권자는 「국유재산법」·「공유재산 및 물품 관리법」에 따른 국유재산·공유재산이 공간재구조화계획으로 지정된 용도구역 내에 포함된 경우 등 대통령령으로 정하는 경우에는 제안자 외의 제3자에 의한 제안이 가능하도록 제안 내용의 개요를 공고하여야 한다. 다만, 제안받은 공간재구조화계획을 입안하지 아니하기로 결정한 때에는 그러하지 아니하다. ③ 공간재구조화계획 입안권자는 제1항에 따른 최초 제안자의 제안서 및 제2항에 따른 제3자 제안서에 대하여 토지이용계획의 적절성 등 대통령령으로 정하는 바에 따라 검토·평가한 후 제출한 제안서 내용의 전부 또는 일부를 공간재구조화계획의 입안에 반영할 수 있다. ④ 공간재구조화계획 입안권자가 제안서 내용의 채택 여부 등을 결정한 경우에는 그 결과를 제안자와 제3자에게 알려야 한다. ⑤ 공간재구조화계획 입안권자는 제안자 또는 제3자와 협의하여 제안된 공간재구조화계획의 입안 및 결정에 필요한 비용의 전부 또는 일부를 제안자 또는 제3자에게 부담시킬 수 있다. ⑥ 제1항부터 제5항까지에 규정된 사항 외에 공간재구조화계획 제안의 기준, 절차 등에 필요한 사항은 대통령령으로 정한다. [본조신설 2024.2.6.]	상의 기간을 정하여 해당 제안 내용의 개요를 다음 각 호의 구분에 따라 공고해야 한다. 이 경우 공간재구조화계획 입안권자는 제안자에게 이를 사전에 알려야 한다. 1. 공간재구조화계획 입안권자가 국토교통부장관인 경우: 다음 각 목의 매체에 각각 공고할 것 가. 관보나 둘 이상의 일반일간신문(「신문 등의 진흥에 관한 법률」 제9조제1항에 따라 전국을 주된 보급지역으로 등록한 일반일간신문을 말한다) 나. 국토교통부(법 제40조에 따른 수산자원보호구역의 경우에는 해양수산부를 말한다)의 인터넷 홈페이지 등의 매체 다. 법 제128조제1항에 따라 국토교통부장관이 구축·운영하는 국토이용정보체계 2. 공간재구조화계획 입안권자가 시·도지사, 시장 또는 군수인 경우: 다음 각 목의 매체에 각각 공고할 것 가. 해당 지방자치단체의 공보나 둘 이상의 일반일간신문(「신문 등의 진흥에 관한 법률」 제9조제1항에 따라 전국 또는 해당 지방자치단체를 주된 보급지역으로 등록한 일반일간신문을 말한다) 나. 해당 지방자치단체의 인터넷 홈페이지 등의 매체 다. 법 제128조제1항에 따라 국토교통부장관이 구축·운영하는 국토이용정보체계 ⑥ 제5항에 따라 공고된 제안 내용의 개요에 대해 의견이 있는 자는 공고기간 내에 공간재구조화계획 입안권자에게 의견서 또는 제안서를 제출할 수 있다. ⑦ 공간재구조화계획 입안권자는 법 제35조의3제3항에 따라 제안서를 검토·평가할 때에는 토지이용계획의 적절성, 용도구역 지정 목적의 타당성, 기반시설 확보의 적정성, 도시·군기본계획 등 상위 계획과의 부합성, 주변 지역에 미	

법	시행령	시행규칙
	치는 영향 등을 고려해야 한다. ⑧ 제1항부터 제7항까지에서 규정한 사항 외에 공간재구조화계획의 제안에 관한 세부 사항은 공간재구조화계획 입안권자가 따로 정할 수 있다. [본조신설 2024.7.30.]	
제35조의4【공간재구조화계획의 내용 등】 공간재구조화계획에는 다음 각 호의 사항을 포함하여야 한다. 1. 제35조의2제1항 각 호의 용도구역 지정 위치 및 용도구역에 대한 계획 등에 관한 사항 2. 그 밖에 제35조의2제1항 각 호의 용도구역을 지정함에 따라 인근 지역의 주거·교통·기반시설 등에 미치는 영향 등 대통령령으로 정하는 사항 [본조신설 2024.2.6.]	**제29조의3【공간재구조화계획의 내용】** 법 제35조의4제2호에서 "인근 지역의 주거·교통·기반시설 등에 미치는 영향 등 대통령령으로 정하는 사항"이란 다음 각 호의 사항을 말한다. 1. 공간재구조화계획의 범위 설정에 관한 사항 2. 공간재구조화계획 기본구상 및 토지이용계획 3. 도시혁신구역 및 복합용도구역 내의 도시·군기본계획 변경 및 도시·군관리계획 결정·변경에 관한 사항 4. 도시혁신구역 및 복합용도구역 외의 지역에 대한 주거·교통·기반시설 등에 미치는 영향 및 이에 대한 관리방안(도시·군관리계획 결정·변경에 관한 사항을 포함한다) 5. 환경관리계획 또는 경관계획 6. 그 밖에 국토교통부장관이 정하는 사항 [본조신설 2024.7.30.]	
제35조의5【공간재구조화계획 수립을 위한 기초조사, 의견청취 등】 ① 공간재구조화계획의 입안을 위한 기초조사, 주민과 지방의회의 의견 청취 등에 관하여는 제27조 및 제28조(제28조제4항제2호의 경우 관계 행정기관의 장과의 협의, 중앙도시계획위원회의 심의만 해당한다)를 준용한다. 이 경우 "도시·군관리계획"은 "공간재구조화계획"으로, "국토	**제29조의4【공간재구조화계획의 입안을 위한 기초조사 등 면제사유】** 공간재구조화계획 입안권자는 법 제35조의5제2항에 따라 공간재구조화계획의 입안을 위한 기초조사, 환경성 검토, 토지적성평가 또는 재해취약성분석을 다음 각 호의 구분에 따라 생략할 수 있다. 1. 기초조사를 생략할 수 있는 경우: 다음 각 목의 어느 하나	

법	시 행 령	시 행 규 칙
교통부장관, 시 · 도지사, 시장 또는 군수"는 "공간재구조화계획 입안권자"로 본다. ② 제1항에 따른 기초조사, 환경성 검토, 토지적성평가 또는 재해취약성분석은 공간재구조화계획 입안일부터 5년 이내 기초조사를 실시한 경우 등 대통령령으로 정하는 바에 따라 생략할 수 있다. [본조신설 2024.2.6.]	에 해당하는 경우 가. 공간재구조화계획의 입안일부터 5년 이내에 기초조사를 실시한 경우 나. 해당 도시혁신구역, 복합용도구역 또는 입체복합구역이 도심지(상업지역과 상업지역에 연접한 지역을 말한다)에 위치하는 경우 다. 해당 도시혁신구역, 복합용도구역 또는 입체복합구역 안의 나대지면적이 구역면적의 2퍼센트에 미달하는 경우 라. 해당 도시혁신구역, 복합용도구역 또는 입체복합구역이 다른 법률에 따라 지역 · 지구 등으로 지정되거나 개발계획이 수립된 경우 마. 해당 도시혁신구역, 복합용도구역 또는 입체복합구역의 지정목적이 해당 구역을 정비 또는 관리하려는 경우로서 공간재구조화계획의 내용에 너비 12미터 이상 도로의 설치계획이 없는 경우 2. 환경성 검토를 생략할 수 있는 경우: 다음 각 목의 어느 하나에 해당하는 경우 가. 공간재구조화계획의 입안일부터 5년 이내에 환경성 검토를 실시한 경우 나. 제1호나목부터 마목까지의 경우 다. 「환경영향평가법」 제9조에 따른 전략환경영향평가 대상인 공간재구조화계획을 입안하는 경우 3. 토지적성평가를 생략할 수 있는 경우: 다음 각 목의 어느 하나에 해당하는 경우 가. 공간재구조화계획의 입안일부터 5년 이내에 토지적성평가를 실시한 경우 나. 제1호나목부터 마목까지의 경우 다. 주거지역 · 상업지역 또는 공업지역에 공간재구조화계	

법	시 행 령	시 행 규 칙
	획을 입안하는 경우 라. 법 또는 다른 법률에 따라 조성된 지역에 공간재구조화 계획을 입안하는 경우 마. 「도시개발법」에 따른 도시개발사업의 경우 바. 지구단위계획구역 또는 도시·군계획시설부지에서 공간재구조화계획을 입안하는 경우 사. 다음의 어느 하나에 해당하는 용도지역·용도지구의 지정 또는 변경을 포함하는 경우 1) 주거지역·상업지역·공업지역 또는 계획관리지역의 그 밖의 용도지역으로의 변경(계획관리지역을 자연녹지지역으로 변경하는 경우는 제외한다) 2) 주거지역·상업지역·공업지역 또는 계획관리지역 외의 용도지역 상호간의 변경(자연녹지지역으로 변경하는 경우는 제외한다) 3) 용도지구의 지정 또는 변경(개발진흥지구의 지정·변경은 제외한다) 아. 다음의 어느 하나에 해당하는 기반시설의 설치를 포함하는 경우 1) 제55조제1항 각 호에 따른 용도지역별 개발행위규모에 해당하는 기반시설 2) 도로·철도·궤도·수도·가스 등 선형(線型)으로 된 교통시설 및 공급시설 3) 공간시설(체육공원·묘지공원 및 유원지는 제외한다) 4) 방재시설 및 환경기초시설(폐차장은 제외한다) 4. 재해취약성분석을 생략할 수 있는 경우: 다음 각 목의 어느 하나에 해당하는 경우 가. 공간재구조화계획의 입안일부터 5년 이내에 재해취약성분석을 실시한 경우	

법	시 행 령	시 행 규 칙
	나. 제1호나목부터 마목까지의 경우 다. 제3호사목에 해당하는 경우(방재지구의 지정 · 변경은 제외한다) 라. 다음의 어느 하나에 해당하는 기반시설의 설치를 포함하는 경우 1) 제3호아목1)의 기반시설 2) 공간시설 중 녹지 · 공공공지 [본조신설 2024.7.30.]	
제35조의6【공간재구조화계획의 결정】 ① 공간재구조화계획은 시 · 도지사가 직접 또는 시장 · 군수의 신청에 따라 결정한다. 다만, 제35조의2에 따라 국토교통부장관이 입안한 공간재구조화계획은 국토교통부장관이 결정한다. ② 국토교통부장관 또는 시 · 도지사가 공간재구조화계획을 결정하려면 미리 관계 행정기관의 장(국토교통부장관을 포함한다)과 협의하고 다음 각 호에 따라 중앙도시계획위원회 또는 지방도시계획위원회의 심의를 거쳐야 한다. 이 경우 협의 요청을 받은 기관의 장은 특별한 사유가 없으면 그 요청을 받은 날부터 30일(도시혁신구역 지정을 위한 공간재구조화계획 결정의 경우에는 근무일 기준으로 10일) 이내에 의견을 제시하여야 한다. 1. 다음 각 목의 어느 하나에 해당하는 사항은 중앙도시계획위원회의 심의를 거친다. 가. 국토교통부장관이 결정하는 공간재구조화계획 나. 시 · 도지사가 결정하는 공간재구조화계획 중 제35조의2제1항 각 호의 용도구역 지정 및 입지 타당성 등에 관한 사항 2. 제1호 각 목의 사항을 제외한 공간재구조화계획에 대하여	**제29조의5【공간재구조화계획의 결정 · 고시】** 법 제35조의6제3항에 따른 공간재구조화계획 결정의 고시는 국토교통부장관이 하는 경우에는 관보와 국토교통부(법 제40조에 따른 수산자원보호구역의 경우에는 해양수산부를 말한다)의 인터넷 홈페이지에, 시 · 도지사가 하는 경우에는 해당 시 · 도의 공보와 인터넷 홈페이지에 다음 각 호의 사항을 게재하는 방법으로 한다. 1. 법 제2조제5호의4에 해당하는 계획이라는 취지 2. 위치 3. 면적 또는 규모 4. 그 밖에 국토교통부령으로 정하는 사항 [본조신설 2024.7.30.]	

법	시 행 령	시 행 규 칙
는 지방도시계획위원회의 심의를 거친다. ③ 국토교통부장관 또는 시·도지사는 공간재구조화계획을 결정하면 대통령령으로 정하는 바에 따라 그 결정을 고시하고, 국토교통부장관이나 도지사는 관계 서류를 관계 특별시장·광역시장·특별자치시장·특별자치도지사·시장 또는 군수에게 송부하여 일반이 열람할 수 있도록 하여야 하며, 특별시장·광역시장·특별자치시장·특별자치도지사는 관계 서류를 일반이 열람할 수 있도록 하여야 한다. [본조신설 2024.2.6.]		
제35조의7【공간재구조화계획 결정의 효력 등】 ① 공간재구조화계획 결정의 효력은 지형도면을 고시한 날부터 발생한다. 다만, 지형도면이 필요 없는 경우에는 제35조의6제3항에 따라 고시한 날부터 효력이 발생한다. ② 제1항에 따라 고시를 한 경우에 해당 구역 지정 및 계획 수립에 필요한 내용에 대해서는 고시한 내용에 따라 도시·군기본계획의 수립·변경(제19조제1항 각 호 중에서 인구의 배분 등은 대통령령으로 정하는 범위에서 변경하는 경우로 한정한다)과 도시·군관리계획의 결정(변경결정을 포함한다) 고시를 한 것으로 본다. ③ 제1항에 따른 지형도면 고시 등에 관하여는 제32조를 준용한다. 이 경우 "도시·군관리계획"은 "공간재구조화계획"으로 본다. ④ 제1항에 따라 고시를 할 당시에 이미 사업이나 공사에 착수한 자(이 법 또는 다른 법률에 따라 허가·인가·승인 등을 받아야 하는 경우에는 그 허가·인가·승인 등을 받아 사업이나 공사에 착수한 자를 말한다)는 그 공간재구조화계획 결정과 관계없이 그 사업이나 공사를 계속할 수 있다.	**제29조의6【공간재구조화계획 결정·고시의 효력 등】** 법 제35조의7제2항에서 "대통령령으로 정하는 범위에서 변경하는 경우"란 법 제19조제1항제2호에 따른 인구의 배분에 관한 계획을 전체 인구 규모의 5퍼센트 미만의 범위에서 변경하는 경우를 말한다. [본조신설 2024.7.30.]	

법	시 행 령	시 행 규 칙

⑤ 제1항에 따라 고시된 공간재구조화계획의 내용은 도시·군계획으로 관리하여야 한다.
[본조신설 2024.2.6.]

제2절 용도지역 · 용도지구 · 용도구역

제36조【용도지역의 지정】 ① 국토교통부장관, 시·도지사 또는 대도시 시장은 다음 각 호의 어느 하나에 해당하는 용도지역의 지정 또는 변경을 도시·군관리계획으로 결정한다. 〈개정 2013.3.23.〉

1. 도시지역: 다음 각 목의 어느 하나로 구분하여 지정한다.
  가. 주거지역: 거주의 안녕과 건전한 생활환경의 보호를 위하여 필요한 지역
  나. 상업지역: 상업이나 그 밖의 업무의 편익을 증진하기 위하여 필요한 지역
  다. 공업지역: 공업의 편익을 증진하기 위하여 필요한 지역
  라. 녹지지역: 자연환경·농지 및 산림의 보호, 보건위생, 보안과 도시의 무질서한 확산을 방지하기 위하여 녹지의 보전이 필요한 지역
2. 관리지역: 다음 각 목의 어느 하나로 구분하여 지정한다.
  가. 보전관리지역: 자연환경 보호, 산림 보호, 수질오염 방지, 녹지공간 확보 및 생태계 보전 등을 위하여 보전이 필요하나, 주변 용도지역과의 관계 등을 고려할 때 자연환경보전지역으로 지정하여 관리하기가 곤란한 지역
  나. 생산관리지역: 농업·임업·어업 생산 등을 위하여 관리가 필요하나, 주변 용도지역과의 관계 등을 고려할 때 농림지역으로 지정하여 관리하기가 곤란한 지역
  다. 계획관리지역: 도시지역으로의 편입이 예상되는 지역이

제2절 용도지역 · 용도지구 · 용도구역

제30조【용도지역의 세분】 ① 국토교통부장관, 시·도지사 또는 대도시의 시장(이하 "대도시 시장"이라 한다)은 법 제36조제2항에 따라 도시·군관리계획결정으로 주거지역·상업지역·공업지역 및 녹지지역을 다음 각 호와 같이 세분하여 지정할 수 있다. 〈개정 2014.1.14., 2019.8.6.〉

1. 주거지역
  가. 전용주거지역 : 양호한 주거환경을 보호하기 위하여 필요한 지역
    (1) 제1종전용주거지역 : 단독주택 중심의 양호한 주거환경을 보호하기 위하여 필요한 지역
    (2) 제2종전용주거지역 : 공동주택 중심의 양호한 주거환경을 보호하기 위하여 필요한 지역
  나. 일반주거지역 : 편리한 주거환경을 조성하기 위하여 필요한 지역
    (1) 제1종일반주거지역 : 저층주택을 중심으로 편리한 주거환경을 조성하기 위하여 필요한 지역
    (2) 제2종일반주거지역 : 중층주택을 중심으로 편리한 주거환경을 조성하기 위하여 필요한 지역
    (3) 제3종일반주거지역 : 중고층주택을 중심으로 편리한 주거환경을 조성하기 위하여 필요한 지역
  다. 준주거지역 : 주거기능을 위주로 이를 지원하는 일부 상업기능 및 업무기능을 보완하기 위하여 필요한 지역

법	시 행 령	시 행 규 칙
나 자연환경을 고려하여 제한적인 이용·개발을 하려는 지역으로서 계획적·체계적인 관리가 필요한 지역 3. 농림지역 4. 자연환경보전지역 ② 국토교통부장관, 시·도지사 또는 대도시 시장은 대통령령으로 정하는 바에 따라 제1항 각 호 및 같은 항 각 호 각 목의 용도지역을 도시·군관리계획결정으로 다시 세분하여 지정하거나 변경할 수 있다. 〈개정 2013.3.23.〉 [전문개정 2009.2.6]	2. 상업지역 가. 중심상업지역 : 도심·부도심의 상업기능 및 업무기능의 확충을 위하여 필요한 지역 나. 일반상업지역 : 일반적인 상업기능 및 업무기능을 담당하게 하기 위하여 필요한 지역 다. 근린상업지역 : 근린지역에서의 일용품 및 서비스의 공급을 위하여 필요한 지역 라. 유통상업지역 : 도시내 및 지역간 유통기능의 증진을 위하여 필요한 지역 3. 공업지역 가. 전용공업지역 : 주로 중화학공업, 공해성 공업 등을 수용하기 위하여 필요한 지역 나. 일반공업지역 : 환경을 저해하지 아니하는 공업의 배치를 위하여 필요한 지역 다. 준공업지역 : 경공업 그 밖의 공업을 수용하되, 주거기능·상업기능 및 업무기능의 보완이 필요한 지역 4. 녹지지역 가. 보전녹지지역 : 도시의 자연환경·경관·산림 및 녹지공간을 보전할 필요가 있는 지역 나. 생산녹지지역 : 주로 농업적 생산을 위하여 개발을 유보할 필요가 있는 지역 다. 자연녹지지역 : 도시의 녹지공간의 확보, 도시확산의 방지, 장래 도시용지의 공급 등을 위하여 보전할 필요가 있는 지역으로서 불가피한 경우에 한하여 제한적인 개발이 허용되는 지역 ② 시·도지사 또는 대도시 시장은 해당 시·도 또는 대도시의 도시·군계획조례로 정하는 바에 따라 도시·군관리계획결정으로 제1항에 따라 세분된 주거지역·상업지역·공업지역·녹지지역을 추가적으로 세분하여 지정할 수 있다. 〈신설 2019.8.6.〉	

법	시 행 령	시 행 규 칙
제37조 【용도지구의 지정】 ① 국토교통부장관, 시 · 도지사 또는 대도시 시장은 다음 각 호의 어느 하나에 해당하는 용도지구의 지정 또는 변경을 도시 · 군관리계획으로 결정한다. 〈개정 2017.4.18., 2023.5.16.〉 1. 경관지구: 경관의 보전·관리 및 형성을 위하여 필요한 지구 2. 고도지구: 쾌적한 환경 조성 및 토지의 효율적 이용을 위하여 건축물 높이의 최고한도를 규제할 필요가 있는 지구 3. 방화지구: 화재의 위험을 예방하기 위하여 필요한 지구 4. 방재지구: 풍수해, 산사태, 지반의 붕괴, 그 밖의 재해를 예방하기 위하여 필요한 지구 5. 보호지구: 「국가유산기본법」 제3조에 따른 국가유산, 중요 시설물(항만, 공항 등 대통령령으로 정하는 시설물을 말한다) 및 문화적 · 생태적으로 보존가치가 큰 지역의 보호와 보존을 위하여 필요한 지구 6. 취락지구: 녹지지역 · 관리지역 · 농림지역 · 자연환경보전지역 · 개발제한구역 또는 도시자연공원구역의 취락을 정비하기 위한 지구 7. 개발진흥지구: 주거기능 · 상업기능 · 공업기능 · 유통물류기능 · 관광기능 · 휴양기능 등을 집중적으로 개발 · 정비할 필요가 있는 지구 8. 특정용도제한지구: 주거 및 교육 환경 보호나 청소년 보호 등의 목적으로 오염물질 배출시설, 청소년 유해시설 등 특정시설의 입지를 제한할 필요가 있는 지구 9. 복합용도지구: 지역의 토지이용 상황, 개발 수요 및 주변여건 등을 고려하여 효율적이고 복합적인 토지이용을 도모하기 위하여 특정시설의 입지를 완화할 필요가 있는 지구 10. 그 밖에 대통령령으로 정하는 지구 ② 국토교통부장관, 시 · 도지사 또는 대도시 시장은 필요하	**제31조 【용도지구의 지정】** ① 법 제37조제1항제5호에서 "항만, 공항 등 대통령령으로 정하는 시설물"이란 항만, 공항, 공용시설(공공업무시설, 공공필요성이 인정되는 문화시설·집회시설·운동시설 및 그 밖에 이와 유사한 시설로서 도시·군계획조례로 정하는 시설을 말한다), 교정시설·군사시설을 말한다. 〈신설 2017.12.29., 2024.5.7.〉 ② 국토교통부장관, 시 · 도지사 또는 대도시 시장은 법 제37조제2항에 따라 도시 · 군관리계획결정으로 경관지구·방재지구·보호지구·취락지구 및 개발진흥지구를 다음 각 호와 같이 세분하여 지정할 수 있다. 〈개정 2014.1.14., 2017.12.29.〉 1. 경관지구 가. 자연경관지구 : 산지 · 구릉지 등 자연경관을 보호하거나 유지하기 위하여 필요한 지구 나. 시가지경관지구 : 지역 내 주거지, 중심지 등 시가지의 경관을 보호 또는 유지하거나 형성하기 위하여 필요한 지구 다. 특화경관지구 : 지역 내 주요 수계의 수변 또는 문화적 보존가치가 큰 건축물 주변의 경관 등 특별한 경관을 보호 또는 유지하거나 형성하기 위하여 필요한 지구 2. 삭제 〈2017.12.29.〉 3. 삭제 〈2017.12.29.〉 4. 방재지구 가. 시가지방재지구: 건축물· 인구가 밀집되어 있는 지역으로서 시설 개선 등을 통하여 재해 예방이 필요한 지구 나. 자연방재지구: 토지의 이용도가 낮은 해안변, 하천변, 급경사지 주변 등의 지역으로서 건축 제한 등을 통하여 재해 예방이 필요한 지구 5. 보호지구 가. 역사문화환경보호지구 : 국가유산 · 전통사찰 등 역	

법	시 행 령	시 행 규 칙
다고 인정되면 대통령령으로 정하는 바에 따라 제1항 각 호의 용도지구를 도시·군관리계획결정으로 다시 세분하여 지정하거나 변경할 수 있다. 〈개정 2013.3.23.〉 ③ 시·도지사 또는 대도시 시장은 지역여건상 필요하면 대통령령으로 정하는 기준에 따라 그 시·도 또는 대도시의 조례로 용도지구의 명칭 및 지정목적, 건축이나 그 밖의 행위의 금지 및 제한에 관한 사항 등을 정하여 제1항 각 호의 용도지구 외의 용도지구의 지정 또는 변경을 도시·군관리계획으로 결정할 수 있다. 〈개정 2011.4.14.〉	사·문화적으로 보존가치가 큰 시설 및 지역의 보호와 보존을 위하여 필요한 지구 나. 중요시설물보호지구 : 중요시설물(제1항에 따른 시설물을 말한다. 이하 같다)의 보호와 기능의 유지 및 증진 등을 위하여 필요한 지구 다. 생태계보호지구 : 야생동식물서식처 등 생태적으로 보존가치가 큰 지역의 보호와 보존을 위하여 필요한 지구 6. 삭제 〈2017.12.29.〉 7. 취락지구 가. 자연취락지구 : 녹지지역·관리지역·농림지역 또는 자연환경보전지역안의 취락을 정비하기 위하여 필요한 지구 나. 집단취락지구 : 개발제한구역안의 취락을 정비하기 위하여 필요한 지구 8. 개발진흥지구 가. 주거개발진흥지구 : 주거기능을 중심으로 개발·정비할 필요가 있는 지구 나. 산업·유통개발진흥지구 : 공업기능 및 유통·물류기능을 중심으로 개발·정비할 필요가 있는 지구 다. 〈삭제 2012.4.10〉 라. 관광·휴양개발진흥지구 : 관광·휴양기능을 중심으로 개발·정비할 필요가 있는 지구 마. 복합개발진흥지구 : 주거기능, 공업기능, 유통·물류기능 및 관광·휴양기능중 2 이상의 기능을 중심으로 개발·정비할 필요가 있는 지구 바. 특정개발진흥지구 : 주거기능, 공업기능, 유통·물류기능 및 관광·휴양기능 외의 기능을 중심으로 특정한 목적을 위하여 개발·정비할 필요가 있는 지구 ③ 시·도지사 또는 대도시 시장은 지역여건상 필요한 때에는	

법	시 행 령	시 행 규 칙
	해당 시 · 도 또는 대도시의 도사군계획조례로 정하는 바에 따라 제2항제1호에 따른 경관지구를 추가적으로 세분(특화경관지구의 세분을 포함한다)하거나 제2항제5호나목에 따른 중요시설물보호지구 및 법 제37조제1항제8호에 따른 특정용도제한지구를 세분하여 지정할 수 있다. 〈개정 2017.12.29.〉 ④ 법 제37조제3항에 따라 시·도 또는 대도시의 도사·군계획조례로 같은 조 제1항 각 호에 따른 용도지구외의 용도지구를 정할 때에는 다음 각 호의 기준을 따라야 한다. 〈개정 2016.12.30〉 1. 용도지구의 신설은 법에서 정하고 있는 용도지역 · 용도구역 · 지구단위계획구역 또는 다른 법률에 따른 지역 · 지구만으로는 효율적인 토지이용을 달성할 수 없는 부득이한 사유가 있는 경우에 한할 것 2. 용도지구안에서의 행위제한은 그 용도지구의 지정목적 달성에 필요한 최소한도에 그치도록 할 것 3. 해당 용도지역 또는 용도구역의 행위제한을 완화하는 용도지구를 신설하지 아니할 것	
④ 시 · 도지사 또는 대도시 시장은 연안침식이 진행 중이거나 우려되는 지역 등 대통령령으로 정하는 지역에 대해서는 제1항제5호의 방재지구의 지정 또는 변경을 도시 · 군관리계획으로 결정하여야 한다. 이 경우 도시 · 군관리계획의 내용에는 해당 방재지구의 재해저감대책을 포함하여야 한다. 〈신설 2013.7.16〉 [전문개정 2009.2.6.]	⑤ 법 제37조제4항에서 "연안침식이 진행 중이거나 우려되는 지역 등 대통령령으로 정하는 지역"이란 다음 각 호의 어느 하나에 해당하는 지역을 말한다. 〈신설 2014.1.14.〉 1. 연안침식으로 인하여 심각한 피해가 발생하거나 발생할 우려가 있어 이를 특별히 관리할 필요가 있는 지역으로서 「연안관리법」 제20조의2에 따른 연안침식관리구역으로 지정된 지역(같은 법 제2조제3호의 연안육역에 한정한다) 2. 풍수해, 산사태 등의 동일한 재해가 최근 10년 이내 2회 이상 발생하여 인명 피해를 입은 지역으로서 향후 동일한 재해 발생 시 상당한 피해가 우려되는 지역	
⑤ 시·도지사 또는 대도시 시장은 대통령령으로 정하는 주	⑥ 법 제37조제5항에서 "대통령령으로 정하는 주거지역 ·	

법	시 행 령	시 행 규 칙
거지역·공업지역·관리지역에 복합용도지구를 지정할 수 있으며, 그 지정기준 및 방법 등에 필요한 사항은 대통령령으로 정한다. 〈신설 2017.12.29.〉	공업지역ㆍ관리지역"이란 다음 각 호의 어느 하나에 해당하는 용도지역을 말한다. 〈개정 2017.12.29.〉 1. 일반주거지역 2. 일반공업지역 3. 계획관리지역 ⑦ 시·도지사 또는 대도시 시장은 법 제37조제5항에 따라 복합용도지구를 지정하는 경우에는 다음 각 호의 기준을 따라야 한다. 1. 용도지역의 변경 시 기반시설이 부족해지는 등의 문제가 우려되어 해당 용도지역의 건축제한만을 완화하는 것이 적합한 경우에 지정할 것 2. 간선도로의 교차지(交叉地), 대중교통의 결절지(結節地) 등 토지이용 및 교통 여건의 변화가 큰 지역 또는 용도지역 간의 경계지역, 가로변 등 토지를 효율적으로 활용할 필요가 있는 지역에 지정할 것 3. 용도지역의 지정목적이 크게 저해되지 아니하도록 해당 용도지역 전체 면적의 3분의 1 이하의 범위에서 지정할 것 4. 그 밖에 해당 지역의 체계적·계획적인 개발 및 관리를 위하여 지정 대상지가 국토교통부장관이 정하여 고시하는 기준에 적합할 것	
제38조【개발제한구역의 지정】 ① 국토교통부장관은 도시의 무질서한 확산을 방지하고 도시주변의 자연환경을 보전하여 도시민의 건전한 생활환경을 확보하기 위하여 도시의 개발을 제한할 필요가 있거나 국방부장관의 요청이 있어 보안상 도시의 개발을 제한할 필요가 있다고 인정되면 개발제한구역의 지정 또는 변경을 도시·군관리계획으로 결정할 수 있다. 〈개정 2013.3.23.〉 ② 개발제한구역의 지정 또는 변경에 필요한 사항은 따로	**관계법** 「개발제한구역의 지정 및 관리에 관한 법률」	

법	시 행 령	시 행 규 칙

[법]

법률로 정한다.
[전문개정 2009.2.6]

제38조의2 【도시자연공원구역의 지정】 ① 시 · 도지사 또는 대도시 시장은 도시의 자연환경 및 경관을 보호하고 도시민에게 건전한 여가 · 휴식공간을 제공하기 위하여 도시지역 안에서 식생(植生)이 양호한 산지(山地)의 개발을 제한할 필요가 있다고 인정하면 도시자연공원구역의 지정 또는 변경을 도시·군관리계획으로 결정할 수 있다. 〈개정 2011.4.14〉
② 도시자연공원구역의 지정 또는 변경에 필요한 사항은 따로 법률로 정한다.
[전문개정 2009.2.6]

제39조 【시가화조정구역의 지정】 ① 시 · 도지사는 직접 또는 관계 행정기관의 장의 요청을 받아 도시지역과 그 주변지역의 무질서한 시가화를 방지하고 계획적 · 단계적인 개발을 도모하기 위하여 대통령령으로 정하는 기간 동안 시가화를 유보할 필요가 있다고 인정되면 시가화조정구역의 지정 또는 변경을 도시 · 군관리계획으로 결정할 수 있다. 다만, 국가계획과 연계하여 시가화조정구역의 지정 또는 변경이 필요한 경우에는 국토교통부장관이 직접 시가화조정구역의 지정 또는 변경을 도시 · 군관리계획으로 결정할 수 있다. 〈개정 2013.7.16.〉
② 시가화조정구역의 지정에 관한 도시 · 군관리계획의 결정은 제1항에 따른 시가화 유보기간이 끝난 날의 다음날부터 그 효력을 잃는다. 이 경우 국토교통부장관 또는 시 · 도지사는 대통령령으로 정하는 바에 따라 그 사실을 고시하여야 한다. 〈개정 2013.7.16.〉
[전문개정 2009.2.6.]

[시행령]

관계법 「도시공원 및 녹지 등에 관한 법률」

제32조 【시가화조정구역의 지정】 ① 법 제39조제1항 본문에서 "대통령령으로 정하는 기간"이란 5년 이상 20년 이내의 기간을 말한다. 〈개정 2014.1.14.〉
② 국토교통부장관 또는 시 · 도지사는 법 제39조제1항에 따라 시가화조정구역을 지정 또는 변경하고자 하는 때에는 당해 도시지역과 그 주변지역의 인구의 동태, 토지의 이용상황, 산업발전상황 등을 고려하여 도시 · 군관리계획으로 시가화유보기간을 정하여야 한다. 〈개정 2014.1.14.〉
③ 법 제39조제2항 후단에 따른 시가화조정구역지정의 실효고시는 국토교통부장관이 하는 경우에는 관보와 국토교통부의 인터넷 홈페이지에, 시 · 도지사가 하는 경우에는 해당 시 · 도의 공보와 인터넷 홈페이지에 다음 각호의 사항을 게재하는 방법에 의한다. 〈개정 2014.1.14., 2020.11.24〉
1. 실효일자
2. 실효사유

법	시 행 령	시 행 규 칙
제40조【수산자원보호구역의 지정】 해양수산부장관은 직접 또는 관계 행정기관의 장의 요청을 받아 수산자원을 보호·육성하기 위하여 필요한 공유수면이나 그에 인접한 토지에 대한 수산자원보호구역의 지정 또는 변경을 도시·군관리계획으로 결정할 수 있다. 〈개정 2013.3.23.〉 [전문개정 2009.2.6.]	3. 실효된 도시·군관리계획의 내용	
제40조의2 삭제 〈2024.2.6.〉	**제32조의2** 삭제 〈2024.7.30.〉	
제40조의3【도시혁신구역의 지정 등】 ① 제35조의6제1항에 따른 공간재구조화계획 결정권자(이하 이 조 및 제40조의4에서 "공간재구조화계획 결정권자"라 한다)는 다음 각 호의 어느 하나에 해당하는 지역을 도시혁신구역으로 지정할 수 있다. 1. 도시·군기본계획에 따른 도심·부도심 또는 생활권의 중심지역 2. 주요 기반시설과 연계하여 지역의 거점 역할을 수행할 수 있는 지역 3. 그 밖에 도시공간의 창의적이고 혁신적인 개발이 필요하다고 인정되는 경우로서 대통령령으로 정하는 지역 ② 도시혁신계획에는 도시혁신구역의 지정 목적을 이루기 위하여 다음 각 호에 관한 사항이 포함되어야 한다. 1. 용도지역·용도지구, 도시·군계획시설 및 지구단위계획의 결정에 관한 사항 2. 주요 기반시설의 확보에 관한 사항 3. 건축물의 건폐율·용적률·높이에 관한 사항 4. 건축물의 용도·종류 및 규모 등에 관한 사항 5. 제83조의3에 따른 다른 법률 규정 적용의 완화 또는 배제에 관한 사항	**제32조의3【도시혁신구역의 지정】** 법 제40조의3제1항제3호에서 "대통령령으로 정하는 지역"이란 다음 각 호의 어느 하나에 해당하는 지역을 말한다. 1. 유휴토지 또는 대규모 시설의 이전부지 2. 그 밖에 도시공간의 창의적이고 혁신적인 개발이 필요하다고 인정되는 지역으로서 해당 시·도의 도시·군계획조례로 정하는 지역 [본조신설 2024.7.30.]	

법	시 행 령	시 행 규 칙
6. 도시혁신구역 내 개발사업 및 개발사업의 시행자 등에 관한 사항 7. 그 밖에 도시혁신구역의 체계적 개발과 관리에 필요한 사항 ③ 제1항에 따른 도시혁신구역의 지정 및 변경과 제2항에 따른 도시혁신계획은 다음 각 호의 사항을 종합적으로 고려하여 공간재구조화계획으로 결정한다. 1. 도시혁신구역의 지정 목적 2. 해당 지역의 용도지역·기반시설 등 토지이용 현황 3. 도시·군기본계획 등 상위계획과의 부합성 4. 주변 지역의 기반시설, 경관, 환경 등에 미치는 영향 및 도시환경 개선·정비 효과 5. 도시의 개발 수요 및 지역에 미치는 사회적·경제적 파급효과 ④ 다른 법률에서 제35조의6에 따른 공간재구조화계획의 결정을 의제하고 있는 경우에도 이 법에 따르지 아니하고 도시혁신구역의 지정과 도시혁신계획을 결정할 수 없다. ⑤ 공간재구조화계획 결정권자가 제3항에 따른 공간재구조화계획을 결정하기 위하여 제35조의6제2항에 따라 관계 행정기관의 장과 협의하는 경우 협의 요청을 받은 기관의 장은 그 요청을 받은 날부터 10일(근무일 기준) 이내에 의견을 회신하여야 한다. ⑥ 도시혁신구역 및 도시혁신계획에 관한 도시·군관리계획 결정의 실효, 도시혁신구역에서의 건축 등에 관하여 다른 특별한 규정이 없으면 제53조 및 제54조를 준용한다. 이 경우 "지구단위계획구역"은 "도시혁신구역"으로, "지구단위계획"은 "도시혁신계획"으로 본다. ⑦ 도시혁신구역의 지정 및 변경과 도시혁신계획의 수립 및 변경에 관한 세부적인 사항은 국토교통부장관이 정하여 고시한다. [본조신설 2024.2.6.]	**고시** 공간재구조화계획 수립 등에 관한 지침 (국토교통부고시 제2024-410호, 2024.2.6.)	

법	시 행 령	시 행 규 칙
제40조의4【복합용도구역의 지정 등】 ① 공간재구조화계획 결정권자는 다음 각 호의 어느 하나에 해당하는 지역을 복합용도구역으로 지정할 수 있다. 1. 산업구조 또는 경제활동의 변화로 복합적 토지이용이 필요한 지역 2. 노후 건축물 등이 밀집하여 단계적 정비가 필요한 지역 3. 그 밖에 복합된 공간이용을 촉진하고 다양한 도시공간을 조성하기 위하여 계획적 관리가 필요하다고 인정되는 경우로서 대통령령으로 정하는 지역 ② 복합용도계획에는 복합용도구역의 지정 목적을 이루기 위하여 다음 각 호에 관한 사항이 포함되어야 한다. 1. 용도지역·용도지구, 도시·군계획시설 및 지구단위계획의 결정에 관한 사항 2. 주요 기반시설의 확보에 관한 사항 3. 건축물의 용도별 복합적인 배치비율 및 규모 등에 관한 사항 4. 건축물의 건폐율·용적률·높이에 관한 사항 5. 제83조의4에 따른 특별건축구역계획에 관한 사항 6. 그 밖에 복합용도구역의 체계적 개발과 관리에 필요한 사항 ③ 제1항에 따른 복합용도구역의 지정 및 변경과 제2항에 따른 복합용도계획은 다음 각 호의 사항을 종합적으로 고려하여 공간재구조화계획으로 결정한다. 1. 복합용도구역의 지정 목적 2. 해당 지역의 용도지역·기반시설 등 토지이용 현황 3. 도시·군기본계획 등 상위계획과의 부합성 4. 주변 지역의 기반시설, 경관, 환경 등에 미치는 영향 및 도시환경 개선·정비 효과	**제32조의4【복합용도구역의 지정】** 법 제40조의4제1항제3호에서 "대통령령으로 정하는 지역"이란 다음 각 호의 어느 하나에 해당하는 지역을 말한다. 1. 복합용도구역으로 지정하려는 지역이 둘 이상의 용도지역에 걸치는 경우로서 토지를 효율적으로 이용하기 위해 건축물의 용도, 종류 및 규모 등을 통합적으로 관리할 필요가 있는 지역 2. 그 밖에 복합된 공간이용을 촉진하고 다양한 도시공간을 조성하기 위해 계획적 관리가 필요하다고 인정되는 지역으로서 해당 시·도의 도시·군계획조례로 정하는 지역 [본조신설 2024.7.30.]	

법

④ 복합용도구역 및 복합용도계획에 관한 도시·군관리계획 결정의 실효, 복합용도구역에서의 건축 등에 관하여 다른 특별한 규정이 없으면 제53조 및 제54조를 준용한다. 이 경우 "지구단위계획구역"은 "복합용도구역"으로, "지구단위계획"은 "복합용도계획"으로 본다.

⑤ 복합용도구역의 지정 및 변경과 복합용도계획의 수립 및 변경에 관한 세부적인 사항은 국토교통부장관이 정하여 고시한다.

[본조신설 2024.2.6.]

제40조의5【도시·군계획시설입체복합구역의 지정】 ① 제29조에 따른 도시·군관리계획의 결정권자(이하 "도시·군관리계획 결정권자"라 한다)는 도시·군계획시설의 입체복합적 활용을 위하여 다음 각 호의 어느 하나에 해당하는 경우에 도시·군계획시설이 결정된 토지의 전부 또는 일부를 도시·군계획시설입체복합구역(이하 "입체복합구역"이라 한다)으로 지정할 수 있다.

1. 도시·군계획시설 준공 후 10년이 경과한 경우로서 해당 시설의 개량 또는 정비가 필요한 경우
2. 주변지역 정비 또는 지역경제 활성화를 위하여 기반시설의 복합적 이용이 필요한 경우
3. 첨단기술을 적용한 새로운 형태의 기반시설 구축 등이 필요한 경우
4. 그 밖에 효율적이고 복합적인 도시·군계획시설의 조성을 위하여 필요한 경우로서 대통령령으로 정하는 경우

② 이 법 또는 다른 법률의 규정에도 불구하고 입체복합구역에서의 도시·군계획시설과 도시·군계획시설이 아닌 시설에 대한 건축물이나 그 밖의 시설의 용도·종류 및 규모

시 행 령

고시 공간재구조화계획 수립 등에 관한 지침
(국토교통부고시 제2024-410호, 2024.7.31., 전부개정)

제32조의5【입체복합구역의 지정】 ① 법 제40조의5제1항제4호에서 "대통령령으로 정하는 경우"란 효율적이고 복합적인 도시·군계획시설의 조성을 위해 필요한 경우로서 해당 시·도 또는 대도시의 도시·군계획조례로 정하는 경우를 말한다.

② 법 제40조의5제2항 본문에서 "대통령령으로 정하는 범위"란 다음 각 호의 구분에 따른 범위를 말한다.

1. 입체복합구역에서의 도시·군계획시설과 도시·군계획시설이 아닌 시설에 대한 건축물이나 그 밖의 시설의 용도·종류 및 규모 등의 제한: 다음 각 목의 구분에 따른 범위
   가. 도시지역의 경우: 법 제36조제1항제1호의 도시지역에서 허용되는 범위
   나. 관리지역, 농림지역 및 자연환경보전지역의 경우: 법 제36조제1항제2호다목의 계획관리지역에서 허용되는 범위
2. 입체복합구역 안에서의 건폐율: 제84조제1항 각 호에 따른 해당 용도지역별 건폐율의 최대한도의 150퍼센트 이하의 범위. 이 경우 건폐율은 도시·군계획시설과 도시·군계획시설이 아닌 시설의 건축면적의 합을 기준으로 한다.

시 행 규 칙

법	시 행 령	시 행 규 칙
등의 제한(이하 이 조에서 "건축제한"이라 한다), 건폐율, 용적률, 높이 등은 대통령령으로 정하는 범위에서 따로 정할 수 있다. 다만, 다른 법률에 따라 정하여진 건축제한, 건폐율, 용적률, 높이 등을 완화하는 경우에는 미리 관계 기관의 장과 협의하여야 한다. ③ 제2항에 따라 정하는 건폐율과 용적률은 제77조 및 제78조에 따라 대통령령으로 정하고 있는 해당 용도지역별 최대한도의 200퍼센트 이하로 한다. ④ 그 밖에 입체복합구역의 지정·변경 등에 필요한 사항은 국토교통부장관이 정한다. [본조신설 2024.2.6.] **제40조의6【도시혁신구역, 복합용도구역, 입체복합구역에 대한 공공시설등의 설치비용 등】** ① 다음 각 호의 어느 하나에 해당하는 구역 안에서 개발사업이나 개발행위를 하려는 자(제26조제1항제5호에 따라 도시·군관리계획을 입안하거나 제35조의3에 따라 공간재구조화계획을 입안하는 경우 입안 제안자를 포함한다)는 건축물이나 그 밖의 시설의 용도, 건폐율, 용적률 등의 건축제한 완화 또는 행위제한 완화로 인한 토지가치 상승분(「감정평가 및 감정평가사에 관한 법률」에 따른 감정평가법인등이 해당 구역에 따른 계획 등의 변경 전·후에 대하여 각각 감정평가한 토지가액의 차이를 말한다)의 범위에서 해당 구역에 따른 계획으로 정하는 바에 따라 해당 구역 안에 제52조의2제1항 각 호의 시설(이하 이 조 및 제52조의2에서 "공공시설등"이라 한다)의 부지를 제공하거나 공공시설등을 설치하여 제공하도록 하여야 한다. 1. 제40조의3에 따른 도시혁신구역 2. 제40조의4에 따른 복합용도구역	3. 입체복합구역 안에서의 용적률: 제85조제1항 각 호에 따른 해당 용도지역별 용적률의 최대한도의 200퍼센트 이하의 범위. 이 경우 용적률은 도시·군계획시설과 도시·군계획시설이 아닌 시설의 바닥면적의 합을 기준으로 한다. 4. 입체복합구역 안에서의 건축물의 높이: 다음 각 목의 구분에 따른 범위 가. 「건축법」 제60조에 따라 제한된 높이의 150퍼센트 이하의 범위 나. 「건축법」 제61조제2항에 따른 채광 등의 확보를 위한 건축물의 높이 제한의 200퍼센트 이하의 범위 [본조신설 2024.7.30.]	

법

3. 제40조의5에 따른 입체복합구역

② 제1항에 따른 공공시설등의 부지제공과 설치, 비용납부 등에 관하여는 제52조의2제2항부터 제6항까지를 준용한다. 이 경우 "지구단위계획구역"은 각각 "도시혁신구역", "복합용도구역", "입체복합구역"으로, "지구단위계획"은 각각 "도시혁신계획", "복합용도계획", "도시·군관리계획"으로 본다.

③ 제1항 및 제2항은 제1항 각 호의 구역이 의제되는 경우에도 적용한다. 다만, 다음 각 호의 부담금이 부과(해당 법률에 따라 부담금을 면제하는 경우를 포함한다)되는 경우에는 그러하지 아니하다.

1. 「개발이익 환수에 관한 법률」에 따른 개발부담금
2. 「재건축초과이익 환수에 관한 법률」에 따른 재건축부담금

[본조신설 2024.2.6.]

제41조【공유수면매립지에 관한 용도지역의 지정】 ① 공유수면(바다만 해당한다)의 매립 목적이 그 매립구역과 이웃하고 있는 용도지역의 내용과 같으면 제25조와 제30조에도 불구하고 도시·군관리계획의 입안 및 결정 절차 없이 그 매립준공구역은 그 매립의 준공인가일부터 이와 이웃하고 있는 용도지역으로 지정된 것으로 본다. 이 경우 관계 특별시장·광역시장·특별자치시장·특별자치도지사·시장 또는 군수는 그 사실을 지체 없이 고시하여야 한다. 〈개정 2011.4.14〉

② 공유수면의 매립 목적이 그 매립구역과 이웃하고 있는 용도지역의 내용과 다른 경우 및 그 매립구역이 둘 이상의 용도지역에 걸쳐 있거나 이웃하고 있는 경우 그 매립구역이 속할 용도지역은 도시·군관리계획결정으로 지정하여야 한다. 〈개정 2011.4.14.〉

③ 관계 행정기관의 장은 「공유수면 관리 및 매립에 관한

시 행 령

제33조【공유수면매립지에 관한 용도지역의 지정】 ① 법 제41조제1항 전단 및 같은 조 제2항에서 "용도지역"이란 법 제36조 제1항에 따라 지정된 용도지역을 말한다. 다만, 용도지역이 도시지역에 해당하는 경우에는 제30조에 따라 세분하여 지정된 용도지역을 말한다. 〈개정 2019.8.6.〉

② 법 제41조제1항 후단에 따른 고시는 해당 시·도의 공보와 인터넷 홈페이지에 게재하는 방법으로 한다. 〈개정 2020.11.24.〉

시 행 규 칙

제4조【공유수면매립 준공인가의 통보】 법 제41조제3항에 따라 관계행정기관의 장이 공유수면매립의 준공인가를 통보하려는 때에는 별지 제1호서식의 공유수면매립준공인가통보서에 공유수면매립의 준공인가구역의 범위 및 면적을 표시한 축척 2만 5천분의 1 이상의 지형도를 첨부하여 특별시장·광역시장·특별자치시장·특별자치도지사·시장 또는 군수(광역시의 관할구역 안에 있는 군의 군수를 제외한다. 이하 같다. 다만, 제19조·제20조·제22조·제28조·제29조·제29조의2·제33조 및 제36조에서는 광역시의 관할구역 안

법	시 행 령	시 행 규 칙

법률」에 따른 공유수면 매립의 준공검사를 하면 국토교통부령으로 정하는 바에 따라 지체 없이 관계 특별시장·광역시장·특별자치시장·특별자치도지사·시장 또는 군수에게 통보하여야 한다. 〈개정 2013.3.23.〉
[전문개정 2009.2.6]

제42조 【다른 법률에 따라 지정된 지역의 용도지역지정 등의 의제】 ① 다음 각 호의 어느 하나의 구역 등으로 지정·고시된 지역은 이 법에 따른 도시지역으로 결정·고시된 것으로 본다. 〈개정 2011.8.4〉
1. 「항만법」 제2조제4호에 따른 항만구역으로서 도시지역에 연접한 공유수면
2. 「어촌·어항법」 제17조제1항에 따른 어항구역으로서 도시지역에 연접한 공유수면
3. 「산업입지 및 개발에 관한 법률」 제2조제8호가목부터 다목까지의 규정에 따른 국가산업단지, 일반산업단지 및 도시첨단산업단지
4. 「택지개발촉진법」 제3조에 따른 택지개발지구
5. 「전원개발촉진법」 제5조 및 같은 법 제11조에 따른 전원개발사업구역 및 예정구역(수력발전소 또는 송·변전설비만을 설치하기 위한 전원개발사업구역 및 예정구역은 제외한다. 이하 이 조에서 같다)

② 관리지역에서 「농지법」에 따른 농업진흥지역으로 지정·고시된 지역은 이 법에 따른 농림지역으로, 관리지역의 산림 중 「산지관리법」에 따라 보전산지로 지정·고시된 지역은 그 고시에서 구분하는 바에 따라 이 법에 따른 농림지역 또는 자연환경보전지역으로 결정·고시된 것으로 본다.
③ 관계 행정기관의 장은 제1항과 제2항에 해당하는 항만구

관계법 「산업입지 및 개발에 관한 법률」 제2조제8호
이 법에서 사용하는 용어의 뜻은 다음과 같다. 〈개정 2020.12.22.〉
1.~7. 〈생략〉
8. "산업단지"란 제7호의2에 따른 시설과 이와 관련된 교육·연구·업무·지원·정보처리·유통 시설 및 이들 시설의 기능 향상을 위하여 주거·문화·환경·공원녹지·의료·관광·체육·복지 시설 등을 집단적으로 설치하기 위하여 포괄적 계획에 따라 지정·개발되는 일단(一團)의 토지로서 다음 각 목의 것을 말한다.
가. 국가산업단지: 국가기간산업, 첨단과학기술산업 등을 육성하거나 개발 촉진이 필요한 낙후지역이나 둘 이상의 특별시·광역시·특별자치시 또는 도에 걸쳐 있는 지역을 산업단지로 개발하기 위하여 제6조에 따라 지정된 산업단지
나. 일반산업단지: 산업의 적정한 지방 분산을 촉진하고 지역경제의 활성화를 위하여 제7조에 따라 지정된 산업단지
다. 도시첨단산업단지: 지식산업·문화산업·정보통신산업, 그 밖의 첨단산업의 육성과 개발 촉진을 위하여 「국토의 계획 및 이용에

에 있는 군의 군수를 포함한다)에게 송부하여야 한다. 〈개정 2012.4.13.〉
[전문개정 2006.3.28]

제5조 【항만구역등 지정통보】 관계

법

역, 어항구역, 산업단지, 택지개발지구, 전원개발사업구역 및 예정구역, 농업진흥지역 또는 보전산지를 지정한 경우에는 국토교통부령으로 정하는 바에 따라 제32조에 따라 고시된 지형도면 또는 지형도에 그 지정 사실을 표시하여 그 지역을 관할하는 특별시장 · 광역시장 · 특별자치시장 · 특별자치도지사 · 시장 또는 군수에게 통보하여야 한다. 〈개정 2013.3.23〉

④ 제1항에 해당하는 구역 · 단지 · 지구 등(이하 이 항에서 "구역등"이라 한다)이 해제되는 경우(개발사업의 완료로 해제되는 경우는 제외한다) 이 법 또는 다른 법률에서 그 구역등이 어떤 용도지역에 해당되는지를 따로 정하고 있지 아니한 경우에는 이를 지정하기 이전의 용도지역으로 환원된 것으로 본다. 이 경우 지정권자는 용도지역이 환원된 사실을 대통령령으로 정하는 바에 따라 고시하고, 그 지역을 관할하는 특별시장 · 광역시장 · 특별자치시장 · 특별자치도지사 · 시장 또는 군수에게 통보하여야 한다. 〈개정 2011.4.14.〉

⑤ 제4항에 따라 용도지역이 환원되는 당시 이미 사업이나 공사에 착수한 자(이 법 또는 다른 법률에 따라 허가 · 인가 · 승인 등을 받아야 하는 경우에는 그 허가 · 인가 · 승인 등을 받아 사업이나 공사에 착수한 자를 말한다)는 그 용도지역의 환원에 관계없이 그 사업이나 공사를 계속할 수 있다.

[전문개정 2009.2.6.]

제3절 도시·군계획시설〈개정 2011.4.14.〉

제43조【도시 · 군계획시설의 설치 · 관리】 ① 지상 · 수상 · 공중 · 수중 또는 지하에 기반시설을 설치하려면 그 시설

시 행 령

관한 법률」에 따른 도시지역에 제7조의2에 따라 지정된 산업단지

라. 농공단지(農工團地): 대통령령으로 정하는 농어촌지역에 농어민의 소득 증대를 위한 산업을 유치 · 육성하기 위하여 제8조에 따라 지정된 산업단지

제34조【용도지역 환원의 고시】 법 제42조제4항 후단에 따른 용도지역 환원의 고시는 환원일자 및 환원사유와 용도지역이 환원된 도시·군관리계획의 내용을 해당 시 · 도의 공보와 인터넷 홈페이지에 게재하는 방법으로 한다. 〈개정 2020.11.24〉

제3절 도시 · 군계획시설〈개정 2012.4.10〉

제35조【도시 · 군계획시설의 설치 · 관리】 ① 법 제43조제1항 단서에서 "대통령령으로 정하는 경우"란 다음 각 호의 경

시 행 규 칙

행정기관의 장은 법 제42조제3항의 규정에 의하여 항만구역 · 어항구역 · 산업단지 · 택지개발지구 · 전원개발사업구역 및 예정구역 · 농업진흥지역 또는 보전임지(이하 이 조에서 "항만구역등"이라 한다)를 지정한 사실을 통보하고자 하는 때에는 별지 제2호서식의 항만구역등지정통보서에 다음 각호의 서류를 첨부하여 특별시장 · 광역시장 · 특별자치시장 · 특별자치도지사 · 시장 또는 군수에게 송부하여야 한다. 〈개정 2014.1.17.〉

1. 법 제42조제1항 및 제2항의 규정에 의한 용도지역을 표시한 축척 1천분의 1 또는 5천분의 1(축척 1천분의 1 또는 5천분의 1의 지형도가 간행되어 있지 아니한 경우에는 축척 2만5천분의 1)의 지형도(수치지형도를 포함한다. 이하 같다)
2. 항만구역등의 지정범위를 표시한 지적이 표시된 지형도. 이 경우 지형도의 작성에 관하여는 「토지이용규제 기본법 시행령」 제7조에 따른다.

제6조【도시 · 군관리계획의 결정 없이 설치할 수 있는 시설】 ① 영 제35조

법	시 행 령	시 행 규 칙

의 종류·명칭·위치·규모 등을 미리 도시·군관리계획으로 결정하여야 한다. 다만, 용도지역·기반시설의 특성 등을 고려하여 대통령령으로 정하는 경우에는 그러하지 아니하다. 〈개정 2011.4.14〉

② 효율적인 토지이용을 위하여 둘 이상의 도시·군계획시설을 같은 토지에 함께 결정하거나 도시·군계획시설이 위치하는 공간의 일부를 구획하여 도시·군계획시설을 결정할 수 있다. 〈신설 2024.2.6.〉

③ 도시·군계획시설의 결정·구조 및 설치의 기준 등에 필요한 사항은 국토교통부령으로 정하고, 그 세부사항은 국토교통부령으로 정하는 범위에서 시·도의 조례로 정할 수 있다. 다만, 이 법 또는 다른 법률에 특별한 규정이 있는 경우에는 그에 따른다. 〈개정 2013.3.23., 2024.2.6.〉

④ 제1항에 따라 설치한 도시·군계획시설의 관리에 관하여 이 법 또는 다른 법률에 특별한 규정이 있는 경우 외에는 국가가 관리하는 경우에는 대통령령으로, 지방자치단체가 관리하는 경우에는 그 지방자치단체의 조례로 도시·군계획시설의 관리에 관한 사항을 정한다. 〈개정 2011.4.14., 2024.2.6.〉

[전문개정 2009.2.6][제목개정 2011.4.14]

우를 말한다. 〈개정 2015.7.6., 2016.2.11., 2016.12.30., 2018.11.13., 2019.12.31.〉

1. 도시지역 또는 지구단위계획구역에서 다음 각 목의 기반시설을 설치하고자 하는 경우
   가. 주차장, 차량 검사 및 면허시설, 공공공지, 열공급설비, 방송·통신시설, 시장·공공청사·문화시설·공공필요성이 인정되는 체육시설·연구시설·사회복지시설·공공직업 훈련시설·청소년수련시설·저수지·방화설비·방풍설비·방수설비·사방설비·방조설비·장사시설·종합의료시설·빗물저장 및 이용시설·폐차장
   나. 「도시공원 및 녹지 등에 관한 법률」의 규정에 의하여 점용허가대상이 되는 공원안의 기반시설
   다. 그 밖에 국토교통부령으로 정하는 시설
2. 도시지역 및 지구단위계획구역외의 지역에서 다음 각 목의 기반시설을 설치하고자 하는 경우
   가. 제1호 가목 및 나목의 기반시설
   나. 궤도 및 전기공급설비
   다. 그 밖에 국토교통부령이 정하는 시설

② 법 제43조제4항에 따라 국가가 관리하는 도시·군계획시설은 「국유재산법」 제2조제11호에 따른 중앙관서의 장이 관리한다. 〈개정 2011.4.1., 2012.4.10., 2024.7.30.〉

[제목개정 2012.4.10]

제35조의2【공동구의 설치】 ① 법 제44조제1항 각 호 외의 부분에서 "대통령령으로 정하는 규모"란 200만제곱미터를 말한다.

② 법 제44조제1항제5호에서 "대통령령으로 정하는 지역"이란 다음 각 호의 지역을 말한다. 〈개정 2014.4.29.,

제1항제1호다목에서 "국토교통부령으로 정하는 시설"이란 다음 각 호의 시설을 말한다. 〈개정 2015.6.30., 2016.2.12., 2016.5.26., 2016.12.30., 2017.3.30., 2018.12.27., 2019.3.18., 2019.8.7., 2020,10,19., 2023.1.27〉

1. 공항중 「공항시설법 시행령」 제3조제3호의 규정에 의한 도심공항터미널
2. 삭제 〈2016.12.30〉
3. 여객자동차터미널중 전세버스운송사업용 여객자동차터미널
4. 광장중 건축물부설광장
5. 전기공급설비(발전시설, 옥외에 설치하는 변전시설 및 지상에 설치하는 전압 15만 4천볼트 이상의 송전선로는 제외한다)

5의2. 「신에너지 및 재생에너지 개발·이용·보급 촉진법」 제2조제3호에 따른 신·재생에너지설비로서 다음 각 목의 어느 하나에 해당하는 설비
   가. 「신에너지 및 재생에너지 개발·이용·보급 촉진법 시행규칙」 제2조제2호에 따른 연료전지 설비 및 같은 조 제4호에 따른 태양에너지 설비
   나. 「신에너지 및 재생에너지 개발·이용·보급 촉진법 시행규칙」 제2조제1호, 제3호 및 제5호부터 제12

법

제44조【공동구의 설치】 ① 다음 각 호에 해당하는 지역 · 지구 · 구역 등(이하 이 항에서 "지역등"이라 한다)이 대통령령으로 정하는 규모를 초과하는 경우에는 해당 지역등에서 개발사업을 시행하는 자(이하 이 조에서 "사업시행자"라 한다)는 공동구를 설치하여야 한다. 〈개정 2011.5.30.〉

1. 「도시개발법」 제2조제1항에 따른 도시개발구역
2. 「택지개발촉진법」 제2조제3호에 따른 택지개발지구
3. 「경제자유구역의 지정 및 운영에 관한 특별법」 제2조제1호에 따른 경제자유구역
4. 「도시 및 주거환경정비법」 제2조제1호에 따른 정비구역
5. 그 밖에 대통령령으로 정하는 지역

② 「도로법」 제23조에 따른 도로 관리청은 지하매설물의 빈번한 설치 및 유지관리 등의 행위로 인하여 도로구조의 보전과 안전하고 원활한 도로교통의 확보에 지장을 초래하는 경우에는 공동구 설치의 타당성을 검토하여야 한다. 이 경우 재정여건 및 설치 우선순위 등을 감안하여 단계적으로 공동구가 설치될 수 있도록 하여야 한다. 〈개정 2014.1.14., 2020.6.9〉

③ 공동구가 설치된 경우에는 대통령령으로 정하는 바에 따라 공동구에 수용하여야 할 시설이 모두 수용되도록 하여야 한다.

④ 제1항에 따른 개발사업의 계획을 수립할 경우에는 공동구 설치에 관한 계획을 포함하여야 한다. 이 경우 제3항에 따라 공동구에 수용되어야 할 시설을 설치하고자 공동구를 점용하려는 자(이하 이 조에서 "공동구 점용예정자"라 한다)와 설치 노선 및 규모 등에 관하여 미리 협의한 후 제44조의2제4항에 따른 공동구협의회의 심의를 거쳐야 한다.

시 행 령

2015.12.28〉

1. 「공공주택 특별법」 제2조제2호에 따른 공공주택지구
2. 「도청이전을 위한 도시건설 및 지원에 관한 특별법」 제2조제3호에 따른 도청이전신도시

[본조신설 2010.7.9]

제35조의3【공동구에 수용하여야 하는 시설】 공동구가 설치된 경우에는 법 제44조제3항에 따라 제1호부터 제6호까지의 시설을 공동구에 수용하여야 하며, 제7호 및 제8호의 시설은 법 제44조의2제4항에 따른 공동구협의회(이하 "공동구협의회"라 한다)의 심의를 거쳐 수용할 수 있다.

1. 전선로
2. 통신선로
3. 수도관
4. 열수송관
5. 중수도관
6. 쓰레기수송관
7. 가스관
8. 하수도관, 그 밖의 시설

[본조신설 2010.7.9]

시 행 규 칙

호까지에 해당하는 설비로서 발전용량이 200킬로와트 이하인 설비(전용주거지역 및 일반주거지역 외의 지역에 설치하는 경우로 한정한다)

6. 다음 각 목의 어느 하나에 해당하는 가스공급설비
   가. 「액화석유가스의 안전관리 및 사업법」 제5조제1항에 따라 액화석유가스충전사업의 허가를 받은 자가 설치하는 액화석유가스 충전시설
   나. 「도시가스사업법」 제3조에 따라 도시가스사업의 허가를 받은 자 또는 같은 법 제39조의2제1항 각 호 외의 부분 전단에 따른 도시가스사업자 외의 가스공급시설설치자가 설치하는 같은 법 제2조제5호에 따른 가스공급시설
   다. 「환경친화적 자동차의 개발 및 보급 촉진에 관한 법률」 제2조제9호에 따른 수소연료공급시설
   라. 「고압가스 안전관리법」 제3조제1호에 따른 저장소로서 자기가 직접 다음의 어느 하나의 용도로 소비할 목적으로 고압가스를 저장하는 저장소
      1) 발전용: 전기(電氣)를 생산하는 용도

법	시 행 령	시 행 규 칙
	제36조 【공동구의 설치에 대한 의견 청취】 ① 법 제44조제1항에 따른 개발사업의 시행자(이하 이 조, 제37조, 제38조 및 제39조의2에서 "사업시행자"라 한다)는 공동구를 설치하기 전에 다음 각 호의 사항을 정하여 공동구에 수용되어야 할 시설을 설치하기 위하여 공동구를 점용하려는 자(이하 "공동구 점용예정자"라 한다)에게 미리 통지하여야 한다. 1. 공동구의 위치 2. 공동구의 구조 3. 공동구 점용예정자의 명세 4. 공동구 점용예정자별 점용예정부문의 개요 5. 공동구의 설치에 필요한 비용과 그 비용의 분담에 관한 사항 6. 공사 착수 예정일 및 공사 준공 예정일 ② 제1항에 따라 공동구의 설치에 관한 통지를 받은 공동구 점용예정자는 사업시행자가 정한 기한까지 해당 시설을 개별적으로 매설할 때 필요한 비용 등을 포함한 의견서를 제출하여야 한다. ③ 사업시행자가 제2항에 따른 의견서를 받은 때에는 공동구의 설치계획 등에 대하여 공동구협의회의 심의를 거쳐 그 결과를 법 제44조제1항에 따른 개발사업의 실시계획인가(실시계획승인, 사업시행인가 및 지구계획승인을 포함한다. 이하 제38조제3항에서 "개발사업의 실시계획인가등"이라 한다) 신청서에 반영하여야 한다. [전문개정 2010.7.9.] **제37조 【공동구에의 수용】** ① 사업시행자는 공동구의 설치공사를 완료한 때에는 지체 없이 다음 각 호의 사항을 공동구 점용예정자에게 개별적으로 통지하여야 한다. 〈개정	2) 산업용: 제조업의 제조공정용 원료 또는 연료(제조부대시설의 운영에 필요한 연료를 포함한다)로 사용하는 용도 3) 열병합용: 전기와 열을 함께 생산하는 용도 4) 열 전용(專用) 설비용: 열만을 생산하는 용도 6의2. 수도공급설비 중 「수도법」 제3조제9호의 마을상수도 7. 유류저장 및 송유설비 중 「위험물안전관리법」 제6조에 따른 제조소등의 설치허가를 받은 자가 「위험물안전관리법 시행령」 별표 1에 따른 인화성액체 중 유류를 저장하기 위하여 설치하는 유류저장시설 8. 다음 각 목의 학교 가. 「유아교육법」 제2조제2호에 따른 유치원 나. 「장애인 등에 대한 특수교육법」 제2조제10호에 따른 특수학교 다. 「초·중등교육법」 제60조의3에 따른 대안학교 라. 「고등교육법」 제2조제5호에 따른 방송대학·통신대학 및 방송통신대학 9. 삭제 10. 다음 각 목의 어느 하나에 해당하는

법

⑤ 공동구의 설치(개량하는 경우를 포함한다)에 필요한 비용은 이 법 또는 다른 법률에 특별한 규정이 있는 경우를 제외하고는 공동구 점용예정자와 사업시행자가 부담한다. 이 경우 공동구 점용예정자는 해당 시설을 개별적으로 매설할 때 필요한 비용의 범위에서 대통령령으로 정하는 바에 따라 부담한다.

⑥ 제5항에 따라 공동구 점용예정자와 사업시행자가 공동구 설치비용을 부담하는 경우 국가, 특별시장 · 광역시장 · 특별자치시장 · 특별자치도지사 · 시장 또는 군수는 공동구의 원활한 설치를 위하여 그 비용의 일부를 보조 또는 융자할 수 있다. 〈개정 2011.4.14〉

⑦ 제3항에 따라 공동구에 수용되어야 하는 시설물의 설치기준 등은 다른 법률에 특별한 규정이 있는 경우를 제외하

시 행 령

2010.7.9〉

1. 공동구에 수용될 시설의 점용공사 기간
2. 공동구 설치위치 및 설계도면
3. 공동구에 수용할 수 있는 시설의 종류
4. 공동구 점용공사 시 고려할 사항

② 공동구 점용예정자는 제1항제1호에 따른 점용공사 기간 내에 공동구에 수용될 시설을 공동구에 수용하여야 한다. 다만, 그 기간 내에 점용공사를 완료하지 못하는 특별한 사정이 있어서 미리 사업시행자와 협의한 경우에는 그러하지 아니하다. 〈개정 2010.7.9.〉

③ 공동구 점용예정자는 공동구에 수용될 시설을 공동구에 수용함으로써 용도가 폐지된 종래의 시설은 사업시행자가 지정하는 기간 내에 철거하여야 하고, 도로는 원상으로 회복하여야 한다. 〈개정 2010.7.9.〉

제38조【공동구의 설치비용 등】 ① 법 제44조제5항 전단에 따른 공동구의 설치에 필요한 비용은 다음 각 호와 같다. 다만, 법 제44조제6항에 따른 보조금이 있는 때에는 그 보조금의 금액을 공제하여야 한다. 〈개정 2010.7.9〉

1. 설치공사의 비용
2. 내부공사의 비용
3. 설치를 위한 측량 · 설계비용
4. 공동구의 설치로 인하여 보상의 필요가 있는 때에는 그 보상비용
5. 공동구부대시설의 설치비용
6. 법 제44조제6항에 따른 융자금이 있는 경우에는 그 이자에 해당하는 금액

② 법 제44조제5항 후단에 따라 공동구 점용예정자가 부담

시 행 규 칙

도축장

가. 대지면적이 500제곱미터 미만인 도축장

나. 「산업입지 및 개발에 관한 법률」 제2조제8호에 따른 산업단지 내에 설치하는 도축장

11. 폐기물처리시설 및 재활용 시설 중 재활용시설
12. 수질오염방지시설 중 「광산피해의 방지 및 복구에 관한 법률」 제31조에 따른 한국광해관리공단이 같은 법 제11조에 따른 광해방지사업의 일환으로 폐광의 폐수를 처리하기 위하여 설치하는 시설(「건축법」 제11조에 따른 건축허가를 받아 건축하여야 하는 시설은 제외한다)

② 영 제35조제1항제2호 다목에서 "그 밖에 국토교통부령이 정하는 시설"이란 다음 각 호의 시설을 말한다. 〈개정 2018.12.27〉

1. 삭제
2. 자동차정류장
3. 광장
4. 유류저장 및 송유설비
5. 제1항제1호 · 제6호 · 제6호의2 · 제8호부터 제12호까지의 시설

[제목개정 2019.8.7.]

법	시 행 령	시 행 규 칙
고는 국토교통부장관이 정한다. [전문개정 2009.12.29] **훈령** 공동구 설치 및 관리지침(국토교통부훈령 제1608호. 2023.4.4.)	하여야 하는 공동구 설치비용은 해당 시설을 개별적으로 매설할 때 필요한 비용으로 하되, 특별시장 · 광역시장 · 특별자치시장 · 특별자치도지사 · 시장 또는 군수(이하 제39조 및 제39조의3에서 "공동구관리자"라 한다)가 공동구협의회의 심의를 거쳐 해당 공동구의 위치, 규모 및 주변 여건 등을 고려하여 정한다. 〈개정 2012.4.10.〉 ③ 사업시행자는 공동구의 설치가 포함되는 개발사업의 실시계획인가등이 있은 후 지체 없이 공동구 점용예정자에게 제1항 및 제2항에 따라 산정된 부담금의 납부를 통지하여야 한다. 〈개정 2010.7.9.〉 ④ 제3항에 따른 부담금의 납부통지를 받은 공동구 점용예정자는 공동구설치공사가 착수되기 전에 부담액의 3분의 1 이상을 납부하여야 하며, 그 나머지 금액은 제37조제1항제1호에 따른 점용공사기간 만료일(만료일전에 공사가 완료된 경우에는 그 공사의 완료일을 말한다)전까지 납부하여야 한다. 〈개정 2010.7.9.〉	
제44조의2【공동구의 관리 · 운영 등】 ① 공동구는 특별시장 · 광역시장 · 특별자치시장 · 특별자치도지사 · 시장 또는 군수(이하 이 조 및 제44조의3에서 "공동구관리자" 라 한다)가 관리한다. 다만, 공동구의 효율적인 관리 · 운영을 위하여 필요하다고 인정하는 경우에는 대통령령으로 정하는 기관에 그 관리 · 운영을 위탁할 수 있다. 〈개정 2011.4.14.〉	**제39조【공동구의 관리 · 운영 등】** ① 법 제44조의2제1항 단서에서 "대통령령으로 정하는 기관"이란 다음 각 호의 어느 하나에 해당하는 기관을 말한다. 〈개정 2018.1.19., 2020.12.1.〉 1. 「지방공기업법」 제49조 또는 제76조에 따른 지방공사 또는 지방공단 2. 「국토안전관리원법」에 따른 국토안전관리원 3. 공동구의 관리 · 운영에 전문성을 갖춘 기관으로서 특별시 · 광역시 · 특별자치시 · 특별자치도 · 시 또는 군의 도시·군계획조례로 정하는 기관	
② 공동구관리자는 5년마다 해당 공동구의 안전 및 유지관리	② 법 제44조의2제2항에 따른 공동구의 안전 및 유지관리	

법	시 행 령	시 행 규 칙
계획을 대통령령으로 정하는 바에 따라 수립·시행하여야 한다.	계획에는 다음 각 호의 사항이 모두 포함되어야 한다. 1. 공동구의 안전 및 유지관리를 위한 조직·인원 및 장비의 확보에 관한 사항 2. 긴급상황 발생 시 조치체계에 관한 사항 3. 법 제44조의2제3항에 따른 안전점검 또는 정밀안전진단의 실시계획에 관한 사항 4. 해당 공동구의 설계, 시공, 감리 및 유지관리 등에 관련된 설계도서의 수집·보관에 관한 사항 5. 그 밖에 공동구의 안전 및 유지관리에 필요한 사항 ③ 공동구관리자가 법 제44조의2제2항에 따른 공동구의 안전 및 유지관리계획을 수립하거나 변경하려면 미리 관계 행정기관의 장과 협의한 후 공동구협의회의 심의를 거쳐야 한다. ④ 공동구관리자가 제3항에 따라 공동구의 안전 및 유지관리계획을 수립하거나 변경한 경우에는 관계 행정기관의 장에게 관계 서류를 송부하여야 한다.	
③ 공동구관리자는 대통령령으로 정하는 바에 따라 1년에 1회 이상 공동구의 안전점검을 실시하여야 하며, 안전점검결과 이상이 있다고 인정되는 때에는 지체 없이 정밀안전진단·보수·보강 등 필요한 조치를 하여야 한다.	⑤ 공동구관리자는 법 제44조의2제3항에 따라 「시설물의 안전 및 유지관리에 관한 특별법」 제11조 및 제12조에 따른 안전점검 및 정밀안전진단을 실시하여야 한다. 〈개정 2017.9.19.〉 [전문개정 2010.7.9]	**관계법** 「시설물의 안전 및 유지관리에 관한 특별법」 제11조(안전점검의 실시) ① 관리주체는 소관 시설물의 안전과 기능을 유지하기 위하여 정기적으로 안전점검을 실시하여야 한다. 다만, 제6조제1항 단서에 해당하는 시설물의 경우에는 시장·군수·구청장이 안전점검을 실시하여야 한다.
④ 공동구관리자는 공동구의 설치·관리에 관한 주요 사항의 심의 또는 자문을 하게 하기 위하여 공동구협의회를 둘 수 있다. 이 경우 공동구협의회의 구성·운영 등에 필요한 사항은 대통령령으로 정한다. ⑤ 국토교통부장관은 공동구의 관리에 필요한 사항을 정할 수 있다. 〈개정 2013.3.23.〉	**제39조의2【공동구협의회의 구성 및 운영 등】** ① 법 제44조의2제4항에 따라 공동구협의회가 심의하거나 자문에 응하는 사항은 다음 각 호와 같다. 1. 법 제44조제4항에 따른 공동구 설치 계획 등에 관한 사항의 심의 2. 법 제44조제5항에 따른 공동구 설치비용 및 법 제44조의3	② 관리주체는 시설물의 하자담보책임기간(동일한 시설물의 각 부분별 하자담보책임기간이 다른 경우에는 시설물의 부분 중 대통령령으로 정하는 주요 부분의 하자담보책임기간을 말한다)이 끝나기 전에 마지막으로 실시하는 정밀안전점검의 경우에는 안전진단전문기관이나 한국시설안전공단에 의뢰하여 실시하여

[본조신설 2009.12.29]

훈령 공동구 설치 및 관리지침(국토교통부훈령 제1608호, 2023.4.4.)

제1항에 따른 관리비용의 분담 등에 관한 사항의 심의
3. 법 제44조의2제2항에 따른 공동구의 안전 및 유지관리계획 등에 관한 사항의 심의
4. 법 제44조의3제2항 및 제3항에 따른 공동구 점용·사용의 허가 및 비용부담 등에 관한 사항의 심의
5. 그 밖에 공동구 설치·관리에 관한 사항의 심의 또는 자문

② 공동구협의회는 위원장 및 부위원장 각 1명을 포함한 10명 이상 20명 이하의 위원으로 구성한다.

③ 공동구협의회의 위원장은 특별시·광역시·특별자치시·특별자치도·시 또는 군의 부시장·부지사 또는 부군수가 되며, 부위원장은 위원 중에서 호선한다. 다만, 둘 이상의 특별시·광역시·특별자치시·특별자치도·시 또는 군에 공동으로 설치하는 공동구협의회의 위원장은 해당 특별시장·광역시장·특별자치시장·특별자치도지사·시장 또는 군수가 협의하여 정한다. 〈개정 2012.4.10.〉

④ 공동구협의회의 위원은 다음 각 호의 어느 하나에 해당하는 사람 중에서 특별시장·광역시장·특별자치시장·특별자치도지사·시장 또는 군수가 임명하거나 위촉하되, 둘 이상의 특별시·광역시·특별자치시·특별자치도·시 또는 군에 공동으로 설치하는 공동구협의회의 위원은 해당 특별시장·광역시장·특별자치시장·특별자치도지사·시장 또는 군수가 협의하여 임명하거나 위촉한다. 이 경우 제5호에 해당하는 위원의 수는 전체 위원의 2분의 1 이상이어야 한다. 〈개정 2012.4.10.〉
1. 해당 지방자치단체의 공무원
2. 관할 소방관서의 공무원
3. 사업시행자의 소속 직원
4. 공동구 점용예정자의 소속 직원
5. 공동구의 구조안전 또는 방재업무에 관한 학식과 경험이

야 한다.

③ 민간관리주체가 어음·수표의 지급불능으로 인한 부도(不渡) 등 부득이한 사유로 인하여 안전점검을 실시하지 못하게 될 때에는 관할 시장·군수·구청장이 민간관리주체를 대신하여 안전점검을 실시할 수 있다. 이 경우 안전점검에 드는 비용은 그 민간관리주체에게 부담하게 할 수 있다.

④ 제3항에 따라 시장·군수·구청장이 안전점검을 대신 실시한 후 민간관리주체에게 비용을 청구하는 경우에 해당 민간관리주체가 그에 따르지 아니하면 시장·군수·구청장은 지방세 체납처분의 예에 따라 징수할 수 있다.

⑤ 시설물의 종류에 따른 안전점검의 수준, 안전점검의 실시시기, 안전점검의 실시 절차 및 방법, 안전점검을 실시할 수 있는 자의 자격 등 안전점검 실시에 필요한 사항은 대통령령으로 정한다.

제12조(정밀안전진단의 실시)

① 관리주체는 제1종시설물에 대하여 정기적으로 정밀안전진단을 실시하여야 한다.

② 관리주체는 제11조에 따른 안전점검 또는 제13조에 따른 긴급안전점검을 실시한 결과 재해 및 재난을 예방하기 위하여 필요하다고 인정되는 경우에는 정밀안전진단을 실시하여야 한다. 이 경우 제13조제7항 및 제17조제4항에 따른 결과보고서 제출일부터 1년 이내에 정밀안전진단을 착수하여야 한다.

③ 관리주체는 「지진·화산재해대책법」 제14조제1항에 따른 내진설계 대상 시설물 중 내진성능평가를 받지 않은 시설물에 대하여 정밀안전진단을 실시하는 경우에는 해당 시설

<table>
<tr><th>법</th><th>시 행 령</th><th>시 행 규 칙</th></tr>
<tr><td></td><td>있는 사람
⑤ 제4항제5호에 해당하는 위원의 임기는 2년으로 한다. 다만, 위원의 사임 등으로 인하여 새로 위촉된 위원의 임기는 전임 위원 임기의 남은 기간으로 한다.
⑥ 제2항부터 제5항까지에서 규정한 사항 외에 공동구협의회의 구성 · 운영에 필요한 사항은 특별시 · 광역시 · 특별자치시 · 특별자치도 · 시 또는 군의 도시·군계획조례로 정한다. 〈개정 2012.4.10〉
[본조신설 2010.7.9.]</td><td>물에 대한 내진성능평가를 포함하여 실시하여야 한다.
④ 국토교통부장관은 내진성능평가가 포함된 정밀안전진단의 실시결과를 제18조에 따라 평가한 결과 내진성능의 보강이 필요하다고 인정되면 내진성능을 보강하도록 권고할 수 있다.
⑤ 정밀안전진단의 실시시기, 정밀안전진단의 실시 절차 및 방법, 정밀안전진단을 실시할 수 있는 자의 자격 등 정밀안전진단 실시에 필요한 사항은 대통령령으로 정한다.</td></tr>
<tr><td>제44조의3【공동구의 관리비용 등】 ① 공동구의 관리에 소요되는 비용은 그 공동구를 점용하는 자가 함께 부담하되, 부담비율은 점용면적을 고려하여 공동구관리자가 정한다.
② 공동구 설치비용을 부담하지 아니한 자(부담액을 완납하지 아니한 자를 포함한다)가 공동구를 점용하거나 사용하려면 그 공동구를 관리하는 공동구관리자의 허가를 받아야 한다.
③ 공동구를 점용하거나 사용하는 자는 그 공동구를 관리하는 특별시 · 광역시 · 특별자치시 · 특별자치도 · 시 또는 군의 조례로 정하는 바에 따라 점용료 또는 사용료를 납부하여야 한다. 〈개정 2011.4.14〉
[본조신설 2009.12.29]</td><td>제39조의3【공동구의 관리비용】 공동구관리자는 법 제44조의3제1항에 따른 공동구의 관리에 드는 비용을 연 2회로 분할하여 납부하게 하여야 한다.
[본조신설 2010.7.9]</td><td></td></tr>
<tr><td>제45조【광역시설의 설치 · 관리 등】 ① 광역시설의 설치 및 관리는 제43조에 따른다.
② 관계 특별시장 · 광역시장 · 특별자치시장 · 특별자치도지사 · 시장 또는 군수는 협약을 체결하거나 협의회 등을 구성하여 광역시설을 설치 · 관리할 수 있다. 다만, 협약의 체결</td><td>제40조【광역시설의 설치에 따른 지원 등】 지방자치단체는 법 제45조제4항의 규정에 의하여 광역시설을 다른 지방자치단체의 관할구역에 설치하고자 하는 경우에는 다음 각 호의 어느 하나에 해당하는 사업을 해당 지방자치단체와 함께 시행하거나 이에 필요한 자금 등을 지원하여야 한다. 〈개정</td><td></td></tr>
</table>

법	시 행 령	시 행 규 칙
이나 협의회 등의 구성이 이루어지지 아니하는 경우 그 시 또는 군이 같은 도에 속할 때에는 관할 도지사가 광역시설을 설치·관리할 수 있다. 〈개정 2011.4.14.〉 ③ 국가계획으로 설치하는 광역시설은 그 광역시설의 설치·관리를 사업목적 또는 사업종목으로 하여 다른 법률에 따라 설립된 법인이 설치·관리할 수 있다. ④ 지방자치단체는 환경오염이 심하게 발생하거나 해당 지역의 개발이 현저하게 위축될 우려가 있는 광역시설을 다른 지방자치단체의 관할 구역에 설치할 때에는 대통령령으로 정하는 바에 따라 환경오염 방지를 위한 사업이나 해당 지역 주민의 편익을 증진시키기 위한 사업을 해당 지방자치단체와 함께 시행하거나 이에 필요한 자금을 해당 지방자치단체에 지원하여야 한다. 다만, 다른 법률에 특별한 규정이 있는 경우에는 그 법률에 따른다. [전문개정 2009.2.6.]	2016.2.11., 2018.11.13〉 1. 환경오염의 방지를 위한 사업 : 녹지·하수도 또는 폐기물처리 및 재활용시설의 설치사업과 대기오염·수질오염·악취·소음 및 진동방지사업 등 2. 지역주민의 편익을 위한 사업 : 도로·공원·수도공급설비·문화시설·사회복지시설·노인정·하수도·종합의료시설 등의 설치사업 등	
제46조 【도시·군계획시설의 공중 및 지하에의 설치기준과 보상 등】 도시·군계획시설을 공중·수중·수상 또는 지하에 설치하는 경우 그 높이나 깊이의 기준과 그 설치로 인하여 토지나 건물의 소유권 행사에 제한을 받는 자에 대한 보상 등에 관하여는 따로 법률로 정한다. 〈개정 2011.4.14〉 [전문개정 2009.2.6.][제목개정 2011.4.14.]	**관계법** 「공익사업을 위한 토지 등의 취득 및 보상에 관한 법률」	
제47조 【도시·군계획시설 부지의 매수청구】 ① 도시계획시설에 대한 도시·군관리계획의 결정(이하 "도시·군계획시설결정")이라 한다의 고시일부터 10년 이내에 그 도시계획시설의 설치에 관한 도시·군계획시설사업이 시행되지 아니하는 경우(제88조에 따른 실시계획의 인가나 그에 상당하는 절	**제41조 【도시·군계획시설부지의 매수청구】** ① 법 제47조제1항의 규정에 의하여 토지의 매수를 청구하고자 하는 자는 국토교통부령이 정하는 도시·군계획시설부지매수청구서(전자문서로 된 청구서를 포함한다)에 대상토지 및 건물에 대한 등기사항증명서를 첨부하여 법 제47조제1항 각호외의 부분	**제7조 【도시·군계획시설부지매수청구서】** 영 제41조제1항의 규정에 의한 도시·군계획시설부지매수청구서는 별지 제3호서식에 의한다. 〈개정 2012.4.13〉 [제목개정 2012.4.13.]

법

차가 진행된 경우는 제외한다. 이하 같다) 그 도시 · 군계획시설의 부지로 되어 있는 토지 중 지목(地目)이 대(垈)인 토지(그 토지에 있는 건축물 및 정착물을 포함한다. 이하 이 조에서 같다)의 소유자는 대통령령으로 정하는 바에 따라 특별시장 · 광역시장 · 특별자치시장 · 특별자치도지사 · 시장 또는 군수에게 그 토지의 매수를 청구할 수 있다. 다만, 다음 각 호의 어느 하나에 해당하는 경우에는 그에 해당하는 자(특별시장 · 광역시장 · 특별자치시장 · 특별자치도지사 · 시장 또는 군수를 포함한다. 이하 이 조에서 "매수의무자"라 한다)에게 그 토지의 매수를 청구할 수 있다. 〈개정 2011.4.14〉

1. 이 법에 따라 해당 도시 · 군계획시설사업의 시행자가 정하여진 경우에는 그 시행자
2. 이 법 또는 다른 법률에 따라 도시 · 군계획시설을 설치하거나 관리하여야 할 의무가 있는 자가 있으면 그 의무가 있는 자. 이 경우 도시·군계획시설사업을 설치하거나 관리하여야 할 의무가 있는 자가 서로 다른 경우에는 설치하여야 할 의무가 있는 자에게 매수 청구하여야 한다.

② 매수의무자는 제1항에 따라 매수 청구를 받은 토지를 매수할 때에는 현금으로 그 대금을 지급한다. 다만, 다음 각 호의 어느 하나에 해당하는 경우로서 매수의무자가 지방자치단체인 경우에는 채권(이하 "도시 · 군계획시설채권 "이라 한다)을 발행하여 지급할 수 있다. 〈개정 2011.4.14〉

1. 토지 소유자가 원하는 경우
2. 대통령령으로 정하는 부재부동산 소유자의 토지 또는 비업무용 토지로서 매수대금이 대통령령으로 정하는 금액을 초과하여 그 초과하는 금액을 지급하는 경우

③ 도시 · 군계획시설채권의 상환기간은 10년 이내로 하며, 그 이율은 채권 발행 당시 「은행법」에 따른 인가를 받은

시 행 령

단서의 규정에 의한 매수의무자에게 제출하여야 한다. 다만, 매수의무자는 「전자정부법」 제36조제1항에 따른 행정정보의 공동이용을 통하여 대상토지 및 건물에 대한 등기부 등본을 확인할 수 있는 경우에는 그 확인으로 첨부서류를 갈음하여야 한다. 〈개정 2013.3.23.〉

② 법 제47조제2항제2호의 규정에 의한 부재부동산소유자의 토지의 범위에 관하여는 「공익사업을 위한 토지 등의 취득 및 손실보상에 관한 법률 시행령」 제26조의 규정을 준용한다. 이 경우 "사업인정고시일"은 각각 "매수청구일"로 본다. 〈개정 2005.9.8〉

③ 법 제47조제2항제2호의 규정에 의한 비업무용토지의 범위에 관하여는 「법인세법 시행령」 제49조제1항제1호의 규정을 준용한다. 〈개정 2005.9.8〉

④ 법 제47조제2항제2호에서 "대통령령으로 정하는 일정금액"이란 3천만원을 말한다. 〈개정 2018.11.13.〉

⑤ 법 제47조제7항 각 호 외의 부분 전단에서 "대통령령으로 정하는 건축물 또는 공작물"이란 다음 각 호의 것을 말한다. 다만, 다음 각 호에 규정된 범위에서 특별시 · 광역시 · 특별자치시 · 특별자치도 · 시 또는 군의 도시 · 군계획조례로 따로 허용범위를 정하는 경우에는 그에 따른다. 〈개정 2014.3.24〉

1. 「건축법 시행령」 별표 1 제1호 가목의 단독주택으로서 3층 이하인 것
2. 「건축법 시행령」 별표 1 제3호의 제1종근린생활시설로서 3층 이하인 것

2의2. 「건축법 시행령」 별표 1 제4호의 제2종 근린생활시설(같은 호 거목 · 더목 및 러목은 제외한다)로서 3층 이하인 것

시 행 규 칙

제8조【미집행도시 · 군계획시설부지관리대장】 ① 특별시장 · 광역시장 · 특별자치시장 · 특별자치도지사 · 시장 또는 군수는 다음 각호의 1에 해당하는 때에는 별지 제4호서식의 미집행도시 · 군계획시설부지관리대장에 그 사항을 기재하고 관리하여야 한다. 〈개정 2012.4.13.〉

1. 법 제47조제1항의 규정에 의하여 도시 · 군계획시설부지매수청구서를 제출받은 때
2. 법 제47조제6항의 규정에 의한 매수여부의 결정을 한 때
3. 법 제47조제7항의 규정에 의하여 건축물 또는 공작물의 설치에 관한 개발행위허가를 한 때

② 제1항의 미집행도시 · 군계획시설부지관리대장은 전자적 처리가 불가능한 특별한 사유가 없으면 전자적 처리가 가능한 방법으로 작성 · 관리하여야 한다.

〈개정2012.4.13〉

은행 중 전국을 영업으로 하는 은행이 적용하는 1년 만기 정기예금금리의 평균 이상이어야 하며, 구체적인 상환기간과 이율은 특별시 · 광역시 · 특별자치시 · 특별자치도 · 시 또는 군의 조례로 정한다. 〈개정 2011.4.14.〉

④ 매수 청구된 토지의 매수가격 · 매수절차 등에 관하여 이 법에 특별한 규정이 있는 경우 외에는「공익사업을 위한 토지 등의 취득 및 보상에 관한 법률」을 준용한다.

⑤ 도시 · 군계획시설채권의 발행절차나 그 밖에 필요한 사항에 관하여 이 법에 특별한 규정이 있는 경우 외에는 「지방재정법」에서 정하는 바에 따른다. 〈개정 2011.4.14.〉

⑥ 매수의무자는 제1항에 따른 매수 청구를 받은 날부터 6개월 이내에 매수 여부를 결정하여 토지 소유자와 특별시장 · 광역시장 · 특별자치시장 · 특별자치도지사 · 시장 또는 군수(매수의무자가 특별시장 · 광역시장 · 특별자치시장 · 특별자치도지사 · 시장 또는 군수인 경우는 제외한다)에게 알려야 하며, 매수하기로 결정한 토지는 매수 결정을 알린 날부터 2년 이내에 매수하여야 한다. 〈개정 2011.4.14.〉

⑦ 제1항에 따라 매수 청구를 한 토지의 소유자는 다음 각 호의 어느 하나에 해당하는 경우 제56조에 따른 허가를 받아 대통령령으로 정하는 건축물 또는 공작물을 설치할 수 있다. 이 경우 제54조, 제58조와 제64조는 적용하지 아니한다. 〈개정 2015.12.29.〉

1. 제6항에 따라 매수하지 아니하기로 결정한 경우
2. 제6항에 따라 매수 결정을 알린 날부터 2년이 지날 때까지 해당 토지를 매수하지 아니하는 경우

[전문개정 2009.2.6.][제목개정 2011.4.14]

3. 공작물

[제목개정 2012.4.10.]

관계법「공익사업을 위한 토지 등의 취득 및 보상에 관한 법률」 제4조(공익사업)

이 법에 따라 토지등을 취득하거나 사용할 수 있는 사업은 다음 각 호의 어느 하나에 해당하는 사업이어야 한다. 〈개정 2015.12.29.〉

1. 국방 · 군사에 관한 사업
2. 관계 법률에 따라 허가 · 인가 · 승인 · 지정 등을 받아 공익을 목적으로 시행하는 철도 · 도로 · 공항 · 항만 · 주차장 · 공영차고지 · 화물터미널 · 궤도(軌道) · 하천 · 제방 · 댐 · 운하 · 수도 · 하수도 · 하수종말처리 · 폐수처리 · 사방(砂防) · 방풍(防風) · 방화(防火) · 방조(防潮) · 방수(防水) · 저수지 · 용수로 · 배수로 · 석유비축 · 송유 · 폐기물처리 · 전기 · 전기통신 · 방송 · 가스 및 기상 관측에 관한 사업
3. 국가나 지방자치단체가 설치하는 청사 · 공장 · 연구소 · 시험소 · 보건시설 · 문화시설 · 공원 · 수목원 · 광장 · 운동장 · 시장 · 묘지 · 화장장 · 도축장 또는 그 밖의 공공용 시설에 관한 사업
4. 관계 법률에 따라 허가 · 인가 · 승인 · 지정 등을 받아 공익을 목적으로 시행하는 학교 · 도서관 · 박물관 및 미술관 건립에 관한 사업
5. 국가, 지방자치단체, 「공공기관의 운영에 관한 법률」 제4조에 따른 공공기관, 「지방공기업법」에 따른 지방공기업 또는 국가나 지방자치단체가 지정한 자가 임대나 양도의 목적으로 시행하는 주택 건설 또는 택지 및 산업단지 조성에 관한 사업
6. 제1호부터 제5호까지의 사업을 시행하기 위하여 필요한 통로, 교량, 전선로, 재료 적치장 또는 그 밖의 부속시설에 관한 사업
7. 제1호부터 제5호까지의 사업을 시행하기 위하여 필요한 주택, 공장 등의 이주단지 조성에 관한 사업
8. 그 밖에 별표에 규정된 법률에 따라 토지등을 수용하거나 사용할 수 있는 사업

법	시 행 령	시 행 규 칙
제48조【도시 · 군계획시설결정의 실효 등】 ① 도시 · 군계획시설결정이 고시된 도시 · 군계획시설에 대하여 그 고시일부터 20년이 지날 때까지 그 시설의 설치에 관한 도시 · 군계획시설사업)이 시행되지 아니하는 경우 그 도시 · 군계획시설결정은 그 고시일부터 20년이 되는 날의 다음날에 그 효력을 잃는다. 〈개정 2011.4.14〉 ② 시 · 도지사 또는 대도시 시장은 제1항에 따라 도시 · 군계획시설결정이 효력을 잃으면 대통령령으로 정하는 바에 따라 지체 없이 그 사실을 고시하여야 한다. 〈개정 2011.4.14〉 ③ 특별시장 · 광역시장 · 특별자치시장 · 특별자치도지사 · 시장 또는 군수는 도시 · 군계획시설결정이 고시된 도시 · 군계획시설(국토교통부장관이 결정 · 고시한 도시 · 군계획시설 중 관계 중앙행정기관의 장이 직접 설치하기로 한 시설은 제외한다. 이하 이 조에서 같다)을 설치할 필요성이 없어진 경우 또는 그 고시일부터 10년이 지날 때까지 해당 시설의 설치에 관한 도시 · 군계획시설사업이 시행되지 아니하는 경우에는 대통령령으로 정하는 바에 따라 그 현황과 제85조에 따른 단계별 집행계획을 해당 지방의회에 보고하여야 한다. 〈개정 2013.7.16.〉 ④ 제3항에 따라 보고를 받은 지방의회는 대통령령으로 정하는 바에 따라 해당 특별시장 · 광역시장 · 특별자치시장 · 특별자치도지사 · 시장 또는 군수에게 도시 · 군계획시설결정의 해제를 권고할 수 있다. 〈신설 2011.4.14〉 ⑤ 제4항에 따라 도시 · 군계획시설결정의 해제를 권고받은 특별시장 · 광역시장 · 특별자치시장 · 특별자치도지사 · 시장 또는 군수는 특별한 사유가 없으면 대통령령으로 정하는 바에 따라 그 도시 · 군계획시설결정의 해제를 위한 도시 · 군관리계획을 결정하거나 도지사에게 그 결정을 신청하여야	**제42조【도시 · 군계획시설결정의 실효고시 및 해제권고】** ① 법 제48조제2항에 따른 도시 · 군계획시설결정의 실효고시는 국토교통부장관이 하는 경우에는 관보와 국토교통부의 인터넷 홈페이지에, 시 · 도지사 또는 대도시 시장이 하는 경우에는 해당 시 · 도 또는 대도시의 공보와 인터넷 홈페이지에 다음 각 호의 사항을 게재하는 방법으로 한다. 〈개정 2020.11.24〉 1. 실효일자 2. 실효사유 3. 실효된 도시 · 군관리계획의 내용 ② 특별시장 · 광역시장 · 특별자치시장 · 특별자치도지사 · 시장 또는 군수(이하 이 조에서 "지방자치단체의 장"이라 한다)는 법 제48조제3항에 따라 도시 · 군계획시설결정이 고시된 도시 · 군계획시설 중 설치할 필요성이 없어진 도시 · 군계획시설 또는 그 고시일부터 10년이 지날 때까지 해당 시설의 설치에 관한 도시 · 군계획시설사업이 시행되지 아니한 도시 · 군계획시설(이하 이 조에서 "장기미집행 도시 · 군계획시설등"이라 한다)에 대하여 다음 각 호의 사항을 매년 해당 지방의회의 「지방자치법」 제53조 및 제54조에 따른 정례회 또는 임시회의 기간 중에 보고하여야 한다. 이 경우 지방자치단체의 장이 필요하다고 인정하는 경우에는 해당 지방자치단체에 소속된 지방도시계획위원회의 자문을 거치거나 관계 행정기관의 장과 미리 협의를 거칠 수 있다. 〈개정 2014.11.11., 2021.12.16.〉 1. 장기미집행 도시 · 군계획시설등의 전체 현황(시설의 종류, 면적 및 설치비용 등을 말한다) 2. 장기미집행 도시 · 군계획시설등의 명칭, 고시일 또는 변경고시일, 위치, 규모, 미집행 사유, 단계별 집행계획, 개략 도면, 현황 사진 또는 항공사진 및 해당 시설의 해제에 관한 의견	

법	시 행 령	시 행 규 칙
한다. 이 경우 신청을 받은 도지사는 특별한 사유가 없으면 그 도시·군계획시설결정의 해제를 위한 도시·군관리계획을 결정하여야 한다. 〈신설 2011.4.14〉 [전문개정 2009.2.6][제목개정 2011.4.14]	3. 그 밖에 지방의회의 심의·의결에 필요한 사항 ③ 지방자치단체의 장은 제2항에 따라 지방의회에 보고한 장기미집행 도시·군계획시설등 중 도시·군계획시설결정이 해제되지 아니한 장기미집행 도시·군계획시설등에 대하여 최초로 지방의회에 보고한 때부터 2년마다 지방의회에 보고하여야 한다. 이 경우 지방의회의 보고에 관하여는 제2항을 준용한다. 〈개정 2014.11.11.〉 ④ 지방의회는 법 제48조제4항에 따라 장기미집행 도시·군계획시설등에 대하여 해제를 권고하는 경우에는 제2항 또는 제3항에 따른 보고가 지방의회에 접수된 날부터 90일 이내에 해제를 권고하는 서면(도시·군계획시설의 명칭, 위치, 규모 및 해제사유 등이 포함되어야 한다)을 지방자치단체의 장에게 보내야 한다. 〈신설 2012.4.10〉 ⑤ 제4항에 따라 장기미집행 도시·군계획시설등의 해제를 권고받은 지방자체단체의 장은 상위계획과의 연관성, 단계별 집행계획, 교통, 환경 및 주민 의사 등을 고려하여 해제할 수 없다고 인정하는 특별한 사유가 있는 경우를 제외하고는 법 제48조제5항에 따라 해당 장기미집행 도시·군계획시설등의 해제권고를 받은 날부터 1년 이내에 해제를 위한 도시·군관리계획을 결정하여야 한다. 이 경우 지방자치단체의 장은 지방의회에 해제할 수 없다고 인정하는 특별한 사유를 해제권고를 받은 날부터 6개월 이내에 소명하여야 한다. 〈신설 2012.4.10〉 ⑥ 제5항에도 불구하고 시장 또는 군수는 법 제24조제6항에 따라 도지사가 결정한 도시·군관리계획의 해제가 필요한 경우에는 도지사에게 그 결정을 신청하여야 한다. 〈신설 2012.4.10〉 ⑦ 제6항에 따라 도시·군계획시설결정의 해제를 신청받은	

법	시 행 령	시 행 규 칙

시행령

도지사는 특별한 사유가 없으면 신청을 받은 날부터 1년 이내에 해당 도시·군계획시설의 해제를 위한 도시·군관리계획결정을 하여야 한다. 〈신설 2012.4.10〉
[제목개정 2012.4.10.]

법

제48조의2【도시 · 군계획시설결정의 해제 신청 등】 ① 도시 · 군계획시설결정의 고시일부터 10년 이내에 그 도시 · 군계획시설의 설치에 관한 도시 · 군계획시설사업이 시행되지 아니한 경우로서 제85조제1항에 따른 단계별 집행계획상 해당 도시 · 군계획시설의 실효 시까지 집행계획이 없는 경우에는 그 도시 · 군계획시설 부지로 되어 있는 토지의 소유자는 대통령령으로 정하는 바에 따라 해당 도시 · 군계획시설에 대한 도시 · 군관리계획 입안권자에게 그 토지의 도시 · 군계획시설결정 해제를 위한 도시 · 군관리계획 입안을 신청할 수 있다.

② 도시 · 군관리계획 입안권자는 제1항에 따른 신청을 받은 날부터 3개월 이내에 입안 여부를 결정하여 토지 소유자에게 알려야 하며, 해당 도시 · 군계획시설결정의 실효 시까지 설치하기로 집행계획을 수립하는 등 대통령령으로 정하는 특별한 사유가 없으면 그 도시 · 군계획시설결정의 해제를 위한 도시 · 군관리계획을 입안하여야 한다.

③ 제1항에 따라 신청을 한 토지 소유자는 해당 도시 · 군계획시설결정의 해제를 위한 도시 · 군관리계획이 입안되지 아니하는 등 대통령령으로 정하는 사항에 해당하는 경우에는 해당 도시 · 군계획시설에 대한 도시 · 군관리계획 결정권자에게 그 도시 · 군계획시설결정의 해제를 신청할 수 있다.

④ 도시 · 군관리계획 결정권자는 제3항에 따른 신청을 받은 날부터 2개월 이내에 결정 여부를 정하여 토지 소유자에게

시행령

제42조의2【도시 · 군계획시설결정의 해제 신청 등】 ① 토지의 소유자는 법 제48조의2제1항에 따라 도시·군계획시설결정의 해제를 위한 도시·군관리계획 입안을 신청하려는 경우에는 다음 각 호의 사항이 포함된 신청서를 해당 도시·군계획시설에 대한 도시·군관리계획 입안권자(이하 이 조에서 "입안권자"라 한다)에게 제출하여야 한다.

1. 해당 도시·군계획시설부지 내 신청인 소유의 토지(이하 이 조에서 "신청토지"라 한다) 현황
2. 해당 도시·군계획시설의 개요
3. 해당 도시·군계획시설결정의 해제를 위한 도시·군관리계획 입안(이하 이 조에서 "해제입안"이라 한다) 신청 사유

② 법 제48조의2제2항에서 "해당 도시·군계획시설결정의 실효 시까지 설치하기로 집행계획을 수립하는 등 대통령령으로 정하는 특별한 사유"란 다음 각 호의 어느 하나에 해당하는 경우를 말한다.

1. 해당 도시·군계획시설결정의 실효 시까지 해당 도시·군계획시설을 설치하기로 집행계획을 수립하거나 변경하는 경우
2. 해당 도시·군계획시설에 대하여 법 제88조에 따른 실시계획이 인가된 경우
3. 해당 도시·군계획시설에 대하여 「공익사업을 위한 토지 등의 취득 및 보상에 관한 법률」 제15조에 따른 보상계획이 공고된 경우(토지 소유자 및 관계인에게 각각 통지하였으나 같은 조 제1항 단서에 따라 공고를 생략한 경우를 포함한다)

시행규칙

제8조의2【도시 · 군계획시설결정의 해제 신청 등】 ① 영 제42조의2제1항에 따른 도시·군계획시설결정의 해제 입안 신청서는 별지 제4호의2서식과 같다.

② 법 제48조의2제3항에 따른 도시·군계획시설결정의 해제 신청은 별지 제4호의3서식에 따른다.

③ 법 제48조의2제5항에 따른 도시·군계획시설결정의 해제 심사 신청은 별지 제4호의4서식에 따른다.

[본조 신설 2016.12.30.]

법	시 행 령	시 행 규 칙
알려야 하며, 특별한 사유가 없으면 그 도시·군계획시설결정을 해제하여야 한다. ⑤ 제3항에 따라 해제 신청을 한 토지 소유자는 해당 도시·군계획시설결정이 해제되지 아니하는 등 대통령령으로 정하는 사항에 해당하는 경우에는 국토교통부장관에게 그 도시·군계획시설결정의 해제 심사를 신청할 수 있다. ⑥ 제5항에 따라 신청을 받은 국토교통부장관은 대통령령으로 정하는 바에 따라 해당 도시·군계획시설에 대한 도시·군관리계획 결정권자에게 도시·군계획시설결정의 해제를 권고할 수 있다. ⑦ 제6항에 따라 해제를 권고받은 도시·군관리계획 결정권자는 특별한 사유가 없으면 그 도시·군계획시설결정을 해제하여야 한다. ⑧ 제2항에 따른 도시·군계획시설결정 해제를 위한 도시·군관리계획의 입안 절차와 제4항 및 제7항에 따른 도시·군계획시설결정의 해제 절차는 대통령령으로 정한다. [본조신설 2015.8.11.]	4. 신청토지 전부가 포함된 일단의 토지에 대하여 「공익사업을 위한 토지 등의 취득 및 보상에 관한 법률」 제4조제8호의 공익사업을 시행하기 위한 지역·지구 등의 지정 또는 사업계획 승인 등의 절차가 진행 중이거나 완료된 경우 5. 해당 도시·군계획시설결정의 해제를 위한 도시·군관리계획 변경절차가 진행 중인 경우 ③ 법 제48조의2제3항에서 "해당 도시·군계획시설결정의 해제를 위한 도시·군관리계획이 입안되지 아니하는 등 대통령령으로 정하는 사항에 해당하는 경우"란 다음 각 호의 어느 하나에 해당하는 경우를 말한다. 1. 입안권자가 제2항 각 호의 어느 하나에 해당하지 아니하는 사유로 법 제48조의2제2항에 따라 해제입안을 하지 아니하기로 정하여 신청인에게 통지한 경우 2. 입안권자가 법 제48조의2제2항에 따라 해제입안을 하기로 정하여 신청인에게 통지하고 해제입안을 하였으나 해당 도시·군계획시설에 대한 도시·군관리계획 결정권자(이하 이 조에서 "결정권자"라 한다)가 법 제30조에 따른 도시·군관리계획 결정절차를 거쳐 신청토지의 전부 또는 일부를 해제하지 아니하기로 결정한 경우(제2항제5호를 사유로 해제입안을 하지 아니하는 것으로 통지되었으나 도시·군관리계획 변경절차를 진행한 결과 신청토지의 전부 또는 일부를 해제하지 아니하기로 결정한 경우를 포함한다) ④ 법 제48조의2제5항에서 "해당 도시·군계획시설결정이 해제되지 아니하는 등 대통령령으로 정하는 사항에 해당하는 경우"란 다음 각 호의 어느 하나에 해당하는 경우를 말한다. 1. 결정권자가 법 제48조의2제4항에 따라 해당 도시·군계획시설결정의 해제를 하지 아니하기로 정하여 신청인에게 통지한 경우	

법	시 행 령	시 행 규 칙
	2. 결정권자가 법 제48조의2제4항에 따라 해당 도시·군계획시설결정의 해제를 하기로 정하여 신청인에게 통지하였으나 법 제30조에 따른 도시·군관리계획 결정절차를 거쳐 신청 토지의 전부 또는 일부를 해제하지 아니하기로 결정한 경우 ⑤ 국토교통부장관은 법 제48조의2제5항에 따라 해제 심사 신청을 받은 경우에는 입안권자 및 결정권자에게 해제 심사를 위한 관련 서류 등을 제출할 것을 요구할 수 있다. ⑥ 국토교통부장관은 법 제48조의2제6항에 따라 해제를 권고하려는 경우에는 중앙도시계획위원회의 심의를 거쳐야 한다. ⑦ 입안권자가 법 제48조의2제2항·제4항 또는 제7항에 따라 해제입안을 하기 위하여 법 제28조제5항에 따라 해당 지방의회에 의견을 요청한 경우 지방의회는 요청받은 날부터 60일 이내에 의견을 제출하여야 한다. 이 경우 60일 이내에 의견이 제출되지 아니한 경우에는 의견이 없는 것으로 본다. ⑧ 법 제48조의2제2항·제4항 또는 제7항에 따른 도시·군계획시설결정의 해제결정(해제를 하지 아니하기로 결정하는 것을 포함한다. 이하 이 조에서 같다)은 다음 각 호의 구분에 따른 날부터 6개월(제9항 본문에 따라 결정하는 경우에는 2개월) 이내에 이행되어야 한다. 다만, 관계 법률에 따른 별도의 협의가 필요한 경우 그 협의에 필요한 기간은 기간계산에서 제외한다. 1. 법 제48조의2제2항에 따라 해당 도시·군계획시설결정의 해제입안을 하기로 통지한 경우: 같은 항에 따라 입안권자가 신청인에게 입안하기로 통지한 날 2. 법 제48조의2제4항에 따라 해당 도시·군계획시설결정을 해제하기로 통지한 경우: 같은 항에 따라 결정권자가 신청인에게 해제하기로 통지한 날 3. 법 제48조의2제7항에 따라 해당 도시·군계획시설결정을	

법	시 행 령	시 행 규 칙
	해제할 것을 권고받은 경우: 같은 조 제6항에 따라 결정권자가 해제권고를 받은 날 ⑨ 결정권자는 법 제48조의2제4항 또는 제7항에 따라 해당 도시·군계획시설결정의 해제결정을 하는 경우로서 이전 단계에서 법 제30조에 따른 도시·군관리계획 결정절차를 거친 경우에는 법 제30조에도 불구하고 해당 지방도시계획위원회의 심의만을 거쳐 도시·군계획시설결정의 해제결정을 할 수 있다. 다만, 결정권자가 입안 내용의 변경이 필요하다고 판단하는 경우에는 그러하지 아니하다. ⑩ 제1항부터 제9항까지에서 규정한 사항 외에 도시·군계획시설결정의 해제를 위한 도시·군관리계획의 입안·해제절차 및 기한 등에 필요한 세부적인 사항은 국토교통부장관이 정한다. [본조 신설 2016.12.30.][종전 제42조의2는 제42조의3으로 이동 〈2016.12.30.〉]	
제4절 지구단위계획	제4절 지구단위계획	
제49조【지구단위계획의 수립】 ① 지구단위계획은 다음 각 호의 사항을 고려하여 수립한다. 1. 도시의 정비·관리·보전·개발 등 지구단위계획구역의 지정 목적 2. 주거·산업·유통·관광휴양·복합 등 지구단위계획구역의 중심기능 3. 해당 용도지역의 특성 4. 그 밖에 대통령령으로 정하는 사항 ② 지구단위계획의 수립기준 등은 대통령령으로 정하는 바에 따라 국토교통부장관이 정한다. 〈개정 2013.3.23.〉	**제42조의3【지구단위계획의 수립】** ① 법 제49조제1항제4호에서 "대통령령으로 정하는 사항"이란 다음 각 호의 사항을 말한다. 1. 지역 공동체의 활성화 2. 안전하고 지속가능한 생활권의 조성 3. 해당 지역 및 인근 지역의 토지 이용을 고려한 토지이용계획과 건축계획의 조화 ② 국토교통부장관은 법 제49조제2항에 따라 지구단위계획의 수립기준을 정할 때에는 다음 각 호의 사항을 고려해야 한다. 〈개정 2014.1.14, 2015.7.6., 2016.5.17, 2016.8.31, 2	

법	시 행 령	시 행 규 칙

[전문개정 2011.4.14.]

훈령 지구단위계획수립지침(국토교통부훈령 제1765호, 2024.5.29., 일부개정)

제50조 【지구단위계획구역 및 지구단위계획의 결정】 지구단위계획구역 및 지구단위계획은 도시·군관리계획으로 결정한다. 〈개정 2011.4.14.〉

참고 지구단위계획구역의 지정절차

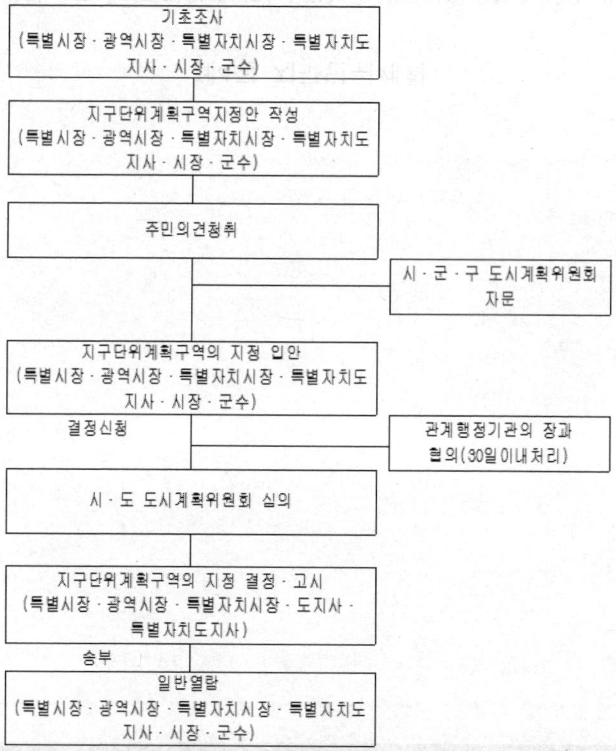

017.12.29, 2018.7.17, 2019.3.19., 2021.1.26., 2024.5.7.〉

1. 개발제한구역에 지구단위계획을 수립할 때에는 개발제한구역의 지정 목적이나 주변환경이 훼손되지 아니하도록 하고, 「개발제한구역의 지정 및 관리에 관한 특별조치법」을 우선하여 적용할 것

1의2. 보전관리지역에 지구단위계획을 수립할 때에는 제44조제1항제1호의2 각 목 외의 부분 후단에 따른 경우를 제외하고는 녹지 또는 공원으로 계획하는 등 환경 훼손을 최소화할 것

1의3. 「문화유산의 보존 및 활용에 관한 법률」 제13조에 따른 역사문화환경 보존지역 및 「자연유산의 보존 및 활용에 관한 법률」 제10조에 따른 역사문화환경 보존지역에서 지구단위계획을 수립하는 경우에는 국가유산 및 역사문화환경과 조화되도록 할 것

2. 지구단위계획구역에서 원활한 교통소통을 위하여 필요한 경우에는 지구단위계획으로 건축물부설주차장을 해당 건축물의 대지가 속하여 있는 가구에서 해당 건축물의 대지 바깥에 단독 또는 공동으로 설치하게 할 수 있도록 할 것. 이 경우 대지 바깥에 공동으로 설치하는 건축물부설주차장의 위치 및 규모 등은 지구단위계획으로 정한다.

3. 제2호에 따라 대지 바깥에 설치하는 건축물부설주차장의 출입구는 간선도로변에 두지 아니하도록 할 것. 다만, 특별시장 · 광역시장 · 특별자치시장 · 특별자치도지사 · 시장 또는 군수가 해당 지구단위계획구역의 교통소통에 관한 계획 등을 고려하여 교통소통에 지장이 없다고 인정하는 경우에는 그러하지 아니하다.

4. 지구단위계획구역에서 공공사업의 시행, 대형건축물의 건축 또는 2필지 이상의 토지소유자의 공동개발 등을 위하여

제51조【지구단위계획구역의 지정 등】 ① 국토교통부장관, 시·도지사, 시장 또는 군수는 다음 각 호의 어느 하나에 해당하는 지역의 전부 또는 일부에 대하여 지구단위계획구역을 지정할 수 있다. 〈개정 2016.1.9., 2017.2.8〉

1. 제37조에 따라 지정된 용도지구
2. 「도시개발법」 제3조에 따라 지정된 도시개발구역
3. 「도시 및 주거환경정비법」 제8조에 따라 지정된 정비구역
4. 「택지개발촉진법」 제3조에 따라 지정된 택지개발지구
5. 「주택법」 제15조에 따른 대지조성사업지구
6. 「산업입지 및 개발에 관한 법률」 제2조제8호의 산업단지와 같은 조 제12호의 준산업단지)
7. 「관광진흥법」 제52조에 따라 지정된 관광단지와 같은 법 제70조에 따라 지정된 관광특구
8. 개발제한구역·도시자연공원구역·시가화조정구역 또는 공원에서 해제되는 구역, 녹지지역에서 주거·상업·공업지역으로 변경되는 구역과 새로 도시지역으로 편입되는 구역 중 계획적인 개발 또는 관리가 필요한 지역

필요한 경우에는 특정 부분을 별도의 구역으로 지정하여 계획의 상세 정도 등을 따로 정할 수 있도록 할 것

5. 지구단위계획구역의 지정 목적, 향후 예상되는 여건변화, 지구단위계획구역의 관리 방안 등을 고려하여 제25조제4항제9호에 따른 경미한 사항을 정하는 것이 필요한지를 검토하여 지구단위계획에 반영하도록 할 것
6. 지구단위계획의 내용 중 기존의 용도지역 또는 용도지구를 용적률이 높은 용도지역 또는 용도지구로 변경하는 사항이 포함되어 있는 경우 변경되는 구역의 용적률은 기존의 용도지역 또는 용도지구의 용적률을 적용하되, 공공시설부지의 제공현황 등을 고려하여 용적률을 완화할 수 있도록 계획할 것
7. 제46조 및 제47조에 따른 건폐율·용적률 등의 완화 범위를 포함하여 지구단위계획을 수립하도록 할 것
8. 법 제51조제1항제8호의2에 해당하는 도시지역 내 주거·상업·업무 등의 기능을 결합하는 복합적 토지 이용의 증진이 필요한 지역은 지정 목적을 복합용도개발형으로 구분하되, 3개 이상의 중심기능을 포함하여야 하고 중심기능 중 어느 하나에 집중되지 아니하도록 계획할 것
9. 법 제51조제2항제1호의 지역에 수립하는 지구단위계획의 내용 중 법 제52조제1항제1호 및 같은 항 제4호(건축물의 용도제한은 제외한다)의 사항은 해당 지역에 시행된 사업이 끝난 때의 내용을 유지함을 원칙으로 할 것
10. 도시지역 외의 지역에 지정하는 지구단위계획구역은 해당 구역의 중심기능에 따라 주거형, 산업·유통형, 관광·휴양형 또는 복합형 등으로 지정 목적을 구분할 것
11. 도시지역 외의 지구단위계획구역에서 건축할 수 있는 건축물의 용도·종류 및 규모 등은 해당 구역의 중심기능과

법	시 행 령	시 행 규 칙
	유사한 도시지역의 용도지역별 건축제한 등을 고려하여 지구단위계획으로 정할 것 12. 삭제 〈2021.7.6〉 13. 삭제 〈2021.7.6〉 14. 삭제 〈2021.7.6〉 15. 삭제 〈2021.7.6〉 [본조신설 2012.4.10.] [제42조의 2에서 이동 〈2016.12.30.〉]	
8의2. 도시지역 내 주거 · 상업 · 업무 등의 기능을 결합하는 등 복합적인 토지 이용을 증진시킬 필요가 있는 지역으로서 대통령령으로 정하는 요건에 해당하는 지역	**제43조【도시지역 내 지구단위계획구역의 지정대상지역】** ① 법 제51조제1항제8호의2에서 "대통령령으로 정하는 요건에 해당하는 지역"이란 일반주거지역, 준주거지역, 준공업지역 및 상업지역에서 낙후된 도심 기능을 회복하거나 도시균형발전을 위한 중심지 육성이 필요한 경우로서 다음 각 호의 어느 하나에 해당하는 지역을 말한다. 〈개정 2021.1.26〉 1. 주요 역세권, 고속버스 및 시외버스 터미널, 간선도로의 교차지 등 양호한 기반시설을 갖추고 있어 대중교통 이용이 용이한 지역 2. 역세권의 체계적 · 계획적 개발이 필요한 지역 3. 세 개 이상의 노선이 교차하는 대중교통 결절지(結節地)로부터 1킬로미터 이내에 위치한 지역 4. 「역세권의 개발 및 이용에 관한 법률」에 따른 역세권개발구역, 「도시재정비 촉진을 위한 특별법」에 따른 고밀복합형 재정비촉진지구로 지정된 지역	
8의3. 도시지역 내 유휴토지를 효율적으로 개발하거나 교정시설, 군사시설, 그 밖에 대통령령으로 정하는 시설을 이전 또는 재배치하여 토지 이용을 합리화하고, 그 기능을 증진시키기 위하여 집중적으로 정비가 필요한 지역으로서 대통령	② 법 제51조제1항제8호의3에서 "대통령령으로 정하는 시설"이란 다음 각 호의 시설을 말한다. 〈신설 2012.4.10〉 1. 철도, 항만, 공항, 공장, 병원, 학교, 공공청사, 공공기관, 시장, 운동장 및 터미널	

령으로 정하는 요건에 해당하는 지역
9. 도시지역의 체계적 · 계획적인 관리 또는 개발이 필요한 지역
10. 그 밖에 양호한 환경의 확보나 기능 및 미관의 증진 등을 위하여 필요한 지역으로서 대통령령으로 정하는 지역

② 국토교통부장관, 시 · 도지사, 시장 또는 군수는 다음 각 호의 어느 하나에 해당하는 지역은 지구단위계획구역으로 지정하여야 한다. 다만, 관계 법률에 따라 그 지역에 토지 이용과 건축에 관한 계획이 수립되어 있는 경우에는 그러하지 아니하다. 〈개정 2013.7.16.〉
1. 제1항제3호 및 제4호의 지역에서 시행되는 사업이 끝난 후

2. 그 밖에 제1호와 유사한 시설로서 특별시 · 광역시 · 특별자치시 · 특별자치도 · 시 또는 군의 도시·군계획조례로 정하는 시설

③ 법 제51조제1항제8호의3에서 "대통령령으로 정하는 요건에 해당하는 지역"이란 5천제곱미터 이상으로서 도시 · 군계획조례로 정하는 면적 이상의 유휴토지 또는 대규모 시설의 이전부지로서 다음 각 호의 어느 하나에 해당하는 지역을 말한다. 〈개정 2018.7.17〉
1. 대규모 시설의 이전에 따라 도시기능의 재배치 및 정비가 필요한 지역
2. 토지의 활용 잠재력이 높고 지역거점 육성이 필요한 지역
3. 지역경제 활성화와 고용창출의 효과가 클 것으로 예상되는 지역

④ 법 제51조제1항제10호에서 "대통령령으로 정하는 지역"이란 다음 각 호의 지역을 말한다. 〈개정 2018.7.17., 2018.11.13〉
1. 법 제127조제1항의 규정에 의하여 지정된 시범도시
2. 법 제63조제2항의 규정에 의하여 고시된 개발행위허가제한지역
3. 지하 및 공중공간을 효율적으로 개발하고자 하는 지역
4. 용도지역의 지정 · 변경에 관한 도시 · 군관리계획을 입안하기 위하여 열람공고된 지역
5. 삭제 〈2012.4.10.〉
6. 주택재건축사업에 의하여 공동주택을 건축하는 지역
7. 지구단위계획구역으로 지정하고자 하는 토지와 접하여 공공시설을 설치하고자 하는 자연녹지지역
8. 그 밖에 양호한 환경의 확보 또는 기능 및 미관의 증진 등을 위하여 필요한 지역으로서 특별시 · 광역시 · 특별자치시 · 특별자치도 · 시 또는 군의 도시 · 군계획조례가 정하는

법	시 행 령	시 행 규 칙
10년이 지난 지역 2. 제1항 각 호 중 체계적 · 계획적인 개발 또는 관리가 필요한 지역으로서 대통령령으로 정하는 지역	지역 ⑤ 법 제51조제2항제2호에서 "대통령령으로 정하는 지역"이란 다음 각 호의 지역으로서 그 면적이 30만제곱미터 이상인 지역을 말한다. 〈개정 2018.7.17〉 1. 시가화조정구역 또는 공원에서 해제되는 지역. 다만, 녹지지역으로 지정 또는 존치되거나 법 또는 다른 법령에 의하여 도시 · 군계획사업 등 개발계획이 수립되지 아니하는 경우를 제외한다. 2. 녹지지역에서 주거지역 · 상업지역 또는 공업지역으로 변경되는 지역 3. 그 밖에 특별시·광역시·특별자치시·특별자치도·시 또는 군의 도시·군계획조례로 정하는 지역	
③ 도시지역 외의 지역을 지구단위계획구역으로 지정하려는 경우 다음 각 호의 어느 하나에 해당하여야 한다. 〈개정 2011.4.14〉 1. 지정하려는 구역 면적의 100분의 50 이상이 제36조에 따라 지정된 계획관리지역으로서 대통령령으로 정하는 요건에 해당하는 지역	**제44조【도시지역 외 지역에서의 지구단위계획구역 지정대상지역】** ① 법 제51조제3항제1호에서 "대통령령으로 정하는 요건"이란 다음 각 호의 요건을 말한다. 〈개정 2014.1.14., 2016.5.17., 2018.11.13., 2021.1.26., 2024.5.7.〉 1. 계획관리지역 외에 지구단위계획구역에 포함하는 지역은 생산관리지역 또는 보전관리지역일 것 1의2. 지구단위계획구역에 보전관리지역을 포함하는 경우 해당 보전관리지역의 면적은 다음 각 목의 구분에 따른 요건을 충족할 것. 이 경우 개발행위허가를 받는 등 이미 개발된 토지, 「산지관리법」 제25조에 따른 토석채취허가를 받고 토석의 채취가 완료된 토지로서 같은 법 제4조제1항제2호의 준보전산지에 해당하는 토지 및 해당 토지를 개발하여도 주변지역의 환경오염 · 환경훼손 우려가 없는 경우로서 해당 도시계획위원회 또는 제25조제2항에 따른 공동위원회의 심의를 거쳐 지구단위계획구역에 포함되는 토지의 면적은 다	

법	시 행 령	시행규칙
	음 각 목에 따른 보전관리지역의 면적 산정에서 제외한다. 가. 전체 지구단위계획구역 면적이 10만제곱미터 이하인 경우: 전체 지구단위계획구역 면적의 20퍼센트 이내 나. 전체 지구단위계획구역 면적이 10만제곱미터 초과 20만제곱미터 이하인 경우: 2만제곱미터 다. 전체 지구단위계획구역 면적이 20만제곱미터를 초과하는 경우: 전체 지구단위계획구역 면적의 10퍼센트 이내 2. 지구단위계획구역으로 지정하고자 하는 토지의 면적이 다음 각 목의 어느 하나에 규정된 면적 요건에 해당할 것 가. 지정하고자 하는 지역에 「건축법 시행령」 별표 1 제2호의 공동주택중 아파트 또는 연립주택의 건설계획이 포함되는 경우에는 30만제곱미터 이상일 것. 이 경우 다음 요건에 해당하는 때에는 일단의 토지를 통합하여 하나의 지구단위계획구역으로 지정할 수 있다. (1) 아파트 또는 연립주택의 건설계획이 포함되는 각각의 토지의 면적이 10만제곱미터 이상이고, 그 총면적이 30만제곱미터 이상일 것 (2) (1)의 각 토지는 국토교통부장관이 정하는 범위안에 위치하고, 국토교통부장관이 정하는 규모 이상의 도로로 서로 연결되어 있거나 연결도로의 설치가 가능할 것 나. 지정하고자 하는 지역에 「건축법시행령」 별표 1 제2호의 공동주택중 아파트 또는 연립주택의 건설계획이 포함되는 경우로서 다음의 어느 하나에 해당하는 경우에는 10만제곱미터 이상일 것 (1) 지구단위계획구역이 「수도권정비계획법」 제6조제1항제3호의 규정에 의한 자연보전권역인 경우 (2) 지구단위계획구역 안에 초등학교 용지를 확보하여	**관계법** 「수도권정비계획법」 제6조(권역의 구분과 지정) ① 수도권의 인구와 산업을 적정하게 배치하

법

2. 제37조에 따라 지정된 개발진흥지구로서 대통령령으로 정하는 요건에 해당하는 지역
3. 제37조에 따라 지정된 용도지구를 폐지하고 그 용도지구에서의 행위 제한 등을 지구단위계획으로 대체하려는 지역)

④ 삭제 〈2011.4.14〉
[전문개정 2009.2.6]

제52조 【지구단위계획의 내용】 ① 지구단위계획구역의 지정목적을 이루기 위하여 지구단위계획에는 다음 각 호의 사항 중 제2호와 제4호의 사항을 포함한 둘 이상의 사항이 포함되어야 한다. 다만, 제1호의2를 내용으로 하는 지구단위계획의

시 행 령

관할 교육청의 동의를 얻거나 지구단위계획구역 안 또는 지구단위계획구역으로부터 통학이 가능한 거리에 초등학교가 위치하고 학생수용이 가능한 경우로서 관할 교육청의 동의를 얻은 경우

다. 가목 및 나목의 경우를 제외하고는 3만제곱미터 이상일 것

3. 해당 지역에 도로 · 수도공급설비 · 하수도 등 기반시설을 공급할 수 있을 것
4. 자연환경 · 경관 · 미관 등을 해치지 아니하고 국가유산의 훼손우려가 없을 것

② 법 제51조제3항제2호에서 "대통령령으로 정하는 요건"이란 다음 각 호의 요건을 말한다. 〈개정 2018.11.13〉

1. 제1항제2호부터 제4호까지의 요건에 해당할 것
2. 당해 개발진흥지구가 다음 각 목의 지역에 위치할 것
   가. 주거개발진흥지구, 복합개발진흥지구(주거기능이 포함된 경우에 한한다) 및 특정개발진흥지구 : 계획관리지역
   나. 산업 · 유통개발진흥지구 및 복합개발진흥지구(주거기능이 포함되지 아니한 경우에 한한다) : 계획관리지역 · 생산관리지역 또는 농림지역
   다. 관광 · 휴양개발진흥지구 : 도시지역외의 지역

③ 국토교통부장관은 지구단위계획구역이 합리적으로 지정될 수 있도록 하기 위하여 필요한 경우에는 제1항 각호 및 제2항 각호의 지정요건을 세부적으로 정할 수 있다. 〈개정 2013.3.23.〉
[제목개정 2012.4.10.]

제45조 【지구단위계획의 내용】 ① 삭제 〈2012.4.10〉

② 법 제52조제1항제1호의 규정에 의한 용도지역 또는 용도지구의 세분 또는 변경은 제30조 각호의 용도지역 또는 제31조제2항 각호의 용도지구를 그 각호의 범위(제31조제3항의

시 행 규 칙

기 위하여 수도권을 다음과 같이 구분한다.

1. 과밀억제권역: 인구와 산업이 지나치게 집중되었거나 집중될 우려가 있어 이전하거나 정비할 필요가 있는 지역
2. 성장관리권역: 과밀억제권역으로부터 이전하는 인구와 산업을 계획적으로 유치하고 산업의 입지와 도시의 개발을 적정하게 관리할 필요가 있는 지역
3. 자연보전권역: 한강 수계의 수질과 녹지 등 자연환경을 보전할 필요가 있는 지역

② 과밀억제권역, 성장관리권역 및 자연보전권역의 범위는 대통령령으로 정한다.

법	시 행 령	시 행 규 칙
경우에는 그러하지 아니하다.) 〈개정 2021.1.12.〉 1. 용도지역이나 용도지구를 대통령령으로 정하는 범위에서 세분하거나 변경하는 사항 1의2. 기존의 용도지구를 폐지하고 그 용도지구에서의 건축물이나 그 밖의 시설의 용도 · 종류 및 규모 등의 제한을 대체하는 사항 2. 대통령령으로 정하는 기반시설의 배치와 규모 3. 도로로 둘러싸인 일단의 지역 또는 계획적인 개발 · 정비를 위하여 구획된 일단의 토지의 규모와 조성계획 4. 건축물의 용도제한, 건축물의 건폐율 또는 용적률, 건축물 높이의 최고한도 또는 최저한도 5. 건축물의 배치 · 형태 · 색채 또는 건축선에 관한 계획 6. 환경관리계획 또는 경관계획 7. 보행안전 등을 고려한 교통처리계획	규정에 의하여 도시 · 군계획조례로 세분되는 용도지구를 포함한다)안에서 세분 또는 변경하는 것으로 한다. 이 경우 법 제51조제1항제8호의2 및 제8호의3에 따라 지정된 지구단위계획구역에서는 제30조 각 호에 따른 용도지역 간의 변경을 포함한다. 〈개정 2017.12.29.〉 ③ 법 제52조제1항제2호에서 "대통령령으로 정하는 기반시설"이란 다음 각 호의 시설로서 해당 지구단위계획구역의 지정목적 달성을 위하여 필요한 시설을 말한다. 〈개정 2014.1.14., 2016.2.11., 2018.11.13., 2019.8.20.〉 1. 법 제51조제1항제2호 부터 제7호까지의 규정에 따른 지역인 경우에는 해당 법률에 따른 개발사업으로 설치하는 기반시설 2. 제2조제1항에 따른 기반시설. 다만, 다음 각 목의 시설 중 시 · 도 또는 대도시의 도시 · 군계획조례로 정하는 기반시설은 제외한다. 가. 철도 나. 항만 다. 공항 라. 궤도 마. 공원(「도시공원 및 녹지 등에 관한 법률」 제15조제1항제3호라목에 따른 묘지공원으로 한정한다) 바. 유원지 사. 방송·통신시설 아. 유류저장 및 송유설비 자. 학교(「고등교육법」 제2조에 따른 학교로 한정한다) 차. 저수지 카. 도축장 3. 삭제 〈2006.8.17〉	

법	시 행 령	시 행 규 칙
8. 그 밖에 토지 이용의 합리화, 도시나 농 · 산 · 어촌의 기능 증진 등에 필요한 사항으로서 대통령령으로 정하는 사항	④ 법 제52조제1항제8호에서 "대통령령으로 정하는 사항"이란 다음 각 호의 사항을 말한다. 〈개정 2015.7.6., 2024.5.7.〉 1. 지하 또는 공중공간에 설치할 시설물의 높이 · 깊이 · 배치 또는 규모 2. 대문 · 담 또는 울타리의 형태 또는 색채 3. 간판의 크기 · 형태 · 색채 또는 재질 4. 장애인 · 노약자 등을 위한 편의시설계획 5. 에너지 및 자원의 절약과 재활용에 관한 계획 6. 생물서식공간의 보호 · 조성 · 연결 및 물과 공기의 순환 등에 관한 계획 7. 국가유산 및 역사문화환경 보호에 관한 계획	
② 지구단위계획은 도로, 상하수도 등 대통령령으로 정하는 도·군시계획시설의 처리 · 공급 및 수용능력이 지구단위계획구역에 있는 건축물의 연면적, 수용인구 등 개발밀도와 적절한 조화를 이룰 수 있도록 하여야 한다. 〈개정 2011.4.14〉	⑤ 법 제52조제2항에서 "대통령령으로 정하는 도시·군계획시설"이란 도로 · 주차장 · 공원 · 녹지 · 공공공지, 수도 · 전기 · 가스 · 열공급설비, 학교(초등학교 및 중학교에 한한다) · 하수도 · 폐기물처리 및 재활용시설을 말한다. 〈개정 2018.11.13〉	
③ 지구단위계획구역에서는 제76조부터 제78조까지의 규정과 「건축법」 제42조 · 제43조 · 제44조 · 제60조 및 제61조, 「주차장법」 제19조 및 제19조의2를 대통령령으로 정하는 범위에서 지구단위계획으로 정하는 바에 따라 완화하여 적용할 수 있다. ④ 〈삭제 2011.4.14〉 [전문개정 2009.2.6]	**제46조【도시지역 내 지구단위계획구역에서의 건폐율 등의 완화적용】** ① 지구단위계획구역(도시지역 내에 지정하는 경우로 한정한다. 이하 이 조에서 같다)에서 건축물을 건축하려는 자가 그 대지의 일부를 법 제52조의2제1항 각 호의 시설(이하 이 조 및 제46조의2에서 "공공시설등"이라 한다)의 부지로 제공하거나 공공시설등을 설치하여 제공하는 경우[지구단위계획구역 밖의 「하수도법」 제2조제14호에 따른 배수구역에 공공하수처리시설을 설치하여 제공하는 경우(지구단위계획구역에 다른 공공시설 및 기반시설이 충분히 설치되어 있는 경우로 한정한다)를 포함한다]에는 법 제52조	

관계법 「건축법」 제60조 (건축물의 높이 제한)

법	시 행 령	시 행 규 칙
① 허가권자는 가로구역[(街路區域): 도로로 둘러싸인 일단(一團)의 지역을 말한다. 이하 같다]을 단위로 하여 대통령령으로 정하는 기준과 절차에 따라 건축물의 높이를 지정·공고할 수 있다. 다만, 특별자치시장·특별자치도지사 또는 시장·군수·구청장은 가로구역의 높이를 완화하여 적용할 필요가 있다고 판단되는 대지에 대하여는 대통령령으로 정하는 바에 따라 건축위원회의 심의를 거쳐 높이를 완화하여 적용할 수 있다. ② 특별시장이나 광역시장은 도시의 관리를 위하여 필요하면 제1항에 따른 가로구역별 건축물의 높이를 특별시나 광역시의 조례로 정할 수 있다. ③ 삭제 〈2015.5.18.〉	제3항에 따라 그 건축물에 대하여 지구단위계획으로 다음 각 호의 구분에 따라 건폐율·용적률 및 높이제한을 완화하여 적용할 수 있다. 이 경우 제공받은 공공시설등은 국유재산 또는 공유재산으로 관리한다. 〈개정 2019.3.19., 2021.7.6.〉 1. 공공시설등의 부지를 제공하는 경우에는 다음 각 목의 비율까지 건폐율·용적률 및 높이제한을 완화하여 적용할 수 있다. 다만, 지구단위계획구역 안의 일부 토지를 공공시설등의 부지로 제공하는 자가 해당 지구단위계획구역 안의 다른 대지에서 건축물을 건축하는 경우에는 나목의 비율까지 그 용적률을 완화하여 적용할 수 있다. 가. 완화할 수 있는 건폐율 = 해당 용도지역에 적용되는 건폐율 × [1 + 공공시설등의 부지로 제공하는 면적(공공시설등의 부지를 제공하는 자가 법 제65조제2항에 따라 용도가 폐지되는 공공시설을 무상으로 양수받은 경우에는 그 양수받은 부지면적을 빼고 산정한다. 이하 이 조에서 같다) ÷ 원래의 대지면적] 이내 나. 완화할 수 있는 용적률 = 해당 용도지역에 적용되는 용적률 + [1.5 × (공공시설등의 부지로 제공하는 면적 × 공공시설등 제공 부지의 용적률) ÷ 공공시설등의 부지 제공 후의 대지면적] 이내 다. 완화할 수 있는 높이 = 「건축법」 제60조에 따라 제한된 높이 × (1 + 공공시설등의 부지로 제공하는 면적 ÷ 원래의 대지면적) 이내 2. 공공시설등을 설치하여 제공(그 부지의 제공은 제외한다)하는 경우에는 공공시설등을 설치하는 데에 드는 비용에 상응하는 가액(價額)의 부지를 제공한 것으로 보아 제1호에 따른 비율까지 건폐율·용적률 및 높이제한을 완화하여 적용할 수 있다. 이 경우 공공시설등 설치비용 및 이에 상응하는	

법	시 행 령	시 행 규 칙

법

관계법 「건축법」 제43조 (공개 공지 등의 확보)

① 다음 각 호의 어느 하나에 해당하는 지역의 환경을 쾌적하게 조성하기 위하여 대통령령으로 정하는 용도와 규모의 건축물은 일반이 사용할 수 있도록 대통령령으로 정하는 기준에 따라 소규모 휴식시설 등의 공개 공지(空地: 공터) 또는 공개 공간(이하 "공개공지등"이라 한다)을 설치하여야 한다. 〈개정 2019.4.23.〉

1. 일반주거지역, 준주거지역
2. 상업지역
3. 준공업지역
4. 특별자치시장·특별자치도지사 또는 시장·군수·구청장이 도시화의 가능성이 크거나 노후 산업단지의 정비가 필요하다고 인정하여 지정·공고하는 지역

② 제1항에 따라 공개공지등을 설치하는 경우에는 제55조, 제56조와 제60조를 대통령령으로 정하는 바에 따라 완화하여 적용할 수 있다. 〈개정 2019.4.23.〉

시 행 령

부지 가액의 산정 방법 등은 시·도 또는 대도시의 도시·군계획조례로 정한다.

3. 공공시설등을 설치하여 그 부지와 함께 제공하는 경우에는 제1호 및 제2호에 따라 완화할 수 있는 건폐율·용적률 및 높이를 합산한 비율까지 완화하여 적용할 수 있다.

② 특별시장·광역시장·특별자치시장·특별자치도지사·시장 또는 군수는 지구단위계획구역에 있는 토지를 공공시설부지로 제공하고 보상을 받은 자 또는 그 포괄승계인이 그 보상금액에 국토교통부령이 정하는 이자를 더한 금액(이하 이 항에서 "반환금"이라 한다)을 반환하는 경우에는 당해 지방자치단체의 도시·군계획조례가 정하는 바에 따라 제1항제1호 각 목을 적용하여 당해 건축물에 대한 건폐율·용적률 및 높이제한을 완화할 수 있다. 이 경우 그 반환금은 기반시설의 확보에 사용하여야 한다. 〈개정 2013.3.23〉

③ 지구단위계획구역에서 건축물을 건축하고자 하는 자가 「건축법」 제43조제1항에 따른 공개공지 또는 공개공간을 같은 항에 따른 의무면적을 초과하여 설치한 경우에는 법 제52조제3항에 따라 당해 건축물에 대하여 지구단위계획으로 다음 각 호의 비율까지 용적률 및 높이제한을 완화하여 적용할 수 있다. 〈개정 2012.4.10〉

1. 완화할 수 있는 용적률 = 「건축법」 제43조제2항에 따라 완화된 용적률+(당해 용도지역에 적용되는 용적률×의무면적을 초과하는 공개공지 또는 공개공간의 면적의 절반÷대지면적) 이내
2. 완화할 수 있는 높이 = 「건축법」 제43조제2항에 따라 완화된 높이+(「건축법」 제60조에 따른 높이×의무면적을 초과하는 공개공지 또는 공개공간의 면적의 절반÷대지면적) 이내

시 행 규 칙

제8조의3【반환금의 이자】 영 제46조제2항 전단에서 "국토교통부령이 정하는 이자"란 보상을 받은 날부터 보상금의 반환일 전일까지의 기간동안 발생된 이자로서 그 이자율은 보상금 반환당시의 「은행법」에 따른 인가를 받은 금융기관중 전국을 영업구역으로 하는 금융기관이 적용하는 1년만기 정기예금금리의 평균으로 한다. 〈개정 2013.3.23.〉
[본조신설 2005.2.19.][조 번호 변경 2016.12.30.]

법	시 행 령	시 행 규 칙
③ 시·도지사 또는 시장·군수·구청장은 관할 구역 내 공개공지등에 대한 점검 등 유지·관리에 관한 사항을 해당 지방자치단체의 조례로 정할 수 있다. 〈신설 2019.4.23.〉 ④ 누구든지 공개공지등에 물건을 쌓아놓거나 출입을 차단하는 시설을 설치하는 등 공개공지등의 활용을 저해하는 행위를 하여서는 아니 된다. 〈신설 2019.4.23.〉 ⑤ 제4항에 따라 제한되는 행위의 유형 또는 기준은 대통령령으로 정한다. 〈신설 2019.4.23.〉	④ 지구단위계획구역에서는 법 제52조제3항의 규정에 의하여 도시·군계획조례의 규정에 불구하고 지구단위계획으로 제84조에 규정된 범위안에서 건폐율을 완화하여 적용할 수 있다. 〈개정 2012.4.10.〉 ⑤ 지구단위계획구역에서는 법 제52조제3항의 규정에 의하여 지구단위계획으로 법 제76조의 규정에 의하여 제30조 각호의 용도지역안에서 건축할 수 있는 건축물(도시·군계획조례가 정하는 바에 의하여 건축할 수 있는 건축물의 경우 도시·군계획조례에서 허용되는 건축물에 한한다)의 용도·종류 및 규모 등의 범위안에서 이를 완화하여 적용할 수 있다. 〈개정 2012.4.10.〉 ⑥ 지구단위계획구역의 지정목적이 다음 각호의 1에 해당하는 경우에는 법 제52조제3항의 규정에 의하여 지구단위계획으로 「주차장법」 제19조제3항의 규정에 의한 주차장 설치기준을 100퍼센트까지 완화하여 적용할 수 있다. 〈개정 2013.3.23〉 1. 한옥마을을 보존하고자 하는 경우 2. 차 없는 거리를 조성하고자 하는 경우(지구단위계획으로 보행자전용도로를 지정하거나 차량의 출입을 금지한 경우를 포함한다) 3. 그 밖에 국토교통부령이 정하는 경우 ⑦ 다음 각호의 1에 해당하는 경우에는 법 제52조제3항의 규정에 의하여 지구단위계획으로 당해 용도지역에 적용되는 용적률의 120퍼센트 이내에서 용적률을 완화하여 적용할 수 있다. 〈개정 2012.4.10.〉 1. 도시지역에 개발진흥지구를 지정하고 당해 지구를 지구단위계획구역으로 지정한 경우 2. 다음 각목의 1에 해당하는 경우로서 특별시장·광역시장·특별자치시장·특별자치도지사·시장 또는 군수의 권	**제8조의4【주차장 설치기준 완화】** 영 제46조제6항제3호에서 "그 밖에 국토교통부령이 정하는 경우"라 함은 원활한 교통소통 또는 보행환경 조성을 위하여 도로에서 대지로의 차량통행이 제한되는 차량진입금지구간을 지정한 경우를 말한다. 〈개정 2013.3.23.〉 [본조신설 2005.2.19] [조 번호 변경 2016.12.30.]

법	시 행 령	시 행 규 칙
	고에 따라 공동개발을 하는 경우 가. 지구단위계획에 2필지 이상의 토지에 하나의 건축물을 건축하도록 되어 있는 경우 나. 지구단위계획에 합벽건축을 하도록 되어 있는 경우 다. 지구단위계획에 주차장 · 보행자통로 등을 공동으로 사용하도록 되어 있어 2필지 이상의 토지에 건축물을 동시에 건축할 필요가 있는 경우 ⑧ 도시지역에 개발진흥지구를 지정하고 당해 지구를 지구단위계획구역으로 지정한 경우에는 법 제52조제3항에 따라 지구단위계획으로 「건축법」 제60조에 따라 제한된 건축물높이의 120퍼센트 이내에서 높이제한을 완화하여 적용할 수 있다. 〈개정 2012.4.10〉 ⑨ 제1항제1호나목(제1항제2호 및 제2항에 따라 적용되는 경우를 포함한다), 제3항제1호 및 제7항은 다음 각 호의 어느 하나에 해당하는 경우에는 적용하지 아니한다. 〈개정 2012.4.10〉 1. 개발제한구역 · 시가화조정구역 · 녹지지역 또는 공원에서 해제되는 구역과 새로이 도시지역으로 편입되는 구역중 계획적인 개발 또는 관리가 필요한 지역인 경우 2. 기존의 용도지역 또는 용도지구가 용적률이 높은 용도지역 또는 용도지구로 변경되는 경우로서 기존의 용도지역 또는 용도지구의 용적률을 적용하지 아니하는 경우 ⑩ 제1항 내지 제4항 및 제7항의 규정에 의하여 완화하여 적용되는 건폐율 및 용적률은 해당 용도지역 또는 용도지구에 적용되는 건폐율의 150퍼센트 및 용적률의 200퍼센트를 각각 초과할 수 없다. 〈개정 2004.1.20.〉 ⑪ 제1항에도 불구하고 법 제51조제1항제8호의2에 따라 지정된 지구단위계획구역 내 준주거지역(제45조제2항 전단에	

따라 준주거지역으로 변경하는 경우를 포함한다. 이하 이 조에서 같다)에서 건축물을 건축하려는 자가 그 대지의 일부를 공공시설등의 부지로 제공하거나 공공시설등을 설치하여 제공하는 경우에는 법 제52조제3항에 따라 지구단위계획으로 법 제78조제1항제1호가목에 따른 용적률의 140퍼센트 이내의 범위에서 용적률을 완화하여 적용할 수 있다. 이 경우 공공시설등의 부지를 제공하거나 공공시설등을 설치하여 제공하는 비용은 용적률 완화에 따른 토지가치 상승분(「감정평가 및 감정평가사에 관한 법률」에 따른 감정평가법인등이 용적률 완화 전후에 각각 감정평가한 토지가액의 차이를 말한다)의 범위로 하며, 그 비용 중 시·도 또는 대도시의 도시·군계획조례로 정하는 비율 이상은「공공주택 특별법」 제2조제1호가목에 따른 공공임대주택을 제공하는 데에 사용해야 한다. 〈신설 2021.1.26., 2021.7.6〉

⑫ 법 제51조제1항제8호의2에 따라 지정된 지구단위계획구역 내 준주거지역에서는 법 제52조제3항에 따라 지구단위계획으로「건축법」 제61조제2항에 따른 채광(採光) 등의 확보를 위한 건축물의 높이 제한을 200퍼센트 이내의 범위에서 완화하여 적용할 수 있다. 〈신설 2021.1.26.〉

⑬ 법 제51조제1항제8호의2에 따라 지정된 지구단위계획구역 내 준주거지역에서는 법 제52조제3항에 따라 지구단위계획으로 「건축법」 제61조제2항에 따른 채광(採光) 등의 확보를 위한 건축물의 높이 제한을 200퍼센트 이내의 범위에서 완화하여 적용할 수 있다. 〈신설 2021.1.26., 2022.1.18.〉

⑭ 법 제29조에 따른 도시·군관리계획의 결정권자는 지구단위계획구역 내 「국가첨단전략산업 경쟁력 강화 및 보호에 관한 특별조치법」 제2조제1호에 따른 국가첨단전략기

법	시 행 령	시 행 규 칙
	술을 보유하고 있는 자가 입주하는(이미 입주한 경우를 포함한다) 「산업입지 및 개발에 관한 법률」 제2조제8호에 따른 산업단지에 대하여 용적률 완화에 관한 산업통상자원부장관의 요청이 있는 경우 같은 법 제3조제1항에 따른 산업입지정책심의회의 심의를 거쳐 법 제52조제3항에 따라 지구단위계획으로 제85조제1항 각 호에 따른 용도지역별 최대한도의 140퍼센트 이내의 범위에서 용적률을 완화하여 적용할 수 있다. 〈신설 2023.3.21.〉 ⑮ 법 제29조에 따른 도시 · 군관리계획의 결정권자는 지구단위계획구역 내 제1종전용주거지역 · 제2종전용주거지역 · 제1종일반주거지역 또는 제2종일반주거지역이 다음 각 호의 요건을 모두 갖춘 경우에는 법 제52조제3항에 따라 해당 지역에 건축하는 「건축법 시행령」 별표 1 제1호의 단독주택, 같은 표 제2호나목의 연립주택 및 같은 호 다목의 다세대주택의 부지에 대해서 지구단위계획으로 제85조제1항제1호부터 제4호까지의 규정에 따른 용도지역별 용적률 최대한도의 120퍼센트 이내의 범위에서 용적률을 완화하여 적용할 수 있다. 〈신설 2024.7.30〉 1. 해당 지역에 「도시재생 활성화 및 지원에 관한 특별법」 제2조제6호에 따른 도시재생활성화계획이 수립되어 있을 것 2. 제1호에 따른 도시재생활성화계획이 「건축법 시행령」 별표 1 제1호의 단독주택, 같은 표 제2호나목의 연립주택 및 같은 호 다목의 다세대주택을 건축하는 내용을 포함할 것 [제목개정 2012.4.10.]	
	제47조【도시지역 외 지구단위계획구역에서의 건폐율 등	

의 완화적용】 ① 지구단위계획구역(도시지역 외에 지정하는 경우로 한정한다. 이하 이 조에서 같다)에서는 법 제52조제3항에 따라 지구단위계획으로 해당 용도지역 또는 개발진흥지구에 적용되는 건폐율의 150퍼센트 및 용적률의 200퍼센트 이내에서 건폐율 및 용적률을 완화하여 적용할 수 있다. 다만, 제84조제4항제2호가목 단서에 해당하는 산업·유통개발진흥지구의 전부 또는 일부에 대해 지구단위계획구역이 지정된 경우에는 같은 규정에 따른 건폐율의 120퍼센트 이내의 범위에서 건폐율을 완화하여 적용할 수 있다.〈개정 2012.4.10., 2024.5.28.〉

② 지구단위계획구역에서는 법 제52조제3항의 규정에 의하여 지구단위계획으로 법 제76조의 규정에 의한 건축물의 용도·종류 및 규모 등을 완화하여 적용할 수 있다. 다만, 개발진흥지구(계획관리지역에 지정된 개발진흥지구를 제외한다)에 지정된 지구단위계획구역에 대하여는 「건축법 시행령」 별표 1 제2호의 공동주택중 아파트 및 연립주택은 허용되지 아니한다.
〈개정 2012.4.10.〉

③ 삭제 〈2007.4.19〉

④ 삭제 〈2007.4.19.〉

[제목개정 2012.4.10]

제52조의2【공공시설등의 설치비용 등】 ① 제51조제1항제8호의2 또는 제8호의3에 해당하는 지역의 전부 또는 일부를 지구단위계획구역으로 지정함에 따라 지구단위계획으로 제36조제1항제1호 각 목 간의 용도지역이 변경되어 용적률이 높아지거나 건축제한이 완화되는 경우 또는 제52조제1항에 따른 지구단위계획으로 제43조에 따른 도시·군계획시설 결정이

제46조의2【공공시설등의 설치비용 납부 등】 ① 법 제52조의2제2항에 따라 지구단위계획구역에 공공시설등의 부지를 제공하거나 공공시설등을 설치하여 제공하는 것을 갈음하여 공공시설등의 설치비용을 납부하게 하려는 경우 지구단위계획구역 안의 공공시설등이 충분한지는 특별시장·광역시장·특별자치시장·특별자치도지사·시장 또는 군수가 「건

법

변경되어 행위제한이 완화되는 경우에는 해당 지구단위계획구역에서 건축물을 건축하려는 자(제26조제1항제2호에 따라 도시 · 군관리계획이 입안되는 경우 입안 제안자를 포함한다)가 용도지역의 변경 또는 도시 · 군계획시설 결정의 변경 등으로 인한 토지가치 상승분(「감정평가 및 감정평가사에 관한 법률」에 따른 감정평가법인등이 용도지역의 변경 또는 도시 · 군계획시설 결정의 변경 전 · 후에 대하여 각각 감정평가한 토지가액의 차이를 말한다)의 범위에서 지구단위계획으로 정하는 바에 따라 해당 지구단위계획구역 안에 다음 각 호의 시설의 부지를 제공하거나 공공시설등을 설치하여 제공하도록 하여야 한다.〈개정 2024.2.6〉

1. 공공시설
2. 기반시설
3. 「공공주택 특별법」 제2조제1호가목에 따른 공공임대주택 또는 「건축법」 및 같은 법 시행령 별표 1 제2호라목에 따른 기숙사 등 공공필요성이 인정되어 해당 시 · 도 또는 대도시의 조례로 정하는 시설

② 제1항에도 불구하고 대통령령으로 정하는 바에 따라 해당 지구단위계획구역 안의 공공시설등이 충분한 것으로 인정될 때에는 해당 지구단위계획구역 밖의 관할 특별시 · 광역시 · 특별자치시 · 특별자치도 · 시 또는 군에 지구단위계획으로 정하는 바에 따라 다음 각 호의 사업에 필요한 비용을 납부하는 것으로 갈음할 수 있다.

1. 도시 · 군계획시설결정의 고시일부터 10년 이내에 도시 · 군계획시설사업이 시행되지 아니한 도시 · 군계획시설의 설치
2. 제1항제3호에 따른 시설의 설치
3. 공공시설 또는 제1호에 해당하지 아니하는 기반시설의 설치

③ 제1항에 따른 지구단위계획구역이 특별시 또는 광역시

시 행 령

축법」 제4조에 따라 해당 지방자치단체에 두는 건축위원회와 도시계획위원회의 공동 심의를 거쳐 인정한다. 이 경우 심의 및 인정여부의 결정을 할 때에는 다음 각 호의 사항을 고려해야 한다.

1. 현재 지구단위계획구역 안의 공공시설등의 확보 현황
2. 개발사업에 따른 인구 · 교통량 등의 변화와 공공시설등의 수요 변화 등

② 법 제52조의2제2항에 따라 납부해야 하는 비용은 감정평가법인등이 지구단위계획에 관한 도시 · 군관리계획 결정의 고시일을 기준으로 용도지역의 변경 또는 도시 · 군계획시설 결정의 변경 전 · 후에 대하여 각각 감정평가한 토지가액 차이의 범위에서 시 · 도 또는 대도시의 도시 · 군계획조례로 정하는 금액에서 법 제52조의2제1항에 따라 지구단위계획구역 안에 공공시설등의 부지를 제공하거나 공공시설등을 설치하여 제공하는 데 소요된 비용을 공제한 금액으로 한다.

③ 제2항에 따른 비용은 착공일부터 사용승인 또는 준공검사 신청 전까지 납부하되, 시 · 도 또는 대도시의 도시 · 군계획조례로 정하는 바에 따라 분할납부할 수 있다.

④ 법 제52조의2제3항에서 "대통령령으로 정하는 비율"이란 100분의 20 이상 100분의 30 이하의 범위에서 해당 지구단위계획으로 정하는 비율을 말한다.

[본조신설 2021.7.6.]

제48조 삭제 〈2012.4.10〉

시 행 규 칙

법	시 행 령	시 행 규 칙

관할인 경우에는 제2항에 따른 공공시설등의 설치 비용 납부액 중 대통령령으로 정하는 비율에 해당하는 금액은 해당 지구단위계획구역의 관할 구(자치구를 말한다. 이하 같다) 또는 군(광역시의 관할 구역에 있는 군을 말한다. 이하 이 조에서 같다)에 귀속된다.

④ 특별시장 · 광역시장 · 특별자치시장 · 특별자치도지사 · 시장 · 군수 또는 구청장은 제2항에 따라 납부받거나 제3항에 따라 귀속되는 공공시설등의 설치 비용의 관리 및 운용을 위하여 기금을 설치할 수 있다.

⑤ 특별시 · 광역시 · 특별자치시 · 특별자치도 · 시 또는 군은 제2항에 따라 납부받은 공공시설등의 설치 비용의 100분의 10 이상을 제2항제1호의 사업에 우선 사용하여야 하고, 해당 지구단위계획구역의 관할 구 또는 군은 제3항에 따라 귀속되는 공공시설등의 설치 비용의 전부를 제2항제1호의 사업에 우선 사용하여야 한다. 이 경우 공공시설등의 설치 비용의 사용기준 등 필요한 사항은 해당 시 · 도 또는 대도시의 조례로 정한다.

⑥ 제2항에 따른 공공시설등의 설치 비용 납부액의 산정기준 및 납부방법 등에 관하여 필요한 사항은 대통령령으로 정한다.

[본조신설 2021.1.12.]

제53조【지구단위계획구역의 지정 및 지구단위계획에 관한 도시 · 군관리계획결정의 실효 등】 ① 지구단위계획구역의 지정에 관한 도시·군관리계획결정의 고시일부터 3년 이내에 그 지구단위계획구역에 관한 지구단위계획이 결정 · 고시되지 아니하면 그 3년이 되는 날의 다음날에 그 지구단위계획구역의 지정에 관한 도시·군관리계획결정은 효력을 잃는다. 다만, 다

제49조【지구단위계획안에 대한 주민 등의 의견】 다음 각 호의 어느 하나에 해당하는 자는 지구단위계획안에 포함시키고자 하는 사항을 특별시장 · 광역시장 · 특별자치시장 · 특별자치도지사 · 시장 또는 군수에게 제출할 수 있으며, 특별시장 · 광역시장 · 특별자치시장 · 특별자치도지사 · 시장 또는 군수는 제출된 사항이 타당하다고 인정되는 때에는 이를 지구단위계획안에 반영하여야 한다. 〈개정 2012.4.10〉

1. 지구단위계획구역이 법 제26조의 규정에 의한 주민의 제안에 의하여 지정된 경우에는 그 제안자
2. 지구단위계획구역이 법 제51조제1항제2호부터 제7호까지의 지역에 대하여 지정된 경우에는 그 지정근거가 되는 개별법률에 의한 개발사업의 시행자

제50조【지구단위계획구역지정의 실효고시】 법 제53조제3항에 따른 따른 지구단위계획구역지정의 실효고시는 국토교통부장관이 하는 경우에는 관보와 국토교통부의 인터넷 홈페이지에, 시 · 도지사 또는 시장 · 군수가 하는 경우에는 해당 시 · 도 또는 시 · 군의 공보와 인터넷 홈페이지에 다음 각 호의 사항을 게재하는 방법으로 한다. 〈개정 2014.1.14.,

법	시 행 령	시 행 규 칙

른 법률에서 지구단위계획의 결정(결정된 것으로 보는 경우를 포함한다)에 관하여 따로 정한 경우에는 그 법률에 따라 지구단위계획을 결정할 때까지 지구단위계획구역의 지정은 그 효력을 유지한다. 〈개정 2011.4.14〉

② 지구단위계획(제26조제1항에 따라 주민이 입안을 제안한 것에 한정한다)에 관한 도시·군관리계획결정의 고시일부터 5년 이내에 이 법 또는 다른 법률에 따라 허가·인가·승인 등을 받아 사업이나 공사에 착수하지 아니하면 그 5년이 된 날의 다음날에 그 지구단위계획에 관한 도시·군관리계획결정은 효력을 잃는다. 이 경우 지구단위계획과 관련한 도시·군관리계획결정에 관한 사항은 해당 지구단위계획구역 지정 당시의 도시·군관리계획으로 환원된 것으로 본다. 〈신설 2015.8.11.〉

③ 국토교통부장관, 시·도지사, 시장 또는 군수는 제1항 및 제2항에 따른 지구단위계획구역 지정 및 지구단위계획 결정이 효력을 잃으면 대통령령으로 정하는 바에 따라 지체 없이 그 사실을 고시하여야 한다. 〈개정 2015.8.11.〉

[전문개정 2009.2.6][제목개정 2011.4.14][제목개정 2015.8.11.]

제54조【지구단위계획구역에서의 건축 등】 지구단위계획구역에서 건축물(일정 기간 내 철거가 예상되는 경우 등 대통령령으로 정하는 가설건축물은 제외한다)]을 건축 또는 용도변경하거나 공작물을 설치하려면 그 지구단위계획에 맞게 하여야 한다. 다만, 지구단위계획이 수립되어 있지 아니한 경우에는 그러하지 아니하다. 〈개정 2021.12.12.〉

[전문개정 2013.7.16]

제55조 삭제 〈2007.1.19.〉

(시행령)

2016.2.11., 2020.11.24〉

1. 실효일자
2. 실효사유
3. 실효된 지구단위계획구역의 내용

제50조의2【지구단위계획이 적용되지 않는 가설건축물】 법 제54조 본문에서 "대통령령으로 정하는 가설건축물"이란 다음 각 호의 어느 하나에 해당하는 가설건축물을 말한다. 〈개정 2023.7.18.〉

1. 존치기간(연장된 존치기간을 포함한 총 존치기간을 말한다)이 3년의 범위에서 해당 특별시·광역시·특별자치시·특별자치도·시 또는 군의 도시·군계획조례로 정한 존치기간 이내인 가설건축물. 다만, 다음 각 목의 어느 하나에 해당하는 가설건축물의 경우에는 각각 다음 각 목의 기준에

법	시 행 령	시 행 규 칙
	따라 존치기간을 연장할 수 있다. 가. 국가 또는 지방자치단체가 공익 목적으로 건축하는 가설건축물 또는 「건축법 시행령」 제15조제5항제4호에 따른 전시를 위한 견본주택이나 그 밖에 이와 비슷한 가설건축물: 횟수별 3년의 범위에서 해당 특별시·광역시·특별자치시·특별자치도·시 또는 군의 도시·군계획조례로 정하는 횟수만큼 나. 「건축법」 제20조제1항에 따라 특별자치시장·특별자치도지사 또는 시장·군수·구청장의 허가를 받아 도시·군계획시설 및 도시·군계획시설예정지에서 건축하는 가설건축물: 도시·군계획사업이 시행될 때까지 2. 재해복구기간 중 이용하는 재해복구용 가설건축물 3. 공사기간 중 이용하는 공사용 가설건축물 [본조신설 2021.7.6.]	
제5장 개발행위의 허가 등 **제1절 개발행위의 허가**	**제5장 개발행위의 허가 등** **제1절 개발행위의 허가**	
제56조【개발행위의 허가】 ① 다음 각 호의 어느 하나에 해당하는 행위로서 대통령령으로 정하는 행위(이하 "개발행위"라 한다)를 하려는 자는 특별시장·광역시장·특별자치시장·특별자치도지사·시장 또는 군수의 허가(이하 "개발행위허가"라 한다)를 받아야 한다. 다만, 도시·군계획사업(다른 법률에 따라 도시·군계획사업을 의제한 사업을 포함한다)에 의한 행위는 그러하지 아니하다. 〈개정 2018.8.14〉 1. 건축물의 건축 또는 공작물의 설치 2. 토지의 형질 변경(경작을 위한 경우로서 대통령령으로 정하는토지의 형질 변경은 제외한다)	**제51조【개발행위허가의 대상】** ① 법 제56조제1항에 따라 개발행위허가를 받아야 하는 행위는 다음 각 호와 같다. 〈개정 2019.8.20., 2021.1.5., 2023.3.21.〉 1. 건축물의 건축: 「건축법」 제2조제1항제2호에 따른 건축물의 건축 2. 공작물의 설치: 인공을 가하여 제작한 시설물(「건축법」 제2조제1항제2호에 따른 건축물을 제외한다)의 설치 3. 토지의 형질변경: 절토(땅깎기)·성토(흙쌓기)·정지(땅고르기)·포장 등의 방법으로 토지의 형상을 변경하는 행위와 공유수면의 매립(경작을 위한 토지의 형질변경을 제외한다)	

법	시 행 령	시 행 규 칙

법

3. 토석의 채취
4. 토지 분할(건축물이 있는 대지는 제외한다)
5. 녹지지역 · 관리지역 또는 자연환경보전지역에 물건을 1개월 이상 쌓아놓는 행위

판례 건축허가신청 반려 처분취소(대법원, 2005.7.14., 2004두6181)

【판시사항】

[1] 국토의계획및이용에관한법률에 의하여 지정된 도시지역 안에서 토지의 형질변경행위를 수반하는 건축허가의 법적 성질(=재량행위)

[2] 기속행위와 재량행위에 대한 사법심사 방식

【판결요지】

[1] 국토의계획및이용에관한법률에서 정한 도시지역 안에서 토지의 형질변경행위를 수반하는 건축허가는 건축법 제8조 제1항의 규정에 의한 건축허가와 국토의계획및이용에관한법률 제56조 제1항 제2호의 규정에 의한 토지의 형질변경허가의 성질을 아울러 갖는 것으로 보아야 할 것이고, 같은 법 제58조 제1항 제4호, 제3항, 같은법시행령 제56조 제1항 [별표 1] 제1호 (가)목 (3), (라)목 (1), (마)목 (1)의 각 규정을 종합하면, 같은 법 제56조 제1항 제2호의 규정에 의한 토지의 형질변경허가는 그 금지요건이 불확정개념으로 규정되어 있어 그 금지요건에 해당하는지 여부를 판단함에 있어서 행정청에게 재량권이 부여되어 있다고 할 것이므로, 같은 법에 의하여 지정된 도시지역 안에서 토지의 형질변경행위를 수반하는 건축허가는 결국 재량행위에 속한다.

[2] 행정행위를 기속행위와 재량행위로 구분하는 경우 양자에 대한 사법심사는, 전자의 경우 그 법규에 대한 원칙적인 기속성으로 인하여 법원이 사실인정과 관련 법규의 해석 · 적용을 통하여 일정한 결론을 도출한 후 그 결론에 비추어 행정청이 한 판단의 적법 여부를 독자의 입장에서 판정하는 방식에 의하게 되나, 후자의 경우 행정청의 재량에 기한 공익판단의 여지를 감안하여 법원은 독자의 결론을 도출함이 없이 당해 행위에 재량권의 일탈 · 남용이 있는지 여부만을 심사하게 되고, 이러한 재량권의 일탈 · 남용 여부에 대한 심사는 사실오인, 비례 · 평등의 원칙 위배 등을 그 판단 대상으로 한다.

시 행 령

4. 토석채취: 흙 · 모래 · 자갈 · 바위 등의 토석을 채취하는 행위. 다만, 토지의 형질변경을 목적으로 하는 것을 제외한다.
5. 토지분할: 다음 각 목의 어느 하나에 해당하는 토지의 분할(「건축법」 제57조에 따른 건축물이 있는 대지는 제외한다)
   가. 녹지지역 · 관리지역 · 농림지역 및 자연환경보전지역 안에서 관계법령에 따른 허가 · 인가 등을 받지 아니하고 행하는 토지의 분할
   나. 「건축법」 제57조제1항에 따른 분할제한면적 미만으로의 토지의 분할
   다. 관계 법령에 의한 허가 · 인가 등을 받지 아니하고 행하는 너비 5미터 이하로의 토지의 분할
6. 물건을 쌓아놓는 행위: 녹지지역 · 관리지역 또는 자연환경보전지역안에서 「건축법」 제22조에 따라 사용승인을 받은 건축물의 울타리안(적법한 절차에 의하여 조성된 대지에 한한다)에 위치하지 아니한 토지에 물건을 1개월 이상 쌓아놓는 행위

② 법 제56조제1항제2호에서 "대통령령으로 정하는 토지의 형질변경"이란 조성이 끝난 농지에서 농작물 재배, 농지의 지력 증진 및 생산성 향상을 위한 객토(새 흙 넣기) · 환토(흙 바꾸기) · 정지(땅고르기) 또는 양수 · 배수시설 설치를 위한 토지의 형질변경으로서 다음 각 호의 어느 하나에 해당하지 않는 경우의 형질변경을 말한다. 〈개정 2019.8.20., 2021.1.5., 2023.3.21., 2024.12.31.〉

1. 인접토지의 관개 · 배수 및 농작업에 영향을 미치는 경우
2. 재활용 골재, 사업장 폐토양, 무기성 오니(오염된 침전물) 등 수질오염 또는 토질오염의 우려가 있는 토사 등을 사용하여 성토하는 경우. 다만, 「농지법」 제2조제6호의2나목에 따른 성토는 제외한다.

시 행 규 칙

관계법 대지의 분할제한

「건축법」 제57조제1항, 시행령 제80조

건축물이 있는 대지는 다음의 범위에서 해당 지방자치단체의 조례로 정하는 면적에 못 미치게 분할할 수 없다.

1. 주거지역: 60㎡
2. 상업지역: 150㎡
3. 공업지역: 150㎡
4. 녹지지역: 200㎡
5. 위 1.~4.까지의 규정에 해당하지 아니하는 지역: 60㎡

법	시 행 령	시 행 규 칙
	3. 지목의 변경을 수반하는 경우(전·답 사이의 변경은 제외한다) 4. 옹벽 설치(제53조에 따라 허가를 받지 않아도 되는 옹벽 설치는 제외한다) 또는 2미터 이상의 절토·성토가 수반되는 경우. 다만, 절토·성토에 대해서는 2미터 이내의 범위에서 특별시·광역시·특별자치시·특별자치도·시 또는 군의 도시·군계획조례로 따로 정할 수 있다.	
② 개발행위허가를 받은 사항을 변경하는 경우에는 제1항을 준용한다. 다만, 대통령령으로 정하는 경미한 사항을 변경하는 경우에는 그러하지 아니하다. ③ 제1항에도 불구하고 제1항제2호 및 제3호의 개발행위 중 도시지역과 계획관리지역의 산림에서의 임도(林道) 설치와 사방사업에 관하여는 「산림자원의 조성 및 관리에 관한 법률」과 「사방사업법」에 따르고, 보전관리지역·생산관리지역·농림지역 및 자연환경보전지역의 산림에서의 제1항제2호(농업·임업·어업을 목적으로 하는 토지의 형질 변경만 해당한다) 및 제3호의 개발행위에 관하여는 「산지관리법」에 따른다. 〈개정 2011.4.14〉	**제52조【개발행위허가의 경미한 변경】** ① 법 제56조제2항 단서에서 "대통령령으로 정하는 경미한 사항을 변경하는 경우"란 다음 각 호의 어느 하나에 해당하는 경우(다른 호에 저촉되지 않는 경우로 한정한다)를 말한다. 〈개정 2015.6.1., 2015.7.6., 2019.8.20., 2019.12.31., 2022.1.18.〉 1. 사업기간을 단축하는 경우 2. 다음 각 목의 어느 하나에 해당하는 경우 가. 부지면적 또는 건축물 연면적을 5퍼센트 범위에서 축소[공작물의 무게, 부피, 수평투영면적(하늘에서 내려다 보이는 수평 면적을 말한다) 또는 토석채취량을 5퍼센트 범위에서 축소하는 경우를 포함한다]하는 경우 나. 관계 법령의 개정 또는 도시·군관리계획의 변경에 따라 허가받은 사항을 불가피하게 변경하는 경우 다. 「공간정보의 구축 및 관리 등에 관한 법률」 제26조제2항 및 「건축법」 제26조에 따라 허용되는 오차를 반영하기 위한 변경인 경우 라. 「건축법 시행령」 제12조제3항 각 호의 어느 하나에 해당하는 변경(공작물의 위치를 1미터 범위에서 변경하는 경우를 포함한다)인 경우 3. 삭제 〈2019.8.6.〉	**관계법** 「건축법 시행령」 제12조(허가·신고사항의 변경 등) ①~② 〈생략〉 ③ 법 제16조제2항에서 "대통령령으로 정하는

법	시 행 령	시 행 규 칙

④ 다음 각 호의 어느 하나에 해당하는 행위는 제1항에도 불구하고 개발행위허가를 받지 아니하고 할 수 있다. 다만, 제1호의 응급조치를 한 경우에는 1개월 이내에 특별시장·광역시장·특별자치시장·특별자치도지사·시장 또는 군수에게 신고하여야 한다. 〈개정 2011.4.14〉

1. 재해복구나 재난수습을 위한 응급조치
2. 「건축법」에 따라 신고하고 설치할 수 있는 건축물의 개축·증축 또는 재축과 이에 필요한 범위에서의 토지의 형질 변경(도시·군계획시설사업이 시행되지 아니하고 있는 도시·군계획시설의 부지인 경우만 가능하다)
3. 그 밖에 대통령령으로 정하는 경미한 행위

[전문개정 2009.2.6]

관계법 「건축법 시행령」 제118조(옹벽 등의 공작물에의 준용)
① 법 제83조제1항에 따라 공작물을 축조(건축물과 분리하여 축조하는 것을 말한다. 이하 이 조에서 같다)할 때 특별자치시장·특별자치도지사 또는 시장·군수·구청장에게 신고를 해야 하는 공작물은 다음 각 호와 같다. 〈개정 2020.12.15.〉
1. 높이 6미터를 넘는 굴뚝
2. 삭제 〈2020.12.15.〉

4. 삭제 〈2019.8.6.〉
5. 삭제 〈2019.8.6.〉

② 개발행위허가를 받은 자는 제1항 각 호의 어느 하나에 해당하는 경미한 사항을 변경한 때에는 지체없이 그 사실을 특별시장·광역시장·특별자치시장·특별자치도지사·시장 또는 군수에게 통지하여야 한다. 〈개정 2012.4.10.〉

제53조【허가를 받지 아니하여도 되는 경미한 행위】 법 제56조제4항제3호에서 "대통령령으로 정하는 경미한 행위"란 다음 각 호의 행위를 말한다. 다만, 다음 각 호에 규정된 범위에서 특별시·광역시·특별자치시·특별자치도·시 또는 군의 도시·군계획조례로 따로 정하는 경우에는 그에 따른다. 〈개정 2014.10.14., 2014.11.11., 2023.3.21.〉

1. 건축물의 건축 : 「건축법」 제11조제1항에 따른 건축허가 또는 같은 법 제14조제1항에 따른 건축신고 및 같은 법 제20조제1항에 따른 가설건축물 건축의 허가 또는 같은 조 제3항에 따른 가설건축물의 축조신고 대상에 해당하지 아니하는 건축물의 건축
2. 공작물의 설치
   가. 도시지역 또는 지구단위계획구역에서 무게가 50톤 이하, 부피가 50세제곱미터 이하, 수평투영면적이 50제곱미터 이하인 공작물의 설치. 다만, 「건축법 시행령」 제118조제1항 각 호의 어느 하나에 해당하는 공작물의 설치는 제외한다.
   나. 도시지역·자연환경보전지역 및 지구단위계획구역외의 지역에서 무게가 150톤 이하, 부피가 150세제곱미터 이하, 수평투영면적이 150제곱미터 이하인 공작물의 설치. 다만, 「건축법 시행령」 제118조제1항 각 호의 어느 하

사항"이란 다음 각 호의 어느 하나에 해당하는 사항을 말한다. 〈개정 2016.1.19.〉

1. 건축물의 동수나 층수를 변경하지 아니하면서 변경되는 부분의 바닥면적의 합계가 50제곱미터 이하인 경우로서 다음 각 목의 요건을 모두 갖춘 경우
   가. 변경되는 부분의 높이가 1미터 이하이거나 전체 높이의 10분의 1 이하일 것
   나. 허가를 받거나 신고를 하고 건축 중인 부분의 위치 변경범위가 1미터 이내일 것
   다. 법 제14조제1항에 따라 신고를 하면 법 제11조에 따른 건축허가를 받은 것으로 보는 규모에서 건축허가를 받아야 하는 규모로의 변경이 아닐 것
2. 건축물의 동수나 층수를 변경하지 아니하면서 변경되는 부분이 연면적 합계의 10분의 1 이하인 경우(연면적이 5천 제곱미터 이상인 건축물은 각 층의 바닥면적이 50제곱미터 이하의 범위에서 변경되는 경우만 해당한다). 다만, 제4호 본문 및 제5호 본문에 따른 범위의 변경인 경우만 해당한다.
3. 대수선에 해당하는 경우
4. 건축물의 층수를 변경하지 아니하면서 변경되는 부분의 높이가 1미터 이하이거나 전체 높이의 10분의 1 이하인 경우. 다만, 변경되는 부분이 제1호 본문, 제2호 본문 및 제5호 본문에 따른 범위의 변경인 경우만 해당한다.
5. 허가를 받거나 신고를 하고 건축 중인 부분의 위치가 1미터 이내에서 변경되는 경우. 다만, 변경되는 부분이 제1호 본문, 제2호 본문 및 제4호 본문에 따른 범위의 변경인

법	시 행 령	시 행 규 칙
3. 높이 4미터를 넘는 장식탑, 기념탑, 첨탑, 광고탑, 광고판, 그 밖에 이와 비슷한 것 4. 높이 8미터를 넘는 고가수조나 그 밖에 이와 비슷한 것 5. 높이 2미터를 넘는 옹벽 또는 담장 6. 바닥면적 30제곱미터를 넘는 지하대피호 7. 높이 6미터를 넘는 골프연습장 등의 운동시설을 위한 철탑, 주거지역·상업지역에 설치하는 통신용 철탑, 그 밖에 이와 비슷한 것 8. 높이 8미터(위험을 방지하기 위한 난간의 높이는 제외한다) 이하의 기계식 주차장 및 철골 조립식 주차장(바닥면이 조립식이 아닌 것을 포함한다)으로서 외벽이 없는 것 9. 건축조례로 정하는 제조시설, 저장시설(시멘트사일로를 포함한다), 유희시설, 그 밖에 이와 비슷한 것 10. 건축물의 구조에 심대한 영향을 줄 수 있는 중량물로서 건축조례로 정하는 것 11. 높이 5미터를 넘는 「신에너지 및 재생에너지 개발·이용·보급 촉진법」 제2조제2호가목에 따른 태양에너지를 이용하는 발전설비와 그 밖에 이와 비슷한 것 ②~⑤ 〈생략〉	나에 해당하는 공작물의 설치는 제외한다. 다. 녹지지역·관리지역 또는 농림지역안에서의 농림어업용 비닐하우스(「양식산업발전법」 제43조제1항 각 호에 따른 양식업을 하기 위하여 비닐하우스안에 설치하는 양식장은 제외한다)의 설치 3. 토지의 형질변경 가. 높이 50센티미터 이내 또는 깊이 50센티미터 이내의 절토·성토·정지 등(포장을 제외하며, 주거지역·상업지역 및 공업지역외의 지역에서는 지목변경을 수반하지 아니하는 경우에 한한다) 나. 도시지역·자연환경보전지역 및 지구단위계획구역 외의 지역에서 면적이 660제곱미터 이하인 토지에 대한 지목변경을 수반하지 아니하는 절토·성토·정지·포장 등(토지의 형질변경 면적은 형질변경이 이루어지는 당해 필지의 총면적을 말한다. 이하 같다) 다. 조성이 완료된 기존 대지에 건축물이나 그 밖의 공작물을 설치하기 위한 토지의 형질변경(절토 및 성토는 제외한다) 라. 국가 또는 지방자치단체가 공익상의 필요에 의하여 직접 시행하는 사업을 위한 토지의 형질변경 4. 토석채취 가. 도시지역 또는 지구단위계획구역에서 채취면적이 25제곱미터 이하인 토지에서의 부피 50세제곱미터 이하의 토석채취 나. 도시지역·자연환경보전지역 및 지구단위계획구역외의 지역에서 채취면적이 250제곱미터 이하인 토지에서의 부피 500세제곱미터 이하의 토석채취 5. 토지분할	경우만 해당한다.

법	시 행 령	시 행 규 칙
	가. 「사도법」에 의한 사도개설허가를 받은 토지의 분할 나. 토지의 일부를 국유지 또는 공유지로 하거나 공공시설로 사용하기 위한 토지의 분할 다. 행정재산중 용도폐지되는 부분의 분할 또는 일반재산을 매각 · 교환 또는 양여하기 위한 분할 라. 토지의 일부가 도시 · 군계획시설로 지형도면고시가 된 당해 토지의 분할 마. 너비 5미터 이하로 이미 분할된 토지의 「건축법」 제57조제1항에 따른 분할제한면적 이상으로의 분할 6. 물건을 쌓아놓는 행위 가. 녹지지역 또는 지구단위계획구역에서 물건을 쌓아놓는 면적이 25제곱미터 이하인 토지에 전체무게 50톤 이하, 전체부피 50세제곱미터 이하로 물건을 쌓아놓는 행위 나. 관리지역(지구단위계획구역으로 지정된 지역을 제외한다)에서 물건을 쌓아놓는 면적이 250제곱미터 이하인 토지에 전체무게 500톤 이하, 전체부피 500세제곱미터 이하로 물건을 쌓아놓는 행위	
제57조【개발행위허가의 절차】 ① 개발행위를 하려는 자는 그 개발행위에 따른 기반시설의 설치나 그에 필요한 용지의 확보, 위해(危害) 방지, 환경오염 방지, 경관, 조경 등에 관한 계획서를 첨부한 신청서를 개발행위허가권자에게 제출하여야 한다. 이 경우 개발밀도관리구역 안에서는 기반시설의 설치나 그에 필요한 용지의 확보에 관한 계획서를 제출하지 아니한다. 다만, 제56조제1항제1호의 행위 중 「건축법」의 적용을 받는 건축물의 건축 또는 공작물의 설치를 하려는 자는 「건축법」에서 정하는 절차에 따라 신청서류를 제출하여야 한다. 〈개정 2011.4.14.〉	**제54조【개발행위허가의 절차 등】** ① 법 제57조제2항에서 "대통령령으로 정하는 기간"이란 15일(도시계획위원회의 심의를 거쳐야 하거나 관계 행정기관의 장과 협의를 하여야 하는 경우에는 심의 또는 협의기간을 제외한다)을 말한다. 〈개정 2018.11.13〉 ② 특별시장 · 광역시장 · 특별자치시장 · 특별자치도지사 · 시장 또는 군수는 법 제57조제4항에 따라 개발행위허가에 조건을 붙이려는 때에는 미리 개발행위허가를 신청한 자의 의견을 들어야 한다. 〈개정 2012.4.10〉	**제9조【개발행위허가신청서】** ① 법 제57조제1항의 규정에 의하여 개발행위를 하고자 하는 자는 별지 제5호서식의 개발행위허가신청서에 다음 각 호의 서류를 첨부하여 개발행위허가권자에게 제출하여야 한다. 〈개정 2016.5.26.〉 1. 토지의 소유권 또는 사용권 등 신청인이 당해 토지에 개발행위를 할 수 있음을 증명하는 서류. 다만, 다른 법령에서 개발행위허가가 의제되어 개발

법	시 행 령	시 행 규 칙
② 특별시장 · 광역시장 · 특별자치시장 · 특별자치도지사 · 시장 또는 군수는 제1항에 따른 개발행위허가의 신청에 대하여 특별한 사유가 없으면 대통령령으로 정하는 기간 이내에 허가 또는 불허가의 처분을 하여야 한다. 〈개정 2011.4.14〉 ③ 특별시장 · 광역시장 · 특별자치시장 · 특별자치도지사 · 시장 또는 군수는 제2항에 따라 허가 또는 불허가의 처분을 할 때에는 지체 없이 그 신청인에게 허가내용이나 불허가처분의 사유를 서면 또는 제128조에 따른 국토이용정보체계를 통하여 알려야 한다. 〈개정 2015.8.11.〉 ④ 특별시장 · 광역시장 · 특별자치시장 · 특별자치도지사 · 시장 또는 군수는 개발행위허가를 하는 경우에는 대통령령으로 정하는 바에 따라 그 개발행위에 따른 기반시설의 설치 또는 그에 필요한 용지의 확보, 위해 방지, 환경오염 방지, 경관, 조경 등에 관한 조치를 할 것을 조건으로 개발행위허가를 할 수 있다. 〈개정 2011.4.14.〉 [전문개정 2009.2.6]		행위허가에 관한 신청서류를 제출하는 경우에 다른 법령에 의한 인가 · 허가 등의 과정에서 본문의 제출서류의 내용을 확인할 수 있는 경우에는 그 확인으로 제출서류에 갈음할 수 있다. 2. 배치도 등 공사 또는 사업관련 도서(토지의 형질변경 및 토석채취인 경우에 한한다) 3. 설계도서(공작물의 설치인 경우에 한한다) 4. 당해 건축물의 용도 및 규모를 기재한 서류(건축물의 건축을 목적으로 하는 토지의 형질변경인 경우에 한한다) 5. 개발행위의 시행으로 폐지되거나 대체 또는 새로이 설치할 공공시설의 종류 · 세목 · 소유자 등의 조서 및 도면과 예산내역서(토지의 형질변경 및 토석채취인 경우에 한한다) 6. 법 제57조제1항의 규정에 의한 위해방지 · 환경오염방지 · 경관 · 조경 등을 위한 설계도서 및 그 예산내역서(토지분할인 경우를 제외한다). 다만, 「건설산업기본법 시행령」 제8조제1항의 규정에 의한 경미한 건설공사를 시행하거나 옹벽 등 구조물의 설치 등을 수반하지 아니하는 단순한 토지형질변경의 경우에는 개략설계서로 설계도서에, 견적서 등 개략적인 내역서로

법	시 행 령	시 행 규 칙
		예산내역서에 갈음할 수 있다. 7. 법 제61조제3항의 규정에 의한 관계 행정기관의 장과의 협의에 필요한 서류 ② 제1항의 개발행위허가신청서 및 첨부서류는 법 제128조제2항에 따른 국토이용정보체계(이하 "국토이용정보체계"라 한다)를 통하여 제출할 수 있다. 〈신설 2016.5.26.〉
제58조【개발행위허가의 기준】 ① 특별시장 · 광역시장 · 특별자치시장 · 특별자치도지사 · 시장 또는 군수는 개발행위허가의 신청 내용이 다음 각 호의 기준에 맞는 경우에만 개발행위허가 또는 변경허가를 하여야 한다. 〈개정 2021.1.12.〉 1. 용도지역별 특성을 고려하여 대통령령으로 정하는 개발행위의 규모에 적합할 것. 다만, 개발행위가 「농어촌정비법」 제2조제4호에 따른 농어촌정비사업으로 이루어지는 경우 등 대통령령으로 정하는 경우에는 개발행위 규모의 제한을 받지 아니한다. 2. 도시 · 군관리계획 및 성장관리계획의 내용에 어긋나지 아니할 것 3. 도시 · 군계획사업의 시행에 지장이 없을 것 4. 주변지역의 토지이용실태 또는 토지이용계획, 건축물의 높이, 토지의 경사도, 수목의 상태, 물의 배수, 하천 · 호소 · 습지의 배수 등 주변환경이나 경관과 조화를 이룰 것 5. 해당 개발행위에 따른 기반시설의 설치나 그에 필요한 용지의 확보계획이 적절할 것 ② 특별시장 · 광역시장 · 특별자치시장 · 특별자치도지사 · 시	**제55조【개발행위허가의 규모】** ① 법 제58조제1항제1호 본문에서 "대통령령으로 정하는 개발행위의 규모"라 함은 다음 각 호에 해당하는 토지의 형질변경면적을 말한다. 다만, 관리지역 및 농림지역에 대하여는 제2호 및 제3호의 규정에 의한 면적의 범위안에서 해당 특별시 · 광역시 · 특별자치시 · 특별자치도 · 시 또는 군의 도시 · 군계획조례로 따로 정할 수 있다. 〈개정 2014.1.14〉 1. 도시지역 가. 주거지역 · 상업지역 · 자연녹지지역 · 생산녹지지역 : 1만제곱미터 미만 나. 공업지역 : 3만제곱미터 미만 다. 보전녹지지역 : 5천제곱미터 미만 2. 관리지역 : 3만제곱미터 미만 3. 농림지역 : 3만제곱미터 미만 4. 자연환경보전지역 : 5천제곱미터 미만 ② 제1항의 규정을 적용함에 있어서 개발행위허가의 대상인 토지가 2 이상의 용도지역에 걸치는 경우에는 각각의 용도지역에 위치하는 토지부분에 대하여 각각의 용도지역	**제10조【개발행위허가의 규모제한의 적용배제】** 영 제55조제3항제5호에서 "그 밖에 국토교통부령이 정하는 경우"란 다음 각 호의 경우를 말한다. 〈개정 2023.1.27.〉 1. 폐염전을 「양식산업발전법 시행규칙」 별표 4에 따른 육상수조식해수양식업 및 육상축제식해수양식업을 위한 양식시설로 변경하는 경우 2. 관리지역에서 1993년 12월 31일 이전에 설치된 공장(「대기환경보전법」 제2조제9호에 따른 특정대기유해물질 또는 「수질환경보전법」 제2조제8호에 따른 특정수질유해물질을 배출하는 공장을 제외한다)의 증설로서 다음 각 목의 요건을 갖춘 경우 가. 시설자동화 또는 공정개선을 위한 증설일 것

법	시 행 령	시 행 규 칙
장 또는 군수는 개발행위허가 또는 변경허가를 하려면 그 개발행위가 도시·군계획사업의 시행에 지장을 주는지에 관하여 해당 지역에서 시행되는 도시·군계획사업의 시행자의 의견을 들어야 한다. 〈개정 2013.7.16.〉	의 개발행위의 규모에 관한 규정을 적용한다. 다만, 개발행위허가의 대상인 토지의 총면적이 해당 토지가 걸쳐 있는 용도지역중 개발행위의 규모가 가장 큰 용도지역의 개발행위의 규모를 초과하여서는 아니된다. ③ 법 제58조제1항제1호 단서에서 "개발행위가 「농어촌정비법」 제2조제4호에 따른 농어촌정비사업으로 이루어지는 경우 등 대통령령으로 정하는 경우"란 다음 각 호의 어느 하나에 해당하는 경우를 말한다. 〈개정 2014.1.14.〉 1. 지구단위계획으로 정한 가구 및 획지의 범위안에서 이루어지는 토지의 형질변경으로서 당해 형질변경과 관련된 기반시설이 이미 설치되었거나 형질변경과 기반시설의 설치가 동시에 이루어지는 경우 2. 해당 개발행위가 「농어촌정비법」 제2조제4호에 따른 농어촌정비사업으로 이루어지는 경우 2의2. 해당 개발행위가 「국방·군사시설 사업에 관한 법률」 제2조제2호에 따른 국방·군사시설사업으로 이루어지는 경우 3. 초지조성, 농지조성, 영림 또는 토석채취를 위한 경우 3의2. 해당 개발행위가 다음 각 목의 어느 하나에 해당하는 경우. 이 경우 특별시장·광역시장·특별자치시장·특별자치도지사·시장 또는 군수는 그 개발행위에 대한 허가를 하려면 시·도도시계획위원회 또는 법 제113조제2항에 따른 시·군·구도시계획위원회(이하 "시·군·구도시계획위원회"라 한다) 중 대도시에 두는 도시계획위원회의 심의를 거쳐야 하고, 시장(대도시 시장은 제외한다) 또는 군수(특별시장·광역시장의 개발행위허가 권한이 법 제139조제2항에 따라 조례로 군수 또는 자치구의 구청장에게 위임된 경우에는 그 군수 또는 자치구의 구청장을 포함한다)는 시·도도	나. 1993년 12월 31일 당시의 공장부지면적의 50퍼센트 이하의 범위안에서의 증설로서 증가되는 총면적이 3만제곱미터 이하일 것(영 별표 20 제2호 카목(1)부터 (5)까지에 해당하는 공장과 부지면적이 3만제곱미터를 초과하거나 증설로 인하여 부지면적이 3만제곱미터를 초과하게 되는 공장의 증설은 1회에 한한다) 다. 증설로 인하여 증가되는 오염물질배출량이 1995년 6월 30일 이전의 오염물질배출량의 50퍼센트를 넘지 아니할 것 라. 증설로 인하여 인근지역의 농업생산에 지장을 줄 우려가 없을 것

법	시 행 령	시 행 규 칙
	시계획위원회에 심의를 요청하기 전에 해당 지방자치단체에 설치된 지방도시계획위원회에 자문할 수 있다. 가. 하나의 필지(법 제62조에 따른 준공검사를 신청할 때 둘 이상의 필지를 하나의 필지로 합칠 것을 조건으로 하여 허가하는 경우를 포함하되, 개발행위허가를 받은 후에 매각을 목적으로 하나의 필지를 둘 이상의 필지로 분할하는 경우는 제외한다)에 건축물을 건축하거나 공작물을 설치하기 위한 토지의 형질변경 나. 하나 이상의 필지에 하나의 용도에 사용되는 건축물을 건축하거나 공작물을 설치하기 위한 토지의 형질변경 4. 건축물의 건축, 공작물의 설치 또는 지목의 변경을 수반하지 아니하고 시행하는 토지복원사업 5. 그 밖에 국토교통부령이 정하는 경우 ④ ~ ⑦ 삭제 〈2011.3.9.〉	
③ 제1항에 따라 허가할 수 있는 경우 그 허가의 기준은 지역의 특성, 지역의 개발상황, 기반시설의 현황 등을 고려하여 다음 각 호의 구분에 따라 대통령령으로 정한다. 〈개정 2011.4.14〉 1. 시가화 용도: 토지의 이용 및 건축물의 용도 · 건폐율 · 용적률 · 높이 등에 대한 용도지역의 제한에 따라 개발행위허가의 기준을 적용하는 주거지역 · 상업지역 및 공업지역 2. 유보 용도: 제59조에 따른 도시계획위원회의 심의를 통하여 개발행위허가의 기준을 강화 또는 완화하여 적용할 수 있는 계획관리지역 · 생산관리지역 및 녹지지역 중 대통령령으로 정하는 지역 3. 보전 용도: 제59조에 따른 도시계획위원회의 심의를 통하여 개발행위허가의 기준을 강화하여 적용할 수 있는 보전관	**제56조【개발행위허가의 기준】** ① 법 제58조제3항의 규정에 의한 개발행위허가의 기준은 별표 1의2와 같다. ② 법 제58조제3항제2호에서 "대통령령으로 정하는 지역"이란 자연녹지지역을 말한다. 〈신설 2012.4.10〉 ③ 법 제58조제3항제3호에서 "대통령령으로 정하는 지역"이란 생산녹지지역 및 보전녹지지역을 말한다. 〈신설 2012.4.10〉 ④ 국토교통부장관은 제1항의 개발행위허가기준에 대한 세부적인 검토기준을 정할 수 있다. 〈개정 2013.3.23.〉 **훈령** 개발행위허가운영지침(국토교통부훈령 제1375호, 2021.3.31.) **제56조의2** 삭제 〈2021.7.6.〉	**제10조의2【토지의 경사도 및 임상 산정방법】** 영 별표 1의2 제1호가목(3)(가)에서 "국토교통부령으로 정하는 방법"이란 다음 각 호의 구분에 따른 방법을 말한다. 〈개정 2016.7.1.〉 1. 경사도 산정방법: 「산지관리법 시행규칙」 별표 1의3 비고 제2호에 따른 방법 2. 임상(林相) 산정방법: 「산지관리법 시행규칙」 별표 1의3 비고 제3호에 따라 준용되는 같은 규칙 별표 1 비고 제1호부터 제4호까지의 규정에 따른 방법

법	시 행 령	시 행 규 칙

리지역 · 농림지역 · 자연환경보전지역 및 녹지지역 중 대통령령으로 정하는 지역)

④ 삭제 〈2021.1.12〉

⑤ 삭제 〈2021.1.12〉

⑥ 삭제 〈2021.1.12〉

[전문개정 2009.2.6][제목개정 2021.1.12.]

제59조【개발행위에 대한 도시계획위원회의 심의】 ① 관계 행정기관의 장은 제56조제1항제1호부터 제3호까지의 행위 중 어느 하나에 해당하는 행위로서 대통령령으로 정하는 행위를 이 법에 따라 허가 또는 변경허가를 하거나 다른 법률에 따라 인가 · 허가 · 승인 또는 협의를 하려면 대통령령으로 정하는 바에 따라 중앙도시계획위원회나 지방도시계획위원회의 심의를 거쳐야 한다. 〈개정 2013.7.16.〉

② 제1항에도 불구하고 다음 각 호의 어느 하나에 해당하는 개발행위는 중앙도시계획위원회와 지방도시계획위원회의 심의를 거치지 아니한다. 〈개정 2015.7.24., 2021.1.12.〉

1. 제8조, 제9조 또는 다른 법률에 따라 도시계획위원회의 심의를 받는 구역에서 하는 개발행위
2. 지구단위계획 또는 성장관리계획을 수립한 지역에서 하는 개발행위
3. 주거지역 · 상업지역 · 공업지역에서 시행하는 개발행위 중 특별시 · 광역시 · 특별자치시 · 특별자치도 · 시 또는 군의 조례로 정하는 규모 · 위치 등에 해당하지 아니하는 개발행위
4. 「환경영향평가법」에 따라 환경영향평가를 받은 개발행위
5. 「도시교통정비 촉진법」에 따라 교통영향평가에 대한 검토를 받은 개발행위
6. 「농어촌정비법」 제2조제4호에 따른 농어촌정비사업 중 대

제56조의3 삭제 〈2021.7.6.〉

제56조의4 삭제 〈2021.7.6.〉

제57조【개발행위에 대한 도시계획위원회의 심의 등】 ① 법 제59조제1항에서 "대통령령으로 정하는 행위"란 다음 각 호의 행위를 말한다. 다만, 도시 · 군계획사업(「택지개발촉진법」 등 다른 법률에서 도시 · 군계획사업을 의제하는 사업을 제외한다)에 따른 경우는 제외한다. 〈개정 2014.3.24., 2016.5.17., 2016.6.30., 2016.8.11., 2017.12.29., 2019.8.6., 2022.1.18., 2023.3.21.〉

1. 건축물의 건축 또는 공작물의 설치를 목적으로 하는 토지의 형질변경으로서 그 면적이 제55조제1항 각 호의 어느 하나에 해당하는 규모(같은 항 각 호 외의 부분 단서에 따라 도시 · 군계획조례로 규모를 따로 정하는 경우에는 그 규모를 말한다. 이하 이 조에서 같다) 이상인 경우. 다만, 제55조제3항제3호의2에 따라 시 · 도도시계획위원회 또는 시 · 군 · 구도시계획위원회 중 대도시에 두는 도시계획위원회의 심의를 거치는 토지의 형질변경의 경우는 제외한다.

1의2. 녹지지역, 관리지역, 농림지역 또는 자연환경보전지역에서 건축물의 건축 또는 공작물의 설치를 목적으로 하는 토지의 형질변경으로서 그 면적이 제55조제1항 각 호의 어느 하나에 해당하는 규모 미만인 경우. 다만, 다음 각 목의 어느 하나에 해당하는 경우 (법 제37조제1항제4호에 따른 방재지구 및 도시 · 군계획조례로 정하는 지역에서 건축물의

[본조신설 2016.5.26.][종전 제10조의2는 제10조의3으로 이동〈2016.5.26.〉]

제10조의3【토지분할 제한지역에서 토지분할이 가능한 경우】 영 별표 1의2 제2호라목(1)(나)3)에서 "그 밖에 토지의 분할이 불가피한 경우로서 국토교통부령으로 정하는 경우"란 다음 각 호의 어느 하나에 해당하는 경우를 말한다. 〈개정 2014.1.17., 2016.5.26.〉

1. 상속자 사이에 상속에 따른 토지를 분할하는 경우
2. 「공간정보의 구축 및 관리 등에 관한 법률 시행령」 제65조제1항제2호에 따라 토지이용 상 불합리한 지상경계를 시정하기 위하여 토지를 분할하는 경우
3. 기존 묘지를 분할하는 경우
4. 국 · 공유의 일반재산을 매각 · 교환 또는 양여하기 위하여 토지를 분할하는 경우
5. 농업 · 축산업 · 임업 또는 수산업을 영위하기 위한 경우로서 토지분할이 제한되는 지역 안의 주민사이에 토지를 상호 교환 · 매각 또는 매수를 위하여 토지를 분할하는 경우

[본조신설 2006.9.19.][제10조의2에서 이동〈2016.5.26.〉]

법

통령령으로 정하는 사업을 위한 개발행위

7. 「산림자원의 조성 및 관리에 관한 법률」에 따른 산림사업 및 「사방사업법」에 따른 사방사업을 위한 개발행위

관계법 「산업입지 및 개발에 관한 법률」
제8조의3 (준산업단지의 지정)

① 준산업단지는 시·도지사(도지사는 제외한다) 또는 시장·군수·구청장이 지정한다. 〈개정 2016.12.20.〉

② 제1항에 따른 준산업단지의 지정권자(이하 "준산업단지지정권자"라 한다)는 제1항에 따른 준산업단지를 지정하려면 미리 공장 소유자들의 의견을 듣고 준산업단지 정비계획을 수립하여 관계 행정기관의 장과 협의한 후 지정하여야 한다. 〈개정 2016.12.20.〉

③ 준산업단지의 지정 기준 및 방법 등에 관하여 필요한 사항은 대통령령으로 정한다.

④ 준산업단지에 관하여는 제5조, 제7조, 제7조의2부터 제7조의4까지, 제10조부터 제13조까지, 제16조, 제18조, 제18조의2, 제19조의2, 제20조, 제20조의2, 제21조부터 제27조까지, 제30조부터 제34조까지, 제36조부터 제38조까지, 제46조, 제47조, 제48조 및 제50조를 준용한다. 다만, 제12조는 준산업단지지정권자가 개발행위에 대하여 제한이 필요하다고 인정하여 지정·고시한 지역에만 준용한다. 〈개정 2016.12.20.〉

⑤ 면적·위치 등 대통령령으로 정하는 요건을 충족하는 준산업단지에 대하여는 제28조 및 제29조에 따라 비용을 보조하거나 시설을 지원할 수 있다.

시행령

건축 또는 공작물의 설치를 목적으로 하는 토지의 형질변경에 해당하지 않는 경우로 한정한다)는 제외한다.

가. 해당 토지가 자연취락지구, 개발진흥지구, 기반시설부담구역, 「산업입지 및 개발에 관한 법률」 제8조의3에 따른 준산업단지 또는 같은 법 제40조의2에 따른 공장입지유도지구에 위치한 경우

나. 해당 토지가 특별시장·광역시장·특별자치시장·특별자치도지사·시장 또는 군수가 도로 등 기반시설이 이미 설치되어 있거나 설치에 관한 도시·군관리계획이 수립된 지역으로 인정하여 지방도시계획위원회의 심의를 거쳐 해당 지방자치단체의 공보에 고시한 지역에 위치한 경우

다. 해당 토지에 건축하려는 건축물 또는 설치하려는 공작물이 다음의 어느 하나에 해당하는 경우로서 특별시·광역시·특별자치시·특별자치도·시 또는 군의 도시·군계획조례로 정하는 용도·규모(대지의 규모를 포함한다)·층수 또는 주택호수 등의 범위에 해당하는 경우

1) 「건축법 시행령」 별표 1 제1호의 단독주택(「주택법」 제15조에 따른 사업계획승인을 받아야 하는 주택은 제외한다)

2) 「건축법 시행령」 별표 1 제2호의 공동주택(「주택법」 제15조에 따른 사업계획승인을 받아야 하는 주택은 제외한다)

3) 「건축법 시행령」 별표 1 제3호의 제1종 근린생활시설

4) 「건축법 시행령」 별표 1 제4호의 제2종 근린생활시설(같은 호 거목, 더목 및 러목의 시설은 제외한다)

5) 「건축법 시행령」 별표 1 제10호가목의 학교 중 유치원(1,500제곱미터 이내의 토지의 형질변경으로 한정

시행규칙

관계법 「공간정보의 구축 및 관리 등에 관한 법률 시행령」 제65조(분할 신청)

① 법 제79조제1항에 따라 분할을 신청할 수 있는 경우는 다음 각 호와 같다. 다만, 관계 법령에 따라 해당 토지에 대한 분할이 개발행위 허가 등의 대상인 경우에는 개발행위 허가 등을 받은 이후에 분할을 신청할 수 있다. 〈개정 2020.6.9.〉

1. 소유권이전, 매매 등을 위하여 필요한 경우
2. 토지이용상 불합리한 지상 경계를 시정하기 위한 경우
3. 삭제 〈2020.6.9.〉

② 토지소유자는 법 제79조에 따라 토지의 분할을 신청할 때에는 분할 사유를 적은 신청서에 국토교통부령으로 정하는 서류를 첨부하여 지적소관청에 제출하여야 한다. 이 경우 법 제79조제2항에 따라 1필지의 일부가 형질변경 등으로 용도가 변경되어 분할을 신청할 때에는 제67조제2항에 따른 지목변경 신청서를 함께 제출하여야 한다.

하며, 보전녹지지역 및 보전관리지역에 설치하는 경우는 제외한다)

6) 「건축법 시행령」 별표 1 제11호가목의 아동 관련 시설(1,500제곱미터 이내의 토지의 형질변경으로 한정하며, 보전녹지지역 및 보전관리지역에 설치하는 경우는 제외한다)

7) 「건축법 시행령」 별표 1 제11호나목의 노인복지시설(「노인복지법」 제36조에 따른 노인여가복지시설로서 부지면적이 1,500제곱미터 미만인 시설로 한정하며, 보전녹지지역 및 보전관리지역에 설치하는 경우는 제외한다)

8) 「건축법 시행령」 별표 1 제18호가목의 창고(농업·임업·어업을 목적으로 하는 경우로서 660제곱미터 이내의 토지의 형질변경으로 한정하며, 자연환경보전지역에 설치하는 경우는 제외한다)

9) 「건축법 시행령」 별표 1 제21호의 동물 및 식물 관련 시설(같은 호 다목·라목의 시설이 포함되지 않은 경우로서 660제곱미터 이내의 토지의 형질변경으로 한정하며, 자연환경보전지역에 설치하는 경우는 제외한다)

10) 기존 부지면적의 100분의 10(여러 차례에 걸쳐 증축하는 경우에는 누적하여 산정한다) 이하의 범위에서 증축하려는 건축물

11) 1)부터 10)까지의 규정에 해당하는 건축물의 건축 또는 공작물의 설치를 목적으로 설치하는 진입도로(도로 연장이 50미터를 초과하는 경우는 제외한다)

라. 해당 토지에 다음의 요건을 모두 갖춘 건축물을 건축하려는 경우

법	시 행 령	시 행 규 칙
	1) 건축물의 집단화를 유도하기 위하여 특별시 · 광역시 · 특별자치시 · 특별자치도 · 시 또는 군의 도시 · 군계획조례로 정하는 용도지역 안에 건축할 것 2) 특별시 · 광역시 · 특별자치시 · 특별자치도 · 시 또는 군의 도시 · 군계획조례로 정하는 용도의 건축물을 건축할 것 3) 2)의 용도로 개발행위가 완료되었거나 개발행위허가 등에 따라 개발행위가 진행 중이거나 예정된 토지로부터 특별시 · 광역시 · 특별자치시 · 특별자치도 · 시 또는 군의 도시 · 군계획조례로 정하는 거리(50미터 이내로 하되, 도로의 너비는 제외한다) 이내에 건축할 것 4) 1)의 용도지역에서 2) 및 3)의 요건을 모두 갖춘 건축물을 건축하기 위한 기존 개발행위의 전체 면적(개발행위허가 등에 의하여 개발행위가 진행 중이거나 예정된 토지면적을 포함한다)이 특별시 · 광역시 · 특별자치시 · 특별자치도 · 시 또는 군의 도시 · 군계획조례로 정하는 규모(제55조제1항에 따른 용도지역별 개발행위허가 규모 이상으로 정하되, 난개발이 되지 아니하도록 충분히 넓게 정하여야 한다) 이상일 것 5) 기반시설 또는 경관, 그 밖에 필요한 사항에 관하여 특별시 · 광역시 · 특별자치시 · 특별자치도 · 시 또는 군의 도시 · 군계획조례로 정하는 기준을 갖출 것 마. 계획관리지역(관리지역이 세분되지 아니한 경우에는 관리지역을 말한다) 안에서 다음의 공장 중 부지가 1만제곱미터 미만인 공장의 부지를 종전 부지면적의 50퍼센트 범위 안에서 확장하려는 경우. 이 경우 확장하려는 부지가 종전 부지와 너비 8미터 미만의 도로를 사이에 두고	

법	시 행 령	시 행 규 칙
	접한 경우를 포함한다. 1) 2002년 12월 31일 이전에 준공된 공장 2) 법률 제6655호 국토의계획및이용에관한법률 부칙 제19조에 따라 종전의 「국토이용관리법」, 「도시계획법」 또는 「건축법」의 규정을 적용받는 공장 3) 2002년 12월 31일 이전에 종전의 「공업배치 및 공장설립에 관한 법률」(법률 제6842호 공업배치및공장설립에관한법률중개정법률에 따라 개정되기 전의 것을 말한다) 제13조에 따라 공장설립 승인을 받은 경우 또는 같은 조에 따라 공장설립 승인을 신청한 경우(별표 19 제2호자목, 별표 20 제1호자목 및 제2호타목에 따른 요건에 적합하지 아니하여 2003년 1월 1일 이후 그 신청이 반려된 경우를 포함한다)로서 2005년 1월 20일까지 「건축법」 제21조에 따른 착공신고를 한 공장 바. 건축물의 건축 또는 공작물의 설치를 목적으로 조성이 완료된 대지의 면적을 해당 대지 면적의 100분의 10 이하의 범위에서 확장하려는 경우(여러 차례에 걸쳐 확장하는 경우에는 누적하여 산정한다) 2. 부피 3만세제곱미터 이상의 토석채취 3. 삭제 〈2008.1.8〉 ② 제1항제1호의2다목부터 마목까지의 규정에 따라 도시계획위원회의 심의를 거치지 않고 개발행위허가를 하는 경우로서 그 개발행위의 준공 후 해당 건축물의 용도를 변경(제1항제1호의2다목부터 마목까지의 규정에 따라 건축할 수 있는 건축물 간의 변경은 제외한다)하려는 경우에는 도시계획위원회의 심의를 거치도록 조건을 붙여야 한다. 〈개정 2019.8.6.〉	

법	시 행 령	시 행 규 칙
	③ 특별시장 · 광역시장 · 특별자치시장 · 특별자치도지사 · 시장 또는 군수는 제1항제1호의2라목에 따라 건축물의 집단화를 유도하는 지역에 대해서는 도로 및 상수도 · 하수도 등 기반시설의 설치를 우선적으로 지원할 수 있다. 〈개정 2012.4.10.〉 ④ 관계 행정기관의 장은 제1항 각 호의 행위를 법에 따라 허가하거나 다른 법률에 따라 허가 · 인가 · 승인 또는 협의를 하고자 하는 경우에는 법 제59조제1항에 따라 다음 각 호의 구분에 따라 중앙도시계획위원회 또는 지방도시계획위원회의 심의를 거쳐야 한다. 〈개정 2011.3.9〉 1. 중앙도시계획위원회의 심의를 거쳐야 하는 사항 가. 면적이 1제곱킬로미터 이상인 토지의 형질변경 나. 부피 1백만세제곱미터 이상의 토석채취 2. 시 · 도도시계획위원회 또는 시 · 군 · 구도시계획위원회 중 대도시에 두는 도시계획위원회의 심의를 거쳐야 하는 사항 가. 면적이 30만제곱미터 이상 1제곱킬로미터 미만인 토지의 형질변경 나. 부피 50만세제곱미터 이상 1백만세제곱미터 미만의 토석채취 3. 시 · 군 · 구도시계획위원회의 심의를 거쳐야 하는 사항 가. 면적이 30만제곱미터 미만인 토지의 형질변경 나. 부피 3만세제곱미터 이상 50만세제곱미터 미만의 토석채취 다. 삭제 〈2008.1.8.〉 ⑤ 제4항에도 불구하고 중앙행정기관의 장이 같은 항 제2호 각 목의 어느 하나 또는 제3호 각 목의 어느 하나에 해당하는 사항을 법에 따라 허가하거나 다른 법률에 따라 허가 · 인가 · 승인 또는 협의를 하려는 경우에는 중앙도시계	

법	시 행 령	시 행 규 칙
	획위원회의 심의를 거쳐야 하며, 시 · 도지사가 같은 항 제3호 각 목의 어느 하나에 해당하는 사항을 법에 따라 허가하거나 다른 법률에 따라 허가 · 인가 · 승인 또는 협의를 하려는 경우에는 시 · 도도시계획위원회의 심의를 거쳐야 한다. 〈개정 2011.3.9〉 ⑥ 관계 행정기관의 장이 제4항 및 제5항에 따라 중앙도시계획위원회 또는 지방도시계획위원회의 심의를 받는 때에는 다음 각호의 서류를 국토교통부장관 또는 해당 지방도시계획위원회가 설치된 지방자치단체의 장에게 제출하여야 한다. 〈개정 2013.3.23.〉 1. 개발행위의 목적 · 필요성 · 배경 · 내용 · 추진절차 등을 포함한 개발행위의 내용(관계 법령의 규정에 의하여 당해 개발행위를 허가 · 인가 · 승인 또는 협의할 때에 포함되어야 하는 내용을 포함한다) 2. 대상지역과 주변지역의 용도지역 · 기반시설 등을 표시한 축척 2만5천분의 1의 토지이용현황도 3. 배치도 · 입면도(건축물의 건축 및 공작물의 설치의 경우에 한한다) 및 공사계획서 4. 그 밖에 국토교통부령이 정하는 서류 ⑦ 법 제59조제2항제6호에서 "대통령령으로 정하는 사업"이란 「농어촌정비법」 제2조제4호에 규정된 사업 전부를 말한다. 〈개정 2011.3.9〉	**관계법** 「농어촌정비법」 제2조(정의) 이 법에서 사용하는 용어의 뜻은 다음과 같다. 〈개정 2020.2.11.〉 1.~3. 〈생략〉 4. "농어촌정비사업"이란 다음 각 목의 사업을 말한다. 가. 농업생산기반을 조성 · 확충하기 위한 농업생산기반 정비사업 나. 생활환경을 개선하기 위한 농어촌 생활환경 정비사업
③ 국토교통부장관이나 지방자치단체의 장은 제2항에도 불구하고 같은 항 제2호, 제4호 및 및 제5호에 해당하는 개발행위가 도시·군계획에 포함되지 아니한 경우에는 관계 행정기관의 장에게 대통령령으로 정하는 바에 따라 중앙도시계획위원회나 지방도시계획위원회의 심의를 받도록 요청할 수	**제58조【도시 · 군계획에 포함되지 아니한 개발행위의 심의】** ① 법 제59조제3항의 규정에 의하여 국토교통부장관 또는 지방자치단체의 장이 관계 행정기관의 장에게 중앙도시계획위원회 또는 지방도시계획위원회의 심의를 받도록 요청하는 때에는 심의가 필요한 사유를 명시하여야 한다. 〈개정	

법	시 행 령	시 행 규 칙
있다. 이 경우 관계 행정기관의 장은 특별한 사유가 없으면 요청에 따라야 한다. 〈개정 2021.1.12.〉 [전문개정 2009.2.6]	2013.3.23.〉 ② 법 제59조제3항의 규정에 의하여 중앙도시계획위원회 또는 지방도시계획위원회의 심의를 받도록 요청받은 관계 행정기관의 장이 중앙행정기관의 장인 경우에는 중앙도시계획위원회의 심의를 받아야 하며, 지방자치단체의 장인 경우에는 당해 지방자치단체에 설치된 지방도시계획위원회의 심의를 받아야 한다. [제목개정 2012.4.10]	다. 농어촌산업 육성사업 라. 농어촌 관광휴양자원 개발사업 마. 한계농지등의 정비사업
제60조【개발행위허가의 이행 보증 등】 ① 특별시장 · 광역시장 · 특별자치시장 · 특별자치도지사 · 시장 또는 군수는 기반시설의 설치나 그에 필요한 용지의 확보, 위해 방지, 환경오염 방지, 경관, 조경 등을 위하여 필요하다고 인정되는 경우로서 대통령령으로 정하는 경우에는 이의 이행을 보증하기 위하여 개발행위허가(다른 법률에 따라 개발행위허가가 의제되는 협의를 거친 인가 · 허가 · 승인 등을 포함한다. 이하 이 조에서 같다)를 받는 자로 하여금 이행보증금을 예치하게 할 수 있다. 다만, 다음 각 호의 어느 하나에 해당하는 경우에는 그러하지 아니하다. 〈개정 2013.7.16〉 1. 국가나 지방자치단체가 시행하는 개발행위 2. 「공공기관의 운영에 관한 법률」에 따른 공공기관(이하 "공공기관"이라 한다) 중 대통령령으로 정하는 기관이 시행하는 개발행위 3. 그 밖에 해당 지방자치단체의 조례로 정하는 공공단체가 시행하는 개발행위 ② 제1항에 따른 이행보증금의 산정 및 예치방법 등에 관하여 필요한 사항은 대통령령으로 정한다. ③ 특별시장 · 광역시장 · 특별자치시장 · 특별자치도지사 · 시	**제59조【개발행위허가의 이행담보 등】** ① 법 제60조제1항 각 호 외의 부분 본문에서 "대통령령으로 정하는 경우"란 다음 각 호의 어느 하나에 해당하는 경우를 말한다. 〈개정 2018.11.13.〉 1. 법 제56조제1항제1호 내지 제3호의 1에 해당하는 개발행위로서 당해 개발행위로 인하여 도로 · 수도공급설비 · 하수도 등 기반시설의 설치가 필요한 경우 2. 토지의 굴착으로 인하여 인근의 토지가 붕괴될 우려가 있거나 인근의 건축물 또는 공작물이 손괴될 우려가 있는 경우 3. 토석의 발파로 인한 낙석 · 먼지 등에 의하여 인근지역에 피해가 발생할 우려가 있는 경우 4. 토석을 운반하는 차량의 통행으로 인하여 통행로 주변의 환경이 오염될 우려가 있는 경우 5. 토지의 형질변경이나 토석의 채취가 완료된 후 비탈면에 조경을 할 필요가 있는 경우 ② 법 제60조제1항에 따른 이행보증금(이하 "이행보증금"이라 한다)의 예치금액은 기반시설의 설치나 그에 필요한 용지의 확보, 위해의 방지, 환경오염의 방지, 경관 및 조경에 필	

법	시 행 령	시 행 규 칙
장 또는 군수는 개발행위허가를 받지 아니하고 개발행위를 하거나 허가내용과 다르게 개발행위를 하는 자에게는 그 토지의 원상회복을 명할 수 있다. 〈개정 2011.4.14〉 ④ 특별시장·광역시장·특별자치시장·특별자치도지사·시장 또는 군수는 제3항에 따른 원상회복의 명령을 받은 자가 원상회복을 하지 아니하면 「행정대집행법」에 따른 행정대집행에 따라 원상회복을 할 수 있다. 이 경우 행정대집행에 필요한 비용은 제1항에 따라 개발행위허가를 받은 자가 예치한 이행보증금을 사용할 수 있다. 〈개정 2011.4.14〉 [전문개정 2009.2.6] **제61조【관련 인·허가 등의 의제】** ① 개발행위허가 또는 변경허가를 할 때에 특별시장·광역시장·특별자치시장·특별자치도지사·시장 또는 군수가 그 개발행위에	요한 비용의 범위안에서 산정하되 총공사비의 20퍼센트 이내(산지에서의 개발행위의 경우 「산지관리법」 제38조에 따른 복구비를 합하여 총공사비의 20퍼센트 이내)가 되도록 하고, 그 산정에 관한 구체적인 사항 및 예치방법은 특별시·광역시·특별자치시·특별자치도·시 또는 군의 도시·군계획조례로 정한다. 이 경우 산지에서의 개발행위에 대한 이행보증금의 예치금액은 「산지관리법」 제38조에 따른 복구비를 포함하여 정하되, 복구비가 이행보증금에 중복하여 계상되지 아니하도록 하여야 한다. 〈개정 2014.11.11〉 ③ 이행보증금은 현금으로 납입하되, 「국가를 당사자로 하는 계약에 관한 법률 시행령」 제37조제2항 각 호 및 「지방자치단체를 당사자로 하는 계약에 관한 법률 시행령」 제37조제2항 각 호의 보증서 등 또는 「한국광해광업공단법」 제8조제1항제6호에 따라 한국광해광업공단이 발행하는 이행보증서 등으로 이를 갈음할 수 있다. 〈개정 2021. 8. 31.〉 ④ 이행보증금은 개발행위허가를 받은 자가 법 제62조제1항의 규정에 의한 준공검사를 받은 때에는 즉시 이를 반환하여야 한다. ⑤ 법 제60조제1항제2호에서 "대통령령으로 정하는 기관"이란 「공공기관의 운영에 관한 법률」 제5조제4항제1호 또는 제2호나목에 해당하는 기관을 말한다. 〈신설 2009.8.5., 2020.11.24〉 ⑥ 특별시장·광역시장·특별자치시장·특별자치도지사·시장 또는 군수는 개발행위허가를 받은 자가 법 제60조제3항의 규정에 의한 원상회복명령을 이행하지 아니하는 때에는 이행보증금을 사용하여 동조제4항의 규정에 의한 대집행에 의하여 원상회복을 할 수 있다. 이 경우 잔액이 있는 때에는 즉시 이를 이행보증금의 예치자에게 반환하여야 한	**관계법** 「산지관리법」 제38조(복구비의 예치 등) ① 제37조제1항 각 호의 어느 하나에 해당하는 허가 등의 처분을 받거나 신고 등을 하려는 자는 농림축산식품부령으로 정하는 바에 따라 미리 토사유출의 방지조치, 산사태 또는 인근 지역의 피해 등 재해의 방지나 산지경관 유지에 필요한 조치 또는 복구에 필요한 비용(이하 "복구비"라 한다)을 산림청장등에게 예치하여야 한다. 다만, 산지전용을 하려는 면적이 660제곱미터 미만인 경우 등 대통령령으로 정하는 경우에는 그러하지 아니하다. 〈개정 2018. 3.20.〉 ② 산림청장등은 제1항 본문에도 불구하고 제37조제1항제8호에 따른 행정처분을 받으려는 자로 하여금 농림축산식품부령으로 정하는 바에 따라 그 처분을 받고 실제로 산지전용, 산지일시사용 또는 토석채취를 하려는 경우에 산림청장등에게 복구비를 예치하게 할 수 있다. 〈개정 2012.2.22., 2013. 3.23.〉 ③ 산림청장등은 제1항이나 제2항에 따라 복구비를 예치하여야 하는 자의 산지전용, 산지일시사용 또는 토석채취의 기간이 1년 이상인 경우에는 대통령령으로 정하는 바에 따라 복구비를 재산정하여 제1항이나 제2항에 따라

법	시 행 령	시 행 규 칙
대한 다음 각 호의 인가 · 허가 · 승인 · 면허 · 협의 · 해제 · 신고 또는 심사 등(이하 "인 · 허가등"이라 한다)에 관하여 제3항에 따라 미리 관계 행정기관의 장과 협의한 사항에 대하여는 그 인 · 허가등을 받은 것으로 본다. 〈개정 2014.1.14., 2014.6.3., 2015.8.11., 2016.12.27., 2021.7.30., 2022.12.27.〉 1. 「공유수면 관리 및 매립에 관한 법률」 제8조에 따른 공유수면의 점용 · 사용허가, 같은 법 제17조에 따른 점용 · 사용 실시계획의 승인 또는 신고, 같은 법 제28조에 따른 공유수면의 매립면허 및 같은 법 제38조에 따른 공유수면매립실시계획의 승인 2. 삭제 〈2010.4.15.〉 3. 「광업법」 제42조에 따른 채굴계획의 인가 4. 「농어촌정비법」 제23조에 따른 농업생산기반시설의 사용허가 5. 「농지법」 제34조에 따른 농지전용의 허가 또는 협의, 같은 법 제35조에 따른 농지전용의 신고 및 같은 법 제36조에 따른 농지의 타용도 일시사용의 허가 또는 협의 6. 「도로법」 제36조에 따른 도로관리청이 아닌 자에 대한 도로공사 시행의 허가, 같은 법 제52조에 따른 도로와 다른 시설의 연결허가 및 같은 법 제61조에 따른 도로의 점용 허가 7. 「장사 등에 관한 법률」 제27조제1항에 따른 무연분묘(無緣墳墓)의 개장(改葬) 허가 8. 「사도법」 제4조에 따른 사도(私道) 개설(開設)의 허가 9. 「사방사업법」 제14조에 따른 토지의 형질 변경 등의 허가 및 같은 법 제20조에 따른 사방지 지정의 해제 9의2. 「산업집적활성화 및 공장설립에 관한 법률」 제13조에 따른 공장설립등의 승인	다. 〈개정 2012.4.10.〉 ⑦ 특별시장 · 광역시장 · 특별자치시장 · 특별자치도지사 · 시장 또는 군수는 법 제60조제3항에 따라 원상회복을 명하는 경우에는 국토교통부령으로 정하는 바에 따라 구체적인 조치내용 · 기간 등을 정하여 서면으로 통지해야 한다. 〈신설 2021.1.26.〉	예치한 복구비가 재산정한 복구비보다 적은 경우에는 그 차액을 추가로 예치하게 하여야 한다. 〈개정 2012.2.22.〉 ④ 산림청장등은 산지전용, 산지일시사용 또는 토석채취의 기간 및 면적 등을 고려하여 대통령령으로 정하는 바에 따라 복구비를 분할하여 예치하게 할 수 있다. 〈개정 2012.2.22.〉 ⑤ 복구비의 산정기준, 산정방법, 예치 시기 및 절차 등에 관한 사항은 농림축산식품부령으로 정한다. 〈개정 2013. 3.23.〉 [전문개정 2010.5. 31.]

법	시 행 령	시행규칙
10. 「산지관리법」 제14조·제15조에 따른 산지전용허가 및 산지전용신고, 같은 법 제15조의2에 따른 산지일시사용허가·신고, 같은 법 제25조제1항에 따른 토석채취허가, 같은 법 제25조제2항에 따른 토사채취신고 및 「산림자원의 조성 및 관리에 관한 법률」 제36조제1항·제5항에 따른 입목벌채(立木伐採) 등의 허가·신고 11. 「소하천정비법」 제10조에 따른 소하천공사 시행의 허가 및 같은 법 제14조에 따른 소하천의 점용 허가 12. 「수도법」 제52조에 따른 전용상수도 설치 및 같은 법 제54조에 따른 전용공업용수도설치의 인가 13. 「연안관리법」 제25조에 따른 연안정비사업실시계획의 승인 14. 「체육시설의 설치·이용에 관한 법률」 제12조에 따른 사업계획의 승인 15. 「초지법」 제23조에 따른 초지전용의 허가, 신고 또는 협의 16. 「공간정보의 구축 및 관리 등에 관한 법률」 제15조제4항에 따른 지도등의 간행 심사 17. 「하수도법」 제16조에 따른 공공하수도에 관한 공사시행의 허가 및 같은 법 제24조에 따른 공공하수도의 점용허가 18. 「하천법」 제30조에 따른 하천공사 시행의 허가 및 같은 법 제33조에 따른 하천 점용의 허가 19. 「도시공원 및 녹지 등에 관한 법률」 제24조에 따른 도시공원의 점용허가 및 같은 법 제38조에 따른 녹지의 점용허가 ② 제1항에 따른 인·허가등의 의제를 받으려는 자는 개발행위허가 또는 변경허가를 신청할 때에 해당 법률에서 정하는 관련 서류를 함께 제출하여야 한다. 〈개정 2013.7.16.〉 ③ 특별시장·광역시장·특별자치시장·특별자치도지사·시장 또는 군수는 개발행위허가 또는 변경허가를 할 때에 그 내용에 제1항 각 호의 어느 하나에 해당하는 사항이 있으면	**관계법** 「체육시설의 설치·이용에 관한 법률」 제10조(체육시설업의 구분·종류) ① 체육시설업은 다음과 같이 구분한다. 〈개정 2020.12.8.〉 1. 등록 체육시설업 : 골프장업, 스키장업, 자동차 경주장업 2. 신고 체육시설업 : 요트장업, 조정장업, 카누장업, 빙상장업, 승마장업, 종합 체육시설업, 수영장업, 체육도장업, 골프 연습장업, 체력단련장업, 당구장업, 썰매장업, 무도학원업, 무도장업, 야구장업, 가상체험 체육시설업, 체육교습업, 인공암벽장업 ② 제1항 각 호에 따른 체육시설업은 그 종류별 범위와 회원 모집, 시설 규모, 운영 형태 등에 따라 그 세부 종류를 대통령령으로 정할 수 있다. 제12조(사업계획의 승인) 제10조제1항제1호에 따른 등록 체육시설업을 하려는 자는 제11조에 따른 시설을 설치하기 전에 대통령령으로 정하는 바에 따라 체육시설업의 종류별로 사업계획서를 작성하여 시·도지사의 승인을 받아야 한다. 그 사업계획을 변경(대통령령으로 정하는 경미한 사항에 관한 사업계획의 변경은 제외한다)하려는 경우에도 또한 같다. 〈개정 2015.2.3.〉	

법	시 행 령	시 행 규 칙
미리 관계 행정기관의 장과 협의하여야 한다. 〈개정 2013.7.16.〉 ④ 제3항에 따라 협의 요청을 받은 관계 행정기관의 장은 요청을 받은 날부터 20일 이내에 의견을 제출하여야 하며, 그 기간 내에 의견을 제출하지 아니하면 협의가 이루어진 것으로 본다. 〈신설 2012.2.1.〉 ⑤ 국토교통부장관은 제1항에 따라 의제되는 인·허가등의 처리기준을 관계 중앙행정기관으로부터 제출받아 통합하여 고시하여야 한다. 〈개정 2013.3.23.〉 [전문개정 2009.2.6.]		
제61조의2【개발행위복합민원 일괄협의회】 ① 특별시장·광역시장·특별자치시장·특별자치도지사·시장 또는 군수는 제61조제3항에 따라 관계 행정기관의 장과 협의하기 위하여 대통령령으로 정하는 바에 따라 개발행위복합민원 일괄협의회를 개최하여야 한다. ② 제61조제3항에 따라 협의 요청을 받은 관계 행정기관의 장은 소속 공무원을 제1항에 따른 개발행위복합민원 일괄협의회에 참석하게 하여야 한다. [본조신설 2012.2.1]	**제59조의2【개발행위복합민원 일괄협의회】** ① 특별시장·광역시장·특별자치시장·특별자치도지사·시장 또는 군수는 법 제61조의2에 따라 법 제61조제3항에 따른 인가·허가·승인·면허·협의·해제·신고 또는 심사 등(이하 이 조에서 "인·허가등"이라 한다)의 의제의 협의를 위한 개발행위복합민원 일괄협의회(이하 "협의회"라 한다)를 법 제57조제1항에 따른 개발행위허가 신청일부터 10일 이내에 개최하여야 한다. ② 특별시장·광역시장·특별자치시장·특별자치도지사·시장 또는 군수는 협의회를 개최하기 3일 전까지 협의회 개최 사실을 법 제61조제3항에 따른 관계 행정기관의 장에게 알려야 한다. ③ 법 제61조제3항에 따른 관계 행정기관의 장은 협의회에서 인·허가등의 의제에 대한 의견을 제출하여야 한다. 다만, 법 제61조제3항에 따른 관계 행정기관의 장은 법령 검토 및 사실 확인 등을 위한 추가 검토가 필요하여 해당 인·허가등에 대한 의견을 협의회에서 제출하기 곤란한 경	
제62조【준공검사】 ① 제56조제1항제1호부터 제3호까지의 행위에 대한 개발행위허가를 받은 자는 그 개발행위를 마치면 국토교통부령으로 정하는 바에 따라 특별시장·광역시장·특별자치시장·특별자치도지사·시장 또는 군수의 준공검사를		**제11조【준공검사】** ① 공작물의 설치(「건축법」 제83조에 따라 설치되는 것은 제외한다), 토지의 형질변경 또는 토석채취를 위한 개발행위허가를 받은

법	시 행 령	시 행 규 칙
받아야 한다. 다만, 같은 항 제1호의 행위에 대하여 「건축법」 제22조에 따른 건축물의 사용승인을 받은 경우에는 그러하지 아니하다. 〈개정 2013.3.23.〉 ② 제1항에 따른 준공검사를 받은 경우에는 특별시장·광역시장·특별자치시장·특별자치도지사·시장 또는 군수가 제61조에 따라 의제되는 인·허가등에 따른 준공검사·준공인가 등에 관하여 제4항에 따라 관계 행정기관의 장과 협의한 사항에 대하여는 그 준공검사·준공인가 등을 받은 것으로 본다. 〈개정 2011.4.14.〉 ③ 제2항에 따른 준공검사·준공인가 등의 의제를 받으려는 자는 제1항에 따른 준공검사를 신청할 때에 해당 법률에서 정하는 관련 서류를 함께 제출하여야 한다. ④ 특별시장·광역시장·특별자치시장·특별자치도지사·시장 또는 군수는 제1항에 따른 준공검사를 할 때에 그 내용에 제61조에 따라 의제되는 인·허가등에 따른 준공검사·준공인가 등에 해당하는 사항이 있으면 미리 관계 행정기관의 장과 협의하여야 한다. 〈개정 2011.4.14.〉 ⑤ 국토교통부장관은 제2항에 따라 의제되는 준공검사·준공인가 등의 처리기준을 관계 중앙행정기관으로부터 제출받아 통합하여 고시하여야 한다. 〈개정 2013.3.23.〉 [전문개정 2009.2.6]	우에는 법 제61조제4항에서 정한 기간 내에 그 의견을 제출할 수 있다. ④ 제1항부터 제3항까지에서 규정한 사항 외에 협의회의 운영 등에 필요한 사항은 특별시·광역시·특별자치시·특별자치도·시 또는 군의 도시·군계획조례로 정한다. [본조신설 2012.7.31] **관계법** 「공간정보의 구축 및 관리 등에 관한 법률」 제78조 (등록전환 신청) 토지소유자는 등록전환할 토지가 있으면 대통령령으로 정하는 바에 따라 그 사유가 발생한 날부터 60일 이내에 지적소관청에 등록전환을 신청하여야 한다. 「공간정보의 구축 및 관리 등에 관한 법률 시행령」 제64조 (등록전환 신청) ① 법 제78조에 따라 등록전환을 신청할 수 있는 경우는 다음 각 호와 같다. 〈개정 2020.6.9.〉 1. 「산지관리법」에 따른 산지전용허가·신고, 산지일시사용허가·신고, 「건축법」에 따른 건축허가·신고 또는 그 밖의 관계 법령에 따른 개발행위 허가 등을 받은 경우 2. 대부분의 토지가 등록전환되어 나머지 토지를 임야도에 계속 존치하는 것이 불합리한 경우 3. 임야도에 등록된 토지가 사실상 형질변경되었으나 지목변경을 할 수 없는 경우	자는 그 개발행위를 완료하였으면 법 제62조제1항에 따라 준공검사를 받아야 한다. 〈개정 2008.9.29〉 ② 제1항의 규정에 의하여 준공검사를 받아야 하는 자는 당해 개발행위를 완료한 때에는 지체없이 별지 제6호서식의 개발행위준공검사신청서에 다음 각 호의 서류를 첨부하여 특별시장·광역시장·특별자치시장·특별자치도지사·시장 또는 군수에게 제출하여야 한다. 〈개정 2015.6.4.〉 1. 준공사진 2. 지적측량성과도(토지분할이 수반되는 경우와 임야를 형질변경하는 경우로서 「공간정보의 구축 및 관리 등에 관한 법률」 제78조에 따라 등록전환신청이 수반되는 경우에 한한다) 3. 법 제62조제3항의 규정에 의한 관계 행정기관의 장과의 협의에 필요한 서류 ③ 제2항의 개발행위준공검사신청서 및 첨부서류는 국토이용정보체계를 통하여 제출할 수 있다. 〈신설 2016.5.26.〉 ④ 특별시장·광역시장·특별자치시장·특별자치도지사·시장 또는 군수는 제1항의 규정에 의한 준공검사결과 허가내용대로 사업이 완료되었다고 인정하는 때에는 별지 제7호서식의 개발행위

법	시 행 령	시 행 규 칙
	4. 도시·군관리계획선에 따라 토지를 분할하는 경우 ② 삭제 〈2020.6.9.〉 ③ 토지소유자는 법 제78조에 따라 등록전환을 신청할 때에는 등록전환 사유를 적은 신청서에 국토교통부령으로 정하는 서류를 첨부하여 지적소관청에 제출하여야 한다.	준공검사필증을 신청인에게 발급하여야 한다. 이 경우 개발행위준공검사필증은 국토이용정보체계를 통하여 발급할 수 있다. 〈개정 2016.5.26.〉
제63조【개발행위허가의 제한】 ① 국토교통부장관, 시·도지사, 시장 또는 군수는 다음 각 호의 어느 하나에 해당되는 지역으로서 도시·군관리계획상 특히 필요하다고 인정되는 지역에 대해서는 대통령령으로 정하는 바에 따라 중앙도시계획위원회나 지방도시계획위원회의 심의를 거쳐 한 차례만 3년 이내의 기간 동안 개발행위허가를 제한할 수 있다. 다만, 제3호부터 제5호까지에 해당하는 지역에 대해서는 중앙도시계획위원회나 지방도시계획위원회의 심의를 거치지 아니하고 한 차례만 2년 이내의 기간 동안 개발행위허가의 제한을 연장할 수 있다. 〈개정 2023.5.16.〉 1. 녹지지역이나 계획관리지역으로서 수목이 집단적으로 자라고 있거나 조수류 등이 집단적으로 서식하고 있는 지역 또는 우량 농지 등으로 보전할 필요가 있는 지역 2. 개발행위로 인하여 주변의 환경·경관·미관 및 「국가유산기본법」 제3조에 따른 국가유산 등이 크게 오염되거나 손상될 우려가 있는 지역 3. 도시·군기본계획이나 도시·군관리계획을 수립하고 있는 지역으로서 그 도시·군기본계획이나 도시·군관리계획이 결정될 경우 용도지역·용도지구 또는 용도구역의 변경이 예상되고 그에 따라 개발행위허가의 기준이 크게 달라질 것으로 예상되는 지역 4. 지구단위계획구역으로 지정된 지역 5. 기반시설부담구역으로 지정된 지역	**제60조【개발행위허가의 제한】** ① 법 제63조제1항의 규정에 의하여 개발행위허가를 제한하고자 하는 자가 국토교통부장관인 경우에는 중앙도시계획위원회의 심의를 거쳐야 하며, 시·도지사 또는 시장·군수인 경우에는 당해 지방자치단체에 설치된 지방도시계획위원회의 심의를 거쳐야 한다. 〈개정 2013.3.23.〉 ② 법 제63조제1항의 규정에 의하여 개발행위허가를 제한하고자 하는 자가 국토교통부장관 또는 시·도지사인 경우에는 제1항의 규정에 의한 중앙도시계획위원회 또는 시·도도시계획위원회의 심의전에 미리 제한하고자 하는 지역을 관할하는 시장 또는 군수의 의견을 들어야 한다. 〈개정 2013.3.23.〉 ③ 법 제63조제2항에 따른 개발행위허가의 제한 및 같은 조 제3항 후단에 따른 개발행위허가의 제한 해제에 관한 고시는 국토교통부장관이 하는 경우에는 관보에, 시·도지사 또는 시장·군수가 하는 경우에는 당해 지방자치단체의 공보에 게재하는 방법에 의한다. 〈개정 2014.1.14.〉 ④ 국토교통부장관, 시·도지사, 시장 또는 군수는 제3항에 따라 고시한 내용을 해당 기관의 인터넷 홈페이지에도 게재하여야 한다. 〈신설 2016.11.1〉	

법	시 행 령	시 행 규 칙
② 국토교통부장관, 시·도지사, 시장 또는 군수는 제1항에 따라 개발행위허가를 제한하려면 대통령령으로 정하는 바에 따라 제한지역·제한사유·제한대상행위 및 제한기간을 미리 고시하여야 한다. ③ 개발행위허가를 제한하기 위하여 제2항에 따라 개발행위허가 제한지역 등을 고시한 국토교통부장관, 시·도지사, 시장 또는 군수는 해당 지역에서 개발행위를 제한할 사유가 없어진 경우에는 그 제한기간이 끝나기 전이라도 지체 없이 개발행위허가의 제한을 해제하여야 한다. 이 경우 국토교통부장관, 시·도지사, 시장 또는 군수는 대통령령으로 정하는 바에 따라 해제지역 및 해제시기를 고시하여야 한다. 〈신설 2013.7.16.〉 ④ 국토교통부장관, 시·도지사, 시장 또는 군수가 개발행위허가를 제한하거나 개발행위허가 제한을 연장 또는 해제하는 경우 그 지역의 지형도면 고시, 지정의 효력, 주민 의견 청취 등에 관하여는 「토지이용규제 기본법」 제8조에 따른다. 〈신설 2019.8.20.〉 [전문개정 2009.2.6.]		
제64조【도시·군계획시설 부지에서의 개발행위】 ① 특별시장·광역시장·특별자치시장·특별자치도지사·시장 또는 군수는 도시·군계획시설의 설치 장소로 결정된 지상·수상·공중·수중 또는 지하는 그 도시·군계획시설이 아닌 건축물의 건축이나 공작물의 설치를 허가하여서는 아니 된다. 다만, 대통령령으로 정하는 경우에는 그러하지 아니하다. 〈개정 2011.4.14.〉 ② 특별시장·광역시장·특별자치시장·특별자치도지사·시장 또는 군수는 도시·군계획시설결정의 고시일부터 2년이	**제61조【도시·군계획시설부지에서의 개발행위】** 법 제64조제1항 단서에서 "대통령령으로 정하는 경우"란 다음 각 호의 어느 하나에 해당하는 경우를 말한다. 〈개정 2015.6.15., 2022.1.28〉 1. 지상·수상·공중·수중 또는 지하에 일정한 공간적 범위를 정하여 도시·군계획시설이 결정되어 있고, 그 도시·군계획시설의 설치·이용 및 장래의 확장 가능성에 지장이 없는 범위에서 도시·군계획시설이 아닌 건축물 또는 공작물을 그 도시·군계획시설인 건축물 또는 공작물의 부지에 설	

법	시 행 령	시 행 규 칙

법

지날 때까지 그 시설의 설치에 관한 사업이 시행되지 아니한 도시 · 군계획시설 중 제85조에 따라 단계별 집행계획이 수립되지 아니하거나 단계별 집행계획에서 제1단계 집행계획(단계별 집행계획을 변경한 경우에는 최초의 단계별 집행계획을 말한다)에 포함되지 아니한 도시 · 군계획시설의 부지에 대하여는 제1항에도 불구하고 다음 각 호의 개발행위를 허가할 수 있다. 〈개정 2011.4.14.〉

1. 가설건축물의 건축과 이에 필요한 범위에서의 토지의 형질 변경
2. 도시 · 군계획시설의 설치에 지장이 없는 공작물의 설치와 이에 필요한 범위에서의 토지의 형질 변경
3. 건축물의 개축 또는 재축과 이에 필요한 범위에서의 토지의 형질 변경(제56조제4항제2호에 해당하는 경우는 제외한다)

③ 특별시장 · 광역시장 · 특별자치시장 · 특별자치도지사 · 시장 또는 군수는 제2항제1호 또는 제2호에 따라 가설건축물의 건축이나 공작물의 설치를 허가한 토지에서 도시 · 군계획시설사업이 시행되는 경우에는 그 시행예정일 3개월 전까지 가설건축물이나 공작물 소유자의 부담으로 그 가설건축물이나 공작물의 철거 등 원상회복에 필요한 조치를 명하여야 한다. 다만, 원상회복이 필요하지 아니하다고 인정되는 경우에는 그러하지 아니하다. 〈개정 2011.4.14.〉

④ 특별시장 · 광역시장 · 특별자치시장 · 특별자치도지사 · 시장 또는 군수는 제3항에 따른 원상회복의 명령을 받은 자가 원상회복을 하지 아니하면 「행정대집행법」에 따른 행정대집행에 따라 원상회복을 할 수 있다. 〈개정 2011.4.14.〉

[전문개정 2009.2.6][제목개정 2011.4.14.]

제65조【개발행위에 따른 공공시설 등의 귀속】 ① 개발행

시 행 령

치하는 경우

2. 도시 · 군계획시설과 도시 · 군계획시설이 아닌 시설을 같은 건축물안에 설치한 경우(법률 제6243호 도시계획법개정법률에 의하여 개정되기 전에 설치한 경우를 말한다)로서 법 제88조의 규정에 의한 실시계획인가를 받아 다음 각목의 어느 하나에 해당하는 경우
   가. 건폐율이 증가하지 아니하는 범위 안에서 당해 건축물을 증축 또는 대수선하여 도시 · 군계획시설이 아닌 시설을 설치하는 경우
   나. 도시 · 군계획시설의 설치 · 이용 및 장래의 확장 가능성에 지장이 없는 범위 안에서 도시 · 군계획시설을 도시 · 군계획시설이 아닌 시설로 변경하는 경우
3. 「도로법」 등 도시 · 군계획시설의 설치 및 관리에 관하여 규정하고 있는 다른 법률에 의하여 점용허가를 받아 건축물 또는 공작물을 설치하는 경우
4. 도시 · 군계획시설의 설치 · 이용 및 장래의 확장 가능성에 지장이 없는 범위에서 「신에너지 및 재생에너지 개발 · 이용 · 보급 촉진법」 제2조제3호에 따른 신 · 재생에너지 설비 중 태양에너지 설비 또는 연료전지 설비를 설치하는 경우
5. 도시 · 군계획시설의 설치 · 이용이나 장래의 확장 가능성에 지장이 없는 범위에서 재해복구 또는 재난수습을 위한 응급조치로서 가설건축물 또는 공작물을 설치하는 경우

[전문개정 2005.1.15.][제목개정 2012.4.10.]

법	시 행 령	시 행 규 칙
위허가(다른 법률에 따라 개발행위허가가 의제되는 협의를 거친 인가·허가·승인 등을 포함한다. 이하 이 조에서 같다)를 받은 자가 행정청인 경우 개발행위허가를 받은 자가 새로 공공시설을 설치하거나 기존의 공공시설에 대체되는 공공시설을 설치한 경우에는 「국유재산법」과 「공유재산 및 물품 관리법」에도 불구하고 새로 설치된 공공시설은 그 시설을 관리할 관리청에 무상으로 귀속되고, 종래의 공공시설은 개발행위허가를 받은 자에게 무상으로 귀속된다. 〈개정 2013.7.16.〉 ② 개발행위허가를 받은 자가 행정청이 아닌 경우 개발행위허가를 받은 자가 새로 설치한 공공시설은 그 시설을 관리할 관리청에 무상으로 귀속되고, 개발행위로 용도가 폐지되는 공공시설은 「국유재산법」과 「공유재산 및 물품 관리법」에도 불구하고 새로 설치한 공공시설의 설치비용에 상당하는 범위에서 개발행위허가를 받은 자에게 무상으로 양도할 수 있다. ③ 특별시장·광역시장·특별자치시장·특별자치도지사·시장 또는 군수는 제1항과 제2항에 따른 공공시설의 귀속에 관한 사항이 포함된 개발행위허가를 하려면 미리 해당 공공시설이 속한 관리청의 의견을 들어야 한다. 다만, 관리청이 지정되지 아니한 경우에는 관리청이 지정된 후 준공되기 전에 관리청의 의견을 들어야 하며, 관리청이 불분명한 경우에는 도로 등에 대하여는 국토교통부장관을, 하천에 대하여는 환경부장관을 관리청으로 보고, 그 외의 재산에 대하여는 기획재정부장관을 관리청으로 본다. 〈개정 2021.12.31〉 ④ 특별시장·광역시장·특별자치시장·특별자치도지사·시장 또는 군수가 제3항에 따라 관리청의 의견을 듣고 개발행위허가를 한 경우 개발행위허가를 받은 자는 그 허가에 포함된 공공시설의 점용 및 사용에 관하여 관계 법률에 따른		

법	시 행 령	시 행 규 칙
승인·허가 등을 받은 것으로 보아 개발행위를 할 수 있다. 이 경우 해당 공공시설의 점용 또는 사용에 따른 점용료 또는 사용료는 면제된 것으로 본다. 〈개정 2011.4.14.〉 ⑤ 개발행위허가를 받은 자가 행정청인 경우 개발행위허가를 받은 자는 개발행위가 끝나 준공검사를 마친 때에는 해당 시설의 관리청에 공공시설의 종류와 토지의 세목(細目)을 통지하여야 한다. 이 경우 공공시설은 그 통지한 날에 해당 시설을 관리할 관리청과 개발행위허가를 받은 자에게 각각 귀속된 것으로 본다. ⑥ 개발행위허가를 받은 자가 행정청이 아닌 경우 개발행위허가를 받은 자는 제2항에 따라 관리청에 귀속되거나 그에게 양도될 공공시설에 관하여 개발행위가 끝나기 전에 그 시설의 관리청에 그 종류와 토지의 세목을 통지하여야 하고, 준공검사를 한 특별시장·광역시장·특별자치시장·특별자치도지사·시장 또는 군수는 그 내용을 해당 시설의 관리청에 통보하여야 한다. 이 경우 공공시설은 준공검사를 받음으로써 그 시설을 관리할 관리청과 개발행위허가를 받은 자에게 각각 귀속되거나 양도된 것으로 본다. 〈개정 2011.4.14.〉 ⑦ 제1항부터 제3항까지, 제5항 또는 제6항에 따른 공공시설을 등기할 때에 「부동산등기법」에 따른 등기원인을 증명하는 서면은 제62조제1항에 따른 준공검사를 받았음을 증명하는 서면으로 갈음한다. 〈개정 2011.4.12〉 ⑧ 제1항부터 제3항까지, 제5항 또는 제6항에 따른 공공시설을 등기할 때에 「부동산등기법」에 따른 등기원인을 증명하는 서면은 제62조제1항에 따른 준공검사를 받았음을 증명하는 서면으로 갈음한다. 〈개정 2011.4.12.〉 ⑨ 공공시설의 귀속에 관하여 다른 법률에 특별한 규정이 있는 경우에는 이 법률의 규정에도 불구하고 그 법률에 따		

법	시 행 령	시 행 규 칙
른다. 〈신설 2013.7.16.〉 [전문개정 2009.2.6.]		
제2절 개발행위에 따른 기반시설의 설치	제2절 개발행위에 따른 기반시설의 설치	
제66조【개발밀도관리구역】 ① 특별시장·광역시장·특별자치시장·특별자치도지사·시장 또는 군수는 주거·상업 또는 공업지역에서의 개발행위로 기반시설(도시·군계획시설을 포함한다)의 처리·공급 또는 수용능력이 부족할 것으로 예상되는 지역 중 기반시설의 설치가 곤란한 지역을 개발밀도관리구역으로 지정할 수 있다. 〈개정 2011.4.14.〉 ② 특별시장·광역시장·특별자치시장·특별자치도지사·시장 또는 군수는 개발밀도관리구역에서는 대통령령으로 정하는 범위에서 제77조나 제78조에 따른 건폐율 또는 용적률을 강화하여 적용한다. 〈개정 2011.4.14.〉 ③ 특별시장·광역시장·특별자치시장·특별자치도지사·시장 또는 군수는 제1항에 따라 개발밀도관리구역을 지정하거나 변경하려면 다음 각 호의 사항을 포함하여 해당 지방자치단체에 설치된 지방도시계획위원회의 심의를 거쳐야 한다. 〈개정 2011.4.14〉 1. 개발밀도관리구역의 명칭 2. 개발밀도관리구역의 범위 3. 제77조나 제78조에 따른 건폐율 또는 용적률의 강화 범위 ④ 특별시장·광역시장·특별자치시장·특별자치도지사·시장 또는 군수는 제1항에 따라 개발밀도관리구역을 지정하거나 변경한 경우에는 그 사실을 대통령령으로 정하는 바에 따라 고시하여야 한다. 〈개정 2011.4.14.〉	**제62조【개발밀도의 강화범위 등】** ① 법 제66조제2항에서 "대통령령으로 정하는 범위"란 해당 용도지역에 적용되는 용적률의 최대한도의 50퍼센트를 말한다. 〈개정 2018.11.13.〉 ② 법 제66조제4항의 규정에 의한 개발밀도관리구역의 지정 또는 변경의 고시는 동조제3항 각 호의 사항을 해당 지방자치단체의 공보에 게재하는 방법에 의한다. ③ 특별시장·광역시장·특별자치시장·특별자치도지사·시장 또는 군수는 제2항에 따라 고시한 내용을 해당 기관의 인터넷 홈페이지에 게재하여야 한다. 〈신설 2016.12.30〉 **제63조【개발밀도관리구역의 지정기준 및 관리방법】** 국토	

법	시 행 령	시 행 규 칙
⑤ 개발밀도관리구역의 지정기준, 개발밀도관리구역의 관리 등에 관하여 필요한 사항은 대통령령으로 정하는 바에 따라 국토교통부장관이 정한다. 〈개정 2013.3.23.〉 [전문개정 2009.2.6]	교통부장관은 법 제66조제5항에 따라 개발밀도관리구역의 지정기준 및 관리방법을 정할 때에는 다음 각 호의 사항을 종합적으로 고려해야 한다. 〈개정 2016.1.22., 2021.1.5〉 1. 개발밀도관리구역은 도로 · 수도공급설비 · 하수도 · 학교 등 기반시설의 용량이 부족할 것으로 예상되는 지역중 기반시설의 설치가 곤란한 지역으로서 다음 각목의 1에 해당하는 지역에 대하여 지정할 수 있도록 할 것 가. 당해 지역의 도로서비스 수준이 매우 낮아 차량통행이 현저하게 지체되는 지역. 이 경우 도로서비스 수준의 측정에 관하여는 「도시교통정비 촉진법」에 따른 교통영향평가의 예에 따른다. 나. 당해 지역의 도로율이 국토교통부령이 정하는 용도지역별 도로율에 20퍼센트 이상 미달하는 지역 다. 향후 2년 이내에 당해 지역의 수도에 대한 수요량이 수도시설의 시설용량을 초과할 것으로 예상되는 지역 라. 향후 2년 이내에 당해 지역의 하수발생량이 하수시설의 시설용량을 초과할 것으로 예상되는 지역 마. 향후 2년 이내에 당해 지역의 학생수가 학교수용능력을 20퍼센트 이상 초과할 것으로 예상되는 지역 2. 개발밀도관리구역의 경계는 도로 · 하천 그 밖에 특색 있는 지형지물을 이용하거나 용도지역의 경계선을 따라 설정하는 등 경계선이 분명하게 구분되도록 할 것 3. 용적률의 강화범위는 제62조제1항의 범위에서 제1호 각목에 따른 기반시설의 부족 정도를 고려하여 결정할 것 4. 개발밀도관리구역안의 기반시설의 변화를 주기적으로 검토하여 용적률을 강화 또는 완화하거나 개발밀도관리구역을 해제하는 등 필요한 조치를 취하도록 할 것	

법	시 행 령	시 행 규 칙
제67조【기반시설부담구역의 지정】 ① 특별시장·광역시장·특별자치시장·특별자치도지사·시장 또는 군수는 다음 각 호의 어느 하나에 해당하는 지역에 대하여는 기반시설부담구역으로 지정하여야 한다. 다만, 개발행위가 집중되어 특별시장·광역시장·특별자치시장·특별자치도지사·시장 또는 군수가 해당 지역의 계획적 관리를 위하여 필요하다고 인정하면 다음 각 호에 해당하지 아니하는 경우라도 기반시설부담구역으로 지정할 수 있다. 〈개정 2011.4.14.〉 1. 이 법 또는 다른 법령의 제정·개정으로 인하여 행위 제한이 완화되거나 해제되는 지역 2. 이 법 또는 다른 법령에 따라 지정된 용도지역 등이 변경되거나 해제되어 행위 제한이 완화되는 지역 3. 개발행위허가 현황 및 인구증가율 등을 고려하여 대통령령으로 정하는 지역 ② 특별시장·광역시장·특별자치시장·특별자치도지사·시장 또는 군수는 기반시설부담구역을 지정 또는 변경하려면 주민의 의견을 들어야 하며, 해당 지방자치단체에 설치된 지방도시계획위원회의 심의를 거쳐 대통령령으로 정하는 바에 따라 이를 고시하여야 한다. 〈개정 2011.4.14.〉 ③ 삭제 〈2011.4.14〉 ④ 특별시장·광역시장·특별자치시장·특별자치도지사·시장 또는 군수는 제2항에 따라 기반시설부담구역이 지정되면 대통령령으로 정하는 바에 따라 기반시설설치계획을 수립하여야 하며, 이를 도시·군관리계획에 반영하여야 한다. 〈개정 2011.4.14.〉	**제64조【기반시설부담구역의 지정】** ① 법 제67조제1항제3호에서 "대통령령으로 정하는 지역"이란 특별시장·광역시장·특별자치시장·특별자치도지사·시장 또는 군수가 제4조의2에 따른 기반시설의 설치가 필요하다고 인정하는 지역으로서 다음 각 호의 어느 하나에 해당하는 지역을 말한다. 〈개정 2012.4.10.〉 1. 해당 지역의 전년도 개발행위허가 건수가 전전년도 개발행위허가 건수보다 20퍼센트 이상 증가한 지역 2. 해당 지역의 전년도 인구증가율이 그 지역이 속하는 특별시·광역시·특별자치시·특별자치도·시 또는 군(광역시의 관할 구역에 있는 군은 제외한다)의 전년도 인구증가율보다 20퍼센트 이상 높은 지역 ② 특별시장·광역시장·특별자치시장·특별자치도지사·시장 또는 군수는 기반시설부담구역을 지정하거나 변경하였으면 법 제67조제2항에 따라 기반시설부담구역의 명칭·위치·면적 및 지정일자와 관계 도서의 열람방법을 해당 지방자치단체의 공보와 인터넷 홈페이지에 고시하여야 한다. 〈개정 2012.4.10.〉 [본조신설 2008.9.25.] **제65조【기반시설설치계획의 수립】** ① 특별시장·광역시장·특별자치시장·특별자치도지사·시장 또는 군수는 법 제67조제4항에 따른 기반시설설치계획(이하 "기반시설설치계획"이라 한다)을 수립할 때에는 다음 각 호의 내용을 포함하여 수립하여야 한다. 〈개정 2012.4.10〉 1. 설치가 필요한 기반시설(제4조의2 각 호의 기반시설을 말하며, 이하 이 절에서 같다)의 종류, 위치 및 규모 2. 기반시설의 설치 우선순위 및 단계별 설치계획	

법	시 행 령	시 행 규 칙
	3. 그 밖에 기반시설의 설치에 필요한 사항 ② 특별시장 · 광역시장 · 특별자치시장 · 특별자치도지사 · 시장 또는 군수는 기반시설설치계획을 수립할 때에는 다음 각 호의 사항을 종합적으로 고려해야 한다. 〈개정 2021.1.5〉 1. 기반시설의 배치는 해당 기반시설부담구역의 토지이용계획 또는 앞으로 예상되는 개발수요를 고려하여 적절하게 정할 것 2. 기반시설의 설치시기는 재원조달계획, 시설별 우선순위, 사용자의 편의와 예상되는 개발행위의 완료시기 등을 고려하여 합리적으로 정할 것 ③ 제1항 및 제2항에도 불구하고 법 제52조제1항에 따라 지구단위계획을 수립한 경우에는 기반시설설치계획을 수립한 것으로 본다. 〈개정 2012.4.10.〉 ④ 기반시설부담구역의 지정고시일부터 1년이 되는 날까지 기반시설설치계획을 수립하지 아니하면 그 1년이 되는 날의 다음날에 기반시설부담구역의 지정은 해제된 것으로 본다. [본조신설 2008.9.25.]	
⑤ 기반시설부담구역의 지정기준 등에 관하여 필요한 사항은 대통령령으로 정하는 바에 따라 국토교통부장관이 정한다. 〈개정 2013.3.23.〉 [전문개정 2009.2.6] **훈령** 기반시설 연동제 운영 지침(국토교통부훈령 제1107호, 2018.11.26.)	**제66조【기반시설부담구역의 지정기준】** 국토교통부장관은 법 제67조제5항에 따라 기반시설부담구역의 지정기준을 정할 때에는 다음 각 호의 사항을 종합적으로 고려하여야 한다. 〈개정 2013.3.23.〉 1. 기반시설부담구역은 기반시설이 적절하게 배치될 수 있는 규모로서 최소 10만 제곱미터 이상의 규모가 되도록 지정할 것 2. 소규모 개발행위가 연접하여 시행될 것으로 예상되는 지역의 경우에는 하나의 단위구역으로 묶어서 기반시설부담구역을 지정할 것 3. 기반시설부담구역의 경계는 도로, 하천, 그 밖의 특색 있	

는 지형지물을 이용하는 등 경계선이 분명하게 구분되도록 할 것

[본조신설 2008.9.25]

제68조【기반시설설치비용의 부과대상 및 산정기준】 ① 기반시설부담구역에서 기반시설설치비용의 부과대상인 건축행위는 제2조제20호에 따른 시설로서 200제곱미터(기존 건축물의 연면적을 포함한다)를 초과하는 건축물의 신축·증축 행위로 한다. 다만, 기존 건축물을 철거하고 신축하는 경우에는 기존 건축물의 건축연면적을 초과하는 건축행위만 부과대상으로 한다.

② 기반시설설치비용은 기반시설을 설치하는 데 필요한 기반시설 표준시설비용과 용지비용을 합산한 금액에 제1항에 따른 부과대상 건축연면적과 기반시설 설치를 위하여 사용되는 총 비용 중 국가·지방자치단체의 부담분을 제외하고 민간 개발사업자가 부담하는 부담률을 곱한 금액으로 한다. 다만, 특별시장·광역시장·특별자치시장·특별자치도지사·시장 또는 군수가 해당 지역의 기반시설 소요량 등을 고려하여 대통령령으로 정하는 바에 따라 기반시설부담계획을 수립한 경우에는 그 부담계획에 따른다. 〈개정 2011.4.14.〉

제67조【기반시설부담계획의 수립】 ① 특별시장·광역시장·특별자치시장·특별자치도지사·시장 또는 군수는 법 제68조제2항 단서에 따른 기반시설부담계획(이하 "기반시설부담계획"이라 한다)을 수립할 때에는 다음 각 호의 내용을 포함하여야 한다. 〈개정 2012.4.10.〉

1. 기반시설의 설치 또는 그에 필요한 용지의 확보에 소요되는 총부담비용
2. 제1호에 따른 총부담비용 중 법 제68조제1항에 따른 건축행위를 하는 자(제70조의2제1항 각 호에 해당하는 자를 포함한다. 이하 "납부의무자"라 한다)가 각각 부담하여야 할 부담분
3. 제2호에 따른 부담분의 부담시기
4. 재원의 조달 및 관리·운영방법

② 제1항제2호에 따른 부담분은 다음 각 호의 방법으로 산정한다. 〈개정 2012.4.10.〉

1. 총부담비용을 건축물의 연면적에 따라 배분하되, 건축물의 용도에 따라 가중치를 부여하여 결정하는 방법
2. 제1호에도 불구하고 특별시장·광역시장·특별자치시장·특별자치도지사·시장 또는 군수와 납부의무자가 서로 협의하여 산정방법을 정하는 경우에는 그 방법

③ 특별시장·광역시장·특별자치시장·특별자치도지사·시장 또는 군수는 기반시설부담계획을 수립할 때에는 다음 각 호의 사항을 종합적으로 고려하여야 한다.〈개정 2012.4.10.〉

법	시 행 령	시 행 규 칙
	1. 총부담비용은 각 시설별로 소요되는 용지보상비 · 공사비 등 합리적 근거를 기준으로 산출하고, 기반시설의 설치 또는 용지 확보에 필요한 비용을 초과하여 과다하게 산정되지 아니하도록 할 것 2. 각 납부의무자의 부담분은 건축물의 연면적 · 용도 등을 종합적으로 고려하여 합리적이고 형평에 맞게 정하도록 할 것 3. 기반시설부담계획의 수립시기와 기반시설의 설치 또는 용지의 확보에 필요한 비용의 납부시기가 일치하지 아니하는 경우에는 물가상승률 등을 고려하여 부담분을 조정할 수 있도록 할 것 ④ 특별시장 · 광역시장 · 특별자치시장 · 특별자치도지사 · 시장 또는 군수는 기반시설부담계획을 수립하거나 변경할 때에는 주민의 의견을 듣고 해당 지방자치단체에 설치된 지방도시계획위원회의 심의를 거쳐야 한다. 이 경우 주민의 의견청취에 관하여는 법 제28조제1항부터 제4항까지의 규정을 준용한다. 〈개정 2021.7.6〉 ⑤ 특별시장 · 광역시장 · 특별자치시장 · 특별자치도지사 · 시장 또는 군수는 기반시설부담계획을 수립하거나 변경하였으면 그 내용을 고시하여야 한다. 이 경우 기반시설부담계획의 수립 또는 변경의 고시에 관하여는 제64조제2항을 준용한다. 〈개정 2012.4.10.〉 ⑥ 기반시설부담계획 중 다음 각 호에 해당하는 경미한 사항을 변경하는 경우에는 제4항 및 제5항을 적용하지 아니한다. 〈개정 2012.4.10.〉 1. 납부의무자의 전부 또는 일부의 부담분을 증가시키지 아니하고 부담시기를 앞당기지 아니한 경우 2. 기반시설의 설치 및 그에 필요한 용지의 확보와 관련하여 특별시장 · 광역시장 · 특별자치시장 · 특별자치도지사 · 시	

법	시 행 령	시 행 규 칙
	장 또는 군수의 지원을 경감하지 아니한 경우 [본조신설 2008.9.25.]	
③ 제2항에 따른 기반시설 표준시설비용은 기반시설 조성을 위하여 사용되는 단위당 시설비로서 해당 연도의 생산자물가상승률 등을 고려하여 대통령령으로 정하는 바에 따라 국토교통부장관이 고시한다. 〈개정 2013.3.23.〉 **고시** 2023년 기반시설 표준시설비용 및 단위당 표준조성비 고시(국토교통부고시 제2023-286호, 2023.6.7., 제정)	**제68조【기반시설 표준시설비용의 고시】** 국토교통부장관은 법 제68조제3항에 따라 매년 1월 1일을 기준으로 한 기반시설 표준시설비용을 매년 6월 10일까지 고시하여야 한다. 〈개정 2013.3.23.〉 [본조신설 2008.9.25]	
④ 제2항에 따른 용지비용은 부과대상이 되는 건축행위가 이루어지는 토지를 대상으로 다음 각 호의 기준을 곱하여 산정한 가액(價額)으로 한다. 1. 지역별 기반시설의 설치 정도를 고려하여 0.4 범위에서 지방자치단체의 조례로 정하는 용지환산계수 2. 기반시설부담구역의 개별공시지가 평균 및 대통령령으로 정하는 건축물별 기반시설유발계수 ⑤ 제2항에 따른 민간 개발사업자가 부담하는 부담률은 100분의 20으로 하며, 특별시장·광역시장·특별자치시장·특별자치도지사·시장 또는 군수가 건물의 규모, 지역 특성 등을 고려하여 100분의 25의 범위에서 부담률을 가감할 수 있다. 〈개정 2011.4.14.〉	**제69조【기반시설설치비용의 산정 기준】** ① 법 제68조제4항제1호에서 "용지환산계수"란 기반시설부담구역별로 기반시설이 설치된 정도를 고려하여 산정된 기반시설 필요 면적률(기반시설부담구역의 전체 토지면적 중 기반시설이 필요한 토지면적의 비율을 말한다)을 건축 연면적당 기반시설 필요 면적으로 환산하는데 사용되는 계수를 말한다. ② 법 제68조제4항제2호에서 "대통령령으로 정하는 건축물별 기반시설유발계수"란 별표 1의3과 같다. [본조신설 2008.9.25.]	
⑥ 제69조제1항에 따른 납부의무자가 다음 각 호의 어느 하나에 해당하는 경우에는 이 법에 따른 기반시설설치비용에서 감면한다. 〈개정 2014.1.14.〉 1. 제2조제19호에 따른 기반시설을 설치하거나 그에 필요한 용지를 확보한 경우 2. 「도로법」 제91조에 따른 원인자 부담금 등 대통령령으로	**제70조【기반시설설치비용의 감면 등】** ① 법 제68조제6항에 따라 납부의무자가 직접 기반시설을 설치하거나 그에 필요한 용지를 확보한 경우에는 기반시설설치비용에서 직접 기반시설을 설치하거나 용지를 확보하는 데 든 비용을 공제한다. ② 제1항에 따른 공제금액 중 납부의무자가 직접 기반시설을 설치하는 데 든 비용은 다음 각 호의 금액을 합산하여	

법	시 행 령	시 행 규 칙
정하는 비용을 납부한 경우 ⑦ 제6항에 따른 감면기준 및 감면절차와 그 밖에 필요한 사항은 대통령령으로 정한다. [전문개정 2009.2.6]	산정한다. 〈개정 2016.8.31., 2021.7.6〉 1. 법 제69조제2항에 따른 건축허가(다른 법률에 따른 사업승인 등 건축허가가 의제되는 경우에는 그 사업승인)를 받은 날(이하 "부과기준시점"이라 한다)을 기준으로 국토교통부장관이 정하는 요건을 갖춘 「감정평가 및 감정평가사에 관한 법률」에 따른 감정평가업자 두 명 이상이 감정평가한 금액을 산술평균한 토지의 가액 2. 부과기준시점을 기준으로 국토교통부장관이 매년 고시하는 기반시설별 단위당 표준조성비에 납부의무자가 설치하는 기반시설량을 곱하여 산정한 기반시설별 조성비용. 다만, 납부의무자가 실제 투입된 조성비용 명세서를 제출하면 국토교통부령으로 정하는 바에 따라 그 조성비용을 기반시설별 조성비용으로 인정할 수 있다. ③ 제2항에도 불구하고 부과기준시점에 다음 각 호의 어느 하나에 해당하는 금액에 따른 토지의 가액과 제2항제2호에 따른 기반시설별 조성비용을 적용하여 산정된 공제 금액이 기반시설설치비용을 초과하는 경우에는 그 금액을 납부의무자가 직접 기반시설을 설치하는 데 든 비용으로 본다. 〈개정 2010.7.9.〉 1. 부과기준시점으로부터 가장 최근에 결정·공시된 개별공시지가 2. 국가, 지방자치단체, 「공공기관의 운영에 관한 법률」에 따른 공공기관 또는 「지방공기업법」에 따른 지방공기업으로부터 매입한 토지의 가액 3. 「공공기관의 운영에 관한 법률」에 따른 공공기관 또는 「지방공기업법」에 따른 지방공기업이 매입한 토지의 가액 4. 「공익사업을 위한 토지 등의 취득 및 보상에 관한 법률」에 따른 협의 또는 수용에 따라 취득한 토지의 가액 5. 해당 토지의 무상 귀속을 목적으로 한 토지의 감정평가금액	**제11조의2【기반시설별 조성비용의 산정방법 등】** 영 제70조제2항제2호 단서에 따라 기반시설별 조성비용으로 인정할 수 있는 실제 투입된 조성비용을 산정하는 방법은 별표 1에 따른다. [본조신설 2008.9.29]

법	시 행 령	시 행 규 칙
	④ 제1항에 따른 공제금액 중 기반시설에 필요한 용지를 확보하는 데 든 비용은 제2항제1호에 따라 산정한다. ⑤ 제1항의 경우 외에 법 제68조제6항에 따라 기반시설설치비용에서 감면하는 비용 및 감면액은 별표 1의4와 같다. [본조신설 2008.9.25.]	
제69조【기반시설설치비용의 납부 및 체납처분】 ① 제68조제1항에 따른 건축행위를 하는 자(건축행위의 위탁자 또는 지위의 승계자 등 대통령령으로 정하는 자를 포함한다. 이하 "납부의무자"라 한다)는 기반시설설치비용을 내야 한다.	**제70조의2【납부의무자】** 법 제69조제1항에서 "건축행위의 위탁자 또는 지위의 승계자 등 대통령령으로 정하는 자"란 다음 각 호의 어느 하나에 해당하는 자를 말한다. 1. 건축행위를 위탁 또는 도급한 경우에는 그 위탁이나 도급을 한 자 2. 타인 소유의 토지를 임차하여 건축행위를 하는 경우에는 그 행위자 3. 건축행위를 완료하기 전에 건축주의 지위나 제1호 또는 제2호에 해당하는 자의 지위를 승계하는 경우에는 그 지위를 승계한 자 [본조신설 2008.9.25]	
② 특별시장 · 광역시장 · 특별자치시장 · 특별자치도지사 · 시장 또는 군수는 납부의무자가 국가 또는 지방자치단체로부터 건축허가(다른 법률에 따른 사업승인 등 건축허가가 의제되는 경우에는 그 사업승인)를 받은 날부터 2개월 이내에 기반시설설치비용을 부과하여야 하고, 납부의무자는 사용승인(다른 법률에 따라 준공검사 등 사용승인이 의제되는 경우에는 그 준공검사) 신청 시까지 이를 내야 한다. 〈개정 2011.4.14.〉 ③ 특별시장 · 광역시장 · 특별자치시장 · 특별자치도지사 · 시장 또는 군수는 납부의무자가 제2항에서 정한 때까지 기	**제70조의3【기반시설설치비용의 예정 통지 등】** ① 특별시장 · 광역시장 · 특별자치시장 · 특별자치도지사 · 시장 또는 군수는 법 제69조제2항에 따라 기반시설설치비용을 부과하려면 부과기준시점부터 30일 이내에 납부의무자에게 적용되는 부과 기준 및 부과될 기반시설설치비용을 미리 알려야 한다. 〈개정 2012.4.10.〉 ② 제1항에 따른 통지(이하 "예정 통지"라 한다)를 받은 납부의무자는 예정 통지된 기반시설설치비용에 대하여 이의가 있으면 예정 통지를 받은 날부터 15일 이내에 특별시장 · 광역시장 · 특별자치시장 · 특별자치도지사 · 시장 또는	**제11조의3【기반시설설치비용의 예정통지 등】** ① 영 제70조의3제1항에 따른 기반시설설치비용의 예정 통지는 별지 제17호의2서식에 따른다. ② 납부의무자는 영 제70조의3제2항에 따라 심사를 청구하려면 별지 제17호의3서식의 기반시설 설치비용 고지 전 심사청구서에 관련 증명 서류 또는 증

법	시 행 령	시 행 규 칙
반시설설치비용을 내지 아니하는 경우에는 「지방행정제재·부과금의 징수 등에 관한 법률」에 따라 징수할 수 있다. 〈개정 2020.3.24〉 ④ 특별시장·광역시장·특별자치시장·특별자치도지사·시장 또는 군수는 기반시설설치비용을 납부한 자가 사용승인 신청 후 해당 건축행위와 관련된 기반시설의 추가 설치 등 기반시설설치비용을 환급하여야 하는 사유가 발생하는 경우에는 그 사유에 상당하는 기반시설설치비용을 환급하여야 한다. 〈개정 2011.4.14.〉 ⑤ 그 밖에 기반시설설치비용의 부과절차, 납부 및 징수방법, 환급사유 등에 관하여 필요한 사항은 대통령령으로 정할 수 있다. [전문개정 2009.2.6]	군수에게 심사(이하 "고지 전 심사"라 한다)를 청구할 수 있다. 〈개정 2012.4.10.〉 ③ 예정 통지를 받은 납부의무자가 고지 전 심사를 청구하려면 다음 각 호의 사항을 적은 고지 전 심사청구서를 특별시장·광역시장·특별자치시장·특별자치도지사·시장 또는 군수에게 제출하여야 한다. 〈개정 2012.4.10.〉 1. 청구인의 성명(청구인이 법인인 경우에는 법인의 명칭 및 대표자의 성명을 말한다) 2. 청구인의 주소 또는 거소(청구인이 법인인 경우에는 법인의 주소 및 대표자의 주소를 말한다) 3. 기반시설설치비용 부과 대상 건축물에 관한 자세한 내용 4. 예정 통지된 기반시설설치비용 5. 고지 전 심사 청구 이유 ④ 제2항에 따라 고지 전 심사 청구를 받은 특별시장·광역시장·특별자치시장·특별자치도지사·시장 또는 군수는 그 청구를 받은 날부터 15일 이내에 청구 내용을 심사하여 그 결과를 청구인에게 알려야 한다. 〈개정 2012.4.10.〉 ⑤ 고지 전 심사 결과의 통지는 다음 각 호의 사항을 적은 고지 전 심사 결정 통지서로 하여야 한다. 1. 청구인의 성명(청구인이 법인인 경우에는 법인의 명칭 및 대표자의 성명을 말한다) 2. 청구인의 주소 또는 거소(청구인이 법인인 경우에는 법인의 주소 및 대표자의 주소를 말한다) 3. 기반시설설치비용 부과 대상 건축물에 관한 자세한 내용 4. 납부할 기반시설설치비용 5. 고지 전 심사의 결과 및 그 이유 [본조신설 2008.9.25.]	거물을 첨부하여 특별시장·광역시장·특별자치시장·특별자치도지사·시장 또는 군수에게 제출하여야 한다. 〈개정 2012.4.13.〉 ③ 영 제70조의3제5항에 따른 고지 전 심사 결정 통지서는 별지 제17호의4서식에 따른다. [본조신설 2008.9.29]

법	시 행 령	시 행 규 칙
	제70조의4【기반시설설치비용의 결정】 특별시장·광역시장·특별자치시장·특별자치도지사·시장 또는 군수는 예정통지에 이의가 없는 경우 또는 고지 전 심사청구에 대한 심사결과를 통지한 경우에는 그 통지한 금액에 따라 기반시설설치비용을 결정한다. 〈개정 2012.4.10.〉 [본조신설 2008.9.25.]	
	제70조의5【납부의 고지】 ① 특별시장·광역시장·특별자치시장·특별자치도지사·시장 또는 군수는 법 제69조제2항에 따라 기반시설설치비용을 부과하려면 납부의무자에게 납부고지서를 발급하여야 한다. 〈개정 2012.4.10.〉 ② 특별시장·광역시장·특별자치시장·특별자치도지사·시장 또는 군수는 제1항에 따라 납부고지서를 발급할 때에는 납부금액 및 그 산출 근거, 납부기한과 납부 장소를 명시하여야 한다. 〈개정 2012.4.10.〉 [본조신설 2008.9.25.]	**제11조의4【납부고지서 등】** ① 영 제70조의5제1항에 따른 기반시설설치비용의 납부고지서는 별지 제17호의5서식에 따른다. ② 영 제70조의6제1항에 따른 기반시설설치비용의 정정 통지는 별지 제17호의6서식에 따른다. [본조신설 2008.9.29]
	제70조의6【기반시설설치비용의 정정 등】 ① 특별시장·광역시장·특별자치시장·특별자치도지사·시장 또는 군수는 제70조의5에 따라 기반시설설치비용을 부과한 후 그 내용에 누락이나 오류가 있는 것을 발견한 경우에는 즉시 부과한 기반시설설치비용을 조사하여 정정하고 그 정정 내용을 납부의무자에게 알려야 한다. 〈개정 2012.4.10.〉 ② 특별시장·광역시장·특별자치시장·특별자치도지사·시장 또는 군수는 건축허가사항 등의 변경으로 건축연면적이 증가되는 등 기반시설설치비용의 증가사유가 발생한 경우에는 변경허가 등을 받은 날을 기준으로 산정한 변경된 건축허가사항 등에 대한 기반시설설치비용에서 변경허가	**제11조의5【기반시설설치비용 부과·징수·사용대장】** 특별시장·광역시장·특별자치시장·특별자치도지사·시장 또는 군수는 영 제70조의3부터 제70조의9까지의 규정에 따라 기반시설설치비용을 부과·징수 또는 정정하거나 영 제70조의11제2항에 따라 기반시설설치비용을 사용한 경우에는 별지 제17호의7서식의 기반시설설치비용 부과·징수·사용대장에 기록하고 관리하여야 한다. 〈개정 2012.4.13.〉

법	시 행 령	시 행 규 칙
	등을 받은 날을 기준으로 산정한 당초 건축허가사항 등에 대한 기반시설설치비용을 뺀 금액을 추가로 부과하여야 한다. 〈개정 2012.4.10.〉 [본조신설 2008.9.25]	[본조신설 2008.9.29]
관계법 「전자정부법」 제36조(행정정보의 효율적 관리 및 이용) ① 행정기관등의 장은 수집·보유하고 있는 행정정보를 필요로 하는 다른 행정기관등과 공동으로 이용하여야 하며, 다른 행정기관등으로부터 신뢰할 수 있는 행정정보를 제공받을 수 있는 경우에는 같은 내용의 정보를 따로 수집하여서는 아니 된다. ② 행정정보를 수집·보유하고 있는 행정기관등(이하 "행정정보보유기관" 이라 한다)의 장은 다른 행정기관등과 「은행법」 제8조제1항에 따라 은행업의 인가를 받은 은행 및 대통령령으로 정하는 법인·단체 또는 기관으로 하여금 행정정보보유기관의 행정정보를 공동으로 이용하게 할 수 있다. 〈개정 2010.5.17.〉 ③~⑥ 〈생략〉	**제70조의7【기반시설설치비용의 물납】** ① 기반시설설치비용은 현금, 신용카드 또는 직불카드로 납부하도록 하되, 부과대상 토지 및 이와 비슷한 토지로 하는 납부(이하 "물납"이라 한다)를 인정할 수 있다. 〈개정 2014.11.11.〉 ② 제1항에 따라 물납을 신청하려는 자는 법 제69조제2항에 따른 납부기한 20일 전까지 기반시설설치비용, 물납 대상 토지의 면적 및 위치, 물납신청 당시 물납 대상 토지의 개별공시지가 등을 적은 물납신청서를 특별시장·광역시장·특별자치시장·특별자치도지사·시장 또는 군수에게 제출하여야 한다. 〈개정 2012.4.10.〉 ③ 특별시장·광역시장·특별자치시장·특별자치도지사·시장 또는 군수는 제1항에 따른 물납신청서를 받은 날부터 10일 이내에 신청인에게 수납 여부를 서면으로 알려야 한다. 〈개정 2012.4.10.〉 ④ 물납을 신청할 수 있는 토지의 가액은 해당 기반시설설치비용의 부과액을 초과할 수 없으며, 납부의무자는 부과된 기반시설설치비용에서 물납하는 토지의 가액을 뺀 금액을 현금, 신용카드 또는 직불카드로 납부하여야 한다. 〈개정 2014.11.11.〉 ⑤ 물납에 충당할 토지의 가액은 다음 각 호에 해당하는 금액을 합한 가액으로 한다. 1. 제3항에 따라 서면으로 알린 날의 가장 최근에 결정·공시된 개별공시지가	**제11조의6【물납신청서】** ① 영 제70조의7제2항에 따라 물납을 신청하려는 자는 별지 제17호의8서식의 물납신청서에 다음 각 호의 서류를 첨부하여 특별시장·광역시장·특별자치시장·특별자치도지사·시장 또는 군수에게 제출하여야 한다. 이 경우 특별시장·광역시장·특별자치시장·특별자치도지사·시장 또는 군수는 「전자정부법」 제36조제1항에 따른 행정정보의 공동이용을 통하여 물납하려는 토지의 등기사항증명서를 확인하여야 한다. 〈개정 2011.4.11., 2012.4.13.〉 1. 물납 대상 토지 가액의 산출 근거 2. 기반시설설치비용과 물납 대상 토지 가액 사이의 차액 산정 근거 ② 특별시장·광역시장·특별자치시장·특별자치도지사·시장 또는 군수는 영 제70조의7제3항에 따라 물납허가를 결정하였으면 신청인에게 별지 제17호의9서식의 물납허가서를 송부하여야 한다. 〈개정 2012.4.13.〉 [본조신설 2008.9.29]

법	시 행 령	시행규칙
	2. 제1호에 따른 개별공시지가의 기준일부터 제3항에 따라 서면으로 알린 날까지의 해당 시·군·구의 지가변동률을 일 단위로 적용하여 산정한 금액 ⑥ 특별시장·광역시장·특별자치시장·특별자치도지사·시장 또는 군수는 물납을 받으면 법 제70조제1항에 따라 해당 기반시설부담구역에 설치한 기반시설특별회계에 귀속시켜야 한다. 〈개정 2012.4.10.〉 [본조신설 2008.9.25]	
	제70조의8【납부 기일의 연기 및 분할 납부】 ① 특별시장·광역시장·특별자치시장·특별자치도지사·시장 또는 군수는 납부의무자가 다음 각 호의 어느 하나에 해당하여 기반시설설치비용을 납부하기가 곤란하다고 인정되면 해당 개발사업 목적에 따른 이용 상황 등을 고려하여 1년의 범위에서 납부 기일을 연기하거나 2년의 범위에서 분할 납부를 인정할 수 있다. 〈개정 2012.4.10.〉 1. 재해나 도난으로 재산에 심한 손실을 입은 경우 2. 사업에 뚜렷한 손실을 입은 때 3. 사업이 중대한 위기에 처한 경우 4. 납부의무자나 그 동거 가족의 질병이나 중상해로 장기치료가 필요한 경우 ② 제1항에 따라 기반시설설치비용의 납부 기일을 연기하거나 분할 납부를 신청하려는 자는 제70조의5제1항에 따라 납부고지서를 받은 날부터 15일 이내에 납부 기일 연기신청서 또는 분할 납부신청서를 특별시장·광역시장·특별자치시장·특별자치도지사·시장 또는 군수에게 제출하여야 한다. 〈개정 2012.4.10.〉 ③ 특별시장·광역시장·특별자치시장·특별자치도지사·	**제1조의7【납부 기일 연기신청서 등】** ① 영 제70조의8제2항에 따라 기반시설설치비용의 납부 기일을 연기하거나 분할 납부를 신청하려는 자는 별지 제17호의10서식의 납부 기일 연기신청서 또는 별지 제17호의11서식의 분할 납부신청서에 납부 연기 또는 분할 납부 사유를 증명할 수 있는 자료를 첨부하여 특별시장·광역시장·특별자치시장·특별자치도지사·시장 또는 군수에게 제출하여야 한다. 〈개정 2012.4.13.〉 ② 특별시장·광역시장·특별자치시장·특별자치도지사·시장 또는 군수는 영 제70조의8제3항에 따라 납부 기일 연기 허가 또는 분할 납부 허가를 결정하였으면 신청인에게 별지 제17호의12서식의 납부 기일 연기 허가서 또는 별지 제17호의13서식의 분할 납부 허가서를 송부하여야 한다. 〈개

법	시 행 령	시 행 규 칙
	시장 또는 군수는 제2항에 따른 납부 기일 연기신청서 또는 분할 납부 신청서를 받은 날부터 15일 이내에 납부 기일의 연기 또는 분할 납부 여부를 서면으로 알려야 한다. 〈개정 2012.4.10.〉 ④ 제1항에 따라 납부를 연기한 기간 또는 분할 납부로 납부가 유예된 기간에 대하여는 기반시설설치비용에 「국세기본법 시행령」 제43조의3제2항에 따른 이자를 더하여 징수하여야 한다. 〈개정 2012.4.10.〉 [본조신설 2008.9.25.]	정 2012.4.13.〉 [본조신설 2008.9.29]
	제70조의9 【납부의 독촉】 특별시장 · 광역시장 · 특별자치시장 · 특별자치도지사 · 시장 또는 군수는 납부의무자가 법 제69조제2항에 따른 사용승인(다른 법률에 따라 준공검사 등 사용승인이 의제되는 경우에는 그 준공검사) 신청 시까지 그 기반시설설치비용을 완납하지 아니하면 납부기한이 지난 후 10일 이내에 독촉장을 보내야 한다. 〈개정 2012.4.10.〉 [본조신설 2008.9.25]	**제11조의8 【독촉장】** 영 제70조의9에 따른 독촉장은 별지 제17호의14서식에 따른다. [본조신설 2008.9.29]
	제70조의10 【기반시설설치비용의 환급】 ① 특별시장 · 광역시장 · 특별자치시장 · 특별자치도지사 · 시장 또는 군수는 다음 각 호의 어느 하나에 해당하는 경우에는 법 제69조제4항에 따라 기반시설설치비용을 환급하여야 한다. 〈개정 2012.4.10.〉 1. 건축허가사항 등의 변경으로 건축면적이 감소되는 등 납부한 기반시설설치비용의 감소 사유가 발생한 경우 2. 납부의무자가 별표 1의4 각 호의 어느 하나에 해당하는 비용을 추가로 납부한 경우 3. 제70조제1항에 따라 공제받을 금액이 증가한 경우	**제11조의9 【생산관리지역에서 휴게음식점을 설치할 수 없는 지역】** 영 별표 19 제2호나목에서 "국토교통부령으로 정하는 기준에 해당하는 지역"이란 별표 1의2의 지역을 말한다. [본조신설 2024.5.29.]

법	시 행 령	시행규칙
	② 특별시장 · 광역시장 · 특별자치시장 · 특별자치도지사 · 시장 또는 군수는 제1항에 따라 기반시설설치비용을 환급할 때에는 납부의무자가 납부한 기반시설설치비용에서 당초 부과기준시점을 기준으로 산정한 변경된 건축허가사항에 대한 기반시설설치비용을 뺀 금액(이하 "환급금"이라 한다)과 다음 각 호의 어느 하나에 해당하는 날의 다음 날부터 환급결정을 하는 날까지의 기간에 대하여 「국세기본법 시행령」 제43조의3제2항에 따른 이자율에 따라 계산한 금액(이하 "환급가산금"이라 한다)을 환급하여야 한다. 〈개정 2012.4.10.〉 1. 과오납부 · 이중납부 또는 납부 후 그 부과의 취소 · 정정으로 환급하는 경우에는 그 납부일 2. 납부자에게 책임이 있는 사유로 인하여 설치비용을 발생시킨 허가가 취소되어 환급하는 경우에는 그 취소일 3. 납부자의 건축계획 변경, 그 밖에 이에 준하는 사유로 환급하는 경우에는 그 변경허가일 또는 이에 준하는 행정처분의 결정일 ③ 환급금과 환급가산금은 해당 기반시설부담구역에 설치된 기반시설특별회계에서 지급한다. 다만, 특별시장 · 광역시장 · 특별자치시장 · 특별자치도지사 · 시장 또는 군수는 허가의 취소, 사업면적의 축소 등으로 사업시행자에게 원상회복의 책임이 있는 경우에는 원상회복이 완료될 때까지 원상회복에 소요되는 비용에 상당하는 금액의 지급을 유보할 수 있다. 〈개정 2012.4.10.〉 ④ 제1항에 따라 기반시설설치비용을 환급받으려는 납부의무자는 부담금 납부 또는 기반시설 설치에 관한 변동사항과 그 변동사항을 증명하는 자료를 해당 건축행위의 사용승인일 또는 준공일까지 특별시장 · 광역시장 · 특별자치시	

법	시 행 령	시 행 규 칙
	장 · 특별자치도지사 · 시장 또는 군수에게 제출하여야 한다. 〈개정 2012.4.10.〉 [본조신설 2008.9.25.]	
제70조【기반시설설치비용의 관리 및 사용 등】 ① 특별시장 · 광역시장 · 특별자치시장 · 특별자치도지사 · 시장 또는 군수는 기반시설설치비용의 관리 및 운용을 위하여 기반시설부담구역별로 특별회계를 설치하여야 하며, 그에 필요한 사항은 지방자치단체의 조례로 정한다. 〈개정 2011.4.14.〉 ② 제69조제2항에 따라 납부한 기반시설설치비용은 해당 기반시설부담구역에서 제2조제19호에 따른 기반시설의 설치 또는 그에 필요한 용지의 확보 등을 위하여 사용하여야 한다. 다만, 해당 기반시설부담구역에 사용하기가 곤란한 경우로서 대통령령으로 정하는 경우에는 해당 기반시설부담구역의 기반시설과 연계된 기반시설의 설치 또는 그에 필요한 용지의 확보 등에 사용할 수 있다. ③ 기반시설설치비용의 관리, 사용 등에 필요한 사항은 대통령령으로 정하는 바에 따라 국토교통부장관이 정한다. 〈개정 2013.3.23.〉 [전문개정 2009.2.6]	**제70조의11【기반시설설치비용의 관리 및 사용 등】** ① 법 제70조제2항 단서에서 "대통령령으로 정하는 경우"란 해당 기반시설부담구역에 필요한 기반시설을 모두 설치하거나 그에 필요한 용지를 모두 확보한 후에도 잔액이 생기는 경우를 말한다. ② 법 제69조제2항에 따라 납부한 기반시설설치비용은 다음 각 호의 용도로 사용하여야 한다. 1. 기반시설부담구역별 기반시설설치계획 및 기반시설부담계획 수립 2. 기반시설부담구역에서 건축물의 신 · 증축행위로 유발되는 기반시설의 신규 설치, 그에 필요한 용지 확보 또는 기존 기반시설의 개량 3. 기반시설부담구역별로 설치하는 특별회계의 관리 및 운영 [본조신설 2008.9.25.]	
제71조 ~ 제75조 삭제 〈2006.1.11.〉		
제3절 성장관리계획〈신설 2021.1.12.〉	제3절 성장관리계획〈신설 2021.7.6.〉	
제75조의2【성장관리계획구역의 지정 등】 ① 특별시장 · 광역시장 · 특별자치시장 · 특별자치도지사 · 시장 또는 군수는 녹지지역, 관리지역, 농림지역 및 자연환경보전지역 중 다	**제70조의12【성장관리계획구역의 지정 기준】** 법 제75조의2제1항제5호에서 "대통령령으로 정하는 지역"이란 다음 각 호의 지역을 말한다.	

법	시 행 령	시행규칙
음 각 호의 어느 하나에 해당하는 지역의 전부 또는 일부에 대하여 성장관리계획구역을 지정할 수 있다. 1. 개발수요가 많아 무질서한 개발이 진행되고 있거나 진행될 것으로 예상되는 지역 2. 주변의 토지이용이나 교통여건 변화 등으로 향후 시가화가 예상되는 지역 3. 주변지역과 연계하여 체계적인 관리가 필요한 지역 4. 「토지이용규제 기본법」 제2조제1호에 따른 지역·지구등의 변경으로 토지이용에 대한 행위제한이 완화되는 지역 5. 그 밖에 난개발의 방지와 체계적인 관리가 필요한 지역으로서 대통령령으로 정하는 지역 ② 특별시장·광역시장·특별자치시장·특별자치도지사·시장 또는 군수는 성장관리계획구역을 지정하거나 이를 변경하려면 대통령령으로 정하는 바에 따라 미리 주민과 해당 지방의회의 의견을 들어야 하며, 관계 행정기관과의 협의 및 지방도시계획위원회의 심의를 거쳐야 한다. 다만, 대통령령으로 정하는 경미한 사항을 변경하는 경우에는 그러하지 아니하다. ③ 특별시·광역시·특별자치시·특별자치도·시 또는 군의 의회는 특별한 사유가 없으면 60일 이내에 특별시장·광역시장·특별자치시장·특별자치도지사·시장 또는 군수에게 의견을 제시하여야 하며, 그 기한까지 의견을 제시하지 아니하면 의견이 없는 것으로 본다. ④ 제2항에 따라 협의 요청을 받은 관계 행정기관의 장은 특별한 사유가 없으면 요청을 받은 날부터 30일 이내에 특별시장·광역시장·특별자치시장·특별자치도지사·시장 또는 군수에게 의견을 제시하여야 한다. ⑤ 특별시장·광역시장·특별자치시장·특별자치도지사·시	1. 인구 감소 또는 경제성장 정체 등으로 압축적이고 효율적인 도시성장관리가 필요한 지역 2. 공장 등과 입지 분리 등을 통해 쾌적한 주거환경 조성이 필요한 지역 3. 그 밖에 난개발의 방지와 체계적인 관리가 필요한 지역으로서 특별시·광역시·특별자치시·특별자치도·시 또는 군의 도시·군계획조례로 정하는 지역 [본조신설 2021.7.6.] **제70조의13【성장관리계획구역의 지정 또는 변경 절차】** ① 특별시장·광역시장·특별자치시장·특별자치도지사·시장 또는 군수는 법 제75조의2제2항 본문에 따라 성장관리계획구역의 지정 또는 변경에 관하여 주민의 의견을 들으려면 성장관리계획구역안의 주요 내용을 해당 지방자치단체의 공보나 전국 또는 해당 지방자치단체를 주된 보급지역으로 하는 둘 이상의 일간신문에 게재하고, 해당 지방자치단체의 인터넷 홈페이지 등에 공고해야 한다. 〈개정 2022. 1. 18.〉 ② 특별시장·광역시장·특별자치시장·특별자치도지사·시장 또는 군수는 제1항에 따른 공고를 한 때에는 성장관리계획구역안을 14일 이상 일반이 열람할 수 있도록 해야 한다. 〈신설 2022.1.18.〉 ③ 제1항에 따라 공고된 성장관리계획구역안에 대하여 의견이 있는 사람은 열람기간 내에 특별시장·광역시장·특별자치시장·특별자치도지사·시장 또는 군수에게 의견서를 제출할 수 있다. 〈개정 2022.1.18.〉 ④ 특별시장·광역시장·특별자치시장·특별자치도지사·	

법	시 행 령	시 행 규 칙
장 또는 군수가 성장관리계획구역을 지정하거나 이를 변경한 경우에는 관계 행정기관의 장에게 관계 서류를 송부하여야 하며, 대통령령으로 정하는 바에 따라 이를 고시하고 일반인이 열람할 수 있도록 하여야 한다. 이 경우 지형도면의 고시 등에 관하여는 「토지이용규제 기본법」 제8조에 따른다. ⑥ 그 밖에 성장관리계획구역의 지정 기준 및 절차 등에 관하여 필요한 사항은 대통령령으로 정한다. [본조신설 2021.1.12.]	시장 또는 군수는 제3항에 따라 제출된 의견을 성장관리계획구역안에 반영할 것인지 여부를 검토하여 그 결과를 열람기간이 종료된 날부터 30일 이내에 해당 의견을 제출한 사람에게 통보해야 한다. 〈개정 2022.1.18.〉 ⑤ 법 제75조의2제2항 단서에서 "대통령령으로 정하는 경미한 사항을 변경하는 경우"란 성장관리계획구역의 면적을 10퍼센트 이내에서 변경하는 경우(성장관리계획구역을 변경하는 부분에 둘 이상의 읍·면 또는 동의 일부 또는 전부가 포함된 경우에는 해당 읍·면 또는 동 단위로 구분된 지역의 면적을 각각 10퍼센트 이내에서 변경하는 경우로 한정한다)를 말한다. 〈개정 2022.1.18.〉 ⑥ 법 제75조의2제5항에 따른 성장관리계획구역의 지정 또는 변경 고시는 해당 특별시·광역시·특별자치시·특별자치도·시 또는 군의 공보와 인터넷 홈페이지에 다음 각 호의 사항을 게재하는 방법으로 한다. 〈개정 2022.1.18.〉 1. 성장관리계획구역의 지정 또는 변경 목적 2. 성장관리계획구역의 위치 및 경계 3. 성장관리계획구역의 면적 및 규모 [본조신설 2021.7.6.]	
제75조의3【성장관리계획의 수립 등】 ① 특별시장·광역시장·특별자치시장·특별자치도지사·시장 또는 군수는 성장관리계획구역을 지정할 때에는 다음 각 호의 사항 중 그 성장관리계획구역의 지정목적을 이루는 데 필요한 사항을 포함하여 성장관리계획을 수립하여야 한다. 1. 도로, 공원 등 기반시설의 배치와 규모에 관한 사항 2. 건축물의 용도제한, 건축물의 건폐율 또는 용적률 3. 건축물의 배치, 형태, 색채 및 높이	**제70조의14【성장관리계획의 수립 등】** ① 법 제75조의3제1항제5호에서 "대통령령으로 정하는 사항"이란 다음 각 호의 사항을 말한다. 1. 성장관리계획구역 내 토지개발·이용, 기반시설, 생활환경 등의 현황 및 문제점 2. 그 밖에 난개발의 방지와 체계적인 관리에 필요한 사항으로서 특별시·광역시·특별자치시·특별자치도·시 또는 군의 도시·군계획조례로 정하는 사항	

4. 환경관리 및 경관계획
5. 그 밖에 난개발의 방지와 체계적인 관리에 필요한 사항으로서 대통령령으로 정하는 사항

② 성장관리계획구역에서는 제77조제1항에도 불구하고 다음 각 호의 구분에 따른 범위에서 성장관리계획으로 정하는 바에 따라 특별시·광역시·특별자치시·특별자치도·시 또는 군의 조례로 정하는 비율까지 건폐율을 완화하여 적용할 수 있다.

1. 계획관리지역: 50퍼센트 이하
2. 생산관리지역·농림지역 및 대통령령으로 정하는 녹지지역: 30퍼센트 이하

③ 성장관리계획구역 내 계획관리지역에서는 제78조제1항에도 불구하고 125퍼센트 이하의 범위에서 성장관리계획으로 정하는 바에 따라 특별시·광역시·특별자치시·특별자치도·시 또는 군의 조례로 정하는 비율까지 용적률을 완화하여 적용할 수 있다.

④ 성장관리계획의 수립 및 변경에 관한 절차는 제75조의2제2항부터 제5항까지의 규정을 준용한다. 이 경우 "성장관리계획구역"은 "성장관리계획"으로 본다.

⑤ 특별시장·광역시장·특별자치시장·특별자치도지사·시장 또는 군수는 5년마다 관할 구역 내 수립된 성장관리계획에 대하여 대통령령으로 정하는 바에 따라 그 타당성 여부를 전반적으로 재검토하여 정비하여야 한다.

⑥ 그 밖에 성장관리계획의 수립기준 및 절차 등에 관하여 필요한 사항은 대통령령으로 정한다.

[본조신설 2021.1.12.]

② 법 제75조의3제2항제2호에서 "대통령령으로 정하는 녹지지역"이란 자연녹지지역과 생산녹지지역을 말한다.

③ 특별시장·광역시장·특별자치시장·특별자치도지사·시장 또는 군수는 다음 각 호의 어느 하나에 해당하는 경우(다른 호에 저촉되지 않는 경우로 한정한다)에는 법 제75조의3제4항에서 준용하는 법 제75조의2제2항 단서에 따라 주민과 해당 지방의회의 의견 청취, 관계 행정기관과의 협의 및 지방도시계획위원회의 심의를 거치지 않고 성장관리계획을 변경할 수 있다.

1. 제70조의13제5항에 해당하는 변경지역에서 성장관리계획을 변경하는 경우
2. 성장관리계획의 변경이 다음 각 목의 어느 하나에 해당하는 경우
   가. 단위 기반시설부지 면적의 10퍼센트 미만을 변경하는 경우. 다만, 도로의 경우 시작지점 또는 끝지점이 변경되지 않는 경우로서 중심선이 종전 도로의 범위를 벗어나지 않는 경우로 한정한다.
   나. 지형사정으로 인한 기반시설의 근소한 위치변경 또는 비탈면 등으로 인한 시설부지의 불가피한 변경인 경우
3. 건축물의 배치·형태·색채 또는 높이의 변경인 경우
4. 그 밖에 특별시·광역시·특별자치시·특별자치도·시 또는 군의 도시·군계획조례로 정하는 경미한 변경인 경우

④ 법 제75조의3제4항에서 준용하는 법 제75조의2제5항에 따른 성장관리계획의 수립 또는 변경 고시는 해당 특별시·광역시·특별자치시·특별자치도·시 또는 군의 공보와 인터넷 홈페이지에 다음 각 호의 사항을 게재하는 방법으로 한다.

1. 성장관리계획의 수립 또는 변경 목적

법	시 행 령	시 행 규 칙
	2. 법 제75조의3제1항에 따른 성장관리계획의 수립 또는 변경 내용 ⑤ 특별시장 · 광역시장 · 특별자치시장 · 특별자치도지사 · 시장 또는 군수는 법 제75조의3제5항에 따라 성장관리계획을 재검토하여 정비하는 경우에는 다음 각 호의 사항을 포함하여 검토한 후 그 결과를 성장관리계획 입안에 반영해야 한다. 1. 개발수요의 주변지역으로의 확산 방지 등을 고려한 성장관리계획구역의 면적 또는 경계의 적정성 2. 성장관리계획이 난개발의 방지 및 체계적인 관리 등 성장관리계획구역의 지정목적을 충분히 달성하고 있는지 여부 3. 성장관리계획구역의 지정목적을 달성하는 수준을 초과하여 건축물의 용도를 제한하는 등 토지소유자의 토지이용을 과도하게 제한하고 있는지 여부 4. 향후 예상되는 여건변화 [본조신설 2021.7.6.]	
제75조의4【성장관리계획구역에서의 개발행위 등】 성장관리계획구역에서 개발행위 또는 건축물의 용도변경을 하려면 그 성장관리계획에 맞게 하여야 한다. [본조신설 2021.1.12.]	**제70조의15【성장관리계획구역 지정 등의 세부기준】** 제70조의12부터 제70조의14까지의 규정에 따른 성장관리계획구역 지정 · 변경의 기준 및 절차, 성장관리계획 수립 · 변경의 기준 및 절차 등에 관한 세부적인 사항은 국토교통부장관이 정하여 고시한다. [본조신설 2021.7.6.]	**고시** 성장관리계획수립지침(국토교통부훈령 제1428호, 2021.9.14., 전부개정)
제6장 용도지역 · 용도지구 및 용도구역안에서의 행위제한〈개정 2009.2.6.〉	**제6장 용도지역 · 용도지구 및 용도구역안에서의 행위제한**	
제76조【용도지역 및 용도지구에서의 건축물의 건축 제한	**제71조【용도지역안에서의 건축제한】** ① 법 제76조제1항	**제12조【계획관리지역에 휴게음식점**

법	시행령	시행규칙
등】 ① 제36조에 따라 지정된 용도지역에서의 건축물이나 그 밖의 시설의 용도·종류 및 규모 등의 제한에 관한 사항은 대통령령으로 정한다. ② 제37조에 따라 지정된 용도지구에서의 건축물이나 그 밖의 시설의 용도·종류 및 규모 등의 제한에 관한 사항은 이 법 또는 다른 법률에 특별한 규정이 있는 경우 외에는 대통령령으로 정하는 기준에 따라 특별시·광역시·특별자치시·특별자치도·시 또는 군의 조례로 정할 수 있다. 〈개정 2011.4.14.〉 ③ 제1항과 제2항에 따른 건축물이나 그 밖의 시설의 용도·종류 및 규모 등의 제한은 해당 용도지역과 용도지구의 지정목적에 적합하여야 한다. ④ 건축물이나 그 밖의 시설의 용도·종류 및 규모 등을 변경하는 경우 변경 후의 건축물이나 그 밖의 시설의 용도·종류 및 규모 등은 제1항과 제2항에 맞아야 한다. ⑤ 다음 각 호의 어느 하나에 해당하는 경우의 건축물이나 그 밖의 시설의 용도·종류 및 규모 등의 제한에 관하여는 제1항부터 제4항까지의 규정에도 불구하고 각 호에서 정하는 바에 따른다. 〈개정 2015.8.11., 2017.4.18., 2023.3.21., 2023.8.8., 2024.2.6.〉 1. 제37조제1항제6호에 따른 취락지구에서는 취락지구의 지정목적 범위에서 대통령령으로 따로 정한다. 1의2. 제37조제1항제7호에 따른 개발진흥지구에서는 개발진흥지구의 지정목적 범위에서 대통령령으로 따로 정한다. 1의3. 제37조제1항제9호에 따른 복합용도지구에서는 복합용도지구의 지정목적 범위에서 대통령령으로 따로 정한다. 2. 「산업입지 및 개발에 관한 법률」 제2조제8호라목에 따른 농공단지에서는 같은 법에서 정하는 바에 따른다.	에 따른 용도지역안에서의 건축물의 용도·종류 및 규모 등의 제한(이하 "건축제한"이라 한다)은 다음 각 호와 같다. 〈개정 2014.1.14.〉 1. 제1종전용주거지역안에서 건축할 수 있는 건축물 : 별표 2에 규정된 건축물 2. 제2종전용주거지역안에서 건축할 수 있는 건축물 : 별표 3에 규정된 건축물 3. 제1종일반주거지역안에서 건축할 수 있는 건축물 : 별표 4에 규정된 건축물 4. 제2종일반주거지역안에서 건축할 수 있는 건축물 : 별표 5에 규정된 건축물 5. 제3종일반주거지역안에서 건축할 수 있는 건축물 : 별표 6에 규정된 건축물 6. 준주거지역안에서 건축할 수 없는 건축물 : 별표 7에 규정된 건축물 7. 중심상업지역안에서 건축할 수 없는 건축물 : 별표 8에 규정된 건축물 8. 일반상업지역안에서 건축할 수 없는 건축물 : 별표 9에 규정된 건축물 9. 근린상업지역안에서 건축할 수 없는 건축물 : 별표 10에 규정된 건축물 10. 유통상업지역안에서 건축할 수 없는 건축물 : 별표 11에 규정된 건축물 11. 전용공업지역안에서 건축할 수 있는 건축물 : 별표 12에 규정된 건축물 12. 일반공업지역안에서 건축할 수 있는 건축물 : 별표 13에 규정된 건축물 13. 준공업지역안에서 건축할 수 없는 건축물 : 별표 14에 규	**등을 설치할 수 없는 지역】** 영 별표 20 제1호다목·라목 및 사목에서 "국토교통부령으로 정하는 기준에 해당하는 지역"이란 별표 2의 지역을 말한다. [전문개정 2014.1.17.]

법	시 행 령	시 행 규 칙
3. 농림지역 중 농업진흥지역, 보전산지 또는 초지인 경우에는 각각 「농지법」, 「산지관리법」 또는 「초지법」에서 정하는 바에 따른다. 4. 자연환경보전지역 중 「자연공원법」에 따른 공원구역, 「수도법」에 따른 상수원보호구역, 「문화 유산의 보존 및 활용에 관한 법률」에 따라 지정된 지정문화유산과 그 보호구역, 「자연유산의 보존 및 활용에 관한 법률」에 따라 지정된 천연기념물등과 그 보호구역, 「해양생태계의 보전 및 관리에 관한 법률」에 따른 해양보호구역인 경우에는 각각 「자연공원법」, 「수도법」, 「문화 유산의 보존 및 활용에 관한 법률」, 「자연유산의 보존 및 활용에 관한 법률」 또는 「해양생태계의 보전 및 관리에 관한 법률」에서 정하는 바에 따른다. 5. 자연환경보전지역 중 수산자원보호구역인 경우에는 「수산자원관리법」에서 정하는 바에 따른다. ⑥ 보전관리지역이나 생산관리지역에 대하여 농림축산식품부장관 · 해양수산부장관 · 환경부장관 또는 산림청장이 농지보전, 자연환경 보전, 해양환경 보전 또는 산림 보전에 필요하다고 인정하는 경우에는 「농지법」, 「자연환경보전법」, 「야생생물 보호 및 관리에 관한 법률」, 「해양생태계의 보전 및 관리에 관한 법률」 또는 「산림자원의 조성 및 관리에 관한 법률」에 따라 건축물이나 그 밖의 시설의 용도 · 종류 및 규모 등을 제한할 수 있다. 이 경우 이 법에 따른 제한의 취지와 형평을 이루도록 하여야 한다. 〈개정 2011.7.28, 2013.3.23〉 [전문개정 2009.2.6]	정된 건축물 14. 보전녹지지역안에서 건축할 수 있는 건축물 : 별표 15에 규정된 건축물 15. 생산녹지지역안에서 건축할 수 있는 건축물 : 별표 16에 규정된 건축물 16. 자연녹지지역안에서 건축할 수 있는 건축물 : 별표 17에 규정된 건축물 17. 보전관리지역안에서 건축할 수 있는 건축물 : 별표 18에 규정된 건축물 18. 생산관리지역안에서 건축할 수 있는 건축물 : 별표 19에 규정된 건축물 19. 계획관리지역안에서 건축할 수 없는 건축물 : 별표 20에 규정된 건축물 20. 농림지역안에서 건축할 수 있는 건축물 : 별표 21에 규정된 건축물 21. 자연환경보전지역안에서 건축할 수 있는 건축물 : 별표 22에 규정된 건축물 ② 제1항의 규정에 의한 건축제한을 적용함에 있어서 부속건축물에 대하여는 주된 건축물에 대한 건축제한에 의한다. ③ 제1항에도 불구하고 「건축법 시행령」 별표 1에서 정하는 건축물 중 다음 각 호의 요건을 모두 충족하는 건축물의 종류 및 규모 등의 제한에 관하여는 해당 특별시 · 광역시 · 특별자치시 · 특별자치도 · 시 또는 군의 도시 · 군계획조례로 따로 정할 수 있다. 〈개정 2012.4.10.〉 1. 2012년 1월 20일 이후에 「건축법 시행령」 별표 1에서 새로이 규정하는 건축물일 것 2. 별표 2부터 별표 22까지의 규정에서 정하지 아니한 건축물일 것	

제72조 【경관지구안에서의 건축제한】 ① 경관지구안에서는 그 지구의 경관의 보전·관리·형성에 장애가 된다고 인정하여 도시·군계획조례가 정하는 건축물을 건축할 수 없다. 다만, 특별시장·광역시장·특별자치시장·특별자치도지사·시장 또는 군수가 지구의 지정목적에 위배되지 아니하는 범위안에서 도시·군계획조례가 정하는 기준에 적합하다고 인정하여 해당 지방자치단체에 설치된 도시계획위원회의 심의를 거친 경우에는 그러하지 아니하다. 〈개정 2017.12.29.〉

② 경관지구안에서의 건축물의 건폐율·용적률·높이·최대너비·색채 및 대지안의 조경 등에 관하여는 그 지구의 경관의 보전·관리·형성에 필요한 범위안에서 도시·군계획조례로 정한다. 〈개정 2017.12.29.〉

③ 제1항 및 제2항에도 불구하고 다음 각 호의 어느 하나에 해당하는 경우에는 해당 경관지구의 지정에 관한 도시·군관리계획으로 건축제한의 내용을 따로 정할 수 있다. 〈신설 2017.12.29.〉

1. 제1항 및 제2항에 따라 도시·군계획조례로 정해진 건축제한의 전부를 적용하는 것이 주변지역의 토지이용 상황이나 여건 등에 비추어 불합리한 경우. 이 경우 도시·군관리계획으로 정할 수 있는 건축제한은 도시·군계획조례로 정해진 건축제한의 일부에 한정하여야 한다.
2. 제1항 및 제2항에 따라 도시·군계획조례로 정해진 건축제한을 적용하여도 해당 지구의 위치, 환경, 그 밖의 특성에 따라 경관의 보전·관리·형성이 어려운 경우. 이 경우 도시·군관리계획으로 정할 수 있는 건축제한은 규모(건축물 등의 앞면 길이에 대한 옆면길이 또는 높이의 비율을 포함한다) 및 형태, 건축물 바깥쪽으로 돌출하는 건축설비 및 그

법	시 행 령	시 행 규 칙
	밖의 유사한 것의 형태나 그 설치의 제한 또는 금지에 관한 사항으로 한정한다. **제73조** 〈삭제 2017.12.29.〉 **제74조【고도지구안에서의 건축제한】** 고도지구안에서는 도시·군관리계획으로 정하는 높이를 초과하는 건축물을 건축할 수 없다. 〈개정 2017.12.29.〉 **제75조【방재지구안에서의 건축제한】** 방재지구안에서는 풍수해 · 산사태 · 지반붕괴 · 지진 그 밖에 재해예방에 장애가 된다고 인정하여 도시 · 군계획조례가 정하는 건축물을 건축할 수 없다. 다만, 특별시장 · 광역시장 · 특별자치시장 · 특별자치도지사 · 시장 또는 군수가 지구의 지정목적에 위배되지 아니하는 범위안에서 도시 · 군계획조례가 정하는 기준에 적합하다고 인정하여 당해 지방자치단체에 설치된 도시계획위원회의 심의를 거친 경우에는 그러하지 아니하다. 〈개정 2012.4.10.〉 **제76조【보호지구 안에서의 건축제한】** 보호지구 안에서는 다음 각호의 구분에 따른 건축물에 한하여 건축할 수 있다. 다만, 특별시장 · 광역시장 · 특별자치시장 · 특별자치도지사 · 시장 또는 군수가 지구의 지정목적에 위배되지 아니하는 범위안에서 도시 · 군계획조례가 정하는 기준에 적합하다고 인정하여 관계 행정기관의 장과의 협의 및 당해 지방자치단체에 설치된 도시계획위원회의 심의를 거친 경우에는 그러하지 아니하다. 〈개정 2017.12.29., 2024.5.7.〉 1. 역사문화환경보호지구 : 「국가유산기본법」의 적용을 받	

는 국가유산을 직접 관리 · 보호하기 위한 건축물과 문화적으로 보존가치가 큰 지역의 보호 및 보존을 저해하지 아니하는 건축물로서 도시 · 군계획조례가 정하는 것

2. 중요시설물보호지구 : 중요시설물의 보호와 기능 수행에 장애가 되지 아니하는 건축물로서 도시 · 군계획조례가 정하는 것. 이 경우 제31조제3항에 따라 공항시설에 관한 보호지구를 세분하여 지정하려는 경우에는 공항시설을 보호하고 항공기의 이 · 착륙에 장애가 되지 아니하는 범위에서 건축물의 용도 및 형태 등에 관한 건축제한을 포함하여 정할 수 있다.

3. 생태계보호지구 : 생태적으로 보존가치가 큰 지역의 보호 및 보존을 저해하지 아니하는 건축물로서 도시 · 군계획조례가 정하는 것

[제목개정 2017.12.29.]

제77조 〈삭제 2017.12.29.〉

제78조【취락지구안에서의 건축제한】 ① 법 제76조제5항제1호의 규정에 의하여 자연취락지구안에서 건축할 수 있는 건축물은 별표 23과 같다.

② 집단취락지구안에서의 건축제한에 관하여는 개발제한구역의지정및관리에관한특별조치법령이 정하는 바에 의한다.

제79조【개발진흥지구안에서의 건축제한】 ① 법 제76조제5항제1호의2에 따라 지구단위계획 또는 관계 법률에 따른 개발계획을 수립하는 개발진흥지구에서는 지구단위계획 또는 관계 법률에 따른 개발계획에 위반하여 건축물을 건축할 수 없으며, 지구단위계획 또는 개발계획이 수립되기 전에는 개

법	시 행 령	시 행 규 칙
	발진흥지구의 계획적 개발에 위배되지 아니하는 범위에서 도시 · 군계획조례로 정하는 건축물을 건축할 수 있다. ② 법 제76조제5항제1호의2에 따라 지구단위계획 또는 관계 법률에 따른 개발계획을 수립하지 아니하는 개발진흥지구에서는 해당 용도지역에서 허용되는 건축물을 건축할 수 있다. ③ 제2항에도 불구하고 산업 · 유통개발진흥지구에서는 해당 용도지역에서 허용되는 건축물 외에 해당 지구계획(해당 지구의 토지이용, 기반시설 설치 및 환경오염 방지 등에 관한 계획을 말한다)에 따라 다음 각 호의 구분에 따른 요건을 갖춘 건축물 중 도시 · 군계획조례로 정하는 건축물을 건축할 수 있다. 〈개정 2019.8.20.〉 1. 계획관리지역: 계획관리지역에서 건축이 허용되지 아니하는 공장 중 다음 각 목의 요건을 모두 갖춘 것 가. 「대기환경보전법」, 「수질 및 수생태계 보전에 관한 법률」 또는 「소음 · 진동관리법」에 따른 배출시설의 설치 허가 · 신고 대상이 아닐 것 나. 「악취방지법」에 따른 배출시설이 없을 것 다. 「산업집적활성화 및 공장설립에 관한 법률」 제9조제1항 또는 제13조제1항에 따른 공장설립 가능 여부의 확인 또는 공장설립등의 승인에 필요한 서류를 갖추어 법 제30조제1항에 따라 관계 행정기관의 장과 미리 협의하였을 것 2. 자연녹지지역 · 생산관리지역 · 보전관리지역 또는 농림지역: 해당 용도지역에서 건축이 허용되지 않는 공장 중 다음 각 목의 요건을 모두 갖춘 것 가. 산업 · 유통개발진흥지구 지정 전에 계획관리지역에 설치된 기존 공장이 인접한 용도지역의 토지로 확장하여 설	

치하는 공장일 것

나. 해당 용도지역에 확장하여 설치되는 공장부지의 규모가 3천제곱미터 이하일 것. 다만, 해당 용도지역 내에 기반시설이 설치되어 있거나 기반시설의 설치에 필요한 용지의 확보가 충분하고 주변지역의 환경오염·환경훼손 우려가 없는 경우로서 도시계획위원회의 심의를 거친 경우에는 5천 제곱미터까지로 할 수 있다.

[전문개정 2016.2.11.]

제80조【특정용도제한지구안에서의 건축제한】 특정용도제한지구안에서는 주거기능 및 교육환경을 훼손하거나 청소년 정서에 유해하다고 인정하여 도시·군계획조례가 정하는 건축물을 건축할 수 없다. 〈개정 2017.12.29.〉

제81조【복합용도지구에서의 건축제한】 법 제76조제5항제1호의3에 따라 복합용도지구에서는 해당 용도지역에서 허용되는 건축물 외에 다음 각 호에 따른 건축물 중 도시·군계획조례가 정하는 건축물을 건축할 수 있다.

1. 일반주거지역: 준주거지역에서 허용되는 건축물. 다만, 다음 각 목의 건축물은 제외한다.
   가. 「건축법 시행령」 별표 1 제4호의 제2종 근린생활시설 중 안마시술소
   나. 건축법 시행령」 별표 1 제5호다목의 관람장
   다. 「건축법 시행령」 별표 1 제17호의 공장
   라. 「건축법 시행령」 별표 1 제19호의 위험물 저장 및 처리 시설
   마. 「건축법 시행령」 별표 1 제21호의 동물 및 식물 관련 시설
   바. 「건축법 시행령」 별표 1 제28호의 장례시설

법	시 행 령	시 행 규 칙
	2. 일반공업지역: 준공업지역에서 허용되는 건축물. 다만 다음 각 목의 건축물은 제외한다. 가. 「건축법 시행령」 별표 1 제2호가목의 아파트 나. 「건축법 시행령」 별표 1 제4호의 제2종 근린생활시설 중 단란주점 및 안마시술소 다. 「건축법 시행령」 별표 1 제11호의 노유자시설 3. 계획관리지역: 다음 각 목의 어느 하나에 해당하는 건축물 가. 「건축법 시행령」 별표 1 제4호의 제2종 근린생활시설 중 일반음식점·휴게음식점·제과점(별표 20 제1호라목에 따라 건축할 수 없는 일반음식점·휴게음식점·제과점은 제외한다) 나. 「건축법 시행령」 별표 1 제7호의 판매시설 다. 「건축법 시행령」 별표 1 제15호의 숙박시설(별표 20 제1호사목에 따라 건축할 수 없는 숙박시설은 제외한다) 라. 「건축법 시행령」 별표 1 제16호다목의 유원시설업의 시설, 그 밖에 이와 비슷한 시설 [본조신설 2017.12.29.] **제82조【그 밖의 용도지구안에서의 건축제한】** 제72조 부터 제80조까지에 규정된 용도지구외의 용도지구안에서의 건축제한에 관하여는 그 용도지구지정의 목적달성에 필요한 범위안에서 특별시 · 광역시 · 특별자치시 · 특별자치도 · 시 또는 군의 도시 · 군계획조례로 정한다. 〈개정 2016.12.30.〉 **제83조【용도지역 · 용도지구 및 용도구역안에서의 건축제한의 예외 등】** ① 용도지역 · 용도지구안에서의 도시 · 군계획시설에 대하여는 제71조 내지 제82조의 규정을 적용하지 아니한다. 〈개정 2012.4.10.〉	

법	시 행 령	시 행 규 칙
	② 경관지구 또는 고도지구 안에서의 「건축법 시행령」 제6조제1항제6호에 따른 리모델링이 필요한 건축물에 대해서는 제72조부터 제74조까지의 규정에도 불구하고 같은 법 시행령 제6조제1항제5호에 따라 건축물의 높이·규모 등의 제한을 완화하여 제한할 수 있다. 〈개정 2017.12.29.〉 ③ 개발제한구역, 도시자연공원구역, 시가화조정구역 및 수산자원보호구역 안에서의 건축제한에 관하여는 다음 각 호의 법령 또는 규정에서 정하는 바에 따른다. 〈개정 2015.7.6.〉 1. 개발제한구역 안에서의 건축제한: 「개발제한구역의 지정 및 관리에 관한 특별조치법」 2. 도시자연공원구역 안에서의 건축제한: 「도시공원 및 녹지 등에 관한 법률」 3. 시가화조정구역 안에서의 건축제한: 제87조부터 제89조까지의 규정 4. 수산자원보호구역 안에서의 건축제한: 「수산자원관리법」 ④ 용도지역·용도지구 또는 용도구역안에서의 건축물이 아닌 시설의 용도·종류 및 규모 등의 제한에 관하여는 별표 2부터 별표 25까지, 제72조, 제74조부터 제76조까지, 제79조, 제80조 및 제82조에 따른 건축물에 관한 사항을 적용한다. 다만, 다음 각 호의 시설의 용도·종류 및 규모 등의 제한에 관하여는 적용하지 아니한다. 〈개정 2017.12.29.〉 1. 「관광진흥법」 제3조제1항제6호에 따른 유원시설업(이하 "유원시설업"이라 한다)을 위한 유기시설(遊技施設)·유기기구(遊技機具)로서 다음 각 목의 요건을 모두 갖춘 시설 가. 철로를 활용하는 궤도주행형 유기시설·유기기구일 것 나. 가목의 철로는 「철도사업법」 제4조에 따라 지정·고시된 사항의 변경으로 사업용철도노선에서 제외된 기존 선로일 것	**관계법** 「관광진흥법」 제3조제1항제6호 6. 유원시설업(遊園施設業) : 유기시설(遊技施設)이나 유기기구(遊技機具)를 갖추어 이를 관광객에게 이용하게 하는 업(다른 영업을 경영하면서 관광객의 유치 또는 광고 등을 목적으로 유기시설이나 유기기구를 설치하여 이를 이용하게 하는 경우를 포함한다)

법

제77조【용도지역에서의 건폐율】 ① 제36조에 따라 지정된 용도지역에서 건폐율의 최대한도는 관할 구역의 면적과 인구 규모, 용도지역의 특성 등을 고려하여 다음 각 호의 범위에서 대통령령으로 정하는 기준에 따라 특별시 · 광역시 · 특별자치시 · 특별자치도 · 시 또는 군의 조례로 정한다. 〈개정 2015.8.11.〉

1. 도시지역
  가. 주거지역 : 70퍼센트 이하
  나. 상업지역 : 90퍼센트 이하
  다. 공업지역 : 70퍼센트 이하
  라. 녹지지역 : 20퍼센트 이하
2. 관리지역
  가. 보전관리지역 : 20퍼센트 이하

시 행 령

2. 제1호의 유기시설·유기기구를 설치하는 유원시설업을 위하여 「관광진흥법」 제5조제2항에 따라 갖추어야 하는 시설

⑤ 용도지역 · 용도지구 또는 용도구역안에서 허용되는 건축물 또는 시설을 설치하기 위하여 공사현장에 설치하는 자재야적장, 레미콘 · 아스콘생산시설 등 공사용 부대시설은 제4항 및 제55조 · 제56조의 규정에 불구하고 당해 공사에 필요한 최소한의 면적의 범위안에서 기간을 정하여 사용후에 그 시설 등을 설치한 자의 부담으로 원상복구할 것을 조건으로 설치를 허가할 수 있다. 〈신설 2004.1.20.〉

⑥ 방재지구안에서는 제71조에 따른 용도지역안에서의 건축제한 중 층수 제한에 있어서는 1층 전부를 필로티 구조로 하는 경우 필로티 부분을 층수에서 제외한다. 〈신설 2014.1.14.〉

⑦ 〈삭제 2017.12.29.〉

제84조【용도지역안에서의 건폐율】 ① 법 제77조제1항 및 제2항에 따른 건폐율은 다음 각 호의 범위에서 특별시 · 광역시 · 특별자치시 · 특별자치도 · 시 또는 군의 도시 · 군계획조례가 정하는 비율 이하로 한다. 〈개정 2019.12.31.〉

1. 제1종전용주거지역 : 50퍼센트 이하
2. 제2종전용주거지역 : 50퍼센트 이하
3. 제1종일반주거지역 : 60퍼센트 이하
4. 제2종일반주거지역 : 60퍼센트 이하
5. 제3종일반주거지역 : 50퍼센트 이하
6. 준주거지역 : 70퍼센트 이하
7. 중심상업지역 : 90퍼센트 이하
8. 일반상업지역 : 80퍼센트 이하
9. 근린상업지역 : 70퍼센트 이하

시 행 규 칙

제5조(허가와 신고)

① 제3조제1항제5호에 따른 카지노업을 경영하려는 자는 전용영업장 등 문화체육관광부령으로 정하는 시설과 기구를 갖추어 문화체육관광부장관의 허가를 받아야 한다. 〈개정 2008.2.29.〉

② 제3조제1항제6호에 따른 유원시설업 중 대통령령으로 정하는 유원시설업을 경영하려는 자는 문화체육관광부령으로 정하는 시설과 설비를 갖추어 특별자치시장 · 특별자치도지사 · 시장 · 군수 · 구청장의 허가를 받아야 한다. 〈개정 2018.6.12.〉

③~⑤ 〈생략〉

법	시 행 령	시 행 규 칙
나. 생산관리지역 : 20퍼센트 이하 다. 계획관리지역 : 40퍼센트 이하 3. 농림지역 : 20퍼센트 이하 4. 자연환경보전지역 : 20퍼센트 이하 ② 제36조제2항에 따라 세분된 용도지역에서의 건폐율에 관한 기준은 제1항 각 호의 범위에서 대통령령으로 따로 정한다. ③ 다음 각 호의 어느 하나에 해당하는 지역에서의 건폐율에 관한 기준은 제1항과 제2항에도 불구하고 80퍼센트 이하의 범위에서 대통령령으로 정하는 기준에 따라 특별시·광역시·특별자치시·특별자치도·시 또는 군의 조례로 따로 정한다. 〈개정 2015.8.11., 2017.4.18.〉 1. 제37조제1항제6호에 따른 취락지구 2. 제37조제1항제7호에 따른 개발진흥지구(도시지역 외의 지역 또는 대통령령으로 정하는 용도지역만 해당한다) 3. 제40조에 따른 수산자원보호구역 4. 「자연공원법」 에 따른 자연공원 5. 「산업입지 및 개발에 관한 법률」 제2조제8호라목에 따른 농공단지 6. 공업지역에 있는 「산업입지 및 개발에 관한 법률」 제2조제8호가목부터 다목까지의 규정에 따른 국가산업단지, 일반산업단지 및 도시첨단산업단지와 같은 조 제12호에 따른 준산업단지 ④ 다음 각 호의 어느 하나에 해당하는 경우로서 대통령령으로 정하는 경우에는 제1항에도 불구하고 대통령령으로 정하는 기준에 따라 특별시·광역시·특별자치시·특별자치도·시 또는 군의 조례로 건폐율을 따로 정할 수 있다. 〈개정 2011.9.16.〉	10. 유통상업지역 : 80퍼센트 이하 11. 전용공업지역 : 70퍼센트 이하 12. 일반공업지역 : 70퍼센트 이하 13. 준공업지역 : 70퍼센트 이하 14. 보전녹지지역 : 20퍼센트 이하 15. 생산녹지지역 : 20퍼센트 이하 16. 자연녹지지역 : 20퍼센트 이하 17. 보전관리지역 : 20퍼센트 이하 18. 생산관리지역 : 20퍼센트 이하 19. 계획관리지역 : 40퍼센트 이하 20. 농림지역 : 20퍼센트 이하 21. 자연환경보전지역 : 20퍼센트 이하 ② 제1항의 규정에 의하여 도시·군계획조례로 용도지역별 건폐율을 정함에 있어서 필요한 경우에는 당해 지방자치단체의 관할구역을 세분하여 건폐율을 달리 정할 수 있다. 〈개정 2012.4.10.〉 ③ 법 제77조3항제2호에서 "대통령령으로 정하는 용도지역"이란 자연녹지지역을 말한다. 〈신설 2016.2.11.〉 ④ 법 제77조제3항에 따라 다음 각 호의 지역에서의 건폐율은 각 호에서 정한 범위에서 특별시·광역시·특별자치시·특별자치도·시 또는 군의 도시·군계획조례로 정하는 비율 이하로 한다. 〈개정 2016.2.11., 2019.12.31., 2024.5.28.〉 1. 취락지구 : 60퍼센트 이하(집단취락지구에 대하여는 개발제한구역의지정및관리에관한특별조치법령이 정하는 바에 의한다) 2. 개발진흥지구: 다음 각 목에서 정하는 비율 이하 가. 도시지역 외의 지역에 지정된 경우: 40퍼센트. 다만, 계획관리지역에 제31조제2항제8호나목에 따른 산업·유	

법	시 행 령	시 행 규 칙
1. 토지이용의 과밀화를 방지하기 위하여 건폐율을 강화할 필요가 있는 경우 2. 주변 여건을 고려하여 토지의 이용도를 높이기 위하여 건폐율을 완화할 필요가 있는 경우 3. 녹지지역, 보전관리지역, 생산관리지역, 농림지역 또는 자연환경보전지역에서 농업용 · 임업용 · 어업용 건축물을 건축하려는 경우 4. 보전관리지역, 생산관리지역, 농림지역 또는 자연환경보전지역에서 주민생활의 편익을 증진시키기 위한 건축물을 건축하려는 경우 ⑤ 삭제 〈2021.1.12.〉 [전문개정 2009.2.6]	통개발진흥지구가 지정된 경우에는 60퍼센트로 한다. 나. 자연녹지지역에 지정된 경우: 30퍼센트 3. 수산자원보호구역 : 40퍼센트 이하 4. 「자연공원법」에 따른 자연공원 : 60퍼센트 이하 5. 「산업입지 및 개발에 관한 법률」 제2조제8호라목에 따른 농공단지 : 70퍼센트 이하 6. 공업지역에 있는 「산업입지 및 개발에 관한 법률」 제2조제8호가목부터 다목까지의 규정에 따른 국가산업단지 · 일반산업단지 · 도시첨단산업단지 및 같은 조 제12호에 따른 준산업단지: 80퍼센트 이하 ⑤ 특별시장 · 광역시장 · 특별자치시장 · 특별자치도지사 · 시장 또는 군수가 법 제77조제4항제1호에 따라 도시지역에서 토지이용의 과밀화를 방지하기 위하여 건폐율을 낮춰야 할 필요가 있다고 인정하여 당해 지방자치단체에 설치된 도시계획위원회의 심의를 거쳐 정한 구역안에서의 건축물의 경우에는 그 건폐율은 그 구역에 적용할 건폐율의 최대한도의 40퍼센트 이상의 범위에서 특별시 · 광역시 · 특별자치시 · 특별자치도 · 시 또는 군의 도시 · 군계획조례가 정하는 비율 이하로 한다. 〈개정 2016.2.11., 2019.12.31.〉 ⑥ 법 제77조제4항제2호에 따라 다음 각 호의 어느 하나에 해당하는 건축물의 경우에는 제1항에도 불구하고 그 건폐율은 다음 각 호에서 정하는 비율을 초과할 수 없다. 〈개정 2014.1.14., 2014.10.15., 2015.7.6., 2016.2.11., 2.16.5.17., 2019.8.20., 2019.12.31., 2020.5.26., 2021.7.6., 2024.5.7., 2024.9.10.〉 1. 준주거지역 · 일반상업지역 · 근린상업지역 · 전용공업지역 · 일반공업지역 · 준공업지역 중 방화지구의 건축물로서 주요 구조부와 외벽이 내화구조인 건축물 중 도시 · 군계획조	

법	시 행 령	시 행 규 칙
	례로 정하는 건축물: 80퍼센트 이상 90퍼센트 이하의 범위에서 특별시 · 광역시 · 특별자치시 · 특별자치도 · 시 또는 군의 도시계획조례로 정하는 비율 가. 삭제 〈2014.1.14.〉 나. 삭제 〈2014.1.14.〉 2. 녹지지역 · 관리지역 · 농림지역 및 자연환경보전지역의 건축물로서 법 제37조제4항 후단에 따른 방재지구의 재해저감대책에 부합하게 재해예방시설을 설치한 건축물: 제1항 각 호에 따른 해당 용도지역별 건폐율의 150퍼센트 이하의 범위에서 도시 · 군계획조례로 정하는 비율 3. 자연녹지지역의 창고시설 또는 연구소(자연녹지지역으로 지정될 당시 이미 준공된 것으로서 기존 부지에서 증축하는 경우만 해당한다) : 40퍼센트의 범위에서 최초 건축허가 시 그 건축물에 허용된 건폐율 4. 계획관리지역의 기존 공장 · 창고시설 또는 연구소(2003년 1월 1일 전에 준공되고 기존 부지에 증축하는 경우로서 해당 지방도시계획위원회의 심의를 거쳐 도로 · 상수도 · 하수도 등의 반시설이 충분히 확보되었다고 인정되거나, 도시 · 군계획조례로 정하는 기반시설 확보 요건을 충족하는 경우만 해당한다): 50퍼센트의 범위에서 도시 · 군계획조례로 정하는 비율 5. 녹지지역 · 보전관리지역 · 생산관리지역 · 농림지역 또는 자연환경보전지역의 건축물로서 다음 각 목의 어느 하나에 해당하는 건축물: 30퍼센트의 범위에서 도시 · 군계획조례로 정하는 비율 가. 「전통사찰의 보존 및 지원에 관한 법률」 제2조제1호에 따른 전통사찰 나. 「문화유산의 보존 및 활용에 관한 법률」 에 따른 지정	

법	시 행 령	시 행 규 칙
	문화유산, 「근현대문화유산의 보존 및 활용에 관한 법률」에 따른 국가등록문화유산 또는 「자연유산의 보존 및 활용에 관한 법률」에 따른 천연기념물등 다. 「건축법 시행령」 제2조제16호에 따른 한옥 6. 종전의 「도시계획법」(2000년 1월 28일 법률 제6243호로 개정되기 전의 것을 말한다) 제2조제1항제10호에 따른 일단의 공업용지조성사업 구역(이 조 제4항제6호에 따른 산업단지 또는 준산업단지와 연접한 것에 한정한다) 내의 공장으로서 관할 특별시장 · 광역시장 · 특별자치시장 · 특별자치도지사 · 시장 또는 군수가 해당 지방도시계획위원회의 심의를 거쳐 기반시설의 설치 및 그에 필요한 용지의 확보가 충분하고 주변지역의 환경오염 우려가 없다고 인정하는 공장: 80퍼센트 이하의 범위에서 도시 · 군계획조례로 정하는 비율 7. 자연녹지지역의 학교(「초 · 중등교육법」 제2조에 따른 학교 및 「고등교육법」 제2조제1호부터 제5호까지의 규정에 따른 학교를 말한다)로서 다음 각 목의 요건을 모두 충족하는 학교: 30퍼센트의 범위에서 도시 · 군계획조례로 정하는 비율 가. 기존 부지에서 증축하는 경우일 것 나. 학교 설치 이후 개발행위 등으로 해당 학교의 기존 부지가 건축물, 그 밖의 시설로 둘러싸여 부지 확장을 통한 증축이 곤란한 경우로서 해당 도시계획위원회의 심의를 거쳐 기존 부지에서의 증축이 불가피하다고 인정될 것 다. 「고등교육법」 제2조제1호부터 제5호까지의 규정에 따른 학교의 경우 「대학설립 · 운영 규정」 별표 2에 따른 교육기본시설, 지원시설 또는 연구시설의 증축일 것 8. 자연녹지지역의 주유소 또는 액화석유가스 충전소로서 다음 각 목의 요건을 모두 충족하는 건축물: 30퍼센트의 범위에서 도시 · 군계획조례로 정하는 비율	

가. 2021년 7월 13일 전에 준공되었을 것

나. 다음의 요건을 모두 충족하는 「환경친화적 자동차의 개발 및 보급 촉진에 관한 법률」 제2조제9호에 따른 수소연료공급시설의 증축이 예정되어 있을 것

1) 기존 주유소 또는 액화석유가스 충전소의 부지에 증축할 것

2) 2024년 12월 31일 이전에 증축 허가를 신청할 것

⑦ 제1항에도 불구하고 법 제77조제4항제3호 및 제4호에 따라 보전관리지역 · 생산관리지역 · 농림지역 또는 자연환경보전지역에 「농지법」 제32조제1항에 따라 건축할 수 있는 건축물의 건폐율은 60퍼센트 이하의 범위에서 특별시 · 광역시 · 특별자치시 · 특별자치도 · 시 또는 군의 도시·군계획조례로 정하는 비율 이하로 한다. 〈개정 2016.2.11., 2019.12.31., 2023.3.21.〉

⑧ 제1항에도 불구하고 법 제77조제4항제3호에 따라 생산녹지지역 또는 자연녹지지역(자연녹지지역은 도시 · 군계획조례로 정하는 지역으로 한정한다. 이하 이 항에서 같다)에 건축할 수 있는 다음 각 호의 건축물의 경우에 그 건폐율은 해당 생산녹지지역 또는 자연녹지지역이 위치한 특별시 · 광역시 · 특별자치시 · 특별자치도 · 시 또는 군의 농어업 인구 현황, 농수산물 가공 · 처리시설의 수급실태 등을 종합적으로 고려하여 60퍼센트 이하(자연녹지지역의 경우에는 40퍼센트 이하)의 범위에서 해당 특별시 · 광역시 · 특별자치시 · 특별자치도 · 시 또는 군의 도시 · 군계획조례로 정하는 비율 이하로 한다. 〈개정 2015.12.15., 2016.2.11., 2019.12.31., 2024.1.26.〉

1. 「농지법」 제32조제1항제1호에 따른 농수산물의 가공· 처리시설[해당 특별시·광역시 · 특별자치시 · 특별자치도 · 시

관계법 「농지법」 제32조(용도구역에서의 행위 제한)

① 농업진흥구역에서는 농업 생산 또는 농지 개량과 직접적으로 관련된 행위로서 대통령령으로 정하는 행위 외의 토지이용행위를 할 수 없다. 다만, 다음 각 호의 토지이용행위는 그러하지 아니하다. 〈개정 2020.2.11., 2023.5.15., 2023.8.8.〉

1. 대통령령으로 정하는 농수산물(농산물 · 임산물 · 축산물 · 수산물을 말한다. 이하 같다)의 가공 · 처리 시설의 설치 및 농수산업(농업 · 임업 · 축산업 · 수산업을 말한다. 이하 같다) 관련 시험 · 연구 시설의 설치
2. 어린이놀이터, 마을회관, 그 밖에 대통령령으로 정하는 농업인의 공동생활에 필요한 편의 시설 및 이용 시설의 설치
3. 대통령령으로 정하는 농업인 주택, 어업인 주택, 농업용 시설, 축산업용 시설 또는 어업용 시설의 설치
4. 국방 · 군사 시설의 설치
5. 하천, 제방, 그 밖에 이에 준하는 국토 보존 시설의 설치

법	시 행 령	시 행 규 칙
	또는 군 또는 해당 도시 · 군계획조례가 정하는 연접한 시 · 군 · 구(자치구를 말한다. 이하 같다)에서 생산된 농수산물의 가공· 처리시설에 한정한다] 및 농수산업 관련 시험· 연구시설 2. 「농지법 시행령」 제29조제5항제1호에 따른 농산물 건조· 보관시설 3. 「농지법 시행령」 제29조제7항제2호에 따른 산지유통시설(해당 특별시· 광역시· 특별자치시· 특별자치도· 시· 군 또는 해당 도시 · 군계획조례가 정하는 연접한 시 · 군 · 구에서 생산된 농산물을 위한 산지유통시설만 해당한다) ⑨ 제1항에도 불구하고 자연녹지지역에 설치되는 도시·군계획시설 중 유원지의 건폐율은 30퍼센트의 범위에서 도시·군계획조례로 정하는 비율 이하로 하며, 공원의 건폐율은 20퍼센트의 범위에서 도시·군계획조례로 정하는 비율 이하로 한다. 〈개정 2016.2.11., 2019.12.31.〉 **제84조의2 【생산녹지지역 등에서 기존 공장의 건폐율】** ① 삭제 〈2022.1.18.〉 ② 제84조제1항에도 불구하고 법 제77조제4항제2호에 따라 생산녹지지역, 자연녹지지역 또는 생산관리지역에 있는 기존 공장(해당 용도지역으로 지정될 당시 이미 준공된 공장으로 한정한다)의 소유자가 해당 용도지역으로 변경지정된 날부터 10년이 되는 날까지 증축(준공 당시의 부지에서 증축하는 경우로 한정한다) 허가를 신청한 경우에는 건폐율을 40퍼센트 이내의 범위에서 최초 건축허가 시 해당 공장에 허용된 건폐율까지 완화하여 적용할 수 있다. 〈신설 2022.1.18, 2024.5.28〉 ③ 삭제 〈2024.5.28〉	6. 「국가유산기본법」 제3조에 따른 국가유산의 보수· 복원· 이전, 매장유산의 발굴, 비석이나 기념탑, 그 밖에 이와 비슷한 공작물의 설치 7. 도로, 철도, 그 밖에 대통령령으로 정하는 공공시설의 설치 8. 지하자원 개발을 위한 탐사 또는 지하광물 채광(採鑛)과 광석의 선별 및 적치(積置)를 위한 장소로 사용하는 행위 9. 농어촌 소득원 개발 등 농어촌 발전에 필요한 시설로서 대통령령으로 정하는 시설의 설치 ②~④ 〈생략〉

법	시 행 령	시 행 규 칙
	④ 제84조제1항에도 불구하고 법 제77조제4항제2호에 따라 생산녹지지역, 자연녹지지역, 생산관리지역 또는 계획관리지역에 있는 기존 공장(해당 용도지역으로 지정될 당시 이미 준공된 것으로 한정한다)이 부지를 확장하여 건축물을 증축하는 경우(해당 용도지역으로 변경지정된 날부터 10년이 되는 날까지 증축허가를 신청하는 경우로 한정한다)로서 다음 각 호의 어느 하나에 해당하는 경우에는 그 건폐율은 40퍼센트의 범위에서 해당 특별시·광역시·특별자치시·특별자치도·시 또는 군의 도시·군계획조례로 정하는 비율을 초과해서는 안 된다. 이 경우 제1호의 경우에는 부지를 확장하여 추가로 편입되는 부지(해당 용도지역으로 지정된 이후에 확장하여 추가로 편입된 부지를 포함하며, 이하 "추가편입부지"라 한다)에 대해서만 건폐율 기준을 적용하고, 제2호의 경우에는 준공 당시의 부지(해당 용도지역으로 지정될 당시의 부지를 말하며, 이하 이 항에서 "준공당시부지"라 한다)와 추가편입부지를 하나로 하여 건폐율 기준을 적용한다. 〈신설 2024.5.28〉 1. 추가편입부지에 건축물을 증축하는 경우로서 다음 각 목의 요건을 모두 갖춘 경우 가. 추가편입부지의 면적이 3천제곱미터 이하로서 준공당시부지 면적의 50퍼센트 이내일 것 나. 관할 특별시장·광역시장·특별자치시장·특별자치도지사·시장 또는 군수가 해당 지방도시계획위원회의 심의를 거쳐 기반시설이 충분히 설치되어 있거나 기반시설의 설치에 필요한 용지가 충분히 확보되어 있고, 주변지역의 환경오염 우려가 없다고 인정할 것 2. 준공당시부지와 추가편입부지를 하나로 하여 건축물을 증축하려는 경우로서 다음 각 목의 요건을 모두 갖춘 경우	

법	시 행 령	시 행 규 칙
	가. 제1호 각 목의 요건을 모두 갖출 것 나. 관할 특별시장 · 광역시장 · 특별자치시장 · 특별자치도지사 · 시장 또는 군수가 해당 지방도시계획위원회의 심의를 거쳐 다음의 어느 하나에 해당하는 인증 등을 받기 위하여 준공당시부지와 추가편입부지를 하나로 하여 건축물을 증축하는 것이 불가피하다고 인정할 것 1) 「식품위생법」 제48조에 따른 식품안전관리인증 2) 「농수산물 품질관리법」 제70조에 따른 위해요소중점관리기준 이행 사실 증명 3) 「축산물 위생관리법」 제9조에 따른 안전관리인증 다. 준공당시부지와 추가편입부지를 합병할 것. 다만, 「건축법 시행령」 제3조제1항제2호가목에 해당하는 경우에는 합병하지 않을 수 있다. [본조신설 2014.10.15.] **제84조의3** 삭제 〈2021. 7. 6.〉	
제78조【용도지역에서의 용적률】 ① 제36조에 따라 지정된 용도지역에서 용적률의 최대한도는 관할 구역의 면적과 인구 규모, 용도지역의 특성 등을 고려하여 다음 각 호의 범위에서 대통령령으로 정하는 기준에 따라 특별시 · 광역시 · 특별자치시 · 특별자치도 · 시 또는 군의 조례로 정한다. 〈개정 2021.1.12〉 1. 도시지역 가. 주거지역 : 500퍼센트 이하 나. 상업지역 : 1천500퍼센트 이하 다. 공업지역 : 400퍼센트 이하 라. 녹지지역 : 100퍼센트 이하	**제85조【용도지역 안에서의 용적률】** ① 법 제78조제1항 및 제2항에 따른 용적률은 다음 각호의 범위에서 관할구역의 면적, 인구규모 및 용도지역의 특성 등을 고려하여 특별시 · 광역시 · 특별자치시 · 특별자치도 · 시 또는 군의 도시 · 군계획조례가 정하는 비율을 초과할 수 없다. 〈개정 2019.8.6., 2021.1.5〉 1. 제1종전용주거지역 : 50퍼센트 이상 100퍼센트 이하 2. 제2종전용주거지역 : 50퍼센트 이상 150퍼센트 이하 3. 제1종일반주거지역 : 100퍼센트 이상 200퍼센트 이하 4. 제2종일반주거지역 : 100퍼센트 이상 250퍼센트 이하 5. 제3종일반주거지역 : 100퍼센트 이상 300퍼센트 이하	

법	시 행 령	시 행 규 칙

2. 관리지역
 가. 보전관리지역 : 80퍼센트 이하
 나. 생산관리지역 : 80퍼센트 이하
 다. 계획관리지역: 100퍼센트 이하
3. 농림지역: 80퍼센트 이하
4. 자연환경보전지역: 80퍼센트 이하

② 제36조제2항에 따라 세분된 용도지역에서의 용적률에 관한 기준은 제1항 각 호의 범위에서 대통령령으로 따로 정한다.

③ 제77조제3항제2호부터 제5호까지의 규정에 해당하는 지역에서의 용적률에 대한 기준은 제1항과 제2항에도 불구하고 200퍼센트 이하의 범위에서 대통령령으로 정하는 기준에 따라 특별시·광역시·특별자치시·특별자치도·시 또는 군의 조례로 따로 정한다. 〈개정 2011.4.14.〉

④ 건축물의 주위에 공원·광장·도로·하천 등의 공지가 있거나 이를 설치하는 경우에는 제1항에도 불구하고 대통령령으로 정하는 바에 따라 특별시·광역시·특별자치시·특별자치도·시 또는 군의 조례로 용적률을 따로 정할 수 있다. 〈개정 2011.4.14.〉

⑤ 제1항과 제4항에도 불구하고 제36조에 따른 도시지역(녹지지역만 해당한다), 관리지역에서는 창고 등 대통령령으로 정하는 용도의 건축물 또는 시설물은 특별시·광역시·특별자치시·특별자치도·시 또는 군의 조례로 정하는 높이로 규모 등을 제한할 수 있다. 〈개정 2011.4.14.〉

⑥ 제1항에도 불구하고 건축물을 건축하려는 자가 그 대지의 일부에 「사회복지사업법」 제2조제4호에 따른 사회복지시설 중 대통령령으로 정하는 시설을 설치하여 국가 또는 지방자치단체에 기부채납하는 경우에는 특별시·광역시·특

6. 준주거지역 : 200퍼센트 이상 500퍼센트 이하
7. 중심상업지역 : 200퍼센트 이상 1천500퍼센트 이하
8. 일반상업지역 : 200퍼센트 이상 1천300퍼센트 이하
9. 근린상업지역 : 200퍼센트 이상 900퍼센트 이하
10. 유통상업지역 : 200퍼센트 이상 1천100퍼센트 이하
11. 전용공업지역 : 150퍼센트 이상 300퍼센트 이하
12. 일반공업지역 : 150퍼센트 이상 350퍼센트 이하
13. 준공업지역 : 150퍼센트 이상 400퍼센트 이하
14. 보전녹지지역 : 50퍼센트 이상 80퍼센트 이하
15. 생산녹지지역 : 50퍼센트 이상 100퍼센트 이하
16. 자연녹지지역 : 50퍼센트 이상 100퍼센트 이하
17. 보전관리지역 : 50퍼센트 이상 80퍼센트 이하
18. 생산관리지역 : 50퍼센트 이상 80퍼센트 이하
19. 계획관리지역 : 50퍼센트 이상 100퍼센트 이하
20. 농림지역 : 50퍼센트 이상 80퍼센트 이하
21. 자연환경보전지역 : 50퍼센트 이상 80퍼센트 이하

② 제1항의 규정에 의하여 도시·군계획조례로 용도지역별 용적률을 정함에 있어서 필요한 경우에는 당해 지방자치단체의 관할구역을 세분하여 용적률을 달리 정할 수 있다. 〈개정 2012.4.10.〉

③ 제1항에도 불구하고 다음 각 호의 어느 하나에 해당하는 경우에는 해당 지역의 용적률을 다음 각 호의 구분에 따라 완화할 수 있다. 〈개정 2018.7.17., 2022.1.28., 2023.3.21., 2024.3.19.〉

1. 제1항제1호부터 제6호까지의 지역에서 「공공주택 특별법 시행령」 제2조에 따른 공공임대주택 또는 임대의무기간이 8년 이상인 「민간임대주택에 관한 특별법」 제2조제1호에 따른 민간임대주택을 건설하는 경우: 제1항제1호부터 제6호

법	시 행 령	시 행 규 칙
별자치시 · 특별자치도 · 시 또는 군의 조례로 해당 용도지역에 적용되는 용적률을 완화할 수 있다. 이 경우 용적률 완화의 허용범위, 기부채납의 기준 및 절차 등에 필요한 사항은 대통령령으로 정한다. 〈신설 2013.12.30.〉 ⑦ 이 법 및 「건축법」 등 다른 법률에 따른 용적률의 완화에 관한 규정은 이 법 및 다른 법률에도 불구하고 다음 각 호의 구분에 따른 범위에서 중첩하여 적용할 수 있다. 다만, 용적률 완화 규정을 중첩 적용하여 완화되는 용적률이 제1항 및 제2항에 따라 대통령령으로 정하고 있는 해당 용도지역별 용적률 최대한도를 초과하는 경우에는 관할 시·도지사, 시장·군수 또는 구청장이 제30조제3항 단서 또는 같은 조 제7항에 따른 건축위원회와 도시계획위원회의 공동 심의를 거쳐 기반시설의 설치 및 그에 필요한 용지의 확보가 충분하다고 인정하는 경우에 한정한다. 〈신설 2021.10.8.〉 1. 지구단위계획구역: 제52조제3항에 따라 지구단위계획으로 정하는 범위 2. 지구단위계획구역 외의 지역: 제1항 및 제2항에 따라 대통령령으로 정하고 있는 해당 용도지역별 용적률 최대한도의 120퍼센트 이하 [전문개정 2009.2.6]	까지에 따른 용도지역별 최대한도의 120퍼센트 이내의 범위에서 도시·군계획조례로 정하는 비율 2. 다음 각 목의 어느 하나에 해당하는 자가 「고등교육법」 제2조에 따른 학교의 학생이 이용하도록 해당 학교 부지 외에 「건축법 시행령」 별표 1 제2호라목에 따른 기숙사(이하 이 항에서 "기숙사"라 한다)를 건설하는 경우: 제1항 각 호에 따른 용도지역별 최대한도의 범위에서 도시·군계획조례로 정하는 비율 가. 국가 또는 지방자치단체 나. 「사립학교법」에 따른 학교법인 다. 「한국사학진흥재단법」에 따른 한국사학진흥재단 라. 「한국장학재단 설립 등에 관한 법률」에 따른 한국장학재단 마. 가목부터 라목까지의 어느 하나에 해당하는 자가 단독 또는 공동으로 출자하여 설립한 법인 3. 「고등교육법」 제2조에 따른 학교의 학생이 이용하도록 해당 학교 부지에 기숙사를 건설하는 경우: 제1항 각 호에 따른 용도지역별 최대한도의 범위에서 도시·군계획조례로 정하는 비율 4. 「영유아보육법」 제14조제1항에 따른 사업주가 같은 법 제10조제4호의 직장어린이집을 설치하기 위하여 기존 건축물 외에 별도의 건축물을 건설하는 경우: 제1항 각 호에 따른 용도지역별 최대한도의 범위에서 도시·군계획조례로 정하는 비율 5. 제10항 각 호의 어느 하나에 해당하는 시설을 국가 또는 지방자치단체가 건설하는 경우: 제1항 각 호에 따른 용도지역별 최대한도의 범위에서 도시·군계획조례로 정하는 비율 6. 「건축법 시행령」 별표 1 제9호의 의료시설 부지에 「감염병의 예방 및 관리에 관한 법률」 제36조제3항 전단에 따	

법	시 행 령	시 행 규 칙
	른 감염병관리시설을 설치하는 경우로서 다음 각 목의 요건을 모두 갖춘 경우: 제1항 각 호에 따른 용도지역별 최대한도의 120퍼센트 이하의 범위에서 도시ㆍ군계획조례로 정하는 비율 가. 질병관리청장이 효율적인 감염병 관리를 위하여 필요하다고 인정하는 시설(이하 "필요감염병관리시설"이라 한다)을 설치하는 경우일 것 나. 필요감염병관리시설 외 시설의 면적은 제1항에 따라 도시ㆍ군계획조례로 정하는 용적률에 해당하는 면적 이내일 것 ④ 제3항의 규정은 제46조제9항 각 호의 어느 하나에 해당되는 경우에는 이를 적용하지 아니한다. 〈신설 2005.9.8〉 ⑤ 제1항에도 불구하고 법 제37조제4항 후단에 따른 방재지구의 재해저감대책에 부합하게 재해예방시설을 설치하는 건축물의 경우 제1항제1호부터 제13호까지의 용도지역에서는 해당 용적률의 140퍼센트 이하의 범위에서 도시·군계획조례로 정하는 비율로 할 수 있다. 〈신설 2014.1.14., 2023.7.18.〉 ⑥ 법 제78조제3항의 규정에 의하여 다음 각 호의 지역 안에서의 용적률은 각 호에서 정한 범위 안에서 특별시·광역시·특별자치시·특별자치도·시 또는 군의 도시·군계획조례가 정하는 비율을 초과하여서는 아니 된다. 〈개정 2014.1.14〉 1. 도시지역외의 지역에 지정된 개발진흥지구 : 100퍼센트 이하 2. 수산자원보호구역 : 80퍼센트 이하 3. 「자연공원법」에 따른 자연공원: 100퍼센트 이하 4. 「산업입지 및 개발에 관한 법률」 제2조제8호라목에 따른 농공단지(도시지역외의 지역에 지정된 농공단지에 한한다) : 150퍼센트 이하	

법	시 행 령	시 행 규 칙

⑦ 법 제78조제4항의 규정에 의하여 준주거지역 · 중심상업지역 · 일반상업지역 · 근린상업지역 · 전용공업지역 · 일반공업지역 또는 준공업지역안의 건축물로서 다음 각 호의 1에 해당하는 건축물에 대한 용적률은 경관 · 교통 · 방화 및 위생상 지장이 없다고 인정되는 경우에는 제1항 각 호의 규정에 의한 해당 용적률의 120퍼센트 이하의 범위안에서 특별시 · 광역시 · 특별자치시 · 특별자치도 · 시 또는 군의 도시 · 군계획조례가 정하는 비율로 할 수 있다. 〈개정 2012.4.10, 2014.1.14〉

1. 공원 · 광장(교통광장을 제외한다. 이하 이 조에서 같다) · 하천 그 밖에 건축이 금지된 공지에 접한 도로를 전면도로로 하는 대지안의 건축물이나 공원 · 광장 · 하천 그 밖에 건축이 금지된 공지에 20미터 이상 접한 대지안의 건축물
2. 너비 25미터 이상인 도로에 20미터 이상 접한 대지안의 건축면적이 1천제곱미터 이상인 건축물

⑧ 법 제78조제4항의 규정에 의하여 다음 각 호의 지역 · 지구 또는 구역 안에서 건축물을 건축하고자 하는 자가 그 대지의 일부를 공공시설부지로 제공하는 경우에는 해당 건축물에 대한 용적률은 제1항 각 호의 규정에 의한 해당 용적률의 200퍼센트 이하의 범위 안에서 대지면적의 제공비율에 따라 특별시 · 광역시 · 특별자치시 · 특별자치도 · 시 또는 군의 도시·군계획조례가 정하는 비율로 할 수 있다. 〈개정 2014.1.14., 2018.2.9.〉

1. 상업지역
2. 삭제 〈2005.1.15〉
3. 「도시 및 주거환경정비법」에 따른 재개발사업 및 재건축사업을 시행하기 위한 정비구역

⑨ 법 제78조제5항에서 "창고 등 대통령령으로 정하는 용

해설 상업지역 등에서의 완화

완화조건	그림해설
건축물의 대지의 전면도로가 공원 · 광장(교통광장 제외) · 하천 · 공지에 접한 경우	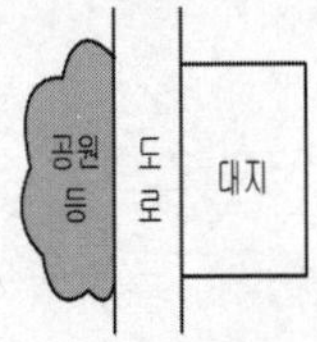
건축물의 대지가 상기 공원 등에 20m 이상 접한 경우	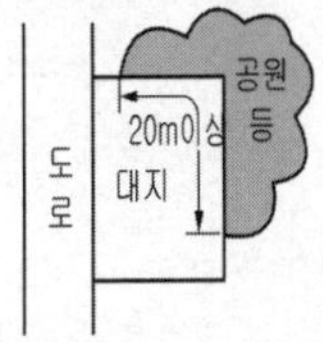
너비 25m 이상인 도로에 20m 이상 접한 대지안의 건축물로서 건축면적 1,000 m² 이상인 경우	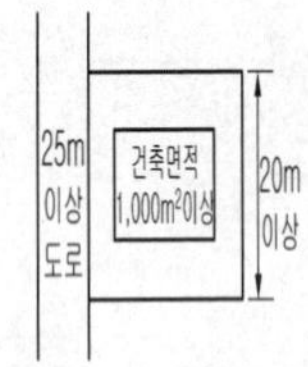

법	시 행 령	시 행 규 칙
	도의 건축물 또는 시설물"이라 함은 창고를 말한다. 〈개정 2014.1.14〉 ⑩ 법 제78조제6항 전단에서 "대통령령으로 정하는 시설"이란 다음 각 호의 시설을 말한다. 〈신설 2014.6.30.〉 1. 「영유아보육법」 제2조제3호에 따른 어린이집 2. 「노인복지법」 제36조제1항제1호에 따른 노인복지관 3. 그 밖에 특별시장·광역시장·특별자치시장·특별자치도지사·시장 또는 군수가 해당 지역의 사회복지시설 수요를 고려하여 도시·군계획조례로 정하는 사회복지시설 ⑪ 제1항에도 불구하고 건축물을 건축하려는 자가 법 제78조제6항 전단에 따라 그 대지의 일부에 사회복지시설을 설치하여 기부하는 경우에는 기부하는 시설의 연면적의 2배 이하의 범위에서 도시·군계획조례로 정하는 바에 따라 추가 건축을 허용할 수 있다. 다만, 해당 용적률은 다음 각 호의 기준을 초과할 수 없다. 〈신설 2014.6.30.〉 1. 제1항에 따라 도시·군계획조례로 정하는 용적률의 120퍼센트 2. 제1항 각 호의 구분에 따른 용도지역별 용적률의 최대한도 ⑫ 국가나 지방자치단체는 법 제78조제6항 전단에 따라 기부 받은 사회복지시설을 제10항 각 호에 따른 시설 외의 시설로 용도변경하거나 그 주요 용도에 해당하는 부분을 분양 또는 임대할 수 없으며, 해당 시설의 면적이나 규모를 확장하여 설치장소를 변경(지방자치단체에 기부한 경우에는 그 관할 구역 내에서의 설치장소 변경을 말한다)하는 경우를 제외하고는 국가나 지방자치단체 외의 자에게 그 시설의 소유권을 이전할 수 없다. 〈신설 2014.6.30.〉 [제목개정 2006.3.23.]	
제79조 【용도지역 미지정 또는 미세분 지역에서의 행위 제	**제86조 【용도지역 미세분지역에서의 행위제한 등】** 법 제	

법	시 행 령	시 행 규 칙

한 등】 ① 도시지역, 관리지역, 농림지역 또는 자연환경보전지역으로 용도가 지정되지 아니한 지역에 대하여는 제76조부터 제78조까지의 규정을 적용할 때에 자연환경보전지역에 관한 규정을 적용한다.
② 제36조에 따른 도시지역 또는 관리지역이 같은 조 제1항 각 호 각 목의 세부 용도지역으로 지정되지 아니한 경우에는 제76조부터 제78조까지의 규정을 적용할 때에 해당 용도지역이 도시지역인 경우에는 녹지지역 중 대통령령으로 정하는 지역에 관한 규정을 적용하고, 관리지역인 경우에는 보전관리지역에 관한 규정을 적용한다.
[전문개정 2009.2.6]

79조제2항에서 "대통령령으로 정하는 지역"이란 보전녹지지역을 말한다. 〈개정 2018.11.13.〉

제80조【개발제한구역안에서의 행위 제한 등】 개발제한구역에서의 행위 제한이나 그 밖에 개발제한구역의 관리에 필요한 사항은 따로 법률로 정한다.
[전문개정 2009.2.6]

관계법 「개발제한구역의 지정 및 관리에 관한 법률」

제80조의2【도시자연공원구역 안에서의 행위 제한 등】 도시자연공원구역에서의 행위 제한 등 도시자연공원구역의 관리에 필요한 사항은 따로 법률로 정한다.
[전문개정 2009.2.6.]

관계법 「도시공원 및 녹지 등에 관한 법률」

제80조의3 삭제 〈2024.2.6.〉

제80조의4【도시혁신구역에서의 행위 제한】 용도지역 및 용도지구에 따른 제한에도 불구하고 도시혁신구역에서의 토지의 이용, 건축물이나 그 밖의 시설의 용도·건폐율·용적률·높이 등에 관한 제한 및 그 밖에 대통령령으로 정하는 사항

제86조의2【도시혁신구역에서의 행위 제한】 법 제80조의4에서 "대통령령으로 정하는 사항"이란 건축물이나 그 밖의 시설의 종류 및 규모의 제한에 관한 사항을 말한다.
[본조신설 2024.7.30.]

에 관하여는 도시혁신계획으로 따로 정한다.
[본조신설 2024.2.6.]

제80조의5【복합용도구역에서의 행위 제한】 ① 용도지역 및 용도지구에 따른 제한에도 불구하고 복합용도구역에서의 건축물이나 그 밖의 시설의 용도·종류 및 규모 등의 제한에 관한 사항은 대통령령으로 정하는 범위에서 복합용도계획으로 따로 정한다.
② 복합용도구역에서의 건폐율과 용적률은 제77조제1항 각 호 및 제78조제1항 각 호에 따른 용도지역별 건폐율과 용적률의 최대한도의 범위에서 복합용도계획으로 정한다.
[본조신설 2024.2.6.]

제81조【시가화조정구역에서의 행위 제한 등】 ① 제39조에 따라 지정된 시가화조정구역에서의 도시·군계획사업은 대통령령으로 정하는 사업만 시행할 수 있다. 〈개정 2011.4.14.〉
② 시가화조정구역에서는 제56조와 제76조에도 불구하고 제1항에 따른 도시·군계획사업의 경우 외에는 다음 각 호의 어느 하나에 해당하는 행위에 한정하여 특별시장·광역시장·특별자치시장·특별자치도지사·시장 또는 군수의 허가를 받아 그 행위를 할 수 있다. 〈개정 2011.4.14.〉
1. 농업·임업 또는 어업용의 건축물 중 대통령령으로 정하는 종류와 규모의 건축물이나 그 밖의 시설을 건축하는 행위
2. 마을공동시설, 공익시설·공공시설, 광공업 등 주민의 생활을 영위하는 데에 필요한 행위로서 대통령령으로 정하는 행위
3. 입목의 벌채, 조림, 육림, 토석의 채취, 그 밖에 대통령령

제86조의3【복합용도구역에서의 행위 제한】 법 제80조의5제1항에서 "대통령령으로 정하는 범위"란 건축물이나 그 밖의 시설의 용도·종류 및 규모 등의 제한에 관하여 법 제36조제1항제1호의 도시지역에서 허용되는 범위를 말한다.
[본조신설 2024.7.30.]

제87조【시가화조정구역안에서 시행할 수 있는 도시·군계획사업】 법 제81조제1항에서 "대통령령으로 정하는 사업"이란 국방상 또는 공익상 시가화조정구역안에서의 사업시행이 불가피한 것으로서 관계 중앙행정기관의 장의 요청에 의하여 국토교통부장관이 시가화조정구역의 지정목적달성에 지장이 없다고 인정하는 도시·군계획사업을 말한다. 〈개정 2018.11.13.〉
[제목개정 2012.4.10.]

제88조【시가화조정구역안에서의 행위제한】 법 제81조제2항의 규정에 의하여 시가화조정구역안에서 특별시장·광역시장·특별자치시장·특별자치도지사·시장 또는 군수의 허가를 받아 할 수 있는 행위는 별표 24와 같다. 〈개정 2012.4.10.〉

제13조【시가화조정구역에서의 행위허가신청서】 시가화조정구역에서 법 제81조제2항에 따른 허가를 받고자 하는 자는 별지 제8호서식의 행위허가신청서(「건축법」에 의한 건축허가·신고대상인 건축물 또는 축조신고 대상인 공작물인 경우에는 「건축법 시행규칙」이 정하는 해당 신청서 또는 신고서)에 다음 각호의 서류를 첨부하여 특별시장·광역시장·특별자치시장·특별자치도지사·시장 또는 군수에게 제출하여야 한다. 〈개정 2012.4.13.〉
1. 사업계획서
2. 공사설계도서(영 별표 24 제3호 및 영 별표 26 제3호의 규정에 의한 경미

법	시 행 령	시 행 규 칙
으로 정하는 경미한 행위 ③ 특별시장 · 광역시장 · 특별자치시장 · 특별자치도지사 · 시장 또는 군수는 제2항에 따른 허가를 하려면 미리 다음 각 호의 어느 하나에 해당하는 자와 협의하여야 한다. 〈개정 2011.4.14.〉 1. 제5항 각 호의 허가에 관한 권한이 있는 자 2. 허가대상행위와 관련이 있는 공공시설의 관리자 3. 허가대상행위에 따라 설치되는 공공시설을 관리하게 될 자 ④ 시가화조정구역에서 제2항에 따른 허가를 받지 아니하고 건축물의 건축, 토지의 형질 변경 등의 행위를 하는 자에 관하여는 제60조제3항 및 제4항을 준용한다. ⑤ 제2항에 따른 허가가 있는 경우에는 다음 각 호의 허가 또는 신고가 있는 것으로 본다. 〈개정 2022.12.27.〉 1. 「산지관리법」 제14조 · 제15조에 따른 산지전용허가 및 산지전용신고, 같은 법 제15조의2에 따른 산지일시사용허가 · 신고 2. 「산림자원의 조성 및 관리에 관한 법률」 제36조제1항 · 제5항에 따른 입목벌채 등의 허가 · 신고 ⑥ 제2항에 따른 허가의 기준 및 신청 절차 등에 관하여 필요한 사항은 대통령령으로 정한다. [전문개정 2009.2.6]	**제89조【시가화조정구역안에서의 행위허가의 기준 등】** ① 특별시장 · 광역시장 · 특별자치시장 · 특별자치도지사 · 시장 또는 군수는 시가화조정구역의 지정목적달성에 지장이 있거나 당해 토지 또는 주변토지의 합리적인 이용에 지장이 있다고 인정되는 경우에는 법 제81조제2항의 규정에 의한 허가를 하여서는 아니된다. 〈개정 2012.4.10.〉 ② 시가화조정구역안에 있는 산림안에서의 입목의 벌채, 조림 및 육림의 허가기준에 관하여는 「산림자원의 조성 및 관리에 관한 법률」의 규정에 의한다. ③ 특별시장 · 광역시장 · 특별자치시장 · 특별자치도지사 · 시장 또는 군수는 별표 25에 규정된 행위에 대하여는 특별한 사유가 없는 한 법 제81조제2항의 규정에 의한 허가를 거부하여서는 아니된다. 〈개정 2012.4.10.〉 ④ 특별시장 · 광역시장 · 특별자치시장 · 특별자치도지사 · 시장 또는 군수는 법 제81조제2항의 규정에 의한 허가를 함에 있어서 시가화조정구역의 지정목적상 필요하다고 인정되는 경우에는 조경 등 필요한 조치를 할 것을 조건으로 허가할 수 있다. 〈개정 2012.4.10.〉 ⑤ 특별시장 · 광역시장 · 특별자치시장 · 특별자치도지사 · 시장 또는 군수는 법 제81조제2항의 규정에 의한 허가를 하고자 하는 때에는 당해 행위가 도시 · 군계획사업의 시행에 지장을 주는지의 여부에 관하여 당해 시가화조정구역안에서 시행되는 도시 · 군계획사업의 시행자의 의견을 들어야 한다. 〈개정 2012.4.10.〉 ⑥ 제55조 및 제56조의 규정은 법 제81조제2항의 규정에 의한 허가에 관하여 이를 준용한다. ⑦ 법 제81조제6항의 규정에 의하여 허가를 신청하고자 하는 자는 국토교통부령이 정하는 서류를 특별시장 · 광역시	한 행위인 경우를 제외한다) 3. 당해 행위에 따른 기반시설의 설치 또는 그에 필요한 용지확보 · 위해방지 · 환경오염방지 · 경관 또는 조경 등에 관한 계획서

제82조【기존 건축물에 대한 특례】 법령의 제정·개정이나 그 밖에 대통령령으로 정하는 사유로 기존 건축물이 이 법에 맞지 아니하게 된 경우에는 대통령령으로 정하는 범위에서 증축, 개축, 재축 또는 용도변경을 할 수 있다.
[본조신설 2011.4.14]

제83조【도시지역에서의 다른 법률의 적용 배제】 도시지역에 대하여는 다음 각 호의 법률 규정을 적용하지 아니한다. 〈개정 2014.1.14.〉
1. 「도로법」 제40조에 따른 접도구역
2. 삭제 〈2014.1.14.〉
3. 「농지법」 제8조에 따른 농지취득자격증명. 다만, 녹지지역의 농지로서 도시·군계획시설사업에 필요하지 아니한 농지에 대하여는 그러하지 아니하다.

[전문개정 2009.2.6]

관계법 「도로법」 제40조(접도구역의 지정 및 관리)
① 관리청은 도로 구조의 손궤 방지, 미관 보존 또는 교통에 대 한 위험을 방지하기 위하여 도로경계선으로부터 20미터를 초과하지 아니하는 범위에서 대통령령으로 정하는 바에 따라 접도구역으로 지정할 수 있다.
② 〈생략〉
③ 접도구역에서는 다음 각 호의 행위를 하여서는 아니 된다. 다만, 대통령령으로 정하는 행위는 그러하지 아니하다.

장·특별자치시장·특별자치도지사·시장 또는 군수에게 제출하여야 한다. 〈개정 2012.4.10., 2013.3.23.〉

제90조 ~ 제92조 삭제 〈2008.7.28〉

제93조【기존의 건축물에 대한 특례】 ① 다음 각 호의 어느 하나에 해당하는 사유로 인하여 기존의 건축물이 제71조부터 제80조까지, 제82조부터 제84조까지, 제84조의2, 제85조부터 제89조까지 및 「수산자원관리법 시행령」 제40조제1항에 따른 건축제한·건폐율 또는 용적률 규정에 부적합하게 된 경우에도 재축(「건축법」 제2조제1항제8호에 따른 재축을 말한다) 또는 대수선(「건축법」 제2조제1항제9호에 따른 대수선을 말하며, 건폐율·용적률이 증가되지 아니하는 범위로 한정한다)을 할 수 있다. 〈개정 2014.10.15〉
1. 법령 또는 도시·군계획조례의 제정·개정
2. 도시·군관리계획의 결정·변경 또는 행정구역의 변경
3. 도시·군계획시설의 설치, 도시·군계획사업의 시행 또는 「도로법」에 의한 도로의 설치

② 기존의 건축물이 제1항 각 호의 사유로 제71조부터 제80조까지, 제82조부터 제84조까지, 제84조의2, 제86조부터 제89조까지 및 「수산자원관리법 시행령」 제40조제1항에 따른 건축제한 또는 건폐율 규정에 부적합하게 된 경우에도 기존 부지 내에서 증축 또는 개축(「건축법」 제2조제1항제8호에 따른 증축 또는 개축을 말한다. 이하 이 조 및 제93조의2에서 같다)하려는 부분이 제71조부터 제80조까지, 제82조, 제83조, 제85조부터 제89조까지 및 「수산자원관리법 시행령」 제40조제1항에 따른 건축제한 및 용적률 규정에 적합한 경우로서 다음 각 호의 어느 하나에 해당하는

제13조의2【기존건축물에 대한 특례】 영 제93조제5항에서 "국토교통부령으로 정하는 바에 따라 확인되는 경우"란 기존건축물이 다음 각 호의 어느 하나에 해당하는 경우를 말한다. 〈개정 2015.6.30.〉
1. 「건축법」 제38조에 따른 건축물대장에 따라 기존용도가 확인되는 경우
2. 관계법률에 의한 영업허가·신고·등록 등의 서류를 통하여 관할 행정청에서 기존용도를 확인하는 경우

[본조신설 2005.2.19]

관계법 「수산자원관리법 시행령」
제40조(수산자원보호구역에서의 허가대상행위 및 허가절차 등)

법

1. 토지의 형질을 변경하는 행위
2. 건축물이나 그 밖의 공작물을 신축 · 개축 또는 증축하는 행위

④ 〈생략〉

관계법 「농지법」 제8조 (농지취득자격증명의 발급)

① 농지를 취득하려는 자는 농지 소재지를 관할하는 시장(구를 두지 아니한 시의 시장을 말하며, 도농 복합 형태의 시는 농지 소재지가 동지역인 경우만을 말한다), 구청장(도농 복합 형태의 시의 구에서는 농지 소재지가 동지역인 경우만을 말한다), 읍장 또는 면장(이하 "시 · 구 · 읍 · 면의 장"이라 한다)에게서 농지취득자격증명을 발급받아야 한다. 다만, 다음 각 호의 어느 하나에 해당하면 농지취득자격증명을 발급받지 아니하고 농지를 취득 할 수 있다. 〈개정 2009. 5.27.〉

1. 제6조제2항제1호 · 제4호 · 제6호 · 제8호 또는 제10호(같은 호 바목은 제외한다)에 따라 농지를 취득하는 경우
2. 농업법인의 합병으로 농지를 취득하는 경우
3. 공유 농지의 분할이나 그 밖에 대통령령으로 정하는 원인으로 농지를 취득하는 경우

② 제1항에 따른 농지취득자격증명을 발급받으려는 자는 다음 각 호의 사항이 모두 포함된 농업경영 계획서를 작성하여 농지 소재지를 관할하는 시 · 구 · 읍 · 면의 장에게 발급신청을 하여야 한다. 다만, 제6조제2항제2호 · 제3호 · 제7호 · 제9호 · 제9호의2 또는 제10호 바목에 따라 농지를 취득하는 자는 농업경영계획서를 작성하지 아니하고 발급신청을 할 수 있다. 〈개정 2009. 5.27.〉

1. 취득 대상 농지의 면적
2. 취득 대상 농지에서 농업경영을 하는 데에 필요한 노동력 및 농업기계 · 장비 · 시설의 확보 방안
3. 소유 농지의 이용 실태(농지 소유자에게만 해당한다)

③ 제1항 본문과 제2항에 따른 신청 및 발급 절차 등에 필요한 사항은 대통령령으로 정한다.

④ 제1항 본문과 제2항에 따라 농지취득자격증명을 발급받아 농지를 취득하는 자가 그 소유권에 관한 등기를 신청할 때에는 농지취득자격증명을 첨부하여야 한다.

시 행 령

경우에는 다음 각 호의 구분에 따라 증축 또는 개축을 할 수 있다. 〈신설 2014.10.15.〉

1. 기존의 건축물이 제84조 및 제84조의2에 따른 건폐율 기준에 부적합하게 된 경우: 건폐율이 증가하지 아니하는 범위에서의 증축 또는 개축
2. 기존의 건축물이 제84조 및 제84조의2에 따른 건폐율 기준에 적합한 경우: 제84조 및 제84조의2에 따른 건폐율 기준을 초과하지 아니하는 범위에서의 증축 또는 개축

③ 기존의 건축물이 제1항 각 호의 사유로 제71조부터 제80조까지, 제82조부터 제84조까지, 제84조의2, 제85조부터 제89조까지 및 「수산자원관리법 시행령」 제40조제1항에 따른 건축제한· 건폐율 또는 용적률 규정에 부적합하게 된 경우에도 부지를 확장하여 추가편입부지에 증축하려는 부분이 제71조부터 제80조까지, 제82조부터 제84조까지, 제84조의2, 제85조부터 제89조까지 및 「수산자원관리법 시행령」 제40조제1항에 따른 건축제한· 건폐율 및 용적률 규정에 적합한 경우에는 증축을 할 수 있다. 이 경우 추가편입부지에서 증축하려는 건축물에 대한 건폐율과 용적률 기준은 추가편입부지에 대해서만 적용한다. 〈신설 2014.10.15.〉

④ 기존의 공장이나 제조업소가 제1항 각 호의 사유로 제71조부터 제80조까지, 제82조부터 제84조까지, 제84조의2, 제85조부터 제89조까지 및 「수산자원관리법 시행령」 제40조제1항에 따른 건축제한· 건폐율 또는 용적률 규정에 부적합하게 된 경우에도 기존 업종보다 오염배출 수준이 같거나 낮은 경우에는 특별시· 광역시· 특별자치시· 특별자치도· 시 또는 군의 도시· 군계획조례로 정하는 바에 따라 건축물이 아닌 시설을 증설할 수 있다. 〈신설 2014.10.15.〉

⑤ 기존의 건축물이 제1항 각 호의 사유로 제71조부터 제

시 행 규 칙

① 법 제52조제2항에 따라 수산자원보호구역에서 관리관청의 허가를 받아 할 수 있는 행위는 별표 16과 같다.

② 법 제52조제2항에 따라 허가를 받으려는 자는 수산자원보호구역 행위허가신청서(「건축법」 에 따른 건축허가· 건축신고 대상 건축물 또는 축조신고 대상 공작물인 경우에는 「건축법」 에 따른 해당 신청서 또는 신고서)에 다음 각 호의 서류를 첨부하여 관리관청에 제출하여야 한다.

1. 사업계획서
2. 공사설계도서
3. 해당 행위에 따른 기반시설의 설치 또는 그에 필요한 용지 확보, 환경오염 방지, 경관 또는 조경 등에 관한 계획서

③ 삭제 〈2013.6.17〉

④ 삭제 〈2013.6.17〉

⑤ 관리관청은 법 제52조제2항에 따른 허가로 인하여 수산자원보호구역에서 시행되는 도시 · 군계획사업이 지장을 받을 우려가 있는 경우에는 미리 해당 도시 · 군계획사업 시행자의 의견을 들어야 한다.

⑥ 법 제52조제2항제1호 및 제2호에 따른 허가대상행위의 종류와 규모, 법 제52조제3항제1호에 따른 허가기준에 관하여는 「국토의 계획 및 이용에 관한 법률 시행령」 제55조 및 제56조를 준용한다.

⑦ 법 제52조제2항제3호에서 "대통령령으로 정하는 행위"란 토석 채취를 말한다. 〈신설 2013.6.17〉

⑧ 법 제52조제2항제3호에 따른 수산자원보호구역에 있는 산림 안에서의 조림, 육림(育

80조까지, 제82조부터 제84조까지, 제84조의2, 제85조부터 제89조까지 및 「수산자원관리법 시행령」 제40조제1항에 따른 건축제한, 건폐율 또는 용적률 규정에 부적합하게 된 경우에도 해당 건축물의 기존 용도가 국토교통부령(수산자원보호구역의 경우에는 해양수산부령을 말한다)으로 정하는 바에 따라 확인되는 경우(기존 용도에 따른 영업을 폐업한 후 기존 용도 외의 용도로 사용되지 아니한 것으로 확인되는 경우를 포함한다)에는 업종을 변경하지 아니하는 경우에 한하여 기존 용도로 계속 사용할 수 있다. 이 경우 기존의 건축물이 공장이나 제조업소인 경우로서 대기오염물질발생량 또는 폐수배출량이 「대기환경 보전법 시행령」 별표 1의3 및 「수질 및 수생태계 보전에 관한 법률 시행령」 별표 13에 따른 사업장 종류별 대기오염물질발생량 또는 배출규모의 범위에서 증가하는 경우는 기존 용도로 사용하는 것으로 본다. 〈개정 2015.7.6., 2018.1.16., 2023.3.21.〉

⑥ 제5항 전단에도 불구하고 기존의 건축물이 공장이나 제조업소인 경우에는 도시·군계획조례로 정하는 바에 따라 대기오염물질발생량 또는 폐수배출량이 증가하지 아니하는 경우에 한하여 기존 용도 범위에서의 업종변경을 할 수 있다. 〈신설 2015.7.6.〉

⑦ 기존의 건축물이 제1항 각 호의 사유로 제71조부터 제80조까지, 제82조부터 제84조까지, 제84조의2, 제85조부터 제89조까지 및 「수산자원관리법 시행령」 제40조제1항에 따른 건축제한·건폐율 또는 용적률 규정에 적합하지 아니하게 된 경우에도 해당 건축물이 있는 용도지역·용도지구·용도구역에서 허용되는 용도(건폐율·용적률·높이·면적의 제한을 제외한 용도를 말한다)로 변경할 수 있다. 〈개정 2014.10.15., 2015.7.6〉

林) 및 임도(林道) 설치의 허가기준에 관하여는 「산림자원의 조성 및 관리에 관한 법률」에 따르고, 제7항에 따른 토석 채취의 허가기준에 관하여는 「산지관리법」에 따른다.

법	시 행 령	시 행 규 칙
제83조의2 삭제 〈2024.2.6.〉	**제93조의2** 삭제 〈2022.1.18.〉 **제93조의3 【기존 공장에 대한 특례】** 제93조제2항 및 제3항에도 불구하고 녹지지역 또는 관리지역에 있는 기존 공장(해당 용도지역으로 지정될 당시 이미 준공된 공장으로 한정한다)이 다음 각 호의 어느 하나에 해당하는 경우로서 해당 공장의 소유자가 제93조제1항 각 호의 사유가 발생한 날부터 10년이 되는 날까지 증축 또는 개축 허가를 신청하는 경우에는 해당 호에서 정한 비율까지 건폐율을 완화하여 적용할 수 있다.〈개정 2024.5.28〉 1. 제93조제1항 각 호의 사유로 제71조부터 제80조까지, 제82조부터 제84조까지, 제84조의2, 제86조부터 제89조까지 및 「수산자원관리법 시행령」 제40조제1항에 따른 건축제한 또는 건폐율 규정에 부적합하게 된 기존 공장을 기존 부지 내에서 증축 또는 개축하는 경우로서 증축 또는 개축하려는 부분이 다음 각 목의 요건을 모두 충족하는 경우: 40퍼센트 이내의 범위에서 최초 건축허가 시 해당 공장에 허용된 건폐율 가. 증축 또는 개축하려는 부분의 용도가 공장일 것 나. 증축 또는 개축하려는 부분이 제85조에 따른 용적률 규정에 적합할 것 2. 제93조제1항 각 호의 사유로 제71조부터 제80조까지, 제82조부터 제84조까지, 제84조의2, 제85조부터 제89조까지 및 「수산자원관리법 시행령」 제40조제1항에 따른 건축제한 · 건폐율 또는 용적률 규정에 부적합하게 된 기존 공장의 부지를 확장하여 건축물을 증축하려는 경우로서 다음 각 목의 어느 하나에 해당하는 경우: 40퍼센트. 이 경우 가목의 경우에는 추가편입부지에 대해서만 건폐율 기준을 적용하	

법	시 행 령	시행규칙
	고, 나목의 경우에는 기존 부지와 추가편입부지를 하나로 하여 건폐율 기준을 적용한다. 가. 추가편입부지에 건축물을 증축하려는 경우로서 다음의 요건을 모두 갖춘 경우 1) 추가편입부지의 면적이 3천제곱미터 이하로서 기존 부지면적의 50퍼센트 이내일 것 2) 증축하려는 부분이 제71조부터 제80조까지, 제82조, 제83조, 제85조부터 제89조까지 및 「수산자원관리법 시행령」 제40조제1항에 따른 건축제한 및 용적률 규정에 적합할 것 3) 관할 특별시장·광역시장·특별자치시장·특별자치도지사·시장 또는 군수가 해당 지방도시계획위원회의 심의를 거쳐 기반시설이 충분히 설치되어 있거나 기반시설의 설치에 필요한 용지가 충분히 확보되어 있고, 주변지역의 환경오염 우려가 없다고 인정할 것 나. 기존 부지와 추가편입부지를 하나로 하여 건축물을 증축하려는 경우로서 다음 각 목의 요건을 모두 갖춘 경우 1) 가목1)부터 3)까지의 요건을 모두 갖출 것 2) 관할 특별시장·광역시장·특별자치시장·특별자치도지사·시장 또는 군수가 해당 지방도시계획위원회의 심의를 거쳐 다음의 어느 하나에 해당하는 인증 등을 받기 위하여 기존 부지와 추가편입부지를 하나로 하여 건축물을 증축하는 것이 불가피하다고 인정할 것 가) 「식품위생법」 제48조에 따른 식품안전관리인증 나) 「농수산물 품질관리법」 제70조에 따른 위해요소중점관리기준 이행 사실 증명 다) 「축산물 위생관리법」 제9조에 따른 안전관리인증 3) 기존 부지와 추가편입부지를 합병할 것. 다만, 「건	

법	시 행 령	시 행 규 칙
제83조의3【도시혁신구역에서의 다른 법률의 적용 특례】 ① 도시혁신구역에 대하여는 다음 각 호의 법률 규정에도 불구하고 도시혁신계획으로 따로 정할 수 있다. 1. 「주택법」 제35조에 따른 주택의 배치, 부대시설·복리시설의 설치기준 및 대지조성기준 2. 「주차장법」 제19조에 따른 부설주차장의 설치 3. 「문화예술진흥법」 제9조에 따른 건축물에 대한 미술작품의 설치 4. 「건축법」 제43조에 따른 공개 공지 등의 확보 5. 「도시공원 및 녹지 등에 관한 법률」 제14조에 따른 도시공원 또는 녹지 확보기준 6. 「학교용지 확보 등에 관한 특례법」 제3조에 따른 학교용지의 조성·개발 기준 ② 도시혁신구역으로 지정된 지역은 「건축법」 제69조에 따른 특별건축구역으로 지정된 것으로 본다. ③ 시·도지사 또는 시장·군수·구청장은 「건축법」 제70조에도 불구하고 도시혁신구역에서 건축하는 건축물을 같은 법 제73조에 따라 건축기준 등의 특례사항을 적용하여 건축할 수 있는 건축물에 포함시킬 수 있다. ④ 도시혁신구역의 지정·변경 및 도시혁신계획 결정의 고시는 「도시개발법」 제5조에 따른 개발계획의 내용에 부합하는 경우 같은 법 제9조제1항에 따른 도시개발구역의 지정 및 개발계획 수립의 고시로 본다. 이 경우 도시혁신계획에서 정한 시행자는 같은 법 제11조에 따른 사업시행자 지정	축법 시행령」 제3조제1항제2호가목에 해당하는 경우에는 합병하지 않을 수 있다. [본조신설 2022.1.18.]	

요건 및 도시개발구역 지정 제안 요건 등을 갖춘 경우에 한정하여 같은 법에 따른 도시개발사업의 시행자로 지정된 것으로 본다.

⑤ 도시혁신계획에 대한 도시계획위원회 심의 시 「교육환경 보호에 관한 법률」 제5조제8항에 따른 지역교육환경보호위원회, 「문화유산의 보존 및 활용에 관한 법률」 제8조에 따른 문화유산위원회(같은 법 제70조에 따른 시·도지정문화유산에 관한 사항의 경우 같은 법 제71조에 따른 시·도문화유산위원회를 말한다) 또는 「자연유산의 보존 및 활용에 관한 법률」 제7조의2에 따른 자연유산위원회(같은 법 제40조에 따른 시·도자연유산에 관한 사항의 경우 같은 법 제41조의2에 따른 시·도자연유산위원회를 말한다)와 공동으로 심의를 개최하고, 그 결과에 따라 다음 각 호의 법률 규정을 완화하여 적용할 수 있다. 이 경우 다음 각 호의 완화 여부는 각각 지역교육환경보호위원회, 문화유산위원회 및 자연유산위원회의 의결에 따른다.

1. 「교육환경 보호에 관한 법률」 제9조에 따른 교육환경보호구역에서의 행위제한
2. 「문화유산의 보존 및 활용에 관한 법률」 제13조에 따른 역사문화환경 보존지역에서의 행위제한
3. 「자연유산의 보존 및 활용에 관한 법률」 제10조에 따른 역사문화환경 보존지역에서의 행위제한

[본조신설 2024.2.6.]

제83조의4【복합용도구역에서의 건축법 적용 특례】 제83조의3제2항 및 제3항은 복합용도구역에도 적용한다. 이 경우 "도시혁신구역"은 "복합용도구역"으로 본다.

[본조신설 2024.2.6.]

법	시 행 령	시 행 규 칙
제84조【둘 이상의 용도지역 · 용도지구 · 용도구역에 걸치는 대지에 대한 적용 기준】 ① 하나의 대지가 둘 이상의 용도지역 · 용도지구 또는 용도구역(이하 이 항에서 "용도지역등"이라 한다)에 걸치는 경우로서 각 용도지역등에 걸치는 부분 중 가장 작은 부분의 규모가 대통령령으로 정하는 규모 이하인 경우에는 전체 대지의 건폐율 및 용적률은 각 부분이 전체 대지 면적에서 차지하는 비율을 고려하여 다음 각 호의 구분에 따라 각 용도지역등별 건폐율 및 용적률을 가중평균한 값을 적용하고, 그 밖의 건축 제한 등에 관한 사항은 그 대지 중 가장 넓은 면적이 속하는 용도지역등에 관한 규정을 적용한다. 다만, 건축물이 고도지구에 걸쳐 있는 경우에는 그 건축물 및 대지의 전부에 대하여 미관지구나 고도지구의 건축물 및 대지에 관한 규정을 적용한다. 〈개정 2017.4.18.〉 1. 가중평균한 건폐율 = (f1x1 + f2x2 + … + fnxn) / 전체 대지 면적. 이 경우 f1부터 fn까지는 각 용도지역등에 속하는 토지 부분의 면적을 말하고, x1부터 xn까지는 해당 토지 부분이 속하는 각 용도지역등의 건폐율을 말하며, n은 용도지역등에 걸치는 각 토지 부분의 총 개수를 말한다. 2. 가중평균한 용적률 = (f1x1 + f2x2 + … + fnxn) / 전체 대지 면적. 이 경우 f1부터 fn까지는 각 용도지역등에 속하는 토지 부분의 면적을 말하고, x1부터 xn까지는 해당 토지 부분이 속하는 각 용도지역등의 용적률을 말하며, n은 용도지역등에 걸치는 각 토지 부분의 총 개수를 말한다. ② 하나의 건축물이 방화지구와 그 밖의 용도지역 · 용도지구 또는 용도구역에 걸쳐 있는 경우에는 제1항에도 불구하고 그 전부에 대하여 방화지구의 건축물에 관한 규정을 적용한다. 다만, 그 건축물이 있는 방화지구와 그 밖의 용도지역 · 용도지구 또는 용도구역의 경계가 「건축법」 제50조제	**제94조【2 이상의 용도지역 · 용도지구 · 용도구역에 걸치는 토지에 대한 적용기준】** 법 제84조제1항 각 호 외의 부분 본문 및 같은 조 제3항 본문에서 "대통령령으로 정하는 규모"라 함은 330제곱미터를 말한다. 다만, 도로변에 띠 모양으로 지정된 상업지역에 걸쳐 있는 토지의 경우에는 660제곱미터를 말한다. 〈개정 2017.12.29〉	

법	시 행 령	시 행 규 칙
2항에 따른 방화벽으로 구획되는 경우 그 밖의 용도지역·용도지구 또는 용도구역에 있는 부분에 대하여는 그러하지 아니하다. ③ 하나의 대지가 녹지지역과 그 밖의 용도지역·용도지구 또는 용도구역에 걸쳐 있는 경우(규모가 가장 작은 부분이 녹지지역으로서 해당 녹지지역이 제1항에 따라 대통령령으로 정하는 규모 이하인 경우는 제외한다)에는 제1항에도 불구하고 각각의 용도지역·용도지구 또는 용도구역의 건축물 및 토지에 관한 규정을 적용한다. 다만, 녹지지역의 건축물이 고도지구 또는 방화지구에 걸쳐 있는 경우에는 제1항 단서나 제2항에 따른다. 〈개정 2017.4.18.〉 [전문개정 2009.2.6.]		
제7장 도시·군계획시설사업의 시행 〈개정 2011.4.14.〉	**제7장 도시·군계획시설사업의 시행** 〈개정 2012.4.10.〉	
제85조【단계별 집행계획의 수립】 ① 특별시장·광역시장·특별자치시장·특별자치도지사·시장 또는 군수는 도시·군계획시설에 대하여 도시·군계획시설결정의 고시일부터 3개월 이내에 대통령령으로 정하는 바에 따라 재원조달계획, 보상계획 등을 포함하는 단계별 집행계획을 수립하여야 한다. 다만, 대통령령으로 정하는 법률에 따라 도시·군관리계획의 결정이 의제되는 경우에는 해당 도시·군계획시설결정의 고시일부터 2년 이내에 단계별 집행계획을 수립할 수 있다. 〈개정 2017.12.26.〉 ② 국토교통부장관이나 도지사가 직접 입안한 도시·군관리계획인 경우 국토교통부장관이나 도지사는 단계별 집행계획을 수립하여 해당 특별시장·광역시장·특별자치시장·특별	**제95조【단계별집행계획의 수립】** ① 특별시장·광역시장·특별자치시장·특별자치도지사·시장 또는 군수는 법 제85조제1항의 규정에 의하여 단계별집행계획을 수립하고자 하는 때에는 미리 관계 행정기관의 장과 협의하여야 하며, 해당 지방의회의 의견을 들어야 한다. 〈개정 2017.9.19.〉 ② 법 제85조제1항 단서에서 "대통령령으로 정하는 법률"이란 다음 각 호의 법률을 말한다. 〈신설 2018.11.13.〉 1. 「도시 및 주거환경정비법」 2. 「도시재정비 촉진을 위한 특별법」 3. 「도시재생 활성화 및 지원에 관한 특별법」 ③ 특별시장·광역시장·특별자치시장·특별자치도지사·시장 또는 군수는 매년 법 제85조제3항의 규정에 의한 제2	

법	시 행 령	시 행 규 칙

법

자치도지사 · 시장 또는 군수에게 송부할 수 있다. 〈개정 2013.3.23.〉

③ 단계별 집행계획은 제1단계 집행계획과 제2단계 집행계획으로 구분하여 수립하되, 3년 이내에 시행하는 도시 · 군계획시설사업은 제1단계 집행계획에, 3년 후에 시행하는 도시 · 군계획시설사업은 제2단계 집행계획에 포함되도록 하여야 한다. 〈개정 2011.4.14.〉

④ 특별시장 · 광역시장 · 특별자치시장 · 특별자치도지사 · 시장 또는 군수는 제1항이나 제2항에 따라 단계별 집행계획을 수립하거나 받은 때에는 대통령령으로 정하는 바에 따라 지체 없이 그 사실을 공고하여야 한다. 〈개정 2011.4.14.〉

⑤ 공고된 단계별 집행계획을 변경하는 경우에는 제1항부터 제4항까지의 규정을 준용한다. 다만, 대통령령으로 정하는 경미한 사항을 변경하는 경우에는 그러하지 아니하다.

[전문개정 2009.2.6.]

제86조【도시 · 군계획시설사업의 시행자】 ① 특별시장 · 광역시장 · 특별자치시장 · 특별자치도지사 · 시장 또는 군수는 이 법 또는 다른 법률에 특별한 규정이 있는 경우 외에는 관할 구역의 도시 · 군계획시설사업을 시행한다. 〈개정 2011.4.14.〉

② 도시 · 군계획시설사업이 둘 이상의 특별시 · 광역시 · 특별자치시 · 특별자치도 · 시 또는 군의 관할 구역에 걸쳐 시행되게 되는 경우에는 관계 특별시장 · 광역시장 · 특별자치시장 · 특별자치도지사 · 시장 또는 군수가 서로 협의하여 시행자를 정한다. 〈개정 2011.4.14.〉

③ 제2항에 따른 협의가 성립되지 아니하는 경우 도시 · 군계획시설사업을 시행하려는 구역이 같은 도의 관할 구역에

시행령

단계집행계획을 검토하여 3년 이내에 도시 · 군계획시설사업을 시행할 도시 · 군계획시설은 이를 제1단계집행계획에 포함시킬 수 있다. 〈개정 2018.11.13.〉

④ 법 제85조제4항에 따른 단계별집행계획의 공고는 해당 지방자치단체의 공보와 인터넷 홈페이지에 게재하는 방법으로 하며, 필요한 경우 전국 또는 해당 지방자치단체를 주된 보급지역으로 하는 일간신문에 게재하는 방법이나 방송 등의 방법을 병행할 수 있다. 〈개정 2018.11.13., 2020.11.24〉

⑤ 법 제85조제5항 단서에서 "대통령령이 정하는 경미한 사항을 변경하는 경우"라 함은 제25조제3항 각호 및 제4항 각호의 규정에 의한 도시 · 군관리계획의 변경에 따라 단계별집행계획을 변경하는 경우를 말한다. 〈개정 2018.11.13.〉

제96조【시행자의 지정】 ① 법 제86조제5항의 규정에 의하여 도시 · 군계획시설사업의 시행자로 지정받고자 하는 자는 다음 각호의 사항을 기재한 신청서를 국토교통부장관, 시 · 도지사 또는 시장 · 군수에게 제출하여야 한다. 〈개정 2013.3.23.〉

1. 사업의 종류 및 명칭
2. 사업시행자의 성명 및 주소(법인인 경우에는 법인의 명칭 및 소재지와 대표자의 성명 및 주소)
3. 토지 또는 건물의 소재지 · 지번 · 지목 및 면적, 소유권과 소유권외의 권리의 명세 및 그 소유자 · 권리자의 성명 · 주소
4. 사업의 착수예정일 및 준공예정일
5. 자금조달계획

시행규칙

제14조【도시·군계획시설사업시행자 지정의 고시】 법 제86조제6항의 규정에 의한 도시 · 군계획시설사업시행자 지정내용의 고시는 국토교통부장관이 하는 경우에는 관보에, 특별시장 · 광역시장 · 특별자치시장 · 특별자치도지사 · 도지사(이하 "시 · 도지사"라 한다) 또는 시장 · 군수가 하는 경우에는 당해 지방자치단체의 공보에 다음 각 호의 사항을 게재하는 방법에 의한다. 〈개정 2012.4.13., 2013.3.23.〉

1. 사업시행지의 위치

법	시행령	시행규칙
속하는 경우에는 관할 도지사가 시행자를 지정하고, 둘 이상의 시·도의 관할 구역에 걸치는 경우에는 국토교통부장관이 시행자를 지정한다. 〈개정 2013.3.23.〉 ④ 제1항부터 제3항까지의 규정에도 불구하고 국토교통부장관은 국가계획과 관련되거나 그 밖에 특히 필요하다고 인정되는 경우에는 관계 특별시장·광역시장·특별자치시장·특별자치도지사·시장 또는 군수의 의견을 들어 직접 도시·군계획시설사업을 시행할 수 있으며, 도지사는 광역도시계획과 관련되거나 특히 필요하다고 인정되는 경우에는 관계 시장 또는 군수의 의견을 들어 직접 도시·군계획시설사업을 시행할 수 있다. 〈개정 2013.3.23.〉 ⑤ 제1항부터 제4항까지의 규정에 따라 시행자가 될 수 있는 자 외의 자는 대통령령으로 정하는 바에 따라 국토교통부장관, 시·도지사, 시장 또는 군수로부터 시행자로 지정을 받아 도시·군계획시설사업을 시행할 수 있다. 〈개정 2013.3.23.〉 ⑥ 국토교통부장관, 시·도지사, 시장 또는 군수는 제2항·제3항 또는 제5항에 따라 도시·군계획시설사업의 시행자를 지정한 경우에는 국토교통부령으로 정하는 바에 따라 그 지정 내용을 고시하여야 한다. 〈개정 2013.3.23.〉 ⑦ 다음 각 호에 해당하지 아니하는 자가 제5항에 따라 도시·군계획시설사업의 시행자로 지정을 받으려면 도시·군계획시설사업의 대상인 토지(국공유지는 제외한다)의 소유면적 및 토지 소유자의 동의 비율에 관하여 대통령령으로 정하는 요건을 갖추어야 한다. 〈개정 2011.4.14.〉 1. 국가 또는 지방자치단체 2. 대통령령으로 정하는 공공기관 3. 그 밖에 대통령령으로 정하는 자	② 법 제86조제7항 각 호외의 부분 중 "대통령령으로 정하는 요건"이란 도시계획시설사업의 대상인 토지(국·공유지를 제외한다. 이하 이 항에서 같다)면적의 3분의 2 이상에 해당하는 토지를 소유하고, 토지소유자 총수의 2분의 1 이상에 해당하는 자의 동의를 얻는 것을 말한다. 〈개정 2012.4.10〉 ③ 법 제86조제7항제2호에서 "대통령령으로 정하는 공공기관"이란 다음 각 호의 어느 하나에 해당하는 기관을 말한다. 〈개정2012.1.25.〉 1. 「한국농수산식품유통공사법」에 따른 한국농수산식품유통공사 2. 「대한석탄공사법」에 따른 대한석탄공사 3. 「한국토지주택공사법」에 따른 한국토지주택공사 4. 「한국관광공사법」에 따른 한국관광공사 5. 「한국농어촌공사 및 농지관리기금법」에 따른 한국농어촌공사 6. 「한국도로공사법」에 따른 한국도로공사 7. 「한국석유공사법」에 따른 한국석유공사 8. 「한국수자원공사법」에 따른 한국수자원공사 9. 「한국전력공사법」에 따른 한국전력공사 10. 「한국철도공사법」에 따른 한국철도공사 11. 삭제 〈2009.9.21.〉 ④ 법 제86조제7항제3호에서 "대통령령으로 정하는 자"란 다음 각 호의 어느 하나에 해당하는 자를 말한다. 〈개정 2012.4.10〉 1. 「지방공기업법」에 의한 지방공사 및 지방공단 2. 다른 법률에 의하여 도시·군계획시설사업이 포함된 사업의 시행자로 지정된 자 3. 법 제65조의 규정에 의하여 공공시설을 관리할 관리청에 무상으로 귀속되는 공공시설을 설치하고자 하는 자 4. 「국유재산법」 제13조 또는 「공유재산 및 물품관리법」 제7조에 따라 기부를 조건으로 시설물을 설치하려는 자 ⑤ 당해 도시·군계획시설사업이 다른 법령에 의하여 면	2. 사업의 종류 및 명칭 3. 사업시행면적 또는 규모 4. 사업시행자의 성명 및 주소 5. 영 제97조제3항의 규정에 의한 도시·군계획시설사업에 대한 실시계획 인가의 신청기일 [제목개정 2012.4.13]

법	시 행 령	시 행 규 칙
[전문개정 2009.2.6][제목개정 2011.4.14]	허 · 허가 · 인가 등을 받아야 하는 사업인 경우에는 그 사업시행에 관한 면허 · 허가 · 인가 등의 사실을 증명하는 서류의 사본을 제1항의 신청서에 첨부하여야 한다. 다만, 다른 법령에서 도시 · 군계획시설사업의 시행자지정을 면허 · 허가 · 인가 등의 조건으로 하는 경우에는 관계 행정기관의 장의 의견서로 갈음할 수 있다. 〈개정 2012.4.10〉	
제87조 【도시 · 군계획시설사업의 분할시행】 도시 · 군계획시설사업의 시행자는 도시 · 군계획시설사업을 효율적으로 추진하기 위하여 필요하다고 인정되면 사업시행대상지역 또는 대상시설을 둘 이상으로 분할하여 도시 · 군계획시설사업을 시행할 수 있다. 〈개정 2013.7.16.〉 [전문개정 2009.2.6.][제목개정 2011.4.14.]		
제88조 【실시계획의 작성 및 인가 등】 ① 도시 · 군계획시설사업의 시행자는 대통령령으로 정하는 바에 따라 그 도시 · 군계획시설사업에 관한 실시계획(이하 "실시계획"이라 한다)을 작성하여야 한다. 〈개정 2011.4.14.〉 ② 도시 · 군계획시설사업의 시행자(국토교통부장관, 시 · 도지사와 대도시 시장은 제외한다. 이하 제3항에서 같다)는 제1항에 따라 실시계획을 작성하면 대통령령으로 정하는 바에 따라 국토교통부장관, 시 · 도지사 또는 대도시 시장의 인가를 받아야 한다. 다만, 제98조에 따른 준공검사를 받은 후에 해당 도시 · 군계획시설사업에 대하여 국토교통부령으로 정하는 경미한 사항을 변경하기 위하여 실시계획을 작성하는 경우에는 국토교통부장관, 시 · 도지사 또는 대도시 시장의 인가를 받지 아니한다. 〈개정 2013.7.16.〉 ③ 국토교통부장관, 시 · 도지사 또는 대도시 시장은 도시 · 군계획시설사업의 시행자가 작성한 실시계획이 제43조제2항 및 제3항에 따른 도시 · 군계획시설의 결정 · 구조 및 설치의 기준 등에 맞다고 인정하는 경우에는 실시계획을 인가하여야 한다. 이 경우 국토교통부장관, 시 · 도지사 또는 대도시 시장은 기반시설의 설치나 그에 필요한 용지의 확보, 위해	**제97조 【실시계획의 인가】** ① 법 제88조제1항의 규정에 의한 실시계획(이하 "실시계획"이라 한다)에는 다음 각 호의 사항이 포함되어야 한다. 1. 사업의 종류 및 명칭 2. 사업의 면적 또는 규모 3. 사업시행자의 성명 및 주소(법인인 경우에는 법인의 명칭 및 소재지와 대표자의 성명 및 주소) 4. 사업의 착수예정일 및 준공예정일 ② 법 제88조제2항 본문에 따라 도시 · 군계획시설사업의 시행자가 실시계획의 인가를 받고자 하는 경우 국토교통부장관이 지정한 시행자는 국토교통부장관의 인가를 받아야 하며, 그 밖의 시행자는 시 · 도지사 또는 대도시 시장의 인가를 받아야 한다. 〈개정 2014.1.14.〉 ③ 도시 · 군계획시설사업의 시행자로 지정된 자는 특별한 사유가 없는 한 시행자지정시에 정한 기일까지 국토교통부장관, 시 · 도지사 또는 대도시 시장에게 국토교통부령이 정하는 실시계획인가신청서를 제출하여야 한다. 〈개정 2013.3.23.〉 ④ 법 제86조제5항의 규정에 의하여 도시 · 군계획시설사업의 시행자로 지정을 받은 자는 실시계획을 작성하고자 하는 때에	**제15조 【도시 · 군계획시설사업실시계획인가신청서】** 영 제97조제3항에 따라 도시·군계획시설사업 실시계획의 인가를 받으려는 도시군계획시설사업의 시행자는 별지 제9호서식의 도시·군계획시설사업실시계획인가신청서에 다음 각 호의 서류를 첨부하여 국토교통부장관, 시 · 도지사 또는 「지방자치법」 제175조에 따른 서울특별시와 광역시를 제외한 인구 50만 이상의 대도시(이하 "대도시"라 한다)의 시장(이하 "대도시 시장"이라 한다)에게 제출하여야 한다. 이 경우 국토교통부장관 또는 시·도지사 또는 대도시 시장은 「전자정부법」 제36조제1항에 따른 행정정보의 공동이용을 통하여 수용 또는 사용할 토지 또는 건물의 토지대장 · 토지등기사항증명서 및 건물 등기사항증명서를 확인하여야 한다. 〈개정 2022.1.21〉

법	시 행 령	시 행 규 칙

방지, 환경오염 방지, 경관 조성, 조경 등의 조치를 할 것을 조건으로 실시계획을 인가할 수 있다. 〈개정 2013.3.23., 2024.2.6.〉

④ 인가받은 실시계획을 변경하거나 폐지하는 경우에는 제2항 본문을 준용한다. 다만, 국토교통부령으로 정하는 경미한 사항을 변경하는 경우에는 그러하지 아니하다. 〈개정 2013.7.16.〉

⑤ 실시계획에는 사업시행에 필요한 설계도서, 자금계획, 시행기간, 그 밖에 대통령령으로 정하는 사항(제4항에 따라 실시계획을 변경하는 경우에는 변경되는 사항에 한정한다)을 자세히 밝히거나 첨부하여야 한다. 〈개정 2015.12.29.〉

⑥ 제1항 · 제2항 및 제4항에 따라 실시계획이 작성(도시 · 군계획시설사업의 시행자가 국토교통부장관, 시 · 도지사 또는 대도시 시장인 경우를 말한다) 또는 인가된 때에는 그 실시계획에 반영된 제30조제5항 단서에 따른 경미한 사항의 범위에서 도시 · 군관리계획이 변경된 것으로 본다. 이 경우 제30조제6항 및 제32조에 따라 도시 · 군관리계획의 변경사항 및 이를 반영한 지형도면을 고시하여야 한다. 〈개정 2013.3.23.〉

⑦ 도시·군계획시설결정의 고시일부터 10년 이후에 제1항 또는 제2항에 따라 실시계획을 작성하거나 인가(다른 법률에 따라 의제된 경우는 제외한다) 받은 도시·군계획시설사업의 시행자(이하 이 조에서 "장기미집행 도시·군계획시설사업의 시행자"라 한다)가 제91조에 따른 실시계획 고시일부터 5년 이내에 「공익사업을 위한 토지 등의 취득 및 보상에 관한 법률」 제28조제1항에 따른 재결신청(이하 이 조에서 "재결신청"이라 한다)을 하지 아니한 경우에는 실시계획 고시일부터 5년이 지난 다음 날에 그 실시계획은 효력을

는 미리 당해 특별시장 · 광역시장 · 특별자치시장 · 특별자치도지사 · 시장 또는 군수의 의견을 들어야 한다. 〈개정 2012.4.10.〉

⑤ 법 제87조의 규정에 의하여 도시 · 군계획시설사업을 분할시행하는 때에는 분할된 지역별로 실시계획을 작성할 수 있다. 〈개정 2012.4.10.〉

⑥ 법 제88조제5항에서 "그 밖에 대통령령으로 정하는 사항"이란 다음 각 호의 사항을 말한다. 〈개정 2018.11.13〉

1. 사업시행지의 위치도 및 계획평면도
2. 공사설계도서(「건축법」 제29조에 따른 건축협의를 하여야 하는 사업인 경우에는 개략설계도서)
3. 수용 또는 사용할 토지 또는 건물의 소재지 · 지번 · 지목 및 면적, 소유권과 소유권외의 권리의 명세 및 그 소유자 · 권리자의 성명 · 주소
4. 도시 · 군계획시설사업의 시행으로 새로이 설치하는 공공시설 또는 기존의 공공시설의 조서 및 도면(행정청이 시행자인 경우에 한한다)
5. 도시 · 군계획시설사업의 시행으로 용도폐지되는 공공시설에 대한 2 이상의 감정평가업자의 감정평가서(행정청이 아닌 자가 시행자인 경우에 한정한다). 다만, 제2항에 따른 해당 도시 · 군계획시설사업의 실시계획 인가권자가 새로운 공공시설의 설치비용이 기존의 공공시설의 감정평가액보다 현저히 많은 것이 명백하여 이를 비교할 실익이 없다고 인정하거나 사업 시행기간 중에 제출하도록 조건을 붙이는 경우는 제외한다.
6. 도시 · 군계획시설사업으로 새로이 설치하는 공공시설의 조서 및 도면과 그 설치비용계산서(행정청이 아닌 자가 시행자인 경우에 한한다). 이 경우 새로운 공공시설의 설치에 필요한 토지와 종래의 공공시설이 설치되어 있는 토지가 같은

1. 사업시행지의 위치도 및 계획평면도
2. 공사설계도서(「건축법」 제29조에 따른 건축협의를 하여야 하는 사업인 경우에는 개략설계도서)
3. 수용 또는 사용할 토지 또는 건물의 소재지 · 지번 · 지목 및 면적, 소유권과 소유권외의 권리의 명세 및 그 소유자 · 권리자의 성명 · 주소를 기재한 서류
4. 도시 · 군계획시설사업의 시행으로 새로이 설치하는 공공시설 또는 기존의 공공시설의 조서 및 도면(행정청이 시행하는 경우에 한한다)
5. 도시 · 군계획시설사업의 시행으로 용도폐지되는 국가 또는 지방자치단체의 재산에 대한 2 이상의 감정평가법인등의 감정평가서(행정청이 아닌 자가 시행하는 경우에 한한다)
6. 도시 · 군계획시설사업으로 새로 설치하는 공공시설의 조서 및 도면과 그 설치비용계산서(새로운 공공시설의 설치에 필요한 토지와 기존의 공공시설이 설치되어 있는 토지가 동일한 토지인 경우에는 그 토지가격을 뺀 설치비용만을 계산한다). 다만, 행정청이 아닌 자가 시행하는 경우에 한한다.
7. 법 제92조제3항의 규정에 의한 관계 행정기관의 장과의 협의에 필요한 서

법

잃는다. 다만, 장기미집행 도시·군계획시설사업의 시행자가 재결신청을 하지 아니하고 실시계획 고시일부터 5년이 지나기 전에 해당 도시·군계획시설사업에 필요한 토지 면적의 3분의 2 이상을 소유하거나 사용할 수 있는 권원을 확보하고 실시계획 고시일부터 7년 이내에 재결신청을 하지 아니한 경우 실시계획 고시일부터 7년이 지난 다음 날에 그 실시계획은 효력을 잃는다. 〈신설 2019.8.20.〉

⑧ 제7항에도 불구하고 장기미집행 도시·군계획시설사업의 시행자가 재결신청 없이 도시·군계획시설사업에 필요한 모든 토지·건축물 또는 그 토지에 정착된 물건을 소유하거나 사용할 수 있는 권원을 확보한 경우 그 실시계획은 효력을 유지한다. 〈신설 2019.8.20.〉

⑨ 실시계획이 폐지되거나 효력을 잃은 경우 해당 도시·군계획시설결정은 제48조제1항에도 불구하고 다음 각 호에서 정한 날 효력을 잃는다. 이 경우 시·도지사 또는 대도시 시장은 대통령령으로 정하는 바에 따라 지체 없이 그 사실을 고시하여야 한다. 〈신설 2019.8.20.〉

1. 제48조제1항에 따른 도시·군계획시설결정의 고시일부터 20년이 되기 전에 실시계획이 폐지되거나 효력을 잃고 다른 도시·군계획시설사업이 시행되지 아니하는 경우: 도시·군계획시설결정의 고시일부터 20년이 되는 날의 다음 날
2. 제48조제1항에 따른 도시·군계획시설결정의 고시일부터 20년이 되는 날의 다음 날 이후 실시계획이 폐지되거나 효력을 잃은 경우: 실시계획이 폐지되거나 효력을 잃은 날

시 행 령

토지인 경우에는 그 토지가격을 뺀 설치비용만 계산한다.
7. 법 제92조제3항의 규정에 의한 관계 행정기관의 장과의 협의에 필요한 서류
8. 제4항의 규정에 의한 특별시장·광역시장·특별자치시장·특별자치도지사·시장 또는 군수의 의견청취 결과

⑦ 시·도지사 또는 대도시 시장은 법 제88조제9항 각 호 외의 부분 후단에 따라 해당 시·도 또는 대도시의 공보와 인터넷 홈페이지에 실효일자 및 실효사유와 실효된 도시·군계획의 내용을 게재하는 방법으로 도시·군계획시설결정의 실효고시를 해야 한다. 〈신설 2019.12.31., 2020.11.24〉

참고 실시계획의 수립절차 (시행자 지정을 받은 자의 경우)

1. 의 견 청 취 (특별시장 · 광역시장 · 시장 · 군수)
↓
2. 실 시 계 획 작 성
↓
3. 인 가 신 청
↓
4. 주민의 의 견 청 취
↓
5. 인 가
↓
6. 고 시
↓
7. 관 계 행 정 기 관 의 장에게 통 보

시 행 규 칙

류
8. 영 제97조제4항의 규정에 의한 특별시장·광역시장·특별자치시장·특별자치도지사·시장 또는 군수의 의견청취 결과

[제목개정 2012.4.13]

제16조【경미한 사항의 변경】 ① 법 제88조제2항 단서에서 "국토교통부령으로 정하는 경미한 사항을 변경하기 위하여 실시계획을 작성하는 경우"란 다음 각 호의 다음 각 호의 어느 하나에 해당하는 경우(다른 호에 저촉되지 않는 경우로 한정한다)를 위하여 실시계획을 작성하는 경우를 말한다.
〈개정 2014.1.17., 2016.2.12., 2019.8.7., 2023.1.27.〉

1. 사업명칭을 변경하는 경우
2. 구역경계의 변경이 없는 범위안에서 행하는 건축물의 연면적(구역경계 안에 「건축법 시행령」 별표 1에 따른 용도를 기준으로 그 용도가 동일한 건축물이 2개 이상 있는 경우에는 각 건축물의 연면적을 모두 합산한 면적을 말한다) 10퍼센트 미만의 변경과 「학교시설사업 촉진법」에 의한 학교시설의 변경인 경우

2의2. 다음 각 목의 공작물을 설치하는

법	시 행 령	시 행 규 칙
		경우 가. 도시지역 또는 지구단위계획구역에 설치되는 공작물로서 무게는 50톤, 부피는 50세제곱미터, 수평투영면적은 50제곱미터를 각각 넘지 않는 공작물 나. 도시지역·자연환경보전지역 및 지구단위계획구역 외의 지역에 설치되는 공작물로서 무게는 150톤, 부피는 150세제곱미터, 수평투영면적은 150제곱미터를 각각 넘지 않는 공작물 3. 기존 시설의 일부 또는 전부에 대한 용도변경을 수반하지 않는 대수선·재축 및 개축인 경우 4. 도로의 포장 등 기존 도로의 면적·위치 및 규모의 변경을 수반하지 아니하는 도로의 개량인 경우 5. 구역경계의 변경이 없는 범위에서 측량결과에 따라 면적을 변경하는 경우
제89조【도시·군계획시설사업의 이행 담보】 ① 특별시장·광역시장·특별자치시장·특별자치도지사·시장 또는 군수는 기반시설의 설치나 그에 필요한 용지의 확보, 위해 방지, 환경오염 방지, 경관 조성, 조경 등을 위하여 필요하다고 인정되는 경우로서 대통령령으로 정하는 경우에는 그 이행을 담보하기 위하여 도시·군계획시설사업의 시행자에게 이행보증금을 예치하게 할 수 있다. 다만, 다음 각 호의 어느 하나에 해당하는 자에 대하여는 그러하지 아니하다. 〈개정 2011.4.14.〉 1. 국가 또는 지방자치단체 2. 대통령령으로 정하는 공공기관 3. 그 밖에 대통령령으로 정하는 자	**제98조【도시·군계획시설사업의 이행담보】** ① 법 제89조제1항 각 호 외의 부분 본문에서 "대통령령으로 정하는 경우"란 다음 각 호의 어느 하나에 해당하는 경우를 말한다. 〈개정 2018.11.13〉 1. 도시·군계획시설사업으로 인하여 도로·수도공급설비·하수도 등 기반시설의 설치가 필요한 경우 2. 도시·군계획시설사업으로 인하여 제59조제1항제2호 내지 제5호의 1에 해당하는 경우 ② 법 제89조제1항제2호에서 "대통령령으로 정하는 공공기관"이란 「공공기관의 운영에 관한 법률」 제5조제4항제1호 또는 제2호나목에 해당하는 기관을 말한다. 〈개정 2020.11.24〉	② 법 제88조제4항 단서에서 "국토교통부령으로 정하는 경미한 사항을 변경하는 경우"란 제1항 각 호의 어느 하나에 해당하는 경우(다른 호에 저촉되지 않는 경우로 한정한다)를 말한다. 〈신설 2014.1.17., 2019.8.7〉

법	시 행 령	시 행 규 칙
② 제1항에 따른 이행보증금의 산정과 예치방법 등에 관하여 필요한 사항은 대통령령으로 정한다. ③ 특별시장 · 광역시장 · 특별자치시장 · 특별자치도지사 · 시장 또는 군수는 제88조제2항 본문 또는 제4항 본문에 따른 실시계획의 인가 또는 변경인가를 받지 아니하고 도시 · 군계획시설사업을 하거나 그 인가 내용과 다르게 도시 · 군계획시설사업을 하는 자에게 그 토지의 원상회복을 명할 수 있다. 〈개정 2013.7.16.〉 ④ 특별시장 · 광역시장 · 특별자치시장 · 특별자치도지사 · 시장 또는 군수는 제3항에 따른 원상회복의 명령을 받은 자가 원상회복을 하지 아니하는 경우에는 「행정대집행법」에 따른 행정대집행에 따라 원상회복을 할 수 있다. 이 경우 행정대집행에 필요한 비용은 제1항에 따라 도시 · 군계획시설사업의 시행자가 예치한 이행보증금으로 충당할 수 있다. 〈개정 2011.4.14.〉 [전문개정 2009.2.6][제목개정 2011.4.14.]	③ 법 제89조제1항제3호에서 "그 밖에 대통령령으로 정하는 자"란 「지방공기업법」에 의한 지방공사 및 지방공단을 말한다. 〈개정 2018.11.13〉 ④ 제59조제2항 내지 제4항의 규정은 법 제89조제2항의 규정에 의한 예치금액의 산정 및 예치방법 등에 관하여 이를 준용한다. 〈개정 2009.8.5.〉 [제목개정 2012.4.10]	
제90조【서류의 열람 등】 ① 국토교통부장관, 시 · 도지사 또는 대도시 시장은 제88조제3항에 따라 실시계획을 인가하려면 미리 대통령령으로 정하는 바에 따라 그 사실을 공고하고, 관계 서류의 사본을 14일 이상 일반이 열람할 수 있도록 하여야 한다. 〈개정 2013.3.23.〉 ② 도시 · 군계획시설사업의 시행지구의 토지 · 건축물 등의 소유자 및 이해관계인은 제1항에 따른 열람기간 이내에 국토교통부장관, 시 · 도지사, 대도시 시장 또는 도시 · 군계획시설사업의 시행자에게 의견서를 제출할 수 있으며, 국토교통부장관, 시 · 도지사, 대도시 시장 또는 도시 · 군계획시설사업의 시행자는 제출된 의견이 타당하다고 인정되면 그 의견을 실시계획에 반영하여야 한다. 〈개정 2013.3.23.〉	**제99조【서류의 열람 등】** ① 법 제90조제1항에 따른 공고는 국토교통부장관이 하는 경우에는 관보나 전국을 보급지역으로 하는 일간신문에, 시 · 도지사 또는 대도시 시장이 하는 경우에는 해당 시 · 도 또는 대도시의 공보나 해당 시 · 도 또는 대도시를 주된 보급지역으로 하는 일간신문에 다음 각 호의 사항을 게재하는 방법에 따른다. 이 경우 국토교통부장관, 시 · 도지사 또는 대도시 시장은 공고한 내용을 해당 기관의 인터넷 홈페이지에도 게재해야 한다. 〈개정 2020.11.24〉 1. 인가신청의 요지 2. 열람의 일시 및 장소 ② 다음 각 호의 어느 하나에 해당하는 경미한 사항의 변경인 경우에는 제1항에 따른 공고 및 열람을 하지 아니할	

법	시 행 령	시 행 규 칙

③ 국토교통부장관, 시·도지사 또는 대도시 시장이 실시계획을 작성하는 경우에 관하여는 제1항과 제2항을 준용한다. 〈개정 2013.3.23.〉
[전문개정 2009.2.6]

제91조【실시계획의 고시】 국토교통부장관, 시·도지사 또는 대도시 시장은 제88조에 따라 실시계획을 작성(변경작성을 포함한다), 인가(변경인가를 포함한다), 폐지하거나 실시계획이 효력을 잃은 경우에는 대통령령으로 정하는 바에 따라 그 내용을 고시하여야 한다. 〈개정 2019.8.20〉
[전문개정 2009.2.6]

제92조【관련 인·허가 등의 의제】 ① 국토교통부장관, 시·도지사 또는 대도시 시장이 제88조에 따라 실시계획을 작성 또는 변경작성하거나 인가 또는 변경인가를 할 때에 그 실시계획에 대한 다음 각 호의 인·허가등에 관하여 제3항에 따라 관계 행정기관의 장과 협의한 사항에 대하여는 해당 인·허가등을 받은 것으로 보며, 제91조에 따른 실시계획을 고시한 경우에는 관계 법률에 따른 인·허가등의 고시·공고 등이 있은 것으로 본다. 〈개정 2014.1.14., 2014.6.3., 2020.1.29., 2021.7.20., 2022.12.27.〉

수 있다. 〈개정 2011.7.1.〉
1. 사업시행지의 변경이 수반되지 아니하는 범위안에서의 사업내용변경
2. 사업의 착수예정일 및 준공예정일의 변경. 다만, 사업시행에 필요한 토지 등(공공시설은 제외한다)의 취득이 완료되기 전에 준공예정일을 연장하는 경우는 제외한다
3. 사업시행자의 주소(사업시행자가 법인인 경우에는 법인의 소재지와 대표자의 성명 및 주소)의 변경

③ 제1항의 규정에 의한 공고에 소요되는 비용은 도시·군계획시설사업의 시행자가 부담한다. 〈개정 2012.4.10.〉

제100조【실시계획의 고시】 ① 법 제91조에 따른 실시계획의 고시는 국토교통부장관이 하는 경우에는 관보와 국토교통부의 인터넷 홈페이지에, 시·도지사 또는 대도시 시장이 하는 경우에는 해당 시·도 또는 대도시의 공보와 인터넷 홈페이지에 다음 각 호의 사항을 게재하는 방법으로 한다. 〈개정 2020.11.24〉
1. 사업시행지의 위치
2. 사업의 종류 및 명칭
3. 면적 또는 규모
4. 시행자의 성명 및 주소(법인인 경우에는 법인의 명칭 및 주소와 대표자의 성명 및 주소)
5. 사업의 착수예정일 및 준공예정일
6. 수용 또는 사용할 토지 또는 건물의 소재지·지번·지목 및 면적, 소유권과 소유권외의 권리의 명세 및 그 소유자·권리자의 성명·주소
7. 법 제99조의 규정에 의한 공공시설 등의 귀속 및 양도에 관한 사항

법	시 행 령	시 행 규 칙
1. 「건축법」 제11조에 따른 건축허가, 같은 법 제14조에 따른 건축신고 및 같은 법 제20조에 따른 가설건축물 건축의 허가 또는 신고 2. 「산업집적활성화 및 공장설립에 관한 법률」 제13조에 따른 공장설립등의 승인 3. 「공유수면 관리 및 매립에 관한 법률」 제8조에 따른 공유수면의 점용 · 사용허가, 같은 법 제17조에 따른 점용 · 사용 실시계획의 승인 또는 신고, 같은 법 제28조에 따른 공유수면의 매립면허, 같은 법 제35조에 따른 국가 등이 시행하는 매립의 협의 또는 승인 및 같은 법 제38조에 따른 공유수면 매립실시계획의 승인 4. 삭제 〈2010.4.15.〉 5. 「광업법」 제42조에 따른 채굴계획의 인가 6. 「국유재산법」 제24조에 따른 사용 · 수익의 허가 7. 「농어촌정비법」 제23조에 따른 농업생산기반시설의 사용허가 8. 「농지법」 제34조에 따른 농지전용의 허가 또는 협의, 같은 법 제35조에 따른 농지전용의 신고 및 같은 법 제36조에 따른 농지의 타용도 일시사용의 허가 또는 협의 9. 「도로법」 제36조에 따른 도로관리청이 아닌 자에 대한 도로공사 시행의 허가 및 같은 법 제61조에 따른 도로의 점용 허가 10. 「장사 등에 관한 법률」 제27조제1항에 따른 무연분묘의 개장허가 11. 「사도법」 제4조에 따른 사도 개설의 허가 12. 「사방사업법」 제14조에 따른 토지의 형질 변경 등의 허가 및 같은 법 제20조에 따른 사방지 지정의 해제 13. 「산지관리법」 제14조 · 제15조에 따른 산지전용허가 및	② 국토교통부장관, 시 · 도지사 또는 대도시 시장은 제1항에 따라 실시계획을 고시하였으면 그 내용을 관계 행정기관의 장에게 통보하여야 한다. 〈개정2013.3.23.〉	

법	시 행 령	시행규칙
산지전용신고, 같은 법 제15조의2에 따른 산지일시사용허가 · 신고, 같은 법 제25조제1항에 따른 토석채취허가, 같은 법 제25조제2항에 따른 토사채취신고 및 「산림자원의 조성 및 관리에 관한 법률」 제36조제1항 · 제5항에 따른 입목벌채 등의 허가 · 신고 14. 「소하천정비법」 제10조에 따른 소하천공사 시행의 허가 및 같은 법 제14조에 따른 소하천의 점용허가 15. 「수도법」 제17조에 따른 일반수도사업 및 같은 법 제49조에 따른 공업용수도사업의 인가, 같은 법 제52조에 따른 전용상수도 설치 및 같은 법 제54조에 따른 전용공업용수도 설치의 인가 16. 「연안관리법」 제25조에 따른 연안정비사업실시계획의 승인 17. 「에너지이용 합리화법」 제8조에 따른 에너지사용계획의 협의 18. 「유통산업발전법」 제8조에 따른 대규모점포의 개설등록 19. 「공유재산 및 물품 관리법」 제20조제1항에 따른 사용 · 수익의 허가 20. 「공간정보의 구축 및 관리 등에 관한 법률」 제86조제1항에 따른 사업의 착수 · 변경 또는 완료의 신고 21. 「집단에너지사업법」 제4조에 따른 집단에너지의 공급 타당성에 관한 협의 22. 「체육시설의 설치 · 이용에 관한 법률」 제12조에 따른 사업계획의 승인 23. 「초지법」 제23조에 따른 초지전용의 허가, 신고 또는 협의 24. 「공간정보의 구축 및 관리 등에 관한 법률」 제15조제4항에 따른 지도등의 간행 심사 25. 「하수도법」 제16조에 따른 공공하수도에 관한 공사시행의 허가 및 같은 법 제24조에 따른 공공하수도의 점용허가 26. 「하천법」 제30조에 따른 하천공사 시행의 허가, 같은	**관계법** 「공간정보의 구축 및 관리 등에 관한 법률」 제86조(도시개발사업 등 시행지역의 토지이동 신청에 관한 특례) ① 「도시개발법」에 따른 도시개발사업, 「농어촌정비법」에 따른 농어촌정비사업, 그 밖에 대통령령으로 정하는 토지개발사업의 시행자는 대통령령으로 정하는 바에 따라 그 사업의 착수 · 변경 및 완료 사실을 지적소관청에 신고하여야 한다. ② 제1항에 따른 사업과 관련하여 토지의 이동이 필요한 경우에는 해당 사업의 시행자가 지적소관청에 토지의 이동을 신청하여야 한다. ③ 제2항에 따른 토지의 이동은 토지의 형질변경 등의 공사가 준공된 때에 이루어진 것으로 본다. ④ 제1항에 따라 사업의 착수 또는 변경의 신고가 된 토지의 소유자가 해당 토지의 이동을 원하는 경우에는 해당 사업의 시행자에게 그 토지의 이동을 신청하도록 요청하여야 하며, 요청을 받은 시행자는 해당 사업에 지장이 없다고 판단되면 지적소관청에 그 이동을 신청하여야	

법	시 행 령	시 행 규 칙

법

법 제33조에 따른 하천 점용의 허가

27. 「항만법」 제9조제2항에 따른 항만개발사업 시행의 허가 및 같은 법 제10조제2항에 따른 항만개발사업실시계획의 승인

27. 「항만법」 제9조제2항에 따른 항만공사 시행의 허가 및 같은 법 제10조제2항에 따른 실시계획의 승인

② 제1항에 따른 인 · 허가등의 의제를 받으려는 자는 실시계획 인가 또는 변경인가를 신청할 때에 해당 법률에서 정하는 관련 서류를 함께 제출하여야 한다. 〈개정 2013.7.16.〉

③ 국토교통부장관, 시 · 도지사 또는 대도시 시장은 실시계획을 작성 또는 변경작성하거나 인가 또는 변경인가할 때에 그 내용에 제1항 각 호의 어느 하나에 해당하는 사항이 있으면 미리 관계 행정기관의 장과 협의하여야 한다. 〈개정 2013.7.16.〉

④ 국토교통부장관은 제1항에 따라 의제되는 인 · 허가등의 처리기준을 관계 중앙행정기관으로부터 받아 통합하여 고시하여야 한다. 〈개정 2013.3.23.〉

[전문개정 2009.2.6]

제93조【관계 서류의 열람 등】 도시 · 군계획시설사업의 시행자는 도시 · 군계획시설사업을 시행하기 위하여 필요하면 등기소나 그 밖의 관계 행정기관의 장에게 필요한 서류의 열람 또는 복사나 그 등본 또는 초본의 발급을 무료로 청구할 수 있다. 〈개정 2011.4.14.〉

[전문개정 2009.2.6]

제94조【서류의 송달】 ① 도시 · 군계획시설사업의 시행자는 이해관계인에게 서류를 송달할 필요가 있으나 이해관계인

시 행 령

한다.

관계법 「공간정보의 구축 및 관리 등에 관한 법률」
제15조(기본측량성과 등을 사용한 지도 등의 간행)

① ~ ② 〈생략〉

③ 기본측량성과, 기본측량기록 또는 제1항에 따라 간행한 지도등을 활용한 지도등을 간행하여 판매하거나 배포하려는 자(제17조제2항에 따른 공공측량시행자는 제외한다)는 그 지도등에 대하여 국토교통부령으로 정하는 바에 따라 국토교통부장관의 심사를 받아야 한다. 〈개정 2013. 3.23.〉

④ 기본측량성과, 기본측량기록 또는 제1항에 따라 간행한 지도등을 활용한 지도등을 간행하여 판매하거나 배포하려는 자(제17조제2항에 따른 공공측량시행자는 제외한다)는 그 지도등에 대하여 국토교통부령으로 정하는 바에 따라 국토교통부장관의 심사를 받아야 한다. 〈개정 2021.7.20.〉

제101조【공시송달】 행정청이 아닌 도시 · 군계획시설사업의 시행자는 법 제94조제1항에 따라 공시송달은 하려는 경우

시 행 규 칙

법	시 행 령	시 행 규 칙
의 주소 또는 거소(居所)가 불분명하거나 그 밖의 사유로 서류를 송달할 수 없는 경우에는 대통령령으로 정하는 바에 따라 그 서류의 송달을 갈음하여 그 내용을 공시할 수 있다. 〈개정 2011.4.14.〉 ② 제1항에 따른 서류의 공시송달에 관하여는 「민사소송법」의 공시송달의 예에 따른다. [전문개정 2009.2.6]	에는 국토교통부장관, 관할 시·도지사 또는 대도시 시장의 승인을 받아야 한다. 〈개정 2013.3.23.〉	
제95조【토지 등의 수용 및 사용】 ① 도시·군계획시설사업의 시행자는 도시·군계획시설사업에 필요한 다음 각 호의 물건 또는 권리를 수용하거나 사용할 수 있다. 〈개정 2011.4.14.〉 1. 토지·건축물 또는 그 토지에 정착된 물건 2. 토지·건축물 또는 그 토지에 정착된 물건에 관한 소유권 외의 권리 ② 도시·군계획시설사업의 시행자는 사업시행을 위하여 특히 필요하다고 인정되면 도시·군계획시설에 인접한 다음 각 호의 물건 또는 권리를 일시 사용할 수 있다. 〈개정 2011.4.14.〉 1. 토지·건축물 또는 그 토지에 정착된 물건 2. 토지·건축물 또는 그 토지에 정착된 물건에 관한 소유권 외의 권리 [전문개정 2009.2.6.]		
제96조【「공익사업을 위한 토지 등의 취득 및 보상에 관한 법률」의 준용】 ① 제95조에 따른 수용 및 사용에 관하여는 이 법에 특별한 규정이 있는 경우 외에는 「공익사업을 위한 토지 등의 취득 및 보상에 관한 법률」을 준용한다. ② 제1항에 따라 「공익사업을 위한 토지 등의 취득 및 보	**관계법** 「공익사업을 위한 토지 등의 취득 및 보상에 관한 법률」 제20조(사업인정) ① 사업시행자는 제19조에 따라 토지등을 수용하거나 사용하려면 대통령령으로 정하는 바에 따라 국토교통부장관의 사업인정을 받아야 한다. 〈개정 2013.3.23.〉 ② 제1항에 따른 사업인정을 신청하려는 자는 국토교통부령으로 정하	

법	시 행 령	시 행 규 칙
상에 관한 법률」을 준용할 때에 제91조에 따른 실시계획을 고시한 경우에는 같은 법 제20조제1항과 제22조에 따른 사업인정 및 그 고시가 있었던 것으로 본다. 다만, 재결 신청은 같은 법 제23조제1항과 제28조제1항에도 불구하고 실시계획에서 정한 도시·군계획시설사업의 시행기간에 하여야 한다. 〈개정 2011.4.14.〉 [전문개정 2009.2.6.]	는 수수료를 내야 한다. 〈개정 2013.3.23.〉 제22조(사업인정의 고시) ① 국토교통부장관은 제20조에 따른 사업인정을 하였을 때에는 지체 없이 그 뜻을 사업시행자, 토지소유자 및 관계인, 관계 시·도지사에게 통지하고 사업시행자의 성명이나 명칭, 사업의 종류, 사업지역 및 수용하거나 사용할 토지의 세목을 관보에 고시하여야 한다. 〈개정 2013.3.23.〉 ② 제1항에 따라 사업인정의 사실을 통지받은 시·도지사(특별자치도지사는 제외한다)는 관계 시장·군수 및 구청장에게 이를 통지하여야 한다. ③ 사업인정은 제1항에 따라 고시한 날부터 그 효력이 발생한다.	
제97조 【국공유지의 처분제한】 ① 제30조제6항에 따라 도시·군관리계획결정을 고시한 경우에는 국공유지로서 도시·군계획시설사업에 필요한 토지는 그 도시·군관리계획으로 정하여진 목적 외의 목적으로 매각하거나 양도할 수 없다. 〈개정 2011.4.14.〉 ② 제1항을 위반한 행위는 무효로 한다. [전문개정 2009.2.6.]		
제98조 【공사완료의공고 등】 ① 도시·군계획시설사업의 시행자(국토교통부장관, 시·도지사와 대도시 시장은 제외한다)는 도시·군계획시설사업의 공사를 마친 때에는 국토교통부령으로 정하는 바에 따라 공사완료보고서를 작성하여 시·도지사나 대도시 시장의 준공검사를 받아야 한다. 〈개정 2013.3.23.〉 ② 시·도지사나 대도시 시장은 제1항에 따른 공사완료보고서를 받으면 지체 없이 준공검사를 하여야 한다. ③ 시·도지사나 대도시 시장은 제2항에 따른 준공검사를 한 결과 실시계획대로 완료되었다고 인정되는 경우에는 도시·군계획시설사업의 시행자에게 준공검사증명서를 발급하고 공사완료 공고를 하여야 한다. 〈개정 2011.4.14.〉 ④ 국토교통부장관, 시·도지사 또는 대도시 시장인 도시·군	**제102조 【공사완료공고 등】** ① 도시·군계획시설사업에 대하여 다른 법령에 따른 준공검사·준공인가 등을 받은 경우 그 부분에 대하여는 법 제98조제2항에 따른 준공검사를 하지 아니할 수 있다. 이 경우 시·도지사 또는 대도시 시장은 다른 법령에 따른 준공검사·준공인가 등을 한 기관의 장에 대하여 그 준공검사·준공인가 등의 내용을 통보하여 줄 것을 요청할 수 있다. 〈개정 2012.4.10.〉 ② 법 제98조제3항 및 제4항에 따른 공사완료 공고는 국토교통부장관이 하는 경우에는 관보와 국토교통부의 인터넷 홈페이지에, 시·도지사 또는 대도시 시장이 하는 경우에는 해당 시·도 또는 대도시의 공보와 인터넷 홈페이지에 게재하는 방법으로 한다. 〈개정 2020.11.24〉	**제17조 【도시·군계획시설사업공사완료보고서 및 도사군계획시설사업준공검사필증】** ① 법 제98조제1항의 규정에 의하여 도시·군계획시설사업의 시행자는 공사를 완료한 때에는 공사를 완료한 날부터 7일 이내에 별지 제10호서식의 도시·군계획시설사업공사완료보고서에 다음 각호의 서류를 첨부하여 시·도지사 또는 대도시 시장에게 제출하여야 한다. 〈개정 2012.4.13.〉 1. 준공조서 2. 설계도서

법	시 행 령	시 행 규 칙

계획시설사업의 시행자는 도시·군계획시설사업의 공사를 마친 때에는 공사완료 공고를 하여야 한다. 〈개정 2013.3.23.〉

⑤ 제2항에 따라 준공검사를 하거나 제4항에 따라 공사완료 공고를 할 때에 국토교통부장관, 시·도지사 또는 대도시 시장이 제92조에 따라 의제되는 인·허가등에 따른 준공검사·준공인가 등에 관하여 제7항에 따라 관계 행정기관의 장과 협의한 사항에 대하여는 그 준공검사·준공인가 등을 받은 것으로 본다. 〈개정 2013.3.23.〉

⑥ 도시·군계획시설사업의 시행자(국토교통부장관, 시·도지사와 대도시 시장은 제외한다)는 제5항에 따른 준공검사·준공인가 등의 의제를 받으려면 제1항에 따른 준공검사를 신청할 때에 해당 법률에서 정하는 관련 서류를 함께 제출하여야 한다. 〈개정 2011.4.14., 2013.3.23.〉

⑦ 국토교통부장관, 시·도지사 또는 대도시 시장은 제2항에 따른 준공검사를 하거나 제4항에 따라 공사완료 공고를 할 때에 그 내용에 제92조에 따라 의제되는 인·허가등에 따른 준공검사·준공인가 등에 해당하는 사항이 있으면 미리 관계 행정기관의 장과 협의하여야 한다. 〈개정 2013.3.23.〉

⑧ 국토교통부장관은 제5항에 따라 의제되는 준공검사·준공인가 등의 처리기준을 관계 중앙행정기관으로부터 받아 통합하여 고시하여야 한다. 〈개정 2013.3.23.〉

[전문개정 2009.2.6.]

제99조 【공공시설 등의 귀속】 도시·군계획시설사업에 의하여 새로 공공시설을 설치하거나 기존의 공공시설에 대체되는 공공시설을 설치한 경우에는 제65조를 준용한다. 이 경우 제65조제5항 중 "준공검사를 마친 때"는 "준공검사를 마친 때

참고 공사완료의 공고절차

1. 공 사 완 료
↓
2. 공사완료 보고서제출
↓
3. 준 공 검 사
↓
4. 준공검사 필증교부
↓
5. 공사완료 공고

3. 법 제98조제7항의 규정에 의한 관계 행정기관의 장과의 협의에 필요한 서류

② 법 제98조제3항의 규정에 의한 도시·군계획시설사업준공검사필증은 별지 제11호서식에 의한다. 〈개정 2012.4.13.〉

[제목개정 2012.4.13]

법	시 행 령	시 행 규 칙
(시행자가 국토교통부장관, 시 · 도지사 또는 대도시 시장인 경우에는 제98조제4항에 따른 공사완료 공고를 한 때를 말한다)"로 보고, 같은 조 제7항 중 "제62조제1항에 따른 준공검사를 받았음을 증명하는 서면"은 "제98조제3항에 따른 준공검사증명서(시행자가 국토교통부장관, 시 · 도지사 또는 대도시 시장인 경우에는 같은 조 제4항에 따른 공사완료 공고를 하였음을 증명하는 서면을 말한다)"로 본다. 〈개정 2013.3.23.〉 [전문개정 2009.2.6.]		
제100조【다른 법률과의 관계】 도시 · 군계획시설사업으로 조성된 대지와 건축물 중 국가나 지방자치단체의 소유에 속하는 재산을 처분하려면 「국유재산법」과 「공유재산 및 물품 관리법」에도 불구하고 대통령령으로 정하는 바에 따라 다음 각 호의 순위에 따라 처분할 수 있다. 〈개정 2011.4.14.〉 1. 해당 도시 · 군계획시설사업의 시행으로 수용된 토지 또는 건축물 소유자에의 양도 2. 다른 도시 · 군계획시설사업에 필요한 토지와의 교환 [전문개정 2009.2.6.]	**제103조【조성대지 등의 처분】** 국가 또는 지방자치단체는 법 제100조에 따른 도시 · 군계획시설사업으로 조성된 대지 및 건축물 중 그 소유에 속하는 재산을 처분하려는 때에는 다음 각 호의 사항을 공고하되, 국가가 하는 경우에는 관보와 해당 기관의 인터넷 홈페이지에, 지방자치단체가 하는 경우에는 해당 지방자치단체의 공보와 인터넷 홈페이지에 게재하는 방법으로 한다. 〈개정 2020.11.24.〉 1. 법 제100조 각호의 순위에 의하여 처분한다는 취지 2. 처분하고자 하는 대지 또는 건축물의 위치 및 면적	
제8장 비용〈개정 2009.2.6〉	**제8장 비용**	
제101조【비용 부담의 원칙】 광역도시계획 및 도시 · 군계획의 수립과 도시 · 군계획시설사업에 관한 비용은 이 법 또는		

다른 법률에 특별한 규정이 있는 경우 외에는 국가가 하는 경우에는 국가예산에서, 지방자치단체가 하는 경우에는 해당 지방자치단체가, 행정청이 아닌 자가 하는 경우에는 그 자가 부담함을 원칙으로 한다. 〈개정 2011.4.14.〉
[전문개정 2009.2.6]

제102조【지방자치단체의 비용 부담】 ① 국토교통부장관이나 시·도지사는 그가 시행한 도시·군계획시설사업으로 현저히 이익을 받는 시·도, 시 또는 군이 있으면 대통령령으로 정하는 바에 따라 그 도시·군계획시설사업에 든 비용의 일부를 그 이익을 받는 시·도, 시 또는 군에 부담시킬 수 있다. 이 경우 국토교통부장관은 시·도, 시 또는 군에 비용을 부담시키기 전에 행정안전부장관과 협의하여야 한다. 〈개정 2014.11.19., 2017.7.26〉
② 시·도지사는 제1항에 따라 그 시·도에 속하지 아니하는 특별시·광역시·특별자치시·특별자치도·시 또는 군에 비용을 부담시키려면 해당 지방자치단체의 장과 협의하되, 협의가 성립되지 아니하는 경우에는 행정안전부장관이 결정하는 바에 따른다. 〈개정 2014.11.19., 2017.7.26〉
③ 시장이나 군수는 그가 시행한 도시·군계획시설사업으로 현저히 이익을 받는 다른 지방자치단체가 있으면 대통령령으로 정하는 바에 따라 그 도시·군계획시설사업에 든 비용의 일부를 그 이익을 받는 다른 지방자치단체와 협의하여 그 지방자치단체에 부담시킬 수 있다. 〈개정 2011.4.14.〉
④ 제3항에 따른 협의가 성립되지 아니하는 경우 다른 지방자치단체가 같은 도에 속할 때에는 관할 도지사가 결정하는 바에 따르며, 다른 시·도에 속할 때에는 행정안전부장관이 결정하는 바에 따른다. 〈개정 2014.11.19., 2017.7.26〉

제104조【지방자치단체의 비용 부담】 ① 법 제102조제1항의 규정에 의하여 부담하는 비용의 총액은 당해 도시·군계획시설사업에 소요된 비용의 50퍼센트를 넘지 못한다. 이 경우 도시·군계획시설사업에 소요된 비용에는 당해 도시·군계획시설사업의 조사·측량비, 설계비 및 관리비를 포함하지 아니한다. 〈개정 2012.4.10.〉
②국토교통부장관 또는 시·도지사는 도시·군계획시설사업으로 인하여 이익을 받는 시·도 또는 시·군에 법 제102조제1항의 규정에 의한 비용을 부담시키고자 하는 때에는 도시·군계획시설사업에 소요된 비용총액의 명세와 부담액을 명시하여 당해 시·도지사 또는 시장·군수에게 송부하여야 한다. 〈개정 2013.3.23.〉
③제1항 및 제2항의 규정은 법 제102조제3항의 규정에 의하여 시장 또는 군수가 다른 지방자치단체에 도시·군계획시설사업에 소요된 비용의 일부를 부담시키고자 하는 경우에 이를 준용한다. 〈개정 2012.4.10.〉

법	시 행 령	시 행 규 칙
[전문개정 2009.2.6.]		
제103조 삭제 〈2017.4.18.〉	**제105조** 〈삭제 2017.12.29.〉	
제104조【보조 또는 융자】 ① 시 · 도지사, 시장 또는 군수가 수립하는 광역도시 · 군계획 또는 도시 · 군계획에 관한 기초조사나 제32조에 따른 지형도면의 작성에 드는 비용은 대통령령으로 정하는 바에 따라 그 비용의 전부 또는 일부를 국가예산에서 보조할 수 있다. 〈개정 2011.4.14.〉 ② 행정청이 시행하는 도시 · 군계획시설사업에 드는 비용은 대통령령으로 정하는 바에 따라 그 비용의 전부 또는 일부를 국가예산에서 보조하거나 융자할 수 있으며, 행정청이 아닌 자가 시행하는 도시 · 군계획시설사업에 드는 비용의 일부는 대통령령으로 정하는 바에 따라 국가 또는 지방자치단체가 보조하거나 융자할 수 있다. 이 경우 국가 또는 지방자치단체는 다음 각 호의 어느 하나에 해당하는 지역을 우선 지원할 수 있다. 〈개정 2018.6.12〉 1. 도로, 상하수도 등 기반시설이 인근지역에 비하여 부족한 지역 2. 광역도시계획에 반영된 광역시설이 설치되는 지역 3. 개발제한구역(집단취락만 해당한다)에서 해제된 지역 4. 도시·군계획시설결정의 고시일부터 10년이 경과할 때까지 그 도시·군계획시설의 설치에 관한 도시·군계획시설사업이 시행되지 아니한 경우로서 해당 도시·군계획시설의 설치 필요성이 높은 지역 [전문개정 2009.2.6.]	**제106조【보조 또는 융자】** ① 법 제104조제1항의 규정에 의하여 기초조사 또는 지형도면의 작성에 소요되는 비용은 그 비용의 80퍼센트 이하의 범위안에서 국가예산으로 보조할 수 있다. ② 법 제104조제2항의 규정에 의하여 행정청이 시행하는 도시 · 군계획시설사업에 대하여는 당해 도시 · 군계획시설사업에 소요되는 비용(조사 · 측량비, 설계비 및 관리비를 제외한 공사비와 감정비를 포함한 보상비를 말한다. 이하 이 항에서 같다)의 50퍼센트 이하의 범위안에서 국가예산으로 보조 또는 융자할 수 있으며, 행정청이 아닌 자가 시행하는 도시 · 군계획시설사업에 대하여는 당해 도시 · 군계획시설사업에 소요되는 비용의 3분의 1 이하의 범위안에서 국가 또는 지방자치단체가 보조 또는 융자할 수 있다. 〈개정 2012.4.10.〉	
제105조【취락지구에 대한 지원】 국가나 지방자치단체는 대통령령으로 정하는 바에 따라 취락지구 주민의 생활 편익과 복지 증진 등을 위한 사업을 시행하거나 그 사업을 지원할 수	**제107조【취락지구에 대한 지원】** 법 제105조의 규정에 의하여 국가 또는 지방자치단체가 취락지구안의 주민의 생활편익과 복지증진 등을 위하여 시행하거나 지원할 수 있는 사업	

법	시 행 령	시 행 규 칙
있다. [전문개정 2009.2.6] **제105조의2【방재지구에 대한 지원】** 국가나 지방자치단체는 이 법률 또는 다른 법률에 따라 방재사업을 시행하거나 그 사업을 지원하는 경우 방재지구에 우선적으로 지원할 수 있다. [본조신설 2013.7.16]	은 다음 각 호와 같다. 1. 집단취락지구 : 개발제한구역의 지정 및 관리에 관한 특별조치법령에서 정하는 바에 의한다. 2. 자연취락지구 가. 자연취락지구안에 있거나 자연취락지구에 연결되는 도로·수도공급설비·하수도 등의 정비 나. 어린이놀이터·공원·녹지·주차장·학교·마을회관 등의 설치·정비 다. 쓰레기처리장·하수처리시설 등의 설치·개량 라. 하천정비 등 재해방지를 위한 시설의 설치·개량 마. 주택의 신축·개량	
제9장 도시계획위원회 **제106조【중앙도시계획위원회】** 다음 각 호의 업무를 수행하기 위하여 국토교통부에 중앙도시계획위원회를 둔다. 〈개정 2013.3.23.〉 1. 광역도시계획·도시·군계획·토지거래계약허가구역 등 국토교통부장관의 권한에 속하는 사항의 심의 2. 이 법 또는 다른 법률에서 중앙도시계획위원회의 심의를 거치도록 한 사항의 심의 3. 도시·군계획에 관한 조사·연구 [전문개정 2009.2.6] **제107조【조직】** ① 중앙도시계획위원회는 위원장·부위원장 각 1명을 포함한 25명 이상 30명 이하의 위원으로 구성한다. 〈개정 2015.12.29.〉 ② 중앙도시계획위원회의 위원장과 부위원장은 위원 중에서	**제9장 도시계획위원회** **제108조【중앙도시계획위원회의 운영】** ① 중앙도시계획위원회는 필요하다고 인정하는 경우에는 관계 행정기관의 장에게 필요한 자료의 제출을 요구할 수 있으며, 도시·군계획에 관하여 학식이 풍부한 자의 설명을 들을 수 있다. 〈개정 2012.4.10.〉 ② 관계 중앙행정기관의 장, 시·도지사, 시장 또는 군수는 해당 중앙행정기관 또는 지방자치단체의 도시·군계획 관련 사항에 관하여 중앙도시계획위원회에 출석하여 발언할 수 있다. 〈개정 2012.4.10.〉 ③ 중앙도시계획위원회의 간사는 회의시마다 회의록을 작성하여 다음 회의에 보고하고 이를 보관하여야 한다.	

법	시 행 령	시 행 규 칙

국토교통부장관이 임명하거나 위촉한다. 〈개정 2013.3.23.〉

③ 위원은 관계 중앙행정기관의 공무원과 토지 이용, 건축, 주택, 교통, 공간정보, 환경, 법률, 복지, 방재, 문화, 농림 등 도시·군계획과 관련된 분야에 관한 학식과 경험이 풍부한 자 중에서 국토교통부장관이 임명하거나 위촉한다. 〈개정 2013.3.23.〉

④ 공무원이 아닌 위원의 수는 10명 이상으로 하고, 그 임기는 2년으로 한다.

⑤ 보궐위원의 임기는 전임자 임기의 남은 기간으로 한다.

[전문개정 2009.2.6]

제108조【위원장 등의 직무】 ① 위원장은 중앙도시계획위원회의 업무를 총괄하며, 중앙도시계획위원회의 의장이 된다.

② 부위원장은 위원장을 보좌하며, 위원장이 부득이한 사유로 그 직무를 수행하지 못할 때에는 그 직무를 대행한다.

③ 위원장과 부위원장이 모두 부득이한 사유로 그 직무를 수행하지 못할 때에는 위원장이 미리 지명한 위원이 그 직무를 대행한다.

[전문개정 2009.2.6]

제109조【회의의 소집 및 의결 정족수】 ① 중앙도시계획위원회의 회의는 국토교통부장관이나 위원장이 필요하다고 인정하는 경우에 국토교통부장관이나 위원장이 소집한다. 〈개정 2013.3.23.〉

② 중앙도시계획위원회의 회의는 재적위원 과반수의 출석으로 개의(開議)하고, 출석위원 과반수의 찬성으로 의결한다.

[전문개정 2009.2.6.]

법	시 행 령	시 행 규 칙
제110조 【분과위원회】 ① 다음 각 호의 사항을 효율적으로 심의하기 위하여 중앙도시계획위원회에 분과위원회를 둘 수 있다. 1. 제8조제2항에 따른 토지 이용에 관한 구역등의 지정·변경 및 제9조에 따른 용도지역 등의 변경계획에 관한 사항 2. 제59조에 따른 심의에 관한 사항 3. 삭제 〈2021.1.12〉 4. 중앙도시계획위원회에서 위임하는 사항 ② 분과위원회의 심의는 중앙도시계획위원회의 심의로 본다. 다만, 제1항제4호의 경우에는 중앙도시계획위원회가 분과위원회의 심의를 중앙도시계획위원회의 심의로 보도록 하는 경우만 해당한다. [전문개정 2009.2.6] **제111조 【전문위원】** ① 도시·군계획 등에 관한 중요 사항을 조사·연구하기 위하여 중앙도시계획위원회에 전문위원을 둘 수 있다. 〈개정 2011.4.14.〉 ② 전문위원은 위원장 및 중앙도시계획위원회나 분과위원회의 요구가 있을 때에는 회의에 출석하여 발언할 수 있다. ③ 전문위원은 토지 이용, 건축, 주택, 교통, 공간정보, 환경, 법률, 복지, 방재, 문화, 농림 등 도시·군계획과 관련된 분야에 관한 학식과 경험이 풍부한 자 중에서 국토교통부장관이 임명한다. 〈개정 2013.3.23.〉 [전문개정 2009.2.6.] **제112조 【간사 및 서기】** ① 중앙도시계획위원회에 간사와 서기를 둔다. ② 간사와 서기는 국토교통부 소속 공무원 중에서 국토교통	**제109조 【중앙도시계획위원회의 분과위원회】** ① 법 제110조의 규정에 의하여 중앙도시계획위원회에 두는 분과위원회 및 그 소관업무는 다음 각 호와 같다. 〈개정 2004.1.20〉 1. 제1분과위원회 가. 법 제8조제2항의 규정에 의한 토지이용계획에 관한 구역등의 지정 나. 법 제9조의 규정에 의한 용도지역 등의 변경계획에 관한 사항의 심의 다. 법 제59조의 규정에 의한 개발행위에 관한 사항의 심의 2. 제2분과위원회 : 중앙도시계획위원회에서 위임하는 사항의 심의 3. 삭제 〈2004.1.20〉 ② 각 분과위원회는 위원장 1인을 포함한 5인 이상 17인 이하의 위원으로 구성한다. 〈개정 2005.9.8.〉 ③ 각 분과위원회의 위원은 중앙도시계획위원회가 그 위원중에서 선출하며, 중앙도시계획위원회의 위원은 2 이상의 분과위원회의 위원이 될 수 있다. ④ 각 분과위원회의 위원장은 분과위원회의 위원중에서 호선한다. ⑤ 중앙도시계획위원회의 위원장은 제1항에도 불구하고 효율적인 심사를 위하여 필요한 경우에는 각 분과위원회가 분장하는 업무의 일부를 조정할 수 있다. 〈신설 2008.1.8.〉	

법	시 행 령	시 행 규 칙

법

부장관이 임명한다. 〈개정 2013.3.23.〉

③ 간사는 위원장의 명을 받아 중앙도시계획위원회의 서무를 담당하고, 서기는 간사를 보좌한다.

[전문개정 2009.2.6]

제113조【지방도시계획위원회】 ① 다음 각 호의 심의를 하게 하거나 자문에 응하게 하기 위하여 시 · 도에 시 · 도도시계획위원회를 둔다. 〈개정 2013.3.23.〉

1. 시 · 도지사가 결정하는 도시 · 군관리계획의 심의 등 시 · 도지사의 권한에 속하는 사항과 다른 법률에서 시 · 도도시계획위원회의 심의를 거치도록 한 사항의 심의
2. 국토교통부장관의 권한에 속하는 사항 중 중앙도시계획위원회의 심의 대상에 해당하는 사항이 시 · 도지사에게 위임된 경우 그 위임된 사항의 심의
3. 도시 · 군관리계획과 관련하여 시 · 도지사가 자문하는 사항에 대한 조언
4. 그 밖에 대통령령으로 정하는 사항에 관한 심의 또는 조언

② 도시 · 군관리계획과 관련된 다음 각 호의 심의를 하게 하거나 자문에 응하게 하기 위하여 시 · 군(광역시의 관할 구역에 있는 군을 포함한다. 이하 이 조에서 같다) 또는 구에 각각 시 · 군 · 구도시계획위원회를 둔다. 〈개정 2021.1.12.〉

1. 시장 또는 군수가 결정하는 도시 · 군관리계획의 심의와 국토교통부장관이나 시 · 도지사의 권한에 속하는 사항 중 시 · 도도시계획위원회의 심의대상에 해당하는 사항이 시장 · 군수 또는 구청장에게 위임되거나 재위임된 경우 그 위임되거나 재위임된 사항의 심의
2. 도시 · 군관리계획과 관련하여 시장 · 군수 또는 구청장이 자문하는 사항에 대한 조언

시 행 령

제110조【지방도시계획위원회의 업무】 ① 시 · 도도시계획위원회는 법 제113조제1항제4호에 따라 다음 각 호의 업무를 할 수 있다. 〈개정 2012.4.10.〉

1. 해당 시 · 도의 도시 · 군계획조례의 제정 · 개정과 관련하여 시 · 도지사가 자문하는 사항에 대한 조언
2. 제55조제3항제3호의2에 따른 개발행위허가에 대한 심의

② 시 · 군 · 구도시계획위원회는 법 제113조제2항제4호에 따라 다음 각 호의 업무를 할 수 있다. 〈개정 2014.1.14., 2019.12.31.〉

1. 해당 시 · 군 · 구와 관련한 도시 · 군계획조례의 제정 · 개정과 관련하여 시장 · 군수 · 구청장이 자문하는 사항에 대한 조언
2. 제55조제3항제3호의2에 따른 개발행위허가에 대한 심의(대도시에 두는 도시계획위원회에 한정한다)
3. 개발행위허가와 관련하여 시장 또는 군수(특별시장 · 광역시장의 개발행위허가 권한이 법 제139조제2항에 따라 조례로 군수 또는 구청장에게 위임된 경우에는 그 군수 또는 구청장을 포함한다)가 자문하는 사항에 대한 조언
4. 제128조제1항에 따른 시범도시사업계획의 수립에 관하여 시장 · 군수 · 구청장이 자문하는 사항에 대한 조언

[전문개정 2010.4.29]

제111조【시 · 도도시계획위원회의 구성 및 운영】 ① 시 ·

시 행 규 칙

법	시 행 령	시 행 규 칙
3. 제59조에 따른 개발행위의 허가 등에 관한 심의 4. 그 밖에 대통령령으로 정하는 사항에 관한 심의 또는 조언 ③ 시·도도시계획위원회나 시·군·구도시계획위원회의 심의 사항 중 대통령령으로 정하는 사항을 효율적으로 심의하기 위하여 시·도도시계획위원회나 시·군·구도시계획위원회에 분과위원회를 둘 수 있다. ④ 분과위원회에서 심의하는 사항 중 시·도도시계획위원회나 시·군·구도시계획위원회가 지정하는 사항은 분과위원회의 심의를 시·도도시계획위원회나 시·군·구도시계획위원회의 심의로 본다. ⑤ 도시·군계획 등에 관한 중요 사항을 조사·연구하기 위하여 지방도시계획위원회에 전문위원을 둘 수 있다. 〈개정 2011.4.14.〉 ⑥ 제5항에 따라 지방도시계획위원회에 전문위원을 두는 경우에는 제111조제2항 및 제3항을 준용한다. 이 경우 "중앙도시계획위원회"는 "지방도시계획위원회"로, "국토교통부장관"은 "해당 지방도시계획위원회가 속한 지방자치단체의 장"으로 본다. 〈개정 2013.3.23.〉 [전문개정 2009.2.6]	도도시계획위원회는 위원장 및 부위원장 각 1명을 포함한 25인 이상 30인 이하의 위원으로 구성한다. 〈개정 2009.7.7〉 ② 시·도도시계획위원회의 위원장은 위원 중에서 해당 시·도지사가 임명 또는 위촉하며, 부위원장은 위원중에서 호선한다. 〈개정 2008.1.8〉 ③ 시·도도시계획위원회의 위원은 다음 각 호의 어느 하나에 해당하는 자 중에서 시·도지사가 임명 또는 위촉한다. 이 경우 제3호에 해당하는 위원의 수는 전체 위원의 3분의 2 이상이어야 하고, 법 제8조제7항에 따라 농업진흥지역의 해제 또는 보전산지의 지정해제를 할 때에 도시·군관리계획의 변경이 필요하여 시·도도시계획위원회의 심의를 거쳐야 하는 시·도의 경우에는 농림 분야 공무원 및 농림 분야 전문가가 각각 2명 이상이어야 한다. 〈개정 2014.1.14.〉 1. 당해 시·도 지방의회의 의원 2. 당해 시·도 및 도시·군계획과 관련있는 행정기관의 공무원 3. 토지이용·건축·주택·교통·환경·방재·문화·농림·정보통신 등 도시·군계획 관련 분야에 관하여 학식과 경험이 있는 자 ④ 제3항제3호에 해당하는 위원의 임기는 2년으로 하되, 연임할 수 있다. 다만, 보궐위원의 임기는 전임자의 임기중 남은 기간으로 한다. ⑤ 시·도도시계획위원회의 위원장은 위원회의 업무를 총괄하며, 위원회를 소집하고 그 의장이 된다. ⑥ 시·도도시계획위원회의 회의는 재적위원 과반수의 출석(출석위원의 과반수는 제3항제3호에 해당하는 위원이어야 한다)으로 개의하고, 출석위원 과반수의 찬성으로 의결한다. 〈개정 2009.7.7.〉	

법	시 행 령	시 행 규 칙
	⑦ 시 · 도도시계획위원회에 간사 1인과 서기 약간인을 둘 수 있으며, 간사와 서기는 위원장이 임명한다. ⑧ 시 · 도도시계획위원회의 간사는 위원장의 명을 받아 서무를 담당하고, 서기는 간사를 보좌한다. **제112조【시 · 군 · 구도시계획위원회의 구성 및 운영】** ① 시 · 군 · 구도시계획위원회는 위원장 및 부위원장 각 1인을 포함한 15인 이상 25인 이하의 위원으로 구성한다. 다만, 2 이상의 시 · 군 또는 구에 공동으로 시 · 군 · 구도시계획위원회를 설치하는 경우에는 그 위원의 수를 30인까지로 할 수 있다. ② 시 · 군 · 구도시계획위원회의 위원장은 위원 중에서 해당 시장 · 군수 또는 구청장이 임명 또는 위촉하며, 부위원장은 위원중에서 호선한다. 다만, 2 이상의 시 · 군 또는 구에 공동으로 설치하는 시 · 군 · 구도시계획위원회의 위원장은 해당 시장 · 군수 또는 구청장이 협의하여 정한다. 〈개정 2008.1.8〉 ③ 시 · 군 · 구도시계획위원회의 위원은 다음 각호의 자중에서 시장 · 군수 또는 구청장이 임명 또는 위촉한다. 이 경우 제3호에 해당하는 위원의 수는 위원 총수의 50퍼센트 이상이어야 한다. 〈개정 2012.4.10.〉 1. 당해 시 · 군 · 구 지방의회의 의원 2. 당해 시 · 군 · 구 및 도시 · 군계획과 관련있는 행정기관의 공무원 3. 토지이용 · 건축 · 주택 · 교통 · 환경 · 방재 · 문화 · 농림 · 정보통신 등 도시 · 군계획 관련 분야에 관하여 학식과 경험이 있는 자 ④ 제111조제4항 내지 제8항의 규정은 시 · 군 · 구도시계획위원회에 관하여 이를 준용한다. ⑤ 제1항 및 제3항에도 불구하고 시 · 군 · 구도시계획위원	

회 중 대도시에 두는 도시계획위원회는 위원장 및 부위원장 각 1명을 포함한 20명 이상 25명 이하의 위원으로 구성하며, 제3항제3호에 해당하는 위원의 수는 전체 위원의 3분의 2 이상이어야 한다. 〈신설 2009.7.7.〉

제113조 【지방도시계획위원회의 분과위원회】 법 제113조제3항에서 "대통령령으로 정하는 사항"이란 다음 각 호의 사항을 말한다. 〈개정 2018.11.13.〉

1. 법 제9조의 규정에 의한 용도지역 등의 변경계획에 관한 사항
2. 법 제50조의 규정에 의한 지구단위계획구역 및 지구단위계획의 결정 또는 변경결정에 관한 사항
3. 법 제59조의 규정에 의한 개발행위에 대한 심의에 관한 사항
4. 법 제120조의 규정에 의한 이의신청에 관한 사항
5. 지방도시계획위원회에서 위임하는 사항

제113조의2 【회의록의 공개】 중앙도시계획위원회 및 지방도시계획위원회의 심의 일시 · 장소 · 안건 · 내용 · 결과 등이 기록된 회의록은 1년의 범위에서 대통령령으로 정하는 기간이 지난 후에는 공개 요청이 있는 경우 대통령령으로 정하는 바에 따라 공개하여야 한다. 다만, 공개에 의하여 부동산 투기 유발 등 공익을 현저히 해칠 우려가 있다고 인정하는 경우나 심의 · 의결의 공정성을 침해할 우려가 있다고 인정되는 이름 · 주민등록번호 등 대통령령으로 정하는 개인 식별 정보에 관한 부분의 경우에는 그러하지 아니하다.
[본조신설 2009.2.6.]

제113조의3 【회의록의 공개】 ① 법 제113조의2 본문에서 "대통령령으로 정하는 기간"이란 중앙도시계획위원회의 경우에는 심의 종결 후 6개월, 지방도시계획위원회의 경우에는 6개월 이하의 범위에서 해당 지방자치단체의 도시 · 군계획조례로 정하는 기간을 말한다. 〈개정 2012.4.10.〉
② 법 제113조의2 본문에 따른 회의록의 공개는 열람 또는 사본을 제공하는 방법으로 한다. 〈개정 2019.8.20.〉
③ 법 제113조의2 단서에서 "이름 · 주민등록번호 등 대통령령으로 정하는 개인식별 정보"란 이름 · 주민등록번호 · 직위 및 주소 등 특정인임을 식별할 수 있는 정보를 말한다.
[본조신설 2009.8.5.]

제113조의3 【위원의 제척 · 회피】 ① 중앙도시계획위원회

제113조의2 【위원의 제척 · 회피】 ① 법 제113조의3제1항제

법	시 행 령	시 행 규 칙
의 위원 및 지방도시계획위원회의 위원은 다음 각 호의 어느 하나에 해당하는 경우에 심의 · 자문에서 제척(除斥)된다. 1. 자기나 배우자 또는 배우자이었던 자가 당사자이거나 공동권리자 또는 공동의무자인 경우 2. 자기가 당사자와 친족관계이거나 자기 또는 자기가 속한 법인이 당사자의 법률 · 경영 등에 대한 자문 · 고문 등으로 있는 경우 3. 자기 또는 자기가 속한 법인이 당사자 등의 대리인으로 관여하거나 관여하였던 경우 4. 그 밖에 해당 안건에 자기가 이해관계인으로 관여한 경우로서 대통령령으로 정하는 경우 ② 위원이 제1항 각 호의 사유에 해당하는 경우에는 스스로 그 안건의 심의 · 자문에서 회피할 수 있다. [본조신설 2011.4.14.]	4호에서 "대통령령으로 정하는 경우"란 다음 각 호의 어느 하나에 해당하는 경우를 말한다. 〈개정 2012.4.10., 2018.11.13.〉 1. 자기가 심의하거나 자문에 응한 안건에 관하여 용역을 받거나 그 밖의 방법으로 직접 관여한 경우 2. 자기가 심의하거나 자문에 응한 안건의 직접적인 이해관계인이 되는 경우 [전문개정 2018.11.13.]	
제113조의4 【벌칙 적용 시의 공무원 의제】 중앙도시계획위원회의 위원 · 전문위원 및 지방도시계획위원회의 위원 · 전문위원 중 공무원이 아닌 위원이나 전문위원은 그 직무상 행위와 관련하여 「형법」 제129조부터 제132조까지의 규정을 적용할 때에는 공무원으로 본다. [본조신설 2011.4.14.]	**참고** 「형법」 제129조~제132조 • 형법 제129조[수뢰(收賂), 사전수뢰] • 형법 제130조(제삼자 뇌물제공) • 형법 제131조(수뢰 후 부정처사, 사후수뢰) • 형법 제132조(알선수뢰)	
제114조 【운영 세칙】 ① 중앙도시계획위원회와 분과위원회의 설치 및 운영에 필요한 사항은 대통령령으로 정한다. ② 지방도시계획위원회와 분과위원회의 설치 및 운영에 필요한 사항은 대통령령으로 정하는 범위에서 해당 지방자치단체의 조례로 정한다.	**제114조 【운영세칙】** 중앙도시계획위원회 및 그 분과위원회의 운영에 관한 다음 각 호의 사항은 국토교통부장관이 정하고, 지방도시계획위원회 및 그 분과위원회의 운영에 관한 다음 각 호의 사항은 해당 지방자치단체의 도시 · 군계획조례로 정한다. 〈개정 2013.6.11.〉	**훈령** 중앙도시계획위원회 운영세칙 (국토교통부훈령제1125호, 2018.12.21.)

법	시 행 령	시 행 규 칙
[전문개정 2009.2.6]	1. 위원의 자격 및 임명·위촉·해촉(解囑) 기준 2. 회의 소집 방법, 의결정족수 등 회의 운영에 관한 사항 3. 위원회 및 분과위원회의 심의·자문 대상 및 그 업무의 구분에 관한 사항 4. 위원의 제척·기피·회피에 관한 사항 5. 안건 처리기한 및 반복 심의 제한에 관한 사항 6. 이해관계자 및 전문가 등의 의견청취에 관한 사항 7. 법 제116조에 따른 도시·군계획상임기획단의 구성 및 운영에 관한 사항	
제115조【위원 등의 수당 및 여비】 중앙도시계획위원회의 위원이나 전문위원, 지방도시계획위원회의 위원에게는 대통령령이나 조례로 정하는 바에 따라 수당과 여비를 지급할 수 있다. [전문개정 2009.2.6.]	**제115조【수당 및 여비】** 법 제115조의 규정에 의하여 중앙도시계획위원회의 위원 및 전문위원에게 예산의 범위안에서 국토교통부령이 정하는 바에 따라 수당 및 여비를 지급할 수 있다. 〈개정 2013.3.23.〉	**제18조【수당 및 여비】** 영 제115조의 규정에 의한 수당 및 여비는 예산의 범위안에서 지급하되, 여비는 「공무원여비규정」 별표 1 제2호에 해당하는 공무원의 예에 의한다. 〈개정 2005.2.19〉
제116조【도시·군계획상임기획단】 지방자치단체의 장이 입안한 광역도시계획·도시·군기본계획 또는 도시·군관리계획을 검토하거나 지방자치단체의 장이 의뢰하는 광역도시계획·도시·군기본계획 또는 도시·군관리계획에 관한 기획·지도 및 조사·연구를 위하여 해당 지방자치단체의 조례로 정하는 바에 따라 지방도시계획위원회에 제113조제5항에 따른 전문위원 등으로 구성되는 도시·군계획상임기획단을 둔다. 〈개정 2011.4.14.〉 [전문개정 2009.2.6][제목개정 2011.4.14.]		

법

제10장 토지거래의 허가 등

제117조~제126조 삭제 〈2016.1.19.〉

제11장 보칙〈개정 2009.2.6〉

제127조【시범도시의 지정 · 지원】 ① 국토교통부장관은 도시의 경제 · 사회 · 문화적인 특성을 살려 개성 있고 지속가능한 발전을 촉진하기 위하여 필요하면 직접 또는 관계 중앙행정기관의 장이나 시 · 도지사의 요청에 의하여 경관, 생태, 정보통신, 과학, 문화, 관광, 그 밖에 대통령령으로 정하는 분야별로 시범도시(시범지구나 시범단지를 포함한다)를 지정할 수 있다. 〈개정 2013.3.23.〉

② 국토교통부장관, 관계 중앙행정기관의 장 또는 시 · 도지사는 제1항에 따라 지정된 시범도시에 대하여 예산 · 인력 등 필요한 지원을 할 수 있다. 〈개정 2013.3.23.〉

③ 국토교통부장관은 관계 중앙행정기관의 장이나 시 · 도지사에게 시범도시의 지정과 지원에 필요한 자료를 제출하도록 요청할 수 있다. 〈개정 2013.3.23.〉

④ 시범도시의 지정 및 지원의 기준 · 절차 등에 관하여 필요한 사항은 대통령령으로 정한다.

[전문개정 2009.2.6]

시 행 령

제10장 토지거래의 허가 등

제116조~제125조 삭제 〈2017.1.17.〉

제11장 보칙

제126조【시범도시의 지정】 ① 법 제127조제1항에서 "대통령령으로 정하는 분야"란 교육 · 안전 · 교통 · 경제활력 · 도시재생 및 기후변화 분야를 말한다. 〈개정 2009.7.7〉

② 시범도시는 다음 각 호의 기준에 적합하여야 한다. 〈개정 2009.7.7〉

1. 시범도시의 지정이 도시의 경쟁력 향상, 특화발전 및 지역균형발전에 기여할 수 있을 것
2. 시범도시의 지정에 대한 주민의 호응도가 높을 것
3. 시범도시의 지정목적 달성에 필요한 사업(이하 "시범도시사업"이라 한다)에 주민이 참여할 수 있을 것
4. 시범도시사업의 재원조달계획이 적정하고 실현가능할 것

③ 국토교통부장관은 법 제127조제1항의 규정에 의한 분야별로 시범도시의 지정에 관한 세부기준을 정할 수 있다. 〈개정 2013.3.23.〉

④ 관계 중앙행정기관의 장 또는 시 · 도지사는 법 제127조제1항의 규정에 의하여 국토교통부장관에게 시범도시의 지정을 요청하고자 하는 때에는 미리 설문조사 · 열람 등을 통하여 주민의 의견을 들은 후 관계 지방자치단체의 장의 의견을 들어야 한다. 〈개정 2013.3.23.〉

⑤시 · 도지사는 법 제127조제1항의 규정에 의하여 국토교통부장관에게 시범도시의 지정을 요청하고자 하는 때에는 미리 당해 시 · 도도시계획위원회의 자문을 거쳐야 한다.

시 행 규 칙

제18조의2~제30조 삭제〈2017.1.20.〉

참고 시범도시의 지정절차

지정요청
•관계중앙행정기관의 장 •시 · 도지사
↓
지 정
국토교통부장관
↓
통 보
국토교통부장관

법	시 행 령	시 행 규 칙
	〈개정 2013.3.23.〉 ⑥관계 중앙행정기관의 장 또는 시·도지사는 법 제127조제1항의 규정에 의하여 시범도시의 지정을 요청하고자 하는 때에는 다음 각호의 서류를 국토교통부장관에게 제출하여야 한다. 〈개정 2013.3.23.〉 1. 제2항 및 제3항의 규정에 의한 지정기준에 적합함을 설명하는 서류 2. 지정을 요청하는 관계 중앙행정기관의 장 또는 시·도지사가 직접 시범도시에 대하여 지원할 수 있는 예산·인력 등의 내역 3. 제4항의 규정에 의한 주민의견청취의 결과와 관계 지방자치단체의 장의 의견 4. 제5항의 규정에 의한 시·도도시계획위원회에의 자문 결과 ⑦ 국토교통부장관은 시범도시를 지정하려면 중앙도시계획위원회의 심의를 거쳐야 한다.〈개정 2013.3.23.〉 ⑧ 국토교통부장관은 시범도시를 지정한 때에는 지정목적·지정분야·지정대상도시 등을 관보와 국토교통부의 인터넷 홈페이지에 공고하고 관계 행정기관의 장에게 통보해야 한다. 〈개정 2020.11.24.〉	
	제127조【시범도시의 공모】 ① 국토교통부장관은 법 제127조제1항의 규정에 의하여 직접 시범도시를 지정함에 있어서 필요한 경우에는 국토교통부령이 정하는 바에 따라 그 대상이 되는 도시를 공모할 수 있다. 〈개정 2013.3.23.〉 ② 제1항의 규정에 의한 공모에 응모할 수 있는 자는 특별시장·광역시장·특별자치시장·특별자치도지사·시장·군수 또는 구청장으로 한다. 〈개정 2012.4.10.〉	**제31조【시범도시공모의 공고】** 국토교통부장관은 영 제127조제1항의 규정에 의하여 시범도시를 공모하고자 하는 때에는 다음 각호의 사항을 관보에 공고하여야 한다. 〈개정 2013.3.23.〉 1. 시범도시의 지정목적 2. 시범도시의 지정분야

법	시 행 령	시 행 규 칙
	③ 국토교통부장관은 시범도시의 공모 및 평가 등에 관한 업무를 원활하게 수행하기 위하여 필요한 때에는 전문기관에 자문하거나 조사 · 연구를 의뢰할 수 있다. 〈개정 2013.3.23.〉 **제128조【시범도시사업계획의 수립 · 시행】** ① 시범도시를 관할하는 특별시장 · 광역시장 · 특별자치시장 · 특별자치도지사 · 시장 · 군수 또는 구청장은 다음 각호의 구분에 따라 시범도시사업의 시행에 관한 계획(이하 "시범도시사업계획"이라 한다)을 수립 · 시행하여야 한다. 〈개정 2012.4.10.〉 1. 시범도시가 시 · 군 또는 구의 관할구역에 한정되어 있는 경우 : 관할 시장 · 군수 또는 구청장이 수립 · 시행 2. 그 밖의 경우 : 특별시장 · 광역시장 · 특별자치시장 또는 특별자치도지사가 수립 · 시행 ② 시범도시사업계획에는 다음 각 호의 사항이 포함되어야 한다. 〈개정 2012.4.10.〉 1. 시범도시사업의 목표 · 전략 · 특화발전계획 및 추진체제에 관한 사항 2. 시범도시사업의 시행에 필요한 도시 · 군계획 등 관련계획의 조정 · 정비에 관한 사항 3. 시범도시사업의 시행에 필요한 도시 · 군계획사업에 관한 사항 4. 시범도시사업의 시행에 필요한 재원조달에 관한 사항 4의2. 주민참여 등 지역사회와의 협력체계에 관한 사항 5. 그 밖에 시범도시사업의 원활한 시행을 위하여 필요한 사항 ③ 특별시장 · 광역시장 · 특별자치시장 · 특별자치도지사 · 시장 · 군수 또는 구청장은 제1항의 규정에 의하여 시범도시사업계획을 수립하고자 하는 때에는 미리 설문조사 · 열	3. 시범도시의 지정기준 4. 시범도시의 지원에 관한 내용(그 내용이 미리 정하여져 있는 경우에 한한다) 및 일정 5. 시범도시의 지정일정 6. 그 밖에 시범도시의 공모에 필요한 사항

람 등을 통하여 주민의 의견을 들어야 한다. 〈개정 2012.4.10.〉

④ 특별시장 · 광역시장 · 특별자치시장 · 특별자치도지사 · 시장 · 군수 또는 구청장은 시범도시사업계획을 수립하고자 하는 때에는 미리 국토교통부장관(관계 중앙행정기관의 장 또는 시 · 도지사의 요청에 의하여 지정된 시범도시의 경우에는 지정을 요청한 기관을 말한다)과 협의하여야 한다. 〈개정 2013.3.23.〉

⑤ 특별시장 · 광역시장 · 특별자치시장 · 특별자치도지사 · 시장 · 군수 또는 구청장은 제1항에 따라 시범도시사업계획을 수립한 때에는 그 주요내용을 해당 지방자치단체의 공보와 인터넷 홈페이지에 고시한 후 그 사본 1부를 국토교통부장관에게 송부해야 한다. 〈개정 2020.11.24〉

⑥ 제3항 내지 제5항의 규정은 시범도시사업계획의 변경에 관하여 이를 준용한다.

제129조【시범도시의 지원기준】 ① 국토교통부장관, 관계 중앙행정기관의 장은 법 제127조제2항에 따라 시범도시에 대하여 다음 각 호의 범위에서 보조 또는 융자를 할 수 있다. 〈개정 2013.3.23.〉

1. 시범도시사업계획의 수립에 소요되는 비용의 80퍼센트 이하
2. 시범도시사업의 시행에 소요되는 비용(보상비를 제외한다)의 50퍼센트 이하

② 시 · 도지사는 법 제127조제2항에 따라 시범도시에 대하여 제1항 각 호의 범위에서 보조나 융자를 할 수 있다. 〈신설 2009.8.5.〉

③ 관계 중앙행정기관의 장 또는 시 · 도지사는 법 제127조제2항의 규정에 의하여 시범도시에 대하여 예산 · 인력 등

법	시 행 령	시 행 규 칙
제128조【국토이용정보체계의 활용】 ① 국토교통부장관, 시·도지사, 시장 또는 군수가 「토지이용규제 기본법」 제12조에 따라 국토이용정보체계를 구축하여 도시·군계획에 관한 정보를 관리하는 경우에는 해당 정보를 도시·군계획을 수립하는 데에 활용하여야 한다. 〈개정 2015.8.11.〉 ② 특별시장·광역시장·특별자치시장·특별자치도지사·시장 또는 군수는 개발행위허가 민원 간소화 및 업무의 효율적인 처리를 위하여 국토이용정보체계를 활용하여야 한다. 〈신설 2015.8.11.〉 [본조신설 2012.2.1.] **제129조【전문기관에 자문 등】** ① 국토교통부장관은 필요하다고 인정하는 경우에는 광역도시계획이나 도시·군기본계획의 승인, 그 밖에 도시·군계획에 관한 중요 사항에 대하여 도시·군계획에 관한 전문기관에 자문을 하거나 조사·연구를 의뢰할 수 있다. 〈개정 2013.3.23.〉 ② 국토교통부장관은 제1항에 따라 자문을 하거나 조사·연	을 지원한 때에는 그 지원내역을 국토교통부장관에게 통보하여야 한다. 〈개정 2013.3.23.〉 ④ 시장·군수 또는 구청장은 시범도시사업의 시행을 위하여 필요한 경우에는 다음 각 호의 사항을 도시·군계획조례로 정할 수 있다. 〈신설 2009.8.5., 2012.4.10.〉 1. 시범도시사업의 예산집행에 관한 사항 2. 주민의 참여에 관한 사항 **제130조【시범도시사업의 평가·조정】** ① 시범도시를 관할하는 특별시장·광역시장·특별자치시장·특별자치도지사·시장·군수 또는 구청장은 매년말까지 당해연도 시범도시사업계획의 추진실적을 국토교통부장관과 당해 시범도시의 지정을 요청한 관계 중앙행정기관의 장 또는 시·도지사에게 제출하여야 한다.〈개정 2013.3.23.〉 ② 국토교통부장관, 관계 중앙행정기관의 장 또는 시·도지사는 제1항의 규정에 의하여 제출된 추진실적을 분석한 결과 필요하다고 인정하는 때에는 시범도시사업계획의 조정요청, 지원내용의 축소 또는 확대 등의 조치를 할 수 있다. 〈개정 2013.3.23.〉 **제131조** 삭제 〈2006.6.7.〉 **제132조** 삭제 〈2006.6.7.〉	

구를 의뢰하는 경우에는 그에 필요한 비용을 예산의 범위에서 해당 전문기관에 지급할 수 있다. 〈개정 2013.3.23.〉
[전문개정 2009.2.6.]

제130조【토지에의 출입 등】 ① 국토교통부장관, 시·도지사, 시장 또는 군수나 도시·군계획시설사업의 시행자는 다음 각 호의 행위를 하기 위하여 필요하면 타인의 토지에 출입하거나 타인의 토지를 재료 적치장 또는 임시통로로 일시 사용할 수 있으며, 특히 필요한 경우에는 나무, 흙, 돌, 그 밖의 장애물을 변경하거나 제거할 수 있다. 〈개정 2013.3.23.〉
1. 도시·군계획·광역도시·군계획에 관한 기초조사
2. 개발밀도관리구역, 기반시설부담구역 및 제67조제4항에 따른 기반시설설치계획에 관한 기초조사
3. 지가의 동향 및 토지거래의 상황에 관한 조사
4. 도시·군계획시설사업에 관한 조사·측량 또는 시행

② 제1항에 따라 타인의 토지에 출입하려는 자는 특별시장·광역시장·특별자치시장·특별자치도지사·시장 또는 군수의 허가를 받아야 하며, 출입하려는 날의 7일 전까지 그 토지의 소유자·점유자 또는 관리인에게 그 일시와 장소를 알려야 한다. 다만, 행정청인 도시·군계획시설사업의 시행자는 허가를 받지 아니하고 타인의 토지에 출입할 수 있다. 〈개정 2012.2.1.〉
③ 제1항에 따라 타인의 토지를 재료 적치장 또는 임시통로로 일시사용하거나 나무, 흙, 돌, 그 밖의 장애물을 변경 또는 제거하려는 자는 토지의 소유자·점유자 또는 관리인의 동의를 받아야 한다.
④ 제3항의 경우 토지나 장애물의 소유자·점유자 또는 관

법	시 행 령	시 행 규 칙
리인이 현장에 없거나 주소 또는 거소가 불분명하여 그 동의를 받을 수 없는 경우에는 행정청인 도시·군계획시설사업의 시행자는 관할 특별시장·광역시장·특별자치시장·특별자치도지사·시장 또는 군수에게 그 사실을 통지하여야 하며, 행정청이 아닌 도시·군계획시설사업의 시행자는 미리 관할 특별시장·광역시장·특별자치시장·특별자치도지사·시장 또는 군수의 허가를 받아야 한다. 〈개정 2011.4.14.〉 ⑤ 제3항과 제4항에 따라 토지를 일시 사용하거나 장애물을 변경 또는 제거하려는 자는 토지를 사용하려는 날이나 장애물을 변경 또는 제거하려는 날의 3일 전까지 그 토지나 장애물의 소유자·점유자 또는 관리인에게 알려야 한다. ⑥ 일출 전이나 일몰 후에는 그 토지 점유자의 승낙 없이 택지나 담장 또는 울타리로 둘러싸인 타인의 토지에 출입할 수 없다. ⑦ 토지의 점유자는 정당한 사유 없이 제1항에 따른 행위를 방해하거나 거부하지 못한다. ⑧ 제1항에 따른 행위를 하려는 자는 그 권한을 표시하는 증표와 허가증을 지니고 이를 관계인에게 내보여야 한다. ⑨ 제8항에 따른 증표와 허가증에 관하여 필요한 사항은 국토교통부령으로 정한다. 〈개정 2013.3.23.〉 [전문개정 2009.2.6.]		**제32조【증표 및 허가증】** 법 제130조제9항의 규정에 의한 증표 및 허가증은 각각 별지 제19호서식 및 별지 제20호서식에 의한다.
제131조【토지에의 출입 등에 따른 손실보상】 ① 제130조제1항에 따른 행위로 인하여 손실을 입은 자가 있으면 그 행위자가 속한 행정청이나 도시·군계획시설사업의 시행자가 그 손실을 보상하여야 한다. 〈개정 2011.4.14〉 ② 제1항에 따른 손실 보상에 관하여는 그 손실을 보상할 자와 손실을 입은 자가 협의하여야 한다.		**제33조** 삭제 〈2006.6.7〉 **제34조** 삭제 〈2006.6.7〉

법	시 행 령	시 행 규 칙

③ 손실을 보상할 자나 손실을 입은 자는 제2항에 따른 협의가 성립되지 아니하거나 협의를 할 수 없는 경우에는 관할 토지수용위원회에 재결을 신청할 수 있다.

④ 관할 토지수용위원회의 재결에 관하여는 「공익사업을 위한 토지 등의 취득 및 보상에 관한 법률」 제83조부터 제87조까지의 규정을 준용한다.

[전문개정 2009.2.6]

제132조 삭제 〈2005.12.7〉

제133조 【법률 등의 위반자에 대한 처분】 ① 국토교통부장관, 시·도지사, 시장·군수 또는 구청장은 다음 각 호의 어느 하나에 해당하는 자에게 이 법에 따른 허가·인가 등의 취소, 공사의 중지, 공작물 등의 개축 또는 이전, 그 밖에 필요한 처분을 하거나 조치를 명할 수 있다. 〈개정 2016.1.19., 2021.1.12., 2024.2.6.〉

1. 제31조제2항 단서에 따른 신고를 하지 아니하고 사업 또는 공사를 한 자

1의2. 제40조의3에 따른 도시혁신구역에서 해당 도시혁신계획에 맞지 아니하게 건축물을 건축 또는 용도변경을 하거나 공작물을 설치한 자

1의3. 제40조의4에 따른 복합용도구역에서 해당 복합용도계획에 맞지 아니하게 건축물을 건축 또는 용도변경을 하거나 공작물을 설치한 자

1의4. 제40조의5에 따른 입체복합구역에서 해당 도시·군관리계획에 맞지 아니하게 건축물을 건축 또는 용도변경을 하거나 공작물을 설치한 자

2. 도시·군계획시설을 제43조제1항에 따른 도시·군관리계획

참고 허가(許可)와 인가(認可), 승인 및 협의

■ 허가(許可)
- 자연인(개인)이나 법인이 일반적으로 자유롭게 활동할 수 있는 기본 권리를 국가목적 또는 행적목적 달성의 필요에 따라 그 권리를 제한하고 일정한 요건을 갖춘 자에게만 그 권리를 행사할 수 있도록 허락하여 주는 것(일)
- 무허가(無許可) 행위는 처벌 대상이 되지만 행위 자체는 무효(無效)가 되는 것은 아니다.

(예) 건축허가, 개발행위의 허가 등

■ 인가(認可)
- 제3자의 법률행위를 보충하여 그 법률상 효력을 완성시켜 주는 행정행위
- 인가는 법률적 행위의 효력요건이기 때문에 무인가(無認可) 행위는 무효가 되지만 일반적으로 처벌의 대상은 되지 아니한다.
  (예) 재개발사업의 '관리처분계획 인가' 등

■ 승인(承認) 및 협의(協議)
- 공법(公法)상 승인 및 협의
  국가 또는 지방자치단체 등의 기관이 다른 기관이나 개인의 특정한 행위에 대하여 부여하는 동의(同意)의 뜻으로 사용되는 것으로 상하

법	시 행 령	시 행 규 칙
의 결정 없이 설치한 자 3. 제44조의3제2항에 따른 공동구의 점용 또는 사용에 관한 허가를 받지 아니하고 공동구를 점용 또는 사용하거나 같은 조 제3항에 따른 점용료 또는 사용료를 내지 아니한 자 4. 제54조에 따른 지구단위계획구역에서 해당 지구단위계획에 맞지 아니하게 건축물을 건축 또는 용도변경을 하거나 공작물을 설치한 자 5. 제56조에 따른 개발행위허가 또는 변경허가를 받지 아니하고 개발행위를 한 자 5의2. 제56조에 따라 개발행위허가 또는 변경허가를 받고 그 허가받은 사업기간 동안 개발행위를 완료하지 아니한 자 5의3. 제57조제4항에 따라 개발행위허가를 받고 그 개발행위허가의 조건을 이행하지 아니한 자 6. 제60조제1항에 따른 이행보증금을 예치하지 아니하거나 같은 조 제3항에 따른 토지의 원상회복명령에 따르지 아니한 자 7. 개발행위를 끝낸 후 제62조에 따른 준공검사를 받지 아니한 자 7의2. 제64조제3항 본문에 따른 원상회복명령에 따르지 아니한 자 7의3. 제75조의4에 따른 성장관리계획구역에서 그 성장관리계획에 맞지 아니하게 개발행위를 하거나 건축물의 용도를 변경한 자 〈신설 2021.1.12.〉 8. 제76조(같은 조 제5항제2호부터 제4호까지의 규정은 제외한다)에 따른 용도지역 또는 용도지구에서의 건축 제한 등을 위반한 자 9. 제77조에 따른 건폐율을 위반하여 건축한 자 10. 제78조에 따른 용적률을 위반하여 건축한 자 11. 제79조에 따른 용도지역 미지정 또는 미세분 지역에서의 행위 제한 등을 위반한 자 12. 제81조에 따른 시가화조정구역에서의 행위 제한을 위반한 자	(上·下)의 구별이 있는 경우에는 '승인(承認)'을 상하의 구분이 없는 경우나 모호한 경우에는 '협의(協議)'를 사용한다. 승인 및 협의는 단순한 행정기관 내부의 관계로서 행하여지는 것과 법령의 규정에 의하여 필요적 행정절차로서 요구되는 것이 있다. (예) 재건축 조합(組合)에 대한 '정관의 승인, 광역도시계획 수립시 관계 행정기관의 장과의 협의' 등 • 사법(司法)상 승인 일반적으로 타인의 행위에 대하여 긍정의 의사를 표시하는 것 (예) 채무의 승인 등	

법	시 행 령	시 행 규 칙
13. 제84조에 따른 둘 이상의 용도지역 등에 걸치는 대지의 적용 기준을 위반한 자 14. 제86조제5항에 따른 도시·군계획시설사업시행자 지정을 받지 아니하고 도시·군계획시설사업을 시행한 자 15. 제88조에 따른 도시·군계획시설사업의 실시계획인가 또는 변경인가를 받지 아니하고 사업을 시행한 자 15의2. 제88조에 따라 도시·군계획시설사업의 실시계획인가 또는 변경인가를 받고 그 실시계획에서 정한 사업기간 동안 사업을 완료하지 아니한 자 15의3. 제88조에 따른 실시계획의 인가 또는 변경인가를 받은 내용에 맞지 아니하게 도시·군계획시설을 설치하거나 용도를 변경한 자 16. 제89조제1항에 따른 이행보증금을 예치하지 아니하거나 같은 조 제3항에 따른 토지의 원상회복명령에 따르지 아니한 자 17. 도시·군계획시설사업의 공사를 끝낸 후 제98조에 따른 준공검사를 받지 아니한 자 18. 〈삭제 2016.1.19〉 19. 〈삭제 2016.1.19.〉 20. 제130조를 위반하여 타인의 토지에 출입하거나 그 토지를 일시사용한 자 21. 부정한 방법으로 다음 각 목의 어느 하나에 해당하는 허가·인가·지정 등을 받은 자 가. 제56조에 따른 개발행위허가 또는 변경허가 나. 제62조에 따른 개발행위의 준공검사 다. 제81조에 따른 시가화조정구역에서의 행위허가 라. 제86조에 따른 도시·군계획시설사업의 시행자 지정 마. 제88조에 따른 실시계획의 인가 또는 변경인가 바. 제98조에 따른 도시·군계획시설사업의 준공검사		

법	시 행 령	시 행 규 칙

사. 〈삭제 2016.1.19〉

22. 사정이 변경되어 개발행위 또는 도시·군계획시설사업을 계속적으로 시행하면 현저히 공익을 해칠 우려가 있다고 인정되는 경우의 그 개발행위허가를 받은 자 또는 도시·군계획시설사업의 시행자

② 국토교통부장관, 시·도지사, 시장·군수 또는 구청장은 제1항제22호에 따라 필요한 처분을 하거나 조치를 명한 경우에는 이로 인하여 발생한 손실을 보상하여야 한다. 〈개정 2013.3.23.〉

③ 제2항에 따른 손실 보상에 관하여는 제131조제2항부터 제4항까지의 규정을 준용한다.

[전문개정 2009.2.6.]

제134조【행정심판】 이 법에 따른 도시·군계획시설사업 시행자의 처분에 대하여는 「행정심판법」에 따라 행정심판을 제기할 수 있다. 이 경우 행정청이 아닌 시행자의 처분에 대하여는 제86조제5항에 따라 그 시행자를 지정한 자에게 행정심판을 제기하여야 한다. 〈개정 2011.4.14〉

[전문개정 2009.2.6.]

제135조【권리 · 의무의 승계 등】 ① 다음 각 호에 해당하는 권리 · 의무는 그 토지 또는 건축물에 관한 소유권이나 그 밖의 권리의 변동과 동시에 그 승계인에게 이전한다. 〈개정 2016.1.19.〉

1. 토지 또는 건축물에 관하여 소유권이나 그 밖의 권리를 가진 자의 도시·군관리계획에 관한 권리 · 의무
2. 〈삭제 2016.1.19.〉

② 이 법 또는 이 법에 따른 명령에 의한 처분, 그 절차 및 그 밖의 행위는 그 행위와 관련된 토지 또는 건축물에 대하

법	시 행 령	시 행 규 칙
여 소유권이나 그 밖의 권리를 가진 자의 승계인에 대하여 효력을 가진다. [전문개정 2009.2.6.] **제136조 【청문】** 국토교통부장관, 시·도지사, 시장·군수 또는 구청장은 제133조제1항에 따라 다음 각 호의 어느 하나에 해당하는 처분을 하려면 청문을 하여야 한다. 〈개정 2016.1.19.〉 1. 개발행위허가의 취소 2. 제86조제5항에 따른 도시·군계획시설사업의 시행자 지정의 취소 3. 실시계획인가의 취소 4. 〈삭제 2016.1.19.〉 [전문개정 2009.2.6.] **제137조 【보고 및 검사 등】** ① 국토교통부장관(제40조에 따른 수산자원보호구역의 경우 해양수산부장관을 말한다), 시·도지사, 시장 또는 군수는 다음 각 호의 어느 하나에 해당하는 경우에는 개발행위허가를 받은 자나 도시·군계획시설사업의 시행자에게 감독상 필요한 보고를 하게 하거나 자료를 제출하도록 명할 수 있으며, 소속 공무원으로 하여금 개발행위에 관한 업무 상황을 검사하게 할 수 있다. 〈개정 2019.8.20.〉 1. 다음 각 목의 내용에 대한 이행 여부의 확인이 필요한 경우 가. 제56조에 따른 개발행위허가의 내용 나. 제88조에 따른 실시계획인가의 내용 2. 제133조제1항제5호, 제5호의2, 제6호, 제7호, 제7호의2, 제15호, 제15호의2, 제15호의3 및 제16호부터 제22호까지 중 어느 하나에 해당한다고 판단하는 경우 3. 그 밖에 해당 개발행위의 체계적 관리를 위하여 관련 자료 및 현장 확인이 필요한 경우		

법	시 행 령	시 행 규 칙
② 제1항에 따라 업무를 검사하는 공무원은 그 권한을 표시하는 증표를 지니고 이를 관계인에게 내보여야 한다. ③ 제2항에 따른 증표에 관하여 필요한 사항은 국토교통부령으로 정한다. 〈개정 2013.3.23.〉 [전문개정 2009.2.6.]		**제35조【검사공무원증표】** 법 제137조제3항의 규정에 의한 증표는 별지 제24호서식의 검사공무원증표에 의한다.
제138조【도사군계획의 수립 및 운영에 대한 감독 및 조정】 ① 국토교통부장관(제40조에 따른 수산자원보호구역의 경우 해양수산부장관을 말한다. 이하 이 조에서 같다)은 필요한 경우에는 시 · 도지사 또는 시장 · 군수에게, 시 · 도지사는 시장 · 군수에게 도시 · 군기본계획과 도시 · 군관리계획의 수립 및 운영실태에 대하여 감독상 필요한 보고를 하게 하거나 자료를 제출하도록 명할 수 있으며, 소속 공무원으로 하여금 도시 · 군기본계획과 도시 · 군관리계획에 관한 업무 상황을 검사하게 할 수 있다. 〈개정 2013.3.23.〉 ② 국토교통부장관은 도시 · 군기본계획과 도시 · 군관리계획이 국가계획 및 광역도시계획의 취지에 부합하지 아니하거나 도시 · 군관리계획이 도시 · 군기본계획의 취지에 부합하지 아니하다고 판단하는 경우에는 특별시장 · 광역시장 · 특별자치시장 · 특별자치도지사 · 시장 또는 군수에게 기한을 정하여 도시 · 군기본계획과 도시 · 군관리계획의 조정을 요구할 수 있다. 이 경우 특별시장 · 광역시장 · 특별자치시장 · 특별자치도지사 · 시장 또는 군수는 도시 · 군기본계획과 도시 · 군관리계획을 재검토하여 정비하여야 한다. 〈개정 2013.3.23.〉 ③ 도지사는 시 · 군 도시 · 군관리계획이 광역도시계획이나 도시 · 군기본계획의 취지에 부합하지 아니하다고 판단되는 경우에는 시장 또는 군수에게 기한을 정하여 그 도시 · 군관리계획의 조정을 요구할 수 있다. 이 경우 시장 또는 군수		

법	시 행 령	시 행 규 칙
는 그 도시·군관리계획을 재검토하여 정비하여야 한다. 〈개정 2011.4.14.〉 [전문개정 2009.2.6][제목개정 2011.4.14.] **제139조【권한의 위임 및 위탁】** ① 이 법에 따른 국토교통부장관(제40조에 따른 수산자원보호구역의 경우 해양수산부장관을 말한다. 이하 이 조에서 같다)의 권한은 그 일부를 대통령령으로 정하는 바에 따라 시·도지사에게 위임할 수 있으며, 시·도지사는 국토교통부장관의 승인을 받아 그 위임받은 권한을 시장·군수 또는 구청장에게 재위임할 수 있다. 〈개정 2013.3.23.〉 ② 이 법에 따른 시·도지사의 권한은 시·도의 조례로 정하는 바에 따라 시장·군수 또는 구청장에게 위임할 수 있다. 이 경우 시·도지사는 권한의 위임사실을 국토교통부장관에게 보고하여야 한다. 〈개정 2013.3.23.〉 ③ 제1항이나 제2항에 따라 권한이 위임되거나 재위임된 경우 그 위임되거나 재위임된 사항 중 다음 각 호의 사항에 대하여는 그 위임 또는 재위임받은 기관이 속하는 지방자치단체에 설치된 지방도시계획위원회의 심의 또는 시·도의 조례로 정하는 바에 따라 「건축법」 제4조에 의하여 시·군·구에 두는 건축위원회와 도시계획위원회가 공동으로 하는 심의를 거쳐야 하며, 해당 지방의회의 의견을 들어야 하는 사항에 대하여는 그 위임 또는 재위임받은 기관이 속하는 지방자치단체의 의회의 의견을 들어야 한다. 〈개정 2009.2.6.〉 1. 중앙도시계획위원회·지방도시계획위원회의 심의를 거쳐야 하는 사항 2. 「건축법」 제4조에 따라 시·도에 두는 건축위원회와 지방	**제133조【권한의 위임 및 위탁】** ① 국토교통부장관(법 제40조에 따른 수산자원보호구역의 경우 해양수산부장관을 말한다. 이하 이 조에서 같다)은 법 제139조제1항에 따라 다음 각 호의 사항에 관한 권한을 시·도지사에게 위임한다. 〈개정 2014.1.14.〉 1. 삭제 〈2014.1.14.〉 2. 삭제 〈2009.8.5.〉 3. 법 제29조제2항제4호에 해당하는 도시·군관리계획 중 1제곱킬로미터 미만의 구역의 지정 및 변경에 해당하는 도시·군관리계획의 결정 4. 삭제 〈2014.1.14.〉 ② 삭제 〈2006.6.7〉 ③ 시·도지사는 제1항의 규정에 의하여 위임받은 업무를 처리한 때에는 국토교통부령(법 제40조에 따른 수산자원보호구역의 경우 해양수산부령을 말한다)이 정하는 바에 따라 국토교통부장관에게 보고하여야 한다. 〈개정 2013.3.23.〉	**제36조【보고】** ① 시·도지사는 영 제133조제1항에 따라 국토교통부장관으로부터 위임받은 업무를 처리한 경우에는 같은 조 제3항에 따라 해당 도시·군계획도서 및 계획설명서를 15일 이내에 국토교통부장관에게 제출하여야 한다. 다만, 국토교통부장관의 승인을 얻어 재위임한 때에는 그러하지 아니하다. 〈개정 2014.1.17.〉 ②시장·군수 또는 구청장은 다음 각 호의 사항에 관한 매 분기별 현황을 시·도지사에게 제출하여야 하고, 시·도지사는 제출된 자료를 취합하여 매 반기별로 국토교통부장관에게 제출하여야 한다. 〈개정 2013.3.23.〉 1. 법 제120조제2항의 규정에 의한 시·군·구도시계획위원회의 심의실적 2. 법 제122조·제123조 및 제124조제2항의 규정에 의한 선매·매수청구 실적 및 토지이용조사에 관한 사항 3. 법 제141조제6호 및 제144조제2항제2호의 규정에 의한 벌칙위반자에 대한 고발 및 처분실적

법

도시계획위원회가 공동으로 하는 심의를 거쳐야 하는 사항

④ 이 법에 따른 국토교통부장관, 시·도지사, 시장 또는 군수의 사무는 그 일부를 대통령령이나 해당 지방자치단체의 조례로 정하는 바에 따라 다른 행정청이나 행정청이 아닌 자에게 위탁할 수 있다. 〈개정 2013.3.23.〉

⑤ 삭제 〈2005.12.7.〉

⑥ 제4항에 따라 위탁받은 사무를 수행하는 자(행정청이 아닌 자로 한정한다)나 그에 소속된 직원은 「형법」 이나 그 밖의 법률에 따른 벌칙을 적용할 때에는 공무원으로 본다. 〈개정 2009.2.6.〉

제12장 벌칙

제140조【벌칙】 다음 각 호의 어느 하나에 해당하는 자는 3년 이하의 징역 또는 3천만원 이하의 벌금에 처한다.

1. 제56조제1항 또는 제2항을 위반하여 허가 또는 변경허가를 받지 아니하거나, 속임수나 그 밖의 부정한 방법으로 허가 또는 변경허가를 받아 개발행위를 한 자
2. 시가화조정구역에서 허가를 받지 아니하고 제81조제2항 각 호의 어느 하나에 해당하는 행위를 한 자

[전문개정 2009.2.6]

제140조의2【벌칙】 기반시설설치비용을 면탈·경감할 목적 또는 면탈·경감하게 할 목적으로 거짓 계약을 체결하거나

시 행 령

제133조의2【규제의 재검토】 국토교통부장관은 다음 각 호의 사항에 대하여 2017년 1월 1일을 기준으로 3년마다(매 3년이 되는 해의 1월 1일 전까지를 말한다) 그 타당성을 검토하여 개선 등의 조치를 해야 한다. 〈개정 2019.12.31., 2023.3.7〉

1. 제38조에 따른 공동구의 설치비용
2. 제56조에 따른 개발행위허가의 기준
3. 삭제 〈2019.12.31〉
4. 삭제 〈2019.12.31〉
5. 제62조에 따른 개발밀도의 강화범위 등
6. 삭제 〈2023.3.7.〉
7. 삭제 〈2019.12.31〉
8. 삭제 〈2019.12.31〉

[전문개정 2016.12.30.]

제12장 벌칙

참고 행정벌의 종류

① 행정 형벌 (형법상 규제) : 징역, 벌금

② 행정 질서벌: 과태료

③ 행정 강제: 이행강제금, 대집행(강제집행), 강제징수

④ 행정 처분: 허가취소, 등록취소, 지정취소, 자격취소, 자격정지, 업무정지 등

시 행 규 칙

제37조【규제의 재검토】 국토교통부장관은 제15조에 따른 도시·군계획시설사업실시계획 인가신청 시 첨부하여야 하는 서류의 종류에 대하여 2015년 1월 1일을 기준으로 2년마다(매 2년이 되는 해의 1월 1일 전까지를 말한다) 그 타당성을 검토하여 개선 등의 조치를 하여야 한다.

[본조신설 2014.12.31.]

거짓 자료를 제출한 자는 3년 이하의 징역 또는 면탈 · 경감하였거나 면탈 · 경감하고자 한 기반시설설치비용의 3배 이하에 상당하는 벌금에 처한다.
[본조신설 2008.3.28.]

제141조 【벌칙】 다음 각 호의 어느 하나에 해당하는 자는 2년 이하의 징역 또는 2천만원(제5호에 해당하는 자는 계약 체결 당시의 개별공시지가에 의한 해당 토지가격의 100분의 30에 해당하는 금액) 이하의 벌금에 처한다. 〈개정 2016.1.19.〉

1. 제43조제3항을 위반하여 도시·군관리계획의 결정이 없이 기반시설을 설치한 자
2. 제44조제1항을 위반하여 공동구에 수용하여야 하는 시설을 공동구에 수용하지 아니한 자
3. 제54조를 위반하여 지구단위계획에 맞지 아니하게 건축물을 건축하거나 용도를 변경한 자
4. 제76조(같은 조 제5항제2호부터 제4호까지의 규정은 제외한다)에 따른 용도지역 또는 용도지구에서의 건축물이나 그 밖의 시설의 용도 · 종류 및 규모 등의 제한을 위반하여 건축물을 건축하거나 건축물의 용도를 변경한 자
5. 〈삭제 2016.1.19.〉

[전문개정 2009.2.6]

제142조 【벌칙】 제133조제1항에 따른 허가 · 인가 등의 취소, 공사의 중지, 공작물 등의 개축 또는 이전 등의 처분 또는 조치명령을 위반한 자는 1년 이하의 징역 또는 1천만원 이하의 벌금에 처한다.
[전문개정 2009.2.6]

법	시 행 령	시 행 규 칙
제143조 【양벌규정】 법인의 대표자나 법인 또는 개인의 대리인, 사용인, 그 밖의 종업원이 그 법인 또는 개인의 업무에 관하여 제140조부터 제142조까지의 어느 하나에 해당하는 위반행위를 하면 그 행위자를 벌할 뿐만 아니라 그 법인 또는 개인에게도 해당 조문의 벌금형을 과(科)한다. 다만, 법인 또는 개인이 그 위반행위를 방지하기 위하여 해당 업무에 관하여 상당한 주의와 감독을 게을리 하지 아니한 경우는 그러하지 아니하다. [전문개정 2009.2.6.]		
제144조 【과태료】 ① 다음 각 호의 어느 하나에 해당하는 자에게는 1천만원 이하의 과태료를 부과한다. 〈개정 2009.12.29〉 1. 제44조의3제2항에 따른 허가를 받지 아니하고 공동구를 점용하거나 사용한 자 2. 정당한 사유 없이 제130조제1항에 따른 행위를 방해하거나 거부한 자 3. 제130조제2항부터 제4항까지의 규정에 따른 허가 또는 동의를 받지 아니하고 같은 조 제1항에 따른 행위를 한 자 4. 제137조제1항에 따른 검사를 거부 · 방해하거나 기피한 자 ② 다음 각 호의 어느 하나에 해당하는 자에게는 500만원 이하의 과태료를 부과한다. 1. 제56조제4항 단서에 따른 신고를 하지 아니한 자 2. 제137조제1항에 따른 보고 또는 자료 제출을 하지 아니하거나, 거짓된 보고 또는 자료 제출을 한 자 ③ 제1항과 제2항에 따른 과태료는 대통령령으로 정하는 바에 따라 다음 각 호의 자가 각각 부과 · 징수한다. 〈개정 2013.3.23.〉 1. 제1항제2호 · 제4호 및 제2항제2호의 경우: 국토교통부장	**제134조 【과태료의 부과기준】** ① 법 제144조제1항 및 제2항에 따른 과태료의 부과기준은 별표 28과 같다. ② 국토교통부장관(법 제40조에 따른 수산자원보호구역의 경우에는 해양수산부장관을 말한다), 시 · 도지사, 시장 또는 군수는 위반행위의 동기 · 결과 및 횟수 등을 고려하여 별표 28에 따른 과태료 금액의 2분의 1의 범위에서 가중하거나 경감할 수 있다. 〈개정 2013.3.23.〉 ③ 제2항에 따라 과태료를 가중하여 부과하는 경우에도 과태료 부과금액은 다음 각 호의 구분에 따른 금액을 초과할 수 없다. 1. 법 제144조제1항의 경우: 1천만원 2. 법 제144조제2항의 경우: 5백만원 [본조신설 2009.7.7]	

관(제40조에 따른 수산자원보호구역의 경우 해양수산부장관을 말한다), 시·도지사, 시장 또는 군수
2. 제1항제1호·제3호 및 제2항제1호의 경우: 특별시장·광역시장·특별자치시장·특별자치도지사·시장 또는 군수
[전문개정 2009.2.6.]

법	시 행 령	시 행 규 칙

법

부칙〈법률 제19117호, 2022.12.27.〉
(산림자원의 조성 및 관리에 관한 법률)

제1조(시행일) 이 법은 공포 후 6개월이 경과한 날부터 시행한다.

제2조 생략

제3조(다른 법률의 개정) ①부터 ⑰까지 생략

⑱ 국토의 계획 및 이용에 관한 법률 일부를 다음과 같이 개정한다.

제61조제1항제10호, 제81조제5항제2호 및 제92조제1항제13호 중 "「산림자원의 조성 및 관리에 관한 법률」 제36조제1항 · 제4항"을 각각 "「산림자원의 조성 및 관리에 관한 법률」 제36조제1항 · 제5항"으로 한다.

⑲부터 ⑱까지 생략

부칙〈법률 제19251호, 2023.3.21.〉
(자연유산의 보존 및 활용에 관한 법률)

제1조(시행일) 이 법은 공포 후 1년이 경과한 날부터 시행한다.

제2조 부터 **제7조**까지 생략

제8조(다른 법률의 개정) ①부터 ⑤까지 생략

⑥ 국토의 계획 및 이용에 관한 법률 일부를 다음과 같이 개정한다.

제8조제5항제2호마목 중 "「문화재보호법」 제25조 및 제27조"를 "「자연유산의 보존 및 활용에 관한 법률」 제11조부터 제13조까지"로 한다.

제76조제5항제4호 중 "지정문화재 또는"을 "지정문화재와 그 보호구역, 「자연유산의 보존 및 활용에 관한 법률」에 따라 지정된"으로, "「문화재보호법」 또는"을 "「문화재보

시 행 령

부칙〈대통령령 제32344호,2022.1.18.〉

제1조(시행일) 이 영은 공포한 날부터 시행한다.

제2조(다른 법령의 개정) 건축법 시행령 일부를 다음과 같이 개정한다.

제6조의2제3항 각 호 외의 부분 중 "제93조의2"를 "제93조의3"으로 한다.

부칙〈대통령령 제32379호,2022.1.28.〉

제1조(시행일) 이 영은 공포한 날부터 시행한다.

제2조(감염병관리시설 설치를 위한 용적률 특례에 관한 적용례 등) ① 필요감염병관리시설 설치를 위한 용적률의 상한은 제85조제3항제6호의 개정규정에 따라 도시 · 군계획조례를 제정하거나 개정하기 전까지는 제85조제1항 각 호에 따른 용도지역별 최대한도의 120퍼센트로 한다.

② 2020년 1월 1일부터 이 영 시행 전까지의 기간에 「건축법 시행령」 별표 1 제9호의 의료시설 부지에 감염병관리시설을 새로 설치하거나 추가로 설치한 자가 이 영 시행 이후 같은 부지에 다음 각 호의 요건을 모두 갖추어 필요감염병관리시설 외의 시설을 설치하기 위하여 「건축법」 제11조에 따른 건축허가를 신청하거나 같은 법 제14조에 따른 건축신고를 하는 경우에도 제85조제3항제6호 각 목 외의 부분의 개정규정에 따른 용적률을 적용한다.

1. 질병관리청장이 새로 설치되거나 추가로 설치된 감염병관리시설을 필요감염병관리시설로 인정할 것
2. 필요감염병관리시설 외 시설의 면적은 제85조제1항에 따라 도시 · 군계획조례로 정하는 용적률에 해당하는 면적 이내일 것

시 행 규 칙

부칙〈국토교통부령 제1099호, 2022.1.21.〉
(감정평가 및 감정평가사에 관한 법률 시행규칙)

제1조(시행일) 이 규칙은 2022년 1월 21일부터 시행한다.

제2조(다른 법령의 개정) ①부터 ③까지 생략

④ 국토의 계획 및 이용에 관한 법률 시행규칙 일부를 다음과 같이 개정한다.

제15조제5호 중 "감정평가업자"를 "감정평가법인등"으로 한다.

별지 제9호서식 뒤쪽의 첨부서류란 제5호 본문 중 "감정평가업자"를 "감정평가법인등"으로 한다.

⑤부터 ⑫까지 생략

부칙〈국토교통부령 제1118호, 2022.3.30.〉
(국민 편의를 높이는 서식 정비를 위한 17개 법령의 일부개정에 관한 국토교통부령)

이 규칙은 공포한 날부터 시행한다.

부칙〈국토교통부령 제1192호, 2023.1.27.〉

이 규칙은 공포한 날부터 시행한다.

부칙〈국토교통부령 제1338호, 2024.5.29.〉

법	시 행 령	시 행 규 칙
호법」, 「자연유산의 보존 및 활용에 관한 법률」 또는"으로 한다. 제83조의2제2항제2호 중 "「문화재보호법」 제13조"를 "「문화재보호법」 제13조 또는 「자연유산의 보존 및 활용에 관한 법률」 제10조"로 한다. ⑦부터 ㊲까지 생략 **제9조** 생략 **부칙〈법률 제19409호, 2023.5.16.〉** **(국가유산기본법)** **제1조(시행일)** 이 법은 공포 후 1년이 경과한 날부터 시행한다. **제2조** 생략 **제3조(다른 법률의 개정)** ①부터 ⑦까지 생략 ⑧ 국토의 계획 및 이용에 관한 법률 일부를 다음과 같이 개정한다. 제6조제4호 중 "문화재"를 "「국가유산기본법」 제3조에 따른 국가유산"으로 한다. 제7조제4호 중 "문화재"를 "「국가유산기본법」 제3조에 따른 국가유산"으로 한다. 제37조제1항제5호 중 "문화재"를 "「국가유산기본법」 제3조에 따른 국가유산"으로 한다. 제63조제1항제2호 중 "미관·문화재"를 "미관 및 「국가유산기본법」 제3조에 따른 국가유산"으로 한다. ⑨부터 ㉖까지 생략 **부칙〈법률 제19590호, 2023.8.8.〉** **(문화유산의 보존 및 활용에 관한 법률)**	**부칙〈대통령령 제32477호, 2022.2.17.〉** **(국민 평생 직업능력 개발법 시행령)** **제1조(시행일)** 이 영은 2022년 2월 18일부터 시행한다. **제2조(다른 법령의 개정)** ①부터 ⑰까지 생략 ⑱ 국토의 계획 및 이용에 관한 법률 시행령 일부를 다음과 같이 개정한다. 별표 12 제2호사목 중 "「근로자직업능력 개발법」"을 "「국민 평생 직업능력 개발법」"으로 한다. ⑲부터 ⑫까지 생략 **제3조** 생략 **부칙〈대통령령 제32977호, 2022.11.1.〉** **(자치입법권 보장을 위한 11개 법령의 일부개정에 관한 대통령령)** 이 영은 공포 후 6개월이 경과한 날부터 시행한다. **부칙〈대통령령 제33321호, 2023.3.7.〉** **(규제 재검토기한 정비를 위한 55개 법령의 일부개정에 관한 대통령령)** 이 영은 공포한 날부터 시행한다. **부칙〈대통령령 제33339호, 2023.3.21.〉** 이 영은 공포한 날부터 시행한다. **부칙〈대통령령 제33466호, 2023.5.15.〉** **(건축법 시행령)** **제1조(시행일)** 이 영은 2023년 5월 16일부터 시행한다.	이 규칙은 공포한 날부터 시행한다. 다만, 별표 2 제8호의 개정규정은 공포 후 6개월이 경과한 날부터 시행한다.

법	시 행 령	시 행 규 칙
제1조(시행일) 이 법은 2024년 5월 17일부터 시행한다. **제2조** 부터 **제8조**까지 생략 **제9조(다른 법률의 개정)** ①부터 ⑧까지 생략 ⑨ 법률 제19251호 국토의 계획 및 이용에 관한 법률 일부개정법률 일부를 다음과 같이 개정한다. 제76조제5항제4호를 다음과 같이 한다. 4. 자연환경보전지역 중 「자연공원법」에 따른 공원구역, 「수도법」에 따른 상수원보호구역, 「문화유산의 보존 및 활용에 관한 법률」에 따라 지정된 지정문화유산과 그 보호구역, 「자연유산의 보존 및 활용에 관한 법률」에 따라 지정된 천연기념물등과 그 보호구역, 「해양생태계의 보전 및 관리에 관한 법률」에 따른 해양보호구역인 경우에는 각각 「자연공원법」, 「수도법」, 「문화유산의 보존 및 활용에 관한 법률」, 「자연유산의 보존 및 활용에 관한 법률」 또는 「해양생태계의 보전 및 관리에 관한 법률」에서 정하는 바에 따른다. 제83조의2제2항을 다음과 같이 한다. ② 입지규제최소구역계획에 대한 도시계획위원회 심의 시 「학교보건법」 제6조제1항에 따른 학교환경위생정화위원회 또는 「문화유산의 보존 및 활용에 관한 법률」 제8조에 따른 문화유산위원회(같은 법 제70조에 따른 시·도지정문화유산에 관한 사항의 경우 같은 법 제71조에 따른 시·도문화유산위원회를 말한다)와 공동으로 심의를 개최하고, 그 결과에 따라 다음 각 호의 법률 규정을 완화하여 적용할 수 있다. 이 경우 다음 각 호의 완화 여부는 각각 학교환경위생정화위원회와 문화유산위원회의 의결에 따른다.	**제2조** 생략 **제3조(다른 법령의 개정)** ① 및 ② 생략 ③ 국토의 계획 및 이용에 관한 법률 시행령 일부를 다음과 같이 개정한다. 별표 1의3 제23호를 다음과 같이 하고, 같은 표에 제23호의2를 다음과 같이 신설한다. 23. 교정시설: 0.7 23의2. 국방·군사시설: 0.7 별표 4 제2호너목 중 "교정 및 국방·군사시설"을 "교정시설"로 하고, 같은 호 더목부터 머목까지를 각각 러목부터 버목까지로 하며, 같은 호에 더목을 다음과 같이 신설한다. 더. 「건축법 시행령」 별표 1 제23호의2의 국방·군사시설 별표 5 제2호하목 중 "교정 및 국방·군사시설"을 "교정시설"로 하고, 같은 호 거목부터 더목까지를 각각 너목부터 러목까지로 하며, 같은 호에 거목을 다음과 같이 신설한다. 거. 「건축법 시행령」 별표 1 제23호의2의 국방·군사시설 별표 6 제2호하목 중 "교정 및 국방·군사시설"을 "교정시설"로 하고, 같은 호 거목부터 더목까지를 각각 너목부터 러목까지로 하며, 같은 호에 거목을 다음과 같이 신설한다. 거. 「건축법 시행령」 별표 1 제23호의2의 국방·군사시설 별표 7 제2호카목 중 "교정 및 군사시설"을 "교정시설"로 하고, 같은 호 타목부터 하목까지를 각각 파목부터 거목까지로 하며, 같은 호에 타목을 다음과 같이 신설한다. 타. 「건축법 시행령」 별표 1 제23호의2의 국방·군사시설	

1. 「학교보건법」 제6조에 따른 학교환경위생 정화구역에서의 행위제한
2. 「문화유산의 보존 및 활용에 관한 법률」 제13조 또는 「자연유산의 보존 및 활용에 관한 법률」 제10조에 따른 역사문화환경 보존지역에서의 행위제한

⑩부터 ㊸까지 생략

제10조 생략

부칙 〈법률 제20234호, 2024.2.6.〉

제1조(시행일) 이 법은 공포 후 6개월이 경과한 날부터 시행한다.

제2조(입지규제최소구역 지정에 관한 경과조치) ① 이 법 시행 전에 종전의 규정에 따라 지정·결정된 입지규제최소구역 및 입지규제최소구역계획은 제40조의3의 개정규정에 따라 도시혁신구역 및 도시혁신계획으로 지정되거나 결정된 것으로 본다.

② 제1항에 따라 지정·결정된 것으로 보는 도시혁신구역 및 도시혁신계획을 변경하려는 경우에는 제35조의6의 개정규정에 따라 공간재구조화계획을 먼저 결정하여야 한다.

제3조(다른 법률의 개정) ① 공공주택 특별법 일부를 다음과 같이 개정한다.

제43조의2제1항 본문 중 "입지규제최소구역계획"을 "도시혁신계획"으로 한다.

② 법률 제19847호 노후계획도시 정비 및 지원에 관한 특별법 일부를 다음과 같이 개정한다.

제25조제2항 중 " 「국토의 계획 및 이용에 관한 법률」 제40조의2제1항"을 " 「국토의 계획 및 이용에 관한 법률」 제40조의3제1항"으로, "제40조의2에 따른 입지규제

별표 8 제2호차목 중 "교정 및 군사 시설(국방·군사시설은 제외한다)"을 "교정시설"로 한다.

별표 9 제2호아목 중 "교정 및 군사 시설(국방·군사시설은 제외한다)"을 "교정시설"로 한다.

별표 10 제2호카목 중 "교정 및 군사 시설"을 "교정시설"로 하고, 같은 호 타목 및 파목을 각각 파목 및 하목으로 하며, 같은 호에 타목을 다음과 같이 신설한다.

타. 「건축법 시행령」 별표 1 제23호의2의 국방·군사시설

별표 11 제2호타목 중 "교정 및 군사 시설"을 "교정시설"로 하고, 같은 호 파목부터 더목까지를 각각 하목부터 러목까지로 하며, 같은 호에 파목을 다음과 같이 신설한다.

파. 「건축법 시행령」 별표 1 제23호의2의 국방·군사시설

별표 12 제2호자목 중 "교정 및 국방·군사시설"을 "교정시설"로 하고, 같은 호 차목을 카목으로 하며, 같은 호에 차목을 다음과 같이 신설한다.

차. 「건축법 시행령」 별표 1 제23호의2의 국방·군사시설

별표 13 제2호타목 중 "교정 및 국방·군사시설"을 "교정시설"로 하고, 같은 호 파목부터 거목까지를 각각 하목부터 너목까지로 하며, 같은 호에 파목을 다음과 같이 신설한다.

파. 「건축법 시행령」 별표 1 제23호의2의 국방·군사시설

별표 14 제2호카목 중 "교정 및 군사 시설"을 "교정시설"로 하고, 같은 호 타목을 파목으로 하며, 같은 호에 타목을 다음과 같이 신설한다.

타. 「건축법 시행령」 별표 1 제23호의2의 국방·군사시설

별표 15 제1호다목 중 "교정 및 국방·군사시설"을 "교정시설"로 하고, 같은 호에 라목을 다음과 같이 신설한다.

라. 「건축법 시행령」 별표 1 제23호의2의 국방·군사시설

법	시 행 령	시 행 규 칙
최소구역"을 "제40조의3에 따른 도시혁신구역"으로 하고, 같은 조 제3항 중 "입지규제최소구역"을 "도시혁신구역"으로, "제40조의2제2항부터 제5항까지를"을 "제40조의3제2항·제3항·제5항 및 제40조의6제1항·제2항을"로 한다. ③ 도시 공업지역의 관리 및 활성화에 관한 특별법 일부를 다음과 같이 개정한다. 제22조제3항제15호 중 "제40조의2제2항에 따른 입지규제최소구역계획"을 "제40조의3제2항에 따른 도시혁신계획"으로 한다. 제53조제1항 전단 중 "제40조의2에 따른 입지규제최소구역"을 "제40조의3에 따른 도시혁신구역"으로 하고, 같은 조 제2항 중 "제40조의2제8항"을 "제40조의3제7항"으로, "입지규제최소구역"을 "도시혁신구역"으로 한다. ④ 도시재생 활성화 및 지원에 관한 특별법 일부를 다음과 같이 개정한다. 제38조의 제목 중 "입지규제최소구역"을 "도시혁신구역"으로 하고, 같은 조 제1항 중 "제40조의2제1항"을 "제40조의3제1항"으로, "입지규제최소구역"을 "도시혁신구역"으로 하며, 같은 조 제2항 중 "입지규제최소구역"을 "도시혁신구역"으로, "제40조의2제2항부터 제6항까지를"을 "제40조의3제2항·제3항·제5항 및 제40조의6제1항·제2항을"로 한다. 제41조제4항제10호 중 "제40조의2제2항"을 "제40조의3제2항"으로 한다. 제42조제1항제1호를 다음과 같이 한다. 1. 「국토의 계획 및 이용에 관한 법률」 제40조의3에 따른 도시혁신구역 지정 및 도시혁신계획의 결정. 이 경우 「국토의 계획 및 이용에 관한 법률」 제40조의3을	별표 16 제1호차목 중 "교정 및 국방·군사시설"을 "교정시설"로 하고, 같은 호 카목부터 파목까지를 각각 타목부터 하목까지로 하며, 같은 호에 카목을 다음과 같이 신설한다. 카. 「건축법 시행령」 별표 1 제23호의2의 국방·군사시설 별표 17 제1호타목 중 "교정 및 국방·군사시설"을 "교정시설"로 하고, 같은 호 파목부터 러목까지를 각각 하목부터 머목까지로 하며, 같은 호에 파목을 다음과 같이 신설한다. 파. 「건축법 시행령」 별표 1 제23호의2의 국방·군사시설 별표 18 제1호다목 중 "교정 및 국방·군사시설"을 "교정시설"로 하고, 같은 호에 라목을 다음과 같이 신설한다. 라. 「건축법 시행령」 별표 1 제23호의2의 국방·군사시설 별표 19 제1호사목 중 "교정 및 국방·군사시설"을 "교정시설"로 하고, 같은 호 아목을 자목으로 하며, 같은 호에 아목을 다음과 같이 신설한다. 아. 「건축법 시행령」 별표 1 제23호의2의 국방·군사시설 별표 21 제2호차목 중 "교정 및 국방·군사시설"을 "교정시설"로 하고, 같은 호 카목부터 하목까지를 각각 타목부터 거목까지로 하며, 같은 호에 카목을 다음과 같이 신설한다. 카. 「건축법 시행령」 별표 1 제23호의2의 국방·군사시설 별표 22 제2호사목 중 "제23호라목"을 "제23호의2"로 한다. 별표 23 제1호사목 중 "교정 및 국방·군사시설"을 "교정시설"로 하고, 같은 호 아목 및 자목을 각각 자목 및 차목으로 하며, 같은 호에 아목을 다음과 같이 신설한다. 아. 「건축법 시행령」 별표 1 제23호의2의 국방·군사시설 ④부터 ⑩까지 생략	

준용한다.
제48조제1항제2호 후단 중 "입지규제최소구역"을 "도시혁신구역"으로 한다.
제56조제5항 중 "제40조의2제8항"을 "제40조의3제7항"으로, "입지규제최소구역"을 "도시혁신구역"으로 한다.
⑤ 법률 제19767호 도심융합특구 조성 및 육성에 관한 특별법 일부를 다음과 같이 개정한다.
제17조제1항제7호 중 "제40조의2에 따른 입지규제최소구역"을 "제40조의3에 따른 도시혁신구역"으로, "제40조의2제2항부터 제5항까지를 준용한다)과 입지규제최소구역계획"을 "제40조의3제2항·제3항·제5항 및 제40조의6제1항·제2항을 준용한다)과 도시혁신계획"으로 한다.
⑥ 산업집적활성화 및 공장설립에 관한 법률 일부를 다음과 같이 개정한다.
제22조의8제7항 전단 중 "제40조의2에 따른 입지규제최소구역"을 "제40조의3에 따른 도시혁신구역"으로 한다.

⑦ 스마트도시 조성 및 산업진흥 등에 관한 법률 일부를 다음과 같이 개정한다.
제44조제1항 전단 중 "제40조의2제1항에 따른 입지규제최소구역"을 "제40조의3제1항에 따른 도시혁신구역"으로 하고, 같은 항 후단 중 "제40조의2제2항부터 제6항까지를"을 "제40조의3제2항·제3항·제5항 및 제40조의6제1항·제2항을"로 하며, 같은 조 제2항 중 "제40조의2제8항에도 불구하고 입지규제최소구역"을 "제40조의3제7항에도 불구하고 도시혁신구역"으로 한다.
⑧ 토지이용규제 기본법 일부를 다음과 같이 개정한다.
별표 중 연번 50을 삭제하고, 별표에 연번 249부터 251

부칙〈대통령령 제33621호, 2023.7.7.〉
(지방자치분권 및 지역균형발전에 관한 특별법 시행령)

제1조(시행일) 이 영은 2023년 7월 10일부터 시행한다.
제2조 부터 **제11조**까지 생략
제12조(다른 법령의 개정) ①부터 ⑦까지 생략
⑧ 국토의 계획 및 이용에 관한 법률 시행령 일부를 다음과 같이 개정한다.
제4조의4제3항 중 "「국가균형발전 특별법」 제40조"를 "「지방자치분권 및 지역균형발전에 관한 특별법」 제86조"로 한다.
⑨부터 ㊴까지 생략
제13조 및 **제14조** 생략

부칙〈대통령령 제33637호, 2023.7.18.〉

제1조(시행일) 이 영은 공포한 날부터 시행한다.
제2조(가설건축물의 존치기간 연장에 관한 적용례) 제50조의2제1호 각 목 외의 부분 단서 및 각 목의 개정규정은 이 영 시행 전에 건축허가를 받거나 축조신고의 수리가 된 가설건축물에 대해서도 적용한다.
제3조(방재지구 내 건축물의 용적률 완화에 관한 적용례) 제85조제5항의 개정규정은 이 영 시행 전에 다음 각 호의 신청이나 신고를 한 경우에도 적용한다.
1. 「건축법」 제11조에 따른 건축허가의 신청(건축허가를 신청하기 위해 같은 법 제4조의2제1항에 따라 건축위원회의 심의를 신청하는 경우를 포함한다)
2. 「건축법」 제14조에 따른 건축신고
3. 제1호에 따른 허가 또는 제2호에 따른 신고가 의제되는 다른 법률에 따른 허가·인가·승인 등의 신청 또는 신고

법	시 행 령	시 행 규 칙

까지를 각각 다음과 같이 신설한다.

249	「국토의 계획 및 이용에 관한 법률」 제40조의3	도시혁신구역
250	「국토의 계획 및 이용에 관한 법률」 제40조의4	복합용도구역
251	「국토의 계획 및 이용에 관한 법률」 제40조의5	도시·군계획시설입체복합구역

부칙 〈대통령령 제34165호, 2024.1.26.〉

제1조(시행일) 이 영은 2024년 1월 27일부터 시행한다. 다만, 제22조제2항제1호다목의 개정규정은 공포 후 6개월이 경과한 날부터 시행한다.

제2조(자연녹지지역 내 건축물의 건폐율 완화에 관한 적용례) 제84조제8항의 개정규정은 이 영 시행 전에 다음 각 호의 신청이나 신고를 한 경우에도 적용한다.

1. 「건축법」 제11조에 따른 건축허가의 신청(건축허가를 신청하기 위해 같은 법 제4조의2제1항에 따라 건축위원회의 심의를 신청한 경우를 포함한다)
2. 「건축법」 제14조에 따른 건축신고
3. 제1호에 따른 허가 또는 제2호에 따른 신고가 의제되는 다른 법률에 따른 허가·인가·승인 등의 신청 또는 신고

제3조(계획관리지역 안에 건축할 수 없는 건축물에 관한 적용례) 대통령령 제31417호 국토의 계획 및 이용에 관한 법률 시행령 일부개정령 별표 20 제1호라목(2), 같은 호 자목 및 같은 호 차목(1)부터 (7)까지 외의 부분 본문의 개정규정은 다음 각 호의 지역에 대하여 각 호의 구분에 따른 날부터 적용한다.

1. 대통령령 제31417호 국토의 계획 및 이용에 관한 법률 시행령 일부개정령 부칙 제2조제1호의 지역: 2024년 1월 27일
2. 대통령령 제31417호 국토의 계획 및 이용에 관한 법률 시행령 일부개정령 부칙 제2조제2호의 지역: 2026년 1월 27일
3. 대통령령 제31417호 국토의 계획 및 이용에 관한 법률 시행령 일부개정령 부칙 제2조제3호의 지역: 2028년 1월 27일

법	시 행 령	시 행 규 칙
	부칙 〈대통령령 제34319호, 2024.3.19.〉 **제1조(시행일)** 이 영은 공포한 날부터 시행한다. 다만, 별표 8 제1호나목 및 제2호나목의 개정규정은 공포 후 6개월이 경과한 날부터 시행한다. **제2조(임대주택 건설을 위한 용적률 특례에 관한 적용례 등)** ① 특별시·광역시·특별자치시·특별자치도·시 또는 군은 이 영 시행일부터 6개월이 되는 날까지 제85조제3항제1호의 개정규정에 따라 도시·군계획조례를 제정하거나 개정해야 한다. ② 제1항에 따른 도시·군계획조례가 제정되거나 개정되기 전까지는 종전의 도시·군계획조례를 적용한다. ③ 제1항에 따른 기한까지 도시·군계획조례가 제정되거나 개정되지 않은 경우의 임대주택 건설을 위한 용적률의 상한에 관하여는 제85조제1항제1호부터 제6호까지에 따른 용도지역별 최대한도의 120퍼센트를 적용한다. **부칙 〈대통령령 제34487호, 2024.5.7.〉** **(국가유산기본법 시행령)** **제1조(시행일)** 이 영은 2024년 5월 17일부터 시행한다. **제2조(다른 법령의 개정)** ①부터 ⑬까지 생략 ⑭ 국토의 계획 및 이용에 관한 법률 시행령 일부를 다음과 같이 개정한다. 제10조제4호, 제16조제7호, 제19조제7호 및 제31조제2항제5호가목 중 "문화재"를 각각 "국가유산"으로 한다. 제42조의3제2항제1호의3 중 "「문화재보호법」 제13조"를 "「문화유산의 보존 및 활용에 관한 법률」 제13조에 따른 역사문화환경 보존지역 및 「자연유산의 보존 및 활용에 관한 법률」 제10조"로, "문화재 및"을 "국가유산	

법	시 행 령	시 행 규 칙
	및"으로 한다. 제44조제1항제4호 및 제45조제4항제7호 중 "문화재"를 각각 "국가유산"으로 한다. 제76조제1호 중 " 「문화재보호법」 의 적용을 받는 문화재를"을 " 「국가유산기본법」 의 적용을 받는 국가유산을"로 한다. 별표 24 제2호다목(2) 중 "문화재의 복원과 문화재관리용"을 "국가유산의 복원과 국가유산관리용"으로 한다. ⑮부터 <57>까지 생략 제3조 생략 **부칙 〈대통령령 제34488호, 2024.5.7.〉** **(문화유산의 보존 및 활용에 관한 법률 시행령)** **제1조(시행일)** 이 영은 2024년 5월 17일부터 시행한다. **제2조 및 제3조** 생략 **제4조(다른 법령의 개정)** ①부터 ⑨까지 생략 ⑩ 국토의 계획 및 이용에 관한 법률 시행령 일부를 다음과 같이 개정한다. 제25조제3항제6호 중 " 「문화재보호법」 에 의하여 지정된 지정문화재 또는 천연기념물"을 " 「문화유산의 보존 및 활용에 관한 법률」 에 따라 지정된 지정문화유산과 그 보호구역 또는 「자연유산의 보존 및 활용에 관한 법률」 에 따라 지정된 천연기념물등"으로 한다. 제84조제6항제5호나목을 다음과 같이 한다. 나. 「문화유산의 보존 및 활용에 관한 법률」 에 따른 지정문화유산 및 국가등록문화유산 또는 「자연유산의 보존 및 활용에 관한 법률」 에 따른 천연기념물등 ⑪부터 <53>까지 생략 제5조 생략	

부칙 〈대통령령 제34531호, 2024.5.28.〉

제1조(시행일) 이 영은 공포한 날부터 시행한다. 다만, 별표 15 제2호사목, 별표 16 제2호바목, 별표 18 제2호마목 및 별표 19 제2호나목·바목의 개정규정은 공포 후 3개월이 경과한 날부터 시행한다.

제2조(용도지역안에서의 건폐율 완화에 관한 적용례) 제47조제1항 단서 및 제84조제4항제2호가목 단서의 개정규정은 이 영 시행 전에 다음 각 호의 신청이나 신고를 한 경우에도 적용한다.

1. 「건축법」 제11조에 따른 건축허가(같은 법 제16조에 따른 변경허가를 포함한다)의 신청(건축허가를 신청하기 위해 같은 법 제4조의2제1항에 따라 건축위원회의 심의를 신청한 경우를 포함한다)
2. 「건축법」 제14조에 따른 건축신고(같은 법 제16조에 따른 변경신고를 포함한다)
3. 제1호에 따른 허가 또는 제2호에 따른 신고가 의제되는 다른 법률에 따른 허가·인가·승인 등의 신청 또는 신고

제3조(기존 공장의 건폐율에 관한 특례) ① 이 영 시행 전에 생산녹지지역, 자연녹지지역 또는 생산관리지역으로 지정된 지역에 있는 기존 공장(해당 용도지역으로 지정될 당시 이미 준공된 것으로 한정한다)에 대해 건폐율을 완화하여 적용할 수 있는 증축 허가의 신청 기한은 제84조의2제2항 및 제4항의 개정규정에도 불구하고 2035년 12월 31일까지로 한다.

② 이 영 시행 전에 녹지지역 또는 관리지역으로 지정된 지역에 있는 기존 공장(해당 용도지역으로 지정될 당시 이미 준공된 것으로 한정한다)에 대해 건폐율을 완화하여 적용할 수 있는 증축 또는 개축 허가의 신청 기한은 제

법	시 행 령	시 행 규 칙
	93조의3의 개정규정에도 불구하고 2035년 12월 31일까지로 한다. **부칙 〈대통령령 제34774호, 2024.7.30.〉** **제1조(시행일)** 이 영은 2024년 8월 7일부터 시행한다. **제2조(다른 법령의 개정)** ① 도시 공업지역의 관리 및 활성화에 관한 특별법 시행령 일부를 다음과 같이 개정한다. 제27조제1항제4호 중 “「국토의 계획 및 이용에 관한 법률」 제40조의2에 따른 입지규제최소구역 및 입지규제최소구역계획”을 “「국토의 계획 및 이용에 관한 법률」 제40조의3에 따른 도시혁신구역 및 도시혁신계획”으로 한다. 제51조 전단 중 “입지규제최소구역”을 “도시혁신구역”으로 한다. ② 도시재생 활성화 및 지원에 관한 특별법 시행령 일부를 다음과 같이 개정한다. 제45조제1항 각 호 외의 부분 중 “「국토의 계획 및 이용에 관한 법률」 제40조의2제2항에 따른 입지규제최소구역계획(이하 "입지규제최소구역계획"이라 한다)”을 “「국토의 계획 및 이용에 관한 법률」 제40조의3제2항에 따른 도시혁신계획(이하 "도시혁신계획"이라 한다)”으로 하고, 같은 항 제1호 중 “입지규제최소구역계획”을 “도시혁신계획”으로 하며, 같은 항 제2호 중 “「국토의 계획 및 이용에 관한 법률」 제40조의2제1항에 따른 입지규제최소구역(이하 "입지규제최소구역"이라 한다)”을 “「국토의 계획 및 이용에 관한 법률」 제40조의3제1항에 따른 도시혁신구역(이하 "도시혁신구역"이라 한다)”으로 한다. 제54조제2항 각 호 외의 부분 및 같은 항 제2호 중 “입지규제최소구역”을 각각 “도시혁신구역”으로 하고, 같은 항 제3호 중 “입지규제최소구역의 면적”은 “도시혁신구역	

의 면적"으로, "「국토의 계획 및 이용에 관한 법률」 제40조의2제8항에 따라 고시하는 입지규제최소구역"을 "「국토의 계획 및 이용에 관한 법률」 제40조의3제7항에 따라 고시하는 도시혁신구역"으로 한다.

제54조의2제6호 단서 중 "입지규제최소구역계획"을 "도시혁신계획"으로 하고, 같은 조 제7호 중 "입지규제최소구역"을 "도시혁신구역"으로 한다.

③ 스마트도시 조성 및 산업 진흥 등에 관한 법률 시행령 일부를 다음과 같이 개정한다.

제42조제1항제4호나목 중 "입지규제최소구역(이하 "입지규제최소구역"이라 한다)"을 "도시혁신구역(이하 "도시혁신구역"이라 한다)"으로 한다.

제44조의2의 제목 "(입지규제최소구역 지정 등에 관한 특례)"를 "(도시혁신구역 지정 등에 관한 특례)"로 하고, 같은 조 제1항 각 호 외의 부분 중 "입지규제최소구역"을 "도시혁신구역"으로 하며, 같은 항 제1호 및 제2호 중 "「국토의 계획 및 이용에 관한 법률」 제40조의2제8항에 따라 고시하는 입지규제최소구역"을 각각 "「국토의 계획 및 이용에 관한 법률」 제40조의3제7항에 따라 고시하는 도시혁신구역"으로 한다.

부칙 〈대통령령 제34881호, 2024.9.10.〉

(근현대문화유산의 보존 및 활용에 관한 법률 시행령)

제1조(시행일) 이 영은 2024년 9월 15일부터 시행한다.

제2조(다른 법령의 개정) ①부터 ④까지 생략

⑤ 국토의 계획 및 이용에 관한 법률 시행령 일부를 다음과 같이 개정한다.

제84조제6항제5호나목 중 "지정문화유산 및"을 "지정문화유

법	시 행 령	시 행 규 칙
	산, 「근현대문화유산의 보존 및 활용에 관한 법률」에 따른"으로 한다. ⑥부터 ㉒까지 생략 **제3조** 생략 **부칙 〈대통령령 제35152호, 2024.12.31.〉 (농지법 시행령)** **제1조(시행일)** 이 영은 2025년 1월 3일부터 시행한다. <단서 생략> **제2조 및 제3조** 생략 **제4조(다른 법령의 개정)** ① 생략 ② 국토의 계획 및 이용에 관한 법률 시행령 일부를 다음과 같이 개정한다. 제51조제2항제2호 중 "「농지법 시행령」 제3조의2제2호"를 "「농지법」 제2조제6호의2나목"으로 한다. ③ 및 ④ 생략 **부칙〈대통령령 제35221호, 2025.1.21.〉 (주택법 시행령)** **제1조(시행일)** 이 영은 공포한 날부터 시행한다. **제2조** 생략 **제3조(다른 법령의 개정)** ① 생략 ② 국토의 계획 및 이용에 관한 법률 시행령 일부를 다음과 같이 개정한다. 별표 8 제1호나목(2)를 다음과 같이 한다. (2) 「주택법」 제2조제20호에 따른 도시형 생활주택(주거전용면적이 60제곱미터 이하인 경우로 한정한다) ③ 생략	

시 행 령 [별 표]

[별표 1] 〈개정 2022.1.28〉

기반시설을 유발하는 시설에서 제외되는 건축물 (제4조의3 관련)

1. 국가 또는 지방자치단체가 건축하는 건축물
2. 국가 또는 지방자치단체에 기부 채납하는 건축물
3. 「산업집적활성화 및 공장설립에 관한 법률」 제2조에 따른 공장
4. 「공익사업을 위한 토지 등의 취득 및 보상에 관한 법률」 제78조제1항의 이주대책대상자(그 상속인을 포함한다) 또는 같은 법 제2조제3호의 사업시행자가 이주대책을 위하여 건축하는 건축물
5. 「농수산물유통 및 가격안정에 관한 법률」 제2조제2호에 따른 농수산물도매시장에 같은 법 제21조제1항에 따라 도매시장의 개설자로부터 시장관리자로 지정받은 다음 각 목의 어느 하나에 해당하는 자가 건축하는 건축물
 가. 같은 법 제24조에 따른 공공출자법인 또는 한국농수산식품유통공사
 나. 「지방공기업법」에 따른 지방공사
6. 「농수산물유통 및 가격안정에 관한 법률」 제69조제2항에 따라 시설물 설치자금을 지원받아 건축하는 농수산물종합유통센터
7. 「농업·농촌 및 식품산업 기본법」 제3조제5호에 따른 농촌, 「지방자치법」에 따른 읍·면의 지역(군에 속하는 경우는 제외한다) 또는 같은 법에 따른 동의 지역 중 법 제36조제1항에 따라 지정된 녹지지역·관리지역·농림지역 및 자연환경보전지역에 설치하는 다음 각 목의 어느 하나에 해당하는 건축물
 가. 「가축분뇨의 관리 및 이용에 관한 법률」 제2조제8호에 따른 처리시설
 나. 「건축법 시행령」 별표 1 제3호사목에 따른 주민이 공동으로 이용하는 시설로서 공중화장실, 대피소, 그 밖에 이와 비슷한 것 및 같은 호 아목에 따른 주민의 생활에 필요한 에너지공급이나 급수·배수와 관련된 시설로서 변전소, 정수장, 양수장, 그 밖에 이와 비슷한 것 중 「농어촌정비법」 제6조에 따른 농업생산기반 정비사업으로 건축하는 건축물
 다. 「건축법 시행령」 별표 1 제21호에 따른 동물 및 식물 관련시설
 라. 「농산물가공산업 육성법」 제5조제1항에 따라 자금을 지원받아 설치하는 농산물가공품 생산을 위한 공장
 마. 「농수산물유통 및 가격안정에 관한 법률」 제43조제1항에 따라 개설하는 농수산물공판장
 바. 「농수산물유통 및 가격안정에 관한 법률」 제50조제1항에 따른 농수산물집하장
 사. 「농수산물유통 및 가격안정에 관한 법률」 제51조제1항에 따라 시설 설치자금을 지원받아 설치하는 농수산물산지유통센터
 아. 「농업기계화촉진법」 제4조제1항에 따라 부대시설 설치자금을 지원받아 건축하는 농업기계의 이용에 따른 부대시설
 자. 「양곡관리법 시행령」 제21조제2항에 따라 도정업을 신고한 자가 도정업을 위하여 건축하는 건축물
 차. 「축산법」 제22조제1항제2호에 따른 계란집하업을 영위하기 위한 계란집하시설
 카. 「친환경농어업 육성 및 유기식품 등의 관리·지원에 관한 법률」 제16조에 따라 시설 설치자금을 지원받아 건축하는 친환경 농산물의 생산·유통시설로서 미생물·퇴비·모판흙·조사료(粗飼料: 단백질, 전분 등이 적고 섬유질이 많은 사료를 말한다) 제조시설, 집하·선별·건조·저장·가공시설 및 농기자재 보관시설
8. 「건축법」 제2조제1항제10호 또는 「주택법」 제2조제13호에 따른 리모델링을 하는 건축물
9. 「건축법 시행령」 제2조제13호나목에 따른 부속용도의 시설 중 주차장
10. 「경제자유구역의 지정 및 운영에 관한 법률」 제2조제1호에 따른 경제자유구역에 「외국인투자촉진법」 제2조제1항제6호에 따른 외국인투자기업이 해당 투자사업을 위하여 건축하는 건축물
11. 「혁신도시 조성 및 발전에 관한 특별법」 제29조 단서에 따라 이전 공공기관이 혁신도시 외로 개별 이전하여 건축하는 건축물
12. 「국민기초생활 보장법」 제32조에 따른 보장시설
13. 「농어촌정비법」 제101조에 따른 마을정비구역에 같은 법 제2조제10호에 따른 농어촌생활환경정비사업으로 건축하는 건축물
14. 「농어촌주택 개량촉진법」 제4조에 따른 농어촌주거환경개선지구에 같은 법 제5조에 따른 생활환경정비사업으로 건축하는 건축물
15. 「농업협동조합법」 제2조제1호에 따른 조합, 같은 법 제2조제4호에 따른 중앙회, 같은 법 제112조의2에 따른 조합공동사업법인 또는 같은 법 제138조에 따른 품목조합연합회가 건축하는 건축물
16. 「농지법」 제28조제2항제1호에 따른 농업진흥구역에 같은 법 제32조제1항제2호에

시 행 령 [별 표]

따라 설치하는 편의 시설 및 이용 시설

17. 「섬 발전 촉진법」 제4조제1항에 따른 개발대상섬에 섬의 개발사업으로 건축하는 건축물
18. 「도시 및 주거환경정비법」 제30조의2제1항에 따라 공급하는 임대주택
19. 「도시재정비 촉진을 위한 특별법」 제31조제1항에 따라 공급하는 임대주택
20. 「산림조합법」 제2조제1호에 따른 조합 또는 같은 조 제4호에 따른 중앙회가 건축하는 건축물
21. 「수산업협동조합법」 제2조제4호에 따른 조합 또는 같은 조 제5호에 따른 중앙회가 건축하는 건축물
22. 「유아교육법」 제7조제3호에 따른 사립유치원
23. 「임대주택법」 제2조제2호의2 가목 및 나목에 따른 공공건설임대주택
24. 「재난 및 안전관리 기본법」 제60조에 따라 선포된 특별재난지역에 복구하는 건축물
25. 「전원개발촉진법」 제2조제1호에 따른 전원설비(부대시설은 같은 법 시행령 제3조제1호 및 제2호에 규정에 의한 시설만 해당한다.)
26. 도시·군계획시설로 설치하는 배전사업소(배전설비와 연결된 기계 및 기구가 설치된 것만 해당한다)
27. 「주차장법」 제2조제5호의2에 따른 주차전용건축물 중 주차장으로 사용되는 건축분
28. 「초·중등교육법」 제3조에 따른 사립학교의 시설 및 「대학설립·운영 규정」 제4조제1항에 따른 교사(校舍)
29. 「평생교육법」 제31조제2항에 따른 학력인정시설
30. 「폐기물관리법」 제2조제8호에 따른 폐기물처리시설
31. 주한 외국정부기관, 주한 국제기구 또는 외국 원조단체 소유의 건축물
32. 「물류시설의 개발 및 운영에 관한 법률」 제20조에 따라 자금을 지원받아 설치하는 복합물류터미널
33. 「사회복지사업법」 에 따른 사회복지시설(비영리법인이 설치·운영하는 사회복지시설만 해당한다)
34. 「영유아보육법」 제10조제2호부터 제6호까지의 규정에 따른 어린이집
35. 「건축법」 제2조제1항제2호의 건축물 중 「건축법 시행령」 별표 1 제1호다목에 해당하는 용도로 사용되는 부분
36. 「건축법」 제2조제1항제2호의 건축물 중 「건축법 시행령」 별표 1 제2호다목에 해당하는 용도로 사용되고 세대당 주거전용면적이 60제곱미터 이하인 부분
37. 「건축법 시행령」 별표 1 제4호나목이나 제6호가목의 종교집회장
38. 다음 각 목의 지역·지구·구역·단지 등에서 지구단위계획을 수립하여 개발하는 토지에 건축하는 건축물
    가. 「택지개발촉진법」 에 따른 택지개발예정지구
    나. 「산업입지 및 개발에 관한 법률」 에 따른 산업단지
    다. 「도시개발법」 에 따른 도시개발구역
    라. 「공공주택건설 등에 관한 특별법」 제2조제2호에 따른 공공주택지구
    마. 「도시 및 주거환경정비법」 제2조제2호가목부터 다목까지의 주거환경개선사업, 주택재개발사업, 주택재건축사업을 위한 정비구역
    바. 「물류시설의 개발 및 운영에 관한 법률」 제2조제6호에 따른 물류단지
    사. 「경제자유구역의 지정 및 운영에 관한 법률」 제4조에 따른 경제자유구역. 다만, 동 구역 안에서의 건축행위가 제10호에 따라 기반시설설치비용이 면제되는 경우는 제외한다.
    아. 「관광진흥법」 제2조제6호 및 제7호에 따른 관광지 및 관광단지
    자. 「기업도시개발 특별법」 제5조에 따른 기업도시개발구역
    차. 「신행정수도 후속대책을 위한 연기·공주지역 행정중심복합도시 건설을 위한 특별법」 제11조에 따른 행정중심복합도시 예정지역
    카. 「혁신도시 조성 및 발전에 관한 특별법」 제2조제4호에 따른 혁신도시개발예정지구
    타. 「제주특별자치도 설치 및 국제자유도시 조성을 위한 특별법」 제216조에 따른 제주첨단과학기술단지

[별표1의2] 〈개정 2023.3.21〉

개발행위허가기준(제56조관련)

1. 분야별검토사항

검토분야	허가기준
가. 공통 분야	(1) 조수류·수목 등의 집단서식지가 아니고, 우량농지 등에 해당하지 아니하여 보전의 필요가 없을 것 (2) 역사적·문화적·향토적 가치, 국방상 목적 등에 따른 원형보전의 필요가 없을 것 (3) 토지의 형질변경 또는 토석채취의 경우에는 다음의 사항 중 필요한 사항에 대하여 도시·군계획조례(특별시·광역시·특별자치시·특별자치도·시 또는 군의 도시·군계획조례를 말한다. 이하 이 표에서 같다)로 정하는 기준에 적합할 것 〈개정 2016.5.17〉 (가) 국토교통부령으로 정하는 방법에 따라 산정한 개발행위를 하려는 토지의 경사도 및 임상(林相) (나) 삭제 〈2016.6.30.〉 (다) 표고, 인근 도로의 높이, 배수(排水) 등 그 밖에 필요한 사항 (4) (3)에도 불구하고 다음의 어느 하나에 해당하는 경우에는 위해 방지, 환경오염 방지, 경관 조성, 조경 등에 관한 조치가 포함된 개발행위내용에 대하여 해당 도시계획위원회(제55조제3항제3호의2 각 목 외의 부분 후단 및 제57조제4항에 따라 중앙도시계획위원회 또는 시·도도시계획위원회의 심의를 거치는 경우에는 중앙도시계획위원회 또는 시·도도시계획위원회를 말한다)의 심의를 거쳐 도시·군계획조례로 정하는 기준을 완화하여 적용할 수 있다. 〈신설 2016.5.17.〉 (가) 골프장, 스키장, 기존 사찰, 풍력을 이용한 발전시설 등 개발행위의 특성상 도시·군계획조례로 정하는 기준을 그대로 적용하는 것이 불합리하다고 인정되는 경우 (나) 지형 여건 또는 사업수행상 도시·군계획조례로 정하는 기준을 그대로 적용하는 것이 불합리하다고 인정되는 경우
나. 도시·군관리계획	(1) 용도지역별 개발행위의 규모 및 건축제한 기준에 적합할 것 (2) 개발행위허가제한지역에 해당하지 아니할 것
다. 도시·군계획사업	(1) 도시·군계획사업부지에 해당하지 아니할 것(제61조의 규정에 의하여 허용되는 개발행위를 제외한다) (2) 개발시기와 가설시설의 설치 등이 도시·군계획사업에 지장을 초래하지 아니할 것
라. 주변지역과의 관계	(1) 개발행위로 건축 또는 설치하는 건축물 또는 공작물이 주변의 자연경관 및 미관을 훼손하지 아니하고, 그 높이·형태 및 색채가 주변건축물과 조화를 이루어야 하며, 도시·군계획으로 경관계획이 수립되어 있는 경우에는 그에 적합할 것 (2) 개발행위로 인하여 해당 지역 및 그 주변지역에 대기오염·수질오염·토질오염·소음·진동·분진 등에 의한 환경오염·생태계파괴·위해발생 등이 발생할 우려가 없을 것. 다만, 환경오염·생태계파괴·위해발생 등의 방지가 가능하여 환경오염의 방지, 위해의 방지, 조경, 녹지의 조성, 완충지대의 설치 등을 허가의 조건으로 붙이는 경우에는 그러하지 아니하다. (3) 개발행위로 인하여 녹지축이 절단되지 아니하고, 개발행위로 배수가 변경되어 하천·호소·습지로의 유수를 막지 아니할 것
마. 기반기설	(1) 주변의 교통소통에 지장을 초래하지 아니할 것 (2) 대지와 도로의 관계는 「건축법」에 적합할 것 (3) 도시·군계획조례로 정하는 건축물의 용도·규모(대지의 규모를 포함한다)·층수 또는 주택호수 등에 따른 도로의 너비 또는 교통소통에 관한 기준에 적합할 것
바. 그밖의 사항	(1) 공유수면매립의 경우 매립목적이 도시·군계획에 적합할 것 (2) 토지의 분할 및 물건을 쌓아놓는 행위에 입목의 벌채가 수반되지 아니할 것.

2. 개발행위별 검토사항

검토분야	허가기준
가. 건축물의 건축 또는 공작물의 설치	(1) 「건축법」의 적용을 받는 건축물의 건축 또는 공작물의 설치에 해당하는 경우 그 건축 또는 설치의 기준에 관하여는 「건축법」의 규정과 법 및 이 영이 정하는 바에 의하고, 그 건축 또는 설치의 절차에 관하여는 「건축법」의 규정에 의할 것. 이 경우 건축물의 건축 또는 공작물의 설치를 목적으로 하는 토지의 형질변경, 토지분할 또는 토석의 채취에 관한 개발행위허가는 「건축법」에 의한 건축 또는 설치의 절차와 동시에 할 수 있다. (2) 도로·수도 및 하수도가 설치되지 아니한 지역에 대하여는 건축물의 건축(건축을 목적으로 하는 토지의 형질변경을 포함한다)을 허가하지 아니할 것. 다만, 무질서한 개발을 초래하지 아니하는 범위안에서 도시·군계획조례가 정하는 경우에는 그러하지 아니하다 (3) 특정 건축물 또는 공작물에 대한 이격거리, 높이, 배치 등에 대한 구체적인 사항은 도시·군계획조례로 정할 수 있다. 다만, 특정 건축물 또는 공작물에 대한 이격거리, 높이, 배치 등에 대하여 다른 법령에서 달리 정하는 경우에는 그 법령에서 정하는 바에 따른다.
나. 토지의 형질변경	(1) 토지의 지반이 연약한 때에는 그 두께·넓이·지하수위 등의 조사와 지반의 지지력·내려앉음·솟아오름에 관한 시험을 실시하여 흙바꾸기·다지기·배수 등의 방법으로 이를 개량할 것 (2) 토지의 형질변경에 수반되는 성토 및 절토에 의한 비탈면 또는 절개면에 대하여는 옹벽 또는 석축의 설치 등 도시·군계획조례가 정하는 안전조치를 할 것
다. 토석채취	지하자원의 개발을 위한 토석의 채취허가는 시가화대상이 아닌 지역으로서 인근에 피해가 없는 경우에 한하도록 하되, 구체적인 사항은 도시·군계획조례가 정하는 기준에 적합할 것. 다만, 국민경제상 중요한 광물자원의 개발을 위한 경우로서 인근의 토지이용에 대한 피해가 최소한에 그치도록 하는 때에는 그러하지 아니하다.
라. 토지분할	(1) 녹지지역·관리지역·농림지역 및 자연환경보전지역 안에서 관계법령에 따른 허가·인가 등을 받지 아니하고 토지를 분할하는 경우에는 다음의 요건을 모두 갖출 것 (가) 「건축법」 제57조제1항에 따른 분할제한면적(이하 이 칸에서 "분할제한면적"이라 한다) 이상으로서 도시·군계획조례가 정하는 면적 이상으로 분할할 것 (나) 「소득세법 시행령」 제168조의3제1항 각 호의 어느 하나에 해당하는 지역 중 토지에 대한 투기가 성행하거나 성행할 우려가 있다고 판단되는 지역으로서 국토교통부장관이 지정·고시하는 지역 안에서의 토지분할이 아닐 것. 다만, 다음의 어느 하나에 해당되는 토지의 경우는 예외로 한다.

라. 토지 분할	1) 다른 토지와의 합병을 위하여 분할하는 토지 2) 2006년 3월 8일 전에 토지소유권이 공유로 된 토지를 공유지분에 따라 분할하는 토지 3) 그 밖에 토지의 분할이 불가피한 경우로서 국토교통부령이 정하는 경우에 해당되는 토지 (다) 토지분할의 목적이 건축물의 건축 또는 공작물의 설치, 토지의 형질변경인 경우 그 개발행위가 관계법령에 따라 제한되지 아니할 것 (라) 이 법 또는 다른 법령에 따른 인가·허가 등을 받지 않거나 기반시설이 갖추어지지 않아 토지의 개발이 불가능한 토지의 분할 에 관한 사항은 해당 특별시·광역시·특별자치시·특별자치도·시 또는 군의 도시·군계획조례로 정한 기준에 적합할 것 (2) 분할제한면적 미만으로 분할하는 경우에는 다음의 어느 하나에 해당할 것 (가) 녹지지역안에서의 기존묘지의 분할 (나) 사설도로를 개설하기 위한 분할(「사도법」에 의한 사도개설허가를 받아 분할하는 경우를 제외한다) (다) 사설도로로 사용되고 있는 토지 중 도로로서의 용도가 폐지되는 부분을 인접토지와 합병하기 위하여 하는 분할 (라) <삭제> (마) 토지이용상 불합리한 토지경계선을 시정하여 해당 토지의 효용을 증진시키기 위하여 분할 후 인접토지와 합필하고자 하는 경우에는 다음의 1에 해당할 것. 이 경우 허가신청인은 분할 후 합필되는 토지의 소유권 또는 공유지분을 보유하고 있거나 그 토지를 매수하기 위한 매매계약을 체결하여야 한다. 1) 분할 후 남는 토지의 면적 및 분할된 토지와 인접토지가 합필된 후의 면적이 분할제한면적에 미달되지 아니할 것 2) 분할전후의 토지면적에 증감이 없을 것 3) 분할하고자 하는 기존토지의 면적이 분할제한면적에 미달되고, 분할된 토지 중 하나를 제외한 나머지 분할된 토지와 인접토지를 합필한 후의 면적이 분할제한면적에 미달되지 아니할 것 (3) 너비 5미터 이하로 분할하는 경우로서 토지의 합리적인 이용에 지장이 없을 것
마. 물건을 쌓아 놓는 행위	해당 행위로 인하여 위해발생, 주변환경오염 및 경관훼손 등의 우려가 없고, 해당 물건을 쉽게 옮길 수 있는 경우로서 도시·군계획조례가 정하는 기준에 적합할 것

3. 용도지역별 검토사항

검토 분야	허가 기준
가. 시가화 용도	1) 토지의 이용 및 건축물의 용도·건폐율·용적률·높이 등에 대한 용도지역의 제한에 따라 개발행위허가의 기준을 적용하는 주거지역·상업지역 및 공업지역일 것 2) 개발을 유보하는 지역으로서 기반시설의 적정성, 개발이 환경에 미치는 영향, 경관 보호·조성 및 미관훼손의 최소화를 고려할 것
나. 유보 용도	1) 법 제59조에 따른 도시계획위원회의 심의를 통하여 개발행위허가의 기준을 강화 또는 완화하여 적용할 수 있는 계획관리지역·생산관리지역 및 녹지지역 중 자연녹지지역일 것 2) 지역특성에 따라 개발수요에 탄력적으로 적용할 지역으로서 입지타당성, 기반시설의 적정성, 개발이 환경에 미치는 영향, 경관 보호·조성 및 미관훼손의 최소화를 고려할 것
다. 보전 용도	1) 법 제59조에 따른 도시계획위원회의 심의를 통하여 개발행위허가의 기준을 강화하여 적용할 수 있는 보전관리지역·농림지역·자연환경보전지역 및 녹지지역 중 생산녹지지역 및 보전녹지지역일 것 2) 개발보다 보전이 필요한 지역으로서 입지타당성, 기반시설의 적정성, 개발이 환경에 미치는 영향, 경관 보호·조성 및 미관훼손의 최소화를 고려할 것

[별표 1의3] <개정 2014.3.24., 2017.9.19., 2023.5.15.>

건축물별 기반시설유발계수 (제69조제2항 관련)

1. 단독주택: 0.7
2. 공동주택: 0.7
3. 제1종 근린생활시설: 1.3
4. 제2종 근린생활시설: 1.6
5. 문화 및 집회시설: 1.4
6. 종교시설: 1.4
7. 판매시설: 1.3
8. 운수시설: 1.4
9. 의료시설: 0.9
10. 교육연구시설: 0.7
11. 노유자시설: 0.7
12. 수련시설: 0.7
13. 운동시설: 0.7
14. 업무시설: 0.7
15. 숙박시설: 1.0

16. 위락시설: 2.1
17. 공장
  가. 목재 및 나무제품 제조공장(가구제조공장은 제외한다): 2.1
  나. 펄프, 종이 및 종이제품 제조공장: 2.5
  다. 비금속 광물제품 제조공장: 1.3
  라. 코크스, 석유정제품 및 핵연료 제조공장: 2.1
  마. 가죽, 가방 및 신발제조공장: 1.0
  바. 전자부품, 영상, 음향 및 통신장비 제조공장: 0.7
  사. 음·식료품 제조공장: 0.5
  아. 화합물 및 화학제품 제조공장: 0.5
  자. 섬유제품 제조공장(봉제의복 제조공장은 제외한다): 0.4
  차. 봉제의복 및 모피제품 제조공장: 0.7
  카. 가구 및 그 밖의제품 제조공장: 0.3
  타. 그 밖의 전기기계 및 전기 변환장치 제조공장: 0.3
  파. 조립금속제품 제조공장(기계 및 가구공장을 제외한다): 0.3
  하. 출판, 인쇄 및 기록매체 복제공장: 0.4
  거. 의료, 정밀, 광학기기 및 시계 제조공장: 0.4
  너. 제1차 금속 제조공장: 0.3
  더. 컴퓨터 및 사무용기기 제조공장: 0.4
  러. 재생용 가공원료 생산공장: 0.3
  머. 고무 및 플라스틱 제품 제조공장: 0.4
  버. 그 밖의 운송장비 제조공장: 0.4
  서. 그 밖의 기계 및 장비 제조공장: 0.4
  어. 자동차 및 트레일러 제조공장: 0.3
  저. 담배제조공장: 0.3
18. 창고시설: 0.5
19. 위험물저장 및 처리시설: 0.7
20. 자동차관련시설: 0.7
21. 동물 및 식물관련시설: 0.7
22. 자원순환 관련 시설: 1.4
23. 교정시설: 0.7
23의2. 국방·군사시설: 0.7
24. 방송통신시설: 0.8
25. 발전시설: 0.7
26. 묘지 관련 시설: 0.7
27. 관광휴게시설: 1.9
28. 장례시설: 0.7
29. 야영시설: 0.7

[별표 1의4] <개정 2021.12.16.>

기반시설설치비용에서 감면하는 비용 및 감면액 (제70조제4항 관련)

1. 「대도시권 광역교통 관리에 관한 특별법」 제11조에 따른 광역교통시설부담금의 100분의 10에 해당하는 금액
2. 「도로법」 제91조제1항 및 제2항에 따른 원인자부담금 전액
3. 「수도권정비계획법」 제12조에 따른 과밀부담금의 100분의 10에 해당하는 금액
4. 「수도법」 제71조에 따른 원인자부담금 전액
5. 「하수도법」 제61조에 따른 원인자부담금 전액
6. 「학교용지확보 등에 관한 특례법」 제5조에 따른 학교용지부담금 전액
7. 「자원의 절약과 재활용촉진에 관한 법률」 제19조에 따른 폐기물비용부담금 전액
8. 「지방자치법」 제155조에 따른 공공시설분담금 전액

시 행 령 [별 표]

[별표 2] 〈개정 2014.3.24〉

제1종전용주거지역안에서 건축할 수 있는 건축물

(제71조제1항제1호관련)

1. 건축할 수 있는 건축물
  가. 「건축법 시행령」 별표 1 제1호의 단독주택(다가구주택을 제외한다)
  나. 「건축법 시행령」 별표 1 제3호가목부터 바목까지 및 사목(공중화장실· 대피소, 그 밖에 이와 비슷한 것 및 지역아동센터는 제외한다)의 제1종 근린생활시설로서 해당 용도에 쓰이는 바닥면적의 합계가 1천제곱미터 미만인 것
2. 도· 시계획조례가 정하는 바에 의하여 건축할 수 있는 건축물
  가. 「건축법 시행령」 별표 1 제1호의 단독주택 중 다가구주택
  나. 「건축법 시행령」 별표 1 제2호의 공동주택 중 연립주택 및 다세대주택
  다. 「건축법 시행령」 별표 1 제3호사목(공중화장실· 대피소, 그 밖에 이와 비슷한 것 및 지역아동센터만 해당한다) 및 아목에 따른 제1종 근린생활시설로서 해당 용도에 쓰이는 바닥면적의 합계가 1천제곱미터 미만인 것
  라. 「건축법 시행령」 별표 1 제4호의 제2종 근린생활시설 중 종교집회장
  마. 「건축법 시행령」 별표 1 제5호의 문화 및 집회시설 중 같은 호 라목[박물관 · 미술관, 체험관(「건축법 시행령」 제2조제16호에 따른 한옥으로 건축하는 것만 해당한다) 및 기념관에 한정한다]에 해당하는 것으로서 그 용도에 쓰이는 바닥면적의 합계가 1천제곱미터 미만인 것
  바. 「건축법 시행령」 별표 1 제6호의 종교시설에 해당하는 것으로서 그 용도에 쓰이는 바닥면적의 합계가 1천제곱미터 미만인 것
  사. 「건축법 시행령」 별표 1 제10호의 교육연구시설 중 유치원 · 초등학교 · 중학교 및 고등학교
  아. 「건축법 시행령」 별표 1 제11호의 노유자시설
  자. 「건축법 시행령」 별표 1 제20호의 자동차관련시설 중 주차장

[별표 3] 〈개정 2014.1.14〉

제2종전용주거지역안에서 건축할 수 있는 건축물

(제71조제1항제2호관련)

1. 건축할 수 있는 건축물
  가. 「건축법 시행령」 별표 1 제1호의 단독주택
  나. 「건축법 시행령」 별표 1 제2호의 공동주택
  다. 「건축법 시행령」 별표 1 제3호의 제1종 근린생활시설로서 당해 용도에 쓰이는 바닥면적의 합계가 1천제곱미터 미만인 것
2. 도시·군계획조례가 정하는 바에 의하여 건축할 수 있는 건축물
  가. 「건축법 시행령」 별표 1 제4호의 제2종 근린생활시설 중 종교집회장
  나. 「건축법 시행령」 별표 1 제5호의 문화 및 집회시설 중 같은 호 라목[박물관 · 미술관 , 체험관(「건축법 시행령」 제2조제16호에 따른 한옥으로 건축하는 것만 해당한다) 및 기념관에 한정한다]에 해당하는 것으로서 그 용도에 쓰이는 바닥면적의 합계가 1천제곱미터 미만인 것
  다. 「건축법 시행령」 별표 1 제6호의 종교시설에 해당하는 것으로서 그 용도에 쓰이 는 바닥면적의 합계가 1천제곱미터 미만인 것
  라. 「건축법 시행령」 별표 1 제10호의 교육연구시설 중 유치원 · 초등학교 · 중학교 및 고등학교
  마. 「건축법 시행령」 별표 1 제11호의 노유자시설
  바. 「건축법 시행령」 별표 1 제20호의 자동차관련시설 중 주차장

[별표 4] 〈개정 2023.5.15.〉

제1종일반주거지역안에서 건축할 수 있는 건축물

(제71조제1항제3호관련)

1. 건축할 수 있는 건축물[4층 이하(「주택법 시행령」 제10조제1항제2호에 따른 단지형 연립주택 및 같은 항 제3호에 따른 단지형 다세대주택인 경우에는 5층

이하를 말하며, 단지형 연립주택의 1층 전부를 필로티 구조로 하여 주차장으로 사용하는 경우에는 필로티 부분을 층수에서 제외하고, 단지형 다세대주택의 1층 바닥면적의 2분의 1 이상을 필로티 구조로 하여 주차장으로 사용하고 나머지 부분을 주택 외의 용도로 쓰는 경우에는 해당 층을 층수에서 제외한다. 이하 이 호에서 같다)의 건축물만 해당한다. 다만, 4층 이하의 범위에서 도시·군계획조례로 따로 층수를 정하는 경우에는 그 층수 이하의 건축물만 해당한다.

가. 「건축법 시행령」 별표 1 제1호의 단독주택
나. 「건축법 시행령」 별표 1 제2호의 공동주택(아파트를 제외한다)
다. 「건축법 시행령」 별표 1 제3호의 제1종 근린생활시설
라. 「건축법 시행령」 별표 1 제10호의 교육연구시설 중 유치원 · 초등학교 · 중학교 및 고등학교
마. 「건축법 시행령」 별표 1 제11호의 노유자시설

2. 도시·군계획조례가 정하는 바에 의하여 건축할 수 있는 건축물(4층 이하의 건축물에 한한다. 다만, 4층 이하의 범위안에서 도시·군계획조례로 따로 층수를 정하는 경우에는 그 층수 이하의 건축물에 한한다)

가. 「건축법 시행령」 별표 1 제4호의 제2종 근린생활시설(단란주점 및 안마시술소를 제외한다)
나. 「건축법 시행령」 별표 1 제5호의 문화 및 집회시설(공연장 및 관람장을 제외한다)
다. 「건축법 시행령」 별표 1 제6호의 종교시설
라. 「건축법 시행령」 별표 1 제7호의 판매시설 중 같은 호 나목 및 다목(일반게임제공업의 시설은 제외한다)에 해당하는 것으로서 해당용도에 쓰이는 바닥면적의 합계가 2천제곱미터 미만인 것 (너비 15미터 이상의 도로로서 도시·군계획조례가 정하는 너비 이상의 도로에 접한 대지에 건축하는 것에 한한다)과 기존의 도매시장 또는 소매시장을 재건축하는 경우로서 인근의 주거환경에 미치는 영향, 시장의 기능회복 등을 고려하여 도시·군계획조례가 정하는 경우에는 해당용도에 쓰이는 바닥면적의 합계의 4배 이하 또는 대지면적의 2배 이하인 것
마. 「건축법 시행령」 별표 1 제9호의 의료시설(격리병원을 제외한다)
바. 「건축법 시행령」 별표 1 제10호의 교육연구시설 중 제1호 라목에 해당하지 아니하는 것
사. 「건축법 시행령」 별표 1 제12호의 수련시설(유스호스텔의 경우 특별시 및 광역시 지역에서는 너비 15미터 이상의 도로에 20미터 이상 접한 대지에 건축하는 것에 한하며, 그 밖의 지역에서는 너비 12미터 이상의 도로에 접한대지에 건축하는 것에 한한다)
아. 「건축법 시행령」 별표 1 제13호의 운동시설(옥외 철탑이 설치된 골프연습장을 제외한다)
자. 「건축법 시행령」 별표 1 제14호의 업무시설 중 오피스텔로서 그 용도에 쓰이는 바닥면적의 합계가 3천제곱미터 미만인 것
차. 「건축법 시행령」 별표 1 제17호의 공장 중 인쇄업, 기록매체복제업, 봉제업(의류편조업을 포함한다), 컴퓨터 및 주변기기제조업, 컴퓨터 관련 전자제품 조립업, 두부제조업, 세탁업의 공장 및 지식산업센터로서 다음의 어느 하나에 해당하지 아니하는 것
(1) 「대기환경보전법」 제2조제9호에 따른 특정대기유해물질이 같은 법 시행령 제11조제1항제1호에 따른 기준 이상으로 배출되는 것
(2) 「대기환경보전법」 제2조제11호에 따른 대기오염물질배출시설에 해당하는 시설로서 같은 법 시행령 별표 1의3에 따른 1종사업장 내지 4종사업장에 해당하는 것
(3) 「수질 및 수생태계 보전에 관한 법률」 제2조제8호에 따른 특정수질유해물질이 같은 법 시행령 제31조제1항제1호에 따른 기준 이상으로 배출되는 것. 다만, 동법 제34조에 따라 폐수무방류배출시설의 설치허가를 받아 운영하는 경우를 제외한다.
(4) 「수질 및 수생태계 보전에 관한 법률」 제2조제10호에 따른 폐수배출시설에 해당하는 시설로서 같은 법 시행령 별표 13에 따른 제1종사업장부터 제4종사업장까지에 해당하는 것
(5) 「폐기물관리법」 제2조제4호에 따른 지정폐기물을 배출하는 것

(6) 「소음 · 진동관리법」 제7조에 따른 배출허용기준의 2배 이상인 것

카. 「건축법 시행령」 별표 1 제17호의 공장 중 떡 제조업 및 빵 제조업(이에 딸린 과자 제조업을 포함한다. 이하 같다)의 공장으로서 다음 요건을 모두 갖춘 것

(1) 해당 용도에 쓰이는 바닥면적의 합계가 1천제곱미터 미만일 것

(2) 「악취방지법」에 따른 악취배출시설인 경우에는 악취방지시설 등 악취방지에 필요한 조치를 하였을 것

(3) 차목(1)부터 (6)까지의 어느 하나에 해당하지 아니할 것. 다만, 도시·군계획조례로 「대기환경보전법」, 「수질 및 수생태계 보전에 관한 법률」 및 「소음·진동관리법」에 따른 설치 허가·신고 대상 시설의 건축을 제한한 경우에는 그 건축제한시설에도 해당하지 아니하여야 한다.

(4) 해당 특별시장·광역시장·특별자치시장·특별자치도지사·시장 또는 군수가 해당 지방도시계획위원회의 심의를 거쳐 인근의 주거환경 등에 미치는 영향 등이 적다고 인정하였을 것

타. 「건축법 시행령」 별표 1 제18호의 창고시설

파. 「건축법 시행령」 별표 1 제19호의 위험물저장 및 처리시설 중 주유소, 석유판매소, 액화가스 취급소 · 판매소, 도료류 판매소, 「대기환경보전법」에 따른 저공해자동차의 연료공급시설, 시내버스차고지에 설치하는 액화석유가스 충전소 및 고압가스충전 · 저장소

하. 「건축법 시행령」 별표 1 제20호의 자동차관련시설 중 주차장 및 세차장

거. 「건축법 시행령」 별표 1 제21호의 동물 및 식물관련시설 중 화초 및 분재 등의 온실

너. 「건축법 시행령」 별표 1 제23호의 교정시설

더. 「건축법 시행령」 별표 1 제23호의2의 국방 · 군사시설

러. 「건축법 시행령」 별표 1 제24호의 방송통신시설

머. 「건축법 시행령」 별표 1 제25호의 발전시설

버. 「건축법 시행령」 별표 1 제29호의 야영장 시설

시 행 령 [별 표]

[별표 5] 〈개정 2023.5.15.〉

제2종일반주거지역안에서 건축할 수 있는 건축물

(제71조제1항제4호관련)

1. 건축할 수 있는 건축물(경관관리 등을 위하여 도시·군계획조례로 건축물의 층수를 제한하는 경우에는 그 층수 이하의 건축물로 한정한다)

가. 「건축법 시행령」 별표 1 제1호의 단독주택

나. 「건축법 시행령」 별표 1 제2호의 공동주택

다. 「건축법 시행령」 별표 1 제3호의 제1종 근린생활시설

라. 「건축법 시행령」 별표 1 제6호의 종교시설

마. 「건축법 시행령」 별표 1 제10호의 교육연구시설 중 유치원 · 초등학교 · 중학교 및 고등학교

바. 「건축법 시행령」 별표 1 제11호의 노유자시설

2. 도시·군계획조례가 정하는 바에 따라 건축할 수 있는 건축물(경관관리 등을 위하여 도시계획조례로 건축물의 층수를 제한하는 경우에는 그 층수 이하의 건축물로 한정한다)

가. 「건축법 시행령」 별표 1 제4호의 제2종 근린생활시설(단란주점 및 안마시술 소를 제외한다)

나. 「건축법 시행령」 별표 1 제5호의 문화 및 집회시설(관람장을 제외한다)

다. 「건축법 시행령」 별표 제7호의 판매시설 중 같은 호 나목 및 다목(일반게임 제공업의 시설은 제외한다)에 해당하는 것으로서 당해 용도에 쓰이는 바닥면적의 합계가 2천제곱미터 미만인 것(너비 15미터 이상의 도로로서 도시·군계획조례가 정하는 너비 이상의 도로에 접한 대지에 건축하는 것에 한한다)과 기존의 도매시장 또는 소매시장을 재건축하는 경우로서 인근의 주거환경에 미치는 영향, 시장의 기능회복 등을 고려하여 도시·군계획조례가 정하는 경우에는 당해 용도에 쓰이는 바닥면적의 합계의 4배 이하 또는 대지면적의 2배 이하인 것

라. 「건축법 시행령」 별표 1 제9호의 의료시설(격리병원을 제외한다)

마. 「건축법 시행령」 별표 1 제10호의 교육연구시설 중 제1호 마목에 해당하지 아니하는 것
바. 「건축법 시행령」 별표 1 제12호의 수련시설(유스호스텔의 경우 특별시 및 광역시 지역에서는 너비 15미터 이상의 도로에 20미터 이상 접한 대지에 건축하는 것에 한하며, 그 밖의 지역에서는 너비 12미터 이상의 도로에 접한대지에 건축하는 것에 한한다)
사. 「건축법 시행령」 별표 1 제13호의 운동시설
아. 「건축법 시행령」 별표 1 제14호의 업무시설 중 오피스텔 · 금융업소 · 사무소 및 동호 가목에 해당하는 것으로서 해당용도에 쓰이는 바닥면적의 합계가 3천제곱미터 미만인 것
자. 별표 4 제2호 차목 및 카목의 공장
차. 「건축법 시행령」 별표 1 제18호의 창고시설
카. 「건축법 시행령」 별표 1 제19호의 위험물저장 및 처리시설 중 주유소, 석유 판매소, 액화가스취급소 · 판매소, 도료류 판매소, 「대기환경보전법」에 따른 저공해자동차의 연료공급시설, 시내버스차고지에 설치하는 액화석유가스충전 소 및 고압가스충전 · 저장소
타. 「건축법 시행령」 별표 1 제20호의 자동차관련시설 중 동호 아목에 해당하는 것과 주차장 및 세차장
파. 「건축법 시행령」 별표 1 제21호마목부터 사목까지의 규정에 따른 시설 및 같은 호 아목에 따른 시설 중 식물과 관련된마목부터 사목까지의 규정에 따른 시설과 비슷한 것
하. 「건축법 시행령」 별표 1 제23호의 교정시설
거. 「건축법 시행령」 별표 1 제23호의2의 국방 · 군사시설
너. 「건축법 시행령」 별표 1 제24호의 방송통신시설
더. 「건축법 시행령」 별표 1 제25호의 발전시설
러. 「건축법 시행령」 별표 1 제29호의 야영장 시설

[별표 6] 〈개정 2023.5.15.〉

제3종일반주거지역안에서 건축할 수 있는 건축물
(제71조제1항제5호관련)

1. 건축할 수 있는 건축물
가. 「건축법 시행령」 별표 1 제1호의 단독주택
나. 「건축법 시행령」 별표 1 제2호의 공동주택
다. 「건축법 시행령」 별표 1 제3호의 제1종 근린생활시설
라. 「건축법 시행령」 별표 1 제6호의 종교시설
마. 「건축법 시행령」 별표 1 제10호의 교육연구시설 중 유치원 · 초등학교 · 중학교 및 고등 학교
바. 「건축법 시행령」 별표 1 제11호의 노유자시설
2. 도시·군계획조례가 정하는 바에 의하여 건축할 수 있는 건축물
가. 「건축법 시행령」 별표 1 제4호의 제2종 근린생활시설(단란주점 및 안마시술소를 제외한다)
나. 「건축법 시행령」 별표 1 제5호의 문화 및 집회시설(관람장을 제외한다)
다. 「건축법 시행령」 별표 1 제7호의 판매시설 중 같은 호 나목 및 다목(일반게임제공업의 시설은 제외한다)에 해당하는 것으로서 당해 용도에 쓰이는 바닥면적의 합계가 2천제곱미터 미만인 것(너비 15미터 이상의 도로로서 도시·군계획조례가 정하는 너비 이상의 도로에 접한 대지에 건축하는 것에 한한다)과 기존의 도매시장 또는 소매시장을 재건축하는 경우로서 인근의 주거환경에 미치는 영향, 시장의 기능회복 등을 고려하여 도시·군계획조례가 정하는 경우에는 당해 용도에 쓰이는 바닥면적의 합계의 4배 이하 또는 대지면적의 2배 이하인 것
라. 「건축법 시행령」 별표 1 제9호의 의료시설(격리병원을 제외한다)
마. 「건축법 시행령」 별표 1 제10호의 교육연구시설 중 제1호 마목에 해당하지 아니하는 것
바. 「건축법 시행령」 별표 1 제12호의 수련시설(유스호스텔의 경우 특별시 및

광역시 지역에서는 너비 15미터 이상의 도로에 20미터 이상 접한 대지에 건축하는 것에 한하며, 그 밖의 지역에서는 너비 12미터 이상의 도로에 접한 대지에 건축 하는 것에 한한다)

사. 「건축법 시행령」 별표 1 제13호의 운동시설

아. 「건축법 시행령」 별표 1 제14호의 업무시설로서 그 용도에 쓰이는 바닥면적 의 합계가 3천제곱미터 이하인 것

자. 별표 4 제2호 차목 및 카목의 공장

차. 「건축법 시행령」 별표 1 제18호의 창고시설

카. 「건축법 시행령」 별표 1 제19호의 위험물저장 및 처리시설 중 주유소, 석유판매소, 액화가스 취급소 · 판매소, 도료류 판매소, 「대기환경보전법」에 따른 저공해자동차의 연료공급시설, 시내버스차고지에 설치하는 액화석유가스 충전소 및 고압가스충전 · 저장소

타. 「건축법 시행령」 별표 1 제20호의 자동차관련시설 중 동호 아목에 해당하는 것과 주차장 및 세차장

파. 「건축법 시행령」 별표 1 제21호마목부터 사목까지의 규정에 따른 시설 및 같은 호 아목에 따른 시설 중 식물과 관련된마목부터 사목까지의 규정에 따른 시설과 비슷한 것

하. 「건축법 시행령」 별표 1 제23호의 교정시설

거. 「건축법 시행령」 별표 1 제23호의2의 국방 · 군사시설

너. 「건축법 시행령」 별표 1 제24호의 방송통신시설

더. 「건축법 시행령」 별표 1 제25호의 발전시설

러. 「건축법 시행령」 별표 1 제29호의 야영장 시설

[별표 7] 〈개정 2023.5.15.〉

준주거지역안에서 건축할 수 없는 건축물 (제71조제1항제6호 관련)

시 행 령 [별 표]

1. 건축할 수 없는 건축물

가. 「건축법 시행령」 별표 1 제4호의 제2종 근린생활시설 중 단란주점

나. 「건축법 시행령」 별표 1 제7호의 판매시설 중 같은 호 다목의 일반게임제공업의 시설

다. 「건축법 시행령」 별표 1 제9호의 의료시설 중 격리병원

라. 「건축법 시행령」 별표 1 제15호의 숙박시설[생활숙박시설로서 공원 · 녹지 또는 지형지물에 의하여 주택 밀집지역과 차단되거나 주택 밀집지역으로부터 도시 · 군계획조례로 정하는 거리(건축물의 각 부분을 기준으로 한다) 밖에 건축하는 것은 제외한다]

마. 「건축법 시행령」 별표 1 제16호의 위락시설

바. 「건축법 시행령」 별표 1 제17호의 공장으로서 별표 4 제2호차목(1)부터 (6)까지의 어느 하나에 해당하는 것

사. 「건축법 시행령」 별표 1 제19호의 위험물 저장 및 처리 시설 중 시내버스차고지 외의 지역에 설치하는 액화석유가스 충전소 및 고압가스 충전소 · 저장소(「환경친화적 자동차의 개발 및 보급 촉진에 관한 법률」 제2조제9호의 수소연료공급시설은 제외한다)

아. 「건축법 시행령」 별표 1 제20호의 자동차 관련 시설 중 폐차장

자. 「건축법 시행령」 별표 1 제21호의 가목 · 다목 및 라목에 따른 시설과 같은 호 아목에 따른 시설 중 같은 호 가목 · 다목 또는 라목에 따른 시설과 비슷한 것

차. 「건축법 시행령」 별표 1 제22호의 자원순환 관련 시설

카. 「건축법 시행령」 별표 1 제26호의 묘지 관련 시설

2. 지역 여건 등을 고려하여 도시 · 군계획조례로 정하는 바에 따라 건축할 수 없는 건축물

가. 「건축법 시행령」 별표 1 제4호의 제2종 근린생활시설 중 안마시술소

나. 「건축법 시행령」 별표 1 제5호의 문화 및 집회시설(공연장 및 전시장은 제외한다)

다. 「건축법 시행령」 별표 1 제7호의 판매시설

라. 「건축법 시행령」 별표 1 제8호의 운수시설

마. 「건축법 시행령」 별표 1 제15호의 숙박시설 중 생활숙박시설로서 공원 · 녹지 또는 지형지물에 의하여 주택 밀집지역과 차단되거나 주택 밀집지역으로부터 도시 · 군계획조례로 정하는 거리(건축물의 각 부분을 기준으로 한다) 에 건축하는 것
바. 「건축법 시행령」 별표 1 제17호의 공장(제1호바목에 해당하는 것은 제외한다.)
사. 「건축법 시행령」 별표 1 제18호의 창고시설
아. 「건축법 시행령」 별표 1 제19호의 위험물 저장 및 처리 시설(제1호사목에 해당하는 것은 제외한다)
자. 「건축법 시행령」 별표 1 제20호의 자동차 관련 시설(제1호아목에 해당하는 것은 제외한다)
차. 「건축법 시행령」 별표 1 제21호의 동물 및 식물 관련 시설(제1호자목에 해당하는 것은 제외한다)
카. 「건축법 시행령」 별표 1 제23호의 교정시설
타. 「건축법 시행령」 별표 1 제23호의2의 국방 · 군사시설
파. 「건축법 시행령」 별표 1 제25호의 발전시설
하. 「건축법 시행령」 별표 1 제27호의 관광 휴게시설
거. 「건축법 시행령」 별표 1 제28호의 장례시설

[별표 8] 〈개정 2025.1.21.〉

중심상업지역안에서 건축할 수 없는 건축물(제71조제1항제7호 관련)

1. 건축할 수 없는 건축물
가. 「건축법 시행령」 별표 1 제1호의 단독주택(다른 용도와 복합된 것은 제외한다)
나. 「건축법 시행령」 별표 1 제2호의 공동주택. 다음의 어느하나에 해당하는 공동주택은 제외한다.
(1) 공동주택과 주거용 외의 용도가 복합된 건축물(다수의 건축물이 일체적으로 연결된 하나의 건축물을 포함한다)로서 공동주택 부분의 면적이 연면적의 합계의 90퍼센트(도시 · 군계획조례로 90퍼센트 미만의 범위에서 별도로 비율을 정한 경우에는 그 비율) 미만인 것
(2) 「주택법」 제2조제20호에 따른 도시형 생활주택(주거전용면적이 60제곱미터 이하인 경우로 한정한다)
다. 「건축법 시행령」 별표 1 제15호의 숙박시설 중 일반숙박시설 및 생활숙박시설. 다만, 다음의 일반숙박시설 또는 생활숙박시설은 제외한다.
(1) 공원·녹지 또는 지형지물에 따라 주거지역과 차단되거나 주거지역으로부터 도시·군계획조례로 정하는 거리(건축물의 각 부분을 기준으로 한다) 에 건축하는 일반숙박시설
(2) 공원·녹지 또는 지형지물에 따라 준주거지역 내 주택 밀집지역, 전용주거지역 또는 일반주거지역과 차단되거나 준주거지역 내 주택 밀집지역, 전용주거지역 또는 일반주거지역으로부터 도시·군계획조례로 정하는 거리(건축물의 각 부분을 기준으로 한다) 밖에 건축하는 생활숙박시설
라. 「건축법 시행령」 별표 1 제16호의 위락시설{공원·녹지 또는 지형지물에 따라 주거지역과 차단되거나 주거지역으로부터 도시·군계획조례로 정하는 거리(건축물의 각 부분을 기준으로 한다) 밖에 건축하는 것은 제외한다.}
마. 「건축법 시행령」 별표 1 제17호의 공장(제2호바목에 해당하는 것은 제외한다)
바. 「건축법 시행령」 별표 1 제19호의 위험물 저장 및 처리 시설 중 시내버스차고지 외의 지역에 설치하는 액화석유가스 충전소 및 고압가스충전소·저장소(「환경친화적 자동차의 개발 및 보급 촉진에 관한 법률」 제2조제9호의 수소연료공급시설은 제외한다)
사. 「건축법 시행령」 별표 1 제20호의 자동차 관련 시설 중 폐차장
아. 「건축법 시행령」 별표 1 제21호의 동물 및 식물 관련 시설
자. 「건축법 시행령」 별표 1 제22호의 자원순환 관련 시설
차. 「건축법 시행령」 별표 1 제26호의 묘지 관련 시설

2. 지역 여건 등을 고려하여 도시·군계획조례로 정하는 바에 따라 건축할 수 없는 건축물
가. 「건축법 시행령」 별표 1 제1호의 단독주택 중 다른 용도와 복합된 것

나. 「건축법 시행령」 별표 1 제2호의 공동주택[제1호나목(1)에 해당하는 것은 제외한다]
다. 「건축법 시행령」 별표 1 제9호의 의료시설 중 격리병원
라. 「건축법 시행령」 별표 1 제10호의 교육연구시설 중 학교
마. 「건축법 시행령」 별표 1 제12호의 수련시설
바. 「건축법 시행령」 별표 1 제17호의 공장 중 출판업·인쇄업·금은세공업 및 기록매체복제업의 공장으로서 별표 4 제2호차목(1)부터 (6)까지의 어느 하나에 해당하지 않는 것
사. 「건축법 시행령」 별표 1 제18호의 창고시설
아. 「건축법 시행령」 별표 1 제19호의 위험물 저장 및 처리시설(제1호바목에 해당하는 것은 제외한다)
자. 「건축법 시행령」 별표 1 제20호의 자동차 관련 시설 중 같은 호 나목 및 라목부터 아목까지에 해당하는 것
차. 「건축법 시행령」 별표 1 제23호의 교정시설
카. 「건축법 시행령」 별표 1 제27호의 관광 휴게시설
타. 「건축법 시행령」 별표 1 제28호의 장례시설
파. 「건축법 시행령」 별표 1 제29호의 야영장 시설

[별표 9] 〈개정 2023.5.15.〉

일반상업지역안에서 건축할 수 없는 건축물(제71조제1항제8호 관련)

1. 건축할 수 없는 건축물
가. 「건축법 시행령」 별표 1 제15호의 숙박시설 중 일반숙박시설 및 생활숙박시설. 다만, 다음의 일반숙박시설 또는 생활숙박시설은 제외한다.
(1) 공원·녹지 또는 지형지물에 따라 주거지역과 차단되거나 주거지역으로부터 도시·군계획조례로 정하는 거리(건축물의 각 부분을 기준으로 한다) 에 건축하는 일반숙박시설
(2) 공원·녹지 또는 지형지물에 따라 준주거지역 내 주택 밀집지역, 전용주거지역 또는 일반주거지역과 차단되거나 준주거지역 내 주택 밀집지역, 전용주거지역 또는 일반주거지역으로부터 도시·군계획조례로 정하는 거리(건축물의 각 부분을 기준으로 한다) 에 건축하는 생활숙박시설
나. 「건축법 시행령」 별표 1 제16호의 위락시설[공원·녹지 또는 지형지물에 따라 주거지역과 차단되거나 주거지역으로부터 도시·군계획조례로 정하는 거리(건축물의 각 부분을 기준으로 한다) 에 건축하는 것은 제외한다.
다. 「건축법 시행령」 별표 1 제17호의 공장으로서 별표 4 제2호차목(1)부터 (6)까지의 어느 하나에 해당하는 것
라. 「건축법 시행령」 별표 1 제19호의 위험물 저장 및 처리 시설 중 시내버스차고지 외의 지역에 설치하는 액화석유가스 충전소 및 고압가스 충전소·저장소(「환경친화적 자동차의 개발 및 보급 촉진에 관한 법률」 제2조제9호의 수소연료공급시설은 제외한다)
마. 「건축법 시행령」 별표 1 제20호의 자동차 관련 시설 중 폐차장
바. 「건축법 시행령」 별표 1 제21호가목부터 라목까지의 규정에 따른 시설 및 같은 호 아목에 따른 시설 중 동물과 관련된 가목부터 라목까지의 규정에 따른 시설과 비슷한 것
사. 「건축법 시행령」 별표 1 제22호의 자원순환 관련 시설
아. 「건축법 시행령」 별표 1 제26호의 묘지 관련 시설

2. 지역 여건 등을 고려하여 도시·군계획조례로 정하는 바에 따라 건축할 수 없는 건축물
가. 「건축법 시행령」 별표 1 제1호의 단독주택
나. 「건축법 시행령」 별표 1 제2호의 공동주택[공동주택과 주거용 외의 용도가 복합된 건축물(다수의 건축물이 일체적으로 연결된 하나의 건축물을 포함한다)로서 공동주택 부분의 면적이 연면적의 합계의 90퍼센트(도시·군계획조례로 90퍼센트 미만의 비율을 정한 경우에는 그 비율) 미만인 것은 제외한다]
다. 「건축법 시행령」 별표 1 제12호의 수련시설
라. 「건축법 시행령」 별표 1 제17호의 공장(제1호다목에 해당하는 것은 제외한다)

마. 「건축법 시행령」 별표 1 제19호의 위험물 저장 및 처리 시설(제1호라목에 해당하는 것은 제외한다)
바. 「건축법 시행령」 별표 1 제20호의 자동차 관련 시설 중 같은 호 라목부터 아목까지에 해당하는 것
사. 「건축법 시행령」 별표 1 제21호의 동물 및 식물 관련 시설(제1호바목에 해당하는 것은 제외한다)
아. 「건축법 시행령」 별표 1 제23호의 교정시설
자. 「건축법 시행령」 별표 1 제29호의 야영장 시설

[별표 10] 〈개정 2023.5.15.〉

근린상업지역안에서 건축할 수 없는 건축물(제71조제1항제9호 관련)

1. 건축할 수 없는 건축물
가. 「건축법 시행령」 별표 1 제9호의 의료시설 중 격리병원
나. 「건축법 시행령」 별표 1 제15호의 숙박시설 중 일반숙박시설 및 생활숙박시설. 다만, 다음의 일반숙박시설 또는 생활숙박시설은 제외한다.
(1) 공원·녹지 또는 지형지물에 따라 주거지역과 차단되거나 주거지역으로부터 도시·군계획조례로 정하는 거리(건축물의 각 부분을 기준으로 한다) 밖에 건축하는 일반숙박시설
(2) 공원·녹지 또는 지형지물에 따라 준주거지역 내 주택 밀집지역, 전용주거지역 또는 일반주거지역과 차단되거나 준주거지역 내 주택 밀집지역, 전용주거지역 또는 일반주거지역으로부터 도시·군계획조례로 정하는 거리(건축물의 각 부분을 기준으로 한다) 밖에 건축하는 생활숙박시설
다. 「건축법 시행령」 별표 1 제16호의 위락시설{공원·녹지 또는 지형지물에 따라 주거지역과 차단되거나 주거지역으로부터 도시·군계획조례로 정하는 거리(건축물의 각 부분을 기준으로 한다) 밖에 건축하는 것은 제외한다.}
라. 「건축법 시행령」 별표 1 제17호의 공장으로서 별표 4 제2호차목(1)부터 (6)까지의 어느 하나에 해당하는 것
마. 「건축법 시행령」 별표 1 제19호의 위험물 저장 및 처리 시설 중 시내버스차고지 외의 지역에 설치하는 액화석유가스 충전소 및 고압가스 충전소·저장소(「환경친화적 자동차의 개발 및 보급 촉진에 관한 법률」 제2조제9호의 수소연료공급시설은 제외한다)
바. 「건축법 시행령」 별표 1 제20호의 자동차 관련 시설 중 같은 호 다목부터 사목까지에 해당하는 것
사. 「건축법 시행령」 별표 1 제21호가목부터 라목까지의 규정에 따른 시설 및 같은 호 아목에 따른 시설 중 동물과 관련된 가목부터 라목까지의 규정에 따른 시설과 비슷한 것
아. 「건축법 시행령」 별표 1 제22호의 자원순환 관련 시설
자. 「건축법 시행령」 별표 1 제26호의 묘지 관련 시설

2. 지역 여건 등을 고려하여 도시·군계획조례로 정하는 바에 따라 건축할 수 없는 건축물
가. 「건축법 시행령」 별표 1 제2호의 공동주택[공동주택과 주거용 외의 용도가 복합된 건축물(다수의 건축물이 일체적으로 연결된 하나의 건축물을 포함한다)로서 공동주택 부분의 면적이 연면적의 합계의 90퍼센트(도시·군계획조례로 90퍼센트 미만의 범위에서 별도로 비율을 정한 경우에는 그 비율) 미만인 것은 제외한다]
나. 「건축법 시행령」 별표 1 제5호의 문화 및 집회시설(공연장 및 전시장은 제외한다)
다. 「건축법 시행령」 별표 1 제7호의 판매시설로서 그 용도에 쓰이는 바닥면적의 합계가 3천제곱미터 이상인 것
라. 「건축법 시행령」 별표 1 제8호의 운수시설로서 그 용도에 쓰이는 바닥면적의 합계가 3천제곱미터 이상인 것
마. 「건축법 시행령」 별표 1 제16호의 위락시설(제1호다목에 해당하는 것은 제외한다)
바. 「건축법 시행령」 별표 1 제17호의 공장(제1호라목에 해당하는 것은 제외한다)
사. 「건축법 시행령」 별표 1 제18호의 창고시설
아. 「건축법 시행령」 별표 1 제19호의 위험물 저장 및 처리 시설(제1호마목에

해당하는 것은 제외한다)

자. 「건축법 시행령」 별표 1 제20호의 자동차 관련 시설 중 같은 호 아목에 해당하는 것

차. 「건축법 시행령」 별표 1 제21호의 동물 및 식물 관련 시설(제1호사목에 해당하는 것은 제외한다)

카. 「건축법 시행령」 별표 1 제23호의 교정시설

타. 「건축법 시행령」 별표 1 제23호의2의 국방 · 군사시설

파. 「건축법 시행령」 별표 1 제25호의 발전시설

하. 「건축법 시행령」 별표 1 제27호의 관광 휴게시설

[별표 11] 〈개정 2023.5.15.〉

유통상업지역안에서 건축할 수 없는 건축물(제71조제1항제10호 관련)

1. 건축할 수 없는 건축물

가. 「건축법 시행령」 별표 1 제1호의 단독주택

나. 「건축법 시행령」 별표 1 제2호의 공동주택

다. 「건축법 시행령」 별표 1 제9호의 의료시설

라. 「건축법 시행령」 별표 1 제15호의 숙박시설 중 일반숙박시설 및 생활숙박시설. 다만, 다음의 일반숙박시설 또는 생활숙박시설은 제외한다.

(1) 공원·녹지 또는 지형지물에 따라 주거지역과 차단되거나 주거지역으로부터 도시·군계획조례로 정하는 거리(건축물의 각 부분을 기준으로 한다) 에 건축하는 일반숙박시설

(2) 공원·녹지 또는 지형지물에 따라 준주거지역 내 주택 밀집지역, 전용주거지역 또는 일반주거지역과 차단되거나 준주거지역 내 주택 밀집지역, 전용주거지역 또는 일반주거지역으로부터 도시·군계획조례로 정하는 거리(건축물의 각 부분을 기준으로 한다) 에 건축하는 생활숙박시설

마. 「건축법 시행령」 별표 1 제16호의 위락시설{공원·녹지 또는 지형지물에 따라 주거지역과 차단되거나 주거지역으로부터 도시·군계획조례로 정하는 거리(건축물의 각 부분을 기준으로 한다) 밖에 건축하는 것은 제외한다.

바. 「건축법 시행령」 별표 1 제17호의 공장

사. 「건축법 시행령」 별표 1 제19호의 위험물 저장 및 처리 시설 중 시내버스 차고지 외의 지역에 설치하는 액화석유가스 충전소 및 고압가스 충전소·저장소(「환경친화적 자동차의 개발 및 보급 촉진에 관한 법률」 제2조제9호의 수소연료공급시설은 제외한다)

아. 「건축법 시행령」 별표 1 제21호의 동물 및 식물 관련 시설

자. 「건축법 시행령」 별표 1 제22호의 자원순환 관련 시설

차. 「건축법 시행령」 별표 1 제26호의 묘지 관련 시설

2. 지역 여건 등을 고려하여 도시·군계획조례로 정하는 바에 따라 건축할 수 없는 건축물

가. 「건축법 시행령」 별표 1 제4호의 제2종 근린생활시설

나. 「건축법 시행령」 별표 1 제5호의 문화 및 집회시설(공연장 및 전시장은 제외한다)

다. 「건축법 시행령」 별표 1 제6호의 종교시설

라. 「건축법 시행령」 별표 1 제10호의 교육연구시설

마. 「건축법 시행령」 별표 1 제11호의 노유자시설

바. 「건축법 시행령」 별표 1 제12호의 수련시설

사. 「건축법 시행령」 별표 1 제13호의 운동시설

아. 「건축법 시행령」 별표 1 제15호의 숙박시설(제1호라목에 해당하는 것은 제외한다)

자. 「건축법 시행령」 별표 1 제16호의 위락시설(제1호마목에 해당하는 것은 제외한다)

차. 「건축법 시행령」 별표 1 제19호의 위험물 저장 및 처리시설(제1호사목에 해당하는 것은 제외한다)

카. 「건축법 시행령」 별표 1 제20호의 자동차 관련 시설(주차장 및 세차장은 제외한다)

타. 「건축법 시행령」 별표 1 제23호의 교정시설

파. 「건축법 시행령」 별표 1 제23호의2의 국방·군사시설
하. 「건축법 시행령」 별표 1 제24호의 방송통신시설
거. 「건축법 시행령」 별표 1 제25호의 발전시설
너. 「건축법 시행령」 별표 1 제27호의 관광 휴게시설
더. 「건축법 시행령」 별표 1 제28호의 장례시설
러. 「건축법 시행령」 별표 1 제29호의 야영장 시설

[별표 12] 〈개정 2022.2.17., 2023.5.15.〉

전용공업지역안에서 건축할 수 있는 건축물(제71조제1항제11호 관련)

1. 건축할 수 있는 건축물
  가. 「건축법 시행령」 별표 1 제3호의 제1종 근린생활시설
  나. 「건축법 시행령」 별표 1 제4호의 제2종 근린생활시설[같은 호 아목·자목·타목(기원만 해당한다)·더목 및 러목은 제외한다]
  다. 「건축법 시행령」 별표 1 제17호의 공장
  라. 「건축법 시행령」 별표 1 제18호의 창고시설
  마. 「건축법 시행령」 별표 1 제19호의 위험물저장 및 처리시설
  바. 「건축법 시행령」 별표 1 제20호의 자동차관련시설
  사. 「건축법 시행령」 별표 1 제22호의 자원순환 관련 시설
  아. 「건축법 시행령」 별표 1 제25호의 발전시설
2. 도시·군계획조례가 정하는 바에 의하여 건축할 수 있는 건축물
  가. 「건축법 시행령」 별표 1 제2호의 공동주택 중 기숙사
  나. 「건축법 시행령」 별표 1 제4호의 제2종 근린생활시설 중 같은 호 아목·자목·타목(기원만 해당한다) 및 러목에 해당하는 것
  다. 「건축법 시행령」 별표 1 제5호의 문화 및 집회시설 중 산업전시장 및 박람회장
  라. 「건축법 시행령」 별표 1 제7호의 판매시설(해당전용공업지역에 소재하는 공장에서 생산되는 제품을 판매하는 경우에 한한다)
  마. 「건축법 시행령」 별표 1 제8호의 운수시설
  바. 「건축법 시행령」 별표 1 제9호의 의료시설
  사. 「건축법 시행령」 별표 1 제10호의 교육연구시설 중 직업훈련소(「국민평생직업능력개발법」 제2조제3호에 따른 직업능력개발훈련시설과 그 밖에 동법 제32조에 따른 직업능력개발훈련법인이 직업능력개발훈련을 실시하기 위하여 설치한 시설에 한한다)·학원(기술계학원에 한한다) 및 연구소(공업에 관련된 연구소, 「고등교육법」에 따른 기술대학에 부설되는 것과 공장대지 안에 부설되는 것에 한한다)
  아. 「건축법 시행령」 별표 1 제11호의 노유자시설
  자. 「건축법 시행령」 별표 1 제23호의 교정시설
  차. 「건축법 시행령」 별표 1 제23호의2의 국방·군사시설
  카. 「건축법 시행령」 별표 1 제24호의 방송통신시설

[별표 13] 〈개정 2023.5.15.〉

일반공업지역안에서 건축할 수 있는 건축물(제71조제1항제12호관련)

1. 건축할 수 있는 건축물
  가. 「건축법 시행령」 별표 1 제3호의 제1종 근린생활시설
  나. 「건축법 시행령」 별표 1 제4호의 제2종 근린생활시설(단란주점 및 안마시술소를 제외한다)
  다. 「건축법 시행령」 별표 1 제7호의 판매시설(해당일반공업지역에 소재하는 공장에서 생산되는 제품을 판매하는 시설에 한한다)
  라. 「건축법 시행령」 별표 1 제8호의 운수시설
  마. 「건축법 시행령」 별표 1 제17호의 공장
  바. 「건축법 시행령」 별표 1 제18호의 창고시설
  사. 「건축법 시행령」 별표 1 제19호의 위험물저장 및 처리시설
  아. 「건축법 시행령」 별표 1 제20호의 자동차관련시설

자. 「건축법 시행령」 별표 1 제22호의 자원순환 관련 시설
차. 「건축법 시행령」 별표 1 제25호의 발전시설
2. 도시·군계획조례가 정하는 바에 의하여 건축할 수 있는 건축물
가. 「건축법 시행령」 별표 1 제1호의 단독주택
나. 「건축법 시행령」 별표 1 제2호의 공동주택 중 기숙사
다. 「건축법 시행령」 별표 1 제4호의 제2종 근린생활시설 중 안마시술소
라. 「건축법 시행령」 별표 1 제5호의 문화 및 집회시설 중 동호 라목에 해당하는 것
마. 「건축법 시행령」 별표 1 제6호의 종교시설
바. 「건축법 시행령」 별표 1 제9호의 의료시설
사. 「건축법 시행령」 별표 1 제10호의 교육연구시설
아. 「건축법 시행령」 별표 1 제11호의 노유자시설
자. 「건축법 시행령」 별표 1 제12호의 수련시설
차. 「건축법 시행령」 별표 1 제14호의 업무시설(일반업무시설로서 「산업집적활성화 및 공장설립에 관한 법률」 제2조제13호에 따른 지식산업센터에 입주하는 지원시설에 한정한다) 〈신설 2011.7.1〉
카. 「건축법 시행령」 별표 1 제21호의 동물 및 식물관련시설
타. 「건축법 시행령」 별표 1 제23호의 교정시설
파. 「건축법 시행령」 별표 1 제23호의2의 국방 · 군사시설
하. 「건축법 시행령」 별표 1 제24호의 방송통신시설
거. 「건축법 시행령」 별표 1 제28호의 장례시설
너. 「건축법 시행령」 별표 1 제29호의 야영장 시설

[별표 14] 〈개정 2023.5.15.〉

준공업지역 안에서 건축할 수 없는 건축물(제71조제1항제13호 관련)

1. 건축할 수 없는 건축물

가. 「건축법 시행령」 별표 1 제16호의 위락시설
나. 「건축법 시행령」 별표 1 제26호의 묘지 관련 시설
2. 지역 여건 등을 고려하여 도시·군계획조례로 정하는 바에 따라 건축할 수 없는 건축물
가. 「건축법 시행령」 별표 1 제1호의 단독주택
나. 「건축법 시행령」 별표 1 제2호의 공동주택(기숙사는 제외한다)
다. 「건축법 시행령」 별표 1 제4호의 제2종 근린생활시설 중 단란주점 및 안마시술소
라. 「건축법 시행령」 별표 1 제5호의 문화 및 집회시설(공연장 및 전시장은 제외한다)
마. 「건축법 시행령」 별표 1 제6호의 종교시설
바. 「건축법 시행령」 별표 1 제7호의 판매시설(해당 준공업지역에 소재하는 공장에서 생산되는 제품을 판매하는 시설은 제외한다)
사. 「건축법 시행령」 별표 1 제13호의 운동시설
아. 「건축법 시행령」 별표 1 제15호의 숙박시설
자. 「건축법 시행령」 별표 1 제17호의 공장으로서 해당 용도에 쓰이는 바닥면적의 합계가 5천제곱미터 이상인 것
차. 「건축법 시행령」 별표 1 제21호의 동물 및 식물 관련 시설
카. 「건축법 시행령」 별표 1 제23호의 교정시설
타. 「건축법 시행령」 별표 1 제23호의2의 국방 · 군사시설
파. 「건축법 시행령」 별표 1 제27호의 관광 휴게시설

[별표 15] 〈개정 2024.5.28.〉

보전녹지지역안에서 건축할 수 있는 건축물(제71조제1항제14호관련)

1. 건축할 수 있는 건축물(4층 이하의 건축물에 한한다. 다만, 4층 이하의 범위안

에서 도시·군계획조례로 따로 층수를 정하는 경우에는 그 층수 이하의 건축물에 한한다)

가. 「건축법 시행령」 별표 1 제10호의 교육연구시설 중 초등학교(졸업 시 초등학교 졸업학력과 동등한 학력이 인정되는 학교를 포함한다)

나. 「건축법 시행령」 별표 1 18호 가목의 창고(농업 · 임업 · 축산업 · 수산업용만 해당한다)

다. 「건축법 시행령」 별표 1 제23호의 교정시설

라. 「건축법 시행령」 별표 1 제23호의2의 국방 · 군사시설

2. 도시·군계획조례가 정하는 바에 의하여 건축할 수 있는 건축물(4층 이하의 건축물에 한한다. 다만, 4층 이하의 범위 안에서 도시·군계획조례로 따로 층수를 정하는 경우에는 그 층수 이하의 건축물에 한한다)

가. 「건축법 시행령」 별표 1 제1호의 단독주택(다가구주택을 제외한다)

나. 「건축법 시행령」 별표 1 제3호의 제1종 근린생활시설로서 해당용도에 쓰이는 바닥면적의 합계가 500제곱미터 미만인 것

다. 「건축법 시행령」 별표 1 제4호의 제2종 근린생활시설 중 종교집회장

라. 「건축법 시행령」 별표 1 제5호의 문화 및 집회시설 중 동호 라목에 해당하는 것

마. 「건축법 시행령」 별표 1 제6호의 종교시설

바. 「건축법 시행령」 별표 1 제9호의 의료시설

사. 「건축법 시행령」 별표 1 제10호의 교육연구시설 중 유치원 · 중학교 · 고등학교(졸업 시 초등학교 졸업학력과 동등한 학력이 인정되는 학교를 포함한다)

아. 「건축법 시행령」 별표 1 제11호의 노유자시설

자. 「건축법 시행령」 별표 1 제19호의 위험물저장 및 처리시설 중 액화석유가스충전소 및 고압가스충전 · 저장소

차. 「건축법 시행령」 별표 1 제21호의 동물 및 식물관련시설(동호 다목 및 라목에 해당하는 것을 제외한다)

카. 「건축법 시행령」 별표 1 제22호가목의 하수 등 처리시설(「하수도법」 제2조제9호에 따른 공공하수처리시설만 해당한다)

타. 「건축법 시행령」 별표 1 제26호의 묘지관련시설

파. 「건축법 시행령」 별표 1 제28호의 장례시설

하. 「건축법 시행령」 별표 1 제29호의 야영장 시설

[별표 16] 〈개정 2024.5.28.〉

생산녹지지역안에서 건축할 수 있는 건축물(제71조제1항제15호관련)

1. 건축할 수 있는 건축물(4층 이하의 건축물에 한한다. 다만, 4층 이하의 범위안에서 도시·군계획조례로 따로 층수를 정하는 경우에는 그 층수 이하의 건축물에 한한다)

가. 「건축법 시행령」 별표 1 제1호의 단독주택

나. 「건축법 시행령」 별표 1 제3호의 제1종 근린생활시설

다. 「건축법 시행령」 별표 1 제10호의 교육연구시설 중 유치원 · 초등학교(졸업 시 초등학교 졸업학력과 동등한 학력이 인정되는 학교를 포함한다)

라. 「건축법 시행령」 별표 1 제11호의 노유자시설

마. 「건축법 시행령」 별표 1 제12호의 수련시설

바. 「건축법 시행령」 별표 1 제13호의 운동시설 중 운동장

사. 「건축법 시행령」 별표 1 제18호 가목의 창고(농업 · 임업 · 축산업 · 수산업용만 해당한다)

아. 「건축법 시행령」 별표 1 제19호의 위험물저장 및 처리시설 중 액화석유가스 충전소 및 고압가스충전 · 저장소

자. 「건축법 시행령」 별표 1 제21호의 시설(같은 호 다목 및 라목에 따른 시설과 같은 호 아목에 따른 시설 중 동물과 관련된 다목 및 라목에 따른 시설과 비슷한것은 제외한다)

차. 「건축법 시행령」 별표 1 제23호의 교정시설

카. 「건축법 시행령」 별표 1 제23호의2의 국방 · 군사시설

타. 「건축법 시행령」 별표 1 제24호의 방송통신시설

파. 「건축법 시행령」 별표 1 제25호의 발전시설

하. 「건축법 시행령」 별표 1 제29호의 야영장 시설

2. 도시·군계획조례가 정하는 바에 의하여 건축할 수 있는 건축물(4층 이하의 건축물에 한한다. 다만, 4층 이하의 범위안에서 도시·군계획조례로 따로 층수를 정하는 경우에는 그 층수 이하의 건축물에 한한다)
   가. 「건축법 시행령」 별표 1 제2호의 공동주택(아파트를 제외한다)
   나. 「건축법 시행령」 별표 1 제4호의 제2종 근린생활시설로서 해당용도에 쓰이는 바닥면적의 합계가 1천제곱미터 미만인 것(단란주점을 제외한다)
   다. 「건축법 시행령」 별표 1 제5호의 문화 및 집회시설 중 동호 나목 및 라목에 해당하는 것
   라. 「건축법 시행령」 별표 1 제7호의 판매시설(농업·임업·축산업·수산업용에 한한다)
   마. 「건축법 시행령」 별표 1 제9호의 의료시설
   바. 「건축법 시행령」 별표 1 제10호의 교육연구시설 중 중학교·고등학교(졸업 시 초등학교 중학교·고등학교 졸업학력과 동등한 학력이 인정되는 학교를 포함한다)·교육원(농업·임업·축산업·수산업과 관련된 교육시설로 한정한다)·직업훈련소 및 연구소(농업·임업·축산업·수산업과 관련된 연구소로 한정한다)
   사. 「건축법 시행령」 별표 1 제13호의 운동시설(운동장을 제외한다)
   아. 「건축법 시행령」 별표 1 제17호의 공장 중 도정공장·식품공장·제1차산업생산품 가공공장 및 「산업집적활성화 및 공장설립에 관한 법률 시행령」 별표 1의2 제2호마목의 첨단업종의 공장(이하 "첨단업종의 공장"이라 한다)으로서 다음의 어느 하나에 해당하지 아니하는 것
   (1) 「대기환경보전법」 제2조제9호에 따른 특정대기유해물질이 같은 법 시행령 제11조제1항제1호에 따른 기준 이상으로 배출되는 것
   (2) 「대기환경보전법」 제2조제11호에 따른 대기오염물질배출시설에 해당하는 시설로서 같은 법 시행령 별표 1의3에 따른 1종사업장 내지 3종사업장에 해당하는 것
   (3) 「수질 및 수생태계 보전에 관한 법률」 제2조제8호에 따른 특정수질유해물질 이 같은 법 시행령 제31조제1항제1호에 따른 기준 이상으로 배출되는 것. 다만, 동법 제34조에 따라 폐수무방류배출시설의 설치허가를 받아 운영하는 경우를 제외한다.
   (4) 「수질 및 수생태계 보전에 관한 법률」 제2조제10호에 따른 폐수배출시설에 해당하는 시설로서 같은 법 시행령 별표 13에 따른 제1종사업장부터 제4종사업장까지에 해당하는 것
   (5) 「폐기물관리법」 제2조제4호에 따른 지정폐기물을 배출하는 것
   자. 「건축법 시행령」 별표 1 제18호 가목의 창고(농업·임업·축산업·수산업용으로 쓰는 것은 제외한다)
   차. 「건축법 시행령」 별표 1 제19호의 위험물저장 및 처리시설(액화석유가스충전소 및 고압가스충전·저장소를 제외한다)
   카. 「건축법 시행령」 별표 1 제20호의 자동차관련시설 중 동호 사목 및 아목에 해당하는 것
   타. 「건축법 시행령」 별표 1 제21호 다목 및 라목에 따른 시설과 같은 호 아목에 따른 시설 중 동물과 관련된 다목 및 라목에 따른 시설과 비슷한 것
   파. 「건축법 시행령」 별표 1 제22호의 자원순환 관련 시설
   하. 「건축법 시행령」 별표 1 제26호의 묘지관련시설
   거. 「건축법 시행령」 별표 1 제28호의 장례시설

[별표 17] 〈개정 2023.5.15.〉

자연녹지지역 안에서 건축할 수 있는 건축물(제71조제1항제16호관련)

1. 건축할 수 있는 건축물(4층 이하의 건축물에 한한다. 다만, 4층 이하의 범위안에서 도시·군계획조례로 따로 층수를 정하는 경우에는 그 층수 이하의 건축물에 한한다)
   가. 「건축법 시행령」 별표 1 제1호의 단독주택
   나. 「건축법 시행령」 별표 1 제3호의 제1종 근린생활시설
   다. 「건축법 시행령」 별표 1 제4호의 제2종 근린생활시설[같은 호 아목, 자목, 더목 및 러목(안마시술소만 해당한다)은 제외한다]

라. 「건축법 시행령」 별표 1 제9호의 의료시설(종합병원 · 병원 · 치과병원 및 한방 병원을 제외한다)
마. 「건축법 시행령」 별표 1 제10호의 교육연구시설(직업훈련소 및 학원을 제외한다)
바. 「건축법 시행령」 별표 1 제11호의 노유자시설
사. 「건축법 시행령」 별표 1 제12호의 수련시설
아. 「건축법 시행령」 별표 1 제13호의 운동시설
자. 「건축법 시행령」 별표 1 제18호 가목의 창고(농업 · 임업 · 축산업 · 수산업용으로 해당한다)
차. 「건축법 시행령」 별표 1 제21호의 동물 및 식물관련시설
카. 「건축법 시행령」 별표 1 제22호의 자원순환 관련 시설
타. 「건축법 시행령」 별표 1 제23호의 교정시설
파. 「건축법 시행령」 별표 1 제23호의2의 국방 · 군사시설
하. 「건축법 시행령」 별표 1 제24호의 방송통신시설
거. 「건축법 시행령」 별표 1 제25호의 발전시설
너. 「건축법 시행령」 별표 1 제26호의 묘지관련시설
더. 「건축법 시행령」 별표 1 제27호의 관광휴게시설
러. 「건축법 시행령」 별표 1 제28호의 장례시설
머. 「건축법 시행령」 별표 1 제29호의 야영장 시설

2. 도시·군계획조례가 정하는 바에 의하여 건축할 수 있는 건축물(4층 이하의 건축물에 한한다. 다만, 4층 이하의 범위안에서 도시·군계획조례로 따로 층수를 정하는 경우에는 그 층수 이하의 건축물에 한한다)
가. 「건축법 시행령」 별표 1 제2호의 공동주택(아파트를 제외한다)
나. 「건축법 시행령」 별표 1 제4호아목· 자목 및 러목(안마시술소만 해당한다)에 따른 제2종 근린생활시설
다. 「건축법 시행령」 별표 1 제5호의 문화 및 집회시설
라. 「건축법 시행령」 별표 1 제6호의 종교시설
마. 「건축법 시행령」 별표 1 제7호의 판매시설 중 다음의 어느 하나에 해당하는것
(1) 「농수산물유통 및 가격안정에 관한 법률」 제2조에 따른 농수산물공판장
(2) 「농수산물유통 및 가격안정에 관한 법률」 제68조제2항에 따른 농수산물 직판장으로서 해당용도에 쓰이는 바닥면적의 합계가 1만제곱미터 미만인 것 (「농어업 · 농어촌 및 식품산업 기본법」 제3조제2호 및 제4호에 따른 농업인· 어업인 및 생산자단체, 같은 법 제25조에 따른 후계농어업경영인, 같은 법 제26조에 따른 전업농어업인 또는 지방자치단체가 설치 · 운영하는 것에 한한다)
(3) 산업통상자원부장관이 관계중앙행정기관의 장과 협의하여 고시하는 대형할인점 및 중소기업공동판매시설
바. 「건축법 시행령」 별표 1 제8호의 운수시설
사. 「건축법 시행령」 별표 1 제9호의 의료시설 중 종합병원 · 병원 · 치과병원 및 한방병원
아. 「건축법 시행령」 별표 1 제10호의 교육연구시설 중 직업훈련소 및 학원
자. 「건축법 시행령」 별표 1 제15호의 숙박시설로서 「관광진흥법」 에 따라 지정된 관광지 및 관광단지에 건축하는 것
차. 「건축법 시행령」 별표 1 제17호의 공장 중 다음의 어느 하나에 해당하는 것
(1) 골재선별 · 파쇄 업종의 공장, 첨단업종의 공장, 지식산업센터, 도정공장 및 식품공장과 읍 · 면지역에 건축하는 제재업의 공장으로서 별표 16 제2호 아목(1) 내지 (5)의 어느 하나에 해당하지 아니하는 것
(2) 「공익사업을 위한 토지 등의 취득 및 보상에 관한 법률」 에 따른 공익사업 및 「도시개발법」 에 따른 도시개발사업으로 동일한 특별시 · 광역시 · 시 및 군 지역내에서 이전하는 레미콘 또는 아스콘공장
카. 「건축법 시행령」 별표 1 제18호 가목의 창고(농업 · 임업 · 축산업 · 수산업용으로 쓰는 것은 제외한다) 및 같은 호 라목의 집배송시설
타. 「건축법 시행령」 별표 1 제19호의 위험물저장 및 처리시설
파. 「건축법 시행령」 별표 1 제20호의 자동차관련시설

[별표 18] <개정 2024.5.28.>

보전관리지역안에서 건축할 수 있는 건축물(제71조제1항제17호 및 대통령령 제17816호 국토의계획및이용에관한법률시행령 부칙 제13조제1항 관련)

1. 건축할 수 있는 건축물(4층 이하의 건축물에 한한다. 다만, 4층 이하의 범위 안에서 도시계획조례로 따로 층수를 정하는 경우에는 그 층수 이하의 건축물에 한한다)
  가. 「건축법 시행령」 별표 1 제1호의 단독주택
  나. 「건축법 시행령」 별표 1 제10호의 교육연구시설 중 초등학교(졸업 시 초등학교 졸업학력과 동등한 학력이 인정되는 학교를 포함한다)
  다. 「건축법 시행령」 별표 1 제23호의 교정시설
  라. 「건축법 시행령」 별표 1 제23호의2의 국방 · 군사시설
2. 도시·군계획조례가 정하는 바에 의하여 건축할 수 있는 건축물(4층 이하의 건축물에 한한다. 다만, 4층 이하의 범위 안에서 도시·군계획조례로 따로 층수를 정하는 경우에는 그 층수 이하의 건축물에 한한다)
  가. 「건축법 시행령」 별표 1 제3호의 제1종 근린생활시설(휴게음식점 및 제과점을 제외한다)
  나. 「건축법 시행령」 별표 1 제4호의 제2종 근린생활시설(같은 호 아목, 자목, 너목 및 더목은 제외한다)
  다. 「건축법 시행령」 별표 1 제6호의 종교시설 중 종교집회장
  라. 「건축법 시행령」 별표 1 제9호의 의료시설
  마. 「건축법 시행령」 별표 1 제10호의 교육연구시설 중 유치원 · 중학교 · 고등학교(졸업 시 초등학교 중학교 · 고등학교 졸업학력과 동등한 학력이 인정되는 학교를 포함한다)
  바. 「건축법 시행령」 별표 1 제11호의 노유자시설
  사. 「건축법 시행령」 별표 1 제18호 가목의 창고(농업 · 임업 · 축산업 · 수산업용만 해당한다)
  아. 「건축법 시행령」 별표 1 제19호의 위험물저장 및 처리시설
  자. 「건축법 시행령」 별표 1 제21호가목, 마목부터 사목까지의 규정에 따른 시설과 같은 호 아목에 따른 시설 중 동물 또는식물과 관련된 가목 및 마목부터 사목까지의 규정에 따른 시설과 비슷한 것
  차. 「건축법 시행령」 별표 1 제22호가목의 하수 등 처리시설(「하수도법」 제2조제9호에 따른 공공하수처리시설만 해당한다)
  카. 「건축법 시행령」 별표 1 제24호의 방송통신시설
  타. 「건축법 시행령」 별표 1 제25호의 발전시설
  파. 「건축법 시행령」 별표 1 제26호의 묘지관련시설
  하. 「건축법 시행령」 별표 1 제28호의 장례시설
  거. 「건축법 시행령」 별표 1 제29호의 야영장 시설

[별표 19] 〈개정 2024.5.28.〉

생산관리지역안에서 건축할 수 있는 건축물(제71조제1항제18호관련)

1. 건축할 수 있는 건축물(4층 이하의 건축물에 한한다. 다만, 4층 이하의 범위안에서 도시·군계획조례로 따로 층수를 정하는 경우에는 그 층수 이하의 건축물에 한한다)
  가. 「건축법 시행령」 별표 1 제1호의 단독주택
  나. 「건축법 시행령」 별표 1 제3호가목, 사목(공중화장실, 대피소, 그 밖에 이와 비슷한 것만 해당한다) 및 아목에 따른 제1종 근린생활시설
  다. 「건축법 시행령」 별표 1 제10호의 교육연구시설 중 초등학교(졸업 시 초등학교 졸업학력과 동등한 학력이 인정되는 학교를 포함한다)
  라. 「건축법 시행령」 별표 1 제13호의 운동시설 중 운동장
  마. 「건축법 시행령」 별표 1 제18호 가목의 창고(농업 · 임업 · 축산업 · 수산업용만 해당한다)
  바. 「건축법 시행령」 별표 1 제21호마목부터 사목까지의 규정에 따른 시설 및 같은 호 아목에 따른 시설 중 식물과 관련된 마목부터 사목까지의 규정에 따른 시설과 비슷한 것
  사. 「건축법 시행령」 별표 1 제23호의 교정시설
  아. 「건축법 시행령」 별표 1 제23호의2의 국방 · 군사시설
  자. 「건축법 시행령」 별표 1 제25호의 발전시설
2. 도시·군계획조례가 정하는 바에 의하여 건축할 수 있는 건축물(4층 이하의 건

축물에 한한다. 다만, 4층 이하의 범위안에서 도시·군계획조례로 따로 층수를 정하는 경우에는 그 층수 이하의 건축물에 한한다)

가. 「건축법 시행령」 별표 1 제2호의 공동주택(아파트를 제외한다)

나. 「건축법 시행령」 별표 1 제3호의 제1종 근린생활시설[같은 호 가목, 나목, 사목(공중화장실, 대피소, 그 밖에 이와 비슷한 것만 해당한다) 및 아목은 제외한다]

다. 「건축법 시행령」 별표 1 제4호의 제2종 근린생활시설[같은 호 아목, 자목, 너목(농기계수리시설은 제외한다) 및 더목은 제외한다.]

라. 「건축법 시행령」 별표 1 제7호의 판매시설(농업·임업·축산업·수산업용에 한 한다)

마. 「건축법 시행령」 별표 1 제9호의 의료시설

바. 「건축법 시행령」 별표 1 제10호의 교육연구시설 중 유치원·중학교·고등학교(졸업 시 초등학교 중학교·고등학교 졸업학력과 동등한 학력이 인정되는 학교를 포함한다) 및 교육원[농업·임업·축산업·수산업과 관련된 교육시설(나목 및 다목에도 불구하고 「농촌융복합산업 육성 및 지원에 관한 법률」 제2조제2호에 따른 농업인등이 같은 법 제2조제5호에 따른 농촌융복합산업지구 내에서 교육시설과 일반음식점, 휴게음식점 또는 제과점을 함께 설치하는 경우를 포함한다)에 한정한다]

사. 「건축법 시행령」 별표 1 제11호의 노유자시설

아. 「건축법 시행령」 별표 1 제12호의 수련시설

자. 「「건축법 시행령」 별표 1 제17호의 공장(같은 표 제4호의 제2종 근린생활시설 중 제조업소를 포함한다) 중 다음의 어느 하나에 해당하는 것으로서 별표 16 제2호아목(1)부터 (4)까지의 어느 하나에 해당하지 않는 것

1) 도정공장

2) 식품공장

3) 읍·면지역에 건축하는 제재업의 공장

4) 천연식물보호제 제조시설(폐수를 전량 재이용 또는 전량 위탁처리하는 경우로 한정한다)

5) 유기농어업자재 제조시설(폐수를 전량 재이용 또는 전량 위탁처리하는 경우로 한정한다)

차. 「건축법 시행령」 별표 1 제19호의 위험물저장 및 처리시설

카. 「건축법 시행령」 별표 1 제20호의 자동차관련시설 중 동호 사목 및 아목에 해당하는 것

타. 「건축법 시행령」 별표 1 제21호가목부터 라목까지의 규정에 따른 시설 및 같은 호 아목에 따른 시설 중 동물과 관련된가목부터라목까지의 규정에 따른 시설과 비슷한 것

파. 「건축법 시행령」 별표 1 제22호의 자원순환 관련 시설

하. 「건축법 시행령」 별표 1 제24호의 방송통신시설

거. 「건축법 시행령」 별표 1 제26호의 묘지관련시설

너. 「건축법 시행령」 별표 1 제28호의 장례시설

더. 「건축법 시행령」 별표 1 제29호의 야영장 시설

[별표 20] 〈개정 2024.1.26.〉

계획관리지역안에서 건축할 수 없는 건축물(제71조제1항제19호 관련)

1. 건축할 수 없는 건축물

가. 4층을 초과하는 모든 건축물

나. 「건축법 시행령」 별표 1 제2호의 공동주택 중 아파트

다. 「건축법 시행령」 별표 1 제3호의 제1종 근린생활시설 중 휴게음식점 및 제과점으로서 국토교통부령으로 정하는 기준에 해당하는 지역에 설치하는 것

라. 「건축법 시행령」 별표 1 제4호의 제2종 근린생활시설 중 다음의 어느 하나에 해당하는 것

(1) 「건축법 시행령」 별표 1 제4호아목의 시설 및 같은 호 자목의 일반음식점으로서 국토교통부령으로 정하는 기준에 해당하는 지역에 설치하는 것

(2) 「건축법 시행령」 별표 1 제4호너목의 시설로서 성장관리계획 및 지구단위계획이 수립되지 않은 지역에 설치하는 것

(3) 「건축법 시행령」 별표 1 제4호더목의 단란주점

마.「건축법 시행령」 별표 1 제7호의 판매시설(성장관리계획 또는 지구단위계획구역에 설치하는 판매시설로서 그 용도에 쓰이는 바닥면적의 합계가 3천제곱미터 미만인 경우는 제외한다)

바.「건축법 시행령」 별표 1 제14호의 업무시설

사.「건축법 시행령」 별표 1 제15호의 숙박시설로서 국토교통부령으로 정하는 기준에 해당하는 지역에 설치하는 것

아.「건축법 시행령」 별표 1 제16호의 위락시설

자.「건축법 시행령」 별표 1 제17호의 공장 중 다음의 어느 하나에 해당하는 것. 다만, 「공익사업을 위한 토지 등의 취득 및 보상에 관한 법률」에 따른 공익사업 및 「도시개발법」에 따른 도시개발사업으로 해당 특별시·광역시·특별자치시·특별자치도·시 또는 군의 관할구역으로 이전하는 레미콘 또는 아스콘 공장과 성장관리계획구역에 설치하는 공장(「대기환경보전법」, 「물환경보전법」, 「소음·진동관리법」 또는 「악취방지법」에 따른 배출시설의 설치 허가 또는 신고 대상이 아닌 공장으로 한정한다)은 제외한다.

(1) 별표 16제2호아목(1)부터 (4)까지에 해당하는 것. 다만, 인쇄·출판시설이나 사진처리시설로서 「물환경보전법」 제2조제8호에 따라 배출되는 특정수질유해물질을 전량 위탁처리하는 경우는 제외한다.

(2) 화학제품시설(석유정제시설을 포함한다). 다만, 다음의 어느 하나에 해당하는 시설로서 폐수를 「하수도법」 제2조제9호에 따른 공공하수처리시설 또는 「물환경보전법」 제2조제17호에 따른 공공폐수처리시설로 전량 유입하여 처리하거나 전량 재이용 또는 전량 위탁처리하는 경우는 제외한다.

(가) 물, 용제류 등 액체성 물질을 사용하지 않고 제품의 성분이 용해·용출되는 공정이 없는 고체성 화학제품 제조시설

(나) 「화장품법」 제2조제3호에 따른 유기농화장품 제조시설

(다) 「농약관리법」 제30조제2항에 따른 천연식물보호제 제조시설

(라) 「친환경농어업 육성 및 유기식품 등의 관리·지원에 관한 법률」 제2조제6호에 따른 유기농어업자재 제조시설

(마) 동·식물 등 생물을 기원(起源)으로 하는 산물(이하 "천연물"이라 한다)에서 추출된 재료를 사용하는 다음의 시설[「대기환경보전법」 제2조제11호에 따른 대기오염물질배출시설 중 반응시설, 정제시설(분리·증류·추출·여과 시설을 포함한다), 용융·용해시설 및 농축시설을 설치하지 않는 경우로서 「물환경보전법」 제2조제4호에 따른 폐수의 1일 최대 배출량이 20세제곱미터 이하인 제조시설로 한정한다]

1) 비누 및 세제 제조시설

2) 공중위생용 해충 구제제 제조시설(밀폐된 단순 혼합공정만 있는 제조시설로서 특별시장·광역시장·특별자치시장·특별자치도지사·시장 또는 군수가 해당 지방도시계획위원회의 심의를 거쳐 인근의 주거환경 등에 미치는 영향이 적다고 인정하는 시설로 한정한다)

(3) 제1차금속, 가공금속제품 및 기계장비 제조시설 중 「폐기물관리법 시행령」 별표 1 제4호에 따른 폐유기용제류를 발생시키는 것

(4) 가죽 및 모피를 물 또는 화학약품을 사용하여 저장하거나 가공하는 것

(5) 섬유제조시설 중 감량·정련·표백 및 염색 시설. 다만, 다음의 기준을 모두 충족하는 염색시설은 제외한다.

(가) 천연물에서 추출되는 염료만을 사용할 것

(나) 「대기환경보전법」 제2조제11호에 따른 대기오염물질 배출시설 중 표백시설, 정련시설이 없는 경우로서 금속성 매염제를 사용하지 않을 것

(다) 「「물환경보전법」 제2조제4호에 따른 폐수의 1일 최대 배출량이 20세제곱미터 이하일 것

(라) 폐수를 「하수도법」 제2조제9호에 따른 공공하수처리시설 또는 「물환경보전법」 제2조제17호에 따른 공공폐수처리시설로 전량 유입하여 처리하거나 전량 재이용 또는 전량 위탁처리할 것

(6) 「수도권정비계획법」 제6조제1항제3호에 따른 자연보전권역 외의 지역 및 「환경정책기본법」 제38조에 따른 특별대책지역 외의 지역의 사업장 중 「폐기물관리법」 제25조에 따른 폐기물처리업 허가를 받은 사업장. 다만, 「폐기물관리법」 제25조제5항제5호부터 제7호까지의 규정에 따른 폐기물 중간·최종·종합재활용업으로서 특정수질유해물질이 「물환경보전법」 시행

령」 제31조제1항제1호에 따른 기준 미만으로 배출되는 경우는 제외한다.

(7) 「수도권정비계획법」 제6조제1항제3호에 따른 자연보전권역 및 「환경정책기본법」 제38조에 따른 특별대책지역에 설치되는 부지면적(둘 이상의 공장을 함께 건축하거나 기존 공장부지에 접하여 건축하는 경우와 둘 이상의 부지가 너비 8미터 미만의 도로에 서로 접하는 경우에는 그 면적의 합계를 말한다) 1만제곱미터 미만의 것. 다만, 특별시장·광역시장·특별자치시장·특별자치도지사·시장 또는 군수가 1만5천제곱미터 이상의 면적을 정하여 공장의 건축이 가능한 지역으로 고시한 지역 안에 입지하는 경우나 자연보전권역 또는 특별대책지역에 준공되어 운영 중인 공장 또는 제조업소는 제외한다.

2. 지역 여건 등을 고려하여 도시·군계획조례로 정하는 바에 따라 건축할 수 없는 건축물

가. 4층 이하의 범위에서 도시·군계획조례로 따로 정한 층수를 초과하는 모든 건축물

나. 「건축법 시행령」 별표 1 제2호의 공동주택(제1호나목에 해당하는 것은 제외한다)

다. 「건축법 시행령」 별표 1 제4호아목, 자목, 너목 및 러목(안마시술소만 해당한다)에 따른 제2종 근린생활시설

라. 「건축법 시행령」 별표 1 제4호의 제2종 근린생활시설 중 일반음식점·휴게음식점·제과점으로서 도시·군계획조례로 정하는 지역에 설치하는 것과 안마시술소 및 같은 호 너목에 해당하는 것

마. 「건축법 시행령」 별표 1 제5호의 문화 및 집회시설

바. 「건축법 시행령」 별표 1 제6호의 종교시설

사. 「건축법 시행령」 별표 1 제8호의 운수시설

아. 「건축법 시행령」 별표 1 제9호의 의료시설 중 종합병원·병원·치과병원 및 한방병원

자. 「건축법 시행령」 별표 1 제10호의 교육연구시설 중 같은 호 다목부터 마목까지에 해당하는 것

차. 「건축법 시행령」 별표 1 제13호의 운동시설(운동장은 제외한다)

카. 「건축법 시행령」 별표 1 제15호의 숙박시설로서 도시·군계획조례로 정하는 지역에 설치하는 것

타. 「건축법 시행령」 별표 1 제17호의 공장 중 다음의 어느 하나에 해당하는 것

(1) 「수도권정비계획법」 제6조제1항제3호에 따른 자연보전권역 외의 지역 및 「환경정책기본법」 제38조에 따른 특별대책지역 외의 지역에 설치되는 경우(제1호자목에 해당하는 것은 제외한다)

(2) 「수도권정비계획법」 제6조제1항제3호에 따른 자연보전권역 및 「환경정책기본법」 제38조에 따른 특별대책지역에 설치되는 것으로서 제1호자목(7)에 해당하지 아니하는 경우

(3) 「공익사업을 위한 토지 등의 취득 및 보상에 관한 법률」에 따른 공익사업 및 「도시개발법」에 따른 도시개발사업으로 해당 특별시·광역시·특별자치시·특별자치도·시 또는 군의 관할구역으로 이전하는 레미콘 또는 아스콘 공장

파. 「건축법 시행령」 별표 1 제18호의 창고시설(창고 중 농업·임업·축산업·수산업용으로 쓰는 것은 제외한다)

하. 「건축법 시행령」 별표 1 제19호의 위험물 저장 및 처리 시설

거. 「건축법 시행령」 별표 1 제20호의 자동차 관련 시설

너. 「건축법 시행령」 별표 1 제27호의 관광 휴게시설

[별표 21] 〈개정 2023.5.15.〉

농림지역안에서 건축할 수 있는 건축물(제71조제1항제20호관련)

1. 건축할 수 있는 건축물

가. 「건축법 시행령」 별표 1 제1호의 단독주택으로서 현저한 자연훼손을 가져오지 아니하는 범위 안에서 건축하는 농어가주택(「농지법」 제32조제1항제3호에 따른 농업인 주택 및 어업인 주택을 말한다. 이하 같다)

나. 「건축법 시행령」 별표 1 제3호사목(공중화장실, 대피소, 그 밖에 이와 비슷한 것만 해당한다) 및 아목에 따른 제1종 근린생활시설

다. 「건축법 시행령」 별표 1 제10호의 교육연구시설 중 초등학교

라. 「건축법 시행령」 별표 1 제18호 가목의 창고(농업 · 임업 · 축산업 · 수산업용만 해당한다)

마. 「건축법 시행령」 별표 1 제21호마목부터 사목까지의 규정에 따른 시설 및 같은 호 아목에 따른 시설 중 식물과 관련된마목부터 사목까지의 규정에 따른 시설과 비슷한 것

바. 「건축법 시행령」 별표 1 제25호의 발전시설

2. 도시·군계획조례가 정하는 바에 의하여 건축할 수 있는 건축물

가. 「건축법 시행령」 별표 1 제3호의 제1종 근린생활시설[같은 호 나목, 사목(공중화장실, 대피소, 그 밖에 이와 비슷한 것만 해당한다) 및 아목은 제외한다]

나. 「건축법 시행령」 별표 1 제4호의 제2종 근린생활시설[같은 호 아목, 자목, 너목(농기계수리시설은 제외 한다), 더목 및 러목(안마시술소만 해당한다)은 제외한다]

다. 「건축법 시행령」 별표 1 제5호의 문화 및 집회시설 중 동호 마목에 해당하 는 것

라. 「건축법 시행령」 별표 1 제6호의 종교시설

마. 「건축법 시행령」 별표 1 제9호의 의료시설

바. 「건축법 시행령」 별표 1 제12호의 수련시설

사. 「건축법 시행령」 별표 1 제19호의 위험물저장 및 처리시설 중 액화석유가스 충전소 및 고압가스충전 · 저장소

아. 「「건축법 시행령」 별표 1 제21호가목부터 라목까지의 규정에 따른 시설 및 같은 호 아목에 따른 시설 중 동물과 관련된 가목부터 라목까지의 규정에 따른 시설과 비슷한 것

자. 「건축법 시행령」 별표 1 제22호의 자원순환 관련 시설

차. 「건축법 시행령」 별표 1 제23호의 교정시설

카. 「건축법 시행령」 별표 1 제23호의2의 국방 · 군사시설

타. 「건축법 시행령」 별표 1 제24호의 방송통신시설

파. 「건축법 시행령」 별표 1 제26호의 묘지관련시설

시 행 령 [별 표]

하. 「건축법 시행령」 별표 1 제28호의 장례시설

거. 「건축법 시행령」 별표 1 제29호의 야영장 시설

비고

「국토의 계획 및 이용에 관한 법률」 제76조제5항제3호에 따라 농림지역 중 농업진흥지역, 보전산지 또는 초지인 경우에 건축물이나 그 밖의 시설의 용도 · 종류 및 규모 등의 제한에 관하여는 각각 「농지법」, 「산지관리법」 또는 「초지법」에서 정하는 바에 따른다.

[별표 22] 〈개정 2023.5.15.〉

자연환경보전지역안에서 건축할 수 있는

건축물(제71조제1항제21호관련)

1. 건축할 수 있는 건축물

가. 「건축법 시행령」 별표 1 제1호의 단독주택으로서 현저한 자연훼손을 가져오지 아니하는 범위 안에서 건축하는 농어가주택

나. 「건축법 시행령」 별표 1 제10호의 교육연구시설 중 초등학교

2. 도시·군계획조례가 정하는 바에 의하여 건축할 수 있는 건축물(수질오염 및 경관 훼손의 우려가 없다고 인정하여 도시·군계획조례가 정하는 지역내에서 건축하는 것에 한한다)

가. 「건축법 시행령」 별표 1 제3호의 제1종 근린생활시설 중 같은 호 가목, 바목, 사목(지역아동센터는 제외한다) 및 아목

나. 「건축법 시행령」 별표 1 제4호의 제2종 근린생활시설 중 종교집회장으로서 지목이 종교용지인 토지에 건축하는 것

다. 「건축법 시행령」 별표 1 제6호의 종교시설로서 지목이 종교용지인 토지에 건축하는 것

라. 「건축법 시행령」 별표 1 제19호바목의 고압가스 충전소· 판매소· 저장소 중 「환경친화적 자동차의 개발 및 보급 촉진에 관한 법률」 제2조제9호의 수소

연료공급시설

마. 「건축법 시행령」 별표 1 제21호가목에 따른 시설 중 양어시설(양식장을 포함한다. 이하 이 목에서 같다), 같은 호 마목부터 사목까지의 규정에 따른 시설, 같은 호 아목에 따른 시설 중양어시설과 비슷한 것 및 같은 목 중 식물과 관련된 마목부터 사목까지의 규정에 따른 시설과 비슷한 것

바. 「건축법 시행령」 별표 1 제22호가목의 하수 등 처리시설(「하수도법」 제2조제9호에 따른 공공하수처리시설만 해당한다)

사. 「건축법 시행령」 별표 1 제23호의2의 국방 · 군사시설 중 관할 시장 · 군수 또는 구청장이 입지의 불가피성을 인정한 범위에서 건축하는 시설

아. 「건축법 시행령」 별표 1 제25호의 발전시설

자. 「건축법 시행령」 별표 1 제26호의 묘지관련시설

[별표 23] 〈개정 2023.5.15.〉

자연취락지구안에서 건축할 수 있는 건축물(제78조관련)

1. 건축할 수 있는 건축물(4층 이하의 건축물에 한한다. 다만, 4층 이하의 범위안에서 도시·군계획조례로 따로 층수를 정하는 경우에는 그 층수 이하의 건축물에 한한다)

가. 「건축법 시행령」 별표 1 제1호의 단독주택

나. 「건축법 시행령」 별표 1 제3호의 제1종 근린생활시설

다. 「건축법 시행령」 별표 1 제4호의 제2종 근린생활시설[같은 호 아목, 자목, 너목 더목 및 러목(안마시술소만 해당한다)은 제외한다]

라. 「건축법 시행령」 별표 1 제13호의 운동시설

마. 「건축법 시행령」 별표 1 제18호 가목의 창고(농업 · 임업 · 축산업 · 수산업용만 해당한다)

바. 「건축법 시행령」 별표 1 제21호의 동물 및 식물관련시설

사. 「건축법 시행령」 별표 1 제23호의 교정시설

아. 「건축법 시행령」 별표 1 제23호의2의 국방 · 군사시설

자. 「건축법 시행령」 별표 1 제24호의 방송통신시설

차. 「건축법 시행령」 별표 1 제25호의 발전시설

2. 도시·군계획조례가 정하는 바에 의하여 건축할 수 있는 건축물(4층 이하의 건축물에 한한다. 다만, 4층 이하의 범위안에서 도시·군계획조례로 따로 층수를 정하는 경우에는 그 층수 이하의 건축물에 한한다)

가. 「건축법 시행령」 별표 1 제2호의 공동주택(아파트를 제외한다)

나. 「건축법 시행령」 별표 1 제4호아목· 자목· 너목 및 러목(안마시술소만 해당한다)에 따른 제2종 근린생활시설

다. 「건축법 시행령」 별표 1 제5호의 문화 및 집회시설

라. 「건축법 시행령」 별표 1 제6호의 종교시설

마. 「건축법 시행령」 별표 1 제7호의 판매시설 중 다음의 어느 하나에 해당하는 것

(1) 「농수산물유통 및 가격안정에 관한 법률」 제2조에 따른 농수산물공판장

(2) 「농수산물유통 및 가격안정에 관한 법률」 제68조제2항에 따른 농수산물직판장으로서 해당용도에 쓰이는 바닥면적의 합계가 1만제곱미터 미만인 것(「농어업 · 농어촌 및 식품산업 기본법」 제3조제2호에 따른 농업인 · 어업인, 같은 법 제25조에 따른 후계농어업경영인, 같은 법 제26조에 따른 전업농어업인 또는 지방자치단체가 설치 · 운영하는 것에 한한다)

바. 「건축법 시행령」 별표 1 제9호의 의료시설 중 종합병원 · 병원 · 치과병원 · 한방병원 및 요양병원

사. 「건축법 시행령」 별표 1 제10호의 교육연구시설

아. 「건축법 시행령」 별표 1 제11호의 노유자시설

자. 「건축법 시행령」 별표 1 제12호의 수련시설

차. 「건축법 시행령」 별표 1 제15호의 숙박시설로서 「관광진흥법」 에 따라 지정된 관광지 및 관광단지에 건축하는 것

카. 「건축법 시행령」 별표 1 제17호의 공장 중 도정공장 및 식품공장과 읍 · 면지 역에 건축하는 제재업의 공장 및 첨단업종의 공장으로서 별표 16제2호아목 (1)부터 (4)까지의 어느 하나에 해당하지 아니하는 것

타. 「건축법 시행령」 별표 1 제19호의 위험물저장 및 처리시설
파. 「건축법 시행령」 별표 1 제20호의 자동차 관련시설 중 주차장 및 세차장
하. 「건축법 시행령」 별표 1 제22호의 자원순환 관련 시설
거. 「건축법 시행령」 별표 1 제29호의 야영장 시설

[별표 24] 〈개정 2024.5.7.〉

시가화조정구역안에서 할 수 있는 행위(제88조관련)

1. 법 제81조제2항제1호의 규정에 의하여 할 수 있는 행위 : 농업 · 임업 또는 어업을 영위하는 자가 행하는 다음 각 목의 1에 해당하는 건축물 그 밖의 시설의 건축
가. 축사
나. 퇴비사
다. 잠실
라. 창고(저장 및 보관시설을 포함한다)
마. 생산시설(단순가공시설을 포함한다)
바. 관리용건축물로서 기존 관리용건축물의 면적을 포함하여 33제곱미터 이하인것
사. 양어장
2. 법 제81조제2항제2호의 규정에 의하여 할 수 있는 행위
가. 주택 및 그 부속건축물의 건축으로서 다음의 1에 해당하는 행위
(1) 주택의 증축(기존주택의 면적을 포함하여 100제곱미터 이하에 해당하는 면적의 증축을 말한다)
(2) 부속건축물의 건축(주택 또는 이에 준하는 건축물에 부속되는 것에 한하되, 기존건축물의 면적을 포함하여 33제곱미터 이하에 해당하는 면적의 신축 · 증축 · 재축 또는 대수선을 말한다)
나. 마을공동시설의 설치로서 다음의 1에 해당하는 행위
(1) 농로 · 제방 및 사방시설의 설치
(2) 새마을회관의 설치
(3) 기존정미소(개인소유의 것을 포함한다)의 증축 및 이축(시가화조정구역의 인접지에서 시행하는 공공사업으로 인하여 시가화조정구역안으로 이전하는 경우를 포함한다)
(4) 정자 등 간이휴게소의 설치
(5) 농기계수리소 및 농기계용 유류판매소(개인소유의 것을 포함한다)의 설치
(6) 선착장 및 물양장(소형선 부두)의 설치
다. 공익시설 · 공용시설 및 공공시설 등의 설치로서 다음의 1에 해당하는 행위
(1) 공익사업을위한토지등의취득및보상에관한법률 제4조에 해당하는 공익사업을 위한 시설의 설치
(2) 국가유산의 복원과 국가유산관리용 건축물의 설치
(3) 보건소 · 경찰파출소 · 119안전센터 · 우체국 및 읍 · 면 · 동사무소의 설치
(4) 공공도서관 · 전신전화국 · 직업훈련소 · 연구소 · 양수장 · 초소 · 대피소 및 공중화장실과 예비군운영에 필요한 시설의 설치
(5) 농업협동조합법에 의한 조합, 산림조합 및 수산업협동조합(어촌계를 포함한다)의 공동구판장 · 하치장 및 창고의 설치
(6) 사회복지시설의 설치
(7) 환경오염방지시설의 설치
(8) 교정시설의 설치
(9) 야외음악당 및 야외극장의 설치
라. 광공업 등을 위한 건축물 및 공작물의 설치로서 다음의 1에 해당하는 행위
(1) 시가화조정구역 지정당시 이미 외국인투자기업이 경영하는 공장, 수출품의 생산 및 가공공장, 「중소기업진흥에 관한 법률」 제29조에 따라 중소기업협동화실천계획의 승인을 얻어 설립된 공장 그 밖에 수출진흥과 경제발전에 현저히 기여할 수 있는 공장의 증축(증축면적은 기존시설 연면적의 100퍼센트에 해당하는 면적 이하로 하되, 증축을 위한 토지의 형질변경은 증축할 건축물의 바닥면적의 200퍼센트를 초과할 수 없다)과 부대시설의 설치
(2) 시가화조정구역 지정당시 이미 관계법령의 규정에 의하여 설치된 공장의

시 행 령 [별 표]

부대시설의 설치(새로운 대지조성은 허용되지 아니하며, 기존공장 부지안에서의 건축에 한한다)

(3) 시가화조정구역 지정당시 이미 광업법에 의하여 설정된 광업권의 대상이 되는 광물의 개발에 필요한 가설건축물 또는 공작물의 설치

(4) 토석의 채취에 필요한 가설건축물 또는 공작물의 설치

마. 기존 건축물의 동일한 용도 및 규모안에서의 개축 · 재축 및 대수선

바. 시가화조정구역안에서 허용되는 건축물의 건축 또는 공작물의 설치를 위한 공사용 가설건축물과 그 공사에 소요되는 블록 · 시멘트벽돌 · 쇄석 · 레미콘 및 아스콘 등을 생산하는 가설공작물의 설치

사. 다음의 1에 해당하는 용도변경행위

(1) 관계법령에 의하여 적법하게 건축된 건축물의 용도를 시가화조정구역안에 서의 신축이 허용되는 건축물로 변경하는 행위

(2) 공장의 업종변경(오염물질 등의 배출이나 공해의 정도가 변경전의 수준을 초과하지 아니하는 경우에 한한다)

(3) 공장 · 주택 등 시가화조정구역안에서의 신축이 금지된 시설의 용도를 근린생활시설(수퍼마켓 · 일용품소매점 · 취사용가스판매점 · 일반음식점 · 다과점 · 다방 · 이 용원 · 미용원 · 세탁소 · 목욕탕 · 사진관 · 목공소 · 의원 · 약국 · 접골시술소 · 안마시술소 · 침구시술소 · 조산소 · 동물병원 · 기원 · 당구장 · 장의사 · 탁구장 등 간이운동시설 및 간이수리점에 한한다) 또는 종교시설로 변경하는 행위

아. 종교시설의 증축(새로운 대지조성은 허용되지 아니하며, 증축면적은 시가화조 정구역 지정당시의 종교시설 연면적의 200퍼센트를 초과할 수 없다)

3. 법 제81조제2항제3호의 규정에 의하여 할 수 있는 행위

가. 입목의 벌채, 조림, 육림, 토석의 채취

나. 다음의 1에 해당하는 토지의 형질변경

(1) 제1호 및 제2호의 규정에 의한 건축물의 건축 또는 공작물의 설치를 위한 토지의 형질변경

(2) 공익사업을위한토지등의취득및보상에관한법률 제4조에 해당하는 공익사업 을 수행하기 위한 토지의 형질변경

(3) 농업 · 임업 및 어업을 위한 개간과 축산을 위한 초지조성을 목적으로 하는 토지의 형질변경

(4) 시가화조정구역 지정당시 이미 광업법에 의하여 설정된 광업권의 대상이 되는 광물의 개발을 위한 토지의 형질변경

다. 토지의 합병 및 분할

[별표 25] <개정 2010.4.29>

시가화조정구역안에서 허가를 거부할 수 없는 행위(제89조관련)

1. 제52조제1항 각 호 및 제53조 각 호의 경미한 행위

2. 다음 각 목의 1에 해당하는 행위

가. 축사의 설치 : 1가구(시가화조정구역안에서 주택을 소유하면서 거주하는 경우 로서 농업 또는 어업에 종사하는 1세대를 말한다. 이하 이 호에서 같다)당 기존 축사의 면적을 포함하여 300제곱미터 이하(나환자촌의 경우에는 500제곱미터 이하). 다만, 과수원 · 초지 등의 관리사 인근에는 100제곱미터 이하의 축사를 별도로 설치할 수 있다.

나. 퇴비사의 설치 : 1가구당 기존퇴비사의 면적을 포함하여 100제곱미터 이하

다. 잠실의 설치 : 뽕나무밭 조성면적 2천제곱미터당 또는 뽕나무 1천800주당 50제곱미터 이하

라. 창고의 설치 : 시가화조정구역안의 토지 또는 그 토지와 일체가 되는 토지에 서 생산되는 생산물의 저장에 필요한 것으로서 기존창고면적을 포함하여 그 토지면적의 0.5퍼센트 이하. 다만, 감귤을 저장하기 위한 경우에는 1퍼센트 이하로 한다.

마. 관리용건축물의 설치 : 과수원 · 초지 · 유실수단지 또는 원예단지안에 설치하되, 생산에 직접 공여되는 토지면적의 0.5퍼센트 이하로서 기존관리용 건축물의 면적을 포함하여 33제곱미터 이하

3. 건축법 제14조제1항 각 호의 건축신고로서 건축허가를 갈음하는 행위

[별표 26] 삭제 〈2008.7.28.〉

[별표 27] 삭제 〈2016.5.17.〉

[별표 28] 〈개정 2019.12.31.〉

과태료의 부과 기준(제134조제1항 관련)

위반행위	해당 법조문	과태료 금액
1. 법 제44조의3제2항에 따른 허가를 받지 아니하고 공동구를 점용하거나 사용한 자	법 제144조 제1항제1호	800만원
2. 법 제56조제4항 단서에 따른 신고를 하지 아니한 자	법 제144조 제2항제1호	200만원
3. 정당한 사유 없이 법 제130조제1항에 따른 행위를 방해하거나 거부한 자	법 제144조 제1항제2호	600만원
4. 법 제130조제2항부터 제4항까지의 규정에 따른 허가 또는 동의를 받지 아니하고 같은 조 제1항에 따른 행위를 한 자	법 제144조 제1항제3호	500만원
5. 법 제137조제1항에 따른 검사를 거부 · 방해하거나 기피한 자	법 제144조 제1항제4호	500만원
6. 법 제137조제1항에 따른 보고 또는 자료 제출을 하지 아니하거나, 거짓된 보고 또는 자료 제출을 한 자	법 제144조 제2항제2호	300만원

[별표 1] 〈개정 2020.3.2〉

기반시설별 조성비용으로 볼 수 있는 실제 투입 조성비용(제11조의2 관련)

1. 기반시설별 조성비용으로 인정할 수 있는 실제 투입 조성비용은 납부의무자가 해당 기반시설의 조성과 관련하여 지출한 다음 각 목의 비용을 합한 금액으로서 산출내역서와 증명 서류를 갖추어 제시한 금액으로 산정한다.
   가. 순공사비: 해당 기반시설의 조성을 위하여 지출한 재료비 · 노무비 · 경비 · 제세공과금의 합계액. 다만, 재료비 · 노무비 · 경비는 「국가를 당사자로 하는 계약에 관한 법률 시행령」 제9조 또는 「지방자치단체를 당사자로 하는 계약에 관한 법률 시행령」 제10조에 따른 예정가격의 결정기준 중 공사원가계산을 위한 재료비 · 노무비 · 경비의 산출방법을 적용하여 산출하되, 정부표준품셈과 단가(정부고시가격이 있는 경우에는 그 금액을 말한다)에 따른 금액을 초과하지 아니하는 금액이어야 한다.
   나. 조사비: 직접 해당 기반시설의 조성을 위한 측량비, 그 밖에 조사에 소요된 비용으로서 가목에 따른 순공사비에 해당되지 아니하는 비용. 다만, 「엔지니어링기술 진흥법」 제10조에 따른 엔지니어링사업대가의 기준에 따라 산정한 금액을 초과하지 아니하는 금액이어야 한다.
   다. 설계비: 해당 기반시설의 설계를 위하여 지출한 비용. 다만, 「엔지니어링기술 진흥법」 제10조에 따른 엔지니어링사업대가의 기준에 따라 산정한 금액을 초과하지 아니하는 금액이어야 한다.
   라. 일반관리비: 해당 기반시설의 조성과 관련하여 관리활동부문에서 발생한 제비용의 합계액으로서 「국가를 당사자로 하는 계약에 관한 법률 시행령」 제9조 또는 「지방자치단체를 당사자로 하는 계약에 관한 법률 시행령」 제10조에 따른 예정가격결정을 위한 기준과 요율을 적용하여 산정한 금액을 말한다.
   마. 그 밖의 경비: 토지가액에 포함되지 아니한 기반시설 구역의 건물 · 입목 · 영업권 등에 대한 보상비
2. 납부의무자가 「건설산업기본법」에 따라 등록한 건설업사업자와의 도급계약, 「엔지니어링기술 진흥법」에 따라 신고한 엔지니어링활동주체와의 엔지니어링사업계약 등 명백한 원인에 따라 지출한 비용을 근거로 산정하여 제시한 조성비용이 제1호에 따라 산정한 금액을 초과하는 경우에는 그 조성비용을 기반시설별 조성비용으로 인정할 수 있다.

※ 비 고: 특별시장 · 광역시장 · 시장 또는 군수는 제1호에 따라 납부의무자가 제시한 금액의 사실 여부 확인 및 금액의 산출에 있어 해당 기반시설의 조성 내용과 성질 등이 특수하여 그 확인 또는 금액 산출이 곤란한 경우에는 「건설기술관리법」 제28조에 따라 등록된 감리전문회사 또는 「국가를 당사자로 하는 계약에 관한 법률 시행규칙」 제9조제2항에 따른 원가계산 용역기관에 그 확인 또는 금액 산출을 의뢰할 수 있다.

[별표 1의2] 〈신설 2024.5.29.〉

생산관리지역에서 휴게음식점을 설치할 수 없는 지역(제11조의9 관련)

다음 각 호의 어느 하나에 해당하는 지역. 다만, 「하수도법」에 따른 공공하수처리시설이 설치 · 운영되거나 다음 각 호의 지역 내 10호 이상의 자연마을이 형성된 지역은 제외한다.

1. 저수를 광역상수원으로 이용하는 댐의 계획홍수위선(계획홍수위선이 없는 경우에는 상시만수위선을 말한다. 이하 같다)으로부터 1킬로미터 이내인 집수구역
2. 저수를 광역상수원으로 이용하는 댐의 계획홍수위선으로부터 수계상 상류방향으로 유하거리가 20킬로미터 이내인 하천의 양안(兩岸: 양쪽 기슭) 중 해당 하천의 경계로부터 1킬로미터 이내인 집수구역
3. 제2호의 하천으로 유입되는 지천(제1지류인 하천을 말하며, 계획홍수위선으로부터 20킬로미터 이내에서 유입되는 경우로 한정한다. 이하 이 호에서 같다)의 유입지점으로부터 수계상 상류방향으로 유하거리가 10킬로미터 이내인 지천의 양안 중 해당 지천의 경계로부터 500미터 이내인 집수구역
4. 상수원보호구역으로부터 500미터 이내인 집수구역
5. 상수원보호구역으로 유입되는 하천의 유입지점으로부터 수계상 상류방향으로 유하거리가 10킬로미터 이내인 하천의 양안 중 해당 하천의 경계로부터 500

미터 이내인 집수구역

6. 유효저수량이 30만세제곱미터 이상인 농업용저수지의 계획홍수위선의 경계로부터 200미터 이내인 집수구역

7. 「하천법」 에 따른 국가하천 · 지방하천(도시 · 군계획조례로 정하는 지방하천은 제외한다)의 양안 중 해당 하천의 경계로부터 직선거리가 100미터 이내인 집수구역(「하천법」 제10조에 따른 연안구역을 제외한다)

주

1) "집수구역"이란 빗물이 상수원 · 하천 · 저수지 등으로 흘러드는 지역으로서 주변의 능선을 잇는 선으로 둘러싸인 구역을 말한다.

2) "유하거리"란 하천 · 호소 또는 이에 준하는 수역의 중심선을 따라 물이 흘러가는 방향으로 잰 거리를 말한다.

3) "제1지류"란 본천으로 직접 유입되는 지천을 말한다.

[별표 2] 〈개정 2024.5.29.〉

계획관리지역에서 휴게음식점 등을 설치할 수 없는 지역(제12조 관련)

다음 각 호의 어느 하나에 해당하는 지역. 다만, 「하수도법」 에 따른 공공하수처리시설이 설치·운영되거나 다음 각 호의 지역 내 10호 이상의 자연마을이 형성된 지역은 제외한다.

1. 저수를 광역상수원으로 이용하는 댐의 계획홍수위선(계획홍수위선이 없는 경우에는 상시만수위선을 말한다. 이하 같다)으로부터 1킬로미터 이내인 집수구역
2. 저수를 광역상수원으로 이용하는 댐의 계획홍수위선으로부터 수계상 상류방향으로 유하거리가 20킬로미터 이내인 하천의 양안(兩岸: 양쪽 기슭) 중 해당 하천의 경계로부터 1킬로미터 이내인 집수구역
3. 제2호의 하천으로 유입되는 지천(제1지류인 하천을 말하며, 계획홍수위선으로부터 20킬로미터 이내에서 유입되는 경우에 한정한다. 이하 이 호에서 같다)의 유입지점으로부터 수계상 상류방향으로 유하거리가 10킬로미터 이내인 지천의 양안 중 해당 지천의 경계로부터 500미터 이내인 집수구역

시 행 규 칙 [별 표]

4. 상수원보호구역으로부터 500미터 이내인 집수구역
5. 상수원보호구역으로 유입되는 하천의 유입지점으로부터 수계상 상류방향으로 유하거리가 10킬로미터 이내인 하천의 양안 중 해당 하천의 경계로부터 500미터 이내인 집수구역
6. 유효저수량이 30만세제곱미터 이상인 농업용저수지의 계획홍수위선의 경계로부터 200미터 이내인 집수구역
7. 「하천법」 에 따른 국가하천· 지방하천(도시· 군계획조례로 정하는 지방하천은 제외한다)의 양안 중 해당 하천의 경계로부터 직선거리가 100미터 이내인 집수구역(「하천법」 제10조에 따른 연안구역을 제외한다)
8. 삭제 〈2024.5.29.〉

※ 주

1) "집수구역"이란 빗물이 상수원· 하천· 저수지 등으로 흘러드는 지역으로서 주변의 능선을 잇는 선으로 둘러싸인 구역을 말한다.

2) "유하거리"란 하천· 호소 또는 이에 준하는 수역의 중심선을 따라 물이 흘러가는 방향으로 잰 거리를 말한다.

3) "제1지류"란 본천으로 직접 유입되는 지천을 말한다.

駐 車 場 法

최종개정 : 주 차 장 법　　2025. 1. 31.
시 행 령　　2024. 9. 19.
시 행 규 칙　　2024. 9. 20.

【주차장법】 개정이유 및 주요내용 〈법제처 제공〉

■ 2025.1.31. 개정(2025.1.31. 시행)

◇ 개정이유 및 주요내용

노상주차장, 노외주차장, 부설주차장에 영유아와 동반하여 탑승하거나 임산부가 탑승한 자동차를 위한 전용주차구획 등을 설치 또는 지정할 수 있는 근거를 마련하는 등 양육 친화적인 환경을 조성하기 위하여 현행 제도의 운영상 나타난 일부 미비점을 개선·보완함.

■ 2024.3.19. 개정(2024.9.20. 시행)

◇ 개정이유 및 주요내용

주차장에서 야영행위, 취사행위 또는 불을 피우는 행위를 하는 것을 금지하고, 이를 위반하는 경우 50만원 이하의 과태료를 부과함.

■ 2024.1.9. 개정(2024.7.10. 시행)

◇ 개정이유 및 주요내용

승용차공동이용 자동차가 「여객자동차 운수사업법」에 따른 자동차대여사업자가 제공하는 자동차로서 승용차공동이용 서비스를 이용하는 회원이 자동차가 필요할 때 시간단위로 예약하여 이용할 수 있는 차량을 의미한다는 점을 명시하고, 주차요금이 징수되지 않는 노상주차장 및 노외주차장 등에 정당한 사유 없이 일정 기간 이상 계속하여 고정적으로 주차하는 경우에도 주차방법의 변경 등이 가능하게 하며, 특별시장·광역시장, 시장·군수 또는 구청장이 노외주차장을 설치한 경우 승용차공동이용 자동차의 주차를 위한 구역을 지정할 수 있도록 하는 등 현행 제도의 운영상 나타난 일부 미비점을 개선·보완함.

■ 2023.8.16. 개정(2024.8.17., 2025.8.17. 시행)

◇ 개정이유 및 주요내용

시장·군수 또는 구청장이 개방주차장의 위치, 개방시간 및 주차요금 등을 인터넷 홈페이지에 게재하는 등의 방법으로 홍보하도록 하고, 기계식주차장치의 안전도인증 업무 주체를 시장·군수 또는 구청장에서 국토교통부장관으로 일원화하며, 기계식주차장의 수시검사 제도를 도입하고, 기계식주차장치 보수원에 대한 안전교육 이수 의무를 신설하며, 일정 규모 이상의 기계식주차장치를 운영하는 기계식주차장관리자 등의 보험 가입 의무를 신설하는 한편,

직접 기계식주차장치를 관리하는 기계식주차장관리자 등에 대한 안전관리교육 및 보수교육 이수 의무를 부여하고, 기계식주차장관리자 등은 주차장치 운행의 안전에 관한 자체점검을 월 1회 이상 실시하도록 하며, 사고조사판정위원회의 명칭을 사고조사위원회로 변경하고, 재발 방지 방안 마련을 사고조사위원회의 기능으로 추가하며, 기계식주차장치 운행중지명령의 근거를 마련하는 등 현행 제도의 운영상 나타난 일부 미비점을 개선 보완함.

■ 2021.12.7. 개정(2022.6.8. 시행)

◇ 개정이유 및 주요내용

현행법은 택지개발사업, 산업단지개발사업, 도시재개발사업, 도시철도건설사업 및 그 밖에 단지 조성 등을 목적으로 하는 사업을 시행하는 경우에 일정 규모 이상의 노외주차장을 설치하도록 하고, 단지조성사업등의 종류ㆍ규모와 노외주차장의 규모 등은 해당 지방자치단체의 조례로 정하도록 하고 있음.

이와 관련하여 부산, 인천 등 물류 수송량이 많은 주요 수출입 항구가 있는 지방자치단체의 조례를 확인한 결과 단지조성사업등의 종류에 항만배후단지조성사업이 포함되어 있지 않아 항만의 물류 수송을 위한 노외주차장의 설치 근거가 없음.

이에 따라 항만배후단지의 주차공간 확보에 어려움을 겪고 있어 물류수송을 위하여 항만에 출입하는 화물차를 충분히 수용하지 못하는 실정임. 또한, 앞으로 경제 규모 확대에 따른 교역량 증가로 인하여 항만 물류수송량이 지속적으로 증가하고 이에 비례한 화물차 통행량도 증가할 것으로 예상되므로 항만배후단지조성 시 적정규모의 주차장 확보가 필수적임.

이에 일정 규모 이상의 노외주차장을 설치하여야 하는 단지조성사업등에 '항만배후단지개발사업'을 포함시켜 항만배후단지 개발 시 화물차 주차공간을 원활히 확보할 수 있도록 하려는 것임.

■ 2021.1.12. 개정(2021.7.13. 시행)

◇ 개정이유 및 주요내용

교통사고 위험으로부터 어린이를 보호하기 위하여 노상주차장이 어린이 보호구역으로 지정된 경우 특별시장 등이 지체 없이 해당 노상주차장을 폐지하도록 의무화하고, 지방자치단체마다 주차장특별회계의 세출 용도를 달리하거나 주차장 조성 이외의 용도로 사용하는 사례가 발생하고 있는바, 이를 방지하기 위하여 주차장특별회계의 용도를 명확히 규정하는 한편, 주차장특별회계의 재원에 광역시의 보조금을 포함하고, 과태료 금액을 물가상승률 등을 고려하여 현실화하는 등 현행 제도의 운영상 나타난 일부 미비점을 개선ㆍ보완하려는 것임.

【주차장법 시행령】 개정이유 및 주요내용 〈법제처 제공〉

■ 2024.9.19. 개정(2024.9.20. 시행)

◇ 개정이유 및 주요내용

공영주차장 내 야영행위, 취사행위 또는 불을 피우는 행위를 금지하고, 이를 위반하는 경우 50만원 이하의 과태료를 부과하도록 하는 내용으로 「주차장법」이 개정(법률 제20392호, 2024. 3. 19. 공포, 9. 20. 시행)됨에 따라, 공영주차장 내에서 야영행위, 취사행위 또는 불을 피우는 행위를 한 경우의 과태료 부과금액을 1차 위반 시 30만원, 2차 위반 시 40만원, 3차 이상 위반 시 50만원으로 정하려는 것임.

■ 2024.8.16. 개정(2024.8.17. 시행)

◇ 개정이유

기계식주차장의 안전관리 강화를 위하여 기계식주차장치의 수시검사 제도를 도입하고, 기계식주차장치에 대한 운행중지명령의 근거를 마련하며, 기계식주차장치 보수원에 대한 안전교육의무 등을 신설하고 이를 위반한 경우 과태료를 부과할 수 있도록 하는 등의 내용으로 「주차장법」이 개정(법률 제19686호, 2023. 8. 16. 공포, 2024. 8. 17. 시행)됨에 따라, 수시검사의 요청 및 연기 절차 등을 정하고, 기계식주차장치에 대한 운행중지명령의 절차와 해당 명령에 따른 주차장 확보 의무의 이행기간 등을 정하며, 보수업자의 보수원 안전교육 의무 위반에 대한 과태료 부과기준을 구체적으로 정하는 등 법률에서 위임된 사항과 그 시행에 필요한 사항을 정하는 한편,

주차장 공급 활성화를 유도하기 위하여 주차환경개선지구 내의 주차전용건축물에 대한 규제를 완화하고, 기계식주차장 사고에 따른 피해 보상 강화를 위하여 보수업자가 가입해야 하는 배상보험의 요건을 강화하는 등 현행 제도의 운영상 나타난 일부 미비점을 개선 · 보완하려는 것임.

◇ 주요내용

가. 주차환경개선지구 내에 건축되는 주차전용건축물에 대한 규제 완화(제1조의2제1항)

주차장 외의 부분이 공동주택, 근린생활시설 등의 용도로 사용되는 건축물이 주차전용건축물로 인정되려면 종전에는 주차장으로 사용되는 부분이 70퍼센트 이상이어야 하던 것을, 앞으로는 주차환경개선지구 내에 위치한 건축물의 경우 60퍼센트 이상만 주차장으로 사용해도 주차전용건축물로 인정될 수 있도록 함.

나. 기계식주차장치의 수시검사 요청 및 연기(제12조의3제4항부터 제6항까지)

기계식주차장의 관리자 등은 주요구동부의 부품을 변경하는 등의 경우 수시검사를 요청하도록 하고, 시장 · 군수 또는 구청장은 천재지변 등의 사유로 검사를 받지 못할 부득이한 사유가 발생하면 수시검사를 연기할 수 있도록 함.

다. 배상보험 의무 가입 대상 확대 및 배상보험 요건 강화(제12조의7)

1) 종전에는 보수업자가 가입해야 하는 배상보험의 배상한도액 기준이 사고당 1억원, 피해자 1인당 1억원이었으나, 앞으로는 물적 손해의 경우 사고당 1억원, 인적 손해의 경우 피해자가 사망 또는 후유장애 발생 시 1억5천만원, 부상 시 3천만원 등으로 그 기준을 강화함.

2) 일정 규모 이상의 기계식주차장치를 운영하는 기계식주차장의 관리자 등도 기계식주차장의 사고로 인한 손해에 대하여 배상보험에 가입하도록 법률이 개정됨에 따라, 20대 이상의 차량을 수용할 수 있는 기계식주차장치의 관리자 등은 배상보험에 의무적으로 가입하도록 함.

라. 기계식주차장 운행중지 시 기계식주차장 관리자 등의 주차장 확보 의무(제12조의17 신설)

시장 · 군수 또는 구청장의 운행중지명령에 따라 운행이 중지된 기계식주차장의 관리자 등은 시장 · 군수 또는 구청장이 통보하는 기간 내에 인근 주차장을 확보하도록 하고, 이를 확보하지 않는 경우 시장 · 군수 또는 구청장이 인근 주차장을 직접 확보하고 그 확보에 드는 비용을 기계식주차장의 관리자 등에게 납부하게 할 수 있도록 함.

마. 보수업자의 보수원 안전교육 미이행 등에 대한 과태료 부과기준 마련 및 과태료 부과기준 정비(별표 6)

1) 보수업자가 보수원 안전교육을 받도록 하지 않은 경우 1차 위반 시 30만원, 2차 위반 시 50만원, 3차 이상 위반 시 100만원의 과태료를 부과하고, 배상보험에 가입하지 않은 경우 1차 위반 시 그 기간에 따라 최소 50만원에서 최대 200만원의 과태료를 부과하도록 하는 등 신설된 과태료 부과사유에 따른 과태료 부과기준을 구체적으로 정함.

2) 기계식주차장에서의 사고 발생 통보를 하지 않은 경우 위반기간에 관계없이 정액으로 부과하던 과태료를 위반기간에 따라 차등하여 부과할 수 있도록 하는 등 과태료 부과의 합리성을 높이기 위하여 그 부과기준을 정비함.

■ 2024.7.9. 개정(2024.7.10. 시행)

◇ 개정이유 및 주요내용

시장·군수 또는 구청장 등이 주차요금이 징수되지 않는 노상주차장 및 노외주차장 등에 정당한 사유 없이 일정 기간 이상 계속하여 고정적으로 주차되어 있는 자동차에 대하여 주차방법 변경 등의 조치를 할 수 있도록 하는 등의 내용으로 「주차장법」이 개정(법률 제19983호, 2024. 1. 9. 공포, 7. 10. 시행)됨에 따라, 주차방법 변경 등의 대상이 되는 자동차의 주차기간을 일반적인 자동차의 경우 1개월 이상, 분해·파손되어 운행이 불가능한 자동차의 경우에는 15일 이상으로 정하려는 것임.

【주차장법 시행규칙】 개정이유 및 주요내용 〈국토교통부 제공〉

■ 2024.9.20. 개정(2024.9.20. 시행)

1. 개정이유

공영주차장 등에서 야영행위 등을 금지하고, 기계식주차장의 안전관리 강화를 위하여 기계식주차장의 수시검사 제도를 도입하며, 기계식주차장치 보수원 및 직접 기계식주차장치를 관리하는 기계식주차장 관리자 등의 안전교육 이수 의무를 신설하고, 기계식주차장 관리자 등은 기계식주차장치 운행의 안전에 관한 자체점검을 월 1회 이상 실시하도록 하는 등의 내용으로 「주차장법」 및 같은 법 시행령이 개정됨에 따라, 야영행위 등이 금지되는 주차장의 범위를 정하고, 수시검사의 신청 방법 및 절차를 정하며, 기계식주차장치 보수원 및 직접 기계식주차장치를 관리하는 기계식주차장 관리자 등에 대한 안전교육의 실시기관 및 주기 등을 정하고, 기계식주차장치 자체점검 사항 및 방법을 정하는 등 법률 및 대통령령에서 위임된 사항과 그 시행에 필요한 사항을 정하는 한편,

기계식주차장치 관리인에 대한 체계적 교육을 위하여 종전에 한국교통안전공단이 실시하는 교육을 받도록 하던 것을 전문인력 및 시설 등의 요건을 갖춘 법인 또는 한국교통안전공단이 실시하는 교육을 받도록 하는 등 현행 제도의 운영상 나타난 일부 미비점을 개선·보완하려는 것임.

2. 주요내용

가. 야영행위 등이 금지되는 공영주차장의 범위(안 제4조의3 신설)

국가기관, 지방자치단체, 공공기관이 설치한 공영주차장 외에 야영행위 등이 금지되는 주차장의 범위를 지방공사 및 지방공단의 장이 설치한 주차장으로 정함.

나. 기계식주차장 수시검사의 신청 방법 및 절차(안 제16조의8)

기계식주차장 수시검사를 신청하려는 자는 검사 신청서에 주요구동부 부품의 변경 내용 등을 확인할 수 있는 서류 및 설치장소 약도 등을 첨부하여 제출하도록 하고, 수시검사는 검사신청일부터 30일 이내에 완료되어 그 결과가 통보되도록 하는 등 기계식주차장 수시검사의 신청 방법 및 절차를 정함.

다. 기계식주차장치 보수원 및 기계식주차장치 관리인 등에 대한 안전교육(안 제16조의14, 제16조의18 및 별표 1 신설, 제16조의16)

1) 기계식주차장치 보수원에 대한 안전교육은 한국교통안전공단 또는 교육 관련 비영리법인 중 총괄책임자 1명 및 강사 2명 이상을 보유하고 교육에 필요한 시설 요건을 갖춘 법인이 실시하도록 하고, 안전교육의 주기는 채용 후 6개월 이내에, 이후 2년마다 받도록 정함.

2) 기계식주차장치 관리인에 대한 안전교육은 종전에는 한국교통안전공단이 실시하도록 하였으나, 앞으로는 한국교통안전공단 또는 교육 관련 비영리법인 중 총괄책임자 1명 및 강사 2명 이상을 보유하고 교육에 필요한 시설 요건을 갖춘 법인이 실시하도록 함.

3) 기계식주차장치를 직접 관리하는 기계식주차장 관리자 등에 대한 안전교육에 관한 사항은 기계식주차장치 관리인에 대한 안전교육의 실시기관, 내용, 주기, 교육시간에 준하여 정함.

라. 기계식주차장치의 자체점검(안 제16조의21 신설)

기계식주차장 관리자 등은 매월 출입문 및 안전장치 등의 작동상태에 대하여 시험운전 등을 통해 자체점검을 수행하도록 하고, 그 점검 결과를 다음 달 10일까지 기계식주차장 정보망에 입력하도록 함.

■ 2024.2.16. 개정(2024.2.17.시행)

◇ 제정이유 및 주요내용

개방주차장의 이용 활성화를 위하여 시장 · 군수 또는 구청장이 개방주차장의 위치 등 그 이용에 필요한 정보를 인터넷 홈페이지에 게재하는 등의 방법으로 홍보하도록 하는 등의 내용으로 「주차장법」이 개정(법률 제19686호, 2023. 8. 16. 공포, 2024. 2. 17. 시행)됨에 따라, 홍보해야 하는 사항을 개방주차장의 위치, 개방시간, 시설명 및 주차요금 등으로 정하려는 것임.

■ 2023.12.1. 개정(2024.12.2.시행)

◇ 제정이유 및 주요내용

주차장의 경사로를 지나는 자동차의 하부 손상을 방지하기 위하여 주차대수 규모가 50대 이상인 지하식 또는 건축물식 노외주차장 · 부설주차장의 경사로에 완화구간*을 설치하도록 하고, 주차장에서 나오는 자동차 운전자의 시야 미확보로 인한 사고를 방지하기 위하여 오르막 경사로로서 도로와 접하는 부분으로부터 3미터 이내인 경사로의 종단경사도는 직선 부분에서는 8.5퍼센트를, 곡선 부분에서는 7퍼센트를 초과하지 않도록 하며, 노외주차장 · 부설주차장에 설치하는 경보장치의 설치기준을 정하는 등 현행 제도의 운영상 나타난 일부 미비점을 개선 · 보완하려는 것임.

* 완화구간: 경사로를 지나는 자동차가 지면에 접촉하지 않도록 종단경사도가 경사로 최대 종단경사도의 2분의 1 이하로 설계된 구간

법	시 행 령	시 행 규 칙
제1장 총칙〈개정 2010.3.22〉	**제1장 총칙**	**제1장 총칙**
제1조 【목적】 이 법은 주차장의 설치·정비 및 관리에 필요한 사항을 규정함으로써 자동차교통을 원활하게 하여 공중(公衆)의 편의와 안전을 도모함을 목적으로 한다. 〈개정 2019.12.24.〉 [전문개정 2010.3.22.]	**제1조 【목적】** 이 영은 「주차장법」에서 위임된 사항과 그 시행에 필요한 사항을 규정함을 목적으로 한다. [전문개정 2010.10.21]	**제1조 【목적】** 이 규칙은 「주차장법」 및 같은 법 시행령에서 위임된 사항과 그 시행에 필요한 사항을 규정함을 목적으로 한다. [전문개정 2010.10.29]
제2조 【정의】 이 법에서 사용하는 용어의 뜻은 다음과 같다. 〈개정 2016.1.19.〉 1. "주차장"이란 자동차의 주차를 위한 시설로서 다음 각 목의 어느 하나에 해당하는 종류의 것을 말한다. 가. 노상주차장(路上駐車場): 도로의 노면 또는 교통광장(교차점광장만 해당한다. 이하 같다)의 일정한 구역에 설치된 주차장으로서 일반(一般)의 이용에 제공되는 것 나. 노외주차장(路外駐車場): 도로의 노면 및 교통광장 외의 장소에 설치된 주차장으로서 일반의 이용에 제공되는 것 다. 부설주차장: 제19조에 따라 건축물, 골프연습장, 그 밖에 주차수요를 유발하는 시설에 부대(附帶)하여 설치된 주차장으로서 해당 건축물·시설의 이용자 또는 일반의 이용에 제공되는 것 2. "기계식주차장치"란 노외주차장 및 부설주차장에 설치하는 주차설비로서 기계장치에 의하여 자동차를 주차할 장소로 이동시키는 설비를 말한다. 3. "기계식주차장"이란 기계식주차장치를 설치한 노외주차장 및 부설주차장을 말한다. 4. "도로"란 「건축법」 제2조제1항제11호에 따른 도로로서 자동차가 통행할 수 있는 도로를 말한다.		

법	시 행 령	시 행 규 칙

법

5. "자동차"란 「도로교통법」 제2조제18호에 따른 자동차 및 같은 법 제2조제19호에 따른 원동기장치자전거를 말한다.
6. "주차"란 「도로교통법」 제2조제24호에 따른 주차를 말한다.
7. "주차단위구획"이란 자동차 1대를 주차할 수 있는 구획을 말한다.
8. "주차구획"이란 하나 이상의 주차단위구획으로 이루어진 구획 전체를 말한다.
9. "전용주차구획"이란 제6조제1항에 따른 경형자동차(輕型自動車) 등 일정한 자동차에 한정하여 주차가 허용되는 주차구획을 말한다.
10. "건축물"이란 「건축법」 제2조제1항제2호에 따른 건축물을 말한다.
11. "주차전용건축물"이란 건축물의 연면적 중 대통령령으로 정하는 비율 이상이 주차장으로 사용되는 건축물을 말한다.
12. "건축"이란 「건축법」 제2조제1항제8호 및 제9호에 따른 건축 및 대수선(같은 법 제19조에 따른 용도변경을 포함한다)을 말한다.
13. "기계식주차장치 보수업"이란 기계식주차장치의 고장을 수리하거나 고장을 예방하기 위하여 정비를 하는 사업을 말한다.

[전문개정 2010.3.22,]

시 행 령

제1조의2【주차전용건축물의 주차면적비율】 ① 「주차장법」(이하 "법"이라 한다) 제2조제11호에서 "대통령령으로 정하는 비율 이상이 주차장으로 사용되는 건축물"이란 건축물의 연면적 중 주차장으로 사용되는 부분의 비율이 95퍼센트 이상인 것을 말한다. 다만, 주차장 외의 용도로 사용되는 부분이 「건축법 시행령」 별표 1에 따른 단독주택(같은 표 제1호에 따른 단독주택을 말한다. 이하 "단독주택"이라 한다), 공동주택, 제1종 근린생활시설, 제2종 근린생활시설, 문화 및 집회시설, 종교시설, 판매시설, 운수시설, 운동시설, 업무시설, 창고시설 또는 자동차 관련 시설인 경우에는 주차장으로 사용되는 부분의 비율이 70퍼센트(법 제4조제1항에 따른 주차환경개선지구 내에 위치한 건축물의 경우에는 60퍼센트) 이상인 것을 말한다. 〈개정 2014.12.30., 2016.1.19., 2018.2.20., 2024.8.16.〉

1. 삭제 〈1996.6.4.〉

시 행 규 칙

관계법 「도로교통법」 제2조

18. "자동차"라 함은 철길이나 가설된 선에 의하지 아니하고 원동기를 사용하여 운전되는 차(견인되는 자동차도 자동차의 일부로 본다)로서 다음의 각 목의 차를 말한다.
  가. 「자동차관리법」 제3조의 규정에 의한 다음의 자동차. 다만, 원동기장치자전 거를 제외한다.
  (1) 승용자동차
  (2) 승합자동차
  (3) 화물자동차
  (4) 특수자동차
  (5) 이륜자동차
  나. 「건설기계관리법」 제26조제1항 단서의 규정에 의한 건설기계
19. "원동기장치자전거" 란 다음 각 목의 어느 하나에 해당하는 차를 말한다.
  가. 「자동차관리법」 제3조에 따른 이륜자동차 가운데 배기량 125시시 이하(전기를 동력으로 하는 경우에는 최고정격출력 11킬로와트 이하)의 이륜자동차
  나. 그 밖에 배기량 125시시 이하(전기를 동력으로 하는 경우에는 최고정격출력 11킬로와트 이하)의 원동기를 단 차(「자전거 이용 활성화에 관한 법률」 제2조제1호의2에 따른 전기자전거는 제외한다)

19의2. "개인형 이동장치" 란 제19호나목의 원동기장치자전거 중 시속 25킬로미터 이상으로 운행할 경우 전동기가 작동하지 아니하고 차체 중량이 30킬로그램 미만인 것으로서 행정안전부령으로 정하는 것을 말한다.

법	시 행 령	시 행 규 칙
제3조 【주차장 수급 및 안전관리 실태조사)】 ① 특별자치시장·특별자치도지사·시장·군수 또는 구청장(구청장은 자치구의 구청장을 말한다. 이하 "시장·군수 또는 구청장"이라 한다)은 주차장의 설치 및 관리를 위한 기초자료로 활용하기 위하여 행정구역·용도지역·용도지구 등을 종합적으로 고려한 조사구역(이하 "조사구역"이라 한다)을 정하여 정기적으로 조사구역별 주차장 수급(需給) 실태를 조사(이하 "수급실태조사"라 한다)하여야 한다. 〈개정 2018.12.18., 2019.12.24.〉	2. 삭제 〈1996.6.4.〉 ② 제1항에 따른 건축물의 연면적의 산정방법은 「건축법」에 따른다. 다만, 기계식주차장의 연면적은 기계식주차장치에 의하여 자동차를 주차할 수 있는 면적과 기계실, 관리사무소 등의 면적을 합하여 계산한다. ③ 특별시장·광역시장·특별자치도지사 또는 시장은 법 제12조제6항 또는 제19조제10항에 따라 노외주차장 또는 부설주차장의 설치를 제한하는 지역의 주차전용건축물의 경우에는 제1항 단서에도 불구하고 해당 지방자치단체의 조례로 정하는 바에 따라 주차장 외의 용도로 사용되는 부분에 설치할 수 있는 시설의 종류를 해당 지역의 구역별로 제한할 수 있다. [전문개정 2010. 10. 21.]	24. "주차"란 운전자가 승객을 기다리거나 화물을 싣거나 차가 고장 나거나 그 밖의 사유로 차를 계속 정지 상태에 두는 것 또는 운전자가 차에서 떠나서 즉시 그 차를 운전할 수 없는 상태에 두는 것을 말한다. 25. "정차"란 운전자가 5분을 초과하지 아니하고 차를 정지시키는 것으로서 주차 외의 정지 상태를 말한다. **제1조의2 【실태조사 방법 및 주기 등】** ①「주차장법」(이하 "법"이라 한다) 제3조제1항 및 제2항에 따른 조사구역 설정방법은 다음 각 호와 같다. 1. 법 제3조제1항에 따른 수급실태조사(이하 "수급실태조사"라 한다) 가. 사각형 또는 삼각형 형태로 조사구역을 설정하되 조사구역 바깥 경계선의 최대거리가 300미터를 넘지 않도록 할 것 나. 각 조사구역은 「건축법」 제2조제1항제11호에 따른 도로를 경계로 구분할 것 다. 아파트단지와 단독주택단지가 섞여 있는 지역 또는 주거기능과 상업·업무기능이 섞여 있는 지역의 경우에는 주차시설 수급의 적정성, 지역적 특성 등을 고려하여 같은 특성을 가진 지역별로 조사구역을 설정할 것

법	시 행 령	시 행 규 칙
② 시장·군수 또는 구청장은 주차장의 안전사고 예방을 위하여 정기적으로 조사구역 내 설치된 주차장의 경사도 등 이용자의 안전에 위해가 되는 요소를 점검하고 그에 따른 안전 관리 실태를 조사(이하 "안전관리실태조사"라 한다)하여야 한다. 〈개정 2019.12.24.〉 ③ 수급실태조사와 안전관리실태조사의 방법 · 주기 및 조사구역 설정방법 등에 관하여 필요한 사항은 국토교통부령으로 정한다. 〈개정 2019.12.24.〉 [전문개정 2010.3.22.][제목개정 2019.12.24.] **제4조【주차환경개선지구의 지정】** ① 시장 · 군수 또는 구청장은 다음 각 호의 지역에 있는 조사구역으로서 실태조사 결과 주차장 확보율(주차단위구획의 수를 자동차의 등록대수로 나눈 비율을 말한다. 이 경우 다른 법령에서 일정한 자동차에 대하여 따로 차고를 확보하도록 하고 있는 경우 그 자동차의 등록대수 및 차고의 수는 비율을 계산할 때 제외한다)이 해당 지방자치단체의 조례로 정하는 비율 이하인 조사구		2. 법 제3조제2항에 따른 안전관리실태조사(이하 "안전관리실태조사"라 한다): 출입도로를 포함하여 주차장 전체를 조사구역으로 할 것 ② 수급실태조사 및 안전관리실태조사의 주기는 3년으로 한다. 다만, 법 제6조제3항 및 이 규칙 제6조제11호 및 제15호의 준수사항은 매년 한번 이상 점검하고 조사해야 한다. ③ 수급실태조사 및 안전관리실태조사의 방법은 다음 각 호와 같다.〈개정 2024.9.20.〉 1. 수급실태조사: 특별자치시 · 특별자치도 · 시 · 군 또는 자치구(이하 "시 · 군 또는 구"라 한다)의 조례에서 정하는 바에 따라 제1항제1호 각 목의 기준에 따라 설정된 조사구역별로 주차수요조사와 주차시설 현황조사로 구분하여 실태조사를 실시할 것 2. 안전관리실태조사: 조사대상에 다음 각 목의 사항을 포함할 것 가. 법 제6조제1항 · 제19조 및 제19조의5에 따른 설치기준의 준수 여부 나. 법 제6조제3항에 따른 시설의 설치 여부 다. 법 제19조의9제2항제1호, 제2호 및 제19조의23에 따른 사용검사, 정기검사 및 정밀안전검사 이행 여부

법	시 행 령	시 행 규 칙
역은 주차난 완화와 교통의 원활한 소통을 위하여 주차환경개선지구로 지정할 수 있다. 〈개정 2020.6.9〉 1. 「국토의 계획 및 이용에 관한 법률」 제36조제1항제1호가목에 따른 주거지역 2. 제1호에 따른 주거지역과 인접한 지역으로서 해당 지방자치단체의 조례로 정하는 지역 ② 제1항에 따라 주차환경개선지구를 지정할 때에는 시장·군수 또는 구청장이 주차환경개선지구 지정·관리계획을 수립하여 결정한다. ③ 시장·군수 또는 구청장은 제2항에 따라 주차환경개선지구를 지정하였을 때에는 그 관리에 관한 연차별 목표를 정하고, 매년 주차장 수급 실태의 개선 효과를 분석하여야 한다. [전문개정 2010.3.22]		라. 법 제19조의20에 따른 기계식주차장치 관리인의 배치 여부 마. 법 제19조의22제10항에 따른 권고의 이행 여부 바. 그 밖에 주차장의 안전관리를 위하여 특별자치시장·특별자치도지사·시장·군수 또는 구청장(구청장은 자치구의 구청장을 말하며, 이하 "시장·군수 또는 구청장"이라 한다)이 필요하다고 인정하는 사항 ④ 시장·군수·구청장은 수급실태조사를 하였을 때에는 각 조사구역별로 주차수요와 주차시설 현황을 대조·확인할 수 있도록 별지 제1호서식의 주차실태 조사결과 입력대장에 기록(전산프로그램을 제작하여 입력하는 경우를 포함한다)하여 관리한다. [전문개정 2020.6.25.]
제4조의2【주차환경개선지구 지정·관리계획】 ① 제4조제2항에 따른 주차환경개선지구 지정·관리계획에는 다음 각 호의 사항이 포함되어야 한다. 1. 주차환경개선지구의 지정구역 및 지정의 필요성 2. 주차환경개선지구의 관리 목표 및 방법 3. 주차장의 수급 실태 및 이용 특성 4. 장기·단기 주차수요에 대한 예측 5. 연차별 주차장 확충 및 재원 조달계획 6. 노외주차장 우선 공급 등 주차환경개선지구의 지정 목적을 달성하기 위하여 필요한 조치 ② 시장·군수 또는 구청장은 제4조제2항에 따른 주차환경개선지구 지정·관리계획을 수립할 때에는 미리 공청회를 열어 지역 주민, 관계 전문가 등의 의견을 들어야 한다. 대통령령	**제2조【중요사항의 변경】** 법 제4조의2제2항 후단에서 "대통령령으로 정하는 중요한 사항을 변경하려는 경우"란 다음 각 호의 어느 하나에 해당하는 경우를 말한다. 1. 주차환경개선지구의 지정구역의 10퍼센트 이상을 변경하는 경우 2. 예측된 주차수요를 30퍼센트 이상 변경하는 경우 [전문개정 2010.10.21]	

법	시 행 령	시 행 규 칙
으로 정하는 중요한 사항을 변경하려는 경우에도 또한 같다. ③ 시장·군수 또는 구청장은 제2항에 따라 주차환경개선지구 지정·관리계획을 수립하거나 변경한 때에는 그 사실을 고시하여야 한다. [전문개정 2010.3.22]		
제4조의3【주차환경개선지구 지정의 해제】 시장·군수 또는 구청장은 제4조제1항에 따른 주차환경개선지구의 지정 목적을 달성하였다고 인정하는 경우에는 그 지정을 해제하고, 그 사실을 고시하여야 한다. [전문개정 2010.3.22]	**제2조의2** 삭제 〈1996.6.4〉	
제5조【권한의 위임】 이 법에 따른 국토교통부장관의 권한은 그 일부를 대통령령으로 정하는 바에 따라 특별시장·광역시장·특별자치시장·도지사 또는 특별자치도지사에게 위임할 수 있다. 〈개정 2018.12.18.〉 [전문개정 2010.3.22.]		
제6조【주차장설비기준 등】 ① 주차장의 구조·설비 및 안전기준 등에 관하여 필요한 사항은 국토교통부령으로 정한다. 이 경우 다음 각 호의 자동차에 대하여는 전용주차구획(제2호에 따른 자동차의 경우에는 충전시설을 포함한다)을 일정 비율 이상 정할 수 있다. 〈개정 2024.1.9., 2025.1.31.〉 1. 「자동차관리법」에 따른 배기량 1천시시 미만의 자동차(이하 "경형자동차"라 한다) 2. 「환경친화적 자동차의 개발 및 보급 촉진에 관한 법률」 제2조제2호에 따른 환경친화적 자동차(이하 "환경친화적 자동차"라 한다)		**제2조【주차장의 형태】** 법 제6조제1항에 따른 주차장의 형태는 운전자가 자동차를 직접 운전하여 주차장으로 들어가는 주차장(이하 "자주식주차장"이라 한다)과 법 제2조제3호에 따른 기계식주차장(이하 "기계식주차장"이라 한다)으로 구분하되, 이를 다시 다음과 같이 세분한다. 1. 자주식주차장: 지하식·지평식(地平式) 또는 건축물식(공작물식을 포함한

3. 「여객자동차 운수사업법」 제31조제1항에 따른 자동차대여사업자가 제공하는 자동차로서 승용차공동이용 서비스를 이용하는 회원이 자동차가 필요할 때 시간단위로 예약하여 이용할 수 있는 자동차(이하 "승용차공동이용 자동차"라 한다)
4. 「영유아보육법」 제2조제1호에 따른 영유아와 동반하여 탑승하거나 「모자보건법」 제2조제1호에 따른 임산부가 탑승한 자동차(이하 "영유아동반 자동차등"이라 한다)

② 특별시·광역시·특별자치시·특별자치도·시·군 또는 자치구는 해당 지역의 주차장 실태 등을 고려하여 필요하다고 인정하는 경우에는 제1항 전단에도 불구하고 주차장의 구조·설비기준 등에 관하여 필요한 사항을 해당 지방자치단체의 조례로 달리 정할 수 있다. 〈개정 2018.12.18.〉

다. 이하 같다)
2. 기계식주차장: 지하식·건축물식
[전문개정 2010.10.29.]

제3조【주차구획】 ① 법 제6조제1항에 따른 주차장의 주차단위구획은 다음 각 호와 같다. 〈개정 2018.3.21〉
1. 평행주차형식의 경우

구분	너비	길이
경형	1.7미터 이상	4.5미터 이상
일반형	2.0미터 이상	6.0미터 이상
보도와 차도의 구분이 없는 주거지역의 도로	2.0미터 이상	5.0미터 이상
이륜자동차전용	1.0미터 이상	2.3미터 이상

2. 평행주차형식 외의 경우

구분	너비	길이
경형	2.0미터 이상	3.6미터 이상
일반형	2.5미터 이상	5.0미터 이상
확장형	2.6미터 이상	5.2미터 이상
장애인 전용	3.3미터 이상	5.0미터 이상
이륜자동차전용	1.0미터 이상	2.3미터 이상

② 제1항에 따른 주차단위구획은 흰색 실선(경형자동차 전용주차구획의 주차단위구획은 파란색 실선)으로 표시하여야 한다.
③ 둘 이상의 연속된 주차단위구획의

법	시 행 령	시 행 규 칙
		총 너비 또는 총 길이는 제1항에 따른 주차단위구획의 너비 또는 길이에 주차단위구획의 개수를 곱한 것 이상이 되어야 한다. 〈신설 2015.3.23.〉 [전문개정 2010.10.29.] **제4조【노상주차장의 설비기준】** ① 법 제6조제1항에 따른 노상주차장의 구조·설비기준은 다음 각 호와 같다. 〈개정 2014.2.6., 2021.8.27〉 1. 노상주차장을 설치하려는 지역에서의 주차수요와 노외주차장 또는 그 밖에 자동차의 주차에 사용되는 시설 또는 장소와의 연관성을 고려하여 유기적으로 대응할 수 있도록 적정하게 분포되어야 한다. 2. 주간선도로에 설치해서는 안된다. 다만, 분리대나 그 밖에 도로의 부분으로서 도로교통에 크게 지장을 주지 아니하는 부분에 대해서는 그러하지 아니하다. 3. 너비 6미터 미만의 도로에 설치하여서는 아니 된다. 다만, 보행자의 통행이나 연도(沿道: 옆길)의 이용에 지장이 없는 경우로서 해당 지방자치단체의 조례로 따로 정하는 경우에는 그렇지 않다 4. 종단경사도(자동차 진행방향의 기울

법	시 행 령	시 행 규 칙

관계법 「도로교통법」 제32조 (정차 및 주차의 금지)
모든 차의 운전자는 다음 각 호의 어느 하나에 해당하는 곳에서는 차를 정차하거나 주차하여서는 아니 된다. 다만, 이 법이나 이 법에 따른 명령 또는 경찰공무원의 지시를 따르는 경우와 위험방지를 위하여 일시정지하는 경우에는 그러하지 아니하다. 〈개정 2021.11.30.〉

1. 교차로 · 횡단보도 · 건널목이나 보도와 차도가 구분된 도로의 보도(「주차장법」에 따라 차도와 보도에 걸쳐서 설치된 노상주차장은 제외한다)
2. 교차로의 가장자리나 도로의 모퉁이로부터 5미터 이내인 곳
3. 안전지대가 설치된 도로에서는 그 안전지대의 사방으로부터 각각 10미터 이내인 곳
4. 버스여객자동차의 정류지(停留地)임을 표시하는 기둥이나 표지판 또는 선이 설치된 곳으로부터 10미터 이내인 곳. 다만, 버스여객자

기를 말한다. 이하 같다)가 4퍼센트를 초과하는 도로에 설치하여서는 아니 된다. 다만, 다음 각 목의 경우에는 그러하지 아니하다.

가. 종단경사도가 6퍼센트 이하인 도로로서 보도와 차도가 구별되어 있고, 그 차도의 너비가 13미터 이상인 도로에 설치하는 경우
나. 종단경사도가 6퍼센트 이하인 도로로서 해당 시장 · 군수 또는 구청장이 안전에 지장이 없다고 인정하는 도로에 제6조의2제1항제1호에 해당하는 노상주차장을 설치하는 경우

5. 고속도로, 자동차전용도로 또는 고가도로에 설치하여서는 아니 된다.
6. 「도로교통법」 제32조 각 호의 어느 하나에 해당하는 도로의 부분 및 같은 법 제33조 각 호의 어느 하나에 해당하는 도로의 부분에 설치하여서는 아니 된다.
7. 도로의 너비 또는 교통 상황 등을 고려하여 그 도로를 이용하는 자동차의 통행에 지장이 없도록 설치하여야 한다.
8. 노상주차장에는 다음 각 목의 구분에 따라 장애인 전용주차구획을 설치하여야 한다.

법	시 행 령	시 행 규 칙

시행령

동차의 운전자가 그 버스여객자동차의 운행시간 중에 운행노선에 따르는 정류장에서 승객을 태우거나 내리기 위하여 차를 정차하거나 주차하는 경우에는 그러하지 아니하다.

5. 건널목의 가장자리 또는 횡단보도로부터 10미터 이내인 곳
6. 다음 각 목의 곳으로부터 5미터 이내인 곳
   가. 「소방기본법」 제10조에 따른 소방용수시설 또는 비상소화장치가 설치된 곳
   나. 「소방시설 설치 및 관리에 관한 법률」 제2조제1항제1호에 따른 소방시설로서 대통령령으로 정하는 시설이 설치된 곳
7. 시·도경찰청장이 도로에서의 위험을 방지하고 교통의 안전과 원활한 소통을 확보하기 위하여 필요하다고 인정하여 지정한 곳
8. 시장등이 제12조제1항에 따라 지정한 어린이 보호구역

[전문개정 2011.6.8.][시행일 : 2021.10.21.] 제32조제8호

시행규칙

가. 주차대수 규모가 20대 이상 50대 미만인 경우: 한 면 이상
나. 주차대수 규모가 50대 이상인 경우: 주차대수의 2퍼센트부터 4퍼센트까지의 범위에서 장애인의 주차수요를 고려하여 해당 지방자치단체의 조례로 정하는 비율 이상

② 노상주차장의 주차구획 설치에 필요한 사항은 해당 지방자치단체의 조례로 정할 수 있다.
[전문개정 2010.10.29.]

법

③ 국토교통부령으로 정하는 경사진 곳에 주차장을 설치하려는 자는 국토교통부령으로 정하는 바에 따라 고임목 등 주차된 차량이 미끄러지는 것을 방지하는 시설과 미끄럼 주의 안내표지를 갖추어야 한다. 〈개정 2019.12.24.〉

④ 특별시장·광역시장, 시장·군수 또는 구청장은 노상주차장 또는 노외주차장을 설치하는 경우에는 도시·군관리계획과 「도시교통정비 촉진법」에 따른 도시교통정비 기본계획에 따라야 하며, 노상주차장을 설치하는 경우에는 미리 관할 경찰서장과 소방서장의 의견을 들어야 한다. 〈개정 2017.10.24., 2019.12.24.〉

[전문개정 2010.3.22]

시행령

관계법 「도시교통정비 촉진법」 제3조 (도시교통정비지역의 지정·고시)

① 국토교통부장관은 도시교통의 원활한 소통과 교통편의의 증진 및 환경친화적 보전·관리를 위하여 다음 각 호의 지역을 도시교통정비지역으로 지정·고시할 수 있다. 〈개정 2021.1.5.〉

1. 인구 10만명 이상의 도시(도농복합형태의 시는 읍·면지역을 제외한 지역의 인구가 10만명 이상인 경우를 말한다)
2. 제1호 외의 지역으로서 국토교통부장관이 직접 또는 관계 시장·군수의 요청에 따라 도시교통을 개선하기 위하여 필요하다고 인정하는 지역

② 국토교통부장관은 제1항제2호의 지역을 도시교통정비지역으로 지

시행규칙

제4조의2 【고임목 등의 설치】 ① 법 제6조제3항에서 "국토교통부령으로 정하는 경사진 곳"이란 주차제동장치가 작동되지 않은 상태에서 자동차의 미끄러짐이 발생하는 곳을 말한다.

② 제1항에 따른 경사진 곳에 주차장을 설치하려는 자는 법 제6조제3항에 따라 주차된 차량이 미끄러지는 것을 방지하기 위해 고정형 고임목을 설치해야 한다. 다만, 다음 각 호의 어느 하나에 해당하는 경우에는 이동형 고임목, 고임돌, 고무, 플라스틱 등 차량의 미끄러짐을 방지하기 위한 물건을 비치할 수 있다.

1. 고정형 고임목을 설치할 경우 주차장의 형태·위치 등으로 인하여 주차단

법	시 행 령	시 행 규 칙
	정하려면 행정안전부장관과 미리 협의한 후 「국가통합교통체계효율화법」 제106조에 따른 국가교통위원회(이하 "위원회" 라 한다)의 심의를 거쳐야 한다. 〈개정 2017.7.26.〉 제5조 (도시교통정비 기본계획의 수립) ① 제3조에 따라 도시교통정비지역으로 지정된 행정구역을 관할하는 시장(특별시장 · 광역시장 및 특별자치도지사를 포함한다. 이하 같다)이나 군수는 대통령령으로 정하는 바에 따라 20년 단위의 도시교통정비 기본계획(이하 "기본계획"이라 한다)을 수립하여야 한다. ② 기본계획에는 다음 각 호의 사항이 포함되어야 한다. 이 경우 교통권역 안의 다른 도시교통정비지역 또는 인근지역과의 관계를 고려하여야 한다. 〈개정 2021.1.5.〉 1. 도시교통의 현황 및 전망 2. 다음 사항이 포함되는 부문별 계획 가. 유출입(流出入) 교통대책 및 도로 · 철도 · 도시철도 등 광역교통체계의 개선 나. 교통시설의 개선 다. 대중교통체계의 개선 라. 교통체계 관리 및 교통소통의 개선 마. 주차장의 건설 및 운영 바. 보행 · 자전거 · 대중교통 통합교통체계의 구축 사. 「지속가능 교통물류 발전법」 제2조제13호에 따른 온실가스의 배출량 감축 등을 통한 환경친화적 교통체계의 구축 3. 투자사업 계획 및 재원조달 방안 ③ 시장이나 군수는 제1항에 따라 기본계획을 수립할 때에는 「국토의 계획 및 이용에 관한 법률」 제19조에 따른 도시 · 군기본계획(이하 "도시 · 군기본계획"이라 한다)에 맞도록 하여야 하며, 도로는 「도로법」 제22조에 따른 도로정비 기본계획(이하 "도로정비기본계획"이라 한다)이 있는 경우에는 이에 따라야 한다. 〈개정 2011.4.14〉 ④~⑧ 〈생략〉	위구획으로의 진출입이나 주차가 현저히 곤란한 경우 2. 고정형 고임목을 설치할 경우 보행자 안전 또는 교통 흐름 등에 지장을 초래할 특별한 사정이 있다고 시장 · 군수 · 구청정이 인정하는 경우 ③ 법 제6조제3항에 따른 미끄럼 주의 안내표지에는 다음 각 호의 사항이 모두 포함되어야 하며, 자동차 운전자가 잘 볼 수 있는 곳에 설치되어야 한다. 1. 주차장이 경사진 곳이라는 사항 2. 차량이 미끄러짐을 방지하기 위해 다음 각 목의 조치가 필요하다는 사항 가. 자동차의 주차제동장치를 작동시킬 것 나. 주차장에 비치된 이동형 고임돌 등으로 차량의 미끄럼을 방지하기 위한 조치를 할 것 다. 조향장치를 가장자리 방향으로 돌려놓을 것 [본조신설 2020.6.25.]

법	시 행 령	시 행 규 칙

제6조【노외주차장의 구조·설비기준】 ① 법 제6조제1항에 따른 노외주차장의 구조·설비기준은 다음 각 호와 같다. 〈개정 2014.7.15., 2018.3.21., 2018.10.25., 2020.6.25., 2021.4.16., 2021.8.27., 2023.12.1., 2024.2.16., 2024.9.20.〉

1. 노외주차장의 출구와 입구에서 자동차의 회전을 쉽게 하기 위하여 필요한 경우에는 차로와 도로가 접하는 부분을 곡선형으로 하여야 한다.
2. 노외주차장의 출구 부근의 구조는 해당 출구로부터 2미터(이륜자동차전용 출구의 경우에는 1.3미터)를 후퇴한 노외주차장의 차로의 중심선상 1.4미터의 높이에서 도로의 중심선에 직각으로 향한 왼쪽·오른쪽 각각 60도의 범위에서 해당 도로를 통행하는 자를 확인할 수 있도록 하여야 한다.
3. 노외주차장에는 자동차의 안전하고 원활한 통행을 확보하기 위하여 다음 각 목에서 정하는 바에 따라 차로를 설치하여야 한다.
   가. 주차구획선의 긴 변과 짧은 변 중 한 변 이상이 차로에 접하여야 한다.
   나. 차로의 너비는 주차형식 및 출입구(지하식 또는 건축물식 주차장의 출입구를 포함한다. 제4호에서 또한 같다)의 개수에 따라 다음 구분에 따

른 기준 이상으로 하여야 한다.

1) 이륜자동차전용 노외주차장

주차형식	차로의 너비	
	출입구가 2개 이상인 경우	출입구가 1개인 경우
평행주차	2.25미터	3.5미터
직각주차	4.0미터	4.0미터
45도 대향(對向)주차	2.3미터	3.5미터

2) 1) 외의 노외주차장

주차형식	차로의 너비	
	출입구가 2개 이상인 경우	출입구가 1개인 경우
평행주차	3.3미터	5.0미터
직각주차	6.0미터	6.0미터
60도 대향주차	4.5미터	5.5미터
45도 대향주차	3.5미터	5.0미터
교차주차	3.5미터	5.0미터

4. 노외주차장의 출입구 너비는 3.5미터 이상으로 하여야 하며, 주차대수 규모가 50대 이상인 경우에는 출구와 입구를 분리하거나 너비 5.5미터 이상의 출입구를 설치하여 소통이 원활하도록 하여야 한다.
5. 지하식 또는 건축물식 노외주차장의

법	시 행 령	시 행 규 칙
		차로는 제3호의 기준에 따르는 외에 다음 각 목에서 정하는 바에 따른다. 가. 높이는 주차바닥면으로부터 2.3미터 이상으로 하여야 한다. 나. 경사로의 곡선 부분은 자동차가 6미터(같은 경사로를 이용하는 주차장의 총주차대수가 50대 이하인 경우에는 5미터, 이륜자동차전용 노외주차장의 경우에는 3미터) 이상의 내변반경으로 회전할 수 있도록 하여야 한다. 다. 경사로의 차로 너비는 직선형인 경우에는 3.3미터 이상(2차로의 경우에는 6미터 이상)으로 하고, 곡선형인 경우에는 3.6미터 이상(2차로의 경우에는 6.5미터 이상)으로 하며, 경사로의 양쪽 벽면으로부터 30센티미터 이상의 지점에 높이 10센티미터 이상 15센티미터 미만의 연석(경계석)을 설치해야 한다. 이 경우 연석 부분은 차로의 너비에 포함되는 것으로 본다. 라. 경사로의 종단경사도는 직선 부분에서는 17퍼센트를 초과하여서는 아니 되며, 곡선 부분에서는 14퍼센트를 초과하여서는 아니 된다. 마. 경사로의 노면은 거친 면으로 하여야 한다.

법	시 행 령	시 행 규 칙
		바. 오르막 경사로로서 도로와 접하는 부분으로부터 3미터 이내인 경사로의 종단경사도는 직선 부분에서는 8.5퍼센트를, 곡선 부분에서는 7퍼센트를 초과하여서는 안 된다. 사. 주차대수 규모가 50대 이상인 경우의 경사로는 다음 기준에 따라 설치해야 한다. 1) 너비 6미터 이상인 2차로를 확보하거나 진입차로와 진출차로를 분리할 것 2) 별표 1에서 정하는 바에 따라 완화구간(경사로를 지나는 자동차가 지면에 접촉하지 않도록 종단경사도가 경사로 최대 종단경사도의 2분의 1 이하로 설계된 구간을 말한다)을 설치할 것 6. 자동차용 승강기로 운반된 자동차가 주차구획까지 자주식으로 들어가는 노외주차장의 경우에는 주차대수 30대마다 1대의 자동차용 승강기를 설치해야 한다. 이 경우 제16조의2제1항제1호 및 제3호를 준용하되, 자동차용 승강기의 출구와 입구가 따로 설치되어 있거나 주차장의 내부에서 자동차가 방향전환을 할 수 있을 때에는 같은 항 제3호에 따른 진입로를 설치하고 같은 항 제1호에 따른 전면공지 또는 방향

법	시 행 령	시 행 규 칙

지침 주차장내의 방범설비설치 세부지침(국토교통부훈령 제566호, 2015.8.11)

관계법 「실내공기질관리법」 제3조(적용대상)

① 이 법의 적용대상이 되는 다중이용시설은 다음 각 호의 시설 중 대통령령으로 정하는 규모의 것으로 한다. 〈개정 2019.4.2.〉

1. 지하역사(출입통로 · 대합실 · 승강장 및 환승통로와 이에 딸린 시설을 포함한다)
2. 지하도상가(지상건물에 딸린 지하층의 시설을 포함한다)
3. 철도역사의 대합실
4. 「여객자동차 운수사업법」 제2조제5호에 따른 여객자동차터미널의 대합실
5. 「항만법」 제2조제5호에 따른 항만시설 중 대합실
6. 「공항시설법」 제2조제7호에 따른 공항시설 중 여객터미널
7. 「도서관법」 제2조제1호에 따른 도서관
8. 「박물관 및 미술관 진흥법」 제2조제1호 및 제2호에 따른 박물관 및 미술관
9. 「의료법」 제3조제2항에 따른 의료기관
10. 「모자보건법」 제2조제11호에 따른 산후조리원
11. 「노인복지법」 제34조제1항제1호에 따른 노인요양시설
12. 「영유아보육법」 제2조제3호에 따른 어린이집

12의2. 「어린이놀이시설 안전관리법」 제2조제2호에 따른 어린이놀이시설 중 실내 어린이놀이시설

13. 「유통산업발전법」 제2조제3호에 따른 대규모점포
14. 「장사 등에 관한 법률」 제29조에 따른 장례식장(지하에 위치한 시설로 한정한다)
15. 「영화 및 비디오물의 진흥에 관한 법률」 제2조제10호에 따른 영

전환장치를 설치하지 아니할 수 있다.

7. 노외주차장에서 주차에 사용되는 부분의 높이는 주차바닥면으로부터 2.1미터 이상으로 하여야 한다.
8. 노외주차장 내부 공간의 일산화탄소 농도는 주차장을 이용하는 차량이 가장 빈번한 시각의 앞뒤 8시간의 평균치가 50피피엠 이하(「실내공기질관리법」 제3조제1항제19호에 따른 실내주차장은 25피피엠 이하)로 유지되어야 한다.
9. 자주식주차장으로서 지하식 또는 건축물식 노외주차장에는 벽면에서부터 50센티미터 이내를 제외한 바닥면의 최소 조도(照度)와 최대 조도를 다음 각 목과 같이 한다.
   가. 주차구획 및 차로: 최소 조도는 10럭스 이상, 최대 조도는 최소 조도의 10배 이내
   나. 주차장 출구 및 입구: 최소 조도는 300럭스 이상, 최대 조도는 없음
   다. 사람이 출입하는 통로: 최소 조도는 50럭스 이상, 최대 조도는 없음
10. 노외주차장에는 다음 각 목에서 정하는 바에 따라 경보장치를 설치해야 한다.
   가. 주차장의 출입구로부터 3미터 이내의 장소로서 보행자가 경보장치

법	시 행 령	시 행 규 칙
	화상영관(실내 영화상영관으로 한정한다) 16. 「학원의 설립 · 운영 및 과외교습에 관한 법률」 제2조제1호에 따른 학원 17. 「전시산업발전법」 제2조제4호에 따른 전시시설(옥내시설로 한정한다) 18. 「게임산업진흥에 관한 법률」 제2조제7호에 따른 인터넷컴퓨터게임시설제공업의 영업시설 19. 실내주차장 20. 「건축법」 제2조제2항제14호에 따른 업무시설 21. 「건축법」 제2조제2항에 따라 구분된 용도 중 둘 이상의 용도에 사용되는 건축물 22. 「공연법」에 따른 공연장 중 실내 공연장 23. 「체육시설의 설치 · 이용에 관한 법률」에 따른 체육시설 중 실내 체육시설 24. 「공중위생관리법」 제2조제1항제3호나목에 따른 목욕장업의 영업시설 25. 그 밖에 대통령령으로 정하는 시설 ② 이 법의 적용대상이 되는 공동주택은 다음 각호의 공동주택으로서 대통령령으로 정하는 규모 이상으로 신축되는 것으로 한다. 〈개정 2020.5.26.〉 1. 아파트 2. 연립주택 3. 기숙사 ③ 이 법의 적용대상이 되는 대중교통차량은 다음 각 호의 차량으로 한다. 〈개정 2014.1.7.〉 1. 「도시철도법」 제2조제2호에 따른 도시철도의 운행에 사용되는 도시철도차량 2. 「철도산업발전기본법」 제3조제4호에 따른 철도차량 중 여객을 운송하기 위한 철도차량 3. 「여객자동차 운수사업법」 제2조제3호에 따른 여객자동차운송사업에 사용되는 자동차 중 대통령령으로 정하는 자동차 [법 제명 변경 : 시행 2015.12.22.]	의 작동을 식별할 수 있는 곳에 위치해야 한다. 나. 경보장치는 자동차의 출입 시 경광(警光)과 50데시벨 이상의 경보음이 발생하도록 해야 한다. 11. 주차대수 30대를 초과하는 규모의 자주식주차장으로서 지하식 또는 건축물식 노외주차장에는 관리사무소에서 주차장 내부 전체를 볼 수 있는 폐쇄회로 텔레비전(녹화장치를 포함한다) 또는 네트워크 카메라 방범설비를 설치 · 관리하여야 하되, 다음 각 목의 사항을 준수하여야 한다. 가. 방범설비는 주차장의 바닥면으로부터 170센티미터의 높이에 있는 사물을 알아볼 수 있도록 설치하여야 한다. 나. 폐쇄회로 텔레비전 또는 네트워크 카메라 녹화장치의 화면 수가 같아야 한다. 다. 선명한 화질이 유지될 수 있도록 관리하여야 한다. 라. 촬영된 자료는 컴퓨터보안시스템을 설치하여 1개월 이상 보관하여야 한다. 12. 2층 이상의 건축물식 주차장 및 특별시장 · 광역시장 · 특별자치도지사 · 시장 · 군수가 정하여 고시하는 주차장

법	시 행 령	시 행 규 칙
		에는 다음 각 목의 어느 하나에 해당하는 추락방지 안전시설을 설치하여야 한다. 가. 2톤 차량이 시속 20킬로미터의 주행속도로 정면충돌하는 경우에 견딜 수 있는 강도의 구조물로서 구조계산에 의하여 안전하다고 확인된 구조물 나. 「도로법 시행령」 제3조제4호에 따른 방호(防護) 울타리 다. 2톤 차량이 시속 20킬로미터의 주행속도로 정면충돌하는 경우에 견딜 수 있는 강도의 구조물로서 「한국도로공사법」에 따라 설립된 한국도로공사, 「한국교통안전공단법」에 따라 설립된 한국교통안전공단(이하 "한국교통안전공단"이라 한다), 그 밖에 국토교통부장관이 정하여 고시하는 전문연구기관에서 인정하는 제품 라. 그 밖에 국토교통부장관이 정하여 고시하는 추락방지 안전시설 13. 노외주차장의 주차단위구획은 평평한 장소에 설치하여야 한다. 다만, 경사도가 7퍼센트 이하인 경우로서 시장·군수 또는 구청장이 안전에 지장이 없다고 인정하는 경우에는 그러하지 아니하다.

14. 노외주차장에는 제3조제1항제2호에 따른 확장형 주차단위구획을 주차단위구획 총수(평행주차형식의 주차단위구획 수는 제외한다)의 30퍼센트 이상 설치해야 하며, 환경친화적 자동차의 전용주차구획을 총주차대수의 100분의 5 이상 설치해야 한다. 다만, 시장·군수 또는 구청장이 지역별 주차환경을 고려하여 필요하다고 인정하는 경우에는 시·군 또는 구의 조례로 환경친화적 자동차의 전용주차구획의 의무 설치 비율을 100분의 5보다 상향하여 정할 수 있다.
15. 주차대수 400대를 초과하는 규모의 노외주차장의 경우에는 주차장 내에서 안전한 보행을 위하여 과속방지턱, 차량의 일시정지선 등 보행안전을 확보하기 위한 시설을 설치해야 한다. 〈신설 2020.6.25.〉
16. 제5조제3호가목에 따른 지역에 설치되는 주차장에는 홍수 등으로 인한 자동차 침수를 방지하기 위하여 다음 각 목의 시설을 모두 설치해야 한다.
    가. 차량 출입을 통제하기 위한 주차차단기
    나. 주차장 전체를 볼 수 있는 폐쇄회로 텔레비전 또는 네트워크 카메라
    다. 차량 침수가 발생할 우려가 있는

법	시 행 령	시 행 규 칙
		경우에 차량 대피를 안내할 수 있는 방송설비 또는 전광판 ② 〈삭제 2020.6.25.〉 ③ 삭제 〈1996.6.29.〉 ④ 노외주차장에 설치할 수 있는 부대시설은 다음 각 호와 같다. 다만, 전기자동차충전시설을 제외한 부대시설의 총면적은 주차장 총시설면적(주차장으로 사용되는 면적과 주차장 외의 용도로 사용되는 면적을 합한 면적을 말한다. 이하 같다)의 20퍼센트를 초과해서는 안 된다. 〈개정 2016.12.30., 2021.4.16., 2024.9.20.〉 1. 관리사무소, 휴게소 및 공중화장실 2. 간이매점, 자동차 장식품 판매점 및 전기자동차 충전시설, 태양광발전시설, 집배송시설 2의2. 「석유 및 석유대체연료 사업법 시행령」 제2조제3호에 따른 주유소(특별시장 · 광역시장, 시장 · 군수 또는 구청장이 설치한 노외주차장만 해당한다) 3. 노외주차장의 관리 · 운영상 필요한 편의시설 4. 시 · 군 또는 구의 조례로 정하는 이용자 편의시설 ⑤ 법 제20조제2항 또는 제3항에 따른 노외주차장에 설치할 수 있는 부대시

법	시 행 령	시 행 규 칙

관계법 「국토의 계획 및 이용에 관한 법률」 제2조 제6호, 제7호
1.~5. 〈생략〉
6. "기반시설"이란 다음 각 목의 시설로서 대통령령으로 정하는 시설을 말한다.
   가. 도로·철도·항만·공항·주차장 등 교통시설
   나. 광장·공원·녹지 등 공간시설
   다. 유통업무설비, 수도·전기·가스공급설비, 방송·통신시설, 공동구 등 유통·공급시설
   라. 학교·공공청사·문화시설 및 공공필요성이 인정되는 체육시설 등 공공·문화체육시설
   마. 하천·유수지(遊水池)·방화설비 등 방재시설
   바. 장사시설 등 보건위생시설
   사. 하수도, 폐기물처리 및 재활용시설, 빗물저장 및 이용시설 등 환경기초시설
7. "도시·군계획시설"이란 기반시설 중 도시·군관리계획으로 결정된 시설을 말한다.

고시 주차장 추락방지시설의 설계 및 설치 세부지침
(국토교통부고시 제2016-145호, 2016.3.25)

설의 종류 및 주차장 총시설면적 중 부대시설이 차지하는 비율에 대해서는 제4항에도 불구하고 특별시·광역시, 시·군 또는 구의 조례로 정할 수 있다. 이 경우 부대시설이 차지하는 면적의 비율은 주차장 총시설면적의 40퍼센트를 초과할 수 없다. 〈개정 2010.10.29.〉
⑥ 시장·군수 또는 구청장이 노외주차장 안에 「국토의 계획 및 이용에 관한 법률」 제2조제7호의 도시·군계획시설을 부대시설로서 중복하여 설치하려는 경우에는 노외주차장 외의 용도로 사용하려는 도시·군계획시설이 차지하는 면적의 비율은 부대시설을 포함하여 주차장 총시설면적의 40퍼센트를 초과할 수 없다. 〈개정 2012.4.13.〉
⑦ 제1항제12호에 따른 추락방지 안전시설의 설계 및 설치 등에 관한 세부적인 사항은 국토교통부장관이 정하여 고시한다. 〈개정 2013.3.23.〉
[제목개정 2010.10.29.]

제11조【부설주차장의 구조설비기준】
① 법 제6조제1항에 따른 부설주차장의 구조·설비기준에 대해서는 제5조제6호 및 제7호와 제6조제1항제1호부터 제8호까지·제10호·제12호·제13호·제15호 및

법	시 행 령	시 행 규 칙
		같은 조 제7항을 준용한다. 다만, 단독주택 및 다세대주택으로서 해당 부설주차장을 이용하는 차량의 소통에 지장을 주지 아니한다고 시장·군수 또는 구청장이 인정하는 주택의 부설주차장의 경우에는 그러하지 아니하다. 〈개정 2020.6.25〉 ② 다음 각 호의 부설주차장에 대해서는 제6조제1항제9호 및 제11호를 준용한다. 1. 주차대수 30대를 초과하는 지하식 또는 건축물식 형태의 자주식주차장으로서 판매시설, 숙박시설, 운동시설, 위락시설, 문화 및 집회시설, 종교시설 또는 업무시설(이하 이 항에서 "판매시설등"이라 한다)의 용도로 이용되는 건축물의 부설주차장 2. 제1호에 따른 규모의 주차장을 설치한 판매시설등과 다른 용도의 시설이 복합적으로 설치된 건축물의 부설주차장으로서 각각의 시설에 대한 부설주차장을 구분하여 사용·관리하는 것이 곤란한 건축물의 부설주차장 ③ 제2항에 따른 건축물 외의 건축물(단독주택 및 다세대주택은 제외한다)의 부설주차장으로서 지하식 또는 건축물식 형태의 자주식주차장에는 벽면에서부터 50센티미터 이내를 제외한 바닥면의 최소 조도와 최대 조도를 제6조제1항제9호 각 목과 같이 하여야

법	시 행 령	시 행 규 칙

제6조의2【이륜자동차 주차관리대상구역 지정 등】 ① 특별시장·광역시장·시장·군수 또는 구청장은 이륜자동차(「도로교통법」 제2조제18호가목에 따른 이륜자동차 및 같은 법 제2조제19호에 따른 원동기장치자전거를 말한다. 이하 이 조에서 같다)의 주차 관리가 필요한 지역을 이륜자동차 주차관리대상구역으로 지정할 수 있다.

② 특별시장·광역시장·시장·군수 또는 구청장은 제1항에 따라 이륜자동차 주차관리대상구역을 지정할 때 해당 지역 주차장의 이륜자동차 전용주차구획을 일정 비율 이상 정하여야 한다.

③ 특별시장·광역시장·시장·군수 또는 구청장은 제1항에 따라 주차관리대상구역을 지정한 때에는 그 사실을 고시하여야 한다.

[본조신설 2012.1.17.]

한다. 〈개정 2013.1.25.〉

④ 주차대수 50대 이상의 부설주차장에 설치되는 확장형 주차단위구역에 관하여는 제6조제1항제14호를 준용한다. 〈신설 2012.7.2.〉

⑤ 부설주차장의 총주차대수 규모가 8대 이하인 자주식주차장의 구조 및 설비기준은 제1항 본문에도 불구하고 다음 각 호에 따른다. 〈개정 2016.4.12.〉

1. 차로의 너비는 2.5미터 이상으로 한다. 다만, 주차단위구획과 접하여 있는 차로의 너비는 주차형식에 따라 다음 표에 따른 기준 이상으로 하여야 한다.

(단위 : 미터)

주차형식	차로의 너비
평행주차	3.0m 이상
직각주차	6.0m 이상
60도 대향주차	4.0m 이상
45도 대향주차	3.5m 이상
교차주차	3.5m 이상

2. 보도와 차도의 구분이 없는 너비 12미터 미만의 도로에 접하여 있는 부설주차장은 그 도로를 차로로 하여 주차단위구획을 배치할 수 있다. 이 경우 차로의 너비는 도로를 포함하여 6미터 이상(평행주차형식인 경우에는 도로를 포함하여 4미터 이상)으로 하며, 도로

법	시 행 령	시 행 규 칙

[시행령]

질의 회신 총주차대수 5대 이하의 주차형식

서울시주차계획과-2736, 2004.4.22

질의 총주차대수 5대 이하인 경우로서 주차형식에 따라 도로를 차로로 하여 주차단위구획을 배치할 수 있는지와 도로를 차로로 하여 주차단위구획을 배치할 경우에 도로의 너비를 확보하여야 하는지 여부

회신 자주식주차장(지평식에 한함)으로서 보도와 차도의 구분이 없는 너비 12m미만의 도로에 접하여 있는 부설주차장은 그 도로를 차로로 하여 주차단위구획을 배치할 수 있고, 이 경우 차로의 너비는 도로를 포함하여 6m이상(평행주차인 경우에는 도로를 포함하여 4m이상)으로 하여야 하며, 주차대수 5대 이하의 주차단위구획은 차로를 기준으로 하여 세로로 2대까지 접하여 배치할 수 있으며, 또한 당해 도로의 너비에 관한 규정은 건축법 제2조1항제11호의 규정에 의한 도로로서 자동차의 통행이 가능하여야 함.

[시행규칙]

의 포함 범위는 중앙선까지로 하되, 중앙선이 없는 경우에는 도로 반대쪽 경계선까지로 한다.

3. 보도와 차도의 구분이 있는 12미터 이상의 도로에 접하여 있고 주차대수가 5대 이하인 부설주차장은 그 주차장의 이용에 지장이 없는 경우만 그 도로를 차로로 하여 직각주차형식으로 주차단위구획을 배치할 수 있다.
4. 주차대수 5대 이하의 주차단위구획은 차로를 기준으로 하여 세로로 2대까지 접하여 배치할 수 있다.
5. 출입구의 너비는 3미터 이상으로 한다. 다만, 막다른 도로에 접하여 있는 부설주차장으로서 시장 · 군수 또는 구청장이 차량의 소통에 지장이 없다고 인정하는 경우에는 2.5미터 이상으로 할 수 있다.
6. 보행인의 통행로가 필요한 경우에는 시설물과 주차단위구획 사이에 0.5미터 이상의 거리를 두어야 한다.

⑥ 제1항 및 제5항에 따라 도로를 차로로 하여 설치한 부설주차장의 경우 도로와 주차구획선 사이에는 담장 등 주차장의 이용을 곤란하게 하는 장애물을 설치할 수 없다. 〈개정 2012.7.2.〉

[전문개정 2010.10.29]

법	시 행 령	시 행 규 칙
제6조의3【주차장에서의 금지행위】 누구든지 국가기관, 지방자치단체, 「공공기관의 운영에 관한 법률」 제4조에 따른 공공기관, 그 밖에 국토교통부령으로 정하는 기관의 장이 설치한 주차장에서 야영행위, 취사행위 또는 불을 피우는 행위를 하여서는 아니 된다.[본조신설 2024.3.19.] [종전 제6조의3은 제6조의4로 이동 〈2024.3.19.〉] **제6조의4【협회의 설립】** ① 주차장 사업을 경영하거나 이와 관련된 업무에 종사하는 자는 관련 제도의 개선 및 사업의 건전한 발전을 위하여 주차장 사업자단체(이하 "협회"라 한다)를 설립할 수 있다. ② 협회는 법인으로 한다. ③ 협회는 국토교통부장관의 인가를 받아 주된 사무소의 소재지에서 설립등기를 함으로써 성립한다. ④ 협회 회원의 자격과 임원에 관한 사항, 협회의 업무 등은 정관으로 정한다. ⑤ 협회에 관하여 이 법에 규정된 사항 외에는 「민법」 중 사단법인에 관한 규정을 준용한다. [본조신설 2016.1.19.][제6조의3에서 이동 〈2024.3.19.〉] **제2장 삭제**〈1995.12.29.〉 **제3장 노상주차장**〈개정 2010.3.22〉 **제7조【노상주차장의 설치 및 폐지】** ① 노상주차장은 특별시장·광역시장, 시장·군수 또는 구청장이 설치한다. 이 경		**제4조의3【야영행위 등이 금지되는 주차장의 설치자】** 법 제6조의3에서 "국토교통부령으로 정하는 기관의 장"이란 「지방공기업법」 제49조에 따른 지방공사의 장 및 같은 법 제76조에 따른 지방공단의 장을 말한다. [본조신설 2024.9.20.]

법	시 행 령	시 행 규 칙

우 「국토의 계획 및 이용에 관한 법률」 제43조제1항은 적용하지 아니한다. 〈개정 2010.3.22.〉

② 삭제 〈1995.12.29.〉

③ 특별시장 · 광역시장, 시장 · 군수 또는 구청장은 다음 각 호의 어느 하나에 해당하는 경우에는 지체 없이 해당 노상주차장을 폐지하여야 한다. 〈개정 2021.1.12〉

1. 노상주차장에의 주차로 인하여 대중교통수단의 운행이나 그 밖의 교통소통에 장애를 주는 경우
2. 노상주차장을 대신하는 노외주차장의 설치 등으로 인하여 노상주차장이 필요 없게 된 경우
3. 「도로교통법」 제12조에 따라 어린이 보호구역으로 지정된 경우

④ 특별시장 · 광역시장, 시장 · 군수 또는 구청장은 노상주차장 중 해당 지역의 교통 여건을 고려하여 화물의 하역(荷役)을 위한 주차구획(이하 "하역주차구획"이라 한다)을 지정할 수 있다. 이 경우 특별시장 · 광역시장, 시장 · 군수 또는 구청장은 해당 지방자치단체의 조례로 정하는 바에 따라 하역주차구획에 화물자동차 외의 자동차(「도로교통법」 제2조제22호에 따른 긴급자동차는 제외한다)의 주차를 금지할 수 있다.

〈개정 2011.6.8.〉

[제목개정 2010.3.22]

제8조 【노상주차장의 관리】 ① 노상주차장은 제7조제1항에 따라 해당 주차장을 설치한 특별시장 · 광역시장, 시장 · 군수 또는 구청장이 관리하거나 특별시장 · 광역시장, 시장 · 군수 또는 구청장으로부터 그 관리를 위탁받은 자(이하 "노

관계법 「국토의 계획 및 이용에 관한 법률」

제43조 (도시·군계획시설의 설치 · 관리)

① 지상 · 수상 · 공중 · 수중 또는 지하에 기반시설을 설치하려면 그 시설의 종류 · 명칭 · 위치 · 규모 등을 미리 도시 · 군관리계획으로 결정하여야 한다. 다만, 용도지역 · 기반시설의 특성 등을 고려하여 대통령령으로 정하는 경우에는 그러하지 아니하다.

②~③ 〈생략〉

관계법 「도로교통법」 제2조제22호

22. "긴급자동차"라 함은 다음 각 목의 자동차로서 그 본래의 긴급한 용도로 사용되고 있는 자동차를 말한다. 〈개정 2020.6.9., 2020.12.22., 2021.10.19., 2022.1.11., 2023.4.18., 2023.10.24.〉

가. 소방차
나. 구급차
다. 혈액 공급차량
라. 그 밖에 대통령령이 정하는 자동차

관계법 「도로교통법 시행령」 제2조 (긴급자동차의 정의)

① 「도로교통법」 (이하 "법"이라 한다) 제2조제22호라목에서 "대통령령으로 정하는 자동차"란 긴급한 용도로 사용되는 다음 각 호의 어느 하나에 해당하는 자동차를 말한다. 다만, 제6호부터 제11호까지의 자동차는 이를 사용하는 사람 또는 기관 등의 신청에 의하여 지방경찰청장이 지정하는 경우로 한정한다.

1. 경찰용 자동차 중 범죄수사, 교통단속, 그 밖의 긴급한 경찰업무 수행에 사용되는 자동차
2. 국군 및 주한 국제연합군용 자동차 중

상주차장관리 수탁자"라 한다)가 관리한다.
② 노상주차장관리 수탁자의 자격과 그 밖에 노상주차장의 관리에 관하여 필요한 사항은 해당 지방자치단체의 조례로 정한다.
③ 노상주차장관리 수탁자와 그 관리를 직접 담당하는 사람은 「형법」 제129조부터 제132조까지의 규정을 적용할 때에는 공무원으로 본다.
[전문개정 2010.3.22]

제8조의2【노상주차장에서의 주차행위 제한 등】 ① 특별시장·광역시장, 시장·군수 또는 구청장은 다음 각 호의 어느 하나에 해당하는 경우에는 해당 자동차의 운전자 또는 관리책임이 있는 자에게 주차방법을 변경하거나 자동차를 그 곳으로부터 다른 장소로 이동시킬 것을 명할 수 있다. 다만, 「도로교통법」 제2조제22호에 따른 긴급자동차의 경우에는 그러하지 아니하다. 〈개정 2011.6.8., 2024.1.9.〉
1. 제7조제4항에 따른 하역주차구획에 화물자동차가 아닌 자동차를 주차하는 경우
2. 정당한 사유 없이 제9조제1항에 따른 주차요금을 내지 아니하고 주차하는 경우
3. 제10조제1항 각 호의 제한조치를 위반하여 주차하는 경우
4. 주차장의 지정된 주차구획 외의 곳에 주차하는 경우
5. 주차장을 주차장 외의 목적으로 이용하는 경우
6. 주차요금이 징수되지 아니하는 노상주차장에 정당한 사유 없이 대통령령으로 정하는 기간 이상 계속하여 고정적으로 주차하는 경우

② 특별시장·광역시장, 시장·군수 또는 구청장은 제1항 각 호의 어느 하나에 해당하는 경우 해당 자동차의 운전자

제3조【무료 노상주차장에서 주차방법 변경 등의 대상이 되는 자동차의 주차기간】 법 제8조의2제1항제6호에서 "대통령령으로 정하는 기간"이란 1개월(자동차가 분해·파손되어 운행이 불가능한 경우에는 15일)을 말한다.
[본조신설 2024.7.9.]

군 내부의 질서 유지나 부대의 질서 있는 이동을 유도(誘導)하는 데 사용되는 자동차
3. 수사기관의 자동차 중 범죄수사를 위하여 사용되는 자동차
4. 다음 각 목의 어느 하나에 해당하는 시설 또는 기관의 자동차 중 도주자의 체포 또는 수용자, 보호관찰 대상자의 호송·경비를 위하여 사용되는 자동차
 가. 교도소·소년교도소 또는 구치소
 나. 소년원 또는 소년분류심사원
 다. 보호관찰소
5. 국내외 요인(要人)에 대한 경호업무 수행에 공무(公務)로 사용되는 자동차
6. 전기사업, 가스사업, 그 밖의 공익사업을 하는 기관에서 위험 방지를 위한 응급작업에 사용되는 자동차
7. 민방위업무를 수행하는 기관에서 긴급예방 또는 복구를 위한 출동에 사용되는 자동차
8. 도로관리를 위하여 사용되는 자동차 중 도로상의 위험을 방지하기 위한 응급작업에 사용되거나 운행이 제한되는 자동차를 단속하기 위하여 사용되는 자동차
9. 전신·전화의 수리공사 등 응급작업에 사용되는 자동차
10. 긴급한 우편물의 운송에 사용되는 자동차
11. 전파감시업무에 사용되는 자동차

② 제1항 각 호에 따른 자동차 외에 다음 각 호의 어느 하나에 해당하는 자동차는 긴급자동차로 본다.
1. 제1항제1호에 따른 경찰용 긴급자동차에 의하여 유도되고 있는 자동차

법	시 행 령	시 행 규 칙
또는 관리책임이 있는 자가 현장에 없을 때에는 주차장의 효율적인 이용 및 주차장 이용자의 안전과 도로의 원활한 소통을 위하여 필요한 범위에서 스스로 그 자동차의 주차 방법을 변경하거나 변경에 필요한 조치를 할 수 있으며, 부득이한 경우에는 미리 지정한 다른 장소로 그 자동차를 이동시키거나 그 자동차에 이동을 제한하는 장치를 설치할 수 있다. 〈개정 2019.12.24.〉 ③ 제2항에 따라 자동차를 이동시키는 경우에는 「도로교통법」 제35조제3항부터 제7항까지 및 제36조를 준용한다. [전문개정 2010.3.22.] **제9조【노상주차장의 주차요금징수 등】** ① 제8조제1항에 따라 노상주차장을 관리하는 특별시장·광역시장, 시장·군수 또는 구청장이나 노상주차장관리 수탁자(이하 이들을 합하여 "노상주차장관리자"라 한다)는 주차장에 자동차를 주차하는 사람으로부터 주차요금을 받을 수 있다. 다만, 「도로교통법」 제2조제22호에 따른 긴급자동차에 대하여는 주차요금을 받지 아니하고, 경형자동차 및 환경친화적 자동차에 대하여는 주차요금의 100분의 50 이상을 감면한다. 〈개정 2016.1.19.〉 ② 제1항에 따른 주차요금의 요율 및 징수방법 등은 해당 지방자치단체의 조례로 정한다. 이 경우 노상주차장의 효율적인 이용을 위하여 필요한 경우에는 주차요금을 그 이용시간 등에 따라 달리 정할 수 있다. ③ 노상주차장관리자는 제8조의2제1항 각 호의 어느 하나에 해당하는 경우 해당 자동차의 운전자 또는 관리책임이 있는 자로부터 제1항에 따른 주차요금 외에 해당 지방자치단체의 조례로 정하는 바에 따라 그 주차요금의 4배 이내		2. 제1항제2호에 따른 국군 및 주한 국제연합군용의 긴급자동차에 의하여 유도되고 있는 국군 및 주한 국제연합군의 자동차 3. 생명이 위급한 환자 또는 부상자나 수혈을 위한 혈액을 운송 중인 자동차

법	시 행 령	시 행 규 칙
의 금액에 해당하는 가산금을 받을 수 있다. ④ 특별시장·광역시장, 시장·군수 또는 구청장인 노상주차장관리자는 제1항에 따른 주차요금이나 제3항에 따른 가산금(이하 "주차요금등"이라 한다)을 내지 아니한 자에 대하여는 지방세 체납처분의 예에 따라 그 주차요금등을 징수할 수 있다. ⑤ 노상주차장관리 수탁자인 노상주차장관리자는 주차요금등을 내지 아니한 자에 대한 주차요금등의 징수를 특별시장·광역시장, 시장·군수 또는 구청장에게 위탁할 수 있으며, 특별시장·광역시장, 시장·군수 또는 구청장은 그 징수를 위탁받은 경우에는 제4항에 준하여 그 주차요금등을 징수할 수 있다. [전문개정 2010.3.22]		
제10조【노상주차장의 사용제한 등】 ① 특별시장·광역시장, 시장·군수 또는 구청장은 교통의 원활한 소통과 노상주차장의 효율적인 이용을 위하여 필요한 경우에는 다음 각 호의 제한조치를 할 수 있다. 다만, 「도로교통법」 제2조제22호에 따른 긴급자동차는 제한조치와 관계없이 주차할 수 있다. 〈개정 2016.1.19. 2020.6.9., 2024.1.9., 2025.1.31.〉 1. 노상주차장의 전부나 일부에 대한 일시적인 사용 제한 2. 자동차별 주차시간의 제한 3. 노상주차장의 일부에 대하여 국토교통부령으로 정하는 자동차와 경형자동차, 환경친화적 자동차, 승용차공동이용 자동차 및 영유아동반 자동차를 위한 전용주차구획의 지정 ② 제1항에 따른 제한조치를 하려는 경우에는 그 내용을 미리 공고하거나 게시하여야 한다. ③ 특별시장·광역시장, 시장·군수 또는 구청장이 지역별		**제6조의2【노상주차장의 전용주차구획의 설치】** ① 법 제10조제1항제3호에 따라 노상주차장의 일부에 대하여 전용주차구획을 설치할 수 있는 경우는 다음 각 호와 같다. 〈개정 2016.7.27.〉 1. 주거지역에 설치된 노상주차장으로서 인근 주민의 자동차를 위한 경우 2. 법 제7조제4항에 따른 하역주차구획으로서 인근 이용자의 화물자동차를 위한 경우 3. 대한민국에 주재하는 외교공관 및 외교관의 자동차를 위한 경우 4. 「도시교통정비 촉진법」 제33조제1항제4호에 따른 승용차공동이용 지원

법

주차환경 등을 고려하여 제1항제3호에 따라 전용주차구획을 지정하는 경우 그 지정구역의 규모, 지정의 방법 및 절차 등은 해당 지방자치단체의 조례로 정한다. 〈신설 2024.1.9.〉
[전문개정 2010.3.22]

제10조의2【노상주차장관리자의 책임】 ① 노상주차장관리자는 해당 지방자치단체의 조례로 정하는 바에 따라 주차장을 성실히 관리·운영하여야 하며, 주차장 이용자의 안전과 시설의 적정한 유지관리를 위하여 노력하여야 한다. 〈개정 2019.12.24.〉
② 노상주차장관리자는 해당 주차장에 주차하는 자동차에 대하여 선량한 관리자의 주의의무를 게을리하지 아니하였음을 증명한 경우를 제외하고는 그 자동차의 멸실 또는 훼손으로 인한 손해배상의 책임을 면하지 못한다. 다만, 노상주차장관리자가 상주(常駐)하지 아니하는 노상주차장의 경우는 그러하지 아니하다.
[전문개정 2010.3.22.]

제11조【노상주차장의 표지】 ① 노상주차장관리자는 노상주차장에 주차장 표지(전용주차구획의 표지를 포함한다)와 구획선을 설치하여야 한다.
② 노상주차장관리자는 제1항에 따른 표지 외에 해당 지방자치단체의 조례로 정하는 바에 따라 주차요금과 그 밖에 노상주차장의 이용에 관한 표지를 설치하여야 한다.
[전문개정 2010.3.22.]

제4장 노외주차장〈개정 2010.3.22〉

시 행 령

시 행 규 칙

을 위하여 사용되는 자동차를 위한 경우
5. 그 밖에 해당 지방자치단체의 조례로 정하는 자동차를 위한 경우
② 시장·군수 또는 구청장은 제1항제1호 및 제5호에 해당하는 전용주차구획의 효율적인 이용을 위해 필요하다고 인정하는 경우에는 해당 전용주차구획에 주차가 허용되는 자동차(이하 이 항에서 "전용주차자동차"라 한다)가 주차되지 않는 시간대에 전용주차자동차 외의 자동차의 주차를 허용할 수 있다. 〈신설 2021.4.16.〉
③ 제1항 및 제2항에 따른 전용주차구획의 설치·운영에 필요한 사항은 해당 지방자치단체의 조례로 정한다. 〈개정 2021.4.16.〉
[전문개정 2010.10.29]

법	시 행 령	시 행 규 칙
제12조 【노외주차장의 설치 등】 ① 노외주차장을 설치 또는 폐지한 자는 국토교통부령으로 정하는 바에 따라 시장·군수 또는 구청장에게 통보하여야 한다. 설치 통보한 사항이 변경된 경우에도 또한 같다. 〈개정 2013.3.23., 2024.1.9.〉 ② 특별시장·광역시장, 시장·군수 또는 구청장은 노외주차장에 화물자동차, 승용차공동이용 자동차 또는 영유아동반 자동차등의 주차공간이 필요하다고 인정하면 지방자치단체의 조례로 정하는 바에 따라 화물자동차, 승용차공동이용 자동차 또는 영유아동반 자동차등의 주차를 위한 구역을 지정하거나 지정하도록 할 수 있다. 이 경우 그 지정구역의 규모, 지정의 방법 및 절차 등은 해당 지방자치단체의 조례로 정한다. 〈개정 2010.3.22., 2024.1.9., 2025.1.31.〉 ③ 삭제 〈1999.2.8.〉 ④ 삭제 〈1999.2.8.〉 ⑤ 삭제 〈1999.2.8.〉		**제5조 【노외주차장의 설치에 대한 계획기준】** 법 제12조제1항 및 법 제12조의3제1항에 따른 노외주차장 설치에 대한 계획기준은 다음 각 호와 같다. 〈개정 2016.4.12., 2020.6.25〉 1. 노외주차장의 유치권은 노외주차장을 설치하려는 지역에서의 토지이용 현황, 노외주차장 이용자의 보행거리 및 보행자를 위한 도로 상황 등을 고려하여 이용자의 편의를 도모할 수 있도록 정하여야 한다. 2. 노외주차장의 규모는 유치권 안에서의 전반적인 주차수요와 이미 설치되었거나 장래에 설치할 계획인 자동차 주차에 사용하는 시설 또는 장소와의 연관성을 고려하여 적정한 규모로 하여야 한다. 3. 노외주차장을 설치하는 지역은 녹지지역이 아닌 지역이어야 한다. 다만, 자연녹지지역으로서 다음 각 목의 어느 하나에 해당하는 지역의 경우에는 그러하지 아니하다. 가. 하천구역 및 공유수면으로서 주차장이 설치되어도 해당 하천 및 공유수면의 관리에 지장을 주지 아니하는 지역 나. 토지의 형질변경 없이 주차장 설치가 가능한 지역

법	시 행 령	시 행 규 칙

관계법 「도로교통법」 제32조(정차 및 주차의 금지)

모든 차의 운전자는 다음 각 호의 어느 하나에 해당하는 곳에서는 차를 정차하거나 주차하여서는 아니 된다. 다만, 이 법이나 이 법에 따른 명령 또는 경찰공무원의 지시를 따르는 경우와 위험방지를 위하여 일시정지하는 경우에는 그러하지 아니하다. 〈개정 2018.2.9., 2020.10.20., 2020.12.22., 2021.11.30.〉

1. 교차로 · 횡단보도 · 건널목이나 보도와 차도가 구분된 도로의 보도(「주차장법」에 따라 차도와 보도에 걸쳐서 설치된 노상주차장은 제외한다)
2. 교차로의 가장자리나 도로의 모퉁이로부터 5미터 이내인 곳
3. 안전지대가 설치된 도로에서는 그 안전지대의 사방으로부터 각각 10미터 이내인 곳
4. 버스여객자동차의 정류지(停留地)임을 표시하는 기둥이나 표지판 또는 선이 설치된 곳으로부터 10미터 이내인 곳. 다만, 버스여객자

다. 주차장 설치를 목적으로 토지의 형질변경 허가를 받은 지역

라. 특별시장 · 광역시장, 시장 · 군수 또는 구청장이 특히 주차장의 설치가 필요하다고 인정하는 지역

4. 단지조성사업 등에 따른 노외주차장은 주차수요가 많은 곳에 설치하여야 하며 될 수 있으면 공원 · 광장 · 큰길가 · 도시철도역 및 상가인접지역 등에 접하여 배치하여야 한다.
5. 노외주차장의 출구 및 입구(노외주차장의 차로의 노면이 도로의 노면에 접하는 부분을 말한다. 이하 같다)는 다음 각 목의 어느 하나에 해당하는 장소에 설치하여서는 아니 된다.

가. 「도로교통법」 제32조제1호부터 제4호까지, 제5호(건널목의 가장자리만 해당한다) 및 같은 법 제33조제1호부터 제3호까지의 규정에 해당하는 도로의 부분

나. 횡단보도(육교 및 지하횡단보도를 포함한다)로부터 5미터 이내에 있는 도로의 부분

다. 너비 4미터 미만의 도로(주차대수 200대 이상인 경우에는 너비 6미터 미만의 도로)와 종단 기울기가 10퍼센트를 초과하는 도로

라. 유아원, 유치원, 초등학교, 특수학

법	시 행 령	시 행 규 칙
	동차의 운전자가 그 버스여객자동차의 운행시간 중에 운행노선에 따르는 정류장에서 승객을 태우거나 내리기 위하여 차를 정차하거나 주차하는 경우에는 그러하지 아니하다. 5. 건널목의 가장자리 또는 횡단보도로부터 10미터 이내인 곳 제33조 (주차금지의 장소) 모든 차의 운전자는 다음 각 호의 어느 하나에 해당하는 곳에 차를 주차해서는 아니 된다. 〈개정 2020.12.22.〉 1. 터널 안 및 다리 위 2. 다음 각 목의 곳으로부터 5미터 이내인 곳 가. 도로공사를 하고 있는 경우에는 그 공사 구역의 양쪽 가장자리 나. 「다중이용업소의 안전관리에 관한 특별법」에 따른 다중이용업소의 영업장이 속한 건축물로 소방본부장의 요청에 의하여 시·도경찰청장이 지정한 곳 3. 시·도경찰청장이 도로에서의 위험을 방지하고 교통의 안전과 원활한 소통을 확보하기 위하여 필요하다고 인정하여 지정한 곳	교, 노인복지시설, 장애인복지시설 및 아동전용시설 등의 출입구로부터 20미터 이내에 있는 도로의 부분 6. 노외주차장과 연결되는 도로가 둘 이상인 경우에는 자동차교통에 미치는 지장이 적은 도로에 노외주차장의 출구와 입구를 설치하여야 한다. 다만, 보행자의 교통에 지장을 가져올 우려가 있거나 그 밖의 특별한 이유가 있는 경우에는 그러하지 아니하다. 7. 주차대수 400대를 초과하는 규모의 노외주차장의 경우에는 노외주차장의 출구와 입구를 각각 따로 설치하여야 한다. 다만, 출입구의 너비의 합이 5.5미터 이상으로서 출구와 입구가 차선 등으로 분리되는 경우에는 함께 설치할 수 있다. 8. 특별시장·광역시장, 시장·군수 또는 구청장이 설치하는 노외주차장의 주차대수 규모가 50대 이상인 경우에는 주차대수의 2퍼센트부터 4퍼센트까지의 범위에서 장애인의 주차수요를 고려하여 지방자치단체의 조례로 정하는 비율 이상의 장애인 전용주차구획을 설치하여야 한다. 9. 경사진 곳에 노외주차장을 설치하는 경우에는 미끄럼 방지시설 및 미끄럼 주의 안내표지 설치 등 안전대책을 마

법	시 행 령	시 행 규 칙

법

⑥ 특별시장 · 광역시장 · 특별자치시장·특별자치도지사 또는 시장은 노외주차장을 설치하면 교통 혼잡이 가중될 우려가 있는 지역에 대하여는 노외주차장의 설치를 제한할 수 있다. 이 경우 제한지역의 지정 및 설치 제한의 기준은 국토

시행규칙

련해야 한다.
[전문개정 2010.10.29]

제7조【노외주차장의 설치통보 등】 ① 법 제12조제1항에 따라 노외주차장을 설치하거나 폐지한 자는 별지 제1호의2서식의 노외주차장 설치(폐지) 통보서에 주차시설 배치도를 첨부(설치 통보의 경우만 해당한다)하여 노외주차장을 설치하거나 폐지한 날부터 30일 이내에 주차장 소재지를 관할하는 시장·군수 또는 구청장에게 통보하여야 한다.

② 노외주차장을 설치한 자(노외주차장을 양수하거나 임차한 자 등을 포함한다)는 법 제12조제1항 후단에 따라 설치 통보한 사항이 변경된 경우에는 변경된 날부터 30일 이내에 별지 제1호의3서식의 노외주차장 변경통보서에 주차시설 배치도를 첨부하여 주차장 소재지를 관할하는 시장·군수 또는 구청장에게 통보하여야 한다.
[전문개정 2010.10.29.]

제7조의2【노외주차장 또는 부설주차장의 설치제한】 ① 법 제12조제6항 또는 법 제19조제10항에 따라 노외주차장 또는 부설주차장(주택 및 오피스텔의

법	시 행 령	시 행 규 칙
교통부령으로 정하는 바에 따라 해당 지방자치단체의 조례로 정한다. 〈개정 2018.12.18.〉 [제목개정 2010.3.22]	**관계법** 「도시교통정비 촉진법」 제42조 (교통혼잡 특별관리구역지정 등) ① 시장은 도시교통의 원활한 소통과 교통편의의 증진을 위하여 필요하다고 인정하면 도시교통정비지역 안의 일정지역을 교통혼잡 특별관리구역(이하 "특별관리구역"이라 한다)으로 지정하여 특별관리구역에 있는 대통령령으로 정하는 규모 이상의 시설물(주거용 시설물은 제외하며, 이하 "특별관리구역시설물"이라 한다) 및 특별관리구역에 들어가는 차량에 대하여 제43조에 따른 교통수요관리 조치를 시행할 수 있다. ② 시장은 주변 간선도로에 심각한 교통혼잡을 유발하는 대통령령으로 정하는 규모 이상의 시설물(주거용시설물은 제외한다)을 교통혼잡 특별관리시설물(이하 "특별관리시설물"이라 한다)로 지정하여 제43조에 따른 교통수요관리 조치를 시행할 수 있다. ③ 국토교통부장관은 필요하다고 인정하면 해당 시장에게 도시교통정비지역의 일정지역 또는 시설물을 제1항과 제2항에 따른 특별관리구역 또는 특별관리시설물로 지정하도록 명할 수 있다. 〈개정 2013.3.23.〉 ④ 제3항에 따라 명령을 받은 시장은 대상지역 또는 대상시설물 주변지역의 교통상황을 조사하여야 하며, 조사결과가 제5항에 따른 지정기준에 해당하면 그 구역 또는 시설물을 특별관리구역 또는 특별관리시설물로 지정하여야 한다. ⑤ 특별관리구역과 특별관리시설물의 지정기준은 대통령령으로 정한다. 다만, 시장은 해당 지역의 여건과 교통상황을 고려하여 필요하다고 인정하는 경우 특별관리구역과 특별관리시설물의 지정기준을 대통령령으로 정하는 범위에서 해당 지방자치단체의 조례로 달리 정할 수 있다. 〈개정 2015.7.24.〉	부설주차장은 제외한다)의 설치를 제한할 수 있는 지역은 다음 각 호의 어느 하나에 해당하는 지역으로서 지방자치단체의 조례로 정한다. 〈개정 2014.2.6., 2022.11.1〉 1. 자동차교통이 혼잡한 상업지역 또는 준주거지역 2. 「도시교통정비 촉진법」 제42조에 따른 교통혼잡 특별관리구역으로서 도시철도 등 대중교통수단의 이용이 편리한 지역 ② 법 제12조제6항에 따른 노외주차장 설치 제한의 기준은 그 지역의 자동차 교통 여건을 고려하여 정한다. ③ 법 제19조제10항에 따라 해당 지방자치단체의 조례로 정하는 부설주차장 설치 제한의 기준은 최고한도로 정하되, 그 최고한도는 「주차장법 시행령」(이하 "영"이라 한다) 별표 1의 설치기준(조례로 설치기준을 정한 경우에는 조례에서 정한 설치기준을 말한다. 이하 이 항에서 "설치기준"이라 한다) 이내로 하여야 한다. 다만, 제1항 제2호에 해당하는 지역의 경우에는 설치기준의 2분의 1 이내로 하여야 한다. ④ 제3항에 따른 부설주차장 설치 제한의 기준은 시설물의 종류별·규모별 또는 해당 지역의 구역별로 각각 다르게

법	시 행 령	시 행 규 칙

제12조의2【다른 법률과의 관계】 노외주차장인 주차전용 건축물의 건폐율, 용적률, 대지면적의 최소한도 및 높이 제한 등 건축 제한에 대하여는 「국토의 계획 및 이용에 관한 법률」 제76조부터 제78조까지, 「건축법」 제57조 및 제60조에도 불구하고 다음 각 호의 기준에 따른다.

1. 건폐율: 100분의 90 이하
2. 용적률: 1천500퍼센트 이하
3. 대지면적의 최소한도: 45제곱미터 이상
4. 높이 제한: 다음 각 목의 배율 이하
  가. 대지가 너비 12미터 미만의 도로에 접하는 경우: 건축물의 각 부분의 높이는 그 부분으로부터 대지에 접한 도로(대지가 둘 이상의 도로에 접하는 경우에는 가장 넓은 도로를 말한다. 이하 이 호에서 같다)의 반대쪽 경계선까지의 수평거리의 3배
  나. 대지가 너비 12미터 이상의 도로에 접하는 경우: 건축물의 각 부분의 높이는 그 부분으로부터 대지에 접한 도로의 반대쪽 경계선까지의 수평거리의 36/도로의 너비(미터를 단위로한다)배. 다만, 배율이 1.8배 미만인 경우에는 1.8배로 한다.

[전문개정 2010.3.22.]

제12조의3【단지조성사업 등에 따른 노외주차장】 ① 택지개발사업, 산업단지개발사업, 항만배후단지개발사업, 도시재개발사업, 도시철도건설사업, 그 밖에 단지 조성 등을 목적으로 하는 사업(이하 "단지조성사업등" 이라 한다)을 시행할 때에는 일정 규모 이상의 노외주차장을 설치하여야 한다. 〈개정 2021.12.7.〉

② 단지조성사업등의 종류와 규모, 노외주차장의 규모와 관

제3조의2 삭제<2009.7.7.>

참고 주차전용 건축물에 대한 높이 제한의 예시

(1) 전면도로의 폭이 12m 미만인 경우

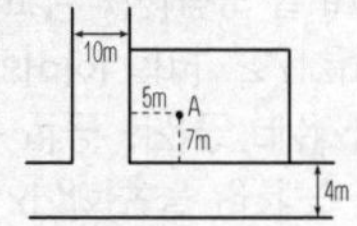

해 $H_A = (10+5) \times 3 = 45m$

(2) 전면도로의 폭이 12m 이상인 경우

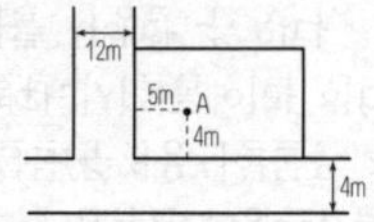

해 $H_A = (12+5) \times \frac{36}{12} = 51m$

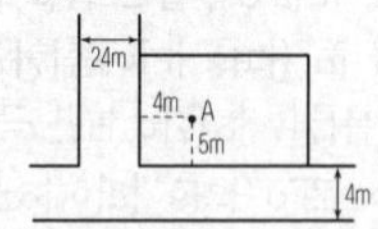

해 $H_A = (24+4) \times \frac{36}{24} = 42m$ 이나,
제한 비율이 1.8미만인 경우 1.8배로 산정하여야 한다.
$\therefore H_A = (24+4) \times 1.8 = 50.4m$

제4조【경형자동차 및 환경친화적 자동차 전용주차구획의 설치비율】 법 제12조의3제1항에 따른 단지조성사업등(이하 "단지조성사업등" 이라 한다)으로 설치되는 노외주차장에는 같은 조 제3항에 따라 경형자동차 및 환경친화적 자동차를 위한 전용주차구획을 다음 각 호의 비율이 모두 충족되도록 설치해야 한다.

정할 수 있다.

⑤ 제3항 및 제4항에 따라 조례로 부설주차장 설치 제한의 기준을 정할 때에는 화물의 하역(荷役)을 위한 주차 또는 장애인 등 교통약자나 긴급자동차 등의 주차를 위한 최소한의 주차구획을 확보하도록 하여야 한다.

[전문개정 2010.10.29]

제8조 ~ 제10조 삭제 <1999.3.12>

법	시 행 령	시 행 규 칙
리방법은 해당 지방자치단체의 조례로 정한다. ③ 제1항에 따라 단지조성사업등으로 설치되는 노외주차장에는 경형자동차 및 환경친화적 자동차를 위한 전용주차구획을 대통령령으로 정하는 비율 이상 설치하여야 한다. 〈개정 2016.1.19.〉 [전문개정 2010.3.22.] **제13조【노외주차장의 관리】** ① 노외주차장은 그 노외주차장을 설치한 자가 관리한다. ② 특별시장 · 광역시장, 시장 · 군수 또는 구청장은 노외주차장을 설치한 경우 그 관리를 특별시장 · 광역시장, 시장 · 군수 또는 구청장 외의 자에게 위탁할 수 있다. ③ 제2항에 따라 특별시장 · 광역시장, 시장 · 군수 또는 구청장의 위탁을 받아 노외주차장을 관리할 수 있는 자의 자격은 해당 지방자치단체의 조례로 정한다. ④ 제2항에 따라 노외주차장관리를 위탁받은 자에 대하여는 제8조제3항을 준용한다. 이 경우 "노상주차장관리 수탁자"는 "노외주차장관리를 위탁받은 자"로 본다. [전문개정 2010.3.22.] **제14조【노외주차장의 주차요금 징수 등】** ① 제13조에 따라 노외주차장을 관리하는 자(이하 "노외주차장관리자"라 한다)는 주차장에 자동차를 주차하는 사람으로부터 주차요금을 받을 수 있다. ② 특별시장 · 광역시장, 시장 · 군수 또는 구청장이 설치한 노외주차장의 주차요금의 요율과 징수방법에 관하여 필요한 사항은 해당 지방자치단체의 조례로 정한다. 다만, 경형자동차 및 환경친화적 자동차에 대하여는 주차요금의 100분	1. 경형자동차를 위한 전용주차구획과 환경친화적 자동차를 위한 전용주차구획을 합한 주차구획: 총주차대수의 100분의 10 이상 2. 환경친화적 자동차를 위한 전용주차구획: 총주차대수의 100분의 5 이상 [전문개정 2021.3.30.]	

법	시 행 령	시 행 규 칙
의 50 이상을 감면한다. 〈개정 2016.1.19.〉 ③ 특별시장 · 광역시장, 시장 · 군수 또는 구청장인 노외주차장관리자는 제15조제2항 각 호의 경우에 주차요금등을 강제징수할 수 있다. 이 경우 제9조제3항 및 제4항을 준용한다. 〈신설 2016.1.19.〉 [전문개정 2010.3.22.]		
제15조【관리방법】 ① 특별시장 · 광역시장, 시장 · 군수 또는 구청장이 설치한 노외주차장의 관리 · 운영에 필요한 사항은 해당 지방자치단체의 조례로 정한다. ② 다음 각 호의 경우에는 제8조의2제2항 및 제3항을 준용한다. 〈개정 2016.1.19., 2024.1.9.〉 1. 정당한 사유 없이 제14조제1항에 따른 주차요금을 내지 아니하고 주차하는 경우 2. 노외주차장을 주차장 외의 목적으로 이용하는 경우 3. 노외주차장의 지정된 주차구획 외의 곳에 주차하는 경우 4. 주차요금이 징수되지 아니하는 노외주차장에 정당한 사유 없이 대통령령으로 정하는 기간 이상 계속하여 고정적으로 주차하는 경우 [전문개정 2010.3.22.]	**제5조【무료 노외주차장에서 주차방법 변경 등의 대상이 되는 자동차의 주차기간】** 법 제15조제2항제4호에서 "대통령령으로 정하는 기간" 이란 1개월(자동차가 분해 · 파손되어 운행이 불가능한 경우에는 15일)을 말한다. [본조신설 2024.7.9.]	
제16조 삭제 〈1999.2.8.〉		
제17조【노외주차장관리자의 책임 등】 ① 노외주차장관리자는 조례로 정하는 바에 따라 주차장을 성실히 관리 · 운영하여야 하며, 주차장 이용자의 안전과 시설의 적정한 유지관리를 위하여노력하여야 한다. 〈개정 2019.12.24.〉 ② 노외주차장관리자는 주차장의 공용기간(供用期間)에 정		

당한 사유 없이 그 이용을 거절할 수 없다.
③ 노외주차장관리자는 주차장에 주차하는 자동차의 보관에 관하여 선량한 관리자의 주의의무를 게을리하지 아니하였음을 증명한 경우를 제외하고는 그 자동차의 멸실 또는 훼손으로 인한 손해배상의 책임을 면하지 못한다.
[전문개정 2010.3.22]

제18조【노외주차장의 표지】 ① 노외주차장관리자는 주차장 이용자의 편의를 도모하기 위하여 필요한 표지(전용주차구획의 표지를 포함한다)를 설치하여야 한다. 〈개정 2016.12.2.〉
② 제1항에 따른 표지의 종류·서식과 그 밖에 표지의 설치에 필요한 사항은 해당 지방자치단체의 조례로 정한다.
[전문개정 2010.3.22.]

제5조의2 삭제 〈2000.7.27〉

제5장 부설주차장〈개정 2010.3.22〉

제19조【부설주차장의 설치·지정】 ①「국토의 계획 및 이용에 관한 법률」에 따른 도시지역, 같은 법 제51조제3항에 따른 지구단위계획구역 및 지방자치단체의 조례로 정하는 관리지역에서 건축물, 골프연습장, 그 밖에 주차수요를 유발하는 시설(이하 "시설물"이라 한다)을 건축하거나 설치하려는 자는 그 시설물의 내부 또는 그 부지에 부설주차장(화물의 하역과 그 밖의 사업 수행을 위한 주차장을 포함한다. 이하 같다)을 설치하여야 한다. 〈개정 2011.4.14.〉
② 부설주차장은 해당 시설물의 이용자 또는 일반의 이용

제6조【부설주차장의 설치기준】 ① 법 제19조제3항에 따라 부설주차장을 설치하여야 할 시설물의 종류와 부설주차장의 설치기준은 별표 1과 같다. 다만, 다음 각 호의 경우에는 특별시·광역시·특별자치도·시 또는 군(광역시의 군은 제외한다. 이하 이 조에서 같다)의 조례로 시설물의 종류를 세분하거나 부설주차장의 설치기준을 따로 정할 수 있다. 〈개정 2016.7.19.〉
1. 오지·벽지·섬 지역, 도심지의 간선도로변이나 그 밖에 해당 지역의 특수성으로 인하여 별표 1의 기준을 적용하는

법

에 제공할 수 있다.

③ 제1항에 따른 시설물의 종류와 부설주차장의 설치기준은 대통령령으로 정한다.

판례 주차장법 위반, 건축법 위반
(대법원 1995.10.13. 선고 95도1789 판결)

【판시사항】

가. 정당행위를 판단하는 기준

나. 건물 부설주차장 부분의 용도가 주거용인 것으로 잘못 알고 건물을 취득하였더라도 여러 사정에 비추어 그 부분을 주거용으로 사용한 행위를 정당행위로 볼 수 없다고 한 사례

【판결요지】

가. 어떠한 행위가 위법성조각사유로서의 정당행위가 되는지의 여부는 구체적인 경우에 따라 합목적적, 합리적으로 가려야 하고 또 행위의 적법 여부는 국법질서를 벗어나서 이를 가릴 수 없으므로, 정당행위로 인정되려면 첫째 행위의 동기나 목적의 정당성, 둘째 행위의 수단이나 방법의 상당성, 셋째 보호법익과 침해법익의 권형성, 넷째 긴급성, 다섯째 그 행위 이외의 다른 수단이나 방법이 없다는 보충성의 요건을 모두 갖추어야 한다.

나. 건물의 건축물관리대장에 지하층의 용도가 주택으로 기재되지 아니하였고, 피고인은 관할 구청장으로부터 시정지시를 받고 그 지하층을 주거용으로 사용하는 것이 법에 위반된다는 것을 알게 되었음에도 불구하고 그 지하층을 주거용으로 사용하여 온 점, 그 지하층은 공익 목적을 위하여 건축물의 일부를 부설주차장으로 지정하여 그 용도로만 사용하도록 규정하고 있는 건축법과 주차장법의 관계 규정에 의하여 그 용도가 부설주차장으로 지정된 것이라는 점 등에 비추어 보면, 피고인이 그 지하층의 용도가 주거용인 것으로 잘못 알고서 그 건물을 취득하였다는 사정을 감안한다 하더라도 피고인의 행위를 사회상규에 위배되지 아니하는 정당한 행위로 볼 수 없다고 한 사례.

시 행 령

것이 현저히 부적합한 경우

2. 「국토의 계획 및 이용에 관한 법률」 제6조제2호에 따른 관리지역으로서 주차난이 발생할 우려가 없는 경우

3. 단독주택 · 공동주택의 부설주차장 설치기준을 세대별로 정하거나 숙박시설 또는 업무시설 중 오피스텔의 부설주차장 설치기준을 호실별로 정하려는 경우

4. 기계식주차장을 설치하는 경우로서 해당 지역의 주차장 확보율, 주차장 이용 실태, 교통 여건 등을 고려하여 별표 1의 부설주차장 설치기준과 다르게 정하려는 경우

5. 대한민국 주재 외국공관 안의 외교관 또는 그 가족이 거주하는 구역 등 일반인의 출입이 통제되는 구역에 주택 등의 시설물을 건축하는 경우

6. 시설면적이 1만제곱미터 이상인 공장을 건축하는 경우

7. 판매시설, 문화 및 집회시설 등 「자동차관리법」 제3조제1항제2호에 따른 승합자동차(중형 또는 대형 승합자동차만 해당한다)의 출입이 빈번하게 발생하는 시설물을 건축하는 경우

② 특별시·광역시·특별자치도·시 또는 군은 주차수요의 특성 또는 증감에 효율적으로 대처하기 위하여 필요하다고 인정하는 경우에는 별표 1의 부설주차장 설치기준의 2분의 1의 범위에서 그 설치기준을 해당 지방자치단체의 조례로 강화하거나 완화할 수 있다. 이 경우 별표 1의 시설물의 종류·규모를 세분하여 각 시설물의 종류·규모별로 강화 또는 완화의 정도를 다르게 정할 수 있다.

③ 제1항 단서 및 제2항에 따라 부설주차장의 설치기준을 조례로 정하는 경우 해당 지방자치단체는 해당 지역의 구역별로 부설주차장 설치기준을 각각 다르게 정할 수 있다.

④ 건축물의 용도를 변경하는 경우에는 용도변경 시점의

시 행 규 칙

판례 주차장법 위반, 건축법위반
(대법원 2004.5.13. 선고 2003도8081 판결)

【판시사항】

[1] 주차장법상 부설주차장의 규모를 결정하는 기준인 시설면적이나 세대 수가 위법하게 건축된 면적이나 세대 수까지 포함하는지 여부(적극)

[2] 시설기준에 따른 부설주차장을 설치하지 아니하고 시설물을 건축한 후에 위법하게 건축한 부분을 추후 원상회복한 경우, 부설주차장 미설치로 인한 주차장법 제19조 제1항, 제3항 위반죄로 처벌할 수 있는지 여부(적극)

【판결요지】

[1] 주차장법상 부설주차장의 규모를 결정하는 기준으로서 시설면적이나 세대 수란 건축법 등 관계 법령에 비추어 적법하게 건축된 면적이나 세대 수만을 의미하는 것으로 볼 수 없고, 위법하게 건축된 면적이나 세대 수까지 포함하여 현실적으로 건축 또는 설치된 시설물의 전체 면적 및 세대 수를 뜻하는 것으로 이해함이 상당하다.

[2] 주차장법 제19조 제1항, 제3항 위반의 죄는 부설주차장을 설치하지 아니하고 시설물을 건축 또는 설치하여 위 조항들이 지키고자 하는 법익에 대한 위험을 야기함으로써 즉시 성립하는 것이고, 이후에는 그 법익 침해의 상태만이 지속할 뿐으로서, 일단 시설기준에 따른 부설주차장을 설치하지 아니하고 시설물을 건축함으로써 발생한 법익 침해는 추후 부설주차장을 증설하거나 시설물을 일부 철거 또는 용도 변경하는 등으로 시설기준을 사후 충족하게 되었다 하여 소멸하는 것이 아니고,

주차장 설치기준에 따라 변경 후 용도의 주차대수와 변경 전 용도의 주차대수를 산정하여 그 차이에 해당하는 부설주차장을 추가로 확보하여야 한다. 다만, 다음 각 호의 어느 하나에 해당하는 경우에는 부설주차장을 추가로 확보하지 아니하고 건축물의 용도를 변경할 수 있다.

1. 사용승인 후 5년이 지난 연면적 1천제곱미터 미만의 건축물의 용도를 변경하는 경우. 다만, 문화 및 집회시설 중 공연장·집회장·관람장, 위락시설 및 주택 중 다세대주택·다가구주택의 용도로 변경하는 경우는 제외한다.
2. 해당 건축물 안에서 용도 상호간의 변경을 하는 경우. 다만, 부설주차장 설치기준이 높은 용도의 면적이 증가하는 경우는 제외한다.

[전문개정 2010.10.21.]

④ 제1항의 경우에 부설주차장이 대통령령으로 정하는 규모 이하이면 같은 항에도 불구하고 시설물의 부지 인근에 단독 또는 공동으로 부설주차장을 설치할 수 있다. 이 경우 시설물의 부지 인근의 범위는 대통령령으로 정하는 범위에서 지방자치단체의 조례로 정한다.

제7조【부설주차장의 인근 설치】 ① 법 제19조제4항 전단에서 "대통령령으로 정하는 규모"란 주차대수 300대의 규모를 말한다. 다만, 다음 각 호의 어느 하나에 해당하는 경우에는 별표 1의 부설주차장 설치기준에 따라 산정한 주차대수에 상당하는 규모를 말한다. 〈개정 2016.1.19.〉

1. 「도로교통법」 제6조에 따라 차량통행이 금지된 장소의 시설물인 경우
2. 시설물의 부지에 접한 대지나 시설물의 부지와 통로로 연결된 대지에 부설주차장을 설치하는 경우
3. 시설물의 부지가 너비 12미터 이하인 도로에 접해 있는 경우 도로의 맞은편 토지(시설물의 부지에 접한 도로의 건너편에 있는 시설물 정면의 필지와 그 좌우에 위치한 필지를 말한다)에 부설주차장을 그 도로에 접하도록 설치하는 경우
4. 「산업입지 및 개발에 관한 법률」 제2조제8호에 따른 산

건축법과 주차장법은 입법 취지가 서로 다른 것이므로, 피고인이 위법하게 건축한 부분을 추후 원상회복함으로써 법익침해의 상태를 종료시켰다 하여도, 기왕에 이루어진 주차장법 제19조 제1항, 제3항 위반 행위에 대하여는 건축법위반 행위와는 별도의 법적 평가 및 처벌을 피할 수 없다.

판례 택지초과소유부담금 부과 처분취소
대법원 1997.8.29. 선고 97누1365 판결

【판시사항】
나대지에서 제외되는 부설주차장의 최소기준면적을 산정함에 있어서 기준이 되는 골프연습장의 타석수는 시설기준에 따라 설치 가능한 범위 내에서의 실제 타석수를 의미하는 것인지 여부(적극)

【판결요지】
택지소유상한에 관한 법률 시행령 제3조 제5호의 규정에 의하여 택지소유상한에관한법률 제3조 제1호 (나)목 소정의 나대지에서 제외되는 부설주차장의 최소기준면적을 산정함에 있어서 기준이 되는 골프연습장의 타석이란 그것이 건축법 및 체육시설의 설치·이용에 관한 법률 등 관계 법령에 따라 적법하게 설치된 것인 이상 체육시설의 설치·이용에 관한 법률에 의하여 신고 된 타석수에 관계없이 실제로 설치되어 있는 타석수를 의미한다.

법	시 행 령	시 행 규 칙

법

인근 공동주차장의 여유분을 이용한 건축가능 여부

서울시주차 91110-10064, 1999.7.7

질의 건축주 "홍길동"이가 인근부지에 건축물 부설 주차장 기계식 13대분을 설치하였는데, "홍길동" 소유 건축물의 법정 주차대수는 8대임. 동 주차장 인근에 사는 "김갑돌"이가 "홍길동"소유 부설주차장 여유분 5대중 3대분을 매수(토지소유권 일부 이전 및 기계식주차시설물 매수 공증) 서류 첨부하여 사용이 가능한지?

회신 부설주차장을 인근설치한 부지가 주차장전용으로 제공되는 부지(주차장으로 사용하되 다른 건축물이 없는 부지를 말함)이고, 조례로 정하는 부지인근의 범위내에 해당되면 주차장법 제19조제4항 및 동법 시행령 별표 1 비고 제3호의 규정에 의하여 질의와 같이 타인이 공동으로 부설주차장을 설치 가능함.

⑤ 제1항의 경우에 시설물의 위치 · 용도 · 규모 및 부설주차장의 규모 등이 대통령령으로 정하는 기준에 해당할 때에는 해당 주차장의 설치에 드는 비용을 시장 · 군수 또는 구청장에게 납부하는 것으로 부설주차장의 설치를 갈음할 수 있다. 이 경우 부설주차장의 설치를 갈음하여 납부된 비용은 노외주차장의 설치 외의 목적으로 사용할 수 없다.

⑥ 시장 · 군수 또는 구청장은 제5항에 따라 주차장의 설치비용을 납부한 자에게 대통령령으로 정하는 바에 따라 납부한 설치비용에 상응하는 범위에서 노외주차장(특별시장 · 광역시장, 시장 · 군수 또는 구청장이 설치한 노외주차장만 해당한다)을 무상으로 사용할 수 있는 권리(이하 이 조에서 "노외주차장 무상사용권"이라 한다)를 주어야 한다. 다만, 시설물의 부지로부터 제4항 후단에 따른 범위에 노외주차장 무상사용권을 줄 수 있는 노외주차장이 없는 경우에는 그러하지 아니하다.

시 행 령

업단지 안에 있는 공장인 경우 〈신설 2016.1.19.〉

② 법 제19조제4항 후단에 따른 시설물의 부지 인근의 범위는 다음 각 호의 어느 하나의 범위에서 특별자치도· 시· 군 또는 자치구(이하 "시· 군 또는 구"라 한다)의 조례로 정한다.

1. 해당 부지의 경계선으로부터 부설주차장의 경계선까지의 직선거리 300미터 이내 또는 도보거리 600미터 이내
2. 해당 시설물이 있는 동· 리(행정동· 리를 말한다. 이하 이 호에서 같다) 및 그 시설물과의 통행 여건이 편리하다고 인정되는 인접 동· 리

[전문개정 2010.10.21]

제8조【부설주차장 설치의무 면제 등】 ① 법 제19조제5항에 따라 부설주차장의 설치의무가 면제되는 시설물의 위치· 용도· 규모 및 부설주차장의 규모는 다음 각 호와 같다.

1. 시설물의 위치
   가. 「도로교통법」 제6조에 따른 차량통행의 금지 또는 주변의 토지이용 상황으로 인하여 제6조 및 제7조에 따른 부설주차장의 설치가 곤란하다고 특별자치도지사· 시장· 군수 또는 자치구의 구청장(이하 "시장· 군수 또는 구청장"이라 한다)이 인정하는 장소
   나. 부설주차장의 출입구가 도심지 등의 간선도로변에 위치하게 되어 자동차교통의 혼잡을 가중시킬 우려가 있다고 시장· 군수 또는 구청장이 인정하는 장소
2. 시설물의 용도 및 규모: 연면적 1만제곱미터 이상의 판매시설 및 운수시설에 해당하지 아니하거나 연면적 1만 5천제곱미터 이상의 문화 및 집회시설(공연장· 집회장 및 관람장만을 말한다), 위락시설, 숙박시설 또는 업무시설에 해당하

시 행 규 칙

관계법 「도로교통법」 제6조 (통행의 금지 및 제한)

① 시 · 도경찰청장은 도로에서의 위험을 방지하고 교통의 안전과 원활한 소통을 확보하기 위하여 필요하다고 인정할 때에는 구간(區間)을 정하여 보행자, 차마 또는 노면전차의 통행을 금지하거나 제한할 수 있다. 이 경우 시 · 도경찰청장은 보행자, 차마 또는 노면전차의 통행을 금지하거나 제한한 도로의 관리청에 그 사실을 알려야 한다. 〈개정 2020.12.22.〉

② 경찰서장은 도로에서의 위험을 방지하고 교통의 안전과 원활한 소통을 확보하기 위하여 필요하다고 인정할 때에는 우선 보행자, 차마 또는 노면전차의 통행을 금지하거나 제

법	시 행 령	시 행 규 칙

법

⑦ 시장 · 군수 또는 구청장은 제6항 단서에 따라 노외주차장 무상사용권을 줄 수 없는 경우에는 제5항에 따른 주차장 설치비용을 줄여 줄 수 있다.
⑧ 시설물의 소유자가 변경되는 경우에는 노외주차장 무상사용권은 새로운 소유자가 승계한다.
⑨ 제5항과 제7항에 따른 설치비용의 산정기준 및 감액기준 등에 관하여 필요한 사항은 해당 지방자치단체의 조례로 정한다.
⑩ 특별시장 · 광역시장 · 특별자치시장·특별자치도지사 또는 시장은 부설주차장을 설치하면 교통 혼잡이 가중될 우려가 있는 지역에 대하여는 제1항 및 제3항에도 불구하고 부설주차장의 설치를 제한할 수 있다. 이 경우 제한지역의 지정 및 설치 제한의 기준은 국토교통부령으로 정하는 바에 따라 해당 지방자치단체의 조례로 정한다. 〈개정 2013.3.23., 2018.12.18.〉

시행령

지 아니하는 시설물(「도로교통법」 제6조에 따라 차량통행이 금지된 장소의 시설물인 경우에는 「건축법」에서 정하는 용도별 건축허용 연면적의 범위에서 설치하는 시설물을 말한다)
3. 부설주차장의 규모: 주차대수 300대 이하의 규모(「도로교통법」 제6조에 따라 차량통행이 금지된 장소의 경우에는 별표 1의 부설주차장 설치기준에 따라 산정한 주차대수에 상당하는 규모를 말한다)
② 법 제19조제5항에 따라 부설주차장의 설치의무를 면제받으려는 자는 다음 각 호의 사항을 적은 주차장 설치의무 면제신청서를 시장·군수 또는 구청장에게 제출하여야 한다.
1. 시설물의 위치·용도 및 규모
2. 설치하여야 할 부설주차장의 규모
3. 부설주차장의 설치에 필요한 비용 및 주차장 설치의무가 면제되는 경우의 해당 비용의 납부에 관한 사항
4. 신청인의 성명(법인인 경우에는 명칭 및 대표자의 성명) 및 주소
③ 제1항제1호나목의 장소에 있는 시설물의 경우에는 화물의 하역과 그 밖에 해당 시설물의 기능 유지에 필요한 부설주차장은 설치하고 이를 제외한 규모의 부설주차장에 대해서만 설치의무 면제 신청을 할 수 있다. 이 경우 시설물의 기능 유지에 필요한 부설주차장의 규모는 시·군 또는 구의 조례로 정한다.
[전문개정 2010.10.21.]

제9조 【주차장설치비용의 납부 등】 법 제19조제5항에 따라 부설주차장의 설치의무를 면제받으려는 자는 해당 지방자치단체의 조례로 정하는 바에 따라 부설주차장의 설치에 필

시행규칙

한한 후 그 도로관리자와 협의하여 금지 또는 제한의 대상과 구간 및 기간을 정하여 도로의 통행을 금지하거나 제한할 수 있다. 〈개정 2018. 3. 27.〉
③ 이후 "생략"

제13조 【부설주차장 설치의무 면제신청서 등】 ① 영 제8조제2항에 따른 부설주차장 설치의무 면제신청서는 별지 제4호서식에 따른다.
② 시장·군수 또는 구청장은 법 제19조제5항 전단에 따라 부설주차장 설치의무를 면제하려는 경우에는 제1항에 따른 신청서를 받은 후 지체 없이 주차장 설치비용과 그 납부장소 및 납부기한을 정하여 신청인에게 주차장 설치비용을 납부할 것을 통지하여야 한다.
③ 시장·군수 또는 구청장은 부설주차장 설치의무 면제신청인이 주차장 설치비용을 납부한 경우에는 부설주차장이 설치되어야 할 시설물에 관한 설치허가 등을 할 때에 별지 제4호서식의 부설주차장 설치의무 면제서를 신청인에게 발급하여야 한다.
[전문개정 2010.10.29]

법	시 행 령	시 행 규 칙
	요한 비용을 다음 각 호의 구분에 따라 시장 · 군수 또는 구청장에게 내야 한다. 1. 해당 시설물의 건축 또는 설치에 대한 허가 · 인가 등을 받기 전까지: 그 설치에 필요한 비용의 50퍼센트 2. 해당 시설물의 준공검사(건축물인 경우에는 「건축법」 제2조에 따른 사용승인 또는 임시사용승인을 말한다) 신청 전까지: 그 설치에 필요한 비용의 50퍼센트 [전문개정 2012.10.29] **제10조【주차장설치비용 납부자의 주차장무상사용 등】** ① 시장·군수 또는 구청장은 제9조에 따라 시설물의 소유자로부터 부설주차장의 설치에 필요한 비용을 받은 경우에는 시설물 준공검사확인증(건축물인 경우에는 「건축법」 제22조에 따른 사용승인서 또는 임시사용승인서를 말한다. 이하 같다)을 발급할 때에 특별시장·광역시장, 시장·군수 또는 구청장이 설치한 노외주차장 중 해당 시설물의 소유자가 무상으로 사용할 수 있는 주차장을 지정하여야 한다. 다만, 제7조제2항에 따른 범위에 해당하는 시설물의 부지 인근에 사용할 수 있는 노외주차장이 없는 경우에는 그러하지 아니하다. ② 제1항 본문에 따라 주차장을 무상으로 사용할 수 있는 기간은 납부된 주차장 설치비용을 해당 지방자치단체의 조례로 정하는 방법에 따라 시설물 준공검사확인증을 발급할 때의 해당 주차장의 주차요금 징수기준에 따른 징수요금으로 나누어 산정한다. ③ 시장·군수 또는 구청장은 제1항 본문에 따라 시설물의 소유자가 무상으로 사용할 수 있는 노외주차장을 지정할 때에는 해당 시설물로부터 가장 가까운 거리에 있는 주차장을 지정하여야 한다. 다만, 그 주차장의 주차난이 심하거	

법	시 행 령	시 행 규 칙
	나. 그 밖에 그 주차장을 이용하게 하기 곤란한 사정이 있는 경우에는 시설물 소유자의 동의를 받아 그 주차장 외의 다른 주차장을 지정할 수 있다. ④ 구청장은 제1항 본문에 따라 무상사용 주차장으로 지정하려는 노외주차장이 특별시장 또는 광역시장이 설치한 노외주차장인 경우에는 미리 해당 특별시장 또는 광역시장과 협의하여야 한다. [전문개정 2010.10.21.]	
⑪ 시장·군수 또는 구청장은 설치기준에 적합한 부설주차장이 제3항에 따른 부설주차장 설치기준의 개정으로 인하여 설치기준에 미달하게 된 기존 시설물 중 대통령령으로 정하는 시설물에 대하여는 그 소유자에게 개정된 설치기준에 맞게 부설주차장을 설치하도록 권고할 수 있다. ⑫ 시장·군수 또는 구청장은 제11항에 따라 부설주차장의 설치권고를 받은 자가 부설주차장을 설치하려는 경우 제21조의2제6항에 따라 부설주차장의 설치비용을 우선적으로 보조할 수 있다.	**제11조【기존 시설물】** ① 법 제19조제11항에서 "대통령령으로 정하는 시설물"이란 단독주택, 공동주택 또는 오피스텔로서 해당 시설물의 내부 또는 그 부지 안에 부설주차장을 추가로 설치할 수 있는 면적이 10제곱미터 이상인 시설물을 말한다. ② 제1항에 따른 시설물에 추가로 설치되는 부설주차장의 설치방법 등에 관하여 필요한 세부적인 사항은 지방자치단체의 조례로 정할 수 있다. [전문개정 2010.10.21]	
⑬ 시장·군수 또는 구청장은 주차난을 해소하기 위하여 필요한 경우 공공기관, 그 밖에 대통령령으로 정하는 시설물의 부설주차장을 일반이 이용할 수 있는 개방주차장(이하 "개방주차장"이라 한다)으로 지정할 수 있다. 〈신설 2020.2.4〉 ⑭ 시장·군수 또는 구청장은 개방주차장을 지정하기 위하여 그 시설물을 관리하는 자에게 협조를 요청할 수 있다. 이 경우 요청을 받은 자는 특별한 사정이 없으면 이에 따라야 한다. 〈신설 2020.2.4〉	**제11조의2【개방주차장 지정 대상 시설물】** 법 제19조제13항에서 "대통령령으로 정하는 시설물"이란 다음 각 호의 어느 하나에 해당하는 시설물을 말한다. 1. 다음 각 목의 어느 하나에 해당하는 시설물로서 시설물을 소유하거나 관리하는 자가 부설주차장을 개방주차장으로 지정하는 데 동의한 시설물 가. 주차난이 심각한 도심·주택가 등에 위치한 시설물로서 판매시설, 문화시설, 체육시설 등 다중이 이용하는 시설물	

법	시 행 령	시 행 규 칙
⑮ 시장·군수 또는 구청장은 제13항에 따라 지정된 개방주차장의 위치, 개방시간 및 주차요금 등 국토교통부령으로 정하는 사항을 인터넷 홈페이지에 게재하는 등의 방법으로 홍보하여야 한다. 〈신설 2023.8.16.〉 ⑯ 개방주차장의 지정에 필요한 절차, 개방시간, 보조금의 지원, 시설물 관리 및 운영에 대한 손해배상책임 등에 관하여 필요한 사항은 해당 지방자치단체의 조례로 정한다. 〈신설 2020.2.4., 2023.8.16.〉 ⑰ 특별시장·광역시장, 시장·군수 또는 구청장은 부설주차장에 영유아동반 자동차등을 위한 주차공간이 필요하다고 인정하면 지방자치단체의 조례로 정하는 바에 따라 영유아동반 자동차등의 주차를 위한 구역을 지정하거나 지정하도록 할 수 있다. 이 경우 그 지정구역의 규모, 지정의 방법 및 절차 등은 해당 지방자치단체의 조례로 정한다. 〈신설 2025.1.31.〉 [전문개정 2010.3.22.][제목개정 2020.2.4.]	나. 개방주차장으로 지정할 필요가 있는 시설물로서 시·군 또는 구의 조례에서 정하는 시설물 2. 시설물을 소유하거나 관리하는 자가 부설주차장을 개방주차장으로 지정해줄 것을 요청하는 시설물(본조신설 2020.8.4.)	**제14조 【개방주차장의 홍보】** 법 제19조제15항에서 "개방주차장의 위치, 개방시간 및 주차요금 등 국토교통부령으로 정하는 사항"이란 개방주차장의 위치, 개방시간, 주차요금, 시설명, 개방 주차면수 및 개방기간을 말한다. [본조신설 2024.2.16]
제19조의2 【부설주차장 설치계획서】 부설주차장을 설치하는 자는 시설물의 건축 또는 설치에 관한 허가를 신청하거나 신고를 할 때에는 국토교통부령으로 정하는 바에 따라 부설주차장 설치계획서를 제출하여야 한다. 다만, 시설물의 용도변경으로 인하여 부설주차장을 설치하여야 하는 경우에는 용도변경을 신고하는 때(용도변경 신고의 대상이 아닌 경우에는 그 용도변경을 하기 전을 말한다)에 부설주차장 설치계획서를 제출하여야 한다. 〈개정 2013.3.23.〉 [전문개정 2010.3.22.]		**제12조 【부설주차장 설치계획서의 제출】** ① 법 제19조의2에 따라 부설주차장 설치계획서를 제출하는 경우에는 별지 제2호서식의 부설주차장 설치계획서(부설주차장 인근설치계획서)에 다음 각 호의 서류(전자문서를 포함한다) 및 도면을 첨부하여야 한다. 다만, 제2호부터 제4호까지의 서류는 법 제19조제4항에 따라 시설물의 부지 인근에 부설주차장을 설치하는 경우만 첨부한다. 〈개정 2020.6.25〉
제19조의3 【부설주차장의 관리방법 등】 ① 부설주차장을		

법	시 행 령	시 행 규 칙
관리하는 자는 주차장에 자동차를 주차하는 사람으로부터 주차요금을 받을 수 있다. ② 제1항에 따른 부설주차장의 관리자에 대하여는 제17조를 준용한다. ③ 시장·군수 또는 구청장은 다음 각 호의 어느 하나에 해당하는 경우에는 제8조의2제2항에 따른 조치를 취할 수 있다. 〈신설 2020.2.4., 2024.1.9.〉 1. 개방주차장의 지정된 주차구획 외의 곳에 주차하는 경우 2. 개방주차장의 지정된 개방시간을 위반하여 주차하는 경우 3. 국가기관의 장 또는 지방자치단체의 장이 설치한 부설주차장 중 개방주차장이 아닌 주차장에 정당한 사유 없이 대통령령으로 정하는 기간 이상 계속하여 고정적으로 주차하는 경우 ④ 제3항에 따라 자동차를 이동시키는 경우에는 「도로교통법」 제35조제3항부터 제7항까지 및 제36조를 준용한다. 〈신설 2020.2.4.〉 [전문개정 2010.3.22][제목개정 2020.2.4.]	**제11조의3【개방주차장이 아닌 부설주차장에서 주차방법 변경 등의 대상이 되는 자동차의 주차기간】** 법 제19조의3제3항제3호에서 "대통령령으로 정하는 기간"이란 1개월(자동차가 분해·파손되어 운행이 불가능한 경우에는 15일)을 말한다. [본조신설 2024.7.9.]	1. 부설주차장의 배치도 2. 공사설계도서(공사가 필요한 경우만 해당한다) 3. 시설물의 부지와 주차장의 설치 부지를 포함한 지역의 토지이용 상황을 판단할 수 있는 축척 1천200분의 1 이상의 지형도 4. 토지의 지번·지목 및 면적이 적힌 토지조서(건축물식 주차장인 경우에는 건축면적·건축연면적·층수 및 높이와 주차형식이 적힌 건물조서를 포함한다) 5. 경사진 주차장을 건설하는 경우 미끄럼 방지시설 및 미끄럼 주의 안내표지 설치계획 ② 제1항에 따른 부설주차장 설치계획서를 제출받은 시장·군수 또는 구청장은 법 제19조제4항에 따라 시설물의 부지 인근에 부설주차장을 설치하는 경우만 「전자정부법」 제36조제1항에 따른 행정정보의 공동이용을 통하여 토지등기부 등본(건축물식 주차장인 경우에는 건물등기부 등본을 포함한다)을 확인하여야 한다. [전문개정 2010.10.29]
제19조의4【부설주차장의 용도변경 금지 등】 ① 부설주차	**제12조【부설주차장의 용도변경 등】** ① 법 제19조의4제1	**제6조【부설주차장의 용도변경신청 등】**

법

장은 주차장 외의 용도로 사용할 수 없다. 다만, 다음 각 호의 어느 하나에 해당하는 경우에는 그러하지 아니하다. 〈개정 2014.3.18.〉

1. 시설물의 내부 또는 그 부지(제19조제4항에 따라 해당 시설물의 부지 인근에 부설주차장을 설치하는 경우에는 그 인근 부지를 말한다) 안에서 주차장의 위치를 변경하는 경우로서 시장 · 군수 또는 구청장이 주차장의 이용에 지장이 없다고 인정하는 경우
2. 시설물의 내부에 설치된 주차장을 추후 확보된 인근 부지로 위치를 변경하는 경우로서 시장 · 군수 또는 구청장이 주차장의 이용에 지장이 없다고 인정하는 경우
3. 그 밖에 대통령령으로 정하는 기준에 해당하는 경우

② 시설물의 소유자 또는 부설주차장의 관리책임이 있는 자는 해당 시설물의 이용자가 부설주차장을 이용하는 데에 지장이 없도록 부설주차장 본래의 기능을 유지하여야 한다. 다만, 대통령령으로 정하는 기준에 해당하는 경우에는 그러하지 아니하다.

③ 시장 · 군수 또는 구청장은 제1항 또는 제2항을 위반하여 부설주차장을 다른 용도로 사용하거나 부설주차장 본래의 기능을 유지하지 아니하는 경우에는 해당 시설물의 소유자 또는 부설주차장의 관리책임이 있는 자에게 지체 없이 원상회복을 명하여야 한다. 이 경우 시설물의 소유자 또는 부설주차장의 관리책임이 있는 자가 그 명령에 따르지 아니할 때에는 「행정대집행법」에 따라 원상회복을 대집행(代執行)할 수 있다.

④ 제1항 및 제2항을 위반하여 부설주차장을 다른 용도로 사용하거나 부설주차장 본래의 기능을 유지하지 아니하는 경우에는 해당 시설물을 「건축법」 제79조제1항에 따른 위

시 행 령

항제3호에서 "대통령령으로 정하는 기준에 해당하는 경우"란 다음 각 호의 어느 하나에 해당하는 경우를 말한다. 〈개정 2014.9.11., 2016.7.19.〉

1. 「도로교통법」 제6조에 따른 차량통행의 금지 또는 주변의 토지이용 상황 등으로 인하여 시장 · 군수 또는 구청장이 해당 주차장의 이용이 사실상 불가능하다고 인정한 경우. 이 경우 변경 후의 용도는 주차장으로 이용할 수 없는 사유가 소멸되었을 때에 즉시 주차장으로 환원하는 데에 지장이 없는 경우로 한정하고, 변경된 용도로의 사용기간은 주차장으로 이용이 불가능한 기간으로 한정한다.
2. 직거래 장터 개설 등 지역경제 활성화를 위하여 시장 · 군수 또는 구청장이 정하여 고시하는 바에 따라 주차장을 일시적으로 이용하려는 경우로서 시장 · 군수 또는 구청장이 해당 주차장의 이용에 지장이 없다고 인정하는 경우
3. 제6조 또는 법 제19조제10항에 따른 해당 시설물의 부설주차장의 설치기준 또는 설치제한기준(시설물을 설치한 후 법령 · 조례의 개정 등으로 설치기준 또는 설치제한기준이 변경된 경우에는 그 변경된 설치기준 또는 설치제한기준을 말한다)을 초과하는 주차장으로서 그 초과 부분에 대하여 시장 · 군수 또는 구청장의 확인을 받은 경우
4. 「국토의 계획 및 이용에 관한 법률」 제2조제10호에 따른 도시 · 군계획시설사업으로 인하여 그 전부 또는 일부를 사용할 수 없게 된 주차장으로서 시장 · 군수 또는 구청장의 확인을 받은 경우
5. 법 제19조제4항에 따라 시설물의 부지 인근에 설치한 부설주차장 또는 법 제19조의4제1항제2호 및 이 항 제6호에 따라 시설물 내부 또는 그 부지에서 인근 부지로 위치 변경된 부설주차장을 그 부지 인근의 범위에서 위치 변경하여

시 행 규 칙

영 제12조제1항에 따라 부설주차장의 용도를 변경하려는 자는 별지 제8호서식의 부설주차장 용도변경 신청서에 용도변경을 증명할 수 있는 서류를 첨부하여 해당 부설주차장의 소재지를 관할하는 시장·군수 또는 구청장에게 제출하여야 한다.

[전문개정 2010.10.29]

제15조【부설주차장의 인근설치관리대장】 ①시장·군수 또는 구청장은 법 제19조의4제3항에 따른 업무를 수행하기 위하여 필요한 경우에는 별지 제5호서식의 부설주차장 인근설치 관리대장을 작성하여 관리하여야 한다.

② 제1항의 부설주차장 인근설치 관리대장은 전자적 처리가 불가능한 특별한 사유가 없으면 전자적 처리가 가능한 방법으로 작성·관리하여야 한다.

[전문개정 2010.10.29]

반 건축물로 보아 같은 조 제2항 본문을 적용한다.
[전문개정 2010.3.22]

부설주차장의 용도변경

건설부도정 58407-67. 1994.1.25

질의 '90.8.8 이전 준공된 건축물의 옥내주차장을 옥외로 이전하고 옥내주차장을 용도변경 하는 경우에 주차대수 산정방법

회신 주차장법시행령 부칙 제5조 규정에 의하면 기존건축물을 용도변경하는 경우는 용도변경 되는 부분에 한하여 현행 부설주차장 설치기준을 적용하되, 설치기준이 같거나 낮은 시설로의 용도변경은 종전 규정에 의하여 설치된 부설주차장의 규모를 변경하지 아니하는 한 이를 이행할 수 있도록 되어 있음. 따라서 질의의 경우와 같이 옥내주차장을 옥외주차장으로 위치변경하고 기존 옥내주차장을 용도변경 하는 경우는 기존 주차대수규모에 덧붙여 용도변경 되는 그 부분에 대하여 현행 부설주차장 설치기준(조례로 정한 경우는 조례에 따름)에 의한 주차대수를 추가로 확보하면 되는 것임.

설치하는 경우

6. 「산업입지 및 개발에 관한 법률」 제2조제8호에 따른 산업단지 안에 있는 공장의 부설주차장을 법 제19조제4항 후단에 따른 시설물 부지 인근의 범위에서 위치 변경하여 설치하는 경우

7. 「도시교통정비 촉진법 시행령」 제13조의2제1항 각 호에 따른 건축물(「주택건설기준 등에 관한 규정」이 적용되는 공동주택은 제외한다)의 주차장이 「도시교통정비 촉진법」 제33조제1항제4호에 따른 승용차공동이용 지원(승용차공동이용을 위한 전용주차구획을 설치하고 공동이용을 위한 승용자동차를 상시 배치하는 것을 말한다. 이하 같다)을 위하여 사용되는 경우로서 다음 각 목의 모든 요건을 충족하는지 여부에 대하여 시장·군수 또는 구청장의 확인을 받은 경우 〈신설 2016.7.19.〉
   가. 주차장 외의 용도로 사용하는 주차장의 면적이 승용차공동이용 지원을 위하여 설치한 전용주차구획 면적의 2배를 초과하지 아니할 것
   나. 주차장 외의 용도로 사용하는 주차장의 면적이 해당 주차장의 전체 주차구획 면적의 100분의 10을 초과하지 아니할 것
   다. 해당 주차장이 승용차공동이용 지원에 사용되지 아니하는 경우에는 주차장 외의 용도로 사용하는 부분을 즉시 주차장으로 환원하는 데에 지장이 없을 것

② 법 제19조의4제1항제1호·제2호 및 이 조 제1항제5호·제6호의 경우에 종전의 부설주차장은 새로운 부설주차장의 사용이 시작된 후에 용도변경하여야 한다. 다만, 기존 주차장 부지에 증축되는 건축물 안에 주차장을 설치하는 경우에는 그러하지 아니하다. 〈개정 2014.9.11.〉

관계법 「도시교통정비 촉진법 시행령」 제13조의2(교통영향평가 대상사업 등)
① 법 제15제1항제11호에서 "대통령령으로 정하는 건축물"이란 다음 각 호의 건축물을 말한다.
1. 공동주택
2. 제1종 근린생활시설
3. 제2종 근린생활시설
4. 문화 및 집회시설
5. 종교시설
6. 판매시설
7. 운수시설
8. 의료시설
9. 교육연구시설
10. 운동시설
11. 업무시설
12. 숙박시설
13. 위락시설
14. 공장
15. 창고시설
16. 자동차 관련 시설(건설기계 관련 시설을 포함한다)
17. 방송통신시설(제1종 근린생활시설에 해당하는 것은 제외한다)
18. 묘지 관련 시설
19. 관광휴게시설
20. 장례시설

법	시 행 령	시 행 규 칙

③ 법 제19조의4제2항 단서에 따라 부설주차장 본래의 기능을 유지하지 아니하여도 되는 경우는 제1항제1호·제3호 또는 제4호에 해당하는 경우와 기존 주차장을 보수 또는 증축하는 경우(보수 또는 증축하는 기간으로 한정한다)로 한다.
[전문개정 2010.10.21]

②~⑦ 〈생략〉

제5장의2 기계식주차장〈개정 2010.3.22〉

제19조의5【기계식주차장의 설치기준 등】 ① 기계식주차장의 설치기준은 국토교통부령으로 정한다. 〈개정 2018.8.14.〉
② 특별시·광역시·특별자치도·시·군 또는 자치구는 지역 실정이 고려된 구역을 정하여 다음 각 호의 사항을 지방자치단체의 조례로 정할 수 있다. 〈신설 2018.8.14.〉
1. 기계식주차장치의 설치대수
2. 기계식주차장치의 종류
3. 부설주차장의 주차대수 중 기계식주차장치의 비율

[전문개정 2010.3.22][제목개정 2018.8.14.]

■ 기계식주차장 설치기준의 도해

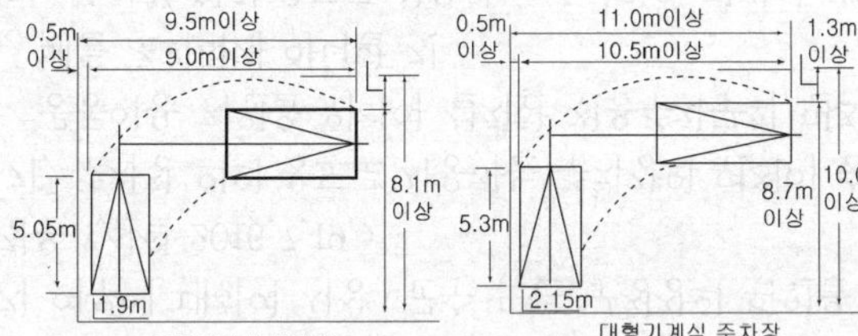

기계식 주차장 출입구 전면공지

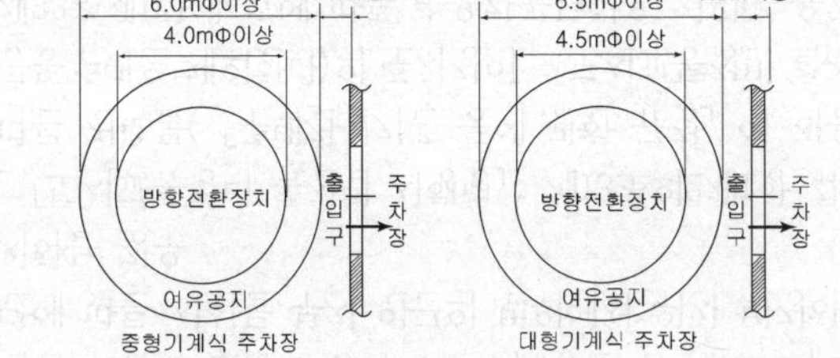

기계식주차장 방향전환장치

제16조의2【기계식주차장의 설치기준】 법 제19조의5에 따른 기계식주차장의 설치기준은 다음 각 호와 같다. 〈개정 2016.4.12.〉
1. 기계식주차장치 출입구의 앞면에는 다음 각 목에 따라 자동차의 회전을 위한 공지(空地)(이하 "전면공지"라 한다) 또는 자동차의 방향을 전환하기 위한 기계장치(이하 "방향전환장치"라 한다)를 설치하여야 한다.
   가. 중형 기계식주차장(길이 5.05미터 이하, 너비 1.9미터 이하, 높이 1.55미터 이하, 무게 1,850킬로그램 이하인 자동차를 주차할 수 있는 기계식주차장을 말한다. 이하 같다): 너비 8.1미터 이상, 길이 9.5미터 이상의 전면공지 또는 지름 4미터 이상의 방향전환장치와 그 방향전환장치에 접한 너비 1미터 이상의 여유 공지
   나. 대형 기계식주차장(길이 5.75미터

법	시 행 령	시 행 규 칙
		이하, 너비 2.15미터 이하, 높이 1.85미터 이하, 무게 2,200킬로그램 이하인 자동차를 주차할 수 있는 기계식주차장을 말한다. 이하 같다): 너비 10미터 이상, 길이 11미터 이상의 전면공지 또는 지름 4.5미터 이상의 방향전환장치와 그 방향전환장치에 접한 너비 1미터 이상의 여유 공지 2. 기계식주차장치의 내부에 방향전환장치를 설치한 경우와 2층 이상으로 주차구획이 배치되어 있고 출입구가 있는 층의 모든 주차구획을 기계식주차장치 출입구로 사용할 수 있는 기계식주차장의 경우에는 제1호에도 불구하고 제6조제1항제3호 또는 제11조제5항제2호를 준용한다. 3. 기계식주차장에는 도로에서 기계식주차장치 출입구까지의 차로(이하 "진입로"라 한다) 또는 전면공지와 접하는 장소에 자동차가 대기할 수 있는 장소(이하 "정류장"이라 한다)를 설치하여야 한다. 이 경우 주차대수 20대를 초과하는 20대마다 한 대분의 정류장을 확보하여야 하며, 정류장의 규모는 다음 각 목과 같다. 다만, 주차장의 출구와 입구가 따로 설치되어 있거나 진입로의 너비가 6미터 이상인 경우에는

법	시 행 령	시 행 규 칙
		종단경사도가 6퍼센트 이하인 진입로의 길이 6미터마다 한 대분의 정류장을 확보한 것으로 본다. 가. 중형 기계식주차장: 길이 5.05미터 이상, 너비 1.9미터 이상 나. 대형 기계식주차장: 길이 5.3미터 이상, 너비 2.15미터 이상 4. 기계식주차장치에는 벽면으로부터 50센티미터 이내를 제외한 바닥면의 최소 조도를 다음 각 목과 같이 한다. 가. 주차구획: 최소 조도는 50럭스 이상 나. 출입구: 최소 조도는 150럭스 이상 ② 시장 · 군수 · 구청장은 조례로 정하는 바에 따라 부설주차장에 설치할 수 있는 기계식주차장치의 최소규모를 정할 수 있다. 〈신설 2016.4.12.〉 ③ 제1항 및 제2항에서 규정한 사항 외에 기계식주차장의 설치기준에 대해서는 제6조(같은 조 제1항제3호 · 제7호 및 제8호는 제외한다)에 따른다. 제11조제1항에서 이를 준용하는 경우에도 또한 같다. 〈신설 2016.4.12.〉 [전문개정 2010.10.29]
제19조의6【기계식주차장치의 안전도인증】 ① 기계식주차장치를 제작 · 조립 또는 수입하여 양도 · 대여 또는 설치하려는 자(이하 "제작자등"이라 한다)는 대통령령으로 정하는 바에 따라 그 기계식주차장치의 안전도(安全度)에 관하여 국	**제12조의2【기계식주차장치의 안전도인증신청 등】** ① 법 제19조의6제1항에 따라 기계식주차장치의 안전도에 관한 인증(이하 "안전도인증"이라 한다)을 받거나 안전도인증을 받은 내용의 변경에 관한 인증을 받으려는 제작자등(기계식주차장	**제16조의3【기계식주차장치의 안전도인증신청 등】** 영 제12조의2제1항에 따라 기계식주차장치의 안전도인증(이하 "안전도인증"이라 한다) 또는 변경인

법	시 행 령	시 행 규 칙
토교통부장관의 인증(이하 "안전도인증"이라 한다)을 받아야 한다. 이를 변경하려는 경우(대통령령으로 정하는 경미한 사항을 변경하는 경우는 제외한다)에도 또한 같다.〈개정 2023.8.16.〉 ② 제1항에 따라 안전도인증을 받으려는 자는 미리 해당 기계식주차장치의 조립도(組立圖), 안전장치의 도면(圖面), 그 밖에 국토교통부령으로 정하는 서류를 국토교통부장관이 지정하는 검사기관에 제출하여 안전도에 대한 심사를 받아야 한다. 〈개정 2013.3.23.〉 [전문개정 2010.3.22]	치를 제작 · 조립 또는 수입하여 양도 · 대여 또는 설치하려는 자를 말한다. 이하 같다)은 국토교통부령으로 정하는 바에 따라 법 제19조의6제2항에 따른 검사기관이 발행한 안전도 심사결과를 첨부하여 국토교통부장관(법 제19조의12제1항에 따라 같은 항에 따른 지정인증기관에 안전도인증업무를 대행하게 한 경우에는 지정인증기관을 말한다)에게 안전도인증 또는 그 변경인증을 신청하여야 한다. 〈개정 2013.3.23., 2024.8.16.〉 ② 법 제19조의6제1항 후단에서 "대통령령으로 정하는 경미한 사항을 변경하는 경우"란 다음 각 호의 경우를 말한다. 1. 기계식주차장치가 수용할 수 있는 자동차대수를 안전도인증을 받은 대수 미만으로 변경하는 경우 2. 기계식주차장치의 출입구, 통로, 주차구획의 크기 및 안전장치를 법 제19조의7에 따른 안전기준의 범위에서 변경하는 경우 [전문개정 2010.10.21]	증을 신청하려는 자는 별지 제8호의2서식의 기계식주차장치 안전도(변경)인증 신청서에 다음 각 호의 서류를 첨부하여 국토교통부장관[법 제19조의12제1항에 따라 법 제19조의6 및 제19조의7에 따른 기계식주차장치의 안전도인증 및 안전도인증서의 발급업무를 법 제19조의12제1항에 따른 지정인증기관(이하 "지정인증기관"이라 한다)에 대행하게 한 경우에는 지정인증기관을 말한다. 이하 제16조의6제1항부터 제3항까지에서 같다]에게 신청하여야 한다. 〈개정 2024.9.20.〉 1. 기계식주차장치 사양서 2. 법 제19조의6제2항에 따른 검사기관의 안전도심사서(변경인증의 경우에는 변경된 사항에 대한 안전도심사서를 말한다) 3. 기계식주차장치 안전도인증서(변경인증의 경우만 해당한다) [전문개정 2010.10.29] **제16조의4【기계식주차장치의 안전도심사】** ① 법 제19조의6제2항에 따라 기계식주차장치의 안전도심사를 받으려는 자는 별지 제8호의3서식의 기계식주차장치 안전도심사 신청서에 다음 각 호의 서류를 첨부하여 국토교통부장관이 지정 · 고시하는 검사기관에 신청하

법	시 행 령	시 행 규 칙
		여야 한다. 〈개정 2013.3.23.〉 1. 기계식주차장치의 전체 조립도(축척 100분의 1 이상인 것만 해당한다) 2. 안전장치의 도면 및 설명서(변경신청의 경우에는 변경된 사항만 해당한다) 3. 기계식주차장치 사양서 4. 주요 구조부의 강도계산서 및 도면(변경신청의 경우에는 변경된 사항만 해당한다) 5. 기계식주차장치 출입구의 도면 및 설명서(변경신청의 경우에는 변경된 사항만 해당한다) ② 제1항에 따라 안전도심사 신청을 받은 검사기관은 그 기계식주차장치의 안전도를 심사하여 별지 제8호의4서식의 기계식주차장치 안전도심사서를 발급하여야 한다.
제19조의7【안전도인증서의 발급】 국토교통부장관은 기계식주차장치가 국토교통부령으로 정하는 안전기준에 적합하다고 인정되는 경우에는 제작자등에게 국토교통부령으로 정하는 바에 따라 기계식주차장치의 안전도인증서를 발급하여야 한다. 〈개정 2023.8.16.〉 [전문개정 2010.3.22]		**제6조의5【기계식주차장치의 안전기준】** ① 법 제19조의7에 따른 기계식주차장치의 안전기준은 다음 각 호와 같다. 〈개정 2016.4.12.〉 1. 기계식주차장치에 사용하는 재료는 「산업표준화법」 제12조에 따른 한국산업표준 또는 그 이상으로 하여야 한다. 2. 기계식주차장치 출입구의 크기는 중형 기계식주차장의 경우에는 너비 2.3미터 이상, 높이 1.6미터 이상으로 하

법	시 행 령	시 행 규 칙
		여야 하고, 대형 기계식주차장의 경우에는 너비 2.4미터 이상, 높이 1.9미터 이상으로 하여야 한다. 다만, 사람이 통행하는 기계식주차장치 출입구의 높이는 1.8미터 이상으로 한다. 3. 주차구획의 크기는 중형 기계식주차장의 경우에는 너비 2.2미터 이상, 높이 1.6미터 이상, 길이 5.15미터 이상으로 하여야 하고, 대형 기계식주차장의 경우에는 너비 2.3미터 이상, 높이 1.9미터 이상, 길이 5.3미터 이상으로 하여야 한다. 다만, 차량의 길이가 5.1미터 이상인 경우에는 주차구획의 길이는 차량의 길이보다 최소 0.2미터 이상을 확보하여야 한다. 4. 운반기의 크기는 자동차가 들어가는 바닥의 너비를 중형 기계식주차장의 경우에는 1.9미터 이상, 대형 기계식주차장의 경우에는 1.95미터 이상으로 하여야 한다. 5. 기계식주차장치 안에서 자동차를 입출고하는 사람이 출입하는 통로의 크기는 너비 50센티미터 이상, 높이 1.8미터 이상으로 하여야 한다. 6. 기계식주차장치 출입구에는 출입문을 설치하거나 기계식주차장치가 작동하고 있을 때 기계식주차장치 출입구로 사람 또는 자동차가 접근할 경우

법	시 행 령	시 행 규 칙
		즉시 그 작동을 멈추게 할 수 있는 장치를 설치하여야 한다. 7. 자동차가 주차구획 또는 운반기 안에서 제자리에 위치하지 아니한 경우에는 기계식주차장치의 작동을 불가능하게 하는 장치를 설치하여야 한다. 7의2. 기계식주차장치에는 자동차의 높이가 주차구획의 높이를 초과하는 경우 작동하지 아니하게 하는 장치를 설치하여야 한다. 다만, 다음 각 목의 어느 하나에 해당하는 기계식주차장치는 제외한다. 가. 2단식 주차장치: 주차구획이 2층으로 배치되어 있고 출입구가 있는 층의 모든 주차구획을 주차장치 출입구로 사용할 수 있는 구조로서 그 주차구획을 아래 · 위 또는 수평으로 이동하여 자동차를 주차하는 주차장치 나. 다단식 주차장치: 주차구획이 3층 이상으로 배치되어 있고 출입구가 있는 층의 모든 주차구획을 주차장치 출입구로 사용할 수 있는 구조로서 그 주차구획을 아래 · 위 또는 수평으로 이동하여 자동차를 주차하는 주차장치 다. 수직순환식 주차장치: 주차구획에 자동차가 들어가도록 한 후 그 주차

구획을 수직으로 순환이동하여 자동차를 주차하는 주차장치

8. 기계식주차장치의 작동 중 위험한 상황이 발생하는 경우 즉시 그 작동을 멈추게 할 수 있는 안전장치를 설치하여야 한다.

9. 승강기식 주차장치(운반기에 의하여 자동차를 자동으로 운반하여 주차하는 주차장치를 말한다)에는 운반기 안에 사람이 있는 경우 이를 감지하여 작동하지 아니하게 하는 장치를 설치하여야 한다.

고시 기계식주차장치의 안전기준 및 검사기준 등에 관한 규정 (국토교통부고시 제2024-680호, 2024.11.27.)

10. 기계식주차장치의 안전기준에 관하여 이 규칙에 규정된 사항 외의 사항은 국토교통부장관이 정하여 고시한다.

② 법 제19조의6제1항에 따라 안전도인증을 받아야 하는 자는 누구든지 국토교통부장관에게 제1항에 따른 안전기준의 개정을 신청할 수 있다.〈개정 2013.3.23.〉

③ 제2항에 따라 안전기준의 개정신청을 받은 국토교통부장관은 신청일부터 30일 이내에 이를 검토하여 안전기준의 개정 여부를 신청인에게 통보하여야 한다. 〈개정 2013.3.23.〉

[전문개정 2010.10.29]

제16조의6【안전도인증서의 발급】

법	시 행 령	시 행 규 칙
		① 제16조의3에 따라 기계식주차장치의 안전도인증 신청 또는 변경인증 신청을 받은 시장·군수 또는 구청장은 그 기계식주차장치가 제16조의5에 따른 안전기준에 적합할 때에는 별지 제8호의5서식의 기계식주차장치 안전도인증서(영문서식을 포함한다)를 발급하여야 한다. 〈개정 2016.4.12., 2024.9.20.〉 ② 제1항에 따라 발급받은 기계식주차장치 안전도인증서의 기재내용 중 주소, 법인의 명칭 및 대표자가 변경되었을 때에는 국토교통부장관에게 신청하여 변경사항을 고쳐 적은 인증서를 받아야 한다. 〈개정 2024.9.20.〉 ③ 제1항 및 제2항에 따라 발급받은 기계식주차장치 안전도인증서를 못 쓰게 되거나 잃어버린 경우에는 별지 제8호의6서식의 기계식주차장치 안전도인증서 재발급신청서에 다음 각 호의 서류를 첨부하여 국토교통부장관에게 신청하여 재발급을 받을 수 있다. 〈개정 2024.9.20.〉 1. 못 쓰게 된 경우에는 해당 기계식주차장치 안전도인증서 2. 잃어버린 경우에는 그 사유서 ④ 지정인증기관은 제1항에 따라 기계식주차장치 안전도인증서를 발급한 경우 그 사실을 국토교통부장관에게 통

법	시 행 령	시 행 규 칙
		보해야 한다. 〈개정 2024.9.20.〉 ⑤ 국토교통부장관은 제1항에 따라 기계식주차장치 안전도인증서를 발급하거나(지정인증기관이 기계식주차장치 안전도인증서를 발급한 경우를 포함한다) 법 제19조의8제1항에 따라 안전도인증을 취소한 경우에는 그 사실을 고시해야 한다. 〈신설 2024.9.20.〉 [전문개정 2010.10.29.]
제19조의8【안전도인증의 취소】 ① 국토교통부장관은 제작자등이 다음 각 호의 어느 하나에 해당하는 경우에는 안전도인증을 취소할 수 있다. 〈개정 2023.8.16.〉 1. 거짓이나 그 밖의 부정한 방법으로 안전도인증을 받은 경우 2. 안전도인증을 받은 내용과 다른 기계식주차장치를 제작·조립 또는 수입하여 양도·대여 또는 설치한 경우 3. 제19조의7에 따른 안전기준에 적합하지 아니하게 된 경우 ② 제작자등은 안전도인증이 취소된 경우에는 제19조의7에 따른 안전도인증서를 반납하여야 한다. [전문개정 2010.3.22.]		**제16조의7** 삭제 〈2004.7.1.〉
제19조의9【기계식주차장의 사용검사 등】 ① 기계식주차장을 설치하려는 경우에는 안전도인증을 받은 기계식주차장치를 사용하여야 한다. ② 제1항에 따라 기계식주차장을 설치한 자 또는 해당 기계식주차장의 관리자(이하 "기계식주차장관리자등"이라 한다)는 그 기계식주차장에 대하여 국토교통부령으로 정하는 바에 따라 시장·군수 또는 구청장이 실시하는 다음 각 호의 검사를 받아야 한다. 다만, 시장·군수 또는 구청장은 대통령령으로 정하는 부득이한 사유가 있을 때에는 검사를 연기할 수 있다. 〈개정 2013.3.23., 2023.8.16.〉 1. 사용검사: 기계식주차장의 설치를 마치고 이를 사용하기 전에 실시하는 검사 2. 정기검사: 사용검사의 유효기간이 지난 후 계속하여 사용	**제12조의3【기계식주차장의 사용검사 등】** ① 법 제19조의9제2항에 따른 사용검사의 유효기간은 3년으로 하고, 정기검사의 유효기간은 2년으로 한다. 〈개정 2016.1.19.〉 ② 제1항에도 불구하고 사용검사 또는 정기검사의 유효기간 만료 전에 법 제19조의23제1항 각 호에 따라 정밀안전검사를 받은 경우 정밀안전검사를 받은 날부터 다음 정기검사의 유효기간을 기산한다. 〈신설 2018.2.20., 2018.10.23〉 ③ 제1항에 따른 정기검사의 검사기간은 사용검사 또는 정기검사의 유효기간 만료일 전후 각각 31일 이내로 한다. 이 경우 해당 검사기간 이내에 적합판정을 받은 경우에는 사용검사 또는 정기검사의 유효기간 만료일에 정기검사를 받은 것으로 본다. 〈신설 2016.1.19., 2018.2.20〉 ④ 법 제19조의9제1항에 따라 기계식주차장을 설치한 자 또는 해당 기계식주차장의 관리자(이하 "기계식주차장관리	**제16조의8【기계식주차장의 사용검사 등】** ① 법 제19조의9제2항 각 호에 따른 검사를 받으려는 자는 별지 제8호의8서식의 기계식주차장 검사 신청서에 다음 각 호의 구분에 따른 서류를 첨부하여 해당 기계식주차장의 소재지를 관할하는 시장·군수 또는 구청장[법 제19조의12제2항에 따라 법 제19조의9 및 제19조의10에 따른 기계식주차장의 검사에 관한 업무를 법 제19조의12제2항에 따른 전문검사기관(이하 "전문검사기관" 이라 한다)에 대행하게 한 경우에는 전문검사기관을 말한다. 이하 제2항부터 제4항까지, 제5항 전단 및 제7

법

하려는 경우에 주기적으로 실시하는 검사
3. 수시검사: 다음 각 목의 어느 하나에 해당하는 경우에 실시하는 검사
가. 기계식주차장치의 주요구동부의 부품변경, 운반기 및 철골을 변경한 경우
나. 시장·군수 또는 구청장이 해당 기계식주차장치의 오작동 등에 따른 안전상의 문제가 있어 점검이 필요하다고 판단하는 경우
다. 기계식주차장관리자등이 요청하는 경우

③ 사용검사, 정기검사, 수시검사(이하 "안전검사"라 한다)의 유효기간, 연기 절차, 검사시기 등 검사에 필요한 사항은 대통령령으로 정한다. 〈개정 2023.8.16.〉
[전문개정 2010.3.22]

시 행 령

자등"이라 한다)는 기계식주차장치의 주요구동부의 부품, 운반기 및 철골을 변경한 경우에는 해당 주차장을 사용하기 전에 같은 조 제2항제3호가목에 따른 수시검사를 요청해야 한다. 〈신설 2024.8.16〉
⑤ 법 제19조의9제2항 단서에서 "대통령령으로 정하는 부득이한 사유"란 다음 각 호의 경우를 말한다. 〈개정 2016.1.19., 2018.2.20., 2024.8.16.〉
1. 기계식주차장이 설치된 건축물의 흠으로 인하여 그 건축물과 기계식주차장의 사용이 불가능하게 된 경우
2. 기계식주차장(법 제19조에 따라 설치가 의무화된 부설주차장의 경우는 제외한다)의 사용을 중지한 경우
3. 천재지변이나 그 밖에 정기검사를 받지 못할 부득이한 사유가 발생한 경우
⑥ 제5항 각 호에 따른 사유로 정기검사 또는 법 제19조의9제2항제3호나목에 따른 수시검사를 연기하려는 자는 국토교통부령으로 정하는 바에 따라 다음 각 호에 따른 기한 전에 연기신청을 하여야 한다. 〈개정 2024.8.16.〉
1. 정기검사의 경우: 사용검사 또는 정기검사의 유효기간 만료일
2. 법 제19조의9제2항제3호나목에 따른 수시검사의 경우: 시장·군수 또는 구청장이 통보한 수시검사 실시 예정일
⑦ 제6항에 따라 정기검사를 연기한 자는 해당 사유가 없어졌을 때에는 그때부터 2개월 이내에 정기검사를 받아야 한다. 이 경우 정기검사가 끝날 때까지 사용검사 또는 정기검사의 유효기간이 연장된 것으로 본다. 〈개정 2016.1.19., 2018.2.20., 2024.8.16.〉
⑧ 제6항에 따라 법 제19조의9제2항제3호나목에 따른 수시검사를 연기한 자는 해당 사유가 없어졌을 때에는 지체 없이 수시검사를 받아야 한다. 〈신설 2024.8.16〉

시 행 규 칙

항에서 같다)에게 신청해야 한다. 〈개정 2024.9.20.〉
1. 사용검사의 경우: 다음 각 목의 서류. 다만, 가목부터 마목까지의 서류는 제16조의4제1항에 따른 기계식주차장치의 안전도심사 신청 당시 제출한 같은 항 제4호의 주요 구조부의 강도계산서에 포함되어 있는 경우에는 첨부하지 않을 수 있다.
가. 와이어로프·체인 시험성적서
나. 전동기 시험성적서
다. 감속기 시험성적서
라. 제동기 시험성적서
마. 운반기 계량증명서
바. 설치장소 약도
2. 정기검사의 경우: 설치장소 약도
3. 수시검사의 경우: 다음 각 목의 서류. 다만, 가목 및 나목의 서류는 법 제19조의9제2항제3호가목에 따른 수시검사를 신청하는 경우에만 첨부한다.
가. 주요구동부의 부품변경, 운반기 및 철골의 변경을 확인할 수 있는 서류
나. 변경된 부분의 강도계산서
다. 설치장소 약도
② 제1항에 따라 검사신청을 받은 검사대행기관은 검사신청을 받은 날부터 20일 이내에 제8항에 따른 검사기준에 따

법	시 행 령	시 행 규 칙
	[전문개정 2010.10.21]	라 검사를 마치고 항목별 검사결과를 법 제19조의9제2항 본문에 따른 기계식주차장관리자등(이하 "기계식주차장관리자등"이라 한다)에게 통보하여야 한다. 〈개정 2024.9.20.〉 ③ 제2항에 따른 검사결과를 통보받은 기계식주차장관리자등은 부적합판정을 받은 검사항목에 대해서는 그 통보를 받은 날부터 3개월 이내에 해당 항목을 보완한 후 재검사를 신청하여야 한다. 이 경우 검사대행기관은 검사신청을 받은 날부터 10일 이내에 검사를 마치고 그 결과를 기계식주차장관리자등에게 통보하여야 한다. 〈개정 2012.7.2., 2024.9.20.〉 ④ 시장·군수 또는 구청장은 제3항에 따른 보완항목에 대한 검사를 할 때 사진, 시험성적서, 그 밖의 증명서류 등으로 보완된 사실을 확인할 수 있는 경우에는 사진 등의 확인으로 검사를 할 수 있다. 이 경우 시장·군수 또는 구청장은 제3항에 따른 검사신청을 받은 날부터 5일 이내에 그 결과를 기계식주차장관리자등에게 통보하여야 한다. 〈개정 2024.9.20.〉
제19조의10【검사확인증의 발급 등】 ① 시장·군수 또는 구청장은 제19조의9제2항에 따른 검사에 합격한 자에게는 검사확인증을 발급하고, 불합격한 자에게는 사용을 금지하는 표지를 내주어야 한다.		⑤ 시장·군수 또는 구청장은 제2항부터 제4항까지의 규정에 따라 검사결과를 기계식주차장관리자등에게 통보할 때에는 법 제19조의10에 따라 별지 제

법	시 행 령	시 행 규 칙
② 기계식주차장관리자등은 제1항에 따라 받은 검사확인증이나 기계식주차장의 사용을 금지하는 표지를 국토교통부령으로 정하는 바에 따라 기계식주차장에 붙여야 한다. 〈개정 2020.6.9.〉 ③ 제19조의9제2항에 따른 검사에 불합격한 기계식주차장은 사용할 수 없다. [전문개정 2010.3.22.]		8호의9서식의 검사확인증 또는 별지 제8호의10서식의 사용금지 표지를 함께 발급해야 한다. 이 경우 전문검사기관이 검사확인증 또는 사용금지 표지를 발급한 경우에는 해당 기계식주차장의 소재지를 관할하는 시장·군수 또는 구청장에게 그 사실을 통보해야 한다. 〈개정 2024.9.20.〉 ⑥ 제5항에 따라 검사확인증 또는 사용금지 표지를 발급받은 기계식주차장 관리자등은 해당 기계식주차장의 보기 쉬운 곳에 이를 부착하여야 한다. ⑦ 법 제19조의9제2항 각 호 외의 부분 단서 및 영 제12조의3제6항에 따라 법 제19조의9제2항제2호에 따른 정기검사 또는 같은 항 제3호나목에 따른 수시검사의 연기신청을 하려는 자는 별지 제8호의11서식의 기계식주차장 검사 연기신청서에 그 연기 사유를 확인할 수 있는 서류를 첨부하여 해당 기계식주차장의 소재지를 관할하는 시장·군수 또는 구청장에게 제출해야 한다. 〈개정 2024.9.20.〉 ⑧ 국토교통부장관은 법 제19조의9제2항 각 호에 따른 검사의 기준을 제16조의2에 따른 기계식주차장의 설치기준과 제16조의5에 따른 기계식주차장치의 안전기준에 따라 측정오차와 기계장치의 마모율

법	시 행 령	시 행 규 칙
	고시 기계식주차장치의 안전기준 및 검사기준 등에 관한 규정(국토교통부고시 제2024-680호, 2024.11.27.)	등을 고려하여 검사항목별로 정하여 고시한다. 〈개정 2013.3.23., 2024.9.20.〉 [전문개정 2010.10.29]
제19조의11 【검사비용 등의 납부】 제19조의6에 따른 안전도인증 또는 제19조의9제2항 각 호에 따른 검사를 받으려는 자는 국토교통부령으로 정하는 바에 따라 안전도인증 또는 검사에 드는 비용을 내야 한다. 〈개정 2013.3.23.〉 [전문개정 2010.3.22]		**제16조의9 【검사비용 등】** 법 제19조의6제2항에 따른 검사기관, 전문검사기관 및 법 제19조의23제4항에 따라 정밀안전검사를 대행하는 한국교통안전공단은 법 제19조의11(법 제19조의23제5항에 따라 준용되는 경우를 포함한다)에 따른 검사비용을 정하려면 「엔지니어링산업 진흥법」 제31조에 따른 엔지니어링사업대가의 범위에서 국토교통부장관의 승인을 받아야 한다. 〈개정 2024.9.20.〉 [전문개정 2018.3.21.]
제19조의12 【안전도인증 및 검사업무의 대행】 ① 국토교통부장관은 제19조의6 및 제19조의7에 따른 기계식주차장치의 안전도인증 및 안전도인증서의 발급업무를 대통령령으로 정하는 바에 따라 국토교통부장관이 지정하는 전문기관(이하 "지정인증기관"이라 한다))으로 하여금 대행하게 할 수 있다. ② 시장·군수 또는 구청장은 제19조의9 및 제19조의10에 따른 기계식주차장의 검사에 관한 업무를 대통령령으로 정하는 바에 따라 국토교통부장관이 지정하는 전문검사기관(이하 "전문검사기관"이라 한다)으로 하여금 대행하게 할 수 있다. ③ 국토교통부장관 또는 시장·군수·구청장은 제1항, 제2항 및 제19조의23제4항에 따라 기계식주차장치 안전도인증	**제12조의4 【검사대행자의 지정 및 취소】** ① 법 제19조의12제1항에 따른 지정인증기관 또는 같은 조 제2항에 따른 전문검사기관으로 지정받으려는 자는 국토교통부령으로 정하는 바에 따라 국토교통부장관에게 지정을 신청해야 한다. 〈개정 2013.3.23.〉 ② 법 제19조의12제1항에 따라 지정인증기관으로 지정받으려는 자가 갖추어야 할 지정요건은 별표 1의2와 같다. ③ 법 제19조의12제2항에 따라 전문검사기관으로 지정받으려는 자가 갖추어야 할 지정요건은 별표 2와 같다. [전문개정 2024.8.16.]	**제16조의10 【지정인증기관 등의 지정신청】** 지정인증기관 또는 전문검사기관으로 지정받으려는 자는 법 제19조의12제1항·제2항 및 영 제12조의4제1항에 따라 다음 각 호의 구분에 따른 서류를 갖추어 국토교통부장관에게 신청해야 한다. 1. 지정인증기관: 영 제12조의4제2항의 지정요건을 갖추었음을 증명하는 서류 2. 전문검사기관: 다음 각 목의 서류 가. 영 제12조의4제3항의 지정요건을

법

및 기계식주차장의 검사업무를 대행하는 자에 대하여 기계식주차장의 안전성을 확보하기 위하여 필요한 범위에서 지도·감독 및 지원을 할 수 있다.

④ 국토교통부장관은 제1항 또는 제2항에 따른 지정인증기관 및 전문검사기관이 다음 각 호의 어느 하나에 해당하는 경우에는 지정을 취소하거나 1년 이내의 기간을 정하여 업무정지를 명할 수 있다. 다만, 제1호 또는 제2호의 어느 하나에 해당하는 경우에는 지정을 취소하여야 한다.

1. 거짓이나 그 밖의 부정한 방법으로 지정인증기관 또는 전문검사기관으로 지정을 받은 경우
2. 업무정지명령을 받은 후 그 업무정지기간에 기계식주차장치 안전도인증 또는 기계식주차장 안전검사를 한 경우
3. 정당한 사유 없이 기계식주차장치 안전도인증 또는 기계식주차장 안전검사를 거부하거나 실시하지 아니한 경우
4. 제1항 또는 제2항에 따른 지정기준에 맞지 아니하게 된 경우
5. 기계식주차장치 안전도인증업무 및 기계식주차장 안전검사업무를 게을리한 경우

[전문개정 2023.8.16.]

제19조의13【기계식주차장치의 철거】 ① 기계식주차장관리자등은 부설주차장에 설치된 기계식주차장치가 다음 각 호의 어느 하나에 해당하면 철거할 수 있다.

1. 기계식주차장치가 노후(老朽)·고장 등의 이유로 작동이 불가능한 경우(기계식주차장치를 설치한 날부터 5년 이상으로서 대통령령으로 정하는 기간이 지난 경우로 한정한다)
2. 시설물의 구조상 또는 안전상 철거가 불가피한 경우

② 부설주차장을 설치하여야 할 시설물의 소유자는 제1항에 따라 기계식주차장치를 철거함으로써 제19조제3항에 따

시 행 령

제12조의5【기계식주차장치의 철거】 ① 법 제19조의13제1항제1호에서 "대통령령으로 정하는 기간"이란 5년을 말한다. 〈개정 2016.7.19.〉

② 특별시장·광역시장·특별자치도지사·시장·군수 또는 구청장은 법 제19조의13제4항에 따라 기계식주차장의 수급실태 및 이용 특성 등을 고려하여 기계식주차장치의 철거가 필요하다고 인정하는 경우에는 해당 지방자치단체의 조례로 정하는 바에 따라 별표 1에 따른 부설주차장 설치기준을 철거되는 기계식주차장치의 종류별로 2분의 1의 범위

시 행 규 칙

<u>갖추었음을 증명하는 서류</u>

<u>나. 대행하려는 검사의 종류 및 검사업무를 대행하려는 시·군 또는 구를 적은 서류</u>

<u>[전문개정 2024.9.20]</u>

제6조의11【기계식주차장치의 철거】 ① 법 제19조의13제3항에 따라 기계식주차장치를 철거하려는 자는 별지 제8호의12서식의 기계식주차장치 철거신고서에 다음 각 호의 서류 및 도면을 첨부하여 시장·군수 또는 구청장에게 신고하여야 한다. 〈개정 2016.4.12.〉

1. 별지 제8호의9서식의 기계식주차장 검사확인증 또는 별지 제8호의10서식

법	시 행 령	시 행 규 칙
른 부설주차장의 설치기준에 미달하게 되는 경우에는 같은 조 제4항에 따라 시설물의 부지 인근에 부설주차장을 설치하거나, 같은 조 제5항에 따라 주차장의 설치에 드는 비용을 내야 한다. 이 경우 기계식주차장치가 설치되었던 바닥면적에 해당하는 주차장을 해당 시설물 또는 그 부지에 확보하여야 한다. ③ 제1항에 따라 기계식주차장치를 철거하려는 자는 국토교통부령으로 정하는 바에 따라 시장·군수 또는 구청장에게 신고하여야 한다. 〈개정 2013.3.23.〉 ④ 시장·군수 또는 구청장은 제3항에 따른 신고를 받은 날부터 7일 이내에 신고수리 여부를 신고인에게 통지하여야 한다. 〈신설 2018.12.18.〉 ⑤ 시장·군수 또는 구청장이 제4항에서 정한 기간 내에 신고수리 여부 또는 민원 처리 관련 법령에 따른 처리기간의 연장을 신고인에게 통지하지 아니하면 그 기간(민원 처리 관련 법령에 따라 처리기간이 연장 또는 재연장된 경우에는 해당 처리기간을 말한다)이 끝난 날의 다음 날에 신고를 수리한 것으로 본다. 〈신설 2018.12.18.〉 ⑥ 특별시·광역시·특별자치시·특별자치도·시·군 또는 자치구는 기계식주차장치의 철거를 위하여 필요한 경우 제19조제3항에 따른 부설주차장 설치기준을 2분의 1의 범위에서 대통령령으로 정하는 바에 따라 해당 지방자치단체의 조례로 완화할 수 있다. 〈신설 2016.1.19., 2018.12.18.〉 [전문개정 2010.3.22.]	에서 완화할 수 있다. 〈신설 2016.7.19.〉 ③ 제2항에 따라 완화된 부설주차장 설치기준에 따라 설치한 주차장의 경우 해당 시설물이 증축되거나 부설주차장 설치기준이 강화되는 용도로 변경될 때에는 그 증축 또는 용도변경하는 부분에 대해서는 제2항에도 불구하고 별표 1에 따른 부설주차장 설치기준을 적용한다. 〈신설 2016.7.19.〉 [전문개정 2010.10.21]	의 기계식주차장 사용금지 표지 2. 기계식주차장치가 설치되었던 바닥면적에 해당하는 주차장의 배치계획도 3. 별지 제2호서식의 부설주차장 설치계획서(부설주차장 인근설치계획서) 또는 별지 제4호서식의 부설주차장 설치의무 면제신청서. 다만, 영 제6조제1항의 설치기준에 따라 부설주차장을 설치하는 경우에는 첨부하지 아니한다. ② 제1항에 따라 기계식주차장치의 철거신고를 받은 시장·군수 또는 구청장은 그 신고내용이 법 제19조의13제1항과 같은 조 제2항에 적합할 때에는 지체 없이 별지 제8호의12서식의 기계식주차장치 철거신고확인증을 발급하여야 한다. [전문개정 2010.10.29]
제19조의14 【기계식주차장치보수업의 등록 등】 ① 기계식주차장치 보수업(이하 "보수업"이라 한다)을 하려는 자는 국토교통부령으로 정하는 바에 따라 시장·군수 또는 구청장에	**제12조의6 【보수업의 등록기준 등】** ① 법 제19조의14제1항에 따라 기계식주차장치 보수업(이하 "보수업"이라 한다)을 등록하려는 자가 갖추어야 할 기술인력 및 설비는 별표 3과	**제16조의12 【보수업의 등록신청 등】** ① 법 제19조의14제1항에 따라 기계식주차장치보수업(이하 "보수업"이라 한

법

게 등록하여야 한다. 〈개정 2013.3.23.〉

② 제1항에 따라 보수업의 등록을 하려는 자는 대통령령으로 정하는 기술인력과 설비를 갖추어야 한다.

③ 제1항에 따라 보수업의 등록을 한 자(이하 "보수업자"라 한다)는 기계식주차장치를 보수하는 보수원의 사고를 예방하기 위하여 소속 보수원으로 하여금 국토교통부장관이 정하는 기계식주차장치 안전관리에 관한 교육(이하 "보수원 안전교육"이라 한다)을 받도록 하여야 한다. 〈신설 2023.8.16.〉

④ 보수업자는 고용하고 있는 보수원이 보수원 안전교육을 받는 데 필요한 경비를 부담하며, 이를 이유로 해당 보수원에게 불리한 처분을 하여서는 아니 된다. 〈신설 2023.8.16.〉

⑤ 제3항 및 제4항에 따른 보수원 안전교육의 시간 · 내용 · 방법 및 주기 등에 필요한 사항은 국토교통부령으로 정한다. 〈신설 2023.8.16.〉

[전문개정 2010.3.22][제목개정 2023.8.16.]

제19조의15【결격사유】 다음 각 호의 어느 하나에 해당하는 자는 보수업의 등록을 할 수 없다. 〈개정 2014.3.18., 2016.1.19.〉

1. 피성년후견인
2. 파산선고를 받고 복권되지 아니한 자
3. 이 법을 위반하여 징역 이상의 실형을 선고받고 그 집행이 끝나거나(집행이 끝난 것으로 보는 경우를 포함한다) 집행이 면제된 날부터 2년이 지나지 아니한 사람
4. 이 법을 위반하여 징역 이상의 형의 집행유예를 선고받고 그 유예기간이 지나지 아니한 사람
5. 제19조의19에 따라 등록이 취소된 후 2년이 지나지 아니

시 행 령

같다. 〈개정 2011.12.28.〉

② 시장 · 군수 또는 구청장은 법 제19조의14제1항에 따른 등록 신청이 다음 각 호의 어느 하나에 해당하는 경우를 제외하고는 등록을 해 주어야 한다. 〈신설 2011.12.28.〉

1. 등록을 신청한 자가 법 제19조의15 각 호의 어느 하나에 해당하는 경우
2. 별표 3에 따른 보수업의 등록기준을 갖추지 못한 경우
3. 그 밖에 법 또는 다른 법령에 따른 제한에 위반되는 경우

[전문개정 2010.10.21][제목개정 2011.12.28.]

시 행 규 칙

다)의 등록을 하려는 자는 별지 제10호서식의 기계식주차장치 보수업 등록신청서에 다음 각 호의 서류를 첨부하여 시장·군수 또는 구청장에게 제출하여야 한다. 이 경우 신청서를 받은 시장·군수 또는 구청장은 「전자정부법」 제36조제1항에 따른 행정정보의 공동이용을 통하여 법인 등기사항증명서(신청인이 법인인 경우만 해당한다)를 확인하여야 한다.

1. 자격증 사본
2. 경력증명서
3. 보수설비 현황

② 시장·군수 또는 구청장은 제1항에 따라 보수업을 등록한 자에게 별지 제11호서식의 기계식주차장치 보수업 등록증(이하 "등록증"이라 한다)을 발급하여야 한다.

③ 제2항에 따라 발급받은 등록증을 못 쓰게 되거나 잃어버린 때에는 별지 제12호서식의 기계식주차장치 보수업 등록증 재발급신청서에 등록증을 첨부(못 쓰게 된 경우만 해당한다)하여 시장·군수 또는 구청장에게 제출하여야 한다.

④ 삭제 〈2016.7.27.〉

[전문개정 2010.10.29]

법	시 행 령	시 행 규 칙
한 자(제19조의15제1호 및 제2호에 해당하여 등록이 취소된 경우는 제외한다) 6. 임원 중에 제1호부터 제5호까지의 어느 하나에 해당하는 사람이 있는 법인 [전문개정 2010.3.22.]		**제16조의13 【등록증 발급 정보의 입력】** 시장·군수 또는 구청장은 제16조의12제2항에 따라 등록증을 발급한 경우에는 법 제19조의21에 따른 기계식주차장 정보망(이하 "기계식주차장 정보망"이라 한다)에 그 내용을 입력해야 한다. [전문개정 2024.9.20.]
제19조의16 【보험가입】 ① 제19조의14제1항에 따라 보수업의 등록을 한 자(이하 "보수업자"라 한다)는 그 업무를 수행하면서 고의 또는 과실로 타인에게 손해를 입힐 경우 그 손해에 대한 배상을 보장하기 위하여 보험에 가입하여야 한다. ② 대통령령으로 정하는 일정 규모 이상의 기계식주차장치를 운영하는 기계식주차장관리자등은 기계식주차장의 사고로 이용자 등 다른 사람의 생명·신체 또는 재산상의 손해를 발생하게 하는 경우 그 손해에 대한 배상을 보장하기 위하여 보험에 가입하여야 한다. 〈신설 2023.8.16.〉 ③ 제1항 및 제2항에 따른 보험의 종류, 가입 절차, 그 밖에 필요한 사항은 대통령령으로 정한다. 〈개정 2023.8.16.〉 ④ 보험회사는 보수업자 또는 기계식주차장관리자등이 제1항 및 제2항에 따른 보험에 가입하려는 때에는 대통령령으로 정하는 사유가 있는 경우 외에는 계약의 체결을 거부할 수 없다. 〈신설 2023.8.16.〉 ⑤ 이 법에 따른 보험금을 받을 권리는 압류할 수 없다. 〈신설 2023.8.16.〉 [전문개정 2010.3.22] **제19조의17 【등록사항의 변경 등의 신고】** 보수업자는 다음 각 호의 어느 하나에 해당하는 경우에는 국토교통부령으	**제12조의7 【보험】** ① 법 제19조의14제1항에 따라 보수업의 등록을 한 자(이하 "보수업자"라 한다) 및 법 제19조의16제2항에 따른 기계식주차장관리자등이 법 제19조의16제1항 및 제2항에 따라 가입해야 하는 보험은 보험금액이 다음 각 호의 기준을 모두 충족하는 것이어야 한다. 1. 보험의 종류는 기계식주차장 사고배상책임보험 또는 이와 같은 내용이 포함된 보험일 것 2. 보험금액은 다음 각 목의 구분에 따른 기준을 모두 충족할 것 가. 물적 손해의 경우: 사고당 배상한도액이 1억원 이상일 것 나. 인적 손해의 경우: 피해자 1명당 다음 구분에 따른 금액 이상일 것 1) 사망한 경우: 1억5천만원. 다만, 실제 손해액이 2천만원 미만인 경우에는 2천만원으로 한다. 2) 부상당한 경우: 3천만원 3) 부상에 대한 치료를 마친 후 더 이상의 치료효과를 기대할 수 없고 그 증상이 고정된 상태에서 그 부상으로 인해 신체의 장애(이하 이 조에서 "후유장애"라 한다)가 생긴 경우: 1억5천만원 4) 하나의 사건으로 1)부터 3)까지의 손해 중 둘 이상에 해당하게 된 경우: 다음 구분에 따른 계산식에 따라 계산한 금액 가) 부상자가 치료 중 그 부상으로 인해 사망한 경우: 1)의 금	**제16조의14 【보수원 안전교육】** ① 법 제19조의14제3항에 따른 기계식주차장치 안전관리에 관한 교육(이하 "보수원 안전교육"이라 한다)은 다음 각 호의 어느 하나에 해당하는 법인 중 별표 1에 따른 요건을 갖춘 법인으로서 국토교통부장관이 정하여 고시하는 법인(이하 "기계식주차장치 교육기관"이라 한다)에서 실시한다. 1. 한국교통안전공단 2. 「민법」 제32조에 따라 교육 관련 업무 등의 수행을 목적으로 설립된 비영리법인 ② 보수원 안전교육의 교육시간은 6시간 이상으로 한다. ③ 보수원 안전교육에는 다음 각 호의 내용이 포함되어야 한다. 1. 기계식주차장치에 관한 일반지식 2. 기계식주차장치 관련 법령

법	시 행 령	시 행 규 칙
로 정하는 바에 따라 시장 · 군수 또는 구청장에게 신고하여야 한다.〈개정 2015.8.11, 2023.8.16.〉 1. 제19조의14제1항에 따라 등록한 사항 중 상호명, 주소, 보수원 등 기술인력, 사업자등록번호 등 중요 사항을 변경한 경우 2. 그 영업을 휴업 · 폐업 또는 재개업(再開業)한 경우 3. 그 밖에 국토교통부령으로 정하는 경우 [전문개정 2010.3.22.] **제19조의18【시정명령】** 시장 · 군수 또는 구청장은 보수업자가 다음 각 호의 어느 하나에 해당하는 경우에는 기간을 정하여 그 시정을 명할 수 있다. 1. 제19조의14제2항에 따른 보수업의 등록기준에 미달하게 된 경우 2. 제19조의16에 따른 보험에 가입하지 아니한 경우 [전문개정 2010.3.22.] **제19조의19【등록의 취소 등】** ① 시장 · 군수 또는 구청장은 보수업자가 다음 각 호의 어느 하나에 해당하는 경우에는 보수업의 등록을 취소하거나 6개월 이내의 기간을 정하여 그 영업의 정지를 명할 수 있다. 다만, 제1호 · 제2호 · 제4호 및 제6호에 해당하는 경우에는 그 등록을 취소하여야 한다. 1. 거짓이나 그 밖의 부정한 방법으로 보수업의 등록을 한 경우 2. 제19조의15 각 호의 어느 하나에 해당하는 경우(같은 조 제6호에 해당하는 법인이 그에 해당하게 된 날부터 3개월 이내에 해당 임원을 바꾸어 임명한 경우는 제외한다)	액 + 2)의 금액 나) 부상자에게 그 부상으로 인해 후유장애가 생긴 경우: 2)의 금액 + 3)의 금액 다) 후유장애가 생긴 후 후유장애를 유발한 부상으로 인해 사망한 경우: 1)의 금액 + 3)의 금액 - 3)의 금액 중 사망한 날 이후에 해당하는 손해액 3. 보험은 보수업 또는 기계식주차장치를 운영하는 기간 동안 유지될 것 ② 법 제19조의16제2항에서 "대통령령으로 정하는 일정 규모 이상의 기계식주차장치"란 수용할 수 있는 자동차대수가 20대 이상(하나의 주차장에 2개 이상의 기계식주차장치가 설치되어 있는 경우에는 각 기계식주차장치가 수용할 수 있는 자동차대수의 총합이 20대 이상)인 기계식주차장치를 말한다. ③ 보수업자 및 법 제19조의16제2항에 따른 기계식주차장 관리자등(이하 이 조에서 "보수업자등"이라 한다)은 다음 각 호의 구분에 따른 기한 전에 제1항에 따른 보험에 가입해야 한다. 1. 보수업자: 보수업을 시작하여 최초로 보수계약을 체결하는 날 2. 법 제19조의16제2항에 따른 기계식주차장관리자등: 법 제19조의9제2항제1호에 따른 사용검사를 받은 날 또는 기계식주차장을 양수하여 운영을 시작하는 날 ④ 보수업자등은 보험계약을 체결 또는 변경하였을 때에는 보험계약 체결 또는 변경일부터 14일 이내에 보험계약의 체결을 증명하는 서류를 관할 시장 · 군수 또는 구청장에게 제출해야 한다. 이 경우 법 제19조의21제1항에 따른 기계식주차장 정보망에 보험계약의 체결을 증명하는 정보를 입력	3. 기계식주차장치 보수에 관한 안전수칙 4. 그 밖에 기계식주차장치의 안전운행 및 보수에 필요한 내용 ④ 법 제19조의14제1항에 따라 보수업의 등록을 한 자(이하 "보수업자"라 한다)는 다음 각 호의 구분에 따른 기간에 소속 보수원으로 하여금 보수원 안전교육을 받도록 해야 한다. 1. 신규로 채용한 보수원의 경우: 채용한 날부터 6개월 이내 2. 그 밖의 소속 보수원의 경우: 보수원 안전교육을 마지막으로 받은 날부터 기산하여 2년이 되는 날이 속하는 해의 1월 1일부터 12월 31일까지 ⑤ 기계식주차장치 교육기관은 보수원 안전교육을 받은 사람에게 별지 제13호서식의 교육수료증(이하 "교육수료증"이라 한다)을 발급하고, 기계식주차장 정보망에 해당 보수원의 교육 수료에 관한 정보를 입력해야 한다. ⑥ 기계식주차장치 교육기관은 보수원으로 하여금 보수원 안전교육을 받게 하려는 보수업자에게 교육에 필요한 수강료를 받을 수 있다. 이 경우 그 금액에 대하여 미리 국토교통부장관의 승인을 받아야 한다. [본조신설 2024.9.20] [종전 제16조의14는 제16조의15로 이동

법	시 행 령	시 행 규 칙
3. 제19조의17에 따른 신고를 하지 아니한 경우 4. 제19조의18에 따른 시정명령을 이행하지 아니한 경우 5. 보수의 흠으로 인하여 기계식주차장치의 이용자를 사망하게 하거나 다치게 한 경우 또는 자동차를 파손시킨 경우 6. 영업정지명령을 위반하여 그 영업정지기간에 영업을 한 경우	하는 것으로 그 제출을 갈음할 수 있다. ⑤ 법 제19조의16제4항에서 "대통령령으로 정하는 사유"란 다음 각 호의 사유를 말한다. 1. 보수업자가 법 제19조의19제1항에 따른 영업정지 또는 천재지변 등의 사유로 보수업을 운영할 수 없게 된 경우 2. 법 제19조의16제2항에 따른 기계식주차장관리자등이 법 제19조의24제1항에 따른 운행중지명령 또는 천재지변 등의 사유로 기계식주차장을 운영할 수 없게 된 경우 3. 보험회사가 해당 배상보험을 판매하고 있지 않은 경우 4. 「상법」 제650조제1항·제2항, 제651조, 제652조제1항 또는 제654조에 따른 계약 해지의 사유가 발생한 경우 [전문개정 2024.8.16] **제12조의8** 삭제 〈2016.2.11〉	〈2024.9.20.〉] **제16조의15【보수업의 등록사항 변경 등의 신고】** ① 법 제19조의17제1호에 따른 중요 사항의 변경 신고를 하려는 자는 변경된 날부터 30일 이내에 별지 제14호서식의 기계식주차장치 보수업 변경 신고서에 다음 각 호의 서류를 첨부하여 시장·군수 또는 구청장에게 제출해야 한다. 1. 등록증 2. 법 제19조의17제1호에 따른 신고 사유를 확인할 수 있는 서류 ② 법 제19조의17제2호에 따른 휴업·폐업 또는 재개업 신고를 하려는 자는 휴업·폐업 또는 재개업을 한 날부터 30일 이내에 별지 제15호서식의 기계식주차장치 보수업 휴업·폐업·재개업 신고서를 시장·군수 또는 구청장에게 제출해야 한다.
② 제1항에 따른 등록취소 및 영업정지의 기준은 대통령령으로 정한다. [전문개정 2010.3.22.]	**제12조의9【등록취소 등의 기준】** ① 법 제19조의19제2항에 따른 등록취소 및 영업정지의 기준은 별표 4와 같다. ② 시장·군수 또는 구청장은 제1항에 따라 등록취소 및 영업정지 처분을 할 때 위반행위의 정도 및 횟수 등을 고려하여 그 처분을 가중하거나 감경할 수 있다. 이 경우 등록취소의 경우에는 영업정지 6개월로 감경할 수 있고, 영업정지의 경우에는 해당 영업정지기간의 2분의 1의 범위에서 가중하거나 감경할 수 있다. ③ 시장·군수 또는 구청장은 고의 또는 중과실이 없는 위반행위자가 「소상공인기본법」 제2조에 따른 소상공인에 해당하고, 별표 4에 따른 처분이 영업정지인 경우에는 다음 각 호의 사항을 고려하여 그 처분기준의 100분의 70 범위에서 감경할 수 있다. 다만, 제2항에 따른 감경과 중복하	③ 제1항 및 제2항에 따른 신고를 받은 시장·군수 또는 구청장은 신고인이 법인인 경우에는 「전자정부법」 제36조제1항에 따른 행정정보의 공동이용을 통하여 법인 등기사항증명서를 확인해야 한다. ④ 시장·군수 또는 구청장은 제1항에 따른 신고를 받은 경우에는 해당 신고

법	시 행 령	시 행 규 칙
	여 적용하지 않는다. 〈신설 2023.4.25〉 1. 해당 행정처분으로 위반행위자가 더 이상 영업을 영위하기 어렵다고 객관적으로 인정되는지 여부 2. 경제위기 등으로 위반행위자가 속한 시장 · 산업 여건이 현저하게 변동되거나 지속적으로 악화된 상태인지 여부 [전문개정 2010.10.21.]	인에게 변경 사항을 반영하여 등록증을 재발급하고, 기계식주차장 정보망에 그 변경 내용을 입력해야 한다. [전문개정 2024.9.20][제16조의14에서 이동, 종전 제16조의15는 제16조의16으로 이동 〈2024.9.20.〉]
제19조의20【기계식주차장치 관리인의 배치 및 교육 등】 ① 기계식주차장관리자등은 대통령령으로 정하는 일정 규모 이상의 기계식주차장치가 설치된 때에는 주차장 이용자의 안전을 위하여 기계식주차장치 관리인을 두어야 한다. ② 기계식주차장관리자등은 주차장 관련 법령, 사고 시 응급처치 방법 등 국토교통부령이 정하는 기계식주차장치의 관리에 필요한 교육(이하 "기계식주차장치 관리인 교육"이라 한다)을 받은 사람을 제1항에 따른 기계식주차장치 관리인으로 선임 또는 변경하여야 한다. 이 경우 기계식주차장관리자등은 선임 또는 변경된 기계식주차장치 관리인으로 하여금 국토교통부령으로 정하는 보수교육을 받도록 하여야 한다. 〈신설 2023.8.16.〉 ③ 기계식주차장관리자등은 제1항에 따른 기계식주차장치 관리인을 선임 또는 변경한 경우에는 선임 또는 변경 후 14일 이내에 시장 · 군수 또는 구청장에게 통보하여야 한다. 기계식주차장치를 직접 관리하는 기계식주차장관리자등이 변경되었을 때에도 또한 같다.〈개정 2023.8.16.〉 ④ 제1항에서 규정하는 일정 규모 이상의 기계식주차장치가 설치되지 않아 직접 기계식주차장치를 관리하는 기계식주차장관리자등은 관리 시작 전에 국토교통부령으로 정하는 기계식주차장치 안전관리교육을 받아야 하며, 관리 시작 이후에	**제12조의10【기계식주차장치 관리인의 배치】** 법 제19조의20제1항에서 "대통령령으로 정하는 일정 규모 이상의 기계식주차장치"란 수용할 수 있는 자동차대수가 20대 이상인 기계식주차장치를 말한다. [본조신설 2016.2.11.] [종전 제12조의10은 제12조의11로 이동 〈2016.2.11.〉]	**제16조의16【기계식주차장치 관리인 교육 등】** ① 법 제19조의20제2항 전단에서 "국토교통부령이 정하는 기계식주차장치의 관리에 필요한 교육" 및 같은 항 후단에서 "국토교통부령으로 정하는 보수교육"이란 기계식주차장치 교육기관이 실시하는 교육을 말한다.〈개정 2024.9.20〉 ② 제1항에 따른 교육에는 다음 각 호의 내용이 포함되어야 한다.〈개정 2024.9.20.〉 1. 기계식주차장치에 관한 일반지식 2. 기계식주차장치 관련 법령 3. 기계식주차장치 운행 및 취급 4. 화재 및 고장 등 긴급상황이 발생한 경우 조치방법 5. 그 밖에 기계식주차장치의 안전운행에 필요한 사항 ③ 기계식주차장치관리자등은 법 제19조의20제2항 후단에 따라 기계식주차장치 관리인으로 하여금 제1항에 따른 교육을 마지막으로 받은 날부터 기산하여 3년이 되는 날이 속하는 해의 1

법	시 행 령	시 행 규 칙
는 정기적으로 보수교육을 받아야 한다. 〈신설 2023.8.16.〉 ⑤ 기계식주차장관리자등은 주차장 이용자가 확인하기 쉬운 위치에 기계식주차장의 이용 방법을 설명하는 안내문을 붙여야 한다. 〈개정 2020.6.9, 2023.8.16.〉 ⑥ 제1항 및 제5항에 따른 기계식주차장치 관리인의 임무, 안내문의 부착 위치와 세부 내용 등에 필요한 사항은 국토교통부령으로 정한다. 〈개정 2017.3.21, 2023.8.16.〉 ⑦ 기계식주차장관리자등은 제19조의5제1항에 따라 국토교통부령으로 정한 규격·무게 등 기계식주차장의 설치 기준에 맞는 자동차를 주차하도록 관리하여야 한다. 〈신설 2023.8.16./시행 2025.8.17.〉 ⑧ 기계식주차장관리자등은 주차장치 운행의 안전에 관한 점검(이하 "자체점검"이라 한다)을 월 1회 이상 실시하고 그 점검기록을 제19조의21에 따른 기계식주차장 정보망에 입력하여야 한다. 〈신설 2023.8.16.〉 ⑨ 기계식주차장관리자등은 제8항에 따른 자체점검 결과 해당 기계식주차장치에 결함이 있다는 사실을 알았을 경우에는 즉시 보수하여야 하며, 보수가 끝날 때까지 운행을 중지하여야 한다. 〈신설 2023.8.16.〉 ⑩ 기계식주차장관리자등은 기계식주차장치에 대한 자체점검을 보수업자에게 대행하도록 할 수 있다. 〈신설 2023.8.16.〉 ⑪ 제8항 및 제10항에 따른 자체점검의 항목, 방법, 그 밖에 필요한 사항은 국토교통부령으로 정한다. 〈신설 2023.8.16.〉 [본조신설 2015.8.11][제목개정 2023.8.16.] [종전 제19조의20은 제19조의21로 이동 〈2015.8.11.〉] [시행일: 2025.8.17.] 제19조의20제7항		월 1일부터 12월 31일까지 보수교육을 받도록 해야 한다. 〈개정 2024.9.20.〉 ④ 법 제19조의20제2항 전단에 따른 기계식주차장치의 관리에 필요한 교육의 교육시간은 4시간으로 하고, 같은 항 후단에 따른 보수교육의 교육시간은 3시간으로 한다.〈개정 2024.9.20.〉 ⑤ 기계식주차장치 교육기관은 제1항에 따른 교육을 받은 사람에게 교육수료증을 발급하여야 한다.〈개정 2024.9.20.〉 ⑥ 기계식주차장치 교육기관은 제1항에 따른 교육을 받으려는 사람으로부터 교육에 필요한 수강료를 받을 수 있다. 이 경우 수강료의 금액에 대하여 미리 국토교통부장관의 승인을 받아야 한다. 〈개정 2024.9.20.〉 [전문 개정 2018.3.21.][제16조의15에서 이동, 종전 제16조의16은 제16조의20으로 이동 〈2024.9.20.〉] **제16조의17【기계식주차장치 관리인등의 선임 또는 변경통보】** ① 기계식주차장관리자등은 법 제19조의20제3항 전단에 따라 기계식주차장치 관리인의 선임 또는 변경을 통보하거나 같은 항 후단에 따라 기계식주차장치를 직접 관리하는 기계식주차장관리자등의 변경을 통보하려는 경우에는 별지 제15호의2서

법	시 행 령	시 행 규 칙
		식의 기계식주차장치 관리인 등 선임·변경 통보서에 다음 각 호의 구분에 따른 서류를 첨부하여 시장·군수 또는 구청장에게 제출해야 한다. 1. 기계식주차장치 관리인의 선임 또는 변경을 통보하려는 경우: 선임 또는 변경된 기계식주차장치 관리인이 법 제19조의20제2항 전단에 따른 기계식주차장치 관리인 교육을 수료하였음을 증명하는 교육수료증 2. 기계식주차장관리자등의 변경을 통보하려는 경우: 변경된 기계식주차장관리자등이 법 제19조의20제4항에 따른 기계식주차장치 안전관리교육을 수료하였음을 증명하는 교육수료증 ② 시장·군수 또는 구청장은 제1항에 따른 통보를 받은 경우 통보인이 법인인 경우에는 「전자정부법」 제36조제1항에 따른 행정정보의 공동이용을 통하여 법인 등기사항증명서를 확인해야 한다. ③ 시장·군수 또는 구청장은 제1항에 따른 통보를 받은 경우에는 기계식주차장 정보망에 그 내용을 입력해야 한다. [본조신설 2024.9.20][종전 제16조의17은 제16조의19로 이동 〈2024.9.20.〉] **제16조의18【기계식주차장치 안전관리교육 등】** ① 법 제19조의20제4항에

서 "국토교통부령으로 정하는 기계식주차장치 안전관리교육"이란 기계식주차장치 교육기관이 실시하는 교육을 말한다.
② 법 제19조의20제4항에 따라 보수교육을 받아야 하는 기계식주차장관리자등은 같은 항에 따른 교육을 마지막으로 받은 날부터 기산하여 3년이 되는 날이 속하는 해의 1월 1일부터 12월 31일까지 기계식주차장치 교육기관이 실시하는 보수교육을 받아야 한다.
③ 법 제19조의20제4항에 따른 기계식주차장치 안전관리교육의 교육시간은 4시간으로 하고, 같은 항에 따른 보수교육의 교육시간은 3시간으로 한다.
④ 제1항부터 제3항까지에서 정한 사항 외에 법 제19조의20제4항에 따른 기계식주차장치 안전관리교육 및 보수교육에 관하여는 제16조의16제2항, 제5항 및 제6항을 준용한다. 이 경우 "제1항에 따른 교육"은 "법 제19조의20제4항에 따른 기계식주차장치 안전관리교육 및 보수교육"으로 본다.
[본조신설 2024.9.20][종전 제16조의18은 제16조의22로 이동 〈2024.9.20.〉]

제16조의19【부기계식주차장치 안내문 부착 위치 등】 ① 법 제19조의20제5항에 따른 안내문은 기계식주차장치 이

법	시 행 령	시 행 규 칙
		용자가 맨눈으로 쉽게 확인할 수 있도록 기계식주차장치를 작동하기 위한 스위치 근처에 부착하여야 한다. 〈개정 2018.3.21., 2024.9.20.〉 ② 제1항에 따른 안내문에는 다음 각 호의 내용이 포함되어야 한다. 〈개정 2020.6.25〉 1. 차량의 입고 및 출고 방법 2. 긴급상황 발생 시 조치 방법 3. 긴급상황 발생 시 연락처(응급 의료기관 및 기계식주차장치 보수업체 등의 연락처를 포함한다) 4. 기계식주차장치 관리인의 성명 및 연락처 5. 기계식주차장의 형식 및 주차 가능 자동차 [본조신설 2016.7.27.][제16조의17에서 이동, 종전 제16조의19는 제16조의23으로 이동 〈2024.9.20.〉] **제16조의20【기계식주차장치 관리인의 임무】** 법 제19조의20제6항에 따른 기계식주차장치 관리인의 임무는 다음 각 호와 같다. 〈개정 2018.3.21., 2024.9.20.〉 1. 기계식주차장치 조작에 필요한 지식, 기계식주차장치 취급 시 주의사항 및 긴급상황 발생 시 조치방법 등에 대하여 충분히 숙지할 것 2. 기계식주차장치의 이용자가 안전하게 이용할 수 있도록 기계식주차장치를 조작

법	시 행 령	시 행 규 칙
		할 것 3. 기계식주차장치를 안전한 상태로 유지할 것 [본조신설 2016.7.27.][제16조의16에서 이동, 종전 제16조의20은 제16조의24로 이동 〈2024.9.20.〉] **제16조의21【기계식주차장치의 자체점검】** ① 기계식주차장관리자등은 법 제19조의20제8항에 따른 주차장치 운행의 안전에 관한 점검(이하 "자체점검"이라 한다)을 하려는 경우에는 다음 각 호의 사항(점검 당시 운행하지 않는 기계식주차장치에 관한 사항은 제외한다)을 점검해야 한다. 1. 제16조의5제1항제6호, 제7호, 제7호의2 및 제8호에 따른 출입문 및 장치의 작동 상태 2. 법 제19조의20제5항에 따른 안내문의 부착 상태 3. 기계식주차장의 조명시설 점등 상태 4. 그 밖에 국토교통부장관이 기계식주차장치 운행의 안전을 위하여 점검할 필요가 있다고 인정하는 사항 ② 기계식주차장관리자등은 자체점검을 하는 경우에는 시험운전 등을 통해 작동 상태 등을 확인해야 한다. ③ 기계식주차장관리자등은 법 제19조

법	시 행 령	시 행 규 칙
		의20제8항에 따라 점검기록을 해당 자체점검을 수행한 달의 다음 달 10일까지 기계식주차장 정보망에 입력해야 한다. ④ 제1항부터 제3항까지에서 규정한 사항 외에 자체점검의 세부 항목 및 방법 등에 관하여 필요한 사항은 국토교통부장관이 정하여 고시한다. [본조신설 2024.9.20.][종전 제16조의21은 제16조의25로 이동 〈2024.9.20.〉]
제19조의21【기계식주차장 정보망 구축 · 운영】 ① 국토교통부장관은 기계식주차장의 안전과 관련된 다음 각 호의 정보를 종합적으로 관리하기 위한 기계식주차장 정보망을 구축·운영할 수 있다. 〈개정 2017.3.21., 2017.10.24., 2023.8.16.〉 1. 제19조의9에 따른 검사의 이력정보 2. 제19조의14부터 제19조의19까지에 따른 보수업에 관한 사항 2의2. 제19조의16에 따른 보험 가입 현황 2의3. 제19조의20제8항에 따른 기계식주차장의 자체점검 기록 2의4. 제19조의22제1항에 따른 중대한 사고에 관한 정보〈신설 2023.8.16.〉 2의5. 제19조의23에 따른 정밀안전검사의 결과에 관한 정보 3. 제25조에 따른 보고, 자료의 제출 및 검사에 관한 정보 4. 그 밖에 기계식주차장의 안전과 관련되는 사항으로서 국토교통부령으로 정하는 정보 ② 국토교통부장관은 제1항에 따라 수집된 정보를 제19조의12에 따른 전문검사기관, 제19조의14에 따른 보수업등록업자, 제25조에 따른 행정기관에 제공하거나 필요시 정보	**제12조의11【기계식주차장 정보망의 구축 · 운영 업무의 위탁】** 국토교통부장관은 법 제19조의21제3항에 따라 기계식주차장 정보망의 구축 · 운영에 관한 업무를 「한국교통안전공단법」 에 따른 한국교통안전공단(이하 "한국교통안전공단"이라 한다)에 위탁한다. 〈개정 2018.2.20.〉 [본조신설 2016.7.19.][종전 제12조의11은 제12조의12로 이동 〈2016.7.19.〉]	**제16조의22【기계식주차장의 안전 관련 정보】** 법 제19조의21제1항제4호에서 "국토교통부령으로 정하는 정보"란 다음 각 호를 말한다.〈개정 2024.9.20.〉 1. 법 제19조의6부터 제19조의8까지의 규정에 따른 기계식주차장치의 안전도 인증에 관한 정보 2. 법 제19조의20제3항에 따른 기계식주차장치 관리인 및 기계식주차장관리자등의 선임 · 변경 등에 관한 정보 3. 법 제19조의24제1항에 따른 기계식주차장치의 운행중지명령에 관한 정보 4. 그 밖에 기계식주차장의 위치 및 주차구획 수 등 기계식 주차장의 현황에 관한 정보 [본조신설 2016.7.27.][제16조의18에서 이동, 종전 제16조의22는 제16조의26

법	시 행 령	시 행 규 칙
의 일부를 일반에게 공개할 수 있다. 〈개정 2017.10.24〉 ③ 국토교통부장관은 제1항에 따른 기계식주차장 정보망의 구축·운영에 관한 업무를 대통령령으로 정하는 기관에 위탁할 수 있다. 이 경우 그에 필요한 경비의 전부 또는 일부를 지원할 수 있다. [본조신설 2016.1.19.]		으로 이동 〈2024.9.20.〉]
제19조의22 【사고 보고 의무 및 사고 조사】 ① 기계식주차장관리자등은 그가 관리하는 기계식주차장으로 인하여 이용자가 사망하거나 다치는 사고, 자동차 추락 등 국토교통부령으로 정하는 중대한 사고가 발생한 경우에는 즉시 국토교통부령으로 정하는 바에 따라 관할 시장·군수 또는 구청장과 「한국교통안전공단법」에 따른 한국교통안전공단의 장에게 통보하여야 한다. 이 경우 「한국교통안전공단법」에 따른 한국교통안전공단의 장은 통보받은 사항 중 중대한 사고에 관한 내용을 국토교통부장관, 제6항에 따른 사고조사위원회에 보고하여야 한다. 〈개정 2023.8.16.〉 ② 기계식주차장관리자등은 제1항 전단에 따른 중대한 사고가 발생한 경우에는 사고현장 또는 중대한 사고와 관련되는 물건을 이동시키거나 변경 또는 훼손하여서는 아니 된다. 다만, 인명구조 등 긴급한 사유가 있는 경우에는 그러하지 아니하다. ③ 제1항에 따라 통보받은 「한국교통안전공단법」에 따른 한국교통안전공단의 장은 기계식주차장 사고의 재발 방지 및 예방을 위하여 필요하다고 인정하면 기계식주차장 사고의 원인 및 경위 등에 관한 조사를 할 수 있다.	**제12조의12 【사고조사위원회의 구성 및 운영】** ① 법 제19조의22제6항에 따른 사고조사판정위원회(이하 "위원회"라 한다)는 위원장 1명을 포함한 12명 이상 20명 이내의 위원으로 구성한다. ② 위원장은 제3항제2호에 따른 위촉위원 중에서 국토교통부장관이 지명한다. ③ 위원은 다음 각 호의 어느 하나에 해당하는 사람 중에서 국토교통부장관이 임명하거나 위촉한다. 이 경우 제1호에 따른 지명위원은 1명으로 한다. 1. 지명위원: 기계식주차장 관련 업무를 담당하는 국토교통부의 4급 이상 공무원 또는 고위공무원단에 속하는 일반직 공무원 2. 위촉위원: 기계식주차장에 관한 전문지식이나 경험이 풍부한 사람으로서 다음 각 목의 어느 하나에 해당하는 사람 가. 변호사의 자격을 취득한 후 5년 이상이 된 사람 나. 「고등교육법」에 따른 대학에서 기계·전기 또는 안전관리 분야의 과목을 가르치는 부교수 이상으로 5년 이상 재직하고 있거나 재직하였던 사람 다. 행정기관에서 4급 이상 공무원 또는 고위공무원단에 속하는 일반직공무원으로 2년 이상 재직하였던 사람 라. 한국교통안전공단 또는 법 제19조의12제2항에 따라 지	**제16조의23 【중대한 사고】** 법 제19조의22제1항 본문 및 법 제19조의23제1항제2호 본문에서 "국토교통부령으로 정하는 중대한 사고"란 다음 각 호의 어느 하나를 말한다. 〈개정 2018.10.25., 2024.9.20.〉 1. 사망자가 발생한 사고 2. 기계식주차장에서 사고가 발생한 날부터 7일 이내에 실시한 의사의 최초 진단결과 1주 이상의 입원치료 또는 3주 이상의 치료가 필요한 상해를 입은 사람이 발생한 사고 3. 기계식주차장을 이용한 자동차가 전복 또는 추락한 사고 [본조신설 2018.3.21.][제목개정 2018.10.25.] [제16조의19에서 이동, 종전 제16조의23은 제16조의27로 이동 〈2024.9.20〉] **제16조의24 【사고보고 등】** ① 기계식주차장관리자등은 법 제19조의22제1항 전단에 따라 그가 관리하는 주차장에

법	시 행 령	시 행 규 칙
④ 시장·군수 또는 구청장은 한국교통안전공단의 사고조사가 원활히 진행될 수 있도록 사고조사에 참여하여야 하고, 사고조사에 따른 행정처리 등에 적극 협조하여야 한다.) 〈신설 2023.8.16.〉	정된 전문검사기관에서 10년 이상 재직하고 있거나 재직하였던 사람 마. 기계식주차장 관련 업체에서 설계, 제작, 시공, 유지보수 등의 업무에 10년 이상 종사하고 있거나 종사하였던 사람 ④ 제3항제2호에 따른 위촉위원의 임기는 3년으로 하며, 한 차례만 연임할 수 있다. 다만, 법 제19조의22제8항에 따라 위원회가 해산되는 경우에는 그 해산되는 때에 임기가 만료되는 것으로 한다. 〈개정 2024.8.16.〉 ⑤ 위원회의 회의는 위원장, 지명위원과 위촉위원 중 위원장이 회의마다 지정하는 5명의 위원으로 구성한다. ⑥ 위원회는 필요하다고 인정하면 관계인 또는 관계 전문가를 위원회에 출석시켜 발언하게 하거나 서면으로 의견을 제출하게 할 수 있다. ⑦ 위원회에 출석한 위원, 관계인 및 관계 전문가에게 예산의 범위에서 수당과 여비를 지급할 수 있다. ⑧ 제1항부터 제7항까지에서 규정한 사항 외에 위원회의 운영에 필요한 사항은 위원회의 의결을 거쳐 위원장이 정한다. [본조신설 2018.10.23.][제목개정 2024.8.16] [종전 제12조의12는 제12조의15로 이동 〈2018.10.23.〉] **제12조의13【위원의 해촉 등】** 국토교통부장관은 위원회의 위원이 다음 각 호의 어느 하나에 해당하는 경우에는 해당 위원을 해촉(解囑)하거나 그 임명을 철회할 수 있다. 1. 심신장애로 인하여 직무를 수행할 수 없게 된 경우 2. 직무와 관련된 비위사실이 있는 경우 3. 직무태만, 품위손상이나 그 밖의 사유로 인하여 위원으로 적합하지 아니하다고 인정되는 경우 4. 위원 스스로 직무를 수행하는 것이 곤란하다고 의사를 밝	서 중대한 사고가 발생한 때에는 즉시 서면 또는 전자문서로 건물명, 소재지, 사고발생 일시·장소 및 피해 정도를 관할 시장·군수 또는 구청장과 한국교통안전공단의 장에게 통보하여야 한다. ② 한국교통안전공단의 장은 제1항에 따라 통보를 받은 때에는 법 제19조의22제1항 후단에 따라 지체 없이 별지 제15호의3서식에 따른 기계식주차장 사고현황 보고서를 작성하여 국토교통부장관 및 법 제19조의22제6항에 따른 사고조사위원회(이하 "사고조사위원회"라 한다)에 보고하여야 한다. 〈개정 2024.9.20.〉 ③ 한국교통안전공단의 장은 법 제19조의22제3항에 따라 기계식주차장 사고의 원인 및 경위 등을 조사한 때에는 조사한 달이 속하는 다음 달 15일까지 다음 각 호의 사항이 포함된 사고조사보고서를 사고조사위원회에 제출하여야 한다. 〈개정 2024.9.20.〉 1. 사고의 원인 및 경위에 관한 사항 2. 사고 원인의 분석에 관한 사항 3. 사고 재발 방지에 관한 사항 4. 그 밖에 사고와 관련하여 조사·확인된 사항 [본조신설 2018.10.25.][제16조의20에서 이동, 종전 제16조의24는 제16조의29로 이동 〈2024.9.20〉]

법	시 행 령	시 행 규 칙
	히는 경우 [본조신설 2018.10.23.][종전 제12조의13은 제12조의16으로 이동 〈2018.10.23.〉]	
⑤ 「한국교통안전공단법」에 따른 한국교통안전공단의 장은 기계식주차장 사고의 효율적인 조사를 위하여 사고조사반을 둘 수 있으며, 사고조사반의 구성 및 운영 등에 관한 사항은 국토교통부령으로 정한다. 〈개정 2023.8.16.〉 ⑥ 국토교통부장관은 제3항에 따라 「한국교통안전공단법」에 따른 한국교통안전공단이 조사한 기계식주차장 사고의 원인 등을 조사하고, 재발 방지 방안을 마련하기 위하여 필요한 경우 사고조사위원회를 구성·운영할 수 있다. 〈개정 2023.8.16.〉 ⑦ 사고조사위원회는 기계식주차장 사고의 원인 등을 조사하여 원인과 조사한 결과를 국토교통부에 보고하여야 한다. 〈개정 2023.8.16.〉 ⑧ 국토교통부장관은 사고조사위원회의 구성 목적을 달성하였다고 인정하는 경우에는 사고조사위원회를 해산할 수 있다. 〈신설 2023.8.16.〉 ⑨ 사고조사위원회는 한국교통안전공단의 조사결과 등을 검토하여 사고 원인을 조사하고, 재발 방지 방안을 마련하여 국토교통부장관에게 보고하여야 한다. 〈신설 2023.8.16.〉 ⑩ 국토교통부장관은 필요한 경우 사고조사위원회의 재발 방지 방안을 해당 시장·군수 또는 구청장 및 제작자등에게 통보하여 재발 방지 방안의 이행을 권고할 수 있다. 〈신설 2023.8.16.〉 ⑪ 사고조사위원회의 구성 및 운영과 그 밖에 필요한 사항은 대	**제12조의14 【위원회의 업무】** 위원회의 업무는 다음 각 호와 같다. 〈개정 2024.8.16.〉 1. 법 제19조의22제1항 후단에 따라 보고받은 중대한 사고에 관한 내용의 검토 2. 법 제19조의22제3항에 따른 기계식주차장 사고의 재발 방지·예방을 위한 사고의 원인 및 경위 등의 조사 3. 법 제19조의22제6항에 따라 한국교통안전공단이 조사한 기계식주차장 사고의 원인 등에 대한 판정 [본조신설 2018.10.23.][종전 제12조의14는 제12조의17로 이동 〈2018.10.23.〉]	**제16조의25 【사고조사반의 구성·운영 등】** ① 법 제19조의22제5항에 따라 사고조사반으로 사고발생지역을 관할하는 한국교통안전공단 지역본부에는 초동조사반을, 한국교통안전공단 본부에는 전문조사반을 구성·운영한다. 〈개정 2024.9.20.〉 ② 제1항에 따른 초동조사반은 2명 이내의 사고조사원으로 구성하며, 다음 각 호의 업무를 수행한다. 〈개정 2024.9.20.〉 1. 사고개요 및 원인 등의 조사 2. 별지 제15호의3서식에 따른 기계식주차장 사고현황 보고서의 작성 ③ 제1항에 따른 전문조사반(이하 "전문조사반"이라 한다)은 조사반장 1명을 포함한 3명 이내의 사고조사원으로 구성하되, 조사반장 및 사고조사원은 한국교통안전공단 소속 직원, 기계식주차장 또는 안전관리 분야에 관한 전문지식을 갖춘 민간 전문가 중에서 한국교통안전공단의 장이 지명하거나 위촉하는 사람으로 한다. ④ 전문조사반은 다음 각 호의 업무를

법

통령령으로 정한다.〈개정 2023.8.16.〉
[본조신설 2017.10.24.][종전 제19조의22는 제19조의23으로 이동 〈2017.10.24.〉]

제19조의23【기계식주차장의 정밀안전검사】 ① 기계식주차장관리자등은 해당 기계식주차장이 다음 각 호의 어느 하나에 해당하는 경우에는 시장·군수 또는 구청장이 실시하는 정밀안전검사를 받아야 한다. 이 경우 제3호에 해당하는 때에는 정밀안전검사를 받은 날부터 4년마다 정기적으로 정밀안전검사를 받아야 한다. 〈개정 2023.8.16.〉

1. 제19조의9제2항에 따른 검사 결과 결함원인이 불명확하여 사고예방과 안전성 확보를 위하여 정밀안전검사가 필요하다고 인정된 경우
2. 기계식주차장의 이용자가 죽거나 다치는 등 국토교통부령으로 정하는 중대한 사고가 발생한 경우. 다만, 시장·군수·구청장이 사고조사반의 조사 등을 검토한 결과 사고의 원인이 기계식주차장치의 결함에 의한 것이 아닌 경우로서 구동부의 부품, 운반기 등 주요 주차장치의 파손이 없고, 안전에 문제가 없다고 판단하는 경우 등 국토교통부령으로 정하는 사항에 해당하는 경우에는 제외한다.
3. 기계식주차장이 설치된 날부터 10년이 지난 경우
4. 그 밖에 기계식주차장치의 성능 저하로 인하여 이용자의 안전을 침해할 우려가 있는 것으로 국토교통부장관이 정한

시 행 령

제12조의15【기계식주차장의 정밀안전검사 실시시기】 ① 법 제19조의23제1항제3호에 따른 정밀안전검사를 최초로 받아야 하는 날은 기계식주차장이 설치된 날부터 10년이 속하는 정기검사의 유효기간 만료일(이하 이 항에서 "만료일"이라 한다) 전 180일부터 만료일까지이고, 해당 검사기간에 적합판정을 받은 경우에는 만료일에 정밀안전검사를 받은 것으로 본다.

② 법 제19조의23제1항제3호에 따른 정밀안전검사는 제1항에 따른 최초 정밀안전검사를 받은 날부터 4년이 되는 날(이하 이 항에서 "만료일"이라 한다)의 전후 각각 31일 이내에 받아야 하고, 해당 검사기간에 적합판정을 받은 경우에는 만료일에 정밀안전검사를 받은 것으로 본다.
[본조신설 2018.2.20.][제12조의12에서 이동, 종전 제12조의15는 제12조의18로 이동 〈2018.10.23.〉]

시 행 규 칙

수행한다.

1. 사고 원인의 조사·분석
2. 피해 현황에 관한 조사
3. 그 밖에 전문조사반장이 사고 원인 파악 및 재발 방지 등을 위하여 필요하다고 인정하는 사항의 조사

[제16조의21에서 이동, 종전 제16조의25는 제16조의30으로 이동 〈2024.9.20〉]

제16조의26【기계식주차장 정밀안전검사 실시 등】 ① 기계식주차장관리자등이 법 제19조의23제1항에 따른 정밀안전검사를 받으려면 별지 제8호의8서식의 기계식주차장 검사 신청서를 시장·군수 또는 구청장(법 제19조의23제4항에 따라 한국교통안전공단이 정밀안전검사를 대행하는 경우에는 한국교통안전공단을 말한다. 이하 이 조에서 같다)에게 제출하여야 한다. 〈개정 2018.10.25.〉

② 법 제19조의23제1항제2호 단서에서 "국토교통부령으로 정하는 사항에 해당하는 경우"란 다음 각 호에 모두 해당하는 경우를 말한다. 〈신설 2024.9.20.〉

1. 사고의 원인이 기계식주차장치의 결함에 의한 것이 아닌 경우로서 구동부의 부품, 운반기 등 주요 주차장치의 파손이 없는 경우
2. 기계식주차장치의 원활한 작동이 가

경우
② 기계식주차장관리자등은 제1항에 따른 정밀안전검사에 불합격한 기계식주차장을 운영할 수 없으며, 다시 운영하기 위해서는 정밀안전검사를 다시 받아야 한다.
③ 제1항에 따라 정밀안전검사를 받은 경우 또는 정밀안전검사를 받아야 하는 경우에는 제19조의9제2항제2호에 따른 해당 연도의 정기검사를 면제한다.
④ 시장·군수 또는 구청장은 제1항에 따른 정밀안전검사에 관한 업무를 「한국교통안전공단법」에 따라 설립된 한국교통안전공단에 대행하게 할 수 있다. 〈개정 2017.10.24.〉
⑤ 정밀안전검사에 관해서는 제19조의10제1항·제2항 및 제19조의11을 준용한다. 이 경우 "제19조의9제2항에 따른 검사", "제19조의9제2항 각 호에 따른 검사"는 "제19조의23제1항에 따른 정밀안전검사"로 본다.
⑥ 제1항에 따른 정밀안전검사의 기준·항목·방법 및 실시 시기 등에 필요한 사항은 대통령령으로 정한다.
[본조신설 2017.3.21. 종전 제19조의22는 제19조의23으로 이동 , 시행 2018.3.22.][제19조의22에서 이동, 종전 제19조의23은 제19조의24로 이동 〈2017.10.24.〉]

제12조의16【기계식주차장의 정밀안전검사 기준·항목 및 방법】 법 제19조의23제6항에 따른 정밀안전검사의 기준·항목 및 방법 등은 다음 각 호의 사항을 모두 고려하여 국토교통부장관이 고시하는 기준·항목 및 방법 등에 따른다.
1. 법 제19조의5에 따른 기계식주차장의 설치기준
2. 법 제19조의7에 따른 기계식주차장의 안전기준
3. 기계식주차장치의 구조 및 구동방식
4. 기계식주차장에 적용되는 기술의 특성
[본조신설 2018.2.20.][제12조의12에서 이동, 종전 제12조의15는 제12조의18로 이동 〈2018.10.23.〉]

고시 기계식주차장치의 안전기준 및 검사기준 등에 관한 규정(국토교통부고시 제2024-680호,2024.11.27.)

능한 경우로서 시장·군수 또는 구청장이 기계식주차장치의 안전에 문제가 없다고 판단하는 경우
③ 시장·군수 또는 구청장은 제1항에 따른 검사 신청을 받은 날부터 20일 이내에 영 제12조의16에 따른 정밀안전검사기준에 따라 검사를 실시한 후, 합격여부 및 항목별 검사결과를 기계식주차장관리자등에게 통보하여야 한다.〈개정 2024.9.20.〉
④ 제3항에 따라 불합격 통보를 받은 기계식주차장관리자등은 재검사를 신청할 수 있으며, 시장·군수 또는 구청장은 재검사 신청을 받은 날부터 10일 이내에 검사를 실시하고 합격여부 및 해당 항목 검사결과를 기계식주차장관리자등에게 통보하여야 한다. 다만, 기계식주차장관리자등이 불합격 통보를 받은 후 3개월 이내에 불합격 항목을 보완한 후 재검사를 신청하는 경우에는 불합격한 항목에 대하여만 검사를 실시한다.〈개정 2024.9.20.〉
⑤ 시장·군수 또는 구청장은 제3항 및 제4항에 따라 정밀안전검사 또는 재검사를 실시할 때 해당 기계식주차장관리자등을 현장에 참석하게 할 수 있다.〈개정 2024.9.20.〉
⑥ 시장·군수 또는 구청장은 제3항 및

법	시 행 령	시 행 규 칙
		제4항에 따른 검사결과를 기계식주차장관리자등에게 통보할 때 별지 제8호의9서식의 검사확인증 또는 별지 제8호의10서식의 사용금지표지를 발급하여야 한다. 〈개정 2024.9.20.〉 ⑦ 제6항에 따른 검사확인증 또는 사용금지표지를 발급받은 기계식주차장관리자등은 해당 기계식주차장의 보기 쉬운 곳에 이를 부착하여야 한다. 〈개정 2024.9.20.〉 [본조신설 2018.3.21.][제16조의22에서 이동, 종전 제16조의26은 제16조의31로 이동 〈2024.9.20〉] **제16조의27【기계식주차장 정밀안전검사 기술인력 등】** ① 법 제19조의23제4항에 따라 정밀안전검사를 대행하는 경우 한국교통안전공단은 별표3에 따른 정밀안전검사 기술인력 및 검사기기를 갖추어야 한다. 〈개정 2018.10.25., 2023.12.1., 2024.9.20.〉 ② 한국교통안전공단은 제1항에 따른 정밀안전검사 기술인력에 대하여 다음 각 호의 교육을 실시하여야 한다. 1. 신규교육: 정밀안전검사 기술인력으로 처음 선임될 때 받아야 하는 교육 2. 정기교육: 신규교육 후 3년(신규교육 또는 직전의 정기교육을 받은 날부

법	시 행 령	시 행 규 칙
		터 기산하여 3년이 되는 날이 속하는 해의 1월 1일부터 12월 31일까지를 말한다)마다 받아야 하는 교육 3. 임시교육: 기계식주차장 관련 법령의 개정 등으로 국토교통부장관이 특별히 필요하다고 인정하는 교육 ③ 제2항에 따른 정밀안전검사의 기술인력에 대한 교육기준은 별표 4와 같다. 〈개정 2023.12.1, 2024.9.20.〉 [본조신설 2018.3.21.][제16조의23에서 이동 〈2024.9.20〉]
제19조의24【기계식주차장치 운행중지명령 등】 ① 시장·군수 또는 구청장은 기계식주차장치가 다음 각 호의 어느 하나에 해당하는 경우에는 그 사유가 없어질 때까지 해당 기계식주차장치의 운행중지를 명할 수 있다. 다만, 제1호 또는 제2호에 해당하는 경우에는 기계식주차장치의 운행중지를 명하여야 한다. 1. 안전검사 및 정밀안전검사를 받지 아니한 경우 2. 안전검사 및 정밀안전검사 불합격 기계식주차장치의 운행을 중지하지 아니하는 경우 3. 안전검사 및 정밀안전검사가 연기된 경우 4. 노후화, 사고발생 등으로 인하여 중대한 위해가 발생하였거나 발생 우려가 있는 경우 5. 제19조의20에 따른 기계식주차장치 관리인을 두지 아니한 경우 6. 그 밖에 현장조사 또는 안전검사 시 이용자 등에게 위해가 발생할 우려가 있다고 판단되는 경우	**제12조의17【기계식주차장치의 운행중지명령】** ① 시장·군수 또는 구청장은 법 제19조의24제5항에 따라 인근(법 제19조제4항 후단에 따른 시설물 부지 인근을 말한다. 이하 이 조에서 같다) 주차장을 확보하게 하려는 경우에는 60일의 범위에서 조례로 정하는 기간 내에 인근 주차장을 확보할 것을 해당 기계식주차장관리자등에게 통지해야 한다. ② 시장·군수 또는 구청장은 제1항에 따른 기간 내에 기계식주차장관리자등이 인근 주차장을 확보하지 못한 경우에는 인근 주차장을 직접 확보하고 그 비용을 법 제19조의24제5항에 따라 해당 기계식주차장관리자등에게 납부하게 할 수 있다. [본조신설 2024.8.16.] [종전 제12조의17은 제12조의18로 이동 〈2024.8.16.〉]	**제16조의28【기계식주차장치 운행중지 명령】** ① 법 제19조의24제2항에 따른 운행중지 표지는 별지 제15호의4서식에 따른다. ② 제1항에 따른 운행중지 표지를 발급받은 기계식주차장관리자등은 법 제19조의24제3항에 따라 기계식주차장치의 출입문 또는 조작반 등 이용자가 보기 쉬운 곳에 운행중지 표지를 부착하여 게시하고, 운행중지 표지가 훼손된 경우에는 즉시 이를 재발급받아 다시 부착하여 게시해야 한다. ③ 시장·군수 또는 구청장은 법 제19조의24제1항에 따라 운행중지명령을 한 경우에는 기계식주차장 정보망에 그 내용을 입력해야 한다.

법	시 행 령	시 행 규 칙

법

② 시장·군수 또는 구청장은 제1항에 따라 기계식주차장치의 운행중지를 명할 때에는 기계식주차장관리자등에게 국토교통부령으로 정하는 바에 따라 운행중지 표지를 발급하여야 한다.

③ 기계식주차장관리자등은 제2항에 따라 발급받은 표지를 국토교통부령으로 정하는 바에 따라 이용자가 보기 쉬운 곳에 즉시 게시하고 훼손되지 않도록 관리하여야 한다.

④ 제1항에 따른 운행중지 명령에 따라 기계식주차장의 운행을 중지한 기계식주차장관리자등이 기계식주차장을 다시 운행하고자 할 경우에는 시장·군수·구청장으로부터 운행중지 사유 등이 해소되었음을 확인받은 후에 운행하여야 한다.

⑤ 제1항에 따른 운행중지 명령에 따라 운행을 중지한 기계식주차장이 제12조의3제1항에 따른 노외주차장 또는 제19조제1항에 따른 부설주차장에 해당하는 경우, 시장·군수 또는 구청장은 해당 기계식주차장관리자등에게 운행중지 사유 해소 시까지 대통령령으로 정하는 바에 따라 제12조의3제2항 또는 제19조제3항의 기준에 미달하는 주차대수만큼 인근(제19조제4항 후단에 따른 시설물 부지 인근을 말한다. 이하 이 항에서 같다) 주차장을 확보하게 하거나 해당 기간동안 인근 주차장의 확보에 드는 비용을 납부하게 할 수 있다.

[본조신설 2023.8.16.]

[종전 제19조의24는 제19조의25로 이동 〈2023. 8. 16.〉]

제6장 보칙〈신설 2017.10.24.〉

제19조의25【부기등기】 ① 제19조제4항에 따라 시설물 부

시행령

제12조의18【부기등기의 절차 등】 ① 법 제19조제4항에

시행규칙

[본조신설 2024.9.20.]

제16조의29【부설주차장 인근설치확

법	시 행 령	시 행 규 칙
지 인근에 설치된 부설주차장 및 제19조의4제1항에 따라 위치 변경된 부설주차장은 「부동산등기법」에 따라 시설물과 그에 부대하여 설치된 부설주차장 관계임을 표시하는 내용을 각각 부기등기하여야 한다. ② 제19조제4항에 따라 시설물 부지 인근에 설치된 부설주차장은 제19조의4제1항에 따라 용도변경이 인정되어 부설주차장으로서 의무가 면제되지 아니한 경우에는 부기등기를 말소할 수 없다. ③ 제1항에 따른 부기등기의 내용 및 말소에 관한 사항은 대통령령으로 정한다. [본조신설 2014.3.18.][제19조의24에서 이동 〈2023.8.16.]	따라 시설물의 부지 인근에 부설주차장을 설치한 경우와 법 제19조의4제1항제2호 및 이 영 제12조제1항제6호에 따라 시설물의 내부 또는 그 부지에 설치된 주차장을 인근 부지로 위치를 변경한 경우에 시설물의 소유자는 법 제19조의25제1항에 따라 다음 각 호의 부기등기를 동시에 하여야 한다. 〈개정 2016.2.11., 2016.7.19., 2018.2.20., 2018.10.23., 2024.8.16.〉 1. 부설주차장이 시설물의 부지 인근에 설치되었음을 시설물의 소유권등기에 부기등기(이하 "시설물의 부기등기"라 한다) 2. 부설주차장의 용도변경이 금지됨을 부설주차장의 소유권등기에 부기등기(이하 "부설주차장의 부기등기"라 한다) ② 제12조제1항제5호에 따라 부설주차장을 그 부지 인근의 범위에서 위치 변경하여 설치한 경우에 시설물의 소유자는 다음 각 호의 등기를 동시에 하여야 한다. 1. 시설물의 부기등기에 명시된 부설주차장 소재지의 변경등기 2. 새로 이전된 부설주차장의 부기등기 ③ 제1항 및 제2항에도 불구하고 시설물의 소유권보존등기를 할 수 없는 시설물인 경우에는 부설주차장의 부기등기만을 하여야 한다. [본조신설 2014.9.11.][제12조의14에서 이동 〈2018.10.23.〉] **제12조의19 【부기등기의 내용】** ① 시설물의 부기등기에는 "「주차장법」에 따른 부설주차장이 시설물의 부지 인근에 별도로 설치되어 있음"이라는 내용과 그 부설주차장의 소재지를 명시하여야 한다. ② 부설주차장의 부기등기에는 "이 토지(또는 건물)는 「주차장법」에 따라 시설물의 부지 인근에 설치된 부설주차장으로서 같은 법 시행령 제12조제1항 각 호의 어느 하나에	**인서】** ① 시설물의 소유자는 법 제19조의25제1항에 따른 부기등기를 위하여 필요한 경우에는 시장·군수 또는 구청장에게 해당 부설주차장이 시설물의 부지 인근에 설치되어 있음을 확인하여 줄 것을 요청할 수 있다. 〈개정 2016.7.27., 2018.3.21., 2018.10. 25., 2024.9.20.〉 ② 제1항에 따른 요청을 받은 시장·군수 또는 구청장은 별지 제15호의5서식에 따른 부설주차장 인근 설치 확인서를 발급하여야 한다. 〈개정 2018.10.25., 2024.9.20.〉 [본조신설 2015.3.23.][제16조의24에서 이동 〈2024.9.20.〉]

법	시 행 령	시 행 규 칙

해당하여 용도변경이 인정되기 전에는 주차장 외의 용도로 사용할 수 없음"이라는 내용과 그 시설물의 소재지를 명시하여야 한다.

[본조신설 2014.9.11.][제12조의18에서 이동, 종전 제12조의19는 제12조의20으로 이동 〈2024.8.16〉]

제12조의19 【부기등기의 말소 신청】 ① 법 제19조의25제1항에 따라 부기등기한 부설주차장으로서 제12조제1항 각 호의 어느 하나에 해당하여 용도변경이 인정된 경우에 시설물의 소유자는 다음 각 호의 구분에 따라 부기등기의 말소를 신청하여야 한다. 〈개정 2016.2.11., 2016.7.19., 2018.2.20., 2018.10.23., 2024.8.16.〉

1. 제12조제1항제1호 · 제3호 또는 제4호 중 어느 하나에 해당하여 해당 부설주차장 전부에 대한 용도변경이 인정된 경우: 시설물의 부기등기 및 부설주차장의 부기등기의 말소 동시 신청
2. 제12조제1항제5호에 해당하여 용도변경이 인정된 경우: 종전 부설주차장의 부기등기의 말소 신청

② 제1항에도 불구하고 다음 각 호의 어느 하나에 해당하는 경우에는 해당 구분에 따라 시설물의 부기등기 또는 부설주차장의 부기등기의 말소를 신청하여야 한다.

1. 시설물의 부기등기가 되어 있지 아니한 경우: 부설주차장의 부기등기만을 말소 신청
2. 시설물의 소유자와 부설주차장이 설치된 토지 · 건물의 소유자가 다른 경우: 해당 소유자가 시설물의 부기등기 및 부설주차장의 부기등기의 말소를 각자 신청

[본조신설 2014.9.11.][제12조의19에서 이동 〈2024.8.16〉]

법	시 행 령	시 행 규 칙
제20조【국유재산·공유재산의 처분 제한】 ① 국가 또는 지방자치단체 소유의 토지로서 노외주차장 설치계획에 따라 노외주차장을 설치하는 데에 필요한 토지는 다른 목적으로 매각(賣却)하거나 양도할 수 없으며, 관계 행정청은 노외주차장의 설치에 적극 협조하여야 한다. ② 도로, 광장, 공원, 그 밖에 대통령령으로 정하는 학교 등 공공시설의 지하에 노외주차장을 설치하기 위하여 「국토의 계획 및 이용에 관한 법률」 제88조에 따른 도시·군계획시설사업의 실시계획인가를 받은 경우에는 「도로법」, 「도시공원 및 녹지 등에 관한 법률」, 「학교시설사업 촉진법」, 그 밖에 대통령령으로 정하는 관계 법령에 따른 점용허가를 받거나 토지형질변경에 대한 협의 등을 한 것으로 보며, 노외주차장으로 사용되는 토지 및 시설물에 대하여는 대통령령으로 정하는 바에 따라 그 점용료 및 사용료를 감면할 수 있다. 〈개정 2011.4.14.〉 ③ 대통령령으로 정하는 공공시설의 지상에 노외주차장을 설치하는 경우에도 제2항을 준용한다. [전문개정 2010.3.22.]	**제13조【점용료 및 사용료의 감면】** ① 법 제20조제2항에서 "대통령령으로 정하는 학교 등 공공시설"이란 초등학교·중학교·고등학교·공용의 청사·주차장 및 운동장을 말한다. ② 법 제20조제2항에 따라 노외주차장을 도로·광장·공원 및 제1항의 공공시설의 지하에 설치하는 경우에는 노외주차장의 최초 사용기간 동안 그 부지에 대한 점용료와 그 시설물에 대한 사용료를 면제한다. ③ 법 제20조제3항에서 "대통령령으로 정하는 공공시설"이란 공용의 청사·하천·유수지(遊水池)·주차장 및 운동장을 말한다. [전문개정 2010.10.21]	
제21조【보조 또는 융자】 ① 국가 또는 지방자치단체는 노외주차장의 설치를 촉진하기 위하여 특히 필요하다고 인정하는 경우에는 대통령령으로 정하는 바에 따라 노외주차장의 설치에 관한 비용의 전부 또는 일부를 보조할 수 있다. ② 국가 또는 지방자치단체는 노외주차장 또는 부설주차장의 설치를 위하여 필요한 경우에는 노외주차장 또는 부설주차장의 설치에 필요한 자금의 융자를 알선할 수 있다.	**제14조【보조】** ① 국가나 지방자치단체는 법 제21조제1항에 따라 노외주차장을 설치하는 자에 대하여 다음 각 호의 구분에 따른 범위에서 그 설치비용을 보조할 수 있다.〈개정 2021.4.20.〉 1. 특별시장·광역시장, 시장·군수 또는 구청장이 설치하는 노외주차장의 경우: 설치비용의 전부 또는 일부 2. 특별시장·광역시장, 시장·군수 또는 구청장이 아닌 자가 설치하는 노외주차장으로서 주차 용도에 제공하는 면적이 2천제곱미터 이상인 노외주차장의 경우: 설치비용(토지매입	

법	시 행 령	시 행 규 칙
	비는 제외한다. 이하 같다)의 2분의 1. 다만, 국유지·공유지의 점용허가를 받아 설치하는 경우에는 설치비용의 3분의 1을 보조할 수 있다. 3. 특별시장·광역시장, 시장·군수 또는 구청장이 아닌 자가 설치하는 노외주차장으로서 주차 용도에 제공하는 면적이 1천제곱미터 이상 2천제곱미터 미만인 노외주차장의 경우: 설치비용의 3분의 1. 다만, 국유지·공유지의 점용허가를 받아 설치하는 경우에는 설치비용의 5분의 1을 보조할 수 있다.	
③ 국가 또는 지방자치단체는 도시환경의 개선 등을 위하여 필요한 경우에는 대통령령 또는 해당 지방자치단체의 조례로 정하는 바에 따라 주차장 환경개선사업의 추진에 필요한 비용의 일부를 보조할 수 있다. 〈신설 2020.10.20.〉 [전문개정 2010.3.22]	② 국가는 법 제21조제3항에 따라 주차장 환경개선사업을 하는 자에 대하여 다음 각 호의 구분에 따른 범위에서 해당 사업의 추진에 필요한 비용을 보조할 수 있다. 〈신설 2021.4.20.〉 1. 특별시장·광역시장, 시장·군수 또는 구청장이 추진하는 주차장 환경개선사업의 경우: 사업비용의 일부 2. 제1호 외의 자가 추진하는 주차장 환경개선사업의 경우: 다음 각 목의 구분에 따른 비용 가. 주차 용도에 제공하는 면적이 2천제곱미터 이상인 경우: 사업비용의 2분의 1 나. 주차 용도에 제공하는 면적이 1천제곱미터 이상 2천제곱미터 미만인 경우: 사업비용의 3분의 1 [전문개정 2010.10.21]	
제21조의2【주차장특별회계의 설치 등】 ① 특별시장·광역시장, 시장·군수 또는 구청장은 주차장을 효율적으로 설치 및 관리·운영하기 위하여 주차장특별회계를 설치할 수 있다. ② 제1항에 따라 특별시장·광역시장·특별자치시장·특별자	**제15조【주차장특별회계의 재원】** ① 법 제21조의2제2항제5호에서 "대통령령으로 정하는 일정 비율"이란 「지방세법」 제112조(같은 조 제1항제1호는 제외한다)에 따른 재산세 징수액의 10퍼센트를 말한다. ② 법 제21조의2제3항제1호에서 "대통령령으로 정하는 납	

법	시 행 령	시 행 규 칙
치도지사·시장 또는 군수가 설치하는 주차장특별회계는 다음 각 호의 재원(財源)으로 조성한다. 〈개정 2018.12.18., 2020.6.9, 2021.1.12〉 1. 제9조제1항 및 제3항, 제14조제1항에 따른 주차요금 등의 수입금과 제19조제5항에 따른 노외주차장 설치를 위한 비용의 납부금 2. 제24조의2에 따른 과징금의 징수금 3. 해당 지방자치단체의 일반회계로부터의 전입금 4. 정부의 보조금 5. 「지방세법」 제112조(같은 조 제1항제1호는 제외한다)에 따른 재산세 징수액 중 대통령령으로 정하는 일정 비율에 해당하는 금액 6. 「도로교통법」 제161조제1항제2호 및 제3호에 따라 제주특별자치도지사 또는 시장등이 부과·징수한 과태료 7. 제32조에 따른 이행강제금의 징수금 8. 「지방세기본법」 제8조제1항제1호에 따른 보통세 징수액의 100분의 1의 범위에서 광역시의 조례로 정하는 비율에 해당하는 금액(광역시에 한정한다) 9. 광역시의 보조금 〈신설 2021.1.12〉 ③ 제1항에 따라 구청장이 설치하는 주차장특별회계는 다음 각 호의 재원으로 조성한다. 1. 제2항제1호의 수입금 및 납부금 중 해당 구청장이 설치·관리하는 노상주차장 및 노외주차장의 주차요금과 대통령령으로 정하는 납부금 2. 제24조의2에 따른 과징금의 징수금 3. 해당 지방자치단체의 일반회계로부터의 전입금 4. 특별시 또는 광역시의 보조금 5. 「도로교통법」 제161조제1항제3호에 따라 시장등이 부	부금"이란 법 제19조제5항에 따른 노외주차장 설치를 위한 비용의 납부금 중 구청장이 설치한 노외주차장을 무상으로 사용하게 하는 경우의 납부금을 말한다. [전문개정 2010.10.21.] **관계법** 「도로교통법」 제161조 (과태료의 부과·징수 등) ① 제160조제1항부터 제3항까지의 규정에 따른 과태료는 대통령령으로 정하는 바에 따라 다음 각 호의 자가 부과·징수한다. 〈개정 2020.12.22.〉 1. 제160조제1항부터 제3항까지(제15조제3항에 따른 전용차로 통행, 제32조부터 제34조까지의 규정에 따른 정차 또는 주차, 제53조제7항에 따른 안전운행기록 제출, 제53조의3제1항에 따른 어린이통학버스 안전교육, 제53조의3제3항에 따른 어린이통학버스 운영자 의무 규정을 위반한 경우는 제외한다)의 과태료: 시·도경찰청장 2. 제160조제1항(제52조제1항·제3항을 위반한 경우만 해당한다), 제2항(제49조제1항제1호·제3호, 제50조제1항·제3항, 제52조제2항, 제53조제2항, 제53조의3제1항 및 제53조의3제3항을 위반한 경우만 해당한다) 및 제3항(제5조, 제13조제3항, 제15조제3항, 제17조제3항, 제29조제4항·제5항, 제32조부터 제34조까지의 규정을 위반한 경우만 해당한다)의 과태료: 제주특별자치도지사 3. 제160조제2항제4호의3·제4호의4·제4호의5 및 같은 조 제3항(제15조제3항, 제29조제4항·제5항, 제32조부터 제34조까지의 규정을 위반한 경우만 해당한다)의 과태료: 시장등	

법	시 행 령	시 행 규 칙
과 · 징수한 과태료 6. 제32조에 따른 이행강제금의 징수금 ④ 제1항에 따른 주차장특별회계는 다음 각 호의 용도로 사용한다. 〈신설 2021.1.12.〉 1. 주차환경개선사업: 주차장조성 및 유지관리, 주차장 수급 실태조사 및 주차환경개선지구 지정 · 관리, 주차장 정보구축, 주차공유 지원사업 등 주차환경개선을 위한 사업 2. 주차질서유지사업: 주차질서 홍보 및 교육, 주차단속활동 및 단속장비구입, 단속시스템 구축 등 주차이용 활성화를 위한 사업 3. 주차장특별회계의 조성 · 운용 및 관리를 위하여 필요한 경비 ⑤ 제1항에 따른 주차장특별회계의 설치 및 운용 · 관리에 필요한 사항은 해당 지방자치단체의 조례로 정한다. 〈개정 2021.1.12〉 ⑥ 특별시장 · 광역시장, 시장 · 군수 또는 구청장은 노상주차장 또는 노외주차장의 관리를 위탁한 경우 그 위탁을 받은 자에게 위탁수수료 외에 노상주차장 또는 노외주차장의 관리 · 운영비용의 일부를 보조할 수 있다. 다만, 주차장특별회계가 설치된 경우에는 그 회계로부터 보조할 수 있다. 〈개정 2021.1.12〉 ⑦ 특별시장 · 광역시장, 시장 · 군수 또는 구청장은 노외주차장 또는 부설주차장의 설치자에게 주차장특별회계로부터 노외주차장 또는 부설주차장의 설치비용의 일부를 보조하거나 융자할 수 있다. 이 경우 보조 또는 융자의 대상 · 방법 및 융자금의 상환 등에 관하여 필요한 사항은 해당 지방자치단체의 조례로 정한다. 〈개정 2021.1.12〉 ⑧ 특별시장 · 광역시장 · 특별자치시장특별자치도지사 또는 시장은 해당 지방자치단체에 「도시교통정비 촉진법」에 따	4. 제160조제2항제4호의3 · 제4호의4 · 제4호의5의 과태료: 교육감 ② ~ ④ 〈생략〉	

른 지방도시교통사업특별회계가 설치되어 있는 경우에는 그 회계에 이 법에 따른 주차장특별회계를 통합하여 운용할 수 있다. 이 경우 계정(計定)은 분리하여야 한다. 〈개정 2018.12.18., 2021.1.12〉
[전문개정 2010.3.22]

제21조의3【주차관리 전담기구의 설치】 특별시장 · 광역시장, 시장 · 군수 또는 구청장은 주차장의 설치 및 효율적인 관리 · 운영을 위하여 필요한 경우에는 「지방공기업법」에 따른 지방공기업을 설치 · 경영할 수 있다.
[전문개정 2010.3.22.]

제21조의4【주차장 정보망 구축 · 운영】 ① 국토교통부장관은 주차장과 관련된 다음 각 호의 업무를 효율적으로 관리하기 위하여 주차장 정보망을 구축 · 운영할 수 있다.
1. 다음 각 목에 따른 노상주차장에 관한 사항
  가. 제7조에 따른 노상주차장의 설치 및 폐지에 관한 사항
  나. 제8조에 따른 노상주차장의 관리에 관한 사항
  다. 제9조 및 제10조에 따른 노상주차장의 주차요금 징수 및 사용 제한에 관한 사항
2. 다음 각 목에 따른 노외주차장에 관한 사항
  가. 제12조, 제12조의2 및 제12조의3에 따른 노외주차장의 설치에 관한 사항
  나. 제13조 및 제14조에 따른 노외주차장의 관리 및 주차요금 징수에 관한 사항
3. 다음 각 목에 따른 부설주차장에 관한 사항
  가. 제19조에 따른 부설주차장의 설치에 관한 사항
  나. 제19조의3 및 제19조의4에 따른 부설주차장의 주차요

제16조의30【주차장 정보망의 대상정보】 법 제21조의4제1항제4호에서 "국토교통부령으로 정하는 정보"란 법 제3조제2항에 따른 안전관리실태조사 결과를 말한다.
[본조신설 2021.4.16.][제16조의25에서 이동 〈2024.9.20.〉]

법	시 행 령	시 행 규 칙

금 징수 및 용도변경에 관한 사항
4. 그 밖에 주차장과 관련되는 사항으로서 국토교통부령으로 정하는 정보

② 국토교통부장관은 제1항에 따른 주차장 정보망에 필요한 정보를 수집하기 위하여 다음 각 호의 자에게 주차장 운영과 관련된 정보를 요청할 수 있으며, 정보제공을 요청받은 자는 특별한 사정이 없으면 이에 따라야 한다.
1. 제7조에 따른 특별시장·광역시장, 시장·군수 또는 구청장
2. 제12조에 따른 노외주차장을 설치한 자
3. 제19조에 따른 시설물을 건축하거나 설치하려는 자

③ 특별시장·광역시장, 시장·군수 또는 구청장은 제1항에 따른 주차장 정보망을 공동으로 이용할 수 있다.

④ 국토교통부장관은 제1항에 따른 주차장 정보망의 구축·운영 및 제2항에 따른 정보의 수집에 관한 업무를 「한국교통안전공단법」에 따른 한국교통안전공단에 위탁할 수 있다. 이 경우 그에 필요한 경비의 전부 또는 일부를 지원할 수 있다.

⑤ 제1항 및 제4항에 따른 주차장 정보망의 구축·운영에 필요한 사항은 국토교통부령으로 정한다.
[본조신설 2019.11.26.]

제22조【주차요금 등의 사용 제한】 특별시장 · 광역시장, 시장 · 군수 또는 구청장이 제9조제1항 및 제3항과 제14조제1항에 따라 받는 주차요금 등은 주차장의 설치 · 관리 및 운영 외의 용도에 사용할 수 없다.
[전문개정 2010.3.22.]

제22조의2【자료의 요청】 ① 국토교통부장관은 주차장의

법	시 행 령	시 행 규 칙
구조·설치기준 등의 제정, 기계식주차장의 안전기준의 제정, 그 밖에 주차장의 설치·정비 및 관리에 관한 정책의 수립을 위하여 필요한 경우에는 노상주차장관리자·노외주차장관리자·기계식주차장관리자 등에게 노상주차장·노외주차장·부설주차장의 설치 현황 및 운영 실태 등에 관한 자료를 요청할 수 있다. 〈개정 2013.3.23.〉 ② 제1항에 따른 자료 요청을 받은 자는 특별한 사유가 없으면 이에 따라야 한다. [전문개정 2010.3.22]		
제23조 【감독】 ① 삭제 〈2009.1.7.〉 ② 특별시장·광역시장 또는 도지사는 주차장이 공익상 현저히 유해하거나 자동차교통에 현저한 지장을 준다고 인정할 때에는 시장·군수 또는 구청장(특별자치시장 및 특별자치도지사는 제외한다. 이하 이 항에서 같다)에게 해당 주차장에 대한 시설의 개선, 공용의 제한 등 필요한 조치를 할 것을 명할 수 있으며, 그 명령을 받은 시장·군수 또는 구청장은 필요한 조치를 하여야 한다. 〈개정 2018.12.18.〉 ③ 시장·군수 또는 구청장은 노외주차장이 공익상 현저히 유해하거나 자동차교통에 현저한 지장을 준다고 인정할 때에는 해당 노외주차장관리자에게 대통령령으로 정하는 바에 따라 시설의 개선, 공용의 제한 등 필요한 조치를 할 것을 명할 수 있다. 〈개정 2010.3.22.〉 [제목개정 2010.3.22.]	**제16조 【감독】** 법 제23조제3항에 따라 시장·군수 또는 구청장이 노외주차장관리자에게 감독상 필요한 명령을 할 때에는 다음 각 호의 사항을 적은 서면으로 하여야 한다. 1. 노외주차장의 위치 및 명칭 2. 노외주차장관리자의 성명(법인인 경우에는 법인의 명칭 및 대표자의 성명) 및 주소 3. 명령을 내리는 이유 4. 조치가 필요한 사항의 내용 5. 조치기간 6. 명령 불이행에 대한 조치 내용 [전문개정 2010.10.21]	
제24조 【영업정지 등】 시장·군수 또는 구청장은 노외주차장관리자 또는 제19조의3에 따른 부설주차장의 관리자가 다음 각 호의 어느 하나에 해당하는 경우에는 6개월 이내의	**제16조의2** 삭제 〈1997.12.31〉	

법	시 행 령	시 행 규 칙
기간을 정하여 해당 주차장을 일반의 이용에 제공하는 것을 금지하거나 1천만원 이하의 과징금을 부과할 수 있다. 〈개정 2012.1.17., 2019.12.24., 2021.1.12〉 1. 제6조제1항 · 제2항 또는 제6조의2제2항에 따른 주차장의 구조 · 설비 및 안전기준 등을 위반한 경우 2. 제6조제3항에 따른 미끄럼 방지시설과 미끄럼 주의 안내 표지를 갖추지 않은 경우 3. 제17조제2항(제19조의3에서 준용되는 경우를 포함한다)을 위반하여 주차장에 대한 일반의 이용을 거절한 경우 4. 제23조제3항에 따른 시장 · 군수 또는 구청장의 명령에 따르지 아니한 경우(노외주차장관리자만 해당한다) 5. 제25조제1항에 따른 검사를 거부 · 기피 또는 방해한 경우 (노외주차장관리자만 해당한다) [전문개정 2010.3.22.]		
제24조의2 【과징금 처분】 ① 제24조에 따른 과징금을 부과하는 위반행위의 종류 및 위반 정도에 따른 과징금의 금액과 그 밖에 필요한 사항은 대통령령으로 정한다. ② 제24조에 따른 과징금은 시장 · 군수 또는 구청장이 조례로 정하는 바에 따라 지방세 징수의 예에 따라 징수한다. [전문개정 2010.3.22]	**제17조 【과징금을 부과할 위반행위와 과징금의 금액 등】** 법 제24조의2제1항에 따라 과징금을 부과하는 위반행위의 종류와 과징금의 금액은 별표 5와 같다. [전문개정 2021.4.20]	
제24조의3 【청문】 시장 · 군수 또는 구청장은 다음 각 호의 어느 하나에 해당하는 처분을 하려면 청문을 하여야 한다. 1. 제19조의8제1항에 따른 안전도인증의 취소 2. 제19조의19에 따른 보수업 등록의 취소 [전문개정 2010.3.22.]		

법	시 행 령	시 행 규 칙
제25조【보고 및 검사】 ① 특별시장·광역시장, 시장·군수 또는 구청장은 필요하다고 인정하는 경우에는 노외주차장 관리자 또는 제19조의12에 따른 전문검사기관을 감독하기 위하여 필요한 보고를 하게 하거나 자료의 제출을 명할 수 있으며, 소속 공무원으로 하여금 주차장·검사장 또는 그 업무와 관계있는 장소에서 주차시설·검사시설 또는 그 업무에 관하여 검사를 하게 할 수 있다. 〈개정 2020.6.9〉 ② 제1항에 따라 검사를 하는 공무원은 그 권한을 표시하는 증표를 지니고 이를 관계인에게 보여주어야 한다. ③ 제2항에 따른 증표에 관하여 필요한 사항은 국토교통부령으로 정한다. 〈개정 2013.3.23.〉 [전문개정 2010.3.22.]		**제16조의31【증표】** 법 제25조제2항에 따른 증표는 별지 제16호서식에 따른다. [전문개정 2010.10.29.][제16조의26에서 이동 〈2024.9.20.〉]
제26조【수수료】 제19조의14제1항에 따른 등록신청을 하는 자는 국토교통부령으로 정하는 바에 따라 수수료를 관할 시장·군수 또는 구청장에게 내야 한다. 〈개정 2013.3.23.〉 [전문개정 2010.3.22.]		**제17조【수수료】** 법 제26조에 따른 수수료는 별표 5와 같다.〈개정 2018.3.21., 2923.12.1., 2024.9.20.〉 [전문개정 2010.10.29] **제18조** 삭제 〈2009.6.30.〉
제27조【벌칙 적용에서 공무원 의제】 다음 각 호의 어느 하나에 해당하는 사람은 「형법」 제129조부터 제132조까지의 규정을 적용할 때에는 공무원으로 본다. 1. 제19조의12제1항에 따른 지정인증기관의 임직원 2. 제19조의12제2항에 따른 전문검사기관의 임직원 3. 제19조의23제4항에 따른 정밀안전검사 대행기관의 임직원 [본조신설 2023.8.16.]	**제17조의2【규제의 재검토】** 국토교통부장관은 다음 각 호의 사항에 대하여 2025년 1월 1일을 기준으로 3년마다(매 3년이 되는 해의 1월 1일 전까지를 말한다) 그 타당성을 검토하여 개선 등의 조치를 해야 한다. 1. 제12조의4 및 별표 1의2에 따른 지정인증기관의 지정요건 2. 제12조의7에 따른 기계식주차장의 사고 등에 대한 배상보험의 요건 [본조신설 2024.8.16.]	**제19조【규제의 재검토】** 국토교통부장관은 다음 각 호의 사항에 대하여 2017년 1월 1일을 기준으로 3년마다(매 3년이 되는 해의 1월 1일 전까지를 말한다) 그 타당성을 검토하여 개선 등의 조치를 하여야 한다. 1. 제6조에 따른 노외주차장의 구조·설비기준

법	시 행 령	시 행 규 칙
제28조 삭제 〈2010.3.22.〉 **제7장 벌칙〈개정 2010.3.22〉** **제29조【벌칙】** ① 다음 각 호의 어느 하나에 해당하는 자는 3년 이하의 징역 또는 5천만원 이하의 벌금에 처한다. 〈개정 2017.3.21., 2017.10.24., 2023.8.16.〉 1. 제19조제1항 및 제3항을 위반하여 부설주차장을 설치하지 아니하고 시설물을 건축하거나 설치한 자 2. 제19조의4제1항을 위반하여 부설주차장을 주차장 외의 용도로 사용한 자 3. 제19조의23제2항을 위반하여 정밀안전검사에 불합격한 기계식주차장을 사용에 제공한 자 4. 제19조의24제1항에 따른 운행중지명령을 위반한 자 ② 다음 각 호의 어느 하나에 해당하는 자는 1년 이하의 징역 또는 1천만원 이하의 벌금에 처한다. 〈개정 2015.8.11., 2017.3.21., 2017.10.24.〉 1. 노외주차장인 주차전용건축물을 제2조제11호에 따른 주차장 사용 비율을 위반하여 사용한 자 2. 제19조의4제2항을 위반하여 정당한 사유 없이 부설주차장 본래의 기능을 유지하지 아니한 자 3. 거짓이나 그 밖의 부정한 방법으로 제19조의6제1항에 따른 안전도인증을 받은 자 4. 제19조의6제1항에 따른 안전도인증을 받지 아니하고 기계식주차장치를 제작·조립 또는 수입하여 양도·대여 또는 설치한 자 5. 제19조의6제2항에 따라 기계식주차장치의 안전도에 대한 심사를 하는 자로서 부정한 심사를 한 자		2. 제7조에 따른 노외주차장의 설치 통보 등 3. 제11조에 따른 부설주차장의 구조·설비기준 4. 제16조의5에 따른 기계주차장치의 안전기준 5. 제16조의12에 따른 보수업의 등록신청 등 〈신설 2014.12.31.〉 [전문 개정 2016.12.30.]

법	시 행 령	시 행 규 칙
6. 거짓이나 그 밖의 부정한 방법으로 제19조의9제2항 각 호 또는 제19조의23제1항의 검사를 받은 자 7. 제19조의9제2항 각 호에 따른 검사를 받지 아니하고 기계식주차장을 사용에 제공한 자 8. 제19조의10제3항을 위반하여 검사에 불합격한 기계식주차장을 사용에 제공한 자 9. 제19조의12 또는 제19조의23제4항에 따라 기계식주차장의 검사대행을 지정받은 자 또는 그 종사원으로서 부정한 검사를 한 자 10. 제19조의14제1항을 위반하여 등록을 하지 아니하고 보수업을 한 자 11. 거짓이나 그 밖의 부정한 방법으로 제19조의14제1항에 따른 보수업의 등록을 한 자 11의2. 제19조의20제1항을 위반하여 기계식주차장치 관리인을 두지 아니한 자 11의3. 제19조의23제1항에 따른 정밀안전검사를 받지 아니하고 기계식주차장을 사용에 제공한 자 12. 제24조에 따른 금지기간에 주차장을 일반의 이용에 제공한 자 [전문개정 2010.3.22.] **제30조 【과태료】** ① 다음 각 호의 어느 하나에 해당하는 자에게는 500만원 이하의 과태료를 부과한다. 〈신설 2017.10.24, 2023.8.16.〉 1. 제19조의16제1항 또는 제2항을 위반하여 배상보험에 가입하지 아니한 자 2. 제19조의22제1항을 위반하여 통보를 하지 아니하거나 거짓으로 통보한 자 3. 제19조의22제2항을 위반하여 중대한 사고의 현장 또는 중대		

법	시 행 령	시 행 규 칙
한 사고와 관련되는 물건을 이동시키거나 변경 또는 훼손한 자 ② 다음 각 호의 어느 하나에 해당하는 자에게는 100만원 이하의 과태료를 부과한다. 〈개정 2015.8.11, 2016.1.19, 2017.3.21, 2017.10.24, 2020.6.9, 2021.1.12., 2023.8.16.〉 1. 제17조제2항(제19조의3에서 준용되는 경우를 포함한다)을 위반하여 주차장에 대한 일반의 이용을 거절한 자 2. 제19조의9제3항에 따른 사용검사 또는 정기검사의 유효기간이 지난 후 검사를 받지 아니한 자(제29조제2항제7호에 따라 벌칙을 부과받은 경우는 제외한다) 2의2. 제19조의14제3항을 위반하여 보수원 안전교육을 받도록 하지 아니한 보수업자 3. 제19조의17을 위반하여 신고를 하지 아니한 자 4. 제19조의20제2항을 위반하여 기계식주차장치 관리인 교육을 받지 아니한 사람을 기계식주차장치 관리인으로 선임 또는 변경하거나 보수교육을 받게 하지 아니한 자 4의2. 제19조의20제4항을 위반하여 기계식주차장치 안전관리교육 또는 보수교육을 받지 아니한 자 4의3. 제19조의20제7항을 위반하여 기계식주차장의 설치 기준에 맞지 아니하는 자동차를 주차시킨 기계식주차장관리자등 4의4. 제19조의20제8항을 위반하여 자체점검을 하지 아니한 자 4의5. 제19조의20제8항을 위반하여 자체점검 결과를 기계식주차장 정보망에 입력하지 아니하거나 거짓으로 입력한 자 4의6. 제19조의20제9항을 위반하여 기계식주차장 운행을 중지하지 아니한 자 또는 운행의 중지를 방해한 자 5. 제19조의23제1항 후단에 따른 정기적 정밀안전검사를 받지 아니한 자(제29조제2항제11호의3에 따라 벌칙을 부과받은 경우는 제외한다) 5의2. 제19조의24제3항을 위반하여 운행중지 표지를 붙이지	**제18조【과태료의 부과기준】** 법 제30조 제1항부터 제3항까지의 규정에 따른 과태료의 부과기준은 별표 6과 같다. 〈개정 2018.10.23., 2024.8.16.〉 [전문개정 2016.7.19.] **제19조** 삭제 〈2008.7.31〉	

법	시 행 령	시 행 규 칙
아니하거나 잘 볼 수 없는 곳에 붙이거나 훼손되게 관리한 자 6. 제25조제1항에 따른 검사를 거부 · 기피 또는 방해한 자 ③ 다음 각 호의 어느 하나에 해당하는 자에게는 50만원 이하의 과태료를 부과한다. 〈신설 2021.1.12., 2023.8.16., 2024.3.19.〉 1. 제6조의3을 위반하여 주차장에서 야영행위, 취사행위 또는 불을 피우는 행위를 한 자 2. 제19조의10제2항(제19조의23제5항에서 준용되는 경우를 포함한다)을 위반하여 검사확인증이나 기계식주차장의 사용을 금지하는 표지를 부착하지 아니한 자 3. 제19조의20제3항을 위반하여 기계식주차장치 관리인의 선임 또는 변경 통보를 하지 아니한 자 4. 제19조의20제5항을 위반하여 안내문을 부착 하지 아니한 자 ④ 제1항부터 제3항까지에 따른 과태료는 대통령령으로 정하는 바에 따라 시장 · 군수 또는 구청장이 부과 · 징수한다. 〈개정 2010.3.22, 2017.10.24, 2021.1.12〉 [전문개정 1983.12.31.][제목개정 2010.3.22.][시행일: 2025.8.17.] 제30조제2항제4호의3 **제31조【양벌규정】** 법인의 대표자나 법인 또는 개인의 대리인, 사용인, 그 밖의 종업원이 그 법인 또는 개인의 업무에 관하여 제29조의 위반행위를 하면 그 행위자를 벌하는 외에 그 법인 또는 개인에게도 해당 조문의 벌금형을 과(科)한다. 다만, 법인 또는 개인이 그 위반행위를 방지하기 위하여 해당 업무에 관하여 상당한 주의와 감독을 게을리하지 아니한 경우에는 그러하지 아니하다. [전문개정 2009.1.7.]		

법	시 행 령	시 행 규 칙
제32조 【이행강제금】 ① 시장 · 군수 또는 구청장은 제19조의4제3항 전단에 따른 원상회복명령을 받은 후 그 시정기간 이내에 그 원상회복명령을 이행하지 아니한 시설물의 소유자 또는 부설주차장의 관리책임이 있는 자에게 다음 각 호의 한도에서 이행강제금을 부과할 수 있다. 1. 제19조의4제1항을 위반하여 부설주차장을 주차장 외의 용도로 사용하는 경우: 제19조제9항에 따라 산정된 위반 주차구획의 설치비용의 20퍼센트 2. 제19조의4제2항을 위반하여 부설주차장 본래의 기능을 유지하지 아니하는 경우: 제19조제9항에 따라 산정된 위반 주차구획의 설치비용의 10퍼센트 ② 시장 · 군수 또는 구청장은 제1항에 따른 이행강제금을 부과하기 전에 상당한 이행기간을 정하여 해당 명령이 그 기한까지 이행되지 아니한 경우에는 이행강제금을 부과 · 징수한다는 뜻을 미리 문서로 계고(戒告)하여야 한다. ③ 시장 · 군수 또는 구청장은 제1항에 따른 이행강제금을 부과할 때에는 이행강제금의 금액, 부과 사유, 납부기한, 수납기관, 이의제기방법 및 이의제기기관 등을 명확하게 적은 문서로 하여야 한다. ④ 시장 · 군수 또는 구청장은 최초의 원상회복명령이 있었던 날을 기준으로 하여 1년에 2회 이내의 범위에서 원상회복명령이 이행될 때까지 반복하여 제1항에 따른 이행강제금을 부과 · 징수할 수 있다. 다만, 이행강제금의 총 부과 횟수는 해당 시설물의 소유자 또는 부설주차장의 관리책임이 있는 자의 변경 여부와 관계없이 5회를 초과할 수 없다. ⑤ 시장 · 군수 또는 구청장은 제19조의4제3항 전단에 따른 원상회복명령을 받은 자가 그 명령을 이행하는 경우에는 새로운 이행강제금의 부과를 중지하되, 이미 부과된 이행강		

법	시 행 령	시 행 규 칙
제금은 징수하여야 한다. ⑥ 시장·군수 또는 구청장은 제3항에 따라 이행강제금 부과처분을 받은 자가 이행강제금을 기한까지 내지 아니하면 「지방세외수입금의 징수 등에 관한 법률」에 따라 징수한다. 〈개정 2013.8.6.〉 ⑦ 이행강제금의 징수금은 주차장의 설치·관리 및 운영 외의 용도에 사용할 수 없다. [전문개정 2010.3.22.]		

법

부칙〈법률 제16951호, 2020.2.4.〉

이 법은 공포 후 6개월이 경과한 날부터 시행한다.

부칙〈법률 제17091호, 2020.3.24.〉

제1조(시행일) 이 법은 공포한 날부터 시행한다. <단서 생략>

제2조 및 **제3조** 생략

제4조(다른 법률의 개정) ①부터 <86>까지 생략

⑰ 주차장법 일부를 다음과 같이 개정한다.

제32조제6항 중 "「지방세외수입금의 징수 등에 관한 법률」"을 "「지방행정제재·부과금의 징수 등에 관한 법률」"로 한다.

⑱부터 ⑩까지 생략

제5조 생략

부칙〈법률 제17453호, 2020.6.9.〉

이 법은 공포한 날부터 시행한다. <단서 생략>

부칙〈법률 제17554호, 2020.10.20.〉

이 법은 공포 후 6개월이 경과한 날부터 시행한다.

부칙〈법률 제17900호, 2021.1.12.〉

제1조(시행일) 이 법은 공포 후 6개월이 경과한 날부터 시행한다.

제2조(노상주차장의 폐지에 관한 적용례) 제7조제3항의 개정규정은 이 법 시행 당시 어린이 보호구역에 설치되어 있는 노상주차장에 대해서도 적용한다.

제3조(주차장특별회계 사용용도에 관한 적용례) 제21조의2제4항의 개정규정은 이 법 시행일이 속한 회계연도의 다

시 행 령

부칙〈대통령령 제30899호, 2020.8.4.〉

제1조(시행일) 이 영은 2020년 8월 5일부터 시행한다.

제2조(개방주차장 지정 대상 시설물에 대한 경과조치) 이 영 시행 당시 종전의 예에 따라 운영 중인 개방주차장이 설치된 시설물은 제11조의2의 개정규정에 따른 시설물로 본다.

부칙〈대통령령 제31380호, 2021.1.5.〉

(어려운 법령용어 정비를 위한 473개 법령의 일부개정에 관한 대통령령)

이 영은 공포한 날부터 시행한다. <단서 생략>

부칙〈대통령령 제31587호, 2021.3.30.〉

제1조(시행일) 이 영은 공포한 날부터 시행한다.

제2조(노외주차장의 환경친화적 자동차 전용주차구획 설치 비율에 관한 적용례) 제4조의 개정규정은 이 영 시행 당시 시행 중인 단지조성사업등에 대해서도 적용한다.

제3조(데이터센터의 부설주차장 설치기준에 관한 적용례) 별표 1 제10호의 개정규정은 이 영 시행 전에 설치된 데이터센터에 대해서도 적용한다.

제4조(과징금에 관한 적용례) 별표 5 제2호의 개정규정은 이 영 시행 전의 법 제6조제3항 위반행위에 대하여 이 영 시행 이후 영업정지처분을 하는 경우부터 적용한다.

부칙〈대통령령 제31636호, 2021.4.20.〉

이 영은 2021년 7월 13일부터 시행한다. 다만, 제14조제2항의 개정규정은 2021년 4월 21일부터 시행한다.

시 행 규 칙

부칙〈국토교통부령 제743호, 2020.6.25.〉

제1조(시행일) 이 규칙은 2020년 6월 25일부터 시행한다.

제2조(수급실태조사 조례에 관한 적용례) 제1조의2제3항제1호의 개정규정에 따라 자치구 조례에 위임된 사항은 해당 조례가 제정되어 시행될 때까지 종전의 시 조례를 적용한다.

제3조(부설주차장 설치계획서 제출에 관한 적용례) 제12조제1항제5호의 개정규정은 이 규칙 시행 당시 접수된 시설물의 건축 또는 설치에 관한 인·허가부터 적용한다.

제4조(안전관리실태조사에 관한 경과조치) 제1조의2제2항의 개정규정에 따른 안전관리실태조사의 주기를 적용하는 경우에는 이 규칙 시행 전에 수급실태조사를 한 날을 안전관리실태조사를 한 날로 본다.

제5조(주차장 보행안전시설 설치에 관한 경과조치) 이 규칙 시행 당시 종전의 규정에 따라 설치된 노외주차장과 「건축법」 등 관계법령에 따라 시설물의 건축 또는 설치의 인·허가를 받은 경우로서 해당 시설물 또는 그 부지에 설치되는 부설주차장에 관하여는 제6조제1항제15호 및 제11조제1항의 개정규정에도 불구하

음 회계연도부터 적용한다.

부칙〈법률 제18562호, 2021.12.7.〉

제1조(시행일) 이 법은 공포 후 6개월이 경과한 날부터 시행한다.

제2조(단지조성사업등에 따른 노외주차장 설치에 관한 적용례) 제12조의3제1항의 개정규정은 이 법 시행 이후 「항만법」 제46조에 따른 항만배후단지개발계획을 수립하는 경우부터 적용한다.

부칙 〈법률 제19686호, 2023.8.16.〉

제1조(시행일) 이 법은 공포 후 1년이 경과한 날부터 시행한다. 다만, 제19조제15항의 개정규정은 공포 후 6개월이 경과한 날부터 시행하고, 제19조의20제7항 및 제30조제2항제4호의3의 개정규정은 공포 후 2년이 경과한 날부터 시행한다.

제2조(기계식주차장관리자등 기계식주차장치 안전관리교육에 관한 적용례) 제19조의20제4항의 개정규정에 따라 직접 기계식주차장치를 관리하는 기계식주차장관리자등은 이 법 시행 이후 1년 이내에 기계식주차장치 안전관리교육을 받아야 한다.

제3조(운행중지 명령에 관한 적용례) 제19조의24제1항의 개정규정은 이 법 시행 전에 같은 항 각 호 중 어느 하나에 해당하는 사유가 발생한 경우로서 이 법 시행 이후 그 사유가 계속되고 있는 경우에도 적용한다.

부칙〈법률 제19983호, 2024.1.9.〉

제1조(시행일) 이 법은 공포 후 6개월이 경과한 날부터 시행한다.

부칙 〈대통령령 제33434호, 2023.4.25.〉
(소상공인 경제회복 지원을 위한 61개 법령의 일부개정에 관한 대통령령)

제1조(시행일) 이 영은 공포한 날부터 시행한다.

제2조(행정처분 · 과징금 또는 과태료에 관한 적용례) 제1조부터 제61조까지의 개정규정은 이 영 시행 전의 위반행위에 대하여 이 영 시행 이후 행정처분을 하거나 과징금 또는 과태료 부과처분을 하는 경우에도 적용한다.

부칙 〈대통령령 제34692호, 2024.7.9.〉

이 영은 2024년 7월 10일부터 시행한다.

부칙 〈대통령령 제34842호, 2024.8.16.〉

제1조(시행일) 이 영은 2024년 8월 17일부터 시행한다.

제2조(주차전용건축물의 주차장 비율에 관한 적용례) 제1조의2제1항 단서의 개정규정은 이 영 시행 이후 주차전용건축물의 신축을 위하여 다음 각 호의 신청 또는 신고를 하는 경우부터 적용한다.

1. 「건축법」 제11조에 따른 건축허가의 신청
2. 「건축법」 제14조에 따른 건축신고
3. 제1호 및 제2호에 따른 허가나 신고가 의제되는 다른 법률에 따른 허가 · 인가 · 승인 등의 신청 또는 신고

제3조(수시검사 요청에 관한 적용례) 제12조의3제4항의 개정규정은 이 영 시행 이후 기계식주차장치의 주요구동부의 부품, 운반기 및 철골을 변경하는 경우부터 적용한다.

제4조(과태료에 관한 적용례) 이 영 시행 전의 위반행위로 받은 과태료 부과처분은 별표 6의 개정규정에 따른 위반

고 종전의 규정에 따른다.

부칙〈국토교통부령 제843호, 2021.4.16.〉

제1조(시행일) 이 규칙은 공포한 날부터 시행한다.

제2조(환경친화적 자동차 전용주차구획 설치에 관한 경과조치) 이 규칙 시행 당시 종전의 규정에 따라 설치된 노외주차장은 이 규칙 시행일부터 1년이 되는 날까지 제6조제1항제14호의 개정규정에 따라 환경친화적 자동차 전용주차구획을 설치해야 한다.

제3조(하천구역 및 공유수면에 설치된 주차장의 침수 방지 시설에 관한 경과조치) 이 규칙 시행 당시 법 제12조 · 제12조의3 및 이 규칙 제5조제3호 가목에 따라 하천구역 및 공유수면에 설치된 노외주차장은 이 규칙 시행일부터 1년이 되는 날까지 제6조제1항제16호의 개정규정에 따라 같은 호 각 목의 시설을 설치해야 한다.

부칙〈국토교통부령 제882호, 2021.8.27.〉
(어려운 법령용어 정비를 위한 80개 국토교통부령 일부개정령)

이 규칙은 공포한 날부터 시행한다. <단서 생략>

법

제2조(주차장 관리방법에 관한 적용례) 제8조의2제1항제6호, 제15조제2항제4호 및 제19조의3제3항제3호의 개정규정은 이 법 시행 당시 같은 개정규정에 따른 주차장에 고정하여 주차 중인 자동차의 경우에도 적용한다.

부칙〈법률 제20392호, 2024.3.19.〉

이 법은 공포 후 6개월이 경과한 날부터 시행한다.

부칙〈법률 제20762호, 2025.1.31.〉

이 법은 공포한 날부터 시행한다.

시 행 령

행위의 횟수 산정에 포함하지 않는다.

제5조(안전도인증 신청에 관한 경과조치) 이 영 시행 전에 종전의 제12조의2에 따라 시장·군수 또는 구청장에게 안전도인증 신청을 한 경우에는 제12조의2제1항의 개정규정에 따라 국토교통부장관(법 제19조의12제1항에 따라 같은 항에 따른 지정인증기관에게 안전도인증업무를 대행하게 한 경우에는 지정인증기관을 말한다)에게 안전도인증 신청을 한 것으로 본다.

제6조(배상보험 가입 시기 등에 관한 경과조치) ① 이 영 시행 전에 종전의 제12조의7제1항에 따라 보수업자가 보험에 가입한 경우에는 제12조의7제1항의 개정규정에도 불구하고 그 보험기간이 만료될 때까지 종전의 규정에 따른다.

② 이 영 시행 당시 기계식주차장을 운영하고 있는 기계식주차장관리자등으로서 법 제19조의16제2항에 따라 보험에 가입해야 하는 자는 제12조의7제3항제2호의 개정규정에도 불구하고 2024년 12월 31일까지 같은 조 제1항의 개정규정에 따른 보험에 가입해야 한다.

부칙〈대통령령 제34898호, 2024.9.19.〉

이 영은 2024년 9월 20일부터 시행한다.

시 행 규 칙

부칙〈국토교통부령 제157호, 2022.11.1.〉

이 규칙은 공포 후 6개월이 경과한 날부터 시행한다.<단서 생략>

부칙〈국토교통부령 제279호, 2023.12.1.〉

제1조(시행일) 이 규칙은 공포 후 1년이 경과한 날부터 시행한다. 다만, 제6조제1항제5호나목의 개정규정은 공포한 날부터 시행하고, 제6조제1항제10호의 개정규정은 공포 후 30일이 경과한 날부터 시행한다.

제2조(주차장 경사로 완화구간 설치 등에 관한 경과조치) 이 규칙 시행 당시 종전의 규정에 따라 설치된 주차장과 다음 각 호의 어느 하나에 해당하는 경우로서 해당 시설물 또는 그 부지에 설치되는 주차장의 경사로 완화구간 설치에 관하여는 제6조제1항제5호바목, 사목 및 별표 1(제11조제1항 본문에 따라 준용하는 경우를 포함한다)의 개정규정에도 불구하고 종전의 규정에 따른다.

1. 이 규칙 시행 전에 「건축법」 제11조에 따라 시설물의 건축허가(해당 허가가 의제되는 다른 법률에 따른 허가·인가·승인 등을 포함한다)를 받았거나 신청한 경우
2. 이 규칙 시행 전에 「건축법」 제

법	시 행 령	시 행 규 칙
		14조에 따른 건축신고 또는 같은 법 제83조에 따른 공작물 축조신고(해당 신고가 의제되는 다른 법률에 따른 허가·인가·승인 등을 포함한다)를 한 경우 3. 이 규칙 시행 전에 시설물의 건축허가를 받거나 건축신고를 하기 위하여 「건축법」 제4조의2제1항에 따라 건축위원회에 심의를 신청한 경우 4. 제1호 및 제2호에 해당하는 경우로서 이 규칙 시행 이후 「건축법」 제16조제1항에 따라 건축허가·신고사항을 변경하거나 같은 법 제19조제1항에 따라 시설물의 용도변경(해당 건축허가·신고사항의 변경 또는 용도변경이 의제되는 다른 법률에 따른 허가·인가·승인 등을 포함한다)을 하는 경우 **제3조(주차장 경보장치 설치에 관한 경과조치)** 부칙 제1조 단서에 따른 시행일 당시 종전의 규정에 따라 설치된 주차장과 부칙 제2조 각 호의 어느 하나에 해당하는 경우로서 해당 시설물 또는 그 부지에 설치되는 주차장의 경보장치 설치에 관하여는 제6조제1항제10호(제11조제1항 본문에 따라 준용하는 경우를 포함한다)의 개정규정에도 불구하고 종전의 규정에 따른다.

법	시 행 령	시 행 규 칙
		부칙〈국토교통부령 제1308호, 2024.2.16.〉 이 규칙은 2024년 2월 17일부터 시행한다. **부칙〈국토교통부령 제1388호, 2024.9.20.〉** **제1조(시행일)** 이 규칙은 공포한 날부터 시행한다. **제2조(보수원 안전교육에 관한 경과조치)** 보수업자는 이 규칙 시행 당시 재직 중인 보수원에 대해서는 제16조의14제4항의 개정규정에도 불구하고 2024년 12월 31일까지 보수원 안전교육을 받도록 해야 한다.

[별표 1] 〈개정 2021.3.30.〉

부설주차장의 설치대상 시설물 종류 및 설치기준(제6조제1항 관련)

시설물	설치기준
1. 위락시설	○ 시설면적 100㎡당 1대(시설면적/100㎡)
2. 문화 및 집회시설(관람장은 제외한다), 종교시설, 판매시설, 운수시설, 의료시설(정신병원 · 요양소 및 격리병원은 제외한다), 운동시설(골프장 · 골프연습장 및 옥외수영장은 제외한다), 업무시설(외국공관 및 오피스텔은 제외한다), 방송통신시설 중 방송국, 장례식장	○ 시설면적 150㎡당 1대(시설면적/150㎡)
3. 제1종 근린생활시설[「건축법 시행령」 별표 1 제3호바목 및 사목(공중화장실, 대피소, 지역아동센터는 제외한다)은 제외한다], 제2종 근린생활시설, 숙박시설	○ 시설면적 200㎡당 1대(시설면적/200㎡)
4. 단독주택(다가구주택은 제외한다)	○ 시설면적 50㎡ 초과 150㎡ 이하 : 1대 ○ 시설면적 150㎡ 초과 : 1대에 150㎡를 초과하는 100㎡당 1대를 더한 대수[1+{(시설면적-150㎡)/100㎡}]
5. 다가구주택, 공동주택(기숙사는 제외한다), 업무시설 중 오피스텔	○ 「주택건설기준 등에 관한 규정」 제27조제1항에 따라 산정된 주차대수. 이 경우 다가구주택 및 오피스텔의 전용면적은 공동주택의 전용면적 산정방법을 따른다.
6. 골프장, 골프연습장, 옥외수영장, 관람장	○ 골프장 : 1홀당 10대(홀의 수×10) ○ 골프연습장 : 1타석당 1대(타석의 수×1) ○ 옥외수영장 : 정원 15명당 1대(정원/15명) ○ 관람장 : 정원 100명당 1대(정원/100명)
7. 수련시설, 공장(아파트형은 제외한다), 발전시설	○ 시설면적 350㎡당 1대(시설면적/350㎡)
8. 창고시설	○ 시설면적 400㎡당 1대(시설면적/400㎡)
9. 학생용 기숙사	○ 시설면적 400㎡당 1대(시설면적/400㎡)
10. 방송통신시설 중 데이터 센터	○ 시설면적 400㎡당 1대(시설면적/400㎡)
11. 그 밖의 건축물	○ 시설면적 300㎡당 1대(시설면적/300㎡)

※ 비고

1. 시설물의 종류는 다른 법령에 특별한 규정이 없으면 「건축법 시행령」 별표 1에 따르되, 다음 각 목의 어느 하나에 해당하는 시설물을 건축하거나 설치하려는 경우에는 부설주차장을 설치하지 않을 수 있다.
   가. 제1종 근린생활시설 중 변전소·양수장·정수장·대피소·공중화장실, 그 밖에 이와 유사한 시설
   나. 종교시설 중 수도원·수녀원·제실(祭室) 및 사당
   다. 동물 및 식물 관련 시설(도축장 및 도계장은 제외한다)
   라. 방송통신시설(방송국, 전신전화국, 통신용 시설 및 촬영소만을 말한다) 중 송신·수신 및 중계시설
   마. 주차전용건축물(노외주차장인 주차전용건축물만을 말한다)에 주차장 외의 용도로 설치하는 시설물(판매시설 중 백화점·쇼핑센터·대형점과 문화 및 집회시설 중 영화관·전시장·예식장은 제외한다)
   바. 「도시철도법」에 따른 역사(「철도의 건설 및 철도시설 유지에 관한 법률」 제2조제7호에 따른 철도건설사업으로 건설되는 역사를 포함한다)
   사. 「건축법 시행령」 제6조제1항제4호에 따른 전통한옥 밀집지역 안에 있는 전통한옥
2. 시설물의 시설면적은 공용면적을 포함한 바닥면적의 합계를 말하되, 하나의 부지 안에 둘 이상의 시설물이 있는 경우에는 각 시설물의 시설면적을 합한 면적을 시설면적으로 하며, 시설물 안의 주차를 위한 시설의 바닥면적은 그 시설물의 시설면적에서 제외한다.
3. 시설물의 소유자는 부설주차장(해당 시설물의 부지에 설치하는 부설주차장은 제외한다)의 부지의 소유권을 취득하여 이를 주차장전용으로 제공해야 한다. 다만, 주차전용건축물에 부설주차장을 설치하는 경우에는 그 건축물의 소유권을 취득해야 한다.
4. 용도가 다른 시설물이 복합된 시설물에 설치해야 하는 부설주차장의 주차대수는 용도가 다른 시설물별 설치기준에 따라 산정(위 표 제5호의 시설물은 주차대수의 산정대상에서 제외하되, 비고 제8호에서 정한 기준을 적용하여 산정된 주차대수는 따로 합산한다)한 소수점 이하 첫째자리까지의 주차대수를 합하여 산정한다. 다만, 단독주택(다가구주택은 제외한다. 이하 이 호에서 같다)의 용도로 사용되는 시설의 면적이 50제곱미터 이하인 경우 단독주택의 용도로 사용되는 시설의 면적에 대한 부설주차장의 주차대수는 단독주택의 용도로 사용되는 시설의 면적을 100제곱미터로 나눈 대수로 한다.
5. 시설물을 용도변경하거나 증축함에 따라 추가로 설치해야 하는 부설주차장의 주차대수는 용도변경하는 부분 또는 증축으로 인하여 면적이 증가하는 부분(이하 "증축하는 부분"이라 한다)에 대해서만 설치기준을 적용하여 산정한다. 다만, 위 표 제5호에 따른 시설물을 증축하는 경우에는 증축 후 시설물의 전체면적에 대하여 위 표 제5호에 따른 설치기준을 적용하여 산정한 주차대수에서 증축 전 시설물의 면적에 대하여 증축 시점

시 행 령 [별 표]

의 위 표 제5호에 따른 설치기준을 적용하여 산정한 주차대수를 뺀 대수로 한다.

6. 설치기준(위 표 제5호에 따른 설치기준은 제외한다. 이하 이 호에서 같다)에 따라 주차대수를 산정할 때 소수점 이하의 수(시설물을 증축하는 경우 먼저 증축하는 부분에 대하여 설치기준을 적용하여 산정한 수가 0.5 미만일 때에는 그 수와 나중에 증축하는 부분들에 대하여 설치기준을 적용하여 산정한 수를 합산한 수의 소수점 이하의 수. 이 경우 합산한 수가 0.5 미만일 때에는 0.5 이상이 될 때까지 합산해야 한다)가 0.5 이상인 경우에는 이를 1로 본다. 다만, 해당 시설물 전체에 대하여 설치기준(시설물을 설치한 후 법령·조례의 개정 등으로 설치기준 또는 설치제한기준이 변경된 경우에는 변경된 설치기준 또는 설치제한기준을 말한다)을 적용하여 산정한 총주차대수가 1대 미만인 경우에는 주차대수를 0으로 본다.
7. 용도변경되는 부분에 대하여 설치기준을 적용하여 산정한 주차대수가 1대 미만인 경우에는 주차대수를 0으로 본다. 다만, 용도변경되는 부분에 대하여 설치기준을 적용하여 산정한 주차대수의 합(2회 이상 나누어 용도변경하는 경우를 포함한다)이 1대 이상인 경우에는 그러하지 아니하다.
8. 단독주택 및 공동주택 중 「주택건설기준 등에 관한 규정」이 적용되는 주택에 대해서는 같은 규정에 따른 기준을 적용한다.
9. 승용차와 승용차 외의 자동차를 함께 주차하는 부설주차장의 경우에는 승용차 외의 자동차의 주차가 가능하도록 하여야 하며, 승용차 외의 자동차를 더 많이 주차하는 부설주차장의 경우에는 그 이용 빈도에 따라 승용차 외의 자동차의 주차에 적합하도록 승용차 외의 자동차를 주차할 주차장을 승용차용 주차장과 구분하여 설치해야 한다. 이 경우 주차대수의 산정은 승용차를 기준으로 한다.
10. 「장애인·노인·임산부 등의 편의증진 보장에 관한 법률 시행령」 제4조 또는 「교통약자의 이동편의 증진법 시행령」 제12조에 따라 장애인전용 주차구역을 설치해야 하는 시설물에는 부설주차장 설치기준에 따른 부설주차장 주차대수의 2퍼센트부터 4퍼센트까지의 범위에서 장애인의 주차수요를 고려하여 지방자치단체의 조례로 정하는 비율 이상을 장애인전용 주차구획으로 구분·설치해야 한다. 다만, 부설주차장의 설치기준에 따른 부설주차장의 주차대수가 10대 미만인 경우에는 그러하지 아니하다.
11. 제6조제2항에 따라 지방자치단체의 조례로 부설주차장 설치기준을 강화 또는 완화하는 때에는 시설물의 시설면적·홀·타석·정원을 기준으로 한다.
12. 경형자동차의 전용주차구획으로 설치된 주차단위구획은 전체 주차단위구획 수의 10퍼센트까지 부설주차장 설치기준에 따라 설치된 것으로 본다.
13. 2008년 1월 1일 전에 설치된 기계식주차장치로서 다음 각 목에 열거된 형태의 기계식주차장치를 설치한 주차장을 다른 형태의 주차장으로 변경하여 설치하는 경우에는 변경 전의 주차대수의 2분의 1에 해당하는 주차대수를 설치하더라도 변경 전의 주차대수로 인정한다.
   가. 2단 단순승강 기계식주차장치: 주차구획이 2층으로 되어 있고 위층에 주차된 자동차를 출고하기 위하여는 반드시 아래층에 주차되어 있는 자동차를 출고해야 하는 형태로서, 주차구획 안에 있는 평평한 운반기구를 위·아래로만 이동하여 자동차를 주차하는 기계식주차장치
   나. 2단 경사승강 기계식주차장치: 주차구획이 2층으로 되어 있고 주차구획 안에 있는 경사진 운반기구를 위·아래로만 이동하여 자동차를 주차하는 기계식주차장치
14. 비고 제13호에 따라 기계식주차장치를 설치한 주차장을 변경하여 변경 전의 주차대수로 인정받은 후 해당 시설물의 용도변경 또는 증축 등으로 인하여 주차장을 추가로 설치해야 하는 경우에는 비고 제13호 각 목의 기계식주차장치를 설치한 주차장을 변경하면서 줄어든 주차대수도 포함하여 설치해야 한다.
15. "학생용 기숙사"란 기숙사 중 「초·중등교육법」 제2조 및 「고등교육법」 제2조에 따른 학교에 재학 중인 학생을 위한 기숙사를 말한다.

[별표 1의2] 〈신설 2024.8.16.〉

지정인증기관의 지정요건(제12조의4제2항 관련)

구분	지정요건
1. 법인·단체 형태	다음 각 목의 어느 하나에 해당하는 법인·단체일 것 가. 「공공기관의 운영에 관한 법률」 제4조에 따른 공공기관 일 것 나. 기계식주차장치 안전 관련 업무를 전문적으로 수행하는 법인 또는 단체일 것
2. 기술 인력	다음 각 목의 어느 하나에 해당하는 사람을 5명 이상 상시인력으로 보유할 것 가. 기계·전기 분야의 석사학위를 취득한 사람으로서 관련 분야에서 근무한 경력이 2년 이상인 사람(학위 취득 전의 경력을 포함한다) 나. 기계·전기 분야의 학사학위를 취득한 사람으로서 관련 분야에서 근무한 경력이 5년 이상인 사람(학위 취득 전의 경력을 포함한다) 다. 다음의 어느 하나에 해당하는 분야의 산업기사 이상의 자격을 취득한 사람으로서 관련 분야에서 근무한 경력이 7년 이상인 사람(자격 취득 전의 경력을 포함한다) 1) 「국가기술자격법」에 따른 국가기술자격의 직무분야 중 전기 중직무분야 2) 「국가기술자격법」에 따른 국가기술자격의 직무분야 중 기계 직무분야 3) 그 밖에 국토교통부장관이 안전도인증 업무와의 관련성 등을 고려하여 고시하는 분야 라. 기계식주차장치 안전도 심사와 관련된 업무에 근무한 경력이 3년 이상인 사람 마. 그 밖에 국토교통부장관이 가목부터 라목까지의 규정에 상당하는 자격 또는 능력이 있다고 인정하여 고시하는 사람

[별표 2] 〈개정 2024.8.16.〉

전문검사기관의 지정요건(제12조의4제3항 관련)

구분	지정요건
법인형태 및 사무소	○ 비영리법인으로서 수도권(서울특별시·인천광역시·경기도를 말한다. 이하 "수도권"이라 한다)에 하나 이상의 사무소를 두고, 수도권을 제외한 광역시·도 또는 특별자치도에 넷 이상의 사무소를 두고 있을 것
기술인력	○ 「국가기술자격법」에 따른 기계·전기 분야, 그 밖에 이와 유사한 분야의 산업기사 이상의 자격 소지자 15명 이상을 상시 보유하고 있을 것
설비기준	가. 전류계 5대 이상 나. 멀티미터(multimeter: 휴대용 전류 전압계) 5대 이상 다. 분당 회전수 측정기(RPM미터) 5대 이상 라. 접지저항계 5대 이상 마. 절연저항계 5대 이상 바. 초시계 5대 이상 사. 아들자 캘리퍼스(버니어캘리퍼스: 아들자가 달려 두께나 지름을 재는 기구를 말한다. 이하 같다)(200mm) 5대 이상 아. 아들자 캘리퍼스(300mm) 5대 이상 자. 경도측정기 5대 이상 차. 내외경퍼스(안팎 지름 측정기) 1대 이상 카. 줄자 5대 이상

[별표 3] 〈개정 2021.1.5〉

보수업의 등록기준(제12조의6제1항관련)

구분	등록기준
보수설비	가. 갭게이지(틈새측정기) 1대 이상 나. 속도계 1대 이상 다. 절연저항계 1대 이상 라. 체인블럭 1대 이상 마. 소음계 1대 이상 바. 진동계 1대 이상 사. 용접기 1대 이상 아. 노트북 1대 이상 자. 전기회로시험기 1대 이상 차. 아들자 캘리퍼스 1대 이상 카. 경도측정기 1대 이상 타. 유압자키 1대 이상 파. 내외경퍼스 1대 이상
기술인력	○보수책임자 : 「국가기술자격법」에 의한 기계전기 또는 그 밖의 이와 유사한 분야의 산업기사자격증 이상 소지자로서 실무경력 2년 이상인 자 또는 기능사자격증 소지자로서 실무경력 5년 이상인 1명 이상을 상시 보유하고 있을 것 ○실무기술인력 : 「국가기술자격법」에 의한 기계·전기 또는 그 밖의 이와 유사한 분야의 기능사자격증 이상 소지자 2인 이상

[별표 4] 〈개정 2010.10.21〉

등록취소 및 영업정지 기준(제12조의9제1항 관련)

위반행위	근거 법조문	처분내용
1. 거짓이나 그 밖의 부정한 방법으로 보수업의 등록을 한 경우	법 제19조의19제1항제1호	등록취소
2. 법 제19조의15 각 호의 어느 하나에 해당하는 경우(같은 조 제6호에 해당하는 법인이 그에 해당하게 된 날부터 3개월 이내에 해당 임원을 바꾸어 임명한 경우는 제외한다)	법 제19조의19제1항제2호	등록취소
3. 법 제19조의17에 따른 신고를 2회 이상 하지 않은 경우	법 제19조의19제1항제3호	영업정지 10일
4. 법 제19조의18에 따른 시정명령을 이행하지 않은 경우	법 제19조의19제1항제4호	등록취소
5. 보수의 흠으로 인하여 기계식주차장치의 이용자를 사망하게 하거나 다치게 한 경우 가. 중상사고 2회 나. 중상사고 3회 다. 중상사고 4회	법 제19조의19제1항제5호	 영업정지 1개월 영업정지 5개월 등록취소
6. 보수의 흠으로 인하여 자동차를 파손시킨 경우 가. 2회 나. 3회 다. 4회 이상	법 제19조의19제1항제5호	 영업정지 1개월 영업정지 3개월 영업정지 6개월
7. 영업정지명령을 위반하여 그 영업정지기간에 영업을 한 경우	법 제19조의19제1항제6호	등록취소

※ 비고
1. 위 표 제3호·제5호 및 제6호의 위반행위의 횟수는 최근 1년간 위반행위의 횟수를 말한다.
2. 위 표 제5호에서 "중상사고"란 보수의 흠으로 인하여 다친 사람이 3주 이상치료가 필요하다는 의사의 진단을 받은 경우를 말하고, 사망사고 1회는 중상사고 2회로 본다.

시 행 령 [별 표]

[별표 5] 〈개정 2021.4.20〉

과징금을 부과하는 위반행위의 종별과 과징금의 금액(제17조제1항 관련)

위반행위	해당 법조문	과징금 금액
1. 법 제6조제1항 또는 제2항에 따른 주차장의 구조·설비 및 안전기준 등을 위반한 경우	법 제24조 제1항제1호	250만원
2. 법 제6조제3항에 따른 미끄럼 방지시설과 미끄럼 주의 안내표지를 갖추지 않은 경우 〈신설 2021.3.30〉	법 제24조 제2호	250만원
3. 법 제17조제2항(제19조의3에서 준용되는 경우를 포함한다)을 위반하여 주차장에 대한 일반의 이용을 거절한 경우	법 제24조 제3호	150만원
4. 법 제23조제3항에 따른 시장·군수 또는 구청장의 명령에 따르지 아니한 경우(노외주차장의 관리자만 해당한다)	법 제24조 제4호	250만원
5. 법 제25조제1항에 따른 검사를 거부·기피 또는 방해한 경우(노외주차장의 관리자만 해당한다)	법 제24조 제5호	150만원

※ 비고:
1. 시장·군수 또는 구청장은 위반행위의 정도, 위반횟수, 위반행위의 동기와 결과 및 주차장의 규모 등을 고려하여 위 표에 따른 과징금의 2분의 1 범위에서 그 금액을 늘리거나 줄여 부과할 수 있다. 이 경우 과징금을 늘리는 경우에도 1천만원을 초과할 수 없다.
2. 위 표 제3호 및 제5호에 따른 위반행위에 대하여 법 제30조제2항제1호 및 제6호에 따른 과태료가 부과된 경우에는 과징금을 부과하지 아니한다.

[별표 6] 〈개정 2024.9.19.〉

과태료의 부과기준(제18조 관련)

1. 일반기준
가. 위반행위의 횟수에 따른 과태료의 가중된 부과기준은 최근 1년간 같은 위반행위로 과태료 부과처분을 받은 경우에 적용한다. 이 경우 기간의 계산은 위반행위에 대하여 과태료 부과처분을 받은 날과 그 처분 후 다시 같은 위반행위를 하여 적발된 날을 기준으로 한다.
나. 가목에 따라 가중된 부과처분을 하는 경우 가중처분의 적용 차수는 그 위반행위 전 부과처분 차수(가목에 따른 기간 내에 과태료 부과처분이 둘 이상 있었던

경우에는 높은 차수를 말한다)의 다음 차수로 한다.

다. 부과권자는 다음의 어느 하나에 해당하는 경우에는 제2호의 개별기준에 따른 과태료의 2분의 1 범위에서 그 금액을 줄여 부과할 수 있다. 다만, 과태료를 체납하고 있는 위반행위자에 대해서는 그렇지 않다.

1) 위반행위가 사소한 부주의나 오류로 인한 것으로 인정되는 경우

2) 위반행위자가 법 위반상태를 시정하거나 해소하기 위한 노력이 인정되는 경우

3) 그 밖에 위반행위의 정도, 위반행위의 동기 및 그 결과 등을 고려하여 과태료 금액을 줄일 필요가 있다고 인정되는 경우

라. 부과권자는 고의 또는 중과실이 없는 위반행위자가 「소상공인기본법」 제2조에 따른 소상공인에 해당하고, 과태료를 체납하고 있지 않은 경우에는 다음의 사항을 고려하여 제2호의 개별기준에 따른 과태료의 100분의 70 범위에서 그 금액을 줄여 부과할 수 있다. 다만, 다목에 따른 감경과 중복하여 적용하지 않는다.

1) 위반행위자가 현실적으로 과태료 금액을 부담할 수 있는지 여부

2) 경제위기 등으로 위반행위자가 속한 시장·산업 여건이 현저하게 변동되거나 지속적으로 악화된 상태인지 여부

마. 부과권자는 다음의 어느 하나에 해당하는 경우에는 제2호의 개별기준에 따른 과태료의 2분의 1 범위에서 그 금액을 늘려 부과할 수 있다. 다만, 늘려 부과하는 경우에도 법 제31조제1항부터 제3항까지에 따른 과태료의 상한을 넘을 수 없다.

1) 위반의 내용 및 정도가 중대하여 이용자 등에게 미치는 피해가 크다고 인정되는 경우

2) 법 위반상태의 기간이 6개월 이상인 경우

3) 그 밖에 위반행위의 정도, 위반행위의 동기와 그 결과 등을 고려하여 과태료를 늘릴 필요가 있다고 인정되는 경우

2. 개별기준

위반행위	근거 법조문	과태료 금액(만원)		
		1차	2차	3차 이상
가. 법 제6조의3을 위반하여 주차장에서 야영행위, 취사행위 또는 불을 피우는 행위를 한 경우	법 제30조제3항 제1호	30	40	50
나. 법 제17조제2항(법 제19조의3에서 준용되는 경우를 포함한다)을 위반하여 주차장에 대한 일반의 이용을 거절한 경우	법 제30조제2항 제1호	30	50	100
다. 법 제19조의9제3항에 따른 사용검사 또는 정기검사의 유효기간이 지난 후 검사를 받지 않은 경우(법 제29조제2항제7호에 따라 벌칙을 부과받은 경우는 제외한다)	법 제30조제2항 제2호	30	50	100
라. 법 제19조의10제2항(법 제19조의23제5항에서 준용되는 경우를 포함한다)을 위반하여 검사확인증이나 기계식주차장의 사용을 금지하는 표지를 부착하지 않은 경우	법 제30조제3항 제2호	10	30	50
마. 법 제19조의14제3항을 위반하여 보수업자가 보수원 안전교육을 받도록 하지 않은 경우	법 제30조제2항 제2호의2	30	50	100
바. 법 제19조의16제1항 또는 제2항을 위반하여 배상보험에 가입하지 않은 경우	법 제30조제1항 제1호			
1) 가입하지 않은 기간이 10일 이하인 경우		50	80	100
2) 가입하지 않은 기간이 10일 초과 30일 이하인 경우		80	100	200
3) 가입하지 않은 기간이 30일 초과 60일 이하인 경우		100	200	300
4) 가입하지 않은 기간이 60일을 초과하는 경우		200	300	400
사. 법 제19조의17을 위반하여 신고를 하지 않은 경우	법 제30조제2항 제3호	30	50	100

시 행 령 [별 표]

위반행위	근거 법조문	1차	2차	3차 이상
아. 법 제19조의20제2항을 위반하여 기계식주차장치 관리인 교육을 받지 않은 사람을 기계식주차장치 관리인으로 선임 또는 변경하거나 보수교육을 받게 하지 않은 경우	법 제30조제2항 제4호	30	50	100
자. 법 제19조의20제3항을 위반하여 기계식주차장치 관리인의 선임 또는 변경 통보를 하지 않은 경우	법 제30조제3항 제3호			
1) 통보를 하지 않은 기간이 1개월 미만인 경우			10	
2) 통보를 하지 않은 기간이 1개월 이상 2개월 미만인 경우			30	
3) 통보를 하지 않은 기간이 2개월 이상인 경우			50	
차. 법 제19조의20제4항을 위반하여 기계식주차장치 안전관리교육 또는 보수교육을 받지 않은 경우	법 제30조제2항 제4호의2	30	50	100
카. 법 제19조의20제5항을 위반하여 안내문을 부착하지 않은 경우	법 제30조제3항 제4호	10	30	50
타. 법 제19조의20제8항을 위반하여 자체점검을 하지 않은 경우	법 제30조제2항 제4호의4	30	50	100
파. 법 제19조의20제8항을 위반하여 자체점검 결과를 기계식주차장 정보망에 입력하지 않거나 거짓으로 입력한 경우	법 제30조제2항 제4호의5			
1) 입력을 하지 않은 경우				
가) 입력을 하지 않은 기간이 10일 미만인 경우		10	20	30
나) 입력을 하지 않은 기간이 10일 이상인 경우		20	30	50
2) 거짓으로 입력한 경우		30	50	100
하. 법 제19조의20제9항을 위반하여 기계식주차장 운행을 중지하지 않은 경우 또는 운행의 중지를 방해한 경우	법 제30조제2항 제4호의6	30	50	100
거. 법 제19조의22제1항을 위반하여 통보를 하지 않거나 거짓으로 통보한 경우	법 제30조제1항 제2호			
1) 통보를 하지 않은 경우				
가) 통보를 하지 않은 기간이 1개월 이하인 경우		10	30	50
나) 통보를 하지 않은 기간이 1개월 초과 3개월 이하인 경우		30	50	100
다) 통보를 하지 않은 기간이 3개월 초과 6개월 이하인 경우		50	100	200
라) 통보를 하지 않은 기간이 6개월을 초과한 경우		100	200	400
2) 거짓으로 통보한 경우		100	200	400
너. 법 제19조의22제2항을 위반하여 중대한 사고의 현장 또는 중대한 사고와 관련되는 물건을 이동시키거나 변경 또는 훼손한 경우	법 제30조제1항 제3호	100	200	400
더. 법 제19조의23제1항 후단에 따른 정기적 정밀안전검사를 받지 않은 경우(법 제29조제2항제11호의3에 따라 벌칙을 부과받은 경우는 제외한다)	법 제30조제2항 제5호	30	50	100
러. 법 제19조의24제3항을 위반하여 운행중지 표지를 붙이지 않거나 잘 볼 수 없는 곳에 붙이거나 훼손되게 관리한 경우	법 제30조제2항 제5호의2	30	50	100
머. 법 제25조제1항에 따른 검사를 거부·기피 또는 방해한 경우	법 제30조제2항 제6호	30	50	100

[별표 1] 〈개정 2024.9.20.〉

완화구간의 설치 기준[제6조제1항제5호사목2) 관련]

대상 주차장	완화구간의 위치	완화구간의 길이
1. 주차대수 규모가 50대 이상 100대 미만인 주차장	경사로의 볼록형 부분	1.7미터
2. 주차대수 규모가 100대 이상인 주차장	경사로의 볼록형 부분	1.7미터
	경사로의 오목형 부분	2미터

비고

1. 위 표에서 "경사로의 볼록형 부분"이란 오르막 방향으로 진행하면서 종단경사도가 직선 부분의 경우 8.5퍼센트, 곡선 부분의 경우 7퍼센트 이상 감소하는 부분을 말한다.
2. 위 표에서 "경사로의 오목형 부분"이란 오르막 방향으로 진행하면서 종단경사도가 직선 부분의 경우 8.5퍼센트, 곡선 부분의 경우 7퍼센트 이상 증가하는 부분을 말한다.

[별표 2] 〈개정 2024.9.20.〉

기계식주차장치 교육기관의 요건(제16조의14제1항 관련)

구분		요건
인력	1. 총괄책임자	다음 각 목의 어느 하나에 해당하는 1명 이상의 사람이 총괄책임자로서 상시 근무할 것 가. 다음 어느 하나에 해당하는 분야의 기술사 자격을 취득한 사람으로서 기계식주차장 관리 실무 경력(자격 취득 전의 실무 경력을 포함한다)이 1년 이상인 사람 1) 「국가기술자격법」에 따른 국가기술자격의 직무분야 중 기계 직무분야 2) 「국가기술자격법」에 따른 국가기술자격의 직무분야 중 전기ㆍ전자 직무분야 나. 가목1) 및 2) 중 어느 하나에 해당하는 분야의 기사 자격을 취득한 사람으로서 기계식주차장 관리 실무 경력(자격 취득 전의 실무 경력을 포함한다)이 3년 이상인 사람 다. 기계ㆍ전기ㆍ전자 관련 학과의 학사 이상의 학위를 소지한 사람으로서 기계식주차장 관리 실무 경력(학위 취득 전의 실무 경력을 포함한다)이 5년 이상인 사람
	2. 강사	다음 각 목의 어느 하나에 해당하는 2명 이상의 사람이 강사로서 상시 근무할 것 가. 제1호 각 목의 어느 하나에 해당하는 사람 나. 기계식주차장 관리 실무 경력이 7년 이상인 사람
시설		교육업무를 수행하는 데 필요한 사무실 및 강의실을 소유 또는 임차 등의 방법으로 확보할 것

비고

위 표에서 정한 사항 외에 기계식주차장치 교육기관의 요건에 관하여 필요한 세부 사항은 국토교통부장관이 정하여 고시한다.

[별표 3] 〈개정 2024.9.20.〉

정밀안전검사 기술인력 및 검사기기(제16조의27제1항 관련)

1. 기술인력

구분	자격	업무 내용
기술인력	「국가기술자격법」에 따른 기계·전기 분야, 그 밖에 이와 유사한 분야의 산업기사 이상의 자격 소지자로서 별표 2에 따른 교육을 수료한 사람	정밀안전검사의 실시 및 합격 여부 판정

2. 검사기기

구 분	항 목
검사기기	1. 전류계 2. 멀티미터(multimeter: 휴대용 전류 전압계) 3. 분당 회전수 측정기(RPM미터) 4. 접지저항계 5. 절연저항계 6. 초시계 7. 아들자 캘리퍼스(버니어캘리퍼스: 아들자가 달려 두께나 지름을

시 행 령 [별 표]

	재는 기구)(200mm, 300mm, 1,000mm) 8. 내외경퍼스(안팎 지름 측정기) 9. 줄자 10. 초음파탐상측정기 11. 진동측정기 12. 와이어로프테스터 13. 와이어로프하중측정기 14. 산업용내시경 15. 열화상카메라 16. 초음파두께측정기 17. 체인 마모 측정기(chain elongation scale) 18. 노트북 19. 조도계 20. 레이저거리측정기 21. 각도측정기(수평계) 22. 레이저수평계 23. 디지털카메라

[별표 4] 〈개정 2024.9.20.〉

정밀안전검사 기술인력의 교육기준(제16조의27제3항 관련)

1. 신규 교육

교육과목		교육시간	교육내용
공통	기계식주차장 관련 법령	16시간 이상	· 주차장법령 · 건축법령 및 소방법령 · 산업안전설비기준 등 관련 고시
	기계식주차장 검사기기	16시간 이상	검사기기의 구조기준 및 취급요령
	기계식주차장 정밀안전검사실무	80시간 이상	검사실습 및 행정관리요령
	기계식주차장 안전도심사실무	40시간 이상	심사실습 및 행정관리요령
기계	기계공학	8시간 이상	재료역학, 구조역학, 기계설계학 등
전기	전기공학	8시간 이상	회로이론, 제어이론 등

2. 정기 교육

교육과목		교육시간	교육내용
공통	기계식주차장 관련 법령	4시간 이상	· 주차장법령 · 건축법령 및 소방법령 · 산업안전설비기준 등 관련 고시
	기계식주차장 검사기기	4시간 이상	검사기기의 구조기준 및 취급요령
	기계식주차장 정밀안전검사실무	8시간 이상	검사실습 및 행정관리요령
	기계식주차장 안전도심사실무	4시간 이상	심사실습 및 행정관리요령
기계	기계공학	2시간 이상	재료역학, 구조역학, 기계설계학 등
전기	전기공학	2시간 이상	회로이론, 제어이론 등

3. 임시 교육

교육과목	교육시간	교육내용
개정법령	4시간 이상	법령 개정의 주요 내용 및 적용 실무

비고: 임시교육은 온라인 교육으로 대체할 수 있음.

[별표 5]〈개정 2024.9.20.〉

수수료(제17조 관련)

구 분	건당 수수료
기계식 주차장치 보수업 등록신청	5만원
기계식 주차장치 보수업 등록증 재발급 신청	건당 4천원

住 宅 法

최종개정 : 주 택 법	2024. 3.19.
시 행 령	2025. 1.21.
시 행 규 칙	2025. 1.21.
주택건설기준 등에 관한 규정	2025. 1.21.
주택건설기준 등에 관한 규칙	2023. 12.11.

【주택법】 개정이유 및 주요내용 〈법제처 제공〉

■ 2024.3.19. 개정(시행 2024.3.19.)

◇ 개정이유 및 주요내용

분양가상한제 적용주택의 양도 이전까지 거주의무기간을 준수하되 최초 입주가능일부터 3년 이내에만 거주의무기간을 개시하면 되도록 하고, 거주의무 사실을 지방자치단체의 장으로부터 확인받아야 부기등기 사항을 말소할 수 있도록 하며, 거주의무를 이행하지 않고 해당 주택을 양도한 자는 3년 이하의 징역 또는 3천만원 이하의 벌금에 처하는 등 현행 제도의 운영상 나타난 일부 미비점을 개선ㆍ보완함.

■ 2024.1.16. 개정(시행 2024.7.17.)

◇ 개정이유 및 주요내용

사업계획승인권자로 하여금 사업계획의 특성 및 규모 등을 고려하여 특별한 사유가 없으면 통합심의를 실시하도록 하고, 일정한 두께 이상으로 바닥구조를 시공하는 경우 건축물 높이제한을 완화할 수 있도록 하며, 사업주체가 바닥충격음 성능검사 결과 및 조치결과를 입주예정자에게 알리도록 의무를 부여하는 한편, 민간 주택건설관련협회가 정한 주택건설공사 감리비 지급기준에 대해 국토교통부장관의 승인을 받도록 하고, 주택 감리자에게 주택건설공사의 하수급인이 시공자격을 갖추었는지 여부를 확인하는 의무를 부여하며, 감리자가 감리업무를 소홀히 하여 사업계획승인권자로부터 시정명령을 받은 경우 사업계획승인권자는 감리자가 시정명령을 이행할 때까지 감리비 지급을 유예할 수 있도록 하고, 한국토지주택공사 등이 공공택지를 공급하기 위해 등록사업자에 대한 검사를 요청하는 경우 지방자치단체의 장은 검사요청을 받은 날부터 30일 이내에 검사결과를 통보하도록 하는 든 현행 제도의 운영상 나타난 일부 미비점을 개선ㆍ보완함.

■ 2023.12.26. 개정(시행 2024.3.27., 2024.6.27.)

◇ 개정이유 및 주요내용

도심 공공주택 복합지구 및 주거재생혁신지구에서 공급하는 주택, 주거환경개선사업에서 공급하는 주택의 경우에는 분양가상한제가 적용되지 않도록 하고, 토지임대부 분양주택의 전매제한기간을 10년 이내에서 대통령령으로 정하도록 하며, 전매제한기간 중에 양도하고자 하는 경우 대통령령으로 정하는 가격으로 환수하여 재공급하도록 하는 한편,

토지임대부 분양주택의 토지임대료 납부방식을 월별 임대료 또는 보증금 납부로 할 수 있는 방식 외에 선납할 수 있는 방식을 추가하는 등 현행 제도의 운영상 나타난 일부 미비점을 개선ㆍ보완함.

【주택법 시행령】 개정이유 및 주요내용 〈법제처 제공〉

■ 2025.1.21. 개정(시행 2025.1.21.)

◇ 개정이유 및 주요내용

무주택자의 주거안정을 도모하고 시장의 수요에 맞추어 국민주택규모에 해당하는 주택 중 세대별 주거전용면적이 60제곱미터를 초과하는 도시형 생활주택의 공급을 촉진하기 위하여 도시형 생활주택의 유형 중 종전의 '소형 주택'의 명칭을 '아파트형 주택'으로 변경하고, 해당 주택의 요건 중 세대별 주거전용면적을 60제곱미터로 제한하던 것을 삭제하려는 것임.

■ 2024.7.9. 개정(시행 2024.7.17.)

◇ 개정이유 및 주요내용

주택 감리자에게 주택건설공사의 하수급인이 시공자격을 갖추었는지 여부를 확인하도록 의무를 부여하는 등의 내용으로 「주택법」이 개정(법률 제20048호, 2024. 1. 16. 공포, 7. 17. 시행)됨에 따라, 감리자는 주택건설공사의 하수급인이 시공자격을 갖추었는지 확인하기 위해 수급인으로부터 하수급인의 시공자격에 관한 자료를 제출받도록 하는 등 법률에서 위임된 사항과 그 시행에 필요한 사항을 정하는 한편,

주택의 하자에 대한 조치가 적절하게 이루어지는지를 입주예정자가 확인할 수 있도록 하기 위해 사업주체는 사전방문 기간의 종료일부터 7일 이내에 보수공사 등의 조치계획을 입주예정자에게 문서로 알리도록 하는 등 현행 제도의 운영상 나타난 일부 미비점을 개선·보완하려는 것임.

■ 2024.6.18. 개정(시행 2024.6.20.)

◇ 개정이유

한국토지주택공사는 전매제한기간 중에 양도하려는 토지임대부 분양주택을 대통령령으로 정하는 가격으로 환수하여 재공급하도록 하고, 토지임대부 분양주택의 토지임대료 납부방식을 월별 임대료 또는 보증금 납부로 할 수 있는 방식 외에 선납할 수 있는 방식을 추가하며, 거주의무기간 동안 계속 거주해야 하는 주택의 입주자는 지방자치단체의 장으로부터 거주사실을 확인받아 부기등기 사항을 말소할 수 있도록 하는 등의 내용으로 「주택법」이 개정(법률 제19851호, 2023.12.26. 공포, 2024.6.27. 시행, 법률 제20393호, 2024.3.19. 공포, 6.20. 시행)됨에 따라, 전매제한기간 중에 양도하는 토지임대부 분양주택의 매입가격을 정하고, 토지임대부 분양주택의 선납 토지임대료 산정방법을 구체화하며, 거주의무자가 부기등기 사항을 말소하기 위한 거주사실 확인 절차를 마련하는 등 법률에서 위임된 사항과 그 시행에 필요한 사항을 정하는 한편,

전매행위가 제한되는 주택을 공급받은 사람이 전매제한기간이 지나기 전에 불가피하게 해당 주택을 전매하기 위해 한국토지주택공사의 동의를 받으려는 경우 그 동의 절차를 마련하는 등 현행 제도의 운영상 나타난 일부 미비점을 개선·보완하려는 것임.

◇ 주요내용

가. 부기등기 말소를 위한 거주사실 확인 절차 마련(제60조의3 신설)

1) 부기등기 사항을 말소하려는 거주의무자 등은 거주사실 확인 신청서에 거주사실을 확인할 수 있는 서류를 첨부하여 지방자치단체의 장에게 제출하도록 함.

2) 거주사실 확인 신청서를 접수한 지방자치단체의 장은 거주의무 이행이 확인되면 해당 신청서를 접수한 날부터 14일 이내에 거주사실 확인서를 발급하도록 함.

나. 전매제한기간 만료 전에 전매하기 위한 한국토지주택공사의 동의 절차 마련(제73조제5항 신설)

1) 전매제한기간이 지나기 전에 불가피하게 전매하려는 사람이 한국토지주택공사의 동의를 받으려는 경우 전매행위 동의신청서를 한국토지주택공사에 제출하도록 함.

2) 한국토지주택공사는 전매행위 동의신청서를 접수한 날부터 14일 이내에 동의 여부를 신청인에게 통보하도록 함.

다. 토지임대부 분양주택의 선납 토지임대료 산정방법 구체화(제82조)

토지임대부 분양주택의 토지임대료를 선납하려는 경우 그 선납 토지임대료는 「은행법」에 따른 은행의 3년 만기 정기예금 평균이자율 이상의 이자율을 적용하여 산정하도록 함.

라. 토지임대부 분양주택의 공공매입 시 매입가격 마련(제82조의2제4항 신설)

1) 한국토지주택공사가 토지임대부 분양주택을 매입할 때 거주의무기간이 경과하지 않은 경우에는 입주금과 그 입주금에 은행의 1년 만기 정기예금의 평균이자율을 적용한 이자를 합산한 금액인 매입비용을 매입가격으로 하도록 함.

2) 거주의무기간은 경과했으나 전매제한기간은 경과하지 않은 경우에는 「감정평가 및 감정평가사에 관한 법률」에 따라 해당 주택에 대해 감정평가한 금액에서 입주금을 뺀 금액의 70퍼센트에 해당하는 금액과 입주금을 합산한 금액을 매입가격으로 하되, 합산한 금액이 매입비용보다 작은 경우에는 매입비용을 매입가격으로 하도록 함.

■ 2024.3.19. 개정(시행 2024.3.19.)

◇ 개정이유 및 주요내용

현재 소형 주택을 건축하는 경우 주거전용면적이 30제곱미터 미만인 경우에는 욕실과 보일러실을 제외한 부분을 하나의 공간으로 하고 주거전용면적이 30제곱미터 이상인 경우에는 침실을 3개 이하로 한정하는 등의 요건을 갖추도록 하고 있으나, 도심 내 1인 · 2인 가구 등을 위한 소형 주택 공급을 활성화하고 다양한 형태의 주거 수요에 유연하게 대응할 수 있게 하기 위하여 앞으로는 이러한 요건을 폐지하려는 것임.

■ 2023.4.7. 개정(시행 2023.4.7.)

◇ 개정이유

주택 거래를 활성화하고 실수요자의 주거안정을 도모하기 위하여 주택의 전매행위 제한기간을 단축하고, 소형 주택에 대한 실수요를 반영하기 위하여 복수의 침실을 갖춘 소형 주택의 세대 수 제한을 완화하는 한편, 토지임대부 분양주택의 공급을 활성화하기 위하여 지방자치단체의 장에게 토지임대료 산정에 관한 재량을 부여하는 등 현행 제도의 운영상 나타난 일부 미비점을 개선·보완하려는 것임.

◇ 주요내용

가. 복수의 침실을 갖춘 소형 주택의 세대 수 제한 완화(제10조제1항제1호라목)

침실이 2개 이상인 소형 주택의 세대 수를 종전에는 소형 주택 전체 세대 수의 3분의 1 이하로 제한하였으나, 앞으로는 그 3분의 1을 초과하는 세대에 대하여 세대당 주차대수를 0.7대 이상이 되도록 주차장을 설치하는 경우에는 해당 세대수의 비율을 더하여 소형 주택 전체 세대수의 2분의 1까지 건축할 수 있도록 함.

나. 토지임대부 분양주택의 토지임대료 산정 재량 부여(제81조제2항 신설)

토지임대부 분양주택의 토지임대료를 산정할 때에 사업주체가 지방자치단체 또는 지방공사인 경우에는 해당 택지의 조성원가에 3년 만기 정기예금 평균이자율을 적용하여 산정한 금액과 해당 택지의 감정가격에 3년 만기 정기예금 평균이자율을 적용하여 산정한 금액 사이의 범위에서 지방자치단체의 장이 지역별 여건을 고려하여 정한 금액을 기준으로 산정할 수 있도록 함.

다. 주택의 전매행위 제한기간 단축(별표 3)

종래에는 주택의 전매행위가 제한되는 기간을 주택이 건설·공급되는 지역이 수도권이나 투기과열지구에 해당하는지 등에 따라 최대 10년까지로 정하였으나, 앞으로는 수도권에 건설·공급되는 주택은 최대 3년까지로, 수도권 외의 지역에서 건설·공급되는 주택은 최대 1년까지로 전매행위 제한기간을 단축함.

■ 2022.2.11. 개정(시행 2022.2.11.)

◇ 개정이유 및 주요내용

그 동안 국토교통부령으로 정하고 있던 투기과열지구 및 조정대상지역의 지정기준을 대통령령으로 상향하여 정하도록 하는 등의 내용으로 「주택법」이 개정(법률 제18392호, 2021. 8. 10. 공포, 2022. 2. 11. 시행)됨에 따라, 「주택법 시행규칙」에서 규정하고 있던 투기과열지구 및 조정대상지역의 구체적인 지정기준을 이 영으로 이관하여 규정하는 한편, 도심 내 다양한 형태의 소규모 주택 공급을 활성화하기 위하여 기존의 "원룸형 주택"의 명칭을 "소형 주택"으로 변경하고, 소형 주택의 세대별 주거전용면적 상한을 "50제곱미터"에서 "60제곱미터"로 높이며, 주거전용면적이 30제곱미터 이상인 경우에는 욕실 및 보일러실을 제외한 공간을 세 개 이하의 침실 등으로 구성할 수 있도록 하는 등 현행 제도의 운영상 나타난 일부 미비점을 개선·보완하려는 것임.

【주택법 시행규칙】 개정이유 및 주요내용 〈국토교통부 제공〉

■ 2025.1.21. 개정(시행 2025.1.21.)

◇ 개정이유 및 주요내용

주택건설사업계획의 승인을 신청하는 경우 도시형 생활주택의 유형을 구분하여 신청할 수 있도록 사업계획 승인(변경승인) 신청서 서식을 정비하는 등 현행 제도의 운영상 나타난 일부 미비점을 개선ㆍ보완하려는 것임.

■ 2024.8.2. 개정(시행 2024.8.2.)

◇ 개정이유 및 주요내용

감리자의 효율적인 감리업무 수행을 위해 감리자가 사업계획승인권자 및 사업주체에 대해 감리업무 수행 상황을 보고하거나 최종보고서를 제출하는 경우에 사용하는 감리보고서 서식을 마련하고, 사전방문의 실효성을 제고하기 위해 사업주체는 전유부분 및 공용부분이 설계도서에 맞게 시공되었음을 감리자로부터 확인받은 후에 사전방문을 실시하도록 하며, 사용검사권자에게 사전방문계획을 제출한 후 천재지변 등의 사유가 발생한 경우에는 사업주체가 사용검사권자의 확인을 받아 사전방문기간 시작일을 15일의 범위에서 연기할 수 있도록 하는 등 현행 제도의 운영상 나타난 일부 미비점을 개선ㆍ보완하려는 것임.

■ 2024.6.19. 개정(시행 2024.6.20.)

◇ 개정이유 및 주요내용

분양가상한제 적용주택 및 토지임대부 분양주택의 거주의무자는 거주의무기간을 거주한 후 지방자치단체의 장으로부터 그 거주사실을 확인받으면 부기등기를 말소할 수 있도록 하는 등의 내용으로 「주택법」이 개정(법률 제20393호, 2024. 3. 19. 공포, 6. 20. 시행)되고, 부기등기 사항을 말소하려는 거주의무자는 국토교통부령으로 정하는 거주사실 확인 신청서를 지방자치단체의 장에게 제출하도록 하는 등의 내용으로 같은 법 시행령이 개정(대통령령 제34581호, 2024.6.18. 공포, 6.20. 시행)됨에 따라, 거주사실 확인 신청서 서식을 마련하는 등 법률 및 시행령에서 위임된 사항과 그 시행에 필요한 사항을 정하는 한편,

주택조합의 설립인가를 신청하려는 자 또는 주택건설사업계획승인 신청을 하려는 자가 해당 토지의 사용권원을 확보하였음을 증명하기 위해 제출하는 토지사용 동의서 서식을 마련하는 등 현행 제도의 운영상 나타난 일부 미비점을 개선ㆍ보완하려는 것임.

■ 2023.1.2. 일부개정(시행 2023.1.2.)

◇ 개정이유 및 주요내용

주택에 설치하는 지능형 홈네트워크 설비에 대한 관리를 강화하기 위하여 사업주체가 주택건설사업을 시행할 때 제출하는 사업계획 승인 신청서 및 사용검사 신청서 등에 지능형 홈네트워크 설비의 설치 현황을 적어야 함을 명확히 하려는 것임.

【주택건설기준 등에 관한 규정】 개정이유 및 주요내용 〈법제처 제공〉

■ 2025.1.21. 개정(시행 2025.1.21.)

◇ 개정이유 및 주요내용

도시형 생활주택의 유형 중 '소형 주택'을 '아파트형 주택'으로 변경하는 등의 내용으로 「주택법 시행령」이 개정됨에 따라, 세대당 전용면적이 60제곱미터를 초과하는 세대가 150세대 이상인 아파트형 주택의 경우에는 단지형 연립주택이나 단지형 다세대주택과 같이 주민공동시설을 설치하도록 하고, 종전에는 주차장 설치에 관한 완화된 기준의 적용 대상을 세대당 전용면적이 60제곱미터 이하인 '소형 주택'으로 한정하던 것을, 앞으로는 '아파트형 주택'과 4개층 이하로 건축하는 단지형 연립주택 또는 단지형 다세대주택을 포함하는 '도시형 생활주택'으로 확대하는 등 현행 제도의 운영상 나타난 일부 미비점을 개선·보완하려는 것임.

■ 2024.7.9. 개정(시행 2024.7.17.)

◇ 개정이유 및 주요내용

일정한 두께 이상으로 바닥구조를 시공하는 경우 건축물 높이 제한을 완화할 수 있도록 하고, 바닥충격음 성능검사기관은 바닥충격음 차단구조의 성능검사 결과가 우수한 시공자를 선정하여 매년 공개할 수 있도록 하는 등의 내용으로 「주택법」이 개정(법률 제20048호, 2024. 1. 16. 공포, 7. 17. 시행)됨에 따라, 건축물의 높이 제한을 완화할 수 있는 바닥구조의 두께를 콘크리트 슬래브 두께 250밀리미터 이상으로 정하고, 바닥충격음 성능검사기관은 전년도에 사용검사를 받은 공동주택이 총 500세대 이상인 시공자로서 성능검사기준에 미달하는 주택단지가 없는 시공자 중에서 전년도에 사용검사를 받은 주택단지별 성능검사 결과의 평균값이 높은 상위 10개의 시공자를 우수 시공자로 선정한 경우에는 해당 기관의 인터넷 홈페이지에 공개하도록 하는 등 법률에서 위임된 사항과 그 시행에 필요한 사항을 정하는 한편,

목구조* 공동주택의 건축을 활성화하기 위해 목구조 공동주택의 세대 내 층간바닥을 콘크리트 슬래브로 하지 않을 수 있도록 하는 등 현행 제도의 운영상 나타난 일부 미비점을 개선·보완하려는 것임.

* 주요 구조부를 「목재의 지속가능한 이용에 관한 법률」에 따른 목재 또는 목재제품으로 구성하는 구조

■ 2024.4.16. 개정(시행 2024.7.17.)

◇ 개정이유 및 주요내용

도시형 생활주택의 공급을 확대하고, 승용차공동이용을 활성화하기 위해 도시형 생활주택에 설치하는 주차장의 일부를 「도시교통정비 촉진법」에 따른 승용차공동이용 지원을 위해 사용하는 경우에는 주차장 설치기준에 따라 설치해야 하는 주차단위구획 총수를 산정할 때 승용차공동이용 지원을 위해 설치한 주차단위구획 수의 3.5배수에 해당하는 주차단위구획을 설치한 것으로 보도록 도시형 생활주택의 주차장 설치기준을 완화하려는 것임.

■ 2024.1.2. 개정(시행 2024.1.2.)

◇ 개정이유 및 주요내용

어린이의 건강과 안전을 위해 주택단지 내 주민공동시설의 하나인 다함께돌봄센터는 소음 또는 유해물질을 배출하는 공장이나 위험물 저장 · 처리 시설로부터 수평거리 50미터 이상 떨어진 곳에 배치하도록 하고, 2천세대 이상인 주택단지에는 의무적으로 유치원을 설치해야 함에도 불구하고 유아배치계획에 적합하지 않아 유치원 설립인가를 받지 못하는 문제를 해소하기 위해 관할 교육감이 해당 주택단지 내 유치원의 설치가 유아배치계획에 적합하지 않다고 인정하는 경우에는 유치원을 설치하지 않도록 하는 등 현행 제도의 운영상 나타난 일부 미비점을 개선 · 보완하려는 것임.

■ 2023.12.5. 개정(시행 2023.12.5.)

◇ 개정이유 및 주요내용

철도역으로부터 반경 500미터 이내인 상업지역 또는 준주거지역에서 소형 주택을 건설하는 경우로서 주차단위구획 총 수의 100분의 20 이상을 승용차 공동이용을 위해 사용하는 경우에는 주차장 설치 기준을 완화함으로써 교통 환경이 양호한 도시지역에 소형 주택의 공급을 확대하려는 것임.

【주택건설기준 등에 관한 규칙】 개정이유 및 주요내용 〈국토교통부 제공〉

■ 2023.12.11. 개정(시행 2023.12.11.)

◇ 개정이유 및 주요내용

공동주택단지 안의 건축물 가운데 영상정보처리기기를 의무적으로 설치해야 하는 장소는 공동주택 각 동의 출입구임을 명확히 하려는 것임.

■ 2023.6.30. 개정(시행 2023.7.1.)

◇ 개정이유 및 주요내용

사업주체에게 공동주택의 주차공간을 추가로 설치할 동기를 부여함으로써 주차공간의 부족에 따른 불편과 갈등을 해소하기 위해 공동주택성능등급 인증서에 주차공간의 추가확보에 관한 사항을 추가하려는 것임.

■ 2022.12.19. 일부개정(시행 2022.12.19.)

◇ 개정이유 및 주요내용

전기자동차 보급을 촉진하고 전기자동차 이용자의 편의를 증진하기 위하여 종전에는 주택단지 내 주차장에 자동차의 이동형 충전기를 이용할 수 있는 콘센트를 주차단위구획 총 수에 4퍼센트를 곱한 수 이상 설치하도록 하던 것을 2023년 7월 1일부터는 주차단위구획 총 수에 7퍼센트를 곱한 수 이상, 2025년 1월 1일부터는 10퍼센트를 곱한 수 이상 설치하도록 함으로써 이동형 충전기를 이용할 수 있는 콘센트의 설치 기준을 단계적으로 강화하되, 지역의 전기자동차 보급률 등을 고려하여 필요한 경우에는 시 · 군 · 구 등의 조례로 콘센트 설치 기준의 5분의 1의 범위에서 그 기준을 강화하거나 완화하여 적용할 수 있도록 하려는 것임.

법	시 행 령	시 행 규 칙
제1장 총칙 제1절 총칙	**제1장 총칙**	**제1장 총칙**
제1조 【목적】 이 법은 쾌적한 주거생활에 필요한 주택의 건설 · 공급 · 관리와 이를 위한 자금의 조달 · 운용 등에 관한 사항을 정함으로써 국민의 주거안정과 주거수준의 향상에 이바지함을 목적으로 한다.	**제1조 【목적】** 이 영은 「주택법」에서 위임된 사항과 그 시행에 필요한 사항을 규정함을 목적으로 한다.	**제1조 【목적】** 이 규칙은 「주택법」 및 같은 법 시행령에서 위임된 사항과 그 시행에 필요한 사항을 규정함을 목적으로 한다.
제2조 【정의】 이 법에서 사용하는 용어의 뜻은 다음과 같다. 〈개정 2017.12.26., 2018.1.6., 2018.8.14., 2020.6.9, 2020.8.18.,2021.12.21., 2023.6.7., 2023.12.26.〉 1. "주택"이란 세대(世帶)의 구성원이 장기간 독립된 주거생활을 할 수 있는 구조로 된 건축물의 전부 또는 일부 및 그 부속토지를 말하며, 단독주택과 공동주택으로 구분한다.		
2. "단독주택"이란 1세대가 하나의 건축물 안에서 독립된 주거생활을 할 수 있는 구조로 된 주택을 말하며, 그 종류와 범위는 대통령령으로 정한다.	**제2조 【단독주택의 종류와 범위】** 「주택법」(이하 "법"이라 한다) 제2조제2호에 따른 단독주택의 종류와 범위는 다음 각 호와 같다. 1. 「건축법 시행령」 별표 1 제1호가목에 따른 단독주택 2. 「건축법 시행령」 별표 1 제1호나목에 따른 다중주택 3. 「건축법 시행령」 별표 1 제1호다목에 따른 다가구주택	
3. "공동주택"이란 건축물의 벽 · 복도 · 계단이나 그 밖의 설비 등의 전부 또는 일부를 공동으로 사용하는 각 세대가 하나의 건축물 안에서 각각 독립된 주거생활을 할 수 있는 구조로 된 주택을 말하며, 그 종류와 범위는 대통령령으로 정한다.	**제3조 【공동주택의 종류와 범위】** ① 법 제2조제3호에 따른 공동주택의 종류와 범위는 다음 각 호와 같다. 1. 「건축법 시행령」 별표 1 제2호가목에 따른 아파트(이하 "아파트"라 한다) 2. 「건축법 시행령」 별표 1 제2호나목에 따른 연립주택(이하 "연립주택"이라 한다)	

법	시 행 령	시 행 규 칙

3. 「건축법 시행령」 별표 1 제2호다목에 따른 다세대주택(이하 "다세대주택"이라 한다)

② 제1항 각 호의 공동주택은 그 공급기준 및 건설기준 등을 고려하여 국토교통부령으로 종류를 세분할 수 있다.

4. "준주택"이란 주택 외의 건축물과 그 부속토지로서 주거시설로 이용가능한 시설 등을 말하며, 그 범위와 종류는 대통령령으로 정한다.

제4조 【준주택의 종류와 범위】 법 제2조제4호에 따른 준주택의 종류와 범위는 다음 각 호와 같다.
1. 「건축법 시행령」 별표 1 제2호라목에 따른 기숙사
2. 「건축법 시행령」 별표 1 제4호거목 및 제15호다목에 따른 다중생활시설
3. 「건축법 시행령」 별표 1 제11호나목에 따른 노인복지시설 중 「노인복지법」 제32조제1항제3호의 노인복지주택
4. 「건축법 시행령」 별표 1 제14호나목2)에 따른 오피스텔

5. "국민주택"이란 다음 각 목의 어느 하나에 해당하는 주택으로서 국민주택규모 이하인 주택을 말한다.
  가. 국가 · 지방자치단체, 「한국토지주택공사법」에 따른 한국토지주택공사(이하 "한국토지주택공사"라 한다) 또는 「지방공기업법」 제49조에 따라 주택사업을 목적으로 설립된 지방공사(이하 "지방공사"라 한다)가 건설하는 주택
  나. 국가 · 지방자치단체의 재정 또는 「주택도시기금법」에 따른 주택도시기금(이하 "주택도시기금"이라 한다)으로부터 자금을 지원받아 건설되거나 개량되는 주택
6. "국민주택규모"란 주거의 용도로만 쓰이는 면적(이하 "주거전용면적"이라 한다)이 1호(戶) 또는 1세대당 85제곱미터 이하인 주택(「수도권정비계획법」 제2조제1호에 따른 수도권을 제외한 도시지역이 아닌 읍 또는 면 지역은 1호 또는 1세대당 주거전용면적이 100제곱미터 이하인 주택을 말한다)을 말한다. 이 경우 주거전용면적의 산정방법은 국토교통부령으로 정한다.

제2조 【주거전용면적의 산정방법】 「주택법」(이하 "법"이라 한다) 제2조제6호 후단에 따른 주거전용면적(주거의 용도로만 쓰이는 면적을 말한다. 이하 같다)의 산정방법은 다음 각 호의 기준에 따른다. 〈개정 2018.4.2.〉
1. 단독주택의 경우: 그 바닥면적(「건축법 시행령」 제119조제1항제3호에 따른 바닥면적을 말한다. 이하 같다)에서 지하실(거실로 사용되는 면적은

7. "민영주택"이란 국민주택을 제외한 주택을 말한다.
8. "임대주택"이란 임대를 목적으로 하는 주택으로서, 「공공주택 특별법」 제2조제1호가목에 따른 공공임대주택과

관계법 「공공주택 특별법」 제2조 (정의)
이 법에서 사용하는 용어의 뜻은 다음과 같다. <개정 2016.1.19.>

법	시 행 령	시 행 규 칙
「민간임대주택에 관한 특별법」 제2조제1호에 따른 민간임대주택으로 구분한다. 9. "토지임대부 분양주택"이란 토지의 소유권은 제15조에 따른 사업계획의 승인을 받아 토지임대부 분양주택 건설사업을 시행하는 자가 가지고, 건축물 및 복리시설(福利施設) 등에 대한 소유권[건축물의 전유부분(專有部分)에 대한 구분소유권은 이를 분양받은 자가 가지고, 건축물의 공용부분·부속건물 및 복리시설은 분양받은 자들이 공유한다]은 주택을 분양받은 자가 가지는 주택을 말한다. 10. "사업주체"란 제15조에 따른 주택건설사업계획 또는 대지조성사업계획의 승인을 받아 그 사업을 시행하는 다음 각 목의 자를 말한다. 가. 국가·지방자치단체 나. 한국토지주택공사 또는 지방공사 다. 제4조에 따라 등록한 주택건설사업자 또는 대지조성사업자 라. 그 밖에 이 법에 따라 주택건설사업 또는 대지조성사업을 시행하는 자 11. "주택조합"이란 많은 수의 구성원이 제15조에 따른 사업계획의 승인을 받아 주택을 마련하거나 제66조에 따라 리모델링하기 위하여 결성하는 다음 각 목의 조합을 말한다. 가. 지역주택조합: 다음 구분에 따른 지역에 거주하는 주민이 주택을 마련하기 위하여 설립한 조합 1) 서울특별시·인천광역시 및 경기도 2) 대전광역시·충청남도 및 세종특별자치시 3) 충청북도 4) 광주광역시 및 전라남도	1. "공공주택"이란 제4조제1항 각 호에 규정된 자 또는 제4조제2항에 따른 공공주택사업자가 국가 또는 지방자치단체의 재정이나 「주택도시기금법」에 따른 주택도시기금(이하 "주택도시기금"이라 한다)을 지원받아 이 법 또는 다른 법률에 따라 건설, 매입 또는 임차하여 공급하는 다음 각 목의 어느 하나에 해당하는 주택을 말한다. 가. 임대 또는 임대한 후 분양전환을 할 목적으로 공급하는 「주택법」 제2조제1호에 따른 주택으로서 대통령령으로 정하는 주택(이하 "공공임대주택"이라 한다) 나. 분양을 목적으로 공급하는 주택으로서 「주택법」 제2조제5호에 따른 국민주택규모 이하의 주택(이하 "공공분양주택"이라 한다) 1의2. "공공건설임대주택"이란 제4조에 따른 공공주택사업자가 직접 건설하여 공급하는 공공임대주택을 말한다. 1의3. "공공매입임대주택"이란 제4조에 따른 공공주택사업자가 직접 건설하지 아니하고 매매 등으로 취득하여 공급하는 공공임대주택을 말한다. 2. "공공주택지구"란 공공주택의 공급을 위하여 공공주택이 전체주택 중 100분의 50 이상이 되고, 제6조제1항에 따라 지정·고시하는 지구를 말한다. 이 경우 제1호 각 목별 주택비율은 전단의 규정의 범위에서 대통령령으로 정한다. 3. "공공주택사업"이란 다음 각 목에 해당하는 사업을 말한다. 가. 공공주택지구조성사업: 공공주택지구를 조성하는 사업 나. 공공주택건설사업: 공공주택을 건설하는 사업 다. 공공주택매입사업: 공공주택을 공급할 목적으로 주택을 매입하거나 인수하는 사업 라. 공공주택관리사업: 공공주택을 운영·관리하는 사업	제외한다), 본 건축물과 분리된 창고·차고 및 화장실의 면적을 제외한 면적. 다만, 그 주택이 「건축법 시행령」 별표 1 제1호다목의 다가구주택에 해당하는 경우 그 바닥면적에서 본 건축물의 지상층에 있는 부분으로서 복도, 계단, 현관 등 2세대 이상이 공동으로 사용하는 부분의 면적도 제외한다. 2. 공동주택의 경우: 외벽의 내부선을 기준으로 산정한 면적. 다만, 2세대 이상이 공동으로 사용하는 부분으로서 다음 각 목의 어느 하나에 해당하는 공용면적은 제외하며, 이 경우 바닥면적에서 주거전용면적을 제외하고 남는 외벽면적은 공용면적에 가산한다. 가. 복도, 계단, 현관 등 공동주택의 지상층에 있는 공용면적 나. 가목의 공용면적을 제외한 지하층, 관리사무소 등 그 밖의 공용면적

법

5) 전북특별자치도
6) 대구광역시 및 경상북도
7) 부산광역시 · 울산광역시 및 경상남도
8) 강원특별자치도
9) 제주특별자치도

나. 직장주택조합: 같은 직장의 근로자가 주택을 마련하기 위하여 설립한 조합

다. 리모델링주택조합: 공동주택의 소유자가 그 주택을 리모델링하기 위하여 설립한 조합

12. "주택단지"란 제15조에 따른 주택건설사업계획 또는 대지조성사업계획의 승인을 받아 주택과 그 부대시설 및 복리시설을 건설하거나 대지를 조성하는 데 사용되는 일단(一團)의 토지를 말한다. 다만, 다음 각 목의 시설로 분리된 토지는 각각 별개의 주택단지로 본다.

가. 철도 · 고속도로 · 자동차전용도로

나. 폭 20미터 이상인 일반도로

다. 폭 8미터 이상인 도시계획예정도로

라. 가목부터 다목까지의 시설에 준하는 것으로서 대통령령으로 정하는 시설

시행령

제5조【주택단지의 구분기준이 되는 도로】 ① 법 제2조제12호라목에서 "대통령령으로 정하는 시설"이란 보행자 및 자동차의 통행이 가능한 도로로서 다음 각 호의 어느 하나에 해당하는 도로를 말한다. 〈개정 2019.7.2.〉

1. 「국토의 계획 및 이용에 관한 법률」 제2조제7호에 따른 도시 · 군계획시설(이하 "도시 · 군계획시설"이라 한다)인 도로로서 국토교통부령으로 정하는 도로
2. 「도로법」 제10조에 따른 일반국도 · 특별시도 · 광역시도 또는 지방도
3. 그 밖에 관계 법령에 따라 설치된 도로로서 제1호 및 제2호에 준하는 도로

② 제1항에도 불구하고 법 제15조에 따른 사업계획승인권자(이하 "사업계획승인권자"라 한다)가 다음 각 호의 요건을 모두 충족한다고 인정하여 사업계획을 승인한 도로는 주택단지의 구분기준이 되는 도로에서 제외한다. 〈신설 2019.7.2.〉

1. 인근 주민의 통행권 확보 및 교통편의 제고 등을 위해 기존의 도로를 국토교통부령으로 정하는 기준에 적합하게 유지·변경할 것

시행규칙

제3조【주택단지의 구분기준이 되는 도로】 ① 주택법 시행령」(이하 "영"이라 한다) 제5조제1항제1호에서 "국토교통부령으로 정하는 도로"란 「도시 · 군계획시설의 결정 · 구조 및 설치기준에 관한 규칙」 제9조제3호에 따른 주간선도로, 보조간선도로, 집산도로(集散道路) 및 폭 8미터 이상인 국지도로를 말한다. 〈개정 2019.7.2.〉

② 영 제5조제2항제1호에서 "국토교통부령으로 정하는 기준"이란 다음 각 호의 요건을 모두 갖춘 것을 말한다. 〈신설 2019.7.2.〉

1. 「도시·군계획시설의 결정·구조 및 설치기준에 관한 규칙」 제9조제3호 다목 또는 라목에 따른 집산도로 또는 국지도로일 것
2. 도로 폭이 15미터 미만일 것
3. 설계속도가 30킬로미터 이하이거나

법	시 행 령	시 행 규 칙
	2. 보행자 통행의 편리성 및 안전성을 확보하기 위한 시설을 국토교통부령으로 정하는 바에 따라 설치할 것	자동차 등의 통행속도를 30킬로미터 이내로 제한하여 운영될 것. 다만, 유지·변경되는 도로가 「도시·군계획시설의 결정·구조 및 설치기준에 관한 규칙」 제9조제1호라목에 따른 보행자우선도로인 경우는 제외한다. ③ 영 제5조제2항에 따른 도로는 같은 항 제2호에 따라 지하도, 육교, 횡단보도, 그 밖에 이와 유사한 시설을 설치해야 한다. 다만, 설치되는 도로가 「도시·군계획시설의 결정·구조 및 설치기준에 관한 규칙」 제9조제1호라목에 따른 보행자우선도로인 경우에는 예외로 할 수 있다. 〈신설 2019.7.2.〉
13. "부대시설"이란 주택에 딸린 다음 각 목의 시설 또는 설비를 말한다. 가. 주차장, 관리사무소, 담장 및 주택단지 안의 도로 나. 「건축법」 제2조제1항제4호에 따른 건축설비 다. 가목 및 나목의 시설·설비에 준하는 것으로서 대통령령으로 정하는 시설 또는 설비	**제6조【부대시설의 범위】** 법 제2조제13호다목에서 "대통령령으로 정하는 시설 또는 설비"란 다음 각 호의 시설 또는 설비를 말한다. 〈개정 2019.7.2.〉 1. 보안등, 대문, 경비실 및 자전거보관소 2. 조경시설, 옹벽 및 축대 3. 안내표지판 및 공중화장실 4. 저수시설, 지하양수시설 및 대피시설 5. 쓰레기 수거 및 처리시설, 오수처리시설, 정화조 6. 소방시설, 냉난방공급시설(지역난방공급시설은 제외한다) 및 방범설비 7. 「환경친화적 자동차의 개발 및 보급 촉진에 관한 법률」 제2조제3호에 따른 전기자동차에 전기를 충전하여 공급하는 시설 8. 「전기통신사업법」 등 다른 법령에 따라 거주자의 편익을 위해 주택단지에 의무적으로 설치해야 하는 시설로서 사업주체 또는 입주자의 설치 및 관리 의무가 없는 시설 9. 그 밖에 제1호부터 제8호까지의 시설 또는 설비와 비슷한 것으로서 사업계획승인권자가 주택의 사용 및 관리를 위해 필요하다고 인정하는 시설 또는 설비	
14. "복리시설"이란 주택단지의 입주자 등의 생활복리를 위한 다음 각 목의 공동시설을 말한다. 가. 어린이놀이터, 근린생활시설, 유치원, 주민운동시설 및 경로당 나. 그 밖에 입주자 등의 생활복리를 위하여 대통령령으	**제7조【복리시설의 범위】** 법 제2조제14호나목에서 "대통령령으로 정하는 공동시설"이란 다음 각 호의 시설을 말한다. 〈개정 2019.7.2.〉 1. 「건축법 시행령」 별표 1 제3호에 따른 제1종 근린생활시설	

법

로 정하는 공동시설

15. "기반시설"이란 「국토의 계획 및 이용에 관한 법률」 제2조제6호에 따른 기반시설을 말한다.

16. "기간시설"(基幹施設)이란 도로 · 상하수도 · 전기시설 · 가스시설 · 통신시설 · 지역난방시설 등을 말한다.

17. "간선시설"(幹線施設)이란 도로 · 상하수도 · 전기시설 · 가스시설 · 통신시설 및 지역난방시설 등 주택단지(둘 이상의 주택단지를 동시에 개발하는 경우에는 각각의 주택단지를 말한다) 안의 기간시설을 그 주택단지 밖에 있는 같은 종류의 기간시설에 연결시키는 시설을 말한다. 다만, 가스시설 · 통신시설 및 지역난방시설의 경우에는 주택단지 안의 기간시설을 포함한다.

18. "공구"란 하나의 주택단지에서 대통령령으로 정하는 기준에 따라 둘 이상으로 구분되는 일단의 구역으로, 착공신고 및 사용검사를 별도로 수행할 수 있는 구역을 말한다.

시 행 령

2. 「건축법 시행령」 별표 1 제4호에 따른 제2종 근린생활시설(총포판매소, 장의사, 다중생활시설, 단란주점 및 안마시술소는 제외한다)
3. 「건축법 시행령」 별표 1 제6호에 따른 종교시설
4. 「건축법 시행령」 별표 1 제7호에 따른 판매시설 중 소매시장 및 상점
5. 「건축법 시행령」 별표 1 제10호에 따른 교육연구시설
6. 「건축법 시행령」 별표 1 제11호에 따른 노유자시설
7. 「건축법 시행령」 별표 1 제12호에 따른 수련시설
8. 「건축법 시행령」 별표 1 제14호에 따른 업무시설 중 금융업소
9. 「산업집적활성화 및 공장설립에 관한 법률」 제2조제13호에 따른 지식산업센터
10. 「사회복지사업법」 제2조제5호에 따른 사회복지관
11. 공동작업장
12. 주민공동시설
13. 도시 · 군계획시설인 시장
14. 그 밖에 제1호부터 제13호까지의 시설과 비슷한 시설로서 국토교통부령으로 정하는 공동시설 또는 사업계획승인권자가 거주자의 생활복리 또는 편익을 위하여 필요하다고 인정하는 시설

제8조【공구의 구분기준】 법 제2조제18호에서 "대통령령으로 정하는 기준"이란 다음 각 호의 요건을 모두 충족하는 것을 말한다.

1. 다음 각 목의 어느 하나에 해당하는 시설을 설치하거나 공간을 조성하여 6미터 이상의 너비로 공구 간 경계를 설정할 것

시 행 규 칙

관계법 「산업집적활성화 및 공장설립에 관한 법률」 제2조13호

13. "지식산업센터"란 동일 건축물에 제조업, 지식산업 및 정보통신산업을 영위하는 자와 지원시설이 복합적으로 입주할 수 있는 다층형 집합건축물로서 대통령령으로 정하는 것을 말한다.

관계법 「산업집적활성화 및 공장설립에 관한 법률 시행령」 제4조의6(지식산업센터)

법 제2조제13호에서 "대통령령으로 정하는 것"이란 다음 각 호의 요건을 모두 갖춘 건축물을 말한다. 〈개정 2015.6.30.〉

1. 지상 3층 이상의 집합건축물일 것
2. 공장, 제6조제2항에 따른 지식산업의 사업장 또는 같은 조 제3항에 따른 정보통신산업의 사업장이 6개 이상 입주할 수 있을 것
3. 「건축법 시행령」 제119조제1항제3호에 따른 바닥면적(지상층만 해당한다)의 합계가 같은 항 제2호에 따른 건축면적의 300퍼센

법	시 행 령	시 행 규 칙
	가. 「주택건설기준 등에 관한 규정」 제26조에 따른 주택단지 안의 도로 나. 주택단지 안의 지상에 설치되는 부설주차장 다. 주택단지 안의 옹벽 또는 축대 라. 식재 · 조경이 된 녹지 마. 그 밖에 어린이놀이터 등 부대시설이나 복리시설로서 사업계획 승인권자가 적합하다고 인정하는 시설 2. 공구별 세대수는 300세대 이상으로 할 것	트 이상일 것. 다만, 다음 각 목의 어느 하나에 해당하여 바닥면적의 합계가 건축면적의 300퍼센트 이상이 되기 어려운 경우에는 해당 법령이 허용하는 최대 비율로 한다. 가. 「국토의 계획 및 이용에 관한 법률」 제78조에 따라 용적률을 특별시 · 광역시 · 특별자치시 · 특별자치도 · 시 또는 군의 조례로 따로 정한 경우 나. 「산업기술단지 지원에 관한 특례법」 제8조에 따른 면적을 준수하기 위한 경우
19. "세대구분형 공동주택"이란 공동주택의 주택 내부 공간의 일부를 세대별로 구분하여 생활이 가능한 구조로 하되, 그 구분된 공간의 일부를 구분소유 할 수 없는 주택으로서 대통령령으로 정하는 건설기준, 설치기준, 면적기준 등에 적합한 주택을 말한다.	**제9조【세대구분형 공동주택】** ① 법 제2조제19호에서 "대통령령으로 정하는 건설기준, 면적기준 등에 적합한 주택"이란 다음 각 호의 요건을 충족하는 공동주택을 말한다. 〈개정 2019.2.12., 2020.7.24〉 1. 법 제15조에 따른 사업계획의 승인을 받아 건설하는 공동주택의 경우: 다음 각 목의 요건을 모두 충족할 것 가. 세대별로 구분된 각각의 공간마다 별도의 욕실, 부엌과 현관을 설치할 것 나. 하나의 세대가 통합하여 사용할 수 있도록 세대 간에 연결문 또는 경량구조의 경계벽 등을 설치할 것 다. 세대구분형 공동주택의 세대수가 해당 주택단지 안의 공동주택 전체 세대수의 3분의 1을 넘지 않을 것 라. 세대별로 구분된 각각의 공간의 주거전용면적(주거의 용도로만 쓰이는 면적으로서 법 제2조제6호 후단에 따른 방법으로 산정된 것을 말한다. 이하 같다) 합계가 해당 주택단지 전체 주거전용면적 합계의 3분의 1을 넘지 않는 등 국토교통부장관이 정하여 고시하는 주거전용면적의 비율에 관한 기준을 충족할 것 2. 「공동주택관리법」 제35조에 따른 행위의 허가를 받거	

법	시 행 령	시 행 규 칙
	나 신고를 하고 설치하는 공동주택의 경우: 다음 각 목의 요건을 모두 충족할 것 가. 구분된 공간의 세대수는 기존 세대를 포함하여 2세대 이하일 것 나. 세대별로 구분된 각각의 공간마다 별도의 욕실, 부엌과 구분 출입문을 설치할 것 다. 세대구분형 공동주택의 세대수가 해당 주택단지 안의 공동주택 전체 세대수의 10분의 1과 해당 동의 전체 세대수의 3분의 1을 각각 넘지 않을 것. 다만, 특별자치시장, 특별자치도지사, 시장, 군수 또는 구청장(구청장은 자치구의 구청장을 말하며, 이하 "시장 · 군수 · 구청장"이라 한다)이 부대시설의 규모 등 해당 주택단지의 여건을 고려하여 인정하는 범위에서 세대수의 기준을 넘을 수 있다. 라. 구조, 화재, 소방 및 피난안전 등 관계 법령에서 정하는 안전 기준을 충족할 것 ② 제1항에 따라 건설 또는 설치되는 주택과 관련하여 법 제35조에 따른 주택건설기준 등을 적용하는 경우 세대구분형 공동주택의 세대수는 그 구분된 공간의 세대수에 관계없이 하나의 세대로 산정한다. 〈개정 2019.2.12.〉	
20. "도시형 생활주택"이란 300세대 미만의 국민주택규모에 해당하는 주택으로서 대통령령으로 정하는 주택을 말한다.	**제10조 【도시형 생활주택】** ① 법 제2조제20호에서 "대통령령으로 정하는 주택"이란 「국토의 계획 및 이용에 관한 법률」 제36조제1항제1호에 따른 도시지역에 건설하는 다음 각 호의 주택을 말한다. 〈개정 2022.2.11., 2023.4.7., 2024.3.19., 2025.1.21.〉 1. 아파트형 주택: 다음 각 목의 요건을 모두 갖춘 아파트 가. 세대별로 독립된 주거가 가능하도록 욕실 및 부엌을 설치할 것	

법	시 행 령	시 행 규 칙
	나. 지하층에는 세대를 설치하지 않을 것 2. 단지형 연립주택: 연립주택. 다만, 「건축법」 제5조제2항에 따라 같은 법 제4조에 따른 건축위원회의 심의를 받은 경우에는 주택으로 쓰는 층수를 5개층까지 건축할 수 있다. 3. 단지형 다세대주택: 다세대주택. 다만, 「건축법」 제5조제2항에 따라 같은 법 제4조에 따른 건축위원회의 심의를 받은 경우에는 주택으로 쓰는 층수를 5개층까지 건축할 수 있다. ② 하나의 건축물에는 도시형 생활주택과 그 밖의 주택을 함께 건축할 수 없다. 다만, 다음 각 호의 어느 하나에 해당하는 경우는 예외로 한다.〈개정 2021.10.14., 2022.2.11., 2025.1.21.〉 1. 도시형 생활주택과 주거전용면적이 85제곱미터를 초과하는 주택 1세대를 함께 건축하는 경우 2. 「국토의 계획 및 이용에 관한 법률 시행령」 제30조제1항제1호다목에 따른 준주거지역 또는 같은 항 제2호에 따른 상업지역에서 아파트형 주택과 도시형 생활주택 외의 주택을 함께 건축하는 경우 ③ 하나의 건축물에는 단지형 연립주택 또는 단지형 다세대주택과 아파트형 주택을 함께 건축할 수 없다.〈개정 2022.2.11., 2025.1.21.〉	
21. "에너지절약형 친환경주택"이란 저에너지 건물 조성기술 등 대통령령으로 정하는 기술을 이용하여 에너지 사용량을 절감하거나 이산화탄소 배출량을 저감할 수 있도록 건설된 주택을 말하며, 그 종류와 범위는 대통령령으로 정한다.	**제11조【에너지절약형 친환경주택의 건설기준 및 종류 · 범위】** 법 제2조제21호에 따른 에너지절약형 친환경주택의 종류 · 범위 및 건설기준은 「주택건설기준 등에 관한 규정」으로 정한다.	

법	시 행 령	시 행 규 칙

22. "건강친화형 주택"이란 건강하고 쾌적한 실내환경의 조성을 위하여 실내공기의 오염물질 등을 최소화할 수 있도록 대통령령으로 정하는 기준에 따라 건설된 주택을 말한다.
23. "장수명 주택"이란 구조적으로 오랫동안 유지·관리될 수 있는 내구성을 갖추고, 입주자의 필요에 따라 내부 구조를 쉽게 변경할 수 있는 가변성과 수리 용이성 등이 우수한 주택을 말한다.
24. "공공택지"란 다음 각 목의 어느 하나에 해당하는 공공사업에 의하여 개발·조성되는 공동주택이 건설되는 용지를 말한다.
  가. 제24조제2항에 따른 국민주택건설사업 또는 대지조성사업
  나. 「택지개발촉진법」에 따른 택지개발사업. 다만, 같은 법 제7조제1항제4호에 따른 주택건설등 사업자가 같은 법 제12조제5항에 따라 활용하는 택지는 제외한다.
  다. 「산업입지 및 개발에 관한 법률」에 따른 산업단지개발사업
  라. 「공공주택 특별법」에 따른 공공주택지구조성사업
  마. 「민간임대주택에 관한 특별법」에 따른 공공지원민간임대주택 공급촉진지구 조성사업(같은 법 제23조제1항제2호에 해당하는 시행자가 같은 법 제34조에 따른 수용 또는 사용의 방식으로 시행하는 사업만 해당한다)
  바. 「도시개발법」에 따른 도시개발사업[같은 법 제11조제1항제1호부터 제4호까지의 시행자 또는 같은 항 제11호에 해당하는 시행자(같은 법 제11조제1항제1호부터 제4호까지의 시행자가 100분의 50을 초과하여 출자한 경우에 한정한다)가 같은 법 제21조에 따른 수용 또

제12조【건강친화형 주택의 건설기준】 법 제2조제22호에 따른 건강친화형 주택의 건설기준은 「주택건설기준 등에 관한 규정」으로 정한다.

관계법 「택지개발촉진법」 제7조 (택지개발사업의 시행자 등)
① 택지개발사업은 다음 각 호의 자 중에서 지정권자가 지정하는 자(이하 "시행자"라 한다)가 시행한다. 〈개정 2016.1.19.〉
1. 국가·지방자치단체
2. 「한국토지주택공사법」에 따른 한국토지주택공사(이하 "한국토지주택공사"라 한다)
3. 「지방공기업법」에 따른 지방공사
4. 「주택법」 제4조에 따른 등록업자(이하 "주택건설등 사업자"라 한다)로서 지정하려는 택지개발지구의 토지면적 중 대통령령으로 정하는 비율 이상의 토지를 소유하거나 소유권 이전계약을 체결하고 도시지역의 주택난 해소를 위한 공익성 확보 등 대통령령으로 정하는 요건과 절차에 따라 제1호부터 제3호까지에 해당하는 자(이하 "공공시행자"라 한다)와 공동으로 개발사업을 시행하는 자. 이 경우 대통령령으로 정하는 비율은 다음 각 목의 구분에 따른 범위에서 정한다.
  가. 공공시행자가 공공주택건설 등 시급한 필요에 따라 주택건설등 사업자에게 공동으로 개발사업의 시행을 요청하는 경우: 100분의 20 이상 100분의 50 미만의 범위

고시 건강친화형 주택 건설기준
(국토교통부고시 제2020-368호, 2020.4.30.)

는 사용의 방식으로 시행하는 사업과 혼용방식 중 수용 또는 사용의 방식이 적용되는 구역에서 시행하는 사업만 해당한다]

사. 「경제자유구역의 지정 및 운영에 관한 특별법」에 따른 경제자유구역개발사업(수용 또는 사용의 방식으로 시행하는 사업과 혼용방식 중 수용 또는 사용의 방식이 적용되는 구역에서 시행하는 사업만 해당한다)

아. 「혁신도시 조성 및 발전에 관한 특별법」에 따른 혁신도시개발사업

자. 「신행정수도 후속대책을 위한 연기 · 공주지역 행정중심복합도시 건설을 위한 특별법」에 따른 행정중심복합도시건설사업

차. 「공익사업을 위한 토지 등의 취득 및 보상에 관한 법률」 제4조에 따른 공익사업으로서 대통령령으로 정하는 사업

25. "리모델링"이란 제66조제1항 및 제2항에 따라 건축물의 노후화 억제 또는 기능 향상 등을 위한 다음 각 목의 어느 하나에 해당하는 행위를 말한다.

가. 대수선(大修繕)

나. 제49조에 따른 사용검사일(주택단지 안의 공동주택 전부에 대하여 임시사용승인을 받은 경우에는 그 임시사용승인일을 말한다) 또는 「건축법」 제22조에 따른 사용승인일부터 15년[15년 이상 20년 미만의 연수 중 특별시 · 광역시 · 특별자치시 · 도 또는 특별자치도(이하 "시 · 도"라 한다)의 조례로 정하는 경우에는 그 연수로 한다] 이 지난 공동주택을 각 세대의 주거전용면적(「건축법」 제38조에 따른 건축물대장 중 집합건축물대장의 전유부분의 면적을 말한다)의 30퍼센트 이내(세대의 주거

나. 주택건설등 사업자가 토지 취득 또는 사업계획 승인 등의 어려움을 해소하기 위하여 공공시행자에게 공동으로 개발사업의 시행을 요청하는 경우: 100분의 50 이상 100분의 70 미만의 범위

5. 주택건설등 사업자로서 공공시행자와 협약을 체결하여 공동으로 개발사업을 시행하는 자 또는 공공시행자와 주택건설등 사업자가 공동으로 출자하여 설립한 법인(이하 "공동출자법인"이라 한다). 이 경우 주택건설등 사업자의 투자지분은 100분의 50 미만으로 하며, 공공시행자의 주택건설등 사업자 선정 방법, 협약의 내용 및 주택건설등 사업자의 이윤율 등에 대하여는 대통령령으로 정한다.

②~④ 〈생략〉

제12조의2【공공택지의 범위】 법 제2조제24호차목에서 "대통령령으로 정하는 사업"이란 「공익사업을 위한 토지 등의 취득 및 보상에 관한 법률」 제19조제1항에 따라 토지 등을 수용하거나 사용하는 방식으로 시행되는 사업으로서 다음 각 호의 사업을 말한다. 다만, 다음 각 호의 사업에 대한 사업계획 또는 시행계획의 승인 · 인가 등을 받기 위하여 관계 법령에 따라 토지, 물건 또는 권리의 소유자나 소유자 외 권리자의 동의를 받아야 하는 사업(승인권자 또는 인가권자 등이 사업시행자에 해당하여 승인 · 인가 등을 받지 않는 사업으로서 관계 법령에 따라 토지, 물건 또는 권리의 소유자나 소유자 외 권리자의 동의를 받아야 하는 사업을 포함한다)은 제외한다. 〈개정 2021.12.16.〉

1. 다음 각 목의 자가 시행하는 사업

가. 국가 또는 지방자치단체

나. 「공공기관의 운영에 관한 법률」 제4조에 따른 공공기관

관계법 「공익사업을 위한 토지 등의 취득 및 보상에 관한 법률」 제4조(공익사업)

이 법에 따라 토지등을 취득하거나 사용할 수 있는 사업은 다음 각 호의 어느 하나에 해당하는 사업이어야 한다. 〈개정 2015.12.29.〉

1. 국방·군사에 관한 사업
2. 관계 법률에 따라 허가·인가·승인·지정 등을 받아 공익을 목적으로 시행하는 철도·도로·공항·항만·주차장·공영차고지·화물터미널·궤도(軌道)·하천·제방·댐·운하·수도·하수도·하수종말처리·폐수처리·사방(砂防)·방풍(防風)·방화(防火)·방조(防潮)·방수(防水)·저수지·용수로·배수로·석유비축·송유·폐기물처리·전기·전기통신·방송·가스 및 기상 관측에 관한 사업
3. 국가나 지방자치단체가 설치하는 청사·공장·연구소·시험소·보건시설·문화시설·공원·수목원·광장·운동장·시장·묘지·화장장·도축장 또는 그 밖의 공공용 시설에 관한 사업

법

전용면적이 85제곱미터 미만인 경우에는 40퍼센트 이내)에서 증축하는 행위. 이 경우 공동주택의 기능 향상 등을 위하여 공용부분에 대하여도 별도로 증축할 수 있다.

다. 나목에 따른 각 세대의 증축 가능 면적을 합산한 면적의 범위에서 기존 세대수의 15퍼센트 이내에서 세대수를 증가하는 증축 행위(이하 "세대수 증가형 리모델링"이라 한다). 다만, 수직으로 증축하는 행위(이하 "수직증축형 리모델링"이라 한다)는 다음 요건을 모두 충족하는 경우로 한정한다.

1) 최대 3개층 이하로서 대통령령으로 정하는 범위에서 증축할 것

2) 리모델링 대상 건축물의 구조도 보유 등 대통령령으로 정하는 요건을 갖출 것

26. "리모델링 기본계획"이란 세대수 증가형 리모델링으로 인한 도시과밀, 이주수요 집중 등을 체계적으로 관리하기 위하여 수립하는 계획을 말한다.

27. "입주자"란 다음 각 목의 구분에 따른 자를 말한다.

가. 제8조 · 제54조 · 제57조의2 · 제64조 · 제88조 · 제91조 및 제104조의 경우: 주택을 공급받는 자

나. 제66조의 경우: 주택의 소유자 또는 그 소유자를 대리하는 배우자 및 직계존비속

28. "사용자"란 「공동주택관리법」 제2조제1항제6호에 따른 사용자를 말한다.

29. "관리주체"란 「공동주택관리법」 제2조제1항제10호에 따른 관리주체를 말한다.

[전부개정 2016.1.19.]

제3조 【다른 법률과의 관계】 주택의 건설 및 공급에 관하

시 행 령

다. 「지방공기업법」에 따른 지방공기업

라. 「지방자치법」 제176조에 따른 지방자치단체조합

2. 제1호 각 목의 자 중 하나 이상이 출자한 비율의 합이 100분의 50을 초과하는 법인이 시행하는 다음 각 목의 사업

가. 「공익사업을 위한 토지 등의 취득 및 보상에 관한 법률」 별표 제1호(10)·(11)·(12)·(17)의 사업 및 같은 표 제2호(3)·(6)·(8)·(10)·(13)·(14)·(15)·(16)·(17)·(20)·(22)·(26)·(27)·(30)·(31)·(32)·(33)·(34)·(35)·(38)·(39)·(41)·(42)·(43)·(48)·(50)·(52)·(53)·(54)·(59)·(64)·(65)·(67)·(68)·(69)·(70)·(71)·(73)·(77)·(80)·(81)·(83)·(84)·(85)·(86)·(87)·(88)·(89)·(92)의 사업

나. 「공항시설법」 제2조제9호의 공항개발사업

다. 「규제자유특구 및 지역특화발전특구에 관한 규제특례법」 제2조제7호의 특화사업

라. 「물환경보전법」 제2조제17호의 공공폐수처리시설 설치 사업

마. 「철도의 건설 및 철도시설 유지관리에 관한 법률」 제2조제7호의 철도건설사업

[본조신설 2021.10.14.]

제13조 【수직증축형 리모델링의 허용 요건】 ① 법 제2조제25호다목1)에서 "대통령령으로 정하는 범위"란 다음 각 호의 구분에 따른 범위를 말한다.

1. 수직으로 증축하는 행위(이하 "수직증축형 리모델링"이라 한다)의 대상이 되는 기존 건축물의 층수가 15층 이상인 경우: 3개층

2. 수직증축형 리모델링의 대상이 되는 기존 건축물의 층

시 행 규 칙

4. 관계 법률에 따라 허가·인가·승인·지정 등을 받아 공익을 목적으로 시행하는 학교·도서관·박물관 및 미술관 건립에 관한 사업

5. 국가, 지방자치단체, 「공공기관의 운영에 관한 법률」 제4조에 따른 공공기관, 「지방공기업법」에 따른 지방공기업 또는 국가나 지방자치단체가 지정한 자가 임대나 양도의 목적으로 시행하는 주택 건설 또는 택지 및 산업단지 조성에 관한 사업

6. 제1호부터 제5호까지의 사업을 시행하기 위하여 필요한 통로, 교량, 전선로, 재료 적치장 또는 그 밖의 부속시설에 관한 사업

7. 제1호부터 제5호까지의 사업을 시행하기 위하여 필요한 주택, 공장 등의 이주단지 조성에 관한 사업

8. 그 밖에 별표에 규정된 법률에 따라 토지등을 수용하거나 사용할 수 있는 사업

[전문개정 2011.8.4.]

법	시 행 령	시 행 규 칙
여 다른 법률에 특별한 규정이 있는 경우를 제외하고는 이 법에서 정하는 바에 따른다.	수가 14층 이하인 경우: 2개층 ② 법 제2조제25호다목2)에서 "리모델링 대상 건축물의 구조도 보유 등 대통령령으로 정하는 요건"이란 수직증축형 리모델링의 대상이 되는 기존 건축물의 신축 당시 구조도를 보유하고 있는 것을 말한다. **관계법** 「공동주택관리법」 제2조(정의) ① 이 법에서 사용하는 용어의 뜻은 다음과 같다. 〈개정 2017.4.18.〉 1.~4. 〈생략〉 5. "입주자"란 공동주택의 소유자 또는 그 소유자를 대리하는 배우자 및 직계존비속(直系尊卑屬)을 말한다. 6. "사용자"란 공동주택을 임차하여 사용하는 사람(임대주택의 임차인은 제외한다) 등을 말한다. 7.~9. 〈생략〉 10. "관리주체"란 공동주택을 관리하는 다음 각 목의 자를 말한다. 가. 제6조제1항에 따른 자치관리기구의 대표자인 공동주택의 관리사무소장 나. 제13조제1항에 따라 관리업무를 인계하기 전의 사업주체 다. 주택관리업자 라. 임대사업자 마. 「민간임대주택에 관한 특별법」 제2조제11호에 따른 주택임대관리업자(시설물 유지·보수·개량 및 그 밖의 주택관리 업무를 수행하는 경우에 한정한다) ② 〈생략〉	

법	시 행 령	시 행 규 칙
제2장 주택의 건설 등 제1절 주택건설사업자 등	**제2장 주택의 건설 등** 제1절 주택건설사업자 등	**제2장 주택의 건설 등** 제1절 주택건설사업자 등
제4조【주택건설사업 등의 등록】 ① 연간 대통령령으로 정하는 호수(戶數) 이상의 주택건설사업을 시행하려는 자 또는 연간 대통령령으로 정하는 면적 이상의 대지조성사업을 시행하려는 자는 국토교통부장관에게 등록하여야 한다. 다만, 다음 각 호의 사업주체의 경우에는 그러하지 아니하다. 1. 국가 · 지방자치단체 2. 한국토지주택공사 3. 지방공사 4. 「공익법인의 설립 · 운영에 관한 법률」 제4조에 따라 주택건설사업을 목적으로 설립된 공익법인 5. 제11조에 따라 설립된 주택조합(제5조제2항에 따라 등록사업자와 공동으로 주택건설사업을 하는 주택조합만 해당한다) 6. 근로자를 고용하는 자(제5조제3항에 따라 등록사업자와 공동으로 주택건설사업을 시행하는 고용자만 해당하며, 이하 "고용자"라 한다) ② 제1항에 따라 등록하여야 할 사업자의 자본금과 기술인력 및 사무실면적에 관한 등록의 기준 · 절차 · 방법 등에 필요한 사항은 대통령령으로 정한다.	**제14조【주택건설사업자 등의 범위 및 등록기준 등】** ① 법 제4조제1항 각 호 외의 부분 본문에서 "대통령령으로 정하는 호수"란 다음 각 호의 구분에 따른 호수(戶數) 또는 세대수를 말한다. 1. 단독주택의 경우: 20호 2. 공동주택의 경우: 20세대. 다만, 도시형 생활주택(제10조제2항제1호의 경우를 포함한다)은 30세대로 한다. ② 법 제4조제1항 각 호 외의 부분 본문에서 "대통령령으로 정하는 면적"이란 1만제곱미터를 말한다. ③ 법 제4조에 따라 주택건설사업 또는 대지조성사업의 등록을 하려는 자는 다음 각 호의 요건을 모두 갖추어야 한다. 이 경우 하나의 사업자가 주택건설사업과 대지조성사업을 함께 할 때에는 제1호 및 제3호의 기준은 중복하여 적용하지 아니한다. 〈개정 2017.6.2., 2018.12.11〉 1. 자본금: 3억원(개인인 경우에는 자산평가액 6억원) 이상 2. 다음 각 목의 구분에 따른 기술인력 가. 주택건설사업: 「건설기술 진흥법 시행령」 별표 1에 따른 건축 분야 기술인 1명 이상 나. 대지조성사업: 「건설기술 진흥법 시행령」 별표 1에 따른 토목 분야 기술인 1명 이상 3. 사무실면적: 사업의 수행에 필요한 사무장비를 갖출 수 있는 면적 ④ 다음 각 호의 어느 하나에 해당하는 경우에는 해당 각 호의 자본금, 기술인력 또는 사무실면적을 제3항 각 호의 기준에 포함하여 산정한다.	**제4조【주택건설사업 등의 등록신청】** ① 법 제4조 및 영 제15조제1항에 따라 주택건설사업 또는 대지조성사업 등록을 하려는 자는 별지 제1호서식의 등록신청서(전자문서로 된 신청서를 포함한다)에 다음 각 호의 서류(전자문서를 포함한다)를 첨부하여 법 제85조제1항에 따른 주택사업자단체(이하 "협회"라 한다)에 제출하여야 한다. 〈개정 2017.6.2., 2019.2.25.〉 1. 등록기준에 따른 자본금을 보유하고 있음을 증명하는 다음 각 목의 구분에 따른 서류 가. 법인: 납입자본금에 관한 증명서류 나. 개인: 자산평가서와 그 증명서류 2. 등록기준에 따른 기술인력의 보유를 증명하는 다음 각 목의 서류 가. 「건설기술진흥법 시행규칙」 제18조제6항에 따른 건설기술인 경력증명서 또는 건설기술자 보유증명서 나. 고용계약서 사본 3. 건물등기사항증명서, 건물사용계약서 등 사무실의 보유를 증명하는 서류 4. 향후 1년간의 주택건설사업계획서 또는 대지조성사업계획서

법	시 행 령	시 행 규 칙
	1. 「건설산업기본법」 제9조에 따라 건설업(건축공사업 또는 토목건축공사업만 해당한다)의 등록을 한 자가 주택건설사업 또는 대지조성사업의 등록을 하려는 경우: 이미 보유하고 있는 자본금, 기술인력 및 사무실면적 2. 위탁관리 부동산투자회사(「부동산투자회사법」 제2조제1호나목에 따른 위탁관리 부동산투자회사를 말한다. 이하 같다)가 주택건설사업의 등록을 하려는 경우: 같은 법 제22조의2제1항에 따라 해당 부동산투자회사가 자산의 투자·운용업무를 위탁한 자산관리회사(같은 법 제2조제5호에 따른 자산관리회사를 말한다. 이하 같다)가 보유하고 있는 기술인력 및 사무실면적 **제15조 【주택건설사업 등의 등록 절차】** ① 법 제4조에 따라 주택건설사업 또는 대지조성사업의 등록을 하려는 자는 신청서에 국토교통부령으로 정하는 서류를 첨부하여 국토교통부장관에게 제출하여야 한다. ② 국토교통부장관은 법 제4조에 따라 주택건설사업 또는 대지조성사업의 등록을 한 자(이하 "등록사업자"라 한다)를 등록부에 등재하고 등록증을 발급하여야 한다.	5. 신청인이 재외국민(「재외국민등록법」 제2조에 따른 등록대상자를 말한다)인 경우에는 「재외국민등록법」 제7조에 따른 재외국민등록부 등본 ② [제6항으로 이동] 〈2021.2.19.〉 ③ 영 제15조제2항에 따른 주택건설사업자등록부 및 대지조성사업자등록부는 별지 제2호서식에 따르고, 등록증은 별지 제3호서식에 따른다. 〈개정 2017.6.2〉 ④ 협회는 법 제4조에 따라 주택건설사업 또는 대지조성사업의 등록을 한 자(이하 "등록사업자"라 한다)별로 별지 제4호서식의 등록사업자대장을 작성하여 관리하여야 한다. 〈개정 2017.6.2〉 ⑤ 등록사업자는 영 제15조제3항 본문에 따라 등록사항 변경신고를 하려는 경우에는 별지 제5호서식의 변경신고서에 변경내용을 증명하는 서류를 첨부하여 협회에 제출하여야 한다. 다만, 등록사업자가 개인인 경우에는 상속의 경우에만 등록한 사업자명의의 변경을 신고할 수 있다. 〈개정 2017.6.2〉 ⑥ 제1항 또는 제5항에 따라 등록신청서 또는 변경신고서를 제출받은 협회는 「전자정부법」 제36조제2항에 따른 행정정보의 공동이용을 통하여 다음 각 호의 서류를 확인해야 한다.

법	시 행 령	시 행 규 칙
		다만, 신청인이 다음 각 호의 서류 확인에 동의하지 않는 경우에는 해당 서류를 첨부하도록 해야 한다. 〈신설 2017.6.2, 2021.2.19〉 1. 신청인이 법인(대표자 또는 임원이 외국인인 법인은 제외한다)인 경우: 법인등기사항증명서 2. 신청인이 개인인 경우: 주민등록표 초본. 다만, 신청인이 직접 신청서를 제출하는 경우에는 주민등록증 등 신분증명서의 제시로 갈음한다. 3. 신청인이 외국인이거나 대표자 또는 임원이 외국인인 법인인 경우: 「출입국관리법」 제88조제2항에 따른 외국인등록 사실증명. 다만, 신청인이 다음 각 목의 어느 하나에 해당하는 서류를 등록신청서에 첨부하여 제출하는 경우에는 외국인등록 사실증명을 확인하지 아니한다. 가. 「외국공문서에 대한 인증의 요구를 폐지하는 협약」을 체결한 국가의 경우: 해당 국가의 정부 그 밖에 권한 있는 기관이 발행한 서류 또는 공증인이 공증한 해당 외국인의 진술서로서 해당 국가의 아포스티유(Apostille)확인서 발급 권한이 있는 기관이 그 확인서를 발급한 서류

법	시 행 령	시 행 규 칙
		나. 「외국공문서에 대한 인증의 요구를 폐지하는 협약」을 체결하지 아니한 국가의 경우: 해당 국가의 정부 그 밖에 권한 있는 기관이 발행한 서류 또는 공증인이 공증한 해당 외국인의 진술서로서 해당 국가에 주재하는 우리나라 영사가 확인한 서류 ⑦ 협회는 등록사업자에 대하여 등록증을 발급하거나 등록사항의 변경신고를 받은 때에는 그 내용을 관할 특별시장·광역시장·특별자치시장·도지사 또는 특별자치도지사(이하 "시·도지사"라 한다)에게 통보하고, 분기별로 국토교통부장관에게 보고하여야 한다. 〈개정 2017.6.2, 2021.2.19〉
	③ 등록사업자는 등록사항에 변경이 있으면 국토교통부령으로 정하는 바에 따라 변경 사유가 발생한 날부터 30일 이내에 국토교통부장관에게 신고하여야 한다. 다만, 국토교통부령으로 정하는 경미한 변경에 대해서는 그러하지 아니하다.	⑧ 영 제15조제3항 단서에서 "국토교통부령으로 정하는 경미한 변경"이란 자본금, 기술인의 수 또는 사무실 면적이 증가하거나 등록기준에 미달하지 아니하는 범위에서 감소한 경우를 말한다. 〈개정 2017.6.2, 2019.2.25, 2021.2.19〉 ⑨ 제4항에 따른 등록사업자대장은 전자적 처리가 불가능한 특별한 사유가 없으면 전자적 처리가 가능한 방법으로 작성·관리하여야 한다. 〈개정 2017.6.2, 2021.2.19〉

법	시 행 령	시 행 규 칙
제5조【공동사업주체】 ① 토지소유자가 주택을 건설하는 경우에는 제4조제1항에도 불구하고 대통령령으로 정하는 바에 따라 제4조에 따라 등록을 한 자(이하 "등록사업자"라 한다)와 공동으로 사업을 시행할 수 있다. 이 경우 토지소유자와 등록사업자를 공동사업주체로 본다.	**제16조【공동사업주체의 사업시행】** ① 법 제5조제1항에 따라 공동으로 주택을 건설하려는 토지소유자와 등록사업자는 다음 각 호의 요건을 모두 갖추어 법 제15조에 따른 사업계획승인을 신청하여야 한다. 1. 등록사업자가 다음 각 목의 어느 하나에 해당하는 자일 것 가. 제17조제1항 각 호의 요건을 모두 갖춘 자 나. 「건설산업기본법」 제9조에 따른 건설업(건축공사업 또는 토목건축공사업만 해당한다)의 등록을 한 자 2. 주택건설대지가 저당권 · 가등기담보권 · 가압류 · 전세권 · 지상권 등(이하 "저당권등"이라 한다)의 목적으로 되어 있는 경우에는 그 저당권등을 말소할 것. 다만, 저당권등의 권리자로부터 해당 사업의 시행에 대한 동의를 받은 경우는 예외로 한다. 3. 토지소유자와 등록사업자 간에 다음 각 목의 사항에 대하여 법 및 이 영이 정하는 범위에서 협약이 체결되어 있을 것 가. 대지 및 주택(부대시설 및 복리시설을 포함한다)의 사용 · 처분 나. 사업비의 부담 다. 공사기간 라. 그 밖에 사업 추진에 따르는 각종 책임 등 사업 추진에 필요한 사항	
② 제11조에 따라 설립된 주택조합(세대수를 증가하지 아니하는 리모델링주택조합은 제외한다)이 그 구성원의 주택을 건설하는 경우에는 대통령령으로 정하는 바에 따라 등록사업자(지방자치단체 · 한국토지주택공사 및 지방공사를 포함한다)와 공동으로 사업을 시행할 수 있다. 이 경우 주택조합과 등록사업자를 공동사업주체로 본다.	② 법 제5조제2항에 따라 공동으로 주택을 건설하려는 주택조합(세대수를 늘리지 아니하는 리모델링주택조합은 제외한다)과 등록사업자, 지방자치단체, 한국토지주택공사(「한국토지주택공사법」에 따른 한국토지주택공사를 말한다. 이하 같다) 또는 지방공사(「지방공기업법」 제49조에 따라 주택건설사업을 목적으로 설립된 지방공사를 말한다. 이하 같다)는 다음 각 호의 요건을 모두 갖추어 법 제15조에 따른 사	

법	시 행 령	시 행 규 칙
	업계획승인을 신청하여야 한다. 1. 등록사업자와 공동으로 사업을 시행하는 경우에는 해당 등록사업자가 제1항제1호의 요건을 갖출 것 2. 주택조합이 주택건설대지의 소유권을 확보하고 있을 것. 다만, 지역주택조합 또는 직장주택조합이 등록사업자와 공동으로 사업을 시행하는 경우로서 법 제21조제1항제1호에 따라 「국토의 계획 및 이용에 관한 법률」 제49조에 따른 지구단위계획의 결정이 필요한 사업인 경우에는 95퍼센트 이상의 소유권을 확보하여야 한다. 3. 제1항제2호 및 제3호의 요건을 갖출 것. 이 경우 제1항제2호의 요건은 소유권을 확보한 대지에 대해서만 적용한다.	
③ 고용자가 그 근로자의 주택을 건설하는 경우에는 대통령령으로 정하는 바에 따라 등록사업자와 공동으로 사업을 시행하여야 한다. 이 경우 고용자와 등록사업자를 공동사업주체로 본다. ④ 제1항부터 제3항까지에 따른 공동사업주체 간의 구체적인 업무·비용 및 책임의 분담 등에 관하여는 대통령령으로 정하는 범위에서 당사자 간의 협약에 따른다.	③ 법 제5조제3항에 따라 고용자가 등록사업자와 공동으로 주택을 건설하려는 경우에는 다음 각 호의 요건을 모두 갖추어 법 제15조에 따른 사업계획승인을 신청하여야 한다. 1. 제1항 각 호의 요건을 모두 갖추고 있을 것 2. 고용자가 해당 주택건설대지의 소유권을 확보하고 있을 것	
제6조【등록사업자의 결격사유】 다음 각 호의 어느 하나에 해당하는 자는 제4조에 따른 주택건설사업 등의 등록을 할 수 없다. 1. 미성년자·피성년후견인 또는 피한정후견인 2. 파산선고를 받은 자로서 복권되지 아니한 자 3. 「부정수표 단속법」 또는 이 법을 위반하여 금고 이상의 실형을 선고받고 그 집행이 끝나거나(집행이 끝난 것으로 보는 경우를 포함한다) 집행이 면제된 날부터 2년이 지나지 아니한 자		

법	시 행 령	시 행 규 칙
4. 「부정수표 단속법」 또는 이 법을 위반하여 금고 이상의 형의 집행유예를 선고받고 그 유예기간 중에 있는 자 5. 제8조에 따라 등록이 말소(제6조제1호 및 제2호에 해당하여 말소된 경우는 제외한다)된 후 2년이 지나지 아니한 자 6. 임원 중에 제1호부터 제5호까지의 규정 중 어느 하나에 해당하는 자가 있는 법인		
제7조 【등록사업자의 시공】 ① 등록사업자가 제15조에 따른 사업계획승인(「건축법」에 따른 공동주택건축허가를 포함한다)을 받아 분양 또는 임대를 목적으로 주택을 건설하는 경우로서 그 기술능력, 주택건설 실적 및 주택규모 등이 대통령령으로 정하는 기준에 해당하는 경우에는 그 등록사업자를 「건설산업기본법」 제9조에 따른 건설사업자로 보며 주택건설공사를 시공할 수 있다. 〈개정 2019.4.30.〉 ② 제1항에 따라 등록사업자가 주택을 건설하는 경우에는 「건설산업기본법」 제40조 · 제44조 · 제93조 · 제94조, 제98조부터 제100조까지, 제100조의2 및 제101조를 준용한다. 이 경우 "건설사업자"는 "등록사업자"로 본다. 〈개정 2019.4.30.〉	**제17조 【등록사업자의 주택건설공사 시공기준】** ① 법 제7조에 따라 주택건설공사를 시공하려는 등록사업자는 다음 각 호의 요건을 모두 갖추어야 한다. 〈개정 2018.12.11., 2019.10.22.〉 1. 자본금이 5억원(개인인 경우에는 자산평가액 10억원) 이상일 것 2. 「건설기술 진흥법 시행령」 별표 1에 따른 건축 분야 및 토목 분야 기술인 3명 이상을 보유하고 있을 것. 이 경우 「건설기술 진흥법 시행령」 별표 1에 따른 건설기술인으로서 다음 각 목에 해당하는 건설기술인 각 1명이 포함되어야 한다. 가. 건축시공 기술사 또는 건축기사 나. 토목 분야 기술인 3. 최근 5년간의 주택건설 실적이 100호 또는 100세대 이상일 것 ② 법 제7조에 따라 등록사업자가 건설할 수 있는 주택은 주택으로 쓰는 층수가 5개층 이하인 주택으로 한다. 다만, 각층 거실의 바닥면적 300제곱미터 이내마다 1개소 이상의 직통계단을 설치한 경우에는 주택으로 쓰는 층수가 6개층인 주택을 건설할 수 있다. ③ 제2항에도 불구하고 다음 각 호의 어느 하나에 해당하는 등록사업자는 주택으로 쓰는 층수가 6개층 이상인 주택	

을 건설할 수 있다.

1. 주택으로 쓰는 층수가 6개층 이상인 아파트를 건설한 실적이 있는 자
2. 최근 3년간 300세대 이상의 공동주택을 건설한 실적이 있는 자

④ 법 제7조에 따라 주택건설공사를 시공하는 등록사업자는 건설공사비(총공사비에서 대지구입비를 제외한 금액을 말한다)가 자본금과 자본준비금 · 이익준비금을 합한 금액의 10배(개인인 경우에는 자산평가액의 5배)를 초과하는 건설공사는 시공할 수 없다.

제8조【주택건설사업의 등록말소 등】 ① 국토교통부장관은 등록사업자가 다음 각 호의 어느 하나에 해당하면 그 등록을 말소하거나 1년 이내의 기간을 정하여 영업의 정지를 명할 수 있다. 다만, 제1호 또는 제5호에 해당하는 경우에는 그 등록을 말소하여야 한다. 〈개정 2018.8.14., 2024.1.16.〉

1. 거짓이나 그 밖의 부정한 방법으로 등록한 경우
2. 제4조제2항에 따른 등록기준에 미달하게 된 경우. 다만, 「채무자 회생 및 파산에 관한 법률」에 따라 법원이 회생절차개시의 결정을 하고 그 절차가 진행 중이거나 일시적으로 등록기준에 미달하는 등 대통령령으로 정하는 경우는 예외로 한다.
3. 고의 또는 과실로 공사를 잘못 시공하여 공중(公衆)에게 위해(危害)를 끼치거나 입주자에게 재산상 손해를 입힌 경우
4. 제6조제1호부터 제4호까지 또는 제6호 중 어느 하나에 해당하게 된 경우. 다만, 법인의 임원 중 제6조제6호에 해당하는 사람이 있는 경우 6개월 이내에 그 임원을 다른 사람으로 임명한 경우에는 그러하지 아니하다.

제18조【등록사업자의 등록말소 및 영업정지처분 기준】 ① 법 제8조에 따른 등록사업자의 등록말소 및 영업정지 처분에 관한 기준은 별표 1과 같다.

② 국토교통부장관은 법 제8조에 따라 등록말소 또는 영업정지의 처분을 하였을 때에는 지체 없이 관보에 고시하여야 한다. 그 처분을 취소하였을 때에도 또한 같다.

제19조【일시적인 등록기준 미달】 법 제8조제1항제2호 단서에서 "「채무자 회생 및 파산에 관한 법률」에 따라 법원이 회생절차개시의 결정을 하고 그 절차가 진행 중이거나 일시적으로 등록기준에 미달하는 등 대통령령으로 정하는 경우"란 다음 각 호의 어느 하나에 해당하는 경우를 말한다. 〈개정 2023.9.12.〉

1. 제14조제3항제1호에 따른 자본금 또는 자산평가액 기준에 미달한 경우 중 다음 각 목의 어느 하나에 해당하는 경우
   가. 「채무자 회생 및 파산에 관한 법률」 제49조에 따라 법원이 회생절차개시의 결정을 하고 그 절차가 진행 중

제5조【등록사업자에 대한 처분결과의 통지 등】 시 · 도지사는 법 제8조제1항에 따라 등록사업자에 대하여 등록말소 또는 영업정지의 처분을 하였을 때에는 지체 없이 협회에 그 내용을 통보(전자문서에 따른 통보를 포함한다)하여야 하며, 통보받은 협회는 등록사업자대장에 그 내용을 적고 관리하여야 한다.

법	시 행 령	시 행 규 칙

5. 제90조제1항을 위반하여 등록증의 대여 등을 한 경우

5의2. 제90조제2항을 위반하여 등록증을 빌리거나 허락 없이 등록사업자의 성명 또는 상호로 이 법에서 정한 사업이나 업무를 수행 또는 시공한 경우

5의3. 제90조제4항을 위반하여 이 법에서 정한 사업이나 업무를 수행 또는 시공하기 위하여 같은 조 제2항의 행위를 교사하거나 방조한 경우

6. 다음 각 목의 어느 하나에 해당하는 경우
 가. 「건설기술 진흥법」 제48조제4항에 따른 시공상세도면의 작성 의무를 위반하거나 건설사업관리를 수행하는 건설기술인 또는 공사감독자의 검토 · 확인을 받지 아니하고 시공한 경우
 나. 「건설기술 진흥법」 제54조제1항 또는 제80조에 따른 시정명령을 이행하지 아니한 경우
 다. 「건설기술 진흥법」 제55조에 따른 품질시험 및 검사를 하지 아니한 경우
 라. 「건설기술 진흥법」 제62조에 따른 안전점검을 하지 아니한 경우

7. 「택지개발촉진법」 제19조의2제1항을 위반하여 택지를 전매(轉賣)한 경우

8. 「표시 · 광고의 공정화에 관한 법률」 제17조제1호에 따른 처벌을 받은 경우

9. 「약관의 규제에 관한 법률」 제34조제2항에 따른 처분을 받은 경우

10. 그 밖에 이 법 또는 이 법에 따른 명령이나 처분을 위반한 경우

② 제1항에 따른 등록말소 및 영업정지 처분에 관한 기준은 대통령령으로 정한다.

인 경우
 나. 회생계획의 수행에 지장이 없다고 인정되는 경우로서 해당 등록사업자가 「채무자 회생 및 파산에 관한 법률」 제283조에 따라 법원으로부터 회생절차종결의 결정을 받고 회생계획을 수행 중인 경우
 다. 「기업구조조정 촉진법」 제5조에 따라 채권금융기관이 채권금융기관협의회의 의결을 거쳐 채권금융기관 공동관리절차를 개시하고 그 절차가 진행 중인 경우

2. 「상법」 제542조의8제1항 단서의 적용대상법인이 등록기준 미달 당시 직전의 사업연도말을 기준으로 자산총액의 감소로 인하여 제14조제3항제1호에 따른 자본금 기준에 미달하게 된 기간이 50일 이내인 경우

3. 기술인력의 사망 · 실종 또는 퇴직으로 인하여 제14조제3항제2호에 따른 기술인력 기준에 미달하게 된 기간이 50일(「소상공인기본법」 제2조에 따른 소상공인인 경우에는 180일) 이내인 경우

관계법 「표시 · 광고의 공정화에 관한 법률」 제17조(벌칙)
다음 각 호의 어느 하나에 해당하는 자는 2년 이하의 징역 또는 1억5천만원 이하의 벌금에 처한다.
1. 제3조제1항을 위반하여 부당한 표시 · 광고 행위를 하거나 다른 사업자등으로 하여금 하게 한 사업자등
2. <생략>

관계법 「약관의 규제에 관한 법률」 제34조(과태료)
① ~ ② <생략>
③ 다음 각 호의 어느 하나에 해당하는 자에게는 500만원 이하의 과태

관계법 「건설기술진흥법」
제62조(건설공사의 안전관리)
① 건설사업자와 주택건설등록업자는 대통령령으로 정하는 건설공사를 시행하는 경우 안전점검 및 안전관리조직 등 건설공사의 안전관리계획(이하 "안전관리계획"이라 한다)을 수립하고, 착공 전에 이를 발주자에게 제출하여 승인을 받아야 한다. 이 경우 발주청이 아닌 발주자는 미리 안전관리계획의 사본을 인 · 허가기관의 장에게 제출하여 승인을 받아야 한다. <개정 2020.6.9.>
② 제1항에 따라 안전관리계획을 제출받은 발주청 또는 인 · 허가기관의 장은 안전관리계획의 내용을 검토하여 그 결과를 건설업자와 주

법	시 행 령	시 행 규 칙
제9조【등록말소 처분 등을 받은 자의 사업 수행】 제8조에 따라 등록말소 또는 영업정지 처분을 받은 등록사업자는 그 처분 전에 제15조에 따른 사업계획승인을 받은 사업은 계속 수행할 수 있다. 다만, 등록말소 처분을 받은 등록사업자가 그 사업을 계속 수행할 수 없는 중대하고 명백한 사유가 있을 경우에는 그러하지 아니하다.	료를 부과한다. <개정 2018.6.12.> 1. 제3조제2항을 위반하여 고객에게 약관의 내용을 밝히지 아니하거나 그 약관의 사본을 내주지 아니한 자 2. 제3조제3항을 위반하여 고객에게 약관의 중요한 내용을 설명하지 아니한 자 3. 제19조의3제6항을 위반하여 표준약관과 다르게 정한 주요 내용을 고객이 알기 쉽게 표시하지 아니한 자 ④ ~ ⑤ <생략>	택건설등록업자에게 통보하여야 한다. <개정 2018.12.31.> ③ 발주청 또는 인・허가기관의 장은 제1항에 따라 제출받아 승인한 안전관리계획서 사본과 제2항에 따른 검토결과를 국토교통부장관에게 제출하여야 한다. <신설 2018.12.31.> ④~⑥ <생략>
제10조【영업실적 등의 제출】 ① 등록사업자는 국토교통부령으로 정하는 바에 따라 매년 영업실적(개인인 사업자가 해당 사업에 1년 이상 사용한 사업용 자산을 현물출자하여 법인을 설립한 경우에는 그 개인인 사업자의 영업실적을 포함한 실적을 말하며, 등록말소 후 다시 등록한 경우에는 다시 등록한 이후의 실적을 말한다)과 영업계획 및 기술인력 보유 현황을 국토교통부장관에게 제출하여야 한다. ② 등록사업자는 국토교통부령으로 정하는 바에 따라 월별 주택분양계획 및 분양 실적을 국토교통부장관에게 제출하여야 한다.		**제6조【영업실적 등의 제출 및 확인】** ① 등록사업자는 법 제10조제1항에 따라 전년도의 영업실적과 해당 연도의 영업계획 및 기술인력 보유현황을 별지 제6호서식에 따라 매년 1월 10일까지 협회에 제출(전자문서에 따른 제출을 포함한다)하여야 한다. 이 경우 보유 기술인력의 명세서를 첨부하여야 한다. ② 협회는 제1항에 따라 제출받은 영업실적 등을 별지 제7호서식에 따라 종합한 후 매년 1월 31일까지 국토교통부장관에게 제출(전자문서에 따른 제출을 포함한다)하여야 한다. ③ 협회는 제출받은 영업실적의 내용 중 주택건설사업 실적에 대하여 등록사업자가 확인을 요청하는 경우에는 별표 1의 기준에 따라 확인한 후 별지 제8호서식의 확인서를 발급(전자문서에 따른 발급을 포함한다)할 수 있다. ④ 등록사업자는 법 제10조제2항에 따라 월별 주택분양계획 및 분양실적을

법	시 행 령	시 행 규 칙
		매월 5일까지 협회에 제출(전자문서에 따른 제출을 포함한다)하여야 하며, 협회는 그 내용을 특별시 · 광역시 · 특별자치시 · 도 또는 특별자치도(이하 "시 · 도"라 한다)별로 종합하여 매월 15일까지 시 · 도지사에게 통보(전자문서에 따른 통보를 포함한다)하고 국토교통부장관에게 보고(전자문서에 따른 보고를 포함한다)하여야 한다.
제2절 주택조합	**2절 주택조합**	**제2절 주택조합**
제11조【주택조합의 설립 등】 ① 많은 수의 구성원이 주택을 마련하거나 리모델링하기 위하여 주택조합을 설립하려는 경우(제5항에 따른 직장주택조합의 경우는 제외한다)에는 관할 특별자치시장, 특별자치도지사, 시장, 군수 또는 구청장(구청장은 자치구의 구청장을 말하며, 이하 "시장 · 군수 · 구청장"이라 한다)의 인가를 받아야 한다. 인가받은 내용을 변경하거나 주택조합을 해산하려는 경우에도 또한 같다. ② 제1항에 따라 주택을 마련하기 위하여 주택조합설립인가를 받으려는 자는 다음 각 호의 요건을 모두 갖추어야 한다. 다만, 제1항 후단의 경우에는 그러하지 아니하다. 〈개정 2020.1.23.〉 1. 해당 주택건설대지의 80퍼센트 이상에 해당하는 토지의 사용권원을 확보할 것 2. 해당 주택건설대지의 15퍼센트 이상에 해당하는 토지의 소유권을 확보할 것	**제20조【주택조합의 설립인가 등】** ① 법 제11조제1항에 따라 주택조합의 설립 · 변경 또는 해산의 인가를 받으려는 자는 신청서에 다음 각 호의 구분에 따른 서류를 첨부하여 주택건설대지(리모델링주택조합의 경우에는 해당 주택의 소재지를 말한다. 이하 같다)를 관할하는 시장 · 군수 · 구청장에게 제출해야 한다. 〈개정 2019.10.22., 2020.7.24〉 1. 설립인가신청: 다음 각 목의 구분에 따른 서류 가. 지역주택조합 또는 직장주택조합의 경우 1) 창립총회 회의록 2) 조합장선출동의서 3) 조합원 전원이 자필로 연명(連名)한 조합규약 4) 조합원 명부 5) 사업계획서 6) 해당 주택건설대지의 80퍼센트 이상에 해당하는 토지의 사용권원을 확보하였음을 증명하는 서류	**제7조【주택조합의 설립인가신청 등】** ① 영 제20조제1항 각 호 외의 부분에 따른 신청서는 별지 제9호서식에 따른다. ② 영 제20조제1항제1호가목5)에 따른 사업계획서에는 다음 각 호의 사항을 적어야 한다. 1. 조합주택건설예정세대수 2. 조합주택건설예정지의 지번 · 지목 · 등기명의자 3. 도시 · 군관리계획(「국토의 계획 및 이용에 관한 법률」 제2조제4호에 따른 도시 · 군관리계획을 말한다. 이하 같다)상의 용도 4. 대지 및 주변 현황 ③ 영 제20조제1항제1호가목6)에 따른 서

법	시 행 령	시 행 규 칙

법

③ 제1항에 따라 주택을 리모델링하기 위하여 주택조합을 설립하려는 경우에는 다음 각 호의 구분에 따른 구분소유자(「집합건물의 소유 및 관리에 관한 법률」 제2조제2호에 따른 구분소유자를 말한다. 이하 같다)와 의결권(「집합건물의 소유 및 관리에 관한 법률」 제37조에 따른 의결권을 말한다. 이하 같다)의 결의를 증명하는 서류를 첨부하여 관할 시장·군수·구청장의 인가를 받아야 한다.

1. 주택단지 전체를 리모델링하고자 하는 경우에는 주택단지 전체의 구분소유자와 의결권의 각 3분의 2 이상의 결의 및 각 동의 구분소유자와 의결권의 각 과반수의 결의
2. 동을 리모델링하고자 하는 경우에는 그 동의 구분소유자 및 의결권의 각 3분의 2 이상의 결의

④ 제5조제2항에 따라 주택조합과 등록사업자가 공동으로 사업을 시행하면서 시공할 경우 등록사업자는 시공자로서의 책임뿐만 아니라 자신의 귀책사유로 사업 추진이 불가능하게 되거나 지연됨으로 인하여 조합원에게 입힌 손해를 배상할 책임이 있다.

⑤ 국민주택을 공급받기 위하여 직장주택조합을 설립하려는 자는 관할 시장·군수·구청장에게 신고하여야 한다. 신고한 내용을 변경하거나 직장주택조합을 해산하려는 경우에도 또한 같다.

⑥ 주택조합(리모델링주택조합은 제외한다)은 그 구성원을 위하여 건설하는 주택을 그 조합원에게 우선 공급할 수 있으며, 제5항에 따른 직장주택조합에 대하여는 사업주체가 국민주택을 그 직장주택조합원에게 우선 공급할 수 있다.

⑦ 제1항에 따라 인가를 받는 주택조합의 설립방법·설립절차, 주택조합 구성원의 자격기준·제명·탈퇴 및 주택조합의 운영·관리 등에 필요한 사항과 제5항에 따른 직장주

시 행 령

7) 해당 주택건설대지의 15퍼센트 이상에 해당하는 토지의 소유권을 확보하였음을 증명하는 서류
8) 그 밖에 국토교통부령으로 정하는 서류

나. 리모델링주택조합의 경우
1) 가목1)부터 5)까지의 서류
2) 법 제11조제3항 각 호의 결의를 증명하는 서류. 이 경우 결의서에는 별표 4 제1호나목1)부터 3)까지의 사항이 기재되어야 한다.
3) 「건축법」 제5조에 따라 건축기준의 완화 적용이 결정된 경우에는 그 증명서류
4) 해당 주택이 법 제49조에 따른 사용검사일(주택단지 안의 공동주택 전부에 대하여 같은 조에 따라 임시 사용승인을 받은 경우에는 그 임시 사용승인일을 말한다) 또는 「건축법」 제22조에 따른 사용승인일부터 다음의 구분에 따른 기간이 지났음을 증명하는 서류
가) 대수선인 리모델링: 10년
나) 증축인 리모델링: 법 제2조제25호나목에 따른 기간

2. 변경인가신청: 변경의 내용을 증명하는 서류
3. 해산인가신청: 조합해산의 결의를 위한 총회의 의결정족수에 해당하는 조합원의 동의를 받은 정산서

② 제1항제1호가목3)의 조합규약에는 다음 각 호의 사항이 포함되어야 한다. 〈개정 2017.6.2〉

1. 조합의 명칭 및 소재지
2. 조합원의 자격에 관한 사항
3. 주택건설대지의 위치 및 면적
4. 조합원의 제명·탈퇴 및 교체에 관한 사항
5. 조합임원의 수, 업무범위(권리·의무를 포함한다), 보수, 선임방법, 변경 및 해임에 관한 사항

시 행 규 칙

류는 별지 제9호의2서식의 토지사용 동의서에 따를 수 있다. 〈신설 2024.6.19.〉

④ 영 제20조제1항제1호가목8)에서 "국토교통부령으로 정하는 서류"란 다음 각 호의 서류를 말한다. 〈개정 2020.7.24., 2024.6.19.〉

1. 고용자가 확인한 근무확인서(직장주택조합의 경우만 해당한다)
2. 조합원 자격이 있는 자임을 확인하는 서류

⑤ 법 제11조제1항에 따라 지역·직장주택조합의 설립인가신청(조합원의 교체·신규가입에 따른 변경인가신청을 포함한다)을 받은 특별자치시장, 특별자치도지사, 시장, 군수 또는 구청장(구청장은 자치구의 구청장을 말하며, 이하 "시장·군수·구청장"이라 한다)은 「전자정부법」 제36조제1항에 따른 행정정보의 공동이용을 통해 조합원의 주민등록표등본을 확인해야 하며, 신청인이 확인에 동의하지 않는 경우에는 해당 서류를 직접 제출하도록 해야 한다. 〈개정 2019.10.29., 2024.6.19.〉

⑥ 영 제20조제3항에서 "국토교통부령으로 정하는 사항"이란 다음 각 호의 사항을 말한다. 〈개정 2017.6.2., 2019.5.31., 2020.7.24., 2024.6.19.〉

1. 조합규약(영 제20조제2항 각 호의 사항만 해당한다)의 변경

법

택조합의 설립요건 및 신고절차 등에 필요한 사항은 대통령령으로 정한다. 〈개정 2016.12.2.〉

⑧ 제7항에도 불구하고 조합원은 조합규약으로 정하는 바에 따라 조합에 탈퇴 의사를 알리고 탈퇴할 수 있다. 〈개정 2016.12.2.〉

⑨ 탈퇴한 조합원(제명된 조합원을 포함한다)은 조합규약으로 정하는 바에 따라 부담한 비용의 환급을 청구할 수 있다. 〈개정 2016.12.2.〉

시 행 령

6. 조합원의 비용부담 시기 · 절차 및 조합의 회계

6의2. 조합원의 제명·탈퇴에 따른 환급금의 산정방식, 지급시기 및 절차에 관한 사항

7. 사업의 시행시기 및 시행방법

8. 총회의 소집절차 · 소집시기 및 조합원의 총회소집요구에 관한 사항

9. 총회의 의결을 필요로 하는 사항과 그 의결정족수 및 의결절차

10. 사업이 종결되었을 때의 청산절차, 청산금의 징수 · 지급방법 및 지급절차

11. 조합비의 사용 명세와 총회 의결사항의 공개 및 조합원에 대한 통지방법

12. 조합규약의 변경 절차

13. 그 밖에 조합의 사업추진 및 조합 운영을 위하여 필요한 사항

③ 제2항제9호에도 불구하고 국토교통부령으로 정하는 사항은 반드시 총회의 의결을 거쳐야 한다.

④ 총회의 의결을 하는 경우에는 조합원의 100분의 10 이상이 직접 출석하여야 한다. 다만, 창립총회 또는 제3항에 따라 국토교통부령으로 정하는 사항을 의결하는 총회의 경우에는 조합원의 100분의 20 이상이 직접 출석하여야 한다. 〈신설 2017.6.2.〉

⑤ 제4항에도 불구하고 총회의 소집시기에 해당 주택건설대지가 위치한 특별자치시 · 특별자치도 · 시 · 군 · 구(자치구를 말하며, 이하 "시 · 군 · 구"라 한다)에 「감염병의 예방 및 관리에 관한 법률」 제49조제1항제2호에 따라 여러 사람의 집합을 제한하거나 금지하는 조치가 내려진 경우에는 전자적 방법으로 총회를 개최해야 한다. 이 경우 조합원의 의결권 행사는 「전자서명법」 제2조제2호 및 제6호의 전자서명 및 인증서(서명자의 실제 이름을 확인할 수 있는 것으로 한정한

시 행 규 칙

2. 자금의 차입과 그 방법 · 이자율 및 상환방법

3. 예산으로 정한 사항 외에 조합원에게 부담이 될 계약의 체결

3의2. 법 제11조의2제1항에 따른 업무대행자(이하 "업무대행자"라 한다)의 선정· 변경 및 업무대행계약의 체결

4. 시공자의 선정 · 변경 및 공사계약의 체결

5. 조합임원의 선임 및 해임

6. 사업비의 조합원별 분담 명세 확정(리모델링주택조합의 경우 법 제68조제4항에 따른 안전진단 결과에 따라 구조설계의 변경이 필요한 경우 발생할 수 있는 추가 비용의 분담안을 포함한다) 및 변경

7. 사업비의 세부항목별 사용계획이 포함된 예산안 〈신설 2020.7.24.〉

8. 조합해산의 결의 및 해산시의 회계 보고

⑦ 국토교통부장관은 주택조합의 원활한 사업추진 및 조합원의 권리보호를 위하여 표준조합규약 및 표준공사계약서를 작성 · 보급할 수 있다. 〈개정 2024.6.19〉

⑧ 시장 · 군수 · 구청장은 법 제11조제1항에 따라 주택조합의 설립 또는 변경을 인가하였을 때에는 별지 제10호서식의 주택조합설립인가대장에 적고, 별지 제11호서식의 인가필증을 신청인에게 발급하여야 한다. 〈개정 2024.6.19〉

법	시 행 령	시 행 규 칙
	다)를 통해 본인 확인을 거쳐 전자적 방법으로 해야 한다. 〈신설 2021.2.19.〉 ⑥ 주택조합은 제5항에 따라 전자적 방법으로 총회를 개최하려는 경우 다음 각 호의 사항을 조합원에게 사전에 통지해야 한다. 〈신설 2021.2.19.〉 1. 총회의 의결사항 2. 전자투표를 하는 방법 3. 전자투표 기간 4. 그 밖에 전자투표 실시에 필요한 기술적인 사항 ⑦ 주택조합(리모델링주택조합은 제외한다)은 법 제11조에 따른 주택조합 설립인가를 받는 날부터 법 제49조에 따른 사용검사를 받는 날까지 계속하여 다음 각 호의 요건을 모두 충족해야 한다. 〈개정 2019.10.22., 2021.2.19.〉 1. 주택건설 예정 세대수(설립인가 당시의 사업계획서상 주택건설 예정 세대수를 말하되, 법 제20조에 따라 임대주택으로 건설·공급하는 세대수는 제외한다. 이하 같다)의 50퍼센트 이상의 조합원으로 구성할 것. 다만, 법 제15조에 따른 사업계획승인 등의 과정에서 세대수가 변경된 경우에는 변경된 세대수를 기준으로 한다. 2. 조합원은 20명 이상일 것 ⑧ 리모델링주택조합 설립에 동의한 자로부터 건축물을 취득한 자는 리모델링주택조합 설립에 동의한 것으로 본다. 〈개정 2017.6.2., 2021.2.19.〉 ⑨ 시장·군수·구청장은 해당 주택건설대지에 대한 다음 각 호의 사항을 종합적으로 검토하여 주택조합의 설립인가 여부를 결정하여야 한다. 이 경우 그 주택건설대지가 이미 인가를 받은 다른 주택조합의 주택건설대지와 중복되지 아니하도록 하여야 한다. 〈개정 2017.6.2., 2021.2.19.〉	⑨ 시장·군수·구청장은 법 제11조제1항에 따라 주택조합의 해산인가를 하거나 법 제14조제2항에 따라 주택조합의 설립인가를 취소하였을 때에는 주택조합설립인가대장에 그 내용을 적고, 인가필증을 회수하여야 한다. 〈개정 2024.6.19〉 ⑩ 제7항에 따른 주택조합설립인가대장은 전자적 처리가 불가능한 특별한 사유가 없으면 전자적 처리가 가능한 방법으로 작성·관리하여야 한다. 〈개정 2024.6.19〉

법	시 행 령	시 행 규 칙
	1. 법 또는 관계 법령에 따른 건축기준 및 건축제한 등을 고려하여 해당 주택건설대지에 주택건설이 가능한지 여부 2. 「국토의 계획 및 이용에 관한 법률」에 따라 수립되었거나 해당 주택건설사업기간에 수립될 예정인 도시·군계획(같은 법 제2조제2호에 따른 도시·군계획을 말한다)에 부합하는지 여부 3. 이미 수립되어 있는 토지이용계획 4. 주택건설대지 중 토지 사용에 관한 권원을 확보하지 못한 토지가 있는 경우 해당 토지의 위치가 사업계획서상의 사업시행에 지장을 줄 우려가 있는지 여부 ⑩ 시장·군수·구청장은 법 제11조제1항에 따라 주택조합의 설립인가를 한 경우 다음 각 호의 사항을 해당 지방자치단체의 인터넷 홈페이지에 공고해야 한다. 이 경우 공고한 내용이 법 제11조제1항에 따른 변경인가에 따라 변경된 경우에도 또한 같다. 〈신설 2020.7.24., 2021.2.19.〉 1. 조합의 명칭 및 사무소의 소재지 2. 조합설립 인가일 3. 주택건설대지의 위치 4. 조합원 수 5. 토지의 사용권원 또는 소유권을 확보한 면적과 비율 ⑪ 주택조합의 설립·변경 또는 해산 인가에 필요한 세부적인 사항은 국토교통부령으로 정한다. 〈개정 2017.6.2., 2020.7.24., 2021.2.19.〉	
제11조의2【주택조합업무의 대행 등】 ① 주택조합(리모델링주택조합은 제외한다. 이하 이 조에서 같다) 및 주택조합의 발기인은 조합원 모집 등 제2항에 따른 주택조합의 업무를 제5조제2항에 따른 공동사업주체인 등록사업자 또는 다음 각 호의 어느 하나에 해당하는 자로서 대통령령으로 정하는	**제24조의2【주택조합 업무대행자의 요건】** 법 제11조의2제1항 각 호 외의 부분에서 "대통령령으로 정하는 자본금을 보유한 자"란 다음 각 호의 어느 하나에 해당하는 자를 말한다. 1. 법인인 경우: 5억원 이상의 자본금을 보유한 자 2. 개인인 경우: 10억원 이상의 자산평가액을 보유한 사람	**제7조의2【업무대행자의 업무범위 등】** ① 법 제11조의2제2항제6호에서 "국토교통부령으로 정하는 사항"이란 다음 각 호의 업무를 말한다. 〈개정 2020.7.24.〉 1. 총회 일시·장소 및 안건의 통지 등

법	시 행 령	시 행 규 칙
자본금을 보유한 자 외의 자에게 대행하게 할 수 없다. 〈개정 2017.2.8., 2020.1.23.〉 1. 등록사업자 2. 「공인중개사법」 제9조에 따른 중개업자 3. 「도시 및 주거환경정비법」 제102조에 따른 정비사업전문관리업자 4. 「부동산개발업의 관리 및 육성에 관한 법률」 제4조에 따른 등록사업자 5. 「자본시장과 금융투자업에 관한 법률」에 따른 신탁업자 6. 그 밖에 다른 법률에 따라 등록한 자로서 대통령령으로 정하는 자 ② 제1항에 따라 업무대행자에게 대행시킬 수 있는 주택조합의 업무는 다음 각 호와 같다. 〈개정 2020.1.23.〉 1. 조합원 모집, 토지 확보, 조합설립인가 신청 등 조합설립을 위한 업무의 대행 2. 사업성 검토 및 사업계획서 작성업무의 대행 3. 설계자 및 시공자 선정에 관한 업무의 지원 4. 제15조에 따른 사업계획승인 신청 등 사업계획승인을 위한 업무의 대행 5. 계약금 등 자금의 보관 및 그와 관련된 업무의 대행 6. 그 밖에 총회의 운영업무 지원 등 국토교통부령으로 정하는 사항 ③ 주택조합 및 주택조합의 발기인은 제2항제5호에 따른 업무 중 계약금 등 자금의 보관 업무는 제1항제5호에 따른 신탁업자에게 대행하도록 하여야 한다. 〈신설 2020.1.23.〉 ④ 제1항에 따른 업무대행자는 국토교통부령으로 정하는 바에 따라 사업연도별로 분기마다 해당 업무의 실적보고서를 작성하여 주택조합 또는 주택조합의 발기인에게 제출하	[본조신설 2020.7.24.]	총회 운영업무 지원 2. 조합 임원 선거 관리업무 지원 ② 업무대행자는 법 제11조의2제4항에 따라 업무의 실적보고서를 해당 분기의 말일부터 20일 이내에 주택조합 또는 주택조합의 발기인에게 제출해야 한다. 〈신설 2020.7.24.〉 [본조신설 2017.6.2.][제목개정 2020.7.24.]

법	시 행 령	시 행 규 칙

법

여야 한다. 〈신설 2020.1.23.〉

⑤ 제1항 부터 제4항까지의 규정에 따라 주택조합의 업무를 대행하는 자는 신의에 따라 성실하게 업무를 수행하여야 하고, 자신의 귀책사유로 주택조합(발기인을 포함한다) 또는 조합원(주택조합 가입 신청자를 포함한다)에게 손해를 입힌 경우에는 그 손해를 배상할 책임이 있다. 〈개정 2020.1.23.〉

⑥ 국토교통부장관은 주택조합의 원활한 사업추진 및 조합원의 권리 보호를 위하여 공정거래위원회 위원장과 협의를 거쳐 표준업무대행계약서를 작성·보급할 수 있다. 〈개정 2020.1.23.〉

[본조 신설 2016.12.2.]

제11조의3【조합원 모집 신고 및 공개모집】 ① 제11조제1항에 따라 지역주택조합 또는 직장주택조합의 설립인가를 받기 위하여 조합원을 모집하려는 자는 해당 주택건설대지의 50퍼센트 이상에 해당하는 토지의 사용권원을 확보하여 관할 시장·군수·구청장에게 신고하고, 공개모집의 방법으로 조합원을 모집하여야 한다. 조합 설립인가를 받기 전에 신고한 내용을 변경하는 경우에도 또한 같다. 〈개정 2020.1.23〉

② 제1항에도 불구하고 공개모집 이후 조합원의 사망·자격상실·탈퇴 등으로 인한 결원을 충원하거나 미달된 조합원을 재모집하는 경우에는 신고하지 아니하고 선착순의 방법으로 조합원을 모집할 수 있다.

③ 제1항에 따른 모집 시기, 모집 방법 및 모집 절차 등 조합원 모집의 신고, 공개모집 및 조합 가입 신청자에 대한 정보 공개 등에 필요한 사항은 국토교통부령으로 정한다.

④ 제1항에 따라 신고를 받은 시장·군수·구청장은 신고내용이 이 법에 적합한 경우에는 신고를 수리하고 그 사실을 신고인에게 통보하여야 한다.

시 행 규 칙

제7조의3【조합원 모집 신고】 ① 법 제11조의3제1항에 따라 조합원 모집 신고를 하려는 자는 별지 제11호의2서식의 신고서에 다음 각 호의 서류를 첨부하여 관할 시장·군수·구청장에게 제출해야 한다. 〈개정 2020.7.24., 2024.6.19.〉

1. 조합 발기인 명단 등 조합원 모집 주체에 관한 자료

1의2. 주택조합 발기인이 영 제24조의3제1항에 따른 자격이 있음을 증명하는 자료

2. 주택건설예정지의 지번·지목·등기명의자 및 도시·군관리계획상의 용도

2의2. 해당 주택건설대지의 50퍼센트 이상에 해당하는 토지의 사용권원을 확보하였음을 증명하는 별지 제9호의2서식의 토지사용 동의서나 그 밖의 서류

3. 다음 각 목의 사항이 모두 포함된

법	시 행 령	시 행 규 칙
⑤ 시장·군수·구청장은 다음 각 호의 어느 하나에 해당하는 경우에는 조합원 모집 신고를 수리할 수 없다. 1. 이미 신고된 사업대지와 전부 또는 일부가 중복되는 경우 2. 이미 수립되었거나 수립 예정인 도시·군계획, 이미 수립된 토지이용계획 또는 이 법이나 관계 법령에 따른 건축기준 및 건축제한 등에 따라 해당 주택건설대지에 조합주택을 건설할 수 없는 경우 3. 제11조의2제1항에 따라 조합업무를 대행할 수 있는 자가 아닌 자와 업무대행계약을 체결한 경우 등 신고내용이 법령에 위반되는 경우 4. 신고한 내용이 사실과 다른 경우 ⑥ 제1항에 따라 조합원을 모집하려는 주택조합의 발기인은 대통령령으로 정하는 자격기준을 갖추어야 한다. 〈신설 2020.1.23.〉 ⑦ 제6항에 따른 주택조합의 발기인은 조합원 모집 신고를 하는 날 주택조합에 가입한 것으로 본다. 이 경우 주택조합의 발기인은 그 주택조합의 가입 신청자와 동일한 권리와 의무가 있다. 〈신설 2020.1.23.〉 ⑧ 제1항에 따라 조합원을 모집하는 자(제11조의2제1항에 따라 조합원 모집 업무를 대행하는 자를 포함한다. 이하 "모집주체"라 한다)와 주택조합 가입 신청자는 다음 각 호의 사항이 포함된 주택조합 가입에 관한 계약서를 작성하여야 한다. 〈신설 2020.1.23.〉 1. 주택조합의 사업개요 2. 조합원의 자격기준 3. 분담금 등 각종 비용의 납부예정금액, 납부시기 및 납부방법 4. 주택건설대지의 사용권원 및 소유권을 확보한 면적 및	**제24조의3 【주택조합 발기인의 자격기준 등】** ① 법 제11조의3제6항에서 "대통령령으로 정하는 자격기준"이란 다음 각 호의 구분에 따른 요건을 말한다. 1. 지역주택조합 발기인인 경우: 다음 각 목의 요건을 모두 갖출 것 가. 조합원 모집 신고를 하는 날부터 해당 조합설립인가일까지 주택을 소유(주택의 유형, 입주자 선정방법 등을 고려하여 국토교통부령으로 정하는 지위에 있는 경우를 포함한다)하는지에 대하여 제21조제1항제1호가목1) 또는 2)에 해당할 것 나. 조합원 모집 신고를 하는 날의 1년 전부터 해당 조합설립인가일까지 계속하여 법 제2조제11호가목의 구분에 따른 지역에 거주할 것 2. 직장주택조합 발기인인 경우: 다음 각 목의 요건을 모두 갖출 것 가. 제1호가목에 해당할 것 나. 조합원 모집 신고를 하는 날 현재 제21조제1항제2호	조합원 모집공고안 가. 주택건설·공급 계획 등이 포함된 사업의 개요 나. 토지의 사용권원 또는 소유권의 확보 현황(확보면적 및 확보비율 등을 말한다) 및 계획 다. 조합 자금관리의 주체 및 계획 4. 조합가입 신청서 및 계약서의 서식 5. 업무대행자를 선정한 경우에는 다음 각 목의 서류 가. 영 제24조의2에 따른 자본금 또는 자산평가액을 보유하고 있음을 증명하는 서류(자산평가액의 경우에는 자산평가서를 포함한다) 나. 업무대행계약서 ② 영 제24조의3제1항제1호가목에서 "국토교통부령으로 정하는 지위"란 「주택공급에 관한 규칙」 제2조제7호에 따른 당첨자(당첨자의 지위를 승계한 자를 포함한다)의 지위를 말한다. 〈신설 2020.7.24.〉 ③ 시장·군수·구청장은 제1항에 따른 신고를 수리하려는 경우 국토교통부장관에게 「정보통신망 이용촉진 및 정보보호 등에 관한 법률」에 따라 구성된 주택전산망을 이용한 전산검색을 의뢰하여 영 제24조의3제1항제1호 또는 제2호에 따른 발기인 자격에 해당하는지를 확인해야 한다. 〈신설 2020.7.24.〉

법	시 행 령	시 행 규 칙
비율 5. 조합원 탈퇴 및 환급의 방법, 시기 및 절차 6. 그 밖에 주택조합의 설립 및 운영에 관한 중요 사항으로서 대통령령으로 정하는 사항 [본조신설 2016.12.2.]	나목에 해당할 것 ② 법 제11조의3제8항제6호에서 "대통령령으로 정하는 사항"이란 다음 각 호의 사항을 말한다. 1. 주택조합 발기인과 임원의 성명, 주소, 연락처 및 보수에 관한 사항 2. 법 제11조의2제1항에 따라 업무대행자가 선정된 경우 업무대행자의 성명, 주소, 연락처(법인의 경우에는 법인명, 대표자의 성명, 법인의 주소 및 법인등록번호를 말한다) 및 대행 수수료에 관한 사항 3. 사업비 명세 및 자금조달계획에 관한 사항 4. 사업비가 증액될 경우 조합원이 추가 분담금을 납부할 수 있다는 사항 5. 법 제11조의6에 따른 청약 철회 및 가입비등(법 제11조의6제1항에 따른 가입비등을 말한다. 이하 같다)의 예치·반환 등에 관한 사항 [본조신설 2020.7.24.]	④ 시장·군수·구청장은 제1항에 따른 신고서가 접수된 날부터 15일 이내에 신고의 수리 여부를 결정·통지하여야 한다. 〈개정 2020.7.24〉 ⑤ 제1항에 따른 신고를 수리하는 경우에는 별지 제11호의3서식의 신고대장에 관련 내용을 적고, 신고인에게 별지 제11호의4서식의 신고필증을 발급하여야 한다. 〈개정 2020.7.24.〉 [본조신설 2017.6.2.] **제7조의4 【조합원 공개모집】** ① 법 제11조의3제1항에 따라 조합원을 모집하려는 자는 제7조의3에 따른 조합원 모집 신고가 수리된 이후 다음 각 호의 구분에 따른 방법으로 모집공고를 하여야 한다. 1. 지역주택조합: 법 제2조제11호가목의 구분에 따른 조합원 모집 대상 지역의 주민이 널리 볼 수 있는 일간신문 및 관할 시·군·자치구의 인터넷 홈페이지에 게시 2. 직장주택조합: 조합원 모집 대상 직장의 인터넷 홈페이지에 게시 ② 조합원 모집공고에는 다음 각 호의 사항이 포함되어야 한다. 〈개정 2019.10.29., 2020.7.24〉 1. 조합 발기인 등 조합원 모집 주체

법	시 행 령	시 행 규 칙
		의 성명 및 주소(법인의 경우에는 법인명, 대표자의 성명, 법인의 주소 및 법인등록번호를 말한다) 2. 법 제11조의2제1항에 따른 업무대행자를 선정한 경우에는 업무대행자의 성명 및 주소(법인의 경우에는 법인명, 대표자의 성명, 법인의 주소 및 법인등록번호를 말한다) 3. 주택건설예정지의 지번·지목 및 면적 4. 토지의 사용권원 또는 소유권의 확보 현황(확보면적, 확보비율 등을 말한다) 및 계획 5. 주택건설 예정세대수 및 주택건설 예정기간 6. 조합원 모집세대수 및 모집기간 7. 조합원을 분할하여 모집하는 경우에는 분할 모집시기별 모집세대수 등 조합원 모집에 관한 정보 8. 호당 또는 세대당 주택공급면적 및 대지면적 9. 조합가입 신청자격, 신청시의 구비서류, 신청일시 및 장소 10. 계약금·분담금의 납부시기 및 납부방법 등 조합원의 비용부담에 관한 사항 11. 조합 자금관리의 주체 및 계획 12. 조합원 당첨자 발표의 일시·장소 및 방법 13. 부적격자의 처리 및 계약 취소에

법	시 행 령	시 행 규 칙
		관한 사항 14. 조합가입 계약일·계약장소 등의 계약사항 15. 동·호수의 배정 방법 등에 관한 사항 15의2. 동·호수는 법 제15조에 따른 사업계획승인일 이후에 배정한다는 사실과 구체적인 배정 시기의 결정 및 통지 방법 16. 조합설립인가 신청일(또는 신청예정일), 사업계획승인 신청예정일, 착공예정일 및 입주예정일 17. 조합원의 권리·의무에 관한 사항 18. 그 밖에 추가분담금 등 조합가입 시 유의할 사항으로서 시장·군수·구청장이 필요하다고 인정하는 사항 ③ 조합원을 모집하려는 자는 제2항 각 호의 사항 외에 조합가입 신청자가 알아야 할 사항 그 밖의 필요한 사항을 조합가입 신청장소에 게시한 후 별도의 안내서를 작성하여 조합가입 신청자에게 교부하여야 한다. [본조신설 2017.6.2.]
제11조의4【설명의무】 ① 모집주체는 제11조의3제8항 각 호의 사항을 주택조합 가입 신청자가 이해할 수 있도록 설명하여야 한다. ② 모집주체는 제1항에 따라 설명한 내용을 주택조합 가입 신청자가 이해하였음을 국토교통부령으로 정하는 바에 따		**제7조의5【주택조합 가입 계약 설명 확인서】** 모집주체는 법 제11조의4제2항에 따라 별지 제11호의5서식의 조합 가입 계약 설명 확인서에 주택조합 가입 신청자의 확인을 받아 해당 신청자

법	시 행 령	시 행 규 칙
라 서면으로 확인을 받아 주택조합 가입 신청자에게 교부하여야 하며, 그 사본을 5년간 보관하여야 한다. [본조신설 2020.1.23.] [종전 제11조의4는 제11조의6으로 이동 〈2020.1.23.〉]		에게 교부해야 한다. [본조신설 2020.7.24.]
제11조의5【조합원 모집 광고 등에 관한 준수사항】 ① 모집주체가 주택조합의 조합원을 모집하기 위하여 광고를 하는 경우에는 다음 각 호의 내용이 포함되어야 한다. 1. "지역주택조합 또는 직장주택조합의 조합원 모집을 위한 광고"라는 문구 2. 조합원의 자격기준에 관한 내용 3. 주택건설대지의 사용권원 및 소유권을 확보한 비율 4. 그 밖에 조합원 보호를 위하여 대통령령으로 정하는 내용 ② 모집주체가 조합원 가입을 권유하거나 모집 광고를 하는 경우에는 다음 각 호의 행위를 하여서는 아니 된다. 1. 조합주택의 공급방식, 조합원의 자격기준 등을 충분히 설명하지 않거나 누락하여 제한 없이 조합에 가입하거나 주택을 공급받을 수 있는 것으로 오해하게 하는 행위 2. 제5조제4항에 따른 협약이나 제15조제1항에 따른 사업계획승인을 통하여 확정될 수 있는 사항을 사전에 확정된 것처럼 오해하게 하는 행위 3. 사업추진 과정에서 조합원이 부담해야 할 비용이 추가로 발생할 수 있음에도 주택 공급가격이 확정된 것으로 오해하게 하는 행위 4. 주택건설대지의 사용권원 및 소유권을 확보한 비율을 사실과 다르거나 불명확하게 제공하는 행위 5. 조합사업의 내용을 사실과 다르게 설명하거나 그 내용의 중요한 사실을 은폐 또는 축소하는 행위	**제24조의4【조합원 모집 광고 등에 관한 준수사항】** ① 법 제11조의5제1항제4호에서 "대통령령으로 정하는 내용"이란 다음 각 호의 사항을 말한다. 1. 조합의 명칭 및 사무소의 소재지 2. 조합원 모집 신고 수리일 ② 법 제11조의5제2항제6호에서 "대통령령으로 정하는 행위"란 시공자가 선정되지 않았음에도 선정된 것으로 오해하게 하는 행위를 말한다. ③ 모집주체(법 제11조의3제8항 각 호 외의 부분에 따른 모집주체를 말한다. 이하 같다)는 조합원 모집 광고를 할 때 다음 각 호의 요건을 모두 갖춘 크기로 법 제11조의5제1항 각 호의 내용을 표기하여 일반인이 쉽게 인식할 수 있도록 해야 한다. 1. 9포인트 이상일 것 2. 제목이 아닌 다른 내용보다 20퍼센트 이상 클 것 ④ 모집주체는 해당 주택조합의 인터넷 홈페이지가 있는 경우 조합원 모집 광고를 시작한 날부터 7일 이내에 광고한 매체 및 기간을 표시하여 그 인터넷 홈페이지에 해당 광고를 게재해야 한다. [본조신설 2020.7.24.]	

법	시 행 령	시 행 규 칙
6. 그 밖에 조합원 보호를 위하여 대통령령으로 정하는 행위 ③ 모집주체가 조합원 모집 광고를 하는 방법 및 절차, 그 밖에 필요한 사항은 대통령령으로 정한다. [본조신설 2020.1.23.]		
제11조의6【조합 가입 철회 및 가입비 등의 반환】 ① 모집주체는 주택조합의 가입을 신청한 자가 주택조합 가입을 신청하는 때에 납부하여야 하는 일체의 금전(이하 "가입비등"이라 한다)을 대통령령으로 정하는 기관(이하 "예치기관"이라 한다)에 예치하도록 하여야 한다. 〈개정 2020.1.23〉	**제24조의5【가입비등의 예치】** ① 법 제11조의6제1항에서 "대통령령으로 정하는 기관"이란 다음 각 호의 기관을 말한다. 1. 「은행법」 제2조제1항제2호에 따른 은행 2. 「우체국예금·보험에 관한 법률」에 따른 체신관서 3. 「보험업법」 제2조제6호에 따른 보험회사 4. 「자본시장과 금융투자업에 관한 법률」 제8조제7항에 따른 신탁업자 ② 모집주체는 제1항 각 호의 어느 하나에 해당하는 기관과 가입비등의 예치에 관한 계약을 체결해야 한다. ③ 주택조합의 가입을 신청한 자는 주택조합 가입 계약을 체결하면 제2항에 따라 예치에 관한 계약을 체결한 기관(이하 "예치기관"이라 한다)에 국토교통부령으로 정하는 가입비등 예치신청서를 제출해야 한다. ④ 예치기관은 제3항에 따른 신청서를 제출받은 경우 가입비등을 예치기관의 명의로 예치해야 하고, 이를 다른 금융자산과 분리하여 관리해야 한다. ⑤ 예치기관의 장은 제4항에 따라 가입비등을 예치한 경우에는 모집주체와 주택조합 가입 신청자에게 국토교통부령으로 정하는 증서를 내주어야 한다. [본조신설 2020.7.24.]	**제10조의2【가입비등의 예치】** ① 영 제24조의5제3항에서 "국토교통부령으로 정하는 가입비등 예치신청서"란 별지 제14호의2서식의 가입비등 예치신청서를 말한다. ② 영 제24조의5제5항에서 "국토교통부령으로 정하는 증서"란 별지 제14호의3서식의 가입비등 예치증서를 말한다. [본조신설 2020.7.24]
② 주택조합의 가입을 신청한 자는 가입비등을 예치한 날부터 30일 이내에 주택조합 가입에 관한 청약을 철회할 수	**제24조의6【주택조합 가입에 관한 청약의 철회】** ① 주택조합 가입 신청자는 법 제11조의6제2항에 따라 주택조합 가	**제10조의3【주택조합 가입에 관한 청약의 철회】** ① 영 제24조의6제1항에서

법	시 행 령	시 행 규 칙

있다.
③ 청약 철회를 서면으로 하는 경우에는 청약 철회의 의사를 표시한 서면을 발송한 날에 그 효력이 발생한다.
④ 모집주체는 주택조합의 가입을 신청한 자가 청약 철회를 한 경우 청약 철회 의사가 도달한 날부터 7일 이내에 예치기관의 장에게 가입비등의 반환을 요청하여야 한다.
⑤ 예치기관의 장은 제4항에 따른 가입비등의 반환 요청을 받은 경우 요청일부터 10일 이내에 그 가입비등을 예치한 자에게 반환하여야 한다.
⑥ 모집주체는 주택조합의 가입을 신청한 자에게 청약 철회를 이유로 위약금 또는 손해배상을 청구할 수 없다.
⑦ 제2항에 따른 기간 이내에는 제11조제8항 및 제9항을 적용하지 않는다.
⑧ 제1항에 따라 예치된 가입비등의 관리, 지급 및 반환과 제2항에 따른 청약 철회의 절차 및 방법 등에 관한 사항은 대통령령으로 정한다.
[본조신설 2019.12.10.]
[제11조의4에서 이동〈2020.1.23.〉]

입에 관한 청약을 철회하는 경우 국토교통부령으로 정하는 청약 철회 요청서를 모집주체에게 제출해야 한다.
② 모집주체는 제1항에 따른 요청서를 제출받은 경우 이를 즉시 접수하고 접수일자가 적힌 접수증을 해당 주택조합 가입 신청자에게 발급해야 한다.
[본조신설 2020.7.24.]

제24조의7【가입비등의 지급 및 반환】 ① 모집주체는 법 제11조의6제4항에 따라 가입비등의 반환을 요청하는 경우 국토교통부령으로 정하는 요청서를 예치기관의 장에게 제출해야 한다.
② 모집주체는 가입비등을 예치한 날부터 30일이 지난 경우 예치기관의 장에게 가입비등의 지급을 요청할 수 있다. 이 경우 모집주체는 국토교통부령으로 정하는 요청서를 예치기관의 장에게 제출해야 한다.
③ 예치기관의 장은 제2항에 따라 요청서를 받은 경우 요청일부터 10일 이내에 가입비등을 법 제11조의2제3항에 따라 계약금 등 자금의 보관 업무를 대행하는 신탁업자에게 지급해야 한다.
④ 법 제11조의2제3항에 따라 계약금 등 자금의 보관 업무를 대행하는 신탁업자는 제3항에 따라 지급받은 가입비등을 신탁업자의 명의로 예치해야 하고, 이를 다른 금융자산과 분리하여 관리해야 한다.
⑤ 예치기관의 장은 정보통신망을 이용하여 가입비등의 예치·지급 및 반환 등에 필요한 업무를 수행할 수 있다. 이 경우 예치기관의 장은 「전자서명법」 제2조제2호 및 제6호에 따른 전자서명 및 인증서(서명자의 실제 이름을 확인할 수 있는 것을 말한다)로 신청인의 본인 여부를 확인해야

"국토교통부령으로 정하는 청약 철회 요청서"란 별지 제14호의4서식의 청약 철회 요청서를 말한다.
② 영 제24조의6제2항에 따른 접수증은 별지 제14호의4서식과 같다.
[본조신설 2020.7.24]

제10조의4【가입비등의 지급 및 반환】
① 영 제24조의7제1항에서 "국토교통부령으로 정하는 요청서"란 별지 제14호의5서식의 가입비등 반환 요청서를 말하며, 해당 요청서를 제출할 때에는 청약 철회 요청서 사본을 첨부해야 한다.
② 영 제24조의7제2항 후단에서 "국토교통부령으로 정하는 요청서"란 별지 제14호의5서식의 가입비등 지급 요청서를 말하며, 해당 요청서를 제출할 때에는 법 제11조의2제3항에 따른 신탁업자의 업무대행계약서 사본을 첨부해야 한다.
[본조신설 2020.7.24]

법	시 행 령	시 행 규 칙

시 행 령

한다.
[본조신설 2020.7.24.]

제21조【조합원의 자격】 ① 법 제11조에 따른 주택조합의 조합원이 될 수 있는 사람은 다음 각 호의 구분에 따른 사람으로 한다. 다만, 조합원의 사망으로 그 지위를 상속받는 자는 다음 각 호의 요건에도 불구하고 조합원이 될 수 있다. 〈개정 2019.10.22.〉

1. 지역주택조합 조합원: 다음 각 목의 요건을 모두 갖춘 사람
 가. 조합설립인가 신청일(해당 주택건설대지가 법 제63조에 따른 투기과열지구 안에 있는 경우에는 조합설립인가 신청일 1년 전의 날을 말한다. 이하 같다)부터 해당 조합주택의 입주 가능일까지 주택을 소유(주택의 유형, 입주자 선정방법 등을 고려하여 국토교통부령으로 정하는 지위에 있는 경우를 포함한다. 이하 이 호에서 같다)하지 아니한 세대의 세대주로서 다음의 어느 하나에 해당할 것
  1) 국토교통부령으로 정하는 기준에 따라 세대주를 포함한 세대원[세대주와 동일한 세대별 주민등록표에 등재되어 있지 아니한 세대주의 배우자 및 그 배우자와 동일한 세대를 이루고 있는 사람을 포함한다. 이하 2)에서 같다] 전원이 주택을 소유하고 있지 아니한 세대의 세대주일 것
  2) 국토교통부령으로 정하는 기준에 따라 세대주를 포함한 세대원 중 1명에 한정하여 주거전용면적 85제곱미터 이하의 주택 1채를 소유한 세대의 세대주일 것
 나. 조합설립인가 신청일 현재 법 제2조제11호가목의 구

시 행 규 칙

제8조【조합원의 자격확인 등】 ① 영 제21조제1항제1호가목 1)·2) 외의 부분에서 "국토교통부령으로 정하는 지위"란 「주택공급에 관한 규칙」 제2조제7호에 따른 당첨자(당첨자의 지위를 승계한 자를 포함한다)의 지위를 말한다.

② 영 제21조제1항제1호가목1) 및 2)에서 "국토교통부령으로 정하는 기준"이란 각각 다음 각 호와 같다.

1. 상속·유증 또는 주택소유자와의 혼인으로 주택을 취득하였을 때에는 사업주체로부터 「주택공급에 관한 규칙」 제52조제3항에 따라 부적격자로 통보받은 날부터 3개월 이내에 해당 주택을 처분하면 주택을 소유하지 아니한 것으로 볼 것
2. 제1호 외의 경우에는 「주택공급에 관한 규칙」 제53조를 준용할 것

③ 시장·군수·구청장은 지역주택조합 또는 직장주택조합에 대하여 다음 각 호의 행위를 하려는 경우에는 국토교통부장관에게 「정보통신망 이용촉진 및 정보보호 등에 관한 법률」에 따라 구성된 주택전산망을 이용한 전산검색을 의뢰하여 영 제21조제1항제1호 및

법	시 행 령	시 행 규 칙
	분에 따른 지역에 6개월 이상 계속하여 거주하여 온 사람일 것 다. 본인 또는 본인과 같은 세대별 주민등록표에 등재되어 있지 않은 배우자가 같은 또는 다른 지역주택조합의 조합원이거나 직장주택조합의 조합원이 아닐 것 2. 직장주택조합 조합원: 다음 각 목의 요건을 모두 갖춘 사람 가. 제1호가목에 해당하는 사람일 것. 다만, 국민주택을 공급받기 위한 직장주택조합의 경우에는 제1호가목1)에 해당하는 세대주로 한정한다. 나. 조합설립인가 신청일 현재 동일한 특별시 · 광역시 · 특별자치시 · 특별자치도 · 시 또는 군(광역시의 관할구역에 있는 군은 제외한다) 안에 소재하는 동일한 국가기관 · 지방자치단체 · 법인에 근무하는 사람일 것 다. 본인 또는 본인과 같은 세대별 주민등록표에 등재되어 있지 않은 배우자가 같은 또는 다른 직장주택조합의 조합원이거나 지역주택조합의 조합원이 아닐 것 3. 리모델링주택조합 조합원: 다음 각 목의 어느 하나에 해당하는 사람. 이 경우 해당 공동주택, 복리시설 또는 다목에 따른 공동주택 외의 시설의 소유권이 여러 명의 공유(共有)에 속할 때에는 그 여러 명을 대표하는 1명을 조합원으로 본다. 가. 법 제15조에 따른 사업계획승인을 받아 건설한 공동주택의 소유자 나. 복리시설을 함께 리모델링하는 경우에는 해당 복리시설의 소유자 다. 「건축법」 제11조에 따른 건축허가를 받아 분양을 목적으로 건설한 공동주택의 소유자(해당 건축물에 공동주택 외의 시설이 있는 경우에는 해당 시설의 소유자를	같은 항 제2호에 따른 조합원 자격에 해당하는지를 확인해야 한다. 〈개정 2019.10.29.〉 1. 법 제11조에 따라 주택조합 설립인가(조합원의 교체 · 신규가입에 따른 변경인가를 포함한다)를 하려는 경우 2. 해당 주택조합에 대하여 법 제15조에 따른 사업계획승인을 하려는 경우 3. 해당 조합주택에 대하여 법 제49조에 따른 사용검사 또는 임시 사용승인을 하려는 경우

법	시 행 령	시 행 규 칙
	포함한다) ② 주택조합의 조합원이 근무·질병치료·유학·결혼 등 부득이한 사유로 세대주 자격을 일시적으로 상실한 경우로서 시장·군수·구청장이 인정하는 경우에는 제1항에 따른 조합원 자격이 있는 것으로 본다. ③ 제1항에 따른 조합원 자격의 확인 절차는 국토교통부령으로 정한다.	
	제22조【지역·직장주택조합 조합원의 교체·신규가입 등】 ① 지역주택조합 또는 직장주택조합은 설립인가를 받은 후에는 해당 조합원을 교체하거나 신규로 가입하게 할 수 없다. 다만, 다음 각 호의 어느 하나에 해당하는 경우에는 예외로 한다. 〈개정 2019.10.22.〉 1. 조합원 수가 주택건설 예정 세대수를 초과하지 아니하는 범위에서 시장·군수·구청장으로부터 국토교통부령으로 정하는 바에 따라 조합원 추가모집의 승인을 받은 경우 2. 다음 각 목의 어느 하나에 해당하는 사유로 결원이 발생한 범위에서 충원하는 경우 가. 조합원의 사망 나. 법 제15조에 따른 사업계획승인 이후[지역주택조합 또는 직장주택조합이 제16조제2항제2호 단서에 따라 해당 주택건설대지 전부의 소유권을 확보하지 아니하고 법 제15조에 따른 사업계획승인을 받은 경우에는 해당 주택건설대지 전부의 소유권(해당 주택건설대지가 저당권등의 목적으로 되어 있는 경우에는 그 저당권등의 말소를 포함한다)을 확보한 이후를 말한다]에 입주자로 선정된 지위(해당 주택에 입주할 수 있는 권리·자격 또는 지위 등을 말한다)가 양도·증여 또는 판결 등으	**제9조【지역·직장주택조합 조합원의 추가모집 등】** 지역주택조합 또는 직장주택조합은 영 제22조제1항제1호에 따라 조합원 추가모집의 승인을 받으려는 경우에는 다음 각 호의 사항이 포함된 추가모집안을 작성하여 시장·군수·구청장에게 제출하여야 한다. 1. 주택조합의 명칭·소재지 및 대표자의 성명 2. 설립인가번호·인가일자 및 조합원수 3. 법 제5조제2항에 따라 등록사업자와 공동으로 사업을 시행하는 경우에는 그 등록사업자의 명칭·소재지 및 대표자의 성명 4. 조합주택건설 대지의 위치 및 대지면적 5. 조합주택건설 예정세대수 및 건설예정기간 6. 추가모집 세대수 및 모집기간 7. 호당 또는 세대당 주택공급면적

로 변경된 경우. 다만, 법 제64조제1항제1호에 따라 전매가 금지되는 경우는 제외한다.
다. 조합원의 탈퇴 등으로 조합원 수가 주택건설 예정 세대수의 50퍼센트 미만이 되는 경우
라. 조합원이 무자격자로 판명되어 자격을 상실하는 경우
마. 법 제15조에 따른 사업계획승인 등의 과정에서 주택건설 예정 세대수가 변경되어 조합원 수가 변경된 세대수의 50퍼센트 미만이 되는 경우

② 제1항 각 호에 따라 조합원으로 추가모집되거나 충원되는 자가 제21조제1항제1호 및 제2호에 따른 조합원 자격요건을 갖추었는지를 판단할 때에는 해당 조합설립인가 신청일을 기준으로 한다.

③ 제1항 각 호에 따른 조합원 추가모집의 승인과 조합원 추가모집에 따른 주택조합의 변경인가 신청은 법 제15조에 따른 사업계획승인 신청일까지 하여야 한다.

제23조【주택조합의 사업계획승인 신청 등】 ① 주택조합은 설립인가를 받은 날부터 2년 이내에 법 제15조에 따른 사업계획승인(제27조제1항제2호에 따른 사업계획승인 대상이 아닌 리모델링인 경우에는 법 제66조제2항에 따른 허가를 말한다)을 신청하여야 한다.

② 주택조합은 등록사업자가 소유하는 공공택지를 주택건설대지로 사용해서는 아니 된다. 다만, 경매 또는 공매를 통하여 취득한 공공택지는 예외로 한다.

제24조【직장주택조합의 설립신고】 ① 법 제11조제5항에 따라 국민주택을 공급받기 위한 직장주택조합을 설립하려는 자는 신고서에 다음 각 호의 서류를 첨부하여 관할 시장·군

8. 부대시설·복리시설 등을 포함한 사업개요
9. 사업계획승인신청예정일, 착공예정일 및 입주예정일
10. 가입신청자격, 신청시의 구비서류, 신청일시 및 장소
11. 조합원 분담금의 납부시기 및 납부방법 등 조합원의 비용부담에 관한 사항
12. 당첨자의 발표일시·장소 및 방법
13. 이중당첨자 또는 부적격당첨자의 처리 및 계약취소에 관한 사항
14. 그 밖에 시장·군수·구청장이 필요하다고 인정하여 요구하는 사항

제10조【직장주택조합의 설립신고서 등】 ① 영 제24조제1항에 따른 설립신고서는 별지 제12호서식에 따른다.

법	시 행 령	시 행 규 칙
	수 · 구청장에게 제출하여야 한다. 이 경우 시장 · 군수 · 구청장은 「전자정부법」 제36조제1항에 따른 행정정보의 공동이용을 통하여 주민등록표 등본을 확인하여야 하며, 신고인이 확인에 동의하지 아니하면 직접 제출하도록 하여야 한다. 1. 조합원 명부 2. 조합원이 될 사람이 해당 직장에 근무하는 사람임을 증명할 수 있는 서류(그 직장의 장이 확인한 서류여야 한다) 3. 무주택자임을 증명하는 서류 ② 제1항에서 정한 사항 외에 국민주택을 공급받기 위한 직장주택조합의 신고절차 및 주택의 공급방법 등은 국토교통부령으로 정한다.	② 시장 · 군수 · 구청장은 제1항에 따른 설립신고서를 접수한 경우에는 그 신고 내용을 확인한 후 별지 제13호서식의 직장주택조합설립신고대장에 적고, 별지 제14호서식의 신고필증을 신고인에게 발급하여야 한다. ③ 시장 · 군수 · 구청장은 법 제11조제5항 후단에 따라 직장주택조합 해산신고를 받은 경우에는 직장주택조합설립신고대장에 그 내용을 적고 신고필증을 회수하여야 한다. ④ 제2항에 따른 직장주택조합설립신고대장은 전자적 처리가 불가능한 특별한 사유가 없으면 전자적 처리가 가능한 방법으로 작성 · 관리하여야 한다. ⑤ 영 제24조제2항에 따른 주택의 공급방법은 「주택공급에 관한 규칙」으로 정한다.
제12조【실적보고 및 관련 자료의 공개】 ① 주택조합의 발기인 또는 임원은 다음 각 호의 사항이 포함된 해당 주택조합의 실적보고서를 국토교통부령으로 정하는 바에 따라 사업연도별로 분기마다 작성하여야 한다. 〈신설 2020.1.23.〉 ② 주택조합의 발기인 또는 임원은 주택조합사업의 시행에 관한 다음 각 호의 서류 및 관련 자료가 작성되거나 변경된 후 15일 이내에 이를 조합원이 알 수 있도록 인터넷과 그 밖의 방법을 병행하여 공개하여야 한다. 〈개정 2020.1.23〉 1. 조합규약	**제25조【자료의 공개】** 법 제12조제2항제10호에서 "대통령령으로 정하는 서류 및 관련 자료"란 다음 각 호의 서류 및 자료를 말한다. 〈개정 2020.7.24〉 1. 연간 자금운용 계획서 2. 월별 자금 입출금 명세서 3. 월별 공사진행 상황에 관한 서류 4. 주택조합이 사업주체가 되어 법 제54조제1항에 따라 공급하는 주택의 분양신청에 관한 서류 및 관련 자료 5. 전체 조합원별 분담금 납부내역	**제11조【실적보고 및 자료의 공개】** ① 법 제12조제1항제3호에서 "국토교통부령으로 정하는 사항"이란 다음 각 호의 사항을 말한다. 〈신설 2020.7.24.〉 1. 주택조합사업에 필요한 관련 법령에 따른 신고, 승인 및 인 · 허가 등의 추진 현황 2. 설계자, 시공자 및 업무대행자 등과의 계약체결 현황

법	시 행 령	시 행 규 칙

법

2. 공동사업주체의 선정 및 주택조합이 공동사업주체인 등록사업자와 체결한 협약서
3. 설계자 등 용역업체 선정 계약서
4. 조합총회 및 이사회, 대의원회 등의 의사록
5. 사업시행계획서
6. 해당 주택조합사업의 시행에 관한 공문서
7. 회계감사보고서
8. 분기별 사업실적보고서
9. 제11조의2제4항에 따라 업무대행자가 제출한 실적보고서
10. 그 밖에 주택조합사업 시행에 관하여 대통령령으로 정하는 서류 및 관련 자료

③ 제2항에 따른 서류 및 다음 각 호를 포함하여 주택조합사업의 시행에 관한 서류와 관련 자료를 조합원이 열람·복사 요청을 한 경우 주택조합의 발기인 또는 임원은 15일 이내에 그 요청에 따라야 한다. 이 경우 복사에 필요한 비용은 실비의 범위에서 청구인이 부담한다. 〈개정 2020.1.23.〉

1. 조합원 명부
2. 주택건설대지의 사용권원 및 소유권확보 비율 등 토지 확보 관련 자료
3. 그 밖에 대통령령으로 정하는 서류 및 관련 자료

④ 주택조합의 발기인 또는 임원은 원활한 사업추진과 조합원의 권리 보호를 위하여 연간 자금운용 계획 및 자금 집행 실적 등 국토교통부령으로 정하는 서류 및 자료를 국토교통부령으로 정하는 바에 따라 매년 정기적으로 시장·군수·구청장에게 제출하여야 한다. 〈신설 2019.12.10., 2020.1.23〉

⑤ 제2항 및 제3항에 따라 공개 및 열람·복사 등을 하는 경우에는 「개인정보 보호법」에 의하여야 하며, 그 밖의 공개 절차 등 필요한 사항은 국토교통부령으로 정한다. 〈개

시행령

6. 조합원별 추가 분담금 산출내역

시행규칙

3. 수익 및 비용에 관한 사항
4. 주택건설공사의 진행 현황
5. 자금의 차입에 관한 사항

② 주택조합의 발기인 또는 임원은 법 제12조제1항에 따라 주택조합의 실적보고서를 해당 분기의 말일부터 30일 이내에 작성해야 한다. 〈신설 2020.7.24.〉

③ 주택조합의 임원 또는 발기인은 법 제12조제2항제5호에 관한 사항을 인터넷으로 공개할 때에는 조합원의 50퍼센트 이상의 동의를 얻어 그 개략적인 내용만 공개할 수 있다. 〈개정 2020.7.24〉

④ 법 제12조제3항에 따른 주택조합 구성원의 열람·복사 요청은 사용목적 등을 적은 서면 또는 전자문서로 하여야 한다. 〈개정 2020.7.24〉

⑤ 법 제12조제4항에서 "연간 자금운용 계획 및 자금 집행 실적 등 국토교통부령으로 정하는 서류 및 자료"란 다음 각 호의 서류 및 자료를 말한다. 〈신설 2020.6.11., 2020.7.24.〉

1. 직전 연도의 자금운용 계획 및 자금 집행 실적에 관한 자료
2. 직전 연도의 등록사업자의 선정 및 변경에 관한 서류
3. 직전 연도의 업무대행자의 선정 및 변경에 관한 서류
4. 직전 연도의 조합임원의 선임 및

법	시 행 령	시 행 규 칙
정 2019.12.10., 2020.1.23.〉 [제목개정 2020.1.23.] **제13조【조합임원의 결격사유 등】** ① 다음 각 호의 어느 하나에 해당하는 사람은 조합의 발기인 또는 임원이 될 수 없다. 〈개정 2020.1.23, 2020.6.9〉 1. 미성년자 · 피성년후견인 또는 피한정후견인 2. 파산선고를 받은 사람으로서 복권되지 아니한 사람 3. 금고 이상의 실형을 선고받고 그 집행이 종료(종료된 것으로 보는 경우를 포함한다)되거나 집행이 면제된 날부터 2년이 지나지 아니한 사람 4. 금고 이상의 형의 집행유예를 선고받고 그 유예기간 중에 있는 사람 5. 금고 이상의 형의 선고유예를 받고 그 선고유예기간 중에 있는 사람 6. 법원의 판결 또는 다른 법률에 따라 자격이 상실 또는 정지된 사람 7. 해당 주택조합의 공동사업주체인 등록사업자 또는 업무대행사의 임직원 ② 주택조합의 발기인이나 임원이 다음 각 호의 어느 하나에 해당하는 경우 해당 발기인은 그 지위를 상실하고 해당 임원은 당연히 퇴직한다. 〈개정 2020.1.23.〉 1. 주택조합의 발기인이 제11조의3제6항에 따른 자격기준을 갖추지 아니하게 되거나 주택조합의 임원이 제11조제7항에 따른 조합원 자격을 갖추지 아니하게 되는 경우 2. 주택조합의 발기인 또는 임원이 제1항 각 호의 결격사유에 해당하게 되는 경우 ③ 제2항에 따라 지위가 상실된 발기인 또는 퇴직된 임원		해임에 관한 서류 5. 직전 연도 12월 31일을 기준으로 토지의 사용권원 및 소유권의 확보현황에 관한 자료 ⑥ 주택조합의 발기인 또는 임원은 제5항 각 호의 서류 및 자료를 법 제12조제4항에 따라 매년 2월말까지 시장ㆍ군수ㆍ구청장에게 제출해야 한다. 〈신설 2020.6.11., 2020.7.24.〉 [제목개정 2020.7.24.]

이 지위 상실이나 퇴직 전에 관여한 행위는 그 효력을 상실하지 아니한다. 〈개정 2020.1.23〉
④ 주택조합의 임원은 다른 주택조합의 임원, 직원 또는 발기인을 겸할 수 없다. 〈신설 2020.1.23.〉
[제목개정 2020.1.23.]

제14조【주택조합에 대한 감독 등】 ① 국토교통부장관 또는 시장·군수·구청장은 주택공급에 관한 질서를 유지하기 위하여 특히 필요하다고 인정되는 경우에는 국가가 관리하고 있는 행정전산망 등을 이용하여 주택조합 구성원의 자격 등에 관하여 필요한 사항을 확인할 수 있다.
② 시장·군수·구청장은 주택조합 또는 주택조합의 구성원이 다음 각 호의 어느 하나에 해당하는 경우에는 주택조합의 설립인가를 취소할 수 있다.
1. 거짓이나 그 밖의 부정한 방법으로 설립인가를 받은 경우
2. 제94조에 따른 명령이나 처분을 위반한 경우
③ 삭제 〈2020.1.23.〉
④ 시장·군수·구청장은 모집주체가 이 법을 위반한 경우 시정요구 등 필요한 조치를 명할 수 있다. 〈신설 2019.12.10.〉

제14조의2【주택조합의 해산 등】 ① 주택조합은 제11조제1항에 따른 주택조합의 설립인가를 받은 날부터 3년이 되는 날까지 사업계획승인을 받지 못하는 경우 대통령령으로 정하는 바에 따라 총회의 의결을 거쳐 해산 여부를 결정하여야 한다.
② 주택조합의 발기인은 제11조의3제1항에 따른 조합원 모집 신고가 수리된 날부터 2년이 되는 날까지 주택조합 설립인가를 받지 못하는 경우 대통령령으로 정하는 바에 따라 주택조합 가입 신청자 전원으로 구성되는 총회 의결을 거쳐

제25조의2【주택조합의 해산 등】 ① 주택조합 또는 주택조합의 발기인은 법 제14조의2제1항 또는 제2항에 따라 주택조합의 해산 또는 주택조합 사업의 종결 여부를 결정하려는 경우에는 다음 각 호의 구분에 따른 날부터 3개월 이내에 총회를 개최해야 한다.
1. 법 제11조제1항에 따른 주택조합 설립인가를 받은 날부터 3년이 되는 날까지 사업계획승인을 받지 못하는 경우: 해당 설립인가를 받은 날부터 3년이 되는 날

법	시 행 령	시 행 규 칙
주택조합 사업의 종결 여부를 결정하도록 하여야 한다. ③ 제1항 또는 제2항에 따라 총회를 소집하려는 주택조합의 임원 또는 발기인은 총회가 개최되기 7일 전까지 회의 목적, 안건, 일시 및 장소를 정하여 조합원 또는 주택조합 가입 신청자에게 통지하여야 한다. ④ 제1항에 따라 해산을 결의하거나 제2항에 따라 사업의 종결을 결의하는 경우 대통령령으로 정하는 바에 따라 청산인을 선임하여야 한다. ⑤ 주택조합의 발기인은 제2항에 따른 총회의 결과(사업의 종결을 결의한 경우에는 청산계획을 포함한다)를 관할 시장·군수·구청장에게 국토교통부령으로 정하는 바에 따라 통지하여야 한다. [본조신설 2020.1.23.][종전 제14조의2는 제14조의4로 이동 〈2020.1.23.〉]	2. 법 제11조의3제1항에 따른 조합원 모집 신고가 수리된 날부터 2년이 되는 날까지 주택조합 설립인가를 받지 못하는 경우: 해당 조합원 모집 신고가 수리된 날부터 2년이 되는 날 ② 법 제14조의2제2항에 따라 개최하는 총회에서 주택조합 사업의 종결 여부를 결정하는 경우 다음 각 호의 사항을 포함해야 한다. 1. 사업의 종결 시 회계보고에 관한 사항 2. 청산 절차, 청산금의 징수·지급방법 및 지급절차 등 청산 계획에 관한 사항 ③ 법 제14조의2제2항에 따라 개최하는 총회는 다음의 요건을 모두 충족해야 한다. 〈개정 2021. 2. 19.〉 1. 주택조합 가입 신청자의 3분의 2 이상의 찬성으로 의결할 것 2. 주택조합 가입 신청자의 100분의 20 이상이 직접 출석할 것. 다만, 제20조제5항 전단에 해당하는 경우는 제외한다. 3. 제2호 단서의 경우에는 제20조제5항 후단 및 같은 조 제6항에 따를 것. 이 경우 "조합원"은 "주택조합 가입 신청자"로 본다. ④ 주택조합의 해산 또는 사업의 종결을 결의한 경우에는 법 제14조의2제4항에 따라 주택조합의 임원 또는 발기인이 청산인이 된다. 다만, 조합규약 또는 총회의 결의로 달리 정한 경우에는 그에 따른다. [본조신설 2020.7.24.]	**제11조의2【총회 결과의 통지】** 주택조합의 발기인은 법 제14조의2제5항에 따라 총회의 결과를 총회 개최일부터 10일 이내에 서면으로 관할 시장·군수·구청장에게 통지해야 한다. [본조신설 2020.7.24.][종전 제11조의2는 제11조의3으로 이동 〈2020.7.24.〉]
제14조의3【회계감사】 ① 주택조합은 대통령령으로 정하는 바에 따라 회계감사를 받아야 하며, 그 감사결과를 관할 시장·군수·구청장에게 보고하여야 한다. ② 주택조합의 임원 또는 발기인은 계약금등(해당 주택조합사업에 관한 모든 수입에 따른 금전을 말한다)의 징수·	**제26조【주택조합의 회계감사】** ① 법 제14조의3제1항에 따라 주택조합은 다음 각 호의 어느 하나에 해당하는 날부터 30일 이내에 「주식회사 등의 외부감사에 관한 법률」 제2조제7호에 따른 감사인의 회계감사를 받아야 한다. 〈개정 2018.10.30., 2020.7.24.〉	

법	시 행 령	시 행 규 칙
보관·예치·집행 등 모든 거래 행위에 관하여 장부를 월별로 작성하여 그 증빙서류와 함께 제11조에 따른 주택조합 해산인가를 받는 날까지 보관하여야 한다. 이 경우 주택조합의 임원 또는 발기인은 「전자문서 및 전자거래 기본법」 제2조제2호에 따른 정보처리시스템을 통하여 장부 및 증빙서류를 작성하거나 보관할 수 있다. [본조신설 2020.1.23.]	1. 법 제11조에 따른 주택조합 설립인가를 받은 날부터 3개월이 지난 날 2. 법 제15조에 따른 사업계획승인(제27조제1항제2호에 따른 사업계획승인 대상이 아닌 리모델링인 경우에는 법 제66조제2항에 따른 허가를 말한다)을 받은 날부터 3개월이 지난 날 3. 법 제49조에 따른 사용검사 또는 임시 사용승인을 신청한 날 ② 제1항에 따른 회계감사에 대해서는 「주식회사 등의 외부감사에 관한 법률」 제16조에 따른 회계감사기준을 적용한다. 〈개정 2018.10.30.〉 ③ 제1항에 따른 회계감사를 한 자는 회계감사 종료일부터 15일 이내에 회계감사 결과를 관할 시장·군수·구청장과 해당 주택조합에 각각 통보하여야 한다. ④ 시장·군수·구청장은 제3항에 따라 통보받은 회계감사 결과의 내용을 검토하여 위법 또는 부당한 사항이 있다고 인정되는 경우에는 그 내용을 해당 주택조합에 통보하고 시정을 요구할 수 있다.	
제14조의4 【주택조합사업의 시공보증】 ① 주택조합이 공동사업주체인 시공자를 선정한 경우 그 시공자는 공사의 시공보증(시공자가 공사의 계약상 의무를 이행하지 못하거나 의무이행을 하지 아니할 경우 보증기관에서 시공자를 대신하여 계약이행의무를 부담하거나 총 공사금액의 50퍼센트 이하에서 대통령령으로 정하는 비율 이상의 범위에서 주택조합이 정하는 금액을 납부할 것을 보증하는 것을 말한다)을 위하여 국토교통부령으로 정하는 기관의 시공보증서를 조합에 제출하여야 한다.	**제26조의2 【시공보증】** 법 제14조의4제1항에서 "대통령령으로 정하는 비율 이상"이란 총 공사금액의 30퍼센트 이상을 말한다. 〈개정 2020.7.24〉 [본조신설 2017.6.2.]	**제11조의3 【시공보증】** 법 제14조의4제1항에서 "국토교통부령으로 정하는 기관의 시공보증서"란 조합원에게 공급되는 주택에 대한 다음 각 호의 어느 하나의 보증서를 말한다. 〈개정 2020.7.24.〉 1. 「건설산업기본법」에 따른 공제조합이 발행한 보증서 2. 「주택도시기금법」에 따른 주택도시보증공사가 발행한 보증서

법	시 행 령	시 행 규 칙
② 제15조에 따른 사업계획승인권자는 제16조제2항에 따른 착공신고를 받는 경우에는 제1항에 따른 시공보증서 제출 여부를 확인하여야 한다. [본조신설 2016.12.2.][제14조의2에서 이동 〈2020.1.23.〉]		3.「은행법」 제2조제1항제2호에 따른 은행, 「한국산업은행법」에 따른 한국산업은행, 「한국수출입은행법」 또는「중소기업은행법」에 따른 중소기업은행이 발행한 지급보증서 4.「보험업법」에 따른 보험회사가 발행한 보증보험증권 [본조신설 2017.6.2.] [제11조의2에서 이동 〈2020.7.24.〉]
제3절 사업계획의 승인 등	제3절 사업계획의 승인 등	제3절 사업계획의 승인 등
제15조【사업계획의 승인】 ① 대통령령으로 정하는 호수 이상의 주택건설사업을 시행하려는 자 또는 대통령령으로 정하는 면적 이상의 대지조성사업을 시행하려는 자는 다음 각 호의 사업계획승인권자(이하 "사업계획승인권자"라 한다. 국가 및 한국토지주택공사가 시행하는 경우와 대통령령으로 정하는 경우에는 국토교통부장관을 말하며, 이하 이 조, 제16조부터 제19조까지 및 제21조에서 같다)에게 사업계획승인을 받아야 한다. 다만, 주택 외의 시설과 주택을 동일 건축물로 건축하는 경우 등 대통령령으로 정하는 경우에는 그러하지 아니하다. 〈개정 2021.1.12.〉 1. 주택건설사업 또는 대지조성사업으로서 해당 대지면적이 10만제곱미터 이상인 경우: 특별시장 · 광역시장 · 특별자치시장 · 도지사 또는 특별자치도지사(이하 "시 · 도지사"라 한다) 또는 「지방자치법」 제198조에 따라 서울특별시 · 광역시 및 특별자치시를 제외한 인구 50만 이상의 대도시	**제27조【사업계획의 승인】** ① 법 제15조제1항 각 호 외의 부분 본문에서 "대통령령으로 정하는 호수"란 다음 각 호의 구분에 따른 호수 및 세대수를 말한다. 〈개정 2018.2.9.〉 1. 단독주택: 30호. 다만, 다음 각 목의 어느 하나에 해당하는 단독주택의 경우에는 50호로 한다. 가. 법 제2조제24호 각 목의 어느 하나에 해당하는 공공사업에 따라 조성된 용지를 개별 필지로 구분하지 아니하고 일단(一團)의 토지로 공급받아 해당 토지에 건설하는 단독주택 나.「건축법 시행령」 제2조제16호에 따른 한옥 2. 공동주택: 30세대(리모델링의 경우에는 증가하는 세대수를 기준으로 한다). 다만, 다음 각 목의 어느 하나에 해당하는 공동주택을 건설(리모델링의 경우는 제외한다)하는 경우에는 50세대로 한다. 가. 다음의 요건을 모두 갖춘 단지형 연립주택 또는 단지	**제12조【사업계획의 승인신청 등】** ① 영 제27조제6항제1호가목 및 나목에 따른 신청서 및 사업계획서는 별지 제15호서식에 따른다. ② 영 제27조제6항제1호라목 본문 및 같은 항 제2호다목 본문에 따른 공사설계도서는 각각 별표 2와 같다. ③ 영 제27조제6항제1호라목 단서 및 같은 항 제2호다목 단서에서 "국토교통부령으로 정하는 도서"란 각각 별표 2에 따른 도서 중 위치도, 지형도 및 평면도를 말한다. ④ 영 제27조제6항제1호카목에서 "국토교통부령으로 정하는 서류"란 다음 각 호의 서류를 말한다.〈개정 2024.6.19.〉

법	시 행 령	시 행 규 칙

(이하 "대도시"라 한다)의 시장

2. 주택건설사업 또는 대지조성사업으로서 해당 대지면적이 10만제곱미터 미만인 경우: 특별시장 · 광역시장 · 특별자치시장 · 특별자치도지사 또는 시장 · 군수

형 다세대주택

1) 세대별 주거전용면적이 30제곱미터 이상일 것

2) 해당 주택단지 진입도로의 폭이 6미터 이상일 것. 다만, 해당 주택단지의 진입도로가 두 개 이상인 경우에는 다음의 요건을 모두 갖추면 진입도로의 폭을 4미터 이상 6미터 미만으로 할 수 있다.

가) 두 개의 진입도로 폭의 합계가 10미터 이상일 것

나) 폭 4미터 이상 6미터 미만인 진입도로는 제5조에 따른 도로와 통행거리가 200미터 이내일 것

나. 「도시 및 주거환경정비법」 제2조제1호에 따른 정비구역에서 같은 조 제2호가목에 따른 주거환경개선사업(같은 법 제23조제1항제1호에 해당하는 방법으로 시행하는 경우만 해당한다)을 시행하기 위하여 건설하는 공동주택. 다만, 같은 법 시행령 제8조제3항제6호에 따른 정비기반시설의 설치계획대로 정비기반시설 설치가 이루어지지 아니한 지역으로서 시장·군수·구청장이 지정·고시하는 지역에서 건설하는 공동주택은 제외한다.

② 법 제15조제1항 각 호 외의 부분 본문에서 "대통령령으로 정하는 면적"이란 1만제곱미터를 말한다.

③ 법 제15조제1항 각 호 외의 부분 본문에서 "대통령령으로 정하는 경우"란 다음 각 호의 어느 하나에 해당하는 경우를 말한다. 〈개정 2017.10.17〉

1. 330만제곱미터 이상의 규모로 「택지개발촉진법」에 따른 택지개발사업 또는 「도시개발법」에 따른 도시개발사업을 추진하는 지역 중 국토교통부장관이 지정 · 고시하는 지역에서 주택건설사업을 시행하는 경우

2. 수도권(「수도권정비계획법」 제2조제1호에 따른 수도권을 말한다. 이하 같다) 또는 광역시 지역의 긴급한 주택난

1. 간선시설 설치계획도(축척 1만분의 1부터 5만분의 1까지)

2. 사업주체가 토지의 소유권을 확보하지 못한 경우에는 별지 제9호의2서식의 토지사용 동의서나 그 밖의 토지사용 승낙서(「택지개발촉진법」 등 관계 법령에 따라 택지로 개발·분양하기로 예정된 토지에 대하여 해당 토지를 사용할 수 있는 권원을 확보한 경우에는 그 권원을 증명할 수 있는 서류를 말한다). 다만, 사업주체가 다음 각 목의 어느 하나에 해당하는 경우에는 제외한다.

가. 국가

나. 지방자치단체

다. 「한국토지주택공사법」에 따른 한국토지주택공사(이하 "한국토지주택공사"라 한다)

라. 「지방공기업법」 제49조에 따라 주택건설사업을 목적으로 설립된 지방공사(이하 "지방공사"라 한다)

마. 「민간임대주택에 관한 특별법」 제20조제1항에 따라 지정을 받은 임대사업자

3. 영 제43조제1항에 따라 작성하는 설계도서 중 국토교통부장관이 정하여 고시하는 도서

4. 별표 3에 따른 서류(국가, 지방자

법	시 행 령	시 행 규 칙
	해소가 필요하거나 지역균형개발 또는 광역적 차원의 조정이 필요하여 국토교통부장관이 지정 · 고시하는 지역에서 주택건설사업을 시행하는 경우 3. 다음 각 목의 자가 단독 또는 공동으로 총지분의 50퍼센트를 초과하여 출자한 위탁관리 부동산투자회사(해당 부동산투자회사의 자산관리회사가 한국토지주택공사인 경우만 해당한다)가 「공공주택 특별법」 제2조제3호나목에 따른 공공주택건설사업(이하 "공공주택건설사업"이라 한다)을 시행하는 경우 가. 국가 나. 지방자치단체 다. 한국토지주택공사 라. 지방공사 ④ 법 제15조제1항 각 호 외의 부분 단서에서 "주택 외의 시설과 주택을 동일 건축물로 건축하는 경우 등 대통령령으로 정하는 경우"란 다음 각 호의 어느 하나에 해당하는 경우를 말한다. 1. 다음 각 목의 요건을 모두 갖춘 사업의 경우 가. 「국토의 계획 및 이용에 관한 법률 시행령」 제30조제1호다목에 따른 준주거지역 또는 같은 조 제2호에 따른 상업지역(유통상업지역은 제외한다)에서 300세대 미만의 주택과 주택 외의 시설을 동일 건축물로 건축하는 경우일 것 나. 해당 건축물의 연면적에서 주택의 연면적이 차지하는 비율이 90퍼센트 미만일 것 2. 「농어촌정비법」 제2조제10호에 따른 생활환경정비사업 중 「농업협동조합법」 제2조제4호에 따른 농업협동조합중앙회가 조달하는 자금으로 시행하는 사업인 경우	치단체 또는 한국토지주택공사가 사업계획승인을 신청하는 경우만 해당한다) 5. 협회에서 발급받은 등록사업자의 행정처분 사실을 확인하는 서류(협회가 관리하는 전산정보자료를 포함한다) 6. 「민간임대주택에 관한 특별법」 제20조제1항에 따라 지정을 받았음을 증명하는 서류(같은 항에 따라 지정을 받은 임대사업자만 해당한다) 7. 제28조제2항 각 호의 서류(리모델링의 경우만 해당한다) ⑤ 영 제27조제6항제2호가목 및 나목에 따른 신청서 및 사업계획서는 별지 제15호서식에 따른다. ⑥ 영 제27조제6항제2호마목에 따른 공급계획서에는 다음 각 호의 사항을 포함하여야 하며, 대지의 용도별 · 공급대상자별 분할도면을 첨부하여야 한다. 1. 대지의 위치 및 면적 2. 공급대상자 3. 대지의 용도 4. 공급시기 · 방법 및 조건 ⑦ 영 제27조제6항제2호바목에서 "국토교통부령으로 정하는 서류"란 제4항제1호 · 제2호 및 제5호의 서류를 말한다.

법	시 행 령	시 행 규 칙

법

② 제1항에 따라 사업계획승인을 받으려는 자는 사업계획승인신청서에 주택과 그 부대시설 및 복리시설의 배치도, 대지조성공사 설계도서 등 대통령령으로 정하는 서류를 첨부하여 사업계획승인권자에게 제출하여야 한다.

시행령

⑤ 제1항 및 제4항에 따른 주택건설규모를 산정할 때 다음 각 호의 구분에 따른 동일 사업주체(「건축법」 제2조제1항제12호에 따른 건축주를 포함한다)가 일단의 주택단지를 여러 개의 구역으로 분할하여 주택을 건설하려는 경우에는 전체 구역의 주택건설호수 또는 세대수의 규모를 주택건설규모로 산정한다. 이 경우 주택의 건설기준, 부대시설 및 복리시설의 설치기준과 대지의 조성기준을 적용할 때에는 전체 구역을 하나의 대지로 본다.

1. 사업주체가 개인인 경우: 개인인 사업주체와 그의 배우자 또는 직계존비속
2. 사업주체가 법인인 경우: 법인인 사업주체와 그 법인의 임원

⑥ 법 제15조제2항에서 "주택과 그 부대시설 및 복리시설의 배치도, 대지조성공사 설계도서 등 대통령령으로 정하는 서류"란 다음 각 호의 구분에 따른 서류를 말한다.

1. 주택건설사업계획 승인신청의 경우: 다음 각 목의 서류. 다만, 제29조에 따른 표본설계도서에 따라 사업계획승인을 신청하는 경우에는 라목의 서류는 제외한다.
   가. 신청서
   나. 사업계획서
   다. 주택과 그 부대시설 및 복리시설의 배치도
   라. 공사설계도서. 다만, 대지조성공사를 우선 시행하는 경우만 해당하며, 사업주체가 국가, 지방자치단체, 한국토지주택공사 또는 지방공사인 경우에는 국토교통부령으로 정하는 도서로 한다.
   마. 「국토의 계획 및 이용에 관한 법률 시행령」 제96조제1항제3호 및 제97조제6항제3호의 사항을 적은 서류(법 제24조제2항에 따라 토지를 수용하거나 사용하려는 경우

시행규칙

⑧ 법 제15조제1항 또는 제3항에 따라 승인을 신청받은 사업계획승인권자(법 제15조 및 영 제90조에 따라 주택건설사업계획 및 대지조성사업계획의 승인을 하는 국토교통부장관, 시·도지사 또는 시장·군수를 말한다. 이하 같다)는 「전자정부법」 제36조제1항에 따른 행정정보의 공동이용을 통하여 토지등기사항증명서(사업주체가 국가, 지방자치단체, 한국토지주택공사 또는 지방공사인 경우는 제외한다)와 토지이용계획확인서를 확인하여야 한다.

⑨ 사업계획승인권자는 법 제15조제1항 또는 제3항에 따라 사업계획의 승인을 하였을 때에는 별지 제16호서식의 승인서를 신청인에게 발급하여야 한다.

⑩ 시·도지사는 매월 말일을 기준으로 별지 제17호서식에 따른 주택건설사업계획승인 결과보고서 및 별지 제18호서식에 따른 주택건설실적보고서를 작성하여 다음 달 15일까지 국토교통부장관에게 송부(전자문서에 따른 송부를 포함한다)하여야 한다. 다만, 「공동주택관리법」 제88조에 따른 공동주택관리정보시스템에 관련 정보를 입력하는 경우에는 송부한 것으로 본다.

법	시 행 령	시 행 규 칙
	만 해당한다) 바. 제16조 각 호의 사실을 증명하는 서류(공동사업시행의 경우만 해당하며, 법 제11조제1항에 따른 주택조합이 단독으로 사업을 시행하는 경우에는 제16조제1항제2호 및 제3호의 사실을 증명하는 서류를 말한다) 사. 법 제19조제3항에 따른 협의에 필요한 서류 아. 법 제29조제1항에 따른 공공시설의 귀속에 관한 사항을 기재한 서류 자. 주택조합설립인가서(주택조합만 해당한다) 차. 법 제51조제2항 각 호의 어느 하나의 사실 또는 이 영 제17조제1항 각 호의 사실을 증명하는 서류(「건설산업기본법」 제9조에 따른 건설업 등록을 한 자가 아닌 경우만 해당한다) 카. 그 밖에 국토교통부령으로 정하는 서류 2. 대지조성사업계획 승인신청의 경우: 다음 각 목의 서류 가. 신청서 나. 사업계획서 다. 공사설계도서. 다만, 사업주체가 국가, 지방자치단체, 한국토지주택공사 또는 지방공사인 경우에는 국토교통부령으로 정하는 도서로 한다. 라. 제1호마목 · 사목 및 아목의 서류 마. 조성한 대지의 공급계획서 바. 그 밖에 국토교통부령으로 정하는 서류	
③ 주택건설사업을 시행하려는 자는 대통령령으로 정하는 호수 이상의 주택단지를 공구별로 분할하여 주택을 건설 · 공급할 수 있다. 이 경우 제2항에 따른 서류와 함께 다음 각 호의 서류를 첨부하여 사업계획승인권자에게 제출하고 사	**제28조【주택단지의 분할 건설 · 공급】** ① 법 제15조제3항 각 호 외의 부분 전단에서 "대통령령으로 정하는 호수 이상의 주택단지"란 전체 세대수가 600세대 이상인 주택단지를 말한다.	

법	시 행 령	시 행 규 칙
업계획승인을 받아야 한다. 1. 공구별 공사계획서 2. 입주자모집계획서 3. 사용검사계획서 ④ 제1항 또는 제3항에 따라 승인받은 사업계획을 변경하려면 사업계획승인권자로부터 변경승인을 받아야 한다. 다만, 국토교통부령으로 정하는 경미한 사항을 변경하는 경우에는 그러하지 아니하다. ⑤ 제1항 또는 제3항의 사업계획은 쾌적하고 문화적인 주거생활을 하는 데에 적합하도록 수립되어야 하며, 그 사업계획에는 부대시설 및 복리시설의 설치에 관한 계획 등이 포함되어야 한다. ⑥ 사업계획승인권자는 제1항 또는 제3항에 따라 사업계획을 승인하였을 때에는 이에 관한 사항을 고시하여야 한다. 이 경우 국토교통부장관은 관할 시장 · 군수 · 구청장에게, 특별시장, 광역시장 또는 도지사는 관할 시장, 군수 또는 구청장에게 각각 사업계획승인서 및 관계 서류의 사본을 지체 없이 송부하여야 한다.	② 법 제15조제3항에 따른 주택단지의 공구별 분할 건설 · 공급의 절차와 방법에 관한 세부기준은 국토교통부장관이 정하여 고시한다.	**제13조【사업계획의 변경승인신청 등】** ① 사업주체는 법 제15조제4항 본문에 따라 사업계획의 변경승인을 받으려는 경우에는 별지 제15호서식의 신청서에 사업계획 변경내용 및 그 증명서류를 첨부하여 사업계획승인권자에게 제출(전자문서에 따른 제출을 포함한다)하여야 한다. ② 사업계획승인권자는 법 제15조제4항 본문에 따라 사업계획변경승인을 하였을 때에는 별지 제16호서식의 승인서를 신청인에게 발급하여야 한다. ③ 사업계획승인권자는 사업주체가 입주자 모집공고(법 제5조제2항 및 제3항에 따른 사업주체가 주택을 건설하는 경우에는 법 제15조제1항 또는 제3항에 따른 사업계획승인을 말한다. 이하 이 조에서 같다)를 한 후에는 다음 각 호의 어느 하나에 해당하는 사업계획의 변경을 승인해서는 아니 된다. 다만, 사업주체가 미리 입주예정자(법 제15조제3항에 따라 주택단지를 공구별로 건설 · 공급하여 기존 공구에 입주자가 있는 경우 제2호에 대해서는 그 입

법	시 행 령	시 행 규 칙
		주자를 포함한다. 이하 이 항 및 제4항에서 같다)에게 사업계획의 변경에 관한 사항을 통보하여 입주예정자 80퍼센트 이상의 동의를 받은 경우에는 예외로 한다.〈개정 2018.9.14.〉 1. 주택(공급계약이 체결된 주택만 해당한다)의 공급가격에 변경을 초래하는 사업비의 증액 2. 호당 또는 세대당 주택공급면적(바닥면적에 산입되는 면적으로서 사업주체가 공급하는 주택의 면적을 말한다. 이하 같다) 및 대지지분의 변경. 다만, 다음 각 목의 어느 하나에 해당하는 경우는 제외한다. 가. 호당 또는 세대당 공용면적(제2조제2호가목에 따른 공용면적을 말한다) 또는 대지지분의 2퍼센트 이내의 증감. 이 경우 대지지분의 감소는 「공간정보의 구축 및 관리 등에 관한 법률」 제2조제4호의2에 따른 지적확정측량에 따라 대지지분의 감소가 부득이하다고 사업계획승인권자가 인정하는 경우로서 사업주체가 입주예정자에게 대지지분의 감소 내용과 사유를 통보한 경우로 한정한다. 나. 입주예정자가 없는 동 단위 공동주택의 세대당 주택공급면적의 변경

법	시 행 령	시 행 규 칙
		④ 사업주체는 입주자 모집공고를 한 후 제2항에 따른 사업계획변경승인을 받은 경우에는 14일 이내에 문서로 입주예정자에게 그 내용을 통보하여야 한다. ⑤ 법 제15조제4항 단서에서 "국토교통부령으로 정하는 경미한 사항을 변경하는 경우"란 다음 각 호의 어느 하나에 해당하는 경우를 말한다. 다만, 제1호·제3호 및 제7호는 사업주체가 국가, 지방자치단체, 한국토지주택공사 또는 지방공사인 경우로 한정한다. 1. 총사업비의 20퍼센트의 범위에서의 사업비 증감. 다만, 국민주택을 건설하는 경우로서 지원받는 주택도시기금(「주택도시기금법」에 따른 주택도시기금을 말한다)이 증가되는 경우는 제외한다. 2. 건축물이 아닌 부대시설 및 복리시설의 설치기준 변경으로서 다음 각 목의 요건을 모두 갖춘 변경 가. 해당 부대시설 및 복리시설 설치기준 이상으로의 변경일 것 나. 위치변경(「건축법」 제2조제1항제4호에 따른 건축설비의 위치변경은 제외한다)이 발생하지 아니하는 변경일 것 3. 대지면적의 20퍼센트의 범위에서의 면적 증감. 다만, 지구경계의 변경을

법	시 행 령	시 행 규 칙
		수반하거나 토지 또는 토지에 정착된 물건 및 그 토지나 물건에 관한 소유권 외의 권리를 수용할 필요를 발생시키는 경우는 제외한다. 4. 세대수 또는 세대당 주택공급면적을 변경하지 아니하는 범위에서의 내부구조의 위치나 면적 변경(법 제15조에 따른 사업계획승인을 받은 면적의 10퍼센트 범위에서의 변경으로 한정한다) 5. 내장 재료 및 외장 재료의 변경(재료의 품질이 법 제15조에 따른 사업계획승인을 받을 당시의 재료와 같거나 그 이상인 경우로 한정한다) 6. 사업계획승인의 조건으로 부과된 사항을 이행함에 따라 발생되는 변경. 다만, 공공시설 설치계획의 변경이 필요한 경우는 제외한다. 7. 건축물의 설계와 용도별 위치를 변경하지 아니하는 범위에서의 건축물의 배치조정 및 주택단지 안 도로의 선형변경 8. 「건축법 시행령」 제12조제3항 각 호의 어느 하나에 해당하는 사항의 변경 ⑥ 사업주체는 제5항 각 호의 사항을 변경하였을 때에는 지체 없이 그 변경내용을 사업계획승인권자에게 통보(전자문서에 따른 통보를 포함한다)하여

법	시 행 령	시 행 규 칙
		야 한다. 이 경우 사업계획승인권자는 사업주체로부터 통보받은 변경내용이 제5항 각 호의 범위에 해당하는지를 확인하여야 한다. ⑦ 사업계획승인권자(사업계획승인권자와 사용검사권자가 다른 경우만 해당한다)는 다음 각 호의 어느 하나에 해당하는 경우 그 변경내용을 사용검사권자(법 제49조 및 영 제90조에 따라 사용검사 또는 임시 사용승인을 하는 시·도지사 또는 시장·군수·구청장을 말한다. 이하 같다)에게 통보해야 한다. 〈신설 2020.4.1.〉 1. 제2항에 따라 사업계획변경승인서를 발급한 경우 2. 제6항 후단에 따라 확인한 결과 변경내용이 제5항 각 호의 범위에 해당하는 경우
	제29조【표본설계도서의 승인】 ① 한국토지주택공사, 지방공사 또는 등록사업자는 동일한 규모의 주택을 대량으로 건설하려는 경우에는 국토교통부령으로 정하는 바에 따라 국토교통부장관에게 주택의 형별(型別)로 표본설계도서를 작성·제출하여 승인을 받을 수 있다. ② 국토교통부장관은 제1항에 따른 승인을 하려는 경우에는 관계 행정기관의 장과 협의하여야 하며, 협의 요청을 받은 기관은 정당한 사유가 없으면 요청받은 날부터 15일 이내에 국토교통부장관에게 의견을 통보하여야 한다.	**제14조【표본설계도서의 승인신청】** 영 제29조제1항에 따른 표본설계도서 승인을 받으려는 자는 표본설계도서에 다음 각 호의 도서를 첨부하여 국토교통부장관에게 제출(전자문서에 따른 제출을 포함한다)해야 한다. 〈개정 2021.8.27.〉 1. 마감표 2. 각 층(지하층을 포함한다) 평면도

법	시 행 령	시 행 규 칙
	③ 국토교통부장관은 제1항에 따라 표본설계도서의 승인을 하였을 때에는 그 내용을 특별시장 · 광역시장 · 특별자치시장 · 도지사 또는 특별자치도지사(이하 "시 · 도지사"라 한다)에게 통보하여야 한다. **제30조【사업계획의 승인절차 등】** ① 사업계획승인권자는 법 제15조에 따른 사업계획승인의 신청을 받았을 때에는 정당한 사유가 없으면 신청받은 날부터 60일 이내에 사업주체에게 승인 여부를 통보하여야 한다. ② 국토교통부장관은 제27조제3항 각 호에 해당하는 주택건설사업계획의 승인을 하였을 때에는 지체 없이 관할 시 · 도지사에게 그 내용을 통보하여야 한다. ③ 사업계획승인권자는 「주택도시기금법」에 따른 주택도시기금(이하 "주택도시기금"이라 한다)을 지원받은 사업주체에게 법 제15조제4항 본문에 따른 사업계획의 변경승인을 하였을 때에는 그 내용을 해당 사업에 대한 융자를 취급한 기금수탁자에게 통지하여야 한다. ④ 주택도시기금을 지원받은 사업주체가 사업주체를 변경하기 위하여 법 제15조제4항 본문에 따른 사업계획의 변경승인을 신청하는 경우에는 기금수탁자로부터 사업주체 변경에 관한 동의서를 받아 첨부하여야 한다. ⑤ 사업계획승인권자는 법 제15조제6항 전단에 따라 사업계획승인의 고시를 할 때에는 다음 각 호의 사항을 포함하여야 한다. 1. 사업의 명칭 2. 사업주체의 성명 · 주소(법인인 경우에는 법인의 명칭 · 소재지와 대표자의 성명 · 주소를 말한다) 3. 사업시행지의 위치 · 면적 및 건설주택의 규모	및 단위평면도 3. 입면도(전후면 및 측면) 4. 단면도(계단부분을 포함한다) 5. 구조도(기둥, 보, 슬라브 및 기초) 6. 구조계산서 7. 설비도(급수, 위생, 전기 및 소방) 8. 창호도(창문 도면)

법	시 행 령	시 행 규 칙

4. 사업시행기간
5. 법 제19조제1항에 따라 고시가 의제되는 사항

제16조 【사업계획의 이행 및 취소 등】 ① 사업주체는 제15조제1항 또는 제3항에 따라 승인받은 사업계획대로 사업을 시행하여야 하고, 다음 각 호의 구분에 따라 공사를 시작하여야 한다. 다만, 사업계획승인권자는 대통령령으로 정하는 정당한 사유가 있다고 인정하는 경우에는 사업주체의 신청을 받아 그 사유가 없어진 날부터 1년의 범위에서 제1호 또는 제2호가목에 따른 공사의 착수기간을 연장할 수 있다.
1. 제15조제1항에 따라 승인을 받은 경우: 승인받은 날부터 5년 이내
2. 제15조제3항에 따라 승인을 받은 경우
   가. 최초로 공사를 진행하는 공구: 승인받은 날부터 5년 이내
   나. 최초로 공사를 진행하는 공구 외의 공구: 해당 주택단지에 대한 최초 착공신고일 부터 2년 이내

② 사업주체가 제1항에 따라 공사를 시작하려는 경우에는 국토교통부령으로 정하는 바에 따라 사업계획승인권자에게 신고하여야 한다.

③ 사업계획승인권자는 제2항에 따른 신고를 받은 날부터 20일 이내에 신고수리 여부를 신고인에게 통지하여야 한다. 〈개정 2021.1.5.〉

④ 사업계획승인권자는 다음 각 호의 어느 하나에 해당하는 경우 그 사업계획의 승인을 취소(제2호 또는 제3호에 해당하는 경우 「주택도시기금법」 제26조에 따라 주택분양보증이 된 사업은 제외한다)할 수 있다. 〈개정 2021.1.5.〉
1. 사업주체가 제1항(제2호나목은 제외한다)을 위반하여 공사를 시작하지 아니한 경우

제31조 【공사 착수기간의 연장】 법 제16조제1항 각 호 외의 부분 단서에서 "대통령령으로 정하는 정당한 사유가 있다고 인정하는 경우"란 다음 각 호의 어느 하나에 해당하는 경우를 말한다. 〈개정 2024.5.7.〉
1. 「매장유산 보호 및 조사에 관한 법률」 제11조에 따라 국가유산청장의 매장유산 발굴허가를 받은 경우
2. 해당 사업시행지에 대한 소유권 분쟁(소송절차가 진행 중인 경우만 해당한다)으로 인하여 공사 착수가 지연되는 경우
3. 법 제15조에 따른 사업계획승인의 조건으로 부과된 사항을 이행함에 따라 공사 착수가 지연되는 경우
4. 천재지변 또는 사업주체에게 책임이 없는 불가항력적인 사유로 인하여 공사 착수가 지연되는 경우
5. 공공택지의 개발·조성을 위한 계획에 포함된 기반시설의 설치 지연으로 공사 착수가 지연되는 경우
6. 해당 지역의 미분양주택 증가 등으로 사업성이 악화될 우려가 있거나 주택건설경기가 침체되는 등 공사에 착수하지 못할 부득이한 사유가 있다고 사업계획승인권자가 인정하는 경우

제15조 【공사착수 연기 및 착공신고】 ① 사업주체는 법 제16조제1항 각 호 외의 부분 단서에 따라 공사착수기간을 연장하려는 경우에는 별지 제19호서식의 착공연기신청서를 사업계획승인권자에게 제출(전자문서에 따른 제출을 포함한다)하여야 한다.

② 사업주체는 법 제16조제2항에 따라 공사착수(법 제15조제3항에 따라 사업계획승인을 받은 경우에는 공구별 공사착수를 말한다)를 신고하려는 경우에는 별지 제20호서식의 착공신고서에 다음 각 호의 서류를 첨부하여 사업계획승인권자에게 제출(전자문서에 따른 제출을 포함한다)해야 한다. 다만, 제2호부터 제5호까지의 서류는 주택건설사업의 경우만 해당한다. 〈개정 2020.4.1〉
1. 사업관계자 상호간 계약서 사본
2. 흙막이 구조도면(지하 2층 이상의 지하층을 설치하는 경우만 해당한다)
3. 영 제43조제1항에 따라 작성하는 설계도서 중 국토교통부장관이 정하여 고시하는 도서
4. 감리자(법 제43조제1항에 따라 주택건설공사 감리자로 지정받은 자를

법	시 행 령	시 행 규 칙
2. 사업주체가 경매·공매 등으로 인하여 대지소유권을 상실한 경우 3. 사업주체의 부도·파산 등으로 공사의 완료가 불가능한 경우 ⑤ 사업계획승인권자는 제4항제2호 또는 제3호의 사유로 사업계획승인을 취소하고자 하는 경우에는 사업주체에게 사업계획 이행, 사업비 조달 계획 등 대통령령으로 정하는 내용이 포함된 사업 정상화 계획을 제출받아 계획의 타당성을 심사한 후 취소 여부를 결정하여야 한다. 〈개정 2021.1.5.〉 ⑥ 제4항에도 불구하고 사업계획승인권자는 해당 사업의 시공자 등이 제21조제1항에 따른 해당 주택건설대지의 소유권 등을 확보하고 사업주체 변경을 위하여 제15조제4항에 따른 사업계획의 변경승인을 요청하는 경우에 이를 승인할 수 있다. 〈개정 2021.1.5.〉	**제32조【사업계획승인의 취소】** 법 제16조제5항에서 "사업계획 이행, 사업비 조달 계획 등 대통령령으로 정하는 내용"이란 다음 각 호의 내용을 말한다. 1. 공사일정, 준공예정일 등 사업계획의 이행에 관한 계획 2. 사업비 확보 현황 및 방법 등이 포함된 사업비 조달 계획 3. 해당 사업과 관련된 소송 등 분쟁사항의 처리 계획	말한다. 이하 같다)의 감리계획서 및 감리의견서 5. 영 제49조제1항제3호에 따라 감리자가 검토·확인한 예정공정표 ③ 사업계획승인권자는 제1항 및 제2항에 따른 착공연기신청서 또는 착공신고서를 제출받은 경우에는 별지 제21호서식의 착공연기확인서 또는 별지 제22호서식의 착공신고필증을 신청인 또는 신고인에게 발급하여야 한다.
제17조【기반시설의 기부채납】 ① 사업계획승인권자는 제15조제1항 또는 제3항에 따라 사업계획을 승인할 때 사업주체가 제출하는 사업계획에 해당 주택건설사업 또는 대지조성사업과 직접적으로 관련이 없거나 과도한 기반시설의 기부채납(寄附採納)을 요구하여서는 아니 된다. ② 국토교통부장관은 기부채납 등과 관련하여 다음 각 호의 사항이 포함된 운영기준을 작성하여 고시할 수 있다. 1. 주택건설사업의 기반시설 기부채납 부담의 원칙 및 수준에 관한 사항 2. 주택건설사업의 기반시설의 설치기준 등에 관한 사항 ③ 사업계획승인권자는 제2항에 따른 운영기준의 범위에서 지역여건 및 사업의 특성 등을 고려하여 자체 실정에 맞는 별도의 기준을 마련하여 운영할 수 있으며, 이 경우 미리 국토교통부장관에게 보고하여야 한다.		

법	시 행 령	시 행 규 칙
제18조 【사업계획의 통합심의 등】 ① 사업계획승인권자는 필요하다고 인정하는 경우에 도시계획 · 건축 · 교통 등 사업계획승인과 관련된 다음 각 호의 사항을 통합하여 검토 및 심의(이하 "통합심의"라 한다)할 수 있다. 1. 「건축법」에 따른 건축심의 2. 「국토의 계획 및 이용에 관한 법률」에 따른 도시 · 군관리계획 및 개발행위 관련 사항 3. 「대도시권 광역교통 관리에 관한 특별법」에 따른 광역교통 개선대책 4. 「도시교통정비 촉진법」에 따른 교통영향평가 5. 「경관법」에 따른 경관심의 6. 그 밖에 사업계획승인권자가 필요하다고 인정하여 통합심의에 부치는 사항 ② 사업계획승인권자는 제15조제1항 또는 제3항에 따라 사업계획승인을 받으려는 자가 통합심의를 신청하는 경우 통합심의를 하여야 한다. 다만, 사업계획의 특성 및 규모 등으로 인하여 제1항 각 호 중 어느 하나에 대하여 통합심의가 적절하지 아니하다고 인정하는 경우에는 그 사항을 제외하고 통합심의를 할 수 있다. 〈개정 2024.1.16.〉 ③ 제15조제1항 또는 제3항에 따라 사업계획승인을 받으려는 자가 통합심의를 신청하는 경우 제1항 각 호와 관련된 서류를 첨부하여야 한다. 이 경우 사업계획승인권자는 통합심의를 효율적으로 처리하기 위하여 필요한 경우 제출기한을 정하여 제출하도록 할 수 있다. 〈개정 2024.1.16.〉 ④ 사업계획승인권자가 시장 · 군수 · 구청장인 경우로서 시 · 도지사가 제1항 각 호의 어느 하나에 해당하는 권한을 가진 경우에는 사업계획승인권자가 시 · 도지사에게 통합심의를 요청할 수 있다. 〈신설 2024.1.16.〉	**제33조 【공동위원회의 구성】** ① 법 제18조제5항에 따른 공동위원회(이하 "공동위원회"라 한다)는 위원장 및 부위원장 1명씩을 포함하여 25명 이상 30명 이하의 위원으로 구성한다. 〈개정 2024.7.9.〉 ② 공동위원회 위원장은 법 제18조제5항 각 호의 어느 하나에 해당하는 위원회 위원장의 추천을 받은 위원 중에서 호선(互選)한다. 〈개정 2024.7.9.〉 ③ 공동위원회 부위원장은 사업계획승인권자가 속한 지방자치단체 및 법 제18조제4항에 따라 통합심의를 하는 지방자치단체 소속 공무원 중에서 위원장이 지명한다. 〈개정 2024.7.9.〉 ④ 공동위원회 위원은 법 제18조제5항 각 호의 위원회의 위원이 각각 5명 이상이 되어야 한다. 〈개정 2024.7.9.〉 **제34조 【위원의 제척 · 기피 · 회피】** ① 공동위원회 위원(이하 이 조 및 제35조에서 "위원"이라 한다)이 다음 각 호의 어느 하나에 해당하는 경우에는 공동위원회의 심의 · 의결에서 제척(除斥)된다. 1. 위원 또는 그 배우자나 배우자였던 사람이 해당 안건의 당사자(당사자가 법인 · 단체 등인 경우에는 그 임원을 포함한다. 이하 이 호 및 제2호에서 같다)가 되거나 그 안건의 당사자와 공동권리자 또는 공동의무자인 경우 2. 위원이 해당 안건 당사자의 친족이거나 친족이었던 경우 3. 위원이 해당 안건에 대하여 자문, 연구, 용역(하도급을 포함한다), 감정 또는 조사를 한 경우 4. 위원이나 위원이 속한 법인 · 단체 등이 해당 안건 당사자의 대리인이거나 대리인이었던 경우 5. 위원이 임원 또는 직원으로 재직하고 있거나 최근 3년	

법	시 행 령	시 행 규 칙
⑤ 통합심의를 하는 지방자치단체의 장은 다음 각 호의 어느 하나에 해당하는 위원회에 속하고 해당 위원회의 위원장의 추천을 받은 위원들과 사업계획승인권자가 속한 지방자치단체 및 제4항에 따라 통합심의를 하는 지방자치단체 소속 공무원으로 소집된 공동위원회를 구성하여 통합심의를 하여야 한다. 이 경우 공동위원회의 구성, 통합심의의 방법 및 절차에 관한 사항은 대통령령으로 정한다. 〈개정 2024.1.16.〉 1. 「건축법」에 따른 중앙건축위원회 및 지방건축위원회 2. 「국토의 계획 및 이용에 관한 법률」에 따라 해당 주택단지가 속한 시 · 도에 설치된 지방도시계획위원회 3. 「대도시권 광역교통 관리에 관한 특별법」에 따라 광역교통 개선대책에 대하여 심의권한을 가진 국가교통위원회 4. 「도시교통정비 촉진법」에 따른 교통영향평가심의위원회 5. 「경관법」에 따른 경관위원회 6. 제1항제6호에 대하여 심의권한을 가진 관련 위원회 ⑥ 사업계획승인권자는 통합심의를 한 경우 특별한 사유가 없으면 심의 결과를 반영하여 사업계획을 승인하여야 한다. 〈개정 2024.1.16.〉 ⑦ 통합심의를 거친 경우에는 제1항 각 호에 대한 검토 · 심의 · 조사 · 협의 · 조정 또는 재정을 거친 것으로 본다. 〈개정 2024.1.16.〉 **제19조【다른 법률에 따른 인가 · 허가 등의 의제 등】** ① 사업계획승인권자가 제15조에 따라 사업계획을 승인 또는 변경 승인할 때 다음 각 호의 허가 · 인가 · 결정 · 승인 또는 신고 등(이하 "인 · 허가등"이라 한다)에 관하여 제3항에 따른 관계 행정기관의 장과 협의한 사항에 대하여는 해당 인 · 허	내에 재직하였던 기업 등이 해당 안건에 대하여 자문, 연구, 용역(하도급을 포함한다), 감정 또는 조사를 한 경우 ② 해당 안건의 당사자는 위원에게 공정한 심의 · 의결을 기대하기 어려운 사정이 있는 경우에는 공동위원회에 기피 신청을 할 수 있고, 공동위원회는 의결로 기피 여부를 결정한다. 이 경우 기피 신청의 대상인 위원은 그 의결에 참여할 수 없다. ③ 위원이 제1항 각 호의 제척 사유에 해당하는 경우에는 스스로 해당 안건의 심의 · 의결에서 회피(回避)하여야 한다. **제35조【통합심의의 방법과 절차】** ① 법 제18조제5항에 따라 사업계획을 통합심의하는 경우 통합심의를 하는 지방자치단체의 장은 공동위원회를 개최하기 7일 전까지 회의 일시, 장소 및 상정 안건 등 회의 내용을 위원에게 알려야 한다. 〈개정 2024.7.9.〉 ② 공동위원회의 회의는 재적위원 과반수의 출석으로 개의(開議)하고, 출석위원 과반수의 찬성으로 의결한다. ③ 공동위원회 위원장은 통합심의와 관련하여 필요하다고 인정하거나 사업계획승인권자가 요청한 경우에는 당사자 또는 관계자를 출석하게 하여 의견을 듣거나 설명하게 할 수 있다. ④ 공동위원회는 사업계획승인과 관련된 사항, 당사자 또는 관계자의 의견 및 설명, 관계 기관의 의견 등을 종합적으로 검토하여 심의하여야 한다. ⑤ 공동위원회는 회의시 회의내용을 녹취하고, 다음 각 호의 사항을 회의록으로 작성하여 「공공기록물 관리에 관한 법률」에 따라 보존하여야 한다.	

법	시 행 령	시행규칙
가등을 받은 것으로 보며, 사업계획의 승인고시가 있은 때에는 다음 각 호의 관계 법률에 따른 고시가 있은 것으로 본다. 〈개정 2016.1.19., 2016.12.27., 2021.7.20., 2022.12.27.〉 1. 「건축법」 제11조에 따른 건축허가, 같은 법 제14조에 따른 건축신고, 같은 법 제16조에 따른 허가·신고사항의 변경 및 같은 법 제20조에 따른 가설건축물의 건축허가 또는 신고 2. 「공간정보의 구축 및 관리 등에 관한 법률」 제15조제4항에 따른 지도등의 간행 심사 3. 「공유수면 관리 및 매립에 관한 법률」 제8조에 따른 공유수면의 점용·사용허가, 같은 법 제10조에 따른 협의 또는 승인, 같은 법 제17조에 따른 점용·사용 실시계획의 승인 또는 신고, 같은 법 제28조에 따른 공유수면의 매립면허, 같은 법 제35조에 따른 국가 등이 시행하는 매립의 협의 또는 승인 및 같은 법 제38조에 따른 공유수면매립실시계획의 승인 4. 「광업법」 제42조에 따른 채굴계획의 인가 5. 「국토의 계획 및 이용에 관한 법률」 제30조에 따른 도시·군관리계획(같은 법 제2조제4호다목의 계획 및 마목의 계획 중 같은 법 제51조제1항에 따른 지구단위계획구역 및 지구단위계획만 해당한다)의 결정, 같은 법 제56조에 따른 개발행위의 허가, 같은 법 제86조에 따른 도시·군계획시설사업 시행자의 지정, 같은 법 제88조에 따른 실시계획의 인가 및 같은 법 제130조제2항에 따른 타인의 토지에의 출입허가 6. 「농어촌정비법」 제23조에 따른 농업생산기반시설의 사용허가 7. 「농지법」 제34조에 따른 농지전용(農地轉用)의 허가 또는 협의 8. 「도로법」 제36조에 따른 도로공사 시행의 허가, 같은	1. 회의일시·장소 및 공개여부 2. 출석위원 서명부 3. 상정된 의안 및 심의결과 4. 그 밖에 주요 논의사항 등 ⑥ 공동위원회의 회의에 참석한 위원에게는 예산의 범위에서 수당 및 여비를 지급할 수 있다. 다만, 공무원인 위원이 소관 업무와 직접 관련되어 위원회에 출석하는 경우에는 그러하지 아니하다. ⑦ 이 영에서 규정한 사항 외에 공동위원회 운영에 필요한 사항은 위원회의 의결을 거쳐 위원장이 정한다.	**관계법** 「도로법」 제36조(도로관리청이 아

법

법 제61조에 따른 도로점용의 허가

9. 「도시개발법」 제3조에 따른 도시개발구역의 지정, 같은 법 제11조에 따른 시행자의 지정, 같은 법 제17조에 따른 실시계획의 인가 및 같은 법 제64조제2항에 따른 타인의 토지에의 출입허가
10. 「사도법」 제4조에 따른 사도(私道)의 개설허가
11. 「사방사업법」 제14조에 따른 토지의 형질변경 등의 허가, 같은 법 제20조에 따른 사방지(砂防地) 지정의 해제
12. 「산림보호법」 제9조제1항 및 같은 조 제2항제1호 · 제2호에 따른 산림보호구역에서의 행위의 허가 · 신고. 다만, 「산림자원의 조성 및 관리에 관한 법률」에 따른 채종림 및 시험림과 「산림보호법」에 따른 산림유전자원보호구역의 경우는 제외한다.
13. 「산림자원의 조성 및 관리에 관한 법률」 제36조제1항 · 제5항 따른 입목벌채등의 허가 · 신고. 다만, 같은 법에 따른 채종림 및 시험림과 「산림보호법」에 따른 산림유전자원보호구역의 경우는 제외한다.
14. 「산지관리법」 제14조 · 제15조에 따른 산지전용허가 및 산지전용신고, 같은 법 제15조의2에 따른 산지일시사용허가 · 신고
15. 「소하천정비법」 제10조에 따른 소하천공사 시행의 허가, 같은 법 제14조에 따른 소하천 점용 등의 허가 또는 신고
16. 「수도법」 제17조 또는 제49조에 따른 수도사업의 인가, 같은 법 제52조에 따른 전용상수도 설치의 인가
17. 「연안관리법」 제25조에 따른 연안정비사업실시계획의 승인
18. 「유통산업발전법」 제8조에 따른 대규모점포의 등록
19. 「장사 등에 관한 법률」 제27조제1항에 따른 무연분묘의 개장허가
20. 「지하수법」 제7조 또는 제8조에 따른 지하수 개발 · 이

시 행 령

관계법 「사도법」 제4조(개설허가 등)

① 사도를 개설 · 개축(改築) · 증축(增築) 또는 변경하려는 자는 특별자치시장, 특별자치도지사 또는 시장 · 군수 · 구청장(구청장은 자치구의 구청장을 말하며, 이하 "시장 · 군수 · 구청장"이라 한다)의 허가를 받아야 한다.

② 제1항에 따른 허가를 받으려는 자는 허가신청서에 국토교통부령으로 정하는 서류를 첨부하여 시장 · 군수 · 구청장에게 제출하여야 한다. 〈개정 2013.3.23〉

③ 시장 · 군수 · 구청장은 다음 각 호의 어느 하나에 해당하는 경우를 제외하고는 제1항에 따른 허가를 하여야 한다.
1. 개설하려는 사도가 제5조에 따른 기준에 맞지 아니한 경우
2. 허가를 신청한 자에게 해당 토지의 소유 또는 사용에 관한 권리가 없는 경우
3. 이 법 또는 다른 법령에 따른 제한에 위배되는 경우
4. 해당 사도의 개설 · 개축 · 증축 또는 변경으로 인하여 주변에 거주하는 주민의 사생활 등 주거환경을 심각하게 침해하거나 사람의 통행에 위험을 가져올 것으로 인정되는 경우

④ 시장 · 군수 · 구청장은 제1항에 따른 허가를 하였을 때에는 지체 없이 그 내용을 공보에 고시하고, 국토교통부령으로 정하는 바에 따라 사도 관리대장에 그 내용을 기록하고 보관하여야 한다. 〈개정 2013.3.23〉

⑤ 제1항부터 제4항까지에서 규정한 사항 외에 허가에 필요한 사항은 대통령령으로 정한다.

제5조(사도의 폭 등 기준)
사도의 구조는 「농어촌도로 정비법」에 따른 면도(面道) 또는 이도(里道)의 기준에 따른다. 다만, 통행에 지장을 주지 아니하는 범위에서

시 행 규 칙

닌 자의 도로공사 등)

① 도로관리청이 아닌 자는 도로공사를 시행하거나 도로의 유지 · 관리를 할 때에는 미리 대통령령으로 정하는 바에 따라 도로관리청의 허가를 받아야 한다. 다만, 다음 각 호의 어느 하나에 해당하는 경우 도로관리청이 아닌 자는 도로관리청의 허가를 받지 아니하고 도로공사를 시행하거나 도로의 유지 · 관리를 할 수 있다.
1. 제33조제1항에 따라 타공작물의 관리자가 도로공사를 시행하는 경우 또는 제35조제1항에 따라 타공사의 시행자나 타행위를 한 자가 도로공사를 시행하는 경우
2. 상급도로관리청이 상급도로의 공사를 시행할 때 상급도로와 접속되거나 연결되는 하급도로의 접속구간 또는 연결구간의 도로공사를 시행하는 경우. 이 경우 상급도로관리청은 대통령령으로 정하는 바에 따라 미리 해당 하급도로관리청과 협의하여야 한다.
3. 대통령령으로 정하는 경미한 도로의 유지 · 관리인 경우

② 제1항에 따라 도로관리청의 허가를 받은 자는 대통령령으로 정하는 바에 따라 공사착수 사실을 도로관리청에 신고하여야 하고, 공사를 준공하였을 때에는 도로관리청의 준공검사를 받아야 한다.

③ 제1항제2호에 따라 상급도로관리청이 하급도로의 도로공사를 시행하는 경우에는 공사를 준공하였을 때 대통령령으로 정하는 바에 따라 해당 하급도로관리청에 통지하여야 한다.

「도로법」 제61조(도로의 점용 허가)

법	시 행 령	시 행 규 칙
용의 허가 또는 신고 21. 「초지법」 제23조에 따른 초지전용의 허가 22. 「택지개발촉진법」 제6조에 따른 행위의 허가 23. 「하수도법」 제16조에 따른 공공하수도에 관한 공사 시행의 허가, 같은 법 제34조제2항에 따른 개인하수처리시설의 설치신고 24. 「하천법」 제30조에 따른 하천공사 시행의 허가 및 하천공사실시계획의 인가, 같은 법 제33조에 따른 하천의 점용허가 및 같은 법 제50조에 따른 하천수의 사용허가 25. 「부동산 거래신고 등에 관한 법률」 제11조에 따른 토지거래계약에 관한 허가 ② 인·허가등의 의제를 받으려는 자는 제15조에 따른 사업계획승인을 신청할 때에 해당 법률에서 정하는 관계 서류를 함께 제출하여야 한다. ③ 사업계획승인권자는 제15조에 따라 사업계획을 승인하려는 경우 그 사업계획에 제1항 각 호의 어느 하나에 해당하는 사항이 포함되어 있는 경우에는 해당 법률에서 정하는 관계 서류를 미리 관계 행정기관의 장에게 제출한 후 협의하여야 한다. 이 경우 협의 요청을 받은 관계 행정기관의 장은 사업계획승인권자의 협의 요청을 받은 날부터 20일 이내에 의견을 제출하여야 하며, 그 기간 내에 의견을 제출하지 아니한 경우에는 협의가 완료된 것으로 본다. ④ 제3항에 따라 사업계획승인권자의 협의 요청을 받은 관계 행정기관의 장은 해당 법률에서 규정한 인·허가등의 기준을 위반하여 협의에 응하여서는 아니 된다. ⑤ 대통령령으로 정하는 비율 이상의 국민주택을 건설하는 사업주체가 제1항에 따라 다른 법률에 따른 인·허가등을 받은 것으로 보는 경우에는 관계 법률에 따라 부과되는 수	국토교통부령으로 정하는 바에 따라 그 기준을 완화할 수 있다. 〈개정 2015.7.24.〉 **제36조【수수료 등의 면제 기준】** 법 제19조제5항에서 "대통령령으로 정하는 비율"이란 50퍼센트를 말한다.	① 공작물·물건, 그 밖의 시설을 신설·개축·변경 또는 제거하거나 그 밖의 사유로 도로(도로구역을 포함한다. 이하 이 장에서 같다)를 점용하려는 자는 도로관리청의 허가를 받아야 한다. 허가받은 기간을 연장하거나 허가받은 사항을 변경(허가받은 사항 외에 도로 구조나 교통안전에 위험이 되는 물건을 새로 설치하는 행위를 포함한다)하려는 때에도 같다. ② 제1항에 따라 허가를 받아 도로를 점용할 수 있는 공작물·물건, 그 밖의 시설의 종류와 허가의 기준 등에 관하여 필요한 사항은 대통령령으로 정한다. ③ 도로관리청은 같은 도로(토지를 점용하는 경우로 한정하며, 입체적 도로구역을 포함한다)에 제1항에 따른 허가를 신청한 자가 둘 이상인 경우에는 일반경쟁에 부치는 방식으로 도로의 점용 허가를 받을 자를 선정할 수 있다. ④ 제3항에 따라 일반경쟁에 부치는 방식으로 도로점용허가를 받을 자를 선정할 수 있는 경우의 기준, 도로의 점용 허가를 받을 자의 선정 절차 등에 관하여 필요한 사항은 대통령령으로 정한다.

법	시 행 령	시 행 규 칙
수료 등을 면제한다. **제20조【주택건설사업 등에 의한 임대주택의 건설 등】** ① 사업주체(리모델링을 시행하는 자는 제외한다)가 다음 각 호의 사항을 포함한 사업계획승인신청서(「건축법」 제11조제3항의 허가신청서를 포함한다. 이하 이 조에서 같다)를 제출하는 경우 사업계획승인권자(건축허가권자를 포함한다)는 「국토의 계획 및 이용에 관한 법률」 제78조의 용도지역별 용적률 범위에서 특별시 · 광역시 · 특별자치시 · 특별자치도 · 시 또는 군의 조례로 정하는 기준에 따라 용적률을 완화하여 적용할 수 있다. 1. 제15조제1항에 따른 호수 이상의 주택과 주택 외의 시설을 동일 건축물로 건축하는 계획 2. 임대주택의 건설 · 공급에 관한 사항 ② 제1항에 따라 용적률을 완화하여 적용하는 경우 사업주체는 완화된 용적률의 60퍼센트 이하의 범위에서 대통령령으로 정하는 비율 이상에 해당하는 면적을 임대주택으로 공급하여야 한다. 이 경우 사업주체는 임대주택을 국토교통부장관, 시 · 도지사, 한국토지주택공사 또는 지방공사(이하 "인수자"라 한다)에 공급하여야 하며 시 · 도지사가 우선 인수할 수 있다. 다만, 시 · 도지사가 임대주택을 인수하지 아니하는 경우 다음 각 호의 구분에 따라 국토교통부장관에게 인수자 지정을 요청하여야 한다. 1. 특별시장, 광역시장 또는 도지사가 인수하지 아니하는 경우: 관할 시장, 군수 또는 구청장이 제1항의 사업계획승인(「건축법」 제11조의 건축허가를 포함한다. 이하 이 조에서 같다)신청 사실을 특별시장, 광역시장 또는 도지사에게 통보한 후 국토교통부장관에게 인수자 지정 요청	**제37조【주택건설사업 등에 따른 임대주택의 비율 등】** ① 법 제20조제2항 각 호 외의 부분에서 "대통령령으로 정하는 비율"이란 30퍼센트 이상 60퍼센트 이하의 범위에서 특별시 · 광역시 · 특별자치시 · 도 또는 특별자치도(이하 "시 · 도"라 한다)의 조례로 정하는 비율을 말한다. ② 국토교통부장관은 법 제20조제2항에 따라 시장 · 군수 · 구청장으로부터 인수자를 지정하여 줄 것을 요청받은 경우에는 30일 이내에 인수자를 지정하여 시 · 도지사에게 통보하여야 한다. ③ 시 · 도지사는 제2항에 따른 통보를 받은 경우에는 지체 없이 국토교통부장관이 지정한 인수자와 임대주택의 인수에 관하여 협의하여야 한다.	

법	시 행 령	시 행 규 칙
2. 특별자치시장 또는 특별자치도지사가 인수하지 아니하는 경우: 특별자치시장 또는 특별자치도지사가 직접 국토교통부장관에게 인수자 지정 요청 ③ 제2항에 따라 공급되는 임대주택의 공급가격은 「공공주택 특별법」 제50조의3제1항에 따른 공공건설임대주택의 분양전환가격 산정기준에서 정하는 건축비로 하고, 그 부속 토지는 인수자에게 기부채납한 것으로 본다. ④ 사업주체는 제15조에 따른 사업계획승인을 신청하기 전에 미리 용적률의 완화로 건설되는 임대주택의 규모 등에 관하여 인수자와 협의하여 사업계획승인신청서에 반영하여야 한다. ⑤ 사업주체는 공급되는 주택의 전부(제11조의 주택조합이 설립된 경우에는 조합원에게 공급하고 남은 주택을 말한다)를 대상으로 공개추첨의 방법에 의하여 인수자에게 공급하는 임대주택을 선정하여야 하며, 그 선정 결과를 지체 없이 인수자에게 통보하여야 한다. ⑥ 사업주체는 임대주택의 준공인가(「건축법」 제22조의 사용승인을 포함한다)를 받은 후 지체 없이 인수자에게 등기를 촉탁 또는 신청하여야 한다. 이 경우 사업주체가 거부 또는 지체하는 경우에는 인수자가 등기를 촉탁 또는 신청할 수 있다. **제21조 【대지의 소유권 확보 등】** ① 제15조제1항 또는 제3항에 따라 주택건설사업계획의 승인을 받으려는 자는 해당 주택건설대지의 소유권을 확보하여야 한다. 다만, 다음 각 호의 어느 하나에 해당하는 경우에는 그러하지 아니하다. 〈개정 2020.1.23〉 1. 「국토의 계획 및 이용에 관한 법률」 제49조에 따른 지		

법	시 행 령	시 행 규 칙
구단위계획(이하 "지구단위계획"이라 한다)의 결정(제19조제1항제5호에 따라 의제되는 경우를 포함한다)이 필요한 주택건설사업의 해당 대지면적의 80퍼센트 이상을 사용할 수 있는 권원(權原)[제5조제2항에 따라 등록사업자와 공동으로 사업을 시행하는 주택조합(리모델링주택조합은 제외한다)의 경우에는 95퍼센트 이상의 소유권을 말한다. 이하 이 조, 제22조 및 제23조에서 같다]을 확보하고(국공유지가 포함된 경우에는 해당 토지의 관리청이 해당 토지를 사업주체에게 매각하거나 양여할 것을 확인한 서류를 사업계획승인권자에게 제출하는 경우에는 확보한 것으로 본다), 확보하지 못한 대지가 제22조 및 제23조에 따른 매도청구 대상이 되는 대지에 해당하는 경우 2. 사업주체가 주택건설대지의 소유권을 확보하지 못하였으나 그 대지를 사용할 수 있는 권원을 확보한 경우 3. 국가 · 지방자치단체 · 한국토지주택공사 또는 지방공사가 주택건설사업을 하는 경우 4. 제66조제2항에 따라 리모델링 결의를 한 리모델링주택조합이 제22조제2항에 따라 매도청구를 하는 경우 ② 사업주체가 제16조제2항에 따라 신고한 후 공사를 시작하려는 경우 사업계획승인을 받은 해당 주택건설대지에 제22조 및 제23조에 따른 매도청구 대상이 되는 대지가 포함되어 있으면 해당 매도청구 대상 대지에 대하여는 그 대지의 소유자가 매도에 대하여 합의를 하거나 매도청구에 관한 법원의 승소판결(판결이 확정되지 아니한 판결을 포함한다)을 받은 경우에만 공사를 시작할 수 있다. 〈개정 2020.6.9〉 **제22조【매도청구 등】** ① 제21조제1항제1호에 따라 사업계획승인을 받은 사업주체는 다음 각 호에 따라 해당 주택건		

법	시 행 령	시 행 규 칙

설대지 중 사용할 수 있는 권원을 확보하지 못한 대지(건축물을 포함한다. 이하 이 조 및 제23조에서 같다)의 소유자에게 그 대지를 시가(市價)로 매도할 것을 청구할 수 있다. 이 경우 매도청구 대상이 되는 대지의 소유자와 매도청구를 하기 전에 3개월 이상 협의를 하여야 한다.

1. 주택건설대지면적의 95퍼센트 이상의 사용권원을 확보한 경우: 사용권원을 확보하지 못한 대지의 모든 소유자에게 매도청구 가능
2. 제1호 외의 경우: 사용권원을 확보하지 못한 대지의 소유자 중 지구단위계획구역 결정고시일 10년 이전에 해당 대지의 소유권을 취득하여 계속 보유하고 있는 자(대지의 소유기간을 산정할 때 대지소유자가 직계존속·직계비속 및 배우자로부터 상속받아 소유권을 취득한 경우에는 피상속인의 소유기간을 합산한다)를 제외한 소유자에게 매도청구 가능

② 제1항에도 불구하고 제66조제2항에 따른 리모델링의 허가를 신청하기 위한 동의율을 확보한 경우 리모델링 결의를 한 리모델링주택조합은 그 리모델링 결의에 찬성하지 아니하는 자의 주택 및 토지에 대하여 매도청구를 할 수 있다. 〈개정 2020.1.23〉

③ 제1항 및 제2항에 따른 매도청구에 관하여는 「집합건물의 소유 및 관리에 관한 법률」 제48조를 준용한다. 이 경우 구분소유권 및 대지사용권은 주택건설사업 또는 리모델링사업의 매도청구의 대상이 되는 건축물 또는 토지의 소유권과 그 밖의 권리로 본다.

제23조【소유자를 확인하기 곤란한 대지 등에 대한 처분】

① 제21조제1항제1호에 따라 사업계획승인을 받은 사업주체는 해당 주택건설대지 중 사용할 수 있는 권원을 확보하지

관계법 「집합건물의 소유 및 관리에 관한 법률」

제48조 (구분소유권 등의 매도 청구 등)

① 재건축의 결의가 있으면 집회를 소집한 자는 지체 없이 그 결의에 찬성하지 아니한 구분소유자(그의 승계인을 포함한다)에 대하여 그 결의 내용에 따른 재건축에 참가할 것인지 여부를 회답할 것을 서면으로 촉구하여야 한다.

② 제1항의 촉구를 받은 구분소유자는 촉구를 받은 날부터 2개월 이내에 회답하여야 한다.

③ 제2항의 기간 내에 회답하지 아니한 경우 그 구분소유자는 재건축에 참가하지 아니하겠다는 뜻을 회답한 것으로 본다.

법	시 행 령	시 행 규 칙

법

못한 대지의 소유자가 있는 곳을 확인하기가 현저히 곤란한 경우에는 전국적으로 배포되는 둘 이상의 일간신문에 두 차례 이상 공고하고, 공고한 날부터 30일 이상이 지났을 때에는 제22조에 따른 매도청구 대상의 대지로 본다.

② 사업주체는 제1항에 따른 매도청구 대상 대지의 감정평가액에 해당하는 금액을 법원에 공탁(供託)하고 주택건설사업을 시행할 수 있다.

③ 제2항에 따른 대지의 감정평가액은 사업계획승인권자가 추천하는 「감정평가 및 감정평가사에 관한 법률」에 따른 감정평가법인등 2인 이상이 평가한 금액을 산술평균하여 산정한다. 〈개정 2016.1.19., 2020.4.7.〉

제24조【토지에의 출입 등】 ① 국가 · 지방자치단체 · 한국토지주택공사 및 지방공사인 사업주체가 사업계획의 수립을 위한 조사 또는 측량을 하려는 경우와 국민주택사업을 시행하기 위하여 필요한 경우에는 다음 각 호의 행위를 할 수 있다.

1. 타인의 토지에 출입하는 행위
2. 특별한 용도로 이용되지 아니하고 있는 타인의 토지를 재료적치장 또는 임시도로로 일시 사용하는 행위
3. 특히 필요한 경우 죽목(竹木) · 토석이나 그 밖의 장애물을 변경하거나 제거하는 행위

② 제1항에 따른 사업주체가 국민주택을 건설하거나 국민주택을 건설하기 위한 대지를 조성하는 경우에는 토지나 토지에 정착한 물건 및 그 토지나 물건에 관한 소유권 외의 권리(이하 "토지등"이라 한다)를 수용하거나 사용할 수 있다.

③ 제1항의 경우에는 「국토의 계획 및 이용에 관한 법률」 제130조제2항부터 제9항까지 및 같은 법 제144조제1항제2호 · 제3호를 준용한다. 이 경우 "도시 · 군계획시설사업

시 행 령

④ 제2항의 기간이 지나면 재건축 결의에 찬성한 각 구분소유자, 재건축 결의 내용에 따른 재건축에 참가할 뜻을 회답한 각 구분소유자(그의 승계인을 포함한다) 또는 이들 전원의 합의에 따라 구분소유권과 대지사용권을 매수하도록 지정된 자(이하 "매수지정자"라 한다)는 제2항의 기간 만료일부터 2개월 이내에 재건축에 참가하지 아니하겠다는 뜻을 회답한 구분소유자(그의 승계인을 포함한다)에게 구분소유권과 대지사용권을 시가로 매도할 것을 청구할 수 있다. 재건축 결의가 있은 후에 이 구분소유자로부터 대지사용권만을 취득한 자의 대지사용권에 대하여도 또한 같다.

⑤ 제4항에 따른 청구가 있는 경우에 재건축에 참가하지 아니하겠다는 뜻을 회답한 구분소유자가 건물을 명도(明渡)하면 생활에 현저한 어려움을 겪을 우려가 있고 재건축의 수행에 큰 영향이 없을 때에는 법원은 그 구분소유자의 청구에 의하여 대금 지급일 또는 제공일부터 1년을 초과하지 아니하는 범위에서 건물 명도에 대하여 적당한 기간을 허락할 수 있다.

⑥ 재건축 결의일부터 2년 이내에 건물 철거공사가 착수되지 아니한 경우에는 제4항에 따라 구분소유권이나 대지사용권을 매도한 자는 이 기간이 만료된 날부터 6개월 이내에 매수인이 지급한 대금에 상당하는 금액을 그 구분소유권이나 대지사용권을 가지고 있는 자에게 제공하고 이들의 권리를 매도할 것을 청구할 수 있다. 다만, 건물 철거공사가 착수되지 아니한 타당한 이유가 있을 경우에는 그러하지 아니하다.

⑦ 제6항 단서에 따른 건물 철거공사가 착수되지 아니한 타당한 이유가 없어진 날부터 6개월 이내에 공사에 착수하지 아니하는 경우에는 제6항 본문을 준용한다. 이 경우 같은 항 본문 중 "이 기간이 만료된 날부터 6개월 이내에"는 "건물 철거공사가 착수되지 아니한 타당한 이유가 없어진 것을 안 날부터 6개월 또는 그 이유가 없어진 날부터 2년 중 빠른 날까지"로 본다.

시 행 규 칙

법	시 행 령	시 행 규 칙
의 시행자"는 "사업주체"로, "제130조제1항"은 "이 법 제24조제1항"으로 본다.		
제25조【토지에의 출입 등에 따른 손실보상】 ① 제24조제1항에 따른 행위로 인하여 손실을 입은 자가 있는 경우에는 그 행위를 한 사업주체가 그 손실을 보상하여야 한다. ② 제1항에 따른 손실보상에 관하여는 그 손실을 보상할 자와 손실을 입은 자가 협의하여야 한다. ③ 손실을 보상할 자 또는 손실을 입은 자는 제2항에 따른 협의가 성립되지 아니하거나 협의를 할 수 없는 경우에는 「공익사업을 위한 토지 등의 취득 및 보상에 관한 법률」에 따른 관할 토지수용위원회에 재결(裁決)을 신청할 수 있다. ④ 제3항에 따른 관할 토지수용위원회의 재결에 관하여는 「공익사업을 위한 토지 등의 취득 및 보상에 관한 법률」 제83조부터 제87조까지의 규정을 준용한다.		
제26조【토지매수 업무 등의 위탁】 ① 국가 또는 한국토지주택공사인 사업주체는 주택건설사업 또는 대지조성사업을 위한 토지매수 업무와 손실보상 업무를 대통령령으로 정하는 바에 따라 관할 지방자치단체의 장에게 위탁할 수 있다. ② 사업주체가 제1항에 따라 토지매수 업무와 손실보상 업무를 위탁할 때에는 그 토지매수 금액과 손실보상 금액의 2퍼센트의 범위에서 대통령령으로 정하는 요율의 위탁수수료를 해당 지방자치단체에 지급하여야 한다.	**제38조【토지매수업무 등의 위탁】** ① 사업주체(국가 또는 한국토지주택공사인 경우로 한정한다)는 법 제26조제1항에 따라 토지매수업무와 손실보상업무를 지방자치단체의 장에게 위탁하는 경우에는 매수할 토지 및 위탁조건을 명시하여야 한다. ② 법 제26조제2항에서 "대통령령으로 정하는 요율의 위탁수수료"란 「공익사업을 위한 토지 등의 취득 및 보상에 관한 법률 시행령」 별표 1에 따른 위탁수수료를 말한다.	
제27조【「공익사업을 위한 토지 등의 취득 및 보상에 관한 법률」의 준용】 ① 제24조제2항에 따라 토지등을 수용하거나 사용하는 경우 이 법에 규정된 것 외에는 「공익사업을		

법	시 행 령	시 행 규 칙
위한 토지 등의 취득 및 보상에 관한 법률」을 준용한다. ② 제1항에 따라 「공익사업을 위한 토지 등의 취득 및 보상에 관한 법률」을 준용하는 경우에는 "「공익사업을 위한 토지 등의 취득 및 보상에 관한 법률」 제20조제1항에 따른 사업인정"을 "제15조에 따른 사업계획승인"으로 본다. 다만, 재결신청은 「공익사업을 위한 토지 등의 취득 및 보상에 관한 법률」 제23조제1항 및 제28조제1항에도 불구하고 사업계획승인을 받은 주택건설사업 기간 이내에 할 수 있다.		
제28조【간선시설의 설치 및 비용의 상환】 ① 사업주체가 대통령령으로 정하는 호수 이상의 주택건설사업을 시행하는 경우 또는 대통령령으로 정하는 면적 이상의 대지조성사업을 시행하는 경우 다음 각 호에 해당하는 자는 각각 해당 간선시설을 설치하여야 한다. 다만, 제1호에 해당하는 시설로서 사업주체가 제15조제1항 또는 제3항에 따른 주택건설사업계획 또는 대지조성사업계획에 포함하여 설치하려는 경우에는 그러하지 아니하다. 1. 지방자치단체: 도로 및 상하수도시설 2. 해당 지역에 전기 · 통신 · 가스 또는 난방을 공급하는 자: 전기시설 · 통신시설 · 가스시설 또는 지역난방시설 3. 국가: 우체통 ② 제1항 각 호에 따른 간선시설은 특별한 사유가 없으면 제49조제1항에 따른 사용검사일까지 설치를 완료하여야 한다. ③ 제1항에 따른 간선시설의 설치 비용은 설치의무자가 부담한다. 이 경우 제1항제1호에 따른 간선시설의 설치 비용은 그 비용의 50퍼센트의 범위에서 국가가 보조할 수 있다. ④ 제3항에도 불구하고 제1항의 전기간선시설을 지중선로	**제39조【간선시설의 설치 등】** ① 법 제28조제1항 각 호 외의 부분 본문에서 "대통령령으로 정하는 호수"란 다음 각 호의 구분에 따른 호수 또는 세대수를 말한다. 1. 단독주택인 경우: 100호 2. 공동주택인 경우: 100세대(리모델링의 경우에는 늘어나는 세대수를 기준으로 한다) ② 법 제28조제1항 각 호 외의 부분 본문에서 "대통령령으로 정하는 면적"이란 1만6천500제곱미터를 말한다. ③ 사업계획승인권자는 제1항 또는 제2항에 따른 규모 이상의 주택건설 또는 대지조성에 관한 사업계획을 승인하였을 때에는 그 사실을 지체 없이 법 제28조제1항 각 호의 간선시설 설치의무자(이하 "간선시설 설치의무자"라 한다)에게 통지하여야 한다. ④ 간선시설 설치의무자는 사업계획에서 정한 사용검사 예정일까지 해당 간선시설을 설치하지 못할 특별한 사유가 있을 때에는 제3항에 따른 통지를 받은 날부터 1개월 이내에 그 사유와 설치 가능 시기를 명시하여 해당 사업주체에게 통보하여야 한다.	

법	시 행 령	시 행 규 칙

(地中線路)로 설치하는 경우에는 전기를 공급하는 자와 지중에 설치할 것을 요청하는 자가 각각 50퍼센트의 비율로 그 설치 비용을 부담한다. 다만, 사업지구 밖의 기간시설로부터 그 사업지구 안의 가장 가까운 주택단지(사업지구 안에 1개의 주택단지가 있는 경우에는 그 주택단지를 말한다)의 경계선까지 전기간선시설을 설치하는 경우에는 전기를 공급하는 자가 부담한다.

⑤ 지방자치단체는 사업주체가 자신의 부담으로 제1항제1호에 해당하지 아니하는 도로 또는 상하수도시설(해당 주택건설사업 또는 대지조성사업과 직접적으로 관련이 있는 경우로 한정한다)의 설치를 요청할 경우에는 이에 따를 수 있다.

⑥ 제1항에 따른 간선시설의 종류별 설치 범위는 대통령령으로 정한다.

⑦ 간선시설 설치의무자가 제2항의 기간까지 간선시설의 설치를 완료하지 못할 특별한 사유가 있는 경우에는 사업주체가 그 간선시설을 자기부담으로 설치하고 간선시설 설치의무자에게 그 비용의 상환을 요구할 수 있다.

⑧ 제7항에 따른 간선시설 설치 비용의 상환 방법 및 절차 등에 필요한 사항은 대통령령으로 정한다.

제29조 【공공시설의 귀속 등】 ① 사업주체가 제15조제1항 또는 제3항에 따라 사업계획승인을 받은 사업지구의 토지에 새로 공공시설을 설치하거나 기존의 공공시설에 대체되는 공공시설을 설치하는 경우 그 공공시설의 귀속에 관하여는 「국토의 계획 및 이용에 관한 법률」 제65조 및 제99조를 준용한다. 이 경우 "개발행위허가를 받은 자"는 "사업주체"로, "개발행위허가"는 "사업계획승인"으로, "행정청인 시행자"는 "한국토지주택공사 및 지방공사"로 본다.

⑤ 법 제28조제6항에 따른 간선시설의 종류별 설치범위는 별표 2와 같다.

제40조 【간선시설 설치비의 상환】 ① 법 제28조제7항에 따라 사업주체가 간선시설을 자기부담으로 설치하려는 경우 간선시설 설치의무자는 사업주체와 간선시설의 설치비 상환계약을 체결하여야 한다.

② 제1항에 따른 상환계약에서 정하는 설치비의 상환기한은 해당 사업의 사용검사일부터 3년 이내로 하여야 한다.

③ 간선시설 설치의무자가 제1항에 따른 상환계약에 따라 상환하여야 하는 금액은 다음 각 호의 금액을 합산한 금액으로 한다.

1. 설치비용
2. 상환 완료 시까지의 설치비용에 대한 이자. 이 경우 이자율은 설치비 상환계약 체결일 당시의 정기예금 금리(「은행법」에 따라 설립된 은행 중 수신고를 기준으로 한 전국 상위 6개 시중은행의 1년 만기 정기예금 금리의 산술평균을 말한다)로 하되, 상환계약에서 달리 정한 경우에

법	시 행 령	시 행 규 칙
② 제1항 후단에 따라 행정청인 시행자로 보는 한국토지주택공사 및 지방공사는 해당 공사에 귀속되는 공공시설을 해당 국민주택사업을 시행하는 목적 외로는 사용하거나 처분할 수 없다.	는 그에 따른다.	
제30조【국공유지 등의 우선 매각 및 임대】 ① 국가 또는 지방자치단체는 그가 소유하는 토지를 매각하거나 임대하는 경우에는 다음 각 호의 어느 하나의 목적으로 그 토지의 매수 또는 임차를 원하는 자가 있으면 그에게 우선적으로 그 토지를 매각하거나 임대할 수 있다. 1. 국민주택규모의 주택을 대통령령으로 정하는 비율 이상으로 건설하는 주택의 건설 2. 주택조합이 건설하는 주택(이하 "조합주택"이라 한다)의 건설 3. 제1호 또는 제2호의 주택을 건설하기 위한 대지의 조성 ② 국가 또는 지방자치단체는 제1항에 따라 국가 또는 지방자치단체로부터 토지를 매수하거나 임차한 자가 그 매수일 또는 임차일부터 2년 이내에 국민주택규모의 주택 또는 조합주택을 건설하지 아니하거나 그 주택을 건설하기 위한 대지조성사업을 시행하지 아니한 경우에는 환매(還買)하거나 임대계약을 취소할 수 있다.	**제41조【국 · 공유지 등의 우선 매각 등】** 법 제30조제1항제1호에서 "대통령령으로 정하는 비율"이란 50퍼센트를 말한다.	
제31조【환지 방식에 의한 도시개발사업으로 조성된 대지의 활용】 ① 사업주체가 국민주택용지로 사용하기 위하여 도시개발사업시행자[「도시개발법」에 따른 환지(換地) 방식에 의하여 사업을 시행하는 도시개발사업의 시행자를 말한다. 이하 이 조에서 같다]에게 체비지(替費地)의 매각을 요구한 경우 그 도시개발사업시행자는 대통령령으로 정하는 바에 따라 체비지의 총면적의 50퍼센트의 범위에서 이를 우선적으로	**제42조【체비지의 우선매각】** 법 제31조에 따라 도시개발사업시행자[「도시개발법」에 따른 환지(換地) 방식에 의하여 사업을 시행하는 도시개발사업의 시행자를 말한다]는 체비지(替費地)를 사업주체에게 국민주택용지로 매각하는 경우에는 경쟁입찰로 하여야 한다. 다만, 매각을 요구하는 사업주체가 하나일 때에는 수의계약으로 매각할 수 있다.	**제16조【체비지의 양도가격】** ① 법 제31조제3항에 따른 체비지(替費地)의 양도가격은 「감정평가 및 감정평가사에 관한 법률」 제2조제4호에 따른 감정평가법인등(이하 "감정평가법인등"이라 한다) 2인 이상의 감정평가가격을 산술평균한 가격을 기준으로 산정한다.

법	시 행 령	시 행 규 칙
사업주체에게 매각할 수 있다. ② 제1항의 경우 사업주체가 「도시개발법」 제28조에 따른 환지 계획의 수립 전에 체비지의 매각을 요구하면 도시개발사업시행자는 사업주체에게 매각할 체비지를 그 환지 계획에서 하나의 단지로 정하여야 한다. ③ 제1항에 따른 체비지의 양도가격은 국토교통부령으로 정하는 바에 따라 「감정평가 및 감정평가사에 관한 법률」에 따른 감정평가업자가 감정평가한 감정가격을 기준으로 한다. 다만, 임대주택을 건설하는 경우 등 국토교통부령으로 정하는 경우에는 국토교통부령으로 정하는 조성원가를 기준으로 할 수 있다. 〈개정 2016.1.19., 2020.4.7.〉 **제32조【서류의 열람】** 국민주택을 건설·공급하는 사업주체는 주택건설사업 또는 대지조성사업을 시행할 때 필요한 경우에는 등기소나 그 밖의 관계 행정기관의 장에게 필요한 서류의 열람·등사나 그 등본 또는 초본의 발급을 무료로 청구할 수 있다.		〈개정 2016.8.31., 2020.7.24〉 ② 법 제31조제3항 단서에서 "임대주택을 건설하는 경우 등 국토교통부령으로 정하는 경우"란 주거전용면적 85제곱미터 이하의 임대주택을 건설하거나 주거전용면적 60제곱미터 이하의 국민주택을 건설하는 경우를 말한다. ③ 법 제31조제3항 단서에서 "국토교통부령으로 정하는 조성원가"란 「택지개발촉진법 시행규칙」 별표에 따라 산정한 원가를 말한다.
제4절 주택의 건설	제4절 주택의 건설	제4절 주택의 건설
제33조【주택의 설계 및 시공】 ① 제15조에 따른 사업계획승인을 받아 건설되는 주택(부대시설과 복리시설을 포함한다. 이하 이 조, 제49조, 제54조 및 제61조에서 같다)을 설계하는 자는 대통령령으로 정하는 설계도서 작성기준에 맞게 설계하여야 한다. ② 제1항에 따른 주택을 시공하는 자(이하 "시공자"라 한다)와 사업주체는 설계도서에 맞게 시공하여야 한다.	**제43조【주택의 설계 및 시공】** ① 법 제33조제1항에서 "대통령령으로 정하는 설계도서 작성기준"이란 다음 각 호의 요건을 말한다. 1. 설계도서는 설계도·시방서(示方書)·구조계산서·수량산출서·품질관리계획서 등으로 구분하여 작성할 것 2. 설계도 및 시방서에는 건축물의 규모와 설비·재료·공사방법 등을 적을 것	**제17조【주택건설기준 등에 관한 규정】** 다음 각 호의 사항은 「주택건설기준 등에 관한 규칙」으로 정한다. 1. 법 제38조에 따른 장수명 주택의 인증기준·인증절차 및 수수료 등 2. 법 제41조제2항제3호에 따른 바닥충격음 성능등급 인정제품의 품질관

법	시 행 령	시 행 규 칙
	3. 설계도 · 시방서 · 구조계산서는 상호 보완관계를 유지할 수 있도록 작성할 것 4. 품질관리계획서에는 설계도 및 시방서에 따른 품질 확보를 위하여 필요한 사항을 정할 것 ② 국토교통부장관은 제1항 각 호의 요건에 관한 세부기준을 정하여 고시할 수 있다. 고시 주택의 설계도서 작성기준(국토교통부고시 제2022-329호, 2022.6.20.)	리기준 3. 법 제51조에 따른 공업화주택의 성능기준 · 생산기준 및 인정절차 4. 법 제53조제2항에 따른 기술능력을 갖추고 있는 자
제34조【주택건설공사의 시공 제한 등】 ① 제15조에 따른 사업계획승인을 받은 주택의 건설공사는 「건설산업기본법」 제9조에 따른 건설사업자로서 대통령령으로 정하는 자 또는 제7조에 따라 건설업자로 간주하는 등록사업자가 아니면 이를 시공할 수 없다. 〈개정 2019.4.30.〉 ② 공동주택의 방수 · 위생 및 냉난방 설비공사는 「건설산업기본법」 제9조에 따른 건설사업자로서 대통령령으로 정하는 자 가 아니면 이를 시공할 수 없다. 〈개정 2019.4.30.〉 ③ 국가 또는 지방자치단체인 사업주체는 제15조에 따른 사업계획승인을 받은 주택건설공사의 설계와 시공을 분리하여 발주하여야 한다. 다만, 주택건설공사 중 대통령령으로 정하는 대형공사로서 기술관리상 설계와 시공을 분리하여 발주할 수 없는 공사의 경우에는 대통령령으로 정하는 입찰방법으로 시행할 수 있다.	**제44조【주택건설공사의 시공 제한 등】** ① 법 제34조제1항에서 "대통령령으로 정하는 자"란 「건설산업기본법」 제9조에 따라 건설업(건축공사업 또는 토목건축공사업만 해당한다)의 등록을 한 자를 말한다. ② 법 제34조제2항에서 "대통령령으로 정하는 자"란 「건설산업기본법」 제9조에 따라 다음 각 호의 어느 하나에 해당하는 건설업의 등록을 한 자를 말한다. 〈개정 2020.12.29., 2023.5.9.〉 1. 방수설비공사: 도장 · 습식·방수 · 석공사업 2. 위생설비공사: 기계설비 · 가스공사업 3. 냉 · 난방설비공사: 기계설비 · 가스공사업 또는 가스 · 난방공사업[가스 · 난방공사업 중 난방공사(제1종 · 제2종 또는 제3종)를 말하며, 난방설비공사로 한정한다] ③ 법 제34조제3항 단서에서 "대통령령으로 정하는 대형공사"란 대지구입비를 제외한 총공사비가 500억원 이상인 공사를 말한다. ④ 법 제34조제3항 단서에서 "대통령령으로 정하는 입찰방법"이란 「국가를 당사자로 하는 계약에 관한 법률 시행령」 제79조제1항제5호에 따른 일괄입찰을 말한다.	

법	시행령	시행규칙
제35조【주택건설기준 등】 ① 사업주체가 건설·공급하는 주택의 건설 등에 관한 다음 각 호의 기준(이하 "주택건설기준등"이라 한다)은 대통령령으로 정한다. 1. 주택 및 시설의 배치, 주택과의 복합건축 등에 관한 주택건설기준 2. 세대 간의 경계벽, 바닥충격음 차단구조, 구조내력(構造耐力) 등 주택의 구조·설비기준 3. 부대시설의 설치기준 4. 복리시설의 설치기준 5. 대지조성기준 6. 주택의 규모 및 규모별 건설비율 ② 지방자치단체는 그 지역의 특성, 주택의 규모 등을 고려하여 주택건설기준등의 범위에서 조례로 구체적인 기준을 정할 수 있다. ③ 사업주체는 제1항의 주택건설기준등 및 제2항의 기준에 따라 주택건설사업 또는 대지조성사업을 시행하여야 한다.	**제45조【주택건설기준 등에 관한 규정】** 다음 각 호의 사항은 「주택건설기준 등에 관한 규정」으로 정한다. 1. 법 제35조제1항제1호에 따른 주택 및 시설의 배치, 주택과의 복합건축 등에 관한 주택건설기준 2. 법 제35조제1항제2호에 따른 주택의 구조·설비기준 3. 법 제35조제1항제3호에 따른 부대시설의 설치기준 4. 법 제35조제1항제4호에 따른 복리시설의 설치기준 5. 법 제35조제1항제5호에 따른 대지조성기준 6. 법 제36조에 따른 도시형 생활주택의 건설기준 7. 법 제37조에 따른 에너지절약형 친환경주택 등의 건설기준 8. 법 제38조에 따른 장수명 주택의 건설기준 및 인증제도 9. 법 제39조에 따른 공동주택성능등급의 표시 10. 법 제40조에 따른 환기시설 설치기준 11. 법 제41조에 따른 바닥충격음 성능등급 인정 12. 법 제42조에 따른 소음방지대책 수립에 필요한 실외소음도와 실외소음도를 측정하는 기준, 실외소음도 측정기관의 지정 요건 및 측정에 소요되는 수수료 등 실외소음도 측정에 필요한 사항	
제36조【도시형 생활주택의 건설기준】 ① 사업주체(「건축법」 제2조제12호에 따른 건축주를 포함한다)가 도시형 생활주택을 건설하려는 경우에는 「국토의 계획 및 이용에 관한 법률」에 따른 도시지역에 대통령령으로 정하는 유형과 규모 등에 적합하게 건설하여야 한다. ② 하나의 건축물에는 도시형 생활주택과 그 밖의 주택을 복합하여 건축할 수 없다. 다만, 대통령령으로 정하는 요건을 갖춘 경우에는 그러하지 아니하다.	**제46조【주택의 규모별 건설 비율】** ① 국토교통부장관은 적정한 주택수급을 위하여 필요하다고 인정하는 경우에는 법 제35조제1항제6호에 따라 사업주체가 건설하는 주택의 75퍼센트(법 제5조제2항 및 제3항에 따른 주택조합이나 고용자가 건설하는 주택은 100퍼센트) 이하의 범위에서 일정 비율 이상을 국민주택규모로 건설하게 할 수 있다. ② 제1항에 따른 국민주택규모 주택의 건설 비율은 주택단지별 사업계획에 적용한다.	

법	시 행 령	시 행 규 칙
제37조【에너지절약형 친환경주택 등의 건설기준】 ① 사업주체가 제15조에 따른 사업계획승인을 받아 주택을 건설하려는 경우에는 에너지 고효율 설비기술 및 자재 적용 등 대통령령으로 정하는 바에 따라 에너지절약형 친환경주택으로 건설하여야 한다. 이 경우 사업주체는 제15조에 따른 서류에 에너지절약형 친환경주택 건설기준 적용 현황 등 대통령령으로 정하는 서류를 첨부하여야 한다. ② 사업주체가 대통령령으로 정하는 호수 이상의 주택을 건설하려는 경우에는 친환경 건축자재 사용 등 대통령령으로 정하는 바에 따라 건강친화형 주택으로 건설하여야 한다.		
제38조【장수명 주택의 건설기준 및 인증제도 등】 ① 국토교통부장관은 장수명 주택의 건설기준을 정하여 고시할 수 있다. ② 국토교통부장관은 장수명 주택의 공급 활성화를 유도하기 위하여 제1항의 건설기준에 따라 장수명 주택 인증제도를 시행할 수 있다. ③ 사업주체가 대통령령으로 정하는 호수 이상의 주택을 공급하고자 하는 때에는 제2항의 인증제도에 따라 대통령령으로 정하는 기준 이상의 등급을 인정받아야 한다. ④ 국가, 지방자치단체 및 공공기관의 장은 장수명 주택을 공급하는 사업주체 및 장수명 주택 취득자에게 법률 등에서 정하는 바에 따라 행정상 · 세제상의 지원을 할 수 있다. ⑤ 국토교통부장관은 제2항의 인증제도를 시행하기 위하여 인증기관을 지정하고 관련 업무를 위탁할 수 있다. ⑥ 제2항의 인증제도의 운영과 관련하여 인증기준, 인증절차, 수수료 등은 국토교통부령으로 정한다. ⑦ 제2항의 인증제도에 따라 국토교통부령으로 정하는 기준 이상의 등급을 인정받은 경우 「국토의 계획 및 이용에	**고시** 장수명 주택 건설·인증기준 (국토교통부고시 제2024-526호, 2024.9.30.)	

법	시 행 령	시 행 규 칙

관한 법률」에도 불구하고 대통령령으로 정하는 범위에서 건폐율·용적률·높이제한을 완화할 수 있다.

제39조【공동주택성능등급의 표시】 사업주체가 대통령령으로 정하는 호수 이상의 공동주택을 공급할 때에는 주택의 성능 및 품질을 입주자가 알 수 있도록 「녹색건축물 조성 지원법」에 따라 다음 각 호의 공동주택성능에 대한 등급을 발급받아 국토교통부령으로 정하는 방법으로 입주자 모집공고에 표시하여야 한다.

1. 경량충격음·중량충격음·화장실소음·경계소음 등 소음 관련 등급
2. 리모델링 등에 대비한 가변성 및 수리 용이성 등 구조 관련 등급
3. 조경·일조확보율·실내공기질·에너지절약 등 환경 관련 등급
4. 커뮤니티시설, 사회적 약자 배려, 홈네트워크, 방범안전 등 생활환경 관련 등급
5. 화재·소방·피난안전 등 화재·소방 관련 등급

제40조【환기시설의 설치 등】 ① 사업주체는 공동주택의 실내 공기의 원활한 환기를 위하여 대통령령으로 정하는 기준에 따라 환기시설을 설치하여야 한다.

제41조【바닥충격음 성능등급 인정 등】 ① 국토교통부장관은 제35조제1항제2호에 따른 주택건설기준 중 공동주택 바닥충격음 차단구조의 성능등급을 대통령령으로 정하는 기준에 따라 인정하는 기관(이하 "바닥충격음 성능등급 인정기관"이라 한다)을 지정할 수 있다.

고시 공동주택 바닥충격음 차단구조인정 및 관리기준 (국토교통부고시 제2020-212호, 2020.2.20.)

법	시 행 령	시 행 규 칙
② 바닥충격음 성능등급 인정기관은 성능등급을 인정받은 제품(이하 "인정제품"이라 한다)이 다음 각 호의 어느 하나에 해당하면 그 인정을 취소할 수 있다. 다만, 제1호에 해당하는 경우에는 그 인정을 취소하여야 한다. 1. 거짓이나 그 밖의 부정한 방법으로 인정받은 경우 2. 인정받은 내용과 다르게 판매 · 시공한 경우 3. 인정제품이 국토교통부령으로 정한 품질관리기준을 준수하지 아니한 경우 4. 인정의 유효기간을 연장하기 위한 시험결과를 제출하지 아니한 경우 ③ 제1항에 따른 바닥충격음 차단구조의 성능등급 인정의 유효기간 및 성능등급 인정에 드는 수수료 등 바닥충격음 차단구조의 성능등급 인정에 필요한 사항은 대통령령으로 정한다. ④ 바닥충격음 성능등급 인정기관의 지정 요건 및 절차 등은 대통령령으로 정한다. ⑤ 국토교통부장관은 바닥충격음 성능등급 인정기관이 다음 각 호의 어느 하나에 해당하는 경우 그 지정을 취소할 수 있다. 다만, 제1호에 해당하는 경우에는 그 지정을 취소하여야 한다. 1. 거짓이나 그 밖의 부정한 방법으로 바닥충격음 성능등급 인정기관으로 지정을 받은 경우 2. 제1항에 따른 바닥충격음 차단구조의 성능등급의 인정기준을 위반하여 업무를 수행한 경우 3. 제4항에 따른 바닥충격음 성능등급 인정기관의 지정 요건에 맞지 아니한 경우 4. 정당한 사유 없이 2년 이상 계속하여 인정업무를 수행하지 아니한 경우		

법	시 행 령	시 행 규 칙
⑥ 국토교통부장관은 바닥충격음 성능등급 인정기관에 대하여 성능등급의 인정현황 등 업무에 관한 자료를 제출하게 하거나 소속 공무원에게 관련 서류 등을 검사하게 할 수 있다. ⑦ 제6항에 따라 검사를 하는 공무원은 그 권한을 나타내는 증표를 지니고 이를 관계인에게 내보여야 한다. ⑧ 사업주체가 대통령령으로 정하는 두께 이상으로 바닥구조를 시공하는 경우 사업계획승인권자는 「국토의 계획 및 이용에 관한 법률」 제50조 및 제52조제1항제4호에 따라 지구단위계획으로 정한 건축물 높이의 최고한도의 100분의 115를 초과하지 아니하는 범위에서 조례로 정하는 기준에 따라 건축물 높이의 최고한도를 완화하여 적용할 수 있다. 〈신설 2024.1.16.〉 **제41조의2(바닥충격음 성능검사 등)** ① 국토교통부장관은 바닥충격음 차단구조의 성능을 검사하기 위하여 성능검사의 기준(이하 이 조에서 "성능검사기준"이라 한다)을 마련하여야 한다. ② 국토교통부장관은 제5항에 따른 성능검사를 전문적으로 수행하기 위하여 성능을 검사하는 기관(이하 "바닥충격음 성능검사기관"이라 한다)을 대통령령으로 정하는 지정 요건 및 절차에 따라 지정할 수 있다. ③ 바닥충격음 성능검사기관의 지정 취소, 자료 제출 및 서류 검사 등에 관하여는 제41조제5항부터 제7항까지를 준용한다. 이 경우 "바닥충격음 성능등급 인정기관"은 "바닥충격음 성능검사기관"으로, "인정업무"는 "바닥충격음 성능검사업무"로 본다. ④ 국토교통부장관은 바닥충격음 성능검사기관의 업무를		

법	시 행 령	시 행 규 칙
수행하는 데에 필요한 비용을 지원할 수 있다. ⑤ 사업주체는 제15조에 따른 사업계획승인을 받아 시행하는 주택건설사업의 경우 제49조에 따른 사용검사를 받기 전에 바닥충격음 성능검사기관으로부터 성능검사기준에 따라 바닥충격음 차단구조의 성능을 검사(이하 이 조에서 "성능검사"라 한다)받아 그 결과를 사용검사권자에게 제출하여야 한다. ⑥ 사용검사권자는 제5항에 따른 성능검사 결과가 성능검사기준에 미달하는 경우 대통령령으로 정하는 바에 따라 사업주체에게 보완 시공, 손해배상 등의 조치를 권고할 수 있다. ⑦ 제6항에 따라 조치를 권고받은 사업주체는 대통령령으로 정하는 기간 내에 권고사항에 대한 조치결과를 사용검사권자에게 제출하여야 한다. ⑧ 사업주체는 제5항에 따라 사용검사권자에게 제출한 성능검사 결과 및 제7항에 따라 사용검사권자에게 제출한 조치결과를 대통령령으로 정하는 방법에 따라 입주예정자에게 알려야 한다. 〈신설 2024.1.16.〉 ⑨ 국토교통부장관은 층간소음 저감 정책을 수립하기 위하여 필요하다고 판단하는 경우 사용검사권자에게 제5항에 따라 제출된 성능검사 결과 및 제7항에 따라 제출된 조치결과를 국토교통부장관에게 제출하도록 요청할 수 있다. 이 경우 자료 제출을 요청받은 사용검사권자는 정당한 사유가 없으면 이에 따라야 한다. 〈신설 2024.1.16.〉 ⑩ 바닥충격음 성능검사기관은 제5항에 따른 성능검사 결과를 토대로 대통령령으로 정하는 기준과 절차에 따라 매년 우수 시공자를 선정하여 공개할 수 있다. 〈신설 2024.1.16.〉 ⑪ 성능검사의 방법, 성능검사 결과의 제출, 성능검사에 드는 수수료 등 필요한 사항은 대통령령으로 정한다. 〈개정 2024.1.16.〉 [본조신설 2022.2.3.]		

법	시 행 령	시 행 규 칙
제42조 【소음방지대책의 수립】 ① 사업계획승인권자는 주택의 건설에 따른 소음의 피해를 방지하고 주택건설 지역 주민의 평온한 생활을 유지하기 위하여 주택건설사업을 시행하려는 사업주체에게 대통령령으로 정하는 바에 따라 소음방지대책을 수립하도록 하여야 한다. ② 사업계획승인권자는 대통령령으로 정하는 주택건설 지역이 도로와 인접한 경우에는 해당 도로의 관리청과 소음방지대책을 미리 협의하여야 한다. 이 경우 해당 도로의 관리청은 소음 관계 법률에서 정하는 소음기준 범위에서 필요한 의견을 제시할 수 있다. ③ 제1항에 따른 소음방지대책 수립에 필요한 실외소음도와 실외소음도를 측정하는 기준은 대통령령으로 정한다. ④ 국토교통부장관은 제3항에 따른 실외소음도를 측정할 수 있는 측정기관(이하 "실외소음도 측정기관"이라 한다)을 지정할 수 있다. ⑤ 국토교통부장관은 실외소음도 측정기관이 다음 각 호의 어느 하나에 해당하는 경우에는 그 지정을 취소할 수 있다. 다만, 제1호에 해당하는 경우 그 지정을 취소하여야 한다. 1. 거짓이나 그 밖의 부정한 방법으로 실외소음도 측정기관으로 지정을 받은 경우 2. 제3항에 따른 실외소음도 측정기준을 위반하여 업무를 수행한 경우 3. 제6항에 따른 실외소음도 측정기관의 지정 요건에 미달하게 된 경우 ⑥ 실외소음도 측정기관의 지정 요건, 측정에 소요되는 수수료 등 실외소음도 측정에 필요한 사항은 대통령령으로 정한다.	**고시** 공동주택의 소음측정기준 (국토교통부고시 제2017-558호, 2017.8.19.)	

법

제5절 주택의 감리 및 사용검사

제43조【주택의 감리자 지정 등】 ① 사업계획승인권자가 제15조제1항 또는 제3항에 따른 주택건설사업계획을 승인하였을 때와 시장 · 군수 · 구청장이 제66조제1항 또는 제2항에 따른 리모델링의 허가를 하였을 때에는 「건축사법」 또는 「건설기술 진흥법」에 따른 감리자격이 있는 자를 대통령령으로 정하는 바에 따라 해당 주택건설공사의 감리자로 지정하여야 한다. 다만, 사업주체가 국가 · 지방자치단체 · 한국토지주택공사 · 지방공사 또는 대통령령으로 정하는 자인 경우와 「건축법」 제25조에 따라 공사감리를 하는 도시형 생활주택의 경우에는 그러하지 아니하다. 〈개정 2018.3.13.〉

고시 주택건설공사 감리자지정기준(국토교통부고시 제2024-529호, 2024.10.8.)

시 행 령

제5절 주택의 감리 및 사용검사

제47조【감리자의 지정 및 감리원의 배치 등】 ① 법 제43조제1항 본문에 따라 사업계획승인권자는 다음 각 호의 구분에 따른 자를 주택건설공사의 감리자로 지정하여야 한다. 이 경우 인접한 둘 이상의 주택단지에 대해서는 감리자를 공동으로 지정할 수 있다. 〈개정 2020.1.7., 2021.9.14〉

1. 300세대 미만의 주택건설공사: 다음 각 목의 어느 하나에 해당하는 자[해당 주택건설공사를 시공하는 자의 계열회사(「독점규제 및 공정거래에 관한 법률」 제2조제3호에 따른 계열회사를 말한다)는 제외한다. 이하 제2호에서 같다]
   가. 「건축사법」 제23조제1항에 따라 건축사사무소개설신고를 한 자
   나. 「건설기술 진흥법」 제26조제1항에 따라 등록한 건설엔지니어링사업자
2. 300세대 이상의 주택건설공사: 「건설기술 진흥법」 제26조제1항에 따라 등록한 건설엔지니어링사업자

② 국토교통부장관은 제1항에 따른 지정에 필요한 다음 각 호의 사항에 관한 세부적인 기준을 정하여 고시할 수 있다.

1. 지정 신청에 필요한 제출서류
2. 다른 신청인에 대한 제출서류 공개 및 그 제출서류 내용의 타당성에 대한 이의신청 절차
3. 그 밖에 지정에 필요한 사항

③ 사업계획승인권자는 제2항제1호에 따른 제출서류의 내용을 확인하기 위하여 필요하면 관계 기관의 장에게 사실조회를 요청할 수 있다.

④ 제1항에 따라 지정된 감리자는 다음 각 호의 기준에 따라

시 행 규 칙

제5절 주택의 감리 및 사용검사

제18조【감리원의 배치기준 등】 ① 영 제47조제4항제1호에서 "국토교통부령으로 정하는 감리자격이 있는 자"란 다음 각 호의 구분에 따른 사람을 말한다. 〈개정 2019.2.20.〉

1. 감리업무를 총괄하는 총괄감리원의 경우
   가. 1천세대 미만의 주택건설공사: 「건설기술 진흥법 시행령」 별표 1 제2호에 따른 건설사업관리 업무를 수행하는 특급기술인 또는 고급기술인. 다만, 300세대 미만의 주택건설공사인 경우에는 다음의 요건을 모두 갖춘 사람을 포함한다.
      1) 「건축사법」에 따른 건축사 또는 건축사보일 것
      2) 「건설기술 진흥법 시행령」 별표 1 제2호에 따른 건설기술인 역량지수에 따라 등급을 산정한 결과 건설사업관리 업무를 수행하는 특급기술인 또는 고급기술인에 준하는 등급에 해당할 것
      3) 「건설기술 진흥법 시행령」 별표 3 제2호나목에 따른 기본교육 및 전문교육을 받았을 것
   나. 1천세대 이상의 주택건설공사:

법	시 행 령	시 행 규 칙
	감리원을 배치하여 감리를 하여야 한다. 〈개정 2017.10.17〉 1. 국토교통부령으로 정하는 감리자격이 있는 자를 공사현장에 상주시켜 감리할 것 2. 국토교통부장관이 정하여 고시하는 바에 따라 공사에 대한 감리업무를 총괄하는 총괄감리원 1명과 공사분야별 감리원을 각각 배치할 것 3. 총괄감리원은 주택건설공사 전기간(全期間)에 걸쳐 배치하고, 공사분야별 감리원은 해당 공사의 기간 동안 배치할 것 4. 감리원을 해당 주택건설공사 외의 건설공사에 중복하여 배치하지 아니할 것 ⑤ 감리자는 법 제16조제2항에 따라 착공신고를 하거나 감리업무의 범위에 속하는 각종 시험 및 자재확인 등을 하는 경우에는 서명 또는 날인을 하여야 한다. ⑥ 주택건설공사에 대한 감리는 법 또는 이 영에서 정하는 사항 외에는 「건축사법」 또는 「건설기술 진흥법」에서 정하는 바에 따른다. ⑦ 법 제43조제1항 단서에서 "대통령령으로 정하는 자"란 다음 각 호의 요건을 모두 갖춘 위탁관리 부동산투자회사를 말한다. 〈개정 2017.10.17〉 1. 다음 각 목의 자가 단독 또는 공동으로 총지분의 50퍼센트를 초과하여 출자한 부동산투자회사일 것 가. 국가 나. 지방자치단체 다. 한국토지주택공사 라. 지방공사 2. 해당 부동산투자회사의 자산관리회사가 한국토지주택공사일 것 3. 사업계획승인 대상 주택건설사업이 공공주택건설사업일	「건설기술 진흥법 시행령」 별표 1 제2호에 따른 건설사업관리 업무를 수행하는 특급기술인 2. 공사분야별 감리원의 경우: 「건설기술 진흥법 시행령」 별표 1 제2호에 따른 건설사업관리 업무를 수행하는 건설기술인. 다만, 300세대 미만의 주택건설공사인 경우에는 다음 각 목의 요건을 모두 갖춘 사람을 포함한다. 가. 「건축사법」에 따른 건축사 또는 건축사보일 것 나. 「건설기술 진흥법 시행령」 별표 1 제2호에 따른 건설기술자 역량지수에 따라 등급을 산정한 결과 건설사업관리 업무를 수행하는 초급 이상의 건설기술인에 준하는 등급에 해당할 것 다. 「건설기술 진흥법 시행령」 별표 3 제2호나목에 따른 기본교육 및 전문교육을 받았을 것 ② 감리자는 사업주체와 협의하여 감리원의 배치계획을 작성한 후 사업계획승인권자 및 사업주체에게 각각 보고하여야 한다. 배치계획을 변경하는 경우에도 또한 같다. ③ 영 제49조제1항제4호에서 "국토교통부령으로 정하는 주요 공정"이란 다음 각 호의 공정을 말한다. 〈신설 2020.4.1.〉
② 다음 각 호의 단체 및 협회는 제1항에 따른 감리자를 지정하기 위하여 공동으로 주택건설공사 감리비 지급기준을 정하여 국토교통부장관의 승인을 받아야 한다. 승인받은 사항을 변경하려는 경우에도 또한 같다. 〈신설 2024.1.16.〉		

법

1. 제85조에 따른 주택사업자단체
2. 「건설기술 진흥법」 제69조에 따른 건설엔지니어링사업자단체
3. 「건축사법」 제31조에 따른 대한건축사협회

③ 사업계획승인권자는 감리자가 감리자의 지정에 관한 서류를 부정 또는 거짓으로 제출하거나, 업무 수행 중 위반 사항이 있음을 알고도 묵인하는 등 대통령령으로 정하는 사유에 해당하는 경우에는 감리자를 교체하고, 그 감리자에 대하여는 1년의 범위에서 감리업무의 지정을 제한할 수 있다. 〈개정 2024.1.16.〉

시 행 령

것

⑧ 제7항제2호에 따른 자산관리회사인 한국토지주택공사는 법 제44조제1항 및 이 조 제4항에 따라 감리를 수행하여야 한다.

제48조【감리자의 교체】 ① 법 제43조제3항에서 "업무 수행 중 위반 사항이 있음을 알고도 묵인하는 등 대통령령으로 정하는 사유에 해당하는 경우"란 다음 각 호의 어느 하나에 해당하는 경우를 말한다. 〈개정 2024.7.9.〉

1. 감리업무 수행 중 발견한 위반 사항을 묵인한 경우
2. 법 제44조제4항 후단에 따른 이의신청 결과 같은 조 제3항에 따른 시정 통지가 3회 이상 잘못된 것으로 판정된 경우
3. 공사기간 중 공사현장에 1개월 이상 감리원을 상주시키지 아니한 경우. 이 경우 기간 계산은 제47조제4항에 따라 감리원별로 상주시켜야 할 기간에 각 감리원이 상주하지 아니한 기간을 합산한다.
4. 감리자 지정에 관한 서류를 거짓이나 그 밖의 부정한 방법으로 작성 · 제출한 경우
5. 감리자 스스로 감리업무 수행의 포기 의사를 밝힌 경우

② 사업계획승인권자는 법 제43조제3항에 따라 감리자를 교체하려는 경우에는 해당 감리자 및 시공자 · 사업주체의 의견을 들어야 한다. 〈개정 2024.7.9.〉

③ 사업계획승인권자는 제1항제5호에도 불구하고 감리자가 다음 각 호의 사유로 감리업무 수행을 포기한 경우에는 그 감리자에 대하여 법 제43조제3항에 따른 감리업무 지정제한을 하여서는 아니 된다. 〈개정 2024.7.9.〉

1. 사업주체의 부도 · 파산 등으로 인한 공사 중단

시 행 규 칙

1. 지하 구조물 공사
2. 옥탑층 골조 및 승강로 공사
3. 세대 내부 바닥의 미장 공사
4. 승강기 설치 공사
5. 지하 관로 매설 공사

④ 감리자는 법 제44조제2항에 따라 사업계획승인권자(법 제66조제1항에 따른 리모델링의 허가만 받은 경우는 허가권자를 말한다. 이하 이 조 및 제20조에서 같다) 및 사업주체에게 다음 각 호의 구분에 따라 감리업무 수행 상황을 보고(전자문서에 따른 보고를 포함한다)하여야 하며, 감리업무를 완료하였을 때에는 최종보고서를 제출(전자문서에 따른 제출을 포함한다)해야 한다. 이 경우 감리업무 수행 상황의 보고 및 최종보고서의 제출은 별지 제22호의2서식의 감리보고서에 따른다. 〈개정 2016.12.30., 2020.4.1., 2024.8.2.〉

1. 영 제49조제1항제4호의 업무: 예정 공정표에 따른 제3항 각 호의 공정 완료 예정 시기
2. 영 제49조제1항제5호의 업무: 공사 지연이 발생한 때. 이 경우 국토교통부장관이 정하여 고시하는 기준에 따라 보고해야 한다.
3. 제1호 및 제2호 외의 감리업무 수행 상황: 분기별

④ 사업주체(제66조제1항 또는 제2항에 따른 리모델링의 허가만 받은 자도 포함한다. 이하 이 조, 제44조 및 제47조에서 같다)와 감리자 간의 책임 내용 및 범위는 이 법에서 규정한 것 외에는 당사자 간의 계약으로 정한다. 〈개정 2018.3.13., 2024.1.16.〉

⑤ 국토교통부장관은 제3항에 따른 계약을 체결할 때 사업주체와 감리자 간에 공정하게 계약이 체결되도록 하기 위하여 감리용역표준계약서를 정하여 보급할 수 있다. 〈개정 2024.1.16.〉

2. 1년 이상의 착공 지연
3. 그 밖에 천재지변 등 부득이한 사유

제18조의2【공사감리비의 예치 및 지급 등】 ① 사업주체는 감리자와 법 제43조제3항에 따른 계약(이하 이 조에서 "계약"이라 한다)을 체결한 경우 사업계획승인권자에게 계약 내용을 통보하여야 한다. 이 경우 통보를 받은 사업계획승인권자는 즉시 사업주체 및 감리자에게 공사감리비 예치 및 지급 방식에 관한 내용을 안내하여야 한다.

② 사업주체는 해당 공사감리비를 계약에서 정한 지급예정일 14일 전까지 사업계획승인권자에게 예치하여야 한다.

③ 감리자는 계약에서 정한 공사감리비 지급예정일 7일 전까지 사업계획승인권자에게 공사감리비 지급을 요청해야 하며, 사업계획승인권자는 제18조제4항에 따른 감리업무 수행 상황을 확인한 후 공사감리비를 지급해야 한다. 〈개정 2024.8.2.〉

④ 제2항 및 제3항에도 불구하고 계약에서 선급금의 지급, 계약의 해제·해지 및 감리 용역의 일시중지 등의 사유 발생 시 공사감리비의 예치 및 지급 등에 관한 사항을 별도로 정한 경우에는 그 계약에 따른다.

⑤ 사업계획승인권자는 제3항 또는 제

법	시 행 령	시 행 규 칙
제44조【감리자의 업무 등】 ① 감리자는 자기에게 소속된 자를 대통령령으로 정하는 바에 따라 감리원으로 배치하고, 다음 각 호의 업무를 수행하여야 한다. 〈개정 2024.1.16.〉 1. 시공자가 설계도서에 맞게 시공하는지 여부의 확인 2. 시공자가 사용하는 건축자재가 관계 법령에 따른 기준에 맞는 건축자재인지 여부의 확인 3. 주택건설공사에 대하여 「건설기술 진흥법」 제55조에 따른 품질시험을 하였는지 여부의 확인 4. 시공자가 사용하는 마감자재 및 제품이 제54조제3항에 따라 사업주체가 시장 · 군수 · 구청장에게 제출한 마감자재 목록표 및 영상물 등과 동일한지 여부의 확인 4의2. 주택건설공사의 하수급인(「건설산업기본법」 제2조제14호에 따른 하수급인을 말한다)이 「건설산업기본법」 제16조에 따른 시공자격을 갖추었는지 여부의 확인 5. 그 밖에 주택건설공사의 감리에 관한 사항으로서 대통령령으로 정하는 사항 ② 감리자는 제1항 각 호에 따른 업무의 수행 상황을 국토교통부령으로 정하는 바에 따라 사업계획승인권자(제66조제1항 또는 제2항에 따른 리모델링의 허가만 받은 경우는 허가권자를 말한다. 이하 이 조, 제45조, 제47조 및 제48조에서 같	**제48조의2【하수급인의 시공자격 확인】** 감리자는 법 제44조제1항제4호의2에 따른 업무를 수행하려는 경우에는 수급인(「건설산업기본법」에 따른 수급인을 말한다. 이하 같다)으로부터 하수급인(같은 법에 따른 하수급인을 말한다. 이하 같다)의 시공자격(같은 법 제16조에 따른 시공자격을 말한다)에 관한 자료를 제출받아야 한다. [본조신설 2024.7.9.] **제49조【감리자의 업무】** ① 법 제44조제1항제5호에서 "대통령령으로 정하는 사항"이란 다음 각 호의 업무를 말한다. 〈개정 2020.3.10.〉 1. 설계도서가 해당 지형 등에 적합한지에 대한 확인 2. 설계변경에 관한 적정성 확인 3. 시공계획 · 예정공정표 및 시공도면 등의 검토 · 확인	4항에 따라 공사감리비를 지급한 경우 그 사실을 즉시 사업주체에게 통보하여야 한다. ⑥ 제1항부터 제5항까지에서 규정한 사항 외에 공사감리비 예치 및 지급 등에 필요한 사항은 시·도지사 또는 시장·군수가 정한다. [본조신설 2018.9.14.]

법	시 행 령	시 행 규 칙
다) 및 사업주체에게 보고하여야 한다. 〈개정 2018.3.13.〉 ③ 감리자는 제1항 각 호의 업무를 수행하면서 위반 사항을 발견하였을 때에는 지체 없이 시공자 및 사업주체에게 위반 사항을 시정할 것을 통지하고, 7일 이내에 사업계획승인권자에게 그 내용을 보고하여야 한다.	4. 국토교통부령으로 정하는 주요 공정이 예정공정표대로 완료되었는지 여부의 확인 5. 예정공정표보다 공사가 지연된 경우 대책의 검토 및 이행 여부의 확인 6. 방수·방음·단열시공의 적정성 확보, 재해의 예방, 시공상의 안전관리 및 그 밖에 건축공사의 질적 향상을 위하여 국토교통부장관이 정하여 고시하는 사항에 대한 검토·확인 ② 국토교통부장관은 주택건설공사의 감리에 관한 세부적인 기준을 정하여 고시할 수 있다.〈개정 2024.7.9.〉	**고시** 주택건설공사 감리업무 세부기준 (국토교통부고시 제2024-595호, 2024.11.8.)
④ 시공자 및 사업주체는 제3항에 따른 시정 통지를 받은 경우에는 즉시 해당 공사를 중지하고 위반 사항을 시정한 후 감리자의 확인을 받아야 한다. 이 경우 감리자의 시정 통지에 이의가 있을 때에는 즉시 그 공사를 중지하고 사업계획승인권자에게 서면으로 이의신청을 할 수 있다. ⑤ 제43조제1항에 따른 감리자의 지정 방법·절차, 제1항제4호의2에 따른 시공자격 여부의 확인 및 제4항에 따른 이의신청의 처리 등에 필요한 사항은 대통령령으로 정한다. 〈개정 2024.1.16.〉 ⑥ 사업주체는 제43조제4항의 계약에 따른 공사감리비를 국토교통부령으로 정하는 바에 따라 사업계획승인권자에게 예치하여야 한다. 〈신설 2018.3.13., 2024.1.16.〉 ⑦ 사업계획승인권자는 제6항에 따라 예치받은 공사감리비를 감리자에게 국토교통부령으로 정하는 절차 등에 따라 지급하여야 한다. 다만, 감리자가 감리업무를 소홀히 하여 사업계획승인권자로부터 제48조제2항에 따라 시정명령을 받은 경우 사업계획승인권자는 감리자가 시정명령을 이행완료할 때까지 감리비 지급을 유예할 수 있다. 〈개정 2024.1.16.〉	**제50조【이의신청의 처리】** 사업계획승인권자는 법 제44조제4항 후단에 따른 이의신청을 받은 경우에는 이의신청을 받은 날부터 10일 이내에 처리 결과를 회신하여야 한다. 이 경우 감리자에게도 그 결과를 통보하여야 한다.	

법	시 행 령	시 행 규 칙
제45조【감리자의 업무 협조】 ① 감리자는 「전력기술관리법」 제14조의2, 「정보통신공사업법」 제8조, 「소방시설공사업법」 제17조에 따라 감리업무를 수행하는 자(이하 "다른 법률에 따른 감리자"라 한다)와 서로 협력하여 감리업무를 수행하여야 한다. ② 다른 법률에 따른 감리자는 공정별 감리계획서 등 대통령령으로 정하는 자료를 감리자에게 제출하여야 하며, 감리자는 제출된 자료를 근거로 다른 법률에 따른 감리자와 협의하여 전체 주택건설공사에 대한 감리계획서를 작성하여 감리업무를 착수하기 전에 사업계획승인권자에게 보고하여야 한다. ③ 감리자는 주택건설공사의 품질 · 안전 관리 및 원활한 공사 진행을 위하여 다른 법률에 따른 감리자에게 공정 보고 및 시정을 요구할 수 있으며, 다른 법률에 따른 감리자는 요청에 따라야 한다.	**제51조【다른 법률에 따른 감리자의 자료제출】** 법 제45조제2항에서 "공정별 감리계획서 등 대통령령으로 정하는 자료"란 다음 각 호의 자료를 말한다. 1. 공정별 감리계획서 2. 공정보고서 3. 공사분야별로 필요한 부분에 대한 상세시공도면	
제46조【건축구조기술사와의 협력】 ① 수직증축형 리모델링(세대수가 증가되지 아니하는 리모델링을 포함한다. 이하 같다)의 감리자는 감리업무 수행 중에 다음 각 호의 어느 하나에 해당하는 사항이 확인된 경우에는 「국가기술자격법」에 따른 건축구조기술사(해당 건축물의 리모델링 구조설계를 담당한 자를 말하며, 이하 "건축구조기술사"라 한다)의 협력을 받아야 한다. 다만, 구조설계를 담당한 건축구조기술사가 사망하는 등 대통령령으로 정하는 사유로 감리자가 협력을 받을 수 없는 경우에는 대통령령으로 정하는 건축구조기술사의 협력을 받아야 한다. 1. 수직증축형 리모델링 허가 시 제출한 구조도 또는 구조계산서와 다르게 시공하고자 하는 경우 2. 내력벽(耐力壁), 기둥, 바닥, 보 등 건축물의 주요 구조	**제52조【건축구조기술사와의 협력】** ① 법 제46조제1항 각 호 외의 부분 단서에서 "구조설계를 담당한 건축구조기술사가 사망하는 등 대통령령으로 정하는 사유로 감리자가 협력을 받을 수 없는 경우"란 다음 각 호의 어느 하나에 해당하는 경우를 말한다. 1. 구조설계를 담당한 건축구조기술사(「국가기술자격법」에 따른 건축구조기술사로서 해당 건축물의 리모델링을 담당한 자를 말한다. 이하 같다)의 사망 또는 실종으로 감리자가 협력을 받을 수 없는 경우 2. 구조설계를 담당한 건축구조기술사의 해외 체류, 장기 입원 등으로 감리자가 즉시 협력을 받을 수 없는 경우 3. 구조설계를 담당한 건축구조기술사가 「국가기술자격법」에 따라 국가기술자격이 취소되거나 정지되어 감리자	**제19조【건축구조기술사와의 협력】** ① 법 제46조제1항제3호에서 "국토교통부령으로 정하는 경우"란 다음 각 호의 어느 하나에 해당하는 경우를 말한다. 1. 내력벽(耐力壁), 기둥, 바닥, 보 등 건축물의 주요 구조부의 철거 공사를 하는 경우로서 철거 범위나 공법의 변경이 필요한 경우 2. 내력벽, 기둥, 바닥, 보 등 건축물의 주요 구조부의 보강 공사를 하는 경우로서 공법이나 재료의 변경이 필요한 경우 3. 내력벽, 기둥, 바닥, 보 등 건축물

법	시 행 령	시 행 규 칙
부에 대하여 수직증축형 리모델링 허가 시 제출한 도면보다 상세한 도면 작성이 필요한 경우 3. 내력벽, 기둥, 바닥, 보 등 건축물의 주요 구조부의 철거 또는 보강 공사를 하는 경우로서 국토교통부령으로 정하는 경우 4. 그 밖에 건축물의 구조에 영향을 미치는 사항으로서 국토교통부령으로 정하는 경우 ② 제1항에 따라 감리자에게 협력한 건축구조기술사는 분기별 감리보고서 및 최종 감리보고서에 감리자와 함께 서명날인하여야 한다. ③ 제1항에 따라 협력을 요청받은 건축구조기술사는 독립되고 공정한 입장에서 성실하게 업무를 수행하여야 한다. ④ 수직증축형 리모델링을 하려는 자는 제1항에 따라 감리자에게 협력한 건축구조기술사에게 적정한 대가를 지급하여야 한다.	가 협력을 받을 수 없는 경우 ② 법 제46조제1항 각 호 외의 부분 단서에서 "대통령령으로 정하는 건축구조기술사"란 리모델링주택조합 등 리모델링을 하는 자(이하 이 조에서 "리모델링주택조합등"이라 한다)가 추천하는 건축구조기술사를 말한다. ③ 수직증축형 리모델링(세대수가 증가하지 아니하는 리모델링을 포함한다)의 감리자는 구조설계를 담당한 건축구조기술사가 제1항 각 호의 어느 하나에 해당하게 된 경우에는 지체 없이 리모델링주택조합등에 건축구조기술사 추천을 의뢰하여야 한다. 이 경우 추천의뢰를 받은 리모델링주택조합등은 지체 없이 건축구조기술사를 추천하여야 한다.	의 주요 구조부의 보강 공사에 신기술 또는 신공법을 적용하는 경우로서 법 제69조제3항에 따른 전문기관의 안전성 검토결과 「국가기술자격법」에 따른 건축구조기술사의 협력을 받을 필요가 있다고 인정되는 경우 〈신설 2018.5.21.〉 ② 법 제46조제1항제4호에서 "국토교통부령으로 정하는 경우"란 다음 각 호의 어느 하나에 해당하는 경우를 말한다. 1. 수직·수평 증축에 따른 골조 공사 시 기존 부위와 증축 부위의 접합부에 대한 공법이나 재료의 변경이 필요한 경우 2. 건축물 주변의 굴착공사로 구조안전에 영향을 주는 경우
제47조【부실감리자 등에 대한 조치】 ① 사업계획승인권자는 제43조 및 제44조에 따라 지정·배치된 감리자 또는 감리원(다른 법률에 따른 감리자 또는 그에게 소속된 감리원을 포함한다)이 그 업무를 수행할 때 고의 또는 중대한 과실로 감리를 부실하게 하거나 관계 법령을 위반하여 감리를 함으로써 해당 사업주체 또는 입주자 등에게 피해를 입히는 등 주택건설공사가 부실하게 된 경우에는 그 감리자의 등록 또는 감리원의 면허나 그 밖의 자격인정 등을 한 행정기관의 장에게 등록말소·면허취소·자격정지·영업정지나 그 밖에 필요한 조치를 하도록 요청할 수 있다.	**제52조의2【사업주체 등에 대한 감리자의 통보 등】** ① 감리자는 감리업무 수행을 위하여 필요한 경우에는 주택건설공사의 수급인(하수급인을 포함한다. 이하 이 조에서 같다)에게 수급인의 건설기술인 배치에 관한 자료의 제공을 요청할 수 있다. ② 감리자는 감리업무 수행 중 주택건설공사의 수급인이 「건설산업기본법」 제40조제1항에 따라 공사현장에 건설기술인을 배치하지 않은 사실을 확인한 경우에는 이를 사업주체 또는 사업계획승인권자에게 통보할 수 있다. [전문개정 2024.7.9.]	

법	시 행 령	시 행 규 칙
제48조 【감리자에 대한 실태점검 등】 ① 사업계획승인권자는 주택건설공사의 부실방지, 품질 및 안전 확보를 위하여 해당 주택건설공사의 감리자를 대상으로 각종 시험 및 자재확인 업무에 대한 이행 실태 등 대통령령으로 정하는 사항에 대하여 실태점검(이하 "실태점검"이라 한다)을 실시할 수 있다. ② 사업계획승인권자는 실태점검 결과 제44조제1항에 따른 감리업무의 소홀이 확인된 경우에는 시정명령을 하거나, 제43조제3항에 따라 감리자 교체를 하여야 한다. 〈개정 2024.1.16.〉 ③ 사업계획승인권자는 실태점검에 따른 감리자에 대한 시정명령 또는 교체지시 사실을 국토교통부령으로 정하는 바에 따라 국토교통부장관에게 보고하여야 하며, 국토교통부장관은 해당 내용을 종합관리하여 제43조제1항에 따른 감리자 지정에 관한 기준에 반영할 수 있다.	**제53조 【감리자에 대한 실태점검 항목】** 법 제48조제1항에서 "각종 시험 및 자재확인 업무에 대한 이행 실태 등 대통령령으로 정하는 사항"이란 다음 각 호의 사항을 말한다. 1. 감리원의 적정자격 보유 여부 및 상주이행 상태 등 감리원 구성 및 운영에 관한 사항 2. 시공 상태 확인 등 시공관리에 관한 사항 3. 각종 시험 및 자재품질 확인 등 품질관리에 관한 사항 4. 안전관리 등 현장관리에 관한 사항 5. 그 밖에 사업계획승인권자가 실태점검이 필요하다고 인정하는 사항	**제20조 【감리자에 대한 시정명령 또는 교체지시의 보고】** 사업계획승인권자는 법 제48조제2항에 따라 감리자에 대하여 시정명령을 하거나 교체지시를 한 경우에는 같은 조 제3항에 따라 시정명령 또는 교체지시를 한 날부터 7일 이내에 국토교통부장관에게 보고하여야 한다.
제48조의2 【사전방문 등】 ① 사업주체는 제49조제1항에 따른 사용검사를 받기 전에 입주예정자가 해당 주택을 방문하여 공사 상태를 미리 점검(이하 "사전방문"이라 한다)할 수 있게 하여야 한다. ② 입주예정자는 사전방문 결과 하자[공사상 잘못으로 인하여 균열·침하(沈下)·파손·들뜸·누수 등이 발생하여 안전상·기능상 또는 미관상의 지장을 초래할 정도의 결함을 말한다. 이하 같다]가 있다고 판단하는 경우 사업주체에게 보수공사 등 적절한 조치를 해줄 것을 요청할 수 있다. ③ 제2항에 따라 하자(제4항에 따라 사용검사권자가 하자가 아니라고 확인한 사항은 제외한다)에 대한 조치 요청을 받은 사업주체는 대통령령으로 정하는 바에 따라 보수공사 등 적절한 조치를 하여야 한다. 이 경우 입주예정자가 조치를 요청한 하자 중 대통령령으로 정하는 중대한 하자는 대	**제53조의2 【사전방문 결과에 대한 조치 등】** ① 법 제48조의2제2항에 따른 하자(이하 "하자"라 한다)의 범위는 「공동주택관리법 시행령」 제37조 각 호의 구분에 따르며, 하자의 판정기준은 같은 영 제47조제3항에 따라 국토교통부장관이 정하여 고시하는 바에 따른다. ② 법 제48조의2제2항에 따라 하자에 대한 조치 요청을 받은 사업주체는 같은 조 제3항에 따라 다음 각 호의 구분에 따른 시기까지 보수공사 등의 조치를 완료하기 위한 계획(이하 "조치계획"이라 한다)을 국토교통부령으로 정하는 바에 따라 수립하고, 해당 계획에 따라 보수공사 등의 조치를 완료해야 한다. 〈개정 2024.7.9.〉 1. 제4항에 해당하는 중대한 하자인 경우: 사용검사를 받기 전. 다만, 제5항의 사유가 있는 경우에는 입주예정자와 협의(공용부분의 경우에는 입주예정자 3분의 2 이상의 동의	**제20조의2 【사전방문의 절차 및 방법 등】** ① 사업주체는 법 제48조의2제1항에 따른 사전방문(이하 "사전방문"이라 한다)을 주택공급계약에 따라 정한 입주지정기간 시작일 45일 전까지 2일 이상 실시해야 한다. ② 사업주체가 사전방문을 실시하려는 경우에는 사전방문기간 시작일 1개월 전까지 방문기간 및 방법 등 사전방문에 필요한 사항을 포함한 사전방문계획을 수립하여 사용검사권자에게 제출하고, 입주예정자에게 그 내용을 서면(전자문서를 포함한다)으로 알려야 한다. 이 경우 사전방문계획의 제출 및

법	시 행 령	시 행 규 칙

법

통령령으로 정하는 특별한 사유가 없으면 사용검사를 받기 전까지 조치를 완료하여야 한다.

④ 제3항에도 불구하고 입주예정자가 요청한 사항이 하자가 아니라고 판단하는 사업주체는 대통령령으로 정하는 바에 따라 제49조제1항에 따른 사용검사를 하는 시장·군수·구청장(이하 "사용검사권자"라 한다)에게 하자 여부를 확인해줄 것을 요청할 수 있다. 이 경우 사용검사권자는 제48조의3에 따른 공동주택 품질점검단의 자문을 받는 등 대통령령으로 정하는 바에 따라 하자 여부를 확인할 수 있다.

⑤ 사업주체는 제3항에 따라 조치한 내용 및 제4항에 따라 하자가 아니라고 확인받은 사실 등을 대통령령으로 정하는 바에 따라 입주예정자 및 사용검사권자에게 알려야 한다.

⑥ 국토교통부장관은 사전방문에 필요한 표준양식을 정하여 보급하고 활용하게 할 수 있다.

⑦ 제2항에 따라 보수공사 등 적절한 조치가 필요한 하자의 구체적인 기준 등에 관한 사항은 대통령령으로 정하고, 제1항부터 제6항까지에서 규정한 사항 외에 사전방문의 절차 및 방법 등에 관한 사항은 국토교통부령으로 정한다.

[본조신설 2020.1.23.]

시행령

를 받아야 한다)하여 정하는 날로하되, 사용검사를 받은 날부터 90일 이내에 조치를 완료하도록 노력해야 한다.

2. 그 밖의 하자인 경우: 다음 각 목의 구분에 따른 시기. 다만, 제5항의 사유가 있거나 입주예정자와 협의(공용부분의 경우에는 입주예정자 3분의 2 이상의 동의를 받아야 한다)한 경우에는 입주예정자와 협의하여 정하는 날로 하되, 전유부분은 입주예정자에게 인도한 날부터, 공용부분은 사용검사를 받은 날부터 각각 180일 이내에 조치를 완료하도록 노력해야 한다.

  가. 전유부분: 입주예정자에게 인도하기 전

  나. 공용부분: 사용검사를 받기 전

③ 조치계획을 수립한 사업주체는 법 제48조의2에 따른 사전방문 기간의 종료일부터 7일 이내에 사용검사권자(법 제49조제1항에 따라 사용검사를 하는 자를 말한다. 이하 같다)에게 해당 조치계획을 제출하고, 입주예정자에게 그 조치계획을 문서(전자문서를 포함한다)로 알려야 한다. 〈개정 2024.7.9.〉

④ 법 제48조의2제3항 후단에서 "대통령령으로 정하는 중대한 하자"란 다음 각 호의 어느 하나에 해당하는 하자로서 사용검사권자가 중대한 하자라고 인정하는 하자를 말한다.

1. 내력구조부 하자: 다음 각 목의 어느 하나에 해당하는 결함이 있는 경우로서 공동주택의 구조안전상 심각한 위험을 초래하거나 초래할 우려가 있는 정도의 결함이 있는 경우

  가. 철근콘크리트 균열

  나. 「건축법」 제2조제1항제7호의 주요구조부의 철근 노출

2. 시설공사별 하자: 다음 각 목의 어느 하나에 해당하는 결함이 있는 경우로서 입주예정자가 공동주택에서 생활하

시행규칙

통보는 사전방문기간 시작일 1개월 전까지 해야 한다. 〈개정 2024.8.2.〉

③ 사업주체는 전유부분 및 공용부분(계단, 복도, 승강기 및 현관만 해당한다)이 설계도서에 맞게 시공되었음을 감리자로부터 확인받은 후에 사전방문을 실시해야 한다. 〈신설 2024.8.2.〉

④ 제1항에도 불구하고 사업주체는 제2항에 따라 사용검사권자에게 사전방문계획을 제출한 후에 영 제53조의2제5항제1호 또는 제3호에 해당하는 사유가 발생한 경우에는 사전방문기간 시작일을 15일의 범위에서 연기할 수 있다. 〈신설 2024.8.2.〉

⑤ 사업주체는 제4항에 따라 사전방문기간 시작일을 연기하려는 경우에는 사전방문기간 시작일 10일 전까지 다음 각 호의 자료를 사용검사권자에게 제출하고 확인을 받아야 한다. 이 경우 확인을 받은 사업주체는 즉시 그 내용을 입주예정자에게 서면(전자문서를 포함한다)으로 알려야 한다. 〈신설 2024.8.2.〉

1. 연기된 사전방문기간 시작일이 포함된 사전방문계획

2. 연기 사유를 객관적으로 증명할 수 있는 자료

⑥ 사업주체는 법 제48조의2제6항에

법	시 행 령	시 행 규 칙

시 행 령

는 데 안전상·기능상 심각한 지장을 초래하거나 초래할 우려가 있는 정도의 결함이 있는 경우

가. 토목 구조물 등의 균열

나. 옹벽·차도·보도 등의 침하(沈下)

다. 누수, 누전, 가스 누출

라. 가스배관 등의 부식, 배관류의 동파

마. 다음의 어느 하나에 해당하는 기구·설비 등의 기능이나 작동 불량 또는 파손

1) 급수·급탕·배수·위생·소방·난방·가스 설비 및 전기·조명 기구

2) 발코니 등의 안전 난간 및 승강기

⑤ 법 제48조의2제3항 후단에서 "대통령령으로 정하는 특별한 사유"란 다음 각 호의 어느 하나에 해당하여 사용검사를 받기 전까지 중대한 하자에 대한 보수공사 등의 조치를 완료하기 어렵다고 사용검사권자로부터 인정받은 사유를 말한다.

1. 공사 여건상 자재, 장비 또는 인력 등의 수급이 곤란한 경우
2. 공정 및 공사의 특성상 사용검사를 받기 전까지 보수공사 등을 하기 곤란한 경우
3. 그 밖에 천재지변이나 부득이한 사유가 있는 경우

[본조신설 2020.12.22.]

제53조의3【사전방문 결과 하자 여부의 확인 등】 ① 사업주체는 법 제48조의2제4항 전단에 따라 하자 여부 확인을 요청하려면 사용검사권자에게 제53조의2제3항에 따라 조치계획을 제출할 때 다음 각 호의 자료를 첨부해야 한다.

1. 입주예정자가 보수공사 등의 조치를 요청한 내용

시 행 규 칙

<u>따른 표준양식을 참고하여 입주예정자에게 사전방문에 필요한 점검표를 제공해야 한다.</u> 〈개정 2024.8.2.〉

[본조신설 2021.1.22.]

제20조의3【조치계획의 작성 방법】 사업주체는 영 제53조의2제2항에 따른 조치계획을 수립하는 경우에는 국토교통부장관이 정하여 고시하는 시설공사의 세부 하자 유형별로 다음 각 호의 사항을 포함하여 작성해야 한다.

1. 세대별 입주예정자가 조치 요청을 한 하자의 내용
2. 영 제53조의2제4항에 따른 중대한 하자인지 여부
3. 하자에 대한 조치방법 및 조치일정

[본조신설 2021.1.22.]

법	시 행 령	시 행 규 칙
	2. 입주예정자가 보수공사 등의 조치를 요청한 부분에 대한 설계도서 및 현장사진 3. 하자가 아니라고 판단하는 이유 4. 감리자의 의견 5. 그 밖에 하자가 아님을 증명할 수 있는 자료 ② 사용검사권자는 제1항에 따라 요청을 받은 경우 제53조의2제1항의 판정기준에 따라 하자 여부를 판단해야 하며, 하자 여부를 판단하기 위하여 필요한 경우에는 법 제48조의3제1항에 따른 공동주택 품질점검단(이하 "품질점검단"이라 한다)에 자문할 수 있다. ③ 사용검사권자는 제1항에 따라 확인 요청을 받은 날부터 7일 이내에 하자 여부를 확인하여 해당 사업주체에게 통보해야 한다. ④ 사업주체는 법 제48조의2제5항에 따라 입주예정자에게 전유부분을 인도하는 날에 다음 각 호의 사항을 서면(「전자문서 및 전자거래 기본법」 제2조제1호의 전자문서를 포함한다)으로 알려야 한다. 1. 조치를 완료한 사항 2. 조치를 완료하지 못한 경우에는 그 사유와 조치계획 3. 제1항에 따라 사용검사권자에게 확인을 요청하여 하자가 아니라고 확인받은 사항 ⑤ 사업주체는 조치계획에 따라 조치를 모두 완료한 때에는 법 제48조의2제5항에 따라 사용검사권자에게 그 결과를 제출해야 한다. [본조신설 2020.12.22.]	
제48조의3【품질점검단의 설치 및 운영 등】 ① 시·도지사는 제48조의2에 따른 사전방문을 실시하고 제49조제1항에	**제53조의4【품질점검단의 구성 및 운영 등】** ① 품질점검단의 위원(이하 이 조에서 "위원"이라 한다)은 다음 각 호	**제20조의4【품질점검단의 점검절차 등】** ① 제20조의2제2항에 따라 사업주

법	시 행 령	시 행 규 칙
따른 사용검사를 신청하기 전에 공동주택의 품질을 점검하여 사업계획의 내용에 적합한 공동주택이 건설되도록 할 목적으로 주택 관련 분야 등의 전문가로 구성된 공동주택 품질점검단(이하 "품질점검단"이라 한다)을 설치·운영할 수 있다. 이 경우 시·도지사는 품질점검단의 설치·운영에 관한 사항을 조례로 정하는 바에 따라 대도시 시장에게 위임할 수 있다.	의 어느 하나에 해당하는 사람 중에서 시·도지사(법 제48조의3제1항 후단에 따라 권한을 위임받은 대도시 시장을 포함한다. 이하 이 조 및 제53조의5에서 같다)가 임명하거나 위촉한다. 1. 「건축사법」 제2조제1호의 건축사 2. 「국가기술자격법」에 따른 건축 분야 기술사 자격을 취득한 사람 3. 「공동주택관리법」 제67조제2항에 따른 주택관리사 자격을 취득한 사람 4. 「건설기술 진흥법 시행령」 별표 1에 따른 특급건설기술인 5. 「고등교육법」 제2조의 학교 또는 연구기관에서 주택 관련 분야의 조교수 이상 또는 이에 상당하는 직에 있거나 있었던 사람 6. 건축물이나 시설물의 설계·시공 관련 분야의 박사학위를 취득한 사람 7. 건축물이나 시설물의 설계·시공 관련 분야의 석사학위를 취득한 후 이와 관련된 분야에서 5년 이상 종사한 사람 8. 공무원으로서 공동주택 관련 지도·감독 및 인·허가 업무 등에 종사한 경력이 5년 이상인 사람 9. 다음 각 목의 어느 하나에 해당하는 기관의 임직원으로서 건축물 및 시설물의 설계·시공 및 하자보수와 관련된 업무에 5년 이상 재직한 사람 가. 「공공기관의 운영에 관한 법률」 제4조의 공공기관 나. 「지방공기업법」 제3조제1항의 지방공기업 ② 공무원이 아닌 위원의 임기는 2년으로 하며, 두 차례만 연임할 수 있다. ③ 위원이 다음 각 호의 어느 하나에 해당하는 경우에는 해당 공동주택의 품질점검에서 제척된다.	체로부터 사전방문계획을 제출받은 사용검사권자는 해당 공동주택이 영 제53조의5제1항에 해당하는 경우 지체 없이 시·도지사(법 제48조의3제1항 후단에 따라 권한을 위임받은 경우에는 대도시 시장을 말한다. 이하 이 조에서 같다)에게 같은 항 전단에 따른 공동주택 품질점검단(이하 "품질점검단"이라 한다)의 점검을 요청해야 한다. ② 제1항에 따라 품질점검을 요청받은 시·도지사는 사전방문기간 종료일부터 10일 이내에 품질점검단이 영 제53조의5제2항에 따라 해당 공동주택의 품질을 점검하도록 해야 한다. ③ 시·도지사는 품질점검단의 점검 시작일 7일 전까지 사용검사권자 및 사업주체에게 점검일시, 점검내용 및 품질점검단 구성 등이 포함된 점검계획을 통보해야 한다. ④ 제3항에 따라 점검계획을 통보받은 사용검사권자는 영 제53조의5제2항제2호에 따른 세대의 전유부분 점검을 위하여 3세대 이상을 선정하여 품질점검단에 통보해야 한다. 이 경우 구체적인 점검 세대수 및 세대 선정기준은 공동주택의 규모 등 단지 여건에 따라 시·도(법 제48조의3제1항 후단에 따라 대도시 시장이 권한을 위임받은 경

법	시 행 령	시 행 규 칙
	1. 위원 또는 그 배우자나 배우자였던 사람이 해당 주택건설사업의 사업주체, 시공자 또는 감리자(이하 "사업주체등"이라 하며, 이 호 및 제2호에서는 사업주체등이 법인·단체 등인 경우 그 임직원을 포함한다)이거나 최근 3년 내에 사업주체등이었던 경우 2. 위원이 해당 주택건설사업의 사업주체등의 친족이거나 친족이었던 경우 3. 위원이 해당 주택건설사업에 대하여 자문, 연구, 용역(하도급을 포함한다), 감정 또는 조사를 한 경우 4. 위원이 임직원으로 재직하고 있거나 최근 3년 내에 재직했던 법인·단체 등이 해당 주택건설사업에 대하여 자문, 연구, 용역(하도급을 포함한다), 감정 또는 조사를 한 경우 5. 위원이나 위원이 속한 법인·단체 등이 해당 주택건설사업의 사업주체등의 대리인이거나 대리인이었던 경우 6. 위원이나 위원의 친족이 해당 주택의 입주예정자인 경우 ④ 위원이 제3항 각 호의 제척 사유에 해당하는 경우에는 스스로 해당 공동주택의 품질점검에서 회피해야 한다. ⑤ 시·도지사는 위원에게 예산의 범위에서 업무수행에 따른 수당, 여비 및 그 밖에 필요한 경비를 지급할 수 있다. 다만, 공무원인 위원이 그 소관 업무와 직접적으로 관련되어 품질점검에 참여하는 경우에는 지급하지 않는다. ⑥ 제1항부터 제5항까지에서 규정한 사항 외에 품질점검단의 구성·운영 등에 필요한 세부적인 사항은 해당 행정구역에 건설하는 주택단지 수 및 세대수 등의 규모를 고려하여 조례로 정한다. [본조신설 2020.12.22.]	우에는 대도시를 말한다)의 조례로 정한다. ⑤ 품질점검단은 품질점검을 실시한 후 점검 종료일부터 5일 이내에 점검결과를 시·도지사와 사용검사권자에게 제출해야 한다. [본조신설 2021.1.22.]

법

② 품질점검단은 대통령령으로 정하는 규모 및 범위 등에 해당하는 공동주택의 건축·구조·안전·품질관리 등에 대한 시공품질을 대통령령으로 정하는 바에 따라 점검하여 그 결과를 시·도지사(제1항 후단의 경우에는 대도시 시장을 말한다)와 사용검사권자에게 제출하여야 한다.

③ 사업주체는 제2항에 따른 품질점검단의 점검에 협조하여야 하며 이에 따르지 아니하거나 기피 또는 방해해서는 아니 된다.

④ 사용검사권자는 품질점검단의 시공품질 점검을 위하여 필요한 경우에는 사업주체, 감리자 등 관계자에게 공동주택의 공사현황 등 국토교통부령으로 정하는 서류 및 관련 자료의 제출을 요청할 수 있다. 이 경우 자료제출을 요청받은 자는 정당한 사유가 없으면 이에 따라야 한다.

⑤ 사용검사권자는 제2항에 따라 제출받은 점검결과를 제49조제1항에 따른 사용검사가 있은 날부터 2년 이상 보관하여야 하며, 입주자(입주예정자를 포함한다)가 관련 자료의 공개를 요구하는 경우에는 이를 공개하여야 한다.

⑥ 사용검사권자는 대통령령으로 정하는 바에 따라 제2항에 따른 품질점검단의 점검결과에 대한 사업주체의 의견을 청취한 후 하자가 있다고 판단하는 경우 보수·보강 등 필요한 조치를 명하여야 한다. 이 경우 대통령령으로 정하는 중대한 하자는 대통령령으로 정하는 특별한 사유가 없으면 사용검사를 받기 전까지 조치하도록 명하여야 한다.

시 행 령

제53조의5【품질점검단의 점검대상 및 점검방법 등】 ① 법 제48조의3제2항에서 "대통령령으로 정하는 규모 및 범위 등에 해당하는 공동주택"이란 법 제2조제10호다목 및 라목에 해당하는 사업주체가 건설하는 300세대 이상인 공동주택을 말한다. 다만, 시·도지사가 필요하다고 인정하는 경우에는 조례로 정하는 바에 따라 300세대 미만인 공동주택으로 정할 수 있다.

② 품질점검단은 법 제48조의3제2항에 따라 공동주택 관련 법령, 입주자모집공고, 설계도서 및 마감자재 목록표 등 관련 자료를 토대로 다음 각 호의 사항을 점검해야 한다.

1. 공동주택의 공용부분
2. 공동주택 일부 세대의 전유부분
3. 제53조의3제2항에 따라 사용검사권자가 하자 여부를 판단하기 위해 품질점검단에 자문을 요청한 사항 중 현장조사가 필요한 사항

③ 제1항 및 제2항에서 규정한 사항 외에 품질점검단의 점검절차 등에 관하여 필요한 사항은 국토교통부령으로 정한다.
[본조신설 2020.12.22.]

제53조의6【품질점검단의 점검결과에 대한 조치 등】 ① 사용검사권자는 품질점검단으로부터 점검결과를 제출받은 때에는 법 제48조의3제6항 전단에 따라 의견을 청취하기 위하여 사업주체에게 그 내용을 즉시 통보해야 한다.

② 사업주체는 제1항에 따라 통보받은 점검결과에 대하여 이견(異見)이 있는 경우 통보받은 날부터 5일 이내에 관련 자료를 첨부하여 사용검사권자에게 의견을 제출할 수 있다.

③ 사용검사권자는 품질점검단 점검결과 및 제2항에 따라 제출받은 의견을 검토한 결과 하자에 해당한다고 판단하는

시 행 규 칙

제20조의5【사용검사권자의 자료요청】 법 제48조의3제4항 전단에서 "공동주택의 공사현황 등 국토교통부령으로 정하는 서류 및 관련 자료"란 공사 개요 및 진행 상황 등 공동주택의 공사현황에 관한 자료를 말한다.
[본조신설 2021.1.22.]

법	시 행 령	시 행 규 칙
	때에는 법 제48조의3제6항에 따라 제2항에 따른 의견 제출일부터 5일 이내에 보수·보강 등의 조치를 명해야 한다. ④ 법 제48조의3제6항 후단에서 "대통령령으로 정하는 중대한 하자"란 제53조의2제4항에 해당하는 하자를 말한다. ⑤ 법 제48조의3제6항 후단에서 "대통령령으로 정하는 특별한 사유"란 제53조의2제5항에서 정하는 사유를 말한다.	
⑧ 사용검사권자는 공동주택의 시공품질 관리를 위하여 제48조의2에 따라 사업주체에게 통보받은 사전방문 후 조치결과, 제6항 및 제7항에 따른 조치명령, 조치결과, 이의신청 등에 관한 사항을 대통령령으로 정하는 정보시스템에 등록하여야 한다.	⑦ 법 제48조의3제8항에서 "대통령령으로 정하는 정보시스템"이란 「공동주택관리법 시행령」 제53조제5항에 따른 하자관리정보시스템을 말한다. 〈시행 2022.1.24.〉	
⑦ 제6항에 따라 보수·보강 등의 조치명령을 받은 사업주체는 대통령령으로 정하는 바에 따라 조치를 하고, 그 결과를 사용검사권자에게 보고하여야 한다. 다만, 조치명령에 이의가 있는 사업주체는 사용검사권자에게 이의신청을 할 수 있다.	⑥ 사업주체는 법 제48조의3제7항 본문에 따라 제3항에 따른 사용검사권자의 조치명령에 대하여 제53조의2제2항 각 호의 구분에 따른 시기까지 조치를 완료해야 한다.	
⑨ 제1항부터 제8항까지에서 규정한 사항 외에 품질점검단의 구성 및 운영, 이의신청 절차 및 이의신청에 따른 조치 등에 필요한 사항은 대통령령으로 정한다. [본조신설 2020.1.23.]	**제53조의7【조치명령에 대한 이의신청 등】** ① 사업주체는 법 제48조의3제7항 단서에 따라 제53조의6제3항에 따른 조치명령에 이의신청을 하려는 경우에는 조치명령을 받은 날부터 5일 이내에 사용검사권자에게 다음 각 호의 자료를 제출해야 한다. 1. 사용검사권자의 조치명령에 대한 이의신청 내용 및 이유 2. 이의신청 내용 관련 설계도서 및 현장사진 3. 감리자의 의견 4. 그 밖에 이의신청 내용을 증명할 수 있는 자료 ② 사용검사권자는 제1항에 따라 이의신청을 받은 때에는 신청을 받은 날부터 5일 이내에 사업주체에게 검토결과를 통보해야 한다. [본조신설 2020.12.22.]	

법	시 행 령	시 행 규 칙
제49조【사용검사 등】 ① 사업주체는 제15조에 따른 사업계획승인을 받아 시행하는 주택건설사업 또는 대지조성사업을 완료한 경우에는 주택 또는 대지에 대하여 국토교통부령으로 정하는 바에 따라 시장·군수·구청장(국가 또는 한국토지주택공사가 사업주체인 경우와 대통령령으로 정하는 경우에는 국토교통부장관을 말한다. 이하 이 조에서 같다)의 사용검사를 받아야 한다. 다만, 제15조제3항에 따라 사업계획을 승인받은 경우에는 완공된 주택에 대하여 공구별로 사용검사(이하 "분할 사용검사"라 한다)를 받을 수 있고, 사업계획승인 조건의 미이행 등 대통령령으로 정하는 사유가 있는 경우에는 공사가 완료된 주택에 대하여 동별로 사용검사(이하 "동별 사용검사"라 한다)를 받을 수 있다. ② 사업주체가 제1항에 따른 사용검사를 받았을 때에는 제19조제1항에 따라 의제되는 인·허가등에 따른 해당 사업의 사용승인·준공검사 또는 준공인가 등을 받은 것으로 본다. 이 경우 사용검사권자는 미리 관계 행정기관의 장과 협의하여야 한다. 〈개정 2020.1.23.〉	**제54조【사용검사 등】** ① 법 제49조제1항 본문에서 "대통령령으로 정하는 경우"란 제27조제3항 각 호에 해당하여 국토교통부장관으로부터 법 제15조에 따른 사업계획의 승인을 받은 경우를 말한다. ② 법 제49조제1항 단서에서 "사업계획승인 조건의 미이행 등 대통령령으로 정하는 사유가 있는 경우"란 다음 각 호의 어느 하나에 해당하는 경우를 말한다. 1. 법 제15조에 따른 사업계획승인의 조건으로 부과된 사항의 미이행 2. 하나의 주택단지의 입주자를 분할 모집하여 전체 단지의 사용검사를 마치기 전에 입주가 필요한 경우 3. 그 밖에 사업계획승인권자가 동별로 사용검사를 받을 필요가 있다고 인정하는 경우 ③ 사용검사권자는 사용검사를 할 때 다음 각 호의 사항을 확인해야 한다. 〈개정 2020.12.22〉 1. 주택 또는 대지가 사업계획의 내용에 적합한지 여부 2. 법 제48조의2제3항, 제48조의3제6항 후단, 이 영 제53조의2제2항 및 제53조의6제6항에 따라 사용검사를 받기 전까지 조치해야 하는 하자를 조치 완료했는지 여부 ④ 제3항에 따른 사용검사는 신청일부터 15일 이내에 하여야 한다. ⑤ 법 제49조제2항 후단에 따라 협의 요청을 받은 관계 행정기관의 장은 정당한 사유가 없으면 그 요청을 받은 날부터 10일 이내에 의견을 제시하여야 한다.	**제21조【사용검사 등】** ① 법 제49조 및 영 제56조제2항에 따라 사용검사를 받거나 임시 사용승인을 받으려는 자는 별지 제23호서식의 신청서에 다음 각 호의 서류를 첨부하여 사용검사권자에게 제출(전자문서에 따른 제출을 포함한다)해야 한다. 〈개정 2020.4.1〉 1. 감리자의 감리의견서(주택건설사업인 경우만 해당한다) 2. 시공자의 공사확인서(영 제55조제1항 단서에 따라 입주예정자대표회의가 사용검사 또는 임시 사용승인을 신청하는 경우만 해당한다) ② 사용검사권자는 영 제54조제3항 또는 영 제56조제3항에 따른 확인 결과 적합한 경우에는 사용검사 또는 임시 사용승인을 신청한 자에게 별지 제24호서식의 사용검사 확인증 또는 별지 제25호서식의 임시사용승인서를 발급하여야 한다.
③ 제1항에도 불구하고 다음 각 호의 구분에 따라 해당 주택의 시공을 보증한 자, 해당 주택의 시공자 또는 입주예정자는 대통령령으로 정하는 바에 따라 사용검사를 받을 수	**제55조【시공보증자 등의 사용검사】** ① 사업주체가 파산 등으로 주택건설사업을 계속할 수 없는 경우에는 법 제49조제3항제1호에 따라 해당 주택의 시공을 보증한 자(이하 "시	**제22조【입주예정자대표회의의 구성】** 사용검사권자는 영 제55조제1항 단서에 따라 입주예정자대표회의가 사용

법	시 행 령	시 행 규 칙
있다. 1. 사업주체가 파산 등으로 사용검사를 받을 수 없는 경우에는 해당 주택의 시공을 보증한 자 또는 입주예정자 2. 사업주체가 정당한 이유 없이 사용검사를 위한 절차를 이행하지 아니하는 경우에는 해당 주택의 시공을 보증한 자, 해당 주택의 시공자 또는 입주예정자. 이 경우 사용검사권자는 사업주체가 사용검사를 받지 아니하는 정당한 이유를 밝히지 못하면 사용검사를 거부하거나 지연할 수 없다.	공보증자"라 한다)가 잔여공사를 시공하고 사용검사를 받아야 한다. 다만, 시공보증자가 없거나 파산 등으로 시공을 할 수 없는 경우에는 입주예정자의 대표회의(이하 "입주예정자대표회의"라 한다)가 시공자를 정하여 잔여공사를 시공하고 사용검사를 받아야 한다. ② 제1항에 따라 사용검사를 받은 경우에는 사용검사를 받은 자의 구분에 따라 시공보증자 또는 세대별 입주자의 명의로 건축물관리대장 등재 및 소유권보존등기를 할 수 있다. ③ 입주예정자대표회의의 구성·운영 등에 필요한 사항은 국토교통부령으로 정한다. ④ 법 제49조제3항제2호에 따라 시공보증자, 해당 주택의 시공자 또는 입주예정자가 사용검사를 신청하는 경우 사용검사권자는 사업주체에게 사용검사를 받지 아니하는 정당한 이유를 제출할 것을 요청하여야 한다. 이 경우 사업주체는 요청받은 날부터 7일 이내에 의견을 통지하여야 한다.	검사를 받아야 하는 경우에는 입주예정자로 구성된 대책회의를 소집하여 그 내용을 통보하고, 건축공사현장에 10일 이상 그 사실을 공고하여야 한다. 이 경우 입주예정자는 그 과반수의 동의로 10명 이내의 입주예정자로 구성된 입주예정자대표회의를 구성하여야 한다.
④ 사업주체 또는 입주예정자는 제1항에 따른 사용검사를 받은 후가 아니면 주택 또는 대지를 사용하게 하거나 이를 사용할 수 없다. 다만, 대통령령으로 정하는 경우로서 사용검사권자의 임시 사용승인을 받은 경우에는 그러하지 아니하다. **제50조【사용검사 등의 특례에 따른 하자보수보증금 면제】** ① 제49조제3항에 따라 사업주체의 파산 등으로 입주예정자가 사용검사를 받을 때에는 「공동주택관리법」 제38조제1항에도 불구하고 입주예정자의 대표회의가 사용검사권자에게 사용검사를 신청할 때 하자보수보증금을 예치하여야 한다. ② 제1항에 따라 입주예정자의 대표회의가 하자보수보증금	**제56조【임시 사용승인】** ① 법 제49조제4항 단서에서 "대통령령으로 정하는 경우"란 다음 각 호의 구분에 따른 경우를 말한다. 1. 주택건설사업의 경우: 건축물의 동별로 공사가 완료된 경우 2. 대지조성사업의 경우: 구획별로 공사가 완료된 경우 ② 법 제49조제4항 단서에 따른 임시 사용승인을 받으려는 자는 국토교통부령으로 정하는 바에 따라 사용검사권자에게 임시 사용승인을 신청하여야 한다. ③ 사용검사권자는 제2항에 따른 신청을 받은 때에는 임시 사용승인대상인 주택 또는 대지가 사업계획의 내용에 적합하고 사용에 지장이 없는 경우에만 임시사용을 승인할 수 있다. 이 경우 임시 사용승인의 대상이 공동주택인 경우에	

법	시 행 령	시 행 규 칙
을 예치할 경우 제49조제4항에도 불구하고 2015년 12월 31일 당시 제15조에 따른 사업계획승인을 받아 사실상 완공된 주택에 사업주체의 파산 등으로 제49조제1항 또는 제3항에 따른 사용검사를 받지 아니하고 무단으로 점유하여 거주(이하 이 조에서 "무단거주"라 한다)하는 입주예정자가 2016년 12월 31일까지 사용검사권자에게 사용검사를 신청할 때에는 다음 각 호의 구분에 따라 「공동주택관리법」 제38조제1항에 따른 하자보수보증금을 면제하여야 한다. 〈개정 2020.6.9〉 1. 무단거주한 날부터 1년이 지난 때: 10퍼센트 2. 무단거주한 날부터 2년이 지난 때: 35퍼센트 3. 무단거주한 날부터 3년이 지난 때: 55퍼센트 4. 무단거주한 날부터 4년이 지난 때: 70퍼센트 5. 무단거주한 날부터 5년이 지난 때: 85퍼센트 6. 무단거주한 날부터 10년이 지난 때: 100퍼센트 ③ 제2항 각 호의 무단거주한 날은 주택에 최초로 입주예정자가 입주한 날을 기산일로 한다. 이 경우 입주예정자가 입주한 날은 주민등록 신고일이나 전기, 수도요금 영수증 등으로 확인한다. ④ 제1항에 따라 무단거주하는 입주예정자가 사용검사를 받았을 때에는 제49조제2항을 준용한다. 이 경우 "사업주체"를 "무단거주하는 입주예정자"로 본다. ⑤ 제1항에 따라 입주예정자의 대표회의가 하자보수보증금을 예치한 경우 「공동주택관리법」 제36조제3항에 따른 담보책임기간은 제2항에 따라 면제받은 기간만큼 줄어드는 것으로 본다. 〈개정 2017.4.18.〉	는 세대별로 임시 사용승인을 할 수 있다.	

법	시 행 령	시 행 규 칙

제6절 공업화주택의 인정 등

제51조【공업화주택의 인정 등】 ① 국토교통부장관은 다음 각 호의 어느 하나에 해당하는 부분을 국토교통부령으로 정하는 성능기준 및 생산기준에 따라 맞춤식 등 공업화공법으로 건설하는 주택을 공업화주택(이하 "공업화주택"이라 한다)으로 인정할 수 있다.

1. 주요 구조부의 전부 또는 일부
2. 세대별 주거 공간의 전부 또는 일부[거실(「건축법」 제2조제6호에 따른다) · 화장실 · 욕조 등 일부로서의 기능이 가능한 단위 공간을 말한다]

② 국토교통부장관, 시 · 도지사 또는 시장 · 군수는 다음 각 호의 구분에 따라 주택을 건설하려는 자에 대하여 「건설산업기본법」 제9조제1항에도 불구하고 대통령령으로 정하는 바에 따라 해당 주택을 건설하게 할 수 있다.

1. 국토교통부장관: 「건설기술 진흥법」 제14조에 따라 국토교통부장관이 고시한 새로운 건설기술을 적용하여 건설하는 공업화주택
2. 시 · 도지사 또는 시장 · 군수: 공업화주택

③ 공업화주택의 인정에 필요한 사항은 대통령령으로 정한다.

제52조【공업화주택의 인정취소】 국토교통부장관은 제51조제1항에 따라 공업화주택을 인정받은 자가 다음 각 호의 어느 하나에 해당하는 경우에는 공업화주택의 인정을 취소할 수 있다. 다만, 제1호에 해당하는 경우에는 그 인정을 취소하여야 한다.

1. 거짓이나 그 밖의 부정한 방법으로 인정을 받은 경우
2. 인정을 받은 기준보다 낮은 성능으로 공업화주택을 건

제57조【공업화주택의 인정 등】 법 제51조에 따른 공업화주택의 인정 등에 관한 사항은 「주택건설기준 등에 관한 규정」으로 정한다.

법	시 행 령	시 행 규 칙
설한 경우 **제53조【공업화주택의 건설 촉진】** ① 국토교통부장관, 시 · 도지사 또는 시장 · 군수는 사업주체가 건설할 주택을 공업화주택으로 건설하도록 사업주체에게 권고할 수 있다. ② 공업화주택의 건설 및 품질 향상과 관련하여 국토교통부령으로 정하는 기술능력을 갖추고 있는 자가 공업화주택을 건설하는 경우에는 제33조 · 제43조 · 제44조 및 「건축사법」 제4조를 적용하지 아니한다.		
제3장 주택의 공급 등	**제3장 주택의 공급**	**제3장 주택의 공급**
제54조【주택의 공급】 ① 사업주체(「건축법」 제11조에 따른 건축허가를 받아 주택 외의 시설과 주택을 동일 건축물로 하여 제15조제1항에 따른 호수 이상으로 건설 · 공급하는 건축주와 제49조에 따라 사용검사를 받은 주택을 사업주체로부터 일괄하여 양수받은 자를 포함한다. 이하 이 장에서 같다)는 다음 각 호에서 정하는 바에 따라 주택을 건설 · 공급하여야 한다. 이 경우 국가유공자, 보훈보상대상자, 장애인, 철거주택의 소유자, 그 밖에 국토교통부령으로 정하는 대상자에게는 국토교통부령으로 정하는 바에 따라 입주자 모집조건 등을 달리 정하여 별도로 공급할 수 있다. 〈개정 2018.3.13.〉 1. 사업주체(공공주택사업자는 제외한다)가 입주자를 모집하려는 경우: 국토교통부령으로 정하는 바에 따라 시장 · 군수 · 구청장의 승인(복리시설의 경우에는 신고를 말한다)을 받을 것		**제23조【주택의 공급 등】** ① 다음 각 호의 사항은 「주택공급에 관한 규칙」으로 정한다. 1. 법 제54조에 따른 주택의 공급 2. 법 제56조에 따른 입주자저축 3. 법 제60조에 따른 견본주택의 건축기준 4. 법 제65조제5항에 따른 입주자자격 제한 ② 법 제57조에 따른 분양가격 산정방식 등은 「공동주택 분양가격의 산정 등에 관한 규칙」으로 정한다.

법	시 행 령	시 행 규 칙
2. 사업주체가 건설하는 주택을 공급하려는 경우 가. 국토교통부령으로 정하는 입주자모집의 시기(사업주체 또는 시공자가 영업정지를 받거나 「건설기술 진흥법」 제53조에 따른 벌점이 국토교통부령으로 정하는 기준에 해당하는 경우 등에 달리 정한 입주자모집의 시기를 포함한다)·조건·방법·절차, 입주금(입주예정자가 사업주체에게 납입하는 주택가격을 말한다. 이하 같다)의 납부 방법·시기·절차, 주택공급계약의 방법·절차 등에 적합할 것 나. 국토교통부령으로 정하는 바에 따라 벽지·바닥재·주방용구·조명기구 등을 제외한 부분의 가격을 따로 제시하고, 이를 입주자가 선택할 수 있도록 할 것 ② 주택을 공급받으려는 자는 국토교통부령으로 정하는 입주자자격, 재당첨 제한 및 공급 순위 등에 맞게 주택을 공급받아야 한다. 이 경우 제63조제1항에 따른 투기과열지구 및 제63조의2제1항에 따른 조정대상지역에서 건설·공급되는 주택을 공급받으려는 자의 입주자자격, 재당첨 제한 및 공급 순위 등은 주택의 수급 상황 및 투기 우려 등을 고려하여 국토교통부령으로 지역별로 달리 정할 수 있다. 〈개정 2017.8.9.〉 ③ 사업주체가 제1항제1호에 따라 시장·군수·구청장의 승인을 받으려는 경우(사업주체가 국가·지방자치단체·한국토지주택공사 및 지방공사인 경우에는 견본주택을 건설하는 경우를 말한다)에는 제60조에 따라 건설하는 견본주택에 사용되는 마감자재의 규격·성능 및 재질을 적은 목록표(이하 "마감자재 목록표"라 한다)와 견본주택의 각 실의 내부를 촬영한 영상물 등을 제작하여 승인권자에게 제출하여야 한다.		

법	시행령	시행규칙
④ 사업주체는 주택공급계약을 체결할 때 입주예정자에게 다음 각 호의 자료 또는 정보를 제공하여야 한다. 다만, 입주자 모집공고에 이를 표시(인터넷에 게재하는 경우를 포함한다)한 경우에는 그러하지 아니하다. 1. 제3항에 따른 견본주택에 사용된 마감자재 목록표 2. 공동주택 발코니의 세대 간 경계벽에 피난구를 설치하거나 경계벽을 경량구조로 건설한 경우 그에 관한 정보 ⑤ 시장 · 군수 · 구청장은 제3항에 따라 받은 마감자재 목록표와 영상물 등을 제49조제1항에 따른 사용검사가 있은 날부터 2년 이상 보관하여야 하며, 입주자가 열람을 요구하는 경우에는 이를 공개하여야 한다. ⑥ 사업주체가 마감자재 생산업체의 부도 등으로 인한 제품의 품귀 등 부득이한 사유로 인하여 제15조에 따른 사업계획승인 또는 마감자재 목록표의 마감자재와 다르게 마감자재를 시공 · 설치하려는 경우에는 당초의 마감자재와 같은 질 이상으로 설치하여야 한다. ⑦ 사업주체가 제6항에 따라 마감자재 목록표의 자재와 다른 마감자재를 시공 · 설치하려는 경우에는 그 사실을 입주예정자에게 알려야 한다. ⑧ 사업주체는 공급하려는 주택에 대하여 대통령령으로 정하는 내용이 포함된 표시 및 광고(「표시·광고의 공정화에 관한 법률」 제2조에 따른 표시 또는 광고를 말한다. 이하 같다)를 한 경우 대통령령으로 정하는 바에 따라 해당 표시 또는 광고의 사본을 시장·군수·구청장에게 제출하여야 한다. 이 경우 시장·군수·구청장은 제출받은 표시 또는 광고의 사본을 제49조제1항에 따른 사용검사가 있은 날부터 2년 이상 보관하여야 하며, 입주자가 열람을 요구하는 경우 이를 공개하여야 한다. 〈신설 2019.12.10.〉	**제58조【주택에 관한 표시 · 광고의 사본 제출 대상 등】** ① 법 제54조제8항 전단에서 "대통령령으로 정하는 내용"이란 「국토의 계획 및 이용에 관한 법률」 제2조제6호에 따른 기반시설의 설치 · 정비 또는 개량에 관한 사항을 말한다. ② 사업주체는 법 제54조제8항 전단에 따라 제1항의 내용이 포함된 표시 또는 광고(「표시 · 광고의 공정화에 관한 법률」 제2조에 따른 표시 또는 광고를 말한다)의 사본을 주택공급계약 체결기간의 시작일부터 30일 이내에 시장 · 군수 · 구청장에게 제출해야 한다.	

법	시 행 령	시 행 규 칙
	[본조신설 2020.6.11.][종전 제58조는 제58조의2로 이동 〈2020.6.11.〉]	
제54조의2【주택의 공급업무의 대행 등】 ① 사업주체는 주택을 효율적으로 공급하기 위하여 필요하다고 인정하는 경우 주택의 공급업무의 일부를 제3자로 하여금 대행하게 할 수 있다. ② 제1항에도 불구하고 사업주체가 입주자자격, 공급 순위 등을 증명하는 서류의 확인 등 국토교통부령으로 정하는 업무를 대행하게 하는 경우 국토교통부령으로 정하는 바에 따라 다음 각 호의 어느 하나에 해당하는 자(이하 이 조에서 "분양대행자"라 한다)에게 대행하게 하여야 한다. 1. 등록사업자 2. 「건설산업기본법」 제9조에 따른 건설업자로서 대통령령으로 정하는 자 3. 「도시 및 주거환경정비법」 제102조에 따른 정비사업전문관리업자 4. 「부동산개발업의 관리 및 육성에 관한 법률」 제4조에 따른 등록사업자 5. 다른 법률에 따라 등록하거나 인가 또는 허가를 받은 자로서 국토교통부령으로 정하는 자 ③ 사업주체가 제2항에 따라 업무를 대행하게 하는 경우 분양대행자에 대한 교육을 실시하는 등 국토교통부령으로 정하는 관리·감독 조치를 시행하여야 한다. [본조신설 2019.4.23.]	**제58조의2【주택의 공급업무의 대행】** 법 제54조의2제2항제2호에서 "대통령령으로 정하는 자"란 「건설산업기본법 시행령」 별표 1에 따른 건축공사업 또는 토목건축공사업의 등록을 한 자를 말한다. [본조신설 2019.10.22.][제58조에서 이동, 종전 제58조의2는 제58조의3으로 이동 〈2020.6.11.〉]	
제55조【자료제공의 요청】 ① 국토교통부장관은 제54조제2항에 따라 주택을 공급받으려는 자의 입주자자격, 주택의		

법	시 행 령	시 행 규 칙
소유 여부, 재당첨 제한 여부, 공급 순위 등을 확인하거나 제56조의3에 따라 요청받은 정보를 제공하기 위하여 필요하다고 인정하는 경우에는 주민등록 전산정보(주민등록번호 · 외국인등록번호 등 고유식별번호를 포함한다), 가족관계 등록사항, 국세, 지방세, 금융, 토지, 건물(건물등기부 · 건축물대장을 포함한다), 자동차, 건강보험, 국민연금, 고용보험 및 산업재해보상보험 등의 자료 또는 정보의 제공을 관계 기관의 장에게 요청할 수 있다. 이 경우 관계 기관의 장은 특별한 사유가 없으면 이에 따라야 한다. 〈개정 2020.1.23〉 ② 국토교통부장관은 「금융실명거래 및 비밀보장에 관한 법률」 제4조제1항과 「신용정보의 이용 및 보호에 관한 법률」 제32조제2항에도 불구하고 제54조제2항에 따라 주택을 공급받으려는 자의 입주자자격, 공급 순위 등을 확인하기 위하여 본인, 배우자, 본인 또는 배우자와 세대를 같이하는 세대원이 제출한 동의서면을 전자적 형태로 바꾼 문서에 의하여 금융기관 등(「금융실명거래 및 비밀보장에 관한 법률」 제2조제1호에 따른 금융회사등 및 「신용정보의 이용 및 보호에 관한 법률」 제25조에 따른 신용정보집중기관을 말한다. 이하 같다)의 장에게 다음 각 호의 자료 또는 정보의 제공을 요청할 수 있다. 〈개정 2020.1.23〉 1. 「금융실명거래 및 비밀보장에 관한 법률」 제2조제2호 · 제3호에 따른 금융자산 및 금융거래의 내용에 대한 자료 또는 정보 중 예금의 평균잔액과 그 밖에 국토교통부장관이 정하는 자료 또는 정보(이하 "금융정보"라 한다) 2. 「신용정보의 이용 및 보호에 관한 법률」 제2조제1호에 따른 신용정보 중 채무액과 그 밖에 국토교통부장관이 정하는 자료 또는 정보(이하 "신용정보"라 한다) 3. 「보험업법」 제4조제1항 각 호에 따른 보험에 가입하여		

법	시 행 령	시 행 규 칙
납부한 보험료와 그 밖에 국토교통부장관이 정하는 자료 또는 정보(이하 "보험정보"라 한다) ③ 국토교통부장관이 제2항에 따라 금융정보 · 신용정보 또는 보험정보(이하 "금융정보등"이라 한다)의 제공을 요청하는 경우 해당 금융정보등 명의인의 정보제공에 대한 동의서면을 함께 제출하여야 한다. 이 경우 동의서면은 전자적 형태로 바꾸어 제출할 수 있으며, 금융정보등을 제공한 금융기관 등의 장은 「금융실명거래 및 비밀보장에 관한 법률」 제4조의2제1항과 「신용정보의 이용 및 보호에 관한 법률」 제35조에도 불구하고 금융정보등의 제공사실을 명의인에게 통보하지 아니할 수 있다. ④ 국토교통부장관 및 사업주체(국가, 지방자치단체, 한국토지주택공사 및 지방공사로 한정한다)는 제1항 및 제2항에 따른 자료를 확인하기 위하여 「사회복지사업법」 제6조의2제2항에 따른 정보시스템을 연계하여 사용할 수 있다. ⑤ 국토교통부 소속 공무원 또는 소속 공무원이었던 사람과 제4항에 따른 사업주체의 소속 임직원은 제1항과 제2항에 따라 얻은 정보와 자료를 이 법에서 정한 목적 외의 다른 용도로 사용하거나 다른 사람 또는 기관에 제공하거나 누설하여서는 아니 된다.		
제56조 【입주자저축】 ① 국토교통부장관은 주택을 공급받으려는 자에게 미리 입주금의 전부 또는 일부를 저축(이하 "입주자저축"이라 한다)하게 할 수 있다. 〈개정 2020.1.23〉 ② 제1항에서 "입주자저축"이란 국민주택과 민영주택을 공급받기 위하여 가입하는 주택청약종합저축을 말한다. ③ 입주자저축계좌를 취급하는 기관(이하 "입주자저축취급기관"이라 한다)은 「은행법」에 따른 은행 중 국토교통부	**제58조의3 【입주자저축】** 국토교통부장관은 법 제56조제9항에 따라 입주자저축에 관한 국토교통부령을 제정하거나 개정할 때에는 기획재정부장관과 미리 협의해야 한다. 〈개정 2020.7.24.〉 [제58조의2에서 이동 〈2020.6.11.〉]	

법	시 행 령	시 행 규 칙

장관이 지정한다. 〈신설 2020.1.23.〉

④ 입주자저축은 한 사람이 한 계좌만 가입할 수 있다. 〈신설 2020.1.23.〉

⑤ 국토교통부장관은 다음 각 호의 업무를 수행하기 위하여 필요한 경우 「금융실명거래 및 비밀보장에 관한 법률」 제4조제1항에도 불구하고 입주자저축취급기관의 장에게 입주자저축에 관한 자료 및 정보(이하 "입주자저축정보"라 한다)를 제공하도록 요청할 수 있다. 〈신설 2020.1.23.〉

1. 주택을 공급받으려는 자의 입주자자격, 재당첨 제한 여부 및 공급 순위 등 확인 및 정보제공 업무
2. 입주자저축 가입을 희망하는 자의 기존 입주자저축 가입 여부 확인 업무
3. 「조세특례제한법」 제89조의2에 따라 세금우대저축 취급기관과 세금우대저축자료 집중기관 상호 간 입주자저축과 관련된 세금우대저축자료를 제공하도록 중계하는 업무
4. 제1호부터 제3호까지의 규정에 따라 이미 보유하고 있는 정보의 정확성, 최신성을 유지하기 위한 정보요청 업무

⑥ 제5항에 따라 입주자저축정보의 제공 요청을 받은 입주자저축취급기관의 장은 「금융실명거래 및 비밀보장에 관한 법률」 제4조에도 불구하고 입주자저축정보를 제공하여야 한다. 〈신설 2020.1.23.〉

⑦ 제6항에 따라 입주자저축정보를 제공한 입주자저축취급기관의 장은 「금융실명거래 및 비밀보장에 관한 법률」 제4조의2제1항에도 불구하고 입주자저축정보의 제공사실을 명의인에게 통보하지 아니할 수 있다. 다만, 입주자저축정보를 제공하는 입주자저축취급기관의 장은 입주자저축정보의 명의인이 요구할 때에는 입주자저축정보의 제공사실을 통보하여야 한다. 〈신설 2020.1.23.〉

법	시 행 령	시 행 규 칙
⑧ 입주자저축정보의 제공 요청 및 제공은 「정보통신망 이용촉진 및 정보보호 등에 관한 법률」 제2조제1항제1호의 정보통신망을 이용하여야 한다. 다만, 정보통신망의 손상 등 불가피한 사유가 있는 경우에는 그러하지 아니하다. 〈신설 2020.1.23.〉 ⑨ 그 밖에 입주자저축의 납입방식 · 금액 및 조건 등에 필요한 사항은 국토교통부령으로 정한다. 〈개정 2020.1.23〉 ⑩ 이 조에 따른 업무에 종사하거나 종사하였던 자는 업무를 수행하면서 취득한 입주자저축정보를 다른 법률에 특별한 규정이 없으면 제5항 각 호의 업무를 수행하기 위한 목적 외의 다른 용도로 사용하거나 다른 사람 또는 기관에 제공하거나 누설해서는 아니 된다. 〈신설 2020.1.23.〉 ⑪ 국토교통부장관(제89조제4항제2호에 따라 입주자저축정보의 제공 요청 업무를 위탁받은 주택청약업무수행기관을 포함한다)은 입주자저축정보를 다른 법률에 따라 제5항 각 호의 업무를 수행하기 위한 목적 외의 용도로 사용하거나 다른 사람 또는 기관에 제공하는 경우에는 「개인정보 보호법」 제18조제4항에 따라 그 사용 또는 제공의 법적 근거, 목적 및 범위 등을 관보 또는 인터넷 홈페이지 등에 게재하여야 한다. 〈신설 2020.1.23.〉 **제56조의2【주택청약업무수행기관】** 국토교통부장관은 제55조에 따른 입주자자격, 공급 순위 등의 확인과 제56조에 따른 입주자저축의 관리 등 주택공급과 관련하여 국토교통부령으로 정하는 업무를 효율적으로 수행하기 위하여 주택청약업무수행기관을 지정 · 고시할 수 있다. [본조신설 2020.1.23.]		

법	시 행 령	시 행 규 칙

법

제56조의3【입주자자격 정보 제공 등】 ① 국토교통부장관은 주택을 공급받으려는 자가 요청하는 경우 주택공급 신청 전에 입주자자격, 주택의 소유 여부, 재당첨 제한 여부, 공급 순위 등에 관한 정보를 제공할 수 있다.
② 제1항에 따라 정보를 제공하기 위하여 필요한 경우 국토교통부장관은 정보 제공을 요청하는 자 및 배우자, 정보 제공을 요청하는 자 또는 배우자와 세대를 같이하는 세대원에게 개인정보의 수집·제공 동의를 받아야 한다.
[본조신설 2020.1.23.]

제57조【주택의 분양가격 제한 등】 ① 사업주체가 제54조에 따라 일반인에게 공급하는 공동주택 중 다음 각 호의 어느 하나에 해당하는 지역에서 공급하는 주택의 경우에는 이 조에서 정하는 기준에 따라 산정되는 분양가격 이하로 공급(이에 따라 공급되는 주택을 "분양가상한제 적용주택"이라 한다. 이하 같다)하여야 한다.〈개정 2021.7.20., 2023.12.26.〉
1. 공공택지
2. 공공택지 외의 택지에서 주택가격 상승 우려가 있어 제58조에 따라 국토교통부장관이 「주거기본법」 제8조에 따른 주거정책심의위원회(이하 "주거정책심의위원회"라 한다)의 심의를 거쳐 지정하는) 지역
가. 삭제〈2023.12.26.〉)
나. 삭제〈2023.12.26.〉)
다. 삭제〈2023.12.26.〉)
② 제1항에도 불구하고 다음 각 호의 어느 하나에 해당하는 경우에는 제1항을 적용하지 아니한다.〈개정 2020.8.18., 2021.4.13., 2021.7.20.〉
1. 도시형 생활주택

시 행 령

제58조의4【분양가상한제 적용주택 제외요건】 ① 법 제57조제2항제4호 각 목 외의 부분에 따른 공공성 요건은 다음 각 호와 같다.
1. 한국토지주택공사 또는 지방공사가 법 제57조제2항제4호 각 목에 해당하는 사업의 시행자로 참여할 것
2. 제1호의 사업에서 건설·공급하는 주택의 전체 세대수의 10퍼센트 이상을 임대주택으로 건설·공급할 것
② 법 제57조제2항제4호가목에서 "면적, 세대수 등이 대통령령으로 정하는 요건에 해당되는 사업"이란 다음 각 호의 어느 하나에 해당하는 사업을 말한다.
1. 「도시 및 주거환경정비법」 제2조제1호의 정비구역 면적이 2만제곱미터 미만인 사업
2. 해당 정비사업에서 건설·공급하는 주택의 전체 세대수가 200세대 미만인 사업
③ 삭제〈2024.6.18.〉
[본조신설 2021.2.19.]

고시 공동주택 분양가격의 산정 등에 관한 시행지침(국토교통부 고시 제2024-496호, 2024.9.13.)

시 행 규 칙

관계법 「공동주택 분양가격의 산정 등에 관한 규칙」
제7조 (분양가상한제 적용주택의 분양가격 산정방식 등)
① 법 제57조제1항에 따른 분양가상한제 적용주택의 분양가격 산정방식은 다음과 같다.〈개정 2016.8.12.〉
분양가격=기본형건축비+건축비 가산비용 + 택지비
② 기본형건축비는 지상층건축비와 지하층건축비로 구분한다.
③ 국토교통부장관은 공동주택 건설공사비지수(주택건설에 투입되는 건설자재 등의 가격변동을 고려하여 산정한 지수로서 주택건축비의 등락을 나타내는 지수를 말한다. 이하 같다)와 이를 반영한 기본형건축비를 매년 3월 1일과 9월 15일을 기준으로 고시해야 한다.〈개정 2017.8.29., 2022.7.15.〉
④ 국토교통부장관은 제3항에도 불구하고 별표 1의 주택건설에 투입되는 주요 건설자재의 가격이 제3항에 따라 건설공사비지수등을 고시한 후 3개월이 지난 시점에 15퍼센트 이상 변동한 경우에는 해당 자재의 가격변동을 고

법	시 행 령	시 행 규 칙
2. 「경제자유구역의 지정 및 운영에 관한 특별법」 제4조에 따라 지정·고시된 경제자유구역에서 건설·공급하는 공동주택으로서 같은 법 제25조에 따른 경제자유구역위원회에서 외자유치 촉진과 관련이 있다고 인정하여 이 조에 따른 분양가격 제한을 적용하지 아니하기로 심의·의결한 경우 3. 「관광진흥법」 제70조제1항 또는 제 2항에 따라 지정된 관광특구에서 건설·공급하는 공동주택으로서 해당 건축물의 층수가 50층 이상이거나 높이가 150미터 이상인 경우 4. 한국토지주택공사 또는 지방공사가 다음 각 목의 정비사업의 시행자(「도시 및 주거환경정비법」 제2조제8호 및 「빈집 및 소규모주택 정비에 관한 특례법」 제2조제5호에 따른 사업시행자를 말한다)로 참여하는 등 대통령령으로 정하는 공공성 요건을 충족하는 경우로서 해당 사업에서 건설·공급하는 주택 가. 「도시 및 주거환경정비법」 제2조제2호에 따른 정비사업으로서 면적, 세대수 등이 대통령령으로 정하는 요건에 해당되는 사업 나. 「빈집 및 소규모주택 정비에 관한 특례법」 제2조제3호에 따른 소규모주택정비사업 4의2. 「도시 및 주거환경정비법」 제2조제2호가목에 따른 주거환경개선사업 및 같은 호 나목 후단에 따른 공공재개발사업에서 건설·공급하는 주택 5. 「도시재생 활성화 및 지원에 관한 특별법」에 따른 주거재생혁신지구에서 시행하는 혁신지구재생사업에서 건설·공급하는 주택 6. 「공공주택 특별법」 제2조제3호마목에 따른 도심 공공주택 복합사업에서 건설·공급하는 주택 ③ 제1항의 분양가격은 택지비와 건축비로 구성(토지임대	**제59조【택지 매입가격의 범위 및 분양가격 공시지역】** ①	려하여 건설공사비지수등을 조정하여 고시해야 한다. 〈개정 2022.7.15.〉 ⑤ 국토교통부장관은 제3항 및 제4항에도 불구하고 같은 항에 따라 건설공사비지수등을 고시한 경우로서 다음 각 호에 해당하는 경우에는 같은 항에 따라 고시한 건설공사비지수등을 조정하여 고시할 수 있다. 이 항에 따라 건설공사비지수등을 고시한 후에도 또한 같다. 〈신설 2022.7.15.〉 1. 별표 1에 따른 건설자재 중 레미콘 및 고강도 철근 각각의 가격 변동률(제3항·제4항 및 이 항에 따라 고시한 건설공사비지수등을 산정할 당시의 가격을 기준으로 산정한 것을 말한다. 이하 제2호에서 같다)의 합이 15퍼센트 이상인 경우 2. 별표 1에 따른 건설자재 중 창호유리, 강화합판 마루 및 알루미늄 거푸집 각각의 가격 변동률의 합이 30퍼센트 이상인 경우 **제8조 (공공택지의 택지 공급가격에 가산하는 비용)** ① 법 제57조제3항제1호에 따라 공공택지의 공급가격에 가산되는 택지와 관련된 비용은 다음 각 호의 비용으로 하고, 「학교용지 확보 등에 관한 특례법」 제2조제3호에 따른 학교용지부담금은 제외한다. 〈개정 2020.2.28.〉 1. 다음 각 목의 공사비 가. 말뚝박기 공사비: 건축물의 기초공사인 말뚝박기 공사에 드는 비용 나. 암석지반 공사비: 사업지구 택지에 암석지반이 있어 기본형건축비에 반영되어 있는 기초공사비로는 지하터파기가 곤란한 경우에 암석지반의 굴착을 위하여 추가로 소요되는 비용

법	시 행 령	시 행 규 칙
부 분양주택의 경우에는 건축비만 해당한다)되며, 구체적인 명세, 산정방식, 감정평가기관 선정방법 등은 국토교통부령으로 정한다. 이 경우 택지비는 다음 각 호에 따라 산정한 금액으로 한다. 〈개정 2016.1.19., 2016.12.27.〉 1. 공공택지에서 주택을 공급하는 경우에는 해당 택지의 공급가격에 국토교통부령으로 정하는 택지와 관련된 비용을 가산한 금액 2. 공공택지 외의 택지에서 분양가상한제 적용주택을 공급하는 경우에는「감정평가 및 감정평가사에 관한 법률」에 따라 감정평가한 가액에 국토교통부령으로 정하는 택지와 관련된 비용을 가산한 금액. 다만, 택지 매입가격이 다음 각 목의 어느 하나에 해당하는 경우에는 해당 매입가격(대통령령으로 정하는 범위로 한정한다)에 국토교통부령으로 정하는 택지와 관련된 비용을 가산한 금액을 택지비로 볼 수 있다. 이 경우 택지비는 주택단지 전체에 동일하게 적용하여야 한다. 가.「민사집행법」, 「국세징수법」 또는 「지방세기본법」에 따른 경매 · 공매 낙찰가격 나. 국가 · 지방자치단체 등 공공기관으로부터 매입한 가격 다. 그 밖에 실제 매매가격을 확인할 수 있는 경우로서 대통령령으로 정하는 경우 ④ 제3항의 분양가격 구성항목 중 건축비는 국토교통부장관이 정하여 고시하는 건축비(이하 "기본형건축비"라 한다)에 국토교통부령으로 정하는 금액을 더한 금액으로 한다. 이 경우 기본형건축비는 시장 · 군수 · 구청장이 해당 지역의 특성을 고려하여 국토교통부령으로 정하는 범위에서 따로 정하여 고시할 수 있다. ⑤ 사업주체는 분양가상한제 적용주택으로서 공공택지에서	법 제57조제3항제2호 각 목 외의 부분에서 "대통령령으로 정하는 범위"란 「감정평가 및 감정평가사에 관한 법률」에 따라 감정평가한 가액의 120퍼센트에 상당하는 금액 또는 「부동산 가격공시에 관한 법률」 제10조에 따른 개별공시지가의 150퍼센트에 상당하는 금액을 말한다. 〈개정 2016.8.31〉 ② 사업주체는 제1항에 따른 감정평가 가액을 기준으로 택지비를 산정하려는 경우에는 시장 · 군수 · 구청장에게 「감정평가 및 감정평가사에 관한 법률」에 따른 감정평가를 요청하여야 한다. 이 경우 감정평가의 실시와 관련된 구체적인 사항은 법 제57조제3항의 감정평가의 예에 따른다. 〈개정 2016.8.31〉 ③ 법 제57조제3항제2호나목에 따른 공공기관은 다음 각 호의 어느 하나에 해당하는 기관으로 한다. 1. 국가기관 2. 지방자치단체 3.「공공기관의 운영에 관한 법률」 제5조에 따라 공기업, 준정부기관 또는 기타공공기관으로 지정된 기관 4.「지방공기업법」에 따른 지방직영기업, 지방공사 또는 지방공단 ④ 법 제57조제3항제2호다목에서 "대통령령으로 정하는 경우"란 「부동산등기법」에 따른 부동산등기부 또는 「지방세법 시행령」 제18조제3항제2호에 따른 법인장부에 해당 택지의 거래가액이 기록되어 있는 경우를 말한다. ⑤ 법 제57조제6항 각 호 외의 부분 전단에서 "대통령령으로 정하는 기준에 해당되는 지역"이란 다음 각 호의 어느 하나에 해당하는 지역을 말한다. 1. 수도권 안의 투기과열지구(법 제63조에 따른 투기과열지구를 말한다. 이하 같다)	다. 흙막이 및 차수벽(遮水壁) 공사비: 건축물의 기초공사로 시공하는 흙막이 공사비용과 지하수, 하천 등으로 해당 택지의 토질조건이 특별하여 흙막이 공사 외에 이를 보강하기 위하여 추가로 차수벽을 설치하는데 소요되는 비용 라. 지하공사에서 특수공법 사용에 따른 공사비: 지하층 공사를 지표면으로부터 20미터 이상의 깊이로 시행하는 경우에 사업지구 택지가 협소하거나 사업지구가 주변 구조물 등에 매우 근접하는 등의 사유로 주변 구조물 등의 침하와 변형이 우려되어 특별자치시장, 특별자치도지사, 시장, 군수 또는 구청장(구청장은 자치구의 구청장을 말하며, 이하 "시장 · 군수 또는 구청장"이라 한다)이 역타공법(逆打工法) 등 특수한 공법 사용이 필요하다고 인정하는 경우 특수공법 사용에 소요되는 비용. 이 경우 가목부터 다목까지의 공사비, 기본형건축비 중 지하층건축비 등 다른 공사비에 반영되어 있는 비용과 중복하여 산정할 수 없다. 2. 방음시설 설치비 : 주택의 입지, 주변 환경 등 제반여건을 고려하여 소음도를 저감하기 위하여 소요되는 비용. 다만, 택지조성원가에 포함되어 있지 아니한 경우로 한정한다. 3. 택지를 공급받기 위하여 선수금, 중도금 등 택지비의 일부 또는 전부를 납부한 경우에는 그 납부일부터 별표 1의2에 따라 산정한 택지대금에 대한 기간이자. 다만, 택지를 조성한 사업주체가 택지를 자체 공급하는 경우에는 주택건설사업 착공일을 납부일로, 택지공급가격을 택지대금으로 보아 기

법	시 행 령	시 행 규 칙

공급하는 주택에 대하여 입주자모집 승인을 받았을 때에는 입주자 모집공고에 다음 각 호[국토교통부령으로 정하는 세분류(細分類)를 포함한다]에 대하여 분양가격을 공시하여야 한다.

1. 택지비
2. 공사비
3. 간접비
4. 그 밖에 국토교통부령으로 정하는 비용

⑥ 시장 · 군수 · 구청장이 제54조에 따라 공공택지 외의 택지에서 공급되는 분양가상한제 적용주택 중 분양가 상승 우려가 큰 지역으로서 대통령령으로 정하는 기준에 해당되는 지역에서 공급되는 주택의 입주자모집 승인을 하는 경우에는 다음 각 호의 구분에 따라 분양가격을 공시하여야 한다. 이 경우 제2호부터 제6호까지의 금액은 기본형건축비[특별자치시 · 특별자치도 · 시 · 군 · 구(구는 자치구의 구를 말하며, 이하 "시 · 군 · 구"라 한다)별 기본형건축비가 따로 있는 경우에는 시 · 군 · 구별 기본형건축비]의 항목별 가액으로 한다.

1. 택지비
2. 직접공사비
3. 간접공사비
4. 설계비
5. 감리비
6. 부대비
7. 그 밖에 국토교통부령으로 정하는 비용

⑦ 제5항 및 제6항에 따른 공시를 할 때 국토교통부령으로 정하는 택지비 및 건축비에 가산되는 비용의 공시에는 제59조에 따른 분양가심사위원회 심사를 받은 내용과 산출근거를 포함하여야 한다.

2. 다음 각 목의 어느 하나에 해당하는 지역으로서 「주거기본법」 제8조에 따른 주거정책심의위원회(이하 "주거정책심의위원회"라 한다)의 심의를 거쳐 국토교통부장관이 지정하는 지역
   가. 수도권 밖의 투기과열지구 중 그 지역의 주택가격의 상승률 및 주택의 청약경쟁률 등을 고려하여 국토교통부장관이 정하여 고시하는 기준에 해당하는 지역
   나. 해당 지역을 관할하는 시장 · 군수 · 구청장이 주택가격의 상승률 및 주택의 청약경쟁률이 지나치게 상승할 우려가 크다고 판단하여 국토교통부장관에게 지정을 요청하는 지역

제60조【주의문구의 명시】 사업주체는 입주자 모집을 하는 경우에는 입주자모집공고안에 "분양가격의 항목별 공시내용은 사업에 실제 소요된 비용과 다를 수 있다"는 문구를 명시하여야 한다.

고시 분양가상한제 적용주택의 기본형건축비 및 가산비용(국토교통부고시 제2024-497호, 2024.9.13.)

간이자를 계산하되, 해당 택지의 택지조성원가에 포함되는 자본비용의 산정기간은 택지조성사업의 착수일(「공익사업을 위한 토지 등의 취득 및 보상에 관한 법률」에 따라 토지 등을 협의 또는 수용에 의하여 취득하거나 사용하는 경우에는 같은 법 제15조에 따른 보상계획 공고일을 말한다)부터 주택건설사업 착공일까지로 한다.

4. 택지의 공급에 따른 제세공과금, 등기수수료 등 필요적 경비 및 택지의 명의변경(검인계약서 등 공공기관이 인정하는 서류를 제출한 경우에 한한다)에 따른 추가비용
5. 그 밖에 시장 · 군수 또는 구청장이 법 제59조에 따른 분양가심사위원회(이하 "분양가심사위원회" 라 한다)의 심의를 거쳐 필요하다고 인정하는 택지와 관련된 경비로서 증명서류에 의하여 확인되는 경비

② "생략"

제15조(공공택지에서 공급되는 주택의 분양가격 공시) "생략"

제16조(공공택지 외의 택지에서 공급되는 주택의 분양가격 공시) "생략"

법

제57조의2【분양가상한제 적용주택 등의 입주자의 거주의무 등】 ① 다음 각 호의 어느 하나에 해당하는 주택의 입주자(상속받은 자는 제외한다. 이하 이 조 및 제57조의3에서 "거주의무자"라 한다)는 해당 주택의 최초 입주가능일부터 3년 이내(제4호에 따른 토지임대부 분양주택의 경우에는 최초 입주가능일을 말한다)에 입주하여야 하고, 해당 주택의 분양가격과 국토교통부장관이 고시한 방법으로 결정된 인근지역 주택매매가격의 비율에 5년 이내의 범위에서 대통령령으로 정하는 기간(이하 "거주의무기간"이라 한다) 동안 계속하여 해당 주택에 거주하여야 한다. 다만, 해외 체류 등 대통령령으로 정하는 부득이한 사유가 있는 경우 그 기간은 해당 주택에 거주한 것으로 본다. 〈개정 2021.1.5., 2021.4.13. 2024.3.19.〉

1. 사업주체가 「수도권정비계획법」 제2조제1호에 따른 수도권(이하 "수도권"이라 한다)에서 건설·공급하는 분양가상한제 적용주택 〈신설 2021.1.5.〉
2. 삭제 〈2024.3.19.〉
3. 삭제 〈2024.3.19.〉
4. 토지임대부 분양주택

② 거주의무자가 제1항 단서에 따른 거주의무를 이행하지 아니한 경우 해당 주택을 양도(매매·증여나 그 밖에 권리변동을 수반하는 모든 행위를 포함하되, 상속의 경우는 제외한다. 이하 이 조 및 제101조에서 같다)할 수 없다. 다만, 거주의무자가 제1항 각 호 외의 부분 단서 이외의 사유로 거주의무기간 이내에 거주를 이전하려는 경우 거주의무자는 대통령령으로 정하는 바에 따라 한국토지주택공사(사업주체가 「공공주택 특별법」 제4조에 따른 공공주택사업자인 경우에는 공공주택사업자를 말한다. 이하 이 조, 제64조, 제78조의2 및 제106조에서 같다)에 해당 주택의 매입

시 행 령

제60조의2【분양가상한제 적용주택 등의 입주자의 거주의무기간 등】 ① 법 제57조의2제1항 각 호 외의 부분 본문에서 "대통령령으로 정하는 기간"이란 다음 각 호의 구분에 따른 기간(이하 "거주의무기간"이라 한다)을 말한다. 〈개정 2021.7.6., 2024.6.18.〉

1. 법 제57조의2제1항제1호에 따른 주택의 경우
   가. 공공택지에서 건설·공급되는 주택의 경우
      1) 분양가격이 법 제57조의2제1항 각 호 외의 부분 본문에 따라 국토교통부장관이 정하여 고시하는 방법으로 결정된 인근지역 주택매매가격(이하 "인근지역주택매매가격"이라 한다)의 80퍼센트 미만인 주택: 5년
      2) 분양가격이 인근지역주택매매가격의 80퍼센트 이상 100퍼센트 미만인 주택: 3년
   나. 공공택지 외의 택지에서 건설·공급되는 주택의 경우
      1) 분양가격이 인근지역주택매매가격의 80퍼센트 미만인 주택: 3년
      2) 분양가격이 인근지역주택매매가격의 80퍼센트 이상 100퍼센트 미만인 주택: 2년
2. 삭제 〈2024.6.18.〉
3. 삭제 〈2024.6.18.〉
4. 토지임대부 분양주택의 경우: 5년

② 법 제57조의2제1항 각 호 외의 부분 단서에서 "해외 체류 등 대통령령으로 정하는 부득이한 사유"란 다음 각 호의 어느 하나에 해당하는 사유를 말한다. 이 경우 제2호부터 제8호까지의 규정에 해당하는지는 한국토지주택공사(사업주체가 「공공주택 특별법」 제4조의 공공주택사업자인 경우에는 공공주택사업자를 말한다. 이하 이 조, 제73조, 제73조의2 및 제82조의2에서 같다)의 확인을 받아야

시 행 규 칙

제23조의2 【분양가상한제 적용주택 등의 매입신청서】 ① 영 제60조의2제3항에서 "국토교통부령으로 정하는 매입신청서"란 별지 제25호의2서식의 분양가상한제 적용주택 등의 매입신청서를 말하며, 해당 신청서를 제출할 때에는 다음 각 호의 서류를 첨부해야 한다. 〈개정 2021.7.6.〉

1. 분양계약서 사본
2. 인감증명서 또는 「본인서명사실 확인 등에 관한 법률」 제2조제3호의 본인서명사실확인서

② 영 제60조의2제3항에 따라 제1항의 매입신청서를 받은 한국토지주택공사(사업주체가 「공공주택 특별법」 제4조에 따른 공공주택사업자인 경우에는 공공주택사업자를 말한다. 이하 제23조의4 및 제26조의2에서 같다)는 「전자정부법」 제36조제2항에 따른 행정정보의 공동이용을 통하여 주민등록표 초본 및 건물 등기사항증명서를 확인해야 한다. 다만, 신청인이 주민등록표 초본의 확인에 동의하지 않는 경우에는 해당 서류를 첨부하도록 해야 한다. 〈개정 2024.6.19.〉

[본조신설 2021.2.19.][제목개정 2021.7.6.]

법	시 행 령	시 행 규 칙

을 신청하여야 한다. 〈개정 2024.3.19.〉

③ 한국토지주택공사는 제2항 단서 또는 제8항에 따라 매입신청을 받거나 거주의무자 및 제7항에 따라 주택을 공급받은 사람(이하 "거주의무자등"이라 한다)이 제1항 또는 제7항을 위반하였다는 사실을 알게 된 경우 위반사실에 대한 의견청취를 하는 등 대통령령으로 정하는 절차를 거쳐 대통령령으로 정하는 특별한 사유가 없으면 해당 주택을 매입하여야 한다. 〈개정 2024.3.19.〉

④ 한국토지주택공사가 제3항에 따라 주택을 매입하는 경우 거주의무자등에게 그가 납부한 입주금과 그 입주금에 「은행법」에 따른 은행의 1년 만기 정기예금의 평균이자율을 적용한 이자를 합산한 금액(이하 "매입비용"이라 한다)을 지급한 때에는 그 지급한 날에 한국토지주택공사가 해당 주택을 취득한 것으로 본다. 〈개정 2024.3.19.〉

⑤ 사업주체는 제1항에 따른 주택을 공급하는 경우에는 거주의무자가 거주의무기간을 거주하여야 해당 주택을 양도할 수 있음을 소유권에 관한 등기에 부기등기하여야 한다. 이 경우 부기등기는 주택의 소유권보존등기와 동시에 하여야 하며, 부기등기에 포함되어야 할 표기내용 등은 대통령령으로 정한다.〈개정 2024.3.19.〉

⑥ 거주의무자등은 거주의무기간을 거주한 후 지방자치단체의 장으로부터 그 거주사실을 확인받은 경우 제5항에 따른 부기등기 사항을 말소할 수 있다. 이 경우 거주사실의 확인 등의 절차·방법 등에 필요한 사항은 대통령령으로 정한다. 〈개정 2024.3.19.〉

⑦ 한국토지주택공사는 제3항 및 제4항에 따라 취득한 주택을 국토교통부령으로 정하는 바에 따라 재공급하여야 하며, 주택을 재공급받은 사람은 거주의무기간 중 잔여기간을 계속

한다. 〈개정 2021.7.6., 2024.6.18.〉

1. 다음 각 목의 어느 하나에 해당하는 경우
   가. 법 제57조의2제1항제1호에 따른 주택에 입주하기 위해 준비기간이 필요한 경우. 이 경우 해당 주택에 거주한 것으로 보는 기간은 최초 입주가능일 이후 3년이 되는 날부터 90일까지(최초 입주가능일부터 3년이 되는 날 전에 입주하는 경우에는 입주일 전날부터 역산하여 최초 입주가능일까지의 기간으로 하되, 90일을 한도로 한다)로 한다.
   나. 법률 제20393호 주택법 일부개정법률 부칙 제3조에 따라 법 제57조의2제1항제1호에 따른 주택에서의 거주를 중단했다가 거주를 재개하기 위해 입주하는 경우로서 준비기간이 필요한 경우. 이 경우 해당 주택에 거주한 것으로 보는 기간은 거주를 중단한 날의 다음 날 이후 3년이 되는 날부터 90일까지(거주를 중단한 날의 다음 날부터 3년이 되는 날 전에 입주하는 경우에는 입주일 전날부터 역산하여 거주를 중단한 날의 다음 날까지의 기간으로 하되, 90일을 한도로 한다)로 한다.
   다. 토지임대부 분양주택에 입주하기 위해 준비기간이 필요한 경우. 이 경우 해당 주택에 거주한 것으로 보는 기간은 최초 입주가능일부터 90일까지로 한다.
2. 법 제57조의2제1항 각 호 외의 부분 본문에 따른 거주의무자(이하 "거주의무자"라 한다)가 거주의무기간 중 세대원(거주의무자가 포함된 세대의 구성원을 말한다. 이하 이 항에서 같다)의 근무·생업·취학 또는 질병치료를 위하여 해외에 체류하는 경우
3. 거주의무자가 주택의 특별공급(「군인복지기본법」 제10조에 따른 공급을 말한다)을 받은 군인으로서 인사발령에

제23조의4【매입한 분양가상한제 적용주택 등의 공급】 ① 한국토지주택공사는 법 제57조의2제7항 및 법 제64조

법	시 행 령	시 행 규 칙
하여 거주하지 아니하고 그 주택을 양도할 수 없다. 다만, 제1항 각 호 외의 부분 단서의 사유에 해당하는 경우 그 기간은 해당 주택에 거주한 것으로 본다. 〈개정 2024.3.19.〉 ⑧ 제7항에 따라 주택을 재공급받은 사람이 같은 항 단서 이외의 사유로 거주의무기간 이내에 거주를 이전하려는 경우에는 대통령령으로 정하는 바에 따라 한국토지주택공사에 해당 주택의 매입을 신청하여야 한다. 〈신설 2024.3.19.〉 ⑨ 한국토지주택공사가 제3항 및 제4항에 따라 주택을 취득하거나 제7항에 따라 주택을 공급하는 경우에는 제64조제1항을 적용하지 아니한다. 〈개정 2024.3.19.〉 [본조신설 2020.8.18.] [제목개정 2021.1.5.]	따라 거주의무기간 중 해당 주택건설지역(주택을 건설하는 특별시·광역시·특별자치시·특별자치도 또는 시·군의 행정구역을 말한다. 이하 이 항에서 같다)이 아닌 지역에 거주하는 경우 4. 거주의무자가 거주의무기간 중 세대원의 근무·생업·취학 또는 질병치료를 위하여 세대원 전원이 다른 주택건설지역에 거주하는 경우. 다만, 수도권 안에서 거주를 이전하는 경우는 제외한다. 5. 거주의무자가 거주의무기간 중 혼인 또는 이혼으로 입주한 주택에서 퇴거하고 해당 주택에 계속 거주하려는 거주의무자의 직계존속·비속, 배우자(종전 배우자를 포함한다) 또는 형제자매가 자신으로 세대주를 변경한 후 거주의무기간 중 남은 기간을 승계하여 거주하는 경우 6. 「영유아보육법」 제10조제5호에 따른 가정어린이집을 설치·운영하려는 자가 같은 법 제13조에 따라 해당 주택에 가정어린이집의 설치를 목적으로 인가를 받은 경우. 이 경우 해당 주택에 거주한 것으로 보는 기간은 가정어린이집을 설치·운영하는 기간으로 한정한다. 7. 법 제64조제2항 본문에 따라 전매제한이 적용되지 않는 경우. 다만, 제73조제4항제7호 또는 제8호에 해당하는 경우는 제외한다. 8. 거주의무자의 직계비속이 「초·중등교육법」 제2조에 따른 학교에 재학 중인 학생으로서 주택의 최초 입주가능일 현재 해당 학기가 끝나지 않은 경우. 이 경우 해당 주택에 거주한 것으로 보는 기간은 학기가 끝난 후 90일까지로 한정한다. ③ 거주의무자는 및 법 제57조의2제7항에 따라 주택을 공급받은 사람(이하 "거주의무자등" 이라 한다)은 같은 조 제	제6항에 따라 주택을 재공급하는 경우에는 다음 각 호의 구분에 따라 재공급해야 한다. 〈개정 2024.6.19.〉 1. 토지임대부 분양주택 또는 「공공주택 특별법」 제2조제1호나목의 공공분양주택의 경우에는 같은 법 시행규칙 별표 6에 따른 입주자 자격을 충족하는 사람을 대상으로 공급할 것 2. 그 외의 주택의 경우에는 「주택공급에 관한 규칙」 제27조 및 제28조에 따라 공급할 것 ② 한국토지주택공사는 제1항에 따라 주택을 재공급하는 경우에는 다음 각 호의 구분에 따른 금액을 모두 더한 금액 이하로 재공급해야 한다. 〈개정 2024.6.19〉 1. 법 제57조의2제2항 단서 또는 같은 조 제8항에 따른 매입신청을 받아 매입하거나 법 제57조의2제1항 또는 제7항을 위반한 사람으로부터 매입한 주택을 재공급하는 경우: 다음 각 목의 금액을 모두 더한 금액 가. 법 제57조의2제4항에 따른 매입비용(이하 "매입비용"이라 한다) 나. 가목에 따른 금액에 「은행법」에 따른 은행의 1년 만기 정기예금의 평균이자율(이하 "평균이자율"이라 한다)을 적용한 이자 다. 취득세, 재산세, 등기비용 등 주

2항 단서 또는 같은 조 제8항에 따라 해당 주택의 매입을 신청하려는 경우 국토교통부령으로 정하는 매입신청서를 한국토지주택공사에 제출해야 한다. 〈개정 2024.6.18.〉

④ 한국토지주택공사는 거주의무자등이 법 제57조의2제2항 단서 또는 같은 조 제8항에 따라 매입신청을 하거나 법 제57조의2제1항 또는 제7항을 위반하여 같은 조 제3항에 따라 해당 주택을 매입하려면 14일 이상의 기간을 정하여 거주의무자에게 의견을 제출할 수 있는 기회를 줘야 한다. 〈개정 2024.6.18.〉

⑤ 제4항에 따라 의견을 제출받은 한국토지주택공사는 제출 의견의 처리 결과를 거주의무자에게 통보해야 한다.

⑥ 법 제57조의2제3항에서 "대통령령으로 정하는 특별한 사유"란 다음 각 호의 사유를 말한다.

1. 한국토지주택공사의 부도ㆍ파산
2. 제1호와 유사한 사유로서 한국토지주택공사가 해당 주택을 매입하는 것이 어렵다고 국토교통부장관이 인정하는 사유

⑦ 법 제57조의2제6항에 따른 부기등기에는 "이 주택은 「주택법」 제57조의2제1항에 따른 거주의무자가 거주의무기간 동안 계속하여 거주해야 하며, 이를 위반할 경우 한국토지주택공사가 해당 주택을 매입함"이라는 내용을 표기해야 한다.

[본조신설 2021.2.19.][제목개정 2021.7.6.]

고시 수도권 분양가상한제 적용주택 등에 적용되는 인근지역 주택매매가격의 결정지침(국토교통부고시 제2021-204호, 2021.2.19.)

택의 취득 및 보유에 따른 부대비용(이하 "부대비용"이라 한다)

2. 법 제64조제2항 단서에 따라 우선 매입한 주택을 재공급하는 경우: 다음 각 목의 금액을 모두 더한 금액
   가. 영 별표 3의2에 따른 매입금액
   나. 가목에 따른 금액에 평균이자율을 적용한 이자
   다. 부대비용
3. 법 제78조의2제3항에 따라 매입한 주택을 재공급하는 경우: 다음 각 목의 금액을 모두 더한 금액
   가. 다음의 구분에 따른 금액
      1) 법 제78조의2제1항에 따라 매입신청을 받은 주택의 경우: 영 제82조의2제4항에 따른 금액
      2) 법 제64조제1항을 위반하여 전매가 이루어진 주택의 경우: 매입비용
   나. 가목에 따른 금액에 평균이자율을 적용한 이자
   다. 부대비용

[본조신설 2021.2.19.]
[제목개정 2021.7.6.]

제57조의3【분양가상한제 적용주택 등의 거주실태 조사 등】 ① 국토교통부장관 또는 지방자치단체의 장은 거주의무자등의 실제 거주 여부를 확인하기 위하여 거주의무자등에게

제60조의3【거주사실의 확인】 ① 법 제57조의2제6항 전단에 따라 부기등기 사항을 말소하려는 거주의무자등은 국토교통부령으로 정하는 거주사실 확인 신청서에 거주사실을 확

제23조의3【거주사실의 확인】 ① 영 제60조의3제1항에서 "국토교통부령으로 정하는 거주사실 확인 신청서"란

법

필요한 서류 등의 제출을 요구할 수 있으며, 소속 공무원으로 하여금 해당 주택에 출입하여 조사하게 하거나 관계인에게 필요한 질문을 하게 할 수 있다. 이 경우 서류 등의 제출을 요구받거나 해당 주택의 출입·조사 또는 필요한 질문을 받은 거주의무자등은 모든 세대원의 해외출장 등 특별한 사유가 없으면 이에 따라야 한다.〈개정 2024.3.19.〉

② 국토교통부장관 또는 지방자치단체의 장은 제1항에 따른 조사를 위하여 필요한 경우 주민등록 전산정보(주민등록번호·외국인등록번호 등 고유식별번호를 포함한다), 가족관계 등록사항 등 실제 거주 여부를 확인하기 위하여 필요한 자료 또는 정보의 제공을 관계 기관의 장에게 요청할 수 있다. 이 경우 자료의 제공을 요청받은 관계 기관의 장은 특별한 사유가 없으면 이에 따라야 한다.

시행령

인할 수 있는 서류(법 제57조의3제2항에 따라 제공받은 주민등록 전산정보로 거주사실을 확인할 수 없는 경우만 해당한다)를 첨부하여 지방자치단체의 장에게 제출해야 한다.

② 제1항에 따라 거주사실 확인 신청서를 접수한 지방자치단체의 장은 거주사실이 확인되면 해당 신청서를 접수한 날부터 14일 이내에 국토교통부령으로 정하는 거주사실 확인서를 발급해야 한다.

③ 법 제57조의2제6항에 따른 거주사실 확인을 위한 구체적인 거주기간 산정방법은 국토교통부령으로 정한다.

[본조신설 2024.6.18.]

시행규칙

별지 제25호의3서식의 거주사실 확인 신청서를 말한다.

② 영 제60조의3제2항에서 "국토교통부령으로 정하는 거주사실 확인서"란 별지 제25호의4서식의 거주사실 확인서를 말한다.

③ 지방자치단체의 장은 법 제57조의2제6항에 따라 같은 조 제1항에 따른 거주의무자(이하 "거주의무자"라 한다)의 거주사실을 확인하는 경우에는 다음 각 호의 방법에 따라 거주기간을 산정한다.

1. 법 제57조의2제1항 각 호 외의 부분 단서 및 영 제60조의2제2항제1호에 따라 해당 주택에 거주한 것으로 보는 기간을 산정할 때에는 해당 주택을 임대하여 임대기간이 끝나지 않은 경우 등 그 주택에 거주하는 것이 불가능한 기간은 거주한 것으로 보는 기간에서 제외할 것
2. 거주의무자가 해당 주택에 입주한 날은 거주기간에 산입할 것
3. 거주의무자가 해당 주택에서 퇴거한 날은 거주기간에 산입할 것
4. 법률 제20393호 주택법 일부개정법률 부칙 제3조에 따라 해당 주택의 거주를 중단했다가 거주를 재개한 거주의무자의 거주기간을 합산하는 경

③ 제1항에 따라 출입·조사·질문을 하는 사람은 국토교통부령으로 정하는 증표를 지니고 이를 관계인에게 내보여야 하며, 조사자의 이름·출입시간 및 출입목적 등이 표시된 문서를 관계인에게 교부하여야 한다.
④ 국토교통부 또는 지방자치단체의 소속 공무원 또는 소속 공무원이었던 사람은 제1항과 제2항에 따라 얻은 정보와 자료를 이 법에서 정한 목적 외의 다른 용도로 사용하거나 다른 사람 또는 기관에 제공하거나 누설하여서는 아니 된다.
[본조신설 2020.8.18.]
[제목개정 2021.1.5.]

제58조【분양가상한제 적용 지역의 지정 및 해제】 ① 국토교통부장관은 제57조제1항제2호에 따라 주택가격상승률이 물가상승률보다 현저히 높은 지역으로서 그 지역의 주택가격·주택거래 등과 지역 주택시장 여건 등을 고려하였을 때 주택가격이 급등하거나 급등할 우려가 있는 지역 중 대통령령으로 정하는 기준을 충족하는 지역은 주거정책심의위원회 심의를 거쳐 분양가상한제 적용 지역으로 지정할 수 있다.
② 국토교통부장관이 제1항에 따라 분양가상한제 적용 지역을 지정하는 경우에는 미리 시·도지사의 의견을 들어야 한다.
③ 국토교통부장관은 제1항에 따른 분양가상한제 적용 지역을 지정하였을 때에는 지체 없이 이를 공고하고, 그 지정

제61조【분양가상한제 적용 지역의 지정기준 등】 ① 법 제58조제1항에서 "대통령령으로 정하는 기준을 충족하는 지역"이란 투기과열지구 중 다음 각 호에 해당하는 지역을 말한다. 〈개정 2017.11.7., 2019.10.29., 2022.2.11〉
1. 분양가상한제 적용 지역으로 지정하는 날이 속하는 달의 바로 전달(이하 이 항에서 "분양가상한제적용직전월"이라 한다)부터 소급하여 12개월간의 아파트 분양가격상승률이 물가상승률(해당 지역이 포함된 시·도 소비자물가상승률을 말한다)의 2배를 초과한 지역. 이 경우 해당 지역의 아파트 분양가격상승률을 산정할 수 없는 경우에는 해당 지역이 포함된 특별시·광역시·특별자치시·특별자치도 또는 시·군의 아파트 분양가격상승률을 적용한다.

우에는 합산한 연월일수(年月日數) 중 일수 30일을 1개월로 산정할 것
[전문개정 2024.6.19.]

제23조의5【조사공무원의 증표】 법 제57조의3제3항에서 "국토교통부령으로 정하는 증표"란 별지 제25호의5서식의 증표를 말한다. 〈개정 2024.6.19.〉
[본조신설 2021.2.19.]

법	시 행 령	시 행 규 칙
지역을 관할하는 시장 · 군수 · 구청장에게 공고 내용을 통보하여야 한다. 이 경우 시장 · 군수 · 구청장은 사업주체로 하여금 입주자 모집공고 시 해당 지역에서 공급하는 주택이 분양가상한제 적용주택이라는 사실을 공고하게 하여야 한다. ④ 국토교통부장관은 제1항에 따른 분양가상한제 적용 지역으로 계속 지정할 필요가 없다고 인정하는 경우에는 주거정책심의위원회 심의를 거쳐 분양가상한제 적용 지역의 지정을 해제하여야 한다. ⑤ 분양가상한제 적용 지역의 지정을 해제하는 경우에는 제2항 및 제3항 전단을 준용한다. 이 경우 "지정"은 "지정해제"로 본다. ⑥ 분양가상한제 적용 지역으로 지정된 지역의 시 · 도지사, 시장, 군수 또는 구청장은 분양가상한제 적용 지역의 지정 후 해당 지역의 주택가격이 안정되는 등 분양가상한제 적용 지역으로 계속 지정할 필요가 없다고 인정하는 경우에는 국토교통부장관에게 그 지정의 해제를 요청할 수 있다. ⑦ 제6항에 따라 분양가상한제 적용 지역 지정의 해제를 요청하는 경우의 절차 등 필요한 사항은 대통령령으로 정한다. **고시** 분양가상한제 적용지역 지정 해제(국토교통부공고 제2023-3호, 2023.1.5.)	2. 분양가상한제적용직전월부터 소급하여 3개월간의 주택매매거래량이 전년 동기 대비 20퍼센트 이상 증가한 지역 3. 분양가상한제적용직전월부터 소급하여 주택공급이 있었던 2개월 동안 해당 지역에서 공급되는 주택의 월평균 청약경쟁률이 모두 5대 1을 초과하였거나 해당 지역에서 공급되는 국민주택규모 주택의 월평균 청약경쟁률이 모두 10대 1을 초과한 지역 ② 국토교통부장관이 제1항에 따른 지정기준을 충족하는 지역 중에서 법 제58조제1항에 따라 분양가상한제 적용 지역을 지정하는 경우 해당 지역에서 공급되는 주택의 분양가격 제한 등에 관한 법 제57조의 규정은 법 제58조제3항 전단에 따른 공고일 이후 최초로 입주자모집승인을 신청하는 분부터 적용한다. 〈신설 2017.11.7., 2019.10.29.〉 ③ 법 제58조제6항에 따라 국토교통부장관은 분양가상한제 적용 지역 지정의 해제를 요청받은 경우에는 주거정책심의위원회의 심의를 거쳐 요청받은 날부터 40일 이내에 해제 여부를 결정하고, 그 결과를 시 · 도지사, 시장, 군수 또는 구청장에게 통보하여야 한다. 〈개정 2017.11.7〉	
제59조【분양가심사위원회의 운영 등】 ① 시장 · 군수 · 구청장은 제57조에 관한 사항을 심의하기 위하여 분양가심사위원회를 설치 · 운영하여야 한다. ② 시장 · 군수 · 구청장은 제54조제1항제1호에 따라 입주자모집 승인을 할 때에는 분양가심사위원회의 심사결과에 따라 승인 여부를 결정하여야 한다.	**제62조【위원회의 설치 · 운영】** ① 시장 · 군수 · 구청장은 법 제15조에 따른 사업계획승인 신청(「도시 및 주거환경정비법」 제50조에 따른 사업시행계획인가 및 「건축법」 제11조에 따른 건축허가를 포함한다)이 있는 날부터 20일 이내에 법 제59조제1항에 따른 분양가심사위원회(이하 이 장에서 "위원회"라 한다)를 설치 · 운영하여야 한다. 〈개정 2018.2.9.〉	

법	시 행 령	시 행 규 칙
③ 분양가심사위원회는 주택 관련 분야 교수, 주택건설 또는 주택관리 분야 전문직 종사자, 관계 공무원 또는 변호사 · 회계사 · 감정평가사 등 관련 전문가 10명 이내로 구성하되, 구성 절차 및 운영에 관한 사항은 대통령령으로 정한다. ④ 분양가심사위원회의 위원은 제1항부터 제3항까지의 업무를 수행할 때에는 신의와 성실로써 공정하게 심사를 하여야 한다.	② 사업주체가 국가, 지방자치단체, 한국토지주택공사 또는 지방공사인 경우에는 해당 기관의 장이 위원회를 설치 · 운영하여야 한다. 이 경우 제63조부터 제70조까지의 규정을 준용한다. **제63조 【기능】** 위원회는 다음 각 호의 사항을 심의한다. 〈개정 2021.2.19., 2022.2.11.〉 1. 법 제57조제1항에 따른 분양가격 및 발코니 확장비용 산정의 적정성 여부 2. 법 제57조제4항 후단에 따른 특별자치시 · 특별자치도 · 시 · 군 · 구(구는 자치구를 말하며, 이하 "시 · 군 · 구"라 한다)별 기본형건축비 산정의 적정성 여부 3. 법 제57조제5항 및 제6항에 따른 분양가격 공시내용(같은 조 제7항에 따라 공시에 포함해야 하는 내용을 포함한다)의 적정성 여부 4. 분양가상한제 적용주택과 관련된 「주택도시기금법 시행령」 제5조제1항제2호에 따른 제2종국민주택채권 매입예정상한액 산정의 적정성 여부 5. 분양가상한제 적용주택의 전매행위 제한과 관련된 인근지역 주택매매가격 산정의 적정성 여부 **제64조 【구성】** ① 시장 · 군수 · 구청장은 주택건설 또는 주택관리 분야에 관한 학식과 경험이 풍부한 사람으로서 다음 각 호의 어느 하나에 해당하는 사람 6명을 위원회 위원으로 위촉해야 한다. 이 경우 다음 각 호에 해당하는 위원을 각각 1명 이상 위촉하되, 등록사업자의 임직원과 임직원이었던 사람으로서 3년이 지나지 않은 사람은 위촉해서는 안 된다. 〈개정 2019.10.22.〉	

법	시 행 령	시 행 규 칙
	1. 법학 · 경제학 · 부동산학 · 건축학 · 건축공학등 주택분야와 관련된 학문을 전공하고 「고등교육법」에 따른 대학에서 조교수 이상으로 1년 이상 재직한 사람 2. 변호사 · 회계사 · 감정평가사 또는 세무사의 자격을 취득 한 후 해당 직(職)에 1년 이상 근무한 사람 3. 토목 · 건축 · 전기 · 기계 또는 주택 분야 업무에 5년 이상 종사한 사람 4. 주택관리사 자격을 취득한 후 공동주택 관리사무소장의 직에 5년 이상 근무한 사람 5. 건설공사비 관련 연구 실적이 있거나 공사비 산정업무에 3년 이상 종사한 사람 ② 시장 · 군수 · 구청장은 다음 각 호의 어느 하나에 해당하는 사람4명을 위원으로 임명하거나 위촉해야 한다. 이 경우 다음 각 호에 해당하는 위원을 각각 1명 이상 임명 또는 위촉해야 한다. 〈개정 2019.10.22., 2020.12.8.〉 1. 국가 또는 지방자치단체에서 주택사업 인 · 허가 등 관련 업무를 하는 5급 이상 공무원으로서 해당 기관의 장으로부터 추천을 받은 사람. 다만, 해당 시 · 군 · 구에 소속된 공무원은 추천을 필요로 하지 아니한다. 2. 다음 각 목의 어느 하나에 해당하는 기관에서 주택사업 관련 업무에 종사하고 있는 임직원으로서 해당 기관의 장으로부터 추천을 받은 사람 가. 한국토지주택공사 나. 지방공사 다. 「주택도시기금법」에 따른 주택도시보증공사(이하 "주택도시보증공사"라 한다) 라. 「한국부동산원법」에 따른 한국부동산원(이하 "한국부동산원"이라 한다)	

법	시 행 령	시 행 규 칙
	③ 제1항에 따른 위원(이하 "민간위원"이라 한다)의 임기는 2년으로 하며, 두 차례만 연임할 수 있다. 〈개정 2019.10.22.〉 ④ 위원회의 위원장은 시장 · 군수 · 구청장이 민간위원 중에서 지명하는 자가 된다. **제65조 【회의】** ① 위원회의 회의는 시장 · 군수 · 구청장이나 위원장이 필요하다고 인정하는 경우에 시장 · 군수 · 구청장이 소집한다. ② 시장 · 군수 · 구청장은 회의 개최일 7일 전까지 회의와 관련된 사항을 위원에게 알려야 한다. 〈개정 2019.10.22.〉 ③ 시장·군수·구청장은 위원회의 위원 명단을 회의 개최 전에 해당 기관의 인터넷 홈페이지 등을 통하여 공개해야 한다. 〈신설 2019.10.22.〉 ④ 위원회의 회의는 재적위원 과반수의 출석으로 개의하고 출석위원 과반수의 찬성으로 의결한다. 〈개정 2019.10.22.〉 ⑤ 위원장은 위원회의 의장이 된다. 다만, 위원장이 부득이한 사유로 그 직무를 수행할 수 없을 때에는 위원장이 미리 지명한 위원이 그 직무를 대행한다. 〈개정 2019.10.22.〉 ⑥ 위원회에 위원회의 사무를 처리할 간사 1명을 두며, 간사는 해당 시 · 군 · 구의 주택업무 관련 직원 중에서 시장 · 군수 · 구청장이 지명한다. 〈개정 2019.10.22.〉 ⑦ 위원회의 회의는 공개하지 아니한다. 다만, 위원회의 의결로 공개할 수 있다. 〈개정 2019.10.22.〉 **제66조 【위원이 아닌 사람의 참석 등】** ① 위원장은 제63조 각 호의 사항을 심의하기 위하여 필요하다고 인정하는 경우에는 해당 사업장의 사업주체 · 관계인 또는 참고인을 위원회의 회의에 출석하게 하여 의견을 듣거나 관련 자료의 제출	

법	시 행 령	시 행 규 칙
	등 필요한 협조를 요청할 수 있다. ② 위원회의 회의사항과 관련하여 시장 · 군수 · 구청장 및 사업주체는 위원장의 승인을 받아 회의에 출석하여 발언할 수 있다. ③ 위원장은 위원회에서 심의 · 의결된 결과를 지체 없이 시장 · 군수 · 구청장에게 제출하여야 한다. **제67조【위원의 대리 출석】** 제64조제2항에 따른 위원(이하 "공공위원"이라 한다)은 부득이한 사유가 있을 때에는 해당 직위에 상당하는 공무원 또는 공사의 임직원을 지명하여 대리 출석하게 할 수 있다. **제68조【위원의 의무 등】** ① 위원은 회의과정에서 또는 그 밖에 직무를 수행하면서 알게 된 사항으로서 공개하지 아니하기로 한 사항을 누설해서는 아니 되며, 위원회의 품위를 손상하는 행위를 해서는 아니 된다. ② 다음 각 호의 어느 하나에 해당하는 위원은 해당 심의 대상 안건의 심의 · 의결에서 제척된다. 〈개정 2019.10.22.〉 1. 위원 또는 그 배우자나 배우자이었던 사람이 해당 심의안건의 당사자(당사자가 법인·단체 등인 경우에는 그 임원을 포함한다. 이하 이 호 및 제2호에서 같다)가 되거나 그 심의안건의 당사자와 공동권리자 또는 공동의무자인 경우 2. 위원이 해당 심의안건 당사자의 친족이거나 친족이었던 경우 3. 위원이 해당 심의안건에 대하여 자문, 연구, 용역(하도급을 포함한다), 감정 또는 조사를 한 경우 4. 위원이나 위원이 속한 법인·단체 등이 해당 심의안건	

당사자의 대리인이거나 대리인이었던 경우
5. 위원이 임원 또는 직원으로 재직하고 있거나 최근 3년 내에 재직했던 기업 등이 해당 심의안건에 대하여 자문, 연구, 용역(하도급을 포함한다), 감정 또는 조사를 한 경우
③ 제2항 각 호의 어느 하나에 해당하는 위원은 스스로 해당 안건의 심의에서 회피하여야 하며, 회의 개최일 전까지 이를 간사에게 통보하여야 한다.
④ 시장 · 군수 · 구청장은 다음 각 호의 어느 하나에 해당하는 민간위원이 있는 경우에는 그 위원을 해촉할 수 있으며, 해촉된 위원의 후임으로 위촉된 위원의 임기는 전임자의 잔여기간으로 한다.
1. 심신장애로 인하여 직무를 수행할 수 없게 된 경우
2. 직무와 관련된 비위사실이 있는 경우
3. 직무태만, 품위손상이나 그 밖의 사유로 인하여 위원으로 적합하지 아니하다고 인정되는 경우
4. 위원 스스로 직무를 수행하는 것이 곤란하다고 의사를 밝히는 경우
5. 법 제59조제4항을 위반한 경우
6. 제1항을 위반한 경우
7. 제2항 각 호의 어느 하나에 해당하는 데에도 불구하고 회피하지 아니한 경우
8. 해외출장, 질병 또는 사고 등으로 6개월 이상 위원회의 직무를 수행할 수 없는 경우
⑤ 시장 · 군수 · 구청장은 공공위원이 제4항 각 호의 어느 하나에 해당하는 경우에는 해당 공공위원을 해임하거나 해촉할 수 있다.
⑥ 시장 · 군수 · 구청장은 제5항에 따라 공공위원을 해임하거나 해촉한 경우에는 해당 기관의 장으로부터 제64조제2

법	시 행 령	시 행 규 칙
	항 각 호에 해당하는 다른 사람을 추천받아 위원으로 임명하거나 위촉할 수 있다.	
	제69조【회의록 등】 ① 간사는 위원회의 회의 시 다음 각 호의 사항을 회의록으로 작성하여 「공공기록물 관리에 관한 법률」에 따라 보존하여야 한다. 1. 회의일시 · 장소 및 공개 여부 2. 출석위원 서명부 3. 상정된 의안 및 심의 결과 4. 그 밖에 주요 논의사항 등 ② 제1항의 회의록은 해당 주택의 입주자를 선정한 날 이후에 공개 요청이 있는 경우 열람의 방법으로 공개해야 한다. 다만, 심의의 공정성을 침해할 우려가 있다고 인정되는 이름, 주민등록번호, 직위 및 주소 등 개인을 특정할 수 있는 정보에 대해서는 공개하지 않을 수 있다. 〈신설 2019.10.22.〉 ③ 위원회의 회의에 참석한 위원에게는 예산의 범위에서 수당 및 여비를 지급할 수 있다. 다만, 공무원인 위원이 그 소관업무와 직접적으로 관련되어 출석한 경우에는 그러하지 아니하다. 〈개정 2019.10.22.〉	
	제70조【운영세칙】 이 영에 규정된 사항 외에 위원회 운영에 필요한 사항은 시장 · 군수 · 구청장이 정한다.	
제60조【견본주택의 건축기준】 ① 사업주체가 주택의 판매촉진을 위하여 견본주택을 건설하려는 경우 견본주택의 내부에 사용하는 마감자재 및 가구는 제15조에 따른 사업계획승인의 내용과 같은 것으로 시공 · 설치하여야 한다. ② 사업주체는 견본주택의 내부에 사용하는 마감자재를 제		

법	시 행 령	시 행 규 칙
15조에 따른 사업계획승인 또는 마감자재 목록표와 다른 마감자재로 설치하는 경우로서 다음 각 호의 어느 하나에 해당하는 경우에는 일반인이 그 해당 사항을 알 수 있도록 국토교통부령으로 정하는 바에 따라 그 공급가격을 표시하여야 한다. 1. 분양가격에 포함되지 아니하는 품목을 견본주택에 전시하는 경우 2. 마감자재 생산업체의 부도 등으로 인한 제품의 품귀 등 부득이한 경우 ③ 견본주택에는 마감자재 목록표와 제15조에 따라 사업계획승인을 받은 서류 중 평면도와 시방서(示方書)를 갖춰 두어야 하며, 견본주택의 배치·구조 및 유지관리 등은 국토교통부령으로 정하는 기준에 맞아야 한다.		
제61조 【저당권설정 등의 제한】 ① 사업주체는 주택건설사업에 의하여 건설된 주택 및 대지에 대하여는 입주자 모집공고 승인 신청일(주택조합의 경우에는 사업계획승인 신청일을 말한다) 이후부터 입주예정자가 그 주택 및 대지의 소유권이전등기를 신청할 수 있는 날 이후 60일까지의 기간 동안 입주예정자의 동의 없이 다음 각 호의 어느 하나에 해당하는 행위를 하여서는 아니 된다. 다만, 그 주택의 건설을 촉진하기 위하여 대통령령으로 정하는 경우에는 그러하지 아니하다. 1. 해당 주택 및 대지에 저당권 또는 가등기담보권 등 담보물권을 설정하는 행위 2. 해당 주택 및 대지에 전세권·지상권(地上權) 또는 등기되는 부동산임차권을 설정하는 행위 3. 해당 주택 및 대지를 매매 또는 증여 등의 방법으로 처	**제71조 【입주자의 동의 없이 저당권설정 등을 할 수 있는 경우 등】** 법 제61조제1항 각 호 외의 부분 단서에서 "대통령령으로 정하는 경우"란 다음 각 호의 어느 하나에 해당하는 경우를 말한다. 1. 해당 주택의 입주자에게 주택구입자금의 일부를 융자해 줄 목적으로 주택도시기금이나 다음 각 목의 금융기관으로부터 주택건설자금의 융자를 받는 경우 가. 「은행법」에 따른 은행 나. 「중소기업은행법」에 따른 중소기업은행 다. 「상호저축은행법」에 따른 상호저축은행 라. 「보험업법」에 따른 보험회사 마. 그 밖의 법률에 따라 금융업무를 수행하는 기관으로서 국토교통부령으로 정하는 기관 2. 해당 주택의 입주자에게 주택구입자금의 일부를 융자해	**제24조 【입주자의 동의 없이 저당권 설정 등을 할 수 있는 금융기관의 범위】** 영 제71조제1호마목에서 "국토교통부령으로 정하는 기관"이란 다음 각 호의 기관을 말한다. 1. 「농업협동조합법」에 따른 조합, 농업협동조합중앙회 및 농협은행 2. 「수산업협동조합법」에 따른 수산업협동조합 및 수산업협동조합중앙회 3. 「신용협동조합법」에 따른 신용협동조합 및 신용협동조합중앙회 4. 「새마을금고법」에 따른 새마을금고 및 새마을금고중앙회 5. 「산림조합법」에 따른 산림조합 및

법	시 행 령	시 행 규 칙
분하는 행위 ② 제1항에서 "소유권이전등기를 신청할 수 있는 날"이란 사업주체가 입주예정자에게 통보한 입주가능일을 말한다.	줄 목적으로 제1호 각 목의 금융기관으로부터 주택구입자금의 융자를 받는 경우 3. 사업주체가 파산(「채무자 회생 및 파산에 관한 법률」 등에 따른 법원의 결정 · 인가를 포함한다. 이하 같다), 합병, 분할, 등록말소 또는 영업정지 등의 사유로 사업을 시행할 수 없게 되어 사업주체가 변경되는 경우	산림조합중앙회 6. 「한국주택금융공사법」에 따른 한국주택금융공사 7. 「우체국예금 · 보험에 관한 법률」에 따른 체신관서
③ 제1항에 따른 저당권설정 등의 제한을 할 때 사업주체는 해당 주택 또는 대지가 입주예정자의 동의 없이는 양도하거나 제한물권을 설정하거나 압류 · 가압류 · 가처분 등의 목적물이 될 수 없는 재산임을 소유권등기에 부기등기(附記登記)하여야 한다. 다만, 사업주체가 국가 · 지방자치단체 및 한국토지주택공사 등 공공기관이거나 해당 대지가 사업주체의 소유가 아닌 경우 등 대통령령으로 정하는 경우에는 그러하지 아니하다.	**제72조【부기등기 등】** ① 법 제61조제3항 본문에 따른 부기등기(附記登記)에는 같은 조 제4항 후단에 따라 다음 각 호의 구분에 따른 내용을 명시하여야 한다. 1. 대지의 경우: "이 토지는 「주택법」에 따라 입주자를 모집한 토지(주택조합의 경우에는 주택건설사업계획승인이 신청된 토지를 말한다)로서 입주예정자의 동의 없이는 양도하거나 제한물권을 설정하거나 압류 · 가압류 · 가처분 등 소유권에 제한을 가하는 일체의 행위를 할 수 없음"이라는 내용 2. 주택의 경우: "이 주택은 「부동산등기법」에 따라 소유권보존등기를 마친 주택으로서 입주예정자의 동의 없이는 양도하거나 제한물권을 설정하거나 압류 · 가압류 · 가처분 등 소유권에 제한을 가하는 일체의 행위를 할 수 없음"이라는 내용 ② 법 제61조제3항 단서에서 "사업주체가 국가 · 지방자치단체 및 한국토지주택공사 등 공공기관이거나 해당 대지가 사업주체의 소유가 아닌 경우 등 대통령령으로 정하는 경우"란 다음 각 호의 구분에 따른 경우를 말한다. 1. 대지의 경우: 다음 각 목의 어느 하나에 해당하는 경우. 이 경우 라목 또는 마목에 해당하는 경우로서 법원의 판결이 확정되어 소유권을 확보하거나 권리가 말소되었을 때에는 지체 없이 제1항에 따른 부기등기를 하여야 한다. 가. 사업주체가 국가 · 지방자치단체 · 한국토지주택공사 또	

법	시 행 령	시 행 규 칙
④ 제3항에 따른 부기등기는 주택건설대지에 대하여는 입주자 모집공고 승인 신청(주택건설대지 중 주택조합이 사	는 지방공사인 경우 나. 사업주체가 「택지개발촉진법」 등 관계 법령에 따라 조성된 택지를 공급받아 주택을 건설하는 경우로서 해당 대지의 지적정리가 되지 아니하여 소유권을 확보할 수 없는 경우. 이 경우 대지의 지적정리가 완료된 때에는 지체 없이 제1항에 따른 부기등기를 하여야 한다. 다. 조합원이 주택조합에 대지를 신탁한 경우 라. 해당 대지가 다음의 어느 하나에 해당하는 경우. 다만, 2) 및 3)의 경우에는 법 제23조제2항 및 제3항에 따른 감정평가액을 공탁하여야 한다. 1) 법 제22조 또는 제23조에 따른 매도청구소송(이하 이 항에서 "매도청구소송"이라 한다)을 제기하여 법원의 승소판결(판결이 확정될 것을 요구하지 아니한다)을 받은 경우 2) 해당 대지의 소유권 확인이 곤란하여 매도청구소송을 제기한 경우 3) 사업주체가 소유권을 확보하지 못한 대지로서 법 제15조에 따라 최초로 주택건설사업계획승인을 받은 날 이후 소유권이 제3자에게 이전된 대지에 대하여 매도청구소송을 제기한 경우 마. 사업주체가 소유권을 확보한 대지에 저당권, 가등기담보권, 전세권, 지상권 및 등기되는 부동산임차권이 설정된 경우로서 이들 권리의 말소소송을 제기하여 승소판결(판결이 확정될 것을 요구하지 아니한다)을 받은 경우 2. 주택의 경우: 해당 주택의 입주자로 선정된 지위를 취득한 자가 없는 경우. 다만, 소유권보존등기 이후 입주자모집공고의 승인을 신청하는 경우는 제외한다. ③ 사업주체는 법 제61조제4항 후단에 따라 법 제15조에 따른 사업계획승인이 취소되거나 입주예정자가 소유권이전	

법	시 행 령	시 행 규 칙
업계획승인 신청일까지 소유권을 확보하지 못한 부분이 있는 경우에는 그 부분에 대한 소유권이전등기를 말한다)과 동시에 하여야 하고, 건설된 주택에 대하여는 소유권보존등기와 동시에 하여야 한다. 이 경우 부기등기의 내용 및 말소에 관한 사항은 대통령령으로 정한다. ⑤ 제4항에 따른 부기등기일 이후에 해당 대지 또는 주택을 양수하거나 제한물권을 설정받은 경우 또는 압류 · 가압류 · 가처분 등의 목적물로 한 경우에는 그 효력을 무효로 한다. 다만, 사업주체의 경영부실로 입주예정자가 그 대지를 양수받는 경우 등 대통령령으로 정하는 경우에는 그러하지 아니하다. ⑥ 사업주체의 재무 상황 및 금융거래 상황이 극히 불량한 경우 등 대통령령으로 정하는 사유에 해당되어 「주택도시기금법」에 따른 주택도시보증공사(이하 "주택도시보증공사"라 한다)가 분양보증을 하면서 주택건설대지를 주택도시보증공사에 신탁하게 할 경우에는 제1항과 제3항에도 불구하고 사업주체는 그 주택건설대지를 신탁할 수 있다. ⑦ 제6항에 따라 사업주체가 주택건설대지를 신탁하는 경우 신탁등기일 이후부터 입주예정자가 해당 주택건설대지의 소유권이전등기를 신청할 수 있는 날 이후 60일까지의 기간 동안 해당 신탁의 종료를 원인으로 하는 사업주체의 소유권이전등기청구권에 대한 압류 · 가압류 · 가처분 등은 효력이 없음을 신탁계약조항에 포함하여야 한다. ⑧ 제6항에 따른 신탁등기일 이후부터 입주예정자가 해당 주택건설대지의 소유권이전등기를 신청할 수 있는 날 이후 60일까지의 기간 동안 해당 신탁의 종료를 원인으로 하는 사업주체의 소유권이전등기청구권을 압류 · 가압류 · 가처분 등의 목적물로 한 경우에는 그 효력을 무효로 한다.	등기를 신청한 경우를 제외하고는 제1항에 따른 부기등기를 말소할 수 없다. 다만, 소유권이전등기를 신청할 수 있는 날부터 60일이 지나면 부기등기를 말소할 수 있다. ④ 법 제61조제5항 단서에서 "사업주체의 경영부실로 입주예정자가 그 대지를 양수받는 경우 등 대통령령으로 정하는 경우"란 다음 각 호의 어느 하나에 해당하는 경우를 말한다. 1. 제71조제1호 또는 제2호에 해당하여 해당 대지에 저당권, 가등기담보권, 전세권, 지상권 및 등기되는 부동산임차권을 설정하는 경우 2. 제71조제3호에 해당하여 다른 사업주체가 해당 대지를 양수하거나 시공보증자 또는 입주예정자가 해당 대지의 소유권을 확보하거나 압류 · 가압류 · 가처분 등을 하는 경우 ⑤ 법 제61조제6항에서 "사업주체의 재무 상황 및 금융거래 상황이 극히 불량한 경우 등 대통령령으로 정하는 사유"란 다음 각 호의 어느 하나에 해당하는 경우를 말한다. 〈개정 2019.10.22.〉 1. 최근 2년간 연속된 경상손실로 인하여 자기자본이 잠식된 경우 2. 자산에 대한 부채의 비율이 500퍼센트를 초과하는 경우 3. 사업주체가 법 제61조제3항에 따른 부기등기를 하지 않고 주택도시보증공사에 해당 대지를 신탁하려는 경우	

법	시 행 령	시 행 규 칙
제62조 【사용검사 후 매도청구 등】 ① 주택(복리시설을 포함한다. 이하 이 조에서 같다)의 소유자들은 주택단지 전체 대지에 속하는 일부의 토지에 대한 소유권이전등기 말소소송 등에 따라 제49조의 사용검사(동별 사용검사를 포함한다. 이하 이 조에서 같다)를 받은 이후에 해당 토지의 소유권을 회복한 자(이하 이 조에서 "실소유자"라 한다)에게 해당 토지를 시가로 매도할 것을 청구할 수 있다. ② 주택의 소유자들은 대표자를 선정하여 제1항에 따른 매도청구에 관한 소송을 제기할 수 있다. 이 경우 대표자는 주택의 소유자 전체의 4분의 3 이상의 동의를 받아 선정한다. ③ 제2항에 따른 매도청구에 관한 소송에 대한 판결은 주택의 소유자 전체에 대하여 효력이 있다. ④ 제1항에 따라 매도청구를 하려는 경우에는 해당 토지의 면적이 주택단지 전체 대지 면적의 5퍼센트 미만이어야 한다. ⑤ 제1항에 따른 매도청구의 의사표시는 실소유자가 해당 토지 소유권을 회복한 날부터 2년 이내에 해당 실소유자에게 송달되어야 한다. ⑥ 주택의 소유자들은 제1항에 따른 매도청구로 인하여 발생한 비용의 전부를 사업주체에게 구상(求償)할 수 있다.		
제63조 【투기과열지구의 지정 및 해제】 ① 국토교통부장관 또는 시·도지사는 주택가격의 안정을 위하여 필요한 경우에는 주거정책심의위원회(시·도지사의 경우에는 「주거기본법」 제9조에 따른 시·도 주거정책심의위원회를 말한다. 이하 이 조에서 같다)의 심의를 거쳐 일정한 지역을 투기과열지구는 그 지정 목적을 달성할 수 있는 최소한의 범위에서 시·군·구 또는 읍·면·동의 지역 단위로 지정하되, 택지개발지구(「택지개발촉진법」 제2조제3호에 따른 택지개발지구를 말한다) 등 해당 지역 여건을 고려하여 지정 단	**제72조의2 【투기과열지구의 지정기준】** ① 법 제63조제2항에서 "대통령령으로 정하는 기준을 충족하는 곳"이란 다음 각 호에 해당하는 곳을 말한다. 1. 투기과열지구로 지정하는 날이 속하는 달의 바로 전달(이하 이 항에서 "투기과열지구지정직전월"이라 한다)부터 소급하여 주택공급이 있었던 2개월 동안 해당 지역에서 공급되는 주택의 월별 평균 청약경쟁률이 모두 5대 1을 초과했거나 국민주택규모 주택의 월별 평균 청약경쟁률이 모	**제25조 【투기과열지구 지정기준 중 입주자저축 가입자의 수】** 영 제72조의2제1항제3호다목에서 "국토교통부령으로 정하는 사람의 수"란 「주택공급에 관한 규칙」 제27조제1항제1호 및 제28조제1항제1호에 따른 주택청약 제1순위자의 수를 말한다. [전문개정 2022.2.11]

법	시 행 령	시 행 규 칙
위를 조정할 수 있다. 〈개정 2021.1.5.〉 ② 제1항에 따른 투기과열지구는 해당 지역의 주택가격상승률이 물가상승률보다 현저히 높은 지역으로서 그 지역의 청약경쟁률 · 주택가격 · 주택보급률 및 주택공급계획 등과 지역 주택시장 여건 등을 고려하였을 때 주택에 대한 투기가 성행하고 있거나 성행할 우려가 있는 지역 중 대통령령으로 정하는 기준을 충족하는 곳이어야 한다.〈개정 2021. 8. 10.〉 ③ 국토교통부장관 또는 시 · 도지사는 제1항에 따라 투기과열지구를 지정하였을 때에는 지체 없이 이를 공고하고, 국토교통부장관은 그 투기과열지구를 관할하는 시장 · 군수 · 구청장에게, 특별시장, 광역시장 또는 도지사는 그 투기과열지구를 관할하는 시장, 군수 또는 구청장에게 각각 공고 내용을 통보하여야 한다. 이 경우 시장 · 군수 · 구청장은 사업주체로 하여금 입주자 모집공고 시 해당 주택건설 지역이 투기과열지구에 포함된 사실을 공고하게 하여야 한다. 투기과열지구 지정을 해제하는 경우에도 또한 같다. ④ 국토교통부장관 또는 시 · 도지사는 투기과열지구에서 제2항에 따른 지정 사유가 없어졌다고 인정하는 경우에는 지체 없이 투기과열지구 지정을 해제하여야 한다. ⑤ 제1항에 따라 국토교통부장관이 투기과열지구를 지정하거나 해제할 경우에는 미리 시 · 도지사의 의견을 듣고 그 의견에 대한 검토의견을 회신하여야하며, 시 · 도지사가 투기과열지구를 지정하거나 해제할 경우에는 국토교통부장관과 협의하여야 한다. 〈개정 2018.3.13.〉 ⑥ 국토교통부장관은 반기마다 주거정책심의위원회의 회의를 소집하여 투기과열지구로 지정된 지역별로 해당 지역의	두 10대 1을 초과한 곳 2. 다음 각 목에 해당하는 곳으로서 주택공급이 위축될 우려가 있는 곳 가. 투기과열지구지정직전월의 주택분양실적이 전달보다 30퍼센트 이상 감소한 곳 나. 법 제15조에 따른 사업계획승인 건수나 「건축법」 제11조에 따른 건축허가 건수(투기과열지구지정직전월부터 소급하여 6개월간의 건수를 말한다)가 직전 연도보다 급격하게 감소한 곳 3. 신도시 개발이나 주택 전매행위의 성행 등으로 투기 및 주거불안의 우려가 있는 곳으로서 다음 각 목에 해당하는 곳 가. 해당 지역이 속하는 시、도의 주택보급률이 전국 평균 이하인 곳 나. 해당 지역이 속하는 시、도의 자가주택비율이 전국 평균 이하인 곳 다. 해당 지역의 분양주택(투기과열지구로 지정하는 날이 속하는 연도의 직전 연도에 분양된 주택을 말한다)의 수가 법 제56조제1항에 따른 입주자저축에 가입한 사람으로서 국토교통부령으로 정하는 사람의 수보다 현저히 적은 곳 ② 제1항 각 호에 따른 투기과열지구 지정기준 충족 여부를 판단할 때 제1항 각 호에 규정된 기간에 대한 통계가 없는 경우에는 그 기간과 가장 가까운 월 또는 연도에 대한 통계를 제1항 각 호에 규정된 기간에 대한 통계로 본다. [본조신설 2022. 2. 11.]	

법	시 행 령	시 행 규 칙
주택가격 안정 여건의 변화 등을 고려하여 투기과열지구 지정의 유지 여부를 재검토하여야 한다. 이 경우 재검토 결과 투기과열지구 지정의 해제가 필요하다고 인정되는 경우에는 지체 없이 투기과열지구 지정을 해제하고 이를 공고하여야 한다. 〈개정 2021.4.13〉 ⑦ 투기과열지구로 지정된 지역의 시·도지사, 시장, 군수 또는 구청장은 투기과열지구 지정 후 해당 지역의 주택가격이 안정되는 등 지정 사유가 없어졌다고 인정되는 경우에는 국토교통부장관 또는 시·도지사에게 투기과열지구 지정의 해제를 요청할 수 있다. ⑧ 제7항에 따라 투기과열지구 지정의 해제를 요청받은 국토교통부장관 또는 시·도지사는 요청받은 날부터 40일 이내에 주거정책심의위원회의 심의를 거쳐 투기과열지구 지정의 해제 여부를 결정하여 그 투기과열지구를 관할하는 지방자치단체의 장에게 심의결과를 통보하여야 한다. ⑨ 국토교통부장관 또는 시·도지사는 제8항에 따른 심의결과 투기과열지구에서 그 지정 사유가 없어졌다고 인정될 때에는 지체 없이 투기과열지구 지정을 해제하고 이를 공고하여야 한다.		**제25조의2** 삭제 〈2022. 2. 11.〉
제63조의2【조정대상지역의 지정 및 해제】 ① 국토교통부장관은 다음 각 호의 어느 하나에 해당하는 지역으로서 대통령령으로 정하는 기준을 충족하는 지역을 주거정책심의위원회의 심의를 거쳐 조정대상지역(이하 "조정대상지역"이라 한다)으로 지정할 수 있다. 이 경우 제1호에 해당하는 조정대상지역은 그 지정 목적을 달성할 수 있는 최소한의 범위에서 시·군·구 또는 읍·면·동의 지역 단위로 지정하되, 택지개발지구(「택지개발촉진법」 제2조제3호에 따른 택지개발	**제72조의3【조정대상지역의 지정기준】** ① 법 제63조의2제1항 각 호 외의 부분 전단에서 "대통령령으로 정하는 기준을 충족하는 지역"이란 다음 각 호의 구분에 따른 지역을 말한다. 1. 법 제63조의2제1항제1호에 해당하는 지역의 경우: 같은 항에 따른 조정대상지역(이하 "조정대상지역"이라 한다)으로 지정하는 날이 속하는 달의 바로 전달(이하 이 항에서 "조정대상지역지정직전월"이라 한다)부터 소급하여 3개월간의 해당 지역 주택가격상승률이 그 지역이 속하는 시·	**제25조의3** 삭제〈2022. 2. 11.〉

법	시 행 령	시 행 규 칙
지구를 말한다) 등 해당 지역 여건을 고려하여 지정 단위를 조정할 수 있다. 〈개정 2021.1.5., 2021.8.10〉 1. 주택가격, 청약경쟁률, 분양권 전매량 및 주택보급률 등을 고려하였을 때 주택 분양 등이 과열되어 있거나 과열될 우려가 있는 지역 2. 주택가격, 주택거래량, 미분양주택의 수 및 주택보급률 등을 고려하여 주택의 분양·매매 등 거래가 위축되어 있거나 위축될 우려가 있는 지역 ② 국토교통부장관은 제1항에 따라 조정대상지역을 지정하는 경우 다음 각 호의 사항을 미리 관계 기관과 협의할 수 있다. 1. 「주택도시기금법」에 따른 주택도시보증공사의 보증업무 및 주택도시기금의 지원 등에 관한 사항 2. 주택 분양 및 거래 등과 관련된 금융·세제 조치 등에 관한 사항 3. 그 밖에 주택시장의 안정 또는 실수요자의 주택거래 활성화를 위하여 대통령령으로 정하는 사항 ③ 국토교통부장관은 제1항에 따라 조정대상지역을 지정하는 경우에는 미리 시·도지사의 의견을 들어야 한다. ④ 국토교통부장관은 조정대상지역을 지정하였을 때에는 지체 없이 이를 공고하고, 그 조정대상지역을 관할하는 시장·군수·구청장에게 공고 내용을 통보하여야 한다. 이 경우 시장·군수·구청장은 사업주체로 하여금 입주자 모집공고 시 해당 주택건설 지역이 조정대상지역에 포함된 사실을 공고하게 하여야 한다. ⑤ 국토교통부장관은 조정대상지역으로 유지할 필요가 없다고 판단되는 경우에는 주거정책심의위원회의 심의를 거쳐 조정대상지역의 지정을 해제하여야 한다. ⑥ 제5항에 따라 조정대상지역의 지정을 해제하는 경우에	도 소비자물가상승률의 1.3배를 초과한 지역으로서 다음 각 목에 해당하는 지역 가. 조정대상지역지정직전월부터 소급하여 주택공급이 있었던 2개월 동안 해당 지역에서 공급되는 주택의 월별 평균 청약경쟁률이 모두 5대 1을 초과했거나 국민주택규모 주택의 월별 평균 청약경쟁률이 모두 10대 1을 초과한 지역 나. 조정대상지역지정직전월부터 소급하여 3개월간의 분양권(주택의 입주자로 선정된 지위를 말한다) 전매거래량이 직전 연도의 같은 기간보다 30퍼센트 이상 증가한 지역 다. 해당 지역이 속하는 시·도의 주택보급률 또는 자가주택비율이 전국 평균 이하인 지역 2. 법 제63조의2제1항제2호에 해당하는 지역의 경우: 조정대상지역지정직전월부터 소급하여 6개월간의 평균 주택가격상승률이 마이너스 1퍼센트 이하인 지역으로서 다음 각 목에 해당하는 지역 가. 조정대상지역지정직전월부터 소급하여 3개월 연속 주택매매거래량이 직전 연도의 같은 기간보다 20퍼센트 이상 감소한 지역 나. 조정대상지역지정직전월부터 소급하여 3개월간의 평균 미분양주택(법 제15조제1항에 따른 사업계획승인을 받아 입주자를 모집했으나 입주자가 선정되지 않은 주택을 말한다)의 수가 직전 연도의 같은 기간보다 2배 이상인 지역 다. 해당 지역이 속하는 시·도의 주택보급률 또는 자가주택비율이 전국 평균을 초과하는 지역 ② 제1항 각 호에 따른 조정대상지역 지정기준 충족 여부를 판단할 때 제1항 각 호에 규정된 기간에 대한 통계가 없는 경우에는 제72조의2제2항을 준용한다. [본조신설 2022. 2. 11.]	

법	시 행 령	시 행 규 칙
는 제3항 및 제4항 전단을 준용한다. 이 경우 "지정"은 "해제"로 본다. ⑦ 국토교통부장관은 반기마다 주거정책심의위원회의 회의를 소집하여 조정대상지역으로 지정된 지역별로 해당 지역의 주택가격 안정 여건의 변화 등을 고려하여 조정대상지역 지정의 유지 여부를 재검토하여야 한다. 이 경우 재검토 결과 조정대상지역 지정의 해제가 필요하다고 인정되는 경우에는 지체 없이 조정대상지역 지정을 해제하고 이를 공고하여야 한다. 〈신설 2021.1.5.〉 ⑧ 조정대상지역으로 지정된 지역의 시·도지사 또는 시장·군수·구청장은 조정대상지역 지정 후 해당 지역의 주택가격이 안정되는 등 조정대상지역으로 유지할 필요가 없다고 판단되는 경우에는 국토교통부장관에게 그 지정의 해제를 요청할 수 있다. 〈개정 2021.1.5.〉 ⑨ 제8항에 따라 조정대상지역의 지정의 해제를 요청하는 경우의 절차 등 필요한 사항은 국토교통부령으로 정한다. 〈개정 2021.1.5.〉 [본조신설 2017.8.9.]		**제25조의4【조정대상지역 지정의 해제 절차】** ① 법 제63조의2제7항에 따라 국토교통부장관은 조정대상지역 지정의 해제를 요청받은 경우에는 「주거기본법」 제8조에 따른 주거정책심의위원회의 심의를 거쳐 요청받은 날부터 40일 이내에 해제 여부를 결정하고, 그 결과를 해당 지역을 관할하는 시·도지사 또는 시장·군수·구청장에게 통보해야 한다. 〈개정 2019.10.29.〉 ② 삭제 〈2022.2.11.〉 [본조신설 2017.11.8.] [제25조의3에서 이동 2019.10.29.]
제64조【주택의 전매행위 제한 등】 ① 사업주체가 건설·공급하는 주택[해당 주택의 입주자로 선정된 지위(입주자로 선정되어 그 주택에 입주할 수 있는 권리·자격·지위 등을 말한다)를 포함한다. 이하 이 조 및 제101조에서 같다]으로서 다음 각 호의 어느 하나에 해당하는 경우에는 10년 이내의 범위에서 대통령령으로 정하는 기간(전매제한기간" 이라 한다)이 지나기 전에는 그 주택을 전매(매매·증여나 그 밖에 권리의 변동을 수반하는 모든 행위를 포함하되, 상속의 경우는 제외한다. 이하 같다)하거나 이의 전매를 알선할 수 없다.	**제73조【전매행위 제한기간 및 전매가 불가피한 경우】** ① 법 제64조제1항 각 호 외의 부분 전단에서 "대통령령으로 정하는 기간"이란 [별표 3]에 따른 기간을 말한다. 〈개정 2016.11.22.〉 ② 법 제64조제1항제2호 단서에서 "대통령령으로 정하는 지역에서 건설·공급되는 주택"이란 공공택지 외의 택지에서 건설·공급되는 주택을 말한다. 〈신설 2017.11.7.〉 ③ 법 제64조제1항제3호 단서 및 같은 항 제4호 단서에서 "대통령령으로 정하는 지역"이란 각각 다음 각 호의 지역을	**제26조【특별공급 대상자】** ① 영 별표 3 제4호나목1)에서 "장애인, 신혼부부 등 국토교통부령으로 정하는 사람"이란 「주택공급에 관한 규칙」 제35조부터 제47조까지의 규정에 따른 특별공급 대상자를 말한다. ② 삭제 〈2020.9.23.〉 ③ 영 별표 3 제5호가목에서 "장애인, 신혼부부 등 국토교통부령으로 정하는

법	시 행 령	시 행 규 칙
이 경우 전매제한기간은 주택의 수급 상황 및 투기 우려 등을 고려하여 대통령령으로 지역별로 달리 정할 수 있다. 〈개정 2017.8.9., 2020.8.18., 2021.4.13., 2023.12.26.〉 1. 투기과열지구에서 건설 · 공급되는 주택 2. 조정대상지역에서 건설·공급되는 주택의 입주자로 선정된 지위. 다만, 제63조의2제1항제2호에 해당하는 조정대상지역 중 주택의 수급 상황 등을 고려하여 대통령령으로 정하는 지역에서 건설·공급되는 주택은 제외한다. 3. 분양가상한제 적용주택. 다만, 수도권 외의 지역 중 주택의 수급 상황 및 투기 우려 등을 고려하여 대통령령으로 정하는 지역으로서 투기과열지구가 지정되지 아니하거나 제63조에 따라 지정 해제된 지역 중 공공택지 외의 택지에서 건설 · 공급되는 분양가상한제 적용주택은 제외한다. 4. 공공택지 외의 택지에서 건설 · 공급되는 주택. 다만, 제57조제2항 각 호의 주택 및 수도권 외의 지역 중 주택의 수급 상황 및 투기 우려 등을 고려하여 대통령령으로 정하는 지역으로서 공공택지 외의 택지에서 건설 · 공급되는 주택은 제외한다. 5. 「도시 및 주거환경정비법」 제2조제2호나목 후단에 따른 공공재개발사업(제57조제1항제2호의 지역에 한정한다)에서 건설 · 공급하는 주택 6. 토지임대부 분양주택〈신설 2023.12.26.〉	말한다. 〈신설 2017.11.7., 2023.4.7.〉 1. 광역시가 아닌 지역 2. 광역시 중 「국토의 계획 및 이용에 관한 법률」 제36조제1항제1호에 따른 도시지역이 아닌 지역	사람"이란 「주택공급에 관한 규칙」 제35조부터 제47조까지의 규정에 따른 특별공급 대상자를 말한다. [전문개정 2019.10.29.] **관계법** 「수도권정비계획법」 제2조제1호, 시행령 제2조 "수도권"이란 서울특별시와 인천광역시 및 경기도를 말한다. 
② 제1항제1호부터 제5호까지의 주택을 공급받은 자의 생업상의 사정 등으로 전매가 불가피하다고 인정되는 경우로서 대통령령으로 정하는 경우에는 제1항을 적용하지 아니한다. 다만, 제1항제3호 주택을 공급받은 자가 전매하는 경우에는 한국토지주택공사가 그 주택을 우선 매입할 수 있다. 〈개정 2017.8.9., 2020.8.18., 2023.12.26.〉	④ 법 제64조제2항 본문에서 "대통령령으로 정하는 경우"란 다음 각 호의 어느 하나에 해당하여 한국토지주택공사(사업주체가 「공공주택 특별법」 제4조의 공공주택사업자인 경우에는 공공주택사업자를 말한다)의 동의를 받은 경우를 말한다. 〈개정 2017. 11. 7., 2021. 2. 19., 2021. 10. 14.〉 1. 세대원(법 제64조제1항 각 호의 주택을 공급받은 사람이	**제26조의2【분양가상한제 적용주택 등의 전매 동의신청서】** ① 영 제73조제4항에 따른 전매 동의를 받으려는 사람은 같은 조 제5항에 따라 별지 제25호의6서식의 전매 동의신청서에 다음 각 호의 서류를 첨부하여 한국토지주택

법	시 행 령	시 행 규 칙
③ 제1항(제6호는 제외한다)을 위반하여 주택의 입주자로 선정된 지위의 전매가 이루어진 경우, 사업주체가 매입비용을 그 매수인에게 지급한 경우에는 그 지급한 날에 사업주체가 해당 입주자로 선정된 지위를 취득한 것으로 보며, 제2항 단서에 따라 한국토지주택공사가 분양가상한제 적용주택을 우선 매입하는 경우에도 매입비용을 준용하되, 해당 주택의 분양가격과 인근지역 주택매매가격의 비율 및 해당 주택의 보유기간 등을 고려하여 대통령령으로 정하는 바에 따라 매입금액을 달리 정할 수 있다. 〈개정 2020.8.18., 2023.12.26.〉 ④ 사업주체가 제1항제3호, 제4호 및 제6호에 해당하는 주택을 공급하는 경우(한국주택토지공사가 제6항에 따라 주택을 재공급하는 경우도 포함한다)에는 그 주택의 소유권을 제3자에게 이전할 수 없음을 소유권에 관한 등기에 부기등기하여야 한다. 〈개정 2017.8.9., 2023.12.26.〉 ⑤ 제4항에 따른 부기등기는 주택의 소유권보존등기와 동시에 하여야 하며, 부기등기에는 "이 주택은 최초로 소유권이전등기가 된 후에는 「주택법」 제64조제1항에서 정한 기간이 지나기 전에 한국토지주택공사(제64조제2항 단서 및 제78조의2제3항에 따라 한국토지주택공사가 매입한 주택을 공급받는 자를 포함한다) 외의 자에게 소유권을 이전하는 어떠한 행위도 할 수 없음"을 명시하여야 한다.〈개정 2023.12.26.〉 ⑥ 한국토지주택공사는 제2항 단서 및 제78조의2제3항에 따라 매입한 주택을 국토교통부령으로 정하는 바에 따라 재공급하여야 하며, 해당 주택을 공급받은 자는 전매제한기간 중 잔여기간 동안 그 주택을 전매할 수 없다. 이 경우 제78조의2제3항에 따라 매입한 주택은 토지임대부 분양주	포함된 세대의 구성원을 말한다. 이하 이 조에서 같다)이 근무 또는 생업상의 사정이나 질병치료·취학·결혼으로 인하여 세대원 전원이 다른 광역시, 특별자치시, 특별자치도, 시 또는 군(광역시의 관할구역에 있는 군은 제외한다)으로 이전하는 경우. 다만, 수도권 안에서 이전하는 경우는 제외한다. 2. 상속에 따라 취득한 주택으로 세대원 전원이 이전하는 경우 3. 세대원 전원이 해외로 이주하거나 2년 이상의 기간 동안 해외에 체류하려는 경우 4. 이혼으로 인하여 입주자로 선정된 지위 또는 주택을 배우자에게 이전하는 경우 5. 「공익사업을 위한 토지 등의 취득 및 보상에 관한 법률」 제78조제1항에 따라 공익사업의 시행으로 주거용 건축물을 제공한 자가 사업시행자로부터 이주대책용 주택을 공급받은 경우(사업시행자의 알선으로 공급받은 경우를 포함한다)로서 시장·군수·구청장이 확인하는 경우 6. 법 제64조제1항제3호부터 제5호까지의 어느 하나에 해당하는 주택의 소유자가 국가·지방자치단체 및 금융기관(제71조제1호 각 목의 금융기관을 말한다)에 대한 채무를 이행하지 못하여 경매 또는 공매가 시행되는 경우 7. 입주자로 선정된 지위 또는 주택의 일부를 배우자에게 증여하는 경우 8. 실직·파산 또는 신용불량으로 경제적 어려움이 발생한 경우 ⑤ 제4항에 따른 동의를 받으려는 사람은 국토교통부령으로 정하는 전매 동의신청서를 한국토지주택공사에 제출해야 한다. 이 경우 한국토지주택공사는 해당 동의신청서를	공사에 제출해야 한다. 1. 분양계약서 사본 2. 인감증명서 또는 「본인서명사실 확인 등에 관한 법률」 에 따른 본인서명사실확인서 ② 제1항의 동의신청서를 받은 한국토지주택공사는 「전자정부법」 제36조제2항에 따른 행정정보의 공동이용을 통해 주민등록표 초본 및 건물 등기사항증명서를 확인해야 한다. 다만, 신청인이 주민등록표 초본의 확인에 동의하지 않는 경우에는 해당 서류를 첨부하도록 해야 한다. [본조신설 2024.6.19.] **제27조【분양가상한제 적용주택 등의 부기등기 말소 신청】** 법 제64조제4항에 따라 같은 조 제1항제3호, 제4호 또는 제6호에 해당하는 주택에 대한 부기등기를 한 경우에는 해당 주택의 소유자가 영 제73조에 따른 전매행위 제한기간이 지났을 때에 그 부기등기의 말소를 신청할 수 있다. 〈개정 2017.11.8. 2024.6.19.〉

법	시 행 령	시 행 규 칙

택으로 재공급하여야 한다. 〈개정 2023.12.26.〉

⑦ 국토교통부장관은 제1항 및 제6항을 위반한 자에 대하여 10년의 범위에서 국토교통부령으로 정하는 바에 따라 주택의 입주자자격을 제한할 수 있다. 〈신설 2020.8.18., 2023.12.26.〉

⑧ 한국토지주택공사가 제6항에 따라 주택을 재공급하는 경우에는 제1항을 적용하지 아니한다. 〈신설 2023.12.26.〉

제65조 【공급질서 교란 금지】 ① 누구든지 이 법에 따라 건설 · 공급되는 주택을 공급받거나 공급받게 하기 위하여 다음 각 호의 어느 하나에 해당하는 증서 또는 지위를 양도 · 양수(매매 · 증여나 그 밖에 권리 변동을 수반하는 모든 행위를 포함하되, 상속 · 저당의 경우는 제외한다. 이하 이 조에서 같다) 또는 이를 알선하거나 양도 · 양수 또는 이를 알선할 목적으로 하는 광고(각종 간행물 · 인쇄물 · 전화 · 인터넷, 그 밖의 매체를 통한 행위를 포함한다)를 하여서는 아니 되며, 누구든지 거짓이나 그 밖의 부정한 방법으로 이 법에 따라 건설 · 공급되는 증서나 지위 또는 주택을 공급받거나 공급받게 하여서는 아니 된다. 〈개정 2020.6.9.〉

1. 제11조에 따라 주택을 공급받을 수 있는 지위
2. 제56조에 따른 입주자저축 증서
3. 제80조에 따른 주택상환사채
4. 그 밖에 주택을 공급받을 수 있는 증서 또는 지위로서 대통령령으로 정하는 것

② 국토교통부장관 또는 사업주체는 다음 각 호의 어느 하나에 해당하는 자에 대하여는 그 주택 공급을 신청할 수 있는 지위를 무효로 하거나 이미 체결된 주택의 공급계약을 취소하여야 한다.〈개정2021.3.9.〉

1. 제1항을 위반하여 증서 또는 지위를 양도하거나 양수한 자

<u>접수한 날부터 14일 이내에 동의 여부를 신청인에게 통보해야 한다. 〈신설 2024.6.18.〉</u>

<u>⑥ 한국토지주택공사는 법 제64조제2항 단서에 따라 해당 주택을 우선 매입하려는 경우에는 제5항 후단에 따른 통보를 할 때 우선 매입 의사를 함께 통보해야 한다. 〈신설 2024.6.18.〉</u>

제74조 【양도가 금지되는 증서 등】 ① 법 제65조제1항제4호에서 "대통령령으로 정하는 것"이란 다음 각 호의 어느 하나에 해당하는 것을 말한다.

1. 시장 · 군수 · 구청장이 발행한 무허가건물 확인서, 건물철거예정 증명서 또는 건물철거 확인서
2. 공공사업의 시행으로 인한 이주대책에 따라 주택을 공급받을 수 있는 지위 또는 이주대책대상자 확인서

② 법 제65조제3항에 따라 사업주체가 같은 조 제1항을 위반한 자에게 다음 각 호의 금액을 합산한 금액에서 감가상각비(「법인세법 시행령」 제26조제2항제1호에 따른 정액법에 준하는 방법으로 계산한 금액을 말한다)를 공제한 금액을 지급하였을 때에는 그 지급한 날에 해당 주택을 취득한 것으로 본다.

1. 입주금
2. 융자금의 상환 원금
3. 제1호 및 제2호의 금액을 합산한 금액에 생산자물가상승률을 곱한 금액

③ 법 제65조제4항에서 "매수인을 알 수 없어 주택가격의 수령 통지를 할 수 없는 경우 등 대통령령으로 정하는 사유에 해당하는 경우"란 다음 각 호의 어느 하나에 해당하는 경우를 말한다.

법	시 행 령	시 행 규 칙
2. 제1항을 위반하여 거짓이나 그 밖의 부정한 방법으로 증서나 지위 또는 주택을 공급받은 자 ③ 사업주체가 제1항을 위반한 자에게 대통령령으로 정하는 바에 따라 산정한 주택가격에 해당하는 금액을 지급한 경우에는 그 지급한 날에 그 주택을 취득한 것으로 본다. ④ 제3항의 경우 사업주체가 매수인에게 주택가격을 지급하거나, 매수인을 알 수 없어 주택가격의 수령 통지를 할 수 없는 경우 등 대통령령으로 정하는 사유에 해당하는 경우로서 주택가격을 그 주택이 있는 지역을 관할하는 법원에 공탁한 경우에는 그 주택에 입주한 자에게 기간을 정하여 퇴거를 명할 수 있다. ⑤ 국토교통부장관은 제1항을 위반한 자에 대하여 10년의 범위에서 국토교통부령으로 정하는 바에 따라 주택의 입주자자격을 제한할 수 있다. ⑥ 국토교통부장관 또는 사업주체는 제2항에도 불구하고 제1항을 위반한 공급질서 교란 행위가 있었다는 사실을 알지 못하고 주택 또는 주택의 입주자로 선정된 지위를 취득한 매수인이 해당 공급질서 교란 행위와 관련이 없음을 대통령령으로 정하는 바에 따라 소명하는 경우에는 이미 체결된 주택의 공급계약을 취소하여서는 아니 된다. 〈신설 2021.3.9.〉 ⑦ 사업주체는 제2항에 따라 이미 체결된 주택의 공급계약을 취소하려는 경우 국토교통부장관 및 주택 또는 주택의 입주자로 선정된 지위를 보유하고 있는 자에게 대통령령으로 정하는 절차 및 방법에 따라 그 사실을 미리 알려야 한다. 〈신설 2021. 3. 9.〉	1. 매수인을 알 수 없어 주택가격의 수령 통지를 할 수 없는 경우 2. 매수인에게 주택가격의 수령을 3회 이상 통지하였으나 매수인이 수령을 거부한 경우. 이 경우 각 통지일 간에는 1개월 이상의 간격이 있어야 한다. 3. 매수인이 주소지에 3개월 이상 살지 아니하여 주택가격의 수령이 불가능한 경우 4. 주택의 압류 또는 가압류로 인하여 매수인에게 주택가격을 지급할 수 없는 경우 **제74조의2【공급질서 교란 행위로 인한 주택 공급계약 취소제한 및 취소절차 등】** ① 법 제65조제6항에서 "대통령령으로 정하는 바에 따라 소명하는 경우"란 매수인이 법 제65조제1항을 위반한 공급질서 교란 행위(이하 이 조에서 "공급질서교란행위"라 한다)와 관련이 없음을 제5항에 따라 시장·군수·구청장으로부터 확인받은 경우를 말한다. ② 국토교통부장관 또는 사업주체는 매수인이 취득한 주택이나 주택의 입주자로 선정된 지위(이하 이 조에서 "주택등"이라 한다)가 법 제65조제1항을 위반하여 공급받은 것으로 판단되는 경우에는 지체 없이 해당 주택의 소재지(법 제49조에 따른 사용검사를 받기 전인 경우에는 주택건설대지로 한다)를 관할하는 시장·군수·구청장에게 그 사실을 통보해야 한다. 이 경우 국토교통부장관은 사업주체에게, 사업주체는 국토교통부장관에게도 함께 통보해야 한다.	

법	시 행 령	시 행 규 칙
	③ 제2항에 따라 관할 시장·군수·구청장에게 통보하거나 국토교통부장관으로부터 통보받은 사업주체는 매수인이 공급질서교란행위와 관련이 없음을 제2항에 따른 시장·군수·구청장에게 소명할 것을 매수인에게 요구해야 한다. ④ 제3항에 따른 소명 요구를 받은 매수인은 요구받은 날부터 1개월 이내에 소명 내용을 적은 문서(전자문서를 포함한다)에 다음 각 호의 서류(전자문서를 포함한다)를 첨부하여 제2항에 따른 시장·군수·구청장에게 제출할 수 있다. 1. 주택등의 거래계약서 2. 「부동산 거래신고 등에 관한 법률」 제3조제5항에 따라 발급받은 신고필증 3. 주택등 거래대금의 지급내역이 적힌 서류 4. 그 밖에 주택등의 거래사실을 증명할 수 있는 서류 ⑤ 제4항에 따른 소명 문서를 제출받은 시장·군수·구청장은 문서를 제출받은 날부터 2개월 이내에 소명 내용을 확인하여 매수인이 공급질서교란행위와 관련이 있는지를 국토교통부장관, 사업주체 및 매수인에게 각각 통보해야 한다. ⑥ 사업주체는 법 제65조제2항에 따라 이미 체결된 주택의 공급계약을 취소하려는 경우 국토교통부장관과 주택등을 보유하고 있는 자에게 계약 취소 일정, 법 제65조제3항에 따른 주택가격에 해당하는 금액과 해당 금액의 지급 방법 등을 각각 문서로 미리 통보해야 한다. [본조신설 2021.9.7.]	

법	시 행 령	시 행 규 칙

제4장 리모델링

제66조【리모델링의 허가 등】 ① 공동주택(부대시설과 복리시설을 포함한다)의 입주자 · 사용자 또는 관리주체가 공동주택을 리모델링하려고 하는 경우에는 허가와 관련된 면적, 세대수 또는 입주자 등의 동의 비율에 관하여 대통령령으로 정하는 기준 및 절차 등에 따라 시장 · 군수 · 구청장의 허가를 받아야 한다.
② 제1항에도 불구하고 대통령령으로 정하는 기준 및 절차 등에 따라 리모델링 결의를 한 리모델링주택조합이나 소유자 전원의 동의를 받은 입주자대표회의(「공동주택관리법」 제2조제1항제8호에 따른 입주자대표회의를 말하며, 이하 "입주자대표회의"라 한다)가 시장 · 군수 · 구청장의 허가를 받아 리모델링을 할 수 있다.
〈개정 2020.1.23.〉
③ 제2항에 따라 리모델링을 하는 경우 제11조제1항에 따라 설립인가를 받은 리모델링주택조합의 총회 또는 소유자 전원의 동의를 받은 입주자대표회의에서 「건설산업기본법」 제9조에 따른 건설사업자 또는 제7조제1항에 따라 건설사업자로 보는 등록사업자를 시공자로 선정하여야 한다.
〈개정 2019.4.30.〉
④ 제3항에 따른 시공자를 선정하는 경우에는 국토교통부장관이 정하는 경쟁입찰의 방법으로 하여야 한다. 다만, 경쟁입찰의 방법으로 시공자를 선정하는 것이 곤란하다고 인정되는 경우 등 대통령령으로 정하는 경우에는 그러하지 아니하다.
⑤ 제1항 또는 제2항에 따른 리모델링에 관하여 시장 · 군수 · 구청장이 관계 행정기관의 장과 협의하여 허가받은 사항에

제4장 리모델링

제75조【리모델링의 허가 기준 등】 ① 법 제66조제1항 및 제2항에 따른 리모델링 허가기준은 별표 4와 같다.
② 법 제66조제1항 및 제2항에 따른 리모델링 허가를 받으려는 자는 허가신청서에 국토교통부령으로 정하는 서류를 첨부하여 시장 · 군수 · 구청장에게 제출하여야 한다.
③ 법 제66조제2항에 따라 리모델링에 동의한 소유자는 리모델링주택조합 또는 입주자대표회의가 제2항에 따라 시장 · 군수 · 구청장에게 허가신청서를 제출하기 전까지 서면으로 동의를 철회할 수 있다.

제76조【리모델링의 시공자 선정 등】 ① 법 제66조제4항 단서에서 "경쟁입찰의 방법으로 시공자를 선정하는 것이 곤란하다고 인정되는 경우 등 대통령령으로 정하는 경우"란 시공자 선정을 위하여 2회 이상 경쟁입찰을 실시하였으나 입찰자가 하나이거나 입찰자가 없어 경쟁입찰의 방법으로 시공자를 선정할 수 없게 된 경우를 말한다.
② 법 제66조제6항에서 "대통령령으로 정하는 세대수"란

제4장 리모델링

제28조【리모델링의 신청 등】 ① 영 제75조제2항에 따른 허가신청서는 별지 제26호서식과 같다.
② 영 제75조제2항에서 "국토교통부령으로 정하는 서류"란 다음 각 호의 서류를 말한다.
1. 리모델링하려는 건축물의 종별에 따른 「건축법 시행규칙」 제6조제1항 각 호의 서류 및 도서. 다만, 증축을 포함하는 리모델링의 경우에는 「건축법 시행규칙」 별표 3 제1호에 따른 건축계획서 중 구조계획서(기존 내력벽, 기둥, 보 등 골조의 존치계획서를 포함한다), 지질조사서 및 시방서를 포함한다.
2. 영 별표 4 제1호에 따른 입주자의 동의서 및 법 제22조에 따른 매도청구권 행사를 입증할 수 있는 서류
3. 세대를 합치거나 분할하는 등 세대수를 증감시키는 행위를 하는 경우에는 그 동의 변경전과 변경후의 평면도
4. 법 제2조제25호다목에 따른 세대수 증가형 리모델링(이하 "세대수 증가형 리모델링"이라 한다)을 하는 경우에는 법 제67조에 따른 권리변동계획서
5. 법 제68조제1항에 따른 증축형 리

법	시 행 령	시 행 규 칙
관하여는 제19조를 준용한다. ⑥ 제1항에 따라 시장 · 군수 · 구청장이 세대수 증가형 리모델링(대통령령으로 정하는 세대수 이상으로 세대수가 증가하는 경우로 한정한다. 이하 이 조에서 같다)을 허가하려는 경우에는 기반시설에의 영향이나 도시 · 군관리계획과의 부합 여부 등에 대하여 「국토의 계획 및 이용에 관한 법률」 제113조제2항에 따라 설치된 시 · 군 · 구도시계획위원회(이하 "시 · 군 · 구도시계획위원회"라 한다)의 심의를 거쳐야 한다. ⑦ 공동주택의 입주자 · 사용자 · 관리주체 · 입주자대표회의 또는 리모델링주택조합이 제1항 또는 제2항에 따른 리모델링에 관하여 시장 · 군수 · 구청장의 허가를 받은 후 그 공사를 완료하였을 때에는 시장 · 군수 · 구청장의 사용검사를 받아야 하며, 사용검사에 관하여는 제49조를 준용한다. ⑧ 시장 · 군수 · 구청장은 제7항에 해당하는 자가 거짓이나 그 밖의 부정한 방법으로 제1항 · 제2항 및 제5항에 따른 허가를 받은 경우에는 행위허가를 취소할 수 있다. ⑨ 제71조에 따른 리모델링 기본계획 수립 대상지역에서 세대수 증가형 리모델링을 허가하려는 시장 · 군수 · 구청장은 해당 리모델링 기본계획에 부합하는 범위에서 허가하여야 한다.	50세대를 말한다. **고시** 리모델링 시공자 선정기준(국토교통부고시 제2021-327호, 2021.4.16.)	모델링을 하는 경우에는 같은 조 제5항에 따른 안전진단결과서 6. 리모델링주택조합의 경우에는 주택조합설립인가서 사본 ③ 영 제75조제2항에 따른 리모델링 허가신청을 받은 시장 · 군수 · 구청장은 그 신청이 영 별표 4에 따른 기준에 적합한 경우에는 별지 제27호서식의 리모델링 허가증명서를 발급하여야 한다. ④ 법 제66조제7항에 따라 리모델링에 관한 사용검사를 받으려는 자는 별지 제28호서식의 신청서에 다음 각 호의 서류를 첨부하여 시장 · 군수 · 구청장에게 제출하여야 한다. 1. 감리자의 감리의견서(「건축법」에 따른 감리대상인 경우만 해당한다) 2. 시공자의 공사확인서 ⑤ 시장 · 군수 · 구청장은 제4항에 따른 신청서를 받은 경우에는 사용검사 대상이 허가한 내용에 적합한지를 확인한 후 별지 제29호서식의 사용검사필증을 발급하여야 한다.
제67조【권리변동계획의 수립】 세대수가 증가되는 리모델링을 하는 경우에는 기존 주택의 권리변동, 비용분담 등 대통령령으로 정하는 사항에 대한 계획(이하 "권리변동계획"이라 한다)을 수립하여 사업계획승인 또는 행위허가를 받아야 한다.	**제77조【권리변동계획의 내용】** ① 법 제67조에서 "기존 주택의 권리변동, 비용분담 등 대통령령으로 정하는 사항"이란 다음 각 호의 사항을 말한다. 1. 리모델링 전후의 대지 및 건축물의 권리변동 명세 2. 조합원의 비용분담	

법	시 행 령	시 행 규 칙
	3. 사업비 4. 조합원 외의 자에 대한 분양계획 5. 그 밖에 리모델링과 관련된 권리 등에 대하여 해당 시·도 또는 시·군의 조례로 정하는 사항 ② 제1항제1호 및 제2호에 따라 대지 및 건축물의 권리변동 명세를 작성하거나 조합원의 비용분담 금액을 산정하는 경우에는 「감정평가사에 관한 법률」 제2조4호에 따른 감정평가법인등이 리모델링 전후의 재산 또는 권리에 대하여 평가한 금액을 기준으로 할 수 있다. 〈개정 2016.8.31., 2020.7.24.〉	
제68조【증축형 리모델링의 안전진단】 ① 제2조제25호나목 및 다목에 따라 증축하는 리모델링(이하 "증축형 리모델링"이라 한다)을 하려는 자는 시장·군수·구청장에게 안전진단을 요청하여야 하며, 안전진단을 요청받은 시장·군수·구청장은 해당 건축물의 증축 가능 여부의 확인 등을 위하여 안전진단을 실시하여야 한다. ② 시장·군수·구청장은 제1항에 따라 안전진단을 실시하는 경우에는 대통령령으로 정하는 기관에 안전진단을 의뢰하여야 하며, 안전진단을 의뢰받은 기관은 리모델링을 하려는 자가 추천한 건축구조기술사(구조설계를 담당할 자를 말한다)와 함께 안전진단을 실시하여야 한다. ③ 시장·군수·구청장이 제1항에 따른 안전진단으로 건축물 구조의 안전에 위험이 있다고 평가하여 「도시 및 주거환경정비법」 제2조제2호다목에 따른 주택재건축사업의 시행이 필요하다고 결정한 건축물은 증축형 리모델링을 하여서는 아니 된다. ④ 시장·군수·구청장은 제66조제1항에 따라 수직증축형 리	**제78조【증축형 리모델링의 안전진단】** ① 법 제68조제2항에서 "대통령령으로 정하는 기관"이란 다음 각 호의 어느 하나에 해당하는 기관을 말한다. 〈개정 2018.1.16., 2020.12.1.〉 1. 「시설물의 안전 및 유지관리에 관한 특별법」 제28조에 따라 등록한 안전진단전문기관(이하 "안전진단전문기관"이라 한다) 2. 「국토안전관리원법」에 따른 국토안전관리원(이하 "국토안전관리원"이라 한다) 3. 「과학기술분야 정부출연연구기관 등의 설립·운영 및 육성에 관한 법률」 제8조에 따른 한국건설기술연구원(이하 "한국건설기술연구원"이라 한다) ② 시장·군수·구청장은 법 제68조제2항에 따른 안전진단을 실시한 기관에 같은 조 제4항에 따른 안전진단을 의뢰해서는 아니 된다. 다만, 다음 각 호의 어느 하나에 해당하는 경우에는 그러하지 아니하다. 〈개정 2020.12.1.〉 1. 법 제68조제2항에 따라 안전진단을 실시한 기관이 국토안전관리원 또는 한국건설기술연구원인 경우	**제29조【안전진단 결과보고서】** 법 제68조제5항에 따른 안전진단 결과보고서에는 다음 각 호의 사항이 포함되어야 한다. 1. 리모델링 대상 건축물의 증축 가능 여부 및 「도시 및 주거환경정비법」 제2조제2호다목에 따른 주택재건축사업의 시행 여부에 관한 의견 2. 건축물의 구조안전성에 관한 상세 확인 결과 및 구조설계의 변경 필요성(법 제68조제4항에 따른 안전진단으로 한정한다)

법	시 행 령	시 행 규 칙

법

모델링을 허가한 후에 해당 건축물의 구조안전성 등에 대한 상세 확인을 위하여 안전진단을 실시하여야 한다. 이 경우 안전진단을 의뢰받은 기관은 제2항에 따른 건축구조기술사와 함께 안전진단을 실시하여야 하며, 리모델링을 하려는 자는 안전진단 후 구조설계의 변경 등이 필요한 경우에는 건축구조기술사로 하여금 이를 보완하도록 하여야 한다.

⑤ 제2항 및 제4항에 따라 안전진단을 의뢰받은 기관은 국토교통부장관이 정하여 고시하는 기준에 따라 안전진단을 실시하고, 국토교통부령으로 정하는 방법 및 절차에 따라 안전진단 결과보고서를 작성하여 안전진단을 요청한 자와 시장 · 군수 · 구청장에게 제출하여야 한다.

⑥ 시장 · 군수 · 구청장은 제1항 및 제4항에 따라 안전진단을 실시하는 비용의 전부 또는 일부를 리모델링을 하려는 자에게 부담하게 할 수 있다.

⑦ 그 밖에 안전진단에 관하여 필요한 사항은 대통령령으로 정한다.

제69조【전문기관의 안전성 검토 등】 ① 시장 · 군수 · 구청장은 수직증축형 리모델링을 하려는 자가 「건축법」에 따른 건축위원회의 심의를 요청하는 경우 구조계획상 증축범위의 적정성 등에 대하여 대통령령으로 정하는 전문기관에 안전성 검토를 의뢰하여야 한다.

② 시장 · 군수 · 구청장은 제66조제1항에 따라 수직증축형 리모델링을 하려는 자의 허가 신청이 있거나 제68조제4항에 따른 안전진단 결과 국토교통부장관이 정하여 고시하는 설계도서의 변경이 있는 경우 제출된 설계도서상 구조안전의 적정성 여부 등에 대하여 제1항에 따라 검토를 수행한 전문기관에 안전성 검토를 의뢰하여야 한다.

시 행 령

2. 법 제68조제4항에 따른 안전진단 의뢰(2회 이상 「지방자치단체를 당사자로 하는 계약에 관한 법률」 제9조제1항 또는 제2항에 따라 입찰에 부치거나 수의계약을 시도하는 경우로 한정한다)에 응하는 기관이 없는 경우

③ 법 제68조제5항에 따라 안전진단전문기관으로부터 안전진단 결과보고서를 제출받은 시장 · 군수 · 구청장은 필요하다고 인정하는 경우에는 제출받은 날부터 7일 이내에 국토안전관리원 또는 한국건설기술연구원에 안전진단 결과보고서의 적정성에 대한 검토를 의뢰할 수 있다. 〈개정 2020.12.1.〉

④ 시장 · 군수 · 구청장은 법 제68조제1항에 따른 안전진단을 한 경우에는 법 제68조제5항에 따라 제출받은 안전진단 결과보고서, 제3항에 따른 적정성 검토 결과 및 법 제71조에 따른 리모델링 기본계획(이하 "리모델링 기본계획"이라 한다)을 고려하여 안전진단을 요청한 자에게 증축 가능 여부를 통보하여야 한다.

제79조【전문기관의 안전성 검토 등】 ① 법 제69조제1항에서 "대통령령으로 정하는 전문기관"이란 국토안전관리원 또는 한국건설기술연구원을 말한다. 〈개정 2020.12.1.〉

② 법 제69조제3항에서 "대통령령으로 정하는 기간"이란 같은 조 제1항 또는 제2항에 따라 안전성 검토(이하 이 조에서 "검토"라 한다)를 의뢰받은 날부터 30일을 말한다. 다만, 검토 의뢰를 받은 전문기관이 부득이하게 검토기간의 연장이 필요하다고 인정하여 20일의 범위에서 그 기간을 연장(한 차례로 한정한다)한 경우에는 그 연장된 기간을 포함한 기간을 말한다. 〈개정 2018.6.5.〉

③ 검토 의뢰를 받은 전문기관은 검토 의뢰 서류에 보완이

시 행 규 칙

고시 증축형 리모델링 안전진단 기준
(국토교통부고시 제2020-1182호, 2020.12.30.)

법	시 행 령	시 행 규 칙
③ 제1항 및 제2항에 따라 검토의뢰를 받은 전문기관은 국토교통부장관이 정하여 고시하는 검토기준에 따라 검토한 결과를 대통령령으로 정하는 기간 이내에 시장·군수·구청장에게 제출하여야 하며, 시장·군수·구청장은 특별한 사유가 없는 경우 이 법 및 관계 법률에 따른 위원회의 심의 또는 허가 시 제출받은 안전성 검토결과를 반영하여야 한다. ④ 시장·군수·구청장은 제1항 및 제2항에 따른 전문기관의 안전성 검토비용의 전부 또는 일부를 리모델링을 하려는 자에게 부담하게 할 수 있다. ⑤ 국토교통부장관은 시장·군수·구청장에게 제3항에 따라 제출받은 자료의 제출을 요청할 수 있으며, 필요한 경우 시장·군수·구청장으로 하여금 안전성 검토결과의 적정성에 대하여 「건축법」에 따른 중앙건축위원회의 심의를 받도록 요청할 수 있다. 〈개정 2020.6.9〉 ⑥ 시장·군수·구청장은 특별한 사유가 없으면 제5항에 따른 심의결과를 반영하여야 한다. ⑦ 그 밖에 전문기관 검토 등에 관하여 필요한 사항은 대통령령으로 정한다.	필요한 경우에는 일정한 기간을 정하여 보완하게 할 수 있다. 〈신설 2018.6.5.〉 ④ 제2항에 따른 기간을 산정할 때 제3항에 따른 보완기간, 공휴일 및 토요일은 산정대상에서 제외한다. 〈신설 2018.6.5.〉	
제70조【수직증축형 리모델링의 구조기준】 수직증축형 리모델링의 설계자는 국토교통부장관이 정하여 고시하는 구조기준에 맞게 구조설계도서를 작성하여야 한다.	**고시** 수직증축형 리모델링 구조기준(국토교통부고시 제2021-865호, 2021.6.14.)	
제71조【리모델링 기본계획의 수립권자 및 대상지역 등】 ① 특별시장·광역시장 및 대도시의 시장은 관할구역에 대하여 다음 각 호의 사항을 포함한 리모델링 기본계획을 10년 단위로 수립하여야 한다. 다만, 세대수 증가형 리모델링에 따른 도시과밀의 우려가 적은 경우 등 대통령령으로 정하는	**제80조【리모델링 기본계획의 수립 등】** ① 법 제71조제1항 각 호 외의 부분 단서에서 "세대수 증가형 리모델링에 따른 도시과밀의 우려가 적은 경우 등 대통령령으로 정하는 경우"란 다음 각 호의 구분에 따른 경우를 말한다. 〈개정 2021.12.16.〉	

법	시 행 령	시 행 규 칙

법

경우에는 리모델링 기본계획을 수립하지 아니할 수 있다.
1. 계획의 목표 및 기본방향
2. 도시기본계획 등 관련 계획 검토
3. 리모델링 대상 공동주택 현황 및 세대수 증가형 리모델링 수요 예측
4. 세대수 증가에 따른 기반시설의 영향 검토
5. 일시집중 방지 등을 위한 단계별 리모델링 시행방안
6. 그 밖에 대통령령으로 정하는 사항

② 대도시가 아닌 시의 시장은 세대수 증가형 리모델링에 따른 도시과밀이나 일시집중 등이 우려되어 도지사가 리모델링 기본계획의 수립이 필요하다고 인정한 경우 리모델링 기본계획을 수립하여야 한다.

③ 리모델링 기본계획의 작성기준 및 작성방법 등은 국토교통부장관이 정한다.

제72조【리모델링 기본계획 수립절차】 ① 특별시장·광역시장 및 대도시의 시장(제71조제2항에 따른 대도시가 아닌 시의 시장을 포함한다. 이하 이 조부터 제74조까지에서 같다)은 리모델링 기본계획을 수립하거나 변경하려면 14일 이상 주민에게 공람하고, 지방의회의 의견을 들어야 한다. 이 경우 지방의회는 의견제시를 요청받은 날부터 30일 이내에 의견을 제시하여야 하며, 30일 이내에 의견을 제시하지 아니하는 경우에는 이의가 없는 것으로 본다. 다만, 대통령령으로 정하는 경미한 변경인 경우에는 주민공람 및 지방의회 의견청취 절차를 거치지 아니할 수 있다.

② 특별시장·광역시장 및 대도시의 시장은 리모델링 기본

시 행 령

1. 특별시·광역시의 경우: 세대수 증가형 리모델링(세대수를 증가하는 증축행위를 말한다. 이하 같다)에 따른 도시과밀이나 이주수요의 일시집중 우려가 적은 경우로서 특별시장·광역시장이 「국토의 계획 및 이용에 관한 법률」 제113조제1항에 따른 시·도도시계획위원회(이하 이 조에서 "시·도도시계획위원회"라 한다)의 심의를 거쳐 리모델링 기본계획을 수립할 필요가 없다고 인정하는 경우
2. 대도시(「지방자치법」 제198조제1항에 따른 대도시를 말한다. 이하 이 조에서 같다): 세대수 증가형 리모델링에 따른 도시과밀이나 이주수요의 일시집중 우려가 적은 경우로서 대도시 시장의 요청으로 도지사가 시·도도시계획위원회의 심의를 거쳐 리모델링 기본계획을 수립할 필요가 없다고 인정하는 경우

② 법 제71조제1항제6호에서 "대통령령으로 정하는 사항"이란 도시과밀 방지 등을 위한 계획적 관리와 리모델링의 원활한 추진을 지원하기 위한 사항으로서 특별시·광역시 또는 대도시의 조례로 정하는 사항을 말한다.

③ 법 제72조제1항에서 "대통령령으로 정하는 경미한 변경인 경우"란 다음 각 호의 어느 하나에 해당하는 경우를 말한다.
1. 세대수 증가형 리모델링 수요 예측 결과에 따른 세대수 증가형 리모델링 수요(세대수 증가형 리모델링을 하려는 주택의 총 세대수를 말한다. 이하 이 항에서 같다)가 감소하거나 10퍼센트 범위에서 증가하는 경우
2. 세대수 증가형 리모델링 수요의 변동으로 기반시설의 영향 검토나 단계별 리모델링 시행 방안이 변경되는 경우
3. 「국토의 계획 및 이용에 관한 법률」 제2조제3호에 따른 도시·군기본계획 등 관련 계획의 변경에 따라 리모델링 기본계획이 변경되는 경우

시 행 규 칙

훈령 리모델링 기본계획 수립지침
(국토교통부훈령 제1350호, 2020.12.30.)

법	시 행 령	시 행 규 칙
계획을 수립하거나 변경하려면 관계 행정기관의 장과 협의한 후 「국토의 계획 및 이용에 관한 법률」 제113조제1항에 따라 설치된 시·도도시계획위원회(이하 "시·도도시계획위원회"라 한다) 또는 시·군·구도시계획위원회의 심의를 거쳐야 한다. ③ 제2항에 따라 협의를 요청받은 관계 행정기관의 장은 특별한 사유가 없으면 그 요청을 받은 날부터 30일 이내에 의견을 제시하여야 한다. ④ 대도시의 시장은 리모델링 기본계획을 수립하거나 변경하려면 도지사의 승인을 받아야 하며, 도지사는 리모델링 기본계획을 승인하려면 시·도도시계획위원회의 심의를 거쳐야 한다.	④ 특별시장·광역시장 및 대도시의 시장(법 제71조제2항에 따른 대도시가 아닌 시의 시장을 포함한다)은 법 제72조제1항 및 제73조제3항에 따라 주민공람을 실시할 때에는 미리 공람의 요지 및 장소를 해당 지방자치단체의 공보 및 인터넷 홈페이지에 공고하고, 공람 장소에 관계 서류를 갖추어 두어야 한다.	
제73조【리모델링 기본계획의 고시 등】 ① 특별시장·광역시장 및 대도시의 시장은 리모델링 기본계획을 수립하거나 변경한 때에는 이를 지체 없이 해당 지방자치단체의 공보에 고시하여야 한다. ② 특별시장·광역시장 및 대도시의 시장은 5년마다 리모델링 기본계획의 타당성을 검토하여 그 결과를 리모델링 기본계획에 반영하여야 한다. 〈개정 2020.6.9.〉 ③ 그 밖에 주민공람 절차 등 리모델링 기본계획 수립에 필요한 사항은 대통령령으로 정한다.		
제74조【세대수 증가형 리모델링의 시기 조정】 ① 국토교통부장관은 세대수 증가형 리모델링의 시행으로 주변 지역에 현저한 주택부족이나 주택시장의 불안정 등이 발생될 우려가 있는 때에는 주거정책심의위원회의 심의를 거쳐 특별시장, 광역시장, 대도시의 시장에게 리모델링 기본계획을 변경하도록 요청하거나, 시장·군수·구청장에게 세대수 증가형 리모델		**제30조【세대수 증가형 리모델링의 시기 조정】** 법 제74조제1항에 따라 국토교통부장관의 요청을 받은 특별시장, 광역시장, 대도시(「지방자치법」 제175조에 따른 대도시를 말한다)의 시장 또는 시장·군수·구청장은 그 요청을

법	시 행 령	시 행 규 칙
델링의 사업계획 승인 또는 허가의 시기를 조정하도록 요청할 수 있으며, 요청을 받은 특별시장, 광역시장, 대도시의 시장 또는 시장 · 군수 · 구청장은 특별한 사유가 없으면 그 요청에 따라야 한다. ② 시 · 도지사는 세대수 증가형 리모델링의 시행으로 주변 지역에 현저한 주택부족이나 주택시장의 불안정 등이 발생될 우려가 있는 때에는 「주거기본법」 제9조에 따른 시 · 도 주거정책심의위원회의 심의를 거쳐 대도시의 시장에게 리모델링 기본계획을 변경하도록 요청하거나, 시장 · 군수 · 구청장에게 세대수 증가형 리모델링의 사업계획 승인 또는 허가의 시기를 조정하도록 요청할 수 있으며, 요청을 받은 대도시의 시장 또는 시장 · 군수 · 구청장은 특별한 사유가 없으면 그 요청에 따라야 한다. ③ 제1항 및 제2항에 따른 시기조정에 관한 방법 및 절차 등에 관하여 필요한 사항은 국토교통부령 또는 시 · 도의 조례로 정한다. **제75조【리모델링 지원센터의 설치 · 운영】** ① 시장 · 군수 · 구청장은 리모델링의 원활한 추진을 지원하기 위하여 리모델링 지원센터를 설치하여 운영할 수 있다. ② 리모델링 지원센터는 다음 각 호의 업무를 수행할 수 있다. 1. 리모델링주택조합 설립을 위한 업무 지원 2. 설계자 및 시공자 선정 등에 대한 지원 3. 권리변동계획 수립에 관한 지원 4. 그 밖에 지방자치단체의 조례로 정하는 사항 ③ 리모델링 지원센터의 조직, 인원 등 리모델링 지원센터의 설치 · 운영에 필요한 사항은 지방자치단체의 조례로 정한다.		받은 날부터 30일 이내에 리모델링 기본계획의 변경 또는 세대수 증가형 리모델링의 사업계획 승인 · 허가의 시기 조정에 관한 조치계획을 국토교통부장관에게 보고하여야 한다. 이 경우 그 요청에 따를 수 없는 특별한 사유가 있는 경우에는 그 사유를 통보하여야 한다.

법	시 행 령	시 행 규 칙

제76조 【공동주택 리모델링에 따른 특례】 ① 공동주택의 소유자가 리모델링에 의하여 전유부분(「집합건물의 소유 및 관리에 관한 법률」 제2조제3호에 따른 전유부분을 말한다. 이하 이 조에서 같다)의 면적이 늘거나 줄어드는 경우에는 「집합건물의 소유 및 관리에 관한 법률」 제12조 및 제20조제1항에도 불구하고 대지사용권은 변하지 아니하는 것으로 본다. 다만, 세대수 증가를 수반하는 리모델링의 경우에는 권리변동계획에 따른다.

② 공동주택의 소유자가 리모델링에 의하여 일부 공용부분(「집합건물의 소유 및 관리에 관한 법률」 제2조제4호에 따른 공용부분을 말한다. 이하 이 조에서 같다)의 면적을 전유부분의 면적으로 변경한 경우에는 「집합건물의 소유 및 관리에 관한 법률」 제12조에도 불구하고 그 소유자의 나머지 공용부분의 면적은 변하지 아니하는 것으로 본다.

③ 제1항의 대지사용권 및 제2항의 공용부분의 면적에 관하여는 제1항과 제2항에도 불구하고 소유자가 「집합건물의 소유 및 관리에 관한 법률」 제28조에 따른 규약으로 달리 정한 경우에는 그 규약에 따른다.

④ 임대차계약 당시 다음 각 호의 어느 하나에 해당하여 그 사실을 임차인에게 고지한 경우로서 제66조제1항 및 제2항에 따라 리모델링 허가를 받은 경우에는 해당 리모델링 건축물에 관한 임대차계약에 대하여 「주택임대차보호법」 제4조제1항 및 「상가건물 임대차보호법」 제9조제1항을 적용하지 아니한다.

1. 임대차계약 당시 해당 건축물의 소유자들(입주자대표회의를 포함한다)이 제11조제1항에 따른 리모델링주택조합 설립인가를 받은 경우
2. 임대차계약 당시 해당 건축물의 입주자대표회의가 직접

관계법 「집합건물의 소유 및 관리에 관한 법률」 제2조(정의)
이 법에서 사용하는 용어의 뜻은 다음과 같다.

1. "구분소유권"이란 제1조 또는 제1조의2에 규정된 건물부분[제3조제2항 및 제3항에 따라 공용부분(共用部分)으로 된 것은 제외한다]을 목적으로 하는 소유권을 말한다.
2. "구분소유자"란 구분소유권을 가지는 자를 말한다.
3. "전유부분"(專有部分)이란 구분소유권의 목적인 건물부분을 말한다.
4. "공용부분"이란 전유부분 외의 건물부분, 전유부분에 속하지 아니하는 건물의 부속물 및 제3조제2항 및 제3항에 따라 공용부분으로 된 부속의 건물을 말한다.
5. "건물의 대지"란 전유부분이 속하는 1동의 건물이 있는 토지 및 제4조에 따라 건물의 대지로 된 토지를 말한다.
6. "대지사용권"이란 구분소유자가 전유부분을 소유하기 위하여 건물의 대지에 대하여 가지는 권리를 말한다.

제12조 (공유자의 지분권)
① 각 공유자의 지분은 그가 가지는 전유부분의 면적 비율에 따른다.
② 제1항의 경우 일부공용부분으로서 면적이 있는 것은 그 공용부분을 공용하는 구분소유자의 전유부분의 면적 비율에 따라 배분하여 그 면적을 각 구분소유자의 전유부분 면적에 포함한다.

제20조 (전유부분과 대지사용권의 일체성)
① 구분소유자의 대지사용권은 그가 가지는 전유부분의 처분에 따른다.
② 구분소유자는 그가 가지는 전유부분과 분리하여 대지사용권을 처분할 수 없다. 다만, 규약으로써 달리 정한 경우에는 그러하지 아니하다.
③ 제2항 본문의 분리처분금지는 그 취지를 등기하지 아니하면 선의(善意)로 물권을 취득한 제3자에게 대항하지 못한다.
④ 제2항 단서의 경우에는 제3조제3항을 준용한다.

관계법 「주택임대차보호법」 제4조(임대차기간 등)
① 기간을 정하지 아니하거나 2년 미만으로 정한 임대차는 그 기간을

관계법 「상가건물 임대차보호법」
제9조(임대차기간 등)
① 기간을 정하지 아니하거나 기간을 1년 미만으로 정한 임대차는 그 기간을 1년으로 본다. 다만, 임차인은 1년 미만으로 정한 기간이 유효함을 주장할 수 있다.

법	시 행 령	시 행 규 칙
리모델링을 실시하기 위하여 제68조제1항에 따라 관할 시장 · 군수 · 구청장에게 안전진단을 요청한 경우 ⑤ 리모델링주택조합의 법인격에 관하여는 「도시 및 주거환경정비법」 제38조를 준용한다. 이 경우 "정비사업조합"은 "리모델링주택조합"으로 본다. 〈신설 2020.1.23.〉 ⑥ 권리변동계획에 따라 소유권이 이전되는 토지 또는 건축물에 대한 권리의 확정 등에 관하여는 「도시 및 주거환경정비법」 제87조를 준용한다. 이 경우 "토지등소유자에게 분양하는 대지 또는 건축물"은 "권리변동계획에 따라 구분소유자에게 소유권이 이전되는 토지 또는 건축물"로, "일반에게 분양하는 대지 또는 건축물"은 "권리변동계획에 따라 구분소유자 외의 자에게 소유권이 이전되는 토지 또는 건축물"로 본다. 〈신설 2020.1.23.〉 **제77조 【부정행위 금지】** 공동주택의 리모델링과 관련하여 다음 각 호의 어느 하나에 해당하는 자는 부정하게 재물 또는 재산상의 이익을 취득하거나 제공하여서는 아니 된다. 1. 입주자 2. 사용자 3. 관리주체 4. 입주자대표회의 또는 그 구성원 5. 리모델링주택조합 또는 그 구성원	2년으로 본다. 다만, 임차인은 2년 미만으로 정한 기간이 유효함을 주장할 수 있다. ② 임대차기간이 끝난 경우에도 임차인이 보증금을 반환받을 때까지는 임대차관계가 존속되는 것으로 본다.	② 임대차가 종료한 경우에도 임차인이 보증금을 돌려받을 때까지는 임대차 관계는 존속하는 것으로 본다.

제5장 보칙

제78조 【토지임대부 분양주택의 토지에 관한 임대차 관계】 ① 토지임대부 분양주택의 토지에 대한 임대차기간은 40년 이내로 한다. 이 경우 토지임대부 분양주택 소유자의 75퍼센트 이상이 계약갱신을 청구하는 경우 40년의 범위에서 이를 갱신할 수 있다.

② 토지임대부 분양주택을 공급받은 자가 토지소유자와 임대차계약을 체결한 경우 해당 주택의 구분소유권을 목적으로 그 토지 위에 제1항에 따른 임대차기간 동안 지상권이 설정된 것으로 본다.

③ 토지임대부 분양주택의 토지에 대한 임대차계약을 체결하고자 하는 자는 국토교통부령으로 정하는 표준임대차계약서를 사용하여야 한다.

④ 토지임대부 분양주택을 양수한 자 또는 상속받은 자는 제1항에 따른 임대차계약을 승계한다.

⑤ 토지임대부 분양주택의 토지임대료는 해당 토지의 조성원가 또는 감정가격 등을 기준으로 산정하되, 구체적인 토지임대료의 책정 및 변경기준, 납부 절차 등에 관한 사항은 대통령령으로 정한다.

⑥ 제5항의 토지임대료는 월별 임대료를 원칙으로 하되, 토지소유자와 주택을 공급받은 자가 합의한 경우 대통령령으로 정하는 바에 따라 임대료를 선납하거나 보증금으로 전환하여 납부할 수 있다. 〈개정 2023.12.26.〉

⑦ 제1항부터 제6항까지에서 정한 사항 외에 토지임대부 분양주택 토지의 임대차 관계는 토지소유자와 주택을 공급받은 자 간의 임대차계약에 따른다.

⑧ 토지임대부 분양주택에 관하여 이 법에서 정하지 아니

제5장 보칙

제81조 【토지임대료 결정 등】 ① 법 제78조제5항에 따른 토지임대부 분양주택의 월별 토지임대료는 다음 각 호의 구분에 따라 산정한 금액을 12개월로 분할한 금액 이하로 한다. 〈개정 2016.8.31.〉

1. 공공택지에 토지임대주택을 건설하는 경우: 해당 공공택지의 조성원가에 입주자모집공고일이 속하는 달의 전전달의 「은행법」에 따른 은행의 3년 만기 정기예금 평균이자율을 적용하여 산정한 금액
2. 공공택지 외의 택지에 토지임대주택을 건설하는 경우: 「감정평가 및 감정평가사에 관한 법률」에 따라 감정평가한 가액에 입주자모집공고일이 속하는 달의 전전달의 「은행법」에 따른 은행의 3년 만기 정기예금 평균이자율을 적용하여 산정한 금액. 이 경우 감정평가액의 산정시기와 산정방법 등은 국토교통부령으로 정한다.

② 제1항에도 불구하고 사업주체가 지방자치단체 또는 지방공사인 경우에는 다음 각 호의 금액 사이의 범위에서 지방자치단체의 장(사업주체가 지방공사인 경우에는 해당 지방공사를 설립한 지방자치단체의 장을 말한다)이 지역별 여건을 고려하여 정하는 금액을 12개월로 분할한 금액 이하로 할 수 있다. 〈신설 2023.4.7〉

1. 해당 택지의 조성원가에 입주자모집공고일이 속하는 달의 전전달의 「은행법」에 따른 은행의 3년 만기 정기예금 평균이자율을 적용하여 산정한 금액
2. 「감정평가 및 감정평가사에 관한 법률」에 따라 감정평가한 가액에 입주자모집공고일이 속하는 달의 전전달의 「은행법」에 따른 은행의 3년 만기 정기예금 평균이자율

제5장 보칙

제31조 【표준임대차계약서】 법 제78조제3항에서 "국토교통부령으로 정하는 표준임대차계약서"란 별지 제30호서식에 따른 토지임대부 분양주택의 토지임대차 표준계약서를 말한다.

제32조 【감정평가한 가액의 산정 시기 및 산정 방법】 ① 영 제81조제1항제2호 후단에 따른 감정평가는 「부동산 가격공시에 관한 법률」에 따른 공시지가로서 평가 의뢰일 당시 해당 토지의 공시지가 중 평가 의뢰일에 가장 가까운 시점에 공시된 공시지가를 기준으로 하여 평가한다. 〈개정 2016.8.31.〉

② 제1항에 따라 감정평가 가액을 산정하는 경우에는 감정평가법인등 2인 이상이 감정평가한 가액을 산술평균한 가액으로 산정해야 한다. 〈개정 2020.7.24.〉

③ 제2항에 따라 감정평가법인등이 감정평가를 할 때에는 택지조성이 완료되지 않은 토지는 택지조성이 완료된 상태를 상정하고 그 이용 상황은 대지를 기준으로 하여 평가해야 한다. 〈개정 2020.7.24.〉

법	시 행 령	시 행 규 칙
한 사항은 「집합건물의 소유 및 관리에 관한 법률」, 「민법」 순으로 적용한다. **제78조의2【토지임대부 분양주택의 공공매입】** ① 토지임대부 분양주택을 공급받은 자는 제64조제1항에도 불구하고 전매제한기간이 지나기 전에 대통령령으로 정하는 바에 따라 한국토지주택공사에 해당 주택의 매입을 신청할 수 있다.	을 적용하여 산정한 금액. 이 경우 감정평가액의 산정시기와 산정방법 등에 관하여는 제1항제2호 후단을 준용한다. ③ 토지소유자는 제1항 및 제2항의 기준에 따라 토지임대주택을 분양받은 자와 토지임대료에 관한 약정(이하 "토지임대료약정"이라 한다)을 체결한 후 2년이 지나기 전에는 토지임대료의 증액을 청구할 수 없다. 〈개정 2023.4.7〉 ④ 토지소유자는 토지임대료약정 체결 후 2년이 지나 토지임대료의 증액을 청구하는 경우에는 시·군·구의 평균지가상승률을 고려하여 증액률을 산정하되, 「주택임대차보호법 시행령」 제8조제1항에 따른 차임 등의 증액청구 한도 비율을 초과해서는 아니 된다. 〈개정 2023.4.7〉 ⑤ 토지소유자는 제1항 및 제2항에 따라 산정한 월별 토지임대료의 납부기한을 정하여 토지임대주택 소유자에게 고지하되, 구체적인 납부 방법, 연체료율 등에 관한 사항은 법 제78조제3항에 따른 표준임대차계약서에서 정하는 바에 따른다. 〈개정 2023.4.7〉 **제82조【토지임대료의 선납 및 보증금 전환】** 법 제78조제6항에 따라 토지임대료를 선납하거나 보증금으로 전환하려는 경우 그 선납 토지임대료 또는 보증금을 산정할 때 적용되는 이자율은 「은행법」에 따른 은행의 3년 만기 정기예금 평균이자율 이상이어야 한다. 〈개정 2024.6.18.〉 [제목개정 2024.6.18] **제82조의2【토지임대부 분양주택의 공공매입 절차 등】** ① 토지임대부 분양주택을 공급받은 자는 법 제78조의2제1항에 따라 해당 주택의 매입을 신청하려는 경우 국토교통부령으로 정하는 매입신청서를 한국토지주택공사에 제출해야 한다.	

법	시 행 령	시 행 규 칙
〈개정 2023.12.26.〉 ② 한국토지주택공사는 제1항에 따라 매입신청을 받거나 제64조제1항을 위반하여 토지임대부 분양주택의 전매가 이루어진 경우 대통령령으로 정하는 특별한 사유가 없으면 대통령령으로 정하는 절차를 거쳐 해당 주택을 매입하여야 한다.〈개정 2023.12.26.〉 ③ 한국토지주택공사가 제2항에 따라 주택을 매입하는 경우 다음 각 호의 구분에 따른 금액을 그 주택을 양도하는 자에게) 지급한 때에는 그 지급한 날에 한국토지주택공사가 해당 주택을 취득한 것으로 본다.〈개정 2023.12.26.〉 1. 제1항에 따라 매입신청을 받은 경우: 해당 주택의 매입비용과 보유기간 등을 고려하여 대통령령으로 정하는 금액 2. 제64조제1항을 위반하여 전매가 이루어진 경우: 해당 주택의 매입비용 ④ 한국토지주택공사가 제2항에 따라 주택을 매입하는 경우에는 제64조제1항을 적용하지 아니한다. 〈신설 2023.12.26.〉 [본조신설 2021.1.5.] **제79조【토지임대부 분양주택의 재건축】** ① 토지임대부 분양주택의 소유자가 제78조제1항에 따른 임대차기간이 만료되기 전에 「도시 및 주거환경정비법」 등 도시개발 관련 법률에 따라 해당 주택을 철거하고 재건축을 하고자 하는 경우 「집합건물의 소유 및 관리에 관한 법률」 제47조부터 제49조까지에 따라 토지소유자의 동의를 받아 재건축할 수 있다. 이 경우 토지소유자는 정당한 사유 없이 이를 거부할 수 없다. ② 제1항에 따라 토지임대부 분양주택을 재건축하는 경우 해당 주택의 소유자를 「도시 및 주거환경정비법」 제2조제9호나목에 따른 토지등소유자로 본다.	② 법 제78조의2제2항에서 "대통령령으로 정하는 특별한 사유"란 제60조의2제6항 각 호의 사유를 말한다. ③ 한국토지주택공사는 법 제78조의2제2항에 따라 제1항에 따른 매입신청서를 제출받은 날부터 14일 이내에 해당 주택의 매입 여부를 신청인에게 통보해야 한다. <u>④ 법 제78조의2제3항제1호에서 "대통령령으로 정하는 금액"이란 다음 각 호의 구분에 따른 금액을 말한다. 〈신설 2024.6.18.〉</u> <u>1. 거주의무기간이 경과하지 않은 경우: 법 제57조의2제4항에 따른 매입비용(이하 "매입비용"이라 한다)</u> <u>2. 거주의무기간은 경과했으나 법 제64조제1항에 따른 전매제한기간은 경과하지 않은 경우: 「감정평가 및 감정평가사에 관한 법률」에 따라 해당 주택에 대해 감정평가한 금액에서 입주금을 뺀 금액의 70퍼센트에 해당하는 금액과 입주금을 합산한 금액. 다만, 본문에 따라 합산한 금액이 매입비용보다 작은 경우에는 매입비용으로 한다.</u> [본조신설 2021.7.6.] **관계법** 「도시 및 주거환경정비법」 제2조 (정의) 이 법에서 사용하는 용어의 뜻은 다음과 같다. 〈개정 2021.1.5., 2021.1.12.〉 1.~8. 〈생략〉 9. "토지등소유자"란 다음 각 목의 어느 하나에 해당하는 자를 말한다. 다만, 제27조제1항에 따라 「자본시장과 금융투자업에 관한 법률」 제8조제7항에 따른 신탁업자(이하 "신탁업자"라 한다)가 사업시행자로 지정된 경우 토지등소유자가 정비사업을 목적으로 신탁업자에게 신탁한 토지 또는 건축물에 대하여는 위탁자를 토지등소유	

법	시 행 령	시 행 규 칙
③ 제1항에 따라 재건축한 주택은 토지임대부 분양주택으로 한다. 이 경우 재건축한 주택의 준공인가일부터 제78조제1항에 따른 임대차기간 동안 토지소유자와 재건축한 주택의 조합원 사이에 토지의 임대차기간에 관한 계약이 성립된 것으로 본다. ④ 제3항에도 불구하고 토지소유자와 주택소유자가 합의한 경우에는 토지임대부 분양주택이 아닌 주택으로 전환할 수 있다.	자로 본다. 가. 주거환경개선사업 및 재개발사업의 경우에는 정비구역에 위치한 토지 또는 건축물의 소유자 또는 그 지상권자 나. 재건축사업의 경우에는 정비구역에 위치한 건축물 및 그 부속토지의 소유자	
제80조【주택상환사채의 발행】 ① 한국토지주택공사와 등록사업자는 대통령령으로 정하는 바에 따라 주택으로 상환하는 사채(이하 "주택상환사채"라 한다)를 발행할 수 있다. 이 경우 등록사업자는 자본금 · 자산평가액 및 기술인력 등이 대통령령으로 정하는 기준에 맞고 금융기관 또는 주택도시보증공사의 보증을 받은 경우에만 주택상환사채를 발행할 수 있다.	**제83조【주택상환사채의 발행】** ① 법 제80조제1항에 따른 주택상환사채(이하 "주택상환사채"라 한다)는 액면 또는 할인의 방법으로 발행한다. ② 주택상환사채권에는 기호와 번호를 붙이고 국토교통부령으로 정하는 사항을 적어야 한다. ③ 주택상환사채의 발행자는 주택상환사채대장을 갖추어 두고 주택상환사채권의 발행 및 상환에 관한 사항을 적어야 한다. **제84조【등록사업자의 주택상환사채 발행】** ① 법 제80조제1항 후단에서 "대통령령으로 정하는 기준"이란 다음 각 호의 기준 모두를 말한다. 1. 법인으로서 자본금이 5억원 이상일 것 2. 「건설산업기본법」 제9조에 따라 건설업 등록을 한 자일 것 3. 최근 3년간 연평균 주택건설 실적이 300호 이상일 것 ② 등록사업자가 발행할 수 있는 주택상환사채의 규모는 최근 3년간의 연평균 주택건설 호수 이내로 한다.	**제33조【주택상환사채기재사항 등】** ① 영 제83조제2항에서 "국토교통부령으로 정하는 사항"이란 다음 각 호의 사항을 말한다. 1. 발행 기관 2. 발행 금액 3. 발행 조건 4. 상환의 시기와 절차 ② 영 제83조제3항에 따른 주택상환사채대장은 별지 제31호서식과 같다.
② 주택상환사채를 발행하려는 자는 대통령령으로 정하는	**제85조【주택상환사채의 발행 요건 등】** ① 법 제80조제2	**제34조【주택상환사채 모집공고】** ①

법	시 행 령	시 행 규 칙
바에 따라 주택상환사채발행계획을 수립하여 국토교통부장관의 승인을 받아야 한다. ③ 주택상환사채의 발행요건 및 상환기간 등은 대통령령으로 정한다. **제81조 【발행책임과 조건 등】** ① 제80조에 따라 주택상환사채를 발행한 자는 발행조건에 따라 주택을 건설하여 사채권자에게 상환하여야 한다. ② 주택상환사채는 기명증권(記名證券)으로 하고, 사채권자의 명의변경은 취득자의 성명과 주소를 사채원부에 기록하는 방법으로 하며, 취득자의 성명을 채권에 기록하지 아니하면 사채발행자 및 제3자에게 대항할 수 없다. ③ 국토교통부장관은 사채의 납입금이 택지의 구입 등 사채발행 목적에 맞게 사용될 수 있도록 그 사용 방법 · 절차 등에 관하여 대통령령으로 정하는 바에 따라 필요한 조치를 하여야 한다.	항에 따라 주택상환사채발행계획의 승인을 받으려는 자는 주택상환사채발행계획서에 다음 각 호의 서류를 첨부하여 국토교통부장관에게 제출하여야 한다. 다만, 제3호의 서류는 주택상환사채 모집공고 전까지 제출할 수 있다. 1. 주택상환사채 상환용 주택의 건설을 위한 택지에 대한 소유권 또는 그 밖에 사용할 수 있는 권리를 증명할 수 있는 서류 2. 주택상환사채에 대한 금융기관 또는 주택도시보증공사의 보증서 3. 금융기관과의 발행대행계약서 및 납입금 관리계약서 ② 제1항에 따른 주택상환사채발행계획서에는 다음 각 호의 사항을 적어야 한다. 〈개정 2021.1.5.〉 1. 발행자의 명칭 2. 회사의 자본금 총액 3. 발행할 주택상환사채의 총액 4. 여러 종류의 주택상환사채를 발행하는 경우에는 각 주택상환사채의 종류별 금액 및 종류별 발행가액 5. 발행조건과 방법 6. 분납발행일 때에는 분납금액과 시기 7. 상환 절차와 시기 8. 주택의 건설위치 · 형별 · 단위규모 · 총세대수 · 착공예정일 · 준공예정일 및 입주예정일 9. 주택가격의 추산방법 10. 할인발행일 때에는 그 이자율과 산정 명세 11. 중도상환에 필요한 사항 12. 보증부 발행일 때에는 보증기관과 보증의 내용 13. 납입금의 사용계획 14. 그 밖에 국토교통부장관이 정하여 고시하는 사항 ③ 국토교통부장관은 주택상환사채발행계획을 승인하였을	영 제85조제4항에 따른 주택상환사채 모집공고안에는 다음 각 호의 사항이 포함되어야 한다. 1. 주택상환사채의 명칭 2. 상환대상주택의 건설위치 3. 상환대상주택의 호당 또는 세대당 공급면적, 세대수 및 세대별 주택상환사채의 금액 4. 주택상환사채 신청자격 · 순위 및 모집방법에 관한 사항 5. 주택상환사채의 이자율 · 이자지급방법 · 대금납부방법 등 발행조건에 관한 사항 6. 상환예정일 7. 주택상환사채의 상환방법에 관한 사항 8. 영 제86조제3항 및 이 규칙 제35조제1항 각 호의 내용 ② 제1항제4호에 따른 주택상환사채의 신청자격 및 순위에 관하여는 「주택공급에 관한 규칙」 제28조 및 제29조부터 제32조까지에 따른 민영주택의 입주자격 및 순위를 준용한다. ③ 주택상환사채의 발행자는 주택상환사채를 모집하려는 경우에는 모집 7일 전까지 일간신문에 제1항 각 호의 사항을 1회 이상 공고하여야 한다.

법	시 행 령	시 행 규 칙
	때에는 주택상환사채발행 대상지역을 관할하는 시 · 도지사에게 그 내용을 통보하여야 한다. ④ 주택상환사채발행계획을 승인받은 자는 주택상환사채를 모집하기 전에 국토교통부령으로 정하는 바에 따라 주택상환사채 모집공고안을 작성하여 국토교통부장관에게 제출하여야 한다.	
제82조【주택상환사채의 효력】 제8조에 따라 등록사업자의 등록이 말소된 경우에도 등록사업자가 발행한 주택상환사채의 효력에는 영향을 미치지 아니한다. **제83조【「상법」의 적용】** 주택상환사채의 발행에 관하여 이 법에서 규정한 것 외에는 「상법」 중 사채발행에 관한 규정을 적용한다. 다만, 한국토지주택공사가 발행하는 경우와 금융기관 등이 상환을 보증하여 등록사업자가 발행하는 경우에는 「상법」 제478조제1항을 적용하지 아니한다.	**제86조【주택상환사채의 상환 등】** ① 주택상환사채의 상환기간은 3년을 초과할 수 없다. ② 제1항의 상환기간은 주택상환사채 발행일부터 주택의 공급계약체결일까지의 기간으로 한다. ③ 주택상환사채는 양도하거나 중도에 해약할 수 없다. 다만, 해외이주 등 국토교통부령으로 정하는 부득이한 사유가 있는 경우는 예외로 한다. **제87조【납입금의 사용】** ① 주택상환사채의 납입금은 다음 각 호의 용도로만 사용할 수 있다. 1. 택지의 구입 및 조성 2. 주택건설자재의 구입 3. 건설공사비에의 충당 4. 그 밖에 주택상환을 위하여 필요한 비용으로서 국토교통부장관의 승인을 받은 비용에의 충당 ② 주택상환사채의 납입금은 해당 보증기관과 주택상환사채발행자가 협의하여 정하는 금융기관에서 관리한다. ③ 제2항에 따라 납입금을 관리하는 금융기관은 국토교통부장관이 요청하는 경우에는 납입금 관리상황을 보고하여야 한다.	**제35조【주택상환사채의 양도 등】** ① 영 제86조제3항 단서에서 "해외이주 등 국토교통부령으로 정하는 부득이한 사유가 있는 경우"란 다음 각 호의 어느 하나에 해당하는 경우를 말한다. 1. 세대원(세대주가 포함된 세대의 구성원을 말한다. 이하 이 조에서 같다)의 근무 또는 생업상의 사정이나 질병치료, 취학 또는 결혼으로 세대원 전원이 다른 행정구역으로 이전하는 경우 2. 세대원 전원이 상속으로 취득한 주택으로 이전하는 경우 3. 세대원 전원이 해외로 이주하거나 2년 이상 해외에 체류하려는 경우 ② 주택상환사채를 양도 또는 중도해약하거나 상속받으려는 자는 제1항 각 호의 어느 하나에 해당함을 증명하는 서류 또는 상속인임을 증명하는 서류를 주택상환사채 발행자에게 제출하여야 한다. 이 경우 주택상환사채 발행자는 지체 없이 주택상환사채권자의 명

법	시 행 령	시 행 규 칙
		의를 변경하고, 주택상환사채원부 및 주택상환사채권에 적어야 한다. ③ 주택상환사채를 상환할 때에는 주택상환사채권자가 원하면 주택상환사채의 원리금을 현금으로 상환할 수 있다.
제84조【국민주택사업특별회계의 설치 등】 ① 지방자치단체는 국민주택사업을 시행하기 위하여 국민주택사업특별회계를 설치·운용하여야 한다. ② 제1항의 국민주택사업특별회계의 자금은 다음 각 호의 재원으로 조성한다. 1. 자체 부담금 2. 주택도시기금으로부터의 차입금 3. 정부로부터의 보조금 4. 농협은행으로부터의 차입금 5. 외국으로부터의 차입금 6. 국민주택사업특별회계에 속하는 재산의 매각 대금 7. 국민주택사업특별회계자금의 회수금·이자수입금 및 그 밖의 수익 8. 「재건축초과이익 환수에 관한 법률」에 따른 재건축부담금 중 지방자치단체 귀속분 ③ 지방자치단체는 대통령령으로 정하는 바에 따라 국민주택사업특별회계의 운용 상황을 국토교통부장관에게 보고하여야 한다.	**제88조【국민주택사업특별회계의 편성·운용 등】** ① 법 제84조제1항에 따라 지방자치단체에 설치하는 국민주택사업특별회계의 편성 및 운용에 필요한 사항은 해당 지방자치단체의 조례로 정할 수 있다. ② 국민주택을 건설·공급하는 지방자치단체의 장은 법 제84조제3항에 따라 국민주택사업특별회계의 분기별 운용 상황을 그 분기가 끝나는 달의 다음 달 20일까지 국토교통부장관에게 보고하여야 한다. 이 경우 시장·군수·구청장의 경우에는 시·도지사를 거쳐(특별자치시장 또는 특별자치도지사가 보고하는 경우는 제외한다) 보고하여야 한다.	**제36조【국민주택사업특별회계 운용상황의 보고】** 영 제88조제2항에 따른 국민주택사업특별회계의 분기별 운용상황 보고는 별지 제32호서식에 따른다.
제85조【협회의 설립 등】 ① 등록사업자는 주택건설사업 및 대지조성사업의 전문화와 주택산업의 건전한 발전을 도모하기 위하여 주택사업자단체를 설립할 수 있다.		

법	시 행 령	시 행 규 칙
② 제1항에 따른 단체(이하 "협회"라 한다)는 법인으로 한다. ③ 협회는 그 주된 사무소의 소재지에서 설립등기를 함으로써 성립한다. ④ 이 법에 따라 국토교통부장관, 시 · 도지사 또는 대도시의 시장으로부터 영업의 정지처분을 받은 협회 회원의 권리 · 의무는 그 영업의 정지기간 중에는 정지되며, 등록사업자의 등록이 말소되거나 취소된 때에는 협회의 회원자격을 상실한다.		
제86조【협회의 설립인가 등】 ① 협회를 설립하려면 회원자격을 가진 자 50인 이상을 발기인으로 하여 정관을 마련한 후 창립총회의 의결을 거쳐 국토교통부장관의 인가를 받아야 한다. 협회가 정관을 변경하려는 경우에도 또한 같다. ② 국토교통부장관은 제1항에 따른 인가를 하였을 때에는 이를 지체 없이 공고하여야 한다.		
제87조【「민법」의 준용】 협회에 관하여 이 법에서 규정한 것 외에는 「민법」 중 사단법인에 관한 규정을 준용한다.		
제88조【주택정책 관련 자료 등의 종합관리】 ① 국토교통부장관 또는 시 · 도지사는 적절한 주택정책의 수립 및 시행을 위하여 주택(준주택을 포함한다. 이하 이 조에서 같다)의 건설 · 공급 · 관리 및 이와 관련된 자금의 조달, 주택가격 동향 등 이 법에 규정된 주택과 관련된 사항에 관한 정보를 종합적으로 관리하고 이를 관련 기관 · 단체 등에 제공할 수 있다. ② 국토교통부장관 또는 시 · 도지사는 제1항에 따른 주택 관	**제89조【주택행정정보화 및 자료의 관리 등】** ① 국토교통부장관은 법 제88조제1항에 따른 주택(준주택을 포함한다. 이하 이 조에서 같다) 정보의 종합적 관리 및 제공업무를 효율적이고 체계적으로 관리하기 위하여 국토교통부령으로 정하는 바에 따라 주택정보체계를 구축 · 운영할 수 있다. ② 법 제88조제3항에서 "주택의 소유 여부 확인, 입주자의 자격 확인 등 대통령령으로 정하는 사항"이란 다음 각 호의 사항을 말한다.	**제37조【주택정보체계 구축 · 운영】** 국토교통부장관은 영 제89조제1항에 따라 다음 각 호의 사항을 데이터베이스로 구축하여 운영할 수 있다. 1. 법 제15조제1항 또는 제3항에 따른 사업계획 승인 2. 법 제16조제1항에 따른 착공승인 3. 법 제49조제1항에 따른 사용검사

법	시 행 령	시 행 규 칙
련 정보를 종합관리하기 위하여 필요한 자료를 관련 기관·단체 등에 요청할 수 있다. 이 경우 관계 행정기관 등은 특별한 사유가 없으면 요청에 따라야 한다. ③ 사업주체 또는 관리주체는 주택을 건설·공급·관리할 때 이 법과 이 법에 따른 명령에 따라 필요한 주택의 소유 여부 확인, 입주자의 자격 확인 등 대통령령으로 정하는 사항에 대하여 관련 기관·단체 등에 자료 제공 또는 확인을 요청할 수 있다.	1. 주택의 소유 여부 확인 2. 입주자의 자격 확인 3. 지방자치단체·한국토지주택공사 등 공공기관이 법, 「택지개발촉진법」 및 그 밖의 법률에 따라 개발·공급하는 택지의 현황, 공급계획 및 공급일정 4. 주택이 건설되는 해당 지역과 인근지역에 대한 입주자저축의 가입자현황 5. 주택이 건설되는 해당 지역과 인근지역에 대한 주택건설사업계획승인현황 6. 주택관리업자 등록현황	및 임시 사용승인 4. 법 제54조제1항에 따른 주택공급 승인
제89조【권한의 위임·위탁】 ① 이 법에 따른 국토교통부장관의 권한은 대통령령으로 정하는 바에 따라 그 일부를 시·도지사 또는 국토교통부 소속 기관의 장에게 위임할 수 있다. ② 국토교통부장관 또는 지방자치단체의 장은 이 법에 따른 권한 중 다음 각 호의 권한을 대통령령으로 정하는 바에 따라 주택산업 육성과 주택관리의 전문화, 시설물의 안전관리 및 자격검정 등을 목적으로 설립된 법인 또는 「주택도시기금법」 제10조제2항 및 제3항에 따라 주택도시기금 운용·관리에 관한 사무를 위탁받은 자 중 국토교통부장관 또는 지방자치단체의 장이 인정하는 자에게 위탁할 수 있다. 1. 제4조에 따른 주택건설사업 등의 등록 2. 제10조에 따른 영업실적 등의 접수 3. 제48조제3항에 따른 부실감리자 현황에 대한 종합관리 4. 제88조에 따른 주택정책 관련 자료의 종합관리	**제90조【권한의 위임】** 국토교통부장관은 법 제89조제1항에 따라 다음 각 호의 권한을 시·도지사에게 위임한다. 1. 법 제8조에 따른 주택건설사업자 및 대지조성사업자의 등록말소 및 영업의 정지 2. 법 제15조 및 제16조에 따른 사업계획의 승인·변경승인·승인취소 및 착공신고의 접수. 다만, 다음 각 목의 어느 하나에 해당하는 경우는 제외한다. 가. 제27조제3항제1호의 경우 중 택지개발사업을 추진하는 지역 안에서 주택건설사업을 시행하는 경우 나. 제27조제3항제3호에 따른 주택건설사업을 시행하는 경우. 다만, 착공신고의 접수는 시·도지사에게 위임한다. 3. 법 제49조에 따른 사용검사 및 임시 사용승인 4. 법 제51조제2항제1호에 따른 새로운 건설기술을 적용하여 건설하는 공업화주택에 관한 권한 5. 법 제93조에 따른 보고·검사	

법	시 행 령	시 행 규 칙
③ 국토교통부장관은 제55조제1항 및 제2항에 따른 관계기관의 장에 대한 자료제공 요청에 관한 사무를 보건복지부장관 또는 지방자치단체의 장에게 위탁할 수 있다. ④ 국토교통부장관은 다음 각 호의 사무를 제56조의2에 따라 지정·고시된 주택청약업무수행기관에 위탁할 수 있다. 〈신설 2020.1.23.〉 1. 제55조제1항에 따른 주민등록 전산정보 및 주택의 소유 여부 확인을 위한 자료의 제공 요청 2. 제56조에 따른 입주자저축정보의 제공 요청 3. 제1호 및 제2호에 따라 제공받은 자료 또는 정보를 활용한 입주자자격, 주택의 소유 여부, 재당첨 제한 여부, 공급 순위 등의 확인 및 해당 정보의 제공 **제90조 【등록증의 대여 등 금지】** ① 등록사업자는 다른 사람에게 자기의 성명 또는 상호를 사용하여 이 법에서 정한 사업이나 업무를 수행 또는 시공하게 하거나 그 등록증을 대여하여서는 아니 된다. 〈개정 2024.1.16.〉 ② 누구든지 등록사업자로부터 그 성명이나 상호를 빌리거나 허락 없이 등록사업자의 성명 또는 상호로 이 법에서 정한 사업이나 업무를 수행 또는 시공하거나 그 등록증을 빌려서는 아니 된다. 〈신설 2024.1.16.〉 ③ 누구든지 제1항 및 제2항에서 금지된 행위를 알선하여서는 아니 된다. 〈신설 2024.1.16.〉 ④ 등록사업자, 제2조제11호에 따른 주택조합의 임원(발기인을 포함한다) 및 제11조의2에 따른 업무대행자는 이 법에서 정한 사업이나 업무를 수행 또는 시공하기 위하여 제2	6. 법 제96조제1호 및 제2호에 따른 청문 **제91조 【업무의 위탁】** ① 국토교통부장관은 법 제89조제2항에 따라 다음 각 호의 업무를 법 제85조제1항에 따른 주택사업자단체(이하 "협회"라 한다)에 위탁한다. 1. 법 제4조에 따른 주택건설사업 및 대지조성사업의 등록 2. 법 제10조에 따른 영업실적 등의 접수 ② 국토교통부장관은 법 제89조제2항에 따라 법 제88조제1항에 따른 주택관련 정보의 종합관리업무에 관한 다음 각 호의 업무를 한국부동산원에 위탁한다. 〈개정 2016.8.31., 2019.10.22., 2020.12.8., 2021.10.14., 2022.2.11.〉 1. 주택거래 관련 정보체계의 구축·운용: 운용 2. 주택공급 관련 정보체계의 구축·운용: 운용 3. 주택가격의 동향 조사 및 주택시장 분석	

법	시 행 령	시 행 규 칙
항의 행위를 교사하거나 방조하여서는 아니 된다. 〈신설 2024.1.16.〉		
제91조【체납된 분양대금 등의 강제징수】 ① 국가 또는 지방자치단체인 사업주체가 건설한 국민주택의 분양대금·임대보증금 및 임대료가 체납된 경우에는 국가 또는 지방자치단체가 국세 또는 지방세 체납처분의 예에 따라 강제징수할 수 있다. 다만, 입주자가 장기간의 질병이나 그 밖의 부득이한 사유로 분양대금·임대보증금 및 임대료를 체납한 경우에는 강제징수하지 아니할 수 있다. ② 한국토지주택공사 또는 지방공사는 그가 건설한 국민주택의 분양대금·임대보증금 및 임대료가 체납된 경우에는 주택의 소재지를 관할하는 시장·군수·구청장에게 그 징수를 위탁할 수 있다. ③ 제2항에 따라 징수를 위탁받은 시장·군수·구청장은 지방세 체납처분의 예에 따라 이를 징수하여야 한다. 이 경우 한국토지주택공사 또는 지방공사는 시장·군수·구청장이 징수한 금액의 2퍼센트에 해당하는 금액을 해당 시·군·구에 위탁수수료로 지급하여야 한다.		
제92조【분양권 전매 등에 대한 신고포상금】 시·도지사는 제64조를 위반하여 분양권 등을 전매하거나 알선하는 자를 주무관청에 신고한 자에게 대통령령으로 정하는 바에 따라 포상금을 지급할 수 있다.	**제92조【분양권 전매 등에 대한 신고포상금】** ① 법 제92조에 따라 법 제64조를 위반하여 분양권 등을 전매하거나 알선하는 행위(이하 "부정행위"라 한다)를 하는 자를 신고하려는 자는 신고서에 부정행위를 입증할 수 있는 자료를 첨부하여 시·도지사에게 신고하여야 한다. ② 시·도지사는 제1항에 따른 신고를 받은 경우에는 관할 수사기관에 수사를 의뢰하여야 하며, 수사기관은 해당 수사결과(법 제101조제2호에 따른 벌칙 부과 등 확정판결의 결	**제38조【포상금의 지급기준 등】** ① 영 제92조제1항에 따른 신고서는 별지 제33호서식에 따른다. ② 영 제92조제4항에 따른 신청서는 별지 제34호서식에 따른다. ③ 영 제92조제4항에 따른 포상금은 1천만원 이하의 범위에서 지급하되, 구체적인 지급 기준 및 지급 기준액은 별

법	시 행 령	시 행 규 칙
제93조【보고 · 검사 등】 ① 국토교통부장관 또는 지방자치단체의 장은 필요하다고 인정할 때에는 다음 각 호의 어느 하나에 해당하는 자에게 필요한 보고를 하게 하거나, 관계 공무원으로 하여금 사업장에 출입하여 필요한 검사를 하게 할 수 있다. 다만, 제2조제24호에 따른 공공택지를 공급하기 위하여 한국토지주택공사등(제4조제1항제1호부터 제4호까지에 해당하는 자를 말한다)이 제4조제2항에 따른 등록기준 관련 검사를 요청하는 경우 요청받은 지방자치단체의 장은 검사요청을 받은 날부터 30일 이내에 검사결과를 통보하여야 한다. 〈개정 2024.1.16.〉 1. 이 법에 따른 신고 · 인가 · 승인 또는 등록을 한 자 2. 관할구역에서 공공택지를 공급받은 자(제4조제1항 단서에 해당하는 자는 제외한다) ② 제1항에 따른 검사를 할 때에는 검사 7일 전까지 검사	과를 포함한다. 이하 같다)를 시 · 도지사에게 통보하여야 한다. ③ 시 · 도지사는 제2항에 따른 수사결과를 신고자에게 통지하여야 한다. ④ 제3항에 따른 통지를 받은 신고자는 신청서에 다음 각 호의 서류를 첨부하여 시 · 도지사에게 포상금 지급을 신청할 수 있다. 이 경우 시 · 도지사는 신청일부터 30일 이내에 국토교통부령으로 정하는 지급기준에 따라 포상금을 지급하여야 한다. 1. 제3항에 따른 수사결과통지서 사본 1부 2. 통장 사본 1부	표 4와 같다. ④ 시 · 도지사는 다음 각 호의 어느 하나에 해당하는 경우에는 포상금을 지급하지 아니할 수 있다. 1. 신고받은 전매행위 또는 알선행위(이하 "부정행위"라 한다)가 언론매체 등에 이미 공개된 내용이거나 이미 수사 중인 경우 2. 관계 행정기관이 사실조사 등을 통하여 신고받은 부정행위를 이미 알게 된 경우 ⑤ 시 · 도지사는 제3항에 따라 포상금을 지급하지 아니하는 경우에는 그 사유를 신고한 자에게 통지하여야 한다. **제39조【검사공무원의 증표】** 법 제93조제3항에 따른 증표는 별지 제35호서식과 같다.

법	시 행 령	시 행 규 칙
일시, 검사 이유 및 검사 내용 등 검사계획을 검사를 받을 자에게 알려야 한다. 다만, 긴급한 경우나 사전에 통지하면 증거인멸 등으로 검사 목적을 달성할 수 없다고 인정하는 경우에는 그러하지 아니하다. ③ 제1항에 따라 검사를 하는 공무원은 그 권한을 나타내는 증표를 지니고 이를 관계인에게 내보여야 한다. ④ 제1항에 따른 보고·검사 등에서 제8조에 따른 조치가 필요하다고 판단되는 다른 지방자치단체 등록사업자가 있는 경우 관할 시·도지사에게 통보하여야 한다. 〈신설 2024.1.16.〉		
제93조의2【보고·검사 등에 따른 자료요청】 ① 국토교통부장관 또는 지방자치단체의 장은 제93조에 따른 보고、검사 등에 필요한 자료로서 기술인력에 해당하는 자의 고용보험, 국민연금보험, 국민건강보험, 산업재해보상보험, 건설근로자 퇴직공제 및 경력증명, 사업자등록증명, 소득금액증명, 법인등기임원에 관한 자료를 관계 기관의 장에게 요청할 수 있다. 이 경우 자료의 제공을 요청받은 관계 기관의 장은 특별한 사유가 없으면 이에 따라야 한다. ② 국토교통부장관 또는 지방자치단체의 장은 제1항의 자료를 확인하기 위하여 필요하면 「전자정부법」 제36조제1항에 따라 행정정보를 공동이용할 수 있다. [본조신설 2024.1.16.]		
제94조【사업주체 등에 대한 지도·감독】 국토교통부장관 또는 지방자치단체의 장은 사업주체 및 공동주택의 입주자·사용자·관리주체·입주자대표회의나 그 구성원 또는 리모델링주택조합이 이 법 또는 이 법에 따른 명령이나 처분	**제93조【사업주체 등에 대한 감독】** 지방자치단체의 장은 법 제94조에 따라 사업주체 등에게 공사의 중지, 원상복구 또는 그 밖에 필요한 조치를 명하였을 때에는 즉시 국토교통부장관에게 그 사실을 보고하여야 한다.	

법	시 행 령	시 행 규 칙
을 위반한 경우에는 공사의 중지, 원상복구 또는 그 밖에 필요한 조치를 명할 수 있다.		
제95조【협회 등에 대한 지도·감독】 국토교통부장관은 협회를 지도·감독한다.	**제94조【협회에 대한 감독】** 국토교통부장관은 법 제95조에 따라 감독상 필요한 경우에는 협회로 하여금 다음 각 호의 사항을 보고하게 할 수 있다. 1. 총회 또는 이사회의 의결사항 2. 회원의 실태파악을 위하여 필요한 사항 3. 협회의 운영계획 등 업무와 관련된 중요사항 4. 그 밖에 주택정책 및 주택관리와 관련하여 필요한 사항	
제96조【청문】 국토교통부장관 또는 지방자치단체의 장은 다음 각 호의 어느 하나에 해당하는 처분을 하려면 청문을 하여야 한다. 〈개정 2021.1.5.〉 1. 제8조제1항에 따른 주택건설사업 등의 등록말소 2. 제14조제2항에 따른 주택조합의 설립인가취소 3. 제16조제4항에 따른 사업계획승인의 취소 4. 제66조제8항에 따른 행위허가의 취소 **제97조【벌칙 적용에서 공무원 의제】** 다음 각 호의 어느 하나에 해당하는 자는 「형법」 제129조부터 제132조까지의 규정을 적용할 때에는 공무원으로 본다. 〈개정 2020.1.23.〉 1. 제44조 및 제45조에 따라 감리업무를 수행하는 자 2. 제48조의3제1항에 따른 품질점검단의 위원 중 공무원이 아닌 자 〈신설 2020.1.23.〉 3. 제59조에 따른 분양가심사위원회의 위원 중 공무원이 아닌 자	**제95조【고유식별정보의 처리】** 국토교통부장관(제90조 및 제91조에 따라 국토교통부장관의 권한을 위임받거나 업무를 위탁받은 자를 포함한다), 시·도지사, 시장, 군수, 구청장(해당 권한이 위임·위탁된 경우에는 그 권한을 위임·위탁받은 자를 포함한다) 또는 사업주체(법 제11조의2제1항에 따른 주택조합 업무대행자, 주택 청약접수 및 입주자 선정 업무를 위탁받은 자를 포함한다)는 다음 각 호의 사무를 수행하기 위하여 불가피한 경우 「개인정보 보호법 시행령」 제19조제1호, 제2호 또는 제4호에 따른 주민등록번호, 여권번호 또는 외국인등록번호가 포함된 자료를 처리할 수 있다. 〈개정 2017.6.2, 2018.3.13, 2020.7.24, 2021.2.19, 2021.7.6, 2021.9.7. 2024.6.18.〉 1. 법 제4조제1항에 따른 주택건설사업 또는 대지조성사업의 등록에 관한 사무 2. 법 제6조에 따른 등록사업자의 결격사유 확인에 관한 사무 3. 법 제13조제1항에 따른 주택조합의 발기인 또는 임원의 결격사유 확인에 관한 사무	**관계법** 「형법」 제129조 (수뢰, 사전수뢰) ① 공무원 또는 중재인이 그 직무에 관하여 뇌물을 수수, 요구 또는 약속한 때에는 5년 이하의 징역 또는 10년 이하의 자격정지에 처한다. ② 공무원 또는 중재인이 될 자가 그 담당할 직무에 관하여 청탁을 받고 뇌물을 수수, 요구 또는 약속한 후 공무원 또는 중재인이 된 때에는 3년 이하의 징역 또는 7년 이하의 자격정지에 처한다.

법	시 행 령	시 행 규 칙

4. 법 제49조에 따른 사용검사 또는 임시 사용승인에 관한 사무
5. 법 제54조에 주택 공급에 관한 사무
5의2. 법 제57조의2제2항 및 제3항에 따른 주택의 매입에 관한 사무
5의3. 법 제57조의2제6항에 따른 부기등기 말소를 위한 거주사실 확인에 관한 사무
5의4. 법 제57조의3에 따른 분양가상한제 적용주택의 거주실태 조사에 관한 사무
5의5. 법 제65조제2항에 따른 이미 체결된 주택 공급계약의 취소에 관한 사무
6. 법 제65조제5항에 따른 입주자자격 제한에 관한 사무
6의2. 법 제65조제6항에 따른 매수인의 공급질서교란행위 관련 여부 소명에 관한 사무
6의3. 법 제78조의2제1항 및 제2항에 따른 토지임대부 분양주택의 공공매입에 관한 사무
7. 제21조제1항에 따른 조합원의 자격 확인에 관한 사무
7의2. 제73조제5항에 따른 전매 동의에 관한 사무
8. 제89조제1항에 따른 주택정보체계의 구축 및 운영에 관한 사무

제130조 (제삼자뇌물제공)
공무원 또는 중재인이 그 직무에 관하여 부정한 청탁을 받고 제3자에게 뇌물을 공여하게 하거나 공여를 요구 또는 약속한 때에는 5년 이하의 징역 또는 10년 이하의 자격정지에 처한다.

제131조 (수뢰후부정처사, 사후수뢰)
① 공무원 또는 중재인이 전2조의 죄를 범하여 부정한 행위를 한 때에는 1년 이상의 유기징역에 처한다.
② 공무원 또는 중재인이 그 직무상 부정한 행위를 한 후 뇌물을 수수, 요구 또는 약속하거나 제삼자에게 이를 공여하게 하거나 공여를 요구 또는 약속한 때에도 전항의 형과 같다.
③ 공무원 또는 중재인이었던 자가 그 재직중에 청탁을 받고 직무상 부정한 행위를 한 후 뇌물을 수수, 요구 또는 약속한 때에는 5년 이하의 징역 또는 10년 이하의 자격정지에 처한다.
④ 전3항의 경우에는 10년 이하의 자격정지를 병과할 수 있다.

제132조 (알선수뢰)
공무원이 그 지위를 이용하여 다른 공무원의 직무에 속한 사항의 알선에 관하여 뇌물을 수수, 요구 또는 약속한 때에는 3년 이하의 징역 또는 7년 이하의 자격정지에 처한다.

제6장 벌칙

제98조【벌칙】 ① 제33조, 제43조, 제44조(같은 조 제1항 제4호의2는 제외한다), 제46조 또는 제70조를 위반하여 설계·시공 또는 감리를 함으로써 「공동주택관리법」 제36조 제3항에 따른 담보책임기간에 공동주택의 내력구조부에 중대한 하자를 발생시켜 일반인을 위험에 처하게 한 설계자·

법	시 행 령	시 행 규 칙

시공자 · 감리자 · 건축구조기술사 또는 사업주체는 10년 이하의 징역에 처한다. 〈개정 2017.4.18., 2024.1.16.〉
② 제1항의 죄를 범하여 사람을 죽음에 이르게 하거나 다치게 한 자는 무기징역 또는 3년 이상의 징역에 처한다.

제99조【벌칙】 ① 업무상 과실로 제98조제1항의 죄를 범한 자는 5년 이하의 징역이나 금고 또는 5천만원 이하의 벌금에 처한다.
② 업무상 과실로 제98조제2항의 죄를 범한 자는 10년 이하의 징역이나 금고 또는 1억원 이하의 벌금에 처한다.

제100조【벌칙】 제55조제5항, 제56조제10항 및 제57조의3제4항을 위반하여 정보 또는 자료를 사용·제공 또는 누설한 사람은 5년 이하의 징역 또는 5천만원 이하의 벌금에 처한다. 〈개정 2018.12.18., 2020.1.23., 2020.8.18.〉

제101조【벌칙】 다음 각 호의 어느 하나에 해당하는 자는 3년 이하의 징역 또는 3천만원 이하의 벌금에 처한다. 다만, 제2호 및 제3호에 해당하는 자로서 그 위반행위로 얻은 이익의 3배에 해당하는 금액이 3천만원을 초과하는 자는 3년 이하의 징역 또는 그 이익의 3배에 해당하는 금액 이하의 벌금에 처한다. 〈개정 2016.12.2. 2018.12.18., 2020.1.23., 2020.8.18., 2024.3.19.〉
1. 제11조의2제1항을 위반하여 조합업무를 대행하게 한 주택조합, 주택조합의 발기인 및 조합업무를 대행한 자
1의2. 고의로 제33조를 위반하여 설계하거나 시공함으로써 사업주체 또는 입주자에게 손해를 입힌 자
1의3. 제57조의2제2항 또는 제7항을 위반하여 거주의무를

법	시 행 령	시 행 규 칙
이행하지 아니하고 해당 주택을 양도한 자 2. 제64조제1항을 위반하여 주택을 전매하거나 이의 전매를 알선한 자 3. 제65조제1항을 위반한 자 4. 제66조제3항을 위반하여 리모델링주택조합이 설립인가를 받기 전에 또는 입주자대표회의가 소유자 전원의 동의를 받기 전에 시공자를 선정한 자 및 시공자로 선정된 자 5. 제66조제4항을 위반하여 경쟁입찰의 방법에 의하지 아니하고 시공자를 선정한 자 및 시공자로 선정된 자 **제102조【벌칙】** 다음 각 호의 어느 하나에 해당하는 자는 2년 이하의 징역 또는 2천만원 이하의 벌금에 처한다. 다만, 제5호 또는 제18호에 해당하는 자로서 그 위반행위로 얻은 이익의 50퍼센트에 해당하는 금액이 2천만원을 초과하는 자는 2년 이하의 징역 또는 그 이익의 2배에 해당하는 금액 이하의 벌금에 처한다. 〈개정 2016.12.2., 2018.12.18., 2019.4.23., 2019.12.10., 2020.1.23., 2024.1.16.〉 1. 제4조에 따른 등록을 하지 아니하거나, 거짓이나 그 밖의 부정한 방법으로 등록을 하고 같은 조의 사업을 한 자 2. 제11조의3제1항을 위반하여 신고하지 아니하고 조합원을 모집하거나 조합원을 공개로 모집하지 아니한 자 2의2. 제11조의5를 위반하여 조합원 가입을 권유하거나 조합원을 모집하는 광고를 한 자 2의3. 제11조의6제1항을 위반하여 가입비등을 예치하도록 하지 아니한 자 2의4. 제11조의6제4항을 위반하여 가입비등의 반환을 요청하지 아니한 자 3. 제12조제2항에 따른 서류 및 관련 자료를 거짓으로 공		

법	시 행 령	시 행 규 칙
개한 주택조합의 발기인 또는 임원 4. 제12조제3항에 따른 열람 · 복사 요청에 대하여 거짓의 사실이 포함된 자료를 열람 · 복사하여 준 주택조합의 발기인 또는 임원 5. 제15조제1항 · 제3항 또는 제4항에 따른 사업계획의 승인 또는 변경승인을 받지 아니하고 사업을 시행하는 자 6. 〈삭제 2018.12.18.〉 6의2. 과실로 제33조를 위반하여 설계하거나 시공함으로써 사업주체 또는 입주자에게 손해를 입힌 자 7. 제34조제1항 또는 제2항을 위반하여 주택건설공사를 시행하거나 시행하게 한 자 8. 제35조에 따른 주택건설기준등을 위반하여 사업을 시행한 자 9. 제39조를 위반하여 공동주택성능에 대한 등급을 표시하지 아니하거나 거짓으로 표시한 자 10. 제40조에 따른 환기시설을 설치하지 아니한 자 11. 고의로 제44조제1항(같은 항 제4호의2는 제외한다)에 따른 감리업무를 게을리하여 위법한 주택건설공사를 시공함으로써 사업주체 또는 입주자에게 손해를 입힌 자 12. 제49조제4항을 위반하여 주택 또는 대지를 사용하게 하거나 사용한 자(제66조제7항에 따라 준용되는 경우를 포함한다) 13. 제54조제1항을 위반하여 주택을 건설 · 공급한 자(제54조의2에 따라 주택의 공급업무를 대행한 자를 포함한다) 14. 제54조제3항을 위반하여 건축물을 건설 · 공급한 자 14의2. 제54조의2제2항을 위반하여 주택의 공급업무를 대행하게 한 자 15. 제57조제1항 또는 제5항을 위반하여 주택을 공급한 자 16. 제60조제1항 또는 제3항을 위반하여 견본주택을 건설		

법	시 행 령	시 행 규 칙
하거나 유지관리한 자 17. 제61조제1항을 위반하여 같은 항 각 호의 어느 하나에 해당하는 행위를 한 자 18. 제77조를 위반하여 부정하게 재물 또는 재산상의 이익을 취득하거나 제공한 자 19. 제81조제3항에 따른 조치를 위반한 자 **제103조【벌칙】** 제59조제4항을 위반하여 고의로 잘못된 심사를 한 자는 2년 이하의 징역 또는 2천만원 이하의 벌금에 처한다. 〈개정 2018.12.18.〉 **제104조【벌칙】** 다음 각 호의 어느 하나에 해당하는 자는 1년 이하의 징역 또는 1천만원 이하의 벌금에 처한다. 〈개정 2019.12.10., 2020.1.23., 2020.6.9., 2020.8.18., 2024.1.16.〉 1. 제8조에 따른 영업정지기간에 영업을 한 자 1의2. 제11조의2제4항을 위반하여 실적보고서를 제출하지 아니한 업무대행자 〈신설 2020.1.23.〉 1의3. 제12조제1항을 위반하여 실적보고서를 작성하지 아니하거나 제12조제1항 각 호의 사항을 포함하지 않고 작성한 주택조합의 발기인 또는 임원 〈신설 2020.1.23.〉 2. 제12조제2항을 위반하여 주택조합사업의 시행에 관련한 서류 및 자료를 공개하지 아니한 주택조합의 발기인 또는 임원 3. 제12조제3항을 위반하여 조합원 구성원의 열람·복사 요청을 따르지 아니한 주택조합의 발기인 또는 임원 4. 삭제 〈2020.1.23.〉 4의2. 제14조제4항에 따른 시정요구 등의 명령을 위반한 자 4의3. 제14조의2제3항을 위반하여 총회의 개최를 통지하지 아니한 자 〈신설 2020.1.23.〉		

법	시 행 령	시 행 규 칙
4의4. 제14조의3제1항에 따른 회계감사를 받지 아니한 자 〈신설 2020.1.23.〉 4의5. 제14조의3제2항을 위반하여 장부 및 증빙서류를 작성 또는 보관하지 아니하거나 거짓으로 작성한 자 〈신설 2020.1.23.〉 5. 삭제 〈2018.12.18.〉 6. 과실로 제44조제1항(같은 항 제4호의2는 제외한다)에 따른 감리업무를 게을리하여 위법한 주택건설공사를 시공함으로써 사업주체 또는 입주자에게 손해를 입힌 자 7. 제44조제4항을 위반하여 시정 통지를 받고도 계속하여 주택건설공사를 시공한 시공자 및 사업주체 8. 제46조제1항에 따른 건축구조기술사의 협력, 제68조제5항에 따른 안전진단기준, 제69조제3항에 따른 검토기준 또는 제70조에 따른 구조기준을 위반하여 사업주체, 입주자 또는 사용자에게 손해를 입힌 자 9. 제48조제2항에 따른 시정명령에도 불구하고 필요한 조치를 하지 아니하고 감리를 한 자 10. 제57조의2제1항 및 제7항을 위반하여 거주의무기간 중에 실제로 거주하지 아니하고 거주한 것으로 속인 자 〈신설 2020.8.18.〉 11. 제66조제1항 및 제2항을 위반한 자 12. 제90조를 위반하여 등록증의 대여 등을 한 자 12의2. 제90조제2항을 위반하여 등록사업자의 성명이나 상호를 빌리거나 허락 없이 등록사업자의 성명이나 상호로 이 법에서 정한 사업이나 업무를 수행 또는 시공하거나 등록증을 빌린 자 12의3. 제90조제3항을 위반하여 알선한 자 12의4. 제90조제4항을 위반하여 같은 조 제2항의 행위를 교사하거나 방조한 자 13. 제93조제1항에 따른 검사 등을 거부 · 방해 또는 기피한 자		

법	시 행 령	시 행 규 칙
14. 제94조에 따른 공사 중지 등의 명령을 위반한 자		
제105조 【양벌규정】 ① 법인의 대표자나 법인 또는 개인의 대리인, 사용인, 그 밖의 종업원이 그 법인 또는 개인의 업무에 관하여 제98조의 위반행위를 하면 그 행위자를 벌하는 외에 그 법인 또는 개인에게도 10억원 이하의 벌금에 처한다. 다만, 법인 또는 개인이 그 위반행위를 방지하기 위하여 해당 업무에 관하여 상당한 주의와 감독을 게을리하지 아니한 경우에는 그러하지 아니하다. ② 법인의 대표자나 법인 또는 개인의 대리인, 사용인, 그 밖의 종업원이 그 법인 또는 개인의 업무에 관하여 제99조, 제101조, 제102조 및 제104조의 어느 하나에 해당하는 위반행위를 하면 그 행위자를 벌하는 외에 그 법인 또는 개인에게도 해당 조문의 벌금형을 과(科)한다. 다만, 법인 또는 개인이 그 위반행위를 방지하기 위하여 해당 업무에 관하여 상당한 주의와 감독을 게을리하지 아니한 경우에는 그러하지 아니하다.	**제96조 【규제의 재검토】** ① 국토교통부장관은 다음 각 호의 사항에 대하여 다음 각 호의 기준일을 기준으로 3년마다(매 3년이 되는 해의 기준일과 같은 날 전까지를 말한다) 그 타당성을 검토하여 개선 등의 조치를 하여야 한다. 〈개정 2017.6.2〉 1. 제17조에 따른 등록사업자의 주택건설공사 시공기준: 2017년 1월 1일 2. 제44조에 따른 주택건설공사의 시공 제한 등: 2017년 1월 1일 3. 제47조에 따른 감리자의 지정 및 감리원의 배치 등: 2017년 1월 1일 4. 제71조에 따른 입주자의 동의 없이 저당권 설정 등을 할 수 있는 경우 등: 2017년 1월 1일 5. 제72조에 따른 부기등기 등: 2017년 1월 1일 6. 제83조부터 제85조까지에 따른 주택상환사채의 발행 등: 2017년 1월 1일 ② 국토교통부장관은 제20조제4항에 따른 총회 의결을 위한 조합원의 직접 출석 기준에 대하여 2017년 1월 1일을 기준으로 5년마다(매 5년이 되는 해의 기준일과 같은 날 전까지를 말한다) 그 타당성을 검토하여 개선 등의 조치를 하여야 한다. 〈신설 2017.6.2.〉	**제40조 【규제의 재검토】** 국토교통부장관은 다음 각 호의 사항에 대하여 2017년 1월 1일을 기준으로 3년마다(매 3년이 되는 해의 기준일과 같은 날 전까지를 말한다) 그 타당성을 검토하여 개선 등의 조치를 하여야 한다. 1. 제6조에 따른 영업실적 등의 제출 및 확인 2. 제13조에 따른 사업계획의 변경승인신청 등 3. 제18조에 따른 감리원의 배치기준 등 4. 제27조에 따른 분양가상한제 적용 주택 등의 부기등기 말소 신청 [전문개정 2016.12.30.]
제106조 【과태료】 ① 다음 각 호의 어느 하나에 해당하는 자에게는 2천만원 이하의 과태료를 부과한다. 〈개정 2020.1.23〉 1. 제48조의2제1항을 위반하여 사전방문을 실시하게 하지 아니한 자 2. 제48조의3제3항을 위반하여 점검에 따르지 아니하거나 기피 또는 방해한 자 3. 제78조제3항에 따른 표준임대차계약서를 사용하지 아니	**제97조 【과태료의 부과】** 법 제106조에 따른 과태료의 부과기준은 별표 5와 같다.	

법	시 행 령	시 행 규 칙
하거나 표준임대차계약서의 내용을 이행하지 아니한 자 4. 제78조제5항에 따른 임대료에 관한 기준을 위반하여 토지를 임대한 자 ② 다음 각 호의 어느 하나에 해당하는 자에게는 1천만원 이하의 과태료를 부과한다. 〈개정 2016.12.2., 2019.4.23., 2020.1.23., 2021.4.13.〉 1. 제11조의2제3항을 위반하여 자금의 보관 업무를 대행하도록 하지 아니한 자 2. 제11조의3제8항에 따른 주택조합 가입에 관한 계약서 작성 의무를 위반한 자 3. 제11조의4제1항에 따른 설명의무 또는 같은 조 제2항에 따른 확인 및 교부, 보관 의무를 위반한 자 4. 제13조제4항을 위반하여 겸직한 자 5. 제46조제1항을 위반하여 건축구조기술사의 협력을 받지 아니한 자 6. 제54조의2제3항에 따른 보고를 하지 아니한 자 ③ 다음 각 호의 어느 하나에 해당하는 자에게는 500만원 이하의 과태료를 부과한다. 〈개정 2019.12.10., 2020.1.23., 2021.8.10., 2024.1.16.〉 1. 제12조제4항에 따른 서류 및 자료를 제출하지 아니한 주택조합의 발기인 또는 임원 2. 제16조제2항에 따른 신고를 하지 아니한 자 2의2. 제41조의2제8항을 위반하여 성능검사 결과 또는 조치결과를 입주예정자에게 알리지 아니하거나 거짓으로 알린 자 2의3. 제44조제1항제4호의2에 따른 시공자격 여부의 확인을 하지 아니한 감리자 3. 제44조제2항에 따른 보고를 하지 아니하거나 거짓으로 보고를 한 감리자 3의2. 제44조제3항에 따른 보고를 하지 아니하거나 거짓으로 보고를 한 감리자		

법	시 행 령	시 행 규 칙
4. 제45조제2항에 따른 보고를 하지 아니하거나 거짓으로 보고를 한 감리자 4의2. 제48조의2제3항을 위반하여 보수공사 등의 조치를 하지 아니한 자 4의3. 제48조의2제5항을 위반하여 조치결과 등을 입주예정자 및 사용검사권자에게 알리지 아니한 자 4의4. 제48조의3제4항 후단을 위반하여 자료제출 요구에 따르지 아니하거나 거짓으로 자료를 제출한 자 4의5. 제48조의3제7항을 위반하여 조치명령을 이행하지 아니한 자 5. 제54조제2항을 위반하여 주택을 공급받은 자 6. 제54조제8항을 위반하여 같은 항에 따른 사본을 제출하지 아니하거나 거짓으로 제출한 자 7. 제93조제1항에 따른 보고 또는 검사의 명령을 위반한 자 ④ 다음 각 호의 어느 하나에 해당하는 자에게는 300만원 이하의 과태료를 부과한다. 〈개정 2021.4.13., 2024.3.19.〉 1. 제57조의2제2항 및 제8항을 위반하여 한국토지주택공사에 해당 주택의 매입을 신청하지 아니한 자 2. 제57조의3제1항에 따른 서류 등의 제출을 거부하거나 해당 주택의 출입·조사 또는 질문을 방해하거나 기피한 자 ⑤ 제1항부터 제4항까지에 따른 과태료는 대통령령으로 정하는 바에 따라 국토교통부장관 또는 지방자치단체의 장이 부과한다. 〈개정 2020.8.18.〉		

법

부칙〈법률 제18834호, 2022.2.3.〉

제1조(시행일) 이 법은 공포 후 6개월이 경과한 날부터 시행한다.

제2조(바닥충격음 성능검사에 관한 적용례) 제41조의2제1항 및 같은 조 제5항부터 제8항까지의 개정규정은 이 법 시행 이후 제15조에 따른 사업계획승인을 신청하는 경우부터 적용한다.

부칙〈법률 제18856호, 2022.5.3.〉

제1조(시행일) 이 법은 공포 후 1년이 경과한 날부터 시행한다.

제2조(다른 법률의 개정) 주택법 일부를 다음과 같이 개정한다.

제57조제2항제3호 중 "제70조제1항 또는 제2항"으로 한다.

부칙〈법률 제19117호. 2022.12.27.〉

제1조(시행일) 이 법은 공포 후 6개월이 경과한 날부터 시행한다.

제2조 생략

제3조(다른 법률의 개정) ①부터 <75>까지 생략

<76> 주택법 일부를 다음과 같이 개정한다.

제19조제1항제13호 본문 중 " 「산림자원의 조성 및 관리에 관한 법률」 제36조제1항 · 제4항"을 " 「산림자원의 조성 및 관리에 관한 법률」 제36조제1항 · 제5항"으로 한다.

<77>부터 <98>까지 생략

부칙〈법률 제19427호, 2023.6.7.〉

(강원특별자치도 설치 및 미래산업글로벌도시

시 행 령

부칙〈대통령령 제32318호, 2022.1.4.〉

이 영은 공포한 날부터 시행한다.

부칙〈대통령령 제32411호, 2022.2.11.〉

제1조(시행일) 이 영은 공포한 날부터 시행한다. 다만, 제72조의2, 제72조의3 및 별표 5의 개정규정은 2022년 2월 11일부터 시행한다.

제2조(소형 주택에 관한 적용례) 제10조제1항의 개정규정은 이 영 시행 이후 다음 각 호의 승인이나 허가를 신청하는 주택부터 적용한다.

1. 법 제15조제1항에 따른 사업계획의 승인
2. 「건축법」 제11조에 따른 건축허가의 신청(건축허가를 신청하기 위하여 같은 법 제4조의2제1항에 따라 건축위원회에 심의를 신청하는 경우를 포함한다)

제3조(다른 법령의 개정) ① 건축법 시행령 일부를 다음과 같이 개정한다.

별표 1 제2호 각 목 외의 부분 본문 중 "원룸형"을 "소형"으로 한다.

② 산업집적활성화 및 공장설립에 관한 법률 시행령 일부를 다음과 같이 개정한다.

제58조의2제1항제3호가목 중 "원룸형"을 "소형"으로 한다.

③ 주택건설기준 등에 관한 규정 일부를 다음과 같이 개정한다.

제7조제11항제1호 중 "원룸형"을 각각 "소형"으로 한다.

제27조제1항제2호 각 목 외의 부분 본문, 같은 호 가목1) · 2) 외의 부분 및 같은 조 제4항 각 호 외의 부분 중 "원룸형"을 각각 "소형"으로 한다.

시 행 규 칙

부칙〈국토교통부령 제107호, 2022.2.11.〉

제1조(시행일) 이 규칙은 공포한 날부터 시행한다.

제2조(다른 법령의 개정) ① 건축법 시행규칙 일부를 다음과 같이 개정한다.

제2조의5제1호가목1) 중 "원룸형"을 "소형"으로 한다.

② 주택건설기준 등에 관한 규칙 일부를 다음과 같이 개정한다.

제6조의2제3호 중 " 「주택법 시행령」 제10조제1항에 따른 원룸형 주택"을 " 「주택법 시행령」 제10조제1항제1호에 따른 소형 주택"으로 한다.

부칙〈국토교통부령 제154호, 2022.10.18.〉

제1조(시행일) 이 규칙은 공포한 날부터 시행한다.

제2조(주택건설 실적의 확인기준에 관한 적용례) 별표 1 제5호의 개정규정은 이 규칙 시행 이후 법 제15조에 따른 사업계획승인(같은 조 제1항 단서에 해당하여 사업계획승인을 받지 않고 주택건설사업을 시행하는 경우를 포함하고, 같은 조 제4항에 따른 변경승인은 제외한다) 또는 「건축법」에 따른 건축허가(변경허가 및 변경신고는 제외한다)를 받는

조성을 위한 특별법)

제1조(시행일) 이 법은 공포 후 1년이 경과한 날부터 시행한다. 다만, ···<생략>··· 부칙 제8조는 2023년 6월 11일부터 시행한다.

제2조 부터 **제7조**까지 생략

제8조(다른 법률의 개정) ①부터 ④까지 생략

⑤ 주택법 일부를 다음과 같이 개정한다.

제2조제11호가목8)을 다음과 같이 한다.

8) 강원특별자치도

⑥ 생략

제9조 생략

부칙〈법률 제19839호, 2023.12.26.〉
(전북특별자치도 설치 및 글로벌생명경제도시 조성을 위한 특별법)

제1조(시행일) 이 법은 공포 후 1년이 경과한 날부터 시행한다. 다만, 부칙 ··· <생략> ··· 제7조는 2024년 1월 18일부터 시행한다.

제2조 부터 **제6조**까지 생략

제7조(다른 법률의 개정) ①부터 ⑪까지 생략

⑫ 주택법 일부를 다음과 같이 개정한다.

제2조제11호가목5)를 다음과 같이 한다.

5) 전북특별자치도

⑬ 생략

제8조 생략

부칙〈법률 제19851호, 2023.12.26.〉

부칙〈대통령령 제33379호, 2023.4.7.〉

제1조(시행일) 이 영은 공포한 날부터 시행한다.

제2조(소형 주택의 비율에 관한 적용례) 제10조제1항제1호라목의 개정규정은 이 영 시행 이후 다음 각 호의 신청을 하는 경우부터 적용한다.

1. 법 제15조제1항에 따른 사업계획 승인(같은 조 제4항에 따른 변경 승인을 포함한다)의 신청
2. 「건축법」 제11조에 따른 건축허가(같은 법 제16조제1항에 따른 변경허가를 포함한다)의 신청(건축허가를 신청하기 위하여 같은 법 제4조의2제1항에 따라 건축위원회에 심의를 신청하는 경우를 포함한다)

제3조(토지임대부 분양주택의 임대료 산정에 관한 적용례) 제81조제2항의 개정규정은 이 영 시행 이후 입주자모집공고를 하는 경우부터 적용한다.

제4조(전매행위 제한기간 위반에 따른 벌칙에 관한 경과조치) 이 영 시행 전에 한 전매행위 제한기간 위반행위에 대하여 벌칙을 적용할 때에는 제73조제3항 및 별표 3의 개정규정에도 불구하고 종전의 규정에 따른다.

부칙〈대통령령 제33434호, 2023.4.25.〉
(소상공인 경제회복 지원을 위한 61개 법령의 일부개정에 관한 대통령령)

제1조(시행일) 이 영은 공포한 날부터 시행한다.

제2조(행정처분 · 과징금 또는 과태료에 관한 적용례) 제1조부터 제61조까지의 개정규정은 이 영 시행 전의 위반행위에 대하여 이 영 시행 이후 행정처분을 하거나 과징금 또는 과태료 부과처분을 하는 경우에도 적용한다.

경우부터 적용한다.

부칙〈국토교통부령 제1176호, 2023.1.2.〉

제1조(시행일) 이 규칙은 공포한 날부터 시행한다.

부칙〈국토교통부령 제1346호, 2024.6.19.〉

이 규칙은 2024년 6월 20일부터 시행한다. 다만, 제23조의2제2항, 제23조의4 및 제27조의 개정규정은 2024년 6월 27일부터 시행한다.

부칙〈국토교통부령 제1373호, 2024.8.2.〉

제1조(시행일) 이 규칙은 공포한 날부터 시행한다. 다만, 제20조의2제3항부터 제5항까지의 개정규정은 공포 후 6개월이 경과한 날부터 시행한다.

제2조(사전방문에 관한 적용례) 제20조의2제3항부터 제5항까지의 개정규정은 부칙 제1조 단서에 따른 시행일 이후 제20조의2제2항에 따라 입주예정자에게 사전방문계획의 내용을 알리는 경우부터 적용한다.

부칙〈국토교통부령 제1444호, 2025.1.21.〉

법	시행령	시행규칙

제1조(시행일) 이 법은 공포 후 3개월이 경과한 날부터 시행한다. 다만, 제57조의2, 제64조, 제78조제6항 및 제78조의2의 개정규정은 공포 후 6개월이 경과한 날부터 시행한다.

제2조(주택의 분양가격 제한 등에 관한 적용례) 제57조제1항 및 제2항의 개정규정은 이 법 시행 이후 입주자 모집공고를 하는 경우부터 적용한다.

부칙〈법률 제20048호, 2024.1.16.〉

제1조(시행일) 이 법은 공포한 날부터 시행한다. 다만, 제8조제1항, 제18조, 제41조, 제41조의2, 제44조, 제90조, 제93조제1항, 제98조제1항, 제102조, 제104조, 제106조제3항의 개정규정은 공포 후 6개월이 경과한 날부터 시행한다.

제2조(통합심의에 관한 적용례) 제18조의 개정규정은 같은 개정규정 시행 이후 최초로 사업계획승인을 신청하거나 제15조제1항 또는 제3항에 따라 사업계획승인을 받으려는 자가 통합심의를 신청하는 경우부터 적용한다.

제3조(건축물 높이의 최고한도 완화에 관한 적용례) 제41조제8항의 개정규정은 같은 개정규정 시행 이후 제15조에 따른 사업계획승인을 신청(착공신고 이전에 변경승인을 신청하는 경우를 포함한다)하는 경우부터 적용한다.

제4조(감리자의 업무에 관한 적용례) 제44조제1항의 개정규정은 같은 개정규정 시행 이후 제16조제2항에 따라 착공신고를 하는 경우부터 적용한다.

제5조(주택건설사업의 등록말소 등에 관한 경과조치) 제8조제1항의 개정규정 시행 전의 행위에 대하여 주택건설사업의 등록말소 등을 적용할 때에는 종전의 규정에 따른다.

제6조(벌칙에 관한 경과조치) 제98조제1항, 제102조, 제

부칙〈대통령령 제33456호, 2023.5.9.〉
(건설산업기본법 시행령)

제1조(시행일) 이 영은 공포한 날부터 시행한다. <단서 생략>

제2조 부터 **제4조**까지 생략

제5조(다른 법령의 개정) ① 생략

② 주택법 시행령 일부를 다음과 같이 개정한다.

제44조제2항제2호 중 "기계가스설비공사업"을 "기계설비 · 가스공사업"으로 하고, 같은 항 제3호 중 "기계가스설비공사업"을 "기계설비 · 가스공사업"으로, "가스난방공사업"을 각각 "가스 · 난방공사업"으로 한다.

부칙〈대통령령 제33699호, 2023.9.12.〉
(소상공인의 일시적 등록기준 미달 시 제재처분 유예기간 확대를 위한 4개 법령의 일부개정에 관한 대통령령)

제1조(시행일) 이 영은 공포한 날부터 시행한다.

제2조(제재처분 유예에 관한 적용례) 제1조부터 제4조까지의 개정규정은 이 영 시행 전 등록기준에 미달하게 된 경우에 대하여 이 영 시행 이후 행정처분을 하거나 과징금 부과처분을 하는 경우에도 적용한다.

부칙〈대통령령 제34320호, 2024.3.19.〉

제1조(시행일) 이 영은 공포한 날부터 시행한다.

제2조(소형 주택의 요건 완화에 관한 적용례) 제10조제1항제1호의 개정규정은 이 영 시행 이후 다음 각 호의 신청을 하는 경우부터 적용한다.

1. 법 제15조제1항에 따른 사업계획승인(같은 조 제4항

이 규칙은 공포한 날부터 시행한다.

104조 및 제106조제3항의 개정규정 시행 전의 행위에 대하여 벌칙을 적용할 때에는 종전의 규정에 따른다.

부칙〈법률 제20393호, 2024.3.19.〉

제1조(시행일) 이 법은 공포한 날부터 시행한다. 다만, 제57조의2제5항 및 제6항의 개정규정은 공포 후 3개월이 경과한 날부터 시행하고, 법률 제19851호 주택법 일부개정법률 제57조의2제2항의 개정규정은 2024년 6월 27일부터 시행한다.

제2조(거주의무기간의 개시 등에 관한 적용례) 제57조의2의 개정규정은 이 법 시행 이후 제49조에 따른 사용검사를 받는 경우부터 적용한다.

제3조(거주의무기간 적용 등에 대한 특례) 제57조의2제1항제1호에 해당하는 주택으로서 이 법 시행 전에 제49조에 따른 사용검사를 받은 주택의 경우에는 최초 입주가능일부터 거주의무기간이 개시된 것으로 보며, 거주의무 대상이 되는 해당 주택의 거주의무자는 제57조의2제1항의 개정규정 시행 이후 거주의무를 이행하기 전까지 총 3년의 범위에서 1회에 한정하여 해당 주택에 거주하지 아니할 수 있다. 이 경우 해당 주택에 거주한 기간이 연속적이지 아니한 경우에도 이를 거주의무를 이행한 기간에 산입한다.

제4조(부기등기 갱신 등에 대한 특례) ① 제57조의2제5항 및 제6항의 개정규정이 시행되기 전 종전의 규정에 따라 부기등기된 주택의 거주의무자 중 제57조의2제5항 및 제6항의 개정규정을 적용받으려는 자에 대하여는 부칙 제2조에도 불구하고 제57조의2제5항 및 제6항의 개정규정을 적용한다. 이 경우 제57조의2제5항 전단의 개정규정에 따른 "사업주체"는 "거주의무자"로, "공급하는"은 "공급받

에 따른 변경 승인을 포함한다)의 신청

2. 「건축법」 제11조에 따른 건축허가(같은 법 제16조제1항에 따른 변경허가를 포함한다)의 신청(건축허가를 신청하기 위하여 같은 법 제4조의2제1항에 따른 건축위원회 심의를 신청하는 경우를 포함한다)

부칙〈대통령령 제34491호, 2024.5.7.〉(매장유산 보호 및 조사에 관한 법률 시행령)

제1조(시행일) 이 영은 2024년 5월 17일부터 시행한다.

제2조(다른 법령의 개정) ①부터 ⑫까지 생략

⑬ 주택법 시행령 일부를 다음과 같이 개정한다.

제31조제1호를 다음과 같이 한다.

1. 「매장유산 보호 및 조사에 관한 법률」 제11조에 따라 국가유산청장의 매장유산 발굴허가를 받은 경우

⑭부터 ⑰까지 생략

제3조 생략

부칙〈대통령령 제34581호, 2024.6.18.〉

이 영은 2024년 6월 20일부터 시행한다. 다만, 제60조의2제2항 각 호 외의 부분 후단, 같은 조 제3항·제4항, 제73조제4항 각 호 외의 부분, 제82조, 제82조의2제4항 및 별표 3 제7호의 개정규정은 2024년 6월 27일부터 시행한다.

부칙 〈대통령령 제34690호, 2024.7.9.〉

제1조(시행일) 이 영은 2024년 7월 17일부터 시행한다. 다만, 제53조의2제3항의 개정규정은 공포 후 6개월이 경과한 날부터 시행한다.

제2조(조치계획의 통보에 관한 적용례) 제53조의2제3항의 개

법	시 행 령	시 행 규 칙
은"으로 보고, 같은 항 후단은 적용하지 아니한다. ② 제1항에 따라 제57조의2제5항 및 제6항의 개정규정을 적용받으려는 자는 "이 주택은 「주택법」 제57조의2제1항에 따른 거주의무기간을 거주한 후 같은 조 제6항에 따라 부기등기를 말소하여야 양도할 수 있음"을 소유권에 관한 등기에 부기등기하여야 한다. **부칙 〈대통령령 제35221호, 2025.1.21.〉** **제1조(시행일)** 이 영은 공포한 날부터 시행한다. **제2조(도시형 생활주택의 구분에 관한 적용례)** 제10조의 개정규정은 이 영 시행 이후 다음 각 호의 신청을 하는 경우부터 적용한다. 1. 법 제15조제1항에 따른 사업계획승인(같은 조 제4항에 따른 변경 승인을 포함한다)의 신청 2. 「건축법」 제11조에 따른 건축허가(같은 법 제16조제1항에 따른 변경허가를 포함한다)의 신청(건축허가를 신청하기 위하여 같은 법 제4조의2제1항에 따른 건축위원회 심의를 신청하는 경우를 포함한다) 3. 제1호에 따른 승인 또는 제2호에 따른 허가가 의제되는 다른 법률에 따른 허가 · 인가 · 승인 등의 신청 **제3조(다른 법령의 개정)** ① 건축법 시행령 일부를 다음과 같이 개정한다. 별표 1 제2호 각 목 외의 부분 본문 중 "소형 주택"을 "아파트형 주택"으로 한다. ② 국토의 계획 및 이용에 관한 법률 시행령 일부를 다음과 같이 개정한다. 별표 8 제1호나목(2)를 다음과 같이 한다. (2) 「주택법」 제2조제20호에 따른 도시형 생활주택(주	정규정은 부칙 제1조 단서에 따른 시행일 이후 법 제48조의2제1항에 따른 사전방문을 하는 경우부터 적용한다.	

법	시행령	시행규칙
거전용면적이 60제곱미터 이하인 경우로 한정한다) ③ 산업집적활성화 및 공장설립에 관한 법률 시행령 일부를 다음과 같이 개정한다. 제58조의2제1항제3호가목 중 "「주택법 시행령」 제10조제1항에 따른 소형 주택"을 "「주택법 시행령」 제10조제1항제1호에 따른 아파트형 주택"으로 한다.		

시 행 령 [별 표]

[별표 1] 등록사업자에 대한 행정처분기준 (제18조제1항 관련) 〈개정 2024.7.9.〉

1. 일반 기준

가. 위반행위의 횟수에 따른 행정처분의 기준은 최근 1년간 같은 위반행위로 처분을 받은 경우에 적용한다. 이 경우 행정처분기준의 적용은 같은 위반행위에 대하여 최초로 행정처분을 한 날과 그 행정처분 후 다시 적발한 날을 기준으로 한다.

나. 같은 등록사업자가 둘 이상의 위반행위를 한 경우로서 그에 해당하는 각각의 처분기준이 다른 경우에는 다음의 기준에 따라 처분한다.

1) 가장 무거운 위반행위에 대한 처분기준이 등록말소인 경우에는 등록말소처분을 한다.

2) 각 위반행위에 대한 처분기준이 영업정지인 경우에는 가장 중한 처분의 2분의 1까지 가중할 수 있되, 각 처분기준을 합산한 기간을 초과할 수 없다. 이 경우 그 합산한 영업정지기간이 1년을 초과할 때에는 1년으로 한다.

다. 국토교통부장관은 위반행위의 동기·내용, 위반 횟수 및 위반 정도 등 다음에 해당하는 사유를 고려하여 가목 및 나목에 따른 행정처분을 가중하거나 감경할 수 있다. 이 경우 그 처분이 영업정지인 경우에는 그 처분기준의 2분의 1의 범위에서 가중(가중한 영업정지기간은 1년을 초과할 수 없다)하거나 감경할 수 있고, 등록말소인 경우(법 제8조제1항제1호 또는 제5호의 경우는 제외한다)에는 6개월 이상의 영업정지처분으로 감경할 수 있다.

1) 가중사유

가) 위반행위가 고의나 중대한 과실에 따른 것으로 인정되는 경우

나) 위반의 내용과 정도가 중대하여 입주자 등 소비자에게 미치는 피해가 크다고 인정되는 경우

2) 감경사유

가) 위반행위가 사소한 부주의나 오류에 따른 것으로 인정되는 경우

나) 위반의 내용과 정도가 경미하여 입주자 등 소비자에게 미치는 피해가 적다고 인정되는 경우

다) 위반행위자가 처음 위반행위를 한 경우로서 3년 이상 해당 사업을 모범적으로 해온 사실이 인정되는 경우

라) 위반행위자가 그 위반행위로 검사로부터 기소유예 처분을 받거나 법원으로부터 선고유예의 판결을 받은 경우

마) 위반행위자가 해당 사업과 관련 지역사회의 발전 등에 기여한 사실이 인정되는 경우

바) 법 제8조제1항제2호 본문에 해당하는 등록사업자가 법 제96조에 따른 청문 또는 「행정절차법」 제22조제3항에 따른 의견제출 기한까지 등록기준을 보완하고 그 증명 서류를 제출하는 경우

라. 국토교통부장관은 고의 또는 중과실이 없는 위반행위자가 「소상공인기본법」 제2조에 따른 소상공인인 경우에는 다음의 사항을 고려하여 제2호의 개별기준에 따른 처분을 감경할 수 있다. 이 경우 그 처분이 영업정지인 경우에는 그 영업정지기간의 100분의 70 범위에서 감경할 수 있고, 등록말소(법 제8조제1항제1호 및 제5호에 해당하는 경우는 제외한다)인 경우에는 3개월의 영업정지처분으로 감경할 수 있다. 다만, 다목에 따른 감경과 중복하여 적용하지 않는다.

1) 해당 행정처분으로 위반행위자가 더 이상 영업을 영위하기 어렵다고 객관적으로 인정되는지 여부

2) 경제위기 등으로 위반행위자가 속한 시장·산업 여건이 현저하게 변동되거나 지속적으로 악화된 상태인지 여부

2. 개별기준

위반행위	근거 법조문	행정처분기준		
		1차위반	2차위반	3차위반
가. 거짓이나 그 밖의 부정한 방법으로 등록한 경우	법 제8조제1항제1호	등록말소		
나. 법 제4조제2항에 따른 등록기준에 미달하게 된 경우	법 제8조제1항제2호			
1) 등록기준에 미달하게 된 날부터 1개월이 지날 때까지 이를 보완하지 않은 경우		영업정지 3개월		
2) 1)에 해당되어 영업정지처분을 받은 후 영업정지기간이 끝나는 날까지 이를 보완하지 않은 경우		등록말소		
다. 고의 또는 과실로 공사를 잘못 시공하여 공중에게 위해를 끼치거나 입주자에게 재산상 손해를 입힌 경우	법 제8조제1항제3호			
1) 고의 또는 과실로 공사를 잘못 시공하여 건축물의 일부 또는 전부가 붕괴되거나 이로 인하여 인명의 피해가 발생한 경우		등록말소		
2) 재시공 등의 부분이 건축물의 구조안전에 영향을 미치고 사회적 물의를 일으킨 경우		영업정지6개월	영업정지9개월	
3) 재시공 등의 부분이 건축물의 구조안전에 영향을 미친 경우		영업정지 3개월	영업정지 6개월	영업정지 6개월
4) 재시공 등의 부분이 건축물의 구조안전에 영향을 미치지 않은 경우		경고	영업정지3개월	영업정지3개월
라. 법 제6조제1호부터 제4호까지 또는 제6호 중 어느 하나에 해당하게 된 경우. 다만, 법인의 임원 중 법 제6조제6호에 해당하는 사람이 있는 경우 6개월 이내에 그 임원을 다른 사람으로 임명한 경우에는 그렇지 않다.	법 제8조제1항제4호			

위반행위	근거 법조문	1차 위반	2차 위반	3차 위반
1) 개인인 등록사업자가 등록사업자의 결격사유에 해당하는 경우		등록말소		
2) 법인인 등록사업자의 임원이 등록사업자의 결격사유에 해당되어 영업정지처분을 받은 후 영업정지기간이 끝난 날까지 그 임원을 다른 사람으로 임명하지 않은 경우		등록말소		
3) 법인인 등록사업자의 임원이 등록사업자의 결격사유에 해당된 때부터 6개월이 경과되는 때까지 그 임원을 다른 사람으로 임명하지 않은 경우		경고	영업정지 3개월	영업정지 3개월
마. 법 제90조제1항을 위반하여 등록증의 대여 등을 한 경우	법 제8조제1항제5호	등록말소		
바. 법 제90조제2항을 위반하여 등록증을 빌리거나 허락 없이 등록사업자의 성명 또는 상호로 법에서 정한 사업이나 업무를 수행 또는 시공한 경우	법 제8조제1항제5호의2	등록말소		
사. 법 제90조제4항을 위반하여 법에서 정한 사업이나 업무를 수행 또는 시공하기 위하여 같은 조 제2항의 행위를 교사하거나 방조한 경우	법 제8조제1항제5호의3	등록말소		
아. 다음의 어느 하나에 해당하는 경우	법 제8조제1항제6호			
1) 「건설기술 진흥법」 제48조제4항에 따른 시공상세도면의 작성 의무를 위반하거나 건설사업관리를 수행하는 건설기술인 또는 공사감독자의 검토·확인을 받지 않고 시공한 경우		경고	영업정지 1개월	영업정지 1개월
2) 「건설기술 진흥법」 제54조제1항 또는 제80조에 따른 시정명령을 이행하지 않은 경우		영업정지 1개월	영업정지 2개월	영업정지 2개월
3) 「건설기술 진흥법」 제55조에 따른 품질시험 및 검사를 하지 않은 경우		경고	영업정지 2개월	영업정지 3개월
4) 「건설기술 진흥법」 제62조에 따른 안전점검을 하지 않은 경우		경고	영업정지 1개월	영업정지 1개월
자. 「택지개발촉진법」 제19조의2제1항을 위반하여 택지를 전매한 경우	법 제8조제1항제7호	영업정지 6개월	영업정지 1년	
차. 「표시·광고의 공정화에 관한 법률」 제17조제1호에 따른 처벌을 받은 경우	법 제8조제1항제8호	영업정지 3개월	영업정지 6개월	영업정지 6개월
카. 「약관의 규제에 관한 법률」 제34조제2항에 따른 처분을 받은 경우	법 제8조제1항제9호	경고	영업정지 1개월	영업정지 2개월
타. 그 밖에 법 또는 법에 따른 명령 또는 처분을 위반한 경우	법 제8조제1항제10호			
1) 법 제7조제2항에 따라 준용되는 「건설산업기본법」의 규정을 위반하여 공사를 진행한 경우		영업정지 6개월	영업정지 1년	
2) 법 제8조에 따른 영업정지기간 중 영업을 한 경우		이미 처분한 영업정지기간의 1.5배. 다만, 그 영업정지기간은 1년을 넘지 못한다.	이미 처분한 영업정지기간의 2배. 다만, 그 영업정지기간은 1년을 넘지 못한다.	
3) 법 제15조에 따른 사업계획승인(변경승인을 포함한다)을 받지 않고 사업을 시행한 경우		등록말소		
4) 거짓이나 그 밖의 부정한 방법으로 법 제15조에 따른 사업계획승인(변경승인을 포함한다)을 받은 경우		영업정지 6개월	영업정지 9개월	
5) 법 제16조제1항제2호나목에 따른 최초로 공사를 진행하는 공구 외의 공구의 착공기간을 위반한 경우		영업정지 3개월	영업정지 6개월	영업정지 6개월
6) 법 제33조를 위반하여 하자가 발생한 경우				
가) 내력구조부가 붕괴되거나 안전진단결과 붕괴 우려가 있는 경우		등록말소		
나) 기초 및 주요구조부에 중대한 하자가 발생한 경우		영업정지 3개월	영업정지 6개월	영업정지 6개월
다) 그 밖의 구조부에 중대한 하자가 발생 한 경우		영업정지 2개월	영업정지 3개월	영업정지 3개월
7) 법 제34조제1항 또는 제2항을 위반하여 주택의 건설공사를 시공하거나 공동주택의 방수·위생 및 냉난방 설비공사를 시공한 경우 또는 주택건설공사의 전부 또는 일부를 다른 사람에게 시공하게 한 경우		영업정지 6개월	영업정지 1년	
8) 법 제35조에 따른 주택건설기준등을 위반하여 사업을 시행한 경우		영업정지 3개월	영업정지 6개월	영업정지 6개월

시 행 령 [별 표]

위반행위	근거 법조문	1차 위반	2차 위반	3차 이상 위반
9) 법 제44조에 따른 감리자의 시정 통지를 따르지 않고 해당 공사를 계속한 경우		영업정지2개월	영업정지3개월	영업정지3개월
10) 법 제54조를 위반하여 주택을 건설·공급한 경우				
가) 입주자 모집승인 또는 입주자 모집공고 등의 공급 절차를 거치지 않고 공급한 경우		등록말소		
나) 입주자 모집승인 시 해당 주택의 준공 또는 저당권말소의 이행을 연대보증한 사람이 정당한 사유 없이 이를 이행하지 않은 경우		영업정지 6개월	영업정지 9개월	
다) 입주자 모집승인 시 승인된 주택가격을 초과하여 공급한 경우		영업정지 3개월	영업정지 6개월	영업정지 6개월
라) 입주자 선정방법·순서를 위반하여 공급한 경우		영업정지 3개월	영업정지 6개월	영업정지 6개월
11) 법 제61조제1항에 따른 저당권 설정 등의 제한규정을 위반한 경우		영업정지 6개월	영업정지1년	
12) 법 제81조제3항에 따른 국토교통부장관의 사채발행 등에 따른 조치를 위반한 경우				
가) 사채의 납입금을 제87조제1항 각 호의 용도 외에 사용한 경우		영업정지 3개월	영업정지 6개월	영업정지 6개월
나) 사채의 납입금을 제87조제2항에 따른 납입금 관리기관 외의 기관이 관리하게 한 경우		경고	영업정지 2개월	영업정지 3개월
13) 법 제93조제1항에 따른 보고 또는 검사 등의 규정을 위반한 경우				
가) 조사 또는 검사를 거부·기피 또는 방해한 경우		경고	영업정지 3개월	영업정지 6개월
나) 보고 또는 자료제출 등의 명령을 위반한 경우		경고	영업정지 1개월	영업정지 2개월
14) 법 제94조에 따른 공사의 중지, 원상복구 또는 그 밖에 필요한 조치 명령을 위반한 경우		경고	영업정지 3개월	영업정지6개월
파. 처분의 통산 조치 등				
1) 3년 이내에 2회 이상의 영업정지처분을 받음으로써 3년간 영업정지처분을 받은 기간이 통산하여 18개월을 초과한 경우		등록말소		
2) 가목부터 차목까지 및 1) 외에 법 또는 법에 따른 명령이나 처분을 위반한 경우		경고	영업정지 1개월	

[별표 2] 간선시설의 종류별 설치범위 (제39조제5항 관련)〈개정 2021.1.5〉

1. 도로
주택단지 밖의 기간(基幹)이 되는 도로부터 주택단지의 경계선(단지의 주된 출입구를 말한다. 이하 같다)까지로 하되, 그 길이가 200미터를 초과하는 경우로서 그 초과부분에 한정한다.
2. 상하수도시설
주택단지 밖의 기간이 되는 상·하수도시설부터 주택단지의 경계선까지의 시설로 하되, 그 길이가 200미터를 초과하는 경우로서 그 초과부분에 한정한다.
3. 전기시설
주택단지 밖의 기간이 되는 시설부터 주택단지의 경계선까지로 한다. 다만, 지중선로는 사업지구 밖의 기간이 되는 시설부터 그 사업지구 안의 가장 가까운 주택단지(사업지구 안에 1개의 주택단지가 있는 경우에는 그 주택단지를 말한다)의 경계선까지로 한다. 다만, 「공공주택 특별법 시행령」 제2조제1항제2호에 따른 국민임대주택을 건설하는 주택단지에 대해서는 국토교통부장관이 산업통상자원부장관과 따로 협의하여 정하는 바에 따른다.
4. 가스공급시설
주택단지 밖의 기간이 되는 가스공급시설부터 주택단지의 경계선까지로 한다. 다만, 주택단지 안에 취사 및 개별난방용(중앙집중식 난방용은 제외한다)으로 가스를 공급하기 위하여 정압조정실(일정 압력 유지 · 조정실)을 설치하는 경우에는 그 정압조정실(일정 압력 유지·조정실)까지로 한다.
5. 통신시설(세대별 전화 설치를 위한 시설을 포함한다)
관로시설은 주택단지 밖의 기간이 되는 시설부터 주택단지 경계선까지, 케이블시설은 주택단지 밖의 기간이 되는 시설부터 주택단지 안의 최초 단자까지로 한다. 다만, 국민주택을 건설하는 주택단지에 설치하는 케이블시설의 경우에는 그 설치 및 유지·보수에 관하여는 국토교통부장관이 과학기술정보통신부장관과 따로 협의하여 정하는 바에 따른다.
6. 지역난방시설
주택단지 밖의 기간이 되는 열수송관의 분기점(해당 주택단지에서 가장 가까운 분기점을 말한다)부터 주택단지 안의 각 기계실입구 차단밸브까지로 한다.

[별표 3] 전매행위 제한기간(제73조제1항 관련)〈개정 2024.6.18.〉

1. 공통사항
가. 전매행위 제한기간은 해당 주택의 입주자로 선정된 날부터 기산한다.
나. 주택에 대한 제2호부터 제6호까지의 규정에 따른 전매행위 제한기간이 둘 이상에 해당하는 경우에는 그 중 가장 긴 전매행위 제한기간을 적용한다. 다만, 법 제63조의2제1항제2호에 따른 지역에서 건설 · 공급되는 주택의 경우에는 가장 짧은 전매행위 제한기간을 적용한다.
다. 주택에 대한 제2호부터 제6호까지의 규정에 따른 전매행위 제한기간 이내에 해당 주택에 대한 소유권이전등기를 완료한 경우 소유권이전등기를 완료한 때에 전매행위 제한기간이 지난 것으로 본다. 이 경우 주택에 대한 소유권이전등기에는 대지를 제외한 건축물에 대해서만 소유권이전등기를 하는 경우를 포함한다.
2. 법 제64조제1항제1호의 지위(투기과열지구에서 건설 · 공급되는 주택): 다음 각 목의 구분에 따른기간
가. 수도권: 3년
나. 수도권 외의 지역: 1년
3. 법 제64조제1항제2호의 주택(조정대상지역에서 건설 · 공급되는 주택): 다음 각 목의 구분에 따른 기간
가. 과열지역(법 제63조의2제1항제1호에 해당하는 조정대상지역을 말한다): 다음의 구분에 따른 기간
1) 수도권: 3년
2) 수도권 외의 지역: 1년
나. 위축지역(법 제63조의2제1항제2호에 해당하는 조정대상지역을 말한다)

공공택지에서 건설 · 공급되는 주택	공공택지 외의 택지에서 건설 · 공급되는 주택
6개월	-

시 행 령 [별 표]

4. 법 제64조제1항제3호의 주택(분양가상한제 적용주택): 다음 각 목의 구분에 따른 기간
   가. 공공택지에서 건설ㆍ공급되는 주택: 다음의 구분에 따른 기간
      1) 수도권: 3년
      2) 수도권 외의 지역: 1년
   나. 공공택지 외의 택지에서 건설ㆍ공급되는 주택: 다음의 구분에 따른 기간
      1) 투기과열지구: 제2호 각 목의 구분에 따른 기간
      2) 투기과열지구가 아닌 지역: 제5호 각 목의 구분에 따른 기간
5. 법 제64조제1항제4호의 주택(공공택지 외의 택지에서 건설ㆍ공급되는 주택): 다음 각 목의 구분에 따른 기간

구분		전매행위 제한기간
가. 수도권	1) 「수도권정비계획법」 제6조제1항제1호에 따른 과밀억제권역	1년
	2) 「수도권정비계획법」 제6조제1항제2호 및 제3호에 따른 성장관리권역 및 자연보전권역	6개월
나. 수도권 외의 지역	1) 광역시 중 「국토의 계획 및 이용에 관한 법률」 제36조제1항제1호에 따른 도시지역	6개월
	2) 그 밖의 지역	–

6. 법 제64조제1항제5호의 주택[「도시 및 주거환경정비법」 제2조제2호나목 후단에 따른 공공재개발사업(법 제57조제1항제2호의 지역에 한정한다)에서 건설ㆍ공급하는 주택]: 제4호나목에 따른 기간
7. 법 제64조제1항제6호의 주택(토지임대부 분양주택): 10년

[별표 3의2] 분양가상한제 적용주택의 매입금액(제73조의2 관련)〈신설 2021.2.19〉

시 행 령 [별 표]

1. 공통 사항
   분양가상한제 적용주택의 보유기간은 해당 주택의 최초 입주가능일부터 계산한다.

구분	보유기간	매입금액
가. 분양가격이 인근지역주택매매가격의 100퍼센트 이상인 경우	–	매입비용의 100퍼센트에 해당하는 금액
나. 분양가격이 인근지역주택매매가격의 80퍼센트 이상 100퍼센트 미만인 경우	3년 미만	매입비용의 100퍼센트에 해당하는 금액
	3년 이상 4년 미만	매입비용의 50퍼센트에 인근지역주택매매가격의 50퍼센트를 더한 금액
	4년 이상	인근지역주택매매가격의 100퍼센트에 해당하는 금액
다. 분양가격이 인근지역주택매매가격의 80퍼센트 미만인 경우	5년 미만	매입비용의 100퍼센트에 해당하는 금액
	5년 이상 6년 미만	매입비용의 50퍼센트에 인근지역주택매매가격의 50퍼센트를 더한 금액
	6년 이상	인근지역주택매매가격의 100퍼센트에 해당하는 금액

2. 공공택지에서 건설ㆍ공급되는 주택의 매입금액

시 행 령 [별 표]

3. 공공택지 외의 택지에서 건설·공급되는 주택의 매입금액

구분	보유기간	매입금액
가. 분양가격이 인근지역주택매매가격의 100퍼센트 이상인 경우	-	매입비용의 100퍼센트에 해당하는 금액
나. 분양가격이 인근지역주택매매가격의 80퍼센트 이상 100퍼센트 미만인 경우	2년 미만	매입비용의 100퍼센트에 해당하는 금액
	2년 이상 3년 미만	매입비용의 50퍼센트에 인근지역주택매매가격의 50퍼센트를 더한 금액
	3년 이상 4년 미만	매입비용의 25퍼센트에 인근지역주택매매가격의 75퍼센트를 더한 금액
	4년 이상	인근지역주택매매가격의 100퍼센트에 해당하는 금액
다. 분양가격이 인근지역주택매매가격의 80퍼센트 미만인 경우	3년 미만	매입비용의 100퍼센트에 해당하는 금액
	3년 이상 4년 미만	매입비용의 75퍼센트에 인근지역주택매매가격의 25퍼센트를 더한 금액
	4년 이상 5년 미만	매입비용의 50퍼센트에 인근지역주택매매가격의 50퍼센트를 더한 금액
	5년 이상 6년 미만	매입비용의 25퍼센트에 인근지역주택매매가격의 75퍼센트를 더한 금액
	6년 이상	인근지역주택매매가격의 100퍼센트에 해당하는 금액

[별표 4] 공동주택 리모델링의 허가기준 (제75조제1항관련)〈개정 2017.2.13〉

구분	세부기준
1. 동의비율	가. 입주자·사용자 또는 관리주체의 경우 공사기간, 공사방법 등이 적혀 있는 동의서에 입주자 전체의 동의를 받아야 한다. 나. 리모델링주택조합의 경우 다음의 사항이 적혀 있는 결의서에 주택단지 전체를 리모델링하는 경우에는 주택단지 전체 구분소유자 및 의결권의 각 80퍼센트 이상의 동의와 각 동별 구분소유자 및 의결권의 각 50퍼센트 이상의 동의를 받아야 하며(리모델링을 하지 않는 별동의 건축물로 입주자 공유가 아닌 복리시설 등의 소유자는 권리변동이 없는 경우에 한정하여 동의비율 산정에서 제외한다), 동을 리모델링하는 경우에는 그 동의 구분소유자 및 의결권의 각 80퍼센트 이상의 동의를 받아야 한다. 1) 리모델링 설계의 개요 2) 공사비 3) 조합원의 비용분담 명세 다. 입주자대표회의 경우 다음의 사항이 적혀 있는 결의서에 주택단지의 소유자 전원의 동의를 받아야 한다. 1) 리모델링 설계의 개요 2) 공사비 3) 소유자의 비용분담 명세
2. 허용행위	가. 공동주택 1) 리모델링은 주택단지별 또는 동별로 한다. 2) 복리시설을 분양하기 위한 것이 아니어야 한다. 다만, 1층을 필로티 구조로 전용하여 세대의 일부 또는 전부를 부대시설 및 복리시설 등으로 이용하는 경우에는 그렇지 않다. 3) 2)에 따라 1층을 필로티 구조로 전용하는 경우 제13조에 따른 수직증축 허용범위를 초과하여 증축하는 것이 아니어야 한다. 4) 내력벽의 철거에 의하여 세대를 합치는 행위가 아니어야 한다.

나. 입주자 공유가 아닌 복리시설 등

1) 사용검사를 받은 후 10년 이상 지난 복리시설로서 공동주택과 동시에 리모델링하는 경우로서 시장·군수·구청장이 구조안전에 지장이 없다고 인정하는 경우로 한정한다.

2) 증축은 기존건축물 연면적 합계의 10분의 1 이내여야 하고, 증축 범위는 「건축법 시행령」 제6조제2항제2호나목에 따른다. 다만, 주택과 주택 외의 시설이 동일 건축물로 건축된 경우는 주택의 증축 면적비율의 범위 안에서 증축할 수 있다.

[별표 5] 과태료 부과기준 (제97조 관련)〈개정 2024.7.9.〉

1. 일반기준

가. 위반행위의 횟수에 따른 과태료의 가중된 부과기준은 최근 1년간 같은 위반행위로 과태료 부과처분을 받은 경우에 적용한다. 이 경우 기간의 계산은 위반행위에 대하여 과태료 부과처분을 받은 날과 그 처분 후 다시 같은 위반행위를 하여 적발된 날을 기준으로 한다.

나. 가목에 따라 가중된 부과처분을 하는 경우 가중처분의 적용 차수는 그 위반행위 전 부과처분 차수(가목에 따른 기간 내에 과태료 부과처분이 둘 이상 있었던 경우에는 높은 차수를 말한다)의 다음 차수로 한다.

다. 과태료 부과 시 위반행위가 둘 이상인 경우에는 중한 과태료를 부과한다.

라. 부과권자는 위반행위의 정도, 위반행위의 동기와 그 결과 등을 고려하여 제2호의 개별기준에 따른 과태료 금액의 2분의 1 범위에서 그 금액을 늘릴 수 있다. 다만, 과태료를 늘려 부과하는 경우에도 다음 각 호의 구분에 따른 금액을 넘을 수 없다.

1) 법 제106조제1항 위반의 경우: 2천만원

2) 법 제106조제2항 위반의 경우: 1천만원

3) 법 제106조제3항 위반의 경우: 500만원

마. 부과권자는 다음의 어느 하나에 해당하는 경우에는 제2호의 개별기준에 따른 과태료 금액의 2분의 1 범위에서 그 금액을 줄일 수 있다. 다만, 과태료를 체납하고 있는 위반행위자의 경우에는 그 금액을 줄일 수 없으며, 감경 사유가 여러 개 있는 경우라도 감경의 범위는 과태료 금액의 2분의 1을 넘을 수 없다.

1) 삭제〈2020.12.22.〉

2) 위반행위자의 사소한 부주의나 오류 등으로 인한 것으로 인정되는 경우

3) 위반행위자가 위반행위를 바로 정정하거나 시정하여 해소한 경우

4) 그 밖에 위반행위의 동기와 그 결과, 위반 정도 등을 고려하여 줄일 필요가 있다고 인정되는 경우

바. 부과권자는 고의 또는 중과실이 없는 위반행위자가 「소상공인기본법」 제2조에 따른 소상공인에 해당하고, 과태료를 체납하고 있지 않은 경우에는 다음의 사항을 고려하여 제2호의 개별기준에 따른 과태료의 100분의 70 범위에서 그 금액을 줄여 부과할 수 있다. 다만, 마목에 따른 감경과 중복하여 적용하지 않는다.

1) 위반행위자의 현실적인 부담능력

2) 경제위기 등으로 위반행위자가 속한 시장·산업 여건이 현저하게 변동되거나 지속적으로 악화된 상태인지 여부

2. 개별기준

(단위: 만원)

위반행위	근거 법조문	과태료 금액		
		1차 위반	2차 위반	3차 이상 위반
가. 업무대행자가 법 제11조의2제3항을 위반하여 거짓 또는 과장 등의 방법으로 주택조합의 가입을 알선한 경우	법 제106조제2항제1호	1,000		
나. 법 제11조의3제8항에 따른 주택조합 가입에 관한 계약서 작성 의무를 위반한 경우	법 제106조제2항 제2호	1,000		
다. 법 제11조의4제1항에 따른 설명의무 또는 같은 조 제2항에 따른 확인 및 교부, 보관 의무를 위반한 경우	법 제106조제2항 제3호	1,000		

라. 주택조합의 발기인 또는 임원이 법 제12조제4항에 따른 서류 및 자료를 제출하지 않은 경우	법 제106조제2항제3호	500
마. 법 제13조제4항을 위반하여 겸직한 경우	법 제106조제2항제4호	1,000
바. 법 제16조제2항에 따른 신고를 하지 않은 경우	법 제106조제3항제2호	200
사. 법 제41조의2제8항을 위반하여 성능검사 결과 또는 조치결과를 입주예정자에게 알리지 않거나 거짓으로 알린 경우	법 제106조제3항제2호의2	
아. 감리자가 법 제44조제1항제4호의2에 따른 시공자격 여부의 확인을 하지 않은 경우	법 제106조제3항제2호의3	
자. 감리자가 법 제44조제2항에 따른 보고를 하지 않거나 거짓으로 보고를 한 경우	법 제106조제3항제3호	400
차. 감리자가 법 제44조제3항에 따른 보고를 하지 않거나 거짓으로 보고를 한 경우	법 제106조제3항제3호의2	400
카. 감리자가 법 제45조제2항에 따른 보고를 하지 않거나 거짓으로 보고를 한 경우	법 제106조제3항제4호	400
타. 법 제46조제1항을 위반하여 건축구조기술사의 협력을 받지 않은 경우	법 제106조제2항제5호	1,000
파. 법 제48조의2제1항을 위반하여 사전방문을 실시하게 하지 않은 경우	법 제106조제1항제1호	2,000
하. 법 제48조의2제3항을 위반하여 보수공사 등의 조치를 하지 않은 경우	법 제106조제3항제4호의2	500
거. 법 제48조의2제5항을 위반하여 조치결과 등을 입주예정자 및 사용검사권자에게 알리지 않은 경우	법 제106조제3항제4호의3	500
너. 법 제48조의3제3항을 위반하여 점검에 따르지 않거나 기피 또는 방해한 경우	법 제106조제1항제2호	2,000
더. 법 제48조의3제4항 후단을 위반하여 자료제출 요구에 따르지 않거나 거짓으로 자료를 제출한 경우	법 제106조제3항제4호의4	500
러. 법 제48조의3제7항을 위반하여 조치명령을 이행 하지 않은 경우	법 제106조제3항제4호의5	500

시 행 령 [별 표]

머. 법 제54조제2항을 위반하여 주택을 공급받은 경우	법 제106조제3항제5호	500		
버. 법 제54조제8항을 위반하여 같은 항에 따른 사본을 제출하지 않거나 거짓으로 제출한 경우	법 제106조제3항제6호	500		
서. 법 제54조의2제3항에 따른 조치를 하지 않는 경우	법 제106조제2항제6호	1,000		
어. 법 제57조의2제2항을 위반하여 한국토지주택공사(사업주체가 「공공주택 특별법」 제4조에 따른 공공주택사업자인 경우에는 공공주택사업자로 한다)에 해당 주택의 매입을 신청하지 않은 경우	법 제106조제4항제1호	300		
저. 법 제57조의3제1항에 따른 서류 등의 제출을 거부하거나 해당 주택의 출입·조사 또는 질문을 방해하거나 기피한 경우	법 제106조제4항제2호	300		
처. 법 제78조제3항에 따른 표준임대차계약서를 사용하지 않거나 표준임대차계약서의 내용을 이행하지 않은 경우	법 제106조제1항제1호	1,000		
커. 법 제78조제5항에 따른 임대료에 관한 기준을 위반하여 토지를 임대한 경우	법 제106조제1항제2호	1,000	1,500	2,000
터. 법 제93조제1항에 따른 보고 또는 검사의 명령을 위반한 경우	법 제106조제3항제7호	100	200	300

[별표 1] 주택건설 실적의 확인기준(제6조제3항 관련)〈개정 2022.10.18〉

1. 주택건설 실적은 해당 주택건설사업계획승인일(「건축법」에 따른 건축허가의 경우에는 건축허가일을 말한다)을 기준으로 한다. 다만, 영 제17조제1항제3호에 따른 주택건설 실적은 사용검사일(「건축법」에 따른 사용승인의 경우에는 사용승인일을 말한다)을 기준으로 한다.
2. 등록사업자가 토지소유자, 주택조합, 고용자(이하 "토지소유자등"이라 한다)와 공동으로 주택을 건설하는 경우에는 다음 각 목에 따라 주택건설 실적을 산정한다.
   가. 등록사업자가 주택건설사업의 등록을 하지 아니한 토지소유자등과 공동으로 주택을 건설하는 경우에는 전체 주택건설호수를 등록사업자의 실적으로 한다.
   나. 등록사업자가 주택건설사업을 등록한 토지소유자등과 공동으로 주택을 건설하는 경우에는 전체 주택건설호수의 50퍼센트를 등록사업자의 실적으로 한다.
3. 등록사업자가 다른 등록사업자와 공동으로 주택을 건설하는 경우의 실적은 해당 주택건설대지의 소유지분비율에 따른다.
4. 등록사업자가 「도시 및 주거환경정비법」 제2조제2호에 따른 정비사업의 시공자로 주택을 건설하는 경우에는 전체 주택건설호수를 해당 등록사업자의 실적으로 한다.
5. 등록사업자가 「자본시장과 금융투자업에 관한 법률」 제8조제7항에 따른 신탁업자(이하 이 호에서 "신탁업자"라 한다)와 신탁계약을 체결하고 주택을 건설하는 경우에는 다음 각 목에 따라 영업실적을 인정한다.
   가. 신탁계약상 신탁업자가 주택건설을 위한 자금조달 의무를 부담(일부를 부담하는 경우를 포함한다)하는 경우에는 전체 주택건설호수를 신탁업자의 실적으로 한다.
   나. 가목 외의 경우에는 전체 주택건설호수의 50퍼센트를 등록사업자와 신탁업자 각각의 실적으로 한다.

[별표 2] 국가 등이 사업계획승인신청시 제출하는 공사설계도서(제12조제2항 관련)〈개정 2021.8.27.〉

도서의 종류	축척	표시하여야 할 사항
1. 위치도	1/25,000 ~ 1/50,000	도시지역의 경우 도시관리계획도면에 표시한다. 가. 축척 및 방위 나. 사업지구 표시
2. 지형도	1/100 ~ 1/3,000	공사 전 및 사용검사 후의 지형도 비교 가. 축척 및 방위 나. 등고선 다. 하천 및 구거(溝渠) 라. 그 밖에 지상의 지형지물 표시
3. 주단면도	1/100 ~ 1/3,000	공사 전 및 사용검사 후의 단면비교
4. 평면도	1/100 ~ 1/3,000	가. 축척 및 방위 나. 도로 등 부대시설 다. 구조물(석축 및 옹벽 등) 표시 라. 사업지구경계 및 필지 분할 표시

[별표 3] 국가 등이 주택건설사업계획승인을 신청하는 경우 제출 도서(제12조 제4항 관련)〈개정 2021.8.27.〉

도서의 종류	축척	표시하여야 할 사항
1. 위치도	임의	가. 대지의 위치(도시관리계획도면에 표시한다) 나. 대지 인근에 있는 주요시설의 위치
2. 현황도	임의	가. 대지의 위치 및 경계 나. 대지 안의 도시계획시설 다. 토지이용 및 여러 시설물의 현황 라. 도로망 마. 주요경관요소 바. 자연지형 등 사. 소음발생원(철도, 고속도로 또는 공장 등)의 위치
3. 배치도	1/600 ~ 1/1,200	가. 축척 및 방위 나. 대지와 접하는 도로의 위치 및 폭과 대지의 경계선 다. 건축선 및 대지의 경계선으로부터 건축물까지의 거리 라. 건축물 서로간의 거리 마. 안내표지판 바. 단지 안의 도로부터 건축물까지의 거리 사. 부대시설 및 복리시설부터 도로 및 건축물까지의 거리 아. 부대시설 및 복리시설의 면적 또는 규모
4. 대지조성계획도	임의	가. 축척 및 방위 나. 토지의 굴착 부분의 정리계획 다. 토지의 종·횡단면(성토 및 절토 부분의 표시를 포함한다) 라. 대지조성표고 마. 차도 및 보도의 포장계획
5. 조경도	1/50 ~ 1/1,200	가. 축척 나. 식수평면계획·식수면적 다. 수종·수형·수목의 규격 라. 휴게시설 마. 그 밖의 조경시설물의 배치
6. 각층평면도	1/50 ~ 1/200	가. 축척 나. 각실의 용도 다. 벽의 위치·재료 및 두께 라. 개구부 및 방화문의 위치 마. 계단의 위치 및 폭 바. 복도의 위치 및 폭 사. 승강기 및 승강장의 위치 및 폭 아. 건물의 폭 및 길이
7. 입면도	1/50 ~ 1/200	가. 축척 나. 바깥벽의 마감재료 다. 개구부 및 연소의 우려가 있는 부분 라. 굴뚝 및 옥상 돌출부 마. 국기게양대
8. 단면도	1/20 ~ 1/200	가. 축척 나. 거실의 바닥높이, 각층의 반자높이 및 건축물의 높이 다. 지붕·천장·벽·기둥·바닥의 구조(열재료 및 그 열관류율의 값을 포함한다) 라. 세대간 사이벽의 구조(재료·두께·차음성능의 값을 포함한다) 마. 내화구조의 기둥·벽 및 바닥의 구조 바. 처마 및 방화문의 구조 사. 난간의 구조 및 높이 아. 계단 또는 경사로의 구조 자. 변소 및 욕실의 부분상세 차. 우편함
9. 마감표		바닥·벽·천장 등 건축물 안팎의 각 부분의 마감재료
10. 창호도	임의	가. 축척 나. 창·문의 재료 및 규격
11. 소방 및 피난설비도	임의	「소방법」 등에 따른 관계시설
12. 냉·난방 설비도	임의	가. 축척 나. 배관계통도 다. 냉·난방시설의 위치 라. 난방열량측정계기 또는 난방온도 조절장치 등

13. 전기설비도	임의	가. 세대별 전력용량 나. 전력량계의 위치 다. 배선도 라. 전등 및 콘센트 등의 위치 마. 대지안의 옥외전선 바. 보안등 사. 공청안테나

[별표 4] 신고포상금의 지급기준 및 지급기준액(제38조제3항 관련)

1. 신고포상금의 지급기준

가. 동일한 부정행위에 대하여 둘 이상의 자가 각각 신고한 경우에는 하나의 신고로 보고, 제2호에 따른 신고포상금을 부정행위의 적발에 이바지한 정도 등을 고려하여 각각의 신고자에게 배분하여 지급한다. 다만, 신고포상금을 지급받을 자가 신고포상금의 지급방법에 관하여 미리 합의한 경우에는 그에 따라 지급한다.

나. 동일한 부정행위에 대하여 둘 이상의 부정행위자를 신고한 경우에는 하나의 신고로 보고, 제2호에 따라 부정행위자별로 산정된 신고포상금 중 가장 높은 금액의 신고포상금을 지급한다.

2. 신고포상금의 지급기준액

시 행 규 칙 [별 표]

부정행위에 대한 형사처벌 유형 및 구분		신고포상금 지급기준액
가. 징역형		1천만원
나. 벌금형	50만원 미만	벌금 상당액
	50만원 이상 ~ 100만원 미만	50만원
	100만원 이상 ~ 500만원 미만	100만원
	500만원 이상 ~ 1천만원 미만	200만원
	1천만원 이상 ~ 2천만원 미만	400만원
	2천만원 이상 ~ 3천만원 미만	800만원
	3천만원	1천만원

비고: 징역형과 벌금형은 부정행위자가 집행유예 또는 선고유예 판결을 받는 경우를 포함한다.

주택건설기준 등에 관한 규정

제1장 총칙

제1조【목적】 이 영은 「주택법」 제2조, 제35조, 제38조부터 제42조까지 및 제51조부터 제53조까지의 규정에 따라 주택의 건설기준, 부대시설·복리시설의 설치기준, 대지조성의 기준, 공동주택성능등급의 표시, 공동주택 바닥충격음 차단구조의 성능등급 인정, 공업화주택의 인정절차, 에너지절약형 친환경주택과 건강친화형 주택의 건설기준 및 장수명주택 등에 관하여 위임된 사항과 그 시행에 관하여 필요한 사항을 규정함을 목적으로 한다. 〈개정 2014.6.27., 2014.12.23., 2016.8.11., 2017.10.17., 2022.8.4〉

제2조【정의】 이 영에서 사용하는 용어의 정의는 다음과 같다. 〈개정 2014.4.29., 2015.12.28., 2016.8.11., 2021.1.12., 2022.12.6〉

1. 삭제 〈2003.11.29〉
2. 삭제 〈1999.9.29〉
3. "주민공동시설"이란 해당 공동주택의 거주자가 공동으로 사용하거나 거주자의 생활을 지원하는 시설로서 다음 각 목의 시설을 말한다.
   가. 경로당
   나. 어린이놀이터
   다. 어린이집
   라. 주민운동시설
   마. 도서실(정보문화시설과 「도서관법」 제4조제2항제1호가목에 따른 작은도서관을 포함한다)
   바. 주민교육시설(영리를 목적으로 하지 아니하고 공동주택의 거주자를 위한 교육장소를 말한다)

주택건설기준 등에 관한 규칙

제1장 총칙

제1조【목적】 이 규칙은 「주택법」 제38조, 제39조, 제51조제1항과 「주택건설기준 등에 관한 규정」에서 위임된 사항과 그 시행에 관하여 필요한 사항을 규정함을 목적으로 한다. 〈개정 2014.6.30., 2016.8.12.〉

주택건설기준 규정 [대통령령]	주택건설기준 규칙 [국토교통부령]

사. 청소년 수련시설
아. 주민휴게시설
자. 독서실
차. 입주자집회소
카. 공용취사장
타. 공용세탁실
파. 「공공주택 특별법」 제2조에 따른 공공주택의 단지 내에 설치하는 사회복지시설
하. 「아동복지법」 제44조의2의 다함께돌봄센터(이하 "다함께돌봄센터"라 한다)
거. 「아이돌봄 지원법」 제19조의 공동육아나눔터
너. 그 밖에 가목부터 거목까지의 시설에 준하는 시설로서 「주택법」(이하 "법" 이라 한다) 제15조제1항에 따른 사업계획의 승인권자(이하 "사업계획승인권자"라 한다)가 인정하는 시설

4. "의료시설"이라 함은 의원·치과의원·한의원·조산소·보건소지소·병원(전염병원등 격리병원을 제외한다)·한방병원 및 약국을 말한다.
5. "주민운동시설"이라 함은 거주자의 체육활동을 위하여 설치하는 옥외·옥내운동시설(「체육시설의 설치·이용에 관한 법률」에 의한 신고체육시설업에 해당하는 시설을 포함한다)·생활체육시설 기타 이와 유사한 시설을 말한다.
6. "독신자용 주택"이라 함은 다음 각 목의 1에 해당하는 주택을 말한다.
 가. 근로자를 고용하는 자가 그 고용한 근로자중 독신생활(근로여건상 가족과 임시별거하거나 기숙하는 생활을 포함한다. 이하 같다)을 영위하는 자의 거주를 위하여 건설하는 주택
 나. 국가·지방자치단체 또는 공공법인이 독신생활을 영위하는 근로자의 거주를 위하여 건설하는 주택
7. "기간도로"라 함은 「주택법 시행령」 제5조에 따른 도로를 말한다.
8. "진입도로"라 함은 보행자 및 자동차의 통행이 가능한 도로로서 기간도로로부터 주택단지의 출입구에 이르는 도로를 말한다.
9. "시·군지역"이라 함은 「수도권정비계획법」에 의한 수도권외의 지역중 인구

관계법 「공공주택 특별법」 제2조 (정의)

이 법에서 사용하는 용어의 뜻은 다음과 같다. 〈개정 2016.1.19〉

1. "공공주택"이란 제4조제1항 각 호에 규정된 자 또는 제4조제2항에 따른 공공주택사업자가 국가 또는 지방자치단체의 재정이나 「주택도시기금법」에 따른 주택도시기금(이하 "주택도시기금"이라 한다)을 지원받아 이 법 또는 다른 법률에 따라 건설, 매입 또는 임차하여 공급하는 다음 각 목의 어느 하나에 해당하는 주택을 말한다.
 가. 임대 또는 임대한 후 분양전환을 할 목적으로 공급하는 「주택법」 제2조제1호에 따른 주택으로서 대통령령으로 정하는 주택(이하 "공공임대주택"이라 한다)
 나. 분양을 목적으로 공급하는 주택으로서 「주택법」 제2조제5호에 따른 국민주택규모 이하의 주택(이하 "공공분양주택"이라 한다)

1의2. "공공건설임대주택"이란 제4조에 따른 공공주택사업자가 직접 건설하여 공급하는 공공임대주택을 말한다.

1의3. "공공매입임대주택"이란 제4조에 따른 공공주택사업자가 직접 건설하지 아니하고 매매 등으로 취득하여 공급하는 공공임대주택을 말한다.

2. "공공주택지구"란 공공주택의 공급을 위하여 공공주택이 전체주택 중 100분의 50 이상이 되고, 제6조제1항에 따라 지정 · 고시하는 지구를 말한다. 이 경우 제1호 각 목별 주택비율은 전단의 규정의 범위에서 대통령령으로 정한다.
3. "공공주택사업"이란 다음 각 목에 해당하는 사업을 말한다.
 가. 공공주택지구조성사업: 공공주택지구를 조성하는 사업
 나. 공공주택건설사업: 공공주택을 건설하는 사업
 다. 공공주택매입사업: 공공주택을 공급할 목적으로 주택을 매입하거나 인수하는 사업
 라. 공공주택관리사업: 공공주택을 운영 · 관리하는 사업
4. "분양전환"이란 공공임대주택을 제4조제1항 각 호에 규정된 자가 아닌 자에게 매각하는 것을 말한다.

관계법 「체육시설의 설치 · 이용에 관한 법률」 제10조(체육시설업의 구분·종류)

20만 미만의 시지역과 군지역을 말한다.

제3조【적용범위】 이 영은 법 제2조제10호에 따른 사업주체가 법 제15조제1항에 따라 주택건설사업계획의 승인을 얻어 건설하는 주택, 부대시설 및 복리시설과 대지조성사업계획의 승인을 얻어 조성하는 대지에 관하여 이를 적용한다. 〈개정 2016.8.11.〉

제4조 〈삭제 2017.10.17.〉

제5조 〈삭제 2017.10.17.〉

제6조【단지 안의 시설】 ① 주택단지에는 관계 법령에 따른 지역 또는 지구에도 불구하고 다음 각 호의 시설만으로 건설하거나 설치할 수 있다. 〈개정 2016.8.11., 2017.10.17., 2021.1.12.〉
1. 부대시설
2. 복리시설. 이 경우 「주택법 시행령」 제7조제9호부터 제11호까지의 규정에 따른 시설은 해당 주택단지에 세대당 전용면적(주거의 용도로만 쓰이는 면적으로서 국토교통부령으로 정하는 바에 따라 산정한 면적을 말한다. 이하 같다)이 50제곱미터 이하인 공동주택을 다음 각 목의 어느 하나에 해당하는 규모로 건설하는 경우만 해당한다.
가. 300세대 이상
나. 해당 주택단지 총 세대수의 2분의 1 이상
3. 간선시설
4. 「국토의 계획 및 이용에 관한 법률」 제2조제7호의 도시·군계획시설
② 다음 각 호의 어느 하나에 해당하는 경우에는 제1항에 따른 시설 외에 관계

① 체육시설업은 다음과 같이 구분한다. 〈개정 2020.12.8.〉
1. 등록 체육시설업 : 골프장업, 스키장업, 자동차 경주장업
2. 신고 체육시설업 : 요트장업, 조정장업, 카누장업, 빙상장업, 승마장업, 종합 체육시설업, 수영장업, 체육도장업, 골프 연습장업, 체력단련장업, 당구장업, 썰매장업, 무도학원업, 무도장업, 야구장업, 가상체험 체육시설업, 체육교습업, 인공암벽장업
② 제1항 각 호에 따른 체육시설업은 그 종류별 범위와 회원 모집, 시설 규모, 운영 형태 등에 따라 그 세부 종류를 대통령령으로 정할 수 있다.

주택건설기준 규정 [대통령령]	주택건설기준 규칙 [국토교통부령]
법령에 따라 해당 건축물이 속하는 지역 또는 지구에서 제한되지 아니하는 시설을 건설하거나 설치할 수 있다. 〈개정 2013.12.4.〉 1. 「국토의 계획 및 이용에 관한 법률」 제36조제1항제1호나목에 따른 상업지역(이하 "상업지역"이라 한다)에 주택을 건설하는 경우 2. 폭 12미터 이상인 일반도로(주택단지 안의 도로는 제외한다)에 연접하여 주택을 주택 외의 시설과 복합건축물로 건설하는 경우 3. 「국토의 계획 및 이용에 관한 법률 시행령」 제30조제1호다목에 따른 준주거지역(이하 "준주거지역"이라 한다) 또는 같은 조 제3호다목에 따른 준공업지역(이하 "준공업지역"이라 한다)에 주택과 「관광숙박시설 확충을 위한 특별법」 제2조제4호에 따른 호텔시설[같은 법 시행령 제3조제3호가목(단란주점영업·유흥주점영업만 해당한다)·라목·바목 및 사목에 따른 부대시설은 제외하며, 이하 "호텔시설"이라 한다]을 복합건축물로 건설하는 경우 ③ 삭제 〈2003.11.29.〉	
제7조【적용의 특례】 ① 법 제51조에 따른 공업화주택 또는 새로운 건설기술을 적용하여 건설하는 공업화주택의 경우에는 제13조 및 제37조제1항의 규정을 적용하지 아니한다. 〈개정 2016.8.11.〉 ② 「주택법 시행령」 제7조제13호에 따른 시장과 주택을 복합건축물로 건설하는 경우에는 제9조, 제9조의2, 제10조, 제13조, 제26조, 제35조, 제37조, 제38조, 제50조, 제52조 및 제55조의2를 적용하지 아니한다. 〈개정 2017.10.17.〉 ③ 상업지역에 주택을 건설하는 경우에는 제9조, 제9조의2, 제10조, 제13조, 제50조 및 제52조를 적용하지 아니한다. 〈개정 2013.6.17.〉 ④ 다음 각 호의 어느 하나에 해당하는 경우에는 제9조, 제9조의2, 제10조, 제13조 및 제50조를 적용하지 아니한다. 〈개정 2013.12.4.〉 1. 폭 12미터 이상인 일반도로(주택단지 안의 도로는 제외한다)에 연접하여 주택을 주택 외의 시설과 복합건축물로 건설하는 경우로서 다음 각 목의 어느 하나에 해당하는 경우 가. 준주거지역에 건설하는 경우로서 주택 외의 시설의 바닥면적의 합계가 해	**제2조【적용의 특례】** 「주택건설기준 등에 관한 규정」(이하 "영"이라 한다) 제7조제6항에 따라 다음 각 호에 해당하는 주택의 건설기준과 부대시설 및 복리시설의 설치기준은 별표 1에 따른다. 〈개정 2020.10.19.〉 1. 저소득근로자를 위하여 건설되는 주택으로서 세대당 전용면적 60제곱미터 이하인 주택(이하 "근로자주택"이라 한다) 2. 다음 각 목의 어느 하나에 해당하는 주택 가. 「공공주택 특별법 시행령」 제2조제1항제1호에 따른 영구임대주택으로서 세대당 전용면적 50제곱미터 이하인 주택(이하 "영구임대주택"이라 한다) 나. 「공공주택 특별법 시행령」 제2조제1항제3호에 따른 행복주택(이하 "행복주택"이라 한다) 다. 「공공주택 특별법」 제43조제1항에 따른 공공매입임대주택으로서 같은 법 시행령 제37조제2항에 따라 기존주택등을 매입하여 개량한 주택(이하 "기존주택등매입후개량주택"이라 한다) 〈개정 2014.6.30., 2016.9.12.〉

당 건축물 연면적의 10분의 1 이상인 경우

나. 준주거지역 외의 지역에 건설하는 경우로서 주택 외의 시설의 바닥면적의 합계가 해당 건축물 연면적의 5분의 1 이상인 경우

2. 준주거지역 또는 준공업지역에 주택과 호텔시설을 복합건축물로 건설하는 경우

⑤ 독신자용 주택(분양하는 주택은 제외한다)을 건설하는 경우에는 제13조·제27조·제32조제1항·제52조 및 제55조의2를 적용하지 아니한다. 〈개정 2013.6.17.〉

⑥ 저소득근로자를 위하여 건설·공급되는 주택 또는 「민간임대주택에 관한 특별법」과 「공공주택 특별법」에 의한 임대주택 기타 공동주택의 성격·기능으로 보아 특히 필요하다고 인정되는 경우에는 이 영의 규정에 불구하고 주택의 건설기준과 부대시설·복리시설의 설치기준을 따로 국토교통부령으로 정할 수 있다. 〈개정 2015.12.28.〉

⑦ 「도시 및 주거환경정비법」 제2조제2호다목에 따른 재건축사업의 경우로서 사업시행인가권자가 주거환경에 위험하거나 해롭지 아니하다고 인정하는 경우에는 제9조의2제1항을 적용하지 아니한다. 〈개정 2013.6.17., 2018.2.9.〉

⑧ 「노인복지법」에 따라 노인복지주택을 건설하는 경우에는 제28조·제34조·제52조 및 제55조의2를 적용하지 아니한다. 〈개정 2013.6.17〉

⑨ 「신행정수도 후속대책을 위한 연기·공주지역 행정중심복합도시 건설을 위한 특별법」 제2조제1호에 따른 행정중심복합도시와 「도시재정비 촉진을 위한 특별법」 제2조제1호에 따른 재정비촉진지구 안에서 주택단지 인근에 주민공동시설 설치를 갈음하여 사업계획승인권자(재정비촉진지구의 경우에는 사업시행인가권자 또는 실시계획인가권자를 말한다)가 다음 각 호의 요건을 충족하는 것으로 인정하는 시설을 설치하는 경우에는 제55조의2를 적용하지 않는다. 〈개정 2021.1.5.〉

1. 주민공동시설에 상응하거나 그 수준을 웃도는 규모와 기능을 갖출 것
2. 접근의 용이성과 이용효율성 등의 측면에서 단지 안에 설치하는 주민공동시설과 큰 차이가 없을 것

⑩ 도시형 생활주택을 건설하는 경우에는 제9조·제10조제2항·제13조·제31조·제35조 및 제55조의2를 적용하지 않는다. 다만, 150세대 이상으로서 다음 각 호의 어느 하나에 해당하는 주택을 건설하는 경우에는 제55조의2를 적용한

관계법 「민간임대주택에 관한 특별법」 제2조(정의)

이 법에서 사용하는 용어의 뜻은 다음과 같다. 〈개정 2021.3.16.〉

1. "민간임대주택"이란 임대 목적으로 제공하는 주택[토지를 임차하여 건설된 주택 및 오피스텔 등 대통령령으로 정하는 준주택(이하 "준주택"이라 한다) 및 대통령령으로 정하는 일부만을 임대하는 주택을 포함한다. 이하 같다]으로서 임대사업자가 제5조에 따라 등록한 주택을 말하며, 민간건설임대주택과 민간매입임대주택으로 구분한다.
2. "민간건설임대주택"이란 다음 각 목의 어느 하나에 해당하는 민간임대주택을 말한다.
   가. 임대사업자가 임대를 목적으로 건설하여 임대하는 주택
   나. 「주택법」 제4조에 따라 등록한 주택건설사업자가 같은 법 제15조에 따라 사업계획승인을 받아 건설한 주택 중 사용검사 때까지 분양되지 아니하여 임대하는 주택
3. "민간매입임대주택"이란 임대사업자가 매매 등으로 소유권을 취득하여 임대하는 민간임대주택을 말한다.
4. "공공지원민간임대주택"이란 임대사업자가 다음 각 목의 어느 하나에 해당하는 민간임대주택을 10년 이상 임대할 목적으로 취득하여 이 법에 따른 임대료 및 임차인의 자격 제한 등을 받아 임대하는 민간임대주택을 말한다.
   가. 「주택도시기금법」에 따른 주택도시기금(이하 "주택도시기금"이라 한다)의 출자를 받아 건설 또는 매입하는 민간임대주택
   나. 「주택법」 제2조제24호에 따른 공공택지 또는 이 법 제18조제2항에 따라 수의계약 등으로 공급되는 토지 및 「혁신도시 조성 및 발전에 관한 특별법」 제2조제6호에 따른 종전부동산(이하 "종전부동산"이라 한다)을 매입 또는 임차하여 건설하는 민간임대주택
   다. 제21조제2호에 따라 용적률을 완화 받거나 「국토의 계획 및 이용에 관한 법률」 제30조에 따라 용도지역 변경을 통하여 용적률을 완화 받아 건설하는 민간임대주택
   라. 제22조에 따라 지정되는 공공지원민간임대주택 공급촉진지구에서 건설하는 민간임대주택
   라. 제22조에 따라 지정되는 공공지원민간임대주택 공급촉진지구에서 건설하는 민간임대주택

주택건설기준 규정 [대통령령]	주택건설기준 규칙 [국토교통부령]

다.〈개정 2014.10.28., 2016.6.8., 2016.8.11., 2025.1.21.〉

1. 「주택법 시행령」 제10조제1항제1호에 따른 아파트형 주택(세대당 전용면적이 60제곱미터를 초과하는 세대가 150세대 이상인 경우로 한정한다)
2. 「주택법 시행령」 제10조제1항제2호에 따른 단지형 연립주택
3. 「주택법 시행령」 제10조제1항제3호에 따른 단지형 다세대주택

⑪ 다음 각 호의 요건을 모두 충족하는 도시형 생활주택의 경우에는 제10항에 따라 적용을 제외하는 규정 외에 그 주택을 임대주택으로 사용하는 기간 동안 제9조의2, 제10조제3항·제4항, 제12조제2항, 제15조, 제16조제1항·제2항, 제37조제5항, 제50조 및 제64조도 적용하지 않는다. 〈신설 2021.1.12., 2022.2.11., 2025.1.21.〉

1. 「건축법 시행령」 별표 1 제3호·제4호·제11호·제12호·제14호 또는 제15호의 제1종 근린생활시설·제2종 근린생활시설·노유자시설·수련시설·업무시설 또는 숙박시설을 도시형 생활주택(세대당 전용면적이 60제곱미터 이하인 경우로 한정한다)으로 용도변경할 것
2. 다음 각 목의 어느 하나에 해당하는 임대주택으로 사용할 것
   가. 「장기공공임대주택 입주자 삶의 질 향상 지원법」 제2조제1호의 장기공공임대주택(이하 "장기공공임대주택"이라 한다)
   나. 「민간임대주택에 관한 특별법」 제2조제4호의 공공지원민간임대주택

⑫ 법 제2조제25호다목에 따른 리모델링을 하는 경우에는 다음 각 호에 따른다. 〈신설 2014.4.24, 2014.10.28., 2016.8.11., 2021.1.5.〉

1. 제9조, 제9조의2, 제14조, 제14조의2, 제15조 및 제64조를 적용하지 아니한다. 다만, 수직으로 증축하거나 별도의 동으로 증축하는 부분에 대해서는 제9조, 제14조, 제14조의2 및 제15조(별도의 동으로 증축하는 경우만 해당한다)를 적용한다.
2. 사업계획승인권자가 리모델링 후의 주민공동시설이 리모델링의 대상이 되는 주택의 사용검사 당시의 주민공동시설에 상응하거나 그 수준을 웃도는 규모와 기능을 갖췄다고 인정하는 경우에는 제55조의2를 적용하지 않는다.

마. 그 밖에 국토교통부령으로 정하는 공공지원을 받아 건설 또는 매입하는 민간임대주택

5. "장기일반민간임대주택" 이란 임대사업자가 공공지원민간임대주택이 아닌 주택을 10년 이상 임대할 목적으로 취득하여 임대하는 민간임대주택[아파트(「주택법」 제2조제20호의 도시형 생활주택이 아닌 것을 말한다)를 임대하는 민간매입임대주택은 제외한다]을 말한다.
6. 삭제 〈2020. 8. 18.〉
7. "임대사업자" 란 「공공주택 특별법」 제4조제1항에 따른 공공주택사업자(이하 "공공주택사업자" 라 한다)가 아닌 자로서 1호 이상의 민간임대주택을 취득하여 임대하는 사업을 할 목적으로 제5조에 따라 등록한 자를 말한다.

8.~15. 〈생략〉

관계법 「도시 및 주거환경정비법」 제2조(정의)

이 법에서 사용하는 용어의 뜻은 다음과 같다. 〈개정2021.1.12.〉

1. "정비구역" 이란 정비사업을 계획적으로 시행하기 위하여 제16조에 따라 지정·고시된 구역을 말한다.
2. "정비사업" 이란 이 법에서 정한 절차에 따라 도시기능을 회복하기 위하여 정비구역에서 정비기반시설을 정비하거나 주택 등 건축물을 개량 또는 건설하는 다음 각 목의 사업을 말한다.
   가. 주거환경개선사업: 도시저소득 주민이 집단거주하는 지역으로서 정비기반시설이 극히 열악하고 노후·불량건축물이 과도하게 밀집한 지역의 주거환경을 개선하거나 단독주택 및 다세대주택이 밀집한 지역에서 정비기반시설과 공동이용시설 확충을 통하여 주거환경을 보전, 정비·개량하기 위한 사업
   나. 재개발사업: 정비기반시설이 열악하고 노후·불량건축물이 밀집한 지역에서 주거환경을 개선하거나 상업지역·공업지역 등에서 도시기능의 회복 및 상권활성화 등을 위하여 도시환경을 개선하기 위한 사업
   다. 재건축사업: 정비기반시설은 양호하나 노후·불량건축물에 해당하는 공동주택이 밀집한 지역에서 주거환경을 개선하기 위한 사업

3. ~ 11. 〈생략〉

제8조【다른 법령과의 관계】 ① 주택단지는 「건축법 시행령」 제3조제1항제4호의 규정에 의하여 이를 하나의 대지로 본다. 다만, 복리시설의 설치를 위하여 따로 구획·양여하는 토지는 이를 별개의 대지로 본다. 〈개정 2005.6.30.〉

② 제1항의 경우에 주택단지에서 도시·군계획시설로 결정된 도로·광장 및 공원용지의 면적은 건폐율 또는 용적률의 산정을 위한 대지면적에 이를 산입하지 아니한다. 〈개정 2012.4.10.〉

③ 주택의 건설기준, 부대시설·복리시설의 설치기준에 관하여 이 영에서 규정한 사항 외에는 「건축법」, 「수도법」, 「하수도법」, 「장애인·노인·임산부 등의 편의증진보장에 관한 법률」, 「소방시설 설치 및 관리에 관한 법률」 및 그 밖의 관계 법령이 정하는 바에 따른다. 〈신설 2014.10.28., 2017.1.26., 2017.1.26., 2022.11.29〉

제2장 시설의 배치 등

제9조【소음방지대책의 수립】 ① 사업주체는 공동주택을 건설하는 지점의 소음도(이하 "실외소음도"라 한다)가 65데시벨 미만이 되도록 하되, 65데시벨 이상인 경우에는 방음벽·방음림(소음막이숲) 등의 방음시설을 설치하여 해당 공동주택의 건설지점의 소음도가 65데시벨 미만이 되도록 법 제42조제1항에 따른 소음방지대책을 수립해야 한다. 다만, 공동주택이 「국토의 계획 및 이용에 관한 법률」 제36조에 따른 도시지역(주택단지 면적이 30만제곱미터 미만인 경우로 한정한다) 또는 「소음·진동관리법」 제27조에 따라 지정된 지역에 건축되는 경우로서 다음 각 호의 기준을 모두 충족하는 경우에는 그 공동주택의 6층 이상인 부분에 대하여 본문을 적용하지 않는다. 〈개정 2016.8.11., 2021.1.5.〉

1. 세대 안에 설치된 모든 창호(창호)를 닫은 상태에서 거실에서 측정한 소음도(이하 "실내소음도"라 한다)가 45데시벨 이하일 것
2. 공동주택의 세대 안에 「건축법 시행령」 제87조제2항에 따라 정하는 기준에 적합한 환기설비를 갖출 것

② 제1항에 따른 실외소음도와 실내소음도의 소음측정기준은 국토교통부장관이

관계법 「소음 · 진동관리법」 제27조 (교통소음 · 진동 관리지역의 지정)

① 특별시장、광역시장、특별자치시장、특별자치도지사 또는 시장、군수(광역시의 군수는 제외한다. 이하 이 조에서 같다)는 교통기관에서 발생하는 소음、진동이 교통소음、진동 관리기준을 초과하거나 초과할 우려가 있는 경우에는 해당 지역을 교통소음、진동 관리지역(이하 "교통소음、진동 관리지역"이라 한다)으로 지정할 수 있다. 〈개정 2013.8.13.〉

② 환경부장관은 교통소음、진동의 관리가 필요하다고 인정하는 지역을 교통소음、진동 관리지역으로 지정하여 줄 것을 특별시장、광역시장、특별자치시장、특별자치도지사 또는 시장、군수에게 요청할 수 있다. 이 경우 특별시장、광역시장、특별자치시장、특별자치도지사 또는 시장、군수는 특별한 사유가 없으면 그 요청에 따라야 한다. 〈개정 2013.8.13.〉

주택건설기준 규정 [대통령령]

환경부장관과 협의하여 고시한다. 〈개정 2008.2.29〉

③ 삭제 〈2013.6.17〉

④ 삭제 〈2013.6.17〉

⑤ 법 제42조제2항 전단에서 "대통령령으로 정하는 주택건설지역이 도로와 인접한 경우"란 다음 각 호의 어느 하나에 해당하는 경우를 말한다. 다만, 주택건설지역이 「환경영향평가법 시행령」 별표 3 제1호의 사업구역에 포함된 경우로서 환경영향평가를 통하여 소음저감대책을 수립한 후 해당 도로의 관리청과 협의를 완료하고 개발사업의 실시계획을 수립한 경우는 제외한다. 〈개정 2014.7.14., 2016.8.11.〉

1. 「도로법」 제11조에 따른 고속국도로부터 300미터 이내에 주택건설지역이 있는 경우
2. 「도로법」 제12조에 따른 일반국도(자동차 전용도로 또는 왕복 6차로 이상인 도로만 해당한다)와 같은 법 제14조에 따른 특별시도 · 광역시도(자동차 전용도로만 해당한다)로부터 150미터 이내에 주택건설지역이 있는 경우

⑥ 제5항 각 호의 거리를 계산할 때에는 도로의 경계선(보도가 설치된 경우에는 도로와 보도와의 경계선을 말한다)부터 가장 가까운 공동주택의 외벽면까지의 거리를 기준으로 한다. 〈신설 2013.6.17〉

[제목개정 2013.6.17]

제9조의2 【소음 등으로부터의 보호】 ① 공동주택 · 어린이놀이터 · 의료시설(약국은 제외한다) · 유치원 · 어린이집 · 다함께돌봄센터 및 경로당(이하 이 조에서 "공동주택등"이라 한다)은 다음 각 호의 시설로부터 수평거리 50미터 이상 떨어진 곳에 배치해야 한다. 다만, 위험물 저장 및 처리 시설 중 주유소(석유판매취급소를 포함한다) 또는 시내버스 차고지에 설치된 자동차용 천연가스 충전소(가스저장 압력용기 내용적의 총합이 20세제곱미터 이하인 경우만 해당한다)의 경우에는 해당 주유소 또는 충전소로부터 수평거리 25미터 이상 떨어진 곳에 공동주택등(유치원 , 어린이집 및 다함께돌봄센터는 제외한다)을 배치할 수 있다. 〈개정 2014.10.28., 2016.3.29., 2018.2.9., 2021.1.5., 2024.1.2.〉

주택건설기준 규칙 [국토교통부령]

③ 교통소음 · 진동 관리지역의 범위는 환경부령으로 정한다. 〈개정 2009.6.9.〉

④ 특별시장 · 광역시장 · 특별자치시장 · 특별자치도지사 또는 시장 · 군수는 교통소음 · 진동 관리지역을 지정한 경우에는 그 지정 사실을 고시하고 표지판 설치 등 필요한 조치를 하여야 한다. 이를 변경한 경우에도 또한 같다. 〈개정 2013.8.13.〉

⑤ 특별시장 · 광역시장 · 특별자치시장 · 특별자치도지사 또는 시장 · 군수는 교통기관에서 발생하는 소음 · 진동이 교통소음 · 진동 관리기준을 초과하지 아니하거나 초과할 우려가 없다고 인정되면 교통소음 · 진동 관리지역의 지정을 해제할 수 있다. 〈개정 2013.8.13.〉

고시 공동주택의 소음측정기준 (국토교통부고시 제2017-558호, 2017.8.19.)

판례 채무부존재확인

대법원 2008.8.21. 선고 2008다9358,9365 판결

【판시사항】

[1] 도로에서 유입되는 소음 때문에 인근 주택 거주자에게 사회통념상 수인한도를 넘는 침해가 있는지 여부를 판단하는 경우, 주택법상 주택건설기준보다 환경정책기본법상 환경기준을 우선 고려하여야 하는지 여부(적극)

[2] 도로에서 유입되는 소음 때문에 인근 주택의 거주자가 사회통념상 수인한도를 넘는 생활이익의 침해를 당한 경우, 그 주택의 분양회사에게 소음으로 인한 불법행위책임을 물을 수 있는지 여부(소극) 및 분양회사가 위 소음과 관련하여 수분양자에게 책임을 부담하는 경우

【판결요지】

[1] 차량이 통행하는 도로에서 유입되는 소음 때문에 인근 주택의 거주자에게 사회통념상 일반적으로 수인할 정도를 넘어서는 침해가 있는지 여부는, 주택법 등에서 제시하는 주택건설기준보다는 환경정책기본법 등에서 설정하고 있는 환경기준을 우선적으로 고려하여 판단하여야 한다.

[2] 도로에서 유입되는 소음 때문에 인근 주택의 거주자에게 사회통념상 수인한도를 넘는 생활이익의 침해가 발생하였다고 하더라도, 그 주택을 건축하여 분양한 분양회사는 도로의 설치 · 관리자가 아니고 그 주택의 건축으로 인하여 소음이 발생하였다고 볼 수도 없으므로, 주택의 거주자들이 분양회사를 상대로 소음 때문에 발생한 생활이익의 침해를 원인으로 하는 불법행위책임을 물을 수는 없다. 다만 분양회사는 주택의 공급 당시에 주택법상의 주택건설기준 등 그 주택이 거래상 통상 소음 방지를 위하여 갖추어야 할 시설이나 품질을 갖추지 못한 경우에 집합건물의 소유 및 관리에 관한 법률 제9조 또는 민법 제580조의 담보책임을 부담하거나, 수분

주택건설기준 규정 [대통령령]	주택건설기준 규칙 [국토교통부령]

1. 다음 각 목의 어느 하나에 해당하는 공장[「산업집적활성화 및 공장설립에 관한 법률」에 따라 이전이 확정되어 인근에 공동주택등을 건설하여도 지장이 없다고 사업계획승인권자가 인정하여 고시한 공장은 제외하며, 「국토의 계획 및 이용에 관한 법률」 제36조제1항제1호가목에 따른 주거지역 또는 같은 법 제51조제3항에 따른 지구단위계획구역(주거형만 해당한다) 안의 경우에는 사업계획승인권자가 주거환경에 위해하다고 인정하여 고시한 공장만 해당한다]
  가. 「대기환경보전법」 제2조제9호에 따른 특정대기유해물질을 배출하는 공장
  나. 「대기환경보전법」 제2조제11호에 따른 대기오염물질배출시설이 설치되어 있는 공장으로서 같은 법 시행령 별표 1에 따른 제1종사업장부터 제3종사업장까지의 규모에 해당하는 공장
  다. 「대기환경보전법 시행령」 별표 1의3에 따른 에 따른 제4종사업장 및 제5종사업장 규모에 해당하는 공장으로서 국토교통부장관이 산업통상자원부장관 및 환경부장관과 협의하여 고시한 업종의 공장. 다만, 「도시 및 주거환경정비법」 제2조제2호다목에 따른 재건축사업(1982년 6월 5월 전에 법률 제6916호 주택법중개정법률로 개정되기 전의 「주택건설촉진법」에 따라 사업계획승인을 신청하여 건설된 주택에 대한 재건축사업으로 한정한다)에 따라 공동주택등을 건설하는 경우로서 제5종사업장 규모에 해당하는 공장 중에서 해당 공동주택등의 주거환경에 위험하거나 해롭지 아니하다고 사업계획승인권자가 인정하여 고시한 공장은 제외한다.
  라. 「소음·진동관리법」 제2조제3호에 따른 소음배출시설이 설치되어 있는 공장. 다만, 공동주택등을 배치하려는 지점에서 소음·진동관리 법령으로 정하는 바에 따라 측정한 해당 공장의 소음도가 50데시벨 이하로서 공동주택등에 영향을 미치지 않거나 방음벽·방음림 등의 방음시설을 설치하여 50데시벨 이하가 될 수 있는 경우는 제외한다.
2. 「건축법 시행령」 별표 1에 따른 위험물 저장 및 처리 시설
3. 그 밖에 사업계획승인권자가 주거환경에 특히 위해하다고 인정하는 시설(설치계획이 확정된 시설을 포함한다)

② 제1항에 따라 공동주택등을 배치하는 경우 공동주택등과 제1항 각 호의 시

양자와의 분양계약에서 소음 방지 시설이나 조치에 관하여 특약이 있는 경우에 그에 따른 책임을 부담하거나, 또는 분양회사가 수분양자에게 분양하는 주택의 소음 상황 등에 관한 정보를 은폐하거나 부정확한 정보를 제공하는 등 신의칙상의 부수의무를 게을리한 경우에 그 책임을 부담할 뿐이다.

고시 공동주택 등을 띄어 건설하여야 하는 공장업종 (국토교통부고시 제2018-537호, 2018.8.31)

관계법 「대기환경보전법」 제2조 (정의)

이 법에서 사용하는 용어의 뜻은 다음과 같다. 〈개정 2017.11.28〉

1.~8. 〈생략〉
9. "특정대기유해물질"이란 유해성대기감시물질 중 제7조에 따른 심사·평가 결과 저농도에서도 장기적인 섭취나 노출에 의하여 사람의 건강이나 동식물의 생육에 직접 또는 간접으로 위해를 끼칠 수 있어 대기 배출에 대한 관리가 필요하다고 인정된 물질로서 환경부령으로 정하는 것을 말한다.
10. "휘발성유기화합물"이란 탄화수소류 중 석유화학제품, 유기용제, 그 밖의 물질로서 환경부장관이 관계 중앙행정기관의 장과 협의하여 고시하는 것을 말한다.
11. "대기오염물질배출시설"이란 대기오염물질을 대기에 배출하는 시설물, 기계, 기구, 그 밖의 물체로서 환경부령으로 정하는 것을 말한다.
12.~22. 〈생략〉

관계법 「소음·진동관리법」 제2조 (정의)

이 법에서 사용하는 용어의 뜻은 다음과 같다. 〈개정 2016.1.19.〉

1. "소음(騷音)"이란 기계·기구·시설, 그 밖의 물체의 사용 또는 공동주택(「주택법」 제2조 제3호에 따른 공동주택을 말한다. 이하 같다) 등 환경부령으로 정하는 장소에서 사람의 활동으로 인하여 발생하는 강한 소리를 말한다.
2. "진동(振動)"이란 기계·기구·시설, 그 밖의 물체의 사용으로 인하여 발생하는 강한 흔들림을 말한다.
3. "소음·진동배출시설"이란 소음·진동을 발생시키는 공장의 기계·기구·시설, 그 밖의 물체로서 환경부령으로 정하는 것을 말한다.

주택건설기준 규정 [대통령령]	주택건설기준 규칙 [국토교통부령]

설 사이의 주택단지 부분에는 방음림을 설치해야 한다. 다만, 다른 시설물이 있는 경우에는 그러하지 아니하다. 〈개정 2021.1.5.〉
[본조신설 2013.6.17.]

제10조【공동주택의 배치】 ① 삭제 〈1996.6.8〉
② 도로(주택단지의 도로를 포함하되, 필로티에 설치되어 보도로만 사용되는 도로는 제외한다) 및 주차장(지하, 필로티, 그 밖에 이와 비슷한 구조에 설치하는 주차장 및 그 진출입로는 제외한다)의 경계선으로부터 공동주택의 외벽(발코니나 그 밖에 이와 비슷한 것을 포함한다. 이하 같다)까지의 거리는 2미터 이상 띄워야 하며, 그 띄운 부분에는 식재등 조경에 필요한 조치를 히여야 한다. 다만, 다음 각 호의 어느 하나에 해당하는 도로로서 보도와 차도로 구분되어 있는 경우에는 그러하지 아니하다. 〈개정 2012.6.29〉
1. 공동주택의 1층이 필로티 구조인 경우 필로티에 설치하는 도로(사업계획승인권자가 인정하는 보행자 안전시설이 설치된 것에 한정한다)
2. 주택과 주택 외의 시설을 동일 건축물로 건축하고, 1층이 주택 외의 시설인 경우 해당 주택 외의 시설에 접하여 설치하는 도로(사업계획승인권자가 인정하는 보행자 안전시설이 설치된 것에 한정한다)
3. 공동주택의 외벽이 개구부(開口部)가 없는 측벽인 경우 해당 측벽에 접하여 설치하는 도로
③ 주택단지는 화재 등 재난발생 시 소방활동에 지장이 없도록 다음 각 호의 요건을 갖추어 배치해야 한다. 〈개정 2016.6.8., 2021.1.5.〉
1. 공동주택의 각 세대로 소방자동차의 접근이 가능하도록 통로를 설치할 것
2. 주택단지 출입구의 문주(문기둥) 또는 차단기는 소방자동차의 통행이 가능하도록 설치할 것
④ 주택단지의 각 동의 높이와 형태 등은 주변의 경관과 어우러지고 해당 지역의 미관을 증진시킬 수 있도록 배치되어야 하며, 국토교통부장관은 공동주택의 디자인 향상을 위하여 주택단지의 배치 등에 필요한 사항을 정하여 고시할 수

4.~11. 〈생략〉

있다. 〈신설 2013.6.17.〉

제11조 【지하층의 활용】 공동주택을 건설하는 주택단지에 설치하는 지하층은 「주택법 시행령」 제7조제1호 및 제2호에 따른 근린생활시설(이하 "근린생활시설"이라 한다. 다만, 이 조에서는 변전소·정수장 및 양수장을 제외하되, 변전소의 경우 「전기사업법」 제2조제2호에 따른 전기사업자가 자신의 소유 토지에 「전원개발촉진법 시행령」 제3조제1호에 따른 시설의 설치·운영에 종사하는 자를 위하여 건설하는 공동주택 및 주택과 주택 외의 건축물을 동일건축물에 복합하여 건설하는 경우로서 사업계획승인권자가 주거안정에 지장이 없다고 인정하는 건축물의 변전소는 포함한다)·주차장·주민공동시설 및 주택(사업계획승인권자가 해당 주택의 주거환경에 지장이 없다고 인정하는 경우로서 1층 세대의 주거전용부분으로 사용되는 구조만 해당한다) 그 밖에 관계법령에 따라 허용되는 용도로 사용할 수 있으며, 그 구조 및 설비는 「건축법」 제53조에 따른 기준에 적합하여야 한다. 〈개정 2017.10.17〉

제12조 【주택과의 복합건축】 ① 숙박시설(상업지역, 준주거지역 또는 준공업지역에 건설하는 호텔시설은 제외한다)·위락시설·공연장·공장이나 위험물저장 및 처리시설 그 밖에 사업계획승인권자가 주거환경에 지장이 있다고 인정하는 시설은 주택과 복합건축물로 건설하여서는 아니 된다. 다만, 다음 각 호의 어느 하나에 해당하는 경우는 예외로 한다. 〈개정 2014.10.28., 2017.1.17., 2018.2.9.〉

1. 「도시 및 주거환경정비법」 제2조제2호나목에 따른 재개발사업에 따라 복합건축물을 건설하는 경우
2. 위락시설·숙박시설 또는 공연장을 주택과 복합건축물로 건설하는 경우로서 다음 각 목의 요건을 모두 갖춘 경우
   가. 해당 복합건축물은 층수가 50층 이상이거나 높이가 150미터 이상일 것
   나. 위락시설을 주택과 복합건축물로 건설하는 경우에는 다음의 요건을 모두

관계법 「전원개발촉진법 시행령」 제3조 (부대시설)

「전원개발촉진법」(이하 "법"이라 한다) 제2조제1호에서 "부대시설"이란 다음 각 호의 시설을 말한다. <개정 2021.1.5.>

1. 발전(發電)·송전(送電) 및 변전(變電)을 위한 전기사업용 전기설비(이하 "전기사업용 전기설비"라 한다)를 설치·운용하기 위한 건물 및 구축물과 그 부속시설
2. 전기사업용 전기설비와 제1호에 따른 시설을 설치·운용하기 위한 용수(생활용수, 지하수 및 해수를 포함한다)시설, 송유시설(送油施設), 재처리장, 재료 적치장, 방사성폐기물 관리시설과 그 부속시설
3. 제1호와 제2호에 따른 시설의 설치·운용에 종사하는 사람을 위한 숙소와 그 부속시설

주택건설기준 규정 [대통령령]

갖출 것
1) 위락시설과 주택은 구조가 분리될 것
2) 사업계획승인권자가 주거환경 보호에 지장이 없다고 인정할 것

3. 「물류시설의 개발 및 운영에 관한 법률」 제2조제6호의2에 따른 도시첨단물류단지 내에 공장을 주택과 복합건축물로 건설하는 경우로서 다음 각 목의 요건을 모두 갖춘 경우
가. 해당 공장은 제9조의2제1항제1호 각 목의 어느 하나에 해당하는 공장이 아닐 것
나. 해당 복합건축물이 건설되는 주택단지 내의 물류시설은 지하층에 설치될 것
다. 사업계획승인권자가 주거환경 보호에 지장이 없다고 인정할 것

② 주택과 주택외의 시설(주민공동시설을 제외한다)을 동일건축물에 복합하여 건설하는 경우에는 주택의 출입구·계단 및 승강기등을 주택외의 시설과 분리된 구조로 하여 사생활보호·방범 및 방화등 주거의 안전과 소음·악취등으로부터 주거환경이 보호될 수 있도록 하여야 한다. 다만, 층수가 50층 이상이거나 높이가 150미터 이상인 복합건축물을 건축하는 경우로서 사업계획승인권자가 사생활보호·방범 및 방화 등 주거의 안전과 소음·악취 등으로부터 주거환경이 보호될 수 있다고 인정하는 숙박시설과 공연장의 경우에는 그러하지 아니하다. 〈개정 2014.10.28.〉

제3장 주택의 구조·설비 등

제13조【기준척도】 주택의 평면 및 각 부위의 치수는 국토교통부령으로 정하는 치수 및 기준척도에 적합하여야 한다. 다만, 사업계획승인권자가 인정하는 특수한 설계·구조 또는 자재로 건설하는 주택의 경우에는 그러하지 아니하다. 〈개정 2013.6.17〉

제14조【세대 간의 경계벽 등】 ① 공동주택 각 세대 간의 경계벽 및 공동주

주택건설기준 규칙 [국토교통부령]

제3조【치수 및 기준척도】 영 제13조에 따른 주택의 평면과 각 부위의 치수 및 기준척도는 다음 각 호와 같다. 〈개정 2013.7.15.〉
1. 치수 및 기준척도는 안목치수를 원칙으로 할 것. 다만, 한국산업표준이 정하는 모듈정합의 원칙에 의한 모듈격자 및 기준면의 설정방법등에 따라 필요한 경우에는 중심선치수로 할 수 있다.
2. 거실 및 침실의 평면 각변의 길이는 5센티미터를 단위로 한 것을 기준척도로

택과 주택 외의 시설 간의 경계벽은 내화구조로서 다음 각 호의 어느 하나에 해당하는 구조로 해야 한다. 〈개정 2021.1.5.〉

1. 철근콘크리트조 또는 철골·철근콘크리트조로서 그 두께(시멘트모르타르, 회반죽, 석고플라스터, 그 밖에 이와 유사한 재료를 바른 후의 두께를 포함한다)가 15센티미터 이상인 것
2. 무근콘크리트조·콘크리트블록조·벽돌조 또는 석조로서 그 두께(시멘트모르타르, 회반죽, 석고플라스터, 그 밖에 이와 유사한 재료를 바른 후의 두께를 포함한다)가 20센티미터 이상인 것
3. 조립식주택부재인 콘크리트판으로서 그 두께가 12센티미터 이상인 것
4. 제1호 내지 제3호의 것외에 국토교통부장관이 정하여 고시하는 기준에 따라 한국건설기술연구원장이 차음성능을 인정하여 지정하는 구조인 것

② 제1항에 따른 경계벽은 이를 지붕밑 또는 바로 윗층바닥판까지 닿게 하여야 하며, 소리를 차단하는데 장애가 되는 부분이 없도록 설치하여야 한다. 이 경우 경계벽의 구조가 벽돌조인 경우에는 줄눈 부위에 빈틈이 생기지 아니하도록 시공하여야 한다. 〈개정 2017.10.17.〉

③ 삭제 〈2013.5.6.〉

④ 삭제 〈2013.5.6.〉

⑤ 공동주택의 3층 이상인 층의 발코니에 세대간 경계벽을 설치하는 경우에는 제1항 및 제2항의 규정에 불구하고 화재등의 경우에 피난용도로 사용할 수 있는 피난구를 경계벽에 설치하거나 경계벽의 구조를 파괴하기 쉬운 경량구조등으로 할 수 있다. 다만, 경계벽에 창고 기타 이와 유사한 시설을 설치하는 경우에는 그러하지 아니하다.

⑥ 제5항에 따라 피난구를 설치하거나 경계벽의 구조를 경량구조 등으로 하는 경우에는 그에 대한 정보를 포함한 표지 등을 식별하기 쉬운 위치에 부착 또는 설치하여야 한다. 〈신설 2014.12.23.〉

[제목개정 2021.1.5.]

제14조의2 【바닥구조】 공동주택의 세대 내의 층간바닥(화장실의 바닥은 제외

할 것

3. 부엌·식당·욕실·화장실·복도·계단 및 계단참등의 평면 각 변의 길이 또는 너비는 10센티미터를 단위로 한 것을 기준척도로 할 것. 다만, 한국산업표준에서 정하는 주택용 조립식 욕실을 사용하는 경우에는 한국산업표준에서 정하는 표준모듈호칭치수에 따른다.
4. 거실 및 침실의 반자높이(반자를 설치하는 경우만 해당한다)는 2.2미터이상으로 하고 층높이는 2.4미터이상으로 하되, 각각 5센티미터를 단위로 한 것을 기준척도로 할 것
5. 창호설치용 개구부의 치수는 한국산업표준이 정하는 창호개구부 및 창호부품의 표준모듈호칭치수에 의할 것. 다만, 한국산업표준이 정하지 아니한 사항에 대하여는 국토교통부장관이 정하여 공고하는 건축표준상세도에 의한다.
6. 제1호 내지 제5호에서 규정한 사항외의 구체적인 사항은 국토교통부장관이 정하여 고시하는 기준에 적합할 것

고시 주택의 설계도서 작성기준 (국토교통부고시 제2022-329호, 2022.6.20. 일부개정)

고시 벽체의 차음구조 인정 및 관리기준 (국토교통부고시 제2023-25호, 2023.1.12. 일부개정)

제3조의2 【바닥충격음 성능기준 적용 제외】 영 제14조의2제2호 나목에서 "

주택건설기준 규정 [대통령령]

한다. 이하 이 조에서 같다)은 다음 각 호의 기준을 모두 충족해야 한다. 〈개정 2017.1.17., 2022.8.4., 2024.7.9.〉

1. 콘크리트 슬래브 두께는 210밀리미터[라멘구조(보와 기둥을 통해서 내력이 전달되는 구조를 말한다. 이하 이 조에서 같다)의 공동주택은 150밀리미터] 이상으로 할 것. 다만, 다음 각 목의 어느 하나에 해당하는 주택의 층간바닥은 예외로 한다.
   가. 법 제51조제1항에 따라 인정받은 공업화주택
   나. 목구조(주요 구조부를 「목재의 지속가능한 이용에 관한 법률」에 따른 목재 또는 목재제품으로 구성하는 구조를 말한다) 공동주택
2. 각 층간 바닥은 바닥충격음 차단성능[바닥의 경량충격음(비교적 가볍고 딱딱한 충격에 의한 바닥충격음을 말한다) 및 중량충격음(무겁고 부드러운 충격에 의한 바닥충격음을 말한다)이 각각 49데시벨 이하인 성능을 말한다]을 갖춘 구조일 것. 다만, 다만, 다음 각 목의 어느 하나에 해당하는 층간바닥은 그렇지 않다.
   가. 라멘구조의 공동주택(법 제51조제1항에 따라 인정받은 공업화주택은 제외한다)의 층간바닥
   나. 가목의 공동주택 외의 공동주택 중 발코니, 현관 등 국토교통부령으로 정하는 부분의 층간바닥

[본조신설 2013.5.6.]

제14조의3【벽체 및 창호 등】 ① 500세대 이상의 공동주택을 건설하는 경우 벽체의 접합부위나 난방설비가 설치되는 공간의 창호는 국토교통부장관이 정하여 고시하는 기준에 적합한 결로(結露)방지 성능을 갖추어야 한다.

② 제1항에 해당하는 공동주택을 건설하려는 자는 세대 내의 거실·침실의 벽체와 천장의 접합부위(침실에 옷방 또는 붙박이 가구를 설치하는 경우에는 옷방 또는 붙박이 가구의 벽체와 천장의 접합부위를 포함한다), 최상층 세대의 천장부위, 지하주차장·승강기홀의 벽체부위 등 결로 취약부위에 대한 결로방지 상세도를 법 제33조제2항에 따른 설계도서에 포함하여야 한다. 〈개정 2016.8.11, 2016.10.25.〉

주택건설기준 규칙 [국토교통부령]

발코니, 현관 등 국토교통부령으로 정하는 부분"이란 다음 각 호에 해당하는 부분을 말한다. 〈개정 2016.8.12., 2022.8.4〉

1. 발코니
2. 현관
3. 세탁실
4. 대피공간
5. 벽으로 구획된 창고
6. 제1호부터 제5호까지에 해당하는 부분 외에 「주택법」(이하 "법"이라 한다) 제15조에 따른 사업계획의 승인권자(이하 "사업계획승인권자"라 한다)가 층간 소음으로 인한 피해가능성이 적어 바닥충격음 성능기준 적용이 불필요하다고 인정하는 공간

[본조신설 2013.7.15]

③ 국토교통부장관은 제2항에 따른 결로방지 상세도의 작성내용 등에 관한 구체적인 사항을 정하여 고시할 수 있다.
[본조신설 2013.5.6.]

고시 공동주택 결로 방지를 위한 설계기준 (국토교통부고시 제2016-835호, 2016.12.7.)

제15조【승강기등】 ① 6층 이상인 공동주택에는 국토교통부령이 정하는 기준에 따라 대당 6인승 이상인 승용승강기를 설치하여야 한다. 다만,「건축법 시행령」제89조의 규정에 해당하는 공동주택의 경우에는 그러하지 아니하다. 〈개정 2008.2.29.〉
② 10층 이상인 공동주택의 경우에는 제1항의 승용승강기를 비상용승강기의 구조로 하여야 한다. 〈개정 2007.7.24.〉
③ 10층 이상인 공동주택에는 이사짐등을 운반할 수 있는 다음 각 호의 기준에 적합한 화물용승강기를 설치하여야 한다. 〈개정 2016.12.30.〉
1. 적재하중이 0.9톤 이상일 것
2. 승강기의 폭 또는 너비중 한변은 1.35미터 이상, 다른 한변은 1.6미터 이상일 것
3. 계단실형인 공동주택의 경우에는 계단실마다 설치할 것
4. 복도형인 공동주택의 경우에는 100세대까지 1대를 설치하되, 100세대를 넘는 경우에는 100세대마다 1대를 추가로 설치할 것

④ 제1항 또는 제2항의 규정에 의한 승용승강기 또는 비상용승강기로서 제3항 각 호의 기준에 적합한 것은 화물용승강기로 겸용할 수 있다.
⑤「건축법」제64조는 제1항 내지 제3항의 규정에 의한 승용승강기·비상용승강기 및 화물용승강기의 구조 및 그 승강장의 구조에 관하여 이를 준용한다. 〈개정 2008.10.29.〉

제4조【승강기】 영 제15조제1항 본문에 따라 의하여 6층 이상인 공동주택에 설치하는 승용승강기의 설치기준은 다음 각 호와 같다. 〈개정 2013.7.15〉
1. 계단실형인 공동주택에는 계단실마다 1대 (한 층에 3세대 이상이 조합된 계단실형 공동주택이 22층 이상인 경우에는 2대)이상을 설치하되, 그 탑승인원수는 동일한 계단실을 사용하는 4층 이상인 층의 매세대당 0.3인 (독신자용주택의 경우에는 0.15인)의 비율로 산정한 인원수(1명 이하의 단수는 이를 1명으로 본다. 이하 이 조에서 같다) 이상일 것
2. 복도형인 공동주택에는 1대에 100세대를 넘는 80세대마다 1대를 더한 대수이상을 설치하되, 그 탑승인원수는 4층 이상인 층의 매세대당 0.2명(독신자용주택의 경우에는 0.1명)의 비율로 산정한 인원수이상일 것

제16조【계단】 ① 주택단지안의 건축물 또는 옥외에 설치하는 계단의 각 부위의 치수는 다음 표의 기준에 적합하여야 한다. 〈개정 2014.10.28.〉

주택건설기준 규정 [대통령령]	주택건설기준 규칙 [국토교통부령]

(단위 : 센티미터)

계단의 종류	유효폭	단높이	단너비
공동으로 사용하는 계단	120이상	18이하	26이상
건축물의 옥외계단	90이상	20이하	24이상

② 제1항에 따른 계단은 다음 각 호에 정하는 바에 따라 적합하게 설치하여야 한다.〈개정 2014.10.28.〉

1. 높이 2미터를 넘는 계단(세대내계단을 제외한다)에는 2미터(기계실 또는 물탱크실의 계단의 경우에는 3미터) 이내마다 해당 계단의 유효폭 이상의 폭으로 너비 120센티미터 이상인 계단참을 설치할 것. 다만, 각 동 출입구에 설치하는 계단은 1층에 한정하여 높이 2.5미터 이내마다 계단참을 설치할 수 있다.
2. 〈삭제 2014.10.28.〉
3. 계단의 바닥은 미끄럼을 방지할 수 있는 구조로 할 것

③ 계단실형인 공동주택의 계단실은 다음 각 호의 기준에 적합하여야 한다.

1. 계단실에 면하는 각 세대의 현관문은 계단의 통행에 지장이 되지 아니하도록 할 것
2. 계단실 최상부에는 배연등에 유효한 개구부를 설치할 것
3. 계단실의 각 층별로 층수를 표시할 것
4. 계단실의 벽 및 반자의 마감(마감을 위한 바탕을 포함한다)은 불연재료 또는 준불연재료로 할 것

④ 제1항 부터 제3항까지에서 규정한 사항 외에 계단의 설치 및 구조에 관한 기준에 관하여는 「건축법 시행령」 제34조, 제35조 및 48조를 준용한다. 〈개정 2014.10.28〉

⑤ 삭제 〈2013.6.17〉

[제목개정 2013.6.17.]

제16조의2 【출입문】 ① 주택단지 안의 각 동 출입문에 설치하는 유리는 안전유리(45킬로그램의 추가 75센티미터 높이에서 낙하하는 충격량에 관통되지

관계법 「건축법 시행령」

제34조(직통계단의 설치), 제35조(피난계단의 설치), 제48조(계단·복도 및 출입구의 설치)

아니하는 유리를 말한다. 이하 같다)를 사용하여야 한다.
② 주택단지 안의 각 동 지상 출입문, 지하주차장과 각 동의 지하 출입구를 연결하는 출입문에는 전자출입시스템(비밀번호나 출입카드 등으로 출입문을 여닫을 수 있는 시스템 등을 말한다)을 갖추어야 한다.
③ 주택단지 안의 각 동 옥상 출입문에는 「소방시설 설치 및 관리에 관한 법률」 제40조제1항에 따른 성능인증 및 같은 조 제2항에 따른 제품검사를 받은 비상문자동개폐장치를 설치하여야 한다. 다만, 대피공간이 없는 옥상의 출입문은 제외한다. 〈신설 2016.2.29.〉
④ 제2항에 따라 설치되는 전자출입시스템 및 제3항에 따라 설치되는 비상문자동개폐장치는 화재 등 비상시에 소방시스템과 연동(連動)되어 잠김 상태가 자동으로 풀려야 한다. 〈개정 2016.2.29.〉
[본조신설 2013.6.17]

제17조 【복도】 ① 〈삭제 2014.10.28〉
② 복도형인 공동주택의 복도는 다음 각 호의 기준에 적합하여야 한다.
1. 외기에 개방된 복도에는 배수구를 설치하고, 바닥의 배수에 지장이 없도록 할 것
2. 중복도에는 채광 및 통풍이 원활하도록 40미터 이내마다 1개소 이상 외기에 면하는 개구부를 설치할 것
3. 복도의 벽 및 반자의 마감(마감을 위한 바탕을 포함한다)은 불연재료 또는 준불연재료로 할 것

제18조 【난간】 ① 주택단지 안의 건축물 또는 옥외에 설치하는 난간의 재료는 철근콘크리트, 파손되는 경우에도 날려 흩어지지 않는 안전유리 또는 강도 및 내구성이 있는 재료(금속제인 경우에는 부식되지 않거나 도금 또는 녹막이 등으로 부식방지처리를 한 것만 해당한다)를 사용하여 난간이 안전한 구조로 설치될 수 있게 해야 한다. 다만, 실내에 설치하는

주택건설기준 규정 [대통령령]	주택건설기준 규칙 [국토교통부령]

난간의 재료는 목재로 할 수 있다. 〈개정 2021.1.5.〉

② 난간의 각 부위의 치수는 다음 각 호의 기준에 적합하여야 한다.

1. 난간의 높이 : 바닥의 마감면으로부터 120센티미터 이상. 다만, 건축물내부 계단에 설치하는 난간, 계단중간에 설치하는 난간 기타 이와 유사한 것으로 위험이 적은 장소에 설치하는 난간의 경우에는 90센티미터이상으로 할 수 있다.
2. 난간의 간살의 간격 : 안목치수 10센티미터 이하

③ 3층 이상인 주택의 창(바닥의 마감면으로부터 창대 윗면까지의 높이가 110센티미터 이상이거나 창의 바로 아래에 발코니 기타 이와 유사한 것이 있는 경우를 제외한다)에는 제1항 및 제2항의 규정에 적합한 난간을 설치하여야 한다.

④ 난간을 외부 공기가 직접 닿는 곳에 설치하는 주택의 경우에는 각 세대마다 국기봉을 꽂을 수 있는 장치를 해당 난간에 하나 이상 설치해야 한다. 다만, 사업계획승인권자가 난간의 재료 등을 고려할 때 해당 장치를 설치하기 어렵다고 인정하는 경우에는 국토교통부령으로 정하는 바에 따라 각 동 지상 출입구에 설치할 수 있다. 〈개정 2021.1.12.〉

제5조【국기봉 꽂이의 설치기준】 영 제18조제4항 단서에 따라 각 동 지상 출입구에 국기봉을 꽂을 수 있는 장치를 설치하는 경우에는 해당 출입구 위쪽 벽면의 중앙 또는 왼쪽(출입구 앞쪽에서 건물을 바라볼 때의 왼쪽을 말한다)에 설치해야 한다. 〈신설 2021.1.12.〉

제19조, 제20조 삭제 〈1996.6.8.〉

제21조 삭제 〈2014.10.28〉

제22조【장애인 등의 편의시설】 주택단지안의 부대시설 및 복리시설에 설치하여야 하는 장애인관련 편의시설은 「장애인·노인·임산부 등의 편의증진보장에 관한 법률」이 정하는 바에 의한다. 〈개정 2005.6.30〉

제23조, 제24조 삭제 〈2014.10.28.〉

제4장 부대시설

제25조 【진입도로】 ① 공동주택을 건설하는 주택단지는 기간도로와 접하거나 기간도로로부터 해당 단지에 이르는 진입도로가 있어야 한다. 이 경우 기간도로와 접하는 폭 및 진입도로의 폭은 다음 표와 같다.

(단위 : 미터)

주택단지의 총세대수	기간도로와 접하는 폭 또는 진입도로의 폭
300세대 미만	6 이상
300세대 이상 500세대 미만	8 이상
500세대 이상 1천세대 미만	12 이상
1천세대 이상 2천세대 미만	15 이상
2천세대 이상	20 이상

② 주택단지가 2 이상이면서 해당 주택단지의 진입도로가 하나인 경우 그 진입도로의 폭은 해당 진입도로를 이용하는 모든 주택단지의 세대수를 합한 총 세대수를 기준으로 하여 산정한다.

③ 공동주택을 건설하는 주택단지의 진입도로가 2 이상으로서 다음 표의 기준에 적합한 경우에는 제1항의 규정을 적용하지 아니할 수 있다. 이 경우 폭 4미터 이상 6미터 미만인 도로는 기간도로와 통행거리 200미터 이내인 때에 한하여 이를 진입도로로 본다.

(단위 : 미터)

주택단지의 총세대수	폭 4미터 이상의 진입도로 중 2개의 진입도로 폭의 합계
300세대 미만	10미터 이상
300세대 이상 500세대 미만	12미터 이상
500세대 이상 1천세대 미만	16미터 이상
1천세대 이상 2천세대 미만	20미터 이상
2천세대 이상	25미터 이상

④ 도시지역외에서 공동주택을 건설하는 경우 그 주택단지와 접하는 기간도로

주택건설기준 규정 [대통령령]	주택건설기준 규칙 [국토교통부령]
의 폭 또는 그 주택단지의 진입도로와 연결되는 기간도로의 폭은 제1항의 규정에 의한 기간도로와 접하는 폭 또는 진입도로의 폭의 기준 이상이어야 하며, 주택단지의 진입도로가 2이상이 있는 경우에는 그 기간도로의 폭은 제3항의 기준에 의한 각각의 진입도로의 폭의 기준 이상이어야 한다. ⑤ 삭제 〈2016.6.8〉	
제26조【주택단지 안의 도로】 ① 공동주택을 건설하는 주택단지에는 폭 1.5미터 이상의 보도를 포함한 폭 7미터 이상의 도로(보행자전용도로, 자전거도로는 제외한다)를 설치하여야 한다. 〈개정 2013.6.17.〉 ② 제1항에도 불구하고 다음 각 호에 어느 하나에 해당하는 경우에는 도로의 폭을 4미터 이상으로 할 수 있다. 이 경우 해당 도로에는 보도를 설치하지 아니할 수 있다. 〈개정 2013.6.17.〉 1. 해당 도로를 이용하는 공동주택의 세대수가 100세대 미만이고 해당 도로가 막다른 도로로서 그 길이가 35미터 미만인 경우 2. 그 밖에 주택단지 내의 막다른 도로 등 사업계획승인권자가 부득이하다고 인정하는 경우 ③ 삭제 〈2007.7.24.〉 ③ 주택단지 안의 도로는 유선형(流線型) 도로로 설계하거나 도로 노면의 요철(凹凸) 포장 또는 과속방지턱의 설치 등을 통하여 도로의 설계속도(도로설계의 기초가 되는 속도를 말한다)가 시속 20킬로미터 이하가 되도록 하여야 한다. 〈신설 2013.6.17〉 ④ 제1항 및 제2항에 따른 사항 외에 주택단지에 설치하는 도로의 구조등에 관하여 필요한 사항은 국토교통부령으로 정한다. 〈개정 2008.2.29.〉 ④ 500세대 이상의 공동주택을 건설하는 주택단지 안의 도로에는 어린이 통학버스의 정차가 가능하도록 국토교통부령으로 정하는 기준에 적합한 어린이 안전보호구역을 1개소 이상 설치하여야 한다. 〈신설 2013.6.17.〉 ⑤ 제1항부터 제4항까지에서 규정한 사항 외에 주택단지에 설치하는 도로 및 교통안전시설의 설치기준 등에 관하여 필요한 사항은 국토교통부령으로 정한	**제6조【주택단지안의 도로】** ① 영 제26조제4항에 따른 어린이 안전보호구역(이하 "어린이 안전보호구역"이라 한다)은 차량의 진출입이 쉬운 곳에 승합자동차의 주차가 가능한 면적 이상의 공간으로 설치하여야 하며, 그 주변의 도로면 또는 교통안전표지판 등에 차량속도 제한 표시를 하는 등 어린이 안전 확보에 필요한 조치를 하여야 한다. 〈개정 2017.12.26.〉 ② 제1항에서 규정한 사항 외에 어린이 안전보호구역의 구체적 설치기준에 관하여 필요한 사항은 특별시·광역시·특별자치시·특별자치도·시 또는 군의 조례로 정할 수 있다. 〈신설 2017.12.26.〉 ③ 영 제26조제5항에 따라 주택단지 안에 설치하는 도로의 설치기준은 다음 각 호와 같다. 〈개정 2017.12.26.〉 1. 주택단지 안의 도로 중 차도는 아스팔트·콘크리트·석재, 그 밖에 이와 유사한 재료로 포장하고, 빗물 등의 배수에 지장이 없도록 설치할 것 2. 주택단지 안의 도로 중 보도는 다음 각 목의 기준에 적합할 것 가. 보도블록·석재, 그 밖에 이와 유사한 재료로 포장하고, 빗물 등의 배수에 지장이 없도록 설치할 것 나. 보도는 보행자의 안전을 위하여 차도면보다 10센티미터 이상 높게 하거나 도로에 화단, 짧은 기둥, 그 밖에 이와 유사한 시설을 설치하여 차도와 구분되도록 설치할 것 다. 보도에 가로수 등 노상시설(路上施設)을 설치하는 경우 보행자의 통행을 방해하지 않도록 설치할 것 3. 주택단지 안의 보도와 횡단보도의 경계부분, 건축물의 출입구 앞에 있는 보도와 차도의 경계부분은 지체장애인의 통행에 편리한 구조로 설치할 것

다. 〈개정 2013.6.17.〉

관계법 「도로교통법 시행규칙」 제8조(안전표지)

① 법 제4조에 따른 안전표지는 다음 각 호와 같이 구분한다.

1. 주의표지
 도로상태가 위험하거나 도로 또는 그 부근에 위험물이 있는 경우에 필요한 안전조치를 할 수 있도록 이를 도로사용자에게 알리는 표지
2. 규제표지
 도로교통의 안전을 위하여 각종 제한·금지 등의 규제를 하는 경우에 이를 도로사용자에게 알리는 표지
3. 지시표지
 도로의 통행방법·통행구분 등 도로교통의 안전을 위하여 필요한 지시를 하는 경우에 도로사용자가 이에 따르도록 알리는 표지
4. 보조표지
 주의표지·규제표지 또는 지시표지의 주기능을 보충하여 도로사용자에게 알리는 표지
5. 노면표시
 도로교통의 안전을 위하여 각종 주의·규제·지시 등의 내용을 노면에 기호·문자 또는 선으로 도로사용자에게 알리는 표지

② 제1항에 따른 안전표지의 종류, 만드는 방식, 설치하는 장소·기준, 표시하는 뜻은 [별표 6]과 같다.

④ 영 제26조제5항에 따라 주택단지 안에 설치하는 교통안전시설의 설치기준은 다음 각 호와 같다. 〈개정 2017.12.26.〉

1. 진입도로, 주택단지 안의 교차로, 근린생활시설 및 어린이놀이터 주변의 도로 등 보행자의 안전 확보가 필요한 차도에는 횡단보도를 설치할 것
2. 지하주차장의 출입구, 경사형·유선형 차도 등 차량의 속도를 제한할 필요가 있는 곳에는 높이 7.5센티미터 이상 10센티미터 이하, 너비 1미터 이상인 과속방지턱을 설치하고, 운전자에게 그 시설의 위치를 알릴 수 있도록 반사성 도료(塗料)로 도색한 노면표지를 설치할 것
3. 도로통행의 안전을 위하여 필요하다고 인정되는 곳에는 도로반사경, 교통안전표지판, 방호울타리, 속도측정표시판, 조명시설, 그 밖에 필요한 교통안전시설을 설치할 것. 이 경우 교통안전표지판의 설치기준은 「도로교통법 시행규칙」 제8조제2항 및 별표 6을 준용한다.
4. 보도와 횡단보도의 경계부분, 건축물의 출입구 앞에 있는 보도 및 주택단지의 출입구 부근의 보도와 차도의 경계부분 등 차량의 불법 주정차를 방지할 필요가 있는 곳에는 설치 또는 해체가 쉬운 짧은 기둥 등을 보도에 설치할 것. 이 경우 지체장애인의 통행에 지장이 없도록 하여야 한다.

[전문개정 2013.7.15.]

주택건설기준 규정 [대통령령]	주택건설기준 규칙 [국토교통부령]

제27조 【주차장】 ① 주택단지에는 다음 각 호의 기준(소수점 이하의 끝수는 이를 한 대로 본다)에 따라 주차장을 설치해야 한다. 〈개정 2014.10.28., 2016.6.8., 2016.8.11., 2021.1.12., 2022.2.11., 2023.12.5., 2024.4.16., 2025.1.21.〉

1. 주택단지에는 주택의 전용면적의 합계를 기준으로 하여 다음 표에서 정하는 면적당 대수의 비율로 산정한 주차대수 이상의 주차장을 설치하되, 세대당 주차대수가 1대(세대당 전용면적이 60제곱미터 이하인 경우에는 0.7대)이상이 되도록 해야 한다. 다만, 지역별 차량보유율 등을 고려하여 설치기준의 5분의 1(세대당 전용면적이 60제곱미터 이하인 경우에는 2분의 1)의 범위에서 특별시·광역시·특별자치시·특별자치도(관할 구역에 지방자치단체인 시·군이 없는 특별자치도를 말한다)·시·군 또는 자치구의 조례로 강화하여 정할 수 있다.

주택의 규모별 (전용면적: 제곱미터)	주차장설치기준(대/제곱미터)			
	가. 특별시	나. 광역시 · 특별자치시 및 수도권내의 시지역	다. 가목 및 나목 외의 시지역 및 수도권내의 군지역	라. 그 밖의 지역
85이하	1/75	1/85	1/95	1/110
85초과	1/65	1/70	1/75	1/85

2. 도시형 생활주택(단지형 연립주택 또는 단지형 다세대주택 중 「주택법 시행령」 제10조제1항제2호 단서 또는 같은 항 제3호 단서에 따라 주택으로 쓰는 층수를 5개층까지 건축하는 경우는 제외한다)은 제1호에도 불구하고 세대당 주차대수가 1대(세대당 전용면적이 30제곱미터 이상 60제곱미터 이하인 경우에는 0.6대(세대당 전용면적이 30제곱미터 미만인 경우에는 0.5대) 이상이 되도록 주차장을 설치해야 한다. 다만, 지역별 차량보유율 등을 고려하여 다음 각 목의 구분에 따라 특별시·광역시·특별자치시·특별자치도(관할 구역안에 지방자치단체인 시·군이 없는 특별자치도를 말한다)·시·군 또는 자치구의 조례로 강화하거나 완화하여 정할 수 있다.
   가. 「민간임대주택에 관한 특별법」 제2조제13호가목에 해당하는 시설로부터

통행거리 500미터 이내에서 건설하는 도시형 생활 주택으로서 다음의 요건을 모두 갖춘 경우: 설치기준의 10분의 7 범위에서 완화

1) 「공공주택 특별법」 제2조제1호가목의 공공임대주택일 것

2) 임대기간 동안 자동차를 소유하지 않을 것을 임차인 자격요건으로 하여 임대할 것. 다만, 「장애인복지법」 제2조제2항에 따른 장애인 등에 대해서는 특별시·광역시·특별자치시·도·특별자치도의 조례로 자동차 소유 요건을 달리 정할 수 있다.

3) 세대당 전용면적이 60제곱미터 이하일 것

나. 그 밖의 경우: 설치기준의 2분의 1 범위에서 강화 또는 완화

3. 삭제 〈2024.4.16〉

② 제1항에 따라 설치해야 하는 주차장의 주차단위구획(「주차장법」에 따른 주차단위구획을 말한다. 이하 같다) 총수를 산정할 때 도시형 생활주택에 설치하는 주차장의 일부를 「도시교통정비 촉진법」 제33조제1항제4호에 따른 승용차공동이용 지원(승용차공동이용을 위한 전용주차구획을 설치하고 공동이용을 위한 승용자동차를 상시 배치하는 것을 말한다. 이하 같다)을 위해 사용하는 경우에는 승용차공동이용 지원을 위해 설치한 주차단위구획 수의 3.5배수(소수점 이하는 버린다)에 해당하는 주차단위구획을 설치한 것으로 본다. 다만, 제1항에 따라 설치해야 하는 주차단위구획 총수 중 승용차공동이용 지원을 위한 용도가 아닌 주차단위구획을 일정 비율 이상 확보할 필요가 있는 경우에는 다음 각 호의 구분에 따른 비율의 범위에서 지역별 차량보유율 등을 고려하여 특별시·광역시·특별자치시·특별자치도(관할 구역 안에 지방자치단체인 시·군이 없는 특별자치도를 말한다)·시·군 또는 자치구의 조례로 해당 주차단위구획의 필수 설치 비율을 정할 수 있다. 〈신설 2024.4.16〉

1. 준주거지역 또는 상업지역인 경우: 주차단위구획 총수의 100분의 40 이내

2. 제1호 외의 도시지역인 경우: 주차단위구획 총수의 100분의 70 이내

③ 제1항 각 호 및 제2항에 따른 주차장은 지역의 특성, 전기자동차(「환경친화적 자동차의 개발 및 보급 촉진에 관한 법률」 제2조제3호에 따른 전기자동차를 말한다) 보급정도 및 주택의 규모 등을 고려하여 그 일부를 전기자동차의

주택건설기준 규정 [대통령령]

전용주차구획으로 구분 설치하도록 특별시 · 광역시 · 특별자치시 · 특별자치도(관할 구역 안에 지방자치단체인 시 · 군이 없는 특별자치도를 말한다) · 시 또는 군의 조례로 정할 수 있다. 〈신설 2016.6.8, 2023.12.5, 2024.4.16〉

④ 주택단지에 건설하는 주택(부대시설 및 주민공동시설을 포함한다)외의 시설에 대하여는 「주차장법」이 정하는 바에 따라 산정한 부설주차장을 설치하여야 한다. 〈개정 2005.6.30, 2024.4.16〉

⑤ 도시형 생활주택이 다음 각 호의 요건을 모두 갖춘 경우에는 제1항제2호 및 제2항에도 불구하고 임대주택으로 사용하는 기간 동안 용도변경하기 전의 용도를 기준으로 「주차장법」 제19조의 부설주차장 설치기준을 적용할 수 있다. 〈신설 2021.1.12, 2022.2.11, 2023.12.5, 2024.4.16., 2025.1.21.〉

1. 제7조제11항 각 호의 요건을 갖출 것
2. 제1항제2호 및 제2항에 따라 주차장을 추가로 설치해야 할 것
3. 세대별 전용면적이 30제곱미터 미만일 것
4. 임대기간 동안 자동차(「장애인복지법」 제39조제2항에 따른 장애인사용자동차등표지를 발급받은 자동차는 제외한다)를 소유하지 않을 것을 임차인 자격요건으로 하여 임대할 것

⑥ 「노인복지법」에 의하여 노인복지주택을 건설하는 경우 당해 주택단지에는 제1항의 규정에 불구하고 세대당 주차대수가 0.3대(세대당 전용면적이 60제곱미터 이하인 경우에는 0.2대)이상이 되도록 하여야 한다. 〈개정 2021.1.12., 2024.4.16.〉

⑦ 「철도산업발전기본법」 제3조제2호의 철도시설 중 역시설로부터 반경 500미터 이내에서 건설하는 「공공주택 특별법」 제2조에 따른 공공주택(이하 "철도부지 활용 공공주택"이라 한다)의 경우 해당 주택단지에는 제1항에 따른 주차장 설치기준의 2분의 1의 범위에서 완화하여 적용할 수 있다. 〈개정 2014.4.29., 2015.12.28., 2021.1.12., 2024.4.16.〉

⑧ 제1항부터 제6항까지에서 규정한 사항 외에 주차장의 구조 및 설비의 기준에 관하여 필요한 사항은 국토교통부령으로 정한다. 〈개정 2021.1.12., 2024.4.16.〉

주택건설기준 규칙 [국토교통부령]

관계법 「노인복지법」 제32조(노인주거복지시설)

① 노인주거복지시설은 다음 각 호의 시설로 한다. 〈개정 2007. 8. 3., 2015. 1. 28.〉

1. 양로시설 : 노인을 입소시켜 급식과 그 밖에 일상생활에 필요한 편의를 제공함을 목적으로 하는 시설
2. 노인공동생활가정 : 노인들에게 가정과 같은 주거여건과 급식, 그 밖에 일상생활에 필요한 편의를 제공함을 목적으로 하는 시설
3. 노인복지주택 : 노인에게 주거시설을 임대하여 주거의 편의·생활지도·상담 및 안전관리 등 일상생활에 필요한 편의를 제공함을 목적으로 하는 시설

②~③ 〈생략〉

제6조의2 【주차장의 구조 및 설비】 ①영 제27조제7항에 따른 주차장의 구조 및 설비의 기준은 다음 각 호와 같다. 〈개정 2016.8.12., 2017.12.26., 2019.1.16., 2020.1.7., 2021.1.12., 2022.2.11., 2022.12.19.〉

제28조 【관리사무소 등】 ① 50세대 이상의 공동주택을 건설하는 주택단지에 다음 각 호의 시설을 모두 설치하되, 그 면적의 합계가 10제곱미터에 50세대를 넘는 매 세대마다 500제곱센티미터를 더한 면적 이상이 되도록 설치해야 한다. 다만, 그 면적의 합계가 100제곱미터를 초과하는 경우에는 설치면적을 100제곱미터로 할 수 있다. 〈개정 2020.1.7.〉

1. 관리사무소
2. 경비원 등 공동주택 관리 업무에 종사하는 근로자를 위한 휴게시설

② 제1항제1호에 따른 관리사무소는 관리업무의 효율성과 입주민의 접근성 등을 고려하여 배치해야 한다. 〈개정 2020.1.7.〉

③ 제1항제2호에 따른 휴게시설은 「산업안전보건법」에 따라 설치해야 한다. 〈신설 2020.1.7.〉

1. 「주차장의 주차단위구획은 「주차장법 시행규칙」 제3조에 따른 기준에 적합할 것
2. 「주차장법 시행규칙」 제6조제1항제1호부터 제9호까지 및 제11호를 준용할 것. 다만, 공동주택의 각 동으로 차량 접근이 가능한 지상주차장의 차로 또는 영 제26조에 따른 주택단지 안의 도로가 설치되지 않은 경우에는 다음 각 목의 어느 하나에 해당하는 경우를 제외하고 「주차장법 시행규칙」 제6조제1항제5호가목에도 불구하고 주차장 차로(주차장이 2개층 이상인 경우로서 지상에서 바로 진입하는 층에서 각 동의 출입구로 접근이 가능한 경우 해당 층의 차로로 한정한다)의 높이를 주차바닥면으로부터 2.7미터 이상으로 해야 한다. 〈개정 2019.1.16./단서신설〉
   가. 주택건설사업계획과 관련된 법 제18조제1항 각 호에 따른 심의 등의 결과 주택단지의 배치 및 주택단지 내·외의 도로 여건 등을 고려하여 모든 동에 지상으로 차량 접근이 가능하다고 인정된 경우
   나. 법 제2조제25호다목에 따른 리모델링 또는 「도시 및 주거환경정비법」 제2조제2호나목 및 다목에 따른 정비사업으로서 해당 조합이 주차장 차로 높이를 「주차장법 시행규칙」 제6조제1항제5호가목에 따른 높이로 결정한 경우
3. 「주차장법」 제2조제2호의 기계식주차장치를 설치하는 경우 「주차장법 시행규칙」 제16조의2(「국토의 계획 및 이용에 관한 법률 시행령」 제30조에 따른 상업지역 또는 준주거지역에서 「주택법 시행령」 제10조제1항제1조에 따른 소형 주택과 주택 외의 시설을 동일 건축물로 건축하는 경우에 한정한다)에 따른 기준에 적합할 것
4. 「환경친화적 자동차의 개발 및 보급 촉진에 관한 법률」 제2조제3호에 따른 전기자동차의 이동형 충전기(이하 "이동형 충전기"라 한다)를 이용할 수 있는 콘센트(각 콘센트별 이동형 충전기의 동시 이용이 가능하며, 사용자에게 요금을 부과하도록 설치된 것을 말한다. 이하 같다)를 「주차장법」 제2조제7호의 주차단위구획 총 수에 다음 각 목의 구분에 따른 비율을 곱한 수(소수점 이하는 반올림한다) 이상 설치할 것. 다만, 지역의 전기자동차 보급률 등을 고려하

주택건설기준 규정 [대통령령]	주택건설기준 규칙 [국토교통부령]

[전문개정 2006.1.6.][제목개정 2020.1.7.]

제29조 〈삭제 2014.10.28〉

제30조 【수해방지 등】 ① 주택단지(단지경계선의 주변 외곽부분을 포함한다)에 높이 2미터 이상의 옹벽 또는 축대(이하 "옹벽등"이라 한다)가 있거나 이를 설치하는 경우에는 그 옹벽등으로부터 건축물의 외곽부분까지를 해당 옹벽등의 높이만큼 띄워야 한다. 다만, 다음 각 호의 1에 해당하는 경우에는 그러하지 아니하다. 〈개정 1993.2.20〉

1. 옹벽등의 기초보다 그 기초가 낮은 건축물. 이 경우 옹벽등으로부터 건축물

여 필요한 경우에는 다음 각 목에 규정된 비율의 5분의 1의 범위에서 특별자치시 · 특별자치도 · 시 · 군 또는 자치구의 조례로 설치 기준을 강화하거나 완화할 수 있다.

가. 2023년 6월 31일까지: 4퍼센트
나. 2023년 7월 1일부터 2024년 12월 31일까지: 7퍼센트
다. 2025년 1월 1일 이후: 10퍼센트

② 제1항제4호 본문 또는 단서에 따라 이동형 충전기를 이용할 수 있는 콘센트를 설치하는 경우로서 주차장에 「환경친화적 자동차의 개발 및 보급 촉진에 관한 법률 시행령」 제18조의7제1항제1호 또는 제2호에 따른 급속충전시설 또는 완속충전시설이 설치된 경우에는 같은 수의 콘센트가 설치된 것으로 본다. 〈신설 2022.12.19.〉

관계법 「환경친화적 자동차의 개발 및 보급 촉진에 관한 법률 시행령」
제18조의5(충전시설의 종류 및 수량)
① 법 제11조의2제2항에 따른 충전시설은 다음 각 호의 어느 하나에 해당하는 시설로 한다. 〈개정 2018. 9. 18.〉
1. 급속충전시설: 충전기에 연결된 케이블로 전류를 공급하여 전기자동차 또는 외부 전기 공급원으로부터 충전되는 전기에너지로 구동 가능한 하이브리드자동차의 전지를 충전하는 시설로서 충전기의 최대 출력값이 40킬로와트 이상인 시설
2. 완속충전시설: 충전기에 연결된 케이블로 전류를 공급하여 전기자동차 또는 외부 전기 공급원으로부터 충전되는 전기에너지로 구동 가능한 하이브리드자동차의 전지를 충전하는 시설로서 충전기의 최대 출력값이 40킬로와트 미만인 시설

제7조 【수해방지】 ① 주택단지(단지경계선 주변외곽부분을 포함한다)에 비탈면이 있는 경우에는 다음 각 호에서 정하는 바에 따라 수해방지등을 위한 조치를 하여야 한다. 〈개정 2013.7.15〉
1. 석재 · 합성수지재 또는 콘크리트를 사용한 배수로를 설치하여 토양의 유실을 막을 수 있게 할 것
2. 비탈면의 높이가 3미터를 넘는 경우에는 높이 3미터이내마다 그 비탈면의

외곽부분까지를 5미터(3층 이하인 건축물은 3미터)이상 띄워야 한다.
2. 옹벽등보다 낮은 쪽에 위치한 건축물의 지하부분 및 땅으로부터 높이 1미터 이하인 건축물부분
② 주택단지에는 배수구·집수구 및 집수정(물저장고) 등 우수의 배수에 필요한 시설을 설치해야 한다. 〈개정 2021.1.5.〉
③ 주택단지가 저지대등 침수의 우려가 있는 지역인 경우에는 주택단지안에 설치하는 수전실·전화국선용단자함 기타 이와 유사한 전기 및 통신설비는 가능한 한 침수가 되지 아니하는 곳에 이를 설치하여야 한다.
④ 제1항 내지 제3항에서 규정한 사항외에 수해방지등에 관하여 필요한 사항은 국토교통부령으로 정한다. 〈개정 2008.2.29〉

제31조 【안내표지판 등】 ① 300세대 이상의 주택을 건설하는 주택단지와 그 주변에는 다음 각 호의 기준에 따라 안내표지판을 설치하여야 한다. 다만, 제2호에 따른 표지판은 해당 사항이 표시된 도로표지판 등이 있는 경우에는 설치하지 아니할 수 있다. 〈개정 2014.10.28〉
1. 〈삭제 2014.10.28〉
2. 단지의 진입도로변에 단지의 명칭을 표시한 단지입구표지판을 설치할 것
3. 단지의 주요출입구마다 단지안의 건축물·도로 기타 주요시설의 배치를 표시한 단지종합안내판을 설치할 것
4. 〈삭제 2014.10.28〉
② 주택단지에 2동 이상의 공동주택이 있는 경우에는 각동 외벽의 보기 쉬운 곳에 동번호를 표시하여야 한다.
③ 관리사무소 또는 그 부근에는 거주자에게 공지사항을 알리기 위한 게시판을 설치하여야 한다.
④ 〈삭제 2014.10.28〉

제32조 【통신시설】 ① 주택에는 세대마다 전화설치장소(거실 또는 침실을 말

면적의 5분의 1이상에 해당하는 면적의 단을 만들 것. 다만, 사업계획승인권자가 그 비탈면의 토질·경사도 등으로 보아 건축물의 안전상 지장이 없다고 인정하는 경우에는 그러하지 아니하다.
3. 비탈면에는 나무심기와 잔디붙이기를 할 것. 다만, 비탈면의 안전을 위하여 필요한 경우에는 돌붙이기를 하거나 콘크리트격자블록 기타 비탈면보호용구조물을 설치하여야 한다.
② 비탈면과 건축물등과의 위치관계는 다음 각 호에 적합하여야 한다.
1. 건축물은 그 외곽부분을 비탈면의 윗가장자리 또는 아랫가장자리로부터 해당 비탈면의 높이만큼 띄울 것. 다만, 사업계획승인권자가 그 비탈면의 토질·경사도등으로 보아 건축물의 안전상 지장이 없다고 인정하는 경우에는 그러하지 아니하다.
2. 비탈면 아랫부분에 옹벽 또는 축대(이하 "옹벽등"이라 한다)가 있는 경우에는 그 옹벽등과 비탈면 사이에 너비 1미터이상의 단을 만들 것
3. 비탈면 윗부분에 옹벽등이 있는 경우에는 그 옹벽등과 비탈면 사이에 너비 1.5미터이상으로서 해당 옹벽등의 높이의 2분의 1이상에 해당하는 너비이상의 단을 만들 것

규정 방송통신설비의 기술기준에 관한 규정

주택건설기준 규정 [대통령령]	주택건설기준 규칙 [국토교통부령]
한다)까지 구내통신선로설비를 설치하여야 하되, 구내통신선로설비의 설치에 필요한 사항은 따로 대통령령으로 정한다. 〈개정 2008.2.29〉 ② 경비실을 설치하는 공동주택의 각 세대에는 경비실과 통화가 가능한 구내전화를 설치하여야 한다. ③ 주택에는 세대마다 초고속 정보통신을 할 수 있는 구내통신선로설비를 설치하여야 한다.〈신설 2001.4.30.〉	제17조~제20조
제32조의2【지능형 홈네트워크 설비】 주택에 지능형 홈네트워크 설비(주택의 성능과 주거의 질 향상을 위하여 세대 또는 주택단지 내 지능형 정보통신 및 가전기기 등의 상호 연계를 통하여 통합된 주거서비스를 제공하는 설비를 말한다)를 설치하는 경우에는 국토교통부장관, 산업통상자원부장관 및 과학기술정보통신부장관이 협의하여 공동으로 고시하는 지능형 홈네트워크 설비 설치 및 기술기준에 적합하여야 한다. 〈개정 2017.7.26〉 [본조신설 2008.11.11]	**고시** 지능형 홈네트워크 설비 설치 및 기술기준 (국토교통부고시)
제33조【보안등】 ① 주택단지안의 어린이놀이터 및 도로(폭 15미터이상인 도로의 경우에는 도로의 양측)에는 보안등을 설치하여야 한다. 이 경우 해당 도로에 설치하는 보안등의 간격은 50미터 이내로 하여야 한다. ② 제1항의 규정에 의한 보안등에는 외부의 밝기에 따라 자동으로 켜지고 꺼지는 장치 또는 시간을 조절하는 장치를 부착하여야 한다.	
제34조【가스공급시설】 ① 도시가스의 공급이 가능한 지역에 주택을 건설하거나 액화석유가스를 배관에 의하여 공급하는 주택을 건설하는 경우에는 각 세대까지 가스공급설비를 하여야 하며, 그 밖의 지역에서는 안전이 확보될 수 있도록 외기에 면한 곳에 액화석유가스용기를 보관할 수 있는 시설을 하여야 한다. ② 제1항에도 불구하고 다음 각 호의 요건을 모두 갖춘 경우에는 각 세대까지 가스공급설비를 설치하지 않을 수 있다. 〈신설 2018.12.31., 2021.1.12.〉	

주택건설기준 규정 [대통령령]	주택건설기준 규칙 [국토교통부령]

1. 장기공공임대주택일 것
2. 세대별 전용면적이 50제곱미터 이하일 것
3. 세대 내 가스사용시설이 설치되어 있지 않고 전기를 사용하는 취사시설이 설치되어 있을 것
4. 「건축법 시행령」 제87조제2항에 따른 난방을 위한 건축설비를 개별난방방식으로 설치하지 않을 것

③ 특별시장·광역시장·특별자치시장·특별자치도지사 또는 도지사(이하 "시·도지사"라 한다)는 500세대 이상의 주택을 건설하는 주택단지에 대하여는 해당 지역의 가스공급계획에 따라 가스저장시설을 설치하게 할 수 있다. 〈개정 2014.10.28., 2018.12.31.〉

제35조【비상급수시설】 ① 공동주택을 건설하는 주택단지에는 「먹는물관리법」 제5조의 규정에 의한 먹는물의 수질기준에 적합한 비상용수를 공급할 수 있는 지하양수시설 또는 지하저수조시설을 설치하여야 한다. 〈개정 2005.6.30〉

② 제1항에 따른 지하양수시설 및 지하저수조는 다음 각 호에 따른 설치기준을 갖추어야 한다. 다만, 철도부지 활용 공공주택을 건설하는 주택단지의 경우에는 시·군지역의 기준을 적용한다. 〈개정 2014.4.29, 2014.10.28〉

1. 지하양수시설
   가. 1일에 해당 주택단지의 매 세대당 0.2톤(시·군지역은 0.1톤)이상의 수량을 양수할 수 있을 것
   나. 양수에 필요한 비상전원과 이에 의하여 가동될 수 있는 펌프를 설치할 것
   다. 해당 양수시설에는 매 세대당 0.3톤 이상을 저수할 수 있는 지하저수조(제43조제6항의 규정에 의한 기준에 적합하여야 한다)를 함께 설치할 것
2. 지하저수조
   가. 고가수조저수량(매 세대당 0.25톤까지 산입한다)을 포함하여 매 세대당 0.5톤(독신자용 주택은 0.25톤) 이상의 수량을 저수할 수 있을 것. 다만, 지역별 상수도 시설용량 및 세대당 수돗물 사용량 등을 고려하여 설치기준의 2분의 1의 범위에서 특별시·광역시·특별자치시·특별자치도·시 또는

관계법 「먹는 물 관리법」 제5조 (먹는물 등의 수질 관리)

① 환경부장관은 먹는물, 샘물 및 염지하수의 수질 기준을 정하여 보급하는 등 먹는물, 샘물 및 염지하수의 수질 관리를 위하여 필요한 시책을 마련하여야 한다.

② 환경부장관 또는 특별시장、광역시장、특별자치시장、도지사、특별자치도지사(이하 "시、도지사"라 한다)는 먹는물, 샘물 및 염지하수의 수질검사를 실시하여야 한다.

③ 먹는물, 샘물 및 염지하수의 수질 기준 및 검사 횟수는 환경부령으로 정한다.

④ 환경부장관은 제3항의 수질 기준 설정 등을 위하여 먹는물, 샘물 및 염지하수 중 위해 우려가 있는 물질 등 감시가 필요한 항목을 먹는물, 샘물 및 염지하수 수질감시항목으로 지정할 수 있다. 이 경우 먹는물, 샘물 및 염지하수 수질감시항목의 지정대상、지정절차, 감시항목별 감시기준 및 검사주기 등에 관한 세부사항은 환경부장관이 정하여 고시한다. 〈신설 2018.12.24.〉

⑤ 특별시、광역시、특별자치시、도、특별자치도(이하 "시、도"라 한다)는 먹는물, 샘물 및 염지하수의 수질 개선을 위하여 필요하다고 인정하는 경우에는 조례로 제3항에 따른 수질 기준 및 검사 횟수를 강화하여 정할 수 있다. 〈신설 2010. 3. 22., 2012. 6. 1., 2013. 3. 22., 2018. 12. 24.〉

⑥ 시、도지사는 제5항에 따라 수질 기준 및 검사 횟수가 설정、변경된 경우에는 지체 없이 환경부장관에게 보고하고, 환경부령으로 정하는 바에 따라 이해관계자가 알 수 있도록 필요한 조치를 하여야 한다. 〈개정 2018.12.24.〉

주택건설기준 규정 [대통령령]

군의 조례로 완화 또는 강화하여 정할 수 있다.

나. 50세대(독신자용 주택은 100세대)당 1대 이상의 수동식펌프를 설치하거나 양수에 필요한 비상전원과 이에 의하여 가동될 수 있는 펌프를 설치할 것

다. 제43조제6항의 규정에 의한 기준에 적합하게 설치할 것

라. 먹는물을 해당 저수조를 거쳐 각 세대에 공급할 수 있도록 설치할 것

제36조 삭제 〈1999.9.29〉

제37조【난방설비 등】 ① 6층 이상인 공동주택의 난방설비는 중앙집중난방방식(「집단에너지사업법」에 의한 지역난방공급방식을 포함한다. 이하 같다)으로 하여야 한다. 다만, 「건축법 시행령」 제87조제2항의 규정에 의한 난방설비를 하는 경우에는 그러하지 아니하다. 〈개정 2005.6.30〉

② 공동주택의 난방설비를 중앙집중난방방식으로 하는 경우에는 난방열이 각 세대에 균등하게 공급될 수 있도록 4층 이상 10층 이하의 건축물인 경우에는 2개소 이상, 10층을 넘는 건축물인 경우에는 10층을 넘는 5개층마다 1개소를 더한 수 이상의 난방구획으로 구분하여 각 난방구획마다 따로 난방용배관을 하여야 한다. 다만, 다음 각 호의 1에 해당하는 경우에는 그러하지 아니하다. 〈개정 2008.2.29〉

1. 연구기관 또는 학술단체의 조사 또는 시험에 의하여 난방열을 각 세대에 균등하게 공급할 수 있다고 인정되는 시설 또는 설비를 설치한 경우
2. 난방설비를 「집단에너지사업법」에 의한 지역난방공급방식으로 하는 경우로서 산업통상자원부장관이 정하는 바에 따라 각 세대별로 유량조절장치를 설치한 경우

③ 난방설비를 중앙집중난방방식으로 하는 공동주택의 각 세대에는 산업통상자원부장관이 정하는 바에 따라 난방열량을 계량하는 계량기와 난방온도를 조절하는 장치를 각각 설치하여야 한다. 〈개정 2009.10.19.〉

④ 공동주택 각 세대에 「건축법 시행령」 제87조제2항에 따라 온돌 방식의 난

주택건설기준 규칙 [국토교통부령]

제8조【냉방설비 배기장치 설치공간의 기준】 ① 영 제37조제6항에서 "국토교통부령으로 정하는 기준"이란 다음 각 호의 요건을 모두 갖춘 것을 말한다.

1. 냉방설비가 작동할 때 주거환경이 악화되지 않도록 거주자가 일상적으로 생활하는 공간과 구분하여 구획할 것. 다만, 배기장치 설치공간을 외부 공기에 직접 닿는 곳에 마련하는 경우에는 그렇지 않다.
2. 세대별 주거전용면적에 적정한 용량인 냉방설비의 배기장치 규격에 배기장치의 설치·유지 및 관리에 필요한 여유 공간을 더한 크기로 할 것
3. 세대별 주거전용면적이 50제곱미터를 초과하는 경우로서 세대 내 거실 또는 침실이 2개 이상인 경우에는 거실을 포함한 최소 2개의 공간에 냉방설비 배기장치 연결배관을 설치할 것
4. 냉방설비 배기장치 설치공간을 외부 공기에 직접 닿는 곳에 마련하는 경우에는 배기장치 설치공간 주변에 영 제18조제1항 및 제2항에 적합한 난간을 설치할 것

② 제1항제2호에 따른 배기장치의 설치·유지 및 관리에 필요한 여유 공간은 다음 각 호의 구분에 따른다.

1. 배기장치 설치공간을 외부 공기에 직접 닿는 곳에 마련하는 경우로서 냉방설비 배기장치 설치공간에 출입문을 설치하고, 출입문을 연 상태에서 배기장치를 설치할 수 있는 경우: 가로 0.5미터 이상
2. 그 밖의 경우: 가로 0.5미터 이상 및 세로 0.7미터 이상

방설비를 하는 경우에는 침실에 포함되는 옷방 또는 붙박이 가구 설치 공간에도 난방설비를 하여야 한다. 〈신설 2016.10.26〉

⑤ 공동주택의 각 세대에는 발코니 등 세대 안에 냉방설비의 배기장치를 설치할 수 있는 공간을 마련하여야 한다. 다만, 중앙집중냉방방식의 경우에는 그러하지 아니하다. 〈신설 2006.1.6., 2016.10.26.〉

⑥ 제5항 본문에 따른 배기장치 설치공간은 냉방설비의 배기장치가 원활하게 작동할 수 있도록 국토교통부령으로 정하는 기준에 따라 설치해야 한다. 〈신설 2020.1.7.〉

제38조【폐기물보관시설】 주택단지에는 생활폐기물보관시설 또는 용기를 설치하여야 하며, 그 설치장소는 차량의 출입이 가능하고 주민의 이용에 편리한 곳이어야 한다.

제39조【영상정보처리기기의 설치】 「공동주택관리법 시행령」 제2조 제2조제1항제2호가목부터 라목까지의 공동주택을 건설하는 주택단지에는 국토교통부령으로 정하는 기준에 따라 보안 및 방범 목적을 위한 「개인정보 보호법 시행령」 제3조제1항제1호 또는 제2호에 따른 영상정보처리기기를 설치해야 한다. 〈개정 2017.10.17., 2018.12.31., 2023.9.12., 2024.1.2.〉

[본조 신설 2011.1.4.][제목 변경 2018.12.31.]

관계법 「개인정보 보호법 시행령」 제3조(영상정보처리기기의 범위)

① 법 제2조제7호에서 "대통령령으로 정하는 장치"란 다음 각 호의 장치를 말한다. 〈개정 2023.9.12〉

1. 폐쇄회로 텔레비전: 다음 각 목의 어느 하나에 해당하는 장치
   가. 일정한 공간에 설치된 카메라를 통하여 지속적 또는 주기적으로 영상 등을 촬영하거나 촬영한 영상정보를 유무선 폐쇄회로 등의 전송로를 통하여 특정 장소에 전송하는 장치
   나. 가목에 따라 촬영되거나 전송된 영상정보를 녹화·기록할 수 있도록 하는 장치
2. 네트워크 카메라: 일정한 공간에 설치된 기기를 통하여 지속적 또는 주기적으로 촬영한 영상정보를 그 기기를 설치·관리하는 자가 유무선 인터넷을 통하여 어느 곳에서나 수집·저장 등의 처리를 할 수 있도록 하는 장치

[본조 신설 2020.1.7.]

제9조【영상정보처리기기의 설치 기준】 영 제39조에서 "국토교통부령으로 정하는 기준"이란 다음 각 호의 기준을 말한다. 〈개정 2023.12.11.〉

1. 승강기, 어린이놀이터 및 공동주택 각 동의 출입구마다 「개인정보 보호법 시행령」 제3조제1호 또는 제2호에 따른 영상정보처리기기(이하 "영상정보처리기기"라 한다)의 카메라를 설치할 것
2. 영상정보처리기기의 카메라는 전체 또는 주요 부분이 조망되고 잘 식별될 수 있도록 설치하되, 카메라의 해상도는 130만 화소 이상일 것
3. 영상정보처리기기의 카메라 수와 녹화장치의 모니터 수가 같도록 설치할 것. 다만, 모니터 화면이 다채널로 분할 가능하고 다음 각 목의 요건을 모두 충족하는 경우에는 그렇지 않다.
   가. 다채널의 카메라 신호를 1대의 녹화장치에 연결하여 감시할 경우에 연결된 카메라 신호가 전부 모니터 화면에 표시돼야 하며 1채널의 감시화면의 대각선방향 크기는 최소한 4인치 이상일 것
   나. 다채널 신호를 표시한 모니터 화면은 채널별로 확대감시기능이 있을 것
   다. 녹화된 화면의 재생이 가능하며 재생할 경우에 화면의 크기 조절 기능이

주택건설기준 규정 [대통령령]	주택건설기준 규칙 [국토교통부령]

제40조【전기시설】 ① 주택에 설치하는 전기시설의 용량은 각 세대별로 3킬로와트(세대당 전용면적이 60제곱미터 이상인 경우에는 3킬로와트에 60제곱미터를 초과하는 10제곱미터마다 0.5킬로와트를 더한 값)이상이어야 한다.
② 주택에는 세대별 전기사용량을 측정하는 전력량계를 각 세대 전용부분 밖의 검침이 용이한 곳에 설치하여야 한다. 다만, 전기사용량을 자동으로 검침하는 원격검침방식을 적용하는 경우에는 전력량계를 각 세대 전용부분안에 설치할 수 있다.
③ 주택단지안의 옥외에 설치하는 전선은 지하에 매설하여야 한다. 다만, 세대당 전용면적이 60제곱미터 이하인 주택을 전체세대수의 2분의 1 이상 건설하는 단지에서 폭 8미터 이상의 도로에 가설하는 전선은 가공선으로 할 수 있다.
④ 삭제 〈1999.9.29〉
⑤ 제1항 내지 제3항에 규정한 사항외에 전기설비의 설치 및 기술기준에 관하여는 「전기사업법」 제67조를 준용한다. 〈개정 2005.6.30〉

제41조 〈삭제 2014.10.28〉

제42조【방송수신을 위한 공동수신설비의 설치 등】 ① 〈삭제 2017.10.17〉
② 공동주택의 각 세대에는 「건축법 시행령」 제87조제4항 단서 및 같은 조 제5항에 따라 설치하는 방송 공동수신설비 중 지상파텔레비전방송, 에프엠(FM)라디오방송 및 위성방송의 수신안테나와 연결된 단자를 2개소 이상 설치하여야 한다. 다만, 세대당 전용면적이 60제곱미터 이하인 주택의 경우에는 1개소로 할 수 있다.
〈개정 2006.1.6., 2017.10.17.〉

있을 것
4. 「개인정보 보호법 시행령」 제3조제2호에 따른 네트워크 카메라를 설치하는 경우에는 다음 각 목의 요건을 모두 충족할 것
가. 인터넷 장애가 발생하더라도 영상정보가 끊어지지 않고 지속적으로 저장될 수 있도록 필요한 기술적 조치를 할 것
나. 서버 및 저장장치 등 주요 설비는 국내에 설치할 것
다. 「공동주택관리법 시행규칙」 별표 1의 장기수선계획의 수립기준에 따른 수선주기 이상으로 운영될 수 있도록 설치할 것
[본조신설 2011.1.6]

관계법 「전기사업법」 제67조 (기술기준)
① 산업통상자원부장관은 원활한 전기공급 및 전기설비의 안전관리를 위하여 필요한 기술기준(이하 "기술기준" 이라 한다)을 정하여 고시하여야 한다. 이를 변경하는 경우에도 또한 같다. 〈개정 2020.3.31.〉
② 기술기준은 전자파가 인체에 미치는 영향을 고려한 전자파 인체보호기준을 포함하여야 한다. 〈신설 2016.1.27.〉
③ 산업통상자원부장관은 제1항에 따라 기술기준을 변경하는 경우 기존의 전기설비에 대하여는 변경 전의 기술기준을 적용한다. 다만, 공공의 안전 확보를 위하여 변경된 기술기준을 적용할 수 있다. 〈신설 2020.3.31.〉

고시 전기설비 기술기준(산업통상자원부고시 제2021-18호, 2021.1.19.)

고시 방송 공동수신설비의 설치기준에 관한 고시(과학기술정보통신부고시 제2018-1호, 2018.1.19.)

제43조 【급· 배수시설】 ① 주택에 설치하는 급수 · 배수용 배관은 콘크리트구조체안에 매설하여선느 아니된다. 다만, 각 호의 어느 하나에 해당하는 경우에는 그러하지 아니하다. 〈개정 2014.10.28., 2017.1.17.〉

1. 급수·배수용배관이 주택의 바닥면 또는 벽면 등을 직각으로 관통하는 경우
2. 주택의 구조안전에 지장이 없는 범위에서 콘크리트구조체 안에 덧관을 미리 매설하여 배관을 설치하는 경우
3. 콘크리트구조체의 형태 등에 따라 배관의 매설이 부득이하다고 사업계획승인권자가 인정하는 경우로서 배관의 부식을 방지하고 그 수선 및 교체가 쉽도록 하여 배관을 설치하는 경우

② 주택의 화장실에 설치하는 급수·배수용 배관은 다음 각 호의 기준에 적합해야 한다. 〈신설 2017.1.17., 2021.1.5., 2021.1.12.〉

1. 급수용 배관에는 감압밸브 등 수압을 조절하는 장치를 설치하여 각 세대별 수압이 일정하게 유지되도록 할 것
2. 배수용 배관은 층상배관공법(배관을 해당 층의 바닥 슬래브 위에 설치하는 공법을 말한다) 또는 층하배관공법(배관을 바닥 슬래브 아래에 설치하여 아래층 세대 천장으로 노출시키는 공법을 말한다)으로 설치할 수 있으며, 층하배관공법으로 설치하는 경우에는 일반용 경질(단단한 재질)염화비닐관을 설치하는 경우보다 같은 측정조건에서 5데시벨 이상 소음 차단성능이 있는 저소음형 배관을 사용할 것

③ 공동주택에는 세대별 수도계량기 및 세대마다 2개소 이상의 급수전을 설치하여야 한다.

④ 주택의 부엌, 욕실, 화장실 및 다용도실 등 물을 사용하는 곳과 발코니의 바닥에는 배수설비를 하여야 한다. 다만, 급수설비를 설치하지 아니하는 발코니인 경우에는 그러하지 아니하다. 〈개정 2014.10.28〉

⑤ 제4항의 규정에 의한 배수설비에는 악취 및 배수의 역류를 막을 수 있는 시설을 하여야 한다.

⑥ 주택에 설치하는 먹는물의 급수조 및 저수조는 다음 각 호의 기준에 적합해야

제10조 【배수설비등】 ① 영 제43조제4항의 규정에 의한 배수설비는 오수관로에 연결하여야 한다.

② 영 제43조제7항의 규정에 의한 배관설비의 설치 및 구조의 기준에 관하여는 건축물의설비기준등에관한규칙 제17조 및 동규칙 제18조의 규정을 준용한다.

[전문개정 1997.7.21.]

관계법 「건축물의 설비기준 등에 관한 규칙」 제17조 (배관설비)

① 건축물에 설치하는 급수 · 배수등의 용도로 쓰는 배관설비의 설치 및 구조는 다음 각호의 기준에 적합하여야 한다.

1. 배관설비를 콘크리트에 묻는 경우 부식의 우려가 있는 재료는 부식방지조치를 할 것
2. 건축물의 주요부분을 관통하여 배관하는 경우에는 건축물의 구조내력에 지장이 없도록 할 것
3. 승강기의 승강로안에는 승강기의 운행에 필요한 배관설비외의 배관설비를 설치하지 아니할 것
4. 압력탱크 및 급탕설비에는 폭발등의 위험을 막을 수 있는 시설을 설치할 것

② 제1항의 규정에 의한 배관설비로서 배수용으로 쓰이는 배관설비는 제1항 각호의 기준외에 다음 각 호의 기준에 적합하여야 한다.

1. 배출시키는 빗물 또는 오수의 양 및 수질에 따라 그에 적당한 용량 및 경사를 지게 하거나 그에 적합한 재질을 사용할 것
2. 배관설비에는 배수트랩 · 통기관을 설치하는 등 위생에 지장이 없도록 할 것
3. 배관설비의 오수에 접하는 부분은 내수재료를 사용할 것
4. 지하실등 공공하수도로 자연배수를 할 수 없는 곳에는 배수용량에 맞는 강제배수시설을 설치할 것
5. 우수관과 오수관은 분리하여 배관할 것
6. 콘크리트구조체에 배관을 매설하거나 배관이 콘크리트구조체를 관통할 경우에는 구조체에 덧관을 미리 매설하는 등 배관의 부식을 방지하고 그 수선 및 교체가 용이하도록 할 것

③ 삭제 〈1996.2.9.〉

제18조 (음용수용 배관설비)

영 제87조제2항에 따라 건축물에 설치하는 음용수용 배관설비의 설치 및 구조는 다음 각호의 기준에 적합하여야 한다. 〈개정 2009. 12. 31.〉

주택건설기준 규정 [대통령령]

한다. 〈개정 2021.1.5.〉

1. 급수조 및 저수조의 재료는 수질을 오염시키지 아니하는 재료나 위생에 지장이 없는 것으로서 내구성이 있는 도금·녹막이 처리 또는 피막처리를 한 재료를 사용할 것
2. 급수조 및 저수조의 구조는 청소 등 관리가 쉬워야 하고, 먹는물 외의 다른 물질이 들어갈 수 없도록 할 것

⑦ 제1항 부터 제6항까지에서 규정한 사항 외에 급수·배수·가스공급 기타의 배관설비의 설치와 구조에 관한 기준은 국토교통부령으로 정한다. 〈개정 2014.10.28., 2017.1.17.〉

제44조【배기설비 등】 ① 주택의 부엌·욕실 및 화장실에는 바깥의 공기에 면하는 창을 설치하거나 국토교통부령이 정하는 바에 따라 배기설비를 하여야 한다. 〈개정 2008.2.29.〉

② 공동주택 각 세대의 침실에 밀폐된 옷방 또는 붙박이 가구를 설치하는 경우에는 그 옷방 또는 붙박이 가구에 제1항에 따른 배기설비 또는 통풍구를 설치해야 한다. 다만, 외벽 및 욕실에서 떨어뜨려 설치하는 옷방 또는 붙박이 가구에는 배기설비 또는 통풍구를 설치하지 않을 수 있다. 〈신설 2016.10.25., 2021.1.5.〉

③ 법 제40조에 따라 공동주택의 각 세대에 설치하는 환기시설의 설치기준 등은 건축법령이 정하는 바에 의한다. 〈개정 2016.8.11., 2016.10.25〉

[전문개정 2006.1.6.]

제45조 삭제 〈1998.8.27〉

주택건설기준 규칙 [국토교통부령]

1. 제17조제1항 각호의 기준에 적합할 것
2. 음용수용 배관설비는 다른 용도의 배관설비와 직접 연결하지 아니할 것
3. 급수관 및 수도계량기는 얼어서 깨지지 아니하도록 별표 3의2의 규정에 의한 기준에 적합하게 설치할 것
4. 제3호에서 정한 기준외에 급수관 및 수도계량기가 얼어서 깨지지 아니하도록 하기 위하여 지역실정에 따라 당해 지방자치단체의 조례로 기준을 정한 경우에는 동기준에 적합하게 설치할 것
5. 급수 및 저수탱크는 「수도시설의 청소 및 위생관리 등에 관한 규칙」 별표 1의 규정에 의한 저수조설치기준에 적합한 구조로 할 것
6. 음용수의 급수관의 지름은 건축물의 용도 및 규모에 적정한 규격이상으로 할 것. 다만, 주거용 건축물은 당해 배관에 의하여 급수되는 가구수 또는 바닥면적의 합계에 따라 별표 3의 기준에 적합한 지름의 관으로 배관하여야 한다.
7. 음용수용 급수관은 「수도법 시행규칙」 제10조 및 별표 4에 따른 위생안전기준에 적합한 수도용 자재 및 제품을 사용할 것

제11조【배기설비】 영 제44조에 따라 주택의 부엌·욕실 및 화장실에 설치하는 배기설비는 다음 각 호에 적합해야 한다. 〈개정 2015.3.17., 2012.1.12.〉

1. 배기구는 반자 또는 반자아래 80센티미터이내의 높이에 설치하고, 항상 개방될 수 있는 구조로 할 것
2. 배기통 및 배기구는 외기의 기류에 의하여 배기에 지장이 생기지 아니하는 구조로 할 것
3. 배기통에는 그 최상부 및 배기구를 제외하고는 개구부를 두지 아니할 것
4. 배기통의 최상부는 직접 외기에 개방되게 하되, 빗물등을 막을 수 있는 설비를 할 것
5. 부엌에 설치하는 배기구에는 전동환기설비를 설치할 것
6. 배기통은 연기나 냄새 등이 실내로 역류하는 것을 방지할 수 있도록 다음 각 목의 어느 하나에 해당하는 구조로 할 것
   가. 세대 안의 배기통에 자동역류방지댐퍼(세대 안의 배기구가 열리거나 전동환기 설비가 가동하는 경우 전기 또는 기계적인 힘에 의하여 자동으로 개폐

제5장 복리시설

제46조 삭제 〈2013.6.17.〉

제47조 삭제 〈2013.6.17.〉

제48조 삭제 〈1998.8.27.〉

제49조 삭제 〈1994.12.30〉

제50조【근린생활시설 등】 ① 삭제 〈2014.10.28〉
② 삭제 〈1993.9.27〉
③ 삭제 〈1993.9.27〉
④ 하나의 건축물에 설치하는 근린생활시설 및 소매시장·상점을 합한 면적(전용으로 사용되는 면적을 말하며, 같은 용도의 시설이 2개소 이상 있는 경우에는 각 시설의 바닥면적을 합한 면적으로 한다)이 1천제곱미터를 넘는 경우에는 주차 또는 물품의 하역등에 필요한 공터를 설치하여야 하고, 그 주변에는 소음·악취의 차단과 조경을 위한 식재 그 밖에 필요한 조치를 취하여야 한다. 〈개정 2014.10.28.〉

제51조 삭제 〈1993.9.27〉

제52조【유치원】 ① 2천세대 이상의 주택을 건설하는 주택단지에는 유치원을 설치할 수 있는 대지를 확보하여 그 시설의 설치희망자에게 분양하여 건축하게 하거나 유치원을 건축하여 이를 운영하려는 자에게 공급하여야 한다. 다만, 다음 각 호의 어느 하나에 해당하는 경우에는 그렇지 않다. 〈개정 2017.2.3., 2024.1.2.〉

되는 구조로 된 설비를 말하며, 산업표준화법」 제27조에 따른 단체표준에 적합한 성능을 가진 제품이어야 한다) 또는 이와 동일한 기능의 배기설비 장치를 설치할 것

나. 세대간 배기통이 서로 연결되지 아니하고 직접 외기에 개방되도록 설치할 것

주택건설기준 규정 [대통령령]	주택건설기준 규칙 [국토교통부령]

1. 해당 주택단지로부터 통행거리 300미터 이내에 유치원이 있는 경우
2. 해당 주택단지로부터 통행거리 200미터 이내에 「교육환경 보호에 관한 법률」 제9조 각 호의 시설이 있는 경우
3. 삭제 〈2013.6.17〉
4. 해당 주택단지가 노인주택단지·외국인주택단지 등으로서 유치원의 설치가 불필요하다고 사업계획 승인권자가 인정하는 경우
5. 관할 교육감이 해당 주택단지 내 유치원의 설치가 「유아교육법」 제8조제3항제2호에 따른 유아배치계획에 적합하지 않다고 인정하는 경우

② 유치원을 유치원외의 용도의 시설과 복합으로 건축하는 경우에는 의료시설·주민운동시설·어린이집·종교집회장 및 근린생활시설(「교육환경 보호에 관한 법률」 제8조에 따른 교육환경보호구역에 설치할 수 있는 시설에 한한다)에 한하여 이를 함께 설치할 수 있다. 이 경우 유치원 용도의 바닥면적의 합계는 해당 건축물 연면적의 2분의 1 이상이어야 한다. 〈개정 2011.12.8., 2017.2.3〉

③ 제2항에 따른 복합건축물은 유아교육·보육의 환경이 보호될 수 있도록 유치원의 출입구·계단·복도 및 화장실 등을 다른 용도의 시설(어린이집 및 「사회복지사업법」 제2조제5호의 사회복지관을 제외한다)과 분리된 구조로 하여야 한다. 〈개정 2017.10.17〉

제53조 삭제 〈2013.6.17.〉

제54조 삭제 〈1999.9.29.〉

제55조 삭제 〈2013.6.17.〉

제55조의2 【주민공동시설】 ① 100세대 이상의 주택을 건설하는 주택단지에는 다음 각 호에 따라 산정한 면적 이상의 주민공동시설을 설치하여야 한다. 다만, 지역 특성, 주택 유형 등을 고려하여 특별시·광역시·특별자치시·특별자

관계법 「교육환경 보호에 관한 법률」 제8조 (교육환경보호구역의 설정 등)

① 교육감은 학교경계 또는 학교설립예정지 경계(이하 "학교경계등"이라 한다)로부터 직선거리 200미터의 범위 안의 지역을 다음 각 호의 구분에 따라 교육환경보호구역으로 설정·고시하여야 한다.

1. 절대보호구역: 학교출입문으로부터 직선거리로 50미터까지인 지역(학교설립예정지의 경우 학교경계로부터 직선거리 50미터까지인 지역)
2. 상대보호구역: 학교경계등으로부터 직선거리로 200미터까지인 지역 중 절대보호구역을 제외한 지역

② 학교설립예정지를 결정·고시한 자나 학교설립을 인가한 자는 학교설립예정지가 확정되면 지체 없이 관할 교육감에게 그 사실을 통보하여야 한다.

③ 교육감은 제2항에 따라 학교설립예정지가 통보된 날부터 30일 이내에 제1항에 따른 교육환경보호구역을 설정·고시하여야 한다.

④ 제1항에 따라 설정·고시된 교육환경보호구역이 다음 각 호의 어느 하나에 해당하게 된 때에는 그 효력을 상실한다.

1. 학교가 폐교되거나 이전(移轉)하게 된 때(대통령령으로 정하는 바에 따른 학교설립계획 등이 있는 경우는 제외한다)
2. 학교설립예정지에 대한 도시·군관리계획결정의 효력이 상실된 때
3. 유치원이나 특수학교 또는 대안학교의 설립계획이 취소되었거나 설립인가가 취소된 때

⑤ 제1항에 따른 교육감의 권한은 대통령령으로 정하는 바에 따라 교육장에게 위임할 수 있다.

제9조 (교육환경보호구역에서의 금지행위 등)

누구든지 학생의 보건·위생, 안전, 학습과 교육환경 보호를 위하여 교육환경보호구역에서는

치도·시 또는 군의 조례로 주민공동시설의 설치면적을 그 기준의 4분의 1 범위에서 강화하거나 완화하여 정할 수 있다. 〈개정 2014.10.28.〉

1. 100세대 이상 1,000세대 미만: 세대당 2.5제곱미터를 더한 면적
2. 1,000세대 이상: 500제곱미터에 세대당 2제곱미터를 더한 면적

② 제1항에 따른 면적은 각 시설별로 전용으로 사용되는 면적을 합한 면적으로 산정한다. 다만, 실외에 설치되는 시설의 경우에는 그 시설이 설치되는 부지 면적으로 한다.

③ 제1항에 따른 주민공동시설을 설치하는 경우 해당 주택단지에는 다음 각 호의 구분에 따른 시설이 포함되어야 한다. 다만, 해당 주택단지의 특성, 인근 지역의 시설설치 현황 등을 고려할 때 사업계획승인권자가 설치할 필요가 없다고 인정하는 시설이거나 입주예정자의 과반수가 서면으로 반대하는 다함께돌봄센터는 설치하지 않을 수 있다. 〈개정 2021.1.12.〉

1. 150세대 이상: 경로당, 어린이놀이터
2. 300세대 이상: 경로당, 어린이놀이터, 어린이집
3. 500세대 이상: 경로당, 어린이놀이터, 어린이집, 주민운동시설, 작은도서관, 다함께돌봄센터

④ 제3항에서 규정한 시설 외에 필수적으로 설치해야 하는 세대수별 주민공동시설의 종류에 대해서는 특별시·광역시·특별자치도·시 또는 군의 지역별 여건 등을 고려하여 조례로 따로 정할 수 있다.

⑤ 국토교통부장관은 문화체육관광부장관, 보건복지부장관과 협의하여 제3항 각 호에 따른 주민공동시설별 세부 면적에 대한 사항을 정하여 특별시·광역시·특별자치도·시 또는 군에 이를 활용하도록 제공할 수 있다.

⑥ 제3항 및 제4항에 따라 필수적으로 설치해야 하는 주민공동시설별 세부 면적 기준은 특별시·광역시·특별자치도·시 또는 군의 지역별 여건 등을 고려하여 조례로 정할 수 있다.

⑦ 제3항 각 호에 따른 주민공동시설은 다음 각 호의 기준에 적합하게 설치해야 한다. 〈개정 2015.5.6., 2021.1.12., 2022.12.6.〉

1. 경로당

다음 각 호의 어느 하나에 해당하는 행위 및 시설을 하여서는 아니 된다. 다만, 상대보호구역에서는 제14호부터 제29호까지에 규정된 행위 및 시설 중 교육감이나 교육감이 위임한 자가 지역위원회의 심의를 거쳐 학습과 교육환경에 나쁜 영향을 주지 아니한다고 인정하는 행위 및 시설은 제외한다. 〈개정 2020.3.24.〉

1. 「대기환경보전법」 제16조제1항에 따른 배출허용기준을 초과하여 대기오염물질을 배출하는 시설
2. 「물환경보전법」 제32조제1항에 따른 배출허용기준을 초과하여 수질오염물질을 배출하는 시설과 제48조에 따른 폐수종말처리시설
3. 「가축분뇨의 관리 및 이용에 관한 법률」 제11조에 따른 배출시설, 제12조에 따른 처리시설 및 제24조에 따른 공공처리시설
4. 「하수도법」 제2조제11호에 따른 분뇨처리시설
5. 「악취방지법」 제7조에 따른 배출허용기준을 초과하여 악취를 배출하는 시설
6. 「소음·진동관리법」 제7조 및 제21조에 따른 배출허용기준을 초과하여 소음·진동을 배출하는 시설
7. 「폐기물관리법」 제2조제8호에 따른 폐기물처리시설(규모, 용도, 기간 및 학습과 학교보건위생에 대한 영향 등을 고려하여 대통령령으로 정하는 시설은 제외한다)
8. 「가축전염병 예방법」 제11조제1항·제20조제1항에 따른 가축 사체, 제23조제1항에 따른 오염물건 및 제33조제1항에 따른 수입금지 물건의 소각·매몰지
9. 「장사 등에 관한 법률」 제2조제8호에 따른 화장시설·제9호에 따른 봉안시설 및 제13호에 따른 자연장지(같은 법 제16조제1항제1호에 따른 개인·가족자연장지와 제2호에 따른 종중·문중자연장지는 제외한다)
10. 「축산물 위생관리법」 제21조제1항제1호에 따른 도축업 시설
11. 「축산법」 제34조제1항에 따른 가축시장
12. 「영화 및 비디오물의 진흥에 관한 법률」 제2조제11호의 제한상영관
13. 「청소년 보호법」 제2조제5호가목7)에 해당하는 업소와 같은 호 가목8), 가목9) 및 나목7)에 따라 여성가족부장관이 고시한 영업에 해당하는 업소
14. 「고압가스 안전관리법」 제2조에 따른 고압가스, 「도시가스사업법」 제2조제1호에 따른 도시가스 또는 「액화석유가스의 안전관리 및 사업법」 제2조제1호에 따른 액화석유가스의 제조, 충전 및 저장하는 시설(관계 법령에서 정한 허가 또는 신고 이하의 시설이라 하더라도 동일 건축물 내에 설치되는 각각의 시설용량의 총량이 허가 또는 신고 규모 이상이 되는 시설은 포함하되, 규모, 용도 및 학습과 학교보건위생에 대한 영향 등을 고려하여 대통령령으로 정하는 시설의 전부 또는 일부는 제외한다)

주택건설기준 규정 [대통령령]	주택건설기준 규칙 [국토교통부령]

가. 일조 및 채광이 양호한 위치에 설치할 것
나. 오락 · 취미활동 · 작업 등을 위한 공용의 다목적실과 남녀가 따로 사용할 수 있는 공간을 확보할 것
다. 급수시설 · 취사시설 · 화장실 및 부속정원을 설치할 것

2. 어린이놀이터
가. 놀이기구 및 그 밖에 필요한 기구를 일조 및 채광이 양호한 곳에 설치하거나 주택단지의 녹지 안에 어우러지도록 설치할 것
나. 실내에 설치하는 경우 놀이기구 등에 사용되는 마감재 및 접착제, 그 밖의 내장재는 「환경기술 및 환경산업 지원법」 제17조에 따른 환경표지의 인증을 받거나 그에 준하는 기준에 적합한 친환경 자재를 사용할 것
다. 실외에 설치하는 경우 인접대지경계선(도로 · 광장 · 시설녹지, 그 밖에 건축이 허용되지 아니하는 공지에 접한 경우에는 그 반대편의 경계선을 말한다)과 주택단지 안의 도로 및 주차장으로부터 3미터 이상의 거리를 두고 설치할 것

3. 어린이집
가. 「영유아보육법」의 기준에 적합하게 설치할 것
나. 해당 주택의 사용검사 시까지 설치할 것

4. 주민운동시설
가. 시설물은 안전사고를 방지할 수 있도록 설치할 것
나. 「체육시설의 설치 · 이용에 관한 법률 시행령」 별표 1에서 정한 체육시설을 설치하는 경우 해당 종목별 경기규칙의 시설기준에 적합할 것

5. 작은도서관은 「도서관법 시행령」 별표 6 제1호 나목 및 같은 표 제2호나목의 기준에 적합하게 설치할 것
6. 다함께돌봄센터는 「아동복지법」 제44조의2제5항의 기준에 적합하게 설치할 것

[본조신설 2013.6.17.]

관계법 「영유아보육법」 제2조(정의)

15. 「폐기물관리법」 제2조제1호에 따른 폐기물을 수집 · 보관 · 처분하는 장소(규모, 용도, 기간 및 학습과 학교보건위생에 대한 영향 등을 고려하여 대통령령으로 정하는 장소는 제외한다)
16. 「총포 · 도검 · 화약류 등의 안전관리에 관한 법률」 제2조에 따른 총포 또는 화약류의 제조소 및 저장소
17. 「감염병의 예방 및 관리에 관한 법률」 제37조제1항제2호에 따른 격리소 · 요양소 또는 진료소
18. 「담배사업법」에 의한 지정소매인, 그 밖에 담배를 판매하는 자가 설치하는 담배자동판매기(「유아교육법」 제2조제2호에 따른 유치원 및 「고등교육법」 제2조 각 호에 따른 학교의 교육환경보호구역은 제외한다)
19. 「게임산업진흥에 관한 법률」 제2조제6호, 제7호 또는 제8호에 따른 게임제공업, 인터넷컴퓨터게임시설제공업 및 복합유통게임제공업(「유아교육법」 제2조제2호에 따른 유치원 및 「고등교육법」 제2조 각 호에 따른 학교의 교육환경보호구역은 제외한다)
20. 「게임산업진흥에 관한 법률」 제2조제6호다목에 따라 제공되는 게임물 시설(「고등교육법」 제2조 각 호에 따른 학교의 교육환경보호구역은 제외한다)
21. 「체육시설의 설치 · 이용에 관한 법률」 제3조에 따른 체육시설 중 당구장, 무도학원 및 무도장(「유아교육법」 제2조제2호에 따른 유치원, 「초 · 중등교육법」 제2조제1호에 따른 초등학교, 「초 · 중등교육법」 제60조의3에 따라 초등학교 과정만을 운영하는 대안학교 및 「고등교육법」 제2조 각 호에 따른 학교의 교육환경보호구역은 제외한다)
22. 「한국마사회법」 제4조에 따른 경마장 및 제6조제2항에 따른 장외발매소, 「경륜 · 경정법」 제5조에 따른 경주장 및 제9조제2항에 따른 장외매장
23. 「사행행위 등 규제 및 처벌 특례법」 제2조제1항제2호에 따른 사행행위영업
24. 「음악산업진흥에 관한 법률」 제2조제13호에 따른 노래연습장업(「유아교육법」 제2조제2호에 따른 유치원 및 「고등교육법」 제2조 각 호에 따른 학교의 교육환경보호구역은 제외한다)
25. 「영화 및 비디오물의 진흥에 관한 법률」 제2조제16호가목 및 라목에 해당하는 비디오물감상실업 및 복합영상물제공업의 시설(「유아교육법」 제2조제2호에 따른 유치원 및 「고등교육법」 제2조 각 호에 따른 학교의 교육환경보호구역은 제외한다)
26. 「식품위생법」 제36조제1항제3호에 따른 식품접객업 중 단란주점영업 및 유흥주점영업
27. 「공중위생관리법」 제2조제2호에 따른 숙박업 및 「관광진흥법」 제3조제1항제2호가목에 따른 호텔업(「국제회의산업 육성에 관한 법률」 제2조제3호에 따른 국제회의시설에 부속된 숙박시설은 제외한다)

이 법에서 사용하는 용어의 뜻은 다음과 같다.
1. "영유아"란 6세 미만의 취학 전 아동을 말한다.
2. "보육"이란 영유아를 건강하고 안전하게 보호·양육하고 영유아의 발달 특성에 맞는 교육을 제공하는 어린이집 및 가정양육 지원에 관한 사회복지서비스를 말한다.
3. "어린이집"이란 보호자의 위탁을 받아 영유아를 보육하는 기관을 말한다.

「영유아보육법 시행규칙」 별표1(어린이집 및 그 놀이터의 설치기준) "세부내용 생략"
1.어린이집의 입지조건
1의2. 어린이집의 재산조건
2. 어린이집의 규모
3. 어린이집의 구조 및 설비기준

제6장 대지의 조성

제56조 【대지의 안전】 ① 대지를 조성할 때에는 지반의 붕괴·토사의 유실등의 방지를 위하여 필요한 조치를 하여야 한다.
② 제1항의 규정에 의한 대지의 조성에 관하여 이 영에서 정하는 사항을 제외하고는 「건축법」 제40조 및 같은 법 제41조제1항을 준용한다. 〈개정 2008.10.29.〉

28. 「청소년 보호법」 제2조제5호나목6)에 해당하는 업소(「유아교육법」 제2조제2호에 따른 유치원 및 「고등교육법」 제2조 각 호에 따른 학교의 교육환경보호구역은 제외한다)
29. 「화학물질관리법」 제39조에 따른 사고대비물질의 취급시설 중 대통령령으로 정하는 수량 이상으로 취급하는 시설

관계법 「체육시설의 설치·이용에 관한 법률 시행령」 별표1 (체육시설의 종류)

구분	체육시설종류
운동 종목	골프장, 골프연습장, 궁도장, 게이트볼장, 농구장, 당구장, 라켓볼장, 럭비풋볼장, 롤러스케이트장, 배구장, 배드민턴장, 벨로드롬, 볼링장, 봅슬레이장, 빙상장, 사격장, 세팍타크로장, 수상스키장, 수영장, 무도학원, 무도장, 스쿼시장, 스키장, 승마장, 썰매장, 씨름장, 아이스하키장, 야구장, 양궁장, 역도장, 에어로빅장, 요트장, 육상장, 자동차경주장, 조정장, 체력단련장, 체육도장, 체조장, 축구장, 카누장, 탁구장, 테니스장, 펜싱장, 하키장, 핸드볼장, 그 밖에 국내 또는 국제적으로 치러지는 운동 종목의 시설로서 문화체육관광부장관이 정하는 것
시설 형태	운동장, 체육관, 종합 체육시설

관계법 「도서관법 시행령」 [별표 1]

1. 공통기준
 가. 「소방시설 설치·유지 및 안전관리에 관한 법률」 제9조제1항에 따른 소방시설의 설치
 나. 「소방시설 설치·유지 및 안전관리에 관한 법률」 제21조의2제3항에 따른 피난유도 안내정보의 부착(「소방시설 설치·유지 및 안전관리에 관한 법률」 제20조제2항 전단에 따른 소방안전관리대상물에 해당하는 도서관으로 한정한다)
2. 개별기준
 3) 작은도서관

시설		도서관자료
건물면적	열람석	
33제곱미터 이상	6석 이상	1,000권 이상

비고: 건물면적에 현관·휴게실·복도·화장실 및 식당 등의 면적은 포함되지 아니한다.

관계법 「건축법」 제40조 (대지의 안전 등)

주택건설기준 규정 [대통령령]

제57조 【간선시설】 법 제15조에 따른 사업계획의 승인을 얻어 조성하는 일단의 대지에는 국토교통부령이 정하는 기준 이상인 진입도로(해당 대지에 접하는 기간도로를 포함한다)·상하수도시설 및 전기시설이 설치되어야 한다. 〈개정 2016.8.11.〉

주택건설기준 규칙 [국토교통부령]

① 대지는 인접한 도로면보다 낮아서는 아니 된다. 다만, 대지의 배수에 지장이 없거나 건축물의 용도상 방습(防濕)의 필요가 없는 경우에는 인접한 도로면보다 낮아도 된다.
② 습한 토지, 물이 나올 우려가 많은 토지, 쓰레기, 그 밖에 이와 유사한 것으로 매립된 토지에 건축물을 건축하는 경우에는 성토(盛土), 지반 개량 등 필요한 조치를 하여야 한다.
③ 대지에는 빗물과 오수를 배출하거나 처리하기 위하여 필요한 하수관, 하수구, 저수탱크, 그 밖에 이와 유사한 시설을 하여야 한다.
④ 손궤(損潰: 무너져 내림)의 우려가 있는 토지에 대지를 조성하려면 국토교통부령으로 정하는 바에 따라 옹벽을 설치하거나 그 밖에 필요한 조치를 하여야 한다.

제41조 (토지 굴착 부분에 대한 조치 등)
① 공사시공자는 대지를 조성하거나 건축공사를 하기 위하여 토지를 굴착·절토(切土)·매립(埋立) 또는 성토 등을 하는 경우 그 변경 부분에는 국토교통부령으로 정하는 바에 따라 공사 중 비탈면 붕괴, 토사 유출 등 위험 발생의 방지, 환경 보존, 그 밖에 필요한 조치를 한 후 해당 공사현장에 그 사실을 게시하여야 한다. 〈개정 2013.3.23., 2014.5.28.〉
② 허가권자는 제1항을 위반한 자에게 의무이행에 필요한 조치를 명할 수 있다.

제12조 【간선시설】 ① 영 제57조의 규정에 의한 간선시설인 진입도로(해당 대지에 접하는 기간도로를 포함한다. 이하 이 조에서 같다), 상하수도시설 및 전기시설의 설치기준은 다음 각 호와 같다.

1. 진입도로

가. 진입도로는 다음 표에서 정하는 기준이상의 도로 너비가 확보되어야 한다.

(단위 : 미터)

대지면적	기간도로와 접하는 너비 또는 진입도로의 너비
2만제곱미터 미만	8 이상
2만제곱미터 이상 4만제곱미터 미만	12 이상
4만제곱미터 이상 8만제곱미터 미만	15 이상
8만제곱미터 이상	20 이상

나. 진입도로가 2이상으로서 다음 표에서 정하는 기준에 적합한 경우에는 가.의 규정을 적용하지 아니할 수 있다. 이 경우 너비 6미터미만인 도로는 기간도로와 통행거리 200미터이내인 때에 한하여 이를 진입도로로 본다.

(단위 : 미터)

대지면적	너비 4미터 이상의 진입도로 중 2개의 진입도로 너비의 합계
2만제곱미터 미만	12 이상
2만제곱미터 이상 4만제곱미터 미만	16 이상
4만제곱미터 이상 8만제곱미터 미만	20 이상
8만제곱미터 이상	25 이상

2. 상수도시설

상수도시설은 대지면적 1제곱미터당 1일 급수량 0.1톤이상을 해당 대지에 공급할 수 있는 시설이어야 한다.

3. 하수도시설

하수도시설은 대지면적 1제곱미터당 1일 0.1톤이상의 오수를 처리할 수 있는 시설이어야 한다.

4. 전기시설

전기시설은 대지면적 1제곱미터당 35와트이상의 전력을 해당 대지에 공급할 수 있는 송전시설이어야 한다.

② 법 제15조에 따른 대지조성사업계획에 주택의 예정세대수등에 관한 계획이 포함된 경우에는 제1항의 규정에 불구하고 진입도로등의 기준은 다음 각 호에 의할 수 있다. 〈개정 2016.8.12.〉

1. 진입도로 : 영 제25조의 규정에 의한다.
2. 상수도시설 및 하수도시설 : 공급·처리 용량이 각각 매세대당 1일 1톤이상인 시설이어야 한다.
3. 전기시설 : 매 세대당 3킬로와트(세대당 전용면적이 60제곱미터이상인 경우

주택건설기준 규정 [대통령령]	주택건설기준 규칙 [국토교통부령]
제7장 공동주택 바닥충격음 차단구조의 성능등급 인정 등 〈개정 2014.6.27.〉	에는 3킬로와트에 60제곱미터를 초과하는 10제곱미터마다 0.5킬로와트를 더한 값)이상의 전력을 해당 대지에 공급할 수 있는 송전시설이어야 한다.
제58조【공동주택성능등급의 표시】 법 제39조 각 호 외의 부분에서 "대통령령으로 정하는 호수"란 500세대를 말한다. 〈개정 2016.8.11., 2018.12.31.〉 [본조신설 2014.6.27]	**제12조의2【공동주택성능등급의 표시】** 법 제39조 각 호 외의 부분에서 "국토교통부령으로 정하는 방법"이란 별지 제1호서식의 공동주택성능등급 인증서를 발급받아 「주택공급에 관한 규칙」 19조부터 제21조까지의 규정에 따른 입주자 모집공고에 표시하는 방법을 말한다. 이 경우 공동주택성능등급 인증서는 쉽게 알아볼 수 있는 위치에 쉽게 읽을 수 있는 글자 크기로 표시해야 한다. 〈개정 2015.12.29., 2016.8.12., 2019.1.16.〉 [본조신설 2014.6.30.][종전 제12조의2는 제12조의3으로 이동 〈2014.6.30.〉]
제59조, 제59조의2, 제60조 삭제 〈2013.2.20.〉	
제60조의2【바닥충격음 성능등급 인정기관】 ① 법 제41조제1항에 따른 바닥충격음 성능등급 인정기관(이하 "바닥충격음 성능등급 인정기관"이라 한다)으로 지정받으려는 자는 국토교통부령으로 정하는 신청서에 다음 각 호의 서류를 첨부하여 국토교통부장관에게 제출해야 한다. 이 경우 국토교통부장관은 「전자정부법」 제36조제1항에 따른 행정정보의 공동이용을 통하여 법인 등기사항증명서를 확인하여야 한다. 〈개정 2016.8.11.〉 1. 임원 명부 2. 삭제 〈2010.11.2〉 3. 제2항에 따른 인력 및 장비기준을 증명할 수 있는 서류 4. 바닥충격음 성능등급 인정업무의 추진 계획서 ② 바닥충격음 성능등급 인정기관의 인력 및 장비기준은 별표 6과 같다. ③ 제1항 및 제2항에서 규정한 사항 외에 바닥충격음 성능등급 인정기관의 지정에 관하여 필요한 사항은 국토교통부장관이 정하여 고시한다. 〈개정 2013.3.23.〉 [제60조의3에서 이동, 종전 제60조의2는 제60조의3으로 이동 〈2013.5.6.〉]	**제12조의3【바닥충격음 성능등급 인정기관 지정신청서】** ① 삭제 〈2013.2.22〉 ② 영 제60조의2제1항에 따른 바닥충격음 성능등급 인정기관 지정신청서는 별지 제1호의2서식에 따른다. 〈2013.7.15〉 [본조신설 2008.9.25] [제목개정 2013.2.22][제12조의2에서 이동 〈2014.6.30.〉]

제60조의3【바닥충격음 성능등급 및 기준 등】 ① 법 제41조제1항에 따라 바닥충격음 성능등급 인정기관이 인정하는 바닥충격음 성능등급 및 기준에 관하여는 국토교통부장관이 정하여 고시한다. 〈개정 2016.8.11.〉

② 제14조의2제2호 본문에 따른 바닥충격음 차단성능 인정을 받으려는 자는 국토교통부장관이 정하여 고시하는 방법 및 절차 등에 따라 바닥충격음 성능등급 인정기관으로부터 바닥충격음 차단성능 인정을 받아야 한다.

③ 바닥충격음 차단성능 인정기관은 제2항에 따라 고시하는 방법 및 절차 등에 따라 바닥충격음을 측정하는 경우 측정장소와 충격원 등에 따른 바닥충격음 측정값의 차이에 대해서는 국토교통부장관이 정하여 고시하는 바에 따라 바닥충격음 차단성능을 보정하여 적용할 수 있다.

[전문개정 2013.5.6.][제60조의2에서 이동, 종전 제60조의3은 제60조의2로 이동〈2013.5.6〉]

제60조의4【신제품에 대한 성능등급 인정】 다음 각 호의 인정기관(이하 "성능등급 인정기관" 이라 한다)은 제14조제4항 또는 바닥충격음 성능등급 인정기관은 제60조의3제1항에 따라 고시된 기준을 적용하기 어려운 신개발품이나 인정 규격 외의 제품(이하 "신제품"이라 한다)에 대한 성능등급 인정의 신청이 있을 때에는 제14조제4항 및 제60조의3제1항에도 불구하고 제60조의5에 따라 신제품에 대한 별도의 인정기준을 마련하여 성능등급을 인정할 수 있다. 〈개정 2013.5.6〉

1. 삭제 〈2013.5.6〉
2. 삭제 〈2013.5.6〉

[본조신설 2011.1.4.]

제60조의5【신제품에 대한 성능등급 인정 절차】 ① 성능등급 인정기관은 제60조의4에 따른 별도의 성능등급 인정기준을 마련하기 위해서는 제60조의6에 따른 전문위원회(이하 "전문위원회"라 한다)의 심의를 거쳐야 한다.

제12조의4【바닥충격음 성능등급 인정제품의 품질관리기준】 법 제41조제2항제3호에서 "국토교통부령으로 정한 품질관리기준"이란 법 제41조의4제1항에 따른 바닥충격음 성능등급 인정기관으로부터 바닥충격음 성능등급을 인정받은 제품(이하 "인정제품"이라 한다)과 관련한 다음 각 호에 해당하는 사항에 대한 품질관리를 위한 기준을 말한다. 이 경우 국토교통부장관은 그 품질관리기준에 관한 세부적인 사항을 정하여 고시할 수 있다. 〈개정 2016.8.12., 2022.8.4〉

1. 인정제품을 구성하는 원재료의 품질관리
2. 인정제품에 대한 제조공정의 품질관리
3. 인정제품의 제조·검사설비의 유지관리
4. 완성된 인정제품의 품질관리

[본조신설 2014.12.24.]

고시 공동주택 바닥충격음 차단구조인정 및 관리기준(국토교통부고시 제2023-494호, 2023.8.28.)

주택건설기준 규정 [대통령령]	주택건설기준 규칙 [국토교통부령]

② 성능등급 인정기관은 신제품에 대한 성능등급 인정의 신청을 받은 날부터 15일 이내에 전문위원회에 심의를 요청하여야 한다.
③ 성능등급 인정기관의 장은 제1항에 따른 인정기준을 지체 없이 신청인에게 통보하고, 인터넷 홈페이지 등을 통하여 일반인에게 알려야 한다.
④ 성능등급 인정기관의 장은 제1항에 따른 별도의 성능등급 인정기준을 국토교통부장관에게 제출하여야 하며, 국토교통부장관은 이를 관보에 고시하여야 한다.
[본조신설 2011.1.4]

제60조의6【전문위원회】 ① 신제품에 대한 인정기준 등에 관한 사항을 심의하기 위하여 성능등급 인정기관에 전문위원회를 둔다.
② 전문위원회의 구성, 위원의 선임기준 및 임기 등 위원회의 운영에 필요한 구체적인 사항은 해당 성능등급 인정기관의 장이 정한다.
[본조신설 2011.1.4.]

제60조의7【공동주택 바닥충격음 차단구조의 성능등급 인정의 유효기간 등】
① 법 제41조제3항에 따른 공동주택 바닥충격음 차단구조의 성능등급 인정의 유효기간은 그 성능등급 인정을 받은 날부터 5년으로 한다. 〈개정 2016.8.11.〉
② 공동주택 바닥충격음 차단구조의 성능등급 인정을 받은 자는 제1항에 따른 유효기간이 끝나기 전에 유효기간을 연장할 수 있다. 이 경우 연장되는 유효기간은 연장될 때마다 3년을 초과할 수 없다.
③ 법 제41조제3항에 따른 공동주택 바닥충격음 차단구조의 성능등급 인정에 드는 수수료는 인정 업무와 시험에 사용되는 비용으로 하되, 인정 업무와 시험에 필수적으로 수반되는 비용을 추가할 수 있다. 〈개정 2016.8.11.〉
④ 제1항부터 제3항까지에서 규정한 사항 외에 공동주택 바닥충격음 차단구조의 성능등급 인정의 유효기간 연장, 성능등급 인정에 드는 수수료 등에 관하여 필요한 세부적인 사항은 국토교통부장관이 정하여 고시한다.
[본조신설 2013.12.4.]

제60조의8【건축물 높이의 최고한도의 완화 적용 대상인 바닥구조의 두께】 법 제41조제8항에서 "대통령령으로 정하는 두께"란 콘크리트 슬래브 두께 250밀리미터를 말한다.
[본조신설 2024.7.9][종전 제60조의8은 제60조의9로 이동 〈2024.7.9.〉]

제60조의9【바닥충격음 성능검사기관의 지정】 법 제41조의2제2항에서 "대통령령으로 정하는 지정 요건"이란 다음 각 호의 요건을 말한다.
1. 「민법」 제32조에 따른 비영리법인이거나 특별법에 따라 설립된 법인(영리법인은 제외한다)일 것
2. 별표 6에 따른 인력 및 장비 기준을 충족할 것
3. 바닥충격음성능등급인정기관이 아닐 것

② 법 제41조의2제2항에 따른 바닥충격음 성능검사기관(이하 "바닥충격음성능검사기관"이라 한다)으로 지정받으려는 자는 국토교통부령으로 정하는 신청서에 다음 각 호의 서류를 첨부하여 국토교통부장관에게 제출해야 한다. 이 경우 국토교통부장관은 「전자정부법」 제36조제1항에 따른 행정정보의 공동이용을 통하여 법인 등기사항증명서를 확인해야 한다.
1. 별표 6에 따른 인력 및 장비 기준을 충족함을 증명할 수 있는 서류
2. 법 제41조의2제5항에 따른 바닥충격음 차단구조의 성능검사업무 추진계획서

③ 국토교통부장관은 바닥충격음성능검사기관을 지정하였을 때에는 그 명칭·대표자 및 소재지 등을 관보에 고시해야 한다.

④ 제1항부터 제3항까지에서 규정한 사항 외에 바닥충격음성능검사기관의 지정에 필요한 세부사항은 국토교통부장관이 정하여 고시한다.
[본조신설 2022.8.4.][제60조의8에서 이동, 종전 제60조의9는 제60조의10으로 이동 〈2024.7.9.〉]

제60조의10【바닥충격음 차단구조의 성능검사 방법 등】 ① 법 제41조의2제5

제12조의5【바닥충격음 성능검사기관 지정신청서】 영 제60조의8제2항 각 호 외의 부분 전단에서 "국토교통부령으로 정하는 신청서"란 별지 제1호의3서식의 바닥충격음 성능검사기관 지정신청서를 말한다.
[본조신설 2022.8.4.]

고시 공동주택 바닥충격음 차단구조 인정 및 검사기준(국토교통부고시 제2023-494호, 2023. 8. 28.)

주택건설기준 규정 [대통령령]	주택건설기준 규칙 [국토교통부령]

항에 따른 바닥충격음 차단구조의 성능검사(이하 "성능검사"라 한다)를 받으려는 사업주체는 건설하는 주택의 바닥충격음 차단구조에 대한 시공이 완료된 후 바닥충격음성능검사기관의 장에게 성능검사를 신청해야 한다.〈개정 2024.7.9〉

② 제1항에 따른 신청을 받은 바닥충격음성능검사기관의 장은 주택 각 세대의 평면유형(平面類型), 면적 및 층수 등을 고려하여 구분한 세대단위별로 성능검사를 실시할 세대를 무작위로 선정하여 성능검사를 실시해야 한다.

③ 바닥충격음성능검사기관의 장은 성능검사를 완료하면 지체 없이 사업주체에게 그 결과를 통보해야 한다.

④ 바닥충격음성능검사기관의 장은 사업주체가 요청하면 제3항에 따라 성능검사 결과를 통보할 때 법 제49조제1항에 따른 사용검사를 하는 시장·군수·구청장(이하 이 조 및 제60조의12에서 "사용검사권자"라 한다)에게도 이를 통보할 수 있다. 이 경우 법 제41조의2제5항에 따라 사업주체가 사용검사권자에게 성능검사 결과를 제출한 것으로 본다.〈개정 2024.7.9〉

⑤ 제1항부터 제4항까지에서 규정한 사항 외에 성능검사 대상 세대 수의 산정비율 등 성능검사에 필요한 세부사항은 국토교통부장관이 정하여 고시한다.

[본조신설 2022.8.4.][제60조의9에서 이동, 종전 제60조의10은 제60조의11로 이동 〈2024.7.9〉]

제60조의11【성능검사 수수료】 ① 성능검사 수수료는 성능검사에 필요한 시험에 드는 비용으로 한다.

② 제1항의 수수료는 「엔지니어링산업 진흥법」 제31조제2항에 따른 엔지니어링사업의 대가 기준을 국토교통부장관이 정하여 고시하는 방법에 따라 적용하여 바닥충격음성능검사기관의 장이 산정한다.

[본조신설 2022.8.4.][제60조의10에서 이동, 종전 제60조의11은 제60조의12로 이동 〈2024.7.9.〉]

제60조의12【사업주체에 대한 권고】 ① 사용검사권자는 법 제41조의2제6항

고시 공동주택 바닥충격음 차단구조 인정 및 검사기준(국토교통부고시 제2023-494호, 2023.8.28.,)

에 따라 제14조의2제2호 각 목 외의 부분 본문에 따른 경량충격음 또는 중량충격음이 49데시벨을 초과하는 경우에는 사업주체에게 보완 시공, 손해배상 등의 조치를 권고할 수 있다. 〈신설 2024.7.9.〉

② 사용검사권자는 제1항에 따라 사업주체에게 보완 시공 등의 조치를 권고하는 경우에는 다음 각 호의 사항을 적은 문서(전자문서를 포함한다)로 해야 한다. 〈개정 2024.7.9.〉

1. 권고의 내용 및 이유
2. 권고사항에 대한 조치기한

③ 제2항에 따른 권고를 받은 사업주체는 권고받은 날부터 10일 이내에 사용검사권자에게 권고사항에 대한 조치계획서를 제출해야 한다. 다만, 기술적 검토에 시간이 걸리는 등 불가피한 경우에는 사용검사권자와 협의하여 그 기간을 연장할 수 있다. 〈개정 2024.7.9.〉

④ 법 제41조의2제7항에서 "대통령령으로 정하는 기간"이란 제2항제2호의 조치기한이 지난 날부터 5일을 말한다. 〈개정 2024.7.9.〉

[본조신설 2022.8.4.][제60조의11에서 이동 〈2024.7.9.〉]

제60조의13【성능검사 결과 등의 통보】 사업주체는 법 제41조의2제8항에 따라 다음 각 호의 결과를 입주예정일 전까지 입주예정자에게 문서(전자문서를 포함한다)로 알려야 한다.

1. 법 제41조의2제5항에 따라 사용검사권자에게 제출한 성능검사 결과
2. 법 제41조의2제7항에 따라 사용검사권자에게 제출한 조치결과

[본조신설 2024.7.9.]

제60조의14【성능검사 우수 시공자의 선정 및 공개】 ① 바닥충격음성능검사기관은 법 제41조의2제10항에 따라 다음 각 호의 요건을 모두 갖춘 시공자 중에서 전년도에 사용검사를 받은 주택단지별 성능검사 결과의 평균값(해당 주택단지가 1개인 경우에는 그 주택단지의 성능검사 결과를 말한다)이 높은 상위 10개의 시공자를 우수 시공자로 선정할 수 있다.

주택건설기준 규정 [대통령령]	주택건설기준 규칙 [국토교통부령]

1. 전년도에 사용검사를 받은 공동주택이 총 500세대 이상일 것
2. 전년도에 사용검사를 받은 주택단지 중에서 성능검사기준에 미달하는 주택단지가 없을 것

② 바닥충격음성능검사기관은 제1항에 따라 선정한 우수 시공자를 선정한 경우에는 해당 기관의 인터넷 홈페이지를 통해 공개한다.

[본조신설 2024.7.9.]

제61조 삭제〈2022.8.4.〉

제8장 공업화주택

제61조의2 【공업화주택의 인정 등】 ① 법 제35조제1항의 규정에 의하여 공업화주택의 인정을 받고자 하는 자는 국토교통부령이 정하는 공업화주택인정신청서에 다음 각 호의 서류를 첨부하여 국토교통부장관에게 제출하여야 한다. 〈개정 2016.8.11.〉

1. 설계 및 제품설명서
2. 설계도면· 제작도면 및 시방서
3. 구조 및 성능에 관한 시험성적서 또는 구조안전확인서(건축구조 분야의 기술사가 구조안전성능 평가가 가능하다고 확인하여 작성한 것만 해당한다)
4. 생산공정· 건설공정· 생산능력 및 품질관리계획을 기재한 서류

② 국토교통부장관은 제1항에 따라 공업화주택의 인정 신청을 받은 경우에는 그 신청을 받은 날부터 60일 이내에 인정 여부를 통보하여야 한다. 다만, 서류 보완 등 부득이한 사유로 처리기간의 연장이 필요한 경우에는 10일 이내의 범위에서 한 번만 연장할 수 있다. 〈신설 2014.10.28〉

③ 국토교통부장관은 법 제51조제1항에 따라 공업화주택을 인정하는 경우에는 국토교통부령으로 정하는 공업화주택인정서를 신청인에게 발급하고 이를 공고하여야 한다. 〈개정 2016.8.11.〉

제13조 【공업화주택의 성능 및 생산기준】 법 제51조제1항에 따른 공업화주택의 성능 및 생산기준은 별표 6과 같다. 〈개정 2016.8.12.〉

제14조 【건축사의 설계 · 감리를 받지 아니하는 공업화주택의 건설자】 법 제53조제2항에서 "국토교통부령이 정하는 기술능력을 갖추고 있는 자"라 함은 건축사법에 의한 건축사 1인 이상과 국가기술자격법에 의한 건축구조기술사 또는 건축시공기술사 1인 이상을 보유한 자를 말한다. 〈개정 2016.8.12.〉

제15조 【공업화주택인정신청서등】 ① 영 제61조의2에 따른 공업화주택인정신청서는 별지 제1호의4서식에 따른다. 〈개정 2008.9.25., 2022.8.4〉

② 영 제61조의2제3항의 규정에 의한 공업화주택 인정서는 별지 제2호서식에 의한다.

③ 제2항의 규정에 의한 공업화주택인정서를 분실 또는 훼손한 자로서 그의 재교부를 받고자 하는 자는 별지 제3호서식에 의한 재교부신청서를 국토교통부장관에게 제출하여야 한다. 〈개정 2008.3.14〉

④ 제2항의 규정에 의한 공업화주택인정서를 교부받은 자는 영 제61조의2제4항

④ 제3항의 규정에 의한 공업화주택인정서를 교부받은 자는 국토교통부령이 정하는 바에 따라 공업화주택의 생산 및 건설실적을 국토교통부장관에게 제출하여야 한다. 〈개정 2008.2.29〉

⑤ 공업화주택 인정의 유효기간은 제3항의 규정에 의한 공고일부터 5년으로 한다.

⑥ 법 제51조제2항에 따라 공업화주택 또는 국토교통부장관이 고시한 새로운 건설기술을 적용하여 건설하는 주택을 건설하는 자는 「건설산업기본법」 제40조의 규정에 따라 건설공사의 현장에 건설기술인을 배치하여야 한다. 〈개정 2016.8.11., 2018.12.11.〉

제62조, 제62조의2 삭제 〈1999.9.29.〉

제63조 【인정취소의 공고】 국토교통부장관은 법 제52에 따라 공업화주택의 인정을 취소한 때에는 이를 관보에 공고하여야 한다. 〈개정 2016.8.11.〉

제9장 에너지절약형 친환경 주택 등〈개정 2013.5.6〉

제64조 【에너지절약형 친환경 주택의 건설기준 등】 ① 「주택법 시행령」 제11조에 따른 공동주택을 건설하는 경우에는 다음 각 호의 어느 하나 이상의 기술을 이용하여 주택의 총 에너지사용량 또는 총 이산화탄소배출량을 절감할 수 있는 에너지절약형 친환경 주택(이하 이 장에서 "친환경 주택"이라 한다)으로 건설하여야 한다. 〈개정 2014.12.23., 2016.2.29., 2016.8.11.〉

1. 고단열·고기능 외피구조, 기밀설계, 일조확보 및 친환경자재 사용 등 저에너지 건 물 조성기술
2. 고효율 열원설비, 제어설비 및 고효율 환기설비 등 에너지 고효율 설비기술

의 규정에 의하여 별지 제4호서식의 공업화주택의 생산 및 건설실적보고서를 매년 1월 15일까지 국토교통부장관에게 제출하여야 한다. 〈개정 2008.3.14〉

고시 에너지절약형 친환경주택의 건설기준(국토교통부고시 제2022-235호, 2022. 5. 2., 일부개정)

주택건설기준 규정 [대통령령]	주택건설기준 규칙 [국토교통부령]

3. 태양열, 태양광, 지열 및 풍력 등 신·재생에너지 이용기술
4. 자연지반의 보존, 생태면적율의 확보 및 빗물의 순환 등 생태적 순환기능 확보를 위한 외부환경 조성기술
5. 건물에너지 정보화 기술, 자동제어장치 및 「지능형전력망의 구축 및 이용촉진에 관한 법률」 제2조제2호에 따른 지능형전력망 등 에너지 이용효율을 극대화하는 기술

② 제1항에 해당하는 주택을 건설하려는 자가 법 제15조에 따른 사업계획승인을 신청하는 경우에는 친환경 주택 에너지 절약계획을 제출하여야 한다. 〈개정 2014.12.23., 2016.8.11.〉

③ 친환경 주택의 건설기준 및 에너지 절약계획에 관하여 필요한 세부적인 사항은 국토교통부장관이 정하여 고시한다. 〈개정 2014.12.23.〉

고시 친환경주택 에너지절약계획 전문기관 변경 지정 고시(국토교통부고시 제2022-297호, 2022. 5. 30., 일부개정)

[본조신설 2009.10.19.]

제64조의2 삭제 〈2014.6.27.〉

제65조【건강친화형 주택의 건설기준】 ① 500세대 이상의 공동주택을 건설하는 경우에는 다음 각 호의 사항을 고려하여 세대 내의 실내공기 오염물질 등을 최소화할 수 있는 건강친화형 주택으로 건설하여야 한다. 〈개정 2013.12.4〉
1. 오염물질을 적게 방출하거나 오염물질의 발생을 억제 또는 저감시키는 건축자재(붙박이 가구 및 붙박이 가전제품을 포함한다)의 사용에 관한 사항
2. 청정한 실내환경 확보를 위한 마감공사의 시공관리에 관한 사항
3. 실내공기의 원활한 환기를 위한 환기설비의 설치, 성능검증 및 유지관리에 관한 사항
4. 환기설비 등을 이용하여 신선한 바깥의 공기를 실내에 공급하는 환기의 시행에 관한 사항

② 건강친화형 주택의 건설기준 등에 관하여 필요한 세부적인 사항은 국토교통

고시 건강친화형 주택 건설기준(국토교통부고시 제2020-368호, 2020.4.30.)

부장관이 정하여 고시한다. 〈개정 2013.12.4.〉
[본조신설 2013.5.6.]

제65조의2【장수명 주택의 인증대상 및 인증등급 등】 ① 법 제38조제2항에 따른 인증제도로 같은 조 제1항에 따른 장수명 주택(이하 "장수명 주택"이라 한다)에 대하여 부여하는 등급은 다음 각 호와 같이 구분한다. 〈개정 2016.8.11.〉
1. 최우수 등급
2. 우수 등급
3. 양호 등급
4. 일반 등급
② 법 제38조제3항에서 "대통령령으로 정하는 호수"란 1,000세대를 말한다. 〈개정 2016.8.11.〉
③ 법 제38조제3항에서 "대통령령으로 정하는 기준 이상의 등급"이란 제1항제4호에 따른 일반 등급 이상의 등급을 말한다. 〈개정 2016.8.11.〉
④ 법 제38조제5항에 따른 인증기관은 「녹색건축물 조성 지원법」 제16조제2항에 따라 지정된 인증기관으로 한다. 〈개정 2016.8.11.〉
⑤ 법 제38조제7항에 따라 장수명 주택의 건폐율·용적률은 다음 각 호의 구분에 따라 조례로 그 제한을 완화할 수 있다. 〈개정 2016.8.11., 2017.1.17〉
1. 건폐율: 「국토의 계획 및 이용에 관한 법률」 제77조 및 같은 법 시행령 제84조제1항에 따라 조례로 정한 건폐율의 100분의 115 초과하지 아니하는 범위에서 완화. 다만, 「국토의 계획 및 이용에 관한 법률」 제77조에 따른 건폐율의 최대한도를 초과할 수 없다.
2. 용적률: 「국토의 계획 및 이용에 관한 법률」 제78조 및 같은 법 시행령 제85조제1항에 따라 조례로 정한 용적률의 100분의 115을 초과하지 아니하는 범위에서 완화. 다만, 「국토의 계획 및 이용에 관한 법률」 제78조에 따른 용적률의 최대한도를 초과할 수 없다.
[본조신설 2014.12.23]

제16조【장수명 주택 인증 신청 등】 ① 법 제2조제10호에 따른 사업주체(이하 "사업주체"라 한다)가 1,000세대 이상의 공동주택을 건설하는 경우에는 법 제16조제1항에 따른 주택건설사업계획 승인을 신청하기 전에 장수명 주택 인증을 신청하여야 한다. 〈개정 2016.8.12.〉
② 사업주체가 장수명 주택 인증을 받으려면 별지 제5호서식의 장수명 주택 인증신청서(전자문서로 된 신청서를 포함한다)에 다음 각 호의 서류(전자문서를 포함한다)를 첨부하여 영 제65조의2제4항에 따른 인증기관의 장(이하 "인증기관의 장" 이라 한다)에게 제출하여야 한다.
1. 국토교통부장관이 정하여 고시하는 장수명 주택 자체평가서
2. 제1호에 따른 장수명 주택 자체평가서에 포함된 내용이 사실임을 증명할 수 있는 서류
③ 인증기관의 장은 제2항에 따른 신청서가 접수된 날부터 10일 이내에 인증처리를 하여야 한다.
④ 인증기관의 장은 제3항에 따른 기간 이내에 인증을 처리할 수 없는 부득이한 사유가 있는 경우에는 사업주체에게 그 사유를 통보하고 5일의 범위에서 인증처리 기간을 한 차례 연장할 수 있다.
⑤ 인증기관의 장은 제2항에 따라 사업주체가 제출한 서류의 내용이 불충분하거나 사실과 다른 경우에는 서류가 접수된 날부터 5일 이내에 사업주체에게 보완을 요청할 수 있다. 이 경우 사업주체가 제출서류를 보완하는 기간은 제3항의 기간에 포함하지 아니한다.
[본조신설 2014.12.24.]

제17조【장수명 주택 인증 심사 등】 ① 인증기관의 장은 제16조제2항에 따른 인증 신청을 받으면 인증심사단을 구성하여 제18조의 인증기준에 따라 서류심사를 하고, 심사 내용과 점수 등을 고려하여 인증 여부와 인증 등급을 결정하

주택건설기준 규정 [대통령령]

고시 장수명 주택 건설·인증기준 (국토교통부고시 제2018-521호, 2018.8.28.)

제66조【규제의 재검토】 ① 국토교통부장관은 다음 각 호의 사항에 대하여 다음 각 호의 기준일을 기준으로 3년마다(매 3년이 되는 해의 기준일과 같은 날 전까지를 말한다) 그 타당성을 검토하여 개선 등의 조치를 하여야 한다.
〈개정 2014.6.27, 2014.12.23., 2022.8.4.〉

1. 제6조에 따른 단지 안의 시설: 2014년 1월 1일
2. 제9조 및 제9조의2에 따른 소음방지대책의 수립 및 소음 등으로부터의 보호: 2014년 1월 1일
3. 제10조제2항에 따른 도로 및 주차장과의 이격거리: 2014년 1월 1일
4. 제14조에 따른 세대간의 경계벽 등: 2014년 1월 1일
5. 제15조에 따른 승강기 등: 2014년 1월 1일
6. 제25조에 따른 진입도로: 2014년 1월 1일
7. 제58조에 따른 공동주택성능등급의 표시: 2014년 6월 25일
8. 제65조의2제1항에 따른 장수명 주택 인증제도 적용 대상 주택: 2014년 12월 25일

② 국토교통부장관은 제14조의2제2호에 따른 경량충격음 및 중량충격음 기준에 대하여 2023년 1월 1일을 기준으로 5년마다(매 5년이 되는 해의 1월 1일 전까지를 말한다) 그 타당성을 검토하여 개선 등의 조치를 해야 한다. 〈신설 2022.8.4.〉
[본조신설 2013.12.30.]

주택건설기준 규칙 [국토교통부령]

여야 한다.
② 제1항에도 불구하고 인증기관의 장이 필요하다고 인정하는 경우에는 인증심의위원회의 심의를 거쳐 인증 여부와 인증 등급을 결정할 수 있다. 이 경우 인증심의위원회의 위원은 해당 인증기관에 소속된 사람이 아니어야 한다.
③ 제1항에 따른 인증심사단은 해당 전문분야별 1명 이상의 심사전문인력으로 구성한다.
④ 제1항에 따른 인증심사단과 제2항에 따른 인증심의위원회의 구성 · 운영 등에 필요한 사항은 국토교통부장관이 정하여 고시한다.
[본조신설 2014.12.24.]

제18조【장수명 주택 인증기준】 ① 장수명 주택 인증은 다음 각 호의 성능을 평가한 종합점수를 기준으로 심사하여야 한다.

1. 콘크리트 품질 및 철근의 피복두께 등 내구성
2. 벽체재료 및 배관 · 기둥의 배치 등 가변성
3. 개수 · 보수 및 점검의 용이성 등 수리 용이성

② 제1항에 따른 장수명 주택의 인증기준에 관한 세부적인 사항은 국토교통부장관이 정하여 고시한다.
[본조신설 2014.12.24.]

제19조【장수명 주택 인증서 발급 등】 ① 인증기관의 장은 장수명 주택 인증을 할 때에는 별지 제6호서식의 장수명 주택 인증서를 사업주체에게 발급하여야 한다.
② 사업주체는 제1항에 따라 장수명 주택 인증서를 발급받은 이후에 인증등급이 달라지는 주택건설사업계획 변경을 하는 경우에는 장수명 주택 인증을 다시 받아야 한다.
③ 인증기관의 장은 제1항에 따라 인증서를 발급하였을 때에는 인증 대상, 인증 날짜, 인증 등급 및 인증심사단과 인증심사위원회 구성원명단(인증심사위원회의 경우는 해당 위원회를 구성한 경우만 해당한다)을 포함한 인증 심사 결과를 작성하여

보관하여야 한다.
[본조신설 2014.12.24.]

제20조【재심사 요청 등】 ① 제19조제1항에 따라 발급받은 장수명 주택 인증서의 인증등급에 이의가 있는 사업주체는 인증기관의 장에게 재심사를 요청할 수 있다.
② 재심사 요청 절차, 재심사 결과 통보, 인증서 재발급 등 재심사에 관한 세부적인 사항은 국토교통부장관이 정하여 고시한다.
[본조신설 2014.12.24.]

제21조【인증 수수료】 ① 사업주체는 제16조제2항에 따라 장수명 주택 인증신청서를 제출하는 때에 해당 인증기관의 장에게 국토교통부장관이 정하여 고시하는 인증 수수료를 내야 한다.
② 제20조제1항에 따라 재심사를 신청하는 사업주체는 국토교통부장관이 정하여 고시하는 인증 수수료를 추가로 내야 한다.
③ 제1항 및 제2항에 따른 인증 수수료는 현금이나 정보통신망을 이용한 전자화폐 · 전자결제 등의 방법으로 납부하여야 한다.
④ 제1항부터 제3항까지에 따른 인증 수수료의 환불 사유, 반환 범위, 납부 기간과 그 밖에 인증 수수료의 납부에 필요한 사항은 국토교통부장관이 정하여 고시한다.
[본조신설 2014.12.24.]

제22조【장수명 주택에 대한 건폐율 등의 완화】 법 제38조제7항의 "국토교통부령으로 정하는 기준 이상의 등급" 이란 영 제65조의2제1항의 인증등급 중 우수 등급 이상의 등급을 말한다. 〈개정 2016.8.12.〉
[본조신설 2014.12.24.]

제23조 ~ 제27조 삭제 〈1999.9.29〉

주택건설기준 규정 [대통령령]	주택건설기준 규칙 [국토교통부령]

부칙〈대통령령 제30336호, 2020.1.7〉

제1조(시행일) 이 영은 공포한 날부터 시행한다.

제2조(근로자를 위한 휴게시설의 설치에 관한 적용례) 제28조제1항 및 제3항의 개정규정은 이 영 시행 이후 법 제15조제1항 또는 제3항에 따른 사업계획 승인을 신청하는 경우부터 적용한다.

제3조(냉방설비의 배기장치 설치공간에 관한 적용례) 제37조제6항의 개정규정은 이 영 시행 이후 법 제15조제1항 또는 제3항에 따른 사업계획 승인을 신청하는 경우부터 적용한다.

부칙〈대통령령 제31389호, 2021.1.12〉

제1조(시행일) 이 영은 공포한 날부터 시행한다.

제2조(원룸형 주택 등의 건설기준에 관한 적용례) 다음 각 호의 개정규정은 이 영 시행 이후 법 제15조제1항 또는 제3항에 따른 사업계획 승인을 신청하는 경우부터 적용한다.

1. 원룸형 주택의 특례에 관한 제7조제11항의 개정규정
2. 원룸형 주택의 주차장 설치기준에 관한 제27조제4항의 개정규정
3. 다함께돌봄센터 설치에 관한 제55조의2제3항 및 같은 조 제7항제6호의 개정규정

부칙 〈대통령령 제32411호, 2022.2.11.〉 (주택법 시행령)

제1조(시행일) 이 영은 공포한 날부터 시행한다. <단서 생략>

제2조 생략

제3조(다른 법령의 개정) ① 및 ② 생략

③ 주택건설기준 등에 관한 규정 일부를 다음과 같이 개정한다.

제7조제11항제1호 중 “원룸형”을 각각 “소형”으로 한다.

제27조제1항제2호 각 목 외의 부분 본문, 같은 호 가목1)·2) 외의 부분 및 같은 조 제4항 각 호 외의 부분 중 “원룸형”을 각각 “소형”으로 한다.

부칙〈국토교통부령 제584호, 2019.1.16.〉

제1조(시행일) 이 규칙은 공포한 날부터 시행한다.

제2조(주차장의 구조 및 설비에 관한 적용례) 제6조의2제2호 단서의 개정규정은 이 규칙 시행 이후 법 제15조제1항 또는 제3항에 따른 사업계획승인을 신청하는 경우부터 적용한다.

제3조(공동주택성능등급의 표시에 관한 적용례) 제12조의2 후단의 개정규정은 이 규칙 시행 이후 입주자 모집승인을 신청(법 제2조제10호가목 및 나목에 해당하는 사업주체의 경우에는 입주자 모집공고를 말한다)하는 경우부터 적용한다.

부칙〈국토교통부령 제686호, 2020.1.7.〉

제1조(시행일) 이 규칙은 공포한 날부터 시행한다.

제2조(이동형 충전기의 이용을 위한 콘센트 설치에 관한 적용례) 제6조의2제4호 본문의 개정규정은 이 규칙 시행 이후 법 제15조제1항 또는 제3항에 따른 사업계획 승인을 신청하는 경우부터 적용한다.

부칙〈국토교통부령 제771호, 2020.10.19.〉

제1조(시행일) 이 규칙은 2020년 10월 19일부터 시행한다.

제2조(다른 법령의 개정) 주택건설기준 등에 관한 규칙 일부를 다음과 같이 개정한다.

제2조제2호다목 중 "기존주택을"을 "기존주택등을"로, "기존주택매입후개량주택"을 "기존주택등매입후개량주택"으로 한다.

별표 1의 제목 및 같은 표 제3호 표 외의 부분 중 "기존주택매입후개량주택"을 각각 "기존주택등매입후개량주택"으로 한다.

부칙〈국토교통부령 제809호, 2021.1.12〉

제1조(시행일) 이 규칙은 공포한 날부터 시행한다.

부칙 〈대통령령 제33023호, 2022.12.6.〉 (도서관법 시행령)

제1조(시행일) 이 영은 2022년 12월 8일부터 시행한다.

제2조 부터 **제4조**까지 생략

제5조(다른 법령의 개정) ①부터 ⑲까지 생략

⑳ 주택건설기준 등에 관한 규정 일부를 다음과 같이 개정한다.

제2조제3호마목 중 “「도서관법」 제2조제4호가목”을 “「도서관법」 제4조제2항제1호가목”으로 한다.

제55조의2제7항제5호 중 “「도서관법 시행령」 별표 1 제1호 및 제2호가목 3)”을 “「도서관법 시행령」 별표 6 제1호나목 및 같은 표 제2호나목”으로 한다.

㉑부터 ㉕까지 생략

제6조 생략

부칙〈대통령령 제33723호, 2023.9.12.〉 (개인정보 보호법 시행령)

제1조(시행일) 이 영은 2023년 9월 15일부터 시행한다. <단서 생략>

제2조 생략

제3조(다른 법령의 개정) ①부터 ⑦까지 생략

⑧ 주택건설기준 등에 관한 규정 일부를 다음과 같이 개정한다.

제39조 중 “제3조제1호”를 “제3조제1항제1호”로 한다.

⑨ 및 ⑩ 생략

부칙〈대통령령 제33907호, 2023.12.5.〉

제1조(시행일) 이 영은 공포한 날부터 시행한다.

제2조(소형 주택의 주차장 설치 기준에 관한 적용례) 제27조제1항제2호의 개정규정은 이 영 시행 이후 법 제15조제1항 또는 제3항에 따른 사업계획 승인(같은 조 제4항에 따른 변경승인을 포함한다)을 신청하는 경우부터 적용한다.

부칙〈대통령령 제34092호, 2024.1.2.〉

제2조(자동역류방지댐퍼에 관한 적용례) 제11조제6호가목의 개정규정은 이 규칙 시행 이후 법 제15조제1항 또는 제3항에 따른 사업계획승인을 신청하는 경우부터 적용한다.

부칙〈국토교통부령 제882호, 2021.8.27.〉

(어려운 법령용어 정비를 위한 80개 국토교통부령 일부개정령)

이 규칙은 공포한 날부터 시행한다. <단서 생략>

부칙〈국토교통부령 제1107호, 2022.2.11.〉 (주택법 시행규칙)

제1조(시행일) 이 규칙은 공포한 날부터 시행한다.

제2조(다른 법령의 개정) ① 생략

② 주택건설기준 등에 관한 규칙 일부를 다음과 같이 개정한다.

제6조의2제3호 중 “「주택법 시행령」 제10조제1항에 따른 원룸형 주택”을 “「주택법 시행령」 제10조제1항제1호에 따른 소형 주택”으로 한다.

부칙 〈국토교통부령 제1173호, 2022.12.19.〉

제1조(시행일) 이 규칙은 공포한 날부터 시행한다.

제2조(이동형 충전기를 이용할 수 있는 콘센트의 설치에 관한 적용례) 제6조의2의 개정규정은 이 규칙 시행 이후 법 제15조제1항 또는 제3항에 따른 사업계획 승인(사업계획 승인이 의제되는 다른 법률에 따른 허가·인가·승인 등을 포함한다)을 신청하는 경우부터 적용한다.

부칙〈국토교통부령 제1227호, 2023.6.30.〉

제1조(시행일) 이 규칙은 2023년 7월 1일부터 시행한다.

주택건설기준 규정 [대통령령]

제1조(시행일) 이 영은 공포한 날부터 시행한다.

제2조(다함께돌봄센터의 배치에 관한 적용례) 제9조의2제1항 각 호 외의 부분 본문 및 단서의 개정규정은 이 영 시행 이후 법 제15조제1항 또는 제3항에 따른 사업계획 승인(같은 조 제4항에 따른 변경승인은 제외한다)을 신청하는 경우부터 적용한다.

제3조(유치원 설치 의무 예외에 관한 적용례) 제52조제1항제5호의 개정규정은 이 영 시행 이후 법 제15조제1항 또는 제3항에 따른 사업계획 승인을 신청하거나 같은 조 제4항에 따른 변경승인을 신청(입주자 모집공고 전에 변경승인을 신청하는 경우만 해당한다)하는 경우부터 적용한다

부칙〈대통령령 제34418호, 2024.4.16.〉

제1조(시행일) 이 영은 공포 후 3개월이 경과한 날부터 시행한다.

제2조(승용차공동이용 지원을 위한 주차장 설치기준에 관한 적용례) 제27조제2항의 개정규정은 이 영 시행 이후 법 제15조제1항 또는 제3항에 따른 사업계획 승인(같은 조 제4항에 따른 변경승인을 포함한다)을 신청하는 경우부터 적용한다.

제3조(소형 주택의 승용차공동이용 지원을 위한 주차장 설치기준 완화에 관한 경과조치) 이 영 시행 전에 법 제15조제1항 또는 제3항에 따른 사업계획 승인(같은 조 제4항에 따른 변경승인을 포함한다)을 신청한 소형 주택의 승용차공동이용 지원을 위한 주차장 설치기준 완화에 관하여는 제27조제1항제2호 및 같은 조 제2항의 개정규정에도 불구하고 종전의 제27조제1항제2호 각 호 외의 부분 단서 및 같은 호 각 목의 규정에 따른다.

제4조(다른 법령의 개정) 공공주택 특별법 시행령 일부를 다음과 같이 개정한다.

제35조제1항제8호 단서 중 "「주택건설기준 등에 관한 규정」 제27조제6항"을 "「주택건설기준 등에 관한 규정」 제27조제7항"으로 한다.

주택건설기준 규칙 [국토교통부령]

제2조(공동주택성능등급 인증서에 관한 적용례) 별지 제1호서식 제4호라목제15호의 개정규정은 이 규칙 시행 이후 법 제15조제1항 또는 제3항에 따른 사업계획 승인(사업계획 승인이 의제되는 다른 법률에 따른 허가·인가·승인 등을 포함한다)을 신청하는 경우부터 적용한다.

부칙〈국토교통부령 제1282호, 2023.12.11.〉

이 규칙은 공포한 날부터 시행한다.

부칙〈대통령령 제34691호, 2024.7.9.〉

이 영은 2024년 7월 17일부터 시행한다.

부칙〈대통령령 제35222호, 2025.1.21.〉

제1조(시행일) 이 영은 공포한 날부터 시행한다.

제2조(도시형 생활주택의 특례에 관한 적용례) 제7조제10항제1호 및 같은 조 제11항제1호의 개정규정은 이 영 시행 이후 다음 각 호의 신청을 하는 경우부터 적용한다.

1. 법 제15조제1항 또는 제3항에 따른 사업계획승인(같은 조 제4항에 따른 변경승인을 포함한다)의 신청
2. 제1호에 따른 승인이 의제되는 다른 법률에 따른 허가·인가·승인 등의 신청

제3조(도시형 생활주택의 주차장 설치기준에 관한 적용례) 제27조제1항 및 제5항의 개정규정은 이 영 시행 이후 다음 각 호의 신청을 하는 경우부터 적용한다.

1. 법 제15조제1항 또는 제3항에 따른 사업계획승인(같은 조 제4항에 따른 변경승인을 포함한다)의 신청
2. 제1호에 따른 승인이 의제되는 다른 법률에 따른 허가·인가·승인 등의 신청

주택건설기준 등에 관한 규정 [별 표]

[별표 1] 삭제 〈1996.6.8.〉 **[별표 2]** 삭제 〈1999.9.29.〉
[별표 3] 삭제 〈1999.9.29.〉 **[별표 4]** 삭제 〈1999.9.29〉
[별표 5] 삭제 〈2013.2.20〉

[별표 6] 〈개정 2024.7.9〉

바닥충격음차단성능인정기관 및 바닥충격음성능검사기관의 인력 및 장비 기준 (제60조의2제2항 및 제60조의9제1항제2호 관련)

1. 인력 기준

구분	자격 기준	인원수
가. 관리 책임자	1) 건축 또는 소음·진동 관련 분야의 박사 또는 기술사 2) 「고등교육법」 제2조에 따른 학교에서 건축 또는 소음·진동 관련 분야를 전공한 석사 이상의 학위를 취득한 후 관련 분야 실무 경력이 3년 이상인 자 3) 「고등교육법」 제2조에 따른 학교에서 건축 또는 소음·진동 관련 분야를 전공하고 학사 이상의 학위를 취득한 후 또는 법령에 따라 이와 같은 수준 이상의 학력을 갖춘 후 관련 분야 실무 경력이 5년 이상인 자 4) 「고등교육법」 제2조에 따른 학교에서 건축 또는 소음·진동 관련 분야를 전공하고 전문학사 이상의 학위를 취득한 후 또는 법령에 따라 이와 같은 수준 이상의 학력을 갖춘 후 관련 분야 실무 경력이 7년 이상인 자	1명 이상
나. 시험자 또는 검사자	1) 「고등교육법」 제2조에 따른 학교에서 건축 또는 소음·진동 관련 분야를 전공하고 학사학위를 취득한 후 또는 법령에 따라 이와 같은 수준 이상의 학력을 갖춘 후 관련 분야 실무 경력이 1년 이상인 자 2) 「고등교육법」 제2조에 따른 학교에서 건축 또는 소음·진동 관련 분야를 전공하고 전문학사 이상의 학위를 득한 후 또는 법령에 따라 이와 같은 수준 이상의 학력을 갖춘 후 관련 분야 실무 경력이 2년 이상인 자 3) 고등학교 이상의 졸업자 또는 「초·중등교육법」에 따라 이와 동등 이상의 학력이 있다고 인정하는 후 관련 실무 경력이 3년 이상인 자	4명 이상

2. 장비 기준

장비명	대수
가. 표준 경량충격음 발생기(태핑머신) 및 표준 중량충격음 발생기(고무공)	각 1대 이상
나. KS C-1502에서 정한 보통 소음계 또는 동등 이상의 성능을 가진 장비	1대 이상
다. 주파수 분석기	1대 이상
라. 음압레벨교정기(Calibrator)	1대 이상
마. 삭제〈2022.8.4〉	1대 이상
바. 인공소음발생기, 스피커, 잔향시간 측정 장비	각 1대 이상

주택건설기준 등에 관한 규칙 [별 표]

[별표 1] 〈개정 2020.10.19〉

근로자주택 및 영구임대주택, 행복주택 및 기존주택등매입 후 개량주택의 건설기준과 부대시설 및 복리시설의 설치기준(제2조 관련)

1. 진입도로(근로자주택 및 영구임대주택만 해당한다)

가. 주택단지가 기간도로와 접하는 너비 또는 진입도로의 너비

주택단지의 총세대수	기간도로와 접하는 너비 또는 진입도로의 너비
300세대 미만	6미터 이상
300세대 이상 1천세대 미만	8미터 이상
1천세대 이상 2천세대 미만	12미터 이상
2천세대 이상	15미터 이상

나. 주택단지의 진입도로가 둘 이상인 경우로서 다음 표의 기준에 적합한 경우에는 가목의 기준을 적용하지 아니할 수 있다. 이 경우 너비 6미터 미만의 도로는 기간도로와 통행거리 200미터 이내인 경우에만 이를 진입도로로 본다.

주택단지의 총세대수	기간도로와 접하는 너비 또는 진입도로의 너비
300세대 이상 1천세대 미만	12미터 이상
1천세대 이상 2천세대 미만	16미터 이상
2천세대 이상	20미터 이상

2. 주택단지 안의 도로(근로자주택 및 영구임대주택만 해당한다)

주택단지에는 다음 표의 기준에 의한 도로를 설치하여야 한다. 다만, 해당 도로를 이용하는 주택의 세대수가 100세대 미만인 경우라도 막다른 도로로서 그 길이가 35미터를 넘는 경우에는 그 너비를 6미터 이상으로 하여야 한다.

기간도로 또는 진입도로에 이르는 경로에 따라 단지안의 도로(최단거리의 것을 말한다)를 이용하는 공동주택의 세대수	도로의 너비
100세대 미만	4미터 이상
100세대 이상 500세대 미만	6미터 이상
500세대 이상 1천세대 미만	8미터 이상
1천세대 이상	12미터 이상

3. 주차장(영구임대주택, 행복주택 및 기존주택등매입 후 개량주택에 설치하는 주차장의 경우에 한한다)

주택단지에는 주택의 전용면적의 합계를 기준으로 하여 다음 표에서 정하는 면적당 대수의 비율로 산정한 주차대수(1대 이하의 단수는 이를 1대로 본다)이상의 주차장을 설치하여야 한다.

주차장 설치기준(대/제곱미터)		
서울특별시	광역시 및 수도권내 시지역	시지역 및 수도권내 군지역과 기타 지역
1/160	1/180	1/200

4. 제1호 및 제2호에서 규정한 사항 외에 100세대 이상의 근로자주택을 건설하는 경우 그 부대시설 및 복리시설의 설치기준

시설의 종류		시설의 규모				비고
		100세대 이상 300세대 미만	300세대 이상 1천세대 미만	1천세대 이상 2천500세대 미만	2천500세대 이상	
가. 관리사무소		세대당 0.1제곱미터를 더한 면적 이상(면적의 합계가 100제곱미터를 초과하는 경우 100제곱미터까지로 할 수 있다)				
나. 주민공동시설	1) 주민운동시설 및 어린이놀이터	세대당 1.5제곱미터를 더한 면적 이상		600제곱미터에 세대당 0.9제곱미터를 더한 면적 이상		주민운동시설 중 실내운동시설은 주민공동시설, 근린생활시설 또는 공동주택과 동일한 건축물 안에 설치할 수 있다.
	2) 주민운동시설 및 어린이놀이터를 제외한 주민공동시설	세대당 0.3제곱미터를 더한 면적 이상				주민운동시설 및 어린이놀이터를 제외한 주민공동시설은 가능하면 같은 건축물 안에 설치하고, 각 시설의 규모는 거주자의 인적구성 등에 따라 합리적으로 배분한다.
다. 근린생활시설		영 제50조에 따라 설치한다.				
라. 유치원		영 제 52조에 따라 설치한다.				

※ 비 고 : 2천500세대 이상의 주택을 건설하는 경우에는 위의 부대시설 및 복리시설외에 관계기관과 협의하여 「도시·군계획시설의 결정·구조 및 설치 기준에 관한 규칙」에 적합한 학교(초등학교·중학교·고등학교만 해당한다)의 부지를 확보한다.

5. 1. 내지 3.외에 100세대 이상의 영구임대주택을 건설하는 경우 그 부대시설 및 복리시설의 설치기준

시설의 종류		시설의 규모				비고
		100세대 이상 300세대 미만	300세대 이상 1천세대 미만	1천세대 이상 2천500세대 미만	2천500세대 이상	
가. 관리사무소		세대당 0.1제곱미터를 더한 면적 이상(면적의 합계가 100제곱미터를 초과하는 경우 100제곱미터까지로 할 수 있다)				
나. 주민공동시설	1) 주민운동시설 및 어린이놀이터	세대당 1.5제곱미터를 더한 면적 이상		600제곱미터에 세대당 0.9제곱미터를 더한 면적 이상		가) 주민운동시설 중 실내운동시설은 주민공동시설, 근린생활시설 또는 공동주택과 동일한 건축물 안에 설치할 수 있다. 나) 5천세대 이상인 단지에는 문화체육관광부장관의 설치계획에 따라 생활체육시설 부지를 확보한다.
	2) 주민운동시설 및 어린이놀이터를 제외한 주민공동시설	세대당 0.2제곱미터를 더한 면적 이상				주민운동시설 및 어린이놀이터를 제외한 주민공동시설은 가능하면 같은 건축물 안에 설치하고, 각 시설의 규모는 거주자의 인적구성 등에 따라 합리적으로 배분한다.
다. 근린생활시설		영 제50조에 따라 설치한다.				5천세대 이상의 단지에는 보건복지부장관의 설치계획에 따

		라 병원부지를 확보한다.
라. 유치원	영 제52조에 따라 설치한다.	

※ 비 고 : 2천500세대 이상의 주택을 건설하는 경우에는 위의 부대시설 및 복리시설외에 관계기관과 협의하여 「도시·군계획시설의 결정·구조 및 설치 기준에 관한 규칙」에 적합한 학교(초등학교 · 중학교 · 고등학교만 해당한다)의 부지를 확보한다.

[별표 2] 삭제 〈1997.7.21.〉

[별표 3] 삭제 〈1997.7.21〉

[별표 4] 삭제 〈2014.10.28〉

[별표 5] 삭제 〈1992.12.22.〉

[별표 6] 〈개정 2021.8.27〉

공업화주택의 성능 및 생산기준(제13조 관련)

1. 성능기준

가. 단독주택(「건축법 시행령」 별표 1 제1호가목의 단독주택에 한정한다)

1) 구조안전성능

가) 구조부분: 「건축물의 구조기준 등에 관한 규칙」 제2조제1호에 따른 구조 부재의 구조안전성능은 「건축물의 구조기준 등에 관한 규칙」 등 관련 건축물의 설계기준에 적합하여야 한다.

나) 접합부: 벽판·바닥판·지붕판 등 주요 구조부재 간의 수평·수직 접합부는 해당 구조설계 및 공사시방에 있어서 안전성이 확보되어야 한다.

2) 환기성능 및 기밀성능

가) 환기성능: 창문, 출입구 그 밖의 개구부(開口部)의 면적은 「건축물의 피난·방화구조 등의 기준에 관한 규칙」 제17조에 따른 창문 등의 기준에 적합하고, 부엌·욕실 및 화장실은 「주택건설기준 등에 관한 규정」 제44조에 따른 배기설비·환기설비 설치기준에 적합하여야 한다.

나) 기밀성능: 한국산업규격이 정하는 창호의 성능시험방법(KS L ISO 9972)에 의하여 측정하되, 압력차 50Pa을 기준으로 시간당 1.5회의 기밀성능을 유지하여야 한다.

3) 열환경성능

가) 단열성능: 주택 각 부위의 단열성능은 「건축물의 설비기준 등에 관한 규칙」 제21조에 따른 열 손실방지 기준에 적합하여야 한다.

나) 결로방지성능

(1) 결로방지의 성능시험방법(ISO 10211) 등 국제표준에 적합한 프로그램을 사용하여 실시한 건축물 결로방지성능 시뮬레이션에 의하여 측정하되, 접합부위의 표면온도와 실내·외 온도의 온도차이비율(TDR: Temperature Difference Ratio)이 0.20 이하이어야 한다.

$$TDR = \frac{T_i - T_m}{T_i - T_o}$$

TDR : 온도차이비율 T_m : 실내 최저 표면 온도[℃]
T_o: 실외 온도[℃] T_i: 실내 온도[℃]

(2) 외벽·최상층 반자·최하층 바닥 및 냉교부, 비난방실과 난방실 사이의 벽체, 접합부위 등에는 결로가 발생하지 않아야 한다.

4) 내구성능

가) 방청·방부성능

구 분	성능기준
철근의 피복두께	철근콘크리트의 철근피복은 부위에 따라 충분한 두께를 확보할 것
철재 및 접합철물	내식성 재료 또는 도금, 도장, 그 밖에 유효한 방청처리를 할 것
목재부분	방부 및 방충처리를 할 것

주택건설기준 등에 관한 규칙 [별 표]

나) 방수·배수성능

구분	성 능 기 준
지붕·차양	가. 지붕의 기울기 및 구조방법이 방수 및 배수에 지장이 없을 것 나. 지붕마감은 내구성 있는 자재를 사용하거나 도장할 것 다. 진동·충격·풍압 등에 의하여 떨어지거나 변형되지 않도록 하고, 누수되지 않을 것 라. 지붕면과 외벽의 접합부는 방수에 효과적인 물끊기 또는 물막이턱을 설치할 것 마. 낙수구·홈통 등은 강우량에 따라 적절한 크기로 설치할 것
외벽용 재료	가. 바탕재료 및 외장재료는 방수성 및 내구성이 좋고, 방수가 되도록 접합할 것 나. 직접 빗물이 닿는 창이나 문 그 밖의 개구부에는 방수에 필요한 조치를 할 것
물사용 옥내의 재료	가. 바닥·벽 및 출입구는 내구성이 좋은 재료를 사용하고, 방수에 필요한 조치를 할 것 나. 바닥은 배수에 지장이 없도록 적절한 기울기를 두고, 배수관을 설치할 것 다. 급수 및 배수관과 난방배관은 누수를 방지할 수 있는 자재와 공법으로 설치할 것
그 밖의 부위	바탕면은 습기가 내장마감에 영향을 미치지 않는 공법으로 마감할 것

나. 공동주택(「건축법 시행령」 별표 1 제2호가목부터 다목까지의 공동주택을 말하며, 같은 표 제1호나목 및 다목의 단독주택을 포함한다)

1) 구조안전성능

가) 구조부분: 「건축물의 구조기준 등에 관한 규칙」 제2조제1호에 따른 구조부재의 구조안전성능은 「건축물의 구조기준 등에 관한 규칙」 등 관련 건축물의 설계기준에 적합하여야 한다.

나) 접합부: 벽판·바닥판·지붕판 등 주요 구조부재 간의 수평·수직 접합부는 해당 구조설계 및 공사시방에 있어서 안전성이 확보되어야 한다.

2) 내화 및 방화성능

가) 구조부분의 내화성능: 「건축물의 피난·방화구조 등의 기준에 관한 규칙」 제3조에 따른 내화구조 기준에 적합하여야 한다.

나) 내부 마감재의 방화성능: 「건축물의 피난·방화구조 등의 기준에 관한 규칙」 제5조부터 제7조까지의 규정에 따른 재료의 기준에 적합하여야 한다.

3) 삭제 〈2015.12.10.〉

4) 환기성능

창문, 출입구 그 밖의 개구부의 면적은 「건축물의 피난·방화구조 등의 기준에 관한 규칙」 제17조에 따른 창문 등의 기준에 적합하고, 부엌·욕실 및 화장실은 「주택건설기준 등에 관한 규정」 제44조에 따른 배기설비·환기설비 설치 기준에 적합하여야 한다.

5) 열환경성능

가) 단열성능: 주택 각 부위의 단열성능은 「녹색건축물 조성 지원 등에 관한 법률 시행규칙」 제7조에 따라 국토교통부장관이 고시하는 열 손실방지 기준에 적합하여야 한다. 다만, 「주택법」 제15조제1항의 주택건설사업계획의 승인을 얻어 건설하는 경우에는 「주택건설기준 등에 관한 규정」 제64조제3항에 따라 국토교통부장관이 고시하는 바에 따른 친환경 주택의 건설기준 및 성능에 적합하여야 한다.

나) 결로방지성능

(1) 결로방지성능은 「주택건설기준 등에 관한 규정」 제14조의3에 따라 국토교통부장관이 고시하는 결로방지를 위한 설계기준에 적합하여야 한다.

(2) 외벽·최상층 반자·최하층 바닥 및 냉교부, 비난방실과 난방실 사이의 벽체, 접합부위 등에는 결로가 발생하지 않아야 한다.

6) 음환경성능

가) 세대간 경계벽의 소음차단성능: 세대간 경계벽의 구조는 「주택건설기준 등에 관한 규정」 제14조제1항 및 제2항에 따른 경계벽의 구조 기준에 적합하여야 한다.

나) 바닥충격음의 차단성능: 상하층 간의 바닥의 경량충격음 및 중량충격음의 기준은 「주택건설기준 등에 관한 규정」 제14조의2제2호에 따른 바닥구조 기준에 적합하여야 한다.

7) 삭제 〈2015.12.10.〉

2. 생산기준

가. 콘크리트 조립식 부재의 생산기준

콘크리트 조립식 부재에 의한 공업화주택 인정을 받으려는 자가 갖추어야 할 생산기준은 다음 표와 같다.

구분	생 산 기 준
1) 생산 설비	가) 배합 및 성형 시설 (1) 뱃차프랜트 설비: 1식 (2) 몰드 테이블 및 주형: 1식 (3) 철근가공 설비: 1식 나) 양생 시설 증기양생 설비: 1식 다) 운송 시설 이동크레인 및 그 밖의 운반 설비: 1식 라) 그 밖의 시설 (1) 용지: 1만제곱미터 이상으로 하되, 45일 생산물량을 야적할 수 있는 규모의 야적장이 있을 것 (2) 환경공해 방지를 위한 시설 (3) 산업재해 방지를 위한 시설
2) 품질 관리	가) 품질시험 시설 (1) 시험실: 30제곱미터 이상 (2) 압축강도 시험기(100톤 이상): 1대 이상 (3) 스트롱후레임 시험기(100톤 이상): 1대 이상 (4) 골재의 염화물함유량 측정기기: 1대 이상 (5) 체가름 시험기: 1식 이상 (6) 시린더몰드: 15조 이상 (7) 시험용 양생조: 1식 이상 (8) 그 밖에 품질관리에 필요한 시험·검사 설비 나) 품질관리지침 또는 검사·시험자료 관리지침 등 제품의 품질관리를 위한 관리운용체제와 운용요원을 갖출 것

나. 경량기포 콘크리트 조립식 부재의 생산기준

경량기포 콘크리트 조립식 부재에 의한 공업화주택 인정을 받으려는 자가 갖추어야 할 생산기준은 다음 표와 같다.

주택건설기준 등에 관한 규칙 [별 표]

구분	생 산 기 준
1) 생산 설비	가) 제조 및 성형 시설 (1) 제조 및 성형 설비: 1식 (2) 절단 및 가공 설비: 1식 나) 양생 시설: 1식 다) 운송 시설: 이동크레인 및 그 밖의 운반 설비 1식 라) 그 밖의 시설 (1) 용지: 9천 제곱미터 이상 (2) 환경공해 방지를 위한 시설 (3) 산업재해 방지를 위한 시설
2) 품질 관리	가) 품질시험시설 (1) 시험실: 30제곱미터 이상 (2) 압축강도 시험기(30톤 이상): 1대 이상 (3) 휨강도 시험기(20톤 이상): 1대 이상 (4) 골재의 염화물함유량 측정기기: 1대 이상 (5) 함수량 측정기: 1대 이상 (6) 절건비중 측정기기(항온건조기 포함): 1대 이상 (7) 그 밖의 품질관리에 필요한 시험·검사 설비 나) 품질관리지침 또는 검사·시험자료 관리지침 등 제품의 품질관리를 위한 관리운용체제와 운용요원을 갖출 것

다. 그 밖의 조립식 부재의 생산기준

그 밖의 조립식 부재에 의한 공업화주택 인정을 받으려는 자가 갖추어야 할 생산기준은 다음 표와 같다.

구분	생 산 기 준
1) 생산 설비	가) 제조 시설 – 제조 또는 가공 설비: 1식 나) 운송 시설: 이동크레인 또는 그 밖의 운반 설비 1식 다) 그 밖의 시설 (1) 용지: 5천 제곱미터 이상 (2) 환경공해 방지를 위한 시설(환경공해가 발생하는 경우에 한정한다) (3) 산업재해 방지를 위한 시설
2) 품질 관리	가) 품질시험 시설 (1) 시험실: 30제곱미터 이상 (2) 해당 조립식 부재의 품질관리에 필요한 시험·검사 설비: 1식 나) 품질관리지침 또는 검사·시험자료 관리지침 등 제품의 품질관리를 위한 관리운용체제와 운용요원을 갖출 것

第 VII 編

都市 및 住居環境整備法

최종개정 : 도시 및 주거환경정비법 2025. 1. 31.
시 행 령 2024. 12.17.
시행규칙 2024. 6. 27.

【도시 및 주거환경정비법】 개정이유 및 주요내용 〈법제처 제공〉

■ 2025.1.31. 개정(시행 2025.5.1.)

◇ 개정이유

정비계획 수립 시 분담금 추산 절차를 간소화하고, 재건축사업 추진 과정에서 주민 선호 등을 고려하여 건축물의 용도를 결정할 수 있도록 하며, 재건축사업의 조합 설립을 위한 동의요건을 완화하는 등 신속하고 유연한 사업추진을 위하여 현행 제도의 운영상 나타난 일부 미비점을 개선·보완함.

◇ 주요내용

가. 정비계획 수립 시 분담금 추산 간소화(제9조)

종전에는 정비계획에 '토지등소유자별' 분담금 추산액 및 산출근거가 포함되도록 하던 것을, 앞으로는 '토지등소유자 유형별' 분담금 추산액 및 산출근거가 포함되도록 함.

나. 재건축사업으로 건설·공급하는 건축물의 용도 제한 폐지 등(제23조)

종전에는 재건축사업은 정비구역에서 관리처분계획에 따라 주택, 부대시설·복리시설 및 오피스텔을 건설하여 공급하는 방법으로 하고, 오피스텔의 경우 준주거지역 및 상업지역에서 전체 건축물 연면적의 100분의 30 이하의 연면적으로 건설하여 공급하도록 하던 것을, 앞으로는 재건축사업은 정비구역에서 관리처분계획에 따라 건축물을 건설하여 공급하는 방법으로 하고, 주택, 부대시설 및 복리시설을 제외한 건축물의 경우 준주거지역 및 상업지역에서 전체 건축물 연면적의 100분의 30 이하의 연면적으로 건설하여 공급하도록 함.

다. 재건축사업의 조합 설립을 위한 동의요건 완화(제35조제3항)

종전에는 재건축사업의 추진위원회가 조합을 설립하려는 때에는 주택단지의 공동주택의 각 동별 구분소유자의 과반수의 동의와 주택단지의 전체 구분소유자의 4분의 3 이상 및 토지면적의 4분의 3 이상의 토지소유자의 동의를 받도록 하던 것을, 앞으로는 복리시설로서 대통령령으로 정하는 경우의 각 동별 구분소유자의 동의요건을 3분의 1 이상의 동의로 완화하고, 주택단지의 전체 구분소유자 및 토지소유자 각각의 동의요건을 100분의 70 이상의 동의로 완화함.

라. 사업시행계획인가 통합심의 대상 확대(제50조의2)

사업시행계획인가 시 통합하여 심의할 수 있는 대상에 '「소방시설 설치 및 관리에 관한 법률」에 따른 성능위주설계의 평가에 관한 사항'과 '「자연재해대책법」에 따른 재해영향평가에 관한 사항'을 추가함.

마. 사업시행계획인가 시 편의시설 설치기준의 적합성 확인 의제(제57조제1항제20호 신설)

사업시행자가 사업시행계획인가를 받은 때에 「장애인·노인·임산부 등의 편의증진 보장에 관한 법률」에 따른 편의시설 설치기준의 적합성 확인을 받은 것으로 보도록 함.

바. 토지등소유자에 대한 종전자산평가 결과·분담금 추산액의 통지 및 분양공고 기한 단축(제72조제1항)

종전에는 사업시행자가 사업시행계획인가의 고시가 있은 날부터 120일 이내 분양에 관한 사항을 통지하도록 하던 것을, 앞으로는 90일 이내에 통지하도록 함.

사. 사업시행자의 관리처분계획 타당성 검증 요청(제78조제7항 신설)

정비사업비가 사업시행계획서 기준 100분의 10 이상 늘어나거나 조합원 분담규모가 분양대상자별 분담금의 추산액 총액 기준 100분의 20 이상 늘어나는 경우로서 관리처분계획의 수립 및 변경에 관한 총회 의결이 있은 경우에는 사업시행자가 관리처분계획인가의 신청 이전에 한국토지주택공사 등에 관리처분계획의 타당성 검증을 요청할 수 있도록 하고, 이 경우 시장, 군수 등이 타당성 검증을 요청한 것으로 보도록 함.

■ 2024.12.3. 개정(시행 2025.6.4.)

◇ 개정이유

재건축사업이 안정적이고 신속하게 진행될 수 있도록 관련 제도를 합리적으로 개선함.

◇ 주요내용

가. 재건축사업 안전진단의 명칭을 재건축진단으로 변경하고, 사업시행계획인가 전까지로 재건축진단 실시기한을 늦추며, 조합설립추진위원회 또는 사업시행자도 재건축진단의 실시를 요청할 수 있도록 함(제12조).

나. 기본계획을 수립하지 않은 지역도 정비구역의 지정을 위한 정비계획의 입안을 요청할 수 있도록 하고, 조합설립추진위원회도 정비계획의 입안 요청 및 입안 제안을 할 수 있도록 함(제13조의2 및 제14조).

다. 토지주택공사, 신탁업자 등과 재개발사업 또는 재건축사업의 준비·추진에 필요한 사항에 대하여 협약 또는 계약 등을 체결하려는 자는 일정 비율 이상의 토지등소유자의 동의를 받도록 하고, 협약 또는 계약 등이 체결된 경우에는 정비구역 지정·고시 이전에도 주민대표회의를 구성할 수 있도록 함(제26조제4항 및 제27조제7항 신설, 제47조제1항).

라. 정비사업 과정에서 필요한 동의서 제출과 총회의 의결권 행사시 전자적 방법을 활용할 수 있도록 하고, 총회 온라인 참석도 직접 출석으로 인정하도록 함(제36조제1항 및 제45조).

마. 토지등소유자가 정비계획의 입안 요청, 입안 제안, 조합설립추진위원회의 구성 중 어느 하나에 대한 동의를 하는 경우 일정 요건을 충족하면 동의하지 않은 다른 사항에 대해서도 동의를 한 것으로 보는 특례 규정을 신설함(제36조의3 신설).

바. 정비구역이 지정·고시된 날부터 10년이 되는 날까지 사업시행계획인가를 받지 않으면 안전진단을 다시 실시하도록 하는 규정을 삭제함 (현행 제131조 삭제).

■ 2024.1.30. 개정(시행 2024.1.30.)

◇ 개정이유 및 주요내용

토지분할이 완료되기 이전이라도 조합설립인가 및 사업시행인가가 가능한 재건축범위 특례의 기준이 되는 토지 등 소유자의 수에서 기준일의 다음 날 이후에 정비구역에 위치한 건축물 및 그 부속토지의 소유권을 취득한 자를 제외하도록 하고, 시·도지사가 기준일의 다음 날을 기준으로 정비사업의 건축물을 분양받을 권리를 산정할 수 있는 경우에 집합건물의 전유부분을 분할하는 경우를 추가하며, 시·도지사로 하여금 수주비리를 저지른 건설업체에 대하여 필수적으로 입찰을 제한하도록 하는 등 현행 제도의 운영상 나타난 일부 미비점을 개선·보완함.

■ 2023.12.26. 개정(시행 2024.6.27.)

◇ 개정이유 및 주요내용

시공자 선정을 위한 입찰에 참가하는 건설업자 또는 등록사업자가 토지 등 소유자에게 시공에 관한 정보를 제공할 수 있도록 조합이 합동설명회를 2회 이상 개최하도록 하고, 조합의 정관에 청산인의 보수 등 청산 업무에 필요한 사항을 필수적으로 포함하도록 하며, 조합이 해산을 의결하거나 조합설립인가가 취소된 경우 청산인은 지체 없이 성실하게 청산인의 직무를 수행하도록 하는 한편,

국토교통부장관 등이 청산인의 직무를 성실하게 수행하고 있는지 여부를 확인할 필요가 있는 경우 자료의 제출 등을 요구할 수 있도록 하고, 조합임원 선임이나 계약 체결 등과 관련하여 금품이나 향응 등을 제공하거나 제공받는 행위 등을 신고할 수 있는 신고센터의 설치 근거를 법률에 명시하는 등 현행 제도의 운영상 나타난 일부 미비점을 개선ㆍ보완함.

국토교통부장관 등이 청산인의 직무를 성실하게 수행하고 있는지 여부를 확인할 필요가 있는 경우 자료의 제출 등을 요구할 수 있도록 하고, 조합임원 선임이나 계약 체결 등과 관련하여 금품이나 향응 등을 제공하거나 제공받는 행위 등을 신고할 수 있는 신고센터의 설치 근거를 법률에 명시하는 등 현행 제도의 운영상 나타난 일부 미비점을 개선ㆍ보완함.

■ 2023.7.18. 개정(시행 2024.1.19.)

◇ 개정이유

◇ 주요내용

가. 공공재개발사업에서 사업시행자가 의무적으로 확보해야 하는 공공임대주택 등의 비율을 지방자치단체가 지역별 여건을 고려하여 조례로 완화할 수 있도록 함(제2조제2호나목).

나. 주민이 정비사업 추진을 희망하는 경우 정비계획의 입안권자에게 정비계획 입안을 요청할 수 있도록 하고, 정비계획의 입안권자가 그 요청을 수락할 경우 정비구역의 지정권자가 정비계획의 기본방향을 제시하도록 함(제13조의2 신설).

다. 국토교통부장관은 신탁업자와 토지등소유자 상호 간의 공정한 계약의 체결을 위하여 표준 계약서 및 표준 시행규정을 마련하여 그 사용을 권장할 수 있도록 함(제27조제6항 신설).

라. 정비구역에서 하나의 건축물 또는 토지의 소유권을 다른 사람과 공유한 자는 지분을 소유한 자 중 가장 많은 지분을 소유한 자가 조합의 임원이 될 수 있도록 함(제41조제1항).

마. 조합설립 인가권자인 지방자치단체의 장, 지방의회 의원 또는 그 배우자ㆍ직계존속ㆍ직계비속은 조합 임원 등이 될 수 없도록 함(제43조제1항 등).

바. 조합원 또는 대의원의 요구로 조합 총회를 소집하는 경우, 조합은 소집을 요구하는 자가 본인인지 여부를 확인하도록 함(제44조제2항).

사. 시공자의 선정을 의결하는 총회는 조합원의 과반수가 직접 출석하도록 하고, 시공자 선정 취소를 위한 총회는 조합원의 100분의 20 이상이 직접 출석하도록 함(제45조제7항).

아. 모든 정비사업에 대해 사업시행계획인가에 필요한 건축ㆍ경관ㆍ교육환경ㆍ교통 등의 심의를 통합하여 검토 및 심의하도록 함(제50조의2 신설, 제101조의7 삭제).

자. 정비계획의 변경이 필요한 경우 정비계획의 변경을 위한 지방도시계획위원회 심의를 사업시행계획인가와 관련된 심의와 함께 통합하여 검토ㆍ심의할 수 있도록 함(제50조의3 신설).

【도시 및 주거환경정비법 시행령】 개정이유 및 주요내용 〈법제처 제공〉

■ 2024.12.17. 개정(시행 2024.12.17.)

◇ 개정이유 및 주요내용

정비사업의 신속한 추진을 위하여 공공주택의 세부 유형을 변경하거나 주거환경개선사업의 사업시행예정자를 변경하는 경우를 정비계획의 경미한 변경사항에 추가하고, 국·공유지의 재산관리청은 조합설립 등에 관한 동의를 요청받은 날부터 30일 이내에 의사를 표시하지 않으면 해당 요청에 동의한 것으로 간주하는 등 정비사업의 절차를 간소화하는 한편,

정비사업의 사업성 개선을 위하여 종전에는 재개발사업의 정비조합이 의무적으로 건설하는 임대주택을 시·도지사 등이 인수하는 경우 해당 주택의 인수 가격 산정기준을 「공공주택 특별법」에 따른 표준건축비로 하던 것을, 앞으로는 「주택법」에 따른 기본형건축비로서 조합원 외의 자에게 분양하는 경우의 분양 공고일 직전에 고시된 금액의 80퍼센트에 해당하는 금액으로 하고, 정비사업전문관리업자의 영업에 대한 진입장벽을 낮추기 위하여 정비사업전문관리업 등록 시 갖추어야 하는 상근인력 중 '3년 이상 관련 업무 종사경력이 있는 건축사 또는 도시계획 및 건축분야 기술사'를 '정비사업전문관리업에 10년 이상 근무한 사람으로서 국토교통부장관이 정하여 고시하는 경력·실적 및 교육이수 기준을 충족하는 자'로 대신할 수 있도록 하는 등 현행 제도의 운영상 나타난 일부 미비점을 개선·보완하려는 것임.

■ 2024.7.23. 개정(시행 2024.7.31.)

◇ 개정이유 및 주요내용

시·도지사로 하여금 수주비리를 저지른 건설업체에 대하여 필수적으로 입찰을 제한하도록 하고, 1회에 한정하여 과징금으로 입찰참가 제한을 갈음할 수 있도록 하는 등의 내용으로 「도시 및 주거환경정비법」이 개정(법률 제20174호, 2024. 1. 30. 공포, 7. 31. 시행)됨에 따라, 시·도지사는 입찰참가 제한 내용을 공보에 게재한 날부터 1개월 이내에 입찰참가 제한기간 및 사유 등을 정비사업정보관리시스템에 등록하도록 하고, 입찰참가 제한을 갈음하는 과징금의 금액을 건설업자 또는 등록사업자가 추진위원, 조합임원의 선임 등과 관련하여 금품, 향응 등을 제공한 가액의 합에 따라 공사비의 100분의 5 이상 100분의 20 이하의 범위에서 구분하여 정하는 등 법률에서 위임된 사항과 그 시행에 필요한 사항을 정하려는 것임.

■ 2024.3.19. 개정(시행 2024.3.19.)

◇ 개정이유 및 주요내용

토지등소유자 수의 산정과 관련하여 주거환경개선사업 또는 재개발사업 대상인 토지 또는 건축물을 다수가 공유한 경우에는 재개발구역에 있는 전통시장 및 상점가의 토지 또는 건축물 외의 경우에도 해당 토지 또는 건축물의 토지등소유자 '전원'이 아닌 '4분의 3 이상'의 동의를 받은 대표자 1인을 토지등소유자로 산정할 수 있도록 규제를 완화하여 주택공급 활성화를 도모하는 한편,

종전에는 재개발사업을 추진하기 위한 요건으로 정비계획 입안대상지역 내 전체 건축물 중 노후·불량건축물 수의 비율 및 전체 건축물 연면적의 합계 중 노후·불량건축물 연면적의 합계의 비율을 '3분의 2 이상'으로 정하던 것을, 앞으로는 그 비율을 재정비촉진지구는 '2분의 1 이상'으로, 그 밖의 지역은 '5분의 3 이상'으로 각각 낮추어 재개발사업의 원활한 추진을 지원하려는 것임.

■ 2023.12.5. 개정(시행 2024.1.19.)

◇ 개정이유

역세권 등에 위치한 정비구역에 대해서는 용적률 완화 및 건축규제 완화 등의 특례를 부여하고, 완화되는 용적률로 건설되는 국민주택규모 주택의 일부를 공공분양할 수 있도록 하는 등의 내용으로 「도시 및 주거환경정비법」이 개정(법률 제19560호, 2023.7.18. 공포, 2024.1.19. 시행)됨에 따라, 철도, 버스 등 대중교통 이용이 용이한 지역에 대해서는 용적률을 완화할 수 있도록 하고, 시·도지사 등이 사업시행자로부터 공급받은 국민주택규모 주택 중 100분의 20 이상의 범위에서 시·도조례로 정하는 비율에 해당하는 주택을 공공주택으로 분양할 수 있도록 하는 등 법률에서 위임된 사항과 그 시행에 필요한 사항을 정하는 한편,

재개발·재건축사업의 신속한 추진을 위하여 신탁업자가 정비구역의 토지를 신탁받지 않고도 토지등소유자의 추천 등을 받으면 지정개발자로 지정할 수 있도록 지정 요건을 완화하려는 것임.

◇ 주요내용

가. 공공재개발사업의 공공임대주택 등 건설·공급비율 완화(제1조의2제1항 신설)

공공재개발사업에서 사업시행자가 의무적으로 확보해야 하는 공공임대주택 등의 세대수 또는 연면적의 비율을 종전에는 100분의 50 이상으로 하던 것을 앞으로는 과밀억제권역은 100분의 30 이상 100분의 40 이하, 과밀억제권역 외의 지역은 100분의 20 이상 100분의 30 이하의 범위에서 시·도조례로 정하는 비율로 완화함.

나. 정비구역의 지정을 위한 정비계획의 입안 요청 요건(제11조의2 신설)

토지등소유자는 정비계획의 입안권자에게 정비구역의 지정을 위한 정비계획의 입안을 요청하려는 경우에는 토지등소유자 2분의 1 이하의 범위에서 시·도조례로 정하는 비율 이상의 동의를 받은 후, 시·도조례로 정하는 요청서 서식에 정비계획의 입안을 요청하는 구역의 범위 및 해당 구역에 위치한 건축물 현황에 관한 서류를 첨부하여 제출하도록 함.

다. 재건축사업 등의 용적률 완화 대상 확대(제47조의2 신설)

과밀억제권역에서 시행하는 재개발사업 및 재건축사업 중 정비계획으로 정해진 용적률보다 완화하여 건축할 수 있는 지역을 종전에는 주거지역으로 한정하던 것을 앞으로는 준공업지역까지로 확대함.

라. 용적률에 관한 특례를 적용할 수 있는 정비구역의 요건 등(제55조제3항부터 제6항까지 신설)

정비구역이 철도 승강장 경계로부터 시·도조례로 정하는 거리 이내에 위치한 지역이거나 버스 등 대중교통 이용이 용이한 지역 등의 요건을 갖춘 경우 용적률을 완화할 수 있도록 하고, 해당 정비구역의 사업시행자가 건설·공급하는 국민주택규모 주택 중 100분의 20 이상의 범위에서 시·도조례로 정하는 비율에 해당하는 주택을 공공주택으로 분양할 수 있도록 함.

마. 공공시행자 및 지정개발자의 정비구역 지정 제안 요건(제80조의4)

토지주택공사 등 공공시행자 및 신탁업자인 지정개발자가 정비구역의 지정권자에게 정비구역의 지정을 제안하는 경우에는 토지등소유자 3분의 2 이상의 동의를 받도록 하고, 사업시행자의 명칭·소재지, 정비사업 시행 예정시기, 토지등소유자의 동의를 확보했음을 증명하는 서류 등을 제출하도록 함.

■ 2023.8.22. 개정(시행 2023.8.22)

◇ 개정이유 및 주요내용

상습침수로 인한 피해 등으로부터 국민의 생명과 재산을 보호하기 위하여 정비계획의 입안권자 등으로 하여금 지하층의 전부 또는 일부를 주거용도로 사용하는 건축물의 수가 전체 건축물의 수의 2분의 1 이상인 지역 등에 대하여 재개발사업을 위한 정비계획을 입안할 수 있게 하는 한편,

주거환경개선사업에 따라 주택을 공급하는 경우 토지등소유자 간의 형평성을 제고하기 위하여 도시·군계획시설 부지로 제공된 토지나 건축물의 소유자였던 자들의 주택 공급순위를 4순위에서 1순위 또는 2순위로 상향하는 등 현행 제도의 운영상 나타난 일부 미비점을 개선·보완하려는 것임.

【도시 및 주거환경정비법 시행규칙】 개정이유 및 주요내용 〈국토교통부 제공〉

■ 2024.6.27. 개정(시행 2024.6.27.)

◇ 개정이유 및 주요내용

시공자 선정을 위한 입찰에 참가하는 건설업자 또는 등록사업자가 토지등소유자에게 시공에 관한 정보를 제공할 수 있도록 조합이 합동설명회를 2회 이상 개최하도록 하고, 조합임원 선임이나 계약 체결 등과 관련하여 금품이나 향응 등을 제공하거나 제공받는 행위 등을 신고할 수 있는 신고센터의 설치 근거를 법률에 명시하는 등의 내용으로 「도시 및 주거환경정비법」이 개정(법률 제19848호, 2023. 12. 26. 공포, 2024. 6. 27. 시행)됨에 따라, 조합은 합동설명회가 개최되기 7일 전까지 합동설명회의 일시 및 장소 등을 정하여 조합원에게 통지하도록 하고, 법령 위반 행위에 대해 신고를 하려는 자는 신고센터에 신고 대상 행위의 내용 등을 서면으로 접수하도록 하며, 신고센터는 사실관계 확인 및 조사를 완료한 날부터 30일 이내에 그 내용을 신고인에게 알리도록 하는 등 법률에서 위임된 사항과 그 시행에 필요한 사항을 정하려는 것임.

■ 2024.1.19. 개정(시행 2024.1.19.)

◇ 개정이유 및 주요내용

공기업, 신탁업자 등 전문개발기관이 정비사업을 시행할 경우 정비구역 지정 제안 권한을 부여하고, 정비구역과 사업시행자 동시 지정, 정비계획과 사업시행계획의 통합처리 등 인·허가 절차를 간소화할 수 있도록 하는 등의 내용으로 「도시 및 주거환경정비법」(법률 제19560호, 2023. 7. 18. 공포, 2024. 1. 19. 시행)이 개정됨에 따라, 사업시행자인 공기업, 신탁업자 등 전문개발기관이 정비구역 지정권자에게 정비구역 지정을 제안하는 경우 제출하는 정비구역 지정 제안서 등 해당 사업 시행과 관련한 서식을 마련하려는 것임.

■ 2023.5.12. 개정(시행 2023.5.12.)

◇ 개정이유 및 주요내용

조합원 분담금, 분양가 등 정비사업 공사비의 산출 내역을 명확히 확인하고 정비사업을 투명하게 관리하기 위하여 사업시행자가 시장·군수 등에게 관리처분계획인가 또는 변경인가를 신청하는 경우 사업시행자와 시공자 간 공사계약서 사본을 제출하도록 하려는 것임.

■ 2021.11.11. 개정(시행 2021.11.11.)

◇ 개정이유 및 주요내용

행정능률의 향상을 위하여 정비사업관리시스템의 구축·운영에 관한 사무를 한국부동산원에 위탁하는 등의 내용으로 「도시 및 주거환경정비법」(법률 제18388호, 2021. 8. 10. 공포, 11. 11. 시행) 및 같은 법 시행령(대통령령 제32114호, 2021. 11. 11. 공포·시행)이 개정됨에 따라, 정비사업관리시스템의 구축 및 활용을 위하여 한국부동산원이 시·도지사, 시장·군수·구청장 및 사업시행자에게 정비계획 관계 서류, 사업시행계획서 등의 자료 제출을 요청할 수 있도록 하고, 한국부동산원의 업무를 정비사업관리시스템의 구축·운영에 관한 각종 연구개발 및 기술 지원, 관련 기관과의 공동사업 시행 및 정비사업관리시스템을 이용한 정보의 공동활용 촉진으로 정하려는 것임

■ 2018.5.9. 개정(시행 2018.5.9.)

◇ 개정이유 및 주요내용

재건축사업의 안전진단 기준에서 안전성의 비중을 강화하기 위하여 주거환경 중심 평가를 구조안전성 및 주거환경 중심 평가로 명칭을 변경하는 등의 내용으로 「도시 및 주거환경정비법 시행령」이 개정(대통령령 제28873호, 2018. 5. 8. 공포, 2018. 5. 8. 시행)됨에 따라, 주거환경 중심 평가 관련 규정을 정비하려는 것임.

■ 2018.2.9. 전부개정(시행 2018.2.9.)

◇ 개정이유 및 주요내용

주택재개발사업과 도시환경정비사업을 재개발사업으로 통합하는 등 정비사업의 유형을 정비하는 등의 내용으로 「도시 및 주거환경정비법」이 개정(법률 제14567호, 2017. 2. 8. 공포, 2018. 2. 9. 시행, 법률 제14857호, 2017. 8. 9. 공포, 2018년 2. 9. 시행 및 법률 제14943호, 2017. 10. 24. 공포, 2018. 2. 9. 시행)되고, 정비사업전문관리업 정보종합체계의 구축·운영에 관한 사무를 「한국감정원법」에 따른 한국감정원에 위탁하는 등의 내용으로 「도시 및 주거환경정비법 시행령」이 개정(대통령령 제28628호, 2018. 2. 9. 공포, 2. 9. 시행)됨에 따라, 변경된 정비사업의 유형을 반영하고, 한국감정원은 관계 행정기관 및 정비사업전문관리업자에게 정비사업전문관리업 정보종합체계의 구축·운영에 필요한 자료를 요청할 수 있도록 하는 등 법령에서 위임된 사항과 그 시행에 필요한 사항을 정하려는 것임.

법	시 행 령	시 행 규 칙

제1장 총칙

제1조 【목적】 이 법은 도시기능의 회복이 필요하거나 주거환경이 불량한 지역을 계획적으로 정비하고 노후·불량건축물을 효율적으로 개량하기 위하여 필요한 사항을 규정함으로써 도시환경을 개선하고 주거생활의 질을 높이는 데 이바지함을 목적으로 한다.

제2조 【정의】 이 법에서 사용하는 용어의 뜻은 다음과 같다. 〈개정 2017.8.9., 2021. 1 5, 2021. 1. 12., 2021.4.13., 2023.7.18.〉

1. "정비구역"이란 정비사업을 계획적으로 시행하기 위하여 제16조에 따라 지정·고시된 구역을 말한다.
2. "정비사업"이란 이 법에서 정한 절차에 따라 도시기능을 회복하기 위하여 정비구역에서 정비기반시설을 정비하거나 주택 등 건축물을 개량 또는 건설하는 다음 각 목의 사업을 말한다.
   가. 주거환경개선사업: 도시저소득 주민이 집단거주하는 지역으로서 정비기반시설이 극히 열악하고 노후·불량건축물이 과도하게 밀집한 지역의 주거환경을 개선하거나 단독주택 및 다세대주택이 밀집한 지역에서 정비기반시설과 공동이용시설 확충을 통하여 주거환경을 보전·정비·개량하기 위한 사업
   나. 재개발사업: 정비기반시설이 열악하고 노후·불량건축물이 밀집한 지역에서 주거환경을 개선하거나 상업지역·공업지역 등에서 도시기능의 회복 및 상권활성화 등을 위하여 도시환경을 개선하기 위한 사업. 이 경우 다음 요건을 모두 갖추어 시행하는 재개발사업을 "공

제1장 총칙

제1조 【목적】 이 영은 「도시 및 주거환경정비법」에서 위임된 사항과 그 시행에 필요한 사항을 규정함을 목적으로 한다.

제1조의2 【공공재개발사업의 공공임대주택 건설비율】 ① 「도시 및 주거환경정비법」(이하 "법"이라 한다) 제2조제2호나목2)전단에 따른 "대통령령으로 정하는 기준"이란 다음 각 호의 구분에 따른 기준을 말한다. 〈신설 2023.12.5.〉

1. 「수도권정비계획법」 제6조제1항제1호에 따른 과밀억제권역(이하 "과밀억제권역"이라 한다)에서 시행하는 경우: 100분의 30 이상 100분의 40 이하
2. 과밀억제권역 외의 지역에서 시행하는 경우: 100분의 20 이상 100분의 30 이하

② 법 제2조제2호나목2)에 따라 건설·공급해야 하는 공공임대주택(「공공주택 특별법」에 따른 공공임대주택을 말한다. 이하 같다) 건설비율은 건설·공급되는 주택의 전체 세대수의 100분의 20 이하에서 국토교통부장관이 정하여 고시하는 비율 이상으로 한다. 〈개정 2023.12.5.〉

③ 특별시장·광역시장·특별자치시장·특별자치도지사·시장 또는 군수(광역시의 군수는 제외하며, 이하 "정비구역지정권자"라 한다)는 제2항에도 불구하고 다음 각 호의 어느 하나에 해당하는 경우에는 「국토의 계획 및 이용에 관한 법률」 제113조에 따라 해당 지방자치단체에 설치된

제1조 【목적】 이 규칙은 「도시 및 주거환경정비법」 및 같은 법 시행령에서 위임된 사항과 그 시행에 필요한 사항을 규정함을 목적으로 한다.

고시 정비사업의 임대주택 및 주택규모별 건설비율(국토교통부고시 제2022-720호, 2022.12.11.)

법	시 행 령	시 행 규 칙
공재개발사업" 이라 한다. 1) 특별자치시장, 특별자치도지사, 시장, 군수, 자치구의 구청장(이하 "시장·군수등" 이라 한다) 또는 제10호에 따른 토지주택공사등(조합과 공동으로 시행하는 경우를 포함한다)이 제24조에 따른 주거환경개선사업의 시행자, 제25조제1항 또는 제26조제1항에 따른 재개발사업의 시행자나 제28조에 따른 재개발사업의 대행자(이하 "공공재개발사업 시행자" 라 한다)일 것 2) 건설·공급되는 주택의 전체 세대수 또는 전체 연면적 중 토지등소유자 대상 분양분(제80조에 따른 지분형주택은 제외한다)을 제외한 나머지 주택의 세대수 또는 연면적의 100분의 20 이상 100분의 50 이하의 범위에서 대통령령으로 정하는 기준에 따라 특별시·광역시·특별자치시·도·특별자치도 또는 「지방자치법」 제198조에 따른 서울특별시·광역시 및 특별자치시를 제외한 인구 50만 이상 대도시(이하 "대도시"라 한다)의 조례(이하 "시·도조례"라 한다)로 정하는 비율 이상을 제80조에 따른 지분형주택, 「공공주택 특별법」에 따른 공공임대주택(이하 "공공임대주택" 이라 한다) 또는 「민간임대주택에 관한 특별법」 제2조제4호에 따른 공공지원민간임대주택(이하 "공공지원민간임대주택" 이라 한다)으로 건설·공급할 것. 이 경우 주택 수 산정방법 및 주택 유형별 건설비율은 대통령령으로 정한다. 다. 재건축사업: 정비기반시설은 양호하나 노후·불량건축물에 해당하는 공동주택이 밀집한 지역에서 주거환경을 개선하기 위한 사업. 이 경우 다음 요건을 모두 갖추어 시행하는 재건축사업을 "공공재건축사업" 이라	지방도시계획위원회[이하 "지방도시계획위원회" 라 하며, 정비구역이 「도시재정비 촉진을 위한 특별법」 제5조에 따른 재정비촉진지구 내에 있는 경우로서 같은 법 제34조에 따른 도시재정비위원회(이하 "도시재정비위원회" 라 한다)가 설치된 지역의 경우 도시재정비위원회를 말한다. 이하 같다]의 심의를 거쳐 공공임대주택 건설비율을 제2항의 비율보다 완화할 수 있다.〈개정 2023.12.5.〉 1. 건설하는 주택의 전체 세대수가 200세대 미만인 경우 2. 정비구역의 입지, 정비사업의 규모, 토지등소유자의 수 등을 고려할 때 토지등소유자의 부담이 지나치게 높아 제1항에 따른 공공임대주택 건설비율을 확보하기 어렵다고 인정하는 경우 [본조신설 2021.7.13.]	

법	시 행 령	시 행 규 칙
한다. 1) 시장 · 군수등 또는 토지주택공사등(조합과 공동으로 시행하는 경우를 포함한다)이 제25조제2항 또는 제26조제1항에 따른 재건축사업의 시행자나 제28조제1항에 따른 재건축사업의 대행자(이하 "공공재건축사업 시행자" 라 한다)일 것 2) 종전의 용적률, 토지면적, 기반시설 현황 등을 고려하여 대통령령으로 정하는 세대수 이상을 건설 · 공급할 것. 다만, 제8조제1항에 따른 정비구역의 지정권자가 「국토의 계획 및 이용에 관한 법률」 제18조에 따른 도시 · 군기본계획, 토지이용 현황 등 대통령령으로 정하는 불가피한 사유로 해당하는 세대수를 충족할 수 없다고 인정하는 경우에는 그러하지 아니하다.	**제1조의3 【공공재건축사업의 세대수 기준】** ① 법 제2조제2호다목2) 본문에서 "대통령령으로 정하는 세대수" 란 공공재건축사업을 추진하는 단지의 종전 세대수의 100분의 160에 해당하는 세대를 말한다. ② 법 제2조제2호다목2) 단서에서 "「국토의 계획 및 이용에 관한 법률」 제18조에 따른 도시 · 군기본계획, 토지이용 현황 등 대통령령으로 정하는 불가피한 사유" 란 다음 각 호의 어느 하나에 해당하는 사유를 말한다. 이 경우 정비구역지정권자는 각 호의 사유로 제1항에 따른 세대수를 충족할 수 없는지를 판단할 때에는 지방도시계획위원회의 심의를 거쳐야 한다. 1. 제1항에 따른 세대수를 건설 · 공급하는 경우 「국토의 계획 및 이용에 관한 법률」 제18조에 따른 도시 · 군기본계획에 부합하지 않게 되는 경우 2. 해당 토지 및 인근 토지의 이용 현황을 고려할 때 제1항에 따른 세대수를 건설 · 공급하기 어려운 부득이한 사정이 있는 경우 [본조신설 2021.7.13.]	
3. "노후 · 불량건축물"이란 다음 각 목의 어느 하나에 해당하는 건축물을 말한다.	**제2조 【노후 · 불량건축물의 범위】** ① 법 제2조제3호나목에서 "대통령령으로 정하는 건축물"이란 건축물을 건축하거	

법	시 행 령	시 행 규 칙
가. 건축물이 훼손되거나 일부가 멸실되어 붕괴, 그 밖의 안전사고의 우려가 있는 건축물 나. 내진성능이 확보되지 아니한 건축물 중 중대한 기능적 결함 또는 부실 설계 · 시공으로 구조적 결함 등이 있는 건축물로서 대통령령으로 정하는 건축물 다. 다음의 요건을 모두 충족하는 건축물로서 대통령령으로 정하는 바에 따라 시 · 도조례로 정하는 건축물 1) 주변 토지의 이용 상황 등에 비추어 주거환경이 불량한 곳에 위치할 것 2) 건축물을 철거하고 새로운 건축물을 건설하는 경우 건설에 드는 비용과 비교하여 효용의 현저한 증가가 예상될 것 라. 도시미관을 저해하거나 노후화된 건축물로서 대통령령으로 정하는 바에 따라 시 · 도조례로 정하는 건축물	나 대수선할 당시 건축법령에 따른 지진에 대한 안전 여부 확인 대상이 아닌 건축물로서 다음 각 호의 어느 하나에 해당하는 건축물을 말한다. 〈개정 2021.7.13.〉 1. 급수 · 배수 · 오수 설비 등의 설비 또는 지붕 · 외벽 등 마감의 노후화나 손상으로 그 기능을 유지하기 곤란할 것으로 우려되는 건축물 2. 법 제12조제4항에 따른 안전진단기관이 실시한 안전진단 결과 건축물의 내구성 · 내하력(耐荷力) 등이 같은 조 제5항에 따라 국토교통부장관이 정하여 고시하는 기준에 미치지 못할 것으로 예상되어 구조 안전의 확보가 곤란할 것으로 우려되는 건축물 ② 법 제2조제3호다목에 따라 특별시 · 광역시 · 특별자치시 · 도 · 특별자치도 또는 「지방자치법」 제198조제1항에 따른 서울특별시 · 광역시 및 특별자치시를 제외한 인구 50만 이상 대도시의 조례(이하 "시 · 도조례"라 한다)로 정할 수 있는 건축물은 다음 각 호의 어느 하나에 해당하는 건축물을 말한다. 〈개정 2021.12.16.〉 1. 「건축법」 제57조제1항에 따라 해당 지방자치단체의 조례로 정하는 면적에 미치지 못하거나 「국토의 계획 및 이용에 관한 법률」 제2조제7호에 따른 도시 · 군계획시설(이하 "도시 · 군계획시설"이라 한다) 등의 설치로 인하여 효용을 다할 수 없게 된 대지에 있는 건축물 2. 공장의 매연 · 소음 등으로 인하여 위해를 초래할 우려가 있는 지역에 있는 건축물 3. 해당 건축물을 준공일 기준으로 40년까지 사용하기 위하여 보수 · 보강하는 데 드는 비용이 철거 후 새로운 건축물을 건설하는 데 드는 비용보다 클 것으로 예상되는 건축물 ③ 법 제2조제3호라목에 따라 시 · 도조례로 정할 수 있는 건축	**고시** 주택 재건축 판정을 위한 안전진단 기준 (국토교통부고시 제2023-9호, 2023.1.5.) **관계법** 「건축법」 제57조(대지의 분할 제한) ① 건축물이 있는 대지는 대통령령으로 정하는 범위에서 해당 지방자치단체의 조례로 정하는 면적에 못 미치게 분할할 수 없다. ② 건축물이 있는 대지는 제44조, 제55조, 제56조, 제58조, 제60조 및 제61조에 따른 기준에 못 미치게 분할할 수 없다. ③ 제1항과 제2항에도 불구하고 제77조의6에 따라 건축협정이 인가된 경우 그 건축협정의 대상이 되는 대지는 분할할 수 있다. 〈신설 2014.1.14.〉

법	시 행 령	시 행 규 칙

법

4. "정비기반시설"이란 도로 · 상하수도 · 구거(溝渠: 도랑)·공원 · 공용주차장 · 공동구(「국토의 계획 및 이용에 관한 법률」 제2조제9호에 따른 공동구를 말한다. 이하 같다), 그 밖에 주민의 생활에 필요한 열 · 가스 등의 공급시설로서 대통령령으로 정하는 시설을 말한다.

5. "공동이용시설"이란 주민이 공동으로 사용하는 놀이터 · 마을회관 · 공동작업장, 그 밖에 대통령령으로 정하는 시설을 말한다.
6. "대지"란 정비사업으로 조성된 토지를 말한다.
7. "주택단지"란 주택 및 부대시설 · 복리시설을 건설하거나

시행령

물은 다음 각 호의 어느 하나에 해당하는 건축물을 말한다.
1. 준공된 후 20년 이상 30년 이하의 범위에서 시 · 도조례로 정하는 기간이 지난 건축물
2. 「국토의 계획 및 이용에 관한 법률」 제19조제1항제8호에 따른 도시 · 군기본계획의 경관에 관한 사항에 어긋나는 건축물

제3조 【정비기반시설】 법 제2조제4호에서 "대통령령으로 정하는 시설"이란 다음 각 호의 시설을 말한다.
1. 녹지
2. 하천
3. 공공공지
4. 광장
5. 소방용수시설
6. 비상대피시설
7. 가스공급시설
8. 지역난방시설
9. 주거환경개선사업을 위하여 지정 · 고시된 정비구역에 설치하는 공동이용시설로서 법 제52조에 따른 사업시행계획서(이하 "사업시행계획서"라 한다)에 해당 특별자치시장 · 특별자치도지사 · 시장 · 군수 또는 자치구의 구청장(이하 "시장 · 군수등"이라 한다)이 관리하는 것으로 포함된 시설

제4조 【공동이용시설】 법 제2조제5호에서 "대통령령으로 정하는 시설"이란 다음 각 호의 시설을 말한다.
1. 공동으로 사용하는 구판장 · 세탁장 · 화장실 및 수도
2. 탁아소 · 어린이집 · 경로당 등 노유자시설
3. 그 밖에 제1호 및 제2호의 시설과 유사한 용도의 시설

시행규칙

관계법 「건축법 시행령」
제80조(건축물이 있는 대지의 분할제한)
법 제57조제1항에서 "대통령령으로 정하는 범위"란 다음 각 호의 어느 하나에 해당하는 규모 이상을 말한다.
1. 주거지역: 60제곱미터
2. 상업지역: 150제곱미터
3. 공업지역: 150제곱미터
4. 녹지지역: 200제곱미터
5. 제1호부터 제4호까지의 규정에 해당하지 아니하는 지역: 60제곱미터

법	시 행 령	시 행 규 칙
대지로 조성되는 일단의 토지로서 다음 각 목의 어느 하나에 해당하는 일단의 토지를 말한다. 가. 「주택법」 제15조에 따른 사업계획승인을 받아 주택 및 부대시설 · 복리시설을 건설한 일단의 토지 나. 가목에 따른 일단의 토지 중 「국토의 계획 및 이용에 관한 법률」 제2조제7호에 따른 도시 · 군계획시설(이하 "도시 · 군계획시설"이라 한다)인 도로나 그 밖에 이와 유사한 시설로 분리되어 따로 관리되고 있는 각각의 토지 다. 가목에 따른 일단의 토지 둘 이상이 공동으로 관리되고 있는 경우 그 전체 토지 라. 제67조에 따라 분할된 토지 또는 분할되어 나가는 토지 마. 「건축법」 제11조에 따라 건축허가를 받아 아파트 또는 연립주택을 건설한 일단의 토지 8. "사업시행자"란 정비사업을 시행하는 자를 말한다. 9. "토지등소유자"란 다음 각 목의 어느 하나에 해당하는 자를 말한다. 다만, 제27조제1항에 따라 「자본시장과 금융투자업에 관한 법률」 제8조제7항에 따른 신탁업자(이하 "신탁업자"라 한다)가 사업시행자로 지정된 경우 토지등소유자가 정비사업을 목적으로 신탁업자에게 신탁한 토지 또는 건축물에 대하여는 위탁자를 토지등소유자로 본다. 가. 주거환경개선사업 및 재개발사업의 경우에는 정비구역에 위치한 토지 또는 건축물의 소유자 또는 그 지상권자 나. 재건축사업의 경우에는 정비구역에 위치한 건축물 및 그 부속토지의 소유자 10. "토지주택공사등"이란 「한국토지주택공사법」에 따라 설립된 한국토지주택공사 또는 「지방공기업법」에 따라	로서 시 · 도조례로 정하는 시설	

법	시 행 령	시 행 규 칙
주택사업을 수행하기 위하여 설립된 지방공사를 말한다. 11. "정관등"이란 다음 각 목의 것을 말한다. 가. 제40조에 따른 조합의 정관 나. 사업시행자인 토지등소유자가 자치적으로 정한 규약 다. 특별자치시장, 특별자치도지사, 시장, 군수, 자치구의 구청장(이하 "시장·군수등"이라 한다), 토지주택공사등 또는 신탁업자가 제53조에 따라 작성한 시행규정		
제3조 【도시·주거환경정비 기본방침】 국토교통부장관은 도시 및 주거환경을 개선하기 위하여 10년마다 다음 각 호의 사항을 포함한 기본방침을 정하고, 5년마다 타당성을 검토하여 그 결과를 기본방침에 반영하여야 한다. 1. 도시 및 주거환경 정비를 위한 국가 정책 방향 2. 제4조제1항에 따른 도시·주거환경정비기본계획의 수립 방향 3. 노후·불량 주거지 조사 및 개선계획의 수립 4. 도시 및 주거환경 개선에 필요한 재정지원계획 5. 그 밖에 도시 및 주거환경 개선을 위하여 필요한 사항으로서 대통령령으로 정하는 사항		
제2장 기본계획의 수립 및 정비구역의 지정	**제2장 기본계획의 수립 및 정비구역의 지정**	
제4조 【도시·주거환경정비기본계획의 수립】 ① 특별시장·광역시장·특별자치시장·특별자치도지사 또는 시장은 관할 구역에 대하여 도시·주거환경정비기본계획(이하 "기본계획"이라 한다)을 10년 단위로 수립하여야 한다. 다만, 도지사가 대도시가 아닌 시로서 기본계획을 수립할 필요가 없다		

법	시 행 령	시 행 규 칙
고 인정하는 시에 대하여는 기본계획을 수립하지 아니할 수 있다. ② 특별시장 · 광역시장 · 특별자치시장 · 특별자치도지사 또는 시장(이하 "기본계획의 수립권자"라 한다)은 기본계획에 대하여 5년마다 타당성 여부를 검토하여 그 결과를 기본계획에 반영하여야 한다. 〈개정 2020.6.9.〉		
제5조 【기본계획의 내용】 ① 기본계획에는 다음 각 호의 사항이 포함되어야 한다. 1. 정비사업의 기본방향 2. 정비사업의 계획기간 3. 인구 · 건축물 · 토지이용 · 정비기반시설 · 지형 및 환경 등의 현황 4. 주거지 관리계획 5. 토지이용계획 · 정비기반시설계획 · 공동이용시설설치계획 및 교통계획 6. 녹지 · 조경 · 에너지공급 · 폐기물처리 등에 관한 환경계획 7. 사회복지시설 및 주민문화시설 등의 설치계획 8. 도시의 광역적 재정비를 위한 기본방향 9. 제16조에 따라 정비구역으로 지정할 예정인 구역(이하 "정비예정구역"이라 한다)의 개략적 범위 10. 단계별 정비사업 추진계획(정비예정구역별 정비계획의 수립시기가 포함되어야 한다) 11. 건폐율 · 용적률 등에 관한 건축물의 밀도계획 12. 세입자에 대한 주거안정대책 13. 그 밖에 주거환경 등을 개선하기 위하여 필요한 사항으로서 대통령령으로 정하는 사항 ② 기본계획의 수립권자는 기본계획에 다음 각 호의 사항을 포함하는 경우에는 제1항제9호 및 제10호의 사항을 생	**제5조 【기본계획의 내용】** 법 제5조제1항제13호에서 "대통령령으로 정하는 사항"이란 다음 각 호의 사항을 말한다. 1. 도시관리 · 주택 · 교통정책 등 「국토의 계획 및 이용에 관한 법률」 제2조제2호의 도시 · 군계획과 연계된 도시 · 주거환경정비의 기본방향 2. 도시 · 주거환경정비의 목표 3. 도심기능의 활성화 및 도심공동화 방지 방안 4. 역사적 유물 및 전통건축물의 보존계획 5. 정비사업의 유형별 공공 및 민간부문의 역할 6. 정비사업의 시행을 위하여 필요한 재원조달에 관한 사항	

법	시 행 령	시 행 규 칙

략할 수 있다.
1. 생활권의 설정, 생활권별 기반시설 설치계획 및 주택수급계획
2. 생활권별 주거지의 정비 · 보전 · 관리의 방향

③ 기본계획의 작성기준 및 작성방법은 국토교통부장관이 정하여 고시한다.

제6조【기본계획 수립을 위한 주민의견청취 등】 ① 기본계획의 수립권자는 기본계획을 수립하거나 변경하려는 경우에는 14일 이상 주민에게 공람하여 의견을 들어야 하며, 제시된 의견이 타당하다고 인정되면 이를 기본계획에 반영하여야 한다.

② 기본계획의 수립권자는 제1항에 따른 공람과 함께 지방의회의 의견을 들어야 한다. 이 경우 지방의회는 기본계획의 수립권자가 기본계획을 통지한 날부터 60일 이내에 의견을 제시하여야 하며, 의견제시 없이 60일이 지난 경우 이의가 없는 것으로 본다.

③ 제1항 및 제2항에도 불구하고 대통령령으로 정하는 경미한 사항을 변경하는 경우에는 주민공람과 지방의회의 의견청취 절차를 거치지 아니할 수 있다.

훈령 도시·주거환경정비기본계획 수립 지침
(국토교통부훈령 제1625호, 2023.6.16.)

제6조【기본계획의 수립을 위한 공람 등】 ① 특별시장 · 광역시장 · 특별자치시장 · 특별자치도지사 또는 시장은 법 제6조제1항에 따라 도시 · 주거환경정비기본계획(이하 "기본계획"이라 한다)을 주민에게 공람하려는 때에는 미리 공람의 요지 및 장소를 해당 지방자치단체의 공보 및 인터넷(이하 "공보등"이라 한다)에 공고하고, 공람장소에 관계 서류를 갖추어 두어야 한다.

② 주민은 법 제6조제1항에 따른 공람기간 이내에 특별시장 · 광역시장 · 특별자치시장 · 특별자치도지사 또는 시장에게 서면(전자문서를 포함한다)으로 의견을 제출할 수 있다. 〈개정 2020. 6.23 〉

③ 특별시장 · 광역시장 · 특별자치시장 · 특별자치도지사 또는 시장은 제2항에 따라 제출된 의견을 심사하여 법 제6조제1항에 따라 채택할 필요가 있다고 인정하는 때에는 이를 채택하고, 채택하지 아니한 경우에는 의견을 제출한 주민에게 그 사유를 알려주어야 한다.

④ 법 제6조제3항 및 제7조제1항 단서에서 "대통령령으로 정하는 경미한 사항을 변경하는 경우"란 각각 다음 각 호의 경우를 말한다.
1. 정비기반시설(제3조제9호에 해당하는 시설은 제외한다. 이하 제8조제3항 · 제13조제4항 · 제38조 및 제76조제3항에

참고 정비사업 절차도
(관리처분계획에 의한 방법)

법

제7조【기본계획의 확정 · 고시 등】 ① 기본계획의 수립권자(대도시의 시장이 아닌 시장은 제외한다)는 기본계획을 수립하거나 변경하려면 관계 행정기관의 장과 협의한 후 「국토의 계획 및 이용에 관한 법률」 제113조제1항 및 제2항에 따른 지방도시계획위원회(이하 "지방도시계획위원회"라 한다)의 심의를 거쳐야 한다. 다만, 대통령령으로 정하는 경미한 사항을 변경하는 경우에는 관계 행정기관의 장과의 협의 및 지방도시계획위원회의 심의를 거치지 아니한다.

② 대도시의 시장이 아닌 시장은 기본계획을 수립하거나

시 행 령

서 같다)의 규모를 확대하거나 그 면적을 10퍼센트 미만의 범위에서 축소하는 경우

2. 정비사업의 계획기간을 단축하는 경우
3. 공동이용시설에 대한 설치계획을 변경하는 경우
4. 사회복지시설 및 주민문화시설 등에 대한 설치계획을 변경하는 경우
5. 구체적으로 면적이 명시된 법 제5조제1항제9호에 따른 정비예정구역(이하 "정비예정구역"이라 한다)의 면적을 20퍼센트 미만의 범위에서 변경하는 경우
6. 법 제5조제1항제10호에 따른 단계별 정비사업 추진계획(이하 "단계별 정비사업 추진계획"이라 한다)을 변경하는 경우
7. 건폐율(「건축법」 제55조에 따른 건폐율을 말한다. 이하 같다) 및 용적률(「건축법」 제56조에 따른 용적률을 말한다. 이하 같다)을 각 20퍼센트 미만의 범위에서 변경하는 경우
8. 정비사업의 시행을 위하여 필요한 재원조달에 관한 사항을 변경하는 경우
9. 「국토의 계획 및 이용에 관한 법률」 제2조제3호에 따른 도시 · 군기본계획의 변경에 따라 기본계획을 변경하는 경우

시 행 규 칙

1. 정비기본계획수립
↓
2. 정비계획수립
↓
3. 정비구역 지정
↓
4. 조합설립추진위원회 구성
↓
5. 조합 설립 인가
↓
6. 시행사 선정
↓
7. 사업시행계획서 작성
↓
8. 사업시행계획 인가 · 고시
↓
9. 시공사 결정
↓
10. 분양통지 · 공고
↓
11. 분 양 신 청
↓
12 관리처분계획 작성
↓

법	시 행 령	시 행 규 칙

변경하려면 도지사의 승인을 받아야 하며, 도지사가 이를 승인하려면 관계 행정기관의 장과 협의한 후 지방도시계획위원회의 심의를 거쳐야 한다. 다만, 제1항 단서에 해당하는 변경의 경우에는 도지사의 승인을 받지 아니할 수 있다.
③ 기본계획의 수립권자는 기본계획을 수립하거나 변경한 때에는 지체 없이 이를 해당 지방자치단체의 공보에 고시하고 일반인이 열람할 수 있도록 하여야 한다.
④ 기본계획의 수립권자는 제3항에 따라 기본계획을 고시한 때에는 국토교통부령으로 정하는 방법 및 절차에 따라 국토교통부장관에게 보고하여야 한다.

제8조【정비구역의 지정】 ① 특별시장 · 광역시장 · 특별자치시장 · 특별자치도지사 · 시장 또는 군수(광역시의 군수는 제외하며, 이하 "정비구역의 지정권자"라 한다)는 기본계획에 적합한 범위에서 노후 · 불량건축물이 밀집하는 등 대통령령으로 정하는 요건에 해당하는 구역에 대하여 제16조에 따라 정비계획을 결정하여 정비구역을 지정(변경지정을 포함한다)할 수 있다.
② 제1항에도 불구하고 제26조제1항제1호 및 제27조제1항제1호에 따라 정비사업을 시행하려는 경우에는 기본계획을 수립하거나 변경하지 아니하고 정비구역을 지정할 수 있다.
③ 정비구역의 지정권자는 정비구역의 진입로 설치를 위하여 필요한 경우에는 진입로 지역과 그 인접지역을 포함하여 정비구역을 지정할 수 있다.
④ 정비구역의 지정권자는 정비구역 지정을 위하여 직접 제9조에 따른 정비계획을 입안할 수 있다.
⑤ 자치구의 구청장 또는 광역시의 군수(이하 제9조, 제11조 및 제20조에서 "구청장등"이라 한다)는 제9조에 따른

제7조【정비계획의 입안대상지역】 ① 특별시장 · 광역시장 · 특별자치시장 · 특별자치도지사 · 시장 · 군수 또는 자치구의 구청장은 법 제8조제4항 및 제5항에 따라 별표 1의 요건에 해당하는 지역에 대하여 법 제8조제1항 및 제5항에 따른 정비계획(이하 "정비계획"이라 한다)을 입안할 수 있다.
② 특별시장 · 광역시장 · 특별자치시장 · 특별자치도지사 · 시장 · 군수 또는 자치구의 구청장은 제1항에 따라 정비계획을 입안하는 경우에는 다음 각 호의 사항을 조사하여 별표 1의 요건에 적합한지 여부를 확인하여야 하며, 정비계획의 입안내용을 변경하려는 경우에는 변경내용에 해당하는 사항을 조사 · 확인하여야 한다.
1. 주민 또는 산업의 현황
2. 토지 및 건축물의 이용과 소유현황
3. 도시 · 군계획시설 및 정비기반시설의 설치현황
4. 정비구역 및 주변지역의 교통상황
5. 토지 및 건축물의 가격과 임대차 현황
6. 정비사업의 시행계획 및 시행방법 등에 대한 주민의 의견

↓
13. 관리처분계획 인가고시
↓
14. 준공인가 · 고시
↓
15. 소유권 이전고시
↓
16. 등 기

제2조【도시 · 주거환경정비기본계획의 고시 및 보고】 ① 특별시장 · 광역시장 · 특별자치시장 · 특별자치도지사 또는 시장(이하 "기본계획의 수립권자"라 한다)은 「도시 및 주거환경정비법」(이하 "법"이라 한다) 제7조제3항에 따라 도시 · 주거환경정비기본계획(이하 "기본계획"이라 한다)의 수립 또는 변경 사실을 고시하는 경우에는 다음 각 호의 사항을 포함하여야 한다.
1. 기본계획의 요지
2. 기본계획서의 열람 장소
② 기본계획의 수립권자는 법 제7조제4항에 따라 국토교통부장관에게 제1항에 따른 고시내용에 기본계획서를 첨부하여 보고(전자문서에 의한 보고를 포함한다)하여야 한다. 이 경우 시장

법	시행령	시행규칙

법

정비계획을 입안하여 특별시장 · 광역시장에게 정비구역 지정을 신청하여야 한다. 이 경우 제15조제2항에 따른 지방의회의 의견을 첨부하여야 한다.

제9조【정비계획의 내용】 ① 정비계획에는 다음 각 호의 사항이 포함되어야 한다. 〈개정 2018.1.16., 2021.4.13., 2022.6.10., 2025.1.31./시행 2025.5.1.〉

1. 정비사업의 명칭
2. 정비구역 및 그 면적

2의2. 토지등소유자(→소유자 유형)별 분담금 추산액 및 산출근거

3. 도시 · 군계획시설의 설치에 관한 계획
4. 공동이용시설 설치계획
5. 건축물의 주용도 · 건폐율 · 용적률 · 높이에 관한 계획
6. 환경보전 및 재난방지에 관한 계획
7. 정비구역 주변의 교육환경 보호에 관한 계획
8. 세입자 주거대책
9. 정비사업시행 예정시기
10. 정비사업을 통하여 공공지원민간임대주택을 공급하거나 같은 조 제11호에 따른 주택임대관리업자(이하 "주택임대관리업자"라 한다)에게 임대할 목적으로 주택을 위탁하려는 경우에는 다음 각 목의 사항. 다만, 나목과 다목의 사항은 건설하는 주택 전체 세대수에서 기업형임대주택 또는 임대할 목적으로 주택임대관리업자에게 위탁하려는 주택(이하 "임대관리 위탁주택"이라 한다)이 차지하는 비율이 100분의 20 이상, 임대기간이 8년 이상의 범위 등에서 대통령령으

시행령

7. 그 밖에 시 · 도조례로 정하는 사항

③ 특별시장 · 광역시장 · 특별자치시장 · 특별자치도지사 · 시장 · 군수 또는 자치구의 구청장은 사업시행자(사업시행자가 둘 이상인 경우에는 그 대표자를 말한다. 이하 같다)에게 제2항에 따른 조사를 하게 할 수 있다.

제8조【정비계획의 내용】 ① 법 제9조제1항제10호 각 목 외의 부분 단서에서 "대통령령으로 정하는 요건에 해당하는 경우"란 건설하는 주택 전체 세대수에서 다음 각 호의 주택으로서 임대기간이 8년 이상인 주택이 차지하는 비율의 합계가 100분의 20 이상인 경우를 말한다. 〈개정 2018.7.16.〉

1. 「민간임대주택에 관한 특별법」 제2조제4호에 따른 공공지원민간임대주택(이하 "공공지원민간임대주택"이라 한다)
2. 「민간임대주택에 관한 특별법」 제2조제11호에 따른 주택임대관리업자에게 관리를 위탁하려는 주택(이하 "임대관리 위탁주택"이라 한다)

② 법 제9조제1항제10호라목에서 "공공지원민간임대주택 또는 임대관리 위탁주택의 원활한 공급 등을 위하여 대통령령으로 정하는 사항"이란 다음 각 호의 사항을 말한다. 다만, 제2호 및 제3호의 사항은 정비계획에 필요한 경우로 한정한다. 〈개정 2018.7.16.〉

1. 건설하는 주택 전체 세대수에서 공공지원민간임대주택 또는 임대관리 위탁주택이 차지하는 비율
2. 공공지원민간임대주택 및 임대관리 위탁주택의 건축물 배치 계획
3. 주변지역의 여건 등을 고려한 입주예상 가구 특성 및 임대사업 운영방향

시행규칙

(법 제2조제3호다목에 따른 대도시의 시장은 제외한다)은 도지사를 거쳐 보고(전자문서에 의한 보고를 포함한다)하여야 한다.

법	시행령	시행규칙

[법]

로 정하는 요건에 해당하는 경우로 한정한다.

가. 공공지원민간임대주택 또는 임대관리 위탁주택에 관한 획지별 토지이용 계획

나. 주거 · 상업 · 업무 등의 기능을 결합하는 등 복합적인 토지이용을 증진시키기 위하여 필요한 건축물의 용도에 관한 계획

다. 「국토의 계획 및 이용에 관한 법률」 제36조제1항제1호가목에 따른 주거지역을 세분 또는 변경하는 계획과 용적률에 관한 사항

라. 그 밖에 공공지원민간임대주택 또는 임대관리 위탁주택의 원활한 공급 등을 위하여 대통령령으로 정하는 사항

11. 「국토의 계획 및 이용에 관한 법률」 제52조제1항 각 호의 사항에 관한 계획(필요한 경우로 한정한다)

12. 그 밖에 정비사업의 시행을 위하여 필요한 사항으로서 대통령령으로 정하는 사항

② 제1항제10호다목을 포함하는 정비계획은 기본계획에서 정하는 제5조제1항제11호에 따른 건폐율 · 용적률 등에 관한 건축물의 밀도계획에도 불구하고 달리 입안할 수 있다.

③ 제8조제4항 및 제5항에 따라 정비계획을 입안하는 특별자치시장, 특별자치도지사, 시장, 군수 또는 구청장등(이하 "정비계획의 입안권자"라 한다)이 제5조제2항 각 호의 사

[시행령]

③ 법 제9조제1항제12호에서 "대통령령으로 정하는 사항"이란 다음 각 호의 사항을 말한다.

1. 법 제17조제4항에 따른 현금납부에 관한 사항
2. 법 제18조에 따라 정비구역을 분할, 통합 또는 결합하여 지정하려는 경우 그 계획
3. 법 제23조제1항제2호에 따른 방법으로 시행하는 주거환경개선사업의 경우 법 제24조에 따른 사업시행자로 예정된 자
4. 정비사업의 시행방법
5. 기존 건축물의 정비 · 개량에 관한 계획
6. 정비기반시설의 설치계획
7. 건축물의 건축선에 관한 계획
8. 홍수 등 재해에 대한 취약요인에 관한 검토 결과
9. 정비구역 및 주변지역의 주택수급에 관한 사항
10. 안전 및 범죄예방에 관한 사항
11. 그 밖에 정비사업의 원활한 추진을 위하여 시 · 도조례로 정하는 사항

관계법 「국토의 계획 및 이용에 관한 법률」

제52조(지구단위계획의 내용)

① 지구단위계획구역의 지정목적을 이루기 위하여 지구단위계획에는 다음 각 호의 사항 중 제2호와 제4호의 사항을 포함한 둘 이상의 사항이 포함되어야 한다. 다만, 제1호의2를 내용으로 하는 지구단위계획의 경우에는 그러하지 아니하다. 〈개정 2011. 4. 14., 2021. 1. 12.〉

1. 용도지역이나 용도지구를 대통령령으로 정하는 범위에서 세분하거나 변경하는 사항

1의2. 기존의 용도지구를 폐지하고 그 용도지구에서의 건축물이나 그 밖의 시설의 용도 · 종류 및 규모 등의 제한을 대체하는 사항

2. 대통령령으로 정하는 기반시설의 배치와 규모

[시행규칙]

관계법 「민간임대주택에 관한 특별법」

제2조(정의)

이 법에서 사용하는 용어의 뜻은 다음과 같다. 〈개정 2016. 1. 19., 2017. 1. 17., 2018. 1. 16., 2018. 3. 13., 2020. 8. 18.〉

1.~3. 〈생략〉

4. "공공지원민간임대주택"이란 임대사업자가 다음 각 목의 어느 하나에 해당하는 민간임대주택을 10년 이상 임대할 목적으로 취득하여 이 법에 따른 임대료 및 임차인의 자격 제한 등을 받아 임대하는 민간임대주택을 말한다.

가. 「주택도시기금법」에 따른 주택도시기금(이하 "주택도시기금"이라 한다)의 출자를 받아 건설 또는 매입하는 민간임대주택

나. 「주택법」 제2조제24호에 따른 공공택지 또는 이 법 제18조제2항에 따라 수의계약 등으로 공급되는 토지 및 「혁신도시 조성 및 발전에 관한 특별법」 제2조제6호에 따른 종전부동산(이하 "종전부동산"이라 한다)을 매입 또는 임차하여 건설하는 민간임대주택

다. 제21조제2호에 따라 용적률을 완화 받거나 「국토의 계획 및 이용에 관한 법률」 제30조에 따라 용도지역 변경을 통하여 용적률을 완화 받아 건설하는 민간임대주택

라. 제22조에 따라 지정되는 공공지원민간임대주택 공급촉진지구에서 건설하는 민간임대주택

마. 그 밖에 국토교통부령으로 정하는 공공지원을 받아 건설 또는 매입하는 민간임대주택

법

항을 포함하여 기본계획을 수립한 지역에서 정비계획을 입안하는 경우에는 그 정비구역을 포함한 해당 생활권에 대하여 같은 항 각 호의 사항에 대한 세부 계획을 입안할 수 있다.

④ 정비계획의 작성기준 및 작성방법은 국토교통부장관이 정하여 고시한다.

훈령 도시·주거환경 정비계획 수립 지침(국토교통부훈령 제1625호, 2023.6.16)

제10조【임대주택 및 주택규모별 건설비율】 ① 정비계획의 입안권자는 주택수급의 안정과 저소득 주민의 입주기회 확대를 위하여 정비사업으로 건설하는 주택에 대하여 다음 각 호의 구분에 따른 범위에서 국토교통부장관이 정하여 고시하는 임대주택 및 주택규모별 건설비율 등을 정비계획에 반영하여야 한다.

1. 「주택법」 제2조제6호에 따른 국민주택규모의 주택이 전체 세대수의 100분의 90 이하에서 대통령령으로 정하는 범위
2. 임대주택(「민간임대주택에 관한 특별법」에 따른 민간임대주택 및 「공공주택 특별법」에 따른 공공임대주택을

시행령

3. 도로로 둘러싸인 일단의 지역 또는 계획적인 개발·정비를 위하여 구획된 일단의 토지의 규모와 조성계획
4. 건축물의 용도제한, 건축물의 건폐율 또는 용적률, 건축물 높이의 최고한도 또는 최저한도
5. 건축물의 배치·형태·색채 또는 건축선에 관한 계획
6. 환경관리계획 또는 경관계획
7. 보행안전 등을 고려한 교통처리계획
8. 그 밖에 토지 이용의 합리화, 도시나 농·산·어촌의 기능 증진 등에 필요한 사항으로서 대통령령으로 정하는 사항

② 지구단위계획은 도로, 상하수도 등 대통령령으로 정하는 도시·군계획시설의 처리·공급 및 수용능력이 지구단위계획구역에 있는 건축물의 연면적, 수용인구 등 개발밀도와 적절한 조화를 이룰 수 있도록 하여야 한다. 〈개정 2011. 4. 14.〉

③ 지구단위계획구역에서는 제76조부터 제78조까지의 규정과 「건축법」 제42조·제43조·제44조·제60조 및 제61조, 「주차장법」 제19조 및 제19조의2를 대통령령으로 정하는 범위에서 지구단위계획으로 정하는 바에 따라 완화하여 적용할 수 있다.

④ 삭제 〈2011.4.14.〉

제9조【주택의 규모 및 건설비율】 ① 법 제10조제1항제1호 및 제2호에서 "대통령령으로 정하는 범위"란 각각 다음 각 호의 범위를 말한다. 〈개정 2020. 6.23., 2021.7.13., 2022.12.9., 2023.12.5.〉

1. 주거환경개선사업의 경우 다음 각 목의 범위
   가. 「주택법」 제2조제6호에 따른 국민주택규모(이하 "국민주택규모"라 한다)의 주택: 건설하는 주택 전체 세대수의 100분의 90 이하
   나. 공공임대주택(「공공주택 특별법」에 따른 공공임대주택을 말한다. 이하 같다): 건설하는 주택 전체 세대수의 100분의 30 이하로 하며, 주거전용면적이 40제곱미

시행규칙

5. "장기일반민간임대주택" 이란 임대사업자가 공공지원민간임대주택이 아닌 주택을 10년 이상 임대할 목적으로 취득하여 임대하는 민간임대주택(아파트를 임대하는 민간매입임대주택은 제외한다)을 말한다.
6. 삭제 〈2020.8.18.〉
7.~15. 〈생략〉

법	시 행 령	시행규칙
말한다. 이하 같다)이 전체 세대수 또는 전체 연면적의 100분의 30 이하에서 대통령령으로 정하는 범위 ② 사업시행자는 제1항에 따라 고시된 내용에 따라 주택을 건설하여야 한다. **제11조【기본계획 및 정비계획 수립 시 용적률 완화】** ① 기본계획의 수립권자 또는 정비계획의 입안권자는 정비사업의 원활한 시행을 위하여 기본계획을 수립하거나 정비계획을 입안하려는 경우에는(기본계획 또는 정비계획을 변경하려는 경우에도 또한 같다) 「국토의 계획 및 이용에 관한 법률」 제36조에 따른 주거지역에 대하여는 같은 법 제78조에 따라 조례로 정한 용적률에도 불구하고 같은 조 및 관계 법률에 따른 용적률의 상한까지 용적률을 정할 수 있다. ② 기본계획의 수립권자 또는 정비계획의 입안권자는 천재지변, 그 밖의 불가피한 사유로 건축물이 붕괴할 우려가 있어 긴급히 정비사업을 시행할 필요가 있다고 인정하는 경우에는 용도지역의 변경을 통해 용적률을 완화하여 기본계획을 수립하거나 정비계획을 입안할 수 있다. 이 경우 기본계획의 수립권자, 정비계획의 입안권자 및 정비구역의 지정권자는 용도지역의 변경을 이유로 기부채납을 요구하여서는 아니 된다. 〈신설 2021.4.13〉 구청장등 또는 대도시의 시장이 아닌 시장은 제1항에 따라 정비계획을 입안하거나 변경입안하려는 경우 기본계획의 변경 또는 변경승인을 특별시장·광역시장·도지사에게 요청	터 이하인 공공임대주택이 전체 공공임대주택 세대수의 100분의 50 이하일 것 2. 재개발사업의 경우 다음 각 목의 범위 가. 국민주택규모의 주택: 건설하는 주택 전체 세대수의 100분의 80 이하 나. 임대주택(「민간임대주택에 관한 특별법」에 따른 민간임대주택과 공공임대주택을 말한다. 이하 같다): 건설하는 주택 전체 세대수 또는 전체 연면적(법 제54조제1항, 법 제66조제2항 또는 법 제101조의5제1항에 따라 정비계획으로 정한 용적률을 초과하여 건축함으로써 증가된 세대수 또는 면적은 제외한다. 이하 이 목에서 같다)의 100분의 20 이하[법 제55조제1항, 법 제66조제3항 또는 법 제101조의5제2항 본문에 따라 공급되는 임대주택은 제외하며, 해당 임대주택 중 주거전용면적이 40제곱미터 이하인 임대주택이 전체 임대주택 세대수(법 제55조제1항, 법 제66조제3항 또는 법 제101조의5제2항 본문에 따라 공급되는 임대주택은 제외한다. 이하 이 목에서 같다)의 100분의 40 이하여야 한다]. 다만, 특별시장·광역시장·특별자치시장·특별자치도지사·시장·군수 또는 자치구의 구청장이 정비계획을 입안할 때 관할 구역에서 시행된 재개발사업에서 건설하는 주택 전체 세대수에서 별표 3 제2호가목1)에 해당하는 세입자가 입주하는 임대주택 세대수가 차지하는 비율이 특별시장·광역시장·특별자치시장·도지사·특별자치도지사(이하 "시·도지사"라 한다)가 정하여 고시하는 임대주택 비율보다 높은 경우 등 관할 구역의 특성상 주택수급안정이 필요한 경우에는 다음 계산식에 따라 산정한 임대주택 비율 이하의 범위에서 임대주택 비	

법	시 행 령	시 행 규 칙

법

할 수 있다. 〈개정 2021.4.13〉

제12조【재건축사업 정비계획 입안(→재건축사업)을 위한 안전(→재건축)진단】 ① 정비계획의 입안권자는 재건축사업 정비계획의 입안을 위하여(→시장 · 군수등은) 제5조제1항제10호에 따른 정비예정구역별 정비계획의 수립시기가 도래한 때에 안전(→부터 제50조에 따른 사업시행계획인가(이하 "사업시행계획인가"라 한다) 전까지 재건축)진단을 실시하여야 한다. 〈개정 2024.12.3./시행 2025.6.4.〉

② 정비계획의 입안권자는(→시장 · 군수등은) 제1항에도 불구하고 다음 각 호의 어느 하나에 해당하는 경우에는 안전(→재건축)진단을 실시하여야 한다. 이 경우 정비계획의 입안권자는 안전(→시장 · 군수등은 재건축)진단에 드는 비용을 해당 안전(→재건축)진단의 실시를 요청하는 자에게 부

시 행 령

율을 높일 수 있다.

> 해당 시·도지사가 고시한 임대주택 비율 + (건설하는 주택 전체 세대수× $\frac{10}{100}$)

3. 재건축사업의 경우 국민주택규모의 주택이 건설하는 주택 전체 세대수의 100분의 60 이하

② 제1항제3호에도 불구하고 과밀억제권역에서 다음 각 호의 요건을 모두 갖춘 경우에는 국민주택규모의 주택 건설 비율을 적용하지 아니한다. 〈개정 2023.12.5.〉

1. 재건축사업의 조합원에게 분양하는 주택은 기존 주택(재건축하기 전의 주택을 말한다)의 주거전용면적을 축소하거나 30퍼센트의 범위에서 그 규모를 확대할 것
2. 조합원 이외의 자에게 분양하는 주택은 모두 85제곱미터 이하 규모로 건설할 것

제10조【재건축사업의 안전진단대상 등】 ① 특별자치시장, 특별자치도지사, 시장, 군수 또는 자치구의 구청장(이하 "정비계획의 입안권자"라 한다)은 법 제12조제2항제1호에 따른 안전진단의 요청이 있는 때에는 같은 조 제4항에 따라 요청일부터 30일 이내에 국토교통부장관이 정하는 바에 따라 안전진단의 실시여부를 결정하여 요청인에게 통보하여야 한다. 이 경우 정비계획의 입안권자는 안전진단 실시 여부를 결정하기 전에 단계별 정비사업 추진계획 등의 사유로 재건축사업의 시기를 조정할 필요가 있다고 인정하는 경우에는 안전진단의 실시 시기를 조정할 수 있다.

② 정비계획의 입안권자는 법 제12조제4항에 따른 현지조사(이하 "현지조사"라 한다) 등을 통하여 같은 조 제2항제1

시 행 규 칙

법	시 행 령	시 행 규 칙
담하게 할 수 있다.〈개정 2024.12.3./시행 2025.6.4.〉 1. 제14조(→13조의2)에 따라 정비계획의 입안을 제안(→요청)하려는 자가 입안을 제안(→요청)하기 전에 해당 정비예정구역_(→또는 사업예정구역)에 위치한 건축물 및 그 부속토지의 소유자 10분의 1 이상의 동의를 받아 안전(→재건축)진단의 실시를 요청하는 경우 2. 제5조제2항(→14조)에 따라 정비예정구역을 지정하지 아니한 지역에서 재건축사업을 하려는 자가 사업(→계획의 입안을 제안하려는 자가 입안을 제안하기 전에 해당 정비)예정구역에 있는(→위치한) 건축물 및 그 부속토지의 소유자 10분의 1 이상의 동의를 받아 안전(→재건축)진단의 실시를 요청하는 경우 3. 제2(→5)조제3호나목에 해당하는 건축물의 소유자로(→2항에 따라 정비예정구역을 지정하지 아니한 지역에)서 재건축사업을 시행하(→을 하)려는 자가 해당 사업예정구역에 위치한(→있는) 건축물 및 그 부속토지의 소유자 10분의 1 이상의 동의를 받아 안전(→재건축)진단의 실시를 요청하는 경우 3. 제2조제3호나목에 해당하는 건축물의 소유자로서 재건축사업을 시행하려는 자가 해당 사업예정구역에 위치한 건축물 및 그 부속토지의 소유자 10분의 1 이상의 동의를 받아 안전진단의 실시를 요청하는 경우 4. 제2조제3호나목에 해당하는 건축물의 소유자로서 재건축사업을 시행하려는 자가 해당 사업예정구역에 위치한 건축물 및 그 부속토지의 소유자 10분의 1 이상의 동의를 받아 재건축진단의 실시를 요청하는 경우 5. 제15조에 따라 정비계획을 입안하여 주민에게 공람한 지역 또는 제16조에 따라 정비구역으로 지정된 지역에서	호에 따른 안전진단의 요청이 있는 공동주택이 노후·불량건축물에 해당하지 아니함이 명백하다고 인정하는 경우에는 안전진단의 실시가 필요하지 아니하다고 결정할 수 있다.〈개정 2018.5.8.〉 ③ 법 제12조제3항 단서에서 "대통령령으로 정하는 주택단지의 건축물"이란 다음 각 호의 어느 하나를 말한다.〈개정 2018.5.8.〉 1. 정비계획의 입안권자가 천재지변 등으로 주택이 붕괴되어 신속히 재건축을 추진할 필요가 있다고 인정하는 것 2. 주택의 구조안전상 사용금지가 필요하다고 정비계획의 입안권자가 인정하는 것 3. 별표 1 제3호다목에 따른 노후·불량건축물 수에 관한 기준을 충족한 경우 잔여 건축물 4. 정비계획의 입안권자가 진입도로 등 기반시설 설치를 위하여 불가피하게 정비구역에 포함된 것으로 인정하는 건축물 5. 「시설물의 안전 및 유지관리에 관한 특별법」 제2조제1호의 시설물로서 같은 법 제16조에 따라 지정받은 안전등급이 D (미흡) 또는 E (불량)인 건축물 ④ 법 제12조제4항에서 "대통령령으로 정하는 안전진단기관"이란 다음 각 호의 기관을 말한다.〈개정 2020.12.1〉 1. 「과학기술분야 정부출연연구기관 등의 설립·운영 및 육성에 관한 법률」 제8조에 따른 한국건설기술연구원 2. 「시설물의 안전 및 유지관리에 관한 특별법」 제28조에 따른 안전진단전문기관 3. 「국토안전관리원법」에 따른 국토안전관리원 ⑤ 정비계획의 입안권자는 현지조사의 전문성 확보를 위하여 제4항제1호 또는 제3호의 기관에 현지조사를 의뢰할 수	**제3조【안전진단의 요청 등】** ① 법 제12조제2항 각 호에 따라 안전진단의 실시를 요청하려는 자는 별지 제1호서식의 안전진단 요청서(전자문서로 된 요청서를 포함한다)에 다음 각 호의 서류(전자문서를 포함한다)를 첨부하여 특별자치시장·특별자치도지사·시장·군수 또는 자치구의 구청장(이하 "시장·군수등"이라 한다)에게 제출하여야 한다. 1. 사업지역 및 주변지역의 여건 등에 관한 현황도 2. 결함부위의 현황사진 ② 법 제12조제5항에 따라 안전진단기관이 작성하는 안전진단 결과보고서에는 다음 각 호의 구분에 따른 사항이 포함되어야 한다.〈개정 2018.5.9.〉 1. 「도시 및 주거환경정비법 시행령」(이하 "영"이라 한다) 제10조제6항제1호에 따른 구조안전성 평가 결과보고서 가. 구조안전성에 관한 사항 1) 기울기·침하·변형에 관한 사항

법	시 행 령	시 행 규 칙

법

재건축사업을 시행하려는 자가 해당 구역에 위치한 건축물 및 그 부속토지의 소유자 10분의 1 이상의 동의를 받아 재건축진단의 실시를 요청하는 경우

6. 제31조에 따라 시장 · 군수등의 승인을 받은 조합설립추진위원회(이하 "추진위원회"라 한다) 또는 사업시행자가 재건축진단의 실시를 요청하는 경우

③ 제1항에 따른 재건축사업의 안전(→재건축)진단은 주택단지(→(연접한 단지를 포함한다))의 건축물을 대상으로 한다. 다만, 대통령령으로 정하는 주택단지의 건축물인 경우에는 안전(→재건축)진단 대상에서 제외할 수 있다.〈개정 2024.12.3./시행 2025.6.4.〉

④ 정비계획의 입안권자는 현지조사 등을 통하여 해당 건축물의 구조안전성, 건축마감, 설비노후도 및 주거환경 적합성 등을 심사하여 안전진단의 실시 여부를 결정하여야 하며, 안전진단의 실시가 필요하다고 결정한 경우에는 대통령령으로 정하는 안전진단기관에 안전진단을 의뢰하여야(→시장 · 군수등은 대통령령으로 정하는 재건축진단기관에 의뢰하여 주거환경 적합성, 해당 건축물의 구조안전성, 건축마감, 설비노후도 등에 관한 재건축진단을 실시하여야) 한다.〈개정 2024.12.3./시행 2025.6.4.〉

⑤ 제4항에 따라 안전(→재건축)진단을 의뢰받은 안전(→재건축)진단기관은 국토교통부장관이 정하여 고시하는 기준(건축물의 내진성능 확보를 위한 비용을 포함한다)에 따라 안전(→재건축)진단을 실시하여야 하며, 국토교통부령으로 정하는 방법 및 절차에 따라 안전(→재건축)진단 결과보고서를 작성하여 정비계획의 입안권자 및 제2항에 따라 안전(→재건축)진단의 실시를 요청한 자에게 제출하여야 한다.〈개정 2024.12.3./시행 2025.6.4.〉

시 행 령

있다. 이 경우 현지조사를 의뢰받은 기관은 의뢰를 받은 날부터 20일 이내에 조사결과를 정비계획의 입안권자에게 제출하여야 한다.〈신설 2018.5.8.〉

⑥ 법 제12조제5항에 따른 재건축사업의 안전진단은 다음 각 호의 구분에 따른다.〈개정 2018.5.8.〉

1. 구조안전성 평가: 제2조제1항 각 호에 따른 노후 · 불량건축물을 대상으로 구조적 또는 기능적 결함 등을 평가하는 안전진단
2. 구조안정성 및 주거환경 중심 평가: 제1호 외의 노후 · 불량건축물을 대상으로 구조적 · 기능적 결함 등 구조안전성과 주거생활의 편리성 및 거주의 쾌적성 등 주거환경을 종합적으로 평가하는 안전진단

⑦ 제1항부터 제6항까지에서 규정한 사항 외에 법 제12조제2항에 따른 안전진단의 요청 절차 및 그 처리에 관하여 필요한 세부사항은 시 · 도조례로 정할 수 있다.〈개정 2018.5.8.〉

시 행 규 칙

2) 콘크리트 강도 · 처짐 등 내하력(耐荷力)에 관한 사항
3) 균열 · 부식 등 내구성에 관한 사항

나. 종합평가의견

2. 영 제10조제6항제2호에 따른 구조안정성 및 주거환경 중심 평가 결과보고서

가. 주거환경에 관한 사항
1) 도시미관 · 재해위험도
2) 일조환경 · 에너지효율성
3) 층간 소음 등 사생활침해
4) 노약자와 어린이의 생활환경
5) 주차장 등 주거생활의 편리성

나. 건축마감 및 설비노후도에 관한 사항
1) 지붕 · 외벽 · 계단실 · 창호의 마감상태
2) 난방 · 급수급탕 · 오배수 · 소화설비 등 기계설비에 관한 사항
3) 수변전(受變電), 옥외전기 등 전기설비에 관한 사항

다. 비용분석에 관한 사항
1) 유지관리비용
2) 보수 · 보강비용
3) 철거비 · 이주비 및 신축비용

라. 구조안전성에 관한 사항
1) 기울기 · 침하 · 변형에 관련된 사항
2) 콘크리트 강도 · 처짐 등 내하력(耐荷力)에 관한 사항
3) 균열 · 부식 등 내구성에 관한 사항

법	시 행 령	시 행 규 칙
⑥ 정비계획의 입안권자는 제5항에 따른 안전(→시장 · 군수등은 재건축)진단의 결과와 도시계획 및 지역여건 등을 종합적으로 검토하여 정비계획의 입안여부(→사업시행계획인가 여부(제75조에 따른 시기 조정을 포함한다))를 결정하여야 한다. 〈개정 2024.12.3./시행 2025.6.4.〉 ⑦ 제1항부터 제6항까지의 규정에 따른 안전(→재건축)진단의 대상 · 기준 · 실시기관 · 지정절차 및 수수료 등에 필요한 사항은 대통령령으로 정한다. 〈개정 2024.12.3./시행 2025.6.4.〉 고시 주택 재건축 판정을 위한 안전진단 기준(국토교통부고시 제2024-514호, 2024.9.30.)		마. 종합평가의견
제13조 【안전(→재건축)진단 결과의 적정성 검토】 ① 정비계획의 입안권자(→시장 · 군수등)(특별자치시장 및 특별자치도지사는 제외한다. 이하 이 조에서 같다)는(→은) 제12조제6(→5)항에 따라 정비계획의 입안 여부를 결정한(→재건축진단 결과보고서를 제출받은) 경우에는 지체 없이 특별시장 · 광역시장 · 도지사에게 결정내용과 해당 안전(→재건축)진단 결과보고서를 제출하여야 한다. 〈개정 2024.12.3./시행 2025.6.4.〉 ② 특별시장 · 광역시장 · 특별자치시장 · 도지사 · 특별자치도지사(이하 "시 · 도지사"라 한다)는 필요한 경우 「국토안전관리원법」에 따른 국토안전관리원 또는 「과학기술분야 정부출연연구기관 등의 설립 · 운영 및 육성에 관한 법률」에 따른 한국건설기술연구원에 안전(→재건축)진단 결과의 적정성 여부에 대한 검토를 의뢰할 수 있다. 〈개정 2020.6.9./시행 2025.6.4.〉 ③ 국토교통부장관은 시 · 도지사에게 안전(→재건축)진단 결	**제11조 【안전진단 결과의 적정성 검토】** ① 시 · 도지사는 법 제13조제1항에 따라 제10조제4항제2호에 따른 안전진단 전문기관이 제출한 안전진단 결과보고서를 받은 경우에는 법 제13조제2항에 따라 제10조제4항제1호 또는 제3호에 따른 안전진단기관에 안전진단 결과보고서의 적정성 여부에 대한 검토를 의뢰할 수 있다. ② 법 제13조제2항 및 제3항에 따른 안전진단 결과의 적정성 여부에 따른 검토 비용은 적정성 여부에 대한 검토를 의뢰 또는 요청한 국토교통부장관 또는 시 · 도지사가 부담한다. ③ 법 제13조제2항 및 제3항에 따라 안전진단 결과의 적정성 여부에 따른 검토를 의뢰받은 기관은 적정성 여부에 따른 검토를 의뢰받은 날부터 60일 이내에 그 결과를 시 · 도지사에게 제출하여야 한다. 다만, 부득이한 경우에는 30일의 범위에서 한 차례만 연장할 수 있다.	

법	시 행 령	시 행 규 칙
과보고서의 제출을 요청할 수 있으며, 필요한 경우 시·도지사에게 안전(→재건축)진단 결과의 적정성 여부에 대한 검토를 요청할 수 있다. 〈개정 2020.6.9., 2024.12.3./시행 2025.6.4.〉 ④ 시(→특별시장·광역시장)·도지사는 제2항 및 제3항에 따른 검토결과에 따라 정비계획의 입안권자에게 정비계획 입안결정의 취소 등 필요한(→필요한 경우 시장·군수등에게 재건축진단에 대한 시정요구 등 대통령령으로 정하는) 조치를 요청할 수 있으며, 정비계획의 입안권자는(→시장·군수등은) 특별한 사유가 없으면 그 요청에 따라야 한다. 다만, 특별자치시장 및 특별자치도지사는 직접 정비계획의 입안결정의 취소 등 필요한 조치를 할 수 있다.〈개정 2024.12.3./시행 2025.6.4.〉 ⑤ 제1항부터 제4항까지의 규정에 따른 안전(→재건축)진단 결과의 평가 등에 필요한 사항은 대통령령으로 정한다.〈개정 2024.12.3./시행 2025.6.4.〉 [제목개정 2024.12.3./시행 2025.6.4.]		
제13조의2【정비구역의 지정을 위한 정비계획의 입안 요청 등】 ① 토지등소유자_(→또는 추진위원회)는 다음 각 호의 어느 하나에 해당하는 경우에는 정비계획의 입안권자에게 정비구역의 지정을 위한 정비계획의 입안을 요청할 수 있다.〈개정 2024.12.3./시행 2025.6.4.〉 1. 제4조제1항 단서에 따라 기본계획을 수립하지 아니한 지역으로서 대통령령으로 정하는 경우 1(→2). 제5조제1항제10호에 따른 단계별 정비사업 추진계획상 정비예정구역별 정비계획의 입안시기가 지났음에도 불구하고 정비계획이 입안되지 아니한 경우	**제11조의2【정비구역의 지정을 위한 정비계획의 입안 요청 등】** ① 법 제13조의2제1항제3호에서 "천재지변 등 대통령령으로 정하는 불가피한 사유"란 다음 각 호의 어느 하나에 해당하는 경우를 말한다. 1. 천재지변 2. 「재난 및 안전관리 기본법」 제27조제1항에 따른 특정관리대상지역으로 지정된 경우 3. 「시설물의 안전 및 유지관리에 관한 특별법」 제23조제1항에 따른 안전조치를 해야 하는 경우 ② 토지등소유자는 법 제13조의2제1항에 따라 정비계획의	

법	시 행 령	시 행 규 칙

법

2(→3). 제5조제2항에 따라 기본계획에 같은 조 제1항제9호 및 제10호에 따른 사항을 생략한 경우

3(→4). 천재지변 등 대통령령으로 정하는 불가피한 사유로 긴급하게 정비사업을 시행할 필요가 있다고 판단되는 경우

② 정비계획의 입안권자는 제1항의 요청이 있는 경우에는 요청일부터 4개월 이내에 정비계획의 입안 여부를 결정하여 토지등소유자 및 정비구역의 지정권자에게 알려야 한다. 다만, 정비계획의 입안권자는 정비계획의 입안 여부의 결정 기한을 2개월의 범위에서 한 차례만 연장할 수 있다.

③ 정비구역의 지정권자는 다음 각 호의 어느 하나에 해당하는 경우에는 토지이용, 주택건설 및 기반시설의 설치 등에 관한 기본방향(이하 "정비계획의 기본방향" 이라 한다)을 작성하여 정비계획의 입안권자에게 제시하여야 한다.

1. 제2항에 따라 정비계획의 입안권자가 토지등소유자에게 정비계획을 입안하기로 통지한 경우
2. 제5조제1항제10호에 따른 단계별 정비사업 추진계획에 따라 정비계획의 입안권자가 요청하는 경우
3. 제12조제6항에 따라 정비계획의 입안권자가 정비계획을 입안하기로 결정한 경우로서 대통령령으로 정하는 경우
4. 정비계획을 변경하는 경우로서 대통령령으로 정하는 경우

④ 제1항부터 제3항까지에서 규정한 사항 외에 정비구역의 지정요청을 위한 요청서의 작성, 토지등소유자의 동의, 요청서의 처리 및 정비계획의 기본방향 작성을 위하여 필요한 사항은 대통령령으로 정한다.

[본조신설 2023.7.18.]

시 행 령

입안권자에게 정비구역의 지정을 위한 정비계획의 입안을 요청하려는 경우에는 토지등소유자의 2분의 1 이하의 범위에서 시·도조례로 정하는 비율 이상의 동의를 받은 후 시·도조례로 정하는 요청서 서식에 정비계획의 입안을 요청하는 구역의 범위 및 해당 구역에 위치한 건축물 현황에 관한 서류를 첨부하여 정비계획의 입안권자에게 제출해야 한다.

③ 법 제13조의2제3항제3호에서 "대통령령으로 정하는 경우"란 정비계획의 입안권자가 토지등소유자의 2분의 1 이하의 범위에서 시·도조례로 정하는 비율 이상의 동의를 받아 정비구역지정권자에게 요청하는 경우를 말한다.

④ 법 제13조의2제3항제4호에서 "대통령령으로 정하는 경우"란 법 제54조, 법 제66조제2항부터 제5항까지, 법 제101조의5 또는 법 제101조의6에 따른 용적률 완화를 위하여 정비계획을 변경하는 경우로서 정비계획의 입안권자가 토지등소유자의 2분의 1 이하의 범위에서 시·도조례로 정하는 비율 이상의 동의를 받아 정비구역지정권자에게 요청하는 경우를 말한다.

⑤ 제2항부터 제4항까지의 규정에 따른 토지등소유자의 동의자 수 산정 방법에 관하여는 제33조를 준용한다.

⑥ 법 제13조의2제3항에 따른 토지이용, 주택건설 및 기반시설의 설치 등에 관한 기본방향(이하 "정비계획의 기본방향" 이라 한다)에는 다음 각 호의 사항이 포함되어야 한다.

1. 용적률, 건폐율, 높이 및 용도지역 등 개발밀도에 관한 사항
2. 지형, 지역적 특성, 경관, 보행자의 보행 편의 등을 고려한 건축 기준에 관한 사항
3. 정비기반시설, 공동이용시설, 「국토의 계획 및 이용에 관한 법률」 제2조제6호에 따른 기반시설 및 같은 법 제

법	시 행 령	시 행 규 칙
제14조【정비계획의 입안 제안】 ① 토지등소유자(제5조의 경우에는 제26조제1항제1호 및 제27조제1항제1호에 따라 사업시행자가 되려는 자를 말한다) (—또는 추진위원회)는 다음 각 호의 어느 하나에 해당하는 경우에는 정비계획의 입안권자에게 정비계획의 입안을 제안할 수 있다. 〈개정 2018.1.16., 2024.12.3./시행 2024.6.4.〉 1. 제5조제1항제10호에 따른 단계별 정비사업 추진계획상 정비예정구역별 정비계획의 입안시기가 지났음에도 불구하고 정비계획이 입안되지 아니하거나 같은 호에 따른 정비예정구역별 정비계획의 수립시기를 정하고 있지 아니한 경우 2. 토지등소유자가 제26조제1항제7호 및 제8호에 따라 토지주택공사등을 사업시행자로 지정 요청하려는 경우	52조의2제1항제3호에 따른 시설의 설치가 필요한 경우 그 설치에 관한 사항 4. 법 제13조의2제3항제4호에 따라 정비계획을 변경하는 경우로서 법 제50조의3제1항에 따라 정비계획의 변경을 위한 지방도시계획위원회 심의를 사업시행계획인가와 관련된 심의와 함께 통합하여 검토 및 심의하려는 경우에는 법 제9조제1항제4호·제5호·제7호 및 이 영 제8조제3항제6호에 관한 사항 ⑦ 정비계획의 입안권자는 정비구역지정권자가 법 제13조의2제3항제1호에 따라 제시한 정비계획의 기본방향을 해당 정비계획의 입안을 요청한 토지등소유자에게 통지해야 한다. ⑧ 제1항부터 제7항까지에서 규정한 사항 외에 정비계획의 입안 요청, 회신 및 정비계획의 기본방향 작성에 필요한 세부사항은 시·도조례로 정한다. [본조신설 2023.12.5.] **제12조【정비계획의 입안 제안】** ① 토지등소유자가 법 제14조제1항에 따라 정비계획의 입안권자에게 정비계획의 입안을 제안하려는 경우 토지등소유자의 3분의 2 이하 및 토지면적 3분의 2 이하의 범위에서 시·도조례로 정하는 비율 이상의 동의를 받은 후 시·도조례로 정하는 제안서 서식에 정비계획도서, 계획설명서, 그 밖의 필요한 서류를 첨부하여 정비계획의 입안권자에게 제출하여야 한다. ② 정비계획의 입안권자는 제1항의 제안이 있는 경우에는 제안일부터 60일 이내에 정비계획에의 반영여부를 제안자에게 통보하여야 한다. 다만, 부득이한 사정이 있는 경우에는 한 차례만 30일을 연장할 수 있다.	

법	시 행 령	시 행 규 칙
3. 대도시가 아닌 시 또는 군으로서 시·도조례로 정하는 경우 4. 정비사업을 통하여 공공지원민간임대주택을 공급하거나 임대할 목적으로 주택을 주택임대관리업자에게 위탁하려는 경우로서 제9조제1항제10호 각 목을 포함하는 정비계획의 입안을 요청하려는 경우 5. 제26조제1항제1호 및 제27조제1항제1호에 따라 정비사업을 시행하려는 경우 6. 토지등소유자(조합이 설립된 경우에는 조합원을 말한다. 이하 이 호에서 같다)가 3분의 2 이상의 동의로 정비계획의 변경을 요청하는 경우. 다만, 제15조제3항에 따른 경미한 사항을 변경하는 경우에는 토지등소유자의 동의절차를 거치지 아니한다. ② 정비계획 입안의 제안을 위한 토지등소유자의 동의, 제안서의 처리 등에 필요한 사항은 대통령령으로 정한다.	③ 정비계획의 입안권자는 제1항에 따른 제안을 정비계획에 반영하는 경우에는 제안서에 첨부된 정비계획도서와 계획설명서를 정비계획의 입안에 활용할 수 있다. ④ 제1항부터 제3항까지에서 규정된 사항 외에 정비계획 입안의 제안을 위하여 필요한 세부사항은 시·도조례로 정할 수 있다.	
제15조【정비계획 입안을 위한 주민의견청취 등】 ① 정비계획의 입안권자는 정비계획을 입안하거나 변경하려면 주민에게 서면으로 통보한 후 주민설명회 및 30일 이상 주민에게 공람하여 의견을 들어야 하며, 제시된 의견이 타당하다고 인정되면 이를 정비계획에 반영하여야 한다. ② 정비계획의 입안권자는 제1항에 따른 주민공람과 함께 지방의회의 의견을 들어야 한다. 이 경우 지방의회는 정비계획의 입안권자가 정비계획을 통지한 날부터 60일 이내에 의견을 제시하여야 하며, 의견제시 없이 60일이 지난 경우 이의가 없는 것으로 본다. ③ 제1항 및 제2항에도 불구하고 대통령령으로 정하는 경미한 사항을 변경하는 경우에는 주민에 대한 서면통보, 주민설명회, 주민공람 및 지방의회의 의견청취 절차를 거치지	**제13조【정비구역의 지정을 위한 주민공람 등】** ① 정비계획의 입안권자는 법 제15조제1항에 따라 정비계획을 주민에게 공람하려는 때에는 미리 공람의 요지 및 장소를 해당 지방자치단체의 공보등에 공고하고, 공람장소에 관계 서류를 갖추어 두어야 한다. ② 주민은 법 제15조제1항에 따른 공람기간 이내에 정비계획의 입안권자에게 서면(전자문서를 포함한다)으로 의견을 제출할 수 있다. 〈개정 2020. 6.23〉 ③ 정비계획의 입안권자는 제2항에 따라 제출된 의견을 심사하여 법 제15조제1항에 따라 채택할 필요가 있다고 인정하는 때에는 이를 채택하고, 채택하지 아니한 경우에는 의견을 제출한 주민에게 그 사유를 알려주어야 한다. ④ 법 제15조제3항에서 "대통령령으로 정하는 경미한 사항을	

법	시 행 령	시 행 규 칙
아니할 수 있다. ④ 정비계획의 입안권자는 제97조, 제98조, 제101조 등에 따라 정비기반시설 및 국유·공유재산의 귀속 및 처분에 관한 사항이 포함된 정비계획을 입안하려면 미리 해당 정비기반시설 및 국유·공유재산의 관리청의 의견을 들어야 한다. **제16조【정비계획의 결정 및 정비구역의 지정·고시】** ① 정비구역의 지정권자는 정비구역을 지정하거나 변경지정하려면 지방도시계획위원회의 심의를 거쳐야 한다. 다만, 제15조제3항에 따른 경미한 사항을 변경하는 경우에는 지방도시계획위원회의 심의를 거치지 아니할 수 있다. 〈개정 2018.6.12.〉 ② 정비구역의 지정권자는 정비구역을 지정(변경지정을 포함한다. 이하 같다)하거나 정비계획을 결정(변경결정을 포함한다. 이하 같다)한 때에는 정비계획을 포함한 정비구역 지정의 내용을 해당 지방자치단체의 공보에 고시하여야 한다. 이 경우 지형도면 고시 등에 대하여는 「토지이용규제 기본법」 제8조에 따른다. 〈개정 2018.6.12., 2020.6.9.〉 ③ 정비구역의 지정권자는 제2항에 따라 정비계획을 포함한 정비구역을 지정·고시한 때에는 국토교통부령으로 정하는 방법 및 절차에 따라 국토교통부장관에게 그 지정의 내용을 보고하여야 하며, 관계 서류를 일반인이 열람할 수 있도록 하여야 한다. **제17조【정비구역 지정·고시의 효력 등】** ① 제16조제2항 전단에 따라 정비구역의 지정·고시가 있는 경우 해당 정비구역 및 정비계획 중 「국토의 계획 및 이용에 관한 법률」 제52조제1항 각 호의 어느 하나에 해당하는 사항은 같은 법	변경하는 경우"란 다음 각 호의 어느 하나에 해당하는 경우를 말한다. 〈개정 2022.12.9., 2023.12.5., 2024.12.17.〉 1. 정비구역의 면적을 10퍼센트 미만의 범위에서 변경하는 경우(법 제18조에 따라 정비구역을 분할, 통합 또는 결합하는 경우를 제외한다) 1의2. 토지등소유자별 분담금 추산액 및 산출근거를 변경하는 경우 2. 정비기반시설의 위치를 변경하는 경우와 정비기반시설 규모를 10퍼센트 미만의 범위에서 변경하는 경우 3. 공동이용시설 설치계획을 변경하는 경우 4. 재난방지에 관한 계획을 변경하는 경우 5. 정비사업시행 예정시기를 3년의 범위에서 조정하는 경우 6. 「건축법 시행령」 별표 1 각 호의 용도범위에서 건축물의 주용도(해당 건축물의 가장 넓은 바닥면적을 차지하는 용도를 말한다. 이하 같다)를 변경하는 경우 7. 건축물의 건폐율 또는 용적률을 축소하거나 10퍼센트 미만의 범위에서 확대하는 경우 8. 건축물의 최고 높이를 변경하는 경우 9. 법 제66조제1항에 따라 용적률을 완화하여 변경하는 경우 10. 「국토의 계획 및 이용에 관한 법률」 제2조제3호에 따른 도시·군기본계획, 같은 조 제4호에 따른 도시·군관리계획 또는 기본계획의 변경에 따라 정비계획을 변경하는 경우 11. 「도시교통정비 촉진법」에 따른 교통영향평가 등 관계법령에 의한 심의결과에 따른 변경인 경우 11의2. 「공공주택 특별법」에 따른 공공주택의 세부 유형을 변경하는 경우 11의3. 법 제23조제1항제2호에 따른 방법으로 시행하는 주거환경개선사업의 경우로서 법 제24조에 따른 사업시행자로 예정된 자를 변경하는 경우	 **제4조【정비구역의 지정 등의 보고】** 특별시장·광역시장·특별자치시장·특별자치도지사·시장 또는 군수(광역시의 군수는 제외한다)는 법 제16조제3

법	시 행 령	시 행 규 칙

제50조에 따라 지구단위계획구역 및 지구단위계획으로 결정·고시된 것으로 본다. 〈개정 2018.6.12.〉

② 「국토의 계획 및 이용에 관한 법률」에 따른 지구단위계획구역에 대하여 제9조제1항 각 호의 사항을 모두 포함한 지구단위계획을 결정·고시(변경 결정·고시하는 경우를 포함한다)하는 경우 해당 지구단위계획구역은 정비구역으로 지정·고시된 것으로 본다.

③ 정비계획을 통한 토지의 효율적 활용을 위하여 「국토의 계획 및 이용에 관한 법률」 제52조제3항에 따른 건폐율·용적률 등의 완화규정은 제9조제1항에 따른 정비계획에 준용한다. 이 경우 "지구단위계획구역"은 "정비구역"으로, "지구단위계획"은 "정비계획"으로 본다.

④ 제3항에도 불구하고 용적률이 완화되는 경우로서 사업시행자가 정비구역에 있는 대지의 가액 일부에 해당하는 금액을 현금으로 납부한 경우에는 대통령령으로 정하는 공공시설 또는 기반시설(이하 이 항에서 "공공시설등"이라 한다)의 부지를 제공하거나 공공시설등을 설치하여 제공한 것으로 본다.

⑤ 제4항에 따른 현금납부 및 부과 방법 등에 필요한 사항은 대통령령으로 정한다.

제18조 【정비구역의 분할, 통합 및 결합】 ① 정비구역의 지정권자는 정비사업의 효율적인 추진 또는 도시의 경관보호를 위하여 필요하다고 인정하는 경우에는 다음 각 호의 방법에 따라 정비구역을 지정할 수 있다.

11의4. 제1호, 제2호부터 제8호까지, 제10호, 제11호, 제11호의2 및 제11호의3과 유사한 사항으로서 정비계획에서 경미한 사항으로 결정한 사항을 변경하는 경우

12. 그 밖에 제1호부터 제8호까지, 제10호 및 제11호와 유사한 사항으로서 시·도조례로 정하는 사항을 변경하는 경우

제14조 【용적률 완화를 위한 현금납부 방법 등】 ① 법 제17조제4항에서 "대통령령으로 정하는 공공시설 또는 기반시설"이란 「국토의 계획 및 이용에 관한 법률 시행령」 제46조제1항에 따른 공공시설 또는 기반시설을 말한다.

② 사업시행자는 법 제17조제4항에 따라 현금납부를 하려는 경우에는 토지등소유자(법 제35조에 따라 조합을 설립한 경우에는 조합원을 말한다) 과반수의 동의를 받아야 한다. 이 경우 현금으로 납부하는 토지의 기부면적은 전체 기부면적의 2분의 1을 넘을 수 없다.

③ 법 제17조제4항에 따른 현금납부액은 시장·군수등이 지정한 둘 이상의 감정평가업자(「감정평가 및 감정평가사에 관한 법률」에 따른 감정평가업자를 말한다. 이하 같다)가 해당 기부토지에 대하여 평가한 금액을 산술평균하여 산정한다.

④ 제3항에 따른 현금납부액 산정기준일은 법 제50조제9항에 따른 사업시행계획인가(현금납부에 관한 정비계획이 반영된 최초의 사업시행계획인가를 말한다) 고시일로 한다.

항에 따라 국토교통부장관에게 정비구역의 지정 또는 변경지정사실을 보고(전자문서에 의한 보고를 포함한다)하는 경우에는 다음 각 호의 사항을 포함하여야 한다.

1. 해당 정비구역과 관련된 도시·군계획(「국토의 계획 및 이용에 관한 법률」에 따른 도시·군기본계획 및 도시·군관리계획을 말한다) 및 기본계획의 주요 내용
2. 법 제16조에 따른 정비계획의 요약
3. 「국토의 계획 및 이용에 관한 법률」 제2조제4호에 따른 도시·군관리계획(이하 "도시·군관리계획"이라 한다) 결정조서

법	시 행 령	시 행 규 칙
1. 하나의 정비구역을 둘 이상의 정비구역으로 분할 2. 서로 연접한 정비구역을 하나의 정비구역으로 통합 3. 서로 연접하지 아니한 둘 이상의 구역(제8조제1항에 따라 대통령령으로 정하는 요건에 해당하는 구역으로 한정한다) 또는 정비구역을 하나의 정비구역으로 결합 ② 제1항에 따라 정비구역을 분할·통합하거나 서로 떨어진 구역을 하나의 정비구역으로 결합하여 지정하려는 경우 시행 방법과 절차에 관한 세부사항은 시·도조례로 정한다.	다만, 산정기준일부터 3년이 되는 날까지 법 제74조에 따른 관리처분계획인가를 신청하지 아니한 경우에는 산정기준일부터 3년이 되는 날의 다음 날을 기준으로 제3항에 따라 다시 산정하여야 한다.〈개정 2022.12.9.〉 ⑤ 사업시행자는 착공일부터 준공검사일까지 제3항에 따라 산정된 현금납부액을 특별시장, 광역시장, 특별자치시장, 특별자치도지사, 시장 또는 군수(광역시의 군수는 제외한다)에게 납부하여야 한다. ⑥ 특별시장 또는 광역시장은 제5항에 따라 납부받은 금액을 사용하는 경우에는 해당 정비사업을 관할하는 자치구의 구청장 또는 광역시의 군수의 의견을 들어야 한다. ⑦ 제3항부터 제6항까지에서 규정된 사항 외에 현금납부액의 구체적인 산정 기준, 납부 방법 및 사용 방법 등에 필요한 세부사항은 시·도조례로 정할 수 있다.	
제19조【행위제한 등】 ① 정비구역에서 다음 각 호의 어느 하나에 해당하는 행위를 하려는 자는 시장·군수등의 허가를 받아야 한다. 허가받은 사항을 변경하려는 때에도 또한 같다. 1. 건축물의 건축 2. 공작물의 설치 3. 토지의 형질변경 4. 토석의 채취 5. 토지분할 6. 물건을 쌓아 놓는 행위 7. 그 밖에 대통령령으로 정하는 행위 ② 다음 각 호의 어느 하나에 해당하는 행위는 제1항에도 불구하고 허가를 받지 아니하고 할 수 있다. 〈개정 2019.4.23.〉	**제15조【행위허가의 대상 등】** ① 법 제19조제1항에 따라 시장·군수등의 허가를 받아야 하는 행위는 다음 각 호와 같다. 〈개정 2021.1.5.〉 1. 건축물의 건축 등: 「건축법」 제2조제1항제2호에 따른 건축물(가설건축물을 포함한다)의 건축, 용도변경 2. 공작물의 설치: 인공을 가하여 제작한 시설물(「건축법」 제2조제1항제2호에 따른 건축물을 제외한다)의 설치 3. 토지의 형질변경: 절토(땅깎기)·성토(흙쌓기)·정지(땅고르기)·포장 등의 방법으로 토지의 형상을 변경하는 행위, 토지의 굴착 또는 공유수면의 매립 4. 토석의 채취: 흙·모래·자갈·바위 등의 토석을 채취하는 행위. 다만, 토지의 형질변경을 목적으로 하는 것은 제3호에 따른다.	

법	시 행 령	시 행 규 칙
1. 재해복구 또는 재난수습에 필요한 응급조치를 위한 행위 2. 기존 건축물의 붕괴 등 안전사고의 우려가 있는 경우 해당 건축물에 대한 안전조치를 위한 행위 3. 그 밖에 대통령령으로 정하는 행위 ③ 제1항에 따라 허가를 받아야 하는 행위로서 정비구역의 지정 및 고시 당시 이미 관계 법령에 따라 행위허가를 받았거나 허가를 받을 필요가 없는 행위에 관하여 그 공사 또는 사업에 착수한 자는 대통령령으로 정하는 바에 따라 시장·군수등에게 신고한 후 이를 계속 시행할 수 있다. ④ 시장·군수등은 제1항을 위반한 자에게 원상회복을 명할 수 있다. 이 경우 명령을 받은 자가 그 의무를 이행하지 아니하는 때에는 시장·군수등은 「행정대집행법」에 따라 대집행할 수 있다. ⑤ 제1항에 따른 허가에 관하여 이 법에 규정된 사항을 제외하고는 「국토의 계획 및 이용에 관한 법률」 제57조부터 제60조까지 및 제62조를 준용한다. ⑥ 제1항에 따라 허가를 받은 경우에는 「국토의 계획 및 이용에 관한 법률」 제56조에 따라 허가를 받은 것으로 본다. ⑦ 국토교통부장관, 시·도지사, 시장, 군수 또는 구청장(자치구의 구청장을 말한다. 이하 같다)은 비경제적인 건축행위 및 투기 수요의 유입을 막기 위하여 제6조제1항에 따라	5. 토지분할 6. 물건을 쌓아놓는 행위 : 이동이 쉽지 아니한 물건을 1개월 이상 쌓아놓는 행위 7. 죽목의 벌채 및 식재 ② 시장·군수등은 법 제19조제1항에 따라 제1항 각 호의 행위에 대한 허가를 하려는 경우로서 사업시행자가 있는 경우에는 미리 그 사업시행자의 의견을 들어야 한다. ③ 법 제19조제2항제3호에서 "대통령령으로 정하는 행위"란 다음 각 호의 어느 하나에 해당하는 행위로서 「국토의 계획 및 이용에 관한 법률」 제56조에 따른 개발행위허가의 대상이 아닌 것을 말한다. 〈개정 2022.12.9.〉 1. 농림수산물의 생산에 직접 이용되는 것으로서 국토교통부령으로 정하는 간이공작물의 설치 2. 경작을 위한 토지의 형질변경 3. 정비구역의 개발에 지장을 주지 아니하고 자연경관을 손상하지 아니하는 범위에서의 토석의 채취 4. 정비구역에 존치하기로 결정된 대지에 물건을 쌓아놓는 행위 5. 관상용 죽목의 임시식재(경작지에서의 임시식재는 제외한다) ④ 법 제19조제3항에 따라 신고하여야 하는 자는 정비구역이 지정·고시된 날부터 30일 이내에 그 공사 또는 사업의 진행상황과 시행계획을 첨부하여 관할 시장·군수등에게 신고하여야 한다. **제16조【행위제한 등】** ① 국토교통부장관, 시·도지사, 시장, 군수 또는 구청장(자치구의 구청장을 말한다. 이하 같다)이 법 제19조제7항에 따라 행위를 제한하려는 때에는 제한지	**제5조【간이공작물】** 영 제15조제3항제1호에서 "국토교통부령으로 정하는 간이공작물"이란 다음 각 호의 공작물을 말한다. 1. 비닐하우스 2. 양잠장 3. 고추, 잎담배, 김 등 농림수산물의 건조장 4. 버섯재배사 5. 종묘배양장 6. 퇴비장 7. 탈곡장 8. 그 밖에 제1호부터 제7호까지와 비슷한 공작물로서 국토교통부장관이 정하여 관보에 고시하는 공작물

법

기본계획을 공람 중인 정비예정구역 또는 정비계획을 수립 중인 지역에 대하여 3년 이내의 기간(1년의 범위에서 한 차례만 연장할 수 있다)을 정하여 대통령령으로 정하는 방법과 절차에 따라 다음 각 호의 행위를 제한할 수 있다. 〈개정 2024.1.30.〉

1. 건축물의 건축
2. 토지의 분할
3. 「건축법」 제38조에 따른 건축물대장 중 일반건축물대장을 집합건축물대장으로 전환
4. 「건축법」 제38조에 따른 건축물대장 중 집합건축물대장의 전유부분 분할

⑧ 정비예정구역 또는 정비구역(이하 "정비구역등"이라 한다)에서는 「주택법」 제2조제11호가목에 따른 지역주택조합의 조합원을 모집해서는 아니 된다. 〈신설 2018.6.12.〉

제20조【정비구역등의 해제】 ① 정비구역의 지정권자는 다음 각 호의 어느 하나에 해당하는 경우에는 정비구역 등을 해제하여야 한다. 〈개정 2018.6.12., 2024.12.3./시행 2025.6.4.〉

1. 정비예정구역에 대하여 기본계획에서 정한 정비구역 지정 예정일부터 3년이 되는 날까지 특별자치시장, 특별자치도지사, 시장 또는 군수가 정비구역을 지정하지 아니하거나 구청장등이 정비구역의 지정을 신청하지 아니하는 경우
2. 재개발사업 · 재건축사업[제35조에 따른 조합(이하 "조합"이라 한다)이 시행하는 경우로 한정한다]이 다음 각 목의 어느 하나에 해당하는 경우
   가. 토지등소유자가 정비구역으로 지정 · 고시된 날부터 2년이 되는 날까지 제31조에 따른 조합설립추진위원회(이하 "추진위원회"라 한다)의 승인을 신청하지 아니하는 경

시행령

역 · 제한사유 · 제한대상행위 및 제한기간을 미리 고시하여야 한다.

② 제1항에 따라 행위를 제한하려는 자가 국토교통부장관인 경우에는 「국토의 계획 및 이용에 관한 법률」 제106조에 따른 중앙도시계획위원회(이하 "중앙도시계획위원회"라 한다)의 심의를 거쳐야 하며, 시 · 도지사, 시장, 군수 또는 구청장인 경우에는 같은 법 제113조에 따라 해당 지방자치단체에 설치된 지방도시계획위원회(이하 "지방도시계획위원회"라 한다)의 심의를 거쳐야 한다.

③ 행위를 제한하려는 자가 국토교통부장관 또는 시 · 도지사인 경우에는 중앙도시계획위원회 또는 지방도시계획위원회의 심의 전에 미리 제한하려는 지역을 관할하는 시장 · 군수등의 의견을 들어야 한다.

④ 제1항에 따른 고시는 국토교통부장관이 하는 경우에는 관보에, 시 · 도지사, 시장, 군수 또는 구청장이 하는 경우에는 해당 지방자치단체의 공보에 게재하는 방법으로 한다.

⑤ 법 제19조제7항에 따라 행위가 제한된 지역에서 같은 항 각 호의 행위를 하려는 자는 시장 · 군수등의 허가를 받아야 한다.

시행규칙

법	시 행 령	시행규칙
우(→추진위원회의 승인을 신청하지 아니하는 경우(제31조제2항제1호에 따라 추진위원회를 구성하는 경우로 한정한다)) 나. 토지등소유자가 정비구역으로 지정·고시된 날부터 3년이 되는 날까지 제35조에 따른 조합설립인가(이하 "조합설립인가"라 한다)를 신청하지 아니하는 경우(제31조제4(→7)항에 따라 추진위원회를 구성하지 아니하는 경우로 한정한다) 다. 추진위원회가 추진위원회 승인일(→제31조제2항제2호에 따라 추진위원회를 구성하는 경우에는 제16조에 따른 정비구역 지정·고시일로 본다)부터 2년이 되는 날까지 조합설립인가를 신청하지 아니하는 경우 라. 조합이 조합설립인가를 받은 날부터 3년이 되는 날까지 제50조에 따른 사업시행계획인가(이하 "사업시행계획인가"라 한다)(→사업시행계획인가)를 신청하지 아니하는 경우 3. 토지등소유자가 시행하는 재개발사업으로서 토지등소유자가 정비구역으로 지정·고시된 날부터 5년이 되는 날까지 사업시행계획인가를 신청하지 아니하는 경우 ② 구청장등은 제1항 각 호의 어느 하나에 해당하는 경우에는 특별시장·광역시장에게 정비구역등의 해제를 요청하여야 한다. ③ 특별자치시장, 특별자치도지사, 시장, 군수 또는 구청장등이 다음 각 호의 어느 하나에 해당하는 경우에는 30일 이상 주민에게 공람하여 의견을 들어야 한다. 1. 제1항에 따라 정비구역등을 해제하는 경우 2. 제2항에 따라 정비구역등의 해제를 요청하는 경우 ④ 특별자치시장, 특별자치도지사, 시장, 군수 또는 구청장등은 제3항에 따른 주민공람을 하는 경우에는 지방의회의		

법	시 행 령	시 행 규 칙
의견을 들어야 한다. 이 경우 지방의회는 특별자치시장, 특별자치도지사, 시장, 군수 또는 구청장등이 정비구역등의 해제에 관한 계획을 통지한 날부터 60일 이내에 의견을 제시하여야 하며, 의견제시 없이 60일이 지난 경우 이의가 없는 것으로 본다. ⑤ 정비구역의 지정권자는 제1항부터 제4항까지의 규정에 따라 정비구역등의 해제를 요청받거나 정비구역등을 해제하려면 지방도시계획위원회의 심의를 거쳐야 한다. 다만, 「도시재정비 촉진을 위한 특별법」 제5조에 따른 재정비촉진지구에서는 같은 법 제34조에 따른 도시재정비위원회(이하 "도시재정비위원회"라 한다)의 심의를 거쳐 정비구역등을 해제하여야 한다. 〈개정 2020.4.13.〉 ⑥ 제1항에도 불구하고 정비구역의 지정권자는 다음 각 호의 어느 하나에 해당하는 경우에는 제1항제1호부터 제3호까지의 규정에 따른 해당 기간을 2년의 범위에서 연장하여 정비구역등을 해제하지 아니할 수 있다. 1. 정비구역등의 토지등소유자(조합을 설립한 경우에는 조합원을 말한다)가 100분의 30 이상의 동의로 제1항제1호부터 제3호까지의 규정에 따른 해당 기간이 도래하기 전까지 연장을 요청하는 경우 2. 정비사업의 추진 상황으로 보아 주거환경의 계획적 정비 등을 위하여 정비구역등의 존치가 필요하다고 인정하는 경우 ⑦ 정비구역의 지정권자는 제5항에 따라 정비구역등을 해제하는 경우(제6항에 따라 해제하지 아니한 경우를 포함한다)에는 그 사실을 해당 지방자치단체의 공보에 고시하고 국토교통부장관에게 통보하여야 하며, 관계 서류를 일반인이 열람할 수 있도록 하여야 한다.		

법	시 행 령	시 행 규 칙
제21조【정비구역등의 직권해제】 ① 정비구역의 지정권자는 다음 각 호의 어느 하나에 해당하는 경우 지방도시계획위원회의 심의를 거쳐 정비구역등을 해제할 수 있다. 이 경우 제1호 및 제2호에 따른 구체적인 기준 등에 필요한 사항은 시·도조례로 정한다. 〈개정 2019.4.23., 2020.6.9.〉 1. 정비사업의 시행으로 토지등소유자에게 과도한 부담이 발생할 것으로 예상되는 경우 2. 정비구역등의 추진 상황으로 보아 지정 목적을 달성할 수 없다고 인정되는 경우 3. 토지등소유자의 100분의 30 이상이 정비구역등(추진위원회가 구성되지 아니한 구역으로 한정한다)의 해제를 요청하는 경우 4. 제23조제1항제1호에 따른 방법으로 시행 중인 주거환경개선사업의 정비구역이 지정·고시된 날부터 10년 이상 지나고, 추진 상황으로 보아 지정 목적을 달성할 수 없다고 인정되는 경우로서 토지등소유자의 과반수가 정비구역의 해제에 동의하는 경우 5. 추진위원회 구성 또는 조합 설립에 동의한 토지등소유자의 2분의 1 이상 3분의 2 이하의 범위에서 시·도조례로 정하는 비율 이상의 동의로 정비구역의 해제를 요청하는 경우(사업시행계획인가를 신청하지 아니한 경우로 한정한다) 6. 추진위원회가 구성되거나 조합이 설립된 정비구역에서 토지등소유자 과반수의 동의로 정비구역의 해제를 요청하는 경우(사업시행계획인가를 신청하지 아니한 경우로 한정한다) ② 제1항에 따른 정비구역등의 해제의 절차에 관하여는 제20조제3항부터 제5항까지 및 제7항을 준용한다. ③ 제1항에 따라 정비구역등을 해제하여 추진위원회 구성	**제17조【추진위원회 및 조합 비용의 보조】** ① 법 제21조	

법	시 행 령	시 행 규 칙
승인 또는 조합설립인가가 취소되는 경우 정비구역의 지정권자는 해당 추진위원회 또는 조합이 사용한 비용의 일부를 대통령령으로 정하는 범위에서 시 · 도조례로 정하는 바에 따라 보조할 수 있다. **제21조의2【도시재생선도지역 지정 요청】** 제20조 또는 제21조에 따라 정비구역등이 해제된 경우 정비구역의 지정권자는 해제된 정비구역등을 「도시재생 활성화 및 지원에 관한 특별법」에 따른 도시재생선도지역으로 지정하도록 국토교통부장관에게 요청할 수 있다. [본조신설 2019. 4. 23.] **제22조【정비구역등 해제의 효력】** ① 제20조 및 제21조에 따라 정비구역등이 해제된 경우에는 정비계획으로 변경된 용도지역, 정비기반시설 등은 정비구역 지정 이전의 상태로 환원된 것으로 본다. 다만, 제21조제1항제4호의 경우 정비구역의 지정권자는 정비기반시설의 설치 등 해당 정비사업의 추진 상황에 따라 환원되는 범위를 제한할 수 있다. ② 제20조 및 제21조에 따라 정비구역등(재개발사업 및 재건축사업을 시행하려는 경우로 한정한다. 이하 이 항에서 같다)이 해제된 경우 정비구역의 지정권자는 해제된 정비구역등을 제23조제1항제1호의 방법으로 시행하는 주거환경개선구역(주거환경개선사업을 시행하는 정비구역을 말한다. 이하 같다)으로 지정할 수 있다. 이 경우 주거환경개선구역으로 지정된 구역은 제7조에 따른 기본계획에 반영된 것으로 본다. ③ 제20조제7항 및 제21조제2항에 따라 정비구역등이 해제 · 고시된 경우 추진위원회 구성승인 또는 조합설립인가는	제3항에서 "대통령령으로 정하는 범위"란 다음 각 호의 비용을 말한다. 1. 정비사업전문관리 용역비 2. 설계 용역비 3. 감정평가비용 4. 그 밖에 해당 법 제31조에 따른 조합설립추진위원회(이하 "추진위원회"라 한다) 및 조합이 법 제32조, 제44조 및 제45조에 따른 업무를 수행하기 위하여 사용한 비용으로서 시 · 도조례로 정하는 비용 ② 제1항에 따른 비용의 보조 비율 및 보조 방법 등에 필요한 사항은 시 · 도조례로 정한다.	

법	시 행 령	시 행 규 칙

취소된 것으로 보고, 시장·군수등은 해당 지방자치단체의 공보에 그 내용을 고시하여야 한다.

제3장 정비사업의 시행

제1절 정비사업의 시행

제23조【정비사업의 시행방법】 ① 주거환경개선사업은 다음 각 호의 어느 하나에 해당하는 방법 또는 이를 혼용하는 방법으로 한다.

1. 제24조에 따른 사업시행자가 정비구역에서 정비기반시설 및 공동이용시설을 새로 설치하거나 확대하고 토지등소유자가 스스로 주택을 보전·정비하거나 개량하는 방법
2. 제24조에 따른 사업시행자가 제63조에 따라 정비구역의 전부 또는 일부를 수용하여 주택을 건설한 후 토지등소유자에게 우선 공급하거나 대지를 토지등소유자 또는 토지등소유자 외의 자에게 공급하는 방법
3. 제24조에 따른 사업시행자가 제69조제2항에 따라 환지로 공급하는 방법
4. 제24조에 따른 사업시행자가 정비구역에서 제74조에 따라 인가받은 관리처분계획에 따라 주택 및 부대시설·복리시설을 건설하여 공급하는 방법

② 재개발사업은 정비구역에서 제74조에 따라 인가받은 관리처분계획에 따라 건축물을 건설하여 공급하거나 제69조제2항에 따라 환지로 공급하는 방법으로 한다.

③ 재건축사업은 정비구역에서 제74조에 따라 인가받은 관리처분계획에 따라 주택, 부대시설·복리시설 및 오피스텔(「건축법」 제2조제2항에 따른 오피스텔을 말한다. 이하 같다)(→건축물)을 건설하여 공급하는 방법으로 한다. 다만,

제3장 정비사업의 시행

제1절 정비사업의 시행방법 등

법	시 행 령	시 행 규 칙

주택단지에 있지 아니하는 건축물의 경우에는 지형여건·주변의 환경으로 보아 사업 시행상 불가피한 경우로서 정비구역으로 보는 사업에 한정한다.〈개정 2025.1.31./시행 2025.5.1.〉

④ 제3항에 따라 오피스텔(→건축물)을 건설하여 공급하는 경우에는[→주택, 부대시설 및 복리시설을 제외한 건축물(이하 이 항에서 "공동주택 외 건축물"이라 한다)은] 「국토의 계획 및 이용에 관한 법률」에 따른 준주거지역 및 상업지역에서만 건설할 수 있다. 이 경우 오피스텔(→공동주택 외 건축물)의 연면적은 전체 건축물 연면적의 100분의 30 이하이어야 한다.〈개정 2025.1.31./시행 2025.5.1.〉

제24조【주거환경개선사업의 시행자】 ① 제23조제1항제1호에 따른 방법으로 시행하는 주거환경개선사업은 시장·군수등이 직접 시행하되, 토지주택공사등을 사업시행자로 지정하여 시행하게 하려는 경우에는 제15조제1항에 따른 공람공고일 현재 토지등소유자의 과반수의 동의를 받아야 한다.

② 제23조제1항제2호부터 제4호까지의 규정에 따른 방법으로 시행하는 주거환경개선사업은 시장·군수등이 직접 시행하거나 다음 각 호에서 정한 자에게 시행하게 할 수 있다.

1. 시장·군수등이 다음 각 목의 어느 하나에 해당하는 자를 사업시행자로 지정하는 경우
   가. 토지주택공사등
   나. 주거환경개선사업을 시행하기 위하여 국가, 지방자치단체, 토지주택공사등 또는 「공공기관의 운영에 관한 법률」 제4조에 따른 공공기관이 총지분의 100분의 50을 초과하는 출자로 설립한 법인
2. 시장·군수등이 제1호에 해당하는 자와 다음 각 목의 어

느 하나에 해당하는 자를 공동시행자로 지정하는 경우
가. 「건설산업기본법」 제9조에 따른 건설업자(이하 "건설업자"라 한다)
나. 「주택법」 제7조제1항에 따라 건설업자로 보는 등록사업자(이하 "등록사업자"라 한다)
③ 제2항에 따라 시행하려는 경우에는 제15조제1항에 따른 공람공고일 현재 해당 정비예정구역의 토지 또는 건축물의 소유자 또는 지상권자의 3분의 2 이상의 동의와 세입자(제15조제1항에 따른 공람공고일 3개월 전부터 해당 정비예정구역에 3개월 이상 거주하고 있는 자를 말한다) 세대수의 과반수의 동의를 각각 받아야 한다. 다만, 세입자의 세대수가 토지등소유자의 2분의 1 이하인 경우 등 대통령령으로 정하는 사유가 있는 경우에는 세입자의 동의절차를 거치지 아니할 수 있다.
④ 시장·군수등은 천재지변, 그 밖의 불가피한 사유로 건축물이 붕괴할 우려가 있어 긴급히 정비사업을 시행할 필요가 있다고 인정하는 경우에는 제1항 및 제3항에도 불구하고 토지등소유자 및 세입자의 동의 없이 자신이 직접 시행하거나 토지주택공사등을 사업시행자로 지정하여 시행하게 할 수 있다. 이 경우 시장·군수등은 지체 없이 토지등소유자에게 긴급한 정비사업의 시행 사유·방법 및 시기 등을 통보하여야 한다.

제18조 【세입자 동의의 예외】 법 제24조제3항 단서에서 "세입자의 세대수가 토지등소유자의 2분의 1 이하인 경우 등 대통령령으로 정하는 사유"란 다음 각 호의 어느 하나에 해당하는 것을 말한다.
1. 세입자의 세대수가 토지등소유자의 2분의 1 이하인 경우
2. 법 제16조제2항에 따른 정비구역의 지정·고시일 현재 해당 지역이 속한 시·군·구에 공공임대주택 등 세입자가 입주 가능한 임대주택이 충분하여 임대주택을 건설할 필요가 없다고 시·도지사가 인정하는 경우
3. 법 제23조제1항제1호, 제3호 또는 제4호에 따른 방법으로 사업을 시행하는 경우

제25조 【재개발사업·재건축사업의 시행자】 ① 재개발사업은 다음 각 호의 어느 하나에 해당하는 방법으로 시행할 수 있다.
1. 조합이 시행하거나 조합이 조합원의 과반수의 동의를 받아 시장·군수등, 토지주택공사등, 건설업자, 등록사업자 또

제19조 【재개발사업의 공동시행자 요건】 법 제25조제1항 제1호 및 제2호에서 "대통령령으로 정하는 요건을 갖춘 자"란 각각 「자본시장과 금융투자업에 관한 법률」 제8조제7항에 따른 신탁업자(이하 "신탁업자"라 한다)와 「한국부동산원법」에 따른 한국부동산원(이하 "한국부동산원"이라 한다)을

법	시 행 령	시 행 규 칙
는 대통령령으로 정하는 요건을 갖춘 자와 공동으로 시행하는 방법 2. 토지등소유자가 20인 미만인 경우에는 토지등소유자가 시행하거나 토지등소유자가 토지등소유자의 과반수의 동의를 받아 시장 · 군수등, 토지주택공사등, 건설업자, 등록사업자 또는 대통령령으로 정하는 요건을 갖춘 자와 공동으로 시행하는 방법 ② 재건축사업은 조합이 시행하거나 조합이 조합원의 과반수의 동의를 받아 시장 · 군수등, 토지주택공사등, 건설업자 또는 등록사업자와 공동으로 시행할 수 있다.	말한다. 〈개정 2020.12.8.〉	
제26조【재개발사업 · 재건축사업의 공공시행자】 ① 시장 · 군수등은 재개발사업 및 재건축사업이 다음 각 호의 어느 하나에 해당하는 때에는 제25조에도 불구하고 직접 정비사업을 시행하거나 토지주택공사등(토지주택공사등이 건설업자 또는 등록사업자와 공동으로 시행하는 경우를 포함한다._(→ 이하 이 항부터 제4항까지에서 같다))을 사업시행자로 지정하여 정비사업을 시행하게 할 수 있다. 〈개정 2018.6.12., 2024.12.3./시행 2025.6.4.〉 1. 천재지변, 「재난 및 안전관리 기본법」 제27조 또는 「시설물의 안전 및 유지관리에 관한 특별법」 제23조에 따른 사용제한 · 사용금지, 그 밖의 불가피한 사유로 긴급하게 정비사업을 시행할 필요가 있다고 인정하는 때 2. 제16조제2항 전단에 따라 고시된 정비계획에서 정한 정비사업시행 예정일부터 2년 이내에 사업시행계획인가를 신청하지 아니하거나 사업시행계획인가를 신청한 내용이 위법 또는 부당하다고 인정하는 때(재건축사업의 경우는 제외한다)		

법	시 행 령	시 행 규 칙
3. 추진위원회가 시장·군수등의 구성승인을 받은 날부터 3년 이내에 조합설립인가를 신청하지 아니하거나 조합이 조합설립인가를 받은 날부터 3년 이내에 사업시행계획인가를 신청하지 아니한 때 4. 지방자치단체의 장이 시행하는 「국토의 계획 및 이용에 관한 법률」 제2조제11호에 따른 도시·군계획사업과 병행하여 정비사업을 시행할 필요가 있다고 인정하는 때 5. 제59조제1항에 따른 순환정비방식으로 정비사업을 시행할 필요가 있다고 인정하는 때 6. 제113조에 따라 사업시행계획인가가 취소된 때 7. 해당 정비구역의 국·공유지 면적 또는 국·공유지와 토지주택공사등이 소유한 토지를 합한 면적이 전체 토지면적의 2분의 1 이상으로서 토지등소유자의 과반수가 시장·군수등 또는 토지주택공사등을 사업시행자로 지정하는 것에 동의하는 때 8. 해당 정비구역의 토지면적 2분의 1 이상의 토지소유자와 토지등소유자의 3분의 2 이상에 해당하는 자가 시장·군수등 또는 토지주택공사등을 사업시행자로 지정할 것을 요청하는 때. 이 경우 제14조제1항제2호에 따라 토지등소유자가 정비계획의 입안을 제안한 경우 입안제안에 동의한 토지등소유자는 토지주택공사등의 사업시행자 지정에 동의한 것으로 본다. 다만, 사업시행자의 지정 요청 전에 시장·군수등 및 제47조에 따른 주민대표회의에 사업시행자의 지정에 대한 반대의 의사표시를 한 토지등소유자의 경우에는 그러하지 아니하다.		
② 시장·군수등은 제1항에 따라 직접 정비사업을 시행하거나 토지주택공사등을 사업시행자로 지정하는 때에는 정비사업 시행구역 등 토지등소유자에게 알릴 필요가 있는	**제20조 【사업시행자 지정의 고시 등】** ① 법 제26조제2항 본문 및 제27조제2항 본문에서 "대통령령으로 정하는 사항"이란 각각 다음 각 호의 사항을 말한다.	

법	시 행 령	시 행 규 칙
사항으로서 대통령령으로 정하는 사항을 해당 지방자치단체의 공보에 고시하여야 한다. 다만, 제1항제1호의 경우에는 토지등소유자에게 지체 없이 정비사업의 시행 사유 · 시기 및 방법 등을 통보하여야 한다. ③ 제2항에 따라 시장 · 군수등이 직접 정비사업을 시행하거나 토지주택공사등을 사업시행자로 지정 · 고시한 때에는 그 고시일 다음 날에 추진위원회의 구성승인 또는 조합설립인가가 취소된 것으로 본다. 이 경우 시장 · 군수등은 해당 지방자치단체의 공보에 해당 내용을 고시하여야 한다. ④ 토지주택공사등과 재개발사업 또는 재건축사업의 준비 · 추진에 필요한 사항에 대하여 협약 또는 계약 등(이하 "협약등"이라 한다)을 체결하려는 자(토지등소유자로 구성된 자를 말한다)는 대통령령으로 정하는 절차를 거친 사실을 시장 · 군수등에게 확인받은 후 대통령령으로 정하는 비율 이상의 토지등소유자의 동의를 받아 제1항에 따른 사업시행자 지정 이전에 협약등을 체결할 수 있다. 〈신설 2024.12.3./시행 2025.6.4.〉 ⑤ 제4항에 따른 협약등의 체결에 필요한 사항은 대통령령으로 정한다. 〈신설 2024.12.3./시행 2025.6.4.〉	1. 정비사업의 종류 및 명칭 2. 사업시행자의 성명 및 주소(법인인 경우에는 법인의 명칭 및 주된 사무소의 소재지와 대표자의 성명 및 주소를 말한다. 이하 같다) 3. 정비구역(법 제18조에 따라 정비구역을 둘 이상의 구역으로 분할하는 경우에는 분할된 각각의 구역을 말한다. 이하 같다)의 위치 및 면적 4. 정비사업의 착수예정일 및 준공예정일 ② 시장 · 군수등은 토지등소유자에게 법 제26조제2항 본문 및 제27조제2항 본문에 따라 고시한 제1항 각 호의 내용을 통지하여야 한다.	
제27조【재개발사업 · 재건축사업의 지정개발자】 ① 시장 · 군수등은 재개발사업 및 재건축사업이 다음 각 호의 어느 하나에 해당하는 때에는 토지등소유자, 「사회기반시설에 대한 민간투자법」 제2조제12호에 따른 민관합동법인 또는 신탁업자로서 대통령령으로 정하는 요건을 갖춘 자(이하 "지정개발자"라 한다)를 사업시행자로 지정하여 정비사업을 시행하게 할 수 있다. 〈개정 2018.6.12.〉 1. 천재지변, 「재난 및 안전관리 기본법」 제27조 또는	**제21조【지정개발자의 요건 등】** ① 법 제27조제1항 각 호 외의 부분에서 "대통령령으로 정하는 요건을 갖춘 자"란 다음 각 호의 어느 하나에 해당하는 자를 말한다. 〈개정 2022.12.9., 2023.12.5., 2024.12.17.〉 1. 정비구역의 토지 중 정비구역 전체 면적 대비 50퍼센트 이상의 토지를 소유한 자로서 토지등소유자의 2분의 1 이상의 추천을 받은 자 2. 「사회기반시설에 대한 민간투자법」 제2조제12호에 따	

법	시 행 령	시 행 규 칙

「시설물의 안전 및 유지관리에 관한 특별법」 제23조에 따른 사용제한 · 사용금지, 그 밖의 불가피한 사유로 긴급하게 정비사업을 시행할 필요가 있다고 인정하는 때

2. 제16조제2항 전단에 따라 고시된 정비계획에서 정한 정비사업시행 예정일부터 2년 이내에 사업시행계획인가를 신청하지 아니하거나 사업시행계획인가를 신청한 내용이 위법 또는 부당하다고 인정하는 때(재건축사업의 경우는 제외한다)

3. 제35조에 따른 재개발사업 및 재건축사업의 조합설립을 위한 동의요건 이상에 해당하는 자가 신탁업자를 사업시행자로 지정하는 것에 동의하는 때

② 시장 · 군수등은 제1항에 따라 지정개발자를 사업시행자로 지정하는 때에는 정비사업 시행구역 등 토지등소유자에게 알릴 필요가 있는 사항으로서 대통령령으로 정하는 사항을 해당 지방자치단체의 공보에 고시하여야 한다. 다만, 제1항 제1호의 경우에는 토지등소유자에게 지체 없이 정비사업의 시행 사유 · 시기 및 방법 등을 통보하여야 한다.

③ 신탁업자는 제1항제3호에 따른 사업시행자 지정에 필요한 동의를 받기 전에 다음 각 호에 관한 사항을 토지등소유자에게 제공하여야 한다.

1. 토지등소유자별 분담금 추산액 및 산출근거
2. 그 밖에 추정분담금의 산출 등과 관련하여 시 · 도조례로 정하는 사항

④ 제1항제3호에 따른 토지등소유자의 동의는 국토교통부령으로 정하는 동의서에 동의를 받는 방법으로 한다. 이 경우 동의서에는 다음 각 호의 사항이 모두 포함되어야 한다.

1. 건설되는 건축물의 설계의 개요
2. 건축물의 철거 및 새 건축물의 건설에 드는 공사비 등

른 민관합동법인(민간투자사업의 부대사업으로 시행하는 경우에만 해당한다)으로서 토지등소유자의 2분의 1 이상의 추천을 받은 자

3. 신탁업자로서 토지등소유자의 2분의 1 이상의 추천을 받거나 법 제27조제1항제3호 법 제28조제1항제2호 또는 법 제101조의8제1항 각 호 외의 부분 전단에 따른 동의를 받은 자

② 제1항 각 호에 따른 토지등소유자의 추천은 다음 각 호의 기준에 따라 산정한다. 〈신설 2023.12.5.〉

1. 재개발사업의 경우에는 다음 각 목의 기준에 따를 것
   가. 1필지의 토지 또는 하나의 건축물을 여럿이서 공유할 때에는 그 여럿을 대표하는 1인을 토지등소유자로 산정할 것. 다만, 재개발구역의 「전통시장 및 상점가 육성을 위한 특별법」 제2조에 따른 전통시장 및 상점가로서 1필지의 토지 또는 하나의 건축물을 여럿이서 공유하는 경우에는 해당 토지 또는 건축물의 토지등소유자의 4분의 3 이상의 동의를 받아 이를 대표하는 1인을 토지등소유자로 산정할 수 있다.
   나. 토지에 지상권이 설정되어 있는 경우 토지의 소유자와 해당 토지의 지상권자를 대표하는 1인을 토지등소유자로 산정할 것
   다. 1인이 다수 필지의 토지 또는 다수의 건축물을 소유하고 있는 경우에는 필지나 건축물의 수에 관계없이 토지등소유자를 1인으로 산정할 것
   라. 둘 이상의 토지 또는 건축물을 소유한 공유자가 동일한 경우에는 그 공유자 여럿을 대표하는 1인을 토지등소유자로 산정할 것
2. 재건축사업의 경우에는 다음 각 목의 기준에 따를 것

제6조【신탁업자의 사업시행자 지정에 대한 동의서】 법 제27조제4항 각 호 외의 부분 전단에서 "국토교통부령으로 정하는 동의서"란 별지 제2호서식의 신탁업자 지정 동의서를 말한다.

법	시 행 령	시 행 규 칙

법

정비사업에 드는 비용(이하 "정비사업비"라 한다)

3. 정비사업비의 분담기준(신탁업자에게 지급하는 신탁보수 등의 부담에 관한 사항을 포함한다)
4. 사업 완료 후 소유권의 귀속
5. 정비사업의 시행방법 등에 필요한 시행규정
6. 신탁계약의 내용

⑤ 제2항에 따라 시장·군수등이 지정개발자를 사업시행자로 지정·고시한 때에는 그 고시일 다음 날에 추진위원회의 구성승인 또는 조합설립인가가 취소된 것으로 본다. 이 경우 시장·군수등은 해당 지방자치단체의 공보에 해당 내용을 고시하여야 한다.

⑥ 국토교통부장관은 신탁업자와 토지등소유자 상호 간의 공정한 계약의 체결을 위하여 대통령령으로 정하는 바에 따라 표준 계약서 및 표준 시행규정을 마련하여 그 사용을 권장할 수 있다. 〈신설 2023.7.18.〉

⑦ 신탁업자와 재개발사업 또는 재건축사업의 준비·추진에 필요한 사항에 대하여 협약등을 체결하려는 자(토지등소유자로 구성된 자를 말한다)는 대통령령으로 정하는 절차를 거친 사실을 시장·군수등에게 확인받은 후 대통령령으로 정하는 비율 이상의 토지등소유자의 동의를 받아 신탁업자를 공개모집한 후 사업시행자 지정 전에 협약등을 체결할 수 있다. 〈신설 2024.12.3./시행 2025.6.4.〉

⑧ 제7항에 따른 공개모집 및 협약등의 체결에 필요한 사항은 대통령령으로 정한다. 〈신설 2024.12.3./시행 2025.6.4.〉

시 행 령

가. 소유권 또는 구분소유권을 여럿이서 공유하는 경우에는 그 여럿을 대표하는 1인을 토지등소유자로 산정할 것

나. 1인이 둘 이상의 소유권 또는 구분소유권을 소유하고 있는 경우에는 소유권 또는 구분소유권의 수에 관계없이 토지등소유자를 1인으로 산정할 것

다. 둘 이상의 소유권 또는 구분소유권을 소유한 공유자가 동일한 경우에는 그 공유자 여럿을 대표하는 1인을 토지등소유자로 할 것

3. 토지건물등기사항증명서, 건물등기사항증명서, 토지대장 또는 건축물관리대장에 소유자로 등재될 당시 주민등록번호의 기록이 없고 기록된 주소가 현재 주소와 다른 경우로서 소재가 확인되지 아니한 자는 토지등소유자의 수 또는 공유자 수에서 제외할 것
4. 국·공유지에 대해서는 그 재산관리청 각각을 토지등소유자로 산정할 것

③ 제1항 각 호에 따른 추천의 철회는 해당 각 호의 구분에 따른 추천이 있은 날부터 30일 이내에 할 수 있다. 〈신설 2023.12.5.〉

④ 제3항에 따라 추천을 철회하려는 토지등소유자는 철회서에 토지등소유자가 성명을 적고 지장(指章)을 날인한 후 주민등록증 및 여권 등 신원을 확인할 수 있는 신분증명서 사본을 첨부하여 추천의 상대방 및 시장·군수등에게 내용증명의 방법으로 발송해야 한다. 이 경우 시장·군수등이 철회서를 받았을 때에는 지체 없이 추천의 상대방에게 철회서가 접수된 사실을 통지해야 한다. 〈신설 2023. 12. 5.〉

⑤ 제3항에 따른 추천의 철회는 제4항 전단에 따라 철회서가 추천의 상대방에게 도달한 때 또는 같은 항 후단에 따

법	시 행 령	시 행 규 칙
	라 시장 · 군수등이 추천의 상대방에게 철회서가 접수된 사실을 통지한 때 중 빠른 때에 효력이 발생한다. 〈신설 2023.12.5.〉 ⑥ 법 제27조제6항에 따른 표준 계약서 및 표준 시행규정에는 다음 각 호의 구분에 따른 내용이 포함되어야 한다. 〈신설 2023.12.5.〉 1. 표준 계약서: 다음 각 목의 사항 가. 신탁의 목적에 관한 사항 나. 신탁계약의 기간, 신탁 종료 및 해지에 관한 사항 다. 신탁재산의 관리, 운영 및 처분에 관한 사항 라. 자금의 차입 방법에 관한 사항 마. 그 밖에 토지등소유자 권익 보호 및 정비사업의 추진을 위해 필요한 사항 2. 표준 시행규정: 법 제53조 각 호의 사항 [제목개정 2023.12.5.]	
제28조 【재개발사업 · 재건축사업의 사업대행자】 ① 시장 · 군수등은 다음 각 호의 어느 하나에 해당하는 경우에는 해당 조합 또는 토지등소유자를 대신하여 직접 정비사업을 시행하거나 토지주택공사등 또는 지정개발자에게 해당 조합 또는 토지등소유자를 대신하여 정비사업을 시행하게 할 수 있다. 1. 장기간 정비사업이 지연되거나 권리관계에 관한 분쟁 등으로 해당 조합 또는 토지등소유자가 시행하는 정비사업을 계속 추진하기 어렵다고 인정하는 경우 2. 토지등소유자(조합을 설립한 경우에는 조합원을 말한다)의 과반수 동의로 요청하는 경우 ② 제1항에 따라 정비사업을 대행하는 시장 · 군수등, 토지주	**제22조 【사업대행개시결정 및 효과 등】** ① 시장 · 군수등은 법 제28조제1항에 따라 정비사업을 직접 시행하거나 법 제27조에 따른 지정개발자(이하 "지정개발자"라 한다) 또는 토지주택공사등에게 정비사업을 대행하도록 결정(이하 "사업대행개시결정"이라 한다)한 경우에는 다음 각 호의 사항을 해당 지방자치단체의 공보등에 고시하여야 한다. 1. 제20조제1항 각 호의 사항 2. 사업대행개시결정을 한 날 3. 사업대행자(법 제28조제1항에 따라 정비사업을 대행하는 시장 · 군수등, 토지주택공사등 또는 지정개발자를 말한다. 이하 같다) 4. 대행사항	

법	시 행 령	시 행 규 칙
택공사등 또는 지정개발자(이하 "사업대행자"라 한다)는 사업시행자에게 청구할 수 있는 보수 또는 비용의 상환에 대한 권리로써 사업시행자에게 귀속될 대지 또는 건축물을 압류할 수 있다. ③ 제1항에 따라 정비사업을 대행하는 경우 사업대행의 개시결정, 그 결정의 고시 및 효과, 사업대행자의 업무집행, 사업대행의 완료와 그 고시 등에 필요한 사항은 대통령령으로 정한다.	② 시장 · 군수등은 토지등소유자 및 사업시행자에게 제1항에 따라 고시한 내용을 통지하여야 한다. ③ 사업대행자는 법 제28조제1항에 따라 정비사업을 대행하는 경우 제1항에 따른 고시를 한 날의 다음 날부터 제23조에 따라 사업대행완료를 고시하는 날까지 자기의 이름 및 사업시행자의 계산으로 사업시행자의 업무를 집행하고 재산을 관리한다. 이 경우 법 또는 법에 따른 명령이나 정관등으로 정하는 바에 따라 사업시행자가 행하거나 사업시행자에 대하여 행하여진 처분 · 절차 그 밖의 행위는 사업대행자가 행하거나 사업대행자에 대하여 행하여진 것으로 본다. ④ 시장 · 군수등이 아닌 사업대행자는 재산의 처분, 자금의 차입 그 밖에 사업시행자에게 재산상 부담을 주는 행위를 하려는 때에는 미리 시장 · 군수등의 승인을 받아야 한다. ⑤ 사업대행자는 제3항 및 제4항에 따른 업무를 하는 경우 선량한 관리자로서의 주의의무를 다하여야 하며, 필요한 때에는 사업시행자에게 협조를 요청할 수 있고, 사업시행자는 특별한 사유가 없는 한 이에 응하여야 한다. **제23조【사업대행의 완료】** ① 사업대행자는 법 제28조제1항 각 호의 사업대행의 원인이 된 사유가 없어지거나 법 제88조제1항에 따른 등기를 완료한 때에는 사업대행을 완료하여야 한다. 이 경우 시장 · 군수등이 아닌 사업대행자는 미리 시장 · 군수등에게 사업대행을 완료할 뜻을 보고하여야 한다. ② 시장 · 군수등은 제1항에 따라 사업대행을 완료한 때에는 제22조제1항 각 호의 사항과 사업대행완료일을 해당 지방자치단체의 공보등에 고시하고, 토지등소유자 및 사업시행자에게 각각 통지하여야 한다.	

법	시 행 령	시 행 규 칙

법

제29조【계약의 방법 및 시공자 선정 등】 ① 추진위원장 또는 사업시행자(청산인을 포함한다)는 이 법 또는 다른 법령에 특별한 규정이 있는 경우를 제외하고는 계약(공사, 용역, 물품구매 및 제조 등을 포함한다. 이하 같다)을 체결하려면 일반경쟁에 부쳐야 한다. 다만, 계약규모, 재난의 발생 등 대통령령으로 정하는 경우에는 입찰 참가자를 지명(指名)하여 경쟁에 부치거나 수의계약(隨意契約)으로 할 수 있다. 〈신설 2017.8.9.〉

② 제1항 본문에 따라 일반경쟁의 방법으로 계약을 체결하는 경우로서 대통령령으로 정하는 규모를 초과하는 계약은 「전자조달의 이용 및 촉진에 관한 법률」 제2조제4호의 국가종합전자조달시스템(이하 "전자조달시스템"이라 한다)을 이용하여야 한다. 〈신설 2017.8.9.〉

③ 제1항 및 제2항에 따라 계약을 체결하는 경우 계약의 방법 및 절차 등에 필요한 사항은 국토교통부장관이 정하여 고시한다. 〈신설 2017.8.9.〉

④ 조합은 조합설립인가를 받은 후 조합총회에서 제1항에

시행령

③ 사업대행자는 제2항에 따른 사업대행완료의 고시가 있은 때에는 지체없이 사업시행자에게 업무를 인계하여야 하며, 사업시행자는 정당한 사유가 없는 한 이를 인수하여야 한다.

④ 제3항에 따른 인계 · 인수가 완료된 때에는 사업대행자가 정비사업을 대행할 때 취득하거나 부담한 권리와 의무는 사업시행자에게 승계된다.

⑤ 사업대행자는 제1항에 따른 사업대행의 완료 후 사업시행자에게 보수 또는 비용의 상환을 청구할 때에 그 보수 또는 비용을 지출한 날 이후의 이자를 청구할 수 있다.

제24조【계약의 방법 및 시공자의 선정】 ① 법 제29조제1항 단서에서 "계약규모, 재난의 발생 등 대통령령으로 정하는 경우"란 다음 각 호의 구분에 따른 경우를 말한다.

1. 입찰 참가자를 지명(指名)하여 경쟁에 부치려는 경우: 다음 각 목의 어느 하나에 해당하여야 한다.
   가. 계약의 성질 또는 목적에 비추어 특수한 설비 · 기술 · 자재 · 물품 또는 실적이 있는 자가 아니면 계약의 목적을 달성하기 곤란한 경우로서 입찰대상자가 10인 이내인 경우
   나. 「건설산업기본법」에 따른 건설공사(전문공사를 제외한다. 이하 이 조에서 같다)로서 추정가격이 3억원 이하인 공사인 경우
   다. 「건설산업기본법」에 따른 전문공사로서 추정가격이 1억원 이하인 공사인 경우
   라. 공사관련 법령(「건설산업기본법」은 제외한다)에 따른 공사로서 추정가격이 1억원 이하인 공사인 경우
   마. 추정가격 1억원 이하의 물품 제조 · 구매, 용역, 그 밖

시행규칙

제6조의2【시공 관련 정보 제공을 위한 합동설명회】 ① 조합은 법 제29조제8항에 따른 합동설명회(이하 "합동설명회"라 한다)를 법 제29조제4항 본문에 따른 경쟁입찰의 공고에 따른 입찰마감일 다음날부터 시공자 선정을 위한 조합총회 개최일까지의 기간 동안 2회 이상 개최해야 한다.

② 조합은 합동설명회를 개최하려는 때에는 합동설명회가 개최되기 7일 전까지 합동설명회의 일시 및 장소 등을 정하여 조합원에게 통지해야 한다.

③ 제1항 및 제2항에서 규정한 사항 외에 합동설명회의 개최에 필요한 사항은 국토교통부장관이 정하여 고시한다.

[본조신설 2024.6.27.]

법

따라 경쟁입찰 또는 수의계약(2회 이상 경쟁입찰이 유찰된 경우로 한정한다)의 방법으로 건설업자 또는 등록사업자를 시공자로 선정하여야 한다. 다만, 대통령령으로 정하는 규모 이하의 정비사업은 조합총회에서 정관으로 정하는 바에 따라 선정할 수 있다. 〈개정 2017.8.9.〉

⑤ 토지등소유자가 제25조제1항제2호에 따라 재개발사업을 시행하는 경우에는 제1항에도 불구하고 사업시행계획인가를 받은 후 제2조제11호나목에 따른 규약에 따라 건설업자 또는 등록사업자를 시공자로 선정하여야 한다. 〈개정 2017.8.9.〉

⑥ 시장 · 군수등이 제26조제1항 및 제27조제1항에 따라 직접 정비사업을 시행하거나 토지주택공사등 또는 지정개발자를 사업시행자로 지정한 경우 사업시행자는 제26조제2항 및 제27조제2항에 따른 사업시행자 지정 · 고시 후 제1항에 따른 경쟁입찰 또는 수의계약의 방법으로 건설업자 또는 등록사업자를 시공자로 선정하여야 한다.〈개정 2017.8.9.〉

⑦ 제6항에 따라 시공자를 선정하거나 제23조제1항제4호의 방법으로 시행하는 주거환경개선사업의 사업시행자가 시공자를 선정하는 경우 제47조에 따른 주민대표회의 또는 제48조에 따른 토지등소유자 전체회의는 대통령령으로 정하는 경쟁입찰 또는 수의계약(2회 이상 경쟁입찰이 유찰된 경우로 한정한다)의 방법으로 시공자를 추천할 수 있다. 〈개정 2017.8.9.〉

⑧ 조합은 제4항에 따른 시공자 선정을 위한 입찰에 참가하는 건설업자 또는 등록사업자가 토지등소유자에게 시공에 관한 정보를 제공할 수 있도록 합동설명회를 2회 이상 개최하여야 한다. 〈신설 2023.12.26.〉

⑨ 제8항에 따른 합동설명회의 개최 방법이나 시기 등은

시 행 령

의 계약인 경우

2. 수의계약을 하려는 경우: 다음 각 목의 어느 하나에 해당하여야 한다.
   가. 「건설산업기본법」에 따른 건설공사로서 추정가격이 2억원 이하인 공사인 경우
   나. 「건설산업기본법」에 따른 전문공사로서 추정가격이 1억원 이하인 공사인 경우
   다. 공사관련 법령(「건설산업기본법」은 제외한다)에 따른 공사로서 추정가격이 8천만원 이하인 공사인 경우
   라. 추정가격 5천만원 이하인 물품의 제조 · 구매, 용역, 그 밖의 계약인 경우
   마. 소송, 재난복구 등 예측하지 못한 긴급한 상황에 대응하기 위하여 경쟁에 부칠 여유가 없는 경우
   바. 일반경쟁입찰이 입찰자가 없거나 단독 응찰의 사유로 2회 이상 유찰된 경우

② 법 제29조제2항에서 "대통령령으로 정하는 규모를 초과하는 계약"이란 다음 각 호의 어느 하나에 해당하는 계약을 말한다.

1. 「건설산업기본법」에 따른 건설공사로서 추정가격이 6억원을 초과하는 공사의 계약
2. 「건설산업기본법」에 따른 전문공사로서 추정가격이 2억원을 초과하는 공사의 계약
3. 공사관련 법령(「건설산업기본법」은 제외한다)에 따른 공사로서 추정가격이 2억원을 초과하는 공사의 계약
4. 추정가격 2억원을 초과하는 물품 제조 · 구매, 용역, 그 밖의 계약

③ 법 제29조제4항 단서에서 "대통령령으로 정하는 규모 이하의 정비사업"이란 조합원이 100인 이하인 정비사업을

시 행 규 칙

법	시 행 령	시 행 규 칙
국토교통부령으로 정한다. 〈신설 2023.12.26.〉 ⑩ 제7항에 따라 주민대표회의 또는 토지등소유자 전체회의가 시공자를 추천한 경우 사업시행자는 추천받은 자를 시공자로 선정하여야 한다. 이 경우 시공자와의 계약에 관해서는 「지방자치단체를 당사자로 하는 계약에 관한 법률」 제9조 또는 「공공기관의 운영에 관한 법률」 제39조를 적용하지 아니한다. 〈개정 2017.8.9., 2023.12.26.〉 ⑪ 사업시행자(사업대행자를 포함한다)는 제4항부터 제7항까지 및 제10항에 따라 선정된 시공자와 공사에 관한 계약을 체결할 때에는 기존 건축물의 철거 공사(「석면안전관리법」에 따른 석면 조사·해체·제거를 포함한다)에 관한 사항을 포함시켜야 한다. 〈개정 2017.8.9., 2023.12.26.〉 [제목개정 2017.8.9.] **고시** 정비사업 계약업무 처리기준(국토교통부고시 제2024-465호, 2024.9.5) **제29조의2【공사비 검증 요청 등】** ① 재개발사업·재건축사업의 사업시행자(시장·군수등 또는 토지주택공사등이 단독 또는 공동으로 정비사업을 시행하는 경우는 제외한다)는 시공자와 계약 체결 후 다음 각 호의 어느 하나에 해당하는 때에는 제114조에 따른 정비사업 지원기구에 공사비 검증을 요청하여야 한다. 1. 토지등소유자 또는 조합원 5분의 1 이상이 사업시행자에게 검증 의뢰를 요청하는 경우 2. 공사비의 증액 비율(당초 계약금액 대비 누적 증액 규모의 비율로서 생산자물가상승률은 제외한다)이 다음 각 목의 어느 하나에 해당하는 경우 가. 사업시행계획인가 이전에 시공자를 선정한 경우: 100분의 10 이상	말한다. ④ 법 제29조제7항에서 "대통령령으로 정하는 경쟁입찰"이란 다음 각 호의 요건을 모두 갖춘 입찰방법을 말한다. 〈개정 2024.12.17.〉 1. 일반경쟁입찰·제한경쟁입찰 또는 지명경쟁입찰 중 하나일 것 2. 해당 지역에서 발간되는 일간신문에 1회 이상 제1호의 입찰을 위한 공고를 하고, 입찰 참가자를 대상으로 현장 설명회를 개최할 것 3. 해당 지역 주민을 대상으로 합동설명회를 개최할 것 4. 토지등소유자를 대상으로 제출된 입찰서에 대한 투표를 실시하고 그 결과를 반영할 것	

법	시 행 령	시 행 규 칙
나. 사업시행계획인가 이후에 시공자를 선정한 경우: 100분의 5 이상 3. 제1호 또는 제2호에 따른 공사비 검증이 완료된 이후 공사비의 증액 비율(검증 당시 계약금액 대비 누적 증액 규모의 비율로서 생산자물가상승률은 제외한다)이 100분의 3 이상인 경우 ② 제1항에 따른 공사비 검증의 방법 및 절차, 검증 수수료, 그 밖에 필요한 사항은 국토교통부장관이 정하여 고시한다. [본조신설 2019.4.23.] 고시 정비사업 공사비 검증 기준(국토교통부고시 제2024-468호. 2024.9.5.)		
제30조【임대사업자의 선정】 ① 사업시행자는 공공지원민간임대주택을 원활히 공급하기 위하여 국토교통부장관이 정하는 경쟁입찰의 방법 또는 수의계약(2회 이상 경쟁입찰이 유찰된 경우로 한정한다)의 방법으로 「민간임대주택에 관한 특별법」 제2조제7호에 따른 임대사업자(이하 "임대사업자"라 한다)를 선정할 수 있다. 개정 2018.1.16〉 ② 제1항에 따른 임대사업자의 선정절차 등에 필요한 사항은 국토교통부장관이 정하여 고시할 수 있다.〈개정 2018.1.16〉 [제목개정 2018.1.16.] 고시 정비사업 연계 임대사업자 선정기준(국토교통부고시 제2023-353호, 2023.6.30.)	**제24조의2【수의계약에 의한 임대사업자의 선정】** 법 제30조제1항에서 "국가가 출자·설립한 법인 등 대통령령으로 정한 자"란 「공공주택 특별법」 제4조제1항제1호부터 제5호까지에서 규정하는 자가 단독으로 또는 공동으로 총지분의 100분의 50을 초과하여 출자한 「부동산투자회사법」 제2조제1호에 따른 부동산투자회사를 말한다. [본조신설 2021.7.13.]	
제2절 조합설립추진위원회 및 조합의 설립 등	제2절 조합설립추진위원회 및 조합의 설립 등	
제31조【조합설립추진위원회의 구성 · 승인】 ① 조합을 설	**제25조【추진위원회 구성을 위한 토지등소유자의 동의**	**제7조【추진위원회의 구성승인 신청**

법	시 행 령	시 행 규 칙
립하려는 경우에는 제16조에 따른 정비구역 지정·고시 후 다음 각 호의 사항에 대하여 토지등소유자 과반수의 동의를 받아 조합설립을 위한 추진위원회를 구성하여 국토교통부령으로 정하는 방법과 절차에 따라 시장·군수등의 승인을 받아야 한다.(→이 경우 시장·군수등은 승인 이후 구역경계, 토지등소유자의 수 등 국토교통부령으로 정하는 사항을 해당 지방자치단체 공보에 고시하여야 한다.) 〈개정 2024.12.3./시행 2025.6.4.〉 1. 추진위원회 위원장(이하 "추진위원장"이라 한다)을 포함한 5명 이상의 추진위원회 위원(이하 "추진위원"이라 한다) 2. 제34조제1항에 따른 운영규정 ② 추진위원회는 다음 각 호의 어느 하나에 해당하는 지역을 대상으로 구성한다. 〈신설 2024.12.3./시행 2025.6.4.〉 1. 제16조에 따라 정비구역으로 지정·고시된 지역 2. 제16조에 따라 정비구역으로 지정·고시되지 아니한 지역으로서 다음 각 목의 어느 하나에 해당하는 지역 가. 제4조제1항 단서에 따라 기본계획을 수립하지 아니한 지역 또는 제5조제2항에 따라 기본계획에 같은 조 제1항제9호 및 제10호의 사항을 생략한 지역으로서 대통령령으로 정하는 지역 나. 기본계획에 제5조제1항제9호에 따른 정비예정구역이 설정된 지역 다. 제13조의2에 따른 입안 요청 및 제14조에 따른 입안 제안에 따라 정비계획의 입안을 결정한 지역 라. 제15조에 따라 정비계획의 입안을 위하여 주민에게 공람한 지역 ②(→③) 제1항에 따라 추진위원회의 구성에 동의한 토지등	**등】** ① 법 제31조제1항에 따라 토지등소유자의 동의를 받으려는 자는 국토교통부령으로 정하는 동의서에 추진위원회의 위원장(이하 "추진위원장"이라 한다), 추진위원회 위원, 법 제32조제1항에 따른 추진위원회의 업무 및 법 제34조제1항에 따른 운영규정을 미리 쓴 후 토지등소유자의 동의를 받아야 한다. ② 토지등소유자의 동의를 받으려는 자는 법 제31조제3항에 따라 다음 각 호의 사항을 설명·고지하여야 한다. 1. 동의를 받으려는 사항 및 목적 2. 동의로 인하여 의제되는 사항 3. 제33조제2항에 따른 동의의 철회 또는 반대의사 표시의 절차 및 방법	**등】** ① 법 제31조제1항에 따라 조합설립추진위원회(이하 "추진위원회"라 한다)를 구성하여 승인을 받으려는 자는 별지 제3호서식의 조합설립추진위원회 승인신청서(전자문서로 된 신청서를 포함한다)에 다음 각 호의 서류(전자문서를 포함한다)를 첨부하여 시장·군수등에게 제출하여야 한다. 1. 토지등소유자의 명부 2. 토지등소유자의 동의서 3. 추진위원회 위원장 및 위원의 주소 및 성명 4. 추진위원회 위원 선정을 증명하는 서류 ② 영 제25조제1항에서 "국토교통부령으로 정하는 동의서"란 별지 제4호서식의 조합설립추진위원회 구성 동의서를 말한다.

법	시 행 령	시 행 규 칙
소유자(이하 이 조에서 "추진위원회 동의자"라 한다)는 제35조제1항부터 제5항까지의 규정에 따른 조합의 설립에 동의한 것으로 본다. 다만, 조합설립인가를 신청하기 전에 시장·군수등 및 추진위원회에 조합설립에 대한 반대의 의사표시를 한 추진위원회 동의자의 경우에는 그러하지 아니하다.〈개정 2024.12.3./시행 2025.6.4.〉 ④ 제2항제2호에 따라 추진위원회를 구성하여 승인받은 경우로서 승인 당시의 구역과 제16조에 따라 지정·고시된 정비구역의 면적 차이가 대통령령으로 정하는 기준 이상인 경우 추진위원회는 제1항 각 호의 사항에 대하여 토지등소유자 과반수의 동의를 받아 시장·군수등에게 다시 승인을 받아야 한다. 이 경우 제1항의 추진위원회 구성에 동의한 자는 정비구역 지정·고시 이후 1개월 이내에 동의를 철회하지 아니하는 경우 동의한 것으로 본다. 〈신설 2024.12.3.〉 ⑤ 제4항에 따른 승인이 있는 경우 기존의 추진위원회의 업무와 관련된 권리·의무는 승인받은 추진위원회가 포괄승계한 것으로 본다. 〈신설 2024.12.3./시행 2025.6.4.〉 ③(→⑥) 제1항 (→및 제4항)에 따른 토지등소유자의 동의를 받으려는 자는 대통령령으로 정하는 방법 및 절차에 따라야 한다. 이 경우 동의를 받기 전에 제3항의 내용을 설명·고지하여야 한다.〈개정 2024.12.3./시행 2025.6.4.〉 ④(→⑦) 정비사업에 대하여 제118조에 따른 공공지원을 하려는 경우에는 추진위원회를 구성하지 아니할 수 있다. 이 경우 조합설립 방법 및 절차 등에 필요한 사항은 대통령령으로 정한다.〈개정 2024.12.3./시행 2025.6.4.〉		
제32조 【추진위원회의 기능】 ① 추진위원회는 다음 각 호의 업무를 수행할 수 있다.	**제26조 【추진위원회의 업무 등】** 법 제32조제1항제5호에서 "대통령령으로 정하는 업무"란 다음 각 호의 업무를 말한다.	

법	시 행 령	시 행 규 칙

1. 제102조에 따른 정비사업전문관리업자(이하 "정비사업전문관리업자"라 한다)의 선정 및 변경
2. 설계자의 선정 및 변경
3. 개략적인 정비사업 시행계획서의 작성
4. 조합설립인가를 받기 위한 준비업무
5. 그 밖에 조합설립을 추진하기 위하여 대통령령으로 정하는 업무

② 추진위원회가 정비사업전문관리업자를 선정하려는 경우에는 제31조에 따라 추진위원회 승인을 받은 후 제29조제1항에 따른 경쟁입찰 또는 수의계약(2회 이상 경쟁입찰이 유찰된 경우로 한정한다)의 방법으로 선정하여야 한다. 〈개정 2017.8.9.〉

③ 추진위원회는 제35조제2항, 제3항 및 제5항에 따른 조합설립인가를 신청하기 전에 대통령령으로 정하는 방법 및 절차에 따라 조합설립을 위한 창립총회를 개최하여야 한다.

④ 추진위원회가 제1항에 따라 수행하는 업무의 내용이 토지등소유자의 비용부담을 수반하거나 권리·의무에 변동을 발생시키는 경우로서 대통령령으로 정하는 사항에 대하여는 그 업무를 수행하기 전에 대통령령으로 정하는 비율 이상의 토지등소유자의 동의를 받아야 한다.

제33조【추진위원회의 조직】 ① 추진위원회는 추진위원회를 대표하는 추진위원장 1명과 감사를 두어야 한다.

② 추진위원의 선출에 관한 선거관리는 제41조제3항을 준용한다. 이 경우 "조합"은 "추진위원회"로, "조합임원"은 "추진위원"으로 본다.

③ 토지등소유자는 제34조에 따른 추진위원회의 운영규정에 따라 추진위원회에 추진위원의 교체 및 해임을 요구할

1. 법 제31조제1항제2호에 따른 추진위원회 운영규정의 작성
2. 토지등소유자의 동의서의 접수
3. 조합의 설립을 위한 창립총회(이하 "창립총회"라 한다)의 개최
4. 조합 정관의 초안 작성
5. 그 밖에 추진위원회 운영규정으로 정하는 업무

제27조【창립총회의 방법 및 절차 등】 ① 추진위원회(법 제31조제4항 전단에 따라 추진위원회를 구성하지 아니하는 경우에는 토지등소유자를 말한다)는 법 제35조제2항부터 제4항까지의 규정에 따른 동의를 받은 후 조합설립인가를 신청하기 전에 법 제32조제3항에 따라 창립총회를 개최하여야 한다.

② 추진위원회(법 제31조제4항 전단에 따라 추진위원회를 구성하지 아니하는 경우에는 조합설립을 추진하는 토지등소유자의 대표자를 말한다)는 창립총회 14일 전까지 회의목적·안건·일시·장소·참석자격 및 구비사항 등을 인터넷 홈페이지를 통하여 공개하고, 토지등소유자에게 등기우편으로 발송·통지하여야 한다.

③ 창립총회는 추진위원장(법 제31조제4항 전단에 따라 추진위원회를 구성하지 아니하는 경우에는 토지등소유자의 대표자를 말한다. 이하 이 조에서 같다)의 직권 또는 토지등소유자 5분의 1 이상의 요구로 추진위원장이 소집한다. 다만, 토지등소유자 5분의 1 이상의 소집요구에도 불구하고 추진위원장이 2주 이상 소집요구에 응하지 아니하는 경우 소집요구한 자의 대표가 소집할 수 있다.

④ 창립총회에서는 다음 각 호의 업무를 처리한다.
1. 조합 정관의 확정
2. 법 제41조에 따른 조합의 임원(이하 "조합임원"이라 한

법	시 행 령	시 행 규 칙
수 있으며, 추진위원장이 사임, 해임, 임기만료, 그 밖에 불가피한 사유 등으로 직무를 수행할 수 없는 때부터 6개월 이상 선임되지 아니한 경우 그 업무의 대행에 관하여는 제41조제5항 단서를 준용한다. 이 경우 "조합임원"은 "추진위원장"으로 본다. ④ 제3항에 따른 추진위원의 교체 · 해임 절차 등에 필요한 사항은 제34조제1항에 따른 운영규정에 따른다. ⑤ 추진위원의 결격사유는 제43조제1항부터 제3항까지를 준용한다. 이 경우 "조합"은 "추진위원회"로, "조합임원"은 "추진위원"으로, "제35조에 따른 조합설립 인가권자" 는 "제31조에 따른 추진위원회 승인권자" 로 본다. 〈개정 2023.7.18.〉	다)의 선임 3. 대의원의 선임 4. 그 밖에 필요한 사항으로서 제2항에 따라 사전에 통지한 사항 ⑤ 창립총회의 의사결정은 토지등소유자(재건축사업의 경우 조합설립에 동의한 토지등소유자로 한정한다)의 과반수 출석과 출석한 토지등소유자 과반수 찬성으로 결의한다. 다만, 조합임원 및 대의원의 선임은 제4항제1호에 따라 확정된 정관에서 정하는 바에 따라 선출한다. ⑥ 법 제118조에 따라 공공지원 방식으로 시행하는 정비사업 중 법 제31조제4항에 따라 추진위원회를 구성하지 아니하는 경우에는 제1항부터 제5항까지에서 규정한 사항 외에 제26조제2호부터 제4호까지의 업무에 대한 절차 등에 필요한 사항을 시 · 도조례로 정할 수 있다.	
제34조【추진위원회의 운영】 ① 국토교통부장관은 추진위원회의 공정한 운영을 위하여 다음 각 호의 사항을 포함한 추진위원회의 운영규정을 정하여 고시하여야 한다. 1. 추진위원의 선임방법 및 변경 2. 추진위원의 권리 · 의무 3. 추진위원회의 업무범위 4. 추진위원회의 운영방법 5. 토지등소유자의 운영경비 납부 6. 추진위원회 운영자금의 차입 7. 그 밖에 추진위원회의 운영에 필요한 사항으로서 대통령령으로 정하는 사항 ② 추진위원회는 운영규정에 따라 운영하여야 하며, 토지등소유자는 운영에 필요한 경비를 운영규정에 따라 납부하여야 한다.	**제28조【추진위원회 운영규정】** 법 제34조제1항제7호에서 "대통령령으로 정하는 사항"이란 다음 각 호의 사항을 말한다. 1. 추진위원회 운영경비의 회계에 관한 사항 2. 법 제102조에 따른 정비사업전문관리업자(이하 "정비사업전문관리업자"라 한다)의 선정에 관한 사항 3. 그 밖에 국토교통부장관이 정비사업의 원활한 추진을 위하여 필요하다고 인정하는 사항	

법	시 행 령	시 행 규 칙
③ 추진위원회는 수행한 업무를 제44조에 따른 총회(이하 "총회"라 한다)에 보고하여야 하며, 그 업무와 관련된 권리·의무는 조합이 포괄승계한다. ④ 추진위원회는 사용경비를 기재한 회계장부 및 관계 서류를 조합설립인가일부터 30일 이내에 조합에 인계하여야 한다. ⑤ 추진위원회의 운영에 필요한 사항은 대통령령으로 정한다.	**제29조【추진위원회의 운영】** ① 추진위원회는 법 제34조제5항에 따라 다음 각 호의 사항을 토지등소유자가 쉽게 접할 수 있는 일정한 장소에 게시하거나 인터넷 등을 통하여 공개하고, 필요한 경우에는 토지등소유자에게 서면통지를 하는 등 토지등소유자가 그 내용을 충분히 알 수 있도록 하여야 한다. 다만, 제8호 및 제9호의 사항은 법 제35조에 따른 조합설립인가(이하 "조합설립인가"라 한다) 신청일 60일 전까지 추진위원회 구성에 동의한 토지등소유자에게 등기우편으로 통지하여야 한다. 1. 법 제12조에 따른 안전진단의 결과 2. 정비사업전문관리업자의 선정에 관한 사항 3. 토지등소유자의 부담액 범위를 포함한 개략적인 사업시행계획서 4. 추진위원회 위원의 선정에 관한 사항 5. 토지등소유자의 비용부담을 수반하거나 권리·의무에 변동을 일으킬 수 있는 사항 6. 법 제32조제1항에 따른 추진위원회의 업무에 관한 사항 7. 창립총회 개최의 방법 및 절차 8. 조합설립에 대한 동의철회(법 제31조제2항 단서에 따른 반대의 의사표시를 포함한다) 및 방법 9. 제30조제2항에 따른 조합설립 동의서에 포함되는 사항 ② 추진위원회는 추진위원회의 지출내역서를 매분기별로 토지등소유자가 쉽게 접할 수 있는 일정한 장소에 게시하	

법	시 행 령	시 행 규 칙
제35조【조합설립인가 등】 ① 시장·군수등, 토지주택공사등 또는 지정개발자가 아닌 자가 정비사업을 시행하려는 경우에는 토지등소유자로 구성된 조합을 설립하여야 한다. 다만, 제25조제1항제2호에 따라 토지등소유자가 재개발사업을 시행하려는 경우에는 그러하지 아니하다. ② 재개발사업의 추진위원회(제31조제4(→7)항에 따라 추진위원회를 구성하지 아니하는 경우에는 토지등소유자를 말한다)가 조합을 설립하려면 토지등소유자의 4분의 3 이상 및 토지면적의 2분의 1 이상의 토지소유자의 동의를 받아 다음 각 호의 사항을 첨부하여_(→제16조에 따른 정비구역 지정·고시 후) 시장·군수등의 인가를 받아야 한다.〈개정 2024.12.3./시행 2025.6.4.〉 1. 정관 2. 정비사업비와 관련된 자료 등 국토교통부령으로 정하는 서류 3. 그 밖에 시·도조례로 정하는 서류 ③ 재건축사업의 추진위원회(제31조제4(→7)항에 따라 추진위원회를 구성하지 아니하는 경우에는 토지등소유자를 말한다)가 조합을 설립하려는 때에는 주택단지의 공동주택의 각 동(복리시설의 경우에는 주택단지의 복리시설 전체를 하나의 동으로 본다)별 구분소유자의 과반수_(→복리시설로서 대통령령으로 정하는 경우에는 3분의 1 이상으로 한다) 동의(공동주택의 각 동별 구분소유자가 5 이하인 경우는 제외한다)와 주택단지의 전체 구분소유자의 4분의 3(→100분의 70) 이상 및 토지면적의 4분의 3(→100분의 70) 이상의 토지소유자의 동의를 받아 제2항 각 호의 사항을 첨부하여	거나 인터넷 등을 통하여 공개하고, 토지등소유자가 열람할 수 있도록 하여야 한다. **제30조【조합설립인가신청의 방법 등】** ① 법 제35조제2항부터 제4항까지의 규정에 따른 토지등소유자의 동의는 국토교통부령으로 정하는 동의서에 동의를 받는 방법에 따른다. ② 제1항에 따른 동의서에는 다음 각 호의 사항이 포함되어야 한다. 1. 건설되는 건축물의 설계의 개요 2. 공사비 등 정비사업비용에 드는 비용(이하 "정비사업비"라 한다) 3. 정비사업비의 분담기준 4. 사업 완료 후 소유권의 귀속에 관한 사항 5. 조합 정관 ③ 조합은 조합설립인가를 받은 때에는 정관으로 정하는 바에 따라 토지등소유자에게 그 내용을 통지하고, 이해관계인이 열람할 수 있도록 하여야 한다.	**제8조【조합의 설립인가 신청 등】** ① 법 제35조제2항부터 제5항까지의 규정에 따라 조합의 설립인가(변경인가를 포함한다)를 신청하려는 경우 신청서(전자문서로 된 신청서를 포함한다)는 별지 제5호서식에 따른다. ② 법 제35조제2항제2호에서 "정비사업비와 관련된 자료 등 국토교통부령으로 정하는 서류"란 다음 각 호의 구분에 따른 서류(전자문서를 포함한다)를 말한다. 1. 설립인가: 다음 각 목의 서류 가. 조합원 명부 및 해당 조합원의 자격을 증명하는 서류 나. 공사비 등 정비사업에 드는 비용을 기재한 토지등소유자의 조합설립동의서 및 동의사항을 증명하는 서류 다. 창립총회 회의록 및 창립총회참석자 연명부 라. 토지·건축물 또는 지상권을 여럿이서 공유하는 경우에는 그 대표자의 선임 동의서 마. 창립총회에서 임원·대의원을 선임한 때에는 선임된 자의 자격을

법	시 행 령	시 행 규 칙

(→제16조에 따른 정비구역 지정·고시 후) 시장·군수등의 인가를 받아야 한다.〈개정 2024.12.3./시행 2025.6.4., 2025.1.31./시행 2025.5.1.〉

④ 제3항에도 불구하고 주택단지가 아닌 지역이 정비구역에 포함된 때에는 주택단지가 아닌 지역의 토지 또는 건축물 소유자의 4분의 3 이상 및 토지면적의 3분의 2 이상의 토지소유자의 동의를 받아야 한다. 〈개정 2019.4.23./ 후단 삭제〉

⑤ 제2항 및 제3항에 따라 설립된 조합이 인가받은 사항을 변경하고자 하는 때에는 총회에서 조합원의 3분의 2 이상의 찬성으로 의결하고, 제2항 각 호의 사항을 첨부하여 시장·군수등의 인가를 받아야 한다. 다만, 대통령령으로 정하는 경미한 사항을 변경하려는 때에는 총회의 의결 없이 시장·군수등에게 신고하고 변경할 수 있다.

⑥ 시장·군수등은 제5항 단서에 따른 신고를 받은 날부터 20일 이내에 신고수리 여부를 신고인에게 통지하여야 한다. 〈신설 2021.3.16〉

⑦ 시장·군수등이 제6항에서 정한 기간 내에 신고수리 여부 또는 민원 처리 관련 법령에 따른 처리기간의 연장을 신고인에게 통지하지 아니하면 그 기간(민원 처리 관련 법령에 따라 처리기간이 연장 또는 재연장된 경우에는 해당 처리기간을 말한다)이 끝난 날의 다음 날에 신고를 수리한 것으로 본다. 〈신설 2021.3.16〉

⑧ 조합이 정비사업을 시행하는 경우 「주택법」 제54조를 적용할 때에는 조합을 같은 법 제2조제10호에 따른 사업주체로 보며, 조합설립인가일부터 같은 법 제4조에 따른 주택건설사업 등의 등록을 한 것으로 본다. 〈개정 2021.3.16〉

⑨ 제2항부터 제5항까지의 규정에 따른 토지등소유자에 대

제31조【조합설립인가내용의 경미한 변경】 법 제35조제5항 단서에서 "대통령령으로 정하는 경미한 사항"이란 다음 각 호의 사항을 말한다.

1. 착오·오기 또는 누락임이 명백한 사항
2. 조합의 명칭 및 주된 사무소의 소재지와 조합장의 성명 및 주소(조합장의 변경이 없는 경우로 한정한다)
3. 토지 또는 건축물의 매매 등으로 조합원의 권리가 이전된 경우의 조합원의 교체 또는 신규가입
4. 조합임원 또는 대의원의 변경(법 제45조에 따른 총회의 의결 또는 법 제46조에 따른 대의원회의 의결을 거친 경우로 한정한다)
5. 건설되는 건축물의 설계 개요의 변경
6. 정비사업비의 변경
7. 현금청산으로 인하여 정관에서 정하는 바에 따라 조합원이 변경되는 경우
8. 법 제16조에 따른 정비구역 또는 정비계획의 변경에 따라 변경되어야 하는 사항. 다만, 정비구역 면적이 10퍼센트 이상의 범위에서 변경되는 경우는 제외한다.
9. 그 밖에 시·도조례로 정하는 사항

증명하는 서류

바. 건축계획(주택을 건축하는 경우에는 주택건설예정세대수를 포함한다), 건축예정지의 지번·지목 및 등기명의자, 도시·군관리계획상의 용도지역, 대지 및 주변현황을 기재한 사업계획서

2. 변경인가: 변경내용을 증명하는 서류

③ 영 제30조제1항에서 "국토교통부령으로 정하는 동의서"란 별지 제6호서식의 조합설립 동의서를 말한다.

법	시 행 령	시 행 규 칙
한 동의의 대상 및 절차, 조합설립 신청 및 인가 절차, 인가받은 사항의 변경 등에 필요한 사항은 대통령령으로 정한다. 〈개정 2020.3.16.〉 ⑩ 추진위원회는 조합설립에 필요한 동의를 받기 전에 추정분담금 등 대통령령으로 정하는 정보를 토지등소유자에게 제공하여야 한다. 〈개정 2021.3.16.〉	**제32조【추정분담금 등 정보의 제공】** 법 제35조제10항에서 "추정분담금 등 대통령령으로 정하는 정보"란 다음 각 호의 정보를 말한다. 〈개정 2022.12.9.〉 1. 토지등소유자별 분담금 추산액 및 산출근거 2. 그 밖에 추정 분담금의 산출 등과 관련하여 시 · 도조례로 정하는 정보	
제36조【토지등소유자의 동의방법 등】 ① 다음 각 호에 대한 동의(동의한 사항의 철회 또는 제26조제1항제8호 단서, 제31조제2(→3)항 단서 및 제47조제4항 단서에 따른 반대의 의사표시를 포함한다)는 서면동의서에(→또는 전자서명동의서(「전자문서 및 전자거래 기본법」 제2조제1호에 따른 전자문서에 「전자서명법」 제2조제2호에 따른 전자서명을 한 동의서를 말한다. 이하 같다)를 제출하는 방법으로 한다. 이 경우 서면동의서는) 토지등소유자가 성명을 적고 지장(指章)을 날인하는 방법으로 하며, 주민등록증, 여권 등 신원을 확인할 수 있는 신분증명서의 사본을 첨부하여야 한다.〈개정 2021.3.16., 2024.12.3./시행 2025.12.4.〉 1. 제20조제6항제1호에 따라 정비구역등 해제의 연장을 요청하는 경우 2. 제21조제1항제4호에 따라 정비구역의 해제에 동의하는 경우 3. 제24조제1항에 따라 주거환경개선사업의 시행자를 토지주택공사등으로 지정하는 경우	**제33조【토지등소유자의 동의자 수 산정 방법 등】** ① 법 제12조제2항, 제28조제1항, 제36조제1항, 이 영 제12조, 제14조제2항 및 제27조에 따른 토지등소유자(토지면적에 관한 동의자 수를 산정하는 경우에는 토지소유자를 말한다. 이하 이 조에서 같다)의 동의는 다음 각 호의 기준에 따라 산정한다.〈개정 2023.12.5., 2024.3.19., 2024.12.17.〉 1. 주거환경개선사업, 재개발사업의 경우에는 다음 각 목의 기준에 의할 것 가. 1필지의 토지 또는 하나의 건축물을 여럿이서 공유하는 경우에는 해당 토지 또는 건축물의 토지등소유자의 4분의 3 이상의 동의를 받아 이를 대표하는 1인을 토지등소유자로 산정할 것. 나. 토지에 지상권이 설정되어 있는 경우 토지의 소유자와 해당 토지의 지상권자를 대표하는 1인을 토지등소유자로 산정할 것 다. 1인이 다수 필지의 토지 또는 다수의 건축물을 소유하고 있는 경우에는 필지나 건축물의 수에 관계없이 토	

법	시 행 령	시 행 규 칙
4. 제25조제1항제2호에 따라 토지등소유자가 재개발사업을 시행하려는 경우 5. 제26조 또는 제27조에 따라 재개발사업·재건축사업의 공공시행자 또는 지정개발자를 지정하는 경우 6. 제31조제1항에 따라 조합설립을 위한 추진위원회를 구성하는 경우 7. 제32조제4항에 따라 추진위원회의 업무가 토지등소유자의 비용부담을 수반하거나 권리·의무에 변동을 가져오는 경우 8. 제35조제2항부터 제5항까지의 규정에 따라 조합을 설립하는 경우 9. 제47조제3항에 따라 주민대표회의를 구성하는 경우 10. 제50조제6항에 따라 사업시행계획인가를 신청하는 경우 11. 제58조제3항에 따라 사업시행자가 사업시행계획서를 작성하려는 경우 ② 제1항에도 불구하고 토지등소유자가 해외에 장기체류하거나 법인인 경우 등 불가피한 사유가 있다고 시장·군수등이 인정하는 경우에는 토지등소유자의 인감도장을 찍은 서면동의서에 해당 인감증명서를 첨부하는 방법으로 할 수 있다.	지등소유자를 1인으로 산정할 것. 다만, 재개발사업으로서 법 제25조제1항제2호에 따라 토지등소유자가 재개발사업을 시행하는 경우 토지등소유자가 정비구역 지정 후에 정비사업을 목적으로 취득한 토지 또는 건축물에 대해서는 정비구역 지정 당시의 토지 또는 건축물의 소유자를 토지등소유자의 수에 포함하여 산정하되, 이 경우 동의 여부는 이를 취득한 토지등소유자에 따른다. 라. 둘 이상의 토지 또는 건축물을 소유한 공유자가 동일한 경우에는 그 공유자 여럿을 대표하는 1인을 토지등소유자로 산정할 것 2. 재건축사업의 경우에는 다음 각 목의 기준에 따를 것 가. 소유권 또는 구분소유권을 여럿이서 공유하는 경우에는 그 여럿을 대표하는 1인을 토지등소유자로 산정할 것 나. 1인이 둘 이상의 소유권 또는 구분소유권을 소유하고 있는 경우에는 소유권 또는 구분소유권의 수에 관계없이 토지등소유자를 1인으로 산정할 것 다. 둘 이상의 소유권 또는 구분소유권을 소유한 공유자가 동일한 경우에는 그 공유자 여럿을 대표하는 1인을 토지등소유자로 할 것 3. 추진위원회의 구성 또는 조합의 설립에 동의한 자로부터 토지 또는 건축물을 취득한 자는 추진위원회의 구성 또는 조합의 설립에 동의한 것으로 볼 것 4. 토지건물등기사항증명서, 건물등기사항증명서, 토지대장 또는 건축물관리대장에 소유자로 등재될 당시 주민등록번호의 기록이 없고 기록된 주소가 현재 주소와 다른 경우로서 소재가 확인되지 아니한 자는 토지등소유자의 수 또는 공유자 수에서 제외할 것 5. 국·공유지에 대해서는 그 재산관리청 각각을 토지등소	

법	시 행 령	시 행 규 칙
	유자로 산정할 것. 이 경우 재산관리청은 동의 요청을 받은 날부터 30일 이내에 동의 여부를 표시하지 않으면 동의한 것으로 본다. ② 법 제12조제2항 및 제36조제1항 각 호 외의 부분에 따른 동의(법 제26조제1항제8호, 제31조제2항 및 제47조제4항에 따라 의제된 동의를 포함한다)의 철회 또는 반대의사 표시의 시기는 다음 각 호의 기준에 따른다. 1. 동의의 철회 또는 반대의사의 표시는 해당 동의에 따른 인·허가 등을 신청하기 전까지 할 수 있다. 2. 제1호에도 불구하고 다음 각 목의 동의는 최초로 동의한 날부터 30일까지만 철회할 수 있다. 다만, 나목의 동의는 최초로 동의한 날부터 30일이 지나지 아니한 경우에도 법 제32조제3항에 따른 조합설립을 위한 창립총회 후에는 철회할 수 없다. 가. 법 제21조제1항제4호에 따른 정비구역의 해제에 대한 동의 나. 법 제35조에 따른 조합설립에 대한 동의(동의 후 제30조제2항 각 호의 사항이 변경되지 아니한 경우로 한정한다) ③ 제2항에 따라 동의를 철회하거나 반대의 의사표시를 하려는 토지등소유자는 철회서에 토지등소유자가 성명을 적고 지장(指章)을 날인한 후 주민등록증 및 여권 등 신원을 확인할 수 있는 신분증명서 사본을 첨부하여 동의의 상대방 및 시장·군수등에게 내용증명의 방법으로 발송하여야 한다. 이 경우 시장·군수등이 철회서를 받은 때에는 지체 없이 동의의 상대방에게 철회서가 접수된 사실을 통지하여야 한다. ④ 제2항에 따른 동의의 철회나 반대의 의사표시는 제3항	

법	시 행 령	시 행 규 칙
③ 제1항 및 제2항에 따라 서면동의서_(→ 또는 전자서명동의서(이하 이 항에서 "동의서"라 한다))를 작성하는 경우 제31조제1항 및 제35조제2항부터 제4항까지의 규정에 해당하는 때에는 시장·군수등이 대통령령으로 정하는 방법에 따라 검인(檢印)_(→ 또는 확인)한 서면동의서를 사용하여야 하며, 검인_(→ 또는 확인)을 받지 아니한 서면동의서는 그 효력이 발생하지 아니한다. 〈개정 2024.12.3./시행 2025.12.4.〉 ④ 제1항, 제2항 및 제12조에 따른 토지등소유자의 동의자 수 산정 방법 및 절차(→ 절차 및 제1항에 따른 전자서명동의서의 본인확인 방법) 등에 필요한 사항은 대통령령으로 정한다. 〈개정 2024.12.3./시행 2025.12.4.〉 **제36조의2【토지등소유자가 시행하는 재개발사업에서의 토지등소유자의 동의자 수 산정에 관한 특례】** ① 정비구역 지정·고시(변경지정·고시는 제외한다. 이하 이 항에서 같다) 이후 제25조제1항제2호에 따라 토지등소유자가 재개발사업을 시행하는 경우 토지등소유자의 동의자 수를 산정하는 기준일은 다음 각 호의 구분에 따른다. 1. 제14조제1항제6호에 따라 정비계획의 변경을 제안하는 경우: 정비구역 지정·고시가 있는 날 2. 제50조제6항에 따라 사업시행계획인가를 신청하는 경우: 사업시행계획인가를 신청하기 직전의 정비구역 변경지정·고시가 있는 날(정비구역 변경지정이 없거나 정비구역 지정	전단에 따라 철회서가 동의의 상대방에게 도달한 때 또는 같은 항 후단에 따라 시장·군수등이 동의의 상대방에게 철회서가 접수된 사실을 통지한 때 중 빠른 때에 효력이 발생한다. **제34조【동의서의 검인방법 등】** ① 법 제36조제3항에 따라 동의서에 검인(檢印)을 받으려는 자는 제25조제1항 또는 제30조제2항에 따라 동의서에 기재할 사항을 기재한 후 관련 서류를 첨부하여 시장·군수등에게 검인을 신청하여야 한다. ② 제1항에 따른 신청을 받은 시장·군수등은 동의서 기재사항의 기재 여부 등 형식적인 사항을 확인하고 해당 동의서에 연번(連番)을 부여한 후 검인을 하여야 한다. ③ 시장·군수등은 제1항에 따른 신청을 받은 날부터 20일 이내에 신청인에게 검인한 동의서를 내주어야 한다.	

법	시 행 령	시 행 규 칙
·고시 후에 정비사업을 목적으로 취득한 토지 또는 건축물에 대해서는 정비구역 지정·고시가 있는 날을 말한다) ② 제1항에 따른 토지등소유자의 동의자 수를 산정함에 있어 같은 항 각 호의 구분에 따른 산정기준일 이후 1명의 토지등소유자로부터 토지 또는 건축물의 소유권이나 지상권을 양수하여 여러 명이 소유하게 된 때에는 그 여러 명을 대표하는 1명을 토지등소유자로 본다. [본조신설 2022.6.10.] **제36조의3【토지등소유자의 동의 인정에 관한 특례】** ① 토지등소유자가 다음 각 호의 어느 하나에 해당하는 사항에 대하여 동의를 하는 경우, 제2항의 요건을 모두 충족한 경우에 한정하여 다음 각 호의 사항 중 동의하지 아니한 다른 사항에 대하여도 동의를 한 것으로 본다. 1. 제13조의2에 따른 정비계획의 입안 요청을 위한 동의 2. 제14조에 따른 입안의 제안을 위한 동의 3. 제31조제1항에 따른 추진위원회 구성에 대한 동의 ② 제1항에 따라 동의를 인정받기 위한 요건은 다음 각 호와 같다. 1. 제1항 각 호의 동의를 받을 때 같은 항 각 호의 다른 동의에 관하여 대통령령으로 정하는 사항을 포함하여 동의를 받을 것 2. 제1항 각 호의 동의를 받을 때 같은 항 각 호의 다른 동의로도 인정될 수 있음을 고지받고, 고지받은 날부터 대통령령으로 정하는 기간 내에 동의를 철회하지 아니할 것 3. 그 밖에 대통령령으로 정하는 기준과 방법을 충족할 것 [본조신설 2024.12.3./시행 2025.6.4.]		

법	시 행 령	시 행 규 칙
제37조【토지등소유자의 동의서 재사용의 특례】 ① 조합설립인가(변경인가를 포함한다. 이하 이 조에서 같다)를 받은 후에 동의서 위조, 동의 철회, 동의율 미달 또는 동의자 수 산정방법에 관한 하자 등으로 다툼이 있는 경우로서 다음 각 호의 어느 하나에 해당하는 때에는 동의서의 유효성에 다툼이 없는 토지등소유자의 동의서를 다시 사용할 수 있다. 1. 조합설립인가의 무효 또는 취소소송 중에 일부 동의서를 추가 또는 보완하여 조합설립변경인가를 신청하는 때 2. 법원의 판결로 조합설립인가의 무효 또는 취소가 확정되어 조합설립인가를 다시 신청하는 때 ② 조합(제1항제2호의 경우에는 추진위원회를 말한다)이 제1항에 따른 토지등소유자의 동의서를 다시 사용하려면 다음 각 호의 요건을 충족하여야 한다. 1. 토지등소유자에게 기존 동의서를 다시 사용할 수 있다는 취지와 반대 의사표시의 절차 및 방법을 설명·고지할 것 2. 제1항제2호의 경우에는 다음 각 목의 요건 가. 조합설립인가의 무효 또는 취소가 확정된 조합과 새롭게 설립하려는 조합이 추진하려는 정비사업의 목적과 방식이 동일할 것 나. 조합설립인가의 무효 또는 취소가 확정된 날부터 3년의 범위에서 대통령령으로 정하는 기간 내에 새로운 조합을 설립하기 위한 창립총회를 개최할 것 ③ 제1항에 따른 토지등소유자의 동의서 재사용의 요건(정비사업의 내용 및 정비계획의 변경범위 등을 포함한다), 방법 및 절차 등에 필요한 사항은 대통령령으로 정한다.	**제35조【토지등소유자의 동의서 재사용의 특례】** 법 제37조제1항에 따라 토지등소유자의 동의서를 다시 사용하기 위한 요건은 다음 각 호와 같다. 1. 법 제37조제1항제1호의 경우: 다음 각 목의 요건 가. 토지등소유자에게 기존 동의서를 다시 사용할 수 있다는 취지와 반대 의사표시의 절차 및 방법을 서면으로 설명·고지할 것 나. 60일 이상의 반대의사 표시기간을 가목의 서면에 명백히 적어 부여할 것 2. 법 제37조제1항제2호의 경우: 다음 각 목의 요건 가. 토지등소유자에게 기존 동의서를 다시 사용할 수 있다는 취지와 반대의사 표시의 절차 및 방법을 서면으로 설명·고지할 것 나. 90일 이상의 반대의사 표시기간을 가목의 서면에 명백히 적어 부여할 것 다. 정비구역, 조합정관, 정비사업비, 개인별 추정분담금, 신축되는 건축물의 연면적 등 정비사업의 변경내용을 가목의 서면에 포함할 것 라. 다음의 변경의 범위가 모두 100분의 10 미만일 것 1) 정비구역 면적의 변경 2) 정비사업비의 증가(생산자물가상승률분 및 법 제73조에 따른 현금청산 금액은 제외한다) 3) 신축되는 건축물의 연면적 변경 마. 조합설립인가의 무효 또는 취소가 확정된 조합과 새롭게 설립하려는 조합이 추진하려는 정비사업의 목적과 방식이 동일할 것 바. 조합설립의 무효 또는 취소가 확정된 날부터 3년 내에 새로운 조합을 설립하기 위한 창립총회를 개최할 것	

법

제38조 【조합의 법인격 등】 ① 조합은 법인으로 한다.

② 조합은 조합설립인가를 받은 날부터 30일 이내에 주된 사무소의 소재지에서 대통령령으로 정하는 사항을 등기하는 때에 성립한다.

③ 조합은 명칭에 "정비사업조합"이라는 문자를 사용하여야 한다.

제39조 【조합원의 자격 등】 ① 제25조에 따른 정비사업의 조합원(사업시행자가 신탁업자인 경우에는 위탁자를 말한다. 이하 이 조에서 같다)은 토지등소유자(재건축사업의 경우에는 재건축사업에 동의한 자만 해당한다)로 하되, 다음 각 호의 어느 하나에 해당하는 때에는 그 여러 명을 대표하는 1명을 조합원으로 본다. 다만, 「지방자치분권 및 지역균형발전에 관한 특별법」 제25조에 따른 공공기관지방이전 및 혁신도시 활성화를 위한 시책 등에 따라 이전하는 공공기관이 소유한 토지 또는 건축물을 양수한 경우 양수한 자(공유의 경우 대표자 1명을 말한다)를 조합원으로 본다. 〈개정 2017.8.9., 2018.3.20., 2023.6.9.〉

1. 토지 또는 건축물의 소유권과 지상권이 여러 명의 공유에 속하는 때
2. 여러 명의 토지등소유자가 1세대에 속하는 때. 이 경우 동일한 세대별 주민등록표 상에 등재되어 있지 아니한 배우자 및 미혼인 19세 미만의 직계비속은 1세대로 보며, 1세대로 구성된 여러 명의 토지등소유자가 조합설립인가

시행령

제36조 【조합의 등기사항】 법 제38조제2항에서 "대통령령으로 정하는 사항"이란 다음 각 호의 사항을 말한다.〈개정 2019.6.18.〉

1. 설립목적
2. 조합의 명칭
3. 주된 사무소의 소재지
4. 설립인가일
5. 임원의 성명 및 주소
6. 임원의 대표권을 제한하는 경우에는 그 내용
7. 법 제41조제5항 단서에 따른 전문조합관리인을 선정한 경우에는 그 성명 및 주소

제37조 【조합원】 ① 법 제39조제2항제4호에서 "대통령령으로 정하는 기간"이란 다음 각 호의 구분에 따른 기간을 말한다. 이 경우 소유자가 피상속인으로부터 주택을 상속받아 소유권을 취득한 경우에는 피상속인의 주택의 소유기간 및 거주기간을 합산한다.

1. 소유기간: 10년
2. 거주기간(「주민등록법」 제7조에 따른 주민등록표를 기준으로 하며, 소유자가 거주하지 아니하고 소유자의 배우자나 직계존비속이 해당 주택에 거주한 경우에는 그 기간을 합산한다): 5년

② 법 제39조제2항제6호에서 "대통령령으로 정하는 사업"이란 공공재개발사업 시행자가 상가를 임대하는 사업을 말한다.〈신설 2021.7.13〉

③ 법 제39조제2항제7호에서 "대통령령으로 정하는 경우"란 다음 각 호의 어느 하나에 해당하는 경우를 말한다. 〈개정 2020.6.23, 2021.7.13〉

시행규칙

판례 사업시행인가의 법적성질(재량행위)

대법원 2007.7.12 2007두6663

주택재건축사업시행의 인가는 상대방에게 권리나 이익을 부여하는 효과를 가진 이른바 수익적 행정처분으로서 법령에 행정처분의 요건에 관해 일의적으로 규정되어 있지 않은 이상 행정청의 재량행위에 속하므로, 처분청으로서는 법령상의 제한에 근거한 것이 아니라 하더

법	시 행 령	시 행 규 칙
후 세대를 분리하여 동일한 세대에 속하지 아니하는 때에도 이혼 및 19세 이상 자녀의 분가(세대별 주민등록을 달리하고, 실거주지를 분가한 경우로 한정한다)를 제외하고는 1세대로 본다. 3. 조합설립인가(조합설립인가 전에 제27조제1항제3호에 따라 신탁업자를 사업시행자로 지정한 경우에는 사업시행자의 지정을 말한다. 이하 이 조에서 같다) 후 1명의 토지등소유자로부터 토지 또는 건축물의 소유권이나 지상권을 양수하여 여러 명이 소유하게 된 때 ② 「주택법」 제63조제1항에 따른 투기과열지구(이하 "투기과열지구"라 한다)로 지정된 지역에서 재건축사업을 시행하는 경우에는 조합설립인가 후, 재개발사업을 시행하는 경우에는 제74조에 따른 관리처분계획의 인가 후 해당 정비사업의 건축물 또는 토지를 양수(매매 · 증여, 그 밖의 권리의 변동을 수반하는 일체의 행위를 포함하되, 상속 · 이혼으로 인한 양도 · 양수의 경우는 제외한다. 이하 이 조에서 같다)한 자는 제1항에도 불구하고 조합원이 될 수 없다. 다만, 양도인이 다음 각 호의 어느 하나에 해당하는 경우 그 양도인으로부터 그 건축물 또는 토지를 양수한 자는 그러하지 아니하다. 〈개정 2017.10.24., 2020.6.9.,2021.4.13.〉 1. 세대원(세대주가 포함된 세대의 구성원을 말한다. 이하 이 조에서 같다)의 근무상 또는 생업상의 사정이나 질병치료(「의료법」 제3조에 따른 의료기관의 장이 1년 이상의 치료나 요양이 필요하다고 인정하는 경우로 한정한다) · 취학 · 결혼으로 세대원이 모두 해당 사업구역에 위치하지 아니한 특별시 · 광역시 · 특별자치시 · 특별자치도 · 시 또는 군으로 이전하는 경우 2. 상속으로 취득한 주택으로 세대원 모두 이전하는 경우	1. 조합설립인가일부터 3년 이상 사업시행인가 신청이 없는 재건축사업의 건축물을 3년 이상 계속하여 소유하고 있는 자(소유기간을 산정할 때 소유자가 피상속인으로부터 상속받아 소유권을 취득한 경우에는 피상속인의 소유기간을 합산한다. 이하 제2호 및 제3호에서 같다)가 사업시행인가 신청 전에 양도하는 경우 2. 사업시행계획인가일부터 3년 이내에 착공하지 못한 재건축사업의 토지 또는 건축물을 3년 이상 계속하여 소유하고 있는 자가 착공 전에 양도하는 경우 3. 착공일부터 3년 이상 준공되지 않은 재개발사업 · 재건축사업의 토지를 3년 이상 계속하여 소유하고 있는 경우 4. 법률 제7056호 도시및주거환경정비법 일부개정법률 부칙 제2항에 따른 토지등소유자로부터 상속 · 이혼으로 인하여 토지 또는 건축물을 소유한 자 5. 국가 · 지방자치단체 및 금융기관(「주택법 시행령」 제71조제1호 각 목의 금융기관을 말한다)에 대한 채무를 이행하지 못하여 재개발사업 · 재건축사업의 토지 또는 건축물이 경매 또는 공매되는 경우 6. 「주택법」 제63조제1항에 따른 투기과열지구(이하 "투기과열지구"라 한다)로 지정되기 전에 건축물 또는 토지를 양도하기 위한 계약(계약금 지급 내역 등으로 계약일을 확인할 수 있는 경우로 한정한다)을 체결하고, 투기과열지구로 지정된 날부터 60일 이내에 「부동산 거래신고 등에 관한 법률」 제3조에 따라 부동산 거래의 신고를 한 경우	라도 공익상 필요 등에 의하여 필요한 범위에서 여러 조건(부담)을 부과할 수 있다. **관계법** 「주택법」 제63조 (투기과열지구의 지정 및 해제) ① 국토교통부장관 또는 시 · 도지사는 주택가격의 안정을 위하여 필요한 경우에는 주거정책심의위원회(시 · 도지사의 경우에는 「주거기본법」 제9조에 따른 시 · 도 주거정책심의위원회를 말한다. 이하 이 조에서 같다)의 심의를 거쳐 일정한 지역을 투기과열지구로 지정하거나 이를 해제할 수 있다. 이 경우 투기과열지구는 그 지정 목적을 달성할 수 있는 최소한의 범위에서 시 · 군 · 구 또는 읍 · 면 · 동의 지역 단위로 지정하되, 택지개발지구(「택지개발촉진법」 제2조제3호에 따른 택지개발지구를 말한다) 등 해당 지역 여건을 고려하여 지정 단위를 조정할 수 있다. 〈개정 2021.1.5.〉 ② 제1항에 따른 투기과열지구는 해당 지역의 주택가격상승률이 물가상승률보다 현저히 높은 지역으로서 그 지역의 청약경쟁률 · 주택가격 · 주택보급률 및 주택공급계획 등과 지역 주택시장 여건 등을 고려하였을 때 주택에 대한 투기가 성행하고 있거나 성행할 우려가 있

법

3. 세대원 모두 해외로 이주하거나 세대원 모두 2년 이상 해외에 체류하려는 경우
4. 1세대(제1항제2호에 따라 1세대에 속하는 때를 말한다) 1주택자로서 양도하는 주택에 대한 소유기간 및 거주기간이 대통령령으로 정하는 기간 이상인 경우
5. 제80조에 따른 지분형주택을 공급받기 위하여 건축물 또는 토지를 토지주택공사등과 공유하려는 경우
6. 공공임대주택, 「공공주택 특별법」에 따른 공공분양주택의 공급 및 대통령령으로 정하는 사업을 목적으로 건축물 또는 토지를 양수하려는 공공재개발사업 시행자에게 양도하려는 경우
7. 그 밖에 불가피한 사정으로 양도하는 경우로서 대통령령으로 정하는 경우

③ 사업시행자는 제2항 각 호 외의 부분 본문에 따라 조합원의 자격을 취득할 수 없는 경우 정비사업의 토지, 건축물 또는 그 밖의 권리를 취득한 자에게 제73조를 준용하여 손실보상을 하여야 한다.

[법률 제14567호(2017.2.8.) 부칙 제2조의 규정에 의하여 이 조 제1항 각 호 외의 부분 단서는 2018년 1월 26일까지 유효함]

제40조【정관의 기재사항 등】 ① 조합의 정관에는 다음 각 호의 사항이 포함되어야 한다. 〈개정 2023.12.26.〉
1. 조합의 명칭 및 사무소의 소재지
2. 조합원의 자격
3. 조합원의 제명 · 탈퇴 및 교체
4. 정비구역의 위치 및 면적
5. 제41조에 따른 조합의 임원(이하 "조합임원"이라 한다)

시 행 령

제38조【조합 정관에 정할 사항】 법 제40조제1항제18호에서 "대통령령으로 정하는 사항"이란 다음 각 호의 사항을 말한다.
1. 정비사업의 종류 및 명칭
2. 임원의 임기, 업무의 분담 및 대행 등에 관한 사항
3. 대의원회의 구성, 개회와 기능, 의결권의 행사방법 및 그 밖에 회의의 운영에 관한 사항

시 행 규 칙

는 지역 중 국토교통부령으로 정하는 기준을 충족하는 곳이어야 한다.

③ 국토교통부장관 또는 시 · 도지사는 제1항에 따라 투기과열지구를 지정하였을 때에는 지체 없이 이를 공고하고, 국토교통부장관은 그 투기과열지구를 관할하는 시장 · 군수 · 구청장에게, 특별시장, 광역시장 또는 도지사는 그 투기과열지구를 관할하는 시장, 군수 또는 구청장에게 각각 공고 내용을 통보하여야 한다. 이 경우 시장 · 군수 · 구청장은 사업주체로 하여금 입주자 모집공고 시 해당 주택건설 지역이 투기과열지구에 포함된 사실을 공고하게 하여야 한다. 투기과열지구 지정을 해제하는 경우에도 또한 같다.

④ 국토교통부장관 또는 시 · 도지사는 투기과열지구에서 제2항에 따른 지정 사유가 없어졌다고 인정하는 경우에는 지체 없이 투기과열지구 지정을 해제하여야 한다.

⑤ 제1항에 따라 국토교통부장관이 투기과열지구를 지정하거나 해제할 경우에는 미리 시 · 도지사의 의견을 듣고 그 의견에 대한 검토의견을 회신하여야 하며, 시 · 도지사가 투기과열지구를 지정하거나 해제할 경우에는 국토교통부장관과 협의하여야 한다. 〈개정 2018.3.13.〉

⑥ 국토교통부장관은 1년마다 주거정책심의위원회의 회의를 소집하여 투기과열지구로 지정된 지역별로 해당 지역의 주택가격 안정 여건의 변화 등을 고려하여 투기과열지구 지정의 유지 여부를 재검토하여야 한다. 이 경우 재검토 결과 투기과열지구 지정의 해제가 필요하다고 인정되는 경우에는 지체 없이 투기과열지구 지정을 해제하고 이를 공고하여야 한

법

의 수 및 업무의 범위
6. 조합임원의 권리 · 의무 · 보수 · 선임방법 · 변경 및 해임
7. 대의원의 수, 선임방법, 선임절차 및 대의원회의 의결방법
8. 조합의 비용부담 및 조합의 회계
9. 정비사업의 시행연도 및 시행방법
10. 총회의 소집 절차 · 시기 및 의결방법
11. 총회의 개최 및 조합원의 총회소집 요구
12. 제73조제3항에 따른 이자 지급
13. 정비사업비의 부담 시기 및 절차
14. 정비사업이 종결된 때의 청산절차(제86조의2에 따른 조합의 해산 이후 청산인의 보수 등 청산 업무에 필요한 사항을 포함한다.)
15. 청산금의 징수 · 지급의 방법 및 절차
16. 시공자 · 설계자의 선정 및 계약서에 포함될 내용
17. 정관의 변경절차
18. 그 밖에 정비사업의 추진 및 조합의 운영을 위하여 필요한 사항으로서 대통령령으로 정하는 사항

② 시 · 도지사는 제1항 각 호의 사항이 포함된 표준정관을 작성하여 보급할 수 있다. 〈개정 2019.4.23.〉

③ 조합이 정관을 변경하려는 경우에는 제35조제2항부터 제5항까지의 규정에도 불구하고 총회를 개최하여 조합원 과반수의 찬성으로 시장 · 군수등의 인가를 받아야 한다. 다만, 제1항제2호 · 제3호 · 제4호 · 제8호 · 제13호 또는 제16호의 경우에는 조합원 3분의 2 이상의 찬성으로 한다.

④ 제3항에도 불구하고 대통령령으로 정하는 경미한 사항을 변경하려는 때에는 이 법 또는 정관으로 정하는 방법에 따라 변경하고 시장 · 군수등에게 신고하여야 한다.

시 행 령

4. 법 제24조 및 제25조에 따른 정비사업의 공동시행에 관한 사항
5. 정비사업전문관리업자에 관한 사항
6. 정비사업의 시행에 따른 회계 및 계약에 관한 사항
7. 정비기반시설 및 공동이용시설의 부담에 관한 개략적인 사항
8. 공고 · 공람 및 통지의 방법
9. 토지 및 건축물 등에 관한 권리의 평가방법에 관한 사항
10. 법 제74조제1항에 따른 관리처분계획(이하 "관리처분계획"이라 한다) 및 청산(분할징수 또는 납입에 관한 사항을 포함한다)에 관한 사항
11. 사업시행계획서의 변경에 관한 사항
12. 조합의 합병 또는 해산에 관한 사항
13. 임대주택의 건설 및 처분에 관한 사항
14. 총회의 의결을 거쳐야 할 사항의 범위
15. 조합원의 권리 · 의무에 관한 사항
16. 조합직원의 채용 및 임원 중 상근(常勤)임원의 지정에 관한 사항과 직원 및 상근임원의 보수에 관한 사항
17. 그 밖에 시 · 도조례로 정하는 사항

제39조【정관의 경미한 변경사항】 법 제40조제4항에서 "대통령령으로 정하는 경미한 사항"이란 다음 각 호의 사항을 말한다. 〈개정 2019.6.18.〉

시 행 규 칙

다.

⑦ 투기과열지구로 지정된 지역의 시ㆍ도지사, 시장, 군수 또는 구청장은 투기과열지구 지정 후 해당 지역의 주택가격이 안정되는 등 지정 사유가 없어졌다고 인정되는 경우에는 국토교통부장관 또는 시ㆍ도지사에게 투기과열지구 지정의 해제를 요청할 수 있다.

⑧ 제7항에 따라 투기과열지구 지정의 해제를 요청받은 국토교통부장관 또는 시ㆍ도지사는 요청받은 날부터 40일 이내에 주거정책심의위원회의 심의를 거쳐 투기과열지구 지정의 해제 여부를 결정하여 그 투기과열지구를 관할하는 지방자치단체의 장에게 심의결과를 통보하여야 한다.

⑨ 국토교통부장관 또는 시ㆍ도지사는 제8항에 따른 심의결과 투기과열지구에서 그 지정 사유가 없어졌다고 인정될 때에는 지체 없이 투기과열지구 지정을 해제하고 이를 공고하여야 한다.

법	시 행 령	시 행 규 칙
	1. 법 제40조제1항제1호에 따른 조합의 명칭 및 사무소의 소재지에 관한 사항 2. 조합임원의 수 및 업무의 범위에 관한 사항 3. 삭제 〈2019. 6. 18.〉 4. 법 제40조제1항제10호에 따른 총회의 소집 절차 · 시기 및 의결방법에 관한 사항 5. 제38조제2호에 따른 임원의 임기, 업무의 분담 및 대행 등에 관한 사항 6. 제38조제3호에 따른 대의원회의 구성, 개회와 기능, 의결권의 행사방법, 그 밖에 회의의 운영에 관한 사항 7. 제38조제5호에 따른 정비사업전문관리업자에 관한 사항 8. 제38조제8호에 따른 공고 · 공람 및 통지의 방법에 관한 사항 9. 제38조제13호에 따른 임대주택의 건설 및 처분에 관한 사항 10. 제38조제14호에 따른 총회의 의결을 거쳐야 할 사항의 범위에 관한 사항 11. 제38조제16호에 따른 조합직원의 채용 및 임원 중 상근임원의 지정에 관한 사항과 직원 및 상근임원의 보수에 관한 사항 12. 착오 · 오기 또는 누락임이 명백한 사항 13. 법 제16조에 따른 정비구역 또는 정비계획의 변경에 따라 변경되어야 하는 사항 14. 그 밖에 시 · 도조례로 정하는 사항	
제41조 【조합의 임원】 ① 조합은 다음 각 호의 어느 하나의 요건을 갖춘 조합장 1명과 이사, 감사를 임원으로 둔다. 이 경우 조합장은 선임일부터 제74조제1항에 따른 관리처분계획인가를 받을 때까지는 해당 정비구역에서 거주(영업을 하는 자의 경우 영업을 말한다. 이하 이 조 및 제43조에서 같다)하여야 한다. 〈개정 2019.4.23.〉	**제40조 【조합임원의 수】** 법 제41조제1항에 따라 조합에 두는 이사의 수는 3명 이상으로 하고, 감사의 수는 1명 이상 3명 이하로 한다. 다만, 토지등소유자의 수가 100인을 초과하는 경우에는 이사의 수를 5명 이상으로 한다.	

법	시 행 령	시 행 규 칙
1. 정비구역에서 거주하고 있는 자로서 선임일 직전 3년 동안 정비구역 내 거주 기간이 1년 이상일 것 2. 정비구역에 위치한 건축물 또는 토지(재건축사업의 경우에는 건축물과 그 부속토지를 말한다)를 5년 이상 소유하고 있을 것 3. 삭제 〈2019.4.23.〉 ② 조합의 이사와 감사의 수는 대통령령으로 정하는 범위에서 정관으로 정한다. ③ 조합은 총회 의결을 거쳐 조합임원의 선출에 관한 선거관리를 「선거관리위원회법」 제3조에 따라 선거관리위원회에 위탁할 수 있다. ④ 조합임원의 임기는 3년 이하의 범위에서 정관으로 정하되, 연임할 수 있다. ⑤ 조합임원의 선출방법 등은 정관으로 정한다. 다만, 시장·군수등은 다음 각 호의 어느 하나에 해당하는 경우 시·도조례로 정하는 바에 따라 변호사·회계사·기술사 등으로서 대통령령으로 정하는 요건을 갖춘 자를 전문조합관리인으로 선정하여 조합임원의 업무를 대행하게 할 수 있다. 〈개정 2019.4.23.〉 1. 조합임원이 사임, 해임, 임기만료, 그 밖에 불가피한 사유 등으로 직무를 수행할 수 없는 때부터 6개월 이상 선임되지 아니한 경우 2. 총회에서 조합원 과반수의 출석과 출석 조합원 과반수의 동의로 전문조합관리인의 선정을 요청하는 경우 ⑥ 제5항에 따른 전문조합관리인의 선정절차, 업무집행 등에 필요한 사항은 대통령령으로 정한다. **제42조 【조합임원의 직무 등】** ① 조합장은 조합을 대표하	**제41조 【전문조합관리인의 선정】** ① 법 제41조제5항 단서에서 "대통령령으로 정하는 요건을 갖춘 자"란 다음 각 호의 어느 하나에 해당하는 사람을 말한다. 〈개정 2020. 2.18〉 1. 다음 각 목의 어느 하나에 해당하는 자격을 취득한 후 정비사업 관련 업무에 5년 이상 종사한 경력이 있는 사람 가. 변호사 나. 공인회계사 다. 법무사 라. 세무사 마. 건축사 바. 도시계획·건축분야의 기술사 사. 감정평가사 아. 행정사(일반행정사를 말한다. 이하 같다) 2. 조합임원으로 5년 이상 종사한 사람 3. 공무원 또는 공공기관의 임직원으로 정비사업 관련 업무	

법	시 행 령	시 행 규 칙
고, 그 사무를 총괄하며, 총회 또는 제46조에 따른 대의원회의 의장이 된다. ② 제1항에 따라 조합장이 대의원회의 의장이 되는 경우에는 대의원으로 본다. ③ 조합장 또는 이사가 자기를 위하여 조합과 계약이나 소송을 할 때에는 감사가 조합을 대표한다. ④ 조합임원은 같은 목적의 정비사업을 하는 다른 조합의 임원 또는 직원을 겸할 수 없다. **제43조【조합임원 등의 결격사유 및 해임】** ① 다음 각 호의 어느 하나에 해당하는 자는 조합임원 또는 전문조합관리인이 될 수 없다. 〈개정 2019.4.23., 2023.7.18.〉 1. 미성년자 · 피성년후견인 또는 피한정후견인 2. 파산선고를 받고 복권되지 아니한 자 3. 금고 이상의 실형을 선고받고 그 집행이 종료(종료된 것으로 보는 경우를 포함한다)되거나 집행이 면제된 날부터 2년이 경과되지 아니한 자 4. 금고 이상의 형의 집행유예를 받고 그 유예기간 중에 있는 자 5. 이 법을 위반하여 벌금 100만원 이상의 형을 선고받고 10년이 지나지 아니한 자 6. 제35조에 따른 조합설립 인가권자에 해당하는 지방자치단체의 장, 지방의회의원 또는 그 배우자 · 직계존속 · 직계비속 ② 조합임원이 다음 각 호의 어느 하나에 해당하는 경우에는 당연 퇴임한다. 〈개정 2019.4.23.〉 1. 제1항 각 호의 어느 하나에 해당하게 되거나 선임 당시 그에 해당하는 자이었음이 판명된 경우	에 5년 이상 종사한 사람 4. 정비사업전문관리업자에 소속되어 정비사업 관련 업무에 10년 이상 종사한 사람 5. 「건설산업기본법」 제2조제7호에 따른 건설사업자에 소속되어 정비사업 관련 업무에 10년 이상 종사한 사람 6. 제1호부터 제5호까지의 경력을 합산한 경력이 5년 이상인 사람. 이 경우 같은 시기의 경력은 중복하여 계산하지 아니하며, 제4호 및 제5호의 경력은 2분의 1만 포함하여 계산한다. ② 시장 · 군수등은 법 제41조제5항 단서에 따른 전문조합관리인(이하 "전문조합관리인"이라 한다)의 선정이 필요하다고 인정하거나 조합원(추진위원회의 경우에는 토지등소유자를 말한다. 이하 이 조에서 같다) 3분의 1 이상이 전문조합관리인의 선정을 요청하면 공개모집을 통하여 전문조합관리인을 선정할 수 있다. 이 경우 조합 또는 추진위원회의 의견을 들어야 한다. ③ 전문조합관리인은 선임 후 6개월 이내에 법 제115조에 따른 교육을 60시간 이상 받아야 한다. 다만, 선임 전 최근 3년 이내에 해당 교육을 60시간 이상 받은 경우에는 그러하지 아니하다. ④ 전문조합관리인의 임기는 3년으로 한다.	

법	시 행 령	시 행 규 칙
2. 조합임원이 제41조제1항에 따른 자격요건을 갖추지 못한 경우 ③ 제2항에 따라 퇴임된 임원이 퇴임 전에 관여한 행위는 그 효력을 잃지 아니한다. ④ 조합임원은 제44조제2항에도 불구하고 조합원 10분의 1 이상의 요구로 소집된 총회에서 조합원 과반수의 출석과 출석 조합원 과반수의 동의를 받아 해임할 수 있다. 이 경우 요구자 대표로 선출된 자가 해임 총회의 소집 및 진행을 할 때에는 조합장의 권한을 대행한다. ⑤ 제41조제5항제2호에 따라 시장·군수등이 전문조합관리인을 선정한 경우 전문조합관리인이 업무를 대행할 임원은 당연 퇴임한다. 〈신설 2019.4.23.〉 [제목개정 2019.4.23.]		
제43조의2【벌금형의 분리 선고】 「형법」 제38조에도 불구하고 이 법 제135조부터 제138조까지에 규정된 죄와 다른 죄의 경합범(競合犯)에 대하여 벌금형을 선고하는 경우에는 이를 분리하여 선고하여야 한다. [본조신설 2021.8.10.]		
제44조【총회의 소집】 ① 조합에는 조합원으로 구성되는 총회를 둔다. ② 총회는 조합장이 직권으로 소집하거나 조합원 5분의 1 이상(정관의 기재사항 중 제40조제1항제6호에 따른 조합임원의 권리·의무·보수·선임방법·변경 및 해임에 관한 사항을 변경하기 위한 총회의 경우는 10분의 1 이상으로 한다) 또는 대의원 3분의 2 이상의 요구로 조합장이 소집하며, 조합원 또는 대의원의 요구로 총회를 소집하는 경우 조합	**제41조의2【총회의 소집】** 법 제44조제2항에서 "대통령령으로 정하는 기준"이란 다음 각 호와 같다. 1. 총회의 소집을 요구하는 조합원 또는 대의원은 요구서에 성명을 적고 서명 또는 지장날인을 하며, 주민등록증, 여권 등 신원을 확인할 수 있는 신분증명서의 사본을 첨부할 것 2. 제1호에도 불구하고 총회의 소집을 요구하는 조합원 또는 대의원이 해외에 장기체류하는 등 불가피한 사유가 있	

법	시 행 령	시 행 규 칙
은 소집을 요구하는 자가 본인인지 여부를 대통령령으로 정하는 기준에 따라 정관으로 정하는 방법으로 확인하여야 한다.〈개정 2019.4.23., 2023.7.18.〉 ③ 제2항에도 불구하고 조합임원의 사임, 해임 또는 임기만료 후 6개월 이상 조합임원이 선임되지 아니한 경우에는 시장·군수등이 조합임원 선출을 위한 총회를 소집할 수 있다. ④ 제2항 및 제3항에 따라 총회를 소집하려는 자는 총회가 개최되기 7일 전까지 회의 목적·안건·일시 및 장소와 제45조제5항(→제6항 및 제8항)에 따른 서면의결권(→의결권)의 행사기간 및 장소 등 서면의결권(→의결권) 행사에 필요한 사항을 정하여 조합원에게 통지하여야 한다.〈개정 2021.8.10., 2024.12.3./시행 2025.6.4.〉 ⑤ 총회의 소집 절차·시기 등에 필요한 사항은 정관으로 정한다. **제44조의2【온라인총회】** ① 조합은 총회의 의결을 거쳐 제44조에 따른 총회와 병행하여 「정보통신망 이용촉진 및 정보보호 등에 관한 법률」 제2조제1항제1호에 따른 정보통신망을 이용한 총회(이하 "온라인총회"라 한다)를 개최하여 조합원이 참석하게 할 수 있다. 다만, 「재난 및 안전관리 기본법」 제3조제1호에 따른 재난의 발생 등 대통령령으로 정하는 사유가 발생하여 시장·군수등이 조합원의 직접 출석이 어렵다고 인정하는 경우에는 온라인총회를 단독으로 개최할 수 있다. ② 제1항에 따른 온라인총회는 다음 각 호의 요건을 모두 갖추어 개최하여야 한다. 이 경우 정족수를 산정할 때에는 직접 출석한 것으로 본다. 1. 온라인총회에 참석한 조합원이 본인인지 여부를 확인할	다고 인정되는 경우에는 해당 조합원 또는 대의원의 인감도장을 찍은 요구서에 해당 인감증명서를 첨부할 것 [본조신설 2023.12.5.]	

법	시 행 령	시 행 규 칙
수 있을 것 2. 온라인총회에 참석한 조합원의 접속 기록 등이 보관되어 실제 참석 여부를 확인·관리할 수 있을 것 3. 그 밖에 원활한 의견의 청취·제시 등을 위하여 대통령령으로 정하는 기준에 부합할 것 ③ 그 밖에 온라인총회의 개최 방법 및 절차에 관하여 필요한 사항은 대통령령으로 정한다. [본조신설 2024.12.3./시행 2025.12.4.]		
제45조【총회의 의결】 ① 다음 각 호의 사항은 총회의 의결을 거쳐야 한다. 〈개정 2019.4.23., 2020.4.7., 2021.3.16., 2022.6.10.〉 1. 정관의 변경(제40조제4항에 따른 경미한 사항의 변경은 이 법 또는 정관에서 총회의결사항으로 정한 경우로 한정한다) 2. 자금의 차입과 그 방법·이자율 및 상환방법 3. 정비사업비의 세부 항목별 사용계획이 포함된 예산안 및 예산의 사용내역 4. 예산으로 정한 사항 외에 조합원에게 부담이 되는 계약 5. 시공자·설계자 및 감정평가법인등(제74조제2항에 따라 시장·군수등이 선정·계약하는 감정평가법인등은 제외한다)의 선정 및 변경. 다만, 감정평가법인등 선정 및 변경은 총회의 의결을 거쳐 시장·군수등에게 위탁할 수 있다. 6. 정비사업전문관리업자의 선정 및 변경 7. 조합임원의 선임 및 해임 8. 정비사업비의 조합원별 분담내역 9. 제52조에 따른 사업시행계획서의 작성 및 변경(제50조	**제42조【총회의 의결】** ① 법 제45조제1항제13호에 따라 총회의 의결을 거쳐야 하는 사항은 다음 각 호와 같다. 1. 조합의 합병 또는 해산에 관한 사항 2. 대의원의 선임 및 해임에 관한 사항 3. 건설되는 건축물의 설계 개요의 변경 4. 정비사업비의 변경 ② 법 제45조제7항 단서에서 "창립총회, 사업시행계획서의 작성 및 변경, 관리처분계획의 수립 및 변경을 의결하는 총회 등 대통령령으로 정하는 총회"란 다음 각 호의 어느 하나에 해당하는 총회를 말한다.〈개정 2021.11.11., 2023. 12.5.〉 1. 창립총회 1의2. 시공자 선정 취소를 위한 총회 2. 사업시행계획서의 작성 및 변경을 위하여 개최하는 총회 3. 관리처분계획의 수립 및 변경을 위하여 개최하는 총회 4. 정비사업비의 사용 및 변경을 위하여 개최하는 총회 ③ 법 제45조제8항 전단에서 "「재난 및 안전관리 기본법」 제3조제1호에 따른 재난의 발생 등 대통령령으로 정하는 사	

법	시 행 령	시 행 규 칙
제1항 본문에 따른 정비사업의 중지 또는 폐지에 관한 사항을 포함하며, 같은 항 단서에 따른 경미한 변경은 제외한다) 10. 제74조에 따른 관리처분계획의 수립 및 변경(제74조제1항 각 호 외의 부분 단서에 따른 경미한 변경은 제외한다) 10의2. 제86조의2에 따른 조합의 해산과 조합 해산 시의 회계보고 11. 제89조에 따른 청산금의 징수 · 지급(분할징수 · 분할지급을 포함한다) 12. 제93조에 따른 비용의 금액 및 징수방법 13. 그 밖에 조합원에게 경제적 부담을 주는 사항 등 주요한 사항을 결정하기 위하여 대통령령 또는 정관으로 정하는 사항 ② 제1항 각 호의 사항 중 이 법 또는 정관에 따라 조합원의 동의가 필요한 사항은 총회에 상정하여야 한다. ③ 총회의 의결은 이 법 또는 정관에 다른 규정이 없으면 조합원 과반수의 출석과 출석 조합원의 과반수 찬성으로 한다. ④ 제1항제9호 및 제10호의 경우에는 조합원 과반수의 찬성으로 의결한다. 다만, 정비사업비가 100분의 10(생산자물가상승률분, 제73조에 따른 손실보상 금액은 제외한다) 이상 늘어나는 경우에는 조합원 3분의 2 이상의 찬성으로 의결하여야 한다. ⑤ 조합원은 서면으로 의결권을 행사하거나 다음 각 호의 어느 하나에 해당하는 경우에는 대리인을 통하여 의결권을 행사할 수 있다. 서면으로 의결권을 행사하는 경우에는 정족수를 산정할 때에 출석한 것으로 본다.	유"란 다음 각 호의 사유를 말한다.〈신설 2021.11.11〉 1. 「재난 및 안전관리 기본법」 제3조제1호에 따른 재난의 발생 2. 「감염병의 예방 및 관리에 관한 법률」 제49조제1항제2호에 따른 집합 제한 또는 금지 조치 [제목개정 2021.11.11]	

법	시 행 령	시 행 규 칙
1. 조합원이 권한을 행사할 수 없어 배우자, 직계존비속 또는 형제자매 중에서 성년자를 대리인으로 정하여 위임장을 제출하는 경우 2. 해외에 거주하는 조합원이 대리인을 지정하는 경우 3. 법인인 토지등소유자가 대리인을 지정하는 경우. 이 경우 법인의 대리인은 조합임원 또는 대의원으로 선임될 수 있다. ⑥ 조합은 제5항에 따른 서면의결권을 행사하는 자가 본인인지를 확인하여야 한다. 〈신설 2021.8.10.〉 ⑥ 제5항에도 불구하고 조합원은 다음 각 호의 요건을 모두 충족한 경우에는 전자적 방법(「전자문서 및 전자거래 기본법」 제2조제2호에 따른 정보처리시스템을 사용하거나 그 밖의 정보통신기술을 이용하는 방법을 말한다. 이하 같다)으로 의결권을 행사할 수 있다. 이 경우 정족수를 산정할 때에 출석한 것으로 본다. 〈신설 2024.12.3./시행 2025.12.4.〉 1. 조합원이 전자적 방법 외에 제5항에 따른 방법으로도 의결권을 행사할 수 있게 할 것 2. 의결권의 행사 방법에 따른 결과가 각각 구분되어 확인·관리할 수 있을 것 3. 그 밖에 전자적 방법을 통한 의결권의 투명한 행사 등을 위하여 대통령령으로 정하는 기준에 부합할 것 ⑦ 조합은 조합원의 참여를 확대하기 위하여 조합원이 전자적 방법을 우선적으로 이용하도록 노력하여야 한다. 〈신설 2024.12.3./시행 2025.12.4.〉 ⑧ 제6항제1호에도 불구하고 제44조의2제1항 단서에 해당하는 경우에는 전자적 방법만으로 의결권을 행사할 수 있다. 〈신설 2024.12.3./시행 2025.12.4.〉		

법	시 행 령	시 행 규 칙
⑨ 조합은 제5항, 제6항 및 제8항에 따라 서면 또는 전자적 방법으로 의결권을 행사하는 자가 본인인지를 확인하여야 한다. 〈신설 2021.8.10, 2024.12.3./시행 2025.12.4.〉 ⑦(→⑩) 총회의 의결은 조합원의 100분의 10 이상이 직접 출석(제5항 각 호의 어느 하나에 해당하여 대리인을 통하여(→에 따라 대리인을 통하거나 제6항 또는 제8항에 따라 전자적 방법으로) 의결권을 행사하는 경우 직접 출석한 것으로 본다. 이하 이 조에서 같다)하여야 한다. 다만, 시공자의 선정을 의결하는 총회의 경우에는 조합원의 과반수가 직접 출석하여야 하고, 창립총회, 시공자 선정 취소를 위한 총회, 사업시행계획서의 작성 및 변경, 관리처분계획의 수립 및 변경을 의결하는 총회 등 대통령령으로 정하는 총회의 경우에는 조합원의 100분의 20 이상이 직접 출석하여야 한다. 〈개정 2021.8.10., 2023.7.18., 2024.12.3./시행 2025.12.4. 〉 ⑧ 제5항에도 불구하고 「재난 및 안전관리 기본법」 제3조제1호에 따른 재난의 발생 등 대통령령으로 정하는 사유가 발생하여 시장 · 군수등이 조합원의 직접 출석이 어렵다고 인정하는 경우에는 전자적 방법(「전자문서 및 전자거래 기본법」 제2조제2호에 따른 정보처리시스템을 사용하거나 그 밖의 정보통신기술을 이용하는 방법을 말한다)으로 의결권을 행사할 수 있다. 이 경우 정족수를 산정할 때에는 직접 출석한 것으로 본다. 〈신설 2021.8.10.〉 ⑨(→⑪) 총회의 의결방법, 서면의결권(→서면 또는 전자적 방법에 따른 의결권) 행사 및 본인확인방법 등에 필요한 사항은 정관으로 정한다. 〈개정 2021.8.10., 2024.12.3./시행 2025.12.4.〉		

법	시 행 령	시 행 규 칙
제46조【대의원회】 ① 조합원의 수가 100명 이상인 조합은 대의원회를 두어야 한다. ② 대의원회는 조합원의 10분의 1 이상으로 구성한다. 다만, 조합원의 10분의 1이 100명을 넘는 경우에는 조합원의 10분의 1의 범위에서 100명 이상으로 구성할 수 있다. ③ 조합장이 아닌 조합임원은 대의원이 될 수 없다. ④ 대의원회는 총회의 의결사항 중 대통령령으로 정하는 사항 외에는 총회의 권한을 대행할 수 있다. ⑤ 대의원의 수, 선임방법, 선임절차 및 대의원회의 의결방법 등은 대통령령으로 정하는 범위에서 정관으로 정한다.	**제43조【대의원회가 총회의 권한을 대행할 수 없는 사항】** 법 제46조제4항에서 "대통령령으로 정하는 사항"이란 다음 각 호의 사항을 말한다. 〈개정 2022.1.21., 2022.12.9.〉 1. 법 제45조제1항제1호에 따른 정관의 변경에 관한 사항(법 제40조제4항에 따른 경미한 사항의 변경은 법 또는 정관에서 총회의결사항으로 정한 경우로 한정한다) 2. 법 제45조제1항제2호에 따른 자금의 차입과 그 방법 · 이자율 및 상환방법에 관한 사항 3. 법 제45조제1항제4호에 따른 예산으로 정한 사항 외에 조합원에게 부담이 되는 계약에 관한 사항 4. 법 제45조제1항제5호에 따른 시공자 · 설계자 또는 감정평가법인등(법 제74조제4항에 따라 시장 · 군수등이 선정 · 계약하는 감정평가법인은 제외한다)의 선정 및 변경에 관한 사항 5. 법 제45조제1항제6호에 따른 정비사업전문관리업자의 선정 및 변경에 관한 사항 6. 법 제45조제1항제7호에 따른 조합임원의 선임 및 해임과 제42조제1항제2호에 따른 대의원의 선임 및 해임에 관한 사항. 다만, 정관으로 정하는 바에 따라 임기중 궐위된 자(조합장은 제외한다)를 보궐선임하는 경우를 제외한다. 7. 법 제45조제1항제9호에 따른 사업시행계획서의 작성 및 변경에 관한 사항(법 제50조제1항 본문에 따른 정비사업의 중지 또는 폐지에 관한 사항을 포함하며, 같은 항 단서에 따른 경미한 변경은 제외한다) 8. 법 제45조제1항제10호에 따른 관리처분계획의 수립 및 변경에 관한 사항(법 제74조제1항 각 호 외의 부분 단서에 따른 경미한 변경은 제외한다) 9. 법 제45조제2항에 따라 총회에 상정하여야 하는 사항	

법	시 행 령	시 행 규 칙
	10. 제42조제1항제1호에 따른 조합의 합병 또는 해산에 관한 사항. 다만, 사업완료로 인한 해산의 경우는 제외한다. 11. 제42조제1항제3호에 따른 건설되는 건축물의 설계 개요의 변경에 관한 사항 12. 제42조제1항제4호에 따른 정비사업비의 변경에 관한 사항 **제44조【대의원회】** ① 대의원은 조합원 중에서 선출한다. ② 대의원의 선임 및 해임에 관하여는 정관으로 정하는 바에 따른다. ③ 대의원의 수는 법 제46조제2항에 따른 범위에서 정관으로 정하는 바에 따른다. ④ 대의원회는 조합장이 필요하다고 인정하는 때에 소집한다. 다만, 다음 각 호의 어느 하나에 해당하는 때에는 조합장은 해당일부터 14일 이내에 대의원회를 소집하여야 한다. 1. 정관으로 정하는 바에 따라 소집청구가 있는 때 2. 대의원의 3분의 1 이상(정관으로 달리 정한 경우에는 그에 따른다)이 회의의 목적사항을 제시하여 청구하는 때 ⑤ 제4항 각 호의 어느 하나에 따른 소집청구가 있는 경우로서 조합장이 제4항 각 호 외의 부분 단서에 따른 기간내에 정당한 이유 없이 대의원회를 소집하지 아니한 때에는 감사가 지체 없이 이를 소집하여야 하며, 감사가 소집하지 아니하는 때에는 제4항 각 호에 따라 소집을 청구한 사람의 대표가 소집한다. 이 경우 미리 시장 · 군수등의 승인을 받아야 한다. ⑥ 제5항에 따라 대의원회를 소집하는 경우에는 소집주체에 따라 감사 또는 제4항 각 호에 따라 소집을 청구한 사람의 대표가 의장의 직무를 대행한다.	

⑦ 대의원회의 소집은 집회 7일 전까지 그 회의의 목적·안건·일시 및 장소를 기재한 서면을 대의원에게 통지하는 방법에 따른다. 이 경우 정관으로 정하는 바에 따라 대의원회의 소집내용을 공고하여야 한다.
⑧ 대의원회는 재적대의원 과반수의 출석과 출석대의원 과반수의 찬성으로 의결한다. 다만, 그 이상의 범위에서 정관으로 달리 정하는 경우에는 그에 따른다.
⑨ 대의원회는 제7항 전단에 따라 사전에 통지한 안건만 의결할 수 있다. 다만, 사전에 통지하지 아니한 안건으로서 대의원회의 회의에서 정관으로 정하는 바에 따라 채택된 안건의 경우에는 그러하지 아니하다.
⑩ 특정한 대의원의 이해와 관련된 사항에 대해서는 그 대의원은 의결권을 행사할 수 없다.

제47조 【주민대표회의】 ① 토지등소유자가 시장·군수등 또는 토지주택공사등의 사업시행을 원하는 경우에는 정비구역 지정·고시 후 주민대표기구(이하 "주민대표회의"라 한다)를 구성하여야 한다. 다만, 제26조제4항에 따라 협약등이 체결된 경우에는 정비구역 지정·고시 이전에 주민대표회의를 구성할 수 있다. 〈개정 2024.12.3./시행 2025.6.4.〉
② 주민대표회의는 위원장을 포함하여 5명 이상 25명 이하로 구성한다.
③ 주민대표회의는 토지등소유자의 과반수의 동의를 받아 구성하며, 국토교통부령으로 정하는 방법 및 절차에 따라 시장·군수등의 승인을 받아야 한다.
④ 제3항에 따라 주민대표회의의 구성에 동의한 자는 제26조제1항제8호 후단에 따른 사업시행자의 지정에 동의한 것으로 본다. 다만, 사업시행자의 지정 요청 전에 시장·군수등

제45조 【주민대표회의】 ① 법 제47조제1항에 따른 주민대표회의(이하 "주민대표회의"라 한다)에는 위원장과 부위원장 각 1명과 1명 이상 3명 이하의 감사를 둔다
② 법 제47조제5항제6호에서 "대통령령으로 정하는 사항"이란 다음 각 호의 사항을 말한다. 〈개정 2022.12.9.〉
1. 법 제29조제2항에 따른 시공자의 추천
2. 다음 각 목의 변경에 관한 사항
  가. 법 제47조제5항제1호에 따른 건축물의 철거
  나. 법 제47조제5항제2호에 따른 주민의 이주(세입자의 퇴거에 관한 사항을 포함한다)
  다. 법 제47조제5항제3호에 따른 토지 및 건축물의 보상(세입자에 대한 주거이전비 등 보상에 관한 사항을 포함한다)
  라. 법 제47조제5항제4호에 따른 정비사업비의 부담

제9조 【주민대표회의의 구성승인 신청 등】 법 제47조제1항에 따른 주민대표회의(이하 "주민대표회의"라 한다)를 구성하여 승인을 받으려는 토지등소유자는 별지 제7호서식의 주민대표회의 승인신청서(전자문서로 된 신청서를 포함한다)에 다음 각 호의 서류(전자문서를 포함한다)를 첨부하여 시장·군수등에게 제출하여야 한다.
1. 영 제45조제4항에 따라 주민대표회의가 정하는 운영규정
2. 토지등소유자의 주민대표회의 구성 동의서
3. 주민대표회의의 위원장·부위원장 및

법

및 주민대표회의에 사업시행자의 지정에 대한 반대의 의사표시를 한 토지등소유자의 경우에는 그러하지 아니하다.

⑤ 주민대표회의 또는 세입자(상가세입자를 포함한다. 이하 같다)는 사업시행자가 다음 각 호의 사항에 관하여 제53조에 따른 시행규정을 정하는 때에 의견을 제시할 수 있다. 이 경우 사업시행자는 주민대표회의 또는 세입자의 의견을 반영하기 위하여 노력하여야 한다.

1. 건축물의 철거
2. 주민의 이주(세입자의 퇴거에 관한 사항을 포함한다)
3. 토지 및 건축물의 보상(세입자에 대한 주거이전비 등 보상에 관한 사항을 포함한다)
4. 정비사업비의 부담
5. 세입자에 대한 임대주택의 공급 및 입주자격
6. 그 밖에 정비사업의 시행을 위하여 필요한 사항으로서 대통령령으로 정하는 사항

⑥ 주민대표회의의 운영, 비용부담, 위원의 선임 방법 및 절차 등에 필요한 사항은 대통령령으로 정한다.

제48조【토지등소유자 전체회의】 ① 제27조제1항제3호에 따라 사업시행자로 지정된 신탁업자는 다음 각 호의 사항에 관하여 해당 정비사업의 토지등소유자(재건축사업의 경우에는 신탁업자를 사업시행자로 지정하는 것에 동의한 토지등소유자를 말한다. 이하 이 조에서 같다) 전원으로 구성되는 회의(이하 "토지등소유자 전체회의"라 한다)의 의결을 거쳐야 한다.

1. 시행규정의 확정 및 변경
2. 정비사업비의 사용 및 변경
3. 정비사업전문관리업자와의 계약 등 토지등소유자의 부담이 될 계약

시행령

3. 관리처분계획 및 청산에 관한 사항(법 제23조제1항제1호부터 제3호까지의 방법으로 시행하는 주거환경개선사업은 제외한다)
4. 제3호에 따른 사항의 변경에 관한 사항

③ 시장 · 군수등 또는 토지주택공사등은 주민대표회의의 운영에 필요한 경비의 일부를 해당 정비사업비에서 지원할 수 있다.

④ 주민대표회의의 위원의 선출 · 교체 및 해임, 운영방법, 운영비용의 조달 그 밖에 주민대표회의의 운영에 필요한 사항은 주민대표회의가 정한다.

시행규칙

감사의 주소 및 성명

4. 주민대표회의 위원장 · 부위원장 및 감사의 선임을 증명하는 서류
5. 토지등소유자의 명부

법	시 행 령	시 행 규 칙
4. 시공자의 선정 및 변경 5. 정비사업비의 토지등소유자별 분담내역 6. 자금의 차입과 그 방법 · 이자율 및 상환방법 7. 제52조에 따른 사업시행계획서의 작성 및 변경(제50조제1항 본문에 따른 정비사업의 중지 또는 폐지에 관한 사항을 포함하며, 같은 항 단서에 따른 경미한 변경은 제외한다) 8. 제74조에 따른 관리처분계획의 수립 및 변경(제74조제1항 각 호 외의 부분 단서에 따른 경미한 변경은 제외한다) 9. 제89조에 따른 청산금의 징수 · 지급(분할징수 · 분할지급을 포함한다)과 조합 해산 시의 회계보고 10. 제93조에 따른 비용의 금액 및 징수방법 11. 그 밖에 토지등소유자에게 부담이 되는 것으로 시행규정으로 정하는 사항 ② 토지등소유자 전체회의는 사업시행자가 직권으로 소집하거나 토지등소유자 5분의 1 이상의 요구로 사업시행자가 소집한다. ③ 토지등소유자 전체회의의 소집 절차 · 시기 및 의결방법 등에 관하여는 제44조제5항, 제45조제3항 · 제4항 · 제7항 및 제9항(→4조의2 및 제45조제3항부터 제11항까지를)을 준용한다. 이 경우 "총회"는 "토지등소유자 전체회의"로, "정관"은 "시행규정"으로, "조합원"은 "토지등소유자"로 본다. 〈개정 2021.8.10., 2024.12.3./시행 2025.6.4.〉 **제49조【민법의 준용】** 조합에 관하여는 이 법에 규정된 사항을 제외하고는 「민법」 중 사단법인에 관한 규정을 준용한다. 제3절 사업시행계획 등	 제3절 사업시행계획 등	

법

제50조【사업시행계획인가】 ① 사업시행자(제25조제1항 및 제2항에 따른 공동시행의 경우를 포함하되, 사업시행자가 시장 · 군수등인 경우는 제외한다)는 정비사업을 시행하려는 경우에는 제52조에 따른 사업시행계획서(이하 "사업시행계획서"라 한다)에 정관등과 그 밖에 국토교통부령으로 정하는 서류를 첨부하여 시장 · 군수등에게 제출하고 사업시행계획인가를 받아야 하고, 인가받은 사항을 변경하거나 정비사업을 중지 또는 폐지하려는 경우에도 또한 같다. 다만, 대통령령으로 정하는 경미한 사항을 변경하려는 때에는 시장 · 군수등에게 신고하여야 한다.

② 시장 · 군수등은 제1항 단서에 따른 신고를 받은 날부터 20일 이내에 신고수리 여부를 신고인에게 통지하여야 한다. 〈신설 2021.3.16〉

③ 시장 · 군수등이 제2항에서 정한 기간 내에 신고수리 여부 또는 민원 처리 관련 법령에 따른 처리기간의 연장을 신고인에게 통지하지 아니하면 그 기간(민원 처리 관련 법령에 따라 처리기간이 연장 또는 재연장된 경우에는 해당 처리기간을 말한다)이 끝난 날의 다음 날에 신고를 수리한 것으로 본다. 〈신설 2021.3.16〉

④ 시장 · 군수등은 특별한 사유가 없으면 제1항에 따라 사업시행계획서의 제출이 있은 날부터 60일 이내에 인가 여부를 결정하여 사업시행자에게 통보하여야 한다. 〈개정 2021.3.16〉

⑤ 사업시행자(시장 · 군수등 또는 토지주택공사등은 제외한다)는 사업시행계획인가를 신청하기 전에 미리 총회의 의결을 거쳐야 하며, 인가받은 사항을 변경하거나 정비사업을 중지 또는 폐지하려는 경우에도 또한 같다. 다만, 제1항 단서에 따른 경미한 사항의 변경은 총회의 의결을 필요로 하

시행령

제46조【사업시행계획인가의 경미한 변경】 법 제50조제1항 단서에서 "대통령령으로 정하는 경미한 사항을 변경하려는 때"란 다음 각 호의 어느 하나에 해당하는 때를 말한다. 〈개정 2020.6.23., 2024.12.17.〉

1. 정비사업비를 10퍼센트의 범위에서 변경하거나 관리처분계획의 인가에 따라 변경하는 때. 다만, 「주택법」 제2조제5호에 따른 국민주택을 건설하는 사업인 경우에는 「주택도시기금법」에 따른 주택도시기금의 지원금액이 증가되지 아니하는 경우만 해당한다.
2. 건축물이 아닌 부대시설 · 복리시설의 설치규모를 확대하는 때(위치가 변경되는 경우는 제외한다)
3. 대지면적을 10퍼센트의 범위에서 변경하는 때
4. 세대수와 세대당 주거전용면적을 변경하지 않고 세대당 주거전용면적의 10퍼센트의 범위에서 세대 내부구조의 위치 또는 면적을 변경하는 때
5. 내장재료 또는 외장재료를 변경하는 때
6. 사업시행계획인가의 조건으로 부과된 사항의 이행에 따라 변경하는 때
7. 건축물의 설계와 용도별 위치를 변경하지 아니하는 범위에서 건축물의 배치 및 주택단지 안의 도로선형을 변경하는 때
8. 「건축법 시행령」 제12조제3항 각 호의 어느 하나에 해당하는 사항을 변경하는 때
9. 사업시행자의 명칭 또는 사무소 소재지를 변경하는 때
10. 정비구역 또는 정비계획의 변경에 따라 사업시행계획서를 변경하는 때
11. 법 제35조제5항 본문에 따른 조합설립변경 인가에 따라 사업시행계획서를 변경하는 때

시행규칙

제10조【사업시행계획인가의 신청 및 고시】 ① 법 제50조제1항 본문에 따라 사업시행자(법 제25조제1항 및 제2항에 따른 공동시행의 경우를 포함하되, 사업시행자가 시장 · 군수등인 경우를 제외하며, 사업시행자가 둘 이상인 경우에는 그 대표자를 말한다. 이하 같다)가 사업시행계획인가(변경 · 중지 또는 폐지인가를 포함한다)를 신청하려는 경우 신청서(전자문서로 된 신청서를 포함한다)는 별지 제8호서식에 따른다.

② 법 제50조제1항 본문에서 "국토교통부령으로 정하는 서류"란 다음 각 호의 구분에 따른 서류(전자문서를 포함한다)를 말한다.

1. 사업시행계획인가: 다음 각 목의 서류
   가. 총회의결서 사본. 다만, 법 제25조제1항제2호에 따라 토지등소유자가 재개발사업을 시행하는 경우 또는 법 제27조에 따라 지정개발자를 사업시행자로 지정한 경우에는 토지등소유자의 동의서 및 토지등소유자의 명부를 첨부한다.
   나. 법 제52조에 따른 사업시행계획서
   다. 법 제57조제3항에 따라 제출하여야 하는 서류

법	시 행 령	시 행 규 칙
지 아니한다. 〈개정 2021.3.16〉 ⑥ 토지등소유자가 제25조제1항제2호에 따라 재개발사업을 시행하려는 경우에는 사업시행계획인가를 신청하기 전에 사업시행계획서에 대하여 토지등소유자의 4분의 3 이상 및 토지면적의 2분의 1 이상의 토지소유자의 동의를 받아야 한다. 다만, 인가받은 사항을 변경하려는 경우에는 규약으로 정하는 바에 따라 토지등소유자의 과반수의 동의를 받아야 하며, 제1항 단서에 따른 경미한 사항의 변경인 경우에는 토지등소유자의 동의를 필요로 하지 아니한다. 〈개정 2021.3.16〉 ⑦ 지정개발자가 정비사업을 시행하려는 경우에는 사업시행계획인가를 신청하기 전에 토지등소유자의 과반수의 동의 및 토지면적의 2분의 1 이상의 토지소유자의 동의를 받아야 한다. 다만, 제1항 단서에 따른 경미한 사항의 변경인 경우에는 토지등소유자의 동의를 필요로 하지 아니한다. 〈개정 2021.3.16〉 ⑧ 제26조제1항제1호 및 제27조제1항제1호에 따른 사업시행자는 제7항에도 불구하고 토지등소유자의 동의를 필요로 하지 아니한다. 〈개정 2021.3.16〉 ⑨ 시장·군수등은 제1항에 따른 사업시행계획인가(시장·군수등이 사업시행계획서를 작성한 경우를 포함한다)를 하거나 정비사업을 변경·중지 또는 폐지하는 경우에는 국토교통부령으로 정하는 방법 및 절차에 따라 그 내용을 해당 지방자치단체의 공보에 고시하여야 한다. 다만, 제1항 단서에 따른 경미한 사항을 변경하려는 경우에는 그러하지 아니하다. 〈개정 2021.3.16.〉 **제50조의2【사업시행계획의 통합심의】** ① 정비구역의 지	11의2. 계산 착오, 오기, 누락이나 이에 준하는 명백한 오류에 해당하는 사항을 정정하는 때 11의3. 사업시행기간을 단축하거나 연장하는 때. 다만, 법 제73조제1항 각 호에 해당하는 자가 소유하는 토지 또는 건축물(토지 또는 건축물의 소유자가 국가나 지방자치단체인 경우는 제외한다)의 취득이 완료되기 전에 사업시행기간을 연장하는 때는 제외한다. 12. 그 밖에 시·도조례로 정하는 사항을 변경하는 때 **제46조의2【통합심의위원회의 구성】** ① 법 제50조의2제3	라. 법 제63조에 따른 수용 또는 사용할 토지 또는 건축물의 명세 및 소유권 외의 권리의 명세서(재건축사업의 경우에는 법 제26조제1항제1호 및 제27조제1항제1호에 해당하는 사업을 시행하는 경우로 한정한다) 2. 사업시행계획 변경·중지 또는 폐지인가: 다음 각 목의 서류 가. 제1호다목의 서류 나. 변경·중지 또는 폐지의 사유 및 내용을 설명하는 서류 ③ 시장·군수등은 법 제50조제7항에 따라 같은 조 제1항에 따른 사업시행계획인가(시장·군수등이 사업시행계획서를 작성한 경우를 포함한다)를 하거나 그 정비사업을 변경·중지 또는 폐지하는 경우에는 다음 각 호의 구분에 따른 사항을 해당 지방자치단체의 공보에 고시하여야 한다. 1. 사업시행계획인가: 다음 각 목의 사항 가. 정비사업의 종류 및 명칭 나. 정비구역의 위치 및 면적 다. 사업시행자의 성명 및 주소(법인인 경우에는 법인의 명칭 및 주된 사무소의 소재지와 대표자의 성명 및 주소를 말한다. 이하 같다)

법

정권자는 사업시행계획인가와 관련된 다음 각 호 중 둘 이상의 심의가 필요한 경우에는 이를 통합하여 검토 및 심의(이하 "통합심의"라 한다)하여야 한다.〈개정 2025.1.31./시행 2025.5.1.〉

1. 「건축법」에 따른 건축물의 건축 및 특별건축구역의 지정 등에 관한 사항
2. 「경관법」에 따른 경관 심의에 관한 사항
3. 「교육환경 보호에 관한 법률」에 따른 교육환경평가
4. 「국토의 계획 및 이용에 관한 법률」에 따른 도시·군관리계획에 관한 사항
5. 「도시교통정비 촉진법」에 따른 교통영향평가에 관한 사항

5의2. 「소방시설 설치 및 관리에 관한 법률」에 따른 성능위주설계의 평가에 관한 사항

5의3. 「자연재해대책법」에 따른 재해영향평가에 관한 사항

6. 「환경영향평가법」에 따른 환경영향평가 등에 관한 사항
7. 그 밖에 국토교통부장관, 시·도지사 또는 시장·군수등이 필요하다고 인정하여 통합심의에 부치는 사항

② 사업시행자가 통합심의를 신청하는 경우에는 제1항 각 호와 관련된 서류를 첨부하여야 한다. 이 경우 정비구역의 지정권자는 통합심의를 효율적으로 처리하기 위하여 필요한 경우 제출기한을 정하여 제출하도록 할 수 있다.

시 행 령

항에 따른 통합심의위원회(이하 "통합심의위원회"라 한다)는 위원장 1명과 부위원장 1명을 포함하여 20명 이상 100명 이하의 위원으로 성별을 고려하여 구성한다.

② 통합심의위원회는 다음 각 호의 기준에 따라 구성한다.

1. 법 제50조의2제3항제1호, 제4호 및 제6호의 위원회 위원: 각 호의 위원회별 3명 이상
2. 법 제50조의2제3항제2호, 제3호, 제5호 및 제7호의 위원회 위원: 각 호의 위원회별 2명 이상
3. 법 제50조의2제3항제8호의 위원회 위원: 각 위원회별 1명 이상
4. 정비구역지정권자가 속한 지방자치단체 소속 공무원: 1명 이상
5. 법 제50조에 따른 사업시행계획 인가권자가 속한 지방자치단체 소속 공무원: 1명 이상

③ 통합심의위원회 위원장과 부위원장은 제2항에 따른 통합심의위원회의 위원(이하 "위원"이라 한다) 중에서 정비구역지정권자가 임명하거나 위촉한다.

[본조신설 2023.12.5.]

제46조의3【위원의 제척·기피·회피】 ① 위원이 다음 각 호의 어느 하나에 해당하는 경우에는 통합심의위원회의 심의·의결에서 제척된다.

1. 위원 또는 그 배우자나 배우자였던 사람이 해당 안건의 당사자(당사자가 법인·단체 등인 경우에는 그 임원을 포함한다. 이하 이 호 및 제2호에서 같다)가 되거나 그 안건의 당사자와 공동권리자 또는 공동의무자인 경우
2. 위원이 해당 안건의 당사자와 친족이거나 친족이었던 경우

시 행 규 칙

라. 정비사업의 시행기간

마. 사업시행계획인가일

바. 수용 또는 사용할 토지 또는 건축물의 명세 및 소유권 외의 권리의 명세(해당하는 사업을 시행하는 경우로 한정한다)

사. 건축물의 대지면적·건폐율·용적률·높이·용도 등 건축계획에 관한 사항

아. 주택의 규모 등 주택건설계획

자. 법 제97조에 따른 정비기반시설 및 토지 등의 귀속에 관한 사항

2. 변경·중지 또는 폐지인가: 다음 각 목의 사항

가. 제1호가목부터 마목까지의 사항

나. 변경·중지 또는 폐지의 사유 및 내용

④ 시장·군수등은 제3항에 따라 고시한 내용을 해당 지방자치단체의 인터넷 홈페이지에 실어야 한다.

법	시 행 령	시행규칙
	3. 위원이 해당 안건에 대하여 자문, 연구, 용역(하도급을 포함한다), 감정 또는 조사를 한 경우 4. 위원이나 위원이 속한 법인·단체 등이 해당 안건 당사자의 대리인이거나 대리인이었던 경우 5. 위원이 임원 또는 직원으로 재직하고 있거나 최근 3년 내에 재직했던 기업 등이 해당 안건에 대하여 자문, 연구, 용역(하도급을 포함한다), 감정 또는 조사를 한 경우 ② 해당 안건의 당사자는 위원에게 공정한 심의·의결을 기대하기 어려운 사정이 있는 경우에는 통합심의위원회에 기피 신청을 할 수 있고, 통합심의위원회는 의결로 기피 여부를 결정한다. 이 경우 기피 신청의 대상인 위원은 그 의결에 참여할 수 없다. ③ 위원이 제1항 각 호의 제척 사유에 해당하는 경우에는 스스로 해당 안건의 심의·의결에서 회피해야 한다. [본조신설 2023.12.5.]	
③ 정비구역의 지정권자가 통합심의를 하는 경우에는 다음 각 호의 어느 하나에 해당하는 위원회에 속하고 해당 위원회의 위원장의 추천을 받은 위원, 정비구역의 지정권자가 속한 지방자치단체 소속 공무원 및 제50조에 따른 사업시행계획 인가권자가 속한 지방자치단체 소속 공무원으로 소집된 통합심의위원회를 구성하여 통합심의하여야 한다. 이 경우 통합심의위원회의 구성, 통합심의의 방법 및 절차에 관한 사항은 대통령령으로 정한다.〈개정 2025.1.31./시행 2025.5.1.〉 1. 「건축법」에 따른 건축위원회 2. 「경관법」에 따른 경관위원회 3. 「교육환경 보호에 관한 법률」에 따른 교육환경보호위원회	**제46조의4【통합심의의 방법과 절차】** ① 법 제50조의2제3항에 따라 통합심의를 하는 경우 정비구역지정권자는 통합심의위원회 개최 7일 전까지 회의 안건과 심의에 참여할 위원을 확정하고, 회의 일시, 장소 및 회의에 부치는 안건 등 회의 내용을 회의에 참여하는 위원에게 알려야 한다. ② 통합심의위원회의 회의는 제1항에 따라 참여가 확정된 위원 과반수의 출석으로 개의하고, 출석위원 과반수의 찬성으로 의결한다. ③ 통합심의위원회의 회의를 개의할 때에는 법 제50조의2제3항 각 호의 위원회 위원(통합심의 안건과 직접 관련이 없는 위원회 위원은 제외한다)이 각각 1명 이상 출석해야 한다.	

법

4. 지방도시계획위원회
5. 「도시교통정비 촉진법」에 따른 교통영향평가심의위원회
6. 도시재정비위원회(정비구역이 재정비촉진지구 내에 있는 경우에 한정한다)

6의2. 「소방시설 설치 및 관리에 관한 법률」에 따른 성능위주설계평가단 또는 중앙소방기술심의위원회

6의3. 「자연재해대책법」에 따른 재해영향평가심의위원회

7. 「환경영향평가법」에 따른 환경영향평가협의회
8. 제1항제7호에 대하여 심의권한을 가진 관련 위원회

④ 시장·군수등은 특별한 사유가 없으면 통합심의 결과를 반영하여 사업시행계획을 인가하여야 한다.

⑤ 통합심의를 거친 경우에는 제1항 각 호의 사항에 대한 검토·심의·조사·협의·조정 또는 재정을 거친 것으로 본다.

[본조신설 2023.7.18.]

제50조의3【정비계획 변경 및 사업시행인가의 심의 특례】 ① 정비구역의 지정권자는 제50조제1항에 따른 사업시행계획인가(인가받은 사항을 변경하는 경우를 포함한다. 이하 이 조에서 같다)에 앞서 제16조제2항에 따라 결정·고시된 정비계획의 변경(정비구역의 변경도 포함하며, 제15조제3항에 따른 경미한 변경은 제외한다. 이하 이 조에서 같다)이 필요한 경우 제16조에도 불구하고 정비계획의 변경을 위한 지방도시계획위원회 심의를 사업시행계획인가와 관련된 심의와 함께 통합하여 검토 및 심의할 수 있다.

② 정비구역의 지정권자가 제1항에 따라 심의를 통합하여 실시하는 경우 사업시행자는 하나의 총회(제27조제1항에 따라 신탁업자가 사업시행자로 지정된 경우에는 제48조에 따

시 행 령

④ 통합심의위원회는 통합심의와 관련하여 필요하다고 인정하거나 정비구역지정권자가 요청하는 경우에는 당사자 또는 관계자를 출석하게 하여 의견을 듣거나 설명하게 할 수 있다.

⑤ 통합심의위원회는 사업시행계획인가와 관련된 사항, 당사자 또는 관계자의 의견 및 설명, 관계 기관의 의견 등을 종합적으로 검토하여 심의해야 한다.

⑥ 통합심의위원회는 회의를 할 때 회의내용을 녹취하고, 다음 각 호의 사항을 회의록으로 작성해야 한다.

1. 회의일시, 장소 및 공개 여부
2. 출석위원 서명부
3. 상정된 의안 및 심의결과
4. 그 밖에 주요 논의사항 등

⑦ 통합심의위원회의 회의에 참석한 위원에게는 예산의 범위에서 수당 및 여비를 지급할 수 있다. 다만, 공무원인 위원이 소관 업무와 직접 관련되어 위원회에 출석하는 경우에는 그렇지 않다.

⑧ 통합심의위원회의 업무를 효율적으로 수행하기 위하여 필요한 때에는 통합심의위원회에 분과위원회를 둘 수 있다.

⑨ 분과위원회에서 의결한 사항은 통합심의위원회 위원장에게 보고하고 통합심의위원회의 심의를 거쳐야 한다.

⑩ 제1항부터 제9항까지에서 규정한 사항 외에 통합심의위원회 및 분과위원회 운영에 필요한 사항은 통합심의위원회의 의결을 거쳐 통합심의위원회 위원장이 정한다.

[본조신설 2023.12.5.]

시 행 규 칙

법	시 행 령	시 행 규 칙
른 토지등소유자 전체회의를 말한다. 이하 이 조에서 같다)에서 제45조제1항제8호 및 제9호에 관한 사항을 의결하여야 한다. ③ 제1항 및 제2항에서 규정한 사항 외에 심의 및 총회 의결을 위한 절차와 방법에 관하여 필요한 사항은 대통령령으로 정한다. [본조신설 2023.7.18.]		
제51조 【기반시설의 기부채납 기준】 ① 시장·군수등은 제50조제1항에 따라 사업시행계획을 인가하는 경우 사업시행자가 제출하는 사업시행계획에 해당 정비사업과 직접적으로 관련이 없거나 과도한 정비기반시설의 기부채납을 요구하여서는 아니 된다. ② 국토교통부장관은 정비기반시설의 기부채납과 관련하여 다음 각 호의 사항이 포함된 운영기준을 작성하여 고시할 수 있다. 1. 정비기반시설의 기부채납 부담의 원칙 및 수준 2. 정비기반시설의 설치기준 등 ③ 시장·군수등은 제2항에 따른 운영기준의 범위에서 지역여건 또는 사업의 특성 등을 고려하여 따로 기준을 정할 수 있으며, 이 경우 사전에 국토교통부장관에게 보고하여야 한다.		
제52조 【사업시행계획서의 작성】 ① 사업시행자는 정비계획에 따라 다음 각 호의 사항을 포함하는 사업시행계획서를 작성하여야 한다. 〈개정 2018.1.16., 2021.4.13.〉 1. 토지이용계획(건축물배치계획을 포함한다) 2. 정비기반시설 및 공동이용시설의 설치계획	**제47조 【사업시행계획서의 작성】** ① 법 제52조제1항제11호에 따른 교육시설의 교육환경 보호에 관한 계획에 포함될 사항에 관하여는 「교육환경 보호에 관한 법률 시행령」 제16조제1항을 준용한다. ② 법 제52조제1항제13호에서 "대통령령으로 정하는 바에	

법	시 행 령	시 행 규 칙
3. 임시거주시설을 포함한 주민이주대책 4. 세입자의 주거 및 이주 대책 5. 사업시행기간 동안 정비구역 내 가로등 설치, 폐쇄회로 텔레비전 설치 등 범죄예방대책 6. 제10조에 따른 임대주택의 건설계획(재건축사업의 경우는 제외한다) 7. 제54조제4항에 제101조의5 및 제101조의6에 따른 국민주택규모주택의 건설계획(주거환경개선사업의 경우는 제외한다) 8. 공공지원민간임대주택 또는 임대관리 위탁주택의 건설계획(필요한 경우로 한정한다) 9. 건축물의 높이 및 용적률 등에 관한 건축계획 10. 정비사업의 시행과정에서 발생하는 폐기물의 처리계획 11. 교육시설의 교육환경 보호에 관한 계획(정비구역부터 200미터 이내에 교육시설이 설치되어 있는 경우로 한정한다) 12. 정비사업비 13. 그 밖에 사업시행을 위한 사항으로서 대통령령으로 정하는 바에 따라 시 · 도조례로 정하는 사항 ② 사업시행자가 제1항에 따른 사업시행계획서에 「공공주택 특별법」 제2조제1호에 따른 공공주택(이하 "공공주택"이라 한다) 건설계획을 포함하는 경우에는 공공주택의 구조 · 기능 및 설비에 관한 기준과 부대시설 · 복리시설의 범위, 설치기준 등에 필요한 사항은 같은 법 제37조에 따른다. **제53조 【시행규정의 작성】** 시장 · 군수등, 토지주택공사등 또는 신탁업자가 단독으로 정비사업을 시행하는 경우 다음 각 호의 사항을 포함하는 시행규정을 작성하여야 한다.	따라 시 · 도조례로 정하는 사항"이란 다음 각 호의 사항 중 시 · 도조례로 정하는 사항을 말한다. 〈개정 2022.1.21.〉 1. 정비사업의 종류 · 명칭 및 시행기간 2. 정비구역의 위치 및 면적 3. 사업시행자의 성명 및 주소 4. 설계도서 5. 자금계획 6. 철거할 필요는 없으나 개 · 보수할 필요가 있다고 인정되는 건축물의 명세 및 개 · 보수계획 7. 정비사업의 시행에 지장이 있다고 인정되는 정비구역의 건축물 또는 공작물 등의 명세 8. 토지 또는 건축물 등에 관한 권리자 및 그 권리의 명세 9. 공동구의 설치에 관한 사항 10. 정비사업의 시행으로 법 제97조제1항에 따라 용도가 폐지되는 정비기반시설의 조서 · 도면과 새로 설치할 정비기반시설의 조서 · 도면(토지주택공사등이 사업시행자인 경우만 해당한다) 11. 정비사업의 시행으로 법 제97조제2항에 따라 용도가 폐지되는 정비기반시설의 조서 · 도면 및 그 정비기반시설에 대한 둘 이상의 감정평가법인등의 감정평가서와 새로 설치할 정비기반시설의 조서 · 도면 및 그 설치비용 계산서 12. 사업시행자에게 무상으로 양여되는 국 · 공유지의 조서 13. 「물의 재이용 촉진 및 지원에 관한 법률」에 따른 빗물처리계획 14. 기존주택의 철거계획서(석면을 함유한 건축자재가 사용된 경우에는 그 현황과 해당 자재의 철거 및 처리계획을 포함한다) 15. 정비사업 완료 후 상가세입자에 대한 우선 분양 등에	

법	시 행 령	시 행 규 칙
1. 정비사업의 종류 및 명칭 2. 정비사업의 시행연도 및 시행방법 3. 비용부담 및 회계 4. 토지등소유자의 권리 · 의무 5. 정비기반시설 및 공동이용시설의 부담 6. 공고 · 공람 및 통지의 방법 7. 토지 및 건축물에 관한 권리의 평가방법 8. 관리처분계획 및 청산(분할징수 또는 납입에 관한 사항을 포함한다). 다만, 수용의 방법으로 시행하는 경우는 제외한다. 9. 시행규정의 변경 10. 사업시행계획서의 변경 11. 토지등소유자 전체회의(신탁업자가 사업시행자인 경우로 한정한다) 12. 그 밖에 시 · 도조례로 정하는 사항 **제54조【재건축사업 등의 용적률 완화 및 국민주택규모 주택 건설비율】** ① 사업시행자는 다음 각 호의 어느 하나에 해당하는 정비사업(「도시재정비 촉진을 위한 특별법」 제2조제1호에 따른 재정비촉진지구에서 시행되는 재개발사업 및 재건축사업은 제외한다. 이하 이 조에서 같다)을 시행하는 경우 정비계획(이 법에 따라 정비계획으로 의제되는 계획을 포함한다. 이하 이 조에서 같다)으로 정하여진 용적률에도 불구하고 지방도시계획위원회의 심의를 거쳐 「국토의 계획 및 이용에 관한 법률」 제78조 및 관계 법률에 따른 용적률의 상한(이하 이 조에서 "법적상한용적률"이라 한다)까지 건축할 수 있다. 〈개정 2023.7.18.〉 1. 「수도권정비계획법」 제6조제1항제1호에 따른 과밀억제	관한 사항 ③ 제2항제9호에 따른 공동구의 설치에 관한 사항은 「국토의 계획 및 이용에 관한 법률 시행령」 제36조 및 제37조를 준용한다.	

법	시 행 령	시 행 규 칙

권역(이하 "과밀억제권역"이라 한다)에서 시행하는 재개발사업 및 재건축사업(「국토의 계획 및 이용에 관한 법률」 제78조에 따른 주거지역 및 대통령령으로 정하는 공업지역으로 한정한다. 이하 이 조에서 같다)

2. 제1호 외의 경우 시 · 도조례로 정하는 지역에서 시행하는 재개발사업 및 재건축사업

② 제1항에 따라 사업시행자가 정비계획으로 정하여진 용적률을 초과하여 건축하려는 경우에는 「국토의 계획 및 이용에 관한 법률」 제78조에 따라 특별시 · 광역시 · 특별자치시 · 특별자치도 · 시 또는 군의 조례로 정한 용적률 제한 및 정비계획으로 정한 허용세대수의 제한을 받지 아니한다.

③ 제1항의 관계 법률에 따른 용적률의 상한은 다음 각 호의 어느 하나에 해당하여 건축행위가 제한되는 경우 건축이 가능한 용적률을 말한다.〈개정 2023.3.21., 2023.8.8., 2024.2.6.〉

1. 「국토의 계획 및 이용에 관한 법률」 제76조에 따른 건축물의 층수제한
2. 「건축법」 제60조에 따른 높이제한
3. 「건축법」 제61조에 따른 일조 등의 확보를 위한 건축물의 높이제한
4. 「공항시설법」 제34조에 따른 장애물 제한표면구역 내 건축물의 높이제한
5. 「군사기지 및 군사시설 보호법」 제10조에 따른 비행안전구역 내 건축물의 높이제한
6. 「문화유산의 보존 및 활용에 관한 법률」 제12조에 따른 건설공사 시 문화유산 보호를 위한 건축제한

6의2. 「자연유산의 보존 및 활용에 관한 법률」 제9조에 따른 건설공사 시 천연기념물등의 보호를 위한 건축제한

관계법 「공항시설법」 제34조(장애물의 제한 등)

① 누구든지 제4조제5항에 따른 기본계획의 고시(변경 고시를 포함한다) 또는 제7조제6항에 따른 실시계획의 고시(변경 고시를 포함한다) 이후에는 해당 고시에 따른 장애물 제한표면의 높이 이상의 건축물 · 구조물(고시 당시 이미 관계 법령에 따라 행위허가를 받았거나 허가를 받을 필요가 없는 행위에 관하여

법	시 행 령	시 행 규 칙

7. 그 밖에 시장·군수등이 건축 관계 법률의 건축제한으로 용적률의 완화가 불가능하다고 근거를 제시하고, 지방도시계획위원회 또는 「건축법」 제4조에 따라 시·도에 두는 건축위원회가 심의를 거쳐 용적률 완화가 불가능하다고 인정한 경우

④ 사업시행자는 법적상한용적률에서 정비계획으로 정하여진 용적률을 뺀 용적률(이하 "초과용적률"이라 한다)의 다음 각 호에 따른 비율에 해당하는 면적에 국민주택규모택을 건설하여야 한다. 다만, 제24조제4항, 제26조제1항제1호 및 제27조제1항제1호에 따른 정비사업을 시행하는 경우에는 그러하지 아니하다. 〈개정 2021.4.13.〉

1. 과밀억제권역에서 시행하는 재건축사업은 초과용적률의 100분의 30 이상 100분의 50 이하로서 시·도조례로 정하는 비율
2. 과밀억제권역에서 시행하는 재개발사업은 초과용적률의 100분의 50 이상 100분의 75 이하로서 시·도조례로 정하는 비율
3. 과밀억제권역 외의 지역에서 시행하는 재건축사업은 초과용적률의 100분의 50 이하로서 시·도조례로 정하는 비율
4. 과밀억제권역 외의 지역에서 시행하는 재개발사업은 초과용적률의 100분의 75 이하로서 시·도조례로 정하는 비율

[제목개정 2021.4.13.]

제55조【국민주택의 공급 및 인수】 ① 사업시행자는 제54조제4항에 따라 건설한 국민주택규모 주택을 국토교통부장관, 시·도지사, 시장, 군수, 구청장 또는 토지주택공사등(이하 "인수자"라 한다)에 공급하여야 한다. 〈개정 2021.4.13.〉

② 제1항에 따른 국민주택규모 주택의 공급가격은 「공공

제48조【국민주택규모의 공급방법 등】 ① 사업시행자는 법 제54조제4항에 따라 건설한 국민주택규모 주택 중 법 제55조제1항에 따라 국토교통부장관, 시·도지사, 시장·군수·구청장 또는 토지주택공사등(이하 "인수자"라 한다)에 공급해야 하는 국민주택규모 주택을 공개추첨의 방법으로 선

그 공사에 착수한 건축물 또는 구조물은 제외한다)·식물 및 그 밖의 장애물을 설치·재배하거나 방치해서는 아니 된다. 다만, 다음 각 호의 어느 하나에 해당하는 경우에는 그러하지 아니하다. 〈개정 2017.12.26.〉

1. 관계 행정기관의 장이 국토교통부령으로 정하는 바에 따라 국토교통부장관 또는 사업시행자등과 협의하여 설치 또는 방치를 허가하거나 그 공항 또는 비행장의 사용 개시 예정일 전에 제거할 예정인 가설물이나 그 밖에 국토교통부령으로 정하는 장애물의 경우
2. 국토교통부령으로 정하는 항공학적 검토 기준 및 방법 등에 따른 항공학적 검토 결과에 대하여 제35조에 따른 항공학적 검토 위원회의 의결로 국토교통부장관이 항공기의 비행안전을 특히 해치지 아니한다고 결정하는 경우

② 국토교통부장관은 제1항을 위반하여 설치·재배 또는 방치한 장애물(식물이 성장하여 장애물 제한표면 위로 나오는 경우를 포함한다)에 대한 소유권 및 그 밖의 권리를 가진 자에게 그 장애물의 제거를 명할 수 있다.

③ 국토교통부장관 및 사업시행자등은 제1항 각 호에 따른 고시 이전에 장애물 제한표면의 높이를 넘어선 장애물에 대한 소유권 및 그 밖의 권리를 가진 자에게 그 장애물의 제거를 요구할 수 있다. 이 경우 국토교통부장관 또는 사업시행자등은 대통령령으로 정하는 바에 따라 그 장애물에 대한 소유권 및 그 밖의 권리를 가진 자에게 장애물의 제거로 인한 손실을 보상하여야 한다.

법

주택 특별법」 제50조의4에 따라 국토교통부장관이 고시하는 공공건설임대주택의 표준건축비로 하며, 부속 토지는 인수자에게 기부채납한 것으로 본다. 〈개정 2021.4.13.〉

③ 사업시행자는 제54조제1항 및 제2항에 따라 정비계획상 용적률을 초과하여 건축하려는 경우에는 사업시행계획인가를 신청하기 전에 미리 제1항 및 제2항에 따른 국민주택규모 주택에 관한 사항을 인수자와 협의하여 사업시행계획서에 반영하여야 한다. 〈개정 2021.4.13.〉

④ 제1항 및 제2항에 따른 국민주택규모 주택의 인수를 위한 절차와 방법 등에 필요한 사항은 대통령령으로 정할 수 있으며, 인수된 국민주택규모 주택은 대통령령으로 정하는 장기공공임대주택으로 활용하여야 한다. 다만, 토지등소유자의 부담 완화 등 대통령령으로 정하는 요건에 해당하는 경우에는 인수된 국민주택규모 주택을 장기공공임대주택이 아닌 임대주택으로 활용할 수 있다. 〈개정 2021.4.13.〉

⑤ 제2항에도 불구하고 제4항 단서에 따른 임대주택의 인수자는 임대의무기간에 따라 감정평가액의 100분의 50 이하의 범위에서 대통령령으로 정하는 가격으로 부속 토지를 인수하여야 한다.

[제목개정 2021.4.13.]

시 행 령

정해야 하며, 그 선정결과를 지체 없이 같은 항에 따른 인수자에게 통보해야 한다. 〈개정 2021.7.13., 2023.12.5.〉

② 사업시행자가 제1항에 따라 선정된 국민주택규모 주택을 공급하는 경우에는 시 · 도지사, 시장 · 군수 · 구청장 순으로 우선하여 인수할 수 있다. 다만, 시 · 도지사 및 시장 · 군수 · 구청장이 국민주택규모 주택을 인수할 수 없는 경우에는 시 · 도지사는 국토교통부장관에게 인수자 지정을 요청해야 한다. 〈개정 2021.7.13〉

③ 국토교통부장관은 제2항 단서에 따라 시 · 도지사로부터 인수자 지정 요청이 있는 경우에는 30일 이내에 인수자를 지정하여 시 · 도지사에게 통보해야 하며, 시 · 도지사는 지체 없이 이를 시장 · 군수 · 구청장에게 보내어 그 인수자와 국민주택규모 주택의 공급에 관하여 협의하도록 해야 한다. 〈개정 2021.7.13〉

④ 법 제55조제4항 본문에서 "대통령령으로 정하는 장기공공임대주택"이란 공공임대주택으로서 「공공주택 특별법」 제50조의2제1항에 따른 임대의무기간(이하 "임대의무기간"이라 한다)이 20년 이상인 것을 말한다.

⑤ 법 제55조제4항 단서에서 "토지등소유자의 부담 완화 등 대통령령으로 정하는 요건에 해당하는 경우"란 다음 각 호의 어느 하나에 해당하는 경우를 말한다.

1. 가목의 가액을 나목의 가액으로 나눈 값이 100분의 80 미만인 경우. 이 경우 가목 및 나목의 가액은 사업시행계획인가 고시일을 기준으로 하여 산정하되 구체적인 산정방법은 국토교통부장관이 정하여 고시한다.
   가. 정비사업 후 대지 및 건축물의 총 가액에서 총사업비를 제외한 가액
   나. 정비사업 전 토지 및 건축물의 총 가액

시 행 규 칙

④ ~ ⑨ 〈생략〉

법	시 행 령	시 행 규 칙
	2. 시 · 도지사가 정비구역의 입지, 토지등소유자의 조합설립 동의율, 정비사업비의 증가규모, 사업기간 등을 고려하여 토지등소유자의 부담이 지나치게 높다고 인정하는 경우 ⑥ 법 제55조제5항에서 "대통령령으로 정하는 가격"이란 다음 각 호의 구분에 따른 가격을 말한다. 〈개정 2.22.1.21.〉 1. 임대의무기간이 10년 이상인 경우: 감정평가액(시장 · 군수등이 지정하는 둘 이상의 감정평가법인등이 평가한 금액을 산술평균한 금액을 말한다. 이하 제2호에서 같다)의 100분의 30에 해당하는 가격 2. 임대의무기간이 10년 미만인 경우: 감정평가액의 100분의 50에 해당하는 가격 [제목개정 2021.7.13.]	
제56조【관계 서류의 공람과 의견청취】 ① 시장 · 군수등은 사업시행계획인가를 하거나 사업시행계획서를 작성하려는 경우에는 대통령령으로 정하는 방법 및 절차에 따라 관계 서류의 사본을 14일 이상 일반인이 공람할 수 있게 하여야 한다. 다만, 제50조제1항 단서에 따른 경미한 사항을 변경하려는 경우에는 그러하지 아니하다. ② 토지등소유자 또는 조합원, 그 밖에 정비사업과 관련하여 이해관계를 가지는 자는 제1항의 공람기간 이내에 시장 · 군수등에게 서면으로 의견을 제출할 수 있다. ③ 시장 · 군수등은 제2항에 따라 제출된 의견을 심사하여 채택할 필요가 있다고 인정하는 때에는 이를 채택하고, 그러하지 아니한 경우에는 의견을 제출한 자에게 그 사유를 알려주어야 한다.	**제49조【관계 서류의 공람】** 시장 · 군수등은 법 제56조제1항 본문에 따라 사업시행계획인가 또는 사업시행계획서 작성과 관계된 서류를 일반인에게 공람하게 하려는 때에는 그 요지와 공람장소를 해당 지방자치단체의 공보등에 공고하고, 토지등소유자에게 공고내용을 통지하여야 한다.	
제57조【인 · 허가등의 의제 등】 ① 사업시행자가 사업시		

법	시 행 령	시 행 규 칙
행계획인가를 받은 때(시장 · 군수등이 직접 정비사업을 시행하는 경우에는 사업시행계획서를 작성한 때를 말한다. 이하 이 조에서 같다)에는 다음 각 호의 인가 · 허가 · 승인 · 신고 · 등록 · 협의 · 동의 · 심사 · 지정 또는 해제(이하 "인 · 허가등"이라 한다)가 있은 것으로 보며, 제50조제7항에 따른 사업시행계획인가의 고시가 있은 때에는 다음 각 호의 관계 법률에 따른 인 · 허가등의 고시 · 공고 등이 있은 것으로 본다. 〈개정 2020. 3.31., 2020.6.9., 2021.3.16., 2021.7.20.,2021.11.30., 2022.6.10., 2022.12.27., 2025.1.31./시행 2025.5.1.〉 1. 「주택법」 제15조에 따른 사업계획의 승인 2. 「공공주택 특별법」 제35조에 따른 주택건설사업계획의 승인 3. 「건축법」 제11조에 따른 건축허가, 같은 법 제20조에 따른 가설건축물의 건축허가 또는 축조신고 및 같은 법 제29조에 따른 건축협의 4. 「도로법」 제36조에 따른 도로관리청이 아닌 자에 대한 도로공사 시행의 허가 및 같은 법 제61조에 따른 도로의 점용 허가 5. 「사방사업법」 제20조에 따른 사방지의 지정해제 6. 「농지법」 제34조에 따른 농지전용의 허가 · 협의 및 같은 법 제35조에 따른 농지전용신고 7. 「산지관리법」 제14조 · 제15조에 따른 산지전용허가 및 산지전용신고, 같은 법 제15조의2에 따른 산지일시사용허가 · 신고와 「산림자원의 조성 및 관리에 관한 법률」 제36조제1항 · 제5항에 따른 입목벌채등의 허가 · 신고 및 「산림보호법」 제9조제1항 및 같은 조 제2항제1호에 따른 산림보호구역에서의 행위의 허가. 다만, 「산림자원의 조성 및 관리에 관한 법률」에 따른 채종림 · 시험림	**관계법** 「사방사업법」 제20조 제20조(사방지의 지정해제 등) ① 시、도지사 또는 지방산림청장은 사방지가 다음 각 호의 어느 하나에 해당하는 경우에는 대통령령으로 정하는 바에 따라 그 지정을 해제할 수 있다. 이 경우 시장、군수、구청장의 의견을 들어야 한다. 1. 국가 또는 지방자치단체가 직접 경영하는 사업을 위하여 필요하다고 인정될 때 2. 국가 또는 지방자치단체가 그 시책으로 권장하는 사업을 위하여 필요하다고 인정될 때 3. 「공익사업을 위한 토지 등의 취득 및 보상에 관한 법률」 제4조에 따른 공익사업을 위하여 필요하다고 인정될 때 4. 대통령령으로 정하는 사업을 위한 토석채취를 위하여 필요하다고	

법	시 행 령	시 행 규 칙
과 「산림보호법」에 따른 산림유전자원보호구역의 경우는 제외한다. 8. 「하천법」 제30조에 따른 하천공사 시행의 허가 및 하천공사실시계획의 인가, 같은 법 제33조에 따른 하천의 점용허가 및 같은 법 제50조에 따른 하천수의 사용허가 9. 「수도법」 제17조에 따른 일반수도사업의 인가 및 같은 법 제52조 또는 제54조에 따른 전용상수도 또는 전용공업용수도 설치의 인가 10. 「하수도법」 제16조에 따른 공공하수도 사업의 허가 및 같은 법 제34조제2항에 따른 개인하수처리시설의 설치신고 11. 「공간정보의 구축 및 관리 등에 관한 법률」 제15조제4항에 따른 지도등의 간행 심사 12. 「유통산업발전법」 제8조에 따른 대규모점포등의 등록 13. 「국유재산법」 제30조에 따른 사용허가(재개발사업으로 한정한다) 14. 「공유재산 및 물품 관리법」 제20조에 따른 사용·수익허가(재개발사업으로 한정한다) 15. 「공간정보의 구축 및 관리 등에 관한 법률」 제86조제1항에 따른 사업의 착수·변경의 신고 16. 「국토의 계획 및 이용에 관한 법률」 제86조에 따른 도시·군계획시설 사업시행자의 지정 및 같은 법 제88조에 따른 실시계획의 인가 17. 「전기안전관리법」 제8조에 따른 자가용전기설비의 공사계획의 인가 및 신고 18. 「소방시설 설치 및 관리에 관한 법률」 제6조제1항에 따른 건축허가등의 동의, 「위험물안전관리법」 제6조제1항에 따른 제조소등의 설치의 허가(제조소등은 공장건축물 또는 그 부속시설에 관계된 것으로 한정한다)	인정될 때 5. 대통령령으로 정하는 사방지의 지정 목적이 달성되었을 때 6. 대통령령으로 정하는 사방지의 지정 목적이 상실되었을 때 ② 시·도지사 또는 지방산림청장은 제1항에 따라 사방지의 지정을 해제한 경우에는 그 사실을 고시하여야 한다. ③ 제1항에 따라 사방지의 지정이 해제된 경우 시·도지사 또는 지방산림청장은 국가사방사업으로 설치된 사방시설을 대통령령으로 정하는 바에 따라 그 토지의 소유자에게 무상으로 양여할 수 있다.	

법	시 행 령	시 행 규 칙
19. 「도시공원 및 녹지 등에 관한 법률」 제16조의2에 따른 공원조성계획의 결정 20. 「장애인 · 노인 · 임산부 등의 편의증진 보장에 관한 법률」 제9조의2에 따른 편의시설 설치기준의 적합성 확인 ② 사업시행자가 공장이 포함된 구역에 대하여 재개발사업의 사업시행계획인가를 받은 때에는 제1항에 따른 인 · 허가등 외에 다음 각 호의 인 · 허가등이 있은 것으로 보며, 제50조제7항에 따른 사업시행계획인가를 고시한 때에는 다음 각 호의 관계 법률에 따른 인 · 허가 등의 고시 · 공고 등이 있은 것으로 본다. 〈개정 2021.3.16〉 1. 「산업집적활성화 및 공장설립에 관한 법률」 제13조에 따른 공장설립등의 승인 및 같은 법 제15조에 따른 공장설립등의 완료신고 2. 「폐기물관리법」 제29조제2항에 따른 폐기물처리시설의 설치승인 또는 설치신고(변경승인 또는 변경신고를 포함한다) 3. 「대기환경보전법」 제23조, 「물환경보전법」 제33조 및 「소음 · 진동관리법」 제8조에 따른 배출시설설치의 허가 및 신고 4. 「총포 · 도검 · 화약류 등의 안전관리에 관한 법률」 제25조제1항에 따른 화약류저장소 설치의 허가 ③ 사업시행자는 정비사업에 대하여 제1항 및 제2항에 따른 인 · 허가등의 의제를 받으려는 경우에는 제50조제1항에 따른 사업시행계획인가를 신청하는 때에 해당 법률이 정하는 관계 서류를 함께 제출하여야 한다. 다만, 사업시행계획인가를 신청한 때에 시공자가 선정되어 있지 아니하여 관계 서류를 제출할 수 없거나 제6항에 따라 사업시행계획인가를 하는 경우에는 시장 · 군수등이 정하는 기한까지 제출	**관계법** 「폐기물관리법」 29조(폐기물처리시설의 설치) ① 폐기물처리시설은 환경부령으로 정하는 기준에 맞게 설치하되, 환경부령으로 정하는 규모 미만의 폐기물 소각 시설을 설치 · 운영하여서는 아니 된다. ② 제25조제3항에 따른 폐기물처리업의 허가를 받았거나 받으려는 자 외의 자가 폐기물처리시설을 설치하려면 환경부장관의 승인을 받아야 한다. 다만, 제1호의 폐기물처리시설을 설치하는 경우는 제외하며, 제2호의 폐기물처리시설을 설치하려면 환경부장관에게 신고하여야 한다. 1. 학교 · 연구기관 등 환경부령으로 정하는 자가 환경부령으로 정하는 바에 따라 시험 · 연구목적으로 설치 · 운영하는 폐기물처리시설 2. 환경부령으로 정하는 규모의 폐기물처리시설 ③ 제2항의 경우에 승인을 받았거나 신고한 사항 중 환경부령으로 정하는 중요사항을 변경하려면 각각 변경승인을 받거나 변경신고를 하여야 한다. ④ 폐기물처리시설을 설치하는 자는 그 설치공사를 끝낸 후 그 시설의 사용을 시작하려면 다음 각 호의 구분에 따라 해당 행정기관의 장에게 신고하여야 한다.	

법	시 행 령	시 행 규 칙

할 수 있다. 〈개정 2020.6.9〉

④ 시장·군수등은 사업시행계획인가를 하거나 사업시행계획서를 작성하려는 경우 제1항 각 호 및 제2항 각 호에 따라 의제되는 인·허가등에 해당하는 사항이 있는 때에는 미리 관계 행정기관의 장과 협의하여야 하고, 협의를 요청받은 관계 행정기관의 장은 요청받은 날(제3항 단서의 경우에는 서류가 관계 행정기관의 장에게 도달된 날을 말한다)부터 30일 이내에 의견을 제출하여야 한다. 이 경우 관계 행정기관의 장이 30일 이내에 의견을 제출하지 아니하면 협의된 것으로 본다.

⑤ 시장·군수등은 사업시행계획인가(시장·군수등이 사업시행계획서를 작성한 경우를 포함한다)를 하려는 경우 정비구역부터 200미터 이내에 교육시설이 설치되어 있는 때에는 해당 지방자치단체의 교육감 또는 교육장과 협의하여야 하며, 인가받은 사항을 변경하는 경우에도 또한 같다.

⑥ 시장·군수등은 제4항 및 제5항에도 불구하고 천재지변이나 그 밖의 불가피한 사유로 긴급히 정비사업을 시행할 필요가 있다고 인정하는 때에는 관계 행정기관의 장 및 교육감 또는 교육장과 협의를 마치기 전에 제50조제1항에 따른 사업시행계획인가를 할 수 있다. 이 경우 협의를 마칠 때까지는 제1항 및 제2항에 따른 인·허가등을 받은 것으로 보지 아니한다.

⑦ 제1항이나 제2항에 따라 인·허가등을 받은 것으로 보는 경우에는 관계 법률 또는 시·도조례에 따라 해당 인·허가등의 대가로 부과되는 수수료와 해당 국·공유지의 사용 또는 점용에 따른 사용료 또는 점용료를 면제한다.

제58조【사업시행계획인가의 특례】 ① 사업시행자는 일부

1. 폐기물처리업자가 설치한 폐기물처리시설의 경우 : 제25조제3항에 따른 허가관청
2. 제1호 외의 폐기물처리시설의 경우 : 제29조제2항에 따른 승인관청 또는 신고관청

⑤ 환경부장관 또는 해당 행정기관의 장은 제2항, 제3항 또는 제4항에 따른 신고、변경신고를 받은 날부터 20일 이내에 신고、변경신고수리 여부를 신고인에게 통지하여야 한다.〈신설 2017.4.18.〉

⑥ 환경부장관 또는 해당 행정기관의 장이 제5항에서 정한 기간 내에 신고、변경신고수리 여부나 민원 처리 관련 법령에 따른 처리기간의 연장을 신고인에게 통지하지 아니하면 그 기간이 끝난 날의 다음 날에 신고、변경신고를 수리한 것으로 본다. 〈신설 2017.4.18.〉

제50조【사업시행계획인가의 특례】 법 제58조제2항 각 호

법	시 행 령	시 행 규 칙
건축물의 존치 또는 리모델링(「주택법」 제2조제25호 또는 「건축법」 제2조제1항제10호에 따른 리모델링을 말한다. 이하 같다)에 관한 내용이 포함된 사업시행계획서를 작성하여 사업시행계획인가를 신청할 수 있다. ② 시장 · 군수등은 존치 또는 리모델링하는 건축물 및 건축물이 있는 토지가 「주택법」 및 「건축법」에 따른 다음 각 호의 건축 관련 기준에 적합하지 아니하더라도 대통령령으로 정하는 기준에 따라 사업시행계획인가를 할 수 있다. 1. 「주택법」 제2조제12호에 따른 주택단지의 범위 2. 「주택법」 제35조제1항제3호 및 제4호에 따른 부대시설 및 복리시설의 설치기준 3. 「건축법」 제44조에 따른 대지와 도로의 관계 4. 「건축법」 제46조에 따른 건축선의 지정 5. 「건축법」 제61조에 따른 일조 등의 확보를 위한 건축물의 높이 제한 ③ 사업시행자가 제1항에 따라 사업시행계획서를 작성하려는 경우에는 존치 또는 리모델링하는 건축물 소유자의 동의(「집합건물의 소유 및 관리에 관한 법률」 제2조제2호에 따른 구분소유자가 있는 경우에는 구분소유자의 3분의 2 이상의 동의와 해당 건축물 연면적의 3분의 2 이상의 구분소유자의 동의로 한다)를 받아야 한다. 다만, 정비계획에서 존치 또는 리모델링하는 것으로 계획된 경우에는 그러하지 아니한다.	외의 부분에서 "대통령령으로 정하는 기준"이란 다음 각 호의 기준을 말한다. 1. 「건축법」 제44조에 따른 대지와 도로의 관계는 존치 또는 리모델링되는 건축물의 출입에 지장이 없다고 인정되는 경우 적용하지 아니할 수 있다. 2. 「건축법」 제46조에 따른 건축선의 지정은 존치 또는 리모델링되는 건축물에 대해서는 적용하지 아니할 수 있다. 3. 「건축법」 제61조에 따른 일조 등의 확보를 위한 건축물의 높이 제한은 리모델링되는 건축물에 대해서는 적용하지 아니할 수 있다. 4. 「주택법」 제2조제12호에도 불구하고 존치 또는 리모델링(「주택법」 제2조제25호 또는 「건축법」 제2조제1항제10호에 따른 리모델링을 말한다. 이하 같다)되는 건축물도 하나의 주택단지에 있는 것으로 본다. 5. 「주택법」 제35조에 따른 부대시설 · 복리시설의 설치기준은 존치 또는 리모델링되는 건축물을 포함하여 적용할 수 있다.	
제59조 【순환정비방식의 정비사업 등】 ① 사업시행자는 정비구역의 안과 밖에 새로 건설한 주택 또는 이미 건설되어 있는 주택의 경우 그 정비사업의 시행으로 철거되는 주택의	**제51조 【순환용주택의 우선공급 요청 등】** ① 사업시행자는 법 제59조제2항에 따라 법 제74조에 따른 관리처분계획의 인가를 신청한 후 다음 각 호의 서류를 첨부하여 토지주	

법	시 행 령	시 행 규 칙
소유자 또는 세입자(정비구역에서 실제 거주하는 자로 한정한다. 이하 이 항 및 제61조제1항에서 같다)를 임시로 거주하게 하는 등 그 정비구역을 순차적으로 정비하여 주택의 소유자 또는 세입자의 이주대책을 수립하여야 한다. ② 사업시행자는 제1항에 따른 방식으로 정비사업을 시행하는 경우에는 임시로 거주하는 주택(이하 "순환용주택"이라 한다)을 「주택법」 제54조에도 불구하고 제61조에 따른 임시거주시설로 사용하거나 임대할 수 있으며, 대통령령으로 정하는 방법과 절차에 따라 토지주택공사등이 보유한 공공임대주택을 순환용주택으로 우선 공급할 것을 요청할 수 있다.	택공사등에 토지주택공사등이 보유한 공공임대주택을 법 제59조제2항에 따른 순환용주택(이하 "순환용주택"이라 한다)으로 우선 공급할 것을 요청할 수 있다. 1. 사업시행계획인가 고시문 사본 2. 관리처분계획의 인가 신청서 사본 3. 정비구역 내 이주대상 세대수 4. 법 제59조제1항에 따른 주택의 소유자 또는 세입자로서 순환용주택 이주 희망 대상자 5. 이주시기 및 사용기간 6. 그 밖에 토지주택공사등이 필요하다고 인정하는 사항 ② 토지주택공사등은 제1항에 따라 사업시행자로부터 공공임대주택의 공급 요청을 받은 경우에는 그 요청을 받은 날부터 30일 이내에 사업시행자에게 다음 각 호의 내용을 통지하여야 한다. 1. 해당 정비구역 인근에서 공급 가능한 공공임대주택의 주택 수, 주택 규모 및 공급가능 시기 2. 임대보증금 등 공급계약에 관한 사항 3. 그 밖에 토지주택공사등이 필요하다고 인정하는 사항 ③ 제2항제1호에 따른 공급 가능한 주택 수는 제1항에 따라 요청을 한 날 당시 공급 예정인 물량의 2분의 1 범위로 한다. 다만, 주변 지역에 전세가격 급등 등의 우려가 있어 순환용주택의 확대 공급이 필요한 경우 2분의 1을 초과할 수 있다. ④ 토지주택공사등은 세대주로서 해당 세대 월평균 소득이 전년도 도시근로자 월평균 소득의 70퍼센트 이하인 거주자(제1항에 따른 요청을 한 날 당시 해당 정비구역에 2년 이상 거주한 사람에 한정한다)에게 순환용주택을 공급하되, 다음 각 호의 순위에 따라 공급하여야 한다. 이 경우 같은	

법	시 행 령	시 행 규 칙
	순위에서 경쟁이 있는 경우 월평균 소득이 낮은 사람에게 우선 공급한다. 1. 1순위: 정비사업의 시행으로 철거되는 주택의 세입자(정비구역에서 실제 거주하는 자로 한정한다)로서 주택을 소유하지 아니한 사람 2. 2순위: 정비사업의 시행으로 철거되는 주택의 소유자(정비구역에서 실제 거주하는 자로 한정한다)로서 그 주택 외에는 주택을 소유하지 아니한 사람 ⑤ 제1항부터 제4항까지의 규정에서 정한 사항 외에 공급계약의 체결, 순환용주택의 반환 등 순환용주택의 공급에 필요한 세부사항은 토지주택공사등이 따로 정할 수 있다.	
③ 사업시행자는 순환용주택에 거주하는 자가 정비사업이 완료된 후에도 순환용주택에 계속 거주하기를 희망하는 때에는 대통령령으로 정하는 바에 따라 분양하거나 계속 임대할 수 있다. 이 경우 사업시행자가 소유하는 순환용주택은 제74조에 따라 인가받은 관리처분계획에 따라 토지등소유자에게 처분된 것으로 본다.	**제52조【순환용주택의 분양 또는 임대】** 법 제59조제3항에 따라 순환용주택에 거주하는 자가 순환용주택에 계속 거주하기를 희망하는 경우 토지주택공사등은 다음 각 호의 기준에 따라 분양을 하거나 계속하여 임대할 수 있다. 1. 순환용주택에 거주하는 자가 해당 주택을 분양받으려는 경우 토지주택공사등은 「공공주택 특별법」 제50조의2에서 정한 매각 요건 및 매각 절차 등에 따라 해당 거주자에게 순환용주택을 매각할 수 있다. 이 경우 「공공주택 특별법 시행령」 제54조제1항 각 호에 따른 임대주택의 구분은 순환용주택으로 공급할 당시의 유형에 따른다. 2. 순환용주택에 거주하는 자가 계속 거주하기를 희망하고 「공공주택 특별법」 제48조 및 제49조에 따른 임대주택 입주자격을 만족하는 경우 토지주택공사등은 그 자와 우선적으로 임대차계약을 체결할 수 있다.	
제60조【지정개발자의 정비사업비의 예치 등】 ① 시장 · 군수등은 재개발사업의 사업시행계획인가를 하는 경우 해당 정비사업의 사업시행자가 지정개발자(지정개발자가 토지등소유자인 경우로 한정한다)인 때에는 정비사업비의 100분의 20의 범위에서 시 · 도조례로 정하는 금액을 예치하게		

할 수 있다.
② 제1항에 따른 예치금은 제89조제1항 및 제2항에 따른 청산금의 지급이 완료된 때에 반환한다.
③ 제1항 및 제2항에 따른 예치 및 반환 등에 필요한 사항은 시 · 도조례로 정한다.

제4절 정비사업 시행을 위한 조치 등

제61조【임시거주시설 · 임시상가의 설치 등】 ① 사업시행자는 주거환경개선사업 및 재개발사업의 시행으로 철거되는 주택의 소유자 또는 세입자에게 해당 정비구역 안과 밖에 위치한 임대주택 등의 시설에 임시로 거주하게 하거나 주택자금의 융자를 알선하는 등 임시거주에 상응하는 조치를 하여야 한다.
② 사업시행자는 제1항에 따라 임시거주시설(이하 "임시거주시설"이라 한다)의 설치 등을 위하여 필요한 때에는 국가 · 지방자치단체, 그 밖의 공공단체 또는 개인의 시설이나 토지를 일시 사용할 수 있다.
③ 국가 또는 지방자치단체는 사업시행자로부터 임시거주시설에 필요한 건축물이나 토지의 사용신청을 받은 때에는 대통령령으로 정하는 사유가 없으면 이를 거절하지 못한다. 이 경우 사용료 또는 대부료는 면제한다.
④ 사업시행자는 정비사업의 공사를 완료한 때에는 완료한 날부터 30일 이내에 임시거주시설을 철거하고, 사용한 건축물이나 토지를 원상회복하여야 한다.
⑤ 재개발사업의 사업시행자는 사업시행으로 이주하는 상가세입자가 사용할 수 있도록 정비구역 또는 정비구역 인근에 임시상가를 설치할 수 있다.

제4절 정비사업 시행을 위한 조치 등

제53조【임시거주시설의 설치 등】 법 제61조제3항 전단에서 "대통령령으로 정하는 사유"란 다음 각 호의 사유를 말한다.
1. 법 제61조제1항에 따른 임시거주시설(이하 "임시거주시설"이라 한다)의 설치를 위하여 필요한 건축물이나 토지에 대하여 제3자와 이미 매매계약을 체결한 경우
2. 사용신청 이전에 임시거주시설의 설치를 위하여 필요한 건축물이나 토지에 대한 사용계획이 확정된 경우
3. 제3자에게 이미 임시거주시설의 설치를 위하여 필요한 건축물이나 토지에 대한 사용허가를 한 경우

법	시 행 령	시 행 규 칙
제62조【임시거주시설 · 임시상가의 설치 등에 따른 손실보상】 ① 사업시행자는 제61조에 따라 공공단체(지방자치단체는 제외한다) 또는 개인의 시설이나 토지를 일시 사용함으로써 손실을 입은 자가 있는 경우에는 손실을 보상하여야 하며, 손실을 보상하는 경우에는 손실을 입은 자와 협의하여야 한다. ② 사업시행자 또는 손실을 입은 자는 제1항에 따른 손실보상에 관한 협의가 성립되지 아니하거나 협의할 수 없는 경우에는 「공익사업을 위한 토지 등의 취득 및 보상에 관한 법률」 제49조에 따라 설치되는 관할 토지수용위원회에 재결을 신청할 수 있다. ③ 제1항 또는 제2항에 따른 손실보상은 이 법에 규정된 사항을 제외하고는 「공익사업을 위한 토지 등의 취득 및 보상에 관한 법률」을 준용한다. **제63조【토지 등의 수용 또는 사용】** 사업시행자는 정비구역에서 정비사업(재건축사업의 경우에는 제26조제1항제1호 및 제27조제1항제1호에 해당하는 사업으로 한정한다)을 시행하기 위하여 「공익사업을 위한 토지 등의 취득 및 보상에 관한 법률」 제3조에 따른 토지 · 물건 또는 그 밖의 권리를 취득하거나 사용할 수 있다. **제64조【재건축사업에서의 매도청구】** ① 재건축사업의 사업시행자는 사업시행계획인가의 고시가 있은 날부터 30일 이내에 다음 각 호의 자에게 조합설립 또는 사업시행자의 지정에 관한 동의 여부를 회답할 것을 서면으로 촉구하여야 한다. 1. 제35조제3항부터 제5항까지에 따른 조합설립에 동의하	**제54조【손실보상 등】** ① 제13조제1항에 따른 공람공고일부터 계약체결일 또는 수용재결일까지 계속하여 거주하고 있지 아니한 건축물의 소유자는 「공익사업을 위한 토지 등의 취득 및 보상에 관한 법률 시행령」 제40조제5항제2호에 따라 이주대책대상자에서 제외한다. 다만, 같은 호 단서(같은 호 마목은 제외한다)에 해당하는 경우에는 그러하지 아니하다.〈개정 2018.4.17.〉 ② 정비사업으로 인한 영업의 폐지 또는 휴업에 대하여 손실을 평가하는 경우 영업의 휴업기간은 4개월 이내로 한다. 다만, 다음 각 호의 어느 하나에 해당하는 경우에는 실제 휴업기간으로 하되, 그 휴업기간은 2년을 초과할 수 없다. 1. 해당 정비사업을 위한 영업의 금지 또는 제한으로 인하여 4개월 이상의 기간동안 영업을 할 수 없는 경우 2. 영업시설의 규모가 크거나 이전에 고도의 정밀성을 요구하는 등 해당 영업의 고유한 특수성으로 인하여 4개월 이내에 다른 장소로 이전하는 것이 어렵다고 객관적으로 인정되는 경우 ③ 제2항에 따라 영업손실을 보상하는 경우 보상대상자의 인정시점은 제13조제1항에 따른 공람공고일로 본다. ④ 주거이전비를 보상하는 경우 보상대상자의 인정시점은 제13조제1항에 따른 공람공고일로 본다.	

법	시 행 령	시 행 규 칙
지 아니한 자 2. 제26조제1항 및 제27조제1항에 따라 시장·군수등, 토지주택공사등 또는 신탁업자의 사업시행자 지정에 동의하지 아니한 자 ② 제1항의 촉구를 받은 토지등소유자는 촉구를 받은 날부터 2개월 이내에 회답하여야 한다. ③ 제2항의 기간 내에 회답하지 아니한 경우 그 토지등소유자는 조합설립 또는 사업시행자의 지정에 동의하지 아니하겠다는 뜻을 회답한 것으로 본다. ④ 제2항의 기간이 지나면 사업시행자는 그 기간이 만료된 때부터 2개월 이내에 조합설립 또는 사업시행자 지정에 동의하지 아니하겠다는 뜻을 회답한 토지등소유자와 건축물 또는 토지만 소유한 자에게 건축물 또는 토지의 소유권과 그 밖의 권리를 매도할 것을 청구할 수 있다. **제65조【「공익사업을 위한 토지 등의 취득 및 보상에 관한 법률」의 준용】** ① 정비구역에서 정비사업의 시행을 위한 토지 또는 건축물의 소유권과 그 밖의 권리에 대한 수용 또는 사용은 이 법에 규정된 사항을 제외하고는 「공익사업을 위한 토지 등의 취득 및 보상에 관한 법률」을 준용한다. 다만, 정비사업의 시행에 따른 손실보상의 기준 및 절차는 대통령령으로 정할 수 있다. ② 제1항에 따라 「공익사업을 위한 토지 등의 취득 및 보상에 관한 법률」을 준용하는 경우 사업시행계획인가 고시(시장·군수등이 직접 정비사업을 시행하는 경우에는 제50조제7항에 따른 사업시행계획서의 고시를 말한다. 이하 이 조에서 같다)가 있은 때에는 같은 법 제20조제1항 및 제22조제1항에 따른 사업인정 및 그 고시가 있은 것으로 본다.		

법	시 행 령	시 행 규 칙

법

③ 제1항에 따른 수용 또는 사용에 대한 재결의 신청은 「공익사업을 위한 토지 등의 취득 및 보상에 관한 법률」 제23조 및 같은 법 제28조제1항에도 불구하고 사업시행계획인가(사업시행계획변경인가를 포함한다)를 할 때 정한 사업시행기간 이내에 하여야 한다.

④ 대지 또는 건축물을 현물보상하는 경우에는 「공익사업을 위한 토지 등의 취득 및 보상에 관한 법률」 제42조에도 불구하고 제83조에 따른 준공인가 이후에도 할 수 있다.

제66조【용적률에 관한 특례 등】 ① 사업시행자가 다음 각 호의 어느 하나에 해당하는 경우에는 「국토의 계획 및 이용에 관한 법률」 제78조제1항에도 불구하고 해당 정비구역에 적용되는 용적률의 100분의 125 이하의 범위에서 대통령령으로 정하는 바에 따라 특별시 · 광역시 · 특별자치시 · 특별자치도 · 시 또는 군의 조례로 용적률을 완화하여 정할 수 있다. 〈개정 2023.7.18.〉

1. 제65조제1항 단서에 따라 대통령령으로 정하는 손실보상의 기준 이상으로 세입자에게 주거이전비를 지급하거나 영업의 폐지 또는 휴업에 따른 손실을 보상하는 경우
2. 제65조제1항 단서에 따른 손실보상에 더하여 임대주택을 추가로 건설하거나 임대상가를 건설하는 등 추가적인 세입자 손실보상 대책을 수립하여 시행하는 경우

② 정비구역이 역세권 등 대통령령으로 정하는 요건에 해당하는 경우(제24조제4항, 제26조제1항제1호 및 제27조제1항제1호에 따른 정비사업을 시행하는 경우는 제외한다)에는 제11조, 제54조 및 「국토의 계획 및 이용에 관한 법률」 제78조에도 불구하고 다음 각 호의 어느 하나에 따라 용적률을 완화하여 적용할 수 있다. 〈신설 2023.7.18.〉

시 행 령

제55조【용적률에 관한 특례】 ① 사업시행자가 법 제66조제1항에 따라 완화된 용적률을 적용받으려는 경우에는 사업시행계획인가 신청 전에 다음 각 호의 사항을 시장 · 군수등에게 제출하고 사전협의해야 한다. 〈개정 2023.12.5.〉

1. 정비구역 내 세입자 현황
2. 세입자에 대한 손실보상 계획

② 제1항에 따른 협의를 요청받은 시장 · 군수등은 의견을 사업시행자에게 통보해야 하며, 용적률을 완화받을 수 있다는 통보를 받은 사업시행자는 사업시행계획서를 작성할 때 제1항제2호에 따른 세입자에 대한 손실보상 계획을 포함해야 한다.

제56조(재건축사업의 범위에 관한 특례) 법 제67조제4항제3호에서 "대통령령으로 정하는 요건"이란 분할되어 나가는 토지가 「건축법」 제44조에 적합한 경우를 말한다. 〈개정 2023.12.5.〉

③ 법 제66조제2항 각 호 외의 부분에서 "역세권 등 대통령령으로 정하는 요건에 해당하는 경우" 란 다음 각 호의 요건을 모두 갖춘 경우를 말한다. 〈신설 2023.12.5.〉

1. 해당 정비구역 총 면적의 2분의 1 이상이 다음 각 목의

시 행 규 칙

관계법 「건축법」 제44조(대지와 도로의 관계)
① 건축물의 대지는 2미터 이상이 도로(자동차만의 통행에 사용되는 도로는 제외한다)에 접하여야 한다. 다만, 다음 각 호의 어느 하나에 해당하면 그러하지 아니하다.〈개정 2016.1.19.〉

1. 해당 건축물의 출입에 지장이 없다고 인정

법	시 행 령	시 행 규 칙

1. 지방도시계획위원회의 심의를 거쳐 법적상한용적률의 100분의 120까지 완화
2. 용도지역의 변경을 통하여 용적률을 완화하여 정비계획을 수립(변경수립을 포함한다. 이하 이 조에서 같다)한 후 변경된 용도지역의 법적상한용적률까지 완화

③ 사업시행자는 제2항에 따라 완화된 용적률에서 정비계획으로 정하여진 용적률을 뺀 용적률의 100분의 75 이하로서 대통령령으로 정하는 바에 따라 시·도조례로 정하는 비율에 해당하는 면적에 국민주택규모 주택을 건설하여 인수자에게 공급하여야 한다. 이 경우 국민주택규모 주택의 공급 및 인수방법에 관하여는 제55조를 준용한다. 〈신설 2023.7.18.〉

④ 제3항에도 불구하고 인수자는 사업시행자로부터 공급받은 주택 중 대통령령으로 정하는 비율에 해당하는 주택에 대해서는 「공공주택 특별법」 제48조에 따라 분양할 수 있다. 이 경우 해당 주택의 공급가격은 「주택법」 제57조제4항에 따라 국토교통부장관이 고시하는 건축비로 하며, 부속 토지의 가격은 감정평가액의 100분의 50 이상의 범위에서 대통령령으로 정한다. 〈신설 2023.7.18.〉

⑤ 제3항 및 제4항에서 규정한 사항 외에 국민주택규모 주택의 인수 절차 및 활용에 필요한 사항은 대통령령으로 정할 수 있다. 〈신설 2023.7.18.〉

[제목개정 2023.7.18.]

제67조 【재건축사업의 범위에 관한 특례】 ① 사업시행자 또는 추진위원회는 다음 각 호의 어느 하나에 해당하는 경우에는 그 주택단지 안의 일부 토지에 대하여 「건축법」 제57조에도 불구하고 분할하려는 토지면적이 같은 조에서 정하고

어느 하나에 해당하는 지역에 위치할 것

가. 「철도의 건설 및 철도시설 유지관리에 관한 법률」 제2조제1호에 따른 철도 또는 「도시철도법」 제2조제2호에 따른 도시철도의 승강장 경계로부터 시·도조례로 정하는 거리 이내에 위치한 지역

나. 세 개 이상의 대중교통 정류장이 인접해 있거나 고속버스·시외버스 터미널, 간선도로의 교차지 등 양호한 기반시설을 갖추고 있어 대중교통 이용이 용이한 지역으로서 시·도조례로 정하는 요건을 모두 갖춘 지역

2. 해당 정비구역에서 시행하는 정비사업이 법 제54조제1항 각 호의 어느 하나에 해당할 것

④ 사업시행자가 법 제66조제3항에 따라 국민주택규모 주택을 건설하여 인수자에게 공급해야 하는 면적은 법 제66조제2항에 따라 완화된 용적률에서 정비계획으로 정하여진 용적률을 뺀 용적률(이하 이 조에서 "추가용적률"이라 한다)의 다음 각 호의 구분에 따른 비율에 해당하는 면적으로 한다. 〈신설 2023.12.5.〉

1. 과밀억제권역에서 시행하는 재건축사업: 추가용적률의 100분의 30 이상 100분의 75 이하의 범위에서 시·도조례로 정하는 비율
2. 과밀억제권역에서 시행하는 재개발사업: 추가용적률의 100분의 50 이상 100분의 75 이하의 범위에서 시·도조례로 정하는 비율
3. 과밀억제권역 외의 지역에서 시행하는 재건축사업: 추가용적률의 100분의 50 이하의 범위에서 시·도조례로 정하는 비율
4. 과밀억제권역 외의 지역에서 시행하는 재개발사업: 추가용적률의 100분의 75 이하의 범위에서 시·도조례로 정하

되는 경우

2. 건축물의 주변에 대통령령으로 정하는 공지가 있는 경우
3. 「농지법」 제2조제1호나목에 따른 농막을 건축하는 경우

② 건축물의 대지가 접하는 도로의 너비, 대지가 도로에 접하는 부분의 길이, 그 밖에 대지와 도로의 관계에 관하여 필요한 사항은 대통령령으로 정하는 바에 따른다.

법	시 행 령	시 행 규 칙
있는 면적에 미달되더라도 토지분할을 청구할 수 있다. 1. 「주택법」 제15조제1항에 따라 사업계획승인을 받아 건설한 둘 이상의 건축물이 있는 주택단지에 재건축사업을 하는 경우 2. 제35조제3항에 따른 조합설립의 동의요건을 충족시키기 위하여 필요한 경우 ② 사업시행자 또는 추진위원회는 제1항에 따라 토지분할 청구를 하는 때에는 토지분할의 대상이 되는 토지 및 그 위의 건축물과 관련된 토지등소유자와 협의하여야 한다. ③ 사업시행자 또는 추진위원회는 제2항에 따른 토지분할의 협의가 성립되지 아니한 경우에는 법원에 토지분할을 청구할 수 있다. ④ 시장·군수등은 제3항에 따라 토지분할이 청구된 경우에 분할되어 나가는 토지 및 그 위의 건축물이 다음 각 호의 요건을 충족하는 때에는 토지분할이 완료되지 아니하여 제1항에 따른 동의요건에 미달되더라도 「건축법」 제4조에 따라 특별자치시·특별자치도·시·군·구(자치구를 말한다)에 설치하는 건축위원회의 심의를 거쳐 조합설립인가와 사업시행계획인가를 할 수 있다. 〈개정 2024.1.30.〉 1. 해당 토지 및 건축물과 관련된 토지등소유자(제77조에 따른 기준일의 다음 날 이후에 정비구역에 위치한 건축물 및 그 부속토지의 소유권을 취득한 자는 제외한다)의 수가 전체의 10분의 1 이하일 것 2. 분할되어 나가는 토지 위의 건축물이 분할선 상에 위치하지 아니할 것 3. 그 밖에 사업시행계획인가를 위하여 대통령령으로 정하는 요건에 해당할 것	는 비율 ⑤ 법 제66조제4항 전단에서 "대통령령으로 정하는 비율"이란 100분의 20 이상의 범위에서 시·도조례로 정하는 비율을 말한다. 〈신설 2023.12.5.〉 ⑥ 인수자는 법 제66조제4항에 따라 사업시행자로부터 공급받은 주택을 「공공주택 특별법」 제48조에 따라 분양하려는 경우에는 감정평가액의 100분의 50에 해당하는 가격으로 부속 토지를 인수해야 하며, 해당 주택을 다음 각 호의 어느 하나에 해당하는 주택으로 분양해야 한다. 〈신설 2023.12.5.〉 1. 「공공주택 특별법」 제2조제1호의4에 따른 지분적립형 분양주택 2. 「공공주택 특별법」 제2조제1호의5에 따른 이익공유형 분양주택 3. 「주택법」 제2조제9호에 따른 토지임대부 분양주택(사업주체가 「공공주택 특별법」 제4조에 따른 공공주택사업자인 경우로 한정한다)	

법	시 행 령	시 행 규 칙
제68조【건축규제의 완화 등에 관한 특례】 ① 주거환경개선사업에 따른 건축허가를 받은 때와 부동산등기(소유권 보존등기 또는 이전등기로 한정한다)를 하는 때에는 「주택도시기금법」 제8조의 국민주택채권의 매입에 관한 규정을 적용하지 아니한다. ② 주거환경개선구역에서 「국토의 계획 및 이용에 관한 법률」 제43조제2항에 따른 도시·군계획시설의 결정·구조 및 설치의 기준 등에 필요한 사항은 국토교통부령으로 정하는 바에 따른다. ③ 사업시행자는 주거환경개선구역에서 다음 각 호의 어느 하나에 해당하는 사항은 시·도조례로 정하는 바에 따라 기준을 따로 정할 수 있다. 1. 「건축법」 제44조에 따른 대지와 도로의 관계(소방활동에 지장이 없는 경우로 한정한다) 2. 「건축법」 제60조 및 제61조에 따른 건축물의 높이 제한(사업시행자가 공동주택을 건설·공급하는 경우로 한정한다) ④ 사업시행자는 공공재건축사업을 위한 정비구역 제26조제1항제1호 및 제27조제1항제1호에 따른 재건축구역(재건축사업을 시행하는 정비구역을 말한다. 이하 같다) 또는 제66조제2항에 따라 용적률을 완화하여 적용하는 정비구역에서 다음 각 호의 어느 하나에 해당하는 사항에 대하여 대통령령으로 정하는 범위에서 「건축법」 제72조제2항에 따른 지방건축위원회의 또는 지방도시계획위원회 심의를 거쳐 그 기준을 완화받을 수 있다. 〈개정 2021.4.13., 2023.7.18.〉 1. 「건축법」 제42조에 따른 대지의 조경기준 2. 「건축법」 제55조에 따른 건폐율의 산정기준 3. 「건축법」 제58조에 따른 대지 안의 공지 기준	**제57조【건축규제의 완화 등에 관한 특례】** 법 제68조제4항에서 "대통령령으로 정하는 범위"란 다음 각 호를 말한다. 〈개정 2021.7.13.〉 1. 「건축법」 제55조에 따른 건폐율 산정 시 주차장 부분의 면적은 건축면적에서 제외할 수 있다. 2. 「건축법」 제58조에 따른 대지 안의 공지 기준은 2분의 1 범위에서 완화할 수 있다. 3. 「건축법」 제60조에 따른 건축물의 높이 제한 기준은 2분의 1 범위에서 완화할 수 있다. 4. 「건축법」 제61조제2항제1호에 따른 건축물(7층 이하의 건축물에 한정한다)의 높이 제한 기준은 2분의 1 범위에서 완화할 수 있다. 5. 「주택법」 제35조제1항제3호 및 제4호에 따른 부대시설 및 복리시설의 설치기준은 다음 각 목의 범위에서 완화할 수 있다. 가. 「주택법」 제2조제14호가목에 따른 어린이놀이터를 설치하는 경우에는 「주택건설기준 등에 관한 규정」 제55조의2제7항제2호다목을 적용하지 아니할 수 있다. 나. 「주택법」 제2조제14호에 따른 복리시설을 설치하는 경우에는「주택법」 제35조제1항제4호에 따른 복리시설별 설치기준에도 불구하고 설치대상 복리시설(어린이놀이터는 제외한다)의 면적의 합계 범위에서 필요한 복리시설을 설치할 수 있다. 6. 「도시공원 및 녹지 등에 관한 법률」 제14조에 따른 도시공원 또는 녹지 확보기준은 정비구역의 면적이 10만제곱미터 미만인 경우에는 그 기준을 완화하여 적용할 수 있다.	**제11조【도시·군계획시설의 결정·구조 및 설치의 기준 등】** ① 법 제68조제2항에 따라 주거환경개선사업을 위한 정비구역에서의 도시·군계획시설(「국토의 계획 및 이용에 관한 법률」 제2조제7호에 따른 도시·군계획시설을 말한다)의 결정·구조 및 설치의 기준 등은 「도시·군계획시설의 결정·구조 및 설치기준에 관한 규칙」에 따른다. ② 특별시장·광역시장·특별자치시장·도지사 및 특별자치도지사(이하 "시·도지사"라 한다)는 제1항에도 불구하고 지역여건을 고려할 때 제1항에 따른 기준을 적용하는 것이 곤란하다고 인정하는 경우에는 「국토의 계획 및 이용에 관한 법률」 제113조제1항에 따른 시·도도시계획위원회의 심의를 거쳐 그 기준을 완화할 수 있다.

법	시 행 령	시 행 규 칙
4. 「건축법」 제60조 및 제61조에 따른 건축물의 높이 제한 5. 「주택법」 제35조제1항제3호 및 제4호에 따른 부대시설 및 복리시설의 설치기준 5의2. 「도시공원 및 녹지 등에 관한 법률」 제14조에 따른 도시공원 또는 녹지 확보기준 6. 제1호부터 제5호까지 및 제5호의2에서 규정한 사항 외에 공공재건축사업 또는 제26조제1항제1호 및 제27조제1항제1호에 따른 재건축사업의 원활한 시행을 위하여 대통령령으로 정하는 사항		
제69조【다른 법령의 적용 및 배제】 ① 주거환경개선구역은 해당 정비구역의 지정 · 고시가 있은 날부터 「국토의 계획 및 이용에 관한 법률」 제36조제1항제1호가목 및 같은 조 제2항에 따라 주거지역을 세분하여 정하는 지역 중 대통령령으로 정하는 지역으로 결정 · 고시된 것으로 본다. 다만, 다음 각 호의 어느 하나에 해당하는 경우에는 그러하지 아니하다. 1. 해당 정비구역이 「개발제한구역의 지정 및 관리에 관한 특별조치법」 제3조제1항에 따라 결정된 개발제한구역인 경우 2. 시장 · 군수등이 주거환경개선사업을 위하여 필요하다고 인정하여 해당 정비구역의 일부분을 종전 용도지역으로 그대로 유지하거나 동일면적의 범위에서 위치를 변경하는 내용으로 정비계획을 수립한 경우 3. 시장 · 군수등이 제9조제1항제10호다목의 사항을 포함하는 정비계획을 수립한 경우 ② 정비사업과 관련된 환지에 관하여는 「도시개발법」 제28조부터 제49조까지의 규정을 준용한다. 이 경우 같은 법	**제58조【다른 법령의 적용】** ① 법 제69조제1항 각 호 외의 부분 본문에서 "대통령령으로 정하는 지역"이란 다음 각 호의 구분에 따른 용도지역을 말한다. 〈개정 2018.7.16., 2021.7.13.〉 1. 주거환경개선사업이 법 제23조제1항제1호 또는 제3호의 방법으로 시행되는 경우: 「국토의 계획 및 이용에 관한 법률 시행령」 제30조제1호나목(2)에 따른 제2종일반주거지역 2. 주거환경개선사업이 법 제23조제1항제2호 또는 제4호의 방법으로 시행되는 경우: 「국토의 계획 및 이용에 관한 법률 시행령」 제30조제1호나목(3)에 따른 제3종일반주거지역. 다만, 공공지원민간임대주택 또는 「공공주택 특별법」 제2조제1호의2에 따른 공공건설임대주택을 200세대 이상 공급하려는 경우로서 해당 임대주택의 건설지역을 포함하여 정비계획에서 따로 정하는 구역은 「국토의 계획 및 이용에 관한 법률 시행령」 제30조제1호다목에 따른 준주거지역으로 한다. ② 공공재개발사업 시행자 또는 공공재건축사업 시행자는	

제41조제2항 본문에 따른 "환지처분을 하는 때"는 "사업시행계획인가를 하는 때"로 본다.

법 제69조제4항에 따라 다음 각 호의 어느 하나에 해당하는 경우 「주택법 시행령」 제47조에 따른 감리자 지정 및 감리원 배치기준을 적용할 수 있다. 〈신설 2021.7.13〉

1. 법 제26조제1항제1호에 따라 긴급하게 정비사업을 시행하는 경우
2. 공사비가 1천억원 미만인 경우
3. 「건설기술 진흥법 시행령」 제60조에 따른 건설사업관리기술인 배치기준을 따르는 경우 사업성이 현저히 저하되어 사업을 추진하기 어려운 경우로서 국토교통부장관이 정하여 고시하는 사유에 해당된다고 시장·군수등이 인정하는 경우

③ 주거환경개선사업의 경우에는 「공익사업을 위한 토지 등의 취득 및 보상에 관한 법률」 제78조제4항을 적용하지 아니하며, 「주택법」을 적용할 때에는 이 법에 따른 사업시행자(토지주택공사등이 공동사업시행자인 경우에는 토지주택공사등을 말한다)는 「주택법」에 따른 사업주체로 본다. 〈개정 2019.4.23.〉

④ 공공재개발사업 시행자 또는 공공재건축사업 시행자는 공공재개발사업 또는 공공재건축사업을 시행하는 경우 「건설기술 진흥법」 등 관계 법령에도 불구하고 대통령령으로 정하는 바에 따라 건설사업관리기술인의 배치기준을 별도로 정할 수 있다. 〈신설 2021.4.13〉

관계법 「공익사업을 위한 토지 등의 취득 및 보상에 관한 법률」 제78조(이주대책의 수립 등)

① 사업시행자는 공익사업의 시행으로 인하여 주거용 건축물을 제공함에 따라 생활의 근거를 상실하게 되는 자(이하 "이주대책대상자"라 한다)를 위하여 대통령령으로 정하는 바에 따라 이주대책을 수립·실시하거나 이주정착금을 지급하여야 한다.

② 사업시행자는 제1항에 따라 이주대책을 수립하려면 미리 관할 지방자치단체의 장과 협의하여야 한다.

③ 국가나 지방자치단체는 이주대책의 실시에 따른 주택지의 조성 및 주택의 건설에 대하여는 「주택도시기금법」에 따른 주택도시기금을 우선적으로 지원하여야 한다.〈개정 2015.1.6.〉

④ 이주대책의 내용에는 이주정착지(이주대책의 실시로 건설하는 주택단지를 포함한다)에 대한 도로, 급수시설, 배수시설, 그 밖의 공공시설 등 통상적인 수준의 생활기본시설이 포함되어야 하며, 이에 필요한 비용은 사업시행자가 부담한다. 다만, 행정청이 아닌 사업시행자가 이주대책을 수립·실시하는 경우에 지방자치단체는 비용의 일부를 보조할 수 있다.

⑤ 주거용 건물의 거주자에 대하여는 주거 이전에 필요한 비용과 가재

제70조【지상권 등 계약의 해지】 ① 정비사업의 시행으로 지상권·전세권 또는 임차권의 설정 목적을 달성할 수 없는 때에는 그 권리자는 계약을 해지할 수 있다.

② 제1항에 따라 계약을 해지할 수 있는 자가 가지는 전세

법	시 행 령	시 행 규 칙

금 · 보증금, 그 밖의 계약상의 금전의 반환청구권은 사업시행자에게 행사할 수 있다.

③ 제2항에 따른 금전의 반환청구권의 행사로 해당 금전을 지급한 사업시행자는 해당 토지등소유자에게 구상할 수 있다.

④ 사업시행자는 제3항에 따른 구상이 되지 아니하는 때에는 해당 토지등소유자에게 귀속될 대지 또는 건축물을 압류할 수 있다. 이 경우 압류한 권리는 저당권과 동일한 효력을 가진다.

⑤ 제74조에 따라 관리처분계획의 인가를 받은 경우 지상권 · 전세권설정계약 또는 임대차계약의 계약기간은 「민법」 제280조 · 제281조 및 제312조제2항, 「주택임대차보호법」 제4조제1항, 「상가건물 임대차보호법」 제9조제1항을 적용하지 아니한다.

제71조【소유자의 확인이 곤란한 건축물 등에 대한 처분】

① 사업시행자는 다음 각 호에서 정하는 날 현재 건축물 또는 토지의 소유자의 소재 확인이 현저히 곤란한 때에는 전국적으로 배포되는 둘 이상의 일간신문에 2회 이상 공고하고, 공고한 날부터 30일 이상이 지난 때에는 그 소유자의 해당 건축물 또는 토지의 감정평가액에 해당하는 금액을 법원에 공탁하고 정비사업을 시행할 수 있다.

1. 제25조에 따라 조합이 사업시행자가 되는 경우에는 제35조에 따른 조합설립인가일
2. 제25조제1항제2호에 따라 토지등소유자가 시행하는 재개발사업의 경우에는 제50조에 따른 사업시행계획인가일
3. 제26조제1항에 따라 시장 · 군수등, 토지주택공사등이 정비사업을 시행하는 경우에는 같은 조 제2항에 따른 고시일

도구 등 동산의 운반에 필요한 비용을 산정하여 보상하여야 한다.

⑥ 공익사업의 시행으로 인하여 영위하던 농업 · 어업을 계속할 수 없게 되어 다른 지역으로 이주하는 농민 · 어민이 받을 보상금이 없거나 그 총액이 국토교통부령으로 정하는 금액에 미치지 못하는 경우에는 그 금액 또는 그 차액을 보상하여야 한다. 〈개정 2013.3.23.〉

⑦~⑨ 〈생략〉

관계법 「주택임대차보호법」

제4조(임대차기간 등)

① 기간을 정하지 아니하거나 2년 미만으로 정한 임대차는 그 기간을 2년으로 본다. 다만, 임차인은 2년 미만으로 정한 기간이 유효함을 주장할 수 있다.

② 임대차기간이 끝난 경우에도 임차인이 보증금을 반환받을 때까지는 임대차관계가 존속되는 것으로 본다.

관계법 「상가건물 임대차보호법」

제9조(임대차기간 등)

① 기간을 정하지 아니하거나 기간을 1년 미만으로 정한 임대차는 그 기간을 1년으로 본다. 다만, 임차인은 1년 미만으로 정한 기간이 유효함을 주장할 수 있다.

② 임대차가 종료한 경우에도 임차인이 보증금을 돌려받을 때까지는 임대차 관계는 존속하는 것으로 본다.

법	시 행 령	시 행 규 칙
4. 제27조제1항에 따라 지정개발자를 사업시행자로 지정하는 경우에는 같은 조 제2항에 따른 고시일 ② 재건축사업을 시행하는 경우 조합설립인가일 현재 조합원 전체의 공동소유인 토지 또는 건축물은 조합 소유의 토지 또는 건축물로 본다. ③ 제2항에 따라 조합 소유로 보는 토지 또는 건축물의 처분에 관한 사항은 제74조제1항에 따른 관리처분계획에 명시하여야 한다. ④ 제1항에 따른 토지 또는 건축물의 감정평가는 제74조제4항제1호를 준용한다. 〈개정 2021.3.16〉		
제5절 관리처분계획 등	제5절 관리처분계획 등	
제72조【분양공고 및 분양신청】 ① 사업시행자는 제50조제9항에 따른 사업시행계획인가의 고시가 있은 날(사업시행계획인가 이후 시공자를 선정한 경우에는 시공자와 계약을 체결한 날)부터 120일[→ 90일(대통령령으로 정하는 경우에는 1회에 한정하여 30일의 범위에서 연장할 수 있다)]이내에 다음 각 호의 사항을 토지등소유자에게 통지하고, 분양의 대상이 되는 대지 또는 건축물의 내역 등 대통령령으로 정하는 사항을 해당 지역에서 발간되는 일간신문에 공고하여야 한다. 다만, 토지등소유자 1인이 시행하는 재개발사업의 경우에는 그러하지 아니하다. 〈개정 2021.3.16., 2025.1.31./시행 2025.5.1.〉 1. 분양대상자별 종전의 토지 또는 건축물의 명세 및 사업시행계획인가의 고시가 있은 날을 기준으로 한 가격(사업시행계획인가 전에 제81조제3항에 따라 철거된 건축물은	**제59조【분양신청의 절차 등】** ① 법 제72조제1항 각 호 외의 부분 본문에서 "분양의 대상이 되는 대지 또는 건축물의 내역 등 대통령령으로 정하는 사항"이란 다음 각 호의 사항을 말한다. 1. 사업시행인가의 내용 2. 정비사업의 종류 · 명칭 및 정비구역의 위치 · 면적 3. 분양신청기간 및 장소 4. 분양대상 대지 또는 건축물의 내역 5. 분양신청자격 6. 분양신청방법 7. 토지등소유자외의 권리자의 권리신고방법 8. 분양을 신청하지 아니한 자에 대한 조치 9. 그 밖에 시 · 도조례로 정하는 사항 ② 법 제72조제1항제4호에서 "대통령령으로 정하는 사항"	

법	시 행 령	시 행 규 칙
시장 · 군수등에게 허가를 받은 날을 기준으로 한 가격) 2. 분양대상자별 분담금의 추산액 3. 분양신청기간 4. 그 밖에 대통령령으로 정하는 사항 ② 제1항제3호에 따른 분양신청기간은 통지한 날부터 30일 이상 60일 이내로 하여야 한다. 다만, 사업시행자는 제74조제1항에 따른 관리처분계획의 수립에 지장이 없다고 판단하는 경우에는 분양신청기간을 20일의 범위에서 한 차례만 연장할 수 있다. ③ 대지 또는 건축물에 대한 분양을 받으려는 토지등소유자는 제2항에 따른 분양신청기간에 대통령령으로 정하는 방법 및 절차에 따라 사업시행자에게 대지 또는 건축물에 대한 분양신청을 하여야 한다. ④ 사업시행자는 제2항에 따른 분양신청기간 종료 후 제50조제1항에 따른 사업시행계획인가의 변경(경미한 사항의 변경은 제외한다)으로 세대수 또는 주택규모가 달라지는 경우 제1항부터 제3항까지의 규정에 따라 분양공고 등의 절차를 다시 거칠 수 있다. ⑤ 사업시행자는 정관등으로 정하고 있거나 총회의 의결을 거친 경우 제4항에 따라 제73조제1항제1호 및 제2호에 해당하는 토지등소유자에게 분양신청을 다시 하게 할 수 있다 ⑥ 제3항부터 제5항까지의 규정에도 불구하고 투기과열지구의 정비사업에서 제74조에 따른 관리처분계획에 따라 같은 조 제1항제2호 또는 제1항제4호가목의 분양대상자 및 그 세대에 속한 자는 분양대상자 선정일(조합원 분양분의 분양대상자는 최초 관리처분계획 인가일을 말한다)부터 5년 이내에는 투기과열지구에서 제3항부터 제5항까지의 규정에 따른 분양신청을 할 수 없다. 다만, 상속, 결혼, 이혼	이란 다음 각 호의 사항을 말한다. 1. 제1항제1호부터 제6호까지 및 제8호의 사항 2. 분양신청서 3. 그 밖에 시 · 도조례로 정하는 사항 ③ 법 제72조제3항에 따라 분양신청을 하려는 자는 제2항제2호에 따른 분양신청서에 소유권의 내역을 분명하게 적고, 그 소유의 토지 및 건축물에 관한 등기부등본 또는 환지예정지증명원을 첨부하여 사업시행자에게 제출하여야 한다. 이 경우 우편의 방법으로 분양신청을 하는 때에는 제1항제3호에 따른 분양신청기간 내에 발송된 것임을 증명할 수 있는 우편으로 하여야 한다. ④ 재개발사업의 경우 토지등소유자가 정비사업에 제공되는 종전의 토지 또는 건축물에 따라 분양받을 수 있는 것 외에 공사비 등 사업시행에 필요한 비용의 일부를 부담하고 그 대지 및 건축물(주택을 제외한다)을 분양받으려는 때에는 제3항에 따른 분양신청을 하는 때에 그 의사를 분명히 하고, 법 제72조제1항제1호에 따른 가격의 10퍼센트에 상당하는 금액을 사업시행자에게 납입하여야 한다. 이 경우 그 금액은 납입하였으나 제62조제3호에 따라 정하여진 비용부담액을 정하여진 시기에 납입하지 아니한 자는 그 납입한 금액의 비율에 해당하는 만큼의 대지 및 건축물(주택을 제외한다)만 분양을 받을 수 있다. ⑤ 제3항에 따라 분양신청서를 받은 사업시행자는 「전자정부법」 제36조제1항에 따른 행정정보의 공동이용을 통하여 첨부서류를 확인할 수 있는 경우에는 그 확인으로 첨부서류를 갈음하여야 한다.	

으로 조합원 자격을 취득한 경우에는 분양신청을 할 수 있다. 〈신설 2017.10.24.〉

⑦ 공공재개발사업 시행자는 제39조제2항제6호에 따라 건축물 또는 토지를 양수하려는 경우 무분별한 분양신청을 방지하기 위하여 제1항 또는 제4항에 따른 분양공고 시 양수대상이 되는 건축물 또는 토지의 조건을 함께 공고하여야 한다. 〈신설 2021.4.13〉

제73조【분양신청을 하지 아니한 자 등에 대한 조치】 ① 사업시행자는 관리처분계획이 인가·고시된 다음 날부터 90일 이내에 다음 각 호에서 정하는 자와 토지, 건축물 또는 그 밖의 권리의 손실보상에 관한 협의를 하여야 한다. 다만, 사업시행자는 분양신청기간 종료일의 다음 날부터 협의를 시작할 수 있다. 〈개정 2017.10.24.〉

1. 분양신청을 하지 아니한 자
2. 분양신청기간 종료 이전에 분양신청을 철회한 자
3. 제72조제6항 본문에 따라 분양신청을 할 수 없는 자
4. 제74조에 따라 인가된 관리처분계획에 따라 분양대상에서 제외된 자

② 사업시행자는 제1항에 따른 협의가 성립되지 아니하면 그 기간의 만료일 다음 날부터 60일 이내에 수용재결을 신청하거나 매도청구소송을 제기하여야 한다.

③ 사업시행자는 제2항에 따른 기간을 넘겨서 수용재결을 신청하거나 매도청구소송을 제기한 경우에는 해당 토지등소유자에게 지연일수(遲延日數)에 따른 이자를 지급하여야 한다. 이 경우 이자는 100분의 15 이하의 범위에서 대통령령으로 정하는 이율을 적용하여 산정한다.

제60조【분양신청을 하지 아니한 자 등에 대한 조치】 ① 사업시행자가 법 제73조제1항에 따라 토지등소유자의 토지, 건축물 또는 그 밖의 권리에 대하여 현금으로 청산하는 경우 청산금액은 사업시행자와 토지등소유자가 협의하여 산정한다. 이 경우 재개발사업의 손실보상액의 산정을 위한 감정평가업자 선정에 관하여는 「공익사업을 위한 토지 등의 취득 및 보상에 관한 법률」 제68조제1항에 따른다.

② 법 제73조제3항 후단에서 "대통령령으로 정하는 이율"이란 다음 각 호를 말한다.

1. 6개월 이내의 지연일수에 따른 이자의 이율: 100분의 5
2. 6개월 초과 12개월 이내의 지연일수에 따른 이자의 이율: 100분의 10
3. 12개월 초과의 지연일수에 따른 이자의 이율: 100분의 15

법

제74조【관리처분계획의 인가 등】 ① 사업시행자는 제72조에 따른 분양신청기간이 종료된 때에는 분양신청의 현황을 기초로 다음 각 호의 사항이 포함된 관리처분계획을 수립하여 시장 · 군수등의 인가를 받아야 하며, 관리처분계획을 변경 · 중지 또는 폐지하려는 경우에도 또한 같다. 다만, 대통령령으로 정하는 경미한 사항을 변경하려는 경우에는 시장 · 군수등에게 신고하여야 한다. 〈개정 2018.1.16〉

1. 분양설계
2. 분양대상자의 주소 및 성명
3. 분양대상자별 분양예정인 대지 또는 건축물의 추산액(임대관리 위탁주택에 관한 내용을 포함한다)
4. 다음 각 목에 해당하는 보류지 등의 명세와 추산액 및 처분방법. 다만, 나목의 경우에는 제30조제1항에 따라 선정된 임대사업자의 성명 및 주소(법인인 경우에는 법인의 명칭 및 소재지와 대표자의 성명 및 주소)를 포함한다.
   가. 일반 분양분
   나. 공공지원민간임대주택
   다. 임대주택
   라. 그 밖에 부대시설 · 복리시설 등
5. 분양대상자별 종전의 토지 또는 건축물 명세 및 사업시행계획인가 고시가 있은 날을 기준으로 한 가격(사업시행계획인가 전에 제81조제3항에 따라 철거된 건축물은 시장 · 군수등에게 허가를 받은 날을 기준으로 한 가격)
6. 정비사업비의 추산액(재건축사업의 경우에는 「재건축초과이익 환수에 관한 법률」에 따른 재건축부담금에 관한 사항을 포함한다) 및 그에 따른 조합원 분담규모 및 분담시기
7. 분양대상자의 종전 토지 또는 건축물에 관한 소유권 외

시 행 령

제61조【관리처분계획의 경미한 변경】 법 제74조제1항 각 호 외의 부분 단서에서 "대통령령으로 정하는 경미한 사항을 변경하려는 경우"란 다음 각 호의 어느 하나에 해당하는 경우를 말한다. 〈개정 2018.7.16.〉

1. 계산착오 · 오기 · 누락 등에 따른 조서의 단순정정인 경우(불이익을 받는 자가 없는 경우에만 해당한다)
2. 법 제40조제3항에 따른 정관 및 법 제50조에 따른 사업시행계획인가의 변경에 따라 관리처분계획을 변경하는 경우
3. 법 제64조에 따른 매도청구에 대한 판결에 따라 관리처분계획을 변경하는 경우
4. 법 제129조에 따른 권리 · 의무의 변동이 있는 경우로서 분양설계의 변경을 수반하지 아니하는 경우
5. 주택분양에 관한 권리를 포기하는 토지등소유자에 대한 임대주택의 공급에 따라 관리처분계획을 변경하는 경우
6. 「민간임대주택에 관한 특별법」 제2조제7호에 따른 임대사업자의 주소(법인인 경우에는 법인의 소재지와 대표자의 성명 및 주소)를 변경하는 경우

시 행 규 칙

제12조【관리처분계획인가의 신청】 사업시행자는 법 제74조제1항에 따라 관리처분계획의 인가 또는 변경 · 중지 · 폐지의 인가를 받으려는 때에는 별지 제9호서식의 관리처분계획(인가, 변경 · 중지 · 폐지인가)신청서(전자문서로 된 신청서를 포함한다)에 다음 각 호의 구분에 따른 서류(전자문서를 포함한다)를 첨부하여 시장 · 군수등에게 제출해야 한다. 〈개정 2023.5.12.〉

1. 관리처분계획인가 또는 변경인가: 다음 각 목의 서류
   가. 관리처분계획서
   나. 총회의결서 사본
   다. 사업시행자와 시공자 간 공사계약서 사본(공사계약이 변경된 경우에는 변경된 공사계약서 사본을 말한다)
2. 관리처분계획중지 또는 폐지인가: 중지 또는 폐지의 사유와 그 내용을 설명하는 서류

법	시 행 령	시 행 규 칙
의 권리명세 8. 세입자별 손실보상을 위한 권리명세 및 그 평가액 9. 그 밖에 정비사업과 관련한 권리 등에 관하여 대통령령으로 정하는 사항 ② 시장·군수등은 제1항 각 호 외의 부분 단서에 따른 신고를 받은 날부터 20일 이내에 신고수리 여부를 신고인에게 통지하여야 한다. 〈신설 2021.3.16.〉 ③ 시장·군수등이 제2항에서 정한 기간 내에 신고수리 여부 또는 민원 처리 관련 법령에 따른 처리기간의 연장을 신고인에게 통지하지 아니하면 그 기간(민원 처리 관련 법령에 따라 처리기간이 연장 또는 재연장된 경우에는 해당 처리기간을 말한다)이 끝난 날의 다음 날에 신고를 수리한 것으로 본다. 〈신설 2021.3.16〉 ④ 정비사업에서 제1항제3호·제5호 및 제8호에 따라 재산 또는 권리를 평가할 때에는 다음 각 호의 방법에 따른다. 〈개정 2020.4.7., 2021.3.16., 2021.7.27.〉 1. 「감정평가 및 감정평가사에 관한 법률」에 따른 감정평가법인등 중 다음 각 목의 구분에 따른 감정평가법인등이 평가한 금액을 산술평균하여 산정한다. 다만, 관리처분계획을 변경·중지 또는 폐지하려는 경우 분양예정 대상인 대지 또는 건축물의 추산액과 종전의 토지 또는 건축물의 가격은 사업시행자 및 토지등소유자 전원이 합의하여 산정할 수 있다. 가. 주거환경개선사업 또는 재개발사업: 시장·군수등이 선정·계약한 2인 이상의 감정평가법인등 나. 재건축사업: 시장·군수등이 선정·계약한 1인 이상의 감정평가법인등과 조합총회의 의결로 선정·계약한 1인 이상의 감정평가법인등	**제62조【관리처분계획의 내용】** 법 제74조제1항제9호에서 "대통령령으로 정하는 사항"이란 다음 각 호의 사항을 말한다. 1. 법 제73조에 따라 현금으로 청산하여야 하는 토지등소유자별 기존의 토지·건축물 또는 그 밖의 권리의 명세와 이에 대한 청산방법 2. 법 제79조제4항 전단에 따른 보류지 등의 명세와 추산가액 및 처분방법 3. 제63조제1항제4호에 따른 비용의 부담비율에 따른 대지 및 건축물의 분양계획과 그 비용부담의 한도·방법 및 시기. 이 경우 비용부담으로 분양받을 수 있는 한도는 정관등에서 따로 정하는 경우를 제외하고는 기존의 토지 또는 건축물의 가격의 비율에 따라 부담할 수 있는 비용의 50퍼센트를 기준으로 정한다. 4. 정비사업의 시행으로 인하여 새롭게 설치되는 정비기반시설의 명세와 용도가 폐지되는 정비기반시설의 명세 5. 기존 건축물의 철거 예정시기 6. 그 밖에 시·도조례로 정하는 사항 **제63조【관리처분의 방법 등】** ① 법 제23조제1항제4호의 방법으로 시행하는 주거환경개선사업과 재개발사업의 경우 법 제74조에 따른 관리처분은 다음 각 호의 방법에 따른다. 〈개정 2022.12.9.〉 1. 시·도조례로 분양주택의 규모를 제한하는 경우에는 그	

법	시 행 령	시 행 규 칙
2. 시장 · 군수등은 제1호에 따라 감정평가법인등을 선정 · 계약하는 경우 감정평가법인등의 업무수행능력, 소속 감정평가사의 수, 감정평가 실적, 법규 준수 여부, 평가계획의 적정성 등을 고려하여 객관적이고 투명한 절차에 따라 선정하여야 한다. 이 경우 감정평가법인등의 선정 · 절차 및 방법 등에 필요한 사항은 시 · 도조례로 정한다. 3. 사업시행자는 제1호에 따라 감정평가를 하려는 경우 시장 · 군수등에게 감정평가법인등의 선정 · 계약을 요청하고 감정평가에 필요한 비용을 미리 예치하여야 한다. 시장 · 군수등은 감정평가가 끝난 경우 예치된 금액에서 감정평가 비용을 직접 지급한 후 나머지 비용을 사업시행자와 정산하여야 한다. ⑤ 조합은 제45조제1항제10호의 사항을 의결하기 위한 총회의 개최일부터 1개월 전에 제1항제3호부터 제6호까지의 규정에 해당하는 사항을 각 조합원에게 문서로 통지하여야 한다. 〈개정 2021.3.16.〉 ⑥ 제1항에 따른 관리처분계획의 내용, 관리처분의 방법 등에 필요한 사항은 대통령령으로 정한다. 〈개정 2021.3.16.〉 ⑦ 제1항 각 호의 관리처분계획의 내용과 제2항부터 제4항까지의 규정은 시장 · 군수등이 직접 수립하는 관리처분계획에 준용한다. 〈개정 2021.3.16.〉	규모 이하로 주택을 공급할 것 2. 1개의 건축물의 대지는 1필지의 토지가 되도록 정할 것. 다만, 주택단지의 경우에는 그러하지 아니하다. 3. 정비구역의 토지등소유자(지상권자는 제외한다. 이하 이 항에서 같다)에게 분양할 것. 다만, 공동주택을 분양하는 경우 시 · 도조례로 정하는 금액 · 규모 · 취득 시기 또는 유형에 대한 기준에 부합하지 아니하는 토지등소유자는 시 · 도조례로 정하는 바에 따라 분양대상에서 제외할 수 있다. 4. 1필지의 대지 및 그 대지에 건축된 건축물(법 제79조제4항 전단에 따라 보류지로 정하거나 조합원 외의 자에게 분양하는 부분은 제외한다)을 2인 이상에게 분양하는 때에는 기존의 토지 및 건축물의 가격(제93조에 따라 사업시행방식이 전환된 경우에는 환지예정지의 권리가액을 말한다. 이하 제7호에서 같다)과 제59조제4항 및 제62조제3호에 따라 토지등소유자가 부담하는 비용(재개발사업의 경우에만 해당한다)의 비율에 따라 분양할 것 5. 분양대상자가 공동으로 취득하게 되는 건축물의 공용부분은 각 권리자의 공유로 하되, 해당 공용부분에 대한 각 권리자의 지분비율은 그가 취득하게 되는 부분의 위치 및 바닥면적 등의 사항을 고려하여 정할 것 6. 1필지의 대지 위에 2인 이상에게 분양될 건축물이 설치된 경우에는 건축물의 분양면적의 비율에 따라 그 대지소유권이 주어지도록 할 것(주택과 그 밖의 용도의 건축물이 함께 설치된 경우에는 건축물의 용도 및 규모 등을 고려하여 대지지분이 합리적으로 배분될 수 있도록 한다). 이 경우 토지의 소유관계는 공유로 한다. 7. 주택 및 부대시설 · 복리시설의 공급순위는 기존의 토지 또는 건축물의 가격을 고려하여 정할 것. 이 경우 그 구체	

법	시 행 령	시 행 규 칙
제75조【사업시행계획인가 및 관리처분계획인가의 시기 조정】 ① 특별시장 · 광역시장 또는 도지사는 정비사업의 시행으로 정비구역 주변 지역에 주택이 현저하게 부족하거나 주택시장이 불안정하게 되는 등 특별시 · 광역시 또는 도의 조례로 정하는 사유가 발생하는 경우에는 「주거기본법」 제9조에 따른 시 · 도 주거정책심의위원회의 심의를 거쳐 사업시행계획인가 또는 제74조에 따른 관리처분계획인가의 시기를 조정하도록 해당 시장, 군수 또는 구청장에게 요청할 수 있다. 이 경우 요청을 받은 시장, 군수 또는 구청장은 특별한	적인 기준은 시 · 도조례로 정할 수 있다. ② 재건축사업의 경우 법 제74조에 따른 관리처분은 다음 각 호의 방법에 따른다. 다만, 조합이 조합원 전원의 동의를 받아 그 기준을 따로 정하는 경우에는 그에 따른다.〈개정 2022.12.9.〉 1. 제1항제5호 및 제6호를 적용할 것 2. 부대시설 · 복리시설(부속토지를 포함한다. 이하 이 호에서 같다)의 소유자에게는 부대시설 · 복리시설을 공급할 것. 다만, 다음 각 목의 어느 하나에 해당하는 경우에는 1주택을 공급할 수 있다. 가. 새로운 부대시설 · 복리시설을 건설하지 아니하는 경우로서 기존 부대시설 · 복리시설의 가액이 분양주택 중 최소분양단위규모의 추산액에 정관등으로 정하는 비율(정관등으로 정하지 아니하는 경우에는 1로 한다. 이하 나목에서 같다)을 곱한 가액보다 클 것 나. 기존 부대시설 · 복리시설의 가액에서 새로 공급받는 부대시설 · 복리시설의 추산액을 뺀 금액이 분양주택 중 최소분양단위규모의 추산액에 정관등으로 정하는 비율을 곱한 가액보다 클 것 다. 새로 건설한 부대시설 · 복리시설 중 최소분양단위규모의 추산액이 분양주택 중 최소분양단위규모의 추산액보다 클 것 **관계법** 「주거기본법」 제9조 제9조(시 · 도 주거정책심의위원회) ① 시 · 도 주거종합계획 및 「택지개발촉진법」에 따른 택지개발지구의 지정 · 변경 또는 해제(지정권자가 시 · 도지사인 경우에 한정하되, 같은 법 제3조제2항에 따라 국토교통부장관의 승인을 받아야 하는 경우는 제외한다) 등에 관한 사항을 심의하기 위하여 시 · 도에 시 · 도 주거정책심의위원회를 둔다.	

법	시 행 령	시 행 규 칙
사유가 없으면 그 요청에 따라야 하며, 사업시행계획인가 또는 관리처분계획인가의 조정 시기는 인가를 신청한 날부터 1년을 넘을 수 없다. ② 특별자치시장 및 특별자치도지사는 정비사업의 시행으로 정비구역 주변 지역에 주택이 현저하게 부족하거나 주택시장이 불안정하게 되는 등 특별자치시 및 특별자치도의 조례로 정하는 사유가 발생하는 경우에는 「주거기본법」 제9조에 따른 시 · 도 주거정책심의위원회의 심의를 거쳐 사업시행계획인가 또는 제74조에 따른 관리처분계획인가의 시기를 조정할 수 있다. 이 경우 사업시행계획인가 또는 관리처분계획인가의 조정 시기는 인가를 신청한 날부터 1년을 넘을 수 없다. ③ 제1항 및 제2항에 따른 사업시행계획인가 또는 관리처분계획인가의 시기 조정의 방법 및 절차 등에 필요한 사항은 특별시 · 광역시 · 특별자치시 · 도 또는 특별자치도의 조례로 정한다. **제76조 【관리처분계획의 수립기준】** ① 제74조제1항에 따른 관리처분계획의 내용은 다음 각 호의 기준에 따른다. 〈개정 2017.10.24., 2018.3.20., 2022.2.3., 2023.6.9., 2024.1.30.〉 1. 종전의 토지 또는 건축물의 면적 · 이용 상황 · 환경, 그 밖의 사항을 종합적으로 고려하여 대지 또는 건축물이 균형 있게 분양신청자에게 배분되고 합리적으로 이용되도록 한다. 2. 지나치게 좁거나 넓은 토지 또는 건축물은 넓히거나 좁혀 대지 또는 건축물이 적정 규모가 되도록 한다. 3. 너무 좁은 토지 또는 건축물을 취득한 자나 정비구역 지정 후 분할된 토지 또는 집합건물의 구분소유권을 취득	② 시 · 도 주거정책심의위원회의 구성 · 운영 등에 필요한 사항은 대통령령으로 정하는 바에 따라 시 · 도의 조례로 정한다.	

법	시 행 령	시 행 규 칙
한 자에게는 현금으로 청산할 수 있다. 4. 재해 또는 위생상의 위해를 방지하기 위하여 토지의 규모를 조정할 특별한 필요가 있는 때에는 너무 좁은 토지를 넓혀 토지를 갈음하여 보상을 하거나 건축물의 일부와 그 건축물이 있는 대지의 공유지분을 교부할 수 있다. 5. 분양설계에 관한 계획은 제72조에 따른 분양신청기간이 만료하는 날을 기준으로 하여 수립한다. 6. 1세대 또는 1명이 하나 이상의 주택 또는 토지를 소유한 경우 1주택을 공급하고, 같은 세대에 속하지 아니하는 2명 이상이 1주택 또는 1토지를 공유한 경우에는 1주택만 공급한다. 7. 제6호에도 불구하고 다음 각 목의 경우에는 각 목의 방법에 따라 주택을 공급할 수 있다. 가. 2명 이상이 1토지를 공유한 경우로서 시·도조례로 주택공급을 따로 정하고 있는 경우에는 시·도조례로 정하는 바에 따라 주택을 공급할 수 있다. 나. 다음 어느 하나에 해당하는 토지등소유자에게는 소유한 주택 수만큼 공급할 수 있다. 1) 과밀억제권역에 위치하지 아니한 재건축사업의 토지등소유자. 다만, 투기과열지구 또는 「주택법」 제63조의2제1항제1호에 따라 지정된 조정대상지역(이하 이 조에서 "조정대상지역"이라 한다)에서 사업시행계획인가(최초 사업시행계획인가를 말한다)를 신청하는 재건축사업의 토지등소유자는 제외한다. 2) 근로자(공무원인 근로자를 포함한다) 숙소, 기숙사 용도로 주택을 소유하고 있는 토지등소유자 3) 국가, 지방자치단체 및 토지주택공사등 4) 「지방자치분권 및 지역균형발전에 관한 특별법」 제	**관계법** 「지방자치분권 및 지역균형발전에 관한 특별법」 제25조	

법	시 행 령	시 행 규 칙
25조에 따른 공공기관지방이전 및 혁신도시 활성화를 위한 시책 등에 따라 이전하는 공공기관이 소유한 주택을 양수한 자 다. 나목1) 단서에도 불구하고 과밀억제권역 외의 조정대상지역 또는 투기과열지구에서 조정대상지역 또는 투기과열지구로 지정되기 전에 1명의 토지등소유자로부터 토지 또는 건축물의 소유권을 양수하여 여러 명이 소유하게 된 경우에는 양도인과 양수인에게 각각 1주택을 공급할 수 있다. 라. 제74조제1항제5호에 따른 가격의 범위 또는 종전 주택의 주거전용면적의 범위에서 2주택을 공급할 수 있고, 이 중 1주택은 주거전용면적을 60제곱미터 이하로 한다. 다만, 60제곱미터 이하로 공급받은 1주택은 제86조제2항에 따른 이전고시일 다음 날부터 3년이 지나기 전에는 주택을 전매(매매 · 증여나 그 밖에 권리의 변동을 수반하는 모든 행위를 포함하되 상속의 경우는 제외한다)하거나 전매를 알선할 수 없다. 마. 과밀억제권역에 위치한 재건축사업의 경우에는 토지등소유자가 소유한 주택수의 범위에서 3주택까지 공급할 수 있다. 다만, 투기과열지구 또는 조정대상지역에서 사업시행계획인가(최초 사업시행계획인가를 말한다)를 신청하는 재건축사업의 경우에는 그러하지 아니하다. ② 제1항에 따른 관리처분계획의 수립기준 등에 필요한 사항은 대통령령으로 정한다. [법률 제14567호(2017.2.8.) 부칙 제2조의 규정에 의하여 이 조 제1항제7호나목4)는 2018년 1월 26일까지 유효함] **제77조【주택 등 건축물을 분양받을 권리의 산정 기준일】**	(공공기관의 지방이전 및 혁신도시 활성화) ① 정부는 수도권에 있는 공공기관 중 대통령령으로 정하는 기관(이하 이 조에서 "이전대상공공기관" 이라 한다)을 단계적으로 지방으로 이전(수도권이 아닌 지역으로의 이전을 말한다. 이하 같다)하기 위한 공공기관지방이전 및 혁신도시 활성화를 위한 시책(이하 "혁신도시시책" 이라 한다)을 추진하여야 한다. 〈개정 2018.3.20.〉 ② 정부는 혁신도시시책을 추진할 때에는 다음 각 호의 사항을 고려하여야 한다. 1. 지방자치단체의 유치계획 및 지원에 관한 사항 2. 이전대상공공기관별 지방이전계획에 관한 사항 3. 혁신도시 활성화 및 인근 지역과의 상생발전에 관한 사항 4. 그 밖에 지역균형발전을 위하여 필요한 사항 ③ 관계 중앙행정기관의 장, 지방자치단체의 장 및 이전대상공공기관의 장은 혁신도시시책에 따라 공공기관별 지방이전계획의 수립 등 공공기관의 이전에 필요한 조치 및 혁신도시 활성화에 필요한 조치를 시행하여야 한다. ④ 국가와 지방자치단체는 공공기관이 지방으로 이전하는 경우 이전하는 공공기관 및 그 종사자에 대하여 재정적 · 행정적 지원 및 생활환경의 개선 등에 관한 지원을 할 수 있다. ⑤ 중앙행정기관의 장은 공공기관(중앙행정기관과 그 소속 기관은 제외한다)을 설립하거나 신규로 인가하는 경우에는 국토교통부장관과 협의하고 지방시대위원회의 심의 · 의결을 거쳐 입지를 결정하여야 한다. 이 경우 수도권이 아닌 지역으로의 입지를 우선적으로 고려하여야 한다. ⑥ 제5항에 따라 설립되거나 신규로 인가된 공공기관(이하 "신설 공공기관" 이라 한다)의 입지 결정에 대한 심의절차, 제출 서류 등에 관하여 필요한 사항은 대통령령으로 정한다. ⑦ 지방시대위원회는 3년마다 공공기관의 현황을 조사하기 위하여 관계 중앙행정기관의 장 및 공공기관의 장에게 다음 각 호의 자료의 제출을 요구할 수 있다. 이 경우 자료 제출 요구를 받은 중앙행정기관의 장 및 공공기관의 장은 특별한 사유가 없으면 이에 따라야 한다. 1. 공공기관의 직원 수 등 규모	

법	시 행 령	시 행 규 칙
① 정비사업을 통하여 분양받을 건축물이 다음 각 호의 어느 하나에 해당하는 경우에는 제16조제2항 전단에 따른 고시가 있은 날 또는 시 · 도지사가 투기를 억제하기 위하여 제6조제1항에 따른 기본계획 수립을 위한 주민공람의 공고일 후 정비구역 지정 · 고시 전에 따로 정하는 날(이하 이 조에서 "기준일"이라 한다)의 다음 날을 기준으로 건축물을 분양받을 권리를 산정한다. 〈개정 2018.6.12., 2024.1.30.〉 1. 1필지의 토지가 여러 개의 필지로 분할되는 경우 2. 「집합건물의 소유 및 관리에 관한 법률」에 따른 집합건물이 아닌 건축물이 같은 법에 따른 집합건물로 전환되는 경우 3. 하나의 대지 범위에 속하는 동일인 소유의 토지와 주택 등 건축물을 토지와 주택 등 건축물로 각각 분리하여 소유하는 경우 4. 나대지에 건축물을 새로 건축하거나 기존 건축물을 철거하고 다세대주택, 그 밖의 공동주택을 건축하여 토지등소유자의 수가 증가하는 경우 5. 「집합건물의 소유 및 관리에 관한 법률」 제2조제3호에 따른 전유부분의 분할로 토지등소유자의 수가 증가하는 경우 ② 시 · 도지사는 제1항에 따라 기준일을 따로 정하는 경우에는 기준일 · 지정사유 · 건축물을 분양받을 권리의 산정 기준 등을 해당 지방자치단체의 공보에 고시하여야 한다.	2. 지방세 납부 현황 3. 사무소 소재 현황 4. 그 밖에 공공기관의 현황 조사에 필요한 사항으로서 지방시대위원회가 필요하다고 인정하는 사항	
제78조【관리처분계획의 공람 및 인가절차 등】 ① 사업시행자는 제74조에 따른 관리처분계획인가를 신청하기 전에 관계 서류의 사본을 30일 이상 토지등소유자에게 공람하게 하고 의견을 들어야 한다. 다만, 제74조제1항 각 호 외의 부분	**제64조【관리처분계획의 타당성 검증】** ① 법 제78조제3항 각 호 외의 부분 전단에서 "대통령령으로 정하는 공공기관"이란 다음 각 호의 기관을 말한다. 〈개정 2020.12.8.〉 1. 토지주택공사등	**제13조【관리처분계획인가의 고시】** 시장 · 군수등은 법 제78조제4항에 따라 관리처분계획의 인가내용을 고시하는 경우에는 다음 각 호의 사항을 포함하여야

법

단서에 따라 대통령령으로 정하는 경미한 사항을 변경하려는 경우에는 토지등소유자의 공람 및 의견청취 절차를 거치지 아니할 수 있다.

② 시장 · 군수등은 사업시행자의 관리처분계획인가의 신청이 있은 날부터 30일 이내에 인가 여부를 결정하여 사업시행자에게 통보하여야 한다. 다만, 시장 · 군수등은 제3항에 따라 관리처분계획의 타당성 검증을 요청하는 경우에는 관리처분계획인가의 신청을 받은 날부터 60일 이내에 인가 여부를 결정하여 사업시행자에게 통지하여야 한다. 〈개정 2017.8.9.〉

③ 시장 · 군수등은 다음 각 호의 어느 하나에 해당하는 경우에는 대통령령으로 정하는 공공기관에 관리처분계획의 타당성 검증을 요청하여야 한다. 이 경우 시장 · 군수등은 타당성 검증 비용을 사업시행자에게 부담하게 할 수 있다. 〈신설 2017.8.9.〉

1. 제74조제1항제6호에 따른 정비사업비가 제52조제1항제12호에 따른 정비사업비 기준으로 100분의 10 이상으로서 대통령령으로 정하는 비율 이상 늘어나는 경우
2. 제74조제1항제6호에 따른 조합원 분담규모가 제72조제1항제2호에 따른 분양대상자별 분담금의 추산액 총액 기준으로 100분의 20 이상으로서 대통령령으로 정하는 비율 이상 늘어나는 경우
3. 조합원 5분의 1 이상이 관리처분계획인가 신청이 있은 날부터 15일 이내에 시장 · 군수등에게 타당성 검증을 요청한 경우
4. 그 밖에 시장 · 군수등이 필요하다고 인정하는 경우

④ 시장 · 군수등이 제2항에 따라 관리처분계획을 인가하는 때에는 그 내용을 해당 지방자치단체의 공보에 고시하여야

시 행 령

2. 한국부동산원

② 법 제78조제3항제1호에서 "대통령령으로 정하는 비율"이란 100분의 10을 말한다.

③ 법 제78조제3항제2호에서 "대통령령으로 정하는 비율"이란 100분의 20을 말한다.

시 행 규 칙

한다.

1. 정비사업의 종류 및 명칭
2. 정비구역의 위치 및 면적
3. 사업시행자의 성명 및 주소
4. 관리처분계획인가일
5. 다음 각 목의 사항을 포함한 관리처분계획인가의 요지
   가. 대지 및 건축물의 규모 등 건축계획
   나. 분양 또는 보류지의 규모 등 분양계획
   다. 신설 또는 폐지하는 정비기반시설의 명세
   라. 기존 건축물의 철거 예정시기 등

법	시 행 령	시 행 규 칙
한다. 〈개정 2017.8.9.〉 ⑤ 사업시행자는 제1항에 따라 공람을 실시하려거나 제4항에 따른 시장·군수등의 고시가 있은 때에는 대통령령으로 정하는 방법과 절차에 따라 토지등소유자에게는 공람계획을 통지하고, 분양신청을 한 자에게는 관리처분계획인가의 내용 등을 통지하여야 한다. 〈개정 2017.8.9.〉 ⑥ 제1항, 제4항 및 제5항은 시장·군수등이 직접 관리처분계획을 수립하는 경우에 준용한다. 〈개정 2017.8.9.〉 ⑦ 사업시행자는 관리처분계획의 내용이 제3항제1호 또는 제2호에 해당하는 경우 관리처분계획인가의 신청 이전(제45조제1항제10호에 따른 총회 의결이 있은 경우로 한정한다)에 제3항에 따른 공공기관에 관리처분계획의 타당성 검증을 요청할 수 있다. 이 경우 제3항에 따른 타당성 검증이 요청된 것으로 본다. 〈신설 2025.1.31./시행 2025.5.1.〉	**제65조【통지사항】** ① 사업시행자는 법 제78조제5항에 따라 공람을 실시하려는 경우 공람기간·장소 등 공람계획에 관한 사항과 개략적인 공람사항을 미리 토지등소유자에게 통지하여야 한다. ② 사업시행자는 법 제78조제5항 및 제6항에 따라 분양신청을 한 자에게 다음 각 호의 사항을 통지하여야 하며, 관리처분계획 변경의 고시가 있는 때에는 변경내용을 통지하여야 한다. 1. 정비사업의 종류 및 명칭 2. 정비사업 시행구역의 면적 3. 사업시행자의 성명 및 주소 4. 관리처분계획의 인가일 5. 분양대상자별 기존의 토지 또는 건축물의 명세 및 가격과 분양예정인 대지 또는 건축물의 명세 및 추산가액	
제79조【관리처분계획에 따른 처분 등】 ① 정비사업의 시행으로 조성된 대지 및 건축물은 관리처분계획에 따라 처분 또는 관리하여야 한다. ② 사업시행자는 정비사업의 시행으로 건설된 건축물을 제74조에 따라 인가받은 관리처분계획에 따라 토지등소유자에게 공급하여야 한다. ③ 사업시행자(제23조제1항제2호에 따라 대지를 공급받아 주택을 건설하는 자를 포함한다. 이하 이 항, 제6항 및 제7항에서 같다)는 정비구역에 주택을 건설하는 경우에는 입주자 모집 조건·방법·절차, 입주금(계약금·중도금 및 잔금을 말한다)의 납부 방법·시기·절차, 주택공급 방법·절차 등에	**제66조【주택의 공급 등】** 법 제23조제1항제1호부터 제3호까지의 방법으로 시행하는 주거환경개선사업의 사업시행자 및 같은 항 제2호에 따라 대지를 공급받아 주택을 건설하는 자가 법 제79조제3항에 따라 정비구역에 주택을 건설하는 경우 주택의 공급에 관하여는 별표 2에 규정된 범위에서 시장·군수등의 승인을 받아 사업시행자가 따로 정할 수 있다.	

법	시 행 령	시 행 규 칙
관하여 「주택법」 제54조에도 불구하고 대통령령으로 정하는 범위에서 시장 · 군수등의 승인을 받아 따로 정할 수 있다. ④ 사업시행자는 제72조에 따른 분양신청을 받은 후 잔여분이 있는 경우에는 정관등 또는 사업시행계획으로 정하는 목적을 위하여 그 잔여분을 보류지(건축물을 포함한다)로 정하거나 조합원 또는 토지등소유자 이외의 자에게 분양할 수 있다. 이 경우 분양공고와 분양신청절차 등에 필요한 사항은 대통령령으로 정한다. ⑤ 국토교통부장관, 시 · 도지사, 시장, 군수, 구청장 또는 토지주택공사등은 조합이 요청하는 경우 재개발사업의 시행으로 건설된 임대주택을 인수하여야 한다. 이 경우 재개발임대주택의 인수 절차 및 방법, 인수 가격 등에 필요한 사항은 대통령령으로 정한다.	**제67조【일반분양신청절차 등】** 법 제79조제4항에 따라 조합원 외의 자에게 분양하는 경우의 공고 · 신청절차 · 공급조건 · 방법 및 절차 등은 「주택법」 제54조를 준용한다. 이 경우 "사업주체"는 "사업시행자(토지주택공사등이 공동사업시행자인 경우에는 토지주택공사등을 말한다)"로 본다. **제68조【재개발임대주택 인수방법 및 절차 등】** ① 법 제79조제5항에 따라 조합이 재개발사업의 시행으로 건설된 임대주택(이하 "재개발임대주택"이라 한다)의 인수를 요청하는 경우 시 · 도지사 또는 시장, 군수, 구청장이 우선하여 인수하여야 하며, 시 · 도지사 또는 시장, 군수, 구청장이 예산 · 관리인력의 부족 등 부득이한 사정으로 인수하기 어려운 경우에는 국토교통부장관에게 토지주택공사등을 인수자로 지정할 것을 요청할 수 있다. ② 법 제79조제5항에 따른 재개발임대주택의 인수 가격은 다음 각 호의 금액 또는 가격을 합한 금액으로 하며, 제2호에 따른 부속토지의 가격은 사업시행계획인가 고시가 있는 날을 기준으로 감정평가법인등 둘 이상이 평가한 금액을 산술평균한 금액으로 한다. 〈개정 2024.12.17.〉 1. 「주택법」 제57조제4항 전단에 따른 국토교통부장관이 정하여 고시하는 건축비(이하 이 조에서 "기본형건축비"라 한다)의 80퍼센트에 해당하는 금액. 이 경우 기본형건축비는 제67조에 따른 조합원 외의 자에게 분양하는 경우의 분양 공고일 직전에 고시된 금액으로 한다. 2. 부속토지의 가격 3. 다음 각 목에 따른 금액의 범위에서 인수자가 정하는	

금액을 합산한 금액. 이 경우 인수자가 시·도지사 또는 시장, 군수, 구청장인 경우에는 다음 각 목에 따른 금액의 범위에서 시·도조례로 정하는 기준에 따라 정한다.
가. 기본형건축비에 가산되는 금액으로서 국토교통부령으로 정하는 금액
나. 제2호에 따른 부속토지의 가격에 가산되는 금액으로서 국토교통부령으로 정하는 금액
③ 제1항 및 제2항에서 정한 사항 외에 재개발임대주택의 인수계약 체결을 위한 사전협의, 인수계약의 체결, 인수대금의 지급방법 등 필요한 사항은 인수자가 따로 정하는 바에 따른다. 이 경우 인수자가 시·도지사 또는 시장, 군수, 구청장인 경우에는 시·도조례로 정하는 바에 따른다. 〈개정 2024.12.17.〉

⑥ 사업시행자는 정비사업의 시행으로 임대주택을 건설하는 경우에는 임차인의 자격·선정방법·임대보증금·임대료 등 임대조건에 관한 기준 및 무주택 세대주에게 우선 매각하도록 하는 기준 등에 관하여 「민간임대주택에 관한 특별법」 제42조 및 제44조, 「공공주택 특별법」 제48조, 제49조 및 제50조의3에도 불구하고 대통령령으로 정하는 범위에서 시장·군수등의 승인을 받아 따로 정할 수 있다. 다만, 재개발임대주택으로서 최초의 임차인 선정이 아닌 경우에는 대통령령으로 정하는 범위에서 인수자가 따로 정한다.
⑦ 사업시행자는 제2항부터 제6항까지의 규정에 따른 공급대상자에게 주택을 공급하고 남은 주택을 제2항부터 제6항까지의 규정에 따른 공급대상자 외의 자에게 공급할 수 있다.

제69조 【임대주택의 공급 등】 ① 법 제79조제6항 본문에 따라 임대주택을 건설하는 경우의 임차인의 자격·선정방법·임대보증금·임대료 등 임대조건에 관한 기준 및 무주택 세대주에게 우선 분양전환하도록 하는 기준 등에 관하여는 별표 3에 규정된 범위에서 시장·군수등의 승인을 받아 사업시행자 및 법 제23조제1항제2호에 따라 대지를 공급받아 주택을 건설하는 자가 따로 정할 수 있다.
② 법 제79조제6항 단서에 따라 인수자는 다음 각 호의 범위에서 재개발임대주택의 임차인의 자격 등에 관한 사항을 정하여야 한다.
1. 임차인의 자격은 무주택 기간과 해당 정비사업이 위치한 지역에 거주한 기간이 각각 1년 이상인 범위에서 오래된 순으로 할 것. 다만, 시·도지사가 법 제79조제5항 및 이 영 제48조제2항에 따라 임대주택을 인수한 경우에는 거주

법	시 행 령	시 행 규 칙
⑧ 제7항에 따른 주택의 공급 방법 · 절차 등은 「주택법」 제54조를 준용한다. 다만, 사업시행자가 제64조에 따른 매도청구소송을 통하여 법원의 승소판결을 받은 후 입주예정자에게 피해가 없도록 손실보상금을 공탁하고 분양예정인 건축물을 담보한 경우에는 법원의 승소판결이 확정되기 전이라도 「주택법」 제54조에도 불구하고 입주자를 모집할 수 있으나, 제83조에 따른 준공인가 신청 전까지 해당 주택건설 대지의 소유권을 확보하여야 한다.	지역, 거주기간 등 임차인의 자격을 별도로 정할 수 있다. 2. 임대보증금과 임대료는 정비사업이 위치한 지역의 시세의 100분의 90 이하의 범위로 할 것 3. 임대주택의 계약방법 등에 관한 사항은 「공공주택 특별법」에서 정하는 바에 따를 것 4. 관리비 등 주택의 관리에 관한 사항은 「공동주택관리법」에서 정하는 바에 따를 것 ③ 시장 · 군수등은 사업시행자 및 법 제23조제1항제2호에 따라 대지를 공급받아 주택을 건설하는 자가 요청하거나 임차인 선정을 위하여 필요한 경우 국토교통부장관에게 제1항 및 제2항에 따른 임차인 자격 해당 여부에 관하여 주택전산망에 따른 전산검색을 요청할 수 있다.	
제80조【지분형주택 등의 공급】 ① 사업시행자가 토지주택공사등인 경우에는 분양대상자와 사업시행자가 공동 소유하는 방식으로 주택(이하 "지분형주택"이라 한다)을 공급할 수 있다. 이 경우 공급되는 지분형주택의 규모, 공동 소유기간 및 분양대상자 등 필요한 사항은 대통령령으로 정한다.	**제70조【지분형주택의 공급】** ① 법 제80조에 따른 지분형주택(이하 "지분형주택"이라 한다)의 규모, 공동 소유기간 및 분양대상자는 다음 각 호와 같다. 1. 지분형주택의 규모는 주거전용면적 60제곱미터 이하인 주택으로 한정한다. 2. 지분형주택의 공동 소유기간은 법 제86조제2항에 따라 소유권을 취득한 날부터 10년의 범위에서 사업시행자가 정하는 기간으로 한다. 3. 지분형주택의 분양대상자는 다음 각 목의 요건을 모두 충족하는 자로 한다. 가. 법 제74조제1항제5호에 따라 산정한 종전에 소유하였던 토지 또는 건축물의 가격이 제1호에 따른 주택의 분양가격 이하에 해당하는 사람 나. 세대주로서 제13조제1항에 따른 정비계획의 공람 공	

② 국토교통부장관, 시·도지사, 시장, 군수, 구청장 또는 토지주택공사등은 정비구역에 세입자와 대통령령으로 정하는 면적 이하의 토지 또는 주택을 소유한 자의 요청이 있는 경우에는 제79조제5항에 따라 인수한 임대주택의 일부를 「주택법」에 따른 토지임대부 분양주택으로 전환하여 공급하여야 한다.

제81조【건축물 등의 사용·수익의 중지 및 철거 등】 ① 종전의 토지 또는 건축물의 소유자·지상권자·전세권자·임차권자 등 권리자는 제78조제4항에 따른 관리처분계획인가의 고시가 있은 때에는 제86조에 따른 이전고시가 있는 날까지 종전의 토지 또는 건축물을 사용하거나 수익할 수 없다. 다만, 다음 각 호의 어느 하나에 해당하는 경우에는 그러하지 아니하다. 〈개정 2017.8.9.〉

1. 사업시행자의 동의를 받은 경우
2. 「공익사업을 위한 토지 등의 취득 및 보상에 관한 법률」에 따른 손실보상이 완료되지 아니한 경우

② 사업시행자는 제74조제1항에 따른 관리처분계획인가를 받은 후 기존의 건축물을 철거하여야 한다.

③ 사업시행자는 다음 각 호의 어느 하나에 해당하는 경우에는 제2항에도 불구하고 기존 건축물 소유자의 동의 및 시장·군수등의 허가를 받아 해당 건축물을 철거할 수 있다.

고일 당시 해당 정비구역에 2년 이상 실제 거주한 사람

다. 정비사업의 시행으로 철거되는 주택 외 다른 주택을 소유하지 아니한 사람

② 지분형주택의 공급방법·절차, 지분 취득비율, 지분 사용료 및 지분 취득가격 등에 관하여 필요한 사항은 사업시행자가 따로 정한다.

제71조【소규모 토지 등의 소유자에 대한 토지임대부 분양주택 공급】 ① 법 제80조제2항에서 "대통령령으로 정하는 면적 이하의 토지 또는 주택을 소유한 자"란 다음 각 호의 어느 하나에 해당하는 자를 말한다.

1. 면적이 90제곱미터 미만의 토지를 소유한 자로서 건축물을 소유하지 아니한 자
2. 바닥면적이 40제곱미터 미만의 사실상 주거를 위하여 사용하는 건축물을 소유한 자로서 토지를 소유하지 아니한 자

② 제1항에도 불구하고 토지 또는 주택의 면적은 제1항 각 호에서 정한 면적의 2분의 1 범위에서 시·도조례로 달리 정할 수 있다.

제72조【물건조서 등의 작성】 ① 사업시행자는 법 제81조제3항에 따라 건축물을 철거하기 전에 관리처분계획의 수립

법	시 행 령	시 행 규 칙
이 경우 건축물의 철거는 토지등소유자로서의 권리 · 의무에 영향을 주지 아니한다. 1. 「재난 및 안전관리 기본법」 · 「주택법」 · 「건축법」 등 관계 법령에서 정하는 기존 건축물의 붕괴 등 안전사고의 우려가 있는 경우 2. 폐공가(廢空家)의 밀집으로 범죄발생의 우려가 있는 경우 ④ 시장 · 군수등은 사업시행자가 제2항에 따라 기존의 건축물을 철거하거나 철거를 위하여 점유자를 퇴거시키려는 경우 다음 각 호의 어느 하나에 해당하는 시기에는 건축물을 철거하거나 점유자를 퇴거시키는 것을 제한할 수 있다. 〈개정 2022.6.10., 2023.2.14.〉 1. 일출 전과 일몰 후 2. 호우, 대설, 폭풍해일, 지진해일, 태풍, 강풍, 풍랑, 한파 등으로 해당 지역에 중대한 재해발생이 예상되어 기상청장이 「기상법」 제13조의2에 따라 특보를 발표한 때 3. 「재난 및 안전관리 기본법」 제3조에 따른 재난이 발생한 때 4. 제1호부터 제3호까지의 규정에 준하는 시기로 시장 · 군수등이 인정하는 시기	을 위하여 기존 건축물에 대한 물건조서와 사진 또는 영상자료를 만들어 이를 착공 전까지 보관하여야 한다. ② 제1항에 따른 물건조서를 작성할 때에는 법 제74조제1항제5호에 따른 종전 건축물의 가격산정을 위하여 건축물의 연면적, 그 실측평면도, 주요마감재료 등을 첨부하여야 한다. 다만, 실측한 면적이 건축물대장에 첨부된 건축물현황도와 일치하는 경우에는 건축물현황도로 실측평면도를 갈음할 수 있다.	
제82조【시공보증】 ① 조합이 정비사업의 시행을 위하여 시장 · 군수등 또는 토지주택공사등이 아닌 자를 시공자로 선정(제25조에 따른 공동사업시행자가 시공하는 경우를 포함한다)한 경우 그 시공자는 공사의 시공보증(시공자가 공사의 계약상 의무를 이행하지 못하거나 의무이행을 하지 아니할 경우 보증기관에서 시공자를 대신하여 계약이행의무를 부담하거나 총 공사금액의 100분의 50 이하 대통령령으로 정하	**제73조【시공보증】** 법 제82조제1항에서 "대통령령으로 정하는 비율"이란 총 공사금액의 100분의 30을 말한다.	**제14조【시공보증】** 법 제82조제1항에서 "국토교통부령으로 정하는 기관의 시공보증서"란 조합원에게 공급되는 주택에 대한 다음 각 호의 어느 하나에 해당하는 보증서를 말한다. 1. 「건설산업기본법」에 따른 공제조합이 발행한 보증서

법	시 행 령	시 행 규 칙
는 비율 이상의 범위에서 사업시행자가 정하는 금액을 납부할 것을 보증하는 것을 말한다)을 위하여 국토교통부령으로 정하는 기관의 시공보증서를 조합에 제출하여야 한다. 〈개정 2018.6.12.〉 ② 시장·군수등은 「건축법」 제21조에 따른 착공신고를 받는 경우에는 제1항에 따른 시공보증서의 제출 여부를 확인하여야 한다.		2. 「주택도시기금법」에 따른 주택도시보증공사가 발행한 보증서 3. 「은행법」 제2조제1항제2호에 따른 금융기관, 「한국산업은행법」에 따른 한국산업은행, 「한국수출입은행법」에 따른 한국수출입은행 또는 「중소기업은행법」에 따른 중소기업은행이 발행한 지급보증서 4. 「보험업법」에 따른 보험사업자가 발행한 보증보험증권
제6절 공사완료에 따른 조치 등	**제6절 공사완료에 따른 조치 등**	
제83조【정비사업의 준공인가】 ① 시장·군수등이 아닌 사업시행자가 정비사업 공사를 완료한 때에는 대통령령으로 정하는 방법 및 절차에 따라 시장·군수등의 준공인가를 받아야 한다. ② 제1항에 따라 준공인가신청을 받은 시장·군수등은 지체 없이 준공검사를 실시하여야 한다. 이 경우 시장·군수등은 효율적인 준공검사를 위하여 필요한 때에는 관계 행정기관·공공기관·연구기관, 그 밖의 전문기관 또는 단체에게 준공검사의 실시를 의뢰할 수 있다. ③ 시장·군수등은 제2항 전단 또는 후단에 따른 준공검사를 실시한 결과 정비사업이 인가받은 사업시행계획대로 완료되었다고 인정되는 때에는 준공인가를 하고 공사의 완료를 해당 지방자치단체의 공보에 고시하여야 한다. ④ 시장·군수등은 직접 시행하는 정비사업에 관한 공사가 완료된 때에는 그 완료를 해당 지방자치단체의 공보에 고시하여야 한다.	**제74조【준공인가】** ① 시장·군수등이 아닌 사업시행자는 법 제83조제1항에 따라 준공인가를 받으려는 때에는 국토교통부령으로 정하는 준공인가신청서를 시장·군수등에게 제출하여야 한다. 다만, 사업시행자(공동시행자인 경우를 포함한다)가 토지주택공사인 경우로서 「한국토지주택공사법」 제19조제3항 및 같은 법 시행령 제41조제2항에 따라 준공인가 처리결과를 시장·군수등에게 통보한 경우에는 그러하지 아니하다. ② 시장·군수등은 법 제83조제3항에 따라 준공인가를 한 때에는 국토교통부령으로 정하는 준공인가증에 다음 각 호의 사항을 기재하여 사업시행자에게 교부하여야 한다. 1. 정비사업의 종류 및 명칭 2. 정비사업 시행구역의 위치 및 명칭 3. 사업시행자의 성명 및 주소 4. 준공인가의 내역 ③ 사업시행자는 제1항 단서에 따라 자체적으로 처리한 준	**제15조【준공인가 등】** ① 사업시행자는 영 제74조제1항 본문에 따라 정비사업에 관한 공사를 완료하여 준공인가를 받으려는 경우에는 별지 제10호서식의 준공인가신청서(전자문서로 된 신청서를 포함한다)에 다음 각 호의 서류(전자문서를 포함한다)를 첨부하여 시장·군수등에게 제출하여야 한다. 1. 건축물·정비기반시설(영 제3조제9호에 해당하는 것을 제외한다) 및 공동이용시설 등의 설치내역서 2. 공사감리자의 의견서 3. 영 제14조제5항에 따른 현금납부액의 납부증명 서류(법 제17조제4항에 따라 현금을 납부한 경우로 한정한다) ② 영 제74조제2항에서 "국토교통부령

법	시 행 령	시 행 규 칙
	공인가결과를 시장 · 군수등에게 통보한 때 또는 제2항에 따른 준공인가증을 교부받은 때에는 그 사실을 분양대상자에게 지체없이 통지하여야 한다. ④ 시장 · 군수등은 법 제83조제3항 및 제4항에 따른 공사완료의 고시를 하는 때에는 제2항 각 호의 사항을 포함하여야 한다.	으로 정하는 준공인가증"이란 별지 제11호서식의 준공인가증을 말한다. ③ 영 제75조제2항에서 "국토교통부령으로 정하는 신청서"란 별지 제12호서식의 준공인가전 사용허가신청서를 말한다.
⑤ 시장 · 군수등은 제1항에 따른 준공인가를 하기 전이라도 완공된 건축물이 사용에 지장이 없는 등 대통령령으로 정하는 기준에 적합한 경우에는 입주예정자가 완공된 건축물을 사용할 수 있도록 사업시행자에게 허가할 수 있다. 다만, 시장 · 군수등이 사업시행자인 경우에는 허가를 받지 아니하고 입주예정자가 완공된 건축물을 사용하게 할 수 있다. ⑥ 제3항 및 제4항에 따른 공사완료의 고시 절차 및 방법, 그 밖에 필요한 사항은 대통령령으로 정한다. **제84조【준공인가 등에 따른 정비구역의 해제】** ① 정비구역의 지정은 제83조에 따른 준공인가의 고시가 있은 날(관리처분계획을 수립하는 경우에는 이전고시가 있은 때를 말한다)의 다음 날에 해제된 것으로 본다. 이 경우 지방자치단체는 해당 지역을 「국토의 계획 및 이용에 관한 법률」에 따른 지구단위계획으로 관리하여야 한다. ② 제1항에 따른 정비구역의 해제는 조합의 존속에 영향을 주지 아니한다.	**제75조【준공인가전 사용허가】** ① 법 제83조제5항 본문에서 "완공된 건축물이 사용에 지장이 없는 등 대통령령으로 정하는 기준"이란 다음 각 호를 말한다. 1. 완공된 건축물에 전기 · 수도 · 난방 및 상 · 하수도 시설 등이 갖추어져 있어 해당 건축물을 사용하는 데 지장이 없을 것 2. 완공된 건축물이 관리처분계획에 적합할 것 3. 입주자가 공사에 따른 차량통행 · 소음 · 분진 등의 위해로부터 안전할 것 ② 사업시행자는 법 제83조제5항 본문에 따른 사용허가를 받으려는 때에는 국토교통부령으로 정하는 신청서를 시장 · 군수등에게 제출하여야 한다. ③ 시장 · 군수등은 법 제83조제5항에 따른 사용허가를 하는 때에는 동별 · 세대별 또는 구획별로 사용허가를 할 수 있다.	

법	시 행 령	시 행 규 칙
제85조 【공사완료에 따른 관련 인·허가등의 의제】 ① 제83조제1항부터 제4항까지의 규정에 따라 준공인가를 하거나 공사완료를 고시하는 경우 시장·군수등이 제57조에 따라 의제되는 인·허가등에 따른 준공검사·준공인가·사용검사·사용승인 등(이하 "준공검사·인가등"이라 한다)에 관하여 제3항에 따라 관계 행정기관의 장과 협의한 사항은 해당 준공검사·인가등을 받은 것으로 본다. ② 시장·군수등이 아닌 사업시행자는 제1항에 따른 준공검사·인가등의 의제를 받으려는 경우에는 제83조제1항에 따른 준공인가를 신청하는 때에 해당 법률이 정하는 관계 서류를 함께 제출하여야 한다. 〈개정 2020.6.9.〉 ③ 시장·군수등은 제83조제1항부터 제4항까지의 규정에 따른 준공인가를 하거나 공사완료를 고시하는 경우 그 내용에 제57조에 따라 의제되는 인·허가등에 따른 준공검사·인가등에 해당하는 사항이 있은 때에는 미리 관계 행정기관의 장과 협의하여야 한다. ④ 관계 행정기관의 장은 제3항에 따른 협의를 요청받은 날부터 10일 이내에 의견을 제출하여야 한다. 〈신설 2021.3.16.〉 ⑤ 관계 행정기관의 장이 제4항에서 정한 기간(「민원 처리에 관한 법률」 제20조제2항에 따라 회신기간을 연장한 경우에는 그 연장된 기간을 말한다) 내에 의견을 제출하지 아니하면 협의가 이루어진 것으로 본다.〈신설 2021.3.16〉 ⑥ 제57조제6항은 제1항에 따른 준공검사·인가등의 의제에 준용한다. 〈개정 2021.3.16〉 **제86조 【이전고시 등】** ① 사업시행자는 제83조제3항 및 제4항에 따른 고시가 있은 때에는 지체 없이 대지확정측량을		

법	시 행 령	시 행 규 칙
하고 토지의 분할절차를 거쳐 관리처분계획에서 정한 사항을 분양받을 자에게 통지하고 대지 또는 건축물의 소유권을 이전하여야 한다. 다만, 정비사업의 효율적인 추진을 위하여 필요한 경우에는 해당 정비사업에 관한 공사가 전부 완료되기 전이라도 완공된 부분은 준공인가를 받아 대지 또는 건축물별로 분양받을 자에게 소유권을 이전할 수 있다. ② 사업시행자는 제1항에 따라 대지 및 건축물의 소유권을 이전하려는 때에는 그 내용을 해당 지방자치단체의 공보에 고시한 후 시장 · 군수등에게 보고하여야 한다. 이 경우 대지 또는 건축물을 분양받을 자는 고시가 있은 날의 다음 날에 그 대지 또는 건축물의 소유권을 취득한다. **제86조의2【조합의 해산】** ① 조합장은 제86조제2항에 따른 고시가 있은 날부터 1년 이내에 조합 해산을 위한 총회를 소집하여야 한다. ② 조합장이 제1항에 따른 기간 내에 총회를 소집하지 아니한 경우 제44조제2항에도 불구하고 조합원 5분의 1 이상의 요구로 소집된 총회에서 조합원 과반수의 출석과 출석 조합원 과반수의 동의를 받아 해산을 의결할 수 있다. 이 경우 요구자 대표로 선출된 자가 조합 해산을 위한 총회의 소집 및 진행을 할 때에는 조합장의 권한을 대행한다. ③ 시장 · 군수등은 조합이 정당한 사유 없이 제1항 또는 제2항에 따라 해산을 의결하지 아니하는 경우에는 조합설립인가를 취소할 수 있다. ④ 해산하는 조합에 청산인이 될 자가 없는 경우에는 「민법」 제83조에도 불구하고 시장 · 군수등은 법원에 청산인의 선임을 청구할 수 있다. ⑤ 제1항 또는 제2항에 따라 조합이 해산을 의결하거나 제		

법	시 행 령	시 행 규 칙
3항에 따라 조합설립인가가 취소된 경우 청산인은 지체 없이 청산의 목적범위에서 성실하게 청산인의 직무를 수행하여야 한다. 〈신설 2023.12.26.〉 [본조신설 2022.6.10.] **제87조【대지 및 건축물에 대한 권리의 확정】** ① 대지 또는 건축물을 분양받을 자에게 제86조제2항에 따라 소유권을 이전한 경우 종전의 토지 또는 건축물에 설정된 지상권·전세권·저당권·임차권·가등기담보권·가압류 등 등기된 권리 및 「주택임대차보호법」 제3조제1항의 요건을 갖춘 임차권은 소유권을 이전받은 대지 또는 건축물에 설정된 것으로 본다. ② 제1항에 따라 취득하는 대지 또는 건축물 중 토지등소유자에게 분양하는 대지 또는 건축물은 「도시개발법」 제40조에 따라 행하여진 환지로 본다. ③ 제79조제4항에 따른 보류지와 일반에게 분양하는 대지 또는 건축물은 「도시개발법」 제34조에 따른 보류지 또는 체비지로 본다. **제88조【등기절차 및 권리변동의 제한】** ① 사업시행자는 제86조제2항에 따른 이전고시가 있은 때에는 지체 없이 대지 및 건축물에 관한 등기를 지방법원지원 또는 등기소에 촉탁 또는 신청하여야 한다. ② 제1항의 등기에 필요한 사항은 대법원규칙으로 정한다. ③ 정비사업에 관하여 제86조제2항에 따른 이전고시가 있은 날부터 제1항에 따른 등기가 있을 때까지는 저당권 등의 다른 등기를 하지 못한다.		

법

제89조【청산금 등】 ① 대지 또는 건축물을 분양받은 자가 종전에 소유하고 있던 토지 또는 건축물의 가격과 분양받은 대지 또는 건축물의 가격 사이에 차이가 있는 경우 사업시행자는 제86조제2항에 따른 이전고시가 있은 후에 그 차액에 상당하는 금액(이하 "청산금"이라 한다)을 분양받은 자로부터 징수하거나 분양받은 자에게 지급하여야 한다.

② 제1항에도 불구하고 사업시행자는 정관등에서 분할징수 및 분할지급을 정하고 있거나 총회의 의결을 거쳐 따로 정한 경우에는 관리처분계획인가 후부터 제86조제2항에 따른 이전고시가 있은 날까지 일정 기간별로 분할징수하거나 분할지급할 수 있다.

③ 사업시행자는 제1항 및 제2항을 적용하기 위하여 종전에 소유하고 있던 토지 또는 건축물의 가격과 분양받은 대지 또는 건축물의 가격을 평가하는 경우 그 토지 또는 건축물의 규모 · 위치 · 용도 · 이용 상황 · 정비사업비 등을 참작하여 평가하여야 한다.

④ 제3항에 따른 가격평가의 방법 및 절차 등에 필요한 사항은 대통령령으로 정한다.

제90조【청산금의 징수방법 등】 ① 시장 · 군수등인 사업시행자는 청산금을 납부할 자가 이를 납부하지 아니하는 경우 지방세 체납처분의 예에 따라 징수(분할징수를 포함한다. 이하 이 조에서 같다)할 수 있으며, 시장 · 군수등이 아닌 사업시행자는 시장 · 군수등에게 청산금의 징수를 위탁할 수 있다. 이 경우 제93조제5항을 준용한다.

② 제89조제1항에 따른 청산금을 지급받을 자가 받을 수 없거나 받기를 거부한 때에는 사업시행자는 그 청산금을 공탁할 수 있다.

시 행 령

제76조【청산기준가격의 평가】 ① 대지 또는 건축물을 분양받은 자가 종전에 소유하고 있던 토지 또는 건축물의 가격은 법 제89조제3항에 따라 다음 각 호의 구분에 따른 방법으로 평가한다. 〈개정 2021.1.21., 2022.12.9.〉

1. 법 제23조제1항제4호의 방법으로 시행하는 주거환경개선사업과 재개발사업의 경우에는 법 제74조제4항제1호가목을 준용하여 평가할 것
2. 재건축사업의 경우에는 사업시행자가 정하는 바에 따라 평가할 것. 다만, 감정평가업자의 평가를 받으려는 경우에는 법 제74조제4항제1호나목을 준용할 수 있다.

② 분양받은 대지 또는 건축물의 가격은 법 제89조제3항에 따라 다음 각 호의 구분에 따른 방법으로 평가한다. 〈개정 2022.1.21., 2022.12.9.〉

1. 법 제23조제1항제4호의 방법으로 시행하는 주거환경개선사업과 재개발사업의 경우에는 법 제74조제4항제1호가목을 준용하여 평가할 것
2. 재건축사업의 경우에는 사업시행자가 정하는 바에 따라 평가할 것. 다만, 감정평가업자의 평가를 받으려는 경우에는 법 제74조제4항제1호나목을 준용할 수 있다.

③ 제2항 각 호에 따른 평가를 할 때 다음 각 호의 비용을 가산하여야 하며, 법 제95조에 따른 보조금은 공제하여야 한다.

1. 정비사업의 조사 · 측량 · 설계 및 감리에 소요된 비용
2. 공사비
3. 정비사업의 관리에 소요된 등기비용 · 인건비 · 통신비 · 사무용품비 · 이자 그 밖에 필요한 경비
4. 법 제95조에 따른 융자금이 있는 경우에는 그 이자에 해당하는 금액

시 행 규 칙

법	시 행 령	시 행 규 칙
③ 청산금을 지급(분할지급을 포함한다)받을 권리 또는 이를 징수할 권리는 제86조제2항에 따른 이전고시일의 다음 날부터 5년간 행사하지 아니하면 소멸한다. **제91조【저당권의 물상대위】** 정비구역에 있는 토지 또는 건축물에 저당권을 설정한 권리자는 사업시행자가 저당권이 설정된 토지 또는 건축물의 소유자에게 청산금을 지급하기 전에 압류절차를 거쳐 저당권을 행사할 수 있다. **제4장 비용의 부담 등** **제92조【비용부담의 원칙】** ① 정비사업비는 이 법 또는 다른 법령에 특별한 규정이 있는 경우를 제외하고는 사업시행자가 부담한다. ② 시장·군수등은 시장·군수등이 아닌 사업시행자가 시행하는 정비사업의 정비계획에 따라 설치되는 다음 각 호의 시설에 대하여는 그 건설에 드는 비용의 전부 또는 일부를 부담할 수 있다. 1. 도시·군계획시설 중 대통령령으로 정하는 주요 정비기반시설 및 공동이용시설 2. 임시거주시설 **제93조【비용의 조달】** ① 사업시행자는 토지등소유자로부터 제92조제1항에 따른 비용과 정비사업의 시행과정에서 발생한 수입의 차액을 부과금으로 부과·징수할 수 있다. ② 사업시행자는 토지등소유자가 제1항에 따른 부과금의 납부를 태만히 한 때에는 연체료를 부과·징수할 수 있다.	5. 정비기반시설 및 공동이용시설의 설치에 소요된 비용(법 제95조제1항에 따라 시장·군수등이 부담한 비용은 제외한다) 6. 안전진단의 실시, 정비사업전문관리업자의 선정, 회계감사, 감정평가, 그 밖에 정비사업 추진과 관련하여 지출한 비용으로서 정관등에서 정한 비용 ④ 제1항 및 제2항에 따른 건축물의 가격평가를 할 때 층별·위치별 가중치를 참작할 수 있다. **제4장 비용의 부담 등** **제77조【주요 정비기반시설】** 법 제92조제2항제1호에서 "대통령령으로 정하는 주요 정비기반시설 및 공동이용시설"이란 다음 각 호의 시설을 말한다. 1. 도로 2. 상·하수도 3. 공원 4. 공용주차장 5. 공동구 6. 녹지 7. 하천 8. 공공공지 9. 광장	

법	시 행 령	시 행 규 칙
〈개정 2020.6.9.〉 ③ 제1항 및 제2항에 따른 부과금 및 연체료의 부과 · 징수에 필요한 사항은 정관등으로 정한다. ④ 시장 · 군수등이 아닌 사업시행자는 부과금 또는 연체료를 체납하는 자가 있는 때에는 시장 · 군수등에게 그 부과 · 징수를 위탁할 수 있다. ⑤ 시장 · 군수등은 제4항에 따라 부과 · 징수를 위탁받은 경우에는 지방세 체납처분의 예에 따라 부과 · 징수할 수 있다. 이 경우 사업시행자는 징수한 금액의 100분의 4에 해당하는 금액을 해당 시장 · 군수등에게 교부하여야 한다.		
제94조【정비기반시설 관리자의 비용부담】 ① 시장 · 군수등은 자신이 시행하는 정비사업으로 현저한 이익을 받는 정비기반시설의 관리자가 있는 경우에는 대통령령으로 정하는 방법 및 절차에 따라 해당 정비사업비의 일부를 그 정비기반시설의 관리자와 협의하여 그 관리자에게 부담시킬 수 있다.	**제78조【정비기반시설 관리자의 비용부담】** ① 법 제94조제1항에 따라 정비기반시설 관리자가 부담하는 비용의 총액은 해당 정비사업에 소요된 비용(제76조제3항제1호의 비용을 제외한다. 이하 이 항에서 같다)의 3분의 1을 초과해서는 아니 된다. 다만, 다른 정비기반시설의 정비가 그 정비사업의 주된 내용이 되는 경우에는 그 부담비용의 총액은 해당 정비사업에 소요된 비용의 2분의 1까지로 할 수 있다. ② 시장 · 군수등은 법 제94조제1항에 따라 정비사업비의 일부를 정비기반시설의 관리자에게 부담시키려는 때에는 정비사업에 소요된 비용의 명세와 부담 금액을 명시하여 해당 관리자에게 통지하여야 한다.	**제16조【공동구의 설치비용 등】** ① 법 제94조제2항에 따른 공동구의 설치에 드는 비용은 다음 각 호와 같다. 다만, 법 제95조에 따른 보조금이 있는 경우에는 설치에 드는 비용에서 해당 보조금의 금액을 빼야 한다. 1. 설치공사의 비용 2. 내부공사의 비용 3. 설치를 위한 측량 · 설계비용 4. 공동구의 설치로 인한 보상의 필요가 있는 경우에는 그 보상비용 5. 공동구 부대시설의 설치비용 6. 법 제95조에 따른 융자금이 있는 경우에는 그 이자에 해당하는 금액 ② 공동구에 수용될 전기 · 가스 · 수도의 공급시설과 전기통신시설 등의 관리자(이하 "공동구점용예정자"라 한다)

법	시 행 령	시 행 규 칙
② 사업시행자는 정비사업을 시행하는 지역에 전기 · 가스 등의 공급시설을 설치하기 위하여 공동구를 설치하는 경우에는 다른 법령에 따라 그 공동구에 수용될 시설을 설치할 의무가 있는 자에게 공동구의 설치에 드는 비용을 부담시킬 수 있다. ③ 제2항의 비용부담의 비율 및 부담방법과 공동구의 관리에 필요한 사항은 국토교통부령으로 정한다.		가 부담할 공동구의 설치에 드는 비용의 부담비율은 공동구의 점용예정면적비율에 따른다. ③ 사업시행자는 법 제50조제7항 본문에 따른 사업시행계획인가의 고시가 있은 후 지체 없이 공동구점용예정자에게 제1항 및 제2항에 따라 산정된 부담금의 납부를 통지하여야 한다. ④ 제3항에 따라 부담금의 납부통지를 받은 공동구점용예정자는 공동구의 설치공사가 착수되기 전에 부담금액의 3분의 1 이상을 납부하여야 하며, 그 잔액은 법 제83조제3항 또는 제4항에 따른 공사완료 고시일전까지 납부하여야 한다. **제17조【공동구의 관리】** ① 법 제94조제2항에 따른 공동구는 시장 · 군수등이 관리한다. ② 시장 · 군수등은 공동구 관리비용(유지 · 수선비를 말하며, 조명 · 배수 · 통풍 · 방수 · 개축 · 재축 · 그 밖의 시설비 및 인건비를 포함한다. 이하 같다)의 일부를 그 공동구를 점용하는 자에게 부담시킬 수 있으며, 그 부담비율은 점용면적비율을 고려하여 시장 · 군수등이 정한다. ③ 공동구 관리비용은 연도별로 산출
제95조【보조 및 융자】 ① 국가 또는 시 · 도는 시장, 군수, 구청장 또는 토지주택공사등이 시행하는 정비사업에 관한 기초조사 및 정비사업의 시행에 필요한 시설로서 대통령령으로 정하는 정비기반시설, 임시거주시설 및 주거환경개선	**제79조【보조 및 융자 등】** ① 법 제95조제1항 각 호 외의 부분 전단에서 "대통령령으로 정하는 정비기반시설, 임시거주시설 및 주거환경개선사업에 따른 공동이용시설"이란 정비기반시설, 임시거주시설 및 주거환경개선사업에 따른 공동이	

법

사업에 따른 공동이용시설의 건설에 드는 비용의 일부를 보조하거나 융자할 수 있다. 이 경우 국가 또는 시 · 도는 다음 각 호의 어느 하나에 해당하는 사업에 우선적으로 보조하거나 융자할 수 있다.

1. 시장 · 군수등 또는 토지주택공사등이 다음 각 목의 어느 하나에 해당하는 지역에서 시행하는 주거환경개선사업
   가. 제20조 및 제21조에 따라 해제된 정비구역등
   나. 「도시재정비 촉진을 위한 특별법」 제7조제2항에 따라 재정비촉진지구가 해제된 지역
2. 국가 또는 지방자치단체가 도시영세민을 이주시켜 형성된 낙후지역으로서 대통령령으로 정하는 지역에서 시장 · 군수등 또는 토지주택공사등이 단독으로 시행하는 재개발사업

② 시장 · 군수등은 사업시행자가 토지주택공사등인 주거환경개선사업과 관련하여 제1항에 따른 정비기반시설 및 공동이용시설, 임시거주시설을 건설하는 경우 건설에 드는 비용의 전부 또는 일부를 토지주택공사등에게 보조하여야 한다.

③ 국가 또는 지방자치단체는 시장 · 군수등이 아닌 사업시행자가 시행하는 정비사업에 드는 비용의 일부를 보조 또는 융자하거나 융자를 알선할 수 있다.

④ 국가 또는 지방자치단체는 제1항 및 제2항에 따라 정비사업에 필요한 비용을 보조 또는 융자하는 경우 제59조제1항에 따른 순환정비방식의 정비사업에 우선적으로 지원할 수 있다. 이 경우 순환정비방식의 정비사업의 원활한 시행을 위하여 국가 또는 지방자치단체는 다음 각 호의 비용의 일부를 보조 또는 융자할 수 있다. 〈개정 2018.6.12.〉

1. 순환용주택의 건설비
2. 순환용주택의 단열보완 및 창호교체 등 에너지 성능 향

시 행 령

용시설의 전부를 말한다.

② 법 제95조제1항제2호에서 "대통령령으로 정하는 지역"이란 정비구역 지정(변경지정을 포함한다) 당시 다음 각 호의 요건에 모두 해당하는 지역을 말한다.

1. 「공익사업을 위한 토지 등의 취득 및 보상에 관한 법률」 제4조에 따른 공익사업의 시행으로 다른 지역으로 이주하게 된 자가 집단으로 정착한 지역으로서 이주 당시 300세대 이상의 주택을 건설하여 정착한 지역
2. 정비구역 전체 건축물 중 준공 후 20년이 지난 건축물의 비율이 100분의 50 이상인 지역

③ 법 제95조제1항에 따라 국가 또는 지방자치단체가 보조하거나 융자할 수 있는 금액은 기초조사비, 정비기반시설 및 임시거주시설의 사업비의 각 80퍼센트(법 제23조제1항제1호에 따른 주거환경개선사업을 시행하는 정비구역에서 시 · 도지사가 시장 · 군수등에게 보조하거나 융자하는 경우에는 100퍼센트) 이내로 한다.

④ 법 제95조제3항에 따라 국가 또는 지방자치단체가 보조할 수 있는 금액은 기초조사비, 정비기반시설 및 임시거주시설의 사업비, 조합 운영경비의 각 50퍼센트 이내로 한다.

⑤ 법 제95조제3항에 따라 국가 또는 지방자치단체는 다음 각 호의 사항에 필요한 비용의 각 80퍼센트 이내에서 융자하거나 융자를 알선할 수 있다.

1. 기초조사비
2. 정비기반시설 및 임시거주시설의 사업비
3. 세입자 보상비
4. 주민 이주비
5. 그 밖에 시 · 도조례로 정하는 사항(지방자치단체가 융자하거나 융자를 알선하는 경우만 해당한다)

시 행 규 칙

하여 부과한다.

④ 공동구 관리비용의 납입기한은 매년 3월 31일까지로 하며, 시장 · 군수등은 납입기한 1개월 전까지 납입통지서를 발부하여야 한다. 다만, 필요한 경우에는 2회로 분할하여 납부하게 할 수 있으며 이 경우 분할금의 납입기한은 3월 31일과 9월 30일로 한다.

제17조의2【정비구역 지정의 제안】

① 영 제80조의4제3항 각 호 외의 부분 전단에서 "국토교통부령으로 정하는 동의서"란 별지 제12호의2서식의 정비구역 지정(변경지정) 제안 동의서를 말한다.

② 법 제101조의8제1항 각 호 외의 부분 후단에 따른 제안서는 별지 제12호의3서식의 정비구역 지정(변경지정) 제안서에 따른다.

[본조신설 2024.1.19.]

법	시 행 령	시 행 규 칙
상과 효율개선을 위한 리모델링 비용 3. 공가(空家)관리비 ⑤ 국가는 다음 각 호의 어느 하나에 해당하는 비용의 전부 또는 일부를 지방자치단체 또는 토지주택공사등에 보조 또는 융자할 수 있다. 1. 제59조제2항에 따라 토지주택공사등이 보유한 공공임대주택을 순환용주택으로 조합에게 제공하는 경우 그 건설비 및 공가관리비 등의 비용 2. 제79조제5항에 따라 시·도지사, 시장, 군수, 구청장 또는 토지주택공사등이 재개발임대주택을 인수하는 경우 그 인수 비용 ⑥ 국가 또는 지방자치단체는 제80조제2항에 따라 토지임대부 분양주택을 공급받는 자에게 해당 공급비용의 전부 또는 일부를 보조 또는 융자할 수 있다. **제96조【정비기반시설의 설치】** 사업시행자는 관할 지방자치단체의 장과의 협의를 거쳐 정비구역에 정비기반시설(주거환경개선사업의 경우에는 공동이용시설을 포함한다)을 설치하여야 한다. **제97조【정비기반시설 및 토지 등의 귀속】** ① 시장·군수등 또는 토지주택공사등이 정비사업의 시행으로 새로 정비기반시설을 설치하거나 기존의 정비기반시설을 대체하는 정비기반시설을 설치한 경우에는 「국유재산법」 및 「공유재산 및 물품 관리법」에도 불구하고 종래의 정비기반시설은 사업시행자에게 무상으로 귀속되고, 새로 설치된 정비기반시설은 그 시설을 관리할 국가 또는 지방자치단체에 무상으로 귀속된다.		

법	시 행 령	시 행 규 칙
② 시장 · 군수등 또는 토지주택공사등이 아닌 사업시행자가 정비사업의 시행으로 새로 설치한 정비기반시설은 그 시설을 관리할 국가 또는 지방자치단체에 무상으로 귀속되고, 정비사업의 시행으로 용도가 폐지되는 국가 또는 지방자치단체 소유의 정비기반시설은 사업시행자가 새로 설치한 정비기반시설의 설치비용에 상당하는 범위에서 그에게 무상으로 양도된다. ③ 제1항 및 제2항의 정비기반시설에 해당하는 도로는 다음 각 호의 어느 하나에 해당하는 도로를 말한다. 1. 「국토의 계획 및 이용에 관한 법률」 제30조에 따라 도시 · 군관리계획으로 결정되어 설치된 도로 2. 「도로법」 제23조에 따라 도로관리청이 관리하는 도로 3. 「도시개발법」 등 다른 법률에 따라 설치된 국가 또는 지방자치단체 소유의 도로 4. 그 밖에 「공유재산 및 물품 관리법」에 따른 공유재산 중 일반인의 교통을 위하여 제공되고 있는 부지. 이 경우 부지의 사용 형태, 규모, 기능 등 구체적인 기준은 시 · 도조례로 정할 수 있다. ④ 시장 · 군수등은 제1항부터 제3항까지의 규정에 따른 정비기반시설의 귀속 및 양도에 관한 사항이 포함된 정비사업을 시행하거나 그 시행을 인가하려는 경우에는 미리 그 관리청의 의견을 들어야 한다. 인가받은 사항을 변경하려는 경우에도 또한 같다. ⑤ 사업시행자는 제1항부터 제3항까지의 규정에 따라 관리청에 귀속될 정비기반시설과 사업시행자에게 귀속 또는 양도될 재산의 종류와 세목을 정비사업의 준공 전에 관리청에 통지하여야 하며, 해당 정비기반시설은 그 정비사업이 준공인가되어 관리청에 준공인가통지를 한 때에 국가 또는		

법	시 행 령	시 행 규 칙
지방자치단체에 귀속되거나 사업시행자에게 귀속 또는 양도된 것으로 본다. ⑥ 제5항에 따른 정비기반시설의 등기에 있어서 정비사업의 시행인가서와 준공인가서(시장·군수등이 직접 정비사업을 시행하는 경우에는 제50조제9항에 따른 사업시행계획인가의 고시와 제83조제4항에 따른 공사완료의 고시를 말한다)는 「부동산등기법」에 따른 등기원인을 증명하는 서류를 갈음한다. 〈개정 2020.6.9., 2021.3.16.〉 ⑦ 제1항 및 제2항에 따라 정비사업의 시행으로 용도가 폐지되는 국가 또는 지방자치단체 소유의 정비기반시설의 경우 정비사업의 시행 기간 동안 해당 시설의 대부료는 면제된다. **제98조【국유·공유재산의 처분 등】** ① 시장·군수등은 제50조 및 제52조에 따라 인가하려는 사업시행계획 또는 직접 작성하는 사업시행계획서에 국유·공유재산의 처분에 관한 내용이 포함되어 있는 때에는 미리 관리청과 협의하여야 한다. 이 경우 관리청이 불분명한 재산 중 도로·구거(도랑) 등은 국토교통부장관을, 하천은 환경부장관을, 그 외의 재산은 기획재정부장관을 관리청으로 본다. 〈개정 2020.12.31., 2021.1.5.〉 ② 제1항에 따라 협의를 받은 관리청은 20일 이내에 의견을 제시하여야 한다. ③ 정비구역의 국유·공유재산은 정비사업 외의 목적으로 매각되거나 양도될 수 없다. ④ 정비구역의 국유·공유재산은 「국유재산법」 제9조 또는 「공유재산 및 물품 관리법」 제10조에 따른 국유재산종합계획 또는 공유재산관리계획과 「국유재산법」 제43조 및		

법	시 행 령	시 행 규 칙
「공유재산 및 물품 관리법」 제29조에 따른 계약의 방법에도 불구하고 사업시행자 또는 점유자 및 사용자에게 다른 사람에 우선하여 수의계약으로 매각 또는 임대될 수 있다. ⑤ 제4항에 따라 다른 사람에 우선하여 매각 또는 임대될 수 있는 국유 · 공유재산은 「국유재산법」, 「공유재산 및 물품 관리법」 및 그 밖에 국 · 공유지의 관리와 처분에 관한 관계 법령에도 불구하고 사업시행계획인가의 고시가 있은 날부터 종전의 용도가 폐지된 것으로 본다. ⑥ 제4항에 따라 정비사업을 목적으로 우선하여 매각하는 국 · 공유지는 사업시행계획인가의 고시가 있은 날을 기준으로 평가하며, 주거환경개선사업의 경우 매각가격은 평가금액의 100분의 80으로 한다. 다만, 사업시행계획인가의 고시가 있은 날부터 3년 이내에 매매계약을 체결하지 아니한 국 · 공유지는 「국유재산법」 또는 「공유재산 및 물품 관리법」에서 정한다. **제99조【국유 · 공유재산의 임대】** ① 지방자치단체 또는 토지주택공사등은 주거환경개선구역 및 재개발구역(재개발사업을 시행하는 정비구역을 말한다. 이하 같다)에서 임대주택을 건설하는 경우에는 「국유재산법」 제46조제1항 또는 「공유재산 및 물품 관리법」 제31조에도 불구하고 국 · 공유지 관리청과 협의하여 정한 기간 동안 국 · 공유지를 임대할 수 있다. ② 시장 · 군수등은 「국유재산법」 제18조제1항 또는 「공유재산 및 물품 관리법」 제13조에도 불구하고 제1항에 따라 임대하는 국 · 공유지 위에 공동주택, 그 밖의 영구시설물을 축조하게 할 수 있다. 이 경우 해당 시설물의 임대기간		

법	시 행 령	시 행 규 칙
이 종료되는 때에는 임대한 국·공유지 관리청에 기부 또는 원상으로 회복하여 반환하거나 국·공유지 관리청으로부터 매입하여야 한다. ③ 제1항에 따라 임대하는 국·공유지의 임대료는 「국유재산법」 또는 「공유재산 및 물품 관리법」에서 정한다.		
제100조【공동이용시설 사용료의 면제】 ① 지방자치단체의 장은 마을공동체 활성화 등 공익 목적을 위하여 「공유재산 및 물품 관리법」 제20조에 따라 주거환경개선구역 내 공동이용시설에 대한 사용 허가를 하는 경우 같은 법 제22조에도 불구하고 사용료를 면제할 수 있다. ② 제1항에 따른 공익 목적의 기준, 사용료 면제 대상 및 그 밖에 필요한 사항은 시·도조례로 정한다.		
제101조【국·공유지의 무상양여 등】 ① 다음 각 호의 어느 하나에 해당하는 구역에서 국가 또는 지방자치단체가 소유하는 토지는 제50조제9항에 따른 사업시행계획인가의 고시가 있은 날부터 종전의 용도가 폐지된 것으로 보며, 「국유재산법」, 「공유재산 및 물품 관리법」 및 그 밖에 국·공유지의 관리 및 처분에 관하여 규정한 관계 법령에도 불구하고 해당 사업시행자에게 무상으로 양여된다. 다만, 「국유재산법」 제6조제2항에 따른 행정재산 또는 「공유재산 및 물품 관리법」 제5조제2항에 따른 행정재산과 국가 또는 지방자치단체가 양도계약을 체결하여 정비구역지정 고시일 현재 대금의 일부를 수령한 토지에 대하여는 그러하지 아니하다. 〈개정 2021.3.16.〉 1. 주거환경개선구역 2. 국가 또는 지방자치단체가 도시영세민을 이주시켜 형성	**제80조【국·공유지의 무상양여 등】** ① 법 제101조제1항에 따라 국가 또는 지방자치단체로부터 토지를 무상으로 양여받은 사업시행자는 사업시행계획인가 고시문 사본을 그 토지의 관리청 또는 지방자치단체의 장에게 제출하여 그 토지에 대한 소유권이전등기절차의 이행을 요청하여야 한다. 이 경우 토지의 관리청 또는 지방자치단체의 장은 「전자정부법」 제36조제1항에 따른 행정정보의 공동이용을 통하여 그 토지의 토지대장 등본 또는 등기사항증명서를 확인하여야 한다. ② 법 제101조제1항제2호에서 "대통령령으로 정하는 재개발구역"이란 제79조제2항의 지역을 대상으로 한 재개발구역을 말한다. ③ 제1항에 따른 요청을 받은 관리청 또는 지방자치단체의 장은 즉시 소유권이전등기에 필요한 서류를 사업시행자에	

법	시 행 령	시 행 규 칙
된 낙후지역으로서 대통령령으로 정하는 재개발구역(이 항 각 호 외의 부분 본문에도 불구하고 무상양여 대상에서 국유지는 제외하고, 공유지는 시장 · 군수등 또는 토지주택공사등이 단독으로 사업시행자가 되는 경우로 한정한다) ② 삭제 〈2021.8.10〉 ③ 제1항에 따라 무상양여된 토지의 사용수익 또는 처분으로 발생한 수입은 주거환경개선사업 또는 재개발사업 외의 용도로 사용할 수 없다. ④ 시장 · 군수등은 제1항에 따른 무상양여의 대상이 되는 국 · 공유지를 소유 또는 관리하고 있는 국가 또는 지방자치단체와 협의를 하여야 한다. ⑤ 사업시행자에게 양여된 토지의 관리처분에 필요한 사항은 국토교통부장관의 승인을 받아 해당 시 · 도조례 또는 토지주택공사등의 시행규정으로 정한다.	게 교부하여야 한다. ④ 사업시행자는 법 제113조에 따라 사업시행계획인가가 취소된 때에는 법 제101조제1항에 따라 무상양여된 토지를 원소유자인 국가 또는 지방자치단체에 반환하기 위하여 필요한 조치를 하고, 즉시 관할 등기소에 소유권이전등기를 신청하여야 한다.	
제5장 공공재개발사업 및 공공재건축사업 〈신설 2021.4.13.〉	**제5장 공공재개발사업 및 공공재건축사업** 〈신설 2021.7.13.〉	
제101조의2【공공재개발사업 예정구역의 지정 · 고시】 ① 정비구역의 지정권자는 비경제적인 건축행위 및 투기 수요의 유입을 방지하고, 합리적인 사업계획을 수립하기 위하여 공공재개발사업을 추진하려는 구역을 공공재개발사업 예정구역으로 지정할 수 있다. 이 경우 공공재개발사업 예정구역의 지정 · 고시에 관한 절차는 제16조를 준용한다. ② 정비계획의 입안권자 또는 토지주택공사등은 정비구역의 지정권자에게 공공재개발사업 예정구역의 지정을 신청	**제80조의2【공공재개발사업 예정구역의 지정 등】** ① 정비구역지정권자는 법 제101조의2제1항 후단에서 준용하는 법 제16조제1항에 따라 공공재개발사업 예정구역 지정에 관하여 지방도시계획위원회의 심의를 거치기 전에 미리 관할 시장 · 군수등의 의견을 들어야 한다. 다만, 법 제101조의2제2항에 따라 정비계획의 입안권자가 공공재개발사업 예정구역의 지정을 신청한 경우에는 의견청취를 생략할 수 있다. ② 지방도시계획위원회는 제1항에 따른 심의를 하는 경우	

법	시 행 령	시행규칙
할 수 있다. 이 경우 토지주택공사등은 정비계획의 입안권자를 통하여 신청하여야 한다. ③ 공공재개발사업 예정구역에서 제19조제7항 각 호의 어느 하나에 해당하는 행위 또는 같은 조 제8항의 행위를 하려는 자는 시장·군수등의 허가를 받아야 한다. 허가받은 사항을 변경하려는 때에도 또한 같다. ④ 공공재개발사업 예정구역 내에 분양받을 건축물이 제77조제1항 각 호의 어느 하나에 해당하는 경우에는 제77조에도 불구하고 공공재개발사업 예정구역 지정·고시가 있은 날 또는 시·도지사가 투기를 억제하기 위하여 공공재개발사업 예정구역 지정·고시 전에 따로 정하는 날의 다음 날을 기준으로 건축물을 분양받을 권리를 산정한다. 이 경우 시·도지사가 건축물을 분양받을 권리일을 따로 정하는 경우에는 제77조제2항을 준용한다. ⑤ 정비구역의 지정권자는 공공재개발사업 예정구역이 지정·고시된 날부터 2년이 되는 날까지 공공재개발사업 예정구역이 공공재개발사업을 위한 정비구역으로 지정되지 아니하거나, 공공재개발사업 시행자가 지정되지 아니하면 그 2년이 되는 날의 다음 날에 공공재개발사업 예정구역 지정을 해제하여야 한다. 다만, 정비구역의 지정권자는 1회에 한하여 1년의 범위에서 공공재개발사업 예정구역의 지정을 연장할 수 있다. ⑥ 제1항에 따른 공공재개발사업 예정구역의 지정과 제2항에 따른 지정 신청에 필요한 사항 및 그 절차는 대통령령으로 정한다. [본조신설 2021.4.13.]	에는 제5항 각 호의 사항을 고려해야 한다. ③ 지방도시계획위원회는 법 제101조의2제2항에 따른 공공재개발사업 예정구역 지정의 신청이 있는 경우 신청일부터 30일 이내에 심의를 완료해야 한다. 다만, 30일 이내에 심의를 완료할 수 없는 정당한 사유가 있다고 판단되는 경우에는 심의기간을 30일의 범위에서 한 차례 연장할 수 있다. ④ 정비구역지정권자는 법 제101조의2제1항 후단에서 준용하는 법 제16조제2항에 따라 공공재개발사업 예정구역을 지정·고시하기 전에 예정구역 지정의 내용을 14일 이상 주민에게 공람하여 의견을 들어야 하며, 제시된 의견이 타당하다고 인정되면 이를 반영하여 지정·고시해야 한다. ⑤ 제4항에 따른 공공재개발사업 예정구역 고시에는 다음 각 호의 사항이 포함되어야 한다. 1. 공공재개발사업 예정구역의 명칭, 위치 및 면적 등 구역개요 2. 공공재개발사업 예정구역의 현황(인구, 건축물, 토지이용계획, 정비기반시설 등) 3. 법 제101조의3제1항에 따른 정비구역 지정 예정시기 4. 공공재개발사업을 시행할 시장·군수등이나 토지주택공사등의 명칭, 소재지 및 대표자 성명 5. 그 밖에 공공재개발사업 예정구역의 지정과 관련하여 시·도조례로 정하는 사항 ⑥ 법 제101조의5제4항 전단에서 "대통령령으로 정하는 비율"이란 100분의 50 이상의 범위에서 시·도조례로 정하는 비율을 말한다. 〈신설 2023.12.5.〉 [본조신설 2021.7.13.]	
제101조의3【공공재개발사업을 위한 정비구역 지정 등】	**제80조의3【공공재건축사업에서의 용적률 완화 및 국민주**	

법	시 행 령	시 행 규 칙

① 정비구역의 지정권자는 제8조제1항에도 불구하고 기본계획을 수립하거나 변경하지 아니하고 공공재개발사업을 위한 정비계획을 결정하여 정비구역을 지정할 수 있다.
② 정비계획의 입안권자는 공공재개발사업의 추진을 전제로 정비계획을 작성하여 정비구역의 지정권자에게 공공재개발사업을 위한 정비구역의 지정을 신청할 수 있다. 이 경우 공공재개발사업을 시행하려는 공공재개발사업 시행자는 정비계획의 입안권자에게 공공재개발사업을 위한 정비계획의 수립을 제안할 수 있다.
③ 정비계획의 지정권자는 공공재개발사업을 위한 정비구역을 지정·고시한 날부터 1년이 되는 날까지 공공재개발사업 시행자가 지정되지 아니하면 그 1년이 되는 날의 다음 날에 공공재개발사업을 위한 정비구역의 지정을 해제하여야 한다. 다만, 정비구역의 지정권자는 1회에 한하여 1년의 범위에서 공공재개발사업을 위한 정비구역의 지정을 연장할 수 있다.
[본조신설 2021.4.13.]

제101조의4【공공재개발사업 예정구역 및 공공재개발사업·공공재건축사업을 위한 정비구역 지정을 위한 특례】 ① 지방도시계획위원회 또는 도시재정비위원회는 공공재개발사업 예정구역 또는 공공재개발사업·공공재건축사업을 위한 정비구역의 지정에 필요한 사항을 심의하기 위하여 분과위원회를 둘 수 있다. 이 경우 분과위원회의 심의는 지방도시계획위원회 또는 도시재정비위원회의 심의로 본다.
② 정비구역의 지정권자가 공공재개발사업 또는 공공재건축사업을 위한 정비구역의 지정·변경을 고시한 때에는 제7조에 따른 기본계획의 수립·변경, 「도시재정비 촉진을

택규모 주택 공급】 ① 법 제101조의6제1항에서 "대통령령으로 정하는 지역"이란 다음 각 호의 구분에 따른 용도지역을 말한다.
1. 현행 용도지역이 「국토의 계획 및 이용에 관한 법률 시행령」 제30조제1항제1호가목(1)의 제1종전용주거지역인 경우: 같은 목 (2)의 제2종전용주거지역
2. 현행 용도지역이 「국토의 계획 및 이용에 관한 법률 시행령」 제30조제1항제1호가목(2)의 제2종전용주거지역인 경우: 같은 호 나목(1)의 제1종일반주거지역
3. 현행 용도지역이 「국토의 계획 및 이용에 관한 법률 시행령」 제30조제1항제1호나목(1)의 제1종일반주거지역인 경우: 같은 목 (2)의 제2종일반주거지역
4. 현행 용도지역이 「국토의 계획 및 이용에 관한 법률 시행령」 제30조제1항제1호나목(2)의 제2종일반주거지역인 경우: 같은 목 (3)의 제3종일반주거지역
5. 현행 용도지역이 「국토의 계획 및 이용에 관한 법률 시행령」 제30조제1항제1호나목(3)의 제3종일반주거지역인 경우: 같은 호 다목의 준주거지역
② 정비구역지정권자는 제1항에도 불구하고 주택공급의 규모, 인근 토지의 이용현황 등을 고려할 때 용도지역을 달리 정할 필요가 있다고 인정하는 경우에는 지방도시계획위원회의 심의를 거쳐 「국토의 계획 및 이용에 관한 법률 시행령」 제30조제1항제1호에 따라 주거지역을 세분하여 정하는 지역 중 어느 하나의 지역으로 용도지역을 달리 정할 수 있다.
③ 법 제101조의6제4항 단서에서 "대통령령으로 정하는 비율"이란 100분의 50 이상의 범위에서 시·도조례로 정하는 비율을 말한다. 〈단서 삭제〉〈개정 2023.12.5.〉

법	시 행 령	시 행 규 칙
위한 특별법」 제5조에 따른 재정비촉진지구의 지정·변경 및 같은 법 제12조에 따른 재정비촉진계획의 결정·변경이 고시된 것으로 본다. [본조신설 2021.4.13.] **제101조의5【공공재개발사업에서의 용적률 완화 및 주택 건설비율 등】** ① 공공재개발사업 시행자는 공공재개발사업(「도시재정비촉진을 위한 특별법」 제2조제1호에 따른 재정비촉진지구에서 시행되는 공공재개발사업을 포함한다)을 시행하는 경우 「국토의 계획 및 이용에 관한 법률」 제78조 및 조례에도 불구하고 지방도시계획위원회 및 도시재정비위원회의 심의를 거쳐 법적상한용적률의 100분의 120(이하 "법적상한초과용적률"이라 한다)까지 건축할 수 있다. ② 공공재개발사업 시행자는 제54조에도 불구하고 법적상한초과용적률에서 정비계획으로 정하여진 용적률을 뺀 용적률의 100분의 20 이상 100분의 70 이하로서 시·도조례로 정하는 비율에 해당하는 면적에 국민주택규모 주택을 건설하여 인수자에게 공급하여야 한다. 다만, 제24조제4항, 제26조제1항제1호 및 제27조제1항제1호에 따른 정비사업을 시행하는 경우에는 그러하지 아니한다. 〈개정 2023.7.18.〉 ③ 제2항에 따른 국민주택규모 주택의 공급 및 인수방법에 관하여는 제55조를 준용한다. [본조신설 2021.4.13.] ④ 제3항에도 불구하고 인수자는 공공재개발사업 시행자로부터 공급받은 주택 중 대통령령으로 정하는 비율에 해당하는 주택에 대해서는 「공공주택 특별법」 제48조에 따라 분양할 수 있다. 이 경우 해당 주택의 공급가격과 부속 토지의 가격은 제66조제4항을 준용하여 정한다. 〈신설 2023.7.18.〉	④ 법 제101조의6제5항에서 "대통령령으로 정하는 가격"이란 부속 토지 감정평가액의 100분의 50을 말한다. [본조신설 2021.7.13.]	

법	시 행 령	시 행 규 칙

제101조의6【공공재건축사업에서의 용적률 완화 및 주택건설비율 등】 ① 공공재건축사업을 위한 정비구역에 대해서는 해당 정비구역의 지정·고시가 있은 날부터 「국토의 계획 및 이용에 관한 법률」 제36조제1항제1호가목 및 같은 조 제2항에 따라 주거지역을 세분하여 정하는 지역 중 대통령령으로 정하는 지역으로 결정·고시된 것으로 보아 해당 지역에 적용되는 용적률 상한까지 용적률을 정할 수 있다. 다만, 다음 각 호의 어느 하나에 해당하는 경우에는 그러하지 아니하다.

1. 해당 정비구역이 「개발제한구역의 지정 및 관리에 관한 특별조치법」 제3조제1항에 따라 결정된 개발제한구역인 경우
2. 시장·군수등이 공공재건축사업을 위하여 필요하다고 인정하여 해당 정비구역의 일부분을 종전 용도지역으로 그대로 유지하거나 동일면적의 범위에서 위치를 변경하는 내용으로 정비계획을 수립한 경우
3. 시장·군수등이 제9조제1항제10호다목의 사항을 포함하는 정비계획을 수립한 경우

② 공공재건축사업 시행자는 공공재건축사업(「도시재정비 촉진을 위한 특별법」 제2조제1호에 따른 재정비촉진지구에서 시행되는 공공재건축사업을 포함한다)을 시행하는 경우 제54조제4항에도 불구하고 제1항에 따라 완화된 용적률에서 정비계획으로 정하여진 용적률을 뺀 용적률의 100분의 40 이상 100분의 70 이하로서 주택증가 규모, 공공재건축사업을 위한 정비구역의 재정적 여건 등을 고려하여 시·도조례로 정하는 비율에 해당하는 면적에 국민주택규모 주택을 건설하여 인수자에게 공급하여야 한다.

③ 제2항에 따른 주택의 공급가격은 「공공주택 특별법」

법	시 행 령	시 행 규 칙
제50조의4에 따라 국토교통부장관이 고시하는 공공건설임대주택의 표준건축비로 하고, 제4항 단서에 따라 분양을 목적으로 인수한 주택의 공급가격은 「주택법」 제57조제4항에 따라 국토교통부장관이 고시하는 기본형건축비로 한다. 이 경우 부속 토지는 인수자에게 기부채납한 것으로 본다. ④ 제2항에 따른 국민주택규모 주택의 공급 및 인수방법에 관하여는 제55조를 준용한다. 다만, 인수자는 공공재건축사업 시행자로부터 공급받은 주택 중 대통령령으로 정하는 비율에 해당하는 주택에 대해서는 「공공주택 특별법」 제48조에 따라 분양할 수 있다. ⑤ 제3항 후단에도 불구하고 제4항 단서에 따른 분양주택의 인수자는 감정평가액의 100분의 50 이상의 범위에서 대통령령으로 정하는 가격으로 부속 토지를 인수하여야 한다. [본조신설 2021.4.13.]		
제101조의7 삭제〈2023.7.18.〉		
제5장의2 공공시행자 및 지정개발자 사업시행의 특례〈신설 2023.7.18.〉	**제5장의2 공공시행자 및 지정개발자 사업시행의 특례**〈신설 2023.12.5.〉	
제101조의8【정비구역 지정의 특례】 ① 토지주택공사등(제26조에 따라 사업시행자로 지정되려는 경우로 한정한다. 이하 이 장에서 같다) 또는 지정개발자(제27조제1항에 따른 신탁업자로 한정한다. 이하 이 장에서 같다)는 제8조에도 불구하고 대통령령으로 정하는 비율 이상의 토지등소유자의 동의를 받아 정비구역의 지정권자(특별자치시장ㆍ특별자치도지사ㆍ시장ㆍ군수인 경우로 한정한다. 이하 이 장에서 같다)	**제80조의4【정비구역 지정의 특례】** ① 법 제101조의8제1항 각 호 외의 부분 전단에서 "대통령령으로 정하는 비율 이상"이란 3분의 2 이상을 말한다. ② 법 제101조의8제1항제4호에서 "대통령령으로 정하는 사항"이란 다음 각 호의 사항을 말한다. 1. 사업시행자의 명칭, 소재지 및 대표자 성명 2. 정비사업 시행 예정시기	

법	시 행 령	시 행 규 칙
에게 정비구역의 지정(변경지정을 포함한다. 이하 이 조에서 같다)을 제안할 수 있다. 이 경우 토지주택공사등 또는 지정개발자는 다음 각 호의 사항을 포함한 제안서를 정비구역의 지정권자에게 제출하여야 한다. 1. 정비사업의 명칭 2. 정비구역의 위치, 면적 등 개요 3. 토지이용, 주택건설 및 기반시설의 설치 등에 관한 기본방향 4. 그 밖에 지정제안을 위하여 필요한 사항으로서 대통령령으로 정하는 사항 ② 제1항에 따라 토지주택공사등 또는 지정개발자가 정비구역의 지정을 제안한 경우 정비구역의 지정권자는 제8조 및 제16조에도 불구하고 정비계획을 수립하기 전에 정비구역을 지정할 수 있다. ③ 정비구역의 지정권자는 제2항에 따라 정비구역을 지정하려면 주민 및 지방의회의 의견을 들어야 하며, 지방도시계획위원회의 심의를 거쳐야 한다. 다만, 제15조제3항에 따른 경미한 사항을 변경하는 경우에는 그러하지 아니하다. ④ 정비구역 지정에 대한 고시에 대하여는 제16조제2항 및 제3항을 준용한다. 이 경우 "정비계획을 포함한 정비구역"은 "정비구역"으로 본다. ⑤ 제1항부터 제4항까지에서 규정한 사항 외에 정비구역의 지정제안 및 정비구역 지정을 위한 절차 등에 관하여 필요한 사항은 대통령령으로 정한다. [본조신설 2023.7.18.]	③ 법 제101조의8제1항 각 호 외의 부분 전단에 따른 토지등소유자의 동의는 국토교통부령으로 정하는 동의서에 동의를 받는 방법에 따른다. 이 경우 동의서에는 다음 각 호의 사항이 포함되어야 한다. 1. 정비사업비의 분담기준 2. 사업 완료 후 소유권의 귀속에 관한 사항 3. 정비사업의 종류, 시행방법 등에 관한 시행규정의 내용 4. 신탁계약의 내용(정비사업을 시행하려는 자가 지정개발자인 경우에만 해당한다) ④ 법 제101조의8제1항 각 호 외의 부분 전단에 따른 토지등소유자의 동의자 수 산정 방법에 관하여는 제33조를 준용한다. ⑤ 법 제101조의8제3항 본문에 따른 주민 의견청취에 관하여는 제13조제1항부터 제3항까지의 규정을 준용한다. 이 경우 "정비계획의 입안권자"는 "정비구역지정권자"로, "정비계획"은 "정비구역의 지정(변경지정을 포함한다)에 관한 사항"으로 본다. ⑥ 제1항부터 제5항까지에서 규정된 사항 외에 정비구역 지정의 제안 및 지정에 필요한 세부사항은 시·도조례로 정한다. [전문개정 2023.12.5.]	
제101조의9【사업시행자 지정의 특례】 ① 정비구역의 지정권자는 제26조제1항제8호 및 제27조제1항제3호에도 불구	**제80조의5【사업시행자 지정 고시 등】** ① 법 제101조의9제2항에서 "대통령령으로 정하는 사항"이란 제20조제1항	**제17조의3【사업시행자 지정의 특례】** 법 제101조의9제1항 전단에 따른

법	시 행 령	시 행 규 칙
하고 토지면적 2분의 1 이상의 토지소유자와 토지등소유자의 3분의 2 이상에 해당하는 자가 동의하는 경우에는 정비구역의 지정과 동시에 토지주택공사등 또는 지정개발자를 사업시행자로 지정할 수 있다. 이 경우 제101조의8제1항에 따라 정비구역 지정제안에 동의한 토지등소유자는 토지주택공사등 또는 지정개발자의 사업시행자 지정에 동의한 것으로 본다. ② 정비구역의 지정권자는 제1항에 따라 토지주택공사등 또는 지정개발자를 사업시행자로 지정하는 때에는 정비사업 시행구역 등 토지등소유자에게 알릴 필요가 있는 사항으로서 대통령령으로 정하는 사항을 해당 지방자치단체의 공보에 고시하여야 한다. [본조신설 2023.7.18.] **제101조의10【정비계획과 사업시행계획의 통합 수립】** ① 사업시행자는 제101조의8에 따라 정비구역이 지정된 경우에는 제9조에 따른 정비계획과 제52조에 따른 사업시행계획을 통합하여 다음 각 호의 사항이 포함된 계획(이하 "정비사업계획"이라 한다. 이하 같다)을 수립하여야 한다. 1. 제9조제1항에 따른 정비계획의 내용(제9호는 제외한다) 2. 제52조제1항에 따른 사업시행계획서의 내용 ② 사업시행자는 정비사업을 시행하려는 경우에는 제1항에 따른 정비사업계획에 정관등과 그 밖에 국토교통부령으로 정하는 서류를 첨부하여 정비구역의 지정권자에게 제출하고 정비사업계획인가를 받아야 하고, 인가받은 사항을 변경하거나 정비사업을 중지 또는 폐지하려는 경우에도 또한 같다. 다만, 제15조제3항 및 제50조제1항 단서에 따른 경미한 사항을 변경하려는 때에는 정비구역의 지정권자에게 신고하여야 한다.	각 호의 사항을 말한다. ② 정비구역지정권자는 토지등소유자에게 법 제101조의9제2항에 따라 고시한 제20조제1항 각 호의 사항을 통지해야 한다. [전문개정 2023.12.5.] **제80조의6** 삭제 〈2023.12.5.〉	토지소유자와 토지등소유자의 동의는 별지 제12호의4서식의 사업시행자 지정 동의서에 동의를 받는 방법에 따른다. [본조신설 2024.1.19.] **제17조의4【정비사업계획 등 인가의 신청 및 고시】** ① 법 제101조의10제2항 본문에 따라 사업시행자가 같은 조 제1항에 따른 정비사업계획(이하 "정비사업계획"이라 한다)의 인가 또는 변경인가를 신청하거나 정비사업의 중지 또는 폐지인가를 신청하는 경우에는 별지 제12호의5서식의 신청서를 법 제8조제1항에 따른 정비구역의 지정권자에게 제출해야 한다. ② 법 제101조의10제2항 본문에서 "정관등과 그 밖에 국토교통부령으로 정하는 서류"란 다음 각 호의 구분에 따른 서류를 말한다. 1. 정비사업계획인가: 다음 각 목의 서류

법

③ 지정개발자가 정비사업을 시행하려는 경우에는 정비사업계획인가(최초 정비사업계획인가를 말한다)를 신청하기 전에 제35조에 따른 재개발사업 및 재건축사업의 조합설립을 위한 동의요건 이상의 동의를 받아야 한다. 이 경우 제101조의9에 따라 사업시행자 지정에 동의한 토지등소유자는 동의한 것으로 본다.

④ 정비구역의 지정권자는 제2항에 따른 정비사업계획인가를 하거나 정비사업을 변경·중지 또는 폐지하는 경우에는 국토교통부령으로 정하는 방법 및 절차에 따라 그 내용을 해당 지방자치단체의 공보에 고시하여야 한다. 다만, 제2항 단서에 따른 경미한 사항을 변경하려는 경우에는 그러하지 아니하다.

⑤ 제4항에 따라 정비사업계획인가의 고시가 있는 경우 해당 정비사업계획 중 「국토의 계획 및 이용에 관한 법률」 제52조제1항 각 호의 어느 하나에 해당하는 사항은 같은 법 제50조에 따라 지구단위계획구역 및 지구단위계획으로 결정·고시된 것으로 본다.

⑥ 제4항에 따른 정비사업계획인가의 고시는 제16조제2항에 따른 정비계획 결정의 고시 및 제50조제9항에 따른 사업시행계획인가의 고시로 본다.

⑦ 정비사업계획에 관하여는 제10조부터 제13조까지, 제17조제3항부터 제5항까지, 제50조제2항부터 제8항까지(제7항은 제외한다), 제50조의2, 제51조 및 제53조부터 제59조까지를 준용한다. 이 경우 "시장·군수등"은 "정비구역의 지정권자"로, "정비계획" 및 "사업시행계획"은 "정비사업계획"으로 본다.

⑧ 제1항부터 제7항까지에서 규정한 사항 외에 정비사업계획인가 및 고시 등을 위하여 필요한 사항은 대통령령으로

시 행 령

시 행 규 칙

가. 법 제2조제11호다목에 따른 시행규정

나. 정비사업계획

다. 법 제57조제3항에 따라 제출해야 하는 서류

라. 법 제63조에 따른 취득 또는 사용할 토지 또는 건축물의 명세 및 소유권 외의 권리의 명세서(재건축사업의 경우에는 법 제26조제1항제1호 및 제27조제1항제1호에 따라 정비사업을 시행하는 경우만 해당한다)

마. 토지등소유자의 명부 및 동의서(법 제101조의9제2항에 따라 사업시행자로 지정된 지정개발자가 법 제101조의10제3항 전단에 따라 정비사업계획 인가를 신청하는 경우만 해당한다)

2. 정비사업계획 변경인가: 다음 각 목의 서류

가. 제1호가목부터 라목까지의 서류(변경사항이 있는 경우만 해당한다)

나. 변경의 사유 및 내용을 설명하는 서류

3. 정비사업의 중지 또는 폐지인가: 다음 각 목의 서류

가. 제1호가목부터 라목까지의 서류

나. 중지 또는 폐지의 사유를 설명하는 서류

③ 정비구역의 지정권자가 법 제101조의10제4항 본문에 따라 해당 지방자치단체의 공보에 고시하는 정비사업계획(변경)인가, 정비사업의 중지 또는 폐

법	시 행 령	시 행 규 칙

정한다.
[본조신설 2023.7.18.]

제6장 정비사업전문관리업〈개정 2021.4.13.〉

제102조【정비사업전문관리업의 등록】 ① 다음 각 호의 사항을 추진위원회 또는 사업시행자로부터 위탁받거나 이와 관련한 자문을 하려는 자는 대통령령으로 정하는 자본·기술인력 등의 기준을 갖춰 시·도지사에게 등록 또는 변경(대통령령으로 정하는 경미한 사항의 변경은 제외한다)등록하여야 한다. 다만, 주택의 건설 등 정비사업 관련 업무를 하는 공공기관 등으로 대통령령으로 정하는 기관의 경우에는 그러하지 아니하다.

1. 조합설립의 동의 및 정비사업의 동의에 관한 업무의 대행
2. 조합설립인가의 신청에 관한 업무의 대행
3. 사업성 검토 및 정비사업의 시행계획서의 작성
4. 설계자 및 시공자 선정에 관한 업무의 지원
5. 사업시행계획인가의 신청에 관한 업무의 대행
6. 관리처분계획의 수립에 관한 업무의 대행
7. 제118조제2항제2호에 따라 시장·군수등이 정비사업전문관리업자를 선정한 경우에는 추진위원회 설립에 필요한 다음 각 목의 업무
   가. 동의서 제출의 접수
   나. 운영규정 작성 지원
   다. 그 밖에 시·도조례로 정하는 사항

② 제1항에 따른 등록의 절차 및 방법, 등록수수료 등에 필요한 사항은 대통령령으로 정한다.
③ 시·도지사는 제1항에 따라 정비사업전문관리업의 등록

제6장 정비사업전문관리업〈개정 2021.7.13.〉

제81조【정비사업전문관리업의 등록기준 등】 ① 법 제102조제1항 각 호 외의 부분 본문에 따른 정비사업전문관리업의 등록기준은 별표 4와 같다.
② 법 제102조제1항 각 호 외의 부분 본문에서 "대통령령으로 정하는 경미한 사항"이란 자본금이 증액되거나 기술인력의 수가 증가된 경우를 말한다.
③ 법 제102조제1항 각 호 외의 부분 단서에서 "대통령령으로 정하는 기관"이란 다음 각 호의 기관을 말한다. 〈개정 2020.12. 8〉
1. 「한국토지주택공사법」에 따른 한국토지주택공사
2. 한국부동산원

지인가의 내용에는 다음 각 호의 구분에 따른 사항이 포함되어야 한다.
1. 정비사업계획인가의 고시: 다음 각 목의 사항
   가. 정비사업의 종류 및 명칭
   나. 정비구역의 위치 및 면적
   다. 사업시행자의 성명 및 주소(법인인 경우에는 법인의 명칭 및 주된 사무소의 소재지와 대표자의 성명 및 주소를 말한다)
   라. 정비사업의 시행기간
   마. 정비사업계획인가일
   바. 취득 또는 사용할 토지 또는 건축물의 명세 및 소유권 외의 권리의 명세(재건축사업의 경우에는 법 제26조제1항제1호 및 제27조제1항제1호에 따라 정비사업을 시행하는 경우만 해당한다)
   사. 건축물의 대지면적·건폐율·용적률·높이 등 건축계획에 관한 사항
   아. 주택의 규모 등 주택건설계획
   자. 정비기반시설의 귀속에 관한 사항
2. 정비사업계획 변경인가의 고시: 다음 각 목의 사항
   가. 제1호가목부터 마목까지의 사항(변경사항이 있는 경우만 해당한다)
   나. 정비사업계획 변경의 사유 및 내용
3. 정비사업 중지·폐지인가의 고시:

법	시 행 령	시 행 규 칙
또는 변경등록한 현황, 제106조제1항에 따라 정비사업전문관리업의 등록취소 또는 업무정지를 명한 현황을 국토교통부령으로 정하는 방법 및 절차에 따라 국토교통부장관에게 보고하여야 한다.		다음 각 목의 사항 가. 제1호가목부터 마목까지의 사항 나. 정비사업 중지 또는 폐지의 사유 ④ 정비구역의 지정권자는 제3항에 따라 고시한 내용을 해당 지방자치단체의 인터넷 홈페이지에 실어야 한다. [본조신설 2024.1.19.]
	제82조【등록의 절차 및 수수료 등】 ① 법 제102조제1항에 따라 정비사업전문관리업자로 등록 또는 변경등록하려는 자는 국토교통부령으로 정하는 신청서를 시 · 도지사에게 제출하여야 하며, 등록한 사항이 변경된 경우에는 2개월 이내에 변경사항을 시 · 도지사에게 제출하여야 한다. ② 시 · 도지사는 제1항에 따른 신청서를 제출받은 때에는 다음 각 호의 어느 하나에 해당하는 경우를 제외하고는 국토교통부령으로 정하는 바에 따라 정비사업전문관리업자 등록부에 등재하고 등록증을 교부하여야 한다. 1. 등록을 신청한 자가 법 제105조제1항 각 호의 어느 하나에 해당하는 경우 2. 별표 4에 따른 등록기준을 갖추지 못한 경우 ③ 법 제102조제1항에 따라 정비사업전문관리업자의 등록(변경등록을 제외한다)을 신청하는 자는 국토교통부령으로 정하는 수수료를 납부하여야 한다.	**제18조【정비사업전문관리업자의 등록절차】** ① 영 제82조제1항에 따라 정비사업전문관리업자로 등록(변경등록을 포함한다)하려는 자는 별지 제13호서식의 정비사업전문관리업등록신청서(전자문서로 된 신청서를 포함한다)에 다음 각 호의 서류(전자문서를 포함한다)를 첨부하여 시 · 도지사에게 제출하여야 한다. 1. 대표자 및 임원의 주소 및 성명 2. 보유기술인력의 자격증 사본 또는 경력인증서 3. 자본금을 확인할 수 있는 서류 4. 협약서(영 별표 4 제2호가목에 따라 업무협약을 체결한 경우로 한정한다) ② 제1항에 따른 신청서를 받은 시 · 도지사는 「전자정부법」 제36조제1항에 따른 행정정보의 공동이용을 통하여 법인 등기사항증명서(신청인이 개인인 경우에는 주민등록표초본, 외국인인 경우에는 「출입국관리법」 제88
제103조【정비사업전문관리업자의 업무제한 등】 정비사업전문관리업자는 동일한 정비사업에 대하여 다음 각 호의 업무를 병행하여 수행할 수 없다.	**제83조【정비사업전문관리업자의 업무제한 등】** ① 정비사업전문관리업자와 다음 각 호의 어느 하나의 관계에 있는 자는 법 제103조를 적용할 때 해당 정비사업전문관리업자	

법	시 행 령	시 행 규 칙
1. 건축물의 철거 2. 정비사업의 설계 3. 정비사업의 시공 4. 정비사업의 회계감사 5. 그 밖에 정비사업의 공정한 질서유지에 필요하다고 인정하여 대통령령으로 정하는 업무 **제104조【정비사업전문관리업자와 위탁자와의 관계】** 정비사업전문관리업자에게 업무를 위탁하거나 자문을 요청한 자와 정비사업전문관리업자의 관계에 관하여 이 법에 규정된 사항을 제외하고는 「민법」 중 위임에 관한 규정을 준용한다. **제105조【정비사업전문관리업자의 결격사유】** ① 다음 각 호의 어느 하나에 해당하는 자는 정비사업전문관리업의 등록을 신청할 수 없으며, 정비사업전문관리업자의 업무를 대표 또는 보조하는 임직원이 될 수 없다. 〈개정 2020.6.9.〉 1. 미성년자(대표 또는 임원이 되는 경우로 한정한다) · 피성년후견인 또는 피한정후견인 2. 파산선고를 받은 자로서 복권되지 아니한 자 3. 정비사업의 시행과 관련한 범죄행위로 인하여 금고 이상의 실형의 선고를 받고 그 집행이 종료(종료된 것으로 보는 경우를 포함한다)되거나 집행이 면제된 날부터 2년이 경과되지 아니한 자 4. 정비사업의 시행과 관련한 범죄행위로 인하여 금고 이상의 형의 집행유예를 받고 그 유예기간 중에 있는 자 5. 이 법을 위반하여 벌금형 이상의 선고를 받고 2년이 경과되지 아니한 자	로 본다. 1. 정비사업전문관리업자가 법인인 경우에는 「독점규제 및 공정거래에 관한 법률」 제2조제3호에 따른 계열회사 2. 정비사업전문관리업자와 상호 출자한 관계 ② 법 제103조제5호에서 "대통령령으로 정하는 업무"란 법 제12조에 따른 안전진단업무를 말한다.	조에 따른 외국인등록사실증명을 말한다)를 확인하여야 한다. 다만, 신청인이 행정정보의 공동이용을 통한 주민등록표 초본 및 외국인등록사실증명의 확인에 동의하지 아니하는 경우에는 해당 서류를 첨부하도록 하여야 한다. ③ 시 · 도지사는 제1항에 따라 등록을 신청한 자가 영 제81조제1항 및 별표 4에 따른 정비사업전문관리업자의 등록기준에 적합하다고 인정하는 경우에는 별지 제14호서식의 정비사업전문관리업자 등록부에 이를 기재하고, 신청인에게 별지 제15호서식의 정비사업전문관리업등록증(전자문서로 된 등록증을 포함한다)을 교부한다. 제19조(등록수수료) 영 제82조제3항에 따른 등록수수료는 1건당 1만원으로 하되, 수입증지로 납부하여야 한다. 다만, 시 · 도지사는 정보통신망을 이용하여 전자화폐 · 전자결제 등의 방법으로 납부하게 할 수 있다.

법	시 행 령	시 행 규 칙
6. 제106조에 따라 등록이 취소된 후 2년이 경과되지 아니한 자(법인인 경우 그 대표자를 말한다) 7. 법인의 업무를 대표 또는 보조하는 임직원 중 제1호부터 제6호까지 중 어느 하나에 해당하는 자가 있는 법인 ② 정비사업전문관리업자의 업무를 대표 또는 보조하는 임직원이 제1항 각 호의 어느 하나에 해당하게 되거나 선임 당시 그에 해당하는 자이었음이 판명된 때에는 당연 퇴직한다. 〈개정 2020.6.9.〉 ③ 제2항에 따라 퇴직된 임직원이 퇴직 전에 관여한 행위는 효력을 잃지 아니한다.		
제106조【정비사업전문관리업의 등록취소 등】 ① 시·도지사는 정비사업전문관리업자가 다음 각 호의 어느 하나에 해당하는 때에는 그 등록을 취소하거나 1년 이내의 기간을 정하여 업무의 전부 또는 일부의 정지를 명할 수 있다. 다만, 제1호·제4호·제8호 및 제9호에 해당하는 때에는 그 등록을 취소하여야 한다. 1. 거짓, 그 밖의 부정한 방법으로 등록을 한 때 2. 제102조제1항에 따른 등록기준에 미달하게 된 때 3. 추진위원회, 사업시행자 또는 시장·군수등의 위탁이나 자문에 관한 계약 없이 제102조제1항 각 호에 따른 업무를 수행한 때 4. 제102조제1항 각 호에 따른 업무를 직접 수행하지 아니한 때 5. 고의 또는 과실로 조합에게 계약금액(정비사업전문관리업자가 조합과 체결한 총계약금액을 말한다)의 3분의 1 이상의 재산상 손실을 끼친 때 6. 제107조에 따른 보고·자료제출을 하지 아니하거나 거짓으로 한 때 또는 조사·검사를 거부·방해 또는 기피한 때	**제84조【정비사업전문관리업자의 등록취소 및 영업정지처분 기준】** 법 제106조제1항에 따른 등록취소 및 업무정지처분의 기준은 별표 5와 같다.	

법	시 행 령	시행규칙
7. 제111조에 따른 보고·자료제출을 하지 아니하거나 거짓으로 한 때 또는 조사를 거부·방해 또는 기피한 때 8. 최근 3년간 2회 이상의 업무정지처분을 받은 자로서 그 정지처분을 받은 기간이 합산하여 12개월을 초과한 때 9. 다른 사람에게 자기의 성명 또는 상호를 사용하여 이 법에서 정한 업무를 수행하게 하거나 등록증을 대여한 때 10. 이 법을 위반하여 벌금형 이상의 선고를 받은 경우(법인의 경우에는 그 소속 임직원을 포함한다) 11. 그 밖에 이 법 또는 이 법에 따른 명령이나 처분을 위반한 때 ② 제1항에 따른 등록의 취소 및 업무의 정지처분에 관한 기준은 대통령령으로 정한다. ③ 제1항에 따라 등록취소처분 등을 받은 정비사업전문관리업자와 등록취소처분 등을 명한 시·도지사는 추진위원회 또는 사업시행자에게 해당 내용을 지체 없이 통지하여야 한다. 〈개정 2019.8.20.〉 ④ 정비사업전문관리업자는 제1항에 따라 등록취소처분 등을 받기 전에 계약을 체결한 업무는 계속하여 수행할 수 있다. 이 경우 정비사업전문관리업자는 해당 업무를 완료할 때까지는 정비사업전문관리업자로 본다. ⑤ 정비사업전문관리업자는 제4항 전단에도 불구하고 다음 각 호의 어느 하나에 해당하는 경우에는 업무를 계속하여 수행할 수 없다. 1. 사업시행자가 제3항에 따른 통지를 받거나 처분사실을 안 날부터 3개월 이내에 총회 또는 대의원회의 의결을 거쳐 해당 업무계약을 해지한 경우 2. 정비사업전문관리업자가 등록취소처분 등을 받은 날부터 3개월 이내에 사업시행자로부터 업무의 계속 수행에 대하여 동의를 받지 못한 경우. 이 경우 사업시행자가 동의를		

법	시 행 령	시 행 규 칙

하려는 때에는 총회 또는 대의원회의 의결을 거쳐야 한다.

3. 제1항 각 호 외의 부분 단서에 따라 등록이 취소된 경우

제107조【정비사업전문관리업자에 대한 조사 등】 ① 국토교통부장관 또는 시 · 도지사는 다음 각 호의 어느 하나에 해당하는 경우 정비사업전문관리업자에 대하여 그 업무에 관한 사항을 보고하게 하거나 자료의 제출, 그 밖의 필요한 명령을 할 수 있으며, 소속 공무원에게 영업소 등에 출입하여 장부 · 서류 등을 조사 또는 검사하게 할 수 있다. 〈개정 2019.8.20.〉

1. 등록요건 또는 결격사유 등 이 법에서 정한 사항의 위반 여부를 확인할 필요가 있는 경우
2. 정비사업전문관리업자와 토지등소유자, 조합원, 그 밖에 정비사업과 관련한 이해관계인 사이에 분쟁이 발생한 경우
3. 그 밖에 시·도조례로 정하는 경우

② 제1항에 따라 출입 · 검사 등을 하는 공무원은 권한을 표시하는 증표를 지니고 관계인에게 내보여야 한다.

③ 국토교통부장관 또는 시·도지사가 정비사업전문관리업자에게 제1항에 따른 업무에 관한 사항의 보고, 자료의 제출을 하게 하거나, 소속 공무원에게 조사 또는 검사하게 하려는 경우에는 「행정조사기본법」 제17조에 따라 사전통지를 하여야 한다. 〈신설 2019.8.20.〉

④ 제1항에 따라 업무에 관한 사항의 보고 또는 자료의 제출 명령을 받은 정비사업전문관리업자는 그 명령을 받은 날부터 15일 이내에 이를 보고 또는 제출(전자문서를 이용한 보고 또는 제출을 포함한다)하여야 한다. 〈신설 2019.8.20.〉

⑤ 국토교통부장관 또는 시·도지사는 제1항에 따른 업무에 관한 사항의 보고, 자료의 제출, 조사 또는 검사 등이 완료된 날부터 30일 이내에 그 결과를 통지하여야 한다.

법	시행령	시행규칙
〈신설 2019.8.20.〉		
제108조【정비사업전문관리업 정보의 종합관리】 ① 국토교통부장관은 정비사업전문관리업자의 자본금·사업실적·경영실태 등에 관한 정보를 종합적이고 체계적으로 관리하고 시·도지사, 시장, 군수, 구청장, 추진위원회 또는 사업시행자 등에게 제공하기 위하여 정비사업전문관리업 정보종합체계를 구축·운영할 수 있다. 〈개정 2021.8.10〉 ② 제1항에 따른 정비사업전문관리업 정보종합체계의 구축·운영에 필요한 사항은 국토교통부령으로 정한다.		**제20조【정비사업전문관리업 정보종합체계의 구축·운영】** ①「한국부동산원법」에 따른 한국부동산원(이하 "한국부동산원"이라 한다)은 법 제108조제2항 및 영 제96조제2항에 따라 관계 행정기관 및 정비사업전문관리업자에게 정비사업전문관리업 정보종합체계의 구축 및 활용에 필요한 다음 각 호의 자료의 제출을 요청할 수 있다. 〈개정 2020.12.11.〉 1. 상호 및 대표자의 성명 2. 법 제102조에 따라 등록한 연월일 및 등록번호 3. 자본금 4. 주된 영업소의 소재지 및 전화번호 5. 보유 기술인력의 수, 기술인력별 자격 및 경력에 관한 현황 6. 사업실적 7. 법 제106조제1항에 따른 등록의 취소 및 업무정지 처분, 법 제113조에 따른 시정조치를 받은 사항 ② 한국부동산원은 제1항 각 호의 정보를 매 분기가 끝난 날의 다음 달 말일까지 정비사업전문관리업 정보종합체계에 입력하고, 추진위원회 또는 사업시행자 등이 정비사업전문관리업 정보종
제109조【협회의 설립 등】 ① 정비사업전문관리업자는 정비사업전문관리업의 전문화와 정비사업의 건전한 발전을 도모하기 위하여 정비사업전문관리업자단체(이하 "협회"라 한다)를 설립할 수 있다. ② 협회는 법인으로 한다. ③ 협회는 주된 사무소의 소재지에서 설립등기를 하는 때에 성립한다. ④ 협회를 설립하려는 때에는 회원의 자격이 있는 50명 이상을 발기인으로 하여 정관을 작성한 후 창립총회의 의결을 거쳐 국토교통부장관의 인가를 받아야 한다. 협회가 정관을 변경하려는 때에도 또한 같다. ⑤ 이 법에 따라 시·도지사로부터 업무정지처분을 받은 회원의 권리·의무는 영업정지기간 중 정지되며, 정비사업전문관리업의 등록이 취소된 때에는 회원의 자격을 상실한다. ⑥ 협회의 정관, 설립인가의 취소, 그 밖에 필요한 사항은 대통령령으로 정한다. ⑦ 협회에 관하여 이 법에 규정된 사항을 제외하고는 「민	**제85조【협회의 정관】** 법 제109조에 따른 정비사업전문관리업자단체(이하 "협회"라 한다)의 정관에는 다음 각 호의 사항이 포함되어야 한다. 1. 목적 2. 명칭 3. 주된 사무소의 소재지 4. 회원의 가입 및 탈퇴에 관한 사항 5. 사업 및 그 집행에 관한 사항 6. 임원의 정원·임기 및 선출방법에 관한 사항 7. 총회 및 이사회에 관한 사항 8. 조직 및 운영에 관한 사항 9. 자산 및 회계에 관한 사항 10. 정관의 변경에 관한 사항 11. 제1호부터 제10호까지에서 규정한 사항 외에 협회의 운영에 필요하다고 인정되는 사항 **제86조【협회의 설립인가 및 설립인가의 취소】** ① 국토교	

법	시 행 령	시 행 규 칙
법」 중 사단법인에 관한 규정을 준용한다.	통부장관은 법 제109조제4항에 따른 협회 설립인가 신청의 내용이 다음 각 호의 기준에 적합한 경우에 인가할 수 있다. 1. 법인의 목적과 사업이 실현 가능할 것 2. 협회의 회원은 정비사업전문관리업자일 것 3. 목적하는 사업을 수행할 수 있는 충분한 능력이 있고, 재정적 기초가 확립되어 있거나 확립될 수 있을 것 4. 다른 법인과 동일한 명칭이 아닐 것 ② 국토교통부장관은 법 제109조제6항에 따라 협회가 다음 각 호의 어느 하나에 해당하는 경우에는 협회의 설립인가를 취소할 수 있다. 다만, 제1호 및 제3호에 해당하는 경우에는 설립인가를 취소하여야 한다. 1. 거짓이나 부정한 방법으로 설립인가를 받은 경우 2. 설립인가 조건을 위반한 경우 3. 목적 달성이 불가능하게 된 경우 4. 목적사업 외의 사업을 한 경우 ③ 국토교통부장관은 제2항에 따라 협회의 설립인가를 취소하려면 미리 청문을 하여야 한다.	합체계를 상시적으로 이용할 수 있도록 해야 한다. 〈개정 2020.12.11.〉 ③ 한국부동산원은 법 제108조제2항 및 영 제96조제2항에 따라 정비사업전문관리업 정보종합체계의 구축·운영을 위하여 다음 각 호의 업무를 수행할 수 있다. 〈개정 2020.12.11.〉 1. 정비사업전문관리업 정보종합체계의 구축·운영에 관한 각종 연구개발 및 기술 지원 2. 정비사업전문관리업 정보종합체계의 구축을 위한 관련 기관과의 공동사업 시행 3. 정비사업전문관리업 정보종합체계를 이용한 정보의 공동활용 촉진
제110조【협회의 업무 및 감독】 ① 협회의 업무는 다음 각 호와 같다. 1. 정비사업전문관리업 및 정비사업의 건전한 발전을 위한 조사·연구 2. 회원의 상호 협력증진을 위한 업무 3. 정비사업전문관리 기술 인력과 정비사업전문관리업 종사자의 자질향상을 위한 교육 및 연수 4. 그 밖에 대통령령으로 정하는 업무 ② 국토교통부장관은 협회의 업무 수행 현황 또는 이 법의 위반 여부를 확인할 필요가 있는 때에는 때에는 협회에게	**제87조【협회의 감독】** ① 국토교통부장관은 법 제110조제2항에 따라 협회의 업무에 대한 조사 또는 검사가 필요하면 소속 공무원으로 하여금 그 사무소에 출입하여 조사하거나 검사하게 할 수 있다. ② 제1항에 따라 협회의 업무를 조사하거나 검사하는 공무원은 그 권한을 표시하는 증표를 지니고 관계인에게 내보여야 한다.	

업무에 관한 사항을 보고하게 하거나 자료의 제출, 그 밖에 필요한 명령을 할 수 있으며, 소속 공무원에게 그 사무소 등에 출입하여 장부·서류 등을 조사 또는 검사하게 할 수 있다. 〈개정 2019. 8. 20.〉

③ 제2항에 따른 업무에 관한 사항의 보고, 자료의 제출, 조사 또는 검사에 관하여는 제107조제2항부터 제5항까지의 규정을 준용한다. 〈신설 2019. 8. 20.〉

제7장 감독 등〈개정 2021.4.13.〉

제111조 【자료의 제출 등】 ① 시·도지사는 국토교통부령으로 정하는 방법 및 절차에 따라 정비사업의 추진실적을 분기별로 국토교통부장관에게, 시장, 군수 또는 구청장은 시·도조례로 정하는 바에 따라 정비사업의 추진실적을 특별시장·광역시장 또는 도지사에게 보고하여야 한다.

② 국토교통부장관, 시·도지사, 시장, 군수 또는 구청장은 정비사업(제86조의2에 따라 해산한 조합의 청산 업무를 포함한다. 이하 이 항에서 같다)의 원활한 시행을 감독하기 위하여 필요한 경우로서 다음 각 호의 어느 하나에 해당하는 때에는 추진위원회·사업시행자(청산인을 포함한다)·정비사업전문관리업자·설계자 및 시공자 등 이 법에 따른 업무를 하는 자에게 그 업무에 관한 사항을 보고하게 하거나 자료의 제출, 그 밖의 필요한 명령을 할 수 있으며, 소속 공무원에게 영업소 등에 출입하여 장부·서류 등을 조사 또는 검사하게 할 수 있다. 〈개정 2019.8.20., 2020.6.9., 2023.12.26.〉

1. 이 법의 위반 여부를 확인할 필요가 있는 경우

제7장 감독 등〈개정 2021.7.13.〉

제21조 【자료의 제출 등】 ① 시·도지사는 법 제111조제1항에 따라 정비구역의 지정, 사업시행자의 지정 또는 조합설립인가, 사업시행계획인가, 관리처분계획인가 및 정비사업완료의 실적을 매 분기가 끝나는 날부터 15일 이내에 국토교통부장관에게 보고(전자문서에 의한 보고를 포함한다)하여야 한다.

② 법 제111조제2항에 따라 국토교통부장관, 시·도지사, 시장·군수 또는 구청장으로부터 정비사업과 관련하여 보고 또는 자료의 제출을 요청받은 자는 그 요청을 받은 날부터 15일 이내에 보고(전자문서에 의한 보고를 포함한다)하거나 자료를 제출(전자문서에 의한 제출을 포함한다)하여야 한다.

③ 국토교통부장관, 시·도지사, 시

법

2. 토지등소유자, 조합원, 그 밖에 정비사업과 관련한 이해관계인 사이에 분쟁이 발생된 경우
3. 제86조의2에 따라 해산한 조합의 잔여재산의 인도 등 청산인의 직무를 성실히 수행하고 있는지를 확인할 필요가 있는 경우
4. 그 밖에 시·도조례로 정하는 경우

③ 제2항에 따른 업무에 관한 사항의 보고, 자료의 제출, 조사 또는 검사에 관하여는 제107조제2항부터 제5항까지의 규정을 준용한다. 〈개정 2019.8.20.〉

제111조의2【자금차입의 신고】 추진위원회 또는 사업시행자(시장·군수등과 토지주택공사등은 제외한다)는 자금을 차입한 때에는 대통령령으로 정하는 바에 따라 자금을 대여한 상대방, 차입액, 이자율 및 상환방법 등의 사항을 시장·군수등에게 신고하여야 한다.
[본조신설 2022. 6. 10.]

제112조【회계감사】 ① 시장·군수등 또는 토지주택공사등이 아닌 사업시행자 또는 추진위원회는 다음 각 호의 어느 하나에 해당하는 경우에는 다음 각 호의 구분에 따른 기간 이내에 「주식회사 등의 외부감사에 관한 법률」 제2조제7호 및 제9조에 따른 감사인의 회계감사를 받기 위하여 시장·군수등에게 회계감사기관의 선정·계약을 요청하여야 하며, 그 감사결과를 회계감사가 종료된 날부터 15일 이내에 시장·군수등 및 해당 조합에 보고하고 조합원이 공람할 수 있도록 하여야 한다. 다만, 지정개발자가 사업시행자인 경우에는 제1호에 해당하는 경우는 제외한다. 〈개정 2017.10.31., 2021.

시행령

제87조의2【자금차입 신고의 방법】 법 제111조의2에 따른 자금차입의 신고는 추진위원회 또는 사업시행자(시장·군수등과 토지주택공사등은 제외한다)가 자금을 차입한 날부터 30일 이내에 자금을 대여한 상대방, 차입일, 차입액, 이자율, 상환기한 및 상환방법을 기재한 자금차입계약서의 사본을 관할 시장·군수등에게 제출하는 방법으로 한다.
[본조신설 2022.12.9.]

제88조【회계감사】 법 제112조에 따라 시장·군수등 또는 토지주택공사등이 아닌 사업시행자 또는 추진위원회는 다음 각 호의 어느 하나에 해당하는 경우에는 회계감사를 받아야 한다.
1. 법 제112조제1항제1호의 경우에는 추진위원회에서 사업시행자로 인계되기 전까지 납부 또는 지출된 금액과 계약등으로 지출될 것이 확정된 금액의 합이 3억5천만원 이상인 경우
2. 법 제112조제1항제2호의 경우에는 사업시행계획인가 고시일 전까지 납부 또는 지출된 금액이 7억원 이상인 경우

시행규칙

장·군수 또는 구청장은 법 제111조제2항에 따라 소속 공무원에게 업무를 조사하게 하려는 때에는 업무조사를 받을 자에게 조사 3일 전까지 조사의 일시·목적 등을 서면으로 통지하여야 한다.

④ 법 제111조제2항에 따라 업무를 조사하는 공무원은 그 권한을 나타내는 별지 제16호서식의 조사공무원증표를 지니고 이를 관계인에게 보여주어야 한다.

법	시 행 령	시 행 규 칙
1.5., 2021.3.16〉 1. 제34조제4항에 따라 추진위원회에서 사업시행자로 인계되기 전까지 납부 또는 지출된 금액과 계약 등으로 지출될 것이 확정된 금액의 합이 대통령령으로 정한 금액 이상인 경우: 추진위원회에서 사업시행자로 인계되기 전 7일 이내 2. 제50조제7항에 따른 사업시행계획인가 고시일 전까지 납부 또는 지출된 금액이 대통령령으로 정하는 금액 이상인 경우: 사업시행계획인가의 고시일부터 20일 이내 3. 제83조제1항에 따른 준공인가 신청일까지 납부 또는 지출된 금액이 대통령령으로 정하는 금액 이상인 경우: 준공인가의 신청일부터 7일 이내 4. 토지등소유자 또는 조합원 5분의 1 이상이 사업시행자에게 회계감사를 요청하는 경우: 제4항에 따른 절차를 고려한 상당한 기간 이내 ② 시장·군수등은 제1항에 따른 요청이 있는 경우 즉시 회계감사기관을 선정하여 회계감사가 이루어지도록 하여야 한다. 〈개정 2021.1.5〉 ③ 제2항에 따라 회계감사기관을 선정·계약한 경우 시장·군수등은 공정한 회계감사를 위하여 선정된 회계감사기관을 감독하여야 하며, 필요한 처분이나 조치를 명할 수 있다. ④ 사업시행자 또는 추진위원회는 제1항에 따라 회계감사기관의 선정·계약을 요청하려는 경우 시장·군수등에게 회계감사에 필요한 비용을 미리 예치하여야 한다. 시장·군수등은 회계감사가 끝난 경우 예치된 금액에서 회계감사비용을 직접 지급한 후 나머지 비용은 사업시행자와 정산하여야 한다. 〈개정 2021.1.5., 2021.7.27.〉	3. 법 제112조제1항제3호의 경우에는 준공인가 신청일까지 납부 또는 지출된 금액이 14억원 이상인 경우	
제113조 【감독】 ① 정비사업(제86조의2에 따라 해산한 조	**제89조 【감독】** 법 제113조제2항 후단에서 "대통령령으로	

법	시 행 령	시 행 규 칙
합의 청산 업무를 포함한다. 이하 이 조에서 같다)의 시행이 이 법 또는 이 법에 따른 명령 · 처분이나 사업시행계획서 또는 관리처분계획에 위반되었다고 인정되는 때에는 정비사업의 적정한 시행을 위하여 필요한 범위에서 국토교통부장관은 시 · 도지사, 시장, 군수, 구청장, 추진위원회, 주민대표회의, 사업시행자(청산인을 포함한다. 이하 이 항에서 같다.) 또는 정비사업전문관리업자에게, 특별시장, 광역시장 또는 도지사는 시장, 군수, 구청장, 추진위원회, 주민대표회의, 사업시행자(청산인을 포함한다. 이하 이 항에서 같다.) 또는 정비사업전문관리업자에게, 시장 · 군수등은 추진위원회, 주민대표회의, 사업시행자(청산인을 포함한다. 이하 이 항에서 같다.) 또는 정비사업전문관리업자에게 처분의 취소 · 변경 또는 정지, 공사의 중지 · 변경, 임원의 개선 권고, 그 밖의 필요한 조치를 취할 수 있다. 〈개정 2022.2.3., 2023.12.26.〉 ② 국토교통부장관, 시 · 도지사, 시장, 군수 또는 구청장은 이 법에 따른 정비사업의 원활한 시행을 위하여 관계 공무원 및 전문가로 구성된 점검반을 구성하여 정비사업 현장조사를 통하여 분쟁의 조정, 위법사항의 시정요구 또는 수사기관에 고발 등 필요한 조치를 할 수 있다. 이 경우 관할 지방자치단체의 장과 조합 등은 대통령령으로 정하는 자료의 제공 등 점검반의 활동에 적극 협조하여야 한다.〈개정 2023.12.26.〉 ③ 제2항에 따른 정비사업 현장조사에 관하여는 제107조제2항, 제3항 및 제5항을 준용한다. 〈개정 2019.8.20.〉	정하는 자료"란 다음 각 호의 자료를 말한다. 1. 토지등소유자의 동의서 2. 총회의 의사록 3. 정비사업과 관련된 계약에 관한 서류 4. 사업시행계획서 · 관리처분계획서 및 회계감사보고서를 포함한 회계관련 서류 5. 정비사업의 추진과 관련하여 분쟁이 발생한 경우에는 해당 분쟁과 관련된 서류	
제113조의2 【시공자 선정 취소 명령 또는 과징금】 ① 시·도지사(해당 정비사업을 관할하는 시·도지사를 말한다. 이하 이 조 및 제113조의3에서 같다)는 건설업자 또는 등록사업자	**제89조의2 【과징금의 부과기준 등】** ① 법 제113조의2에 따른 과징금의 부과기준은 별표 5의2와 같다. ② 시·도지사는 법 제113조의2에 따라 시공자 선정을 취	

법	시 행 령	시 행 규 칙
가 다음 각 호의 어느 하나에 해당하는 경우 사업시행자에게 건설업자 또는 등록사업자의 해당 정비사업에 대한 시공자 선정을 취소할 것을 명하거나 그 건설업자 또는 등록사업자에게 사업시행자와 시공자 사이의 계약서상 공사비의 100분의 20 이하에 해당하는 금액의 범위에서 과징금을 부과할 수 있다. 이 경우 시공자 선정 취소의 명을 받은 사업시행자는 시공자 선정을 취소하여야 한다.〈개정 2022.6.10.〉 1. 건설업자 또는 등록사업자가 제132조제1항 또는 제2항을 위반한 경우 2. 건설업자가 또는 등록사업자가 제132조의2를 위반하여 관리·감독 등 필요한 조치를 하지 아니한 경우로서 용역업체의 임직원(건설업자 또는 등록사업자가 고용한 개인을 포함한다. 이하 같다)이 제132조제1항을 위반한 경우 ② 제1항에 따라 과징금을 부과하는 위반행위의 종류와 위반 정도 등에 따른 과징금의 금액 등에 필요한 사항은 대통령령으로 정한다. ③ 시·도지사는 제1항에 따라 과징금의 부과처분을 받은 자가 납부기한까지 과징금을 내지 아니하면 「지방행정제재·부과금의 징수 등에 관한 법률」에 따라 징수한다. 〈개정 2020.3.24〉 [본조신설 2018.6.12.] [제목개정 2022.6.10]	소할 것을 명하거나 과징금을 부과하려는 경우에는 그 위반행위, 처분의 종류 및 과징금의 금액(과징금을 부과하는 경우만 해당한다)을 적어 서면으로 통지하여야 한다. ③ 제2항에 따른 과징금 부과 통지를 받은 자는 통지가 있은 날부터 20일 또는 시·도지사가 20일 이상의 범위에서 따로 정한 기간 이내에 시·도지사가 정하는 수납기관에 과징금을 납부해야 한다.〈단서삭제〉〈개정 2023.12.5.〉 ④ 제3항에 따라 과징금을 납부받은 수납기관은 그 납부자에게 영수증을 발급하여야 하고, 지체 없이 그 사실을 해당 시·도지사에게 통보하여야 한다. [본조신설 2018.10.2.]	
제113조의3【건설업자 및 등록사업자의 입찰참가 제한】 ① 시·도지사는 제113조의2제1항 각 호의 어느 하나에 해당하는 건설업자 또는 등록사업자에 대해서는 2년 이내의 범위에서 대통령령으로 정하는 기간 동안 정비사업의 입찰참가를 제한하여야 한다. 〈개정 2022.6.10., 2024.1.30.〉	**제89조의3【정비사업의 입찰참가 제한】** ① 법 제113조의3제1항에서 "대통령령으로 정하는 기간"이란 별표 5의3에 따른 기간을 말한다.〈개정 2024.7.23.〉 ② 시·도지사는 법 제113조의3제1항에 따라 정비사업의 입찰참가를 제한하려는 경우에는 다음 각 호의 사항을 지	

법	시 행 령	시 행 규 칙
② 시·도지사는 제1항에 따라 건설업자 또는 등록사업자에 대한 정비사업의 입찰참가를 제한하려는 경우에는 대통령령으로 정하는 바에 따라 대상, 기간, 사유, 그 밖의 입찰참가 제한과 관련된 내용을 공개하고, 관할 구역의 시장, 군수 또는 구청장 및 사업시행자에게 통보하여야 한다. 다만, 정비사업의 입찰참가를 제한하려는 해당 건설업자 또는 등록사업자가 입찰 참가자격을 제한받은 사실이 있는 경우에는 시·도지사가 입찰참가 제한과 관련된 내용을 전국의 시장, 군수 또는 구청장에게 통보하여야 하고, 통보를 받은 시장, 군수 또는 구청장은 관할 구역의 사업시행자에게 관련된 내용을 다시 통보하여야 한다.〈개정 2022.6.10., 2024.1.30.〉 ③ 제2항에 따라 입찰자격 제한과 관련된 내용을 통보받은 사업시행자는 해당 건설업자 또는 등록사업자의 입찰 참가자격을 제한하여야 한다. 이 경우 사업시행자는 전단에 따라 입찰참가를 제한받은 건설업자 또는 등록사업자와 계약(수의계약을 포함한다)을 체결하여서는 아니 된다.〈개정 2024.1.30.〉 ④ 시·도지사는 제1항에 따라 정비사업의 입찰참가를 제한하는 경우에는 대통령령으로 정하는 바에 따라 입찰참가 제한과 관련된 내용을 제119조제1항에 따른 정비사업관리시스템에 등록하여야 한다. 〈신설 2024.1.30.〉 ⑤ 시·도지사는 대통령령으로 정하는 위반행위에 대하여는 제1항부터 제3항까지에도 불구하고 1회에 한하여 과징금으로 제1항의 입찰참가 제한을 갈음할 수 있다. 이 경우 과징금의 부과기준 및 절차는 제113조의2제1항 및 제3항을 준용하고, 과징금을 부과하는 위반행위의 종류와 위반 정도	체 없이 해당 지방자치단체의 공보에 게재하고 일반인이 해당 내용을 열람할 수 있도록 인터넷 홈페이지에 입찰참가 제한기간 동안 게시해야 한다.〈개정 2024.7.23.〉 1. 업체(상호)명·성명(법인인 경우 대표자의 성명) 및 사업자등록번호(법인인 경우 법인등록번호) 2. 입찰참가자격 제한기간 3. 입찰참가자격을 제한하는 구체적인 사유 4. 입찰참가자격 제한처분이 집행정지된 경우 그 집행정지 또는 집행정지의 해제사실 ③ 삭제 〈2024.7.23.〉 ④ 시·도지사는 제2항에 따라 공개한 입찰제한과 관련된 내용을 지체 없이 관할 구역의 시장, 군수 또는 구청장 및 사업시행자에게 통보하여야 한다.〈개정 2024.7.23.〉 ⑤ 시·도지사는 제2항에 따라 공보에 게재한 날부터 1개월 이내에 같은 항 각 호의 사항을 법 제119조제1항에 따른 정비사업관리시스템에 등록해야 한다. 〈신설 2024.7.23.〉 ⑥ 법 제113조의3제5항에 따른 입찰참가 제한을 갈음하는 과징금을 부과하는 위반행위의 종류와 위반 정도 등에 따른 과징금의 금액 등 과징금의 부과기준은 별표 5의3과 같다. 〈신설 2024.7.23.〉 ⑦ 제6항에 따른 과징금의 부과 및 납부에 관하여는 제89조의2제2항부터 제4항까지를 준용한다. 〈신설 2024.7.23.〉 [본조신설 2018.10.2.]	

등에 따른 과징금의 금액 등에 필요한 사항은 대통령령으로 정한다. 〈신설 2024.1.30.〉
[본조신설 2018.6.12.][제목개정 2022.6.10]

제114조【정비사업 지원기구】 국토교통부장관 또는 시 · 도지사는 다음 각 호의 업무를 수행하기 위하여 정비사업 지원기구를 설치할 수 있다. 이 경우 국토교통부장관은 「한국부동산원법」에 따른 한국부동산원 또는 「한국토지주택공사법」에 따라 설립된 한국토지주택공사에, 시 · 도지사는 「지방공기업법」에 따라 주택사업을 수행하기 위하여 설립된 지방공사에 정비사업 지원기구의 업무를 대행하게 할 수 있다.
〈개정 2018.1.16., 2019.4.23., 2020.6.9., 2021.4.13.〉
1. 정비사업 상담지원업무
2. 정비사업전문관리제도의 지원
3. 전문조합관리인의 교육 및 운영지원
4. 소규모 영세사업장 등의 사업시행계획 및 관리처분계획 수립지원
5. 정비사업을 통한 공공지원민간임대주택 공급 업무 지원
6. 제29조의2에 따른 공사비 검증 업무
7. 공공재개발사업 및 공공재건축사업의 지원
8. 그 밖에 국토교통부장관이 정하는 업무

제115조【교육의 실시】 국토교통부장관, 시 · 도지사, 시장, 군수 또는 구청장은 추진위원장 및 감사, 조합임원, 전문조합관리인, 정비사업전문관리업자의 대표자 및 기술인력, 토지등소유자 등에 대하여 대통령령으로 정하는 바에 따라 교육을 실시할 수 있다.

제90조【교육의 실시】 법 제115조에 따른 교육의 내용에는 다음 각 호의 사항이 포함되어야 한다.
1. 주택건설 제도
2. 도시 및 주택 정비사업 관련 제도
3. 정비사업 관련 회계 및 세무 관련 사항

법	시 행 령	시 행 규 칙
제116조【도시분쟁조정위원회의 구성 등】 ① 정비사업의 시행으로 발생한 분쟁을 조정하기 위하여 정비구역이 지정된 특별자치시, 특별자치도, 또는 시 · 군 · 구(자치구를 말한다. 이하 이 조에서 같다)에 도시분쟁조정위원회(이하 "조정위원회"라 한다)를 둔다. 다만, 시장 · 군수등을 당사자로 하여 발생한 정비사업의 시행과 관련된 분쟁 등의 조정을 위하여 필요한 경우에는 시 · 도에 조정위원회를 둘 수 있다. ② 조정위원회는 부시장 · 부지사 · 부구청장 또는 부군수를 위원장으로 한 10명 이내의 위원으로 구성한다. ③ 조정위원회 위원은 정비사업에 대한 학식과 경험이 풍부한 사람으로서 다음 각 호의 어느 하나에 해당하는 사람 중에서 시장 · 군수등이 임명 또는 위촉한다. 이 경우 제1호, 제3호 및 제4호에 해당하는 사람이 각 2명 이상 포함되어야 한다. 1. 해당 특별자치시, 특별자치도 또는 시 · 군 · 구에서 정비사업 관련 업무에 종사하는 5급 이상 공무원 2. 대학이나 연구기관에서 부교수 이상 또는 이에 상당하는 직에 재직하고 있는 사람 3. 판사, 검사 또는 변호사의 직에 5년 이상 재직한 사람 4. 건축사, 감정평가사, 공인회계사로서 5년 이상 종사한 사람 5. 그 밖에 정비사업에 전문적 지식을 갖춘 사람으로서 시 · 도조례로 정하는 자 ④ 조정위원회에는 위원 3명으로 구성된 분과위원회(이하 "분과위원회"라 한다)를 두며, 분과위원회에는 제3항제1호 및 제3호에 해당하는 사람이 각 1명 이상 포함되어야 한다.	4. 그 밖에 국토교통부장관이 정하는 사항	
제117조【조정위원회의 조정 등】 ① 조정위원회는 정비사	**제91조【분쟁조정위원회의 조정 대상】** 법 제117조제1항제	

법	시 행 령	시 행 규 칙
업의 시행과 관련하여 다음 각 호의 어느 하나에 해당하는 분쟁 사항을 심사 · 조정한다. 다만, 「주택법」, 「공익사업을 위한 토지 등의 취득 및 보상에 관한 법률」, 그 밖의 관계 법률에 따라 설치된 위원회의 심사대상에 포함되는 사항은 제외할 수 있다. 1. 매도청구권 행사 시 감정가액에 대한 분쟁 2. 공동주택 평형 배정방법에 대한 분쟁 3. 그 밖에 대통령령으로 정하는 분쟁 ② 시장 · 군수등은 다음 각 호의 어느 하나에 해당하는 경우 조정위원회를 개최할 수 있으며, 조정위원회는 조정신청을 받은 날(제2호의 경우 조정위원회를 처음 개최한 날을 말한다)부터 60일 이내에 조정절차를 마쳐야 한다. 다만, 조정기간 내에 조정절차를 마칠 수 없는 정당한 사유가 있다고 판단되는 경우에는 조정위원회의 의결로 그 기간을 한 차례만 연장할 수 있으며 그 기간은 30일 이내로 한다. 〈개정 2017.8.9.〉 1. 분쟁당사자가 정비사업의 시행으로 인하여 발생한 분쟁의 조정을 신청하는 경우 2. 시장 · 군수등이 조정위원회의 조정이 필요하다고 인정하는 경우 ③ 조정위원회의 위원장은 조정위원회의 심사에 앞서 분과위원회에서 사전 심사를 담당하게 할 수 있다. 다만, 분과위원회의 위원 전원이 일치된 의견으로 조정위원회의 심사가 필요없다고 인정하는 경우에는 조정위원회에 회부하지 아니하고 분과위원회의 심사로 조정절차를 마칠 수 있다. ④ 조정위원회 또는 분과위원회는 제2항 또는 제3항에 따른 조정절차를 마친 경우 조정안을 작성하여 지체 없이 각 당사자에게 제시하여야 한다. 이 경우 조정안을 제시받은	3호에서 "대통령령으로 정하는 분쟁"이란 다음 각 호의 어느 하나에 해당하는 분쟁을 말한다. 1. 건축물 또는 토지 명도에 관한 분쟁 2. 손실보상 협의에서 발생하는 분쟁 3. 총회 의결사항에 대한 분쟁 4. 그 밖에 시 · 도조례로 정하는 사항에 대한 분쟁	

법	시 행 령	시 행 규 칙
각 당사자는 제시받은 날부터 15일 이내에 수락 여부를 조정위원회 또는 분과위원회에 통보하여야 한다. ⑤ 당사자가 조정안을 수락한 경우 조정위원회는 즉시 조정서를 작성한 후, 위원장 및 각 당사자는 조정서에 서명 · 날인하여야 한다. ⑥ 제5항에 따라 당사자가 강제집행을 승낙하는 취지의 내용이 기재된 조정서에 서명 · 날인한 경우 조정서의 정본은 「민사집행법」 제56조에도 불구하고 집행력 있는 집행권원과 같은 효력을 가진다. 다만, 청구에 관한 이의의 주장에 대하여는 「민사집행법」 제44조제2항을 적용하지 아니한다. ⑦ 그 밖에 조정위원회의 구성 · 운영 및 비용의 부담, 조정기간 연장 등에 필요한 사항은 시 · 도조례로 정한다. 〈개정 2017.8.9.〉 **제117조의2【협의체의 운영 등】** ① 시장 · 군수등은 정비사업과 관련하여 발생하는 문제를 협의하기 위하여 제117조제2항에 따라 조정위원회의 조정신청을 받기 전에 사업시행자, 관계 공무원 및 전문가, 그 밖에 이해관계가 있는 자 등으로 구성된 협의체를 구성 · 운영할 수 있다. ② 특별시장 · 광역시장 또는 도지사는 제1항에 따른 협의체의 구성 · 운영에 드는 비용의 전부 또는 일부를 보조할 수 있다. ③ 제1항에 따른 협의체의 구성 · 운영 시기, 협의 대상 · 방법 및 제2항에 따른 비용 보조 등에 관하여 필요한 사항은 시 · 도조례로 정한다. [본조신설 2022.6.10.]		

법	시 행 령	시 행 규 칙
제118조【정비사업의 공공지원】 ① 시장·군수등은 정비사업의 투명성 강화 및 효율성 제고를 위하여 시·도조례로 정하는 정비사업에 대하여 사업시행 과정을 지원(이하 "공공지원"이라 한다)하거나 토지주택공사등, 신탁업자, 「주택도시기금법」에 따른 주택도시보증공사 또는 이 법 제102조제1항 각 호 외의 부분 단서에 따라 대통령령으로 정하는 기관에 공공지원을 위탁할 수 있다. ② 제1항에 따라 정비사업을 공공지원하는 시장·군수등 및 공공지원을 위탁받은 자(이하 "위탁지원자"라 한다)는 다음 각 호의 업무를 수행한다. 1. 추진위원회 또는 주민대표회의 구성 2. 정비사업전문관리업자의 선정(위탁지원자는 선정을 위한 지원으로 한정한다) 3. 설계자 및 시공자 선정 방법 등 4. 제52조제1항제4호에 따른 세입자의 주거 및 이주 대책(이주 거부에 따른 협의 대책을 포함한다) 수립 5. 관리처분계획 수립 6. 그 밖에 시·도조례로 정하는 사항 ③ 시장·군수등은 위탁지원자의 공정한 업무수행을 위하여 관련 자료의 제출 및 조사, 현장점검 등 필요한 조치를 할 수 있다. 이 경우 위탁지원자의 행위에 대한 대외적인 책임은 시장·군수등에게 있다. ④ 공공지원에 필요한 비용은 시장·군수등이 부담하되, 특별시장, 광역시장 또는 도지사는 관할 구역의 시장, 군수 또는 구청장에게 특별시·광역시 또는 도의 조례로 정하는 바에 따라 그 비용의 일부를 지원할 수 있다. ⑤ 추진위원회가 제2항제2호에 따라 시장·군수등이 선정한 정비사업전문관리업자를 선정하는 경우에는 제32조제2항을		

법	시 행 령	시 행 규 칙
적용하지 아니한다. ⑥ 공공지원의 시행을 위한 방법과 절차, 기준 및 제126조에 따른 도시 · 주거환경정비기금의 지원, 시공자 선정 시기 등에 필요한 사항은 시 · 도조례로 정한다. ⑦ 제6항에도 불구하고 다음 각 호의 어느 하나에 해당하는 경우에는 토지등소유자(제35조에 따라 조합을 설립한 경우에는 조합원을 말한다)의 과반수 동의를 받아 제29조제4항에 따라 시공자를 선정할 수 있다. 다만, 제1호의 경우에는 해당 건설업자를 시공자로 본다. 〈개정 2017.8.9.〉 1. 조합이 제25조에 따라 건설업자와 공동으로 정비사업을 시행하는 경우로서 조합과 건설업자 사이에 협약을 체결하는 경우 2. 제28조제1항 및 제2항에 따라 사업대행자가 정비사업을 시행하는 경우 ⑧ 제7항제1호의 협약사항에 관한 구체적인 내용은 시 · 도조례로 정할 수 있다.		
제119조【정비사업관리시스템의 구축】 ① 국토교통부장관 또는 시 · 도지사는 정비사업의 효율적이고 투명한 관리를 위하여 정비사업관리시스템을 구축하여 운영할 수 있다. 〈개정 2021.8.10〉 ② 국토교통부장관은 시 · 도지사에게 제1항에 따른 정비사업관리시스템의 구축 등에 필요한 자료의 제출 등 협조를 요청할 수 있다. 이 경우 자료의 제출 등 협조를 요청받은 시 · 도지사는 정당한 사유가 없으면 이에 따라야 한다. 〈신설 2021.8.10〉 ③ 제1항에 따른 정비사업관리시스템의 운영방법 등에 필요한 사항은 국토교통부령 또는 시 · 도조례로 정한다. 〈개		**제21조의2【정비사업관리시스템의 구축 · 운영】** ① 한국부동산원은 법 제119조제3항 및 영 제96조제2항에 따라 시 · 도지사, 시장 · 군수 · 구청장 및 사업시행자에게 정비사업관리시스템의 구축 및 활용에 필요한 다음 각 호의 자료의 제출을 요청할 수 있다. 1. 법 제16조제3항에 따른 정비계획 관계 서류 2. 법 제52조제1항에 따른 사업시행계

법	시 행 령	시 행 규 칙
정 2021.8.10〉 **제120조【정비사업의 정보공개】** 시장·군수등은 정비사업의 투명성 강화를 위하여 조합이 시행하는 정비사업에 관한 다음 각 호의 사항을 매년 1회 이상 인터넷과 그 밖의 방법을 병행하여 공개하여야 한다. 이 경우 공개의 방법 및 시기 등 필요한 사항은 시·도조례로 정한다. 〈개정 2017.8.9.〉 1. 제74조제1항에 따라 관리처분계획의 인가(변경인가를 포함한다. 이하 이 조에서 같다)를 받은 사항 중 제29조에 따른 계약금액 2. 제74조제1항에 따라 관리처분계획의 인가를 받은 사항 중 정비사업에서 발생한 이자 3. 그 밖에 시·도조례로 정하는 사항 **제121조【청문】** 국토교통부장관, 시·도지사, 시장, 군수 또는 구청장은 다음 각 호의 어느 하나에 해당하는 처분을 하려는 경우에는 청문을 하여야 한다. 〈개정 2018.6.12., 2022.6.10.〉 1. 제86조의2제3항에 따른 조합설립인가의 취소 2. 제106조제1항에 따른 정비사업전문관리업의 등록취소 3. 제113조제1항부터 제3항까지의 규정에 따른 추진위원회 승인의 취소, 조합설립인가의 취소, 사업시행계획인가의 취소 또는 관리처분계획인가의 취소 4. 제113조의2제1항에 따른 시공자 선정 취소 또는 과징금 부과 5. 제113조의3제1항에 따른 입찰참가 제한		획서 3. 법 제124조제1항제5호에 따른 관리처분계획서 4. 제21조제1항에 따른 정비구역의 지정, 사업시행자의 지정 또는 조합설립인가, 사업시행계획인가, 관리처분계획인가 및 정비사업완료의 실적 ② 한국부동산원은 법 제119조제3항 및 영 제96조제2항에 따라 정비사업관리시스템 구축·운영을 위하여 다음 각 호의 업무를 수행할 수 있다. 1. 정비사업관리시스템의 구축·운영에 관한 각종 연구개발 및 기술 지원 2. 정비사업관리시스템의 구축을 위한 관련 기관과의 공동사업 시행 3. 정비사업관리시스템을 이용한 정보의 공동활용 촉진 [본조신설 2021.11.11.]

법	시 행 령	시 행 규 칙
제8장 보칙〈개정 2021.4.13.〉	**제 8장 보칙**〈개정 2021.7.13.〉	
제122조 【토지등소유자의 설명의무】 ① 토지등소유자는 자신이 소유하는 정비구역 내 토지 또는 건축물에 대하여 매매 · 전세 · 임대차 또는 지상권 설정 등 부동산 거래를 위한 계약을 체결하는 경우 다음 각 호의 사항을 거래 상대방에게 설명 · 고지하고, 거래 계약서에 기재 후 서명 · 날인하여야 한다. 1. 해당 정비사업의 추진단계 2. 퇴거예정시기(건축물의 경우 철거예정시기를 포함한다) 3. 제19조에 따른 행위제한 4. 제39조에 따른 조합원의 자격 5. 제70조제5항에 따른 계약기간 6. 제77조에 따른 주택 등 건축물을 분양받을 권리의 산정 기준일 7. 그 밖에 거래 상대방의 권리 · 의무에 중대한 영향을 미치는 사항으로서 대통령령으로 정하는 사항 ② 제1항 각 호의 사항은 「공인중개사법」 제25조제1항제2호의 "법령의 규정에 의한 거래 또는 이용제한사항"으로 본다.	**제92조 【토지등소유자의 설명의무】** 법 제122조제1항제7호에서 "대통령령으로 정하는 사항"이란 다음 각 호를 말한다. 1. 법 제72조제1항제2호에 따른 분양대상자별 분담금의 추산액 2. 법 제74조제1항제6호에 따른 정비사업비의 추산액(재건축사업의 경우에는 「재건축초과이익 환수에 관한 법률」에 따른 재건축부담금에 관한 사항을 포함한다) 및 그에 따른 조합원 분담규모 및 분담시기	
제123조 【재개발사업 등의 시행방식의 전환】 ① 시장 · 군수등은 제28조제1항에 따라 사업대행자를 지정하거나 토지등소유자의 5분의 4 이상의 요구가 있어 제23조제2항에 따른 재개발사업의 시행방식의 전환이 필요하다고 인정하는 경우에는 정비사업이 완료되기 전이라도 대통령령으로 정하는 범위에서 정비구역의 전부 또는 일부에 대하여 시행방식의 전환을 승인할 수 있다. ② 사업시행자는 제1항에 따라 시행방식을 전환하기 위하	**제93조 【사업시행방식의 전환】** 법 제123조제1항에 따라 시장 · 군수등은 법 제69조제2항에 따라 환지로 공급하는 방법으로 실시하는 재개발사업을 위하여 정비구역의 전부 또는 일부를 법 제74조에 따라 인가받은 관리처분계획에 따라 건축물을 건설하여 공급하는 방법으로 전환하는 것을 승인할 수 있다.	

법	시 행 령	시 행 규 칙
여 관리처분계획을 변경하려는 경우 토지면적의 3분의 2 이상의 토지소유자의 동의와 토지등소유자의 5분의 4 이상의 동의를 받아야 하며, 변경절차에 관하여는 제74조제1항의 관리처분계획 변경에 관한 규정을 준용한다. ③ 사업시행자는 제1항에 따라 정비구역의 일부에 대하여 시행방식을 전환하려는 경우에 재개발사업이 완료된 부분은 제83조에 따라 준공인가를 거쳐 해당 지방자치단체의 공보에 공사완료의 고시를 하여야 하며, 전환하려는 부분은 이 법에서 정하고 있는 절차에 따라 시행방식을 전환하여야 한다. ④ 제3항에 따라 공사완료의 고시를 한 때에는 「공간정보의 구축 및 관리 등에 관한 법률」 제86조제3항에도 불구하고 관리처분계획의 내용에 따라 제86조에 따른 이전이 된 것으로 본다. ⑤ 사업시행자는 정비계획이 수립된 주거환경개선사업을 제23조제1항제4호의 시행방법으로 변경하려는 경우에는 토지등소유자의 3분의 2 이상의 동의를 받아야 한다.	**관계법** 「공간정보의 구축 및 관리 등에 관한 법률」 제86조 (도시개발사업 등 시행지역의 토지이동 신청에 관한 특례) ① 「도시개발법」에 따른 도시개발사업, 「농어촌정비법」에 따른 농어촌정비사업, 그 밖에 대통령령으로 정하는 토지개발사업의 시행자는 대통령령으로 정하는 바에 따라 그 사업의 착수·변경 및 완료 사실을 지적소관청에 신고하여야 한다. ② 제1항에 따른 사업과 관련하여 토지의 이동이 필요한 경우에는 해당 사업의 시행자가 지적소관청에 토지의 이동을 신청하여야 한다. ③ 제2항에 따른 토지의 이동은 토지의 형질변경 등의 공사가 준공된 때에 이루어진 것으로 본다. ④ 제1항에 따라 사업의 착수 또는 변경의 신고가 된 토지의 소유자가 해당 토지의 이동을 원하는 경우에는 해당 사업의 시행자에게 그 토지의 이동을 신청하도록 요청하여야 하며, 요청을 받은 시행자는 해당 사업에 지장이 없다고 판단되면 지적소관청에 그 이동을 신청하여야 한다.	
제124조【관련 자료의 공개 등】 ① 추진위원장 또는 사업시행자(조합의 경우 청산인을 포함한 조합임원, 토지등소유자가 단독으로 시행하는 재개발사업의 경우에는 그 대표자를 말한다)는 정비사업의 시행에 관한 다음 각 호의 서류 및 관련 자료가 작성되거나 변경된 후 15일 이내에 이를 조합원,	**제94조【자료의 공개 및 통지 등】** ① 법 제124조제1항제11호에서 "대통령령으로 정하는 서류 및 관련 자료"란 다음 각 호의 자료를 말한다. 1. 법 제72조제1항에 따른 분양공고 및 분양신청에 관한 사항	**제22조 【자료의 공개 및 열람】** 법 제124조제6항에 따른 토지등소유자 또는 조합원의 열람·복사 요청은 사용목적 등을 기재한 서면(전자문서를 포함한다)으로 하여야 한다.

법	시 행 령	시 행 규 칙
토지등소유자 또는 세입자가 알 수 있도록 인터넷과 그 밖의 방법을 병행하여 공개하여야 한다.〈개정 2022.6.10.〉 1. 제34조제1항에 따른 추진위원회 운영규정 및 정관등 2. 설계자 · 시공자 · 철거업자 및 정비사업전문관리업자 등 용역업체의 선정계약서 3. 추진위원회 · 주민총회 · 조합총회 및 조합의 이사회 · 대의원회의 의사록 4. 사업시행계획서 5. 관리처분계획서 6. 해당 정비사업의 시행에 관한 공문서 7. 회계감사보고서 8. 월별 자금의 입금 · 출금 세부내역 8의2. 제111조의2에 따라 신고한 자금차입에 관한 사항 9. 결산보고서 10. 청산인의 업무 처리 현황 11. 그 밖에 정비사업 시행에 관하여 대통령령으로 정하는 서류 및 관련 자료 ② 제1항에 따라 공개의 대상이 되는 서류 및 관련 자료의 경우 분기별로 공개대상의 목록, 개략적인 내용, 공개장소, 열람 · 복사 방법 등을 대통령령으로 정하는 방법과 절차에 따라 조합원 또는 토지등소유자에게 서면으로 통지하여야 한다. ③ 추진위원장 또는 사업시행자는 제1항 및 제4항에 따라 공개 및 열람 · 복사 등을 하는 경우에는 주민등록번호를 제외하고 국토교통부령으로 정하는 방법 및 절차에 따라 공개하여야 한다. ④ 조합원, 토지등소유자가 제1항에 따른 서류 및 다음 각 호를 포함하여 정비사업 시행에 관한 서류와 관련 자료에	2. 연간 자금운용 계획에 관한 사항 3. 정비사업의 월별 공사 진행에 관한 사항 4. 설계자 · 시공자 · 정비사업전문관리업자 등 용역업체와의 세부 계약 변경에 관한 사항 5. 정비사업비 변경에 관한 사항 ② 추진위원장 또는 사업시행자(조합의 경우 조합임원, 법 제25조제1항제2호에 따라 재개발사업을 토지등소유자가 시행하는 경우 그 대표자를 말한다)는 법 제124조제2항에 따라 매 분기가 끝나는 달의 다음 달 15일까지 다음 각 호의 사항을 조합원 또는 토지등소유자에게 서면으로 통지하여야 한다. 1. 공개 대상의 목록 2. 공개 자료의 개략적인 내용 3. 공개 장소 4. 대상자별 정보공개의 범위 5. 열람 · 복사 방법 6. 등사에 필요한 비용 ③ 법 제125조제1항에서 "대통령령으로 정하는 회의"란 다음 각 호를 말한다. 1. 용역 계약(변경계약을 포함한다) 및 업체 선정과 관련된 대의원회 · 이사회 2. 조합임원 · 대의원의 선임 · 해임 · 징계 및 토지등소유자(조합이 설립된 경우에는 조합원을 말한다) 자격에 관한 대의원회 · 이사회	

법	시 행 령	시 행 규 칙
대하여 열람 · 복사 요청을 한 경우 추진위원장이나 사업시행자는 15일 이내에 그 요청에 따라야 한다. 1. 토지등소유자 명부 2. 조합원 명부 3. 그 밖에 대통령령으로 정하는 서류 및 관련 자료 ⑤ 제4항의 복사에 필요한 비용은 실비의 범위에서 청구인이 부담한다. 이 경우 비용납부의 방법, 시기 및 금액 등에 필요한 사항은 시 · 도조례로 정한다. ⑥ 제4항에 따라 열람 · 복사를 요청한 사람은 제공받은 서류와 자료를 사용목적 외의 용도로 이용 · 활용하여서는 아니 된다. **제125조【관련 자료의 보관 및 인계】** ① 추진위원장 · 정비사업전문관리업자 또는 사업시행자(조합의 경우 청산인을 포함한 조합임원, 토지등소유자가 단독으로 시행하는 재개발사업의 경우에는 그 대표자를 말한다)는 제124조제1항에 따른 서류 및 관련 자료와 총회 또는 중요한 회의(조합원 또는 토지등소유자의 비용부담을 수반하거나 권리 · 의무의 변동을 발생시키는 경우로서 대통령령으로 정하는 회의를 말한다)가 있은 때에는 속기록 · 녹음 또는 영상자료를 만들어 청산 시까지 보관하여야 한다. ② 시장 · 군수등 또는 토지주택공사등이 아닌 사업시행자는 정비사업을 완료하거나 폐지한 때에는 시 · 도조례로 정하는 바에 따라 관계 서류를 시장 · 군수등에게 인계하여야 한다. ③ 시장 · 군수등 또는 토지주택공사등인 사업시행자와 제2항에 따라 관계 서류를 인계받은 시장 · 군수등은 해당 정비사업의 관계 서류를 5년간 보관하여야 한다.		

법	시 행 령	시 행 규 칙
제126조【도시 · 주거환경정비기금의 설치 등】 ① 제4조 및 제7조에 따라 기본계획을 수립하거나 승인하는 특별시장 · 광역시장 · 특별자치시장 · 도지사 · 특별자치도지사 또는 시장은 정비사업의 원활한 수행을 위하여 도시 · 주거환경정비기금(이하 "정비기금"이라 한다)을 설치하여야 한다. 다만, 기본계획을 수립하지 아니하는 시장 및 군수도 필요한 경우에는 정비기금을 설치할 수 있다. ② 정비기금은 다음 각 호의 어느 하나에 해당하는 금액을 재원으로 조성한다. 〈개정 2018.6.12., 2021.4.13.〉 1. 제17조제4항에 따라 사업시행자가 현금으로 납부한 금액 2. 제55조제1항, 제101조의5제2항 및 제101조의6제2항에 따라 시 · 도지사, 시장, 군수 또는 구청장에게 공급된 주택의 임대보증금 및 임대료 3. 제94조에 따른 부담금 및 정비사업으로 발생한 「개발이익 환수에 관한 법률」에 따른 개발부담금 중 지방자치단체 귀속분의 일부 4. 제98조에 따른 정비구역(재건축구역은 제외한다) 안의 국 · 공유지 매각대금 중 대통령령으로 정하는 일정 비율 이상의 금액 4의2. 제113조의2에 따른 과징금 5. 「재건축초과이익 환수에 관한 법률」에 따른 재건축부담금 중 같은 법 제4조제3항 및 제4항에 따른 지방자치단체 귀속분 6. 「지방세법」 제69조에 따라 부과 · 징수되는 지방소비세 또는 같은 법 제112조(같은 조 제1항제1호는 제외한다)에 따라 부과 · 징수되는 재산세 중 대통령령으로 정하는 일정 비율 이상의 금액 7. 그 밖에 시 · 도조례로 정하는 재원 ③ 정비기금은 다음 각 호의 어느 하나의 용도 이외의 목적으로 사용하여서는 아니 된다. 〈개정 2017.8.9., 2024.12.3./	**제95조【도시 · 주거환경정비기금】** ① 법 제126조제2항제4호에서 "대통령령으로 정하는 일정 비율"이란 국유지의 경우에는 20퍼센트, 공유지의 경우에는 30퍼센트를 말한다. 다만, 국유지의 경우에는 「국유재산법」 제2조제11호에 따른 중앙관서의 장과 협의하여야 한다. ② 법 제126조제2항제6호에서 "대통령령으로 정하는 일정 비율"이란 다음 각 호의 비율을 말한다. 다만, 해당 지방자치단체의 조례로 다음 각 호의 비율 이상의 범위에서 달리 정하는 경우에는 그 비율을 말한다. 1. 「지방세법」에 따라 부과 · 징수되는 지방소비세의 경우: 3퍼센트 2. 「지방세법」에 따라 부과 · 징수되는 재산세의 경우: 10퍼센트	

법	시 행 령	시 행 규 칙
시행 2025.6.4.〉 1. 이 법에 따른 정비사업으로서 다음 각 목의 어느 하나에 해당하는 사항 가. 기본계획의 수립 나. 안전(→재건축)진단 및 정비계획의 수립 다. 추진위원회의 운영자금 대여 라. 그 밖에 이 법과 시·도조례로 정하는 사항 2. 임대주택의 건설·관리 3. 임차인의 주거안정 지원 4. 「재건축초과이익 환수에 관한 법률」에 따른 재건축부담금의 부과·징수 5. 주택개량의 지원 6. 정비구역등이 해제된 지역에서의 정비기반시설의 설치 지원 7. 「빈집 및 소규모주택 정비에 관한 특례법」 제44조에 따른 빈집정비사업 및 소규모주택정비사업에 대한 지원 8. 「주택법」 제68조에 따른 증축형 리모델링의 안전진단 지원 9. 제142조에 따른 신고포상금의 지급 ④ 정비기금의 관리·운용과 개발부담금의 지방자치단체의 귀속분 중 정비기금으로 적립되는 비율 등에 필요한 사항은 시·도조례로 정한다. **제127조【노후·불량주거지 개선계획의 수립】** 국토교통부장관은 주택 또는 기반시설이 열악한 주거지의 주거환경개선을 위하여 5년마다 개선대상지역을 조사하고 연차별 재정지원계획 등을 포함한 노후·불량주거지 개선계획을 수립하여야 한다. **제128조【권한의 위임 등】** ① 국토교통부장관은 이 법에	 **제96조【권한의 위임 등】** ① 국토교통부장관은 법 제128	

법	시 행 령	시 행 규 칙
따른 권한의 일부를 대통령령으로 정하는 바에 따라 시 · 도지사, 시장, 군수 또는 구청장에게 위임할 수 있다. ② 국토교통부장관, 시 · 도지사, 시장, 군수 또는 구청장은 이 법의 효율적인 집행을 위하여 필요한 경우에는 대통령령으로 정하는 바에 따라 다음 각 호의 어느 하나에 해당하는 사무를 정비사업지원기구, 협회 등 대통령령으로 정하는 기관 또는 단체에 위탁할 수 있다. 〈개정 2021.8.10.〉 1. 제108조에 따른 정비사업전문관리업 정보종합체계의 구축 · 운영 2. 제115조에 따른 교육의 실시 2의2. 제119조에 따른 정비사업관리시스템의 구축 · 운영 3. 그 밖에 대통령령으로 정하는 사무 **제129조【사업시행자 등의 권리 · 의무의 승계】** 사업시행자와 정비사업과 관련하여 권리를 갖는 자(이하 "권리자"라 한다)의 변동이 있은 때에는 종전의 사업시행자와 권리자의 권리 · 의무는 새로 사업시행자와 권리자로 된 자가 승계한다. **제130조【정비구역의 범죄 등의 예방】** ① 시장 · 군수등은 제50조제1항에 따른 사업시행계획인가를 한 경우 그 사실을 관할 경찰서장 및 관할 소방서장에게 통보하여야 한다. 〈개정 2021.8.10.〉 ② 시장 · 군수등은 사업시행계획인가를 한 경우 정비구역 내 주민 안전 등을 위하여 다음 각 호의 사항을 관할 지방경찰청장 또는 경찰서장에게 요청할 수 있다. 〈개정 2020.12.22.〉 1. 순찰 강화 2. 순찰초소의 설치 등 범죄 예방을 위하여 필요한 시설의	조제1항에 따라 법 제107조에 따른 정비사업전문관리업자에 대한 조사 등의 권한을 시 · 도지사에게 위임한다. ② 국토교통부장관은 법 제128조제2항에 따라 같은 항 제1호, 제2호 및 제2호의2의 사무를 다음 각 호의 구분에 따른 기관에 위탁한다.〈개정 2020.12.8, 2021.11.11〉 1. 법 제108조에 따른 정비사업전문관리업 정보종합체계의 구축 · 운영에 관한 사무: 한국부동산원 2. 법 제115조에 따른 교육의 실시에 관한 사무: 협회 3. 법 제119조에 따른 정비사업관리시스템의 구축 · 운영에 관한 사무: 한국부동산원 ③ 제2항에 따라 법 제115조에 따른 교육의 실시에 관한 사무를 위탁받은 협회는 같은 조에 따른 교육을 실시하기 전에 교육과정, 교육 대상자, 교육시간 및 교육비 등 교육실시에 필요한 세부 사항을 정하여 국토교통부장관의 승인을 받아야 한다.	

법	시 행 령	시 행 규 칙
설치 및 관리 3. 그 밖에 주민의 안전을 위하여 필요하다고 인정하는 사항 ③ 시장 · 군수등은 사업시행계획인가를 한 경우 정비구역 내 주민 안전 등을 위하여 관할 시 · 도 소방본부장 또는 소방서장에게 화재예방 순찰을 강화하도록 요청할 수 있다. 〈신설 2021.8.10〉 [제목개정 2021.8.10.]		
제131조【재건축사업의 안전진단 재실시】 시장 · 군수등은 제16조제2항 전단에 따라 정비구역이 지정 · 고시된 날부터 10년이 되는 날까지 제50조에 따른 사업시행계획인가를 받지 아니하고 다음 각 호의 어느 하나에 해당하는 경우에는 안전진단을 다시 실시하여야 한다. 〈개정 2018.6.12.〉 1. 「재난 및 안전관리 기본법」 제27조제1항에 따라 재난이 발생할 위험이 높거나 재난예방을 위하여 계속적으로 관리할 필요가 있다고 인정하여 특정관리대상지역으로 지정하는 경우 2. 「시설물의 안전 및 유지관리에 관한 특별법」 제12조제2항에 따라 재해 및 재난 예방과 시설물의 안전성 확보 등을 위하여 정밀안전진단을 실시하는 경우 3. 「공동주택관리법」 제37조제3항에 따라 공동주택의 구조안전에 중대한 하자가 있다고 인정하여 안전진단을 실시하는 경우(→삭제 〈2024.12.3./시행 2025.6.4.〉		
제132조【조합임원 등의 선임 · 선정 및 계약 체결 시 행위 제한 등】 ① 누구든지 추진위원, 조합임원의 선임 또는 제29조에 따른 계약체결과 관련하여 다음 각 호의 행위를 하여서는 아니 된다. 〈개정 2017.8.9., 2022.6.10.〉	**제96조의2【제안이 금지되는 사항】** ① 법 제132조제2항 제1호에서 "대통령령으로 정하는 사항"이란 다음 각 호의 사항을 말한다. 1. 이사비, 이주비, 이주촉진비 및 그 밖에 시공과 관련 없	

법	시 행 령	시 행 규 칙

법

1. 금품, 향응 또는 그 밖의 재산상 이익을 제공하거나 제공의사를 표시하거나 제공을 약속하는 행위
2. 금품, 향응 또는 그 밖의 재산상 이익을 제공받거나 제공의사 표시를 승낙하는 행위
3. 제3자를 통하여 제1호 또는 제2호에 해당하는 행위를 하는 행위

② 건설업자와 등록사업자는 제29조에 따른 계약의 체결과 관련하여 시공과 관련 없는 사항으로서 다음 각 호의 어느 하나에 해당하는 사항을 제안하여서는 아니 된다. 〈신설 2022.6.10〉

1. 이사비, 이주비, 이주촉진비, 그 밖에 시공과 관련 없는 사항에 대한 금전이나 재산상 이익을 제공하는 것으로서 대통령령으로 정하는 사항
2. 「재건축초과이익 환수에 관한 법률」에 따른 재건축부담금의 대납 등 이 법 또는 다른 법률을 위반하는 방법으로 정비사업을 수행하는 것으로서 대통령령으로 정하는 사항

③ 시·도지사, 시장, 군수 또는 구청장은 제1항 각 호 또는 제2항 각 호의 행위에 대한 신고의 접수·처리 등의 업무를 수행하기 위하여 신고센터를 설치·운영할 수 있다. 〈신설 2023.12.26.〉

④ 제3항에 따른 신고센터의 설치 및 운영에 필요한 사항은 국토교통부령으로 정한다. 〈신설 2023.12.26./시행 2024.6.27.〉

[제목개정 2022.6.10., 2023.12.26.]

제132조의2【건설업자와 등록사업자의 관리·감독 의무】 건설업자와 등록사업자는 시공자 선정과 관련하여 홍보 등을 위하여 계약한 용역업체의 임직원이 제132조제1항을 위반하

시행령

는 금전이나 재산상 이익을 무상으로 제공하는 것

2. 이사비, 이주비, 이주촉진비, 그 밖에 시공과 관련 없는 금전이나 재산상 이익을 무이자나 제안 시점에 「은행법」에 따라 설립된 은행 중 전국을 영업구역으로 하는 은행이 적용하는 대출금리 중 가장 낮은 금리보다 더 낮은 금리로 대여하는 것

② 법 제132조제2항제2호에서 "대통령령으로 정하는 사항"이란 「재건축초과이익 환수에 관한 법률」에 따른 재건축부담금의 대납을 말한다.

[본조신설 2022.12.9.]

시행규칙

제23조【신고센터의 설치 및 운영】

① 법 제132조제3항에 따른 신고센터(이하 "신고센터"라 한다)의 업무는 다음 각 호와 같다.

1. 법 제132조제1항 각 호 및 같은 조 제2항 각 호의 행위에 대한 신고의 접수·처리
2. 제1호에 따른 신고사항에 대한 사실관계 확인 및 조사

② 신고센터의 장은 해당 시·도 또는 시·군·구의 정비사업 업무를 총괄하는 부서의 장으로 하고, 구성원은 정

법	시 행 령	시 행 규 칙
지 아니하도록 교육, 용역비 집행 점검, 용역업체 관리·감독 등 필요한 조치를 하여야 한다.〈개정 2022.6.10.〉 [본조 신설 2018.6.12.][제목개정 2022.6.10.]		비사업과 관련된 업무를 담당하는 공무원으로 한다. ③ 신고센터에 법 제132조제1항 각 호 및 같은 조 제2항 각 호의 행위를 신고하려는 자는 다음 각 호의 사항을 서면(전자문서를 포함한다)으로 제출해야 한다. 1. 신고인의 성명, 주소, 연락처 등의 인적사항 2. 신고 대상 행위 내용 3. 신고 내용을 증명할 수 있는 증거자료 또는 참고인의 인적사항 4. 그 밖에 신고 처리에 필요한 사항 ④ 시·도지사, 시장·군수 또는 구청장은 제3항에 따라 소속 신고센터가 제출받은 신고사항에 대한 사실관계 확인 및 조사 개시 여부를 결정해야 하며, 해당 신고센터는 사실관계 확인 및 조사를 완료한 날부터 30일 이내에 그 내용을 신고인에게 알려야 한다. 이 경우 시장, 군수 또는 구청장이 설치·운영하는 신고센터의 장은 사실관계 확인 및 조사를 완료 후 지체 없이 그 내용을 시·도지사에게 보고해야 한다. ⑤ 시·도지사, 시장·군수 또는 구청장은 제1항부터 제4항까지에서 규정한 사항 외에 신고센터 구성·운영 및 신
제132조의3【허위·과장된 정보제공 등의 금지】 ① 건설업자, 등록사업자 및 정비사업전문관리업자는 토지등소유자에게 정비사업에 관한 정보를 제공함에 있어 다음 각 호의 행위를 하여서는 아니 된다. 1. 사실과 다르게 정보를 제공하거나 사실을 부풀려 정보를 제공하는 행위 2. 사실을 숨기거나 축소하는 방법으로 정보를 제공하는 행위 ② 제1항 각 호의 행위의 구체적인 내용은 대통령령으로 정한다. ③ 건설업자, 등록사업자 및 정비사업전문관리업자는 제1항을 위반함으로써 피해를 입은 자가 있는 경우에는 그 피해자에 대하여 손해배상의 책임을 진다. ④ 제3항에 따른 손해가 발생된 사실은 인정되나 그 손해액을 증명하는 것이 사안의 성질상 곤란한 경우 법원은 변론 전체의 취지와 증거조사의 결과에 기초하여 상당한 손해액을 인정할 수 있다. [본조신설 2022.6.10.]	**제96조의3【금지되는 허위·과장된 정보제공 행위】** ① 법 제132조의3제1항제1호에 따라 금지되는 행위의 구체적인 내용은 다음 각 호와 같다. 1. 정비사업 방식에 따른 용적률, 기부채납 비율, 임대주택 건설비율, 임대주택 인수가격, 건축물 높이 제한, 건축물 층수 제한 및 분양가격에 대한 정보를 사실과 다르게 제공하는 행위 2. 객관적인 근거 없이 정비사업 추진에 따른 예상수익 정보를 과장하여 제공하는 행위 ② 법 제132조의3제1항제2호에 따라 금지되는 행위의 구체적인 내용은 다음 각 호와 같다. 1. 정비사업 방식에 따른 용적률, 기부채납 비율, 임대주택 건설비율, 임대주택 인수가격, 건축물 높이 제한, 건축물 층수 제한 및 분양가격에 대한 정보를 숨기는 행위 2. 객관적인 근거 없이 정비사업 추진에 따른 분담금 추산액 및 예상손실에 대한 정보를 축소하여 제공하는 행위 [본조신설 2022.12.9.]	
제133조【조합설립인가 등의 취소에 따른 채권의 손해액 산입】 시공자·설계자 또는 정비사업전문관리업자 등(이하 이 조에서 "시공자등"이라 한다)은 해당 추진위원회 또는 조합(연대보증인을 포함하며, 이하 이 조에서 "조합등"이라 한다)에 대한 채권(조합등이 시공자등과 합의하여 이미 상환하	**제97조【고유식별정보의 처리】** 시·도지사, 시장·군수·구청장(해당 권한이 위임·위탁된 경우에는 그 권한을 위임·위탁받은 자를 포함한다) 또는 사업시행자는 다음 각 호의 사무를 수행하기 위하여 불가피한 경우 「개인정보 보호법 시행령」 제19조에 따른 주민등록번호 또는 외국인등록번호가 포함된 자료를 처리할 수 있다.	

법

였거나 상환할 예정인 채권은 제외한다. 이하 이 조에서 같다)의 전부 또는 일부를 포기하고 이를 「조세특례제한법」 제104조의26에 따라 손금에 산입하려면 해당 조합등과 합의하여 다음 각 호의 사항을 포함한 채권확인서를 시장 · 군수등에게 제출하여야 한다.

1. 채권의 금액 및 그 증빙 자료
2. 채권의 포기에 관한 합의서 및 이후의 처리 계획
3. 그 밖에 채권의 포기 등에 관하여 시 · 도조례로 정하는 사항

제134조【벌칙 적용에서 공무원 의제】 추진위원장 · 조합임원 · 청산인 · 전문조합관리인 및 정비사업전문관리업자의 대표자(법인인 경우에는 임원을 말한다) · 직원 및 위탁지원자는 「형법」 제129조부터 제132조까지의 규정을 적용할 때에는 공무원으로 본다.

시행령

1. 법 제31조에 따른 추진위원회 구성 승인에 관한 사무
2. 법 제36조에 따른 토지등소유자의 동의방법 등의 업무를 위한 토지등소유자의 자격 확인에 관한 사무
3. 법 제39조에 따른 조합원의 자격 확인에 관한 사무
4. 법 제42조에 따른 조합임원의 겸임 확인을 위한 사무
5. 법 제43조에 따른 조합임원의 결격사유 확인에 관한 사무
6. 법 제52조에 따른 세입자의 주거 및 이주 대책에 관한 사무
7. 법 제74조에 따른 관리처분계획의 수립 및 인가에 관한 사무
8. 법 제86조에 따른 대지 또는 건축물의 소유권 이전에 관한 사무
9. 법 제102조에 따른 정비사업전문관리업 등록에 관한 사무
10. 법 제105조에 따른 정비사업전문관리업자의 결격사유 확인에 관한 사무
11. 법 제106조에 따른 정비사업전문관리업의 등록취소 등에 관한 사무
12. 법 제107조에 따른 정비사업전문관리업자에 대한 조사 등에 관한 사무

제98조【규제의 재검토】 국토교통부장관은 다음 각 호의 사항에 대하여 2017년 1월 1일을 기준으로 3년마다(매 3년이 되는 해의 기준일과 같은 날 전까지를 말한다) 그 타당성을 검토하여 개선 등의 조치를 하여야 한다.〈개정 2022.12.9., 2023.3.7.〉

1. 삭제 〈2023.3.7.〉
2. 제19조 및 제21조제1항에 따른 공동시행자 및 지정개발자의 요건
3. 제59조에 따른 분양신청의 절차 등
4. 제81조 및 별표 4에 따른 정비사업전문관리업의 등록기준
5. 삭제 〈2023.3.7.〉
6. 제88조에 따른 회계감사
7. 제89조의3 및 별표 5의2에 따른 건설업자 또는 등록사

시행규칙

고의 접수 · 처리 등에 관한 세부적인 사항을 정할 수 있다.
[본조신설 2024.6.27.]

업자의 입찰참가 제한기준

제9장 벌칙〈개정 2021.4.13.〉

제135조 【벌칙】 다음 각 호의 어느 하나에 해당하는 자는 5년 이하의 징역 또는 5천만원 이하의 벌금에 처한다. 〈개정 2022.6.10., 2024.12.3./시행 2025.12.4.〉

1. 제36조에 따른 토지등소유자의 서면동의서(→또는 전자서명동의서)를 위조한 자
2. 제132조제1항 각 호의 어느 하나를 위반하여 금품, 향응 또는 그 밖의 재산상 이익을 제공하거나 제공의사를 표시하거나 제공을 약속하는 행위를 하거나 제공을 받거나 제공의사 표시를 승낙한 자

제136조 【벌칙】 다음 각 호의 어느 하나에 해당하는 자는 3년 이하의 징역 또는 3천만원 이하의 벌금에 처한다. 〈개정 2017.8.9., 2019.4.23., 2023.12.26., 2024.12.3./시행 2025.12.4.〉

1. 제29조제1항에 따른 계약의 방법을 위반하여 계약을 체결한 추진위원장, 전문조합관리인 또는 조합임원(조합의 청산인 및 토지등소유자가 시행하는 재개발사업의 경우에는 그 대표자, 지정개발자가 사업시행자인 경우 그 대표자를 말한다)
2. 제29조제4항부터 제7항까지 및 제10항을 위반하여 시공자를 선정한 자 및 시공자로 선정된 자

2의2. 제29조제11항을 위반하여 시공자와 공사에 관한 계약을 체결한 자

3. 제31조제1항에 따른 시장·군수등의 추진위원회 승인을

제 9장 벌칙〈개정 2021.7.13.〉

법	시 행 령	시 행 규 칙
받지 아니하고 정비사업전문관리업자를 선정한 자 4. 제32조제2항에 따른 계약의 방법을 위반하여 정비사업전문관리업자를 선정한 추진위원장(전문조합관리인을 포함한다) 5. 제36조에 따른 토지등소유자의 서면동의서(→또는 전자서명동의서)를 매도하거나 매수한 자 6. 거짓 또는 부정한 방법으로 제39조제2항을 위반하여 조합원 자격을 취득한 자와 조합원 자격을 취득하게 하여준 토지등소유자 및 조합의 임직원(전문조합관리인을 포함한다) 7. 제39조제2항을 회피하여 제72조에 따른 분양주택을 이전 또는 공급받을 목적으로 건축물 또는 토지의 양도 · 양수 사실을 은폐한 자 8. 제76조제1항제7호다목 단서를 위반하여 주택을 전매하거나 전매를 알선한 자 **제137조【벌칙】** 다음 각 호의 어느 하나에 해당하는 자는 2년 이하의 징역 또는 2천만원 이하의 벌금에 처한다.〈개정 2020.6.9., 2024.12.3./시행 2024.6.4.〉 1. 제12조제5항에 따른 안전(→재건축)진단 결과보고서를 거짓으로 작성한 자 2. 제19조제1항을 위반하여 허가 또는 변경허가를 받지 아니하거나 거짓, 그 밖의 부정한 방법으로 허가 또는 변경허가를 받아 행위를 한 자 3. 제31조제1항 또는 제47조제3항을 위반하여 추진위원회 또는 주민대표회의의 승인을 받지 아니하고 제32조제1항 각 호의 업무를 수행하거나 주민대표회의를 구성 · 운영한 자 4. 제31조제1항 또는 제47조제3항에 따라 승인받은 추진위원회 또는 주민대표회의가 구성되어 있음에도 불구하고		

법	시 행 령	시행규칙
임의로 추진위원회 또는 주민대표회의를 구성하여 이 법에 따른 정비사업을 추진한 자 5. 제35조에 따라 조합이 설립되었는데도 불구하고 추진위원회를 계속 운영한 자 6. 제45조에 따른 총회의 의결을 거치지 아니하고 같은 조 제1항 각 호의 사업(같은 항 제13호 중 정관으로 정하는 사항은 제외한다)을 임의로 추진한 조합임원(전문조합관리인을 포함한다) 7. 제50조에 따른 사업시행계획인가를 받지 아니하고 정비사업을 시행한 자와 같은 사업시행계획서를 위반하여 건축물을 건축한 자 8. 제74조에 따른 관리처분계획인가를 받지 아니하고 제86조에 따른 이전을 한 자 9. 제102조제1항을 위반하여 등록을 하지 아니하고 이 법에 따른 정비사업을 위탁받은 자 또는 거짓, 그 밖의 부정한 방법으로 등록을 한 정비사업전문관리업자 10. 제106조제1항 각 호 외의 부분 단서에 따라 등록이 취소되었음에도 불구하고 영업을 하는 자 11. 제113조제1항부터 제3항까지의 규정에 따른 처분의 취소·변경 또는 정지, 그 공사의 중지 및 변경에 관한 명령을 받고도 이에 응하지 아니한 추진위원회, 사업시행자, 주민대표회의 및 정비사업전문관리업자 12. 제124조제1항에 따른 서류 및 관련 자료를 거짓으로 공개한 추진위원장 또는 조합임원(토지등소유자가 시행하는 재개발사업의 경우 그 대표자) 13. 제124조제4항에 따른 열람·복사 요청에 허위의 사실이 포함된 자료를 열람·복사해 준 추진위원장 또는 조합임원(토지등소유자가 시행하는 재개발사업의 경우 그 대표자)		

법	시 행 령	시 행 규 칙
제138조【벌칙】 ① 다음 각 호의 어느 하나에 해당하는 자는 1년 이하의 징역 또는 1천만원 이하의 벌금에 처한다. 〈개정 2018.6.12., 2021.1.5.〉 1. 제19조제8항을 위반하여 「주택법」 제2조제11호가목에 따른 지역주택조합의 조합원을 모집한 자 2. 제34조제4항을 위반하여 추진위원회의 회계장부 및 관계 서류를 조합에 인계하지 아니한 추진위원장(전문조합관리인을 포함한다) 3. 제83조제1항에 따른 준공인가를 받지 아니하고 건축물 등을 사용한 자와 같은 조 제5항 본문에 따라 시장 · 군수등의 사용허가를 받지 아니하고 건축물을 사용한 자 4. 다른 사람에게 자기의 성명 또는 상호를 사용하여 이 법에서 정한 업무를 수행하게 하거나 등록증을 대여한 정비사업전문관리업자 5. 제102조제1항 각 호에 따른 업무를 다른 용역업체 및 그 직원에게 수행하도록 한 정비사업전문관리업자 6. 제112조제1항에 따른 회계감사를 요청하지 아니한 추진위원장, 전문조합관리인 또는 조합임원(토지등소유자가 시행하는 재개발사업 또는 제27조에 따라 지정개발자가 시행하는 정비사업의 경우에는 그 대표자를 말한다. 7. 제124조제1항을 위반하여 정비사업시행과 관련한 서류 및 자료를 인터넷과 그 밖의 방법을 병행하여 공개하지 아니하거나 같은 조 제4항을 위반하여 조합원 또는 토지등소유자의 열람 · 복사 요청에 응하지 아니하는 추진위원장, 전문조합관리인 또는 조합임원(조합의 청산인 및 토지등소유자가 시행하는 재개발사업의 경우에는 그 대표자, 제27조에 따른 지정개발자가 사업시행자인 경우 그 대표자를 말한다)		

법	시 행 령	시 행 규 칙
8. 제125조제1항을 위반하여 속기록 등을 만들지 아니하거나 관련 자료를 청산 시까지 보관하지 아니한 추진위원장, 전문조합관리인 또는 조합임원(조합의 청산인 및 토지등소유자가 시행하는 재개발사업의 경우에는 그 대표자, 제27조에 따른 지정개발자가 사업시행자인 경우 그 대표자를 말한다) ② 건설업자 또는 등록사업자가 제132조의2에 따른 조치를 소홀히 하여 용역업체의 임직원이 제132조제1항 각 호의 어느 하나를 위반한 경우 그 건설업자 또는 등록사업자는 5천만원 이하의 벌금에 처한다.〈신설 2018.6.12., 2022.6.10.〉 **제139조 【양벌규정】** 법인의 대표자나 법인 또는 개인의 대리인, 사용인, 그 밖의 종업원이 그 법인 또는 개인의 업무에 관하여 제135조부터 제138조까지의 어느 하나에 해당하는 위반행위를 하면 그 행위자를 벌하는 외에 그 법인 또는 개인에게도 해당 조문의 벌금에 처한다. 다만, 법인 또는 개인이 그 위반행위를 방지하기 위하여 해당 업무에 관하여 상당한 주의와 감독을 게을리하지 아니한 경우에는 그러하지 아니하다. **제140조 【과태료】** ① 다음 각 호의 어느 하나에 해당하는 자에게는 1천만원 이하의 과태료를 부과한다. 〈개정 2022.6.10.〉 1. 제113조제2항에 따른 점검반의 현장조사를 거부·기피 또는 방해한 자 2. 제132조제2항을 위반하여 제29조에 따른 계약의 체결과 관련하여 시공과 관련 없는 사항을 제안한 자 3. 제132조의3제1항을 위반하여 사실과 다른 정보 또는 부풀려진 정보를 제공하거나, 사실을 숨기거나 축소하여 정		

법	시 행 령	시 행 규 칙
보를 제공한 자 ② 다음 각 호의 어느 하나에 해당하는 자에게는 500만원 이하의 과태료를 부과한다. 〈개정 2017.8.9., 2020.6.9., 2022.6.10.〉 1. 제29조제2항을 위반하여 전자조달시스템을 이용하지 아니하고 계약을 체결한 자 2. 제78조제5항 또는 제86조제1항에 따른 통지를 게을리 한 자 3. 제107조제1항 및 제111조제2항에 따른 보고 또는 자료의 제출을 게을리한 자 3의2. 제111조의2를 위반하여 자금차입에 관한 사항을 신고하지 아니하거나 거짓으로 신고한 자 4. 제125조제2항에 따른 관계 서류의 인계를 게을리 한 자 ③ 제1항 및 제2항에 따른 과태료는 대통령령으로 정하는 방법 및 절차에 따라 국토교통부장관, 시·도지사, 시장, 군수 또는 구청장이 부과·징수한다.	**제99조【과태료의 부과】** 법 제140조제3항에 따른 과태료의 부과기준은 별표 6과 같다.	
제141조【자수자에 대한 특례】 제132조제1항 각 호의 어느 하나를 위반하여 금품, 향응 또는 그 밖의 재산상 이익을 제공하거나 제공의사를 표시하거나 제공을 약속하는 행위를 하거나 제공을 받거나 제공의사 표시를 승낙한 자가 자수하였을 때에는 그 형벌을 감경 또는 면제한다. 〈개정 2022.6.10.〉 [본조신설 2017.8.9.]		
제142조【금품·향응 수수행위 등에 대한 신고포상금】 시·도지사 또는 대도시의 시장은 제132조제1항 각 호의 행위사실을 신고한 자에게 시·도조례로 정하는 바에 따라 포상금을 지급할 수 있다.〈개정 2022.6.10.〉 [본조신설 2017.8.9.]		

법	시 행 령	시 행 규 칙

부칙〈법률 제18830호, 2022.2.3.〉

제1조(시행일) 이 법은 공포한 날부터 시행한다.

제2조(관리처분계획인가에 관한 적용례) 제76조제1항제7호 다목의 개정규정은 이 법 시행 이후 최초로 관리처분계획인가(변경인가는 제외한다)를 신청하는 경우부터 적용한다.

부칙〈법률 제18941호, 2022.6.10.〉

제1조(시행일) 이 법은 공포 후 6개월이 경과한 날부터 시행한다.

제2조(정비계획의 내용에 관한 적용례) 제9조제1항제2호의2의 개정규정은 이 법 시행 이후 정비계획을 결정하는 경우부터 적용한다.

제3조(토지등소유자가 시행하는 재개발사업에서의 토지등소유자의 동의자 수 산정 특례에 관한 적용례) 제36조의2의 개정규정은 이 법 시행 이후 최초로 정비계획의 변경을 제안하거나 사업시행계획인가를 신청하는 경우부터 적용한다.

제4조(자금차입의 신고에 관한 적용례) 제111조의2의 개정규정은 이 법 시행 이후 자금을 차입하는 경우부터 적용한다.

제5조(조합 해산을 위한 총회에 관한 특례) ① 이 법 시행 당시 제86조제2항에 따라 대지 및 건축물의 소유권 이전에 관한 사항을 고시한 조합의 조합장은 제86조의2제1항의 개정규정에도 불구하고 이 법 시행일부터 1년 이내에 같은 개정규정에 따른 조합 해산을 위한 총회를 소집하여야 한다.

② 조합장이 제1항에 따른 기간 내에 총회를 소집하지 아니한 경우 제86조의2제2항의 개정규정에 따라 조합원 5분의 1 이상의 요구로 소집된 총회에서 조합의 해산을 의결할 수 있다.

부칙〈대통령령 제31380호, 2021.1.5.〉

이 영은 공포한 날부터 시행한다. <단서 생략>

부칙〈대통령령 제31892호, 2021.7.13.〉

이 영은 2021년 7월 14일부터 시행한다.

부칙〈대통령령 제32114호, 2021.11.11.〉

이 영은 2021년 11월 11일부터 시행한다.

부칙〈대통령령 제32223호, 2021.12.16.〉

(지방자치법 시행령)

제1조(시행일) 이 영은 2022년 1월 13일부터 시행한다. <단서 생략>

제2조 부터 **제4조**까지 생략

제5조(다른 법령의 개정) ①부터 ⑬까지 생략

⑭ 도시 및 주거환경정비법 시행령 일부를 다음과 같이 개정한다.

제2조제2항 각 호 외의 부분 중 "「지방자치법」 제175조"를 "「지방자치법」 제198조제1항"으로 한다.

⑮부터 <66>까지 생략

제6조 생략

부칙〈대통령령 제32274호, 2021.12.28.〉

(독점규제 및 공정거래에 관한 법률 시행령)

제1조(시행일) 이 영은 2021년 12월 30일부터 시행한다.

제2조 부터 **제12조**까지 생략

부칙〈국토교통부령 제882호, 2021.8.27.〉

(어려운 법령용어 정비를 위한 80개 국토교통부령 일부개정령)

이 규칙은 공포한 날부터 시행한다. <단서 생략>

부칙〈국토교통부령 제913호, 2021.11.11.〉

이 규칙은 2021년 11월 11일부터 시행한다.

부칙〈국토교통부령 제1210호, 2023.5.12.〉

제1조(시행일) 이 규칙은 공포한 날부터 시행한다.

제2조(관리처분계획인가의 신청에 관한 적용례) 제12조의 개정규정은 이 규칙 시행 이후 관리처분계획인가 또는 변경인가를 신청하는 경우부터 적용한다.

부칙〈국토교통부령 제1299호, 2024.1.19.〉

이 규칙은 2024년 1월 19일부터 시행한다.

<u>**부칙 〈국토교통부령 제1348호, 2024.6.27.〉**</u>

<u>**제1조(시행일)** 이 규칙은 2024년 6월</u>

법

부칙〈법률 제19117호, 2022.12.27.〉(산림자원의 조성 및 관리에 관한 법률)

제1조(시행일) 이 법은 공포 후 6개월이 경과한 날부터 시행한다.

부칙 〈법률 제19225호, 2023.2.14.〉(기상법)

제1조(시행일) 이 법은 공포 후 1년이 경과한 날부터 시행한다.

제2조 부터 **제5조**까지 생략

제6조(다른 법률의 개정) ① 생략

② 도시 및 주거환경정비법 일부를 다음과 같이 개정한다.

제81조제4항제2호 중 "「기상법」 제13조"를 "「기상법」 제13조의2"로 한다.

③부터 ⑥까지 생략

부칙〈법률 제19251호, 2023.3.21.〉(자연유산의 보존 및 활용에 관한 법률)

제1조(시행일) 이 법은 공포 후 1년이 경과한 날부터 시행한다.

제2조 부터 **제7조**까지 생략

제8조(다른 법률의 개정) ①부터 ⑨까지 생략

⑩ 도시 및 주거환경정비법 일부를 다음과 같이 개정한다.

제54조제3항에 제6호의2를 다음과 같이 신설한다.

6의2. 「자연유산의 보존 및 활용에 관한 법률」 제9조에 따른 건설공사 시 천연기념물등의 보호를 위한 건축제한

⑪부터 ㊲까지 생략

제9조 생략

부칙〈법률 제19430호, 2023.6.9.〉(지방자치분권 및 지역균형발전에 관한 특별법)

시 행 령

제13조(다른 법령의 개정) ①부터 ㉙까지 생략

㉚ 도시 및 주거환경정비법 시행령 일부를 다음과 같이 개정한다.

제83조제1항제1호 중 "「독점규제 및 공정거래에 관한 법률」 제2조제3호"를 "「독점규제 및 공정거래에 관한 법률」 제2조제12호"로 한다.

㉛부터 <68>까지 생략

제14조 생략

부칙〈대통령령 제32352호, 2022.1.21.〉(감정평가 및 감정평가사에 관한 법률 시행령)

제1조(시행일) 이 영은 2022년 1월 21일부터 시행한다.

제2조 부터 제4조까지 생략

제5조(다른 법령의 개정) ①부터 ㉔까지 생략

㉕ 도시 및 주거환경정비법 시행령 일부를 다음과 같이 개정한다.

제14조제3항 중 "감정평가업자(「감정평가 및 감정평가사에 관한 법률」에 따른 감정평가업자를 말한다. 이하 같다)가"를 "감정평가법인등(「감정평가 및 감정평가사에 관한 법률」에 따른 감정평가법인등을 말한다. 이하 같다)이"로 한다.

제43조제4호 중 "또는 감정평가업자"를 "또는 감정평가법인등"으로, "감정평가업자는"을 "감정평가법인등은"으로 한다.

제47조제2항제11호 중 "감정평가업자"를 "감정평가법인등"으로 한다.

제48조제6항제1호 중 "감정평가업자가"를 "감정평가법인등이"로 한다.

시 행 규 칙

27일부터 시행한다.

제2조(시공 관련 정보 제공을 위한 합동설명회 개최에 관한 적용례) 제6조의2의 개정규정은 이 규칙 시행 이후 시공사 선정을 위해 입찰공고(재입찰공고를 포함한다)를 하는 경우부터 적용한다.

제1조(시행일) 이 법은 공포 후 1개월이 경과한 날부터 시행한다. <단서 생략>

제2조 부터 **제20조**까지 생략

제21조(다른 법률의 개정) ①부터 ㉓까지 생략

㉔ 도시 및 주거환경정비법 일부를 다음과 같이 개정한다.

제39조제1항 각 호 외의 부분 단서 및 제76조제1항제7호 나목4) 중 "「국가균형발전 특별법」 제18조"를 각각 "「지방자치분권 및 지역균형발전에 관한 특별법」 제25조"로 한다.

㉕부터 <54>까지 생략

제22조 생략

부칙〈법률 제19560호, 2023.7.18.〉

제1조(시행일) 이 법은 공포 후 6개월이 경과한 날부터 시행한다. 다만, 제41조제1항의 개정규정은 공포한 날부터 시행한다.

제2조(조합임원의 자격에 관한 적용례) 제41조제1항의 개정규정은 같은 개정규정 시행 이후 조합임원을 선임(연임을 포함한다)하는 경우부터 적용한다.

제3조(총회 의결에 관한 적용례) 제44조제2항 및 제45조제7항의 개정규정은 이 법 시행 이후 총회를 소집하는 경우부터 적용한다.

제4조(통합심의에 관한 적용례) 제50조의2의 개정규정은 이 법 시행 후 사업시행자가 통합심의를 신청하는 정비구역부터 적용한다.

제5조(조합임원 등의 신분보장에 관한 경과조치) 이 법 시행 전에 조합임원 또는 전문조합관리인이 된 자는 제43조제1항의 개정규정에도 불구하고 해당 임기가 만료될 때까

제60조제1항 후단 중 "감정평가업자"를 "감정평가법인등"으로 한다.

제68조제2항 전단 중 "감정평가업자"를 "감정평가법인등"으로 한다.

제76조제1항제2호 단서 및 같은 조 제2항제2호 단서 중 "감정평가업자"를 각각 "감정평가법인등"으로 한다.

㉖부터 <64>까지 생략

부칙〈대통령령 제33046호, 2022.12.9.〉

이 영은 2022년 12월 11일부터 시행한다.

부칙〈대통령령 제33321호, 2023.3.7.〉 (규제 재검토기한 정비를 위한 55개 법령의 일부개정에 관한 대통령령)

이 영은 공포한 날부터 시행한다.

부칙〈대통령령 제33677호, 2023.8.22.〉

이 영은 공포한 날부터 시행한다.

부칙〈대통령령 제33908호, 2023.12.5.〉

제1조(시행일) 이 영은 2024년 1월 19일부터 시행한다. 다만, 제21조제1항부터 제5항까지의 개정규정은 공포한 날부터 시행한다.

제2조(토지등소유자의 추천 수 산정 방법에 관한 적용례) 제21조제2항부터 제5항까지의 개정규정은 부칙 제1조 단서에 따른 시행일 이후 법 제27조제1항에 따라 지정개발자를 사업시행자로 지정하거나 사업대행개시결정을 하는

법

지 조합임원 또는 전문조합관리인의 지위를 유지한다.

부칙〈법률 제19590호, 2023.8.8.〉(문화유산의 보존 및 활용에 관한 법률)

제1조(시행일) 이 법은 2024년 5월 17일부터 시행한다.

제2조 부터 **제8조**까지 생략

제9조(다른 법률의 개정) ①부터 ⑬까지 생략

⑭ 도시 및 주거환경정비법 일부개정법률 일부를 다음과 같이 개정한다.

제54조제3항제6호 중 "「문화재보호법」 제12조에 따른 건설공사 시 문화재 보호"를 "「문화유산의 보존 및 활용에 관한 법률」 제12조에 따른 건설공사 시 문화유산 보호"로 한다.

⑮부터 <53>까지 생략

제10조 생략

부칙〈법률 제19848호, 2023.12.26.〉

제1조(시행일) 이 법은 공포 후 6개월이 경과한 날부터 시행한다.

제2조(정관의 기재사항에 관한 적용례) 제40조제1항의 개정규정은 이 법 시행 이후 설립하는 조합부터 적용한다.

부칙 〈법률 제20174호, 2024.1.30.〉

제1조(시행일) 이 법은 공포한 날부터 시행한다. 다만, 제113조의3의 개정규정은 공포 후 6개월이 경과한 날부터 시행한다.

제2조(조합설립인가 등의 특례에 관한 적용례) 제67조제4항제1호의 개정규정은 이 법 시행 이후 제67조제3항에 따라 토지분할을 청구하는 경우부터 적용한다.

시 행 령

경우부터 적용한다.

부칙 〈대통령령 제34321호, 2024.3.19.〉

제1조(시행일) 이 영은 공포한 날부터 시행한다.

제2조(토지등소유자의 동의자 수 산정 방법에 관한 적용례) 제33조제1항제1호가목의 개정규정은 이 영 시행 이후 토지등소유자의 동의자 수를 산정하는 경우부터 적용한다.

제3조(재개발사업을 위한 정비계획 입안에 관한 적용례) 별표 1 제2호 각 목 외의 부분 전단 및 같은 호 나목, 같은 표 제4호 및 제5호의 개정규정은 이 영 시행 이후 재개발사업을 위한 정비계획을 입안하거나 변경입안하는 경우부터 적용한다.

부칙 〈대통령령 제34750호, 2024.7.23.〉

이 영은 2024년 7월 31일부터 시행한다.

부칙 〈대통령령 제35083호, 2024.12.17.〉

제1조(시행일) 이 영은 공포한 날부터 시행한다. 다만, 다음 각 호의 개정규정은 해당 호에서 정하는 날부터 시행한다.

1. 제68조제2항 및 제3항의 개정규정: 공포 후 3개월이 경과한 날
2. 별표 4 제2호가목의 개정규정: 2028년 1월 1일

제2조(정비구역의 지정을 위한 주민공람 등에 관한 적용례) 제13조제4항제11호의2부터 제11호의4까지 및 제12호의 개정규정은 이 영 시행일 이후 정비계획의 입안권자가 정

시 행 규 칙

법	시 행 령	시 행 규 칙

제3조(관리처분계획의 수립기준 및 권리산정 기준일에 관한 적용례) ① 제76조제1항제3호의 개정규정은 이 법 시행 이후 관리처분계획인가(변경인가는 제외한다)를 신청하는 경우부터 적용한다.

② 제77조제1항 각 호 외의 부분의 개정규정은 이 법 시행 이후 제6조제1항에 따른 기본계획 수립을 위한 주민공람의 공고를 하는 경우부터 적용한다.

③ 제77조제1항제2호의 개정규정은 이 법 시행 이후 집합건물이 아닌 건축물이 집합건물로 전환되는 경우부터 적용한다.

④ 제77조제1항제5호의 개정규정은 이 법 시행 이후 「집합건물의 소유 및 관리에 관한 법률」 제2조제3호에 따른 전유부분의 분할로 토지등소유자의 수가 증가하는 경우부터 적용한다.

부칙 〈법률 제20549호, 2024.12.3.〉

제1조(시행일) 이 법은 공포 후 6개월이 경과한 날부터 시행한다. 다만, 제36조, 제44조의2, 제48조제3항(온라인총회에 관한 부분에 한정한다), 제135조 및 제136조의 개정규정은 공포 후 1년이 경과한 날부터 시행한다.

제2조(협약등의 체결에 관한 적용례) ① 제26조제4항 및 제5항의 개정규정은 이 법 시행 이후 토지주택공사등과 협약등을 체결하는 경우부터 적용한다.

② 제27조제7항 및 제8항의 개정규정은 이 법 시행 이후 신탁업자를 공개모집하는 경우부터 적용한다.

제3조(전자서명 등을 통한 동의방법에 관한 적용례) 제36조의 개정규정은 같은 개정규정 시행 이후 제36조제1항 각 호의 어느 하나에 해당하여 서면동의서 또는 전자서명

비계획을 변경하는 경우부터 적용한다.

제3조(재개발임대주택 인수 가격에 관한 적용례) 제68조의 개정규정은 부칙 제1조제1호에 따른 시행일 이후 재개발임대주택의 인수계약(변경계약을 포함한다)을 체결하는 경우부터 적용한다.

법	시 행 령	시 행 규 칙
동의서를 제출하는 경우부터 적용한다. **제4조(총회의 의결 등에 관한 적용례)** 제44조제4항 및 제45조의 개정규정은 이 법 시행 이후 총회를 소집하는 경우부터 적용한다. **제5조(토지등소유자 전체회의의 의결 등에 관한 적용례)** 제48조의 개정규정은 이 법 시행 이후 토지등소유자 전체회의를 소집하는 경우부터 적용한다. 다만, 제44조의2의 개정규정에 따른 온라인총회에 관한 부분은 같은 개정규정 시행 이후 토지등소유자 전체회의를 소집하는 경우부터 적용한다. **제6조(다른 법률의 개정)** ① 건축물관리법 일부를 다음과 같이 개정한다. 제13조제2항 단서 중 "「도시 및 주거환경정비법」"을 "「도시 및 주거환경정비법」에 따른 재건축진단"으로 한다. ② 노후계획도시 정비 및 지원에 관한 특별법 일부를 다음과 같이 개정한다. 제26조제2항 및 제3항 중 "안전진단"을 각각 "재건축진단"으로 한다. ③ 도시 공업지역의 관리 및 활성화에 관한 특별법 일부를 다음과 같이 개정한다. 제36조제3항 중 "제31조부터 제49조까지의 규정을"을 "제31조부터 제36조까지, 제36조의2, 제36조의3, 제37조부터 제43조까지, 제43조의2, 제44조, 제44조의2 및 제45조부터 제49조까지를"로 한다. ④ 빈집 및 소규모주택 정비에 관한 특례법 일부를 다음과 같이 개정한다. 제56조제1항 전단 중 "같은 법 제38조 및 제40조부터 제		

법	시 행 령	시 행 규 칙
46조까지"를 "같은 법 제38조, 제40조부터 제43조까지, 제43조의2, 제44조, 제44조의2, 제45조 및 제46조"로 한다. ⑤ 재해위험 개선사업 및 이주대책에 관한 특별법 일부를 다음과 같이 개정한다. 제21조제2항 중 "안전진단"을 "재건축진단"으로 한다. ⑥ 제주특별자치도 설치 및 국제자유도시 조성을 위한 특별법 일부를 다음과 같이 개정한다. 제417조제2항 중 "같은 조 제3항 전단, 같은 조 제4항 후단"을 "같은 조 제6항 전단, 같은 조 제7항 후단"으로, "제45조제1항제13호, 같은 조 제6항"을 "제45조제1항제13호, 같은 조 제10항"으로 한다. **부칙 〈법률 제20759호, 2025.1.31.〉** **제1조(시행일)** 이 법은 공포 후 3개월이 경과한 날부터 시행한다. **제2조(통합심의에 관한 적용례)** 제50조의2의 개정규정은 이 법 시행 이후 사업시행자가 통합심의를 신청하는 정비구역부터 적용한다. **제3조(분양공고 통지기한 단축에 관한 적용례)** 제72조의 개정규정은 이 법 시행 이후 사업시행계획인가의 고시가 있은 경우부터 적용한다.		

■ 도시 및 주거환경정비법 시행령 [별표 1] 〈개정 2024.3.19.〉

정비계획의 입안대상지역(제7조제1항 관련)

1. 주거환경개선사업을 위한 정비계획은 다음 각 목의 어느 하나에 해당하는 지역에 대하여 입안한다.
 가. 1985년 6월 30일 이전에 건축된 건축물로서 법률 제3533호 특정건축물정리에관한특별조치법 제2조에 따른 무허가건축물 또는 위법시공건축물과 노후·불량건축물이 밀집되어 있어 주거지로서의 기능을 다하지 못하거나 도시미관을 현저히 훼손하고 있는 지역
 나. 「개발제한구역의 지정 및 관리에 관한 특별조치법」에 따른 개발제한구역으로서 그 구역지정 이전에 건축된 노후·불량건축물의 수가 해당 정비구역의 건축물 수의 50퍼센트 이상인 지역
 다. 재개발사업을 위한 정비구역의 토지면적의 50퍼센트 이상의 소유자와 토지 또는 건축물을 소유하고 있는 자의 50퍼센트 이상이 각각 재개발사업의 시행을 원하지 않는 지역
 라. 철거민이 50세대 이상 규모로 정착한 지역이거나 인구가 과도하게 밀집되어 있고 기반시설의 정비가 불량하여 주거환경이 열악하고 그 개선이 시급한 지역
 마. 정비기반시설이 현저히 부족하여 재해발생 시 피난 및 구조 활동이 곤란한 지역
 바. 건축대지로서 효용을 다할 수 없는 과소필지 등이 과다하게 분포된 지역으로서 건축행위 제한 등으로 주거환경이 열악하여 그 개선이 시급한 지역
 사. 「국토의 계획 및 이용에 관한 법률」 제37조제1항제4호에 따른 방재지구로서 주거환경개선사업이 필요한 지역
 아. 단독주택 및 다세대주택 등이 밀집한 지역으로서 주거환경의 보전·정비·개량이 필요한 지역
 자. 법 제20조 및 제21조에 따라 해제된 정비구역 및 정비예정구역
 차. 기존 단독주택 재건축사업 또는 재개발사업을 위한 정비구역 및 정비예정구역의 토지등소유자의 50퍼센트 이상이 주거환경개선사업으로의 전환에 동의하는 지역
 카. 「도시재정비 촉진을 위한 특별법」 제2조제6호에 따른 존치지역 및 같은 법 제7조제2항에 따라 재정비촉진지구가 해제된 지역

2. 재개발사업을 위한 정비계획은 노후·불량건축물의 수가 전체 건축물의 수의 60퍼센트(「도시재정비 촉진을 위한 특별법」 제5조에 따른 재정비촉진지구에서 재개발사업을 위한 정비계획을 입안하는 경우에는 50퍼센트로 하며, 재정비촉진지구 외의 지역의 경우에는 50퍼센트 이상 70퍼센트 이하의 범위에서 시·도조례로 증감할 수 있다) 이상인 지역으로서 다음 각 목의 어느 하나에 해당하는 지역에 대하여 입안한다. 이 경우 순환용주택을 건설하기 위 하여 필요한 지역을 포함할 수 있다.
 가. 정비기반시설의 정비에 따라 토지가 대지로서의 효용을 다할 수 없게 되거나 과소토지로 되어 도시의 환경이 현저히 불량하게 될 우려가 있는 지역
 나. 노후·불량건축물의 연면적의 합계가 전체 건축물의 연면적의 합계의 60퍼센트(「도시재정비 촉진을 위한 특별법」 제5조에 따른 재정비촉진지구에서 재개발사업을 위한 정비계획을 입안하는 경우에는 50퍼센트로 하며, 재정비촉진지구 외의 지역의 경우에는 50퍼센트 이상 70퍼센트 이하의 범위에서 시·도조례로 증감할 수 있다)이상이거나 건축물이 과도하게 밀집되어 있어 그 구역 안의 토지의 합리적인 이용과 가치의 증진을 도모하기 곤란한 지역
 다. 인구·산업 등이 과도하게 집중되어 있어 도시기능의 회복을 위하여 토지의 합리적인 이용이 요청되는 지역
 라. 해당 지역의 최저고도지구의 토지(정비기반시설용지를 제외한다)면적이 전체 토지면적의 50퍼센트를 초과하고, 그 최저고도에 미달하는 건축물이 해당 지역 건축물의 바닥면적합계의 3분의 2 이상인 지역
 마. 공장의 매연·소음 등으로 인접지역에 보건위생상 위해를 초래할 우려가 있는 공업지역 또는 「산업집적활성화 및 공장설립에 관한 법률」에 따른 도시형공장이나 공해발생정도가 낮은 업종으로 전환하려는 공업지역
 바. 역세권 등 양호한 기반시설을 갖추고 있어 대중교통 이용이 용이한 지역으로서 「주택법」 제20조에 따라 토지의 고도이용과 건축물의 복합개발을 통한 주택 건설·공급이 필요한 지역
 사. 「국토의 계획 및 이용에 관한 법률」 제37조제1항제4호에 따른 방재지구가 해당 지역 전체 토지면적의 2분의 1 이상인 지역
 아. 「건축법」 제2조제1항제5호에 따른 지하층의 전부 또는 일부를 주거용도로 사용하는 건축물의 수가 해당 지역 전체 건축물의 수의 2분의 1 이상인 지역
 자. 제1호라목 또는 마목에 해당하는 지역

3. 재건축사업을 위한 정비계획은 제1호 및 제2호에 해당하지 않는 지역으로서 다음 각 목의 어느 하나에 해당하는 지역에 대하여 입안한다.
 가. 건축물의 일부가 멸실되어 붕괴나 그 밖의 안전사고의 우려가 있는 지역
 나. 재해 등이 발생할 경우 위해의 우려가 있어 신속히 정비사업을 추진할 필요가 있는 지역
 다. 노후·불량건축물로서 기존 세대수가 200세대 이상이거나 그 부지면적이 1만 제곱미터

이상인 지역

라. 셋 이상의 「건축법 시행령」 별표 1 제2호가목에 따른 아파트 또는 같은 호 나목에 따른 연립주택이 밀집되어 있는 지역으로서 법 제12조에 따른 안전진단 실시 결과 전체 주택의 3분의 2 이상이 재건축이 필요하다는 판정을 받은 지역으로서 시·도조례로 정하는 면적 이상인 지역

4. 무허가건축물의 수, 노후·불량건축물의 수, 호수밀도, 토지의 형상 또는 주민의 소득 수준 등 정비계획의 입안대상지역 요건은 필요한 경우 제1호부터 제3호까지에서 규정한 범위에서 시·도조례로 이를 따로 정할 수 있다. 이 경우 제2호에 따른 재개발사업을 위한 정비계획의 입안대상지역 요건을 갖춘 지역에 위치한 노후·불량건축물의 수가 전체 건축물 수의 4분의 3이상인 경우에는 전단에 따라 시·도조례로 따로 정한 요건을 갖춘 것으로 본다.

5. 부지의 정형화, 효율적인 기반시설의 확보 등을 위하여 필요하다고 인정되는 경우에는 지방도시계획위원회의 심의를 거쳐 제1호부터 제3호까지의 규정에 해당하는 정비구역의 입안대상지역 면적의 100분의 120 이하의 범위에서 시·도조례로 정하는 바에 따라 제1호부터 제3호까지의 규정에 해당하지 않는 지역을 포함하여 정비계획을 입안할 수 있다.

6. 건축물의 상당수가 붕괴나 그 밖의 안전사고의 우려가 있거나 상습 침수, 홍수, 산사태, 해일, 토사 또는 제방 붕괴 등으로 재해가 생길 우려가 있는 지역에 대해서는 정비계획을 입안할 수 있다.

■ 도시 및 주거환경정비법 시행령 [별표 2]〈개정 2023.8.22〉

주거환경개선사업의 주택공급조건 등(제66조 관련)

1. 주택의 공급기준: 1세대 1주택을 기준으로 공급한다.

2. 주택의 공급대상: 다음 각 목의 어느 하나에 해당하는 자에게 공급한다. 다만, 주거환경개선사업을 위한 정비구역에 「건축법」 제57조에 따른 대지분할제한면적 이하의 과소토지만을 소유하고 있는 자 등에 대한 주택공급기준은 시·도조례로 따로 정할 수 있다.

가. 제13조제1항에 따른 정비계획의 공람공고일 또는 시장·군수등이 해당 구역의 특성에 따라 필요하다고 인정하여 시·도지사의 승인을 받아 따로 정하는 날(이하 "기준일"이라 한다) 현재 해당 주거환경개선사업을 위한 정비구역에 주택이 건설될 토지나 철거 예정인 건축물을 소유하고 있는 자[특별시장·광역시장·특별자치시장·특별자치도지사·시장 또는 군수(해당 권한이 자치구의 구청장에게 위임된 경우에는 그 권한을 위임받은 자치구의 구청장을 포함한다)가 기준일 이후 「국토의 계획 및 이용에 관한 법률」 제2조제10호에 따른 도시·군계획시설사업의 시행을 위하여 협의 또는 수용에 의하여 토지 또는 건축물을 취득한 경우 취득 당시 해당 토지 또는 건축물의소유자를 포함한다]

나. 기준일 현재 다른 주거환경개선사업을 위한 정비구역에 주택이 건설될 토지 또는 철거예정인 건축물을 소유하고 있는 자

다. 「국토의 계획 및 이용에 관한 법률」 제2조제11호에 따른 도시·군계획사업으로 주거지를 상실하여 이주하게 되는 자로서 해당 시장·군수등이 인정하는 자

3. 주택의 공급순위

가. 1순위: 제2호가목에 해당하는 자로서 해당 정비구역에 거주하고 있는 자

나. 2순위: 제2호가목에 해당하는 자(법인의 경우에는 사회복지를 목적으로 하는 법인만 해당한다)로서 해당 정비구역에 거주하고 있지 않은 자

다. 3순위: 제2호나목에 해당하는 자로서 해당 정비구역에 거주하고 있는 자

라. 4순위: 제2호다목에 해당하는 자

■ 도시 및 주거환경정비법 시행령 [별표 3] 〈개정 2021.7.13.〉

임대주택의 공급조건 등(제69조제1항 관련)

1. 주거환경개선사업

가. 임대주택은 다음의 순위에 따라 입주를 희망하는 자에게 공급한다.

1) 1순위: 기준일(공공재개발사업의 경우 공공시행자를 지정한 날 또는 공공재개발사업을 추진하기 위해 정비구역을 지정·변경한 날 중 빠른 날을 말한다. 이하 이 표에서 같다) 3개월 전부터 보상계획 공고시까지 계속하여 해당 주거환경개선사업을 위한 정비구역 또는 다른 주거환경개선사업을 위한 정비구역에 거주하는 세입자

2) 2순위: 별표 2 제3호가목 및 나목의 순위에 해당하는 자로서 주택분양에 관한 권리를 포기한 자

3) 3순위: 별표 2 제3호라목의 순위에 해당하는 자

나. 세입자에게 공급하는 주택의 규모별 입주자 선정기준: 입주대상자의 세대구성원의 수, 해당 정비구역에서의 거주기간, 소득수준, 「국민기초생활 보장법」에 따른 수급권자 여부 등을 고려하여 정한다.

다. 공급절차 등

1) 입주자모집공고 내용 및 절차, 공급신청 및 계약조건 등 임대주택의 공급에 관하여는 공공주택 특별법령 및 주택법령의 관련 규정에 따른다.
2) 임대보증금 · 임대료 등에 관하여는 임대주택법령 및 주택건설촉진법령의 관련규정에 따른다. 다만, 시 · 도조례로 따로 정하는 경우에는 그에 따른다.

2. 재개발사업
가. 임대주택은 다음의 어느 하나에 해당하는 자로서 입주를 희망하는 자에게 공급한다.
1) 기준일 3개월 전부터 해당 재개발사업을 위한 정비구역 또는 다른 재개발사업을 위한 정비구역에 거주하는 세입자
2) 기준일 현재 해당 재개발사업을 위한 정비구역에 주택이 건설될 토지 또는 철거예정인 건축물을 소유한 자로서 주택분양에 관한 권리를 포기한 자
3) 별표 2 제3호라목의 순위에 해당하는 자
4) 시 · 도조례로 정하는 자
나. 주택의 규모 및 규모별 입주자선정방법, 공급절차 등에 관하여는 시 · 도조례로 정하는 바에 따른다.
다. 공급절차 등: 입주자모집공고 내용 및 절차, 공급신청 · 계약조건 · 임대보증금 및 임대료 등 주택공급에 관하여는 민간임대주택에 관한 특별법령, 공공주택 특별법령 및 주택법령의 관련 규정에 따른다.

■ 도시 및 주거환경정비법 시행령 [별표 4] 〈개정 2024.12.17.〉

정비사업전문관리업의 등록기준(제63조제1항관련)

1. 자본금(자산총액에서 부채총액을 차감한 금액): 10억원(법인인 경우에는 5억원) 이상이어야 한다.

2. 인력확보기준
가. 다음의 어느 하나에 해당하는 상근인력(다른 직무를 겸하지 않는 인력을 말한다)을 5명 이상 확보하여야 한다. 다만, 정비사업전문관리업자가 관계 법령에 따른 감정평가법인 · 회계법인 또는 법무법인 · 법무법인(유한) · 법무조합(이하 "법무법인등"이라 한다)과 정비사업의 공동수행을 위한 업무협약을 체결하는 경우에는 협약을 체결한 법무법인등의 수가 1개인 경우에는 4명, 2개인 경우에는 3명으로 한다.
1) 건축사 또는 「국가기술자격법」에 따른 도시계획 및 건축분야 기술사와 「건설기술진흥법 시행령」 제4조에 따라 이와 동등하다고 인정되는 특급기술인으로서 특급기술인의 자격을 갖춘 후 건축 및 도시계획 관련 업무에 3년 이상 종사한 자
2) 감정평가사 · 공인회계사 또는 변호사
3) 법무사 또는 세무사
4) 정비사업 관련 업무에 3년 이상 종사한 사람으로서 다음의 어느 하나에 해당하는 자
가) 공인중개사 · 행정사
나) 정부기관 · 공공기관 또는 제81조제3항 각 호의 기관에서 근무한 사람
다) 도시계획 · 건축 · 부동산 · 감정평가 등 정비사업 관련 분야의 석사 이상의 학위 소지자
라) 2003년 7월 1일 당시 관계 법률에 따라 재개발사업 또는 재건축사업의 시행을 목적으로 하는 토지등소유자, 조합 또는 기존의 추진위원회와 민사계약을 하여 정비사업을 위탁받거나 자문을 한 업체에 근무한 사람으로서 법 제102조제1항 제2호부터 제6호까지의 업무를 수행한 실적이 국토교통부장관이 정하는 기준에 해당하는 자
나. 가목의 인력확보기준을 적용할 때 가목1) 및 2)의 인력은 각각 1명 이상을 확보하여야 하며, 같은 목 4)의 인력이 2명을 초과하는 경우에는 2명으로 본다.
다. 가목1)부터 4)까지 외의 부분 단서에 따라 정비사업전문관리업자가 법무법인등과 정비사업의 공동수행을 위한 업무협약을 체결한 경우에는 나목에 따라 가목2)의 인력을 1명 이상 확보한 것으로 본다.

3. 사무실 기준: 사무실은 「건축법」 및 그 밖의 법령에 적합하여야 한다.

■ 도시 및 주거환경정비법 시행령 [별표 5]

정비사업전문관리업자의 등록취소 및 업무정지처분의 기준(제84조 관련)

1. 일반기준
가. 법 위반행위에 대한 행정처분은 다른 법률에 별도의 처분기준이 있는 경우 외에는 이 기준에 따르며 영업정지처분기간 1개월은 30일로 본다.
나. 위반행위가 둘 이상인 경우로서 그에 해당하는 각각의 처분기준이 다른 경우에는 그 중 무거운 처분기준에 따르며, 둘 이상이 같은 영업정지인 경우에는 무거운 처분기준의 2분의 1까지 늘릴 수 있다. 이 경우 각 처분기준을 합산한 기간을 초과할 수 없고 합산한 업무정지기간이 1년을 초과하는 때에는 1년으로 본다.
다. 하나의 위반행위에 대한 처분기준이 둘 이상인 경우에는 그 중 무거운 처분기준에 따라

시 행 령 [별 표]

처분한다.

라. 위반행위의 횟수에 따른 가중된 행정처분은 최근 1년 간 같은 위반행위로 처분을 받은 경우에 적용한다. 이 경우 기간의 계산은 위반행위에 대하여 행정처분을 받은 날과 그 처분 후 다시 같은 위반행위를 하여 적발된 날을 기준으로 한다.

마. 라목에 따라 가중된 행정처분을 하는 경우 가중된 행정처분의 적용 차수는 그 위반행위 전 행정처분 차수(라목에 따른 기간 내에 행정처분이 둘 이상 있었던 경우에는 높은 차수를 말한다)의 다음 차수로 한다.

바. 처분권자는 위반행위의 동기·내용 및 위반의 정도 등 다음에 해당하는 사유를 고려하여 그 처분이 영업정지인 경우에는 행정처분기준의 2분의 1 범위에서 감경할 수 있다.

1) 위반행위가 고의나 중대한 과실이 아닌 사소한 부주의나 오류로 인한 것으로 인정되는 경우
2) 위반의 내용과 정도가 경미하여 주민에게 미치는 피해가 적다고 인정되는 경우
3) 위반행위자가 처음 위반행위를 한 경우로서 3년 이상 해당 사업을 모범적으로 해 온 사실이 인정되는 경우
4) 위반행위자가 해당 위반행위로 검사로부터 기소유예 처분을 받거나 법원으로부터 선고유예의 판결을 받은 경우
5) 위반행위자가 해당 사업과 관련 지역사회의 발전 등에 기여한 사실이 인정되는 경우

2. 개별기준

위반행위	근거 법조문	행정처분 기준		
		1차 위반	2차 위반	3차 이상 위반
가. 거짓, 그 밖의 부정한 방법으로 등록을 한 경우	법 제106조 제1항제1호	등록 취소		
나. 법 제102조제1항에 따른 등록기준에 미달하게 된 경우	법 제106조 제1항제2호	업무 정지 1년	등록 취소	
다. 추진위원회, 사업시행자 또는 시장·군수등의 위탁이나 자문에 관한 계약 없이 법 제102조제1항 각 호에 따른 업무를 수행한 경우	법 제106조 제1항제3호	업무 정지 6개월	업무 정지 1년	
라. 법 제102조제1항 각 호에 따른 업무를 직접 수행하지 아니한 경우	법 제106조 제1항제4호	등록 취소		
마. 고의 또는 과실로 조합에게 계약금액(정비사업전문관리업자가 조합과 체결한 총계약금액을 말한다)의 3분의 1 이상의 재산상 손실을 끼친 경우	법 제106조 제1항제5호	업무 정지 6개월	업무 정지 1년	
바. 법 제107조에 따른 보고·자료제출을 하지 않거나 거짓으로 한 경우 또는 조사·검사를 거부·방해 또는 기피한 경우	법 제106조 제1항제6호			
1) 보고 또는 자료 제출을 하지 않은 경우		업무 정지 1개월	업무 정지 3개월	업무 정지 6개월
2) 보고 또는 자료 제출을 거짓으로 한 경우		업무 정지 1개월	업무 정지 2개월	업무 정지 3개월
3) 조사·검사를 거부·방해 또는 기피한 경우		업무 정지 1개월	업무 정지 3개월	업무 정지 6개월
사. 법 제111조에 따른 보고·자료제출을 하지 않거나 거짓으로 한 경우 또는 조사·검사를 거부·방해 또는 기피한 경우	법 제106조 제1항제7호			
1) 보고 또는 자료 제출을 하지 않은 경우		업무 정지 1개월	업무 정지 3개월	업무 정지 6개월
2) 보고 또는 자료 제출을 거짓으로 한 경우		업무 정지 1개월	업무 정지 2개월	업무 정지 3개월
3) 조사·검사를 거부·방해 또는 기피한 경우		업무 정지 1개월	업무 정지 3개월	업무 정지 6개월
아. 최근 3년간 2회 이상의 업무정지처분을 받은 자로서 그 정지처분을 받은 기간이 합산하여 12개월을 초과한 경우	법 제106조 제1항제8호	등록 취소		

시 행 령 [별 표]

자. 다른 사람에게 자기의 성명 또는 상호를 사용하여 이 법에서 정한 업무를 수행하게 하거나 등록증을 대여한 경우	법 제106조 제1항제9호	등록 취소		
차. 이 법을 위반하여 벌금형 이상의 선고를 받은 경우(법인의 경우에는 그 소속 임직원을 포함한다)	법 제106조 제1항제10호	업무 정지 6개월	업무 정지 9개월	업무 정지 1년
카. 법 제103조 각 호에 따른 업무를 병행하여 수행한 경우	법 제106조 제1항제11호	업무 정지 6개월	업무 정지 1년	
타. 가목부터 카목까지에서 규정한 사항 외에 이 법 또는 이 법에 따른 명령이나 처분을 위반한 경우	법 제106조 제1항제11호	업무 정지 1개월	업무 정지 2개월	업무 정지 3개월

■ 도시 및 주거환경정비법 시행령 [별표 5의2] 〈개정 2024.7.23.〉

과징금의 부과기준(제89조의2제1항관련)

위반행위	근거 법조문	과징금 금액
가. 건설업자 또는 등록사업자가 법 제132조제1항을 위반한 경우	법 제113조의2제1항제1호	
1) 건설업자 또는 등록사업자가 법 제132조제1항을 위반하여 같은 항 각 호의 행위(이하 "부정제공" 이라 한다)를 한 가액의 합이 3천만원 이상인 경우		공사비의 100분의 20
2) 건설업자 또는 등록사업자가 법 제132조제1항을 위반하여 부정제공한 가액의 합이 1천만원 이상 3천만원 미만인 경우		공사비의 100분의 15
3) 건설업자 또는 등록사업자가 법 제132조제1항을 위반하여 부정제공한 가액의 합이 500만원 이상 1천만원 미만인 경우		공사비의 100분의 10
4) 건설업자 또는 등록사업자가 법 제132조제1항을 위반하여 부정제공한 가액의 합이 500만원 미만인 경우		공사비의 100분의 5
나. 건설업자 또는 등록사업자가 법 제132조제2항을 위반한 경우	법 제113조의2제1항제1호	
1) 건설업자 또는 등록사업자가 법 제132조제2항을 위반하여 같은 항 각 호의 시공과 관련 없는 사항을 제안(이하 "시공외제안"이라 한다)한 가액의 합이 3천만원 이상인 경우		공사비의 100분의 20
2) 건설업자 또는 등록사업자가 법 제132조제2항을 위반하여 시공외제안한 가액의 합이 1천만원 이상 3천만원 미만인 경우		공사비의 100분의 15
3) 건설업자 또는 등록사업자가 법 제132조제2항을 위반하여 시공외제안한 가액의 합이 500만원 이상 1천만원 미만인 경우		공사비의 100분의 10
4) 건설업자 또는 등록사업자가 법 제132조제2항을 위반하여 시공외제안한 가액의 합이 500만원 미만인 경우		공사비의 100분의 5
다. 건설업자 또는 등록사업자가 법 제132조의2를 위반하여 관리·감독 등 필요한 조치를 하지 않은 경우로서 용역업체의 임직원이 법 제132	법 제113조의2제1항제2호	

조제1항을 위반한 경우		
1) 용역업체의 임직원이 법 제132조제1항을 위반하여 부정제공한 가액의 합이 3천만원 이상인 경우		공사비의 100분의 20
2) 용역업체의 임직원이 법 제132조제1항을 위반하여 부정제공한 가액의 합이 1천만원 이상 3천만원 미만인 경우		공사비의 100분의 15
3) 용역업체의 임직원이 법 제132조제1항을 위반하여 부정제공한 가액의 합이 500만원 이상 1천만원 미만인 경우		공사비의 100분의 10
4) 용역업체의 임직원이 법 제132조제1항을 위반하여 부정제공한 가액의 합이 500만원 미만인 경우		공사비의 100분의 5

■ 도시 및 주거환경정비법 시행령 [별표 5의3] 〈신설 2024. 7. 23.〉

정비사업의 입찰참가 제한기간 및 입찰참가 제한을 갈음하는 과징금의 부과기준 (제89조의3제1항 및 제6항 관련)

1. 일반기준

시·도지사는 건설업자 또는 등록사업자가 다음 각 목의 어느 하나에 해당하는 경우 법 제113조의3제5항에 따른 입찰참가 제한을 갈음하는 과징금 금액을 제2호에 따른 과징금 금액의 2분의 1의 범위에서 줄여서 부과할 수 있다.

가. 건설업자 또는 등록사업자가 같은 위반행위로 법 제113조의2제1항 각 호 외의 부분 후단에 따라 정비사업에 대한 시공자 선정이 취소된 경우

나. 건설업자 또는 등록사업자가 같은 위반행위로 법 제113조의2제1항 전단에 따른 과징금을 부과받은 경우

2. 개별기준

위반행위	근거 법조문	입찰참가 제한기간	입찰참가 제한을 갈음하는 과징금 금액
가. 건설업자 또는 등록사업자가 법 제132조제1항을 위반한 경우	법 제113조의3 제1항 및 제5항		
1) 건설업자 또는 등록사업자가 법 제132조제1항을 위반하여 부정제공한 가액의 합이 3천만원 이상인 경우		2년	공사비의 100분의 20
2) 건설업자 또는 등록사업자가 법 제132조제1항을 위반하여 부정제공한 가액의 합이 1천만원 이상 3천만원 미만인 경우		2년	공사비의 100분의 15
3) 건설업자 또는 등록사업자가 법 제132조제1항을 위반하여 부정제공한 가액의 합이 500만원 이상 1천만원 미만인 경우		1년	공사비의 100분의 10
4) 건설업자 또는 등록사업자가 법 제132조제1항을 위반하여 부정제공한 가액의 합이 500만원 미만인 경우		1년	공사비의 100분의 5
나. 건설업자 또는 등록사업자가 법 제132조제2항을 위반한 경우	법 제113조의3 제1항 및 제5항		
1) 건설업자 또는 등록사업자가 법 제132조제2항을 위반하여 시공외제안한 가액의 합이 3천만원 이상인 경우		2년	공사비의 100분의 20
2) 건설업자 또는 등록사업자가 법 제132조제2항을 위반하여 시공외제안한 가액의 합이 1천만원 이상 3천만원 미만인 경우		2년	공사비의 100분의 15
3) 건설업자 또는 등록사업자가 법 제132조제2항을 위반하여 시공외제안한 가액의 합이 500만원 이상 1천만원 미만인 경우		1년	공사비의 100분의 10
4) 건설업자 또는 등록사업자가 법 제132조제2항을 위반하여 시공외제안한 가액의 합이 500만원 미만인 경우		1년	공사비의 100분의 5
다. 건설업자 또는 등록사업자가 법 제132조의2를 위반하여 관리·감독 등 필요한 조치를 하지 않은 경우로서 용역업체의 임직원이 법 제132조제1항을 위반한 경우	법 제113조의3 제1항 및 제5항		
1) 용역업체의 임직원이 법 제132조제1항을 위반하여 부정제공한 가액의 합이 3천만원 이상인 경우		2년	공사비의 100분의 20

2) 용역업체의 임직원이 법 제132조제1항을 위반하여 부정제공한 가액의 합이 1천만원 이상 3천만원 미만인 경우		2년	공사비의 100분의 15
3) 용역업체의 임직원이 법 제132조제1항을 위반하여 부정제공한 가액의 합이 500만원 이상 1천만원 미만인 경우		1년	공사비의 100분의 10
4) 용역업체의 임직원이 법 제132조제1항을 위반하여 부정제공한 가액의 합이 500만원 미만인 경우		1년	공사비의 100분의 5

■ 도시 및 주거환경정비법 시행령 [별표 6] <개정 2022.12.9.>

과태료의 부과기준(제99조 관련)

1. 일반기준

가. 제2호에 따른 지연기간에는 다음의 사유로 지연된 기간은 산입하지 않는다.

1) 천재지변 등 불가항력적인 경우

2) 소송 등의 사유로 의무의 불이행에 상당한 사유가 있다고 인정되는 경우

나. 부과권자는 다음의 어느 하나에 해당하는 경우에는 제2호가목부터 다목까지 및 마목의 규정에 따른 과태료 금액의 2분의 1 범위에서 그 금액을 줄일 수 있다. 다만, 과태료를 체납하고 있는 위반행위자의 경우에는 그러하지 아니하다.

1) 위반행위자가 「질서위반행위규제법 시행령」 제2조의2제1항 각 호의 어느 하나에 해당하는 경우

2) 위반행위가 사소한 부주의나 오류로 인한 것으로 인정되는 경우

3) 위반행위자가 법 위반상태를 시정하거나 해소하기 위하여 노력한 사실이 인정되는 경우

4) 그 밖에 위반행위의 정도 · 동기 및 그 결과 등을 고려하여 과태료를 줄일 필요가 있다고 인정되는 경우

다. 부과권자는 다음의 어느 하나에 해당하는 경우에는 제2호가목부터 다목까지 및 마목의 규정에 따른 과태료 금액의 2분의 1 범위에서 그 금액을 늘릴 수 있다. 다만, 늘리는 경우에도 법 제140조제2항에서 규정한 과태료의 상한을 넘을 수 없다.

1) 위반의 내용 · 정도가 중대하여 이해관계인 등에게 미치는 피해가 크다고 인정되는 경우

2) 법 위반상태의 기간이 6개월 이상인 경우

3) 그 밖에 위반행위의 정도 · 동기 및 그 결과 등을 고려하여 과태료를 늘릴 필요가 있다고 인정되는 경우

2. 개별기준

(단위: 만원)

위반행위	근거 법조문	과태료 금액
가. 법 제29조제2항을 위반하여 전자조달시스템을 이용하지 않고 계약을 체결한 경우	법 제140조제2항제1호	500
나. 법 제78조제5항 및 제86조제1항을 위반하여 관리처분계획의 인가 내용 통지를 태만히 한 경우	법 제140조제2항제2호	
1) 관리처분계획을 인가한 날부터 1개월 이상 2개월 미만 지연한 경우		50
2) 관리처분계획을 인가한 날부터 2개월 이상 3개월 미만 지연한 경우		100
3) 관리처분계획을 인가한 날부터 3개월 이상 4개월 미만 지연한 경우		150
4) 관리처분계획을 인가한 날부터 4개월 이상 지연하거나 통지를 하지 않은 경우		200
다. 법 제107조제1항 또는 제111조제2항을 위반하여 보고 또는 자료의 제출을 태만히 한 경우	법 제140조제2항제3호	
1) 보고 또는 자료의 제출 기일을 경과한 날부터 1개월 이상 2개월 미만 지연한 경우		100
2) 보고 또는 자료의 제출 기일을 경과한 날부터 2개월 이상 3개월 미만 지연한 경우		200

시 행 령 [별 표]

3) 보고 또는 자료의 제출 기일을 경과한 날부터 3개월 이상 4개월 미만 지연한 경우		300
4) 보고 또는 자료의 제출 기일을 경과한 날부터 4개월 이상 지연하거나 보고 또는 자료 제출을 하지 않은 경우		400
라. 법 제111조의2를 위반하여 자금차입에 관한 사항을 신고하지 않은 경우	법 제140조제2항제3호의2	
1) 신고를 지연한 기간이 30일 이상 2개월 미만인 경우		100
2) 신고를 지연한 기간이 2개월 이상 3개월 미만인 경우		200
3) 신고를 지연한 기간이 3개월 이상 4개월 미만인 경우		300
4) 신고를 지연한 기간이 4개월 이상 5개월 미만인 경우		400
5) 신고를 지연한 기간이 5개월 이상이거나 자금차입에 관한 사항을 신고하지 않은 경우		500
마. 법 제111조의2를 위반하여 자금차입에 관한 사항을 거짓으로 신고한 경우	법 제140조제2항제3호의2	500
바. 법 제113조제2항에 따른 점검반의 현장조사를 거부·기피 또는 방해한 경우	법 제140조제1항제1호	1,000
사. 법 제125조제2항을 위반하여 관계 서류의 인계를 태만히 한 경우	법 제140조제2항제4호	
1) 시·도조례로 정하는 인계기간을 경과한 날부터 1개월 이상 2개월 미만 지연한 경우		100
2) 시·도조례로 정하는 인계기간을 경과한 날부터 2개월 이상 3개월 미만 지연한 경우		200
3) 시·도조례로 정하는 인계기간을 경과한 날부터 3개월 이상 4개월 미만 지연한 경우		300
4) 시·도조례로 정하는 인계기간을 경과한 날부터 4개월 이상 지연하거나 인계하지 않은 경우		400
아. 법 제132조제2항을 위반하여 법 제29조에 따른 계약의 체결과 관련하여 시공과 관련 없는 사항을 제안한 경우	법 제140조제1항제2호	1,000
자. 법 제132조의3제1항을 위반하여 사실과 다른 정보 또는 부풀려진 정보를 제공하거나, 사실을 숨기거나 축소하여 정보를 제공한 경우	법 제140조제1항제3호	1,000

建設技術 振興法

최종개정 : 건설기술진흥법 2024. 1. 9.
시 행 령 2024. 7. 2.
시 행 규 칙 2024. 7.10.

【건설기술 진흥법】 개정이유 및 주요내용 〈법제처 제공〉

■ 2024.1.9. 개정(시행 2024.7.10.)

◇ 개정이유 및 주요내용

건설사업자 또는 주택건설등록업자가 품질시험 및 검사를 완료한 날부터 7일 이내에 그 결과 및 실시대장 등 증빙자료를 열람이 가능하도록 건설공사 안전관리 종합정보망에 입력하도록 하고, 건설사업자와 주택건설등록업자가 대통령령으로 정하는 건설자재 · 부재를 공급받으려는 공장을 선정할 때 발주청 등의 승인을 받도록 법적 근거를 명확히 하며, 건설공사의 발주자, 건설사업자 등이 건설공사의 품질관리를 위한 시험 · 검사 등을 대행하게 하는 경우 건설공사 안전관리 종합정보망을 통하여 품질검사의 대행을 의뢰하도록 하는 등 현행 제도의 운영상 나타난 일부 미비점을 개선 · 보완함.

■ 2022.6.10. 개정(시행 2022.6.10.)

◇ 개정이유 및 주요내용

현행법에 따르면 건설업 등에 종사하는 건설기술인은 업무 수행 전에 국토교통부장관이 실시하는 교육 · 훈련을 받아야 하고, 정당한 사유 없이 교육 · 훈련을 받지 아니하면 300만원 이하의 과태료 부과 대상이 되는데, 현재 상당수 교육대상자가 이직이나 퇴직으로 건설업 등에 종사하지 않아 건설기술 관련 교육 · 훈련 이수가 어려운 상황에서 미이수자에 대한 과태료 부과 유예기간이 2021년 12월 31일자로 종료됨에 따라 교육대상자에게 과도한 부담이 되고 있다는 지적이 있음.

이에 과태료 부과 유예 대상인 교육대상자 중 이직이나 퇴직 등으로 현재 건설업에 종사하지 않는 자에 대해서는 다시 건설기술업무를 수행할 때까지 과태료 부과 유예를 연장하여 건설기술인의 능력 향상을 위한 교육 · 훈련 제도의 실효성을 제고하려는 것임.

■ 2021.3.16. 개정(시행 2021.6.17.)

◇ 개정이유

현행 「건설기술 진흥법」 에서 사용되고 있는 "건설기술용역"이라는 용어는 단순한 노무를 제공하는 것을 넘어 설계, 감리, 측량 등 전문적이고 복합적인 건설기술에 대한 서비스를 제공한다는 의미를 전달하기 어려운 측면이 있음.

또한, 현재 건설공사를 시행할 때 낙찰을 받거나 비용을 절감하기 위해 공사기간을 과도하게 단축하여 산정함으로 인하여 시설물의 품질과 안전은 물론이고 건설노동자들의 처우에도 문제가 발생하고 있음.

한편, 현행법은 건설기술인이 업무수행과 관련하여 발주자 또는 사용자로부터 부당한 요구를 받은 경우 이를 거부할 수 있도록 하고 있으나 부당한 요구의 개념이 모호하고, 사용자 소속의 임 · 직원이 부당한 요구를 한 경우에도 건설기술인이 이를 거부할 수 있는지가 불분명한 문제가 있음.

또한, 현행법은 건설기술인 또는 건설기술용역사업자가 현행법을 위반할 경우 국토교통부장관 등이 영업정지, 등록취소 등의 조치를 취할 수 있도록 하고 있으나 제재처분의 제척기간은 규정하고 있지 않아 건설기술인 등은 제재처분과 관련된 권리관계가 확정되지 아니함에 따라 법적안정성을 확보하기 어렵다는 지적이 있음.

한편, 건설공사현장 작업자는 공사장에서 발생하는 소음ㆍ진동 등으로 인하여 위험 상황의 감지가 어렵고, 협소하거나 밀폐된 공간에서 일하는 경우에는 사고 발생 시 구조요청이 어려워 대형 참사로 이어지고 있는 실정이므로 융ㆍ복합 건설기술과 무선통신 장치 등을 활용한 안전관리를 강화할 필요가 있음.

이에 "기술용역"이라는 용어를 "엔지니어링"으로 변경함으로써 건설기술용역사업자 및 건설기술인의 위상을 제고하고, 발주자가 적정 공기를 산정하도록 하고 정당한 사유에 의한 공기연장을 검토하도록 하는 법적 근거를 마련하며, 건설기술인이 받은 부당한 요구의 개념을 명확히 하고, 건설기술인 사용자 소속 임ㆍ직원 또한 건설기술인에 대해 부당한 요구 등을 할 수 없도록 하며, 국토교통부장관은 부당한 요구 등의 신고 처리를 위해 독립된 기관을 설치ㆍ운영할 수 있도록 하고, 건설기술인 또는 건설기술용역사업자의 위반행위에 대한 영업정지, 등록취소 처분 등에 대한 제척기간을 규정하여 건설기술인에 대한 권리침해를 방지하고 법적 안정성을 제고하며, 건설공사 참여자에게 스마트 안전장비 및 안전관리시스템의 구축ㆍ운영에 필요한 비용 등을 지원할 수 있도록 함으로써 건설공사현장에서의 안전관리를 강화하려는 것임.

◇ 주요내용

가. "건설기술용역", "건설기술용역업" 및 "건설기술용역사업자" 등의 용어를 각각 "건설엔지니어링", "건설엔지니어링업" 및 "건설엔지니어링사업자" 등으로 각각 변경함(제2조 등).

나. 건설기술인이 업무수행과 관련하여 받은 부당한 요구의 개념을 구체적으로 정하도록 대통령령에 위임하고, 건설기술인 사용자 소속 임ㆍ직원 또한 건설기술인에 대해 부당한 요구 등을 할 수 없도록 하며, 부당한 요구 등을 받은 건설기술인이 해당 사실을 국토교통부장관에 신고할 수 있도록 하고, 국토교통부장관은 신고의 접수, 처리 등에 관한 업무를 수행하기 위해 공정건설지원센터를 설치ㆍ운영할 수 있도록 함(제22조의2제2항, 제22조의3 신설).

다. 발주자는 건설공사의 품질 및 안전성ㆍ경제성을 확보할 수 있도록 해당 건설공사의 규모 및 특성, 현장여건 등을 고려하여 적정 공사기간을 산정하도록 하되, 불가항력 등 정당한 사유가 발생한 경우에는 이를 고려하여 적정 공사기간 조정을 검토하도록 함(제45조의2제1항 신설).

라. 국토교통부장관은 발주청이 적정 공사기간 산정 및 조정 등과 관련된 업무를 원활히 수행할 수 있도록 대통령령으로 정하는 바에 따라 공사기간 산정기준을 정하여 고시할 수 있도록 함(제45조의2제2항 신설).

마. 국토교통부장관은 건설사고를 예방하기 위해 건설공사 참여자에게 무선안전장비와 융ㆍ복합건설기술을 활용한 스마트 안전장비 및 안전관리시스템의 구축ㆍ운영에 필요한 비용 등 대통령령으로 정하는 비용의 전부 또는 일부를 예산의 범위에서 보조하거나 그 밖에 필요한 지원을 할 수 있도록 함(제62조의3 신설).

바. 건설기술인 또는 건설기술용역사업자의 위반행위에 대한 영업정지, 등록취소 등의 제척기간을 규정함(제80조의2 신설).

【건설기술 진흥법 시행령】 개정이유 및 주요내용 〈법제처 제공〉

■ 2024.7.2. 개정(시행 2024.7.10.)

◇ 개정이유 및 주요내용

건설사업자 또는 주택건설등록업자가 품질시험 및 검사를 완료한 날부터 7일 이내에 그 결과 및 실시대장 등 증빙자료를 건설공사 안전관리 종합정보망에 입력하도록 하고, 건설사업자 또는 주택건설등록업자가 건설현장에 반입되는 주요 건설자재ㆍ부재를 공급하는 공장을 선정할 때 발주청 등의 승인을 받도록 하는 등의 내용으로 「건설기술 진흥법」이 개정(법률 제19967호, 2024. 1. 9. 공포, 2024. 7. 10. 시행)됨에 따라, 건설사업자 또는 주택건설등록업자는 품질검사 종목ㆍ기준ㆍ결과 등 품질검사 결과에 관한 내용, 품질관리 업무를 수행하는 건설기술인 등의 성명ㆍ서명 및 사진 등 증빙자료를 건설공사 안전관리 종합정보망에 입력하도록 하고, 발주청 등의 승인을 받아야 하는 주요 건설자재ㆍ부재를 아스팔트 콘크리트, 바닷모래, 순환골재 등으로 정하는 등 법률에서 위임된 사항과 그 시행에 필요한 사항을 정하려는 것임.

■ 2024.4.23. 개정(시행 2024.4.23.)

◇ 개정이유 및 주요내용

로봇ㆍ인공지능 등 스마트기술이 사용된 건설신기술에 대한 성능을 시험ㆍ검증하기 위하여 건설신기술에 대한 시험ㆍ검증기관에 '「국가표준기본법」에 따른 인정기구로부터 인정받은 시험ㆍ검사기관'을 추가하는 한편,

발주청이 용역사업을 발주할 때 건설엔지니어링사업자의 수행능력평가시기를 가격 입찰 후로 할 수 있는 대상 용역사업을, 종전에는 예정 용역사업비가 5억원 미만'인 소규모 용역사업으로 한정하던 것을 앞으로는 예정 용역사업비가 '10억원 미만'인 용역사업으로 확대함으로써 소규모 설계용역에 대한 건설엔지니어링사업자의 입찰부담을 완화하려는 것임.

■ 2024.3.5. 개정(시행 2024.7.1.)

◇ 개정이유 및 주요내용

부실공사를 방지하고 건설사업자 등의 경영 부담을 완화하기 위하여 종전에는 자재를 잘못 선정하여 공사 부실 문제가 발생한 경우에는 벌점을 부과하던 것을, 앞으로는 공사부실 등 문제가 발생했더라도 건설엔지니어링사업자 및 건설기술인 등이 발주청과 협의하여 건설자재를 선정한 경우에는 벌점을 부과하지 않도록 하는 등 건설공사 등의 벌점 측정기준을 합리적으로 정비하는 한편,

건설엔지니어링사업자가 자발적으로 안전관리를 하여 건설현장의 사고를 예방할 수 있게 하기 위하여 종전에는 반기 동안 사망사고가 없는 건설사업자 및 주택건설등록업자에 대해서만 다음 반기 벌점을 경감하던 것을, 앞으로는 반기 동안 사망사고가 없는 건설엔지니어링사업자에 대해서도 벌점을 경감하도록 하는 등 현행 제도의 운영상 나타난 일부 미비점을 개선ㆍ보완하려는 것임.

■ 2023.1.6. 개정(시행 2023.1.6.)

◇ 개정이유 및 주요내용

건설기술과 정보통신, 전자, 기계 등 다른 분야 기술을 융·복합한 기술에 관한 산·학·연·관 협력이 이루어질 수 있도록 하기 위하여 중앙건설기술심의위원회의 심의 사항에 건설기술과 정보통신, 전자, 기계 등 다른 분야 기술을 융·복합한 기술의 활성화에 관한 사항을 추가하고, 시설물의 안전 및 공사시행의 적정성과 품질 확보 등을 위하여 시설물별로 정한 표준적인 시공기준인 표준시방서의 활용 범위를 민간에서 공사시방서를 작성하거나 검토할 때에도 활용하기 위한 시공기준으로 확대하는 한편,

부실시공의 방지 및 건설사업관리 업무의 내실화를 위하여 건설사업관리 업무를 수행하는 건설기술인은 매년 7시간 이상 계속교육*을 이수하도록 하는 등 현행 제도의 운영상 나타난 일부 미비점을 개선·보완하려는 것임.

* 계속교육: 건설기술 업무를 일정기간 이상 수행한 건설기술인이 해당 건설기술 업무를 계속하여 수행하려는 경우 받아야 하는 교육

■ 2022.9.13. 개정(시행 2022.9.13.)

◇ 개정이유 및 주요내용

건설공사의 설계 등에 관한 사항을 심의하는 설계심의분과위원회의 전문성 및 공정성을 제고하기 위하여 중앙심의위원회의 설계심의분과위원회 및 기술자문위원회의 기술자문설계심의분과위원회 위원 수를 각각 '300명 이내'에서 '400명 이내'로, '70명 이내'에서 '150명 이내'로 확대하고, 종전에는 발주청 소속 직원을 기술자문설계심의분과위원회 위원의 과반수로 하도록 하던 것을 앞으로는 발주청이 전문성·공정성 확보를 위하여 필요하다고 인정하는 경우에는 국토교통부장관과 협의하여 2분의 1 이하로 조정할 수 있도록 하는 등 현행 제도의 운영상 나타난 일부 미비점을 개선·보완하려는 것임.

【건설기술 진흥법 시행규칙】 제정이유 및 주요내용 〈국토교통부 제공〉

■ 2024.7.10. 일부개정(시행 2024.7.10.)

◇ 개정이유 및 주요내용

건설공사의 발주자, 건설사업자 등이 건설공사의 품질관리를 위한 시험·검사 등을 대행하게 하는 경우 건설공사 안전관리 종합정보망을 통하여 품질검사의 대행을 의뢰하도록 하는 등의 내용으로 「건설기술 진흥법」이 개정(법률 제19967호, 2024. 1. 9. 공포, 2024. 7. 10. 시행)됨에 따라, 건설공사의 품질시험 및 검사의 대행을 의뢰하려는 경우에는 품질시험 및 검사의 종목·기준, 품질시험 및 검사의 목적 등을 건설공사 안전관리 종합안전망에 입력하도록 하는 등 법률에서 위임된 사항과 그 시행에 필요한 사항을 정하는 한편,

품질시험 및 검사가 주로 건설공사 현장에 있는 컨테이너에서 실시되는 현실을 고려하여 컨테이너의 일반 규격에 맞추어 건설공사 품질관리를 위한 시설 중 시험실의 규모 기준을 '20제곱미터' 이상에서 '18제곱미터' 이상으로 완화하고, 건설기술인이 해외에 진출하는 데 편리하도록 건설기술인 경력증명서를 영문으로 발급할 수 있도록 하는 등 현행 제도의 운영상 나타난 일부 미비점을 개선·보완하려는 것임.

■ 2024.4.23. 일부개정(시행 2024.8.1.)

◇ 개정이유 및 주요내용

건설기술인의 경력을 체계적으로 관리하기 위하여 건설공사에 융·복합건설기술 또는 건설신기술 등을 적용한 경우에는 해당 사항을 기술경력으로 기록, 관리할 수 있도록 하고,

종전에는 건설기술인 경력증명서에 건설사업관리 분야의 건설기술인의 등급을 '직무분야' 만 기재하던 것을 앞으로는 '전문분야' 도 추가하여 기재하도록 하는 등 현행 제도의 운영상 나타난 일부 미비점을 개선·보완하려는 것임.

■ 2022.12.30. 일부개정(시행 2022.12.30.)

◇ 개정이유 및 주요내용

건설기술경력증 사용의 편의성을 높이기 위하여 건설기술인이 이동통신단말장치를 이용한 모바일 형태로 건설기술경력증의 발급을 요청할 수 있도록 하고, 건설기술인의 국외경력확인 시 건설기술인이 제출해야 하는 서류를 간소화하기 위하여 경력관리 수탁기관이 행정정보 공동이용을 통해 건설기술인의 출입국에 관한 사실증명을 직접 확인할 수 있도록 하는 한편,

건설공사의 품질관리계획 또는 품질시험계획에 따라 품질시험 및 검사를 하는 건설기술인의 전문성을 확보하기 위하여 중급 품질관리 대상 이상의 건설공사에 배치되는 건설기술인 중 가장 높은 건설기술인 등급에 속한 건설기술인에 대해서는 일정한 기간 이상의 품질관리 경력을 요구하도록 하고, 새로운 건설기술을 개발하거나 기존 건설기술을 개량하는 자의 부담을 완화하기 위하여 신기술 신청 시 내야 하는 수수료를 폐지하는 등 현행 제도의 운영상 나타난 일부 미비점을 개선·보완하려는 것임.

법	시 행 령	시 행 규 칙

제1장 총칙

제1조【목적】 이 법은 건설기술의 연구、개발을 촉진하여 건설기술 수준을 향상시키고 이를 바탕으로 관련 산업을건설 진흥하여 건설공사가 적정하게 시행되도록 함과 아울러 건설공사의 품질을 높이고 안전을 확보함으로써 공공복리의 증진과 국민경제의 발전에 이바지함을 목적으로 한다.

제2조【정의】 이 법에서 사용하는 용어의 뜻은 다음과 같다. 〈개정 2015.5.18., 2015.7.24., 2018.8.14., 2019.4.30., 2020. 2.18.,2021.3.16.〉

1. "건설공사"란 「건설산업기본법」 제2조제4호에 따른 건설공사를 말한다.
2. "건설기술"이란 다음 각 목의 사항에 관한 기술을 말한다. 다만, 「산업안전보건법」에서 근로자의 안전에 관하여 따로 정하고 있는 사항은 제외한다.
   가. 건설공사에 관한 계획·조사(지반조사를 포함한다. 이하 같다)·설계(「건축사법」 제2조제3호에 따른 설계는 제외한다. 이하 같다)·시공·감리·시험·평가·측량(해양조사를 포함한다. 이하 같다)·자문·지도·품질관리·안전점검 및 안전성 검토
   나. 시설물의 운영·검사·안전점검·정밀안전진단·유지·관리·보수·보강 및 철거
   다. 건설공사에 필요한 물자의 구매와 조달
   라. 건설장비의 시운전(試運轉)
   마. 건설사업관리
   바. 그 밖에 건설공사에 관한 사항으로서 대통령령으로 정하는 사항

제1장 총칙

제1조【목적】 이 영은 「건설기술 진흥법」에서 위임된 사항과 그 시행에 필요한 사항을 규정함을 목적으로 한다.

제2조【건설기술의 범위】 「건설기술 진흥법」(이하 "법"이라 한다) 제2조제2호바목에서 "대통령령으로 정하는 사항"이란 다음 각 호의 사항을 말한다.

1. 건설기술에 관한 타당성의 검토
2. 정보통신체계를 이용한 건설기술에 관한 정보의 처리
3. 건설공사의 견적

제3조【발주청의 범위】 법 제2조제6호에서 "대통령령으로 정하는 기관"이란 다음 각 호의 기관을 말한다. 〈개정 2020.11.10., 2020.12.8.〉

1. 국가 및 지방자치단체의 출연기관
2. 국가, 지방자치단체 또는 「공공기관의 운영에 관한 법률」 제5조에 따른 공기업·준정부기관(이하 "공기업·준정부기관"이라 한다)이 위탁한 사업의 시행자
3. 국가, 지방자치단체 또는 공기업·준정부기관이 관계 법령에 따라 관리하여야 하는 시설물의 사업시행자
4. 「공유수면 관리 및 매립에 관한 법률」 제28조에 따라 공

제1장 총칙

제1조【목적】 이 규칙은 「건설기술 진흥법」 및 같은 법 시행령에서 위임된 사항과 그 시행에 필요한 사항을 규정함을 목적으로 한다.

관계법 「건설산업기본법」 제2조(정의)
이 법에서 사용하는 용어의 뜻은 다음과 같다. 〈개정 2020.6.9.〉

1. "건설산업" 이란 건설업과 건설용역업을 말한다.
2. "건설업" 이란 건설공사를 하는 업(業)을 말한다.
3. "건설용역업" 이란 건설공사에 관한 조사, 설계, 감리, 사업관리, 유지관리 등 건설공사와 관련된 용역(이하 "건설용역" 이라 한다)을 하는 업(業)을 말한다.
4. "건설공사" 란 토목공사, 건축공사, 산업설비공사, 조경공사, 환경시설공사, 그 밖에 명칭과 관계없이 시설물을 설치·유지·보수하는공사(시설물을 설치하기 위한 부지조성공사를 포함한다) 및 기계설비나 그 밖의 구조물의 설치 및 해체공사 등을 말한다. 다만, 다음 각 목의 어느 하나에 해당하는 공사는 포함하지 아니한다.
   가. 「전기공사업법」 에 따른 전기공사

법

3. "건설엔지니어링"이란 다른 사람의 위탁을 받아 건설기술에 관한 업무를 수행하는 것을 말한다. 다만, 건설공사의 시공 및 시설물의 보수·철거 업무는 제외한다.
4. "건설사업관리"란 「건설산업기본법」 제2조제8호에 따른 건설사업관리를 말한다.
5. "감리"란 건설공사가 관계 법령이나 기준, 설계도서 또는 그 밖의 관계 서류 등에 따라 적정하게 시행될 수 있도록 관리하거나 시공관리·품질관리·안전관리 등에 대한 기술지도를 하는 건설사업관리 업무를 말한다.
6. "발주청"이란 건설공사 또는 건설엔지니어링을 발주(發注)하는 국가, 지방자치단체, 「공공기관의 운영에 관한 법률」 제5조에 따른 공기업·준정부기관, 「지방공기업법」에 따른 지방공사·지방공단, 그 밖에 대통령령으로 정하는 기관의 장을 말한다.
7. "건설사업자"란 「건설산업기본법」 제2조제7호에 따른 건설사업자를 말한다.
8. "건설기술인"이란 「국가기술자격법」 등 관계 법률에 따른 건설공사 또는 건설엔지니어링에 관한 자격, 학력 또는 경력을 가진 사람으로서 대통령령으로 정하는 사람을 말한다.
9. "건설엔지니어링사업자"란 건설엔지니어링을 영업의 수단으로 하려는 자로서 제26조에 따라 등록한 자를 말한다.
10. "건설사고"란 건설공사를 시행하면서 대통령령으로 정하는 규모 이상의 인명피해나 재산피해가 발생한 사고를 말한다.
11. "지반조사"란 건설공사 대상 지역의 지질구조 및 지반상태, 토질 등에 관한 정보를 획득할 목적으로 수행하는 일련의 행위를 말한다.

시 행 령

유수면 매립면허를 받은 자
5. 「사회기반시설에 대한 민간투자법」 제2조제8호에 따른 사업시행자 또는 그 사업시행자로부터 사업 시행을 위탁받은 자. 다만, 사업 시행을 위탁받은 자는 해당 사업시행자의 자본금의 2분의 1 이상을 출자한 자로서 관계 중앙행정기관으로부터 발주청이 되는 것에 대한 승인을 받은 경우로 한정한다.
6. 「전기사업법」 제2조제4호에 따른 발전사업자
7. 「신항만건설촉진법」 제7조에 따라 신항만건설사업 시행자로 지정받은 자
8. 「새만금사업 추진 및 지원에 관한 특별법」 제36조의2에 따라 설립된 새만금개발공사 〈신설 2020.12.8.〉

제4조【건설기술인의 범위】 법 제2조제8호에서 "대통령령으로 정하는 사람"이란 별표 1에서 정하는 사람을 말한다. [제목개정 2018.12.11.]

제4조의2【건설사고의 범위】 법 제2조제10호에서 "대통령령으로 정하는 규모 이상의 인명피해나 재산피해"란 다음 각 호의 어느 하나에 해당하는 피해를 말한다.
1. 사망 또는 3일 이상의 휴업이 필요한 부상의 인명피해
2. 1천만원 이상의 재산피해

[본조신설 2016.1.12.]

시 행 규 칙

나. 「정보통신공사업법」에 따른 정보통신공사
다. 「소방시설공사업법」에 따른 소방시설공사
라. 「문화재 수리 등에 관한 법률」에 따른 문화재 수리공사

5. "종합공사"란 종합적인 계획, 관리 및 조정을 하면서 시설물을 시공하는 건설공사를 말한다.
6. "전문공사"란 시설물의 일부 또는 전문분야에 관한 건설공사를 말한다.
7. "건설사업자"란 이 법 또는 다른 법률에 따라 등록 등을 하고 건설업을 하는 자를 말한다.
8. "건설사업관리"란 건설공사에 관한 기획, 타당성 조사, 분석, 설계, 조달, 계약, 시공관리, 감리, 평가 또는 사후관리 등에 관한 관리를 수행하는 것을 말한다.
9. "시공책임형 건설사업관리"란 종합공사를 시공하는 업종을 등록한 건설사업자가 건설공사에 대하여 시공 이전 단계에서 건설사업관리 업무를 수행하고 아울러 시공단계에서 발주자와 시공 및 건설사업관리에 대한 별도의 계약을 통하여 종합적인 계획, 관리 및 조정을 하면서 미리 정한 공사 금액과 공사기간 내에 시설물을 시공하는 것을 말한다.

10.~15. 〈생략〉

법	시 행 령	시 행 규 칙

12. "무선안전장비"란「전파법」제2조제1항제5호에 따른 무선설비 및 같은 법 제2조제1항제5호의2에 따른 무선통신을 이용하여 건설사고의 위험을 낮추는 기능을 갖춘 장비를 말한다.

제3조【건설기술진흥 기본계획】 ① 국토교통부장관은 건설기술의 연구·개발을 촉진하고 그 성과를 효율적으로 이용하며 관련 산업의 진흥을 도모하기 위하여 건설기술진흥 기본계획(이하 "기본계획"이라 한다)을 5년마다 수립하여야 한다.

② 기본계획에는 다음 각 호의 사항이 포함되어야 한다. 〈개정 2015.5.18., 2019.4.30., 2021.3.16〉

1. 건설기술 진흥의 기본목표 및 추진방향
2. 건설기술의 개발 촉진 및 활용을 위한 시책
3. 건설기술에 관한 정보 관리
4. 건설기술인력의 수급(需給)·활용 및 기술능력의 향상
5. 건설기술연구기관의 육성
6. 건설엔지니어링 산업구조의 고도화
7. 건설엔지니어링의 해외진출 및 국제교류 등의 지원에 관한 사항
8. 건설기술용역사업자의 지원에 관한 사항
9. 건설공사의 환경관리에 관한 사항
10. 건설공사의 안전관리 및 품질관리에 관한 사항
11. 그 밖에 건설기술 진흥에 관한 중요 사항

③ 국토교통부장관은 기본계획을 수립할 때에는 관계 중앙행정기관의 장과 미리 협의한 후 제5조에 따라 국토교통부에 두는 중앙건설기술심의위원회의 심의를 받아야 한다. 기본계획 중 대통령령으로 정하는 내용을 변경하려는 경우에

제5조【건설기술진흥 기본계획 등】 ① 법 제3조제3항 후단에서 "대통령령으로 정하는 내용을 변경하려는 경우"란 법 제3조제2항제1호 및 제4호부터 제9호까지의 사항을 변경하려는 경우를 말한다.

② 국토교통부장관은 법 제3조제4항에 따라 관계 행정기관의 장이 법 제3조제1항에 따른 건설기술진흥 기본계획(이하 "기본계획"이라 한다)의 연차별 시행계획(이하 "시행계획"이라 한다)을 수립할 수 있도록 필요한 지침을 정하여 매년 12월 31일까지 관계 행정기관의 장에게 통보하여야 한다.

③ 관계 행정기관의 장은 제2항에 따른 지침에 따라 매년 소관 분야의 시행계획을 수립하여 1월 31일까지 국토교통부장관에게 제출하여야 한다.

법	시 행 령	시 행 규 칙
도 같다. ④ 관계 행정기관의 장은 기본계획의 연차별 시행계획(이하 "시행계획"이라 한다)을 수립하여 국토교통부장관에게 통보하고 시행하여야 한다. ⑤ 제1항부터 제4항까지에서 규정한 사항 외에 기본계획과 시행계획의 수립·시행에 필요한 사항은 대통령령으로 정한다. ⑥ 국토교통부장관은 건설기술의 진흥을 위하여 필요한 경우 건설기술에 관한 정보관리, 건설기술인력 관리, 건설공사의 환경관리·안전관리·품질관리 등 건설기술의 각 분야별 기본계획을 수립할 수 있다. 〈신설 2015.5.18.〉		
제4조【건설기술과 관련된 중요 정책 등의 조정】 국토교통부장관은 관계 행정기관의 장이 수행하는 건설기술과 관련된 중요 정책사업 및 처분 등이 기본계획의 시행에 지장을 줄 우려가 있다고 인정하면 그 행정기관의 장에게 이를 조정할 것을 요청할 수 있다.		
제5조【건설기술심의위원회】 ① 건설기술의 진흥·개발·활용 등 건설기술에 관한 사항을 심의하기 위하여 국토교통부에 중앙건설기술심의위원회(이하 "중앙심의위원회"라 한다)를 두고, 특별시·광역시·특별자치시·도 및 특별자치도(이하 "시·도"라 한다)에 지방건설기술심의위원회(이하 "지방심의위원회"라 한다)를 둔다. ② 제1항에도 불구하고 국방·군사시설 건설공사에 관한 설계 사항을 심의하기 위하여 국방부에 특별건설기술심의위원회(이하 "특별심의위원회"라 한다)를 둘 수 있다. ③ 중앙심의위원회의 구성·기능 및 운영 등에 필요한 사항	**제6조【중앙건설기술심의위원회의 기능】** 법 제5조에 따른 중앙건설기술심의위원회(이하 "중앙심의위원회"라 한다)는 다음 각 호의 사항을 심의한다. 〈개정 2014.12.30., 2020.1.7., 2021.9.14., 2023.1.6.〉 1. 기본계획 및 건설기술정책에 관한 사항 1의2. 법 제10조의2에 따른 건설기술과 정보통신, 전자, 기계 등 다른 분야 기술을 융·복합한 기술의 활성화에 관한 사항 2. 법 제16조에 따른 외국 도입 건설기술의 관리에 관한 사항 3. 법 제19조제1항에 따른 건설공사 지원 통합정보체계 구축	

은 대통령령으로 정하는 기준에 따라 국토교통부장관이 관계 중앙행정기관의 장과 협의하여 정하고, 지방심의위원회의 구성·기능 및 운영 등에 필요한 사항은 대통령령으로 정하는 기준에 따라 해당 시·도의 조례로 정하며, 특별심의위원회를 두는 경우 그 구성·기능 및 운영 등에 필요한 사항은 대통령령으로 정하는 기준에 따라 국방부장관이 정한다.

훈령 건설기술진흥업무 운영규정(국토교통부훈령 제1698호, 2023.12.28.)
훈령 특별건설기술심의위원회 운영 및 시공 등 평가훈령(국방부훈령 제2837호, 2023.9.11.)

관계법 「국가를 당사자로 하는 계약에 관한 법률 시행령」 제80조(대형공사 입찰방법의 심의등)
① 각 중앙관서의 장은 대형공사 및 특정공사(이하 이 조에서 "대형공사등"이라 한다)의 경우 다음 각 호의 사항에 관하여 중앙건설기술심의위원회의 심의를 거쳐야 한다. 〈개정 2016.9.2.〉
1. 입찰의 방법에 관한 사항
2. 제85조의2제1항에 따른 실시설계적격자의 결정방법에 관한 사항
3. 제85조의2제2항에 따른 낙찰자 결정방법에 관한 사항
② ~ ⑤ 〈생략〉

에 관한 기본계획의 수립 및 변경에 관한 사항
4. 법 제44조제1항 각 호에 관한 기준(이하 "건설기준"이라 한다)에 관한 사항(「도로법」, 「하천법」 등 건설 관계 법령에 따른 건설공사 기준을 포함한다)
5. 「국가를 당사자로 하는 계약에 관한 법률 시행령」(이하 이 호에서 "영"이라 한다)에 따른 다음 각 목의 사항
가. 영 제65조제5항에 따른 새로운 기술·공법 등의 범위와 한계에 대하여 제기된 이의에 관한 사항
나. 영 제79조제2항 본문에 따른 대체될 수 있는 설계의 범위와 한계에 대하여 제기된 이의에 관한 사항
다. 영 제80조제1항에 따른 대형공사·특정공사의 입찰방법에 관한 사항
라. 영 제85조제5항에 따른 설계의 적격 여부 및 설계점수 평가에 관한 사항
마. 영 제86조제8항에 따른 대안입찰가격의 조정 또는 설계의 수정에 관한 사항
바. 영 제99조제1항에 따른 실시설계 기술제안입찰 또는 기본설계 기술제안입찰의 입찰방법에 관한 사항
사. 영 제103조제3항에 따른 실시설계 기술제안입찰의 기술제안서의 적격 여부 및 점수평가에 관한 사항
아. 영 제105조제4항에 따른 기본설계 기술제안입찰의 기술제안서 또는 실시설계서의 적격 여부 및 점수평가에 관한 사항
6. 발주청이 법 제39조제1항에 따라 건설엔지니어링사업자로 하여금 건설사업관리를 하게 하려는 경우로서 건설사업관리 시행의 적정성에 관한 심의를 요청한 사항
7. 제52조제6항 및 제7항에 따른 발주청이 시행하는 건설엔지니어링사업의 용역사업자 선정을 위한 사업수행능력 세부

관계법 「국가를 당사자로 하는 계약에 관한 법률 시행령」 제65조(설계변경으로 인한 계약금액의 조정)
① ~ ③ 〈생략〉
④ 각 중앙관서의 장 또는 계약담당공무원은 계약상대자가 새로운 기술ㆍ공법 등을 사용함으로써 공사비의 절감, 시공기간의 단축등에 효과가 현저할 것으로 인정되어 계약상대자의 요청에 의하여 필요한 설계변경을 한 때에는 계약금액의 조정에 있어서 당해절감액의 100분의 30에 해당하는 금액을 감액한다. 〈개정 1999.9.9., 2003. 12. 11., 2008. 12. 31.〉
⑤ 제4항의 경우 새로운 기술ㆍ공법 등의 범위와 한계에 관하여 이의가 있을 때에는 기술자문위원회(기술자문위원회가 설치되어 있지 아니한 경우에는 「건설기술 진흥법」 제5조에 따른 건설기술심의위원회를 말한다)의 심의를 받아야 한다. 이 경우 새로운 기술ㆍ공법 등의 범위와 한계, 이의가 있을 경우의 처리방법 등 세부적인 시행절차는 각 중앙관서의 장이 정한다. 〈개정 2008. 12. 31., 2014. 5. 22.〉
⑥ ~ ⑦ 〈생략〉

법	시 행 령	시 행 규 칙
	평가기준과 기술평가의 방법·기준 및 입찰공고안의 적정성에 관한 사항 8. 제5호다목 및 바목에 따른 입찰방법의 심의를 위한 기준 9. 그 밖에 이 영 또는 다른 법령에 따른 심의사항과 국토교통부장관이 심의에 부치는 사항 **제7조【중앙심의위원회의 구성】** ① 중앙심의위원회는 위원장 및 부위원장 각 1명을 포함한 600명 이내의 위원으로 구성한다. 〈개정 2022.9.13〉 ② 중앙심의위원회의 위원장은 국토교통부 제1차관이 되며, 부위원장은 국토교통부장관이 지명하는 사람이 된다. ③ 중앙심의위원회의 위원은 다음 각 호의 어느 하나에 해당하는 사람 중에서 위원장의 추천을 받아 국토교통부장관이 임명하거나 위촉한다. 이 경우 국토교통부장관은 심의를 효율적으로 수행하기 위하여 필요하다고 인정할 때에는 중앙심의위원회 위원 정수(定數)의 5분의 1 범위에서 추가하여 사안별로 위원을 일시적으로 임명하거나 위촉할 수 있다. 1. 건설기술 업무와 관련된 행정기관의 4급 이상(고위공무원단에 속하는 일반직공무원을 포함한다) 또는 이에 상당하는 공무원 2. 건설기술 관계 단체 및 연구기관의 임직원 3. 건설기술에 관한 학식과 경험이 풍부한 사람 ④ 중앙심의위원회의 위원장은 위원회의 사무를 총괄하고 중앙심의위원회를 대표한다. ⑤ 중앙심의위원회의 위원장이 부득이한 사유로 직무를 수행할 수 없을 때에는 부위원장이 그 직무를 대행한다. ⑥ 제3항제2호 및 제3호에 따른 위원의 임기는 2년으로 하	**제2조【대형공사의 입찰방법 심의기준】** 국토교통부장관은 「건설기술진흥법 시행령」(이하 "영"이라 한다) 제6조제8호에 따른 입찰방법의 심의를 위한 기준에 관한 사항을 정하여 「건설기술진흥법」(이하 "법"이라 한다) 제5조에 따른 중앙건설기술심의위원회(이하 "중앙심의위원회"라 한다)의 심의를 거친 때에는 이를 고시하여야 한다. 〈개정 2020.5.26.〉 **고시** 대형공사 등의 입찰방법 심의기준(국토교통부고시 제2023-299호, 2023.6.8.)

며, 한 차례만 연임할 수 있다. 다만, 위원의 사임 등으로 새로 위촉된 민간위원의 임기는 전임위원 임기의 남은 기간으로 한다. 〈개정 2020.12.8.〉
⑦ 중앙심의위원회에 중앙심의위원회의 사무를 처리하기 위하여 몇 명의 간사와 서기를 둔다.
⑧ 간사와 서기는 중앙심의위원회의 위원장이 임명한다.

제8조【중앙심의위원회의 회의】 ① 중앙심의위원회의 회의는 위원장이 필요하다고 인정하는 경우에 소집한다.
② 중앙심의위원회의 회의는 재적위원 과반수의 출석으로 개의(開議)하고, 출석위원 과반수의 찬성으로 의결한다.

제9조【분과위원회의 구성·운영】 ① 중앙심의위원회는 다음 각 호의 분과위원회(이하 이 조, 제10조 및 제16조에서 "분과위원회"라 한다)를 구성·운영할 수 있다.
1. 기준정비분과위원회: 제6조제4호에 따른 사항의 심의를 효율적으로 수행하기 위한 분과위원회
2. 설계심의분과위원회: 제6조제5호나목·라목·마목·사목 및 아목에 따른 사항의 심의를 효율적으로 수행하기 위한 분과위원회
② 분과위원회는 중앙심의위원회 위원 중에서 분과위원회 위원장 1명을 포함하여 다음 각 호의 구분에 따른 위원으로 구성한다. 〈개정 2017.12.29., 2019.4.23., 2022.9.13.〉
1. 기준정비분과위원회: 100명 이내의 위원
2. 설계심의분과위원회: 400명 이내의 위원
③ 분과위원회 위원장은 중앙심의위원회의 위원장이 지명하는 사람이 된다.
④ 분과위원회에 분과위원회의 사무를 처리하기 위하여 몇

법	시 행 령	시 행 규 칙
	명의 간사와 서기를 둔다. ⑤ 간사와 서기는 분과위원회 위원장이 임명한다. ⑥ 제1항제2호에 따른 설계심의분과위원회(이하 "설계심의분과위원회"라 한다)의 구성 및 심의·운영에 관한 세부적인 기준은 별표 2와 같다. ⑦ 국토교통부장관은 설계심의분과위원회 위원 윤리강령을 제정하여야 하며, 설계심의분과위원회 위원은 윤리강령을 준수하여야 한다. ⑧ 분과위원회의 회의에 관하여는 제8조를 준용한다. **제10조【소위원회의 구성 · 운영】** ① 중앙심의위원회(분과위원회를 포함한다. 이하 이 조에서 같다)는 심의를 효율적으로 수행하기 위하여 필요하다고 인정하면 심의사항에 따라 분야별 소위원회를 구성·운영할 수 있다. ② 소위원회는 중앙심의위원회가 정하는 바에 따라 중앙심의위원회의 위원장(분과위원회의 소위원회의 경우에는 분과위원회의 위원장을 말한다. 이하 이 조에서 같다)이 지정하는 사항에 대하여 심의한다. ③ 소위원회는 중앙심의위원회의 위원 5명 이상 40명 이내로 구성한다. ④ 소위원회의 위원장은 다음 각 호의 어느 하나에 해당하는 사람이 된다. 1. 중앙심의위원회의 위원장 2. 중앙심의위원회의 부위원장 3. 중앙심의위원회의 위원장이 지명하는 위원 ⑤ 소위원회의 위원은 중앙심의위원회의 위원장이 중앙심의위원회의 위원 중에서 지명한다. ⑥ 소위원회의 심의를 거친 사항은 중앙심의위원회의 심의	

를 거친 것으로 본다.
⑦ 소위원회의 회의에 관하여는 제8조를 준용한다.

제11조 【심의 요청】 ① 중앙심의위원회의 심의를 받으려는 자는 건설기술 심의요청서에 관계 서류를 첨부하여 국토교통부장관에게 제출하여야 한다.
② 제1항에 따른 관계 서류의 작성 및 제출 등에 필요한 사항은 국토교통부장관이 정하여 고시한다.

제12조 【심의기간 및 심의 결과 통보】 ① 국토교통부장관은 제11조제1항에 따라 건설기술 심의요청서를 받았을 때에는 이를 중앙심의위원회의 심의에 부쳐야 한다.
② 중앙심의위원회는 제1항에 따라 심의에 부칠 건설기술 심의요청서를 받은 경우에는 받은 날부터 30일 이내에 이를 심의하여 국토교통부장관에게 통보하여야 한다. 다만, 중앙심의위원회의 위원장이 부득이한 사정이 있다고 인정하는 경우에는 그 심의기간을 30일의 범위에서 한 차례만 연장할 수 있다.
③ 국토교통부장관은 제2항에 따른 심의 결과를 지체 없이 심의를 요청한 자에게 알려야 한다.

제13조 【심의사항의 사후관리】 제12조제3항에 따라 심의 결과를 통지받은 자는 그 심의 결과에 대한 조치내용을 국토교통부장관에게 통보하여야 한다.

제14조 【의견청취 등】 ① 중앙심의위원회의 위원장은 위원회의 심의를 위하여 필요하다고 인정할 때에는 현장조사를 하거나 관계 공무원 또는 관계 전문가를 회의에 출석하게 하

법	시 행 령	시 행 규 칙
	여 의견을 들을 수 있다. ② 중앙심의위원회의 위원장은 위원회의 심의를 위하여 필요하다고 인정할 때에는 법 제9조에 따른 건설기술연구기관(이하 "건설기술연구기관"이라 한다)이나 그 밖의 관계 기관, 중앙심의위원회의 위원 및 관계 전문가에게 기술 검토를 의뢰하거나 필요한 자료의 제출을 요청할 수 있다. ③ 다음 각 호의 자는 국토교통부장관이 요청하는 경우에는 다음 각 호의 구분에 따른 관계 자료를 제출하여야 한다. 1. 특별시장·광역시장·특별자치시장·도지사 또는 특별자치도지사(이하 "시·도지사"라 한다): 법 제5조제1항에 따른 지방건설기술심의위원회(이하 "지방심의위원회"라 한다)의 구성 등에 관하여 전년도에 제정·개정한 조례의 내용 및 그 위원회의 전년도 운영실적 2. 국방부장관: 법 제5조제2항에 따른 특별건설기술심의위원회(이하 "특별심의위원회"라 한다)의 구성 등에 관하여 전년도에 정한 규정의 내용 및 그 위원회의 전년도 운영실적 3. 법 제6조에 따른 기술자문위원회(이하 "기술자문위원회"라 한다)를 둔 발주청: 기술자문위원회의 구성 등에 관한 내용 및 그 위원회의 전년도 운영실적 **제15조【수당 및 여비 등】** ① 중앙심의위원회의 회의에 출석한 위원 및 관계 전문가에게는 예산의 범위에서 수당과 여비 등을 지급할 수 있다. 다만, 공무원이 그 소관 업무와 직접적으로 관련되어 출석하는 경우에는 그러하지 아니하다. ② 제14조제2항에 따라 건설기술연구기관이나 그 밖의 관계 기관, 중앙심의위원회의 위원 및 관계 전문가에게 기술 검토를 의뢰하는 경우에는 예산의 범위에서 기술 검토 비용을 지급할 수 있다.	

법	시 행 령	시 행 규 칙
	③ 국토교통부장관은 제1항 및 제2항에도 불구하고 제6조제5호나목·라목·마목·사목 및 아목에 따른 심의와 관련하여 중앙심의위원회의 위원에게 지급하는 수당, 여비 및 기술 검토 비용 등을 예산의 범위에서 따로 정할 수 있다. ④ 발주청이 중앙심의위원회에 제6조제5호나목부터 아목까지의 사항의 심의를 의뢰할 경우 그 심의에 드는 비용은 발주청이 부담한다.	
	제16조【운영세칙】 제6조부터 제15조까지에서 규정한 사항 외에 중앙심의위원회, 분과위원회 및 소위원회의 구성·운영에 필요한 사항은 국토교통부장관이 정하여 고시한다.	**고시** 건설기술진흥업무 운영규정(국토교통부훈령 제1698호, 2023.12.28.)
	제17조【지방심의위원회의 구성·운영】 ① 지방심의위원회는 위원장 및 부위원장 각 1명을 포함한 250명(특별시의 경우에는 300명) 이내의 위원으로 구성한다. ② 지방심의위원회는 다음 각 호의 사항을 심의한다. 〈개정 2016.11.29., 2019.4.23., 2020.1.7., 2021.9.14.〉 1. 다음 각 목의 어느 하나에 해당하는 건설공사의 설계의 타당성과 시설물의 안전 및 공사시행의 적정성에 관한 사항. 다만, 제19조에 따라 기술자문위원회에 자문하여 의견을 받은 건설공사와 국토교통부령으로 정하는 건설공사는 제외한다. 가. 지방자치단체 또는 지방자치단체가 납입자본금의 2분의 1 이상을 출자한 기업이 시행하는 건설공사로서 총공사비가 100억원 이상인 건설공사 나. 총공사비가 100억원 이상인 건설공사로서 그 건설공사에 관한 허가·인가·승인 등(이하 "허가등"이라 한다)을 한 행정기관(「국가를 당사자로 하는 계약에 관한 법률」 제2조를 적용받는 기관은 제외한다)의 장이 필	**제3조【지방건설기술심의위원회의 심의대상이 아닌 공사】** 영 제17조제2항제1호 각 목 외의 부분 단서에서 "국토교통부령으로 정하는 건설공사"란 다음 각 호의 건설공사를 말한다. 1. 법 제39조제3항에 따라 설계용역에 대한 건설사업관리를 한 건설공사 2. 「문화재보호법」 제2조제2항 및 같은 법 제32조에 따른 지정문화재 및 가지정문화재의 수리·복원·정비 공사 3. 전시·사변이나 그 밖에 이에 준하는 국가비상사태에서 시행하는 건설공사 4. 재해를 긴급하게 복구하기 위한 건설공사 5. 「건축법」 제23조제4항에 따른 표준설계도서에 따라 시공하는 건설공사

법	시 행 령	시 행 규 칙
	요하다고 인정하여 특별히 요청하는 공사 다. 가목 또는 나목에 해당하는 건설공사의 설계를 변경하는 경우로서 기본적인 계획 또는 공법이 변경되는 공사 2. 「지방자치단체를 당사자로 하는 계약에 관한 법률 시행령」(이하 이 호에서 "영"이라 한다)에 따른 다음 각 목의 사항 가. 영 제74조제6항 단서에 따른 새로운 기술·공법 등의 범위와 한계에 대하여 제기된 이의에 관한 사항 나. 영 제95조제2항에 따른 대안의 설계의 범위와 한계에 관한 사항 다. 영 제96조제1항에 따른 대형공사·특정공사의 입찰방법, 실시설계적격자의 결정방법 및 낙찰자 결정방법에 관한 사항 라. 영 제98조제4항에 따른 설계의 적격 여부 및 설계점수 평가에 관한 사항 마. 영 제99조제8항에 따른 대안입찰가격의 조정 또는 설계의 수정에 관한 사항 바. 영 제128조에 따른 실시설계 기술제안입찰 또는 기본설계 기술제안입찰의 입찰방법, 낙찰자 결정방법 및 실시설계자 결정방법에 관한 사항 사. 영 제132조제2항에 따른 실시설계 기술제안입찰의 기술제안서의 적격 여부 및 점수 평가에 관한 사항 아. 영 제134조제3항에 따른 기본설계 기술제안입찰의 기술제안서 또는 실시설계서의 적격 여부 및 점수 평가에 관한 사항 3. 총공사비 100억원(시·군·자치구의 경우에는 50억원) 이상인 건설공사의 공사기간 산정의 적정성에 관한 사항. 다만, 제19조제5항제3호에 따라 기술자문위원회에 자문하여 의견을 받은 건설공사는 제외한다.	6. 국가보안에 관련된 건설공사 7. 준설(浚渫) 공사 **관계법** 「지방자치단체를 당사자로 하는 계약에 관한 법률 시행령」 제95조(정의) ① 이 장에서 사용하는 용어의 뜻은 다음 각 호와 같다. 1. "대형공사"란 총공사비 추정가격이 300억원 이상인 신규복합공종공사를 말한다. 2. "특정공사"란 총공사비 추정가격이 300억원 미만인 신규복합공종공사 중 지방자치단체의 장이 대안입찰 또는 일괄입찰로 집행하는 것이 유리하다고 인정하는 공사를 말한다. 3. ~ 10. 〈생략〉 ② 지방자치단체의 장은 지방자치단체가 작성한 설계에 대체될 수 있는 대안의 설계의 범위와 한계가 명확하지 아니한 경우에는 지방건설기술심의위원회의 심의를 거쳐 그 범위와 한계를 정한다. **관계법** 「지방자치단체를 당사자로 하는 계약에 관한 법률 시행령」 제128조(실시설계 기술제안입찰 및 기본설계 기술제안입찰의 입찰방법 등의 심의) ① 지방자치단체의 장은 제126조에서 정한 공사에 대하여 실시설계 기술제안입찰 또는 기본설계 기술제안입찰을 실시하려는 경우 다음 각 호의 사항에 관하여 지방건설기술심의위원회의 심의를 거쳐야 한다. 〈개정 2016. 11. 29.〉 1. 입찰의 방법에 관한 사항

법	시 행 령	시 행 규 칙
	나. 「지방자치단체를 당사자로 하는 계약에 관한 법률 시행령」 제127조제2호 또는 제3호에 따른 실시설계 기술제안입찰 또는 기본설계 기술제안입찰을 실시하는 건설공사 4. 발주청이 법 제39조제1항에 따라 건설엔지니어링사업자로 하여금 건설사업관리를 하게 하려는 경우로서 건설사업관리 시행의 적정성에 관한 심의를 요청한 사항 5. 제52조제6항 및 제7항에 따른 지방자치단체인 발주청이 시행하는 건설엔지니어링사업의 용역사업자 선정을 위한 사업수행능력 세부평가기준과 기술평가의 방법·기준 및 입찰공고안의 적정성에 관한 사항 6. 그 밖에 이 영 또는 다른 법령에 따른 심의사항과 시·도지사가 심의에 부치는 사항 ③ 지방심의위원회의 위원은 다음 각 호의 어느 하나에 해당하는 사람 중에서 시·도지사가 임명하거나 위촉한다. 이 경우 시·도지사는 심의를 효율적으로 수행하기 위하여 필요하다고 인정할 때에는 지방심의위원회 위원 정수의 5분의 1 범위에서 추가하여 사안별로 위원을 일시적으로 임명하거나 위촉할 수 있다. 1. 중앙심의위원회, 다른 특별시·광역시·특별자치시·도 및 특별자치도(이하 "시·도"라 한다)의 지방심의위원회, 특별심의위원회 또는 기술자문위원회 위원 2. 관계 시민단체가 추천하는 사람 3. 해당 분야의 전문가 ④ 제3항 각 호 외의 부분 전단에 따라 위촉되는 민간위원의 임기는 2년으로 하며, 한 차례만 연임할 수 있다. 다만, 위원의 사임 등으로 위촉된 민간위원의 임기는 전임위원 임기의 남은 기간으로 한다. 〈신설 2020.12.8.〉	2. 제131조제1항에 따른 낙찰자 결정방법에 관한 사항 3. 제131조제2항에 따른 실시설계적격자 결정방법에 관한 사항 ② 지방자치단체의 장은 제1항에 따라 지방건설기술심의위원회의 심의를 받으려는 경우에는 해당 연도 이후에 집행할 제126조에서 정한 공사의 집행기본계획서를 다음 각 호의 구분에 따라 지방건설기술심의위원회에 제출하여야 한다. 1. 기본설계 기술제안입찰로 발주하려는 공사: 기본설계서를 작성한 후에 집행기본계획서 제출 2. 실시설계 기술제안입찰로 발주하려는 공사: 실시설계서를 작성한 후에 집행기본계획서 제출 ③ 입찰방법의 공고 등에 관하여는 제96조제3항부터 제7항까지를 준용한다.

법	시 행 령	시 행 규 칙
	⑤ 지방심의위원회는 제2항제2호나목·라목·마목·사목 및 아목에 따른 사항의 심의를 효율적으로 수행하기 위하여 분과위원회(이하 "지방설계심의분과위원회"라 한다)를 구성·운영할 수 있다. 〈개정 2020.12.8.〉 ⑥ 지방설계심의분과위원회는 지방심의위원회 위원 중에서 위원장 1명을 포함한 50명 이상 70명 이내의 위원으로 구성하되, 시·도지사는 필요한 경우 국토교통부장관과 협의하여 지방설계심의분과위원회 위원 정수의 5분의 2 범위에서 추가하여 설계심의분과위원회 위원을 지방설계심의분과위원회 위원으로 일시적으로 임명하거나 위촉할 수 있다. 〈개정 2017.12.29., 2020.12.8.〉 ⑦ 지방설계심의분과위원회 위원의 과반수는 시·도 또는 관할 시·군·자치구 소속 공무원이어야 한다. 〈개정 2020.12.8.〉 ⑧ 지방설계심의분과위원회의 구성·운영, 의견청취, 수당 및 여비 등에 관하여는 제9조제3항부터 제5항까지 및 제7항, 제14조제1항·제2항 및 제15조제1항부터 제3항까지의 규정을 준용한다. 이 경우 제9조제3항부터 제5항까지 중 "분과위원회" 및 제9조제7항 중 "설계심의분과위원회"는 "지방설계심의분과위원회"로, 제9조제3항, 제14조제1항·제2항 및 제15조제1항부터 제3항까지의 규정 중 "중앙심의위원회"는 "지방심의위원회"로, 제9조제7항 및 제15조제3항 중 "국토교통부장관"은 "시·도지사"로, 제15조제3항 중 "제6조제5호나목·라목·마목·사목 및 아목"은 "제17조제2항제2호나목·라목·마목·사목 및 아목"으로 본다. 〈개정 2020.12.8.〉 ⑨ 지방설계심의분과위원회의 구성 및 심의·운영에 관한 세부적인 기준에 관하여는 제9조제6항 및 별표 2를 준용한다. 다만, 시·도지사는 국토교통부장관과 협의하여 지방설계심의분과위원회 위원 정수의 5분의 1 범위에서 별표 2	

제1호에 따른 설계심의분과위원회 구성 기준에 해당하지 아니하는 지방심의위원회 위원을 지방설계심의분과위원회 위원으로 임명하거나 위촉할 수 있다. 〈개정 2020.12.8.〉

⑩ 제1항부터 제9항까지에서 규정한 사항 외에 지방심의위원회 및 지방설계심의분과위원회의 구성·운영 등에 필요한 사항은 해당 시·도의 조례로 정한다. 〈개정 2020.12.8.〉

제18조 【특별심의위원회의 구성 및 기능 등】 ① 특별심의위원회는 위원장 및 부위원장 각 1명을 포함한 300명 이내의 위원으로 구성한다.

② 특별심의위원회의 위원장 및 부위원장은 국방부장관이 지명하는 사람이 되고, 위원은 다음 각 호의 어느 하나에 해당하는 사람 중에서 위원장의 추천을 받아 국방부장관이 임명하거나 위촉한다.

1. 국방부의 5급 이상(고위공무원단에 속하는 일반직공무원을 포함한다) 또는 이에 상당하는 공무원
2. 영관급 장교 및 건설기술에 관한 학식과 경험이 풍부한 사람

③ 제2항에 따라 위촉되는 민간위원의 임기는 2년으로 하며, 한 차례만 연임할 수 있다. 다만, 위원의 사임 등으로 위촉된 민간위원의 임기는 전임위원 임기의 남은 기간으로 한다. 〈신설 2020.12.8.〉

④ 특별심의위원회는 다음 각 호의 사항을 심의한다. 〈개정 2020.1.7., 2020.12.8., 2021.9.14.〉

1. 다음 각 목의 어느 하나에 해당하는 사항. 다만, 제19조에 따라 기술자문위원회의 심의를 받은 건설공사는 제외한다.
   가. 국방·군사시설 건설공사로서 총공사비가 100억원 이상인 건설공사의 설계 및 시공에 관한 사항
   나. 가목에 해당하는 건설공사의 기본적인 설계 또는 공

법	시 행 령	시 행 규 칙
	법 등의 변경에 관한 사항 다. 가목에 해당하는 건설공사의 공사기간 산정의 적정성에 관한 사항 2. 국방·군사시설 건설공사로서 「국가를 당사자로 하는 계약에 관한 법률 시행령」(이하 이 호에서 "영"이라 한다)에 따른 다음 각 목의 사항 가. 영 제79조제2항 본문에 따른 대체될 수 있는 설계의 범위와 한계에 대하여 제기된 이의에 관한 사항 나. 영 제80조제1항에 따른 대형공사·특정공사의 입찰방법에 관한 사항 다. 영 제85조제5항에 따른 설계의 적격 여부 및 설계점수평가에 관한 사항 라. 영 제86조제8항에 따른 대안입찰가격의 조정 또는 설계의 수정에 관한 사항 마. 영 제99조제1항에 따른 실시설계 기술제안입찰 또는 기본설계 기술제안입찰의 입찰방법 및 그 심의기준에 관한 사항 바. 영 제103조제3항에 따른 실시설계 기술제안입찰의 기술제안서의 적격 여부 및 점수평가에 관한 사항 사. 영 제105조제4항에 따른 기본설계 기술제안입찰의 기술제안서 또는 실시설계서의 적격 여부 및 점수평가에 관한 사항 3. 제52조제6항 및 제7항에 따른 국방부장관 또는 그 소속기관의 장이 시행하는 건설엔지니어링사업의 용역업자 선정을 위한 사업수행능력 세부평가기준과 기술평가의 방법·기준 및 입찰공고안의 적정성에 관한 사항 4. 그 밖에 국방·군사시설 건설공사에 관하여 국방부장관이 심의에 부치는 사항	

법	시 행 령	시 행 규 칙

⑤ 특별심의위원회는 제4항제2호가목·다목·라목·바목 및 사목에 따른 사항의 심의를 효율적으로 수행하기 위하여 분과위원회(이하 "특별설계심의분과위원회"라 한다)를 구성·운영할 수 있다. 〈개정 2020.12.8.〉

⑥ 특별설계심의분과위원회는 위원장 1명을 포함한 50명 이상 70명 이내의 위원으로 구성하되, 국방부장관은 필요한 경우 국토교통부장관과 협의하여 특별설계심의분과위원회 위원 정수의 5분의 2 범위에서 추가하여 설계심의분과위원회 위원을 특별설계심의분과위원회 위원으로 일시적으로 임명하거나 위촉할 수 있다. 〈개정 2017.12.29., 2020.12.8.〉

⑦ 특별심의위원회의 회의, 분과위원회 및 소위원회, 의견청취, 수당 및 여비 등에 관하여는 제8조, 제9조제3항부터 제8항까지, 제10조, 제14조, 제15조 및 제17조제7항을 준용한다. 이 경우 제17조제7항 중 "시·도 또는 관할 시·군·자치구 소속 공무원"은 "국방부 또는 그 소속 기관의 공무원"으로 본다. 〈개정 2020.12.8.〉

제6조 【기술자문위원회】 ① 건설공사의 설계 및 시공 등의 적정성에 관한 발주청의 자문에 응하게 하기 위하여 발주청에 기술자문위원회를 둘 수 있다.

② 제1항에 따른 기술자문위원회의 구성·기능 및 운영 등에 필요한 사항은 대통령령으로 정하는 기준에 따라 발주청이 정한다.

예규 (낙동강유역환경청) 기술자문위원회 운영규정(낙동강유역환경청예규 제27호, 2023.2.23.)

훈령 (새만금개발청) 기술자문위원회 운영규정(새만금개발청훈령 제86호, 2017.9.14)

제19조 【기술자문위원회의 구성 및 기능 등】 ① 기술자문위원회의 위원은 다음 각 호의 어느 하나에 해당하는 사람 중에서 발주청이 임명하거나 위촉한다.

1. 중앙심의위원회, 지방심의위원회, 특별심의위원회 또는 다른 발주청의 기술자문위원회 위원
2. 관계 시민단체가 추천하는 사람
3. 해당 분야의 전문가

② 제1항에 따라 위촉되는 민간위원의 임기는 2년으로 하며, 한 차례만 연임할 수 있다. 다만, 위원의 사임 등으로 위촉된 민간위원의 임기는 전임위원 임기의 남은 기간으로

제4조 【기술자문을 한 건설공사의 확인·평가】 ① 국토교통부장관은 법 제6조에 따른 기술자문위원회(이하 "기술자문위원회"라 한다)에 자문한 건설공사의 시공에 대하여 확인·평가할 수 있다.

② 국토교통부장관은 제1항에 따른 확인·평가 결과를 발주청에 통보하고 필요한 조치를 요구할 수 있다.

법	시 행 령	시 행 규 칙

법

내규 (원주지방환경청) 기술자문위원회 운영규정(원주지방환경청내규 제130호, 2023.11.2.)

예규 인천지방해양수산청 기술자문위원회 운영규정(인천지방해양수산청예규 제28호, 2024.2.15.)

공고 부산항건설사무소 기술자문위원회 운영규정(부산항건설사무소 공고 제2023-100호, 2023.12.28.)

예규 우정사업조달센터 기술자문위원회 운영지침(우정사업조달센터 예규 제41호, 2024.4.2.)

훈령 조달청 기술자문위원회 설치 및 운영규정(조달청훈령 제2077호, 2022.12.27.)

훈령 축사표준설계기술자문위원회 운영지침(농림축산식품부훈령 제237호, 2016.11.10.)

훈령 해양수산부 기술자문위원회 운영규정(해양수산부훈령 제724호, 2023.11.21.)

훈령 행정중심복합도시건설청 기술자문위원회 운영규정(행정중심복합도시건설청훈령 제303호, 2023.1.16.)

시 행 령

한다. 〈신설 2020.12.8.〉

③ 발주청은 기술자문위원회를 구성·운영하는 경우에는 계획·조사·설계 용역의 수행단계에서 제5항에 따른 기술자문위원회의 심의 사항에 대하여 1회 이상 기술자문위원회에 자문해야 한다. 다만, 계획·조사·설계 용역의 규모가 작거나 자문할 만한 중요한 사항이 없다고 판단되는 경우는 제외한다. 〈개정 2020.12.8.〉

④ 발주청은 제3항 본문에 따른 자문에 대하여 의견을 받았을 때에는 특별한 사유가 없으면 그 결과를 설계에 반영하는 등 필요한 조치를 해야 한다. 〈개정 2020.12.8.〉

⑤ 기술자문위원회는 발주청의 자문에 응하여 다음 각 호의 사항을 심의한다. 〈개정 2018.1.16., 2019.4.23., 2020.12.8., 2021.9.14.〉

1. 「국가를 당사자로 하는 계약에 관한 법률 시행령」(이하 이 호에서 "영"이라 한다)에 따른 다음 각 목의 사항
   가. 영 제65조제5항에 따른 새로운 기술·공법 등의 범위와 한계에 대하여 제기된 이의에 관한 사항
   나. 영 제79조제2항 단서에 따른 대체될 수 있는 설계의 범위와 한계에 대하여 제기된 이의에 관한 사항
   다. 영 제85조제6항에 따른 대안입찰·일괄입찰의 설계심의에 관한 사항
   라. 영 제86조제8항에 따른 대안입찰가격의 조정 또는 설계의 수정에 관한 사항
   마. 영 제103조제3항에 따른 실시설계 기술제안입찰의 기술제안서의 적격 여부 및 점수평가에 관한 사항
   바. 영 제105조제4항에 따른 기본설계 기술제안입찰의 기술제안서 또는 실시설계서의 적격 여부 및 점수평가에 관한 사항

시 행 규 칙

관계법 「국가를 당사자로 하는 계약에 관한 법률 시행령」 제79조(정의) ①

1. "대형공사"라 함은 총공사비 추정가격이 300억원이상인 신규복합공종공사를 말한다.
2. "특정공사"라 함은 총공사비 추정가격이 300억원미만인 신규복합공종공사중 각 중앙관서의 장이 대안입찰 또는 일괄입찰로 집행함이 유리하다고 인정하는 공사를 말한다.3. "대안" 이라 함은 정부가 작성한 실시설계서상의 공종중에서 대체가 가능한 공종에 대하여 기본방침의 변동없이 정부가 작성한 설계에 대체될 수 있는 동등이상의 기능 및 효과를 가진 신공법·신기술·공기단축등이 반영된 설계로서 해당실시설계서상의 가격이 정부가 작성한 실시설계서상의 가격보다 낮고 공사기간이 정부가 작성한 실시설계서상의 기간을 초과하지 아니하는

법	시 행 령	시 행 규 칙
	2. 「지방자치단체를 당사자로 하는 계약에 관한 법률 시행령」 제74조제6항 본문에 따른 새로운 기술·공법 등의 범위와 한계에 대하여 제기된 이의에 관한 사항 3. 총공사비 100억원(시 · 군 · 자치구의 경우에는 50억원) 이상인 건설공사의 공사기간 산정의 적정성에 관한 사항 4. 총공사비가 100억원(시·군·자치구의 경우에는 50억원) 이상인 건설공사의 공법 변경 등 중대한 설계 변경의 적정성에 관한 사항 5. 「시설물의 안전 및 유지관리에 관한 특별법」 제12조에 따른 정밀안전진단의 적정성에 관한 사항 6. 제52조제6항 및 제7항에 따른 해당 기술자문위원회가 속한 발주청이 시행하는 건설엔지니어링사업의 용역업자 선정을 위한 사업수행능력 세부평가기준과 기술평가의 방법·기준 및 입찰공고안의 적정성에 관한 사항 7. 그 밖에 건설공사의 설계 및 시공 등의 적정성에 관하여 발주청이 자문하는 사항 ⑥ 기술자문위원회는 제5항제1호나목부터 바목까지의 규정에 따른 사항의 심의를 효율적으로 수행하기 위하여 분과위원회(이하 "기술자문설계심의분과위원회"라 한다)를 구성·운영할 수 있다. 〈개정 2020.12.8.〉 ⑦ 기술자문설계심의분과위원회는 기술자문위원회 위원 중에서 위원장 1명을 포함한 50명 이상 15명 이내의 위원으로 구성하되, 발주청은 필요한 경우 국토교통부장관과 협의하여 기술자문설계심의분과위원회 위원 정수의 2분의 1 범위에서 추가하여 설계심의분과위원회 위원을 기술자문설계심의분과위원회 위원으로 일시적으로 임명하거나 위촉할 수 있다. 〈개정 2019.4.23., 2020.12.8., 2022.9.13.〉 ⑧ 기술자문설계심의분과위원회 위원의 과반수는 발주청	방법(공기단축의 경우에는 공사기간이 정부가 작성한 실시설계서상의 기간보다 단축된 것에 한한다)으로 시공할 수 있는 설계를 말한다. 4. "대안입찰" 이라 함은 원안입찰과 함께 따로 입찰자의 의사에 따라 제3호의 대안이 허용된 공사의 입찰을 말한다. 5. "일괄입찰" 이라 함은 정부가 제시하는 공사일괄입찰기본계획 및 지침에 따라 입찰시에 그 공사의 설계서 기타 시공에 필요한 도면 및 서류(이하 "도서" 라 한다)를 작성하여 입찰서와 함께 제출하는 설계 · 시공일괄입찰을 말한다. 6. "기본설계입찰" 이라 함은 일괄입찰의 기본계획 및 지침에 따라 실시설계에 앞서 기본설계와 그에 따른 도서를 작성하여 입찰서와 함께 제출하는 입찰을 말한다. 7. "입찰안내서" 라 함은 제4호 내지 제6호의 규정에 의한 입찰에 참가하고자 하는 자가 당해공사의 입찰에 참가하기 전에 숙지하여야 하는 공사의 범위 · 규모, 설계 · 시공기준, 품질 및 공정관리 기타 입찰 또는 계약이행에 관한 기본계획 및 지침등을 포함한 문서를 말한다. 8. "실시설계서" 라 함은 기본계획 및 지침과 기본설계에 따라 세부적으로 작성한 시공에 필요한 설계서(설계서에 부수되는 도서를 포함한다)를 말한다. 9. "계속비대형공사" 라 함은 공사비가 계속비예산으로 계상된 대형공사를 말한다. 10. "일반대형공사" 라 함은 공사비가 계속비예산으로 계상되지 아니한 대형공사를 말

법	시 행 령	시 행 규 칙
	소속 직원(발주청의 자문이 「조달사업에 관한 법률 시행령」 제27조제2호가목에 관한 사항인 경우에는 조달청이나 「조달사업에 관한 법률」 제2조제5호가목 · 나목 및 같은 법 시행령 제4조제1항제1호 · 제2호에 따른 수요기관의 소속 직원을 포함한다. 이하 이 항에서 같다)으로 한다. 다만, 발주청이 전문성 · 공정성 확보를 위하여 필요하다고 인정하는 경우에는 국토교통부장관과 협의하여 발주청 소속 직원의 비율을 2분의 1 이하로 조정할 수 있다. 〈개정 2022.9.13.〉 ⑨ 기술자문설계심의분과위원회의 구성 · 운영에 관하여는 제9조제3항부터 제5항까지의 규정을 준용한다. 이 경우 제9조제3항부터 제5항까지의 규정 중 "분과위원회"는 "기술자문설계심의분과위원회"로, 제9조제3항 중 "중앙심의위원회"는 "기술자문위원회"로 본다. 〈신설 2019.4.23., 2020.12.8.〉 ⑩ 기술자문설계심의분과위원회의 구성 및 심의 · 운영에 관한 세부적인 기준에 관하여는 제9조제6항 및 별표 2를 준용한다. 다만, 발주청은 국토교통부장관과 협의하여 기술자문설계심의분과위원회 위원 정수의 10분의 3 범위에서 별표 2 제1호에 따른 설계심의분과위원회 구성기준에 해당하지 않는 기술자문위원회 위원을 기술자문설계심의분과위원회 위원으로 임명하거나 위촉할 수 있다. 〈개정 2019.4.23., 2020.12.8., 2022.9.13.〉 ⑪ 제1항부터 제10항까지에서 규정한 사항 외에 기술자문위원회 및 기술자문설계심의분과위원회의 구성 및 운영 등에 필요한 사항은 국토교통부장관이 정하는 바에 따라 발주청이 정한다. 〈개정 2019.4.23., 2020.12.8., 2022.9.13〉	한다. ②제1항제3호의 경우에 대체될 수 있는 설계의 범위와 한계에 관하여 이의가 있는 경우에는 「건설기술 진흥법」 제5조에 따른 중앙건설기술심의위원회(특별건설기술심의위원회를 포함하며, 이하 "중앙건설기술심의위원회"라 한다)의 심의를 거쳐 각 중앙관서의 장이 그 범위와 한계를 정한다. 다만, 기술자문위원회를 설치 · 운영하고 있는 각 중앙관서의 장(그 소속기관의 장을 포함한다. 이하 이 장에서 같다)은 기술자문위원회의 심의를 거쳐 그 범위와 한계를 정할 수 있다. 〈개정 2014.5.22.〉

제20조 【위원의 제척 · 기피 · 회피】 ① 중앙심의위원회, 지방심의위원회, 특별심의위원회 및 기술자문위원회(이하 "중앙심의위원회등"이라 한다)의 위원(이하 이 조, 제21조 및 제22조에서 "위원"이라 한다)이 다음 각 호의 어느 하나에 해당하는 경우에는 각 위원회의 심의·의결에서 제척(除斥)된다. 〈개정 2020.12.8.〉

1. 위원 또는 그 배우자나 배우자였던 사람이 해당 안건의 당사자가 되거나 그 안건의 당사자와 공동권리자 또는 공동의무자인 경우
2. 위원이 해당 안건의 당사자와 친족이거나 친족이었던 경우
3. 위원이 해당 심의 대상인 건설공사의 시행으로 이해당사자(대리관계를 포함한다)가 되는 경우
4. 위원이나 위원이 속한 법인·단체 등이 해당 안건의 당사자의 대리인이거나 대리인이었던 경우
5. 위원이 최근 5년 이내에 해당 심의 대상 업체에 임원 또는 직원으로 재직한 경우
6. 위원이 해당 안건에 대하여 자문, 연구, 용역(하도급을 포함한다. 이하 이 항에서 같다), 감정(鑑定) 또는 조사를 한 경우
7. 위원이 임원 또는 직원으로 재직하고 있거나 최근 3년 내에 재직하였던 기업 등이 해당 안건에 관하여 자문, 연구, 용역, 감정 또는 조사를 한 경우
8. 위원이 최근 2년 이내에 해당 심의 대상 업체와 관련된 자문, 연구, 용역, 감정 또는 조사를 한 경우

② 해당 안건의 당사자는 위원에게 공정한 심의·의결을 기대하기 어려운 사정이 있는 경우에는 중앙심의위원회등에 기피 신청을 할 수 있고, 해당 위원회는 의결로 이를 결정한다. 이 경우 기피 신청의 대상인 위원은 그 의결에 참여

법	시 행 령	시 행 규 칙

하지 못한다.

③ 위원이 제1항 각 호에 따른 제척 사유에 해당하는 경우에는 스스로 해당 안건의 심의·의결에서 회피(回避)하여야 한다.

제21조【위원의 공개】 중앙심의위원회등을 구성·운영하는 기관의 장은 위원의 명단을 해당 기관의 인터넷 홈페이지 등을 통하여 공개하여야 한다.

제22조【위원의 해촉 등】 위원은 다음 각 호의 어느 하나에 해당하는 경우를 제외하고는 본인의 의사에 반하여 면직되거나 해촉되지 아니한다.

1. 「국가공무원법」 제33조 각 호의 결격사유 중 어느 하나에 해당하게 된 경우
2. 「공직선거법」에 따라 실시되는 선거에 후보자로 등록한 경우
3. 신체상 또는 정신상의 이상으로 업무수행이 현저히 곤란하게 된 경우
4. 설계 또는 기술제안서 심의와 관련하여 금품을 주고받거나 부정한 청탁에 따라 권한을 행사하는 등의 비위사실(非違事實)이 있는 경우
5. 제20조제1항 각 호의 어느 하나에 해당함에도 불구하고 회피신청을 하지 아니하여 심의의 공정성을 해친 경우
6. 담당 심의 업무를 게을리하거나 직무수행능력이 부족한 경우
7. 임명이나 위촉 당시의 자격을 상실한 경우
8. 임명이나 위촉 시 경력, 학력 또는 「부패방지 및 국민권익위원회의 설치와 운영에 관한 법률」 제2조제4호에 따른

관계법 「국가공무원법」 제33조(결격사유) 다음 각 호의 어느 하나에 해당하는 자는 공무원으로 임용될 수 없다. 〈개정2021.1.12.〉

1. 피성년후견인
2. 파산선고를 받고 복권되지 아니한 자
3. 금고 이상의 실형을 선고받고 그 집행이 종료되거나 집행을 받지 아니하기로 확정된 후 5년이 지나지 아니한 자
4. 금고 이상의 형을 선고받고 그 집행유예 기간이 끝난 날부터 2년이 지나지 아니한 자
5. 금고 이상의 형의 선고유예를 받은 경우에 그 선고유예 기간 중에 있는 자
6. 법원의 판결 또는 다른 법률에 따라 자격이 상실되거나 정지된 자

6의2. 공무원으로 재직기간 중 직무와 관련하여 「형법」 제355조 및 제356조에 규정된 죄를 범한 자로서 300만원 이상의 벌금형을 선고받고 그 형이 확정된 후 2년이 지나지 아니한 자

법	시 행 령	시 행 규 칙
	부패행위 전력(前歷)을 거짓으로 제출한 경우 9. 중앙심의위원회등의 소관 분과위원회의 위원으로서 해당 분과위원회 윤리강령을 위반한 경우	6의3. 「성폭력범죄의 처벌 등에 관한 특례법」 제2조에 규정된 죄를 범한 사람으로서 100만원 이상의 벌금형을 선고받고 그 형이 확정된 후 3년이 지나지 아니한 사람 6의4. 미성년자에 대한 다음 각 목의 어느 하나에 해당하는 죄를 저질러 파면·해임되거나 형 또는 치료감호를 선고받아 그 형 또는 치료감호가 확정된 사람(집행유예를 선고받은 후 그 집행유예기간이 경과한 사람을 포함한다) 가. 「성폭력범죄의 처벌 등에 관한 특례법」 제2조에 따른 성폭력범죄 나. 「아동·청소년의 성보호에 관한 법률」 제2조제2호에 따른 아동·청소년대상 성범죄 7. 징계로 파면처분을 받은 때부터 5년이 지나지 아니한 자 8. 징계로 해임처분을 받은 때부터 3년이 지나지 아니한 자
제2장 건설기술의 연구 · 개발 지원 등	**제2장 건설기술의 연구 · 개발 지원 등**	**제2장 건설기술의 연구 · 개발 지원 등**
제7조 【건설기술 연구 · 개발 사업】 ① 국토교통부장관은 건설기술을 향상시키고 기본계획을 효율적으로 추진하기 위하여 대통령령으로 정하는 기관 또는 단체와 협약을 체결하여 건설기술 발전에 필요한 건설기술 연구·개발 사업을 할 수 있다. ② 제1항에 따른 건설기술 연구·개발 사업에 필요한 경비는 정부 또는 정부 외의 자의 출연금이나 그 밖에 기업의 기술개발비로 충당한다.	**제23조 【건설기술 연구 · 개발 사업의 협약 체결 대상 기관 등】** ① 법 제7조제1항에서 "대통령령으로 정하는 기관 또는 단체"란 다음 각 호의 기관 또는 단체를 말한다. 〈개정 2016.9.22., 2021.10.19.〉 1. 국립·공립 연구기관 2. 「고등교육법」 제2조에 따른 학교 3. 「연구산업진흥법」 제6조제1항에 따라 신고한 전문연구사업자	**제5조 【건설기술 연구 · 개발 사업의 협약체결 대상기관 등】** 영 제23조제1항 제9호에서 "국토교통부령으로 정하는 기관·협회·학회 등"이란 다음 각 호의 기관·협회·학회 또는 조합을 말한다. 〈개정 2015.7.1., 2022.12.19.〉 1. 「공공기관의 운영에 관한 법률」 제5조에 따른 공기업·준정부기관(이하

법	시 행 령	시 행 규 칙
③ 제1항에 따른 협약의 체결방법과 제2항에 따른 출연금의 지급·사용 및 관리에 필요한 사항은 대통령령으로 정한다.	4. 「기초연구진흥 및 기술개발지원에 관한 법률」 제14조의2 제1항에 따라 인정받은 기업부설연구소 및 기업의 연구개발전담부서 5. 「민법」 또는 다른 법률에 따라 설립된 법인인 연구기관 6. 「산업기술연구조합 육성법」에 따른 산업기술연구조합 7. 「정부출연연구기관 등의 설립·운영 및 육성에 관한 법률」 또는 「과학기술분야 정부출연연구기관 등의 설립·운영 및 육성에 관한 법률」에 따라 설립된 정부출연연구기관 8. 「특정연구기관 육성법」에 따른 특정연구기관 9. 국토교통부령으로 정하는 기관·협회·학회 등의 부설연구소 또는 연구개발 전담부서 ② 국토교통부장관은 연구·개발과제를 선정하였을 때에는 제1항 각 호의 기관 또는 단체 중 해당 분야의 연구를 주관하여 연구·개발할 기관 또는 단체(이하 "주관연구기관"이라 한다)와 건설기술 연구·개발 사업에 관한 협약을 체결하여야 한다. ③ 주관연구기관의 장은 제2항에 따라 연구·개발 사업을 수행할 때 연구·개발비에 법 제7조제2항에 따른 기술개발비(현물을 포함한다. 이하 이 항에서 같다)가 포함되어 있는 경우에는 기술개발비를 부담하는 자와 미리 출자계약 또는 연구계약을 체결하여야 한다. ④ 제2항에 따른 협약에는 다음 각 호의 사항이 포함되어야 한다. 1. 연구·개발과제 계획서 2. 삭제 〈2020.12.29.〉 3. 연구·개발비의 지급방법 및 사용·관리에 관한 사항 4. 연구·개발 결과의 보고에 관한 사항 5. 연구·개발 결과의 귀속 및 활용에 관한 사항	"공기업·준정부기관"이라 한다) 중 국토교통부장관의 지도·감독을 받는 기관 2. 법 제69조제1항에 따라 설립된 협회, 「건설산업기본법」 제50조에 따른 협회, 「해외건설 촉진법」 제23조에 따른 해외건설협회 및 「건축사법」 제31조에 따른 건축사협회 3. 법 제74조제1항에 따라 설립된 공제조합, 「건설산업기본법」 제54조에 따른 공제조합 및 「주택도시기금법」 제16조에 따른 주택도시보증공사 4. 「민법」 또는 다른 법률에 따라 설립된 건설기술 분야의 법인인 협회 또는 학회로서 다음 각 목의 요건을 모두 갖춘 협회 또는 학회 가. 자연계 분야 학사 이상의 학위를 가진 사람으로서 3년 이상의 연구경력(학위 취득 전의 연구경력을 포함한다)을 가진 연구전담요원 5명 이상(박사학위나 기술사자격을 가진 사람이 2명 이상 포함되어야 한다)을 항상 확보하고 있을 것 나. 독립된 연구시설을 갖추고 있을 것

법	시 행 령	시행규칙
	6. 기술료의 징수·사용에 관한 사항 7. 연구·개발 결과의 평가에 관한 사항 8. 협약의 변경 및 해약에 관한 사항 9. 협약의 위반에 대한 조치 10. 그 밖에 연구·개발에 필요한 사항 ⑤ 주관연구기관의 장은 필요하다고 인정하는 경우에는 해당 연구과제의 일부를 제1항 각 호의 기관 또는 단체에 위탁하여 수행하게 할 수 있다. **제24조【출연금의 지급】** 법 제7조제2항에 따른 출연금은 분할하여 지급한다. 다만, 연구과제의 규모와 착수시기 등을 고려하여 필요하다고 인정하는 경우에는 한꺼번에 지급할 수 있다. **제25조【출연금 등의 관리 및 사용】** ① 주관연구기관의 장은 법 제7조제2항에 따라 건설기술 연구·개발 사업의 경비를 지급받은 경우에는 별도의 계정(計定)을 설정하여 관리하여야 한다. ② 주관연구기관의 장은 제1항의 연구·개발비를 국토교통부장관이 정하여 고시하는 바에 따라 다음 각 호의 비용으로 사용하여야 한다. 1. 연구원의 인건비 2. 직접비: 연구기자재 및 시설비, 재료비 및 전산처리·관리비, 시험제품 제작비, 여비, 수용비 및 수수료, 기술정보 활동비, 연구활동비 3. 위탁연구개발비 4. 간접비: 간접경비, 연구개발준비금, 지식재산권 출원·등록비, 과학문화 활동비, 연구실 안전관리비	

법	시 행 령	시 행 규 칙
	③ 주관연구기관의 장은 협약기간이 끝난 후 90일 이내에 다음 각 호의 서류에 따른 연구·개발비 사용실적을 국토교통부장관에게 보고하여야 한다. 1. 연구·개발비 사용계획 및 집행실적에 관한 보고서 2. 회계감사의견서 등 국토교통부장관이 정하여 고시하는 연구·개발비 집행 관련 서류 ④ 주관연구기관의 장은 건설사업자 또는 「주택법」 제4조에 따라 주택건설사업자의 등록을 한 자(이하 "주택건설등록업자"라 한다) 등이 요청하는 경우에는 건설기술 연구·개발 사업의 연구 성과를 생산과정에 이용하게 할 수 있다. 이 경우 그 이용으로 원가 절감, 품질 향상 등의 효과를 얻었을 때에는 그 이용자로부터 제23조제4항에 따른 협약에 규정된 기술료를 징수할 수 있다. 〈개정 2016.8.11., 2020.1.7.〉 ⑤ 주관연구기관의 장은 제4항에 따라 기술료를 징수하였을 때에는 징수한 날부터 30일 이내에 국토교통부장관에게 그 사실을 보고하여야 한다. ⑥ 주관연구기관의 장은 제4항에 따라 징수한 기술료를 국토교통부장관이 고시하는 바에 따라 연구·개발 및 기초연구를 위한 연구·개발비의 조성 등의 목적에 사용하여야 하고, 해당 연도의 사용실적을 다음 해 3월 31일까지 국토교통부장관에게 보고하여야 한다.	
제8조【건설기술의 연구 · 개발 등의 권고】 국토교통부장관은 새로운 건설기술의 도입·연구·개발을 위하여 다음 각 호의 어느 하나에 해당하는 자에게 대통령령으로 정하는 바에 따라 부설연구소의 설치·운영이나 공동연구 및 정보 교환 등과 기술개발을 위한 투자를 권고할 수 있다. 〈개정	**제26조【건설기술개발 투자 등의 권고】** ① 법 제8조에 따라 국토교통부장관이 건설기술개발 투자 등을 권고할 수 있는 건설사업자 및 건설엔지니어링사업자는 국토교통부령으로 정하는 금액 이상의 건설공사 실적 또는 건설엔지니어링 실적이 있는 자로서 국토교통부장관이 지정한 자로 한다.	**제6조【건설기술개발 투자의 권고대상자】** 영 제26조제1항에서 "국토교통부령으로 정하는 금액 이상의 건설공사실적 또는 건설엔지니어링 실적이 있는 자"란 다음 각 호의 자를 말한다.〈개정

법	시 행 령	시 행 규 칙
2019.4.30.,2021.3.16.〉 1. 「공공기관의 운영에 관한 법률」에 따른 공공기관 중 국토교통부장관이 주무기관의 장이 되는 기관 2. 건설사업자 3. 건설엔지니어링사업자	〈개정 2020.1.7., 2021.9.14.〉 ② 국토교통부장관은 제1항에 따라 지정된 건설사업자 및 건설엔지니어링사업자에 대하여 다음 각 호의 어느 하나에 해당하는 사항을 권고할 수 있다. 〈개정 2020.1.7., 2021.9.14.〉 1. 매년 전년도 건설공사 실적 또는 건설엔지니어링 실적의 100분의 3에 해당하는 금액의 범위에서 부설연구소의 설치·운영에 투자할 것 2. 「기초연구진흥 및 기술개발지원에 관한 법률 시행령」 제21조제1항제10호에 따른 연구개발준비금을 적립할 것 3. 건설기술개발을 위한 투자액을 다음 해 사업계획에 포함할 것	2021.9.17.〉 1. 「건설산업기본법 시행령」 별표 1에 따른 종합공사를 시공하는 업종으로 등록한 자로서 해당 공사분야에서 최근 2년간 600억원 이상의 공사실적이 있는 자 2. 법 제26조에 따라 건설엔지니어링업 등록을 한 자로서 최근 2년간 200억원 이상의 건설엔지니어링 실적이 있는 자
제9조【공동 연구·개발 등】 국토교통부장관은 건설기술의 연구·개발과 관련된 공공기관·법인·단체·대학(이들의 부설연구소 등을 포함한다. 이하 "건설기술연구기관"이라 한다)의 인력·자금·시험시설 및 기술정보의 효율적 활용과 선진 건설기술 획득을 위하여 관계 중앙행정기관의 장과 공동연구를 추진하거나 건설기술연구기관의 건설기술 연구·개발을 지원할 수 있다. **제10조【연구시설 및 장비의 지원 등】** 국토교통부장관은 건설기술의 연구기반을 확충하기 위하여 건설기술연구기관의 연구시설 및 장비의 확보·관리·공동사용 등을 지원하거나 필요한 시책을 수립·추진할 수 있다.	**제27조【건설기술개발 투자 등의 계획 제출】** ① 법 제8조에 따른 권고에 따라 건설기술개발 투자 등을 하려는 자는 해당 연도 건설기술개발 투자 등의 계획을 매년 3월 31일까지, 전년도 건설기술개발 투자 등의 실적을 매년 6월 30일까지 국토교통부장관에게 제출하여야 한다. ② 국토교통부장관은 제1항에 따른 건설기술개발 투자 등의 계획이 기본계획에 적합하지 아니하다고 인정될 때에는 그 계획의 조정을 권고할 수 있다. ③ 국토교통부장관은 제1항 또는 제2항에 따라 건설기술개발투자 등을 한 건설사업자 또는 건설엔지니어링사업자에 대해서는 법 제50조제4항에 따른 건설엔지니어링 종합평가 및 시공 종합평가 시에 이를 고려해야 한다. 〈개정 2020.1.7., 2021.9.14.〉	

법	시 행 령	시 행 규 칙
제10조의2【융 · 복합건설기술의 활성화】 ① 국토교통부장관은 건설기술과 정보통신, 전자, 기계 등 다른 분야 기술을 융·복합한 기술(이하 "융·복합건설기술"이라 한다)의 개발·보급 및 활용을 촉진하기 위한 시책을 마련하여야 한다. ② 국토교통부장관은 융·복합건설기술을 활성화하기 위하여 스마트건설지원센터를 설치·운영할 수 있다. ③ 스마트건설지원센터는 다음 각 호의 업무를 수행한다. 1. 융·복합건설기술의 정책개발 2. 융·복합건설기술의 연구·개발 및 보급 3. 융·복합건설기술의 검증 및 실증 4. 융·복합건설기술과 관련된 창업 지원과 그에 관한 정보의 수집·관리 5. 국내외 융·복합건설기술 동향 및 시장정보의 조사·분석 6. 그 밖에 융·복합건설기술의 활성화를 위하여 필요한 사항으로서 대통령령으로 정하는 사항 ④ 국토교통부장관은 스마트건설지원센터의 운영을 대통령령으로 정하는 전문기관에 위탁할 수 있다. ⑤ 국토교통부장관은 스마트건설지원센터의 사업 및 운영에 필요한 비용을 예산의 범위에서 출연할 수 있다. ⑥ 스마트건설지원센터의 설치·운영과 제5항에 따른 출연금의 지급범위·사용 및 관리에 필요한 사항은 대통령령으로 정한다. [본조신설 2019.8.27.]	**제27조의2【스마트건설지원센터의 업무 및 운영】** ① 법 제10조의2제3항제6호에서 "대통령령으로 정하는 사항"이란 다음 각 호의 사항을 말한다.〈개정 2021.9.14.〉 1. 법 제10조의2제1항에 따른 융、복합건설기술(이하 "융、복합건설기술"이라 한다)의 개발、보급 및 활용을 촉진하기 위한 시책의 수립、시행 지원 2. 융、복합건설기술 관련 예비창업자와 창업자 발굴、육성、교육 및 해외진출 지원 3. 융、복합건설기술 관련 창업공간 조성 및 운영 4. 건설정보모델링(BIM, Building Information Modeling) 관련 정책개발 및 활성화 지원 5. 그 밖에 융、복합건설기술의 개발 및 활용을 위하여 국토교통부장관이 필요하다고 인정하는 사항 ② 국토교통부장관은 제1항제4호에 따른 건설정보모델링 관련 업무를 수행하기 위하여 필요한 경우에는 스마트건설지원센터에 건설정보모델링 관련 전담기구를 둘 수 있다.〈신설 2021. 9. 14.〉 ③ 국토교통부장관은 법 제10조의2제4항에 따라 같은 조 제2항에 따른 스마트건설지원센터의 운영을 「과학기술분야 정부출연연구기관 등의 설립、운영 및 육성에 관한 법률」 제8조에 따라 설립된 한국건설기술연구원(이하 "건설기술연구원"이라 한다)에 위탁한다.〈개정 2021.9.14.〉 [본조신설 2020.1.7.] **제27조의3【스마트건설지원센터의 운영을 위한 출연금】** ① 법 제10조의2제4항 및 이 영 제27조의2제3항에 따라 스마트건설지원센터의 운영을 위탁받은 건설기술연구원이 법 제10조의2제5항에 따라 출연금을 받으려는 경우에는 매년	**고시** 스마트건설기술 활성화 지침(국토교통부고시 제2021-1283호, 2021.11.30.)

법	시 행 령	시 행 규 칙
	4월 30일까지 다음 연도의 출연금예산요구서에 다음 각 호의 서류를 첨부하여 국토교통부장관에게 제출해야 한다.〈개정 2021.9.14.〉 1. 다음 연도의 업무계획서 2. 다음 연도의 추정 재무상태표 및 추정 손익계산서 ② 국토교통부장관은 제1항 각 호의 서류가 타당하다고 인정하는 경우에는 출연금을 지급한다. ③ 건기술연구원은 제2항에 따라 출연금을 지급받은 경우에는 그 출연금에 대하여 별도의 계정을 설정하여 관리해야 하며, 법 제10조의2제3항 각 호에 따른 스마트건설지원센터 업무의 용도에 한정하여 사용해야 한다. ④ 건설기술연구원은 다음 각 호의 구분에 따른 시기까지 스마트건설지원센터의 운영내용을 국토교통부장관에게 보고해야 한다. 1. 해당 연도의 세부운영계획: 매년 1월 31일까지 2. 출연금 사용실적을 포함한 전년도 운영실적: 매년 3월 31일까지 [본조신설 2020.1.7.]	
제11조 【기술평가기관】 ① 정부는 건설기술 연구·개발 사업을 효율적으로 지원하기 위하여 기술평가기관을 설립할 수 있다. ② 기술평가기관은 법인으로 한다. ③ 기술평가기관은 주된 사무소의 소재지에서 설립등기를 함으로써 성립한다. ④ 기술평가기관은 다음 각 호의 사업을 한다. 1. 건설기술 연구·개발 사업에 대한 평가·관리 2. 건설기술 연구·개발 사업에 대한 수요조사, 기획 및 기술	**제28조 【기술평가기관의 사업】** 법 제11조제4항제5호에서 "대통령령으로 정하는 사업"이란 다음 각 호의 사업을 말한다. 1. 건설기술 이전·사업화의 촉진 2. 건설기술 연구·개발 사업에 대한 정보의 수집·관리 및 정보망 구축 3. 그 밖에 건설기술의 연구·개발 및 활용에 관한 사업으로서 국토교통부장관이 필요하다고 인정하는 사업 **제29조 【기술평가기관의 수익사업 등】** ① 법 제11조제5항	

법	시 행 령	시 행 규 칙
예측 3. 건설 분야의 새로운 기술의 심사·관리 4. 다른 법령에 따라 기술평가기관의 업무로 지정된 사업 5. 그 밖에 건설기술의 개발·활용에 관한 사업으로서 대통령령으로 정하는 사업 ⑤ 기술평가기관은 제1항에 따른 목적 달성에 필요한 경비를 조달하기 위하여 대통령령으로 정하는 바에 따라 수익사업을 할 수 있다. ⑥ 국토교통부장관은 예산의 범위에서 기술평가기관이 제4항에 따른 사업을 하는 데에 필요한 경비의 전부 또는 일부를 출연하거나 보조할 수 있다. ⑦ 이 법에서 규정한 사항 외에 기술평가기관에 관하여는 「민법」의 재단법인에 관한 규정을 준용한다.	에 따라 기술평가기관이 할 수 있는 수익사업은 건설기술 이전·사업화를 위한 중개·알선 및 상담으로 한다. ② 국토교통부장관은 제1항에 따른 수익사업에 대한 수수료를 정한다. 이 경우 이해관계인의 의견을 수렴할 수 있도록 국토교통부의 인터넷 홈페이지에 20일간 그 내용을 게시하되, 긴급하다고 인정되는 경우에는 국토교통부의 인터넷 홈페이지에 그 사유를 밝히고 10일간 게시할 수 있다. ③ 수수료의 요율 또는 금액은 제2항에 따라 수렴된 의견을 고려하여 실비(實費)의 범위에서 정하여야 하며, 수수료의 요율 또는 금액을 결정하였을 때에는 그 결정된 내용과 실비 산정명세를 국토교통부의 인터넷 홈페이지를 통하여 공개하여야 한다. ④ 기술평가기관이 법 제11조제5항에 따라 수익사업을 하는 경우에는 회계연도가 시작되기 전에 그 내용을 국토교통부장관에게 보고하여야 하며, 회계연도가 끝난 후 3개월 이내에 그 수익사업의 실적서 및 결산서를 국토교통부장관에게 제출하여야 한다.	
제12조【시범사업의 실시】 ① 국토교통부장관은 제7조에 따른 건설기술 연구·개발 사업으로 개발된 건설기술의 이용·보급을 촉진하기 위하여 필요하다고 인정하는 경우에는 그 건설기술을 적용하는 시범사업을 할 수 있다. ② 국토교통부장관은 제1항에 따른 시범사업에 참여하는 발주청, 건설기술연구기관 등에 재정적·행정적·기술적 지원을 할 수 있다. ③ 제1항에 따른 시범사업을 위한 계획의 수립 및 추진 절차 등은 대통령령으로 정한다.	**제30조【건설기술의 시범사업 실시】** ① 국토교통부장관은 법 제12조제1항에 따른 건설기술 시범사업(이하 이 조에서 "시범사업"이라 한다)을 실시하려면 중앙심의위원회의 심의를 거쳐 다음 각 호의 사항이 포함된 시범사업계획을 수립하여야 한다. 1. 시범사업의 목표·전략 및 추진체계에 관한 사항 2. 시범사업에 적용될 건설기술에 관한 사항 3. 시범사업의 시행에 필요한 재원 조달에 관한 사항 ② 국토교통부장관은 직접 또는 발주청이나 건설기술연구기관 등의 요청에 따라 시범사업을 실시할 대상 사업 및 지역(이하 "시범대상 사업등"이라 한다)을 지정할 수 있다.	

법	시 행 령	시 행 규 칙
제13조【개발기술의 활용 권고】 국토교통부장관은 발주청이 시행하는 건설공사에 제12조에 따라 건설기술의 시범사업을 한 결과 성능이 우수하다고 인정되는 건설기술을 우선 활용하도록 권고할 수 있다.	③ 시범대상 사업등은 다음 각 호의 기준을 모두 갖추어야 한다. 1. 시범사업의 목적 달성에 적합할 것 2. 시범사업의 재원조달계획이 적정하고 실현 가능할 것 3. 시범사업의 원활한 시행이 가능할 것 ④ 발주청 및 건설기술연구기관 등은 제2항에 따라 시범대상 사업등의 지정을 요청하려면 다음 각 호의 서류를 국토교통부장관에게 제출하여야 한다. 1. 제3항 각 호의 내용을 포함한 시범사업 계획서 2. 발주청 및 건설기술연구기관 등이 시범대상 사업등에 대하여 지원할 수 있는 예산·인력 등에 관한 서류 ⑤ 제1항부터 제4항까지에서 규정한 사항 외에 시범사업의 실시에 필요한 사항은 국토교통부장관이 정하여 고시한다.	
제14조【신기술의 지정·활용 등】 ① 국토교통부장관은 국내에서 최초로 특정 건설기술을 개발하거나 기존 건설기술을 개량한 자의 신청을 받아 그 기술을 평가하여 신규성·진보성 및 현장 적용성이 있을 경우 그 기술을 새로운 건설기술(이하 "신기술"이라 한다)로 지정·고시할 수 있다. ② 국토교통부장관은 신기술을 개발한 자(이하 "기술개발자"라 한다)를 보호하기 위하여 필요한 경우에는 보호기간을 정하여 기술개발자가 기술사용료를 받을 수 있게 하거나 그 밖의 방법으로 보호할 수 있다. ③ 기술개발자는 신기술의 활용실적을 첨부하여 국토교통부장관에게 제2항에 따른 보호기간의 연장을 신청할 수 있고, 국토교통부장관은 그 신기술의 활용실적 등을 검증하여 보호기간을 연장할 수 있다. 이 경우 신기술 활용실적의 제출, 검증 및 보호기간의 연장 등에 필요한 사항은 대통령령	**제31조【신기술의 지정신청】** 법 제14조제1항에 따른 신기술(이하 "신기술"이라 한다)의 지정을 신청하려는 자는 국토교통부령으로 정하는 바에 따라 신기술 지정신청서에 다음 각 호의 서류를 첨부하여 국토교통부장관에게 제출해야 한다. 〈개정 2019.6.25., 2020.1.7., 2021.9.14., 2024.4.23., 2024.7.2.〉 1. 신기술의 내용(신기술의 요지와 지정요건인 신규성·진보성·현장적용성에 대한 구체적인 내용을 포함한다)에 관한 서류 2. 국내외 건설공사에서의 활용 전망에 관한 서류 3. 시방서(示方書) 및 유지관리지침서 4. 법 제60조제1항 전단에 따른 국립·공립 시험기관 「국가표준기본법」 제23조제2항에 따른 인정기구로부터 인정받은 시험·검사기관 또는 건설엔지니어링사업자가 발행한 각종 시험성적서 및 다음 각 목의 어느 하나에 해당하는 서류. 다만, 다른 법령에 따라 동일한 시험을 거쳐 기술인증 등을	**제7조【신기술 지정신청서】** 영 제31조에 따른 신기술 지정신청서는 별지 제1호서식과 같다. **제8조【신기술의 심사기관 등】** ① 법 제14조제1항에 따른 신기술(이하 "신기술"이라 한다) 심사기간에는 다음 각 호의 기간이 포함되지 아니한다. 1. 신청인이 서류를 보완하는 데에 드는 기간 2. 영 제32조제2항에 따른 의견조회 기간 3. 영 제32조제3항에 따른 공고기간 ② 영 제32조제2항에서 "국토교통부령

법

으로 정한다.

④ 국토교통부장관은 발주청에 신기술 및 제1항에 따라 신기술을 신청하고자 하는 기술과 관련된 장비 등의 성능시험이나 시공방법 등의 시험시공을 권고할 수 있으며, 신기술의 경우 성능시험 및 시험시공의 결과가 우수하면 신기술의 활용·촉진을 위하여 발주청이 시행하는 건설공사에 신기술을 우선 적용하게 할 수 있다. 〈개정 2019.8.27.〉

⑤ 발주청은 신기술이 기존 건설기술에 비하여 시공성 및 경제성 등의 측면에서 우수하다고 인정되는 경우 해당 신기술을 그가 시행하는 건설공사에 우선 적용하여야 한다. 〈신설 2015.12.29.〉

⑥ 신기술 및 제1항에 따라 신기술을 신청하고자 하는 기술을 적용하는 건설공사의 발주청 소속 계약사무담당자 및 설계 등 공사업무 담당자는 고의 또는 중대한 과실이 증명되지 아니하면 해당 기술 적용으로 인하여 발생한 해당 기관의 손실에 대하여는 책임을 지지 아니한다. 〈신설 2015.12.29., 2019.8.27.〉

⑦ 국토교통부장관은 제2항에 따라 보호를 받는 기술개발자에게 신기술의 성능 또는 품질의 향상을 위하여 필요한 경우에는 신기술의 개선을 권고할 수 있다. 〈개정 2015.12.29.〉

⑧ 제1항에 따른 신기술 평가방법 및 지정절차 등과 제2항에 따른 신기술의 보호내용, 기술사용료, 보호기간 및 활용방법 등과 제4항에 따른 시험시공의 권고 등에 관하여 필요한 사항은 대통령령으로 정한다. 〈개정 2015.12.29., 2019.8.27.〉

시행령

받은 경우에는 해당 시험항목에 대한 시험성적서 및 시험시공 결과로 이를 갈음할 수 있다.

가. 법 제60조제1항 전단에 따른 국립·공립 시험기관 「국가표준기본법」 제23조제2항에 따른 인정기구로부터 인정받은 시험·검사기관 또는 건설엔지니어링사업자가 발행한 시험시공 결과에 관한 서류

나. 발주청이 확인한 현장 시공실적

5. 그 밖에 신기술의 평가에 필요하다고 인정되는 사항으로서 국토교통부장관이 고시하는 서류

제32조【신기술의 지정절차】 ① 국토교통부장관은 제31조에 따라 신기술의 지정신청을 받은 경우에는 신청된 기술이 신기술에 해당하는지에 대하여 국토교통부장관이 제117조제2항 각 호의 기관 중에서 지정·고시하는 전문기관의 심사를 거쳐 120일 이내에 신기술 지정 여부를 결정하여야 한다. 이 경우 국토교통부령으로 정하는 기간은 심사기간에 포함하지 아니한다.

② 국토교통부장관은 제1항에 따라 신청된 기술이 신기술에 해당하는지에 대한 평가를 할 때 필요하다고 인정하는 경우에는 이해관계인과 국토교통부령으로 정하는 기관의 의견을 들어야 한다.

③ 국토교통부장관은 제2항에 따라 이해관계인의 의견을 들으려는 경우에는 신청된 기술에 관한 주요 내용을 30일 이상 관보에 공고하여야 한다.

④ 제1항에 따른 전문기관은 신청된 기술을 심사하기 위하여 신기술심사위원회를 구성·운영하여야 한다.

⑤ 신기술의 평가기준 및 평가절차 등에 관하여 필요한 사항은 국토교통부장관이 정하여 고시한다.

시행규칙

으로 정하는 기관"이란 관계 행정기관, 공기업·준정부기관 및 영 제23조제1항 각 호의 기관 또는 단체를 말한다.

고시 신기술의 평가기준 및 평가절차 등에 관한 규정(국토교통부고시 제2024-268호, 2024.5.20.)

고시 건설기술진흥법령에 따른 위탁업무 수행기관 등 지정(국토교통부고시 제2020-1177호, 2020.12.29.)

고시 신기술의 평가기준 및 평가절차 등에 관한 규정(국토교통부고시 제2024-268호, 2024.5.20.)

법	시 행 령	시 행 규 칙
	제33조【신기술의 지정 · 고시】 ① 국토교통부장관은 제32조에 따라 신기술을 지정하였을 때에는 다음 각 호의 사항을 관보에 고시하고, 신청인에게 신기술 지정증서를 발급하여야 한다. 1. 신기술의 명칭 2. 개발하거나 개량한 자의 성명(법인의 경우에는 그 명칭 및 대표자의 성명) 3. 제35조에 따른 신기술의 보호기간 4. 신기술의 내용 및 범위 5. 제34조에 따른 신기술을 개발한 자에 대한 보호내용 ② 국토교통부장관은 제1항에 따라 신기술을 지정·고시하였을 때에는 지정·고시한 사항을 유지·관리하여야 한다.	**제9조【신기술 지정증서】** ① 영 제33조제1항 각 호 외의 부분에 따른 신기술 지정증서는 별지 제2호서식과 같다. ② 다음 각 호의 어느 하나에 해당하여 신기술 지정증서를 재발급받으려는 자는 별지 제3호서식의 신기술 지정증서 재발급신청서를 국토교통부장관에게 제출하여야 한다. 1. 신기술지정증서를 잃어버리거나 헐어 못 쓰게 된 경우 2. 기술개발자에 관한 기재사항이 변경된 경우
	제34조【신기술의 활용 등】 ① 법 제14조제2항에 따른 신기술을 개발한 자(이하 "기술개발자"라 한다)는 신기술을 사용한 자에게 기술사용료의 지급을 청구할 수 있다. ② 국토교통부장관은 신기술 사용을 활성화하기 위하여 발주청에 유사한 기존 기술보다는 신기술을 우선 적용하도록 권고할 수 있다. ③ 발주청은 법 제14조제1항에 따라 지정·고시된 신기술이 기존 기술에 비하여 시공성 및 경제성 등에서 우수하면 그가 시행하는 건설공사의 설계에 반영해야 하며, 건설공사를 발주하는 경우에 이를 공사계약서에 구체적으로 표시하고 기술개발자 또는 법 제14조의2제1항 전단에 따른 신기술의 사용협약(이하 "신기술사용협약"이라 한다)을 체결하고 같은 조 제2항에 따라 신기술사용협약에 관한 증명서를 발급받은 자로 하여금 해당 건설공사 중 신기술과 관련되는 공정에 참여하게 할 수 있다. 〈개정 2016.1.12., 2019.6.25.〉	**제10조【신기술 활용실적의 제출】** ① 영 제34조제6항에 따른 신기술 활용실적은 별지 제4호서식에 따라 작성한다. ② 신기술 지정을 받은 자 외에 신기술을 활용한 자는 필요한 경우에는 별지 제4호서식에 따라 신기술 활용실적을 작성하여 국토교통부장관에게 제출할 수 있다. ③ 제1항 및 제2항에 따른 신기술 활용실적을 제출하는 경우에는 다음 각 호의 구분에 따른 서류를 첨부해야 한다. 〈개정 2019.7.1.〉 1. 건설공사의 경우: 다음 각 목의 서류 가. 발주청 또는 수급인(하도급 공사인 경우만 해당한다)이 발행한 별

법	시 행 령	시 행 규 칙
고시 건설기술진흥업무 운영규정(국토교통부훈령 제1698호, 2023.12.28.)	④ 제3항의 경우 발주청은 신기술을 적용하여 건설공사를 준공한 날부터 1개월 이내에 국토교통부장관이 정하여 고시하는 방법 및 절차 등에 따라 그 성과를 평가하고, 그 결과를 국토교통부장관에게 제출하여야 한다. ⑤ 국토교통부장관은 기술개발자에게 다음 각 호의 자금 등이 우선적으로 지원될 수 있도록 관계 기관에 요청할 수 있다. 〈개정 2016.5.31.〉 1. 「한국산업은행법」에 따른 한국산업은행 또는 「중소기업은행법」에 따른 중소기업은행의 기술개발자금 2. 「여신전문금융업법」에 따라 신기술사업금융업을 등록한 여신전문금융회사의 신기술사업자금 3. 「기술보증기금법」에 따른 기술보증기금의 기술보증 4. 그 밖에 기술개발 지원을 위하여 정부가 조성한 특별자금 ⑥ 기술개발자 및 신기술사용협약에 관한 증명서를 발급받은 자는 매년 12월 31일을 기준으로 국토교통부령으로 정하는 바에 따라 신기술 활용실적을 작성하여 다음 해 2월 15일까지 국토교통부장관에게 제출해야 한다. 〈개정 2019.6.25.〉	지 제5호서식의 신기술 활용실적 증명서 나. 세금계산서 또는 매출처별 세금계산서합계표 다. 도급 또는 하도급계약서(발주청 외의 자가 도급하거나 하도급하는 건설공사인 경우만 해당한다) 2. 건설공사 외의 경우: 세금계산서 또는 기술사용료 지급확인서 등 신기술 활용실적을 증명할 수 있는 서류
고시 신기술의 평가기준 및 평가절차 등에 관한 규정(국토교통부고시 제2024-268호, 2024.5.20.)	**제35조【신기술의 보호기간 등】** ① 법 제14조제2항에 따른 신기술의 보호기간은 신기술의 지정·고시일부터 8년의 범위에서 국토교통부장관이 고시하는 기간으로 한다. 〈개정 2017.12.29.〉 ② 국토교통부장관은 신기술의 지정을 받은 자가 신청하면 그 신기술의 활용실적 등을 검증하여 제1항에 따른 신기술의 보호기간을 7년의 범위에서 연장할 수 있다. ③ 신기술의 지정을 받은 자는 제2항에 따라 신기술 보호기간의 연장을 신청하려면 보호기간이 만료되기 150일 전에 국토교통부령으로 정하는 신기술 보호기간 연장신청서	**제11조【신기술 보호기간 연장신청서】** 영 제35조제3항에 따른 신기술 보호기간 연장신청서는 별지 제6호서식과 같다.

법	시 행 령	시행규칙
	에 다음 각 호의 서류를 첨부하여 국토교통부장관에게 제출하여야 한다. 1. 신기술의 활용실적 및 현장적용 결과를 비교·분석한 서류 2. 보호기간 연장에 대한 근거자료 3. 현장적용 시방서 및 유지·관리 방법에 관한 자료 4. 현장을 실제 조사할 때 확인할 주요 사항을 적은 서류 ④ 제2항에 따른 보호기간의 연장 절차 등에 관하여는 제32조 및 제33조를 준용한다.	
	제36조 【시험시공의 권고 등】 ① 법 제14조제4항에 따라 국토교통부장관으로부터 시험시공을 권고받은 발주청은 권고받은 대로 시험시공을 하지 아니하는 경우에는 그 사유를 국토교통부장관에게 통보하여야 한다. ② 제1항에서 규정한 사항 외에 법 제14조제4항에 따른 시험시공의 시행 등에 필요한 사항은 국토교통부령으로 정한다.	**제12조 【시험시공의 시행 등】** ① 법 제14조제4항에 따라 시험시공을 한 발주청과 영 제32조제1항 전단에 따른 신기술 심사 전문기관은 공동으로 시험시공 결과를 분석·평가하고 그 결과를 국토교통부장관에게 제출하여야 한다. ② 발주청이 영 제36조제1항에 따라 시험시공을 하지 아니하는 사유를 국토교통부장관에게 통보할 때에는 신기술과 기존 공법에 대한 종합적인 비교·분석표를 포함하여야 한다.
제14조의2 【신기술사용협약】 ① 기술개발자는 건설사업자 중 대통령령으로 정하는 요건을 갖춘 자와 해당 신기술의 사용협약(이하 "신기술사용협약"이라 한다)을 체결할 수 있다. 이 경우 기술개발자 또는 신기술사용협약을 체결한 자는 대통령령으로 정하는 서류를 갖추어 국토교통부장관에게 신기술사용협약에 관한 증명서의 발급을 신청할 수 있다. 〈개정 2019.4.30.〉	**제36조의2 【신기술사용협약 요건 및 신청서류 등】** ① 법 제14조의2제1항 전단에서 "대통령령으로 정하는 요건을 갖춘 자"란 다음 각 호의 요건을 모두 갖춘 자를 말한다. 1. 해당 신기술 시공에 필요한 관련 건설업 등록증을 보유할 것 2. 해당 신기술을 시공할 수 있는 장비를 소유 또는 임대하고 있을 것	**제12조의2 【신기술사용협약 증명서의 발급 신청 등】** ① 법 제14조의2제1항 후단 및 영 제36조의2제2항에 따라 신기술협약에 관한 증명서의 발급을 신청하려는 자가 제출해야 하는 서류는 다음 각 호의 구분에 따른다. 1. 법 제14조의2제1항 후단에 따른 신

법

② 국토교통부장관은 제1항 후단에 따른 신청을 받은 경우 신기술사용협약을 체결한 자가 같은 항 전단에 따른 요건을 갖추었는지 확인한 후에 신기술사용협약에 관한 증명서를 발급하여야 한다.
③ 신기술사용협약의 기간은 해당 신기술의 보호기간 이내로 한다.
④ 제1항부터 제3항까지에서 규정한 사항 외에 신기술사용협약에 관한 세부적인 사항은 대통령령으로 정하는 기준에 따라 국토교통부장관이 정하여 고시한다.
[본조신설 2018.12.31.]

고시 신기술사용협약 등에 관한 규정(국토교통부고시 제2019-355호, 2019.7.1)

제15조【신기술 지정의 취소】 국토교통부장관은 신기술이 다음 각 호의 어느 하나에 해당하면 그 지정을 취소하여야 한다.
1. 거짓이나 그 밖의 부정한 방법으로 지정받은 경우
2. 해당 신기술의 내용에 중대한 결함이 있어 건설공사에 적용하는 것이 불가능한 경우

제16조【외국 도입 건설기술의 관리】 ① 국토교통부장관은 「외국인투자 촉진법」에 따라 외국에서 도입된 건설기술을 효율적으로 이용하기 위하여 대통령령으로 정하는 바에 따라 관리하여야 한다.
② 발주청은 건설공사 또는 건설엔지니어링사업을 국제경쟁입찰방식으로 발주하는 경우에는 국내에서 필요한 새로운 건설기술을 보다 많이 제공할 수 있는 자를 우대하여 발주할 수 있다. 이 경우 국내에서 필요한 새로운 건설기술

시행령

3. 해당 신기술을 전수(傳受)한 자일 것
② 법 제14조의2제1항 후단에서 "대통령령으로 정하는 서류"란 다음 각 호의 서류를 말한다.
1. 신기술사용협약서
2. 건설업 등록증 사본
3. 신기술을 시공할 수 있는 장비의 소유 또는 임대 현황에 관한 서류
4. 신기술사용협약 기술전수 확인서
5. 신기술사용협약 관련 지식재산권 활용 동의서
③ 제1항 및 제2항에서 규정한 사항 외에 신기술사용협약에 관한 증명서의 발급 신청 접수, 발급 및 관리 등에 필요한 세부사항은 국토교통부장관이 정하여 고시한다.
[본조신설 2019.6.25.]

제37조【신기술 지정의 취소 공고】 국토교통부장관은 법 제15조에 따라 신기술의 지정을 취소하였을 때에는 그 사실을 관보에 고시하여야 한다.

제38조【외국 도입 건설기술의 관리】 ① 국토교통부장관은 법 제16조제1항에 따라 관계 행정기관의 장에게 「외국인투자 촉진법」에 따라 외국인투자 신고가 수리(受理)된 건설기술의 내용의 통보를 요청할 수 있다. 이 경우 그 내용을 통보받은 국토교통부장관은 이를 유지·관리하고 활용이 촉진되도록 하여야 한다.
② 발주청은 법 제16조제2항에 따라 우대 발주를 하려는 경우에는 해당 건설기술의 국내 현장적용 가능성과 국내

시행규칙

기술사용협약 증명서 발급 신청서: 별지 제1호의2서식
2. 영 제36조의2제2항제1호에 따른 신기술사용협약서: 별지 제1호의3서식
3. 영 제36조의2제2항제4호에 따른 신기술사용협약 기술전수 확인서: 별지 제1호의4서식
4. 영 제36조의2제2항제5호에 따른 신기술사용협약 관련 지식재산권 활용 동의서: 별지 제1호의5서식
② 제14조의2제2항에 따른 신기술사용협약에 관한 증명서는 별지 제1호의6서식과 같다.
[본조신설 2019.7.1.]

법	시행령	시행규칙
인지 여부는 중앙심의위원회의 심의를 거쳐 결정한다.〈개정2021.3.16.〉 ③ 제2항에 따른 우대 발주에 관하여 필요한 사항은 대통령령으로 정한다.	기술발전에 이바지하는 정도 등을 고려하여야 한다.	
제17조【국제 교류 및 협력】 국토교통부장관은 건설기술 개발의 국제협력 및 해외진출을 촉진하기 위하여 필요한 경우에는 다음 각 호의 사업을 추진할 수 있다. 1. 건설기술 개발의 국제협력을 위한 조사·연구 2. 건설기술 개발을 위한 인력·정보의 국제교류 3. 외국의 대학·연구기관 및 단체와 건설기술 공동개발 4. 개발된 건설기술을 이용한 해외시장 개척 5. 그 밖에 건설기술 개발을 위한 국제 교류·협력을 촉진하기 위하여 국토교통부령으로 정하는 사항		**제13조【국제 교류 및 협력】** 법 제17조제5호에서 "국토교통부령으로 정하는 사항"이란 다음 각 호의 사항을 말한다. 1. 외국 정부기관과의 정기적 협력회의 개최 2. 해외진출에 필요한 건설기술 개발의 수요조사
제18조【건설기술정보체계의 구축】 ① 국토교통부장관은 다음 각 호의 건설기술에 관한 자료 및 정보의 종합적인 유통체계를 갖추고 그 보급과 확산을 위하여 대통령령으로 정하는 바에 따라 건설기술정보체계를 구축·운영하여야 한다.〈개정 2018.8.14., 2021.3.16.〉 1. 발주청이 발행하거나 제작한 건설기술 관련 자료 2. 제14조에 따른 신기술의 지정·활용 등에 관한 자료 3. 제21조에 따른 건설기술인의 근무처 및 경력 등에 관한 자료 4. 제26조에 따른 건설엔지니어링업의 등록 등에 관한 자료 5. 제30조에 따른 건설엔지니어링의 실적 관리에 관한 자료 6. 제50조에 따른 건설엔지니어링 및 시공 평가 등에 관한 자료	**제39조【건설기술정보체계의 구축】** ① 국토교통부장관은 법 제18조제1항에 따른 건설기술정보체계의 구축·운영을 위하여 다음 각 호의 업무를 수행할 수 있다. 1. 건설기술에 관한 자료 및 정보의 수집과 데이터베이스 구축 및 관리 2. 건설기술에 관한 자료, 정보 및 건설기술정보체계의 표준화 3. 건설기술에 관한 자료 및 정보에 관한 종합유통시스템의 개발·구축·관리 및 보급 4. 건설기술에 관한 자료 및 정보를 보유하고 있는 기관 또는 단체와의 연계·협력 및 공동사업의 시행 5. 그 밖에 건설기술정보체계의 구축·운영에 필요한 사항 ② 국토교통부장관은 법 제18조제1항 각 호의 건설기술에 관한 자료 및 정보를 제공하는 것이 국가이익을 침해한다고 인	**제14조【건설기술정보의 제공】** ① 법 제18조제3항에 따른 건설기술 관련 자료의 송부방법 및 절차는 다음 각 호와 같다. 1. 영 제40조 각 호의 자료는 전자파일 또는 인쇄자료 형태로 송부하여야 한다. 2. 건설기술 관련 자료를 송부하는 자는 별지 제7호서식의 건설기술자료 납본서를 제출하여야 한다. 3. 제1호의 건설기술 관련 자료 및 제2호의 건설기술자료 납본서는 법 제18조제1항에 따른 건설기술정보체계를 통하여 송부할 수 있다. ② 영 제17조제1항에 따라 법 제18조제1항에 따른 건설기술정보체계의 구축·운영

법	시 행 령	시 행 규 칙
7. 제52조에 따른 건설공사의 사후평가에 관한 자료 8. 제53조에 따른 건설공사 등의 부실 측정 등에 관한 자료 ② 국토교통부장관은 제1항에 따른 건설기술정보체계의 구축을 위하여 중앙행정기관, 지방자치단체 및 공기업·준정부기관의 장이 대통령령으로 정하는 건설기술 관련 자료를 발행하거나 제작하였을 때에 그 자료의 제공을 요청할 수 있다. 이 경우 자료의 제공을 요청받은 기관의 장은 특별한 사유가 없으면 요청에 따라야 한다. ③ 제2항에 따른 건설기술 관련 자료의 송부 방법 및 절차 등에 관하여 필요한 사항은 국토교통부령으로 정한다.	정되는 경우에는 그 자료 또는 정보의 제공을 거부하거나 제한할 수 있다. **제40조【건설기술 관련 자료의 수집】** 법 제18조제2항 전단에서 "대통령령으로 정하는 건설기술 관련 자료"란 다음 각 호의 자료를 말한다. 1. 건설기술과 관련된 보고서, 연구논문집 및 정기간행물(인터넷으로 제공하는 건설기술 관련 정보를 포함한다) 2. 그 밖에 국토교통부장관이 요청하는 건설기술 관련 자료	업무를 위탁받은 기관은 다음 각 호의 방법으로 건설기술에 관한 자료 및 정보를 이용자에게 제공하여야 하며, 이용자로부터 실비의 범위에서 수수료를 받을 수 있다. 1. 등록된 건설기술에 관한 자료의 목록, 색인 및 내용의 검색 및 열람 2. 건설기술정보에 관한 서지(書誌)의 발간 3. 등록된 건설기술에 관한 자료의 복제 및 배포
제19조【건설공사 지원 통합정보체계의 구축】 ① 국토교통부장관은 건설공사 과정의 정보화를 촉진하고 그 성과를 효율적으로 이용하도록 하기 위하여 건설공사 지원 통합정보체계의 구축에 관한 기본계획(이하 "통합정보체계 구축계획"이라 한다)을 수립하여야 한다. ② 통합정보체계 구축계획에는 다음 각 호의 사항이 포함되어야 한다. 1. 건설공사 정보화의 기본목표 및 추진방향 2. 건설공사 과정의 정보화를 촉진하기 위한 시책 3. 건설공사 지원 통합정보체계 구축을 위한 공동사업의 시행 및 표준화 4. 건설공사 지원 통합정보체계 구축에 관한 각종 연구·개발 및 기술 지원 5. 건설공사 지원 통합정보체계를 이용한 정보의 공동활용 촉진 6. 그 밖에 건설공사의 정보화 촉진을 위하여 필요한 사항 ③ 국토교통부장관은 통합정보체계 구축계획을 수립할 때	**제41조【건설공사 지원 통합정보체계의 구축·운영】** ① 국토교통부장관은 법 제19조제1항에 따른 건설공사 지원 통합정보체계 구축에 관한 기본계획을 5년 단위로 수립하고, 이를 체계적으로 추진하기 위하여 연차별 시행계획을 수립하여 시행하여야 한다. ② 국토교통부장관은 건설공사 지원 통합정보체계의 효율적인 구축과 활용 촉진을 위하여 다음 각 호의 업무를 수행할 수 있다. 1. 건설공사 지원 통합정보체계의 구축·운영에 관한 각종 연구개발 및 기술 지원 2. 건설공사 지원 통합정보체계의 구축을 위한 공동사업의 시행 3. 건설공사 지원 통합정보체계의 표준화 4. 건설공사 지원 통합정보체계를 이용한 정보의 공동 활용 촉진 5. 그 밖에 건설공사 지원 통합정보체계의 구축·활용 촉진을	**제15조【건설공사 지원 통합정보체계 관련 협의체】** 국토교통부장관은 법 제19조제1항에 따른 건설공사 지원 통합정보체계(이하 "건설공사 지원 통합정보체계"라 한다)의 효율적인 구축을 위하여 건설과 관련된 업체·기관 또는 단체와의 협의체를 구성·운영할 수 있다.

법	시 행 령	시 행 규 칙
에는 관계 중앙행정기관의 장과 협의한 후에 중앙심의위원회의 심의를 받아야 한다. 통합정보체계 구축계획 중 제2항 제1호부터 제3호까지의 사항이나 그 밖에 대통령령으로 정하는 내용을 변경하려는 경우에도 같다. ④ 국토교통부장관은 통합정보체계 구축계획을 수립할 때에는 「지능정보화 기본법」 제6조에 따른 지능정보사회 종합계획 및 같은 법 제7조에 따른 지능정보사회 실행계획과 연계되도록 하여야 한다. 〈개정 2020.6.9.〉 ⑤ 국토교통부장관은 관계 중앙행정기관, 지방자치단체 및 「공공기관의 운영에 관한 법률」에 따른 공공기관 등 관계 기관의 장에게 건설공사 지원 통합정보체계의 구축·운영에 필요한 자료 또는 정보의 제공을 요청할 수 있다. 이 경우 자료 또는 정보의 제공을 요청받은 기관의 장은 특별한 사유가 없으면 요청에 따라야 한다. ⑥ 국토교통부장관은 국토교통부장관이 정하여 고시하는 전담기관으로 하여금 건설공사 지원 통합정보체계를 구축·운영하게 할 수 있다. 이 경우 국토교통부장관은 전담기관의 장에게 필요한 사업비에 충당하도록 출연할 수 있다. ⑦ 제6항에 따른 전담기관의 관리, 그 밖에 건설공사 지원 통합정보체계의 구축·운영 등에 필요한 사항은 대통령령으로 정한다. **고시** 건설기술진흥법령에 따른 위탁업무 수행기관 등 지정(국토교통부고시 제2020-1177호, 2020.12.29.)	위하여 필요한 사항 ③ 제1항과 제2항에서 규정한 사항 외에 건설공사 지원 통합정보체계의 구축·운영에 필요한 세부 사항은 국토교통부장관이 정하여 고시한다. **고시** 건설사업정보 운용지침(국토교통부고시 제2018-910호, 2018.12.31)	
제3장 건설기술인의 육성 등 〈개정 2018.8.14.〉	**제3장 건설기술인의 육성 등** 〈개정 2018.12.11.〉	**제3장 건설기술인의 육성 등** 〈개정 2019.2.25.〉
제20조 【건설기술인의 육성】 ① 국토교통부장관은 건설기	**제42조 【건설기술인의 교육·훈련】** ① 법 제20조제2항 전	

법	시 행 령	시 행 규 칙
술인의 효율적 활용과 기술능력 향상을 위하여 필요한 경우에는 건설기술인의 육성과 교육·훈련 등에 관한 시책을 수립·추진할 수 있다. 〈개정 2018.8.14.〉 ② 대통령령으로 정하는 건설기술인은 업무 수행에 필요한 소양과 지식을 습득하기 위하여 대통령령으로 정하는 바에 따라 국토교통부장관이 실시하는 교육·훈련을 받아야 한다. 이 경우 국토교통부장관은 교육·훈련 이수 실적을 제21조제2항에 따른 건설기술인 등급 산정에 활용할 수 있다. 〈개정 2018.6.12., 2018.8.14.〉 ③ 제2항 전단에 따라 교육·훈련을 받아야 할 사람을 고용하고 있는 사용자는 건설기술인이 제2항 전단에 따른 교육·훈련을 받는 데에 필요한 경비를 부담하여야 하며, 이를 이유로 그 건설기술인에게 불이익을 주어서는 아니 된다. 〈개정 2018.6.12., 2018.8.14.〉 ④ 제1항부터 제3항까지에서 규정한 사항 외에 건설기술인의 육성 및 교육·훈련에 필요한 세부사항은 대통령령으로 정한다. 〈신설 2018.12.31., 2020.6.9.〉 [제목개정 2018.8.14.]	단에서 "대통령령으로 정하는 건설기술인"이란 다음 각 호의 어느 하나에 해당하는 건설기술인을 말한다. 〈개정 2015.6.1., 2016.8.11., 2018.1.16., 2018.12.11., 2020.1.7., 2020.12.1., 2021.9.14., 2024.4.23.〉 1. 법 제26조제1항에 따른 건설엔지니어링사업자에게 고용되어 근무하는 건설기술인 2. 「건설산업기본법」 제2조제2호에 따른 건설업에 종사하는 건설기술인 3. 「건축사법」 제23조에 따른 건축사사무소에 근무하는 건설기술인 4. 「기술사법」 제6조에 따른 기술사사무소(건설기술 관련 분야의 기술사사무소로 한정한다)에 근무하는 건설기술인 5. 「국토안전관리원법」에 따른 국토안전관리원(이하 "국토안전관리원"이라 한다) 및 「시설물의 안전 및 유지관리에 관한 특별법」 제28조제1항에 따른 안전진단전문기관에 소속되어 근무하는 건설기술인 6. 「엔지니어링산업 진흥법」 제2조제3호에 따른 엔지니어링사업(건설기술 관련 분야의 엔지니어링사업으로 한정한다)에 종사하는 건설기술인 7. 「주택법」 제15조에 따른 주택건설사업 또는 대지조성사업에 종사하는 건설기술인 8. 「공간정보의 구축 및 관리 등에 관한 법률」 제44조에 따른 측량업 또는 「해양조사와 해양정보 활용에 관한 법률」 제30조에 따른 해양조사·정보업에 종사하는 건설기술인 9. 발주청에 소속되어 근무하는 건설기술인 9. 발주청에 소속되어 근무하는 건설기술인 ② 법 제20조제2항에 따라 건설기술인이 받아야 할 교육·훈련의 종류·시간 및 내용 등과 교육·훈련의 면제 및 연기의 기준은 별표 3과 같다. 〈개정 2018.12.11.〉	

법	시 행 령	시 행 규 칙

제20조의2【교육·훈련의 대행】 ① 국토교통부장관은 건설기술인을 육성하기 위하여 「공공기관의 운영에 관한 법률」에 따른 공공기관이나 대통령령으로 정하는 건설기술과 관련된 기관 또는 단체로 하여금 제20조제2항 전단에 따른 교육、훈련을 대행하도록 할 수 있다.
② 제1항에 따른 교육、훈련을 대행하려는 자는 교육시설, 교수요원 등 대통령령으로 정하는 요건을 갖추어 국토교통부장관에게 신청하여야 한다.
③ 국토교통부장관은 제1항에 따라 교육、훈련을 대행하는 자(이하 "교육、훈련기관"이라 한다)에게 교육、훈련에 필요한 비용의 일부를 지원할 수 있다.
④ 제1항부터 제3항까지에서 규정한 사항 외에 교육、훈련 대행에 필요한 세부사항은 국토교통부령으로 정한다.
[본조 신설 2020.6.9]

[제목개정 2018.12.11.]

제43조【건설기술인에 대한 교육·훈련의 대행】 ① 법 제20조의2제1항에서 "대통령령으로 정하는 건설기술과 관련된 기관 또는 단체"란 다음 각 호의 기관 또는 단체를 말한다. 〈개정 2020.12.8.〉
1. 법 또는 다른 법률에 따라 건설기술과 관련된 업무를 수행하기 위하여 설립된 법인
2. 건설기술과 관련된 업무를 수행하는 학회·기관 또는 단체
3. 건설기술과 관련된 교육과정이 개설된 학교(「고등교육법」 제2조에 따른 학교를 말한다)
4. 「민법」 제32조에 따라 설립된 비영리법인(건설기술과 관련된 교육과정이 개설된 경우만 해당한다)

② 국토교통부장관은 법 제20조의2제1항에 따라 건설기술인에 대한 교육·훈련을 대행할 공공기관이나 건설기술과 관련된 기관 또는 단체(이하 "교육기관"이라 한다)를 공모를 통해 교육·훈련 대상 및 전문 분야별로 지정하여 고시할 수 있다. 이 경우 국토교통부장관은 지정、고시할 교육기관의 수를 효율적으로 관리하기 위하여 건설기술인의 교육、훈련 수요 등을 고려하여 3년마다 교육기관의 총량을 정할 수 있다. 〈개정 2018.12.11., 2020.7.30., 2020.12.8.〉
③ 법 제20조의2제2항 및 제20조의4제1항제2호에서 "교육시설, 교수요원 등 대통령령으로 정하는 요건"이란 별표 4의 요건을 말한다. 〈개정 2020.12.8.〉
④ 국토교통부장관은 교육기관을 지정하였을 때에는 국토교통부령으로 정하는 바에 따라 교육기관 지정서를 발급하여야 한다.
⑤ 제1항부터 제3항까지에서 규정한 사항 외에 교육기관의

제16조【교육기관 지정서】 영 제43조제2항에 따라 지정받은 건설기술인에 대한 교육·훈련기관(이하 "교육기관"이라 한다)에 대하여 같은 조 제4항에 따라 발급하는 교육기관 지정서는 별지 제8호서식과 같다. 〈개정 2019.2.25.〉

제17조【교육기관의 교육·훈련 대행】 ① 교육기관은 건설기술인에 대한 교육·훈련을 실시하려는 경우에는 교육·훈련계획을 수립하여 국토교통부장관에게 제출해야 한다. 〈개정 2019.2.25.〉
② 국토교통부장관 또는 교육기관은 교육·훈련을 받은 건설기술인에게 별지 제9호서식의 교육수료증을 발급하고, 법 제21조제2항에 따른 건설기술경력증에 교육 이수 사항을 기록·확인해야 한다. 〈개정 2019.2.25.〉
③ 국토교통부장관 또는 교육기관은 건설기술인에 대하여 교육·훈련을 실시한 경우에는 그 교육·훈련 상황을 별지 제10호서식에 적고, 해당 자료가 입력된 전자기록매체 1부를 첨부하여 해당 교육과정이 끝난 후 14일 이내에 건설기술인 경력관리 수탁기관(영 제117조제1항제4호 및 제5호에 따라 건

법	시 행 령	시 행 규 칙
	교육·훈련 대행에 필요한 사항은 국토교통부령으로 정한다. [제목개정 2018.12.11.]	설기술인의 경력관리에 관한 업무를 위탁받은 기관을 말한다. 이하 같다)에 송부해야 한다. 〈개정 2019.2.25.〉 ④ 교육기관은 건설기술인으로부터 받는 교육비 명세를 국토교통부장관에게 제출해야 한다. 〈개정 2019.2.25.〉 ⑤ 교육기관의 분원 설치, 출장교육의 실시 및 교육기관의 운영 등 교육·훈련 대행에 필요한 세부 사항은 국토교통부장관이 정하여 고시한다. 〈신설 2021.9.17.〉
제20조의3【교육 · 훈련 대행의 유효기간 및 갱신】 ① 제20조의2제1항에 따른 대행의 유효기간은 3년으로 한다. ② 교육·훈련기관이 대행의 유효기간이 끝난 후에도 대행을 계속하려는 경우에는 그 유효기간이 끝나기 전에 국토교통부장관의 심사를 받아 대행을 갱신하여야 한다. ③ 제2항에 따라 대행을 갱신하려는 교육·훈련기관은 국토교통부령으로 정하는 바에 따라 국토교통부장관에게 대행의 갱신을 신청하여야 한다. ④ 제1항부터 제3항까지에서 규정한 사항 외에 대행의 유효기간 및 갱신에 필요한 세부사항은 국토교통부령으로 정한다. [본조 신설 2020.6.9.] **제20조의4【교육 · 훈련 대행의 취소】** ① 국토교통부장관은 교육·훈련기관이 다음 각 호의 어느 하나에 해당하는 경우 교육·훈련 대행을 취소하거나 1년 이내의 기간을 정하여 정지 또는 개선을 명할 수 있다. 다만, 제1호의 경우에는 대	**제43조의2【교육기관에 대한 행정처분 기준 등】** ① 법 제20조의4제1항에 따른 교육기관에 대한 교육·훈련 대행취소, 업무정지 처분 등 행정처분 기준은 별표 4의2와 같다. ② 국토교통부장관은 법 제20조의4제1항에 따라 교육·훈련 대행을 취소하거나 업무정지 처분을 한 경우 그 사실을 공고해야 한다. ③ 법 제20조의4제1항에 따른 교육·훈련 대행취소 또는 업무정지 처분을 받은 교육기관은 지체없이 교육·훈련을 중단하고 해당 교육·훈련을 신청한 자에게 그 사실을 통지해야 한다. 다만, 대행취소 또는 업무정지 처분 이전부터 실시 중인 교육·훈련에 대해서는 해당 교육·훈련이 종료될 때까지 대행 업무를 계속할 수 있다. [본조신설 2020.12.8.]	**제17조의2【교육 · 훈련 대행의 갱신】** ① 법 제20조의3제3항에 따라 교육·훈련 대행을 갱신하려는 교육기관은 별지 제10호의2서식의 교육기관 대행 갱신신청서에 다음 각 호의 서류를 첨부하여 유효기간이 끝나기 6개월 전까지 국토교통부장관에게 신청해야 한다. 1. 교육기관 지정서 2. 교육·훈련 시설 현황에 관한 서류 3. 교수요원 및 직원을 고용하고 있음을 증명하는 서류 4. 교육·훈련 계획 및 운영 실적에 관한 서류 5. 유효기간 동안 국토교통부장관이 해당 교육기관에 대하여 실시한 심사 또는 평가 결과에 관한 서류

법	시 행 령	시 행 규 칙
행을 취소하여야 한다. 1. 거짓이나 부정한 방법으로 교육·훈련기관이 된 경우 2. 교육시설, 교수요원 등 대통령령으로 정하는 요건에 미달한 경우 3. 교육·훈련 대행의 정지 기간 중에 교육·훈련을 실시한 경우 4. 교육·훈련 대행에 대한 개선 명령에 따르지 않은 경우 5. 그 밖에 교육·훈련을 대행하기가 부적합한 경우로서 국토교통부장관이 정하는 사유에 해당하는 경우 ② 제1항에 따라 교육·훈련의 대행이 취소된 경우로서 다음 각 호의 어느 하나에 해당하면 그 취소된 날부터 3년이 지나기 전에는 교육·훈련의 대행을 신청할 수 없다. 1. 제1항에 따라 교육·훈련의 대행이 취소된 장소에서 교육·훈련의 대행을 신청하려는 경우 2. 제1항에 따라 교육·훈련의 대행이 취소된 교육·훈련기관을 설립·운영한 자(법인인 경우 그 대표자를 포함한다)가 교육·훈련의 대행을 신청하려는 경우 [본조 신설 2020.6.9] **제20조의5【교육·훈련의 관리】** 국토교통부장관은 제20조제2항 전단에 따른 교육·훈련의 효과를 높이기 위하여 다음 각 호의 업무를 수행할 수 있다. 1. 교육·훈련 지원에 관한 사항 2. 교육·훈련 계획의 관리에 관한 사항 3. 교육·훈련 기관의 운영에 대한 평가 4. 그 밖에 교육·훈련의 효과를 높이기 위하여 필요한 사항 [본조 신설 2020.6.9.]	**고시** 건설기술인 등급 인정 및 교육·훈련 등에 관한 기준(국토교통부고시 제2024-520호, 2024.9.30.)	② 제1항에 따른 갱신 신청을 받은 국토교통부장관은 다음 각 호의 사항을 심사하여 갱신 여부를 결정한다. 1. 교육기관의 대행요건 적합 여부 2. 교육·훈련 시설 및 인력의 보유수준과 활용도 3. 교육·훈련의 개발·운영체계 및 업무성과 4. 교육·훈련 서비스의 적정성 및 만족도 5. 제1항제5호에 따른 심사 또는 평가 결과 ③ 국토교통부장관은 제2항에 따라 교육·훈련 대행의 갱신이 결정된 교육기관을 교육·훈련 대상 및 전문 분야별로 지정하여 고시할 수 있다. [본조신설 2020.12.14.]

법

제20조의6 【교육 · 훈련 업무의 위탁】 ① 국토교통부장관은 다음 각 호에 따른 업무의 전부 또는 일부를 대통령령으로 정하는 자에게 위탁할 수 있다.

1. 제20조의2에 따른 교육·훈련 대행에 관한 사항
2. 제20조의3에 따른 교육·훈련 대행의 갱신에 관한 사항
3. 제20조의4에 따른 교육·훈련 대행의 취소에 관한 사항
4. 제20조의5에 따른 교육·훈련 관리에 관한 사항

② 국토교통부장관은 제1항에 따른 업무의 위탁에 필요한 비용을 지원할 수 있다.

③ 제1항 및 제2항에 따른 업무 위탁의 범위, 비용 지원, 위탁 절차 등 교육·훈련 업무의 위탁에 필요한 사항은 국토교통부령으로 정한다.

[본조 신설 2020.6.9]

시 행 령

제43조의3 【교육 · 훈련 업무의 위탁】 ① 국토교통부장관은 법 제20조의6제1항에 따라 다음 각 호의 어느 하나에 해당하는 기관·단체 중에서 위탁업무를 수행할 수 있는 인력과 시설을 갖춘 자를 지정하여 같은 항 각 호에 따른 업무의 전부 또는 일부를 위탁한다.

1. 법 제11조에 따라 설립된 기술평가기관
2. 법 제69조제1항에 따라 설립된 협회
3. 「공공기관의 운영에 관한 법률」 제4조에 따른 공공기관
4. 「정부출연연구기관 등의 설립·운영 및 육성에 관한 법률」 또는 「과학기술분야 정부출연연구기관 등의 설립·운영 및 육성에 관한 법률」에 따라 설립된 연구기관
5. 「민법」 제32조에 따라 국토교통부장관의 허가를 받아 설립된 비영리법인

② 국토교통부장관은 제1항에 따라 업무를 위탁한 경우에는 위탁받은 기관의 명칭, 위탁하는 업무의 내용 및 처리방법, 그 밖에 필요한 사항을 정하여 고시해야 한다.

[본조신설 2020.12.8.]

제43조의4 【건설기술인에 대한 부당행위】 법 제22조의2제2항 전단에서 "관계 법령에 위반되거나 건설공사의 설계도서, 시방서(示方書), 그 밖의 관계 서류의 내용과 맞지 아니한 사항 등 대통령령으로 정하는 부당한 사항"이란 다음 각 호의 사항을 말한다.

1. 법 제44조에 따른 설계·시공 기준 또는 그 밖에 건설기술인의 업무수행과 관련된 법령을 위반하는 사항
2. 건설공사의 설계도서, 시방서 또는 그 밖의 관계 서류의 내용과 맞지 않은 사항

시 행 규 칙

제17조의3 【교육 · 훈련 업무 위탁의 범위 등】 ① 법 제20조의6제1항에 따라 국토교통부장관이 위탁할 수 있는 업무는 다음 각 호와 같다.

1. 법 제20조의2제2항에 따른 교육기관 대행 신청의 접수 및 신청내용의 확인
2. 법 제20조의3제3항에 따른 교육·훈련 대행 갱신 신청의 접수 및 신청내용의 확인
3. 법 제20조의4제1항 각 호의 위반사유에 해당하는지를 확인하기 위한 자료의 제출 요청 및 그 내용의 확인
4. 법 제20조의5에 따른 교육·훈련의 관리에 관한 사항
5. 영 제43조제2항에 따른 교육기관 공모에 관한 사항

② 법 제20조의6제1항 및 영 제43조의3에 따라 교육·훈련 업무를 위탁받은 기관(이하 "교육관리기관"이라 한다)은 위탁업무의 처리 결과를 매 반기 말일을 기준으로 다음 달 말일까지 국토교통부장관에게 보고해야 한다.

[본조신설 2020.12.14.]

제17조의4 【교육관리기관에 대한 비용 지원】 ① 교육관리기관은 위탁업무에 필요한 비용을 지원받으려는 경우에는 위탁업무의 추진계획과 필요한 비용

법	시 행 령	시 행 규 칙
	3. 건설공사의 기성부분검사, 준공검사 또는 품질시험 결과 등을 조작·왜곡하도록 하거나 거짓으로 증언·서명하도록 하는 사항 4. 다른 법령에 따른 근무시간 및 근무환경 등에 관한 기준을 위반하는 사항 [본조신설 2021.9.14.]	의 산출근거를 국토교통부장관에게 제출해야 한다. ② 국토교통부장관은 제1항에 따라 제출된 자료를 검토하여 위탁업무에 필요한 비용을 지원할 수 있다. 이 경우 지원된 금액은 위탁업무 수행 외의 다른 용도로 사용해서는 안 된다. [본조신설 2020.12.14.]
제21조【건설기술인의 신고】 ① 건설공사 또는 건설엔지니어링 업무에 종사하는 사람으로서 건설기술인으로 인정받으려는 사람은 근무처·경력·학력 및 자격 등(이하 "근무처 및 경력등"이라 한다)의 관리에 필요한 사항을 국토교통부장관에게 신고하여야 한다. 신고사항이 변경된 경우에도 같다. 〈개정 2018.8.14.,2021.3.16.〉 ② 국토교통부장관은 제1항에 따라 신고를 받은 경우에는 건설기술인의 근무처 및 경력등에 관한 기록을 유지·관리하여야 하고, 신고내용을 토대로 건설기술인 등급을 정할 수 있으며, 건설기술인이 신청하면 건설기술인의 등급, 근무처 및 경력등에 관한 증명서(이하 "건설기술경력증"이라 한다)를 발급할 수 있다. 〈개정 2018.6.12., 2018.8.14.〉 ③ 국토교통부장관은 제1항에 따라 신고받은 내용을 확인하기 위하여 필요한 경우에는 중앙행정기관, 지방자치단체, 「초·중등교육법」 제2조 및 「고등교육법」 제2조에 따른 학교, 발주청, 신고한 건설기술인이 소속된 건설 관련 업체 등 관계 기관의 장에게 관계 자료를 제출하여 줄 것을 요청할 수 있다. 이 경우 요청을 받은 기관의 장은 특별한 사유가 없으면 요청에 따라야 한다. 〈개정 2018.8.14.〉		**제18조【건설기술인의 신고】** ① 법 제21조제1항 전단에 따라 건설기술인으로 신고하려는 사람은 별지 제11호서식의 건설기술인 경력신고서에 다음 각 호의 서류(전자문서를 포함한다)를 첨부하여 건설기술인 경력관리 수탁기관에 제출해야 한다. 다만, 근무처의 퇴직사실만을 신고하는 경우에는 제1호에 따른 서류는 생략할 수 있으며, 제2호부터 제6호까지의 서류는 해당하는 사람만 첨부한다. 〈개정 2019.2.25.〉 1. 별지 제12호서식의 경력확인서 또는 별지 제13호서식의 국외경력확인서[발주자, 건설공사의 허가·인가·승인 등을 한 행정기관(이하 "인·허가기관"이라 한다) 또는 사용자(대표자)의 확인을 받은 것으로 한정한다] 2. 삭제 〈2018.10.12.〉 3. 졸업증명서

법

④ 「건설산업기본법」 등 관계 법률에 따라 인가, 허가, 등록, 면허 등을 하려는 행정기관의 장은 건설기술인의 근무처 및 경력등의 확인이 필요한 경우에는 국토교통부장관의 확인을 받아야 한다. 〈개정 2018.8.14.〉

⑤ 제1항부터 제4항까지의 규정에 따른 건설기술인의 신고, 건설기술경력증의 발급·관리, 건설기술인의 현황 통보 등에 필요한 사항은 국토교통부령으로 정한다. 〈개정 2018.8.14.〉

[제목개정 2018.8.14.]

제22조【건설기술인의 국가 간 상호 인정】 국가는 외국 건설기술인의 요건 또는 국제적으로 통용되는 건설기술인의 요건이 이 법에 따른 건설기술인의 요건과 동등한 수준으로 업무 교류 등이 가능하다고 판단되는 경우에는 외국과의 국가 간 협약 등에 따라 상호(相互) 건설기술인으로 인정할 수 있다. 〈개정 2018.8.14.〉

[제목개정 2018.8.14.]

제22조의2【건설기술인의 업무수행 등】 ① 건설기술인은 발주자 또는 건설사업관리를 수행하는 건설기술인의 공사관리 등과 관련한 요구를 이행하여야 한다.

② 발주자 또는 건설기술인을 고용하고 있는 사용자(사용자의 소속 임원 또는 직원을 포함한다)는 관계 법령에 위반되거나 건설공사의 설계도서, 시방서(示方書), 그 밖의 관계 서류의 내용과 맞지 아니한 사항 등 대통령령으로 정하는 부당한 사항을 건설기술인에게 요구해서는 아니 되며, 건설기술인은 이러한 부당한 요구를 받은 때에는 이유를 밝히고 그 요구를 따르지 아니할 수 있다. 이 경우 발주자

시 행 령

시 행 규 칙

4. 교육·훈련 사항을 증명할 수 있는 서류(제17조제3항에 따라 송부되는 교육·훈련에 관한 서류는 제외한다)
5. 발주청이 건설공사 업무와 관련하여 수여한 상훈증 사본
6. 근무처 또는 경력 사항을 증명할 수 있는 서류
7. 증명사진 1장(건설기술인 경력신고서에 증명사진을 첨부하여 인쇄한 경우에는 제외한다)

② 법 제21조제1항 후단에 따라 건설기술인 변경신고를 하려는 사람은 별지 제14호서식의 건설기술인 경력변경신고서에 제1항제1호 및 제6호의 서류를 첨부하여 건설기술인 경력관리 수탁기관에 제출해야 한다. 〈개정 2019.2.25.〉

③ 법 제21조제2항에 따른 건설기술경력증(이하 "건설기술경력증"이라 한다)은 별지 제15호서식과 같다.

④ 건설기술인은 법 제21조제2항에 따라 건설기술경력증을 발급·갱신 또는 재발급받으려는 경우에는 별지 제16호서식의 건설기술경력증 발급(신규·모바일·갱신·재발급) 신청서에 증명사진 1장을 첨부하여 건설기술인 경력관리 수탁기관에 제출해야 한다. 건설기술인 경력관리 수탁기관은 건설기술인이 이동통신단말장치를 이용한 모바일

법	시 행 령	시 행 규 칙
또는 건설기술인을 고용하고 있는 사용자는 이를 이유로 그 건설기술인에게 불이익을 주어서는 아니 된다. 〈개정 2020.6.9.,2021.3.16〉 ③ 제69조제1항에 따른 건설기술인단체는 건설기술인의 업무수행과 관련된 권리·의무 등 기본적인 사항을 건설기술인권리헌장으로 제정하여 공표할 수 있다. [본조신설 2018.8.14.] **제22조의3【부당한 요구 등의 신고 등】** ① 제22조의2제2항에 따른 부당한 요구 또는 불이익을 받은 건설기술인은 국토교통부장관에게 해당 사실을 신고할 수 있다. ② 국토교통부장관은 제1항에 따른 신고의 접수, 처리 등에 관한 업무를 효율적으로 수행하기 위하여 공정건설지원센터를 설치·운영할 수 있다. ③ 공정건설지원센터의 설치 및 운영에 필요한 사항은 대통령령으로 정한다. [본조신설 2021.3.16.] **제23조【건설기술인의 명의 대여 금지 등】** ① 건설기술인은 자기의 성명을 사용하여 다른 사람에게 건설공사 또는 건설엔지니어링 업무를 수행하게 하거나 건설기술경력증을 빌려 주어서는 아니 된다. 〈개정 2018.8.14.,2021.3.16.〉 ② 누구든지 다른 사람의 성명을 사용하여 건설공사 또는 건설엔지니어링 업무를 수행하거나 다른 사람의 건설기술경력증을 빌려서는 아니 된다. 〈개정 2021.3.16.〉 ③ 누구든지 제1항이나 제2항에서 금지된 행위를 알선하여서는 아니 된다. [제목개정 2018.8.14.]	**제43조의5【공정건설지원센터의 운영】** ① 법 제22조의3제2항에 따른 공정건설지원센터의 업무는 다음 각 호와 같다. 1. 부당한 요구 또는 불이익을 받은 사실에 대한 신고 접수 2. 신고된 내용의 사실 여부 확인 ② 국토교통부장관은 제1항에 따른 업무의 처리 방법, 절차 등에 관한 세부지침을 마련하여 운영할 수 있다. [본조신설 2021.9.14.]	형태로 발급을 요청하는 경우에는 별지 제15호서식에 따라 모바일 건설기술경력증을 발급할 수 있다. 〈개정 2019.2.25, 2022.12.30〉 ⑤ 건설기술인 경력관리 수탁기관은 별지 제17호서식의 건설기술경력증 발급대장에 건설기술경력증을 발급한 사실을 기록하고 관리해야 한다. 〈개정 2019.2.25.〉 ⑥ 법 제21조제2항 및 제4항에 따른 건설기술인의 근무처, 자격, 학력 및 경력 등(이하 "근무처 및 경력등"이라 한다)의 확인은 별지 제18호서식(영문으로 발급하는 경우에는 별지 제18호의2서식을 말한다)의 건설기술인 경력증명서 및 별지 제19호서식의 건설기술인 보유증명서에 따른다. 〈개정 2019.2.25., 2024.7.10.〉 ⑦ 건설기술인 경력관리 수탁기관은 제1항부터 제4항까지 및 제6항에 따른 건설기술인 경력관리를 위하여 그 신청인(법 제21조제4항에 따른 행정기관의 장이 신청인인 경우는 제외한다)으로부터 실비의 범위에서 수수료를 받을 수 있다. 〈개정 2019.2.25.〉 ⑧ 건설기술인 경력관리 수탁기관은 국토교통부장관이 고시하는 바에 따라 제1항 및 제2항에 따른 신고 또는 변

법	시 행 령	시 행 규 칙
		경신고의 내용 및 현황과 건설기술경력증 발급 현황을 서로 교환해야 한다. 〈개정 2019.2.25.〉 ⑨ 건설기술인 경력관리 수탁기관은 제1항 및 제2항에 따른 신고 또는 변경신고를 받은 경우에는 관계기관에 그 신고내용을 확인해야 한다. 〈개정 2019.2.25.〉 [제목개정 2019.2.25.] **제18조의2 【건설기술인의 경력확인】** ① 발주자, 인·허가기관 또는 건설기술인을 고용하고 있는 사용자(대표자)는 제18조제1항제1호에 따라 경력확인서 또는 국외경력확인서의 발급을 요청받아 처리하는 경우에는 별지 제19호의2서식의 건설기술인 경력확인 접수(처리)대장에 기록해야 한다. ② 발주자, 인·허가기관 또는 건설기술인을 고용하고 있는 사용자(대표자)는 건설기술인의 경력확인 신청의 편의성, 확인서 발급업무의 효율성 및 경력자료 관리의 정확성 제고 등을 위하여 확인서 발급과 경력자료를 전자적으로 처리·관리하는 시스템을 활용할 수 있다. ③ 제1항에 따른 경력확인서 및 국외경력확인서 발급을 위하여 필요한 경력확인권자의 경력확인 절차에 관한 세부적인 사항은 국토교통부장관이 정

법	시 행 령	시 행 규 칙
제24조【건설기술인의 업무정지 등】 ① 국토교통부장관은 건설기술인이 다음 각 호의 어느 하나에 해당하면 2년 이내의 기간을 정하여 건설공사 또는 건설기술용역 업무의 수행을 정지하게 할 수 있다. 〈개정 2018.8.14., 2018.12.31.,2021.3.16〉 1. 제21조제1항에 따라 신고 또는 변경신고를 하면서 근무처 및 경력등을 거짓으로 신고하거나 변경신고한 경우 2. 제23조제1항을 위반하여 자기의 성명을 사용하여 다른 사람에게 건설공사 또는 건설엔지니어링 업무를 수행하게 하거나 건설기술경력증을 빌려 준 경우 3. 제2항에 따른 시정지시 등을 3회 이상 받은 경우 3의2. 제39조제4항 후단에 따라 같은 항 전단에 따른 보고서(이하 "건설사업관리보고서"라 한다)를 작성하여야 하는 건설기술인이 다음 각 목의 어느 하나에 해당하는 경우		하여 고시한다. [본조신설 2019.4. 4.] **제19조【건설기술인에 대한 시정지시 등】** 발주청은 건설기술인이 업무를 성실하게 수행하지 아니함으로써 건설공사가 부실하게 될 우려가 있을 때에는 법 제24조제2항에 따라 시정지시 또는 주의조치를 하되, 시정지시에 따르지 아니하면 다시 시정지시를 하고, 그에도 따르지 아니하면 다시 시정지시를 한 후 국토교통부장관에게 결과를 제출해야 한다. 〈개정 2019.2.25.〉 [제목개정 2019.2.25.] **제20조【건설기술인의 업무정지 등】** ① 법 제24조제5항에 따른 건설기술인의 업무정지기준은 별표 1과 같다. 〈개정 2019.2.25.〉 ② 지방국토관리청장은 법 제24조제1항 또는 「국가기술자격법」 제16조에 따라 건설기술인에 대한 행정처분을 한 경우에는 그 처분내용을 건설기술인 경력관리 수탁기관 및 해당 건설기술인이 소속된 건설사업자·주택건설등록업자(「주택법」 제4조에 따라 주택건설사업자의 등록을 한 자를 말한다. 이하 같다) 또는 건설엔지니어링사

법	시 행 령	시 행 규 칙
가. 정당한 사유 없이 건설사업관리보고서를 작성하지 아니한 경우 나. 건설사업관리보고서를 거짓으로 작성한 경우 다. 건설사업관리보고서를 작성할 때 해당 건설공사의 주요 구조부에 대한 시공·검사·시험 등의 내용을 빠뜨린 경우 4. 공사 관리 등과 관련하여 발주자 또는 건설사업관리를 수행하는 건설기술인의 정당한 시정명령에 따르지 아니한 경우 5. 정당한 사유 없이 공사현장을 무단 이탈하여 공사 시행에 차질이 생기게 한 경우 6. 고의 또는 중대한 과실로 발주청에 재산상의 손해를 발생하게 한 경우 7. 다른 행정기관이 법령에 따라 업무정지를 요청한 경우 ② 발주청은 건설기술인이 업무를 성실하게 수행하지 아니함으로써 건설공사가 부실하게 될 우려가 있으면 국토교통부령으로 정하는 바에 따라 그 건설기술인에게 시정지시 등 필요한 조치를 하고, 그 결과를 국토교통부장관에게 제출하여야 한다. 〈개정 2018.8.14.〉 ③ 발주청과 건설공사의 허가·인가·승인 등을 한 행정기관(이하 "인·허가기관"이라 한다)의 장은 건설기술인이 제1항 각 호의 어느 하나에 해당하는 경우에는 그 사실을 국토교통부장관에게 통보하여야 하며, 국토교통부장관은 건설기술인에 대하여 제1항에 따라 업무의 수행을 정지하게 한 경우 해당 발주청 및 인·허가기관의 장에게 그 내용을 통보하여야 한다. 〈개정 2018.8.14.〉 ④ 제1항에 따라 업무정지처분을 받은 건설기술인은 지체 없이 건설기술경력증을 국토교통부장관에게 반납하여야 하며, 국토교통부장관은 근무처 및 경력등에 관한 기록의 수		업자에게 통보하고, 그 사실을 공고해야 한다. 〈개정 2016.8.12., 2019.2.25., 2020.3.18., 2021.9.17〉 ③ 건설기술인 경력관리 수탁기관은 건설기술경력증 또는 제18조제6항에 따른 건설기술인 경력증명서를 발급하는 경우에는 국토교통부장관이 고시하는 기간 동안 제2항에 따라 통보받은 처분내용을 해당 건설기술경력증 또는 건설기술인 경력증명서에 적어야 한다. 〈개정 2019.2.25.〉 ④ 제2항에 따라 소속 건설기술인의 업무정지 사실을 통보받은 건설사업자·주택건설등록업자 또는 건설엔지니어링사업자는 통지를 받은 날부터 10일 이내에 해당 건설공사 또는 건설기술용역 등을 발주한 발주청에 그 내용을 통지해야 한다. 〈개정 2019.2.25., 2020.3.18., 2021.9.17.〉 [제목개정 2019.2.25.]

정 또는 말소 등 필요한 조치를 하여야 한다. 〈개정 2018.8.14.〉

⑤ 제1항에 따른 업무정지의 기준과 그 밖에 필요한 사항은 국토교통부령으로 정한다.

[제목개정 2018.8.14.]

제4장 건설엔지니어링 등〈개정2021.3.16〉

제1절 건설엔지니어링업〈개정2021.3.16.〉

제25조 【건설엔지니어링업의 육성】 ① 국토교통부장관은 건설엔지니어링에 관한 기술 수준의 향상과 건설엔지니어링업의 건전한 발전 및 고도화를 도모하기 위하여 필요한 경우에는 산업통상자원부장관 및 관계 중앙행정기관의 장과 협의하여 건설산업의 특성에 맞게 건설엔지니어링업의 육성 및 지원을 위한 시책을 수립하여 시행할 수 있다. 〈개정 2021.3.16.〉

② 국토교통부장관은 건설엔지니어링업의 육성을 위하여 건설엔지니어링사업자에게 다음 각 호의 사항을 지원할 수 있다. 〈개정 2018.8.14., 2019.4.30., 2021.3.16.〉

1. 제7조에 따른 건설기술 연구·개발 사업으로 개발된 건설기술의 활용
2. 제18조에 따른 건설기술정보체계를 통한 건설기술에 관한 자료 및 정보 제공
3. 국내외 건설기술인력의 정보 제공
4. 건설기술인에 대한 전문교육
5. 그 밖에 건설엔지니어링업의 건전한 발전 및 고도화를 위하여 필요하다고 인정하는 사항

[제목개정 2021.3.16.]

제4장 건설엔지니어링 등〈개정 2021.9.14.〉

제1절 건설엔지니어링업〈개정 2021.9.14.〉

제4장 건설엔지니어링 등〈개정 2021.9.17.〉

법	시 행 령	시 행 규 칙
제26조【건설엔지니어링업의 등록 등】 ① 발주청이 발주하는 건설엔지니어링사업을 수행하려는 자는 전문분야별 요건을 갖추어 특별시장·광역시장·특별자치시장·도지사 또는 특별자치도지사(이하 "시·도지사"라 한다)에게 등록하여야 한다. 다만, 발주청이 발주하는 건설엔지니어링 중 건설공사의 계획·조사·설계를 수행하기 위하여 시·도지사에게 등록하려는 자는 「엔지니어링산업 진흥법」 제2조제4호에 따른 엔지니어링사업자 또는 「기술사법」 제6조제1항에 따른 사무소를 등록한 기술사이어야 한다.〈개정 2021.3.16.〉	**제44조【건설엔지니어링업의 등록 등】** ① 법 제26조제1항에 따라 발주청이 발주하는 건설엔지니어링사업을 수행하려는 자는 다음 각 호의 전문분야별로 시·도지사에게 등록하여야 한다. 〈개정 2016.5.17., 2021.9.14.〉 1. 종합 2. 설계·사업관리 가. 일반 나. 설계등용역: 설계등용역일반, 측량 및 수로조사 다. 건설사업관리 3. 품질검사 가. 일반 나. 토목 다. 건축 라. 특수: 골재, 레디믹스트콘크리트, 아스팔트콘크리트, 철강재, 섬유, 용접 및 말뚝재하 ② 건설엔지니어링업의 전문분야별 등록요건 및 업무범위는 별표 5와 같다. ③ 시·도지사는 법 제26조제1항에 따른 등록신청이 있는 경우 다음 각 호의 어느 하나에 해당하는 경우를 제외하고는 등록을 해주어야 한다. 1. 법 제27조 각 호의 어느 하나에 해당하는 경우 2. 별표 5의 등록요건을 갖추지 못한 경우 3. 그 밖에 법, 이 영 또는 다른 법령에 따른 제한에 위반되는 경우	**제21조【건설엔지니어링업의 등록신청】** ① 법 제26조제1항에 따라 건설엔지니어링업의 등록을 하려는 자(법인인 경우에는 대표자를 말한다. 이하 "신청인"이라 한다)는 별지 제20호서식의 건설엔지니어링업 등록(변경등록)신청서(전자문서로 된 신청서를 포함한다)에 다음 각 호의 서류(전자문서를 포함한다)를 첨부하여 등록 등 업무 수탁기관(영 제117조제3항에 따라 건설엔지니어링사업자의 등록·변경등록, 휴업·폐업의 신고 및 영업 양도·합병의 신고에 대한 접수·확인 및 관리 업무를 위탁받은 기관을 말한다. 이하 같다)에 제출해야 한다. 〈개정 2018.10.12., 2019.2.25., 2020.3.18., 2021.9.17.〉 1. 삭제 〈2018.10.12.〉 2. 등록요건에 따른 기술인력을 고용하고 있음을 증명하는 별지 제19호서식의 건설기술인 보유증명서 3. 사무실 또는 시험실을 보유하고 있음을 증명하는 서류(등록요건상 필요한 경우만 해당한다) 4. 등록요건에 따른 자본금을 보유하고 있음을 증명하는 다음 각 목의 구분에 따른 서류(등록요건상 필요한 경우만 해당한다) 가. 법인: 대차대조표 및 손익계산서 나. 개인: 영업용자산액명세서 및 증빙

법	시 행 령	시 행 규 칙
		서류 5. 건설기술 관련 분야의 「엔지니어링산업 진흥법」에 따른 엔지니어링사업자 신고증 사본 또는 「기술사법」에 따른 기술사사무소 개설등록증 사본(등록요건상 필요한 경우만 해당한다) 6. 등록요건에 따른 장비를 보유하고 있음을 증명할 수 있는 서류(등록요건상 필요한 경우만 해당한다) 7. 신청인이 외국인인 경우에는 법 제27조의 결격사유에 해당하지 아니함을 증명하는 해당 국가의 정부나 공증인(법률에 의한 공증인의 자격을 가진 자만 해당한다), 그 밖의 권한 있는 기관이 발행한 서류로서 해당 국가에 주재하는 우리나라 영사가 확인한 서류. 다만, 「외국공문서에 대한 인증의 요구를 폐지하는 협약」을 체결한 국가의 경우에는 아포스티유(Apostille)로서 영사 확인을 갈음할 수 있다. 8. 외국인이나 외국법인의 출자를 증명하는 서류(외국인이나 외국법인이 자본금의 100분의 50 이상을 투자하는 경우만 해당한다) ② 제1항 각 호(제5호를 제외한다)의 서류는 건설엔지니어링업 등록 신청 전 1개월 이내에 발행되거나 작성된 것이어야 한다. 〈개정 2021.9.17.〉

법	시 행 령	시 행 규 칙
② 시·도지사는 건설엔지니어링사업자에게 국토교통부령으로 정하는 바에 따라 등록증을 발급하여야 한다. 〈개정 2019.4.30.,2021.3.16.〉		[제목개정 2021.9.17.] **제22조【건설엔지니어링업 등록증의 발급 등】** ① 등록 등 업무 수탁기관은 건설엔지니어링업 등록신청이 등록기준에 적합하다고 인정되면 지체 없이 그 사실을 특별시장·광역시장·특별자치시장·도지사 또는 특별자치도지사(이하 "시·도지사"라 한다)에게 통보하고, 별지 제21호서식의 건설엔지니어링사업자 등록부에 기록하여 시·도지사에게 송부해야 한다. 〈개정 2020.3.18., 2021.9.17.〉 ② 제1항에 따라 통보 및 송부를 받은 시·도지사는 법 제26조제2항에 따라 신청인에게 별지 제22호서식의 건설엔지니어링업 등록증을 발급(전자문서에 의한 발급을 포함한다)하여야 한다. ③ 시·도지사가 제2항에 따라 건설기술용역업 등록증을 발급한 경우에는 그 사실을 지체 없이 등록 등 업무 수탁기관에 통보하여야 한다. ④ 제1항에 따른 건설엔지니어링사업자 등록부는 전자적 처리가 불가능한 특별한 사유가 없으면 전자적 처리가 가능한 방법으로 작성·관리해야 한다. 〈개정 2020.3.18., 2021.9.17.〉 ⑤ 등록 등 업무 수탁기관은 등록업무 처리결과를 매월 말일을 기준으로 다

법	시 행 령	시 행 규 칙
③ 건설엔지니어링사업자는 제1항에 따라 등록한 사항 중 국토교통부령으로 정하는 사항이 변경된 경우에는 국토교통부령으로 정하는 기간 이내에 변경등록을 하여야 한다. 〈개정 2019.4.30.,2020.10.20., 2021.3.16.〉 ④ 건설엔지니어링사업자는 휴업하거나 폐업하는 경우에는 국토교통부령으로 정하는 바에 따라 시·도지사에게 신고하여야 한다. 이 경우 폐업신고를 받은 시·도지사는 그 등록을 말소하여야 한다. 〈개정 2019.4.30.,2021.3.16.〉 ⑤ 시·도지사는 제1항부터 제4항까지의 규정에 따라 건설엔지니어링사업자가 등록 또는 변경등록을 하거나 건설엔지니어링사업자로부터 휴업 또는 폐업 신고를 받은 경우에는 그 사실을 국토교통부장관에게 통보하여야 한다. 〈개정 2019.4.30.,2021.3.16.〉		음 달 7일까지 시 · 도지사에게 통보하여야 한다. ⑥ 건설엔지니어링사업자는 건설엔지니어링업 등록증을 잃어버리거나 헐어 못 쓰게 되어 재발급받으려는 경우에는 별지 제23호서식의 건설엔지니어링업등록증 재발급신청서를 등록 등 업무 수탁기관에 제출해야 한다. 이 경우 헐어서 못 쓰게 되어 건설엔지니어링업 등록증을 재발급 받으려면 해당 등록증을 첨부해야 한다. 〈개정 2020.3.18., 2021.9.17.〉 [제목개정 2021.9.17.] **제23조【건설엔지니어링업의 변경등록 및 휴업 · 폐업 신고】** ① 법 제26조제3항에서 "국토교통부령으로 정하는 사항"이란 다음 각 호의 사항을 말한다. 〈신설 2021.9.17.〉 1. 상호 또는 법인명 2. 사무실 또는 시험실 3. 대표자 4. 전문분야 또는 세부분야 5. 기술인력 6. 장비 ② 법 제26조제3항에서 "국토교통부령으로 정하는 기간"이란 변경사유가 발생한 날부터 3개월을 말한다. 〈개정

법	시 행 령	시 행 규 칙
⑥ 제1항 본문에 따른 건설엔지니어링업의 전문분야 구분, 전문분야별 등록요건 및 업무범위 등은 대통령령으로 정한다.〈개정 2021.3.16.〉 ⑦ 건설엔지니어링업의 등록 및 변경등록, 휴업·폐업의 절차 등에 관하여 필요한 사항은 국토교통부령으로 정한다.〈개정 2021.3.16.〉 [제목개정 2021.3.16.] **제27조【결격사유】** 다음 각 호의 어느 하나에 해당하는 자는 제26조제1항에 따른 등록을 할 수 없다.〈개정 2015.12.29., 2021.3.16.〉 1. 피성년후견인 2. 파산선고를 받고 복권되지 아니한 자 3. 제31조제1항에 따라 등록취소 처분을 받고, 그 처분을 받은 날부터 1년이 지나지 아니한 자. 다만, 이 조 제1호·제2호 또는 제4호에 해당하여 건설엔지니어링업의 등록이 취소된 경우는 제외한다. 4. 대표자가 제1호 또는 제2호의 어느 하나에 해당하는 법인 **제28조【건설엔지니어링사업자 등의 의무】** ① 건설엔지니어링사업자와 그 건설엔지니어링 업무를 수행하는 건설기술인은 관계 법령에 따라 성실하고 정당하게 업무를 수행하여야 한다.〈개정 2018.8.14., 2019.4.30.,2021.3.16.〉 ② 건설엔지니어링사업자는 타인에게 자기의 성명 또는 상호를 사용하여 건설엔지니어링을 하게 하거나 등록증을 빌려 주어서는 아니 된다.〈개정 2019.4.30.,2021.3.16.〉 [제목개정 2019.4.30.,2021.3.16.]		2021.9.17.〉 ③ 법 제26조제3항에 따른 변경등록을 하려는 자는 별지 제20호서식의 건설엔지니어링업 등록(변경등록) 신청서에 다음 각 호의 서류를 첨부하여 등록 등 업무 수탁기관에 제출해야 한다.〈개정 2018.10.12., 2021.9.17.〉 1. 법 제26조제2항에 따른 건설엔지니어링업 등록증 2. 제21조제1항 각 호의 서류 중 등록사항 변경과 관련된 서류 ④ 건설엔지니어링사업자가 법 제26조제4항 전단에 따라 휴업 또는 폐업의 신고를 하려는 경우에는 그 휴업 또는 폐업하는 날부터 1개월 이내에 별지 제24호서식의 건설엔지니어링업 휴업(폐업) 신고서에 휴업 또는 폐업을 증명하는 서류를 첨부하여 등록 등 업무 수탁기관에 제출해야 한다.〈개정 2020.3.18., 2021.9.17.〉 [제목개정 2021.9.17.]

법	시 행 령	시 행 규 칙

제29조【건설엔지니어링사업자의 영업 양도 등】 ① 건설엔지니어링사업자는 다음 각 호의 어느 하나에 해당하는 경우에는 국토교통부령으로 정하는 바에 따라 시·도지사에게 신고하여야 한다. 〈개정 2019.4.30.,2021.3.16.〉

1. 건설엔지지어링사업자가 영업을 양도하려는 경우
2. 법인인 건설엔지니어링사업자 간 합병을 하려는 경우

② 시·도지사는 제1항에 따른 신고를 받은 날부터 30일 이내에 신고수리 여부를 신고인에게 통지하여야 한다. 〈신설 2018.12.31.〉

③ 시·도지사가 제2항에서 정한 기간 내에 신고수리 여부 또는 민원 처리 관련 법령에 따른 처리기간의 연장을 신고인에게 통지하지 아니하면 그 기간(민원 처리 관련 법령에 따라 처리기간이 연장 또는 재연장된 경우에는 해당 처리기간을 말한다)이 끝난 날의 다음 날에 신고를 수리한 것으로 본다. 〈신설 2018.12.31.〉

④ 다음 각 호의 어느 하나에 해당하는 자는 제26조제1항에 따른 등록요건을 갖추고 제1항에 따른 신고가 수리된 때(제3항에 따라 신고가 수리된 것으로 보는 때를 포함한다)부터 건설엔지니어링업의 등록에 관한 권리·의무를 승계한다. 〈개정 2018.12.31., 2019.4.30., 2021.3.16.〉

1. 건설엔지니어링사업자가 그 영업을 양도한 경우 그 양수인
2. 법인인 건설엔지니어링사업자가 합병한 경우 합병 후 존속하는 법인이나 합병으로 설립되는 법인

⑤ 제4항에 따라 종전의 건설엔지니어링업의 등록에 관한 권리·의무를 승계한 자는 국토교통부령으로 정하는 바에 따라 종전의 건설기술용역 실적을 승계한다. 〈개정 2018.12.31., 2021.3.16.〉

[제목개정 2019.4.30., 2021.3.16]

제24조【건설엔지니어링사업자의 영업 양도신고 등】 ① 건설엔지니어링사업자는 법 제29조제1항제1호에 따른 영업 양도의 신고를 하려는 경우에는 영업 양도일부터 30일 이내에 양수인과 공동으로 별지 제25호서식의 건설엔지니어링업 양도·양수 신고서에 다음 각 호의 서류를 첨부하여 등록 등 업무 수탁기관에 제출해야 한다. 〈개정 2018.10.12., 2020.3.18., 2021.9.17.〉

1. 양도·양수계약서 사본
2. 양수인에 관한 제21조제1항 각 호의 서류
3. 수행 중인 건설엔지니어링이 있는 경우에는 해당 용역의 양도·양수에 대한 발주청의 동의를 증명하는 서류

② 건설엔지니어링사업자가 법 제29조제1항제2호에 따른 법인 간 합병(분할합병을 포함한다)의 신고를 하려는 경우에는 합병일부터 30일 이내에 그 대표자와 합병 후에 존속하는 법인 또는 합병에 따라 설립되는 법인의 대표자가 공동으로 별지 제26호서식의 건설엔지니어링업 법인합병 신고서에 다음 각 호의 서류를 첨부하여 합병 후에 존속하는 법인 또는 합병에 따라 설립되는 법인을 관할하는 시·도의 등록 등 업무 수탁기관에 제출해야 한다. 〈개정 2018.10.12., 2020.3.18., 2021.9.17.〉

1. 합병계약서 사본
2. 합병공고문

법	시 행 령	시 행 규 칙
		3. 합병에 관한 사항을 의결한 총회 또는 창립총회의 결의서 사본 4. 합병 후에 존속하는 법인 또는 합병에 따라 설립되는 법인에 관한 제21조제1항 각 호의 서류 5. 수행 중인 건설엔지니어링이 있는 경우에는 발주청의 동의를 증명하는 서류 ③ 등록 등 업무 수탁기관은 제1항 및 제2항에 따라 신고를 받은 경우에는 양수인 또는 합병 후에 존속하는 법인이나 합병에 따라 설립되는 법인(이하 "양수인등"이라 한다)이 등록기준에 적합한지를 확인하여야 하며, 등록기준에 적합하지 아니하면 보완을 요구할 수 있다. [제목개정 2021.9.17.] **제25조【건설엔지니어링 실적의 승계】** ① 등록 등 업무 수탁기관은 제24조제1항 및 제2항에 따라 영업 양도 등의 신고를 받은 경우에는 그 내용을 7일 이내에 건설엔지니어링 실적관리 수탁기관(영 제117조제1항제7호에 따라 건설엔지니어링 실적관리에 관한 업무를 위탁받은 기관을 말한다. 이하 같다)에 통보하여야 한다. 〈개정 2021.9.17.〉 ② 건설엔지니어링 실적관리 수탁기관

은 제1항에 따라 신고 내용을 통보받은 경우에는 제24조제1항 및 제2항에 따라 영업 양도 등의 신고서를 제출한 날을 기준으로 양수인등의 건설엔지니어링 실적에 양도인 또는 합병에 따라 소멸되는 법인의 건설엔지니어링 실적을 합산하여 관리하여야 한다.

제26조 【등록요건의 확인 등】 ① 등록 등 업무 수탁기관은 제21조제1항 또는 제23조제2항에 따라 건설엔지니어링업의 등록 또는 변경등록의 신청을 받은 경우 다음 각 호의 사항을 확인하여야 한다. 다만, 영 제44조제1항제3호에 따른 품질검사 분야의 등록 또는 변경등록 신청의 경우에는 법 제61조에 따른 평가기관으로 하여금 다음 각 호의 사항을 확인하게 할 수 있다. 〈개정 2021.9.17.〉

1. 신청인의 사무실 또는 시험실의 확보 및 사용 실태
2. 기술인력 보유현황
3. 장비 보유현황
4. 자본금 현황 및 자산운용 실태
5. 법 제27조의 결격사유 해당 여부
6. 그 밖에 등록요건 확인을 위하여 필요한 사항

② 등록 등 업무 수탁기관은 제21조부

법	시 행 령	시 행 규 칙
		터 제24조까지에 따른 등록, 등록증 발급 · 재발급, 변경등록, 휴업 · 폐업 신고 및 영업 양도 · 합병 신고 업무를 위하여 그 신청인으로부터 실비의 범위에서 수수료를 받을 수 있다.
제30조【건설엔지니어링의 실적 관리】 ① 국토교통부장관은 건설엔지니어링업을 체계적으로 육성하기 위하여 다음 각 호의 현황 및 실적을 관리하여야 한다. 〈신설 2019.11.26., 2021.3.16.〉 1. 건설엔지니어링사업자의 현황 2. 발주청이 발주하는 건설엔지니어링 실적 3. 발주자가 발주하는 건설엔지니어링 실적 중 대통령령으로 정하는 용역의 실적 ② 발주청은 그가 발주하는 건설엔지니어링의 계약을 체결하거나 변경한 경우와 건설엔지니어링을 준공한 경우에는 10일 이내에 그 사실을 국토교통부장관에게 통보하여야 한다. 〈개정 2019.11.26., 2021.3.16〉 ③ 국토교통부장관은 발주자가 적절한 건설엔지니어링사업자를 선정할 수 있도록 하기 위하여 제1항에 따른 건설엔지니어링사업자의 현황과 건설엔지니어링 실적을 공개할 수 있다. 〈개정 2019.4.30., 2019.11.26., 2021.3.16.〉 ④ 제1항부터 제3항까지의 규정에 따른 건설엔지니어링의 현황 및 실적 관리 · 통보 · 공개 등에 필요한 사항은 대통령령으로 정한다.〈개정 2019.11.26., 2021.3.16.〉	**제45조【건설엔지니어링의 실적 관리 대상 및 실적 통보 등】** ① 법 제30조제1항제3호에서 "대통령령으로 정하는 용역"이란 다음 각 호의 용역을 말한다. 〈신설 2020.5.26.〉 1. 「건축법 시행령」 제19조제1항제2호에 따라 건설엔지니어링사업자를 공사감리자로 지정한 건축물의 공사감리에 관한 용역 2. 「주택법 시행령」 제47조제1항에 따라 건설엔지니어링사업자를 감리자로 지정한 주택건설공사의 감리에 관한 용역 3. 그 밖에 다음 각 목의 어느 하나에 해당하는 건설공사에 대하여 건설엔지니어링사업자가 수행한 건설사업관리에 관한 용역 가. 「건축법 시행령」 제19조제1항제2호 또는 같은 조 제5항 각 호의 건축공사 나. 「주택법」 제15조에 따라 주택건설사업에 대한 사업계획의 승인이나 같은 법 제66조에 따라 리모델링의 허가를 받은 건설공사 ② 법 제30조제2항에 따라 발주청이 국토교통부장관에게 통보해야 하는 건설엔지니어링의 실적은 다음 각 호와 같다. 〈개정 2017.12.29., 2018.12.11., 2019.4.23., 2020.1.7, 2020.5.26., 2021.9.14.〉 1. 건설엔지니어링의 종류, 공사비, 계약금액 등 계약 현황 2. 참여하는 건설기술인 현황(참여하는 건설기술인이 변경된	**제27조【건설엔지니어링의 실적 통보 및 공개 등】** ① 영 제45조제2항 · 제3항 · 제5항 및 제8항에 따른 통보와 확인서는 각각 다음 각 호의 서식에 따른다. 〈개정 2019.2.25., 2020.3.18, 2020.5.26., 2021.9.17.〉 1. 건설엔지니어링의 종류, 공사비, 계약금액 등 계약 현황: 별지 제27호서식의 건설엔지니어링의 계약체결 · 계약변경 · 준공 통보서. 이 경우 건설엔지니어링사업자는 영 제45조제3항제2호에 따라 건설공사의 허가 · 인가 · 승인 등을 한 행정기관(이하 "인 · 허가기관"이라 한다)에 실적 통보를 요청하거나 같은 조 제5항에 따라 국토교통부장관에게 같은 조 제1항제3호의 용역에 대한 실적을 직접 통보할 때에는 건설사업관리용역 계약서를 첨부해야 한다. 2. 참여하는 건설기술인 현황(변경): 별지 제28호서식의 건설엔지니어링 참여기술인 현황(변경) 통보서

법	시 행 령	시 행 규 칙
	경우를 포함한다) 3. 시공 단계에서 법 제2조제5호에 따른 감리 업무를 포함하여 시행하는 건설사업관리(이하 "시공 단계의 건설사업관리"라 한다)를 수행하는 건설기술인의 배치 또는 철수 현황 4. 「국가를 당사자로 하는 계약에 관한 법률」 제27조 및 「지방자치단체를 당사자로 하는 계약에 관한 법률」 제31조에 따른 부정당업자의 입찰참가자격 제한을 받은 건설엔지니어링사업자 현황 5. 법 제35조제4항에 따라 승인한 하도급의 계약 현황(계약금액 및 참여기술인을 포함한다) ③ 제1항 각 호에 따른 용역의 대상이 되는 건설공사의 허가ㆍ인가ㆍ승인 등을 한 행정기관(이하 "인ㆍ허가기관"이라 한다)의 장은 다음 각 호의 어느 하나에 해당하는 경우에는 그 내용을 확인하여 10일 이내에 제2항제1호부터 제3호까지에 해당하는 실적을 국토교통부장관에게 통보해야 한다. 〈개정 2020.5.26., 2021.9.14.〉 1. 제1항제1호ㆍ제2호의 용역계약을 체결ㆍ변경하거나 용역을 준공한 경우 2. 제1항제3호의 용역을 수행한 건설엔지니어링사업자가 건설엔지니어링의 실적 통보를 인ㆍ허가기관의 장에게 요청한 경우 ④ 발주청 및 인·허가기관의 장은 건설엔지니어링사업자에게 제2항 및 제3항에 따른 통보를 위하여 필요한 자료의 제출을 요청할 수 있다. 〈개정 2020.1.7, 2020.5.26., 2021.9.14.〉 ⑤ 건설엔지니어링업자는 그가 수행하는 건설엔지니어링사업에 대한 제2항 각 호의 실적을 국토교통부장관에게 직접 통보할 수 있다. 〈개정 2020.1.7., 2020.5.26., 2021.9.14.〉 ⑥ 국토교통부장관은 제5항에 따라 통보받은 사실에 대하	3. 건설사업관리를 수행하는 건설기술인(이하 "건설사업관리기술인"이라 한다)의 배치 및 철수 현황: 별지 제29호서식의 건설사업기술인 배치 및 철수 현황 통보서 4. 「국가를 당사자로 하는 계약에 관한 법률」 제27조 및 「지방자치단체를 당사자로 하는 계약에 관한 법률」 제31조에 따른 부정당업자의 입찰참가자격 제한을 받은 건설엔지니어링사업자 현황: 별지 제30호서식의 입찰참가자격 제한 건설엔지니어링사업자 현황 통보서 5. 건설엔지니어링 실적에 대한 확인: 별지 제31호서식의 건설엔지니어링 실적 확인서 ② 발주청 또는 인 · 허가기관의 장은 다음 각 호의 어느 하나에 해당하는 사유로 영 제45조제2항제3호에 따른 건설사업관리기술인의 철수 통보를 하는 경우 건설사업관리 계약이 완료되어 철수한 것으로 통보해야 한다. 〈개정 2018.10.12., 2019.2.25., 2020.5.26.〉 1. 해당 공사현장에 3년 이상 배치된 경우 2. 퇴직한 경우 3. 입대 · 이민 또는 사망한 경우 4. 질병 · 부상으로 인하여 3개월 이상

법	시 행 령	시 행 규 칙
	여 해당 발주청이나 인·허가기관의 장에게 확인을 요청할 수 있다. 이 경우 확인요청을 받은 발주청 또는 인·허가기관의 장은 7일 이내에 사실관계를 확인하고 그 결과를 국토교통부장관에게 통보해야 한다. 〈개정 2020.5.26.〉 ⑦ 국토교통부장관은 「전자조달의 이용 및 촉진에 관한 법률」 제12조에 따른 전자조달시스템을 통하여 체결된 건설기술용역 계약의 현황 정보를 조달청장으로부터 제공받아 법 제18조제1항에 따라 구축·운영하는 건설기술정보체계를 통하여 관리할 수 있다. 〈신설 2019.6.25., 2020.5.26.〉 ⑧ 국토교통부장관은 법 제30조제3항에 따라 다음 각 호의 사항을 법 제18조에 따른 건설기술정보체계를 통하여 공개할 수 있다. 〈개정 2018.12.11., 2019.6.25., 2020.1.7., 2020.5.26., 2021.9.14.〉 1. 건설엔지니어링사업자의 성명(법인인 경우에는 법인의 명칭 및 대표자의 성명), 사무실 주소, 연락처 및 기술인력 보유현황 2. 건설엔지니어링사업자의 용역 수행실적 및 계약이행 현황 3. 건설엔지니어링사업자의 용역종합평가 결과 4. 건설엔지니어링사업자의 벌점 및 제재조치 현황 5. 건설엔지니어링별로 참여한 건설기술인의 명단 및 참여기간 등에 관한 현황 6. 그 밖에 적절한 건설엔지니어링사업자의 선정을 위하여 공개가 필요한 사항 ⑨ 국토교통부장관은 발주청 또는 건설엔지니어링사업자가 요청하면 건설기술용역 실적에 대한 확인서를 발급할 수 있다. 〈개정 2019.6.25., 2020.1.7., 2020.5.26., 2021.9.14〉 ⑩ 제1항부터 제9항까지에서 규정한 건설엔지니어링 및 실적 관리·통보·공개의 통보 및 공개와 확인서 발급 등에	요양이 필요한 경우 5. 3개월 이상 공사 착공이 지연되거나 공사 진행이 중단된 경우 5의2. 발주청의 귀책사유로 제35조제4항에 따라 발주청에 제출한 배치계획(이하 이 항에서 "배치계획"이라 한다)에 비하여 3개월 이상 배치가 지연된 경우 5의3. 발주청의 배치계획 조정에 따라 철수한 경우 6. 발주청 또는 인·허가기관의 장이 필요하다고 인정하는 경우 ③ 건설엔지니어링 실적관리 수탁기관은 영 제45조제8항에 따른 확인서를 발급할 때에는 그 신청인(발주청이 신청인인 경우는 제외한다)으로부터 실비의 범위에서 수수료를 받을 수 있다. 〈개정 2020.5 .26., 2021.9.17.〉 [제목개정 2021.9.17.]

법	시 행 령	시 행 규 칙
	필요한 사항은 국토교통부령으로 정한다. 〈개정 2019.6.25., 2020.5.26., 2021.9.14.〉	
제31조【건설엔지니어링사업자의 등록취소 등】 ① 시·도지사는 건설기엔지니어링사업자가 다음 각 호의 어느 하나에 해당하면 그 등록을 취소하거나 1년 이내의 기간을 정하여 영업의 전부 또는 일부의 정지를 명할 수 있다. 다만, 제1호부터 제5호까지의 어느 하나에 해당하면 등록을 취소하여야 한다. 〈개정 2018.6.12., 2019.1.15., 2019.4.30., 2020.6.9., 2021.3.16〉 1. 거짓이나 그 밖의 부정한 방법으로 제26조제1항에 따라 등록을 한 경우 2. 최근 5년간 3회 이상 영업정지 또는 제32조에 따른 과징금 부과처분을 받은 경우 3. 영업정지기간에 건설엔지니어링 업무를 수행한 경우. 다만, 제33조에 따라 건설엔지니어링을 수행한 경우는 제외한다. 4. 건설엔지니어링사업자로 등록한 후 제27조에 따른 결격사유 중 어느 하나에 해당하게 된 경우. 다만, 법인이 제27조제4호에 해당하게 된 경우로서 그 사유가 발생한 날부터 3개월 이내에 그 사유를 없앤 경우는 제외한다. 5. 제28조제2항을 위반하여 타인에게 자기의 성명 또는 상호를 사용하여 건설엔지니어링을 하게 하거나 등록증을 빌려준 경우 6. 제35조제2항에 따른 사업수행능력 평가에 관한 서류를 위조하거나 변조하는 등 거짓이나 그 밖의 부정한 방법으로 입찰에 참여한 경우	**제46조【건설엔지니어링사업자에 대한 행정처분기준】** ① 법 제31조제1항 및 제2항에 따른 건설엔지니어링사업자의 등록취소 또는 영업정지에 관한 행정처분기준은 별표 6과 같다. 〈개정 2020.1.7.〉 ② 법 제31조제2항제5호가목에 따른 해당 건설공사의 주요구조부(이하 "주요 구조부"라 한다)는 다음 각 호에 따른 구조부로 한다. 1. 철근콘크리트구조부 또는 철골구조부 2. 「건축법」 제2조제7호에 따른 주요구조부 3. 교량의 교좌(橋座) 장치 4. 터널의 복공(覆工) 부위 5. 댐의 본체 및 여수로(餘水路) 6. 상수도 관로(管路) 이음부 7. 항만 계류시설의 구조체 8. 그 밖에 발주청이 필요하다고 인정하여 용역계약에서 정한 구조부 [제목개정 2020.1.7.] **제47조【등록취소 등의 공고 및 통보】** 시·도지사는 법 제31조에 따라 건설엔지니어링사업자의 등록을 취소하거나 영업정지 처분을 한 경우 또는 법 제32조에 따라 과징금 부과처분을 한 경우에는 그 사실을 해당 시·도의 공보에 공고하고, 7일 이내에 국토교통부장관, 해당 발주청 및 인·허가기관의 장에게 통보하여야 한다. 〈개정 2020.1.7.,	**제28조【건설엔지니어링사업자 등의 선정】** ① 발주청(영 제3조제2호부터 제7호까지의 규정에 해당하는 자는 제외하되, 「시설물의 안전 및 유지관리에 관한 특별법」 제11조 및 제12조에 따라 안전점검 또는 정밀안전진단을 실시하는 안전진단전문기관을 선정하는 경우에는 포함한다. 이하 이 조, 제29조 및 제30조에서 같다)은 영 제52조제1항에 따라 건설기술용역을 발주하는 경우에는 다음 각 호의 구분에 따른 사업수행능력 평가기준에 따라 평가하여 입찰에 참가할 자를 선정해야 한다. 〈개정 2018.1.18., 2020.3.18.〉 1. 용역비가 영 제51조제1항에 따른 금액 이상인 기본계획, 기본설계, 실시설계, 건설사업관리(제2항에 따라 평가하는 용역은 제외한다)의 경우에는 다음 각 목의 구분에 따른 평가 결과 발주청이 정하는 일정 점수 이상을 받은 자를 선정할 것 가. 기본계획, 기본설계 또는 실시설계: 별표 2 제1호에 따라 평가(영 제52조제1항 단서에 해당하는 용역의 경우에는 가격입찰이 끝난 후에

법

7. 건설엔지니어링사업자로 등록한 후 제26조제1항에 따른 등록기준을 충족하지 못하게 된 경우에 그 날부터 50일 이내에 미달된 사항을 보완하지 아니한 경우
8. 고의 또는 과실로 「산업안전보건법」 제2조제2호에 따른 중대재해가 발생하거나 건설공사의 발주청에 재산상의 손해를 발생하게 하거나 사람에게 위해(危害)를 끼치거나 부실공사를 초래한 경우
9. 다른 행정기관이 관계 법령에 따라 등록취소 또는 영업정지를 요구한 경우

② 시·도지사는 건설엔지니어링사업자가 다음 각 호의 어느 하나에 해당하면 6개월 이내의 기간을 정하여 영업정지를 명할 수 있다. 〈개정 2016.1.19., 2017.8.9., 2018.8.14., 2018.12.31., 2019.4.30., 2021.3.16., 2024.1.9.〉

1. 제34조제2항에 따른 보험 또는 공제에 가입하지 아니한 경우
2. 제35조제4항에 따른 발주청의 승인을 받지 아니하고 하도급을 한 경우
3. 제38조제2항에 따른 보고 또는 관계 자료의 제출 명령을 이행하지 아니한 경우
4. 제38조제3항에 따른 검사를 거부·방해·기피한 경우
5. 건설사업관리를 수행하는 건설엔지니어링사업자가 다음 각 목의 어느 하나에 해당하는 경우
   가. 건설사업관리보고서를 제출하지 아니하거나 제39조제4항 후단에 따라 건설기술인이 작성한 건설사업관리보고서를 거짓으로 수정하여 제출하거나 건설사업관리보고서에 해당 건설공사의 주요 구조부에 대한 시공·검사·시험 등의 내용을 빠뜨린 것을 알고도 제출한 경우
   나. 건설사업자에게 재시공·공사중지 명령 등 조치를 하

시 행 령

2021.9.14.〉

시 행 규 칙

평가한다)

나. 건설사업관리: 별표 3 제1호에 따라 평가

2. 「시설물의 안전 및 유지관리에 관한 특별법」 제11조 및 제12조에 따른 정밀안전점검 또는 정밀안전진단으로서 용역비가 1억원 이상인 경우에는 별표 4 제1호의 평가기준을 고려하여 발주청이 정한 평가기준에 따른 평가 결과 발주청이 정하는 일정 점수 이상을 받은 자를 선정할 것

② 발주청은 제1항에도 불구하고 제1호 각 목의 어느 하나에 해당하는 용역에 대하여 제2호 각 목의 구분에 따라 기술인평가서 또는 기술제안서를 제출하게 하여 그 용역별로 각각 구분되어 있는 기술평가기준에 따라 평가하여 입찰에 참가할 자를 선정할 수 있다. 〈개정 2019.2.25.〉

1. 대상용역
   가. 공공의 안전확보 및 역사문화 보전 등을 위하여 기술인의 특별한 경험과 기술력이 필요한 건설엔지니어링
   나. 국내 실적이 많지 아니하거나 복합공종, 입지, 지반조건 및 인접시설 등으로 인하여 특별한 고려가 필요한 건설엔지니어링

법	시 행 령	시 행 규 칙
고 제40조제3항에 따라 발주청에 보고하지 아니한 경우 다. 제48조제2항에 따른 설계도서 검토 결과 보고를 하지 아니한 경우 라. 건설공사의 품질관리 지도·감독을 성실하게 수행하지 아니한 경우[건설사업자 또는 「주택법」 제4조에 따라 주택건설사업의 등록을 한 자(이하 "주택건설등록업자"라 한다)가 제55조제1항에 따른 건설공사의 품질관리계획 또는 품질시험계획(그 계획에 따른 품질시험 또는 검사를 포함한다)을 이행하지 아니하거나 품질시험의 성과를 조작한 경우로 한정한다] 마. 건설기술인으로서 자격이 없는 사람이나 소속 건설기술인이 아닌 사람에게 건설사업관리를 수행하게 한 경우(건설기술인이 아닌 사람으로서 발주청이 사전에 승인한 사람은 제외한다) 바. 다른 건설엔지니어링사업자에게 소속된 건설기술인으로 하여금 건설사업관리를 수행하게 한 경우 사. 건설사업관리를 수행하는 건설기술인을 부정한 방법으로 교체하거나 배치한 경우 6. 제54조제1항에 따른 시정명령을 이행하지 아니한 경우 7. 품질시험 또는 검사 업무를 수행하는 건설엔지니어링사업자가 다음 각 목의 어느 하나에 해당하는 경우 가. 품질시험 또는 검사의 결함으로 인하여 건설공사 또는 건설공사에 사용되는 자재(資材)·부재(部材)(이하 "건설자재·부재"라 한다)의 품질을 현저하게 떨어뜨린 경우 나. 품질시험 또는 검사의 성적서를 거짓으로 발급한 경우 다. 정당한 사유 없이 3개월 이상 품질시험 또는 검사의 대행을 거부한 경우		다. 신기술·신공법 및 친환경 건설기법 등 기술발전을 도모하기 위하여 특별한 평가가 필요한 건설엔지니어링 2. 기술평가 기준 및 방법 가. 용역비가 10억원 이상 15억원 미만인 기본계획 또는 기본설계와 용역비가 15억원 이상 25억원 미만인 실시설계: 별표 2 제1호에 따른 평가 결과 발주청이 정하는 일정 점수 이상을 받은 자를 선정한 후 같은 표 제2호에 따라 기술인평가서를 평가할 것 나. 용역비가 15억원 이상인 기본계획 또는 기본설계와 용역비가 25억원 이상인 실시설계: 별표 2 제1호에 따른 평가 결과 발주청이 정하는 일정 점수 이상을 받은 자를 선정한 후 같은 표 제3호에 따라 기술제안서를 평가할 것 다. 용역비가 20억원 이상인 건설사업관리: 별표 3 제1호에 따른 평가 결과 발주청이 정하는 일정 점수 이상을 받은 자를 선정한 후 같은 표 제2호에 따라 기술제안서를 평가할 것. 다만, 시공 단계에서 법 제2조제5호에 따른 감리 업무를 포함하여 시행하는 건설사업관리

법	시 행 령	시 행 규 칙
라. 건설기술인으로서 자격이 없는 사람이나 소속 건설기술인이 아닌 사람으로 하여금 품질검사를 실시하게 한 경우 마. 제60조제2항을 위반하여 발주자 또는 건설사업관리를 수행하는 건설엔지니어링사업자의 봉인 또는 확인을 거친 재료로 품질검사를 하지 아니한 경우 바. 제60조제3항을 위반하여 품질검사 성적서 및 품질검사 내용을 제62조제15항에 따른 건설공사 안전관리 종합정보망에 입력하지 아니하거나 거짓으로 입력한 경우 사. 제60조제4항에 따른 시정명령 등의 조치를 따르지 아니한 경우 ③ 건설엔지니어링사업자는 제1항과 제2항에 따른 영업정지기간에는 상호를 바꾸어 건설엔지니어링의 입찰에 참가하거나 건설엔지니어링을 수주(受注)할 수 없다. 〈개정 2019.4.30., 2021.3.16.〉 ④ 발주청과 인·허가기관의 장은 건설엔지니어링사업자가 제1항 각 호 또는 제2항 각 호의 어느 하나에 해당하는 경우에는 그 사실을 시·도지사에게 통보하여야 하며, 시·도지사는 건설엔지니어링사업자에 대하여 제1항·제2항 또는 제32조제1항에 따라 등록취소, 영업정지 또는 과징금 부과 등의 조치를 하는 경우 국토교통부장관, 해당 발주청 및 인·허가기관의 장에게 그 내용을 통보하여야 한다. 〈개정 2019.4.30., 2021.3.16.〉 ⑤ 제1항과 제2항에 따른 처분의 세부 기준은 대통령령으로 정한다. [제목개정 2019.4.30., 2021.3.16.]		(이하 "시공 단계의 건설사업관리"라 한다)는 별표 3 제1호에 따른 평가 결과 발주청이 정하는 일정 점수 이상을 받은 자를 선정한 후 같은 표 제3호에 따라 기술인평가서를 평가할 것 라. 용역비가 2억원 이상인 정밀점검 또는 정밀안전진단: 별표 4 제1호에 따른 평가 결과 발주청이 정하는 일정 점수 이상을 받은 자를 선정한 후 같은 표 제2호에 따라 기술인평가서를 평가할 것 ③ 국토교통부장관은 영 제52조제1항에 따라 발주청이 건설엔지니어링사업자의 사업수행능력을 평가하려고 할 때 제출받는 서류 등의 표준서식을 정하여 발주청 등이 이용하게 할 수 있다. 〈개정 2020. 3. 18., 2021. 9. 17.〉 ④ 영 제52조제7항에서 "국토교통부령으로 정하는 방법"이란 제2항에 따른 사업수행능력 평가를 말한다. [제목개정 2021. 9. 17.]

법	시 행 령	시 행 규 칙
제32조 【과징금】 ① 시·도지사는 제31조제1항에 따라 영업정지를 명하여야 하는 경우에는 영업정지를 갈음하여 2억원 이하의 과징금을, 같은 조 제2항에 따라 영업정지를 명하여야 하는 경우에는 영업정지를 갈음하여 6천만원 이하의 과징금을 부과할 수 있다. ② 제1항에 따라 과징금 부과처분을 받은 자가 과징금을 기한까지 내지 아니하면 「지방행정제재·부과금의 징수 등에 관한 법률」에 따라 징수한다. 〈개정 2013.8.6., 2020.3.24〉 ③ 제1항에 따라 과징금을 부과하는 위반행위의 종류 및 위반 정도 등에 따른 과징금의 금액과 그 밖에 필요한 사항은 대통령령으로 정한다.	**제48조 【과징금의 부과기준 등】** ① 법 제32조제3항에 따른 건설엔지니어링사업자의 위반행위의 종류 및 위반 정도 등에 따른 과징금의 산정 기준은 별표 6과 같다.〈개정 2020.1.7., 2021.9.14.〉 ② 시·도지사는 법 제32조에 따라 과징금을 부과하려면 그 위반행위의 종류와 과징금의 금액 등을 구체적으로 적은 서면으로 통지하여야 한다. ③ 제2항에 따라 통지를 받은 자는 통지받은 날부터 20일 이내에 과징금을 시·도지사가 정하는 수납기관에 내야 한다.〈단서삭제〉〈개정 2023.12.12.〉 ④ 제3항에 따라 과징금을 받은 수납기관은 과징금을 낸 자에게 영수증을 내주고, 지체 없이 그 사실을 해당 시·도지사에게 통보하여야 한다.	
제33조 【등록취소처분 등을 받은 건설엔지니어링사업자의 업무 계속】 ① 제31조제1항 또는 제2항에 따라 등록취소 또는 영업정지의 처분을 받은 건설엔지니어링사업자는 그 처분을 받기 전에 체결한 건설엔지니어링계약에 따른 업무는 계속할 수 있다. 이 경우 건설엔지니어링사업자는 그 처분을 받은 내용을 대통령령으로 정하는 기간 이내에 해당 건설엔지니어링의 발주자에게 통지하여야 한다. 〈개정 2019.4.30., 2021.3.16.〉 ② 건설엔지니어링의 발주자는 건설엔지니어링사업자로부터 제1항에 따른 통지를 받거나 그 사실을 안 경우에는 그 날부터 30일 이내에만 해당 건설엔지니어링 계약을 해지할 수 있다. 〈개정 2019.4.30., 2021.3.16.〉 [제목개정 2019.4.30., 2021.3.16.]	**제49조 【건설엔지니어링사업자의 등록취소 통지】** 법 제33조제1항 후단에서 "대통령령으로 정하는 기간"이란 건설엔지니어링역업자가 법 제31조제1항 및 제2항에 따라 등록취소 또는 영업정지의 처분을 받은 날부터 10일을 말한다. 〈개정 2020.1.7., 2021.9.14.〉 [제목개정 2021.9.14.]	

법	시 행 령	시 행 규 칙
제34조【건설엔지니어링사업자의 손해배상 및 하자보증】 ① 건설엔지니어링사업자는 건설엔지니어링 계약을 이행할 때 고의 또는 과실로 해당 건설엔지니어링 목적물 또는 제3자에게 손해를 발생하게 한 경우에는 그 손해를 배상하여야 한다. 〈개정 2015.7.24., 2019.4.30., 2021.3.16.〉 ② 제1항에 따른 배상을 담보하기 위하여 대통령령으로 정하는 건설엔지니어링사업자는 보험 또는 공제에 가입하여야 한다. 이 경우 발주청은 보험 또는 공제 가입에 따른 비용을 건설엔지니어링 비용에 계상(計上)하여야 한다. 〈개정 2019.4.30., 2021.3.16.〉 ③ 발주청은 건설사업관리 계약을 체결할 때 건설엔지니어링사업자로 하여금 하자책임을 보증하게 하기 위하여 하자보증금을 예치하게 하여야 한다. 〈개정 2019.4.30., 2021.3.16.〉 ④ 제2항에 따른 보험 또는 공제의 기간, 종류, 대상 및 방법 등에 관하여 필요한 사항은 대통령령으로 정한다. ⑤ 제3항에 따른 하자책임의 범위, 하자보증금의 산정(算定) 및 예치방법 등에 관하여 필요한 사항은 대통령령으로 정한다. [제목개정 2019.4.30., 2021.3.16.]	**제50조【건설엔지니어링사업자의 손해배상 및 하자보증】** ① 법 제34조제2항 전단에서 "대통령령으로 정하는 건설엔지니어링사업자"란 발주청이 발주하는 제73조에 따른 실시설계(이하 "실시설계"라 한다) 또는 건설사업관리 용역을 계약하는 건설엔지니어링사업자를 말한다. 〈개정 2020.1.7., 2021.9.14..〉 ② 법 제34조제4항에 따른 보험 또는 공제의 가입기간·가입대상 및 가입금액은 다음 각 호와 같다. 1. 가입기간: 건설공사의 착공일부터 완공일까지의 기간 2. 가입대상: 실시설계 또는 건설사업관리 용역 3. 가입금액: 건설공사에 대한 건설엔지니어링의 계약금액. 다만, 다음 각 목의 구분에 따른 계약금액은 보험 또는 공제 가입금액 산정 시 제외한다. 가. 기본설계 및 실시설계를 같은 건설엔지니어링사업자가 수행하도록 하는 경우: 기본설계에 해당하는 계약금액 나. 제59조제1항에 따른 건설사업관리의 업무범위 중 기본설계 또는 시공 후 단계를 포함하여 건설사업관리를 수행하도록 하는 경우: 기본설계 또는 시공 후 단계에 해당하는 계약금액 ③ 법 제34조제2항에 따라 보험 또는 공제에 가입한 건설엔지니어링사업자는 다음 각 호에서 정하는 시점까지 보험증서 또는 공제증서를 발주청에 제출하여야 한다. 〈개정 2020.1.7., 2021.9.14〉 1. 실시설계: 해당 실시설계 용역을 완료하기 전 2. 건설사업관리: 해당 건설사업관리 용역계약을 체결할 때 ④ 보험 또는 공제의 가입금액 산출방법, 가입절차 등에 관하여 필요한 세부 사항은 국토교통부장관이 정하여 고시한다. ⑤ 법 제34조제5항에 따른 하자책임의 범위, 하자보증금의	**고시** 건설엔지니어링 손해배상보험 또는 공제 업무요령(국토교통부고시 제2023-288호, 2023.6.2.)

법	시 행 령	시 행 규 칙
	예치기간, 하자보증금의 금액·예치시기·예치방법 등은 다음 각 호와 같다. 1. 하자책임의 범위: 「건설산업기본법」 제28조에 따라 건설공사 수급인이 발주청에 지는 담보책임의 이행에 대한 감독·검사 책임 2. 예치기간: 「건설산업기본법 시행령」 제30조 및 별표 4에 따른 하자담보책임기간 3. 하자보증금의 금액·예치시기·예치방법, 면제, 국고귀속 및 직접사용 등: 「국가를 당사자로 하는 계약에 관한 법률」 제18조 및 같은 법 시행령 제62조·제63조를 준용한 금액·예치시기·예치방법, 면제, 국고귀속 및 직접사용 등 [제목개정 2021.9.14.]	
제35조【발주청이 시행하는 건설엔지니어링사업】 ① 발주청은 건설엔지니어링사업 중 대통령령으로 정하는 규모 이상의 사업을 시행할 때에는 대통령령으로 정하는 바에 따라 집행계획을 작성하여 공고하여야 한다. 〈개정 2018.12.31., 2021.3.16.〉 ② 제1항에 따라 공고된 사업은 대통령령으로 정하는 사업수행능력 평가에 의한 선정기준 및 선정절차에 따라 선정된 건설엔지니어링사업자에게 맡겨 시행하여야 한다. 〈개정 2018.12.31., 2019.4.30., 2021.3.16.〉 ③ 발주청은 제39조제2항에 따라 건설사업관리를 시행할 건설엔지니어링사업자를 선정할 때에는 다음 각 호에 모두 해당하는 건설엔지니어링사업자(각 호에 해당하는 자와 공동수급체를 구성한 건설엔지니어링사업자를 포함한다)를 우대할 수 있다. 〈개정 2019.4.30., 2021.3.16.〉 1. 「소방시설공사업법」 제4조제1항에 따라 소방시설감리업	**제51조【발주청이 시행하는 건설엔지니어링사업】** ① 법 제35조제1항에서 "대통령령으로 정하는 규모 이상의 사업"이란 예정 용역사업비가 「국가를 당사자로 하는 계약에 관한 법률」 제4조제1항에 따라 고시하는 금액 이상인 사업을 말한다. ② 발주청(제3조제2호부터 제7호까지의 규정에 해당하는 자는 제외하되, 「시설물의 안전 및 유지관리에 관한 특별법」 제11조 및 제12조에 따라 안전점검 또는 정밀안전진단을 실시하는 안전진단전문기관을 선정하는 경우에는 포함한다. 이하 제52조에서 같다)은 법 제35조제1항에 따른 집행계획을 작성한 경우에는 다음 각 호의 사항을 지체 없이 공고하여야 한다. 〈개정 2018.1.16.〉 1. 건설엔지니어링명 2. 건설엔지니어링사업 시행기관명 3. 건설엔지니어링사업의 주요 내용	**고시** 국가를 당사자로 하는 계약에 관한 법률 등의 기획재정부 장관이 정하는 고시금액(기획재정부고시 제2024-42호, 2024.12.24. 폐지예정)

법

수행을 위하여 소방시설업의 등록을 한 자
2. 「전력기술관리법」 제14조제1항제2호에 따라 전력시설물의 공사감리업의 등록을 한 자
3. 「정보통신공사업법」 제2조제7호에 따른 용역업자로서 같은 법 제8조에 따른 감리원을 보유한 자

④ 건설엔지니어링사업자는 제2항에 따라 발주청이 발주하는 건설엔지니어링을 도급받은 경우 발주청의 승인을 받아 그 일부를 다른 건설엔지니어링사업자에게 하도급할 수 있다. 〈개정 2019.4.30., 2021.3.16.〉

⑤ 제4항에 따른 승인 절차 등에 관하여 필요한 사항은 국토교통부령으로 정한다.

제36조 삭제 〈2018.12.31.〉

제37조【건설엔지니어링 대가】 ① 발주청은 건설엔지니어링을 건설엔지니어링사업자에게 수행하게 한 경우에는 다른 법령이나 국토교통부장관이 정하여 고시하는 건설엔지니어링비 산정기준에 따라 산정한 건설엔지니어링비를 지급하여야 한다. 이 경우 발주청은 천재지변 등 국토교통부령으로 정하는 불가피한 사유가 있는 경우를 제외하고는 건설엔지니어링비를 임의로 감액하여 지급할 수 없다. 〈개정 2019.4.30, 2020.10.20, 2021.3.16〉

② 제1항에 따라 국토교통부장관이 건설엔지니어링비 산정기준을 정할 때에는 미리 기획재정부장관 또는 산업통상자원부장관 등 관계 행정기관의 장과 협의하여야 한다.〈개정 2021.3.16.〉

[제목개정 2021.3.16.]

고시 건설엔지니어링 대가 등에 관한 기준(국토교통부고시 제2023-580호, 2023.10.17.)

시 행 령

4. 총사업비 및 해당 연도 예산 규모
5. 입찰 예정 시기
6. 그 밖에 입찰 참가에 필요한 사항

③ 제2항에 따른 집행계획의 공고는 입찰공고와 함께 할 수 있다.

[제목개정 2021.9.14.]

제52조【건설엔지니어링사업자 등의 선정】 ① 발주청은 제51조제2항에 따라 공고된 건설엔지니어링을 발주할 때에는 법 제35조제2항에 따라 이에 참여하는 자의 능력, 사업의 수행실적, 신용도 등을 종합적으로 고려한 사업수행능력 평가기준에 따라 평가하여 입찰에 참가할 자를 선정해야 한다. 다만, 예정 용역사업비가 10억원 미만인 건설엔지니어링(건설사업관리 용역의 경우는 제외한다)의 경우에는 사업수행능력 평가 전에 가격입찰을 할 수 있다.〈개정 2021.9.14., 2024.4.23.〉

② 발주청은 제51조제2항에 따라 공고된 건설엔지니어링을 발주할 때 설계의 상징성·기념성·예술성 등이 요구되는 경우에는 설계공모의 방법으로 설계자를 선정할 수 있다. 〈개정 2021.9.14.〉

③ 발주청은 건설엔지니어링을 발주할 때 특별히 기술이 뛰어난 자를 낙찰자로 선정하려는 경우에는 먼저 기술평가기준에 따라 입찰에 참가할 수 있는 적격자를 선정하고 기

시 행 규 칙

제29조【설계공모에 따른 설계자의 선정】 발주청은 영 제52조제2항에 따라 설계공모의 방법으로 설계자를 선정하는 경우에는 직접 또는 전문기관에 의뢰하여 다음 각 호의 지침 및 기준을 고려하여 따로 정한 평가기준에 따라 공모작품을 평가할 수 있다.
1. 국토교통부장관이 고시한 설계공모 운영지침
2. 별표 2 제3호의 기술제안서 평가기준

제30조【기술 · 가격분리에 따른 용역사업자의 선정】 발주청은 영 제52조제3항에 따라 기술과 가격을 분리한 입찰에 참가할 수 있는 적격자를 선정하

법	시 행 령	시 행 규 칙

제38조【건설엔지니어링사업자의 지도·감독 등】 ① 국토교통부장관 또는 시·도지사는 건설엔지니어링사업자의 업무 수행에 관한 사항을 지도·감독하여야 한다. 〈개정 2019.4.30., 2021.3.16.〉
② 국토교통부장관 또는 시·도지사는 제1항에 따른 지도·감독을 위하여 필요하다고 인정하는 경우에는 건설엔지니어링사업자에게 그 업무에 관한 보고 또는 관계 자료의 제출을 명할 수 있다. 〈개정 2019.4.30., 2021.3.16.〉
③ 국토교통부장관 또는 시·도지사는 제1항에 따른 지도·감독을 위하여 필요하다고 인정하는 경우에는 소속 공무원으로 하여금 사무실 및 공사현장 등에 출입하여 검사하게 할 수 있다.
④ 제3항에 따른 검사를 하는 사람은 그 권한을 표시하는 증표를 지니고 이를 관계인에게 보여주어야 한다.
[제목개정 2019.4.30., 2021.3.16.]

고시 건설엔지니어링 대가 등에 관한 기준(국토교통부고시 제2023-580호, 2023.10.17.)
고시 국방부 건설기술용역사업자 사업수행능력 세부평가기준(국방부고시 제2020-15호, 2020.5.18.)
훈령 기본계획·기본설계·실시설계 용역사업자의 사업수행능력 세부평가기준(해양수산부훈령 제603호, 2021.7.14.)
훈령 정밀안전점검·정밀안전진단 용역사업자의 사업수행능력 세부평가기준(해양수산부훈령 제693호, 2023.3.2.)
지침 조달청 건설사업관리용역사업자 사업수행능력 세부평가기준(조달청지침 제3961호, 2024.4.29.)

술과 가격을 분리하여 입찰하게 할 수 있다. 〈개정 2021.9.14〉
④ 발주청은 제1항에 따른 사업수행능력의 평가 및 제2항에 따른 설계공모의 심사를 하는 경우 자체 평가위원회를 구성하여 평가 또는 심사하거나, 중앙심의위원회등 또는 전문기관에 그 평가 또는 심사를 의뢰할 수 있다.
⑤ 제1항부터 제3항까지의 규정에 따른 사업수행능력 평가기준, 설계공모, 심사기준, 기술평가기준 등에 관하여 필요한 사항은 국토교통부령으로 정하고, 발주청은 국토교통부령으로 정하는 범위에서 세부평가기준을 정할 수 있다.
⑥ 발주청은 제5항에 따라 세부평가기준을 정하는 경우 중앙심의위원회등의 심의를 받아야 한다. 다만, 지방자치단체가 발주청인 경우에는 해당 지방자치단체에 두는 지방심의위원회(시장·군수 또는 자치구의 구청장이 발주청인 경우에는 해당 시·군 또는 자치구가 있는 시·도에 두는 지방심의위원회를 말한다. 이하 제7항에서 같다)의 심의를 받아야 한다.
⑦ 발주청은 국토교통부령으로 정하는 방법에 따라 사업수행능력을 평가하는 경우 기술평가방법, 기술평가기준 및 입찰공고안의 적정성에 관하여 중앙심의위원회등의 심의를 받아야 한다. 다만, 지방자치단체가 발주청인 경우에는 해당 지방자치단체에 두는 지방심의위원회의 심의를 받아야 한다.
⑧ 발주청은 제1항에 따라 입찰에 참가할 자로 선정된 자 중 낙찰자로 결정되지 않은 건설엔지니어링사업자에 대해서는 국토교통부장관이 정하여 고시하는 바에 따라 예산의 범위에서 사업수행능력 평가에 든 비용의 일부를 보상할 수 있다. 〈개정 2020.1.7., 2021.9.14.〉

려는 경우에는 제28조제2항제2호 각 목의 구분에 따라 기술인평가서 또는 기술제안서를 제출하게 하여 평가할 수 있다. 〈개정 2019.2.25.〉
[제목개정 2020.3.18.]

제31조【건설엔지니어링의 하도급 승인 등】 ① 법 제35조제4항에 따라 하도급에 대하여 승인을 받으려는 자는 별지 제32호서식의 하도급 계약 승인신청서에 다음 각 호의 서류를 첨부하여 발주청에 제출하여야 한다.
1. 하도급 예정 공정표
2. 용역규모 및 용역금액 등이 명시된 용역내역서
② 제1항에 따른 신청을 받은 발주청은 국토교통부장관이 고시하는 건설엔지니어링 하도급 관리지침에 따라 하도급 계약의 적정성 여부를 검토하여 7일 이내에 그 승인 여부를 신청인에게 알려야 한다. 다만, 하도급 계약의 적정성 판단에 상당한 시일이 요구되는 등 불가피한 사유가 있는 경우에는 통지기간을 한 차례만 연장할 수 있으며, 통지기간을 연장한 경우에는 그 사유와 7일 이내의 통지예정 기한을 정하여 지체 없이 신청인에게 알려야 한다. 〈개정 2021.9.17.〉

법

예규 해양조사 · 정보업 용역 낙찰자 결정을 위한 세부평가 업무 처리규정(국립해양조사원예규 제210호, 2023.3.1.)

제2절 건설사업관리

제39조【건설사업관리 등의 시행】 ① 발주청은 건설공사를 효율적으로 수행하기 위하여 필요한 경우에는 다음 각 호의 어느 하나에 해당하는 건설공사에 대하여 건설엔지니어링사업자로 하여금 건설사업관리를 하게 할 수 있다. 〈개정 2019.4.30., 2021.3.16.〉

1. 설계·시공 관리의 난이도가 높아 특별한 관리가 필요한 건설공사
2. 발주청의 기술인력이 부족하여 원활한 공사 관리가 어려운 건설공사
3. 제1호 및 제2호 외의 건설공사로서 그 건설공사의 원활한 수행을 위하여 발주청이 필요하다고 인정하는 건설공사

② 발주청은 건설공사의 품질 확보 및 향상을 위하여 대통령령으로 정하는 건설공사에 대하여는 법인인 건설엔지니

시 행 령

⑨ 발주청이 「국가를 당사자로 하는 계약에 관한 법률 시행령」 제42조제4항에 따라 각 입찰자의 입찰가격, 용역수행능력 및 사회적 책임 등을 종합 심사해서 낙찰자를 결정한 용역입찰의 경우에는 법 제35조제2항에 따른 사업수행능력 평가를 시행해서 낙찰자를 선정한 것으로 본다. 〈신설 2018.12.11.〉
[제목개정 2021.9.14.]

제53조, 제54조 삭제 〈2019.6.25.〉

제2절 건설사업관리

제55조【감독 권한대행 등 건설사업관리의 시행】 ① 법 제39조제2항에서 "대통령령으로 정하는 건설공사"란 다음 각 호의 건설공사를 말한다.

1. 총공사비가 200억원 이상인 건설공사로서 별표 7에 해당하는 건설공사
2. 제1호 외의 건설공사로서 교량, 터널, 배수문, 철도, 지하철, 고가도로, 폐기물처리시설, 폐수처리시설 또는 공공하수처리시설을 건설하는 건설공사 중 부분적으로 법 제39조제2항에 따른 감독 권한대행 업무를 포함하는 건설사업관리(이하 "감독 권한대행 등 건설사업관리"라 한다)가 필요하다고 발주청이 인정하는 건설공사
3. 제1호 및 제2호 외의 건설공사로서 국토교통부장관이 고시하는 건설사업관리 적정성 검토기준에 따라 발주청이 검

시 행 규 칙

③ 발주청은 제1항에 따라 신청된 하도급에 대한 승인을 위해 필요한 경우 국토교통부장관이 고시하는 건설엔지니어링의 하도급 적정성을 판단할 수 있는 전문기관에게 하도급의 적정성 판단에 필요한 정보나 의견을 요청할 수 있다. 〈개정 2021.9.17.〉
[제목개정 2021.9.17.]

제31조의2【건설엔지니어링비의 감액】 법 제37조제1항 후단에서 "천재지변 등 국토교통부령으로 정하는 불가피한 사유가 있는 경우"란 다음 각 호의 경우를 말한다.

1. 「재난 및 안전관리 기본법」 제3조제1호의 재난이 발생하여 해당 건설엔지니어링을 정상적으로 진행하지 못하는 경우
2. 「국가를 당사자로 하는 계약에 관한 법률」 제19조 또는 「지방자치단체를 당사자로 하는 계약에 관한 법률」 제22조에 따라 계약금액을 조정한 경우
3. 그 밖에 설계변경 또는 계약 내용의 변경으로 건설엔지니어링비를 조정하지 않으면 현저하게 불합리하다고 인정되는 경우로서 계약 당사자 간에 계약서에서 정하는 경우(제2호의 경우

법	시 행 령	시 행 규 칙
어링사업자로 하여금 건설사업관리(시공단계에서 품질 및 안전관리 실태의 확인, 설계변경에 관한 사항의 확인, 준공검사 등 발주청의 감독 권한대행 업무를 포함한다)를 하게 하여야 한다. 〈개정 2019.4.30., 2021.3.16.〉	토한 결과 해당 건설공사의 전부 또는 일부에 대하여 감독 권한대행 등 건설사업관리가 필요하다고 인정하는 건설공사 ② 발주청은 제1항에도 불구하고 다음 각 호의 건설공사에 대해서는 감독 권한대행 등 건설사업관리를 적용하지 아니할 수 있다. 〈개정 2018.12.11., 2020.5.26., 2024.5.7.〉 1. 다음 각 목의 수리·복원·정비공사 가. 「문화유산의 보존 및 활용에 관한 법률」 제2조제3항에 따른 지정문화유산 및 같은 법 제32조에 따른 임시지정문화유산의 수리·복원·정비공사 나. 「자연유산의 보존 및 활용에 관한 법률」 제2조제5호에 따른 천연기념물등 및 같은 법 제16조에 따른 임시지정천연기념물·임시지정명승의 수리·복원·정비공사 2. 「농어촌정비법」 제2조제4호·제10호 및 같은 법 제78조에 따른 농어촌정비사업·생활환경정비사업 및 농공단지개발사업에 따른 공사 3. 제94조제1항 각 호의 기관 및 「지방공기업법」에 따른 지방공사가 시행하는 공사로서 해당 기관 또는 공사의 소속 직원[건설사업관리를 수행하는 건설기술인(이하 "건설사업관리기술인"이라 한다)를 포함한다]이 제60조에 따른 건설사업관리기술인의 배치기준에 따라 감독 업무를 수행하는 공사 4. 공사의 내용이 단순·반복적인 건설공사로서 국토교통부령으로 정하는 공사 5. 보안이 필요한 군 특수공사, 교정시설공사 및 국가기밀 관련 건설공사 6. 전문기술이 필요한 방송시설공사 7. 「원자력안전법」 제2조제8호부터 제10호까지 및 같은 법	는 제외한다) [본조신설 2021.9.17.] **고시** 건설공사 사업관리방식 검토기준 및 업무수행지침(국토교통부고시 제2024-207호, 2024.4.23.) **제32조【감독 권한대행 등 건설사업관리 적용 제외 공사】** 영 제55조제2항제4호에서 "국토교통부령으로 정하는 공사"란 다음 각 호의 공사를 말한다. 〈개정 2021.8.27.〉 1. 포장도 덧씌우기 공사 2. 준설 공사

법	시 행 령	시 행 규 칙
	제37조·제63조제1항에 따른 원자로, 방사선발생장치, 관계시설, 핵연료주기시설 및 폐기시설등의 건설공사(이하 "원자력시설공사"라 한다) ③ 발주청은 그가 발주하는 여러 건의 건설공사가 공종(工種)이 유사하고 공사현장이 인접하여 있는 경우에는 특별한 사정이 없는 한 해당 건설공사에 대한 감독 권한대행 등 건설사업관리 용역을 통합하여 발주하여야 한다. 〈개정 2017.12.29.〉 ④ 제3항에 따른 감독 권한대행 등 건설사업관리의 통합시행에 필요한 사항은 국토교통부령으로 정한다. **제56조** 삭제 〈2020.12.8.〉	3. 사방(砂防) 공사 또는 「농어촌정비법」에 따른 농업생산기반시설에 해당하는 도로의 공사 4. 굴토(땅파기) · 정지(땅고르기) 등 단순 토공사(土工事) 5. 구조물 등을 축조하지 아니하는 단순 하천 공사 6. 창고 · 축사 등의 건축 등 단순 공사 7. 구조물을 포함하지 아니하는 공사로서 발주청이 법 제39조제2항에 따른 감독 권한대행 업무를 포함하는 건설사업관리(이하 "감독 권한대행 등 건설사업관리"라 한다)를 할 필요가 없다고 인정하는 공사
③ 발주청은 대통령령으로 정하는 설계용역에 대하여 건설엔지니어링사업자로 하여금 건설사업관리를 하게 하여야 한다. 〈개정 2019.4.30., 2021.3.16.〉	**제57조【건설사업관리 대상 설계용역】** 법 제39조제3항에서 "대통령령으로 정하는 설계용역"이란 다음 각 호의 설계용역을 말한다. 다만, 제94조제1항제1호 및 제5호부터 제9호까지의 규정에 따른 기관 또는 「지방공기업법」에 따른 지방공사가 시행하는 설계로서 해당 기관 또는 공사의 소속 직원이 용역 감독 업무를 수행하는 설계용역과 「국가를 당사자로 하는 계약에 관한 법률 시행령」 제87조제1항 및 「지방자치단체를 당사자로 하는 계약에 관한 법률 시행령」 제100조제1항에 따른 일괄입찰의 실시설계적격자가 시행하는 실시설계용역은 제외한다. 〈개정 2014.12.30., 2017.12.29., 2018.1.16.〉 1. 「시설물의 안전 및 유지관리에 관한 특별법」 제7조제1호 및 제2호에 따른 1종시설물 및 2종시설물 건설공사의 기본	**제33조【감독 권한대행 등 건설사업관리의 통합시행】** ① 영 제55조제3항에 따라 감독 권한대행 등 건설사업관리를 통합하여 시행할 수 있는 건설공사는 공사현장 간의 직선거리가 20km 이내인 건설공사로 한정한다. ② 영 제55조제3항에 따라 통합하여 시행하는 감독 권한대행 등 건설사업관리에 대하여 법 제40조제5항에 따른 해당 건설사업관리의 책임건설기술인(이하 "책임건설사업관리기술인"이라 한다)을 제35조제1항 각 호의 구분에 따라

법	시 행 령	시 행 규 칙
	설계 및 실시설계용역 2. 「시설물의 안전 및 유지관리에 관한 특별법」 제7조제1호 및 제2호에 따른 1종시설물 및 2종시설물이 포함되는 건설공사의 기본설계 및 실시설계용역 3. 신공법 또는 특수공법에 따라 시공되는 구조물이 포함되는 건설공사로서 발주청이 건설사업관리가 필요하다고 인정하는 공사의 기본설계 및 실시설계용역 4. 총공사비가 300억원 이상인 건설공사의 기본설계 및 실시설계용역 **제58조【건설사업관리용역업자의 선정 등】** ① 발주청은 법 제39조에 따라 건설사업관리를 시행하는 경우에는 건설사업관리를 수행하는 건설엔지니어링사업자(이하 "건설사업관리용역사업자"라 한다) 중 다음 각 호의 어느 하나에 해당하는 자를 선정해서는 안 되며, 건설사업관리용역사업자가 다음 각 호의 어느 하나에 해당하게 된 경우에는 즉시 교체해야 한다. 〈개정 2020.1.7., 2020.12.8., 2021.9.14., 2021.12.28.〉 1. 설계 단계의 건설사업관리를 시행하게 하는 경우 해당 설계용역을 도급받은 자 및 그 계열회사(「독점규제 및 공정거래에 관한 법률」 제2조제12호에 따른 계열회사를 말한다. 이하 같다) 2. 시공 단계의 건설사업관리를 시행하게 하는 경우 해당 건설공사를 도급받은 자(설계·시공 일괄입찰 등에 의하여 공동도급계약을 한 경우에는 공동수급자 각각을 말한다) 및 그 계열회사 3. 설계 및 시공 단계의 건설사업관리를 통합하여 시행하게 하는 경우 해당 설계용역 또는 건설공사를 도급받은 자 및 그 계열회사	배치하는 경우에는 각 공사의 총공사비(관급자재비를 포함하되, 토지 등의 취득·사용에 따른 보상비는 제외한 금액을 말한다. 이하 같다)를 합한 금액을 기준으로 한다. 〈개정 2019.2.25.〉 ③ 감독 권한대행 등 건설사업관리를 통합하여 시행하는 건설공사 중 1개 공사의 총공사비가 300억원 이상인 경우에는 해당 건설사업관리에 대하여 책임건설사업관리기술인인 특급기술인 외에 특급기술인 1명을 더 배치해야 한다. 〈개정 2019.2.25.〉

법	시 행 령	시 행 규 칙

② 발주청은 건설사업관리용역사업자를 선정할 때 건설공사의 규모 및 구조물의 특수성 등을 고려하여 배치될 건설사업관리기술인의 등급, 기술수준 등을 따로 정할 수 있으며, 해당 공사의 특수성에 따라 특히 필요하다고 인정되는 경우에는 건설사업관리용역업자로 하여금 특수한 자격 또는 기술을 가진 사람(건설기술인이 아닌 사람으로서 발주청이 사전에 승인한 사람을 포함한다)을 건설사업관리 업무에 참여하게 할 수 있다. 〈개정 2018.12.11., 2020.1.7.〉

③ 발주청은 시공 단계의 건설사업관리를 시행하는 경우에는 특별한 사유가 없으면 건설공사를 착공하기 전에 건설사업관리용역사업자를 선정해야 한다. 〈개정 2020.1.7.〉

④ 제3조제2호부터 제7호까지의 자가 시행하는 다음 각 호의 건설공사에 대하여 감독 권한대행 등 건설사업관리를 하는 건설사업관리용역사업자는 다음 각 호의 구분에 따른 자가 선정해야 한다. 이 경우 제1항부터 제3항까지 및 제52조를 준용한다. 〈개정 2020.1.7.〉

1. 국가·지방자치단체 또는 공기업·준정부기관이 위탁한 건설공사: 해당 건설공사를 위탁한 자
2. 국가·지방자치단체 또는 공기업·준정부기관이 관계 법령에 따라 관리하여야 하는 시설물의 건설공사: 해당 시설물을 관리하여야 하는 자
3. 「공유수면 관리 및 매립에 관한 법률」 제28조에 따라 공유수면 매립면허를 받은 건설공사: 공유수면 매립면허를 한 자
4. 「사회기반시설에 대한 민간투자법」 제2조제2호에 따른 사회기반시설사업: 관계 법령에 따라 해당 사회기반시설사업의 업무를 관장하는 해당 기관의 장(이하 이 조에서 "주무관청"이라 한다)

관계법 「사회기반시설에 대한 민간투자법」 제2조(정의)

이 법에서 사용하는 용어의 뜻은 다음과 같다.

1. "사회기반시설"이란 각종 생산활동의 기반이 되는 시설, 해당 시설의 효용을 증진시키거나 이용자의 편의를 도모하는 시설 및 국민생

법	시 행 령	시 행 규 칙
활의 편익을 증진시키는 시설로서, 다음 각 목의 어느 하나에 해당하는 시설을 말한다. 가. 「도로법」 제2조제1호 및 제2호에 따른 도로 및 도로의 부속물 나. 「철도사업법」 제2조제1호에 따른 철도 다. 「도시철도법」 제2조제2호에 따른 도시철도 라. 「항만법」 제2조제5호에 따른 항만시설 마. 「공항시설법」 제2조제7호에 따른 공항시설 바. 「댐건설 및 주변지역지원 등에 관한 법률」 제2조제2호에 따른 다목적댐 사. 「수도법」 제3조제5호에 따른 수도 및 「물의 재이용 촉진 및 지원에 관한 법률」 제2조제4호에 따른 중수도 아. 「하수도법」 제2조제3호에 따른 하수도, 같은 조 제9호에 따른 공공하수처리시설, 같은 조 제10호에 따른 분뇨처리시설 및 「물의 재이용 촉진 및 지원에 관한 법률」 제2조제7호에 따른 하·폐수처리수 재이용시설 자. 「하천법」 제2조제3호에 따른 하천시설 차. 「어촌·어항법」 제2조제5호에 따른 어항시설 카. 「폐기물관리법」 제2조제8호에 따른 폐기물처리시설 타. 「전기통신기본법」 제2조제2호에 따른 전기통신설비 파. 「전원개발촉진법」 제2조제1호에 따른 전원설비 하. 「도시가스사업법」 제2조제5호에 따른 가스공급시설 거. 「집단에너지사업법」 제2조제5호에 따른 집단에너지시설 너. 「정보통신망 이용촉진 및 정보보호 등에 관한 법률」 제2조제1항제1호에 따른 정보통신망 더. 「물류시설의 개발 및 운영에 관한 법률」 제2조제2호 및 제6호에 따른 물류터미널 및 물류단지 러. 「여객자동차 운수사업법」 제2조제5호에 따른 여객자동차터미널 머. 「관광진흥법」 제2조제6호 및 제7호에 따른 관광지 및 관광단지 버. 「주차장법」 제2조제1호나목에 따른 노외주차장 서. 「도시공원 및 녹지 등에 관한 법률」 제2조제3호가목에 따른 도시공원 어. 「물환경보전법」 제2조제17호에 따른 공공폐수처리시설	5. 「전기사업법」 제2조제3호에 따른 발전사업: 허가권자 6. 「신항만건설 촉진법」 제2조제2호에 따른 신항만건설사업: 사업시행자를 지정한 자 ⑤ 제4항 각 호의 자가 감독 권한대행 등 건설사업관리를 하게 할 건설사업관리용역사업자를 선정하는 경우에는 다음 각 호의 어느 하나에 해당하는 자를 선정해서는 안 되며, 건설사업관리용역사업자가 다음 각 호의 어느 하나에 해당하게 된 경우에는 즉시 건설사업관리용역사업자를 교체해야 한다. 〈개정 2020.1.7.〉 1. 해당 건설공사의 발주청 2. 제1호에 따른 발주청에 출자한 법인 ⑥ 제4항 각 호의 자는 건설사업관리용역사업자를 선정한 경우에는 이를 제3조제2호부터 제7호까지의 자에게 통보해야 한다. 〈개정 2020.1.7.〉 ⑦ 발주청은 건설사업관리용역사업자가 시공 단계의 건설사업관리를 수행할 기간을 정할 때에는 건설공사를 착공하기 전에 설계도서의 검토 등 사전준비에 필요한 기간과 건설공사 준공 후 공사 준공처리 등 사후관리에 필요한 기간이 포함되도록 해야 한다. 〈개정 2020.1.7.〉 ⑧ 제4항제4호에 따라 주무관청이 건설사업관리용역사업자를 선정한 경우에는 주무관청과 해당 사업의 발주청이 공동으로 건설사업관리용역업자와 계약할 수 있다. 이 경우 건설사업관리의 수행방법 및 대가 지급방법 등은 주무관청과 발주청이 협의하여 정한다. 〈개정 2020.1.7.〉 [제목개정 2020.1.7.] **제59조 【건설사업관리의 업무범위 및 업무내용】** ① 법 제39조제1항에 따른 건설사업관리의 업무범위는 다음 각 호에	

법	시 행 령	시 행 규 칙
저. 「가축분뇨의 관리 및 이용에 관한 법률」 제2조제9호에 따른 공공처리시설 처. 「자원의 절약과 재활용촉진에 관한 법률」 제2조제10호에 따른 재활용시설 커. 「체육시설의 설치ㆍ이용에 관한 법률」 제5조에 따른 전문체육시설 및 같은 법 제6조에 따른 생활체육시설 터. 「청소년활동 진흥법」 제10조제1호에 따른 청소년수련시설 퍼. 「도서관법」 제2조제1호에 따른 도서관 허. 「박물관 및 미술관 진흥법」 제2조제1호 및 제2호에 따른 박물관 및 미술관 고. 「국제회의산업 육성에 관한 법률」 제2조제3호에 따른 국제회의시설 노. 「국가통합교통체계효율화법」 제2조제15호 및 제16호에 따른 복합환승센터 및 지능형교통체계 도. 「국가공간정보 기본법」 제2조제3호에 따른 공간정보체계 로. 「국가정보화 기본법」 제3조제13호에 따른 초고속정보통신망 모. 「과학관의 설립ㆍ운영 및 육성에 관한 법률」 제2조제1호에 따른 과학관 보. 「철도산업발전기본법」 제3조제2호에 따른 철도시설 소. 「유아교육법」 제2조제2호, 「초ㆍ중등교육법」 제2조 및 「고등교육법」 제2조제1호부터 제5호까지의 규정에 따른 유치원 및 학교 오. 「국방ㆍ군사시설 사업에 관한 법률」 제2조제1항제1호 및 제7호에 따른 국방ㆍ군사시설 중 교육ㆍ훈련, 병영생활 및 주거에 필요한 시설과 군부대에 부속된 시설로서 군인의 복지ㆍ체육을 위하여 필요한 시설 조. 「공공주택 특별법」 제2조제1호가목에 따른 공공임대주택 초. 「영유아보육법」 제2조제3호에 따른 어린이집 코. 「노인복지법」 제32조ㆍ제34조 및 제38조에 따른 노인주거복지시설, 노인의료복지시설 및 재가노인복지시설 토. 「공공보건의료에 관한 법률」 제2조제3호에 따른 공공보건의료기관	따른 단계별로 구분한다. 1. 설계 전 단계 2. 기본설계 단계 3. 실시설계 단계 4. 구매조달 단계 5. 시공 단계 6. 시공 후 단계 ② 제1항에 따른 단계별 업무내용은 다음 각 호로 한다. 〈개정 2017.12.29.〉 1. 건설공사의 계획, 운영 및 조정 등 사업관리 일반 2. 건설공사의 계약관리 3. 삭제 〈2017.12.29.〉 4. 건설공사의 사업비 관리 5. 건설공사의 공정관리 6. 건설공사의 품질관리 7. 건설공사의 안전관리 8. 건설공사의 환경관리 9. 건설공사의 사업정보 관리 10. 건설공사의 사업비, 공정, 품질, 안전 등에 관련되는 위험요소 관리 11. 그 밖에 건설공사의 원활한 관리를 위하여 필요한 사항 ③ 감독 권한대행 등 건설사업관리에는 다음 각 호의 업무가 포함되어야 한다. 〈개정 2017.12.29., 2020.1.7., 2020.5.26., 2024.3.5.〉 1. 시공계획의 검토 2. 공정표의 검토 3. 시공이 설계도면 및 시방서의 내용에 적합하게 이루어지고 있는지에 대한 확인(제101조의2제1항 각 호의 가설구조	

법	시 행 령	시 행 규 칙
포. 「신항만건설촉진법」 제2조제2호나목 및 다목에 따른 신항만건설사업의 대상이 되는 시설 호. 「문화예술진흥법」 제2조제1항제3호에 따른 문화시설 구. 「산림문화ㆍ휴양에 관한 법률」 제2조제2호에 따른 자연휴양림 누. 「수목원 조성 및 진흥에 관한 법률」 제2조제1호에 따른 수목원 두. 「스마트도시 조성 및 산업진흥 등에 관한 법률」 제2조제3호에 따른 스마트도시기반시설 루. 「장애인복지법」 제58조에 따른 장애인복지시설 무. 「신에너지 및 재생에너지 개발ㆍ이용ㆍ보급 촉진법」 제2조제3호에 따른 신ㆍ재생에너지 설비 부. 「자전거 이용 활성화에 관한 법률」 제2조제2호에 따른 자전거이용시설 수. 「산업집적활성화 및 공장설립에 관한 법률」 제2조제9호에 따른 산업집적기반시설 우. 「국토의 계획 및 이용에 관한 법률」 제2조제6호라목에 따른 공공청사 중 중앙행정기관의 소속기관 청사 주. 「장사 등에 관한 법률」 제2조제8호에 따른 화장시설 추. 「아동복지법」 제3조제10호에 따른 아동복지시설 쿠. 「택시운송사업의 발전에 관한 법률」 제2조제5호에 따른 택시공영차고지 2. "사회기반시설사업"이란 사회기반시설의 신설ㆍ증설ㆍ개량 또는 운영에 관한 사업을 말한다.	물이 시공상세도면 및 시방서의 내용에 적합하게 설치되었는지에 대한 확인을 포함한다) 4. 건설사업자나 주택건설등록업자가 수립한 품질관리계획 또는 품질시험계획의 검토·확인·지도 및 이행상태의 확인, 품질시험 및 검사 성과에 관한 검토·확인 5. 재해예방대책의 확인, 안전관리계획에 대한 검토·확인, 그 밖에 안전관리 및 환경관리의 지도 6. 공사 진척 부분에 대한 조사 및 검사 7. 하도급에 대한 타당성 검토 8. 설계내용의 현장조건 부합성 및 실제 시공 가능성 등의 사전검토 9. 설계 변경에 관한 사항의 검토 및 확인 10. 기성부분검사 및 준공검사 11. 건설업자나 주택건설등록업자가 작성한 시공상세도면의 검토 및 확인 12. 구조물 규격 및 사용자재의 적합성에 대한 검토 및 확인 13. 그 밖에 공사의 질적 향상을 위하여 필요한 사항으로서 국토교통부령으로 정하는 사항 ④ 법 제39조제3항에 따라 시행하는 설계용역에 대한 건설사업관리에는 다음 각 호의 업무가 포함되어야 한다. 1. 건설공사 관련 법령, 법 제44조제1항제1호 및 제2호에 따른 건설공사 설계기준 및 건설공사 시공기준에의 적합성 검토 2. 구조물의 설치 형태 및 건설공법 선정의 적정성 검토 3. 사용재료 선정의 적정성 검토 4. 설계내용의 시공 가능성에 대한 사전검토 5. 구조계산의 적정성 검토 6. 제74조에 따른 측량 및 지반조사의 적정성 검토 7. 설계공정의 관리	**제34조【건설사업관리의 업무내용 등】** ① 영 제59조제3항제13호에서 "국토교통부령으로 정하는 사항"이란 공사현장에 상주하는 건설사업관리기술인(이하 "상주기술인"이라 한다)을 지원하는 건설사업관리기술인(이하 "기술지원기술인"이라 한다)이 수행하는 다음 각 호의 업무를 말한다. 〈개정 2019.2.25., 2020.3.18.〉 1. 책임건설사업관리기술인이 요청하는 현장조사 내용의 분석 및 주요 구조물의 기술적 검토 2. 사업비 절감을 위한 검토 3. 책임건설사업관리기술인이 요청하는

법

④ 제1항부터 제3항까지의 규정에 따른 건설사업관리 업무를 수행한 건설엔지니어링사업자는 건설공사의 주요 구조부에 대한 시공, 검사 및 시험 등 세부적인 업무내용을 포함한 보고서를 국토교통부령으로 정하는 바에 따라 작성하여 발주청에 제출하여야 한다. 이 경우 건설사업관리보고서는 건설엔지니어링사업자의 소속 건설기술인 중 대통령령으로 정하는 건설기술인이 작성하여야 한다. 〈개정 2018.12.31., 2019.4.30., 2021.3.16.〉

⑤ 건설기엔지니어링사업자는 다음 각 호의 어느 하나에 해당하는 건설기술인으로 하여금 제1항부터 제3항까지의 규정에 따른 건설사업관리 업무를 수행하게 할 수 없다. 〈개정 2018.8.14., 2019.4.30., 2021.3.16.〉

1. 피성년후견인
2. 파산선고를 받고 복권되지 아니한 사람
3. 이 법 또는 「건축법」, 「건축사법」 또는 「주택법」을 위반하거나 「국가기술자격법」 제26조제2항의 죄를 범하여 금고 이상의 실형을 선고받고 그 집행이 끝나거나(끝난 것으로 보는 경우를 포함한다) 면제된 날부터 3년이 지나지 아니한 사람
4. 「형법」 제129조부터 제132조까지의 죄를 범하여 금고 이상의 실형을 선고받고 그 집행이 끝나거나(끝난 것으로 보는 경우를 포함한다) 면제된 날부터 5년이 지나지 아니한 사람
5. 제3호 또는 제4호에 규정된 죄를 범하여 형의 집행유예를

시 행 령

8. 공사기간 및 공사비의 적정성 검토
9. 제75조에 따른 설계의 경제성등 검토
10. 설계안의 적정성 검토
11. 설계도면 및 공사시방서 작성의 적정성 검토

⑤ 법 제39조제4항 후단에서 "대통령령으로 정하는 건설기술인"이란 법 제39조의3제4항에 따라 지명된 책임건설기술인(이하 "책임건설사업관리기술인"이라 한다)과 토목, 건축, 기계, 조경 등 각 분야별 건설사업관리기술인을 말한다. 〈신설 2019.6.25.〉

시 행 규 칙

시공상세도면 검토
4. 기성 및 준공 검사
5. 행정 지원 업무
6. 설계도서의 검토
7. 중요한 설계변경에 대한 기술 검토
8. 현장 시공 상태의 평가 및 기술 지도

② 상주기술인은 부득이한 사유로 하루 이상 현장을 이탈하는 경우에는 반드시 업무일지에 이를 기록하고 발주청의 확인을 받아야 한다. 〈개정 2019.2.25.〉

③ 건설사업관리를 수행하는 건설엔지니어링사업자(이하 "건설사업관리용역사업자"라 한다)는 기술지원기술인 중 책임자를 지정하여 기술지원기술인이 수행하는 업무를 총괄하도록 해야 한다. 〈개정 2019.2.25., 2020.3.18., 2021.9.17〉

법	시 행 령	시 행 규 칙

법

선고받고 그 유예기간 중에 있는 사람

⑥ 제2항에 따라 건설사업관리를 수행하는 건설엔지니어링사업자는 다음 각 호의 업무를 수행하여야 한다. 이 경우 건설엔지니어링사업자는 소속 건설기술인 중 대통령령으로 정하는 건설기술인에게 해당 업무의 수행을 지시하여야 한다. 〈신설 2018.12.31., 2019.4.30., 2021.3.16.〉

1. 시공이 설계도면 및 시방서의 내용에 적합하게 이루어지고 있는지에 대한 확인
2. 제55조제2항에 따른 품질시험 및 검사를 하였는지 여부의 확인
3. 건설자재·부재의 적합성에 대한 확인

⑦ 건설사업관리의 세부 업무 내용 및 업무 범위 등 제1항부터 제3항까지의 규정에 따라 건설사업관리를 수행하는 데 필요한 사항은 대통령령으로 정한다. 〈개정 2018.12.31.〉

제39조의2【시공단계의 건설사업관리계획 등】 ① 발주청은 건설공사의 부실시공 및 안전사고의 예방 등 건설공사의 시공을 관리하기 위하여 건설공사 착공 전까지 시공단계의 건설사업관리계획(이하 "건설사업관리계획"이라 한다)을 국토교통부장관이 정하여 고시하는 기준에 따라 수립하여야 한다.

② 건설사업관리계획에는 다음 각 호의 사항을 포함하여야 한다.

1. 시공단계의 건설사업관리 방식
2. 건설사업관리 업무를 수행하는 건설기술인(이하 "건설사업관리기술인"이라 한다) 또는 공사감독자의 배치 계획
3. 그 밖에 국토교통부령으로 정하는 사항

③ 발주청은 제62조에 따른 안전관리계획을 수립하여야 하는 건설공사 및 총공사비가 100억원 이상인 건설공사 중

시행령

⑥ 법 제39조제6항 후단에서 "대통령령으로 정하는 건설기술인"이란 제60조제1항에 따라 시공 단계의 건설사업관리 업무에 배치된 건설기술인을 말한다. 〈신설 2019.6.25.〉

⑦ 제1항부터 제4항까지에서 규정한 건설사업관리의 업무 내용에 관하여 필요한 사항은 국토교통부장관이 정하여 고시한다. 〈개정 2019.6.25.〉

제59조의2【건설사업관리계획의 수립 등)】 ① 발주청은 법 제39조의2제1항에 따른 시공단계의 건설사업관리계획(이하 "건설사업관리계획"이라 한다)을 다음 각 호의 건설공사 착공(건설공사현장의 부지 정리 및 가설사무소의 설치 등의 공사준비는 착공으로 보지 않는다. 이하 이 조에서 같다) 전까지 수립해야 한다.

1. 총공사비가 5억원 이상인 토목공사
2. 연면적이 660제곱미터 이상인 건축물의 건축공사
3. 총공사비가 2억원 이상인 전문공사
4. 그 밖에 건설공사의 부실시공 및 안전사고의 예방 등을 위해 발주청이 건설사업관리계획을 수립할 필요가 있다고 인정하는 건설공사

② 제1항에도 불구하고 발주청은 다음 각 호의 어느 하나에 해당하는 건설공사의 경우에는 건설사업관리계획을 수

시행규칙

고시 건설공사 사업관리방식 검토기준 및 업무수행지침(국토교통부고시 제2024-207호, 2024.4.23.)

제34조의2【시공단계의 건설사업관리계획 수립기준】 ① 법 제39조의2제1항에 따른 시공단계의 건설사업관리계획(이하 이 조에서 "건설사업관리계획"이라 한다)에는 다음 각 호의 사항을 포함해야 한다.

1. 건설공사명, 시행기관명, 건설공사 주요내용 및 총공사비 등 건설공사 기본사항
2. 국토교통부장관이 정하여 고시하는 기준에 따른 사업관리방식
3. 국토교통부장관이 정하여 고시하는 기준에 따른 건설사업관리기술인 또는 공사감독자 배치계획

법	시 행 령	시 행 규 칙
대통령령으로 정하는 건설공사에 대하여 건설사업관리계획을 수립할 때에는 제6조에 따른 기술자문위원회의 심의를 받아야 한다. 건설사업관리계획을 변경하려는 경우에도 또한 같다. ④ 발주청은 건설사업관리계획을 수립하거나 변경한 때에는 이를 국토교통부장관에게 제출하여야 한다. ⑤ 발주청은 건설엔지니어링사업자로 하여금 시공단계의 건설사업관리를 하게 하려는 경우에는 건설사업관리계획을 준수하여 입찰공고하여야 한다. 〈개정 2019.4.30., 2021.3.16.〉 ⑥ 발주청은 제2항제2호에 따른 건설사업관리기술인 또는 공사감독자의 배치 등 건설사업관리계획을 준수할 수 없는 경우에는 건설공사를 착공하게 하거나 건설공사를 진행하게 하여서는 아니 된다. ⑦ 제1항부터 제5항까지에서 규정한 사항 외에 건설사업관리계획의 수립, 변경 또는 시행 등에 필요한 사항은 대통령령으로 정한다. [본조신설 2018.12.31.]	립하지 않을 수 있다. 〈개정 2020.1.7., 2021.9.14.〉 1. 법 제39조제1항에 따라 건설엔지니어링사업자로 하여금 건설사업관리를 하게 하는 건설공사 중 예정 용역사업비가 「국가를 당사자로 하는 계약에 관한 법률」 제4조제1항 본문에 따라 기획재정부장관이 정하여 고시하는 금액 미만인 건설공사 2. 제55조제2항제1호·제2호 및 제4호부터 제7호까지의 규정에 해당하는 건설공사 3. 전시·사변이나 그 밖에 이에 준하는 국가비상사태에서 시행하는 건설공사 4. 재해 복구, 안전사고 예방 등을 위해 긴급하게 시행하는 건설공사 ③ 법 제39조의2제3항에서 "대통령령으로 정하는 건설공사"란 법 제62조에 따른 안전관리계획을 수립해야 하는 건설공사로서 총공사비가 100억원 이상인 건설공사 중 기술자문위원회를 둔 발주청이 발주하는 다음 각 호의 어느 하나에 해당하는 건설공사를 말한다. 1. 구조물이 포함된 건설공사 2. 구조물이 포함되지 않은 건설공사 중 건설공사의 부실시공 및 안전사고의 예방을 위하여 건설사업관리계획의 적정성 등의 심의가 필요하다고 발주청이 인정하는 건설공사 ④ 기술자문위원회는 법 제39조의2제3항에 따라 발주청으로부터 건설사업관리계획의 심의를 요청받은 경우에는 그 적정성 등을 심의하고, 다음 각 호의 구분에 따라 심의 결과를 확정하여 심의 요청일부터 15일 이내에 발주청에 통보해야 한다. 이 경우 심의 결과가 제2호에 해당하는 경우에는 보완이 필요한 사유를 포함하여 통보해야 한다. 1. 적정: 건설사업관리계획의 수립 기준에 따라 건설사업관	4. 다음 각 목의 구분에 따른 사항 가. 기술자문위원회를 둔 발주청의 경우: 법 제39조의2제3항에 따른 기술자문위원회의 심의 대상 여부 및 심의 결과(기술자문위원회의 심의 대상인 경우에만 해당한다) 나. 기술자문위원회를 두지 않은 발주청의 경우: 영 제59조의2제6항에 따른 지방심의위원회의 심의 대상 여부 및 심의 결과(지방심의위원회의 심의 대상인 경우에만 해당한다) 5. 공사감독자 또는 건설사업관리기술인 업무범위 6. 그 밖에 발주청이 필요하다고 인정하는 사항 ② 법 제39조에 따라 건설엔지니어링사업자가 건설사업관리를 수행하는 경우에는 제1항 각 호의 사항에 추가하여 다음 각 호의 사항을 건설사업관리계획에 포함해야 한다. 〈개정 2020.3.18., 2021.9.17.〉 1. 국토교통부장관이 정하여 고시하는 기준에 따른 건설사업관리 대가 산출내역 2. 건설사업관리용역 입찰 예정 시기 3. 법 제50조제1항에 따른 건설기술용역사업의 업무 수행에 대한 평가 계획

법	시 행 령	시 행 규 칙
	리계획이 구체적이고 명료하게 마련되어 건설공사의 부실시공 및 안전사고를 충분히 예방할 수 있다고 인정되는 경우 2. 조건부 적정: 건설공사의 품질확보와 안전에 치명적인 영향을 미치지는 않지만 건설사업관리계획의 수립 기준에 따라 건설사업관리계획이 일부 보완이 필요하다고 인정되는 경우 3. 부적정: 건설사업관리계획의 수립 기준에 따르지 않아 건설공사의 부실시공 및 안전사고가 발생할 우려가 있는 등 건설사업관리계획이에 근본적인 결함이 있다고 인정되는 경우 ⑤ 발주청은 제4항에 따른 기술자문위원회의 심의 결과, 부적정 판정을 통보받은 경우에는 건설사업관리계획을 수정·보완하여 다시 심의를 요청해야 한다. ⑥ 기술자문위원회를 두지 않은 발주청은 발주하는 건설공사가 다음 각 호의 모두에 해당하는 공사로서 해당 건설공사에 대한 건설사업관리계획을 수립·변경하려는 경우에는 지방심의위원회의 심의를 받아야 한다. 1. 법 제62조에 따른 안전관리계획을 수립해야 하는 건설공사 2. 총공사비가 100억원 이상인 건설공사 3. 제3항 각 호의 어느 하나에 해당하는 건설공사 ⑦ 제6항에 따른 지방심의위원회의 심의 등에 관하여는 제4항 및 제5항을 준용한다. 이 경우 "기술자문위원회"는 "지방심의위원회"로 본다. ⑧ 발주청은 제4항 또는 제6항에 따른 심의를 받아 수립된 건설사업관리계획이 다음 각 호의 어느 하나에 해당하는 경우에는 그 건설사업관리계획을 변경해야 한다. 1. 건설공사의 공사규모, 공사기간, 총공사비 등 주요 사업계	중 영 제82조제1항제2호에 따른 건설사업관리 용역사업을 대상으로 하는 평가 계획 ③ 발주청이 법 제39조의2제4항에 따라 시공단계의 건설사업관리계획을 국토교통부장관에게 제출할 때에는 별지 제32호의2서식의 시공단계의 건설사업관리계획의 수립·변경 제출서에 따른다. 〈신설 2021. 9. 17.〉 [본조신설 2019.7.1.]

법	시 행 령	시 행 규 칙
	획이 변경되는 경우. 다만, 주요 사업계획의 변경이 당초 건설사업관리계획이 승인될 당시의 건설공사의 주요 사업계획 대비 100분의 10 이내로 변경된 경우는 제외한다. 2. 법 제39조의2제2항제1호에 따른 건설사업관리방식이 변경되는 경우 3. 법 제39조의2제2항제2호에 따른 배치계획에서 총 건설사업관리기술인의 수가 감소되는 경우 4. 그 밖에 발주청이 건설사업관리계획의 변경이 필요하다고 인정하는 경우 ⑨ 제1항부터 제8항까지에서 규정한 사항 외에 건설사업관리계획의 수립, 변경 또는 시행 등에 필요한 세부사항은 국토교통부장관이 정하여 고시한다. [본조신설 2019.6.25.]	**고시** 국가를 당사자로 하는 계약에 관한 법률 등의 기획재정부장관이 정하는 고시금액(기획재정부고시 제2024-42호, 2024.12.24., 폐지제정)
제39조의3【건설사업관리 중 실정보고 등】 ① 제39조제2항에 따라 건설사업관리를 수행하는 건설엔지니어링사업자는 건설사업자가 현지여건의 변경이나 건설공사의 품질향상 등을 위한 개선사항의 검토를 요청하는 경우 이를 검토하고, 발주청에 관련 서류를 첨부하여 보고하는 등 필요한 조치(이하 "실정보고"라 한다)를 하여야 한다. 〈개정 2019.4.30.〉 ② 건설엔지니어링사업자가 실정보고를 하는 경우에는 관련 기록을 유지·관리하여야 한다. 〈개정 2019.4.30., 2021.3.16.〉 ③ 발주청은 건설엔지니어링사업자가 실정보고를 하는 경우 이를 접수하여 검토하고, 필요하면 설계변경 등 적절한 조치를 하여야 한다. 〈개정 2019.4.30., 2021.3.16.〉 ④ 건설사업관리를 수행하는 건설기술용역사업자는 소속 건설기술인 중에서 해당 건설사업관리의 책임건설기술인을	**제59조의3【실정보고의 조치 기한】** ① 법 제39조의3제1항에 따라 건설사업자가 개선사항의 검토를 요청하는 경우 건설엔지니어링사업자는 이를 검토하고, 특별한 사정이 없으면 검토 요청일부터 14일 이내에 발주청에 관련 서류를 첨부하여 보고하는 등 필요한 조치(이하 "실정보고"라 한다)를 해야 한다. 〈개정 2020.1.7., 2021.9.14.〉 ② 법 제39조의3제3항에 따라 실정보고를 접수한 발주청은 이를 검토하고, 특별한 사정이 없으면 접수일부터 14일 이내에 해당 실정보고에 대한 검토 결과를 제1항에 따른 건설엔지니어링사업자에게 서면으로 통보해야 한다. 〈개정 2020.1.7., 2021.9.14.〉 [본조신설 2019.6.25.] **제60조【건설사업관리기술인의 배치】** ① 시공 단계의 건	 **제35조【건설사업관리기술인의 배치**

법	시 행 령	시 행 규 칙
지명하여 실정보고의 권한을 위임할 수 있다. 〈개정 2019.4.30.〉 ⑤ 실정보고에 따른 조치 기한 등 필요한 사항은 대통령령으로 정한다. [본조신설 2018.12.31.]	설사업관리를 수행하는 건설사업관리용역사업자는 해당 건설공사의 규모 및 공종에 적합하다고 인정하는 건설기술인을 건설사업관리 업무에 배치해야 하며, 책임건설사업관리기술인을 건설공사의 규모 등을 고려하여 국토교통부령으로 정하는 기준에 따라 배치해야 한다. 〈개정 2018.12.11., 2019.6.25., 2020.1.7.〉 ② 발주청은 건설사업관리용역사업자가 건설사업관리기술인을 배치할 때 국토교통부령으로 정하는 배치기준에 따라 등급별로 적절히 배치하도록 해야 한다. 다만, 제55조제3항에 따라 감독 권한대행 등 건설사업관리를 통합하여 시행하는 경우에는 배치기준 이하로 조정하여 배치할 수 있다. 〈개정 2018.12.11., 2020.1.7.〉 ③ 발주청은 공사예정가격의 70퍼센트 미만으로 낙찰된 공사의 시공 단계에 건설사업관리기술인을 배치하는 경우에는 국토교통부장관이 정한 기준 이상으로 늘려 배치해야 한다. 〈개정 2018.12.11.〉 ④ 발주청은 이미 배치되었거나 배치될 건설사업관리기술인이 해당 건설공사의 건설사업관리 업무 수행에 적합하지 않다고 인정되는 경우에는 그 이유를 구체적으로 밝혀 건설사업관리용역업자에게 건설사업관리기술인의 교체를 요구할 수 있으며, 건설사업관리용역사업자가 스스로 건설사업관리기술인을 교체하려는 경우에는 미리 발주청의 승인을 받아야 한다. 〈개정 2018.12.11., 2020.1.7.〉 ⑤ 건설사업관리용역사업자는 공사현장에 배치된 건설사업관리기술인이 업무의 수행기간 중 법에 따른 교육이나 「민방위기본법」 또는 「예비군법」에 따른 교육을 받는 경우나 유급휴가 등으로 현장을 이탈하게 되는 경우에는 건설사업관리 업무에 지장이 없도록 필요한 조치를 해야	**기준 등】** ① 영 제60조제1항에 따라 책임건설사업관리기술인을 배치하는 경우 해당 공사분야에 필요한 경력 및 배치기준은 다음 각 호의 구분에 따른다. 〈개정 2019.2.25.〉 1. 총공사비 500억원 이상인 건설공사: 총공사비 300억원 이상인 건설공사에 대한 시공 단계 건설사업관리 경력 1년 이상인 특급기술인 2. 총공사비 300억원 이상 500억원 미만인 건설공사: 총공사비 200억원 이상인 건설공사에 대한 시공 단계 건설사업관리 경력 1년 이상인 특급기술인 3. 총공사비 100억원 이상 300억원 미만인 건설공사: 총공사비 100억원 이상인 건설공사에 대한 시공 단계 건설사업관리 경력 1년 이상인 고급기술인 ② 건설사업관리용역사업자는 영 제60조제2항에 따라 시공 단계의 건설사업관리기술인을 상주기술인과 기술지원기술인으로 구분하여 배치하되, 해당 공사의 규모 및 공종 등을 고려하여 배치해야 하며, 발주청은 현장 실정을 고려하여 이를 조정할 수 있다. 〈개정 2019.2.25., 2020.3.18.〉 ③ 건설사업관리기술인의 배치는 등급별로 균등 배치하는 것을 원칙으로 하되, 발주청은 해당 공사의 특수성에

법	시 행 령	시 행 규 칙
제39조의4【건설사업관리 업무에 대한 부당간섭 배제 등】 ① 발주청 소속 직원은 제39조제2항에 따라 건설사업관리를 시행하는 건설공사에 대하여 대통령령으로 정하는 발주청의 업무 외에 정당한 사유 없이 건설사업관리 업무를 수행하는 건설엔지니어링사업자(이하 "건설사업관리용역사업자"라 한다) 및 건설사업관리기술인의 업무에 개입 또는 간섭하거나 권한을 침해해서는 아니 된다.〈개정 2021.3.16.〉 ② 발주청의 소속 직원이 건설사업관리용역사업자 및 건설사업관리기술인의 업무에 정당한 사유 없이 개입 또는 간섭하거나 권한을 침해한 경우 해당 건설사업관리용역사업자 및 건설사업관리기술인은 발주청에 이를 보고하고 사실조사를 의뢰할 수 있다. ③ 발주청은 제2항에 따른 사실조사를 의뢰받은 때에는 즉시 이를 조사하여야 하고, 소속 직원이 건설사업관리용역사업자 및 건설사업관리기술인의 업무에 대하여 정당한 사유 없이 개입 또는 간섭하거나 권한을 침해한 사실이 있다고 인정되는 경우에는 방해행위의 중지, 향후 재발방지 등 시정조치를 명할 수 있다. ④ 발주청은 제3항에 따른 사실조사 결과 및 시정조치 명	한다. 〈개정 2016.11.29., 2018.12.11., 2020.1.7.〉 ⑥ 발주청은 건설사업관리기술인이 교육을 받는 기간과 「관공서의 공휴일에 관한 규정」에 따른 공휴일(일요일은 제외한다)에 대한 대가를 감액해서는 아니 된다. 〈개정 2018.12.11.〉 ⑦ 건설사업관리기술인의 배치 기준·방법 등에 관하여 필요한 사항은 국토교통부령으로 정한다. 〈개정 2018.12.11.〉 [제목개정 2018.12.11.] **제60조의2【발주청의 업무범위】** ① 법 제39조의4제1항에서 "대통령령으로 정하는 발주청의 업무"란 다음 각 호의 업무를 말한다. 1. 공사의 시행에 따른 업무연락 및 문제점 파악 2. 용지 보상 지원 및 민원 해결 3. 법 제55조 및 제62조에 따른 품질관리 및 안전관리에 관한 지도 4. 제59조제3항제9호에 따라 확인한 설계 변경에 관한 사항의 검토 5. 예비준공검사 ② 발주청 소속 직원의 업무수행에 필요한 사항은 국토교통부장관이 따로 정할 수 있다. [본조신설 2020.12.8.]	따라 이를 조정할 수 있다. 〈개정 2019.2.25.〉 ④ 건설사업관리용역사업자는 제2항 및 제3항에 따른 배치기준에 따라 배치계획을 수립하여 발주청에 제출해야 한다. 제출된 배치계획을 변경하려는 경우에도 또한 같다. 〈개정 2020.3.18.〉 ⑤ 발주청은 영 제83조제1항 단서에 따른 용역평가 점수가 국토교통부장관이 정하여 고시하는 점수 이하인 경우에는 영 제60조제4항에 따라 건설사업관리용역사업자에게 해당 건설사업관리기술인의 교체를 요구할 수 있다. 〈개정 2019.2.25., 2020.3.18.〉 ⑥ 건설사업관리용역사업자는 제4항에 따라 발주청에 제출한 배치계획에 따라 건설사업관리기술인을 배치해야 한다. 다만, 배치계획과 다르게 건설사업관리기술인을 배치하려는 때에는 미리 발주청의 승인을 받아 배치계획상의 건설사업관리기술인과 별표 3에 따른 등급·경력·실적 및 교육·훈련 등의 점수가 같은 수준 이상인 건설사업관리기술인을 배치해야 한다. 〈개정 2019.2.25., 2020.3.18.〉 ⑦ 건설사업관리용역사업자는 3개월 이상 요양이 필요한 질병·부상으로 인하여 발주청의 승인을 받아 철수시

법	시 행 령	시 행 규 칙

령의 내용을 국토교통부장관, 해당 건설사업관리용역사업자 및 건설사업관리기술인에게 통보하여야 한다.
⑤ 발주청은 제2항에 따른 사실조사 의뢰 등을 이유로 건설사업관리용역사업자 및 건설사업관리기술인에게 용역대가 지급의 거부·지체 등 불이익을 주어서는 아니 된다.
[본조신설 2020.6.9.]

제40조【건설사업관리 중 공사중지 명령 등】 ① 제39조제2항에 따라 건설사업관리를 수행하는 건설엔지니어링사업자와 제49조제1항에 따른 공사감독자는 건설사업자가 건설공사의 설계도서·시방서(示方書), 그 밖의 관계 서류의 내용과 맞지 아니하게 그 건설공사를 시공하는 경우 또는 제62조에 따른 안전관리 의무를 위반하거나, 제66조에 따른 환경관리 의무를 위반하여 인적·물적 피해가 우려되는 경우에는 재시공·공사중지(부분 공사중지를 포함한다) 명령이나 그 밖에 필요한 조치를 할 수 있다. 〈개정 2018.12.31., 2019.4.30., 2021.3.16.〉
② 제1항에 따라 건설엔지니어링사업자 또는 공사감독자로부터 재시공·공사중지 명령이나 그 밖에 필요한 조치에 관한 지시를 받은 건설사업자는 특별한 사유가 없으면 이에 따라야 한다. 〈개정 2018.12.31., 2019.4.30., 2021.3.16.〉
③ 건설엔지니어링사업자 또는 공사감독자는 제1항에 따라 건설사업자에게 재시공·공사중지 명령이나 그 밖에 필요한 조치를 한 경우에는 지체 없이 이에 관한 사항을 해당 건설공사의 발주청에 보고하여야 한다. 〈개정 2018.12.31., 2019.4.30., 2021.3.1.6.〉
④ 제1항에 따라 재시공·공사중지 명령이나 그 밖에 필요한 조치를 한 건설엔지니어링사업자 또는 공사감독자는 시

제61조【건설사업관리 중 공사중지 명령 등】 ① 법 제40조제1항에 따라 건설사업관리용역사업자와 법 제49조제1항에 따른 공사감독자가 건설사업자에게 재시공·공사중지 명령이나 그 밖에 필요한 조치를 하는 경우에는 서면으로 해야 하며, 그 조치내용과 결과를 기록·관리해야 한다. 〈개정 2019.6.25., 2020.1.7.〉
② 삭제 〈2019.6.25.〉
③ 삭제 〈2019.6.25.〉

고시 건설공사 사업관리방식 검토기준 및 업무수행지침(국토교통부 고시 제2024-207호, 2024.4.23.)

킨 건설사업관리기술인을 철수일부터 3개월 이내에 다른 건설사업관리 용역에 참여시키는 것으로 하여 제28조 및 제30조에 따른 선정평가를 받거나 다른 건설사업관리용역에 배치해서는 안 된다. 다만, 해당 건설사업관리기술인이 배치되었던 건설사업관리 용역이 완료된 경우에는 그렇지 않다. 〈개정 2019.
2.25., 2020.3.18.〉
⑧ 건설사업관리용역사업자는 건설사업관리기술인을 배치하려는 경우에는 별지 제18호서식의 건설기술인 경력증명서를 발주청에 제출해야 한다. 〈개정 2019.2.25., 2020.3.18.〉
⑨ 건설사업관리기술인의 배치기준·방법 등에 관하여 필요한 세부 사항은 국토교통부장관이 정하여 고시한다. 〈개정 2019.2.25.〉
[제목개정 2019.2.25.]

제36조【건설사업관리 보고서의 작성·제출】 ① 법 제39조제4항에 따라 건

법	시 행 령	시 행 규 칙
정 여부를 확인한 후 공사재개 지시 등 필요한 조치를 하여야 하며, 이 경우 지체 없이 이에 관한 사항을 해당 건설공사의 발주청에 보고하여야 한다. 〈개정 2018.12.31., 2019.4.30., 2021.3.16.〉 ⑤ 건설사업관리를 수행하는 건설엔지니어링사업자는 소속 건설기술인 중에서 해당 건설사업관리의 책임건설기술인을 지명하여 제1항에 따른 재시공·공사중지 명령이나 그 밖에 필요한 조치의 권한을 위임할 수 있다. 〈개정 2018.8.14., 2019.4.30., 2021.3.16.〉 ⑥ 제1항에 따른 재시공·공사중지 명령이나 그 밖에 필요한 조치의 요건, 절차 및 방법 등에 관하여 필요한 사항은 대통령령으로 정한다. **제40조의2 【불이익조치의 금지】** 누구든지 제40조제1항에 따른 재시공·공사중지 명령 등의 조치를 이유로 건설엔지니어링사업자·공사감독자 또는 제40조제5항에 따른 책임건설기술인에게 건설기술인의 변경, 현장 상주의 거부, 용역대가 지급의 거부·지체 등 신분이나 처우와 관련하여 불이익을 주어서는 아니 된다. 〈개정 2019.4.30., 2021.3.16.〉 [본조신설 2018.12.31.] **제40조의3 【면책】** 제40조제1항에 따른 재시공·공사중지 명령 등의 조치로 발주청이나 건설사업자에게 손해가 발생한 경우 건설엔지니어링사업자·공사감독자 또는 제40조제5항에 따른 책임건설기술인은 그 명령에 고의 또는 중대한 과실이 없는 때에는 그 손해에 대한 책임을 지지 아니한다. 〈개정 2019.4.30., 2021. 3.16.〉 [본조신설 2018.12.31.]		설사업관리 업무를 수행한 건설엔지니어링사업자가 작성·제출하는 보고서에 포함되어야 할 내용 및 제출방법은 다음 각 호의 구분에 따른다. 〈개정 2016.7.4., 2019.2.25., 2020.3.18., 2021.8.27., 2021.9.17.〉 1. 설계 단계의 건설사업관리 결과보고서: 설계 단계의 건설사업관리 용역의 만료일부터 14일 이내에 다음 각 목의 내용을 포함하여 발주청에 제출할 것 가. 과업의 개요 나. 설계에 대한 기술자문, 적정성 검토 등 업무수행 내용 다. 설계의 경제성 검토 업무수행 내용 라. 그 밖에 발주청이 필요하다고 인정하여 계약에서 정한 내용 2. 시공 단계의 건설사업관리 중간보고서: 월별로 작성하여 다음달 7일까지 다음 각 목의 내용을 포함하여 발주청에 제출할 것 가. 공사추진현황 나. 건설사업관리기술인 업무일지 다. 품질시험·검사현황 라. 구조물별 콘크리트 타설(打設) 및 철골 설치 공사 현황(작업자 명부를 포함한다) 마. 검측 요청·결과통보 내용 바. 자재 공급원 승인 요청·결과통보 내용

법	시 행 령	시 행 규 칙
제41조【총괄관리자의 선정 등】 ① 발주청은 건설공사와 그 건설공사에 딸리는 전기·소방 등의 설비공사(이하 "설비공사"라 한다)에 대한 건설사업관리 및 감리를 다음 각 호의 어느 하나에 해당하는 자로 하여금 하게 하는 경우에는 해당 건설사업관리를 수행하는 자와 감리를 수행하는 자 중에서 그 건설공사와 설비공사에 대한 건설사업관리 및 감리 업무를 총괄하여 관리할 자(이하 "총괄관리자"라 한다)를 선정할 수 있다. 〈개정 2019.4.30., 2021.3.16.〉 1. 건설엔지니어링사업자 2. 「소방시설공사업법」 제4조제1항에 따른 소방시설업의 등록을 한 자 3. 「전력기술관리법」 제14조제1항제2호에 따라 전력시설물의 공사감리업의 등록을 한 자 4. 「정보통신공사업법」 제2조제7호에 따른 용역업자 ② 총괄관리자는 건설공사 및 설비공사의 품질·안전 관리와 효율적인 건설사업관리 및 감리 업무의 수행을 위하여 필요하다고 인정하는 경우에는 다른 건설사업관리를 수행하는 자와 감리를 수행하는 자에게 시정지시 등 필요한 조치를 할 수 있으며, 정당한 사유 없이 조치에 따르지 아니하는 경우에는 그 사실을 발주청에 보고하여야 한다. ③ 총괄관리자의 권한, 업무 범위, 그 밖에 필요한 사항은 대통령령으로 정한다.	**제62조【총괄관리자의 업무범위 등】** ① 법 제41조제1항에 따른 총괄관리자의 업무범위는 다음 각 호와 같다. 1. 법 제41조제1항 각 호의 자가 해당 건설공사 및 설비공사에 대하여 제출하는 시공계획, 공정계획, 품질·안전 및 환경관리계획의 조정·확인 2. 공사 진척 부분에 대한 조사 및 검사 결과에 따른 조정·확인 3. 그 밖에 건설공사 및 설비공사에 대한 효율적인 건설사업관리 및 감리 수행을 위하여 필요한 사항 ② 총괄관리자는 제1항의 업무수행을 위하여 필요한 경우에는 법 제41조제1항 각 호의 자에게 자료의 제출을 요구할 수 있다.	사. 주요 자재 검사 및 출납 내용 아. 공사설계 변경 현황 자. 주요 구조물의 단계별 시공 현황 차. 콘크리트 구조물 균열관리 현황 카. 공사사고 보고서 타. 그 밖에 발주청이 필요하다고 인정하여 계약에서 정한 내용 3. 시공 단계의 건설사업관리 최종보고서: 시공 단계의 건설사업관리 용역의 만료일부터 14일 이내에 다음 각 목의 내용을 포함하여 발주청에 제출할 것 가. 건설공사 및 건설사업관리용역 개요 나. 분야별 기술 검토 실적 종합 다. 공사 추진내용 실적 라. 검측내용 실적 종합 마. 우수시공 및 실패시공 사례 바. 품질시험 · 검사 실적 종합 사. 주요 자재 관리실적 종합 아. 안전관리 실적 종합 자. 종합분석 차. 그 밖에 발주청이 필요하다고 인정하여 계약에서 정한 내용 ② 국토교통부장관은 제1항에 따른 건설사업관리 보고서의 효율적 작성과 전산화를 위하여 필요한 경우에는 건설사업관리 보고서 작성 전산프로그램을 개발하여 이를 활용하게 할 수 있

법

제42조【다른 법률과의 관계】 제39조제2항에 따른 건설사업관리를 시행하거나 건설사업관리 중 대통령령으로 정하는 업무를 수행한 경우에는 「건축법」 제25조에 따른 공사감리 또는 「주택법」 제43조 및 제44조에 따른 감리를 한 것으로 본다. 〈개정 2016.1.19.〉

제5장 건설공사의 관리

제1절 건설공사의 표준화 등

제43조【설계 등의 표준화】 ① 국토교통부장관은 건설공사에 드는 비용을 줄이고 시설물의 품질을 향상시키기 위하여 건설자재·부재의 치수 및 시공방법을 표준화하도록 노력하여야 한다.

② 국토교통부장관은 제1항에 따른 표준화를 촉진하기 위하여 다음 각 호의 자에게 대통령령으로 정하는 바에 따라 설계·생산 또는 시공 과정에서 시험생산·시험시공 등을 하도록 권고할 수 있다. 〈개정 2019.4.30.〉

1. 시설물의 설계자
2. 건설자재·부재의 생산업자
3. 건설사업자 또는 주택건설등록업자

③ 국토교통부장관은 관계 기관의 장에게 제1항에 따른 표준화와 관련된 「산업표준화법」 제12조에 따른 한국산업표준 등 기준의 정비 및 자금 지원 등 필요한 사항을 요청할 수 있다.

시 행 령

제63조【다른 법률과의 관계】 법 제42조에서 "대통령령으로 정하는 업무"란 시공 단계의 건설사업관리 업무를 말한다.

제5장 건설공사의 관리

제1절 건설공사의 표준화 등

제64조【시험생산 · 시험시공 등의 권고】 국토교통부장관은 법 제43조제2항에 따라 시험생산·시험시공 등을 권고하는 경우에는 이에 필요한 비용을 지원할 수 있으며, 시험생산을 권고하는 경우에는 발주청에 시험생산된 자재의 사용을 권고할 수 있다.

시 행 규 칙

다.

③ 제1항에 따른 건설사업관리 보고서에 포함될 내용 및 제출방법에 관한 세부적인 사항은 국토교통부장관이 정하여 고시한다.

고시 건설공사 사업관리방식 검토기준 및 업무수행지침(국토교통부고시 제2024-207호, 2024.4.23.)

제5장 건설공사의 관리

법	시 행 령	시 행 규 칙
제44조 【설계 및 시공 기준】 ① 국토교통부장관이나 그 밖에 대통령령으로 정하는 자는 건설공사의 기술성·환경성 향상 및 품질 확보와 적정한 공사 관리를 위하여 다음 각 호에 관한 기준(이하 "건설기준"이라 한다)을 정할 수 있다. 〈개정 2014.5.14.〉 1. 건설공사 설계기준 2. 건설공사 시공기준 및 표준시방서 등 3. 그 밖에 건설공사의 관리에 필요한 사항 ② 제1항에 따라 대통령령으로 정하는 자가 건설기준을 정하려면 국토교통부장관의 승인을 받아야 한다. 〈개정 2014.5.14.〉 ③ 건설기준 설정의 절차 등에 관하여 필요한 사항은 국토교통부령으로 정한다. 〈개정 2014.5.14.〉 고시 KCS 10 00 00(공통공사 표준시방서)(국토교통부고시 제2023-48호, 2023.1.19.) 고시 KCS 14 20 00(콘크리트공사 표준시방서)(국토교통부고시 제2025-879호,2024.12.30.) 고시 KDS 14 30 00(강구조 설계기준(허용응력설계법))(국토교통부고시 제2019-244호, 2019.5.20.) 고시 KDS 24 14 21(콘크리트교 설계기준(한계상태설계법))(국토교통부고시 제2021-287호, 2021.4.12.) 고시 가설 설계기준(국토교통부고시 제2020-572호, 2020.8.18.) 고시 가설공사 표준시방서(국토교통부고시 제2023-62호, 2023.1.31.) 고시 가시설 설계기준(KDS 21 00 00) 및 가설공사 표준시방서(KCS 21 00 00)(국토교통부고시 제2022-94호, 2022.2.23.) 고시 강구조공사 표준시방서(KCS 14 31 00)(국토교통부고시 제2019-244호, 2019.5.20.) 공고 건설공사비탈면설계기준(국토해양부공고 제2009-1080호, 2009.12.30.) 고시 건설기준 코드(설계코드 KDS, 시방코드 KCS)(국토교통부고시 제2018-468호, 2018.8.3.) 고시 건설측량 설계기준(KDS 12 00 00)(국토지리정보원고시 제2023-31호, 2023.1.2.) 고시 건축공사 표준시방서(국토교통부고시 제2023-785호, 2023.12.19.) 공고 건축기계설비공사 표준시방서(국토해양부공고 제2011-837호, 2011.9.5.) 공고 건축전기설비 설계기준(국토교통부공고 제2011-1198호, 2011.12.15.) 고시 고속도로공사 전문시방서(EXCS 00 00 00)(국토교통부고시 제2024-737호, 2024.12.11.) 고시 공동구 설계기준(KDS 29 00 00)(국토교통부고시 제2021-688호, 2021.5.12.) 고시 공동구 표준시방서(KCS 29 00 00)(국토교통부고시 제2021-689호, 2021.5.12.)	**제65조 【건설기준】** ① 법 제44조제1항에서 "대통령령으로 정하는 자"란 다음 각 호의 자를 말한다. 1. 농림축산식품부장관, 환경부장관 및 해양수산부장관 2. 지방자치단체 3. 공기업·준정부기관 4. 건설기술 관련 기관 또는 단체 5. 건설 관련 기술의 연구를 목적으로 하는 법인 ② 법 제44조제2항에서 "대통령령으로 정하는 자"란 제1항제2호부터 제5호까지에 해당하는 자를 말한다. 〈신설 2014.12.30.〉 ③ 국토교통부장관(제116조에 따라 건설기준의 승인에 관한 권한을 위탁받은 자를 포함한다)은 법 제44조제2항에 따라 건설기준을 승인하려는 경우에는 미리 중앙심의위원회의 심의를 거쳐야 한다. 이를 변경(국토교통부령으로 정하는 경미한 사항의 변경은 제외한다)하거나 폐지하려는 경우에도 또한 같다. 〈개정 2014.12.30.〉 ④ 국토교통부장관 및 제1항 각 호의 자는 건설기준을 제정·개정하거나 폐지하였을 때에는 그 주요 사항을 다음 각 호의 구분에 따라 고시하거나 통보하여야 한다. 〈개정 2014.12.30.〉 1. 국토교통부장관 또는 제1항제1호에 해당하는 자: 관보에	**제36조의2 【건설기준 설정의 절차 등】** ① 영 제65조제1항 각 호의 자가 법 제44조제1항 각 호에 관한 기준(이하 "건설기준"이라 한다)을 제정·개정 또는 폐지하려는 경우에는 다음 각 호의 사항에 대하여 법 제44조의2제2항에 따른 국가건설기준센터(이하 "건설기준센터"라 한다)에 자문할 수 있다. 1. 건설기준의 제정·개정 또는 폐지 계획 2. 건설기준의 구성체계 3. 다른 건설기준과의 중복·상충 여부 ② 국토교통부장관은 건설기준의 설정·관리에 필요한 건설기준 구성체계 등을 정하여 고시할 수 있다. [본조신설 2015.1.29.] **제37조 【건설기준의 보급 등】** ① 영 제65조제3항 후단에서 "국토교통부령으로 정하는 경미한 사항의 변경"이란 다음 각 호의 변경을 말한다. 〈개정 2015.1.29.〉 1. 건설기준의 내용에 영향을 미치지 아니하는 범위에서 오기(誤記), 누락된 부분을 정정하거나 기관명 등의 변동을 반영하는 변경 2. 다른 건설기준의 변경에 따른 같은 내용으로의 건설기준 변경

법	시 행 령	시 행 규 칙
고시 교량내진설계기준(케이블교량)(KDS 24 17 12)(국토교통부고시 제2023-510호, 2023.9.12) **고시** 교량내진설계기준(한계상태설계법)(KDS 24 17 11)(국토교통부고시 제2022-100호, 2022.2.25.) **고시** 구조물기초설계기준(국토교통부고시 제2014-281호, 2014.5.29.) **고시** 농업생산기반시설 설계기준(농업용 댐편)(농림축산식품부고시 제2023-97호, 2023.12.28.) **고시** 농업생산기반시설 설계기준(농지관개편)(농림축산식품부고시 제2023-98호, 2023.12.28.) **고시** 농업생산기반시설 설계기준(농지배수편)(농림축산식품부고시 제2023-96호, 2023.12.28.) **고시** 농업생산기반시설 설계기준(양배수장편)(농림축산식품부고시 제2025-1호, 2025.1.8.) **고시** 농업생산기반시설 설계기준, 농업생산기반시설공사 표준시방서, 한국농어촌공사 전문시방서 개편 및 코드화(농림축산식품부고시 제2018-29호, 2018.4.24.) **고시** 농업생산기반정비사업 계획설계기준 기초처리편(그라우팅)(농림축산식품부고시 제2017-114호, 2017.12.20.) **고시** 도로설계기준(KDS 44 00 00) 및 도로공사 표준시방서(KCS 44 00 00)(국토교통부고시 제2023-907호, 2023.1.6.) **고시** 산업 · 환경설비공사 표준시방서(국토해양부고시 제9999호, 2013.1.7.) **고시** 상수도공사 표준시방서(환경부고시 제2024-177호, 2024.9.12.) **고시** 상수도설계기준(환경부고시 제2024-175호, 2024.9.12.) **고시** 설비(기계) 설계기준(안KDS 31 25 00~KDS 31 50 00) 및 설비(기계) 표준시방서(안KCS 31 10 00~KCS 31 55 00)(국토교통부고시 제2021-203호, 2021.2.19.) **고시** 설비(산업환경) 설계기준(KDS 31 90 00) 및 설비(산업환경) 표준시방서(KCS 31 90 00)(국토교통부고시 제2021-203호, 2021.2.19.) **고시** 예비전원설비 설계기준(KDS 31 60 20)(국토교통부고시 제2021-856호, 2021.6.8.) **고시** 일반국도공사 전문시방서(NHCS 00 00 00)(국토교통부고시 제2024-737호, 2024.12.11.) **고시** 조경 설계기준(KDS 34 00 00) 및 조경공사 표준시방서(KCS 34 00 00)(국토교통부고시 제2024-74호, 2024.12.10.) **고시** 지반 설계기준(국토교통부고시 제2020-871호, 2020.12.3.) **고시** 지반 설계기준(KDS 11 00 00) 및 지반공사 표준시방서(KCS 11 00 00)(국토교통부고시 제2021-1348호, 2021.12.16.) **공고** 콘크리트 구조기준(국토해양부공고 제2012-1317호, 2012. 10.26.) **공고** 콘크리트표준시방서(국토해양부공고 제2009-811호, 2009.9.11.) **고시** 터널설계기준(KDS 27 00 00) 및 터널공사 표준시방서(KCS 27 00	고시 2. 제1항제2호에 해당하는 자: 해당 지방자치단체의 공보에 고시 3. 제1항제3호부터 제5호까지에 해당하는 자: 관계 중앙행정기관 및 지방자치단체와 그 밖의 관계 기관 등에 통보 ⑤ 국토교통부장관은 제1항 각 호의 자가 요청하는 경우에는 국토교통부령으로 정하는 바에 따라 건설기준에 관한 도서(圖書) 등을 작성하여 유상(有償)으로 보급하게 할 수 있다. 〈개정 2014.12.30.〉 ⑥ 법 제44조제1항제2호에 따른 표준시방서는 시설물의 안전 및 공사시행의 적정성과 품질 확보 등을 위하여 시설물별로 정한 표준적인 시공기준으로서 건설공사의 발주자(이하 "발주자"라 한다), 건설엔지니어링사업자 또는 건축사가 공사시방서를 작성하거나 검토할 때 활용하기 위한 시공기준으로 한다. 〈개정 2014.12.30., 2020.1.7., 2021.9.14. 2023.1.6.〉 ⑦ 법 제44조제1항제3호에 따른 건설공사의 관리에 필요한 사항은 건설공사의 전문시방서(시설물별 표준시방서를 기본으로 모든 공종을 대상으로 하여 특정한 공사의 시공 또는 공사시방서의 작성에 활용하기 위한 종합적인 시공기준을 말한다)로 한다. 〈개정 2014.12.30.〉 ⑧ 국토교통부장관은 법 제44조제1항에 따라 건설기준을 정하거나 변경하는 자에게 국토교통부령으로 정하는 바에 따라 그에 필요한 경비를 지원할 수 있다. 〈개정 2014.12.30.〉 [제목개정 2014.12.30.]	② 국토교통부장관은 영 제65조제5항에 따라 건설기준에 관한 도서 등을 유상으로 보급하려는 경우에는 다음 각 호의 기준에 따라 유상보급기관 및 단체를 선정하여야 한다. 〈개정 2015.1.29.〉 1. 동일한 건설기준에 대하여 영 제65조제1항 각 호에 해당하는 자 중 둘 이상의 자로부터 유상보급 요청이 있는 경우에는 해당 건설기준을 제정하거나 개정한 자 또는 이에 참여한 건설기술 관련 단체 및 연구기관을 우선적으로 유상보급기관 및 단체로 선정한다. 2. 제1호의 경우 해당 건설기준을 제정하거나 개정한 자 또는 이에 참여한 건설기술 관련 단체 및 연구기관이 없는 경우에는 신청순위에 따라 유상보급기관 및 단체를 선정한다. 3. 제1호 및 제2호에 따라 유상보급기관 및 단체를 선정하는 경우에 필요하다고 인정되면 둘 이상의 기관 또는 단체를 선정할 수 있다. [제목개정 2015.1.29.] **제38조【건설기준의 정비를 위한 경비의 지원】** ① 영 제65조제8항에 따른 건설기준의 정비에 필요한 경비를 지원받으려는 자는 별지 제33호서식의 국고보조금 교부

법	시 행 령	시 행 규 칙

00)(국토교통부고시 제2023-512호, 2023.9.12.)

고시 하수관로공사 표준시방서(환경부고시 제2022-271호, 2022.12.28.)

고시 하수도설계기준(환경부고시 제2022-270호, 2022.12.28.)

고시 하중저항계수설계법에 의한 강구조설계기준(국토교통부고시 제2014-279호, 2014.5.29.)

공고 하천설계기준(국토해양부공고 제2009-732호, 2009.8.12.)

신청서에 건설기준 정비계획서를 첨부하여 국토교통부장관에게 제출하여야 한다. 〈개정 2015.1.29.〉

② 국토교통부장관은 제1항에 따라 신청한 자에게 경비를 지원하려면 국토교통부장관이 지정·고시하는 기관의 자문 및 중앙심의위원회의 심의를 거쳐야 한다.

[제목개정 2015.1.29.]

제44조의2【건설기준의 관리】 ① 국토교통부장관은 건설기준의 개발 촉진과 그 활용을 위한 시책을 마련하여야 한다.

② 국토교통부장관은 건설기준을 효율적으로 관리하기 위하여 국가건설기준센터를 설치·운영할 수 있다.

③ 국가건설기준센터는 다음 각 호의 업무를 수행한다.

1. 건설기준의 연구·개발 및 보급
2. 건설기준의 관리·운영
3. 건설기준의 검증 및 평가
4. 건설기준의 정보화체계 구축
5. 건설기준에 대한 교육 및 홍보
6. 주요 국가 건설기준의 제도·정책 동향 조사·분석
7. 건설기준 발전을 위한 국제협력의 추진
8. 그 밖에 건설기준 발전을 위하여 대통령령으로 정하는 사항

④ 국토교통부장관은 국가건설기준센터의 운영을 대통령령으로 정하는 전문기관에 위탁할 수 있다.

⑤ 국토교통부장관은 국가건설기준센터의 운영에 필요한 비용을 예산의 범위에서 출연할 수 있다.

⑥ 국가건설기준센터의 설치·운영과 제5항에 따른 출연금

제65조의2【건설기준의 관리】 ① 법 제44조의2제2항에 따른 국가건설기준센터(이하 "건설기준센터"라 한다)는 법 제44조의2제3항제3호에 따른 건설기준의 검증 및 평가를 위하여 필요한 경우 발주청에 검증실험 및 시험시공 등의 협조를 요청할 수 있다.

② 건설기준센터는 법 제44조의2제3항제4호에 따른 건설기준 정보화체계의 효율적인 구축·운영을 위하여 필요한 경우 건설기준의 제정·개정 내용 및 이유 등 관련 자료의 제공을 관계 기관의 장에게 요청할 수 있다.

③ 법 제44조의2제3항제8호에서 "대통령령으로 정하는 사항"이란 다음 각 호의 사항을 말한다.

1. 건설기준에 대한 검토·자문
2. 건설기준의 중앙심의위원회 심의에 대한 의견 제시(중앙심의위원회의 위원장이 요청하는 경우로 한정한다)
3. 그 밖에 건설기준 발전을 위하여 국토교통부장관이 필요하다고 인정하는 사항

④ 국토교통부장관은 법 제44조의2제4항에 따라 같은 조 제2항에 따른 건설기준센터의 운영을 건설기술연구원에 위탁한다. 〈개정 2020.1.7.〉

제38조의2【건설기준센터의 운영 등】 ① 법 제44조의2제4항 및 영 제65조의2제4항에 따라 건설기준센터의 운영을 한국건설기술연구원에 위탁하는 경우 한국건설기술연구원의 장(이하 "한국건설기술연구원장"이라 한다)은 건설기준에 관한 전문적인 사항을 검토하기 위하여 건설기준센터에 건설기준위원회를 둘 수 있다.

② 제1항에 따른 건설기준위원회의 구성·운영 등에 필요한 사항은 한국건설기술연구원장이 정하여 국토교통부장관에게 보고하여야 한다.

[본조신설 2015.1.29.]

법	시 행 령	시 행 규 칙
의 지급범위·사용 및 관리에 필요한 사항은 대통령령으로 정한다. [본조신설 2014.5.14.]	⑤ 제1항부터 제4항까지에서 규정한 사항 외에 건설기준센터의 설치·운영에 필요한 사항은 국토교통부령으로 정한다. [본조신설 2014.12.30.] **제65조의3【건설기준센터 운영을 위한 출연금】** ① 법 제44조의2제4항 및 이 영 제65조의2제4항에 따라 건설기준센터의 운영을 위탁받은 건설기술연구원이 법 제44조의2제5항에 따라 출연금을 받으려는 경우에는 매년 4월 30일까지 다음 연도의 출연금예산요구서에 다음 각 호의 서류를 첨부하여 국토교통부장관에게 제출해야 한다. 〈개정 2020.1.7, 2021.1.5.〉 1. 다음 연도의 업무계획서 2. 다음 연도의 추정재무상태표 및 추정손익계산서 ② 국토교통부장관은 제1항 각 호의 서류가 타당하다고 인정하는 경우 출연금을 지급한다. ③ 건설기술연구원은 제2항에 따라 출연금을 지급받은 경우 그 출연금에 대하여 별도의 계정을 설정하여 관리해야 하며, 법 제44조의2제3항에 따른 건설기준센터 업무의 용도에 한정하여 사용해야 한다. 〈개정 2020.1.7.〉 ④ 건설기술연구원장은 다음 각 호의 구분에 따른 시기까지 건설기준센터의 운영내용을 국토교통부장관에게 보고해야 한다. 〈개정 2020.1.7.〉 1. 해당 연도의 세부운영계획: 매년 1월 31일까지 2. 출연금 사용실적을 포함한 전년도 운영실적: 매년 3월 31일까지 [본조신설 2014.12.30.]	
제45조【건설공사 공사비 산정기준】 ① 국토교통부장관은	**제66조【공사비 산정기준 조사 · 연구 등을 위한 출연금】**	

법	시 행 령	시 행 규 칙

건설공사의 적정한 공사비 산정을 위하여 건설공사의 실적을 토대로 산정한 공사비 및 표준품셈 등 공사비 산정기준을 정할 수 있다.
② 국토교통부장관은 제1항에 따른 공사비 산정기준의 관리를 위하여 국토교통부장관이 정하여 고시하는 관리기관으로 하여금 공사비 산정기준에 관한 조사·연구 등 업무를 수행하게 할 수 있다. 이 경우 국토교통부장관은 필요한 사업비에 충당하도록 출연할 수 있다.
③ 제2항 후단에 따른 출연금의 지급기준, 사용 및 관리에 필요한 사항은 대통령령으로 정한다.

제45조의2 【공사기간 산정기준】 ① 발주자는 건설공사의 품질 및 안전성·경제성을 확보할 수 있도록 해당 건설공사의 규모 및 특성, 현장여건 등을 고려하여 적정 공사기간을 산정하여야 한다. 다만, 불가항력 등 정당한 사유가 발생한 경우에는 이를 고려하여 적정 공사기간 조정을 검토하여야 한다.
② 국토교통부장관은 발주청이 제1항에 따른 적정 공사기간 산정 및 조정 등과 관련된 업무를 원활히 수행할 수 있도록 대통령령으로 정하는 바에 따라 공사기간 산정기준을 정하여 고시할 수 있다.
③ 국토교통부장관은 제2항에 따른 공사기간 산정기준 마련 등을 위하여 필요한 경우 발주청에 공사기간 산정기준 및 방법 등에 관한 자료를 요청할 수 있으며, 발주청은

① 국토교통부장관은 법 제45조제2항 후단에 따라 비용을 출연하는 경우에는 건설공사 공사비 산정기준 관리업무의 내용, 추진상황 등을 고려하여 출연금을 한꺼번에 지급하거나 분할하여 지급할 수 있다. 〈개정 2015.7.6.〉
② 제1항에 따라 출연금을 지급받은 자는 그 출연금에 대하여 별도의 계정을 설정하여 관리하여야 하며, 국토교통부장관이 정하여 고시하는 바에 따라 건설공사 공사비 산정기준의 관리업무에 한정하여 사용하여야 한다. 〈개정 2015.7.6.〉
③ 국토교통부장관은 제1항에 따라 출연금을 지급받은 자가 정당한 사유 없이 제2항에 따른 건설공사 공사비 산정기준의 관리업무 외의 용도로 출연금을 사용한 경우에는 그 출연금의 전부 또는 일부를 회수할 수 있다. 〈개정 2015.7.6.〉

제66조의2 【공사기간 산정기준 등】 ① 법 제45조의2제2항에 따른 공사기간 산정기준에는 다음 각 호의 사항이 포함되어야 한다.
1. 공사기간 산정 시 고려사항 및 결정절차에 관한 사항
2. 공사기간의 산정방법에 관한 사항
3. 공사기간 단축 및 연장에 관한 사항
4. 그 밖에 적정 공사기간의 산정을 위하여 국토교통부장관이 필요하다고 인정하는 사항
② 발주청은 제1항에 따른 산정기준의 범위에서 국토교통부장관이 정하여 고시하는 바에 따라 공사기간의 산정 및 조정에 관한 세부기준을 정하여 운영할 수 있다.
③ 발주청은 제2항에 따라 세부기준을 정하는 경우 기술자문위원회의 심의를 받아야 한다. 다만, 지방자치단체가 발

고시 건설기술진흥업무 운영규정(국토교통부훈령 제1698호, 2023.12.28.)

고시 공공 건설공사의 공사기간 산정기준(국토교통부고시 제2024-1021호, 2024.12.31.)

법	시 행 령	시 행 규 칙
특별한 사유가 없으면 이에 따라야 한다. [본조신설 2021. 3. 16.]	주청인 경우로서 기술자문위원회가 설치되지 않은 경우에는 지방심의위원회의 심의를 받아야 한다. [본조신설 2021. 9. 14.]	
제46조【건설공사의 시행과정】 ① 발주청은 건설공사를 안전하고 경제적·능률적으로 시행하기 위하여 건설공사의 계획·조사·설계·시공·감리·유지·관리 등(이하 이 조에서 "건설공사의 시행과정"이라 한다)을 대통령령으로 정하는 절차 및 기준에 따라 수행하여야 한다. 〈개정 2015.7.24., 2018.12.31.〉 ② 국토교통부장관은 건설공사의 시행과정이 제1항에 따라 수행되지 아니하는 경우에는 발주청에 시정을 요구할 수 있다.	**제67조【건설공사의 시행과정】** ① 법 제46조제1항에서 "대통령령으로 정하는 절차 및 기준"이란 다음 각 호에 따른 건설공사 시행과정(이하 "건설공사의 시행과정"이라 한다)의 해당 규정에서 정하는 절차 및 기준을 말한다. 다만, 다른 법령에서 특별히 정한 경우는 그러하지 아니하다. 〈개정 2016.1.12.〉 1. 제68조에 따른 기본구상 2. 법 제47조에 따른 건설공사의 타당성 조사(이하 "타당성 조사"라 한다) 3. 제69조에 따른 건설공사기본계획 4. 제70조에 따른 공사수행방식의 결정 5. 제71조에 따른 기본설계 6. 제72조에 따른 공사비 증가 등에 대한 조치 7. 제73조에 따른 실시설계 8. 제74조에 따른 측량 및 지반조사 9. 제75조에 따른 설계의 경제성등 검토 9의2. 제75조의2에 따른 설계의 안전성 검토 10. 제76조에 따른 시공 상태의 점검·관리 11. 제77조에 따른 공사의 관리 12. 제78조에 따른 준공 13. 제79조에 따른 공사참여자의 실명 관리 14. 법 제52조에 따른 건설공사의 사후평가(이하 "사후평가"라 한다) 15. 제80조에 따른 유지·관리	

② 발주청은 제1항 각 호에 따른 건설공사의 시행과정에도 불구하고 다음 각 호의 어느 하나에 해당하는 경우에는 건설공사의 시행과정의 일부를 조정하여 시행할 수 있다.
1. 총공사비가 100억원 미만인 건설공사
2. 재해 복구 등 긴급히 시행하여야 하는 건설공사
3. 보수·철거 또는 개량을 위한 건설공사
4. 보안이 필요한 국방·군사시설의 건설공사
5. 해당 건설공사 및 그 시행과정의 특성상 건설공사의 시행과정의 조정이 필요하다고 인정되는 경우로서 발주청이 관계 중앙행정기관의 장과 협의하여 정하는 건설공사

제68조【기본구상】 ① 발주청은 건설공사를 시행하려면 다음 각 호의 사항을 검토하여 공사내용에 관한 기본적인 개요(이하 "기본구상"이라 한다)를 마련하여야 한다.
1. 공사의 필요성
2. 「국토의 계획 및 이용에 관한 법률」 제2조제4호에 따른 도시·군관리계획(이하 "도시·군관리계획"이라 한다) 등 다른 법령에 따른 계획과의 연계성
3. 공사의 시행에 따른 위험요소의 예측
4. 공사예정지의 입지조건
5. 공사의 규모 및 공사비
6. 공사의 시행이 환경에 미치는 영향
7. 법 제52조제1항에 따라 작성된 동일하거나 유사한 건설공사의 사후평가서의 내용
8. 건설사업관리의 적용 여부, 공사의 기대효과, 그 밖에 발주청이 필요하다고 인정하는 사항

② 발주청은 기본구상을 마련할 때에는 제86조제7항에 따라 국토교통부장관이 고시하는 기준을 참고하여야 한다.

고시 건설공사 사후평가 시행지침(국토교통부고시 제2021-993호, 2021.7.30.)

법

제47조【건설공사의 타당성 조사】 ① 발주청은 시행하려는 건설공사에 대하여 계획 수립 이전에 경제, 기술, 사회 및 환경 등 종합적인 측면에서 적정성을 검토하기 위하여 타당성 조사를 하여야 한다.

② 발주청이 발주한 타당성 조사 용역을 수행한 건설엔지니어링사업자는 수요예측 자료 등 국토교통부령으로 정하는 자료를 용역 완료 후 지체 없이 발주청에 보고하여야 한다. 〈개정 2019.4.30., 2021.3.16.〉

③ 발주청은 제2항에 따라 보고받은 자료를 해당 건설공사의 완료 후 10년 동안 보관하여야 한다. 〈신설 2013.7.16.〉

④ 발주청은 타당성을 조사하는 과정에서 작성한 수요예측과 실제 이용실적의 차이가 100분의 30 이상인 경우에는 제3항에 따른 자료를 근거로 건설엔지니어링사업자의 고의 또는 중과실 여부를 조사하여야 한다. 〈개정 2019.4.30., 2021.3.16.〉

⑤ 발주청은 제4항의 조사 결과에 따라 고의 또는 중과실로 발주청에 손해를 끼친 건설엔지니어링사업자에 대하여 제31조제1항에 따른 영업정지처분 등 조치를 시·도지사에게 요청할 수 있다. 〈신설 2013.7.16., 2019.4.30., 2021.3.16.〉

⑥ 제1항에 따른 타당성 조사 대상 건설공사의 범위, 타당성 조사의 방법 및 절차, 제4항에 따른 수요예측과 이용실적 차이의 평가시점 및 방법 등에 관한 사항은 대통령령으로 정한다. 〈개정 2013.7.16.〉

시 행 령

제69조【건설공사기본계획】 ① 발주청은 타당성 조사를 한 결과, 그 필요성이 인정되는 건설공사에 대해서는 기본구상을 기초로 하여 다음 각 호의 사항을 포함한 건설공사기본계획(이하 "건설공사기본계획"이라 한다)을 수립하여야 한다.

1. 공사의 목표 및 기본방향
2. 공사의 내용·기간, 시행자 및 공사수행계획
3. 공사비 및 재원조달계획
4. 개별 공사별 투자 우선순위(도로공사·하천공사·지역개발사업 등 동일하거나 유사한 공종의 공사를 묶어 하나의 사업으로 기획 및 예산편성을 하는 경우만 해당한다)
5. 연차별 공사시행계획
6. 시설물 유지관리계획
7. 환경보전계획
8. 기대효과와 그 밖에 발주청이 필요하다고 인정하는 사항

② 발주청은 건설공사기본계획을 수립할 때에는 도시·군관리계획 등 다른 법령에 따른 계획과의 연계성을 고려하여야 하며, 해당 건설공사의 시행이 환경 등에 미치는 영향을 분석하여야 한다.

③ 발주청은 건설공사기본계획을 수립할 때에는 관계 행정기관의 장과 미리 협의하여야 한다. 건설공사기본계획 중 다음 각 호의 어느 하나에 해당하는 사항을 변경할 때에도 또한 같다.

1. 공사의 목표 또는 기본방향의 변경
2. 1년 이상의 공사기간 연장
3. 10퍼센트 이상의 공사비 증가

④ 발주청은 제1항제4호에 따른 개별 공사별 투자 우선순위를 결정할 때에는 사회·경제적 타당성, 지역 간의 균형개발 및 해당 지역주민의 의견 등을 종합적으로 고려하여

시 행 규 칙

제39조【타당성 조사 자료의 보고 등】 ① 법 제47조제2항에서 "수요예측 자료 등 국토교통부령으로 정하는 자료"란 다음 각 호의 자료를 말한다.

1. 건설공사와 관련된 계획, 사회경제적 지표 등 수요예측을 위한 기초 자료
2. 교통량, 시설물 등에 대한 현지조사 결과 및 현황 자료
3. 수요분석 및 예측의 방법, 수요예측 결과 등 수요분석 및 예측을 수행한 자료
4. 대안의 제시 및 검토 등을 수행한 자료

② 국토교통부장관은 제1항 각 호에 따른 자료의 세부사항을 따로 정할 수 있다.

③ 발주청은 건설엔지니어링사업자로부터 보고받은 제1항의 자료를 타당성 조사 용역이 완료된 후 60일 이내에 건설공사 지원 통합정보체계에 입력해야 한다. 〈개정 2020.3.18., 2021.9.17.〉

법	시 행 령	시 행 규 칙

고시 「당인리 문화공간 조성」 건설공사 기본계획 고시(문화체육관광부고시 제2018-35호, 2018.10.11.)

고시 국가식품클러스터 기업지원시설 건설공사 기본계획 변경(농림축산식품부고시 제2015-179호, 2015.12.15.)

고시 국립광주청소년디딤센터 건설공사기본계획 고시(여성가족부고시 제2023-34호, 2023.7.12.)

고시 국립대한민국임시정부기념관건립 기본계획(국가보훈처고시 제2018-2호, 20181.11.)

고시 국립세계문자박물관 건립공사 기본계획(문화체육관광부고시 제2017-18호, 2017.5.10.)

고시 국립여성사박물관 건립 건설공사 기본계획 고시(여성가족부고시 제2021-15호, 2021.4.9.)

고시 국립청소년산림생태체험센터 건설공사기본계획 고시(여성가족부고시 제2016-33호, 2016.6.20.)

고시 국립청소년생태안전체험센터 건설공사기본계획 고시(여성가족부고시 제2016-32호, 2016.6.20.)

고시 국립청소년진로직업체험수련원 건립공사 기본계획(여성가족부고시 제2021-17호, 2021.4.16.)

고시 국립호남권청소년디딤센터 건설공사 기본계획 고시(여성가족부고시 제2023-5호, 2023.3.2.)

고시 기초과학연구원 건립 기본계획(미래창조과학부고시 제2014-34호, 2014.5.14.)

고시 농업역사문화전시체험관 건립사업 건설공사 기본계획 고시(농림축산식품부고시 제2023-24호, 2023.3.27.)

고시 물산업 클러스터 조성사업 기본계획 고시(환경부고시 제2015-147호, 2015.8.19.)

고시 인천세관 청사신축 사업 기본계획(관세청고시 제2025-5호, 2025.1.7.)

고시 지식협력단지 및 문화창조아카데미 조성사업 건설공사 기본계획 고시(기획재정부고시 제2015-22호, 2015.10.21.)

고시 파주 무대공연 종합아트센터 건립 기본계획 고시(문화체육관광부공고 제2019-46호, 2019.11.12.)

야 한다.

⑤ 발주청은 건설공사기본계획을 수립하거나 건설공사기본계획 중 제3항 각 호의 사항을 변경하였을 때에는 그 사실을 고시하여야 한다.

제70조【공사수행방식의 결정】 ① 발주청은 건설공사기본계획을 수립·고시한 후 해당 건설공사의 규모와 성격을 고려하여 다음 각 호의 어느 하나에 해당하는 공사수행방식을 결정하여야 한다.

1. 삭제 〈2019.6.25.〉
2. 「국가를 당사자로 하는 계약에 관한 법률 시행령」 제79조제1항제5호 및 「지방자치단체를 당사자로 하는 계약에 관한 법률 시행령」 제95조제1항제5호에 따른 일괄입찰방식(이하 "일괄입찰방식"이라 한다)
3. 「국가를 당사자로 하는 계약에 관한 법률 시행령」 제98조제3호 및 「지방자치단체를 당사자로 하는 계약에 관한 법률 시행령」 제127조제3호에 따른 기본설계 기술제안입찰방식
4. 제1호부터 제3호까지의 규정에 따른 방식 외의 공사수행방식

② 발주청은 제1항제4호의 공사수행방식을 결정한 경우 제73조제1항 또는 제2항에 따른 실시설계를 완료하였을 때에는 해당 건설공사의 공종별 성격을 고려하여 다음 각 호의 어느 하나에 해당하는 공사수행방식을 결정하여야 한다.

1. 「국가를 당사자로 하는 계약에 관한 법률 시행령」 제79조제1항제4호 및 「지방자치단체를 당사자로 하는 계약에 관한 법률 시행령」 제95조제1항제4호에 따른 대안입찰방식
2. 「국가를 당사자로 하는 계약에 관한 법률 시행령」 제98

법

제48조【설계도서의 작성 등】 ① 설계 업무를 수행하는 건설엔지니어링사업자는 설계도서를 작성하여 해당 건설공사에 대한 건설사업관리 업무를 수행하는 건설엔지니어링사업자, 건설사업자 또는 주택건설등록업자에게 제출하여야 한다. 〈개정 2019.4.30., 2021.3.16.〉

고시 설계공모, 기본설계 등의 시행 및 설계의 경제성 등 검토에 관한 지침(국토교통부고시 제2021-981호, 2021.7.23.)

시 행 령

조제2호 및 「지방자치단체를 당사자로 하는 계약에 관한 법률 시행령」 제127조제2호에 따른 실시설계 기술제안입찰방식

3. 제1호·제2호 및 제1항제1호부터 제3호까지의 규정에 따른 방식 외의 공사수행방식

제71조【기본설계】 ① 발주청은 건설공사기본계획을 반영하여 해당 건설공사에서의 주요 구조물의 형식, 지반(地盤) 및 토질, 개략적인 공사비, 실시설계의 방침 등을 포함한 기본설계를 하여야 한다. 다만, 다음 각 호의 어느 하나에 해당하는 경우에는 따로 기본설계를 하지 아니할 수 있다.

1. 기술공모방식 또는 일괄입찰방식으로 시행하는 경우
2. 제73조제2항에 따라 기본설계의 내용을 포함하여 실시설계를 하는 경우
3. 제81조제3항에 따라 기본설계에 반영될 내용을 포함하여 타당성 조사를 한 경우

② 기본설계의 내용, 설계기간, 설계관리 및 설계도서의 작성기준은 국토교통부장관이 정하여 고시한다.

③ 발주청은 기본설계를 할 때에는 주민 등 이해당사자의 의견을 들어야 한다. 다만, 기본설계를 하기 전에 다른 법령에 따라 의견을 들은 경우에는 그러하지 아니하다.

④ 발주청은 제3항에 따라 이해당사자의 의견을 들으려는 경우에는 일간신문, 인터넷 홈페이지, 방송이나 그 밖의 효과적인 방법으로 다음 각 호의 사항을 공고하고, 기본설계안을 14일 이상 일반인이 공람할 수 있도록 해야 한다. 〈개정 2020.11.24〉

1. 공사의 개요
2. 공사의 필요성

시 행 규 칙

제40조【설계도서의 작성】 ① 발주청 또는 설계 업무를 수행하는 건설엔지니어링사업자는 다음 각 호의 기준에 따라 설계도서(설계도면, 설계명세서, 공사시방서, 발주청이 특히 필요하다고 인정하여 요구한 부대도면과 그 밖의 관련 서류를 말한다. 이하 같다)를 작성해야 한다. 〈개정 2015.1.29., 2016.3.7., 2019.2.25., 2020.3.18., 2021.9.17.〉

1. 설계도서는 누락된 부분이 없고 현장 기술인들이 쉽게 이해하여 안전하고 정확하게 시공할 수 있도록 상세히 작성할 것
2. 설계도서에는 「지진재해대책법」 제14조에 따라 관계 중앙행정기관의 장이 정한 시설물별 내진설계기준에 따라 내진설계 내용을 구체적으로 밝힐 것
3. 공사시방서(건설공사의 계약도서에 포함된 시공기준을 말한다)는 표준시방서 및 전문시방서(영 제65조제6항

법	시 행 령	시 행 규 칙
	3. 공사의 효과 4. 공사기간 5. 연차별 투자계획 6. 공람기간 및 공람방법 7. 의견제출 방법과 그 밖에 필요한 사항 ⑤ 발주청은 해당 건설공사가 관계 법령에 따라 허가등이 필요한 경우에는 해당 인·허가기관의 장의 의견을 들어 이를 기본설계에 반영하여야 한다. ⑥ 발주청은 제1항 각 호 외의 부분 단서에 따라 따로 기본설계를 하지 아니하는 경우에는 다음 각 호에서 정하는 때에 이해관계자의 의견을 들어야 한다. 이 경우 공고 및 공람에 관하여는 제4항을 준용한다. 1. 제1항제1호 또는 제3호의 경우: 실시설계를 할 때 2. 제1항제2호의 경우: 타당성 조사를 할 때	및 제7항에 따른 표준시방서 및 전문시방서를 말한다)를 기본으로 하여 작성하되, 공사의 특수성, 지역여건, 공사방법 등을 고려하여 기본설계 및 실시설계 도면에 구체적으로 표시할 수 없는 내용과 공사 수행을 위한 시공방법, 자재의 성능·규격 및 공법, 품질시험 및 검사 등 품질관리, 안전관리, 환경관리 등에 관한 사항을 기술할 것 4. 교량 등 구조물을 설계하는 경우에는 설계방법을 구체적으로 밝힐 것 5. 설계보고서에는 영 제34조제3항에 따라 신기술과 기존 공법에 대하여 시공성, 경제성, 안전성, 유지관리성, 환경성 등을 종합적으로 비교·분석하여 해당 건설공사에 적용할 수 있는지를 검토한 내용을 포함시킬 것 ② 국토교통부장관은 시설물의 일반적인 설계도서 작성기준을 정하여 발주청이나 건설엔지니어링사업자가 활용하도록 해야 하며, 발주청은 필요한 경우에는 건설공사 분야별로 자체 설계도서 작성기준을 마련하여 시행할 수 있다. 〈개정 2020.3.18., 2021.9.17.〉
② 제1항에 따라 설계도서를 제출받은 건설엔지니어링사업자, 건설사업자 또는 주택건설등록업자는 해당 건설공사를 시공하기 전에 설계도서를 검토하고 그 결과를 발주청에		**제41조【설계도서의 검토】** 법 제48조제2항에 따라 건설사업관리용역사업자, 건설사업자 또는 주택건설등록업

법	시 행 령	시 행 규 칙
보고하여야 한다. 〈개정 2019.4.30., 2021.3.16.〉		자가 설계도서에 대하여 검토해야 할 사항은 다음 각 호와 같다. 〈개정 2020.3.18., 2021.9.17.〉 1. 설계도서의 내용이 현장 조건과 일치하는지 여부 2. 설계도서대로 시공할 수 있는지 여부 3. 그 밖에 시공과 관련된 사항
③ 제2항에 따른 설계도서의 검토 결과를 보고받은 발주청은 필요하면 설계도서를 작성한 건설엔지니어링사업자에게 시정·보완 등 필요한 조치를 요구하여야 한다. 이 경우 건설엔지니어링사업자는 요구받은 조치를 이행하는 데 필요한 비용의 지급 등을 요청할 수 있고, 발주청은 해당 조치의 원인이 건설엔지니어링사업자에게 있는 등 국토교통부령으로 정하는 불가피한 사유가 없으면 이에 응하여야 한다 〈개정 2019.4.30., 2020.10.20., 2021.3.16.〉		② 법 제48조제3항 후단에서 "해당 조치의 원인이 건설엔지니어링사업자에게 있는 등 국토교통부령으로 정하는 불가피한 사유" 란 다음 각 호의 사유를 말한다. 〈신설 2021. 9. 17.〉 1. 건설엔지니어링사업자의 귀책사유로 설계도서의 시정ㆍ보완 등이 필요한 경우 2. 건설엔지니어링사업자와 계약으로 정한 업무범위 내에서 발주청이 추가로 시정ㆍ보완 등을 요청한 경우 [제목개정 2021. 9. 17.]
④ 건설사업자와 주택건설등록업자는 건설공사의 품질 향상과 정확한 시공 및 안전을 위하여 다음 각 호의 사항을 발주자가 선정한 건설사업관리를 수행하는 건설기술인 또는 제49조에 따른 공사감독자의 검토·확인을 받은 후 단계별로 시공하여야 한다. 〈개정 2018.8.14., 2019.4.30.〉 1. 건설공사의 진행 단계별로 요구되는 시공 상태 2. 건설사업자와 주택건설등록업자가 작성하여야 하는 시공상세도면	**제72조【공사비 증가 등에 대한 조치】** ① 발주청은 기본설계를 할 때 자재 및 공법의 선택, 구조물의 규격 결정 등 설계내용을 적절히 관리하여 건설공사기본계획에서 정한 공사비가 증가되지 아니하도록 노력하여야 한다. ② 발주청은 기본설계에서 제시되는 공사비가 제81조제2항에 따라 제시된 공사비의 증가 한도를 초과하는 경우에는 해당 건설공사의 타당성 조사를 다시 하여 건설공사의 추진 여부를 결정하여야 한다.	**제42조【시공상세도면의 작성 등】** ① 발주청은 건설사업자와 주택건설등록업자가 법 제48조제4항제1호에 따라 시공 상태를 검토ㆍ확인받아야 하는 대상공종을 공사시방서에 구체적으로 적어야 한다. 〈개정 2020.3.18.〉 ② 발주청은 건설사업자와 주택건설등록업자가 법 제48조제4항제2호에 따라

법	시 행 령	시 행 규 칙
고시 건설공사 타당성 조사 지침(국토교통부고시 제2016-291호, 2016.5.19.)	③ 제2항에 따른 타당성 조사의 방법 및 기준은 국토교통부장관이 기획재정부장관과 협의하여 정하고 고시한다.	건설공사의 진행단계별로 작성해야 하는 시공상세도면의 목록을 공사시방서에 명시해야 하며, 시공상세도면 작성기준을 따로 마련하여 건설사업자, 주택건설등록사업자나 건설사업관리용역사업자 등이 참고하게 할 수 있다. 〈개정 2020.3.18.〉
⑤ 건설엔지니어링사업자는 설계도서를 작성할 때에는 구조물(가설구조물을 포함한다)에 대한 구조검토를 하여야 하며 그 설계도서의 작성에 참여한 건설기술인의 업무 수행내용을 국토교통부장관이 정하는 바에 따라 적어야 한다. 설계도서의 일부를 변경할 때에도 같다. 〈개정 2015.1.6., 2018.8.14., 2019.4.30., 2021.3.16.〉 ⑥ 제1항부터 제5항까지의 규정에 따른 설계도서의 작성, 검토 및 확인에 필요한 사항은 국토교통부령으로 정한다.	**제73조【실시설계】** ① 발주청은 기본설계를 토대로 실시설계를 하여야 하며, 실시설계를 할 때 구조물에 대해서는 해당 구조물의 이해관계자 등과 합동조사를 하여야 한다. 다만, 발주청이 실시설계의 주요 공종 등을 고려하여 합동조사가 필요하지 아니하다고 인정하는 경우에는 그러하지 아니하다. ② 발주청은 기술자문위원회의 심의를 거쳐 둘 이상의 공종이 결합된 복합공종에 따른 구조물공사가 아닌 경우 또는 건설공사의 신속한 추진이 필요한 경우 등 해당 건설공사의 성질상 기본설계와 실시설계를 구분하여 작성할 필요가 없다고 인정되는 경우에는 기본설계의 내용을 포함하여 실시설계를 할 수 있다. ③ 실시설계의 내용, 설계기간, 설계관리 및 설계도서의 작성기준은 국토교통부장관이 정하여 고시한다. ④ 발주청이 실시설계를 하는 경우에는 제72조를 준용한다. 이 경우 "기본설계"는 "실시설계"로 본다. ⑤ 발주청은 「국가를 당사자로 하는 계약에 관한 법률 시행령」 제80조 및 「지방자치단체를 당사자로 하는 계약에 관한 법률 시행령」 제96조에 따라 일괄입찰방식으로 결정된 건설공사의 경우에는 공사의 종류 및 구간별로 해당 실시설계와 시공을 병행할 수 있다.	**제43조【설계도서 작성 참여 기술인의 업무 수행내용 기록】** 건설엔지니어링사업자가 법 제48조제5항에 따라 설계도서의 작성에 참여한 건설기술인의 업무 수행내용을 해당 설계도서에 적는 경우에는 해당 건설기술인의 성명 및 참여기간을 같이 적고, 해당 건설기술인으로 하여금 이를 확인한 후 서명 또는 날인하도록 해야 한다. 〈개정 2019.2.25., 2020.3.18., 2021.9.17.〉 [제목개정 2021.8.27.]
	제74조【측량 및 지반조사】 ① 발주청은 기본설계 또는 실시설계를 할 때에는 측량 및 지반조사를 하여야 한다. 이 경우 지반조사를 할 때에는 해당 지역의 인구 밀집상태 등을 고려하여야 한다. 〈개정 2016.1.12.〉	

법	시 행 령	시 행 규 칙
	② 발주청은 제1항에 따른 측량 및 지반조사에 필요한 비용을 확보하고 조사에 필요한 기간을 충분히 부여하여야 한다.	
	③ 제1항에 따른 측량 및 지반조사의 항목과 세부 기준은 국토교통부장관이 정하여 고시한다.	**고시** 설계공모, 기본설계 등의 시행 및 설계의 경제성 등 검토에 관한 지침(국토교통부고시 제2021-981호, 2021.7.23.)
	제75조【설계의 경제성등 검토】 ① 발주청은 다음 각 호의 어느 하나에 해당하는 경우에는 설계 대상 시설물의 주요 기능별로 설계내용에 대한 대안별 경제성과 현장 적용의 타당성(이하 "설계의 경제성등"이라 한다)을 직접 검토하거나 건설엔지니어링사업자 등 전문가가 검토하게 해야 한다. 〈개정 2014.12.30., 2020.1.7., 2021.9.14.〉 1. 총공사비 100억원 이상인 건설공사의 기본설계 및 실시설계를 하는 경우 2. 총공사비 100억원 이상인 건설공사의 시공 중 총공사비 또는 공종별 공사비를 10퍼센트 이상 조정(단순 물량증가나 물가변동으로 인한 변경은 제외한다)하여 설계를 변경하는 경우 3. 총공사비 100억원 이상인 건설공사를 실시설계의 완료일부터 3년 이상 지난 후에 발주하는 경우. 다만, 실시설계의 완료일부터 건설공사의 발주일까지 특별한 여건변동이 없었던 경우는 제외한다. 4. 총공사비 100억원 미만인 건설공사에 대하여 발주청이 필요하다고 인정하는 건설공사의 설계를 하는 경우 5. 건설공사의 시공단계에서 건설공사의 여건변동 등으로 인하여 발주청이 설계의 경제성등의 검토가 필요하다고 인정하는 경우	
	② 시공자는 도급받은 건설공사의 성능개선 및 기능향상	

등을 위하여 설계의 경제성등을 검토할 필요가 있다고 인정하는 경우에는 미리 발주청과 협의하여 설계의 경제성등을 직접 검토할 수 있다. 이 경우 시공자는 설계의 경제성등의 검토가 완료되면 그 결과를 발주청에 통보해야 한다. 〈신설 2020.1.7.〉

③ 발주청은 제1항 및 제2항에 따라 실시된 설계의 경제성등 검토의 결과로 제시된 설계의 개선 제안 내용을 적용하는 것이 기술적으로 곤란하거나 비용을 과다하게 증가시키는 등 특별한 사유가 있는 경우를 제외하고는 해당 설계내용에 이를 반영해야 한다. 〈개정 2020.1.7.〉

④ 발주청은 제1항 및 제2항에 따라 실시된 설계의 경제성등 검토의 결과와 해당 설계내용에 대한 반영 결과를 국토교통부장관에게 제출해야 한다. 〈개정 2020.1.7.〉

⑤ 제1항부터 제4항까지에서 규정한 사항 외에 설계의 경제성등 검토의 시기·횟수·대가기준, 구체적인 검토 방법 및 절차 등에 관하여 필요한 사항은 국토교통부장관이 정하여 고시한다. 〈개정 2020.1.7.〉

고시 설계공모, 기본설계 등의 시행 및 설계의 경제성 등 검토에 관한 지침(국토교통부고시 제2021-981호, 2021.7.23.)

제75조의2【설계의 안전성 검토】 ① 발주청은 제98조제1항에 따라 안전관리계획을 수립해야 하는 건설공사(같은 항 제5호 각 목의 어느 하나에 해당하는 건설기계가 사용되는 건설공사는 제외한다)의 실시설계를 할 때에는 시공과정의 안전성 확보 여부를 확인하기 위해 법 제62조제18항에 따른 설계의 안전성 검토를 국토안전관리원에 의뢰해야 한다. 〈개정 2019.6.25., 2020.12.1.〉

② 발주청은 제1항에 따라 설계의 안전성 검토를 의뢰할 때 다음 각 호의 사항이 포함된 설계의 안전성에 관한 보고서(이하 "설계안전검토보고서"라 한다)를 국토안전관리원

법	시 행 령	시 행 규 칙
	에 제출해야 한다. 〈신설 2019.6.25., 2020.12.1.〉 1. 시공단계에서 반드시 고려해야 하는 위험 요소, 위험성 및 그에 대한 저감대책에 관한 사항 2. 설계에 포함된 각종 시공법과 절차에 관한 사항 3. 그 밖에 시공과정의 안전성 확보를 위하여 국토교통부장관이 정하여 고시하는 사항 ③ 국토안전관리원은 제1항 및 제2항에 따라 설계의 안전성 검토를 의뢰받은 경우에는 외뢰 받은 날부터 20일 이내에 설계안전검토보고서의 내용을 검토하여 발주청에 그 결과를 통보해야 한다. 〈신설 2019.6.25., 2020.12.1.〉 ④ 발주청은 제1항에 따른 검토의 결과 시공과정의 안전성 확보를 위하여 개선이 필요하다고 인정하는 경우에는 설계도서의 보완·변경 등 필요한 조치를 하여야 한다. 〈개정 2019.6.25.〉 ⑤ 발주청은 제1항에 따른 검토 결과를 건설공사를 착공하기 전에 국토교통부장관에게 제출하여야 한다. 〈개정 2019.6.25.〉 ⑥ 제1항부터 제5항까지의 규정에 따른 설계의 안전성 검토의 방법 및 절차 등에 관하여 필요한 사항은 국토교통부장관이 정하여 고시한다. 〈개정 2019.6.25.〉 [본조신설 2016.1.12.]	**고시** 건설공사 안전관리 업무수행 지침(국토교통부고시 제2022-791호, 2022.12.20.)
	제76조【시공 상태의 점검·관리】 ① 발주청은 건설공사의 적정한 이행과 품질확보 및 기술 수준의 향상을 위하여 해당 건설공사의 시공에 관한 법령에 따라 시공 상태를 점검·관리하여야 한다. ② 발주청은 해당 건설공사에 필요한 기자재가 사전에 구매되도록 하는 등 공사가 원활하게 시행될 수 있도록 필요	

법	시 행 령	시 행 규 칙
	한 조치를 하여야 한다. ③ 발주청은 해당 건설공사의 시공상 문제점 및 관리상 유의사항을 파악하는 등 시공·관리가 효율적으로 이루어질 수 있도록 하여야 한다.	
제49조【건설공사감독자의 감독 의무】 ① 발주청은 건설공사가 설계도서, 계약서, 그 밖의 관계 서류의 내용대로 시공되도록 하고 건설공사의 품질 및 현장의 안전 등 건설공사를 관리하기 위하여 공사감독자를 선임하여야 한다. 다만, 발주청이 제39조제2항에 따라 건설사업관리를 하게 하는 경우는 제외한다. ② 국토교통부장관은 공사감독자의 업무 내용을 정하여 고시하여야 하며, 공사감독자는 이에 따른 감독 업무를 성실히 수행하여야 한다. **고시** 건설공사 사업관리방식 검토기준 및 업무수행지침(국토교통부고시 제2024-207호, 2024.4.23.)	**제77조【공사의 관리】** ① 발주청은 시공자가 해당 건설공사의 공정·비용·품질·안전 및 하도급 관리 등에 관한 계획(법 제55조제1항에 따른 품질관리계획 및 법 제62조제1항에 따른 안전관리계획을 포함하며, 이하 "공사관리계획"이라 한다)과 시공에 따른 교통 소통 및 환경오염 방지에 관한 대책을 적절히 이행하는지 관리·감독하여야 한다. ② 발주청은 총공사비가 500억원 이상인 건설공사의 시공자로 하여금 국토교통부장관이 정하여 고시하는 기준에 따른 세부 공종이 완료될 때마다 투입된 비용과 기간 등에 관한 실적을 제73조에 따른 실시설계와 비교하여 관리하게 할 수 있다. ③ 발주청은 건설공사에서 발생하는 토석(土石)이 다른 건설공사에 효율적으로 활용될 수 있도록 국토교통부장관이 정하여 고시하는 바에 따라 토석을 관리하여야 한다.	**고시** 토석정보공유시스템 이용요령(국토교통부고시 제2019-227호, 2019.5.10)
	제78조【준공】 ① 건설공사의 준공보고서에는 다음 각 호의 서류 및 자료를 첨부하여야 한다. 1. 준공도서 2. 품질기록(품질시험 또는 검사 성과 총괄표를 포함한다) 3. 구조계산서(처음 실시설계 시의 구조계산서와 다르게 시공된 경우만 해당한다) 4. 시설물의 유지·관리에 필요한 서류 5. 신공법 또는 특수공법 평가보고서(신공법 또는 특수공법	

법	시 행 령	시 행 규 칙

을 적용한 경우만 해당한다)
6. 시운전(試運轉) 평가결과서(시운전을 한 경우만 해당한다)
② 발주청은 건설공사의 성질·규모 등을 고려하여 예비준공검사를 할 수 있다. 이 경우 준공검사를 하는 자는 예비준공검사 시 지적된 사항의 시정 여부를 확인하여야 한다.

제79조【공사참여자의 실명 관리】 ① 발주청은 해당 건설공사의 각 시행과정에 참여한 관계 공무원 및 용역기관 담당자(타당성 조사 시 수요예측을 수행한 사람 및 건설엔지니어링에서 도서를 작성하거나 공사비를 산정한 사람 등을 포함한다)에 대하여 참여자별 참여기간, 수행 업무 등을 기록·관리하여야 하며, 건설공사가 준공된 경우에는 그 기록을 시공단계의 건설사업관리를 수행한 건설사업관리용역사업자에게 통보해야 한다. 〈개정 2020.1.7., 2021.9.14.〉
② 시공 단계의 건설사업관리를 수행한 건설사업관리용역사업자는 제1항에 따라 통보받은 기록과 건설사업관리기술인 및 시공자(수급인 및 하수급인의 현장작업책임자 이상의 직책을 수행한 사람을 말한다)의 공사 참여기간, 수행 업무 등에 대한 기록을 최종 건설사업관리보고서에 수록해야 한다. 〈개정 2018.12.11., 2020.1.7.〉

제80조【유지 · 관리】 ① 건설공사를 통하여 설치된 시설물의 관리주체는 「시설물의 안전 및 유지관리에 관한 특별법」 등 관계 법령에 따라 안전하고 효율적으로 시설물을 유지·관리하여야 한다. 〈개정 2018.1.16.〉
② 시설물의 관리주체는 해당 건설공사에 관한 다음 각 호의 서류 및 자료를 유지·보존하여야 한다.
1. 준공도서

2. 품질기록(품질시험 또는 검사 성과 총괄표를 포함한다)
3. 구조계산서
4. 시공상 특기사항에 관한 보고서
5. 사후평가서
6. 안전점검·안전진단 보고서와 그 밖에 시설물의 관리주체가 시설물의 유지·관리에 필요하다고 인정하는 자료

제81조【건설공사의 타당성 조사】 ① 법 제47조제1항에 따른 타당성 조사는 총공사비가 500억원 이상으로 예상되는 건설공사를 대상으로 한다. 다만, 제67조제2항제2호부터 제5호까지에 해당하는 건설공사는 제외한다.

② 발주청은 타당성 조사를 할 때에는 해당 건설공사로 건축되는 건축물 및 시설물 등의 설치 단계에서 철거 단계까지의 모든 과정을 대상으로 기술·환경·사회·재정·용지·교통 등 필요한 요소를 고려하여 조사·검토하여야 하며, 그 건설공사의 공사비 추정액과 공사의 타당성이 유지될 수 있는 공사비의 증가 한도를 제시하여야 한다.

③ 발주청은 해당 건설공사의 특성상 필요하다고 인정되는 경우에는 기술자문위원회의 심의를 거쳐 건설공사기본계획 및 기본설계에 반영될 내용을 포함하여 타당성 조사를 할 수 있다.

④ 발주청은 타당성 조사가 완료되었을 때에는 발주청 및 관계 행정기관의 공무원과 관련 분야의 전문가로 하여금 타당성 조사의 적정성을 검토하도록 하여야 한다.

⑤ 타당성 조사의 세부 조사항목 등에 관하여 필요한 사항은 국토교통부장관이 관계 중앙행정기관의 장과 협의하여 정하고 고시한다.

고시 건설공사 타당성 조사 지침(국토교통부고시 제2016-291호, 2016.5.19.)

⑥ 제5항에도 불구하고 다른 법령에서 건설공사에 대한 타

법	시 행 령	시 행 규 칙
	당성 조사를 하도록 한 경우 해당 법령에서 세부 조사항목 등에 관하여 정하지 아니한 경우에는 관계 중앙행정기관의 장이 국토교통부장관과 협의하여 정할 수 있다. ⑦ 발주청은 법 제47조제4항에 따른 타당성을 조사하는 과정에서 작성한 수요 예측과 실제 이용실적의 차이를 법 제52조제1항에 따른 건설공사의 사후평가를 할 때에 평가하여야 한다. ⑧ 발주청은 법 제52조제2항에 따른 사후평가위원회(이하 "사후평가위원회"라 한다)의 심의를 거쳐 제7항에 따른 평가 결과의 적절성을 검토하여야 한다. ⑨ 발수청은 제7항 및 제8항에 따른 평가 결과 및 심의·검토 결과를 타당성 조사를 수행한 건설엔지니어링사업자에게 통보하여야 한다. 〈개정 2020.1.7., 2021.9.14.〉	
제50조【건설엔지니어링 및 시공 평가 등】 ① 발주청(「사회기반시설에 대한 민간투자법」에 따른 민간투자사업인 경우에는 같은 법 제2조제4호에 따른 주무관청을 말한다. 이하 이 조에서 같다)은 그가 발주하는 대통령령으로 정하는 규모 이상의 건설기술용역사업[「건축사법」 제2조제3호에 따른 설계(이하 "건축설계"라 한다)에 관한 용역사업을 포함한다. 이하 이 조에서 같다]에 대하여 그 업무 수행에 대한 평가를 하여야 한다. 〈개정 2018.12.31., 2021.3.16.〉 ② 발주청은 그가 발주하는 대통령령으로 정하는 규모 이상의 건설공사에 대하여 그 시공의 적정성에 대한 평가를 하여야 한다. ③ 발주청은 제1항 및 제2항에 따라 평가를 한 경우에는 국토교통부령으로 정하는 바에 따라 국토교통부장관에게 통보하여야 한다.	**제82조【건설엔지니어링 평가 및 시공평가의 대상】** ① 법 제50조제1항에서 "대통령령으로 정하는 규모 이상의 건설엔지니어링사업"이란 다음 각 호의 사업을 말한다. 〈개정 2015.7.6.〉 1. 계약금액이 「국가를 당사자로 하는 계약에 관한 법률」 제4조제1항에 따라 고시하는 금액 이상인 기본설계 또는 실시설계용역 사업 2. 감독 권한대행 등 건설사업관리 용역사업 ② 법 제50조제2항에서 "대통령령으로 정하는 규모 이상의 건설공사"란 총공사비 100억원 이상인 건설공사를 말한다. 다만, 단순·반복적인 공사로서 국토교통부령으로 정하는 건설공사는 제외한다. [제목개정 2021.9.14.]	**제44조【건설엔지니어링 및 시공 평가】** ① 영 제82조제2항 단서에서 "국토교통부령으로 정하는 건설공사"란 제32조 각 호의 공사를 말한다. ② 발주청이 공동도급 건설공사에 대하여 법 제50조제2항에 따른 건설공사의 시공에 대한 평가(이하 "시공평가"라 한다)를 하는 경우에는 다음 각 호의 구분에 따라 시공평가를 실시한다. 1. 공동이행방식인 경우: 공동수급체의 대표자에 대하여 시공평가를 실시 2. 분담이행방식인 경우: 건설공사를 분담하는 업체별로 시공평가를 실시 ③ 발주청은 법 제54조에 따른 건설공

법	시 행 령	시 행 규 칙
④ 국토교통부장관은 제1항 및 제2항에 따른 평가 결과를 건설엔지니어링사업자(「건축사법」 제23조제2항에 따른 건축사사무소개설자를 포함한다. 이하 이 조에서 같다) 및 건설사업자별로 종합하여 건설엔지니어링 종합평가 및 시공 종합평가(이하 "종합평가"라 한다)를 하고 그 결과를 공개할 수 있다. 〈개정 2019.4.30., 2021.3.16.〉 ⑤ 국토교통부장관은 종합평가를 하기 위하여 필요한 경우에는 건설공사현장 등을 직접 점검하거나 건설엔지니어링사업자 또는 건설사업자에게 종합평가에 필요한 자료 제출을 요구할 수 있다. 〈개정 2019.4.30., 2021.3.16.〉 ⑥ 제1항부터 제5항까지의 규정에 따른 건설엔지니어링 평가, 시공평가 또는 종합평가의 기준, 절차, 항목, 그 밖에 필요한 사항은 대통령령으로 정한다.〈개정 2021.3.16.〉 [제목개정 2021.3.16.]	**제83조【건설엔지니어링 평가 및 시공평가의 기준 및 절차】** ① 발주청은 법 제50조제1항에 따른 건설엔지니어링사업의 업무 수행에 대한 평가(이하 "용역평가"라 한다)를 국토교통부령으로 정하는 평가기준에 따라 다음 각 호의 구분에 따른 시기에 실시해야 한다. 다만, 제3호의 경우 해당 건설사업관리 용역 기간이 4년을 초과하는 경우에는 해당 용역의 착수 후 3년마다 용역평가를 하고, 그 결과를 준공 후 최종 용역평가의 결과에 반영할 수 있다. 〈개정 2016.1.12., 2020.5.26., 2021.9.14.〉 1. 기본설계: 해당 기본설계용역이 완료된 날부터 1개월 이내 2. 실시설계: 해당 건설공사가 착공된 때부터 6개월 이내 3. 감독 권한대행 등 건설사업관리: 해당 건설공사가 90퍼센트 이상 진척되었을 때부터 해당 건설공사의 준공 후 60일까지 ② 발주청은 법 제50조제2항에 따른 건설공사의 시공의 적정성에 대한 평가(이하 "시공평가"라 한다)를 해당 공사[계속비(繼續費) 공사 또는 장기계속계약 공사는 전체 공사를 말한다]가 90퍼센트 이상 진척되었을 때부터 해당 건설공사의 준공 후 60일까지 완료하여야 한다. 다만, 발주청이 필요하다고 인정하는 경우에는 해당 공사의 진척이 90퍼센트가 되기 전에 시공평가를 하고 그 결과를 최종 시공평가의 결과에 50퍼센트 이하의 범위에서 반영할 수 있다. 〈개정 2016.1.12.〉 ③ 용역평가 및 시공평가는 발주청이 지명하는 5명 이상의 관계 공무원(발주청 소속 직원을 포함한다) 및 전문가가 하여야 한다. ④ 제1항부터 제3항까지에서 규정한 사항 외에 용역평가 및 시공평가의 세부 평가기준 및 방법 등에 관하여 필요한	사현장 점검 결과를 법 제50조제1항에 따른 건설엔지니어링사업의 업무 수행에 대한 평가(이하 "용역평가"라 한다) 및 시공평가에 반영할 수 있다. 〈개정 2021.9.17.〉 ④ 영 제82조제1항 각 호에 따른 용역사업에 대한 평가의 기준은 각각 별지 제34호서식의 설계용역 평가표 및 별지 제35호서식의 감독 권한대행 등 건설사업관리용역 평가표에 따른다. ⑤ 발주청은 용역평가 및 시공평가의 결과를 별지 제36호서식에 따른 평가 총괄표에 따라 기록·관리하여야 한다. ⑥ 발주청이 용역평가 및 시공평가를 수행한 경우에는 평가 완료 후 15일 이내에 국토교통부장관에게 그 결과를 통보하여야 한다. 〈개정 2016.3.7.〉 ⑦ 제1항부터 제6항까지의 규정에서 정한 사항 외에 용역평가 및 시공평가에 관한 세부적인 사항은 국토교통부장관이 정하여 고시한다.

법

제51조【우수건설엔지니어링사업자 등의 선정】 ① 국토교통부장관은 종합평가 결과 등 대통령령으로 정하는 바에 따라 우수건설엔지니어링사업자, 우수건설사업자 또는 우수건설기술인을 선정할 수 있다. 〈개정 2018.8.14., 2018.12.31., 2019.4.30., 2021.3.16.〉

② 발주청은 건설엔지니어링사업 또는 건설공사를 발주할 때 제1항에 따른 우수건설엔지니어링사업자, 우수건설사업자 또는 우수건설기술인을 우대할 수 있다. 〈개정 2018.8.14., 2018.8.14., 2019.4.30., 2021.3.16.〉

시 행 령

사항은 국토교통부령으로 정한다.
[제목개정 2021.9.14.]

제84조【종합평가의 기준 및 절차】 ① 법 제50조제4항에 따라 국토교통부장관이 실시하는 건설엔지니어링 종합평가 및 시공 종합평가(이하 "종합평가"라 한다)는 다음 각 호의 사항을 고려하여 실시하여야 한다. 〈개정 2021.9.14.〉

1. 건설공사의 하자 및 재해
2. 「하도급거래 공정화에 관한 법률」의 위반 여부
3. 기술개발투자 실적

② 국토교통부장관은 종합평가를 위하여 필요하다고 인정할 때에는 소속 직원으로 하여금 건설엔지니어링 성과 또는 시공결과를 확인하거나 검토하게 할 수 있다. 〈개정 2021.9.14.〉

③ 국토교통부장관은 종합평가의 결과를 인터넷 홈페이지 등을 통하여 공개할 수 있다.

④ 종합평가의 세부 평가기준 및 방법 등에 관하여 필요한 사항은 국토교통부장관이 정하여 고시한다.

제85조【우수건설엔지니어링사업자 등의 선정】 ① 국토교통부장관은 법 제51조제1항에 따른 우수건설엔지니어링사업자, 우수건설사업자 또는 우수건설기술인(이하 "우수건설엔지니어링사업자등"이라 한다)을 다음 각 호의 요건을 갖춘 자 중에서 국토교통부령으로 정하는 기준에 따라 선정한다. 〈개정 2018.12.11., 2020.1.7., 2021.9.14.〉

1. 최근 3년간 법 제31조에 따른 등록취소 또는 영업정지 처분, 법 제32조에 따른 과징금 부과처분을 받은 사실이 없는 자(우수건설엔지니어링사업자를 선정하는 경우만 해당하며,

시 행 규 칙

고시 건설엔지니어링 및 시공 평가지침(국토교통부고시 제2024-190호, 2024.4.12.)

제45조【우수건설엔지니어링사업자 등의 세부 선정기준】 법 제51조제1항에 따른 우수건설엔지니어링사업자, 우수건설사업자 또는 우수건설기술인(이하 "우수건설엔지니어링사업자등"이라 한다)은 국토교통부장관이 정하여 고시하는 세부분야별로 다음 각 호의 기준을 모두 충족하는 자로서 평가대상자

법	시 행 령	시 행 규 칙
③ 국토교통부장관은 제1항에 따른 우수건설엔지니어링사업자, 우수건설사업자 또는 우수건설기술인이 다음 각 호의 어느 하나에 해당하면 대통령령으로 정하는 바에 따라 그 선정을 취소하여야 한다. 〈개정 2018.8.14., 2018.12.31., 2019.4.30., 2021.3.16.〉 1. 거짓이나 그 밖의 부정한 방법으로 선정된 경우 2. 부실공사 등으로 인하여 「건설산업기본법」 제82조에 따른 영업정지 처분 또는 과징금 부과처분을 받은 경우 3. 제1항에 따른 우수건설엔지니어링사업자(법인의 경우 그 대표자를 말한다), 우수건설사업자(법인의 경우 그 대표자를 말한다) 또는 우수건설기술인이 각각의 업무와 관련하여 금고 이상의 형(집행유예를 포함한다)을 선고받은 경우 4. 위법·부당한 행위로 등록취소·영업정지·과징금 등 대통령령으로 정하는 행정처분을 받은 경우 ④ 제1항부터 제3항까지에서 규정한 사항 외에 우수건설엔지니어링사업자, 우수건설사업자 또는 우수건설기술인의 선정에 필요한 세부사항은 대통령령으로 정한다. 〈신설 2018.12.31., 2019.4.30., 2021.3.16.〉 [제목개정 2018.12.31., 2019.4.30., 2021.3.16.]	「행정소송법」 또는 「행정심판법」에 따라 그 처분이 집행정지 중에 있는 자는 우수건설엔지니어링사업자로 선정할 수 없다) 2. 최근 3년간 「건설산업기본법」 제82조제1항·제2항 또는 제82조의2제1항·제2항에 따른 영업정지 처분 또는 과징금 부과처분을 받은 사실이 없는 자(우수건설사업자를 선정하는 경우만 해당하며, 「행정소송법」 또는 「행정심판법」에 따라 그 처분이 집행정지 중에 있는 자는 우수건설업자로 선정할 수 없다) 3. 최근 3년간 「국가를 당사자로 하는 계약에 관한 법률」 제27조에 따른 입찰참가자격 제한을 받은 사실이 없는 자 4. 최근 3년간 「하도급거래 공정화에 관한 법률」 제30조에 따른 벌금형을 받은 사실이 없는 자 5. 최근 3년간 법 제24조제1항에 따른 업무정지 처분을 받은 사실이 없는 자(우수건설기술인을 선정하는 경우만 해당한다) ② 제1항에 따른 우수건설엔지니어링사업자등의 선정에 대한 유효기간은 선정일부터 1년으로 한다. 〈개정 2020.1.7., 2021.9.14.〉 ③ 국토교통부장관은 법 제51조제1항에 따라 우수건설엔지니어링사업자등을 선정하거나 법 제51조제3항에 따라 우수건설엔지니어링사업자등의 선정을 취소했을 때에는 다음 각 호의 사항을 인터넷 홈페이지 등을 통하여 공개해야 한다. 〈개정 2020.1.7., 2021.9.14.〉 1. 우수건설엔지니어링사업자등의 선정현황(업체명·면허번호·대표자 및 소재지) 2. 선정날짜 및 유효기간 3. 선정 분야	의 20퍼센트 이내의 범위(20퍼센트 이내의 범위에 드는 업체 또는 건설기술인의 수가 소수인 경우에는 반올림한 수로 산정한다)에서 법 제50조제4항에 따른 종합평가 결과의 순위에 따라 선정한다. 다만, 제2호부터 제4호까지의 규정은 우수건설사업자에 대해서만 적용한다. 〈개정 2019.2.25., 2020.3.18., 2021.9.17.〉 1. 법 제50조제4항에 따른 종합평가 결과가 90점 이상일 것 2. 최근 3년간 시공평가한 실적이 있는 경우에는 그 시공평가 점수 각각이 80점 이상으로 평가되었을 것 3. 최근 5년간 계속하여 해당 공사에 관한 면허를 보유하였을 것 4. 해당 공사에 관한 면허의 취소를 받은 사실이 없을 것 [제목개정 2021.9.17.]

법

제52조【건설공사의 사후평가】 ① 발주청은 대통령령으로 정하는 건설공사가 완료되었을 때에는 공사 내용 및 효과를 조사·분석하여 사후평가를 하고 사후평가서를 작성하여야 한다.

② 사후평가서의 적절성에 대한 발주청의 자문에 응하게 하기 위하여 발주청에 사후평가위원회를 둔다.

③ 발주청은 사후평가위원회에 자문하여 의견을 받은 결과 그 내용이 타당하면 사후평가서에 반영하는 등 필요한 조치를 하여야 한다.

④ 발주청은 사후평가서를 공개하여야 하며, 공개의 방법과 절차 등은 국토교통부령으로 정한다.

⑤ 국토교통부장관은 발주청의 사후평가서가 유사한 건설공사의 효율적 수행을 위한 자료로 활용될 수 있도록 방안을 마련하여야 한다.

⑥ 제1항에 따른 건설공사 사후평가의 내용·방법, 사후평가위원회의 구성 및 운영 등에 필요한 사항은 대통령령으로 정한다.

시행령

4. 취소사유(취소의 경우만 해당한다)

[제목개정 2021. 9.14]

제86조【건설공사의 사후평가】 ① 법 제52조제1항에서 "대통령령으로 정하는 건설공사"란 총공사비가 300억원 이상인 건설공사를 말한다. 다만, 건설공사의 특성상 법 제52조제1항에 따른 사후평가서(이하 "사후평가서"라 한다)의 작성이 필요하지 아니하다고 국토교통부장관이 정하여 고시하는 건설공사는 제외한다.

② 발주청은 사후평가서를 작성하는 경우에는 용역평가 및 시공평가와 제78조제1항에 따른 준공보고서를 토대로 다음 각 호의 사항을 조사·분석하여야 한다. 다만, 총공사비가 500억원 미만인 건설공사의 경우에는 제2호 및 제4호의 사항은 제외한다.

1. 예상 공사비 및 공사기간과 실제로 투입된 공사비 및 공사기간의 비교·분석
2. 공사 기획 시 예측한 수요 및 기대효과와 공사 완료 후의 실제 수요 및 공사효과의 비교·분석
3. 해당 공사의 문제점과 개선방안
4. 주민의 호응도 및 사용자의 만족도
5. 그 밖에 발주청이 평가에 필요하다고 인정하는 사항

③ 사후평가위원회의 위원은 다음 각 호의 어느 하나에 해당하는 사람 중에서 발주청이 임명하거나 위촉한다.

1. 중앙심의위원회, 지방심의위원회, 특별심의위원회 또는 다른 발주청의 사후평가위원회 위원
2. 관계 시민단체가 추천하는 사람
3. 해당 분야의 전문가

④ 사후평가위원회는 다음 각 호의 사항을 심의한다.

시행규칙

제46조【사후평가 결과의 공개】 발주청은 법 제52조제1항에 따른 사후평가서를 국토교통부장관이 정하여 고시하는 바에 따라 건설공사 지원 통합정보체계에 입력하고, 사후평가 결과를 인터넷 홈페이지 등을 통하여 공개하여야 한다.

법	시 행 령	시 행 규 칙
	1. 제2항에 따른 조사·분석의 결과에 관한 사항 2. 제2항에 따른 조사·분석에 필요한 객관적이고 투명한 평가지표 및 측정방법에 관한 사항 3. 그 밖에 사후평가서의 적절성에 관하여 발주청이 요청하는 사항 ⑤ 제3항과 제4항에서 규정한 사항 외에 사후평가위원회의 구성 및 운영 등에 필요한 사항은 발주청이 정한다. ⑥ 제2항부터 제4항까지에서 규정한 사항 외에 공종 및 규모 등에 따른 사후평가의 시점, 내용 및 방법 등에 관하여 필요한 사항은 국토교통부장관이 정하여 고시한다. ⑦ 국토교통부장관은 사후평가서를 축적·분석하여 건설공사의 시행과정별로 표준적인 소요기간 및 비용의 기준을 정하여 고시할 수 있다.	**고시** 건설공사 사후평가 시행지침(국토교통부고시 제2021-993호, 2021.7.30.)
제52조의2【사후평가 관리 등】 ① 국토교통부장관은 사후평가에 관한 업무를 효율적으로 추진하기 위하여 다음 각 호의 업무를 수행한다. 1. 사후평가 수행결과의 적정성 확인·점검 2. 사후평가 관련 정보의 축적·분석, 분석정보의 보급 3. 사후평가의 기준·절차·평가기법 등에 관한 조사·연구 4. 사후평가 관련 교육·훈련·기술교류·국제협력 5. 그 밖에 대통령령으로 정하는 사항 ② 국토교통부장관은 전문관리기관을 지정하여 대통령령으로 정하는 바에 따라 제1항의 업무 전부 또는 일부를 위탁할 수 있다. ③ 국토교통부장관은 전문관리기관의 운영에 필요한 비용을 예산의 범위에서 출연할 수 있다. ④ 전문관리기관의 지정·운영과 제3항에 따른 출연금의 지	**제86조의2【사후평가 관리 등】** ① 법 제52조의2제1항제5호에서 "대통령령으로 정하는 사항"이란 다음 각 호의 사항을 말한다. 1. 사후평가 시행에 관한 검토、자문 2. 사후평가 수행 여부에 대한 확인、점검 3. 그 밖에 사후평가 제도의 발전을 위하여 국토교통부장관이 필요하다고 인정하는 사항 ② 국토교통부장관은 법 제52조의2제2항에 따라 건설기술연구원을 사후평가 전문관리기관으로 지정하고, 같은 조 제1항 각 호의 사후평가 관리 업무를 건설기술연구원에 위탁한다. ③ 건설기술연구원은 법 제52조의2제1항제1호의 업무를 수행하기 위하여 대상공사 현황 및 사후평가서 등 사후평가와 관련된 자료를 발주청에게 요청할 수 있다.	

법	시 행 령	시 행 규 칙
급범위·사용 및 관리에 필요한 사항은 대통령령으로 정한다. [본조신설 2019.11.26.]	[본조신설 2020.5.26.] **제86조의3【사후평가 전문관리기관 운영을 위한 출연금】** ① 법 제52조의2제2항 및 이 영 제86조의2제2항에 따라 사후평가 전문관리기관으로 지정된 건설기술연구원은 법 제52조의2제3항에 따라 출연금을 받으려는 경우에는 매년 4월 30일까지 다음 연도의 출연금예산요구서에 다음 각 호의 서류를 첨부하여 국토교통부장관에게 제출해야 한다. 1. 다음 연도의 업무계획서 2. 다음 연도의 추정 재무상태표 및 추정 손익계산서 ② 국토교통부장관은 제1항 각 호의 서류가 타당하다고 인정하는 경우에는 출연금을 지급한다. ③ 건설기술연구원은 제2항에 따라 출연금을 지급받은 경우에는 그 출연금에 대하여 별도의 계정을 설정하여 관리해야 하며, 법 제52조의2제1항 각 호에 따른 사후평가 관리 업무에 한정하여 사용해야 한다. ④ 건설기술연구원은 위탁받은 사후평가 업무에 대한 계획 및 실적을 다음 각 호의 구분에 따른 시기까지 국토교통부장관에게 보고해야 한다. 1. 해당 연도의 세부업무계획: 매년 1월 31일까지 2. 출연금 사용실적을 포함한 전년도 업무실적: 매년 3월 31일까지 [본조신설 2020.5.26.]	
제2절 건설공사의 품질 및 안전 관리 등	제2절 건설공사의 품질 및 안전 관리 등	
제53조【건설공사 등의 부실 측정】 ① 국토교통부장관, 발주청(「사회기반시설에 대한 민간투자법」에 따른 민간투자	**제87조【건설공사 등의 부실 측정에 따른 벌점 부과 등】** ① 삭제 〈2019.6.25.〉	**제47조【건설공사 등의 부실측정 결과의 관리】** 국토교통부장관, 발주청 및

법	시 행 령	시 행 규 칙
사업인 경우에는 같은 법 제2조제5호에 따른 주무관청을 말한다. 이하 이 조에서 같다)과 인·허가기관의 장은 다음 각 호의 어느 하나에 해당하는 자가 건설엔지니어링, 건축설계, 「건축사법」 제2조제4호에 따른 공사감리 또는 건설공사를 성실하게 수행하지 아니함으로써 부실공사가 발생하였거나 발생할 우려가 있는 경우 및 제47조에 따른 건설공사의 타당성 조사(이하 "타당성 조사"라 한다)에서 건설공사에 대한 수요 예측을 고의 또는 과실로 부실하게 하여 발주청에 손해를 끼친 경우에는 부실의 정도를 측정하여 벌점을 주어야 한다. 〈개정 2018.8.14., 2019.4.30., 2021.3.16.〉 1. 건설사업자 2. 주택건설등록업자 3. 건설엔지니어링사업자(「건축사법」 제23조제2항에 따른 건축사사무소개설자를 포함한다) 4. 제1호부터 제3호까지의 어느 하나에 해당하는 자에게 고용된 건설기술인 또는 건축사 ② 발주청은 제1항에 따라 벌점을 받은 자에게 건설엔지니어링 또는 건설공사 등을 위하여 발주청이 실시하는 입찰 시 그 벌점에 따라 불이익을 주어야 한다. ③ 발주청과 인·허가기관의 장은 제1항에 따라 벌점을 준 경우 그 내용을 국토교통부장관에게 통보하여야 하며, 국토교통부장관은 그 벌점을 종합관리하고, 제1항제1호부터 제3호까지의 자에게 준 벌점을 공개하여야 한다. ④ 제1항부터 제3항까지의 규정에 따른 부실 정도의 측정 기준, 불이익 내용, 벌점의 관리 및 공개 등에 필요한 사항은 대통령령으로 정한다.	② 건설엔지니어링, 건축설계(「건축사법」 제2조제3호에 따른 설계를 말한다), 공사감리(「건축사법」 제2조제4호에 따른 공사감리를 말한다) 또는 건설공사를 공동도급하는 경우에는 다음 각 호의 구분에 따라 벌점을 부과한다. 〈개정 2019.6.25., 2020.11.10., 2021.9.14.〉 1. 공동이행방식인 경우: 공동수급체 구성원 모두에 대하여 공동수급협정서에서 정한 출자비율에 따라 부과. 다만, 부실공사에 대한 책임 소재가 명확히 규명된 경우에는 해당 구성원에게만 부과한다. 2. 분담이행방식인 경우: 분담업체별로 부과 ③ 국토교통부장관, 발주청(「사회기반시설에 대한 민간투자법」에 따른 민간투자사업인 경우에는 같은 법 제2조제5호에 따른 주무관청을 말한다) 또는 인·허가기관의 장(이하 이 조, 제87조의2, 제87조의3 및 별표 8에서 "측정기관"이라 한다)은 법 제53조제1항에 따라 건설엔지니어링 등의 부실 정도를 측정하거나 벌점을 부과한 경우에는 국토교통부령으로 정하는 바에 따라 관리하고 제117조제1항에 따라 벌점의 종합관리를 위탁받은 기관에 이를 통보해야 한다. 〈개정 2020.11.10., 2021.9.14.〉 ④ 제3항에 따라 벌점 부과 결과를 통보받은 기관은 벌점을 부과받은 자에 대한 벌점을 누계하여 관리하여야 하며, 발주청의 요청이 있는 경우에는 그 내용을 통보하거나 정보통신망을 통하여 발주청이 확인할 수 있도록 하여야 한다. ⑤ 법 제53조제1항 및 제2항에 따른 부실 정도의 측정기준, 불이익 내용, 벌점의 공개 대상·방법·시기·절차 및 관리 등은 별표 8의 벌점관리기준에 따른다. [제목개정 2019.6.25.]	인·허가기관의 장은 법 제53조제1항에 따라 건설공사 등의 부실의 정도를 측정한 경우(벌점을 부과하지 아니한 경우를 포함한다)에는 그 측정 결과를 관리하여야 하며, 별지 제37호서식 및 별지 제38호서식의 벌점 총괄표를 매반기 말일을 기준으로 다음달 15일까지 영 제117조제1항에 따라 벌점의 종합관리를 위탁받은 기관에 통보하여야 한다.

법	시 행 령	시 행 규 칙
	제87조의2【이의 신청 등】 ① 벌점 부과 내용을 통보받은 벌점 부과 대상자는 그 통보를 받은 날부터 30일 이내에 측정기관에 이의 신청을 할 수 있다. 이 경우 벌점 부과에 대하여 불복하는 사유를 분명하게 밝혀 신청해야 한다. ② 제1항에 따라 이의 신청을 받은 측정기관은 제87조의3에 따른 벌점심의위원회의 심의를 거쳐 그 결과를 이의 신청일부터 40일 이내에 이의신청인에게 통보해야 한다. ③ 측정기관은 제2항에 따른 심의 결과 부실 측정과 벌점 부과에 잘못이 있는 경우에는 벌점 부과 결과를 정정해야 한다. [본조 신설 2020.11.10.] **제87조의3【벌점심의위원회】** ① 제87조의2에 따른 벌점 부과 결과에 대한 이의 신청을 심의하기 위하여 각 측정기관별로 벌점심의위원회를 둔다. ② 벌점심의위원회는 측정기관이 벌점을 부과한 사유·근거와 벌점 부과 대상자가 심의를 의뢰한 사유·근거를 충분히 고려하여 심의해야 한다. ③ 벌점심의위원회는 위원장 및 6명 이상의 위원으로 구성한다. ④ 벌점심의위원회 위원장은 국토교통부, 발주청 또는 인·허가기관에 소속된 공무원, 임원·직원 중에서 측정기관이 임명하거나 위촉한다. ⑤ 벌점심의위원회 위원은 건설기술에 관한 학식과 경험이 풍부한 외부 전문가 중에서 측정기관이 위촉한다. ⑥ 제1항부터 제5항까지에서 규정한 사항 외에 벌점심의위원회 구성·운영에 필요한 사항은 국토교통부장관이 정하여 고시한다. [본조 신설 2020.11.10.]	**고시** 벌점심의위원회 운영규정(국토교통부 고시 제2021-32호, 2021.1.20.)

법	시 행 령	시 행 규 칙

제54조【건설공사현장 등의 점검】 ① 국토교통부장관 또는 특별자치시장, 특별자치도지사, 시장·군수·구청장(자치구의 구청장을 말한다. 이하 같다), 발주청은 건설공사의 부실방지, 품질 및 안전 확보가 필요한 경우에는 대통령령으로 정하는 건설공사에 대하여는 현장 등을 점검할 수 있으며, 점검 결과 필요한 경우에는 대통령령으로 정하는 바에 따라 제53조제1항 각 호의 자에게 시정명령 등의 조치를 하거나 관계 기관에 대하여 관계 법률에 따른 영업정지 등의 요청을 할 수 있다. 〈개정 2015.5.18., 2018.12.31., 2019.8.27.〉

② 제1항에 따라 건설공사현장을 점검한 특별자치시장, 특별자치도지사, 시장·군수·구청장, 발주청은 점검결과 및 그에 따른 조치결과(시정명령 또는 영업정지 등을 포함한다)를 국토교통부장관에게 제출하여야 한다. 〈신설 2018.12.31.〉

③ 발주청(발주자가 발주청이 아닌 경우 해당 건설공사의 인·허가기관을 말한다)은 제1항에 따른 건설공사로 인하여 안전사고나 부실공사가 우려되어 대통령령으로 정하는 요건을 갖춘 민원이 제기되는 경우 그 민원을 접수한 날부터 3일 이내에 현장 등을 점검하여야 하고, 그 점검결과 및 조치결과(시정명령 또는 영업정지 등을 포함한다)를 국토교통부장관에게 제출하여야 한다. 〈신설 2019.8.27.〉

④ 제1항에 따라 건설공사현장을 점검하는 자는 점검의 중복 등으로 인하여 그 건설공사에 지장을 주는 일이 없도록 하여야 한다. 〈개정 2018.12.31., 2019.8.27.〉

⑤ 제1항에 따른 건설공사현장 점검 등에 관하여 필요한 사항은 국토교통부령으로 정한다. 〈개정 2018.12.31., 2019.8.27.〉

제88조【건설공사현장 등의 점검 등】 ① 법 제54조제1항에서 "대통령령으로 정하는 건설공사"란 다음 각 호의 건설공사를 말한다. 〈개정 2016.1.12., 2018.1.16., 2020.5.26.〉

1. 건설공사의 현장에서 「자연재해대책법」 제2조제1호에 따른 재해 또는 「재난 및 안전관리 기본법」 제3조제1호나목에 따른 재난이 발생한 경우의 해당 건설공사
2. 건설공사의 현장에서 「시설물의 안전 및 유지관리에 관한 특별법 시행령」 제18조제1항 각 호에 따른 중대한 결함이 발생한 경우의 해당 건설공사
3. 인·허가기관의 장이 부실에 대하여 구체적인 민원이 제기되거나 안전사고 예방 등을 위하여 점검이 필요하다고 인정하여 점검을 요청하는 건설공사
4. 그 밖에 건설공사의 부실에 대하여 구체적인 민원이 제기되거나 안전사고 예방, 부실공사 방지 및 품질 확보 등을 위하여 국토교통부장관, 특별자치시장, 특별자치도지사, 시장·군수·구청장(자치구의 구청장을 말한다. 이하 같다) 또는 발주청이 점검이 필요하다고 인정하는 건설공사

② 법 제54조제1항에 따라 특별자치시장, 특별자치도지사, 시장·군수·구청장 또는 발주청이 건설공사 현장 등을 점검할 수 있는 건설공사는 자신이 발주한 건설공사 및 허가등을 한 건설공사로 한정한다. 〈개정 2016.1.12.〉

③ 법 제54조제3항에서 "대통령령으로 정하는 요건"이란 다음 각 호의 요건을 말한다. 〈신설 2020.1.7.〉

1. 안전사고나 부실공사가 우려되는 대상이 다음 각 목의 어느 하나일 것
   가. 건설공사의 주요 구조부 및 가설구조물
   나. 건설공사로 인한 지하 10미터 이상의 굴착지점
   다. 건설공사에 사용되는 천공기, 항타·항발기 및 타워크

제48조【건설공사현장 등의 점검】 ① 지방국토관리청장 또는 특별자치시장, 특별자치도지사, 시장·군수·구청장(자치구의 구청장을 말한다. 이하 같다), 발주청은 법 제54조제1항에 따라 건설공사 현장 등을 점검하기 3일 전까지 다음 각 호의 사항을 해당 건설공사현장의 건설사업관리용역사업자 또는 「건설산업기본법」 제40조제1항에 따라 건설공사의 현장에 배치된 건설기술인에게 통보해야 한다. 다만, 안전사고의 발생, 발생 우려 또는 건설공사의 부실에 대하여 구체적인 민원이 제기된 경우로서 긴급히 조치할 필요가 있거나 사전에 통지할 경우 증거인멸 등으로 점검 목적을 달성할 수 없다고 인정하는 경우에는 통보하지 않을 수 있다. 〈개정 2016.3.7., 2016.7.4., 2019.2.25., 2020.3.18.〉

1. 점검 근거 및 목적
2. 점검일시
3. 점검자의 인적사항(소속·직급 및 성명)
4. 점검내용

② 법 제54조제1항에 따라 건설공사현장 등을 점검하는 자(이하 "점검자"라 한다)는 별지 제39호서식에 따른 점검요원증을 이해관계인에게 보여 주어야 한다. 〈개정 2016.3.7.〉

법	시 행 령	시 행 규 칙
	레인 라. 건설공사의 인근 지역에 위치한 시설물 2. 다음 각 목의 어느 하나에 해당하는 자료나 의견을 첨부할 것 가. 파손, 균열 및 침하 등으로 인한 심각한 안전사고나 부실공사가 우려된다는 것을 증명할 수 있는 해당 파손, 균열 및 침하 등에 대한 도면, 사진 및 영상물 등 구체적인 자료 나. 건설공사의 안전과 관련된 분야의 박사·석사 학위 취득자, 「기술사법」에 따른 기술사 및 그 밖의 관계 전문가의 안전사고나 부실공사가 우려된다는 의견 ④ 국토교통부장관 또는 특별자치시장, 특별자치도지사, 시장·군수·구청장 또는 발주청은 법 제54조에 따라 건설공사현장 등을 점검한 결과 부실시공으로 지적된 경우에는 법 제53조제1항 각 호의 자에게 다음 각 호의 조치를 명할 수 있다. 다만, 「원자력안전법 시행령」 제153조에 따른 수탁기관이 원자력시설공사의 현장에 대한 검사를 하여 시정 또는 보완을 명한 경우에는 그러하지 아니하다. 〈개정 2016.1.12., 2020.1.7.〉 1. 해당 시설물의 구조안전에 지장을 준다고 인정되는 경우 일정 기간의 공사중지 2. 설계도서에서 정하는 기준에 적합한지의 진단 및 이에 따른 시정조치 3. 건설공사현장의 출입구에 국토교통부령으로 정하는 표지판의 설치 ⑤ 국토교통부장관, 특별자치시장, 특별자치도지사, 시장·군수·구청장 또는 발주청은 법 제54조에 따라 건설공사현장 등을 점검한 결과 부실시공으로 지적된 경우에는 법 제	③ 건설공사현장 등을 점검한 점검자는 별지 제40호서식에 따른 점검방문일지에 점검일시 및 점검내용 등을 적어야 한다. 〈개정 2016.3.7.〉 ④ 건설공사의 발주자, 건설사업관리용역사업자 및 현장에 배치된 건설기술인은 현장점검이 원활히 시행될 수 있도록 설계도서 및 시험성과표 등 관련 자료를 점검자에게 제시해야 하며, 점검자가 점검에 필요한 자료를 요구하는 경우에는 특별한 사유가 없으면 이에 따라야 한다. 〈개정 2016.3.7., 2019.2.25., 2020.3.18.〉 ⑤ 지방국토관리청장 또는 특별자치시장, 특별자치도지사, 시장·군수·구청장, 발주청은 건설공사현장 등의 효율적인 점검을 위하여 필요한 경우에는 소속 공무원 또는 직원 외에 해당 분야의 관계 전문가를 점검에 참여시킬 수 있다. 〈개정 2016.3.7.〉 ⑥ 영 제88조제3항제3호에서 "국토교통부령으로 정하는 표지판"이란 별지 제41호서식에 따른 부실시공현장 표지를 말한다. ⑦ 국토교통부장관은 건설공사 현장점검의 실효성을 제고하고 객관성을 확보하기 위하여 현장점검의 세부적인 절차 및 방법을 정하여 고시할 수 있다. 〈신

법	시 행 령	시 행 규 칙
	53조제1항 각 호의 자에게 다음 각 호의 조치를 명할 수 있다. 다만, 「원자력안전법 시행령」 제153조에 따른 수탁기관이 원자력시설공사의 현장에 대한 검사를 하여 시정 또는 보완을 명한 경우에는 그렇지 않다. 〈개정 2016.1.12., 2020.1.7., 2020.5.26.〉 1. 다음 각 목의 어느 하나에 해당하는 경우 일정 기간의 공사중지 가. 해당 시설물의 구조안전에 지장을 준다고 인정되는 경우 나. 법 제55조에 따른 건설공사의 품질관리에 관한 사항을 위반하여 주요 구조부의 부실시공이 우려되는 경우 다. 법 제62조에 따른 건설공사의 안전관리에 관한 사항을 위반하여 인적·물적 피해가 우려되는 경우 2. 설계도서에서 정하는 기준에 적합한지의 진단 및 이에 따른 시정조치 3. 건설공사현장의 출입구에 국토교통부령으로 정하는 표지판의 설치 ⑤ 국토교통부장관, 특별자치시장, 특별자치도지사, 시장·군수·구청장 또는 발주청은 제4항제1호에 따른 공사중지 명령을 할 때에는 서면으로 해야 하며, 공사중지기간이 끝난 때에는 지적사항 시정 여부를 확인한 후 서면으로 공사재개를 명해야 한다. 〈신설 2020.5.26.〉 ⑥ 제4항제3호에 따른 표지판은 시정조치 등이 완료될 때까지 설치해야 하며, 누구든지 표지판을 훼손해서는 안 된다. 〈개정 2020.1.7., 2020.5.26.〉	설 2016.3.7.〉
제55조 【건설공사의 품질관리】 ① 건설사업자와 주택건설등록업자는 대통령령으로 정하는 건설공사에 대하여는 그 종류에 따라 품질 및 공정 관리 등 건설공사의 품질관리계획	**제89조 【품질관리계획 등의 수립대상 공사】** ① 법 제55조제1항에 따른 품질관리계획(이하 "품질관리계획"이라 한다)을 수립해야 하는 건설공사는 다음 각 호의 건설공사로 한다.	**제49조 【품질관리계획 등을 수립할 필요가 없는 건설공사】** 영 제89조제3항 본문에서 "국토교통부령으로 정하는

법	시 행 령	시 행 규 칙
(이하 "품질관리계획"이라 한다) 또는 시험 시설 및 인력의 확보 등 건설공사의 품질시험계획(이하 "품질시험계획"이라 한다)을 수립하고, 이를 발주자에게 제출하여 승인을 받아야 한다. 이 경우 발주청이 아닌 발주자는 미리 품질관리계획 또는 품질시험계획의 사본을 인·허가기관의 장에게 제출하여야 한다. 〈개정 2019.4.30.〉	〈개정 2014.11.11., 2020.5.26.〉 1. 감독 권한대행 등 건설사업관리 대상인 건설공사로서 총공사비(도급자가 설치하는 공사의 관급자재비를 포함하되, 토지 등의 취득·사용에 따른 보상비는 제외한 금액을 말한다. 이하 같다)가 500억원 이상인 건설공사 2. 「건축법 시행령」 제2조제17호에 따른 다중이용 건축물의 건설공사로서 연면적이 3만제곱미터 이상인 건축물의 건설공사 3. 해당 건설공사의 계약에 품질관리계획을 수립하도록 되어 있는 건설공사 ② 법 제55조제1항에 따른 품질시험계획(이하 "품질시험계획"이라 한다)을 수립하여야 하는 건설공사는 제1항에 따른 품질관리계획 수립 대상인 건설공사 외의 건설공사로서 다음 각 호의 어느 하나에 해당하는 건설공사로 한다. 이 경우 품질시험계획에 포함하여야 하는 내용은 별표 9와 같다. 1. 총공사비가 5억원 이상인 토목공사 2. 연면적이 660제곱미터 이상인 건축물의 건축공사 3. 총공사비가 2억원 이상인 전문공사 ③ 제1항과 제2항에도 불구하고 건설사업자와 주택건설등록업자는 원자력시설공사와 건설공사의 성질상 품질관리계획 또는 품질시험계획을 수립할 필요가 없다고 인정되는 건설공사로서 국토교통부령으로 정하는 건설공사에 대해서는 품질관리계획 또는 품질시험계획을 수립하지 않을 수 있다. 다만, 건설공사의 설계도서에서 품질관리계획 또는 건설공사의 품질시험계획을 수립하도록 되어 있는 건설공사에 대해서는 품질관리계획 또는 품질시험계획을 수립해야 한다. 〈개정 2020.1.7.〉 ④ 품질관리계획은 「산업표준화법」 제12조에 따른 한국	건설공사"란 다음 각 호의 공사를 말한다. 1. 조경식재공사 2. 삭제 〈2016.7.4.〉 3. 철거공사

산업표준(이하 "한국산업표준"이라 한다)인 케이에스 큐 아이에스오(KS Q ISO) 9001 등에 따라 국토교통부장관이 정하여 고시하는 기준에 적합하여야 한다.

제90조 【품질관리계획 등의 수립절차】 ① 건설사업자와 주택건설등록업자는 품질관리계획 또는 품질시험계획을 수립하여 발주자에게 제출하는 경우에는 미리 공사감독자 또는 건설사업관리기술인(「건축법」 제25조 또는 「주택법」 제43조 및 제44조에 따라 감리업무를 수행하는 자를 포함한다. 이하 같다)의 검토·확인을 받아야 하며, 건설공사를 착공(건설공사현장의 부지 정리 및 가설사무소의 설치 등의 공사준비는 착공으로 보지 않는다. 이하 제98조제2항에서 같다)하기 전에 발주자의 승인을 받아야 한다. 품질관리계획 또는 품질시험계획의 내용을 변경하는 경우에도 또한 같다. 〈개정 2015.7.6., 2016.8.11., 2018.12.11., 2020.1.7. 2023.1.6.〉

② 법 제55조제1항에 따라 품질관리계획 또는 품질시험계획을 제출받은 발주청 또는 인·허가기관의 장은 품질관리계획 또는 품질시험계획의 내용을 심사하고, 다음 각 호의 구분에 따라 심사 결과를 확정하여 건설사업자 또는 주택건설등록업자에게 그 결과를 서면으로 통보해야 한다. 이 경우 인·허가기관의 장은 발주청이 아닌 발주자에게 그 결과를 함께 통보해야 한다. 〈신설 2020.5.26.〉

1. 적정: 품질관리에 필요한 조치가 구체적이고 명료하게 계획되어 건설공사의 품질관리를 충분히 할 수 있다고 인정될 때
2. 조건부 적정: 품질관리에 치명적인 영향을 미치지는 않지만 일부 보완이 필요하다고 인정될 때
3. 부적정: 품질관리가 어려울 것으로 우려되거나 품질관리계획 및 품질시험계획에 근본적인 결함이 있다고 인정될 때

고시 건설공사 품질관리 업무지침(국토교통부 고시 제2024-638호, 2024.11.18.)

법	시행령	시행규칙
	③ 발주자는 품질관리계획 또는 품질시험계획의 내용이 제2항제1호의 적정 또는 같은 항 제2호의 조건부 적정 판정을 받은 경우에는 승인서를 건설사업자 또는 주택건설등록업자에게 발급해야 한다. 이 경우 제2항제2호의 판정을 받은 경우에는 보완이 필요한 부분을 승인서에 기재해야 한다. 〈신설 2020.5.26.〉 ④ 발주청 또는 인·허가기관의 장은 품질관리계획 또는 품질시험계획의 내용이 제2항제3호의 부적정 판정을 받은 경우에는 건설사업자 또는 주택건설등록업자로 하여금 품질관리계획 또는 품질시험계획을 변경하게 하는 등 필요한 조치를 하도록 해야 한다. 〈개정 2020.5.26.〉 ⑤ 제3항 및 제4항에 따른 품질관리계획 또는 품질시험계획에 대한 승인서 발급 및 부적정 판정에 대한 필요한 조치 등에 관한 세부적인 절차 및 방법은 국토교통부장관이 정하여 고시한다. 〈신설 2020.5.26.〉	**고시** 건설공사 품질관리 업무지침(국토교통부 고시 제2024-638호, 2024.11.18.)
② 건설사업자와 주택건설등록업자는 품질관리계획 또는 품질시험계획에 따라 품질시험 및 검사를 하여야 한다. 이 경우 건설사업자나 주택건설등록업자에게 고용되어 품질관리 업무를 수행하는 건설기술인은 품질관리계획 또는 품질시험계획에 따라 그 업무를 수행하여야 한다. 〈개정 2018.8.14., 2019.4.30.〉 ③ 건설사업자 또는 주택건설등록업자는 제2항에 따른 품질시험 및 검사를 완료한 날부터 7일 이내에 그 결과 및 실시대장 등 증빙자료를 열람이 가능하도록 제62조제15항에 따른 건설공사 안전관리 종합정보망에 입력하여야 한다. 〈신설 2024.1.9.〉 ④ 발주청, 인·허가기관의 장 및 대통령령으로 정하는 기	**제91조【품질시험 및 검사】** ① 법 제55조제2항 전단에 따른 품질시험 및 검사(이하 "품질검사"라 한다)는 한국산업표준, 건설기준 또는 국토교통부장관이 정하여 고시하는 건설공사 품질검사기준에 따라 실시해야 한다. 〈개정 2014.12.30., 2020.5.26〉 ② 제1항에도 불구하고 건설사업자와 주택건설등록사업자는 다음 각 호의 재료에 대해서는 품질검사를 하지 않을 수 있다. 다만, 시간경과 또는 장소 이동 등으로 재료의 품질 변화가 우려되어 발주자가 품질검사가 필요하다고 인정하는 경우와 자재를 재사용하는 경우에는 품질검사를 해야한다. 〈개정 2020.1.7., 2020.12.8., 2021.9.14., 2024.7.2.〉 1. 법 제60조제1항에 전단에 따라 품질검사를 대행하는 국립·공립 시험기관 또는 건설엔지니어링사업자의 시험성적서	**제50조【품질시험 및 검사의 실시】** ① 법 제55조제2항 또는 법 제60조제1항에 따라 품질시험 및 검사(이하 "품질검사"라 한다)를 하거나 대행하는 자는 별지 제42호서식의 품질검사 대장에 품질검사의 결과를 적되, 전자적 처리가 불가능한 특별한 사유가 없으면 전자적 처리가 가능한 방법으로 작성·관리하여야 한다. ② 건설공사현장에서 하는 것이 적절한 품질검사는 건설공사현장에서 하여야 하며, 구조물의 안전에 중요한 영

법	시행령	시행규칙
관의 장은 품질관리계획을 수립하여야 하는 건설공사에 대하여 건설사업자와 주택건설등록업자가 제2항에 따라 품질관리계획에 따른 품질관리를 적절하게 하는지를 확인할 수 있다. 〈개정 2019.4.30., 2024.1.9.〉 ⑤ 품질관리계획 또는 품질시험계획의 수립 기준·승인 절차, 제3항에 따라 건설공사 안전관리 종합정보망에 입력하여야 하는 품질시험 및 검사의 결과와 증빙자료, 제4항에 따른 품질관리의 확인 방법·절차와 그 밖에 확인에 필요한 사항은 대통령령으로 정한다.〈개정 2024.1.9.〉	가 제출되는 재료. 이 경우 시험성적서가 제출되는 재료(자재·부재를 포함한다. 이하 같다)는 발주자 또는 건설사업관리용역업자의 봉인(封印) 또는 확인을 거쳐 시험한 것으로 한정한다. 2. 한국산업표준 인증제품 3. 「산업안전보건법」 제84조에 따른 안전인증을 받은 제품 4. 「주택법」 등 관계 법령에 따라 품질검사를 받았거나 품질을 인증받은 재료 ③ 법 제55조제2항 후단에 따른 품질관리 업무를 수행하는 건설기술인은 품질관리계획 또는 품질시험계획에 따라 다음 각 호의 업무를 수행해야 한다. 다만, 다음 각 호 외의 업무(제4항 각 호 외의 부분 후단에 따라 수행하는 업무는 제외한다)를 수행하려는 경우에는 발주청 또는 인·허가기관의 장의 승인을 받아야 한다. 〈신설 2020.5.26., 2024.7.2.〉 1. 품질관리계획 또는 품질시험계획의 수립 및 시행 2. 건설자재·부재 등 주요 사용자재의 적격품 사용 여부 확인 3. 공사현장에 설치된 시험실 및 시험·검사 장비의 관리 4. 공사현장 근로자에 대한 품질교육 5. 공사현장에 대한 자체 품질점검 및 조치 6. 부적합한 제품 및 공정에 대한 지도·관리 ④ 건설사업자 또는 주택건설등록업자는 법 제55조제3항에 따라 다음 각 호의 내용 및 자료를 법 제62조제15항에 따른 건설공사 안전관리 종합정보망(이하 "정보망"이라 한다)에 입력해야 한다. 이 경우 건설사업자 또는 주택건설등록업자는 법 제55조제2항 후단에 따른 품질관리 업무를 수행하는 건설기술인으로 하여금 해당 내용 및 자료를 정보망에 입력하도록 할 수 있다. 〈신설 2024.7.2.〉 1. 품질검사의 종목·기준·결과 등 품질검사 결과에 관한 내용 2. 법 제55조제2항 후단에 따른 품질관리 업무를 수행하는	향을 미치는 시험종목의 품질시험을 할 때에는 발주자가 확인하여야 한다. ③ 삭제 〈2020.12.14.〉 ④ 영 제91조제3항에 따른 건설공사 품질관리를 위한 시설 및 건설기술인 배치기준은 별표 5와 같다. 〈개정 2019.2.25.〉 ⑤ 건설사업자 또는 주택건설등록사업자는 발주청이나 인·허가기관의 장의 승인을 받아 공종이 유사하고 공사현장이 인접한 건설공사를 통합하여 품질관리를 할 수 있다. 〈개정 2020.3.18.〉 ⑥ 영 제92조제2항에 따른 건설사업자 또는 주택건설등록사업자가 품질관리 업무를 적정하게 수행하고 있는지에 대한 확인은 제52조제2항에 따라 국토교통부장관이 고시하는 적정성 확인 기준 및 요령에 따른다. 〈개정 2020.3.18.〉

법	시 행 령	시 행 규 칙
	건설기술인의 성명 · 서명, 품질검사 완료일 등 품질검사 실시대장에 기재해야 하는 내용 3. 품질검사의 실시 여부를 확인할 수 있는 사진 등 증빙자료 ⑤ 법 제55조제2항에 따라 품질시험 및 검사를 하는 건설사업자와 주택건설등록사업자가 갖춰야 하는 건설공사 품질관리를 위한 시설 및 건설기술인 배치기준은 국토교통부령으로 정한다. 〈개정 2018.12.11., 2020.1.7., 2020.5.26., 2024.7.2.〉 **제92조【품질관리의 지도 · 감독 등】** ① 발주자는 건설사업자 또는 주택건설등록업자가 품질검사를 해야 하는 대상 공종 및 재료를 설계도서에 구체적으로 표시해야 한다. 〈개정 2020.1.7.〉 ② 발주자는 건설사업자 또는 주택건설등록업자가 수립한 품질관리계획 또는 품질시험계획에 따라 건설공사의 시공 및 사용재료에 대한 품질관리 업무를 적절하게 수행하고 있는지 확인할 수 있다. 다만, 법 제55조제4항에 따른 품질관리의 적절성이 확인된 경우에는 따로 확인하지 않을 수 있다. 〈개정 2020.1.7., 2024.7.2.〉 ③ 발주자는 제2항에 따라 품질관리 업무를 적절하게 수행하고 있는지를 확인하려는 경우에는 건설사업자 또는 주택건설등록업자가 참여할 수 있도록 해야 한다. 〈개정 2020.1.7.〉 ④ 발주자는 제2항에 따른 확인 결과 시정이 필요하다고 인정하는 경우에는 해당 건설사업자 또는 주택건설등록업자에게 시정을 요구할 수 있다. 이 경우 시정을 요구받은 건설업자 또는 주택건설등록업자는 지체 없이 이를 시정한 후 그 결과를 발주자에게 통보해야 한다. 〈개정 2020.1.7.〉 ⑤ 발주자는 제2항에 따른 확인을 법 제60조제1항 전단에 따라 품질검사를 대행하는 국립·공립 시험기관 또는 건설엔지니어링사업자에게 의뢰하여 실시할 수 있다. 〈개정 2020.1.7., 2021.9.14., 2024.7.2.〉	

법	시 행 령	시 행 규 칙
	제93조【품질시험 또는 검사 성과의 관리 등】 ① 건설사업자나 주택건설등록업자는 품질검사를 완료하였을 때에는 국토교통부령으로 정하는 바에 따라 품질시험 또는 검사 성과 총괄표를 작성하고, 해당 건설공사에 대한 기성부분검사·예비준공검사 또는 준공검사를 신청할 때 발주자에게 이를 제출해야 한다. 〈개정 2020.1.7.〉 ② 건설공사의 기성부분검사·예비준공검사 또는 준공검사를 하는 자는 품질시험 또는 검사 성과 총괄표의 내용을 검토하여야 한다. ③ 「시설물의 안전 및 유지관리에 관한 특별법」 제7조제1호 및 제2호에 따른 1종시설물 및 2종시설물에 관한 발주자는 해당 건설공사가 완공되면 같은 법 제2조제4호에 따른 관리주체(이하 "관리주체"라 한다)에게 품질시험 또는 검사 성과 총괄표를 인계하여야 한다. 〈개정 2018.1.16.〉 ④ 발주자(제3항에 따라 품질시험 또는 검사 성과 총괄표를 관리주체에게 인계한 경우에는 관리주체를 말한다)는 품질시험 또는 검사 성과 총괄표를 해당 시설물이 존속하는 기간 동안 보존하여야 한다.	**제51조【품질검사 성과 총괄표】** 영 제93조제1항에 따른 품질검사 성과 총괄표는 별지 제43호서식과 같다. **제52조【품질관리의 적절성 확인】** ① 법 제55조제4항에 따른 품질관리의 적절성 확인은 해마다 한 번 이상 실시하되, 해당 건설공사의 준공 2개월 전까지 하여야 한다.〈개정 2024.7.10.〉 ② 제1항에 따른 적절성 확인의 기준 및 요령은 국토교통부장관이 정하여 고시한다.
제56조【품질관리 비용의 계상 및 집행】 ① 건설공사의 발주자는 건설공사 계약을 체결할 때에는 건설공사의 품질관리에 필요한 비용(이하 "품질관리비"라 한다)을 국토교통부령으로 정하는 바에 따라 공사금액에 계상하여야 한다. ② 건설공사의 규모 및 종류에 따른 품질관리비의 사용 방법 등에 관한 기준은 국토교통부령으로 정한다.	**제94조【품질관리의 확인】** ① 법 제55조제4항에서 "대통령령으로 정하는 기관"이란 다음 각 호의 기관을 말한다. 〈개정 2018.6.8., 2020.5.26., 2024.7.2.〉 1. 지방국토관리청 2. 국토교통부장관의 지도·감독을 받는 공기업·준정부기관 3. 「방사성폐기물 관리법」에 따른 한국원자력환경공단 4. 「수도권매립지관리공사의 설립 및 운영 등에 관한 법률」에 따른 수도권매립지관리공사 5. 「집단에너지사업법」에 따른 한국지역난방공사	**제53조【품질관리비의 산출 및 사용기준】** ① 법 제56조제1항에 따른 건설공사의 품질관리에 필요한 비용(이하 "품질관리비"라 한다)의 산출 및 사용기준은 별표 6과 같다. 다만, 품질검사를 실시하는 자가 영 제97조제1항 각 호에 따른 국립·공립 시험기관이고 해당 기관이 검사비용의 기준을 따로 정하고 있는 경우에는 그 기준을 따른다.

법	시 행 령	시 행 규 칙
	6. 「한국가스공사법」 에 따른 한국가스공사 7. 「한국농어촌공사 및 농지관리기금법」 에 따른 한국농어촌공사 8. 「한국석유공사법」 에 따른 한국석유공사 9. 「한국전력공사법」 에 따른 한국전력공사 및 한국전력공사가 출자하여 설립한 발전회사 10. 「한국환경공단법」 에 따른 한국환경공단 11. 「항만공사법」 에 따른 항만공사 12. 「한국수자원공사법」 에 따른 한국수자원공사 ② 법 제55조제4항에 따라 품질관리를 적절하게 하는지를 확인한 자는 그 확인 결과에 따라 필요한 조치를 하여야 한다.〈개정 2024.7.2.〉 ③ 법 제55조제4항에 따른 품질관리의 적절성을 확인하는 방법 등은 국토교통부령으로 정한다.〈개정 2024.7.2.〉	② 건설사업자 또는 주택건설등록사업자는 제1항에 따라 산출된 품질관리비를 해당 목적에만 사용해야 하며, 발주자 또는 건설사업관리용역사업자는 품질관리비 사용에 관하여 지도 · 감독할 수 있다. 〈개정 2020.3.18.〉 ③ 건설사업자 또는 주택건설등록사업자는 법 제60조제1항에 따라 품질검사 등을 대행하게 하는 경우에는 그 비용을 부담해야 한다. 〈개정 2020.3.18.〉
제57조【건설자재 · 부재의 품질 확보 등】 ①건설사업자와 주택건설등록업자는 대통령령으로 정하는 건설자재 · 부재를 공급받으려는 공장을 선정할 때에는 다음 각 호의 어느 하나에 해당하는 자의 승인(이하 "자재공급원 승인" 이라 한다)을 받아야 한다. 〈신설 2024.1.9.〉 1. 발주청 2. 제39조제2항에 따른 건설사업관리를 수행하는 건설엔지니어링사업자 또는 제49조제1항에 따른 공사감독자 3. 「건축법」 제25조에 따른 공사감리자 4. 「주택법」 제43조에 따른 주택건설공사의 감리자 ② 국토교통부장관은 대통령령으로 정하는 건설자재·부재의 품질 확보를 위하여 필요한 경우에는 관계 중앙행정기관의 장과 협의하여 건설자재·부재의 생산, 공급 및 보관 등에 필요한 사항을 정하여 고시할 수 있다. 〈개정 2024.1.9.〉	**제95조【건설자재 · 부재의 범위】** ① 법 제57조제1항 각 호 외의 부분 및 같은 조 제2항에서 "대통령령으로 정하는 건설자재·부재"란 각각 다음 각 호의 어느 하나에 해당하는 건설자재·부재를 말한다. 〈개정 2020.5.26., 2024.7.2.〉 1. 레디믹스트콘크리트 2. 아스팔트콘크리트 3. 바닷모래 4. 부순 골재 5. 철근, 에이치(H)형강, 구조용 아이(I)형강, 두께 6밀리미터 이상의 건설용 강판, 구조용 · 기초용 강관, 고장력 볼트, 용접봉, 피시(PC)강선, 피시(PC)강연선 및 피시(PC)강봉. 다만, 가시설용(假施設用)은 제외한다. 6. 「건설폐기물의 재활용촉진에 관한 법률」 제2조제7호에 따른 순환골재(이하 "순환골재"라 한다)	**고시** 건설공사 품질관리 업무지침(국토교통부고시 제2024-638호, 2024.11.18.)

법	시 행 령	시 행 규 칙
③ 제2항에 따른 건설자재·부재를 생산(채취를 포함한다) 또는 수입·판매하는 자와 대통령령으로 정하는 공사에 이를 사용하는 건설사업자 또는 주택건설등록업자와 레디믹스트콘크리트(시멘트, 골재 및 물 등을 배합한 굳지 아니한 상태의 콘크리트를 말한다) 또는 아스팔트콘크리트 제조업자는 다음 각 호의 어느 하나에 적합한 건설자재·부재를 공급하거나 사용하여야 한다. 〈개정 2013.7.16., 2019.4.30., 2024.1.9.〉 1. 「산업표준화법」 제12조에 따른 한국산업표준에 적합하다는 인증을 받은 건설자재·부재 2. 그 밖에 대통령령으로 정하는 바에 따라 국토교통부장관이 적합하다고 인정한 건설자재·부재 ④ 레디믹스트콘크리트 제조업자가 반품된 레디믹스트콘크리트를 재사용하려는 경우에는 제2항 각 호의 어느 하나에 적합하여야 한다. 〈신설 2013.7.16., 2024.1.9.〉 ⑤ 국토교통부장관은 건설자재·부재의 품질이 적절한지 확인할 수 있으며, 확인 결과 건설공사에 사용하는 것이 적합하지 아니하다고 인정되는 경우에는 관계 중앙행정기관의 장에게 시정명령 등 필요한 조치를 하도록 요청할 수 있다. 〈개정 2013.7.16., 2024.1.9.〉	② 법 제57조제3항 각 호 외의 부분에서 "대통령령으로 정하는 공사"란 다음 각 호의 구분에 따른 건설공사 중 어느 하나에 해당하는 공사를 말한다.〈개정 2020.1.7., 2024.7.2.〉 1. 건설사업자나 주택건설등록업자가 제1항 각 호의 건설자재·부재를 사용하려는 경우: 제89조제2항제1호·제3호에 해당하는 건설공사 또는 「건설산업기본법」 제41조에 따라 시공자 제한을 받는 건설공사 2. 레디믹스트콘크리트 또는 아스팔트콘크리트 제조업자가 제1항제3호·제4호 또는 제6호의 건설자재를 사용하려는 경우: 건설사업자 또는 주택건설등록업자가 제1호에 따른 건설공사를 시공하는 경우로서 해당 공사의 총설계량이 레디믹스트콘크리트 1천세제곱미터 또는 아스팔트콘크리트 2천톤 이상인 건설공사 ③ 법 제57조제3항제2호에 따른 건설자재·부재는 다음 각 호의 어느 하나에 해당하는 건설자재·부재로 한다.〈개정 2021.1.7., 2021.9.14., 2024.7.2.〉 1. 건설사업자 또는 주택건설등록업자와 레디믹스트콘크리트 또는 아스팔트콘크리트 제조업자가 법 제60조제1항 전단에 따라 품질검사를 대행하는 국립·공립 시험기관 또는 건설엔지니어링사업자에게 품질검사를 의뢰하여 시험을 실시한 결과 한국산업표준에서 정한 기준과 같은 수준 이상이거나 해당 공사의 시방서에 적합한 건설자재·부재 2. 해당 공사의 건설사업관리용역사업자 또는 법 제49조에 따른 공사감독자가 참관하여 품질검사를 한 결과 한국산업표준에서 정한 기준과 같은 수준 이상이거나 해당 공사의 시방서에 적합한 건설자재·부재 3. 「건설폐기물의 재활용촉진에 관한 법률」 제35조에 따른 품질기준에 적합한 순환골재	

법	시 행 령	시 행 규 칙
	4. 「골재채취법」 제22조의4에 따른 품질기준에 적합한 골재(바닷모래 및 부순 골재만 해당한다)	
제58조 【철강구조물공장의 공장인증】 ① 국토교통부장관은 건설공사에 사용되는 철강구조물을 제작하는 자의 신청을 받아 그 능력에 따라 철강구조물의 제작공장(이하 "철강구조물공장"이라 한다)을 등급별로 인증(이하 "공장인증"이라 한다)할 수 있다. ② 국토교통부장관은 공장인증을 받은 철강구조물공장의 운영 실태와 사후관리 상태에 대한 조사(이하 이 조에서 "실태조사"라 한다)를 실시하고 그 결과를 공표할 수 있다. 〈개정 2015.12.29.〉 ③ 국토교통부장관은 실태조사 결과 공장인증의 기준에 맞지 아니하다고 인정하면 시정에 필요한 조치를 명할 수 있다. 〈개정 2015.12.29.〉 ④ 국토교통부장관은 실태조사를 위하여 관계 행정기관 및 철강구조물공장을 운영하는 자 등 국토교통부령으로 정하는 자(이하 "철강구조물공장운영자등"이라 한다)에 대하여 필요한 자료의 제출을 요청할 수 있다. 이 경우 철강구조물공장운영자등은 정당한 사유가 없으면 이에 협조하여야 한다. 〈신설 2015.12.29.〉 ⑤ 제1항 및 제2항에 따른 공장인증의 대상, 기준, 절차 및 실태조사, 실태조사 결과의 공표 등에 필요한 사항은 대통령령으로 정한다. 〈신설 2015.12.29.〉	**제96조 【공장인증의 대상 · 기준 및 절차】** ① 법 제58조제1항에 따른 철강구조물의 제작공장(이하 "철강구조물공장"이라 한다)의 등급별 인증(이하 "공장인증"이라 한다)은 건설공사현장에 철강구조물을 제작·납품하는 공장을 대상으로 한다. ② 공장인증을 받으려는 자는 국토교통부령으로 정하는 바에 따라 다음 각 호의 분야별로 공장인증신청서를 국토교통부장관에게 제출하여야 한다. 1. 교량 분야 2. 건축 분야 ③ 공장인증은 1급·2급·3급 및 4급으로 구분하여 한다. ④ 공장인증의 기준은 별표 10과 같다. ⑤ 공장인증의 세부 기준 및 절차는 국토교통부장관이 정하여 고시한다. **고시** 건설공사 품질관리 업무지침(국토교통부고시 제2024-636호, 2024.11.18.) ⑥ 국토교통부장관은 공장인증을 한 경우에는 그 사실을 관보에 고시하고, 국토교통부령으로 정하는 바에 따라 공장인증서를 신청자에게 발급하여야 한다. ⑦ 국토교통부장관은 공장인증을 받은 자가 제4항에 따른 공장인증기준을 계속 유지하고 있는지를 확인하기 위하여 매년 정기적으로 철강구조물공장의 운영 실태와 사후관리 상태를 조사하고, 그 결과를 조사가 완료된 날부터 2개월 이내에 국토교통부 인터넷 홈페이지 또는 관보에 공표하여	**제54조 【공장인증 등】** ① 영 제96조제2항에 따라 공장인증을 받으려는 자는 별지 제44호서식의 공장인증신청서에 다음 각 호의 서류를 첨부하여 국토교통부장관에게 제출하여야 한다. 1. 공장 기술인력 현황을 기록한 서류 2. 공장 규모 및 설비 현황을 기록한 서류 3. 그 밖에 국토교통부장관이 공장인증을 위하여 필요하다고 인정하여 고시하는 서류 ② 영 제96조제6항에 따른 공장인증서는 별지 제45호서식과 같다. ③ 국토교통부장관은 공장인증을 한 경우에는 별지 제46호서식의 공장인증서 발급대장에 적고, 별지 제47호서식의 공장인증대장을 작성·관리하여야 한다. ④ 법 제58조제4항 전단에서 "관계 행정기관 및 철강구조물공장을 운영하는 자 등 국토교통부령으로 정하는 자"란 다음 각 호의 자를 말한다. 〈신설 2016.7.4.〉 1. 관계 행정기관 2. 철강구조물공장을 운영하는 자

법	시 행 령	시 행 규 칙

제59조【공장인증의 취소 등】 ① 국토교통부장관은 공장인증을 받은 철강구조물공장이 다음 각 호의 어느 하나에 해당하면 그 공장인증을 취소할 수 있다. 다만, 제1호에 해당하는 경우에는 그 공장인증을 취소하여야 한다. 〈개정 2015.12.29.〉

1. 거짓이나 그 밖의 부정한 방법으로 공장인증을 받은 경우
2. 제58조제3항에 따른 시정명령을 이행하지 아니한 경우
3. 철강구조물이 규격에 맞지 아니하거나 부적합하게 제작되어 일반인에게 위해를 끼친 경우

② 제1항에 따른 공장인증 취소 절차 등에 관하여 필요한 사항은 국토교통부령으로 정한다.

야 한다. 〈개정 2016.5.17.〉

⑧ 공장인증을 받은 철강구조물공장을 양수하거나 다른 지역으로 이전한 자는 공장 양수일 또는 공장 이전일부터 3개월 이내에 그 사실을 국토교통부장관에게 신고하여야 하며, 신고를 받은 국토교통부장관은 해당 공장이 공장인증기준을 계속 유지하고 있는지를 확인하기 위하여 운영 실태와 사후관리 상태를 조사하여야 한다.

제55조【공장인증의 취소 공고】 국토교통부장관은 법 제59조제1항에 따라 공장인증을 취소한 경우에는 그 사실을 지체 없이 철강구조물을 제작하는 자에게 서면으로 알리고 관보에 고시하여야 한다.

제60조【품질검사의 대행 등】 ① 건설공사의 발주자, 건설사업자 또는 주택건설등록업자는 대통령령으로 정하는 국립·공립 시험기관 또는 건설엔지니어링사업자로 하여금 건설공사의 품질관리를 위한 시험·검사(이하 "품질검사"라 한다) 등을 대행하게 할 수 있다. 이 경우 발주자, 건설사업자 또는 주택건설등록업자는 제62조제15항에 따른 건설공사 안전관리 종합정보망을 통하여 품질검사의 대행을 의뢰하여야 한다. 〈개정 2019.4.30., 2021.3.16., 2024.1.9.〉

② 제1항에 따라 품질검사의 대행을 의뢰받은 자는 발주자 또는 건설사업관리를 수행하는 건설엔지니어링사업자의 봉인 또는 확인을 거친 재료로 품질검사를 하여야 한다. 〈신설 2017.8.9., 2019.4.30., 2021.3.16.〉

③ 제1항에 따라 품질검사의 대행을 의뢰받은 자는 건설공사에 사용되는 재료 등에 대한 품질검사를 완료한 날부터 7일 이내에 품질검사 성적서 및 품질검사 내용을 열람이

제97조【품질검사의 대행 등】 ① 법 제60조제1항 전단에서 "대통령령으로 정하는 국립·공립 시험기관"이란 다음 각 호의 기관을 말한다. 〈개정 2015.1.6., 2024.7.2.〉

1. 지방국토관리청
2. 지방중소기업청
3. 국가기술표준원
4. 시·도의 건설시험 분야 시험소 및 사업소
5. 국방시설본부
6. 조달청 품질관리단
7. 지방해양수산청
8. 국립·공립 대학이 설립한 건설시험 관련 연구소

② 법 제60조제1항 전단에 따라 품질검사를 대행하는 국립·공립 시험기관 또는 건설엔지니어링사업자는 다음 각 호의 사항을 매년 1월 31일까지 국토교통부장관에게 제출해야 한다. 〈개정 2020.1.7., 2021.9.14., 2024.7.2.〉

제56조【품질검사의 대행 의뢰 등】 ① 발주자, 건설사업자 또는 주택건설등록사업자는 법 제60조제1항에 따라 건설공사의 품질검사의 대행을 의뢰하려는 경우에는 다음 각 호의 사항을 법 제62조제15항에 따른 건설공사 안전관리 종합정보망(이하 "정보망"이라 한다)에 입력해야 한다. 〈개정 2020.3.18., 2021.9.17., 2024.7.10.〉

1. 품질검사의 종목·기준, 목적 등 품질검사의 대행에 관한 사항
2. 품질검사의 의뢰자, 제2항에 따른 시료의 채취자 및 발주자 또는 건설사업관리를 수행하는 건설엔지니어링사업자의 성명(법인인 경우에는 그 명칭

법

가능하도록 제62조제15항에 따른 건설공사 안전관리 종합정보망에 입력하여야 한다. 〈신설 2017.8.9., 2024.1.9.〉

④ 국토교통부장관은 품질검사를 대행하는 건설엔지니어링사업자가 제1항에 따라 품질검사를 정확하게 하는지 조사하고, 필요한 경우에는 시정을 명하는 등의 조치를 할 수 있다. 이 경우 국토교통부장관이 필요하다고 인정하면 조사 결과를 공표할 수 있다. 〈개정 2015.12.29., 2017.8.9., 2019.4.30., 2021.3.16.〉

⑤ 그 밖에 제1항에 따라 건설공사 안전관리 종합정보망에 입력하여야 하는 품질검사 성적서 및 품질검사 내용, 제4항에 따른 조사 및 조사 결과의 공표 등에 필요한 사항은 국토교통부령으로 정한다. 〈개정 2015.12.29., 2017.8.9., 2024.1.9.〉

시 행 령

1. 품질검사에 사용되는 장비·기술인력의 현황
2. 「국가표준기본법 시행령」 제16조에 따른 시험·검사기관의 인정을 받은 분야 현황
3. 시험 실시 종목
4. 전년도의 품질검사 대행 실적

③ 건설사업자와 주택건설등록업자는 계열회사를 품질검사를 대행하는 건설엔지니어링사업자로 선정해서는 안 된다. 〈개정 2020.1.7., 2021.9.14.〉

시 행 규 칙

을 말한다) 및 서명

② 건설사업자 또는 주택건설등록사업자는 법 제60조제1항에 따라 건설공사의 품질검사의 대행을 의뢰하려는 경우에는 그 의뢰 내용에 대하여 미리 해당 건설공사 발주자 또는 건설사업관리를 수행하는 건설엔지니어링사업자의 확인을 받아야 하며, 품질검사의 대행을 의뢰하기 위하여 시료(試料)를 채취하였을 때에는 해당 건설공사 발주사 또는 건설사업관리를 수행하는 건설엔지니어링사업자의 봉인 또는 확인을 받아야 한다. 〈개정 2018.10.12., 2020.3.18., 2021.9.17., 2024.7.10.〉

③ 삭제 〈2024.7.10〉

④ 발주자는 건설공사에 사용되는 재료 중 중요하다고 인정되는 재료에 대한 품질검사 과정에 참관·확인할 수 있다.

⑤ 건설엔지니어링사업자는 법 제60조제3항에 따라 다음 각 호의 내용 및 자료를 정보망에 입력해야 한다. 〈개정 2024.7.10〉

1. 품질검사의 종목·방법·결과, 품질검사를 대행하는 건설엔지니어링사업자의 성명(법인인 경우에는 그 명칭을 말한다) 및 서명 등 품질검사 성적서에 기재되는 내용
2. 품질검사의 실시 여부를 확인할 수

법	시 행 령	시 행 규 칙
		있는 사진 등 증빙자료 ⑥ 삭제 〈2018.10.12.〉 ⑦ 건설사업자 및 주택건설등록사업자는 정보망을 통해 열람하는 품질검사 성적서를 해당 목적 외에 다른 목적으로 사용해서는 안 된다. 〈개정 2018.10.12., 2020.3.18., 2024.7.10.〉 ⑧ 영 제97조제2항제4호에 따른 전년도의 품질검사 대행 실적의 제출은 별지 제50호서식의 품질검사 대행 실적 통보서에 따른다.
제61조 【품질검사의 대행에 대한 평가기관】 ① 국토교통부장관은 품질검사를 대행하는 건설엔지니어링사업자가 제26조제1항에 따른 등록기준을 갖추었는지와 품질검사를 정확하게 하는지에 관하여 전문적이고 기술적으로 조사·평가하기 위하여 「공공기관의 운영에 관한 법률」에 따른 공공기관 중에서 평가기관(이하 이 조에서 "평가기관"이라 한다)을 지정할 수 있다. 〈개정 2019.4.30.〉 ② 정부는 평가기관에 대하여 예산의 범위에서 필요한 경비를 지원할 수 있다. ③ 국토교통부장관은 평가기관의 운영 실태를 조사할 수 있으며, 조사 결과 필요하다고 인정하는 경우에는 시정을 명할 수 있다. 이 경우 국토교통부장관이 필요하다고 인정하면 운영 실태조사의 결과를 공표할 수 있다. 〈개정 2015.12.29.〉 ④ 국토교통부장관은 평가기관이 부정한 방법으로 조사·평가를 한 경우에는 그 지정을 취소하여야 하며, 시정명령에		**제57조 【품질검사 대행에 대한 평가기관】** ① 국토교통부장관은 법 제61조제1항에 따라 품질검사를 대행하는 건설엔지니어링사업자의 조사 및 평가를 위한 평가기관(이하 "평가기관"이라 한다)을 지정하거나 취소한 경우에는 이를 관보에 고시해야 한다. 〈개정 2020.3.18., 2021.9.17.〉 ② 국토교통부장관은 평가기관의 업무수행에 필요한 운영지침을 정할 수 있으며, 평가기관은 그 운영지침에 따라 업무를 수행하여야 한다. ③ 법 제61조제3항 후단에 따른 평가기관 운영 실태조사의 결과공표는 조사가 완료된 날부터 2개월 이내에 국토교통부 인터넷 홈페이지에 게시하거나 관보

법	시 행 령	시 행 규 칙
따르지 아니한 경우에는 그 지정을 취소할 수 있다. ⑤ 국토교통부장관은 제3항에 따른 운영 실태조사를 위하여 평가기관에 대하여 필요한 자료의 제출을 요청할 수 있다. 이 경우 요청을 받은 평가기관은 정당한 사유가 없으면 이에 협조하여야 한다. 〈개정 2015.12.29.〉 ⑥ 제1항부터 제4항까지에 따른 평가기관의 지정, 지정취소, 관리 및 운영 실태조사, 운영 실태조사의 결과 공표 등에 필요한 사항은 국토교통부령으로 정한다. 〈신설 2015.12.29.〉		에 공표하는 방법으로 하여야 한다. 〈신설 2016.7.4.〉
제62조【건설공사의 안전관리】 ① 건설사업자와 주택건설등록업자는 대통령령으로 정하는 건설공사를 시행하는 경우 안전점검 및 안전관리조직 등 건설공사의 안전관리계획(이하 "안전관리계획"이라 한다)을 수립하고, 착공 전에 이를 발주자에게 제출하여 승인을 받아야 한다. 이 경우 발주청이 아닌 발주자는 미리 안전관리계획의 사본을 인·허가기관의 장에게 제출하여 승인을 받아야 한다. 〈개정 2018.12.31., 2019.4.30., 2020.6.9.〉 ② 제1항에 따라 안전관리계획을 제출받은 발주청 또는 인·허가기관의 장은 안전관리계획의 내용을 검토하여 그 결과를 건설사업자와 주택건설등록업자에게 통보하여야 한다. 〈개정 2018.12.31., 2019.4.30.〉 ③ 발주청 또는 인·허가기관의 장은 제1항에 따라 제출받아 승인한 안전관리계획서 사본과 제2항에 따른 검토결과를 국토교통부장관에게 제출하여야 한다. 〈신설 2018.12.31.〉 ④ 건설사업자와 주택건설등록업자는 안전관리계획에 따라 안전점검을 하여야 한다. 이 경우 대통령령으로 정하는 안전점검에 대해서는 발주자(발주청이 아닌 경우에는 인·허가기관의 장을 말한다)가 대통령령으로 정하는 바에 따라 안	**제98조【안전관리계획의 수립】** ① 법 제62조제1항에 따른 안전관리계획(이하 "안전관리계획"이라 한다)을 수립해야 하는 건설공사는 다음 각 호와 같다. 이 경우 원자력시설공사는 제외하며, 해당 건설공사가 「산업안전보건법」 제42조에 따른 유해위험방지계획을 수립해야 하는 건설공사에 해당하는 경우에는 해당 계획과 안전관리계획을 통합하여 작성할 수 있다. 〈개정 2016.1.12., 2016.5.17., 2016.8.11., 2018.1.16., 2019.12.24., 2021.1.5.〉 1. 「시설물의 안전 및 유지관리에 관한 특별법」 제7조제1호 및 제2호에 따른 1종시설물 및 2종시설물의 건설공사(같은 법 제2조제11호에 따른 유지관리를 위한 건설공사는 제외한다) 2. 지하 10미터 이상을 굴착하는 건설공사. 이 경우 굴착 깊이 산정 시 집수정(물저장고), 엘리베이터 피트 및 정화조 등의 굴착 부분은 제외하며, 토지에 높낮이 차가 있는 경우 굴착 깊이의 산정방법은 「건축법 시행령」 제119조제2항을 따른다. 3. 폭발물을 사용하는 건설공사로서 20미터 안에 시설물이 있거나 100미터 안에 사육하는 가축이 있어 해당 건설공사로	**제58조【안전관리계획의 수립기준】** 법 제62조제1항에 따른 안전관리계획(이하 "안전관리계획"이라 한다)의 수립기준은 별표 7과 같다. **관계법** 「산업안전보건법」 제42조(유해위험방지계획서의 작성 · 제출 등) ① 사업주는 다음 각 호의 어느 하나에 해당하는 경우에는 이 법 또는 이 법에 따른 명령에서 정하는 유해 · 위험 방지에 관한 사항을 적은 계획서(이하 "유해위험방지계획서"라 한다)를 작성하여 고용노동부령으로 정하는 바에 따라 고용노동부장관에게 제출하고 심사를 받아야 한다. 다만, 제3호에 해당하는 사업주 중 산업재해발생률 등을 고려하여 고용노동부령으로 정하는 기준에 해당하는 사업주는 유해위험방지계획서를 스스로 심사하고, 그 심사결과서를 작성하여 고용노동부장관에게 제출하여야 한다. 1. 대통령령으로 정하는 사업의 종류 및 규모에 해당하는 사업으로서 해당 제품의 생산

법	시 행 령	시 행 규 칙
전점검을 수행할 기관을 지정하여 그 업무를 수행하여야 한다. 〈신설 2018.12.31., 2019.4.30.〉 ⑤ 건설사업자와 주택건설등록업자는 제4항에 따라 실시한 안전점검 결과를 국토교통부장관에게 제출하여야 한다. 〈신설 2018.12.31., 2019.4.30.〉	인한 영향을 받을 것이 예상되는 건설공사 4. 10층 이상 16층 미만인 건축물의 건설공사 4의2. 다음 각 목의 리모델링 또는 해체공사 가. 10층 이상인 건축물의 리모델링 또는 해체공사 나. 「주택법」 제2조제25호다목에 따른 수직증축형 리모델링 5. 「건설기계관리법」 제3조에 따라 등록된 다음 각 목의 어느 하나에 해당하는 건설기계가 사용되는 건설공사 가. 천공기(높이가 10미터 이상인 것만 해당한다) 나. 항타 및 항발기 다. 타워크레인 5의2. 제101조의2제1항 각 호의 가설구조물을 사용하는 건설공사 6. 제1호부터 제4호까지, 제4호의2, 제5호 및 제5호의2의 건설공사 외의 건설공사로서 다음 각 목의 어느 하나에 해당하는 공사 가. 발주자가 안전관리가 특히 필요하다고 인정하는 건설공사 나. 해당 지방자치단체의 조례로 정하는 건설공사 중에서 인·허가기관의 장이 안전관리가 특히 필요하다고 인정하는 건설공사 ② 건설사업자와 주택건설등록업자는 법 제62조제1항에 따라 안전관리계획을 수립하여 발주청 또는 인·허가기관의 장에게 제출하는 경우에는 미리 공사감독자 또는 건설사업관리기술인의 검토·확인을 받아야 하며, 건설공사를 착공하기 전에 발주청 또는 인·허가기관의 장에게 제출해야 한다. 안전관리계획의 내용을 변경하는 경우에도 또한 같다. 〈개정 2015.7.6., 2016.1.12., 2018.12.11., 2020.1.7.〉 ③ 법 제62조제1항에 따라 안전관리계획을 제출받은 발주청 또는 인·허가기관의 장은 안전관리계획의 내용을 검토하여 안전관리계획을 제출받은 날부터 20일 이내에 건설사업자 또는 주택건설등록업자에게 그 결과를 통보해야 한다. 〈개	공정과 직접적으로 관련된 건설물·기계·기구 및 설비 등 일체를 설치·이전하거나 그 주요 구조부분을 변경하려는 경우 2. 유해하거나 위험한 작업 또는 장소에서 사용하거나 건강장해를 방지하기 위하여 사용하는 기계·기구 및 설비로서 대통령령으로 정하는 기계·기구 및 설비를 설치·이전하거나 그 주요 구조부분을 변경하려는 경우 3. 대통령령으로 정하는 크기, 높이 등에 해당하는 건설공사를 착공하려는 경우 ② 제1항제3호에 따른 건설공사를 착공하려는 사업주(제1항 각 호 외의 부분 단서에 따른 사업주는 제외한다)는 유해위험방지계획서를 작성할 때 건설안전 분야의 자격 등 고용노동부령으로 정하는 자격을 갖춘 자의 의견을 들어야 한다. ③ 제1항에도 불구하고 사업주가 제44조제1항에 따라 공정안전보고서를 고용노동부장관에게 제출한 경우에는 해당 유해·위험설비에 대해서는 유해위험방지계획서를 제출한 것으로 본다. ④ 고용노동부장관은 제1항 각 호 외의 부분 본문에 따라 제출된 유해위험방지계획서를 고용노동부령으로 정하는 바에 따라 심사하여 그 결과를 사업주에게 서면으로 알려 주어야 한다. 이 경우 근로자의 안전 및 보건의 유지·증진을 위하여 필요하다고 인정하는 경우에는 해당 작업 또는 건설공사를 중지하거나 유해위험방지계획서를 변경할 것을 명할 수 있다. ⑤ 제1항에 따른 사업주는 같은 항 각 호 외의 부분 단서에 따라 스스로 심사하거나 제4항에

법	시 행 령	시 행 규 칙
	정 2016.1.12., 2017.12.29., 2019.6.25., 2020.1.7.〉 ④ 발주청 또는 인·허가기관의 장이 제3항에 따라 안전관리계획의 내용을 심사하는 경우에는 제100조제2항에 따른 건설안전점검기관에 검토를 의뢰하여야 한다. 다만, 「시설물의 안전 및 유지관리에 관한 특별법」 제7조제1호 및 제2호에 따른 1종시설물 및 2종시설물의 건설공사의 경우에는 국토안전관리원에 안전관리계획의 검토를 의뢰하여야 한다. 〈개정 2016.1.12., 2017.12.29., 2018.1.16., 2020.12.1.〉 ⑤ 발주청 또는 인·허가기관의 장은 제3항에 따른 안전관리계획의 검토 결과를 다음 각 호의 구분에 따라 판정한 후 제1호 및 제2호의 경우에는 승인서(제2호의 경우에는 보완이 필요한 사유를 포함해야 한다)를 건설업자 또는 주택건설등록업자에게 발급해야 한다. 〈개정 2016.1.12., 2019.6.25.〉 1. 적정: 안전에 필요한 조치가 구체적이고 명료하게 계획되어 건설공사의 시공상 안전성이 충분히 확보되어 있다고 인정될 때 2. 조건부 적정: 안전성 확보에 치명적인 영향을 미치지는 아니하지만 일부 보완이 필요하다고 인정될 때 3. 부적정: 시공 시 안전사고가 발생할 우려가 있거나 계획에 근본적인 결함이 있다고 인정될 때 ⑥ 발주청 또는 인·허가기관의 장은 건설사업자 또는 주택건설등록업자가 제출한 안전관리계획서가 제5항제3호에 따른 부적정 판정을 받은 경우에는 안전관리계획의 변경 등 필요한 조치를 해야 한다. 〈개정 2016.1.12., 2020.1.7.〉 ⑦ 발주청 또는 인·허가기관의 장은 법 제62조제3항에 따른 안전관리계획서 사본 및 검토결과를 제3항에 따라 건설업자 또는 주택건설등록업자에게 통보한 날부터 7일 이내에 국토교통부장관에게 제출해야 한다. 〈신설 2019.6.25.〉	따라 고용노동부장관이 심사한 유해위험방지계획서와 그 심사결과서를 사업장에 갖추어 두어야 한다. ⑥ 제1항제3호에 따른 건설공사를 착공하려는 사업주로서 제5항에 따라 유해위험방지계획서 및 그 심사결과서를 사업장에 갖추어 둔 사업주는 해당 건설공사의 공법의 변경 등으로 인하여 그 유해위험방지계획서를 변경할 필요가 있는 경우에는 이를 변경하여 갖추어 두어야 한다.

법	시 행 령	시 행 규 칙
	⑧ 국토교통부장관은 법 제62조제3항에 따라 제출받은 안전관리계획서 및 계획서 검토결과가 다음 각 호의 어느 하나에 해당하여 건설안전에 위험을 발생시킬 우려가 있다고 인정되는 경우에는 법 제62조제10항에 따라 안전관리계획서 및 계획서 검토결과의 적정성을 검토할 수 있다. 〈신설 2019.6.25.〉 1. 건설사업자 또는 주택건설등록업자가 안전관리계획을 성실하게 수립하지 않았다고 인정되는 경우 2. 발주청 또는 인·허가기관의 장이 안전관리계획서를 성실하게 검토하지 않았다고 인정되는 경우 3. 그 밖에 안전사고가 자주 발생하는 공종이 포함된 건설공사의 안전관리계획서 및 계획서 검토결과 등 국토교통부장관이 정하여 고시하는 사항에 해당하는 경우 ⑨ 법 제62조제10항에 따라 시정명령 등 필요한 조치를 하도록 요청받은 발주청 및 인·허가기관의 장은 건설사업자 및 주택건설등록업자에게 안전관리계획서 및 계획서 검토결과에 대한 수정이나 보완을 명해야 하며, 수정이나 보완조치가 완료된 경우에는 7일 이내에 국토교통부장관에게 제출해야 한다. 〈신설 2019.6.25., 2020.1.7.〉 ⑩ 제8항 및 제9항에 따른 안전관리계획서 및 계획서 검토결과의 적정성 검토와 그에 필요한 조치 등에 관한 세부적인 절차 및 방법은 국토교통부장관이 정하여 고시한다. 〈신설 2019.6.25.〉	
⑥ 안전관리계획의 수립 기준, 제출·승인의 방법 및 절차, 안전점검의 시기·방법 및 안전점검 대가(代價) 등에 필요한 사항은 대통령령으로 정한다. 〈개정 2018.8.14., 2018.12.31., 2020.6.9.〉 ⑦ 건설사업자나 주택건설등록업자는 안전관리계획을 수립	**제99조 【안전관리계획의 수립 기준】** ① 법 제62조제6항에 따른 안전관리계획의 수립 기준에는 다음 각 호의 사항이 포함되어야 한다. 〈개정 2016.1.12., 2019.6.25.〉 1. 건설공사의 개요 및 안전관리조직 2. 공정별 안전점검계획(계측장비 및 폐쇄회로 텔레비전 등	

법

하였던 건설공사를 준공하였을 때에는 대통령령으로 정하는 방법 및 절차에 따라 안전점검에 관한 종합보고서(이하 "종합보고서"라 한다)를 작성하여 발주청(발주자가 발주청이 아닌 경우에는 인·허가기관의 장을 말한다)에게 제출하여야 한다. 〈개정 2018.12.31., 2019.4.30.〉

⑧ 제7항에 따라 종합보고서를 받은 발주청 또는 인·허가기관의 장은 대통령령으로 정하는 바에 따라 종합보고서를 국토교통부장관에게 제출하여야 한다. 〈개정 2018.12.31.〉

⑨ 국토교통부장관, 발주청 및 인·허가기관의 장은 제7항 및 제8항에 따라 받은 종합보고서를 대통령령으로 정하는 바에 따라 보존·관리하여야 한다. 〈개정 2018.12.31.〉

⑩ 국토교통부장관은 건설공사의 안전을 확보하기 위하여 제3항에 따라 제출받은 안전관리계획서 및 계획서 검토결과와 제5항에 따라 제출받은 안전점검결과의 적정성을 대통령령으로 정하는 바에 따라 검토할 수 있으며, 적정성 검토 결과 필요한 경우 대통령령으로 정하는 바에 따라 발주청 또는 인·허가기관의 장으로 하여금 건설사업자 및 주택건설등록업자에게 시정명령 등 필요한 조치를 하도록 요청할 수 있다. 〈신설 2018.12.31., 2019.4.30.〉

⑪ 건설사업자 또는 주택건설등록업자는 동바리, 거푸집, 비계 등 가설구조물 설치를 위한 공사를 할 때 대통령령으로 정하는 바에 따라 가설구조물의 구조적 안전성을 확인하기에 적합한 분야의 「국가기술자격법」에 따른 기술사(이하 "관계전문가"라 한다)에게 확인을 받아야 한다. 〈신설 2015.1.6., 2018.12.31., 2019.4.30.〉

⑫ 관계전문가는 가설구조물이 안전에 지장이 없도록 가설구조물의 구조적 안전성을 확인하여야 한다. 〈신설 2015.1.6., 2018.12.31.〉

시 행 령

안전 모니터링 장비의 설치 및 운용계획이 포함되어야 한다)

3. 공사장 주변의 안전관리대책(건설공사 중 발파·진동·소음이나 지하수 차단 등으로 인한 주변지역의 피해방지대책과 굴착공사로 인한 위험징후 감지를 위한 계측계획을 포함한다)
4. 통행안전시설의 설치 및 교통 소통에 관한 계획
5. 안전관리비 집행계획
6. 안전교육 및 비상시 긴급조치계획
7. 공종별 안전관리계획(대상 시설물별 건설공법 및 시공절차를 포함한다)

② 제1항 각 호에 따른 안전관리계획의 수립 기준에 관한 세부적인 내용은 국토교통부령으로 정한다.

제100조【안전점검의 시기 · 방법 등】 ① 건설사업자와 주택건설등록업자는 건설공사의 공사기간 동안 매일 자체안전점검을 하고, 제2항에 따른 기관에 의뢰하여 다음 각 호의 기준에 따라 정기안전점검 및 정밀안전점검 등을 해야 한다.

1. 건설공사의 종류 및 규모 등을 고려하여 국토교통부장관이 정하여 고시하는 시기와 횟수에 따라 정기안전점검을 할 것
2. 정기안전점검 결과 건설공사의 물리적·기능적 결함 등이 발견되어 보수·보강 등의 조치를 위하여 필요한 경우에는 정밀안전점검을 할 것
3. 제98조제1항제1호에 해당하는 건설공사에 대해서는 그 건설공사를 준공(임시사용을 포함한다)하기 직전에 제1호에 따른 정기안전점검 수준 이상의 안전점검을 할 것
4. 제98조제1항 각 호의 어느 하나에 해당하는 건설공사가 시행 도중에 중단되어 1년 이상 방치된 시설물이 있는 경우

시 행 규 칙

제59조【정기안전점검 및 정밀안전점검】 ① 영 제100조제1항제1호에 따른 정기안전점검에서의 점검사항은 다음 각 호와 같다. 〈개정 2020.12.14.〉

1. 공사목적물의 안전시공을 위한 임시시설 및 가설공법의 안전성
2. 공사 목적물의 품질, 시공상태 등의 적정성
3. 인접 건축물 또는 구조물의 안정성 등 공사장 주변 안전조치의 적정성
4. 영 제98조제1항제5호각 목에 해당하는 건설기계의 설치(타워크레인 인상을 포함한다)·해체 등 작업절차 및 작업 중 건설기계의 전도·붕괴 등을

법	시 행 령	시 행 규 칙

⑬ 국토교통부장관은 건설공사의 안전을 확보하기 위하여 건설공사에 참여하는 다음 각 호의 자(이하 "건설공사 참여자"라 한다)가 갖추어야 하는 안전관리체계와 수행하여야 하는 안전관리 업무 등을 정하여 고시하여야 한다. 〈신설 2015.5.18., 2018.12.31., 2019.4.30., 2021.3.16.〉

1. 발주자(발주청이 아닌 경우에는 인·허가기관의 장을 말한다)
2. 건설엔지니어링사업자
3. 건설사업자 및 주택건설등록업자

⑭ 국토교통부장관은 건설공사의 안전을 확보하기 위하여 건설공사 참여자의 안전관리 수준을 대통령령으로 정하는 절차 및 기준에 따라 평가하고 그 결과를 공개할 수 있다. 〈신설 2015.5.18., 2018.12.31.〉

⑮ 국토교통부장관은 건설사고 통계 등 건설안전에 필요한 자료를 효율적으로 관리하고 공동활용을 촉진하기 위하여 건설공사 안전관리 종합정보망(이하 "정보망"이라 한다)을 구축·운영할 수 있다. 〈신설 2015.5.18., 2018.12.31.〉

⑯ 국토교통부장관은 건설공사 참여자의 안전관리 수준을 평가하고, 정보망을 구축·운영하기 위하여 건설공사 참여자, 관련 협회, 중앙행정기관 또는 지방자치단체의 장에게 필요한 자료를 요청할 수 있다. 이 경우 요청을 받은 자는 특별한 사유가 없으면 그 요청에 따라야 한다. 〈신설 2015.5.18., 2018.12.31.〉

⑰ 정보망의 구축 및 운영 등에 필요한 사항은 대통령령으로 정한다. 〈신설 2015.5.18., 2018.12.31.〉

⑱ 발주청은 대통령령으로 정하는 방법과 절차에 따라 설계의 안전성을 검토하고 그 결과를 국토교통부장관에게 제출하여야 한다. 〈신설 2018.12.31.〉

에는 그 공사를 다시 시작하기 전에 그 시설물에 대하여 제1호에 따른 정기안전점검 수준의 안전점검을 할 것

② 제1항 각 호의 구분에 따른 정기안전점검 및 정밀안전점검 등을 건설사업자나 주택건설등록업자로부터 의뢰받아 실시할 수 있는 기관(이하 "건설안전점검기관"이라 한다)은 다음 각 호의 기관으로 한다. 다만, 그 기관이 해당 건설공사의 발주자인 경우에는 정기안전점검만을 할 수 있다. 〈개정 2018.1.16., 2020.12.1.〉

1. 「시설물의 안전 및 유지관리에 관한 특별법」 제28조에 따라 등록한 안전진단전문기관
2. 국토안전관리원

③ 건설사업자와 주택건설등록업자는 국토교통부장관이 정하여 고시하는 절차에 따라 발주자(발주자가 발주청이 아닌 경우에는 인·허가기관의 장을 말한다)가 지정하는 건설안전점검기관에 정기안전점검 또는 정밀안전점검 등의 실시를 의뢰해야 한다. 이 경우 그 건설공사를 발주·설계·시공·감리 또는 건설사업관리를 수행하는 자의 계열회사인 건설안전점검기관에 의뢰해서는 안 된다. 〈개정 2019.6.25.〉

④ 안전점검을 한 건설안전점검기관은 안전점검 실시 결과를 안전점검 완료 후 30일 이내에 발주자, 해당 인·허가기관의 장(발주자가 발주청이 아닌 경우만 해당한다), 건설사업자 또는 주택건설등록업자에게 통보해야 한다. 이 경우 점검 결과를 통보받은 발주자나 인·허가기관의 장은 건설사업자 또는 주택건설등록업자에게 보수·보강 등 필요한 조치를 요청할 수 있다. 〈개정 2019.6.25., 2020.1.7.〉

⑤ 제4항에 따라 안전점검 결과를 통보받은 건설사업자 또는 주택건설등록업자는 통보받은 날부터 15일 이내에 안전점검 결과를 국토교통부장관에게 제출해야 한다. 〈신설 2019.

예방하기 위한 안전조치의 적정성

② 영 제100조제1항제2호에 따른 정밀안전점검에서는 시설물의 물리적·기능적 결함에 대한 구조적 안전성 및 결함의 원인 등을 조사·측정·평가하여 보수·보강 등의 방법을 제시하여야 한다.

③ 영 제100조제6항 후단에서 "국토교통부령으로 정하는 자격요건"이란 「건설기계관리법 시행규칙」 별표 9 제2호나목1) 또는 2)의 검사주임 또는 검사원의 자격요건을 말한다. 〈신설 2020.12.14.〉

④ 제1항 및 제2항에 따른 정기안전점검 및 정밀안전점검에 관한 세부사항은 국토교통부장관이 정하여 고시한다. 〈개정 2020.12.14.〉

고시 건설공사 안전관리 업무수행 지침(국토교통부고시 제2022-791호, 2022.12.20.)

법	시 행 령	시 행 규 칙
	6.25., 2020.1.7.〉 ⑥ 제1항 각 호에 따라 정기안전점검 및 정밀안전점검 등을 할 수 있는 사람(이하 "안전점검책임기술인"이라 한다)은 별표 1에 따른 해당 분야의 특급기술인으로서 「시설물의 안전 및 유지관리에 관한 특별법 시행령」 제9조에 따라 국토교통부장관이 인정하는 해당 기술 분야의 안전점검교육 또는 정밀안전진단교육을 이수한 사람으로 한다. 이 경우 안전점검책임기술인은 타워크레인에 대한 정기안전점검을 할 때에는 국토교통부령으로 정하는 자격요건을 갖춘 사람으로 하여금 자신의 감독하에 안전점검을 하게 해야 하고, 그 밖에 안전점검을 할 때 필요한 경우에는 「시설물의 안전 및 유지관리에 관한 특별법 시행령」 별표 11의 기술인력의 구분란에 규정된 자격요건을 갖춘 사람으로 하여금 자신의 감독하에 안전점검을 하게 할 수 있다. 〈개정 2018.1.16., 2018.12.11., 2019.6.25., 2020.12.8.〉 ⑦ 제1항에 따른 정기안전점검 및 정밀안전점검의 실시에 관한 세부 사항은 국토교통부령으로 정한다. 〈개정 2019.6.25.〉 ⑧ 법 제62조제6항에 따른 안전점검의 대가는 다음 각 호의 비용을 합한 금액으로 한다. 〈개정 2019.6.25.〉 1. 직접인건비: 안전점검 업무를 수행하는 인원의 급료·수당 등 2. 직접경비: 안전점검 업무를 수행하는 데에 필요한 여비, 차량운행비 등 3. 간접비: 직접인건비 및 직접경비에 포함되지 아니하는 각종 경비 4. 기술료 5. 그 밖에 각종 조사·시험비 등 안전점검에 필요한 비용 ⑨ 제8항에 따른 안전점검 대가의 세부 산출기준은 건설공사의 종류 및 규모 등을 고려하여 국토교통부장관이 정하여 고시한다. 〈개정 2019.6.25.〉	

제100조의2 【안전점검 대상 및 수행기관 지정 방법 등】 ① 법 제62조제4항 후단에서 "대통령령으로 정하는 안전점검"이란 제100조제1항 각 호의 기준에 따라 실시하는 안전점검을 말한다.

② 발주자(발주청이 아닌 경우에는 인·허가기관의 장을 말한다. 이하 이 조에서 같다)는 법 제62조제4항 후단에 따른 안전점검을 수행할 기관(이하 "안전점검 수행기관"이라 한다)을 지정하기 위해 제100조제2항에 따른 건설안전점검기관을 대상으로 모집공고를 거쳐 안전점검 수행기관의 명부를 작성하고 관리해야 한다.

③ 건설사업자와 주택건설등록업자는 법 제62조제4항 후단에 따른 안전점검을 실시하려는 경우에는 발주자에게 안전점검 수행기관의 지정을 요청해야 한다. 〈개정 2020.1.7.〉

④ 제3항에 따라 안전점검 수행기관의 지정 요청을 받은 발주자는 제2항에 따라 작성·관리 중인 명부에서 안전점검 수행기관을 지정하고, 이를 건설사업자 또는 주택건설등록업자에게 통보해야 한다. 〈개정 2020.1.7.〉

⑤ 제2항부터 제4항까지에서 규정한 사항 외에 안전점검 수행기관의 모집공고, 지정 방법 및 절차에 관한 세부사항은 국토교통부장관이 정하여 고시한다.

[본조신설 2019.6.25.]

제100조의3 【안전점검결과의 적정성 검토】 ① 국토교통부장관은 법 제62조제5항에 따라 제출받은 안전점검결과가 다음 각 호의 어느 하나에 해당하여 안전사고의 위험이 있다고 인정되는 경우에는 법 제62조제10항에 따라 안전점검결과의 적정성을 검토할 수 있다.

1. 안전점검 수행기관이 안전점검을 성실하게 수행하지 않았

법	시 행 령	시 행 규 칙

다고 인정되는 경우

2. 그 밖에 안전사고가 자주 발생하는 공종이 포함된 건설공사의 안전점검결과 등 국토교통부장관이 정하여 고시하는 사항에 해당하는 경우

② 법 제62조제10항에 따라 안전점검결과의 적정성을 검토하는 경우에는 다음 각 호의 사항이 포함되어야 한다.

1. 임시시설, 가설공법, 공사목적물 및 공사장 주변에 대한 조사·분석의 방법과 그 결과의 적정성
2. 안전점검 실시결과에 따라 제시된 보수·보강 등의 방법에 대한 적정성
3. 그 밖에 국토교통부장관이 해당 건설공사의 안전을 위하여 필요하다고 인정하는 사항

③ 법 제62조제10항에 따라 시정명령 등 필요한 조치를 하도록 요청받은 발주청 및 인·허가기관의 장은 건설사업자와 주택건설등록업자에게 안전점검결과에 대한 수정이나 보완을 명해야 한다. 이 경우 국토교통부장관은 해당 안전점검결과가 안전점검 수행기관에 의해 작성된 경우에는 그 안전점검 수행기관을 제100조의2제2항에 따라 작성·관리 중인 명부에서 제외할 수 있다. 〈개정 2020.1.7.〉

④ 제1항부터 제3항까지에서 규정한 사항 외에 안전점검결과의 적정성 검토대상, 검토방법 및 조치 등에 관한 세부사항은 국토교통부장관이 정하여 고시한다.

[본조신설 2019.6.25.]

고시 건설공사 안전관리 업무수행 지침(국토교통부고시 제2022-791호, 2022.12.20.)

제101조【안전점검에 관한 종합보고서의 작성 및 보존 등】 ① 법 제62조제7항에 따른 안전점검에 관한 종합보고서(이하 "종합보고서"라 한다)에는 제100조제1항 각 호의 기준에 따라 실시한 안전점검의 내용 및 그 조치사항을 포함해야

한다. 〈개정 2019.6.25.〉

② 법 제62조제7항에 따라 종합보고서를 제출받은 발주청 또는 인·허가기관의 장은 해당 건설공사의 준공 후 3개월 이내에 종합보고서(「시설물의 안전 및 유지관리에 관한 특별법」 제7조제1호 및 제2호에 따른 1종시설물 및 2종시설물에 대한 종합보고서로 한정한다)를 국토교통부장관에게 제출해야 한다. 〈개정 2018.1.16., 2019.6.25.〉

③ 법 제62조제9항에 따라 국토교통부장관, 발주청 및 인·허가기관의 장은 제출받은 종합보고서를 다음 각 호의 구분에 따라 보존해야 한다. 〈개정 2018.1.16., 2019.6.25.〉

1. 국토교통부장관: 「시설물의 안전 및 유지관리에 관한 특별법」 제7조제1호 및 제2호에 따른 1종시설물 및 2종시설물에 대한 종합보고서를 시설물의 존속기간까지 보존할 것
2. 발주청 및 인·허가기관의 장: 제1호에 따른 종합보고서 외의 종합보고서를 해당 건설공사의 하자담보책임기간 만료일까지 보존할 것

④ 관리주체는 시설물의 안전 및 유지·관리를 위하여 필요한 경우에는 국토교통부장관에게 종합보고서의 열람이나 그 사본의 발급을 요청할 수 있다. 이 경우 요청을 받은 국토교통부장관은 특별한 사유가 없으면 이에 따라야 한다.

⑤ 국토교통부장관은 종합보고서의 작성 및 보존·관리에 관한 세부 지침을 따로 정할 수 있다.

제101조의2【가설구조물의 구조적 안전성 확인】 ① 법 제62조제11항에 따라 건설사업자 또는 주택건설등록업자가 같은 항에 따른 관계전문가(이하 "관계전문가"라 한다)로부터 구조적 안전성을 확인받아야 하는 가설구조물은 다음 각 호와 같다. 〈개정 2019.6.25., 2020.1.7., 2020.5.26.〉

법	시 행 령	시 행 규 칙
	1. 높이가 31미터 이상인 비계 1의2. 브라켓(bracket) 비계 2. 작업발판 일체형 거푸집 또는 높이가 5미터 이상인 거푸집 및 동바리 3. 터널의 지보공(支保工) 또는 높이가 2미터 이상인 흙막이 지보공 4. 동력을 이용하여 움직이는 가설구조물 4의2. 높이 10미터 이상에서 외부작업을 하기 위하여 작업발판 및 안전시설물을 일체화하여 설치하는 가설구조물 4의3. 공사현장에서 제작하여 조립·설치하는 복합형 가설구조물 5. 그 밖에 발주자 또는 인·허가기관의 장이 필요하다고 인정하는 가설구조물 ② 관계전문가는 「기술사법」에 따라 등록되어 있는 기술사로서 다음 각 호의 요건을 갖추어야 한다. 〈개정 2020.5.26.〉 1. 「기술사법 시행령」 별표 2의2에 따른 건축구조, 토목구조, 토질 및 기초와 건설기계 직무 범위 중 공사감독자 또는 건설사업관리기술인이 해당 가설구조물의 구조적 안전성을 확인하기에 적합하다고 인정하는 직무 범위의 기술사일 것 2. 해당 가설구조물을 설치하기 위한 공사의 건설사업자나 주택건설등록업자에게 고용되지 않은 기술사일 것 ③ 건설사업자 또는 주택건설등록업자는 제1항 각 호의 가설구조물을 시공하기 전에 다음 각 호의 서류를 공사감독자 또는 건설사업관리기술인에게 제출해야 한다. 〈개정 2018.12.11., 2020.1.7.〉 1. 법 제48조제4항제2호에 따른 시공상세도면 2. 관계전문가가 서명 또는 기명날인한 구조계산서 [본조신설 2015.7.6.]	

법	시 행 령	시 행 규 칙
	제101조의3【건설공사 참여자의 안전관리 수준 평가기준 및 절차】 ① 국토교통부장관은 법 제62조제14항에 따라 건설공사 참여자(같은 조 제13항 각 호의 자를 말한다. 이하 같다)의 안전관리 수준 평가(이하 "안전관리 수준평가"라 한다)를 할 때에는 다음 각 호의 구분에 따른 기준에 따른다. 〈개정 2019.6.25., 2020.1.7., 2021.9.14.〉 1. 발주청 또는 인·허가기관의 장에 대한 평가기준 가. 안전한 공사조건의 확보 및 지원 나. 안전경영 체계의 구축 및 운영 다. 건설현장의 법적 요건 준수 및 안전관리 체계 운영 실태 라. 수급자의 안전관리 수준 마. 건설사고 발생 현황 2. 건설기엔지니어링사업자, 건설사업자 및 주택건설등록업자에 대한 평가기준 가. 안전경영 체계의 구축 및 운영 나. 관련 법에 따른 안전관리 활동 실적 다. 자발적 안전관리 활동 실적 라. 건설사고 위험요소 확인 및 제거 활동 마. 사후관리 실태 ② 국토교통부장관은 「건설산업기본법」 제24조제3항에 따른 건설산업정보망에 등록된 공사정보를 확인하여 매년 11월 30일까지 다음 해의 안전관리 수준평가의 대상을 선정하고, 그 선정사실을 해당 건설공사 참여자에게 매년 12월 31일까지 통보하여야 한다. ③ 국토교통부장관은 안전관리 수준평가를 위하여 필요하다고 인정하는 경우에는 소속 공무원으로 하여금 건설공사 현장 등을 점검하게 할 수 있다.	

법	시 행 령	시 행 규 칙
	④ 국토교통부장관은 안전관리 수준평가 결과의 전부 또는 일부를 인터넷 홈페이지 등을 통하여 공개할 수 있다. ⑤ 제1항부터 제5항까지에서 규정한 사항 외에 안전관리 수준평가에 필요한 세부사항은 국토교통부장관이 정하여 고시한다. [본조신설 2016.1.12.]	**고시** 건설공사 안전관리 업무수행 지침(국토교통부고시 제2022-791호, 2022.12.20.)
	제101조의4【건설공사 안전관리 종합정보망의 구축 · 운영 등】 ① 국토교통부장관은 법 제62조제15항에 따라 정보망의 효율적인 구축과 공동활용을 촉진하기 위하여 다음 각 호의 업무를 수행할 수 있다. 〈개정 2019.6.25., 2024.7.2.〉 1. 정보망의 구축·운영에 관한 각종 연구개발 및 기술지원 2. 정보망의 구축을 위한 공동사업의 시행 3. 정보망의 표준화 4. 정보망을 이용한 정보의 공동활용 촉진 5. 그 밖에 정보망의 구축·운영을 위하여 필요한 사항 ② 법 제62조제15항에 따라 정보망을 구축·운영하기 위해 필요한 정보는 다음 각 호와 같다. 〈신설 2019.6.25., 2021.9.14., 2024.7.2.〉 1. 법 제50조제1항에 따른 건설엔지니어링사업 수행에 대한 평가, 같은 조 제2항에 따른 시공의 적정성에 대한 평가 및 같은 조 제4항에 따른 건설기술용역 종합평가 및 시공 종합평가에 관한 정보 2. 법 제54조제2항에 따른 건설공사현장 점검결과 및 그에 따른 조치결과 2의2. 법 제55조제2항에 따른 품질검사 결과 2의3. 법 제60조제3항에 따른 품질검사 성적서 및 품질검사 내용 3. 법 제62조제3항에 따라 제출받아 승인한 안전관리계획서	

법	시 행 령	시 행 규 칙
	사본 및 검토결과 4. 법 제62조제4항에 따라 실시한 안전점검의 결과 5. 법 제62조제7항에 따라 제출받은 종합보고서 6. 법 제62조제14항에 따라 실시한 건설공사 참여자의 안전관리 수준 평가 결과 7. 법 제62조제18항에 따라 실시한 설계의 안전성 검토 및 그 결과 8. 법 제67조제2항에 따라 제출받은 건설공사 현장의 사고 사실, 같은 조 제4항에 따라 제출받은 건설공사 현장의 사고 경위 및 사고 원인 등을 조사한 결과 9. 그 밖에 건설안전에 관한 사항으로서 국토교통부장관이 정하여 고시하는 정보 ③ 제2항 각 호에 해당하는 정보를 생산·제출·검토하거나 제출받은 자는 해당 정보를 생산·제출·검토·승인 및 통보하는 등의 경우에 정보망을 이용해야 한다. 〈신설 2019.6.25.〉 ④ 제1항부터 제3항까지에서 규정한 사항 외에 정보망의 구축 및 운영 등에 필요한 사항은 국토교통부장관이 정하여 고시한다. 〈신설 2019.6.25.〉 [본조신설 2016.1.12.][제목개정 2019.6.25.]	
제62조의2【소규모 건설공사의 안전관리】 ① 건설사업자와 주택건설등록업자는 제62조제1항에 따른 안전관리계획의 수립 대상이 아닌 건설공사 중 건설사고가 발생할 위험이 있는 공종이 포함된 경우 그 건설공사를 착공하기 전에 시공절차 및 주의사항 등 안전관리에 대한 계획(이하 "소규모안전관리계획"이라 한다)을 수립하고, 이를 발주자(발주자가 발주청이 아닌 경우에는 인·허가기관의 장을 말한다. 이하	**제101조의5【소규모 건설공사 안전관리계획의 수립 등】** ① 법 제62조의2제1항 전단에 따른 소규모안전관리계획(이하 "소규모안전관리계획"이라 한다)을 수립해야 하는 건설공사는 다음 각 호의 어느 하나에 해당하는 건축물의 건설공사로서 2층 이상 10층 미만인 건축물의 건설공사로 한다. 1. 연면적 1,000제곱미터 이상인 「건축법 시행령」 별표 1 제2호의 공동주택	**제59조의2【소규모안전관리계획의 수립기준】** 법 제62조의2제1항에 따른 소규모안전관리계획(이하 "소규모안전관리계획"이라 한다)의 수립기준은 별표 7의2와 같다. [본조신설 2020.12.14.]

법	시 행 령	시 행 규 칙
이 조에서 같다)에게 제출하여 승인을 받아야 한다. 소규모 안전관리계획을 변경하려는 경우에도 또한 같다. ② 제1항에 따라 소규모안전관리계획을 제출받은 발주자는 소규모 안전관리계획의 내용을 검토하여 그 결과를 건설사업자와 주택건설등록업자에게 통보하여야 한다.	2. 연면적 1,000제곱미터 이상인 「건축법 시행령」 별표 1 제3호 및 제4호의 제1종 근린생활시설 및 제2종 근린생활시설 3. 연면적 1,000제곱미터 이상(「산업집적활성화 및 공장설립에 관한 법률」 제2조제14호에 따른 산업단지에서 공장을 건축하는 경우에는 2,000제곱미터 이상으로 한다)인 「건축법 시행령」 별표 1 제17호의 공장 4. 연면적 5,000제곱미터 이상인 「건축법 시행령」 별표 1 제8호가목의 창고 ② 법 제62조의2제1항에 따라 소규모안전관리계획을 제출받은 발주청 또는 인·허가기관의 장은 그 내용을 검토하여 소규모안전관리계획을 제출받은 날부터 15일 이내에 해당 건설사업자 또는 주택건설등록업자에게 그 결과를 통보해야 한다. 이 경우 검토 결과는 적정, 조건부 적정, 부적정으로 구분한다. ③ 제2항 후단에 따른 검토 결과 구분의 기준, 승인 절차 및 부적정 판정을 받은 경우 필요한 조치에 관하여는 제98조제5항 및 제6항을 준용한다. 이 경우 제98조제5항 및 제6항 중 "안전관리계획"은 "소규모안전관리계획"으로, 제98조제6항 중 "안전관리계획서"는 "소규모안전관리계획서"로 본다. [본조신설 2020.12.8.]	
③ 소규모안전관리계획을 수립하여야 하는 건설공사의 범위, 소규모안전관리계획의 수립 기준, 제출·승인의 방법 및 절차에 관하여 필요한 사항은 대통령령으로 정한다. [본조 신설 2020.6.9.]	**제101조의6【소규모안전관리계획의 수립 기준】** ① 법 제62조의2제3항에 따른 소규모안전관리계획의 수립 기준에는 다음 각 호의 사항이 포함되어야 한다. 1. 건설공사의 개요 2. 비계 설치계획 3. 안전시설물 설치계획	

법	시 행 령	시 행 규 칙
	② 제1항의 소규모안전관리계획의 수립 기준에 관한 세부적인 내용은 국토교통부령으로 정한다. [본조신설 2020.12.8.]	
제62조의3【스마트 안전관리 보조·지원】 ① 국토교통부장관은 건설사고를 예방하기 위하여 건설공사 참여자에게 무선안전장비와 융·복합건설기술을 활용한 스마트 안전장비 및 안전관리시스템의 구축·운영에 필요한 비용 등 대통령령으로 정하는 비용의 전부 또는 일부를 예산의 범위에서 보조하거나 그 밖에 필요한 지원(이하 "보조·지원"이라 한다)을 할 수 있다. ② 국토교통부장관은 보조·지원이 건설사고 예방의 목적에 맞게 효율적으로 사용되도록 관리·감독하여야 한다. ③ 국토교통부장관은 보조·지원을 받은 자가 다음 각 호의 어느 하나에 해당하는 경우 보조·지원의 전부 또는 일부를 취소하여야 한다. 다만, 제1호 및 제2호의 경우에는 보조·지원의 전부를 취소하여야 한다. 1. 거짓이나 그 밖의 부정한 방법으로 보조·지원을 받은 경우 2. 건설사고 예방의 목적에 맞게 사용되지 아니한 경우 3. 보조·지원을 받은 자가 이 법에 따른 안전관리 의무를 위반하여 건설사고를 발생시킨 경우로서 국토교통부령으로 정하는 경우 ④ 제3항에 따라 보조·지원의 전부 또는 일부가 취소된 자에 대해서는 국토교통부령으로 정하는 바에 따라 취소된 날부터 3년 이내의 기간을 정하여 보조·지원을 하지 아니	**제101조의7【스마트 안전관리 보조·지원 대상】** 법 제62조의3제1항에서 "무선안전장비와 융·복합건설기술을 활용한 스마트 안전장비 및 안전관리시스템의 구축·운영에 필요한 비용 등 대통령령으로 정하는 비용"이란 다음 각 호의 비용을 말한다. 1. 공사작업자의 실시간 위치 확인과 긴급구호 등이 가능한 스마트 안전보호 장구를 포함한 무선안전장비 및 통신 설비의 구입·사용·유지·대여 비용 2. 건설기계·장비의 접근 위험 경보장치 및 자동화재 감지 센서 등 스마트 안전장비의 구입·대여를 위한 비용 3. 가설구조물, 지하구조물 및 지반 등의 붕괴 방지를 위한 스마트 계측 또는 지능형 폐쇄회로텔레비전(CCTV) 등을 포함하여 실시간 모니터링이 가능한 안전관리시스템의 구축·사용·유지·대여 비용 4. 그 밖에 국토교통부장관이 건설사고 예방을 위하여 스마트 안전관리 보조·지원이 필요하다고 인정하는 사항에 관한 비용 [본조신설 2021.9.14.]	**제59조의3【보조·지원의 환수와 제한】** ① 법 제62조의3제3항제3호에서 "국토교통부령으로 정하는 경우"란 보조·지원을 받은 후 3년 이내에 해당 시설 및 장비의 관리상 중대한 과실로 사망자가 발생하는 경우를 말한다. ② 법 제62조의3제4항에 따라 보조·지원을 제한할 수 있는 기간은 다음 각 호의 구분에 따른다. 1. 법 제62조의3제3항제1호 또는 제2호의 경우: 3년 2. 법 제62조의3제3항제3호의 경우: 1년 3. 법 제62조의3제3항제3호를 위반한 후 2년 이내에 동일한 사항을 위반한 경우: 2년 [본조신설 2021.9.17.]

법

할 수 있다.

⑤ 보조·지원의 대상·절차, 관리 및 감독, 그 밖에 필요한 사항은 국토교통부장관이 정하여 고시한다.

[본조신설 2021.3.16.]

제63조【안전관리비용】 ① 건설공사의 발주자는 건설공사 계약을 체결할 때에 건설공사의 안전관리에 필요한 비용(이하 "안전관리비"라 한다)을 국토교통부령으로 정하는 바에 따라 공사금액에 계상하여야 한다.

② 건설공사의 규모 및 종류에 따른 안전관리비의 사용방법 등에 관한 기준은 국토교통부령으로 정한다.

제64조【건설공사의 안전관리조직】 ① 안전관리계획을 수립하는 건설사업자 및 주택건설등록업자는 다음 각 호의 사람으로 구성된 안전관리조직을 두어야 한다. 〈개정 2019.4.30.〉

1. 해당 건설공사의 시공 및 안전에 관한 업무를 총괄하여 관리하는 안전총괄책임자
2. 토목, 건축, 전기, 기계, 설비 등 건설공사의 각 분야별 시공 및 안전관리를 지휘하는 분야별 안전관리책임자
3. 건설공사 현장에서 직접 시공 및 안전관리를 담당하는 안전관리담당자
4. 수급인(受給人)과 하수급인(下受給人)으로 구성된 협의체의 구성원

② 제1항에 따른 안전관리조직의 구성, 직무, 그 밖에 필요한 사항은 대통령령으로 정한다.

시행령

제102조【안전관리조직의 구성 및 직무 등】 ① 법 제64조제1항제4호에 따른 협의체(이하 이 조에서 "협의체"라 한다)는 수급인 대표자 및 하수급인 대표자로 구성한다.

② 법 제64조제1항제1호에 따른 안전총괄책임자가 수행하여야 할 직무의 범위는 다음 각 호와 같다.

1. 안전관리계획서의 작성 및 제출
2. 안전관리 관계자의 업무 분담 및 직무 감독
3. 안전사고가 발생할 우려가 있거나 안전사고가 발생한 경우의 비상동원 및 응급조치
4. 안전관리비의 집행 및 확인
5. 협의체의 운영
6. 안전관리에 필요한 시설 및 장비 등의 지원
7. 제100조제1항 각 호 외의 부분에 따른 자체안전점검(이하 이 조에서 "자체안전점검"이라 한다)의 실시 및 점검 결과에 따른 조치에 대한 지휘·감독
8. 제103조에 따른 안전교육의 지휘·감독

③ 법 제64조제1항제2호에 따른 분야별 안전관리책임자가 수행하여야 할 직무의 범위는 다음 각 호와 같다.

1. 공사 분야별 안전관리 및 안전관리계획서의 검토·이행
2. 각종 자재 등의 적격품 사용 여부 확인
3. 자체안전점검 실시의 확인 및 점검 결과에 따른 조치
4. 건설공사현장에서 발생한 안전사고의 보고

시행규칙

제60조【안전관리비】 ① 법 제63조제1항에 따른 건설공사의 안전관리에 필요한 비용(이하 "안전관리비"라 한다)에는 다음 각 호의 비용이 포함되어야 한다. 〈개정 2016.3.7., 2020.3.18, 2020.12.14.〉

1. 안전관리계획의 작성 및 검토 비용 또는 소규모안전관리계획의 작성 비용
2. 영 제100조제1항제1호 및 제3호에 따른 안전점검 비용
3. 발파·굴착 등의 건설공사로 인한 주변 건축물 등의 피해방지대책 비용
4. 공사장 주변의 통행안전관리대책 비용
5. 계측장비, 폐쇄회로 텔레비전 등 안전 모니터링 장치의 설치·운용 비용
6. 법 제62조제11항에 따른 가설구조물의 구조적 안전성 확인에 필요한 비용
7. 「전파법」 제2조제1항제5호 및 제5호의2에 따른 무선설비 및 무선통신을 이용한 건설공사 현장의 안전관리체계 구축·운용 비용

② 건설공사의 발주자는 법 제63조제1항에

법	시 행 령	시 행 규 칙
	5. 제103조에 따른 안전교육의 실시 6. 작업 진행 상황의 관찰 및 지도 ④ 법 제64조제1항제3호에 따른 안전관리담당자가 수행하여야 할 직무의 범위는 다음 각 호와 같다. 1. 분야별 안전관리책임자의 직무 보조 2. 자체안전점검의 실시 3. 제103조에 따른 안전교육의 실시 ⑤ 협의체는 매월 1회 이상 회의를 개최하여야 하며, 안전관리계획의 이행에 관한 사항과 안전사고 발생 시 대책 등에 관한 사항을 협의한다.	따라 안전관리비를 공사금액에 계상하는 경우에는 다음 각 호의 기준에 따라야 한다. 〈개정 2016.3.7., 2016.7.4., 2020.3.18.〉 1. 제1항제1호의 비용: 작성 대상과 공사의 난이도 등을 고려하여 「엔지니어링산업 진흥법」 제31조에 따른 엔지니어링사업 대가기준을 적용하여 계상 2. 제1항제2호의 비용: 영 제100조제8항에 따른 안전점검 대가의 세부 산출기준을 적용하여 계상 3. 제1항제3호의 비용: 건설공사로 인하여 불가피하게 발생할 수 있는 공사장 주변 건축물 등의 피해를 최소화하기 위한 사전보강, 보수, 임시이전 등에 필요한 비용을 계상 4. 제1항제4호의 비용: 공사시행 중의 통행안전 및 교통소통을 위한 시설의 설치비용 및 신호수(信號手)의 배치비용에 관해서는 토목·건축 등 관련 분야의 설계기준 및 인건비기준을 적용하여 계상 5. 제1항제5호의 비용: 영 제99조제1항제2호의 공정별 안전점검계획에 따라 계측장비, 폐쇄회로 텔레비전 등 안전 모니터링 장치의 설치 및 운용에 필요한 비용을 계상 6. 제1항제6호의 비용: 법 제62조제11항에 따라 가설구조물의 구조적 안전성을
제65조 【건설공사의 안전교육】 ① 안전관리계획을 수립하는 건설사업자 및 주택건설등록업자는 건설공사의 안전관리를 위하여 건설공사에 참여하는 공사작업자 등에게 안전교육을 실시하여야 한다. 〈개정 2019.4.30.〉 ② 제1항에 따른 안전교육의 시기 및 방법과 그 밖에 필요한 사항은 대통령령으로 정한다.	**제103조 【안전교육】** ① 법 제64조제1항제2호 또는 제3호에 따른 분야별 안전관리책임자 또는 안전관리담당자는 법 제65조에 따른 안전교육을 당일 공사작업자를 대상으로 매일 공사 착수 전에 실시하여야 한다. ② 제1항에 따른 안전교육은 당일 작업의 공법 이해, 시공상세도면에 따른 세부 시공순서 및 시공기술상의 주의사항 등을 포함하여야 한다. ③ 건설사업자와 주택건설등록업자는 제1항에 따른 안전교육 내용을 기록·관리해야 하며, 공사 준공 후 발주청에 관계 서류와 함께 제출해야 한다. 〈개정 2020.1.7.〉	
제65조의2 【일요일 건설공사 시행의 제한】 건설사업자가 발주청이 발주하는 건설공사를 시행하는 때에는 긴급 보수·보강 공사 등 대통령령으로 정하는 경우로서 발주청이 사전에 승인한 경우를 제외하고는 일요일에 건설공사를 시행해서는 아니 된다. 다만, 재해가 발생하거나 발생할 것으로 예상되어 일요일에 긴급 공사 등이 필요한 경우에는 건설사업자	**제103조의2 【일요일 건설공사 시행 제한의 예외】** 법 제65조의2 본문에서 "긴급 보수·보강 공사 등 대통령령으로 정하는 경우"란 다음 각 호의 어느 하나에 해당하는 경우를 말한다. 1. 사고·재해의 복구 및 예방과 안전 확보를 위하여 긴급 보수·보강 공사가 필요한 경우	

법	시 행 령	시 행 규 칙
가 우선 건설공사를 시행하고 발주청이 이를 사후에 승인할 수 있다. [본조 신설 2020.6.9]	2. 날씨·감염병 등 환경조건에 따라 작업일수가 부족하여 추가 작업이 필요한 경우 3. 교통·환경 등의 문제로 평일 공사 시행이 어려운 경우 4. 공법·공사의 특성상 연속적인 시공이 필요한 경우 5. 민원, 소송, 보상 문제 등 건설사업자의 귀책사유가 아닌 외부 요인으로 인하여 공정이 지연된 경우 6. 도서·산간벽지 등 낙후지역의 10일 미만의 단기공사로서 짧은 시일 내에 공사를 마칠 필요성이 크다고 인정되는 경우 [본조신설 2020.12.8.]	확보하기 위하여 같은 항에 따른 관계전문가의 확인에 필요한 비용을 계상 7. 제1항제7호의 비용: 건설공사 현장의 안전관리체계 구축·운용에 사용되는 무선설비의 구입·대여·유지 등에 필요한 비용과 무선통신의 구축·사용 등에 필요한 비용을 계상 ③ 건설공사의 발주자는 다음 각 호의 어느 하나에 해당하는 사유로 인하여 추가로 발생하는 안전관리비에 대해서는 제2항 각 호의 기준에 따라 안전관리비를 증액 계상하여야 한다. 다만, 발주자의 요구 또는 귀책사유로 인한 경우로 한정한다. 〈신설 2016.7.4.〉 1. 공사기간의 연장 2. 설계변경 등으로 인한 건설공사 내용의 추가 3. 안전점검의 추가편성 등 안전관리계획의 변경 4. 그 밖에 발주자가 안전관리비의 증액이 필요하다고 인정하는 사유 ④ 건설사업자 또는 주택건설등록사업자는 안전관리비를 해당 목적에만 사용해야 하며, 발주자 또는 건설사업관리용역사업자가 확인한 안전관리 활동실적에 따라 정산해야 한다. 〈개정 2016.7.4., 2020.3.18.〉 ⑤ 안전관리비의 계상 및 사용에 관한 세부사항은 국토교통부장관이 정하여 고시

법	시 행 령	시 행 규 칙
		한다. 〈개정 2016.7.4.〉 **고시** 건설공사 안전관리 업무수행 지침(국토교통부고시 제2022-791호, 2022.12.20.)
제66조【건설공사의 환경관리】 ① 국토교통부장관은 건설공사가 환경과 조화되게 시행될 수 있도록 관련 기술을 개발·보급하고, 다음 각 호의 사항을 관계 중앙행정기관의 장과 협의하여 마련하여야 한다. 1. 건설폐자재의 재활용 2. 친환경 건설기술의 보급을 위한 시범사업의 추진 3. 그 밖에 대통령령으로 정하는 환경친화적인 건설공사에 필요한 시책 ② 건설공사의 발주자, 건설사업자 및 주택건설등록업자는 건설공사로 인한 환경피해를 최소한으로 줄일 수 있도록 건설공사의 환경관리를 위하여 노력하여야 한다. 〈개정 2019.4.30.〉 ③ 건설공사의 발주자는 건설공사 계약을 체결할 때에는 환경 훼손 및 오염 방지 등 건설공사의 환경관리에 필요한 비용(이하 "환경관리비"라 한다)을 국토교통부령으로 정하는 바에 따라 공사금액에 계상하여야 한다. ④ 환경관리비의 사용방법 등에 관한 기준은 국토교통부령으로 정한다.	**제104조【건설공사의 환경관리】** ① 법 제66조제1항제3호에서 "대통령령으로 정하는 환경친화적인 건설공사에 필요한 시책"이란 다음 각 호의 시책을 말한다. 1. 제77조에 따른 공사의 관리에 관하여 정한 내용을 이행하기 위한 건설공사현장의 환경관리 2. 건설공사현장 환경의 정비·복원 3. 환경친화적인 건설산업의 육성·지원 4. 환경친화적인 건설공사를 위한 기술인력의 육성·관리 및 건설환경정보시스템의 구축·활용 촉진 5. 「국토의 계획 및 이용에 관한 법률」 제2조제11호에 따른 도시·군계획사업 등에 대한 환경친화적인 건설기술의 지원 6. 그 밖에 환경친화적인 건설공사를 위하여 국토교통부장관이 필요하다고 인정하여 고시하는 사항 ② 제1항제1호에 따른 건설공사현장의 환경관리를 위하여 필요한 절차·방법 등에 관한 세부 사항은 국토교통부장관이 정하여 고시한다. **고시** (국토교통부) 환경친화적 철도건설 지침(국토교통부고시 제2015-622호, 2015.8.31.) **고시** (국토교통부) 환경친화적인 도로건설 지침(국토교통부고시 제2015-627호, 2015.9.1.) **고시** 건설공사 사업관리방식 검토기준 및 업무수행지침(국토교통부고시 제2024-207호, 2024.4.23.) **고시** 환경관리비의 산출기준 및 관리에 관한 지침(국토교통부고시 제2018-528호, 2018.8.30.)	**제61조【환경관리비의 산출 등】** ① 법 제66조제3항에 따른 건설공사의 환경관리에 필요한 비용(이하 "환경관리비"라 한다)은 다음 각 호의 비용을 합하여 산정한다. 1. 건설공사현장에 설치하는 환경오염 방지시설의 설치 및 운영에 필요한 비용 2. 건설공사현장에서 발생하는 폐기물의 처리 및 재활용에 필요한 비용 ② 건설사업자 또는 주택건설등록사업자는 제1항에 따른 비용의 사용계획을 같은 항 제1호에 따른 환경오염 방지시설을 최초로 설치하기 전까지 발주자에게 제출하고, 발주자 또는 건설사업관리용역사업자가 확인한 비용 중 간접공사비에 대해서는 그 사용실적에 따라 정산해야 한다. 〈개정 2018. 6. 18., 2020.3.18.〉 ③ 제1항 각 호에 따른 비용의 세부 산출기준은 별표 8과 같다. ④ 제1항부터 제3항까지에서 정한 사항 외에 환경관리비의 산출기준 및 관리에 관하여 필요한 세부사항은 국토

법

제67조【건설공사 현장의 사고조사 등】 ① 건설사고가 발생한 것을 알게 된 건설공사 참여자(발주자는 제외한다)는 지체 없이 그 사실을 발주청 및 인·허가기관의 장에게 통보하여야 한다. 〈신설 2015.5.18.〉

② 발주청 및 인·허가기관의 장은 제1항에 따라 사고 사실을 통보받았을 때에는 대통령령으로 정하는 바에 따라 다음 각 호의 사항을 즉시 국토교통부장관에게 제출하여야 한다. 〈신설 2015.5.18., 2018.12.31.〉

1. 사고발생 일시 및 장소
2. 사고발생 경위
3. 조치사항
4. 향후 조치계획

③ 국토교통부장관, 발주청 및 인·허가기관의 장은 대통령령으로 정하는 중대한 건설사고(이하 "중대건설현장사고"라 한다)가 발생하면 그 원인 규명과 사고 예방을 위하여 건설공사 현장에서 사고 경위 및 사고 원인 등을 조사할 수 있다. 〈개정 2015.5.18., 2018.12.31.〉

④ 제3항에 따라 사고 경위 및 사고 원인 등을 조사한 발주청과 인·허가기관의 장은 그 결과를 국토교통부장관에게 제출하여야 한다. 〈개정 2015.5.18.〉

⑤ 국토교통부장관, 발주청 및 인·허가기관의 장은 필요한 경우 제68조에 따른 건설사고조사위원회로 하여금 중대건

시 행 령

제105조【건설공사현장의 사고조사 등】 ① 건설공사 참여자(발주자는 제외한다)는 건설사고의 발생 사실을 알게 된 경우에는 법 제67조제1항에 따라 다음 각 호의 사항을 발주청 및 인·허가기관의 장에게 전화·팩스 또는 그 밖의 적절한 방법으로 통보하여야 한다.

1. 사고발생 일시 및 장소
2. 사고발생 경위
3. 조치사항
4. 향후 조치계획

② 제1항에 따라 건설사고를 통보받은 발주청 및 인·허가기관의 장은 건설사고를 통보한 자의 의사에 반하여 해당 통보자의 신분을 공개해서는 아니 된다.

③ 법 제67조제3항에서 "대통령령으로 정하는 중대한 건설사고"란 건설공사의 현장에서 하나의 건설사고로 다음 각 호의 어느 하나에 해당하는 사고(원자력시설공사의 현장에서 발생한 사고는 제외한다)가 발생한 경우를 말한다. 이 경우 동일한 원인으로 일련의 사고가 발생한 경우 하나의 건설사고로 본다. 〈개정 2019.6.25.〉

1. 사망자가 3명 이상 발생한 경우
2. 부상자가 10명 이상 발생한 경우
3. 건설 중이거나 완공된 시설물이 붕괴 또는 전도(顚倒)되어 재시공이 필요한 경우

시 행 규 칙

교통부장관이 정하여 고시한다. 〈개정 2018.6.18.〉

고시 환경관리비의 산출기준 및 관리에 관한 지침(국토교통부고시 제2018-528호, 2018.8.30.)

제62조【중대건설현장사고의 공동조사】 ① 삭제 〈2016.3.7.〉

② 국토교통부장관, 발주청 및 인·허가기관의 장은 영 제105조제3항에 따른 사고(이하 "중대건설현장사고"라 한다)에 대하여 고용노동부장관이 「산업안전보건법」 제26조제4항에 따른 중대재해 발생원인 조사(이하 "중대재해 발생원인 조사"라 한다)를 하는 경우에는 영 제106조제2항 각 호에 해당하는 사람을 참여시켜 공동조사할 수 있도록 고용노동부장관에게 요청할 수 있다. 〈개정 2016.3.7.〉

③ 제2항에 따른 공동조사를 하는 경우에는 법 제67조에 따른 사고조사를 하지 아니한다.

④ 삭제 〈2016.3.7.〉

⑤ 삭제 〈2016.3.7.〉

⑥ 삭제 〈2016.3.7.〉

[제목개정 2016.3.7.]

법	시 행 령	시 행 규 칙
설현장사고의 경위 및 원인을 조사하게 할 수 있다. 〈개정 2015.5.18.〉 ⑥ 제1항에 따른 건설사고에 대한 통보방법 및 절차 등과 제2항에 따른 중대건설현장사고의 조사에 필요한 사항은 대통령령으로 정한다. 〈개정 2015.5.18.〉 [제목개정 2015.5.18.]	④ 국토교통부장관, 발주청 및 인·허가기관의 장은 제3항에 따른 중대한 건설사고(이하 "중대건설현장사고"라 한다)에 대하여 법 제67조제3항 및 제5항에 따른 사고조사를 완료하였을 때에는 다음 각 호의 사항이 포함된 사고조사보고서를 작성하고, 유사한 사고의 예방을 위한 자료로 활용될 수 있도록 관계기관에 배포하여야 한다. 1. 사고 개요 2. 사고원인 분석 3. 조치 결과 및 사후 대책 4. 그 밖에 사고와 관련되어 필요한 사항 ⑤ 국토교통부장관, 발주청, 인·허가기관의 장 및 건설사고조사위원회는 사고조사를 위하여 필요하다고 인정하는 경우에는 건설사업자 및 주택건설등록업자 등에게 관련 자료의 제출을 요청할 수 있다. 〈개정 2020.1.7.〉 ⑥ 제1항부터 제5항까지에서 규정한 사항 외에 건설사고 발생 보고 및 중대건설현장사고의 조사에 필요한 세부사항은 국토교통부장관이 정하여 고시한다. [전문개정 2016.1.12.]	**고시** 건설사고조사위원회 운영규정(국토교통부고시 제2022-595호, 2022.10.18.)
제68조【건설사고조사위원회】 ① 국토교통부장관, 발주청 및 인·허가기관의 장은 중대건설현장사고의 조사를 위하여 필요하다고 인정하는 경우에는 건설사고조사위원회를 구성·운영할 수 있다. ② 건설사고조사위원회는 중대건설현장사고의 조사를 마쳤을 때에는 유사한 건설사고의 재발 방지를 위한 대책을 국토교통부장관, 발주청, 인·허가기관의 장, 그 밖의 관계 행정기관의 장에게 권고하거나 건의할 수 있다. ③ 국토교통부장관, 발주청, 인·허가기관의 장, 그 밖의 관	**제106조【건설사고조사위원회의 구성·운영 등】** ① 건설사고조사위원회는 위원장 1명을 포함한 12명 이내의 위원으로 구성한다. ② 건설사고조사위원회의 위원은 다음 각 호의 어느 하나에 해당하는 사람 중에서 해당 건설사고조사위원회를 구성·운영하는 국토교통부장관, 발주청 또는 인·허가기관의 장이 임명하거나 위촉한다. 1. 건설공사 업무와 관련된 공무원 2. 건설공사 업무와 관련된 단체 및 연구기관 등의 임직원	

법	시 행 령	시 행 규 칙
계 행정기관의 장은 특별한 사유가 없으면 제2항에 따른 건설사고조사위원회의 권고 또는 건의에 따라야 한다. ④ 국토교통부장관이 제82조제2항에 따라 건설사고조사위원회의 운영에 관한 사무를 「공공기관의 운영에 관한 법률」에 따른 공공기관에 위탁한 경우에는 그 사무 처리에 필요한 경비를 해당 공공기관에 출연하거나 보조할 수 있다. ⑤ 건설사고조사위원회의 구성 및 운영에 필요한 사항은 대통령령으로 정한다.	3. 건설공사 업무에 관한 학식과 경험이 풍부한 사람 ③ 제2항제2호 및 제3호에 따른 위원의 임기는 2년으로 하며, 위원의 사임 등으로 새로 위촉된 위원의 임기는 전임위원 임기의 남은 기간으로 한다. ④ 건설사고조사위원회 위원의 제척·기피·회피에 관하여는 제20조를 준용한다. 이 경우 "중앙심의위원회등"은 "건설사고조사위원회"로, "각 위원회의 심의·의결"은 "건설사고조사위원회의 심의·의결"로, "안건"은 "사고"로, "심의"는 "조사"로 본다. ⑤ 법 제68조제2항에 따른 건설사고조사위원회의 권고 또는 건의를 받은 국토교통부장관, 발주청 또는 인·허가기관의 장, 그 밖의 관계 행정기관의 장은 그 조치 결과를 국토교통부장관 및 건설사고조사위원회에 통보하여야 한다. ⑥ 건설사고조사위원회의 회의에 출석하는 위원에게는 예산의 범위에서 수당과 여비 등을 지급할 수 있다. 다만, 공무원인 위원이 그 소관 업무와 직접적으로 관련되어 출석하는 경우에는 그러하지 아니하다. ⑦ 제1항부터 제6항까지에서 규정한 사항 외에 건설사고조사위원회의 구성 및 운영 등에 필요한 사항은 국토교통부장관이 정하여 고시한다.	**고시** 건설사고조사위원회 운영규정(국토교통부고시 제2022-595호, 2022.10.18.)
제6장 건설엔지니어링사업자 등의 단체 및 공제조합 〈개정 2019.4.30., 2021.3.16.〉 **제1절 건설기술용역사업자 등의 단체** 〈개정 2019.4.30., 2021.3.16.〉	**제6장 건설엔지니어링사업자 등의 단체 및 공제조합** 〈개정 2021.9.14.〉 **제1절 건설엔지니어링사업자 등의 단체** 〈개정 2021.9.14.〉	

법	시 행 령	시 행 규 칙
제69조 【협회의 설립】 ① 건설기술인 또는 건설엔지니어링 사업자는 품위 유지, 복리 증진 및 건설기술 개발 등을 위하여 건설기술인단체 또는 건설엔지니어링사업자단체를 설립할 수 있다. 〈개정 2018.8.14., 2019.4.30., 2021.3.16.〉 ② 제1항에 따른 건설기술인단체 및 건설엔지니어링사업자단체(이하 이 장에서 "협회"라 한다)는 각각 법인으로 한다. 〈개정 2018.8.14., 2019.4.30., 2021.3.16.〉 ③ 협회는 주된 사무소의 소재지에서 설립등기를 함으로써 성립한다. **제70조 【협회의 설립인가 등】** ① 협회를 설립하려면 협회 회원이 될 자격이 있는 자의 10분의 1 이상 또는 50명 이상이 발기인이 되어 정관을 작성하여 발기인총회의 의결을 마친 후 국토교통부장관의 인가를 받아야 한다. ② 협회 회원의 자격과 임원에 관한 사항, 협회의 업무 등은 정관으로 정하며, 그 밖에 정관에 포함하여야 할 사항은 대통령령으로 정한다. ③ 국토교통부장관은 제1항에 따른 인가를 하였을 때에는 그 사실을 공고하여야 한다. **제71조 【보고 등】** 국토교통부장관은 협회에 대하여 건설엔지니어링에 대한 조사·연구를 하게 하거나 국토교통부의 업무에 필요한 보고를 하게 할 수 있다.〈개정 2021.3.16.〉 **제72조 【지도·감독 등】** 국토교통부장관은 협회를 감독하기 위하여 필요한 경우에는 그 업무에 관한 사항을 보고하게 하거나 자료의 제출을 명할 수 있으며, 소속 공무원으로 하여금 그 업무를 검사하게 할 수 있다. 〈개정 2020.6.9.〉	**제107조 【협회 정관의 기재사항】** 법 제69조제1항에 따른 건설기술인단체 및 건설엔지니어링사업자단체(이하 이 조에서 "협회"라 한다)의 정관에는 다음 각 호의 사항이 포함되어야 한다. 〈개정 2018.12.11., 2021.9.14.〉 1. 목적 2. 명칭 3. 사무소의 소재지 4. 협회의 업무와 그 집행에 관한 사항 5. 회원의 자격, 가입과 탈퇴, 권리·의무에 관한 사항 6. 임원에 관한 사항 7. 회비에 관한 사항 8. 총회에 관한 사항 9. 재정·회계에 관한 사항 10. 정관의 변경에 관한 사항 11. 해산 및 잔여재산의 처리에 관한 사항 12. 그 밖에 필요한 사항	

법	시 행 령	시 행 규 칙

제73조【다른 법률의 준용】 이 법에서 규정한 사항 외에 협회에 관하여는 「민법」 중 사단법인에 관한 규정을 준용한다.

제2절 공제조합

제74조【공제조합의 설립 등】 ① 건설사업관리(「건설산업기본법」 제26조제2항 단서에 따라 건설사업관리와 설계업무를 함께 수행하는 경우는 제외한다. 이하 이 조에서 같다)를 수행하는 건설엔지니어링사업자는 건설사업관리에 필요한 각종 보증과 융자 등을 위하여 국토교통부장관의 인가를 받아 공제조합을 설립할 수 있다. 〈개정 2019.4.30., 2021.3.16.〉

② 공제조합은 법인으로 하며, 주된 사무소의 소재지에서 설립등기를 함으로써 성립한다.

③ 공제조합의 조합원 자격, 임원, 출자 및 운영 등에 필요한 사항은 정관으로 정한다.

④ 공제조합의 설립인가 기준·절차, 정관 기재 사항 및 감독 등에 필요한 사항은 대통령령으로 정한다.

제75조【공제조합의 사업】 ① 공제조합은 다음 각 호의 사업을 한다.

1. 조합원의 업무 수행에 따른 입찰, 계약, 선급금 지급 및 하자보수 등의 모든 보증
2. 조합원에 대한 자금의 융자
3. 조합원의 업무 수행에 따른 손해배상책임을 보장하는 공제사업 및 조합원에게 고용된 사람의 복지 향상과 업무상 재해로 인한 손실을 보상하는 공제사업

제2절 공제조합

제108조【공제조합의 설립 등】 ① 법 제74조제1항에 따른 공제조합(이하 "공제조합"이라 한다)의 정관에 포함하여야 할 사항은 다음 각 호와 같다.

1. 목적
2. 명칭
3. 사무소의 소재지
4. 출자 1좌(座)의 금액과 그 납입 방법 및 지분 계산에 관한 사항
5. 조합원의 자격과 가입·탈퇴에 관한 사항
6. 자산 및 회계에 관한 사항
7. 총회에 관한 사항
8. 임원 및 직원에 관한 사항
9. 보증 또는 융자에 관한 사항
10. 업무와 그 집행에 관한 사항
11. 정관의 변경에 관한 사항
12. 해산과 잔여재산의 처리에 관한 사항
13. 공고의 방법에 관한 사항

② 공제조합을 설립하려는 경우에는 조합원 자격이 있는 건설사업관리용역사업자 5인 이상이 발기하고 조합원 자격이 있는 건설사업관리용역업자 20인 이상의 동의를 받아 총회의 의결을 거쳐 정관을 작성한 후 국토교통부장관에게

법	시 행 령	시 행 규 칙
4. 건설기술의 개선·향상과 관련된 연구 및 교육에 관한 사업 5. 조합원을 위한 공동이용시설의 설치·운영 및 조합원의 편익 증진을 위한 사업 6. 조합원의 업무 수행에 필요한 기자재의 구매 알선 7. 조합의 목적 달성에 필요한 수익 사업 8. 제1호부터 제7호까지의 사업의 부대사업으로서 정관으로 정하는 사업 ② 공제조합은 제1항제1호에 따른 보증사업 및 같은 항 제3호에 따른 공제사업을 하려면 사업에 필요한 보증규정 및 공제규정을 정하여 국토교통부장관의 인가를 받아야 한다. ③ 제2항의 보증규정 및 공제규정에 포함하여야 할 사항은 대통령령으로 정한다.	인가를 신청해야 한다. 〈개정 2020.1.7.〉 ③ 국토교통부장관은 법 제74조제1항에 따라 설립인가를 하였을 때에는 그 인가사실을 관보에 공고하여야 한다. ④ 공제조합이 성립되고 임원이 선임될 때까지 필요한 사무는 발기인이 맡는다. **제109조【공제조합의 등기】** ① 공제조합은 설립인가를 받으면 주사무소의 소재지에서 다음 각 호의 사항을 등기하여야 한다. 1. 목적 2. 명칭 3. 사업 4. 사무소의 소재지 5. 설립인가의 연월일 6. 출자금의 총액 7. 출자 1좌의 금액 8. 출자의 방법 9. 출자증권양도의 제한에 관한 사항 10. 임원의 성명 및 주민등록번호(이사장의 경우에는 주소를 포함한다) 11. 대표권의 제한에 관한 사항 12. 대리인에 관한 사항 13. 공고의 방법 ② 제1항 각 호의 등기사항에 변경이 있는 경우에는 그 변경이 발생한 날부터 3주 이내에 이를 등기하여야 한다. 다만, 제1항제6호에 따른 출자금 총액의 변경등기는 매 회계연도 말일을 기준으로 회계연도 종료 후에 변경등기를 하여야 한다.	

법	시 행 령	시 행 규 칙
	제110조【출자 및 조합원의 책임】 ① 공제조합의 총출자금은 그 조합원이 출자한 출자좌의 액면총액으로 한다. ② 출자 1좌의 금액은 균일하여야 한다. ③ 공제조합은 정관으로 정하는 바에 따라 조합원에게 그의 출자를 나타내는 출자증권을 발급하여야 한다. ④ 조합원의 책임은 그 출자지분액을 한도로 한다. **제111조【지분의 양도 · 취득 등】** ① 조합원은 그 지분을 다른 조합원이나 조합원이 되려는 자에게만 양도할 수 있다. 이 경우 지분을 양수한 자는 그 지분에 관한 양도인의 권리와 의무를 승계한다. ② 조합원이나 조합원이었던 자가 그의 지분을 양도하려는 경우에는 정관에서 정하는 바에 따라 공제조합으로부터 출자증권에 명의개서(名義改書)를 받아야 한다. ③ 공제조합은 다음 각 호에 해당하는 사유가 있을 때에는 조합원 또는 조합원이었던 자의 지분을 취득할 수 있다. 다만, 제1호에 해당할 때에는 그 지분을 취득하여야 한다. 1. 출자금을 감소하려는 경우 2. 조합원에 대하여 조합이 권리자로서 담보권을 실행하기 위하여 필요한 경우 3. 조합원 또는 조합에서 제명되거나 탈퇴한 자가 출자금의 회수를 위하여 공제조합에 그 지분의 취득을 요구한 경우 ④ 제3항에 따라 공제조합이 지분을 취득하였을 때에는 지체 없이 다음 각 호의 구분에 따라 조치를 이행하여야 한다. 1. 제3항제1호의 사유로 취득한 경우에는 출자금의 감소 절차 2. 제3항제2호 및 제3호의 사유로 취득한 경우에는 다른 조	

법	시 행 령	시 행 규 칙
	합원 또는 조합원이 되려는 자에게 처분하되, 처분되지 아니한 지분은 정관으로 정하는 바에 따라 출자금을 감소시킬 수 있다. ⑤ 조합원의 지분은 조합에 대한 채무의 담보로 제공되는 경우 외에는 질권(質權)의 목적으로 할 수 없다. **제112조 【보증규정 및 공제규정】** ① 법 제75조제2항에 따른 보증규정에는 다음 각 호의 사항이 포함되어야 한다. 1. 보증사업의 범위 2. 보증계약의 내용 3. 보증한도 4. 보증수수료 5. 보증에 충당하기 위한 책임준비금 6. 보증금지급 대비자금 7. 그 밖에 보증사업의 운영에 필요한 사항 ② 법 제75조제2항에 따른 공제규정에는 다음 각 호의 사항이 포함되어야 한다. 1. 공제사업의 범위 2. 공제계약의 내용 3. 공제료 4. 공제금 및 공제금에 충당하기 위한 책임준비금 5. 그 밖에 공제사업의 운영에 필요한 사항 ③ 공제조합은 보증규정 및 공제규정에 따른 사업연도 말에 그 사업의 책임준비금을 계상(計上)하고 적립하여야 한다. **제113조 【보증한도】** ① 제112조제1항제3호에 따라 공제조합이 보증할 수 있는 보증한도는 총출자금과 준비금을 합산한 금액의 40배까지로 한다. 다만, 금융기관·보험회사	

법	시 행 령	시 행 규 칙
	또는 이와 유사한 기관의 보증이나 보험에 의하여 보장을 받거나 그 밖에 담보물을 받고 보증하는 경우에는 공제조합의 보증한도에 이를 포함하지 아니한다. ② 제1항에 따라 보증한도를 정하는 경우 그 총출자금과 준비금은 각 사업연도의 전년도 말 결산액을 기준으로 한다. 다만, 사업연도 중에 증자를 하였거나 자산을 재평가한 경우에는 증자 또는 자산 재평가를 마친 때의 총출자금과 준비금을 기준으로 한다. ③ 조합원에 대하여 보증할 수 있는 보증종류별 한도는 공제조합이 보증종류별 사고율과 조합원에 대한 신용평가 등을 고려하여 정한다.	
제76조【조사 및 검사 등】 ① 국토교통부장관은 공제조합의 재무건전성 유지 등을 위하여 필요한 경우에는 소속 공무원으로 하여금 공제조합의 업무 상황 또는 회계 상황을 조사하게 하거나 장부 또는 그 밖의 서류를 검사하게 할 수 있다. ② 제75조제1항제3호의 공제사업에 대하여는 대통령령으로 정하는 바에 따라 금융위원회가 제1항에 따른 조사 또는 검사를 할 수 있다. ③ 국토교통부장관은 제75조제1항제1호의 보증사업에 따른 재무건전성 유지 등을 지도·감독하기 위하여 필요한 기준을 정하여 고시하여야 한다. ④ 국토교통부장관은 제75조제1항제3호에 따른 공제사업을 건전하게 육성하고 계약자를 보호하기 위하여 금융위원회 위원장과 협의하여 감독에 필요한 기준을 정한 후 고시하여야 한다. ⑤ 국토교통부장관은 제3항 및 제4항에 따른 기준을 정할 때 자기자본비율, 유동성비율, 지급여력비율 등 공제조합의	**제114조【조사 및 검사】** ① 법 제76조제2항에 따른 금융위원회의 조사 또는 검사는 국토교통부장관이 조사 또는 검사가 필요한 사유를 명시하여 금융위원회에 요청한 경우에만 한다. ② 금융위원회는 제1항에 따라 조사 또는 검사를 한 경우 그 결과를 지체 없이 국토교통부장관에게 통보하여야 한다. 이 경우 시정하여야 할 사항이 있으면 시정을 요구할 수 있다. **고시** 건설사업관리 공제 및 보증사업 감독 기준(국토교통부고시 제2018-994호, 2019.1.1.)	

법	시 행 령	시 행 규 칙
건전성을 보호하기 위한 기준을 포함하여야 한다. 〈신설 2018.12.31.〉		
제77조 【지도 · 감독 등】 ① 국토교통부장관은 공제조합의 감독을 위하여 필요한 경우에는 공제조합에 그 업무에 관한 사항의 보고 또는 자료 제출을 명할 수 있다. ② 국토교통부장관은 공제조합이 제76조제3항 및 제4항에 따른 기준에 미달하거나 미달하게 될 것이 명백하다고 판단되는 경우에는 공제조합의 부실화를 예방하고 건전경영을 유도하기 위하여 공제조합이나 그 임원에 대하여 다음 각 호의 사항을 권고· 요구 또는 명령하거나 그 이행계획의 제출을 명할 수 있다. 1. 자본 증가 또는 자본 감소 2. 자산의 취득· 처분이나 사업장 또는 조직의 축소에 관한 사항 3. 이익배당 및 손익이체의 제한 4. 대손충당금, 대위변제금, 이익준비금 등 준비금의 추가적립 및 재공제 처리 5. 임원의 직무정지나 임원의 직무를 대행하는 관리인의 선임 6. 보증수수료 또는 융자이자율의 조정 7. 영업의 전부 또는 일부 정지 8. 영업의 양도나 보증사업 또는 공제사업과 관련된 계약의 이전 9. 사업의 축소 및 신규업무 또는 신규투자의 제한 10. 그 밖에 제1호부터 제9호까지의 규정에 준하는 조치로서 공제조합의 재무건전성을 높이기 위하여 필요하다고 대통령	**제114조의2 【지도 · 감독】** ① 법 제77조제2항제10호에서 "대통령령으로 정하는 조치"란 다음 각 호의 조치를 말한다. 1. 공제 요율의 조정 2. 임원의 교체 3. 채무의 전부 또는 일부의 지급정지 ② 법 제77조제4항에서 "대통령령으로 정하는 기간"이란 공제조합이 법 제76조제3항 및 제4항에 따른 기준에 미달하거나 미달하게 될 것이 명백하다고 판단되는 날부터 6개월을 말한다. [본조신설 2019.6.25.]	

법	시 행 령	시 행 규 칙

령으로 정하는 조치

③ 국토교통부장관은 제2항에 따른 조치를 하려면 미리 그 내용 및 기준을 정하여 고시하여야 한다.

④ 국토교통부장관은 제2항에도 불구하고 공제조합이 대통령령으로 정하는 기간 이내에 그 기준을 충족시킬 것으로 판단되거나 그에 준하는 사유가 있다고 인정되는 경우에는 기간을 정하여 필요한 조치를 유예할 수 있다.

[전문개정 2018.12.31.]

제78조【다른 법률의 준용】 이 법에서 규정한 사항 외에 공제조합에 관하여는 「민법」 중 사단법인에 관한 규정과 「상법」 중 주식회사의 회계에 관한 규정을 준용한다.

제7장 보칙

제79조【수수료】 다음 각 호의 어느 하나에 해당하는 자는 국토교통부령 또는 조례로 정하는 바에 따라 수수료를 내야 한다. 다만, 제1호에 해당하는 자에 대하여는 조례로 정하는 바에 따라 수수료를 면제할 수 있다. 〈개정 2018.12.31.〉

1. 지방심의위원회에 건설기술의 심의를 요청하는 자
2. 제14조제1항에 따라 신기술의 지정을 신청하는 자
3. 제14조제3항에 따라 신기술 보호기간의 연장을 신청하는 자

3의2. 제14조의2제1항 후단에 따라 신기술사용협약에 관한 증명서의 발급을 신청하는 자

4. 제58조제1항에 따라 공장인증을 신청하는 자

제80조【시정명령】 국토교통부장관은 다음 각 호의 어느 하나에 해당하는 건설사업자 또는 주택건설등록업자에 대하여는

제7장 보칙 (시행령)

제6장 보칙 (시행규칙)

제63조【수수료】 법 제79조제2호부터 제4호까지의 어느 하나에 해당하는 자가 내야 하는 수수료의 산출기준은 별표 9와 같다.

법	시 행 령	시 행 규 칙
기간을 정하여 시정을 명하거나 그 밖에 필요한 지시를 할 수 있다. 〈개정 2018.12.31., 2019.4.30.〉 1. 제48조제2항에 따른 보고 의무를 이행하지 아니한 경우 2. 제55조제1항 및 제2항에 따른 품질관리계획 또는 품질시험계획을 성실히 이행하지 아니하거나 품질시험 또는 검사를 성실하게 수행하지 아니한 경우 3. 제62조제1항 및 제4항에 따른 안전관리계획을 성실히 이행하지 아니하거나 안전점검을 성실하게 수행하지 아니한 경우 **제80조의2 【제척기간】** ① 국토교통부장관은 제24조제1항 각 호(제1호ㆍ제2호ㆍ제6호는 제외한다)에 해당하는 경우 해당 위반행위의 종료일부터 5년이 지난 경우에는 업무정지를 할 수 없다. 다만, 해당 기간이 지나기 전에 제24조제1항제7호에 따라 다른 행정기관이 업무정지를 요청한 경우에는 그러하지 아니하다. ② 시ㆍ도지사는 다음 각 호의 기간이 지난 경우에는 제31조제1항 및 제2항에 따른 등록취소나 영업정지를 할 수 없다. 다만, 해당 기간이 지나기 전에 제31조제1항제9호에 따라 다른 행정기관이 등록취소 또는 영업정지를 요구한 경우에는 그러하지 아니하다. 1. 제31조제2항제5호라목을 위반한 경우 해당 건설공사의 하자담보책임기간(「건설산업기본법」 제28조에 따른 하자담보책임기간을 말한다) 종료일부터 5년 2. 제31조제1항 각 호(제8호는 제외한다) 또는 제2항 각 호(제5호라목 및 제7호가목ㆍ나목ㆍ라목은 제외한다)를 위반한 경우 해당 위반행위 종료일부터 5년 [본조신설 2021. 3. 16.]		

법	시 행 령	시 행 규 칙
제81조 【비밀의 누설 등 금지】 이 법에 따른 건설사업관리의 업무나 신기술 또는 외국 도입 건설기술 및 건설기술인의 관리에 종사하는 사람은 직무상 알게 된 비밀을 다른 사람에게 누설하거나 도용(盜用)하여서는 아니 된다. 〈개정 2018.8.14.〉		
제82조 【권한 등의 위임 · 위탁】 ① 국토교통부장관은 이 법에 따른 권한의 일부를 대통령령으로 정하는 바에 따라 중앙행정기관의 장에게 위탁하거나 시·도지사 또는 대통령령으로 정하는 국토교통부 소속 기관의 장에게 위임할 수 있다. ② 국토교통부장관 또는 시·도지사는 이 법에 따른 업무의 일부를 대통령령으로 정하는 바에 따라 「공공기관의 운영에 관한 법률」에 따른 공공기관, 협회, 그 밖에 건설기술 또는 시설안전과 관련된 기관 또는 단체에 위탁할 수 있다.	**제115조 【권한의 위임】** ① 국토교통부장관은 법 제82조제1항에 따라 법 제91조제2항제1호, 제2호, 제3호, 제3호의2, 제4호, 제5호, 같은 조 제3항제1호부터 제4호까지, 제14호 및 제16호에 해당하는 자(「건설산업기본법」 제8조제1항에 따른 종합공사를 시공하는 업종을 등록한 건설사업자 및 전문공사를 시공하는 업종을 등록한 건설업자와 그에 소속되어 근무하는 건설기술인에 한정한다)에 대한 과태료의 부과·징수 권한을 시·도지사에게 위임한다. 〈개정 2018.12.11., 2019.6.25., 2020.1.7.〉 ② 국토교통부장관은 법 제82조제1항에 따라 다음 각 호의 사항에 관한 권한을 지방국토관리청장에게 위임한다. 〈개정 2018.12.11., 2019.6.25., 2020.1.7., 2021.9.14., 2023.1.6., 2024.7.2.〉 1. 법 제22조의3에 따른 공정건설지원센터 운영업무 1의2. 법 제24조제1항에 따른 건설기술인에 대한 업무정지 2. 법 제53조제1항에 따른 국토교통부장관의 부실 정도의 측정 및 부실벌점의 부과 3. 법 제54조제1항에 따른 건설공사현장 등의 점검과 점검결과에 따른 시정명령 등의 조치 및 영업정지 등의 요청 3의2. 법 제57조제5항에 따른 건설자재·부재의 품질 확인 및 시정명령 등 필요한 조치의 요청 4. 법 제60조제4항에 따른 품질검사를 대행하는 건설엔지니어링사업자에 대한 조사 및 시정명령 등	

법	시 행 령	시 행 규 칙
	5. 법 제83조의 권한 중 위임된 권한에 관한 청문 6. 법 제91조제1항제1호, 제2호, 같은 조 제2항제1호, 제1호의2, 제2호, 제3호의2, 제3호의3, 제4호, 제5호, 같은 조 제3항제1호부터 제4호까지 및 제12호부터 제16호까지의 규정에 해당하는 자에 대한 과태료의 부과·징수. 다만, 제1항에 따른 과태료의 부과·징수는 제외한다. 7. 제97조제2항에 따른 품질검사에 사용되는 장비·기술인력 현황 등의 접수 ③ 시·도지사 또는 지방국토관리청장은 제1항 및 제2항에 따라 위임된 사항을 처리한 경우에는 그 처리 내용을 국토교통부장관이 제117조제2항에 따라 지정·고시하는 기관에 통보하고, 그 처리 현황을 매년 12월 31일을 기준으로 다음 해 1월 31일까지 국토교통부장관에게 제출하여야 한다. **제116조 【권한의 위탁】** 국토교통부장관은 법 제82조제1항에 따라 법 제44조제2항에 따른 건설기준의 승인에 관한 권한 중 농림축산식품부 소관 사항에 관한 권한을 농림축산식품부장관에게 위탁하고, 환경부 소관 사항에 관한 권한을 환경부장관에게 위탁하며, 해양수산부 소관 사항에 관한 권한을 해양수산부장관에게 위탁한다. 〈개정 2014.12.30.〉 **제117조 【업무의 위탁】** ① 국토교통부장관은 법 제82조제2항에 따라 다음 각 호의 업무를 제2항에 따라 지정·고시하는 기관에 위탁한다. 〈개정 2016.1.12., 2018.12.11., 2019.6.25., 2020.5.26., 2021.9.14., 2024.7.2.〉 1. 법 제14조에 따른 신기술에 관한 다음 각 목의 업무 가. 제31조에 따른 신기술 지정신청서의 접수 나. 제32조제2항에 따른 이해관계인 등의 의견 청취	

법	시 행 령	시 행 규 칙
	다. 제33조제2항에 따른 신기술의 유지·관리 라. 제34조제6항에 따른 신기술 활용실적의 접수 및 관리 마. 제35조제3항에 따른 신기술 보호기간 연장신청서의 접수 1의2. 법 제14조의2에 따른 신기술사용협약에 관한 증명서의 발급 신청 접수, 발급 및 관리에 관한 업무 2. 법 제16조제1항에 따른 외국에서 도입된 건설기술의 관리에 관한 업무 3. 법 제18조에 따른 건설기술정보체계의 구축·보급 및 운영에 관한 업무 4. 법 제21조에 따른 건설기술인 신고에 관한 다음 각 목의 업무 가. 법 제21조제1항에 따른 신고사항의 접수 나. 법 제21조제2항에 따른 근무처 및 경력등에 관한 기록의 유지·관리 및 건설기술경력증의 발급 다. 법 제21조제3항에 따른 관계자료 제출의 요청(위탁된 사무를 처리하기 위하여 필요한 경우만 해당한다) 라. 법 제21조제4항에 따른 건설기술인의 근무처 및 경력등의 확인 5. 법 제24조제1항에 따른 건설기술인 업무정지 현황의 관리와 같은 조 제4항에 따른 건설기술경력증의 반납 접수 및 근무처·경력등에 관한 기록의 수정 또는 말소 등의 업무 6. 법 제26조제5항에 따라 시·도지사가 통보하는 건설엔지니어링업의 등록, 변경등록 또는 휴업·폐업 신고 사실의 접수 및 관리 7. 법 제30조에 따른 건설엔지니어링 실적 관리에 관한 다음 각 목의 업무 가. 법 제30조제1항제1호에 따른 건설엔지니어링사업자_현황의 관리 나. 법 제30조제3항에 따른 건설엔지니어링사업자 현황 및 건설기술용역 실적의 공개	

법	시 행 령	시 행 규 칙

다. 제45조제2항 및 제3항에 따라 발주청 및 인·허가기관의 장이 통보하는 건설기술용역 실적의 접수·확인·관리

라. 제45조제5항 및 제6항에 따라 건설엔지니어링사업자가 직접 통보하는 건설기술용역 실적의 접수·확인·관리

마. 제45조제9항에 따른 건설엔지니어링 실적에 대한 확인서의 발급

8. 법 제31조제4항에 따라 시·도지사가 통보하는 건설엔지니어링사업자에 대한 등록취소, 영업정지 또는 과징금 부과 내용의 접수 및 관리

8의2. 법 제39조의2제4항에 따른 건설사업관리계획의 접수 및 관리

9. 법 제50조제3항에 따라 발주청이 통보하는 용역평가·시공평가 결과의 접수 및 관리와 같은 조 제4항에 따른 종합평가의 시행과 그 결과의 공개

10. 법 제53조제3항에 따른 벌점의 종합관리

10의2. 법 제54조제2항에 따른 건설공사현장 점검결과 및 그에 따른 조치결과의 접수·확인·관리

11. 법 제58조에 따른 철강구조물공장의 공장인증에 관한 다음 각 목의 업무

가. 법 제58조제1항에 따른 공장인증 신청의 접수 및 신청에 대한 전문·기술적인 심사

나. 법 제58조제2항에 따른 운영 실태 및 사후관리 상태의 조사를 위한 전문·기술적인 사항

11의2. 법 제62조제3항에 따른 안전관리계획서 사본과 안전관리계획 검토결과의 접수·확인·관리

11의3. 법 제62조제5항에 따른 안전점검 결과의 접수·확인·관리

12. 법 제62조제7항에 따른 종합보고서에 관한 다음 각 목의 업무

가. 법 제62조제8항에 따라 제출되는 종합보고서의 접수·확인

법	시 행 령	시 행 규 칙
	나. 법 제62조제9항에 따른 종합보고서의 보존·관리 다. 제101조제4항에 따른 종합보고서의 열람 및 그 사본의 발급 13. 법 제62조제10항에 따른 안전관리계획서 검토결과 및 안전점검결과의 적정성 검토 14. 법 제62조제14항에 따른 안전관리 수준평가의 시행 및 그 결과의 공개와 같은 조 제15항에 따른 정보망의 구축·운영 15. 법 제62조제18항에 따라 발주청이 제출하는 설계의 안전성 검토 결과에 관한 접수·확인·관리 15의2. 법 제62조의3제1항 및 제2항에 따른 스마트 안전관리 보조 · 지원과 관리 · 감독에 필요한 지원 업무 16. 법 제68조제4항에 따른 건설사고조사위원회의 운영에 관한 사무 ② 제1항에 따른 업무를 위탁받을 수 있는 자는 다음 각 호의 어느 하나에 해당하는 기관으로서 위탁업무를 수행할 수 있는 인력과 장비를 갖춘 기관 중에서 국토교통부장관이 지정하여 고시한다. 〈개정 2015.6.1., 2020.12.1.〉 1. 법 제69조제1항에 따라 설립된 협회 2. 「건설산업기본법」, 「건축사법」, 「기술사법」, 「엔지니어링산업 진흥법」, 「주택법」 또는 「공간정보산업 진흥법」에 따라 설립된 협회 3. 「정부출연연구기관 등의 설립·운영 및 육성에 관한 법률」 또는 「과학기술분야 정부출연연구기관 등의 설립·운영 및 육성에 관한 법률」에 따라 설립된 정부출연연구기관 4. 「민법」 제32조에 따라 국토교통부장관의 허가를 받아 설립된 비영리법인 5. 법 제11조에 따라 설립된 기술평가기관 6. 국토안전관리원 ③ 시·도지사는 법 제82조제2항에 따라 다음 각 호의 업무	

법	시 행 령	시 행 규 칙
	를 제2항제1호 및 제2호에 따른 기관 중에서 시·도지사가 지정·고시하는 기관에 위탁한다.〈개정 2021.9.14.〉 1. 법 제26조에 따른 건설엔지니어링업 등록 등에 관한 다음 각 목의 업무에 대한 접수·확인 및 관리 가. 법 제26조제1항에 따른 건설엔지니어링업 등록 나. 법 제26조제3항에 따른 변경등록 다. 법 제26조제4항에 따른 휴업·폐업 신고 2. 법 제29조제1항에 따른 영업 양도·합병의 신고에 대한 접수·확인 및 관리	
고시 건설기술진흥법령에 따른 위탁업무 수행 기관 등 지정(국토교통부고시 제2020-1177호, 2020.12.29)	④ 국토교통부장관 또는 시·도지사는 제2항 및 제3항에 따라 위탁기관을 지정하는 경우에는 위탁할 업무의 내용 및 처리방법, 그 밖에 필요한 사항을 정하여 관보 또는 공보에 고시하여야 한다. ⑤ 제1항 및 제3항에 따라 업무를 위탁받은 기관은 위탁업무의 처리 결과를 매 반기(半期) 말일을 기준으로 다음 달 말일까지 국토교통부장관 또는 시·도지사에게 통보하여야 한다.	
	제117조의2【고유식별정보의 처리】 ① 국토교통부장관(법 제82조에 따라 국토교통부장관의 권한을 위임·위탁받은 자를 포함한다) 및 시·도지사(법 제82조제2항에 따라 시·도지사의 업무를 위탁받은 자를 포함한다)는 다음 각 호의 사무를 수행하기 위하여 불가피한 경우 「개인정보 보호법 시행령」 제19조제1호 또는 제4호에 따른 주민등록번호 또는 외국인등록번호가 포함된 자료를 처리할 수 있다. 〈개정 2018.12.11., 2019.6.25., 2021.9.14.〉 1. 법 제20조에 따른 건설기술인의 육성과 교육·훈련에 관한 사무	**제63조의2【행정정보의 공동이용】** 건설기술인 경력관리 수탁기관 또는 등록 등 업무 수탁기관은 다음 각 호의 어느 하나에 해당하는 신고 또는 신청을 받은 경우 「전자정부법」 제36조제1항에 따른 행정정보 공동이용을 통하여 다음 각 호의 구분에 따른 서류를 확인해야 한다. 다만, 신고인 또는 신청인이 확인에 동의하지 않는 경우에는 해당 서류(제1호가목의 경우에는 국가기술자

법	시 행 령	시 행 규 칙
제83조 【청문】 국토교통부장관 또는 시·도지사는 이 법에 따른 지정 또는 등록을 취소하려면 청문을 하여야 한다.	1의2. 법 제20조의2에 따른 교육·훈련의 대행에 관한 사무 1의3. 법 제20조의3에 따른 교육·훈련 대행의 갱신에 관한 사무 1의4. 법 제20조의4에 따른 교육·훈련 대행의 취소에 관한 사무 1의5. 법 제20조의5에 따른 교육·훈련의 관리에 관한 사무 1의6. 법 제20조의6에 따른 교육·훈련 업무의 위탁에 관한 사무 2. 법 제21조에 따른 건설기술인의 신고사항에 관한 사무 2의2. 법 제22조의3에 따른 공정건설지원센터의 운영에 관한 사무 3. 법 제24조에 따른 건설기술인의 업무정지 현황에 관한 사무 4. 법 제26조에 따른 건설엔지니어링업의 등록 및 변경등록에 관한 사무 5. 법 제30조에 따른 건설엔지니어링의 실적 관리에 관한 사무 6. 법 제31조에 따른 건설엔지니어링사업자에 대한 등록취소, 영업정지 또는 과징금 부과 등의 내용 통보에 관한 사무 7. 법 제39조의2에 따른 건설사업관리기술인 또는 공사감독자의 배치 관리에 관한 사무 8. 법 제50조에 따른 용역평가·시공평가 결과의 접수 및 관리, 종합평가의 시행과 그 결과의 공개에 관한 사무 9. 법 제53조제3항에 따른 벌점의 종합관리에 관한 사무 10. 삭제〈2022.12.20〉 ② 공제조합은 법 제75조제1항에 따른 보증, 융자 및 공제사업을 하기 위하여 불가피한 경우 「개인정보 보호법 시행령」 제19조제1호 또는 제4호에 따른 주민등록번호 또는 외국인등록번호가 포함된 자료를 처리할 수 있다. [본조신설 2016.1.12.]	격증 사본으로 갈음할 수 있다)를 첨부하게 해야 한다.〈개정 2019.2.25., 2021.9.17., 2022.12.30.〉 1. 제18조제1항·제2항에 따른 건설기술인의 신고·변경신고: 다음 각 목의 서류(신고·변경신고 사무처리를 위하여 필요한 경우만 해당한다) 가. 국가기술자격취득사항확인서 나. 건강보험자격득실확인서 또는 국민연금가입자가입증명 다. 「출입국관리법」 제88조제1항 본문에 따른 출입국에 관한 사실증명 2. 제21조제1항·제23조제2항에 따른 건설엔지니어링업의 등록신청·변경등록 신고: 다음 각 목의 서류 가. 사업자등록증명서(개인만 해당한다) 나. 「출입국관리법」 제88조제2항에 따른 외국인등록 사실증명서(대표자·임원 또는 소속 건설기술인이 국내에 체류하는 외국인인 경우만 해당한다) 다. 법인 등기사항증명서 [본조신설 2018.10.12.]

법	시 행 령	시 행 규 칙

제84조 【벌칙 적용 시의 공무원 의제】 다음 각 호의 어느 하나에 해당하는 사람은 「형법」 제129조부터 제132조까지의 규정을 적용할 때에는 공무원으로 본다. 〈개정 2015.5.18., 2017.11.28., 2018.8.14., 2020.6.9.〉

1. 중앙심의위원회, 지방심의위원회 또는 특별심의위원회의 위원 중 공무원이 아닌 위원
2. 제6조에 따른 기술자문위원회의 위원 중 공무원이 아닌 위원

2의2. 제20조의6제1항에 따라 국토교통부장관이 위탁한 자에게 소속되어 그 업무에 종사하는 임직원 〈신설 2020.6.9.〉

3. 제39조에 따른 건설사업관리 업무 중 대통령령으로 정하는 업무를 수행하는 건설기술인
4. 제68조에 따른 건설사고조사위원회의 위원 중 공무원이 아닌 위원
5. 제82조제2항에 따라 국토교통부장관 또는 시·도지사가 위탁한 협회, 기관 또는 단체에서 그 업무에 종사하는 임직원

제8장 벌칙

제85조 【벌칙】 ① 제28조제1항을 위반하여 착공 후부터 「건설산업기본법」 제28조에 따른 하자담보책임기간까지의

제118조 【벌칙 적용 시의 공무원 의제】 법 제84조제3호에서 "대통령령으로 정하는 업무"란 시공 단계의 건설사업관리 업무 중 법 제2조제5호에 따른 감리 업무를 말한다.

제119조 【규제의 재검토】 ① 삭제 〈2020.3.3.〉

② 국토교통부장관은 다음 각 호의 사항에 대하여 다음 각 호의 기준일을 기준으로 3년마다(매 3년이 되는 해의 기준일과 같은 날 전까지를 말한다) 그 타당성을 검토하여 개선하는 등의 조치를 해야 한다. 〈개정 2018.12.11., 2020.1.7., 2021.9.14〉

1. 제42조제2항 및 별표 3에 따른 건설기술인 교육·훈련의 종류·시간, 내용 및 면제의 기준: 2014년 5월 23일
2. 제44조제2항 및 별표 5에 따른 건설엔지니어링사업자의 등록요건 및 업무범위: 2014년 5월 23일
3. 제89조 및 제90조에 따른 품질관리계획 등의 수립대상 공사 및 수립절차: 2014년 5월 23일
4. 제91조에 따른 품질시험 및 검사의 실시 기준 및 대상: 2014년 5월 23일

③ 국토교통부장관은 별표 8 제5호바목에 따른 벌점 경감기준에 대하여 2021년 1월 1일을 기준으로 2년마다(매 2년이 되는 해의 기준일과 같은 날 전까지를 말한다) 그 타당성을 검토하여 개선하는 등의 조치를 해야 한다. 〈개정 2020.11.10〉

제8장 벌칙

제120조 【주요 시설물 등】 법 제85조제1항 및 제88조제1호의4에서 "대통령령으로 정하는 시설물"이란 각각 다음 각

제64조 【규제의 재검토】 국토교통부장관은 제50조제4항 및 별표 5에 따른 건설공사 품질관리를 위한 시설 및 건설기술인 배치기준에 대하여 2024년 1월 1일을 기준으로 3년마다(매 3년이 되는 해의 기준일과 같은 날 전까지를 말한다) 그 타당성을 검토하여 개선하는 등의 조치를 해야 한다.

[본조신설 2022. 12. 30.]

법	시 행 령	시 행 규 칙

기간에 다리, 터널, 철도, 그 밖에 대통령령으로 정하는 시설물의 구조에서 주요 부분에 중대한 손괴(損壞)를 일으켜 사람을 다치거나 죽음에 이르게 한 자는 무기 또는 3년 이상의 징역에 처한다. 〈개정 2018.12.31.〉

② 제1항의 죄를 범하여 사람을 위험하게 한 자는 10년 이하의 징역 또는 1억원 이하의 벌금에 처한다.

제86조【벌칙】 ① 업무상 과실로 제85조제1항의 죄를 범하여 사람을 다치거나 죽음에 이르게 한 자는 10년 이하의 징역이나 금고 또는 1억원 이하의 벌금에 처한다.

② 업무상 과실로 제85조제2항의 죄를 범한 자는 5년 이하의 징역이나 금고 또는 5천만원 이하의 벌금에 처한다.

제87조【벌칙】 ① 제47조제1항에 따른 타당성 조사를 할 때 고의로 수요 예측을 부실하게 하여 발주청에 손해를 끼친 건설엔지니어링사업자는 5년 이하의 징역 또는 5천만원 이하의 벌금에 처한다. 〈개정 2019.4.30.〉

② 제47조제1항에 따른 타당성 조사를 할 때 중대한 과실로 수요 예측을 부실하게 하여 발주청에 손해를 끼친 건설엔지니어링사업자는 3년 이하의 금고 또는 3천만원 이하의 벌금에 처한다. 〈개정 2019.4.30., 2021.3.16.〉

제87조의2【벌칙】 다음 각 호의 어느 하나에 해당하는 자는 2년 이하의 징역 또는 1억원 이하의 벌금에 처한다. 〈개정 2019.4.30.〉

1. 제40조제1항에 따른 건설엔지니어링사업자 또는 공사감독자의 재시공·공사중지 명령이나 그 밖에 필요한 조치를 이행하지 아니한 자

호의 시설물을 말한다. 〈개정 2019.6.25.〉

1. 고가도로
2. 지하도
3. 활주로
4. 삭도(索道)
5. 댐
6. 항만시설 중 외곽시설·임항교통시설(臨港交通施設)·계류시설(繫留施設)
7. 연면적 5천제곱미터 이상인 공항청사·철도역사·자동차여객터미널·종합여객시설·종합병원·판매시설·관광숙박시설·관람집회시설
8. 그 밖에 16층 이상인 건축물

법	시 행 령	시 행 규 칙
2. 제40조의2를 위반하여 불이익을 준 자 [본조신설 2018.12.31., 2021.3.16.] **제88조【벌칙】** 다음 각 호의 어느 하나에 해당하는 자는 2년 이하의 징역 또는 2천만원 이하의 벌금에 처한다. 〈개정 2015.1.6., 2018.12.31., 2019.4.30., 2021.3.16., 2024.1.9.〉 1. 제26조제1항에 따른 등록을 하지 아니하고 건설엔지니어링업무를 수행한 자 1의2. 제39조제4항 전단을 위반하여 건설사업관리보고서를 제출하지 아니하거나 같은 항 후단에 따라 건설기술인이 작성한 건설사업관리보고서를 거짓으로 수정하여 제출한 건설엔지니어링사업자 1의3. 제39조제4항 후단을 위반하여 정당한 사유 없이 건설사업관리보고서를 작성하지 아니하거나 거짓으로 작성한 건설기술인 1의4. 고의로 제39조제6항에 따른 건설사업관리 업무를 게을리하여 교량, 터널, 철도, 그 밖에 대통령령으로 정하는 시설물에 대하여 다음 각 목의 주요 부분의 구조안전에 중대한 결함을 초래한 건설기술용역사업자 또는 건설기술인 가. 철근콘크리트구조부 또는 철골구조부 나. 「건축법」 제2조제7호에 따른 주요구조부 다. 교량의 교좌장치 라. 터널의 복공부위 마. 댐의 본체 및 여수로 바. 항만 계류시설의 구조체 2. 삭제 〈2018.12.31.〉 3. 제48조제5항에 따른 구조검토를 하지 아니한 건설엔지니어링사업자		

법	시 행 령	시 행 규 칙
4. 제55조제1항 및 제2항에 따른 품질관리계획 또는 품질시험계획을 수립·이행하지 아니하거나 품질시험 및 검사를 하지 아니한 건설사업자 또는 주택건설등록업자 5. 제57조제3항을 위반하여 품질이 확보되지 아니한 건설자재·부재를 공급하거나 사용한 자 6. 제57조제4항을 위반하여 반품된 레디믹스트콘크리트를 품질인증을 받지 아니하고 재사용한 자 7. 제62조제1항에 따른 안전관리계획을 수립·제출, 이행하지 아니하거나 거짓으로 제출한 건설사업자 또는 주택건설등록업자 7의2. 제62조제4항에 따른 안전점검을 하지 아니한 건설사업자 또는 주택건설등록업자 8. 제62조제11항에 따른 관계전문가의 확인 없이 가설구조물 설치공사를 한 건설사업자 또는 주택건설등록업자 9. 제62조제12항에 따라 가설구조물의 구조적 안전성 확인 업무를 성실하게 수행하지 아니함으로써 가설구조물이 붕괴되어 사람을 죽거나 다치게 한 관계전문가 10. 제81조를 위반하여 직무상 알게 된 비밀을 누설하거나 도용한 사람 **제89조【벌칙】** 다음 각 호의 어느 하나에 해당하는 자는 1년 이하의 징역 또는 1천만원 이하의 벌금에 처한다. 〈개정 2014.5.14., 2015.5.18., 2018.8.14., 2018.12.31., 2019.4.30., 2021.3.16.〉 1. 제14조제3항에 따른 신기술 활용실적을 거짓으로 제출한 자 1의2. 제14조의2제1항 후단에 따른 신기술사용협약에 관한 증명서의 발급 신청을 거짓으로 한 자 2. 제21조제1항에 따른 신고·변경신고를 하면서 근무처 및 경력등을 거짓으로 신고하여 건설기술인이 된 자		

법	시 행 령	시 행 규 칙
3. 제23조를 위반한 다음 각 목의 어느 하나에 해당하는 사람 가. 다른 사람에게 자기의 성명을 사용하여 건설공사 또는 건설엔지니어링 업무를 수행하게 하거나 자신의 건설기술경력증을 빌려 준 사람 나. 다른 사람의 성명을 사용하여 건설공사 또는 건설엔지니어링업무를 수행하거나 다른 사람의 건설기술경력증을 빌린 사람 다. 가목 및 나목의 행위를 알선한 사람 4. 제38조제3항에 따른 검사를 거부·방해 또는 기피한 자 4의2. 정당한 사유 없이 제39조의3제1항 및 제5항에 따른 실정보고를 하지 아니하거나 거짓으로 한 자 4의3. 정당한 사유 없이 제39조의3제3항에 따른 실정보고를 접수하지 아니한 자 5. 제53조제1항에 따른 부실 측정 또는 제54조제1항에 따른 건설공사현장 등의 점검을 거부·방해 또는 기피한 자 5의2. 제62조제1항에 따른 안전관리계획의 승인 없이 착공한 건설사업자 또는 주택건설등록업자 6. 제67조제3항 및 제5항에 따른 국토교통부장관, 발주청, 인·허가기관 및 건설사고조사위원회의 중대건설현장사고조사를 거부·방해 또는 기피한 자 **제90조 【양벌규정】** ① 법인의 대표자나 법인 또는 개인의 대리인, 사용인, 그 밖의 종업원이 그 법인 또는 개인의 업무에 관하여 제85조의 위반행위를 하면 그 행위자를 벌하는 외에 그 법인 또는 개인에게도 10억원 이하의 벌금에 처한다. 다만, 법인 또는 개인이 그 위반행위를 방지하기 위하여 해당 업무에 관하여 상당한 주의와 감독을 게을리하지 아니한 경우에는 그러하지 아니하다.		

법	시 행 령	시 행 규 칙
② 법인의 대표자나 법인 또는 개인의 대리인, 사용인, 그 밖의 종업원이 그 법인 또는 개인의 업무에 관하여 제86조, 제88조 또는 제89조의 위반행위를 하면 그 행위자를 벌하는 외에 그 법인 또는 개인에게도 해당 조문의 벌금형을 과(科)한다. 다만, 법인 또는 개인이 그 위반행위를 방지하기 위하여 해당 업무에 관하여 상당한 주의와 감독을 게을리하지 아니한 경우에는 그러하지 아니하다.		
제91조 【과태료】 ① 다음 각 호의 어느 하나에 해당하는 자에게는 2천만원 이하의 과태료를 부과한다. 〈신설 2018.12.31.〉 1. 제39조의2제1항을 위반하여 건설사업관리계획을 수립하지 아니한 자 2. 제39조의2제6항을 위반하여 건설공사를 착공하게 하거나 건설공사를 진행하게 한 자 3. 제77조제2항에 따른 명령을 이행하지 아니한 자 ② 다음 각 호의 어느 하나에 해당하는 자에게는 1천만원 이하의 과태료를 부과한다. 〈개정 2018.8.14., 2018.12.31., 2020.6.9.〉 1. 제22조의2제2항을 위반하여 부당한 요구를 하거나 부당한 요구를 따르지 아니한다는 이유로 건설기술인에게 불이익을 준 자 1의2. 제50조제1항 및 제2항에 따른 평가를 하지 아니한 자 2. 제56조제1항에 따른 품질관리비를 공사금액에 계상하지 아니한 자 또는 같은 조 제2항을 위반하여 품질관리비를 사용한 자 3. 제62조제7항에 따른 종합보고서를 제출하지 아니하거나 거짓으로 작성하여 제출한 자 3의2. 제62조제14항에 따른 건설공사 참여자 안전관리 수준 평가를 거부·방해 또는 기피한 자 3의3. 제62조제18항에 따른 설계의 안전성을 검토하지 아니한 자 4. 제63조제1항에 따른 안전관리비를 공사금액에 계상하지 아니한 자 또는 같은 조 제2항을 위반하여 안전관리비를 사용한 자	**제121조 【과태료의 부과기준】** ① 법 제91조제1항부터 제3항까지의 규정에 따른 과태료의 부과기준은 별표 11과 같다. 〈개정 2019.6.25.〉 ② 법 제91조제1항 각 호, 같은 조 제2항 각 호, 같은 조 제3항제1호부터 제4호까지 및 제12호부터 제16호까지의 규정에 해당하는 자에 대한 과태료(이 영 제115조제1항에 따른 과태료는 제외한다)는 국토교통부장관이 부과·징수하고, 법 제91조제3항제5호부터 제11호까지의 규정에 해당하는 자에 대한 과태료는 시·도지사가 부과·징수한다. 〈개정 2016.5.17., 2019.6.25.〉 ③ 시·도지사는 제2항에 따라 과태료를 부과·징수한 경우에는 그 처리 내용을 국토교통부장관이 제117조제2항에 따라 지정·고시하는 기관에 통보하여야 한다.	**고시** 건설기술진흥법령에 따른 위탁업무 수행기관 등 지정(국토교통부고시 제2020-1177호, 2020.12.29.)

법	시 행 령	시 행 규 칙
5. 제66조제3항에 따른 환경관리비를 공사금액에 계상하지 아니한 자 또는 같은 조 제4항을 위반하여 환경관리비를 사용한 자 ③ 다음 각 호의 어느 하나에 해당하는 자에게는 300만원 이하의 과태료를 부과한다. 〈개정 2015.5.18., 2018.6.12., 2018.8.14., 2018.12.31., 2019.4.30., 2021.3.16., 2024.1.9.〉 1. 제20조제2항 전단에 따른 교육·훈련을 정당한 사유 없이 받지 아니한 건설기술인 2. 제20조제3항에 따른 경비를 부담하지 아니하거나 경비부담을 이유로 건설기술인에게 불이익을 준 사용자 3. 제21조제3항에 따른 자료를 제출하지 아니하거나 거짓으로 자료를 제출한 자 4. 제24조제4항을 위반하여 건설기술경력증을 반납하지 아니한 건설기술인 5. 제26조제3항 본문에 따른 변경등록을 하지 아니하거나 거짓으로 변경등록을 한 자 6. 제26조제4항에 따라 휴업 또는 폐업 신고를 하지 아니한 자 7. 제29조제1항에 따라 영업 양도 또는 합병 신고를 하지 아니한 자 8. 제31조제1항·제2항에 따른 영업정지명령을 받고 영업정지기간에 건설엔지니어링 업무를 수행한 자(제33조에 따라 건설엔지니어링 업무를 수행한 경우는 제외한다) 9. 제31조제3항을 위반하여 영업정지기간에 상호를 바꾸어 건설엔지니어링을 수주한 자 10. 제33조제1항 후단에 따라 등록취소처분 등을 받은 사실과 그 내용을 해당 건설엔지니어링의 발주자에게 통지하지 아니한 자 11. 제38조제2항에 따른 업무에 관한 보고를 하지 아니하거나 관계 자료를 제출하지 아니한 자		

법	시 행 령	시 행 규 칙
12. 제54조제2항에 따른 점검결과 및 조치결과를 제출하지 아니하거나 거짓으로 제출한 자 12의2. 제55조제3항에 따른 품질시험 및 검사의 결과와 증빙자료 또는 제60조제3항에 따른 품질검사 성적서 및 품질검사 내용을 정보망에 기한 내에 입력하지 아니하거나 거짓으로 입력한 자 〈신설 2024.1.9.〉 13. 제62조제1항에 따른 안전관리계획의 승인 없이 건설사업자 및 주택건설등록업자가 착공했음을 알고도 묵인한 발주자 14. 제62조제3항·제5항 및 제8항에 따른 서류를 제출하지 아니하거나 거짓으로 제출한 자 15. 제62조제18항에 따른 설계의 안전성 검토결과를 제출하지 아니하거나 거짓으로 제출한 자 16. 제67조제1항에 따른 건설사고 발생사실을 발주청 및 인·허가기관에 통보하지 아니한 건설공사 참여자(발주자는 제외한다) ④ 제1항부터 제3항까지에 따른 과태료는 대통령령으로 정하는 바에 따라 국토교통부장관 또는 시·도지사가 부과·징수한다. 〈개정 2018.12.31.〉 **제91조의2 【과태료 부과 유예 특례】** 제91조제3항제1호에도 불구하고 제20조제2항 전단에 따른 교육·훈련을 받지 아니한 건설기술인에 대한 과태료 부과는 2021년 12월 31일까지 유예한다. 다만, 제20조제2항 전단에 따른 교육·훈련을 받지 아니하고 퇴직 또는 이직 등의 사유로 2021년 12월 31일까지 건설기술 업무를 수행하지 아니하는 건설기술인에 대하여는 해당 업무를 다시 수행할 때까지 과태료 부과를 유예한다. 〈개정 2018.8.14., 2020.6.9., 2022.6.10〉 [본조신설 2018.6.12.]		

법	시 행 령	시 행 규 칙

부칙〈법률 제17063호, 2020.2.18.〉

제1조(시행일) 이 법은 공포 후 1년이 경과한 날부터 시행한다.

제2조부터 **제16조**까지 생략

제17조(다른 법률의 개정) ① 건설기술 진흥법 일부를 다음과 같이 개정한다.

제2조제2호가목 중 "수로조사"를 "해양조사"로 한다.

②부터 ⑨까지 생략

제18조 생략

부칙〈법률 제17091호, 2020.3.24.〉

제1조(시행일) 이 법은 공포한 날부터 시행한다. <단서 생략>

제2조 및 **제3조** 생략

제4조(다른 법률의 개정) ①부터 ⑥까지 생략

⑦ 건설기술 진흥법 일부를 다음과 같이 개정한다.

제32조제2항 중 "「지방세외수입금의 징수 등에 관한 법률」"을 "「지방행정제재·부과금의 징수 등에 관한 법률」"로 한다.

⑧부터 <102>까지 생략

제5조 생략

부칙〈법률 제17344호, 2020.6.9.〉

제1조(시행일) 이 법은 공포 후 6개월이 경과한 날부터 시행한다. <단서 생략>

제2조부터 **제6조**까지 생략

부칙〈제30704호, 2020.5.26.〉

제1조(시행일) 이 영은 2020년 5월 27일부터 시행한다.

제2조(다른 법령의 개정) ① 생략

② 건설기술 진흥법 시행령 일부를 다음과 같이 개정한다.

제55조제2항제1호 중 "「문화재보호법」 제2조제2항"을 "「문화재보호법」 제2조제3항"으로, "가지정문화재"를 "임시지정문화재"로 한다.

③부터 ⑱까지 생략

부칙〈대통령령 제30712호, 2020.5.26.〉

제1조(시행일) 이 영은 2020년 5월 27일부터 시행한다. 다만, 제83조제1항제1호의 개정규정은 2021년 1월 1일부터 시행한다.

제2조(건설기술용역의 실적 관리 대상 및 실적 통보 등에 관한 적용례 등) ① 제45조의 개정규정은 2017년 5월 27일 이후에 계약이 체결된 건설기술용역부터 적용한다.

② 제45조제1항제3호의 개정규정에 해당하는 건설기술용역 중 2017년 5월 27일부터 2020년 5월 26일까지의 기간에 계약이 체결된 건설기술용역의 실적은 제45조제3항제2호의 개정규정에도 불구하고 해당 건설기술용역사업자가 국토교통부장관에게 직접 통보해야 한다.

제3조(기본설계에 대한 용역평가 시기에 관한 적용례) 제83조제1항제1호의 개정규정은 부칙 제1조 단서에 따른 시행일 이후 완료되는 기본설계용역부터 적용한다.

제4조(건설공사현장 등 점검에 따른 일정 기간의 공사중지에 관한 적용례) 제88조제4항제1호 및 같은 조 제5항의 개정규정은 이 영 시행 이후 법 제54조에 따라 건설공사현장 등을 점검한 결과 부실시공으로 지적된 경우부터 적용한다.

제5조(품질관리계획 등의 수립절차에 관한 적용례) 제90조

부칙〈국토교통부령 제709호, 2020.3.18.〉

제1조(시행일) 이 규칙은 공포한 날부터 시행한다.

제2조(안전관리비 및 안전관리계획에 관한 적용례) 제60조제1항·제2항 및 별표 7의 개정규정은 이 규칙 시행 이후 입찰공고(발주자가 발주청이 아닌 경우에는 건설공사의 허가·인가·승인 등의 신청을 말한다)하는 건설공사부터 적용한다.

제3조(건설공사 품질관리를 위한 건설기술인 배치기준에 관한 적용례) 별표 5의 개정규정은 이 규칙 시행 이후 입찰공고(발주자가 발주청이 아닌 경우에는 건설공사의 허가·인가·승인 등의 신청을 말한다)하는 건설공사부터 적용한다.

제4조(품질관리비의 산출 및 사용기준에 관한 적용례) 별표 6의 개정규정은 이 규칙 시행 이후 입찰공고(발주자가 발주청이 아닌 경우에는 건설공사의 허가·인가·승인 등의 신청을 말한다)하는 건설공사부터 적용한다.

제5조(다른 법령의 개정) ① 골재채취법 시행규칙 일부를 다음과 같이 개

법

제7조(다른 법률의 개정) ① 건설기술 진흥법 일부를 다음과 같이 개정한다.

제19조제4항 중 " 「국가정보화 기본법」 제6조에 따른 국가정보화 기본계획 및 같은 법 제7조에 따른 국가정보화 시행계획"을 " 「지능정보화 기본법」 제6조에 따른 지능정보사회 종합계획 및 같은 법 제7조에 따른 지능정보사회 실행계획"으로 한다.

②부터 ⑳까지 생략

제8조 생략

부칙〈법률 제17441호, 2020.6.9.〉

제1조(시행일) 이 법은 공포 후 6개월이 경과한 날부터 시행한다.

제2조(소규모 건설공사의 안전관리 등에 관한 적용례) 제62조의2의 개정규정은 이 법 시행 후 입찰공고(발주자가 발주청이 아닌 경우에는 건설공사의 허가·인가·승인 등을 말한다)하는 건설공사부터 적용한다.

제3조(교육·훈련 대행 등에 관한 경과조치) 이 법 시행 당시 종전의 규정에 따라 건설기술인에 대한 교육·훈련을 대행하는 자는 제20조의2제3항의 개정규정에 따른 교육·훈련기관으로 본다. 다만, 이 법 시행일부터 6개월 이내에 제20조의3제2항의 개정규정에 따라 교육·훈련의 대행을 갱신하여야 한다.

부칙〈법률 제17453호, 2020.6.9.〉

이 법은 공포한 날부터 시행한다. <단서 생략>

시행령

제2항부터 제5항까지의 개정규정은 이 영 시행 이후 입찰공고(발주자가 발주청이 아닌 경우에는 건설공사의 허가·인가·승인 등을 말한다)하는 건설공사부터 적용한다.

제6조(가설구조물의 구조적 안전성 확인에 관한 적용례 등) ① 제101조의2제1항의 개정규정은 이 영 시행 이후 입찰공고(발주자가 발주청이 아닌 경우에는 건설공사의 허가·인가·승인 등을 말한다)하는 건설공사부터 적용한다.

② 이 영 시행 당시 법 제62조제11항에 따라 가설구조물의 구조적 안전성 확인이 진행 중인 공사에 대해서는 제101조의2제2항의 개정규정에도 불구하고 종전의 규정에 따른다.

제7조(건설공사 등의 벌점관리기준에 관한 적용례) 별표 8의 개정규정은 이 영 시행 이후 발생하는 주요 부실내용부터 적용한다.

부칙〈대통령령 제30885호, 2020.7.30.〉

제1조(시행일) 이 영은 2020년 8월 1일부터 시행한다.

제2조(건설기술인의 교육·훈련에 관한 경과조치) ① 이 영 시행 당시 종전의 별표 3에 따른 교육·훈련을 받은 건설기술인은 다음 표에 따라 별표 3의 개정규정에 따른 교육·훈련을 받은 것으로 본다. 이 경우 교육·훈련 시간을 일부만 이수한 경우에는 이수한 시간에 한정하여 해당 교육·훈련을 받은 것으로 본다.

시행규칙

정한다.

제14조의7제1항 중 "건설기술용역업자"를 "건설기술용역사업자"로 한다.

② 순환골재 품질인증 및 관리에 관한 규칙 일부를 다음과 같이 개정한다.

제8조제3항제2호 중 "건설기술용역업자"를 "건설기술용역사업자"로 한다.

부칙〈국토교통부령 제726호, 2020.5.26.〉

이 규칙은 2020년 5월 27일부터 시행한다.

부칙〈국토교통부령 제758호, 2020.9.9.〉

이 규칙은 2020년 9월 10일부터 시행한다.

부칙〈제792호, 2020.12.14.〉

제1조(시행일) 이 규칙은 공포한 날부터 시행한다.

제2조(정기안전점검에 관한 적용례) 제59조제1항 및 제3항의 개정규정은 이 규칙 시행 이후 입찰공고(발주자가 발주청이 아닌 경우에는 건설공사의 허가·인가·승인 등을 말한다)하는 건설공사부터 적용한다.

제3조(안전관리비에 포함되는 사항에 관한 적용례) 제60조제1항의 개정규

법	시 행 령	시 행 규 칙

부칙〈법률 제17542호, 2020. 10. 20.〉

이 법은 공포 후 6개월이 경과한 날부터 시행한다. 다만, 제26조제3항의 개정규정은 공포 후 3개월이 경과한 날부터 시행한다.

부칙〈법률 제17939호, 2021.3.16.〉

제1조(시행일) 이 법은 공포 후 3개월이 경과한 날부터 시행한다. 다만, 제2조제12호, 제22조의2제2항, 제22조의3, 제45조의2, 제62조의3 및 제80조의2의 개정규정은 공포 후 6개월이 경과한 날부터 시행한다.

제2조(공사기간 산정기준에 관한 적용례) 제45조의2의 개정규정은 같은 개정규정 시행 후 입찰공고를 하는 건설엔지니어링부터 적용한다.

제3조(업무정지 등의 제척기간에 관한 적용례) ① 제80조의2의 개정규정은 같은 개정규정 시행 후 위반행위가 발생하는 경우부터 적용한다.

② 제80조의2의 개정규정 시행 이전의 위반행위에 대해서는 같은 개정규정 시행일 이후 같은 개정규정에 따른 제척기간 말일이 경과한 경우 제재처분을 부과할 수 없다.

제4조(다른 법률의 개정) ① 건설산업기본법 일부를 다음과 같이 개정한다.

제49조제3항 전단 중 "건설기술용역업자"를 "건설엔지니어링사업자"로 한다.

② 건설폐기물의 재활용촉진에 관한 법률 일부를 다음과 같이 개정한다.

제2조제12호 중 "건설기술용역"을 "건설엔지니어링"으로 한다.

종전의 별표 3에 따른 교육·훈련	별표 3의 개정규정에 따른 교육·훈련
1. 제2호가목1), 같은 호 나목1) 및 같은 호 다목1)의 기본교육	제2호가목의 기본교육
2. 제2호가목1)의 전문교육	제2호나목1)가)(1)의 일반 최초교육
3. 제2호나목1)의 전문교육	제2호나목2)가)의 최초교육
4. 제2호다목1)의 전문교육	제2호나목3)가)의 최초교육
5. 제2호가목2)의 전문교육	제2호나목1)다)의 승급교육
6. 제2호나목2)의 전문교육	제2호나목2)다)의 승급교육
7. 제2호다목2)의 전문교육	제2호나목3)다)의 승급교육
8. 제2호가목3)의 전문교육	제2호나목1)나)의 계속교육
9. 제2호나목3)의 전문교육	제2호나목2)나)(1)의 일반 계속교육
10. 제2호나목4)의 전문교육	제2호나목2)나)(2)의 안전관리 계속교육
11. 제2호다목3)의 전문교육	제2호나목3)나)의 계속교육

② 이 영 시행 당시 종전의 별표 3 제2호나목1)의 기본교육을 35시간 넘게 이수한 건설기술인은 35시간을 초과하는 교육·훈련 시간에 한정하여 별표 3 제2호나목2)가)의 개정규정에 따른 최초교육을 받은 것으로 본다.

③ 이 영 시행 당시 종전의 별표 3 제2호나목3), 같은 목 4) 및 같은 호 다목3)에 따른 교육·훈련 이수시기가 도래한 건설기술인은 별표 3 제2호나목2)나) 및 같은 목 3)나)의 개정규정에도 불구하고 종전의 규정에 따라 교육·훈련을 이수할 수 있다.

제3조(교육기관의 지정요건에 관한 경과조치) 이 영 시행 당시 종전의 규정에 따라 교육기관으로 지정·고시된 종합교육기관은 2021년 1월 1일까지 별표 4의 개정규정에 따른 지정요건을 갖추어야 한다.

정은 이 규칙 시행 이후 입찰공고(발주자가 발주청이 아닌 경우에는 건설공사의 허가·인가·승인 등을 말한다)하는 건설공사부터 적용한다.

제4조(안전관리계획에 관한 적용례) 별표 7의 개정규정은 이 규칙 시행 이후 입찰공고(발주자가 발주청이 아닌 경우에는 건설공사의 허가·인가·승인 등을 말한다)하는 건설공사부터 적용한다.

부칙〈국토교통부령 제882호, 2021.8.27.〉 (어려운 법령용어 정비를 위한 80개 국토교통부령 일부개정령)

이 규칙은 공포한 날부터 시행한다. <단서 생략>

부칙〈국토교통부령 제887호, 2021.9.17.〉

제1조(시행일) 이 규칙은 공포한 날부터 시행한다.

제2조(다른 법령의 개정) ① 건설산업기본법 시행규칙 일부를 다음과 같이 개정한다.

제25조의4제1항제7호 중 "건설기술용역업"을 "건설엔지니어링업"으로 한다.

법	시 행 령	시 행 규 칙

제18조제2항 중 "건설기술용역"을 "건설엔지니어링"으로 한다.

제66조제3항제1호의2 및 제1호의3 중 "건설기술용역"을 각각 "건설엔지니어링"으로 한다.

③ 건축물관리법 일부를 다음과 같이 개정한다.

제18조제1항제2호 중 "건설기술용역사업자"를 "건설엔지니어링사업자"로 한다.

④ 건축법 일부를 다음과 같이 개정한다.

제67조제1항제2호 중 "건설기술용역업자"를 "건설엔지니어링사업자"로 한다.

⑤ 건축사법 일부를 다음과 같이 개정한다.

제23조제9항제1호 중 "건설기술용역사업자"를 "건설엔지니어링사업자"로 한다.

⑥ 골재채취법 일부를 다음과 같이 개정한다.

제22조의4제2항 중 "건설기술용역업자"를 "건설엔지니어링사업자"로 한다.

⑦ 도시개발법 일부를 다음과 같이 개정한다.

제20조제1항 본문 중 "건설기술용역업자"를 "건설엔지니어링사업자"로 한다.

⑧ 민간임대주택에 관한 특별법 일부를 다음과 같이 한다.

제28조의2제1항 본문 중 "건설기술용역업자"를 "건설엔지니어링사업자"로 한다.

부칙〈법률 제18933호, 2022.6.10.〉

이 법은 공포한 날부터 시행한다.

부칙〈법률 제19967호, 2024.1.9.〉

부칙〈대통령령 제31053호, 2020.9.29.〉

제1조(시행일) 이 영은 2020년 10월 1일부터 시행한다.

제2조부터 **제7조**까지 생략

제8조(다른 법령의 개정) ① 건설기술 진흥법 시행령 일부를 다음과 같이 개정한다.

제19조제7항 단서 중 "「조달사업에 관한 법률 시행령」 제9조의4제2호가목"을 "「조달사업에 관한 법률 시행령」 제26조제2호가목"으로, "「조달사업에 관한 법률」 제2조제5호가목 및 나목"을 "「조달사업에 관한 법률」 제2조제5호가목·나목 및 같은 법 시행령 제4조제1항제1호·제2호"로 한다.

②부터 ⑥까지 생략

제9조 생략

부칙〈대통령령 제31156호, 2020.11.10.〉

제1조(시행일) 이 영은 2021년 1월 1일부터 시행한다. 다만, 별표 8 제3호 및 제4호의 개정규정은 2023년 1월 1일부터 시행한다.

제2조(공동도급하는 건설공사의 벌점 부과에 관한 적용례) 제87조제2항의 개정규정은 이 영 시행 이후 입찰공고(입찰공고를 하지 않는 경우에는 도급계약의 체결을 말한다)하는 건설공사부터 적용한다.

제3조(벌점관리기준 변경에 따른 적용례 등) ① 별표 8 제3호 및 제4호의 개정규정은 부칙 제1조 단서에 따른 시행일 이후 벌점을 산정하는 경우부터 적용한다.

② 별표 8 제5호의 개정규정은 이 영 시행 이후 건설기술용역 등의 부실 정도를 측정하는 경우부터 적용한다.

③ 이 영 시행 전에 측정한 건설기술용역 등의 부실에

② 골재채취법 시행규칙 일부를 다음과 같이 개정한다.

제14조의7제1항 중 "건설기술용역사업자"를 "건설엔지니어링사업자"로 한다.

③ 국토교통부와 그 소속기관 직제 시행규칙 일부를 다음과 같이 개정한다.

제9조제10항제21호 중 "건설기술용역업"을 "건설엔지니어링업"으로 한다.

제21조제4항제3호 중 "건설기술용역"을 "건설엔지니어링"으로 한다.

④ 순환골재 품질인증 및 관리에 관한 규칙 일부를 다음과 같이 개정한다.

제8조제3항제2호 중 "건설기술용역사업자"를 "건설엔지니어링사업자"로 한다.

부칙〈국토교통부령 제1168호, 2022.12.19.〉(자격 취득 등에 요구되는 실무경력의 인정범위 확대 등을 위한 3개 법령의 일부개정에 관한 국토교통부령)

이 규칙은 공포한 날부터 시행한다.

법	시 행 령	시 행 규 칙

제1조(시행일) 이 법은 공포 후 6개월이 경과한 날부터 시행한다.

제2조(영업정지 처분에 관한 적용례) 제31조제2항제7호바목의 개정규정은 이 법 시행 이후 실시하는 품질시험 및 검사부터 적용한다.

대한 벌점은 별표 8 제3호의 개정규정에 따라 산정하는 벌점에 합산하지 않는다.

부칙〈대통령령 제31176호, 2020.11.24.〉

제1조(시행일) 이 영은 공포한 날부터 시행한다.

제2조(공고 등의 방법에 관한 일반적 적용례) 이 영은 이 영 시행 이후 실시하는 공고, 공표, 공시 또는 고시부터 적용한다.

부칙〈제31211호, 2020.12.1.〉

제1조(시행일) 이 영은 2020년 12월 10일부터 시행한다.

제2조(다른 법령의 개정) ① 부터 ⑰까지 생략

부칙〈대통령령 제31245호, 2020.12.8.〉

제1조(시행일) 이 영은 2020년 12월 10일부터 시행한다.

제2조(중앙심의위원회 위원 등의 연임에 관한 적용례 등) 제7조제6항 본문, 제17조제4항 본문, 제18조제3항 본문 및 제19조제2항 본문의 개정규정은 이 영 시행 전에 위촉된 중앙심의위원회, 지방심의위원회, 특별심의위원회 및 기술자문위원회 위원에 대해서도 적용한다. 다만, 이 영 시행 당시 이미 한 차례 이상 연임한 위원은 해당 개정규정에도 불구하고 그 임기가 만료될 때까지 위원의 직을 유지한다.

제3조(타워크레인에 대한 정기안전점검에 관한 적용례) 제100조제6항 후단의 개정규정은 이 영 시행 이후 입찰공고(발주자가 발주청이 아닌 경우에는 건설공사의 허가·인가·승인 등을 말한다)하는 건설공사부터 적용한다.

제4조(교육기관의 행정처분 기준에 관한 적용례) 별표 4의

부칙〈국토교통부령 제1175호, 2022.12.30.〉

제1조(시행일) 이 규칙은 공포한 날부터 시행한다. 다만, 별표 5의 개정규정은 공포 후 1년이 경과한 날부터 시행한다.

제2조(건설공사 품질관리를 위한 시설 및 건설기술인 배치기준에 관한 경과조치) 부칙 제1조 단서에 따른 시행일 전에 입찰공고(발주자가 발주청이 아닌 경우에는 건설공사의 허가·인가·승인 등의 신청을 말한다)를 한 건설공사의 건설기술인 배치기준에 관하여는 별표 5의 개정규정에도 불구하고 종전의 규정에 따른다.

<u>**부칙 〈국토교통부령 제1325호, 2024.4.23.〉**</u>

<u>이 규칙은 2024년 8월 1일부터 시행한다. 다만, 별지 제1호서식, 별지 제6호서식 및 별지 제11호서식은 2024년 4월 23일부터 시행한다.</u>

<u>**부칙 〈국토교통부령 제1362호, 2024.7.10.〉**</u>

<u>**제1조(시행일)**</u> 이 규칙은 2024년 7월

법	시 행 령	시 행 규 칙

2의 개정규정은 이 영 시행 이후 위반행위부터 적용한다.

제5조(다른 법령의 개정) 생략

부칙〈대통령령 제31297호, 2020.12.29.〉

제1조(시행일) 이 영은 2021년 1월 1일부터 시행한다.

제2조부터 **제6조**까지 생략

제7조(다른 법령의 개정) ① 건설기술 진흥법 시행령 일부를 다음과 같이 개정한다.

제23조제4항제2호를 삭제한다.

②부터 ⑳까지 생략

제8조 생략

부칙〈대통령령 제31380호, 2021.1.5.〉

이 영은 공포한 날부터 시행한다. <단서 생략>

부칙 〈제31053호, 2020.9.29.〉 (조달사업에 관한 법률 시행령)

제1조(시행일) 이 영은 2020년 10월 1일부터 시행한다.

제2조 부터 제7조까지 생략

제8조(다른 법령의 개정) ① 건설기술 진흥법 시행령 일부를 다음과 같이 개정한다.

제19조제7항 단서 중 "「조달사업에 관한 법률 시행령」 제9조의4제2호가목"을 "「조달사업에 관한 법률 시행령」 제26조제2호가목"으로, "「조달사업에 관한 법률」 제2조제5호가목 및 나목"을 "「조달사업에 관한 법률」 제2조제5호가목·나목 및 같은 법 시행령 제4조제1항제1호·제2호"로 한다.

10일부터 시행한다. 다만, 별지 제18호의2서식의 개정규정은 2024년 8월 1일부터 시행한다.

제2조(품질검사 실시대장의 기재에 관한 적용례) 별지 제42호서식의 개정규정은 이 규칙 시행 이후 건설사업자 또는 주택건설등록업자가 품질검사를 실시하거나 건설공사의 발주자, 건설사업자 또는 주택건설등록업자가 품질검사의 대행을 의뢰하는 경우부터 적용한다.

제3조(품질검사의 대행 의뢰 등에 관한 경과조치) 이 규칙 시행 전에 건설공사의 발주자, 건설사업자 또는 주택건설등록업자가 품질검사의 대행을 의뢰한 경우에는 제56조제3항의 개정규정에도 불구하고 종전의 제56조제3항 및 별지 제49호서식에 따른다.

제4조(건설공사 품질관리를 위한 시설기준에 관한 경과조치) 이 규칙 시행 전에 입찰공고(발주자가 발주청이 아닌 경우에는 건설공사의 허가·인가·승인 등의 신청을 말한다)를 한 건설공사의 품질관리를 위한 시설기준에 관하여는 별표 5의 개정규정에도 불구하고 종전의 규정에 따른다.

법	시 행 령	시 행 규 칙
	②부터 ⑥까지 생략 **제9조** 생략 **부칙〈대통령령 제31156호, 2020.11.10.〉** **제1조(시행일)** 이 영은 2021년 1월 1일부터 시행한다. 다만, 별표 8 제3호 및 제4호의 개정규정은 2023년 1월 1일부터 시행한다. **제2조(공동도급하는 건설공사의 벌점 부과에 관한 적용례)** 제87조제2항의 개정규정은 이 영 시행 이후 입찰공고(입찰공고를 하지 않는 경우에는 도급계약의 체결을 말한다)하는 건설공사부터 적용한다. **제3조(벌점관리기준 변경에 따른 적용례 등)** ① 별표 8 제3호 및 제4호의 개정규정은 부칙 제1조 단서에 따른 시행일 이후 벌점을 산정하는 경우부터 적용한다. ② 별표 8 제5호의 개정규정은 이 영 시행 이후 건설기술용역 등의 부실 정도를 측정하는 경우부터 적용한다. ③ 이 영 시행 전에 측정한 건설기술용역 등의 부실에 대한 벌점은 별표 8 제3호의 개정규정에 따라 산정하는 벌점에 합산하지 않는다. **부칙〈대통령령 제31176호, 2020.11.24.〉** **(법정공고 방식 확대를 위한 69개 법령의 일부개정에 관한 대통령령)** **제1조(시행일)** 이 영은 공포한 날부터 시행한다. **제2조(공고 등의 방법에 관한 일반적 적용례)** 이 영은 이 영 시행 이후 실시하는 공고, 공표, 공시 또는 고시부터 적용한다.	**부칙〈국토교통부령 제1369호, 2024.7.30.〉** **(국민 행정부담 완화 및 불편 해소를 위한 건설기계관리법 시행규칙 등 3개 법령의 일부개정에 관한 국토교통부령)** 이 규칙은 공포한 날부터 시행한다.

법	시 행 령	시 행 규 칙
	부칙〈대통령령 제31211호, 2020.12.1.〉 **(국토안전관리원법 시행령)** **제1조(시행일)** 이 영은 2020년 12월 10일부터 시행한다. **제2조(다른 법령의 개정)** ① 건설기술 진흥법 시행령 일부를 다음과 같이 개정한다. 제42조제1항제5호 중 “「시설물의 안전 및 유지관리에 관한 특별법」 제45조에 따른 한국시설안전공단(이하 "한국시설안전공단"이라 한다)"을 "「국토안전관리원법」에 따른 국토안전관리원(이하 "국토안전관리원"이라 한다)”으로 한다. 제75조의2제1항, 같은 조 제2항 각 호 외의 부분 및 같은 조 제3항 중 “한국시설안전공단”을 각각 “국토안전관리원”으로 한다. 제98조제4항 단서 중 “한국시설안전공단”을 “국토안전관리원”으로 한다. 제100조제2항제2호를 다음과 같이 한다. 2. 국토안전관리원 제117조제2항제6호를 다음과 같이 한다. 6. 국토안전관리원 ②부터 ⑰까지 생략 **부칙〈대통령령 제31245호, 2020.12.8.〉** **제1조(시행일)** 이 영은 2020년 12월 10일부터 시행한다. **제2조(중앙심의위원회 위원 등의 연임에 관한 적용례 등)** 제7조제6항 본문, 제17조제4항 본문, 제18조제3항 본문 및 제19조제2항 본문의 개정규정은 이 영 시행 전에 위촉된 중앙심의위원회, 지방심의위원회, 특별심의위원회	

및 기술자문위원회 위원에 대해서도 적용한다. 다만, 이 영 시행 당시 이미 한 차례 이상 연임한 위원은 해당 개정규정에도 불구하고 그 임기가 만료될 때까지 위원의 직을 유지한다.

제3조(타워크레인에 대한 정기안전점검에 관한 적용례) 제100조제6항 후단의 개정규정은 이 영 시행 이후 입찰공고(발주자가 발주청이 아닌 경우에는 건설공사의 허가·인가·승인 등을 말한다)하는 건설공사부터 적용한다.

제4조(교육기관의 행정처분 기준에 관한 적용례) 별표 4의2의 개정규정은 이 영 시행 이후 위반행위부터 적용한다.

제5조(다른 법령의 개정) ① 간선급행버스체계의 건설 및 운영에 관한 특별법 시행령 일부를 다음과 같이 개정한다.

제7조제17호 중 "「건설기술 진흥법 시행령」 제19조제4항"을 "「건설기술 진흥법 시행령」 제19조제5항"으로 한다.

② 철도의 건설 및 철도시설 유지관리에 관한 법률 시행령 일부를 다음과 같이 개정한다.

제14조제1항제16호 중 "「건설기술 진흥법 시행령」 제19조제4항"을 "「건설기술 진흥법 시행령」 제19조제5항"으로 한다.

부칙〈대통령령 제31297호, 2020.12.29.〉 (국가연구개발혁신법 시행령)

제1조(시행일) 이 영은 2021년 1월 1일부터 시행한다.

제2조 부터 제6조까지 생략

제7조(다른 법령의 개정) ① 건설기술 진흥법 시행령 일부를 다음과 같이 개정한다.

제23조제4항제2호를 삭제한다.

②부터 ⑳까지 생략

법	시 행 령	시 행 규 칙

제8조 생략

부칙〈대통령령 제31380호, 2021.1.5.〉
(어려운 법령용어 정비를 위한 473개 법령의 일부개정에 관한 대통령령)

이 영은 공포한 날부터 시행한다. <단서 생략>

부칙〈대통령령 제31438호, 2021.2.9.〉
(해양조사와 해양정보 활용에 관한 법률 시행령)

제1조(시행일) 이 영은 2021년 2월 19일부터 시행한다.

제2조 및 제3조 생략

제4조(다른 법령의 개정) ① 건설기술 진흥법 시행령 일부를 다음과 같이 개정한다.

제42조제1항제8호 중 "같은 법 제54조에 따른 수로사업"을 "「해양조사와 해양정보 활용에 관한 법률」 제30조에 따른 해양조사 · 정보업"으로 한다.

별표 5 설계 · 사업관리의 설계등용역의 수로조사란 중 "「공간정보의 구축 및 관리 등에 관한 법률 시행령」 별표 10 수로조사업"을 "「해양조사와 해양정보 활용에 관한 법률 시행령」 별표 4의 해양관측업 및 수로측량업"으로, "「공간정보의 구축 및 관리 등에 관한 법률」 제54조에 따라 등록된 수로사업"을 "「해양조사와 해양정보 활용에 관한 법률」 제30조에 따라 등록된 해양관측업 및 수로측량업"으로 하고, 같은 표 비고 제6호 중 "측량업 · 수로사업"을 "측량업 등록자, 「해양조사와 해양정보 활용에 관한 법률」에 따른 해양관측업 및 수로측량업"으로 한다.

②부터 ⑰까지 생략

법	시 행 령	시행규칙
	제5조 생략 **부칙〈대통령령 제31516호, 2021.3.2.〉** **(규제 재검토기한 설정 해제 등을 위한 46개 법령의 일부개정에 관한 대통령령)** 이 영은 공포한 날부터 시행한다. **부칙〈대통령령 제31986호, 2021.9.14.〉** **제1조(시행일)** 이 영은 공포한 날부터 시행한다. 다만, 제17조제2항제3호, 제18조제4항제1호다목, 제19조제5항제3호, 제43조의4, 제43조의5, 제66조의2, 제101조의7, 제115조제2항제1호·제1호의2, 제117조제1항제15호의2 및 제117조의2제1항제2호의2의 개정규정은 2021년 9월 17일부터 시행한다. **제2조(공사기간 산정의 적정성 심의에 관한 적용례)** 제17조제2항제3호, 제18조제4항제1호다목 및 제19조제5항제3호의 개정규정은 부칙 제1조 단서에 따른 시행일 이후 입찰공고를 하는 건설공사부터 적용한다. **제3조(다른 법령의 개정)** ① 2018 평창 동계올림픽대회 및 동계패럴림픽대회 지원 등에 관한 특별법 시행령 일부를 다음과 같이 개정한다. 제19조 중 "건설기술용역업자"를 "건설엔지니어링사업자"로 한다. ② 가축분뇨의 관리 및 이용에 관한 법률 시행령 일부를 다음과 같이 개정한다. 제12조의5제3항제2호 중 "건설기술용역업"을 "건설엔지니어링업"으로 한다. ③ 개발이익 환수에 관한 법률 시행령 일부를 다음과 같	

법	시 행 령	시 행 규 칙
	이 개정한다. 제12조제4항제2호가목 중 “건설기술용역사업자”를 “건설엔지니어링사업자”로 한다. ④ 건설폐기물의 재활용촉진에 관한 법률 시행령 일부를 다음과 같이 개정한다. 별표 5 제2호파목의 위반행위란 및 같은 호 하목의 위반행위란 중 “건설기술용역”을 각각 “건설엔지니어링”으로 한다. ⑤ 건축물관리법 시행령 일부를 다음과 같이 개정한다. 제28조제1항제1호 중 “건설기술용역사업자”를 “건설엔지니어링사업자”로 한다. ⑥ 건축법 시행령 일부를 다음과 같이 개정한다. 제19조제1항제2호, 같은 조 제5항 각 호 외의 부분 전단, 제19조의2제2항제1호 및 제63조제2호 중 “건설기술용역사업자”를 각각 “건설엔지니어링사업자”로 한다. ⑦ 건축사법 시행령 일부를 다음과 같이 개정한다. 별표 1의 1등급의 경력구분란 제2호마목 중 “건설기술용역사업자”를 “건설엔지니어링사업자”로 한다. ⑧ 국가를 당사자로 하는 계약에 관한 법률 시행령 일부를 다음과 같이 개정한다. 제21조제1항제10호 각 목 외의 부분 및 제43조의2제1항제1호 단서 중 “건설기술용역”을 각각 “건설엔지니어링”으로 하고, 제84조제1항제2호 중 “건설기술용역사업자”를 “건설엔지니어링사업자”로 한다. ⑨ 국제경기대회 지원법 시행령 일부를 다음과 같이 개정한다. 제20조 후단 중 “건설기술용역사업자”를 “건설엔지니어링사업자”로 한다. ⑩ 농어촌정비법 시행령 일부를 다음과 같이 개정한다. 제90조제3항 및 제91조제1항제4호 중 “건설기술용역사업	

자"를 각각 "건설엔지니어링사업자"로 한다.
⑪ 마리나항만의 조성 및 관리 등에 관한 법률 시행령 일부를 다음과 같이 개정한다.
제24조제1항제5호가목 중 "건설기술용역비"를 "건설엔지니어링비"로 한다.
⑫ 새만금사업 추진 및 지원에 관한 특별법 시행령 일부를 다음과 같이 개정한다.
제14조제4항 중 "건설기술용역사업자"를 "건설엔지니어링사업자"로 한다.
⑬ 석면안전관리법 시행령 일부를 다음과 같이 개정한다.
별표 3의2 제1호라목 중 "건설기술용역사업자"를 "건설엔지니어링사업자"로 한다.
⑭ 소방시설공사업법 시행령 일부를 다음과 같이 개정한다.
별표 1 제3호의 비고 제4호 중 "건설기술용역업"을 "건설엔지니어링업"으로 한다.
⑮ 신항만건설 촉진법 시행령 일부를 다음과 같이 개정한다.
제21조의2 후단 중 "건설기술용역사업자"를 "건설엔지니어링사업자"로 한다.
⑯ 어촌·어항법 시행령 일부를 다음과 같이 개정한다.
제12조 및 제27조의3 중 "건설기술용역사업자"를 "건설엔지니어링사업자"로 한다.
⑰ 어촌특화발전 지원 특별법 시행령 일부를 다음과 같이 개정한다.
제12조제2항제3호 중 "건설기술용역사업자"를 "건설엔지니어링사업자"로 한다.
⑱ 주택법 시행령 일부를 다음과 같이 개정한다.
제47조제1항제1호나목 및 같은 항 제2호 중 "건설기술용역사업자"를 각각 "건설엔지니어링사업자"로 한다.

법	시 행 령	시 행 규 칙
	⑲ 지능형 로봇 개발 및 보급 촉진법 시행령 일부를 다음과 같이 개정한다. 제23조제1항 단서 중 "건설기술용역사업자"를 "건설엔지니어링사업자"로 한다. ⑳ 지방세기본법 시행령 일부를 다음과 같이 개정한다. 별표 3 제8호의 과세자료의 구체적인 범위란 중 "건설기술용역사업"을 "건설엔지니어링사업"으로 한다. ㉑ 지방세법 시행령 일부를 다음과 같이 개정한다. 별표 1의 제2종 제87호 중 "건설기술용역업"을 "건설엔지니어링업"으로 한다. ㉒ 지방자치단체를 당사자로 하는 계약에 관한 법률 시행령 일부를 다음과 같이 개정한다. 제20조제1항제12호 각 목 외의 부분 및 제44조제1항제1호 단서 중 "건설기술용역"을 각각 "건설엔지니어링"으로 하고, 제97조제1항제2호 중 "건설기술용역사업자"를 "건설엔지니어링사업자"로 한다. ㉓ 한옥 등 건축자산의 진흥에 관한 법률 시행령 일부를 다음과 같이 개정한다. 제6조제1항제3호 중 "건설기술용역업"을 "건설엔지니어링업"으로 한다. ㉔ 항만공사법 시행령 일부를 다음과 같이 개정한다. 제9조제1호 중 "건설기술용역사업자"를 "건설엔지니어링사업자"로 한다. ㉕ 항만법 시행령 일부를 다음과 같이 개정한다. 제22조제1호 중 "건설기술용역사업자"를 "건설엔지니어링사업자"로 하고, 제25조제1항제5호가목 중 "건설기술용역비"를 "건설엔지니어링비"로 한다. ㉖ 해외건설 촉진법 시행령 일부를 다음과 같이 개정한다.	

제8조제3호 중 "건설기술용역사업자"를 "건설엔지니어링사업자"로 하고, 별표 1 제6호나목 중 "건설기술용역"을 "건설엔지니어링"으로 하며, 별표 2 제6호라목 중 "건설기술용역업"을 "건설엔지니어링업"으로 한다.

부칙〈대통령령 제32063호, 2021.10.19.〉 (연구산업진흥법 시행령)

제1조(시행일) 이 영은 2021년 10월 21일부터 시행한다.

제2조(다른 법령의 개정) ① 건설기술 진흥법 시행령 일부를 다음과 같이 개정한다.

제23조제1항제3호를 다음과 같이 한다.

3. 「연구산업진흥법」 제6조제1항에 따라 신고한 전문연구사업자

②부터 ⑭까지 생략

제3조 생략

부칙〈대통령령 제32274호, 2021.12.28.〉 (독점규제 및 공정거래에 관한 법률 시행령)

제1조(시행일) 이 영은 2021년 12월 30일부터 시행한다.

제2조 부터 제12조까지 생략

제13조(다른 법령의 개정) ① 생략

② 건설기술 진흥법 시행령 일부를 다음과 같이 개정한다.

제58조제1항제1호 중 "「독점규제 및 공정거래에 관한 법률」 제2조제3호"를 "「독점규제 및 공정거래에 관한 법률」 제2조제12호"로 한다.

③부터 <68>까지 생략

법	시 행 령	시 행 규 칙

제14조 생략

부칙〈대통령령 제32906호, 2022.9.13.〉

이 영은 공포한 날부터 시행한다.

부칙〈대통령령 제33112호, 2022.12.20.〉

이 영은 공포한 날부터 시행한다.

부칙〈대통령령 제33212호, 2023.1.6.〉

제1조(시행일) 이 영은 공포한 날부터 시행한다. 다만, 별표 3 제2호나목2)나)의 개정규정은 공포 후 1년이 경과한 날부터 시행한다.

제2조 (건설기술인의 교육 · 훈련에 관한 경과조치) 부칙 제1조 단서에 따른 시행일 당시 종전의 별표 3 제2호나목2)나)(1)에 따른 일반계속교육 이수대상자였던 건설기술인의 계속교육에 관하여는 같은 규정에 따른 이수 기한이 경과하기 전까지는 별표 3 제2호나목2)나)(1) 및 (2)의 개정규정에도 불구하고 종전의 규정에 따른다.

부칙〈대통령령 제33913호, 2023.12.12.〉
(행정법제 혁신을 위한 가덕도신공항 건설을 위한 특별법 시행령 등 123개 법령의 일부개정에 관한 대통령령)

이 영은 공포한 날부터 시행한다.

부칙 〈대통령령 제34258호, 2024.2.27.〉 (규제 재검토기한 정비를 위한 16개 법령의 일부개정에 관한 대통령령)

이 영은 공포한 날부터 시행한다.

부칙 〈대통령령 제34294호, 2024.3.5.〉

제1조(시행일) 이 영은 2024년 7월 1일부터 시행한다.

제2조(벌점 측정기준 변경에 관한 적용례) 별표 8 제5호나목 3)가)부터 라)까지 외의 부분, 같은 목 13)가), 같은 목 15) 및 같은 호 다목7)가)부터 다)까지 외의 부분의 개정규정은 이 영 시행 이후 벌점을 부과하는 경우부터 적용한다.

제3조(벌점 경감기준 변경에 관한 적용례) 별표 8 제5호바목1) 및 2)의 개정규정은 이 영 시행 이후 부과된 벌점을 경감하는 경우부터 적용한다.

부칙 〈대통령령 제34447호, 2024.4.23.〉

제1조(시행일) 이 영은 공포한 날부터 시행한다.

제2조(건설엔지니어링사업자 등의 선정에 관한 적용례) 제52조제1항 단서의 개정규정은 이 영 시행 이후 입찰공고를 하는 건설엔지니어링사업부터 적용한다.

부칙 〈대통령령 제34488호, 2024.5.7.〉 (문화유산의 보존 및 활용에 관한 법률 시행령)

제1조(시행일) 이 영은 2024년 5월 17일부터 시행한다.

제2조 및 제3조 생략

제4조(다른 법령의 개정) ①부터 ③까지 생략

④ 건설기술 진흥법 시행령 일부를 다음과 같이 개정한다.

제55조제2항제1호를 다음과 같이 한다.

1. 다음 각 목의 수리·복원·정비공사

가. 「문화유산의 보존 및 활용에 관한 법률」 제2조제3

법	시 행 령	시 행 규 칙
	항에 따른 지정문화유산 및 같은 법 제32조에 따른 임시 지정문화유산의 수리 · 복원 · 정비공사 나. 「자연유산의 보존 및 활용에 관한 법률」 제2조제5호에 따른 천연기념물등 및 같은 법 제16조에 따른 임시지정천연기념물 · 임시지정명승의 수리 · 복원 · 정비공사 ⑤부터 <53>까지 생략 **제5조** 생략 **부칙 〈대통령령 제34652호, 2024.7.2.〉** **제1조(시행일)** 이 영은 2024년 7월 10일부터 시행한다. **제2조(품질시험 및 검사 결과의 입력에 관한 적용례)** 제91조제4항의 개정규정은 이 영 시행 이후 건설사업자 또는 주택건설등록업자가 품질검사를 실시하는 경우부터 적용한다.	

시 행 령 [별 표]

[별표 1] <개정 2024.7.2.>

건설기술인의 범위(제4조 관련)

1. 건설기술인의 인정범위
가. 「국가기술자격법」, 「건축사법」 등에 따른 건설 관련 국가자격을 취득한 사람 으로서 국토교통부장관이 고시하는 사람
나. 다음의 어느 하나에 해당하는 학력 등을 갖춘 사람
1) 「초·중등교육법」 또는 「고등교육법」에 따른 학과의 과정으로서 국토교통 부장관이 고시하는 학과의 과정을 이수하고 졸업한 사람
2) 그 밖의 관계 법령에 따라 국내 또는 외국에서 1)과 같은 수준 이상의 학력이 있다고 인정되는 사람
3) 국토교통부장관이 고시하는 교육기관에서 건설기술관련 교육과정을 6개월 이상 이수한 사람
다. 법 제60조제1항 전단에 따른 국립·공립 시험기관 또는 품질검사를 대행하는 건설엔지니어링사업자에 소속되어 품질시험 또는 검사 업무를 수행한 사람

2. 건설기술인의 등급
가. 국토교통부장관은 건설공사의 적절한 시행과 품질을 높이고 안전을 확보하기 위하여 건설기술인의 경력, 학력 또는 자격을 다음의 구분에 따른 점수범위에서 종합평가한 결과(이하 "건설기술인 역량지수"라 한다)에 따라 등급을 산정해야 한다. 이 경우 별표 3에 따른 기본교육 및 전문교육을 이수하였을 경우에는 건설기술인 역량지수 산정 시 5점의 범위에서 가점할 수 있으며, 법 제2조제10호에 해당하는 건설사고가 발생하여 법 제24조제1항에 따른 업무정지처분 또는 법 제53조제1항에 따른 벌점을 받은 경우에는 3점의 범위에서 감점할 수 있다.
1) 경력: 40점 이내
2) 학력: 20점 이내
3) 자격: 40점 이내
나. 건설기술인의 등급은 건설기술인 역량지수에 따라 특급·고급·중급·초급으로 구분할 수 있다.

3. 건설기술인의 직무분야 및 전문분야

직무분야	전문분야	
가. 기계	1) 공조냉동 및 설비 3) 용 접 5) 일반기계	2) 건설기계 4) 승강기
나. 전기·전자	1) 철도신호 3) 산업계측제어	2) 건축전기설비
다. 토목	1) 토질·지질 3) 항만 및 해안 5) 철도·삭도 7) 상하수도 9) 토목시공 11) 측량 및 지형공간정보	2) 토목구조 4) 도로 및 공항 6) 수자원개발 8) 농어업토목 10) 토목품질관리 12) 지적
라. 건축	1) 건축구조 3) 건축시공 5) 건축품질관리	2) 건축기계설비 4) 실내건축 6) 건축계획·설계
마. 광업	1) 화약류관리	2) 광산보안
바. 도시·교통	1) 도시계획	2) 교통
사. 조경	1) 조경계획	2) 조경시공관리
아. 안전관리	1) 건설안전 3) 가스	2) 소방 4) 비파괴검사
자. 환경	1) 대기관리 3) 소음진동	2) 수질관리 4) 폐기물처리

	5) 자연환경 7) 해양	6) 토양환경
차. 건설지원	1) 건설금융 · 재무 3) 건설마케팅	2) 건설기획 4) 건설정보처리

4. 외국인인 건설기술인의 인정범위 및 등급

외국인인 건설기술인은 해당 외국인의 국가와 우리나라 간 상호인정 협정 등에서 정하는 바에 따라 인정하되, 그 인정범위 및 등급에 관하여는 제1호 및 제2호를 준용한다.

5. 그 밖에 직무· 전문분야별 국가자격 · 학력 및 경력의 인정 등 건설기술인 역량지수 산정에 관한 방법과 절차는 국토교통부장관이 정하여 고시한다.

[별표 2] 〈개정 2022.9.13.〉

설계심의분과위원회의 구성 및 심의 · 운영 기준(제9조제6항 관련)

1. 설계심의분과위원회의 구성

가. 중앙심의위원회 위원장은 중앙심의위원회 위원으로서 다음의 어느 하나에 해당하는 사람 중에서 설계심의분과위원회 위원을 임명하거나 위촉하고, 그 명단을 공개한다.

1) 건설기술 업무와 관련된 행정기관의 4급 이상 기술직렬 공무원 또는 기술사· 건축사 자격이나 박사학위를 가지고 있는 5급 기술직렬 공무원

2) 「공공기관의 운영에 관한 법률」 에 따른 공기업 · 준정부기관의 건설기술 업무 관련 기술직렬의 임원 또는 기술사 · 건축사 자격이나 박사학위를 가지고 있는 3급 이상의 기술직렬 직원. 다만, 3급 기술직렬 직원의 경우 기술사 · 건축사 자격이나 박사학위를 취득한 후 8년 이상 해당 분야의 업무를 수행한 사람으로 한정한다.

3) 「공공기관의 운영에 관한 법률」 에 따른 기타공공기관 중 연구기관의 기술 분야 책임연구원(선임연구위원)급 이상인 사람, 연구기관의 기술 분야 교수 또는 「고등교육법」 제2조에 따른 학교의 기술 관련 학과의 교수· 부교수· 조교수

나. 설계심의분과위원회 위원의 임기는 1년 이내의 범위에서 중앙심의위원회 위원장이 정한다.

다. 중앙심의위원회의 위원장은 설계심의분과위원회 위원의 임기 중에 위원의 기본역량에 대한 평가를 실시하여 그 결과를 연임 여부를 결정하는 데 활용할 수 있다.

2. 설계심의분과위원회의 심의·운영

가. 국토교통부장관은 설계심의에 관한 심의기준·절차 등에 관한 기준을 정하여 고시한다.

나. 심의를 효율적으로 수행하기 위하여 제10조제1항에 따른 소위원회(이하 이 표에서 "소위원회"라 한다)를 구성하는 경우, 설계심의분과위원회 위원장은 소위원회의 구성에 관하여 국토교통부장관과 미리 협의하여야 한다.

다. 소위원회 위원장은 심의가 끝난 후 입찰참가업체별 종합평가점수, 소위원별 평가점수, 사유서 및 세부 감점내용을 실명으로 인터넷 홈페이지 등을 통해 공개해야 한다.

라. 설계심의 결과에 이의가 있는 입찰참가업체가 발주청이 정하는 방법과 절차에 따라 이의를 제기할 경우 소위원회는 평가 결과에 대한 설명을 해야 한다.

[별표 3] <개정 2023.1.6.>

건설기술인 교육·훈련의 종류·시간 및 내용 등(제42조제2항 관련)

1. 교육·훈련의 종류

가. 기본교육: 건설기술인으로서 갖추어야 하는 직업윤리, 소양, 안전과 건설기술 관련 법령 또는 제도 등에 대한 이해를 증진하기 위한 교육

나. 전문교육: 건설기술인이 수행하는 건설기술 업무를 설계·시공 등, 건설사업관리 및 품질관리로 구분하여 해당 건설기술 업무에 대한 전문기술능력을 향상하기 위한 다음의 교육

1) 최초교육: 건설기술 업무를 처음으로 수행하려는 경우 받아야 하는 교육

2) 계속교육: 건설기술 업무를 일정기간 이상 수행한 건설기술인이 해당 건설기술 업무를 계속하여 수행하려는 경우 받아야 하는 교육

3) 승급교육: 현재의 건설기술인 등급보다 높은 등급을 받으려는 경우 받아야 하는 교육

2. 교육·훈련의 대상, 시간 및 이수시기

가. 기본교육

교육·훈련 대상	교육·훈련 시간	교육·훈련 이수시기
건설기술 업무를 수행하려는 건설기술인	35시간 이상	최초로 건설기술 업무를 수행하기 전

나. 전문교육

1) 설계·시공 등 업무를 수행하는 건설기술인(이하 "설계시공기술인"이라 한다)

교육·훈련 종류		교육·훈련 대상	교육·훈련 시간	교육·훈련 이수시기
가) 최초교육	(1) 일반 최초교육	발주청 소속이 아닌 건설기술인	35시간 이상	최초로 설계·시공 등 업무를 수행하기 전
	(2) 발주청 소속 건설기술인 최초교육	발주청 소속 건설기술인	35시간 이상	발주청에 소속되어 최초로 건설공사 및 건설엔지니어링에 대한 감독이나 건설사업관리를 시행하는 건설공사에 대한 관리 업무를 수행하기 전
나) 계속 교육		다음의 어느 하나에 해당하는 특급 건설기술인 (1) 현장배치기술인 (2) 책임기술인	35시간 이상. 이 경우 국토교통부장관이 고시하는 학점인정 기준에 따른 학점을 90학점 이상 취득한 특급 건설기술인은 계속교육을 이수한 것으로 본다.	설계·시공 등 업무를 수행한 기간이 매 3년을 경과하기 전

시 행 령 [별 표]

다) 승급교육	초급 · 중급 · 고급 건설기술인	35시간 이상	현재 등급보다 높은 등급으로 승급하기 전

비고
1. 위 표 나)(1)에서 "현장배치기술인"이란 「건설산업기본법」 제40조제1항 본문에 따라 건설공사 현장에 배치된 건설기술인을 말한다.
2. 위 표 나)(2)에서 "책임기술인"이란 법 제35조제1항에 따라 집행계획을 작성해야 하는 건설엔지니어링사업의 전반에 관하여 총괄 · 책임을 맡은 건설기술인이나 해당 건설엔지니어링사업 중 전문분야에 관하여 책임을 맡은 건설기술인을 말한다.

2) 건설사업관리 업무를 수행하는 건설기술인(이하 "건설사업관리기술인"이라 한다)

교육 · 훈련 종류		교육 · 훈련 대상	교육 · 훈련 시간	교육 · 훈련 이수시기
가) 최초교육		(1) 초급 · 중급 건설기술인	70시간 이상	건설엔지니어링사업자에게 소속되어 최초로 건설사업관리 업무를 수행하기 전
		(2) 고급 · 특급 건설기술인	105시간 이상	
나) 계속교육	(1) 일반 계속교육	(가) 초급 · 중급 건설기술인	14시간 이상	건설사업관리 업무를 수행한 기간이 매 3년을 경과하기 전. 다만, 그 기간 중 승급교육을 이수한 경우에는 그 이수일을 기준으로 업무수행 기간을 계산한다.
		(나) 고급 · 특급 건설기술인	49시간 이상	
	(2) 필수 계속교육	초급 · 중급 · 고급 · 특급 건설기술인	7시간 이상	건설사업관리 업무를 수행한 기간이 매 1년을 경과하기 전. 다만, 그 기간 중 승급교육을 이수한 경우에는 그 이수일을 기준으로 업무수행 기간을 계산한다.
	(3) 안전관리 계속교육	건설사업관리 중 안전관리 업무를 수행하는 건설기술인	16시간 이상	건설사업관리 중 안전관리 업무를 수행한 기간이 매 3년을 경과하기 전
다) 승급교육		(1) 초급 건설기술인	35시간 이상	현재 등급보다 높은 등급으로 승급하기 전
		(2) 중급 · 고급 건설기술인	70시간 이상	

3) 품질관리 업무를 수행하는 건설기술인(이하 "품질관리기술인"이라 한다)

교육 · 훈련 종류	교육 · 훈련 대상	교육 · 훈련 시간	교육 · 훈련 이수시기
가) 최초교육	초급 · 중급 · 고급 · 특급 건설기술인	35시간 이상	건설엔지니어링사업자, 건설사업자 또는 주택건설등록업자에 소속되어 최초로 품질관리 업무를 수행하기 전
나) 계속교육	초급 · 중급 · 고급 · 특급 건설기술인	35시간 이상	품질관리 업무를 수행한 기간이 매 3년을 경과하기 전. 다만, 그 기간 중 승급교육을 이수한 경우에는 그 이수일을 기준으로 업무수행 기간을 계산한다.
다) 승급교육	초급 · 중급 · 고급 건설기술인	35시간 이상	현재 등급보다 높은 등급으로 승급하기 전

3. 교육 · 훈련의 면제 및 연기

가. 건설기술인은 다음의 구분에 따라 해당 전문교육을 받은 것으로 본다.

1) 최초교육

가) 건설사업관리기술인이 건설사업관리기술인 최초교육을 받은 경우에는 설계시공기술인 최초교육을 받은 것으로 본다.

나) 설계시공기술인이 설계시공기술인 최초교육을 받은 경우에는 이수한 시간에 한정하여 건설사업관리기술인 최초교육을 받은 것으로 본다.

2) 계속교육

건설기술인이 「기술사법」 제5조의3제1항에 따른 교육훈련 중 같은 법 시행령 별

시 행 령 [별 표]

표 2 제1호나목에 따른 전문교육을 국토교통부장관이 정하는 기준 이상 이수한 경우에는 설계시공기술인, 건설사업관리기술인 또는 품질관리기술인 계속교육 중 하나에 한정하여 해당 전문교육을 받은 것으로 본다.

3) 승급교육

가) 건설사업관리기술인이 고급·특급으로 승급하기 위한 승급교육을 받은 경우에는 설계시공기술인이 고급·특급으로 승급하기 위한 승급교육을 받은 것으로 본다.

나) 설계시공기술인이 고급·특급으로 승급하기 위한 승급교육을 받은 경우에는 이수한 시간에 한정하여 건설사업관리기술인이 고급·특급으로 승급하기 위한 승급교육을 받은 것으로 본다.

4) 다른 법령에 따른 교육·훈련과의 관계

가) 「산업안전보건법」 및 그 밖의 다른 법령에 따른 유사한 내용의 교육·훈련을 35시간 이상 이수한 경우에는 설계시공기술인 최초교육 또는 승급교육 중 하나에 한정하여 해당 전문교육을 받은 것으로 본다.

나) 발주청 소속의 교육기관에서 실시하는 건설 관련 교육·훈련을 35시간 이상 이수한 경우에는 발주청 소속 건설기술인에 한정하여 제2호가목의 기본교육을 받은 것으로 본다.

다) 가) 및 나)에 따라 건설기술인 전문교육 및 기본교육으로 인정받은 교육·훈련은 다른 건설기술인 교육·훈련으로 중복하여 인정받을 수 없다.

나. 외국인인 건설기술인은 건설기술 업무에 대한 승급교육에 해당되는 교육과정 및 교육·훈련 시간 이상의 전문교육 이수를 증명하는 자료를 제출하면 해당 승급교육을 면제받을 수 있다.

다. 건설기술인은 질병·입대·해외출장 등 불가피한 사유로 교육·훈련을 받아야 하는 기한까지 교육·훈련을 받지 못할 때에는 교육·훈련을 연기할 수 있다. 이 경우 연기 사유가 없어진 날부터 1년 이내에 교육·훈련을 받아야 한다.

4. 교육·훈련의 내용 및 방법

가. 교육·훈련의 내용은 건설기술인이 수행하는 건설기술 업무, 건설기술인의 등급 및 직무분야·전문분야를 기준으로 정하되, 교육·훈련 과목은 이론과목 및 실기과목을 모두 포함하여 구성해야 한다.

나. 교육·훈련은 법 제20조의2제1항 및 이 영 제43조제1항에 따라 교육·훈련을 대행할 수 있는 교육기관이 원격교육 또는 분할교육 등의 방법으로 실시할 수 있다.

5. 그 밖에 교육·훈련 과정의 편성, 교육·훈련 이수방법 및 학점인정 등 건설기술인 교육·훈련에 관한 세부사항은 국토교통부장관이 정하여 고시한다.

[별표 4] 〈개정 2020.12.8.〉

교육기관의 대행요건(제43조제3항 관련)

구분	강의실(㎡)	전임강사(명)	전담직원(명)
종합교육기관	300	3	2
전문교육기관	100	1	1

비고

1. 강의실은 교육기관이 소유하거나 교육기관으로 지정되는 기간 동안 계속하여 임차하여야 한다. 다만, 원격교육만을 전문적으로 실시하는 교육기관은 강의실 없이 지정받을 수 있다.
2. 연간 교육실적이 1만명 이상인 경우 1만명당 전임강사 1명을 추가한다.

[별표 4의2] 〈신설 2020.12.8.〉

교육기관에 대한 행정처분 기준(제43조의2제1항 관련)

1. 일반기준

가. 위반행위의 횟수에 따른 행정처분의 가중된 처분기준은 최근 1년간 같은 위반행위로 행정처분을 받은 경우에 적용한다. 이 경우 기간의 계산은 위반행위에 대하여 행정처분을 받은 날과 그 처분 후 다시 같은 위반행위를 하여 적발된 날을 기준으로 한다.

나. 가목에 따라 가중된 부과처분을 하는 경우 가중처분의 적용 차수는 그 위반행위 전 부과처분 차수(가목에 따른 기간 내에 행정처분이 둘 이상 있었던 경우에는 높은 차수를 말한다)의 다음 차수로 한다.

다. 위반행위가 둘 이상인 경우로서 그에 해당하는 각각의 처분 기준이 다른 경우에는 그 중 무거운 처분 기준에 따르고, 둘 이상의 처분 기준이 모두 업무정지인 경우에는 각 처분 기준을 합산한 기간을 넘지 않는 범위에서 무거운 처분 기준의 2분의 1까지 가중할 수 있되, 가중하는 경우에도 1년을 초과할 수 없다.

라. 최근 2년간 업무정지 처분을 3회 받은 자가 다시 업무정지 처분 사유에 해당하게 된 경우에는 대행취소 처분을 할 수 있다. 이 경우 기간의 계산은 위반행위에 대하여 행정처분을 받은 날과 그 처분 후 다시 같은 위반행위를 하여 적발된 날을 기준으로 한다.

마. 국토교통부장관은 동기·내용·횟수 및 위반의 정도 등 다음 각 호에 해당하는 사유를 고려하여 그 처분 기준을 감경할 수 있다. 이 경우 업무정지 처분은 그 처분기준의 2분의 1 범위에서 감경할 수 있고, 대행취소인 경우에는 3개월 이상 1년 이하의 업무정지 처분으로 감경할 수 있다.

1) 위반행위가 고의나 중대한 과실이 아닌 사소한 부주의나 오류로 인한 것으로 인정되는 경우

2) 위반의 내용·정도가 경미하여 교육·훈련 대상자에게 미치는 피해가 적다고 인정되는 경우

3) 위반 행위자가 처음 해당 위반행위를 한 경우로서 2년 이상 교육·훈련 업무를 모범적으로 해 온 사실이 인정되는 경우

4) 위반 행위자가 교육·훈련 업무나 지역사회의 발전 등에 기여한 경우

2. 개별기준

위반행위	근거 법조문	행정처분기준		
		1차 위반	2차 위반	3차 이상 위반
가. 거짓이나 부정한 방법으로 교육·훈련기관이 된 경우	법 제20조의4 제1항제1호	대행취소		
나. 교육시설, 교수요원 등 대통령령으로 정하는 요건에 미달한 경우	법 제20조의4 제1항제2호	업무정지 3개월	업무정지 6개월	대행취소
다. 교육·훈련 대행의 정지기간 중에 교육·훈련을 실시한 경우	법 제20조의4 제1항제3호	업무정지 6개월	업무정지 12개월	대행취소
라. 교육·훈련 대행에 대한 개선 명령에 따르지 않은 경우	법 제20조의4 제1항제4호	업무정지 3개월	업무정지 6개월	업무정지 12개월
마. 그 밖에 교육·훈련을 대행하기가 부적합한 경우로서 국토교통부장관이 정하는 사유에 해당하는 경우	법 제20조의4 제1항제5호	업무 개선 명령		

[별표 5] <개정 2024.7.2.>

건설엔지니어링업 등록요건 및 업무범위(제44조제2항 관련)

전문분야	세부분야	기술인력	사무실·시험실 및 장비	자본금	업무범위
종합	종합	1. 특급기술인 2명을 포함한 초급 이상의 건설기술인 15명 이상 2. 다음 각 목의 품질검사(일반) 기술인력 이상 가. 토목품질시험기술사 및 건축품질시험기술사 각 1명 이상 나. 건설재료시험기사 2명 이상 및 화공기사 1명 이상 다. 건설재료시험산업기사 또는 건설재료시험기능사 2명 이상	1. 업무 수행에 필요한 사무실 2. 품질검사(일반)의 시험실 3. 품질검사(일반)의 시험장비	2억원 이상	1. 설계등용역업무 2. 건설사업관리업무 3. 품질검사업무
설계·사업	일반	특급기술인 2명을 포함한 초급 이상의 건설기술인 15명 이	업무 수행에 필요한 사무실	2억원 이상	1. 설계등용역업무 2. 건설사업관리업무

관리			상			
	설계등용역	설계등용역 일반	특급기술인 1명을 포함한 초급 이상의 건설기술인 5명 이상	업무 수행에 필요한 사무실	5천만원 이상	설계등용역업무
		측량	「공간정보의 구축 및 관리 등에 관한 법률 시행령」 별표 8 측량업의 등록기준에 따른 기술인력 및 장비		해당 없음	설계등용역업무 중 「공간정보의 구축 및 관리 등에 관한 법률」 제44조에 따라 등록된 측량업에 관한 업무
		수로조사	「해양조사와 해양정보 활용에 관한 법률 시행령」 별표 4의 해양관측업및수로측량업의 등록기준에 따른 기술인력과 시설 및 장비		해당 없음	설계등용역업무 중 「해양조사와 해양정보 활용에 관한 법률」 제30조에 따라 등록된 해양관측업 및 수로측량업에 관한 업무
	건설사업관리		특급기술인 1명을 포함한 초급 이상의 건설기술인 10명 이상	업무 수행에 필요한 사무실	1억5천만원 이상	건설사업관리업무
품질검사	일반		1. 토목품질시험기술사 및 건축품질시험기술사 각 1명 이상 2. 건설재료시험기사 2명 이상, 화공기사 1명 이상 3. 건설재료시험산업기사 또는 건설재료시험기능사 2명 이상	1. 200㎡ 이상의 시험실 2. 국토교통부 장관이 고시하는 시험장비	해당 없음	1. 토목 분야의 품질검사업무 2. 건축 분야의 품질검사업무 3. 특수 분야의 품질검사업무
	토목		1. 토목품질시험기술사 1명 이상 2. 건설재료시험기사 1명 이상 3. 건설재료시험산업기사 또는 건설재료시험기능사 1명 이상	1. 150㎡ 이상의 시험실 2. 국토교통부 장관이 고시하는 시험장비	해당 없음	1. 토목 분야의 품질검사업무 2. 특수 분야의 품질검사업무
	건축		1. 건축품질시험기술사 1명 이상 2. 건설재료시험기사 1명 이상 3. 건설재료시험산업기사 또는 건설재료시험기능사 1명 이상	1. 150㎡ 이상의 시험실 2. 국토교통부 장관이 고시하는 시험장비	해당 없음	1. 건축 분야의 품질검사업무 2. 특수 분야의 품질검사업무
	특수(골재)		1. 토목품질시험기술사·건축품질시험기술사·건설재료시험기사·토목기사 또는 건축기사 1명 이상 2. 건설재료시험산업기사·토목산업기사·건축산업기사 또는 건설재료시험기능사 1명 이상	1. 100㎡ 이상의 시험실 2. 국토교통부 장관이 고시하는 시험장비	해당 없음	골재에 대한 품질검사업무
	특수(레디믹스트콘크리트)		1. 토목품질시험기술사·건축품질시험기술사·건설재료시험기사·토목기사·건축기사 또는 콘크리트기사 1명 이상 2. 건설재료시험산	1. 100㎡ 이상의 시험실 2. 국토교통부 장관이 고시하는 시험장비	해당 없음	레디믹스트콘크리트에 대한 품질검사업무

시 행 령 [별 표]

	업기사 · 토목산업기사 · 건축산업기사 · 콘크리트산업기사 · 건설재료시험기능사 또는 콘크리트기능사 1명 이상			
특수(아스팔트콘크리트)	1. 토목품질시험기술사 · 건설재료시험기사 또는 토목기사 1명 이상 2. 건설재료시험산업기사 · 토목산업기사 또는 건설재료시험기능사 1명 이상	1. 100㎡ 이상의 시험실 2. 국토교통부 장관이 고시하는 시험장비	해당 없음	아스팔트콘크리트에 대한 품질검사업무
특수(철강재)	1. 토목품질시험기술사 · 건축품질시험기술사 또는 건설재료시험기사 1명 이상 2. 건설재료시험산업기사 또는 건설재료시험기능사 1명 이상	1. 100㎡ 이상의 시험실 2. 국토교통부 장관이 고시하는 시험장비	해당 없음	철강재에 대한 품질검사업무
특수(섬유)	1. 토목품질시험기술사 · 건축품질시험기술사 · 건설재료시험기사 또는 섬유물리기사 1명 이상 2. 건설재료시험산업기사 · 섬유물리산업기사 또는 건설재료시험기능사 1명 이상	1. 100㎡ 이상의 시험실 2. 국토교통부 장관이 고시하는 시험장비	해당 없음	섬유에 대한 품질검사업무

시 행 령 [별 표]

특수(용접)	방사선비파괴검사	1. 비파괴검사기술사 또는 방사선비파괴검사기사 1명 이상 2. 방사선비파괴검사산업기사 또는 방사선비파괴검사기능사 1명 이상	1. 30㎡ 이상의 시험실 2. 국토교통부 장관이 고시하는 시험장비	해당 없음	방사선비파괴검사를 통한 용접에 대한 품질검사업무
	초음파비파괴검사	1. 비파괴검사기술사 또는 초음파비파괴검사기사 1명 이상 2. 초음파비파괴검사산업기사 또는 초음파비파괴검사기능사 1명 이상	1. 30㎡ 이상의 시험실 2. 국토교통부 장관이 고시하는 시험장비	해당 없음	초음파비파괴검사를 통한 용접에 대한 품질검사업무
	자기비파괴검사	1. 비파괴검사기술사 또는 자기비파괴검사기사 1명 이상 2. 자기비파괴검사산업기사 또는 자기비파괴검사기능사 1명 이상	1. 30㎡ 이상의 시험실 2. 국토교통부 장관이 고시하는 시험장비	해당 없음	자기비파괴검사를 통한 용접에 대한 품질검사업무
	침투비파괴검사	1. 비파괴검사기술사 또는 침투비파괴검사기사 1명 이상 2. 침투비파괴검사산업기사 또는 침투비파괴검사기능사 1명 이상	1. 30㎡ 이상의 시험실 2. 국토교통부 장관이 고시하는 시험장비	해당 없음	침투비파괴검사를 통한 용접에 대한 품질검사업무
특수(말뚝재하)		1. 토목품질시험기술사 또는 토질 및	국토교통부 장관이 고시하는 시험장	해당 없음	말뚝재하에 대한 품질검사 업무

시 행 령 [별 표]

		기초기술사 1명 이상 2. 건설재료시험기사·건설재료시험산업기사 또는 건설재료시험기능사 1명 이상	비		

비고
1. "기술인력"이란 법 제21조제1항에 따른 신고를 한 사람을 말하며, 품질검사 분야의 기술인력 요건 중 기사·산업기사·기능사 자격기준의 경우에는 상위 자격을 포함한다.
2. "설계등용역업무"란 계획·조사·설계 등 법 제2조제2호에 해당하는 업무[같은 호 가목 중 품질관리(법 제60조제1항 전단에 따른 품질시험·검사만 해당한다) 및 같은 호 마목의 건설사업관리는 제외한다]를 말한다.
3. "건설사업관리업무"란 법 제2조제2호마목의 건설사업관리를 말한다.
4. "품질검사업무"란 법 제60조제1항 전단에 따른 품질시험·검사[품질검사(일반) 분야의 업무범위와 같다]를 말한다.
5. 개인인 경우에는 영업용 자산평가액을, 주식회사 외의 법인인 경우에는 출자금을 각각 자본금으로 본다.
6. 「엔지니어링산업 진흥법」에 따른 엔지니어링사업자, 「기술사법」에 따른 기술사사무소의 개설자, 「건축사법」에 따른 건축사사무소의 개설자, 「전력기술관리법」에 따른 전력시설물의 설계업·공사감리업 등록자, 「소방시설공사업법」에 따른 소방시설설계업·소방공사감리업 등록자, 「공간정보의 구축 및 관리 등에 관한 법률」에 따른 측량업등록자, 「해양조사와 해양정보 활용에 관한 법률」에 따른 해양관측업 및 수로측량업 등록자 또는 「시설물의 안전 및 유지관리에 관한 특별법」에 따른 안전진단전문기관 등록자가 종합 분야 또는 설계·사업관리 분야로 등록을 하는 경우에는 이미 보유하고 있는 기술인력·자본금 등은 위 표의 요건에 포함한다.
7. 종합 분야 또는 품질검사 분야로 등록하려는 자는 시험 업무처리 요령 및 인력·장비의 관리·운영에 관한 품질관리규정을 수립해야 하되, 그 품질관리규정은「산업표준화법」 제12조에 따른 한국산업표준인 케이에스 큐 아이에스오(KS Q ISO) 17025에 따라 국토교통부장관이 정하여 고시하는 기준에 적합해야 한다.
8. 품질검사 분야 중 일반·토목·건축의 세부분야로 등록한 건설엔지니어링사업자가 특수분야의 품질검사업무를 하려는 경우에는 해당 특수분야의 등록요건을 갖추어야 한다.
9. 비고 제8호에 따른 특수 분야의 등록요건을 갖추어야 하는 건설엔지니어링사업자나 2가지 이상의 특수 분야로 등록하려는 자는 중복되는 기술인력·시험실 및 장비를 추가로 갖추지 않을 수 있다.

[별표 6] <개정 2024.7.2.>

건설엔지니어링사업자 등록취소·영업정지 처분 및 과징금 산정 기준 (제46조제1항 및 제48조제1항 관련)

1. 일반기준
  가. 위반행위의 횟수에 따른 행정처분의 가중된 기준은 최근 1년간 같은 위반행위로 행정처분을 받은 경우에 적용한다. 이 경우 기간의 계산은 같은 위반행위에 대하여 행정처분을 받은 날과 그 처분 후에 다시 같은 위반행위를 하여 적발된 날을 기준으로 한다.
  나. 가목에 따라 가중된 부과처분을 하는 경우 가중처분의 적용 차수는 그 위반행위 전 부과처분 차수(가목에 따른 기간 내에 과태료 부과처분이 둘 이상 있었던 경우에는 높은 차수를 말한다)의 다음 차수로 한다.
  다. 위반행위가 둘 이상인 경우로서 그에 해당하는 각각의 처분기준이 다른 경우에는 그 중 무거운 처분기준에 따른다. 다만, 둘 이상의 처분기준이 모두 영업정지인 경우에는 각 처분기준을 합산한 기간을 넘지 않는 범위에서 무거운 처분기준의 2분의 1 범위까지 가중할 수 있되, 그 가중된 처분을 합산한 기간은 법 제31조제1항제6호부터 제9호까지의 규정에 해당하는 경우에는 1년을 초과할 수 없고, 같은 조 제2항 각 호의 어느 하나에 해당하는 경우에는 6개월을 초과할 수 없다.
  라. 처분권자는 다음의 어느 하나에 해당하는 경우에는 제2호의 개별기준에 따른 영업정지 기간 또는 과징금 금액의 2분의 1 범위에서 그 기간이나 금액을 줄일 수 있다. 다만, 과징금을 체납하고 있는 위반행위자의 경우에는 그렇지 않다.
    1) 위반행위가 사소한 부주의나 오류로 인한 것으로 인정되는 경우
    2) 위반행위자가 위반행위를 바로 정정하거나 시정하여 법 위반상태를 해소한 경우
    3) 그 밖에 위반행위의 내용·정도·동기 및 결과 등을 고려하여 감경할 필요가 있다고 인정되는 경우
2. 개별기준

시 행 령 [별 표]

위반행위	근거 법조문	1차 처분기준	1차 과징금 금액	2차 처분기준	2차 과징금 금액	3차 이상 처분기준	3차 이상 과징금 금액
가. 거짓이나 그 밖의 부정한 방법으로 법 제26조제1항에 따라 등록을 한 경우	법 제31조 제1항 제1호	등록취소	해당없음				
나. 최근 5년간 3회 이상 영업정지 또는 법 제32조에 따른 과징금 부과처분을 받은 경우	법 제31조 제1항 제2호	등록취소	해당없음				
다. 영업정지기간에 건설엔지니어링 업무를 수행한 경우(법 제33조에 따라 건설기술용역을 수행한 경우는 제외한다)	법 제31조 제1항 제3호	등록취소	해당없음				
라. 건설엔지니어링사업자로 등록한 후 법 제27조에 따른 결격사유 중 어느 하나에 해당하게 된 경우(법인이 법 제27조제4호에 해당하게 된 경우로서 그 사유가 발생한 날부터 3개월 이내에 그 사유를 해소한 경우는 제외한다)	법 제31조 제1항 제4호	등록취소	해당없음				
마. 법 제28조제2항을 위반하여 타인에게 자기의 성명 또는 상호를 사용하여 건설엔지니어링을 하게 하거나 등록증을 빌려 준 경우	법 제31조 제1항 제5호	등록취소	해당없음				
바. 법 제35조제2항에 따른 사업수행능력 평가에 관한 서류를 위조하거나 변조하는 등 거짓이나 그 밖의 부정한 방법으로 입찰에 참여한 경우	법 제31조 제1항 제6호	영업정지 12개월	1억2천만원				
사. 건설엔지니어링사업자로 등록한 후 법 제26조제1항에 따른 등록기준을 충족하지 못하게 된 경우에 그 날부터 50일 이내에 미달된 사항을 보완하지 않은 경우	법 제31조 제1항 제7호	영업정지 3개월	3천만원	영업정지 6개월	6천만원	영업정지 12개월	1억2천만원
아. 고의 또는 과실로 「산업안전보건법」 제2조제2호에 따른 중대재해가 발생하거나 건설공사의 발주청에 재산상의 손해를 발생하게 하거나 사람에게 위해를 끼치거나 부실공사를 초래한 경우	법 제31조 제1항 제8호						
1) 주요 구조부의 붕괴로 「산업안전보건법」 제2조제2호에 따른 중대재해가 발생하게 하는 등 사람에게 위해를 끼친 경우		영업정지 12개월	해당없음				
2) 주요 구조부의 구조안전에 중대한 결함이 있는 경우		영업정지 6개월	해당없음	영업정지 12개월	해당없음		
3) 주요 구조부의 문제로 인근 주요 시설물의 구조안전에 영향을 끼치는 등 사람에게 위해를 끼친 경우		영업정지 3개월	해당없음	영업정지 6개월	해당없음	영업정지 12개월	해당없음

4) 타당성 조사 시 고의로 수요예측을 30퍼센트 이상 잘못하여 건설공사의 발주청에 재산상 손해를 끼친 경우		영업정지 12개월	1억2천만원				
5) 타당성 조사시 중대한 과실로 수요예측을 30퍼센트 이상 잘못하여 건설공사의 발주청에 재산상 손해를 끼친 경우		영업정지 6개월	6천만원	영업정지 12개월	1억2천만원		
6) 사전조사 소홀 등으로 건설공사의 소요비용을 현저히 증가시키거나 공사기간을 현저히 지연시켜 발주청에 재산상 손해를 끼친 경우		영업정지 3개월	3천만원	영업정지 6개월	6천만원	영업정지 12개월	1억2천만원
자. 다른 행정기관이 관계법령에 따라 등록취소 또는 영업정지를 요구한 경우	법 제31조 제1항 제9호						
1) 등록취소를 요구한 경우		등록취소	해당없음				
2) 영업정지를 요구한 경우		영업정지 6개월	6천만원	영업정지 6개월	6천만원		
차. 법 제34조제2항에 따른 보험 또는 공제에 가입하지 않은 경우	법 제31조 제2항 제1호	경고	해당없음	영업정지 1개월	1천만원	영업정지 1개월	1천만원
카. 법 제35조제4항에 따른 발주청의 승인을 받지 않고 하도급을 한 경우	법 제31조 제2항 제2호	영업정지 3개월	3천만원	영업정지 6개월	6천만원	영업정지 6개월	6천만원

시 행 령 [별 표]

타. 법 제38조제2항에 따른 보고 또는 관계 자료의 제출 명령을 이행하지 않은 경우	법 제31조 제2항 제3호	경고	해당없음	영업정지 1개월	1천만원	영업정지 2개월	2천만원
파. 법 제38조제3항에 따른 검사를 거부·방해·기피한 경우	법 제31조 제2항 제4호	경고	해당없음	영업정지 1개월	1천만원	영업정지 2개월	2천만원
하. 건설사업관리를 수행하는 건설엔지니어링사업자가 다음의 어느 하나에 해당하는 경우	법 제31조 제2항 제5호						
1) 건설사업관리보고서를 제출하지 않거나 제39조제4항 후단에 따라 건설기술인이 작성한 건설사업관리보고서를 거짓으로 수정하여 제출하거나 건설사업관리보고서에 해당 건설공사의 주요 구조부에 대한 시공·검사·시험 등의 내용을 빠뜨린 경우	법 제31조 제2항 제5호가목	영업정지 2개월	2천만원	영업정지 3개월	3천만원	영업정지 3개월	3천만원
2) 건설사업자에게 재시공·공사중지 명령 등 조치를 하고 법 제40조제3항에 따라 발주청에 보고하지 않은 경우	법 제31조 제2항 제5호나목	경고	해당없음	영업정지 1개월	1천만원	영업정지 2개월	2천만원
3) 법 제48조제2항에 따른 설계도서 검토 결과 보고를 하지 않은 경우	법 제31조 제2항 제5호다목	경고	해당없음	영업정지 1개월	1천만원	영업정지 2개월	2천만원
4) 건설공사의 품질관리 지도·감독을 성실하게 수행하지 않은 경우[건설사업자 또	법 제31조 제2항 제5호라목	경고	해당없음	영업정지 1개월	1천만원	영업정지 2개월	2천만원

시 행 령 [별 표]

는 주택건설등록업자가 법 제55조제1항에 따른 건설공사의 품질관리계획 또는 품질시험계획(그 계획에 따른 품질시험 또는 검사를 포함한다)을 이행하지 않거나 품질시험의 성과를 조작한 경우로 한정한다]							
5) 건설기술인으로서 자격이 없는 사람이나 소속 건설기술인이 아닌 사람에게 건설사업관리를 수행하게 한 경우(건설기술인이 아닌 사람으로서 발주청이 사전에 승인한 사람은 제외한다)	법 제31조 제2항 제5호마목	영업정지 6개월	6천만원	영업정지 6개월	6천만원		
6) 다른 건설엔지니어링사업자에게 소속된 건설기술인으로 하여금 건설사업관리를 수행하게 한 경우	법 제31조 제2항 제5호바목	영업정지 6개월	6천만원	영업정지 6개월	6천만원		
7) 건설사업관리를 수행하는 건설기술인을 부정한 방법으로 교체하거나 배치한 경우	법 제31조 제2항 제5호사목	영업정지 6개월	6천만원	영업정지 6개월	6천만원		
거. 법 제54조제1항에 따른 시정명령을 이행하지 않은 경우	법 제31조 제2항 제6호	영업정지 1개월	1천만원	영업정지 2개월	2천만원	영업정지 2개월	2천만원
너. 품질시험 또는 검사 업무를 수행하는 건설기술용역사업자가 다음의 어느 하나에 해당하는 경우	법 제31조 제2항 제7호						
1) 품질시험 또는 검사의 결함으로 인하여 건설공사 또는 건설공사에 사용되는 자재·부재의 품질을 현저하게 떨어뜨린 경우	법 제31조 제2항 제7호 가목	영업정지 6개월	6천만원	영업정지 6개월	6천만원		
2) 품질시험 또는 검사의 성적서를 거짓으로 발급한 경우	법 제31조 제2항 제7호 나목	영업정지 6개월	6천만원	영업정지 6개월	6천만원		
3) 정당한 사유 없이 3개월 이상 품질시험 또는 검사의 대행을 거부한 경우	법 제31조 제2항 제7호 다목	영업정지 1개월	1천만원	영업정지 2개월	2천만원	영업정지 3개월	3천만원
4) 건설기술인으로서 자격이 없는 사람이나 소속 건설기술인이 아닌 사람으로 하여금 품질검사를 실시하게 한 경우	법 제31조 제2항 제7호라목	영업정지 6개월	6천만원	영업정지 6개월	6천만원		
5) 법 제60조제2항을 위반하여 발주자 또는 건설사업관리를 수행하는 건설엔지니어링사업자의 봉인 또는 확인을 거친 재료로 품질검사를 하지 않은 경우	법 제31조 제2항 제7호마목	영업정지 2개월	2천만원	영업정지 3개월	3천만원	영업정지 6개월	6천만원
6) 법 제60조제3항을 위반하여 품질검사 성적서 및 품질검사 내용을 정보망에 입력하지 않거나 거짓으로 입력한 경우	법 제31조 제2항 제7호바목	경고	해당없음	경고	해당없음	영업정지 1개월	1천만원
7) 법 제60조제4항에 따른 시정명령 등의 조치를 따르지 않은 경우	법 제31조 제2항 제7호사목	영업정지 1개월	1천만원	영업정지 2개월	2천만원	영업정지 2개월	2천만원

1. 별표 5에 따른 건설엔지니어링업 세부분야 중 종합 분야 또는 설계·사업관리의 일반 분야로 등록한 건설엔지니어링사업자에 대하여 이 표 제2호바목 또는 아목부터 너목까지의 사유로 영업정지처분을 하는 경우, 건설엔지니어링 계약 및 업무내용 등을 고려할 때 그 위반행위가 설계등 용역업무, 건설사업관리업무 또는 품질검사업무 중 특정 업무에만 관련된 경우에는 해당 업무에 대해서만 영업정지처분을 할 수 있다.

2. 처분권자는 법 제31조제1항제7호에 따른 위반행위에 대하여 영업정지처분을 하는 경우 그 처분 전까지 건설엔지니어링 등록기준의 적격 여부를 확인해야 하고, 영업정지처분 종료일까지 등록기준 미달사항의 보완 여부를 확인해야 한다.

[별표 7] <개정 2017.1.17.>

감독 권한대행 등 건설사업관리 대상 공사(제55조제1항제1호 관련)

1. 길이 100미터 이상의 교량공사를 포함하는 건설공사
2. 공항 건설공사
3. 댐 축조공사
4. 고속도로공사
5. 에너지저장시설공사
6. 간척공사
7. 항만공사
8. 철도공사
9. 지하철공사
10. 터널공사가 포함된 공사
11. 발전소 건설공사
12. 폐기물처리시설 건설공사
13. 공공폐수처리시설
14. 공공하수처리시설공사
15. 상수도(급수설비는 제외한다) 건설공사
16. 하수관로 건설공사
17. 관람집회시설공사
18. 전시시설공사
19. 연면적 5천제곱미터 이상인 공용청사 건설공사
20. 송전공사
21. 변전공사
22. 300세대 이상의 공동주택 건설공사

[별표 8] <개정 2024.3.5.>

건설공사 등의 벌점관리기준(제87조제5항 관련)

1. 이 표에서 사용하는 용어의 뜻은 다음과 같다.
   가. "벌점"이란 측정기관이 업체와 건설기술인등에 대해 제5호의 벌점 측정기준에 따라 부과하는 점수를 말한다.
   나. "업체"란 법 제53조제1항제1호부터 제3호까지의 규정에 따른 건설사업자, 주택건설등록업자 및 건설엔지니어링사업자(「건축사법」 제23조제4항 전단에 따른 건축사사무소개설자를 포함한다)를 말한다.
   다. "건설기술인등"이란 업체에 고용된 건설기술인 및 「건축사법」 제2조제1호에 따른 건축사를 말한다.
   라. "주요 구조부"란 다음 표의 어느 하나에 해당하는 구조부 및 이에 준하는 것으로서 구조물의 기능상 주요한 역할을 수행하는 구조부를 말한다.

구분	주요 구조부
건축물	내력벽, 기둥, 바닥, 보, 지붕, 기초, 주 계단
플랜트	기초, 설비 서포터
교량	기초부, 교대부, 교각부, 거더, 콘크리트 슬래브, 라멘구조부, 교량받침, 주탑, 케이블부, 앵커리지부
터널	숏크리트, 록볼트, 강지보재, 철근콘크리트라이닝, 세그먼트라이닝, 인버트 콘크리트, 갱구부 사면
도로	차도, 중앙분리대, 측도, 절토부, 성토부
철도	콘크리트궤도, 승강장, 지하역사 구조부, 지하차도, 지하보도, 여객통로
공항	활주로, 유도로, 계류장
쓰레기·폐기물 처리장	기초, 콘크리트 구조부, 설비 서포터

시 행 령 [별 표]

상·하수도	철근콘크리트 구조부, 철골 구조부, 수로터널, 관로이음부
하수·오수 처리장	수조 구조부, 수문 구조부, 펌프장 구조부
배수펌프장	침사지, 흡수조, 토출수조, 유입수문, 토출수문, 통문, 통관
항만·어항	콘크리트 바닥판, 콘크리트 널말뚝, 토류벽, 강말뚝, 강널말뚝, 상부공, 직립부, 콘크리트 블럭, 케이슨, 사석 경사면, 소파공, 기초부
하천	하구둑, 보, 수문 본체, 문비, 제체, 호안
댐	본체, 여수로, 기초, 양안부, 여수로 수문, 취수구조물
옹벽	지반, 기초부, 전면부, 배수시설, 상부사면
절토사면	상부자연사면, 사면, 사면하부, 보호시설, 보강시설, 배수처리시설, 이격거리내 시설
공동구	공동구 본체
삭도	상부앵커, 하부앵커, 지주, 케이블

마. "그 밖의 구조부"란 주요 구조부가 아닌 구조부를 말한다.

바. "주요 시설계획"이란 「국토의 계획 및 이용에 관한 법률」에 따른 도시·군관리계획, 「시설물의 안전 및 유지관리에 관한 특별법」에 따른 시설물의 설치, 정비 또는 개량에 관한 계획, 개별 사업의 토지이용계획 및 그 밖에 사업 목적을 달성하기 위한 필수 시설의 설치 계획을 말한다.

사. "그 밖의 시설계획"이란 주요 시설계획이 아닌 시설계획을 말한다.

아. "주요 구조물"이란 주요 시설계획에 포함된 구조물을 말한다.

자. "그 밖의 구조물"이란 주요 구조물이 아닌 구조물을 말한다.

차. "배수시설"이란 배수관·배수구조물·배수설비 등 우수(雨水)와 오수(汚水)의 배수를 위한 시설을 말하며, 그 밖에 공사현장에서 필요한 배수시설을 포함한다.

카. "방수시설"이란 아스팔트·실링재·에폭시·시멘트모르타르·합성수지 등을 사용하여 토목·건축 구조물, 산업설비 및 폐기물매립시설 등에 방수·방습·누수 방지를 하는 시설을 말한다.

타. "건설 기계·기구"란 동력으로 작동하는 기계·기구로서 「산업안전보건법」 제80조제1항에 따른 유해하거나 위험한 기계·기구, 「건설기계관리법」 제2조제1항제1호에 따른 건설기계와 그 밖에 건설공사에 주요하게 사용되는 기계·기구를 말한다.

파. "구조물의 허용 균열폭"이란 콘크리트 구조물의 내구성, 수밀성, 사용성 및 미관 등을 유지하기 위하여 허용되는 균열의 폭을 말한다.

하. "재시공"이란 공사 목적물의 시공 후 구조적 파손 등으로 인한 결함 부위를 모두 철거하고 다시 시공하거나 전반적인 보수·보강이 이루어지는 것을 말한다.

거. "보수·보강"에서 보수란 시설물의 내구성능을 회복시키거나 향상시키는 것을 말하며, 보강이란 부재나 구조물의 내하력(耐荷力)이나 강성(剛性) 등 역학적인 성능을 회복시키거나 향상시키는 것을 말한다.

너. "경미한 보수"란 결함 부위를 간단한 보수를 통하여 기능을 회복시키거나 향상시키는 것을 말한다.

더. "수요예측"이란 건설공사의 추진 여부, 시설물 규모의 결정, 건설공사로 주변지역에 미치는 영향 분석 등에 활용하기 위하여 추정모형 등 자료 분석기법을 이용하여 교통수요, 항공유발수요, 항공전환수요, 생활·공업·농업용수 수요, 발전수요 등을 예측하는 것을 말한다.

2. 벌점 적용대상

측정기관은 제5호의 벌점 측정기준에서 정한 부실내용에 해당하는 경우와 이와 관련하여 시정명령 등을 받은 경우에 벌점을 적용한다. 다만, 관계 법령에 따라 건설공사의 부실과 관련하여 다음 각 목의 처분을 받은 경우는 제외한다.

가. 법 제24조에 따른 업무정지

나. 법 제31조에 따른 등록취소 또는 영업정지

다. 「건설산업기본법」 제82조 및 제83조에 따른 영업정지 및 등록말소

라. 「주택법」 제8조에 따른 등록말소 또는 영업정지

마. 「국가를 당사자로 하는 계약에 관한 법률」 제27조에 따른 입찰 참가자격 제한[제5호가목1)가)·나), 같은 목 11)가), 같은 목 14)다), 같은 목 15)가), 같은 목 16) 및 18)에 해당하는 경우와 건설엔지니어링을 부실하게 수행한 건설엔지니어링사업자만을 대상으로 한다]

바. 「국가기술자격법」 제16조에 따른 자격취소 또는 자격정지

사. 그 밖에 관계 법령에 따라 부과하는 가목부터 바목까지의 규정에 따른 처분에 준하는 행정처분

3. 벌점 산정방법

가. 업체 또는 건설기술인등이 해당 반기에 받은 모든 벌점의 합계에서 반기별 경감점수를 뺀 점수를 해당 반기벌점으로 한다.

나. 합산벌점은 해당 업체 또는 건설기술인등의 최근 2년간의 반기벌점의 합계를 2로

나눈 값으로 한다.

4. 벌점 적용기준

가. 법 제53조제2항에 따라 발주청은 벌점을 받은 업체 및 건설기술인등에 대한 입찰 참가 자격의 사전심사를 할 때 아래 표의 구분에 따른 점수를 감점하되, 이 기준을 적용하기 부적합한 경우에는 별도의 기준을 정할 수 있다.

합산벌점	감점되는 점수(점)
1점 이상 2점 미만	0.2
2점 이상 5점 미만	0.5
5점 이상 10점 미만	1
10점 이상 15점 미만	2
15점 이상 20점 미만	3
20점 이상	5

나. 합산벌점은 매 반기의 말일을 기준으로 2개월이 지난 날부터 적용한다.

다. 벌점은 건설기술인등이 근무하는 업종을 변경하는 경우에도 승계된다.

5. 벌점 측정기준

벌점은 다음 각 목의 기준에 따라 개별 단위의 부실사항별로 업체와 건설기술인등에게 각각 부과한다. 다만, 다음 각 목의 표에서 업체 또는 건설기술인등에 한정하여 적용하도록 하는 경우에는 그렇지 않다.

가. 건설사업자, 주택건설등록업자 및 건설기술인에 대한 벌점 측정기준

번호	주요 부실내용	벌점
1)	토공사의 부실	
	가) 기초굴착과 절토(땅깍기)·성토(흙쌓기) 등(이하 "토공사"라 한다)을 설계도서(관련 기준을 포함한다. 이하 같다)와 다르게 하여 토사붕괴가 발생한 경우	3
	나) 토공사를 설계도서와 다르게 하여 지반침하가 발생한 경우	2
	다) 토공사의 시공 및 관리를 소홀히 하여 토사붕괴 또는 지반침하가 발생한 경우	1
2)	콘크리트면의 균열 발생	
	가) 주요 구조부에 구조물의 허용 균열폭보다 큰 균열이 발생했으나 구조검토 등 원인분석과 보수·보강을 위한 균열관리를 하지 않은 경우 또는 보수·보강(구체적인 보수·보강 계획을 수립한 경우는 제외한다. 이하 이 번호에서 같다)을 하지 않은 경우	3
	나) 그 밖의 구조부에 구조물의 허용 균열폭보다 큰 균열이 발생했으나 구조검토 등 원인분석과 보수·보강을 위한 균열관리를 하지 않은 경우 또는 보수·보강을 하지 않은 경우	2
	다) 주요 구조부에 구조물의 허용 균열폭보다 작은 균열이 발생했으나 균열의 진행 여부에 대한 관리와 보수·보강을 하지 않은 경우	1
	라) 그 밖의 구조부에 구조물의 허용 균열폭보다 작은 균열이 발생했으나 균열의 진행 여부에 대한 관리와 보수·보강을 하지 않은 경우	0.5
3)	콘크리트 재료분리의 발생	
	가) 주요 구조부의 철근 노출이 발생했으나, 보수·보강(철근노출 또는 재료분리 위치를 파악하여 구체적인 보수·보강 계획을 수립한 경우는 제외한다. 이하 이 번호에서 같다)을 하지 않은 경우	3
	나) 그 밖의 구조부의 철근 노출이 발생했으나, 보수·보강을 하지 않은 경우	2
	다) 주요 구조부 및 그 밖의 구조부의 재료분리가 $0.1m^2$ 이상 발생했는데도 적절한 보수·보강 조치를 하지 않은 경우	1
4)	철근의 배근·조립 및 강구조의 조립·용접·시공 상태의 불량	
	가) 주요 구조부의 시공불량으로 부재당 보수·보강이 3곳 이상 필요한 경우	3
	나) 주요 구조부의 시공불량으로 보수·보강이 필요한 경우	2
	다) 그 밖의 구조부의 시공불량으로 보수·보강이 필요한 경우	1
5)	배수상태의 불량	
	가) 배수시설을 설계도서 및 현지 여건과 다르게 시공하여 배수기능이 상실된 경우	2
	나) 배수시설을 설계도서 및 현지 여건과 다르게 시공하여 배수기능에 지장	1

시 행 령 [별 표]

	을 준 경우	
	다) 배수시설의 관리 불량으로 인해 침수 등 피해 발생의 우려가 있는 경우	0.5
6)	방수불량으로 인한 누수발생	
	가) 방수시설에서 누수가 발생하여 방수면적 1/2 이상의 보수·보강(구체적인 보수·보강 계획을 수립한 경우는 제외한다. 이하 이 번호에서 같다)이 필요한 경우	2
	나) 방수시설에서 누수가 발생하여 보수·보강이 필요한 경우	1
	다) 방수시설의 시공불량으로 보수·보강이 필요한 경우	0.5
7)	시공 단계별로 건설사업관리기술인(건설사업관리기술인을 배치하지 않아도 되는 경우에는 공사감독자를 말한다. 이하 이 번호에서 같다)의 검토·확인을 받지 않고 시공한 경우	
	가) 주요 구조부에 대하여 건설사업관리기술인의 검토·확인을 받지 않고 시공한 경우	3
	나) 그 밖의 구조부에 대하여 건설사업관리기술인의 검토·확인을 받지 않고 시공한 경우	2
	다) 건설사업관리기술인 지시사항의 이행을 정당한 사유 없이 지체한 경우	1
8)	시공상세도면 작성의 소홀	
	가) 주요 구조부에 대한 시공상세도면의 작성을 소홀히 하여 재시공이 필요한 경우	3
	나) 주요 구조부에 대한 시공상세도면의 작성을 소홀히 하여 보수·보강(경미한 보수·보강은 제외한다. 이하 이 번호에서 같다)이 필요한 경우	2
	다) 그 밖의 구조부에 대한 시공상세도면의 작성을 소홀히 하여 보수·보강이 필요한 경우	1
9)	공정관리의 소홀로 인한 공정부진	
	가) 건설사업관리기술인으로부터 지연된 공정을 만회하기 위한 대책을 요구받은 후 정당한 사유 없이 그 대책을 수립하지 않은 경우	1
	나) 공정관리의 소홀로 공사가 지연되고 있으나 정당한 사유 없이 대책이 미흡한 경우	0.5
10)	제101조의2제1항 각 호의 가설구조물(이하 "가설구조물"이라 한다) 설치상태의 불량	
	가) 가설구조물의 설치불량으로 건설사고가 발생한 경우	3
	나) 가설구조물의 설치불량(시공계획서 및 시공상세도면을 작성하지 않은 경우도 포함한다)으로 보수·보강(경미한 보수·보강은 제외한다)이 필요한 경우	2
11)	건설공사현장 안전관리대책의 소홀	
	가) 제105조제3항에 따른 중대한 건설사고가 발생한 경우	3
	나) 정기안전점검을 한 결과 조치 요구사항을 이행하지 않은 경우 또는 정기안전점검을 정당한 사유 없이 기간 내에 실시하지 않은 경우	3
	다) 발주청 또는 인·허가기관의 장이 안전관리계획에 대해 제98조제5항제2호에 따른 조건부 적정 판정을 했으나 보완 필요 사항을 보완하지 않은 상태로 공사를 진행한 경우 또는 각종 공사용 안전시설 등의 설치를 안전관리계획에 따라 설치하지 않아 건설사고가 우려되는 경우	2
12)	품질관리계획 또는 품질시험계획의 수립 및 실시의 미흡	
	가) 발주청 또는 인·허가기관의 장이품질관리계획 또는 품질시험계획에 대해 제90조제2항제2호에 따른 조건부 적정 판정을 했으나 보완 필요 사항을 보완하지 않은 상태로 공사를 진행한 경우	2
	나) 품질관리계획 또는 품질시험계획과 다르게 품질시험 및 검사를 실시한 경우	1
13)	시험실의 규모·시험장비 또는 건설기술인 확보의 미흡	
	가) 품질관리계획 또는 품질시험계획에 따른 시험실·시험장비를 갖추지 않거나 품질관리 업무를 수행하는 건설기술인을 배치하지 않은 경우	3
	나) 시험실·시험장비 또는 건설기술인 배치기준을 미달한 경우, 품질관리 업무를 수행하는 건설기술인이 제91조제3항 각 호 외의 업무를 발주청 또는 인·허가기관의 장의 승인 없이 수행한 경우	2
	다) 법 제20조제2항에 따른 교육·훈련을 이수하지 않은 자를 품질관리를 수행하는 건설기술인으로 배치한 경우	1
	라) 시험장비의 고장을 방치(대체 장비가 있는 경우는 제외한다)하여 시험의 실시가 불가능하거나 유효기간이 지난 장비를 사용한 경우	0.5
14)	건설용 자재 및 기계·기구 관리 상태의 불량	
	가) 기준을 충족하지 못하거나 발주청의 승인을 받지 않은 건설 기계·기구 또는 주요 자재를 반입하거나 사용한 경우	3

	나) 건설 기계·기구의 설치 관련 기준과 다르게 설치 또는 해체한 경우	2
	다) 자재의 보관 상태가 불량하여 품질에 영향을 미친 경우	1
15)	콘크리트의 타설 및 양생과정의 소홀	
	가) 콘크리트 배합설계를 실시하지 않거나 확인하지 않은 경우, 콘크리트 타설계획을 수립하지 않은 경우, 거푸집 해체시기 또는 타설순서를 준수하지 않은 경우, 고의로 기준을 초과하여 레미콘 물타기를 한 경우	3
	나) 슬럼프시험, 염분함유량시험, 압축강도시험 또는 양생관리를 실시하지 않은 경우, 생산·도착시간 또는 타설완료시간을 기록·관리하지 않은 경우	1
16)	레미콘 플랜트(아스콘 플랜트를 포함한다) 현장관리 상태의 불량	
	가) 계량장치를 검정하지 않은 경우 또는 고의로 기준을 초과하여 레미콘 물타기를 한 경우	3
	나) 골재를 규격별로 분리하여 저장하지 않거나 골재관리상태가 미흡한 경우, 자동기록장치를 작동하지 않거나 기록지를 보관하지 않은 경우, 아스콘의 생산온도가 기준에 미달한 경우	2
	다) 품질시험이 적정하지 않거나 장비결함사항을 방치한 경우	1
17)	아스콘의 포설 및 다짐 상태 불량	
	가) 시방기준에 규정된 시험포장을 실시하지 않은 경우	2
	나) 현장다짐밀도 또는 포장두께가 부족한 경우	1
	다) 혼합물온도관리기준을 미달하거나 초과한 경우, 평탄성 측정 결과 시방기준을 초과한 경우	0.5
18)	설계도서와 다른 시공	
	가) 주요 구조부를 설계도서와 다르게 시공하여 재시공이 필요한 경우	3
	나) 주요 구조부를 설계도서와 다르게 시공하여 보수·보강(경미한 보수·보강은 제외한다. 이하 이 번호에서 같다)이 필요한 경우	2
	다) 그 밖의 구조부를 설계도서와 다르게 시공하여 보수·보강이 필요한 경우	1
19)	계측관리의 불량	
	가) 계측장비를 설치하지 않은 경우 또는 계측장비가 작동하지 않는 경우	2
	나) 설계도서(계약 시 협의사항을 포함한다)의 규정상 계측횟수가 미달하거나 잘못 계측한 경우	1
	다) 측정기한이 초과하는 등 계측관리를 소홀히 한 경우	0.5

나. 시공 단계의 건설사업관리를 수행하는 건설사업관리용역사업자 및 건설사업관리기술인에 대한 벌점 측정기준

번호	주요 부실내용	벌점
1)	설계도서의 내용대로 시공되었는지에 관한 단계별 확인의 소홀	
	가) 주요 구조부에 대한 검토·확인 절차를 이행하지 않거나 설계도서와 다르게 하여 재시공이 필요한 경우	3
	나) 주요 구조부에 대한 검토·확인 절차를 이행하지 않거나 설계도서와 다르게 하여 보수·보강(경미한 보수·보강은 제외한다. 이하 이 번호에서 같다)이 필요한 경우	2
	다) 그 밖의 구조부에 대한 검토·확인 절차를 이행하지 않거나 설계도서와 다르게 하여 보수·보강이 필요한 경우	1
	라) 그 밖에 확인검측을 누락한 경우 또는 검측업무의 지연으로 계획공정에 차질이 발생한 경우(월간 계획공정 기준으로 10% 이상 차질이 발생한 경우를 말한다. 이하 같다)	0.5
2)	시공상세도면에 대한 검토의 소홀	
	가) 주요 구조부 시공상세도면의 검토 절차를 이행하지 않거나 관련 기준과 다르게 하여 재시공이 필요한 경우	3
	나) 주요 구조부 시공상세도면의 검토 절차를 이행하지 않거나 관련 기준과 다르게 하여 보수·보강(경미한 보수·보강은 제외한다. 이하 이 번호에서 같다)이 필요한 경우	2
	다) 그 밖의 구조부 시공상세도면의 검토 절차를 이행하지 않거나 관련 기준과 다르게 하여 보수·보강이 필요한 경우	1
3)	제59조제3항제10호에 따른 기성부분검사 및 준공검사의 소홀	
	가) 검사 후 주요 구조부를 재시공할 사항이 발생한 경우	3
	나) 검사 후 주요 구조부를 보수·보강할 사항이 발생한 경우	2
	다) 검사 후 그 밖의 구조부를 보수·보강할 사항이 발생한 경우	1

시 행 령 [별 표]

	라) 검사 지연으로 계획공정에 차질이 발생한 경우	0.5
4)	건설사업자 또는 주택건설등록업자(이하 "시공자"라 한다)의 건설안전관리에 대한 확인의 소홀	
	가) 안전관리계획서를 검토·확인하지 않은 경우, 정기안전점검을 하지 않거나 안전점검 수행기관으로 지정되지 않은 기관이 정기안전점검을 실시했으나 시정지시 등을 하지 않은 경우, 정기안전점검 결과 조치 요구사항의 이행을 확인하지 않은 경우	3
	나) 시공자가 안전관리계획서의 제출을 정당한 사유 없이 1개월 이상 지연지연했으나 시정에 필요한 조치를 하지 않은 경우	2
5)	설계 변경사항 검토·확인의 소홀	
	가) 설계도서의 확인 후 조치를 취하지 않아 시공 후 주요 구조부의 설계변경 사유가 발생한 경우	2
	나) 설계도서의 확인 후 조치를 취하지 않아 시공 후 그 밖의 구조부의 설계변경사유가 발생한 경우 또는 설계 변경사항을 반영하지 않은 경우	1
	다) 설계 변경사항의 검토를 정당한 사유 없이 지연하여 계획공정에 차질이 발생한 경우	0.5
6)	시공계획 및 공정표 검토의 소홀	
	가) 시공계획 및 공정표 검토 후 시정지시 등을 하지 않아 주요 구조부 재시공이 필요한 경우	2
	나) 시공계획 및 공정표 검토 후 시정지시 등을 하지 않아 주요 구조부 보수·보강(경미한 보수·보강은 제외한다. 이하 이 번호에서 같다)이 필요한 경우	1
	다) 시공계획 및 공정표 검토 후 시정지시 등을 하지 않아 그 밖의 구조부 보수·보강이 필요하거나 계획공정에 차질이 발생한 경우 또는 설계 변경요인에 따른 시공계획 및 공정표 변경승인을 관련 기준에 따라 이행하지 않은 경우	0.5
7)	품질관리계획 또는 품질시험계획의 수립과 시험 성과에 관한 검토의 불철저	
	가) 시공자가 제출한 계획 또는 시험 성과에 대한 검토를 실시하지 않은 경우, 시공자가 시험실·시험장비를 갖추지 않거나 품질관리 업무를 수행하는 건설기술인을 배치하지 않았는데도 시정지시 등을 하지 않은 경우	3
	나) 시공자가 제출한 계획 또는 시험 성과에 대한 검토 절차를 이행하지 않거나 관련 기준과 다르게 하여 보수·보강이 필요한 경우 또는 시험실·시험장비나 품질관리 업무를 수행하는 건설기술인의 자격이 기준에 미달하거나, 품질관리 업무를 수행하는 건설기술인이 제91조제3항 각 호 외의 업무를 발주청 또는 인·허가기관의 장의 승인 없이 수행했는데도 시정지시 등을 하지 않은 경우	2
	다) 품질시험 중 일부 종목을 빠뜨리거나 시험횟수를 부족하게 수행했는데도 시정지시 등을 하지 않은 경우	1
	라) 시험장비의 고장(대체 장비가 있는 경우는 제외한다)을 방치하여 시험의 실시가 불가능하거나 장비의 유효기간이 지났는데도 시정지시 등을 하지 않은 경우	0.5
8)	건설용 자재 및 기계·기구 적합성의 검토·확인의 소홀	
	가) 건설 기계·기구의 반입·사용에 대한 필요한 조치를 이행하지 않아 기준을 충족하지 못하거나 발주청 등의 승인을 받지 않은 건설 기계·기구가 사용된 경우	2
	나) 주요 자재(철근, 철골, 레미콘, 아스콘 등 건설 현장에서 주요하게 사용되는 자재를 말한다)의 품질확인 절차를 이행하지 않거나 관련 기준과 다르게 한 경우	1
	다) 그 밖의 자재의 품질확인 절차를 이행하지 않거나 관련 기준과 다르게 한 경우	0.5
9)	시공자 제출서류의 검토 소홀 및 처리 지연	
	가) 정당한 사유 없이 제출서류 처리 지연으로 계획공정에 차질이 발생하거나 보수·보강이 필요한 경우	2
	나) 정당한 사유 없이 제출서류 검토 절차를 이행하지 않거나 관련 기준과 다르게 하여 보수·보강(경미한 보수·보강은 제외한다)이 필요한 경우	1
	다) 정당한 사유 없이 제출서류 검토 절차를 이행하지 않거나 관련 기준과 다르게 하여 계획공정에 차질이 발생한 경우	0.5
10)	제59조에 따른 건설사업관리의 업무범위에 대한 기록유지 또는 보고 소홀	
	가) 기록유지 또는 보고 절차를 이행하지 않거나 관련 기준과 다르게 하여 보수·보강(경미한 보수·보강은 제외한다)이 필요한 경우	2
	나) 기록유지 또는 보고 절차를 이행하지 않거나 관련 기준과 다르게 하여 계획공정에 차질이 발생한 경우	1
11)	건설사업관리 업무의 소홀 등	

	가) 건설사업관리기술인의 자격미달 및 인원부족이 발생한 경우(건설사업관리용역사업자만 해당한다)	2
	나) 건설사업관리기술인이 현장을 무단으로 이탈한 경우(건설사업관리기술인만 해당한다)	2
12)	입찰 참가자격 사전심사 시 건설사업관리 업무를 수행하기로 했던 건설사업관리기술인의 임의변경 또는 관리 소홀(건설사업관리용역사업자만 해당한다)	
	가) 발주자에게 승인을 받지 않고 건설사업관리기술인을 교체한 경우, 50% 이상의 건설사업관리기술인을 교체한 경우(해당 공사현장에 3년 이상 배치된 경우, 퇴직·입대·이민·사망의 경우, 질병·부상으로 3개월 이상의 요양이 필요한 경우, 3개월 이상 공사 착공이 지연되거나 진행이 중단된 경우, 그 밖에 발주청이 필요하다고 인정하는 경우는 제외한다. 이하 이 번호에서 같다)	2
	나) 같은 분야의 건설사업관리기술인을 상당한 이유 없이 3번 이상 교체한 경우	1
13)	공사 수행과 관련한 각종 민원발생대책의 소홀	
	가) 환경오염(수질오염, 공해 또는 소음)의 발생으로 인근주민의 권익이 침해되어 집단민원이 발생한 경우로서 예방조치를 하지 않은 경우	2
	나) 공사 수행과정에서 토사유실, 침수 등 시공관리와 관련하여 민원이 발생한 경우로서 그 예방조치를 하지 않은 경우	1
14)	발주청 지시사항 이행의 소홀	
	가) 시방기준의 변경이나 사업계획의 변경 등에 따른 발주청의 지시사항을 이행하지 않아 보수·보강(경미한 보수·보강은 제외한다)이 필요한 경우	2
	나) 시방기준의 변경이나 사업계획의 변경 등에 따른 발주청의 지시사항을 이행하지 않아 계획공정에 차질이 발생한 경우	1
15)	제59조제3항제3호에 따른 업무 중 가설구조물이 시공상세도면 및 시방서의 내용에 적합하게 설치되었는지에 대한 확인 업무의 소홀	
	가) 가설구조물이 시공상세도면 및 시방서의 내용에 적합하게 설치되었는지에 대한 확인을 하지 않은 경우	3
	나) 가설구조물이 시공상세도면 및 시방서의 내용에 적합하게 설치되지 않았음에도 불구하고 적합하다고 확인한 경우	2
16)	공사현장에 상주하는 건설사업관리기술인을 지원하는 건설사업관리기술인(이하, 이 표에서 "기술지원기술인"이라 한다)의 현장시공실태 점검의 소홀	
	가) 기술지원기술인으로서 업무를 수행한 이후 현장점검 횟수가 제59조제7항에 따라 국토교통부장관이 정하여 고시하는 세부 기준에 따른 횟수보다 정당한 사유 없이 2회 이상 부족한 경우	1
	나) 기술지원기술인으로서 업무를 수행한 이후 현장점검 횟수가 제59조제7항에 따라 국토교통부장관이 정하여 고시하는 세부 기준에 따른 횟수보다 정당한 사유 없이 1회 부족한 경우	0.5
17)	하자담보책임기간 하자 발생	
	가) 시공 단계의 건설사업관리 업무 내용과 관련하여 「건설산업기본법」 제28조제1항에 따른 하자담보책임기간 내에 3회 이상 하자(같은 법 제82조제1항제1호에 따른 하자를 말한다. 이하 이 번호에서 같다)가 발생한 경우로서 같은 법 제93조제1항 및 같은 법 시행령 제88조에 따른 시설물의 주요 구조부에 발생한 하자가 1회 이상 포함되는 경우(건설사업관리용역사업자만 해당한다)	2
	나) 시공 단계의 건설사업관리 업무 내용과 관련하여 「건설산업기본법」 제28조제1항에 따른 하자담보책임기간 내에 하자가 3회 이상 발생한 경우(건설사업관리용역사업자만 해당한다)	1
18)	하도급 관리 소홀	
	가) 불법하도급을 묵인한 경우 또는 하도급에 대한 타당성 검토 절차를 이행하지 않거나 관련 기준과 다르게 하여 「건설산업기본법」 제82조 또는 제83조에 따라 영업정지 또는 등록말소가 된 경우	3
	나) 하도급에 대한 타당성 검토 절차를 이행하지 않거나 관련 기준과 다르게 하여 「건설산업기본법」에 따라 과징금 또는 과태료가 부과된 경우	2
	다) 하도급에 대한 타당성 검토 절차를 이행하지 않거나 관련 기준과 다르게 하여 계획공정에 차질 또는 민원이 발생하거나 불법행위가 발생한 경우	1

다. 그 밖의 건설엔지니어링사업자 및 건설기술인등에 대한 벌점 측정기준

번호	주요 부실내용	벌점
1)	각종 현장 사전조사 또는 관계 기관 협의의 잘못	
	가) 과업지시서에 명시된 현장 사전조사나 관계 기관 협의 등을 하지 않아 설계변경 사유가 발생한 경우	2

	나) 과업지시서에 명시된 현장 사전조사 및 관계 기관 협의 등을 했지만 조사범위의 선정 등을 잘못하여 설계변경 사유가 발생한 경우	1
2)	토질·기초 조사의 잘못	
	가) 과업지시서에 명시된 보링 등 토질·기초 조사를 하지 않은 경우	3
	나) 과업지시서에 명시된 토질·기초 조사를 잘못하여 공법의 변경사유가 발생한 경우	1
3)	현장측량의 잘못으로 인한 설계 변경사유의 발생	
	가) 주요 시설계획의 변경이 발생한 경우	2
	나) 그 밖의 시설계획의 변경이 발생한 경우	1
4)	구조·수리 계산의 잘못이나 신기술 또는 신공법에 관한 이해의 부족	
	가) 주요 구조물의 재시공이 발생한 경우	3
	나) 주요 구조물의 보수·보강(경미한 보수·보강은 제외한다. 이하 이 번호에서 같다)이 발생한 경우	2
	다) 그 밖의 구조물의 보수·보강이 발생한 경우	1
5)	수량 및 공사비(설계가격을 기준으로 한다) 산출의 잘못	
	가) 총공사비가 10% 이상 변경된 경우	2
	나) 총공사비가 5% 이상 변경된 경우	1
	다) 토공사·배수공사 등 공사 종류별 공사비가 10% 이상 변경된 경우(총공사비의 10% 이상에 해당되는 공사 종류로 한정한다)	0.5
6)	설계도서 작성의 소홀	
	가) 설계도서의 일부를 빠뜨리거나 관련 기준을 충족하지 못하여 재시공 또는 보수·보강(경미한 보수·보강은 제외한다)이 발생한 경우	3
	나) 공사의 특수성, 지역여건 또는 공법 등을 고려하지 않아 현장의 실정과 맞지 않거나 공사 수행이 곤란한 경우	2
	다) 삭제 <2024.3.5.>	
7)	자재 선정의 잘못(발주청과 서면으로 협의한 결과에 따라 자재를 선정했음에도 자재 선정의 잘못으로 판정된 경우는 제외한다)으로 공사의 부실 발생	
	가) 주요 자재 품질·규격의 적합성 검토 절차를 이행하지 않거나 관련 기준과 다르게 하여 재시공이 필요한 경우	3
	나) 주요 자재 품질·규격의 적합성 검토 절차를 이행하지 않거나 관련 기준과 다르게 하여 보수·보강(경미한 보수·보강은 제외한다. 이하 이 번호에서 같다)이 필요한 경우	2
	다) 그 밖의 자재 품질·규격의 적합성 검토 절차를 이행하지 않거나 관련 기준과 다르게 하여 재시공 또는 보수·보강이 필요한 경우	1
8)	건설엔지니어링 참여 건설기술인의 업무관리 소홀	
	가) 참여예정 건설기술인이 실제 건설엔지니어링 업무 수행 시에 참여하지 않거나 무자격자가 참여한 경우	3
	나) 참여 건설기술인의 업무범위 기재내용이 실제와 다르거나 감독자의 지시를 정당한 사유 없이 이행하지 않은 경우	1
9)	입찰 참가자격 사전심사 시 건설사업관리 업무를 수행하기로 했던 건설엔지니어링 참여기술인의 임의변경 또는 관리 소홀(건설엔지니어링사업자만 해당한다)	
	가) 발주자와 협의하지 않거나 발주자의 승인을 받지 않고 건설엔지니어링 참여기술인을 교체한 경우, 50% 이상의 건설엔지니어링 참여기술인을 교체한 경우(해당 공사현장에 3년 이상 배치된 경우, 퇴직·입대·이민·사망의 경우, 질병·부상으로 3개월 이상의 요양이 필요한 경우, 3개월 이상 공사 착공이 지연되거나 진행이 중단된 경우, 그 밖에 발주청이 필요하다고 인정하는 경우는 제외한다. 이하 이 번호에서 같다)	2
	나) 같은 분야의 건설엔지니어링 참여기술인을 상당한 이유 없이 3번 이상 교체한 경우	1
10)	건설엔지니어링 업무의 소홀 등	
	가) 제59조제4항에 따른 건설사업관리의 업무내용 등과 관련하여 업무의 소홀, 기록유지 또는 보고의 소홀로 예정기한을 초과하는 보완설계가 필요한 경우	2
	나) 정당한 사유 없이 건설엔지니어링 참여기술인의 업무 소홀로 설계용역 계획공정에 차질이 발생한 경우	0.5
11)	건설공사 안전점검의 소홀	
	가) 정기안전점검·정밀안전점검 보고서를 사실과 현저히 다르게 작성한 경우, 정기안전점검·정밀안전점검을 이행하지 않거나 관련 기준과 다르게 하여 건설사고가 발생한 경우	3
	나) 정기안전점검 또는 정밀안전점검을 이행하지 않거나 관련 기준과 다르게 하여 보수·보강이 필요한 경우	2

시 행 령 [별 표]

	다) 정기안전점검 또는 정밀안전점검 후 기한 내 결과보고를 하지 않은 경우	1
12)	타당성조사 시 수요예측을 부실하게 수행하여 발주청에 손해를 끼친 경우로서 고의로 수요예측을 30% 이상 잘못한 경우	1

라. 측정기관은 해당 업체(현장대리인을 포함한다) 및 건설기술인등의 확인을 받아 가목부터 다목까지의 규정에 따른 주요부실내용을 기준으로 벌점을 부과하고, 그 결과를 해당 벌점 부과 대상자에게 통보해야 한다.

마. 해당 공사와 관련하여 감사기관이 처분을 요구하는 경우나 해당 업체(현장대리인을 포함한다) 또는 건설기술인등이 부실 확인을 거부하는 경우에는 처분요구서 또는 사진촬영 등의 증거자료를 근거로 하여 부실을 측정하고 벌점을 부과할 수 있다.

바. 벌점 경감기준

1) 반기 동안 사망사고가 없는 건설사업자, 주택건설등록업자 또는 건설엔지니어링사업자에 대해서는 다음 반기에 부과된 벌점의 20%를 경감하며, 반기별 연속하여 사망사고가 없는 경우에는 다음 표에 따라 다음 반기에 부과된 벌점을 경감한다.

사망사고가 없는 연속반기 수	2반기	3반기	4반기
경감률	36%	49%	59%

2) 반기 동안 10회 이상의 점검을 받은 건설사업자, 주택건설등록업자 또는 건설엔지니어링사업자에 대해서는 반기별 점검현장 수 대비 벌점 미부과 현장 비율(이하 "관리우수비율"이라 한다)이 80% 이상인 경우에는 다음 표에 따라 해당 반기에 부과된 벌점을 경감하며, 경감점수가 부과된 벌점(부과된 벌점이 없는 경우를 포함한다)보다 커서 경감점수가 남은 경우에는 다음 반기에 한정하여 해당 반기의 벌점에서 경감한다. 이 경우 공동수급체를 구성한 경우에는 참여 지분율을 고려하여 점검현장 수를 산정한다.

관리우수 비율	80% 이상 ~ 90% 미만	90% 이상 ~ 95% 미만	95% 이상
경감점수	0.2점	0.5점	1점

3) 1) 및 2)에 따른 경감사유에 동시에 해당하는 경우에는 2)에 따른 경감을 먼저 적용하고, 2)에 따른 경감 후 남은 벌점이 있는 경우에는 1)에 따라 벌점을 경감한다.

4) 사망사고 신고를 지연하는 등 벌점을 부당하게 경감받은 것으로 확인되는 경우에는 경감받은 벌점을 다음 반기에 가중한다.

사. 벌점 부과 기한

측정기관은 「건설산업기본법」 제28조제1항에 따른 하자담보책임기간 종료일까지 벌점을 부과한다. 다만, 다른 법령에서 하자담보책임기간을 별도로 규정한 경우에는 해당 하자담보책임기간 종료일까지 부과한다.

6. 벌점 공개

국토교통부장관은 법 제53조제3항에 따라 매 반기의 말일을 기준으로 2개월이 지난 날부터 인터넷 조회시스템에 벌점을 부과받은 업체명, 법인등록번호 및 업무영역, 합산벌점 등을 공개한다.

[별표 9] <개정 2018.12.11.>

품질시험계획의 내용(제89조제2항 관련)

1. 개요
   가. 공사명
   나. 시공자
   다. 현장 대리인

2. 시험계획
   가. 공종
   나. 시험 종목
   다. 시험 계획물량
   라. 시험 빈도
   마. 시험 횟수
   바. 그 밖의 사항

3. 시험시설
   가. 장비명
   나. 규격
   다. 단위
   라. 수량

시 행 령 [별 표]

마. 시험실 배치 평면도
바. 그 밖의 사항

4. 품질관리를 수행하는 건설기술인 배치계획
가. 성명
나. 등급
다. 품질관리 업무 수행기간
라. 건설기술인 자격 및 학력·경력 사항
마. 그 밖의 사항

[별표 10] <개정 2018.12.11., 2021.1.5.>

철강구조물공장의 등급별 인증기준(제96조제4항 관련)

1. 인증심사항목의 종류

주요 심사항목	세부 심사항목
가. 공장 개요	1) 공장부지 면적 2) 제품가공 작업장 면적 3) 가조립장 면적 4) 연간 가공 실적
나. 기술인력	국토교통부장관이 고시하는 기준의 건설기술인
다. 제작 및 시험설비	1) 제작용 설비기기 2) 용접용 설비기기 3) 기중기 4) 시험검사 설비기기
라. 품질관리실태	1) 종합관리 2) 제작기술 3) 제작 상황 및 품질관리 4) 작업환경

비고
1. 제품가공 작업장: 지붕과 2면 이상의 외벽이 있는 건물
2. 가조립장: 건설현장에서 완제품을 조립하기 전에 철강구조물공장에서 철강구조물을 조립하여 이상이 있는지를 검사하는 장소
3. 기중기: 공장 안의 천장 주행 크레인

2. 기본심사항목에 대한 최소 기준

등급	제품가공 작업장 면적(㎡)		가조립장 면적(㎡)		기중기(톤)	
	교량	건축	교량	건축	교량	건축
1급	5,000	4,000	2,000	-	50	50
2급	4,000	3,000	1,500	-	50	30
3급	2,000	1,000	700	-	15	8
4급	500	400	-	-	8	-

3. 공장인증의 등급별 제작 능력에 대한 기준

등급	제작 능력	
	교량 분야	건축 분야
1급	모든 교량	모든 건축물
2급	가. 일반교량 나. 교각과 교각 사이의 최대거리가 100미터 미만인 특수교량	가. 용접작업에 사용되는 주요 부재의 판 두께(t): t≤50mm 나. 26층 미만(지하층 포함)인 건축물의 주요 구조부
3급	교각과 교각 사이의 최대 거리가 50미터 이하인 인도전용 육교(특수육교 제외)	가. 용접작업에 사용되는 주요 부재의 판 두께(t) - SS400급 강재: t≤30mm - SM490급 강재: t≤25mm 나. 16층 미만(지하층 포함)인 건축물의 주요 구조부(최대 경간 30m 이하)
4급	교각과 교각 사이의 최대거리가 30미터 이하인 인도전용 육교(특수육교 제외)	가. 용접작업에 사용되는 주요 부재의 판 두께(t): t≤16mm 나. 처마높이 20m 이하(최대 경간 30m 이하)

비고
1. "특수교량"은 현수교·사장교·아치교·트러스교 등의 교량 및 교각과 교각 사이의 최대거리가 50미터 이상인 곡선교량을 말한다.
2. "일반교량"은 특수교량에 해당하지 않는 교량을 말한다.
3. "특수육교"는 현수교(주케이블과 보조케이블로 상판을 지탱하는 다리를 말한다. 이하 같다)·사장교·아치교·트러스교 등의 인도전용 보도육교를 말한다.
4. 공장인증을 받은 공장은 해당 등급의 제작능력기준 이하의 철강구조물을 제작할 수 있다.

[별표 11] <개정 2024.7.2.>

과태료의 부과기준(제121조제1항 관련)

1. 일반기준
가. 위반행위의 횟수에 따른 과태료의 가중된 부과기준은 최근 3년간 같은 위반행위로 과태료를 부과받은 경우에 적용한다. 이 경우 기간의 계산은 위반행위에 대해서 과태료 부과처분을 받은 날과 그 처분 후에 다시 같은 위반행위를 하여 적발된 날을 기준으로 한다.
나. 가목에 따라 가중된 부과처분을 하는 경우 가중처분의 적용 차수는 그 위반행위 전 부과처분 차수(가목에 따른 기간 내 과태료 부과처분이 둘 이상 있었던 경우에는 높은 차수를 말한다)의 다음 차수로 한다.
다. 부과권자는 다음의 어느 하나에 해당하는 경우에는 제2호의 개별기준에 따른 과태료 금액의 2분의 1 범위에서 그 금액을 늘릴 수 있다. 다만, 법 제91조제1항부터 제3항까지의 규정에 따른 과태료 금액의 상한을 넘을 수 없다.
1) 위반의 내용·정도가 중대하여 이해관계인 등에게 미치는 피해가 크다고 인정되는 경우
2) 법 위반상태의 기간이 6개월 이상인 경우
3) 그 밖에 위반행위의 정도, 동기와 그 결과 등을 고려하여 과태료를 늘릴 필요가 있다고 인정되는 경우
라. 부과권자는 다음의 어느 하나에 해당하는 경우에는 제2호의 개별기준에 따른 과태료 금액의 2분의 1 범위에서 그 금액을 늘릴 수 있다. 다만, 법 제91조제1항부터 제3항까지의 규정에 따른 과태료 금액의 상한을 넘을 수 없다.
1) 위반의 내용·정도가 중대하여 이해관계인 등에게 미치는 피해가 크다고 인정되는 경우
2) 법 위반상태의 기간이 6개월 이상인 경우
3) 그 밖에 위반행위의 정도, 동기와 그 결과 등을 고려하여 과태료를 늘릴 필요가 있다고 인정되는 경우

시 행 령 [별 표]

2. 개별기준 (표 전체 개정 2019.6.25)

위반행위	근거 법조문	과태료 금액		
		1차 위반	2차 위반	3차 이상 위반
가. 건설기술인이 법 제20조제2항 전단에 따른 교육·훈련을 정당한 사유 없이 받지 않은 경우	법 제91조 제3항제1호	50만원	50만원	50만원
나. 사용자가 법 제20조제3항에 따른 경비를 부담하지 않거나 경비부담을 이유로 건설기술인에게 불이익을 준 경우	법 제91조 제3항제2호	50만원	50만원	50만원
다. 법 제21조제3항에 따른 자료를 제출하지 않거나 거짓으로 자료를 제출한 경우	법 제91조 제3항제3호	150만원	225만원	300만원
라. 법 제22조의2제2항을 위반하여 부당한 요구를 하거나 부당한 요구에 불응한다는 이유로 건설기술인에게 불이익을 준 경우	법 제91조 제2항제1호	300만원	500만원	1,000만원
마. 건설기술인이 법 제24조제4항을 위반하여 건설기술경력증을 반납하지 않은 경우	법 제91조 제3항제4호	50만원	50만원	50만원
바. 법 제26조제3항 본문에 따른 변경등록을 하지 않거나 거짓으로 변경등록을 한 경우	법 제91조 제3항제5호			
1) 변경등록 지연기간이 1개월 미만인 경우		10만원	10만원	10만원
2) 변경등록 지연기간이 1개월 이상 3개월 미만인 경우		30만원	30만원	30만원
3) 변경등록 지연기간이 3개월 이상이거나 변경등록을 하지 않은 경우		50만원	50만원	50만원
4) 변경등록을 거짓으로 한 경우		200만원	200만원	200만원
사. 법 제26조제4항에 따라 휴업 또는 폐업 신고를 하지 않은 경우	법 제91조 제3항제6호			
1) 신고 지연기간이 1개월 미만인 경우		100만원	100만원	100만원
2) 신고 지연기간이 1개월 이상 3개월 미만인 경우		200만원	200만원	200만원
3) 신고 지연기간이 3개월 이상이거나 신고를 하지 않은 경우		300만원	300만원	300만원

아. 법 제29조제1항에 따라 영업양도 또는 합병 신고를 하지 않은 경우	법 제91조 제3항제7호			
1) 신고 지연기간이 1개월 미만인 경우		100만원	100만원	100만원
2) 신고 지연기간이 1개월 이상 3개월 미만인 경우		200만원	200만원	200만원
3) 신고 지연기간이 3개월 이상이거나 신고를 하지 않은 경우		300만원	300만원	300만원
자. 법 제31조제1항·제2항에 따른 영업정지명령을 받고 영업정지기간에 건설엔지니어링 업무를 수행한 경우(법 제33조에 따라 건설기술용역 업무를 수행한 경우는 제외한다)	법 제91조 제3항제8호	300만원	300만원	300만원
차. 법 제31조제3항을 위반하여 영업정지기간에 상호를 바꾸어 건설엔지니어링을 수주한 경우	법 제91조 제3항제9호			
1) 수주 건수가 1건인 경우		50만원	50만원	50만원
2) 수주 건수가 2건 이상인 경우		100만원	100만원	100만원

시 행 령 [별 표]

카. 법 제33조제1항 후단에 따라 등록취소처분 등을 받은 사실과 그 내용을 해당 건설엔지니어링의 발주자에게 통지하지 않은 경우	법 제91조 제3항제10호	300만원	300만원	300만원
타. 법 제38조제2항에 따른 업무에 관한 보고를 하지 않거나 관계 자료를 제출하지 않은 경우	법 제91조 제3항제11호	100만원	150만원	200만원
파. 법 제39조의2제1항을 위반하여 건설사업관리계획을 수립하지 않은 경우	법 제91조 제1항제1호	1,000만원	1,500만원	2,000만원
하. 법 제39조의2제6항을 위반하여 건설공사를 착공하게 하거나 건설공사를 진행하게 한 경우	법 제91조 제1항제2호	1,000만원	1,500만원	2,000만원
거. 법 제50조제1항 및 제2항에 따른 평가를 하지 않은 경우	법 제91조 제2항 제1호의2	500만원	750만원	1,000만원
너. 법 제54조제2항에 따른 점검결과 및 조치결과를 제출하지 않거나 거짓으로 제출한 경우	법 제91조 제3항제12호	150만원	225만원	300만원

시 행 령 [별 표]

더. 법 제55조제3항에 따른 품질시험 및 검사의 결과와 증빙자료 또는 법 60조제3항에 따른 품질검사 성적서 및 품질검사 내용을 정보망에 기한 내에 입력하지 않거나 거짓으로 입력한 경우	법 제91조제3항 제12호의2	200만원	250만원	300만원
러. 법 제56조제1항에 따른 품질관리비를 공사금액에 계상하지 않은 경우 또는 같은 조 제2항을 위반하여 품질관리비를 사용한 경우	법 제91조 제2항제2호	250만원	375만원	500만원
머. 법 제62조제1항에 따른 안전관리계획의 승인 없이 건설사업자 및 주택건설등록업자가 착공했음을 알고도 발주자가 묵인한 경우	법 제91조 제3항제13호	150만원	225만원	300만원
버. 법 제62조제3항 · 제5항 및 제8항에 따른 서류를 제출하지 않거나 거짓으로 제출한 경우	법 제91조 제3항제14호	150만원	225만원	300만원
서. 법 제62조제7항에 따른 종합보고서를 제출하지 않거나 거짓으로 작성하여 제출한 경우	법 제91조 제2항제3호			
1) 제출 지연기간이 1개월 미만인 경우		500만원	500만원	500만원
2) 제출 지연기간이 1개월 이상 3개월 미만인 경우		750만원	750만원	750만원
3) 제출 지연기간이 3개월 이상이거나 제출하지 않은 경우		1,000만원	1,000만원	1,000만원
4) 거짓으로 작성하여 제출한 경우		1,000만원	1,000만원	1,000만원
어. 법 제62조제14항에 따른 건설공사 참여자 안전관리 수준 평가를 거부 · 방해 또는 기피한 경우	법 제91조 제2항 제3호의2	500만원	750만원	1,000만원
저. 법 제62조제18항에 따른 설계의 안전성을 검토하지 않은 경우	법 제91조 제2항 제3호의3	500만원	750만원	1,000만원
처. 법 제62조제18항에 따른 설계의 안전성 검토결과를 제출하지 않거나 거짓으로 제출한 경우	법 제91조 제3항제15호	150만원	250만원	300만원
커. 법 제63조제1항에 따른 안전관리비를 공사금액에 계상하지 않은 경우 또는 같은 조 제2항을 위반하여 안전관리비를 사용한 경우	법 제91조 제2항제4호	250만원	375만원	500만원

터. 법 제66조제3항에 따른 환경관리비를 공사금액에 계상하지 않은 경우 또는 같은 조 제4항을 위반하여 환경관리비를 사용한 경우	법 제91조 제2항제5호	250만원	375만원	500만원
퍼. 건설공사 참여자(발주자는 제외한다)가 법 제67조제1항에 따른 건설사고 발생사실을 발주청 및 인·허가기관에 통보하지 않은 경우	법 제91조 제3항제16호	200만원	250만원	300만원
허. 법 제77조제2항에 따른 명령을 이행하지 않은 경우	법 제91조 제1항제3호	1,000만원	1,500만원	2,000만원

[별표 1] <개정 2022.12.30.>

건설기술인의 업무정지 기준(제20조제1항 관련)

1. 일반기준

가. 위반행위의 횟수에 따른 행정처분의 기준은 최근 1년간 같은 위반행위로 행정처분을 받은 경우에 적용한다. 이 경우 기준 적용일은 위반행위에 대한 행정처분일과 그 처분 후에 한위반행위가 다시 적발된 날을 각각 기준으로 한다.

나. 가목에 따라 가중된 부과처분을 하는 경우 가중처분의 적용 차수는 그 위반행위 전 부과처분 차수(가목에 따른 기간 내에 처분이 둘 이상 있었던 경우에는 높은 차수를 말한다)의 다음 차수로 한다.

다. 위반행위가 둘 이상인 경우로서 그에 해당하는 각각의 처분기준이 다른 경우에는 그 중 무거운 처분기준에 따른다. 다만, 둘 이상의 처분기준이 모두 업무정지인 경우에는 각 처분기준을 합산한 기간을 넘지 않는 범위에서 무거운 처분기준의 2분의 1 범위까지 가중할 수 있되, 그 가중된 처분을 합산한 기간은 2년을 초과할 수 없다.

라. 처분권자는 위반행위의 내용·정도·동기 및 결과 등을 고려하여 다음의 구분에 따라 제2호의 개별기준에 따른 업무정지 기간의 2분의 1 범위에서 그 기간을 늘리거나 줄일 수 있다. 이 경우 그 늘린 기간을 합산한 기간은 2년을 초과할 수 없다.

1) 가중사유

가) 위반의 내용·정도가 중대하여 이해관계인 등에게 미치는 피해가 크다고 인정되는 경우

나) 법 위반상태의 기간이 6개월 이상인 경우

다) 그 밖에 위반행위의 정도, 위반행위의 동기와 그 결과 등을 고려하여 가중할 필요가 있다고 인정되는 경우

2) 감경사유

가) 위반행위가 사소한 부주의나 오류로 인한 것으로 인정되는 경우

나) 위반행위자가 위반행위를 바로 정정하거나 시정하여 법 위반상태를 해소한 경우

다) 그 밖에 위반행위의 내용·정도·동기 및 결과 등을 고려하여 감경할 필요가 있다고 인정되는 경우

2. 개별기준

위반 행위	해당 법조문	행정처분기준		
		1차	2차	3차 이상
가. 법 제21조제1항에 따라 신고 또는 변경 신고를 하면서 근무처 및 경력등을 거짓으로 신고하거나 변경신고한 경우	법 제24조 제1항제1호	업무정지 6개월	업무정지 12개월	

시 행 령 [별 표]

위반행위	근거 법조문	1차	2차	3차
나. 법 제23조제1항을 위반하여 자기의 성명을 사용하여 다른 사람에게 건설공사 또는 건설기술용역업무를 수행하게 하거나 건설기술경력증을 빌려준 경우	법 제24조 제1항제2호	업무정지 12개월		
다. 법 제24조제2항에 따른 시정지시 등을 3회 이상 받은 경우	법 제24조 제1항제3호	업무정지 2개월	업무정지 2개월	업무정지 2개월
라. 법 제39조제4항 후단에 따라 같은 항 전단에 따른 보고서를 작성해야 하는 건설기술인이 다음의 어느 하나에 해당하는 경우	법 제24조제1항 제3호의2			
1) 정당한 사유 없이 건설사업관리보고서를 작성하지 않은 경우		업무정지 12개월		
2) 건설사업관리보고서를 거짓으로 작성한 경우		업무정지 12개월		
3) 고의로 건설사업관리보고서를 작성할 때 해당 건설공사의 주요구조부에 대한 시공·검사·시험 등의 내용을 빠뜨린 경우		업무정지 12개월		
4) 중대한 과실로 건설사업관리보고서를 작성할 때 해당 건설공사의 주요구조부에 대한 시공·검사·시험 등의 내용을 빠뜨린 경우		업무정지 2개월	업무정지 3개월	업무정지 3개월
5) 경미한 과실로 건설사업관리보고서를 작성할 때 해당 건설공사의 주요구조부에 대한 시공·검사·시험 등의 내용을 빠뜨린 경우		경고	업무정지 1개월	업무정지 2개월
마. 공사 관리 등과 관련하여 발주자 또는 건설사업관리를 수행하는 건설기술인의 정당한 시정명령에 따르지 않은 경우	법 제24조 제1항제4호	업무정지 1개월	업무정지 2개월	업무정지 2개월
바. 정당한 사유 없이 공사현장을 무단 이탈하여 공사 시행에 차질이 생기게 한 경우	법 제24조 제1항제5호	경고	업무정지 1개월	업무정지 2개월
사. 고의 또는 중대한 과실로 발주청에 재산상의 손해를 발생하게 한 경우(손해액이 둘 이상의 처분기준에 해당하는 경우에는 그 중 무거운 처분기준에 따른다)	법 제24조 제1항제6호			
1) 손해액이 건설공사 계약금액의 3퍼센트를 초과하거나 10억원을 초과한 경우		업무정지 24개월		
2) 손해액이 건설공사 계약금액의 1퍼센트 초과 3퍼센트 이하이거나 3억원 초과 10억원 이하인 경우		업무정지 12개월		
3) 손해액이 건설공사 계약금액의 1퍼센트 이하이거나 3억원 이하인 경우		업무정지 6개월	업무정지 6개월	
4) 고의로 수요예측을 30퍼센트 이상 잘못한 경우		업무정지 12개월		
5) 중대한 과실로 수요예측을 30퍼센트 이상 잘못한 경우		업무정지 6개월	업무정지 6개월	
아. 다른 행정기관이 법령에 따라 업무정지를 요청한 경우	법 제24조 제1항제7호	위반내용에 따라 해당 법령에 따른 업무정지기간 준용	위반내용에 따라 해당 법령에 따른 업무정지기간 준용	위반내용에 따라 해당 법령에 따른 업무정지기간 준용

[별표 2] <개정 2021.8.27.>

기본계획·기본설계·실시설계의 사업수행능력 평가기준(제28조 관련)

1. 입찰 참가자 선정을 위한 평가기준(제28조제1항제1호가목에 따른 평가대상용역)

평가항목	배점범위	평가방법
가. 참여기술인	50	참여기술인의 등급·경력·실적 및 교육·훈련 등에 따라 평가
나. 유사용역 수행실적	15	업체의 직전 용역 등 수행실적에 따라 평가
다. 신용도	10	1) 관계 법령에 따른 입찰참가제한, 업무정지, 벌점 등의 처분내용에 따라 평가 2) 재정상태 건실도에 따라 평가
라. 기술개발 및 투자 실적	15	기술개발 및 투자 실적 등에 따라 평가
마. 업무중첩도	10	참여기술인의 업무하중 등에 따라 평가

비고

1. 평가항목별 세부 평가기준은 국토교통부장관이 정하여 고시한다.
2. 발주청은 용역의 특성에 맞도록 평가항목·배점범위·평가방법 등을 보완하여 세부 평가기준을 작성하여 적용할 수 있으며, 평가항목별 배점범위는 ±20퍼센트 범위에서 조정하여 적용할 수 있다. 다만, 「중소기업제품 구매촉진 및 판로 지원에 관한 법률」 제6조제1항에 따른 중소기업자간 경쟁제품에 해당하는 용역에 대한 평가항목별 배점범위, 평가방법은 해당 법령에 따라 별도로 정할 수 있다.
3. 제28조제2항에 따른 평가대상인 용역의 경우에는 참여기술인의 경력·실적에 관한 사항을 제외하고 평가할 수 있다.
4. 발주청은 입찰공고기간 중 세부 평가기준을 공람하도록 해야 하며, 평가 후 평가 결과를 공개해야 한다.

2. 기술인평가서 평가기준(제28조제2항제2호가목에 따른 평가대상용역)

구분	세부사항	배점범위	평가항목
가. 설계팀의 경력·역량		70	1) 참여기술인의 경력 2) 참여기술인의 유사용역 수행실적 3) 참여기술인의 업무중첩도 등
나. 수행계획·방법	1) 수행계획	15	1) 과업의 성격 및 범위에 대한 이해도 2) 과업단계별 작업계획 및 체계 3) 관련 계획, 법령 등 검토 및 설계적용 방안
	2) 수행방법	15	1) 수행용역에 대한 특정경험 및 해당 용역 적용성 2) 예상 문제점 및 대책

3. 기술제안서 평가기준(제28조제2항제2호나목 및 제29조제2호에 따른 평가대상 용역)

구분	세부사항	배점범위	평가항목
가. 설계팀의 경력·역량		30	1) 참여기술인의 경력 2) 참여기술인의 유사용역수행실적 3) 참여기술인의 업무중첩도 등
나. 수행계획·방법 및 기술향상	1) 수행계획	20	1) 과업의 성격 및 범위에 대한 이해도 2) 과업단계별 작업계획 및 체계 3) 관련 계획, 법령 등 검토 및 설계적용 방안 4) 사업효과 극대화 방안 등
	2) 수행방법	35	1) 작업수행기법(사전조사 및 작업방법 등) 2) 수행용역에 대한 특정 경험 및 해당 용역 적용성 3) 각종 영향평가 수행방법, 친환경 건설기법 도입 4) 경관 설계 등 5) 예상 문제점 및 대책 등
	3) 기술향상	15	1) 신기술·신공법의 도입과 그 활용성의 검토

			정도 및 관련 기술자료 등재 2) 시설물의 생애주기비용을 고려한 설계기법 등

[별표 3] <개정 2021.9.17>

건설사업관리의 사업수행능력 평가기준(제28조 관련)

1. 입찰 참가자 선정을 위한 평가기준(제28조제1항제1호나목에 따른 평가대상용역)

평가항목	배점 범위	평가방법
가. 참여기술인	60	참여기술인의 등급 · 경력 · 실적 및 교육 · 훈련 등에 따라 평가
나. 유사용역 수행실적	10	건설사업관리용역사업자의 건설사업관리용역 수행실적에 따라 평가
다. 신용도	15	1) 관계 법령에 따른 입찰참가제한, 영업정지, 벌점 등의 처분내용에 따라 평가 2) 재정상태 건실도에 따라 평가
라. 기술개발 및 투자 실적	10	기술개발 및 투자 실적 등에 따라 평가
마. 교체빈도	5	건설사업관리기술인의 교체빈도에 따라 평가

비고

1. 평가항목별 세부 평가기준 및 가점·감점기준은 국토교통부장관이 정하여 고시한다. 다만, 발주청은 용역의 특성에 맞도록 평가항목·배점범위·평가방법 등을 보완하여 세부 평가기준을 작성하여 적용할 수 있으며, 평가항목별 배점범위는 ±20퍼센트 범위에서 조정하여 적용할 수 있다.
2. 발주청은 입찰공고기간 중 세부 평가기준을 배부하거나 공람하도록 해야 하며, 평가 후 평가 결과를 공개해야 한다.
3. 건설사업관리기술인의 경력 및 보유사항은 건설기술인 경력관리 수탁기관의 확인을 받아야 하며, 유사용역 등은 건설엔지니어링 실적관리 수탁기관, 건설기술인 경력관리 수탁기관 또는 해당 용역 발주청의 확인을 받아야 한다. 이 경우 발주청은 사전자격심사 시에는 종전에 발행한 서류의 사본 또는 참여업체가 작성한 서류를 활용한 후 사전자격심사를 통과한 업체에 한정하여 건설엔지니어링 실적관리 수탁기관, 건설기술인 경력관리 수탁기관 또는 발주청이 발행한 서류를 제출받아 경력사항 등을 확인할 수 있다.
4. 공동도급으로 건설사업관리를 수행하는 경우에는 공동수급체 구성원별로 유사용역수행 실적, 신용도, 기술개발 및 투자 실적, 교체빈도에 용역참여지분율을 곱하여 산정한 후 이를 합산한다.
5. 가점과 감점을 상계(相計)한 점수는 5점을 초과하지 못하며, 평가기준에 따른 평가 결과는 평가항목별 점수에 가점과 감점을 합한 점수로 한다. 다만, 건설사업관리용역사업자 중 평가점수가 100점을 초과하는 경우에는 100점으로 한다.
6. 건설사업관리의 발전을 위하여 국토교통부장관이 정하여 고시하는 사항에 대해서는 가점하거나 감점할 수 있다.
7. 교체빈도는 시공 단계의 건설사업관리가 포함되는 용역에 한정하여 평가하며, 시공 단계의 건설사업관리가 포함되지 않는 용역에 대하여는 발주청에서 용역의 특성에 따라 교체빈도의 배점을 다른 평가항목에 항목별 배점의 ±20퍼센트 범위에서 배분하여 평가기준을 작성할 수 있다.

2. 기술제안서 평가기준(제28조제2항제2호다목 본문에 따른 평가대상용역)

평가항목	세부사항	배점 범위	평가방법
가. 과업 수행 조직	소계	55	
	1) 조직의 역량	40	건설사업관리기술인, 유사용역수행실적, 신용도 등 평가
	2) 기술제안서 발표 및 면접	10	책임건설사업관리기술인의 이해도 및 자질의 적정성 평가
	3) 인원투입계획	5	조직 구성, 업무 분장의 적정성, 건설사업 수행 단계별 인원투입계획성 등 평가

나. 과업 수행 세부 계획	소계	45	
	1) 과업에 대한 이해도	5	건설공사의 특성 및 발주청 요구사항 분석, 예상되는 문제점 및 대책 등 평가
	2) 시공 전(前) 단계의 사업관리	15	건설사업 수행단계별 사업관리 일반, 설계의 경제성 등 검토, 계약관리, 사업비관리, 사업정보관리 등의 수행방법 적정성 및 실현가능성 등 평가
	3) 시공 이후 단계의 사업관리	20	건설사업 수행단계별 사업관리 일반, 사업비관리, 공정관리, 품질관리, 안전관리, 사업정보관리 등의 수행방법 적정성 및 실현가능성 등 평가
	4) 기술 활용	5	신기술·신공법의 도입과 활용, 기술자료·소프트웨어 및 장비 등의 활용과 업무수행 지원체계 효율성 등 평가

3. 기술인평가서 평가기준(제28조제2항제2호다목 단서에 따른 평가대상용역)

평가항목	세부사항	배점범위	평가방법
가. 구성조직의 역량 및 적정성	소계	70	
	1) 건설사업관리기술인	45	건설사업관리기술인의 등급·실적·경력 및 교육·훈련 등에 따라 평가
	2) 유사용역수행실적	10	건설사업관리용역사업자의 건설사업관리용역 수행실적에 따라 평가
	3) 신용도	15	1) 관계 법령에 따른 입찰참가 제한, 영업정지, 벌점 등의 처분내용에 따라 평가 2) 재정상태 건실도에 따라 평가
나. 건설사업관리기술인 과업수행계획 및 방법	소계	30	
	1) 수행계획서	20	1) 과업의 성격 및 범위에 대한 이해도 2) 공종별 시공관리계획 3) 품질 및 안전, 공정관리 계획 4) 예상되는 문제점 및 개선대책 등
	2) 수행계획서 발표 및 면접	10	책임건설사업관리기술인의 업무수행능력, 자질검증을 위한 발표 및 면접 실시

시행 규칙[별 표]

[별표 4] <전체 개정 2019.2.25.>

정밀점검·정밀안전진단의 사업수행능력 평가기준(제28조 관련)

1. 입찰 참가자 선정을 위한 평가기준(제28조제1항제2호에 따른 평가 대상 용역)

평가항목	배점범위	평가방법
가. 참여기술인	45	참여기술인의 등급·경력·실적 및 교육·훈련 등에 따라 평가
나. 유사용역수행실적	25	안전진단 전문기관의 유사용역 수행실적에 따라 평가
다. 신용도	10	1) 관계 법령에 따른 입찰참가 제한, 업무정지 등의 처분내용에 따라 평가 2) 재정상태 건실도에 따라 평가
라. 기술개발 및 투자실적	10	기술개발실적 및 투자실적 등에 따라 평가
마. 업무중첩도	10	참여기술인의 업무중복도에 따라 평가

비고

1. 평가항목별 세부 평가기준은 국토교통부장관이 정하여 고시한다.
2. 발주청은 용역의 특성에 맞도록 평가항목·배점범위·평가방법 등을 보완하여 세부 평가기준을 작성하여 사용할 수 있으며, 평가항목별 배점범위는 ±20퍼센트 범위에서 조정하여 적용할 수 있다.
3. 발주청은 입찰공고기간 중 세부 평가기준을 배부하거나 공람하도록 해야 하며, 평가 후 평가결과를 공개해야 한다.
4. 평가기준에 따른 평가 결과는 평가항목별 점수에 가점을 합한 점수로 한다. 다만, 평가점수가 100점을 초과하는 경우에는 100점으로 한다.

2. 기술인평가서 평가기준(제28조제2항제2호라목에 따른 평가 대상 용역)

평가항목	세부사항	배점범위	평가방법
가. 조직의 경험 및 역량	소계	70	
	1) 기술인 등급·경력	35	참여기술인의 등급·경력
	2) 유사용역 수행실적	20	업체 및 참여기술인의 유사용역 수행실적
	3) 업무 중첩도	10	참여기술인의 업무중첩도
	4) 직무 적정성	5	정밀점검 또는 정밀안전진단 실시 결과에 대한 평가 반영 등
나. 수행 계획 및 방법	소 계	30	
	1) 수행계획	20	1) 과업의 성격 및 범위에 대한 이해도 2) 과업수행계획의 적정성 3) 해당 용역의 예상되는 문제점 및 개선대책
	2) 책임기술인 발표 및 면접	10	책임기술인의 업무수행능력, 자질 검증을 위한 발표 및 면접 실시

[별표 5] <개정 2024.7.10.>

건설공사 품질관리를 위한 시설 및 건설기술인 배치기준(제50조제4항 관련)

대상공사 구분	공사규모	시험·검사장비	시험실 규모	건설기술인
특급 품질관리 대상 공사	영 제89조제1항제1호 및 제2호에 따라 품질관리계획을 수립해야 하는 건설공사로서 총공사비가 1,000억원 이상인 건설공사 또는 연면적 5만m² 이상인 다중이용 건축물의 건설공사	영 제91조제1항에 따른 품질검사를 실시하는 데에 필요한 시험·검사장비	50m² 이상	가. 품질관리 경력 3년 이상인특급기술인 1명 이상 나. 중급기술인 이상인 사람 1명 이상 다. 초급기술인 이상인 사람 1명 이상
고급 품질관리 대상 공사	영 제89조제1항제1호 및 제2호에 따라 품질관리계획을 수립해야 하는 건설공사로서 특급품질관리 대상 공사가 아닌 건설공사	영 제91조제1항에 따른 품질검사를 실시하는 데에 필요한 시험·검사장비	50m² 이상	가. 품질관리 경력 2년 이상인 고급기술인 이상인 사람 1명 이상 나. 중급기술인 이상인 사람 1명 이상 다. 초급기술인 이상인 사람 1명 이상
중급 품질관리 대상 공사	총공사비가 100억원 이상인 건설공사 또는 연면적 5,000m² 이상인 다중이용 건축물의 건설공사로서 특급 및 고급품질관리 대상 공사가 아닌 건설공사	영 제91조제1항에 따른 품질검사를 실시하는 데에 필요한 시험·검사장비	18m² 이상	가. 품질관리 경력 1년 이상인중급기술인 이상인 사람 1명 이상 나. 초급기술인 이상인 사람 1명 이상
초급 품질관리 대상 공사	영 제89조제2항에 따라 품질시험계획을 수립해야 하는 건설공사로서 중급품질관리 대상 공사가 아닌 건설공사	영 제91조제1항에 따른 품질검사를 실시하는 데에 필요한 시험·검사장비	18m² 이상	초급기술인 이상인 사람 1명 이상

비고

1. 건설공사 품질관리를 위해 배치할 수 있는 건설기술인은 법 제21제1항에 따른 신고를 마치고 품질관리 업무를 수행하는 사람으로 한정하며, 해당 건설기술인의 등급은 영 별표 1에 따라 산정된 등급에 따른다.
2. 발주청 또는 인·허가기관의 장이 특히 필요하다고 인정하는 경우에는 공사의

종류·규모 및 현지 실정과 법 제60조제1항 전단에 따른 국립·공립 시험기관 또는 건설기술용역사업자의 시험·검사대행의 정도 등을 고려하여 시험실 규모 또는 품질관리 인력을 조정할 수 있다.

[별표 6] <개정 2022.12.30.>

품질관리비의 산출 및 사용기준(제53조제1항 관련)

1. 일반사항

가. 발주자는 제2호에 따라 품질관리비를 산출하고, 품질관리비와 그 산출근거가 되는 구체적인 명세를 설계도서에 명시해야 한다.

다, 건설업자 및 주나. 발주자는 건설공사 계약을 위한 입찰공고를 하는 경우 품질관리비에 관한 다음의 사항을 입찰공고 등에 명시하여 입찰에 참가하려는 자가 미리 열람할 수 있도록 해야 한다. 이 경우 해당 입찰에 참가하는 건설사업자 또는 주택건설등록업자는 1)에 따른 품질관리비를 조정 없이 입찰금액에 반영하여 입찰에 참가해야 한다.

1) 제2호에 따라 산출하여 설계도서에 명시된 품질관리비

2) 입찰참가자는 입찰금액을 산정하는 경우 1)에 따른 품질관리비를 조정 없내용

3) 품질관리비의 정산은 제3호다목의 방법에 따른다는 내용택건설등록업자는 설계도서에 누락된 품질시험 및 검사의 종목·방법 및 횟수에 관해서는 건설사업관리용역사업자 및 발주자와 협의하여 설계도서에 반영해야 한다.

라. 건설사업자 및 주택건설등록사업자는 시방서 등 설계도서를 검토하여 품질관리계획 또는 품질시험계획을 작성하고 이를 토대로 품질관리를 해야 한다.

시행 규칙[별 표]

마. 건설사업자 및 주택건설등록사업자는 현장 품질시험의 원활한 실시를 위하여 발주자와 협의하여 현장여건을 고려한 적정 시험인력을 배치해야 한다.

2. 품질관리비

가. 품질시험비

1) 품질시험에 필요한 비용으로서 인건비, 공공요금, 재료비, 장비 손료(損料), 시설비용, 시험·검사기구의 검정·교정비, 차량 관련 비용 등을 포함한다.

2) 품질시험 인건비는 국토교통부장관이 고시하는 인건비 산출단위량기준을 토대로 「통계법」 제27조제1항에 따라 대한건설협회 및 한국엔지니어링진흥협회가 조사·공표하는 노임단가를 적용하되, 시험관리인의 인건비는 포함하지 않는다.

3) 공공요금은 정부가 고시하는 공공요금을 적용하되, 해당 시험에 필요한 공공요금의 산출단위량 기준은 국토교통부장관이 정하여 관보에 고시한다.

4) 재료비는 인건비 및 공공요금의 100분의 1로 한다. 다만, 특별한 사유가 있는 경우에는 조달청장이 구매하는 물품의 가격을 기준으로 실비를 산출하여 적용할 수 있다.

5) 장비손료는 다음의 계산식에 따라 산출한 금액 또는 품질시험 인건비의 100분의 1을 계상한 금액으로 한다.

$$\frac{(\text{상각률}+\text{수리율})\times\text{기계가격}}{\text{연간표준장비가동시간}\times\text{내용연수}}\times\text{장비가동시간}$$

※ 기계가격은 구입 가격을 말한다.

※ 연간표준장비가동시간은 2천시간으로 한다.

※ 장비가동시간은 해당 시험을 위하여 실제 가동되는 시간을 말한다.

※ 내용연수는 기계류 및 계량기는 10년, 유리류 및 금속류 등의 기구는 3년으로 한다.

※ 상각률 및 수리율은 다음의 값으로 한다.

장비 구분	상각률	수리율
모터 및 기계	0.8	0.6
게이지 기계	0.8	0.6
유 리 류	1.0	-
금 속 류	0.9	0.3
게 이 지	1.0	0.6

6) 품질시험에 필요한 시설비용, 시험 및 검사기구의 검정·교정비는 품질시험비의 100분의 3을 계상한다.

7) 품질시험에 필요한 차량의 감가상각비·유류비·보험료 등 각종 경비는 실비계상한다.

8) 외부의뢰 시험은 품질시험비의 한도 내에서 실시하며, 건설사업관리용역사업자와 협의하여 결정해야 한다.

나. 품질관리활동비

품질시험비 외에 품질관리활동에 필요한 비용으로 계상할 수 있는 항목은 다음과 같다.

항목	내역	비고
1) 품질관리 업무를 수행하는 건설기술인 인건비	시험관리인을 제외한 건설기술인의 인건비	가) 별표 5에 따른 배치기준에 따라 건설현장에 배치되는 건설기술인의 인건비로, 「통계법」 제27조제1항에 따라 대한건설협회 및 한국엔지니어링협회가 조사·공표하는 노임단가를 적용한다. 나) 시험관리인은 현장에 배치되는 품질관리 업무를 수행하는 건설기술인 중에서 최하위 등급자로 정하고, 시험관리인의 인건비는 간접노무비에 포함된 것으로 한다.
2) 품질관련 문서 작성 및 관리에 관련한 비용	가) 품질관리계획서 또는 품질시험계획서 작성비 나) 품질관리 절차서 작성비 다) 부적격보고서와 그 밖의 품질관련 문서 작성비 라) 품질관리계획서 또는 품질시험계획서 개정 작성비 마) 품질 관련 문서관리 비용	품질관리 업무를 수행하는 건설기술인 인건비(시험관리인만 건설현장에 배치된 경우에는 별표 6 제2호나목1) 비고란 가)에 따라 산정되는 해당 시험관리인이 속한 건설기술인 등급의 인건비를 말한다)의 100분의 1을 계상한다.
3) 품질관련 교육·훈련비	가) 현장 근로자의 품질 관련 교육에 드는 교재 비용, 초빙강사료 등 각종 비용 나) 교육자료 준비비 다) 품질 관련 행사비 라) 건설기술인 및 시험인력의 외부교육 참가비	품질 관련 교육·훈련은 품질관리계획서 또는 품질시험계획서에 실시방법 등 구체적인 사항을 적고 실시하는 것만을 말하며, 이를 위한 비용으로 품질관리 업무를 수행하는 건설기술인 인건비(시험관리인만 건설현장에 배치된 경우에는 별표 6 제2호나목1) 비고란 가)에 따라 산정되는 해당 시험관리인이 속한 건설기술인 등급의 인건비를 말한다)의 100분의 1을 계상한다.
4) 품질검사비	가) 품질시험 결과의 검사에 드는 비용 나) 내부 품질검사비 다) 구매문서의 적합성 검토 및 구매품의 검사	품질시험비의 100분의 1을 계상한다.
5) 그 밖의 비용	그 밖에 해당 공사의 특수성을 고려하여 발주자가 인정한 예비 비용	그 밖의 비용을 제외한 품질관리활동비 총액[1)+2)+3)+4)]의 100분의 1을 초과할 수 없다.

3. 품질관리비 사용기준

가. 건설사업자 및 주택건설등록업자는 품질관리비를 품질관리비 산출기준에 따른 용도 외에는 사용할 수 없다. 다만, 발주자 또는 인·허가기관의 장이 품질관리업무 수행과 관련하여 필요하다고 인정하는 경우에는 그렇지 않다.

나. 건설사업자 및 주택건설등록업자는 품질관리비의 사용명세서 및 증명서류를 갖추어 두고, 발주자 또는 건설사업관리용역사업자 등이 요청하는 경우에는 이를 제시해야 한다.

다. 품질관리비는 발주자 또는 건설사업관리용역사업자가 확인한 시험성적서 등에 의한 품질관리 활동실적에 따라 정산한다.

시행 규칙[별 표]

[별표 7] <전체개정 2020.3.18., 2020.12.14.>

안전관리계획의 수립기준(제58조 관련)

1. 일반기준

가. 안전관리계획은 다음 표에 따라 구분하여 각각 작성·제출해야 한다.

구분	작성 기준	제출 기한
1) 총괄 안전관리계획	제2호에 따라 건설공사 전반에 대하여 작성	건설공사 착공 전까지
2) 공종별 세부 안전관리계획	제3호 각 목 중 해당하는 공종별로 작성	공종별로 구분하여 해당 공종의 착공 전까지

나. 각 안전관리계획서의 본문에는 반드시 필요한 내용만 작성하며, 해당 사항이 없는 내용에 대해서는 "해당 사항 없음"으로 작성한다.

다. 각 안전관리계획서에 첨부하는 관련 법령, 일반도면, 시방기준 등 일반적인 내용의 자료는 특별히 필요한 자료 외에는 최소한으로 첨부한다. 다만, 안전관리계획의 검토를 위하여 필요한 배치도, 입면도, 층별 평면도, 종·횡단면도(세부 단면도를 포함한다) 및 그 밖에 공사현황을 파악할 수 있는 주요 도면 등은 각 안전관리계획과 별도로 첨부하여 제출해야 한다.

라. 이 표에서 규정한 사항 외에 건설공사의 안전 확보를 위하여 안전관리계획에 포함해야 하는 세부사항은 국토교통부장관이 정하여 고시할 수 있다.

2. 총괄 안전관리계획의 수립기준

가. 건설공사의 개요

공사 전반에 대한 개략을 파악하기 위한 위치도, 공사개요, 전체 공정표 및 설계도서(해당 공사를 인가·허가 또는 승인한 행정기관 등에 이미 제출된 경우는 제외한다)

나. 현장 특성 분석

1) 현장 여건 분석

주변 지장물(支障物) 여건(지하 매설물, 인접 시설물 제원 등을 포함한다), 지반 조건[지질 특성, 지하수위(地下水位), 시추주상도(試錐柱狀圖) 등을 말한다], 현장시공 조건, 주변 교통 여건 및 환경요소 등

2) 시공단계의 위험 요소, 위험성 및 그에 대한 저감대책

가) 핵심관리가 필요한 공정으로 선정된 공정의 위험 요소, 위험성 및 그에 대한 저감대책

나) 시공단계에서 반드시 고려해야 하는 위험 요소, 위험성 및 그에 대한 저감대책(영 제75조의2제1항에 따라 설계의 안전성 검토를 실시한 경우에는 같은 조 제2항제1호의 사항을 작성하되, 같은 조 제4항에 따라 설계도서의 보완·변경 등 필요한 조치를 한 경우에는 해당 조치가 반영된 사항을 기준으로 작성한다)

다) 가) 및 나) 외에 시공자가 시공단계에서 위험 요소 및 위험성을 발굴한 경우에 대한 저감대책 마련 방안

3) 공사장 주변 안전관리대책

공사 중 지하매설물의 방호, 인접 시설물 및 지반의 보호 등 공사장 및 공사현장 주변에 대한 안전관리에 관한 사항(주변 시설물에 대한 안전 관련 협의서류 및 지반침하 등에 대한 계측계획을 포함한다)

4) 통행안전시설의 설치 및 교통소통계획

가) 공사장 주변의 교통소통대책, 교통안전시설물, 교통사고예방대책 등 교통안전관리에 관한 사항(현장차량 운행계획, 교통 신호수 배치계획, 교통안전시설물 점검계획 및 손상·유실·작동이상 등에 대한 보수 관리계획을 포함한다)

나) 공사장 내부의 주요 지점별 건설기계·장비의 전담유도원 배치계획

다. 현장운영계획

1) 안전관리조직

공사관리조직 및 임무에 관한 사항으로서 시설물의 시공안전 및 공

사장 주변안전에 대한 점검·확인 등을 위한 관리조직표(비상시의 경우를 별도로 구분하여 작성한다)

2) 공정별 안전점검계획

가) 자체안전점검, 정기안전점검의 시기·내용, 안전점검 공정표, 안전점검 체크리스트 등 실시계획 등에 관한 사항

나) 계측장비 및 폐쇄회로 텔레비전 등 안전 모니터링 장비의 설치 및 운용계획에 관한 사항(「시설물의 안전 및 유지관리에 관한 특별법 시행령」 별표 1에 따른 제2종시설물 중 공동주택의 건설공사는 공사장 상부에서 전체를 실시간으로 파악할 수 있도록 폐쇄회로 텔레비전의 설치·운영계획을 마련해야 한다)

3) 안전관리비 집행계획

안전관리비의 계상, 산출·집행계획, 사용계획 등에 관한 사항

4) 안전교육계획

안전교육계획표, 교육의 종류·내용 및 교육관리에 관한 사항

5) 안전관리계획 이행보고 계획

위험한 공정으로 감독관의 작업허가가 필요한 공정과 그 시기, 안전관리계획 승인권자에게 안전관리계획 이행 여부 등에 대한 정기적 보고계획 등

라. 비상시 긴급조치계획

1) 공사현장에서의 사고, 재난, 기상이변 등 비상사태에 대비한 내부·외부 비상연락망, 비상동원조직, 경보체제, 응급조치 및 복구 등에 관한 사항

2) 건축공사 중 화재발생을 대비한 대피로 확보 및 비상대피 훈련계획에 관한 사항(단열재 시공시점부터는 월 1회 이상 비상대피 훈련을 실시해야 한다)

3. 공종별 세부 안전관리계획

가. 가설공사

1) 가설구조물의 설치개요 및 시공상세도면

2) 안전시공 절차 및 주의사항

시행 규칙[별 표]

3) 안전점검계획표 및 안전점검표

4) 가설물 안전성 계산서

나. 굴착공사 및 발파공사

1) 굴착, 흙막이, 발파, 항타 등의 개요 및 시공상세도면

2) 안전시공 절차 및 주의사항(지하매설물, 지하수위 변동 및 흐름, 되메우기 다짐 등에 관한 사항을 포함한다)

3) 안전점검계획표 및 안전점검표

4) 굴착 비탈면, 흙막이 등 안전성 계산서

다. 콘크리트공사

1) 거푸집, 동바리, 철근, 콘크리트 등 공사개요 및 시공상세도면

2) 안전시공 절차 및 주의사항

3) 안전점검계획표 및 안전점검표

4) 동바리 등 안전성 계산서

라. 강구조물공사

1) 자재·장비 등의 개요 및 시공상세도면

2) 안전시공 절차 및 주의사항

3) 안전점검계획표 및 안전점검표

4) 강구조물의 안전성 계산서

마. 성토 및 절토 공사(흙댐공사를 포함한다)

1) 자재·장비 등의 개요 및 시공상세도면

2) 안전시공 절차 및 주의사항

3) 안전점검계획표 및 안전점검표

4) 안전성 계산서

바. 해체공사

1) 구조물해체의 대상·공법 등의 개요 및 시공상세도면

2) 해체순서, 안전시설 및 안전조치 등에 대한 계획

사. 건축설비공사

1) 자재·장비 등의 개요 및 시공상세도면

2) 안전시공 절차 및 주의사항

3) 안전점검계획표 및 안전점검표

4) 안전성 계산서

아. 타워크레인 사용공사

1) 타워크레인 운영계획

안전작업절차 및 주의사항, 관리자 및 신호수 배치계획, 타워크레인간 충돌방지계획 및 공사장 외부 선회방지 등 타워크레인 설치·운영 계획, 표준작업시간 확보계획, 관련 도면[타워크레인에 대한 기초 상세도, 브레이싱(압축 또는 인장에 작용하며 구조물을 보강하는 대각선 방향 등의 구조 부재) 연결 상세도 등 설치 상세도를 포함한다]

2) 타워크레인 점검계획

점검시기, 점검 체크리스트 및 검사업체 선정계획 등

3) 타워크레인 임대업체 선정계획

적정 임대업체 선정계획(저가임대 및 재임대 방지방안을 포함한다), 조종사 및 설치·해체 작업자 운영계획(원격조종 타워크레인의 장비별 전담 조정사 지정여부 및 조종사의 운전시간 등 기록관리 계획을 포함한다), 임대업체 선정과 관련된 발주자와의 협의시기, 내용, 방법 등 협의계획

4) 타워크레인에 대한 안전성 계산서(현장조건을 반영한 타워크레인의 기초 및 브레이싱에 대한 계산서는 반드시 포함해야 한다

[별표 7의2] <신설 2020.12.14.>

소규모안전관리계획의 수립기준(제59조의2 관련)

1. 건설공사의 개요

공사 전반을 파악하기 위한 위치도, 공사개요, 전체 공정표 및 설계도서(해당 공사를 인가·허가 또는 승인한 행정기관 등에 이미 제출된 경우는 제외한다)

2. 비계 설치계획

건축물 외부에 설치하는 비계의 설치계획 및 시공도면과 현장 특성을 반영한 비계 시공절차 및 주의사항

3. 안전시설물 설치계획

추락방호망, 낙하물방지망, 개구부 덮개, 안전난간대 등 안전시설물 설치계획과 안전시설물을 적정하게 설치하기 위한 사진·그림 등 예시자료

[별표 8] <개정 2018.6.18., 2020.3.18.>

환경관리비의 세부 산출기준(제61조제3항 관련)

1. 환경보전비의 산출기준

가. 건설공사현장에 설치하는 환경오염 방지시설의 설치 및 운영에 필요한 비용(이하 "환경보전비"라 한다)은 직접공사비와 간접공사비를 병행하여 계상한다. 다만, 간접공사비에 반영되는 환경보전비는 직접공사비에 다음의 최저요율을 곱하여 산출된 금액 이상으로 계상한다.

공사의 종류		최저요율
토목	도로	0.9%
	플랜트	0.4%

시행 규칙[별 표]

	지하철	0.5%
	철도	1.5%
	상하수도	0.5%
	항만 (오탁방지막 또는 준설토방지막을 설치하는 경우)	0.8% (1.8%)
	댐	1.1%
	택지개발	0.6%
	그 밖의 토목공사	0.8%
건축	주택(재개발 및 재건축)	0.7%
	주택(신축)	0.3%
	그 밖의 건축공사	0.5%

나. 건설공사현장에 설치하는 환경오염 방지시설은 다음의 시설을 말한다.

1) 비산먼지 방지시설: 세륜시설(세륜장의 포장 및 침전물 보관시설을 포함한다), 살수시설, 살수차량, 방진덮개(도로 등의 절토 및 성토 경사면 사용분을 포함한다), 방진벽, 방진망, 방진막, 진공청소기, 간이칸막이, 이송설비 분진억제시설, 집진시설(이동식, 분무식을 포함한다), 기계식 청소장비 등 「대기환경보전법」의 규정을 준수하기 위한 시설

2) 소음 · 진동 방지시설: 방음벽(이동 및 설치 비용을 포함한다), 방음막, 소음기, 방음덮개, 방음터널, 방음림, 방음언덕, 흡음장치 및 시설, 탄성지지시설, 제진시설, 방진구시설, 방진고무, 배관진동절연장치 등 「소음 · 진동관리법」의 규정을 준수하기 위한 시설

3) 폐기물 처리시설: 소각시설, 쓰레기슈트, 폐자재 수거박스, 폐기물 보관시설(덮개 및 배수로를 포함한다), 건설폐기물 처리시설(파쇄 · 분쇄시설 및 탈수건조시설을 포함한다) 등 「건설폐기물의 재활용촉진에 관한 법률」 및 「폐기물관리법」의 규정을 준수하기 위한 시설

시행 규칙[별 표]

4) 수질오염 방지시설: 오폐수처리시설[수질 자동측정시스템(TMS)를 포함한다], 가배수로, 임시용 측구, 절성토면 비닐덮개, 침사 및 응집시설, 오탁방지막, 오일펜스, 유화제, 흡착포, 단독정화조, 이동식 간이화장실(정화조를 포함한다) 등 「수질 및 수생태계 보전에 관한 법률」, 「지하수법」, 「하수도법」 및 「화학물질관리법」의 규정을 준수하기 위한 시설

2. 폐기물처리 및 재활용비의 산출기준

가. 건설공사현장에서 발생하는 폐기물의 처리 및 재활용에 필요한 비용(이하 "폐기물처리 및 재활용비"라 한다)로 계상하는 비용은 다음의 비용을 말한다.

1) 폐기물을 건설공사현장에서 분리· 선별, 운반 또는 상차하는 비용

2) 폐기물 처리업체가 폐기물을 수집· 운반, 보관, 중간처리, 최종처리하기 위한 비용

3) 해당 건설공사 현장에서 폐기물을 재활용하기 위한 비용

나. 폐기물처리 및 재활용비는 철거대상 구조물을 실측하여 폐기물의 발생량을 예상하여 산출하거나 설계도서 등에 따라 산출한다. 다만, 실측 또는 설계도서 등으로 폐기물처리 및 재활용비를 산출하는 것이 곤란한 경우에는 운반거리, 폐기물의 성질 · 상태, 지역여건 및 정부가 공인한 물가조사기관에서 조사 · 공표한 가격 등을 고려하여 비용을 산출한다.

다. 「건설폐기물의 재활용촉진에 관한 법률」 제15조에 따라 건설폐기물 처리용역을 분리발주하는 경우에는 그 용역에 따른 건설폐기물 처리비용을 제외한다.

3. 그 밖의 사항

건설사업자 또는 주택건설등록업자는 건설공사현장의 환경보전에 필요한 환경오염 방지시설을 추가로 설치할 경우 등 환경관리비에 계상될 비용이 추가로 발생한 경우에는 발주자 또는 건설사업관리용역사업자의 확인을 받아 그 비용의 추가 계상을 발주자에게 요청할 수 있다. 이 경우 발주자는 그 내용을 확인하고

설계변경 등 필요한 조치를 해야 한다.

[별표 9] <개정 2022.12.20.>

수수료의 산출기준(제63조 관련)

1. 신기술 지정 및 보호기간연장 신청·심사수수료 산출기준(법 제79조제2호 및 제3호 관련)

구분	금액(1건당)
1차심사수수료	2,000,000원
2차심사수수료	1,500,000원

비고
1. 삭제 〈2022. 12. 30.〉
2. 1차 및 2차 심사수수료는 심사를 신청하는 때에 심사업무를 담당하는 전문기관 에 낸다.
3. 위 표의 수수료 외에 심사를 위한 현장실사비용이 추가적으로 필요한 경우에는 신기술의 지정 또는 보호기간의 연장을 신청하는 자가 비용을 부담해야 한다.
4. 현장실사에 참석한 심사위원에게 지급하는 심사수당은 한국엔지니어링진흥협회 에서 조사·공표하는 엔지니어링기술자 노임단가 중 건설 및 기타부문 단가를 적용한다.
5. 현장실사에 따른 여비는 「공무원 여비 규정」을 적용한다.

2. 신기술사용협약 증명서 발급 수수료 산출기준(법 제79조제3호의2 관련) (신설 2019. 7.1)

구분	금액(1건당)
신청 수수료	20,000원

비고: 신기술사용협약 증명서 발급을 신청하는 때에 수수료를 발급기관에 낸다.

3. 공장인증 신청수수료 산출기준(법 제79조제4호 관련)

<table>
<tr><th>구분</th><th>금액</th></tr>
<tr><td>가. 기본수수료</td><td>인건비, 사무실 운영비, 감가상각비 등 공장인증에 관한 심사업무를 위탁받은 기관의 운영을 위한 실비로서 국토교통부장관의 승인을 받아 공장심사업무를 위탁받은 기관의 장이 심사업무규정에서 정한 금액으로 한다.</td></tr>
<tr><td>나. 공장심사원 출장비 및 수당</td><td>1) 출장비는 「공무원 여비 규정」을 준용한다.
2) 출장기간은 공장심사에 걸리는 기간으로서 다음과 같다.
<table>
<tr><th rowspan="2">등급</th><th colspan="2">필요인원</th><th rowspan="2">소요기간</th></tr>
<tr><th>특급기술인
(5급 상당)</th><th>고급기술인
(6급 · 7급 상당)</th></tr>
<tr><td>1급</td><td rowspan="4">1명</td><td rowspan="4">2명</td><td>3일</td></tr>
<tr><td>2급</td><td>2일</td></tr>
<tr><td>3급</td><td>1.5일</td></tr>
<tr><td>4급</td><td>1.5일</td></tr>
</table>3) 공장심사원의 수당은 국토교통부장관의 승인을 받아 공장심사 업무를 위탁받은 기관의 장이 심사업무규정에서 정한 금액으로 한다.</td></tr>
<tr><td>다. 인증심의위원 수당</td><td>공장인증심의를 위한 심의위원의 수당은 국토교통부장관의 승인을 받아 공장심사 업무를 위탁받은 기관의 장이 심사업무규정에서 정한 금액으로 한다.</td></tr>
<tr><td>라. 일반관리비</td><td>(가+ 나+ 다)의 5%</td></tr>
</table>

비고
1. 교량분야와 건축분야를 함께 신청하는 경우의 필요인원은 1개 분야 필요인원으로 하고, 기간은 상위등급 소요기간에 1일을 추가한다.

시행 규칙[별 표]

2. 인증받은 공장에 대한 사후관리 심사의 경우 사후관리 심사수수료는 위 표의 가목, 나목 및 라목을 준용하되, 나목의 공장심사원 필요인원은 특급기술인 1명과 고급기술인 1명으로 하고, 출장 소요기간은 1일로 한다.
3. 영 제117조제1항제11호에 따라 공장인증 신청에 대한 전문·기술적인 심사 및 사후관리 상태의 조사를 위한 전문·기술적인 사항에 관한 업무를 위탁받은 기관이 법 제79조제4호에 따라 수수료를 결정하려는 경우에는 해당 기관의 인터넷 홈페이지에 20일간 그 내용을 게시하여 이해관계인의 의견을 수렴해야 한다. 다만, 긴급하다고 인정되는 경우에는 해당 기관의 인터넷 홈페이지에 그 사유를 소명하고 10일간만 게시할 수 있다.
4. 수수료의 요율 또는 금액은 제3호에 따라 수렴된 의견을 고려하여 실비(實費)의 범위에서 결정해야 하며, 수수료의 요율 또는 금액을 결정하였을 때에는 그 내용과 실비산정 내역을 해당 기관의 인터넷 홈페이지를 통하여 공개해야 한다.

第 IX 編

建 築 士 法

최종개정 : 건 축 사 법 2022. 2. 3.
시 행 령 2022. 7. 26.
시 행 규 칙 2024. 9. 26.

【건축사법】 개정이유 및 주요내용 〈법제처 제공〉

■ 2022.2.3. 개정(시행 2022.8.4.)

◇ 개정이유 및 주요내용

최근 지진, 폭우, 태풍 등 지구온난화에 따른 자연재해가 빈번히 발생하여 건축물 안전의 중요도가 높아지고, 기능·구조·미의 기본 건축요소 충족은 물론 에너지절약, 범죄예방, 장애물 없는 생활환경 인증 등 다양한 공공적 가치를 건축에 반영하기 위한 건축사의 업무 경쟁력 제고가 사회적으로 요구되고 있는바, 건축사에게 필요한 높은 수준의 역량 및 윤리의식을 자율적으로 함양하여 건축사의 사회적 책임과 역할을 다할 수 있도록 하기 위하여 건축사사무소를 개설한 건축사로 하여금 현행법에 따라 설립되어 있는 대한건축사협회에 가입할 의무를 부여하고, 대한건축사협회가 제정한 윤리규정을 위반한 건축사에 대해서는 국토교통부장관이 징계할 수 있도록 하려는 것임.

【건축사법 시행령】 개정이유 및 주요내용 〈법제처 제공〉

■ 2022.7.26. 개정(시행 2022.8.4.)

◇ 개정이유 및 주요내용

대한건축사협회의 설립 근거를 마련하고, 건축사사무소의 개설신고를 한 건축사는 대한건축사협회에 의무적으로 가입하도록 하는 등의 내용으로 「건축사법」이 개정(법률 제18826호, 2022.2.3. 공포,8.4. 시행)됨에 따라, 대한건축사협회의 임원으로 회장·부회장·이사 및 감사를 두도록 하고, 대한건축사협회의 조직으로 총회·이사회 및 윤리위원회 등을 두도록 하는 등 법률에서 위임된 사항과 그 시행에 필요한 사항을 정하는 한편,

과도한 가중처분에 따른 건축사의 권익 침해를 최소화하기 위하여 과태료의 부과대상이 되는 위반행위가 적발된 날부터 소급하여 3년이 되는 날 전에 한 부과처분은 가중처분의 차수 산정 대상에서 제외하는 등 현행 제도의 운영상 나타난 일부 미비점을 개선·보완하려는 것임.

【건축사법 시행규칙】 개정이유 및 주요내용 〈국토교통부 제공〉

■ 2021.12.15. 개정(시행 2021.12.15.)

◇ 개정이유 및 주요내용

건축사 자격시험 응시수수료는 지난 2013년 8만원에서 10만원으로 인상되었는바, 이후 8년 동안의 물가상승에 따른 시험출제 비용 증가를 고려하여 응시수수료를 12만5천원으로 인상하는 한편,

예측할 수 없는 불가피한 사유로 건축사 자격시험에 응시하지 못한 사람에게도 응시수수료를 반환할 수 있도록 시험 시행 공고에서 응시수수료 반환 사유를 정할 수 있는 근거를 마련하려는 것임.

법	시 행 령	시 행 규 칙

법

제1장 총칙〈개정 2011.5.30〉

제1조 【목적】 이 법은 건축사의 자격과 그 업무에 관한 사항을 규정함으로써 건축물과 공간 환경의 질적 향상을 도모하고 건축문화 발전에 이바지함을 목적으로 한다.
[전문개정 2011.5.30.]

제2조 【정의】 이 법에서 사용하는 용어의 뜻은 다음 각 호와 같다. 〈개정 2015.8.11.〉
1. "건축사"란 국토교통부장관이 시행하는 자격시험에 합격한 사람으로서 건축물의 설계와 공사감리(工事監理) 등 제19조에 따른 업무를 수행하는 사람을 말한다.
2. "건축사보"란 제23조에 따른 건축사사무소에 소속되어 제19조에 따른 업무를 보조하는 사람 중 다음 각 목의 어느 하나에 해당하는 사람으로서 국토교통부장관에게 신고한 사람을 말한다.
   가. 제13조에 따른 실무수련을 받고 있거나 받은 사람
   나. 「국가기술자격법」에 따라 건설, 전기·전자, 기계, 화학, 재료, 정보통신, 환경·에너지, 안전관리, 그 밖에 대통령령으로 정하는 분야의 기사(技士) 또는 산업기사 자격을 취득한 사람
   다. 4년제 이상 대학 건축 관련 학과 졸업 또는 이와 동등한 자격으로서 대통령령으로 정하는 학력 및 경력을 가진 사람
3. "설계"란 자기 책임 아래(보조자의 도움을 받는 경우를 포함한다) 건축물의 건축, 대수선(大修繕), 용도변경, 리모델링, 건축실비의 설치 또는 공작물(工作物)의 축조(築造)를 위한 다음 각 목의 행위를 말한다.

시행령

제1조 【목적】 이 영은 「건축사법」에서 위임된 사항과 그 시행에 필요한 사항을 규정함을 목적으로 한다.
[전문개정 2012.5.30.]

제2조 삭제 〈1995.12.30.〉

제2조의2 【건축사보의 자격분야】 「건축사법」(이하 "법"이라 한다) 제2조제2호나목에서 "대통령령으로 정하는 분야"란 문화·예술·디자인·방송 분야를 말한다.
[전문개정 2012.5.30.]

제2조의3 【건축사보 자격기준】 ① 법 제2조제2호다목에서 "대통령령으로 정하는 학력 및 경력을 가진 사람"이란 다음 각 호의 어느 하나에 해당하는 사람을 말한다. 이 경우 제2호 및 제3호에 따른 실무경력은 졸업 이후의 실무경력으로 한정한다.
1. 대학에서 건축 관련 학과를 졸업한 사람 및 졸업예정자 또는 「고등교육법」에 따라 이와 동등 이상의 학력이 있다고

시행규칙

제1조 【목적】 이 규칙은 「건축사법」 및 「건축사법 시행령」에서 위임된 사항과 그 시행에 필요한 사항을 규정함을 목적으로 한다.
[전문개정 2012.5.30.]

법

가. 건축물, 건축설비, 공작물 및 공간환경을 조사하고 건축 등을 기획하는 행위

나. 도면, 구조계획서, 공사 설계설명서, 그 밖에 국토교통부령으로 정하는 공사에 필요한 서류[이하 "설계도서"(設計圖書)라 한다]를 작성하는 행위

다. 설계도서에서 의도한 바를 해설 · 조언하는 행위

4. "공사감리"란 자기 책임 아래(보조자의 도움을 받는 경우를 포함한다) 「건축법」에서 정하는 바에 따라 건축물, 건축설비 또는 공작물이 설계도서의 내용대로 시공되는지 확인하고 품질관리, 공사관리 및 안전관리 등에 대하여 지도 · 감독하는 행위를 말한다.

5. "건축사업"(建築士業)이란 다른 사람의 의뢰에 따라 일정한 보수를 받고 제19조에 따른 업무를 업(業)으로 하는 것을 말한다.

[전문개정 2011.5.30.]

제3조 삭제 〈1977.12.31.〉

제4조 【설계 또는 공사감리 등】 ①「건축법」 제23조제1항에 따른 건축물의 건축등을 위한 설계는 제23조제1항 또는 제9항 단서에 따라 신고를 한 건축사 또는 같은 조 제4항에 따라 건축사사무소에 소속된 건축사가 아니면 할 수 없다. 〈개정 2018.12.18.〉

②「건축법」 제25조제1항에 따라 건축사를 공사감리자로 지정하는 건축물의 건축 등에 대한 공사감리는 제23조제1항 또는 제9항 단서에 따라 신고를 한 건축사 또는 같은 조 제4항에 따라 건축사사무소에 소속된 건축사가 아니면 할 수 없다. 〈개정 2018.12.18.〉

시 행 령

인정되는 사람

2. 전문대학에서 건축 관련 학과를 졸업한 사람 또는 「고등교육법」에 따라 이와 동등 이상의 학력이 있다고 인정되는 사람으로서 2년(수업연한이 3년인 전문대학 졸업자의 경우는 1년을 말한다) 이상 건축에 관한 실무경력을 가진 사람

3. 고등학교 또는 3년제 고등기술학교에서 건축 관련 학과를 졸업한 사람 또는 「초 · 중등교육법」에 따라 이와 동등 이상의 학력이 있다고 인정되는 사람으로서 4년 이상 건축에 관한 실무경력을 가진 사람

② 제1항제2호 및 제3호에 따른 실무경력의 인정기준은 별표 1과 같다.

[본조신설 2016.2.11.]

제3조 삭제 〈1995.12.30.〉

제4조 삭제 〈2000.5.10.〉

시 행 규 칙

제2조 【설계도서의 범위】 「건축사법」(이하 "법"이라 한다) 제2조제3호나목에서 "국토교통부령으로 정하는 공사에 필요한 서류"란 다음 각 호의 서류를 말한다.

1. 건축설비 계산 관계 서류
2. 토질 및 지질 관계 서류
3. 그 밖에 공사에 필요한 서류

[전문개정 2012.5.30.][제3조에서 이동, 종전 제2조는 제3조로 이동 〈2012.5.30.〉]

법	시 행 령	시 행 규 칙
[전문개정 2011.5.30.] **제5조** 삭제 〈2011.5.30〉 **제2장 자격**〈개정 2011.5.30〉 **제6조** 삭제 〈1977.12.31.〉 **제7조 【건축사자격 등의 취득】** ① 건축사가 되려는 사람은 제14조에 따른 건축사 자격시험에 합격하여야 한다. ② 건축사보가 되려는 사람은 국토교통부령으로 정하는 바에 따라 국토교통부장관에게 신고하여야 한다. [전문개정 2011.5.30.]		**제3조 【건축사보의 신고 등】** ① 법 제7조제2항에 따라 건축사보가 되려는 사람은 별지 제1호서식의 건축사보 신고서에 다음 각 호의 서류를 첨부하여 법 제31조에 따른 건축사협회(이하 "건축사협회"라 한다)에 제출하여야 한다. 〈개정 2016.2.11.〉 1. 다음 각 목의 어느 하나에 해당하는 서류 가. 별지 제13호서식의 실무수련 신고 확인증 사본 나. 국가기술자격증 사본 다. 학력 증명 서류(졸업증명서 또는 졸업예정 증명서를 포함한다) 및 실무경력 증명 서류 라. 건축사예비시험 합격증 사본 2. 주민등록증 사본 또는 운전면허증 사본(본인이 직접 신고하는 경우에는 주민등록증 또는 운전면허증의 제시로 갈음할 수 있다)

법	시 행 령	시 행 규 칙
		3. 증명사진(3.5㎝×4.5㎝) 1장 4. 건축사사무소 재직을 증명하는 서류(국민연금 · 국민건강보험 · 고용보험 또는 산업재해보상보험의 가입증명서 등 근무사실이 확인되는 증명서를 말한다) ② 제1항에 따른 신고를 받은 건축사협회는 신고를 한 사람이 법 제2조제2호 각 목의 요건에 해당할 때에는 별지 제2호서식의 건축사보 명부와 별지 제3호서식의 건축사보 신고 대장에 필요한 사항을 적고, 즉시 별지 제4호서식의 건축사보 신고확인증을 발급하여야 한다. 〈개정 2016.2.11.〉 ③ 건축사보 신고를 한 사람이 성명 또는 근무처를 변경하였을 때에는 변경한 날부터 30일 내에 별지 제5호서식의 건축사보 신상 변동 신고서에 다음 각 호의 서류를 첨부하여 건축사협회에 제출하여야 한다. 〈개정 2016.2.11.〉 1. 성명을 변경한 경우: 가족관계등록부 등의 증명서 중 기본증명서 2. 근무처를 변경한 경우 가. 변경된 건축사사무소 재직을 증명하는 서류(국민연금 · 국민건강보험 · 고용보험 또는 산업재해보상보험의 가입증명서 등 근무사실이 확인되는 증명서를

법	시 행 령	시 행 규 칙
		말한다) 나. 별지 제36호서식의 건축사사무소개설 신고확인증 사본 ④ 건축사보 신고확인증을 재발급받으려는 사람은 별지 제6호서식의 건축사보 신고확인증 재발급 신청서에 증명사진(3.5cm×4.5cm) 1장을 첨부하여 건축사협회에 제출하여야 한다. 〈개정 2016.2.11.〉 ⑤ 삭제 〈2016.2.11.〉 [전문개정 2012.5.30.][제2조에서 이동, 종전 제3조는 제2조로 이동 〈2012.5.30.〉] **제4조** 삭제 〈2000.5.22.〉
제8조 【자격】 ① 국토교통부장관은 제14조에 따른 건축사 자격시험에 합격한 사람에게 국토교통부령으로 정하는 바에 따라 자격증을 발급하여야 한다. 〈개정 2013.3.23.〉 ② 삭제 〈1977.12.31.〉 ③ 삭제 〈2015.8.11.〉 ④ 삭제 〈1995.1.5.〉 [제목개정 2011.5.30.] **제9조 【결격사유】** ① 다음 각 호의 어느 하나에 해당하는	**제5조 【건축사자격 등】** ① 국토교통부장관은 법 제14조에 따른 건축사 자격시험에 합격한 사람에 대하여 법 제9조에 따른 결격사유에 해당하는지에 대한 확인을 거쳐, 결격사유에 해당하지 아니하면 건축사 자격을 주어야 한다. 〈개정 2013.3.23.〉 ② 국토교통부장관은 제1항에 따라 건축사 자격을 줄 때에는 국토교통부에 갖추어 두는 건축사 명부에 필요한 사항을 적고, 건축사 자격증을 본인에게 발급하여야 한다. 〈개정 2013.3.23.〉 ③ 국토교통부장관은 제1항에 따라 건축사 자격을 주었을 때에는 이를 관보에 공고하여야 한다. 〈개정 2013.3..23.〉 ④ 제2항에 따른 건축사 명부 및 건축사 자격증의 서식은 국토교통부령으로 정한다. 〈개정 2013.3.23.〉	**제5조 【건축사 명부 및 건축사 자격증 등의 서식】** ① 「건축사법 시행령」(이하 "영"이라 한다) 제5조제4항에 따른 건축사 명부는 별지 제7호서식, 건축사 자격증(이하 "자격증"이라 한다)은 별지 제8호서식에 따른다. ② 제1항의 건축사 명부는 전자적 처리가 불가능한 특별한 사유가 없으면 전자적 처리가 가능한 방법으로 작성 · 관리하여야 한다. [전문개정 2012.5.30.]

법	시 행 령	시 행 규 칙
사람은 건축사 자격을 취득할 수 없다. 〈개정 2015.8.11.〉 1. 피성년후견인 또는 피한정후견인 2. 이 법 또는 「건축법」에 따른 죄를 범하여 금고 이상의 형을 선고받고 그 집행이 끝나거나 집행을 받지 아니하기로 확정된 후 3년이 지나지 아니한 사람 3. 제2호에 따른 죄를 범하여 형의 집행유예를 선고받고 그 유예기간 중에 있는 사람 4. 건축사 자격의 취소처분(제1호에 해당하여 자격이 취소된 경우는 제외한다)을 받고 그 취소된 날부터 2년이 지나지 아니한 사람 [전문개정 2011.5.30.]	[전문개정 2012.5.30.] **제6조** 삭제 〈2016.2.11.〉	**제5조의2** 삭제 〈2012.5.30.〉
제10조【자격증의 명의 대여 등의 금지】 ① 건축사는 다른 사람에게 자기의 성명을 사용하여 제19조에 따른 업무(이하 "건축사업무"라 한다)를 수행하게 하거나 자격증을 빌려주어서는 아니 된다. 〈개정 2019.8.20.〉 ② 누구든지 다른 사람의 성명을 사용하여 건축사업무를 수행하거나 다른 사람의 건축사 자격증을 빌려서는 아니 된다. 〈신설 2019.8.20.〉 ③ 누구든지 제1항이나 제2항에서 금지된 행위를 알선해서는 아니 된다. 〈신설 2019.8.20.〉 [전문개정 2011.5.30.]		
제11조【자격의 취소 등】 ① 국토교통부장관은 건축사가 다음 각 호의 어느 하나에 해당하는 경우에는 그 자격을 취소하여야 한다. 〈개정 2011.5.30., 2013.3.23., 2019.8.20.〉 1. 거짓이나 그 밖의 부정한 방법으로 자격을 취득한 사실이 드러난 경우	**제6조의2【자격취소 등】** 법 제11조제1항제6호에서 "대통령령으로 정하는 구조상 주요 부분"이란 「건축법 시행령」 제2조제17호에 따른 다중이용 건축물의 기초 · 내력벽(耐力壁) · 기둥 · 바닥 · 보 · 지붕틀 및 주계단(사이 기둥, 최하층 바닥, 작은 보, 차양 및 옥외 계단, 그 밖에 이와 유사한 것으	

법	시 행 령	시 행 규 칙
2. 제9조제1호부터 제3호까지의 결격사유 중 어느 하나에 해당하게 된 경우 3. 제10조제1항를 위반하여 다른 사람에게 자기의 성명을 사용하여 건축사업무를 수행하게 하거나 자격증을 빌려준 경우 4. 제28조에 따른 건축사사무소개설신고의 효력상실처분을 받고도 계속하여 건축사업을 한 경우 5. 해당 건축사에게 책임을 돌릴 수 있는 사유로 제28조에 따른 건축사사무소개설신고의 효력상실처분을 세 차례 받은 경우 6. 고의 또는 중대한 과실로 「건축법」 제23조 또는 제25조를 위반하여 설계 또는 공사감리를 함으로써 공사가 부실하게 되어 착공 후 「건설산업기본법」 제28조에 따른 하자담보책임기간에 대통령령으로 정하는 구조상 주요 부분에 중대한 손궤[(損潰): 무너져 내림]를 일으켜 사람을 죽거나 다치게 한 경우 ② 삭제 〈1995.1.5.〉 ③ 제1항에 따라 자격이 취소된 사람은 취소된 날부터 15일 내에 자격증을 국토교통부장관에게 반납하여야 한다. 〈개정 2011.5.30., 2013.3.23.〉 [전문개정 1977.12.31.][제목개정 2011.5.30.] **제12조【유사명칭의 사용 금지】** 건축사가 아닌 사람은 건축사 또는 이와 비슷한 명칭을 사용하지 못한다. [전문개정 2011.5.30.]	로서 건축물의 구조상 중요하지 아니한 부분은 제외한다)을 말한다. 〈개정 2014.11.11.〉 [전문개정 2012.5.30.] **관계법** 「건축법」 제23조 (건축물의 설계) ① 제11조제1항에 따라 건축허가를 받아야 하거나 제14조제1항에 따라 건축신고를 하여야 하는 건축물 또는 「주택법」 제66조제1항 또는 제2항에 따른 리모델링을 하는 건축물의 건축등을 위한 설계는 건축사가 아니면 할 수 없다. 다만, 다음 각 호의 어느 하나에 해당하는 경우에는 그러하지 아니하다. 1. 바닥면적의 합계가 85제곱미터 미만인 증축·개축 또는 재축 2. 연면적이 200제곱미터 미만이고 층수가 3층 미만인 건축물의 대수선 3. 그 밖에 건축물의 특수성과 용도 등을 고려하여 대통령령으로 정하는 건축물의 건축등 ② 설계자는 건축물이 이 법과 이 법에 따른 명령이나 처분, 그 밖의 관계 법령에 맞고 안전·기능 및 미관에 지장이 없도록 설계하여야 하며, 국토교통부장관이 정하여 고시하는 설계도서 작성기준에 따라 설계도서를 작성하여야 한다. 다만, 해당 건축물의 공법(工法) 등이 특수한 경우로서 국토교통부령으로 정하는 바에 따라 건축위원회의 심의를 거친 때에는 그러하지 아니하다. ③ 제2항에 따라 설계도서를 작성한 설계자는 설계가 이 법과 이 법에 따른 명령이나 처분, 그 밖의 관계 법령에 맞게 작성되었는지를 확인한 후 설계도서에 서명날인하여야 한다. ④ 국토교통부장관이 국토교통부령으로 정하는 바에 따라 작성하거나	**관계법** 「건축법」 제25조 (건축물의 공사감리) ① 건축주는 대통령령으로 정하는 용도·규모 및 구조의 건축물을 건축하는 경우 건축사나 대통령령으로 정하는 자를 공사감리자(공사시공자 본인 및 「독점규제 및 공정거래에 관한 법률」 제2조에 따른 계열회사는 제외한다)로 지정하여 공사감리를 하게 하여야 한다. ② 제1항에도 불구하고 「건설산업기본법」 제41조제1항 각 호에 해당하지 아니하는 소규모 건축물로서 건축주가 직접 시공하는 건축물 및 주택으로 사용하는 건축물 중 대통령령으로 정하는 건축물의 경우에는 대통령령으로 정하는 바에 따라 허가권자가 해당 건축물의 설계에 참여하지 아니한 자 중에서 공사감리자를 지정하여야 한다. 다만, 다음 각 호의 어느 하나에 해당하는 건축물의 건축주가 국토교통부령으로 정하는 바에 따라 허가권자에게 신청하는 경우에는 해당 건축물을 설계한 자를 공사감리자로 지정할 수 있다. 〈개정 2020.4.7.〉

법	시 행 령	시 행 규 칙

인정하는 표준설계도서나 특수한 공법을 적용한 설계도서에 따라 건축물을 건축하는 경우에는 제1항을 적용하지 아니한다.

1. 「건설기술 진흥법」 제14조에 따른 신기술 중 대통령령으로 정하는 신기술을 보유한 자가 그 신기술을 적용하여 설계한 건축물
2. 「건축서비스산업 진흥법」 제13조제4항에 따른 역량 있는 건축사로서 대통령령으로 정하는 건축사가 설계한 건축물
3. 설계공모를 통하여 설계한 건축물

③ 공사감리자는 공사감리를 할 때 이 법과 이 법에 따른 명령이나 처분, 그 밖의 관계 법령에 위반된 사항을 발견하거나 공사시공자가 설계도서대로 공사를 하지 아니하면 이를 건축주에게 알린 후 공사시공자에게 시정하거나 재시공하도록 요청하여야 하며, 공사시공자가 시정이나 재시공 요청에 따르지 아니하면 서면으로 그 건축공사를 중지하도록 요청할 수 있다. 이 경우 공사중지를 요청받은 공사시공자는 정당한 사유가 없으면 즉시 공사를 중지하여야 한다.
〈개정 2016.2.3.〉

④ 공사감리자는 제3항에 따라 공사시공자가 시정이나 재시공 요청을 받은 후 이에 따르지 아니하거나 공사중지 요청을 받고도 공사를 계속하면 국토교통부령으로 정하는 바에 따라 이를 허가권자에게 보고하여야 한다.
〈개정 2016.2.3.〉

⑤ ~ ⑭ "생략"

제3장 건축사 자격시험 등〈개정 2011.5.30.〉

제13조【실무수련】 ① 건축사 자격시험에 응시하려면 대통령령으로 정하는 건축사사무소에서 3년 이상 대통령령으로 정하는 바에 따라 실무수련을 받아야 한다. 다만, 외국에서 건축사 면허를 받거나 자격을 취득한 사람 중 이 법에 따른 건축사의 자격과 같은 자격이 있다고 국토교통부장관이 인정하는 사람으로서 통틀어 5년 이상 건축에 관한 실무경력이 있는 사람은 실무수련을 받지 아니하고도 건축사 자격시험에 응시할 수 있다. 〈개정 2013.3.23.〉

제6조의3【실무수련 건축사사무소 등】 ① 법 제13조제1항 본문에서 "대통령령으로 정하는 건축사사무소"란 법 제23조에 따라 건축사사무소개설신고를 하고 건축사업을 하고 있는 건축사사무소를 말한다.

② 법 제13조에 따른 실무수련(이하 "실무수련"이라 한다)의 기간은 3년으로 한다. 다만, 제6조의4제2항제1호 및 제2호의 교육과정을 마친 사람의 경우 그 실무수련 기간은 4년으로 한다.

③ 실무수련을 받고 있는 사람(이하 "실무수련자"라 한다)이 법 제28조제2항에 따라 업무정지 명령을 받은 기간은 제2항에 따른 실무수련 기간에 포함되지 아니한다.

④ 법 제13조제1항에 따라 건축사 자격시험에 응시하려는 사람이 둘 이상의 건축사사무소에서 실무수련을 한 경우 그 실무수련 기간은 각각의 건축사사무소에서 받은 실무수련 기간을 합산한다.

[본조신설 2012.5.30.]

[종전 제6조의3은 제6조의8로 이동 〈2012.5.30.〉]

② 제1항에 따른 실무수련은 다음 각 호의 어느 하나에 해당하는 사람만 받을 수 있다. 〈개정 2013.3.23.〉

1. 5년 이상의 건축학 학위과정이 개설된 대학(「민법」 제32조에 따라 국토교통부장관의 허가를 받아 설립된 비영리법인으로서 「고등교육법」 제11조의2에 따라 교육부장관

제6조의4【실무수련 이수 자격 취득】 ① 법 제13조제2항 제2호에 "대통령령으로 정하는 학기"란 실무수련을 받으려는 사람이 법 제13조제2항제1호에 따른 기관이 인증한 건축학 학위과정이 개설된 대학원(이하 "건축대학원"이라 한다)에 입학(편입학을 포함한다)하여 해당 건축대학원에서 다음 각 호

법	시 행 령	시 행 규 칙
으로부터 인정받은 기관이 인증한 건축학 학위과정이 개설된 대학을 말한다)에서 해당 과정을 8학기 이상 이수한 사람 2. 제1호에 따른 기관이 인증한 건축학 학위과정이 개설된 대학원에서 해당 과정을 대통령령으로 정하는 학기 이상 이수한 사람 3. 그 밖에 제1호나 제2호에 준하는 교육과정으로서 대통령령으로 정하는 교육과정을 이수한 사람 **고시** 건축학 교육인증 기준 (국토교통부고시 제2021-1537호, 2021.12.31.) ③ 제1항에 따라 실무수련을 받으려는 사람은 국토교통부령으로 정하는 바에 따라 국토교통부장관에게 신고하여야	의 구분에 따라 이수한 학기를 말한다. 1. 「고등교육법」 제2조에 따른 학교에서 건축학을 전공하여 학사학위를 받은 사람: 2학기 2. 「고등교육법」 제2조에 따른 학교에서 건축학 외의 전공으로 학사학위를 받은 사람: 4학기 ② 법 제13조제2항제3호에서 "대통령령으로 정하는 교육과정"이란 다음 각 호의 어느 하나에 해당하는 교육과정을 말한다. 다만, 제1호 및 제2호의 교육과정은 2023년 12월 31일까지 이수하는 경우만 해당한다. 1. 「고등교육법」 제2조제1호에 따른 대학(법 제13조제2항제1호에 해당하는 대학 외의 대학을 말하며, 해당 과정을 8학기 이상 이수한 경우만 해당한다)에 개설된 5년 이상의 건축학 학위과정 2. 건축대학원 외의 대학원으로서 다음 각 목의 어느 하나에 해당하는 대학원 가. 건축학 관련 이수학점이 총 57학점 이상인 대학원(건축학 전공으로 학사학위를 받은 사람이 2학기 이상 이수한 경우만 해당한다) 나. 건축학 관련 이수학점이 총 96학점 이상인 대학원(건축학 외의 전공으로 학사학위를 받은 사람이 4학기 이상 이수한 경우만 해당한다) 다. 건축학 전공 학사과정과 대학원과정을 상호 연계하여 운영하는 대학원(건축설계에 관한 과목 48학점 이상을 포함하여 건축학 관련 이수학점이 총 120학점 이상인 과정을 말하며, 대학원과정을 2학기 이상 이수한 경우만 해당한다) 3. 그 밖에 법 제13조제2항제1호에 따른 기관이 국토교통부장관이 정하는 기준에 따라 인증한 교육과정	**관계법** 「고등교육법」 제2조(학교의 종류) 고등교육을 실시하기 위하여 다음 각 호의 학교를 둔다. 1. 대학 2. 산업대학 3. 교육대학 4. 전문대학 5. 방송대학·통신대학·방송통신대학 및 사이버대학(이하 "원격대학"이라 한다) 6. 기술대학 7. 각종학교 **제6조의2【실무수련자의 신고 등】** ① 실무수련을 받으려는 사람이 법 제

법	시 행 령	시 행 규 칙
한다. 〈개정 2013.3.23.〉 ④ 실무수련의 과목과 절차, 평가기준, 그 밖에 실무수련에 필요한 사항은 대통령령으로 정한다. [전문개정 2011.5.30.]	[본조신설 2012.5.30.] **제6조의5【실무수련의 과목 등】** 실무수련자가 실무수련 기간 중 이수하여야 할 실무수련 과목과 수련 영역별 최소 수련일수는 별표 1의2와 같다. 〈개정 2016.2.11.〉 [본조신설 2012.5.30.] **제6조의6【실무수련의 실시】** ① 제6조의3제1항에 따른 건축사사무소(이하 "실무수련 건축사사무소"라 한다)의 건축사사무소개설자(법 제23조제4항 전단에 따른 건축사사무소개설자를 말한다. 이하 같다)는 실무수련자를 직접 지도 · 감독하거나 해당 실무수련 건축사사무소 소속 건축사를 실무수련 감독 건축사로 지정해야 한다. 〈개정 2020.6.9.〉 ② 제1항에 따라 실무수련자의 실무수련을 지도 · 감독하는 건축사사무소개설자가 아닌 실무수련 감독 건축사는 법 제18조에 따라 국토교통부장관에게 등록한 건축사이어야 한다. ③ 실무수련자의 실무수련을 지도 · 감독하는 건축사사무소개설자 또는 실무수련 감독 건축사(이하 "감독건축사"라 한다)는 실무수련자에게 다양한 실무수련 기회를 제공하고, 성실하고 공정하게 실무수련자의 실무수련을 지도 · 감독하여야 한다. ④ 실무수련자는 감독건축사의 지도 · 감독에 따라 성실하게 실무수련을 받아야 한다. [본조신설 2012.5.30.] **제6조의7【실무수련의 확인 등】** ① 감독건축사는 실무수련자의 실무수련에 관한 기록을 유지 · 관리하고, 실무수련자가 별표 1에 따른 실무수련 영역별 최소 수련일수를 채웠는	13조제3항에 따라 실무수련 신고(변경신고를 포함한다. 이하 같다)를 하려는 경우에는 별지 제10호서식의 실무수련(변경)신고서에 다음 각 호의 서류를 첨부하여 건축사협회에 제출하여야 한다. 〈개정 2016.2.11.〉 1. 건축학 학위과정의 이수를 증명하는 서류 2. 재직을 증명하는 서류(국민연금 · 국민건강보험 · 고용보험 또는 산업재해보상보험의 가입증명서 등 근무사실이 확인되는 증명서를 말한다) 3. 증명사진(3.5cm×4.5cm) 2장 ② 제1항에 따른 신고를 받은 건축사협회는 별지 제11호서식의 실무수련자 명부와 별지 제12호서식의 실무수련자 신고 대장에 필요한 사항을 적고, 신고를 받은 날부터 3일 내에 별지 제13호서식의 실무수련 (변경)신고확인증을 발급하여야 한다. [본조신설 2012.5.30.] **제6조의3【실무수련의 기록 및 유지 · 관리】** ① 영 제6조의7제2항의 실무수련 확인서는 별지 제14호서식에 따른다.

법	시 행 령	시 행 규 칙
	지를 확인하여야 한다. ② 감독건축사는 실무수련 건축사무소에서 실무수련자나 실무수련을 받은 사람이 요청하면 국토교통부령으로 정하는 바에 따라 실무수련 확인서를 발급하여야 한다. ③ 실무수련자나 실무수련을 받은 사람은 제2항에 따른 실무수련 확인서를 국토교통부장관에게 제출하여야 한다. ④ 국토교통부장관은 제3항에 따른 실무수련 확인서를 관리하고, 실무수련자가 제6조의3제2항에 따른 실무수련 기간을 마친 경우 실무수련 완료 증명서를 발급하여야 한다. 이 경우 국토교통부장관은 실무수련자가 소속되거나 소속되었던 실무수련 건축사사무소의 감독건축사에게 실무수련과 관련한 자료의 제출을 요청할 수 있다. ⑤ 국토교통부장관은 제3항 및 제4항에 따른 실무수련 확인서의 제출·관리 및 실무수련 완료 증명서의 발급을 전자적 정보처리 방식으로 할 수 있다. [본조신설 2012.5.30.]	② 건축사협회는 영 제6조의7제3항에 따라 실무수련자나 실무수련을 받은 사람이 제1항에 따른 실무수련 확인서를 제출하면 실무수련 확인서를 검토하여 별지 제11호서식의 실무수련자 명부에 필요한 사항을 적고, 유지·관리하여야 한다. ③ 영 제6조의7제4항의 실무수련 완료 증명서는 별지 제15호서식에 따른다. [본조신설 2012.5.30.]
제14조【건축사 자격시험】 ① 건축사업무 수행에 필요한 지식과 기술을 검증하기 위하여 건축사 자격시험을 실시한다.	**제6조의8【건축사자격시험의 응시절차 등】** ① 법 제14조제1항에 따른 건축사 자격시험에 응시하려는 사람은 국토교통부령으로 정하는 건축사 자격시험 응시원서를 국토교통부장관에게 제출하여야 한다.〈개정 2013.3.23.〉 ② 제11조제1항에 따른 건축사 자격시험의 합격기준을 충족하는 합격예정자는 다음 각 호의 서류를 국토교통부장관에게 제출해야 한다. 〈개정 2020.6.9.〉 1. 제6조의7제4항 전단에 따른 실무수련 완료 증명서 2. 경력증명서(법 제13조제1항 단서에 해당하는 사람만 제출한다) 3. 외국에서 건축사 면허를 받거나 자격을 취득한 사실을 증	**제6조【자격증 등의 재발급 신청 등】** ① 건축사가 자격증을 잃어버리거나 헐어서 못쓰게 되어 재발급받으려는 경우에는 별지 제9호서식의 건축사 자격증 재발급 신청서를 국토교통부장관에게 제출하여야 한다. ② 제1항에 따라 자격증을 재발급받은 후 잃어버렸던 자격증을 발견하였을 때에는 지체 없이 다시 찾은 자격증을 국토교통부장관에게 반납하여야 한다. [전문개정 2012.5.30.]

법	시 행 령	시 행 규 칙
	명하는 서류(법 제13조제1항 단서에 해당하는 사람만 제출한다) 4. 삭제 〈2022. 7. 26.〉 ③ 제2항에 따라 서류를 받은 국토교통부장관은 합격예정자가 외국인인 경우 「전자정부법」 제36조제1항에 따른 행정정보의 공동이용을 통하여 「출입국관리법」 제88조에 따른 외국인등록 사실증명을 확인하여야 한다. 다만, 합격예정자가 확인에 동의하지 아니하는 경우에는 그 서류를 첨부하도록 하여야 한다. 〈개정 2018.9.28.〉 [전문개정 2012.5.30.] [제6조의3에서 이동 〈2012.5.30.〉]	**제7조【건축사 자격시험 응시원서】** 영 제6조의8제1항의 건축사 자격시험 응시원서는 별지 제16호서식에 따른다. [전문개정 2012.5.30.] **제7조의2** 삭제 〈1995.10.17.〉
② 국토교통부장관은 건축사 자격시험을 매년 1회 이상 시행한다.	**제7조【시험 시행 공고】** 법 제14조제2항에 따라 국토교통부장관이 건축사 자격시험을 시행하려는 경우에는 시험일시·시험장소, 그 밖에 시험 실시에 필요한 사항을 시험일 90일 전까지 관보 또는 「신문 등의 진흥에 관한 법률」 제9조제1항에 따라 전국을 주된 보급지역으로 등록한 일간신문에 공고하여야 한다. [전문개정 2012.5.30.] [제11조에서 이동, 종전 제7조는 제8조로 이동 〈 2012.5.30.〉] **제7조의2** 삭제 〈2012.5.30.〉	
③ 제13조제1항 단서에 해당하는 사람에 대하여는 대통령령으로 정하는 바에 따라 건축사 자격시험과목의 일부를 면제할 수 있다. ④ 건축사 자격시험의 최종 합격 발표일을 기준으로 제9조	**제8조【시험과목의 면제】** 법 제14조제3항에 따라 외국에서 건축사면허를 받거나 자격을 취득한 사람 중 이 법에 따른 건축사의 자격과 같은 자격이 있다고 국토교통부장관이 인정하는 사람으로서 통틀어 5년 이상 건축에 관한 실무경력이 있는 사람에 대해서는 제9조제1항에 따른 건축사 자격시	

법	시 행 령	시 행 규 칙

의 결격사유에 해당하는 사람은 건축사 자격시험에 응시할 수 없다. 〈신설 2019.11.26.〉
[전문개정 2011.5.30.]

제15조 삭제 〈개정 2011.5.30.〉

제15조의2 【부정행위자에 대한 제재】 국토교통부장관은 건축사 자격시험에서 부정행위를 한 응시자에 대하여는 그 시험을 정지시키거나 무효로 하고, 해당 시험 시행일부터 3년간 시험 응시자격)을 정지한다. 〈개정 2013.3.23.〉
[전문개정 2011.5.30.]

제16조 【시험과목 등】 건축사 자격시험의 시험과목, 시험방법, 그 밖에 필요한 사항은 대통령령으로 정한다.
[전문개정 2011.5.30.]

제16조의2 삭제 〈2011.5.30〉

제17조 【수수료】 다음 각 호의 어느 하나에 해당하는 사람은 국토교통부령으로 정하는 바에 따라 국토교통부장관 또는 특별시장ㆍ광역시장ㆍ특별자치시장ㆍ도지사ㆍ특별자치도지사(이하 "시ㆍ도지사"라 한다)에게 수수료를 납부하여야 한다. 〈개정 2018.12.18., 2020.2.18〉

험 과목 중 같은 항 제1호의 대지계획 과목을 면제한다.
[전문개정 2012.5.30.]
[제7조에서 이동, 종전 제8조는 제9조로 이동 〈2012.5.30.〉]

제9조 【시험과목 등】 ① 법 제16조에 따른 건축사 자격시험의 시험과목은 다음 각 호와 같다. 〈개정 2012.5.30.〉
1. 대지계획
2. 건축설계1
3. 건축설계2

② 삭제 〈1989.7.5〉
③ 제1항에 따른 시험과목별 출제범위 및 출제방법, 그 밖에 필요한 사항은 국토교통부령으로 정한다. 〈개정 2013.3.23.〉
[전문개정 1979.11.5.][제목개정 2012.5.30.][제8조에서 이동, 종전 제9조는 제10조로 이동 〈 2012.5.30.〉]

제10조 【시험방법】 법 제16조에 따라 건축사 자격시험은 실기시험의 방법으로 실시한다.
[전문개정 2012.5.30.]
[제9조에서 이동, 종전 제10조는 제11조로 이동 〈2012.5.30.〉]

제8조 【시험과목별 출제범위 등】 영 제9조제3항에 따른 시험과목별 출제범위 및 출제방법은 별표와 같다.
[전문개정 2012.5.30.]

제9조 삭제 〈2012.5.30.〉

제10조 【수수료】 ① 법 제17조제3호에 따른 건축사 자격시험 응시수수료의 금액은 12만5천원으로 한다. 다만, 국토교통부장관은 응시원서 접수 당시 다음 각 호의 어느 하나에 해당하는 사람에 대해서

법

1. 제7조제2항에 따른 건축사보의 신고를 하는 사람
2. 제13조제3항에 따른 실무수련의 신고를 하는 사람
3. 제14조에 따른 건축사 자격시험에 응시하려는 사람
4. 제18조에 따른 자격등록 또는 갱신등록을 하는 사람
5. 제23조제1항에 따라 건축사사무소의 개설신고를 하는 사람
6. 제23조제5항에 따라 국내의 건축사사무소개설자와 공동으로 건축사업을 하기 위하여 신고를 하는 사람
7. 제23조제9항 단서에 따라 신고를 하는 사람

[전문개정 2011.5.30.]

시행령

제11조【합격기준 등】 ① 건축사 자격시험의 합격기준은 과목당 100점을 만점으로 하여 각 과목 60점 이상 득점한 사람을 합격으로 한다. 다만, 일부 과목만 60점 이상 득점한 경우에는 그 최종 합격 발표일 이후 5년 내 응시하는 5회의 시험에서 그 60점 이상 득점한 과목에 대한 시험을 면제한다. 〈개정 2016.2.11., 2020.6.9.〉

② 건축사 자격시험에 응시하기 위하여 응시원서를 국토교통부장관에게 제출했으나 응시원서 접수를 취소하거나 그 시험에 결시(缺試)한 경우에는 제1항 단서에 따른 응시 횟수에 포함하지 않는다. 〈신설 2020.2.18.〉

[전문개정 2012.5.30.]

[제10조에서 이동, 종전 제11조는 제7조로 이동 〈2012.5.30.〉]

제12조~제14조 삭제 〈2012.5.30.〉

제15조 삭제 〈2000.5.10.〉

제16조~제19조 삭제 〈2012.5.30.〉

시행규칙

는 응시수수료를 감면할 수 있다. 〈개정 2016.2.11., 2021.12.15., 2024.9.26.〉

1. 「국민기초생활 보장법」에 따른 수급자 또는 차상위계층
2. 「장애인연금법」에 따른 수급자
3. 「한부모가족지원법」 제5조 및 제5조의2에 따른 지원대상자

② 국토교통부장관은 제1항에 따른 응시수수료를 납부한 사람에게 다음 각 호의 구분에 따라 응시수수료의 전부 또는 일부를 반환해 한다. 〈개정 2021.12.15., 2024.9.26.〉

1. 수수료를 과오납(過誤納)한 경우: 과오납한 금액의 전부
2. 국토교통부장관에게 책임 있는 사유로 응시하지 못한 경우: 납부한 수수료 전부
3. 응시원서 접수기간에 접수를 취소하는 경우: 납부한 수수료 전부
4. 응시원서 접수 마감일의 다음 날부터 시험 시행 20일 전까지 접수를 취소하는 경우: 납부한 수수료의 100분의 60
5. 시험 시행 19일 전부터 시험 시행 10일 전까지 접수를 취소하는 경우: 납부한 수수료의 100분의 50
6. 사고 또는 질병으로 입원(시험일이 입원기간에 포함되는 경우로 한정한다)하여 시험에 응시하지 못한 경우: 납부한 수수료 전부

법	시 행 령	시 행 규 칙
		7. 「감염병의 예방 및 관리에 관한 법률」에 따른 치료·입원 또는 격리(시험일이 치료·입원 또는 격리 기간에 포함되는 경우로 한정한다) 처분을 받아 시험에 응시하지 못한 경우: 납부한 수수료 전부 8. 본인이 사망하거나 다음 각 목의 사람이 시험일 7일 전부터 시험일까지의 기간에 사망하여 시험에 응시하지 못한 경우: 납부한 수수료 전부 가. 응시수수료를 낸 사람의 배우자 나. 응시수수료를 낸 사람 본인 및 배우자의 자녀 다. 응시수수료를 낸 사람 본인 및 배우자의 부모 라. 응시수수료를 낸 사람 본인 및 배우자의 조부모·외조부모 마. 응시수수료를 낸 사람 본인 및 배우자의 형제자매 9. 그 밖에 영 제7조에 따른 시험 시행 공고에서 정하는 불가피한 사유로 응시하지 못한 경우: 납부한 수수료의 전부 또는 100분의 50에 해당하는 금액 중 시험 시행 공고에서 정하는 금액 ③ 건축사보 신고확인증의 발급 및 자격증의 발급 등에 따른 수수료의 금액은 다음 각 호와 같다. 〈개정 2020.6.18〉

법	시 행 령	시 행 규 칙
		1. 법 제7조제2항 및 이 규칙 제3조제2항 및 제4항에 따른 건축사보 신고확인증의 발급과 재발급: 2천원 2. 제6조제1항에 따른 자격증 재발급: 2천원 3. 법 제13조제3항에 따른 실무수련 신고확인증 발급: 10만원 4. 법 제18조제1항 및 법 부칙(법률 제10756호 건축사법 일부개정법률 부칙을 말한다) 제6조제1항에 따른 건축사 자격등록증 발급: 20만원 5. 법 제18조제7항에 따른 건축사 갱신등록증 발급: 10만원 6. 법 제23조제1항에 따른 건축사사무소개설신고 가. 제15조에 따른 건축사사무소개설 신고확인증 발급: 2만원 나. 제17조제1항에 따른 건축사사무소개설 신고확인증 재발급: 2천원 7. 법 제23조제5항에 따라 국내의 건축사사무소개설자와 공동으로 건축사업을 하기 위한 다음 각 목의 신고 가. 제12조의2제3항에 따른 외국 건축사 자격 취득자의 신고확인증 발급: 2만원 나. 제12조의2제4항에 따른 외국 건축사 자격 취득자의 신고확인증 재발급: 2천원 8. 법 제23조제9항 단서에 따른 다음 각 목의 신고 가. 제16조제3항에 따른 엔지니어링사

법	시 행 령	시 행 규 칙
		업자 또는 건설사업자에게 소속된 건축사의 그 업무에 관한 신고확인증 발급: 2만원 나. 제17조제1항에 따른 엔지니어링사업자 또는 건설사업자에게 소속된 건축사의 그 업무에 관한 신고확인증의 재발급: 2천원 ④ 제3항 각 호의 수수료 중 해당 사무가 영 제35조제1항에 따라 특별시장·광역시장·도지사 또는 특별자치도지사(이하 "시·도지사"라 한다)에게 위임된 것인 경우에는 해당 지방자치단체의 수입증지 또는 정보통신망을 이용한 전자화폐·전자결제 등의 방법으로 납부할 수 있다. [전문개정 2012.5.30.]
제3장의2 자격등록 등〈신설 2011.5.30〉		
제18조【자격등록 및 갱신등록】 ① 제14조에 따른 건축사 자격시험에 합격한 사람이 건축사업무를 수행하려면 국토교통부장관에게 등록하여야 한다. ② 제1항에 따른 등록을 신청한 사람은 대통령령으로 정하는 바에 따라 건축사 윤리선언을 하여야 한다. ③ 국토교통부장관은 제1항에 따라 등록한 건축사에게 국토교통부령으로 정하는 바에 따라 등록증을 발급하여야 한다. ④ 제3항에 따라 등록증을 발급받은 건축사는 다른 사람에게 그 등록증을 빌려주어서는 아니 된다. ⑤ 누구든지 다른 사람의 건축사 등록증을 빌려서는 아니 된다. 〈신설 2019.8.20.〉	**제20조【자격등록 및 갱신등록】** ① 법 제18조제1항에 따라 건축사업무를 수행하기 위하여 등록하려는 사람은 국토교통부령으로 정하는 건축사 자격등록 신청서에 다음 각 호의 서류를 첨부하여 국토교통부장관에게 제출하여야 한다. 〈개정 2013.3.23.〉 1. 건축사 자격증 사본 2. 국토교통부령으로 정하는 건축사 윤리선언서 3. 제30조제2항에 따른 실무교육을 받은 사실을 증명하는 서류(법 제30조의2제2항 각 호의 어느 하나에 해당하는 사람만 제출한다) ② 법 제18조제1항에 따라 등록한 건축사는 법 제18조제7	**제10조의2【건축사 자격등록 신청서 등】** ① 영 제20조제1항 각 호 외의 부분의 건축사 자격등록 신청서 및 영 제20조제3항의 건축사 자격 갱신등록 신청서는 별지 제17호서식에 따르고, 영 제20조제1항제2호의 건축사 윤리선언서는 별지 제18호서식에 따르며, 영 제20조제1항제3호의 실무교육을 받은 사실을 증명하는 서류(실무교육 이수 증명서를 말한다)는 별지 제19호서식에 따른다. ② 법 제18조제3항의 건축사 자격등록

법	시 행 령	시 행 규 칙
⑥ 누구든지 제4항이나 제5항에서 금지된 행위를 알선해서는 아니 된다. 〈신설 2019.8.20.〉 ⑦ 제1항에 따라 등록한 건축사는 3년 이상의 범위에서 대통령령으로 정하는 바에 따라 등록을 갱신하여야 한다. 〈개정 2019.8.20.〉 ⑧ 제1항에 따른 자격등록 및 제5항에 따른 갱신등록의 절차, 구비서류, 그 밖의 사항은 대통령령으로 정한다. 〈개정 2019.8.20.〉 [본조신설 2011.5.30.]	항에 따라 5년마다 등록을 갱신을 해야 한다. 〈개정 2020.6.9.〉 ③ 법 제18조제7항에 따라 건축사 자격등록을 갱신하려는 사람은 국토교통부령으로 정하는 기간 내에 국토교통부령으로 정하는 건축사 자격 갱신등록 신청서에 제30조제1항에 따른 실무교육을 받은 사실을 증명하는 서류를 첨부하여 국토교통부장관에게 제출해야 한다. 〈개정 2013.3.23., 2020.6.9.〉 ④ 국토교통부장관은 제1항에 따른 자격등록과 제3항에 따른 갱신등록을 신청한 사람이 법 제18조의2제1항 각 호의 등록거부 사유에 해당하는지를 심사하고, 그 결과를 자격등록 또는 갱신등록을 신청한 사람에게 통보하여야 한다. 〈개정 2013.3.23.〉 [전문개정 2012.5.30.]	증은 별지 제20호서식에 따른다. [본조신설 2012.5.30.] **제10조의3【건축사 자격 갱신등록 신청기간】** 영 제20조제3항에서 "국토교통부령으로 정하는 기간"이란 건축사 자격 등록일부터 5년이 지나기 180일 전부터 5년이 되는 날까지를 말한다. 〈개정 2013.3.23.〉 [본조신설 2012.5.30.]
제18조의2【자격등록 및 갱신등록의 거부】 ① 국토교통부장관은 제18조에 따른 자격등록 또는 갱신등록을 신청한 사람이 다음 각 호의 어느 하나에 해당하는 경우에는 등록을 거부하여야 한다. 〈개정 2018.4.17〉 1. 제11조제1항 각 호의 어느 하나에 해당하는 경우 2. 제18조의3에 따라 자격등록이 취소(제9조제1호에 해당하여 자격등록이 취소된 경우는 제외한다)된 날부터 2년이 지나지 아니한 경우 3. 제30조의2에 따른 실무교육을 받지 아니한 경우 4. 제30조의3제2항제2호에 따른 징계를 받아 업무가 정지된 건축사로서 업무정지 기간이 지나지 아니한 경우 ② 국토교통부장관은 제1항에 따라 자격등록 또는 갱신등록을 거부한 경우에는 지체 없이 그 사유를 구체적으로 밝혀 신청인에게 알려야 한다. [본조신설 2011.5.30.]		
제18조의3【자격등록의 취소】 ① 국토교통부장관은 제18		

법	시 행 령	시 행 규 칙
조에 따른 자격등록을 한 건축사가 다음 각 호의 어느 하나에 해당하는 경우에는 그 등록을 취소하여야 한다. 1. 제11조제1항 각 호의 어느 하나에 해당하는 경우 2. 제30조의3제2항제1호에 따른 자격등록 취소처분을 받은 경우 3. 자격등록취소의 신청을 한 경우 ② 삭제 〈2015.8.11.〉 ③ 제1항에 따라 등록이 취소된 사람은 취소된 날부터 2년이 지날 때까지는 제18조에 따른 자격등록을 신청할 수 없다. [본조신설 2011.5.30.]		
제4장 업무〈개정 2011.5.30.〉		
제19조 【업무내용】 ① 건축사는 건축물의 설계와 공사감리에 관한 업무를 수행한다. ② 건축사는 제1항의 업무 외에 다음 각 호의 업무를 수행할 수 있다. 〈개정 2017.12.26., 2019.4.30.〉 1. 건축물의 조사 또는 감정(鑑定)에 관한 사항 2. 「건축법」 제27조에 따른 건축물에 대한 현장조사, 검사 및 확인에 관한 사항 3. 「건축물관리법」 제12조에 따른 건축물의 유지·관리 및 「건설산업기본법」 제2조제8호에 따른 건설사업관리에 관한 사항 4. 「건축법」 제75조에 따른 특별건축구역의 건축물에 대한 모니터링 및 보고서 작성 등에 관한 사항 5. 이 법 또는 「건축법」과 이 법 또는 「건축법」에 따른	**관계법** 「건설산업기본법」 제2조제8호 8. "건설사업관리"란 건설공사에 관한 기획, 타당성 조사, 분석, 설계, 조달, 계약, 시공관리, 감리, 평가 또는 사후관리 등에 관한 관리를 수행하는 것을 말한다.	**관계법** 「건축법」 제27조(현장조사·검사 및 확인업무의 대행) ① 허가권자는 이 법에 따른 현장조사·검사 및 확인업무를 대통령령으로 정하는 바에 따라 「건축사법」 제23조에 따라 건축사사무소개설신고를 한 자에게 대행하게 할 수 있다. ② 제1항에 따라 업무를 대행하는 자는 현장조사·검사 또는 확인결과를 국토교통부령으로 정하는 바에 따라 허가권자에게 서면으로

법	시 행 령	시 행 규 칙

법

명령이나 기준 등에서 건축사의 업무로 규정한 사항
6. 「건축서비스산업 진흥법」 제23조에 따른 사업계획서의 작성 및 공공건축 사업의 기획 등에 관한 사항
7. 「건축법」 제2조제1항제12호의 건축주가 건축물의 건축 등을 하려는 경우 인가·허가·승인·신청 등 업무 대행에 관한 사항
8. 그 밖에 다른 법령에서 건축사의 업무로 규정한 사항

[전문개정 2011.5.30.]

제19조의2【업무실적의 관리 등】 ① 건축사는 건축주 등이 설계·공사감리 실적을 확인·평가할 수 있도록 본인이 수행한 업무 실적 등을 국토교통부장관에게 제출할 수 있다. 〈개정 2013.3.23.,〉

시 행 령

관계법 「건축서비스산업 진흥법」

제23조(공공건축 사업계획에 대한 사전검토 등)

① 삭제 〈2018. 12. 18.〉

② 공공기관이 대통령령으로 정하는 공공건축 사업을 하고자 할 때에는 제22조의2제2항 각 호의 내용을 포함한 사업계획서를 작성하여 이를 제24조에 따른 공공건축지원센터 또는 제24조의2에 따른 지역 공공건축지원센터(이하 "공공건축지원센터등"이라 한다)에 제공하여 검토를 요청하여야 한다. 다만, 제22조의2제5항제1호 또는 제2호에 해당하는 자가 같은 조 제2항에 따른 건축기획 업무를 수행하는 경우에는 사업계획서에 대한 검토를 수행한 것으로 본다.

1. ~ 5. 삭제 〈2018.12.18.〉

③ 공공기관은 제2항에 따른 사업계획서의 작성 및 공공건축 사업의 기획 등을 위하여 공공건축지원센터등에 자문할 수 있으며, 공공건축지원센터등은 특별한 사유가 없는 한 이에 응하여야 한다.

④ 공공기관은 제2항에 따른 사업계획서의 내용 중 사업예산, 건축물등의 입지 및 규모 등이 변경되는 경우에는 공공건축지원센터등에 변경된 사업계획서에 대하여 자문하거나 재검토를 요청할 수 있다. 다만, 건축물등의 입지 변경 등 대통령령으로 정하는 중요한 사항을 변경하는 경우에는 공공건축지원센터등에 변경된 사업계획서에 대한 재검토를 요청하여야 한다.

⑤ 공공건축지원센터등은 제2항 및 제4항에 따라 검토 및 재검토를 요청받은 사업계획서를 검토하고 30일 이내에 그에 대한 의견을 해당 공공기관과 관계 중앙행정기관의 장 및 관계 지방자치단체의 장에게 제공하여야 한다.

⑥ 제5항에 따라 검토의견을 제공받은 기관은 예산편성, 설계용역 발주 등 해당 사업과 관련된 소관 업무를 추진할 때 이를 참고하여야 한다.

⑦ 제2항부터 제6항까지에 따른 검토·재검토의 절차 및 활용 등에 필요한 사항은 대통령령으로 정한다.

시 행 규 칙

보고하여야 한다.

③ 허가권자는 제1항에 따른 자에게 업무를 대행하게 한 경우 국토교통부령으로 정하는 범위에서 해당 지방자치단체의 조례로 정하는 수수료를 지급하여야 한다.

관계법 「건축물관리법」

제12조(건축물의 유지·관리)

① 관리자는 건축물, 대지 및 건축설비를 「건축법」 제40조부터 제48조까지, 제48조의4, 제49조, 제50조, 제50조의2, 제51조, 제52조, 제52조의2, 제53조, 제53조의2, 제54조부터 제58조까지, 제60조부터 제62조까지, 제64조, 제65조의2, 제67조 및 제68조와 「녹색건축물 조성 지원법」 제15조, 제15조의2, 제16조 및 제17조에 적합하도록 관리하여야 한다. 이 경우 「건축법」 제65조의2 및 「녹색건축물 조성 지원법」 제16조·제17조는 인증을 받은 경우로 한정한다.

② 건축물의 구조, 재료, 형식, 공법 등이 특수한 건축물 중 대통령령으로 정하는 건축물은 제1항 또는 제13조부터 제15조까지의 규정을 적용할 때 대통령령으로 정하는 바에 따라 건축물관리 방법·절차 및 점검기준을 강화 또는 변경하여 적용할 수 있다.

제11조【업무 실적의 관리 등】 ① 법 제19조의2제1항에 따른 업무 실적의 제출은 다음 각 호의 사항을 적은 별지 제21호서식의 설계업무 실적 제출서 또는

② 국토교통부장관은 건축사가 제출한 업무 실적 등에 관한 기록을 유지·관리하여야 하고, 그 기록이 필요한 자에게 제공(증명서의 발급을 포함한다)하여야 한다. 〈개정 2020.6.9.〉

③ 제1항과 제2항에 따른 업무 실적의 제출·관리 및 제공 등에 필요한 사항은 국토교통부령으로 정한다.

[전문개정 2011.5.30.]

제19조의3【공공발주사업 등에 대한 건축사의 업무범위 및 대가기준】 ① 건축사의 건전한 육성과 설계 및 공사감리의 품질을 보장하기 위하여 다음 각 호의 어느 하나에 해당하는 자는 건축사의 업무에 대하여 제3항에 따라 고시한 대가 기준을 적용하여 발주하여야 한다. 〈개정 2017.12.26.〉

1. 국가
2. 지방자치단체
3. 「공공기관의 운영에 관한 법률」에 따른 공공기관
4. 그 밖에 대통령령으로 정하는 기관 또는 단체

② 제1항 각 호에 해당하지 아니하는 자는 제1항에서 정한 목적을 달성하기 위하여 제3항에 따라 고시한 대가 기준을 활용하거나 참고할 수 있다. 〈신설 2017.12.26.〉

③ 국토교통부장관은 제1항에 따른 건축사의 업무범위 및 그 대가에 관한 기준을 기획재정부장관 및 산업통상자원부장관과 협의하여 정하고 고시하여야 한다. 〈개정 2017.12.26.〉

[전문개정 2011.5.30.][제목개정 2017.12.26.]

고시 공공발주사업에 대한 건축사의 업무범위와 대가기준 (국토교통부고시 제2020-635호, 2020.9.14.)

제20조【업무상의 성실의무 등】 ① 건축사는 이 법, 「건축법」 또는 그 밖의 관계 법령의 규정을 지키고, 건축물의 안전·기능 및 미관에 지장이 없도록 업무를 성실하게 수행하여야 한다.

별지 제22호서식의 공사감리업무 실적 제출서를 건축사협회에 제출하는 방법으로 한다.

1. 건축사의 성명·자격번호 및 사무소의 명칭·소재지
2. 용역의 명칭·금액 및 건축주 또는 발주자의 성명
3. 대지의 위치·면적 및 건축물의 건축면적·연면적·용도·구조·층수
4. 용역 수행기간
5. 공동도급의 경우 그 구성원 및 지분 비율

② 제1항에 따른 설계업무 실적 제출서 및 공사감리업무 실적 제출서에는 건축주 또는 발주자와의 계약서 사본을 첨부하여야 한다. 〈개정 2014.12.29.〉

1. 삭제 〈2014.12.29.〉
2. 삭제 〈2014.12.29.〉

③ 건축사협회는 제1항에 따라 업무실적을 제출받았을 때에는 별지 제23호서식의 설계업무 실적 관리 대장 또는 별지 제24호서식의 공사감리업무 실적 관리 대장에 필요한 사항을 적고, 유지·관리하여야 한다.

④ 건축사가 법 제19조의2제2항에 따라 업무 실적을 증명받으려는 경우에 별지 제25호서식의 업무 실적 증명 발급 신청서를 건축사협회에 제출하여야

법

② 건축사가 업무를 수행할 때 고의 또는 과실로 건축주에게 재산상의 손해를 입힌 경우에는 그 손해를 배상할 책임이 있다.

③ 건축사는 제2항에 따른 손해배상책임을 보장하기 위하여 보험 또는 공제에 가입하여야 한다. 이 경우 제19조의3제1항 각 호의 어느 하나에 해당하는 자는 보험 또는 공제 가입에 따른 비용을 용역비용에 계상하여야 한다.

④ 제3항에 따른 보험 또는 공제의 기간 · 종류 · 대상 및 방법 등에 필요한 사항은 대통령령으로 정한다.

⑤ 건축사보는 건축사의 업무를 보조할 때 이 법 또는 「건축법」에 맞도록 그 업무를 성실히 수행하여야 한다.

⑥ 건축사는 직무상 알게 된 비밀을 누설하거나 다른 용도로 사용하여서는 아니 된다.

⑦ 건축사는 건축사업무를 수행할 때 품위를 손상하는 행위를 하여서는 아니 된다.

[전문개정 2011.5.30.]

제21조【설계도서등의 서명날인】 ① 건축사는 건축사업무의 품질을 보증하기 위하여 자신이 작성한 설계도서, 공사감리보고서, 그 밖에 관계 법령에서 건축사가 작성하도록 규정한 서류(이하 이 조에서 "설계도서등"이라 한다)에 서명날인(署名捺印)을 하여야 한다. 설계도서등의 일부를 변경한 경우에도 같다.

[전문개정 2011.5.30.]

제22조 삭제 〈2000.1.28〉

제22조의2【자격의 취소 등에 따른 건축사의 업무계속】 ① 다음 각 호의 어느 하나에 해당하는 처분 또는 명령을 받

시 행 령

제21조【건축사의 보험 또는 공제 가입】 ① 법 제20조제3항에 따른 보험 또는 공제의 가입기간, 가입대상 및 가입금액은 다음 각 호와 같다.

1. 가입기간: 건설공사의 착공일부터 완공일까지의 기간
2. 가입대상: 건축물의 설계 및 공사감리
3. 가입금액: 건축물의 설계 및 공사감리의 계약금액

② 건축사가 건축물의 설계 및 공사감리 계약을 체결할 때에는 보험증서 또는 공제증서를 건축주에게 제출하여야 한다.

③ 제1항과 제2항에서 규정한 사항 외에 보험 또는 공제의 가입금액 산출방법, 가입절차 등에 관하여 필요한 세부 사항은 국토교통부장관이 정하여 고시한다. 〈개정 2013.3.23.〉

[전문개정 2012.5.30.]

제21조의2【외국 건축사 자격 취득자의 업무 수행】 ① 외국의 건축사 면허 또는 자격을 가진 사람이 법 제23조제5항에 따라 건축물의 설계 · 공사감리 업무를 수행하기 위하여 건축주와 계약을 체결하려는 경우에는 건축사사무소개설자와 공동으로 계약서를 작성해야 한다. 〈개정 2020.6.9.〉

② 외국의 건축사 면허 또는 자격을 가진 사람이 법 제23조제5항에 따라 건축물의 설계 · 공사감리 업무를 수행하였을 때에는 설계도서와 감리보고서에 건축사사무소개설자와 공동으로 서명날인해야 한다. 〈개정 2020.6.9.〉

[본조신설 1995.9.2.][제목개정 2012.5.30.]

시 행 규 칙

한다. 이 경우 건축사협회는 별지 제26호서식의 설계업무 실적 증명서 또는 별지 제27호서식의 공사감리업무 실적 증명서를 발급하고, 업무 실적 증명서 발급사실을 별지 제28호서식의 업무 실적 증명서 발급 대장에 적고, 유지 · 관리하여야 한다.

⑤ 건축사협회는 제4항에 따라 업무 실적 증명서를 발급할 때에는 실비(實費)의 범위에서 국토교통부장관이 정하는 수수료를 신청인으로부터 받을 수 있다. 〈개정 2013.3.23.〉

[전문개정 2012.5.30.]

제12조 [종전 제12조는 제24조로 이동 〈2012.5.30.〉]

법	시 행 령	시 행 규 칙

은 건축사는 그 처분 또는 명령을 받기 전에 계약을 체결한 업무는 계속하여 수행할 수 있다. 이 경우 국토교통부장관 또는 시ㆍ도지사는 그 처분 또는 명령의 내용을 지체 없이 해당 건축주에게 알려야 한다. 〈개정 2020.2.18〉

1. 제11조에 따른 자격취소
2. 제18조의3에 따른 자격등록의 취소
3. 제28조에 따른 건축사사무소개설신고의 효력상실 또는 업무정지
4. 제30조의3제2항제2호에 따른 업무정지

② 제1항에 따른 건축사는 그 업무를 완성할 때까지 이 법에 따른 건축사로 본다.

[전문개정 2011.5.30.]

제5장 건축사사무소〈개정 2011.5.30.〉

제23조 【건축사사무소개설신고 등】 ① 제18조에 따른 자격등록을 한 건축사가 건축사업을 하려면 대통령령으로 정하는 바에 따라 시ㆍ도지사에게 건축사사무소의 개설신고(이하 "건축사사무소개설신고"라 한다)를 하여야 한다. 〈개정 2020.2.18〉

② 시ㆍ도지사는 제1항에 따른 신고를 받은 날부터 5일 이내에 신고수리 여부를 신고인에게 통지하여야 한다. 〈신설 2018.12.18. 2020.2.18.〉

③ 시ㆍ도지사가 제2항에서 정한 기간 내에 신고수리 여부 또는 민원 처리 관련 법령에 따른 처리기간의 연장을 신고인에게 통지하지 아니하면 그 기간이 끝난 날의 다음 날에 신고를 수리한 것으로 본다. 〈신설 2018.12.18. 2020.2.18.〉

④ 건축사사무소에는 건축사사무소개설신고를 한 건축사

제22조 【건축사사무소개설신고】 법 제23조제1항에 따른 건축사사무소개설신고(이하 "건축사사무소개설신고"라 한다)를 하려는 자는 국토교통부령으로 정하는 건축사사무소개설신고서(전자문서로 된 신고서를 포함한다)에 다음 각 호의 서류(전자문서를 포함한다)를 첨부하여 특별시장ㆍ광역시장ㆍ특별자치시장ㆍ도지사ㆍ특별자치도지사(이하 "시ㆍ도지사"라 한다)에게 제출해야 한다. 이 경우 시ㆍ도지사는 「전자정부법」 제36조제1항에 따른 행정정보의 공동이용을 통하여 법인 등기사항증명서(법인인 경우만 해당한다)를 확인해야 한다. 〈개정 2013.3.23., 2020.9.8.〉

1. 건축사 자격등록증 사본
2. 사무실 보유증명서

제13조 【건축사사무소개설신고서】 영 제22조의 건축사사무소개설신고서는 별지 제34호서식에 따른다.

[전문개정 2012.5.30.]

법

(이하 "건축사사무소개설자"라 한다)의 업무를 보조하는 소속 건축사, 건축사보 및 실무수련자(제13조에 따른 실무수련을 받고 있는 사람을 말한다. 이하 같다)를 둘 수 있다. 이 경우 소속 건축사는 제18조에 따른 자격등록을 한 사람이어야 하고, 건축사사무소개설자는 소속 건축사가 아닌 사람으로 하여금 건축사업무를 보조하게 하여서는 아니 된다. 〈개정 2011.5.30., 2018.12.18.〉

⑤ 외국의 건축사 면허 또는 자격을 가진 사람은 대통령령으로 정하는 바에 따라 건축사사무소개설자와 공동으로 건축물의 설계·공사감리 업무를 수임(受任)하는 경우에만 건

시행령

[전문개정 2012.5.30.]

제23조【신고기준】 법인이 건축사사무소개설신고를 하려는 경우에는 그 대표자가 건축사여야 한다. 다만, 건축사가 아닌 사람이 건축사와 공동으로 설립하고 20명 이상의 건축사가 속한 법인이 국토교통부령으로 정하는 건축물을 대상으로 법 제19조에 따른 업무를 수행하는 경우에는 그러하지 아니하다.
[전문개정 2012.5.30.]

제24조【신고확인증의 발급 등】 ① 시·도지사는 제22조에 따른 건축사사무소개설신고를 받았을 때에는 법 제24조에 따른 신고 제한사유가 없으면 건축사사무소개설신고부에 필요한 사항을 기록하고, 신고확인증을 발급해야 한다. 〈개정 2020.9.8.〉
② 제1항의 건축사사무소개설신고부와 신고확인증의 서식 및 신고확인증의 재발급에 관한 사항은 국토교통부령으로 정한다.
[전문개정 2012.5.30.]

제21조의2【외국 건축사 자격 취득자의 업무 수행】 ① 외국의 건축사 면허 또는 자격을 가진 사람이 법 제23조제5항에 따라 건축물의 설계·공사감리 업무를 수행하기 위하여

시행규칙

제14조【대표 자격이 완화된 법인 건축사사무소의 업무 범위】 영 제23조 단서에서 "국토교통부령으로 정하는 건축물"이란 다음 각 호의 건축물을 말한다. 〈개정 2013.3.23.〉
1. 연면적의 합계가 10만제곱미터 이상인 건축물
2. 국가 및 지방자치단체가 설계·시공 일괄입찰 방식으로 발주하는 건축물
[전문개정 2012.5.30.]
[제22조의3에서 이동 〈2012.5.30.〉]

제15조【건축사사무소개설신고부 등의 서식】 영 제24조제2항의 건축사사무소개설신고부는 별지 제35호서식에 따르고, 건축사사무소개설 신고확인증은 별지 제36호서식에 따른다.
[전문개정 2012.5.30.]
[제16조에서 이동, 종전 제15조는 제16조로 이동 〈2012.5.30.〉]

제15조의2 삭제 〈2011.1.17.〉

제12조의2【외국 건축사 자격 취득자의 신고】 ① 외국의 건축사 면허 또는 자격을 가진 사람(이하 "외국 건축사 자격

법	시 행 령	시 행 규 칙

축사업을 할 수 있다. 이 경우 외국의 건축사 면허 또는 자격을 가진 사람은 국토교통부령으로 정하는 바에 따라 국토교통부장관에게 신고하여야 한다. 〈개정 2018.12.18.〉

⑥ 건축사사무소의 명칭에는 "건축사사무소"라는 용어를 사용하여야 한다. 〈개정 2018.12.18.〉

⑦ 건축사사무소개설자는 1개의 사무소만 설치할 수 있고, 건축사, 건축사보 및 실무수련자는 1개의 건축사사무소에만 소속될 수 있다. 〈신설 2018.12.18.〉

⑧ 건축사사무소개설신고의 절차와 그 밖에 필요한 사항은 대통령령으로 정한다. 〈개정 2018.12.18.〉

⑨ 다음 각 호의 어느 하나에 해당하는 업무를 수행하려는 건축사는 건축사사무소개설신고를 하거나 그 신고를 한 건축사사무소에 소속되지 아니하고도 업무를 수행할 수 있다. 다만, 제2호나 제4호의 경우에는 그 업무에 관한 사항을 미리 국토교통부령으로 정하는 바에 따라 국토교통부장관에게 신고하여야 한다. 〈개정 2018.12.18., 2019.4.30. 2020.12.29., 2021.3.16.〉

1. 「건설기술 진흥법」 제26조에 따른 건설엔지니어링사업자에게 소속된 건축사가 같은 법 제39조제2항에 따라 수행하는 건설사업관리
2. 「엔지니어링산업 진흥법」 제21조제1항에 따라 신고한 엔지니어링사업자에 소속된 건축사로서 국토교통부령으로 정하는 특수건축물 또는 특수구조물에 대하여 수행하는 설계 또는 공사감리
3. 국가, 지방자치단체, 「공공기관의 운영에 관한 법률」에 따른 공공기관 및 「지방공기업법」에 따른 지방공기업 등으로서 대통령령으로 정하는 기관의 건축 관련 부서에 소속된 건축사가 각각 해당기관이 시행하는 공사에 대하여 수행

건축주와 계약을 체결하려는 경우에는 건축사사무소개설자와 공동으로 계약서를 작성해야 한다. 〈개정 2020.6.9.〉

② 외국의 건축사 면허 또는 자격을 가진 사람이 법 제23조제5항에 따라 건축물의 설계·공사감리 업무를 수행하였을 때에는 설계도서와 감리보고서에 건축사사무소개설자와 공동으로 서명·날인해야 한다. 〈개정 2020.6.9.〉

[본조신설 1995.9.2][제목개정 2012.5.30.]

제25조【건축사사무소개설신고 면제기관】 법 제23조제9항제3호에서 "대통령령으로 정하는 기관"이란 다음 각 호의 기관을 말한다. 〈개정 2019.4.2., 2020.6.9., 2020.9.10., 2021.8.31.〉

1. 국가
2. 지방자치단체
3. 「한국농수산식품유통공사법」에 따른 한국농수산식품유통공사
4. 「농업협동조합법」에 따른 농업협동조합중앙회
5. 「대한무역투자진흥공사법」에 따른 대한무역투자진흥공사
6. 「대한석탄공사법」에 따른 대한석탄공사
7. 「산림조합법」에 따른 산림조합중앙회
8. 「수산업협동조합법」에 따른 수산업협동조합
9. 「중소기업진흥에 관한 법률」에 따른 중소벤처기업진흥공단
10. 「지방공기업법」에 따라 설립된 지방공사 또는 지방공단
11. 「한국관광공사법」에 따른 한국관광공사
12. 「한국광해광업공단법」에 따른 한국광해광업공단
13. 「한국농어촌공사 및 농지관리기금법」에 따른 한국농어촌 공사
14. 「한국도로공사법」에 따른 한국도로공사

취득자"라 한다)이 법 제23조제5항 후단에 따른 신고를 하려는 경우에는 별지 제29호서식의 외국 건축사 자격 취득자 신고서에 다음 각 호의 서류를 첨부하여 건축사협회에 제출해야 한다. 〈개정 2016.2.11., 2020.6.18〉

1. 다음 각 목의 어느 하나에 해당하는 자격증(면허증) 사본
   가. 해당 국가의 정부나 그 밖에 권한 있는 기관이 발행하거나 공증인(법률에 따른 공증인의 자격을 가진 자만 해당한다. 이하 이 호에서 같다)이 공증한 것으로서 해당 국가에 주재하는 우리나라 영사가 확인한 자격증(면허증)
   나. 「외국공문서에 대한 인증의 요구를 폐지하는 협약」을 체결한 국가의 경우에는 해당 국가의 정부나 공증인, 그 밖의 권한이 있는 기관이 발행한 것으로서 해당 국가의 아포스티유(Apostille) 확인서 발급 권한이 있는 기관이 그 확인서를 발급하고 공증번역본이 첨부된 자격증(면허증)
2. 증명사진(3.5㎝×4.5㎝) 2장

② 제1항에 따라 외국 건축사 자격 취득자 신고서를 제출받은 건축사협회는 「전자정부법」 제36조제2항에 따른 행

법

하는 설계 또는 공사감리

4. 「건설산업기본법」 제2조제7호에 따른 건설업사자에게 소속된 건축사가 그 건설업자 또는 그 건설업자의 계열회사(「독점규제 및 공정거래에 관한 법률」 제2조제12호에 따른 계열회사를 말한다)의 건축물로서 국토교통부령으로 정하는 건축물에 대하여 수행하는 설계

⑩ 제9항제4호에 따른 건축물의 공사감리는 해당 건설업자에게 소속된 건축사가 하여서는 아니 된다. 〈개정 2011.5.30., 2018.12.18., 2019.4.30.〉

[전문개정 1995.1.5.][제목개정 2011.5.30.]

제23조의2 삭제 〈1995.1.5〉

시 행 령

15. 「한국석유공사법」에 따른 한국석유공사
16. 「한국수자원공사법」에 따른 한국수자원공사
17. 「한국은행법」에 따른 한국은행
18. 「한국전력공사법」에 따른 한국전력공사
19. 「한국조폐공사법」에 따른 한국조폐공사
20. 「한국철도공사법」에 따른 한국철도공사
21. 「한국토지주택공사법」에 따른 한국토지주택공사
22. 「국가철도공단법」에 따른 국가철도공단

[전문개정 2012.5.30.]

제26조 삭제 〈1995.9.2.〉

제27조 삭제 〈2000.5.10.〉

제28조 삭제 〈2000.5.10.〉

시 행 규 칙

정정보의 공동이용을 통하여 신고인(대한민국이 외국과 체결하여 발효된 양자 간 또는 다자간 자유무역협정에서 외국 건축사에 대한 현지 주재 의무를 요구하지 않은 국가의 외국 건축사는 제외한다)에 대한 주민등록표 초본 또는 외국인등록사실증명을 확인해야 한다. 다만, 신고인이 행정정보의 공동이용을 통한 신고인에 대한 주민등록표 초본 또는 외국인등록사실증명의 확인에 동의하지 않는 경우에는 해당 서류(외국인등록사실증명의 경우에는 외국인등록증 사본으로 대신할 수 있다)를 첨부하게 해야 한다. 〈개정 2017.1.17., 2020.6.18〉

③ 건축사협회는 제1항에 따른 신고를 받았을 때에는 별지 제30호서식의 외국 건축사 자격 취득자 신고 대장에 필요한 사항을 적고, 별지 제31호서식의 외국 건축사 자격 취득자 신고확인증을 발급해야 한다. 〈개정 2013.3.23., 2020.6.18〉

④ 외국 건축사 자격 취득자가 외국 건축사 자격 취득자 신고확인증을 잃어버리거나 헐어서 못 쓰게 되어 재발급받으려는 경우에는 별지 제32호서식의 외국 건축사 자격 취득자 신고확인증 재발급 신청서에 증명사진(3.5cm×4.5cm) 1장을 첨부하여 건축사협회에

재발급을 신청해야 한다.〈개정 2013.3.23., 2016.2.11., 2020.6.18.〉
⑤ 제4항에 따라 외국 건축사 자격 취득자 신고확인증을 재발급받은 후 잃어버렸던 외국 건축사 자격 취득자 신고확인증을 발견한 때에는 지체 없이 다시 찾은 외국 건축사 자격 취득자 신고확인증을 건축사협회에 반납해야 한다. 〈개정 2013.3.23., 2020.6.18〉
⑥ 외국 건축사 자격 취득자는 제1항에 따른 신고사항이 변경된 경우에는 별지 제33호서식의 외국 건축사 자격 취득자 변경신고서에 변경사항을 증명할 수 있는 서류를 첨부하여 건축사협회에 제출해야 한다. 〈개정 2013.3.23., 2020.6.18〉
⑦ 제3항의 신고 대장은 전자적 처리가 불가능한 특별한 사유가 없으면 전자적 처리가 가능한 방법으로 작성 · 관리하여야 한다.
[전문개정 2012.5.30.]

제16조【엔지니어링사업자 소속 건축사의 신고 등】 ① 법 제23조제9항제2호 및 제4호에 따라 엔지니어링사업자 또는 건설업사자에게 소속된 건축사가 그 업무에 관한 신고를 하려는 경우에는 입사일부터 15일 내에 별지 제37호서식

법	시 행 령	시 행 규 칙
		의 엔지니어링사업자(건설업자) 소속 건축사 신고서에 다음 각 호의 서류를 첨부하여 시·도지사에게 제출해야 한다. 〈개정 2020.6.18.〉 1. 자격등록증 사본 2. 재직증명서 ② 제1항에 따라 신고를 한 건축사가 소속 엔지니어링사업자 또는 소속 건설사업자로부터 퇴사하였을 때에는 퇴사한 날부터 15일 내에 별지 제38호서식의 엔지니어링사업자(건설업자) 소속 건축사 퇴사신고서에 퇴사증명서를 첨부하여 시·도지사에게 제출해야 한다. 〈개정 2020.6.18.〉 ③ 시·도지사는 제1항에 따른 엔지니어링사업자 또는 건설업사자에게 소속된 건축사의 신고를 받았을 때에는 별지 제39호서식의 엔지니어링사업자(건설업자) 소속 건축사 신고확인증을 발급해야 한다. 〈개정 2020.6.18.〉 ④ 법 제23조제8항제2호에서 "국토교통부령으로 정하는 특수건축물 또는 특수구조물"이란 다음 각 호의 것을 말한다. 〈개정 2013.3.23.〉 1. 발전(發電)·제철·철강·조선·기계·비철금속·석유정제 및 화학·펄프 등의 공장 건축물 2. 공항여객터미널

법	시 행 령	시 행 규 칙
		3. 고속철도 역사(驛舍) 4. 정수장 · 하수종말처리장 · 폐수처리장 등 상하수도 관련 구조물 5. 제1호부터 제4호까지의 건축물의 건설기간 중에 건축되는 것으로서 그 건축물의 운전 또는 관리에 필요한 기계실 · 변전실 · 사무실 · 창고 · 휴게실 등 부속 건축물 ⑤ 법 제23조제9항제4호에서 "국토교통부령으로 정하는 건축물"이란 「건축법 시행령」 별표 1 제14호에 따른 업무시설(오피스텔은 제외한다) 중 분양 목적이 아닌 건축물을 말한다. 〈개정 2020.6.18〉 [전문개정 2012.5.30.] [제15조에서 이동, 종전 제16조는 제15조로 이동 〈2012.5.30.〉]
제24조 【신고의 제한】 다음 각 호의 어느 하나에 해당하는 사람은 건축사사무소개설신고 및 제23조제9항 단서에 따른 신고를 할 수 없다. 〈개정 2018.12.18.〉 1. 제18조의2제1항 각 호의 어느 하나에 해당하는 사람 2. 제28조제1항에 따른 건축사사무소개설신고의 효력상실처분을 받고 그 처분을 받은 날부터 2년이 지나지 아니한 사람 3. 제28조제1항에 따른 업무정지명령을 받고 그 기간이 끝나지 아니한 사람 4. 이 법 또는 「건축법」을 위반하여 벌금형을 선고받고 1년이 지나지 아니한 사람		**제17조 【건축사사무소개설 신고확인증 등의 재발급 신청】** ① 건축사사무소개설 신고확인증이나 엔지니어링사업자(건설업자) 소속 건축사 신고확인증을 잃어버리거나 헐어서 못 쓰게 되어 재발급받으려는 경우에는 별지 제40호서식의 건축사사무소개설[엔지니어링사업자(건설사업자) 소속 건축사] 신고확인증 재발급 신청서를 시 · 도지사에게 제출해야 한다. 〈개정 2020.6.18.〉

법

5. 둘 이상의 건축사사무소를 개설하려는 사람
6. 파산선고를 받고 복권되지 아니한 사람

[전문개정 2011.5.30.]

제25조 삭제 〈1995.1.5.〉

제26조 삭제 〈1999.2.5.〉

제27조【건축사사무소개설신고사항의 변경 또는 휴업 · 폐업 등의 신고】 건축사사무소개설자가 성명, 건축사사무소 소재지, 그 밖에 대통령령으로 정하는 건축사사무소개설신고사항을 변경하거나 휴업 또는 폐업한 경우에는 그 사실을 시 · 도지사에게 신고하여야 한다. 〈개정 2020.2.18〉

[전문개정 2011.5.30.]

제28조【건축사사무소개설신고의 효력상실처분 등】 ① 시 · 도지사는 건축사사무소개설자 또는 그 소속 건축사가 다음 각 호의 어느 하나에 해당하는 경우에는 건축사사무소개설신고의 효력상실처분을 하거나 1년 이내의 기간을 정하여 그 업무정지를 명할 수 있다. 다만, 제1호, 제2호, 제4호 및 제5호에 해당하는 경우에는 건축사사무소개설신고의 효력상

시 행 령

제29조【건축사사무소개설신고사항 등의 변경신고】 ① 법 제27조에서 "대통령령으로 정하는 건축사사무소개설신고사항"이란 건축사사무소의 명칭을 말한다.

② 법 제27조에 따라 건축사사무소개설신고사항을 변경하거나 휴업 또는 폐업한 자는 그 사유가 발생한 날부터 30일 이내에 국토교통부령으로 정하는 신고서에 이를 증명할 수 있는 서류를 첨부하여 시 · 도지사에게 제출해야 한다. 〈개정 2016.2.11., 2020.9.8.〉

[전문개정 2012.5.30.]

제29조의2【건축사사무소개설신고 등의 효력상실 등의 기준】 법 제28조제1항에 따른 건축사사무소개설신고(법 제23조제9항 각 호 외의 부분 단서에 따른 신고를 포함하며, 이하 "건축사사무소개설신고등"이라 한다)의 효력상실처분 및 업무정지명령의 기준과 같은 조 제2항에 따른 건축사보(실무수련자를 포함한다)의 업무정지명령의 기준은 별표 2와 같다.

시 행 규 칙

② 제1항에 따라 신고확인증을 재발급받은 후 잃어버렸던 신고확인증을 발견한 때에는 지체 없이 다시 찾은 신고확인증을 시 · 도지사에게 반납하여야 한다.

[전문개정 2012.5.30.]

제18조 삭제 〈1995.10.17〉

제18조의2 삭제 〈1982.8.24〉

제19조【건축사사무소개설신고사항 변경신고서 등】 영 제29조제2항의 건축사사무소개설신고사항의 변경 및 휴업 · 폐업 신고서는 별지 제41호서식에 따른다.

[전문개정 2012.5.30.]

제20조 삭제 〈2000.5.22.〉

제21조 삭제 〈1996.1.18.〉

제22조 삭제 〈2000.5.22〉

제22조의2【건축사사무소개설신고 등의 통보】 ① 시 · 도지사는 다음 각 호의 어느 하나에 해당할 때에는 이를 건축사협회에 알려야 한다.

1. 법 제23조제1항에 따른 건축사사무소개설신고를 받았을 때

법	시 행 령	시 행 규 칙

실처분을 하여야 한다. 〈개정 2018.12.18., 2020.2.18〉

1. 거짓이나 그 밖의 부정한 방법으로 건축사사무소개설신고를 한 사실이 드러난 경우
2. 제18조의3에 따라 건축사무소개설자의 자격등록이 취소된 경우
3. 제19조에 따른 업무범위를 위반하여 건축사업을 한 경우
4. 건축물의 구조상 안전에 관한 규정을 위반하여 설계 또는 공사감리를 함으로써 사람을 죽거나 다치게 한 경우
5. 연 2회 이상 업무정지명령을 받고 그 정지기간이 통틀어 1년을 초과하는 경우
6. 제23조제7항을 위반하여 둘 이상의 건축사사무소를 개설한 경우
7. 제27조에 따른 건축사사무소개설신고사항의 변경 등을 거짓으로 신고한 경우
8. 제30조제1항에 따른 보고를 하지 아니하거나 거짓으로 보고를 한 경우 또는 검사를 거부·방해하거나 기피한 경우

② 시·도지사는 제1항에 따른 건축사사무소개설신고의 효력상실처분 또는 업무정지명령이 소속 건축사보 또는 실무수련자의 업무보조 잘못으로 인한 경우에는 그 소속 건축사보 또는 실무수련자에게 1년 이내의 기간을 정하여 업무정지를 명할 수 있다. 〈개정 2013.3.23., 2020.2.18〉

③ 제1항에 따른 건축사사무소개설신고의 효력상실처분 또는 업무정지명령 및 제2항에 따른 업무정지명령의 기준, 절차, 그 밖에 필요한 사항은 대통령령으로 정한다.

[전문개정 2011.5.30.]

제28조의2 【청문】 국토교통부장관 또는 시·도지사는 다음 각 호의 어느 하나에 해당하는 처분을 하려면 청문을 하

〈개정 2020.6.9.〉

[전문개정 2012.5.30.]

2. 법 제27조에 따른 건축사사무소개설신고사항의 변경, 휴업 또는 폐업의 신고를 받았을 때
3. 법 제28조제1항 및 제2항에 따른 건축사사무소개설신고의 효력상실처분 또는 업무정지명령을 하였을 때
4. 법 제29조에 따른 건축사사무소개설신고부의 정리를 하였을 때

② 건축사협회는 제1항에 따라 시·도지사로부터 통보받은 내용을 유지·관리하여야 한다.

[전문개정 2012.5.30.]

제22조의3 [종전 제22조의3은 제14조로 이동 〈2012.5.30.〉]

제23조 【수탁업무의 보고】 ① 법 제22조의2제1항 각 호에 따른 처분 또는 명령을 받은 건축사는 그 처분 또는 명령을 받은 날부터 7일 내에 별지 제42호서식의 수탁(계약)업무 현황 보고에 설계 계약서 및 공사감리 계약서 사본을 첨부하여 그 처분 전에 계약을 체결한 업무의 현황을 시·도지사에게 보고해야 한다. 〈개정 2020.6.18.〉

② 시·도지사는 제1항에 따라 업무 현황을 보고받았을 때에는 이를 건축주 및 그 업무와 관련된 사항을 관할하는

법

여야 한다. 〈개정 2013.3.23., 2020.2.18〉
1. 제11조에 따른 건축사 자격의 취소
2. 제18조의3에 따른 자격등록의 취소
3. 제28조에 따른 건축사사무소개설신고의 효력상실처분

[전문개정 2011.5.30.]

제29조【건축사사무소개설신고부의 정리】 시 · 도지사는 다음 각 호의 어느 하나에 해당하는 경우에는 건축사사무소개설신고부에 해당 건축사사무소에 관한 신고사항을 정리하여야 한다. 〈개정 2015.8.11., 2020.2.18〉
1. 제28조에 따른 건축사사무소개설신고의 효력상실처분을 한 경우
2. 제27조에 따른 변경 등의 신고를 받은 경우
3. 그 밖에 대통령령으로 정하는 사유가 있는 경우

[전문개정 2011.5.30.]

제30조【보고 · 조사 등】 ① 국토교통부장관 또는 시 · 도지사는 다음 각 호의 어느 하나에 해당하는 경우에는 건축사사무소개설자에게 필요한 사항을 보고하게 하거나 자료의 제출을 요구할 수 있으며, 소속 공무원으로 하여금 업무 상황 또는 회계 상황을 조사하게 하거나 장부 또는 그 밖의 서류를 검사하게 할 수 있다. 〈개정 2020.2.18.〉
1. 이 법의 위반 여부에 대한 확인이 필요한 경우
2. 건축사업무 수행과 관련하여 건축주 등 이해관계를 가지는 자와 분쟁이 발생한 경우

② 제1항에 따라 국토교통부장관 또는 시 · 도지사가 보고 또는 자료의 제출을 요구하거나 조사 또는 검사를 하고자 하는 경우 「행정조사기본법」 제17조에 따른 사전통지를

시 행 령

제29조의3【건축사사무소개설신고부의 정리】 법 제29조제3호에서 "대통령령으로 정하는 사유가 있는 경우"란 다음 각 호의 어느 하나에 해당하는 경우를 말한다. 〈개정 2016.2.11.〉
1. 건축사의 사망사실이 확인된 경우
2. 법 제11조에 따라 건축사 자격을 취소한 경우
3. 법 제18조의3에 따라 자격등록을 취소한 경우

[전문개정 2012.5.30.]

시 행 규 칙

시장 · 군수 · 구청장(자치구의 구청장을 말한다)에게 통지하여야 한다.

[전문개정 2012.5.30.]

법	시행령	시행규칙
하여야 하고, 사무소 등에 출입하여 조사 또는 검사를 하는 공무원은 그 권한을 표시하는 증표를 지니고 이를 관계인에게 보여주어야 한다. 〈개정 2020.2.18.〉 [전문개정 2019.11.26.]		**제24조 【검사공무원의 증표】** 법 제30조제2항의 검사공무원의 증표는 별지 제43호서식에 따른다. [전문개정 2012.5.30.] [제12조에서 이동 〈2012.5.30.〉]
제30조의2 【건축사의 실무교육】 ① 건축사는 건축사업무수행에 필요한 전문 지식과 기술적 능력을 높이기 위하여 제18조제7항에 따른 갱신등록을 하기 전에 대통령령으로 정하는 바에 따라 국토교통부장관이 실시하는 실무교육을 받아야 한다. 〈개정 2019.8.20.〉 ② 다음 각 호의 어느 하나에 해당하는 건축사가 제18조에 따른 자격등록을 하려면 대통령령으로 정하는 바에 따라 국토교통부장관이 실시하는 실무교육을 받아야 한다. 〈개정 2019.8.20.〉 1. 제18조제7항에 따른 갱신등록을 하지 아니하여 자격등록의 효력이 상실된 건축사 2. 제18조의3에 따라 자격등록이 취소된 후 3년이 지난 건축사 3. 제18조제1항에 따라 건축사 자격을 취득한 후 3년 이내에 등록하지 아니한 자 [전문개정 2011.5.30.] **제5장의2 징계**〈신설 2011.5.30〉 **제30조의3 【징계】** ① 국토교통부장관은 건축사가 다음 각 호의 어느 하나에 해당하는 경우에는 제30조의4에 따른 건축사징	**제30조 【건축사의 실무교육】** ① 법 제30조의2제1항에 따라 건축사가 법 제18조제7항에 따른 갱신등록을 하려면 40시간 이상의 실무교육을 받아야 한다. 〈개정 2016.2.11., 2020.6.9.〉 ② 법 제30조의2제2항 각 호에 따른 건축사가 법 제18조에 따른 자격등록을 하려면 다음 각 호의 구분에 따른 시간 이상의 실무교육을 받아야 한다. 〈개정 2016.2.11., 2020.6.9.〉 1. 법 제18조제7항에 따른 갱신등록을 하지 않아 자격등록의 효력이 상실된 건축사: 제1항의 실무교육시간 중 교육을 받지 않은 시간 2. 법 제18조의3에 따라 자격등록이 취소된 후 3년이 지난 건축사: 8시간 3. 법 제18조제1항에 따라 건축사 자격을 취득한 후 3년 이내에 등록하지 아니한 건축사: 8시간 ③ 국토교통부장관은 제1항과 제2항에 따른 실무교육 대상자에게 실무교육의 시행에 필요한 비용을 부담하게 할 수 있다. 〈개정 2013.3.23.〉 ④ 제1항과 제2항에 따른 실무교육의 운영, 실무교육 수료의 인정기준 등 실무교육 운영·수료, 교육비 부담 등에 관한 사항은 국토교통부장관이 정하여 고시한다. 〈개정 2013.3.23.〉	**제25조** 삭제 〈2012.5.30.〉

법	시 행 령	시 행 규 칙
계위원회의 의결에 따라 제2항에서 정하는 징계를 할 수 있다. 다만, 제1호나 제10호에 해당하는 경우에는 제2항제1호에 따른 자격등록 취소를 하여야 한다. 〈개정 2018.12.18., 2022.2.3.〉 1. 거짓이나 그 밖의 부정한 방법으로 제18조에 따른 자격등록 또는 갱신등록을 한 경우 2. 제18조제2항에 따른 건축사 윤리선언을 위반한 경우 3. 제19조에 따른 업무범위를 위반하여 업무를 수행한 경우 4. 제19조의2제1항에 따른 업무 실적 등을 거짓으로 제출한 경우 5. 제20조제1항을 위반하여 건축사업무를 성실하게 수행하지 아니한 경우 6. 제20조제6항을 위반하여 직무상 알게 된 비밀을 누설하거나 다른 용도로 사용한 경우 7. 제20조제7항을 위반하여 건축사업무를 수행할 때 품위를 손상하는 행위를 한 경우 8. 제23조제7항을 위반하여 둘 이상의 건축사사무소를 개설하거나 둘 이상의 건축사사무소에 소속된 경우 9. 제31조의4에 따른 윤리규정을 위반한 경우 10. 제2항제2호에 따른 징계를 받아 업무가 정지된 후에도 계속하여 그 업무를 수행한 경우 ② 건축사에 대한 징계의 종류는 다음 각 호와 같다. 1. 자격등록취소 2. 2년 이하의 업무정지 3. 견책 ③ 시 · 도지사는 제31조에 따라 설립되는 건축사협회(이하 "건축사협회"라 한다)는 건축사가 제1항 각 호의 어느 하나에 해당하는 징계사유가 있다고 인정되면 그 증거서류를 첨부하여 국토교통부장관에게 해당 건축사의 징계를 요청	[전문개정 2012.5.30.] **고시** 건축사 실무교육 업무처리기준 [시행 2022.1.7.] [국토교통부고시 제2022-17호, 2022.1.7.]	

할 수 있다. 〈개정 2013.3.23., 2020.2.18., 2022.2.3.〉
④ 삭제 〈2015.8.11.〉
⑤ 제1항에 따른 징계의결은 국토교통부장관의 요구에 따라 한다. 다만, 위반사유가 발생한 날부터 3년이 지나면 징계의결의 요구를 할 수 없다. 〈개정 2013.3.23.〉
[본조신설 2011.5.30.]

제30조의4【건축사징계위원회】 ① 건축사징계위원회(이하 "징계위원회"라 한다)는 국토교통부에 둔다.
② 징계위원회는 위원장 1명을 포함한 9명의 위원으로 구성한다.
③ 징계위원회의 위원장은 국토교통부의 고위공무원단에 속하는 일반직공무원 중에서 국토교통부장관이 지명하는 사람으로 하고, 그 밖의 위원은 국토교통부 소속 공무원, 건축사 또는 「고등교육법」 제2조에 따른 대학에서 건축에 관한 과목을 가르치는 조교수 이상의 직에 있는 사람 중에서 국토교통부장관이 임명 또는 위촉하는 사람으로 한다.
④ 제1항부터 제3항까지에서 규정한 사항 외에 징계위원회의 구성·운영 등에 필요한 사항은 대통령령으로 정한다.
[본조신설 2011.5.30]

제30조의2【건축사징계위원회의 구성 등】 ① 법 제30조의4에 따른 건축사징계위원회(이하 "징계위원회"라 한다)는 다음 각 호의 위원으로 구성한다. 〈개정 2013.3.23.〉
1. 국토교통부 소속 공무원 2명
2. 건축사 2명
3. 「고등교육법」 제2조에 따른 대학에서 건축에 관한 과목을 가르치는 조교수 이상의 직(職)에 있는 사람 2명
4. 「비영리민간단체 지원법」 제2조에 따른 비영리민간단체에서 추천하는 사람(제2호 및 제3호의 자격을 가진 사람으로 한정한다) 2명
② 징계위원회의 위원 중 제1항제1호 외의 위원의 임기는 2년으로 하며, 한 차례만 연임할 수 있다.
③ 보궐위원의 임기는 전임자의 남은 임기로 한다.
④ 징계위원회에 간사 1명을 두며, 간사는 국토교통부 소속 공무원 중에서 국토교통부장관이 지명한다.
[본조신설 2012.5.30.]

제30조의3【징계위원회의 위원장】 ① 징계위원회의 위원장(이하 "위원장"이라 한다)은 징계위원회를 대표하고, 징계위원회의 업무를 총괄한다.
② 위원장은 법 제30조의3제5항에 따른 국토교통부장관의

법	시 행 령	시 행 규 칙

요구에 따라 징계위원회를 소집하고 그 의장이 된다.

③ 위원장이 부득이한 사유로 직무를 수행할 수 없을 때에는 국토교통부장관이 지명하는 징계위원회의 위원이 위원장의 직무를 대행한다.

[본조신설 2012.5.30.]

제30조의4【제척, 기피 및 회피】 ① 징계위원회의 위원이 다음 각 호의 어느 하나에 해당하는 경우에는 징계위원회의 의결에서 제척된다.

1. 징계위원회의 위원이 징계의결의 대상이 된 건축사(이하 "징계대상자"라 한다)와 친족이거나 친족이었던 경우
2. 징계위원회의 위원이 징계대상자와 연구 · 용역 등의 업무 수행에 동업 또는 그 밖의 형태로 직접 징계대상자의 업무에 관여한 경우
3. 징계위원회의 위원이 징계대상자가 개설신고한 건축사사무소 또는 징계대상자가 소속되었던 건축사사무소에 최근 3년 이내에 임원 또는 직원으로 재직한 경우
4. 그 밖에 징계위원회의 의결에 직접적인 이해관계가 있다고 인정되는 경우

② 징계대상자는 징계위원회의 위원에게 불공정한 의결을 할 염려가 있다고 의심할 만한 상당한 사유가 있는 경우에는 그 사유를 서면으로 소명(疎明)하고 기피 신청을 할 수 있다.

③ 징계위원회는 제2항에 따른 기피 신청을 받았을 때에는 징계위원회의 의결로 해당 위원의 기피 여부를 결정하여야 한다. 이 경우 기피 신청을 받은 위원은 그 의결에 참여하지 못한다.

④ 징계위원회의 위원이 제1항이나 제2항의 사유에 해당하

법	시 행 령	시 행 규 칙
	는 경우에는 스스로 그 사건의 의결에서 회피하여야 한다. [본조신설 2012.5.30.] **제30조의5【위원의 위촉 해제】** 국토교통부장관은 징계위원회의 위원이 다음 각 호의 어느 하나에 해당하는 경우에는 위촉을 해제할 수 있다. 1. 심신장애로 인하여 직무를 수행할 수 없게 된 경우 2. 직무태만, 품위손상, 그 밖의 사유로 인하여 징계위원회의 위원으로 적합하지 아니하다고 인정된 경우 3. 직무와 관련한 형사사건으로 기소된 경우 4. 제30조의4제1항 각 호의 어느 하나에 해당함에도 불구하고 회피 신청을 하지 아니하여 징계위원회 의결의 공정성을 해친 경우 [본조신설 2012.5.30.] **제30조의6【징계위원회의 소집 등】** ① 위원장이 징계위원회를 소집하려면 법 제30조의3제5항에 따른 국토교통부장관의 징계의결 요구 내용과 징계위원회의 심의 기일 등을 징계위원회의 위원과 징계대상자에게 징계위원회의 심의 기일 7일 전까지 알려야 한다. ② 법 제30조의3제3항에 따라 시·도지사 또는 법 제31조에 따른 대한건축사협회가 국토교통부장관에게 징계를 요청하여 국토교통부장관이 징계의결을 요구한 경우 징계위원회는 해당 시·도지사 또는 법 제31조에 따른 대한건축사협회에 국토교통부장관의 징계의결 요구 내용과 징계위원회의 심의 기일 등을 징계위원회 심의 기일 7일 전까지 알려야 한다. 〈개정 2020.9.8., 2022.7.26〉 ③ 징계위원회는 심의에 필요하다고 인정할 때에는 관계인	

법	시 행 령	시 행 규 칙
	또는 관계 기관에 의견 진술 또는 자료 제출을 요구할 수 있다. [본조신설 2012.5.30.] **제30조의7【징계의결 기한】** 징계위원회는 법 제30조의3 제5항에 따라 국토교통부장관의 징계의결 요구를 받은 날부터 60일 이내에 의결하여야 한다. 다만, 부득이한 사유가 있을 때에는 징계위원회의 의결로 60일의 범위에서 그 기간을 연장할 수 있다. [본조신설 2012.5.30.] **제30조의8【징계대상자 등의 출석 · 진술권 등】** ① 징계대상자나 제30조의6제3항에 따른 관계인 또는 관계 기관의 임직원은 징계위원회에 출석하여 의견을 진술하거나 서면으로 의견을 제출할 수 있다. ② 징계대상자는 대리인을 선임하여 징계의결 요구 사항에 대한 보충 진술을 하게 하거나 증거자료를 제출하게 할 수 있다. ③ 위원장은 출석한 징계대상자나 선임된 징계대상자의 대리인에게 의견을 진술할 기회를 주어야 한다. [본조신설 2012.5.30.] **제30조의9【징계위원회의 의결】** 징계위원회의 회의는 재적위원 3분의 2 이상의 출석과 출석위원 과반수의 찬성으로 의결하되, 의견이 나뉘어 출석위원 과반수의 찬성을 얻지 못한 경우에는 출석위원 과반수가 될 때까지 징계대상자에게 가장 불리한 의견에 차례로 유리한 의견을 더하여 가장 유리한 의견을 합의된 의견으로 본다.	

법	시 행 령	시 행 규 칙
	[본조신설 2012.5.30.]	
	제30조의10 【징계 사실의 통보】 국토교통부장관은 징계위원회의 의결에 따라 징계대상자에게 징계를 하였을 때에는 지체 없이 징계 사유와 징계 내용을 서면으로 징계대상자, 시·도지사 및 법 제31조에 따른 대한건축사협회에 각각 알려야 한다.〈개정 2013.3.23, 2022.7.26〉 [본조신설 2012.5.30.]	
제6장 대한건축사협회〈개정 2022.2.3.〉		
제31조 【대한건축사협회】 건축사의 품위 유지, 업무 개선, 건축기술의 연구·개발을 통한 건축물의 질적 향상 및 안전 증진과 건축문화의 발전을 위하여 대한건축사협회(이하 "건축사협회"라 한다)를 둔다. 〈개정 2022.2.3〉 ② 건축사협회는 법인으로 한다. ③ 건축사협회는 주된 사무소의 소재지에서 설립등기를 함으로써 성립한다. ④ 건축사협회의 임원, 조직과 그 밖에 필요한 사항은 대통령령으로 정한다. 〈신설 2022.2.3〉 [전문개정 2011.5.30] [제목개정 2022.2.3] **제31조의2 【사업】** 건축사협회는 제31조에 따른 목적을 달성하기 위하여 다음 각 호의 사업을 할 수 있다. 1. 건축물에 관한 조사·연구 2. 건축물의 품질 및 시공 기술의 향상을 위한 지도 3. 건축사업무의 개선·발전 4. 회원의 품위 유지 및 윤리 확립	**제31조 【대한건축사협회의 임원 및 조직】** ① 법 제31조에 따른 대한건축사협회(이하 "대한건축사협회"라 한다)에는 다음 각 호의 임원을 둔다. 1. 회장 2. 부회장 3. 이사 4. 감사 ② 대한건축사협회에는 총회, 이사회 및 윤리위원회를 두며, 특별시·광역시·특별자치시·도·특별자치도(이하 "시·도"라 한다)별로 지부를 둔다. ③ 제1항 및 제2항에서 규정한 사항 외에 대한건축사협회의 임원 및 조직에 관하여 필요한 사항은 정관으로 정한다. [본조신설 2022. 7. 26.] [종전 제31조는 제32조로 이동 〈2022. 7. 26.〉]	

법	시 행 령	시 행 규 칙
5. 건축사와 건축사보의 자질 향상을 위한 연수 6. 회원의 복지 향상 및 연금제도 운영 7. 그 밖에 건축사협회의 설립 목적을 달성하기 위하여 필요한 사업 [전문개정 2015.8.11.] **제31조의3【건축사협회의 가입의무】** 제23조제1항에 따라 건축사사무소개설신고를 한 건축사는 건축사협회 정관으로 정하는 절차에 따라 건축사협회에 가입하여야 한다. [본조신설 2022. 2. 3.] **제31조의4【윤리규정】** ① 건축사협회는 회원이 업무를 수행할 때 지켜야 할 직업윤리에 관한 윤리규정을 국토교통부장관의 승인을 얻어 제정하여야 한다. ② 건축사협회의 회원은 제1항에 따른 직업윤리에 관한 윤리규정을 준수하여야 한다. [본조신설 2022. 2. 3.] **제32조【주사무소와 지부】** 건축사협회는 정관으로 정하는 바에 따라 주사무소를 설치하고 필요한 곳에 지부(支部)를 둘 수 있다. [전문개정 2011.5.30.] **제33조, 제34조** 삭제 〈2011.5.30.〉 **제35조【정관】** ① 건축사협회는 정관을 작성한 때에는 국토교통부장관의 인가를 받아야 한다. 정관을 변경하려는 경우에도 또한 같다. ② 건축사협회의 정관에 포함되어야 할 사항과 사업 종목	**제32조 【정관의 기재사항】** 건축사협회의 정관에는 다음 각 호의 사항이 포함되어야 한다. 1. 목적 2. 명칭	

법	시 행 령	시 행 규 칙

에 관한 사항은 대통령령으로 정한다.
[전문개정 2022.2.3]

제36조【「민법」의 적용】 건축사협회에 관하여는 이 법에 규정된 사항을 제외하고는 「민법」 중 사단법인에 관한 규정을 적용한다.
[전문개정 2011.5.30.]

제37조 삭제 〈2001.8.14.〉

제38조 삭제 〈2022.2.3.〉

제38조의2【보고·조사 등】 국토교통부장관은 다음 각 호의 어느 하나에 해당하는 경우 건축사협회에 대하여 그 업무에 관한 사항을 보고하게 하거나 자료의 제출을 요구할 수 있으며, 소속 공무원으로 하여금 업무 상황을 조사하게 하거나 장부 또는 그 밖의 서류를 검사하게 할 수 있다. 이 경우 제30조제2항을 준용한다.
1. 제38조의11제2항에 따라 위탁한 업무에 대한 관리·감독

3. 사업
4. 사무소의 소재지
5. 회원의 가입 및 탈퇴
6. 회원의 징계
7. 회원의 권리·의무
8. 회원의 교육
9. 자산
10. 임원
11. 회계

[전문개정 2012.5.30.]
[제31조에서 이동 〈2022. 7. 26.〉]

제33조 삭제 〈2000.5.10.〉

제34조 [종전 제34조는 제38조로 이동 〈2012.5.30.〉]

법	시 행 령	시 행 규 칙
이 필요한 경우 2. 그 밖에 건축사 관련 정책 수립을 위하여 필요한 경우 [전문개정 2019.11.26.]		
제6장의2 건축사공제조합〈신설 2015.8.11〉		
제38조의3【건축사공제조합의 설립 등】 ① 건축사는 상호 간의 협동조직을 통하여 자율적인 경제활동을 도모하고 건축사업 수행에 필요한 손해배상책임의 보장, 각종 보증 및 자금의 융자 등을 위하여 국토교통부장관의 인가를 받아 건축사공제조합(이하 "공제조합"이라 한다)을 설립할 수 있다. ② 공제조합은 법인으로 하며, 주된 사무소의 소재지에서 설립등기를 함으로써 성립한다. ③ 공제조합 조합원의 자격, 임원에 관한 사항, 출자에 관한 사항 및 공제조합 운영 등에 관한 사항은 정관으로 정한다. ④ 공제조합 정관의 기재사항, 보증대상 및 보증한도 등은 대통령령으로 정하며, 정관을 변경하려면 이사회 의결을 거쳐 국토교통부장관의 인가를 받아야 한다. [본조신설 2015.8.11.] [종전의 제38조의3은 제38조의11로 이동 〈2015.8.11.〉]	**제34조의2【정관의 기재사항】** 법 제38조의3제1항에 따른 건축사공제조합(이하 "공제조합"이라 한다) 정관의 기재사항은 다음 각 호와 같다. 1. 목적 2. 명칭 3. 사무소의 소재지 4. 출자 1좌(座)의 금액과 그 납입 방법 및 지분 계산에 관한 사항 5. 조합원의 자격과 가입 · 탈퇴에 관한 사항 6. 자산 및 회계에 관한 사항 7. 총회에 관한 사항 8. 이사회에 관한 사항 9. 임원 및 직원에 관한 사항 10. 융자에 관한 사항 11. 업무와 그 집행에 관한 사항 12. 정관의 변경에 관한 사항 13. 해산과 잔여재산의 처리에 관한 사항 14. 공고의 방법에 관한 사항 [본조신설 2016.2.11.]	
제38조의4【공제조합의 설립인가】 ① 공제조합을 설립하려면 조합원 자격이 있는 자 5명 이상이 발기하고 조합원 자	**제34조의3【공제조합의 등기】** ① 공제조합은 법 제38조의4제1항에 따라 설립인가를 받으면 주사무소의 소재지에서	

법	시 행 령	시 행 규 칙
격이 있는 자 20명 이상의 동의를 받아 창립총회에서 정관을 작성한 후 국토교통부장관에게 인가를 신청하여야 한다. ② 국토교통부장관은 제1항에 따라 설립인가를 한 경우 이를 공고하여야 한다. [본조신설 2015.8.11.] [종전의 제38조의4는 제38조의12로 이동 〈2015.8.11.〉]	다음 각 호의 사항을 등기하여야 한다. 1. 목적 2. 명칭 3. 사업 4. 사무소의 소재지 5. 설립인가의 연월일 6. 출자금의 총액 7. 출자 1좌의 금액 8. 출자의 방법 9. 출자증권양도의 제한에 관한 사항 10. 임원의 성명 및 주민등록번호(이사장의 경우에는 주소를 포함한다) 11. 대표권의 제한에 관한 사항 12. 대리인에 관한 사항 13. 공고의 방법 ② 제1항 각 호의 등기사항에 변경이 있는 경우에는 그 변경이 발생한 날부터 3주 이내에 이를 등기하여야 한다. 다만, 제1항제6호에 따른 출자금 총액의 변경등기는 매 회계연도 말일을 기준으로 회계연도 종료 후에 하여야 한다. [본조신설 2016.2.11.]	
제38조의5【공제조합의 사업】 공제조합은 다음 각 호의 사업을 한다. 1. 조합원의 업무수행에 따른 입찰, 계약, 선급금지급, 하자보수 등의 보증 2. 조합원에 대한 자금의 융자 3. 조합원의 업무수행에 따른 손해배상책임을 보장하는 공제사업 및 조합원에 고용된 사람의 복지향상과 업무상 재해로	**제34조의4【출자 및 조합원의 책임】** ① 공제조합의 총 출자금은 그 조합원이 출자한 출자좌의 액면총액으로 한다. ② 출자 1좌의 금액은 균일하여야 한다. ③ 공제조합은 정관으로 정하는 바에 따라 조합원에게 그의 출자를 나타내는 출자증권을 발급하여야 한다. ④ 조합원의 책임은 그 출자지분액을 한도로 한다. [본조신설 2016.2.11.]	

법	시 행 령	시 행 규 칙
인한 손실을 보상하는 공제사업 4. 건축사업무 관련 기술의 개선 · 향상과 관련한 연구 및 교육에 관한 사업 5. 조합원을 위한 공동이용시설의 설치 · 운영 및 조합원의 편익증진을 위한 사업 6. 조합원의 업무수행에 필요한 기자재의 구매알선 7. 조합원의 목적 달성에 필요한 투자 등의 수익사업 8. 제1호에서 제7호까지에 부대되는 사업으로서 정관으로 정하는 사업 [본조신설 2015.8.11.]	**제34조의5【공제조합의 보증대상 및 내용】** ① 공제조합이 할 수 있는 보증대상은 조합원이 법 제19조에 따른 업무를 수행하는 과정에서 부담하는 의무 또는 채무로 한다. ② 법 제38조의5제1호에 따른 각 보증의 내용은 다음 각 호와 같다. 1. 입찰보증: 입찰에 참가하는 조합원이 입찰 참가자로서 부담하는 입찰보증금의 납부에 관한 의무이행을 보증하는 것 2. 계약보증: 조합원이 도급받은 업무 등의 계약이행과 관련하여 부담하는 계약보증금의 납부에 관한 의무이행을 보증하는 것 3. 선급금지급보증: 조합원이 도급받은 업무 등과 관련하여 수령하는 선급의 반환채무를 보증하는 것 4. 하자보수보증: 조합원이 완성한 업무에서 발생한 하자의 보수에 관한 의무이행을 보증하는 것 5. 하도급보증: 조합원이 하도급받으려거나 하도급받은 업무 등과 관련하여 부담하는 제1호부터 제4호까지와 같은 채무를 보증하는 것 6. 그 밖에 조합원의 업무와 관련하여 그가 부담하게 되는 재산상의 의무이행을 보증하는 것으로서 정관으로 정하는 보증 ③ 공제조합은 그가 하는 각종 보증의 구체적인 내용, 범위 및 조건 등에 관하여 약관을 정하여 시행할 수 있다. [본조신설 2016.2.11.]	
제38조의6【보증규정】 ① 공제조합은 제38조의5제1호에 따른 보증사업을 하려면 보증규정을 정하여야 하고, 보증규정을 제정하거나 변경하려는 경우에는 국토교통부장관에게 보고하여야 한다. ② 제1항의 보증규정에는 보증사업의 범위, 보증계약의 내용, 보증수수료, 보증에 충당하기 위한 책임준비금 등 보증	**제34조의6【보증한도】** ① 공제조합이 보증할 수 있는 총 보증한도는 출자금과 준비금을 합산한 금액의 40배까지로 한다. 다만, 금융기관 · 보험회사 또는 이와 유사한 기관의 보증이나 보험에 의하여 보장을 받거나 그 밖에 담보물을 받고 하는 보증은 보증한도에 포함하지 아니한다. ② 제1항에서 출자금과 준비금은 각 사업연도의 전년도 말	

법	시 행 령	시 행 규 칙
사업의 운영에 필요한 사항이 포함되어야 한다. [본조신설 2015.8.11.]	결산액을 기준으로 한다. 다만, 사업연도 중에 증자를 하였거나 「자산재평가법」에 따라 자산을 재평가한 경우에는 증자 또는 자산재평가를 마친 때의 출자금과 준비금을 기준으로 한다.	
제38조의7【공제규정】 ① 공제조합은 제38조의5제3호에 따른 공제사업을 하려면 공제규정을 정하여야 하고, 공제규정을 제정하거나 변경하려는 경우에는 국토교통부장관에게 보고하여야 한다. ② 제1항의 공제규정에는 공제사업의 범위, 공제계약의 내용, 공제료, 공제금, 공제금에 충당하기 위한 책임준비금 등 공제사업의 운영에 필요한 사항이 포함되어야 한다. [본조신설 2015.8.11.]	③ 공제조합이 조합원에 대하여 보증할 수 있는 보증종류별 한도는 보증종류별 사고율을 고려하여 정한다. ④ 공제조합은 제3항에 따라 보증종류별 한도를 정한 때에는 국토교통부장관에게 이를 통보하여야 한다. [본조신설 2016.2.11.]	
제38조의8【보고 · 조사 등】 ① 국토교통부장관은 다음 각 호의 어느 하나에 해당하는 경우 공제조합에 대하여 그 업무에 관한 사항을 보고하게 하거나 자료의 제출을 요구할 수 있으며, 소속 공무원으로 하여금 공제조합의 업무 상황 또는 회계 상황을 조사하게 하거나 장부 또는 그 밖의 서류를 검사하게 할 수 있다. 이 경우 제30조제2항을 준용한다. 〈개정 2019.11.26.〉 1. 이 법의 위반 여부에 대한 확인이 필요한 경우 2. 그 밖에 공제조합의 재무건전성 유지 등을 위하여 필요한 경우 ② 제38조의5제3호에 따른 공제사업에 대하여는 대통령령으로 정하는 바에 따라 금융위원회가 제1항에 따른 조사 또는 검사를 할 수 있다. ③ 국토교통부장관은 제38조의5제1호에 따른 보증사업의 건전한 육성과 계약자 보호를 위하여 보증사업의 감독에 필요한 기준을 정하여 고시하여야 한다.	**제34조의7【조사 및 검사】** ① 법 제38조의8제2항에 따른 금융위원회의 조사 또는 검사는 국토교통부장관이 조사 또는 검사가 필요한 사유를 명시하여 금융위원회에 요청한 경우로 한정한다. ② 금융위원회는 법 제38조의8제2항에 따라 조사 또는 검사를 한 경우에는 그 결과를 지체 없이 국토교통부장관에게 통보하여야 한다. 이 경우 시정하여야 할 사항이 있으면 시정을 요구할 수 있다. [본조신설 2016.2.11.]	

법	시 행 령	시 행 규 칙

법

④ 국토교통부장관은 제38조의5제3호에 따른 공제사업의 건전한 육성과 계약자의 보호를 위하여 금융위원회 위원장과 협의하여 감독에 필요한 기준을 정하여 고시하여야 한다.
[본조신설 2015.8.11.][제목개정 2019.11.26.]

제38조의9【공제조합의 책임】 ① 공제조합은 보증한 사항에 관하여 법령이나 그 밖의 계약서 등에서 정하는 바에 따라 보증금을 지급할 사유가 발생하였을 때에는 그 보증금을 보증채권자에게 지급하여야 한다.
② 제1항에 따라 보증채권자가 공제조합에 대하여 가지는 보증금에 관한 권리는 보증기간 만료일부터 2년간 행사하지 아니하면 시효의 완성으로 소멸한다.
[본조신설 2015.8.11.]

제38조의10【다른 법률의 준용】 공제조합에 관하여는 이 법에서 규정한 사항 외에는 「민법」 중 사단법인에 관한 규정과 「상법」 중 주식회사의 회계에 관한 규정을 준용한다.
[본조신설 2015.8.11.]

제6장의3 보칙〈개정 2015.8.11.〉

제38조의11【권한의 위임 및 위탁】 ① 국토교통부장관은 대통령령으로 정하는 바에 따라 이 법에 따른 권한의 일부를 시·도지사에게 위임할 수 있다.
② 국토교통부장관은 대통령령으로 정하는 바에 따라 다음 각 호의 업무를 건축사협회에 위탁할 수 있다. 〈개정 2015.8.11.〉

시행령

제35조【권한의 위임 및 위탁】 ① 국토교통부장관은 법 제38조의11제3항에 따라 법 제30조의3에 따른 건축사 징계에 관한 업무를 시·도지사에게 위임한다. 〈개정 2020.9.8.〉
② 국토교통부장관은 법 제38조의11제2항에 따라 다음 각 호의 업무를 대한건축사협회에 위탁한다. 〈개정 2016.2.11., 2020.6.9., 2022.7.26.〉

시행규칙

제25조의2【수탁사무 처리를 위한 세부 기준 작성】 건축사협회는 영 제35조제2항에 따라 위탁받은 사무를 처리하기 위하여 필요한 경우에는 국토교통부장관의 승인을 받아 세부 기준을 정할 수 있다.
[전문개정 2012.5.30.]

법	시 행 령	시 행 규 칙
1. 실무수련자의 관리 2. 제7조제2항에 따른 건축사보 신고의 접수 3. 제14조에 따른 건축사 자격시험의 관리 4. 제18조에 따른 등록의 접수, 등록증 발급 및 반납 5. 제19조의2에 따른 건축사 업무 실적의 관리 등 6. 제30조의2에 따른 실무교육	1. 법 제7조제2항에 따른 건축사보 신고의 접수 2. 법 제13조제3항에 따른 실무수련자 신고의 접수 및 이 영 제6조의7에 따른 실무수련의 확인 등 3. 법 제14조에 따른 건축사 자격시험의 관리 4. 법 제18조에 따른 등록의 접수 및 등록증 발급 5. 법 제19조의2에 따른 건축사 업무 실적의 관리 등 5의2. 법 제23조제5항 후단에 따른 외국의 건축사 면허 또는 자격 취득자 신고의 접수 6. 법 제30조의2에 따른 건축사에 대한 실무교육 실시 7. 제5조제2항에 따른 건축사 명부의 관리 ③ 시 · 도지사 및 대한건축사협회는 제1항 및 제2항에 따라 위임받거나 위탁받은 사무를 처리하였을 때에는 그 결과를 국토교통부장관에게 보고해야 한다. 〈개정 2022.7.26.〉 ④ 국토교통부장관은 시 · 도지사가 제1항에 따라 한 명령이나 처분 등이 위법 또는 부당하다고 인정될 때에는 그 명령 또는 처분 등을 취소하거나 중지시킬 수 있다. 〈개정 2013.3.23.〉 [전문개정 2012.5.30.]	
③ 국토교통부장관은 대통령령으로 정하는 바에 따라 제30조의3에 따른 건축사 징계에 관한 업무를 시 · 도지사에게 위임할 수 있다.	**제35조의2【시 · 도 건축사징계위원회】** ① 법 제38조의11제3항 및 이 영 제35조제1항에 따라 건축사 징계에 관한 업무를 위임받은 시 · 도지사는 시 · 도에 두는 건축사징계위원회(이하 "시 · 도징계위원회"라 한다)의 의결에 따라 건축사를 징계한다. 〈개정 2016.2.11., 2022.7.26.〉 ② 시 · 도징계위원회의 구성 · 운영에 관하여는 제30조의2부터 제30조의10까지의 규정을 준용한다. 이 경우 "국토교통부장관"은 각각 "시 · 도지사"로, "국토교통부"는 각각 "시 · 도"로, "징계위원회"는 각각 "시 · 도징계위원회"로 본	

법

④ 시 · 도지사의 징계 결정에 불복하는 사람은 그 결정 통지를 받은 날부터 30일 이내에 국토교통부장관에게 이의신청을 할 수 있다. 이의신청을 받은 국토교통부장관은 신청에 이유가 있다고 인정하면 시 · 도지사의 징계 결정을 취소하고 스스로 징계 결정을 하여야 한다.
⑤ 제4항에 따른 이의신청의 절차 등에 필요한 사항은 대통령령으로 정한다.
[본조신설 2011.5.30]

제38조의12【벌칙 적용 시의 공무원 의제】 다음 각 호에 해당하는 사람은 「형법」 제127조 및 제129조부터 제132조까지의 규정을 적용할 때에는 공무원으로 본다. 〈개정 2015.8.11.〉

시 행 령

다. 〈개정 2013.3.23.〉
③ 제1항 및 제2항에도 불구하고 시 · 도지사가 시 · 도징계위원회를 따로 구성 · 운영하기 어려운 경우에는 「건축법」 제4조에 따라 해당 시 · 도에 두는 건축위원회의 심의를 거쳐 건축사를 징계할 수 있다. 이 경우 해당 건축위원회의 구성 · 운영에 관하여는 제30조의2 및 제30조의4부터 제30조의10까지의 규정을 준용한다.
[본조신설 2012.5.30.]

제35조의3【이의신청의 처리】 ① 법 제38조의11제4항 전단에 따라 이의신청하려는 사람은 이의신청서에 이의신청의 취지와 이유를 적고 필요한 자료를 첨부하여 국토교통부장관에게 제출하여야 한다. 〈개정 2016.2.11.〉
② 국토교통부장관은 법 제38조의11제4항 후단의 결정을 하였을 때에는 지체 없이 그 결과와 이유를 이의신청인에게 알려야 한다. 〈개정 2016.2.11.〉
[본조신설 2012.5.30.]

제36조【실무교육 계획의 수립】 대한건축사협회는 제35조제2항제6호에 따라 위탁받은 건축사에 대한 실무교육을 실시하려는 경우 국토교통부령으로 정하는 바에 따라 실무교육계획을 수립(변경수립을 포함한다)하여 국토교통부장관의 승인을 받아야 한다. 〈개정 2022.7.26.〉
[전문개정 2012.5.30.]

제37조【고유식별정보의 처리】 ① 국토교통부장관(법 제38조의11에 따라 국토교통부장관의 권한 또는 업무를 위임 · 위탁받은 자를 포함한다)은 다음 각 호의 사무를 수행하기

시 행 규 칙

제26조【실무교육계획 수립 및 결과 보고】 ① 영 제36조에 따라 건축사협회는 실무교육계획을 수립하여 교육이 시작되기 1개월 전까지 국토교통부장관의 승인을 받아야 하며, 해당 연도의 실무교육 결과보고서를 다음 연도 3월 31일까지 국토교통부장관에게 제출하여야 한다.
② 제1항에 따른 실무교육계획에는 다음 각 호의 사항이 포함되어야 한다.
1. 교육방법 및 교육기간
2. 교육 예정 인원
3. 강사의 성명 · 주소 및 교과목별 이수시간표
4. 그 밖에 교육 실시와 관련하여 국토교통부장관이 요구하는 사항
③ 제1항에 따른 실무교육 결과보고서에는 다음 각 호의 사항이 포함되어야 한다.
1. 교육 대상자 명단(대상자의 교육

법	시 행 령	시 행 규 칙
1. 제38조의11제2항에 따라 위탁받은 업무에 종사하는 사람 2. 징계위원회의 위원 [본조신설 2011.5.30][제38조의3에서 이동 〈2015.8.11.〉] **제7장 벌칙** **제39조【벌칙】** 건축사업무의 수행과 관련하여 다음 각 호의 어느 하나에 해당하는 행위를 한 건축사, 건축사보 또는 실무수련자는 2년 이하의 징역이나 2천만원 이하의 벌금에 처한다. 1. 부당하게 금품을 주고받거나 요구하는 행위 2. 제3자에게 부당한 금품을 제공하게 하거나 제공을 요구하는 행위 [본조 신설 2015.1.6.] **제39조의2【벌칙】** 다음 각 호의 어느 하나에 해당하는 사람은 2년 이하의 징역이나 2천만원 이하의 벌금에 처한다. 1. 제10조를 위반한 다음 각 목의 어느 하나에 해당하는 사람 가. 다른 사람에게 자기의 성명을 사용하여 건축사업무를 수행하게 하거나 자신의 건축사 자격증을 빌려 준 사람 나. 다른 사람의 성명을 사용하여 건축사업무를 수행하거나 다른 사람의 건축사 자격증을 빌린 사람 다. 가목 및 나목의 행위를 알선한 사람 2. 제18조를 위반한 다음 각 목의 어느 하나에 해당하는 사람 가. 다른 사람에게 자신의 건축사 등록증을 빌려 준 사람 나. 다른 사람의 건축사 등록증을 빌린 사람 다. 가목 및 나목의 행위를 알선한 사람 [본조신설 2019.8.20.][종전 제39조의2는 제39조의3으로 이동 〈2019.8.20.〉]	위하여 불가피한 경우 「개인정보 보호법 시행령」 제19조제1호 또는 제4호에 따른 주민등록번호 또는 외국인등록번호가 포함된 자료를 처리할 수 있다. 〈개정 2016.2.11., 2017.3.27., 2020.6.9.〉 1. 법 제7조제2항에 따른 건축사보의 신고에 관한 사무 2. 법 제8조제1항에 따른 건축사 자격증 발급을 위한 법 제9조에 따른 결격사유 확인에 관한 사무 3. 법 제13조제3항에 따른 실무수련을 받으려는 사람의 신고에 관한 사무 3의2. 법 제14조에 따른 건축사 자격시험에 관한 사무 4. 삭제 〈2020.9.8.〉 5. 법 제23조제5항 후단에 따른 외국의 건축사 면허 또는 자격을 가진 사람의 신고에 관한 사무 6. 법률 제3074호 건축사법중개정법률 부칙 제5항에 따른 면허증 발급에 관한 사무 7. 제5조제2항에 따른 건축사 명부의 관리 ② 시·도지사(해당 권한이 위임·위탁된 경우에는 그 권한을 위임·위탁받은 자를 포함한다)는 다음 각 호의 어느 하나에 해당하는 신고의 수리를 위한 법 제24조에 따른 신고의 제한 사항 확인에 관한 사무를 수행하기 위하여 불가피한 경우 「개인정보 보호법 시행령」 제19조제1호 또는 제4호에 따른 주민등록번호 또는 외국인등록번호가 포함된 자료를 처리할 수 있다. 〈신설 2020.9.8.〉 1. 법 제23조제1항에 따른 건축사사무소개설신고 2. 법 제23조제9항 각 호 외의 부분 단서에 따른 건축사 업무 수행 신고 ③ 공제조합은 법 제38조의5제1호부터 제3호까지의 규정에 따른 사업에 관한 사무를 수행하기 위하여 불가피한 경우	이수 여부를 분명하게 밝혀야 한다) 2. 교육계획의 주요 내용이 변경된 경우에는 그 변경 내용과 변경 사유 3. 그 밖에 교육 실시와 관련하여 국토교통부장관이 요구하는 사항 [전문개정 2012.5.30.]

법	시 행 령	시 행 규 칙
제39조의3【벌칙】 다음 각 호의 어느 하나에 해당하는 사람은 1년 이하의 징역이나 1천만원 이하의 벌금에 처한다. 1. 거짓이나 그 밖의 부정한 방법으로 건축사 자격을 취득하거나 제18조에 따른 자격등록 또는 갱신등록을 한 사람 2. 제4조를 위반하여 건축물의 설계 또는 공사감리를 한 사람 3. 삭제 〈2019.8.20.〉 4. 제18조의2에 따라 자격등록 또는 갱신등록이 거부되거나 제18조의3에 따라 자격등록이 취소된 사람으로서 건축사업무를 수행한 사람 5. 제20조제6항을 위반하여 직무상 알게 된 비밀을 누설하거나 다른 용도로 사용한 사람 6. 거짓이나 그 밖의 부정한 방법으로 건축사사무소개설신고를 한 사람 7. 제23조를 위반하여 건축사사무소개설신고를 하지 아니하고 건축사업을 한 사람 8. 제30조의3제2항제2호에 따른 징계를 받아 업무가 정지된 후에도 계속하여 그 업무를 수행한 사람 9. 삭제 〈2015.1.6.〉 [전문개정 2011.5.30.][제39조에서 이동 〈2015.1.6.〉] [제39조의2에서 이동, 종전 제39조의3은 제39조의4로 이동 〈2019.8.20.〉] **제39조의4【몰수 · 추징】** 제39조의2의 죄를 지은 자 또는 그 사정을 아는 제3자가 받은 금품이나 그 밖의 이익은 몰수한다. 이를 몰수할 수 없을 때에는 그 가액을 추징한다. 〈개정 2019.8.20.〉 [본조신설 2017.12.26.][제39조의3에서 이동 〈2019.8.20.〉]	「개인정보 보호법 시행령」 제19조제1호 또는 제4호에 따른 주민등록번호 또는 외국인등록번호가 포함된 자료를 처리할 수 있다. 〈개정 2016.2.11., 2020.9.8.〉 [신설 2014.8.6.]	

법	시 행 령	시 행 규 칙
제40조 【양벌규정】 건축사사무소개설자의 대리인, 사용인, 그 밖의 종업원이 그 건축사사무소개설자의 업무에 관하여 제39조, 제39조의2 또는 제39조의3의 위반행위를 하면 그 행위자를 벌하는 외에 그 건축사사무소개설자에게도 해당 조문의 벌금형을 과(科)한다. 다만, 건축사사무소개설자가 그 위반행위를 방지하기 위하여 해당 업무에 관하여 상당한 주의와 감독을 게을리하지 아니한 경우에는 그러하지 아니하다. 〈개정 2015.1.6., 2019.8.20.〉 [전문개정 2011.5.30.] [제42조에서 이동 〈2011.5.30.〉]		
제41조 【과태료】 ① 다음 각 호의 어느 하나에 해당하는 사람에게는 100만원 이하의 과태료를 부과한다. 1. 제12조를 위반하여 건축사 또는 이와 비슷한 명칭을 사용한 사람 2. 제30조제1항에 따른 보고를 하지 아니하거나 거짓으로 보고한 사람 또는 검사를 거부·방해하거나 기피한 사람 ② 다음 각 호의 어느 하나에 해당하는 사람에게는 50만원 이하의 과태료를 부과한다. 1. 삭제 〈2015.8.11.〉 2. 제11조제3항을 위반하여 자격증을 반납하지 아니한 사람 3. 제27조를 위반하여 변경 등의 신고를 하지 아니한 사람 4. 삭제 〈2015.8.11.〉 ③ 제1항과 제2항에 따른 과태료는 국토교통부장관 또는 시·도지사가 부과·징수한다. 〈개정 2020.2.18〉 [전문개정 2011.5.30.]	**제38조 【과태료의 부과기준】** 법 제41조제1항 및 제2항에 따른 과태료의 부과기준은 별표 3과 같다. [전문개정 2009.5.13][제34조에서 이동 〈2012.5.30.〉]	
제42조 [종전의 제42조는 제40조로 이동 〈2011.5.30〉]		
제43조 삭제〈1984.12.31.〉		

법

부칙〈법률 제17007호, 2020.2.18.〉

(중앙행정권한 및 사무 등의 지방 일괄 이양을 위한 물가안정에 관한 법률 등 46개 법률 일부개정을 위한 법률)

제1조(시행일) 이 법은 2021년 1월 1일부터 시행한다. <단서 생략>

제2조(사무이양을 위한 사전조치) ① 관계 중앙행정기관의 장은 이 법에 따른 중앙행정권한 및 사무의 지방 일괄 이양에 필요한 인력 및 재정 소요 사항을 지원하기 위하여 필요한 조치를 마련하여 이 법에 따른 시행일 3개월 전까지 국회 소관 상임위원회에 보고하여야 한다.

② 「지방자치분권 및 지방행정체제개편에 관한 특별법」 제44조에 따른 자치분권위원회는 제1항에 따른 인력 및 재정 소요 사항을 사전에 전문적으로 조사·평가할 수 있다.

제3조(행정처분 등에 관한 일반적 경과조치) 이 법 시행 당시 종전의 규정에 따라 행정기관이 행한 처분 또는 그 밖의 행위는 이 법의 규정에 따라 행정기관이 행한 처분 또는 그 밖의 행위로 보고, 종전의 규정에 따라 행정기관에 대하여 행한 신청·신고, 그 밖의 행위는 이 법의 규정에 따라 행정기관에 대하여 행한 신청·신고, 그 밖의 행위로 본다.

제4조 생략

부칙〈법률 제17453호, 2020.6.9.〉

이 법은 공포한 날부터 시행한다. <단서 생략>

부칙〈법률 제17799호, 2020.12.29〉

제1조(시행일) 이 법은 공포 후 1년이 경과한 날부터 시행한다. <단서 생략>

시 행 령

부칙〈대통령령 제30337호, 2020.1.7.〉 (건설기술 진흥법 시행령)

제1조(시행일) 이 영은 공포한 날부터 시행한다.

제2조(다른 법령의 개정) ① 및 ② 생략

③ 건축사법 시행령 일부를 다음과 같이 개정한다.

별표 1 1등급의 경력구분란 제2호마목 중 "건설기술용역업자"를 "건설기술용역사업자"로 한다.

④부터 ⑯까지 생략

부칙〈대통령령 제30423호, 2020.2.18.〉

제1조(시행일) 이 영은 공포한 날부터 시행한다.

제2조부터 **제4조**까지 생략

제5조(다른 법률의 개정) ①부터 ④까지 생략

⑤ 건축사법 시행령 일부를 다음과 같이 개정한다.

별표 1 1등급의 경력구분란 제2호가목 중 "건설업자"를 "건설사업자"로 한다.

⑥부터 ⑳까지 생략

부칙〈대통령령 제30774호, 2020.6.9.〉

제1조(시행일) 이 영은 공포한 날부터 시행한다.

제2조(시험과목의 면제에 관한 적용례) 제11조제1항 단서 및 같은 조 제2항의 개정규정은 2015년부터 2019년까지의 건축사 자격시험에서 합격한 과목에 대해서도 적용한다.

부칙〈대통령령 제31012호, 2020.9.10.〉

제1조(시행일) 이 영은 2020년 9월 10일부터 시행한다.

제2조(다른 법령의 개정) ① 및 ② 생략

③ 건축사법 시행령 일부를 다음과 같이 개정한다.

시 행 규 칙

부칙〈국토교통부령 제739호, 2020.6.18.〉

이 규칙은 공포한 날부터 시행한다.

부칙 〈국토교통부령 제929호, 2021.12.15.〉

제1조(시행일) 이 규칙은 공포한 날부터 시행한다.

제2조(건축사 자격시험 응시수수료 반환에 관한 적용례) 제10조제2항제6호의 개정규정은 이 규칙 시행 이후 공고하는 건축사 자격시험부터 적용한다.

부칙 〈국토교통부령 제1390호, 2024. 9. 26.〉 (국가자격시험 응시수수료 부담 완화를 위한 감정평가 및 감정평가사에 관한 법률 시행규칙 등 3개 법령의 일부개정에 관한 국토교통부령)

제1조(시행일) 이 규칙은 공포한 날부터 시행한다.

제2조(「건축사법 시행규칙」 개정에 관한 적용례) 「건축사법 시행규칙」 제10조제1항 단서 및 같은 조 제2항 제6호부터 제8호까지의 개정규정은 이 규칙 시행 이후 공고하는 건축사 자격시험부터 적용한다.

제3조 생략

제2조부터 **제24조**까지 생략

제25조(다른 법률의 개정) ①부터 ③까지 생략

④ 건축사법 일부를 다음과 같이 개정한다.

제23조제9항제4호 중 " 「독점규제 및 공정거래에 관한 법률」 제2조제3호"를 " 「독점규제 및 공정거래에 관한 법률」 제2조제12호"로 한다.

⑤부터 ㊽까지 생략

제26조 생략

부칙 〈법률 제18826호, 2022.2.3.〉

제1조(시행일) 이 법은 공포 후 6개월이 경과한 날부터 시행한다.

제2조(대한건축사협회에 대한 경과조치) 이 법 시행 당시 종전의 규정에 따라 설립된 대한건축사협회는 이 법에 따른 대한건축사협회로 본다.

제3조(건축사협회 가입에 관한 경과조치 등) ① 이 법 시행 당시 제23조제1항에 따라 건축사사무소개설신고가 되어 있는 건축사로서 건축사협회에 회원으로 가입되어 있지 아니한 건축사는 이 법 시행 이후 1년 이내에 건축사협회에 가입하여야 한다.

② 건축사협회는 이 법 시행 전에 제31조의3의 개정규정을 시행하기 위하여 제35조의 개정규정에 따른 정관을 작성하여 국토교통부장관의 인가를 받아야 한다.

제25조제22호를 다음과 같이 한다.

22. 「국가철도공단법」에 따른 국가철도공단

④부터 ㉜까지 생략

제3조 생략

부칙〈대통령령 제31211호, 2020.12.1.〉

제1조(시행일) 이 영은 2020년 12월 10일부터 시행한다.

제2조(다른 법령의 개정) ①부터 ③까지 생략

④ 건축사법 시행령 일부를 다음과 같이 개정한다.

별표 1의 1등급 경력구분란 중 제2호사목을 다음과 같이 하고, 같은 호에 아목을 다음과 같이 신설한다.

사. 「국토안전관리원법」에 따른 국토안전관리원

아. 「시설물의 안전 및 유지관리에 관한 특별법」에 따라 등록한 안전진단전문기관

⑤부터 ⑰까지 생략

부칙 〈대통령령 제31961호, 2021.8.31.〉 (한국광해광업공단법 시행령)

제1조(시행일) 이 영은 2021년 9월 10일부터 시행한다.

제2조 및 제3조 생략

제4조(다른 법령의 개정) ① 건축사법 시행령 일부를 다음과 같이 개정한다.

제25조제12호를 다음과 같이 한다.

12. 「한국광해광업공단법」에 따른 한국광해광업공단

②부터 ㉙까지 생략

제5조 생략

부칙 〈대통령령 제31986호, 2021.9.14.〉 (건설기술

법	시 행 령	시 행 규 칙

진흥법 시행령)

제1조(시행일) 이 영은 공포한 날부터 시행한다. <단서 생략>

제2조 생략

제3조(다른 법령의 개정) ①부터 ⑥까지 생략

⑦ 건축사법 시행령 일부를 다음과 같이 개정한다.

별표 1의 1등급의 경력구분란 제2호마목 중 "건설기술용역사업자"를 "건설엔지니어링사업자"로 한다.

⑧부터 ㉖까지 생략

부칙 〈대통령령 제32825호, 2022.7.26.〉

제1조(시행일) 이 영은 2022년 8월 4일부터 시행한다. 다만, 제6조의8제2항, 별표 2 및 별표 3의 개정규정은 공포한 날부터 시행한다.

제2조(업무정지 등 처분기준에 관한 경과조치) 이 영 시행 전의 위반행위에 대하여 업무정지 등 처분기준을 적용할 때에는 별표 2 제1호나목 단서의 개정규정에도 불구하고 종전의 규정에 따른다.

제3조(과태료의 부과기준에 관한 경과조치) 이 영 시행 전의 위반행위에 대하여 과태료의 부과기준을 적용할 때에는 별표 3 제1호나목 단서의 개정규정에도 불구하고 종전의 규정에 따른다.

제4조(다른 법령의 개정) ① 건축기본법 시행령 일부를 다음과 같이 개정한다.

제22조제1항제1호 중 "건축사협회"를 "대한건축사협회"로 한다.

② 건축물관리법 시행령 일부를 다음과 같이 개정한다.

제37조제1항제2호나목 중 "건축사협회"를 "대한건축사협회"로 한다.

법	시 행 령	시 행 규 칙
	③ 건축법 시행령 일부를 다음과 같이 개정한다. 제19조제11항 중 "「건축사법」에 따른 건축사협회 중에서 국토교통부장관이 지정하는 건축사협회"를 "「건축사법」 제31조에 따른 대한건축사협회"로 하고, 같은 조 제12항 중 "건축사협회"를 "대한건축사협회"로 한다. ④ 건축서비스산업 진흥법 시행령 일부를 다음과 같이 개정한다. 제10조제1항제2호 중 "건축사협회"를 "대한건축사협회"로 한다. 제16조제2호 중 "건축사협회"를 "대한건축사협회"로 한다. ⑤ 공동주택관리법 시행령 일부를 다음과 같이 개정한다. 제40조제1항제3호 중 "건축사협회"를 "대한건축사협회"로 한다.	

시 행 령 [별 표]

[별표 1] 〈개정 2021.9.14.〉

건축사보 실무경력 인정기준(제2조의3제2항 관련)

경력산정 등급	경력구분	환산율
1 등급	1. 건축사사무소에 소속하여 건축에 관한 업무에 종사한 경력 2. 다음 각 목의 어느 하나에 소속하여 건축에 관한 업무에 종사한 경력 가.「건설산업기본법」에 따라 등록한 건설사업자 나.「해외건설 촉진법」에 따라 신고한 해외건설사업자 다.「엔지니어링산업 진흥법」에 따라 신고한 엔지니어링사업자 라.「주택법」에 따라 등록한 주택건설사업자 마.「건설기술 진흥법」에 따라 등록한 건설엔지니어링사업자 바.「기술사법」에 따라 등록한 기술사사무소(건설 관련 분야 기술사사무소로 한정한다) 사.「국토안전관리원법」에 따른 국토안전관리원 아.「시설물의 안전 및 유지관리에 관한 특별법」에 따라 등록한 안전진단전문기관 3. 다음 각 목의 어느 하나에 소속하여 건축에 관한 업무에 종사한 경력 가. 국가 나. 지방자치단체 다.「공공기관의 운영에 관한 법률」에 따라 설립된 공공기관 라.「지방공기업법」에 따라 설립된 지방공사 또는 지방공단 4. 군의 공병 병과 또는 시설 병과에서 부사관 이상으로 복무한 경력	100퍼센트
2 등급	1. 1등급 제1호부터 제3호까지의 규정에 따른 건축사사무소 등이 아닌 업체·기관·협회 등에서 건축에 관한 업무에 종사한 경력 2. 1등급 제1호부터 제3호까지의 규정에 따른 건축사사무소 등의 어느 하나에 해당하는 곳에서 건축 관련 분야(도시계획·조경·토목분야를 말한다. 이하 같다) 업무에 종사한 경력 3. 각종 연구원 등 연구기관에서 건축 관련 분야에 관한 연구경력 4. 군의 공병 병과 또는 시설 병과에서 사병으로 복무한 경력	80퍼센트
3. 등급	2등급에 해당하지 아니하는 경력으로서 건축 관련 분야의 업무에 종사한 경력	60퍼센트

비고
1. 경력의 인정기준일은 건축사보로 신고하는 전날까지로 한다.
2. 건축 관련 학과 및 건축 관련 분야 등 세부적인 사항은 국토교통부장관이 정하여 고시하는 기준에 따른다.

시 행 령 [별 표]

[별표 1의2] 〈개정 2016.2.11.〉

실무수련 과목과 수련 영역별 최소 수련일수(제6조의5 관련)

수련 영역	수련 과목	수련 항목	최소 수련일수
1. 설계	가. 기획	1) 프로그램 기획 2) 대지 및 주변 분석	365일 이상
	나. 계획설계 및 중간설계	1) 관련 법규 검토 2) 계획설계 3) 공사비 개산(概算) 4) 구조 및 설비 계획 5) 중간설계	
	다. 실시설계	1) 실시설계 2) 설계설명서 및 재료 검토 3) 설계도서의 검토와 조정	
2. 공사관리	가. 공사단계별 관리	1) 감리계약 및 공사계약 2) 사후 설계 관리 3) 공사감리	80일 이상
	나. 프로젝트 관리	프로젝트 관리	
3. 기타	가. 사무소 관리	사무소 관리	20일 이상
	나. 관련 활동	직능 관련 활동	
계			465일 이상

시 행 령 [별 표]

[별표 2] 〈개정 2022.7.26〉

업무정지 등 처분기준(제29조의2 관련)

1. 일반기준

가. 위반행위의 횟수에 따른 행정처분의 기준은 최근 1년간 같은 위반행위로 행정처분을 받은 경우에 적용한다. 이 경우 기간의 계산은위반행위에 대하여 행정처분을 받은 날과 그 처분 후 다시 같은 위반행위를 하여 적발된 날을 기준으로 한다.

나. 가목에 따라 가중된 행정처분을 하는 경우 가중처분의 적용 차수는 그 위반행위 전 행정처분 차수(가목에 따른 기간 내에 행정처분이 둘 이상 있었던 경우에는 높은 차수를 말한다)의 다음 차수로 한다. 다만, 적발된 날부터 소급하여 3년이 되는 날 전에 한 행정처분은 가중처분의 차수 산정 대상에서 제외한다.

다. 위반행위가 둘 이상인 경우로서 그에 해당하는 각각의 처분기준이 다른 경우에는 그 중 무거운 처분기준에 따른다. 다만, 둘 이상의 처분기준이 모두 업무정지인 경우에는 가장 무거운 처분(처분기준이 같을 때에는 그 중 하나의 처분기준을 말한다)에 나머지 각 위반행위에 해당하는 업무정지 기간의 2분의 1을 합산한 기간까지 가중하여 처분할 수 있되, 그 합산한 업무정지 기간이 1년을 넘을 때에는 1년으로 한다.

라. 가목 및 다목에 따른 행정처분이 업무정지인 경우에는 고의나 중대한 과실 여부 또는 공중(公衆)에 미치는 피해의 규모 등 위반행위의 동기·내용 및 위반의 정도 등을 고려하여 업무정지 기간의 2분의 1 범위에서 처분을 가중하거나 감경할 수 있다. 이 경우 그 가중한 업무정지기간은 1년을 넘을 수 없다.

2. 개별기준

위반사항	근거 법조문	처분기준			
		1차 위반	2차 위반	3차 위반	4차 위반 이상
가. 거짓이나 그 밖의 부정한 방법으로 건축사사무소개설신고를 한 사실이 드러난 경우	법 제28조 제1항제1호	사무소개설 신고 효력상실			
나. 법 제18조의3에 따라 건축사사무소개설자의 자격등록이 취소된 경우	법 제28조 제1항제2호	사무소개설 신고 효력상실			
다. 법 제19조에 따른 업무범위를 위반하여 건축사업을 한 경우	법 제28조 제1항제3호	업무정지 12개월			
라. 건축물의 구조상 안전에 관한 규정에 위반하여 설계 또는 공사감리를 함으로써 사람을 죽거나 다치게 한 경우	법 제28조 제1항제4호	사무소개설 신고 효력상실			
		(업무정지 12개월)			
마. 연 2회 이상 업무정지명령을 받고 그 정지기간이 통틀어 1년을 초과하는 경우	법 제28조 제1항제5호	사무소개설 신고 효력상실			
바. 법 제23조제7항을 위반하여 둘 이상의 건축사사무소를 개설한 경우	법 제28조 제1항제6호	업무정지 1개월	업무정지 4개월	업무정지 8개월	
사. 법 제27조에 따른 건축사사무소 개설신고사항의 변경 등을 거짓으로 신고한 경우	법 제28조 제1항제7호	업무정지 1개월	업무정지 3개월	업무정지 6개월	업무정지 6개월
아. 법 제30조제1항에 따른 보고를 하지 않거나 거짓으로 보고를 한 경우 또는 검사를 거부·방해하거나 기피한 경우	법 제28조 제1항제8호				
1) 보고를 하지 않거나 거짓으로 보고를 한 경우		시정명령	업무정지 1개월	업무정지 2개월	업무정지 4개월
2) 검사를 거부·방해 또는 기피한 경우		시정명령	업무정지 1개월	업무정지 3개월	업무정지 6개월

비고: ( ) 안은 건축사사무소 소속 건축사, 건축사보 및 실무수련자에 대한 행정처분 기준을 말한다.

[별표 3] 〈개정 2022.7.26.〉

과태료의 부과기준(제38조 관련)

1. 일반기준

가. 위반행위의 횟수에 따른 과태료 부과기준은 최근 1년간 같은 위반행위로 과태료를 부과받은 경우에 적용한다. 이 경우 기간의 계산은 위반행위에 대하여 과태료 부과처분을 받은 날과 그 처분 후 다시 같은 위반행위를 적발한 날을 각각 기준으로 한다.

나. 가목에 따라 가중된 부과처분을 하는 경우 가중처분의 적용 차수는 그 위반행위 전 부과처분 차수(가목에 따른 기간 내에 과태료 부과처분이 둘 이상 있었던 경우에는 높은 차수를 말한다)의 다음 차수로 한다. 다만, 적발된 날부터 소급하여 3년이 되는 날 전에 한 부과처분은 가중처분의 차수 산정 대상에서 제외한다.

다. 과태료 부과 시 위반행위가 둘 이상인 경우에는 각각 과태료를 부과한다.

라. 부과권자는 다음의 어느 하나에 해당하는 경우에는 제2호에 따른 과태료 금액의 2분의 1 범위에서 그 금액을 감경할 수 있다. 다만, 과태료를 체납하고 있는 위반행위자의 경우에는 그 금액을 감경할 수 없으며, 감경 사유가 여러 개 있는 경우라도 감경의 범위는 과태료 금액의 2분의 1을 넘을 수 없다.

1) 위반행위자의 사소한 부주의나 오류 등으로 인한 것으로 인정되는 경우
2) 위반행위자가 위반행위를 바로 정정하거나 시정하여 해소한 경우
3) 그 밖에 위반행위의 정도, 위반행위의 동기와 그 결과 등을 고려하여 과태료 금액을 감경할 필요가 있다고 인정되는 경우

2. 개별기준

(단위: 만원)

위 반 행 위	근거 법조문	1차	2차	3차 이상
가. 법 제11조제3항을 위반하여 자격증을 반납하지 않은 경우	법 제41조 제2항제2호			
1) 반납하지 않은 기간이 1개월 미만인 경우			10	
2) 반납하지 않은 기간이 1개월 이상 3개월 미만인 경우			20	
3) 반납하지 않은 기간이 3개월 이상 6개월 미만인 경우			30	
4) 반납하지 않은 기간이 6개월 이상 1년 미만인 경우			40	
5) 반납하지 않은 기간이 1년 이상인 경우			50	
나. 법 제12조를 위반하여 건축사 또는 이와 비슷한 명칭을 사용한 경우	법 제41조 제1항제1호	50	70	100
다. 법 제27조를 위반하여 변경 등의 신고를 하지 않은 경우	법 제41조 제2항제3호			
1) 신고하지 않은 기간이 1개월 미만인 경우			5	
2) 신고하지 않은 기간이 1개월 이상 3개월 미만인 경우			10	
3) 신고하지 않은 기간이 3개월 이상 6개월 미만인 경우			20	
4) 신고하지 않은 기간이 6개월 이상인 경우			30	
라. 법 제30조제1항을 위반한 경우	법 제41조 제1항제2호			
1) 보고를 하지 않거나 거짓으로 보고한 경우			50	
2) 검사를 거부·방해하거나 기피한 경우			100	

시 행 령 [별 표]

[별표] 〈개정 2012.5.30.〉

시험과목별 출제범위 및 출제방법(제8조 관련)

과목	출제범위	출제방법
대지계획	배치계획 대지 조닝(zoning) 대지분석 대지단면 지형계획 대지주차	실기
건축설계 1	평면설계	
건축설계 2	단면설계 구조계획 설비계획 지붕설계 계단설계	

건축관계법 자료 다운로드 방법

■ 관련법, 규정, 지침, 고시, 조례 등을 체계적으로 수록 · 신속 검색가능, 각종 별지 서식의 활용 가능

한솔아카데미 홈페이지(www.bestbook.co.kr) 자료실에서 제공되는 법령과 서식의 자료 파일을 활용하세요.

❶ 한솔아카데미 홈페이지에 접속하여 상단의 [인터넷서점 베스트북]을 클릭합니다.

❷ [베스트북] 홈페이지 접속 후 상단의 [자료실]에 마우스 포인터를 올립니다.

❸ 아래에 표시되는 메뉴 중 [도서자료]를 클릭합니다.

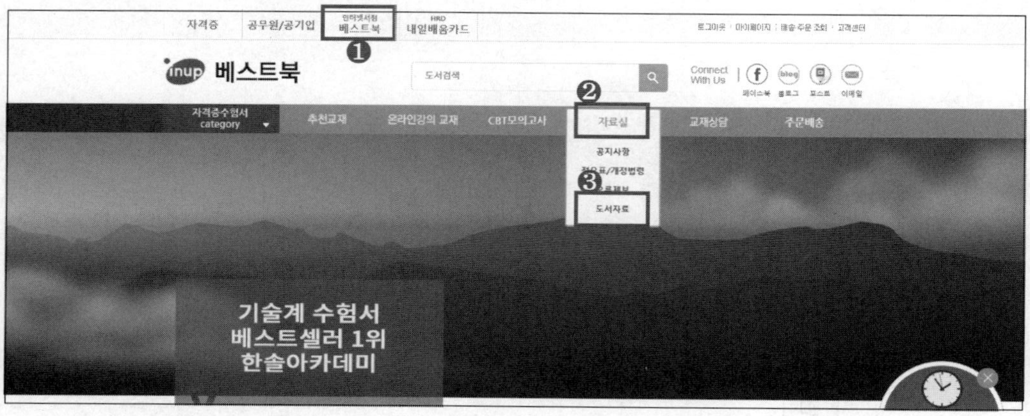

❹ 검색란에 '2025 건축법해설(전3권)'을 입력하고 [검색] 버튼을 클릭합니다.

❺ 해당되는 글을 클릭합니다.

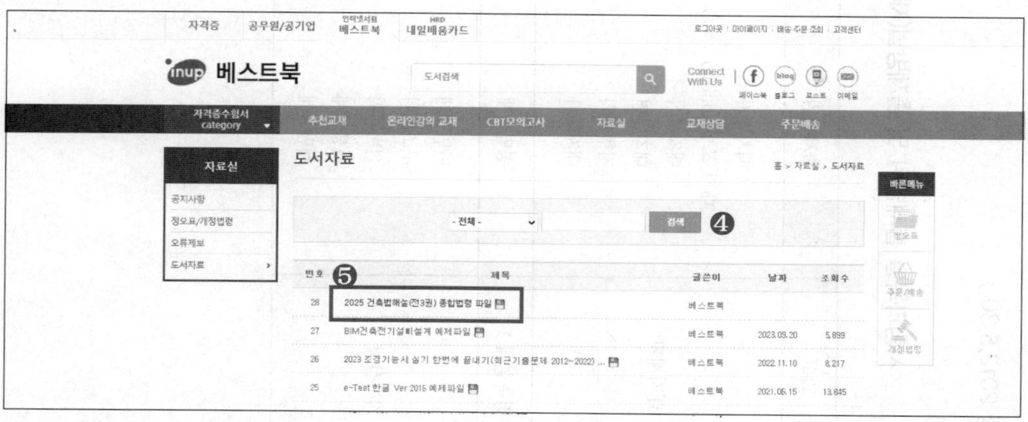

3단대조표 (법 · 령 · 칙 3단대조표)

2024년 3월 28일 초 판 발 행
2025년 3월 19일 1차개정발행

공 저 최한석 · 김수영
발행인 이종권
발행처 한솔아카데미
등 록 1998년 2월 19일 제16-1608호
주 소 (우)06775 서울시 서초구 마방로 10길 25 트윈타워 A동 2002호
전 화 (02)575-6144/5
FAX (02)529-1130

www.bestbook.co.kr

정가 : 60,000원
ISBN 979-11-6654-685-3 13540

저자 Profile

최한석 (崔漢碩)

건축사
동국대학교 건축공학과 외래교수
남서울대학교 건축공학과 겸임교수
인천전문대학 건축과 외래교수
한솔아카데미 교재집필위원
(주)동화종합건축사사무소

김수영 (金洙瑩)

건축사 / 공학박사
동국대학교, 연세대학교, 경희대학교, 인천대학교(대학원)
유한대학교, 수원과학대학교 등 출강
국민권익위원회 건축관계법 자문위원
부천시 건축위원회 및 도시계획위원회 위원
감정평가사 자격시험 출제위원
건축사 예비시험 및 자격시험 출제위원
에이드디자인그룹 건축사 사무소(주) 소장
한솔아카데미 전문위원